矿用药剂

张泾生　阙煊兰　著

北　京
冶金工业出版社
2008

内 容 简 介

本书简要地介绍了矿用药剂的发展历史及现状，全面阐述了各类捕收剂、起泡剂、调整剂、抑制剂等浮选药剂、助磨剂、助滤剂、絮凝剂、萃取剂、表面改性剂以及乳化剂、黏度调整剂、粉尘控制剂、防冻剂、阻垢缓蚀剂、抗静电剂等药剂的制备方法、物理化学性质、使用范围、使用性能与条件以及药剂结构与矿物作用机理等。书中还列举了大量的应用实例。

本书可供矿业开发领域从事科研、设计、生产应用的工程技术人员阅读，也可供高等院校相关专业师生参考、使用。

图书在版编目（CIP）数据

矿用药剂／张泾生，阙煊兰著．—北京：冶金工业出版社，2008.11

ISBN 978-7-5024-4502-7

Ⅰ．矿…　Ⅱ．①张…　②阙…　Ⅲ．①浮选药剂　Ⅳ．TD923

中国版本图书馆 CIP 数据核字（2008）第 114099 号

出 版 人　曹胜利
地　　址　北京北河沿大街嵩祝院北巷 39 号，邮编 100009
电　　话　(010) 64027926　电子信箱　postmaster@cnmip.com.cn
策划编辑　曹胜利　责任编辑　张　卫　李　雪　美术编辑　李　心
版式设计　张　青　责任校对　王贺兰　李文彦　责任印制　牛晓波
ISBN 978-7-5024-4502-7
北京百善印刷厂印刷；冶金工业出版社发行；各地新华书店经销
2008 年 11 月第 1 版，2008 年 11 月第 1 次印刷
169mm×239mm；89.75 印张；1703 千字；1405 页；1-3000 册
249.00 元

冶金工业出版社发行部　电话：(010) 64044283　传真：(010) 64027893
冶金书店　地址：北京东四西大街 46 号（100711）　电话：(010) 65289081
（本书如有印装质量问题，本社发行部负责退换）

谨以此书献给

从事矿用药剂研究

和工程应用的同仁们！

前　　言

矿业是国民经济可持续发展不可或缺的重要基础产业。随着我国矿产资源匮乏程度的日渐加深以及我国有用矿物贫、细、杂的赋存特点，矿物加工的难度将日益增大。为了有效利用矿产资源，研制和应用高效、环保的矿用药剂至关重要。有鉴于此，作者编写了这本《矿用药剂》。

全书共分22章，全面介绍了磨矿、分选、脱水过滤、矿物输送、粉尘与废水处理等工序以及浮选、磁选、重选、电选、化学选矿等选别工艺所使用的药剂。另外，根据矿物加工学科科学技术的最新进展和学科发展的需求，对组合药剂、生物药剂、非金属矿深加工药剂以及提高药剂效能的有效途径，矿用药剂的污染与治理等内容都辟有专门章节作详尽介绍和讨论。

本书资料收集力求新而全，在内容的取舍上则希望能满足不同读者群的需求，以期为从事理论研究及新产品开发的科技工作者提供一种较为重要的参考书，为从事生产应用的工程技术人员提供一种可供借鉴的工具书。

本书编写过程中得到长沙矿冶研究院领导及相关部门负责人的大力支持和帮助，在此谨向他们表示诚挚的谢意。同时，还要感谢陈让怀教授、肖国光博士、刘洪萍高工等，他们为本书的出版做了大量的资料准备工作并参与部分章节的编写，感谢王芳群高工在外文资料收集整理工作中给予的帮助。

作　者

2008年7月12日

目　录

第1章　药剂与矿物加工

1.1　矿用药剂与矿物加工

在矿物开采、矿物加工及后续处理作业中，为了提高作业效率、提高选别（提取）矿物（金属）品位、回收率以及进行清洁安全生产所需要使用的化学药剂，除爆破用炸药外，统称为**矿物加工药剂**，或称**矿用药剂**。

矿物加工是一个复杂的系统工程，涉及矿石开采、运输、矿石选前准备作业、选别作业、选后产品加工及综合利用和三废治理环境保护等工程。

选矿前期作业的核心是矿物的单体解离，主要包括破碎筛分、磨矿分级。破碎磨矿的效率与能耗密切相关，它是能耗的大户（占选矿厂能耗的一半以上），因此，提高磨矿效率、节能降耗，降低成本意义重大。而在磨矿中添加化学助剂——助磨剂是提高磨矿效率的一大措施。

在矿物选别作业中，无论是浮选、重选、电选、磁选、化学选矿和絮凝选矿等都离不开化学药剂，特别是利用矿物疏水性差异、从矿浆中分选出泡沫产品达到有用矿物富集和与脉石矿物分离的泡沫浮选更加离不开药剂。在浮选过程中，为了调节不同矿物的亲水或疏水性能，改变矿物表面物理化学性质和矿浆的溶液化学性质而添加的各种药剂统称为**浮选药剂**。浮选药剂主要包括捕收剂、起泡剂、调整剂等众多类型品种和作用不同的药剂。

选矿后续工序也离不开药剂。产品浓缩、脱水、过滤需要脱水助剂或助滤剂。三废治理同样离不开药剂，特别是矿产资源日渐贫、杂、细、难选以及对环境生态保护的日益重视，有害的液、气、固体废弃物（渣、尾矿、废液、废石）都需要回收及治理，需要使用各种澄清剂、絮凝剂、凝聚剂、沉淀剂、水处理剂等。

在矿产品特别是非金属矿产品的后续加工或深加工中，需要球团黏结剂、磨矿及超细粉碎助剂、分散剂、润湿剂、矿物改型剂、矿物表面改性剂、矿物晶格插层改性剂和复合剂（材料）等。

此外，在矿物加工、运输、管道输送等诸多因素的影响中，涉及粉尘、结块、冰冻、设备设施的腐蚀、堵、漏等问题，需要粉尘控制剂、抗结块剂、防冻剂、防腐防蚀剂、防垢剂、生物杀灭剂、雾气抑制剂等。

由此可见，为了解决在矿物加工过程及其前后工序存在或发生的问题，所需的许多药剂已经超越了浮选乃至整个机械选矿与化学选矿工程需用药剂，药剂应用已渗透和普及到矿业开发的方方面面，为此，把所有这些药剂统称为矿用药剂。

1.2 药剂的分类

矿用药剂门类品种繁多，用途及原料来源、合成方法也各不相同。为了较为系统科学地认识了解药剂特征、性能，便于使用及研究，从不同的角度进行适度的分类是必要的。以下就一些分类方法作简要说明。

1.2.1 矿用药剂按用途分类

矿用药剂按其用途分类，如表1-1所列。

表1-1 矿用药剂按用途分类

类别	药剂作用名称	
浮选药剂	捕收剂（用于金属、非金属、有色金属、黑色金属和燃料矿等矿物，下同）	
	调整剂	pH值调整剂
		抑制剂
		活化剂及增效剂
		消泡剂
	起泡剂	
相关作业及其他选矿工艺用药剂	絮凝剂	助滤剂
	凝结剂	磁选药剂
	分散剂	生物药剂
	助磨剂	球团黏结剂
	电选药剂	重液
	化学选矿用药剂	浸渍剂
		萃取剂和协萃剂
		液膜分离药剂、离子交换剂
	泡沫稳定剂	黏度调整剂
	乳化剂	润湿剂
	破乳剂	
矿物加工环保安全用药剂	粉尘控制剂	废气处理剂
	抗结块剂	尾矿（废渣）处理剂
	防冻剂	水处理剂
	防垢剂	沉淀剂（重金属）
	抗静电剂	杀生剂（杀菌）
	防腐蚀剂	澄清剂
	土壤清污剂	雾气抑制剂

续表 1-1

类　别	药剂作用名称	
非金属矿加工与深加工药剂	提纯剂	插层剂
	改型剂	超微粉碎助剂
	改性剂（表面）及偶联剂	复合剂
生物药剂	生物浸出剂、生物捕收剂、生物调整剂、生物絮凝剂、生物吸附剂、生物水处理剂	

1.2.2 选矿药剂按化合物用途分类

常用的选矿药剂按其用途和结构特征分类，如表 1-2 所列。

表 1-2 选矿药剂按用途结构分类

浮选剂的类别、结构特点				典型实例
捕收剂	离子型	阴离子型	硫代化合物类	黄药类	乙黄药、丁黄药等
				黑药类	25 号黑药、丁胺黑药等
				硫氮类	硫氮九号等
				硫醇及其衍生物	苯骈噻唑硫醇等
				硫脲及其衍生物	二苯硫脲（白药）
			烃基（芳基）含氧酸及其皂类	羧酸及其皂类	油酸钠、氧化石蜡皂等
				硫酸酯类	十六烷基硫酸盐
				磺酸及其盐类	十二烷基苯磺酸盐
				膦酸及有机磷酸（酯）类	苯乙烯膦酸等
				胂酸类	甲苯胂酸等
				羟肟酸类	$C_{7\sim9}$ 异羟肟酸钠（铵）
		阳离子型	胺　类	脂肪胺及季铵盐类	月桂铵、三甲基十六烷基溴化铵等
				醚胺类	烷氧基正丙基醚胺
				吡啶盐类	烷基吡啶盐酸盐
		两性捕收剂		氨基酸、酰胺酸	肌氨酸（氨基酸类）
				氨基膦酸、胺黄药等	二乙胺乙黄药
	非离子型	异极性捕收剂		硫代化合物酯类	双黄药
					黄药酯类（ROCSSR′）
					硫逐氨基甲酸酯（硫氨酯）
		非极性捕收剂		烃油类	煤油、柴油等

续表1-2

浮选剂的类别、结构特点				典型实例
调整剂	抑制剂	无机物	酸类	亚硫酸
			碱类	石灰
			盐类	氰化钾、重铬酸钾、硅酸钠等
			气体	二氧化硫等
		有机物	单宁类	栲胶、丹宁
			木素及其衍生物	木素磺酸钠、氯化木素、铁铬木素
			淀粉及其衍生物	淀粉、糊精
			纤维素及其衍生物	羧甲基纤维素
			其他	动物胶、古尔胶、有机酸、高分子化合物、藻类化合物、甲壳素类
	分散剂		无机盐及有机、高分子类	水玻璃、磷酸盐、碳酸钠、聚丙烯酸
	活化剂	无机物及有机物	酸碱类	硫酸、碳酸钠等
			盐类	乙二胺磷酸盐及硫酸铜、硫化钠、碱土金属离子及重金属离子等
	pH值调整剂	无机物	酸类	硫酸等
			碱类	石灰、碳酸钠等
	消泡剂	无机盐及高级脂肪酸酯		三聚磷酸钠等
凝聚剂与絮凝剂		无机物	电解质	明矾等
		无机聚合物	聚电解质	聚合氯化铝、聚合硫酸铁等
		有机高分子化合物	纤维素类	羧甲基纤维素等
			聚丙烯酰胺类	3号絮凝剂
			聚丙烯酸类	聚丙烯酸
起泡剂	醇类		萜烯醇	松醇油、樟脑油
			脂肪醇	MIBC、混合脂肪醇等
			酚	甲酚、木馏油
	醚及醚醇类		脂肪醚	三乙氧基丁烷（代号TEB）
			醚醇	聚乙二醇单醚
	吡啶类			重吡啶
	酯、酮、醛类			低级脂肪酸酯类

1.2.3 根据药剂在矿物加工中的作用分类

按照药剂在使用过程中的行为与作用进行分类可以大致了解药剂的基本功能，如表1-3所列。

表1-3 矿用药剂按作用分类

作用	作用方式		实例
控制粉尘药剂	防粉尘、抗静电、雾粒控制		粉尘控制剂、雾气抑制剂
机械化学力协同药剂	助磨、晶格穴蚀、降能耗、矿浆（粉）分散		助磨剂、分散剂、超微粉碎助剂
在矿物表面作用的药剂	改变矿物表面性质的药剂	使矿物表面疏水及黏附于气泡	捕收剂、起泡剂
		改变矿物表面同捕收剂作用的能力	活化剂、抑制剂、空气等
	改变矿粒集合状态的药剂	使颗粒变大	絮凝剂、捕收剂、凝聚剂
		防止颗粒兼并	分散剂
在气-水界面作用的药剂	改变矿浆水溶液的表面张力及气泡特性		起泡剂、捕收剂、泡沫稳定剂、消泡剂
在液相中作用的药剂	与矿浆离子反应控制矿浆溶液组成	控制矿浆离子组成等	捕收剂、调整剂
		控制矿浆离子组成及pH值	抑制剂、调整剂
矿浆脱水浓缩药剂	改变矿浆表面活性、增强疏水性、沉降性		脱水过滤助剂、絮凝剂、凝聚剂
矿物深加工药剂	非金属矿（材料）改型、表面改性、层间复合物制备等		改型剂、改性剂、插层剂、复合剂
三废治理药剂	废水、固体废弃物、废气处理		水处理剂、金属沉淀剂、微生物药剂、吸附剂、防垢剂、防蚀剂、絮凝及凝聚剂

1.2.4 按照药剂的化学组分性质分类

按照化合物的酸碱盐进行分类，可以大致了解各种药剂的原料、特点和制备要求，如表1-4所列。

表1-4 按药剂的化学组分分类

药剂种类	结构特点	用途
无机物	酸、碱、盐（含复盐）	pH值调整剂、浸出剂、活化剂、防垢剂、抑制剂、凝聚剂、分散剂
无机大分子	聚合氯化铝、聚合硫酸铁、聚合硫酸铁铝等	凝聚剂、沉降剂、水处理剂

续表1-4

药剂种类	结构特点			用途
有机物	有机酸及其盐、酯	有机硫代碳酸及其衍生物	各种硫代碳酸盐（含黄原酸）	捕收剂
			硫代碳酸的酯类	捕收剂
		羧酸及其衍生物	各种脂肪酸	捕收剂、抑制剂、起泡剂
			各种取代酸	捕收剂、抑制剂
			各种氨基酸	
			硫代氨基甲酸酯	
		磺酸盐、硫酸盐	烃基磺酸盐	捕收剂、起泡剂
			烃基硫酸盐	
			氨基磺酸盐	捕收剂
			磺化、硫酸化脂肪酸	
		其他有机元素酸及盐	胂酸	捕收剂
			膦酸及有机磷酸酯	
			硫代磷酸酯及黄原酸酯	
			羟肟酸及盐	
		高分子化合物	聚丙烯酸、淀粉黄药、高分子磺酸、高分子羟肟酸等	分散剂、抑制剂
	有机碱及其盐	胺类及盐	脂肪伯胺、仲胺、叔胺、醚胺、季铵盐及芳香胺如苯胺、萘胺等	捕收剂、起泡剂、溶剂
		吡啶、喹啉类	带烷基侧链衍生物	捕收剂、起泡剂
		各种生物碱		抑制剂
	其他有机物	醇、醚、酯、烃等	萜烯醇、环烷基醇、脂肪醇及芳香醇和醚、硫醇、硫醚、硫酚	捕收剂、起泡剂、溶剂、乳化剂
高分子化合物	天然高分子化合物	多糖类	淀粉类、纤维素、木素等	絮凝剂、抑制剂
		单宁类	单宁、栲胶、单宁酸	
		动植物胶类	古尔胶等	
	合成高分子化合物	聚合型	聚丙烯酰胺等	絮凝剂、抑制剂、水处理剂
		缩合型	脲素甲醛树脂	
		混合型	聚丙烯腈	
生物药剂	生物浮选、生物絮凝、生物发酵、生物清洁的不同微生物及代谢物			捕收剂、絮凝剂、水处理剂、浸出剂

1.2.5 按络合螯合物分类

浮选药剂有许多都是有螯合络合作用的化合物，特别是捕收剂，能与矿物表面金属离子或晶格离子形成螯合环的通常都是有效捕收剂。根据络合螯合的观点对药剂进行分类，如表1－5所列。

表1－5 浮选剂络合螯合结构分类

类 别	结 构 特 点			用 途
单元络合物	脂肪胺类、氨（铵）类、氰化物类			捕收剂、活性剂、抑制剂
多元络合(螯合)物（生成螯环）	键合原子为S、S	四环	黄药类	捕收剂、抑制剂
			黑药类	捕收剂、抑制剂
			硫氮类	捕收剂、抑制剂
		五环	双黄药	捕收剂、抑制剂
			白药类	捕收剂、抑制剂
	键合原子为S、N	四环	硫代氨基甲酸酯	捕收剂
			巯基苯骈噻唑	捕收剂
		五环	邻氨基苯硫酚	捕收剂
	键合原子为S、O	五环	硫代水杨酸	捕收剂
		六环	邻羧基苯硫酚	捕收剂
	键合原子为O、O	四环	脂肪酸皂	捕收剂
		五环	羧酸衍生物	捕收剂
		多环	单宁类	抑制剂
		六环	水杨醛	抑制剂
	键合原子为N、N	五环	镍试剂等	捕收剂
		多环	聚乙二胺等	絮凝剂
	键合原子为N、O	五环	8-羟基喹啉，羟肟酸	捕收剂
		六环	水杨醛肟	捕收剂
	键合原子为P、O	多环	膦酸、磷酸酯	捕收剂、水处理剂
	键合原子为As、O	多环	胂酸	捕收剂

1.2.6 按表面活性剂分类

矿用药剂特别是浮选捕收剂是比较典型的表面活性剂，药剂按表面活性剂分类，如表1－6所列，捕收剂分类如表1－7所列。

表1-6 按表面活性剂分类

离子型分类	极性基类型(亲水基)		用途
阴离子表面活性剂	RCOONa, RCO(NHOH)	羧酸盐、羟肟酸类	捕收剂 防垢剂 防蚀剂 水处理剂
	RSO_4Na	硫酸酯盐	
	$RSO_3 \cdot Na$	磺酸盐	
	$ROPO_3Na_2$, $ArPO(OH)_2$	磷酸酯盐、膦酸类	
阳离子表面活性剂	$RNH_2 \cdot HCl$	伯胺盐	捕收剂 水处理剂
	$RN(CH_3)H \cdot HCl$	仲胺盐	
	$RN(CH_3)_2 \cdot HCl$	叔胺盐	
	$RN(CH_3)_2CH_3 \cdot HCl$	季铵盐及吡啶盐	
两性表面活性剂	$RNHCH_2CH_2COOH$	氨基酸型两性表面活性剂	捕收剂 清洁剂
	$RN(CH_3)_2CH_2COO^-$	甜菜碱型两性表面活性剂	
非离子表面活性剂	$RO(CH_2CH_2O)_nH$	聚氧乙烯型非离子表面活性剂	起泡剂
	$RCOOCH_2C(CH_2OH)_3$	多元醇型非离子表面活性剂及醚醇类	

表1-7 捕收剂分类

捕收剂分子结构特征			类型	主要品种及组分	应用范围
极性捕收剂	离子型	阴离子型	巯基捕收剂	黄药类: ROCSSM	捕收自然金属及金属硫化矿
				烷基硫醇: RSH	
				黑药类: $(RO)_2PSSM$	
				硫氮类: R_2NCSSM	
				硫脲类: $(RNH)_2CS$	
			含氧基捕收剂	羧酸类: RCOOH(M)	捕收各种金属氧化矿及可溶盐类矿物 捕收钨、锡及稀有金属矿物 捕收氧化铜矿物、非金属矿
				磺酸类: $RSO_3H(M)$	
				硫酸酯类: $ROSO_3H(M)$	
				胂酸类: $RAsO(OH)_2$	
				膦酸类: $RPO(OH)_2$	
				羟肟酸类: RC(OH)NOM	
		阳离子型	胺类捕收剂	脂肪胺及季铵类: RNH_2 等	捕收硅酸盐、碳酸盐及可溶盐类矿物
				醚胺类: $RO(CH_2)_3NH_2$	
		两性型	氨基酸捕收剂	烷基氨基酸类: RNHRCOOH	捕收氧化铁矿、白钨矿、黑钨矿
				烷基氨基磺酸类: $RNHRSO_3H$	

续表 1-7

捕收剂分子结构特征		类 型	主要品种及组分	应用范围
极性捕收剂	非离子型	酯类捕收剂	硫氨酯类:ROCSNHR′	捕收金属硫化矿物
			黄原酸酯类:ROCSSR′	
			硫氮酯类:R_2NCSSR'	
		双硫化物类捕收剂	双黄药类:$(ROCSS)_2$	捕收沉淀金属粉末及硫化物
			双黑药类:$[(RO)_2POSS]_2$	
非极性捕收剂		烃油类	烃油类 C_nH_{2n+2},C_nH_{2n}	捕收非极性矿物及做辅助捕收剂

1.3 浮选药剂发展概述

矿物加工起始于淘洗。在中国的古代对金银的淘洗加工，对滑石、陶土及朱砂的“淘、澄、飞、跌”及破碎、入缸、澄清分尾倾析，这些在1473年我国明代宋应星所著《天工开物》一书中已有描述。已经萌发应用重选和天然可浮性矿物的薄膜浮选的方法。

在矿用药剂的应用发展中浮选药剂是最具代表性的。它经历了：（1）根据不同矿物的亲油性及亲水性差异，利用油类黏附亲油矿物（如硫化矿）被刮出，而亲水矿物（硅酸盐脉石矿物）则留在矿浆中的全油浮选。1860年英国人最早提出用油类浮选硫化矿的专利。（2）利用磨细的干矿粉（如硫化铜）均匀撒于水流表面，使不易被水润湿的疏水性硫化矿粒在表面张力的支撑下漂浮聚集，亲水矿物则下沉，从而达到分离目的的表层浮选。表层浮选的工业应用出现于1892年。为了提高矿物的可浮性（如硫化矿），使分选更有效，到20世纪初在表层浮选中加入少量烃油。

由于表层浮选效果低下，为了提高浮选分离效果，提出利用气泡作为矿物黏附载体的气-液界面泡沫浮选法。接着电解浮选法、真空浮选法、机械浮选法等产生气泡形式不同的浮选方法应运而生。

泡沫浮选已有百余年的历史。有人说，最早出现的泡沫浮选专利是1877年的石墨矿浮选，更多的人认为1904年埃尔默的真空-油浮选专利是现代泡沫浮选的起点。最早使用比较原始的泡沫浮选是1901年的澳大利亚，用其处理闪锌矿重选废弃的含锌20%的尾矿。1911年在美国蒙大拿州的Basin建立了第一座浮选厂——Tiner Butte浮选厂。

1909年发现松油、桉树油、油酸作为可溶性起泡剂，用桉树油浮选闪锌矿。1912年发现重铬酸盐对方铅矿的抑制作用。1913年发现二氧化硫对闪锌矿的抑制作用。

1916年，理查德T. A编写的《浮选方法》一书使浮选取得很大的进步，认为气泡是浮选科学的关键。1925 年应用黄药浮选硫化矿，1926 年引入黑药作为捕收剂。黄药、黑药的应用大大促进了浮选工业的发展，使硫化矿的回收率大为提高。

与此同时，为了提高浮选效率，逐渐朝优先浮选发展。1922 年发现氰化物可以抑制闪锌矿和黄铁矿而浮选方铅矿，硫酸铜可以活化闪锌矿，石灰可以抑制黄铁矿，酸碱可以作为调整剂，这些为复杂的多金属硫化矿物浮选打下了基础。

1924 年发现脂肪酸皂类可以浮选金属氧化矿及非金属矿物，从此浮选从金属硫化矿推广扩大到金属氧化矿及非金属矿物，使全浮选和优先浮选技术日趋成熟，从而开始出现有关浮选的理论研究。

20 世纪 20 年代法伦瓦尔德、塔加尔特、高登以及巴尔兹奇发表了第一篇关于浮选中吸附现象的论文，该论文是浮选化学专论的开端。1921 年勃金发现微溶于水的含氮和硫的化学药剂是浮选的有效捕收剂，它就是均二苯硫脲（白药)。加上黄药、黑药等可溶于水的捕收剂的发现，是浮选的一大进步。

1934 年引入烷基硫酸钠作捕收剂，1935 年引入阳离子型脂肪胺作为捕收剂，20 世纪 50 年代特温特开发出聚丙烯乙二醇醚起泡剂，哈里斯发明了 Z-200，接着是一系列的黄药酯类、黑药酯类、硫氨酯类、硫氮类药剂的出现。

到了 20 世纪 60 ~ 70 年代，不少药剂论著出版，表明药剂在合成、应用及理论研究方面走向成熟。现代基础科学的发展、测试手段的完善，例如，矿用药剂与无机化学、有机化学、物理化学、表面化学、电化学和溶液化学以及胶体化学的相互联系与发展，结构化学、半导体物理、络合螯合物化学、量子化学、工业矿物学等理论的发展，示踪原子、各种光谱、电子显微及衍射、核磁共振等技术的应用，通过现代技术与理论，研究药剂与矿物作用机理，推断药剂结构性能，设计、提供新药剂研究的方向等，促进了药剂的不断发展。

我国的选矿药剂从 20 世纪 40 年代开始，从无到有，从少到多，从研发到生产，发生了很大的变化。最开始生产液体乙基黄药、液体丁基黄药、固体乙基黄药、固体丁基黄药、白药、25 号黑药、31 号黑药等品种不太多的药剂，逐步发展壮大，经历了 20 世纪 60 ~ 70 年代，特别是改革开放之后，获得了迅速的发展。

到目前为止，我国的药剂品种已多达 200 种以上，常用的也有近百种，产品涵盖金属硫化矿和氧化矿、非金属矿、稀有和稀贵金属等使用的捕收剂、起泡剂、调整剂、抑制剂以及在矿业开发中各种各样用途的其他药剂。专业药剂厂也从北有铁岭（沈阳）选矿药剂厂、南有株洲选矿药剂厂、西北有白银选矿药剂厂、西南有云南冶炼厂药剂分厂（车间）四大家，发展到如今的大小几十家，据不完全统计，药剂的年销售量达10万t，销售收入达数亿元。产品除在国内市场销售外，还远销澳洲、欧洲、非洲、美洲、亚洲等五大洲的30多个国家。

在新药剂的研发方面，长沙矿冶研究院、北京矿冶研究总院、中南大学、东北大学和株洲选矿药剂厂、铁岭选矿药剂厂等全国诸多科研院校、生产厂家做了大量工作，继承、创新、发展，使新药剂及新的药剂制备工艺不断涌现。例如氧化矿捕收剂有：RST、RA、ROB、MOS、TF-2、F968、R-2、P303、GY-2、Y-17、F303 等；硫化矿捕收剂有 Y-89 系列、MA 系列、36 号黑药、MOS-2、Mac-10、P-60、PN、ZY101、SK-1、XF-3、BK-302、AP、PAC（Aero-5100）等。起泡剂有730系列、KM-109系列、R6系列、T-622、FX-12J等。调整剂（抑制剂、活化剂）有 PAM-11、PAM-C、CTP、DZ－1、Sth、TSD、SDF、BD等。

这些新型药剂通常有其共性：（1）依据石油化工与油脂化工产品或副产品中同系物、衍生物的组成、含量，选择性和捕收性的特点，添加必要有效成分，经过加工精制而成。（2）由两种或两种以上的相同或不同类型药剂组合复配使用，发挥协同效应，或者在原用主要药剂中加入一定比例的增效剂、活化剂、乳化剂、分散剂之后组合使用。（3）对原常规有效药剂进行改性，即在原有药剂中有针对性地引入新的官能团（如羟基、氨基、硝基、膦酸基、硫酸基、磺酸基、羟肟基和卤素等），从而提高了药剂对矿物的捕收性、选择性和回收利用效率。

20世纪末以来，浮选药剂的研究生产得到快速发展。在药剂的开发研究中，国内外人士都十分重视开发环境友好型药剂，开发无毒、低毒、极易生物降解，不会造成污染和环境灾难的绿色药剂。研发人员把药剂发展定位在高效无害、原料来源广、价格比较便宜的新药上。在研究方法上，一方面是从药剂结构性能出发，研究高效新药剂，特别注意已有有效药剂的改性、组合。改性就是在原有药剂中引入新的基团（官能团），变单一官能团或极性基为多官能团，发挥药剂分子内部的协同效应作用。组合就是不同药剂的组合、复配。建立科学有效的用药药方和药剂制度，发挥不同药剂的协同作用和协同效应。依据药剂的结构性能设计、找寻新药。配位化学和表面活性剂化学在药剂研究开发中占有重要作用特别是螯合药剂。另一方面，就是老药新用，变老药为新药、高效药，做法是添加活化剂、促进剂、乳化剂、增效剂之类的物质，充分发挥原有药剂的功能效应。再有就是改善原有合成工艺，用化学的、物理的方法改善用药效果，目的是提高生产率和产品质量，降低药剂成本和消耗，或者是实现零三废排放的绿色生产。

在浮选药剂的研究中，关注捕收剂的同时，人们对于抑制剂和起泡剂在矿物浮选中的作用有了新的认识。因此，有关抑制剂和起泡剂的作用机理、提高分选效果、促进气泡矿化等方面的论文屡见不鲜。新的药剂（如抑制剂、活化剂等）以及药方复配、组合也时有报道。同时，面对世界矿物资源日益枯竭和贫杂细的现状，为了节约资源，减少资源消耗，提高综合利用水平，延长资源使用年限，药剂的研究已经不局限于浮选药剂，在矿业开发、矿物加工链的各个环节用药，均进行了广泛深入的研究、开发和使用。

参考文献

1 山崎太郎，南多道夫［M］. 日本矿业会志，1970（10）
2 王淀佐. 浮选剂作用原理及应用［M］. 北京：冶金工业出版社，1982
3 见百熙. 浮选药剂［M］. 北京：冶金工业出版社，1981
4 胡熙庚等. 浮选理论与工艺［M］. 长沙：中南工业大学出版社，1991
5 孙宝崎等. 非金属矿深加工［M］. 北京：冶金工业出版社，1995
6 富尔斯特瑙 D W. 浮选百年［J］. 国外金属矿选矿，2001（3）：2～9
7 皮尔斯 M T. 化学药剂在矿物加工中的应用概况［J］. 国外金属矿选矿，2005（5）：5～11
8 邓玉珍. 选矿药剂概论［M］. 北京：冶金工业出版社，1994
9 Somasundaran P, Brij M Moudoil. Reagents in Mineral Technology［M］. Surfactant Science Series Volume 27. Marcel Dekker Inc, New York and Based, 1987
10 Deepak Malhotra, Willam F Riggs. Chemical Reagents in the Mineral Processing Industry［C］. Society of Mining Engineers Inc, Littleton Colorado, 1986
11 中国冶金百科全书编委会. 中国冶金百科全书（选矿卷）［M］. 北京：冶金工业出版社，1990
12 Marabini A M. Trans IMM, 1983（20）：92
13 王淀佐. 矿物浮选和浮选剂［M］. 长沙：中南工业大学出版社，1986
14 周国华等. 有色金属，2001（1）
15 普拉蒂普等. 国外金属矿选矿，2004（10）
16 龙翔云. 高等学校化学学报，2001（1）
17 奥格伍格布 M B C 等. 国外金属矿选矿，2001（2）
18 第21届国际选矿会议论文集，2000（B86）：168～175
19 纳加拉捷 D R. 国外金属矿选矿，2005（8）
20 杨刚等. 常熟高专学报，2001（2）
21 见百熙. 浮选药剂的分子结构及其规律性——试用“高等药物化学”的原理探讨浮选药剂分子的设计［R］. 长沙矿冶研究所，1982
22 Taggart A F. Tran AIME, 1930, 87：285

23 Глембоцкий А В. ЦвеТ. Мегчлн, 1970（5）
24 Ariens E J. Drug Design（Vol. 1 ~ 10）. Academic Press, 1980
25 王淀佐等．选矿与冶金药剂分子设计［M］．长沙：中南工业大学出版社，1996
26 李松普等．有色金属，2003（2）
27 张泾生等．矿冶工程，2002（2）
28 张泾生，余永富等．金属矿山，2000（4）
29 朱建光．矿冶工程，2004（专辑）

第2章 浮选工艺与药剂

2.1 浮选的作用与意义

浮选从全油浮选发展到现代的泡沫浮选，经历了一个世纪，不仅在矿物加工中意义重大，而且在其他领域，例如冶金、石油、化工、印染等行业的三废处理，重金属离子的处理，废油处理、液固悬浮物分离、废塑料分选回收，废纸脱墨处理等众多方面也得到广泛应用。

浮选矿浆是一个固相、液相和气相三相非均匀体系，各相界面性质、相互作用以及浮选药剂在界面产生的作用，这些基础性的因素对于浮选的最终效果具有重要影响。

浮选在矿物加工中的重要性主要体现在：浮选法的适应性强。浮选是利用矿物表面物理化学性质差异，而这些差异可以人为地通过选择药剂加以控制、调节，或者改变、扩大来达到分选的目的。这就是本章所述的适应性、广泛性。浮选法对矿物的分选效率高，要得到高质量高回收率的精矿产品，矿物就必须单体解离，特别是细粒浸染矿物，贫、杂、细矿物，唯有利用浮选工艺，借助药剂扩大不同矿物浮选性质的差异达到分选利用的好效果；此外，浮选法有利于充分利用矿产资源，把共生、伴生复杂的多金属矿物分选分离，变成单一精矿逐一回收利用。可以说要做到矿产品资源的有效综合利用离不开浮选。然而，浮选成本比较高，易造成环境污染，特别是对水体与土地的污染。

2.2 浮选药剂的作用原理与特性

浮选药剂依照其功能大致可以分为捕收剂、抑制剂、起泡剂、活化剂、分散剂、pH值调整剂、絮凝剂、乳化剂、消泡剂和润湿剂等各种类型。其中最为重要的是捕收剂，其次是抑制剂和起泡剂。图2-1是捕收剂、抑制剂、起泡剂在固-液-气界面的行为和作用的示意图，三者的关系是：起泡剂排列在气-液界面，通过降低溶液表面张力和其他功能，使气泡易于产生并且稳定，易被矿化；抑制剂吸附在被抑制矿物的表面使其亲水而不被气泡黏附；捕收剂的亲矿物基与矿物作用，疏水的非极性基朝外使矿物表面疏水化，被气泡捕捉而浮起。

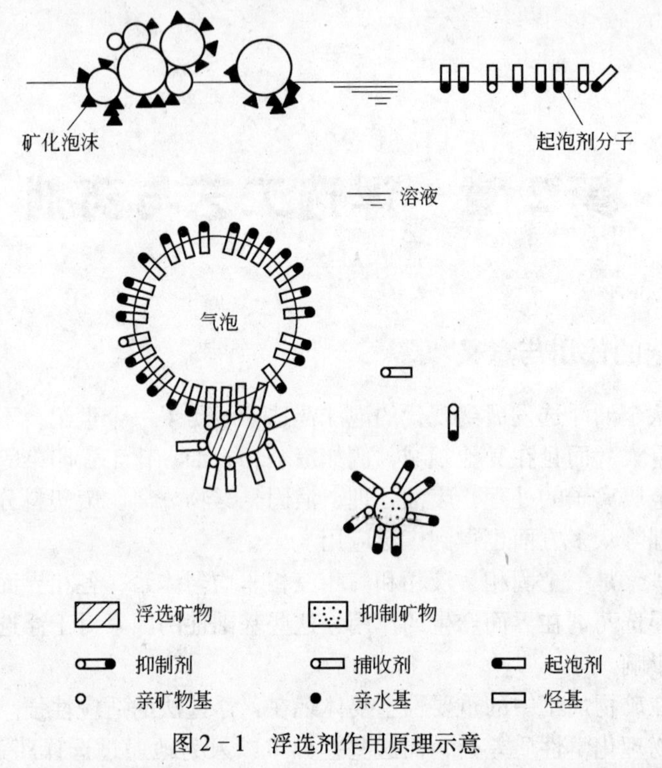

图2-1 浮选剂作用原理示意

不论是哪类药剂都是由具有亲水、亲矿物和疏水三种功能的基团组成。亲水基和亲矿物基都是具有亲水作用的极性基，疏水性的烃基又称非极性基或称为疏水基。

2.2.1 药剂的亲矿物疏水作用

捕收剂在矿物表面的作用，是通过亲矿基与矿物表面发生吸附或反应，有三种形式：

(1) 物理吸附 特点是能量小，吸附热小（几千焦/摩尔或更小），吸附分子与固体表面距离较大，在固体表面上具有流动性（吸附不牢固）。吸附力为范德华力或静电力。药剂分子（或离子）与矿物间不发生键合的电子转移或共有。没有选择性或选择性较差，并且易于解吸，通常吸附量随温度上升而下降。

(2) 化学吸附 特点是能量大，吸附热高（几十千焦/摩尔），吸附分子与矿物表面距离小，药剂分子与矿物间发生键合的电子关系，吸附力本质上是化学力。化学吸附一般具有选择性，吸附比较牢固，不易解吸，通常随着温度升高，吸附量会在一定范围内增加。

(3) 表面化学反应 化学吸附进一步发展，常常在矿物表面发生化学反应。表面化学反应与化学吸附的主要区别是前者的反应产物在表面上构成独立的相。

药剂与矿物作用的具体方式，有不同的看法，主要有：1）非极性分子物理吸附。认为非极性的烃油类的吸附，主要通过瞬间偶极力或称色散力而吸附。2）双电层吸附。该理论认为矿物在水-固界面，形成多余的定位离子以及随之引来的相反离子形成表面的双电层。内层为定位离子，外层为紧密层及扩散层，至紧密层滑动形成的电动电位，即 ζ 电位。药剂离子及其他离子可通过静电力在双电层吸附，并引起电位的改变，依据药剂浓度的低或高形成单分子状态吸附或“半胶团”状态吸附，也可因为药剂非极性基和极性基与矿物间因化学亲和力，因电位多少及正负变化而产生的特性吸附。3）化学吸附。认为捕收剂离子（或分子）的特性基与矿物离子（或原子、分子）发生键合的电子转移形成化学吸附。塔加尔特的溶度积假说，用相互反应的溶度积大小来讨论、描述、解释化学吸附和浮选行为。4）由化学吸附更深层次的作用，即表面化学反应。对黄药在硫化矿表面作用产物测定研究发现有黄原酸与所选金属形成的金属盐的晶体存在。同样用脂肪酸浮选金属氧化矿的相互表面作用，也能测定所形成的脂肪酸金属盐，说明其所进行的是表面化学反应。

药剂在矿物表面的化学吸附、表面化学反应与溶液中反应的区别，一般认为，化学吸附是指药剂与矿物表面（不发生晶格金属原子的转移）间的反应，形成定向排列的单层；表面化学反应是指药剂与矿物表面（金属原子从晶格中转移出来）反应，形成多层的金属-药剂的盐；溶液内化学反应是金属离子与药剂在离开表面的溶液内发生反应，形成金属药剂化合物的沉淀。

此外，吸附作用方式还有高登（Gaudin）等人提出的离子交换吸附说、柯克（Cook）提出的分子吸附说，这些假说是从不同药剂、不同矿物、不同作用条件、用不同的研究方法，在不同的作用阶段得出来的。

浮选硫化矿的药剂亲矿物基以巯基（—SH）、硫羰基（C ═S）为主，如—C(S)SH（黄药）、═ NC(S)SH（硫氮类）、═ $O_2P(S)SH$（黑药）、—OC（S）—N ═（硫氨酯）等。

非硫化矿浮选剂亲矿物基以羧基及氨基、磺酸基、膦（磷）酸基为主，如—C(O)OH（羧酸）、—SO_3H（磺酸）、—AsO_3H_2（胂酸）、—NH_2（胺）、—C(OH)·NOH（羟肟酸）、—PO_3H_2（膦酸）和—O—PO_3H（磷酸或其酯）等。

亲水基是一些极性较大的基团，常见的如羧基［—C(O)OH］、羟基（—OH）、磺酸基（—SO_3H）、醚基（—O—）和醚醇基（—O—R—OH）等。

疏水基主要有烷基、烯烃基、环烷基、苯基、含杂原子烃基等。对于硫化矿捕收剂，烃基为2 ~6 个碳原子，并且以烷基为主。对于非硫化矿捕收剂，烃基长度达7 ~20 个碳原子，常用烷基和烯烃基。

起泡剂一般以异构烷基、萜烯基、苯基和烷氧基为烃基，碳数多在6 ~7。

抑制剂和分散剂的相对分子质量通常小于 1×10^4。絮凝剂的结构有些与同一物质分散剂相似，但相对分子质量更大，达到上十万至上百万。

2.2.2 矿物结构与浮选药剂作用特性

王淀佐等人根据矿物元素的原子和离子的电子结构、化学亲和力以及成矿特性，把地球化学中的矿物元素分成三种类型：

(1) 亲石元素 即矿石金属阳离子的电子结构近于惰性气体，外层电子为2个或8个，电离时失去的是s、p电子，如：

电子配置为$1s^2$的Li^+，Be^{2+}，为He型

电子配置为$1s^22s^22p^6$的Na^+，Mg^{2+}，为Ne型

电子配置为(Ne) $3s^23p^6$的K^+，Ca^{2+}，为Ar型

Al、Ba等以及Cl、Si、B等均属此类。集中于岩浆作用晚期，伟晶岩形成体主要由此类组合。易于同O、Cl化合，形成电负性差（Δx）大的离子键型化合物，化学性质稳定，在自然界保存长久，分布广泛。此类元素组成的矿物与捕收剂的作用，在许多情况下是物理吸附（包括双电层吸附），只有由原子序数较大、原子价数较高的钙、钡等组成的矿物，才发生典型的化学吸附。

(2) 亲铜元素 主要组成重有色金属和贵金属矿物的成分，阳离子的电子结构特点是具有d^{10}或$d^{10}s^2$电子外层结构的金属离子，如Cu^{2+}、Zn^{2+}、Ag^+、Cd^{2+}、Au^+、Hg^{2+}、As^{3+}、Sn^{2+}、Sb^{3+}、Pb^{2+}、Bi^{3+}等；非金属阴离子则有S^{2-}、Se^{2-}。集中于热液阶段，多金属矿床主要由此类矿物元素组合，电负性较大，接受电子能力较强，易于同S化合形成电负性差小的共价键（有的包括金属键）型化合物，化学性质不稳定，易于风化成次生矿床。此类矿物与捕收剂的作用，在许多情况下是以化学吸附为主。

(3) 亲铁矿物 主要是指电子层外壳中具有d^x型电子配置的过渡金属元素，特点是离子有d^x型电子配置，x为0~8，如Ti、V、Cr、Mn、Zr、Ta、Nb、Fe、Co、Ni、Mo等。非金属为C、P、As等。集中于地核及岩浆早期，易与C、N、P化合，化合物电负性差Δx中等。此类矿物与捕收剂的作用可为物理吸附及化学吸附。

以上系从矿物元素的地球化学特性及成因阐述药剂与矿物作用的一般规律。为了进一步认识药剂与矿物相互作用的内在联系，作用强弱的规律，还可从软硬酸碱原理对各种元素（离子）和配位体划分进行解释。

所谓“酸”、“碱”分别是指化合键时电子的“受体”和“给予体”（Lewis酸碱），这样浮选药剂与矿物作用时，矿物中的金属元素可以看作是酸，而浮选药剂的键合原子则可以看作为碱。根据Pearson的软硬酸碱划分原则，酸可以划分为硬酸、软酸和交界酸三类，而碱也可以相应的划分为硬碱、软碱和交界碱三类。酸碱的分类见表2-1。

表 2-1 酸碱的分类

硬 酸	Li^+、Na^+、K^+ Be^{2+}、Mg^{2+}、Ca^{2+}、Sr^{2+}、Mn^{2+}、Sn^{2+} Al^{3+}、Sc^{3+}、Ga^{3+}、In^{3+}、La^{3+}、Gd^{3+}、Lu^{3+}、Dy^{3+}、Co^{3+}、Fe^{3+}、As^{3+} Si^{4+}、Ti^{4+}、Zr^{4+}、Th^{4+}、U^{4+}、Pu^{4+}、Ce^{4+}、Hf^{4+}
软 酸	Cu^+、Ag^+、Au^+、Tl^+、Hg^+ Pd^{2+}、Cd^{2+}、Pt^{2+}、Hg^{2+}、Cu^{2+}、Zn^{2+} Tl^{3+} Pt^{4+}、Te^{4+}
交界酸	Fe^{2+}、Co^{2+}、Ni^{2+}、Pb^{2+}、Ru^{2+}、Os^{2+} Rh^{3+}、Ir^{3+}、Sb^{3+}、Bi^{3+}
硬 碱	H^-、F^- $RCO_2{}^-$、$PO_4{}^{3-}$、$SO_4{}^{2-}$ Cl^-、$CO_3{}^{2-}$、$ClO_4{}^{3-}$、$NO_3{}^-$ RNH_2、NH_3、RC（O）NOH
软 碱	R_2S、RSH、RS^-、$ROCSS^-$、 $(RO)_2PSS^-$、R_2NCSS^-、$PSCSS^-$、I^-、 SCN^-、$S_2O_3{}^{2-}$ CN^-、RNC、CO、ROC（S）NHR、ROCSSR、$(RO)_2PSSR$、R^-
交界碱	$C_6H_5NH_2$、$C_5H_5N^{2-}$、$SO_3{}^{2-}$、$NO_2{}^-$

按照 Pearson 软硬酸碱定则，软碱亲软酸，硬碱亲硬酸，软酸型矿物（对应于亲铜元素组成的矿物），容易与软碱型浮选药剂如黄药、黑药等巯基类药剂、CN^-、$S_2O_3{}^{2-}$等离子作用；硬酸型矿物（对应于亲石元素）易于与硬碱型浮选药剂如羧酸、膦酸、胂酸、硫酸酯作用；交界酸（对应于过渡金属矿）如亲铁元素形成的矿物则很难与浮选药剂产生专属性很高或很强烈的作用。软硬酸碱划分事实上是按软硬程度将药剂对矿物作用能力和专属性进行了划分，酸碱软硬划分的标准可以采用各种原子键参数表示，如 Z^*/r（电荷半径比）、x_g（基团电负性）等。

2.2.3 药剂与矿物的选择及分类

从亲矿物性出发，可以依据药剂在浮选中的作用分为硫化矿药剂、过渡金属非硫化矿药剂、碱金属和碱土金属非硫化矿药剂和天然可浮矿物药剂，见表 2-2。

表 2-2 浮选药剂分类

类型	与矿物作用键型	典型矿物	药剂及作用	
A. 硫化矿浮选药剂	主要是共价键	黄铜矿、闪锌矿、方铅矿、黄铁矿等	黄药、黑药和硫氨酯等	化学吸附表面化学反应
B. 过渡金属非硫化矿浮选药剂	共价键+离子键	赤铁矿、锆英石、锡石、黑钨矿、金红石	脂肪酸、磺化琥珀酸酰胺、羟肟酸、膦酸、胂酸	化学吸附表面化学反应
C. 非硫化矿碱金属及碱土金属浮选药剂	主要是离子键	方解石、重晶石、萤石、卤盐及硅酸盐类	脂肪酸、磺酸和胺类	物理吸附为多化学吸附亦有
D. 天然可浮矿浮选药剂	范德华力或氢键	石墨、辉钼矿、硫黄、滑石、煤	煤油、煤焦油、柴油	物理吸附

第一类硫化矿浮选药剂对硫化矿的作用，主要以化学吸附（以及表面化学反应）的方式，价键属于共价键类型，这类药剂多为含硫键合原子的有机物，容易同带 $d^6 \sim d^{10}$ 电子的电负性较大的金属硫化矿反应，包括铜、铅、锌、铋、镍、汞、铁、金、银等金属硫化矿及自然金。第二类过渡金属浮选药剂，多为含氮、氧等键合原子的有机物，易于同 d 电子数较少的过渡金属矿物（亲铁元素形成的矿物）作用，如钛、铬、铁、钽、铌、锰等金属氧化矿。这类药剂与矿物作用一般是化学吸附（以及表面化学反应），并且具有共价键成分和离子键成分的过渡型键合。第三类非硫化矿浮选剂多为含氧键合原子有机物，容易同电负性较小具有惰性气体的电子结构的金属矿物作用，包括钙、镁、钡、钾、钠等矿物，作用的方式包括靠静电力的双电层吸附、离子键型的化学吸附（或表面化学反应）等。第四类天然可浮矿物浮选药剂，多为烃类化合物和长碳链非离子型化合物，如煤油、柴油等。这种药剂在矿物表面通过分子间引力（范德华力）吸附，增大矿物疏水性使其浮选。

药剂在矿物表面通过形成共价键产生的吸附选择性较好，吸附牢固、亲水性小。而通过形成离子键产生的吸附，选择性不如共价键吸附，并且由于键的极性较大，亲水性大，非极性基一般较大。因此，高选择性的非硫化矿药剂较少，而选择性较好的硫化矿浮选药剂相对较易找到。

另外，捕收剂能否与矿物表面发生作用并比较牢固地吸附在矿物表面，主要取决于作用双方的性质和介质条件。例如，阴离子型捕收剂若主要是依靠静电引力吸附在矿物表面，这时表面晶格阳离子的电荷不补偿程度越高，则越有利于阴离子捕收剂的吸附，越有利于矿物可浮性的提高。同时，若捕收剂在介质中越有利于解离成阴离子，且烃链长短适宜，则越有利于与矿物的相互作用提高矿物表面的疏水性。又如，当阴离子捕收剂主要是由化学吸附（或表面化学反应）在矿物表面吸附固着时，捕收剂的极性基与矿物晶格的阳离子发生了化学键合，这时矿物晶格阳离子在界面的暴露程度、在晶格中的空间位置（距界面的距离）、在表面层分布的均匀性、在单位面积上的阳离子质点数、阳离子质点的离子（原子）半径大小与药剂极性基横断面大小的几何相似性以及矿物阳离子质点与药剂活性原子的亲和力和化学键合特性，所有这些因素，对捕收剂与矿物之间的相互作用均可产生重大影响。

捕收剂在矿物表面的黏着吸附，常受界面电性质的影响和支配。例如，石英由于水化作用使表面羟基化形成氢氧络合物表面，且随溶液 pH 值的变化表面可以吸附或解离出氢离子，结果在表面形成双电层，同时使表面具有不同符号的电性，并在一定 pH 值条件下呈现为不带电荷的零电点（PZC）状态。

当捕收剂离子主要是依靠静电引力在矿物表面双电层吸附时，可以认为，在这种情况下，界面电性质对捕收剂与矿物的作用将产生决定性的影响。带有不同电性的捕收剂离子，只要电性符号与矿物表面双电层的电性符号相反，即能借助静电引力发生吸附作用。例如，矿物表面带负电，即矿浆的 pH 值大于零电点，这时只有阳离子捕收剂才易在矿物表面发生静电吸附，因此浮选需要选用阳离子捕收剂；反之，矿物表面带正电，即矿浆 pH 值小于零电点，这时只有阴离子捕收剂才易在矿物表面发生静电吸附，因此浮选需要选用阴离子捕收剂。

在研究电性作用机理时，应注意捕收剂浓度所产生的影响。图 2－2 所示是不同浓度的阳离子捕收剂十二烷胺醋酸盐在石英表面吸附的示意图。

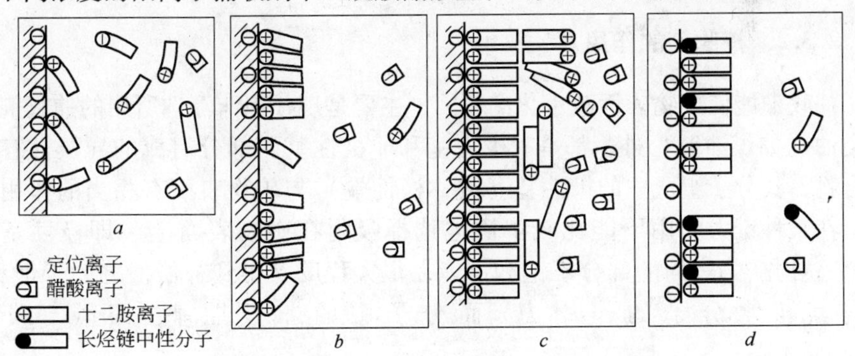

图 2－2 阳离子捕收剂在石英表面吸附示意图

a—个别胺离子吸附；*b*—半胶束吸附；*c*—多层吸附；

d—长烃链中性分子与捕收剂离子共吸附

由图 2－2 可见，在低浓度时，为个别胺离子的静电物理吸附（如图 2－2*a*），这时仅可使矿物表面的动电位（ζ 电位）降低，随着溶液中胺浓度的增加，在矿物表面形成了半胶束特性吸附（如图 2－2*b*），这时胺类非极性基之间的相互吸引缔合起重要作用，它可使矿物表面的动电位改变符号，并可显著改善石英的浮选效果。如果浓度再增大，则可能出现反吸附的第二层形成对吸附层（如图2-2c），也可能形成亲水性胶束，影响药剂的分散度，降低药剂的作用效率，或吸附在矿物表面降低矿物的疏水性。这就是捕收剂用量过大，回收率有时反而降低的重要原因。

此外，某些有机化合物的中性分子与捕收剂烃基间范德华力的相互缔合作用有时亦颇为重要。例如用胺类浮选石英，利用半胶束吸附原理，加入长烃链的中性分子如十二醇，因可降低捕收剂离子间的同种电性斥力，使半胶束易于形成，如图2-2d所示。可见，加入长烃链中性分子后可降低形成半胶束的浓度，因而可减少胺类捕收剂的用量，并可提高石英的浮选回收率。

2.3 捕收剂的基本要素及作用

2.3.1 捕收剂的基本要素

不同矿物浮选效果的优劣关键就在于捕收剂对目的矿物的选择性吸附。所以捕收剂务必有足够的作用活性，比较有效的、选择性的只对特定的目的矿物表面发生吸附固着，并比较牢固地黏附于泡沫表面上，与气泡一同上浮为矿化泡沫产品；作为矿物浮选好的捕收剂还必须能够提高被浮矿物表面的疏水性，有足够的疏水性基团，方可提高矿物的可浮性。此外，药剂原料来源广泛易得、成本适当、合成工艺简单、产品便于使用、少毒或无毒、对环境安全与卫生等也十分重要。

2.3.2 捕收剂的作用

捕收剂能使矿物表面疏水化的原因，主要是现代泡沫浮选所用的捕收剂除烃类油（如煤油等）外，都是有极性基和非极性基两部分组成的异极性有机化合物，其分子组成中的极性基（或称极性端）与矿物表面有相当的作用活性，在某种键力作用下能比较牢固地选择吸附在矿物表面上（即极性基亲固），这时矿物表面的部分不饱和键能在很大程度上得到补偿使之趋于饱和，削弱其与水分子的作用力。而分子中的非极性基，即碳-碳键（$-\overset{|}{\underset{|}{C}}-\overset{|}{\underset{|}{C}}-\overset{|}{\underset{|}{C}}-$），内部虽属于共价强力键，但共价键是饱和的，对外只有微弱的分子间力，整个非极性基就像煤油烷烃一样疏水亲气，不易被水润湿。于是捕收剂分子和离子作为一个整体在矿物表面吸附固着时可呈现一种定向排列，极性基亲固朝向矿物表面，非极性基朝外伸向介质（水）起排水亲气作用，造成矿物表面的疏水化，并使其易于向气泡黏附。图2-3所示的是阴离子捕收剂与矿物作用后在表面吸附定向排列的示意图。

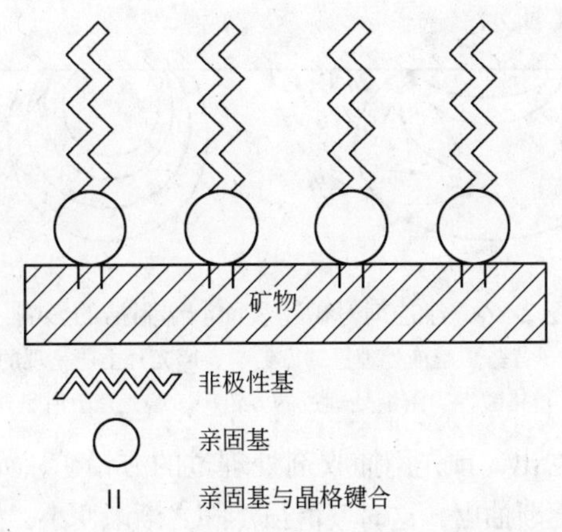

图2-3　阴离子捕收剂在矿物表面吸附示意图

当极性基一定时，捕收剂使矿物表面疏水能力的强弱，主要取决于分子组成中烃基的长度和结构。然而捕收剂是以整体发生作用的，所以其分子的非极性基和极性基对矿物表面的疏水化均有重要作用，且相互依存，彼此影响。

捕收剂使矿物表面疏水化后，可使润湿阻滞增大，接触角增大，这时若使矿粒与气泡接触或相互碰撞，便可增大矿物在气泡上的附着力，使矿粒在气泡上附着更为牢固，同时矿物向气泡附着所需要的时间也可大为缩短。

捕收剂离子（或分子）与矿物表面的结合力，因大大超过了水分子与矿物表面的结合力，使捕收剂能破坏原来水分子与矿物表面之间的联系，取而代之的便是结合力更强、吸附更为牢固的捕收剂离子（或分子）。矿物表面吸附捕收剂后，一方面使表面不饱和键在很大程度上得到补偿，从而大大削弱了矿物表面的“力场”；另一方面是分布在矿物表面水化层中非极性基的疏水效应，对水分子可产生强烈的排斥作用。所以捕收剂可破坏矿物表面与偶极水分子间的联系，降低矿物表面水化层的稳定性，并使其厚度变薄。在矿物表面疏水化过程中，首先破坏的是离矿物表面最远、最不牢固的那部分水化层，同时也将削弱靠近矿物表面联系最牢固的那部分水化层。当矿物表面的疏水性达到一定程度后，即矿物表面水化层的稳定性及厚度降低到一定程度，水化层就会出现破裂，或只剩下残余的水化膜，这时矿物与气泡相互接触和碰撞，就会出现三相润湿周边，实现矿粒与气泡黏附。

试验证明，捕收剂在矿物表面所造成的疏水性越强，这时矿物表面所呈现的润湿阻滞也越大，即固、液、气三相润湿周边沿矿物表面移动的阻力越大。可见，润湿阻滞的增大，亦可作为矿物表面疏水性增强的标志之一，亦可反映出捕收剂的作用效应。前苏联列宾捷尔 П. А. 曾研究过黄药（捕收剂）和重铬酸钾（抑制剂）溶液，分别对方铅矿与气泡附着的润湿阻滞及其接触角的影响，结果如图2－4所示。

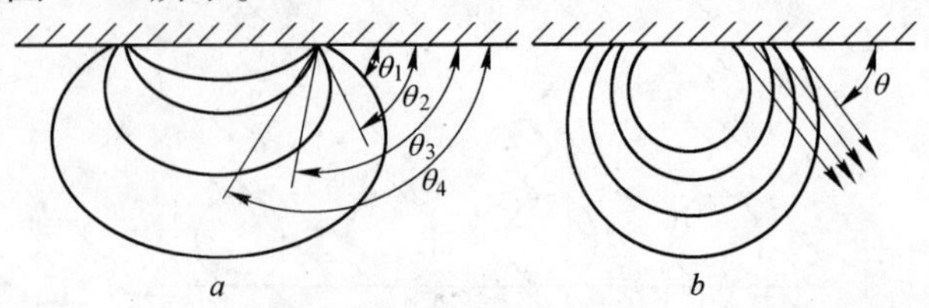

图2－4 浮选剂对矿物表面润湿阻滞的影响

a—预先用捕收剂（黄药）溶液处理过的方铅矿，磨光片上所呈现的润湿阻滞情况；
b—预先用抑制剂（重铬酸钾）溶液处理过的方铅矿，磨光片上所呈现的润湿阻滞情况

由图2－4*a*可以看出，预先用捕收剂处理过的方铅矿，如果将黏附在矿物表面上的气泡内的空气逐渐抽出，这时气泡虽然随之渐渐变小，但由于捕收剂使矿物表面疏水性增强，润湿阻滞增大，使三相润湿周边沿矿物表面移动受到很大的阻力，甚至几乎不能移动，致使呈现一种所谓“刚性”固着。所以，气泡虽逐渐变小，但接触角却随之增大，说明捕收剂可增强矿物在气泡上的黏附。而图2－4*b*中，预先用抑制剂处理过的方铅矿，由于表面水化性（亲水性）增大，所以随着气泡内空气的抽出，气泡逐渐变小，接触角的大小却仍保持不变，说明抑制剂不能使润湿阻滞增大，不能增强矿粒在气泡上的黏附。

可见，捕收剂可增大矿物表面的润湿阻滞，使矿物在气泡上黏附有一定的附着力，可使附着较为牢固和较为稳定。用示踪原子法研究还表明，在方铅矿表面黄药有浓集于固-液-气三相周边的迹象，这有利于提高矿粒在气泡上黏附的牢固程度。

另一方面，矿物表面越是疏水，所形成的水化层就越薄、越不稳定，这时矿粒与气泡相互接触和碰撞机会增多，黏附就越容易。换言之，捕收剂使矿物表面疏水化的结果，可使黏附所需要的时间大为缩短。黏附与疏水对于矿物浮选的效果，同等重要，就像一种好的捕收剂，极性基重要，非极性基也很重要。非极性基主要决定药剂的疏水性能，具体表现在影响药剂的溶解度，表面活性等。但极性基的水化程度，与矿物成键的极性大小，也能影响药剂的疏水-亲水性能；非极性基的表面活性也直接影响药剂的亲固能力，并且非极性基还能通过各种方式对极性基的亲固能力发生影响。

黏附时间快慢、长短也可作为矿物表面疏水程度及捕收剂作用效率的一种度量。

总之，在泡沫浮选过程中，捕收剂的作用主要是提高矿物表面的疏水性，增大矿粒在气泡上的黏附强度和缩短黏附所需要的时间（或称“感应时间”）。

为了说明浮选药剂的内在结构因素的相关性，将一些主要药剂列于表2－3中，以供参考。

表 2-3 一些浮选药剂的结构因素

药剂	分子式	价键因素				表面因素		空间因素	
		解离性	水溶性	极性	理化性质	非极性基种类	非极性基大小	极性基断面直径/nm	非极性基形状
(一)捕收剂									
黄药	ROCSSNa	弱离子型 $ROCSS^-$	易溶固体	极性	与重金属离子生成难溶化合物	正、异构烷基	$C_2 \sim C_5$	0.70	
黑药	$(RO)_2PSSNH_4$	弱离子型 $(RO)_2PSS^-$				烷基、甲苯基	$C_2 \sim C_5$	0.73	
氨基黄原酸盐	$R_2NCSSNa$	弱离子型 R_2NCSS^-				烷基	$C_2 \sim C_5$	0.70	
双黄药	$(ROCSS)_2$	非离子型	难溶固体			正、异构烷基	$C_2 \sim C_5$	1.01	
硫逐类	RNHCSOR′						$C_2 \sim C_5$	0.87	
硬脂酸皂	$C_{17}H_{35}COONa$	弱 $RCOO^-$	可溶固体		与碱土金属、重金属生成难溶化合物		$C_{10} \sim C_{20}$	0.52	
油酸皂	$C_{17}H_{33}COONa$					不饱和烯基	C_{17}	0.52	
磺酸钠	RSO_3Na	强离子型 RSO_3	可溶固体或不溶软膏	强极性		烷基	$C_{12} \sim C_{25}$	0.59	
第一胺	RNH_2	弱 RNH_3^+			与重金属离子生成络合物		$C_{10} \sim C_{18}$	0.37	
氨基酸	$RNH_2(CH_2)_2COOH$	两性 $RN^+H_2(CH_2)_nCOO^-$	可溶固体				$C_{10} \sim C_{18}$	0.52	
柴油类	C_nH_{2n+1}	非离子型	不溶液体	非极性	与矿物无化学活性	烷烃	$C_{10} \sim C_{20}$	0.40	

续表 2-3

药剂	分子式	价键因素				表面因素		空间因素	
		解离性	水溶性	极性	理化性质	非极性基种类	非极性基大小	极性基断面直径/nm	非极性基形状
(二)起泡剂									
正构醇	$C_nH_{2n+1}OH$	非离子型	溶度积很小的液体	极性	与矿物无化学活性	烷基	$C_6 \sim C_8$	0.28	直链
异构醇	$C_nH_{2n+1}OH$	非离子型	溶度积很小的液体	极性	与矿物无化学活性	异烷基	$C_6 \sim C_8$	0.28	支链
萜醇	$C_{10}H_{17}OH$	非离子型	溶度积很小的液体	极性	与矿物无化学活性	萜烯基	甲基六环	0.28	萜烯不饱和环
醚醇	$R(OC_nH_{2n})_mOH$	非离子型	溶度积很小的液体	极性	与矿物无化学活性	烷氧基	$C_8 \sim C_9$	0.28	直链
酚类	$R(C_6H_5)OH$	弱阴离子型	在碱中溶解	极性	与矿物无化学活性	芳香基	苯基	0.28	苯环
(三)抑制剂									
草酸	HOOC—COOH	阴离子型	易溶固体	极性	与金属离子生成水溶性络合物	无非极性基		0.52	
羧甲基纤维素	$(C_6H_9O_5)_n$ CH_2COONa	阴离子型	可溶固体	极性	与金属离子有一定化学活性	糖环	$n = 450 \sim 500$	0.52	长曲链
磺化木素		阴离子型	可溶固体	极性	与金属离子有一定化学活性	芳香基	相对分子质量 800~10000		较大的多环
淀粉	$(C_6H_{10}O_5)_n$	非离子型	不溶固体	极性	以氢键吸附	糖环	$n = 200 \sim 1000$	0.28	长曲链(有支链)

2.4　药剂的溶液化学

各类浮选药剂，无论是有机的捕收剂、起泡剂、抑制剂、絮凝剂，还是无机的各类调整剂、抑制剂、活化剂，主要的都是在矿浆溶液中发生作用。它们在溶液中存在的状态以及基本化学行为，对浮选作用有重要影响。

在浮选药剂作用机理的研究中，许多学说都与药剂溶液化学密切相关。例如，捕收剂离子交换吸附及分子吸附假说与药剂在水中解离行为及赋存状态有关。“溶度积”假说则与药剂在水中同矿物金属离子的沉淀及络合反应有关。黄药类捕收剂在某些硫化矿表面的氧化还原反应及其产物的捕收作用理论，与药剂在水中的氧化还原反应平衡有关。而近年来出现的长链表面活性剂疏水缔合或胶束产物浮选活性的研究以及半胶束吸附理论，则又与药剂在水中缔合平衡有关。高分子絮凝剂在水中的解离，卷曲舒展，缔合等赋存状态不同时，也对絮凝浮选作用产生重要影响；无机阳离子的活化作用，与在水中的水解、羟基络合反应之间有一定关系。各种酸、碱、盐抑制剂的浮选作用，也与它们的水解、解离、聚集状态密切相关。可见，浮选药剂的溶液化学，是研究浮选药剂作用，控制用药过程的基础知识，具有重要意义。

2.4.1　药剂解离平衡及浮选

药剂不论是捕收剂、调整剂或抑制剂等溶解于水中，能发生解离的则呈离子状态，不能发生解离的是分子状态。分子解离与否，解离多少直接影响药剂通过静电力在双电层中吸附与矿物表面的作用，以及同名、异名离子交换吸附的能力。

强电解质捕收剂在水中基本上全部解离成离子，因而主要以离子状态发生作用，例如调整剂中的无机强碱强酸盐是典型实例。而捕收剂中的烃基磺酸钠（烃基磺酸的 pK_a 值为 1.5），烷基硫酸钠等，除发生水解及化学反应等情况之外，在稀水溶液中也主要呈离子状态。

弱电解质药剂在水中发生水解、解离、未解离的分子与解离的离子存在比例，决定于药剂的解离常数与介质的 pH 值。

2.4.1.1　短链阴离子捕收剂示例

黄药属于弱酸强碱盐型化合物为短链阴离子捕收剂，在水中水解，解离如下：

$$NaA \rightleftharpoons Na^+ + A^-$$

$$A^- + H_2O \rightleftharpoons HA + OH^-$$

$$HA \rightleftharpoons H^+ + A^-$$

解离常数 K_a 为:

$$K_a = \frac{[H^+] \cdot [A^-]}{[HA]} \tag{2-1}$$

$$\frac{K_a}{[H^+]} = \frac{[A^-]}{[HA]} \tag{2-2}$$

可见，水溶液中药剂离子与分子的比例等于解离常数与溶液氢离子浓度之比，若将式2-2取对数，则有：

$$pH - pK_a = \lg \frac{[A^-]}{[HA]}$$

当 $pH = pK_a$ 时，$[A^-] = [HA]$，各占50%；

$pH - pK_a = 1$ 时，$[A^-]/[HA] = 10$，$[A^-]$ 所占比例为 $10/11 \approx 91\%$；

$pH - pK_a = -1$ 时，$[A^-]/[HA] = 0.1$，$[A^-]$ 所占比例为 $1/11 \approx 9.1\%$。

上述计算表明，对阴离子捕收剂，当浮选溶液 $pH > pK_a$ 时，药剂解离成阴离子状态者占优势。$pH < pK_a$ 时，未解离的分子状态占优势。

当捕收剂阴离子以静电力同矿物表面作用时，需具备两个条件，一方面只能同表面带正电荷的矿物作用；另一方面需要药剂在水中有足够比例解离成阴离子。矿物表面电荷符号受矿物零电点 PZC（或等电点 IEP），水溶液氢离子浓度（pH 值）及定位离子浓度的控制。当 pH < PZC 时，矿物表面带正电，与药剂阴离子间有静电引力，利于发生双电层中吸附。与此同时，若药剂解离成阴离子的状态占优势，也即同时满足 $pH > pK_a$，则药剂可通过静电力对矿物作用。

联合以上两个条件，某一阴离子型药剂对矿物以静电力有效作用的必要条件可以表示为：$pK_a < pH < PZC$。

式中，pK_a 为阴离子型药剂的解离常数负对数；PZC 为被浮选矿物的零电点；pH 值为静电力有效作用的矿浆条件。

2.4.1.2 阳离子捕收剂示例

以十二胺为例，解离常数有两种表示方法。

（1）酸解离式：

$$RNH_3^+ \rightleftharpoons RNH_2 + H^+$$

$$K_a = \frac{[RNH_2][H^+]}{[RNH_6{}^+]} \tag{2-3}$$

（2）碱水解式：

$$RNH_{2(aq)} + H_2O \rightleftharpoons RNH_3^+ + OH^-$$

$$K_b = \frac{[RNH_3^+][OH^-]}{[RNH_{2(aq)}]} = 4.3 \times 10^{-4} \quad (2-4)$$

此外，包括十二胺的溶解平衡：

$$RNH_{2(s)} \rightleftharpoons RNH_{2(aq)}$$

$$K_s = [RNH_{2(aq)}] = 2 \times 10^{-5}$$

此即分子溶解度，则对固体十二胺：

$$RNH_{2(s)} + H_2O \rightleftharpoons RNH_3^+ + OH^-$$

$$K_s = K_b \cdot K_s = [RNH_3^+][OH^-] = 8.6 \times 10^{-9}$$

K_a 与 K_b 的关系为：$K_b = 10^{-14}/K_a$，而 $[H^+][OH^-] = 10^{-14}$，再由式2-4得：

$$\frac{[H^+]}{K_a} = \frac{[RNH_3^-]}{[RNH_{2(aq)}]} \quad (2-5)$$

当 pH = 10.65 时，$[RNH_3^+] = [RNH_{2(aq)}]$

取对数：
$$pH - pK_a = \lg \frac{[RNH_{2(aq)}]}{[RNH_3^+]}$$

以 B 代表 RNH_2，

当 $pH = pK_a$ 时，$[BH^+] = [B]$，各占50%。

当 $pH - pK_a = 1$ 时，$[B]/[BH^+] = 10$，$[BH^+]$ 所占比例为1/11≈9.1%。

当 $pH - pK_a = -1$ 时，$[B]/[BH^+] = 0.1$，$[BH^+]$ 所占比例为10/11≈91%。

与上节讨论的阴离子型捕收剂作用相反，阳离子型药剂对矿物以静电力有效作用的必要条件为：$pK_a > pH > PZC$。

2.4.1.3 两性捕收剂示例

两性捕收剂解离情况，以氨基酸为例。

在碱性溶液中：

$$RNHCH(CH_3)CH_2COOH + OH^- \rightleftharpoons RNHCH(CH_3) \cdot CH_2COO^- + H_2O$$

在酸性溶液中：

$$RNHCH(CH_3)CH_2COOH + H^+ \rightleftharpoons RNH_2{}^+CH(CH_3) \cdot CH_2COOH$$

处于阴阳离子平衡状态的 pH 值称为零电点 pH，以 pH_0 表示。实践证明在 pH_0 处，药剂对矿物浮选行为发生转折。

（1）当 $pH_0 < PZC$ 时，静电力作用的有效条件为：$pH_0 < pH < PZC$。

（2）当 $pH_0 > PZC$ 时，有效条件为：$pH_0 > pH > PZC$。

从上述药剂的简单示例中，可以了解药剂的解离度、溶液的 pH 值、零电点（或称为等电点）即 pK_a、pH、PZC 三者之间的静态与动态关系。

为此，将常见捕收剂的解离常数及两性捕收剂零电点（PZC）pH 值即 pH_0 列于表 2－4 ~ 表 2－7。

表 2－4　黄原酸的解离常数

烷基黄原酸	K_a 值	测定者	烷基黄原酸	K_a 值	测定者
甲　基	3.4×10^{-2}	真岛宏	乙基	3.0×10^{-3}	Last
乙　基	2.9×10^{-2}		戊基	1.0×10^{-6}	
丙　基	2.5×10^{-2}		乙基	1.0×10^{-5}	Fuersteau M C
丁　基	2.3×10^{-2}		丙基	1.0×10^{-6}	
戊　基	1.9×10^{-2}		丁基	7.9×10^{-6}	
异丙基	2.0×10^{-4}		戊基	1.0×10^{-6}	
乙　基	5.2×10^{-4}	Nixon			
戊　基	2.5×10^{-5}				

表 2－5　脂肪酸的解离常数

脂肪酸	K_a 值	脂肪酸	K_a 值
HCOOH	2.1×10^{-5}	$C_6H_{13}COOH$	1.3×10^{-5}
CH_3COOH	1.83×10^{-5}	$C_7H_{15}COOH$	1.41×10^{-5}
C_2H_5COOH	1.32×10^{-5}	$C_8H_{15}COOH$	1.1×10^{-5}
C_3H_7COOH	1.50×10^{-5}	$C_{12}H_{28}COOH$	5.1×10^{-6}
C_4H_9COOH	1.56×10^{-5}	油酸	1.0×10^{-6}
$C_5H_{11}COOH$	1.4×10^{-5}		$1\times10^{-4.95}$

表 2－6　脂肪胺的解离常数

脂肪胺名称	K_b 值	脂肪胺名称	K_b 值
壬　胺	4.4×10^{-4}	十五烷（碳）胺	4.1×10^{-4}
癸　胺	4.4×10^{-4}	十六烷（碳）胺	4.0×10^{-4}

续表2-6

脂肪胺名称	K_b 值	脂肪胺名称	K_b 值
十一烷（碳）胺	4.4×10^{-4}	十八烷（碳）胺	4.0×10^{-4}
十二烷（碳）胺	4.3×10^{-4}	溴化十六烷吡啶	3.0×10^{-4}
十三烷（碳）胺	4.3×10^{-4}	N-甲基十二胺	1.0×10^{-3}
十四烷（碳）胺	4.2×10^{-4}	二甲基十二胺	5.5×10^{-5}

表2-7 常见两性捕收剂的零电点 pH_0

药剂名称		pH_0
十六烷氨基乙酸	$C_{16}H_{33}NHCH_2COOH$	4.5
N-椰油-β-氨基丁酸	$RNHCH(CH_3)CH_2COOH$	4.1
N-十二烷基-β-氨基丙酸	$C_{12}H_{25}NHCH_2CH_2COOH$	4.3
N-十二烷基-β-次氨基二丙酸	$C_{12}H_{25}N(CH_2CH_2COOH)_2$	3.7
N-十四烷基氨基乙基磺酸	$C_{14}H_{29}NHCH_2CH_2SO_3H$	1.0
硬脂酸氨基磺酸		6.3~6.6
油酸氨基磺酸		6.3~6.6

2.4.2 药剂与矿物表面晶体金属离子的键合

对于以化学吸附（或表面化学反应）为主而吸附固着于矿物表面的捕收剂，为了判断其吸附固着强度和作用的选择性，按溶液化学原理，可用组成矿物晶体金属阳离子的同名离子，与捕收剂阴离子进行反应生成容积化合物，然后通过比较它们的溶解度或溶度积值即可进行大致的判断。例如，碱土金属离子，由于其黄原酸盐的溶解度很大（见表2-8），于是就认为黄药阴离子不能在由碱土金属离子组成的矿物表面吸附固着，重金属离子如铜、铅等与黄药反应形成的黄原酸盐溶解度很小，所以认为，黄药阴离子可以比较牢固地吸附固着在由这些重金属离子所组成的硫化矿物表面。且溶度积值越小，吸附越容易进行，吸附固着强度亦越大。

表2-8 黄原酸钾钠盐的溶解度

非极性基		$n-C_5H_7$（正丙基）		$i-C_3H_7$（异丙基）		$n-C_4H_9$（正丁基）		$i-C_4H_9$（异丁基）		$i-C_5H_{11}$（异戊基）	
盐种类		K	Na	K	Na	K	Na	K	Na	K	Na
溶解度	0℃	34.0	17.6	16.6	12.1	32.4	20.0	10.7	11.2	28.4	24.7
	35℃	58.0	43.3	37.15	37.9	47.9	76.2	47.67	33.37	53.3	43.5

由于浮选过程的复杂性，且捕收剂与矿物的作用是发生在相界面上，也就是说，在矿物表面发生的化学吸附（或表面化学反应），并不完全遵循容积化合物的溶解度或溶度积规律。不过作为评定捕收剂与矿物相互作用的选择性和键合能力相对大小（即作用相对强度）的一种判据还是很有价值的。

黄原酸离子在水溶液中极易和重金属离子反应。生成沉淀，而且其溶解度都比较小。表2-9列出了不同黄药重金属盐的溶度积 pL（pL 为溶度积负对数）。

表2-9 不同金属黄原酸盐的溶度积 p*L*

离子名称	丙基	异丙基	丁基	异丁基	戊基	己基	辛基	壬基	月桂基
Ag^{+}	18.6	18.8	19.5	19.2	19.7	20.8	20.4	22.6	23.8
Pb^{2+}		17.8	18.0	17.3	17.6	20.3	21.3	24.0	26.3
Cu^{2+}		24.7	26.2	26.3	27.0	29.0		30.0	37.0
Ni^{2+}		13.4	10.43		14.5	16.5	17.7	22.3	23.0
Co^{2+}						14.3		21.3	
Fe^{2+}								11.0	
Zn^{2+}	9.47	9.68	10.43	10.56	11.81	12.90	15.82	16.2	
Cu^{+}			20.39						
Hg^{2+}	38.55		39.14			40.27			

由表2-9数据可见，同一种金属离子不同非极性基的同系物盐的溶解度随着烃基相对分子质量加大而减小，溶度积增大，根据热力学推导及实验测定证实，正构烷基相差一个—CH_2—基的同系物，溶度积的关系为：

$$\frac{L_n}{L_{n+1}} = 4.19 \quad 或 \quad \left(\frac{L_n}{L_{n+a}}\right)^{\frac{1}{a}} = 4.19$$

式中，L 为溶度积；n 为烷基中碳原子数；a 为正整数。

因此溶度积与正构烷基中碳原子数目之间存在着半对数直线关系，即：

$$pL = A + B_n$$

金属黄原酸化合物的溶解度和极性-非极性特征，当金属与黄药中硫之间成键的共价性增大，离子性减小时，溶解度及极性随之减小。比较表2－9中不同金属盐溶度积的差别可见，金属特性的影响比烃键长度的影响更为显著，对短烃链的药剂尤其明显。这是黄药捕收剂对不同金属矿物之间作用有选择性的主要原因。从表2－9可见，黄原酸锌的溶度积远大于铜、铅及汞盐；在浮选应用中，通常都是优先浮选铜、铅，达到与锌矿物的分离。

黄原酸重金属化合物能溶解于非极性的有机溶剂中，如甲苯、氯仿及丙酮等。这也说明这些化合物的极性较小。利用这一性质，可以从稀的金属离子水溶液中，用黄药将金属离子沉淀再用有机溶剂萃取，以达到提取黄原酸金属化合物。这个过程常用作净化溶液，回收金属离子及分析检验黄原酸浓度的方法。

黄原酸阴离子与某些易还原的金属离子（如 Cu^{2+}）反应，生成低价金属盐及双黄药，例如：

$$4(ROCSS^-) + 2Cu^{2+} \longrightarrow 2Cu(ROCSS)_2 \longrightarrow 2CuROCSS + (ROCSS)_2$$

开始形成的黄原酸沉淀是不稳定的，只能暂时存在。同样黄原酸铁也是不稳定化合物，在酸性介质中 Fe^{3+} 会使黄药氧化成双黄药：

$$2X^- + 2Fe^{3+} \longrightarrow 2Fe^{2+} + X_2$$

在碱性介质中则形成氢氧化铁，此时不发生黄药的氧化。

另外，从地球化学矿物结构出发，硫代化合物类的黄药、黑药极易和亲铜系金属离子生成难溶性沉淀。以乙基黄药和乙基黑药为例，说明其与亲铜、亲铁系金属离子反应而形成的难溶物的溶度积值列于表2－10中。从表可见，具有相同碳链的黄药和黑药，对同一种金属离子可形成的溶度积，黑药重金属盐大于黄药的重金属盐。

表2－10　黄药、黑药金属盐的溶度积（据 Каковский）

金属名称		价态（n）	$(C_2H_5OCSS)_nMe$	$[(C_2H_5O)_2PSS]_nMe$
亲铜系	Cu	1	5.2×10^{-20}	1.4×10^{-16}
	Ag	1	5.0×10^{-19}	1.2×10^{-16}
	Au	1	6.0×10^{-30}	6.0×10^{-27}
	Hg	2	1.7×10^{-38}	1.3×10^{-32}
	Pb	2	1.7×10^{-17}	2.2×10^{-12}
	Cd	2	2.6×10^{-14}	7.6×10^{-9}
	Sn	2	2.0×10^{-15}	1.5×10^{-10}
	Bi	3	1.2×10^{-31}	7.5×10^{-12}
	Sb	3	约 10^{-24}	
	Zn	2	4.9×10^{-9}	1.2×10^{-5}

续表 2-10

金属名称		价态 (n)	$(C_2H_5OCSS)_nMe$	$[(C_2H_5O)_2PSS]_nMe$
亲铁系	Co	2	5.4×10^{-13}	
	Ni	2	1.4×10^{-12}	1.7×10^{-4}
	Ti	1	3.5×10^{-8}	1.2×10^{-2}
	Fe	2	8×10^{-8}	
	Mn	2	$<10^{-2}$	

表中所列数据，对于分析讨论药剂作用机理有着重要的参考意义。例如由表2-10可以推断，用硫代化合物类捕收剂浮选硫化矿物时，捕收剂在矿物表面的键合强度一般都比较高，且具有较好的选择性。但是对第一类亲石系的碱金属及碱土金属离子而言，硫代化合物类捕收剂就不能吸附固着在由第一类金属离子组成的矿物表面，使之具有较好的选择性。

其他巯基捕收剂，如烃基氨基二硫代甲酸与黄药、黑药同金属离子反应的性质相似，表2-11是二烷基化合物的金属盐溶度积。

表2-11 二乙基二硫代氨基甲酸盐金属盐的溶度积 p*L*

金属离子	Cu^+	Ag^+	Au^+	Zn^{2+}	Cd^{2+}	Hg^{2+}	Fe^{2+}	Cu^{2+}	Pb^{2+}	Bi^{3+}
p*L*	21.19	20.36	33.64	16.07	21.21	43.85	16.07	30.85	22.85	51.0

硫氨酯类药剂通式为RNHC(S)OR′，为水不溶性油状液体，也可以同金属离子缓慢反应产生沉淀或络合物，但溶度积较大，通常在实验室内不易观察到此反应，用吸收光谱可以测出反应产物。有人估计硫氨酯铜盐的溶度积约为10^{-9}。

对于含氧酸类阴离子捕收剂。主要有羧酸类（脂肪酸 $R—C(=O)—OH$），磺酸类（$R—S(=O)_2—OH$），羟肟酸类［$R(Ar)—C(OH)=N—OH$］，胂酸及膦酸类（$Ar—As(=O)(=O)—OH$，$Ar—P(=O)(=O)—OH$）等。

这些捕收剂主要用于非硫化矿物浮选，烃基链远比硫化矿捕收剂要长，故其酸或盐在水中溶解度都较小。

该类捕收剂当烃链足够长时，也能与金属离子形成难溶化合物，如表

2-12，表2-13所列是脂肪酸及磺酸盐金属化合物的溶度积，表2-14所示为各种含氧酸捕收剂的 K_a 值及铁、钙盐溶度积。

表2-12 金属脂肪酸盐的溶度积 p*L*

脂肪酸根（离子）	金属离子													
	K^+	Ag^+	Pb^{2+}	Cu^{2+}	Zn^{2+}	Cd^{2+}	Fe^{2+}	Ni^{2+}	Mn^{2+}	Ca^{2+}	Ba^{2+}	Mg^{2+}	Al^{3+}	Fe^{3+}
$C_{15}H_{31}COO^-$	5.2	12.2	22.9	21.6	20.7	20.2	17.8	18.3		18.0	17.6	16.5	31.2	34.3
$C_{17}H_{35}COO^-$	6.1	13.1	24.4	23.0	22.2		19.6	19.4		19.6	19.1	17.7	33.6	
$C_{17}H_{33}COO^-$	5.7	10.9	19.8	19.4	18.1	17.3	15.4	15.7	15.3	15.4	14.9	13.8	30.0	34.2

表2-13 脂肪酸钙和烷基磺酸钙的溶度积 p*L*

烷基中碳原子数	$(RSO_3)_2Ca$	$(RCOO)_2Ca$	备 注
8	6.2×10^{-9}	2.7×10^{-4} (1.4×10^{-6})	
9	7.5×10^{-9}	8.0×10^{-9} (1.2×10^{-7})	
10	8.5×10^{-9} (1.1×10^{-7})	3.8×10^{-10}	
11	2.8×10^{-9}	2.2×10^{-11}	括号中为另一文献报道的数据
12	4.7×10^{-11} (3.4×10^{-11})	8.0×10^{-13}	
14	2.9×10^{-14} (6.1×10^{-14})	1.0×10^{-15}	
16	1.6×10^{-16} (2.4×10^{-15})	(1.6×10^{-16})	
18	3.6×10^{-15}	(4.0×10^{-18})	

表2-14 含氧酸捕收剂的 K_a 及铁钙盐溶度积 p*L* 比较

含氧酸	烷基磺酸	烷基胂酸	脂肪酸	烃基羟肟酸
结构	RS(OO)OH	$RAsO(OH)_2$	RCOOH	RC(OH)NOH
p*K*	约1.5	约3.7~4.7	约5	约9
p*L*			6~11	
$R_{C_6\sim C_8}$酸钙盐 p*L*	7~9			
$R_{C_6\sim C_8}$酸铁盐 p*L*		9~11	6~11	约15

由表2-9~表2-14的数据可见，含氧酸捕收剂与巯基捕收剂相比，其金

属盐特性差别在于：含氧酸化合物金属盐溶解度远大于巯基化合物，仅当烃链较大时，才有足够小的溶度积，在水中形成难溶沉淀。

表2-15所列为各种不同碳链的磺酸盐（不同金属离子）的溶解度。

表2-15 各种烷基磺酸盐在100g水中的溶解度（g）

烷基中碳原子数	钠盐		镁盐		钙盐	
	25℃	60℃	25℃	60℃	25℃	60℃
C_{12}	0.253	48	0.033	48	0.011	0.033
C_{14}	0.041	38.8	0.035	0.016	0.0014	0.005
C_{16}	0.0073	6.49	0.0012	0.06	0.005	0.0013
C_{18}	0.001	0.131	0.0012	0.003	0.006	0.0007

长链含氧酸类化合物同钙镁等碱土金属离子也能形成难溶物（因此抗硬水能力较差），但不同的金属离子化合物之间溶度积差别不像巯基化合物那样明显。

含氧酸类化合物中，金属-羟基氧间成键的极性大于巯基化合物中金属-巯基硫间键极性，含氧酸类化合物中非极性基对其溶解度的影响更为重要，巯基化合物中金属特征的影响更为重要；含氧酸类捕收剂对不同金属矿物作用差异小，反映在浮选性质上，通常浮选选择性不如巯基捕收剂。

2.5 浮选药剂结构特点与接触角的关系

2.5.1 极性基及亲固（键合）原子

在浮选药剂中作为捕收剂的极性基是解决该药剂有选择性的，比较牢固地吸附固着在矿物表面的浮选官能团，又称之为亲固基，而其非极性基（即烃基）就是疏水基。所以浮选捕收剂是有机异极性化合物。

极性基中最重要的是直接与矿物表面作用的原子即所谓键合原子（或称亲固原子），此外，还有与键合原子直接相连的中心原子以及连接原子等。整个捕收剂分子各部分的结构、性能以及彼此间的相互联系和相互影响，最终决定了整个捕收剂分子的捕收性能。

现以浮选硫化矿的捕收剂二乙基氨基二硫代甲酸钠（乙硫氮）为例，列出其分子内部的组成结构及其相互关系，以有助于下面对极性基和极性基中其他原子对药剂捕收性能影响的讨论。

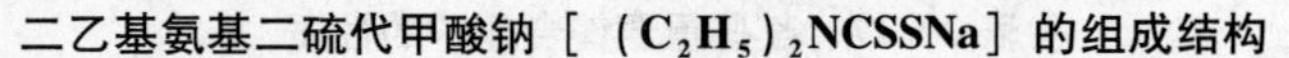
二乙基氨基二硫代甲酸钠［$(C_2H_5)_2NCSSNa$］的组成结构

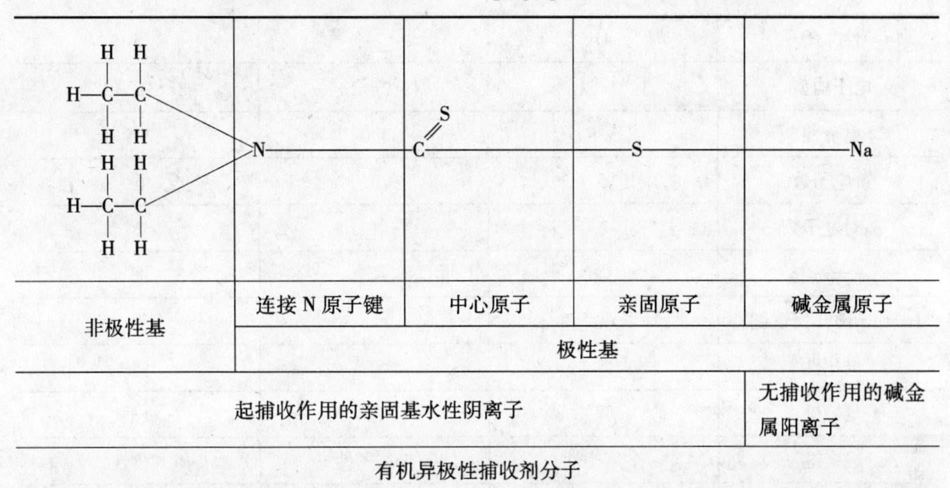

非极性基	连接 N 原子键	中心原子	亲固原子	碱金属原子
	极性基			
起捕收作用的亲固基水性阴离子				无捕收作用的碱金属阳离子
有机异极性捕收剂分子				

除乙硫氮（硫氮 9 号）结构式中的亲固原子（即键合原子）硫外。其他各种键合原子列在表 2-16 中，除表 2-16 中所列的元素外，烯烃、炔烃和芳香烃的 π 键有时也可能提供 π 电子与金属成键，例如乙炔基甲醇、1-丁氧基-2-乙烯氧基乙烷、异丁烯基乙炔基甲醇等用作硫化矿捕收剂。

$$HC{\equiv}CCH_2OH \qquad C_4H_9OCH_2CH_2OCH{=}CH_2 \qquad (CH_3)_2C{=}CH\underset{OH}{\underset{|}{C}}HC{\equiv}CH$$

乙炔基甲醇　　1-丁氧基-2-乙烯氧基乙烷　　异丁烯基乙炔基甲醇

在表 2-16 中所列的各种键合原子中，以 N、O、S 为选矿药剂所常用。Somasundaram 等人对 N、O、S 键合原子的性质作了研究。N、O、S 的一些重要的性质列于表 2-17。

表 2-16 浮选药剂组成元素

			H
C	N	O	F
Si	P	S	Cl
	As	Se	Br
	Sb	Te	I

注：表中全部元素为构成浮选药剂的可能元素，虚线范围内元素为可能的键合原子，实线内 N、O、S 为常见浮选药剂的键合原子，虚线外元素为非极性部分的组成元素。

表2-17 某些重要键合原子的性质

性 质	O	N	S
电子构型	$1s^22s^22p^4$	$1s^22s^22p^3$	$3s^23p^43d^0$
电负性	3.5	3.0	2.5
价电子数	6	5	6
孤对电子数	2	1	2
pπ-pπ键	强	强	弱
dπ-dπ键（反馈键）	无	无	强
极化性	差	好	强
氢 键	强	强	极弱
成 键	多离子性	少离子性	共价性
空间可达性	低	低	高

根据表中所列的性质，键合原子可分为两种不同的类型，N、O是一类，S是另一类。

N、O原子的电子构型分别是$1s^22s^22p^3$和$1s^22s^22p^4$，价态分别是3和2；S是第三周期的元素，电子构型$3s^23p^43d^0$，与N、O不同，S除了可以形成正常的2价化合物以外，它还可以有其他更高的价态，使S在配位性能上与O或N有较大区别，这是由S的d轨道性质所决定的。S的3d轨道或3p轨道的能量差不大，电子可以从3s或3p跃迁入3d轨道，这意味着S的3d轨道可以参与它与其他化合物的反应，如形成dπ键等。S的d轨道参与成键的这种性质使它容易与过渡金属元素作用，因为过渡金属未充满电子的d轨道处于外层，容易与S的d轨道成键（共价键、反馈键等），并且，由于d轨道容易极化，形成的键轨道重叠性大，共价性强。d轨道性质不同，使S作为键合原子与亲铜元素矿物化合时比O或N具有更好的选择性。

从各键合原子的电负性看，存在着电负性值减少顺序：O（3.5）>N（3.0）>S（2.5）。电负性代表了化合物分子中原子吸引电子的能力，O高达3.5的电负性值说明它吸引电子的能力极强，可以与周期表中多数金属元素形成离子键。因此，O是一种作用能力广泛的键合原子，但相应的，它作为键合原子选择性较差。三种键合原子的选择性顺序是：S>N>O。另外，由于电负性大的缘故，O和N可以容易地形成较强的氢键，而S形成氢键的能力极弱。

S的几何尺寸比O或N大，在成键的过程中，S在空间结构上与O或N有明显差别。

概括起来，N、O类键合原子一般可以通过提供电子对与几乎所有类型的路易斯酸、金属原子或分子形成配位化合物。而S类键合原子主要与 d^{10} 型金属形成配位化合物。当然，键合原子的性质不是一成不变的，分子中其他原子对键合原子的性质可以产生较大的影响。

极性基与捕收性能系统，除了主要决定亲固能力的键合原子外，极性基对药剂捕收性能还有其他的一些影响。

(1) 影响捕收剂的物理性质。极性基的组成结构对捕收剂分子的物理性质有一定影响，主要表现为影响药剂的溶解度、解离度、药剂极性的大小，在矿物表面发生物理吸附的能力和特性等。

(2) 决定捕收剂与矿物表面活性质点作用的键能因素。极性基的组成结构对捕收剂分子的化学性质具有决定性的影响，它决定着捕收剂与介质中其他组分间的化学反应行为，在矿浆中的稳定性，在矿物表面发生吸附或表面化学反应的选择性以及吸附固着的牢固程度等。

(3) 决定捕收剂与矿物作用的空间几何因素。由于极性基的横断面尺寸通常都比非极性的大，对药剂的选择性有较大影响。因此，极性基横断面的几何尺寸，成键原子的键角，螯合吸附的环数等将影响着捕收剂在矿物表面吸附固着的可能性和吸附固着的牢固程度，例如胂酸基的几何尺寸较膦酸基的要大，在锡石选矿实践中胂酸的捕收能力和选择性通常认为比膦酸为好。另外，极性基横断面的几何尺寸，还影响着捕收剂在矿物表面吸附固着时彼此间的距离，从而影响烃键间的缔合能力等。

此外，极性基本身水化性的不同，还影响着整个捕收剂相对分子（或离子）质量的大小及其对矿物表面的亲水—疏水总效应。

2.5.2 极性效应

极性基通过极性效应能够影响键合原子性质从而影响药剂分子的浮选性能。极性效应包括诱导效应和共轭效应。

诱导效应是指在一个非对称结构的有机分子中，由于各原子吸引电子的能力不同而造成的电子云偏转，这种作用可通过静电诱导作用沿分子链传递下去。几乎所有结构类型的极性基中都存在这种诱导作用。在浮选药剂分子的极性基中，其他原子通过削弱或加强键合原子的电荷密度而影响其键合能力。例如，在黄原酸钠（黄药）分子中，O的诱导效应就减少了键合原子S上的电荷密度，而在三硫代碳酸钠分子中，与R相连的S原子的诱导效应则相对增加了键合原子S上的电荷密度。

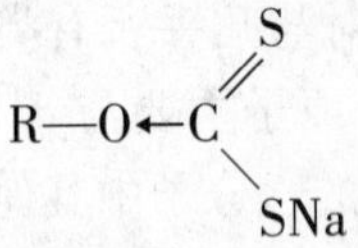

$$R—O \leftarrow C(=S)—SNa \qquad R—S \rightarrow C(=S)—SNa$$

黄原酸钠	三硫代碳酸钠
拉电子诱导效应	给电子效应（或较小的拉电子效应）
键合原子 S 上电荷密度减少	键合原子 S 上电荷密度较大

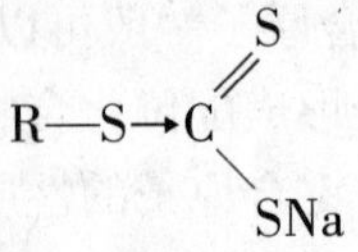

诱导效应的大小可以根据组成极性基的各原子的电负性值加以判断，电负性大的元素吸引电子的能力强，拉电子诱导效应大；反之，电负性小的元素往往是显示给电子诱导效应或拉电子效应弱。

共轭效应是指共轭 π 键引起的化合物性能的改变。在浮选药剂分子中常常存在着共轭现象，较重要的有 π—π 共轭和 p—π 共轭两种情形。共轭效应的存在可以导致极性基键合原子的性能发生改变、药剂的亲水-疏水性质发生改变等。比较而言，我们更关心由于不对称结构中共轭效应引起的极性基键合原子上电荷的转移。例如，常用的非硫化矿捕收剂分子的极性基中就存在十分明显的共轭效应，键合原子 O 的带孤对电子的 p 轨道与 C ═O 的 π 键之间形成的 p—π 共轭使羟基氧原子上的电子向分子内分散，使 H 易于解离，提高了药剂的溶解能力，但 O 的键合能力也因此有所削弱。

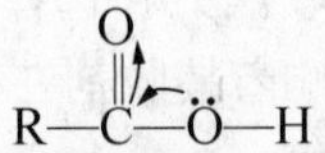

$$R—C(=O)—\ddot{O}—H$$

应当注意的是，在极性基中，诱导效应和共轭效应往往同时存在，两种效应所引起的电子云偏移方向在有的浮选药剂分子中相同，在有的浮选药剂分子中则相反，应予区别，对于后一种情况，应看它们的综合效果。

根据极性效应我们对极性基含有同样的键合硫原子，即含巯基（—SH）的捕收剂进行具体分析：黄药、黑药、硫醇和硫代氨基甲酸（盐）它们均有相同的键合原子，但极性基中的其他原子各异，所以性质也存在差别。例如：黄药和黑药相比，前者的中心核原子是碳，后者则是磷，相邻的连接原子数量的不同，前者即黄药有一个［—O—］，后者有两个［—O—］。

黑药的中心核原子 P 电负性 $X_P = 2.1$，黄药的 C 电负性 $X_C = 2.5$，$X_P < X_C$，所以 P 对键合原子 S 上的电子云吸力要比 C 对 S 键合原子上电子云的吸力要弱一些；就相邻连接原子而言，氧的电负性大，$X_O = 3.5$，因为黄药和黑药中心核原子相邻的连接原子氧，黄药是一个，黑药是两个，所以综合考虑获得的综合结果是黑药中键合硫原子上的电子云密度因受诱导效应的影响，反而比黄药的低些，因此黑药的亲固能力，也就是与重金属阳离子的结合固着能力要比黄药的弱，即黑药的捕收能力不如黄药。

用同样的道理将黄药与硫醇化合物相比较分析，得出的结论是硫醇化合物［RSH（Me）］对许多硫化物的捕收能力强于黄药。

用极性效应、中心原子、中心原子相邻的连接原子的对比分析，同样可以对一硫代碳酸盐，二硫代碳酸盐和三硫代碳酸盐捕收性能作出比较。结论是三者之间捕收性能依次由弱到强。

R—O—C(O)—S—H(Me) < R—O—C(S)—S—H(Me) < R—S—C(S)—S—H(Me)

一硫代碳酸（盐）　　二硫代碳酸（盐）　　三硫代碳酸（盐）

实验所得到的验证也是一样，一硫代碳酸盐的捕收能力最弱，二硫代碳酸盐的捕收能力居中，三硫代碳酸盐的捕收能力最强。

2.5.3　含氧酸与极性基

浮选中常见的烃基含氧酸类捕收剂包括脂肪酸类、烃基磺酸和烷基硫酸类、烃基膦酸和胂酸类以及羟肟酸类等。烃基含氧酸类捕收剂的共性，是键合原子都是氧（可视为带—OH基的捕收剂），它们主要用于浮选各种金属氧化矿物等。但由于极性基含氧原子数及中心核原子不同，因而带来各自性质的差异。

现将上述各种烃基含氧酸类捕收剂的结构式及在水溶液中的电离度（用电离常数的负对数值 pK_a 表示），列举如下，以便比较极性基所含氧原子数及中心核原子类别对药剂性能的影响。

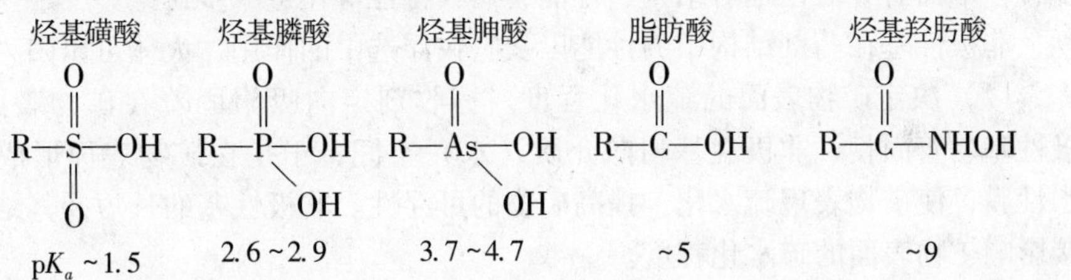

比较它们的电离常数值可以看出一种大致趋势，即极性基含氧原子数多的酸，由于氧原子的电负性值较大（X_O =3.5），存在着较强的诱导效应，使键合氧原子上的电子云密度减小，O—H键减弱，酸解离能力增强，故解离常数 K_a 增大（负对数值 pK_a 变小）。

例如，烃基磺酸与脂肪酸中心核原子分别为S和C，两者的电负性值虽然相当（均为2.5），但烃基磺酸的极性基含连接氧原子数多，所以它的酸解离常数 K_a 大（pK_a 小）。

酸解离常数 K_a 大（pK_a 小）的捕收剂，如烃基硫酸或磺酸类，其基本特性是在矿物表面吸附时一般具有较大的离子性，所以这类捕收剂有利于在矿物表面双电层发生静电吸附或形成离子键结合；反之，电离度小即酸解离常数 K_a 小（pK_a 大）的捕收剂如羟肟酸类等，当在矿物表面吸附固着时则具有较大的共价性，所以这类药剂将有利于在矿物表面和晶格金属阳离子以共价键形成化学吸附。

至于烃基膦酸与烃基胂酸，因两者结构完全相同，致使它们的浮选性质近似。但两者的中心核原子不同，烃基膦酸为P，其电负性值 $X_P=2.1$；而烃基胂酸的中心核原子为As，电负性值 $X_{As}=2.0$，可见，膦酸的酸解离常数 K_a 比胂酸要稍大一些。试验表明，当烃基为 $C_6 \sim C_8$ 的烷基或甲苯基时，两者均具有良好的捕收性能。

2.6 浮选药剂非极性基结构与性能

2.6.1 非极性基结构与作用

浮选药剂非极性基主要由C、H原子所组成，少数情况也含O、S、N、卤素等杂原子，在有机硅及氟有机物中含有Si、F元素。浮选药剂非极性基的作用可以概括成以下几个方面：其一是疏水作用，如使矿物表面疏水化、使水溶液表面张力降低等；其二是对极性基在矿物表面的吸附产生影响；其三是连接作用，作为基本烃架连接各极性基团；其四是缔合作用，这是非极性基之间的相互作用，又称链-链作用，可以加强药剂在矿物表面的吸附牢固程度。

非极性基有直链烷基、异构烷基、不饱和烃基、芳香基、含杂原子烃基等多种。下面有针对性地对结构、性能、捕收特性等作进一步讨论。

非极性基在药剂结构中的性能以及它在浮选中的作用，大体可以归为：

(1) 决定矿物表面的疏水化程度。捕收剂定向吸附固着在矿物表面后，极性基朝着固相，非极性基朝向介质（水）空间，于是在矿物表面形成了疏水性膜，使矿物表现疏水化，提高矿物的可浮性。非极性基的长短及其结构直接影响矿物表面的疏水化程度。

(2) 影响捕收剂的亲固能力和作用的选择性。捕收剂在矿物表面定向吸附固着时，非极性基之间由于范德华力的作用，烃链之间会发生相互吸引缔合（习惯上称之为烃链间的缔合力），一些饱和键、醚键等会产生电子云转移，可溶性增强等，从而增强了捕收剂在矿物表面的吸附固着强度，其情况如图2-5所示。

由图2-5可看出，要使捕收剂从矿物表面解吸，不仅要克服极性基与矿物间的亲固力，而且还要克服非极性基彼此间的缔合力。这种缔合力的强弱，与非极性基的长短及其结构直接相关。例如，矿浆中的氢氧根离子，如要从方铅矿（PbS）表面排除丁基黄药（$C_4H_9OCSS^-$），比排除乙基黄药（$C_2H_5OCSS^-$）时碱的浓度需高8~10倍，至于长碳链的烃基含氧酸类和胺类捕收剂，其非极性基之间的相互缔合作用常能更显著地影响着药剂的捕收性能。可见，捕收剂的亲固能力及其作用的选择性，虽然主要取决于极性基的组成与结构，然而非极性基的长短及其结构特点也有一定影响。

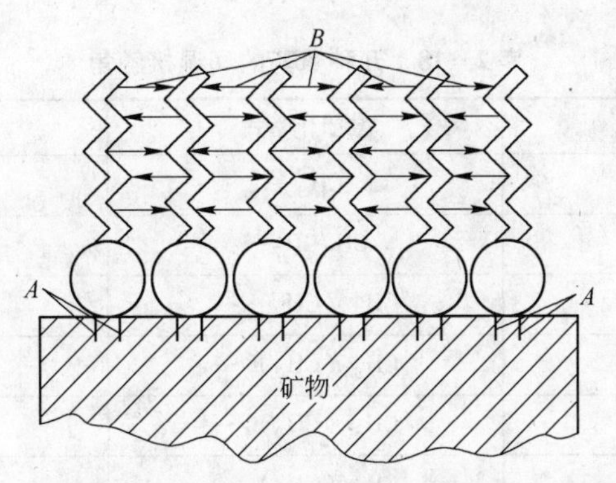

图 2-5 矿物晶格阳离子与阴离子捕收剂极性基相互作用的化学键能（*A*）及捕收剂烃链间相互作用缔合力（*B*）示意图

（3）影响药剂的水溶性和捕收剂-金属盐的溶解度。非极性基对捕收剂在水溶液中的溶解度、表面活性以及捕收剂与金属阳离子相互作用生成的捕收剂-金属盐的溶解度均有直接影响。

捕收剂的水溶性、表面活性以及捕收剂、金属盐的溶解度，与非极性基关系重大，一般来说，随着烃链的增长，烃链间彼此缔合的能力随之加大，与此同时，要使溶液中的捕收剂分子（或离子）彼此分开，或使定向吸附固着矿物表面捕收剂分子（或离子）彼此分开并解吸就越不容易；随着烃链的增长，非极性基中的色散力亦随之增大，这时药剂分子越不易发生水化作用，捕收剂与金属离子形成的化合物溶解度也越小。可以从重金属黄原酸盐的溶解度从乙基到戊基依次递减中得到证实。研究表明，在捕收剂的同系物中，正构烷基中每增加一个碳原子（即—CH_2—基），溶解度平均约降低 1/4.2。这种关系可大致判断同系列捕收剂选择性和捕收能力的强弱变化。

非极性基的长短及结构特点还可通过 d-π、π 电子产生诱导效应、共轭效应以及空间效应等三种不同效应，对极性基的亲固能力产生间接的影响。

2.6.2 正构烷烃基的作用

直链正构烷烃是最常用的一种非极性基。饱和烃的结构排列呈平面锯齿形，碳原子占据锯齿尖端位置，氢原子围绕着每个碳原子配置于周围，C—C—C 原子间所形成的夹角为 109.5°，碳-碳之间的距离为 0.154nm，碳链中每增加一个次甲基（—CH_2^-）碳链增长 1.29nm；对不饱和烃而言（含烯或烃键）由于出现旋扭现象链长会降低。

烃基中的色散力以及烃链间范德华力的相互作用均随烃链的增长而增大，所以，同系列药剂的捕收能力亦随烃链的增长而增大。表 2-18 列出几种不同烃基黄药对硫化矿物润湿接触角的比较值。

表 2-18 几种黄药的润湿接触角

基团名称	基团化学式	接触角/（°）
甲　基	CH_3—	50
乙　基	CH_3CH_2—	60
正丙基	$CH_3(CH_2)_2$—	68
正丁基	$CH_3(CH_2)_3$—	74
异丁基	$CH_3(CH_2)_4$—	78
异戊基	$CH_3(CH_2)_4$—	86
十六烷基	$CH_3(CH_2)_{15}$—	96
苄基（苯甲基）	$C_6H_5CH_2$—	72
环己基	C_6H_{11}—	75

比较表2-18中各种正构直链烃基黄药烃基的长度（如甲基、乙基、正丙基、正丁基和十六烷基黄药）可以看出，随着烃链长度的增加，疏水作用（按接触角度量）亦随之增强；同时还可以看出，低级同系物的烃链每增加一个［—CH_2—］基团所引起的疏水效应，比长烃链同系物增加一个次甲基引起的疏水效应更为明显。

溶解度是浮选药剂一个重要的性能参数，因为浮选是在水溶液中进行的，因此在具有良好的选矿活性的前提下，浮选药剂应当有足够溶解度以便于使用。有机同系物浮选药剂的溶解度随烷基链长的增长而减少，成直线关系，即：

$$\lg Sn = b - 0.6284n$$

式中，Sn 是溶解度；n 是烷基碳数；b 是与化合物类型有关的常数，例如硫酸酯捕收剂，b 值为0.31。

烷基链长对浮选药剂表面活性的影响可以用 Traube 法则加以估计。按照 Traube 法则，烷基每增加一个—CH_2—，化合物的表面活性将增加3～5倍。由于表面活性直接反映了药剂的起泡性和疏水能力，因此，在考察起泡剂以及长碳链的非硫化矿捕收剂时，应特别重视它们的碳链长度引起的表面活性变化。

浮选药剂对矿物的作用能力可以通过它与相应的金属离子形成沉淀的溶度积反映出来。溶度积越小，意味着药剂在矿物表面的吸附越牢固。同系物溶度积常数与烷基链长之间也存在一定的相关关系，这是因为存在着烷基的疏水效应和烷基对极性键合原子的极性效应两方面影响。溶度积常数 K_{sp} 与烷基碳原

子数 n 的关系可表示为：

$$pK_{sp} = a + b\lg n$$

式中，a、b 值是与药剂和金属离子种类有关的常数。例如有人测得黑药与铜离子生成的沉淀 a、b 值分别为 10.07 和 39.61，黑药与镍生成的沉淀 a、b 值分别是 20.54 和 40.96。

在浮选实践中，由于碳链长度变化造成的浮选药剂性能改变是十分明显的。王淀佐等人研制的异丙基膦酸单烷基酯表明，随酯烷基碳链增长，由两个碳增长至十二个碳，药剂的捕收能力迅速增加。

2.6.3 异构烷烃基

具有支链的异构烷烃基药剂，除了像直链烷基浮选药剂一样随碳链增长疏水性增加、表面活性加大以外，在浮选性质上有一系列特点，主要表现在下列几个方面：

（1）水溶性较好。异构体由于带支链，存在空间位阻，捕收剂分子（或离子）不能更紧密地靠拢，使烃链间相互吸引的范德华力减弱，所以与同碳原子数的正构物相比，异构物在水溶液中的溶解度增大，临界胶束浓度也较大，这是异构烃基捕收剂的重要基本特性。对于长烃链的捕收剂而言，这一特性将有利于改善药剂的分散性、水溶性和耐低温性能（但疏水性能相应降低）。

（2）亲固能力和作用的选择性降低。异构体当支链靠近极性基时，受空间位阻的影响有时会妨碍极性基与矿物表面的接近，加之烃链间缔合作用的减弱，因而常常影响捕收剂的亲固能力；另外，异构烃基的横断面较大，在矿物表面吸附罩盖的面积较宽，这与极性基断面增大的效应不同，烃基属无选择地增大捕收剂的罩盖面积，所以有时反而会降低捕收剂作用的选择性。

（3）短烃链异构物的亲固能力较强。在短烃链药剂中，异构烃基中支链烷基接近于极性基，特别是 α-位置上的支链基是斥电子的诱导效应，使极性基键合原子上的电子云密度增大，药剂的活性增强导致极性基与金属阳离子作用得到加强，故短烃链异构物的亲固能力比正构烷基强，对于短烃链药剂而言，这一特性有利于提高药剂的捕收能力。

例如异丙基钠黄药，结构式为：

```
CH3—CH—O—CSSNa
     |
     CH3
```

实践证明，与正丙基钠黄药相比，异丙基钠黄药的捕收能力较强，表 2-18 所列试验研究资料也表明，与正丁基黄药相比，异丁基黄药的疏水效应亦较强。

关于异构烃基碳链间的相互缔合作用以及烃基碳链的诱导效应，两者与烃基碳链的长短及药剂捕收能力之间的定性关系，大体可概括如下：

烃基碳链越长，烃基间的相互吸引缔合越强并占据主导地位，而烃基碳链的诱导效应则随碳链的增长而迅速减弱，仅起次要作用；反之亦然。所以，缔合作用和诱导效应对药剂捕收能力的影响随烃基碳链的长短而变。

例如，烃基碳链较长（如戊基或已基以上的烃链），由于这时烃基碳链间相互吸引缔合作用占据主导地位，而烃链的诱导效应仅起次要作用，所以和同碳原子数的异构烃基药剂相比，正构烃基药剂的捕收能力较强；反之，烃基碳链短（如丁基以下的短烃链）时，由于这时烃基碳链的诱导效应占据主导地位，而烃链间的相互缔合作用则仅起次要作用，所以和同碳原子数的正构体相比，异构烃基药剂的捕收能力相对较强。

为了提高同系列药剂的药效，改善浮选效果而对药剂进行改性时，利用上述特点在原有药剂分子中引入适宜的支链烷基，或者延伸引入其他基团，以谋求得到亲固性更强、溶解及分散效果更好、选择性更高的药剂，无疑是个好选项。

2.6.4 其他非极性基

2.6.4.1 不饱和直链烃基

不饱和直链烃基带双键或三键，π电子围绕组成双键或三键的两个碳原子运动，流动性大，较为疏散，易于极化，另外，烯烃还存在顺反异构现象。这些性质，使带不饱和直链烃基的浮选药剂与同类的烷基化合物相比，性能上有较大的区别。

π电子的流动性使它有可能与矿物表面金属离子配位，起亲矿物基的作用。前已述及的乙炔基甲醇、1-丁氧基-2-乙烯氧基乙烷、异丁烯基乙炔基甲醇等硫化矿捕收剂均为以π电子与矿物表面配位的例子。

π键较好的极化性使带双键或三键的浮选药剂有比同碳数的直链烷基化合物更强的溶解性能。通常，一个双键或三键的疏水性只相当于1~1.5个—CH_2—的疏水作用，例如，同样是十八碳的羧酸，油酸（带一个双键）就比硬脂酸溶解分散性更好。对于含两个以上的双键的浮选药剂，如果分子中存在π—π共轭现象，π电子的离域化程度更大，更易极化，将对药剂的疏水性产生较严重的影响。

顺、反异构是带双键的浮选药剂结构上的另一特点。一般来说，反式结构比顺式结构更稳定，顺式的能量较高，化学活性往往较高，溶解度稍大。因此，顺、反异构体在浮选性能上稍有差别。对于长碳链的非硫化矿捕收剂，由于溶解度往往是制约药剂性能的因素，因此，采用顺式化合物更为有利。顺式油酸的浮选效果比反式油酸更好便是一例。

2.6.4.2 芳香烃基

芳香烃基化合物（含芳香烃基烷基）广泛地存在于非硫化矿捕收剂尤其是螯合捕收剂中，其结构特征在于其共轭大π键，由大π键决定的浮选药剂性能除了与不饱和烃基一样，具有较大的极性，从而亲水性强，溶解分散能力较好以外，芳香环如苯基、萘基等一般具有较大的空间位阻效应，这对这类药剂的作用能力有一定影响，但有时也有提高药剂选择性的作用。已经应用到工业中的带芳香基的药剂大多具有较好的选择性，如甲苯胂酸，α-亚硝基-β-萘酚、苯骈噻唑硫醇、二苯硫脲（白药）、苯乙烯膦酸、水杨羟肟酸等。一个苯基的疏水作用相当于2~3个次甲基（$—CH_2—$），由表2-18可知，一个苯基相当于一个正丁基的疏水能力。

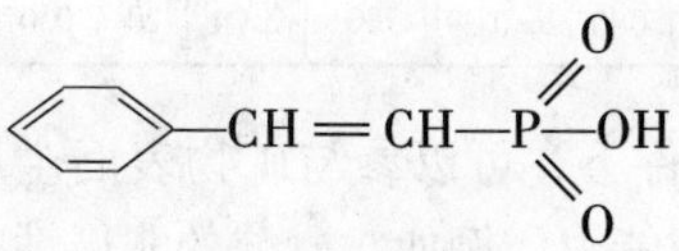

苯乙烯膦酸 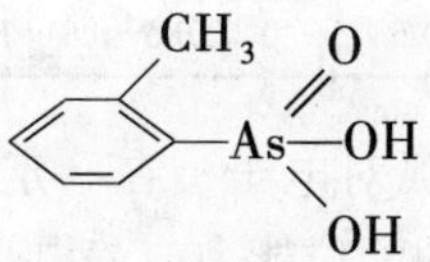　邻甲苯胂酸 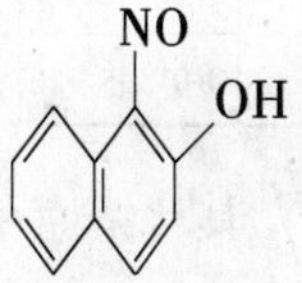　α-亚硝基-β-萘酚

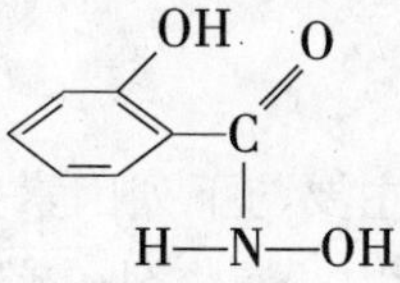

水杨羟肟酸 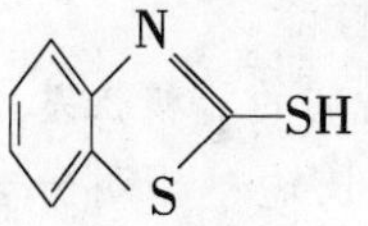　苯骈噻唑硫醇 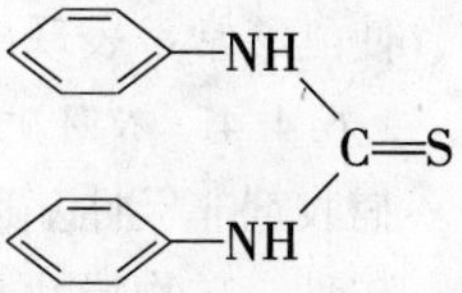　二苯硫脲

另外，芳香基π键可与极性基结构中的π键或原子通过π-π共轭或p-π共轭形成更大的π键，其结果往往使极性基或键合原子上的电荷分散在芳香基的共轭环中，造成键合原子配位能力下降，药剂的亲固能力下降，上述四种捕收剂分子中，均不同程度地存在芳香基共轭效应对键合原子的影响。

2.6.4.3 含其他杂原子烃基

杂原子烃基是指烃基结构中含O、S、Si、N、F、Cl、Br等原子的情形，这些杂原子对浮选剂性能的影响主要表现在以下几个方面。

(1) 这些杂原子一般电负性比碳更大，位于非极性基中加大了非极性基的极性，可以提高药剂的溶解分散能力，例如目前在国内外受到普遍关注的钙矿物捕收剂醚酸 $RO(C_2H_4O)_mCH_2COOH$ 便是这样的药剂，它有相当好的溶解分散性能。

(2) 杂原子烃基一般都具有较大的电子诱导效应，影响药剂的键合原子的配位能力，α-取代棕榈酸是一个典型的例子，这也是提高药效进行药剂改性的方向。表2-19列出了某些化合物结构-性能特点、效果和 pK_a 等，这也是为提高药效进行药剂改性的方向。

表 2-19 取代羧酸的 pK_a 和浮选性能

（取得相近浮选结果的用量大小）

化合物	棕榈酸		α-溴代棕榈酸		α-巯基棕榈酸		α-磺酸基棕榈酸		α-羟基棕榈酸		α-氯代棕榈酸	
pK_a	4.75		2.90		3.68		约6.0		3.83		2.86	
耗药量	g/t	mol/t	g/t	mol/t	g/t	mol/t	g/t	mol/t	g/t	mol/t	g/t	mol/t
黑钨矿	40	0.144	25.0	0.070	25.0	0.076	150	0.39	900	2.63	20	0.070
锡石	2000	7.184	400	1.121	150	4.450	不浮	不浮	2000	5.84	250	0.880
方解石	5000	17.94	150	0.421	50.0	1.151	2500	6.58	浮选差	浮选差	250	0.880
重晶石							50.0	0.131				
赤铁矿	5.0	0.018	5~10	0.014~0.025	5~10	0.015~0.03	120~150	0.32~0.39	700	2.04	20	0.070

（3）某些杂原子具有孤对电子，在一定条件下，可以参与矿物表面金属离子的键合，表现出一定的配位能力或静电吸附能力。例如，醚酸的非极性基中的氧便被认为具有这种作用。这种氧与矿物表面作用不是太强，吸附过程可逆，使醚酸常常表现出其特有的性能。

2.6.4.4 *不同矿物浮选与药剂的非极性基*

捕收剂非极性基适宜的碳链长短、相对分子质量大小主要与下列因素有关：矿种、矿物特性及疏水亲水性、可选性、极性基亲固能力；捕收剂在矿物表面的吸附固着形式等。以矿物表面的天然疏水-亲水性的基础，综述如下：

（1）浮选天然疏水矿物的捕收剂。当矿物解理面为非极性的分子键时（如辉钼矿、石墨等），由于矿物表面已具有一定的天然疏水性，浮选不需要用很强的捕收剂，通常只需用分子量不很大的非极性油类（如煤油），通过物理吸附方式即可提高矿物的可浮性。

（2）浮选非金属极性矿物的捕收剂。当浮选不含金属离子的非金属极性矿物（如石英）时，因其表面亲水，且与胺类阳离子捕收剂（或烃基含氧酸类阴离子捕收剂）相互作用，一般又属双电层静电物理吸附，药剂在矿物表面吸附不牢固，这时不仅需要借助非极性基的疏水性来平衡极性基本身的水化性，而且还要借助非极性基彼此间的缔合力来提高药剂在矿物表面的吸附强度，因而要求捕收剂分子要有较长（即较大分子）的非极性基才能有效地进行浮选。

（3）浮选含碱土金属及某些过渡金属离子氧化矿物的捕收剂。由于这些矿物表面亲水性强，所用捕收剂极性基本身的水溶性也较大，且通常又多以离子键化学吸附或双电层静电物理吸附等形式吸附在矿物表面，因而浮选时药剂需要有较大相对分子质量的非极性基才行。例如，为了捕收这一类矿物，通常都是选用烃链较长的脂肪酸、烃基磺酸或脂肪胺等为捕收剂，以便借助长烃链间的缔合力来提高捕收剂在矿物表面的吸附强度以及平衡极性基本身的水化性。

(4) 浮选有色金属硫化矿及贵金属矿物的捕收剂。由于矿物表面极性不大，水溶性较弱；另外，硫代化合物类捕收剂极性基本身的水化性也较弱，且多以共价键比较牢固地在矿物表面发生化学吸附，因此，捕收剂非极性基碳链无需过长。

2.7 药剂与矿物的作用机理

2.7.1 黄药与硫化矿

黄药与硫化矿物之间的相互作用，研究起步早，最早可追溯到85年前，相关论文、假说、原则、理论研究报道不断。从化学假说（溶度积等）、吸附理论假说，黄药、硫化矿局部氧化假说到化学反应说，电化学、溶液化学、表面化学说等。研究发展表明：各种单一假说都存在局限性。依据矿物浮选的现象和影响因素，采用切实的综合说更科学、更具说服力。

2.7.1.1 氧对浮选的作用

溶度积论者认为：未经氧化的硫化物（如 PbS）由于其溶度积很小，所以不能直接与黄药作用；经适度轻微氧化后，硫化矿物表面的部分硫可以和氧生成一系列的化合物，按其组成是介于硫化物与硫酸盐的一些中间产物（—S_xO_y），例如可以推想是—SO_4^{2-}（如 nPbS × $n$$PbSO_4$）或—$S_2SO_3^{2-}$，由于氧与硫化矿物表面的部分硫结合成—$SO_4^{2-}$ 或—$S_2O_3^-$ 并转入溶液，这样就提高了矿物表面晶格金属阳离子（如 Pb^{2+}）化学键力的不饱和性，即提高对黄药阴离子的化学吸附活性。图 2-6 所示即是硫化矿物表面经适度轻微氧化后提高金属离子吸附活性的示意图。

过分氧化的硫化矿物，晶格外层甚至深部的硫原子将完全或绝大部分都被氧化成 SO_4^{2-} 离子，由于重金属硫酸盐溶解度很大，极易从矿物表面溶解脱落，这样黄药阴离子就不能牢固地在矿物表面吸附，所以氧化过深的硫化矿物可浮性变坏。此外，由于氧的水化性很强，过分氧化也会导致矿物表面水化超过氧的积极影响，使氧化的有利因素转化成不利的因素。

现以乙基黄药浮选方铅矿为例进一步说明上述观点：方铅矿（PbS）本身的溶度积值为 7×10^{-29}，小于乙基黄原酸铅的溶度积值 1.7×10^{-17}，所以，未经氧化的方铅矿在介质中与黄药作用不强，可浮性不佳。经微量氧的作用后，方铅矿被轻微氧化，表面形成半氧化状态，生成与晶格紧密相连的硫化物-硫

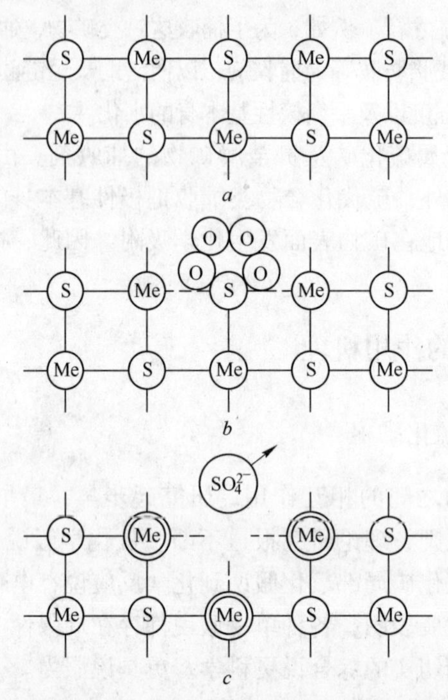

图2-6 矿物表面经轻微氧化后提高金属离子的吸附活性示意图

a—未经氧化的硫化矿物晶格；*b*—经轻微氧化后，矿物晶格表面的部分硫氧化成 SO_4^{2-} 离子；*c*—SO_4^{2-} 离子进入溶液后，与 SO_4^{2-} 相邻的金属离子不饱和键力增强（虚线表示硫氧化成 SO_4^{2-} 转入溶液后所产生的金属离子不饱和键）

酸盐结合体： $Pb\begin{matrix} SO_4 \\ S \end{matrix}Pb$

SO_4^{2-} 离子易从矿物表面解离进入溶液，黄药阴离子 $C_2H_5OCSS^-$ 便与 SO_4^{2-} 发生下列交换反应：

$$2C_2H_5OCSS^- + Pb\begin{matrix} SO_4 \\ S \end{matrix}Pb \longrightarrow \begin{matrix} C_2H_5OCSSPb \\ C_2H_5OCSSPb \end{matrix}S + SO_4^{2-}$$

这样形成的不溶性黄原酸铅与晶格中的PbS可保持紧密的牢固联系，使方铅矿表面的黄原酸铅很稳固，因而可提高方铅矿的可浮性。

过分氧化后的方铅矿或铅矾（$PbSO_4$），在与黄药阴离子作用生成黄原酸铅时，由于 $PbSO_4$ 易溶、使黄原酸铅易从矿物表面脱落，导致黄药在矿物表面的生成物不能牢固吸附，所以，过分氧化后的方铅矿可浮性下降。

另一种观点是电化学观点和空穴导电型（反型层）理论。主要论点是：

在浮选中由于浮选所遇到的各种硫化物，在晶格中总是或多或少地含有某些杂质，存在着各种晶格缺陷，使矿物具有半导体的性质。众所周知，半导体性质可区分为空穴传导和电子传导两类。对于空穴导电型的半导体性质硫化矿物而言，在矿物晶格表面因存在有电子空穴区（即阳极区），溶液中的黄药阴离子（捕收剂）便可将自身的价电子传递给矿物表面的电子空穴，由于这时捕收剂与矿物晶体间发生电子转移并形成比较牢固的化学键结合，使黄药类捕收剂在硫化矿物表面发生化学吸附（或表面化学反应）；而对于电子导电型的半导体性质硫化矿物而言，由于矿物晶格内的电子向表面传递，并在矿物表面部位积累形成了负的电位垒，于是阻碍黄药类阴离子捕收剂的吸附。这时硫化矿物如遇到溶液中的氧，由于氧对电子的极大活性和很强的亲和力，使氧很快地被吸附在矿物表面，并在其离子化过程中夺取和吸收矿物表面的自由电子，这样就降低或消除了矿物表面的负电位垒，使矿物表面空穴浓度增大，若溶解氧足量，则可使矿物表面出现“反型层”，使电子传导型转化为空穴传导型。

氧对黄药阴离子捕收剂与硫化矿物作用的影响，主要是氧在矿物表面电子密度较高部位的吸附和还原，降低或消除了矿物表面的负电位垒，使空穴浓度增大。其结果是降低或消除了同种电性的相斥作用或提高矿物表面的正电位，于是造成黄药阴离子在矿物表面吸附的有利条件，使黄药吸附量增大，有利于硫化矿物的浮选。

氧对黄药与不同硫化矿物作用的电化学反应机理各不相同，但是其基本理论是相通的，电化学反应理论认为，在溶液中重金属硫化矿物，溶解氧和黄药是一氧化还原体系，其中硫化矿物或黄药在阳极发生氧化反应，而氧在阴极发生还原反应，两者相互连通组成电极对。若矿物表面的电极电位值足以使氧化-还原两个电极反应过程同时以一定速度进行，则矿物表面就有电子从阳极反应区以一定速度向阴极反应区传递。如果矿物表面均匀一致，两个电极反应过程则可在同一表面进行并受同一电极电位控制（此电位又常称为混合电位）；反之，由于矿物表面的不均匀性，两个电极反应过程这时将分别在相邻的两个显微区所谓的阳极区和阴极区进行，同样亦有电流通过显微区。

由于黄药溶液中重金属硫化矿物表面存在着两个相互依存又相互独立的电极反应过程，这样才使黄药得以顺利地在矿物表面吸附，而氧的积极作用主要就是参与组成氧化-还原电极时，夺取阳极氧化反应所丢失的电子。当所夺取的电子是来自黄药阴离子氧化丢失的价电子时，则黄药将主要以双黄药的形式在矿物表面吸附；反之，若为矿物晶格硫原子氧化丢失的价电子，这时黄药将主要以金属黄原酸盐的形式在矿物表面吸附。

总之，电化学观点的实质是认为黄药在硫化矿矿物表面的吸附是在表面阳极区发生了氧化反应；为使两个既相互独立又相互依存的电化学反应过程得以顺利进行，这时在矿物表面伴随阴极区的还原反应，在黄药-硫化矿体系中氧在阴极发生还原反应，并参与组成氧化-还原电极对，从而促进黄药在矿物表面吸附。

2.7.1.2 双黄药作用

随着科技的迅速发展，实验研究测试手段的不断完善，各种光谱、电子探针、核磁共振等仪器设备在浮选理论研究中得到应用，对黄药与硫化矿的作用证明：除生成溶度积的黄原酸的金属盐外，也形成双黄药。

目前对双黄药的作用仍持不同看法：有的认为浮选硫化矿是双黄药起主导作用；有的认为是金属黄原酸盐起主导作用；有的则认为是两者的共吸附。

这里需要指出的是，由于矿物性质的不同，药剂性质的差异以及浮选条件的变化等，黄药与硫化矿物间的相互作用是很复杂的。在某些情况下，可能是以生成金属黄原酸盐为主，而在另一些情况下，则可能是以双黄药为主或者是两者共存。

表2－20列出的是16种硫化矿物与烃基长度不同的6种黄药作用产物的红外光谱分析结果。由表2－20可见，在某些硫化矿物表面生成的是金属黄原酸盐，而在另一些矿物表面形成的却是双黄药，两者共存的也有。可见，不同矿物与黄药的作用机理及其生成物是不同的。

表2－20 黄药与16种硫化矿物表面作用产物的红外光谱分析结果

黄酸基 / 矿物	甲 基	乙 基	丙 基	丁 基	戊 基	己 基
雌 黄						MX
雄 黄						MX
闪锌矿						MX
黄锑矿						MX
辰 砂						MX
辉锑矿		MX	MX	MX	MX	MX
方铅矿	MX	MX	MX	MX	MX	MX
斑铜矿			MX	MX	MX	MX
辉铜矿			MX	MX	MX	MX
铜 蓝	X_2	X_2	X_2 + MX	X_2 + MX	X_2 + MX	X_2 + MX
黄铜矿	X_2	X_2	X_2	X_2	X_2	X_2

续表 2-20

黄酸基 矿物	甲基	乙基	丙基	丁基	戊基	己基
黄铁矿	X_2	X_2	X_2	X_2	X_2	X_2
磁黄铁矿		X_2	X_2	X_2	X_2	X_2
毒砂	X_2	X_2	X_2	X_2	X_2	X_2
硫锰矿		X_2	X_2	X_2	X_2	X_2
辉钼矿	X_2+?	X_2+?	X_2+?	X_2+?	X_2+?	X_2+?

注：MX—金属黄原酸盐；X_2—双黄药。

电化学研究表明：例如，当乙基钾黄药溶液物质的量浓度为 6.25×10^{-4} mol/L，pH = 7 时，黄药阴离子氧化成双黄药的可逆电位（E_{X_2/X^-}）为 0.13V。可见，这时若矿物在溶液中的电极电位（E_h）或称静电位，大于 0.13V，则该荷电硫化矿物对黄药阴离子（X^-）的氧化具有催化作用，使黄药阴离子氧化成双黄药（$X^- \rightarrow X_2$）并吸附于矿物表面；反之，若矿物的电极电位小于 0.13V，黄药在矿物表面不被氧化，条件适宜时则是以金属黄原酸盐的形式在矿物表面发生化学吸附。

几种常见的硫化矿物的静电位及其与乙基钾黄药作用后的产物如表 2-21 所列。

表 2-21 中的铜蓝，由于在矿物表面生成的 CuX_2 不稳定，易分解成 CuX 和 X_2。而当采用 CS_2 萃取时，因 CuX 不溶于 CS_2，所以未能检测到 CuX，故表中只列有 X_2。

表 2-21 几种常见硫化矿物与乙基钾黄药溶液（6.25×10^{-4} mol/L，pH = 7）**的反应产物**
（黄药氧化成双黄药的可逆电位为 0.13V）

矿物名称	静电位/V	反应产物
黄铁矿	0.22	X_2
砷黄铁矿	0.25	X_2
磁黄铁矿	0.21	X_2
黄铜矿	0.14	X_2
铜蓝	0.05	X_2
方铅矿	0.06	MX
斑铜矿	0.06	MX
辉锑矿	0.09	MX

另有研究认为，在方铅矿表面的吸附产物中，当黄药：双黄药 =3：1（摩尔比）时浮选效果最佳。这说明，在某些硫化矿物表面的吸附产物虽以金属黄原酸盐的化学吸附为主，但还常包括有发生物理吸附的双黄药共吸附，且双黄药存在量的多少，对矿物的可浮性会产生一定影响。

综上所述，黄药与不同硫化矿的作用机理及其生成物与矿物在溶液中的电极电位密切相关。若矿物的电极电位大于黄药阴离子氧化成双黄药的可逆电位，即 $E_h > E_{X_2/X^-}$，这时矿物表面形成的产物主要为双黄药；反之，若 $E_h < E_{X_2/X^-}$，则矿物表面形成的产物主要为金属黄原酸盐（或不反应）。矿物电极电位与表面吸附产物的这种关系，可用作解释黄药类捕收剂与硫化矿物作用机理的重要依据。

2.7.2 含氧酸类捕收剂与非硫化矿作用

烃基含氧酸类捕收剂包括：(1) 羧酸；(2) 烃基磺酸和烃基硫酸；(3) 膦酸和胂酸；(4) 羟肟酸。烃基含氧酸都是在极性基中含有键合氧原子的阴离子捕收剂，由于极性基水化性较强，药剂的非极性基碳链一般比较长；这类捕收剂主要用于浮选非硫化矿物即浮选各种金属氧化矿物及非金属矿物。

烃基含氧酸类捕收剂与氧化矿物的相互作用形式比较多样，可按吸附自由能进行分析。吸附的总自由能 ΔG 主要由三部分吸附自由能组成，即：

$$\Delta G = \Delta G_{静电} + \Delta G_{化学} + \Delta G_{分子}$$

式中，$\Delta G_{静电}$ 为静电吸附自由能；$\Delta G_{化学}$ 为化学吸附自由能；$\Delta G_{分子}$ 为分子吸附自由能。

在不同的矿物-捕收剂体系中或在不同的介质条件下，上述三部分吸附自由能有的起主导作用，有的则可忽略不计或不起作用，因此烃基含氧酸类捕收剂与矿物的作用应根据具体情况进行具体分析。在不同情况下，有的是以双电层静电物理吸附为主，即 $\Delta G_{静电}$ 是捕收剂在矿物表面吸附的决定性因素，只是当捕收剂浓度较大时 $\Delta G_{分子}$ 才开始发挥有效作用；有的则是以化学吸附为主，即 $\Delta G_{化学}$ 起决定性作用，或化学吸附与分子吸附同时存在。

2.7.2.1 物理吸附

烃基含氧酸类捕收剂在矿物表面双电层的吸附。这种作用形式，常见的主要是酸解离常数较大的一些药剂，如烃基磺酸、烃基硫酸酯等与矿物的作用。下面讨论 4 个相关的主要问题：

(1) 矿物表面电性与浮选的关系。前已述及，针铁矿的零电点（PZC）的 pH =6.7，当介质 pH <6.7 时，表面动电位为正，此时如选用酸解离常数较大的阴离子捕收剂如烃基磺酸（RSO_3^-）或烃基硫酸（RSO_4^-），按静电异

性相吸原理，在 $\Delta G_{静电}$ 的作用下即可浮选。其他如绿柱石、铬铁矿、石榴石等的浮选，可先加入 pH 调整剂将表面电位调为正值，然后再用磺酸类等阴离子捕收剂进行浮选。

可见，当烃基含氧酸类捕收剂是在双电层依靠静电物理吸附于矿物表面时，为了有效地进行浮选，将矿物表面的电位调为正值（即零电点以下）是重要的工艺条件；而矿物的零电点则是进行浮选选择捕收剂类型的重要参数。

（2）药剂烃链间的相互缔合作用及临界胶束浓度与浮选的关系。研究认为，如果长烃链阴离子捕收剂浓度较低，这时主要是以单个的离子，依靠静电引力吸附于矿物表面。以阴离子型表面活性剂类型作为氧化矿的捕收剂，药剂在浮选中当浓度达到临界胶束浓度前后时，许多物理化学性质（如电导率、透光率、表面张力、渗透压等）将发生明显的急剧突变，因此可借助测定上述多种物理化学性质与浓度的关系，以测得这些有机化合物的临界胶束浓度。常见表面活性剂的临界胶束浓度值见表 2－22 和表 2－23。

表 2－22 各种羧酸及羧酸皂的临界胶束浓度（CMC）

药剂名称	相对分子质量	CMC/mol·L^{-1}	温度/℃
（1）脂肪酸			
丁 酸	88.1	1.75	25
己 酸	116.2	1.0×10^{-1}	
辛 酸	144.2	1.4×10^{-1}	27
癸 酸	172.3	2.4×10^{-2}	27
十二酸	200.4	5.7×10^{-2}	27
十四酸	228.4	1.3×10^{-2}	27
十六酸	256.5	2.8×10^{-3}	27
十八酸	284.5	4.5×10^{-4}	27
（2）脂肪酸皂			
丁酸钠	110.1	3.5	
己酸钠	138.2	7.3×10^{-1}	20
辛酸钠	166.2	3.5×10^{-1}	25
癸酸钠	194.2	4.4×10^{-2}	25
十二酸钠	222.3	2.6×10^{-2}	25

续表2-22

药剂名称	相对分子质量	CMC/mol·L^{-1}	温度/℃
十四酸钠	250.3	6.9×10^{-3}	25
十六酸钠	278.4	2.1×10^{-3}	50
硬脂酸钠	306.5	1.8×10^{-3}	50
硬脂酸钾	322.6	4.5×10^{-4}	55
油酸钠	304.4	2.1×10^{-3}	25
油酸钾	320.6	8.0×10^{-4}	25

表2-23 各种磺酸盐及硫酸盐的临界胶束浓度（CMC）

药剂名称	相对分子质量	CMC/mol·L^{-1}	温度/℃
（1）磺酸钠			
辛基磺酸钠	216.2	1.6×10^{-1}	25
癸基磺酸钠	244.3	4.2×10^{-2}	25
十二烷基磺酸钠	272.1	9.8×10^{-3}	25
十四烷基磺酸钠	300.4	2.5×10^{-3}	40
十六烷基磺酸钠	328.4	7.0×10^{-4}	50
十八烷基磺酸钠	356.5	7.5×10^{-4}	57
十二烷基苯磺酸钠		1.2×10^{-3}	75
二丁基萘基磺酸钠	342.4	2.9×10^{-4}	
（2）硫酸酯钠			
辛基硫酸钠	232.2	7.3×10^{-1}	25
癸基硫酸钠	260.3	3.5×10^{-1}	25
十二烷基磺酸钠	288.4	4.4×10^{-2}	25
十四烷基磺酸钠	316.4	2.6×10^{-2}	25
十六烷基磺酸钠	344.4	6.9×10^{-3}	25
十八烷基磺酸钠	372.5	8.0×10^{-4}	40

由表2-22及表2-23可见，烃链愈长，由于烃链之间相互缔合力愈强，形成胶束（胶团）时的临界浓度（CMC）也愈低。临界胶束浓度值较小，表示在较低浓度下药剂就可开始形成胶束，说明该药剂烃链间缔合能力较强（或极性基间斥力较小）；反之，临界胶束浓度值较大，表示要在较高浓度下

药剂才开始形成胶束，说明此化合物烃链之间缔合能力较弱（或极性基间斥力较大）。这些论断也可用于定性分析捕收剂在矿物表面形成半胶束的吸附情况。例如，用辛酸作捕收剂，因烃链过短，即使浓度很高浮选回收率仍很有限，这说明短烃链之间没有足够的缔合力来形成半胶束吸附，它始终都是保持单个离子的静电物理吸附；反之，当使用较长烃链的捕收剂时，由于烃链相对分子质量的加大，烃链之间已有足够的缔合力，可呈现为半胶束吸附，此时，浮选回收率将显著提高。此外，由于半胶束吸附时烃链之间的缔合力可超越静电力物理吸附范围，即 $\Delta G_{分子}$ 超越 $\Delta G_{静电}$ 而居主导地位，所以半胶束吸附可使矿物表面超过静电吸附所允许的过量捕收剂离子存在，并因而可使动电位为零或发生变号（即“过充电现象”），同时，浮选的 pH 值范围也可随之扩大。

应指出，在水溶液中所形成的胶束，其结构特点是非极性基朝向胶团内部，极性基朝向溶液，整个胶束是亲水的，所以胶束本身不具有浮选活性；此外，水溶液中胶束的形成还会显著地降低捕收剂分子或离子的有效数量，影响药剂在溶液中的分散程度，降低药剂的作用效率。可见，当药剂浓度超过其临界胶束浓度时，对浮选将是不利的。

(3) 捕收剂阴离子在矿物表面的吸附密度。现以磺酸类捕收剂对典型氧化矿物刚玉（氧化铝）为例说明如下：

试验研究表明，十二烷基磺酸钠在刚玉表面的吸附密度及动电位与溶液中十二烷基磺酸钠的浓度有如图 2－7 所示的相互关系。

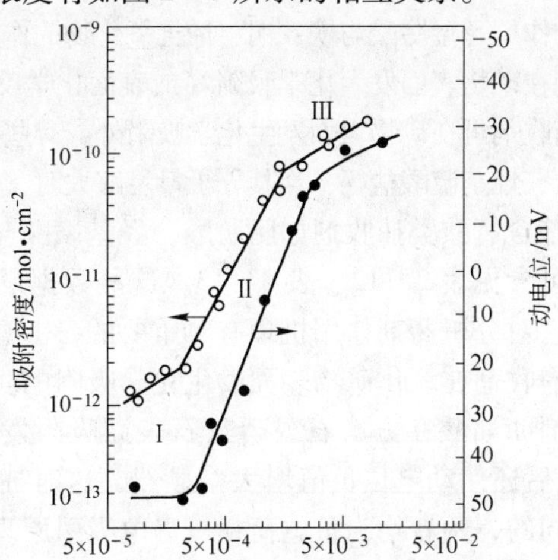

图 2－7　刚玉表面十二烷基磺酸钠的吸附密度、动电位与十二烷基磺酸钠平衡浓度的关系（pH＝7.2）

由图 2－7 可见，当捕收剂浓度低于 5×10^{-5} mol/L 时，如图中的Ⅰ区，可以认为，此时十二烷基磺酸钠以单个离子状态吸附于刚玉表面；当浓度大于

5×10^{-5}mol/L，十二烷基磺酸离子的吸附密度开始显著上升，如图中的Ⅱ、Ⅲ区。当浓度增大到3×10^{-4} mol/L（约相当于1/10的单分子层罩盖浓度），此时矿物表面达到等电点（动电位开始改变符号），说明在浓度较高条件下，由于十二烷基磺酸离子吸附密度增大的结果，药剂离子相互靠近，非极性基之间的相互缔合作用得到加强，于是形成半胶束吸附；动电位开始改变符号，标志着烃链之间的相互缔合作用已开始超越静电力物理吸附的范围，明显地呈现出半胶束吸附的特征，此时的$\Delta G_{分子}$已超越$\Delta G_{静电}$并开始居主导地位。

（4）溶液中无机阴离子与阴离子捕收剂的竞争吸附。捕收剂在双电层静电物理吸附的重要特点之一是吸附作用的选择性比较差，这是因为在静电物理吸附中捕收剂离子主要是依靠静电引力以配衡离子的形式吸附于矿物表面，这时矿浆中存在的无机阴离子，特别是多价离子，在矿物表面将会与捕收剂阴离子产生严重的竞争吸附现象，换言之，无机阴离子的存在将会引起抑制效应。

2.7.2.2 化学吸附

很多烃基含氧酸类捕收剂能与碱土金属及重金属离子形成难溶化合物，并因而使药剂在矿物表面发生化学吸附。浮选所遇到的氧化矿物和硅酸盐矿物种类繁多，用于浮选的阴离子捕收剂品种相应也比较多，所以烃基含氧酸类捕收剂与矿物之间的相互作用形式比较多样化，除上述在双电层发生静电物理吸附外，化学吸附也是比较常见的作用形式，而且在很多情况下化学吸附起着决定性的作用。

常见的烃基含氧类捕收剂，例如脂肪酸类与钙、钡、铁的作用，烃基胂酸及膦酸与锡、钛、铁的作用，羟肟酸与铁、铜、稀土氧化物的作用等均可形成难溶化合物，并因而使药剂在矿物表面发生化学吸附（或表面化学反应）。除了这些极性基化学活性较高的捕收剂可在矿物表面发生化学吸附外，有些极性基化学活性不高的药剂如烃基磺酸盐、烃基硫酸盐等，当其分子量足够大时，也能发生化学吸附。

几种常见的烃基含氧酸类捕收剂如脂肪酸、烃基磺酸与金属阳离子反应生成物的溶度积值，可参见表2－12、表2－13。这些数据反映了药剂与金属阳离子的键合强度，它对分析药剂作用机理有着重要的参考意义。

烃基含氧酸类捕收剂在氧化矿物表面发生化学吸附的实例很多。例如试验表明，阴离子捕收剂如油酸在方解石或磷灰石表面吸附发生在矿物零电点的pH值以上，且吸附后还使动电位负值增大。显然，这时捕收剂离子与矿物表面的电荷符号是相同的，两者均为负电荷，按静电吸引原理，此时是不可能发生吸附的，这就说明捕收剂阴离子与矿物表面的作用主要是化学吸附（可能还包括半胶束吸附或离子-分子二聚物共吸附）。

又如，利用红外光谱测定油酸在萤石表面的吸附表明，在5.8μm谱带与羧基［—COOH］的物理吸附相应；在6.4μm和6.8μm谱带则与［$—COO^-$］基的化学吸附相应，详见图2－8*a*，*b*所示。可见，萤石表面既有物理吸附的油酸，又有化学吸附的油酸。研究还表明，物理吸附与化学吸附油酸的比例随介质 pH 值的变化而异。例如，在低 pH 值时是以物理吸附为主；在 pH 值为 3~9 时是物理吸附与化学吸附并存的过渡区间；在较高 pH 值时是以化学吸附为主，其情况如图 2-8*c* 所示。可见，在通常工艺条件下，其整个浮选行为与化学吸附的关系甚为密切。

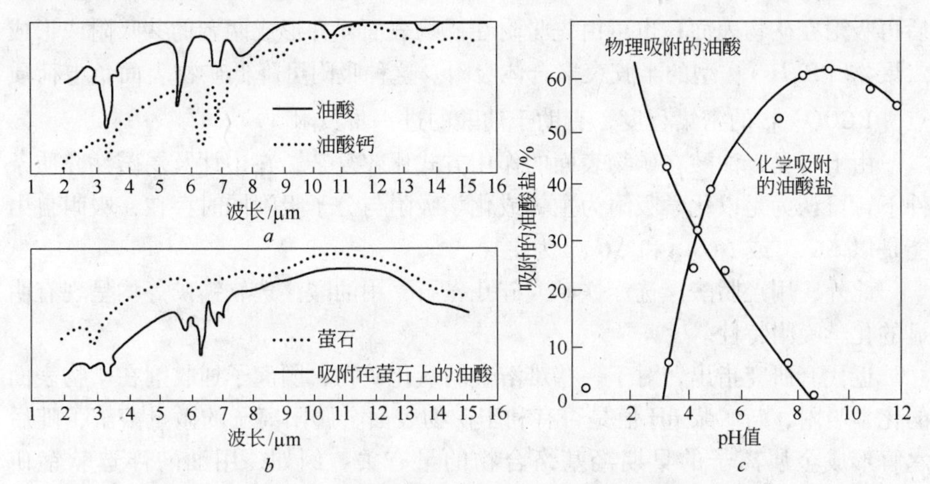

图 2-8 油酸、油酸钙、萤石及其表面吸附油酸的红外光谱

a—油酸和油酸钙；*b*—萤石和吸附在萤石表面的油酸；*c*—于 5.8μm 和 6.4μm 谱带上油酸，在萤石表面的物理吸附和化学吸附与 pH 值的关系

近代通过溶液化学分析得知，油酸在溶液中各组分的相对浓度与介质 pH 值有图 2-9 所示的平衡关系。

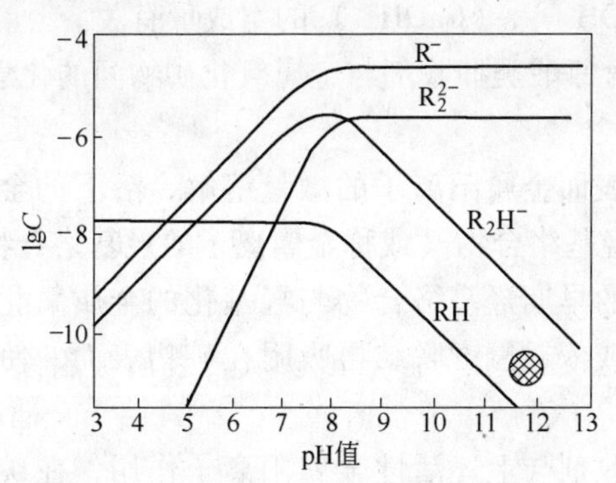

图 2-9 在不同 pH 值条件下油酸溶液中各组分浓度平衡图

RH—油酸分子；R_2H^-—油酸分子及其离子的二聚物［即 $RCOOH + RCOO^- \rightleftharpoons (RCOO)_2H^-$］；$R^-$—油酸阴离子；$R_2^{2-}$—油酸离子的二聚物［即 $2RCOO^- \rightleftharpoons (RCOO)_2^{2-}$］

由图 2-9 可见，在强酸性介质条件下油酸以分子状态居优势；在碱性介

质中则以离子状态占优势；在近中性介质条件下，溶液中则还含有大量的油酸分子及其离子的二聚物［R_2H^-］。

根据图2－9所示及上述红外光谱测试证实的在近中性pH值范围内，氧化矿物或碱土金属盐类矿物表面可同时发生油酸的物理吸附和化学吸附。油酸分子及其离子的二聚物是矿物浮选的主要有效成分，它可先在溶液中形成，然后再吸附在矿物表面；也可由先吸附在矿物表面，并形成两者的共吸附或形成二聚物［R_2H^-］型的半胶束聚合体吸附。这种吸附可降低矿物表面负电荷质点［$RCOO^-$］的密集程度，有助于油酸的进一步吸附。

由上可见，油酸在矿物表面的作用方式比较复杂，在中性及弱碱性介质条件下，可认为是以化学吸附为主，或化学吸附与分子吸附同时存在，吸附自由能是以$\Delta G_{化学}$或$\Delta G_{化学}$和$\Delta G_{分子}$为主导。

此外，用羟肟酸浮选赤铁矿或硅孔雀石，用油酸浮选软锰矿等均呈现有明显的化学吸附特性。

近代有研究指出，对于一些难溶金属氧化矿物，阴离子捕收剂在矿物表面的化学吸附，与矿浆pH值是否有利于矿物表面金属阳离子的微量溶解，随后水解形成金属离子的早期羟基络合物的量有关。例如，用油酸浮选软锰矿（MnO_2），在pH＝8.5时回收率最高，此时矿物一面生成锰离子早期羟基络合物（$MnOH^{3+}$）的量也最多；赤铁矿（Fe_2O_3）在pH＝8左右时回收率最高也与矿物表面（$FeOH^{2+}$）的生成量有关；油酸在辉石上的吸附及浮选峰值，在pH值为8时与矿物表面（$FeOH^{2+}$）的生成量有关，而在pH值为10～12时，则与矿物表面（$MgOH^+$）、（$CaOH^+$）的生成量有关。

据此认为烃基含氧酸类捕收剂与金属氧化矿物间的化学吸附机理主要包括如下过程：

（1）矿物晶格表面金属阳离子的微量溶解，溶下的金属离子随后水解形成金属离子的早期羟基络合物（或称金属离子的羟基络合物）；

（2）金属离子的早期羟基络合物与羟基化的金属氧化矿物表面，通过生成水（即脱除水）或依靠氢键联结再吸附在矿物表面，使矿物表面呈现出活性金属阳离子；

（3）阴离子捕收剂与上述活性金属阳离子作用，在矿物表面发生化学吸附，从而使矿物疏水易浮。

石英的浮选与金属氧化物不同，它不含金属离子，用烃基含氧酸阴离子捕收剂浮选需用金属阳离子活化，但石英浮选的最高回收率亦与活化金属阳离子有利于形成早期羟基络合物的pH值一致。

例如试验研究表明，用物质的量浓度为1×10^{-4}mol/L的磺酸盐为捕收剂，

物质的量浓度为 1×10^{-4}mol/L 的各种金属阳离子作活化剂，石英的最高回收率与 pH 值的关系如图 2-10 所示。

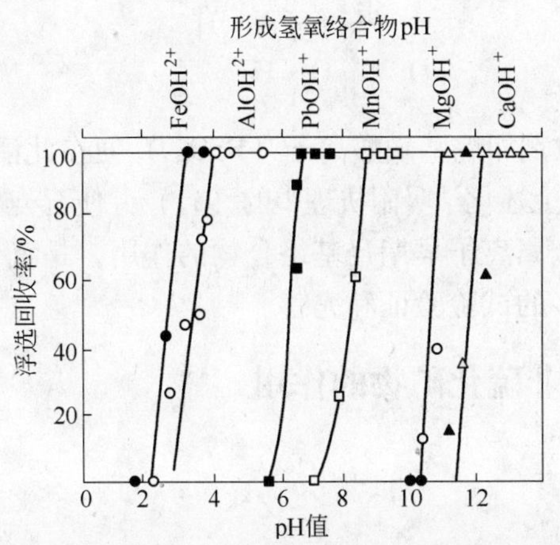

图 2-10 用各种金属阳离子（物质的量浓度为 1×10^{-4}mol/L）活化后，以烷基磺酸盐（物质的量浓度为 1×10^{-4}mol/L）为捕收剂，石英的浮选回收率与 pH 值的关系

由图 2-10 可见，各种金属阳离子起活化作用最适宜的 pH 范围为，Fe^{3+}：pH = 2.6 ~ 3.8；Al^{3+}：pH = 3.8 ~ 8.4；Pb^{2+}：pH = 6.5 ~ 12.8；Mn^{2+}：pH = 8.5 ~ 9.4；Mg^{2+}：pH = 10.9 ~ 11.4；Ca^{2+}：pH > 12。

可见，各种金属阳离子起活化作用最适宜的 pH 值范围，与这些金属阳离子有利于形成早期羟基络合物的 pH 值颇为一致。

据此，金属阳离子活化石英浮选的过程，按化学吸附机理，可认为是：

（1）在适宜的 pH 条件下，溶液中所加入的金属离子水解形成早期羟基络合物；

（2）金属离子的早期羟基络合物，按前述化学吸附机理（2）所述，通过生成水（即脱除水）或依靠氢键联结吸附在石英表面从而呈现出活性金属阳离子。其作用可分别表示为：

金属离子的早期羟基络合物与羟基化的石英表面，通过生成水（即脱除水）而吸附在石英表面：

$$\begin{array}{c} \diagdown\ \\ \mathrm{O}\ \ \ \ \ \mathrm{O}\ \boxed{\mathrm{H}\ \ \mathrm{HO}}\ \mathrm{Me}^{+} \\ \diagdown\ \ \diagup \\ \mathrm{Si} \\ \diagup\ \ \diagdown \\ \mathrm{O}\ \ \ \ \ \mathrm{O}\cdot\mathrm{H} \\ \diagup \end{array} \rightleftharpoons \begin{array}{c} \diagdown \\ \mathrm{O}\ \ \ \ \ \mathrm{O}\cdot\mathrm{Me}^{+} \\ \diagdown\ \ \diagup \\ \mathrm{Si} \\ \diagup\ \ \diagdown \\ \mathrm{O}\ \ \ \ \ \mathrm{O}\cdot\mathrm{H} \\ \diagup \end{array} + \mathrm{H_2O}$$

或金属离子的早期羟基络合物与羟基化的石英表面，通过氢键联结吸附在石英表面：

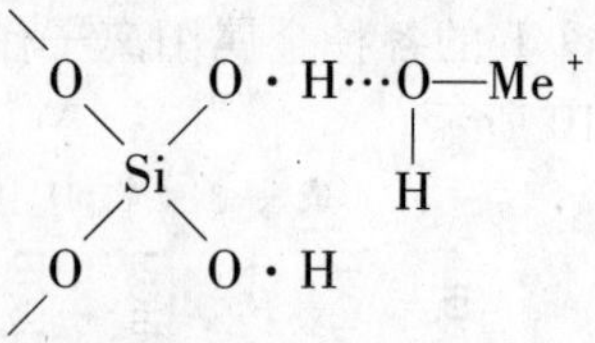

$$
\begin{array}{c}
\backslash \quad\quad\quad\quad\quad\quad\quad\quad \\
O \quad\quad O\cdot H\cdots O—Me^{+} \\
\quad\quad\quad\quad\quad\quad\quad | \\
Si \quad\quad\quad\quad\quad H \\
O \quad\quad O\cdot H \\
/ \quad\quad\quad\quad\quad\quad\quad\quad
\end{array}
$$

(3) 阴离子捕收剂如烷基磺酸离子（RSO_3^-）便在此活性金属离子（Me^+）上发生化学吸附（即上述化学吸附机理中的 (3)）并使石英疏水易浮。

需指出的是，金属离子早期羟基络合物的作用，是氧化矿物浮选机理近代的新发展，尚待更多的试验验证和完善。

2.8 胺类药剂与非硫化矿物的作用

2.8.1 胺的解离

胺在水溶液中的解离性质主要取决于本身的解离常数和介质的 pH 值，其水解和解离性质如下：

(1) 胺的（碱）水解反应。胺分子中氮原子上有未共享的“独对电子”，它能吸引溶液中的质子（H^+），使水溶液中氢氧根离子浓度增大而呈碱性，故伯胺属弱碱，在溶液中存在下列水解反应：

$$RNH_2 + H_2O \rightleftharpoons RNH_3^+ + OH^-$$

胺的水解常数为：

$$K_b = \frac{[RNH_3^+][OH^-]}{[RNH_2]}$$

式中，K_b 常数称为“碱水解常数”。十二胺在 25℃时，$K_b = 4.3\times10^{-4}$。几种脂肪伯胺的 K_b 值如表 2－24 所列。由表 2－24 可见，在 25℃时大多数第一胺的水解常数 K_b 值都接近于 4×10^{-4}。

表 2－24 几种脂肪的 K_b 值（25℃）

脂肪胺	K_b	脂肪胺	K_b
壬 胺	4.4×10^{-4}	十五胺	4.1×10^{-4}
癸 胺	4.4×10^{-4}	十六胺	4.0×10^{-4}，4.5×10^{-4}
十一胺	4.4×10^{-4}	溴化十六烷基吡啶	3.0×10^{-4}
十二胺	4.3×10^{-4}	十八胺	4.0×10^{-4}
十三胺	4.3×10^{-4}	甲基十二胺	10.2×10^{-4}
十四胺	4.2×10^{-4}	二甲基十二胺	0.55×10^{-4}

对固体胺而言，水解反应则包括溶解和水解两步，其过程可表示为：

固体胺（$RNH_{2(固)}$）的溶解

$$RNH_{2(固)} \rightleftharpoons RNH_2$$

其溶解度常数用 $K_{固-液}$ 表示，如十二胺 $K_{固-液}=[RNH_2]=2\times10^{-5}$

固体胺（$RNH_{2(固)}$）的水解反应

$$RNH_{2(固)}+H_2O \rightleftharpoons RNH_3^+ + OH^-$$

所以固体胺如十二胺的水解常数 K'_b 为：

$$K_b'=[RNH_3^+][OH^-]=K_{固-液}\times K_b=2\times10^{-5}\times4.3\times10^{-4}=8.6\times10^{-9}$$

（2）胺类阳离子的（酸）解离反应。由于胺在水中的溶解度较小，特别是12～18碳等第一胺都难溶于水，为了发挥药效，在浮选实践中通常是事先将胺溶于盐酸或醋酸中制成胺盐（因胺呈弱碱性，与酸作用可制成盐）。例如，常用盐和胺按物质的量比1∶1配成盐酸盐，加热溶解，再稀释成水溶液使用。

胺盐制取及其解离平衡，可用下列反应式表示：

$$RNH_2+HCl \rightleftharpoons RNH_2\cdot HCl \rightleftharpoons RNH_3^+\cdot Cl$$

$$RNH_3^+\cdot Cl \rightleftharpoons RNH_3^+\cdot Cl^-$$

$$RNH_3^+ \rightleftharpoons RNH_2+H^+$$

可见，RNH_3^+ 的解离常数为：

$$K_a=\frac{[RNH_2][H^+]}{[RNH_3^+]}$$

式中，K_a 又常称为“酸解离常数”。

由上可见，根据胺的水解和解离性质，在水溶液中同时存在有胺分子（RNH_2）及胺阳离子（RNH_3^+），但两者的相对浓度并不相等，它们随着介质pH值的变化而呈现很大的差别，现简要分析讨论如下：

1）K_a 值及其与 K_b 的关系。

因
$$H_2O \rightleftharpoons H^+ + OH^-$$

$$K_水=[H^+][OH^-]=10^{-14}$$

所以，酸解离常数可改写为：

$$K_a=\frac{[RNH_2][H^+]}{[RNH_3^+]}=\frac{[RNH_2]}{[RNH_3^+][OH^-]}[H^+][OH^-]=\frac{K_水}{K_b}$$

可见，由 K_a 和 $K_水$ 即可求出 K_a 值。例如，对液态十二胺而言，其 K_a 值为：

$$K_a=\frac{10^{-14}}{4.3\times10^{-4}}\approx2.5\times10^{-11}$$

比较 K_a 和 K_b 值可以看出，K_b 值为 10^{-4}；而 K_a 值则为 10^{-11}，即 K_b 值

远远大于 K_a 值。换言之，反应式 RNH_2 水解成 RNH_3^+ 的倾向较大，尤其在酸性介质中更是如此；反之，RNH_3^+ 解离成 RNH_2 的倾向则很小，只是在较高碱度条件下 RNH^{3+} 才易解离形成 RNH_2 分子。

2）溶液中［RNH_3^+］与［RNH_2］相对浓度的大小与介质 pH 值的关系。例如，对十二胺而言，可将上述酸解离常数式进一步改写为：

$$\frac{[RNH_2]}{[RNH_3^+]} = \frac{2.5 \times 10^{-11}}{[H^+]}$$

此式即可表明在十二胺溶液中 RNH_2 分子与 RNH_3^+ 离子的相对浓度和溶液 pH 值之间的定量关系。由上式可以得出：

当［RNH_2］=［RNH_3^+］时，［H^+］$=2.5\times10^{-11}$，即 pH = 10.6。说明当 pH = 10.6 时，在十二胺溶液中有一半是以离子状态存在，而另一半则仍以未解离的胺分子状态存在。

在强碱性介质条件下（如当 pH 值大于 10.6 时），［RNH_2］＞［RNH_3^+］，说明这时溶液中胺呈分子状态占优势。

在 pH 值小于 10.6 的广阔区间内，［RNH_2］＜［RNH_3^+］，即在此区溶液中胺以离子状态占优势。

图 2-11 所表示的即是物质的量浓度为 1×10^{-4} mol/L 的十二胺，在不同 pH 值条件下，溶液中 RNH_2 分子和 RNH_3^+ 离子相对浓度大小的一组曲线。由图 2-11 还可看出，在强碱性介质条件下，溶液中除胺分子占优势外还出现了 $RNH_{2(固)}$ 沉淀，并因而降低了溶液中的有效成分的浓度。

了解胺类捕收剂的这些解离性质及其在不同 pH 值条件下各组分的相对浓度，对理解胺类捕收剂与矿物作用的有效成分及其作用机理极为重要。

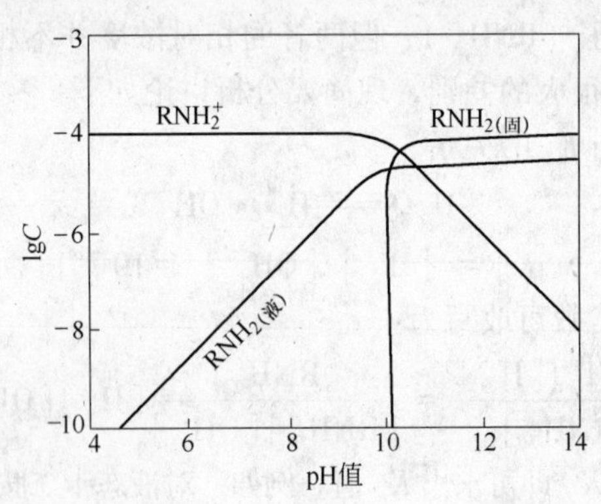

图 2-11　十二胺（1×10^{-4} mol/L）在不同 pH 值条件下，各组分的对数浓度平衡图

2.8.2 胺类捕收剂与矿物表面的相互作用

胺类捕收剂主要用于浮选硅酸盐和铝硅酸盐（如石英、长石、绿柱石、锂辉石、锂云母等）以及菱锌矿、可溶性钾盐等。近代一些理论研究表明，用胺类捕收剂浮选石英，将介质 pH 值调至 10 左右可获得较高的回收率。据认为，这时胺主要以离子-分子二聚体即 $RNH_3^+ \cdot RNH_2$ 的形式起作用；浮选菱锌矿（$ZnCO_3$）时，最适宜 pH 值在 10.5 ~ 11.5 范围内，这时溶液中胺主要以 RNH_2 分子状态存在。显然，在这两种不同情况下，胺类捕收剂与矿物的相互作用机理是截然不同的。

（1）胺类捕收剂在矿物表面双电层的吸附，这时需注意如下几个问题：

1）矿物表面电性的影响。胺类捕收剂与矿物表面的相互作用，在大多数情况下，主要是由胺的阳离子 RNH_3^+ 或二聚体 $RNH_3^+ \cdot RNH_2$ 在矿物表面双电层依靠静电引力吸附在荷负电的矿物表面，因此浮选适宜的矿浆 pH 值应高于矿物的零电点。

2）非极性基的相互缔合作用及临界胶束浓度的影响。胺类捕收剂依靠静电引力在矿物表面的吸附是不牢固的，它们可用水洗掉或易从矿物表面脱落，因此，提高胺类捕收剂的亲固能力对浮选有着重要意义。与前述类同原理相似，当药剂浓度较低时，胺主要呈单个阳离子（RNH_3^+）依靠静电引力作为配衡离子吸附在荷负电的矿物表面上；当药剂浓度增高时，则逐步形成半胶束吸附，这时除了静电引力吸附外，烃链间的范德华力亦起重要作用。

形成半胶束所需的药剂浓度，如前所述与非极性基的长度有关，一般的规律是：烃链越长，形成半胶束所需的浓度越小，但药剂的溶解度也相应下降。一些阳离子捕收剂的临界胶束浓度（CMC）见表 2-25。

表 2-25 一些阳离子捕收剂的临界胶团浓度（CMC）

药剂名称	分子式	CMC/mol·L^{-1}
癸　胺	$C_{10}H_{21}NH_2$	3.2×10^{-2}
十二胺	$C_{12}H_{25}NH_2$	1.3×10^{-2}
十四胺	$C_{14}H_{29}NH_2$	1.0×10^{6}
十六胺	$C_{16}H_{33}NH_2$	8.3×10^{-4}
十八胺	$C_{18}H_{37}NH_2$	4.0×10^{-4}
正十二胺盐酸盐	$C_{12}H_{25}NH_3Cl$	0.014（30℃）

续表 2-25

药剂名称	分子式	CMC/mol · L^{-1}
三甲基十二胺盐酸盐	$C_{12}H_{25}(CH_3)_3NCl$	0.016 (30℃)
十八胺盐酸盐	$C_{18}H_{37}NH_3Cl$	1.7×10^{-3}
甲基十八胺盐酸盐	$C_{18}H_{37}(CH_3)NH_2Cl$	1.7×10^{-3}
二甲基十八胺盐酸盐	$C_{18}H_{37}(CH_3)_2NHCl$	3×10^{-3}
三甲基十八胺盐酸盐	$[C_{18}H_{37}(CH_3)_3N]Cl$	3.7×10^{-2}
十八烷基溴化吡啶	$[C_{18}H_{37}—N⟨吡啶环⟩]Br$	9×10^{-4}

有的研究认为，在“石英-胺”体系中，当捕收剂浓度达到其临界胶团浓度（CMC）的1/10~1/100时，在矿物表面可能形成半胶束吸附。

这里应指出：在胺离子（RNH_3^+）与胺分子（RNH_2）之间，其非极性基更有利于发生相互缔合作用，并因而使它们易在矿物表面产生共吸附，或形成胺的分子及其离子二聚体［$RNH_2 + RNH_3^+ \rightarrow (RNH_2)_2H^+$］的半胶束吸附。此外，由于胺分子的吸附既不中和矿物表面的负电位，也不受矿物表面的负电位大小的影响，所以，在浮选中常会出现当介质pH值较低（即矿物表面负电位低），甚至低于零电位时（矿物表面带正电），仍可进行浮选的现象。

3）无机离子对胺类捕收剂在双电层吸附的影响。矿浆中的高价金属阳离子与胺类阳离子在矿物表面可发生竞争吸附，所以高价金属阳离子例如Al^{3+}、Fe^{3+}、Ba^{3+}等在矿物表面的吸附，往往会阻碍胺类阳离子的吸附，或从矿物表面排挤掉胺类阳离子捕收剂，因而高价金属阳离子对胺类捕收剂的浮选往往具有抑制效应。

相反，某些无机阴离子，例如SO_4^{2-}在氧化铝、SiF_6^{2-}在长石、绿柱石等矿物表面吸附后，则可促进胺类阳离子捕收剂在这些矿物表面上的吸附，所以某些多价无机阴离子，在使用胺类捕收剂浮选时往往具有活化效应。

（2）胺类捕收剂在矿物表面的化学吸附。例如，用胺类捕收剂浮选有色金属氧化矿物如菱锌矿时，在矿物表面所发生的作用即属一种化学吸附。

用胺类捕收剂浮选有色金属氧化矿多在强碱性介质条件下进行，此时溶液中将有足够的RNH_2分子生成。由于RNH_2分子中氮原子上有一对未共用的电子对称“独对电子”，所以RNH_2分子可以作为配位体，提供其独对电子与有色金属氧化物表面的Cu^{2+}、Zn^{2+}、Cd^{2+}、Co^{2+}等一些金属阳离子共享，以共价键结合形成比较稳定的络合物，也就是说，胺分子在这些氧化矿表面可产生络合物吸附（药剂的键合原子为氮），从而使矿物表面疏水易浮。可见，胺类不仅可以作为阳离子捕收剂在矿物表面双电层吸附，而且有时还可作为络合捕收剂与矿物表面的某些金属阳离子结合产生化学吸附。

（3）胺类捕收剂对可溶性钾盐的捕收机理。试验研究表明，辛胺可以捕收钾石盐（KCl）而不捕收岩盐（NaCl）；反之，羧酸类捕收剂则可浮选岩盐而不能浮选钾石盐。据此，有人提出几何因素和电性因素同时都起作用的捕收机理。

通过结构分析得知：辛胺的离子半径为0.54nm；钾石盐的晶格大小为0.41nm；岩盐晶格大小为0.398nm。可见，辛胺离子与钾石盐晶格大小相差较小（约18%），而与岩盐则相差较大（26.3%），于是提出几何因素的作用，认为捕收剂离子与矿物晶格大小相差不大时（如以22%为界限），捕收剂可以较牢固地嵌入矿物晶格，因而使矿物可浮，否则就不浮。随后通过电性研究进一步认识到，岩盐则因氯离子易进入溶液而使晶体表面带正电。由于可溶性盐（氯化物）是在饱和溶液中进行浮选的，这时胺类捕收剂以电中性偶极分子 $RNH_3^+ \cdot Cl^-$ 形式存在，偶极分子中的 Cl^- 是 $RNH_3 \cdot Cl$ 分子带负电性较强的一端，它可和钾石盐晶体表面的正电荷发生相互吸引作用；同时 Cl^- 离子又属钾石盐晶格同名离子，容易进入晶格相互嵌合，于是可使钾石盐疏水易浮。其过程可表示如下：

```
 K+          K—Cl—K                      K+                 K—Cl—K
 Cl-           |   |                     Cl-                  |   |
              …K—Cl                               RNH3Cl…K—Cl
 Cl-           |   |        RNH3Cl       Cl-                  |   |
             K+—Cl—K     ——————————→    RNH3Cl          K    Cl—K
 Cl-           |   |                     K+                   |   |
             …K—Cl                                  RNH3Cl…K—Cl
 Cl-  K+       |   |                     Cl-                  |   |
             K+—Cl…K                                      K—Cl—K
 溶液        晶体表面                     溶液               晶体表面
```

胺类不能捕收岩盐的原因，主要是因为岩盐晶体表面带负电，与 $RNH_3 \cdot Cl$ 分子中的氯离子同性相斥，使胺类在岩盐表面不能吸附嵌合。羧酸类捕收剂如辛酸钠之所以能捕收岩盐，则是因为在饱和溶液中辛酸钠电中性偶极分子 $RCOO^- Na^+$ 中的钠离子是捕收剂带正电性较强的一端，它可和岩盐晶体表面的负电荷发生相互吸引作用：同时钠离子又属岩盐晶格同名离子，故容易嵌入并使岩盐疏水易浮。

综上所述，胺类捕收剂与矿物的作用形式比较多样化，其中以胺阳离子

（RNH_3^+）或 $RNH_3^+ \cdot RNH_2$ 二聚物形式起捕收作用比较常见，且可浮选的矿物种类也较多；胺类分子（RNH_2）虽可和一些金属离子（如 Cu^{2+}、Ag^{2+}、Zn^{2+}、Cd^{2+}、Co^{2+}、Ni^{2+}）形成比较稳定的络合物，但以络合捕收剂形式起作用在实践中主要是用来浮选难以用硫化法来处理的菱锌矿；胺类以 RNH_3Cl 形式起捕收作用，实践中主要用于铵盐饱和溶液中浮选钾石盐（KCl）的特定场合。

参考文献

1 王淀佐. 浮选剂作用原理及应用［M］. 北京：冶金工业出版社，1982
2 Fuerstenau D W, *et al*. Ⅻth IMPC, 1977, 106
3 胡熙庚，黄和慰，毛钜凡等. 浮选理论与工艺［M］. 长沙：中南工业大学出版社，1997
4 Somasundarom P, Nagaraj D R. Chemistry and application of chelating agents in Flotation and Flculation［M］. In：Reatents Miner Ind, ed Jones M J, Oblatt IMM R. London, 1984
5 Глебоцкийидр А В. Цвет. мет, 1975（6）: 81, 1977（9）: 61
6 Sologhenkim P M. CA 85, 156356（1978）
7 Somasundaran P. AICh E Vol. 71, No. 150（1975）
8 Hanna H S, Somasundaran P. Flotation A M Gaudin Men Vol. I, 1976
9 Rao S R, *et al*. Экспр Инф, 1970, 40
10 Stavnboliads E, *et al*. Trans AIME, 1976, 260: 3
11 林强，王淀佐等. 有色金属（季刊），1991，43（2）
12 Trans, AIME, 1950, 187: 591 ~ 600
13 Wasaki I I, *et al*. Trans AIME, 1960, 217: 234
14 Богаднов и ор О G. Цвет мет, 1976（4）: 72
15 卢寿慈. 国外金属矿选矿. 1974（6）
16 Somasundaran P, *et al*. 12 th IMPC, Som, Pawo, 1977
17 Amanthapadmmanbhan K P, *et al*. Oleat Chem. and Hematite Flot. In Bakiyarav（Ed）, International Phenomena in Miner. Processing, 1981, 207 ~ 227
18 Somasundaran P, *et al*. Solution chem. and surfactants, Plenum. New York, 1979（1）: 777
19 Fuerstenau M C, *et al*. Flotation, 1976（1）

第3章　脂肪酸类捕收剂

3.1　概述

分子中带有羧基（—COOH）的有机化合物，都可以称做或属于有机酸类化合物。它一般又分为脂肪族有机酸和芳香族有机酸两大类。脂肪酸就是脂肪族有机酸类的简称；在分子中羧基直接与脂肪族烃基相连接，其代表式为R—COOH；芳香族有机酸简称为芳香酸，其特点为羧基直接与苯环或芳香环相连接，其代表式为Ar—COOH。在浮选工艺中，芳香酸远不如脂肪酸重要。此外也有分子中既有烃基又有芳基的羧酸类捕收剂用于选矿中。

早在1909年，人们就已经发现油酸在选矿中的起泡作用。1925年发现脂肪酸及其皂类可以作为非金属矿的捕收剂以后，浮选工业的范围进一步扩大，成功地应用到非金属、碱金属及碱土金属矿的选矿方面。

脂肪酸及其皂类在浮选工艺中最重要的用途是作为氧化矿物、盐类矿物的捕收剂。由于脂肪酸具有很活泼的羧基官能团，几乎可以浮选所有的矿物。一般而言，在溶液中呈阳离子状态的具有离子键的矿物，包括所有的氧化矿、硫酸盐矿、碳酸盐矿、磷酸盐矿以及萤石等；在溶液中呈阳离子状态的具有金属键的矿物，包括所有的硫化矿以及金、铜等天然金属；具有分子共价键的矿物，包括石墨、煤、硫黄、辉钼矿、滑石等，都可以用脂肪酸或其皂类作为捕收剂进行浮选。只是对于大分子共价键化合物，在溶液中呈阴离子状态的，包括石英、长石、石榴石、黏土、高岭土、云母等硅酸盐类矿物不如用胺类捕收剂的效果好。

在浮选工艺上引入了脂肪酸（或皂）类药剂作为浮选药剂，是矿物加工工业的重大成就之一。它是最为重要的阴离子型浮选药剂，不仅广泛地用作金属矿物和非金属矿物的捕收剂，而且其低碳链化合物还用作调整剂。在综合利用、矿产品深加工及改型、改性、资源再生利用等领域均已广为使用。它在油漆、涂料、塑料、橡胶、造纸、人造革、润滑剂、印刷油墨和医药等行业的应用是众所周知的，需求日益增大。

为了适应工业发展，人们不断寻找新药剂，研究新品种，开拓新用途。如今的脂肪酸类药剂来源（或代用品）不再局限于动物和植物油脂，它还来自于石油、化工、生物的加工产品以及农林牧渔和油脂加工的副产品或下脚料，例如塔尔油、氧化石蜡、氧化煤油、环烷酸、松脂酸以及棉籽油、米糠油、癸二酸、尼龙-11 等的下脚料都是以含脂肪酸为主的脂肪酸类选矿药剂。

脂肪酸类阴离子型捕收剂的特点是用量一般比黄药类多，捕收性能好，选择性能差。下列脂肪酸的选择性由强到弱顺序为：硬脂酸 > 软脂酸 > 软脂油酸 > 油酸 > 亚麻酸，而其捕收性能正好相反，由强到弱依次为：亚麻酸 > 油酸 > 软脂油酸 > 软脂酸 > 硬脂酸。提高脂肪酸的捕收性和选择性，改善其对矿物的分选效果问题，仍然是摆在选矿药剂工作者面前的重大课题。一方面加强具有不同分子结构或官能团的药剂组合使用的研究，发挥药剂的协同效应：研究石蜡发酵生物制备脂肪酸的新工艺、新技术；制备和应用二元或多元新型脂肪酸，提高酸值，增强捕收性。另一方面就是对脂肪酸类药剂进行改性，开发应用脂肪酸类（含烷基芳基类羧酸）衍生物，制备各种取代酸。就是在脂肪酸中引入卤素、羟基、氨基、磺酸基，进行硫酸化、氧化、过氧化、乙氧基化等处理，制备如氯代酸、氨基酸、羟基酸、磺化脂肪酸、硫酸化脂肪酸、自由基过氧化脂肪酸、乙氧基（或聚乙氧基）脂肪酸等，或者它们的混合组合物，以提高药剂浮选活性、分散性、选择性以及耐低温等浮选性能。国内外研究工作者关注的又一个热点是研究像脂肪酸等阴离子表面活性剂-捕收剂-抑制剂体系的组合匹配，提高矿物分离分选的效果。作者认为，对于脂肪酸类药剂研究，上述所提到的改型、改性、组合、匹配将是今后长期研究和发展应用的方向，同时应加强矿物与药剂结构、性能、作用机理的研究，从而达到更为有效利用药剂，提高资源综合利用率，减少环境污染的目的。

3.2 主要脂肪酸的制备与生产

天然脂肪酸主要来自于自然界中的各种油脂。而油脂广泛存在于各种动物的脂肪和植物的种子之中。由天然油脂生产制取脂肪酸及其皂类是油脂化学工业的重要工艺之一。一般动植物油脂所含脂肪酸的成分，随动物和植物的品种、类型的不同差别很大。从油脂的分子结构来看，它是由相同或不同种类的脂肪酸与甘油缩合而成的有机酯类化合物，常温下呈固体状态的一般称为脂肪，液态的称为油。天然油脂经过化学水解后生成甘油和脂肪酸或其皂类，其水解反应式为：

$$\begin{array}{c}\mathrm{H_2C{-}OOC{-}R_1}\\ |\\ \mathrm{HC{-}OOC{-}R_2}\\ |\\ \mathrm{H_2C{-}OOC{-}R_3}\\ \text{油脂}\end{array} + 3\mathrm{NaOH} \xrightarrow{\text{水解}} \begin{array}{c}\mathrm{H_2C{-}OH}\\ |\\ \mathrm{HC{-}OH}\\ |\\ \mathrm{H_2C{-}OH}\\ \text{甘油}\end{array} + \begin{array}{c}\left\{\begin{array}{l}\mathrm{R_1{-}COONa}\\ \mathrm{R_2{-}COONa}\\ \mathrm{R_3{-}COONa}\end{array}\right.\\ \text{混合脂肪酸钠}\end{array} \xrightarrow{3\mathrm{HCl}}$$

$$\left\{\begin{array}{l} R_1—COOH \\ R_2—COOH \\ R_3—COOH \end{array}\right. + \begin{array}{l} H_2C—OH \\ \;\;| \\ HC—OH \\ \;\;| \\ H_2C—OH \end{array}$$

混合脂肪酸 甘油

式中，R_1、R_2、R_3 表示为不同或者相同碳链的饱和或不饱和脂肪烃基。某些植物油脂中的脂肪酸组成列于表 3-1。产地不同的植物油所含脂肪酸比例不同。植物油中椰子油、棕榈油和棕榈仁油一般呈固体状态或半固态，麻油、棉籽油、大豆油、花生油、菜油通常为液态。动物油如牛油、猪油等为固态。

表 3-1 某些植物油的组成（质量分数/%）

名 称	麻油	椰子油	棉籽油	棕榈油	棕榈仁油	大豆油
辛 酸		6.5			2.5	
癸 酸		6.0			5.0	
月桂酸		49.5			48.5	
豆蔻酸		19.5	1.0	1.5	17.5	
棕榈酸	1.5	8.5	26.0	42.0	10.5	11.5
硬脂酸	0.5	2.0	3.0	4.0	1.5	4.0
油 酸	5.0	6.0	17.5	43.0	12.5	24.5
亚油酸	4.0	1.5	51.5	9.5	2.0	53.0
亚麻酸	0.5					7.0
蓖麻醇酸	87.5					

油脂水解在化工中目前最常用的方法是催化水解方法。先用浓硫酸处理油脂，洗去油脂中对于催化剂有毒性作用的蛋白质及其他杂质，然后在油脂中加入相当于油脂质量 25% ~50% 的水及 0.75% ~1.25% 的催化剂。以前使用的催化剂是苯基硬脂磺酸［$C_6H_5C_{18}H_{35}(SO_3H)$］，目前最常用的是一种石油磺酸化合物。混合以后，在开口的大锅内用蒸汽煮 20 ~48h，水解反应一般是在带盖的容器内分 2 ~4 段分步进行，在每一阶段完成后，把甘油水放出，再补充以净水，如此至反应完全为止。这个方法的好处是可以节省大量的苛性钠，同时设备简便。各种脂肪水解的方法很多，工艺差异很大，从常温用酶水解到 300℃催化过热蒸汽水解，从常压到近 20684.3kPa（3000lbf/in^2）的高压。用高压连续水解油脂方法，效果最佳，水解程度可达 97% ~99%。但此法不适宜高度不饱和的油脂（如鱼油），水解后可使其碘值明显降低。在油脂水解方法中，最老的也是我们所熟知的方法就是用苛性钠（烧碱）水解的方法，该

法目前仍用于生产热敏性脂肪酸和特种脂肪酸。例如，在70～100℃时用质量分数为9.7%氢氧化钠溶液使可可脂皂化，并于pH=6.6～6.8下酸化，结果比传统皂化法更完全。据称由此得脂肪酸的碘值与油脂本身的不饱和度变化不大。但在油脂皂化与酸化过程中易形成胶体，酸化时又会引起乳化，还需大量盐水处理分出甘油。

实验室制备脂肪酸的最好办法，是在稍过量碱的醇溶液中回流皂化油脂，然后蒸去醇，用无机酸酸化皂，水洗和干燥。Anderson和Brown发现在戊醇中的皂化速度是乙醇中的1/2倍，甲醇中的1/10倍。由于钾皂的溶解度大于钠皂，故氢氧化钾皂化速度优于氢氧化钠。加入少量水可增加皂化速度。Henrigues建议把脂肪溶于石油醚中，再加氢氧化钠乙醇溶液皂化，然后静置12h，但该法反应慢且需无水乙醇。

油脂皂化（水解）所得的一般都是混合脂肪酸，其中脂肪酸的成分依油脂来源而变化，成分主要是硬脂酸、软脂酸、油酸、月桂酸等。将混合脂肪酸分离为单一的脂肪酸比较复杂。用普通真空蒸馏只能除去未水解的油脂，不能单独分离硬脂酸、软脂酸、不饱和脂肪酸等，对沸点差距大的，混合脂肪酸虽可分离，但也只能使其变得相对纯些，难于获得高纯物，蒸馏出的产物（质量分数）一般含饱和酸40%～50%，油酸40%～45%，亚油酸约10%。蒸出物经冷冻、压榨得固状物称为一榨硬脂酸，液体为工业油酸——红油。实际上它们还是混合物，固状物主要为混合饱和脂肪酸（如硬脂酸、软脂酸等），红油中的油酸含量也不超过75%，如表3－2所列为不同来源工业油酸组成。

表3－2 工业油酸的组成（质量分数/%）

样品编号	Ⅰ	Ⅱ	Ⅲ	Ⅳ	Ⅴ	Ⅵ	Ⅶ	Ⅷ	Ⅸ
十二碳酸（月桂酸）	0.1	0.4	0.2	0	0.2	0	0	0.2	0
十四碳酸（豆蔻酸）	2.8	3.0	4.0	1.0	3.1	0.6	0.7	3.7	3.2
十四碳烯酸（含一个双键）	2.7	3.0	3.0	0.8	2.8	0.1	0.4	3.2	2.1
十六碳酸（软脂酸）	4.8	4.8	2.8	3.3	4.0	4.5	1.6	3.3	2.7
十六碳烯酸（含一个双键）	12.5	12.9	12.6	6.8	12.3	5.9	5.7	13.0	11.3
十七碳烯酸（含一个双键）	1.7	1.9	1.4	1.4	1.8	0.2	0.7	1.8	0.8
十八碳酸（硬脂酸）	0.4	0.4	0.8	1.0	0	0.3	0	0	0
油酸（含一个双键）	70.5	71.0	73.2	73.8	68.6	75.8	77.8	70.9	74.7
十八碳双烯酸（亚油酸）	2.2	2.6	1.9	8.2	4.6	12.6	6.5	3.6	5.2
十八碳三烯酸（亚麻酸）	1.2	0	0	3.4	1.8	0	0	0.3	0

续表 3-2

样品编号	Ⅰ	Ⅱ	Ⅲ	Ⅳ	Ⅴ	Ⅵ	Ⅶ	Ⅷ	Ⅸ
过氧化物值	2	0	8	11	4	6	2	3	3
环氧乙烷结构中的氧	0.01	0.01	0.00	0.01	0.02	0.06	0.14	0.00	0.01
碘值（韦氏法）	91.3	87.6	87.6	92.2	94.0	91.6	94.0	92.6	93.2
不皂化物	0.44	0.22	0.29	0.33	0.30	0.35	0.25	0.41	0.28

中国科学院化学所曾使用粗油酸进行小型提纯，所用的方法可以参考：将粗油酸及丙酮（质量比 1∶8~10），在保温瓶中混合，慢慢加入干冰（即固体二氧化碳）使温度下降至 -20 ~ -25℃。用玻璃棒稍加搅拌，然后将保温瓶放置冰箱中（冰箱内温度为 -5℃左右）约 12h，大部分饱和酸结晶析出，在布氏漏斗中抽滤，为了在过滤时保持 -20℃，可在漏斗中加入适量的干冰。收回滤液倒回保温瓶中继续加入干冰冷却至 -60℃，搅拌后放置 12h，此时大部分油酸结晶析出，在漏斗中加入大量干冰保持温度 -60℃左右，迅速过滤。滤液再重复在 -60℃冷冻，过滤两三次，将几次的沉淀混合在一起，在室温下减压除去丙酮，所得的油酸颜色微黄，冰点 13.5 ~ 14℃，折光系数 n^{20}1.4585。

另外，可从油脚中提取脂肪酸。将菜籽、大豆、葵花籽等含油种子以及米糠油经压榨得到的油中，与油一道流出的还有蜡、不皂化物、叶绿素、固体残渣等。必须在沉降池中静置较长的一段时间，使密度比油大的物质沉降。沉降后的上层物为清油，即可供食用或工业用，下层为沉渣，称油脚。用苛性钠溶液将油脚在蒸汽加热下皂化，加食盐使之盐析，静置分层，上层为皂脚，下层为水、盐、残渣物等，分离下层，将上层皂脚再一次皂化，再盐析分层，则上层为第二次皂化的皂脚。分离下层，用硫酸酸化到 pH 值为 2 ~ 3 为止，则混合脂肪酸析出上浮与废液分离。将混合脂肪酸在减压下蒸馏，首先除去水分，再蒸去混合脂肪酸，使之与少量中性残渣分离。将混合脂肪酸冷却至 10℃。熔点高的脂肪酸凝成固体，用压滤法过滤，使固体脂肪酸与液体脂肪酸分离。固体脂肪酸不适合作捕收剂，可用作肥皂及其他化工原料。液体脂肪酸主要是油酸，并含有 20% 左右的亚油酸。一般来说，这种脂肪酸的酸值为 180 ~ 200，碘值为 90 ~ 100，不饱和程度较高，可作捕收剂使用。因为这种油酸含有亚油酸，经使用证明，它的效果比纯油酸好。

例如从米糠油皂脚中提取油酸。米糠中含有糠油、糠蜡、油酸、谷维素、肌醇等多种成分。米糠油中含有一种酵素，能促进米糠油水解生成游离脂肪酸，使酸值增高。食用米糠油通常需要精制，否则口感不好。精制方法是，先按粗米糠油的酸值加入氢氧化钠中和其中的游离酸生成脂肪酸皂——皂脚，分离皂脚后的纯化米糠油用酸性白土脱色，减压下加热将米糠油脱臭、过滤，然后冷却至26℃，使米糠油中的糠蜡凝固，经压滤分出的糠蜡可作鞋油、蜡纸和化工原料。精制的米糠油即可食用。

米糠油皂脚中往往含有部分中性油，通入蒸汽加热处理，并加入氯化钠可将脂肪酸皂与中性油分离。分离出的中性油，再加入适量 NaOH，并用蒸汽加热使其充分皂化，再用硫酸酸化到 pH = 2 ~ 3，使其中的脂肪酸析出上浮，与下层废液分离。与中性油分离后的脂肪酸皂可采用上述同样的方法酸化。再将分离析出的上层脂肪酸混合物经减压、蒸馏先去除水分，再蒸出混合脂肪酸，使之与少量残存中性残渣分离。然后将脂肪酸冷却至10℃，使高凝固点（熔点）的脂肪酸呈固体状态，用压滤法将固态脂肪酸与液态脂肪酸分离。固态脂肪酸可用作肥皂或作化工原料。液体脂肪酸主要是油酸，并含有约 20% 的亚油酸，将其用作捕收剂效果比纯油酸要好。

3.3 脂肪酸（皂）的物理化学性质

脂肪酸的来源主要有天然动植物油脂和合成脂肪酸。合成脂肪酸又可以分为化学合成脂肪酸（如氧化煤油和氧化石蜡等）和微生物制备脂肪酸（如石油发酵脂肪酸、细菌活体和细菌代谢脂肪酸等）。

动植物油脂主要是由脂肪酸的甘油酯组成。油脂经水解即得一分子甘油和三分子的脂肪酸。天然脂肪酸所含碳原子数为偶数碳原子，由碳原子组成的烃基绝大部分为直链烃。带有支链的脂肪酸很少，例如在海豚的脂肪中存在有异戊酸分子，在结核菌中发现有结核硬脂酸［CH_3—$(CH_2)_7$—C（CH_3）H—（CH_2）$_7$COOH］。脂肪酸按其碳链的饱和程度又分为饱和脂肪酸和不饱和脂肪酸两大类。在浮选工业应用上，后者又远比前者重要。

在动植物油脂中比较常见的饱和脂肪酸有已酸（C_6）、辛酸（C_8）、癸酸（C_{10}）、月桂酸（C_{12}）、豆蔻酸（C_{14}）、软脂酸（C_{16}）及硬脂酸（C_{18}）等。自癸酸以下的，习惯上又称为低级脂肪酸，月桂酸以上的又通称为高级脂肪酸。各种饱和脂肪酸的物理性质如凝固点、熔点、沸点、折光率等按照有机化合物的同系原理，随着分子量的增加而增高，但是它们在水、甲醇、乙醇、丙酮或苯等溶剂中的溶解度则随着相对分子质量的增加而降低。一些饱和脂肪酸的物化常数可参考表 3－3 所列。

表3-3 一些饱和脂肪酸的物化常数（R—COOH）

脂肪酸名称	己 酸	辛 酸	癸 酸	月桂酸	豆蔻酸	软脂酸	硬脂酸
烷基（R）	C_5H_{11}—	C_7H_{15}—	C_9H_{19}—	$C_{11}H_{23}$—	$C_{13}H_{27}$—	$C_{15}H_{31}$—	$C_{17}H_{35}$—
相对分子质量	116.09	144.12	172.16	200.09	228.22	256.25	284.28
凝固点/℃	−3.2	16.3	31.2	43.9	54.1	62.8	69.3
熔点/℃	−3.4	16.7	31.6	44.2	53.9	63.1	69.6
密度（80℃）/g·cm^{-3}	0.8751	0.8615	0.8531	0.8477	0.8439	0.8414	0.8390
折光率 n_D^{80}	1.3931	1.4049	1.4130	1.4191	1.4236	1.4272	1.4299
沸点（压力266.6Pa）/℃	71.9	97.6	121.1	141.8	161.1	179.0	195.9
沸点（压力1066.4Pa）/℃	94.6	121.3	145.5	167.4	187.6	206.1	224.1
沸点（压力101.31kPa）/℃	205.8	239.7	270.0	298.9			
水中溶解度/mol·L^{-1}	8.3×10^{-2}	4.7×10^{-3}	8.7×10^{-4}	2.7×10^{-4}	8.8×10^{-5}	2.8×10^{-5}	1.0×10^{-5}
临界胶团浓度/mol·L^{-1}	1.0×10^{-1}	1.4×10^{-1}（27℃）	2.4×10^{-2}（27℃）	5.7×10^{-2}（27℃）	1.3×10^{-2}（27℃）	2.8×10^{-3}（27℃）	4.5×10^{-4}（27℃）
临界胶团浓度/mol·L^{-1}（钠盐）	7.3×10^{-1}（20℃）	3.5×10^{-1}（25℃）	9.4×10^{-2}（25℃）	2.6×10^{-2}（25℃）	6.9×10^{-3}（25℃）	2.1×10^{-3}（50℃）	1.8×10^{-3}（50℃）
临界胶团浓度/mol·L^{-1}（钾盐）	1.49×10^{-3}	0.4×10^{-3}	0.97×10^{-4}	0.24×10^{-4}	0.6×10^{-5}		
HLB值（亲水亲油平衡）	6.7	5.8	4.8	3.8	2.9	2.0	1.0
钙盐的溶度积（K_{sp}）		2.7×10^{-7}	3.8×10^{-10}	8.0×10^{-13}	1.0×10^{-15}	1.6×10^{-16}	1.4×10^{-18}

在动植物油脂中比较常见的不饱和脂肪酸包括油酸（含异油酸）、亚油酸、亚麻酸、蓖麻酸。其分子结构为：

$$CH_3(CH_2)_7—\overset{H}{\overset{|}{C}}=\overset{H}{\overset{|}{C}}—(CH_2)_7—COOH\text{(油酸)}$$

$$
\begin{array}{c}
\qquad\qquad H \\
\qquad\qquad | \\
CH_3(CH_2)_7—C═C—(CH_2)_7—COOH \\
\qquad\qquad\qquad\ | \\
\qquad\qquad\qquad\ H
\end{array}
$$
（异油酸）

$CH_3(CH_2)_4CH═CHCH_2CH═CH(CH_2)_7—COOH$（亚油酸）

$CH_3CH_2CH═CHCH_2CH═CHCH_2CH═CH(CH_2)_7—COOH$（亚麻酸）

$CH_3(CH_2)_5CH(OH)CH_2CH═CH(CH_2)_7—COOH$（蓖麻酸）

油酸分子中含有一个不饱和双键，异油酸是油酸的几何异构体；亚油酸含有两个双键，亚麻酸含有三个双键，蓖麻酸是蓖麻油中特有的脂肪酸，分子中除含有一个双键外，还有一个羟基。一些不饱和脂肪酸及其可溶性盐的物化常数见表3－4。

表3－4 一些不饱和脂肪酸的物化常数（R—COOH）

不饱和脂肪酸名称	油 酸	异油酸	亚油酸	亚麻酸	蓖麻酸
分子中含碳原子数	C_{18}	C_{18}	C_{18}	C_{18}	C_{18}
烯烃基(R)	$C_{17}H_{33}—$	$C_{17}H_{33}—$	$C_{17}H_{31}—$	$C_{17}H_{29}—$	$C_{17}H_{32}(OH)—$
相对分子质量	282.44	282.44	280.44	287.42	298.45
熔点/℃	13.4(α)/16.3(β)	43.7	－5～－5.2	－11～－11.3	5
酸 值	198.63	198.63	200.06	201.51	187.98
理论碘值	89.87	89.87	181.03	273.51	85.04
折光率 n_D^{80}	1.45823		1.4699	1.4780	1.4716
沸点/℃(压力/kPa)	166(101.29)	266(93.33)	229(99.19)	157～158(101.33)	
	234～235(99.33)			230～2(99.06)	
临界胶团浓度/mol·L^{-1}	1.2×10^{-3}	1.5×10^{-3}			
临界胶团浓度/mol·L^{-1}（钠盐）	2.1×10^{-3}	1.4×10^{-3}	0.15g/L	0.20g/L	0.45g/L
	2.7×10^{-3}（25℃）	2.5×10^{-3}（40℃）			
临界胶团浓度/mol·L^{-1}（钾盐）	8.0×10^{-4}（25℃）				
HLB值（亲水亲油平衡）	$19^{4.5}$（钠盐）				
$pL_{CaA_2(20℃)}$	12.4	14.3	12.4	12.2	

高级脂肪酸分子中含有一个烃基长链，又有一个羧基，烃基长链具有疏水性或亲油性，而羧基则是亲水性的，从而形成一种所谓异极性分子。在空气－水或油－水界面上可以定向排列。高级脂肪酸可以与多种金属的离子形成金属盐，其中只有它的碱金属盐类是溶于水的，形成脂肪酸碱金属皂的胶体溶液。它们的比电导度随碳链的增长而降低，而不饱和脂肪酸的比电导度又高于饱和脂肪酸。这与不饱和酸的盐类一般具有较大的解离度的原因是一致的。高级脂肪酸的非碱金属盐，例如钙、镁碱土金属以及绝大部分的重金属皂都是不溶于水的，各种脂肪酸盐的溶度积列于表3－5。脂肪酸及其钾、钠皂构成典型的有机电解质，具有降低水表面张力的表面活性作用，表现了表面活性剂的共同性质，如起泡作用、乳化作用、润湿作用、洗涤作用等。这些作用与脂肪酸对矿物的捕收作用有着重要的、密切的联系。

表3－5 常见脂肪酸盐溶度积的负对数值

金属离子	软脂酸	油 酸	硬脂酸
Ca^{2+}	18.0	15.4	19.6
Ba^{2+}	17.6	14.9	19.1
Mg^{2+}	16.5	13.8	17.7
Ag^{+}	12.2	10.9	13.1
Pb^{2+}	22.9	19.8	24.4
Cu^{2+}	21.6	19.4	23.0
Zn^{2+}	20.7	18.1	22.0
Cd^{2+}	20.2	17.3	
Fe^{2+}	17.8	15.4	19.6
Ni^{2+}	18.3	15.7	19.4
Mn^{2+}	18.4	15.3	19.7
Al^{3+}	31.2	30.0	33.6
Fe^{3+}	34.3	34.3	

各种脂肪酸的钾钠皂溶液，由稀变浓，达到一定的浓度时（随不同脂肪酸而不同），溶液中即显著地开始形成胶团。无论脂肪酸皂的分子或其解离后的离子，由单一的分子或离子开始聚集成具有一定排列方式的分子团；此时的

浓度，一般称做该脂肪酸皂的“临界胶团浓度”，各种羧酸盐的临界胶团浓度见表3-6。脂肪酸皂溶液的临界胶团浓度与它的捕收作用有着很重要的关系。例如研究磁铁矿对于油酸钠的吸附作用指出：使用不同浓度的油酸钠溶液，随着浓度提高磁铁矿对于油酸的吸附作用开始时一直是增多的，当油酸钠溶液浓度接近于临界胶团浓度时，可浮性变得很差。实验证明：只要矿石表面有10%为油酸钠所覆盖时，就足够使矿物充分浮起。可见药剂的浮选捕收性能与该药剂的临界胶团（胶束）浓度密切相关。

表3-6 各种羧酸盐的临界胶团浓度（CMC）

羧酸及羧酸盐	相对分子质量	CMC/mol · C $^{-1}$	温度/℃
丁 酸	88.1	1.75	25
己 酸	116.2	1.0×10^{-1}	
辛 酸	144.2	1.4×10^{-1}	27
癸 酸	172.3	2.4×10^{-2}	27
12 酸	200.4	5.7×10^{-2}	27
14 酸	228.4	1.3×10^{-2}	27
16 酸	256.5	2.8×10^{-3}	27
18 酸	284.5	4.5×10^{-4}	27
丁酸钠	110.1	3.5	
己酸钠	138.2	7.3×10^{-1}	20
辛酸钠	166.2	3.5×10^{-1}	25
癸酸钠	194.2	9.4×10^{-2}	25
12 酸钠	222.3	2.6×10^{-2}	25
14 酸钠	250.3	6.9×10^{-3}	25
16 酸钠	278.4	2.1×10^{-3}	50
硬脂酸钠	306.5	1.8×10^{-3}	50
硬脂酸钾	322.6	4.5×10^{-4}	55
油酸钠	304.4	2.1×10^{-3}	25
油酸钾	320.6	8.0×10^{-4}	25

值得注意的是多种脂肪酸钠皂的水溶液，当温度上升至52℃附近，它们的黏度曲线都有一个转折点，这可能是在52℃以上时，脂肪酸皂溶胶团的构造发生变化的缘故。

脂肪酸及其盐是弱电解质，在水中解离，其解离常数随碳链加长而减少，而且与介质的 pH 值有关。浮选时在许多情况下取决于脂肪酸阴离子在矿浆中的浓度。脂肪酸在水或矿浆中按下式解离：

$$RCOOH \rightleftharpoons RCOO^- + H^+$$

按解离常数 K 表示，则为：

$$K = \frac{[RCOO^-][H^+]}{[RCOOH]}$$

脂肪酸的阴离子浓度为：$[RCOO^-] = K\frac{[RCOOH]}{[H^+]}$。解离常数 K 在一定的温度下是一个定值。

一些脂肪酸在水中的溶解度如表 3-7 所列。

表 3-7 脂肪酸在每百克水中的溶解度（g）

脂肪酸名称	在水中溶解度		脂肪酸名称	在水中溶解度	
	20℃时	60℃时		20℃时	60℃时
癸 酸	0.015	0.027	十五酸	0.012	0.0020
十一酸	0.0039	0.015	棕榈酸	0.00072	0.0012
月桂酸	0.0035	0.087	十七酸	0.00042	0.00081
十三酸	0.0033	0.054	硬脂酸	0.00029	0.00050
豆蔻酸	0.0020	0.034			

3.4 脂肪酸的烃基结构与浮选性能的关系

脂肪酸是复极性有机化合物，由于羧基一端能吸附（或化合）于矿粒表面，非极性的烃基向外，使目的矿粒疏水上浮而起捕收作用，这里讨论脂肪酸烃基的长短、饱和程度、双键相对位置、脂肪酸的熔点等方面的因素对脂肪酸捕收性能的影响。

3.4.1 脂肪酸烃基的长短对浮选性能的影响

脂肪酸分子由极性亲矿基和非极性疏水烃基组成。当烃基太短时，在水中完全溶解，如甲酸、乙酸就属于这种情况，不但没有捕收性能，可以说起泡性能也极其微弱；当碳链增长到一定程度时，因为疏水性分子不能把整个脂肪酸分子吸入水中，而脂肪酸分子在水的表面形成定向排列，故分子量较大的脂肪酸有起泡性能。一般 $C_7 \sim C_9$ 碳原子的脂肪酸起泡性能良好，且已具有相当的捕收能力（较弱）。当碳原子数继续增多，捕收能力也随之增强，但是选矿实践和理论研究表明，作为捕收剂，脂肪酸分子中碳原子数不能太多，一般在 $C_{12} \sim C_{20}$ 为最适宜，C_{20} 以上则溶解度太小，熔点太高，在矿浆中难于弥散，捕收能力逐步减弱。

例如，在 pH =9.7 时，用 C_8 ~ C_{12}的饱和脂肪酸对方解石纯矿物浮选的理论研究结果如图 3 -1 所示。

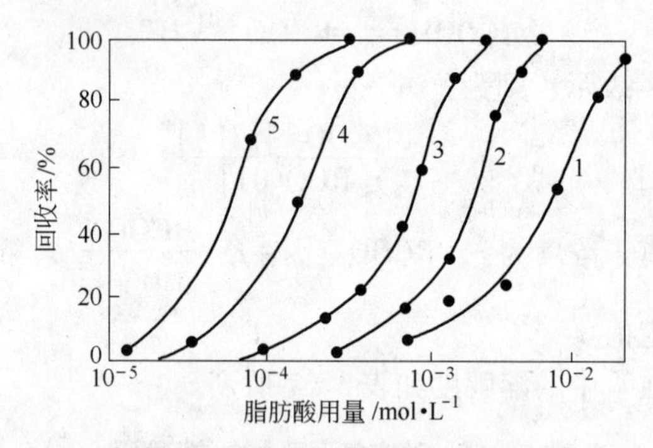

图 3 -1 用 C_8 ~ C_{12}的饱和脂肪酸浮选方解石，脂肪酸用量与回收率的关系

1—C_8；2—C_9；3—C_{10}；4—C_{11}；5—C_{12}

从图 3 -1 可以看出，当方解石达到全浮时，脂肪酸的碳原子越多，则用量越少；如要得到方解石 80% 的回收率，则 C_8 脂肪酸的用量要比 C_{12}的脂肪酸用量多 200 倍。由此可见，脂肪酸烃基的长短对捕收性能有极大的影响可能有两个原因：(1) 脂肪酸分子增大，形成钙盐的溶度积变小，能够比较牢固地固着在方解石颗粒表面上，表 3 -8 所列是一些脂肪酸钙溶度积数据，从表中可以看出，脂肪酸钙盐的溶度积随着脂肪酸分子中的碳原子的增加而减少，与脂肪酸分子中碳原子增加，捕收能力加强成对应关系。(2) 由于脂肪酸烃基碳原子增加，增大了烃链之间以及与矿物之间的相互作用，使疏水亲矿性能加强，故捕收能力加强。

表 3 -8 饱和脂肪酸钙溶度积表（23℃）

饱和脂肪酸的碳原子数	溶度积（K_{sp}）
8	2.7×10^{-7}
9	8.0×10^{-9}
10	3.8×10^{-10}
11	2.2×10^{-11}
12	8.0×10^{-13}
14	1.0×10^{-15}
16	1.6×10^{-16}
18	1.4×10^{-18}

3.4.2　脂肪酸不饱和度对捕收性能的影响

不饱和脂肪酸比其饱和同系物具有较好的浮选捕收性能。进一步了解不饱和双键数目的影响，或者不饱和键本身性质，例如双键与三键的影响，对于了解多种不饱和脂肪酸的浮选特性，将会有很大的帮助。

用不同脂肪酸捕收剂浮选方解石的研究结果表明，不同脂肪酸捕收性能的大小为：

硬脂酸 < 油酸 < 亚油酸 < 亚麻酸 < 蓖麻油酸。

并且在低浓度时，回收率依次增大；在高浓度时则回收率急剧下降，如图3－2所示。

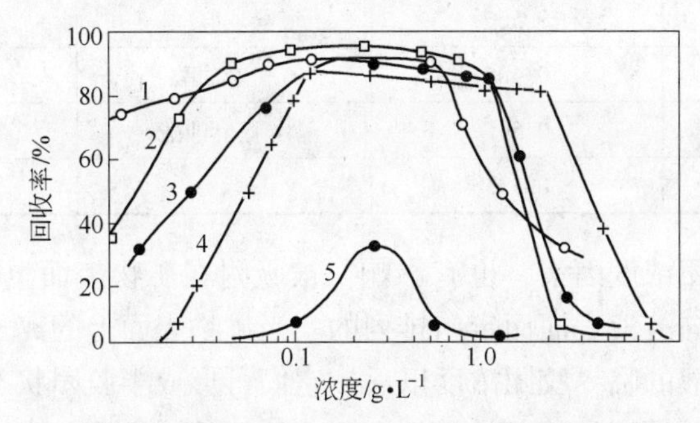

图3－2　各种皂类的浓度对方解石浮选回收率的影响（单泡浮选结果）

1—亚油酸钠；2—亚麻酸钠；3—油酸钠；4—蓖麻油酸钠；5—硬脂酸钠

其他文献报道，在相同pH值、相同温度、相同药剂浓度下，用钙离子作活化剂，用硬脂酸、油酸、亚油酸、亚麻酸分别作为捕收剂浮选石英的结果同样表明，其浮选速度和浮选效果以亚麻酸为最好，如图3－3所示。可见，同碳数的脂肪酸的浮选效果是：不饱和脂肪酸比饱和脂肪酸的效果好，不饱和程度高的比不饱和程度低的效果好。

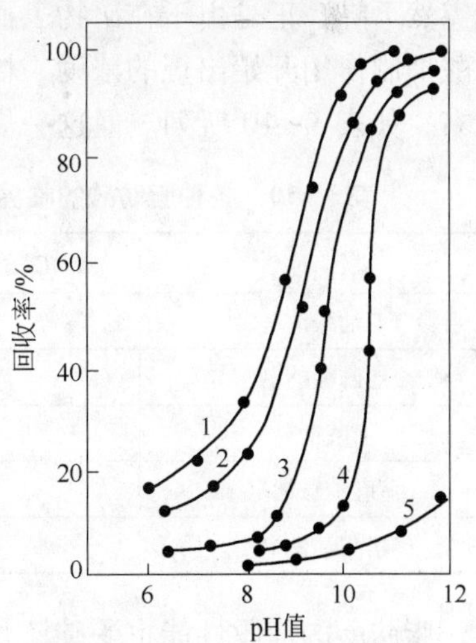

图3－3　钙离子作活化剂，不同脂肪酸浮选石英的可浮性曲线

1—亚麻酸；2—亚油酸；3—油酸；4—反油酸；5—硬脂酸

另外，脂肪酸不饱和度对浮选的影响与脂肪酸本身的结构、水解作用，临界胶团浓度、表面活性、分子截面积及被吸附的脂肪酸离子的定向作用等因素有关系。

脂肪酸碳链在水界面上的单分子的截面积随不饱和度的增加而增加，如表3－9所列。但是单单用分子截面积的增大，还不能作为捕收能力增加的唯一原因。脂肪酸在矿物表面的吸附排列，在低浓度时例如亚油酸及亚麻酸羧基的离子排列定向很可能是与矿物表面呈平行状态，在较高浓度时，定向发生变化，一直到这些离子几乎与矿物表面成垂直状态为止，碳链排列成几乎与矿物表面平行的趋势可能是随不饱和程度而增加；这种效应在硬脂酸的情况下则不同，因为硬脂酸能够形成一种致密的单分子层，其截面积的限度只有0.244nm^2。

表3-9 几种脂肪酸单分子的截面积

名 称	表面积/nm^2	名 称	截面积/nm^2
硬脂酸	0.244	亚麻酸	0.682
油 酸	0.566	异亚麻酸	0.600
异油酸	0.485	蓖麻油酸	1.094
亚油酸	0.595	异蓖麻油酸	0.797
异亚油酸	0.533		

至于临界胶团浓度因素，也有影响。被吸附在矿物表面上的捕收剂离子，它的碳链部分是向溶液表面而定向排列的。当矿物表面上的离子吸附达到一定浓度，即达到溶液的临界胶团浓度以后，它们可形成半胶团状态。在较高浓度下（高于形成半胶团时所需的浓度），在矿物表面形成了完整的胶团，其结果反而促使为捕收剂所覆盖的矿物表面变为亲水性。随着捕收剂浓度增加，回收率突然下降，正是由于在矿物表面上形成了完整的胶团所致。事实上在每个脂肪酸抑制作用开始出现的浓度，恰恰相当于该脂肪酸钠皂临界胶团浓度的四倍左右，如表3-10所列。但这一规律目前尚没有很好的解释。

表3-10 各种脂肪酸的临界胶团浓度（CMC）与抑制作用开始时浓度

名 称	CMC质量浓度/$g \cdot L^{-1}$	抑制作用开始质量浓度/$g \cdot L^{-1}$
亚油酸钠皂	0.15	0.6
亚麻酸钠皂	0.20	0.9
油酸钠皂	0.25	1.0
蓖麻油酸钠皂	0.45	2.0
塔尔油钠皂	0.50	2.2

脂肪酸的捕收性能也受碳链长短（碳原子多少）、熔点高低的影响。一般说来，碳链短、熔点低，在水中容易溶解和弥散，故捕收作用强。对于同等碳原子或者符合捕收剂条件的脂肪酸而言，熔点越低，越容易弥散，捕收作用越强。硬脂酸在室温还是固态，虽然也具有18个碳原子，但在水中不容易溶解

和弥散，故捕收能力弱。如升高温度进行浮选，脂肪酸在水中较容易溶解和弥散，故浮选效果较好。表3-11中所列亚油酸和亚麻酸均为非共轭体系，而桐酸的三个双键成共轭体系，其熔点并不因为双键的增加而降低，相反，其熔点反而较油酸为高。由此得出结论，用脂肪酸作捕收剂时，其分子中非共轭体系的双键越多，则其熔点越低，浮选效果越好；而共轭体系的双键存在于脂肪酸分子中反而熔点升高，选矿性能变坏。这条规律可供我们寻找和制造脂肪酸类捕收剂时参考。

表3-11 十八碳羧酸熔点

化合物	结构式	熔点/℃
硬脂酸	$CH_3(CH_2)_{16}COOH$	65
十八烯酸$^{\Delta 9\sim10}$（油酸）	$CH_3(CH_2)_7CH{=}CH(CH_2)_7COOH$	16.5
十八二烯酸$^{\Delta 9\sim10,12\sim13}$（亚油酸）	$CH_3(CH_2)_4CH{=}CHCH_2CH{=}CH(CH_2)_7COOH$	-6.5
十八三烯酸$^{\Delta 9\sim10,12\sim13,15\sim16}$（亚麻酸）	$CH_3CH_2CH{=}CHCH_2CH{=}CHCH_2CH{=}CH(CH_2)_7COOH$	-12.8
十八三烯酸$^{\Delta 9\sim10,11\sim12,13\sim14}$（桐酸）	$CH_3(CH_2)_3CH{=}CHCH{=}CHCH{=}CH(CH_2)_7COOH$	48~49

例如，ИМ-21浮选药剂主要成分是从亚麻仁油中提取的十八二烯酸和十八三烯酸，浮选氧化矿及盐类矿物时，其效果较油酸（油酸钠）为好，且可以在5℃左右的温度进行浮选。

从大豆油脂肪酸中分离出熔点分别为：14.3、12.6、9.7、6.5、-2.6、-7.0、-12.3℃的成分，在15℃浮选赤铁矿的结果表明，熔点越低的大豆油脂肪酸浮选效果越好。

脂肪酸不饱和双键的多寡对浮选赤铁矿（经过钙离子活化）捕收性能的研究，用示踪原子研究表明，双键越多对赤铁矿的浮选活力越强，而对石英则相反。

有人曾从脂肪酸碘值大小研究不饱和度对捕收性能的影响，比较了各种油类混合脂肪酸（粗油脂肪酸）对萤石及方解石的捕收性能的影响，结论也是随脂肪酸碘值（不饱和度）的增加，捕收性能增强。所用的捕收剂有茶油酸、棉籽油酸、亚麻仁油酸和桐油酸，它们的碘值分别为87、113、179和173。结果表明，碘值最高的亚麻仁油酸捕收性能最好，其次为棉籽油酸，再次为桐油酸和茶油酸。桐油酸和亚麻仁油酸虽然同是十八三烯酸，但前者浮选效果不如后者，其原因就是后者为共轭三烯酸。

上面所论及的一些情况，表明脂肪酸的捕收能力随其不饱和度的增加而增大。但是也有一些浮选报告的结论并不如此。例如，用几种脂肪酸浮选难选的磷酸盐矿时所得的结果就是：亚油酸 > 油酸 > 亚麻酸 > 硬脂酸。捕收能力随分子中的不饱和度的增加而增强，但是，当分子中含有两个双键时（亚油酸）达到最高点，自此以后，增加分子中的双键反而降低了浮选效力，其数据如表3－12所列。用油酸钠、亚油酸钠、亚麻酸钠皂浮选方解石和白钨矿，在有水玻璃存在下将矿浆加热至80～90℃，上述捕收剂的吸附能力随捕收剂分子中双键的增多反而下降，即：油酸钠 > 亚油酸钠 > 亚麻酸钠。

表3－12　不同脂肪酸浮选磷酸盐矿石的比较

脂肪酸		产品		P_2O_5 品位/%	回收率/%
名称	药剂用量/$g \cdot t^{-1}$	名称	质量分数/%		
		原矿	100.0	9.56	100.0
亚油酸	1.06	精矿	56.0	12.96	88.3
		尾矿	44.0	2.18	11.7
油酸	1.06	精矿	54.9	12.88	86.2
		尾矿	45.1	2.53	13.8
亚麻酸	1.06	精矿	18.6	16.78	38.0
		尾矿	81.4	6.26	62.0
硬脂酸或月桂酸	1.06	精矿	基本上无捕收作用		
		尾矿			

注：所用脂肪酸纯度都在99%以上。粒度20/200目，外加松油为起泡剂，pH＝8.9。

总之，研究脂肪酸不饱和度对于浮选性能的影响，对于从事浮选药剂及浮选工作者来说，是有其重要意义的。然而捕收剂对矿物的捕收性能受到诸多因素的影响，药剂本身在浮选矿物过程中也存在变数，不能一言以蔽之，例如，不饱和脂肪酸捕收矿物时，在一定条件下，矿物也可以作为催化剂改变捕收剂的分子内部结构，顺式双键可以转化为反式双键；还可能产生过氧羟基；或者再聚合而成更复杂的化合物。

在浮选过程中，空气或氧气可以对一些捕收剂起氧化作用，尤其是在重金属矿物（离子）存在下。铜盐在浮选过程中可使硫化矿捕收剂黄药氧化为双黄药就是确定的事实。氧或光可促使油脂及脂肪酸氧化，使油脂“酸败”变质。使脂肪酸过氧化也是不争的事实。像铁、钴、铜、锰和铊等很多重金属盐都可以加速油脂及药剂的自氧化过程。油酸在汞盐、氧化亚氮（N_2O）或者在200℃温度下与元素硫、硒、硫代硫酸铵和二氯化锡等的催化作用下，可以转化为异油酸，使油酸从顺式变成反式。诸如此类的作用的发生发展，不能不在浮选作用上有所反映和影响。

有人用充空气、充氧气、充氮气的油酸对钛铁矿的浮选做过试验。用这种充气乳化油酸试验结果表明，充空气可以改善和提高钛铁矿精矿回收率；充氧气能显著提高精矿回收率，而且随着充氧时间（1～30min）的增长，回收率也随之提高；充氮气则大大降低了钛铁矿精矿的回收率。

同样，顺式的油酸和反式的异油酸在浮选行为上的表现也有明显的不同。在浮选208 ~ 149mm（ -65 +100 目）的方解石时，油酸用量250g/t，温度24℃，方解石回收率达90%以上。而用异油酸浮选要达到上述回收率，其用量为2500g/t，温度为70℃。表明异油酸效果不如油酸。但是，在对含赤铁矿、镜铁矿、石英及黑硅石的浮选中情况与上述表现不同。结果表明，油酸和异油酸浮选条件相同，在 pH =4 ~8 浮选，异油酸只是稍差于油酸；而当pH =8 ~9.5 时，异油酸的作用表现出远比油酸更为优异的效果。这些都说明浮选的复杂性。因此，脂肪酸不饱和键对于浮选性能影响的问题，目前虽然还没有得到一致的结论，但是可以大略归纳如下：

（1）一般来说，不饱和脂肪酸（如同是含有十八个碳原子）的捕收性能，随其碳链不饱和程度的增加而增强。同时，还与熔点、溶解度和解离度等物化性能相关。

（2）不饱和脂肪酸的选择性较差，但对不同矿物，捕收能力也有差异。使用时必须选择好的调整剂（如抑制剂）与之匹配，以提高其选择性。

3.5 脂肪酸的浮选机理

脂肪酸是一个选择性较差的捕收剂，用作选矿的捕收剂时，要同时使用抑制剂抑制脉石矿物，才能使有用矿物和脉石分离。浮选时在许多情况下决定于脂肪酸阴离子在矿浆中的浓度，而脂肪酸阴离子的浓度与矿浆 pH 值有关。例如油酸在矿浆中可按下式电离：

$$C_{17}H_{33}COOH \rightleftharpoons C_{17}H_{33}COO^- + H^+$$

油酸解离阴离子的浓度主要受矿浆 pH 值影响，pH 值大，$[H^+]$ 则小，油酸电离出的阴离子就越多，浮选效果越好；但当矿浆 pH 值过高时，高浓度的 OH^- 离子与矿物表面作用，排挤脂肪酸阴离子，降低矿物的疏水性而起抑制作用。故在浮选各种矿物时，要根据矿物的性质选择不同 pH 值进行浮选。

化学的观点认为脂肪酸与矿物表面相互作用，包括两个不同的过程：可逆吸附（即物理吸附）和不可逆吸附（即化学吸附）。前者以较高的速度固着于矿物表面，并且当捕收剂的浓度相当高时，产生吸附的多分子层薄膜，但固着不稳定、易于解吸。不可逆吸附在矿物表面进行得比较慢，具有一定活性的分子（离子）才能在矿物表面的活化中心上得到十分稳定的固着。

由于在矿物表面发生吸附作用，从而提高了矿物表面上的捕收剂阴离子浓度，当超过相应盐的溶度积时，不可逆吸附过程导致化学反应。矿物晶格的阳离子与脂肪酸阴离子作用，在矿物表面生成稳定的脂肪酸盐，如钙、钡、铅等的油酸盐。这种观点得到较多浮选工作者的认同。

石英和其他硅酸盐矿物和多硅酸盐，它们的晶格组成或结构决定其表面有没有金属离子存在，脂肪酸所以能吸附在这些矿物表面上，能进行浮选，一般认为是由于这些硅酸盐表面上吸附了别的金属离子而被“污染”的缘故。实验结果也表明，未被污染的，或经处理洁净的石英是不能被脂肪酸捕集的。

用阴离子捕收剂浮选矿物时，铅、铁、铜、钙、镁等多价阳离子，在浓度小（50~100g/t）时，对石英、硅酸盐及许多氧化矿有活化作用，这是由于矿物表面吸附了金属阳离子，阴离子捕收剂则与被矿物表面吸附的多价金属阳离子发生键合，因而加强了捕收剂对该矿物的吸附。当用脂肪酸作捕收剂浮选氧化矿时，多价金属阳离子对石英、硅酸盐等脉石矿物的活化，也会破坏脂肪酸的选择性，从而使精矿品位降低。这就是多价金属离子对矿浆的“污染”作用。事实上，许多多价金属阳离子在水溶液中可以与分子量较大的脂肪酸生成难溶盐，见表3-5所列。可以推断这些脂肪酸对于由这种金属离子组成的矿物有捕收作用，即在由这种金属离子组成的矿物表面有较强的键合作用。

从表3-5可知，软脂酸、油酸、硬脂酸可以与很多金属阳离子形成难溶盐。所以脂肪酸对表面吸附了金属阳离子的矿物都具有捕收作用，对于被多价金属阳离子污染了的非金属矿物（如石英、硅酸盐）也有捕收作用。因此，脂肪酸的选择性较差。矿物在开采，运输和加工过程，尤其是在球（或棒）磨机中，与铁器不断碰撞接触，脉石矿物极易被铁离子污染，即被铁离子活化，当使用脂肪酸捕收剂时，则有用矿物与脉石一道上浮。因此同时使用适当而有效的抑制剂十分必要，以便增加脂肪酸的选择性。

为了进一步深入了解脂肪酸吸附在矿物表面上的机理，下面针对赤铁矿、方解石、石英三种有代表性的矿物进行讨论。

3.5.1 油酸与赤铁矿的作用机理

油酸和赤铁矿的作用机理，曾用红外光谱进行研究，所得数据如图3-4所示。图3-4*a*~图3-4*d*光谱分别代表合成赤铁矿、油酸、油酸钠、油酸铁的红外光谱，是用来作标准的，供对照用。在图3-4*a*中，3420cm^{-1}处，一个宽的吸收带代表物理吸附和化学吸附水分子的OH^-基；在1620cm^{-1}处，一个小吸收带，代表水分子在合成赤铁矿表面的物理吸附；接近2900cm^{-1}的吸收带，代表有机杂质的CH基；500~700cm^{-1}的吸收带，代表加入的载体溴化钾。在图3-4*b*及图3-4*c*中，在2850cm^{-1}和2920cm^{-1}的吸收带，分别代表油酸和油酸钠分子中的CH、CH_2、CH_3基；在图3-4*b*中1705cm^{-1}处的吸收带，代表油酸中的COOH基的吸收特性；在图3-4*c*中1555cm^{-1}的吸收带，代表油酸钠中的羧基中的羰基；在油酸和油酸钠电离后成为两个对应的羰基 $-C\begin{smallmatrix}O\\ \\O\end{smallmatrix}$，它的吸收带显示在1400～1500cm^{-1}之间。图3－4*d*是油酸铁的吸收光谱，在1705cm^{-1}处出现了吸收带，与油酸的吸收光谱对比，证明在油酸铁中，有油酸出现；在1590cm^{-1}处的吸收带是代表不对称的羰基（即油酸羧基中的羰基）。图3－4*e*是油酸直接与合成赤铁矿作用后的红外光谱，从图中看出，在1520cm^{-1}处有一个吸收带，与图3－4*c*中1555cm^{-1}（油酸钠）极为接近，和图3－4*d*中油酸铁的1590cm^{-1}颇为接近，故可判断为油酸与赤铁矿作用，生成油酸铁中的羰基。图3－4*f*是油酸溶液在pH＝9.4时，与合成赤铁矿作用后的吸收光谱，在1520cm^{-1}和1540cm^{-1}处的吸收带都代表 $>C=O$ 基的吸收峰光谱特征，证明油酸根在赤铁矿表面发生化学吸附；在3400cm^{-1}处的反向吸附带，与图3－4*a*的光谱对比，说明化学或物理吸附的大量水分子被捕收剂置换，油酸的化学吸附代替了羟基的化学吸附；在1630cm^{-1}处的一小段反向吸收带，表示物理吸附的水分子被置换；接近2900cm^{-1}有两个很深的吸收带，表示是CH的振动所引起的。在图3－4*g*、*h*、*i*中，由于化学吸附的结果，$>C=O$ 的吸收带在1520cm^{-1}和1540cm^{-1}之间，对镜铁矿来说（图3－4*g*吸收光谱）出现了两个吸收带，第二个吸收带在1565cm^{-1}的地方，这个吸收带在赤铁矿是不显著的。在图3－4*h*中，在1705cm^{-1}处的吸收带，与图3－4*b*相比，表明油酸钠由于水解而产生油酸，油酸再物理吸附在合成赤铁矿的表面，在2670cm^{-1}处的微弱吸收，表明油酸吸附时因为二聚物或三聚物的氢键，因此显示了两分子或多分子吸附，接近2900cm^{-1}处的吸附带，显示着CH的出现，在图3－4*h*和图3－4*i*中由于镜铁矿和赤铁矿的颗粒较大，测不出来。

根据上述红外光谱的数据，在pH值较高（7.5、8.5、9.4）时，赤铁矿、镜铁矿和油酸或油酸钠作用，发生化学吸附生成油酸铁，可用下式表示：

$$M—OH + HOL \longrightarrow M—OH \cdot HOL$$

$$M—OH \cdot HOL \longrightarrow MOL + H_2O$$

上式中的HOL代表油酸；M—OH代表矿物表面化学吸附水；MOL代表矿物表面化学吸附油酸根，pH值较低时（pH值为6.8），油酸钠水解产生油酸，油酸再物理吸附在赤铁矿表面，故此在pH值为6.8时，油酸钠在赤铁矿表面同时发生化学吸附和物理吸附。对于油酸钠在赤铁矿表面的吸附作用Calogeras，Dutra等人均做过不少的研究。也有人对油酸钠在萤石表面上的吸附机理进行了研究。Morgan 认为油酸钠在萤石表面吸附时，在萤石表面被吸附的油酸钠之间起催化聚合作用，其结果是在萤石表面上形成一种更加疏水的结构。

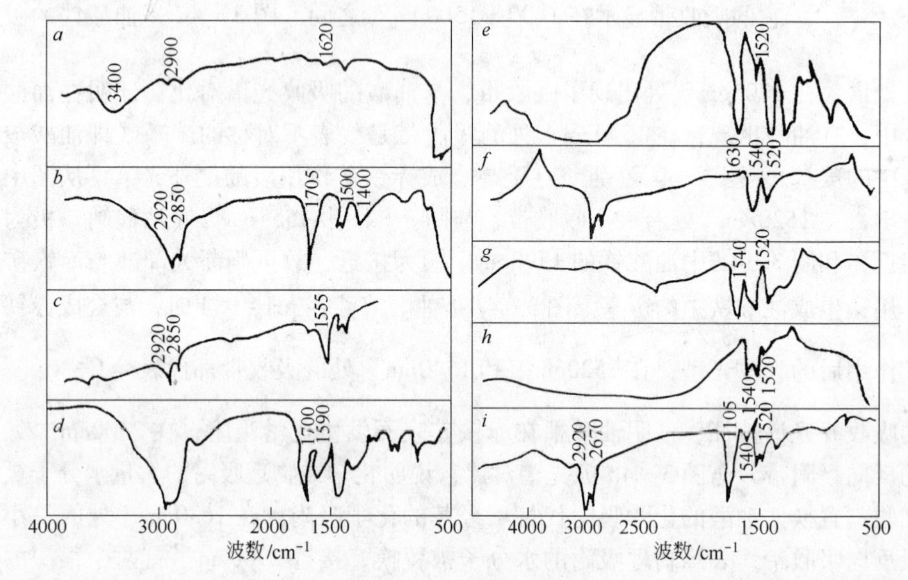

图 3-4 红外光谱图

a—合成赤铁矿；*b*—油酸；*c*—油酸钠；*d*—油酸铁；*e*—合成赤铁矿-油酸；*f*—合成赤铁矿从油酸溶液中吸附油酸根，pH = 9.4；*g*—镜铁矿从油酸溶液中吸附油酸根，pH = 8.5；*h*—赤铁矿从油酸钠溶液中吸附油酸根，pH = 7.5；*i*—合成赤铁矿从油酸钠溶液中吸附油酸根，pH = 6.8

3.5.2 脂肪酸类捕收剂浮选方解石的作用机理

脂肪酸类捕收剂能浮选方解石，pH 值较低时浮得较好，pH 值较高时会起抑制作用。用红外光谱进行研究，在 pH = 9.0 和 pH = 12.5 时，测定了月桂酸钙、方解石、方解石在物质的量浓度 1×10^{-3}mol/L 的月桂酸溶液中处理后的吸收光谱，试验结果见图 3-5。

从图 3-5 可以看出，月桂酸钙的光谱特点是在 1530cm^{-1} 和 1570cm^{-1} 处有两个吸收带，在 pH = 9.0 时和 pH = 12.5 时，月桂酸钙的红外光谱是一样的，在 pH = 9.0 时，方解石和月桂酸溶液作用后的吸收光谱与月桂酸钙的基本一致，也在 1535cm^{-1} 和 1577cm^{-1} 处出现吸收带，这证明方解石与月桂酸溶液作用后，在方解石表面上生成了月桂酸钙表面层，故此推断其反应机理为：

$$CaCO_3\ (表面) + 2RCOO^- \rightleftharpoons Ca\ (OOCR)_2\ (表面) + CO_3^{2-}$$

从 pH = 12.5 时的红外光谱结果发现方解石-月桂酸的吸收光谱并不出现月桂酸钙吸收光谱的特性，只在 1599cm^{-1} 处出现了一个吸收带。可见两者表面的月桂酸钙是不相同的，可能是在此 pH 值条件下，方解石表面的钙离子会

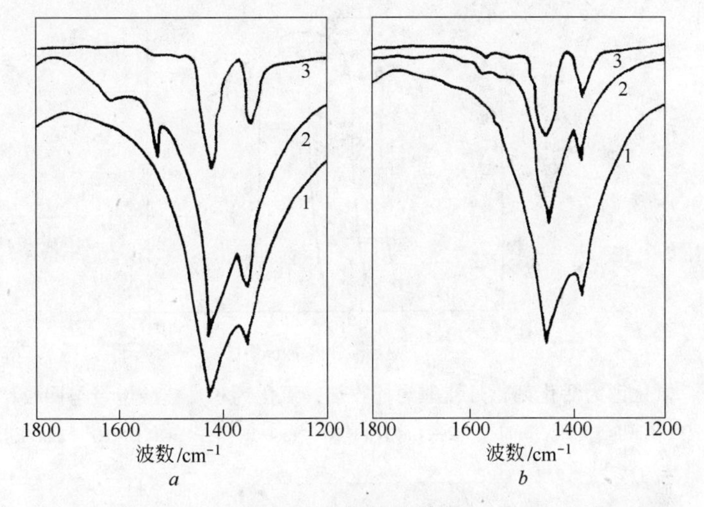

图3-5 红外光谱图

a—pH=9.0；*b*—pH=12.5

1—方解石；2—方解石-月桂酸；3—月桂酸钙

成为 $Ca(OH)^+$ 离子：

$$Ca^{2+} + OH^- \rightleftharpoons Ca(OH)^+ \quad K = 32.4$$

月桂酸根再与 $Ca(OH)^+$ 作用，在方解石表面生成碱性月桂酸钙：

$$Ca(OH)^+ + RCOO^- \longrightarrow \overset{OH}{\overset{/}{Ca}}—OOCR$$

它比月桂酸钙少了一个月桂酸根，故在红外光谱上消失了一个吸收带的特征。用脂肪酸浮选方解石时，在高 pH 值条件下，受到抑制，可能就是生成碱性羧酸钙的缘故。

3.5.3 在钙离子的活化下，脂肪酸浮选石英的作用机理

纯净的石英用脂肪酸类捕收剂是不能浮选的，但加入钙离子，在较高 pH 值矿浆中，脂肪酸能浮选石英。月桂酸在氯化钙的活化下浮选石英的结果如图 3-6 所示。在图 3-6 中，浮选试验的矿浆 pH=11.5，加入三种不同用量的氯化钙，当钙离子量增加时，浮选所需月桂酸的量就减少。箭头表示在这种浓度下月桂酸钙沉淀（月桂酸钙的溶度积为 8.0×10^{-12}），图 3-6 数据说明石英在氯化钙的活化下，可以用脂肪酸浮选。

当加入 3×10^{-3}mol/L 壬酸和 5×10^{-4}mol/L 氯化钙，在不同 pH 值下浮选石英，结果如图 3-7 所示。

从图 3-7 可以看出，pH<9.8 时，没有浮选现象，在 pH≥11 时，得到全浮选。氯化钙的钙离子在较高 pH 值条件下，首先如一般文献报道那样，形成

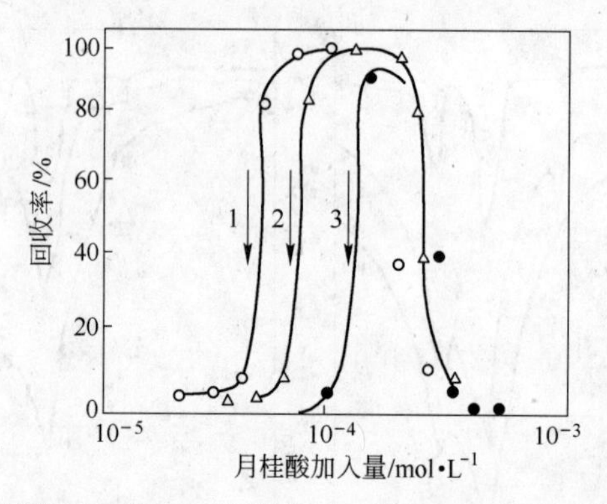

图3-6 氯化钙为活化剂，月桂酸为捕收剂，氯化钙和月桂酸用量与回收率的关系

1—$CaCl_2$ 5×10^{-4}mol/L；2—$CaCl_2$ 3×10^{-4}mol/L；3—$CaCl_2$ 1×10^{-4}mol/L

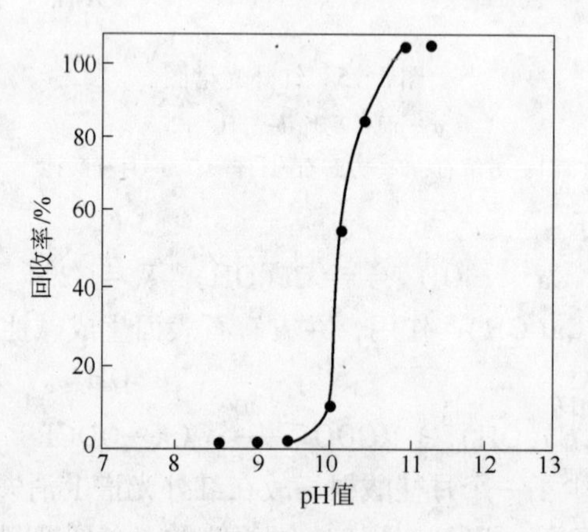

图3-7 氯化钙为活化剂，壬酸为捕收剂，浮选石英回收率与pH值的关系

$Ca(OH)^+$离子：

$$Ca^{2+} + OH^- \rightleftharpoons Ca(OH)^+$$

然后$Ca(OH)^+$与脂肪酸根作用，在水溶液中生成难电离的 Ca(OH)—OOCR：

$$Ca(OH)^+ + RCOO^- \rightleftharpoons Ca(OH)\text{—OOCR}$$

生成的碱性脂肪酸与吸附在石英表面上的羟基作用，失去一分子水而固着在石英表面，烃基疏水而引起浮选。

碱性脂肪酸钙吸附在石英表面的过程，可用图3-8表示。

根据这种作用机理，通过化学计算，证明在钙离子浓度较低时，与实际是符合的；钙离子浓度较高时，除发生上述反应机理之外，还会发生脂肪酸钙沉淀。

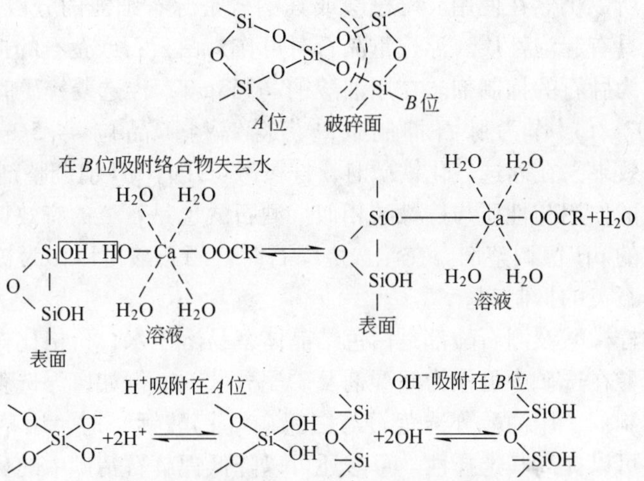

图 3－8 吸附石英新鲜断面的模型

3.6 低级脂肪酸

高级脂肪酸和低级脂肪酸是以碳链长短或碳原子数多少而分的。它们的性质、用途、应用领域亦不同。高级脂肪酸是重要的表面活性物质，应用领域广泛。在矿物加工中主要用作选矿捕收剂。

低级脂肪酸也叫做低碳脂肪酸，一般是指含碳原子数小于 10 的脂肪酸。它们的特点表现在水溶性大，极易溶于水或较易溶于水，表面活性比较小，相对分子质量低。正是由于这些原因，它们在浮选中的作用与高级脂肪酸也有所不同。

低级脂肪酸具有一定的腐蚀性，能不同程度的腐蚀各种金属，对铝、铁、锡、铜、铅等金属的腐蚀作用依次降低。低碳脂肪酸的水溶性和腐蚀性均随碳原子的增加而减弱。如甲酸、乙酸均极易溶于水，腐蚀作用也较强。

低级脂肪酸一般均为饱和脂肪酸，还可将其分为单元脂肪酸和多元脂肪酸。酒石酸和柠檬酸等都是多元脂肪酸。低级脂肪酸在选矿中可作为抑制剂和起泡剂使用。直链脂肪酸碳链相对较长的（C_6 ~C_{10}）也可作捕收剂使用。

醋酸、乳酸、丁二酸、草酸、酒石酸、柠檬酸等对石英都有抑制作用，抑制作用依其排列顺序由弱到强，即醋酸的作用最弱，柠檬酸对石英的抑制作用最强。当上述顺序排列的酸的用量（mol/t）分别为 33.2、17.6、11.75、11.0、4.0 和 2.5 时，石英的抑制量都是在 96% ~99% 之间，其中，醋酸的用量最大，柠檬酸的用量最小，表明柠檬酸的抑制作用最强，醋酸最弱。

柠檬酸在化工及食品工业中应用多，价格也较贵，但在选矿工艺中因其应用效果好，所以仍然在使用。柠檬酸或其钠盐是脉石细泥的分散剂及抑制剂。同时，它也具有起泡性质。浮选重晶石时可作为白云石或萤石的抑制剂，浮选萤石时可作为脉石的抑制剂。在用油酸钠（363g/t）浮选菱锌矿时，可以使用柠檬酸（907g/t）作为脉石抑制剂，获得锌精矿品位44.5%，回收率为79.9%的好效果。在浮选氧化铁矿时，柠檬酸可用作pH值调整剂。

酒石酸的作用与性质与柠檬酸相似。酒石酸也是石英的有效抑制剂，氧化铁矿的有效的pH值调整剂。在浮选烧绿石时，酒石酸可以作为被三价铁离子所活化了的石英的抑制剂。

草酸和柠檬酸及酒石酸都是白色结晶体，易溶于水，价格比柠檬酸、酒石酸便宜。草酸在选矿中可作为润湿剂及矿泥分散剂。例如，浮选菱镁矿时作为白云石的抑制剂，用油酸分选萤石与白钨矿（钨酸钙）时，用草酸代替盐酸作调整剂，可以提高其选择性。草酸还可以降低锂辉石精矿中的含铁量。

葡萄糖酸钠也是重要的低级脂肪酸，在选矿中它是分选硫化铜、铅矿物的抑制剂。

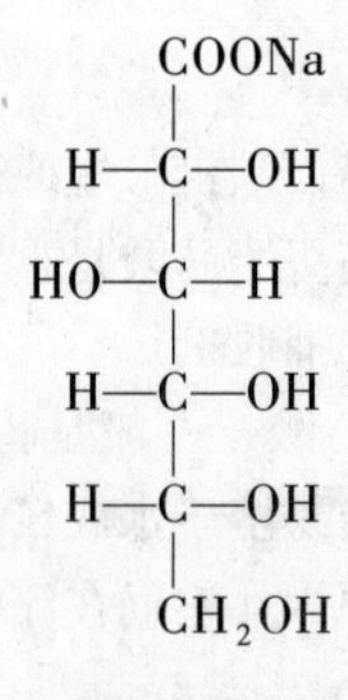

（葡萄糖酸钠）

柠檬酸、酒石酸、草酸、丁二酸以及乳酸都属多元羧酸，在浮选工艺中性质作用相似，都可作为石英等脉石的抑制剂和矿泥的分散剂，其主要原因是它们均具有络合或螯合作用，能与许多金属离子形成络合或螯合物。例如，它们能与Fe^{3+}离子作用生成络合物，使被三价铁离子活化的石英丧失活化作用，从而达到抑制石英等矿物的目的。

关于直链低碳脂肪酸的浮选行为，曾进行过一系列的研究。如用一系列的直链低碳饱和脂肪酸浮选方铅矿（-100至+600目），同时加181g/t萜烯醇为起泡剂，实验表明回收率随脂肪酸相对分子质量的增加而增高，如图3-9及图3-10所示。

对于浮选钾石盐而言，用直链低碳饱和脂肪酸正辛酸（C_8）和一些高级脂肪酸分别从氯化钾中浮选氯化钠，正辛酸则显现出其优越性。当正辛酸与月桂酸（C_{12}）、豆蔻酸（C_{14}）、油酸（C_{18}）及硬脂酸（C_{18}）的用量分别为

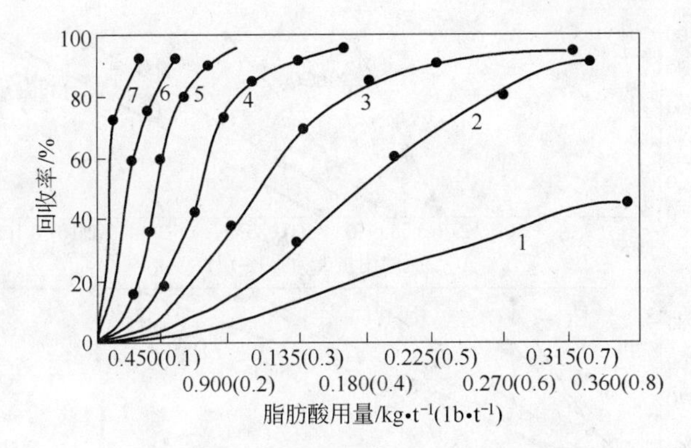

图3-9 方铅矿的浮选（-100+600目）

1—庚酸（C_7）；2—辛酸（C_8）；3—壬酸（C_9）；4—癸酸（C_{10}）；

5—十一碳酸；6—十二碳酸（月桂酸）；7—十三碳酸

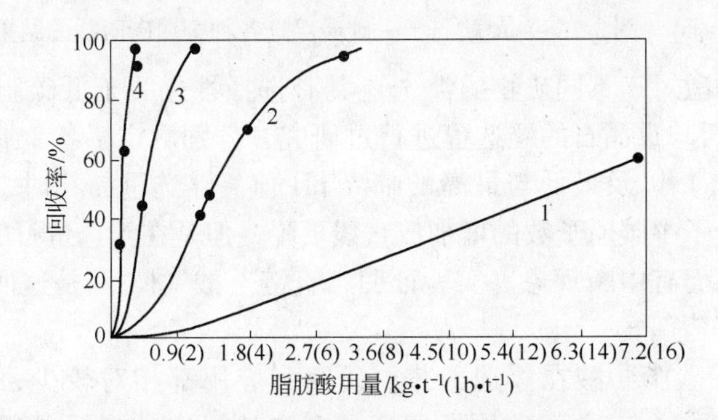

图3-10 方铅矿的浮选（-100+600目）

1—戊酸（C_5）；2—己酸（C_6）；3—庚酸（C_7）；4—辛酸（C_8）

300、900、900、1800、4500g/t 时，所得的氯化钾精矿品位相应为99.4%、92.1%、92.9%、96.9%、98.4%，说明正辛酸的用量为300g/t 时，其作用比1800g/t 的油酸效果还好。

有人曾利用石油裂解的“萘油馏分”碱洗所得副产物——混合脂肪酸液，作为钾石盐矿的浮选药剂，从氯化钾中浮选出氯化钠，其用量为600~900g/t。该混合脂肪酸经分析检测证明，混合脂肪酸中最为有效的主成分也是辛酸。

用庚酸与十一碳酸浮选各种金属碳酸盐矿的结果如图3-11所示，不同药剂表现了不同的选择性。

我国某研究所曾利用石蜡氧化，合成皂用酸的副产物 $C_{5\sim9}$ 酸及 $C_{7\sim9}$ 酸作捕收剂浮选钒钛磁铁矿磁选尾矿，试验结果表明，$C_{5\sim9}$ 酸和 $C_{7\sim9}$ 酸均可以作为钛铁矿的捕收剂，选择性也好。只是捕收能力较弱，捕收剂用量大。此外，还有人研究用低碳酸（己酸、辛酸等）作为选煤药剂。

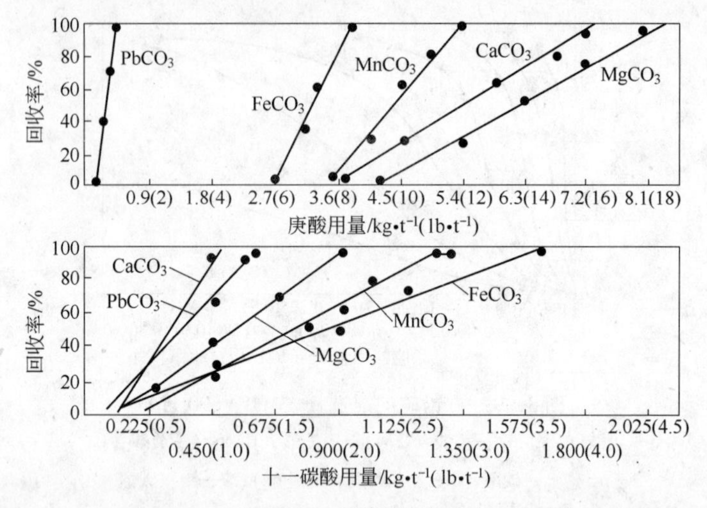

图3-11 庚酸与十一碳酸浮选各种金属碳酸盐的结果

低碳脂肪酸对于不同矿物的浮选还具有选择性，关于低碳脂肪酸（C_6 ~ C_{12}）对于萤石与重晶石的浮选曾进行过研究，分别测定了各个脂肪酸的临界摩尔浓度（C_K）以及最低与最高的临界 pH 值。浮选重晶石时，临界摩尔浓度随脂肪酸分子中碳原子数的增加成直线下降，但是在浮选萤石的条件下，不是成直线关系而有中断现象。实验证明，直链壬酸（C_9）是这两种矿物选择性分离的最好药剂。

对直链低碳脂肪酸在浮选工艺中研究和应用都相对较少，可能是来源受到限制。例如含有 8 个碳原子的辛酸在自然界中的来源是很有限的，奶油、棕榈油中只有少量存在，椰子油中辛酸的含量也不过 6% ~8%；而癸酸的主要来源也是椰子油，含量也只有 5.6% ~8.95%。这种情况，随着石油工业和有机合成工业的发展，直链低碳饱和脂肪酸的来源已经不是问题，特别是低碳混合脂肪酸。它的应用会有很大的发展。例如，$C_{5\sim9}$ 酸，$C_{7\sim9}$ 酸的选矿应用国内外都有不少报道。将低碳酸制备成低碳酸酯作为起泡剂，也是值得关注的。

3.7 高级脂肪酸在选矿中的应用

高级脂肪酸在泡沫浮选中的应用，远比低级脂肪酸为重要和普遍。高级脂肪酸又分为饱和脂肪酸（月桂酸、软脂酸、硬脂酸等）与不饱和脂肪酸（油酸、豆油酸等）两大类。在选矿工艺中使用比较多的是油酸，单独用作捕收剂。油酸与其他药剂组合，特别是与其他脂肪酸的组合使用更多（参考组合药剂一章）。

高级脂肪酸在浮选中是各种氧化矿物，特别是氧化铁矿、氧化锰矿、磷酸盐矿和萤石矿的重要捕收剂，也是碱土金属矿物、钨锡矿物的重要药剂，也可以用作有色金属氧化矿的选矿药剂，表3-13所列为各种脂肪酸在选矿中的应用。

表3-13 脂肪酸类选矿药剂

捕收剂名称	作用矿物	资料来源
脂肪酸	氟碳酸型稀土矿(波兰)	CA 111,118486(1989)
脂肪酸钾	氧化汞,氧化亚汞	CA 110,218410(1989)
米糠油酸(不饱和酸)	磷酸盐矿	CA 110,26163(1989)
油酸钠	浮方解石,锂辉石	Miner Eng 1989,2(1)93~109;矿山,1987(12)
商品亚油酸混合物	分选 Na_2CO_3,Na_2SO_4,NaCl	南非专利8709599(1988)
油酸	从重晶石、石英中浮选萤石	周维志. 矿冶工程,1988,8(1)
油酸	天青石($SrSO_4$);赤铁矿载体浮选	CA 110,216664(1989);104,37412(1983)
皂化润滑脂	对菱镁矿有较强的选择性	CA 109,152407(1988)
油酸 HOE-F3569-1,Hue-F3309-A,Hue-2980等	对白云石有选择性;菱镁矿	CA109,152407(1988);107,81479
油酸钠	从磷钙土中浮去白云石(印度)	CA 110,26174(1989)
油酸钠	高梯度磁选+浮选氟碳铈矿	日本公开特许 88,126568(1988)
油酸钾	在白云石、磷灰石上的吸附	CA 110,98102(1989)
油酸钠	天青石与方解石分选	CA 111,80476;111,216649(1989)
环烷酸衍生物		应用述评. Spec Chem,1988,8(2):174~176
环烷酸钠	从煤矿水中萃取 Ni,Co,稀土;废水中的 Cu,Zn,Fe等	CA 111,178347(1989);110,27059(1989)
环烷酸	铁矿物等	葛英勇,王其昌. 矿冶工程,1989,9(3)
环烷酸离子	非铁金属回收	前苏联专利1399364(1988)
油酸铵	脱 Ca^{2+} 离子选煤软化水	美国专利4632750
坚木塔尔油(代替针叶塔尔油)	铁矿反浮选石英	CA 110,177012(1989)
木素+高级醇混合物	铁矿反浮选石英,可全部代替塔尔油	CA 110,177012(1989)
月桂酸钾	废水中脱 Pb,Zn	CA 106,9010;106,139088
提纯的润滑脂废品	(代替油酸)捕收菱镁矿	CA 110,234099(1989)
水解蓖麻油酸(或钠皂)	浮选白钨尾矿	CA 110,139070(1989)

续表 3 - 13

捕收剂名称	作用矿物	资料来源
合成脂肪酸甲酯副产品	(C_{10-16}酸)浮重晶石	CA 110,117626(1988)
松香酸钾	废水中脱汞胶体	CA 105,139088
氧化煤油	石墨鳞片制造	捷克专利 250,131(1988)
塔尔油蒸馏残液,ZTM-1,ZTM-2	氧化铁矿和锰矿	CA 106,123425
双环癸烷基二酸	捕收钨矿(奥地利)	CA 110,231176(1989)
癸酸酯	捕收蓝晶石	非金属矿,1987(4):25~27
C_{17}~C_{21}脂肪酸钠皂	捕收非硫化矿物	前苏联专利 1382494(1988)
塔尔油沥青与水玻璃反应物	铁矿	美国专利 1199115
塔尔油	钨矿	CA 104,54017
粉状 733(氧化石蜡皂新产品)	白钨矿	湖南有色金属,1987(2)
氧化石蜡皂-煤	选铍矿	矿产综合利用,1988(4):29~31
Ветлужское Масло(维特鲁日油,木材热加工产物)	氧化铁矿、稀有金属矿,捕收-起泡剂	前苏联专利 156499
氧化石蜡皂+塔尔油	铁矿石	矿冶工程,2006(增):56~60
氧化石蜡皂(731,733)	攀枝花选钛	矿产综合利用,1996(3):40~42
改性塔尔油(以塔尔油为主)	攀枝花浮钛	有色金属(选矿部分),1997(6):10~13
混合脂肪酸	独居石,锆英石与钛铁矿分选(反浮选抑制钛铁矿)	广东有色金属学报,1995(2):86~88
R-1 及 R-2	浮钛铁矿	钟志勇等. 河北冶金,2003(1):18~20
ROB(以有机酸为主要原料)	钛铁矿捕收剂	张泾生等. 矿冶工程,2002(2):47~50. 张泾生等. 矿冶工程,2003(6):23~26
橡油酸钠(橡胶树种子油经皂化而制得)	在7~12℃浮选萤石效果优于油酸钠(回收率、品位分别提高1.82和1.26个百分点)	矿产保护与利用,1993(1):47~50
LHO-R,LHO-B(山茶子核仁油酸与菜籽油下脚或米糠油下脚配制而成,含有较多的二元羧酸)	浮选桃树、潘家冲萤石矿,精矿品位可达一级或特级	矿产保护与利用,1993(1):47~50

续表 3-13

捕收剂名称	作用矿物	资料来源
БС-2(俄罗斯用棉籽油下脚制取,含脂肪酸 70%)	油酸代用品,浮选萤石,其精矿品位比油酸提高 1.29%	矿产保护与利用,1993(1):47~50
由真菌、酵母和细菌的生物提取微生物酯类化合物	选择性比油酸更好(浮萤石)	矿产保护与利用,1993(1):47~50
石油发酵脂肪酸粗皂	分选萤石和重晶石选择性好	矿产保护与利用,1993(1):47~50
油酸、氧化石蜡皂、磺化石蜡皂	浮选钨、锡矿	中国有色金属选矿厂概览.有色金属总公司,1990
油酸钠作磁性药剂外层表面活性剂	作高梯度磁选分选金红石与石英	国外选矿快报,1995(10)
微生物发酵产物 Mycobacterium ehlei	赤铁矿浮选捕收剂	CA 121,284005
ZTM-1 和 ZTM-2(蒸馏塔尔油的残渣)	代替塔尔油浮选氧化铁矿和锰矿等矿物	CA 106,123425
塔尔油脂肪酸	高岭土提纯脱除铁及锐钛矿	美国专利 4929343
$C_{7\sim9}$脂肪酸,塔尔油,氧化石蜡(相对分子质量为 450~742)	代替油酸作锡石捕收剂,获得相同的效果	北京矿业研究总院.国外浮选药剂生产和研究概况,1972

3.7.1 高级饱和脂肪酸

高级饱和脂肪酸自含十二个碳原子的月桂酸开始，包括豆蔻酸，软脂酸（C_{16}）、硬脂酸（C_{18}）以及花生油酸（C_{20}）等。这些高级脂肪酸都不溶于水，一般只溶于乙醚、石油醚、氯仿等有机溶剂，在冷酒精中高级饱和脂肪酸难溶解，在温度高时可以溶解一部分。高级饱和脂肪酸在常压下可以用过热蒸汽蒸馏，最好是在减压下操作。现代化大规模精制脂肪酸都是在666.5Pa（5mmHg）左右真空下蒸馏。饱和脂肪酸由于在它们的分子中没有不饱和的双键，因而它们以及它们的皂类对于氧化剂、卤素及其他试剂比较稳定。

月桂酸是很好的选矿药剂，在动植物油脂中分布很广，但含量不高，只有我国南方所产的樟树子油分子中，月桂酸的含量最高。湖南省益阳市油脂化工厂采用山苍子油制造部分癸酸及月桂酸。豆蔻酸在自然界油脂中分布也很广，在棕榈油中含量达20%，最多的是肉豆蔻科植物油，含量达70%~80%。月桂酸与豆蔻酸的价格比较贵，比较便宜的是软脂酸与硬脂酸。两者都是动植物油中存在最为广泛的脂肪酸。特别是在固体脂肪中，总含量在45%~55%之间。

在常温或低温条件下，高级饱和脂肪酸的浮选效果较不饱和脂肪酸效果差，但是如果将矿浆温度提高到60~70℃左右时（例如硬脂酸），这时它的浮选效果几乎与油酸相等。在高级饱和脂肪酸之间，似乎分子量越高效果反而较差，例如，浮选赤铁矿效果的强弱次序为：月桂酸 > 豆蔻酸 > 软脂酸 > 辛酸。

不同的高级饱和脂肪酸对不同矿物也有一定程度的选择性，例如从水矾土矿（铁铝氧石）浮选水铝石（氧化铝）时，用软脂酸比油酸好，在浮选时用硫化钠作为硅酸盐脉石的抑制剂，在碱性矿浆中，用软脂酸得到最大回收率所需的pH值范围（8~10）也比油酸大。

用脂肪酸钠皂浮选贫铀矿（原矿含 U_3O_8 0.07%）时，豆蔻酸钠可将80%的 U_3O_8 回收。

3.7.2 不饱和脂肪酸在选矿中的应用

在天然动植物资源存在的油脂中低碳不饱和酸极为稀少，分布广泛、含量丰富的是来自成千上万种动植物油脂中和微生物中的高级不饱和脂肪酸，主要包括油酸、亚油酸、亚麻酸及蓖麻油酸等。它们在矿物浮选工艺中具有重要意义，也是推动泡沫浮选工艺及药剂发展的历史见证。早在1924年就使用油酸和水玻璃从石英与长石中分选赤铁矿；1931年用油酸作捕收剂、碳酸钠为调整剂浮选铁矿洗矿后的尾矿（含铁17%），获得含铁57%，回收率为67%的铁精矿；1934年确定了用油酸钠为捕收剂优先浮选钛铁矿的工艺；1941年试用大豆油脂肪酸作捕收起泡剂，成功地浮选了鞍山贫赤铁矿；1954年和1956年美国在新墨西哥州先后建立了两个氧化铁矿浮选厂，均使用油酸作捕收剂。1957年后我国的氧化铁矿浮选厂开工生产，先后试验研究、应用了葡萄子油酸、大豆油酸、棉籽油酸以及大豆油脂肪酸硫酸化皂、塔尔油、氯代脂肪酸、氧化石蜡和氧化煤油等脂肪酸类捕收剂。为提高药剂的捕收性和选择性，从单一用药发展到组合用药，从研究单元酸到高酸值多元酸的使用，以及各种脂肪酸衍生物的不断研发与生产应用。

油酸在植物油中含量最高，例如橄榄油中含油酸70%~85%，杏仁油中含量在75%以上，其他如花生油57%、玉蜀黍油45%、棕榈油41%、棉籽油35%、大豆油33%、向日葵油33%。亚油酸重要的来源有大豆油55%、棉籽油50%、玉蜀黍油40%、亚麻仁油20%、荏油20%、塔尔油45%。亚麻酸的重要来源只有亚麻仁油50%及荏油55%。

从棉籽油，菜籽油、米糠油等植物油中提取的油酸为淡黄色的液体，密度0.859g/cm^{3}左右，熔点约14℃。放置时间过久会吸收空气中的氧形成氧化物，然后分解成低级的羧酸或醛，颜色变深且具有酸败气味。工业用油酸及其钠盐，如米糠油酸，豆油油酸等，放置过久，也会酸败。

油酸、亚油酸、亚麻酸及蓖麻油酸都是含有十八个碳原子的高级不饱和脂肪酸，它们的折光率比所有饱和脂肪酸都高，与相应的饱和十八碳脂肪酸（硬脂酸）比较，它们的熔点都较低，因而它们在低温浮选时，比饱和脂肪酸的效果好，对浮选温度的敏感性差，同时它们的化学性质比较活泼，它们的金属盐的溶解度也较大。

高级脂肪酸作为选矿捕收剂的显著弱点是对矿物的选择性差，不耐硬水，对浮选矿浆温度敏感，影响效果。高级不饱和脂肪酸的凝固点低，在常温下为液体，其皂类易溶解弥散，捕收性能强，可以在常温或耐受高、低温度下进行浮选，不影响效果。由于一些金属盐或离子，如铅、锰、铁、钴、镍、锌、铝等在用油酸（或钠盐）等羧酸浮选矿物（如铁矿）时有影响，务必配合使用抑制剂、活化剂，克服对脂肪酸浮选产生的不利影响。

油酸等不饱和酸是黑色金属矿、非金属及盐类矿物等的有效捕收剂。

用油酸钠浮选鞍山赤铁矿纯矿物最好的 pH 值为 5 ~6，如果与煤油或松油混合时，可以提高其回收率，但浮选鞍山贫赤铁矿石时，与石英分选的最好的 pH 值为 8 ~9。也有提出在浮选赤铁矿时，油酸与油酸钠合并使用，可以收到更好的效果。

油酸也是锰矿的有效捕收剂，包括软锰矿、碳酸锰矿。浮选白钨矿在常温时可以用油酸加煤油为捕收剂，温度低于 15℃时，最好用油酸钠乳剂代替油酸。浮选白钨矿时，可以用碳酸钠为调整剂，水玻璃抑制石英及硅酸盐，用单宁抑制方解石，用氰化钠抑制硫化物。用油酸浮选白钨矿（伴生矿物为方解石）原矿品位为 12.4%，浮选精矿的品位可达 35.6%。油酸也可作为浮选钛铁矿的捕收剂。

油酸浮选萤石矿在湖南桃林铅锌萤石矿选厂已使用 40 多年，所获萤石精矿品位一直达到出口国外标准，在浙江东风萤石矿选厂也使用 30 多年，也获得良好效果。

油酸浮选白钨矿，是在碳酸钠做 pH 值调整剂，水玻璃作为石英及硅酸盐的抑制剂配合下进行，或在碳酸钠做 pH 值调整剂，单宁或烤胶做方解石抑制剂配合下使用，可从品位 12% 左右的原矿，获得品位为 35% 左右的钨精矿。但是，温度对白钨矿（钨酸钙）的影响比较大。例如，用钨酸钙做浮选试验，钨矿的（WO_3）回收率在 20℃时为 80.1%，在 5℃时即降低至 42.8%，同时尾矿中的损失也由 17.9% 上升到 55.4%，如果在加油酸前先充分使之乳化，使成单分子的分散状态，这样在 20℃时矿物的回收率为 83.9%，在 5℃时仍然可以保持在 80.5%，尾矿的损失则分别为 14.5% 与 17.2%。国外资料报道，在白钨矿的浮选中，使用油酸为捕收剂，水玻璃为抑制剂时，添加 PS 药剂可以强化捕收效果，使 WO_3 的回收率达到98%。

油酸对碱土金属矿、磷酸盐矿、重晶石及碳酸盐矿（碳酸镁和碳酸锶）等矿物都是重要的浮选捕收剂。油酸对铍矿（绿柱石）、独居石（磷铈镧稀土矿）、金红石、锆英砂矿、含铌、钛、钍的黄绿石矿以及铀矿（Davidite）等也是重要的捕收剂。

用油酸钠和饱和脂肪酸以及不饱和脂肪酸混合物的 FS-2 做捕收剂浮选钙镁碳酸盐矿 [$Mg_3Ca(CO_3)_4$]，单矿物浮选研究了不同 pH 值调整剂、水玻璃、羧甲基纤维素、Ca^{2+} 和 Mg^{2+} 离子对其浮选的影响。试验结果表明，油酸钠的捕收性能比 FS-2 好，水玻璃对钙镁碳酸盐矿物浮选影响较小，CMC 对钙镁碳酸盐矿物有抑制作用，$CaCl_2$ 和 $MgCl_2$ 的浓度增大对钙镁碳酸盐矿物抑制性能增强，当浓度为 1×10^{-2}mol/L 时钙镁碳酸盐矿物的回收率从无 $CaCl_2$ 和 $MgCl_2$ 时的80%降到30%～40%；水玻璃的抑制能力稍弱，从无水玻璃时回收率的80%降到50%～60%；CMC 的抑制能力最强，当其浓度为1000mg/L时，回收率从不加 CMC 时的80%降到25%。

柿竹园选厂浮钨尾矿中含有丰富的萤石。用油酸、改性油酸 T-9 和 GO5 浮选难选的萤石矿，先用磁选对浮钨尾矿除去磁性矿物，非磁性矿物进入萤石浮选，3 种脂肪酸类捕收剂用量均为300g/t 时，选矿效率分别为：油酸 30%，T-9 35%和 GO5 57.71%，含22.8%的 CaF_2 的浮钨尾矿经用 GO5 为捕收剂浮选后，获得含 CaF_2 97.84%，含 SiO_2 0.95%，CaF_2 回收率为69.79%的萤石精矿。

在磷矿石的研究方面，有人研究了用 TS 捕收剂浮选磷矿。TS 捕收剂是脂肪酸类捕收剂，在弱酸性介质中能反浮选胶磷矿，在磨矿细度小于0.074mm 粒级含量75.5%的条件下，以硫酸作抑制剂，经一粗二精反浮选某磷矿石，获得含 P_2O_5 37%、MgO 0.5%、P_2O_5 回收率91.39%的精矿。用紫外和红外光谱等手段研究了 TS 捕收剂浮选磷矿的作用机理。结果表明，TS 在矿物表面以溶度积小的脂肪酸镁和脂肪酸钙的形式吸附。用 ZP-02 浮选铜尾矿中的磷灰石。ZP-02 是由油酸和表面活性剂等组合而成的捕收剂，某铜矿浮铜尾矿中含 $P_2O_5$0.76%。在 pH=10 左右，矿浆温度30℃左右，用 ZP-02 做捕收剂，经一粗二扫五精选别，可获得含 $P_2O_5$25.32%，回收率69.87%的磷精矿，试验结果比油酸和731 氧化石蜡皂好。可见在油酸中加入少量表面活性剂，可提高它的捕收性能。据报道国外用米糠油和葡萄籽油经皂化后做磷矿浮选捕收剂，也是以油酸为主的药剂。

俄罗斯希宾斯克磷灰石矿过去用 OP-4 和脂肪酸混合捕收剂浮选磷灰石，后来改用价格比较便宜的 ABSK 代替 OP-4 和脂肪酸混合物做捕收剂，P_2O_5 的回收率达到95.8%，有经济效益。

高度不饱和的脂肪酸，例如含有两个双键的亚油酸，含有三个双键的亚麻酸，以及同时含有一个双键及一个羟基的蓖麻油酸，浮选效果一般来说比油酸还要好些，但是蓖麻油已经成为当前化工上、特别是高分子塑料合成纤维的重要工业原料，在浮选上使用蓖麻油酸显然是要受到限制的。

为了克服在低温矿浆中使用脂肪酸的困难，前苏联曾用亚麻油及大麻子油为原料，合成了只含有亚油酸及亚麻酸的混合脂肪酸捕收剂，称作 ИМ-21。

先将亚麻油或大麻子油在高压中分两段操作进行水解反应。第一段加水 50%（以油脂质量计算），第二段加水 40%，处理时间分别为 4h 及 2h（共 6h），操作压力为 2500kPa（25atm），反应温度为 220℃，水解率为 92%。反应完了后分去甘油水，然后在 0℃冷冻，再压榨分离，液体酸的产率达 78%，碘值则由原来的 170 提高至 205，而固体酸的碘值只有 94。如是所得的液体酸仍然含有约 10% 的未皂化油脂，为了提高其浮选指标，可以再进行一次皂化，所得的亚油酸及亚麻酸混合脂肪酸工业产品，碘值应不少于 170，酸值不小于 125，凝固温度不超过 2℃，外观呈透明状液体，由于这种产品容易受空气的氧化，因此储存及运输时应当密闭。这种捕收剂最大的优点在于选别指标好，特别适于低温浮选。例如，用它分选白钨矿与其伴生的硫酸钙时，在用量与油酸相同的条件下做捕收剂（253g/t），碳酸钠的用量可以从 30kg/t 减少到 2.5kg/t，尾矿品位（WO_3）由 0.21% 降至 0.12%。另外，用它和油酸分别浮选萤石的比较结果也列于表 3－14。

表 3－14　萤石浮选试验结果（原矿含萤石 72.5%）

捕收剂名称	矿浆温度/℃	精矿产率/%	萤石品位/%		回收率/%	分离效率/%
			精矿	尾矿		
油　酸	5	54.6	93.0	47.15	70.5	57.6
	10	68.6	92.9	29.70	87.4	69.3
	20	76.1	91.0	13.34	95.6	70.7
亚油酸亚麻酸混合脂肪酸	5	76.3	91.40	14.36	95.1	71.8
	10	76.3	91.20	12.58	95.9	71.1
	20	79.4	89.00	8.59	97.6	66.0

3.7.3 植物油类脂肪酸

在植物油脂中比较常见的饱和脂肪酸有己酸（C_6）、辛酸（C_8）、癸酸（C_{10}）、月桂酸（C_{12}）、豆蔻酸（C_{14}）、软脂酸（C_{16}）及硬脂酸（C_{18}）等，其中最常见的是软脂酸及硬脂酸。最常见的不饱和酸是油酸、亚油酸及亚麻酸。表 3－15 列出了大部分工业脂肪酸目前和将来的可能来源。

表3-15 主要工业脂肪酸目前和将来可能的来源

名称		目前来源	将来可能来源
饱和酸	C_8 辛酸	椰子、棕榈仁	
	C_{10}癸酸	椰子、棕榈仁	萼距花属
	C_{12}月桂酸	椰子、棕榈仁	萼距花属
	C_{14}豆蔻酸	椰子、棕榈仁	
	C_{16}棕榈酸	棕榈油、牛脂	
	C_{18}硬脂酸	牛脂、氢化油	
单不饱和酸	C_{18}油酯	牛脂、塔尔油	葵花
	C_{22}芥酸	高芥酸菜籽	海甘蓝属
双不饱和酸	C_{18}亚油酸	塔尔油、大豆	
三不饱和酸	C_{18}亚麻酸	亚麻子	
	C_{18}桐酸	桐　籽	
羟基酸类	C_{18}蓖麻醇酸	蓖麻籽	
	C_{10}羟基廿碳烯酸		雷斯克莱属

浮选上常用的某些植物油的组成已列于表3-2。其中：椰子油含有约45%月桂酸、18%豆蔻酸、少量棕榈酸、辛酸、癸酸和油酸。世界上约50%的椰子来自菲律宾，斯里兰卡。印度及印度尼西亚也生产相当量椰子。椰子在收获、破碎和干燥后，果肉（或仁）很容易与木壳分离。椰子含油约65%，经压榨或溶剂萃取可得到粗椰子油。粗椰子油经加压水解和蒸馏后可得椰子油脂肪酸。将其分馏可得一系列纯脂肪酸，如辛酸、癸酸、月桂酸和豆蔻酸。这些酸的各种混合物也有商品出售。

棉籽油含约25%棕榈酸、18%油酸、52%亚油酸及各约1%豆蔻酸和棕榈油酸。在许多国家棉籽油是主要的食用油，在许多工业应用中它又可以代替大豆油。世界棉籽油产量为420万t，约为大豆油的1/3。中国棉籽油产量居第一位（35.5%），其次是前苏联（13.7%）、美国（13.7%）、印度（8.1%）、巴基斯坦（5.7%）和巴西（2.0%）。大多数棉籽油脂肪酸来自棉籽油皂脚，经溶剂结晶或分馏除去棕榈酸后可得只含微量亚麻酸的高纯度亚油酸。

豆油含约12%棕榈酸、4%硬脂酸、24%油酸、53%亚油酸及7%亚麻酸。豆油是煎炸油及色拉油的最重要油源，但更多的是部分加氢后做人造奶油和起酥油。其最大工业用途是醇酸树脂及制成环氧化物做聚氯化烯（PVC）稳定剂。美国豆油产量最大，占世界总产量的50%，其次是巴西（18%）、中国（11%）、阿根廷（7%）。豆油或其脂肪酸主要用于生产85%～95%纯度的硬脂酸，小部分用于生产二聚酸，它也用于涂料用树脂的特种配方中。商业上将大豆脂肪脱去大部分棕榈酸来生产含约20%油酸和10%亚麻酸的亚油酸。

亚麻籽油约含5%棕榈酸、4%硬脂酸、22%油酸、17%亚油酸及52%亚麻酸。高含量的亚麻酸使亚麻籽油易于氧化而有异味不宜食用。在美国、亚麻籽油几乎全部用于油漆与清漆而不食用。亚麻籽油来自亚麻子仁。亚麻产于美国、印度、加拿大、阿根廷及前苏联。加拿大亚麻籽油含高达65%的亚麻酸。

野生植物油也是植物油脂肪酸的重要来源。我国野生植物油资源丰富，不同地区有不同的品种，尤其是山区和丘陵地区产量丰富。例如，湖南省产量较大的有樟树子油、苍耳子油、山苍子核仁油、糠树子油、黄荆子油、大香果油、木棉子油、黄连子油、黑果油、野茶子油、花椒子油、黑树子油、黄苏树子油、山胡椒子油、山精香子油、柞树子油、铁林木子油、千花樟树子油、乌臼子油、榆蜡树子油、酸柑子核油、乒乓子油、茴树子油和香树子油等。长沙矿冶研究院曾对上述油料进行过不同程度的探索研究，主要是先经水解（皂化）制备游离脂肪酸，然后用碱类皂化成钠皂或铵盐等；或者用浓硫酸处理使它变为硫酸化皂；或者与三乙醇胺等反应制备成脂肪酸衍生物。对其中的樟树子油、糠树子油、苍耳子油、香树子油等进行了化学分析及浮选试验，取得了有价值的结果。例如苍耳子油脂肪酸和香树子油脂肪酸的钠盐和铵盐对某些矿物的浮选不仅可以代替油酸或塔尔油，而且在捕收效果上超过它们。

早在20世纪50~60年代起中国科学院贵金属所曾对云南省所产的野生植物油资源进行了考察和发掘工作。选择其中产量较大的如蓖麻油（含种植）、巴豆油、桐油、卷油、大香果油、黑果油、线麻子油所作的化验结果如表3-16所列。分析了红花子油、水药松子油、野茶油、小桐油及香果油的化学组成，水解制成相应的混合脂肪酸；分离出来的工业油酸、工业亚油酸对赤铁矿、钴矿和独居石中的金红石都有显著的捕收性能，证明野生植物油中亚油酸的含量越高，捕收性能越强。据报道，用黑果油皂代替油酸浮锡石获得效果。指标略低于油酸，药剂消耗量为0.35~0.5kg/t（油酸为0.24kg/t），其优点是可就地取材，来源广泛。

表3-16 云南省几种野生植物油脂肪酸化验数据

脂肪酸来源	脂肪酸形态	碘值	酸值	折光率（$n^{40℃}$）
蓖麻油	液 体	96.84	178.96	1.4641~1.4657
巴豆油	半固体	142.90	192.97	1.4624~1.4628
桐 油	半固体	98.41	194.33	1.4944~1.4972（50℃）
卷 油	固 体	108.20	200.14	1.4551~1.4566（50℃）
大香果油	液 体	106.95	218.75	1.4501~1.4504
黑果油	半固体	97.42	193.20	1.4558~1.4568
线麻子油	液 体	145.15	185.53	1.4680~1.4689

广州有色金属研究院用橡胶树种子油经皂化制得的产品橡油酸钠，在7～12℃低温下浮选桃林铅锌矿萤石，与油酸钠相比，可提高精矿CaF_2品位1.8%，回收率7.26%。常温下浮选指标与油酸钠接近。湖南有人用山苍子仁油酸与菜油下脚或米糠油下脚配成的LHO－R和LHO－B药剂，浮选潘家冲萤石矿，结果表明它们是萤石良好的捕收剂，效果优于米糠油酸，萤石精矿品位可达到一级或特级标准。LHO－R和LHO－B药剂的组成均以脂肪酸为主，并含有较多的二元羧酸。

野生植物油一般成分都比较复杂，味苦口感不好，不能作为食用油。但可以因地制宜，充分利用当地可再生的野生植物油资源，作为选矿药剂，尤其适用于当地规模不大的选矿厂使用。就地生产就地使用，可节约药剂的运输费用和生产成本。

3.7.4 油脂化工副产——脂肪酸代用品

在油脂化学加工过程中都有副产品或者下脚料产生，例如，蓖麻油加工制尼龙1010有癸二酸下脚，米糠油加工有米糠油下脚，油酸加工制备有油脚脂肪酸等。将副产品、下脚料再加工所得不同脂肪酸，可作为油酸等脂肪酸代用品做选矿药剂。

3.7.4.1 癸二酸下脚

用蓖麻油为原料制尼龙1010时，先将蓖麻油皂化，再酸化，分出甘油之后，进行蓖麻油脂肪酸碱性裂解，蓖麻酸双键位移，生成癸二酸双钠盐及辛醇－[2]，后者是良好的起泡剂，或作辛基黄药的原料。裂解反应产物用酸中和，蓖麻油脂肪酸中除蓖麻酸外含的其他脂肪酸（某些裂解反应的生成物）以及作为稀释剂的甲酚等，成为一种黑色至棕色的油状液体与癸二酸一钠盐溶液分离。这种黑色至棕色的油状液体称“癸二酸下脚”或称“癸脂下脚”或“癸脂”。蓖麻油所含各种脂肪酸的百分比如表3－17所示。

表3－17 蓖麻油所含脂肪酸的成分

<table>
<tr><th rowspan="2">脂肪酸类别</th><th colspan="2">成　分</th></tr>
<tr><th>(a)</th><th>(b)</th></tr>
<tr><td>十六酸</td><td rowspan="2">0.3</td><td rowspan="2">2.4</td></tr>
<tr><td>十八酸</td></tr>
<tr><td>油　酸</td><td>7</td><td>7</td></tr>
<tr><td>罂粟酸</td><td>4</td><td>3</td></tr>
<tr><td>蓖麻酸</td><td>88</td><td>87</td></tr>
<tr><td>二羟基脂肪酸</td><td>1.1</td><td>0.6</td></tr>
</table>

注：(a)、(b) 表示数据来自两个不同文献。

蓖麻酸在碱性裂解时，大部分生成癸二酸钠和辛醇-[2]：

$$\underset{\text{蓖麻酸}}{CH_3CH_2CH_2CH_2CH_2CH_2\underset{\substack{|\\OH}}{CH}CH_2 \,\vdots\, CH{=}CH(CH_2)_7COOH} \xrightarrow{NaOH}$$

$$\underset{\text{辛醇-[2]}}{CH_3CH_2CH_2CH_2CH_2CH_2\underset{\substack{|\\OH}}{CH}CH_3} + \underset{\text{癸二酸双钠盐}}{NaOOC(CH_2)_8COONa}$$

小部分蓖麻酸在碱性裂解过程中脱水生成亚油酸：

$$\underset{\text{蓖麻酸}}{CH_3(CH_2)_4CH_2\underset{\substack{|\\OH}}{CH}CH_2CH{=}CH(CH_2)_7COOH} \xrightarrow{-H_2O}$$

$$\underset{\text{亚油酸}}{CH_3(CH_2)_4CH{=}CHCH_2CH{=}CH(CH_2)_7COOH}$$

可能有小部分蓖麻酸在碱性裂解过程中，在较低温度时裂解生成辛酮-[2]和ω-羟基癸酸：

$$\underset{\text{蓖麻酸}}{CH_3(CH_2)_5\underset{\substack{|\\OH}}{CH}CH_2 \,\vdots\, CH{=}CH(CH_2)_7COOH} \xrightarrow[200℃]{NaOH}$$

$$\underset{\text{辛酮-[2]}}{CH_3(CH_2)_5COCH_3} + \underset{\omega\text{-羟基癸酸钠}}{HOCH_2(CH_2)_8COONa} + H_2O$$

很可能还有一小部分没有起反应的蓖麻酸。在热裂过程中，也有可能有小部分不饱和脂肪酸发生聚合作用，而成为低聚物。

概括分析，癸二酸下脚中应含有：十六酸、十八酸、油酸、亚油酸（罂粟酸)、蓖麻酸、ω-羟基癸酸、不饱和酸低聚物、辛醇-[2]、辛酮-[2]以及加入作为溶剂的甲酚等。在癸二酸下脚所含的脂肪酸中，应以油酸、亚油酸为主，因为在蓖麻油脂肪酸中，除87%~88%的蓖麻酸外，12%~13%的其他脂肪酸中，油酸和亚油酸占90%以上，况且蓖麻酸在裂解过程中有小部分脱水又生成了亚油酸。

癸二酸下脚不需任何处理就可以直接用做油酸的代用品，亦可以用碱配成钠皂溶液使用。由于组成比较复杂，故显示出一些独特的性质，因为有甲酚存在，有辛醇-[2]和辛酮-[2]存在，起泡性能特别强烈，可考虑和煤油混合使用，既可以降低起泡性能，又可以增加它的捕收能力。也可以考虑先将癸二酸下脚中的甲酚等起泡物质用减压蒸馏的办法除去，然后用做油酸代用品，更便于现场使用。油酸及癸二酸下脚浮选钴土矿时，受温度影响情况可用图3－12表示。

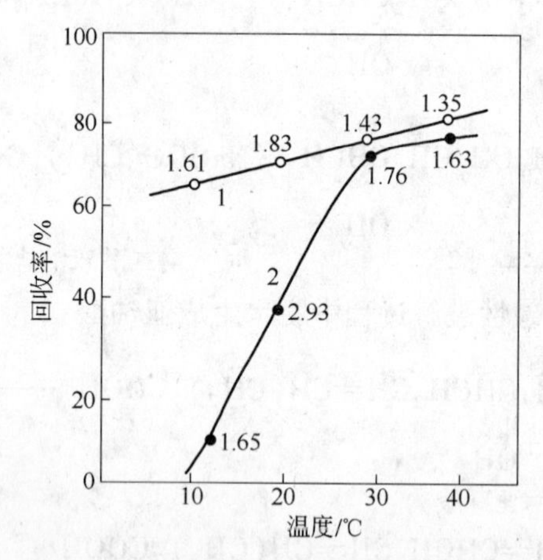

图3－12　油酸（钠）及癸二酸下脚浮选钴土矿，矿浆温度对回收率的影响

1—癸二酸下脚；2—油酸（钠）

从图3－12中可以看出，癸二酸下脚做捕收剂浮选钴土矿时，矿浆温度在10~40℃的范围内对浮选效果影响很小，而油酸受温度影响较大。癸二酸下脚的耐低温性可能是其主要组分中的油酸和亚油酸的熔点较低的缘故。

癸脂酸是用蓖麻籽油裂解制癸二酸的副产品，主要成分为油酸和亚油酸，浮选萤石可从原矿（CaF_2 47.20%）得到品位为98.10%，回收率为87.43%的CaF_2精矿。

因此，癸二酸下脚不仅能代替油酸作为捕收剂，且具有受温度影响小的特点，可作为氧化矿或非金属矿的捕收剂。但来源分散，每个尼龙1010工厂每年有几十吨到几百吨这种副产品，适合小选矿厂应用。

3.7.4.2　其他油脂下脚

有人用代号WHL－P_1做浮选磷矿的捕收剂。WHL－P_1是用某种油脂工业下脚料经碱炼提纯，得到一种淡黄色膏状物，将该膏状物进行酸化和加成，得到一种深棕色油状液体，将上述所得的淡黄色膏状物与棕色油状液体按一定比例混合得棕色油状液体称WHL－P_1。用它做捕收剂，在15℃浮选磷灰石矿，可得到含P_2O_5 34.31%，回收率92.91%的磷精矿；用WO－3氧化石蜡皂在相同温度下做对比试验，得到含P_2O_5 36.5%，回收率38.46%的磷精矿，WHL－P_1的效果比WO－3效果好。可见WHL－P_1能在较低温度下浮选磷灰石。

有人在菱镁矿浮选中使用油酸下脚脂肪酸皂化物为捕收剂，用六偏磷酸钠和水玻璃做组合抑制剂，并将捕收剂用烯丙基聚乙二醇或石油磺酸钠做乳化剂乳化使用。当菱镁矿原矿含 MgO 36.81%，CaO 4.31% 和 SiO_2 8.8% 时，水玻璃 2500g/t，六偏磷酸钠 1000g/t，捕收剂 2500g/t（用 30% 乳化剂聚醚乳化），获得产率 52.49%，MgO 品位为 44.8%，含 SiO_2 0.39%，CaO 0.32% 菱镁矿精矿。该废脂肪酸含油酸 55.4%，亚油酸 16.22%，棕榈酸 12.29%，硬脂酸 8.07%，其他酸 2.25%。

前苏联有色金属研究院用棉籽油下脚为原料制取的 БС-2 药剂，含脂肪酸 70% 以上，用其做油酸的代用品浮选萤石，所得结果与用油酸相比，在回收率相近时，精矿品位比使用油酸高 1.29%。

3.7.5 动物油类脂肪酸

动物油类脂肪酸主要来源是家畜、家禽（猪、牛、羊、鸡、鸭等），野生动物、淡水鱼类和海洋动物等。猪、牛、羊脂肪主要是食用及护肤化妆品用。作为选矿药剂使用的主要是在宰杀加工中产生的漂油或有异味的海洋动物油的加工产品。

动物脂主要有羊脂、猪脂及牛脂。羊脂和猪脂仅供食用而不作为脂肪酸原料，食用牛脂也不作为脂肪酸原料。非食用（工业用）脂主要是牛脂，也有少量猪脂和羊脂。非食用软脂主要来源于猪、家禽、废水隔油池浮油及加工快餐后的植物油。表 3-18 列出了若干不同来源的牛脂及软脂的主要脂肪酸组成。

表 3-18 牛脂及软脂的典型分析值

名　称	脱色牛脂	脱色牛脂	脱色牛脂	精选白脂	黄　脂	黄　脂
轻馏分	0.5	0.4	0.4	0.2	0.5	0.3
豆蔻酸	2.9	3.1	2.8	2.4	1.6	1.8
豆蔻酸及 C_{15} 饱和酸	1.8	1.8	1.5	1.2	0.6	0.7
棕榈酸	23.6	25.2	24.0	23.3	19.2	19.8
棕榈油酸	4.4	4.3	4.4	4.3	2.5	2.7
C_{17} 饱和酸	1.9	2.1	1.9	1.9	1.2	1.2
硬脂酸	19.1	20.1	16.6	13.8	12.0	13.4
油　酸	38.8	33.8	41.8	43.9	45.2	47.2
C_{19} 酸	0.4	0.4	0.4	0.3	0.7	0.7
亚油酸	4.0	2.0	4.4	6.5	14.2	10.2
亚油酸异构体	0.2	0.2				
C_{18} 共轭酸	0.8	0.7	0.9	0.9	1.4	0.4

续表 3-18

名　　称	脱色牛脂	脱色牛脂	脱色牛脂	精选白脂	黄　脂	黄　脂
C_{20}酸	0.7	0.4	0.5	0.5		0.7
其他脂肪酸和树脂酸	0.4		0.1	0.3	0.3	0.2
总计（以上用色谱法分析）	99.5	99.5	99.7	99.5	99.4	99.3
脂肪酸/% （以下为湿法定量分析）	3.6	2.8	1.8	3.2	8.5	3.8
不皂化物/%	0.84	0.71	0.68	0.7	0.33	0.3
水　分	0.32	0.42	0.11	0.6	0.44	0.59
碘　值	56.2	45.3	51.7	57.5	71.2	65.3
色泽 FAC	11A	13	15		35	21
冻点/℃	42.0	43.2	41.2		36.4	38.2
液　体	52.9	50.9	55.3	59.4	65.5	63.0
固　体	42.7	45.3	40.6	36.1	31.2	33.2
棕榈酸/硬脂酸	55/45	55/45	59/41	65/35	61/39	59/41
多不饱和物总液体/%	9.5	5.7	9.5	12.5	23.8	16.8
亚油酸/%	7.5	3.9	7.9	10.9	21.6	16.2

注：资料来源：Union Camp Corporation Analytical Laboratory，Dover，Ohio.

海洋动物油脂是化工原料的重要资源之一，对于邻近海洋的国家这种情况就更加突出。海洋动物油脂的特点是含有大量高度不饱和的脂肪酸。以鲸油为例，油脂分子中饱和脂肪酸的含量只有20%（包括十四碳酸6%，软脂酸13%，硬脂酸1%），不饱和脂肪酸的含量却高达80%，其中除了含有两个双键的十四碳酸（17%）、油酸（25%）、亚油酸（20%）以外，还含有具有五个不饱和双键的二十二碳酸（18%）。鱼油中的这种高度不饱和脂肪酸，化学性质异常活泼，遇空气以非常快的速度进行氧化分解，因而不易保存，作为化工原料，平常需要先进行催化加氢使之饱和，提高其凝固点。有些海洋动物具有异常的臭气和腥味（含有二甲基硫醚等），而且也不易去掉。有些国家的浮选工业已在开始用其作为浮选药剂。

广东冶金研究所为了充分发掘海洋动物油脂肪酸在浮选工业上的应用，曾对我国南海沿海地区的海洋动物油脂资源进行了详细的调查，发现广东沿海的一些特有的海洋动物油脂，包括海猪油、海牛油、海龟油以及河豚的肝油，资源较为丰富；这些海洋动物油经过水解皂化或磺化之后，曾试用于浮选锆英石，效果良好，结果如表3-19所列。

表3-19 一些海洋动物油脂酸皂浮选锆英石的效果

捕收剂名称	用量/g·t^{-1}	ZrO_2 精矿品位/%	回收率/%
油 酸	120	59.6	89.1
海猪油油酸	120	53.5	94.2
	140	54.8	94.4
海猪油脂肪酸	90	60.7	52.6
	120	59.8	66.6
海牛油脂肪酸	160	59.0	89.0
海龟油脂肪酸	120	60.4	80.9
海豚肝油	90	56.3	86.9
	120	53.9	81.3
海猪油硫酸化皂	90	57.4	85.7
硫酸化海猪油	90	58.1	61.1
海龟油硫酸化皂	160	59.9	36.4
河豚肝油硫酸化皂	160	55.8	8.64

注：锆英石原矿品位约22%，水玻璃用量400g/t，碳酸钠300g/t，2号浮选油400g/t。

用未经氢化的鲸鱼油脂肪酸（500g/t）为捕收剂浮选萤石也收到良好的效果；粗选时加250g/t的一种含有单宁质的槲树子实的萃取物，精选时再加190g/t这种萃取物，精矿中萤石的回收率达92%，品位96%；比用油酸的效果还好（用油酸时回收率只有88%，品位86%）。

前苏联的ДC-1号浮选药剂，就是鱼油脂肪酸，含油酸65%，其他不饱和脂肪酸25%，曾用于浮选锡石。

总之，动物油类脂肪酸或其下脚油脂，可以依据其利用价值，进行开发，品质不利于食用及其他用途的，完全可以加工作为铁钛锰等金属矿物和非金属矿物的捕收剂。

3.7.6 塔尔油

塔尔油是工业用脂肪酸的第二大原料来源，在脂肪酸工业中占有重要地位。它是脂肪酸与松脂酸的混合物，如大多数用于生产工业脂肪酸的原料一样，塔尔油也是一种副产物，因而受主产品加工过程的影响，塔尔油质量变化主要是由硫酸盐制浆工艺的木材种类以及树木的生长地不同造成的。

在硫化法（即碱法）造纸工业中，将松木切片，用氢氧化钠、硫化钠蒸煮，则木片在蒸煮过程中起化学作用，木质素与碱作用生成可溶性物而溶解，其分子中的甲氧基与硫化钠作用生成甲硫醇、二甲硫醚、二甲基二硫代化合物，此外还生成甲醇。这些分子很小的硫化物在蒸煮过程中放气时大部分放空，只有少量留在反应物中；纤维素和半纤维素水解（纤维素部分水解）成单糖，在有碱和蒸煮的情况下，单糖再氧化成多羟基羧酸，和木质素一样溶于水中，大部分纤维不水解，与黑液分离后经过洗涤可供造纸用。木材中的单宁往往生成单宁酸铁，这是使反应混合物呈有色原因之一。木材细胞膜及细胞内的松脂物是由松脂酸等组成，在蒸煮过程中，松脂物形成氧化程度不同的产物，这些酸性物质都被碱中和而成钠盐；在木材中的脂肪酸酯，在蒸煮过程中都被皂化为脂肪酸钠盐，已确定这些脂肪酸为亚麻酸、油酸及软脂酸等。上述松脂酸钠盐和脂肪酸钠盐便是塔尔皂的主要成分。木材经蒸煮之后，将纤维洗涤，则松脂酸钠盐，脂肪酸钠盐及一切其他可溶性化合物均被洗出，洗涤液称黑液，塔尔皂即浮在黑液上，也有部分溶解在黑液中，其浮游部分分离，黑液经浓缩后，溶于其中的塔尔皂也大部分上浮，再刮取。按理，纸厂副产物塔尔皂本来可以直接用作捕收剂，但因其含量不定，不好控制用量，一般将它制成塔尔油使用，便于控制用量。从硫化法造纸中制粗塔尔油的流程如图 3-13 所示。

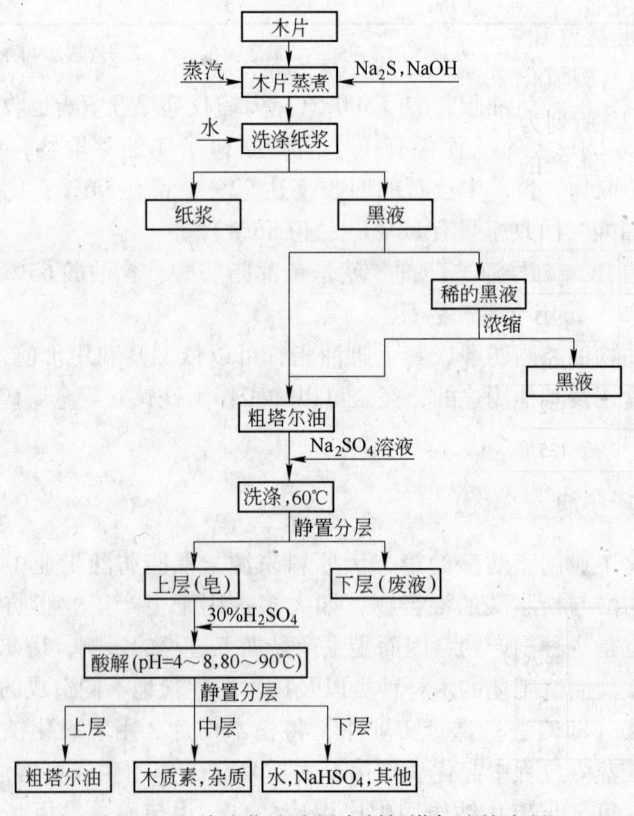

图 3-13 从硫化法造纸中制粗塔尔油的流程

每生产1t纸浆可平均获得约80kg的黑液皂（松木为原料），再经过静置分层，上层即为粗塔尔油皂，占黑液皂（质量分数）的5%～10%，再经酸处理所得就是粗塔尔油。每1t塔尔油皂液可得100～200kg的粗塔尔油。粗塔尔油的皂化值一般高于它的酸值，这是由于部分脂肪酸与甾醇及其他高级醇变成酯类物质之故。同时含羟基的脂肪酸可呈内酯状态，也提高了它的皂化值。

粗制塔尔油的化学成分随所用的造纸原木材料而变化，高纬度寒带所产的松木所含的不饱和酸较低纬度热带所产的含量高；由阔叶树得的塔尔油，不皂化物的含量较高。粗制塔尔油主要含有脂肪酸，松脂酸及不皂化物。就一般来说，脂肪酸与松脂酸各占40%左右，不皂化物约占5%～20%。用色谱分析方法证实，塔尔油中至少含有12个脂肪酸，17个松脂酸及12个不皂化物成分。不皂化物的主要成分是各种高级醇类。

塔尔油中的脂肪酸，又以油酸及亚油酸为主要成分，分别占45%及48%左右；其次为软脂酸占7%左右，其余为少量含碳原子20、24、26的更高级脂肪酸以及己二酸、癸二酸等。在松脂酸部分中主要成分是松脂酸（30%～40%）、新松脂酸（10%～20%）及二氢、四氢及脱氢松脂酸等。塔尔油的不皂化部分主要是碳氢化合物（60%左右）、β-谷甾醇（约30%）及其他高级醇类。表3-20所列为粗制塔尔油的一般性质，表3-21列出了我国佳木斯和南平两大造纸厂生产的粗制塔尔油成分。

表3-20 粗制塔尔油的一般性质

名称	最低值	最高值	名称	最低值	最高值
密度/g·cm^{-3}	0.95	1.024	不溶于石油醚物质/%	0.1	8.5
酸值	107	179	脂肪酸含量/%	18	60
皂化值	142	185	松脂酸含量/%	28	65
碘值	135	216	非酸性物质/%	5	24
灰分/%	0.39	7.2	黏度（18℃）/Pa·s	0.760	15×10^3

表3-21 粗塔尔油成分

名称	成分/%					造纸原料
	水分	松脂酸	脂肪酸	不皂化物	杂质	
佳木斯纸厂粗塔尔油	5	29.66	47.24	18.10	0.2以下	长白山落叶松和马尾松
南平纸厂粗塔尔油	5	37.88	49.85	7.27	少量	马尾松

粗制塔尔油经过进一步加工，除去其中所含有的大部分松脂酸，或去臭脱色，即可获得精制塔尔油。塔尔油的精制方法很多，各生产工厂各有不同，基

本上可以分为下列几种：

（1）脱色、脱臭：

1）在一定溶剂中用无机酸处理；

2）用活性炭、活性黏土等在一定溶剂中加以吸附。

（2）在减压下蒸馏：

1）单独蒸馏；

2）或与其他气体（蒸气、惰性气体或溶剂蒸气）一起蒸馏。

（3）在两种不能互溶的溶剂中分别萃取：

1）不经脂化或部分脂化后萃取；

2）部分中和后进行萃取；

3）不预先处理，只用选择性溶剂萃取。

南平纸厂粗塔尔油经进一步加工后，按表3-22所列的企业质量标准执行。

表3-22 南平塔尔油质量标准（Q/NZ03-92）

指标名称	规格		
	B	C	D
水分/%	≤1.0	≤1.5	≤2.0
酸值/mg（KOH）·g^{-1}	≥157	≥150	≥145
脂肪酸+松脂酸/%	≥90	≥87	≥85
不皂化物/%	≤10.0	≤13.0	≤15.0

作为浮选药剂，塔尔油的应用范围与脂肪酸类药剂的应用范围基本上是一致的，但塔尔油的价格远比油酸便宜。当前无论在国内或国外，塔尔油是很重要的氧化矿捕收剂，特别是用于浮选氧化铁矿及磷矿。

用塔尔油为捕收剂使用最多的是浮选贫赤铁矿。浮选赤铁矿或褐铁矿时，可以用苛性钠、碳酸钠或单宁等作为脉石的抑制剂直接浮选铁矿；也可以用石灰乳剂活化石英，用淀粉等药剂抑制氧化铁，用塔尔油（约0.45kg/t）浮选石英。用塔尔油皂浮选磁选及重选的尾矿（含铁10%~14%），用750g/t的塔尔油皂，铁精矿品位可达58%~60%，尾矿只含铁3%~4%，如果再使用单宁抑制脉石，精矿品位可以高达62%。

用粗塔尔油浮选以方解石为脉石的萤石矿物，粗选品位可达88%，回收率达92%。用油酸浮选同一样品，粗选品位达到80%，回收率达88%，可见塔尔油的捕收性能比油酸好。但对以石英为脉石的萤石矿，则油酸更为有效，粗选品位可达到95%，回收率达97%；而用塔尔油浮选时，萤石品位只达94%，回收率95%。

我国用粗塔尔油浮选贫赤铁矿时，与氧化石蜡皂混合使用，其效果比单独使用氧化石蜡皂好。用纸浆废液加工的 GD_{042}，经王集磷矿在不加温的情况下使用，可获得常用药剂加温到 55 ~60℃相近的浮选指标。

用塔尔油浮选赤铁矿及其他铁矿石，在我国已经积累了丰富的经验，其中包括塔尔油与其他脂肪酸（如氧化石蜡皂）组合用药。除铁矿选矿外，对锰矿及其他氧化矿，非金属矿如白钨矿和重晶石等的浮选，塔尔油都曾发挥或正在发挥重要作用。其中也包括二聚塔尔油对锰矿的浮选。

我国东鞍山烧结厂选厂近半个世纪以来长期采用“连续磨矿、单一碱性正浮选（一粗，一扫，三精）”工艺，一段磨矿粒度小于 74μm 粒级占 45%，二段磨矿粒度小于 74μm 粒级占 80%。浮选作业以碳酸钠作为调整剂，矿浆 pH 值为 9，用氧化石蜡皂和塔尔油为组合捕收剂，组合比（质量分数比）为 3∶1 ~4∶1。到 2000 年底，其选矿指标为：原矿品位为 32.74%，铁精矿品位为 59.98%，金属回收率为 72.94%，尾矿铁品位为 14.7%。该铁矿石类型及矿物组成复杂，是一种难选矿石。

塔尔油皂在国内外用来代替油酸做捕收剂，已经很成功，但其中的有效成分在选矿过程中的作用机理，目前还存在不同的见解值得探讨：有人认为塔尔油作为浮选药剂的效能与松脂酸的含量有关，纯的松脂酸是一种弱的捕收剂，当松脂酸比例增高时，塔尔油的捕收性能下降，松脂酸含量最好是 35% ~50%，塔尔皂中松脂酸的含量小于 70% 是无害的。也有人认为，起捕收作用的主要成分是脂肪酸钠盐和氧化了的松脂酸钠盐，可用这样的试验证明：先将松香（主要是松脂酸）制成钠皂，用做浮选试验，发现松香钠皂只有起泡性能，而对赤铁矿无捕收作用，但由于浮选时间长（1 ~2h 以上），长时间鼓入空气的结果，松脂酸钠皂被空气氧化，而逐渐增加其对赤铁矿的捕收能力。所以得出结论，塔尔油皂起捕收作用的成分是脂肪酸钠和氧化了的松脂酸钠。

另一方面，在用塔尔油皂浮选贫赤铁矿时，其泡沫比大豆油脂肪酸为黏，这对精矿脱水不利，泡沫黏的原因可能是松脂酸在蒸煮过程中聚合成大分子和生成羟基化合物，以及塔尔油皂中所含的橡胶所产生的，故将塔尔油皂氧化以提高其浮选性能时不能氧化过度，否则生成松脂酸的聚合物和羟基化合物过多，泡沫黏性增大。如果用除去塔尔油皂中橡胶的办法来降低精矿泡沫黏度，是不必要的，因为它的精矿泡沫还未达到不能脱水的程度。固醇是分子较大的羟基化合物，有起泡能力，对于起泡能力较弱的捕收剂来说，在浮选时加入起泡剂是能提高浮选指标的。在这里，因为塔尔油皂中的脂肪酸钠和氧化松脂酸钠均为起泡能力很强的捕收剂，因此固醇的存在对浮选指标来说没有好处。

塔尔油皂呈棕色或深褐色，一方面是由于受到空气氧化的结果，另一方面木材中的单宁酸生成了铁盐，是塔尔油皂颜色的主要来源。单宁是方解石的抑制剂，故单宁的存在，对浮选脉石为方解石的矿石是有好处的。塔尔油皂中还夹杂有黑液，黑液中的多羟基酸对方解石亦有抑制作用，因为羟基酸中的羧基可以吸附（或化合）于方解石的表面，而烃基向外，羟基可借氢键与水结合而亲水，于是方解石受到抑制。塔尔油皂中有游离碱，能影响矿浆的pH值，如果所浮选的矿石的脉石为石英，能起很好的抑制作用。

3.7.7 矿物油类脂肪酸

3.7.7.1 氧化石蜡皂及氧化煤油

以石油工业产品石蜡为原料，经过催化氧化反应而制成的C_{10}～C_{22}混合脂肪酸叫做“氧化石蜡”，它的钠皂即氧化石蜡皂。氧化石蜡的成分与天然植物油脂肪酸的成分非常近似，所不同处只是天然植物油脂肪酸都是偶数碳原子，而氧化石蜡中的脂肪酸奇数偶数碳原子都有。因此可以作为植物油的多方面工业用途的代用品，从而受到化学工业方面的重视，研究也最为详尽。早在1884年就有人进行研究，但未引起注意。1921年重新引起注意，1926年进行了石蜡氧化工业试验，1928～1930年利用石蜡氧化制成的脂肪酸钠皂作为一般肥皂的代用品开始走向市场。此后开始研究用费托氏法水煤气合成石蜡，到1930年用合成石蜡氧化制备脂肪酸制洗衣肥皂大量面世。20世纪60年代，我国就开始研究氧化石蜡皂并作为贫赤铁矿捕收剂应用于东鞍山铁矿的浮选，代替大豆脂肪酸供应之不足，获得成功。目前，氧化石蜡皂已成为我国浮选赤铁矿及其他氧化矿的主要药剂之一。我国石油工业部颁布标准，氧化石蜡须符合表3－23所列要求。

表3－23 氧化石蜡质量指标

项 目	质量指标	试验方法
颜 色	淡黄到淡褐	目 测
皂化值/mg（KOH）·g^{-1}	140～160	石油2604－66
酸值/mg（KOH）·g^{-1}	75～90	国标264－64
灰分含量（不大于）/%	0.25	石油2703－66
灰分中的铁含量（不大于）/%	痕 迹	①

① 参照国家标准534—65“工业硫酸”的规定进行，测定其结果在0.01%以下时作为痕迹。

石蜡氧化的最好原料是合成石蜡，变压器油蜡、10号机油蜡。由石蜡氧化所制得的脂肪酸，随原料不同而有一定的差异。一般的生产方法多是大同小异。先将石蜡熔化，与10%高锰酸钾催化剂水溶液混合。高锰酸钾的用量相当于石蜡质量的0.2%～0.25%左右。然后预热至150℃左右，脱去水分，用泵打入氧化反应塔。反应塔内部衬铝皮或直接衬耐酸砖，切忌用铁质。压缩空气通过喷口细孔分散成小气泡与石蜡充分接触。反应开始需要加热至150℃激发催化剂使之起引发作用。再将反应温度降至正常温度，此处所谓正常温度一般是在115～130℃范围之内，视需要而定。粗制氧化石蜡含脂肪酸量一般只有33%～35%，也有部分低分子量的脂肪酸如乙酸、丙酸、丁酸生成，其余大部分为未反应的石蜡（称第一不皂化物，可返回进行氧化）、高级醇等物质，如果要提高脂肪酸的含量还必须进行精制。

所谓的“731”氧化石蜡皂系用大连石油化工七厂常压三线一榨蜡为原料制成的氧化石蜡皂。氧化石蜡的馏程为262～350℃（馏出40%），熔点39.7℃，含烃油量为20.07%，正构烷烃含量84.10%，异构烷烃含量为14.8%。由该氧化石蜡加工成的氧化石蜡皂含羧酸31.5%，羟基酸10.22%，不皂化物16.71%，游离碱0.397%，水分22.0%，碘值3.46%。1980年将731闪蒸除去蜡和水分，成为干粉产品733，含C_{10}～C_{20}的羧酸钠盐，平均为C_{16}的羧酸钠。

石蜡氧化产品的质量受催化剂的种类、反应温度、气量大小及其他因素的影响。

（1）催化剂。作为氧化石蜡的催化剂很多，如高锰酸钾及其他锰的氧化物与碱的混合物、钴化合物、铝、硬脂酸锰或硬脂酸镁、硬脂酸锰加1.5%～3%碳酸钠、环烷酸锰、硝酸、重铬酸钾、硼酸或硼酸酐等。这些催化剂各有用途，往往由于催化剂不同、反应温度不同而得到不同产品，为明确起见，兹将不同催化剂催化下所得产品用图3-14表示。从图3-14中看出，欲将石蜡氧化为羧酸，以高锰酸钾做催化剂为最好，主要产品为RCOOH，生成少量的RC(OH)HCOOH亦为良好的捕收剂。至于生成的RC(O)R′有起泡作用，如含量不多时对浮选无害处，能增加泡沫量，提高浮选效果，这种催化剂比脂肪酸锰做催化剂时，反应速度快1.5～2倍。故欲得到产品为脂肪酸，宜采用高锰酸钾做催化剂。已经证明用高锰酸钾做催化剂时，实际起作用的是高锰酸钾的分解产物二氧化锰、氢氧化钾，故在工业生产中可用软锰矿和氢氧化钾代替高锰酸钾。

用硬脂酸锰做催化剂可以得到羧酸或羟基酸。羟基除有捕收作用外，由于羟基引入羧酸分子中，增加起泡性能，使用时可以获得较高的浮选指标。故硬脂酸锰也是较好的催化剂。

用硝酸或重铬酸钾做催化剂时，首先是将石蜡氧化为第二醇，故适当控制氧化深度，可以得到高级醇，再进一步氧化生成酮，最后断裂得到较石蜡碳原子数少的羧酸。故用硝酸和重铬酸钾为催化剂，最后亦可得到大量的羧酸，这种催化剂可以考虑采用。

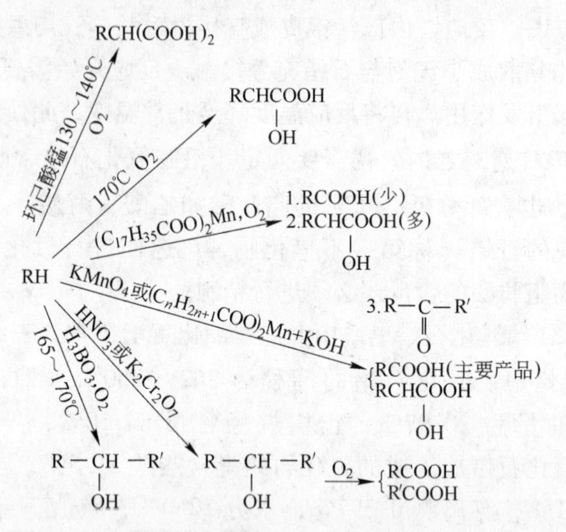

图3-14 不同催化剂催化下，石蜡氧化所得的产品

在较高的温度（170℃），不需用催化剂可用空气将石蜡氧化为羟基酸，试验证明，这种产品是很好的捕收剂。

综上所述，可依据产品需要选择催化剂。欲将石蜡氧化为羧酸作为捕收剂时，以采用高锰酸钾为催化剂，同时适当升高氧化温度，这样可使氧化产物主要为羧酸及羟基酸。

当用环己烷酸锰做催化剂时，能生成 $C_4 \sim C_{10}$ 的二元羧酸，这类羧酸不是捕收剂而是其他化工原料，故欲氧化石蜡以得到一元酸或高级醇时，不宜用环己烷酸锰做催化剂。

（2）反应温度的选择。仅从反应温度来说，石蜡氧化一般是在 110～170℃之间，但烷烃的氧化机理存在一定的规律性：首先是氧化成醇，再氧化成醛酮，再氧化成羧酸：

$$RH \xrightarrow{(O)} \begin{cases} RCH_2OH \\ \underset{\displaystyle OH}{\underset{|}{RCHR'}} \end{cases} \xrightarrow{(O)} \begin{cases} RCHO \\ \underset{\displaystyle O}{\underset{\|}{R-C-R'}} \end{cases} \xrightarrow{(O)} RCOOH \xrightarrow{(O)} \underset{\displaystyle OH}{\underset{|}{RCHCOOH}}$$

（醇）　　（醛，酮）　　（羧酸）　　（羟基酸）

石蜡在 130～140℃，氧化为二元羧酸，在更高的温度分解脱羧成为一元羧酸：

$$RH \xrightarrow[\text{环烷酸锰}]{(O)} R'(COOH)_2 \xrightarrow[>140℃]{-CO_2} R'COOH$$

石蜡在 110～220℃氧化生成第一醇，如果温度升高，第一醇产量减少。例如从 120℃升高到 140℃时，第一醇的产率降低 3/4。

故从温度选择来看，要得到醇则宜在低温（110～120℃），欲得到二元羧酸宜在130~140℃，欲得一元羧酸宜在150~160℃，温度更高则得到羟基酸。但在制造氧化石蜡各种产品时，不能单一地从温度考虑，应与其他因素综合考虑。

（3）鼓进空气对产品的影响。羧酸是氧化石蜡时的最终产品，而醇是最低度的氧化产品，故要得到这两种不同的产品时，在氧不足的情况下得到醇，氧气充足时得到羧酸。试验证明，降低空气含氧率会提高第一醇的产量，因为在氧含量少时，醇被进一步氧化为醛或酮的机会减少了，在适当的工艺流程下，采取氧氮混合气体中含氧3.0%~4.5%，温度在165~170℃时，气体耗量为500~700L/（kg·h），并用硼酸做催化剂，几乎可以将石蜡全部氧化为醇，可见减少氧气量对氧化醇是有好处的。

当欲使氧化产物为羧酸时，则采用加大接触氧化面，加大空气量的办法是非常有利的。采用泡沫相氧化法，将大量空气在特种装置的情况下鼓入石蜡中，则形成泡沫相氧化，这样使反应接触面增加6倍左右，增加了氧化速度，处理能力高，空气耗量低，而得到较好的羧酸产品。

（4）其他因素的影响。强化石蜡氧化为脂肪酸的其他方法，采取引发剂引发氧化反应，引发剂为NO_2、Cl_2、O_3、HBr等。如用NO_2为引发剂时，可使石蜡氧化的感应期由366h缩短为8~10h，而用引发剂的量是很少的，在0.2%~0.4%左右，引发剂用量增多并不比用量少时优良，如NO_2用量为石蜡质量的6%~10%时，就不如用0.2%~0.4%的结果好。

此外还可以用放射性物质的射线照射，使氧化反应加速，如用γ射线照射石蜡6h以内进行氧化或一边照射一边氧化，都能增加氧化速度，如照射时间在6h以上，氧化速度与照射6h以内的无明显区别。

煤油的氧化操作与石蜡的氧化基本上是相似的。氧化反应所用的催化剂，效果最好的仍然是锰盐，所不同的石蜡氧化的催化剂多使用高锰酸钾水溶液，而煤油氧化的催化剂则多使用硬脂酸锰或环烷酸锰，可以直接在反应前溶解在煤油之中。氧化反应温度一般以140~150℃最为适宜。煤油氧化反应的操作手续，一般比氧化石蜡简单，用做浮选药剂，无需皂化、分离、真空蒸馏等手续。反应时间短，氧化器有效容积大。就来源供应及成本而论，煤油出产量大，供应可靠，成本亦最低。

我国对煤油氧化的研究始于1956年，中国科学院应用化学研究所以玉门煤油为原料，经浓硫酸及碱精制处理，通空气氧化，所得氧化煤油的最高酸值为42.0。从1960年以来中国科学院矿冶研究所见百熙等人对煤油氧化进行了一系列的研究。对上海煤油厂、抚顺石油三厂以及市购煤油进行氧化研究，结果表明，不精制处理，很难进行氧化，只有通过浓硫酸或发烟硫酸及碱处理，对煤油进行洗涤，去除阻碍氧化进行的相对分子质量低的芳香烃，或用硅胶吸附精制处理脱除芳烃，才能提高煤油的氧化率；或者是将煤油催化加氢变为饱和烃，再行氧化，提高氧化率。用这些方法所得氧化煤油的酸值可以达到60~80。

中国科学院矿冶研究所对煤油氧化的研究不断深入进行，1964年前后利用锦州石油六厂的合成煤油为原料，进行试验研究，获得重大进展，随后又进行了扩大试验（25t，沈阳油脂化工厂）。所得氧化煤油产品酸值最高可达167。对赤铁矿的试验表明，酸值越高，捕收效果越好。与氧化石蜡浮选比较，氧化煤油的泡沫不黏，耐低温，耐硬水。

时过境迁，一切都在发展前进。当初因合成煤油来源问题受困，如今，石油化工和煤化工不断发展，各种类似于合成煤油组分的石化产品甚多，例如分子筛及尿素脱蜡的重蜡油、轻蜡油以及溶剂煤油、航空煤油等，它们都不含芳烃，或者含芳烃极低，用这些油类作为原料进行氧化，相信完全可以获得高酸值的混合脂肪酸，服务于选矿。

由煤油氧化所得的脂肪酸，其相对分子质量一般较氧化石蜡中的脂肪酸低，从而它们的凝固点也较低，氧化石蜡多为固体状态，氧化煤油多为流动性液体，或黏度较大的液体，因而有利于低温浮选。

氧化煤油和石蜡的产品，可分三个部分，一类是羧酸（含部分羟基酸），对矿石也有捕收作用，是氧化煤油和氧化石蜡起捕收作用的成分。一类是未被氧化的煤油（或高级烷烃），它在氧化煤油中对羧酸有稀释作用，使羧酸在矿浆中容易分散，它们的作用机理与油酸与煤油混合使用相同，故对浮选效果亦有提高。第三类是极性物质，主要是醇、酮、醛等化合物，这类物质在浮选过程中有起泡作用。

多年来浮选经验证实，用氧化石蜡皂作捕收剂可应用于贫赤铁矿、萤石矿、磷矿和一些稀有金属氧化矿的浮选，重晶石矿，氧化钛锆矿石（钛铁矿、金红石、锆英石）、氧化钼矿、钨矿等的浮选。

氧化石蜡皂的选矿效果随着产品的性质不同而异，因其起捕收作用的成分是脂肪酸或羟基酸。脂肪酸的捕收能力与其分子大小有关，因此，将石蜡氧化制成的氧化石蜡皂，理应将它减压分馏，以除去分子较小的脂肪酸，截取碳原子在 C_{12} ~ C_{20} 的馏分做捕收剂，C_7 ~ C_9 的馏分用做制备羟肟酸的原料，其他馏分可做化工原料。此外，产品的酸值较高时，选矿指标较好。一般说来，酸值在100以上的氧化石蜡皂，已是高效能的浮选药剂。在相同的条件下，有报道用氧化石蜡皂和硫酸化皂浮选赤铁矿（一次粗选）的试验结果列于表3－24中。结果说明，氧化石蜡皂能代替硫酸化皂浮选赤铁矿。实际上，国内外就多用氧化石蜡皂代替油酸做捕收剂。表3－25为不同捕收剂对赤铁矿的选矿结果。

表 3-24 氧化石蜡皂和硫酸化皂浮选赤铁矿的结果

药剂名称	Na_2CO_3 用量 /g·t^{-1}	药剂用量 /g·t^{-1}	给矿品位 /%	精矿品位 /%	尾矿品位 /%	回收率 /%
氧化石蜡皂	1300	700	33.81	49.63	5.55	94.10
硫酸化皂	1300	700	34.27	49.63	6.80	93.02

将合成脂肪酸（得自氧化石蜡），分为三个馏分，$C_{10}\sim C_{16}$、$C_{10}\sim C_{20}$及$C_{17}\sim C_{20}$用于铁矿浮选，以$C_{10}\sim C_{16}$馏分的钠皂效果最好。如果使用蒸馏塔尔油（质量分数70%）与$C_{10}\sim C_{16}$馏分（质量分数30%）的混合剂效果更好。在一定酸值条件下，$C_{17}\sim C_{20}$的馏分又比$C_{10}\sim C_{20}$馏分的效果好。$C_{10}\sim C_{16}$馏分与$C_{10}\sim C_{20}$馏分中正构脂肪酸与异构脂肪酸的浮选性能也不一样，就一般来说，异构脂肪酸不如正构脂肪酸的效果好。$C_{10}\sim C_{16}$馏分中的异构脂肪酸在pH值为4.92时效果最好，$C_{10}\sim C_{20}$馏分中的异构脂肪酸在pH值为5.35时效果最好，在$C_{17}\sim C_{20}$馏分中如果适当改变正构与异构脂肪酸的配比，在工业条件下，浮选精矿中的铁品位可达64%~66%。

用氧化石蜡皂浮选攀枝化钛铁矿，硫酸、草酸为介质调整剂，必要时加入少量羧甲基纤维素，用一粗五精流程，精矿品位可达47%以上，回收率60%以上。研究了氧化石蜡皂中醛、酮、醇含量大小对氧化石蜡皂浮钛的影响，试验结果表明当氧化石蜡皂中所含醛、酮、醇量小于10%时，浮钛效果最好。据报道，用石油化工副产品制得的GY-2和P_{303}都是萤石矿有效浮选捕收剂。

近年来有两篇报道，用731浮选白钨矿：某硫化矿浮选尾矿中含0.19%的WO_3作为白钨矿浮选给矿，用$Na_2CO_3$6kg/t、水玻璃6kg/t、7311250g/t为捕收剂浮选白钨矿，得到含$WO_3$40%，回收率接近30%的白钨精矿；也用731做捕收剂，从含$WO_3$0.25%的硫化矿浮选尾矿中回收白钨，在其他调整剂配合下通过粗选工业试验和加温精选小型试验，获得含$WO_3$65.05%，回收率50.47%的较好指标。

另外，对氧化煤油浮选性能也有较多的研究。国外曾报道应用氧化煤油浮选赤铁矿，见表3-25所列，所用氧化煤油酸值为40，经过多方面比较，认为氧化煤油具有很多有利之处，虽然氧化煤油的用量比油酸大，但药剂总成本仍具有优势。氧化煤油不但可以很顺利地浮选铁矿，而且也同样适用于浮选锰矿。但锰矿远较铁矿难于浮选，且需消耗大量捕收剂。油酸用量约3kg/t，而氧化煤油或氧化石蜡用量达6kg/t。氧化煤油也可以与硫酸化皂一起用于浮选锰矿，矿化泡沫稳定，回收率高。

表3-25 各种药剂对含赤铁矿的浮选尾矿粗选结果

捕收剂用量 /kg·t^{-1}	其他药剂用量 /kg·t^{-1}	浮选时间 /min	所得产品	产率 /%	含铁品位 /%	铁回收率 /%
伊基朋 0.26	硫酸 1 松油 0.025	20	粗精矿	53.63	31.11	92.88
			尾矿	46.37	2.78	7.12
			原矿	100.00	17.96	100.0
密尔佐里雅特 C-14 0.6	硫酸 2	30	粗精矿	58.8	29.81	95.41
			尾矿	41.2	1.95	4.59
			原矿	100.0	17.53	100.0
氧化煤油 1.2	硫酸 1	30	粗精矿	48.8	31.97	91.36
			尾矿	51.2	2.86	8.64
			原矿	100.0	17.07	100.0
氧化石蜡 2	硫酸 0.5	25	粗精矿	59.2	29.62	93.03
			尾矿	40.8	3.32	6.97
			原矿	100.0	18.82	100.0
油酸钠 0.54	硫酸 1 松油 0.025	25	粗精矿	56.25	30.70	91.66
			尾矿	43.75	3.59	8.34
			原矿	100.0	18.84	100.0

氧化煤油的捕收能力的强弱决定于酸值的高低，图3-15所示是不同酸值氧化煤油浮选赤铁矿、萤石的试验结果。可看出，在相同回收率下，酸值越高，用量越少。因此，提高氧化煤油的酸值是非常有意义的，既可以降低药剂用量，又可以减少未反应煤油对环境的污染。

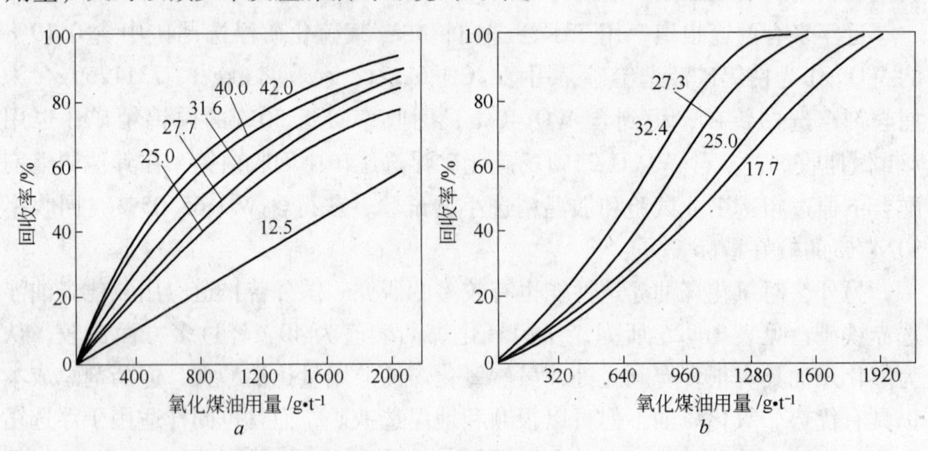

图3-15 不同酸值氧化煤油用量与回收率的关系（曲线上数值表示酸值）

a—赤铁矿；*b*—萤石

用氧化煤油（氧化粗柴油馏分）做煤泥浮选起泡剂，酸值26.1、皂化值91，捕收性和起泡性都良好。当原煤灰分为12.4%，药剂用量为500g/t时，可获得精煤产率90.4%，灰分为7.3%的选别指标。因此，用氧化煤油等药剂浮选煤是具有实际意义的。

3.7.7.2 碱渣与环烷酸

石油因产地不同组分有所不同，含硫、含蜡、含环烷基不同。我国新疆、大港油田石油均含有约千分之几到百分之二左右的环烷酸。石油精炼时，切刈汽油、煤油馏分后经酸洗涤，各馏分用碱洗涤，分别得到酸渣和碱渣。在碱渣中富含环烷酸及其皂以及少量的脂肪酸。又如日本的瓦斯油或波里石斯兰石油除含环烷酸外也含有少量（占总酸的7.7%）的十四碳酸、软脂酸、硬脂酸及花生油酸；美国加利福尼亚、俄罗斯巴库以及罗马尼亚的石油均含有少量不同碳链的脂肪酸。

碱渣为黄褐色的油膏状物质，微具异臭，其成分一般含环烷酸皂40%～50%，5%左右的不皂化物，有0.5%～1%的游离碱，其他是水分和挥发物。

将碱渣在70～80℃的温度下用硫酸酸化，环烷酸则析出，浮在上层，环烷酸含量在90%左右。我国某炼油厂生产这种混合环烷酸的酸值为200.27，碘值0.328，密度$d_4^{15}=0.945\text{g/cm}^3$，折光率（20℃）1.6797。

环烷酸大部分为五元环及其同系物，一般的结构式为：

$$\begin{array}{l} CH_2—CH_2 \\ | \qquad\qquad\quad \rangle CH—(CH_2)_n—COOH \\ CH_2—CH_2 \end{array}$$

式中，$n=1\sim6$（多数为5～6）。

除五环酸外，也发现有三环、四环和六环的环烷酸。

由石油轻馏分洗出来的环烷酸为无色液体，分子量也低，自润滑油馏分得到的为微具色泽的液体，分子量较高，馏分越高所得的环烷酸越不易提纯。环烷酸的物理化学性质与直链脂肪酸很相似，密度小于1g/cm^3，容易形成酯、酰氯与酰胺衍生物，易与铅、铜、锌及锡作用，但几乎不与铝起作用。

在分馏石油时，沸点在210～218℃之间的石油，其酸性成分主要是脂肪酸：在218～260℃的馏分含脂肪酸和环烷酸的混合物，沸点在260℃以上的只含环烷酸。各种不同石油的环烷酸都是环状的一元羧酸，分子中环状部分主要是五元环，在已经被研究过的环烷酸中，已确定有单环的和双环的两种。环烷酸的羧基都不是直接与环相连接，而是被一个或几个次甲基碳链隔开，次甲基数目一般为5到6个；在环烷酸的高馏分中，碳原子总数在13或14个以上时，则双环酸占主要部分，双环以上的多环烷酸还未曾发现。

鉴定环烷酸的方法，一般与鉴定脂肪相似，可以使环烷酸与甲醇在无水氯化氢的作用下化合成相应的酯，然后在精密分馏下测定酯的沸点。相对分子质量为170的环烷酸甲酯在常压下沸点为216～223℃，密度 $d_4^{20}=0.9398\sim0.9400g/cm^3$，折光率 $n_D^{20}=1.4448\sim1.4459$，为具有水果香味的无色液体。原石油工业部所颁布的环烷酸的质量标准列于表3－26。

表3－26 环烷酸的质量标准

项目	质量指标			试验方法
	1号	2号	3号	
环烷酸/%	≥42	≥50	≥70	石油2911—59
不皂化物（以有机物计算）/%	≤57	≤45	≤10	
酸值/mg（KOH）·g^{-1}	≥175	≥210	≥230～270	
无机盐/%			≤1.0	
其中氯化物/%			≤0.3	
水分/%	≤5	≤3		国标512—65

环烷酸钠皂溶液的临界胶团浓度与环烷酸钠皂的相对分子质量相对应，相对分子质量越大，越易形成胶团，如表3－27所列。相对分子质量小于164或等于164的环烷酸钠皂溶液则不能形成胶团。

表3－27 环烷酸钠皂溶液的临界胶团浓度

环烷酸钠皂的相对分子质量	216	222	244	270	312	334
临界胶团质量浓度/g·L^{-1}	14.5	9.8	4.5	2.1	0.7	0.36

环烷酸皂（碱渣）为极好的乳化剂，在纺织工业上是很有价值的去垢剂。由于高价的重金属离子和碱土金属离子能与环烷酸生成微溶或难溶化合物，例如实验证明 Ca^{2+}、Mg^{2+}、Al^{3+}、Co^{2+}、Cu^{2+}、Mn^{2+}、Zn^{2+}、Pb^{2+} 及 Cr^{3+} 等均能与环烷酸生成难溶化合物，故可作为浮选工业的捕收剂。例如，用于浮选针铁矿和水化针铁矿，捕收剂的性能好坏按下列次序排列：

油酸钠＞粗塔尔油＞碱渣（含有环己烷甲酸盐）＞OR－100（合成脂肪酸和羟基酸）＞扭氏粉（第一醇的硫酸钠盐）＞$C_{10}\sim C_{12}$羧酸。

环烷酸的各种碱金属皂可用于浮选白钠镁矾矿（$MgSO_4\cdot Na_2SO_4\cdot 4H_2O$）与氯化钠分离，用量为907g/t。分选碳酸镁与碳酸钙，环烷酸钠的用量约500～600g/t，被捕收的碳酸镁随泡沫浮起。碳酸钙则存留在尾矿中。

环烷酸可用来浮选钛铁矿，从含量相当多的磷灰石中分出二氧化钛。也可以用环烷酸浮选贫钒矿石，利用反浮选先浮出方解石，再浮出石英，从槽内产品中回收钒。

另据报道，用环烷酸钠（含量为49%）浮选一种磷灰石矿，该矿石中

P_2O_5的品位为22%～25%，CaO（碳酸盐）的品位为37%～40%，在不添加磷酸的情况下，用环烷酸钠与煤油制成的乳剂做捕收剂，可有效地除去脉石中的碳酸盐，得到合格的磷灰石精矿。

长沙矿冶研究院、化工矿山设计院、马鞍山矿山研究院等单位早在20世纪60～70年代就开始对碱渣及其酸化精制产品进行研究，分析了碱渣的不同组分，对赤铁矿、磷矿的捕收性能及效果。

环烷酸（碱渣）具有较强的捕收能力，但选择性比较差，如果能与氧化石蜡皂、塔尔油、石油磺酸或制造癸二酸的“下脚”混合使用，还可以改善或提高浮选指标。碱渣与磺酸混合使用，对铁、磷的分选有较明显的效果。

近年来有人用环烷酸钠浮选萤石。试样主要含萤石、石英、长石、高岭土、钾云母、方解石和重晶石等矿物，用增强型环烷酸钠做捕收剂，在调整剂的配合下，室温下进行浮选，试验结果表明，在矿浆温度较低时环烷酸浮选效果良好，它是萤石的一种优良捕收剂，可代替油酸等脂肪酸使用。

此外，环烷酸也是稀土元素硫酸盐的一种有效的萃取剂（用乙醚或己醇做稀释剂）。也可以用于合成环烷酸黑药。

参考文献

1 见百熙．浮选药剂．北京：冶金工业出版社，1981

2 王淀佐．浮选剂作用原理及应用．北京：冶金工业出版社，1982

3 朱玉霜，朱建光．浮选药剂的化学原理．长沙：中南工业大学出版社，1987

4 见百熙，阙煊兰．选矿药剂述评．见：第五届全国选矿年评报告会文集，1989

5 见百熙，阙煊兰．选矿药剂述评．见：第六届全国选矿年评报告会文集，1991

6 林海．萤石浮选药剂研究进展．矿产保护与利用，1993（1）：47～50

7 朱建光．我国对钛铁矿捕收剂的研究与应用．矿冶工程，2006（增）：78～85

8 谢建国，张泾生等．新型捕收剂ROB浮选微细粒钛铁矿的试验研究．矿冶工程，2002（2）：47～50

9 张泾生等．微细粒钛铁矿浮选捕收剂ROB的作用机理．矿冶工程，2003（6）：23～26

10 阙煊兰，见百熙．选矿药剂述评．见：第七届全国选矿年评报告会文集，1993

11 Pack A S, Raby L H, Wads Worth M F. Trans Soc Min Eng AIME, 1966, 235（3）：301～307

12 Fuerstanu M C, Miller J D. Tran Soc Min Eng AIME, 1967, 238（2）：153～160

13 Fuerstanu M C, Cummins W F. Tran Soc Min Eng AIME, 1967, 238（2）：196～200

14 Malkikarjuran R, Ramachandrann V. CA 53, 5059

15 US Pat 628264

16 US Pat 5182039

17 USSR 1720723

18 CA 120，249742
19 捷克专利 272124
20 CA 118，14812
21 苏兴强，李维兵．鞍山地区红铁矿选矿技术．矿冶工程，2006（增）：56~60
22 阙煊兰，阙锋．选矿药剂述评．见：第八届全国选矿年评报告会文集，1997
23 Calogeras，Dutra. CA 105，9690
24 Morgen L J. CA 105，17630（1986）
25 Morgen L J. CA 107，32452（1987）
26 昆明冶金研究院选矿室．有色金属，1972（4)：25~27
27 朱建光．选矿药剂进展．国外金属矿选矿，2006（3）
28 Helmut Kirchberg，et al. CA 50，6045
29 天津市四新油漆厂．天津化工，1974（1)：5~9
30 Thom C，Gislor H J. Tran Can Inst Mining Met，1954，57，146
31 Stickney W A，et al. CA 51，971
32 Belash F N，Pugina O V. CA 65，11845（1966）
33 Pinchuk A A，Uvarov V S. CA 75，8705（1971）
34 巴斯基洛夫等．石油译丛，1961（8)：9~11

第 4 章　脂肪酸的改性及其衍生物

4.1　概述

用动植物油的脂肪酸或者是合成脂肪酸作为选矿的捕收剂不可或缺，但存在较多缺点：选择性不强，药剂消耗量大，以及不耐硬水，对温度敏感和泡沫过黏等。其中特别是药剂消耗量问题，还远不能与一般黄药相比；黄药一般的消耗量为 20 ~ 60g/t 即可，而脂肪酸药剂的用量常常要达到 200 ~ 1000g/t，甚至比此数字还要多。当然，由于脂肪酸的选择性差，必然要选择适当的对不同类型矿物或脉石的抑制剂，这样也增多了抑制剂或调整剂的种类和使用量，使药剂总消耗量增大。

随着工业科技的发展，脂肪酸的来源扩大，供应得到了较大的改善。脂肪酸特别是油酸虽然仍然比较贵，但整个脂肪酸来源广了，除动植物油类外，野生植物油、矿物油以及由海洋生物和微生物等方面制备的脂肪酸类代用品已经取得了不小的成就，开辟了脂肪酸的供应与来源。但是用脂肪酸作为捕收剂的根本缺点，仍然没有彻底解决。应考虑从改变脂肪酸本身结构来达到提高其浮选指标。

既然脂肪酸是选矿中的一类不可或缺的重要药剂，又认识到它在矿物浮选中的弱点和不足，选矿及药剂的研究工作者为提高该类药剂的选矿效果，在近 20 年来做了大量的工作。这些工作包括同种类型药剂及不同种类药剂的混合使用，对药剂进行改性，引入各种极性基（官能团）、多元羧酸基，提高酸价及捕收效果，或引入羟基、硫酸或磺酸基、乙氧基和氯元素等，使衍生的新化合物降低熔点、耐低温或提高选择性、捕收性或分散性；为进一步改善矿物分选环境，还应用分子缩合，研究、设计、制备新型药剂，例如，将脂肪酸与氨基酸进行缩合，与丙烯酸或环氧乙烷等进行缩合等。所有此类药剂的改性及其衍生物的制备研究，开发应用均取得了重大成果。

从分子结构来看，在烃类化合物分子中引入羧基以后，可以使分子变得更加活泼。由于羧基负电性的影响，首先使得临近羧基的碳原子（α 位）上的氢原子变得活泼，在有催化剂的作用下，可以用卤素取代而成为 α-卤代脂肪酸，从而还可以进一步进行氨化、磺化、硫醇化等。早在20世纪60~70年代就曾研究了脂肪酸的氯化反应，制成氯代脂肪酸，试用于东鞍山赤铁矿浮选获得成功。并对饱和氯代酸再进一步加工脱除氯化氢后生成的产品（不饱和酸与羟基脂肪酸的混合物）进行比较试验，还对脂肪酸分子进行硝化等做了研究。如果在混合脂肪酸分子中同时具有不饱和的双键（或为不饱和脂肪酸），则它的化学性质将更加复杂，性质与烯烃类化合物相似，同时又可以起各种加成反应以及各种氧化反应，这种情况必然会反映在浮选的应用方面。一些脂肪酸的衍生物，包括脂肪酸或油脂的磺化产物、氯化产物、氧化产物，或者改变脂肪酸碳链的结构，在碳链上引入支链，在碳链中引入氧原子或氮原子，甚至于用更复杂的环状结构代替正常碳链等方面，经过长时期的研究与努力，各个方面已经取得了可喜的成就。

4.2 脂肪酸硫酸化皂

研究硫酸与脂肪酸的作用在化学上已有近2个世纪的历史（1823年），目前在纺织工业及皮革工业中使用的土耳其红油，其实就是蓖麻子油硫酸化产物，早在1875年就已出现。它在纺织工业中主要用做纤维的润湿剂、洗涤剂、纤维染色用的乳化浸透剂及助染剂，在制革中用做洗涤剂、润湿分散剂以及做油水乳化剂等。

一般说来，硫酸化是对不饱和脂肪酸的作用，在双键中加成反应引入—O—SO_3H 硫酸基，磺化作用可以是对饱和脂肪酸的取代作用，也可以是对不饱和脂肪酸的加成作用，均可引入—SO_3H 磺酸基。

浓硫酸遇不饱和脂肪酸时，在较低温度下可以与双键结合而成硫酸酯，生成的硫酸酯如果进一步中和，在较高温度下，加水易起分解作用，生成羟基脂肪酸。以油酸为例，其反应为：

$$CH_3—(CH_2)_7—CH═CH—(CH_2)_7—COOH \quad \text{油酸}$$

$$\downarrow H_2SO_4$$

$$CH_3—(CH_2)_7—CH_2—\underset{\underset{O—SO_3H}{|}}{CH}—(CH_2)_7—COOH \quad \text{硫酸化油酸}$$

$$\downarrow H_2O\ (NaOH)$$

$$CH_3—(CH_2)_7—CH_2—\underset{\underset{OH}{|}}{CH}—(CH_2)_7—COOH \quad \text{羟基硬脂酸}$$

油酸与浓硫酸作用时，如果温度较高，则油酸被氧化成羟基硬脂酸及羟基油酸，同时放出二氧化硫气体。

我国使用大豆油脂肪酸的硫酸化皂浮选贫赤铁矿已经取得了丰富的经验与成就。早在1956年长沙矿冶研究院为了改善大豆油脂肪酸对于赤铁矿及含萤石的铁矿的捕收性能，并使之适用于低温浮选，曾仔细地研究了大豆油脂肪酸硫酸化皂的制备条件及浮选性能。将大豆油脂肪酸（主要成分为油酸）硫酸化，再中和生成硫酸化皂的反应式为：

$$CH_3(CH_2)_7CH{=}CH(CH_2)_7COOH + H_2SO_4 \longrightarrow CH_3(CH_2)_7\underset{\displaystyle SO_4H}{\underset{|}{C}}HCH_2(CH_2)_7COOH$$

$$\xrightarrow{2NaOH} CH_3(CH_2)_7\underset{\displaystyle SO_4Na}{\underset{|}{C}}HCH_2(CH_2)_7COOH$$

最好的制备条件是在室温下（25～30℃）用大豆油脂肪酸与相当于脂肪酸质量分数50%左右的浓硫酸（浓度大于88%）处理后所得的皂化物。如果温度较高，则油酸被氧化成羟基硬脂酸及羟基油酸，同时放出二氧化硫气体。用大豆油脂肪酸硫酸化皂对东鞍山贫赤铁矿进行浮选试验所得的结果，如表4－1所列。

表4－1 大豆油脂肪酸硫酸化皂与大豆油脂肪酸对东鞍山贫赤铁矿浮选性能的比较

药剂名称	用量/kg·t⁻¹	浮选时间/min	产品名称	含铁量/%	铁回收率/%
大豆油脂肪酸 碳酸钠	0.17 2	15	精矿	56.01	66.25
			中矿	31.66	25.31
			尾矿	6.13	8.44
			原矿	29.76	100.0
硫酸化皂 碳酸钠	0.2 2	13	精矿	58.16	71.24
			中矿	30.11	16.87
			尾矿	7.95	11.89
			原矿	30.45	100.0

用大豆油脂肪酸及其衍生物浮选某地含萤石的铁矿的结果列于表4－2。大豆油脂肪酸中一般含油酸20%～36%，亚麻酸2%～3%，硬脂酸和软脂酸10%～15%，大豆油混合脂肪酸的特性为：酸值159.6～199，碘值132～141，密度 d_4^{20} =0.9161，凝固点14～19.6℃。大豆油脂肪酸硫酸化皂的成分为：脂肪酸总量19.28%，碘值43.3，有机结合三氧化硫2.89%。从实验结果可以看出，使用硫酸化皂可以大大减少药剂用量，并可缩短浮选时间，提高选择性和减少温度的影响。

表4-2 大豆油脂肪酸衍生物浮选某含萤石铁矿的结果（25℃）

浮选剂用量/g·t^{-1}	原矿/%		萤石精矿/%		铁精矿/%		回收率/%	
	Fe	F	Fe	F	Fe	F	Fe	F
新制大豆油脂肪酸（500）	41.76	6.91	7.63	30.57	45.98	3.99	98.0	48.7
通空气氧化的大豆脂肪酸（500）	41.35	6.81	14.13	23.59	48.52	2.38	89.29	72.4
大豆油加溴的皂化物（500）	40.85	6.75	16.15	21.04	49.91	1.56	89.5	83.1
蓖麻油脂肪酸（500）	36.99	6.79	18.94	15.75	47.10	1.78	81.6	83.2
硫酸化皂（用质量分数20% H_2SO_4 处理）（500）	41.00	6.63	19.14	19.50	49.58	1.58	86.8	83.0
硫酸化皂（用质量分数50% H_2SO_4 处理）（用量相当于原豆油脂肪酸100g/t）	41.24	6.55	12.28	23.88	48.68	2.08	93.9	74.8
同上条件，但温度为10℃	42.02	6.80	8.55	26.07	47.01	3.93	97.4	49.7

有人使用沈阳选矿药剂厂试制的产品、含脂肪酸25%的大豆油硫酸化皂代替大豆油脂肪酸浮选某萤石矿，并经过两年时间的工业使用，证明采用硫酸化皂作为捕收剂具有很多的优越性。在相同的使用条件下，与该厂出品的精制大豆油脂肪酸比较，用大豆油脂肪酸340g/t，浮选原矿品位为30.55%～30.85%的萤石，所得的精矿品位含萤石96.44%，石英1.10%，萤石的回收率为85.0%。而使用403g/t大豆油脂肪酸硫酸化皂时，萤石精矿品位达96.49%，石英1.16%，萤石回收率则高达90.5%。如此使用大豆油脂肪酸硫酸化皂的好处是：选择性高，回收率提高5.5%，降低了生产成本。

用棉籽油酸、茶油酸及它们的硫酸化皂选别萤石矿，如图4-1所示，都证实了脂肪酸经硫酸作用后的产物，可以改善其捕收性能。

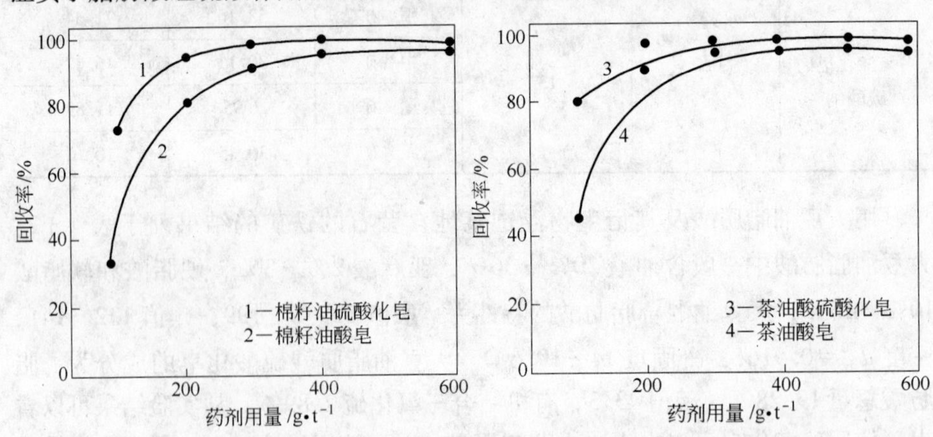

图4-1 棉籽油酸、茶油酸及其硫酸化皂选别萤石矿的效果

另据国外专利报道，用一种脂肪酸硫酸化皂作为捕收剂从钾盐工业废品中浮选纯氯化钠，或者对粗氯化钠加以浮选进行精制。例如原矿含 NaCl73.79%、$MgSO_4$11%～16%、$CaSO_4$1%～2%、$K_2SO_4$1%～2%、$MgCl_2$含量小于1.5%、KCl含量小于1.0%、不溶物含量小于0.3%，用上述脂肪酸硫酸化皂浮选，精矿 NaCl 品位可达97.5%～98.6%。

20世纪80年代长沙矿冶研究院以塔尔油等为原料硫酸化制取酸化油AB，用于东鞍山铁矿的浮选。当单独使用时，比生产中使用的塔尔油-氧化石蜡皂混合捕收剂的性能优越，见表4－3所列。当与T－41混合使用时，其工业试验指标达到了铁品位63%，铁回收率76%。

表4－3 酸化油AB与塔尔油-氧化石蜡皂混合捕收剂的效果比较

捕收剂名称	用量/$g \cdot t^{-1}$	精矿产率/%	精矿品位/%	回收率/%
塔尔油-氧化石蜡皂混合物	450	39.6	62.33	80.05
酸化油 AB	350	40.2	63.71	83.69

硫酸根的引入，较具有双键、羟基等脂肪酸分子有更好的浮选效果，因为硫酸根本身亦是捕收基团，所以硫酸根引入油酸分子后，便成为多基团捕收剂，其中一个捕收基团为羧基，另一个捕收基团为硫酸根，两个基团均可吸附（或化合）于矿粒表面，吸附机理可用图4－2表示，由于两个捕收基团同时吸附于矿粒表面，减少了用药量。

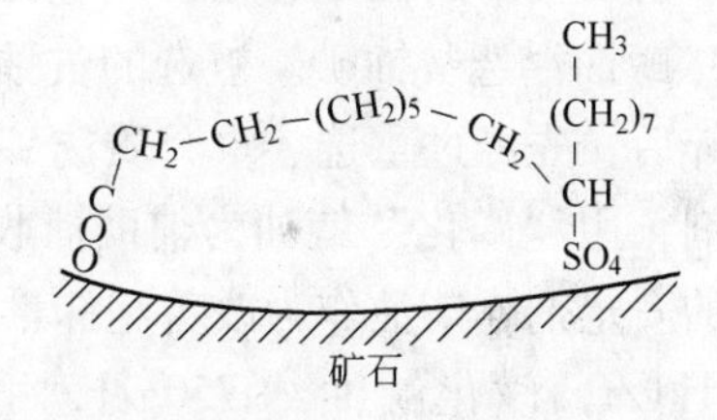

图4－2 硫酸化皂在矿粒表面的吸附

此外，硫酸化皂的钙盐镁盐溶解度较大，所以硫酸化皂在硬水中不致像油酸那样产生沉淀，硫酸根的引入不仅可以提高浮选效果，减少用药量，并且能在硬水中使用。

在工业上油脂与硫酸作用所得的产物，最著名的是制革工业上的所用的土耳其红油，它的制造方法一般是用（质量比）1份蓖麻油与0.21～0.25份的浓硫酸在25～30℃时反应3～9h后所得的产物。由于硫酸与蓖麻油的作用非常复杂，如水解作用，羟基的酯化作用、缩合、聚合以及氧化等反应，产物的成分是很复杂的。在这些复杂的反应中，主反应是蓖麻油酸中羟基的酯化。

$$CH_3(CH_2)_5\text{—}\underset{\large|\atop OH}{CH}\text{—}CH_2OH\text{=}CH(CH_2)_7COOH + H_2SO_4 \longrightarrow$$

$$CH_3—(CH_2)_5—\underset{\displaystyle OSO_3H}{\underset{|}{CH}}—CH_2═CH(CH_2)_7COOH + H_2O$$

次要反应是硫酸在蓖麻酸油酸碳-碳双键上的加成反应，此反应比上一次反应慢得多：

$$CH_3(CH_2)_5—\underset{\displaystyle OH}{\underset{|}{CH}}—CH_2OH═CH(CH_2)_7COOH + H_2SO_4 \longrightarrow$$

$$CH_3—(CH_2)_5—\underset{\displaystyle OH}{\underset{|}{CH}}—CH_2—CH_2—\underset{\displaystyle OSO_3H}{\underset{|}{CH}}—(CH_2)_7COOH + H_2O$$

土耳其红油也是一种捕收剂，对硫化矿物的捕收作用较黄原酸盐小，但对可溶性盐类和矿泥的作用则比较灵敏。在油脂与脂肪酸的硫酸化比较中，效果也有不同，如硫酸化大豆油对赤铁矿的浮选效果不如硫酸化大豆油脂肪酸，问题在于硫酸化油脂分子中，部分的、有捕收作用的羧基与甘油结合成甘油酯，从而降低了它的捕收能力。因此，在选矿上的研究与应用也少。

也出现个别在浮选上使用硫酸化油脂的例子。例如用“磺化”（即硫酸化）鲸油浮选贫铀矿。被选的贫铀矿石是钛铁矿-金红石-铀共生的矿石。矿石破碎后，先经过重选、重介质选矿，最后再用浮选方法处理。用亚麻油酸为捕收剂，用“磺化”鲸油为辅助捕收剂使乳浊液稳定，同时用甲酚酸作为乳浊液的安定剂，柴油作为改善泡沫性质的药剂，使接触角增大。亚麻油酸的用量约 1kg/t，磺化鲸油约 750g/t，甲酚酸约 100g/t，柴油 3kg/t。最终精矿中 U_3O_8 的回收率为 18% 鱼油、鲱鱼油，椰子油的磺化产物据介绍也可作为氧化铁矿的捕收剂。

4.3 磺化脂肪酸类

4.3.1 α-磺化脂肪酸

高级饱和脂肪酸与三氧化硫或发烟硫酸或氯磺酸作用，磺酸基取代 α 位上的氢原子，磺酸基的硫原子直接与碳原子相连接，如此所得的产物才是真正的磺化脂肪酸。磺酸基的引入，改变其表面活性使其比一般硫酸化脂肪酸具有更多的特点，如耐低温耐硬水增强酸性，还能和羧基配合与金属离子形成六元环螯合物，从而改善药剂的捕收性能。若把 α 位上氢换成较小的烷基，则选择性更好。

为了使反应可以控制，一般多使用溶剂，如四氯化碳，液体二氧化硫等。为了防止氧化，反应多在较低温度下进行：

$$CH_3—(CH_2)_n—CH_2—COOH \xrightarrow[低温、溶剂]{SO_3} CH_3—(CH_2)_n—\underset{\underset{SO_3H}{|}}{CH}—COOH$$

开始时，用磺化脂肪酸作为纺织工业及羊毛业的洗涤剂。用软脂酸与硬脂酸的混合物（碘值在3以下）作原料生产：将混合酸溶解于4~5倍的四氯化碳，然后与过量的发烟硫酸在25~30℃时反应，最后再将反应温度升高至60℃，使磺化反应完全。若直接使用三氧化硫为磺化剂，产品的质量更好。纯α-磺化脂肪酸为强吸湿性白色粉末，可溶于一般极性溶剂中，与碱作用生成二钠盐。

壬酸、硬脂酸及具有取代基的硬脂酸的α-磺化反应，也包括从油酸或异油酸制得苯基硬脂酸，9，10-二氯硬脂酸及9，10-二羟基硬脂酸的α-磺化反应，所得的α-磺化脂肪酸的物理化学性质如表4-4所列。

表4-4 α-磺化脂肪酸钠盐的表面活性性质

名　称	克拉夫特点①	表面张力 0.2%/Pa	泡沫高度(60℃) 0.25%(3×10^{-4}mm)	耐硬水性 $w(CaCO_3)$/%	临界胶团浓度/%
α-磺化壬酸一钠盐	0℃	3.40	5	$>18\times10^{-4}$	100
α-磺化壬酸辛酯钠盐	16℃	2.53	185	42×10^{-3}	0.08
α-磺化硬脂肪酸一钠盐	95℃				0.005
α-磺化硬脂酸二钠盐	92℃				0.10
α-磺化苯基硬脂酸一钠盐	0℃	3.67	160	455×10^{-2}	0.005
α-磺化苯基硬脂酸二钠盐	35℃	3.98	210	35×10^{-3}	0.056
9,10-二氯代-α-磺化硬脂酸②	46℃		215		0.017
9,10-二氧代-α-磺化硬脂酸	29℃	3.47	230	34×10^{-3}	0.15

① 即1%浓度的悬浮液慢慢加热时变为澄清液时的温度；②由异油酸制得的。

有色金属研究总院曾试制α-磺化软脂酸，用于浮选贫铁矿，曾获得较满意的结果。如表4-5所列。

表4-5 α-磺化软脂酸及其他药剂浮选贫赤铁矿的比较

药剂名称	用量/$g\cdot t^{-1}$	品位/%	回收率/%	矿类 pH 值
α-磺化软脂酸	1000	46	95.5	9~10
伊基朋 A	1500	51	89.0	9.5
氧化石蜡皂	1500	44	92.0	11

直链的 C_{15}脂肪酸，在其 α-位上引入—SO_3Na，或引入—OH 基、溴基以后，浮选重晶石或刚玉时，浮选效果都比原来的 C_{15}脂肪酸效果好，浮选时有效的 pH 值也比较宽，并且适用于在酸性 pH 值浮选。用这种磺化脂肪酸浮选重晶石，选择性特别好。

α-磺化软脂酸与 α-磺化硬脂酸比原来的软脂酸或硬脂酸浮选活性都强，对金属离子可能具有产生螯合物的性能。工业的含有 α-磺化软脂酸的产品用于浮选磷灰石的时候，选择性也比较强，但是药剂用量比较高。用 α-磺化软脂酸钠与软脂酸钠的混合物浮选磷灰石时，磷灰石的回收率较高，可达 97%左右。

20 世纪 70 年代，国内对 C_{10} ~ C_{13}饱和磺化脂肪酸浮选东鞍山红矿进行了研究。认为磺化脂肪酸具有捕收能力强，对温度适应性好的特点，中度磺化比未磺化，轻度磺化和深度磺化的效果都好。长沙矿冶研究院用主要成分为环烷酸和中性油的石油工业副产品——常压三线碱渣为原料，经发烟硫酸磺化后制得磺化碱渣（S-122），实验证实，当产品的磺化度为 22. 4% ~42. 5% 时选别齐大山铁矿可获得精矿铁含量 66. 57%，回收率 76. 4% 的良好指标。近年来，又以石油化工副产品环烷酸为原料，经分馏，截取有效馏分进行磺化缩合反应，合成了 SR 浮选药剂；以混合脂肪酸和萘为原料，经磺化反应制取了 EM-2 浮选药剂。这两种药剂均在包头白云鄂博铁矿浮选中进行了工业试验，获得了较好的选别指标，具有捕收能力强，分散性好等优点。

用离子浮选法从溶液中脱除只占 5% 的锶离子（Sr^{2+}）时，最好的捕收剂是 α-磺化软脂酸，溶液中大于 99. 9% 的锶离子可以除净。

α-磺化硬脂酸可作为锆英石的捕收剂。α-磺化月桂酸还可用于金属（Fe、Cu、Cr、Zn 等）的离子浮选。

总之，脂肪酸的磺化产品是一类重要而有前途的表面活性剂。作为选矿药剂的使用实践也表明前景良好，是脂肪酸改性的一大方向。

4. 3. 2 硬脂酸苯磺酸钠

曾用做浮选药剂的另一个脂肪酸的磺化产物是硬脂酸苯磺酸钠，它是用苯、油酸与发烟硫酸作用的产物，先将苯引入油酸分子中的双键处，然后再将磺酸引入苯环而得，其分子结构式可能为：

$$CH_3—(CH_2)_7—\underset{\underset{\displaystyle SO_3Na}{\displaystyle C_6H_4}}{CH}—CH_2—(CH_2)_7—COOH$$

硬脂酸苯磺酸钠是一种有效的表面活性剂，主要用于纺织工业做助染剂，使染色均匀，提高色泽的坚牢度与鲜艳度，并耐硬水。

工业上的“501”洗涤剂就是用160kg油酸与65kg苯的混合物在5℃时加入硫酸130kg（1份97%硫酸与1份20%发烟硫酸的混合液），反应4~5h，倾入冰水中，析出下层废酸液，再用29.5%的苛性钠液中和至pH值为6~7即可，可得450kg液体“502”洗涤剂。如果进一步用苯除去其中未反应的油酸，即得“501”洗涤剂。据报道曾用于浮选磷矿，效果比大豆油硫酸化皂好。

4.4 卤代脂肪酸

卤代脂肪酸作为浮选捕收剂的试验研究，国内外均做了不少的工作。卤代酸就是在饱和脂肪酸α位置上引入氯、溴、碘等卤素，生成α-氯代（或溴代、碘代）脂肪酸，或者是在不饱和脂肪酸的不饱和键中通过加成反应引入卤素。由此还可以进一步发生其他反应，生成其他衍生物作为选矿药剂。本节着重介绍α-卤代脂肪酸。

溴代酸的实验室制备，通常是用脂肪酸与红磷或三氯化磷混合（磷用量占4%~5%），加热到90~95℃，缓慢加入双倍摩尔数的溴元素长时间搅拌反应，然后蒸去多余的溴，或者用有机溶剂抽取提纯。例如，棕榈酸的溴化反应为：

$$CH_3(CH_2)_{13}—CH_2COOH + Br_2 \xrightarrow{\text{红磷}} CH_3(CH_2)_{13}—\underset{\displaystyle Br}{\underset{|}{CH}}—COOH + HBr$$

作为浮选药剂研究比较多的卤代酸是氯代酸。各种卤代酸多为油状液体。氯代酸的制备方法多种，常用的是脂肪酸在紫外光照射下通氯气反应生成α-氯代脂肪酸（及少量β-氯代脂肪酸）。例如，用氧化石蜡与氯气反应：

$$R—CH_2COOH + Cl_2 \xrightarrow[\text{加热}]{\text{紫外光}} R—\underset{\displaystyle Cl}{\underset{|}{CH}}—COOH + HCl$$

由于氧化石蜡是混合脂肪酸，也含有少量不饱和酸，因此亦有加成反应发生：

$$R'—CH = CH—R''—COOH + Cl_2 \longrightarrow R'—\underset{\displaystyle Cl}{\underset{|}{CH}}—\underset{\displaystyle Cl}{\underset{|}{CH}}—R''—COOH$$

上述反应温度为60~70℃，光波长为180~580nm，反应关键问题之一是反应物必须无水，水与氯作用会产生［O］和$HClO_3$等，能抑制氯化反应，所以在反应过程中对原料和产物均需通入干燥空气处理，目的是对原料进行脱水，对产品进行驱除剩余氯。所得产品为油状液体，游离氯含量为0.089%～0.18%，水分为0.01%～0.6%。产品含氯量约为18%～22%，酸价160～180。熔点比未氯化的氧化石蜡低。同时，反应因有盐酸气放出，所以设备必须防腐蚀。

经氯化改性后的产物酸性增强，活性大，在水溶液中较易于溶解和分散，耐低温，对钙、镁离子不敏感，具有较高的选择性和捕收力。Glebotsky 等人认为，氯代羧酸的功效在于：① 氯原子的引入，增强了药剂本身的酸性和活性。② 氯代羧酸分子中存在一个体积庞大的能剥离矿物表面水化层的取代原子（氯原子），因此增强了矿物的疏水性，提高了可浮性。研究工作确定，在脂肪酸分子中靠近羧基的 α-位置引进能吸引电子对的取代基可以增加脂肪酸的酸性，减弱其与水的作用。同时，由于减弱了羧酸基氧原子上的电子密度，使电子斥力变小，有利于脂肪酸与矿物表面生成附加键，因此，可以提高脂肪酸对非硫化矿浮选的捕收力。

Glebotsky 等人用 C_{17}～C_{20} 馏分脂肪酸为原料，经2mol 氯气处理后，作为提高回收率和浮选速率的捕收剂。已证实含有 α，β，γ 及其他异构体的氯代脂肪酸 DCK，用于浮选磷灰岩中的白钨矿、萤石和磷灰石，比油酸更有效，钨的回收率（以 WO_3 计）提高4.3%，浮选速率提高近40%。

自20世纪60年代苏联合成了环烷酸的一氯或二氯代衍生物用于选别白钨矿和萤石后，20世纪70年代有人以石蜡发酵制得油脂为原料，经氯化处理，用于浮选天青石和萤石，其效果比未处理的发酵油脂或油酸好。

为了改善油酸对锡石浮选的选择性，有人利用鱼油脂肪酸（含65%油酸，25%其他不饱和脂肪酸）及二氯代硬脂酸代替油酸分别浮选锡石。结果表明，鱼油脂肪酸更耐低温，而二氯代硬脂酸有更好的捕收性和选择性。用 α-溴代软脂酸为捕收剂（150g/t），二甲酚为起泡剂（250g/t）对锡石进行浮选，在pH 值为4.5～5.7 时浮选5min，锡石的回收率可达81.6%。

在白钨矿浮选中，有人用一种 α-二氯代羧酸（用量150g/t）为捕收剂，用水玻璃为抑制剂（150g/t），苏打为调整剂（1000g/t），从含 WO_3 0.5%的白钨矿中分选黄玉。浮选结果与一氯代酸的浮选结果相比较，在品位高0.2%～3%的情况下，可使回收率提高3%～12%。

20世纪90年代前后，长沙矿冶研究院用以塔尔油为主体原料，经氯化改性后的RA-315 选别齐大山贫红铁矿获得成功。RA 系列阴离子反浮选捕收剂是以脂肪酸及石油化工副产品等为原料经改性制成的，现已有RA-315、515、715、915 等多个品种供应。RA-315 的物化常数与塔尔油相比，皂化值增加30～35，酸值增加35～45，碘值下降31～39，不皂化物下降5 左右。RA 系列药剂捕收能力强，选择性好，其分选效率及用量可与胺类等阳离子捕收剂相媲美，又具有胺类阳离子捕收剂所欠缺的对矿泥的良好耐受性，是贫红铁矿选矿技术突破的关键因素之一。

贫红铁矿选矿一直是我国选矿界的一大难题。在为鞍钢调军台新建900 万 t 选矿厂而进行的合理选矿工艺流程攻关中，长沙矿冶研究院在国内首次以淀粉为抑制剂，RA-315 为捕收剂，采用弱磁-强磁-阴离子反浮选流程，取得了优异选别指标。按照这一流程和药剂制度建成的调军台选厂，投产后取得了铁精矿品位 66.5%，铁回收率 84% 的优异生产指标，较原来齐大山选厂精矿品位 63%，回收率 73% 的生产指标有了重大进步，是新中国成立后几十年攻关取得的最重大的成果。至此，鞍山式贫红铁矿选矿技术难题得到彻底解决。此后，齐大山、东鞍山、司家营、舞阳、弓长岭选矿厂均仿照此流程和药剂制度新建或改建，并取得成功，推动了全行业技术水平和经济效益的提升。

在卤代酸中有一类特殊的氟代酸药剂（第 8 章有介绍）。氟代酸药剂与含氯、溴、碘药剂不同。氟是化学活性最强的一个，同时它的负电性也比氯、溴、碘强，氟与碳原子一旦结合之后就形成异常牢固的氟-碳链。在有机化合物的分子中，引入个别的氟原子，在实际操作上比较困难。比较容易制造的是全氟化合物或多氟化合物。由于氟的活泼，容易取代脂肪酸烃基上的全部氢，形成了具有独特表面活性的过氟酸。

事实上，含氟有机酸及其衍生物都表现了不寻常的表面活性性质。它们一般能够使水的表面张力降低到 1.2 ~2 Pa，如图 4－3 所示。

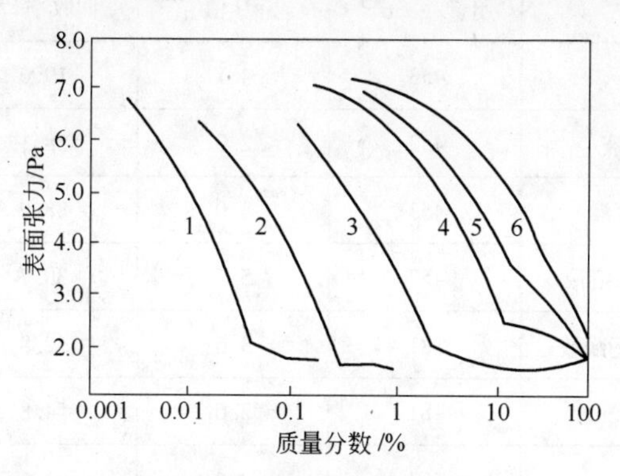

图 4－3 全氟脂肪酸水溶液性质

1—$C_9F_{19}COOH$；2—$C_7F_{15}COOH$；3—$C_6F_{11}COOH$；4—C_3F_7COOH；5—C_2F_5COOH；6—CF_3COOH

全氟乙酸以上至全氟己酸可以与水任意混合（25℃），全氟辛酸及癸酸只微溶于水。全氟酸的沸点一般较相应的脂肪酸更低。如图 4－4 所示。

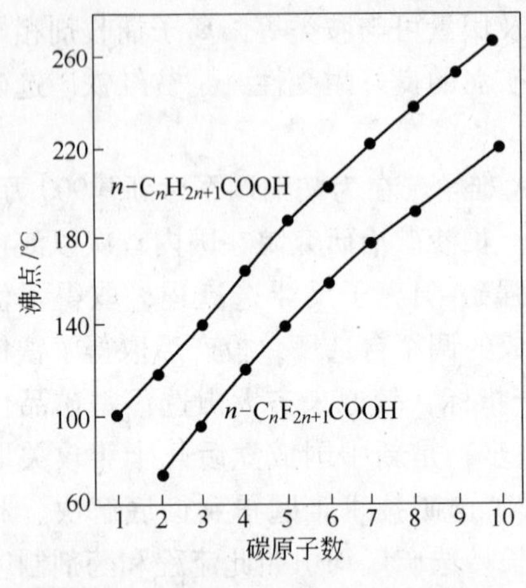

图4-4 全氟酸及脂肪酸的沸点比较

全氟酸较相应的脂肪酸有更强的解离度。在实际应用上，它们的盐类对于钙质及酸有很突出的耐受性，所以它们都是优良的润湿剂及表面活性剂。例如全氟化的 C_4 ~ C_{10} 的混合酸铵盐（其中主要成分是全氟己酸），就是很好的表面活性剂。

全氟有机酸或多氟有机酸的制造方法还不十分困难，例如用四氟乙烯在有甲醇存在下，利用过氧化物为催化剂，可以聚合生成多氟醇 $HCF_2\leftarrow CF_2)_{2\sim6}CH_2OH$，然后，再进一步氧化生成相应的酸 $HCF_2\leftarrow CF_2)_{2\sim6}COOH$。含氟有机化合物在浮选上的应用经验还很少。20世纪50年代试用多种含氟有机化合物作为捕收剂浮选赤铁矿及黄铁矿。证明六碳及十一碳全氟代羧酸，对于赤铁矿比相应的脂肪酸是更有效的捕收剂。全氟磺酸也是赤铁矿的有效捕收剂，用量小，如表4-6所示，全氟癸酸比相应的癸酸浮选效果好；但是还都不如油酸好，问题在于它们的碳链长度不同，不饱和度也不同，因而也不便于比较。

表4-6 全氟酸类浮选赤铁矿（含石英）的比较

药剂名称	用量/g·t^{-1}	pH值	回收率/%	品位/%
癸　酸	453	4.1	19.0	56.4
全氟癸酸酒精溶液	453	2.0	58.1	55.3
全氟癸酸钠盐水溶液	453	3.0	88.0	62.1
全氟月桂酸酒精及水溶液	453	5.7	30.7	55.5
全氟对-乙基环己烷基磺酸	181	3.6	52.8	55.3
全氟正-辛烷基磺酸	181	2.6	54.8	58.6
油　酸	453	>8	91.6	59.2
油酸钠+柴油	453	>8	96.0	60.0

用全氟脂肪酸钾盐［$CF_3(CF)_n$—COOK，$n=2, 4, 6, 8$］作为浮选捕收剂比相应的脂肪酸更为有效。在浮选氧化铝矿物时，捕收力随碳氟链的增长而增大，当 n 由2逐渐增大至8时，浮选回收率也由10%增长到90%。

20世纪80年代初，美国把全氟酸 $CF_3(CF_2)_nCOOM$（$n=4\sim8$，M为氢或碱金属）作为塔尔油的辅助药剂用于磷酸盐浮选，当按0.5%的配比加入氢氟酸时，回收率比单独使用塔尔油时提高11%。近年来，Somasandaran等人研究氟代羧酸后指出，把羧酸烷基 CH_3、CH_2 置换成 CF_3、CF_2 时，能减少加水分解的倾向，增大其表面活性和氧化铝的浮游性。

另外，美国专利提供了如下两类阴离子全氟（多氟）化合物作为浮选非硫化矿物的捕收剂：$CF_3—(CH_2)_m—(CH_2)_n—R$（式中R为—COOM或—SO_3M，M为氢、金属离子或铵离子；$m=4\sim8$；$n=0$或1）。

在浮选中使用时，将质量分数为60%~99.9%动植物油脂肪酸和40%~0.1%阴离子全氟烷基化合物相混合，再加入等量的5号燃料油。在pH=9的情况下，以226.8g/t脂肪酸捕收剂和等量的燃料油浮选佛罗里达磷酸盐矿石时，回收率为67.3%。如果以 $CF_3(CF_2)_6—COONH_4$ 或 $CF_3(CF_2)_6SO_3K$ 来代替质量分数为0.5%的脂肪酸可使回收率分别提高到78.8%和71.9%。

4.5 羟基酸

不饱和脂肪酸和饱和脂肪酸都可以引入羟基，生成羟基脂肪酸。前者的羟基在不饱和脂肪酸的烯键（不饱和键）上进行加成反应，饱和脂肪酸的羟基化则发生在α-位上发生取代反应，形成α-羟基羧酸。

油酸引入羟基的制备方法是：油酸先用硫酸进行硫酸化，即按油酸与浓硫酸质量比为1∶0.2的比例，搅拌冷却控制温度30~40℃的条件下，将浓硫酸滴入油酸中（先发生油酸硫酸化），滴加完毕后继续反应0.5h，然后用浓氢氧化钠溶液中和，并在水浴上煮沸3h。最终得到的产品是9-羟基十八碳羧酸，或其同分异构体10-羟基十八碳羧酸（钠）。反应式为：

$$CH_3(CH_2)_7—CH{=}CH(CH_2)_7COOH + H_2SO_4 \xrightarrow{30\sim40℃} \left\{\begin{array}{l} CH_3(CH_2)_7CH_2—\underset{\displaystyle SO_4H}{\underset{|}{CH}}—(CH_2)_7COOH \\ CH_3(CH_2)_7\underset{\displaystyle SO_4H}{\underset{|}{CH}}—CH_2—(CH_2)_7COOH \end{array}\right.$$

$$\left.\begin{array}{l} CH_3(CH_2)_7CH_2—\underset{\displaystyle SO_4H}{\underset{|}{CH}}—(CH_2)_7COOH \\ CH_3(CH_2)_7\underset{\displaystyle SO_4H}{\underset{|}{CH}}—CH_2—(CH_2)_7COOH \end{array}\right\} \xrightarrow{NaOH}$$

$$\left\{\begin{array}{l} CH_3(CH_2)_7CH_2—\underset{\displaystyle OH}{\underset{|}{CH}}—(CH_2)_7COONa \\ CH_3(CH_2)_7\underset{\displaystyle OH}{\underset{|}{CH}}—CH_2—(CH_2)_7COONa \end{array}\right.$$

用这一方法得到的羟基羧酸浮选贫赤铁矿，可以提高浮选效果。采用含蓖麻油酸92%的脂肪酸进行羟基化后浮选赤铁矿，证明能提高浮选效果。该类产品因引入羟基具有一定起泡性，可减少2号油起泡剂的用量。

饱和脂肪酸引入羟基，可使用α-氯代脂肪酸，将其水解使氯原子被羟基取代，其反应代表式为：

$$R—\underset{\displaystyle Cl}{\underset{|}{CH}}—COOH + H_2O \xrightarrow{\triangle} R—\underset{\displaystyle OH}{\underset{|}{CH}}—COOH + HCl$$

据报道，这种α-羟基饱和脂肪酸（如羟基氧化石蜡）的捕收能力比原来的脂肪酸高，但选择性会下降。

阿涅尼可夫将氯代$C_{10\sim16}$氧化石蜡以及氯化棕榈酸和$C_{17\sim20}$脂肪酸等用碱乙醇溶液脱除HCl，提高碘值制得不饱和脂肪酸，其反应式为：

$$RCH_2\underset{\displaystyle Cl}{\underset{|}{C}}HCOOH + NaOH \xrightarrow[\triangle]{EtOH} R—CH=CHCOOH + NaCl + H_2O$$

脱除HCl后，用无氯离子硝酸酸化，用乙醚萃取即得产品。该产品随脱HCl时间和反应物氯代酸与NaOH的比例不同碘值有高有低，碘值低的约为20，高的超过100，酸值与氯代前原料相比有所降低。因此，该产品实际上是一种混合物，有不饱和脂肪酸、羟基酸、内酯及聚合产物，也有氯代酸。

用该产品浮选磷灰石得到满意的结果，用量比原脂肪酸约减少了1/2，也可用来浮选其他氧化矿。

在选矿中作为捕收剂使用的蓖麻酸就是天然的羟基脂肪酸（十八碳烯羟基脂肪酸）。蓖麻酸在碱性裂解过程中有部分的ω-羟基癸酸钠［$HO—CH_2—(CH_2)_8—COONa$］生成（在200℃时裂解），也可作捕收剂。

羟基引入脂肪酸中使药剂增强了亲水官能团，也增强了药剂的起泡性和借助羟基生成的氢键分子引力，有利有弊，利大于弊。总的来说，羟基（醇基）脂肪酸对提高浮选指标仍然是有效的。若羟基脂肪酸是以不饱和脂肪酸通过加成制备的，如能保留脂肪酸的双键，就不会使产物的熔点提高而对浮选效果提高造成一定的影响。因此，既保留原脂肪酸的双键，又引入羟基，可以更大的提高浮选效果。最好的办法是对不饱和脂肪酸进行局部加成、羟基化。选用多不饱和脂肪酸进行部分羟基化更好。或者是使脂肪酸发生取代反应而不产生加成反应来制备羟基酸。

有人曾单独用脂肪酸和脂肪酸与羟基脂肪酸混合使用进行浮选铁矿物的比较试验，试验结果列于表4-7。

表4-7 用羧酸和醇酸混合浮选铁矿的结果

捕收剂比例（质量）	捕收剂用量/$g \cdot t^{-1}$	Na_2CO_3 用量/$g \cdot t^{-1}$	产品名称	产率/%	品位/%	回收率/%
羧酸：醇酸=100：0	400	1300	粗精1	26.17	58.65	44.36
			粗精2	17.65	53.75	26.47
			尾矿	56.78	17.75	29.17
			原矿	34.59	34.59	100.00
羧酸：醇酸=20：80	400	1300	粗精1	70.57	46.60	95.03
			粗精2	9.33	10.90	2.93
			尾矿	20.10	3.50	2.03
			原矿	100.00	34.60	100.00

4.6 脂肪酸与氨基酸的缩合产物

通过脂肪酸与氨基酸的缩合的方法，在脂肪酸的羧基中引入氮原子，也是改善脂肪酸类药剂性能的有效方法之一。因氮可提供成螯的配位电子，因此引入氮原子能增强羧酸的捕收性能，同时也使缩合物具有两性表面活性剂的特性。

德国人早在1940年就以不同脂肪酸为原料，先制成脂肪酸酰氯，再与N-甲氨基乙酸结合，制得具有两性表面活性的美地亚兰（Medialan），其通式为 $R—C(=O)—N(CH_3)—CH_2COOM$ （$R=C_{8\sim18}$烷基，M为碱金属）。它们捕收能力在一定范围内随烃基R的增长而加大如下述次序：$C_{17}H_{35}>C_{13}H_{27}>C_{11}H_{23}>C_9H_{17}$。美地亚兰KA，系用椰子油混合脂肪酸为原料制成的，因此它的碳链长度由$C_8\sim C_{19}$不等，包括了辛酸、癸酸、月桂酸、亚油酸、豆蔻酸、软脂酸、硬脂酸及油酸等。其反应式表示为：

$$\underset{\text{脂肪酸}}{R—COOH} \xrightarrow{PCl_3} \underset{\text{脂肪酸酰氯}}{R—C(=O)Cl}$$

$$R-\overset{O}{\underset{Cl}{C}} + \underset{CH_3}{HN}-CH_2COOH \xrightarrow[NaOH\ 中和]{-HCl\ 缩合} R-CO-\underset{CH_3}{N}-CH_2-COONa$$

美地亚兰

将洗涤剂美地亚兰用于浮选矿物的捕收剂是在1960年开始的。在长碳链中引入氮原子，使它的性质有了相当大的改变，容易形成络合物，与金属离子有较强的络合能力。氮原子上的一对自由电子，可以以极性键的形式与其他原子结合成络合物，氮原子在美地亚兰分子中的作用与伊基朋-T分子中氮原子的作用是很相似的（见第6章），从而使这种药剂成为两性的洗涤剂或矿物捕收剂，美地亚兰在酸性矿浆，例如pH值大于4时，可以和矿物相互作用，与矿物的金属离子形成络合物，例如用月桂酰基-N-甲氨基乙酸钠做捕收剂，在含有氧化钙等脉石矿物的酸性矿浆中浮选赤铁矿的结果如图4－5所示，赤铁矿石粒度小于60μm粒级含量100%，矿浆浓度200g/L，捕收剂用量为500g/t。由图4－5可见，月桂酰基-N-甲氨基乙酸钠的浮选性能明显优于塔尔油和石油磺酸钠。

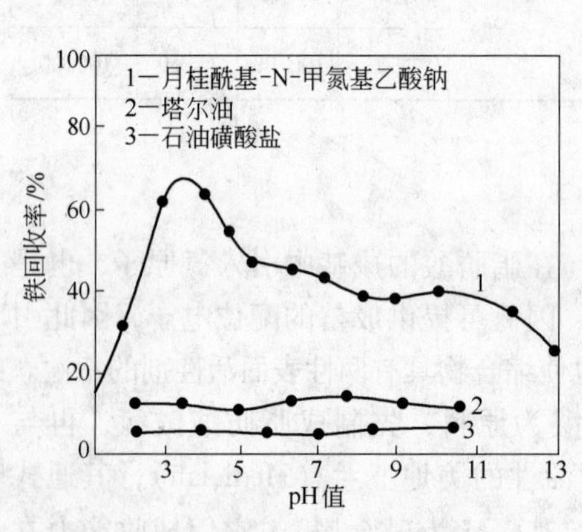

图4－5 pH值对铁回收率的影响

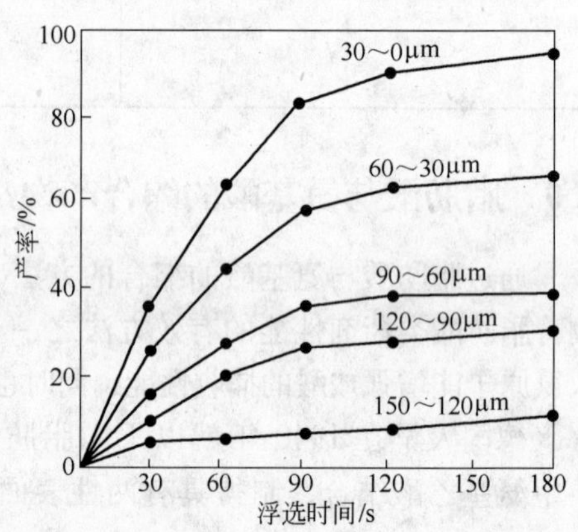

图4－6 用椰子油酰基-N-甲氨基乙酸钠浮选不同粒度的纯黑钨矿

美地亚兰的特点还在于它适用于浮选细粒矿物或矿泥，例如用美地亚兰KA 1.4kg/t，在pH＝2时，矿浆浓度300g/L，搅拌时间3min，浮选不同粒度的纯黑钨矿，粒度愈细，浮选速度愈高，如图4－6所示。用纯矿物试验，用美地亚兰可以浮选小于40μm的细粒黑钨矿和白钨矿，而用石油磺酸盐（R824、R825、R827）在酸性矿浆中只能浮大于40μm的黑钨矿和白钨矿。

其次，美地亚兰的捕收能力几乎不受水硬度的影响，与钙镁离子作用不生成不溶性盐。例如用美地亚兰KA 1.0kg/t为捕收剂，在pH＝2时，浮选纯黑钨矿，水中氧化钙含量为10mg/L时，回收率为73.4%，水中氧化钙的含量高达1000mg/L时，回收率为67.2%，即收率只下降6.2%。

用美地亚兰KA还可以有效地浮选分离锡石和白钨矿，比一般脂肪酸或磺酸盐有更好的选择性。白钨矿和锡石的密度较大，用重选方法只能得到它们的混合精矿，这种混合精矿再用美地亚兰作为捕收剂进行分选，可以达到分离的目的（表4-8所列）。混合精矿粒度为小于100μm粒级含量100%，分选的条件主要依赖适当调整pH值，白钨矿在酸性或碱性矿浆中都能够很好的浮起，而锡石只能在酸性矿浆中浮起，pH>6时，可浮性急剧下降，分选好的最好pH值在9~9.5之间。

表4-8 用美地亚兰KA分选白钨矿和锡石

产品名称	产率/%	WO_3 含量/%	回收率/%	Sn 含量/%	回收率/%
白钨矿（精矿）	40.5	73.8	79.7	1.7	3.2
锡石（精矿）	59.5	12.7	20.3	33.6	96.8
原矿	100.0	37.3	100.0	20.7	100.0

美地亚兰捕收剂对萤石的捕收力强，而对方解石的捕收力弱，可适用于含量大于6%的方解石的萤石矿浮选，可单独使用或与其他药剂混合使用。例如与癸胺盐酸盐，或癸酸钠等混用都能增进浮选效果。

前苏联用油酰基肌氨酸浮选含方解石5%~10%的萤石矿，可获得精矿含CaF_2大于97%，回收率大于75%的产品。而用油酸时精矿含方解石高达4%。以石油化工产品脂肪酸为原料，合成AAK系列两性捕收剂浮选萤石，它是含C_{14}~C_{18}的石油产品脂肪酸与N-氨基己酸缩合物，合成反应式为：

$$3RCOOH + PCl_3 \longrightarrow RC(=O)-Cl + H_3PO_3$$

$$RC(=O)-Cl + NH_2CH_2(CH_2)_4COOH \longrightarrow RCONH_2(CH_2)_5-COOH$$

当AAK用量为450~550g/t时，浮选含CaF_2 37.42%~39.63%，$CaCO_3$ 7.08%~10.23%的萤石矿，回收率达72%~75%。

前东德专利（212903）介绍用N-油酰基-N-甲基氨基乙酸钠与水玻璃浮选一种人工混合矿（含重晶石3.7%、铁6.14%的菱铁矿、石英），可获得含重晶石96.5%、石英0.23%及铁0.39%的重晶石精矿。柏林某化工厂产品Cardesino（主要含油酰基肌氨酸，其次有油酸）用于浮选含CaF_2 42.85%的萤石矿，可获得精矿含CaF_2 97.3%、$CaCO_3$ 1.1%的产品。

有报道称，对棕榈酸进行改性，在其β-位上引入胺乙酰基，分子式为

$C_{14}H_{29}$—C（—$NHCOCH_3$）HCOOH。使用该药剂浮选锡石、赤铁矿、方解石和石英等矿物，证明其捕收性能比棕榈酸好。

马鞍山矿山研究院早期就采用合成脂肪酸中的皂用酸（C_{10}～C_{20}脂肪酸）和其低分子酸（C_2～C_4 脂肪酸）为主要原料，制备脂肪酰基氨基酸，并命名为“氮氧一号”捕收剂。这样就避免了使用植物油脂肪酸。合成的反应式为：

$$(1)\quad R_1-C(=O)OH \xrightarrow[60℃]{PCl_3} R_1-C(=O)Cl$$

$$(R_1=C_9\sim C_{19})$$

$$(2)\quad R_2-C(=O)OH \xrightarrow[105℃\ (H_2SO_4)]{Cl_2} Cl-R_2-C(=O)OH \xrightarrow[<20℃]{NaOH} Cl-R_2-C(=O)ONa$$

$$(R_2=C_1\sim C_3)$$

$$\xrightarrow[50℃\ 48h]{NH_4OH} H_2N-R_2-C(=O)ONa$$

$$(3)\quad R_1-C(=O)Cl + H_2N-R_2-C(=O)ONa \xrightarrow[60℃]{NaOH} R_1-C(=O)-NH-R_2-C(=O)ONa$$

$$\xrightarrow{HCl} R_1-C(=O)-NH-R_2-C(=O)OH$$

氮氧一号

浮选实验表明，“氮氧一号”是钛铁矿较好的捕收剂，捕收剂性能比氧化石蜡皂强，并能适应在强酸性介质中浮选的特点。

近年来，朱建光教授合成了烷基氨基羧酸（*n*RX）和烷基酰氨基羧酸（*n*RO-X）两大系列共21种改性羧酸，*n*RX系列又分为三种类型，其代表式为：例如① R-X系列的R-10：$CH_3(CH_2)_8CH_2NHCH_2COOH$，R-18，$CH_3(CH_2)_{16}CH_2NHCH_2COOH$；② 4R-X系列的4R-10：$CH_3(CH_2)_8CH_2NHCH_2CH_2CH_2COOH$；③6R-X系列的6R-8：$CH_3(CH_2)_6CH_2NH(CH_2)_5COOH$ 等。*n*RO-X系列的也有三种，其代表式分别为① RO-X系列的RO-8：$CH_3(CH_2)_6$—C(═O)—$NHCH_2COOH$；② 4RO-X系列的4RO-8：$CH_3(CH_2)_8C(=O)NH(CH_2)_6COOH$；③6RO-12。

用上述药剂浮选氧化铅锌矿、萤石矿和白钨矿。认为6RO-12的浮选性能最好。用6RO-12作捕收剂从柿竹园浮钨尾矿中浮选萤石，用具有R-PO_3H结构的药剂TXD为抑制剂，可从含$CaF_2$30.25%，含2.12%方解石、36.2% SiO_2、10.18% Fe_2O_3的给矿得到含97.35% CaF_2、1.58% SiO_2、0.43% $CaCO_3$的精矿，萤石的回收率68.60%。

Smith等人通过对石英，赤铁矿及氧化铝的浮选试验探讨了含氮两性界面活化剂的作用机理。在酸性范围内，由于氮的不对称电子对吸附质子，而使分子带正电荷；在碱性范围内，由于分子内的羧基提供质子而使其分子带负电荷，在介于其间的pH值范围内，同时存在阳离子和阴离子性质的两性离子。因此，捕收剂和矿物之间的作用是靠静电吸附和碳氢链的聚合。使用N-脂-1，3-丙二胺二油酸酯两性捕收剂，在pH值为5~10之间，对萤石、重晶石、方解石、氟碳铈矿和独居石进行了浮选和电位测定研究。

有关脂肪酸与氨基酸类或酰胺酸类化合物的缩合产物，国内外的研究比较多。表4-9所列是作为捕收剂应用的某些药剂的名称及结构式。对于此类药剂的研究也很多，因其效果比较好，为两性捕收剂，对浮选pH值适应范围广等，引起了广泛的关注。

表4-9 脂肪酸与氨基酸缩合物（两性捕收剂）

化学名称	分子结构	用途,商品名
N-椰油基-β-氨基丙酸钠	R—$NHCH_2CH_2COONa$ R：C_8占3%，C_{10}占5%，C_{12}占50%，C_{14}占23%，C_{16}占11%，油酸烯烃基占5%，硬脂酸烷烃基占3%	等电点pH=2.1~4.2 (Deriphat 151)
N-牛油基-β-亚氨基二丙酸钠	$RN(CH_2CH_2COONa)_2$ (C_8~C_{12}占0.5%，C_{14}占2.5%，C_{16}占28%，油酸烯烃基占42%，硬脂酸烷烃基26%)	等电点pH=1.3~4.7 (Deriphat 154C)
N-月桂基-β-亚氨基二丙酸钠	R—N(CH_2CH_2COOH)(CH_2CH_2COONa)，R为$C_{12}H_{25}$—	等电点pH=1.7~3.5 (Deriphat 160C)
N-羧甲基-N-椰油基-N-二甲基-氢氧化铵	R—$N^+(CH_3)_2$—CH_2COO^-，R为椰油基	
N-羧甲基-N-(9~18烯基)-N-二甲基-氢氧化铵	R—$N^+(CH_3)_2$—CH_2COO^-，R为9~18烯基	

续表 4-9

化学名称	分子结构	用途,商品名
(1-羧基-十七烷基)三甲基氢氧化铵	$R-CH(CH_3)-{}^{+}N-(CH_3)_3$,R 为 C_{15}	
(1-羧基-十一烷基)三甲基氢氧化铵	$R-CH(CH_3)-{}^{+}N-(CH_3)_3$,R 为 C_{10}	
十二烷基二(胺基乙基)甘氨酸盐酸盐	$C_{12}H_{25}NHC_2H_4NHC_2H_4NH-CH_2COOH \cdot HCl$	Tego 系两性表面活性剂
N-椰油酰基-N-羟乙基氨基乙酸钠	$R-CO-N(CH_2CH_2OH)-CH_2COONa$	
N-硬脂酰基-N-羟乙基氨基乙酸钠	$R-CO-N(CH_2CH_2OH)-CH_2COONa$,$R=C_{17}$	
N-羟乙基-N-月桂酰基-β-氨基丙酸钠	$R-CO-N(CH_2CH_2OH)-CH_2CH_2COONa$,$R=C_{11}$	
乙氧化,硫酸化混合脂环胺	$R-N(CH_2CH_2OH)-(CH_2CH_2O)_nSO_3Na$	
2-烷基-1-羧甲基-1-羟乙基-1-氢氧化咪唑季铵	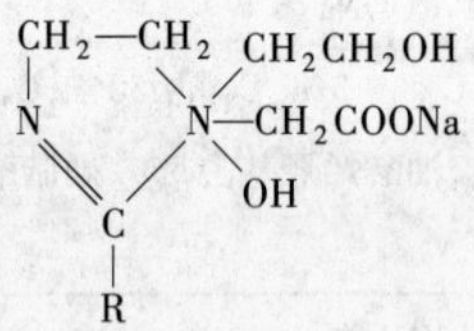 咪唑啉环:CH_2-CH_2,$N=C(R)$,$N(CH_2CH_2OH)(CH_2COONa)(OH)$	
1,1-双(羧甲基)-2-十一烷基-1-羟基咪唑季铵	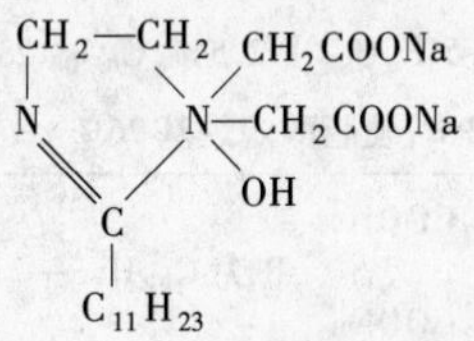 咪唑啉环:CH_2-CH_2,$N=C(C_{11}H_{23})$,$N(CH_2COONa)(CH_2COONa)(OH)$	
丙氧化,硫酸化油酸-乙二胺缩合物	$C_{17}H_{33}CO-N[(C_3H_6O)_aH]-CH_2CH_2N[(C_3H_6O)_bH][(C_3H_6O)_cSO_3Na]$	
乙氧化,十八烷基-β-胺基丙酸	$C_{18}H_{37}\overset{+}{N}[(CH_2CH_2O)_aH][(CH_2CH_2O)_bH][CH_2CH_2COO^-]$,$a+b=4$	乳化分散力好,杀菌作用强
乙氧化,硫酸化十四烷基季铵	$C_{14}H_{29}\overset{+}{N}[(CH_2CH_2O)_aH][(CH_2CH_2O)_bH][CH_2CH_2SO_4^-]$,$a+b=20$	乳化分散力好,杀菌作用强

续表 4-9

化学名称	分子结构	用途,商品名
乙氧化,磷酸化十六烷基季铵	$C_{16}H_{33}\overset{+}{N}\begin{cases}(CH_2CH_2O)_aH \\ (CH_2CH_2O)_bH \\ CH_2CH_2—P(=O)(O^-)—ONa\end{cases}$	乳化分散力好,杀菌作用强
乙氧化,氨基十一酸	$\overset{+}{N}\begin{cases}(CH_2CH_2O)_aH \\ (CH_2CH_2O)_bH \\ (CH_2CH_2O)_cH \\ C_{10}H_{20}COO^-\end{cases}$,$a+b+c=20$	乳化分散力好,杀菌作用强

早在1973年试用十二烷基氨基二乙酸钠浮选铬铁矿，在酸性溶液中其作用类似阴离子捕收剂，在碱性溶液中其作用类似阳离子捕收剂。

$$C_{12}H_{25}N\begin{cases}CH_2COONa \\ CH_2COONa\end{cases}$$

1973年还有人试用两性表面活性剂作为赤铁矿及石英的捕收剂，研究了pH值对浮选的影响。

1990年，有人用 $C_{10\sim16}$ 合成脂肪酸的单乙醇酰胺浮选锰矿细粉（小于0.002mm），可使锰的品位和回收率分别提高1.8%~2.5%和2%~5%，药剂用量为0.075kg/t。用N-烷基和N-烯基天冬氨酸或其钠盐作为非硫化矿的有效捕收剂。例如，用丁二酰胺衍生物和N-$C_{16\sim18}$烷基天冬氨酸盐质量比为2∶1的混合药剂作白钨矿捕收剂，可获得精矿 WO_3 品位为28.3%的精矿，而用常规捕收剂 WO_3 精矿品位只有10.6%，效果十分显著。

德国专利4016792号介绍用氨基酸和 $C_{14\sim18}$ 羧酸的氯化物缩合所得的N-酰胺基羧酸作为磷矿捕收剂，其通式为：

$R^1CONHCH_2CHR^2OCO(CH_2)_nCO_2X$ 和 $R^1CONHCH_2CHR^2OCOCH=CHCOOX$

用这两种类型的药剂作捕收剂，用甲醛缩合物为抑制剂浮选磷矿。可获得精矿含 P_2O_5 35.51%，产率为68%的磷精矿。若用油酸作捕收剂浮选同一磷矿，其精矿 P_2O_5 品位只有24.21%。

油酰基氨基酸如油酰基肌氨酸和油酰基甲氨基羧酸等，是含高方解石的萤石矿的有效捕收剂。油酰基甲氨基乙酸［$C_{17}H_{33}C(O)N(CH_3)CH_2COOH$］捕收剂（含油酸20%）是萤石的新型捕收剂，浮选时以白雀树胶（皮汁）和六偏磷酸钠为抑制剂，能够解决萤石-方解石的分离，达到有效浮选捕收萤石的目的，可以获得酸级萤石精矿。若用油酸为捕收剂，萤石精矿含方解石大于6%，不能获得酸级萤石精矿。

表4-10所列为脂肪酸衍生物在选矿中的应用。

表4-10 脂肪酸衍生物在选矿中的应用

药剂名称	选矿使用	资料来源
乙烯基羟乙基油酸铵	浮选处理含木素废水	CA 111，102268（1989）
脂肪酸衍生物	浮选硅质磷钙土	矿产综合利用，1988（1）
N-甲基-N-二油酰基氨基乙酸	分选硬石膏与石膏	前民主德国专利157398（1988）
γ-羟基羧酸	浮选萤石	前苏联专利1398913（1988）
脂肪酸衍生物（具螯合基团）	分选水镁钒矿与硬石膏	Neue Bergbautech，1986（8）：292-297
804号（二元酸）	包头稀土矿浮选	CA 104，190128；104，190134
烷基丁二酸单烷基酯 $R'—CH—COOR$ $\quad\;\;|$ $\quad CH—COOH$	磷灰石浮选	CA 106，104652
氨基丙酸衍生物 $R, R' > NCH_2CH_2COOH$	氟磷灰石浮选	巴西专利8500891
烷基酰胺基羧酸 $RCONH(CH_2)_nCOOH$	分选磷灰石-霞石	CA 104，21341；104，21345；106，138780；111，42290
酰胺基羧酸 $RCONH(CH_2)_nCOOH$	萤石，磷灰石浮选	CA 103，180298；105，117013；106，104649
cordesin o （N-油酰基-N-甲基-氨基乙酸）	硅卡岩钨矿浮选	前民主德国专利217149（1985）
邻氨基苯甲酸（代替黄药）	Cu、Bi、Ag、Au、Co分选，砷黄铁矿	CA 103，108129
轻塔尔油与氨基己酸缩合物	贫磷矿浮选	CA 104，36241
磺化环烷酸与油（duboemulgolu）乳浊液	含有色金属的菱铁矿捕收剂和起泡剂	捷克专利106789
脂肪酸与氨基酸，牛磺酸缩合物	铁矿等非硫化矿、非硅酸盐矿浮选	前联邦德国专利1162305；法国专利1256702
异丙基巯基醋酸盐等巯基脂肪酸盐（酯）	浮选闪锌矿不用硫酸铜活化	美国专利3235007
叔胺基双烷基羧酸 $R_1N<(R_2COOH)_2$	浮选萤石等	Min Minerals Engineering，1969，4：35~40

续表 4-10

药剂名称	选矿使用	资料来源
RA 系列捕收剂（脂肪酸类药剂，经氯化或氧化氯化产物有 RA-315、515、715）	铁矿浮选药剂（用于鞍钢东鞍山、调军台、胡家庙等地）	矿冶工程，2006（增）：74~76
RST（塔尔油适度氧化）	浮选强磁选精矿	谢建国，陈让怀，等. 有色金属，2002（1）：58~59
AAK 系列（由 $C_{14\sim18}$ 的脂肪酸及氨基己酸缩合）	萤石浮选	
cardesino（主要含油酰基肌氨酸，其次为油酸）	浮选含 CaF_2 42.85% 的萤石可获得 CaF_2 97.3%，$CaCO_3$ 1.1% 的精矿	林海. 矿产保护与利用，1993（1）：47~50
油酰基肌氨酸 $C_{17}H_{35}C(=O)—N(CH_3)—CH_2—COOH$	含碳酸盐的磷酸盐浮选	皮尔斯. 国外金属矿选矿，2005（5）
β-氨基乙酰棕榈酸 $C_{14}H_{29}CH(NHCOCH_3)COOH$	浮选锡石、赤铁矿、方解石和石英等矿物，捕收性优于棕榈酸	阙煊兰. 金属矿山，1997（8月专辑）：221~228

总之，两性表面活性剂在选矿中的应用，作为捕收剂有其特点，效果也比脂肪酸类捕收剂要好，但是其制备成本也高于脂肪酸类捕收剂，有可能影响其广泛而大量的应用，或者说有待进一步努力。

4.7 醚酸（含氧桥脂肪酸）

在碳链中含有氧原子（氧桥）的脂肪酸称醚酸，因为氧原子在碳链中与两个碳原子相连接，是属醚基，故称这种脂肪酸为醚酸。醚酸中的一个系列化合物有如下结构通式：

$$R_1—O—R_2—COOH$$

式中 R_1 为（$C_{8\sim18}$）脂肪烃基，R_2 为—（CH_2）$_n$— 基或其异构体，n = 0~16。其制备方法主要有：（1）用丙烯腈与醇作用；（2）用烷基丙烯基醚与脂肪酸作用。反应式为：

(1) $R_1OH + CH_2{=}CH—C{\equiv}N \longrightarrow R_1—O—CH_2CH_2—C{\equiv}N$

$$R_1—O—CH_2CH_2—C{\equiv}N + H_2O \longrightarrow R_1—O—CH_2CH_2—COOH$$

(2) $R_1—O—CH_2CH═CH_2 + R'CH_2COOH \longrightarrow R_1—O—CH_2CH_2CH_2—\underset{\displaystyle COOH}{\overset{\displaystyle R'}{CH}}$

表4-11列出部分已研究过的醚酸组成及性质。其中式Ⅰ、Ⅱ、Ⅲ、Ⅴ、Ⅶ、Ⅷ是用丙烯腈与相应的醇制成：式Ⅵ、Ⅸ、Ⅹ、Ⅺ则是用相应的烷基丙烯基醚与羧酸反应制得的。而化合物Ⅳ是用11-溴代十一酸与乙醇钠作用制得：

$$Br—(CH_2)_{10}COOH + CH_3CH_2ONa \longrightarrow CH_3CH_2—O—(CH_2)_{10}COOH + NaBr$$

表4-11 氧桥脂肪酸的组成及性质

名称与结构式	分子式	分子质量	熔点/℃	沸点/℃ (压力/kPa)	d_4^{20}	N_D^{20}
Ⅰ 4-氧桥十二二酸 $C_8H_{17}—O—CH_2CH_2COOH$	$C_{11}H_{22}O_3$	202.3	25.5~26.0	163~164		
Ⅱ 6-乙基-4-氧桥癸酸 $C_4H_9CH(C_2H_5)CH_2O(CH_2)_2COOH$	$C_{11}H_{22}O_3$	202.3		135	0.9436	1.4389
Ⅲ 5-甲基-4-氧桥十一酸 $C_6H_{13}CH(CH_3)O(CH_2)_2COOH$	$C_{11}H_{22}O_3$	202.3		138.5 (101.19)	0.9393	1.4370
Ⅳ 12-氧桥十四酸 $C_2H_5O(CH_2)_{10}COOH$	$C_{13}H_{26}O_3$	230.34	45.5	160~161 (101.19~101.26)		
Ⅴ 4-氧桥-十四酸 $C_{10}H_{21}O(CH_2)_2COOH$	$C_{13}H_{26}O_3$	230.34	41.0	138~140 (101.26)		
Ⅵ 2-戊基-6-氧桥-癸酸 $C_4H_9OCH_2CH_2CH_2CH(C_5H_{11})COOH$	$C_{13}H_{26}O_3$	230.34		162~164 (100.92)	0.9265	1.4412
Ⅶ 5-丙基-4-氧桥十一酸 $C_6H_{13}CH(C_3H_7)O(CH_2)_2COOH$	$C_{13}H_{26}O_3$	230.34		143~146 (101.26)	0.9292	1.4412
Ⅷ 4-氧桥十六酸 $C_{12}H_{25}O(CH_2)_2COOH$	$C_{15}H_{30}O_3$	258.4	50~50.5			
Ⅸ 2-戊基-6-氧桥十四酸 $C_8H_{17}O(CH_2)_3CH(C_5H_{11})COOH$	$C_{18}H_{36}O_3$	300.47		172 (101.19~101.26)	0.9080	1.4498
Ⅹ 2-丙基-6-氧桥十六酸 $C_{10}H_{21}O(CH_2)_3CH(C_3H_7)COOH$	$C_{18}H_{36}O_3$	300.47		186~188 (101.19)	0.9130	1.4500
Ⅺ 2-甲基-6-氧桥十八酸 $C_{12}H_{25}O(CH_2)_3CH(CH_3)COOH$	$C_{18}H_{36}O_3$	300.47	29~29.5	186~190 (101.26)		

实验证明，含碳原子数15~18的醚酸在矿浆pH<7时，是赤铁矿、钛铁矿和磁铁矿及其他氧化矿（白钨矿、重晶石、萤石、方解石、白云石等）的

有效捕收剂，含碳原子数 13～18 的醚酸的浮选活性随分子量的增加而增加，当 R_2 长度不变时，又随 R_1 碳链的增长而增强。若在主链上引入长的支链，则其浮选活性下降。此外，对孔雀石、黄铁矿、黄铜矿、异极矿也有捕收性。

醚酸与一般脂肪酸相比较有下列特点：(1) 水溶性比较好，熔点和黏度比较低。(2) 对钙、镁离子的影响不敏感，较耐硬水和低温。(3) 解离度比脂肪酸高，在 pH =2～6 时能有效的进行浮选。(4) 对几种矿物的捕收性由大到小的顺序为：萤石 > 重晶石 > 方解石 > 石英，浮选萤石的最佳 pH 值为 4～5，利用其对矿物捕收性能的差异，在糊精、水玻璃等抑制剂的配合下，可以实现萤石与方解石的分离，用量比油酸少。(5) 作用机理与油酸等脂肪酸不同，一般认为醚酸在矿物表面的吸附作用是可逆的，吸附层易被水清洗除去，而油酸则不然。说明醚酸的吸附主要是物理吸附。但也有人认为具有化学吸附的特性。(6) 从化学结构看，醚酸与美地亚兰、伊基朋-T 也有相似之处。在它们分子中的碳链上有—$\ddot{O}$—或—$\ddot{N}H$—、氧及氮原子上都有一对游离电子，又是互为同电异构体，能与矿物表面的金属离子形成氢键吸附，也有人认为醚酸能排列成类似冠醚结构吸附在矿物表面。

醚酸中的另一系列化合物为多氧桥脂肪酸，结构通式为：

$$R(C_xH_{2x}O)_n(CH_2)_pCOOM$$

式中 R 为 $C_{6\sim22}$ 的烷烃或烯烃，或为 $C_{4\sim18}$ 的烷基芳基；$x=2\sim3$；$p=2$；M = H 或金属离子；$n=0\sim20$，或是氧化乙烯基的数目为 0～10 之间。这类药剂可用石蜡氧化得到高级醇，与环氧乙烷作用得到醇醚化合物，再与氯乙酸缩合而成，反应式如下：

$$ROH + \underset{\diagdown O \diagup}{CH_2CH_2} \xrightarrow{NaOH} RO—CH_2CH_2OH$$

$$ROCH_2CH_2OH + \underset{\diagdown O \diagup}{CH_2CH_2} \xrightarrow{NaOH} ROCH_2CH_2OCH_2CH_2OH$$

$$\cdots\cdots$$

$$R(OCH_2CH_2)_{n-1}OH + \underset{\diagdown O \diagup}{CH_2CH_2} \xrightarrow{NaOH} R(OCH_2CH_2)_nOH$$

$$R(OCH_2CH_2)_nOH \xrightarrow{NaOH} R(OCH_2CH_2)_nONa$$

$$R(OCH_2CH_2)_nONa + ClCH_2COOH \longrightarrow R(OCH_2CH_2)_nOCH_2COOH + NaCl$$

荷兰研制的新型浮选捕收剂——醚酸（ECA），这种捕收剂的通式为：

$$R(O—CH_2—CH_2)_n—O—CH_2—COOH$$

ECA 化合物确实具有独特之点，它捕收力强，药剂用量少，选择性好，

对 Ca^{2+}、Mg^{2+} 不敏感，能耐硬水，水溶性好易分散，可在低温和低 pH 值下使用，用来浮选萤石是比脂肪酸更为有效的捕收剂。使用 200g/t 以下的醚酸，500g/t 淀粉，浮选合 CaF_2 4%，碳酸盐 20% 的萤石时，效果很好，回收率和品位均达 97%。

在 20 世纪 60 年代初，前苏联提出用非极性基中带氧原子的羧酸-醚酸（R_1OR_2COOH）作为氧化矿捕收剂。研究了不同 R_1，R_2 基团对浮选的影响。美国也以类似的表面活性剂 $RO(C_xH_{2x}O)_n(CH_2)_pCOOM$（$R=C_{6\sim22}$ 烷基，$x=2\sim3$，$n=0\sim20$，$p=1$ 或 2，M 为氢或一种金属离子）应用于浮选。这类捕收剂耐低温，对钙、镁离子不敏感，既可在碱性介质中浮选，也可在酸性介质中浮选。在浮选碱土金属矿时，捕收力和选择性都优于油酸，且用量低，尤其适宜萤石和方解石、重晶石的分离。20 世纪 80 年代初，美国将 $C_8H_{17}OCH_2COONa$ 与鱼油酸按质量比 2∶1 混合，用于浮选铜精矿中的白钨，泡沫产品含 WO_3 为 25%，回收率达 60%。

近年来，美国专利和前苏联专利也公布了这种既具有非离子性又具有阴离子性的醚酸捕收剂，作为浮选氧化铜矿、氧化铁矿和磷酸盐的捕收剂组分。其通式具有下列结构：

$$RO(C_xH_{2x}O)_m—CH_2—COOM$$

式中 R 为具有 8～18 个碳原子的烷基或在烷基部分中具有 6～12 个碳原子的烷芳基；m 是平均数为 0～10 的数值；$x=2$ 或 3；M 为一价金属离子。

在浮选中使用这种捕收剂组分时，与脂肪酸的混合比例应该为 1∶15～2∶1（质量比），但不应低于 1∶30。

有人使用 $CH_3(CH_2)_{13}(OCH_2CH_2)_2OCH_2COOH$ 药剂与油酸钠相比，浮选萤石时，在浮选指标相同的条件下，油酸钠的用量为 300～1000g/t，而该醚酸的用量只需 75～120g/t。表明该醚酸的捕收性能比油酸钠强。

朱建光教授曾发现松脂酸或其皂对赤铁矿无捕收能力，但用空气将它氧化成氧化松香钠皂，在分子中加了醚链后对赤铁矿有良好的捕收性能，当原矿品位为 32% 时，可获得铁精品 61.99%，铁回收率 92.4% 的选别指标。

4.8 松脂酸及其衍生物

粗制松脂酸就是一般所谓的松香。松香是林业的重要副产物，由松树上刮下来的松脂是一种半流动性的棕色透明液体，然后经过加工处理，用水蒸气蒸馏，除去其中所含的松节油、萜烯醇等可挥发的成分之后，余下的残留物就是松香。一般松香含松脂酸约 90% 左右。松脂酸的另外一个工业来源是得自造纸工业的副产物——塔尔油。塔尔油中含松脂酸约 40%～50%。用真空分馏方法分去其中的脂肪酸，余下的残留物，主要成分也是松脂酸。

松脂酸属于天然萜类，包括一系列分子结构大同小异的化合物。松香中所含松脂酸的成分随产地及松树品种的不同而有差异，如表 4－12 所列。其中虽然有些是不稳定的，但在松脂加工过程中，大部分都转化成松脂酸。松脂酸一般不适用于用真空蒸馏方法精制，因为在蒸馏过程中，松脂酸容易脱水变成松脂酸酐，温度过高时，例如在 300℃ 以上时，甚至于脱羧而变成不饱和烃。

表 4－12　各种松脂酸的物理常数

名　称	结 构 式	旋光度 $[\alpha]_D$	熔点/℃	紫外光吸收峰波长/μm
松酯酸	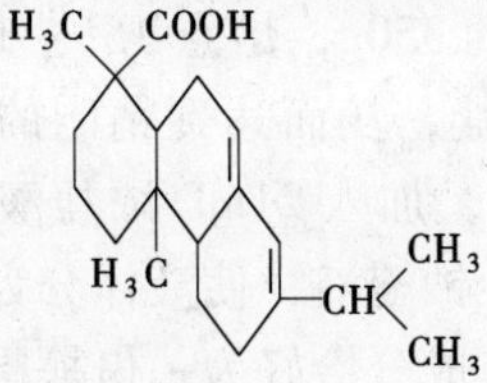 H_3C COOH；H_3C；CH(CH_3)CH_3			
左旋海松酸	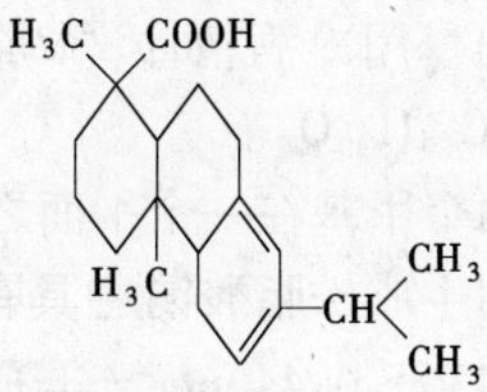 H_3C COOH；H_3C；CH(CH_3)CH_3	−276°	150～152	272
新松脂酸	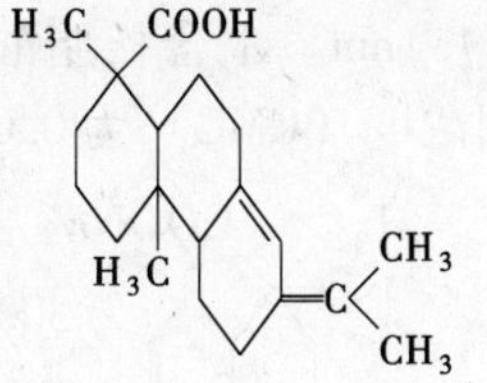 H_3C COOH；H_3C；=C(CH_3)CH_3	+159°	167～169	250
脱氢松脂酸	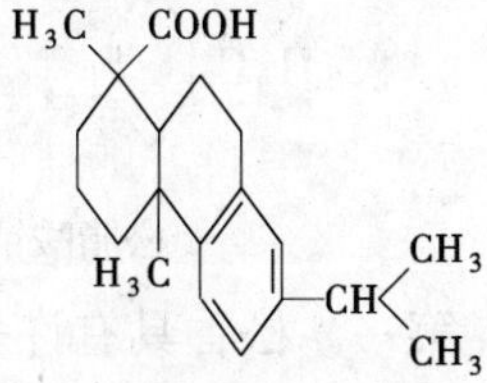 H_3C COOH；H_3C；CH(CH_3)CH_3	+63°	171～173	276
右旋海松酸	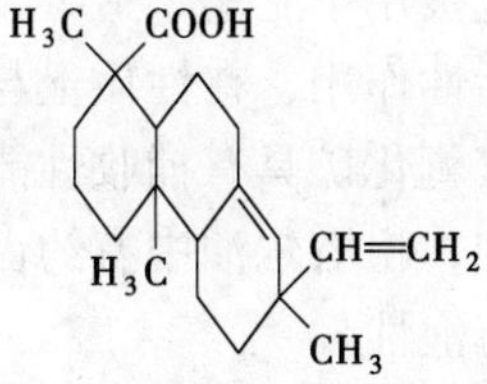 H_3C COOH；H_3C；CH=CH_2；CH_3	+75°	211～213	

续表4－12

名称	结构式	旋光度$[\alpha]_D$	熔点/℃	紫外光吸收峰波长/μm
异右旋海松酸	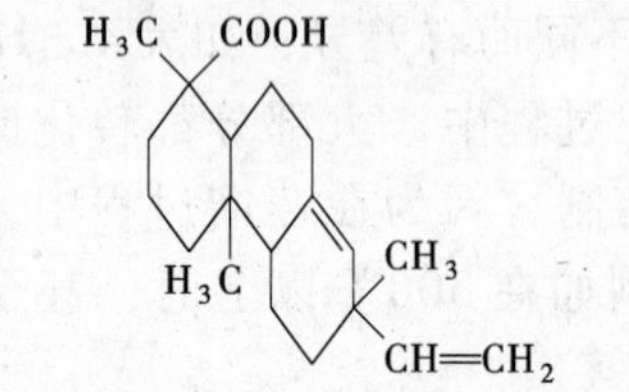 H_3C COOH H_3C CH_3 CH═CH_2	约0°	162～164	

精制松脂酸的简单方法是用冰醋酸为溶剂重结晶，例如取700g的颜色很浅的松香，与500mL冰醋酸煮沸回流2h，然后趁热过滤，滤液在室温或较低温度下放置，松脂酸即结晶析出，产量约350g，熔点155～159℃。另一种方法是利用松脂酸容易生成难溶的酸式钠盐，从而达到精制的目的。例如：用1200g的松香先溶解在2500mL的酒精中，加入21mL浓盐酸，回流加热，溶液冷却后，再加15.65mL 16mol/L的苛性钠溶液，使液体分为两层，然后根据计算，加入适量的苛性钠酒精溶液，使其成分恰好为一份松脂酸钠比三份松脂酸，在室温下放置24h，使之成结晶析出。用冷酒精冲洗，或再加以重结晶，得到纯的酸式钠盐，即$C_{19}H_{29}COONa \cdot 3C_{20}H_{30}O_2$。

纯的松脂酸的分子构型如下所示，两个甲基在一个平面之上，而羧基与甲基则不在一个平面上。松脂酸与碱作用则生成松脂酸钠皂，具有表面活性，各种松脂酸单分子层的横断面积都是在0.436～0.446nm^2/分子的范围内，被压缩的单分子层的最低平均厚度为1.03～1.1nm。水合松脂酸钠皂在40℃时，电导度与其浓度成函数关系，其临界胶团浓度（CMC）为0.011mol/L。

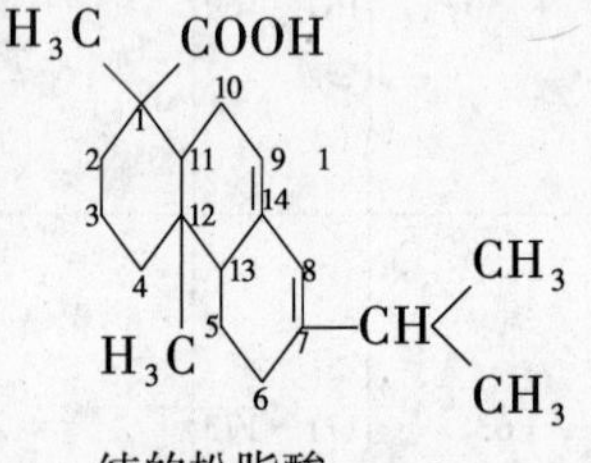

H_3C COOH 1 2 3 4 5 6 7 8 9 10 11 12 13 14 CH_3 CH CH_3 H_3C

纯的松脂酸

H_3C COONa H_3C CH_3 CH CH_3

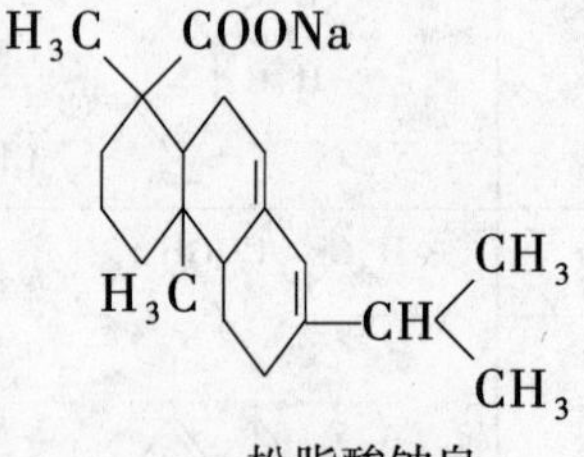

松脂酸钠皂

我国松脂资源丰富，松香产量居世界第一。松香具有许多特性，如防腐、防潮、绝缘、黏合、乳化、软化等。因此被用于肥皂、造纸、油漆、医药等化工行业。正是由于松脂酸钠皂具有表面活性作用，在性质上与脂肪酸钠皂有很多相似之处，尤其是它的衍生物，对许多氧化矿具有捕收性能，是脂肪酸很好的代用品。塔尔油是重要的氧化矿捕收剂，粗塔尔油中有约占一半左右的成分就是松脂酸，松脂酸的存在增加了它的起泡性。

早在1938年就有介绍用松脂酸作为石墨浮选药剂。随后又报道用于钛铁矿、碳酸镁矿、独居石等氧化矿和非金属矿浮选捕收剂。用黄药-松脂酸盐-松油和水制成乳浊液作为浮选捕收及乳化剂浮选黄铁矿，可以使黄铁矿的回收率提高3%。还有专利介绍用松脂酸皂浮选含锌矿物，以及氧化铁矿物。

松脂酸分子是一种多环状分子，与直链脂肪酸在结构上显然不同，松脂酸可以代替一部分脂肪酸与脂肪酸混合使用，像粗塔尔油一样可以收到满意的效果，以降低药剂的成本。单独使用松脂酸钠皂，看来还不能收到满意的效果，因为捕收能力要比脂肪酸差些，泡沫过黏，不容易破碎，由于这种原因，不少人曾设法改变松脂酸的结构，从而提高其浮选指标。除此以外，从松脂酸出发还可以合成阳离子型捕收剂变性松脂胺。

4.8.1 松脂酸的氧化产物

早期的研究证实，用氧化松脂酸钠皂作为浮洗贫赤铁矿的捕收剂，获得了用松脂酸代替脂肪酸的良好效果。未经氧化的松脂酸钠皂没有捕收性能，无一点矿化现象，但是经过氧化之后，其捕收能力随氧化深度而增加，但过分氧化将会使起泡能力过强，捕收能力反而减弱。

氧化松脂酸钠皂的制备是用50g松香（碘值259.9，酸值213.4）与稀氢氧化钠溶液（质量分数8%溶液80mL）在95～100℃时进行皂化，然后在78～80℃时鼓入空气（10L/min），45min后，颜色由乳白变黄，鼓入空气时间愈久则颜色愈深。根据氧化深度不同所得的四个样品的物化性质和浮选结果分别列于表4－13和表4－14，从浮选结果看来，酸值在160～170范围最为适宜。

表4－13 不同氧化深度的氧化松脂酸钠皂的物化性质

产品编号	总碱量/%	氧化松脂酸含量/%	碘 值	酸 值
RO-3	9.444	55.57	216	170.45
RO-4	8.446	55.54	198	170.00
RO-5	8.556	58.86	175	162.73
RO-10	4.229	48.32	140	139.19

表4－14 用各种松香皂化物对贫赤铁矿的浮选结果

药剂名称	药剂用量/kg·t⁻¹	精矿产率/%	精矿品位/%	尾矿产率/%	尾矿品位/%	附 注
用碳酸钠皂化的松香皂						无矿化现象
去掉中性物的松香皂	1.25	42.2	64.21	46.8	8.11	矿化极慢
RO-3	0.5	48.2	62.43	44.6	5.06	矿化快
RO-4	0.5	48.9	61.97	44.2	5.34	矿化较快

续表 4-14

药剂名称	药剂用量/$kg \cdot t^{-1}$	精矿产率/%	精矿品位/%	尾矿产率/%	尾矿品位/%	附注
RO-5	0.5	49.8	61.99	43.2	4.62	矿化较快，泡沫不黏
RO-10	0.5	43.1	62.92	41.6	7.97	泡沫黏，矿化快

松香酸皂在空气中露置日久，也会发生自动氧化（松香酸则很难氧化），例如，将塔尔皂露于空气中半年之后，以同样条件浮选同一次缩分而得的某贫赤铁矿矿样，所得指标与半年前刚从纸厂中取得此塔尔皂时试验所得的指标比较列于表4-15中。结果进一步说明：松香酸钠皂久置在空气中被氧化后，浮选性能增加了。

表4-15 塔尔皂浮选贫赤铁矿比较

药剂名称	药剂用量/$g \cdot t^{-1}$	精矿品位/%	尾矿品位/%	回收率/%
新鲜塔尔皂	450	56.54	7.49	87.82
放置半年后的塔尔皂	450	62.09	7.25	89.05

众所周知，松香本身并不是很安定的化合物，在空气中放置日久，则颜色变深，关于松香的氧化问题，在化学上早已进行过很多研究。松脂酸分子中含有两个共轭的不饱和双键，它们的反应活性也不相同，碳7~8之间的双键比碳9~14之间的双键更活泼。例如用高锰酸钾氧化松脂时，有如下反应：

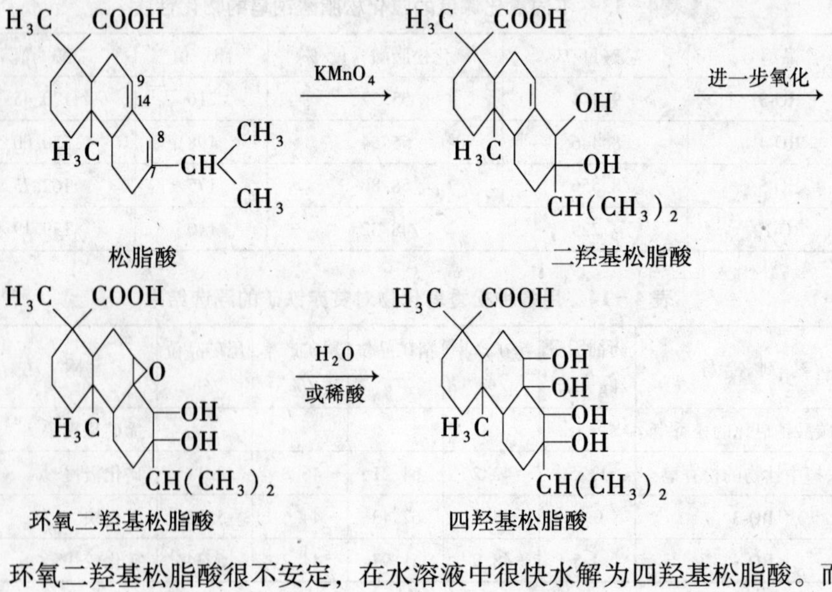

松脂酸 $\xrightarrow{KMnO_4}$ 二羟基松脂酸 $\xrightarrow{\text{进一步氧化}}$ 环氧二羟基松脂酸 $\xrightarrow[\text{或稀酸}]{H_2O}$ 四羟基松脂酸

环氧二羟基松脂酸很不安定，在水溶液中很快水解为四羟基松脂酸。而四羟基松脂酸又以α，β，γ三种结晶形式而存在。

早在1928年曾研究过空气对于松脂酸的氧化作用。将松香在室温及散射光线之下放置了5年，仍不能完全氧化，其氧化产物只吸收1分子氧而成二羟基松脂酸。在松脂酸溶液中通入空气，当松脂酸吸收1mol氧以后，氧化速度立即减慢。在有压力存在下，用氧气与松脂酸作用，当松脂酸吸收1mol氧以后，氧化速度也趋于零，即最后产物也只能吸收1mol氧。只有用紫外光照射松脂酸的酒精溶液时，松脂酸才被氧化成二羟基松脂酸及四羟基松脂酸。在20.2~95.7℃温度范围内，松脂酸氧化过程中，同时也伴随着脱羟的副反应，逸出二氧化碳。

综上所述，氧化松脂酸钠皂浮选效果得以改善的原因最可能是由于松脂酸氧化成二羟基松脂酸钠，而不是四羟基松脂酸钠皂。同时松脂酸与氧作用过程是一种游离基反应，应当含有过氧羟基化合物，对浮选过程可以产生一定影响，增强了捕收能力。氧化松脂酸还可以与脂肪酸混合使用作为氧化铁矿及萤石的捕收剂。

4.8.2 硫酸化（或磺化）松脂酸钠皂

硫酸化松香酸钠皂的制备方法是先硫酸化后苛化，用反应式表示为：

H_3C COOH … CH_3 / CH / CH_3 $+ H_2SO_4 \xrightarrow{30\sim40℃}$

H_3C COOH SO_4H … H_3C … CH_3 / CH / CH_3

H_3C COOH … SO_4H CH_3 / CH / CH_3 … H_3C

H_3C COOH SO_4H … SO_4H CH_3 / CH / CH_3 … H_3C

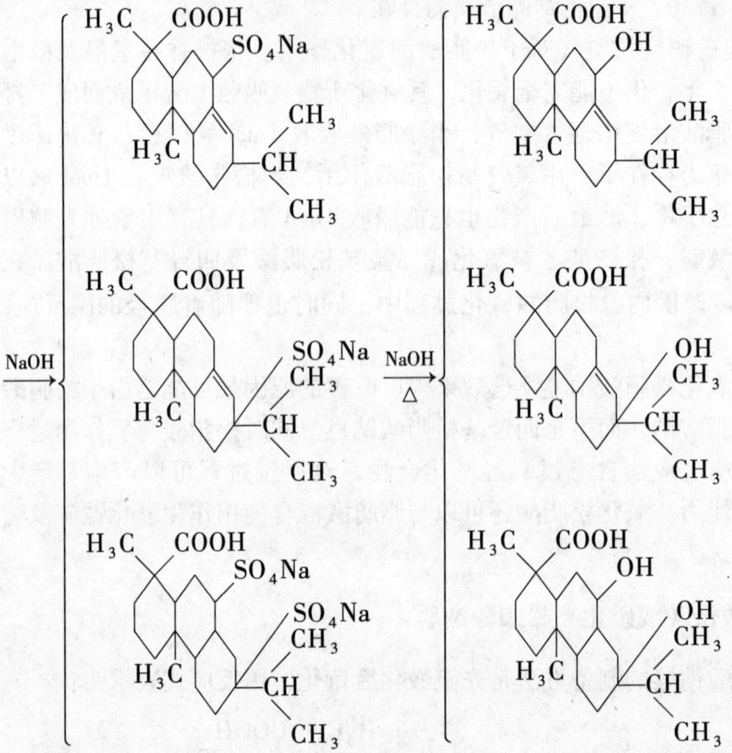

由反应可以得硫酸化松香酸钠皂是一个复杂的反应产物。

中南矿冶学院曾合成了硫酸化松香钠皂，并试用为贫赤铁矿的捕收剂，其制备方法为：取松香粉末30g溶于20mL苯内，于35～40℃时在搅拌下慢慢滴加浓硫酸（密度1.84g/cm^3）5mL，加完后再继续搅拌0.5h使反应完全，最后用苛性钠溶液（20g/L）中和至碱性。所得的硫酸化松香钠皂，碱度为0.993，有机结合w（SO_3）2.734%，松脂酸含量43.40%，碘值120.06。用做贫赤铁矿捕收剂，经过一次粗选两次精选流程闭路试验，浮选精矿品位为61.24%、回收率87.90%、尾矿品位为8.72%。

松香与少量碘、硒等一起加热，双键很容易转移，构成芳香环，生成所谓“变性”松香。变性松香再加以磺化，可以在分子中（a，b或c处）引入磺酸基或磺酸盐基，增加了它的水溶性。松脂酸也可以直接进行磺化，磺化产物也是有效的分散剂，例如先将松香溶解在液体二氧化硫（沸点－10℃）内，与发烟硫酸混合，用硼酸铝或二氯化锌为催化剂，然后加入乙醚、氯仿或四氯化碳帮助不能溶于硫酸的树脂质溶解，最后在反应物内加入水，使之逐渐溶化。蒸去有机溶剂之后，再用碳酸钙或氢氧化钠中和反应产物。

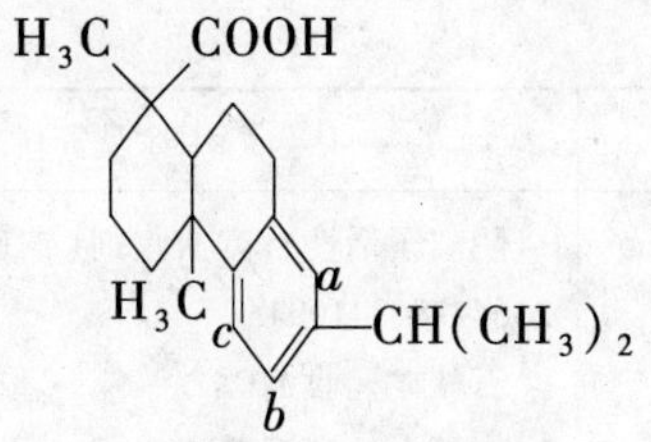

H_3C COOH … H_3C … $-CH(CH_3)_2$ (a, b, c)

变性松香

表4-16列出已经研究过的作为浮选药剂的松香酸及其衍生物的药剂名称。

表4-16 用作浮选药剂的松香酸衍生物

编号	浮选药剂名称	用途及资料来源	性 质
1	松香酸	捕收剂,Berg - Wiss,1958,34.作为乳化捕收剂的乳化剂.[德]专利 668641	捕收剂 乳化剂
2	松香酸钠皂	铬铁矿浮选捕收剂,Erz - metall,1959,392	捕收剂
3	松香醇	调整剂,钾盐矿浮选时与胺类捕收剂一起,作为疏水性调整剂.[加]专利 580365	调整剂
4	硫酸化松香醇	乳化剂	乳化剂
5	松香酸甲酯于 $C_{8\sim18}$ 脂肪酸混合物	粗粒钾石盐矿无泡沫浮选的捕收剂.[美]专利 2937751	捕收剂
6	磺化松香酸	Neopen SS,氧化铁矿捕收剂.[德]专利 844131	捕收剂
7	松香醇-($C_{8\sim18}$)脂肪酸混合物	(或氢化松香醇)[美]专利 2937751	捕收剂
8	羟乙基二氢松香肼盐酸盐	捕收剂.[法]专利 1165100	捕收剂
9	一松香邻苯二甲酸钠	起泡剂.[美]专利 2099120	起泡剂
10	二氢松香邻苯二甲酸钾	煤和非硫化矿起泡剂.[美]专利 2099120	起泡剂
11	二氢松香琥珀酸(或钠盐)	煤和非硫化矿起泡剂.[美]专利 2099120	起泡剂
12	钾氢化松香黄原酸盐	捕收剂,润湿剂.[美]专利 2106558	捕收剂 润湿剂
13	松香酸皂(dresinate)	Na,K,NH_4 盐、松油水乳浊液的乳化剂、非金属矿物捕收剂,沥青铀矿物捕收剂	乳化剂 捕收剂 调整剂 起泡剂

续表4-16

编号	浮选药剂名称	用途及资料来源	性 质
14	树脂酸皂(resinate)	阴离子活性石英捕收剂(铁矿浮选中). [美]专利2364778,2419945 石盐矿捕收剂 废纸上油墨浮选 起泡剂. [德]专利392121;[英]专利105627 云母捕收剂. [美]专利2226103;[加]专利399204 钠铵盐作为絮凝剂. [德]专利1002703 浮选精矿过滤絮凝剂	捕收剂 起泡剂 絮凝剂 乳化剂
15	树脂酸钠皂-乙基黄药-松油乳化液	捕收剂-起泡剂(黄铁矿浮选). [美]专利2636604	捕收剂 起泡剂
16	磺化树脂酸盐	捕收剂乳化液的乳化剂. [德]专利668641	乳化剂
17	氢化松香醇-煤油溶液与脂肪胺的混合物	粗粒钾石盐矿无泡沫浮选的捕收剂. [美]专利2937751	捕收剂
18	松香酸皂(rosinate)	碱金属皂,用于U矿浮选. [美]专利2697518 碱金属或碱土金属皂,煤浮选. [英]专利741085 钾盐浮选时,与胺类捕收剂一起,作为疏水性调整剂. [加]专利580365	捕收剂 起泡剂
19	松香酸皂-苯胺混合物	从氧化铁矿中浮选石英的阴离子捕收剂. [美]2364778	捕收剂
20	山梨糖醇酐松香酸酯	煤过滤脱水时,作为润湿剂. [英]专利738061	润湿剂

4.9 多元酸

多元羧酸就是在烷基单元脂肪酸烃基碳上引入一个或多个羧基，形成二元或多元羧酸，前面所述酒石酸、柠檬酸、草酸等均属于多元酸。二元酸由二元醇氧化或二元腈水解而制取。如果羧基处于α位，则与α-磺化羧酸一样能与金属离子形成六元螯合物。二元酸的熔点较同碳链的一元酸高，作为捕收剂要求其碳链比相应的一元酸长，同碳链的多元酸与一元酸相比，也是很好的捕收剂。

据报道，下列化合物可用作锡石的捕收剂：

(1) 1，1-癸烷基二羧酸

$$CH_3—(CH_2)_8—CH(COOH)_2$$

(2) 1，1-十二烷基二羧酸

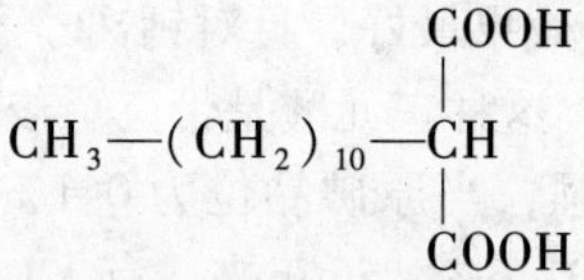

$$CH_3—(CH_2)_{10}—CH(COOH)_2$$

(3) 1，1-十九烷基二羧酸

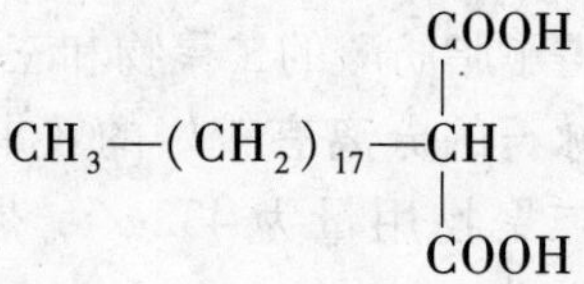

$$CH_3—(CH_2)_{17}—CH(COOH)_2$$

(4) 1，1，2-癸烷基三羧酸

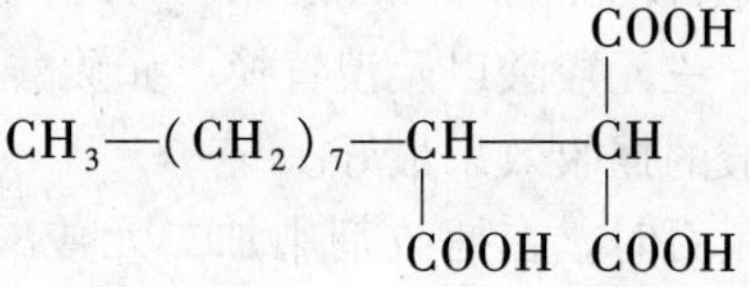

$$CH_3—(CH_2)_7—CH(COOH)—CH(COOH)_2$$

(5) 1，1，1-十二烷基三羧酸

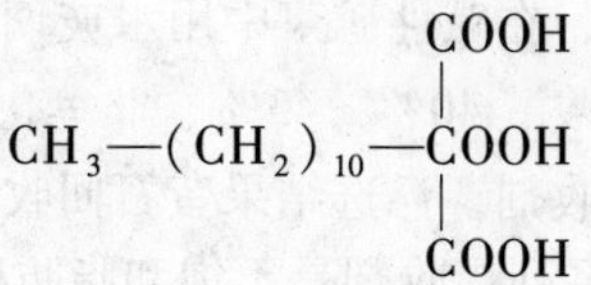

$$CH_3—(CH_2)_{10}—C(COOH)_3$$

上述二元羧酸和三元羧酸的解离度高于一元羧酸，临界胶团浓度（CMC）也比一元羧酸的大，水溶性较好，浮选时受 Ca^{2+} 的影响较小，不易生成沉淀，但受 Fe^{3+} 影响比较大，在浮选中多元酸对金属离子的选择性比一元酸的高。它们可以跟矿物晶格离子形成络合基团化合键。红外光谱测定表明，多元羧酸与矿物表面的作用具有化学吸附特征。

国外专利还报道了各种结构的多元酸。例如，用结构式为 R—CH（COOH）—（CH_2）$_n$—COOH（R = $C_{7\sim20}$ 烷基，n = 0、1、3）的化合物作为捕收剂，据说低温浮选萤石、重晶石效果较好。用于浮选锡石效果也比较好。例如，用十三烷基-1，3-二羧酸［$CH_3(CH_2)_9CH(COOH)—CH_2CH_2COOH$］作浮选锡石的捕收剂（200g/t），二甲酚（250g/t）为起泡剂，在 pH = 4.6 ~ 5.7 时浮选含 SnO_2 为 0.30% ~ 0.35% 的锡石，锡回收率可达 92.2%。

Walter 在 1974 年采用 RM-1 及 RM-2 作为锡石浮选的捕收剂，其结构式为：

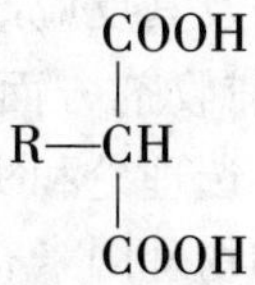

$$R—CH(COOH)_2 \quad (RM\text{-}1) \qquad R—CBr(COOH)_2 \quad (RM\text{-}2)$$

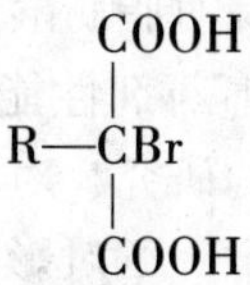

式中，R 为碳原子数为 8，9，10，12 的烷基；RM-2 为溴代二羧酸。用它作为锡石捕收剂，随着碳链的增长，浮选的 pH 值范围扩大，以正-$C_{12}H_{25}$CH

$(COOH)_2$ 效果最好，且对钙离子不敏感。20 世纪 80 年代美国用三元羧酸浮选磷矿盐。这种三元酸是带三个羧基的脂肪酸三聚物，由于其碳链数高达 54，捕收能力强，当原矿品位为 0.1% P_2O_5 时，获得的精矿含 P_2O_5 为 28.8%，回收率达 91.6%。近年来，有人以塔尔油脂肪酸为原料，在高温和黏土催化作用下制得了脂肪酸的二聚物和三聚物，该捕收剂与燃料油混合使用，对磷灰石和硅质脉石的分离有较好的效果。原矿品位 9.1% P_2O_5，石英及硅酸盐占 70%，当二聚物用量为 432g/t，燃料油 819g/t 时，所得粗精矿品位 29.4% P_2O_5，回收率 88.9%。Schubert 等人对含有饱和脂肪族碳氢基的一元羧酸、二元羧酸、三元羧酸以及溴置换一元羧酸浮选刚玉和锡石进行了对比试验，发现三元羧酸的捕收效果最好。

浮选萤石时，在捕收剂中加二元羧酸，可增加捕收剂的浮选活性及选择性。例如，在碱性矿浆中用水玻璃及硅酸盐做抑制剂，用含二元羧酸 15% ~ 19%、异羧酸 40% ~43%、非皂化物 4.6% ~7%，其余为正常饱和羧酸的混合物为捕收剂，浮选结果萤石回收率可提高 3% ~8%。

AW 系列捕收剂是不饱和脂肪酸聚合物在烃链上引进表面活性物质的官能团而得的化合物，其溶解活性变好、能抗硬水，有乳化作用。浮选河北矾山磷矿、辽宁甜水磷矿、江淮磷矿，均在常温下，无碱或低碱时得到较好的结果。推测是聚合脂肪酸的烃链上引进了硫酸根或磺酸根。

用十二烷基氨基二羧酸、癸基氨基二羧酸和十六烷基氨基二羧酸等作为黑钨细泥的捕收剂效果比油酸好。

我国包头稀土研究所采用邻苯二甲酸对氟碳铈矿和独居石纯矿物进行了试验研究。结果表明，该药剂对氟碳铈矿具有较强的选择、捕收能力，从而实现了两种矿物的分离，与含硫、膦、氮化合物类捕收剂相比，邻苯二甲酸的选择性好，且性能稳定。

4.10 脂肪酸过氧化物

关于脂肪酸的自氧化现象，在油脂化学中曾进行过大量研究，积累了丰富的资料。但是这一重要事实却很少为浮选工作者注意和应用。直到 20 世纪 60 年代初，原苏联科学院对脂肪酸的自氧化作用及其反应产物的浮选性能进行了一系列研究，并为改善药剂性能和寻找有效捕收剂方面提供了新的线索。显然，深入进行这方面的研究，对非硫化矿物浮选理论和实践的发展都将是有积极意义的。本书第二十一章对影响药剂效果的物理因素有专门的论述与介绍。

研究者从浮选角度研究了非硫化矿物的典型捕收剂油酸在充氧条件下的自氧化作用，认为有过氧羟基油酸生成。对脂肪酸钠盐水溶液在紫外光和空气存在下（室温）的自氧化作用，证明有过氧化物生成，过氧化物值大小和紫外光作用时间有关，也因脂肪酸的性质而异，如表4-17所列，不饱和脂肪酸盐的过氧化物值大于饱和脂肪酸盐。

表4-17　紫外光照射对脂肪酸钠及松脂酸钠水溶液生成过氧化物的影响

照射时间/min	过氧化物值						
	油酸钠		月桂酸钠		氧化石蜡钠皂		松脂酸钠
	质量浓度/mg·L^{-1}	含量/%	质量浓度/mg·L^{-1}	含量/%	质量浓度/mg·L^{-1}	含量/%	含量/%
20	2.3	7.5	0	0	1.0	3.2	
30	4.0	13.3	0.3	1.0	1.5	5.0	0.9
60	5.5	18.5	1.7	5.7	3.1	10.4	2.8
110	6.1	20.2					
120	6.3	20.9	3.1	10.3	4.7	15.4	4.6
180							5.3
350							7.7

注：1. 油酸钠过氧化物相对分子质量=336.4，月桂酸过氧化物相对分子质量=254.3，氧化石蜡钠皂平均相对分子质量为256，氧化石蜡皂过氧化物平均相对分子质量为310，松脂酸钠过氧化物值按分子中每含有一个羟基计算；2. 未经照射的脂肪酸钠盐水溶液的过氧化物含量在比色测定时调整至零，作为比较标准。

对粗塔尔油和全馏分精塔尔油进行了工业型自氧化试验。在工业型反应器内（一次投料800kg），于80℃左右，在紫外灯管照射下，将全馏分精制塔尔油或粗塔尔油通入空气，经惠勒（Wheeler）改良法测定，都有过氧化物生成，结果见图4-7所示。由图可看出，两者的过氧化物值开始都随反应时间延长而上升，达一峰值后，则开始下降，说明此时过氧化物的生成速度小于分解速度，同时，全馏分精制塔尔油的过氧化物值-反应时间曲线远在粗塔尔油之上，说明粗塔尔油中的树脂妨碍过氧化物的生成，可能与其将反应导向聚合过程有关。

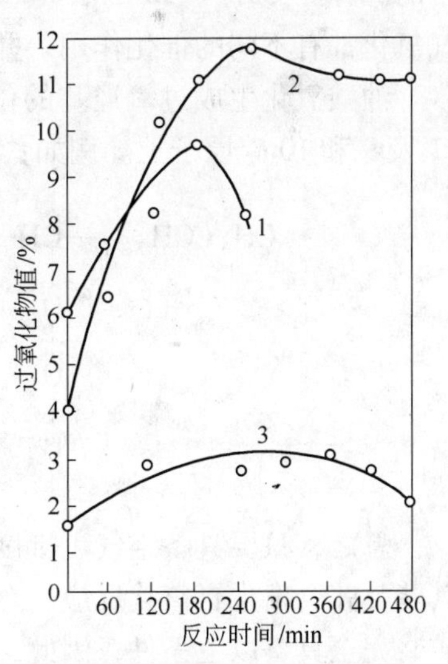

图4-7　塔尔油自氧化反应时间与过氧化物值的关系

1—全馏分精塔尔油，工业试验结果；
2—全馏分精塔尔油，实验室试验结果；
3—粗塔尔油，工业试验结果

有人曾对饱和脂肪酸如月桂酸和硬脂酸及其金属盐的氧化也进行了研究，在120～150℃时充气可以被氧化，而且认为过氧化物生成的原因与不饱和酸及酯相同。也有人曾用高浓度过氧化氢（大于50%）为氧化剂，由饱和脂肪酸制得高级过氧脂肪酸（过氧月桂酸、过氧硬脂酸和过氧软脂酸），共同分子结构式为：

$$R-C(=O)-O-O-H$$

捕收能力较相应的脂肪酸大为提高，较耐低温，对不同矿物具有一定的选择作用。

将脂肪酸与过氧化氢作用，生成过氧脂肪酸钠可用做锂辉石的捕收剂，氧化锂的回收率可达91.08%，精矿品位为6.14%。

关于金属离子对脂肪酸及酯的催化氧化作用，油脂化学中也进行过大量研究，证明一系列金属离子及其与脂肪酸生成的化合物能催化脂肪酸的自氧化反应。Skellon 等曾证明：Co、Th、U、Be、Ce、Ti、Mo 和 V 同不饱和脂肪酸（油酸、异油酸、芥子酸等）的化合物对油酸等脂肪酸有催化氧化作用（通过自由基生成过氧化物），其催化作用的大小与不同金属离子的性质有关，也与脂肪酸的种类有关。尤里（Uri. N）仔细地研究过一系列金属离子对不饱和脂肪酸氧化的催化作用及溶剂的极性影响后，指出 Cu^{2+}、Fe^{2+} 离子，部分氧化了的 Fe^{2+}、Co^{2+}、Mn^{2+}、V、Ti 和硬脂酸锡（Sn^{2+}）对亚油酸及其甲酯的充气氧化都有不同的催化作用。并用自由基引发的连锁反应来解释这些现象。

油酸氧化生成过氧羟基的位置都是在双键的附近碳原子上，主要是第8、11及9和10碳原子上。例如：

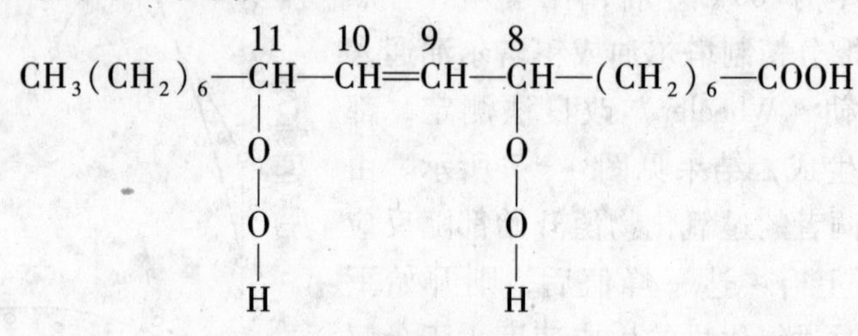

过氧羟基油酸

总之，只要具备空气、湿度和光照三个基本条件，在适当的时间脂肪酸及其酯类就会发生自氧化反应，金属离子与脂肪酸金属盐则起催化作用。而浮选矿浆完全具备以上条件，因此，在浮选矿浆中发生脂肪酸的自氧化反应也是不可避免的。因此，有理由认为，脂肪酸与矿物表面相互作用时，除了一般的离子、分子外，还有脂肪酸的自氧化产物——自由基和过氧化物等，由于这些物理化学作用的中间产物是高度活泼的质点，它们将以很大的反应能量与速度同矿物表面作用（是一种高能量的化学吸附），并与离子分子反应相同，最终都生成脂肪酸金属盐固着于矿物表面而产生疏水作用。

不饱和脂肪酸的自氧化反应在贮存运输过程中，特别是与空气、氧接触都会缓慢进行，在浮选条件下进一步加快过氧化过程。自氧化反应的产物具有良好的浮选性能，是构成脂肪酸浮选作用的值得引人注意的因素，不饱和脂肪酸同矿物表面相互作用过程如图4-8所示。

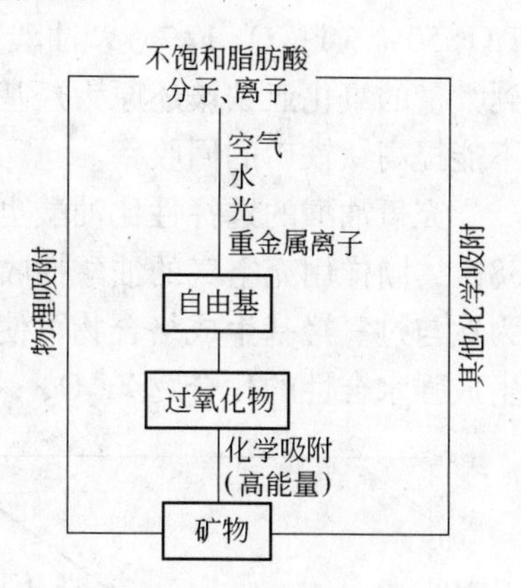

图4-8 不饱和脂肪酸同矿物作用的模式

关于脂肪酸自氧化产物的浮选性能，实验研究证明一般都具有良好的浮选性能。例如，油酸充氧后，浮选分离钛、锆矿砂的选择性比油酸大为提高。用油酸乳剂浮选钛铁矿过程中，充氧可以提高钛铁矿回收率，如图4-9所示。而充氮脱氧大大降低钛铁矿的回收率，如图4-10所示。在浮选过程中氧与油酸很可能起了化学变化，极有可能是生成了不稳定的过氧化物。

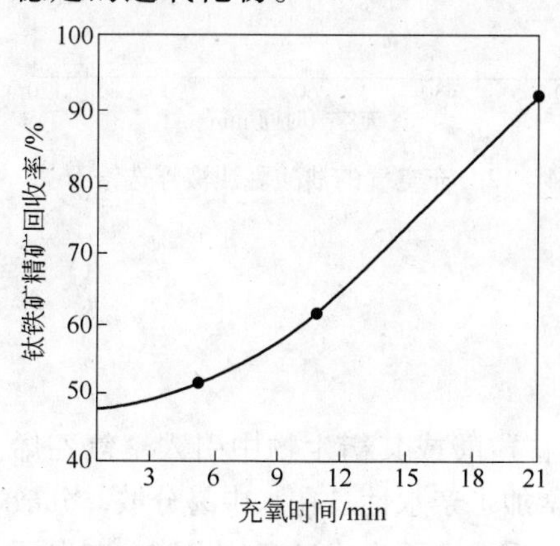

图4-9 用油酸乳剂（充氧）的浮选结果

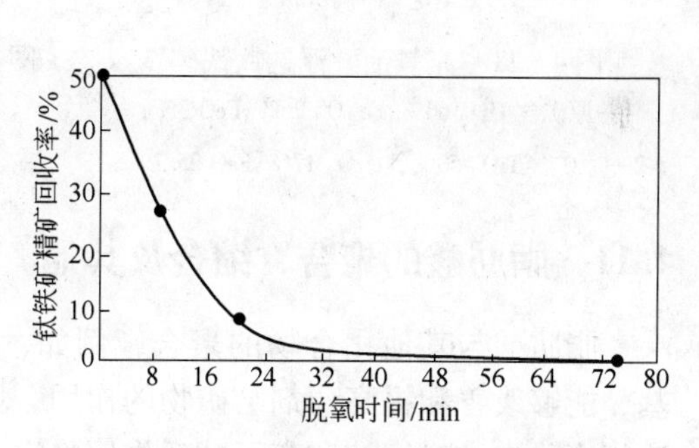

图4-10 脱氧对钛铁矿收率的影响

钛铁矿物是一种含有变价金属的矿物，变价金属离子可以催化油酸的自氧化过程。因而用充氧的油酸作捕收剂时，改善浮选效果也最为明显。用充氧的油酸浮选含氧化亚铁很少（FeO 3%）的钛铁矿（含 TiO_2 66%、Fe_2O_3 26%），精矿中钛铁矿的回收率有很大的提高，如图4-11所示。油酸受钛离子和三价铁离子的作用，在与钛铁矿充分反应后，生成含钛的过氧络合物—$[TiO_2(H_2O_2)]^{2+}$。其自氧化作用增强了，过氧羟基油酸可能是通过羧基与过氧羟基两个功能团同时固着在矿物表面，从而使油酸分子在矿物表面的覆盖面，比一般油酸大好几倍。但是浮选含氧化亚铁较高（FeO 25.7%）的钛铁矿（含 TiO_2 50%、Fe_2O_3 17%），油酸充氧几乎没有反应。这是因为过氧羟基油酸遇到大量的氧化亚铁被还原为羟基油酸［$C_{17}H_{32}$（OH）COOH］，而羟基油酸并不能提高钛铁矿的回收率。

充氧油酸的选择性比油酸也大为提高，泡沫产物中钛铁矿的回收率提高了38%，同样用充空气的油酸捕收锆石，回收率下降，如图4－12所示。有人认为钛与过氧羟基生成络合物可使钛铁矿表面产生疏水性；而锆与过氧羟基作用生成强水合性的化合物 $Zr_2O_5 \cdot 4H_2O$，使矿物表面可能更加亲水。

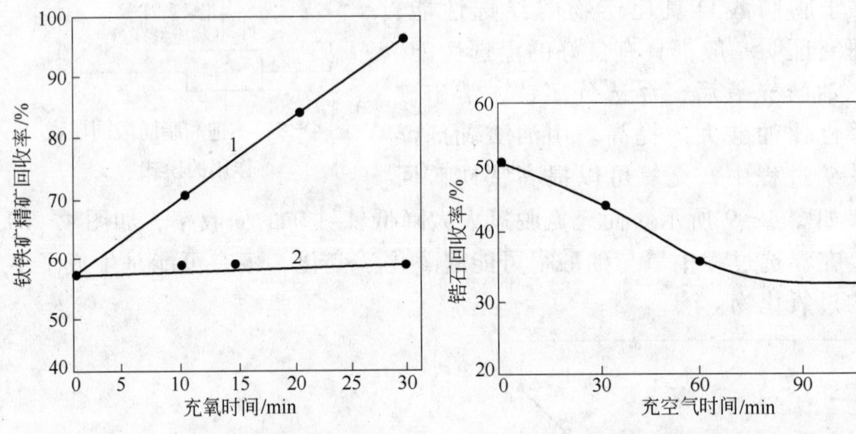

图4－11 充氧油酸浮选钛铁矿

1—原矿含 TiO_2 66%，Fe_2O_3 26%，FeO 3%；

2—原矿含 TiO_2 50%，Fe_2O_3 17%，FeO 25.7%

图4－12 充空气的油酸乳浊液浮选锆石

4.11 脂肪酸的聚合、缩合及其他

脂肪酸与其他化合物的聚合，例如，在羧酸或其衍生物中引入聚氧乙烯基，能够改善和提高药剂与矿物的作用，增加了亲水性，在水中易分散，分散液相当稳定，对沉淀和离子减活作用稳定，浮选中不生成过多的泡沫，在保证高质量精矿的前提下，可以确保提高非硫化物的回收率。调节分子中氧乙烯基数，可得到不同亲水亲油平衡（HLB）值的表面活性物，可成为不同用途的药剂。为了改进脂肪酸的浮选性能，专利文献提出一系列至少含有一个游离羧基的多元羧酸部分酯。这些酯与动植物油脂肪酸混合使用时，其混合比为1%～95%对99%～5%，这类用于浮选非硫化矿的多元酸部分酯具有下列通式：

$$R'—O—(CH_2—CH_2—O)_n—CH_2—CH_2—O—\underset{\underset{O}{\|}}{C}—R—\underset{\underset{O}{\|}}{C}—OH$$

式中，R′为具有8～18个碳原子的伯或仲烷基；n 为0～10的数值；R为有机

二价基。

具有下列结构的多元羧酸部分酯也可用于回收非硫化矿物：

$$\text{(R}',\text{R}''\text{-环己基)}-O-(CH_2-CH_2-O)_n-CH_2-CH_2-O-\underset{\underset{O}{\|}}{C}-R-\underset{\underset{O}{\|}}{C}-OH$$

式中，R′为氢或具有12个碳原子的烷基；R″为具有8~12个碳原子的烷基；n为0~3的数值；R为有机二价基。

英国人用顺丁烯二酸与乙烯基乙二醇反应后再与高碳醇反应，制得了多元酸半酯，分子式

$$RO-\underset{\underset{O}{\|}}{C}-R'-\underset{\underset{O}{\|}}{C}-O-(CH_2CH_2O)_n-\underset{\underset{O}{\|}}{C}-R'-COOH$$

$R=C_{12\sim22}$烷基，$n=0\sim5$，R′为二价基。用这种半酯选磷酸盐，用量仅为塔尔油的1/3~1/4，并可节约烃油4/5。

国外专利文献资料报道的有关缩合、聚合、多功能团的脂肪酸改性衍生物不胜枚举，例如，有人制备了代表式为XN－（CH_2CH_2COOH）$_2$类型的药剂20多种。式中X可以为RSO_2、$RNHSO_2$、RNHC（S）、RS（CS）、$ROCS_2$（CH_2）$_m$CO、$RNHCS_2$（CH_2）$_m$CO和RNHCO（CH_2）$_n$SC等，R为$C_nH_{2n}H$，$n=6\sim18$，$m=1\sim3$。该类药剂可以用作浮选药剂、絮凝剂、水处理剂和防腐蚀剂。例如其中的$C_{12}H_{25}CS_2CH_2CON$（CH_2CH_2COOH）$_2$可以作为萤石的捕收剂，其回收率比用德国产品cordesino的回收率高10%，而用量只有cordesino用量的1/6。有人使用含羧基、硫代羧基（或黄原酸基）的丙烯酸共聚物做捕收剂，对白钨矿和铜钼矿进行浮选可以提高WO_3的回收率，降低细粒级金属的损失率（硫代羧基或黄原酸基化合物含量大于30%）。用丙烯酸的缩聚物（DC-854）浮选淋滤型泥化高磷锰矿物，锰精矿中的磷锰比下降了50%。前苏联用塔尔油脂肪酸与脲素在150℃下进行缩合反应，产品用于氧化矿浮选的捕收剂。用环氧化的油酸甲酯在80℃下先与三氧化硫进行反应，然后再与苛性钠作用所得环氧化磺化油酸的钠盐，作为白钨矿浮选的捕收剂，所得精矿含WO_3 1.9%，回收率57%，总产率为97%。

欧洲专利206233号介绍使用既有羧基又有膦酸基的二烷基次膦酸丁二酸单酯（其中一个烷基为$C_{12\sim14}$）作为含SnO_2 1.0%的锡石捕收剂，捕收剂用量为300g/t，水玻璃用量为2200g/t，在pH值约为5左右，温度20℃下浮选，获得精矿含SnO_2 4.2%，金属回收率为91%。

带有苯基（或环烷基）的脂肪酸也属脂肪酸衍生物。例如，12-苯基月桂酸、6-苯基月桂酸、2-己基-6-苯基己酸等。以油酸为标准浮选磷灰石-霞石矿

进行比较，6-苯基月桂酸的效果最好，12-苯基月桂酸和6-苯基月桂酸的泡沫性质与油酸一样，2-己基-6-苯基己酸的泡沫稳定，但矿化程度低。2-辛基-5-环戊烷基-戊酸及2-庚基-5-环己基戊酸的泡沫性质类似于塔尔油的泡沫，在较低用量下，选择性与回收率都较高。

$$C_6H_5—CH_2—(CH_2)_{10}—COOH$$

12-苯基月桂酸

$$CH_3(CH_2)_5—CH(C_6H_5)—(CH_2)_4—COOH$$

6-苯基月桂酸

$$C_6H_5—CH_2—(CH_2)_3—CH(C_6H_{13})—COOH$$

2-己基-6-苯基己酸

$$C_5H_9—CH_2CH_2CH_2—CH(C_8H_{17})—COOH$$

2-辛基-5-环戊烷基-戊酸

$$C_6H_{11}—CH_2CH_2CH_2—CH(C_7H_{15})—COOH$$

2-庚基-5-环己基戊酸

参考文献

1 见百熙. 浮选药剂. 北京：冶金工业出版社，1981
2 阙锋等. 国内外选矿药剂的研究与进展. 冶金矿山，1997（8月专辑）
3 阙锋等. 国内外选矿药剂述评. 国外金属矿选矿，1999（7）：24~33
4 CA 95，118881
5 CA 95，136313
6 陈竞清译. 国外金属矿选矿，1977（9）：48~56
7 翟阳译. 国外金属矿选矿，1976（11~12）：71~72
8 Baldauf H，*et al*. Inter J Miner Process，1985，15：117~133
9 Kohe Steel Ltd. CA 100，10495（1984）
10 王淀佐. 浮选剂作用原理及应用. 北京：冶金工业出版社，1982
11 钱止能. 中南矿冶学院学报，1956（2）：11
12 曾石荣译. 国外金属矿选矿，1964（3）：1~8
13 林海. 萤石浮选药剂研究进展. 矿产保护与利用，1993（1）：47~50
14 谢建国，陈让怀等. 新型捕收剂RST浮选微细粒级钛铁矿. 有色金属，2002（1）：58~59
15 林祥辉等. 铁矿选矿与药剂新技术——RA系列药剂的研制、生产及其选矿应用. 矿冶工程，2006（增）

16 朱建光. 2004 年浮选药剂的进展. 国外金属矿选矿，2005（2）
17 周士强，石志坚，周红勤. 中国钨业，2004（1）：23 ~ 25
18 ZANG Y. Minerals Engineering，2003，16（7）：597 ~ 600
19 张泾生等. 矿冶工程，2003（6）：23 ~ 26
20 张泾生等. 矿冶工程，2002（2）：47 ~ 50
21 戴玉华，肖英，尹艳芳等. 有色金属（选矿部分），2004（5）：10 ~ 12
22 CA 141，26435
23 唐云，张 覃. 矿业研究与开发，2003（3）：23 ~ 26
24 Wellenkamp F J. 有色金属文摘，2003
25 陈名洁，文书明，胡天喜. 国外金属矿选矿，2005（7）：17 ~ 19
26 罗廉明，乐华斌，刘 鑫. 化工矿物与加工，2005（12）：3 ~ 5
27 徐金书. 化工矿物与加工，2005（12）：21 ~ 23
28 戴玉华，邱连省，罗仙平. 金属矿山，2005（8）：67 ~ 70
29 Суцков А Ц，*et al*. Рефер Ж，1969，10А：109
30 Аледцнцков Ц А，*et al*. Хцм Промыщет，1963，10：74
31 Zambrana G A. Ⅻth IMPC，1976（2）：5
32 Weehuizen J M. Ⅺth IMPC，1975：121
33 Аледцнцков Ц А，*et al*. CA 60，10539
34 Finch F，*et al*. 国外选矿快报，1990（3）
35 李芬芳等. 有色金属（选矿部分），1991（1）
36 CA 118，42667
37 CA 116，25158
38 国外选矿快报，1995（12）
39 资源处理技术，1993（3）
40 CA 118，168703u
41 Ger Offen DE 4118751
42 中国钨业，1995（5）
43 前苏联专利 1528567
44 CA 114，167222（1991）
45 中国专利 1031490
46 CA 113，27169
47 CA 114，126460
48 Aufb - Fechn，1990（8）
49 国外金属矿选矿，1992（1）
50 Ger Offen DE 4016792
51 CA 106，104649
52 CA 114，84770
53 国外金属矿选矿，1992（9）

第5章 有机硫化合物(一)——硫化矿捕收剂

在矿物加工中，有机硫化合物是重要的浮选捕收剂。按用途可以划分为硫化矿捕收剂和氧化矿捕收剂两大类。本章介绍硫化矿捕收剂，第6章介绍氧化矿捕收剂。

作为硫化矿捕收剂的有机硫化合物品种比较多，主要的是黄药及其酯类、硫醇类、硫氮类、黑药类和硫脲类等。有人将黑药类归到含磷化合物，硫脲类归到阳离子捕收剂类。本书试图从所含中心元素和使用功能的统一相结合来进行归类，利于掌握。

主要化合物结构类型如下：

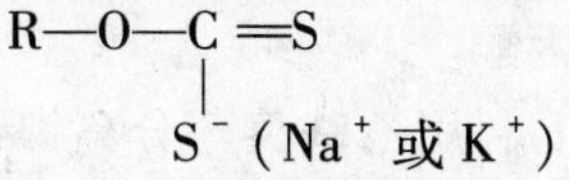

$R—O—C(=S)—S^-$ (Na^+ 或 K^+)

烷基黄药

$(RO)_2P(=S)S^- Na^+$

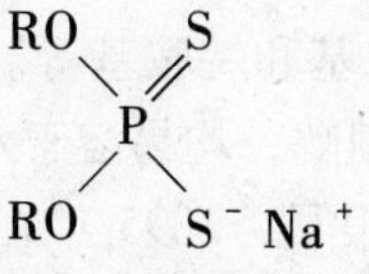

二烷基硫代磷酸盐（黑液）

黄药、黑药 $R = C_2H_5 \sim C_5H_{11}$

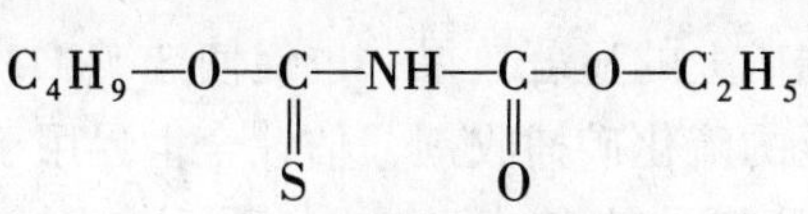

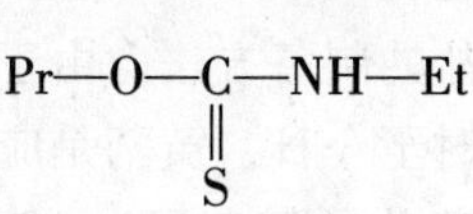

$C_4H_9—O—C(=S)—NH—C(=O)—O—C_2H_5$　　$Pr—O—C(=S)—NH—Et$

硫代氨基甲酸酯（Pr，Et 分别为丙基、乙基）

$R—S—H$

硫醇

$R = C_{12}H_{25}$

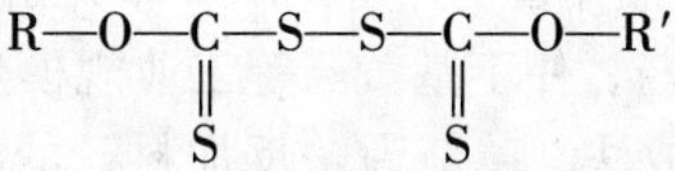

$R—O—C(=S)—S—S—C(=S)—O—R'$

双黄药［R，R′为相同或不同烷基（下同）］

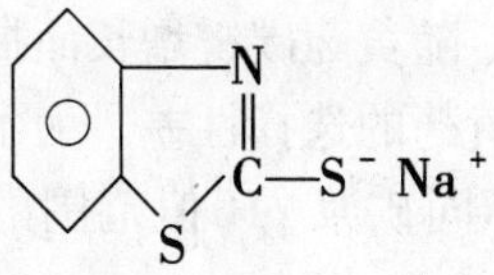

（苯并噻唑-2-基）$C—S^- Na^+$

巯基苯骈噻唑钠

$R_2P(=S)SNa$

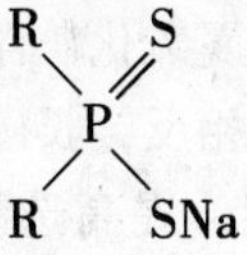

二烷基二硫代次磷酸盐

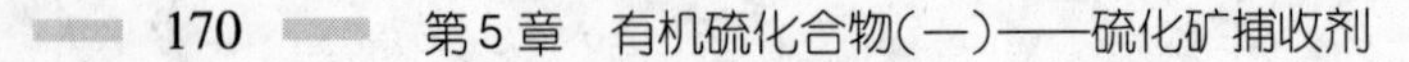

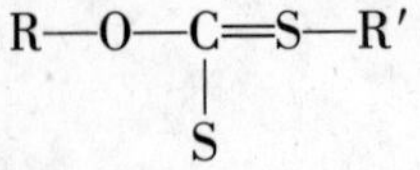

$$R—O—C(=S)—S—R'$$

黄原酸酯

$$RR'NC(S)SS(S)CNRR'$$

秋兰姆

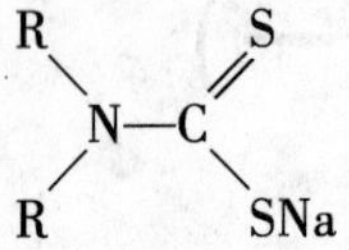

$$R_2N—C(=S)—SNa$$

二烷基二硫代氨基甲酸盐

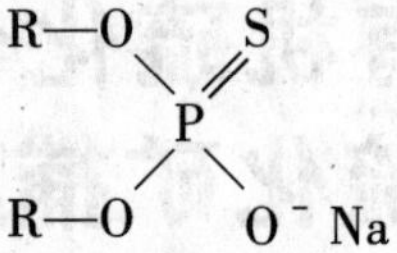

$$(R—O)_2P(=S)—O^- Na^+$$

一硫代磷酸盐

$$C_6H_5—HN—C(=S)—HN—C_6H_5$$

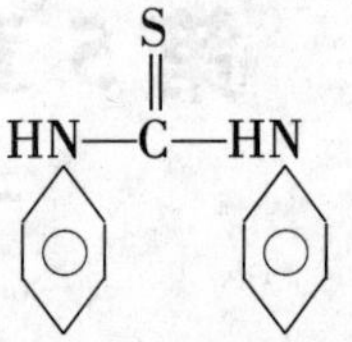

均二苯硫脲

5.1 黄药

黄药学名为黄原酸，英文为 xanthate，为不安定的无色或黄色的油状物，微溶或难溶于水，分解时可能引起强烈的爆炸。用做选矿药剂的主要是它的碱金属盐类或铵盐，通式为：

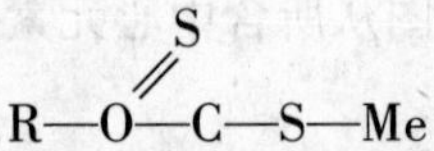

$$R—O—C(=S)—S—Me$$

式中，Me 一般为钠或钾，也有是铵盐的；R 为不同碳链的烷基（一般为 C_2 ~ C_5）、烷基芳基、环烷基和烷胺基等。黄原酸的盐类是性质相对稳定的固体，钠盐易潮解，钾盐不潮解，均易溶于水、酒精及丙酮。

黄药的制备发现很早，1895 年在分析化学上利用乙基黄药分离镍及铁，1902 年利用乙基黄药与铜镍等金属离子作用发生沉淀反应，用做铜及镍的定量分析试剂；1911 年用甲基黄原酸钾鉴别镍及铜。一般认为黄药作为选矿药剂的时间是 1924 ~ 1926 年，1929 年弗斯特（Foster）发表了黄药及其他有机硫代碳酸盐的制备方法。由于黄药在选矿上的显著效果，也促使选矿工艺的迅速发展。时至今日，黄药是应用最广泛的硫化矿捕收剂，估计全世界用于浮选的各种黄药总量每年超过 10 万 t，商品牌号甚多。例如 AC 系列和 Aero-xanthate 系列的黄药产品。

我国从 1942 年生产液体黄药开始，1950 年开始生产固体乙基黄药，随后有了丁基黄药、戊基黄药、仲丁基黄药等工业规模生产。1972 年沈阳冶金选矿药剂厂将黄药直接合成法，革新为“反加料”的新方法，使反应时间缩短一半，设备利用率提高一倍。

黄药在复杂的多金属硫化矿浮选中，一般说来，随黄药碳链增长而捕收性能增强，而其选择性则相反，长碳链黄药比短碳链黄药的选择性差。为了改善和提高黄药的浮选性能，提高选择性、捕收性和不同矿浆 pH 值范围的适应性，研发生产人员作了大量的研究工作。

从黄药分子的结构看可视为碳酸（盐）的衍生物，为烃基二硫代碳酸盐，即两个硫原子取代了碳酸盐中的两个氧原子，而烃基则取代了其中的一个氢原子。另外，从电子结构特点，用氧原子（—Ö—）的同电异素体—N̈—，—S̈—，或—CH_2—代替碳酸盐余下的一个氧。研究制备了系列衍生物，例如三硫代碳酸盐（或酯）和以二乙基二硫代氨基甲酸盐（硫氮九号）为代表的烷基氨基甲酸盐，以及各种中性酯，例如戊基黄药甲酸乙酯、丁基黄药甲酸甲酯，和 O-异丙基-N-乙基硫代氨基甲酸酯等。

与此同时，黄药类药剂与矿物作用机理的研究，在以往利用放射性同位素示踪法，研究矿物表面的不均匀性和硫化矿对黄药的催化氧化生成双黄药等研究基础上，更借助于软硬酸碱理论、前线分子轨道理论和分子设计理论研究并利用现代测试技术手段，各种不同功能的光谱等进行溶液化学、电化学、表面（界面）化学的研究。例如：布鲁特. G 等采用溶解度的测定、吸附试验、*Eh* 测定和红外光谱分光光度法研究黄药在黄铁矿表面的吸附机理，黄药和双黄药的同时作用，以及在不同 pH 值条件下，吸附量的增减变化；戈尔雅切夫. B. E. 等研究润湿作用的物理化学特性及具有化学不均匀性表面颗粒可浮性的关系，结果表明，矿粒的可浮性和浮选速度取决于矿粒表面的单位润湿能。不仅与吸附在矿粒表面的捕收剂数量（浓度），而且与硫化矿物氧化性质有关，对可浮性起决定作用；杨刚等人对黄药类浮选药剂电子结构与浮选机理的量子化学进行了研究，讨论了浮选药剂的结构与浮选性能的关系，用量子化学程序 MOAN 计算了乙基黄药、方铅矿表面电子结构，讨论了配体作用的活性位置，配体与方铅矿表面作用的方向及机理，为设计新型高效浮选药剂提供了一个有效的途径。

5.1.1 黄药的主要性质

黄原酸盐为黄色晶状体或粉末，不纯物常为黄绿色或橙红色胶状物，有刺激性气味和一定的毒性，遇热分解为烷基硫化物、二硫化物、羰基硫化物和碳酸的碱金属盐。可以用下列反应式表示黄药的解离、水解和分解：

$$ROCSSNa \xrightleftharpoons{\text{解离}} ROCSS^- + Na^+$$

$$ROCSS^- + H_2O \xrightleftharpoons{\text{水解}} ROCSSH + OH^-$$

$$ROCSSH \xrightleftharpoons{\text{分解}} ROH + CS_2$$

$$ROCSSH \xrightleftharpoons{\text{电离}} ROCSS^- + H^-$$

黄药在酸、碱（游离碱）、水、二氧化碳和氧的作用下，发生下列反应式：

$$ROCSSNa + H^+ \rightleftharpoons ROH + CS_2 + Na^+$$

$$ROCSSNa + NaOH \longrightarrow NaOCSSNa + ROH$$

$$ROCSSNa + 2NaOH \longrightarrow NaOCOSNa + NaHS + ROH$$

$$ROCSSNa + NaHS \longrightarrow NaSCSSNa + ROH$$

$$NaOCSSNa + NaOCOSNa \longrightarrow NaSCSSNa + Na_2CO_3$$

$$ROCSSK + H_2O \longrightarrow K_2S + K_2CO_3 + CS_2 + ROH$$

$$ROCSSK + CO_2 + H_2O \longrightarrow CS_2 + ROH + KHCO_3$$

$$ROCSSK + O_2 + H_2O \xrightarrow{OH^-} ROCSS—SSCOR\text{（双黄药）} + ROH$$

$$ROCSSK + CO_2 + O_2 + H_2O \longrightarrow ROCSS—SSCOR + RHCO_3$$

为了更好地描述某些黄药的性能，将某些黄药的解离度等列于表5-1，溶解度列于表5-2。

表5-1 某些黄药的物理常数

黄原酸名称	解离常数K_a值	熔点/℃	密度ρ/g·cm^{-3}
甲基黄原酸钾	3.4×10^{-2}	182~186	$d_{15.2}$ 1.7002
乙基黄原酸钾	2.9×10^{-2}	226	$d_{18.2}$ 1.5564
丙基黄原酸钾	2.5×10^{-2}	223~229	
丁基黄原酸钾	2.3×10^{-2}	255~265	
戊基黄原酸钾	1.9×10^{-2}		
异丙基黄原酸钾	2.0×10^{-2}	278~282	
乙基黄原酸	0.02±0.001		
异丁基黄原酸钾		260~270	$d_{14.5}$ 1.3832
异戊基黄原酸钾		260~270	
环已基黄原酸钾		206	
苄基黄原酸钾		180	
羟乙基黄原酸钾		200~205	
甲氧基乙基黄原酸钾		216	
乙氧基乙基钾黄药		193~196	

表5-2 常用黄原酸钾钠盐的溶解度及润湿接触角

商品名称	R	M	溶剂	每百克溶剂溶解的克数		润湿接触角/(°)
				0℃	35℃	
正丙基钾黄药	n-C_3H_7—	K	水	43.0	58.0	68
正丙基钠黄药		Na	水	17.6	43.3	
异丙基钾黄药	i-C_3H_7—	K	水	16.64	37.15	
异丙基钠黄药		Na	水	12.1	37.9	

续表 5-2

商品名称	R	M	溶剂	每百克溶剂溶解的克数		润湿接触角 /(°)
				0℃	35℃	
正丁基钾黄药 正丁基钠黄药	$n\text{-}C_4H_9$—	K Na	水 水	32.4 20.0	47.9 76.2	74
异丁基钾黄药 异丁基钠黄药	$i\text{-}C_4H_9$—	K Na	水 水	10.7 11.2	47.67 33.37	78
异戊基钾黄药 异戊基钠黄药	$i\text{-}C_5H_{11}$—	K Na	水 水	28.4 24.7	53.3 43.5	86
正丙基钾黄药 正丙基钠黄药	$n\text{-}C_3H_7$—	K Na	丙醇 丙醇	1.9 10.16	8.9 22.5	
异丙基钾黄药 异丙基钠黄药	$i\text{-}C_3H_7$—	K Na	异丙醇 异丙醇		2.0 19.0	
正丁基钾黄药 正丁基钠黄药	$n\text{-}C_4H_9$—	K Na	丁醇 丁醇		36.5 39.2	
异丁基钾黄药 异丁基钠黄药	$i\text{-}C_4H_9$—	K Na	异丁醇 异丁醇	1.6 1.2	6.2 20.5	
异戊基钾黄药 异戊基钠黄药	$i\text{-}C_5H_{11}$—	K Na	异戊醇 异戊醇	2.0 10.9	6.5 15.5	

注：甲基黄药接触角为50°，乙基黄药为60°，十六烷基黄药为96°，苄基黄药为72°，环己基黄药为75°，苯乙基黄药为71°，小茴香基黄药为73°。

黄药的稳定性与烃链长度有关，分解速度常数 K_0 值不同，如表5-3所列。

表5-3 某些黄药的分解速度常数

黄 药 名 称	分解速度常数 K_0/L·(min·mol)$^{-1}$
甲基黄药	213
乙基黄药	226
丙基黄药	214
异丙基黄药	207
正丁基黄药	209
异丁基黄药	202
戊基黄药	211

黄药的氧化分解速度，不仅与氧有关而且还与金属离子存在有关。例如乙基钾黄药在氮氧气氛和 pH=8 的溶液中的分解速度顺序由快到慢为：

$Fe^{3+} > Co^{2+} > Sn^{2+} > Cu^{2+} > Hg^{2+} > Ni^{2+} > Pb^{2+} > Al^{3+} > Ba^{2+} > Mn^{2+} > Zn^{2+}$

黄药的氧化除上述与潮湿空气和二氧化碳发生作用外，还可通过某些氧化剂如过硫酸钾、碘和硫酸铜等作用，极易氧化制得双黄药，其产品为黄色固体物质。

$$2ROCSSK + KI_3 \longrightarrow RO-\overset{\overset{S}{\|}}{C}-S-S-\overset{\overset{S}{\|}}{C}-OR + 3KI$$

$$2ROCSSK + K_2S_2O_8 \longrightarrow (ROCS)_2S_2 + 2K_2SO_4$$

$$4ROCSSNa + 2CuSO_4 \longrightarrow (ROCS)_2S_2 + 2ROCSSCu + 2Na_2SO_4$$

黄药与碘为定量反应，分析化学上用其测定黄药的浓度和纯度。同时，黄药也是铜等金属离子的沉淀剂，生成难溶的重金属盐。

黄药的酯化是黄药众多化学性质中值得重视和注意的反应，与浮选药剂密切相关，由此衍生出一系列酯类。例如与各种烷基化试剂作用生成不同黄药酯(硫代酯)：

$$C_2H_5OCSSNa + CH_3I \longrightarrow \underset{\text{乙基黄原酸甲酯}}{C_2H_5OCSSCH_3} + NaI$$

$$C_2H_5OCSSNa + Cl-CH_2COONa \longrightarrow \underset{\text{乙基黄原酸乙酸酯钠盐}}{C_2H_5OCSSCH_2COONa} + NaCl$$

硫代酯与氨或胺类化合物作用无需加热，生成硫代甲酸酯（thionocarbamate)，如乙基黄原酸醋酸酯钠盐与乙胺作用生成N-乙基硫代氨基乙酯和巯基乙酸钠。两种反应产物都是选矿药剂，前者为不溶于水的捕收剂，后者为溶于水的抑制剂，极易分离。反应式为：

$$C_2H_5OCSSCH_2COONa + C_2H_5NH_2 \rightarrow C_2H_5O-\overset{\overset{S}{\|}}{C}-NHC_2H_5 + HS-CH_2COONa$$

黄药也可与氯代甲酸酯在冷乙醚悬浮液中作用生成安定的酯类化合物。反应式为：

$$\underset{\text{异丙基黄药}}{(CH_3)_2CH-O-CSSNa} + \underset{\text{氯代甲酸乙酯}}{ClCOOC_2H_5} \longrightarrow \underset{\text{异丙基黄原酸甲酸乙酯}}{(CH_3)_2CHOCSSCOOC_2H_5} + NaCl$$

5.1.2 黄药的制备方法与生产

黄药是由苛性碱（钠或钾)、醇、二硫化碳三种原料共同作用生成的。也有人认为黄药合成中，首先是醇与碱作用生成醇淦，再与二硫化碳作用：

$$ROH + NaOH \longrightarrow R-ONa + H_2O$$

$$R-ONa + CS_2 \longrightarrow RO-\overset{\overset{S}{\|}}{C}-SNa$$

黄药的合成是放热反应，而且温度高时易造成黄药分解，因此，合成过程需要冷却在低温下进行。反应务必避免有水存在，不然容易发生副反应：

$$6NaOH + 3CS_2 \longrightarrow Na_2CS_3 + Na_2CO_3 + H_2O$$

在工业上黄药的合成工艺多种多样，主要区别在于加料比例及顺序、介质或溶剂种类、反应设备及搅拌等。归纳起来主要有：直接合成法、结晶法、干燥法（或称稀释剂法）和湿碱法。

直接合成法就是在冷冻条件下，经强烈搅拌不加任何溶剂，按理论比例量的醇与氢氧化钠粉末作用，再缓慢加入二硫化碳进行黄原酸化反应，即得粉末状黄药。若改变加料顺序，先将醇与二硫化碳混合，再徐徐而有效地控制添加比例量的粉状氢氧化钠，这就是所谓的“反加料”法。结晶法是用大量的苯、汽油或过量酒精等为溶剂，使生成的黄药在溶液中结晶析出，再经过滤干燥后获得干产品，产品质量好。干燥法又称稀释剂法，此法就是加入适量溶剂使反应均匀易于进行。湿碱法也叫水溶液法，即加入少量水润湿苛性碱，避免结块使反应完全。

在四种生产工艺中，国内外主要采用的是直接法和结晶法，而湿碱法，主要是小型土法生产。

生产黄药的原料纯度对产品质量也有影响，所有的碱，不论是苛性钠或苛性钾纯度应在95%以上，含水分、碳酸钠和铁质会降低产品质量，或加速产品的分解。使用时务必将苛性碱破碎或磨细至少于30目细粉使用。二硫化碳纯度要求98.5%以上，避免有其他硫化物杂质。使用的各种醇类也应尽量不含水分，乙醇纯度要求98%以上；丁醇馏程115～118℃的应占总体积的95%以上；戊醇馏程129～134.5℃的应占95%以上。

直接法合成黄药一般在混捏机中进行，外用－15℃的冰盐水冷却，醇、苛性钠和二硫化碳的配料比（物质的量比），$(ROH):(NaOH):(CS_2)=1:1:1$。

一般来说，配料比都如上所述，对戊醇而言通常把配料比（物质的量之比）调整为：

戊醇：氢氧化钠：二硫化碳＝0.9：1.0：0.95，反应温度一般保持在20℃，最高不超过40℃。合成产品用盘式密闭罐真空干燥，乙基和丁基黄药的干燥温度在55～70℃，戊基黄药则在30～40℃干燥，干燥时间为4～7h。

在直接法基础上改进的“反加料”法，就是将醇与二硫化碳按配料比计量先行混合，然后分批逐渐加入苛性碱细粉，利用加碱的速度快慢控制反应的温度，一般温度控制在10～15℃范围内，碱加完时使温度升至30℃左右反应完全。冷却后即可出料。该法反应时间比原先直接法缩短一半，设备利用率提高一倍。

5.1.3 黄药在浮选上的应用

黄药的品种很多用途很广，一般的醇黄药是最重要的硫化矿浮选捕收剂，同时还用为橡胶的硫化助剂、除草剂、杀虫剂、抗霉剂和高压润滑油添加剂，以及分析试剂。纤维素和淀粉也可以用来生产纤维素和淀粉黄药，它们亦是选矿药剂，主要用作抑制剂。高分子纤维素黄药还应用于人造丝及透明玻璃纸工业。

黄药主要品种有乙基、异丙基、丁基、戊基、异戊基等黄药捕收剂，或称为重要的巯基（—SH）捕收剂。在性能一节中已谈到黄药随碳链的增长，捕收作用也愈强；带支链的同素异构体较直链的更强。黄药的润湿接触角也是随分子量（碳链）的增加而增大（表5-2所列）。

黄药与矿物作用机理，从溶解度或溶度积说（指黄药与金属离子生成的盐）、共吸附说至氧化作用说，认识总是不断深入的。

不同黄药对于不同矿物捕收性能的关系如表5-4所列，从表中可以看出与溶解度相关性相似，即重金属黄原酸盐的溶解度愈小，其矿物较易浮选。有人研究了不同矿物和不同黄药相互作用的状况，从反应产物的不同，说明黄药与不同矿物作用机理是不相同的，如表5-5所列。

表5-4 不同黄药与矿物浮选的关系

矿物名称	甲基黄药	乙基黄药	丙基黄药	丁基黄药	戊基黄药	己基黄药	庚基黄药
磁黄铁矿	需要活化						
闪锌矿							
黄铁矿							
方铅矿							
黄铜矿							
斑铜矿				不需要活化			
辉铜矿							
汞和银							

表5-5 黄药与不同矿物作用产物

矿物名称	药剂名称		
	乙基黄药	丁基黄药	戊基黄药
辉锑矿（1）	0	0	0
辉锑矿（2）	MeX	MeX	MeX

续表 5-5

矿物名称	药剂名称		
	乙基黄药	丁基黄药	戊基黄药
毒 砂	0	0	0
方铅矿	MeX	MeX	MeX
斑铜矿	0	MeX	MeX
辉铜矿	0	MeX	MeX
铜 蓝	X_2	X_2 + MeX	X_2 + MeX
黄铁矿	X_2	X_2	X_2
磁黄铁矿	X_2	X_2	X_2
砷黄铁矿	X_2	X_2	X_2
黄铜矿	X_2	X_2	X_2
闪锌矿	0	0	0

注：MeX 为矿物晶格的黄原酸盐；X_2 为双黄药；0 为不能准确鉴定。

黄药（X）与各种金属硫化矿表面作用，在表面上生成 MeX 或者 X_2，与矿物和黄药在矿浆中的电位直接相关，矿物的电位较 $X_2 + 2e \rightleftharpoons 2X^-$ 的平衡电位高，则生成 X_2；若比上式的平衡电位低，则表面生成 MeX 或者不反应。该研究将矿物表面电位和吸附产物联系起来，值得深思。

5.2 双黄药

双黄药又称复黄药。用相应的醇、NaOH 溶液和 CS_2 先合成不同烷基的黄药，然后用氧化剂，如 I_2、HNO_3、SO_2Cl_2、NaOCl 和 $K_2S_2O_8$ 等化合氧化制得相应的双黄药。由乙基黄药氧化制得的产品称乙基双黄药。

双黄药作为硫化矿的捕收剂捕收性能与黄药相似。用双黄药浮选海绵铜时证明双黄药比一般黄药效果更好，而且双黄药分子中碳链长度对捕收性能也有影响，由乙基双黄药到辛基双黄药，碳链愈长，铜的回收率也愈高。

用双黄药浮选黄铜矿时，选择性比黄药好。在 pH = 8.5 时对黄铜矿的浮选，用丙基双黄药和乙基黄药相比较时，前者的回收率为 99%，铜精矿品位为 28.5% ~30%，后者回收率 97% ~99%，精矿品位低于 24%。双黄药对黄铁矿的捕收能力弱，从而提高了黄铜矿浮选指标和选择性。

根据文献资料报道，还有一类环状结构的双黄药，俗称“四黄药”，它是用聚二醇，如乙二醇、二乙二醇、三乙二醇，或丙二醇、己二醇之类的二醇先制得黄药，然后再用氧化剂氧化成具有环状结构的双黄药。反应式为：

$$\begin{array}{l} CH_2-OH \\ | \\ (CH_2)_n \\ | \\ CH_2-OH \end{array} + CS_2 + KOH \rightarrow \begin{array}{l} CH_2-O-C(=S)-SK \\ | \\ (CH_2)_n \\ | \\ CH_2-O-C(=S)-SK \end{array}$$

$$2\begin{array}{l} CH_2-O-C(=S)-SK \\ | \\ (CH_2)_n \\ | \\ CH_2-O-C(=S)-SK \end{array} \xrightarrow{I_2 \text{ 或 } K_2S_2O_8} \begin{array}{l} CH_2-O-C(=S)-S-S-C(=S)-O-CH_2 \\ | \qquad\qquad\qquad\qquad\qquad | \\ (CH_2)_n \qquad\qquad\qquad (CH_2)_n \\ | \qquad\qquad\qquad\qquad\qquad | \\ CH_2-O-C(=S)-S-S-C(=S)-O-CH_2 \end{array}$$

“四黄药” $n=0\sim4$

用 $n=4$ 的“四黄药”45g/t 浮选铜品位为0.9%的黄铜矿时，得精矿铜品位为12.2%，回收率约79%。在相同条件下，用乙基钾黄药浮选时，铜精矿品位只有6.5%~7%。

长沙矿冶研究院早在20世纪70年代就利用二甘醇，$HO-CH_2CH_2OCH_2CH_2OH$（又名一缩二乙二醇）作为原料，进行黄原酸化反应和氧化环化制备“四黄药”的实践，所得产品为：

$$\begin{array}{l} CH_2-O-C(=S)-S-S-C(=S)-OCH_2 \\ | \qquad\qquad\qquad\qquad\qquad | \\ CH_2 \qquad\qquad\qquad\qquad CH_2 \\ | \qquad\qquad\qquad\qquad\qquad | \\ O \qquad\qquad\qquad\qquad\quad O \\ | \qquad\qquad\qquad\qquad\qquad | \\ CH_2 \qquad\qquad\qquad\qquad CH_2 \\ | \qquad\qquad\qquad\qquad\qquad | \\ CH_2-O-C(=S)-S-S-C(=S)-OCH_2 \end{array}$$

二甘醇二双黄药（简称二甘醇四黄药）

利用该药剂浮选金川镍矿物，取得了初步成果，具有优良的浮选性能。

双黄药的浮选作用机理，有人曾经将它与其同为同电异素体的二乙氨基硫甲酰的二硫化物（秋兰姆二硫化物） $C_2H_5N-C(=S)-S-S-C(=S)-NC_2H_5$ 的捕收性能进行比较研究，认为双黄药类捕收剂直接与金属硫化物矿物表面及金属离子作用，生成相应的黄原酸盐。

5.3 芳香基黄药

5.3.1 苄基黄药

已研制的芳香基黄药，有苄基黄药、苯乙烯基黄药和苯丙烯基黄药。其中苄基黄药性能比较好。

苄基黄药用苄醇为原料，而苄醇则由甲苯氯化、水解而制得：

$$C_6H_5-CH_3 \xrightarrow[\text{光}]{Cl_2} C_6H_5-CH_2Cl + HCl$$

$$2\,C_6H_5-CH_2Cl + H_2O + Na_2CO_3 \longrightarrow 2\,C_6H_5-CH_2OH + 2NaCl + CO_2$$

$$C_6H_5-CH_2OH + CS_2 + NaOH \longrightarrow C_6H_5-CH_2O-CSSNa + H_2O$$

苄基黄药的浮选性能与丙基和丁基黄药相当。用于浮选铜硫化矿时，回收率比乙基黄药高，但略低于丁基黄药。浮选铜、铅、锌多金属矿时，指标与丁基黄药接近。

5.3.2 酚基黄药

除了上述介绍的以苄基黄药为代表的芳香基黄药外，另一类值得一提的是苯酚基黄原酸及其衍生物一类。

早在1892年就有人用苯酚的钾盐于75~80℃与二硫化碳作用获得橙红色的苯酚黄原酸钾，证明该物质能与镉盐作用生成深红色沉淀，与铜盐作用生成棕色沉淀，与铅盐及汞盐作用生成红色沉淀，与银盐作用生成黑色沉淀，与锌盐作用生成黄色沉淀。但是未指出其理化性质。在此之后经历了66年才有人通过下列方法合成了一系列烷基苯酚基双黄药，以及苯氨基二硫代甲酸盐的氧化物（俗称苯胺基双黄药类）：

$$R\text{-}C_6H_4-OH \xrightarrow[KOH]{CS_2} R\text{-}C_6H_4-O-C(=S)-SK \xrightarrow[NaNO_2]{[O]} R\text{-}C_6H_4-O-C(=S)-S-S-C(=S)-O-C_6H_4\text{-}R$$

苯酚类黄药　　苯酚类双黄药

$$R\text{-}C_6H_4-NH_2 \xrightarrow[KOH]{CS_2} R\text{-}C_6H_4-NH-C(=S)-SK \xrightarrow[NaNO_2]{[O]} R\text{-}C_6H_4-NH-C(=S)-S-S-C(=S)-NH-C_6H_4\text{-}R$$

苯胺类黄药　　苯胺类双黄药

式中，R 为氢、氯、羧酸基及磺酸基。

通过上述方法已经获得了系列产品。所得的苯酚基及苯胺基衍生物的物理常数及产率如表 5-6 所列。

表 5-6 苯酚基双黄药及苯胺基类衍生物的物理常数及产率

烷基苯酚基双黄药及衍生物			烷基苯胺基双黄药及衍生物		
R	熔点/℃	产率/%	R	熔点/℃	产率/%
H	182～183	60①	H	183	66①
2—COOH	154～155	66	2—COOH	236～328	75
3—COOH	198～200	70	3—COOH	224.5	57
4—COOH	339～340	60	4—COOH	238～240	57
2—SO_3H	360（分解）	48	2—SO_3H	360（分解）	53
3—SO_3H	360（分解）	56	3—SO_3H	360（分解）	49
4—SO_3H	360（分解）	40	4—SO_3H	360（分解）	65
4—Cl	128	70①	4—Cl	100	70①

①为用酒精重结晶，其余均采用水重结晶。

苯酚基类黄药的浮选性能如何，尚有待于进一步研究。但是已有专利报道用氯代酚与环氧乙烷或环氧丙烷聚合成氯代酚基聚二醇，再与二硫化碳和氢氧化钾作用制成黄药。已经合成的化合物如下式：

$$Cl-C_6H_4-O-(CH_2CH_2CH_2O)_2-C(=S)-SK \quad (M.P.\ 162 \sim 175℃)$$

（Ⅰ）3-［3-（4-氯代苯酚基）-丙氧基］-丙基黄原酸钾

$$Cl-C_6H_3(CH_3)-O-(CH_2CH_2CH_2O)_2-C(=S)-SK \quad (M.P.\ 172 \sim 178℃)$$

（Ⅱ）3-［3-（4-氯代-2-甲基苯酚基）-丙氧基］-丙基黄原酸钾

$$\text{Cl}-\text{C}_6\text{H}_3(\text{Cl})-\text{O}-\text{CH}_2\text{CH}_2-\text{O}-\text{CH}_2\text{CH}_2-\text{O}-\text{C}(=\text{S})-\text{SK}\quad(\text{M.P.}\ 167\sim169℃)$$

（Ⅲ）2-［2-（2，4-二氯代苯酚基）-乙氧基］-乙基黄原酸钾

上述（Ⅰ）、（Ⅱ）、（Ⅲ）三种化合物专利介绍用作除草剂。虽未提及用作浮选药剂，但是极有参考价值。许多实例都说明选矿药剂和农药有互通性。

5.4 氨基乙基黄药

烷基氨基黄药，例如二烷基氨基乙基黄药（Ⅰ）及三烷基氨基羟乙基黄药（Ⅱ）：

$$\text{RR}'\text{N}-\text{CH}_2\text{CH}_2\text{O}-\text{C}(=\text{S})-\text{SK}\qquad\text{RR}'\text{R}''\text{N}-\text{CH}(\text{OH})\text{CH}_2\text{O}-\text{C}(=\text{S})-\text{SK}$$

（Ⅰ） （Ⅱ）

式中，R，R′和R″系含有2~8个碳原子的烷基。据报道此类药剂在浮选铜镍矿时，可以作为镍矿捕收剂，效果不错。

长沙矿冶研究院等单位早在20世纪70年代初，就研制成功了二丁氨基乙基钾黄药（简称胺基黄药或胺醇黄药）。该药剂用于某镍矿选矿时，与乙基黄药和丁基黄药的混合药剂作对比，用该胺基黄药浮选时，除精矿品位略有下降（下降了0.2%）外，镍矿回收率则比混合用药提高了4.8%。合成方法为：

$$(\text{CH}_3-\text{CH}_2-\text{CH}_2-\text{CH}_2)_2\text{NH}+\text{ClCH}_2\text{CH}_2\text{OH}\xrightarrow[-\text{HCl}]{}(\text{CH}_3\text{CH}_2\text{CH}_2\text{CH}_2)_2\text{N}-\text{CH}_2\text{CH}_2\text{OH}$$

二丁胺 氯乙醇 二丁胺基乙醇

$$(\text{CH}_3\text{CH}_2\text{CH}_2\text{CH}_2)_2\text{N}-\text{CH}_2\text{CH}_2\text{OH}+\text{CS}_2+\text{KOH}\longrightarrow(\text{CH}_3\text{CH}_2\text{CH}_2\text{CH}_2)_2\text{N}-\text{CH}_2\text{CH}_2\text{OC}(=\text{S})\text{SK}$$

二丁胺基乙基钾黄药

根据相关专利报道，另一种胺基黄药，即二乙胺基甲基黄药作浮选硫化矿和氧化矿捕收剂。它在铜矿精选及Cu-Pb-Zn混合矿石的精选中，比一般的常用黄药效果可以提高2~5倍，同时还可以大幅度降低对环境的污染。

二乙胺基甲基黄原酸，分子式 $(\text{C}_2\text{H}_5)_2\text{N}-\text{CH}_2-\text{O}-\text{C}(=\text{S})-\text{SH}$，是一种内

络盐。其制备方法是：先将二乙胺与甲醛在60℃时进行缩合反应，生成二乙胺基甲醇经盐析从上层分出，再将该醇在低于40℃时与二硫化碳和碱反应而制得。

5.5 聚烷氧基黄药

这是一种长碳链黄药，系由一种环氧烯烃，例如环氧乙烷、环氧丙烷与醇或酚进行缩合反应，得到烷氧基醇，然后再与二硫化碳和碱作用制得，其通式为：

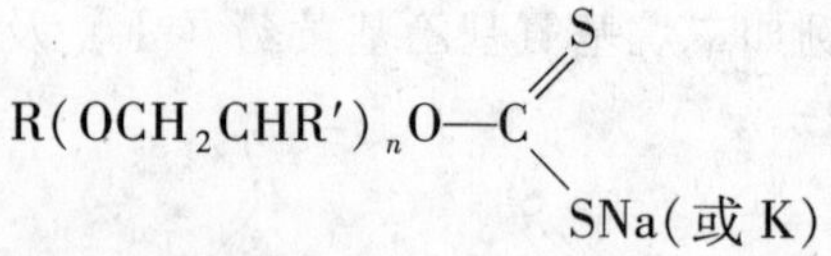

$$R(OCH_2CHR')_nO—C(=S)—SNa(或K)$$

聚烷氧基黄药

式中，R可以是烷基、芳烃基、环烷基，碳原子数不少于6个；R′是H、甲基或乙基；n为正整数。此类黄药的浮选性能与普通的烷基黄药类似，但起泡性能较强。由于烷氧基的亲水能力强于烷基，预计聚烷氧基黄药的溶解度会比较好。实验表明，用此类黄药浮选方铅矿、闪锌矿、黄铁矿和石英的混合矿，相对分子质量大些的浮选时间短些，与乙基黄药对比，乙基黄药的浮选时间最长。

5.6 环己基黄药

环己基黄药中最具代表性的是利用环己醇为原料，以制备普通黄药的方法进行环己醇黄药的合成，其反应为：

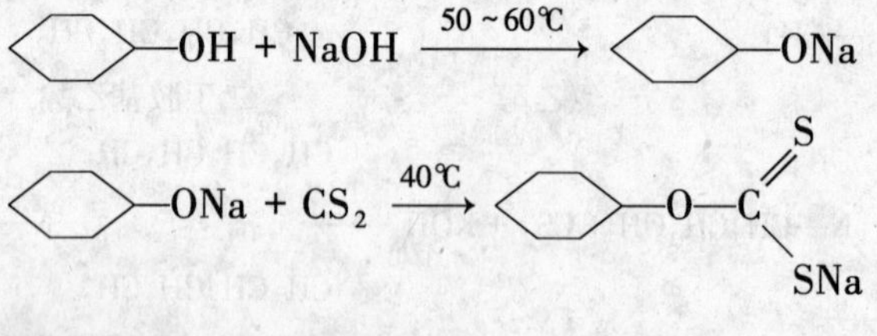

$$C_6H_{11}—OH + NaOH \xrightarrow{50\sim60℃} C_6H_{11}—ONa$$

$$C_6H_{11}—ONa + CS_2 \xrightarrow{40℃} C_6H_{11}—O—C(=S)—SNa$$

产品为红褐色黏稠状产品，易溶于水。通过对铜矿石的试验，与丁基黄药相比较，环已烷基黄药和丁基黄药的用量分别为80g/t和120g/t；粗精矿品位分别为4.91%和6.18%，回收率分别为91.6%和90.3%。表明环烷基黄药与丁基黄药相比较，捕收性略强，选择性较差。

环已醇原料主要来自于石油工业，尤其是环烷基型石油，也可以通过煤焦油在180~300℃提取苯酚馏分，再经过净化提纯，并在镍-氧化铝催化剂的催化作用下，苯酚经过加氢变成环已醇。

5.7 黄原酸酯类

黄原酸酯类捕收剂，又名黄药酯，系黄药的衍生物，结构通式为 $R—O—\overset{\overset{S}{\|}}{C}—S—R'$。式中，R 是原有黄药的烷基，R′是黄原酸分子中的碱金属盐被烷烃基或其衍生物所取代生成的酯基。

同属黄药酯类的另一类是黄药的甲酸酯类，通式为：$RO—\overset{\overset{S}{\|}}{C}—S—\overset{\overset{O}{\|}}{C}—OR'$。表 5-7 所列为主要的黄原酸酯及黄原酸甲酸酯。

表 5-7 黄原酸酯及其甲酸酯

药剂名称	化学结构	用药量/g·t⁻¹	国外商品名称
1. 乙基黄原酸甲酸乙酯	$C_2H_5OC(=S)—S—COOC_2H_5$	约 9	美国 Minerec A；B；748 前苏联 CЦM-2
2. 丁基黄原酸甲酸甲酯	$C_4H_9OC(=S)—S—COOCH_3$		
3. 乙黄烯酯（乙基黄原酸丙烯酯）	$C_2H_5O—C(=S)—S—CH_2CH=CH_2$	15～20Mo 矿	OS-23（国内）
4. 丁黄烯酯（正丁基黄原酸丙烯酯）	$C_4H_9O—C(=S)—S—CH_2CH=CH_2$	10～50Mo 矿	OS-43（国内）
5. 异戊基黄原酸丙烯酯	$C_5H_{11}O—C(=S)—S—CH_2CH=CH_2$	约 9	美国 Cyanamid 公司 Ap3302（3461）
6. 丁黄腈酯（正丁基黄原酸丙腈酯）	$C_4H_9OC(=S)—S—CH_2CH_2CN$	约 5Cu 矿	OSN-43（国内）
7. 乙黄腈酯（乙基黄原酸丙腈酯）	$C_2H_5OC(=S)—S—CH_2CH_2CN$	约 8Cu 矿	

5.7.1 黄药酯

表 5-7 所列的第 3～7 种药剂均属此类酯类。这类酯类制备方法一般都比较简单，如将黄药与氯丙烯或丙烯腈水溶液直接混合搅拌反应，温度控制不超过 35℃，即可得到黄色油状液体。该反应通式为：

$$ROCSSNa + ClCH_2CH{=\!=}CH_2 \longrightarrow ROCSSCH_2CH{=\!=}CH_2 + NaCl$$

$$ROCSSNa + CH_2{=\!=}CHCN + H_2O \longrightarrow ROCSSCH_2CH_2CN + NaOH$$

已经研发的产品有：乙基黄原酸丙烯酯，乙基黄原酸丙腈酯，丙基和异丙基黄药的丙烯酯，丁基黄原酸的丙烯酯和丙腈酯，戊基黄药的丙烯酯和丙腈酯，以及黄原酸的氧乙烯酯，通式为 $ROCSS(CH_2CH_2O)_n—H$，式中 R 为 $C_{4\sim8}$烃基，$n=1$，2，4 等。

此外，国外专利还介绍了一种次乙基双黄原酸丙烯酯作硫化矿捕收剂，化学式为：

$$\begin{array}{l} \quad\quad\quad\quad\;\; S \\ \quad\quad\quad\quad\;\; \| \\ CH_2—O—C—S—CH_2—CH{=}CH_2 \\ | \quad\quad\quad\quad\;\; S \\ | \quad\quad\quad\quad\;\; \| \\ CH_2—O—C—S—CH_2—CH{=}CH_2 \end{array}$$

这类酯是非离子型异极性捕收剂，性质稳定不溶于水，对酸碱介质有较强的适应性，可以在酸性或碱性矿浆中使用。其特性是对铜有较好的捕收性能，可在酸性介质中用于浮选自然铜及水冶的沉积铜或离析铜；对各种硫化矿物的浮选捕收选择性比黄药强，对黄铁矿的捕收性能很弱，对铜、锌等硫化矿捕收能力强。对于孔雀石及赤铜矿，经过硫化后用黄药酯类浮选所得精矿品位和回收率，也比黄药更好，用量更少，是辉钼矿的良好捕收剂。铜-钼混合浮选时，可以提高铜钼的回收率，在铜钼分离时，系浮钼捕收剂。

黄药酯的用量一般较少，为 2 ~ 15g/t 左右。常与水溶性捕收剂如黄药、黑药混合使用，以降低药耗提高药效；因黄药酯不溶或几乎不溶于水，使用时需较长时间搅拌，或者加入球磨机中与矿同磨，也可以将其乳化成乳化液使用。

5.7.2 黄原酸甲酸酯类

黄原酸甲酸酯是黄原酸的极性基与甲酸酯相结合而成。例如戊基黄药甲酸乙酯，己基黄药甲酸乙酯是分别由戊基黄药和己基黄药与氯代甲酸乙酯缩合而成，其反应式为：

$$C_5H_{11}OC(=S)—SK + Cl—C(=O)—OC_2H_5 \xrightarrow{-KCl} C_5H_{11}OC(=S)—S—C(=O)—OC_2H_5$$

戊基黄药甲酸乙酯

$$C_6H_{13}OC(=S)(—SK) + Cl—C(=O)—OC_2H_5 \xrightarrow{-KCl} C_6H_{13}OC(=S)—S—C(=O)—OC_2H_5$$

己基黄药甲酸乙酯

甲酸乙酯类是硫化矿的一类重要捕收剂，其特点是用量少，药效高。如上述两种酯以石灰调浆，松油作起泡剂浮选硫化矿，据介绍用量仅需 9g/t 左右。

黄药的甲酸酯类，一般为油状物，性质亦比较稳定。但有的遇到一些物质就变得不稳定，例如俄文牌号为 CЦМ-2 的丁基黄药甲酸甲酯与铁接触时生成

$C_4H_9S—COOCH_3$ 及 $C_4H_9O—CSOCH_3$，在玻璃容器中和铝接触均稳定，用于铜的浮选性能稳定。

在研究一种碳酸铜矿浮选捕收剂时，曾有人从92种化合物中找出40种药剂的效果超过或等于黑药。在17种最好的药剂中有5种为黄药酯，其中两种是甲酸酯，分别为丁基黄原酸甲酸乙酯、乙基黄原酸甲酸乙酯、丁基黄原酸丁酯、丁基黄原酸甲氧基甲酯（$C_4H_9OCSS—CH_2—O—CH_3$）和丁基黄原酸丁氧基甲酯（$C_4H_9OCSS—CH_2OC_4H_9$）。一些黄原酸酯的物理常数列于表5-8。

表5-8 一些黄原酸酯类的物理常数

R	R′	沸点/℃	d_{20}	N_D^{20}
$CH_3—$	$—COOC_4H_9$	79/199.98Pa（1.5mm Hg）	1.0955	1.5258
$C_4H_9—$	$—COOCH_3$	70~72/46.66Pa（0.35mm Hg）	1.1345	1.5220
$C_4H_9—$	$—CH_2OC_4H_9$	1.085~110.5/199.98Pa（1.5mm Hg）	1.0307	1.5090
$C_4H_9—$	$—CH_2OC_2H_5$	93~94.5/199.98Pa（1.5mm Hg）	1.0665	1.5179

注：$RO—C(=S)—S—C(=O)—OR'$ 或 $RO—C(=S)—S—R'$。

某些分子量较大的甲酸酯，如由乙二醇氯代甲酸酯与一分子或两分子相应黄药反应所得到的产物是铜的有效捕收剂。据报道乙二醇双乙基黄原酸甲酸酯（Ⅰ）、二缩乙二醇双乙基黄原酸甲酸酯（Ⅱ）、二缩乙二醇双丁基黄原酸甲酸酯（Ⅲ）以及一种类似黑药衍生物的二缩乙二醇双乙基硫代磷酸甲酸酯（Ⅳ）等都是有效的硫化铜矿浮选捕收剂。

$$C_2H_5O—C(=S)—S—C(=O)—O—CH_2CH_2—O—C(=O)—S—C(=S)—OC_2H_5$$

（Ⅰ）

$$C_2H_5O—C(=S)—S—C(=O)—O—CH_2CH_2—O—CH_2CH_2—O—C(=O)—S—C(=S)—OC_2H_5$$

（Ⅱ）

$$C_4H_9O—C(=S)—S—C(=O)—O—CH_2CH_2—O—CH_2CH_2—O—C(=O)—S—C(=S)—OC_2H_5$$

（Ⅲ）

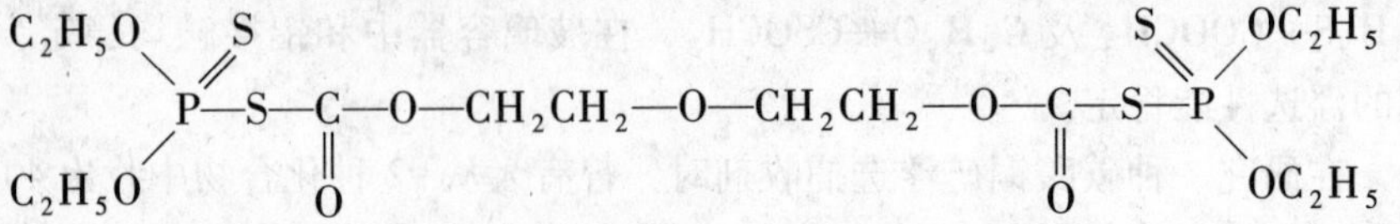

$$(C_2H_5O)_2P(=S)-S-C(=O)-O-CH_2CH_2-O-CH_2CH_2-O-C(=O)-S-P(=S)(OC_2H_5)_2$$

(Ⅳ)

上述药剂的稳定性都比较好，用于浮选铜矿时，在相同的条件下与戊基钾黄药相比，尾矿中铜的品位为0.16%~0.19%，比戊基钾黄药的浮选尾矿品位0.22%还要低。

5.8 三硫代碳酸酯

黄药分子中的氧为硫原子所置换，即成为三硫代碳酸酯（盐），而黄药分子中的氧为氮原子替代，则成为二硫代氨基甲酸（盐）化合物：

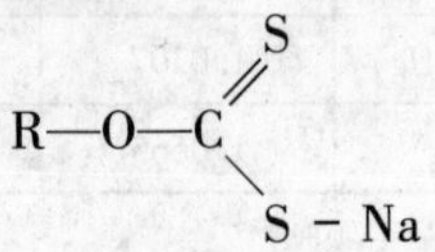

$$R-O-C(=S)-S-Na \qquad R-S-C(=S)-SNa \qquad (R)(R')N-C(=S)-SNa$$

钠黄药 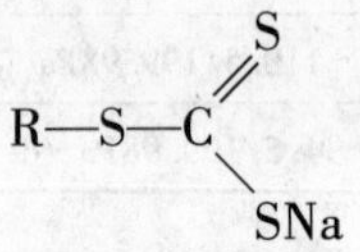　　　　三硫代碳酸钠 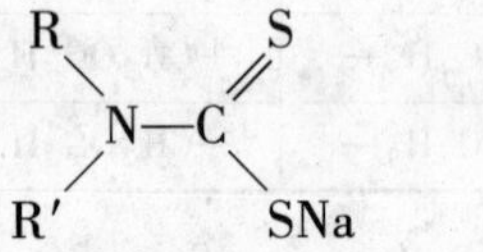　　　　二硫代氨基甲酸钠

三硫代碳酸酯类，如乙基三硫代碳酸钾，以及丙基、丁基、戊基、己基和苯基三硫代碳酸钾等，早在1958年就有人研究合成，并用于浮选方铅矿和闪锌矿的试验，获得一定的效果。特别是作为方铅矿捕收剂效果与一般黄药相同，其中效果最好的是戊基三硫代碳酸钾及硫代碳酸二戊酯。

三硫代碳酸酯的一般合成方法是使用相应的烷基硫醇与计算量的碱（氢氧化钾）共研，然后滴加二硫化碳，生成物溶于丙酮，再加入甲苯与四氯化碳混合物，使产品呈结晶析出：

$$R-SH + KOH \rightarrow R-SK$$

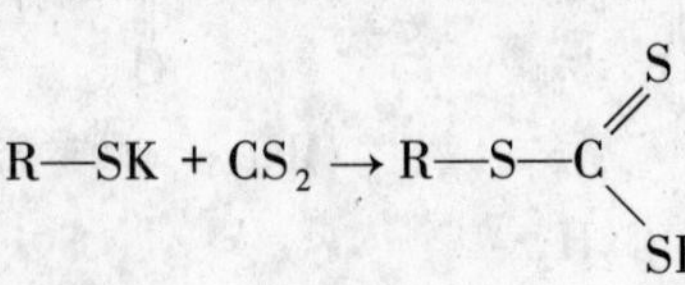

$$R-SK + CS_2 \rightarrow R-S-C(=S)-SK$$

用三硫代碳酸一戊酯可以合成二戊酯。即用三硫代碳酸一戊酯在10%的酒精溶液中，与溴代戊烷作用，即生成三硫代碳酸二戊酯：

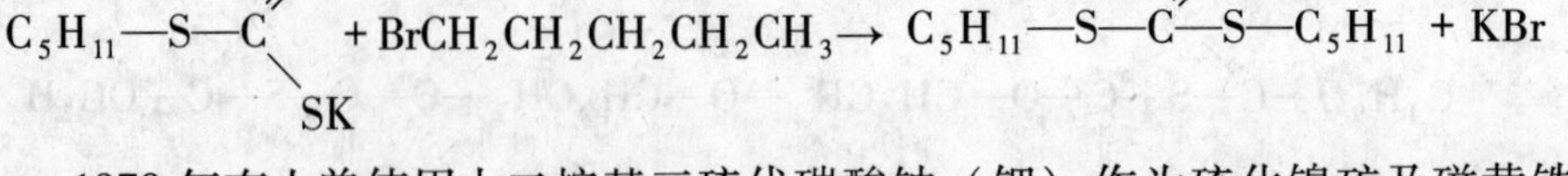

$$C_5H_{11}-S-C(=S)-SK + BrCH_2CH_2CH_2CH_2CH_3 \rightarrow C_5H_{11}-S-C(=S)-S-C_5H_{11} + KBr$$

1970年有人曾使用十二烷基三硫代碳酸钠（钾）作为硫化镍矿及磁黄铁矿的捕收剂获得了好效果，但是仍未引起工业应用的注意，直到1982年比利

时等国专利提出用S-丁烯基-S-正丁基-三硫代碳酸酯（Ⅰ），S-正丁基-S苄基－三硫代碳酸酯（Ⅱ）和S-羧甲基－三硫代碳酸钠（Ⅲ）浮选辉钼矿可获得良好效益，才奠定其在浮选工业中应用的基础。

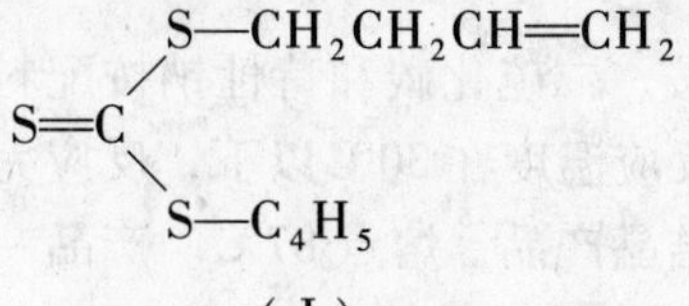

$$S{=}C(S{-}CH_2CH_2CH{=}CH_2)(S{-}C_4H_5) \quad (Ⅰ)$$

$$S{=}C(S{-}CH_2{-}C_6H_5)(S{-}C_4H_9) \quad (Ⅱ)$$

$$S{=}C(S{-}CH_2COONa)(S{-}Na) \quad (Ⅲ)$$

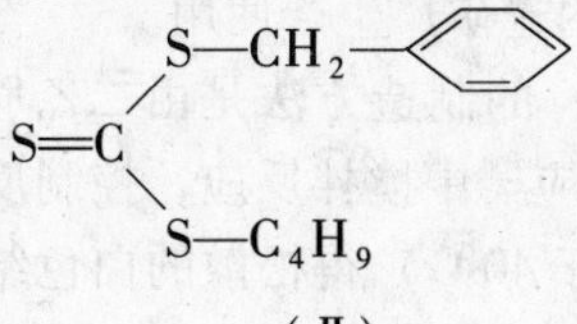

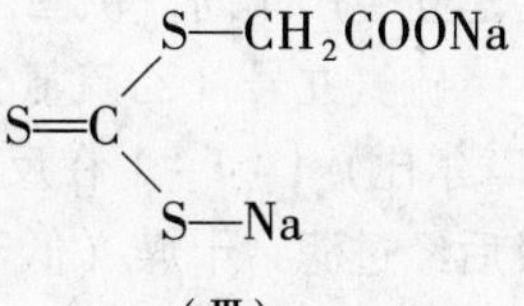

5.9 二硫代氨基甲酸盐

二硫代氨基甲酸盐是一类重要的分析试剂，早在1853年就已经合成成功，1908年已用于分析化学鉴定铜和铁的试剂。如二硫代氨基甲酸铵（Ⅰ）在分析化学中用来测定铝、锑、铋、钴、铜、铅、锌、铁、锰、镍和银；N，N-双-羟乙基-氨基二硫代甲酸二羟乙胺盐（Ⅱ）与铜离子作用生成黄棕色沉淀；N-环已烷基-N-乙基二硫代氨基甲酸盐（Ⅲ）则用于铁、钴、镍、锰、铜、铋和锑的测定；二乙氨基二硫代甲酸的二乙胺盐（Ⅳ）用于测定铜和钴；六氢吡啶基二硫代甲酸六氢吡啶盐（Ⅴ）用于测定铜；N，N-二乙基二硫代氨基甲酸（Ⅵ）更是著名的分析化学试剂，用于鉴定铜、铅、锌、钴、锰、镍、汞、镉、锶、铟和铂。

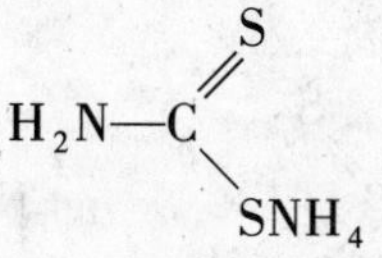

$$H_2N{-}C({=}S){-}SNH_4 \quad (Ⅰ)$$

$$(HOCH_2CH_2)_2N{-}C({=}S){-}S^- \cdot HN^+(CH_2CH_2OH)_2 \quad (Ⅱ)$$

$$C_6H_{11}{-}N(C_2H_5){-}C({=}S){-}SH \cdot HN(C_2H_5){-}C_6H_{11} \quad (Ⅲ)$$

（环己基：$CH_2{-}CH_2$、CH_2、$CH_2{-}CH_2$ 与 CH 成环）

$$(C_2H_5)_2N{-}C({=}S){-}SH \cdot HN(C_2H_5)_2 \quad (Ⅳ)$$

$$C_5H_{10}N{-}C({=}S){-}SH \cdot HNC_5H_{10} \quad (Ⅴ)$$

（六氢吡啶环：$CH_2{-}CH_2$、CH_2、$CH_2{-}CH_2$ 与 N 成环）

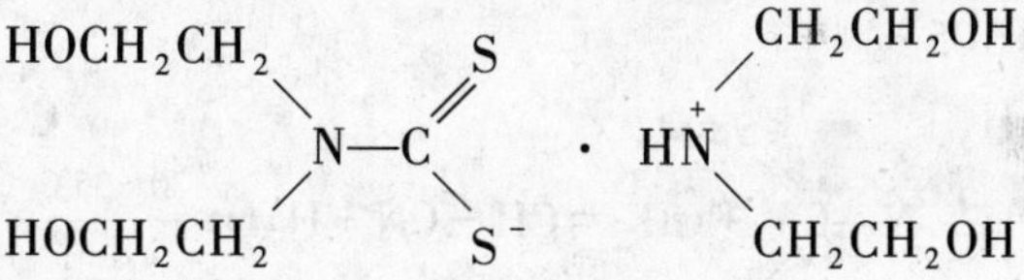

$$(C_2H_5)_2N{-}C({=}S){-}SNa \quad (Ⅵ)$$

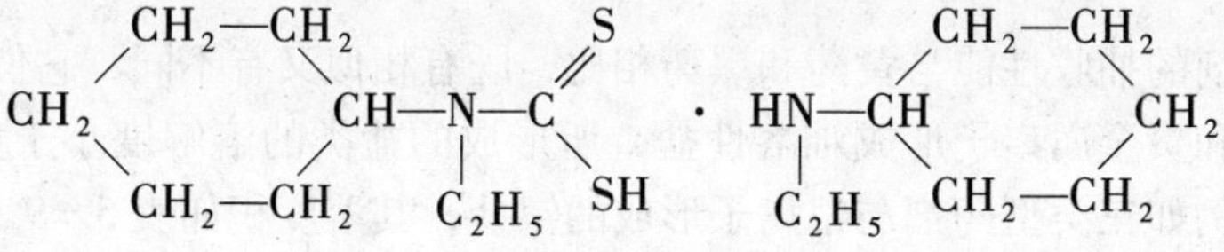

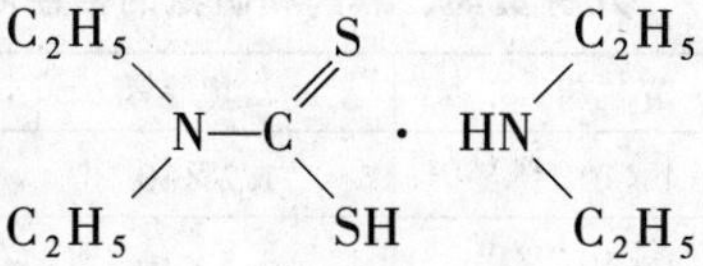

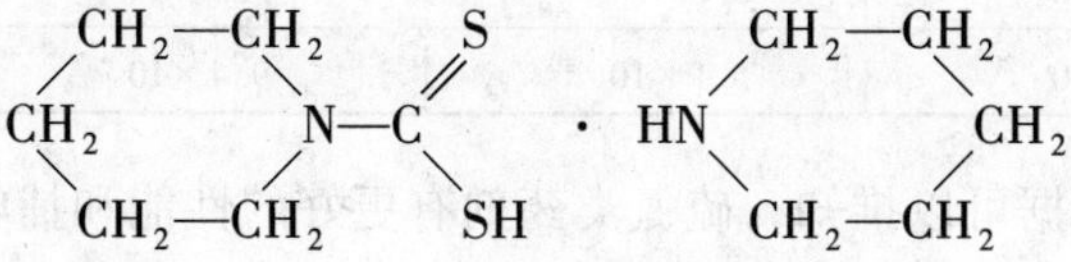

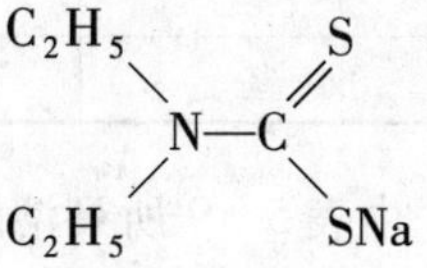

二硫代氨基甲酸盐在选矿界国内的俗名为“硫氮”或“硫氮类”，如上式(Ⅵ)，N，N-二乙基二硫代氨基甲酸盐，俗称乙硫氮或SN-9号，早在1946年就已用作硫化矿的捕收剂，我国于1966年研制成功，随后即在株洲选矿药剂厂建立生产车间，供国内选矿厂生产使用。

硫氮九号（乙硫氮）的制造方法是由二乙胺、二硫化碳和苛性钠按配料(摩尔比) 1∶1∶1在反应器中搅拌反应，控制反应温度在30℃以下，反应完成后经过滤，干燥（低于40℃）得松散的白色结晶产品，熔点87℃。产品一般含3个结晶水，易溶于水和酒精，能潮解，在酸性介质中易分解，与重金属离子作用生成盐，其反应式：

$$(C_2H_5)_2NH + CS_2 + NaOH \longrightarrow (C_2H_5)_2N{-}C(=S){-}SNa \cdot 3H_2O$$

国内常见的硫氮类，除乙硫氮外，还有丁硫氮（N，N-二丁基二硫代氨基甲酸盐)，异丁硫氮，环己烷基硫氮等。白银矿冶研究院研制的二乙氨基二硫代氨基甲酸氰乙酯（酯-105或“43硫氮氰酯”）和昆明冶金研究院研制的二甲基二硫代氨基甲酸丙烯酯等，虽然它属酯不属盐类，但都是二硫代化合物，故归此类。其制备方法是先合成硫氮9号，随后再与丙烯腈反应即生成“酯-105”。

$$(C_2H_5)_2N{-}C(=S){-}SNa + CH_2=CH-CN + H_2O \xrightarrow[2\text{小时}]{30\sim35℃} (C_2H_5)_2N{-}C(=S){-}SCH_2CH_2CN + NaOH$$

硫氮类药剂的捕收性能与黄药和黑药相比，既有相似又有不同，它们都能与一些重金属和贵金属离子形成难溶性盐，所形成的盐类的溶解度小于黄药，更小于黑药，例如三类型药剂与银离子形成的银盐，其溶度积如表5-9所列。

表5-9 几种黄药、黑药和硫氮的银盐溶度积

非极性基	黄 药	黑 药	二烃基硫氮
乙 基	4.4×10^{-19}	1.2×10^{-16}	4.2×10^{-21}
丙 基	2.1×10^{-19}	6.5×10^{-18}	3.7×10^{-22}
丁 基	4.2×10^{-20}	5.2×10^{-19}	5.3×10^{-23}
戊 基	1.8×10^{-20}	5.1×10^{-20}	9.4×10^{-24}

由表5-9所列溶度积数据可以推知，硫氮类药剂有更好的性能和捕收能力，用药量比黄药类少得多。同时，对黄铁矿的捕收能力（如SN-9号）很

弱，所以在硫化矿浮选中具有良好的选择性。因此，硫氮类药剂无论是在铜铅分选，或含贵金属的硫化矿浮选，或者是对部分氧化了的硫化铜矿和铅矿石的浮选，其捕收能力和分选效果都比黄药等更好。

Сокoлъскии 等人从各种石油环烷酸出发合成了一系列的二硫代氨基甲酸盐（见下），作为浮选铅－锌硫化矿的捕收剂，其捕收效果随环烷胺的相对分子质量增大而减弱。

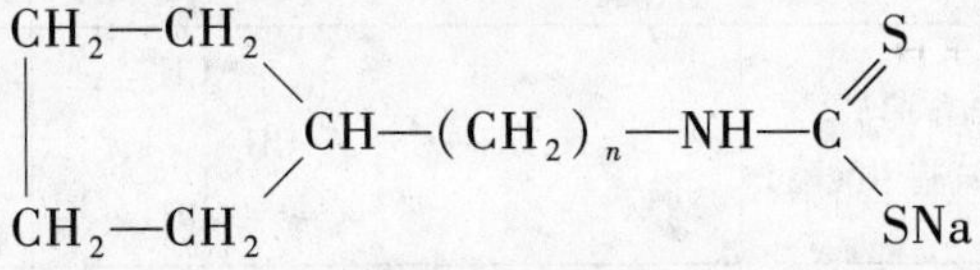

$$\begin{array}{l} CH_2—CH_2 \\ | \qquad\qquad\qquad \backslash \\ | \qquad\qquad\qquad CH—(CH_2)_n—NH—C(=S)—SNa \\ | \qquad\qquad\qquad / \\ CH_2—CH_2 \end{array}$$

用这类捕收剂代替丁基黄药浮选硫化铅锌矿，铅的回收率可以提高 2% ~ 3%，锌的回收率可提高 10%，在铅精矿中锌的损失以及在锌精矿中铅的损失也相应的有所下降。

日本专利报道，低相对分子质量烷基或环丁基二硫代氨基甲酸碱金属盐，可以用作离子浮选捕收剂。它与多种金属离子一旦形成不溶性金属盐之后，充气浮选，可作为泡沫产品分离出来。例如某溶液含镉 $10 \times 10^{-4}\%$，含锌 $100 \times 10^{-4}\%$，含铁 $1000 \times 10^{-4}\%$，与环丁基二硫代氨基甲酸铵（如下式）混合，用量相当于镉离子的 50 个当量，充气浮选，99% 的镉离子可以与锌及铁离子分开。

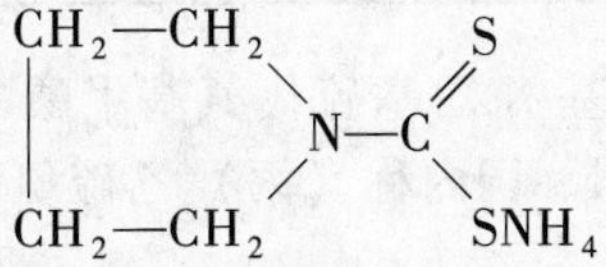

$$\begin{array}{l} CH_2—CH_2 \\ | \qquad\qquad\quad \backslash \\ | \qquad\qquad\quad N—C(=S)—SNH_4 \\ | \qquad\qquad\quad / \\ CH_2—CH_2 \end{array}$$

保加利亚资料则从混合用药角度研究二硫代氨基甲酸盐的使用效果。用二硫代氨基甲酸盐与变压器油按最佳比例（质量比）1∶10 制成乳剂浮选硫化铅锌矿或铜锰矿。铜精矿的回收率由 89.46% 提高到 90.04%，尾矿铜品位由 0.035% 下降到 0.033%。

5.10 烃基一硫代氨基甲酸酯（硫氨酯类）

一硫代氨基甲酸酯类又称硫氨酯，最早作为一种螯合试剂应用，作为捕收剂使用开始于 1946 年，此后发表诸多用于选矿的专利，是国内外研究应用较多的一类非离子型捕收剂。通式为：

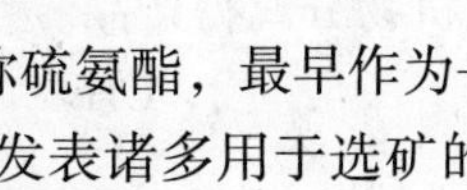

$$R—NH—\overset{\overset{\large S}{\|}}{C}—O—R'$$

式中，R 和 R′为烷基。此类药剂的特点是性质比较稳定，常温下为油状物，不溶于水，通常添加至球磨机中使用，是铜矿物的有效捕收剂，也是锌矿物的良好捕收剂（添加石灰作调整剂），能提高硫化矿中伴生金、银的回收率，而对黄铁矿的捕收能力极弱，常见的硫代氨基甲酸酯列于表5-10。

表5-10 硫代氨基甲酸酯类药剂

药剂名称	化学结构	用药量/g·t^{-1}
乙硫氨酯（乙基-硫代铵基甲酸乙酯）	$C_2H_5NH-C(=S)-OC_2H_5$	约15
（丙）乙硫氨酯（200号）（O-异丙基-N-乙基硫代氨基甲酸酯）	$C_2H_5NH-C(=S)-O-CH(CH_3)_2$	6.5~15
丙硫氨酯	$C_3H_7NH-C(=S)-OC_2H_5$	约15
丁硫氨酯	$C_4H_9NH-C(=S)-OC_4H_9$	约15
（丁戊）醚氨硫酯	$C_2H_5O(CH_2)_3NHC(=S)-OC_4H_9$	
O-异丙基-N-甲基硫代氨基甲酸酯	$CH_3NH-C(=S)-O-CH(CH_3)_2$	

表5-10所列O-异丙基-N-乙基硫代氨基甲酸酯美国道化学公司牌号为Z-200号，Minerec称161号，国内称（丙）乙硫氨酯或200号，是国内外比较熟悉，使用较多的药剂。

5.10.1 硫氨酯的合成法

(1) 首先将异丙醇与苛性钠和二硫化碳反应（三者的摩尔比为4∶1∶1），在60℃经过0.5h回流后，通入苛性钠和二硫化碳同等物质的量的一氯甲烷，反应1h后再加和一氯甲烷等摩尔数的70%的乙胺水溶液。反应完成后蒸去甲硫醇，加水分层，上层有机物分离得产品。反应式为：

$$(CH_3)_2CHOH + NaOH + CS_2 \longrightarrow (CH_3)_2CH-O-C(=S)-SNa$$

$$(CH_3)_2CH-O-C(=S)-SNa + CH_3Cl \longrightarrow (CH_3)_2CH-O-C(=S)-SCH_3 + NaCl$$

$$(CH_3)_2CH—O—C(=S)—SCH_3 + CH_3CH_2NH_2 \longrightarrow (CH_3)_2CH—O—C(=S)—NHC_2H_5 + CH_3SH$$

O-异丙基-N-乙基硫代氨基甲酸酯

（2）第二种方法是将异丙基黄药与一氯醋酸及乙胺反应制得（辽宁冶金研究院以此法制造）：

$$(CH_3)_2CH—O—C(=S)—SNa + ClCH_2COONa \xrightarrow[1.5\text{小时}\ -NaCl]{20\sim25℃} (CH_3)_2CHO—C(=S)—SCH_2COONa$$

$$(CH_3)_2CHO—C(=S)—SCH_2COONa + C_2H_5NH_2 \xrightarrow[4.5\text{小时}\ -HSCH_2COONa]{25\sim30℃}$$

$$(CH_3)_2CH—O—C(=S)—NHC_2H_5$$

此外，美国专利报道新的合成方法是将黄药和脂肪胺在镍盐（$NiSO_4 \cdot 6H_2O$）和钯盐（$PdCl_3$）存在下直接反应。

$$ROC(=S)—SNa + R'NH_2 \xrightarrow[60\sim90℃]{\text{镍盐钯盐催化剂}} R—O—C(=S)—N(R')H + NaHS$$

5.10.2 硫代氨基甲酸酯的浮选特点与机理

该类捕收剂的特点是选择性强。对铜、锌、钼硫化矿有较好的捕收性，对黄铁矿的捕收性极弱。因此，尤其适用于含黄铁矿的铜、铜锌、铜钼矿的分选，能获得较好的精矿质量。药剂在酸性介质中比较稳定，不易分解，有较强的起泡性，较少的用药量（15~30g/t）。同时，该类药剂用于水冶、离析等联合法中浮选沉积铜、自然铜等的效果较好。

为了探讨硫氨酯与黄铜矿和黄铁矿的作用机理，有人用放射性同位素^{35}S合成O-异丙基-N-乙基硫代氨基甲酸酯和黄药等药剂，试验表明，该硫代氨基甲酸酯药剂对黄铁矿的吸附量是异丙基黄药的$\frac{1}{3}\sim\frac{1}{4}$，而且固着于黄铁矿表面的酯类药剂可以用水冲洗、解吸。黄药则不易解吸。硫代氨基甲酸酯对黄铜矿的吸附作用则比较牢固，不易冲洗、解吸。根据表面电性测定，格列保茨基

(Глембоцкий А В) 等人认为，在黄铜矿及辉钼矿表面所发生的是化学吸附，特别是在 pH = 8 的条件下，尤为明显，与黄铁矿发生的只是物理吸附。与此同时，黄药与黄铜矿、辉钼矿和黄铁矿都可以发生化学吸附，吸附趋势从酸性介质到碱性介质逐渐减弱。

5.10.3 硫代氨基甲酸酯系列衍生物

硫代氨基甲酸酯的系列衍生物保持了“ $—NH—\overset{S}{\overset{\|}{C}}—O—$ ”这个极性基团，在基团的两端连接上更为复杂的非极性基，从而产生一系列衍生物。依据相关报道，归纳起来主要有下列形式。

5.10.3.1 一硫代氨基甲酸酯类化合物

(1) 通式为：

$$R—X—R'—NH—\overset{S}{\overset{\|}{C}}—O—R''$$

式中，R = C_1 ~ C_{10} 烷基；R′和 R″为 C_1 ~ C_7 烃基；X 为—O—，—S—，$—\overset{O}{\overset{\|}{C}}—$ ，$—\overset{S}{\overset{\|}{C}}—$ 等。

这类药剂的浮选性能与上述以200号为代表的药剂性能相似，有的甚至可以等量代替。

报道的有代表性的主要产品有：

1) $CH_3—S—CH_2CH_2—NH—\overset{S}{\overset{\|}{C}}—O—CH(CH_3)_2$

2) $CH_3—O—(CH_2)_3—NH—\overset{S}{\overset{\|}{C}}—O—CH(CH_3)_2$

3) $CH_3—S—(CH_2)_2—NH—\overset{S}{\overset{\|}{C}}—(CH_2)_2—CH(CH_3)_2$

4) $C_8H_{17}—S—(CH_2)_2—NH—\overset{S}{\overset{\|}{C}}—O—C_2H_5$

5） $C_6H_5-S-(CH_2)_2-NH-C(=S)-O-CH(CH_3)_2$

6） $(C_2H_5O)_2CHCH_2NH-C(=S)-O-CH(CH_3)_2$

7） $(CH_3O)_2CH-(CH_2)_3-NH-C(=S)-O-C_2H_5$

8） $(C_2H_5S)_2CH-(CH_2)_3-NH-C(=S)-O-C_2H_5$

9） $CH_3-C(=O)-(CH_2)_2-NH-C(=S)-O-CH(CH_3)_2$

10） $CH_3-C(=S)-(CH_2)_2-NH-C(=S)-O-(CH_2)_2-CH(CH_3)_2$

11） $HS-(CH_2)_2-NH-C(=S)-O-CH(CH_3)_2$

（2）通式为： $R-C(=O)-O-R'-NH-C(=S)-OR''$ 的下列化合物。据说对铜、钼硫化矿都有比较好的捕收性和选择性。

1） $CH_3-C(=O)-O-CH_2CH_2-NH-C(=S)-O-CH(CH_3)_2$

2） $C_6H_5-C(=O)-O-CH(CH_3)-CH_2-NH-C(=S)-O-CH(CH_3)_2$

3） $C_2H_5-C(=O)-O-(CH_2)_2-NH-C(=S)-O-CH(CH_3)_2$

4) $C_2H_5—O—\overset{O}{\overset{\|}{C}}—O—CH_2CH_2—NH—\overset{S}{\overset{\|}{C}}—O—CH(CH_3)_2$

5) $CH_3—\overset{O}{\overset{\|}{C}}—CH_2—\overset{O}{\overset{\|}{C}}—O—(CH_2)_2—NH—\overset{S}{\overset{\|}{C}}—O—CH(CH_3)_2$

(3) 通式为: $R—O—\overset{O}{\overset{\|}{C}}—R'—NH—\overset{S}{\overset{\|}{C}}—OR''$ 的主要药剂

式中, $R = C_1 \sim C_{10}$ 的烷基、烯烃基、环烷基、环烯烃基和芳烷基等; R'为 $—(CH_2)_{1\sim6}$; R''为 $C_{1\sim8}$ 的烷基、环烷基、环烯烃基、烯烃基和芳烷基等。例如:

$$C_2H_5—O—\overset{O}{\overset{\|}{C}}—CH_2—NH—\overset{S}{\overset{\|}{C}}—O—CH(CH_3)_2$$

$$C_2H_5—O—\overset{O}{\overset{\|}{C}}—CH_2—\overset{CH_3}{\overset{|}{CH}}—NH—\overset{S}{\overset{\|}{C}}—O—C_2H_5$$

$$C_2H_5—O—\overset{O}{\overset{\|}{C}}—CH_2—\overset{CH_3}{\overset{|}{CH}}—NH—\overset{S}{\overset{\|}{C}}—O—CH(CH_3)_2$$

使用这一类型药剂浮选 Cu、Zn、Mo 的硫化矿都具有好的回收率, 对于硫铁矿 (Fe_2S) 亦具有较好的选择性。例如对含固量为 62.5% 的硫化铜矿浆磨矿 3min, 加石灰 363g/t, 起泡剂 59g/t, 上述捕收剂 14.5g/t, 浮选 5min, 得泡沫产品铜品位 14.4%、铁 17.6%, 尾矿含铜 0.08%、铁 1.48%, 铜与铁的回收率分别为 86% 和 36.8%。与在上述条件和用量相同的典型的硫代氨基甲酸酯的选别结果极为相似。

(4) 通式为: $AR^1—NH—\overset{S}{\overset{\|}{C}}—ZR^2$ 的硫化矿捕收剂

式中 $A = R^3\ (RX)—(R^1X^1)\ C$ 或 $R^3\ (RCHX)\ (R^1CHX^1)\ C$; $Z = X = X^1 = O$ 或 S; R, R^1 及 R^2 为烃基; R^3 为短碳链烷基。这类药剂结构例如:

1) $(C_2H_5O)_2—CH_2—CH_2—NH—\overset{S}{\overset{\|}{C}}—O—CH(CH_3)_2$

2) $(C_2H_5O)_2—CH_2CH_2—NH—\overset{S}{\overset{\|}{C}}—O—\overset{CH_3}{\overset{|}{CH}}—CH_2—CH(CH_3)_2$

3) $\begin{matrix}CH_2—O\diagdown \\ | \quad\quad\quad CH(CH_2)_3—NH—\overset{S}{\overset{\|}{C}}—O—CH_2CH_2—CH(CH_3)_2 \\ CH_2—O\diagup\end{matrix}$

4）

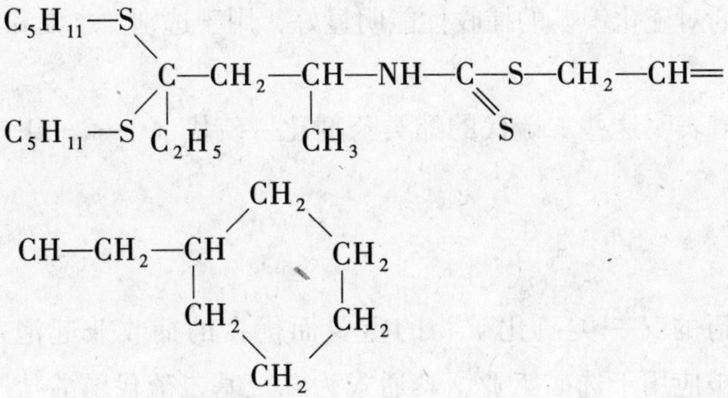

$$C_5H_{11}-S \quad S-C_5H_{11} \; C(C_2H_5)-CH_2-CH(CH_3)-NH-C(=S)-S-CH_2-CH=CH-CH_2-CH(C_6H_{12})$$

5）

$$H_2C-S,\ HC(C_3H_7)-O \text{ (ring) } C(CH(CH_3)_2)-CH(CH_3)-(CH_2)_2-NH-C(=S)-O-CH_2-C_6H_5$$

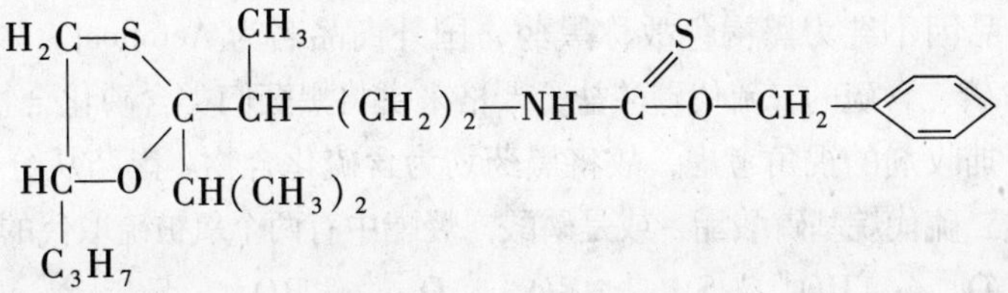

这些捕收剂对 Cu、Zn、Mo、Co、Ni、Pb 等硫化矿的捕收性和浮选效果都大同小异。

5.10.3.2　二硫代氨基甲酸酯类捕收剂

通式为：$R-N(R^1)-C(=S)-S-R^2$

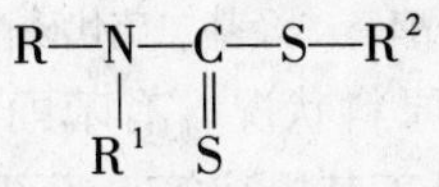

当 R 和 R^1 是相同结构的烷基时，即为二烷基二硫代氨基甲酸酯，已在 5.9 节讲述。这里介绍的是：R 为 RXR^1，X 为 O 或 S，R^1 为氢或烃基，R^2 为烃基、烯腈基等。例如：

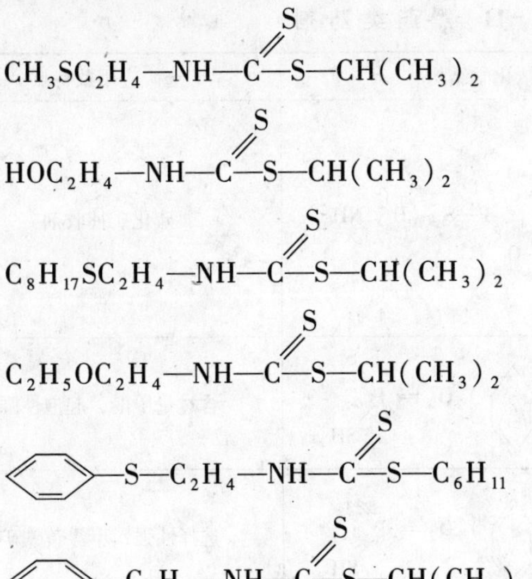

$$CH_3SC_2H_4-NH-C(=S)-S-CH(CH_3)_2$$

$$HOC_2H_4-NH-C(=S)-S-CH(CH_3)_2$$

$$C_8H_{17}SC_2H_4-NH-C(=S)-S-CH(CH_3)_2$$

$$C_2H_5OC_2H_4-NH-C(=S)-S-CH(CH_3)_2$$

$$C_6H_5-S-C_2H_4-NH-C(=S)-S-C_6H_{11}$$

$$C_6H_5-C_2H_4-NH-C(=S)-S-CH(CH_3)_2$$

这类矿物药剂对硫化镍矿的捕收性能明显好，用于选别加拿大和澳大利亚的硫化镍矿，报道表明这些二硫代的酯类药剂比一硫代（ $-C(=S)-O-$ ）的酯类捕收性更强。

5.11 黑药类

黑药是继黄药的又一类硫化矿物的重要而优良的捕收兼起泡剂。早在1925~1926年即被应用于选矿工业，其通式为二烃基二硫代磷酸盐（钠或铵盐）。早期产品因不纯为黑褐色故称黑药，国外商品名为Aerofloat。

黑药是含磷、含硫的二硫代磷酸盐，严格来讲将黑药归类含磷化合物更恰当，本书从硫化矿捕收剂的视角考虑，故将黑药划为含硫化合物。黑药从分子结构来看，可视为是二硫代烷基磷酸酯，或是磷酸二烃酯中有两个氧被硫取代的衍生物。

$$(HO)_2P(=O)OH \qquad (HO)_2P(=S)SH \qquad (RO)_2P(=O)OH \qquad (RO)_2P(=S)SH(Na,NH_4)$$

磷酸　二硫代磷酸　磷酸二烃酯　二烃基二硫代磷酸（盐）（黑药）

黑药的种类很多，根据组成烃基黑药的原料状况，有苯酚黑药、甲酚黑药、烃基胺基黑药、芳基胺基黑药、乙基以及丁基黑药等。还可以根据黑药极性基团中的巯基在水中的解离状况，分为酸式黑药（H^+），钠黑药（Na^+）和铵黑药（NH_4^+）。表5-11列出了主要的黑药类药剂。

表5-11 黑药类药剂

药剂名称	化学结构	选矿应用及特点
一、甲酚黑药类	$(CH_3C_6H_4O)_2P(=S)-S^-\ (H^+,NH_4^+)$	硫化矿捕收剂
15号黑药（甲酚黑药含$P_2S_5$15%）	$(CH_3-C_6H_4)_2O_2=P(=S)SH$	含过量甲酚，起泡性强
25号黑药（甲酚黑药含$P_2S_5$25%）	$(CH_3-C_6H_4)_2O_2=P(=S)SH$	选择性强，不浮黄铁矿

续表 5-11

药剂名称	化学结构	选矿应用及特点
31 号黑药（25 号黑药 +6% 白药）	$(CH_3-C_6H_4)_2O_2=P(=S)SH$	捕收闪锌矿、方铅矿、银矿、硅孔雀石
33 号黑药		
241 号黑药（25 号黑药用 NH_4 中和）	25 号黑药的铵盐	选择性最好，在铅锌矿中浮铅，也是浮铜的辅助捕收剂
242 号黑药	31 号黑药的铵盐	广泛用于从铅锌矿中浮铅或铜铅锌矿中浮铜铅，并同时改善此类矿中银的回收率
二、醇基黑药类	$(RO)_2P(=S)SNa$	
乙基钠黑药	$(C_2H_5O)_2P(=S)SNa$	主要用于锌浮选，不浮硫化矿
208 号黑药（乙基及异丁基钠黑药按质量比 1∶1 混合）	$R=C_2H_5$—加 i—C_4H_9—	为铜矿选择性捕收剂以及自然金、银矿优良捕收剂
211 号黑药	R＝异丙基（i—C_3H_7—）	主要用于锌浮选，捕收力比钠黑药强
238 号黑药（丁基钠黑药）	R＝仲丁基（Sec，C_4H_9—）	广泛用于铜浮选，不浮硫化铁矿，选择性捕收性能好
226 号黑药（丁基铵黑药）	$(CH_3-(CH_2)_3-O)_2P(=S)-SNH_4$	
239 号黑药（含 10% 乙醇或异丙醇黑药）	$(CH_3CH_2CH_2CH_2CH_2O)_2P(=S)-SNH_4$	
249 号黑药	$R=(CH_3)_2CHCH_2CH(CH_3)-$（即用 MIBC 为原料）	铜矿强捕收剂，兼有起泡性，用于浮选粗中矿
异丁基黑药（Aero 3477 号）	$R=i-C_4H_9-$	铜和锌矿物强而有选择性的捕收剂，同时改善贵金属回收率（例如铂），铜、锌捕收剂，特别是用于粗中矿
异戊基黑药（Aero 3501）	$R=i-C_5H_{11}-$	
三、其他黑药类药剂		
环烷酸黑药	75 份环烷酸与 25 份 P_2S_5 反应产物	浮锆石锡石

续表 5-11

药剂名称	化学结构	选矿应用及特点
苯胺黑药	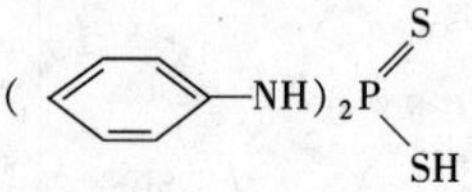 $(C_6H_5-NH)_2P(=S)SH$	不溶于水，溶于酒精，有起泡性，可用于捕收锆英石，锡石
甲苯胺黑药	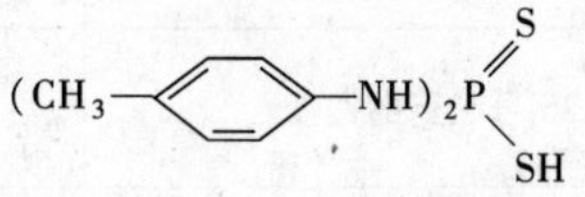 $(CH_3-C_6H_4-NH)_2P(=S)SH$	白色粉末，捕收力、选择性比乙基黄药强
环己氨基黑药	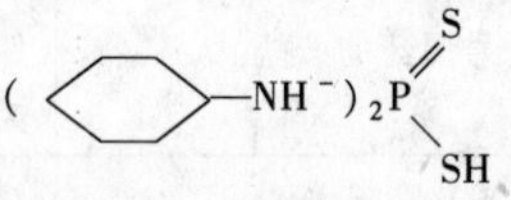 $(C_6H_{11}-NH^-)_2P(=S)SH$	适于选氧化铅矿
丁铵黑药	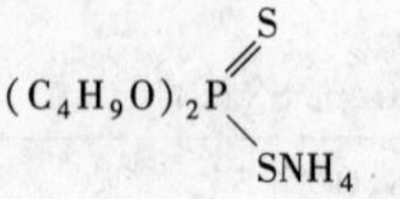 $(C_4H_9O)_2P(=S)SNH_4$	捕收力强，适于浮选铜、铅、锌、镍等硫化矿
194 号黑药	钠黑药 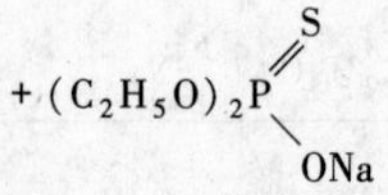 + $(C_2H_5O)_2P(=S)ONa$	在酸性矿浆中浮铜矿，又用于浸出-沉淀-浮选（LPF）回路
美 Aero 4037 号	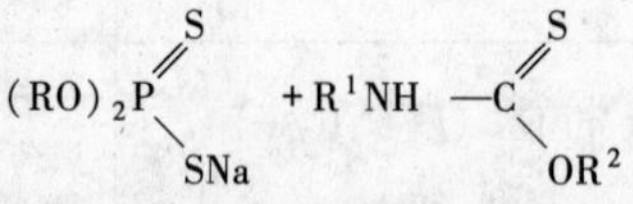 $(RO)_2P(=S)SNa$ + $R^1NH-C(=S)OR^2$	铜矿捕收剂，优于 Z-200，只部分溶于水，不浮硫铁矿
美 Aerophine 3418A（二硫代次膦酸钠）	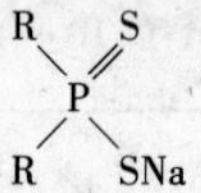 $R_2P(=S)SNa$	用药量为黄药质量的 30% ~ 50%，选铜铅锌硫化矿，不浮硫铁矿，水溶
美 Aero 404 号	巯基苯骈噻唑 + $(RO)_2P(=S)SNa$	广泛用于部分氧化的铜矿，在酸性矿浆中浮选黄铁矿
美 Aero 407 号	巯基苯骈噻唑 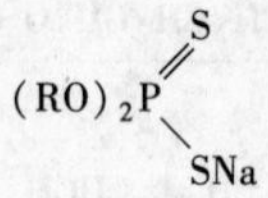 + $(RO)_2P(=S)SNa$	捕收力比 404 号强，主要用于难选铜矿
美 Aero 412 号	巯基苯骈噻唑 + $(RO)_2P(=S)SNa$	捕收力比 407 号强，最适于在酸性矿浆中浮选铜镍矿

5.11.1 黑药的制备

黑药的合成方法比较简单，是由五硫化二磷与不同的酚类、醇类等在一定的工艺条件下相互作用，而得到与各种不同的酚或醇相应的黑药。

黑药的主要原料是五硫化二磷。将五硫化二磷和酚（主要的）或醇反应所得的产品就是黑药（二硫代磷酸酯）。最常用的是甲酚黑药，是金属硫化矿的良好捕收剂。

工业用甲酚实际上是三种甲酚同分异构体的混合物。其中邻位甲酚约占总质量的35% ~40%，对位甲酚占25% ~28%，间位甲酚占35% ~40%。试验证明不同甲酚所合成出来的黑药，捕收性能也大不相同，间位甲酚黑药是活性最强的捕收剂，对位甲酚黑药的活性较弱，而邻位甲酚黑药对锌和铜矿物的捕收作用最弱，如图5-1和图5-2所示，具有如下次序：间位甲酚黑药 > 对位甲酚黑药 > 邻位甲酚黑药。

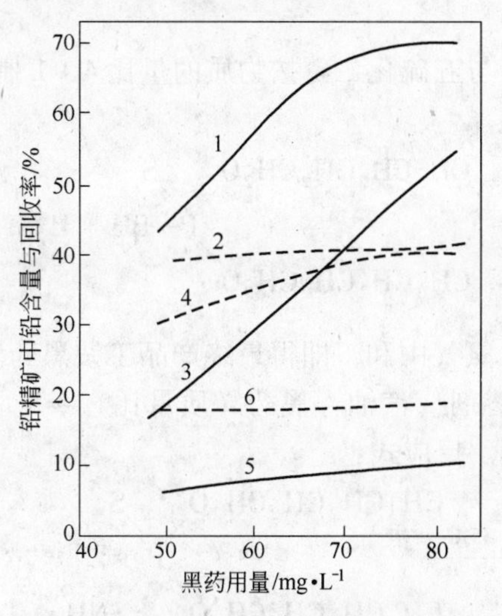

图5-1 不同甲酚黑药的浮选效果
1—间甲酚黑药回收率；2—间甲酚黑药品位；
3—对甲酚黑药回收率；4—对甲酚黑药品位；
5—邻甲酚黑药回收率；6—邻甲酚黑药品位

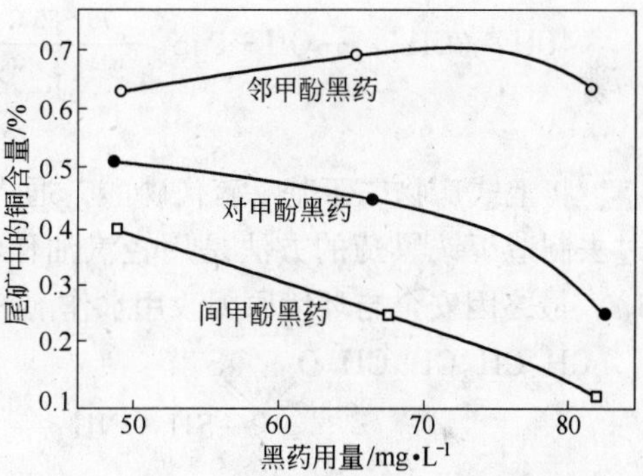

图5-2 不同甲酚黑药的浮选效果与尾矿中铜含量的关系

5.11.1.1 甲酚黑药的制备

将五硫化二磷和甲酚混合加热和搅拌，即得甲酚黑药，其反应式为：

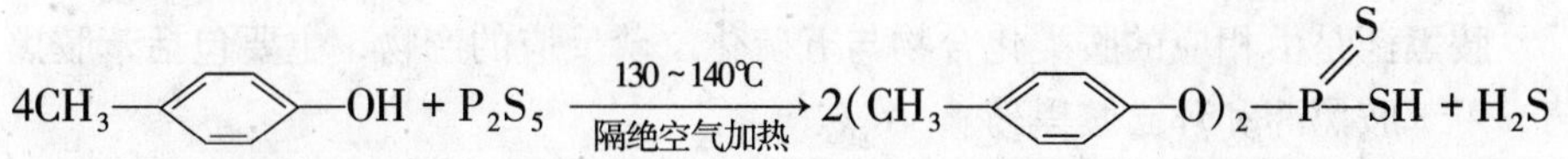

$$4CH_3-C_6H_4-OH + P_2S_5 \xrightarrow[\text{隔绝空气加热}]{130\sim140℃} 2(CH_3-C_6H_4-O)_2-P(=S)-SH + H_2S$$

由于制备甲酚黑药的原料来自炼焦副产品，是邻、对、间位三种甲酚的混合物，所制得的黑药也是三种异构体的混合产品。若将三种异构体分开，间-甲酚黑药的捕收力最强，邻-甲酚黑药的捕收性最弱。不同牌号的黑药所含五硫化二磷的量不同。25号黑药是用甲酚与占原料质量25%的五硫化二磷作用而成，15号黑药就是由甲酚与占原料质量15%的五硫化二磷作用而成，其他一些黑药组分见表5-11所列。

除甲酚黑药外，用二甲酚与五硫化二磷作用，即生成黑色油状产品二甲酚基黑药，其性能效果与甲酚黑药相似。结构式为（二甲酚的两个甲基可能是邻、对、间位中的任何位置）：

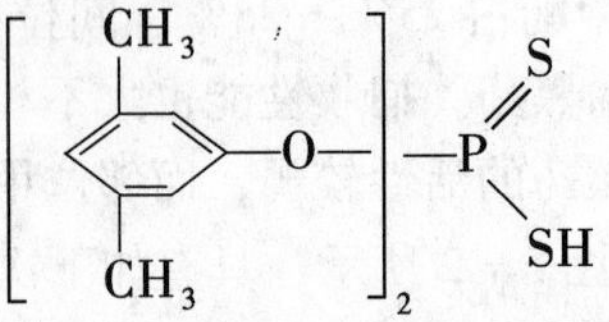

$$\left[(CH_3)_2C_6H_3-O- \right]_2 P(=S)-SH$$

5.11.1.2 丁基铵黑药的制备

丁基铵黑药系醇基黑药，先由正丁醇与五硫化二磷按物质的量比4∶1制成二丁基二硫代磷酸（丁黑药），反应式：

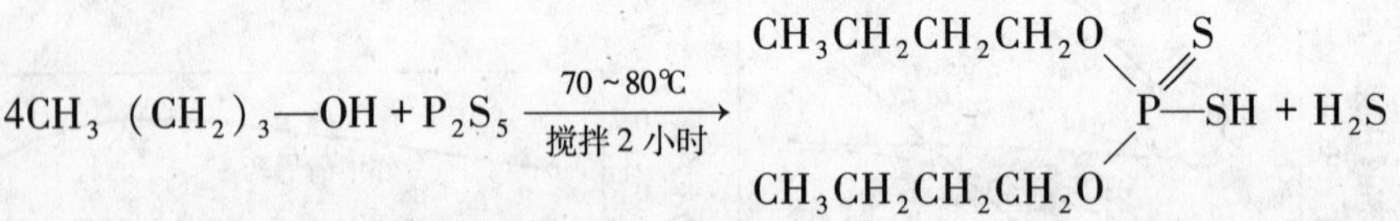

$$4CH_3(CH_2)_3—OH + P_2S_5 \xrightarrow[\text{搅拌2小时}]{70\sim80℃} (CH_3CH_2CH_2CH_2O)_2P(=S)—SH + H_2S$$

将上式产物二丁基二硫代磷酸，通入氨气中和，即得最终产品丁铵黑药。过去制造丁铵黑药的方法是用轻汽油作溶剂（汽油∶黑药（质量比）≈3∶1），最终因安全与环境原因改用水作溶剂。反应式：

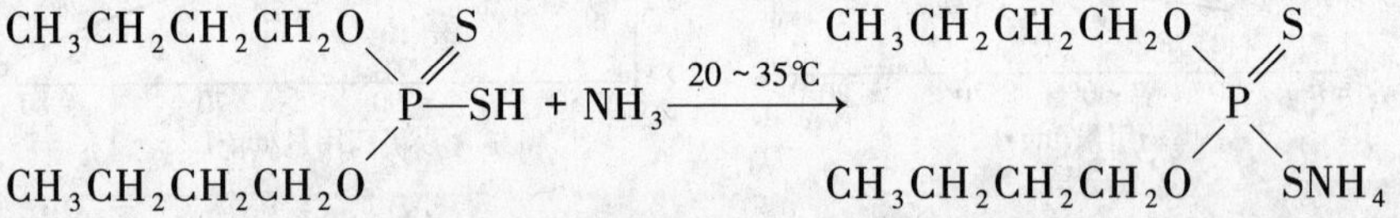

$$\underset{\text{丁黑药}}{(CH_3CH_2CH_2CH_2O)_2P(=S)—SH} + NH_3 \xrightarrow{20\sim35℃} \underset{\text{丁铵黑药}}{(CH_3CH_2CH_2CH_2O)_2P(=S)SNH_4}$$

纯产品为白色结晶，工业品纯度约90%，为白色或灰色粉末。除丁铵黑药外，常用的醇基钠黑药，如乙基和丁基钠黑药，也是第一步先生成二烷基二硫代磷酸，然后用碳酸钠或氢氧化钠中和制备。

5.11.1.3 胺黑药

胺黑药是由相应的胺类化合物与五硫化二磷反应的产物，主要包括苯胺黑药、甲苯胺黑药和环己胺黑药。

A 苯胺黑药和甲苯胺黑药

苯胺黑药（磷胺4号），化学名称为N，N′-二苯基二硫代氨基磷酸；甲苯胺黑药（磷胺6号），学名为N，N′-二甲苯基二硫代氨基磷酸。这两种黑药都是北京矿冶研究总院研制的。对凡口铅锌矿的试验表明，在无氰药剂制度下，用磷胺4号选铅效果比25号黑药、乙基黄药都好，提高了铅的回收率。磷胺6号的选铅指标与磷胺4号的结果相似。

磷胺4号和6号的性质相似，不溶于水能溶于酒精和稀碱，有臭味（在碱水中臭味消失)，为白色粉末，对光及热稳定性差，遇潮湿空气易分解变质。制备方法（磷胺4号）反应式如下：

$$4\ C_6H_5\text{—}NH_2 + P_2S_5 \xrightarrow[\substack{40\sim50℃\\1.5h}]{\text{溶剂甲苯}} 2\ (C_6H_5\text{—}NH)_2P(=S)\text{—}SH + H_2S$$

苯胺与五硫化二磷的配料比为摩尔比8∶1，甲苯用量为五硫化二磷质量的12~13倍，反应产物经分离、洗涤、真空干燥得成品。磷胺6号制备的配料则为6∶1，甲苯用量是五硫化二磷的16~17倍，反应温度30~40℃，反应时间2h。

B 环己胺黑药

环已胺黑药就是二环已氨基二硫代磷酸，由广东有色院研制成功（1975年）。产品为浅黄色粉末，熔点178~185℃，微溶于水，能溶于无机酸及碱中，有一定气味，能与多种金属离子生成沉淀。

环已胺黑药的制备方法是由环已胺与五硫化二磷作用（两者的配料比为4∶1)，用轻汽油作溶剂，在80℃反应3h。产物在50~60℃下烘干。纯度一般为70%~80%。该产品对氧化铅矿物（$PbSO_4$、PbO、$PbCO_3$ 等）有较好的捕收能力。其反应式：

$$4\ C_6H_{11}\text{—}NH_2 + P_2S_5 \xrightarrow[80℃,\ 3h]{\text{溶剂轻汽油}} 2\ (C_6H_{11}\text{—}NH)_2P(=S)\text{—}SH + H_2S$$

环已胺　　　　N，N′-二环已基氨基二硫代磷酸

C 环烷酸黑药

环烷酸黑药是一种老药剂，最早由前苏联研制应用，名称为 Фосфтен，我国北京有色金属研究院亦曾研制应用。它是用精炼石油时的副产品环烷酸（75份）与五硫化二磷（25份）在80~90℃反应而成。主要用作锆英石、锡石、天青石捕收剂。

D 其他黑药

黑药由于制备方法比较简单，浮选捕收性能良好又兼具起泡性，所以品种比较多，不可一一枚举。在此值得一提的是苄基硫醇与五硫化二磷作用的产品可作选矿药剂。

$$C_6H_5\text{—}CH_2SH + P_2S_5 \rightarrow (C_6H_5\text{—}CH_2S)_3\text{—}P{=}S + (C_6H_5\text{—}CH_2S)_2\text{—}P(=S)\text{—}SH$$

四硫代磷酸酯　　　　硫代磷酸酯

将二烷基二硫代磷酸钠与光气作用的产物可用于浮选铜矿物。该反应也有其特点。

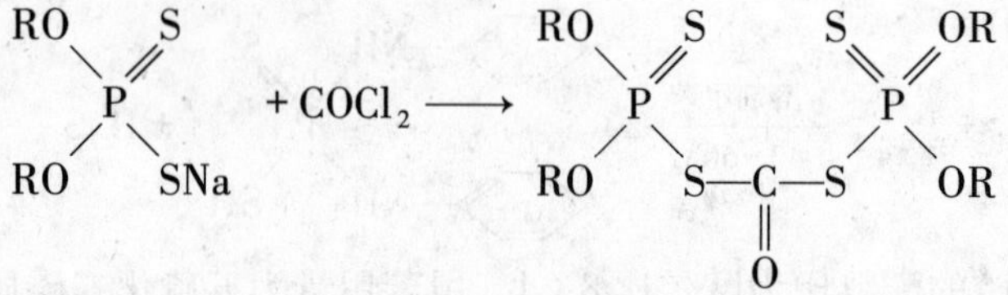

$$(RO)_2P(=S)SNa + COCl_2 \longrightarrow (RO)_2P(=S)-S-C(=O)-S-P(=S)(OR)_2$$

最后介绍丁基氧乙烯醇黑药。$\left[C_4H_9(C_2H_4O)_2-P(=S)SH \right]$它是由环氧乙烷聚合成烯醇，再与五硫化二磷反应生成，虽然也属醇基黑药，但其溶解度显著提高，可充分溶于水，使用方便，用于浮选氧化铜、硫化铜混合矿，效果比丁基黑药更好。

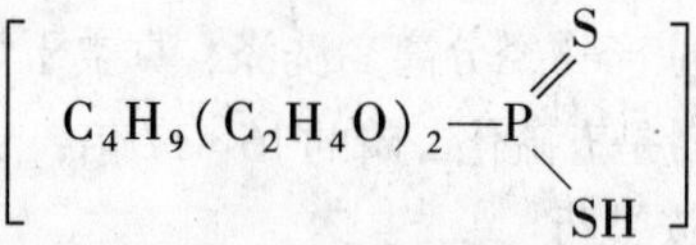

5.11.2 黑药的性能

酸性黑药在水中的溶解度比较小，铵黑药和钠黑药在水中的溶解度比较大。甲酚黑药因含未反应的游离甲酚，有较强的起泡性，使用时可以少用或不用起泡剂。甲酚对皮肤有强腐蚀性，不要与皮肤接触，更要防止伤害眼睛。事实上甲酚黑药因环境污染问题，无特殊情况，已经不宜采用。

黑药性质比黄药稳定，不像黄药容易分解，也难氧化，但是能够氧化。酸性黑药呈弱酸性，在水溶液中可部分离解（H^+）；黑药能与重金属离子作用生成难溶性的盐，这是能作捕收剂的重要原因，其溶度积较大，捕收能力不如黄药，但选择性比黄药强。

5.12 双黑药

双黑药是由黑药氧化而得，也是硫化矿的捕收剂，使用没有黑药广泛，特点是选择性强，可与其他药剂组合使用，发挥协同效应，属非离子型药剂。其通式为：

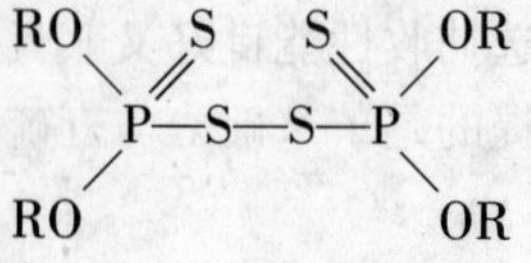

$$(RO)_2P(=S)-S-S-P(=S)(OR)_2 \quad \text{（R 为烷基或芳基）}$$

5.12.1 制备方法

先将醇或酚与五硫化二磷反应合成相应的黑药，然后再将黑药与氧化剂，如氯、碘、溴、亚硝酸或过氧化氢作用生成双黑药，反应式为：

$$4ROH + P_2O_5 \longrightarrow 2\,(RO)_2P(=S)SH + H_2S$$

$$(RO)_2P(=S)SH + Cl_2 \longrightarrow (RO)_2P(=S){-}S{-}Cl + HCl$$

$$(RO)_2P(=S)SCl + (RO)_2P(=S)SH \longrightarrow (RO)_2P(=S){-}S{-}S{-}P(=S)(OR)_2 + HCl$$

由黑药制备双黑药的过程，一般黑药都是先用100~200g/L的NaOH溶液中和，冷却用苯抽提出无色透明液体，在冷却搅拌下通氯气进行反应。

5.12.2 双黑药的性能

双黑药较难溶于水，一般为油状或黏稠状物，随着烃基链由甲基开始逐渐增加，黏稠状也逐步增大。双黑药遇硫化钠溶液或者是在碱性pH值条件下分解成钠黑药，pH值越高分解越快。双黑药和双黄药相似，都是硫化矿捕收物，亦可以用来浮选沉积铜等金属，选择性强是其重要特点。例如用乙基双黑药可以选择性地从黄铁矿中分离辉铜矿，分选效果显著地比黄药和黑药强得多。

5.13 烃基二硫代磷酸硫醚酯

烃基二硫代磷酸硫醚酯的通式为：

$$(RO)_2P(=S){-}S{-}(\underset{R'}{\underset{|}{CH}})_nSR''$$

式中，R为$C_{1\sim6}$的烷基，最多的是$C_{1\sim3}$烷基；R′为氢或甲基（以氢为多）；R″为$C_{1\sim3}$的烷基，也可以是烯烃基（乙烯基、丙烯基等）和芳烃基（苯基、甲苯基和萘基等）；$n=1\sim3$。

这类化合物其实也属黑药衍生物（黑药酯类），制备方法是用卤代硫醚及其衍生物与黑药作用。通式是：

$$(RO)_2{-}P(=S){-}SH + ClCH_2CH_2SR'' \xrightarrow{Na_2CO_3\ 或\ 吡啶} (RO_2){-}P(=S){-}S{-}CH_2CH_2{-}S{-}R'' + HCl$$

用吡啶或 NaOH 与反应生成的盐酸气作用，保证反应顺利进行。如果使用铵黑药（或钾、钠黑药）作反应物，则在适当的有机溶剂中进行反应更好。例如用乙基铵黑药与氯乙基苯甲基硫醚在丁醇存在下反应更顺利。

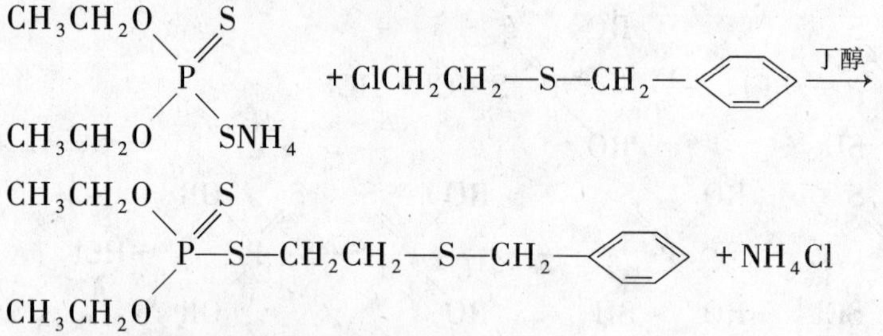

$$(CH_3CH_2O)_2P(=S)SNH_4 + ClCH_2CH_2—S—CH_2—C_6H_5 \xrightarrow{丁醇}$$

$$(CH_3CH_2O)_2P(=S)—S—CH_2CH_2—S—CH_2—C_6H_5 + NH_4Cl$$

二乙基二硫代磷酸乙基苯甲基硫醚

反应生成的氯化铵不溶于有机溶剂，而以沉淀析出，既保证反应向右进行，又使反应产物回收率和纯度更好。

黑药硫醚酯捕收剂浮选硫化矿时与离子型捕收剂相比在低 pH 值条件下（pH =5）具有较高的选择性。如用黄药在低 pH 值条件下浮选硫化矿，需消耗大量石灰。用黑药硫醚酯浮选时不加石灰也能得到用石灰黄药浮选的结果。使用二乙基二硫代磷酸甲基乙基硫醚 $\left[(C_2H_5O)_2P(=S)—S—CH_2—S—C_2H_5\right]$ 作捕收剂（45g/t）可以浮选经过活化的闪锌矿，但不浮铅矿，达到分选目的。

5.14 硫脲类

硫脲的分子式为 $NH_2—CS—NH_2$，可以看作是脲（尿素）分子（$NH_2—CO—NH_2$）中的氧被硫所取代。硫脲有两种互变异构体。

$$H_2N—C(=S)—NH_2 \rightleftharpoons H_2N—C(—SH)=NH$$

硫脲　　　　异硫脲

硫脲为白色晶体，熔点 180 ~ 182℃，溶于水和醇，不溶于醚。硫脲是重要的化学试剂，可用作还原剂，它能与许多金属形成络合物，用作掩蔽剂、比色剂和萃取剂。例如其酸性溶液与铋和铂反应生成黄色化合物可作比色分析用。选矿上可作为抑制剂。由于硫脲分子中没有非极性基，不能使矿物表面产生疏水性，反而会增加矿物表面的亲水性，所以它不能作捕收剂。能够作为捕收剂的是它的烃基衍生物，分为烃基硫脲（即 N-取代硫脲）和烃基异硫脲（S-取代硫脲）。通式分别为 $R—NH—C(=S)—NH—R'$ 和 $R—S—C(=NH)—NH_2$

式中，R 为烃基（含芳烃）；R′为 R 或氢。为了对这两类衍生物有更多的了解，将其列于表 5－12。

表 5－12 一些烃基硫脲和烃基异硫脲浮选性能

药剂名称	结构式	浮选性能	附 注
N，N′-二苯基硫脲（白药）	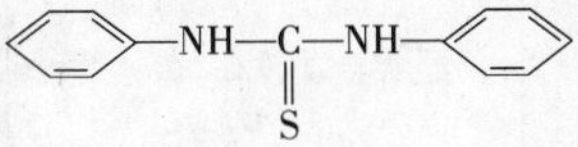 C_6H_5—NH—C(=S)—NH—C_6H_5	浮选铜钼时性能与丁黄药相似，但浮选速度慢	白色晶体不溶于水，熔点 150℃，用量约 60g/t，毒性小，水溶性和浮选性较好
N，N′-亚乙基硫脲	CH_2—NH—C(=S)—NH—CH_2（环状）	浮选铜、钼时性能与丁黄药相似	
N，N′-亚丙基硫脲	CH_3—CH—NH—C(=S)—NH—CH_2（环状）	有良好的选择性，不添加石灰时对黄铁矿捕收性能弱，浮选 Cu-Mo，回收率与丁黄药同	
S-乙基异硫脲盐	NH_2—C(=NH·HCl)—S—CH_2CH_3	不仅对黄铁矿浮选具有较好选择性，对硫化铜也有好捕收性	
S-异丙基异硫脲盐	NH_2—C(=NH·HCl)—S—$CH(CH_3)_2$	浮选含铜和含金黄铁矿	
S-丁基异硫脲氯化物	NH_2—C(=NH·HCl)—S—C_4H_9	对金捕收性比丁黄药好，也适用 Cu-Mo 浮选	
S-正戊基异硫脲氯化物	NH_2—C(=NH·HCl)—S—C_5H_{11}	浮选含铜黄铁矿效果最佳，对金的捕收性强于丁黄药	
S-异戊基异硫脲氯化物	NH_2—C(=NH·HCl)—S—C_5H_{11}	对非金属矿也有较强的捕收性，泡沫稳定，但选择性不如阳离子捕收剂	
S-正癸基异硫脲氯化物	NH_2—C(=NH·HCl)—S—$C_{10}H_{21}$		
S-十二烷基异硫脲盐	NH_2—C(=NH·HCl)—S—$C_{12}H_{25}$		
S-14 烷基异硫脲氯化物	NH_2—C(=NH·HCl)—S—$C_{14}H_{29}$		
S-（2-乙基己基）异硫脲氯化物	NH_2—C(=NH·HCl)—S—$CH_2CH(C_2H_5)$—$(CH_2)_3CH_3$	选含铜黄铁矿	

续表 5-12

药剂名称	结构式	浮选性能	附 注
S-苯基异硫脲氯化物	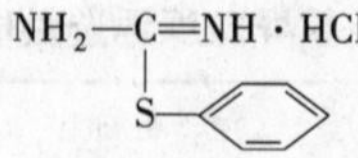 $NH_2—C(=NH)—S—C_6H_5 \cdot HCl$		
S-苄基异硫脲氯化物	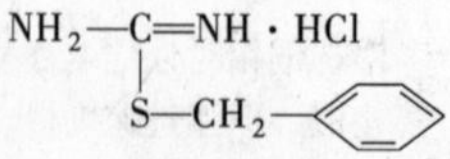 $NH_2—C(=NH)—S—CH_2—C_6H_5 \cdot HCl$	浮含金黄铁矿	
S-丙烯基异硫脲氯化物	$NH_2—C(=NH)—S—CH_2—CH=CH_2 \cdot HCl$	用于浮选含铜黄铁矿、辉钼矿	昆明冶金研究院研制，用氯丙烯与硫脲制得，熔点 85 ~ 88℃，淡黄色
S-氯丁烯异硫脲盐	$NH_2—C(=NH)—S—CH_2CH=C(Cl)—CH_3 \cdot HCl$	用于浮选含铜黄铁矿、辉钼矿	
S-正辛基异硫脲盐	$NH_2—C(=NH)—S—C_8H_{17} \cdot HCl$	浮选含铜，含金黄铁矿选矿效果好	

5.14.1 烃基（芳基）硫脲

主要是由脂肪胺和芳香胺与二硫化碳反应制得，又称—N—取代硫脲。其中最重要的是 N，N′-二苯基硫脲，我国习惯叫“白药”，由白色结晶而得名。

5.14.1.1 白药

白药系苯胺与二硫化碳相互作用的产品。通常两种原料配料比按理论值计算，先将苯胺溶于酒精，在 90 ~ 100℃ 回流 4 ~ 6h，用 KOH 粉末作催化剂。反应式为：

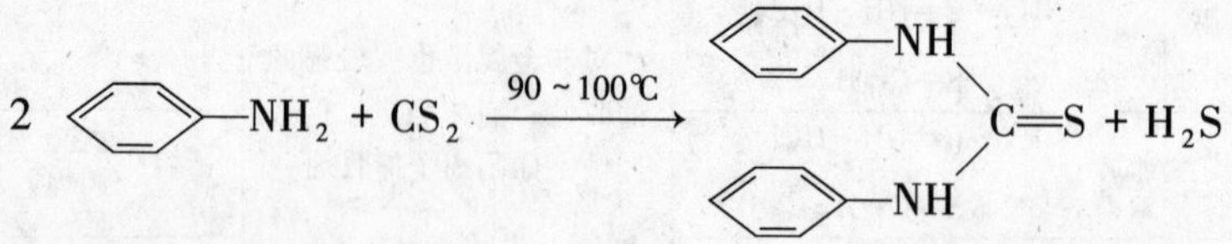

$$2\,C_6H_5—NH_2 + CS_2 \xrightarrow{90 \sim 100℃} (C_6H_5—NH)_2C=S + H_2S$$

二苯硫脲（白药）

白药可以分子重排生成含硫氢基的同分异构体： $(C_6H_5—NH)_2C=S \rightleftharpoons$

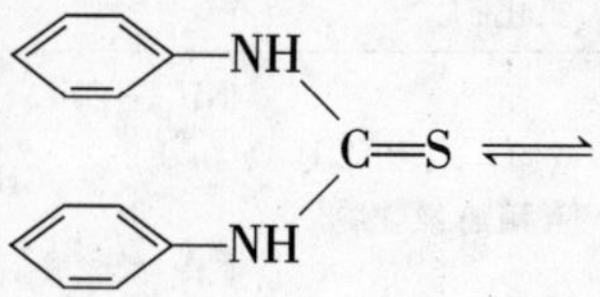

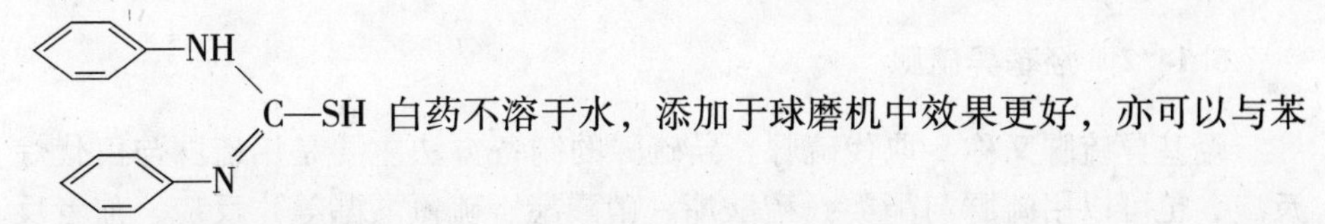

白药不溶于水，添加于球磨机中效果更好，亦可以与苯胺或甲苯胺配成质量占10%～20%溶液（称PA或TT混合液）使用，可用木素磺酸钙、皂素等混合成含量为5%～10%的乳化液使用。白药对黄铁矿捕收能力弱，对方铅矿捕收性好。由于白药比黄药贵，所以组合用药是解决和提高经济技术效益的最佳选择。例如用白药与占5%质量的异丁基铵黑药混合与矿石一起研磨，浮选硫化铜矿回收率可达90.97%，比在同样条件下使用其中的一种药剂效果都好。单独使用白药浮选硫化铜的回收率只有37.55%。

有人在白药结构的基础上改性，用二氯二苯硫脲在中性或碱性矿浆中浮选硫化铜矿效果好，用量45g/t。

5.14.1.2　烃基硫脲

烃基硫脲是用脂肪伯胺或仲胺与二硫化碳反应，第一步先制备烃基二硫代氨基甲酸盐，然后再中和成烃基硫脲。反应式为：

$$RNH_2 + CS_2 + NaOH \longrightarrow RNHCSSNa + H_2O$$

$$RNHCSSH + RNH_2 \longrightarrow RNHCSNHR + H_2S$$

有文献报道采用二胺与二硫化碳反应制备环状烃基硫脲，反应式为：

$$NH_2—\underset{\large R}{\underset{|}{CH}}—CH_2—NH_2 + CS_2 \longrightarrow \text{环}[H_2C—CH(R)—NH—C(=S)—NH—] + H_2S$$

表5－12所列中的N，N′-亚乙基硫脲（$CH_2—NH$、$CH_2—NH$ 成环，C═S）和N，N′-亚丙基硫脲（$CH_3—CH—NH$、$CH_2—NH$ 成环，C═S）就是环状烃基硫脲，用于浮选铜、钼硫化矿（黄铜矿、辉铜矿、铜蓝、黄铁矿和辉钼矿）的有效药剂，尤其是后者对铜钼、铜铁矿的捕收性和选择性都优于丁基黄药，对硫铁矿仅有弱捕收能力。

5.14.2 烃基异硫脲

烃基异硫脲又称S-取代硫脲。异硫脲的制备方法主要是用硫脲与卤代烷反应，也可以用硫脲与酯类（硫酸酯、硝酸酯、硫氰酸酯等）反应。前者反应式：

$$RX + S{=}C(NH_2)_2 \longrightarrow R{-}S{-}C(NH_2){=}NH \cdot HX$$

式中，X为卤素，除卤代烷外，脂环族卤化物，二卤化物、卤代酸等均可与硫脲反应生成异硫脲。昆明冶金研究院根据国外资料用氯丙烯与硫脲作用制得S-丙烯基异硫脲盐酸盐就是一例：

$$CH_2{=}CH{-}CHCl + S{=}C(NH_2)_2 \longrightarrow CH_2{=}CH{-}CH_2{-}S{-}C(NH_2){=}NH \cdot HCl$$

该反应投料物质的量比硫脲：氯丙烯 = 1：1.01～1.04，用酒精或异丙醇作溶剂，反应温度35～42℃，时间1h，充分搅拌，冷却结晶，产品纯度94%～96%，产率98%。

异硫脲的浮选特性表明，对铜硫化矿和金矿的捕收性强，对黄铁矿的捕收性弱，适用于含黄铁矿的铜矿物的优先浮铜，选择性好，对氧化了的硫化铜矿物浮选结果也好。各种不同的异硫脲盐酸盐的浮选特性见表5－12所列。

5.15 硫醇、硫酚及硫醚

硫醇与硫酚从化学角度可以看作是相应的醇基与酚基中的氧被硫所取代。同样醚分子中的氧被硫取代了就成了硫醚。

硫醇及硫酚分子结构中均含有一个巯基或叫硫氢基（—SH)，所以亦可称该化合物为巯基化合物。除硫醇、硫酚外，作为浮选药剂的巯基化合物有巯基苯骈噻唑，巯基苯骈咪唑等。白药因有互变异构现象从硫酮基变成巯基，故亦被视为巯基化合物。

烷基硫酚作为捕收剂在60多年前（1945～1946年）就有人合成过，如12碳基仲硫醇及叔硫醇。使用己基硫醇和庚基硫醇浮选异极矿，效果好于黄药。

对硫酚类化合物的研发，特别是对一系列萘硫酚如1-萘硫酚、2-萘硫酚以及4-硝基和4-氨基1-萘硫酚的研制，作为捕收剂用于硫化铜矿的浮选研究，证明萘硫酚比苯基硫酚有效，而含取代基（$—NO_2$ 和 $—NH_2$ 等）的萘硫酚又比未取代的萘硫酚作用强，也比异丁基及异戊基黄药的作用强。一些硫醇及硫酚的结构式列于表5-13。

表5-13 一些硫醇及硫酚捕收剂的结构式

序号	名称	结构式	备注
1	二-正丁基-2-硫醇基-乙胺盐酸盐	$(n\text{-}C_4H_9)_2N—CH_2CH_2SH \cdot HCl$	
2	N—苯基-双（2-硫醇乙基）胺盐酸盐	$C_6H_5—N(CH_2CH_2—SH)_2 \cdot HCl$	
3	N-丁基-N-二（2-硫醇乙基）胺	$n\text{-}C_4H_9—N(CH_2CH_2SH)_2$	
4	N-仲丁基-N-二（2-硫醇乙基）胺	$sec\text{-}C_4H_9—N(CH_2CH_2SH)_2$	
5	N-（乙基硫醇-2）-N-甲基苯胺盐酸盐	$C_6H_5—N(CH_3)—CH_2CH_2SH \cdot HCl$	
6	N-双（乙基硫醇-2）-苯胺	$C_6H_5—N(CH_2CH_2SH)_2$	
7	N-（2-硫醇基乙基）-对甲氧基苯胺	$CH_3O—C_6H_4—NHCH_2CH_2SH$	
8	S-（2-硫醇基乙基）-邻氨基硫代苯酚	$o\text{-}NH_2C_6H_4—S—CH_2CH_2SH$	
9	辛基硫醇	$C_8H_{17}SH$	pK_a11.8（pH值）
10	丁基硫醇	C_4H_9SH	pK_a10.7（pH值）
11	苄基硫醇	$C_6H_5—CH_2SH$	pK_a9.4（pH值）
12	N-（2-硫醇基乙基胺）-哌啶盐酸盐	$C_5H_{10}N—CH_2CH_2SH \cdot HCl$	
13	N-（2-硫醇基丙基）-哌啶盐酸盐	$C_5H_{10}N—CH_2CH_2CH_2SH \cdot HCl$	
14	氨基乙硫醇盐酸盐	$H_2N—CH_2CH_2SH \cdot HCl$	
15	环已基-（2-硫醇基乙基胺）盐酸盐	$C_6H_{11}NHCH_2CH_2SH \cdot HCl$	
16	N-（2-硫醇基乙基）-吗啉盐酸盐	$O(CH_2CH_2)_2NHCH_2CH_2SH \cdot HCl$	
17	苯硫酚	$C_6H_5—SH$	

续表 5-13

序 号	名 称	结构式	备 注
18	1-萘硫酚	SH	
19	2-萘硫酚	SH	
20	4-硝基-1-萘硫酚	SH NO_2	
21	4-氨基-1-萘硫酚	SH NH_2	

5.15.1 硫醇及硫酚的制备

硫醇可以用 KSH 与各种烃基化试剂作用，或者用卤代烷与硫脲作用而制得，用反应式表示：

$$C_2H_5OSO_2OK + KSH \xrightarrow{\triangle} C_2H_5SH + K_2SO_4$$

$$(C_2H_5)_2SO_4 + KSH \xrightarrow{\triangle} 2C_2H_5SH + K_2SO_4$$

$$C_2H_5Cl + KSH \xrightarrow{\triangle} 2C_2H_5SH + KCl$$

$$RX + CS(NH_2)_2 \xrightarrow{\triangle} RSC(=NH)NH_2HX$$

$$\left[R—S—C\begin{matrix}NH_2\\ \\ NH\end{matrix}\right]^+ + H_2O \xrightarrow{OH^-} RSH + CO_2 + 2NH_3$$

也可以用磺酰氯还原法制备。用烃基磺酰氯或芳基磺酰氯还原，即可获得硫醇或硫酚。

用反应式表示如下：

$$RSO_2Cl \xrightarrow[Zn + H_2SO_4]{[H]} RSH$$

$$ArSO_2Cl \xrightarrow[Zn + H_2SO_4]{[H]} ArSH$$

式中，R 为烃基；Ar 为芳基。

用环硫乙烷和胺类化合作用，制得氨基硫醇。

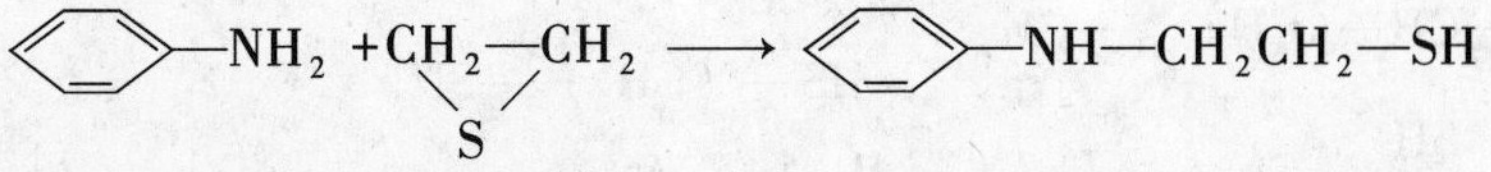

$$C_6H_5—NH_2 + \underset{\diagdown S \diagup}{CH_2—CH_2} \longrightarrow C_6H_5—NH—CH_2CH_2—SH$$

5.15.2 硫醇及硫酚的性质

硫醇和硫酚特别是低相对分子质量的，都有特殊的臭味，随相对分子质量增大，臭味减小，变得不那么难闻，可作为捕收剂使用。它们均为弱酸性物质，在水中可部分解离出氢离子。硫醇能与 Hg、Pb 等金属离子形成难溶的汞盐和铅盐沉淀［$(RS)_2Me$，Me 为 Hg、Pb］。与氧化剂作用生成二硫醚化合物。

低碳链的硫醇化合物（如乙硫醇）与方铅矿、闪锌矿及黄铁矿等矿物的接触角很小，与矿物不能形成疏水性不具备捕收性能。表 5－13 所列序号 1 至 8 的任何一种硫醇化合物据专利报道均可浮选闪锌矿，药剂用量为 45g/t（起泡剂 41g/t 时），回收率可达到 90% 以上。还可以减少硫酸铜活化剂的用量，甚至可以不加硫酸铜活化。

据介绍有一种称作 2-巯基乙酸异丙基酯的药剂，

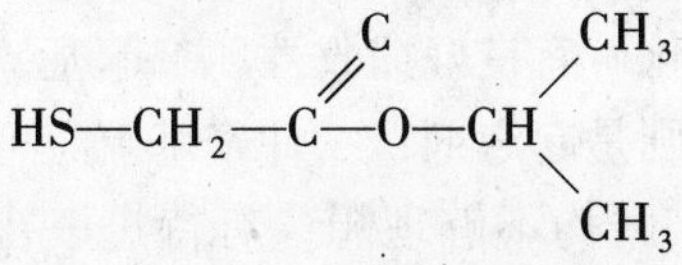

$$HS—CH_2—\overset{\overset{C}{\|}}{C}—O—CH\begin{matrix} \diagup CH_3 \\ \diagdown CH_3 \end{matrix}$$

2-巯基乙酸异丙基酯

在浮选闪锌矿时，就无需先用硫酸铜活化。使用该药剂 45.3g/t，加醚醇类起泡剂（分子量 450），不加硫酸铜，浮选回收率达到 98.8%（原矿含锌 5.69%）。而使用异丙基钠黑药作捕收剂，在其他条件相同的情况下，还需添加 181g/t 的硫酸铜，才能达到 98.8% 的回收率。

5.15.3 有机二硫醇

在硫醇化合物浮选剂的基础上不断发展进步，利用有机二硫醇作为铜、铅、锌、铁等多金属硫化矿物捕收剂。已经研究和使用的有下列化合物：

$HS—(CH_2)_6—SH$

1，6-己基二硫醇

$HS—CH_2—CH(SH)—(CH_2)_3—CH_3$

1，2-己基二硫醇

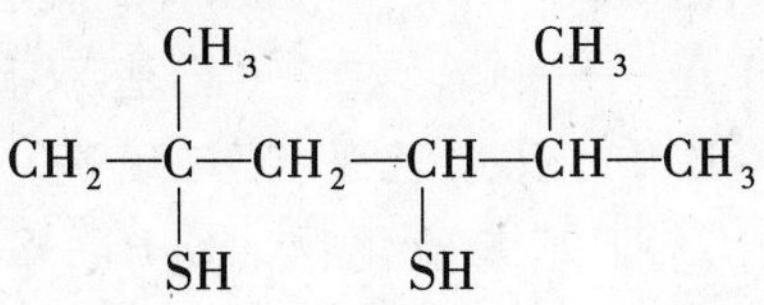

$$CH_2—\overset{\overset{CH_3}{|}}{\underset{\underset{SH}{|}}{C}}—CH_2—\underset{\underset{SH}{|}}{CH}—\overset{\overset{CH_3}{|}}{CH}—CH_3$$

2，5-二甲基己基二硫醇

$HS—(CH_2)_8—SH$

1，8-辛基二硫醇

$HS—(CH_2)_{12}—SH$

1，12-十二烷基二硫醇

$HS—(CH_2)_{14}—SH$

1，14-十四烷基硫醇

$$\underset{\displaystyle SH}{\underset{|}{CH_2}}—\underset{\displaystyle SH}{\underset{|}{CH}}—(CH_2)_{11}—CH_3$$

1，2-十四烷基二硫醇

$HS—(CH_2)_5—SH$

1，5-戊二硫醇

此外，环烷基、芳基及烷基芳基的二硫醇也相继出现。

二硫醇对闪锌矿具有良好的选择性，其中以1，5-戊二硫醇效果最佳，远胜于乙基黄药。二硫醇类药剂对黄铁矿有较弱的捕收性能。

5.15.4 硫醚及多硫化合物

硫醚实际上就是烷基（或芳基）硫醚（硫化物），普通的硫醚较少见选矿实践报道。硫醚的特点是容易氧化生成亚砜及砜：

$$R—S—R \xrightarrow{[O]} \underset{\displaystyle O}{\underset{\|}{R—S—R}} \xrightarrow{[O]} R—\overset{\displaystyle O}{\overset{\|}{\underset{\displaystyle O}{\underset{\|}{S}}}}—R$$

二烷基亚砜　　二烷基砜

在选矿试验中发现，苯基丙基氢化噻吩对硫化矿有良好捕收性；二苯基硫醚较适用于浮选含锌矿物；而异仲己基苯基硫醚则是起泡剂；二仲辛基硫醚可用于非金属矿浮选。总而言之，此类药剂选矿实践均不够理想，有待进一步探讨。

在化合物分子烃基中间有两个或两个以上硫原子相连接的化合物叫做多硫化物。例如二丁基二硫化物［$CH_3(CH_2)_3—S—S—(CH_2)_3—CH_3$］和双(2-N-苯胺基乙基)-二硫化物（$C_6H_5—NH—CH_2CH_2—S—S—CH_2CH_2—NH—C_6H_5$）等。这类化合物与双黄药有某种相似性。

有人曾研究了不同药剂（92种）对碳酸铜矿物的可浮性的影响，结果表明，其中有9种二硫化物是碳酸铜矿的有效捕收剂，包括二-(2-乙氧基乙基)-二硫化物（$C_2H_5OCH_2CH_2—S—S—CH_2CH_2OC_2H_5$），二-(1-甲基-2-甲乙氧基)-二硫化物［$CH_3OCH_2CH(CH_3)—S—]_2$，二-(2-氯乙氧基乙基)-二硫化物［$Cl(CH_2CH_2O(CH_2)_2—S—)]_2$，二-(乙基-双-硫基)乙烷（$C_2H_5—S—S—CH_2CH_2—S—S—C_2H_5$），双-(乙基-双-二硫基)丁烷（$C_4H_9—S—S—CH_2CH_2—S—S—C_4H_9$）；二丁基二硫化物（$C_4H_9—S—S—C_4H_9$）。此外，还有既有二硫基又有醚基的化合物等，其结构式为$C_2H_5—S—$

$S—CH_2CH_2—O—CH_2CH_2—S—S—C_2H_5$ 以及 $C_4H_9—S—S—CH_2CH_2O—CH_2CH_2—S—S—C_4H_9$。

5.16 巯基苯骈噻唑

巯基苯骈噻唑在选矿药剂中又称苯骈噻唑硫醇、硫醇基苯骈噻唑。国外有 Flotagen AC-400、404 号药剂、405 号药剂（氰胺公司），MBT 等名称，其钠盐叫 Capnex。其结构式为：

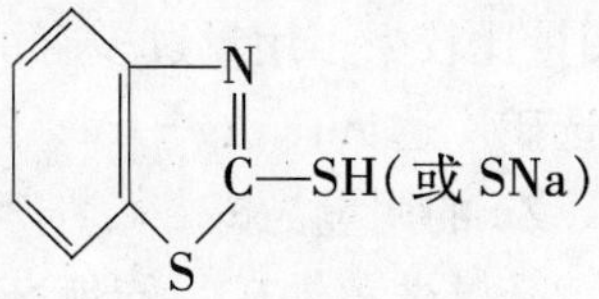

N
C—SH(或 SNa)
S

巯基苯骈噻唑在橡胶工业中是硫化促进剂，在分析化学中用做分析试剂能与多种金属起螯合作用形成难溶盐，是铜、锌、钴、铋、镉、金、汞、铊、镍等的沉淀试剂。作为捕收剂可浮选有色金属硫化矿和代替高级黄药浮选有色金属氧化矿。

巯基苯骈噻唑为黄色粉末（其钠盐亦是黄色粉末），无毒，密度为 1.42g/cm^3，熔点为 170~175℃，纯品为白色针状或片状结晶，熔点为 179℃，不溶于水，微溶于乙醇、乙醚及冰醋酸，能溶于氢氧化钠和碳酸钠，所以工业上一般都使用其钠盐。

苯骈噻唑硫醇的制备方法多种多样。常用的方法是以苯胺、二硫化碳和硫磺为原料，在加温加压条件下进行反应：

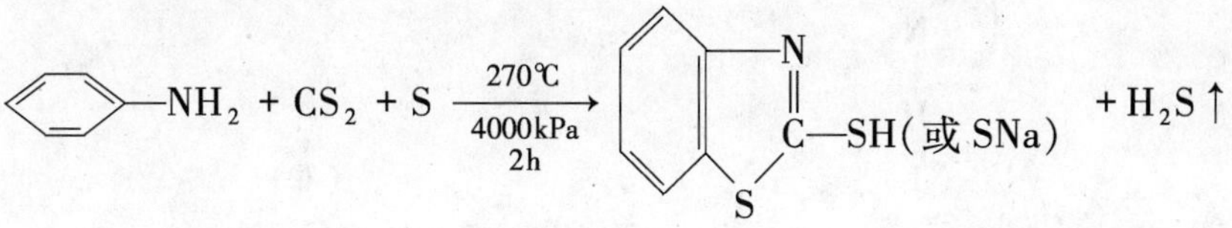

$$C_6H_5—NH_2 + CS_2 + S \xrightarrow[\text{4000kPa, 2h}]{270℃} \text{(巯基苯骈噻唑) C—SH(或 SNa)} + H_2S\uparrow$$

同样，以萘胺为原料，与二硫化碳和硫磺在与上述基本相同的条件下反应，即可制得巯基萘骈噻唑，它和 N，N-二乙基-2-巯基苯骈亚磺酰胺等药剂也都是硫化矿捕收剂。前者为黄色粉末，其钠盐溶于水，国外叫做新卡普耐克斯（New Capnex）。

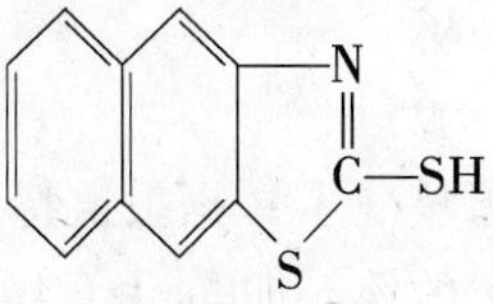

N
C—SH
S

巯基萘骈噻唑

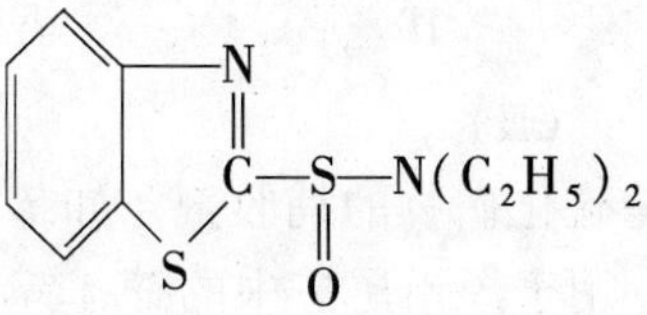

N
C—S—N$(C_2H_5)_2$
S O

N，N-二乙基-2-巯基苯骈亚磺酰胺

巯基苯骈噻唑在选矿中主要作为铜、锌、铅、铁硫化矿捕收剂，可单独使用，与黄药、黑药混合使用效果更佳。据文献报道用作白铅矿（$PbCO_3$）捕收剂时，不需预先硫化；经硫化钠硫化的氧化铜矿用巯基苯骈噻唑浮选也有效；对金和含金黄铁矿及银矿有优越的捕收性能，据报道用该药（与异丙基黄药混用，用量45g/t）浮选南非弗吉尼亚含金黄铁矿，金的回收率可以提高7.4%~13%，最高达65.2%；对硫化矿的浮选捕收性，方铅矿最强，其次是闪锌矿，黄铜矿及铜镍矿，用于Pb-Cu-Zn分离浮选时选择性好。

巯基苯骈噻唑使用时用量比较少，用量过多有可能降低精矿质量。一般用量约为20g/t。如日本细仓选矿厂选Au、Ag、Cu、Pb、Zn、S的用量为12g/t，生野选矿厂选Au、Ag、Pb、Zn的用量为22g/t，丰羽选矿厂选Ag、Pb、Zn的用量为21g/t。用该药替代黄药浮选黄铁矿，能使药剂的用量减少，硫的回收率提高，从而降低成本。

5.17 巯基苯骈咪唑及衍生物

咪唑类等与噻唑类有相似结构的药剂，也用作分析试剂和选矿药剂。作为捕收剂据报道主要有：2-巯基苯骈咪唑（Ⅰ），2-巯基苯骈噁唑（Ⅱ），巯基萘骈咪唑（Ⅲ），2-巯基-4，4，6-三甲基-3，4-二氢嘧啶（Ⅳ）等，结构如下：

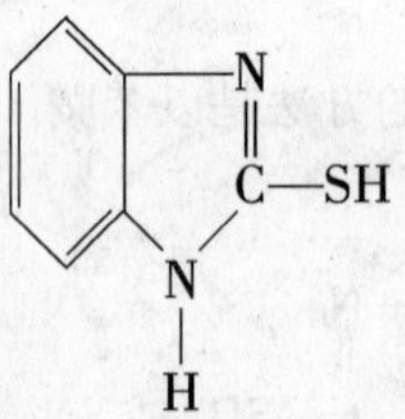

（Ⅰ） 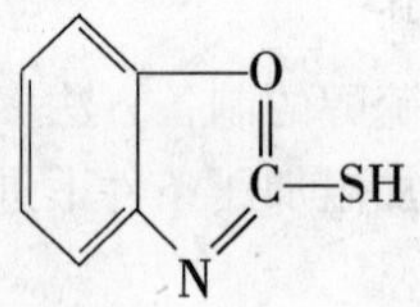　　（Ⅱ）

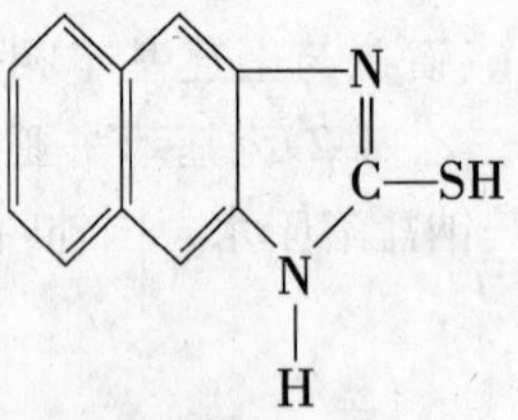

（Ⅲ） 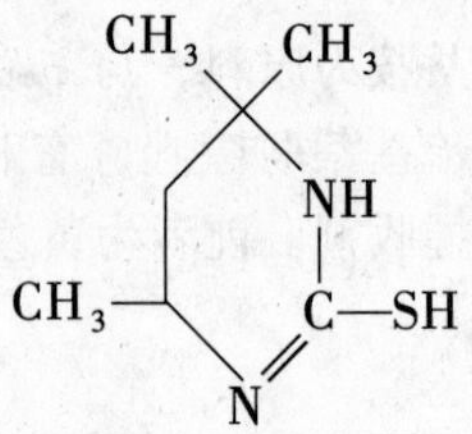　　（Ⅳ）

这些药剂都是硫化矿物的捕收剂。如巯基苯骈咪唑（Ⅰ）据报道特别适用于浮选闪锌矿。用于浮铅尾矿中的锌，锌含量为0.67%，加5g/t（Ⅰ）药剂，浮选粗精矿锌品位达44.41%，尾矿含锌0.17%，回收率为97.5%；用于浮选含铜3.4%的铜矿，加石灰研磨再浮选回收率达96%~98%，也可用来浮选方铅矿。

上述咪唑及相似类型的药剂，与噻唑类药剂只是把其中的一个硫变成氮，硫与氮的电子结构是相似的，其共同特点是这个氮与巯基在与矿物表面相互作用时，均能构成螯环，促进药剂的吸附。

1-苯基-2-巯基苯骈咪唑，在我国选矿界被称作咪唑硫醇，结构式为：

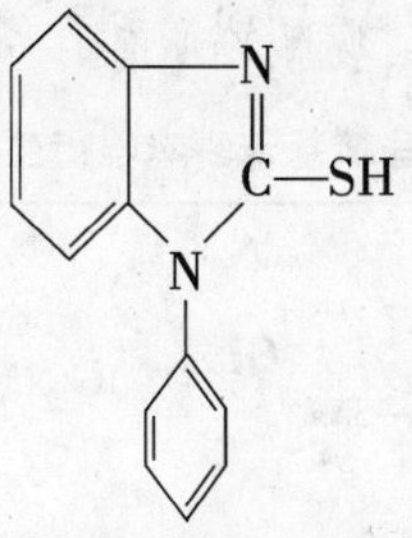

N
C—SH
N

咪唑硫醇为白色粉末，工业品为灰色粉末，有臭味，性质稳定，难溶于水、苯及乙醚，易溶于丙酮、乙醇、热碱（氢氧化钠和硫化钠等），与碱形成钠盐。该药剂的制备方法合成步骤用反应式表示：

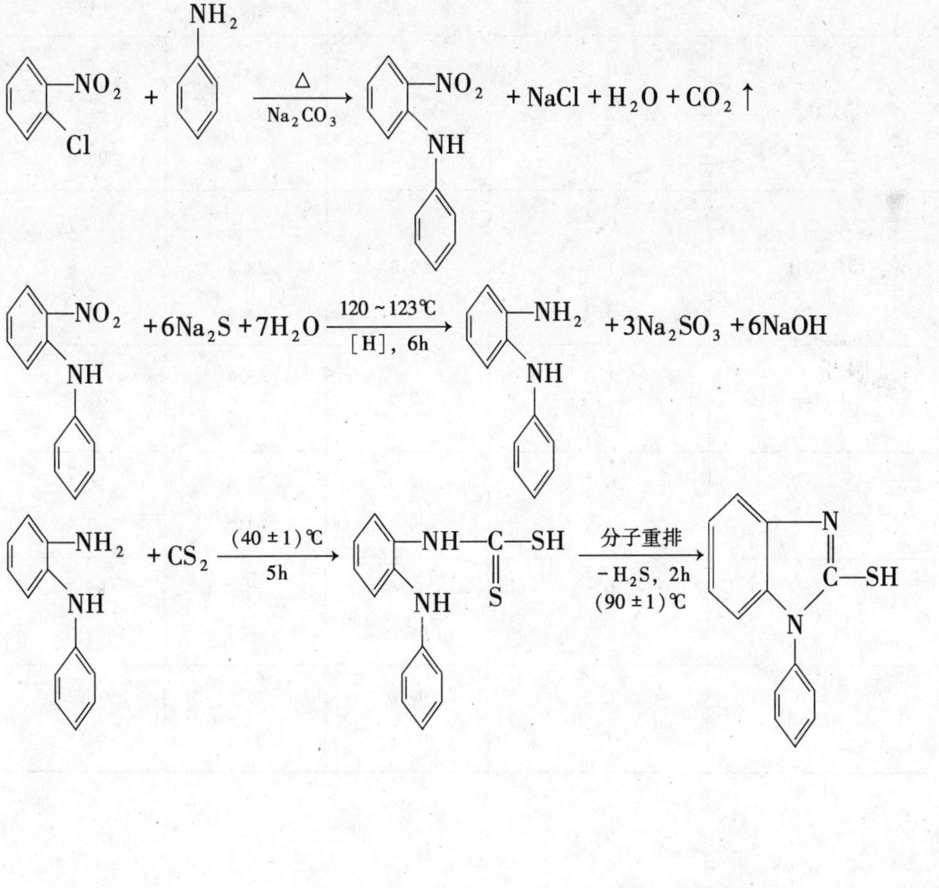

$$\text{(Cl, }NO_2\text{-苯)} + \text{(}NH_2\text{-苯)} \xrightarrow[Na_2CO_3]{\triangle} \text{(}NO_2\text{, NH-苯)} + NaCl + H_2O + CO_2\uparrow$$

$$\text{(}NO_2\text{, NH-苯)} + 6Na_2S + 7H_2O \xrightarrow[\text{[H], 6h}]{120\sim123℃} \text{(}NH_2\text{, NH-苯)} + 3Na_2SO_3 + 6NaOH$$

$$\text{(}NH_2\text{, NH-苯)} + CS_2 \xrightarrow[5h]{(40\pm1)℃} \text{(NH—C(=S)—SH, NH-苯)} \xrightarrow[-H_2S,\ 2h,\ (90\pm1)℃]{\text{分子重排}} \text{(N=C—SH, N-苯)}$$

咪唑硫醇捕收剂可单独使用，也可与黄药混合使用，用于浮选氧化铜矿(碳酸铜、硅酸铜等)，难选硫化铜矿及金、钼矿等，是一种有效药剂。五龙金矿四道沟选厂选金工业试验表明：与黄药相比（用量100g/t），金的回收率提高了0.65%，精矿品位大幅提高，增加了18.77g/t。对金捕收力强，选择性高。

各种咪唑硫醇浮选方铅矿、碳酸铅矿和孔雀石的结果列于表5－14。

表5－14　一些巯基苯骈咪唑衍生物的选别结果

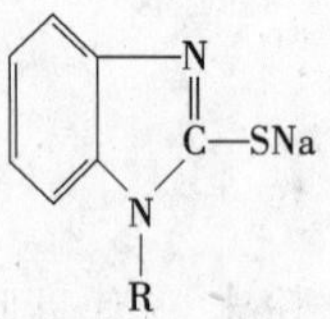

式中，R取代基见表所列

R	用量/mol·t^{-1}	回收率/%		
		方铅矿	碳酸铅	孔雀石
C_4H_9	0.2	95.4		
	2.5		91.6	
	1.0	99.5	69	96.0
$CH_2C_6H_5$	0.2	93.0	2.3	18.7
	1.5	99.8	28.8	98.0
	3.0		95.4	
C_6H_5	1.0	97.9	65.4	97.7
	2.0		85.9	
C_6H_4Cl	0.5	94.9	34.3	96.3
	1.5	99.5	93.2	99.5
$C_6H_4CH_3$	0.5	94.0	70.2	85.7
	1.5	95.0	86.3	99.0
$C_6H_4OCH_3$	0.2	94.0	14.8	19.2
	1.0	99.8	94.7	94.7

5.18 其他含硫捕收剂

据资料报道一种由高级醇和环氧丙烷缩合的产物再与浓硫酸进行酯化作用制得的硫酸盐，其通式为：

$$R(OCH_2\underset{}{\overset{CH_3}{\overset{|}{C}}}H)_nOSO_3Na$$

式中，R为高级醇的烷基，由8~10个碳原子构成；n为正整数，一般不大于10。

这种药剂是兼有起泡性能的捕收剂，使用时可以减少起泡剂的用量。它对黄铁矿不显示捕收性，因此用来浮选铜、铁硫化矿时能有效分选黄铜矿与黄铁矿及其他脉石矿物，显著地提高分选效率与精矿产品质量。除铜矿物外，也是其他硫化矿物的有效捕收剂，对细粒矿物的浮选比常用捕收剂强，无特殊气味。可以单独使用，也可以与黄药组合使用。

Tropman 等研究了黄药衍生物烷基黄原酸次甲基膦酸二甲基酯（Ⅰ）和烷基氨基二硫代甲酸的衍生物，N－烷基二硫代氨基甲酸次甲基膦酸二烷基酯（Ⅱ）以及二烷基二硫代次膦酸（Ⅲ）作为硫化矿的捕收剂。其结构式分别为：

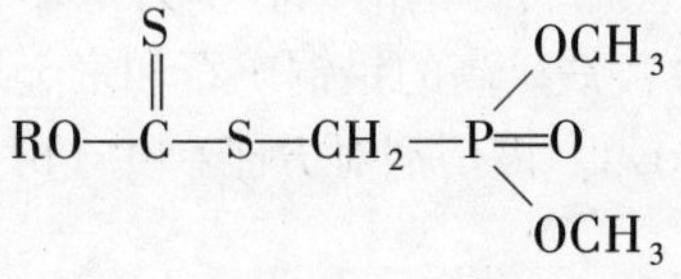

$$RO-\overset{\overset{S}{\|}}{C}-S-CH_2-P(=O)(OCH_3)_2$$

（Ⅰ）

式中，R为C_2~C_4烷基。

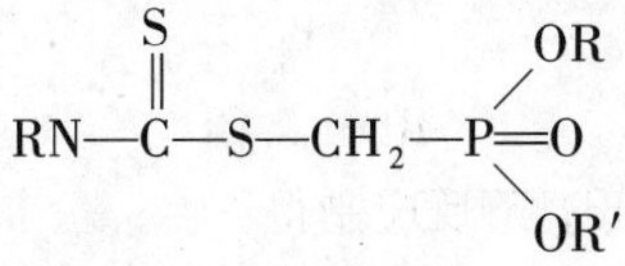

$$RN-\overset{\overset{S}{\|}}{C}-S-CH_2-P(=O)(OR)(OR')$$

（Ⅱ）

式中，R和R′为C_1~C_4烷基。

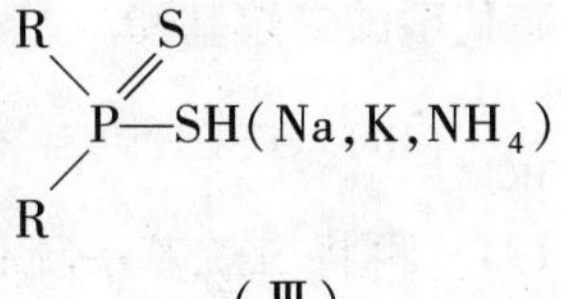

$$R_2P(=S)-SH(Na,K,NH_4)$$

（Ⅲ）

式中，R为C_2~C_{12}的烷基、环烷基。

以上三种药剂对硫化矿物的浮选都有较好的捕收性能，用来浮选含铜锌黄铁矿的多金属硫化矿时，烷基碳链增长，捕收性能增加，选择性降低。R′为甲基时，对铜和铁的选择性最高。选硫化铜矿时，选择性与丁基黄药相似，但药剂用量减少30%。对锌和黄铁矿选择性高于丁黄药。

上式（Ⅱ）的R基为乙基，R′为异丙基时，就是前苏联专利资料介绍的二乙基二硫代氨基甲酸甲基膦酸二丙基酯：

$$(C_2H_5)_2N—\overset{\overset{S}{\|}}{C}—S—CH_2—P\begin{matrix}\diagup OC_3H_7\\ =O\\ \diagdown OC_3H_7\end{matrix}$$

可用作非铁金属硫化矿捕收剂。从结构来看一个分子是由二硫代氨基甲酸酯和黑药两部分并合而成，见百熙认为这符合药物化学的“并合原理”（principle of hybridization)，使之同时具有黄药和黑药的捕收性能。这样一种药剂结构的并合相交，或许和不同药剂的组合使用有异曲同工之效。上式（Ⅰ）才是典型的黄药与黑药的并合。

上式（Ⅲ）中二烃基二硫代次膦酸，为国外牌号 aero promotor 3418 的主要成分，用于硫化铜、锌矿浮选捕收性强，对黄铁矿的捕收性弱。当式中的R为异丁基时，即用二异丁基二硫代次膦酸钠浮选黄铜矿用量只要18g/t（MIBC 23g/t)，先用石灰调浆，然后再浮选的回收率为86.4%。在墨西哥选矿厂中使用，用来代替黄药浮选含黄铁矿高的铅铜矿石和贵金属矿石，铅精矿中含银的品位从10kg/t提高到30kg/t。该药剂对方铅矿中Pb^{2+}的亲和力大，对方铅矿选择性好。

国外商品牌号为 aerofloat 135 的二烷基-硫代磷酰氯结构式为：

$$\begin{matrix}RO & & S\\ & \diagdown \; \diagup\!\!\diagup & \\ & P & \\ & \diagup \; \diagdown & \\ RO & & Cl\end{matrix}$$

可以用黑药和氯气在低温下反应制得：

$$2(RO)_2\overset{\overset{S}{\|}}{P}—SH + 3Cl_2 \longrightarrow 2(RO)_2\overset{\overset{S}{\|}}{P}—Cl + 2HCl + S_2Cl_2$$

它在水中易分解生成一硫代磷酸二烷基酯。

$$(RO)_2PSCl \xrightarrow[HCl]{H_2O} (RO)_2PSOH \rightleftharpoons (RO)_2POSH$$

它就是国外的 aerofloat 194。再将二烷基一硫代磷酰氯与氢氧化钠作用，即生成二烷基一硫代磷酸盐：

$$(RO)_2POH\overset{S}{/\!/} \xrightarrow[136℃]{NaOH} (RO)_2P(=S)ONa$$

二烷基一硫代磷酸氯及其衍生的上述两种化合物主要都用于硫化矿的浮选，都是金属硫化矿的有效捕收剂。用作硫化铜矿捕收剂选择性较高。

5.19 最新研究应用动态

非铁金属矿物，特别是各种复杂的金属硫化矿物浮选的研究现状与展望，始终是选矿及药剂工作者最为关注的，近年来利用各种现代测试仪器设备，对硫化矿物与药剂的结构、亲水疏水基团的溶液化学特性、与矿物作用的电化学表面吸附与作用、界面化学、物理化学、热化学和作用模型，以及药剂分子作用的分子轨道理论及分子设计等，国内外学者都作了广泛而深入的研究。对于捕收剂的研究应用进展，摘列于表 5－15。

表 5－15 硫化矿捕收剂试验研究应用新况

药剂名称或代号	应用简述	资料来源
新浮选剂 models S-703，F-100 和 SIG 系列与戊基黄药配合	可以提高难选合金 Cu-Zn-S 硫化矿效果，金收率可提高 3%～5%	Bocharov V A，Ignatkina V A，等. Russian Journal of Non-Ferrous Metals，2004 (9)：1～6
二异丁基二硫代次膦酸钠（aerophine 3418A）	方铅矿捕收剂，研究了方铅矿、黄铁矿在药剂作用下，溶解、氧化、电位变化及效果	Pecina-Trevino E T，等. Minerals Engineering，2003，16 (4)：359～367
捕收剂、抑制剂设计与评价	从不同矿物中浮选铂族金属元素	Bulatovic S. Minerals Engineering，2003，16 (10)：931～939
硫醇捕收剂二乙基二硫代磷酸盐或异丁基黄药	对辉铜矿、方铅矿的捕收作用，通过 XPS 和 TOF-SIMS 等光谱，研究其相互作用，作预氧化了的硫化矿的捕收剂	Buckley A N，Goh S W，等. International Journal of Mineral Processing，2003，72，(1/4)：163～174
N-烯丙基-O-烷基硫代氨基甲酸酯（烷基链长变化）	对铜浮选（斑岩矿）的重要性及捕收作用，效果比 O-烷基-N-2 氧基羰基硫代氨基甲酸酯和 N-烷基-N-2 氧基羰基硫脲好	Sheridan M S，Nagaraj D R，等. Minerals Engineering，2002，15 (5)：333～340
用取代铜铁灵：对氯、对氟、P-moth-oxcy 和 2，4，6-三甲基取代铜铁灵作捕收剂	浮选铀矿（加拿大）	Natarajan R，等. Indian Journal of Chemistry (Section A)，2001，40A (2)：130～134. CA 137，355771

续表 5-15

药剂名称或代号	应用简述	资料来源
2-巯基苯骈噻唑（MBT）和其衍生物6-甲基-MBT，6-甲氧基-MBT，6-丙氧基-MBT和6-戊氧基-MBT，以及巯基苯骈噁唑（MBO）	作为方铅矿，辉铜矿等硫化矿浮选捕收剂，研究了纯矿物吸附，热化学测试、pH值及药剂用量等	Maier G S, Obia L I. Minerals Engineering, 1997，10（12）：1375~1393
二异丁基二硫代次膦酸盐和正丁基乙氧基羰基硫脲	含金银和铜矿捕收剂，对其电化学性质，相互作用进行了研究	Ronald Woods，等. International Symposium on Electrochemistry in Miner and Metals Proce. Vl and Electrochemical Society Meeting. Paris，2003. 60~71
选择性捕收剂：X—R—Y，其中R为支链或直链疏水烃或者聚醚链；X和Y为具有与金属（离子）配位键合的功能团	对硫化铁和其他硫化矿目的矿具有选择性回收的捕收剂	CA 137，371729（2002）
对己基铜铁灵	闪锌矿-黄铜矿-黄铁矿先铜后锌浮选捕收剂	Nirdosh I，Natarajan R. CA 137，340238
N-烯丙基-O-烷基硫代氨基甲酸酯，O-烷基-N-2氧基羰基硫代氨基甲酸酯和N-烷基-N-乙氧基羰基硫脲	铜矿浮选捕收剂，对烷基链长进行设计研究，表明前者（在碳链相同时）是良好的捕收剂	Sheridan M S，Nagaraj D R，等 CA 137，250569
低级亚砜（oligosullfoxide）与黄药（OS1M）	改善Cu-Ni矿分选，可使Cu精矿含Cu21.38%，回收率为95.99%	CA 137，66005
六亚甲基二硫代氨基甲酸铁，Fe（HMDTC）$_3$	从白云石和石膏中选择性浮选分离痕量Co、Cu、Ni、Pb	CA 138，32417
O，O-二丁基二硫代磷酸钠的制备方法（先将丁醇和P_2S_5预处理再与氢氧化钠反应，产率92%~95%）及其应用	作Cu-Mo、Cu-Zn、Pb-Zn及其他矿物捕收剂	Ryaboi V I，Shenderovich V A，等 CA 139，180188 俄罗斯专利：2196774；2177947（2003）
黄药和双黄药表面作用分布	闪锌矿浮选捕收剂	Kuznetsova I N，等. CA 139，167211
2-［-（乙烯氧烷基）氨基］2-戊烯-4-酮	铅-锌硫化矿的有效浮选剂	Kurharev B F，等. CA 131，89368

续表 5-15

药剂名称或代号	应用简述	资料来源
二硫代氨基甲酸酯，O-丁基-N-3-丙基硫代氨基甲酸酯	闪锌矿-黄铁矿分选（Cu^{2+}活化）效果优于黄药（异丙基黄药）	Caroline Sui，等. CA 135，155567
戊基钾黄药作捕收剂松油作起泡剂（印度铀矿集团公司）	在生产中从铀矿中回收 Cu、Ni、Mo，回收率分别为：93%、74.3%和90.8%	Rao G V，等. CA 130，255154
乙氧基羰基硫代氨基甲酸乙酯和硫脲	在Cu^{2+}活化和 pH 调整下，作为闪锌矿、黄铁矿分选的有效捕收剂	Shen W Z. CA 128，284720 Miner Eng，1998，11（2）：145~158
LIX-65NS	印度 Rakha 铜矿浮选铜，铜的尾矿品位 1%，得精矿含 Cu23.7%，收率 90%	Das B，等. CA 128，143375
二烷基二硫代磷酸钠（aerofloats），其中烷基为C_2，正$C_{3\sim4}$，异$C_{3\sim5}$如 IMA-1413，-1012A。选择性起泡剂 FRIM-2PM（类似 MIBC）	提高含砷铜矿，铜浮选选择性和回收率	Ryaboy V I. Обогащение Руд，2000（1）：13~14
2-羟基-5-壬基乙酰苯酮肟（LIX-84）	复杂氧化-硫化铜矿捕收剂。给矿含 Cu 1.12%，得精矿品位含 Cu 18.7%，回收率 85%，比异丙基黄药钠盐好	Bisweswar Das, *et al*. Erzmetall, 2005, 88（1）: 15~20
O-烷基-N-乙氧基羰基硫代氨基甲酸盐（ECTC）和 N-烷基-N-乙氧基羰基硫脲（ECTU）捕收剂	从斑岩矿中浮选铜矿。ECTC 和 ECTU 两种捕收剂浮选效果优于 N-烷基-O-烷基硫代氨基甲酸盐	Sheridan M S, *et al*. Minerals Engineering，2002，15（5）：330~340
十二胺阳离子捕收剂	南非和澳大利亚用来浮选 Pb-Zn 矿	Laskowski J S, *et al*. Canadian Metallurgical Quarterly, 2002, 41（4）: 381~390
环己基二硫代氨基甲酸钠和丁基钾黄药等硫脲化合物捕收剂	对黄铁矿、磁黄铁矿、镍黄铁矿、热化学、电化学吸附作用进行了研究	Minerals Engineering, 1995, 8（10）：1175~1184；CA 128，246414；129，101350；131，260291
黄药制备方法	产品纯度 99.9%，产率 98%	RU 2184728
N-丁氧基羰基-O-甲基（或乙基，丙基，丁基，戊基及己基）硫代氨基甲酸盐（酯）	多种金属硫化矿浮选的几种硫氨酯捕收剂	US 7011216

续表5-15

药剂名称或代号	应用简述	资料来源
Senkol 26，黄药酯类，Senkol 45，烷基二硫代磷酸盐与黄药组合；Senkol 700，硫代氨基甲酸酯	不同捕收剂剂量对硫化矿（钴等）浮选的影响（senmin of south Africa on nicana）	Mainza A N. Minerals Engineering，1999，12（9）：1033~1040

参考文献

1 见百熙．浮选药剂［M］．北京：冶金工业出版社，1981
2 王淀佐．浮选药剂作用原理及应用［M］．北京：冶金工业出版社，1982
3 选矿手册编委会．选矿手册（第三卷第二册）．北京：冶金工业出版社，1993
4 朱玉霜，朱建光．浮选药剂的化学原理［M］．长沙：中南工业大学出版社，1987
5 李成秀等．国外金属矿选矿，2004（1）
6 布鲁特 G 等．国外金属矿选矿，2002（12）
7 戈尔雅切夫 B E 等．国外金属矿选矿，2003（1）
8 杨刚等．常熟高专学报，2001（1）
9 胡熙庚等．浮选理论与工艺［M］．长沙：中南工业大学出版社，1991
10 A D Read，B Sc M Phil Inst of Mining & Met Trans/Section C80（1970）C24
11 卢寿慈．国外金属矿选矿，1974（6）
12 钱图利亚 B A，等．国外金属矿选矿，2003（3）
13 FinKelstein N P，Louell V M J S Afr Inst Min and Metall，1972：72
14 Fuerstemnu M C，*et al.* Trans Soc Min Eng ATME，241（2）
15 CA 60，10251n，CA 60，11903n；CA 64，17431g
16 Ramachandra S Rao，*et al.* CA 61，5238d
17 Ъазанова И М. ЦИИН ЦВЕТ Мет，1960，23
18 Leja J，Nixon J C. SICSA，VolⅢ：297
19 法国专利 1152330，14，02，58
20 Ъазанова И М. ЦИИН ЦВЕТ Мет，1964（12~14）
21 Soklskii D V，*et al.* CA 90，26719（1979）
22 Kato，Yoshishige. Japan KoKai Tokkyo koho 78，110993；CA 90，74902（1979）
23 Kovachev K，*et al.* Rudodbir，1978，33（11）：19~21
24 见百熙．国外药剂新进展．中国金属学会第二届全国选矿药剂会议论文，1981
25 U S Pat，3907854
26 陈竞清，译．国外金属矿选矿，1994（9）：48~56
27 Глемоцкий А В，и др. ЦИИН ЦВЕТ Мет，1968（7）；1970（5）
28 Harris G H. Cand Pat，887896（1997）
29 Harris G H. U S Pat，3590999

30 沈阳冶金选矿药剂厂．有色金属（选冶部分），1978（6）
31 Десятов А М，и др. ЦИИН ЦВЕТ Мет，1974（3）
32 赵援．有色金属（选冶部分），1974（1）
33 U S Pat，3223238（1965）
34 GillTan Blatt，Org syu（2ed），85～86，504～505
35 赵援，国外金属矿选矿，1975（9）
36 小野正夫．浮选［日］．1961
37 喻坚意，译．国外金属矿选矿，1964（9）
38 Каковский И А，ИЗВ Вуз. ЦИИН ЦВЕТ Мет，1963（4）；1965（1）
39 彭绍彬等．有色金属（选冶部分），1965（5）
40 五龙金矿四道沟选厂．有色金属（选冶部分），1975（7）
41 Tropman E P，CA，129976a；CA，219504Z
42 Cyanamid Canad Inc. CA 108623H
43 U S Pat，3461551；U S Pat，3226417；U S Pat，3235007
44 帕西纳，特雷维劳 E F，等．国外金属矿选矿，2004（6）：20～26
45 Tropman E P. USSR，629986；CA，40535
46 Лестова Г А，и др. ЖИМ ЛРОМ－СТ（Москва）. 1980（2）：75～76
47 Roaboi V I. CA，180188
48 李成秀，文书明．国外金属矿选矿，2004（1）
49 Ackerman P K，*et al.* Int J Miner Process，2000（58）：1～13；国外金属矿选矿，2000（4）
50 CA 267933
51 朱建光．国外金属矿选矿，2000（3）；2003（2）；2004（2）；2005（2）
52 温海滨等．国外金属矿选矿，2004（12）
53 郑伟，李松春等．矿冶工程，2004（2）
54 刘广义等．矿冶工程，2003（3）
55 Scott S W，*et al.* Canadian Metallurgical Quater，1973，12（1）：1～8
56 赵援等．云南冶金，2003（32）
57 张俊等．有色矿山，2001（1）
58 张子武．中国铜业，1999（3）
59 Klimpel R R. Miner Metall Process，1999，16（1）
60 CA 132 267933
61 孙传尧等．有色金属（选冶部分），2002（6）
62 何平等．矿冶工程，2003（5）
63 CA 141 26435
64 Hang Y. Minerals Engineering，2003，16（7）
65 Das B，Nalk P K. Canadian Metallurgical，2004，43（3）
66 索洛仁金 M 等．国外金属矿选矿，2003（9）
67 Ackerman P K. Miner Metal Process，1999，16（1）

68 Bradip M, *et al.* Int J Miner Process, 1997, 50 (4)
69 Baralaro M, *et al.* Mineral Engineering, 1999, 12 (4)
70 CA 131, 132622; CA 131, 216838; CA 132, 18341
71 吕金玲等. 有色金属 (选冶部分), 2002 (5)
72 孙业友. 金属矿山, 2003 (3): 30~32
73 李永战, 丁大森. 有色金属 (选冶部分), 2002 (5)
74 刘存华. 中国矿山工程, 2004 (1)
75 于雪. 有色冶金, 1999 (2)
76 塞里瓦诺娃 H B, 等. 国外金属矿选矿, 2002 (4)
77 刘广义, 钟宏等. 有色金属, 2003 (3)
78 钱图利亚 V A. 国外金属矿选矿, 2004 (7)
79 达瓦奈姆 C 等. 国外金属矿选矿, 2000 (12); 有色金属 [俄], 2000 (8)
80 刘云派等. 福建林学院学报, 2004, 24 (1)
81 CA 86, 152751; 90, 90534

第6章 有机硫化合物（二）——氧化矿药剂

第5章主要讨论了黄药、黑药、白药、硫醇、硫酚等具有硫醇基（—SH）即巯基的化合物，以及它们相应的酯类等同系物、衍生物所针对的是浮选硫化矿的药剂。

本章将讨论用于浮选氧化矿及其他矿物加工用的含硫药剂。主要是有机硫酸盐及磺酸盐，包括含硫和氮的阴离子及两性药剂，也包含脂肪酸及氧化石蜡皂的硫酸化和磺化产品，或称脂肪酸类捕收剂的改性产品。除本章所述内容外，还可参见第4章脂肪酸衍生物的相关章节内容。为了更直观地了解浮选及其他相关工艺用药的特性作用，将某些药剂分别列于表6－1和表6－2。表6－1主要列举了一些硫酸盐和磺酸盐及其名称、或其化学组分、功能用途。表6－2主要介绍了国外使用或研制的硫酸盐和磺酸盐其名称或代号及主要的用途。

表6－1　某些有机硫酸盐和有机磺酸盐的应用

药剂名称（代号）或组分	应用与功能	文　献
磺化环烷酸钠与油（duboemulgolu）的乳浊液	捕收剂兼起泡剂，选菱铁矿	Machouic Vladimir 等（捷克） 捷克专利 106789
脂肪酸与氨基酸、牛磺酸、烷基牛磺酸、芳基牛磺酸或与其盐的缩合物。如肌氨酸与椰油脂肪酸和聚乙二醇对壬基酚醚缩合产物	捕收剂，浮非硫化矿，非硅酸盐矿物如铁矿石	德国：克勒克纳-洪堡-多伊茨公司 Cebrauz Hubert 前联邦德国专利 1162305
各种氨基酸缩合物	从磁铁矿、褐铁矿中优先浮黑钨矿，从硅酸盐和硫化矿中优先浮白钨，从橄榄石和蛇纹石中优先浮铬铁矿	Cehrdanz Hubert 前联邦德国专利 1155072
脂肪酸与含氨基的有机酸、牛磺酸、烷基牛磺酸、芳基中磺酸蛋白分解物，羟基磺酸和羟酸或与这些产品的盐类缩合物	浮白钨，铁矿石和其他矿物	M. Hubert Schranz 法国专利 1239284

续表6－1

药剂名称（代号）或组分	应用与功能	文　献
酰胺甲基磺酸钠（塔尔油馏分制取）	捕收剂，浮选萤石	А. Н. Гробнов 前苏联发明书 196003
含 C_{22} ~ C_{24} 正构烷基的烷芳基磺酸盐	捕收剂，浮选重晶石-碳酸盐矿石	Б. Е. Чистяков 前苏联发明书 220896
肟酸、液体烃和磺酸盐的混合物（组分比例顺序：15 : 70 : 15）	浮选非硫化矿捕收剂（菱镁矿、褐铁矿、磁铁矿、重晶石、萤石），絮凝矿泥（细磨）	Patera Miroslay 捷克专利 130458
辛塔朋 CP（Ситапон CP），十六烷基和油酰基硫酸钠混合物	捕收剂，分离磷灰石、霞石、榍石、钛磁铁矿和霓石产品	Heil Vaclav 捷克专利 94326
十二烷基苯磺酸（盐）+非极性油（质量比）=（0.1~0.5）:1	捕收剂，选磷灰石结果较好，耗量 40 ~ 800g/t	美阿穆尔公司 Seymour Tamese 美国专利 3164549
芳基磺酸盐（相对分子质量 380 ~ 600），与烃油组合相对分子质量 460（平均）的烷基苯磺酸钠效果好	磷钙土矿浮选	美格拉斯公司 Maurice C. Fuerstenau 美国专利 3292787
烷基磺化琥珀酸盐 $H_2C-C(=O)-O-R$ $x-CH-C(=O)-O-y$ 式中，$R=C_{5\sim20}$烷基； $x=SO_3Me$（Me：K、Na、Li、NH_4）； y=烷基或 Me 所组成的组合物，碳原子总数 18 ~26	浮选滑石，用 N-辛基-癸基-磺化琥珀酸二钠作捕收剂，用量 5 ~ 900g/t	Walter Eugene Chase 美国专利 3102856
分子式同上，式中总碳原子数为 18 ~26，$R=C_{5\sim20}$烷基，$x=SO_3Me$（Me：K、Na、Li、NH_4）	浮选滑石（pH=6.8 ~ 8）	Johuson *et al.* 法国专利 1298546
烷基硫酸盐及烷基磺酸盐	选滑石	Аова Корё К. К 日本专利 8087
烷基磺酸盐类化合物（碳原子数大于20）	非金属矿	Kiss Janos 保加利亚专利 152916
饱和、不饱和脂肪酸磺化甘油酯或脂肪酸与牛磺酸缩合物	硫镁矾矿，无水钾镁矾和杂卤石浮选	德国：Heinrich Schubert 德国专利 1224676
高分子烷基苯磺酸盐	浮选蓝晶石（不需抑制剂）	Алексеев В. С, и др 前苏联发明书 202804

续表 6-1

药剂名称（代号）或组分	应用与功能	文 献
塔尔油脂肪酸酰胺与甲氧基磺酸钠缩合物	非硫化矿浮选	Трунов Красовский В. Ц. 前苏联发明书 195393
磺甲基化磺酸钙（来自木素）	抑制剂，浮选磷矿白云石	杨祖武 中国专利 86107171（1988）
木素磺酸或盐（高、低相对分子质量混合）	浮选铁矿，抑制剂浮选钾石盐脱除黏土矿泥	前苏联专利 1416188（1988）
石油磺酸盐 + 松油	重晶石捕收剂	CA109：112863（1988）
石油磺酸盐 + 合成芳香基油	菱镁矿捕收剂	捷克专利 252715
聚丙乙烯磺酸钠，磺甲基化聚丙烯酰胺 $[-CH_2-CH(C_6H_4-SO_3Na)-]_n$ $[[-CH_2-CH(CONHCH_2SO_3Na)-]_n]$	絮凝剂，水处理剂	姚重华. 混凝剂与絮凝剂，中国环境科学出版社，1992
富马酸/烯丙基磺酸共聚物（FA-PSA） $[-CH(COOH)-CH(COOH)-CH_2-CH(CH_2SO_3Na)]_m$ 马来酸（酐）/苯乙烯磺酸共聚物， $[-CH(COOH)-CH(COOH)-CH_2-CH(C_6H_4-SO_3Na)]_n$ 丙烯酸/2-丙烯酰胺-正甲基丙烷磺酸（AA-AMPS）	水溶性阻垢分散剂	何铁林. 水处理化学品，化学工业出版社，2000
蒽醌二磺酸钠（2，6-和2，7-蒽醌二磺酸钠的混合物） NaO_3S、SO_3Na 取代的蒽醌（9,10-二酮） ADA ADA anthraquinone disolfonic acid	三废治理：脱硫气体处理，硫回收，废液处理	朱世勇. 环境与工业气体净化技术，化学工业出版社，2001

续表 6-1

药剂名称（代号）或组分	应用与功能	文 献
烷基芳基磺酸盐 $(R)_m$—Ar—SO_3Me，其中 R 为一个或几个烷基、烷芳基或芳基，烷基含 $C_{9\sim16}$，Me 为 H 或金属（例如十二烷基苯磺酸钠）	浮选分离有用矿物与脉石，作脉石抑制剂（与其他药剂混合搅拌后再浮选）	Neal John P（长石公司） 美国专利 3214018
DOW FAX 系列化合物：烃基芳基醚磺酸盐，通式为： 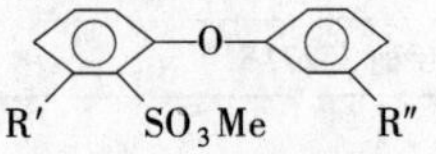 （两个苯环以 —O— 相连，取代基 R′、SO_3Me、R″） 式中，R′、R″为烷基等。	此类药剂对铁矿、磷矿、二氧化钛、若干铜矿、贵金属矿均取得好的试验结果。对铁矿、磷矿浮选捕收效果和精矿品位均优于脂肪酸类捕收剂	R. R. Kimpel 18 届国际选矿会议论文，国外金属矿选矿，1999（4）
1. 磺化琥珀酸盐及其衍生物，结构通式为： $NaSO_3$—CH(COOR)—CH_2COOR ， $NaSO_3$—CH(COOR)—$CH_2COONHR'$ 当 R 为 2-乙基己基时，即化合物为二-(2-乙基己基) 磺化琥珀酸钠就是国外的 Aerosol-OT，阴离子表面活性剂	用于铁精矿、铜精矿压滤的助滤剂，也可作为分散剂，消泡剂，润湿剂。Aerodri 100 及 104、Nalco5 和 WM-436 均类似此类产品。Aerosol-OT 国内称 XP-1，用作金川冰镍浸出消泡剂	阙煊兰等. 第八届选矿年评报告文集（全国），1997
2. 十二烷基磺酸钠，十二烷基苯磺酸钠和十二烷基硫酸钠	用于铁精矿过滤	
$T_{2\sim6}$ 纤维素硫酸酯，结构式为：  $[\text{—O—C}_6\text{H}_3(\text{CH}_2\text{OSO}_3\text{Na})\text{—O—C}_6\text{H}_3(\text{CH}_2\text{OSO}_3\text{Na})\text{—}]_n$ 式中，n = 正整数（很大）。	冶山铁矿浮铜，在原矿品位相同的情况下，$T_{2\sim6}$ 与 CMC 比较，铜精矿品位分别为 31.14% 和 29.52%，含氧化镁为 1.33% 和 2.92%，可见 $T_{2\sim6}$ 的抑制效果优于 CMC	芮新民，杨世凡. 矿冶工程，1995（3）
木质磺酸钠	含滑石的复合硫化矿，使用其抑制滑石时金属回收率 90.3%，不用只有 48.3%	CA 102 10194e
十二烷基硫酸钠和十六烷基硫酸钠	浮选赤铁矿（后者更好）	见百熙. 第四届年评报告会文集，1987
$C_7\sim C_9$ 硫酸钠	浮选钾盐矿	
硫酸化塔尔油	与改性氧化石蜡皂混用，浮选东鞍山红铁矿，效果好	东鞍山攻关组. 矿冶工程，1985（3）

续表6-1

药剂名称（代号）或组分	应用与功能	文 献
改性氧化石蜡皂，T-41，结构式为：$R—CH—(CH_2)COONH_4$，其中 CH 上连 OSO_3NH_4	铁矿石捕收剂（东鞍山红铁矿）	长沙矿冶研究院“六五”贫红铁矿选矿技术攻关报告，1986
PF-100，甘油单月桂酸酯硫酸盐，结构式：$H_2COCOC_{11}H_{23}$ / $HC—OH$ / H_2COSO_3Na	浮选辉铜矿捕收剂的增效剂、乳化剂兼有起泡性能，用量5~20g/t，结构效果和 Syntex 相一致	邓玉珍. 选矿药剂概论，冶金工业出版社，1994
AM21 油酸基氨基磺酸钠（oleylamino sulphonate）AM20 硬酯胺磺酸盐（Stearyl annino sulphonate）	浮选黑钨矿锡石的优良两性捕收剂，此类药剂是黑钨矿、锡石的药剂研究的新方向，还可浮萤石、重晶石等	美国专利3235007
一种磺酸盐	与脂肪酸混合捕收剂，从含 WO_3 3.32%原矿中优先浮选得精矿品位 WO_3 47.8%，回收率97.01%	Fukazawa 日本特许：昭49-12808
拉开粉（Nakal A），结构式：$[(CH_3)_2CH]_2$—（萘环）—SO_3Na	水硼石，石膏高选择性捕收剂	Цвет. Мет，14（3），7~9（1971）
柠檬酸衍生物系列磺酸盐类型 $X(COOM)_2(COOHNR^1R^2R^3)_2$， $HX(COOR^1)_2(COOR^2)_2SO_3Na$ $HX(COOR^1)(COOR^2)(COOR^3)(COOR^4)SO_3M$ $HX(COOR)_2(COOHNR^1R^2R^3)_2SO_3M$ $HX(COOM)_2(COOHNR^1R^2R^3)_2SO_3M$ 式中，X—柠檬酸钙热解及酸化后有机酸碳氢基团；R—丁基；R^1，R^2，R^3，R^4—H，$C_{4\sim18}$烷基，环己基，芳基；M—Na，NH_4（例如：R^1 = 丁基，R^2 = 月桂基）	浮选锡石氧化矿。当浮选含 Sn 8.9%的伟晶岩矿石时，得到含 SnO_2 为 55.6%、收率为97.5%的精矿产品	德国专利2106417
$R—CHCOONa$，其中 CH 上连 SO_3Na 磺化氧化石蜡皂	用于包钢选矿厂弱磁选铁精矿反浮选去除氧化矿杂质，与氧化石蜡皂相比，在37~38℃时选矿效率提高2.97%，药剂用量降低45%；在22℃时，两个指标分别为1.35%和54%	徐金球，徐晓军. 有色金属，2001（1）

续表 6-1

药剂名称（代号）或组分	应用与功能	文 献
MPC（石油磺酸，系石油化工废渣）MPD（原油减压蒸馏的渣油，再经脱沥青、酚，精制得到的渣油抽出油经过磺化所得产品，平均分子量 530，以轻芳烃、中芳烃占 60% 以上），油溶性磺酸钠含量较高 MPA（石油磺酸钙：石油磺酸钠 = 1.5：1）	赤铁矿捕收剂，捕收能力较差，与氧化石蜡皂及塔尔油混用效果好（东鞍山试验），在司家营利用 PMD 芳基磺酸钠选矿（赤铁矿），当 α = 30.7% 时，得到铁精矿 β = 64.47%，ε = 82.74%，与氧化石蜡皂混用效果较好	马鞍山矿山研究院 “六五”贫红铁矿报告摘编，冶金工业部科技司，1986
木素磺酸盐	浮选辉锑矿，抑制毒砂	金华爱 CA11111823（1988）
磺化淀粉衍生物	赤泥（电解铝残泥）絮凝	英国专利2204032（1988）
聚丙烯酰胺衍生物（带二羟乙酸及磺酸基）	浮选磷矿石脱除 SiO_2（抑制剂）	美国专利 4720339

表 6-2 某些国内外有机硫酸盐及磺酸盐名称对照及用途

药剂国外名称（代号）	国内名称或组分及用途
aero promoter 801，824，825，827	脂肪酸磺化物，选非金属矿
aero promoter 801R	水溶性石油磺酸盐，棕黑色糊状物，可与 aero promote-825 号混用（捕）
aero promoter 825	油溶性石油磺酸盐，棕黑色糊状物，浮选石榴石、铬铁矿、蓝晶石
aero promoter 840	油溶性石油磺酸盐（高分子量），浮选石英砂等（捕）
aero promoter 845	新型合成长链磺化多羧基盐类，浮选重晶石、萤石、锡石、白钨、磷矿
aero promoter 899R	水溶性中分子量石油磺酸盐，专用于浮选铁矿（捕）
aerosol 22	N-十八烷基-（1，2-二羧基乙基）磺化琥珀酸酰胺四钠盐（捕）
aerosol AY	双戊基磺化琥珀酸钠（湿）
aerosol IB	双异丁基磺化琥珀酸钠（湿）
aerosol MA	双-（甲基戊基）磺化琥珀酸钠（湿）
aerosol OT	双-2-乙基已基磺化琥珀酸钠，相对分子质量 444，助滤剂，捕收剂，选氧化铁和非金属矿物
aerosol OSB	丁基萘磺酸钠（捕）（湿），选氧化铁和非金属矿
arctic syntex L	椰子酰甘油硫酸盐（乳）
arctic syntex M	脂肪酰甘油硫酸盐，浮辉钼矿（捕，乳）

续表 6-2

药剂国外名称（代号）	国内名称或组分及用途
arctic syntex T	R—CON（CH_3）$C_2H_4SO_3Na$，（R—CO）$_2NC_2H_4SO_3Na$（捕，湿）
collertor hol F2874	R—CH（SO_3Na）—COONa（捕）
coralon L	木素磺酸盐，抑制方解石、白云石效果好
conoco C-50	十二烷基苯磺酸钠（捕，泡）
dAXad 11	烷基萘磺酸（散）
dAXad 23	萘磺酸甲醛缩合物，pH=7~9.5时，脉石矿泥分散剂
ditalan（同 duponol C 和 utinal HC）	十二烷基硫酸盐，重晶石（捕）、氧化铁矿捕收剂
duponol CA	油酰基硫酸钠，氧化铁矿（捕）
duponol LS-parte	十八烷基硫酸钠，重晶石（捕、散、乳）
flotinor S	烷基硫酸钠，RO—SO_3Na，R=$C_{16\sim18}$（捕）
igepal A（同 igepon A）	R—$COOCH_2CH_2SO_3Na$，R=$C_{17}H_{33}$（捕，湿），也同 arctic syntex A
igepal B	$C_{12\sim14}$烷基苯酚聚乙二醇硫酸盐（乳，湿）
marasperse C	木素磺酸钙（抑制脉石）
marasperse CB	木素磺酸钠（抑）
melioran 系列 C118B602，231，241 等	直链烷基硫酸盐（捕）
nekal A	双异丙基萘磺酸盐（捕，乳，湿）
nekal B	双丁基萘磺酸盐（捕，乳，湿）
neodol 23-3A	R—（OCH_2CH_2）$_3$—OSO_3NH_4，R=$C_{12\sim13}$（捕，泡）
neolene 300	十二烷基甲苯磺酸盐（捕，湿）
neolene 400	十二烷基苯磺酸盐（捕，湿）
neopol T	油酰甲基牛磺酸钠（捕，湿）
neatronyx S-60	R—C_6H_4—（OC_2H_4）$_n$$OSO_3NH_4$（泡）
neatronyx S-30	R—C_6H_4—（OC_2H_4）$_n$$OSO_3Na$（泡，散，湿）
ninate 402	十二烷基苯磺酸钙
orhan A	木素磺酸铵，稀土矿（捕），脉石（抑）
petrosul 系列（645，742，745，750）	石油磺酸盐（分子量不同）（捕），脉石（抑）
polyfon F	木素磺酸钠（含硫酸钠基团32.8%）（抑）

续表 6-2

药剂国外名称（代号）	国内名称或组分及用途
polyfon H	木素磺酸钠（含硫酸钠基团 5.8%）（抑）
polyfon O	木素磺酸钠（含硫酸钠基团 10.9%）（抑）
polyfon R	木素磺酸钠（含硫酸钠基团 26.9%）（抑）
polyfon T	木素磺酸钠（含硫酸钠基团 16.7%）（抑）
quix	烷基硫酸盐，选煤废水絮凝剂
sulfanol	$C_{20}H_{41}$—⟨苯环⟩—SO_3Na(捕)
sulfopar H	硫酸化氧化石蜡铵皂（捕）
sulframin DR（US Pat 2884474）	羟烷酰胺醇硫酸盐
алкилсулъфаты	烷基硫酸钠（$C_{12\sim16}$）（捕）
вторчных жирных спиртов（паста）	仲烷基硫酸钠（$C_{11\sim20}$，糊状）（捕）
алкилсулъфонат	$C_{13\sim20}$烷基磺酸钠（捕）
некал	丁基萘磺酸钠（捕）
рафинированый алкилсулъфонат（PAC）	精制 $C_{5\sim11}$—⟨苯环⟩—SO_3Na(泡)
сулфатцеллюлоэы	硫酸化纤维素钠（抑）
зтансулъфонат целлюлоэы	磺化纤维素钠（调）
TTBS-39S，KR-95（Kenrich 公司代号）	三（十二烷基苯磺酸）钛酸异丙酯，矿物表面改性剂，用于碳酸钙和硅灰石等改性，适用于热塑、热固复合材料
AP830（美国氰氨公司产品）	一种磺酸盐与日香 24 号油酸按质量比 1：1 混用，日本八茎选厂处理原矿含 WO_3 0.31%，得精矿含 WO_3 38.22%，回收率 42% 的产品
ДНС（俄），即 D. N. S	单烷基磺化琥珀酸钠（disodium monoalkylsulfosuccinate）在 pH=5~6 时，选锡石捕收剂，也浮萤石。RCOOC（CH_2COONa）HSO_3Na
emcol 4150	脂肪酸酰胺、硫酸盐，选锰矿物
КБТ	木素磺酸钙。亚硫酸法纸浆废液加工的固体浓缩产物。抑制剂
МНС	R—O—CO—CH（SO_3H）—CH_2—COOH（磺酸基在 β 位，一般均在 α 位），萤石浮选捕收剂，可获较好指标

烷基硫酸盐和烷基磺酸盐从性质和结构上都有不同，其结构式：

$$HO-\overset{\overset{\displaystyle O}{\|}}{\underset{\underset{\displaystyle O}{\|}}{S}}-OH \qquad RO-\overset{\overset{\displaystyle O}{\|}}{\underset{\underset{\displaystyle O}{\|}}{S}}-OH$$

硫酸　　　　烷基硫酸单酯

$$RO-\overset{\overset{\displaystyle O}{\|}}{\underset{\underset{\displaystyle O}{\|}}{S}}-OR \qquad R-\overset{\overset{\displaystyle O}{\|}}{\underset{\underset{\displaystyle O}{\|}}{S}}-OH$$

烷基硫酸双酯　　　　烷基磺酸

烷基硫酸单酯为酸性硫酸酯，即烷基硫酸，当硫酸基中的 H 被一个或两个烷基取代了就是本章讨论的烷基硫酸酯。硫酸酯和磺酸盐在结构上的不同就是：硫酸酯为碳-氧-硫键，磺酸盐则是碳原子直接和硫原子相连接。

6.1 烷基硫酸盐

6.1.1 烷基硫酸盐（酯）的制备

烷基硫酸盐（钠盐）的制备方法主要是用浓硫酸、发烟硫酸或氯磺酸在较低的温度下与醇作用，然后再用碱中和而制得。反应方程为：

$ROH + H_2SO_4 \rightleftharpoons ROSO_3H + H_2O$

$ROH + SO_3 \longrightarrow ROSO_3H$

$ROH + ClSO_3H \longrightarrow ROSO_3H + HCl\uparrow$

$ROSO_3H + NaOH \longrightarrow ROSO_3Na + H_2O$

例如用正十六醇 121g 于温度 10℃ 时，与氯磺酸的四氯化碳溶液（酸 36mL，四氯化碳 240mL）作用，然后用无水乙醇-氢氧化钠溶液中和至微碱性，所得土黄色沉淀用大量无水乙醇加至溶液中，滤去杂质，冷冻析出结晶，再用石油醚抽提，最后用无水乙醇重结晶一次，所得无色鳞片状正十六烷基硫酸钠结晶 77g，熔点 176~192℃，产率 45%。

在工业上则多使用硫酸直接进行酯化，经碱中和后的产品无须与硫酸钠分离，即一起加以干燥，因而含硫酸钠较多。使用氯磺酸时，反应生成的氯化氢气体可以放出，因而产物经中和后含无机盐较少。由油酸酯经还原制得的不饱和醇进行硫酸化时，为了保护双键不起反应，则必须使用三氧化硫和二氧六环溶液或三氧化硫的吡啶溶液等特殊试剂进行硫酸化。

醇与氯磺酸或三氧化硫的反应也可以用连续式操作，而且用此法生产酯化率较高，反应较易控制，尤其是对于高级脂肪醇的反应很适合。

高级醇与氯磺酸作用，首先是在搅拌下将氯磺酸缓慢地滴入吡啶中，加完后加热到60℃左右，加入高级醇，反应在65～70℃时进行，作用完毕后，用200g/L的NaOH溶液中和至pH = 8为止，再经搅拌，然后静置分层，上层为吡啶的十二碳烷基硫酸钠的溶液，下层为Na_2SO_4水溶液，将上层进行蒸馏，在40℃蒸出吡啶，剩下的黄棕色固体物即为成品。

6.1.2 烷基硫酸盐的性质

烷基硫酸盐（钠）在性质上与脂肪酸钠皂很相似，而且抗硬水性能比脂肪酸钠皂强。在常温条件下，碳原子数为8的烷基硫酸盐表面活性最强，润湿、洗涤作用最强。随碳原子数的增加其表面活性会逐步下降，而提高温度又有利于表面活性的增强。

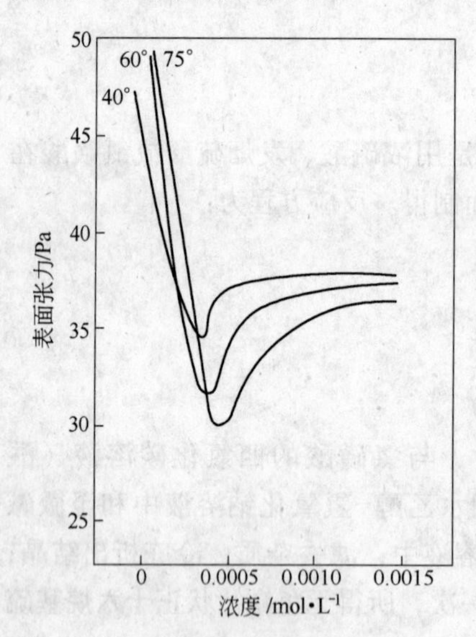

图6-1 在不同温度下（40、60、75℃）十六烷基硫酸钠的表面张力

烷基硫酸钠为白色或棕色粉末，易溶于水，有起泡及捕收性能，对它们的物理性质很早（1973年）就有人作了测试。例如测定十六烷基硫酸钠在不同温度下的表面张力，如图6-1所示。随后又研究了各种烷基硫酸盐（C_{12}、C_{14}、C_{16}、C_{18}）的临界胶团浓度及溶解度，盐类（氯化钠、氯化钙）对于十二烷基硫酸钠与二甲苯界面张力的影响，pH值对于十六烷基硫酸钠浮选方铅矿时必要浓度的影响，以及十六烷基硫酸钠在锡石表面产生接触时浓度与pH值的关系等。其后在研究140余种润湿剂对于滑石-黏土脉石的絮凝作用与澄清作用时，又证明效果最突出的是烷基硫酸盐及烷基芳烃基磺酸盐。

表6-3列出了某些烷基硫酸盐的临界胶团浓度（CMC）、表面张力、界面张力及溶解度等，这些表面活性与浮选性能均有直接关联。

表 6-3 主要烷基硫酸钠的物理性质

化合物名称	分子结构式	CMC 物质的量浓度 /mmol·L^{-1}	质量分数 0.1% 的水溶液（25℃）		溶解度 /g·L^{-1}
			表面张力/Pa	界面张力/Pa	
十二烷基硫酸钠	$C_{12}H_{25}OSO_3Na$	6.8	4.90	2.03	>280（25℃）
十四烷基硫酸钠	$C_{14}H_{29}OSO_3Na$	1.5			160（35℃）
十六烷基硫酸钠	$C_{16}H_{33}OSO_3Na$	0.42	3.50	0.75	525（55℃）
十六烷基硫酸钠三乙醇铵盐	$C_{16}H_{33}OSO_3NH(C_2H_4OH)_3$	0.34	4.10	1.00	
十六烷基乙二醇基硫酸钠	$C_{16}H_{33}OC_2H_4SO_3Na$	0.24	3.62	0.72	
十六烷基二聚乙二醇基硫酸钠	$C_{16}H_{33}(OC_2H_4)_2OSO_3Na$	0.14	3.94	0.37	
十六烷基三聚乙二醇基硫酸钠	$C_{16}H_{33}(OC_2H_4)_3OSO_3Na$	0.12	4.16	1.02	
油醇基硫酸钠（顺式）	$C_8H_{17}CH{=}CH(CH_2)_8OSO_3Na$	0.29	4.35	1.17	
异油醇基硫酸钠(反式)	$C_8H_{17}CH{=}CH(CH_2)_8OSO_3Na$	0.18	3.58	0.74	
二氯油醇基硫酸钠	$C_8H_{17}CH(Cl){-}CH(Cl)(CH_2)_8OSO_3Na$	0.26	3.61	0.65	
十八烷基硫酸钠	$C_{18}H_{37}OSO_3Na$	0.11	3.58	0.58	50（60℃）
十八烷基硫酸三乙醇铵盐	$C_{18}H_{37}OSO_3NH(C_2H_4OH)_3$	0.07	4.06	1.421	
十八烷基乙二醇基硫酸钠	$C_{18}H_{37}OC_2H_4OSO_3Na$	0.09	4.09	0.90	

续表6-3

化合物名称	分子结构式	CMC物质的量浓度/mmol·L⁻¹	质量分数0.1%的水溶液（25℃）		溶解度/g·L⁻¹
			表面张力/Pa	界面张力/Pa	
十八烷基二聚乙二醇基硫酸钠	$C_{18}H_{37}(OC_2H_4)_2OSO_3Na$	0.07	3.95	1.10	
十八烷基三聚乙二醇基硫酸钠	$C_{18}H_{37}(OC_2H_4)_3OSO_3Na$	0.07	4.11	0.85	
十八烷基四聚乙二醇基	$C_{18}H_{37}(OC_2H_4)_4OSO_3Na$	0.07	4.31	0.89	

6.1.3 烷基硫酸盐的浮选性能

烷基硫酸盐和烷基磺酸盐的浮选性质，与烃基碳链长度（碳原子数）相同的脂肪酸相比，其特点是：抗硬水能力比较好，水溶性和耐低温性能较好，起泡性能较强，捕收能力比同等链长的脂肪酸弱。但选择性较强，可适度增加链长提高捕收性。

烷基硫酸盐既是捕收剂（弱），也是起泡剂，据报道可用于浮选硝酸钠、硫酸钠、氯化钾、硫酸钾、萤石、重晶石、磷酸盐矿、烧绿石、针铁矿、黑钨矿和锡石等。

在化工上由硝酸铵与氯化钠作用生成硝酸钠化学肥料时，氯化钠可以通过浮选方法用烷基硫酸盐作捕收剂使之与氯化铵分离。不同长度碳链的烷基硫酸盐，此时如果它的金属阳离子不变，其浮选效果随碳链增长而降低：$C_8>C_{10}>C_{12}>C_{14}$。不同的碱金属盐，如果碳链长度不变，则它的铵盐浮选效果大于它的钠盐，钠盐大于它的钾盐：铵盐>钠盐>钾盐。因此可以看出，最有效的药剂是辛烷基硫酸铵盐，用它浮选硝酸钠时回收率为95%，品位94%。

辛烷基硫酸钠同样也可以由氯化钠中分选硫酸钠。先将两者的混合物研磨至36~170目，在30℃时辛烷基硫酸钠，用量相当于22.5~450g/t硫酸钠，搅拌5min，稀释至水：固=（20~30）：100（质量比），然后充气浮选硫酸钠，氯化钠则残留于槽内。

用烷基硫酸盐由钾钠镁混合物中浮选钾盐时，如果同时使用硝酸铅，则浮出的钾盐精矿品位高，含氯化钾84.3%，氯化钠4.1%；如果不加硝酸铅，则精矿品位低，回收率也下降，含氯化钾47.7%，氯化钠上升至

14.6%。用烷基磺酸盐或烷基硫酸盐皆可，它们的碳链长度范围为 C_6 ~ C_{18}，上述钾盐的来源是钾镁盐矿（$MgSO_4 \cdot KCl \cdot 3H_2O$），浮选前需先将钾镁盐矿转变为软钾镁矾与氯化钠的混合物。用直链烷基硫酸盐浮选可溶性盐时，其作用随碳链的增长而增强，但烷基硫酸盐的溶解度则相应地逐步下降。可溶性钾盐的阴离子半径等于或大于烷基硫酸盐的极性基团时，钾盐对捕收剂的吸附愈强。烃基硫酸盐随碳链增长，捕收作用也增强（对赤铁矿或重晶石），到十四烷基硫酸盐达于最大点，碳链长度再增长，捕收作用反而下降。

用十六烷基硫酸钠代替油酸浮选含有方解石及石英的萤石矿，它的突出优点可以在较低温度下进行浮选。1972 年应用红外光谱研究了十二烷基硫酸盐在萤石上的吸附作用，比较了十二烷基硫酸和它的钠盐、钙盐及十二烷醇的光谱并证明十二烷基硫酸离子与萤石的作用属于化学吸附。

烷基硫酸盐是浮选重晶石（$BaSO_4$）的有效捕收剂，精矿品位超过95%。烷基硫酸盐用于浮选重晶石可以提高浮选速度并改善效果；与工业油酸、动物脂肪酸、葡萄子油酸与磺化脂肪酸的混合物、C_{10} ~ C_{13}烷基苯基磺酸盐，纯 C_{12} ~ C_{18}烷基硫酸盐比较，重晶石的最好捕收剂是 C_{10} ~ C_{16}直链烷基硫酸盐，如果用它与柴油混合使用（每吨重晶石添加 1.3kg 的上述捕收剂及 0.7kg 柴油），效果还要好。所得重晶石精矿品位为 96% ~ 97%，回收率为 90%。

1973 年国外专利介绍一种含重晶石的复杂硫化矿用十六烷基硫酸钠作捕收剂（30g/t），同时添加碳酸钠（3kg/t），浮选 10min，硫化铜铅锌矿物的回收率达 80% ~90%，不加碳酸钠时，回收率为 35% ~65%，碳酸、硫酸、硅酸、磷酸及其碱金属盐可作为重晶石的抑制剂。

连云港化工矿山设计研究院曾试用十二烷基硫酸钠（25% 的乳剂）作为磷矿中白云石的捕收剂。对含有白云石约 50%，P_2O_5 19.25% 的某磷矿，在不加其他任何药剂条件下，经过粗选、精选和扫选作业，可以获得精矿（槽内产品）品位为 30.7%，回收率为 82.85% 的磷精矿。十二烷基硫酸钠的泡沫有些发黏，浮选时充气量要小，搅拌要较慢。

当 pH <2 时，浮选烧绿石及锆英石，烷基硫酸钠是一种有效的选择性捕收剂。在这种条件下，一般盐类离子如铁、铝、铜、钙及钡，当浓度小于500mg/L 时，对浮选几乎无影响。

在铁矿浮选中，对比了具有相同原子数（C_{12}）的月桂酸（$C_{11}H_{23}COONa$）、十二烷基磺酸钠（$C_{12}H_{25}SO_3Na$）、十二烷基硫酸钠（$C_{12}H_{25}OSO_3Na$）作捕收剂，在不同 pH 条件下浮选褐铁矿的试验结果，从图 6-2 所示看出，在捕收剂浓度为

1×10^{-4}mol/L 时，脂肪酸的捕收性能稍强，但大体上说来是差不多的，表明烷基硫酸盐可以用作铁矿捕收剂。将烷基硫酸盐皂与煤油共用，浮选褐铁矿的结果，和塔尔油与煤油混合的浮选结果也很相似。

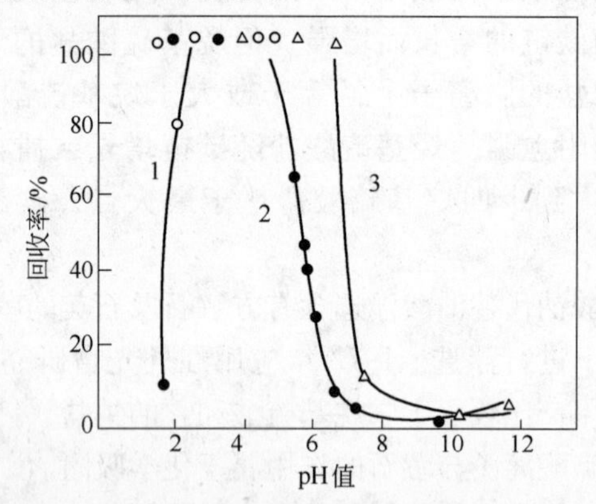

图 6-2 十二烷基硫酸钠、十二烷基磺酸钠、月桂酸钠做捕收剂浮选褐铁矿的可浮性曲线

（捕收剂浓度：1×10^{-4}mol/L）

1—月桂酸钠；2—十二烷基磺酸钠；3—十二烷基硫酸钠

使用烷基硫酸钠作捕收剂，钨锰铁矿的最大回收率条件是 pH 值等于 2；钨酸钙矿与钨酸铁矿是在 pH 值 8 ~ 8.5；萤石在各种 pH 值都可以。水玻璃有抑制钨矿物的作用，抑制的程度随 pH 值不同而不同；但水玻璃抑制萤石的作用不受 pH 值的影响。硫酸铜及硫酸亚铁在质量浓度为 10mg/L 及 pH 值 7 ~ 8 时显著地抑制萤石的浮选，但不影响钨酸铁矿的浮选。试验证明用烷基硫酸盐由钨酸铁矿及钨锰铁矿中分离萤石是可能的。此外，用烷基硫酸盐可以在酸性矿浆中由重晶石-钨酸钙精矿中分出重晶石，并且已经投入生产实践。

1971 年报道从重选矿浆及尾矿中，用十六烷基硫酸盐浮选黑钨矿的方法。原矿含 WO_3 0.07%、SiO_2 78.35%、TiO_2 0.18%，在 pH 值为 3 时，用十六烷基硫酸盐作捕收剂（100 ~ 150g/t）浮选黑钨矿，钨精矿中 WO_3 品位为 21.6%，回收率达 73.4%。

锡石也可以用烷基硫酸盐浮选。锡石矿粉（小于 52 目）在 pH 值 7 ~ 8 时，先用黄药浮去硫化矿，然后再用十六烷基硫酸盐在酸性介质中（pH 值 2 ~ 3）浮选锡石 20min，粗精矿用 1% 盐酸盐处理，使石英失去活性（致钝），再用十六烷基硫酸钠于 pH 值 1.8 ~ 2.2 时精选 18min。

利用烷基硫酸盐作锡石捕收剂，不少人进行过研究。但一般说来，烷基硫酸盐与其他捕收剂比较，只能得到中等的产率和中等的富集比。例如，以含石英、电气石及赤铁矿为脉石的锡石浮选，十六烷基硫酸钠的用量为135g/t，并添加Na_2SiF_6的条件下，得到含SnO_2 36.5%的粗精矿，及含SnO_2 46%的最终精矿，锡回收率为86%。

烷基硫酸盐捕收锡石的机理，一般认为是交换吸附，烷基硫酸根通过交换吸附固着在锡石表面上，烃基使锡石疏水而起捕收作用。例如，在酸性介质中，pH=2.9~4.2时，在质量分数为1×10^{-3}mol/L NaCl溶液中，十二烷基硫酸钠在合成的SnO_2上的吸附作用是通过氯离子的交换而大量吸附在SnO_2表面上。溶液中如有$Ca(WO_3)_4$存在，能增加十二烷基硫酸盐的吸附能力，起到活化剂的作用，增加十二烷基硫酸钠对SnO_2的捕收效果。此外，烷基硫酸盐也可作硫化矿捕收剂。

1970年报道日本八茎选矿厂及日立选矿厂用十六烷基硫酸钠作为多金属硫化矿的捕收剂，获得很好效果，但是对于黄铁矿则具有较弱的捕收力，同时对于粗粒和微细颗粒矿物均有良好的捕收作用。日本八茎选矿厂用十六烷基硫酸钠与戊基钾黄药的对比结果见表6-4所列。由表6-4可以看出，用戊基钾黄药浮选所得的泡沫产品中黄铁矿、磁黄铁矿、磁铁矿、闪锌矿的含量均比十六烷基硫酸钠高。该厂捕收剂用量为26.5g/t。起泡剂（松油）用量为28.7g/t及其他4.8g/t，总共药剂用量为60g/t。日立选矿厂在浮选金、银、铜、锌、硫时也使用十六烷基硫酸钠（7g/t）作为起泡剂。

表6-4　八茎选矿厂生产过程中浮选泡沫对比分析结果（分段取样）

药剂名称	编号	黄铜矿			磁黄铁矿/%	黄铁矿/%	磁铁矿/%	闪锌矿/%	脉石/%
		单体/%	与脉石连生体/%	与其他矿的连生体/%					
十六烷基硫酸钠	1	57.6	11.8	1.3	0.2	4.5	0.2	0.2	24.2
	2	27.6	13.0	1.4	1.1	1.9	0.5	0.1	54.4
	3	28.3	10.3	痕量	1.2	4.9	0.5	0.6	54.2
	4	10.0	1.9	痕量	0.8	1.8	0.9	6.4	84.2
戊基钾黄药	1	56.0	7.0	2.0	痕量	9.8	0.4	0.3	24.5
	2	17.4	8.0	痕量	1.6	15.6	2.4	1.0	54.0
	3	9.8	6.1	痕量	3.8	17.1	0.8	1.7	60.7
	4	5.6	4.2	0.5	2.5	16.2	1.7	0.4	68.9

有人利用醚醇，即将醇先与环氧乙烷缩合再制备成硫酸盐，其通式为R—$(OCH_2CH_2)_{1\sim4}$—OSO_3Na，R=$C_{16}\sim C_{18}$烷基。利用该药剂浮选黄铁矿，可以替代黄药，也可以和黄药组合使用。

6.2 烷基磺酸盐

烷基磺酸及其盐类是一类用途广泛的表面活性剂和选矿药剂。既可作为氧化矿捕收剂也可用于硫化矿浮选，还可作为起泡剂、乳化剂和润湿剂。

烷基磺酸主要来源于石油精制的副产品石油磺酸（例如生产润滑油的副产物）；另一个来源是利用石油加工产品烃油（如直链煤油、蜡油等）经过氯磺化制得。

从浮选工业使用的角度来说，烷基磺酸盐可以分为两大类：

(1) 水溶性磺酸盐。这是烃基相对分子质量中等大小，含支链较多或含有烷基芳基混合烃链（这时分子中多半含有多个磺基）的产品。这类磺酸盐由于相对分子质量较小或由于极性基数量多，因而是水溶性的，其捕收性能不太强，但起泡性能较好，可以作为浮选起泡剂（例如十二烷基苯磺酸钠）使用，也可作为硫化矿捕收剂（例如十六烷基磺酸钠）使用以代替黄药，或用于浮选易浮性氧化矿。

(2) 油溶性磺酸盐。这是烃基相对分子质量较大的产品。当烃基为烷基时，碳链在C_{20}以上，也可以是有支链的烷基或烷基芳基，但一般是分子中只有一个磺基的产品。这类磺酸盐基本上不溶于水，可溶于非极性油中，它的捕收性较强，主要用作氧化矿捕收剂，可用于氧化铁矿的浮选，非金属矿的浮选（例如萤石、绿柱石、磷灰石的浮选等）。油溶性磺酸盐有固体粉末及膏状产物，可制成乳状液或用非极性油稀释使用。

石油磺酸是一种成分复杂，含义内容很广泛的复杂混合物。任何一种石油馏分经过强磺化剂进行精制手续时所得的磺化产物或副产物，都可以叫做石油磺酸，它不但含有磺酸的成分，也含有磺酸酯的基团。在精制石油的各种产品的时候，硫酸的用量是相当大的。例如在精制脱臭煤油、润滑油或“白油”（也是一种煤油）时，精制的对象不同，所回收的硫酸洗液的成分在化学组成与物理性质上也有较大的差异。此类石油磺酸一般又分为两类：一类是水溶性的石油磺酸，即所谓的绿酸（Green acids）；另一类更重要的是油溶性石油磺酸也叫做“红酸”（所谓 Mahogany acids 或 Махогановое Масло）；但也有些工厂，对上述两种酸不再加以分离。

在精制过程中，例如在处理“白油”时，如果打算把石油磺化物收回、粗油常先加入少量硫酸（66Bé）或适当溶剂，用以除去石油中的胶质（即容易聚合或氧化的烃类）以及含硫含氮化合物；然后再用发烟硫酸处理，再经过萃取，即可得到三种产物，一是精制的“白油”，一是用水洗所得的“绿酸”，一是用醇类萃取所得的油溶性石油磺酸。在处理过程中，饱和的支链烃或环烷烃，甚至于直链饱和烃与硫酸作用都生成石油磺酸，在后一情况下，直链饱和烃先氧化成烯烃，然后再生成硫酸化物与磺化物。

6.2.1 烷基磺酸盐的制造

半个世纪以来，随着石油工业，特别是石油加工工业，如表面活性剂工业、合成洗涤剂工业的迅速发展，烷基磺酸盐的生产应用愈来愈广，愈来愈多。

从烷烃制造烷基磺酸钠的反应机理如下：

氯磺化：$R—H + Cl_2 + SO_2 \xrightarrow{\text{紫外线}} R—SO_2—Cl + HCl$

皂　化：$R—SO_2Cl + 2NaOH \longrightarrow RSO_3Na + NaCl + H_2O$

从烷烃制造烷基磺酸钠的原料：

煤油：合成石油的煤油馏分，其中的不饱和烃已经加氢成为饱和烃，馏程为220~320℃，密度为0.76~0.78g/cm^{3}的无色透明液体，平均碳数为C_{15}的饱和烃。如果含有不饱和烃，应用浓H_2SO_4洗去。

SO_2：液体，其中含SO_2 99.5%以上。反应前应经过干燥。

Cl：液体，含Cl 99.5%以上。反应前应经过干燥。

NaOH：工业用，含NaOH 95%~98%。

将煤油进行氯磺化反应时，反应器安装有混合气通入管，此管通过反应器底部，并弯成环状，在环状部分有许多气体逸出孔。当混合气体从小孔逸出时，与煤油接触面很大，并同时起搅拌作用。反应器同时装有HCl气体逸出管、温度计、冷却水管和紫外光灯等。Cl_2和SO_2由储备筒中流出，分别经流量计到混合器中混合成混合气体，在流量计前后均安装有安全瓶和浓H_2SO_4干燥瓶，以干燥Cl_2和SO_2气体。混合气体从混合器中流出，经环形管道逸出与煤油接触，在紫外光催化下起氯磺化反应。这个反应是放热过程，应用冷水冷却，保持反应温度在30~35℃。氯磺化程度以测定煤油密度增加数量来决定。例如，表6-5所列是这种煤油密度增加与氯磺化程度的关系。

表6-5　煤油的氯磺化程度与密度的关系

原油密度/g·cm^{-3}	0.76~0.78	未氯磺化
氯磺化后密度/g·cm^{-3}	0.84	30%氯磺化
	0.88	50%氯磺化
	1.03~1.05	80%氯磺化

煤油氯磺化反应将有副反应发生，如：

$$RH + Cl_2 \longrightarrow RCl + HCl$$

$$RH + SO_2 + Cl_2 \longrightarrow R(SO_2Cl)_2$$

氯磺化反应产物中，含未反应 Cl_2、SO_2 及未逸出的 HCl 等，可通入压缩空气除去这些气体，直到无这些气体的显著气味为止，这个过程叫做脱气。

脱气后的氯磺化产物，用质量分数 20% 的 NaOH 溶液皂化，就得烷基磺酸钠。皂化的过程是将质量分数 20% 的 NaOH 溶液盛于皂化槽中，预热到 80～90℃，在强烈的搅拌下滴入氯磺化油，皂化完毕时的 pH 约在 9～10 之间。

在氯磺化过程中，有些煤油未起作用，产品中除含烷基磺酸钠外，还含有部分煤油及煤油氯化物、NaCl 等。为使这些物质与烷基磺酸钠分离，方法是加水于皂化产物中搅拌，并在 100℃下保温几小时，于是析出三层液体，上层为煤油及煤油氯化物，中层为乳液，下层则为烷基磺酸钠及大部分水。溶液的形成是因为烷基磺酸钠是乳化剂，与煤油和水混合时，在搅拌下发生乳化作用形成乳液。除去煤油层的乳液层，即得烷基磺酸钠产品，其中其有效成分约 28%～30%。乳液也可以经破乳化处理，减压蒸馏等手续后而获得其中的烷基磺酸钠。产品经喷雾干燥，使水分及残余煤油随热空气一起逸出。视水分除去的程度，最后产品可为液状、胶状及粉状等形式，产品棕色易溶于水，无毒无臭。

6.2.2 烷基磺酸盐性质

前面已经谈到烷基磺酸盐的许多性质与烷基硫酸盐相似，都可以作为脂肪酸皂做洗涤和选矿用品。作为选矿捕收剂，国外有艾罗（AERO）系列捕收剂 801，899 为绿酸型水溶性石油磺酸盐和油溶性的艾罗 825 产品等。国内产品亦不少，主要的一些磺酸盐的溶解度、CMC 列于表 6－6。

表 6－6 磺酸盐的溶解度和 CMC

烃基磺酸盐	溶解度/g·$(100gH_2O)^{-1}$	CMC
$C_8H_{17}SO_3Na$	74.4（25℃）	0.15（25℃）
$C_{10}H_{21}SO_3Na$	4.55（25℃）	0.012（25℃）
$C_{12}H_{25}SO_3Na$	0.253（25℃），48（60℃）	0.011（25℃）
$C_{14}H_{29}SO_3Na$	0.041（25℃），38.8（60℃）	0.0032（25℃）
$C_{16}H_{33}SO_3Na$	0.0073（25℃），6.49（60℃）	0.0012（25℃）
$C_{18}H_{37}SO_3Na$	0.001（25℃），0.131（60℃）	
α－萘基 K 盐	13	
β－萘基 K 盐	13	

6.2.3 烷基磺酸盐在浮选上的应用

烷基磺酸盐是重要的表面活性剂，也是用之已久的浮选药剂。烷基磺酸盐可以用于浮选铬铁矿、磁铁矿、钛铁矿、钴铁矿、白钨矿、金红石、石榴石、蓝晶石、锂辉石、黑钨矿、方解石、矾土、石膏、萤石、滑石和菱镁矿等金属和非金属氧化矿，也可以浮选辉铜矿、铜蓝、黄铜矿、斑铜矿和方铅矿等。

使用石油磺酸盐浮选铁矿的实例很多，不少已获得工业应用。使用效果一般认为将磺化石油与脂肪酸或者塔尔油共用，比单独使用效果更好。美国的格罗夫兰选矿厂，安尼克斯选矿厂和笛尔盘选矿厂等在浮选赤铁矿时，用阴离子正浮选方法时都是采用石油磺酸和塔尔油、燃料油混用；俄罗斯的新克里沃罗克选矿厂常利用磺化石油和塔尔油混用，也曾获得好结果。

马鞍山矿山研究院曾从事油溶性石油磺酸及其钠盐的研发工作，单独使用或与其他药剂混合使用作为捕收剂浮选赤铁矿、褐铁矿、菱锰矿等。试验所用的油溶性石油磺酸是以某石油化工厂的凡士林副产物，加上某厂的蜡膏，以及机油等混合物作为原料，在60℃左右的温度下不断地搅拌，加入质量分数为98%的浓硫酸。原料中不饱和芳香烃等磺化生成磺酸和胶质。加完硫酸后静置分层，水溶性石油磺酸沉于底部。上部油层反复用硫酸处理3~4次。最后剩的油层用体积比1:1的酒精水溶液萃取其中的油溶性石油磺酸，萃取液蒸去酒精，残余物即为石油磺酸，产率为原料的10%~15%。石油磺酸加碱中和后即得石油磺酸钠，后者是棕黑色膏状物，易溶于水中呈棕色稳定乳浊液，从工厂副产物中制得的石油磺酸钠含石油磺酸钠25%~26%，油及亲油物质40%，水分33%~35%以及少量的无机盐等。

浮选试验证明，油溶性石油磺酸钠不但是赤铁矿的选择性捕收剂，而且对磁铁矿、褐铁矿、镜铁矿和菱铁矿等有较好的选择性捕收作用。在此基础上马鞍山矿山研究院又研究了石油磺酸钙和SH-A捕收剂（一种磺酸的金属盐和助剂的调和物）。试验表明SH-A选别普通赤铁矿、高亚铁难选矿分别获得了铁精矿品位65.8%和62.33%，回收率78.06%和80.48%的良好指标。

用环烷基磺酸由粗精矿中分离钨酸钙矿时，水玻璃的浓度起着重要的作用，用环烷基磺酸盐可以使钨酸钙矿与重晶石分离，粗精矿先加热至300℃（或用盐酸处理），然后用环烷基磺酸盐400~700g/t，氯化钡100~300g/t在矿浆浓度为1：（5~7）时浮去重晶石。

用石油磺酸盐浮选萤石，水溶性的较油溶性的效果好，用量介乎90～226g/t之间；使用水溶性石油磺酸时，可以加少量的油溶性石油磺酸以提高精矿品位，同时用单宁、糊精或磷酸钠（或焦磷酸钠）作为脉石抑制剂。浮选萤石时，也可以先用石油磺酸浮选除去含铁脉石（pH=2.5～5.0），槽内产品再用阳离子捕收剂季铵盐（226～453g/t）浮选，但在捕收前矿浆先用氢氟酸（226～1814g/t）加以处理。过去曾试用过烷基磺酸盐、十烷基、十二烷基及十六烷基磺酸盐对萤石及重晶石的分选。试验证明萤石与重晶石的分选，只是在有萤石抑制剂存在下，通过调整矿浆pH值条件才可以达到目的。所试用的烷基磺酸盐系用不饱和烷基的溴化物与亚硫酸钠溶液在200℃反应8～9h，然后将产物再用乙醇重结晶两次，纯度达到99%以上。

碱土金属盐类矿物，包括重晶石、方解石、硫酸锶矿、白云石、磷酸盐矿、石膏、磷镁矿、钨酸钙矿及滑石都曾用水溶性石油磺酸成功地达到浮选目的，用量约220g/t，同时也加入一种油类作为辅助捕收剂（约450g/t）。

对方解石的浮选，烷基磺酸钠的浮选捕收特性是：

（1）pH值与烷基磺酸钠捕收方解石的关系，在不同的pH值条件下，用各种烷基磺酸钠浮选方解石的回收率与pH值的关系，示于图6－3中。从图6－3可以看出，用C_8～C_{10}的烷基磺酸钠捕收剂对方解石浮选时，在碱性介质中受到抑制，C_{11}～C_{12}的烷基磺酸钠则在pH=6～13的范围内能对方解石全浮选。

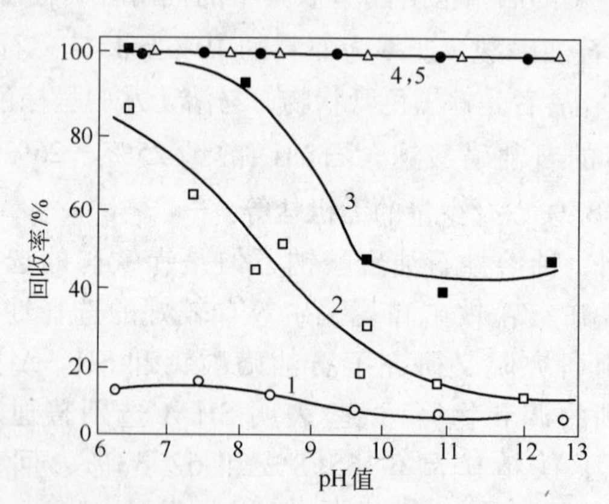

图6－3 用C_8～C_{12}烷基磺酸钠作捕收剂浮选方解石回收率与pH值的关系

1—C_8；2—C_9；3—C_{10}；4—C_{11}；5—C_{12}

（2）烷基磺酸钠对方解石的捕收性能随着烃基的增长而加大。从图6－4

所示可以看出，烷基磺酸钠的烃基越长，达到全浮选所需的浓度越小，即捕收能力越强。

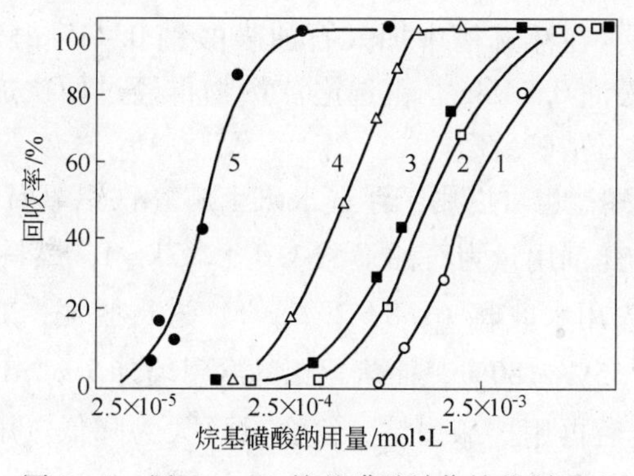

图 6-4 用 C_8 ~ C_{12} 烷基磺酸钠作捕收剂浮选方解石回收率与烷基磺酸钠用量的关系

1—C_8；2—C_9；3—C_{10}；4—C_{11}；5—C_{12}

（3）烷基磺酸钙的溶度积常数：一般说，同碳原子数的烷基磺酸钙溶度积常数比脂肪酸钙的溶度积常数大，因而捕收能力比脂肪酸弱，这两种捕收剂的钙盐溶度积常数如表 6-7 所列。

从表 6-7 可以看出，C_8 ~ C_{11} 烷基磺酸钙的溶度积基本上是一个常数；脂肪酸的溶度积除 C_8 和 C_9 的脂肪酸钙的溶度积比相同的碳原子数的烷基磺酸钙大外，表中所列的其余的脂肪酸钙的溶度积都比相同碳原子数的烷基磺酸钙的溶度积小。因此，脂肪酸在含钙矿物表面生成脂肪酸钙比烷基磺酸在含钙矿物表面生成烷基磺酸钙要牢固些。因而脂肪酸对方解石的捕收能力比烷基磺酸钠强。烷基磺酸钠做捕收剂时，以相对分子质量较大者为好。

表 6-7 烷基磺酸钙和脂肪酸钙的溶度积常数（23℃）

碳原子数	烷基磺酸钙的溶度积常数		脂肪酸钙的溶度积常数	
	实验值	文献值	实验值	文献值
8	6.2×10^{-9}		2.7×10^{-7}	1.4×10^{-6}
9	7.5×10^{-9}		8.0×10^{-9}	1.2×10^{-6}
10	8.5×10^{-9}	1.1×10^{-7}	3.8×10^{-10}	
11	2.8×10^{-9}		2.2×10^{-11}	
12	4.7×10^{-11}	3.4×10^{-11}	8.0×10^{-13}	
14	2.9×10^{-14}	6.1×10^{-14}	1.0×10^{-15}	
16	1.6×10^{-16}	2.4×10^{-15}		1.6×10^{-16}
18		3.6×10^{-15}		1.4×10^{-18}

水溶性石油磺酸盐在矿浆pH值小于6时，可用以浮选云母矿。

1t天青石矿（$SrSO_4$）含SiO_2 1.2%、Fe_2O_3 0.49%、CaO 0.98%，磨矿粒度小于0.075mm，在浮选槽中加入石油磺酸钠0.445kg，水玻璃0.990kg，石蜡油0.445kg，松油0.845kg，粗选泡沫产物再经过两次加药精选，可以获得品位93%的天青石精矿。

水溶性石油磺酸盐也可以用于浮选水矾土矿（铁铝氧石），浮选矿浆固体含量10%～30%，药剂用量为石油磺酸1.8～2.7kg/t，燃料油2.7kg/t，硫酸0.45kg/t；如果预先用水玻璃（1.8～2.7kg/t）进行脱泥，效果更好；结果二氧化硅含量降低了55%～80%，而氧化铝的含量增加7%～14%，精矿回收率为60%～77%，然后再用摇床去铁，铁含量可大为降低。用烷基磺酸盐浮选石英、水矾土及氧化铝页岩，据称效果比油酸或白樟油好。其最适宜的条件为：粒度0.074mm（200目），室温，pH=4～5，浮选时间10min，矿浆浓度10%～20%，药剂用量为500g/t。

石油磺酸钠还可以用于由云母及石英中分选锂辉石，云母再用脂肪胺分选。

环烷基磺酸盐可以分选钾石盐矿，同时具有捕收与起泡的作用。为了同样目的也可以使用烷基磺酸钠。钾镁盐矿（$MgSO_4 \cdot KCl \cdot 3H_2O$）可以用烷基磺酸盐（碳链含碳6～18）或烷基硫酸盐精选，硫酸钾镁矿（$K_2SO_4 \cdot MgSO_4 \cdot 6H_2O$）也可以用另一种磺酸盐浮选，例如含有82.5%的硫酸钾镁矿与17.5%氯化钠的混合物，用388g/t羟基磺酸硬脂酸钠，同时用120g/t焦锑酸钾或锑酸钾或175g/t腐殖酸作活化剂，三次精选之后，精矿含硫酸钾镁矿99%，回收率88.6%。

石油磺酸盐在酸性矿浆中也是由伟晶岩中浮选铍矿物的有效捕收剂。在浮选时加燃料油作辅助捕收剂，效果反而不好。在浮选流程中加入氢氟酸、氟化钠或氟硅酸钠可以部分地抑制铍矿物。浮选时可以先用月桂铵盐酸盐分选云母，然后再用石油磺酸盐浮选铍矿；如此所得的铍精矿，含氧化铍（BeO）11.9%，回收率达80.2%；如果直接先用石油磺酸盐浮选铍矿物，然后再由铍精矿用月桂铵盐酸盐浮去云母，则铍精矿含氧化铍7.8%，回收率63.5%。

浮选分离铜、铅、锌混合硫化矿时，用石油磺酸盐100g/t，烷基芳基磺酸盐（来自石油）50g/t、丁基黄药25g/t、碳酸钠1500g/t作为浮选药剂，浮选后铜的回收率为98.42%，铅回收率85.85%，锌的回收率93.70%。

此外，有人对十二烷基苯磺酸盐、C_8和C_{10}烷基磺酸盐等浮选重晶石的效果与吸附状况作了试验研究；用短碳链的有机磺酸盐，包括羟甲基磺酸盐及羟甲基亚磺酸盐（碱金属盐和锌盐）作为锌矿物的抑制剂使方铅矿和闪锌矿有效的分选。

1975 年国外一专利使用亚磺酸盐（包括烷基亚磺酸、烷基芳基亚磺酸、芳基亚磺酸的碱金属盐或铵盐）作为捕收剂浮选赤铁矿、磁铁矿、锌矿、铜矿及钍矿。其特点是选择性强，具有起泡性质。浮选铁、锌、铜矿石时，实验室小型试验系用小于0.147mm（-100 目）的给矿，在浮选槽中加入上述捕收剂及硫酸，矿浆 pH 值调整至5~6，搅拌3 min，浮选4 min，粗选精矿经水洗后即可。浮选效果举例如表6-8 所列。

表6-8 用一些亚磺酸盐作捕收剂浮选结果

矿 石	捕收剂 /g·t^{-1}	捕收剂分子结构	硫酸 /g·t^{-1}	浮选结果		
				给矿	精矿	回收率
磁铁矿 赤铁矿	辛基亚磺酸铵 136	$CH_3(CH_2)_7-S(=O)-ONH_4$	90	w(Fe)/% 33.6	w(Fe)/% 64.7	w(Fe)/% 90.0
	辛基亚磺酸铵 272		136	w(Fe)/% 33.6	w(Fe)/% 64.9	w(Fe)/% 92.8
镜铁矿	水杨（酸）亚磺酸铵 136	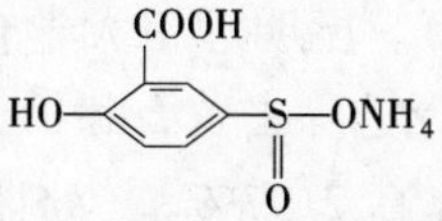 HO—C$_6$H$_3$(COOH)—$S(=O)-ONH_4$	90	w(Fe)/% 31.2	w(Fe)/% 64.0	w(Fe)/% 91.1
磁铁矿	萘基双亚磺酸铵 90	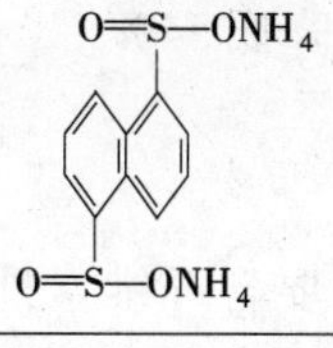 $O=S-ONH_4$ （萘环） $O=S-ONH_4$	90	w(Fe)/% 28.2	w(Fe)/% 66.3	w(Fe)/% 92.6
铅、锌、 铜黄铁矿	异戊基亚磺酸铵 136	$(CH_3)_2(CH_2)_3-S(=O)-ONH_4$	90	w(Zn)/% 8.62	w(Zn)/% 52.8	w(Zn)/% 93.1
	苯基亚磺酸铵 136	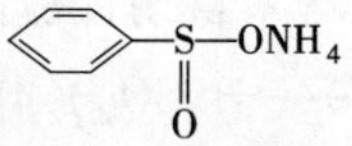 $C_6H_5-S(=O)-ONH_4$	90	w(Zn)/% 8.62	w(Zn)/% 50.4	w(Zn)/% 90.6

表6-8 除了烷基亚磺酸外，也有烷基芳基亚磺酸（芳基磺酸盐在下一节再讨论）。烃基磺酸及其衍生物品种类型多，有些还是重要的捕收剂，例如，磺化脂肪酸及其皂类，伊基朋类、磺化琥珀酸等磺化羧酸类，以及美国专利新近报道的 AM21（油胺基磺酸钠）等，都是极为有效的铁、钨、锡等矿物的捕收剂。现举例列于表6-9。

表6-9 磺化羧酸类药剂

药剂名称	化学结构	在浮选中的应用
α-磺化脂肪酸钠	$CH_3(CH_2)_n—CH(SO_3Na)(COOH)$	氧化矿等捕收剂
209洗涤剂（即伊基朋T）	$C_{17}H_{33}CON(CH_3)—CH_2CH_2—SO_3Na$	上海洗涤剂三厂产品，赤铁矿捕收剂
A-22（磺化丁二酰胺酸四钠盐）	$NaO_3S—CH(CH_2COONa)—CON(C_{18}H_{37})—CH(CH_2COONa)—COONa$	钨锡矿捕收剂（Aerosol-22）
磺化丁二酸-2-乙基己酯	$NaO_3S—CHCOOCH_2—CH(C_2H_5)—(CH_2)_3CH_3$ $\quad\;\;\; |$ $\quad\;\; CHCOOCH_2—CH(C_2H_5)—(CH_2)_3CH_3$	相当于Aerosol OT 铬铁矿捕收剂，氧化铁矿活化剂

将羧酸类产品进行改性，即用脂肪酸、环烷酸和氧化石蜡为原料引入不同官能团，例如进行磺化，国内研究报道不少。长沙矿冶研究院等科研院所、大专院校做了大量工作（参见第4章）。昆明理工大学合成了α-磺化氧化石蜡皂，用于包钢选矿厂弱磁铁精矿反浮选除去萤石和稀土等杂质，与氧化石蜡皂相比，在37~38℃时，选矿效率提高2.97%，药剂用量减少45%；在22℃时，选矿效率提高1.35%，药剂用量降低54%。

6.3 木质素磺酸

木质素又称木素，木材中除了主要含纤维素外，尚含有13.7%~31.5%的木质素（木材不同含量不同）。木材水解生产糖醛及纤维素所得的废液中就含有木素，可用来制造木素磺酸。

以木材为原料用亚硫酸造纸时，将木材切片成碎屑与二氧化硫加压蒸煮，其中的木质素与亚硫酸（$SO_2+H_2O \longrightarrow H_2SO_3$）作用，生成的木质素磺酸溶解成为纸浆废液中的主成分。因纤维不溶分离后的纸浆废液中除主要含酸水外，就是木质素磺酸盐。

木素结构复杂很难用单一结构表示，木质素不同结构略有差异，所以木质素磺酸同样难以得到同一结构式。通常用下列结构式表示木质素及其磺酸盐。

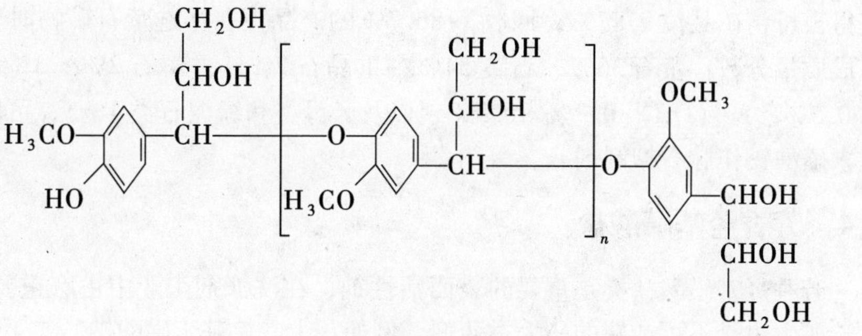

木质素

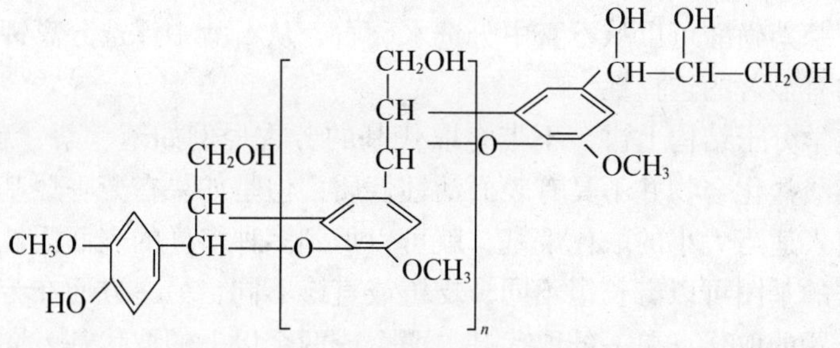

木质素

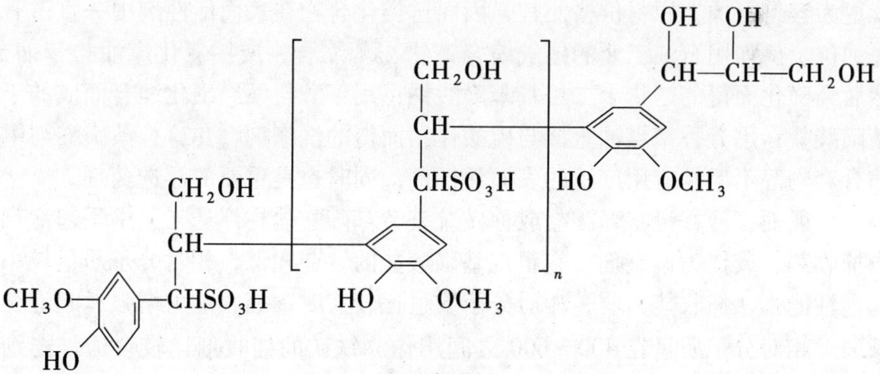

木质素磺酸

上述三个结构式中，前两个都是木质素的结构式，后一个是木质素磺酸的通式。

在浮选稀土矿中用木质素磺酸做方解石、重晶石的抑制剂，可使含10.63% REO 的稀土粗精矿获得含稀土氧化物品位为30% ~60% 的富精矿，用木质素磺酸钙作为浮选含黑、白云母的云母矿时抑制脉石矿物。用 Na_2CO_3 作调整剂，十八碳胺为捕收剂，木质素磺酸钙为抑制剂，经一粗二精选矿，可获得云母精矿品位97.7%，回收率86.7%的产品。在浮选萤石矿物时（矿物组成质量分数：萤石36%、石英54%、重晶石2%、方解石2%~3%、硫化物0.5%、Fe（OH）$_3$ 0.3%~0.5%，以及云母类和绿泥石类4%），可利用木质素磺酸钙作脉石抑制剂。

6.4 芳香烃基磺酸盐

芳香烃基磺酸盐类是重要的表面活性剂，在洗涤剂工业中占有重要地位，在选矿上也是不可或缺的一大类药剂。例如：十二烷基苯磺酸钠、二丁基萘磺酸钠（拉开粉BX，Nekal BX）都是重要的洗涤剂。作为选矿药剂十二烷基苯磺酸钠是萤石及石英的捕收剂，软锰矿浮选润湿剂，还可从黄铁矿中浮选重晶石；二丁基萘磺酸可以从石膏中分选水硼石，从石盐中浮选分离钾盐矿，对可溶性矿物有显著的选择性。

从化学分子结构上讲，不带有取代基的芳香烃例如苯、萘、蒽、联苯等，它们的磺酸盐化合物并不具有表面活性性质，但是如果在芳香烃基磺酸盐的芳香环上引入适当大小的取代烷基，就可以得到多种多样的表面活性物质。一方面是引入的基团可以有长短不同，支链或直链不同，另一方面在芳香环上可以有不同位置的取代，单一的取代基，两个或两个以上的取代基，同时芳香环上的磺酸基也可以随磺化作用的深浅不同而有一个或一个以上的磺化取代基。

在化学反应上，在芳香环上引入烷基并不困难，而在芳香环上引入磺酸基就更为容易，加上原料价格便宜，因而这类化合物在表面活性剂中一直占有领先地位。例如用石油工业的尾气缩合产物与苯缩合，或用氯化煤油与苯缩合，然后经磺化而得的产物十二烷基苯磺酸钠；用丁醇与萘经磺化缩合而成的丁基萘磺酸盐；用芳香基煤油直接与硫酸作用而得的洗涤剂（ДС）；萘磺酸与甲醛缩合产物等不但是应用广泛的表面活性剂，同时也是重要的浮选药剂。

一般而言芳香烃基磺酸盐或称做烷基芳基磺酸盐在浮选工艺中是起泡剂兼弱捕收剂，或作为调整剂。它跟烷基磺酸盐的性能相似，相对分子质量较小的起泡性能强，捕收能力弱；相对分子质量比较大时，捕收能力增强，起泡性能减弱。相对分子质量在400~600之间用作赤铁矿的捕收剂比较合适，选别效果比较好。

6.4.1 烷基芳基磺酸盐

6.4.1.1 十二烷基苯磺酸钠的制备与性能

纯的十二烷基苯磺酸系白色晶体，易溶于水、酒精及乙醚，也溶于热的苯及甲苯等溶剂，与碱中和即成十二烷基苯磺酸钠盐。钠盐在水中的溶解度反而不如十二烷基苯磺酸，几乎不溶于冷水。商品十二烷基苯磺酸水溶液的临界胶团浓度（CMC）在25℃及60℃时分别为7×10^{-4}和1.2×10^{-3}mol/L，其钠盐在60℃时仍为1.2×10^{-3}mol/L。

直链烷基苯磺酸盐的洗涤作用最大的是含有11～13碳原子的烷基取代物，可以使水的表面张力下降至1.5Pa，同时它的起泡性能也达到极大点。碳链较短的同系物（7～8个碳原子）也具有一定的起泡性能。曾对由丁基开始一直到十四碳直链烷基以及带支链的α－二甲基十碳烷基苯磺酸钠盐系列作过合成，并对它们的水溶液性质进行了研究，包括对各种工业用烷基苯磺酸钠盐的二相及三相图等的研究。

纯十二烷基苯磺酸钠系由月桂酸酰氯在三氯化铝催化作用下与苯缩合，生成十二烷基苯基酮，再用锌及盐酸还原成十二烷基苯，最后经发烟硫酸作用生成十二烷基苯磺酸，反应式如下：

$$C_{11}H_{23}COOH \xrightarrow{PCl_3} C_{11}H_{23}C(=O)Cl \xrightarrow[AlCl_3]{C_6H_6} C_{11}H_{23}-C(=O)-C_6H_5$$

$$\xrightarrow[HCl]{Zn} C_{12}H_{25}-C_6H_5 \xrightarrow{H_2SO_4\cdot SO_3} C_{12}H_{25}-C_6H_4-SO_3H$$

工业上大规模生产合成洗涤剂十二烷基苯磺酸钠（约占洗涤剂产品总量的50%）不是靠上述的从油脂工业所得月桂酸，而是有赖于石油工业的发展壮大。合成的方法，一是氯代烷法，二是直接缩合法。

氯代烷法就是将烷烃先氯化生成氯代烷，一氯代烷再与苯取代缩合生成烷基苯，再进一步与发烟硫酸发生磺化反应，生成磺酸后再中和成磺酸盐。

烷烃原料主要是煤油、轻蜡油之类，要求其不含或少含不饱和烃（可以用浓H_2SO_4脱除芳香烃，用催化加氢去除不饱和烃）的直链正构烷烃，主要是C_8～C_{18}馏分，即平均分子量相当于C_{12}烷烃的分子量，反应式为：

$$RH + Cl_2 \longrightarrow RCl + HCl$$

$$RCl + C_6H_6 \xrightarrow{[AlCl_3]} R-C_6H_5 + HCl$$

$$R-C_6H_5 + H_2SO_4 \longrightarrow R-C_6H_4-SO_3H + H_2O$$

$$R-C_6H_4-SO_3H + NaOH \longrightarrow R-C_6H_4-SO_3Na + H_2O$$

烷烃氯化时用碘（I_2）作催化剂，也可用日光或紫外光催化，视所用催化剂不同，反应温度可在50～60℃进行，用催化剂可使氯化速度大大增加。最初通入氯气（Cl_2）时，温度无显著变化，反应0.5h后，有发光现象，温度上升，这种现象0.5h后即过去。反应时有大量HCl气体放出，用水或稀碱液吸收，不能用浓碱液吸收，以免产生 NaCl 固体，堵塞管道。通入氯气（Cl_2）3~6h，使煤油质量增加20%~24%为止，也可以由折光率、比重等测定方法来控制成品的含氯量。例如由密度为0.75g/cm^3 的煤油氯化到密度为0.84g/cm^3 时，则平均每一分子烃代入一个氯原子。煤油氯化速度很不一致，有些分子取代了一个氯原子后，接着又取代第二个，成为二氯化物，而有些分子却未起反应。所以，成品中除含一氯化物外，还含有少量多氯化物及未反应的煤油等。停止通氯气（Cl_2）后，通入压缩空气，驱除剩余的 HCl 及 Cl_2，直至无此种气体的显著气味为止。

氯代烃与苯进行烷基化缩合反应是在三氯化铝的催化下进行，反应物的物质的量之比为：

RCl：苯：$AlCl_3$≈（1.0~1.7）：（1.0~1.5）：0.1

烷基化温度不高于70℃，不低于35℃，反应一般约在2h左右完成。

烷基化后，静置几小时，使乳化物质下沉而分去，成品用水洗三次，除去 $AlCl_3$ 和残余的 HCl 等。

上一步所得产品含有过量的苯，用蒸馏法蒸去苯和水，蒸馏时直到液温达到135℃为止。这样就可得粗制品烷基苯。粗制品中含有未氯化的煤油，如果要得到较纯的烷基苯，则在常压下蒸去苯及部分水分之后，应减压蒸馏，在1333Pa（10mmHg）真空下割取100~250℃馏分，在此馏分以下是煤油，以上是多氯化物与苯的混合物。

烷基苯磺化的反应器应装有搅拌器，滴液漏斗及温度计。用冷水冷却，操作时将烷基苯盛入反应器中，在搅拌下用滴液漏斗滴入质量分数20% $H_2SO_4 \cdot SO_3$，维持温度在20~30℃，也可用质量分数98%的 H_2SO_4 进行磺化，但以前者磺化较好，H_2SO_4 加完后，常温下搅拌1h，使磺化反应完全，然后用 NaOH 溶液将烷基苯磺酸中和，这就是皂化反应。皂化反应可以在磺化后即用质量分数400g/L NaOH 溶液将反应物全部中和，但这样需要较多的 NaOH 而成品含 Na_2SO_4 较多。也可以在磺化后，先加入水搅拌，静置几小时待废液与烷基苯磺酸分离后，移去废液，再用质量分数200g/L NaOH 溶液中和，这样成品浓度较大。如用含1% SO_3 的发烟 H_2SO_4 为磺化剂，磺化后的废酸浓度约70%左右，在静置过程中便可与十二烷基苯磺酸分层而除去。

皂化时在搅拌下将 NaOH 溶液加到烷基苯磺酸溶液中，控制温度在30℃左右，加入 NaOH 溶液直至pH值达8~9为止。皂化完毕经过干燥，即可得烷基苯磺酸钠。

直接法就是用炼制石油产品时所得的尾气丙烯或丁烯，起聚合反应后生成它们的聚合体十二烯烃，再与苯缩合生成十二烷基苯中间体：

$$C_{12}H_{24} + C_6H_6 \xrightarrow{[AlCl_3]} C_{12}H_{25}-C_6H_5$$

苯与丙烯四聚体（即十二烯）的物质的量比为 3.8∶1，每 mol 丙烯四聚体配合 0.04mol 三氯化铝，在搅拌下反应 45min，温度保持 50～55℃，产率达 70%～80%。生成的十二烷基苯每 250 份与 312 份浓硫酸在 16min 内混合。搅拌 1h，加水 137 份，温度上升至 70℃，静置 45min 后，液体分为两层，下层废酸液（295 份）含硫酸 63%～65%，上层（400 份）含游离磺酸 83.2% 及硫酸 9.3%。分去下层废酸液，上层液必要时可以加体积分数 0.3%～3% 过氧化氢液脱色，最后用质量分数 20% 苛性钠水溶液中和而成产品。

6.4.1.2 烷基苯磺酸盐的浮选性能

烷基芳基磺酸盐浮选药剂，包括不同链长的烷基，其中芳基不限定是苯环也可以是萘环或蒽菲环。

前苏联的“ДС 洗涤剂”可以划归这一类。它是煤油-汽油的一种馏分，其中含有足够的芳香族化合物，用硫酸磺化后的一种钠盐产物。平均分子量在 300～350 之间，极易溶于水，系一种深棕色黏稠液体。

在浮选工艺上，十二烷基苯磺酸钠、“ДС 洗涤剂”以及其他类似的药剂主要用作润滑剂、起泡剂，同时具有弱捕收剂的性能。

用“ДС 洗涤剂”为浮选起泡剂，适用于浮选铅锌、铜锌及铜黄铁矿。它的钠盐的起泡及捕收性能比它的铵、钙、镁、铁及铜盐效果好。对于黄铁矿的作用很弱；除非先用硫酸铜活化，不然对于石英几乎无作用。这个药剂也受其他离子如 $S_2O_4^-$，SO_3^- 及 Cl^- 的影响；有黄铁矿存在时，会降低对其他矿物的回收率。当氧化钙的浓度在 0.1% 或以下时，对它的影响很小。超过这个限度，就可以使方铅矿与黄铁矿的浮选作用受到抑制。在弱碱性溶液中进行单一矿物浮选时，氰化钠及硫酸锌可以抑制黄铁矿，特别是闪锌矿的浮选，但不影响方铅矿。

“ДС 洗涤剂”作为从非硫化矿石中浮选金矿的新的起泡剂时，可以把金矿的回收率提高 5%～15%。

“ДС 洗涤剂”可以代替甲酚油、松油及甲酚黑药，对于铅及铜铅的浮选无显著影响；浮选锌矿时，碳酸钠及黄药的用量则必须降低。当苯环上的烷基长度为 7～11 碳原子时，泡沫的矿化作用达到最高点。二烷基取代物的起泡作用更强。烷基上如果再引入支链时，只有当烷基的碳原子大于或等于 11～12 碳原子时，才可以增强其起泡能力。起泡作用随下列顺序：铜黄铁矿—闪锌矿—方铅矿—黄铁矿而降低。pH 值增大时，形成的泡沫也愈多。捕收能力则随烷基的碳原子增多而增强。

相对分子质量大的（400~600）烷基芳基磺酸钠有强的捕收能力，可用作氧化矿的捕收剂。例如，用在氧化铁矿的浮选，从沸点为350~420℃和420~450℃的石油馏分中，分离出的烷基苯和烷基萘，分别用浓H_2SO_4进行磺化制成烷基芳基磺酸钠，用来浮选赤铁矿，烷基苯磺酸钠用量为500g/t，烷基萘磺酸盐用量为200g/t时，铁的回收率可达80%，这种捕收剂还可浮选钛和稀土元素矿物。

烷基芳基磺酸钠还可以浮选菱镁矿（$MgCO_3$）。这种捕收剂中烷基含有25~30个碳原子，芳基为萘环，可以将菱镁矿中的石英和不溶物降低到0.8%；烷基芳基磺酸钠还可浮选蓝晶石（kyanite），所用的烷基芳基磺酸钠平均相对分子质量都在400~600之间，或烷基含碳原子在22~26之间，在微酸性的介质中，有最好的选择性。

由于这类捕收剂的原料来自石油，价格便宜且容易得到，是很有发展前途的氧化矿捕收剂。烷基芳基磺酸钠的作用机理曾用镁橄榄石进行过研究，其结果是：

（1）用各种不同支链的烷基苯磺酸钠浮选镁橄榄石（$MgSiO_3$），浮选开始时的pH值与回收率的关系示于图6-5中。从图6-5可以看出，烷基苯磺酸钠支链在C_{13}以下时，捕收能力很弱，而烷烃链含碳C_{15}~C_{17}者，在酸性介质中有很强的捕收能力。在C_{13}和C_{15}有一个急剧的回收率变化，即烷烃链在C_{15}以上才有较好的捕收能力。

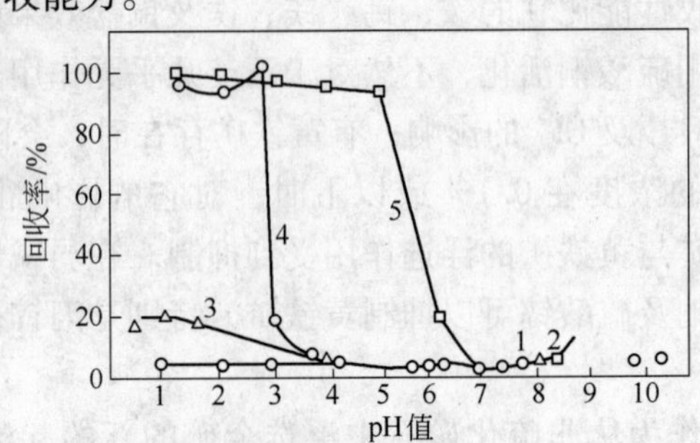

图6-5 不同烷烃链的烷基苯磺酸钠浮选镁橄榄石回收率与pH值的关系

（烷基苯磺酸钠浓度：5×10^{-6}mol/L）

1—$C_{5.5}$；2—$C_{11.4}$；3—$C_{13.0}$；4—$C_{15.0}$；5—$C_{17.4}$

（2）开始浮选时，在pH=1的介质中烷基苯磺酸钠的浓度与回收率的关系如图6-6所示。从图6-6可以看出，捕收剂碳链增长，回收率则增加，即烷基苯磺酸钠烷烃链的碳原子数越多，捕收能力越强。

（3）烷基苯磺酸盐的溶度积常数与烷烃链碳原子数的关系示于图6-7

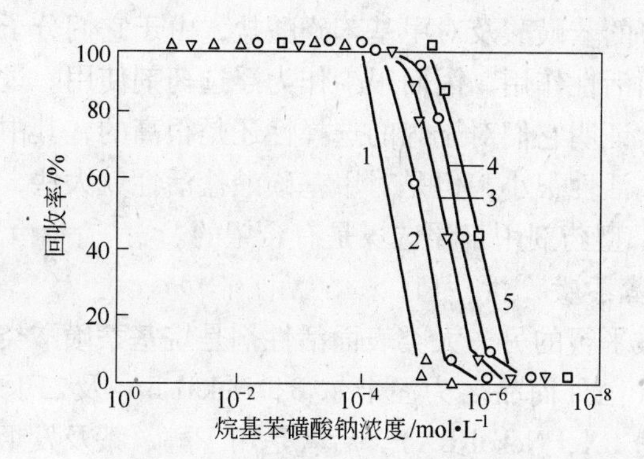

图6-6　各种不同烷烃链的烷基苯磺酸钠浮选镁橄榄石回收率与烷基苯磺酸钠浓度的关系

pH=1，1—$C_{5.5}$；2—$C_{11.4}$；3—$C_{13.0}$；4—$C_{15.0}$；5—$C_{17.4}$

注：$C_{5.5}$，$C_{11.4}$，$C_{13.0}$，$C_{15.0}$，$C_{17.4}$为烷烃平均碳原子数

中。从图6-7可以看出，烷基苯磺酸盐的溶度积（K_{sp}）常数，从10^{-8}起，大概是在烷烃链C_{11}碳原子为分界线，烷烃链碳原子数大于C_{12}时，溶度积急剧降至10^{-11}，对照图6-5，两者相同点是回收率在C_{13}时敏锐的变化。可以这样认为：在烷烃链为C_{12}以下时，烷基苯磺酸镁［$Mg(RSO_3)_2$］的溶解度大，故吸附在镁橄榄石矿粒表面不牢固，所以回收率低，用量大；当烷烃链在C_{18}以上时，烷基苯磺酸镁的溶度积小，不易溶解，故烷基苯磺酸根在镁橄榄石表面吸附牢固，从而捕收能力强，回收率高。对照回收率和烷基苯磺酸镁的溶度积数据，人们毫不怀疑，烷基苯磺酸钠捕收镁橄榄石的作用机理是在镁橄榄石表面生成烷基苯磺酸镁沉淀。

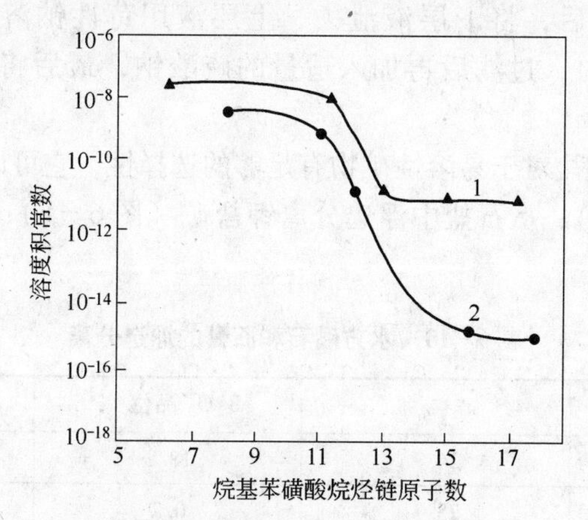

图6-7　烷基苯磺酸盐溶度积常数与烷烃链碳原子数的关系

1—烷基苯磺酸镁；2—烷基苯磺酸钙

至于结构简单的苯磺酸及对甲基苯磺酸盐，由于它们分子中的疏水基团不够大，不具有表面活性作用，因而很少作为浮选药剂使用。过去曾试行探索对于难选煤的浮选，证明它们对于煤的选择性还是很高的，其中苯磺酸钠在一般药剂用量条件下，活性很小，但是对甲基磺酸盐活性就大些，烷基芳香族磺酸盐（表面活性剂）型药剂用于浮选煤是有希望的。

6.4.1.3 烷基萘磺酸盐

与烷基苯磺酸平行的另一大类表面活性剂是烷基萘磺酸类，其中最著名的是丁基萘磺酸盐（国外商品名为涅卡尔 B，Nekal B）及二丁基萘磺酸钠（国内商品名为拉开粉 BX，Nekal BX）。后者是用丁醇、萘及发烟硫酸同时进行烷基化与磺化反应的产物：

$$C_{10}H_8 + 2C_4H_9OH + H_2SO_4\ (SO_3) \longrightarrow (C_4H_9)_2C_{10}H_5SO_3H$$

$$(C_4H_9)_2C_{10}H_5SO_3H + Na_2CO_3 \longrightarrow (C_4H_9)_2C_{10}H_5SO_3Na$$

工业上大规模制造方法系用1000kg无水丁醇在带有夹层及铅衬里的反应釜中与865kg苯混合，然后保持温度25℃，逐渐加入1810kg质量分数为98%的浓硫酸与2400kg发烟硫酸的混合液。酸加完后，继续搅拌0.5h，在2h内使温度上升至45～55℃。反应物最后分为两层，下层为废酸液，再搅拌4h后，将下层液泄去，上层液用苛性钠溶液稀释中和，用次氯酸钠溶液漂白，过滤后再加入适量的硫酸钠，最后将溶液在干燥鼓中干燥、磨细。

丁基萘磺酸钠盐对于易溶性矿物有足够的选择性，它可以由石膏中分出水方硼石（表6-10），从石盐中浮选分离钾盐矿（图6-8）；但须使用淀粉等为浮选调整剂。

表6-10 水方硼石和石膏的浮选分离

产 品	产率/%	B_2O_3 品位/%	B_2O_3 回收率/%
精 矿	24.7	18.2	92.2
尾 矿	75.3	0.2	7.8
原 矿	100.0	4.88	100.0

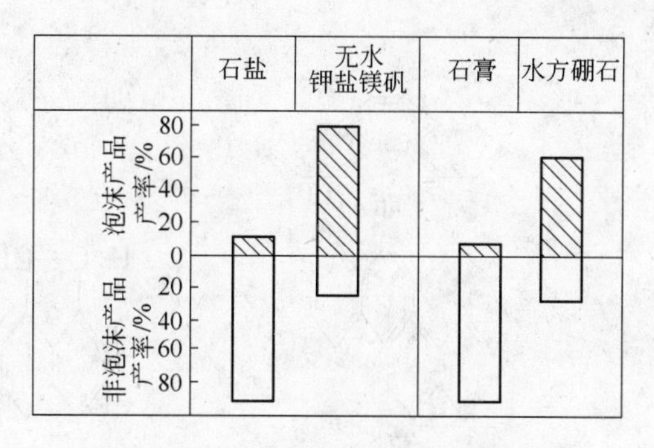

图 6-8 用丁基萘磺酸钠浮选钾盐矿

二萘甲烷-磺酸盐或双磺酸盐（商品名扩散剂 NNO）系用萘、甲醛与硫酸加热反应制得的，也可使用甲醛与萘磺酸缩合制得：

CH_2

SO_3H SO_3H

这一反应的产物通常都是一磺酸和双磺酸的混合物，而且两种组分不定。在选矿上，NNO 主要可用作矿泥分散剂和抑制剂。

连云港化工矿山设计研究院所制备的 S711 药剂也就是二萘甲烷磺酸。实验室小型制备：称取工业萘 10g，迅速加热熔化至 160℃，逐滴加入发烟硫酸 10mL，磺化 1h（磺化时间从加完硫酸计起），控制磺化温度在 175～180℃，磺化后将磺化物冷却至 80℃以下，加水 4mL（用冷水浴使磺化物温度不超过 90℃），加 4mL 甲醛在 100～105℃缩合 1.5h，缩合完成后，冷却至 40～50℃加水溶解，并稀释至 200mL，即可得含萘 5% 的 S711 溶液。

6.4.1.4 粗菲及粗蒽的磺化

为了探寻对碳酸盐矿物有选择性抑制能力的抑制剂，连云港化工矿山设计研究院和长沙矿冶研究院等国内许多单位都做了大量的研究工作。在萘和苯酚的缩合物磺化基础上，又以粗菲及粗蒽为原料，研制了粗菲磺化缩合物和磺化粗菲作为中低品位硅-钙质磷块岩矿石中伴生的白云石、方解石等碳酸盐矿脉石的抑制剂，都取得了较好效果。其中又以磺化粗菲的原料来源广泛，价格低廉，制备简单，更具有实际应用价值。

粗菲是煤焦油副产物粗蒽用溶剂提取蒽之后的残余稠状物。粗菲的成分很复杂，除蒽、菲、咔唑外，主要有芴、芘、吲哚、芴氧和芘等芳香族稠环和杂环化合物：

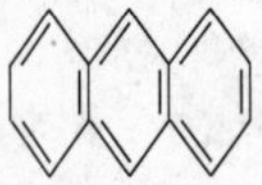

蒽 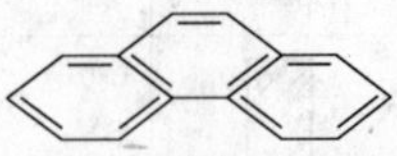　　菲 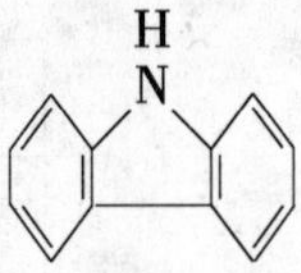　　咔唑

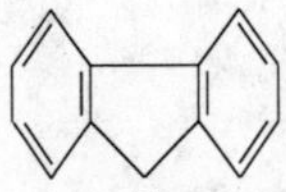

芴 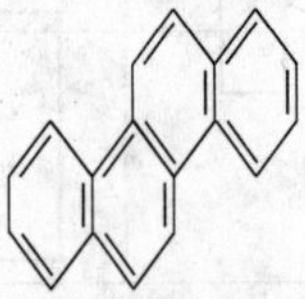　　䓛 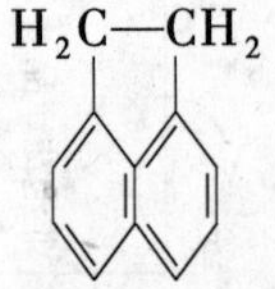　　苊

吲哚 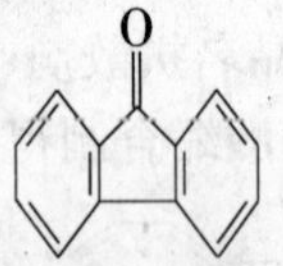　　芴氧（芴酮）　　芘

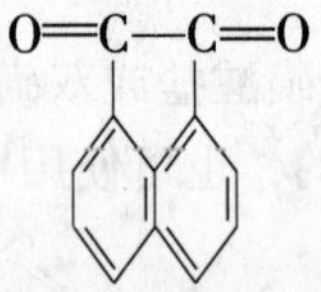

磺化粗菲的小型制备方法：将粗菲 40g 置于带有回流冷凝器、温度计和电动搅拌器的三口瓶中。用空气浴加热，然后缓缓加入浓硫酸（质量分数 96% ~98%）24mL，磺化温度 150 ~155℃，磺化 2h，反应完了后加入适量水稀释倾出即可。

用磺化粗菲为脉石抑制剂，试用于某磷矿的直接优先浮选扩大试验，经过一次粗选、一次精选、一次扫选闭路流程，其选别结果如表 6 - 11 所示。

表 6 - 11　某磷矿的直接优先浮选扩大试验结果

产品名称	产率/%	P_2O_5 品位/%	P_2O_5 回收率/%
精　矿	36. 76	30. 37	82. 21
尾　矿	63. 24	3. 82	17. 79
原　矿	100. 00	13. 58	100. 00

注：药剂总耗量：磺化粗菲 1. 25kg/t，纸浆废液 0. 715kg/t，碳酸钠 10kg/t，水玻璃 1kg/t。

长沙矿冶研究院自 1974 年以来曾对磺化粗蒽进行了研究。粗蒽原料供应量大。磺化温度略高（160℃），产品“磺化粗蒽”曾于 1974 年对湖南石门磷矿进行扩大浮选试验，原矿 P_2O_5 品位为 15. 16%，经一次粗选、二次扫选、三次精选、中矿顺序返回流程，在温度为 40 ~42℃时浮选，获得了 P_2O_5 品位为 31. 30%，回收率 81. 14% 的磷精矿。药剂用量为磺化粗蒽 2kg/t，碳酸钠 11kg/t，纸浆废液 0. 7kg/t。

煤焦油中的䓛油馏分（真空蒸馏 200℃以上部分）经过磺化之后再与脂肪酸混合可作为氧化铁矿（Fe_2O_3）的捕收剂，从石英砂中脱铁。用䓛油 400kg

与160kg发烟硫酸（含13%的SO_3）在160℃作用60～90min，然后添加碳酸钠溶液（150kg碳酸钠及350L水）中和，再加入150～200kg脂肪酸（酸值170，碘值130），制成1100kg药剂（含水量20%～30%）。浮选时用石英砂（含Fe_2O_3的品位为0.3%～5%，粒度100～160μm）的10%矿浆，在pH值6.5～7.5时，加入上述捕收剂2.5kg/t（配制浓度10%的溶液），调浆10min，再稀释至230g/L进行浮选。所得石英砂产品含Fe_2O_3只有0.05%，石英砂的回收率为90%～95%。

6.4.2 芳基磺酸衍生物的选矿作用

萘及苯磺酸的多极性取代基，不仅是重要的偶氮燃料中间体，而且是一类不可或缺的有机抑制剂。作为抑制剂将在后续章节中讨论。为了更好地系统介绍芳基磺酸的选矿作用，在此仅举一些例子加以说明。

以苯和萘为基本原料可以合成许多有机化合物。通过磺化制得萘磺酸和苯磺酸，这些取代磺酸基在芳基上可以是一个，也可以是一个以上。若环上再引入其他极性基团，如—OH、—NH_2、—COOH，就是重要的偶氮燃料的中间体。例如：

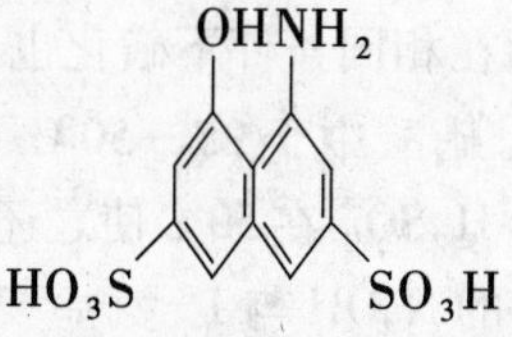

OH NH_2 / HO_3S SO_3H

1-氨基-8-萘酚-3，6-二磺酸（H酸）

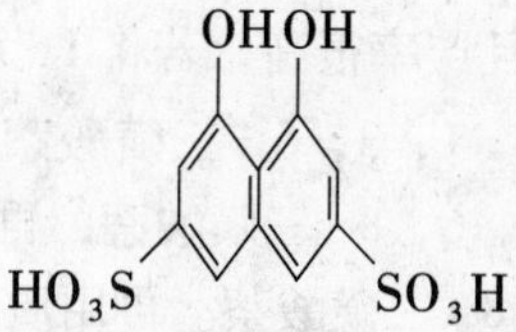

OH OH / HO_3S SO_3H

1，8-二羟基萘-3，6-二磺酸（铬变酸）

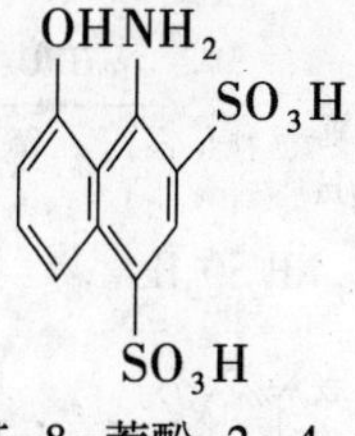

OH NH_2 / SO_3H / SO_3H

1-氨基-8-萘酚-2，4-二磺酸（芝加哥酸）

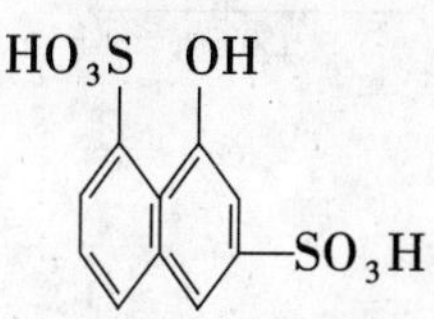

HO_3S OH / SO_3H

1-萘酚-3，8-二磺酸（ε酸）

HO_3S NH_2 / SO_3H

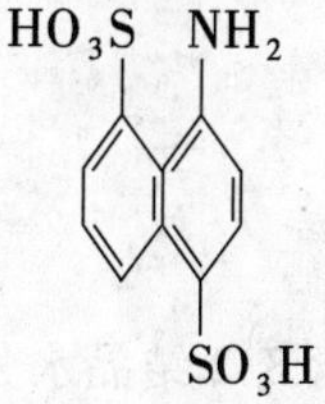

1-氨基-4，8-二磺酸萘（氨基芝加哥酸）

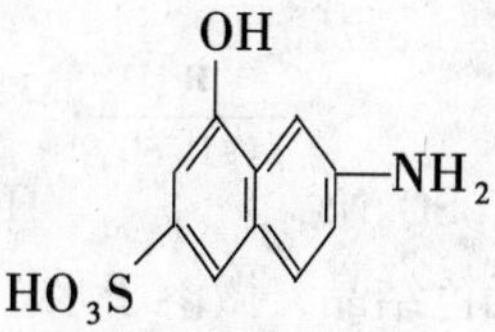

OH / NH_2 / HO_3S

2-氨基-8-萘酚-6-磺酸

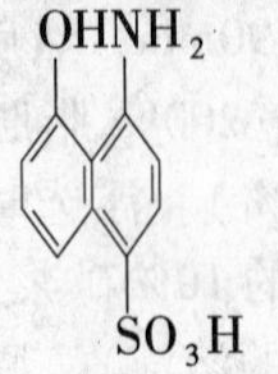

OHNH$_2$ / SO$_3$H

1-氨基-8-萘酚-4-磺酸

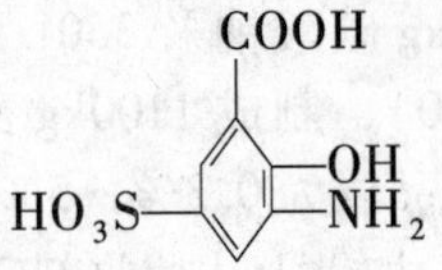

COOH / OH / NH$_2$ / HO$_3$S

2-羟基3-氨基-5-磺酸基-苯甲酸

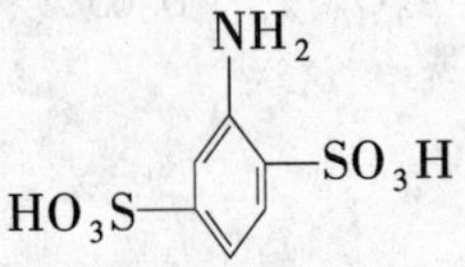

NH$_2$ / SO$_3$H / HO$_3$S

2-5-二磺酸苯胺

以上这些化合物大多是偶氮染料的中间体，而且这些化合物也可用作选矿药剂。在锡石浮选中，它们均可用做抑制剂，对黄玉起抑制作用，而对锡石则无抑制作用。

以下举两个实例说明药剂制备与性质。

6.4.2.1 1-氨基-8-萘酚-3，6-二磺酸（H-酸）制备与性能

H-酸的制法 用30%发烟硫酸在150℃下将萘磺化，主要产品得1，3，6-三磺酸萘，并且产率很高。若将1，6-二磺酸萘在相同条件下磺化也可得1，3，6-三磺酸萘。1，3，6-三磺酸萘在浓 H_2SO_4 硝酸中于25～50℃下硝化，生成1-硝基-3，6，8-三磺酸萘，再用铁屑和稀 H_2SO_4 在50℃使之还原，得1-氨基-3，6，8-三磺酸萘。再用质量分数50%的NaOH与1-氨基-3，6，8-三磺酸萘于180℃进行碱熔，然后酸化而得H-酸。反应式为：

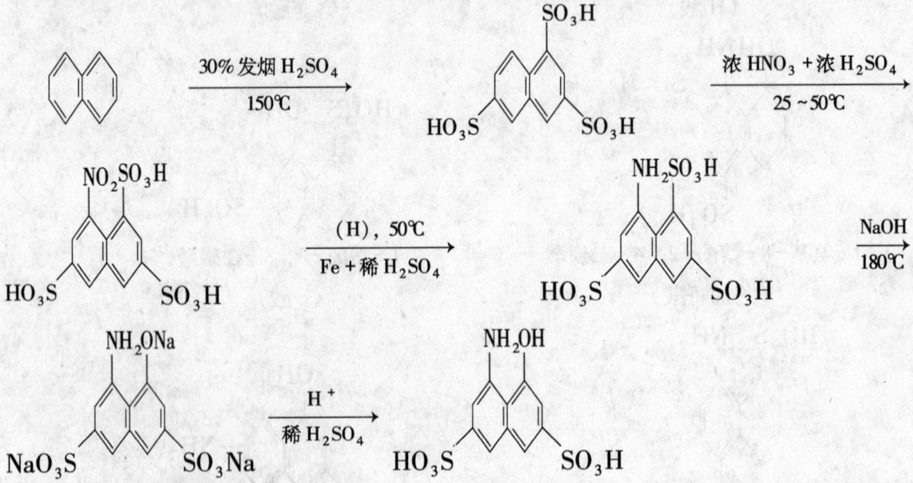

萘 $\xrightarrow[150℃]{30\%发烟H_2SO_4}$ 1，3，6-三磺酸萘（SO$_3$H，HO$_3$S，SO$_3$H） $\xrightarrow[25\sim50℃]{浓HNO_3+浓H_2SO_4}$

1-硝基-3，6，8-三磺酸萘（NO$_2$SO$_3$H，HO$_3$S，SO$_3$H） $\xrightarrow[Fe+稀H_2SO_4]{(H)，50℃}$ 1-氨基-3，6，8-三磺酸萘（NH$_2$SO$_3$H，HO$_3$S，SO$_3$H） $\xrightarrow[180℃]{NaOH}$

（NH$_2$ONa，NaO$_3$S，SO$_3$Na） $\xrightarrow[稀H_2SO_4]{H^+}$ H-酸（NH$_2$OH，HO$_3$S，SO$_3$H）

H-酸为无色结晶，微溶于水。一钠盐为针状体，含3/2结晶水分子，微溶于水中。钡盐为针状体，含9/2分子结晶水，微溶于水中。遇 HNO_2 成为可溶性红黄色重氮化合物。在酸性或碱性溶液中和重氮盐偶合，显一定偶氮染料

的颜色。

H-酸遇某些金属容易形成可溶性螯合物，例如 Fe^{3+}、Al^{3+} 在 H-酸水溶液中有如下反应：

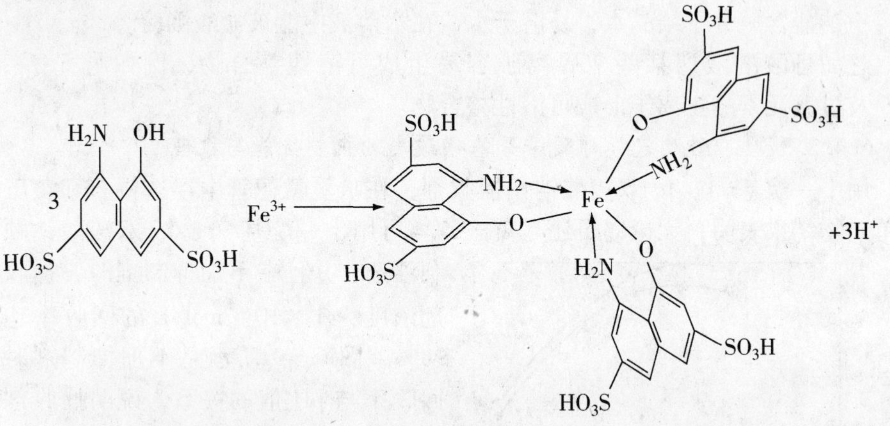

所生成的螯合物结构中有多个亲水基团—SO_3H，故该螯合物易溶于水中。反应式中若将 Fe^{3+} 换成 Al^{3+}，则生成相似结构的螯合物，配位数也是6。一般半径小，电荷多的正离子的这种螯合物较容易形成，也较稳定。

6.4.2.2 1-氨基-8-萘酚-2，4-二磺酸（芝加哥酸）的制备与性能

芝加哥酸的制法 用质量分数30%的发烟 H_2SO_4 在25℃时将萘磺化，可得1，5-萘磺酸，再将温度升高至90℃，1，5-萘磺酸再磺化得1，3，5-萘磺酸。1，3，5-萘磺酸经硝化、还原、碱熔、酸化可以得芝加哥酸，这些步骤与制H-酸的方法相同，反应式为：

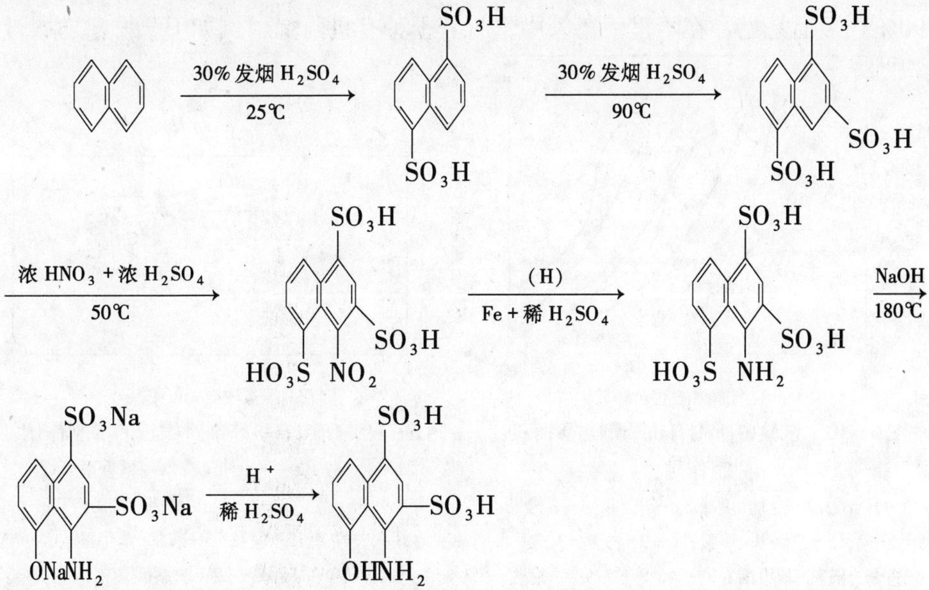

芝加哥酸为无色结晶，易溶于水。碱性溶液呈绿色荧光。与 HNO_2 作用成红黄色重氮化合物。在醋酸和碱性溶液中与一分子重氮盐偶合，在酸性溶液中与两分子重氮盐偶合，为偶氮染料的中间体。

一钠盐含一分子结晶水，易溶于水，在水溶液中能被盐酸沉淀。

芝加哥酸溶液遇某些金属离子容易生成可溶性螯合物，例如与 Fe^{3+}、Al^{3+} 及过渡元素的正离子形成可溶性螯合物。

6.4.2.3 H-酸及芝加哥酸等芳基磺酸类的抑制性能与机理

用十一烷基-1，1-双羧酸钠作捕收剂，在哈里蒙德管中浮选锡石和黄玉的单矿物结果表明，无论锡石还是黄玉，均可用十一烷基-1，1-双羧酸钠顺利浮选，并且在不加抑制剂时，捕收剂浓度为 1×10^{-4} mol/L 的回收率达98%。图6-9所示是不加抑制剂时回收率与pH值的关系，说明捕收剂浓度达最佳值后，pH值以2~4范围的效果最好。

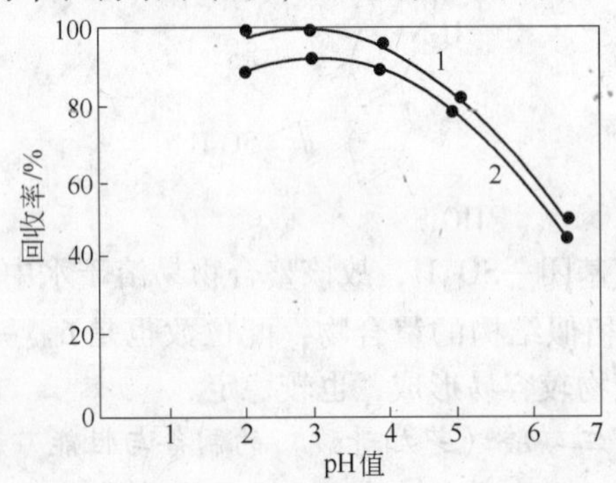

图6-9 pH值对十一烷基-1，1-二羧酸（1×10^{-4}mol/L）浮选锡石与黄玉的影响
1—黄玉；2—锡石

图6-10和图6-11分别表示了各种萘磺酸类和苯磺酸类抑制剂对黄玉与锡石的抑制效果。试验中所用的捕收剂的浓度应符合下列要求，即在不添加抑制剂的情况下黄玉的回收率应能达98%，而锡石回收率则应达到90%。显而易见，在哈里蒙德管中，有若干种有机药剂，例如H-酸、芝加哥

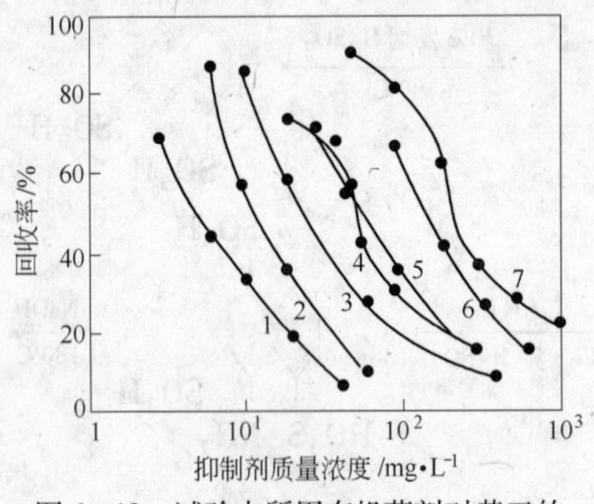

图6-10 试验中所用有机药剂对黄玉的抑制作用
1—H-酸；2—芝加哥酸；3—铬变酸；4—ε-酸；5—2，5-二磺基-苯胺；6—2-羧基-3-氨基-5-磺基-苯甲酸；7—4，8-二磺基-萘酸

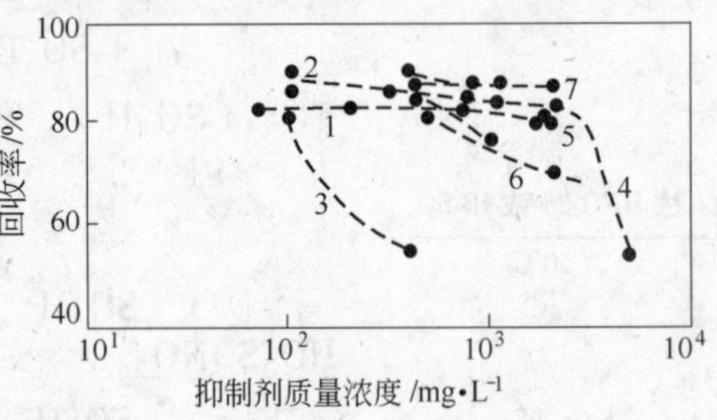

图6-11 所用有机药剂对锡石的抑制作用
1—H-酸；2—芝加哥酸；3—铬变酸；4—ε-酸；5—2，5-二磺基-苯胺；6—2-羧基-3-氨基-5-磺基-苯甲酸；7—4，8-二磺基-萘酸

酸、ε-酸能对黄玉产生特殊的抑制作用。而它们对锡石浮选没有或稍有影响(但铬变酸除外)。它们还有这样的特点，只有 pH > 3.5 时，才对黄玉发生抑制作用。

另外，与矿物表面发生交互作用的极性基的种类与排列方式也很重要，当—NH_2 基和—OH 基在分子中靠近排列时（例如萘中的1，8位），抑制效果就格外地好些。原因是这种结构位置的极性基能与连接在矿物表面上的晶格阳离子（如黄玉中的 Al^{3+}）形成稳定的螯合物环，而且也是使抑制剂分子优先于捕收剂发生吸附作用达到有效分选的原因。

下例系1-氨基-8-萘酚-3，6-二磺酸在黄玉表面吸附的交互作用机理的示意形式。

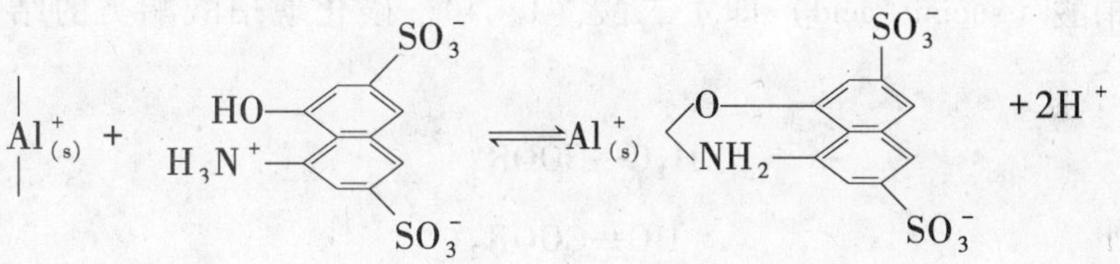

$$Al^{+}_{(s)} + \text{HO},\ H_3N^{+}\text{-naphthalene}(SO_3^-)_2 \rightleftharpoons Al^{+}_{(s)}(\text{-O-},\ \text{-}NH_2\text{-naphthalene}(SO_3^-)_2) + 2H^{+}$$

(A) (B) (C)

反应式表示具有形成螯合物能力的抑制剂的极性基（B）与晶格阳离子(A) 生成了带有螯合物结构的表面化合物（C)，这种亲水吸附层阻止或限制捕收剂的吸附。

如果抑制剂分子结构中的极性基位于不便形成螯合物的位置上，这种情况下所形成的抑制作用也许是由于质子化的—NH_2 基（—NH_3^+）（例如2-氨基-8-萘酚-6-磺酸）与带负电的黄玉表面（其零电点为 pH = 3.4）发生静电交互作用而吸附，显然抑制效果要弱些。

作为有机抑制剂，一般必须具有能与被抑制矿物表面基团和能使被抑制矿物表面形成水膜的亲水基团，将被抑制矿物与捕收剂隔开。上述药剂应该是具备了抑制性能与作用的条件，其—NH_2、—OH、—COOH 基就是能与受抑制矿物表面作用的活性基团，而—SO_3H 基就是亲水基团。据此，可以推测下列化合物因能形成稳定的螯环，对黄玉应具有抑制作用：

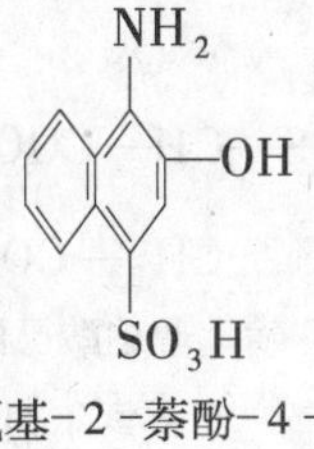

(NH_2, —OH, SO_3H)

1-氨基-2-萘酚-4-磺酸

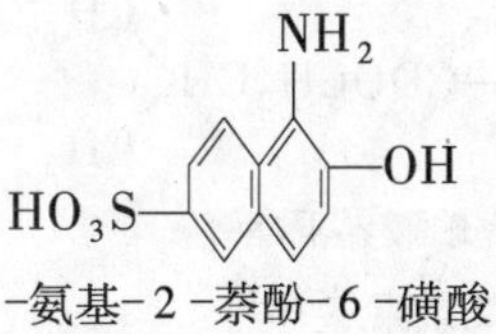

(NH_2, —OH, HO_3S—)

1-氨基-2-萘酚-6-磺酸

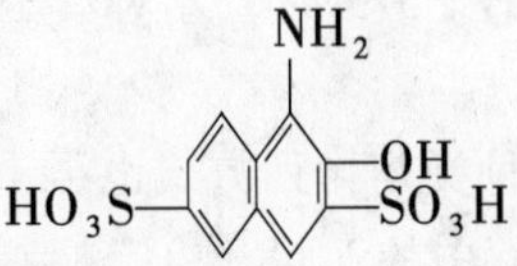

1-氨基-2-萘酚-3，6-二磺酸

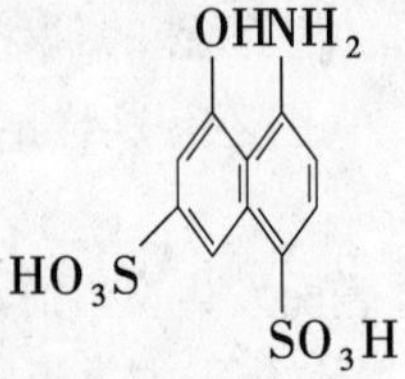

1-烷基-8-萘酚-4，6-二磺酸

6.5 磺化琥珀酸酯及磺化琥珀酰胺酸（盐）

6.5.1 磺化琥珀酸酯

琥珀酸（sucinic acid）即丁二酸（1，4）。磺化琥珀酸酯类的结构通式为：

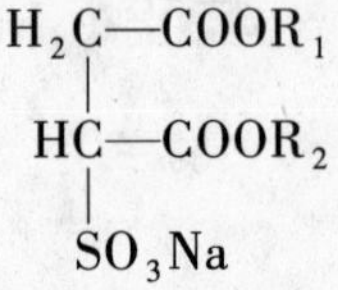

$$\begin{array}{l} H_2C—COOR_1 \\ \ \ | \\ HC—COOR_2 \\ \ \ | \\ SO_3Na \end{array}$$

R_1、R_2 一般要求碳原子数不超过 8 个；$R_1+R_2 \leqslant C_{16\sim18}$；$R_1$ 和 R_2 的碳原子可以相同或不同。

在浮选上最早于 1933 年用为润湿剂，如下列化合物：

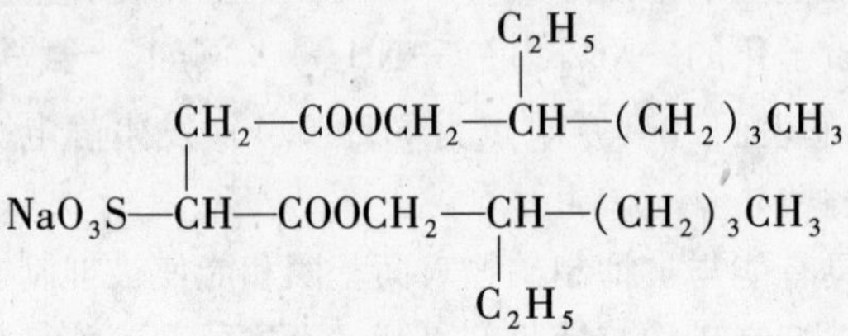

$$\begin{array}{l} \qquad\qquad\qquad\qquad C_2H_5 \\ \qquad\quad CH_2—COOCH_2—CH—(CH_2)_3CH_3 \\ NaO_3S—CH—COOCH_2—CH—(CH_2)_3CH_3 \\ \qquad\qquad\qquad\qquad C_2H_5 \end{array}$$

磺化琥珀酸二-2-乙基己酯

艾柔索尔 OT（aerosol）

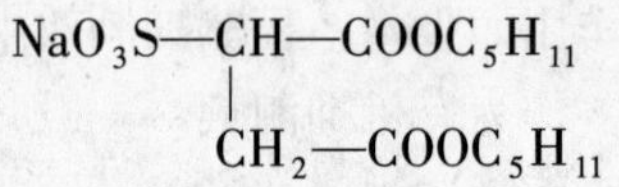

$$\begin{array}{l} NaO_3S—CH—COOC_5H_{11} \\ \qquad\quad CH_2—COOC_5H_{11} \end{array}$$

磺化琥珀酸戊酯

艾柔索尔 AY

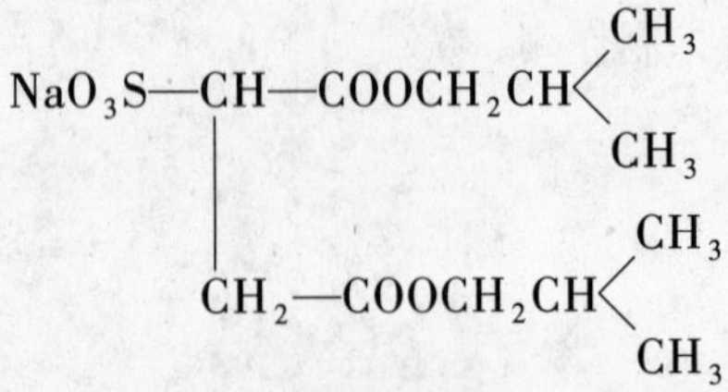

$$\begin{array}{l} NaO_3S—CH—COOCH_2CH(CH_3)_2 \\ \qquad\quad CH_2—COOCH_2CH(CH_3)_2 \end{array}$$

磺化琥珀酸异丁酯

艾柔索尔 IB

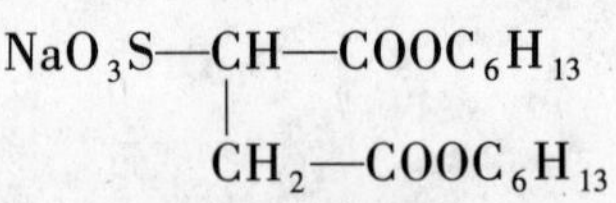

$$\begin{array}{l} NaO_3S—CH—COOC_6H_{13} \\ \qquad\quad CH_2—COOC_6H_{13} \end{array}$$

磺化琥珀酸己酯

艾柔索尔 MA

这类化合物通常为无色固体，或含有一定水分的胶状物质，性质稳定。遇热碱溶液易水解失去活性，使用时介质的pH值不超过9为好，因为碱性强或pH值过低都可能引起水解作用，影响活性和润湿作用；倘若分子中的R_1、R_2过大，超过八个碳原子，或者加在一起超过$C_{16\sim18}$，就会因溶解度变小，丧失其表面活性能力，影响选矿中的润湿、活化或捕收作用。

磺化琥珀酸己酯商品呈白色微具吸湿性的蜡状小球，在热水中很快溶解。在25℃时水溶解度为342g/L，70℃时为447g/L。不少电解质会影响它的溶解度，在2g/L的氯化钠、2g/L的氯化铵、14g/L的磷酸氢二胺、3g/L硝酸钠、3g/L硫酸钠溶液中只能溶解1%。它也能溶解在松油、油酸、丙酮、煤油、四氯化碳、乙醇、苯及热的橄榄油、甘油中；但不溶于液体石蜡。

磺化琥珀酸-2-乙基己酯的外表也是蜡状小球，微具吸湿性，在水中溶解很慢，使用时最好先加少量水放置过夜。在水中溶解度25℃时为15g/L。它不仅是润湿剂，而且用做氧化铁矿的活化剂，铬铁矿的捕收剂。

磺化琥珀酸酯类的一般制造方法，系用失水苹果酸酐与相应的醇类先加以酯化，然后再与浓亚硫酸氢钠水溶液作用。失水苹果酸在工业上系得自苯的催化（用V_2O_5作催化剂）反应制得，然后再与醇及亚硫酸盐作用，即得磺化琥珀酸酯钠盐产品。反应通式为：

$$\text{C}_6\text{H}_6 \xrightarrow[\text{[V}_2\text{O}_5\text{]}]{\text{(O)}} \begin{array}{l}\text{CH—C(=O)}\\ \Vert \qquad\quad \text{O} \\ \text{CH—C(=O)}\end{array}$$

失水苹果酸酐

$$\begin{array}{l}\text{CH—C(=O)}\\ \Vert \qquad\quad \text{O} \\ \text{CH—C(=O)}\end{array} + 2\text{R—OH} \longrightarrow \begin{array}{l}\text{HC—COOR}\\ \Vert \\ \text{HC—COOR}\end{array} + \text{H}_2\text{O}$$

脂肪醇　　丁烯二酸双酯

$$\begin{array}{l}\text{HC—COOR}\\ \Vert \\ \text{HC—COOR}\end{array} + \text{NaHSO}_3 \longrightarrow \begin{array}{r}\text{H}_2\text{C—COOR}\\ | \quad\quad\;\; \\ \text{NaO}_3\text{S—C—COOR}\end{array}$$

反应中的另一种原料醇类的来源也离不开基本有机合成工业。例如磺化琥珀酸-二-2-乙基己基酯所用的原料2-乙基己醇是由煤制造电石，由电石放出乙炔，乙炔氧化为乙醛，乙醛缩合成丁烯醛，加氢而得丁醛，丁醛再缩合而成乙基己烯醛，再还原而得2-乙基己醇：

$$2CH_3CH_2CH_2CHO \xrightarrow[(-H_2O)]{缩合} CH_3CH_2\underset{\displaystyle H}{\underset{|}{C}}H_2\underset{\displaystyle CH_2CH_3}{\underset{|}{C}}{=}CH{-}CHO$$

2-乙基己烯醛

$$CH_3CH_2\underset{\displaystyle H}{\underset{|}{C}}H_2\underset{\displaystyle CH_2CH_3}{\underset{|}{C}}{=}CH{-}CHO \xrightarrow[还原]{[H]} CH_3CH_2CH_2CH_2\underset{\displaystyle CH_2CH_3}{\underset{|}{C}}H{-}CH_2OH$$

2-乙基己醇

6.5.2 烷基磺化琥珀酰胺酸盐

烷基磺化琥珀酰胺酸盐是一种重要的表面活性剂，具有润湿、去污、发泡等性能，易溶于水。无毒，且易为生物降解。相对而言，它是一类环境、生态比较友好型的药剂。它是20世纪40年代末期由美国氰胺公司研究的具有极高表面活性剂物质。N. Arbiter发现并于1968年首次在英国发表了用烷基磺化琥珀酰胺酸盐作为锡石捕收剂的专利。

磺化琥珀酰胺酸盐最早作为锡石捕收剂应用于工业生产是1970年在玻利维亚的席格洛（Siglo）、依普奎（Ipque）、科尔居里（Colguiri）以及珊塔伦娜（Santaelena）等锡选厂。此后，Moncrieff等人报道了将该药用于英国惠尔简（Wheal Jane）锡选厂。烷基磺化琥珀酰胺酸（盐）在秘鲁米苏尔（Minsur）锡选厂，以及前苏联的兴安锡业公司选厂，克拉斯诺列钦浮选厂等也获得应用。起先使用的药剂是氰胺公司生产的aero promoter 845（A 845），1972年英国惠尔简锡选厂用英国联合胶体公司生产的CA540表面活性剂成功地代替了A 845。到目前为止，国外用作锡石捕收剂的磺化琥珀酰胺酸类的化合物有aerosol 22、aero promoter 845、alcpol R 540（CA540），S 3901、аспаралф、aero promoter 830和aero promoter 860等。这些产品牌号有人认为其实质内容是相同或相似的，例如aerosol 22、aero promoter 845和aero promoter 860三个牌号，其实质是一样的，也有人认为aerosol 22是作为润湿剂的牌号，而aero promoter 845是用作捕收剂时的牌号。红外光谱研究表明，CA450和aero promoter 845的特征峰很相似，主要区别是CA450在975 cm^{-1}处有一峰，这很可能是在用硫酸盐磺化时所残留的硫酸盐所致。工业应用的硫酸含有杂质，如十八胺、马来酸的衍生物和残留的醇，不同浓度和类型的醇存在于工业捕收剂中，会改变泡沫的性能和浮选行为。分析表明CA450中的醇是2-甲基-1-丙醇，而aero promoter 845中的是乙醇。琥珀酸CA540和aero promoter 845具有四个可溶性基团，存在两个变化点，相应pH值为2.3和5.8，pH = 2.3和磺酸基一致。

在国内，昆明冶金研究院等单位也对磺化琥珀酰胺酸盐类药剂合成及应用进行过研究。先后合成了 N－十八烷基磺化琥珀酰胺酸二钠盐［A－18］

$$NaSO_3—\underset{\underset{CH_2—COONa}{|}}{CH}—CONH—C_{18}H_{37}$$

和 N－十八烷基－N－磺化琥珀酰胺天冬氨酸四钠盐。

6.5.2.1 烷基磺化琥珀酰胺酸盐的制备

磺化琥珀酰胺酸（盐）的通式为：

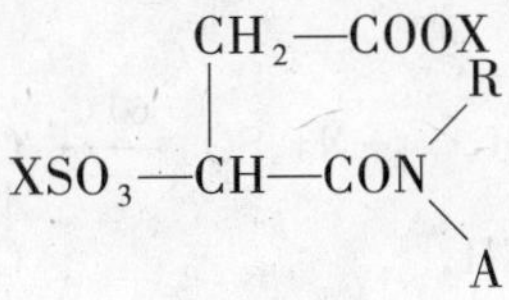

$$\begin{array}{l} CH_2—COOX \qquad R \\ | \qquad\qquad\qquad / \\ XSO_3—CH—CON \\ \qquad\qquad\qquad\quad \backslash \\ \qquad\qquad\qquad\quad A \end{array}$$

式中，R 为烷基；X 为 H^+、K^+、Na^+ 或 NH_4^+；A 为 H^+ 或 $\begin{array}{l}—CH—COOR' \\ \ \ | \\ \ \ CH_2—COOR''\end{array}$；R′和 R″为 X 或低碳烷基。

Aerosol 22 的学名为 N－十八烷基－N－1，2－二羧基乙基磺化琥珀酰胺酸四钠盐，结构式为：

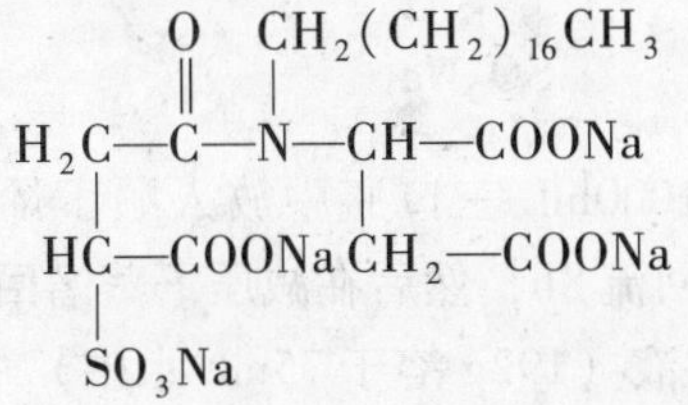

$$\begin{array}{l} \qquad\quad O \quad CH_2(CH_2)_{16}CH_3 \\ \qquad\quad \| \quad\ | \\ H_2C—C—N—CH—COONa \\ \ \ | \qquad\qquad\quad | \\ \ \ HC—COONa\ CH_2—COONa \\ \ \ | \\ \ \ SO_3Na \end{array}$$

制备方法分 5 步，用反应方程式表示如下：

（1）马来酸酯化（用甲醇或乙醇）：

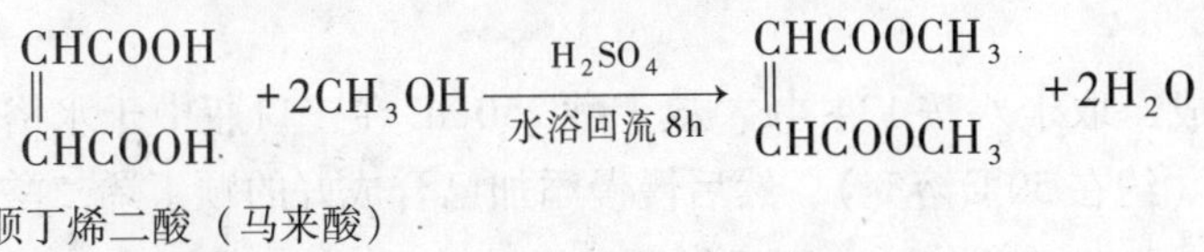

$$\begin{array}{l}CHCOOH \\ \| \\ CHCOOH\end{array} + 2CH_3OH \xrightarrow[\text{水浴回流 8h}]{H_2SO_4} \begin{array}{l}CHCOOCH_3 \\ \| \\ CHCOOCH_3\end{array} + 2H_2O$$

顺丁烯二酸（马来酸）

（2）酯胺加成：

$$\begin{array}{l}CHCOOCH_3 \\ \| \\ CHCOOCH_3\end{array} + \underset{\text{十八碳胺}}{C_{18}H_{37}NH_2} \xrightarrow{30℃} \begin{array}{l}NH—C_{18}H_{37} \\ | \\ CHCOOCH_3 \\ | \\ CH_2COOCH_3\end{array}$$

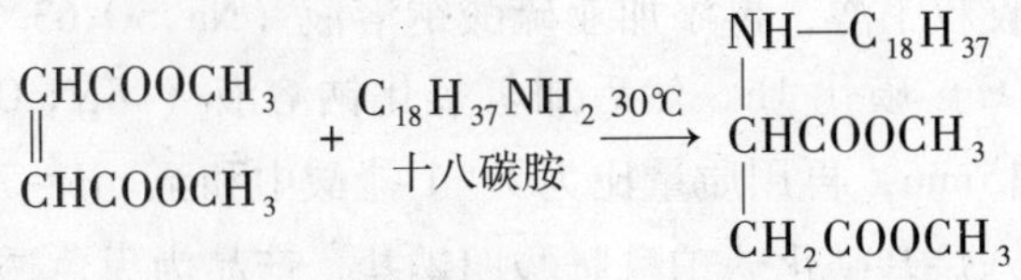

（3）烷基氨基酯酰胺化：

$$\begin{array}{l} NH-C_{18}H_{37} \\ | \\ CHCOOCH_3 \\ | \\ CH_2COOCH_3 \end{array} + \begin{array}{l} CHC{=}O \\ \| \quad\;\; \rangle O \\ CHC{=}O \end{array} \xrightarrow{60\sim75℃} \begin{array}{l} \qquad\;\; O \quad C_{18}H_{37} \\ \qquad\;\; \| \qquad | \\ CH-C-N-CHCOOCH_3 \\ \| \qquad\qquad\quad | \\ CHCOOH \quad\;\; CH_2COOCH_3 \end{array}$$

顺丁烯二酸酐
（马来酸酐）

（4）磺化：

$$\begin{array}{l} \qquad\;\; O \quad C_{18}H_{37} \\ \qquad\;\; \| \qquad | \\ CH-C-N-CHCOOCH_3 \\ \| \qquad\qquad\quad | \\ CHCOOH \quad\;\; CH_2COOCH_3 \end{array} + Na_2SO_3 \xrightarrow{60℃} \begin{array}{l} \qquad\;\;\; O \quad C_{18}H_{37} \\ \qquad\;\;\; \| \qquad | \\ CH_2-C-N-CHCOOCH_3 \\ | \qquad\qquad\qquad | \\ CHCOONa \quad\; CH_2COOCH_3 \\ | \\ SO_3Na \end{array}$$

（5）皂化：

$$\begin{array}{l} \qquad\;\;\; O \quad C_{18}H_{37} \\ \qquad\;\;\; \| \qquad | \\ CH_2-C-N-CHCOOCH_3 \\ | \qquad\qquad\qquad | \\ CHCOONa \quad\; CH_2COOCH_3 \\ | \\ SO_3Na \end{array} + 2NaOH \xrightarrow{60℃} \begin{array}{l} \qquad\;\;\; O \quad C_{18}H_{37} \\ \qquad\;\;\; \| \qquad | \\ CH_2-C-N-CHCOONa \\ | \qquad\qquad\qquad | \\ CHCOONa \quad\; CH_2COONa \\ | \\ SO_3Na \end{array}$$

合成步骤是先合成顺丁烯二酸二甲酯，于1000mL三口瓶中放入顺丁烯二酸98g、甲醇256g、浓硫酸4g，在水浴上加热回流8h，然后在减压下蒸馏回收过量的甲醇，产粗酯149g，放冷后加碳酸钠溶液（192g溶于75mL水中）中和，分去下层水相，上层精制酯用氯化钙脱水干燥，得顺丁烯二酸二甲酯118g。酯化反应也可不使用顺丁烯二酸而用其酸酐，用已醇代替甲醇进行。即用马来酸酐与乙醇反应。

A－22的合成：取十八胺134.4g、叔丁醇250mL在三口瓶中于水浴中搅拌慢慢加温溶解（约在50℃溶完），然后慢慢添加已合成好的顺丁烯二酸二甲酯76.5g，在30℃左右保温120h，再添加顺丁烯二酸酐50g，液温在60～75℃保温2h，在减压下蒸馏回收叔丁醇，再添加亚硫酸钠溶液（$Na_2SO_3$63.2g溶于280mL水中，加热约60℃）磺化1h，然后加氢氧化钠溶液（48gNaOH于192mL水中）在60℃皂化15min，再用质量比为1∶1盐酸中和至pH＝7，得粗产品790～800g的N－十八烷基磺化琥珀酰胺酸四钠盐。产品为无色透明水溶液，或者是白色黏稠液体。

6.5.2.2 磺化琥珀酰胺酸性能与作用

磺化琥珀酰胺酸表面活性剂CA540和A845含有四个可溶性基团，三个羧基和一个磺酸基，然而表面活性剂电位滴定只显示两个变化点，电离常数 pK 值分别为2.3和5.8。pK=2.3与强的硫酸基解离常数一致，而pK=5.8是典型的羧酸基的离解常数。显然CA540和A845中的三个羧基在一个很窄的pH值范围内解离，因而电位滴定时只观察到一个变化点。

磺化琥珀酰胺酸具有很高的表面活性。Miller 和 Dessert 报道了1g/t的aerosol 22的水溶液表面张力为4.4Pa（44dyn/cm）。并具有很强的起泡性能（尤其是在低pH值的情况下）。

曾清华对aerosol 22进行红外光谱测试，如图6-12所示谱图分析表明，含有羧酸基和磺酸基两个表面活性基。1625cm^{-1}处强烈的COO^-特征反对称伸缩振动吸收峰说明了羧酸盐的存在。1387和1409cm^{-1}吸收峰说明和COO^-对称伸缩振动吸收峰。730~710cm^{-1}间是羧酸基的面内摇摆和面外摇摆振动吸收峰。1213cm^{-1}是磺酸盐的—SO_3反对称伸缩振动吸收峰。1049cm^{-1}是C—N对称伸缩振动吸收峰。629和668cm^{-1}是aerosol-22的O═C—N基弯曲振动吸收峰。虽然，从红外光谱中不能推断出aerosol-22中烃基的准确结构，但是从2851和2921cm^{-1}强烈的C—H伸缩振动吸收峰证实了aerosol-22中长链烷基的存在。

工业用磺化琥珀酰胺酸含有十八胺、马来酸衍生物和残留醇类等杂质。捕收剂中的不同浓度和类型的醇能改变起泡性能和它们的浮选特性。CA540和A845馏出物的气相色层谱和质谱证实了两种捕收剂均含一定量的醇。CA540含2-甲基-1-丙基醇，而A845含乙醇。

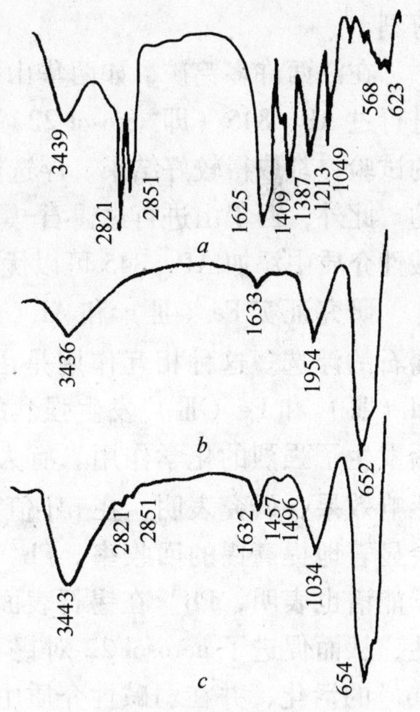

图6-12 烷基磺基琥珀酰胺酸盐作用前后锡石红外光谱

a—aerosol-22；*b*—锡石；*c*—aerosol-22作用后的锡石

在选矿中用磺化琥珀酰胺酸类捕收剂浮选锡石时通常在强酸性（pH=2~3）介质中进行，导致矿浆中溶解的阳离子增多，并且该药剂对某些金属阳离子较敏感（如Ca^{2+}、Al^{3+}、Fe^{3+}等），对硫化矿、方解石、萤石、电气石有一定的捕收性，因此，有必要选择合适的调整剂或其他辅助药剂，以提高对锡石浮选的选择性，或使浮选适于在弱酸性介质中进行。

实践经验表明，磺化琥珀酰胺酸类捕收剂与某些调整剂如草酸和柠檬酸、水玻璃和氟硅酸钠等的配合使用，可改善浮选工艺条件和指标。英国惠尔简锡选厂用Alcopo1540作捕收剂，在矿浆pH值为5.8时，从含Sn 0.6%～0.7%的矿泥中浮选锡石，可获得含Sn 17%～21%的精矿。前苏联兴安锡业公司用Аспаралф与T－66配合使用，在pH＝5～6.5时，获含Sn 15%～20%，回收率50%的精矿。有报道称用该药剂与DA811或氟硅酸钠抑制剂配合使用，pH值可由2～3提高到5.8。1980年美国用硫酸调pH值至5.5，用质量比为1：1的$C_{12\sim22}$的N－烷基磺化琥珀酰胺酸盐和procol CA540混合药剂，从含Sn 1.2%的给矿中获含Sn 11.9%、回收率45.3%的锡精矿。Collins等人用aero promoter815和燃料油按质量比8：1的混合乳化溶液，同时加柠檬酸络合溶液中的铁离子，氟硅酸钠抑制铁矿物，用硫酸调整pH值至3.0，工业试验从含Sn 0.87%的给矿中，获含Sn 10.7%、回收率81.5%的精矿。

我国的试验也表明aerosol 22务必在强酸性介质中进行浮选，而且对Sn、W等矿物选择性不高，对硫化矿物，氧化铁矿、萤石、方解石等矿物均具有捕收能力。广西大厂浮选锡石时，因为矿石总量的3/4为方解石等，先用脂肪酸浮选除去，然后再用aerosol 22浮选锡石，在强酸性介质中（H_2SO_4用量约40kg/t）可使原矿含Sn 0.78%得精矿含Sn 32%，回收率90%。指标好条件太苛刻。

在江西许多钨矿，如西华山、盘古山、小垄及湘东、韶关精选厂等选厂，进行过AP－845（即aerosol 22）作捕收剂，从离心机精矿中浮选黑钨、白钨的试验，都取得较好结果。浮选同样是在黄药浮选脱硫之后的酸性矿浆中进行的。此外，西华山进行过锡石-黑钨矿浮选分离试验，用氟化钠作锡石抑制剂，酸性介质中添加AP－845可以优先浮选黑钨矿。

研究证实Fe（Ⅲ）和Al（Ⅲ）能显著地影响磺化琥珀酰胺酸捕收剂对锡石的浮选。这种相互作用是由于羧酸基在pH值为4.0～5.0范围内能同Al（Ⅲ）和Fe（Ⅲ）发生强烈的作用。光电子能谱表明Fe（Ⅲ）在锡石表面发生了强烈的化学作用。有人进行过有关aerosol 22浮选锡石时铅离子的影响效果，研究表明，在pH值为8.0～10.0的范围内浮选矿浆中添加Pb^{2+}会显著地提高锡的回收率。Pb^{2+}对该捕收剂浮选锡石具有活化作用。光电子能谱也表明，Pb^{2+}在锡石表面发生了强烈的化学作用增强了Sn质点的活性，从而促进了aerosol 22对锡石的捕收作用。然而在工业应用中并未采用Pb^{2+}的活化，并在弱碱性介质中浮选，而依然是在强酸性矿浆中进行aerosol 22的锡石浮选。除了铅有毒外，恐怕与Fe^{3+}、Al^{3+}的影响过大是有关的。

6.6 伊基朋

伊基朋（igepon）是一类洗涤用品表面活性剂。它们的结构特点是具有油酸基和牛磺酸基或其类似结构化合物组合而成。如表 6－12 所列。其中，伊基朋 T 表面活性最强，而且有较多的文献报道用作浮选药剂。

表 6－12 伊基朋类表面活性剂

名 称	分子结构或主成分
伊基朋 A	$C_{17}H_{33}COOCH_2CH_2—SO_3Na$（油酰基乙酯磺酸钠）
伊基朋 AC	$C_{17}H_{33}COOCH_2CH_2—SO_3Na$（油酰基乙酯磺酸钠）
伊基朋 AP	$C_{17}H_{33}COOCH_2CH_2—SO_3Na$（油酰基乙酯磺酸钠）
伊基朋 B	$R—CO—NHCH_2CH_2—CH(OSO_3Na)—CH_3$
伊基朋 C	$R—CO—NH—CH_2CH_2—OSO_3Na$（油酰胺基乙基硫酸盐，RCO—油酰基）
伊基朋 CN	$C_{15}H_{31}CO—N(C_6H_{11})—CH_2CH_2—OSO_3Na$（N 上连环己基，环上 H_2 H_2 / H_2 H_2 / H_2） 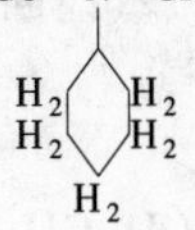
伊基朋 T	$C_{17}H_{33}CO—N(CH_3)—CH_2CH_2—SO_3Na$（油酰胺基甲基牛磺酸钠）
伊基朋 702K	$C_{17}H_{33}CO—N(CH_3)—CH_2CH_2—SO_3Na$，用豆蔻酸 50%，硬脂酸 50% 为原料代替油酸
伊基朋 KT	$C_{17}H_{33}CO—N(CH_3)—CH_2CH_2—SO_3Na$，用椰子油脂肪酸及棕榈核油脂肪酸为原料
伊基朋 TN	$C_{15}H_{31}CO—N(CH_3)—CH_2CH_2—SO_3Na$

伊基朋 T 系由油酸酰氯与甲氨基乙基磺酸钠（即甲基牛磺酸钠）在碱性溶液中缩合而成。为此必须先制备油酰氯和甲基牛磺酸钠。

油酰氯由油酸与三氯化磷反应制得。三氯化磷的投料量为油酸质量分数的 25%，在搅拌及 50～55℃温度下进行，反应完成静置分去亚磷酸，反应式为：

$$CH_3(CH_2)_7CH=CH(CH_2)_7COOH+PCl_3\longrightarrow C_{17}H_{33}COCl+H_3PO_3$$

甲氨基乙基磺酸钠的制造方法也有多种途径，可以用氯乙基磺酸钠与甲基胺反应；可以用乙烯磺酸与甲基胺反应；或羟乙基磺酸钠或它的酸酐与甲基胺反应：

CH_3NH_2 分别与下列化合物反应 $\longrightarrow CH_3NH—CH_2CH_2SO_3Na$：

- $Cl—CH_2CH_2SO_3Na$
- $CH_2=CH—SO_3H$
- 酸酐：$CH_2—CH_2—SO_2—O$ 与 $O—SO_2$ 相连成环
- $HO—CH_2CH_2SO_3Na$

工业生产一般采用环氧乙烷与亚硫酸氢钠反应，先制得羟基乙磺酸钠，然后再与甲胺反应制得牛磺酸钠。反应式为：

$$\underset{\diagdown O \diagup}{CH_2—CH_2} + NaHSO_3 \longrightarrow HOCH_2CH_2SO_3Na$$

$$HOCH_2CH_2SO_3Na + CH_3NH_2 \longrightarrow CH_3—NH—CH_2CH_2SO_3Na + H_2O$$

具体步骤是：质量分数30%的$NaHSO_3$与液体环氧乙烷反应（投料质量比为30%溶液：环氧乙烷≈8：1），在氮气流下通入环氧乙烷于衬铅反应器中反应，保持反应温度在70～80℃，反应完成后将温度升高至110℃，0.5h后调整反应产物羟乙基磺酸钠的质量分数为43%。然后，在上升溶液中加入体积比3.7倍的质量分数25%的甲基胺溶液混合，在270～290℃，20MPa反应生成含量为25%～28%的甲基牛磺酸。过剩的甲胺蒸馏回收。

最后是油酰氯与甲基牛磺酸的缩合反应：

$$CH_3(CH_2)_9CH═CH(CH_2)_7COCl + \underset{|\atop CH_3}{NH}—CH_2CH_2SO_3Na \xrightarrow{-HCl}$$

$$CH_3(CH_2)_7CH═CH(CH_2)_7—\overset{O\atop \|}{C}—\underset{|\atop CH_3}{N}CH_2CH_2SO_3Na$$

在反应器中加入甲基牛磺酸溶液，食盐和按计算将这两种物料配成10%的水溶液，在溶液中加入烧碱和油酰氯，进行反应，通过调节加入油酰氯的速度控制反应温度不超过24～30℃，同时使整个反应时间内反应介质保持碱性。当反应进行到一定时间后将温度升高至50℃左右，反应完毕后用盐酸中和反应至pH值为7.2～7.5，得含量为35%溶液，再经喷雾干燥得油酰基甲基牛磺酸（伊基朋T），纯度为33.5%。

伊基朋T是萤石、铁矿及黑钨矿的捕收剂，在较宽的pH值范围内，伊基朋T能浮选萤石而不浮石英，也能有效地从方解石中分选萤石。

当浮选含赤铁矿的尾矿时，伊基朋T是浮选赤铁矿效力很强的药剂，用量为0.26kg/t时（同时用硫酸1kg/t，松油0.025kg/t），不但用量少，浮选过程进行也最快（20min）。所用药剂伊基朋的活性成分为43.2%。

从钾盐矿生产钾盐钠盐的时候，从残液中还可以用浮选方法回收其中的无水钾镁矾（$K_2SO_4·2MgSO_4$）和杂卤石［$K_2CaMg(SO_4)_4·2H_2O$］，作为制造化学肥料中钾及镁的原料来源，例如残液中含有硫镁矾15.8%、杂卤石

6.8%、无水钾镁矾8.2%、硬石膏2.5%、钾盐3.6%、岩盐61.0%、不溶物2.4%，可以在含有饱和KCl和NaCl的溶液中（溶液中还含有$MgCl_2$155g/L、$MgSO_4$83g/L）用磺化脂肪酸500g/t与伊基朋T 150g/t分两段进行浮选。无水钾镁矾、杂卤石及硫镁矾的回收率可以超过35%。

6.7 氨基磺酸

在浮选锡石和钨矿物时有一种氨基磺酸盐类型的两性捕收剂（Amphoteric flotation collector）是值得关注的。此类化合物的通式为：

$$R_1NHR_2SO_3H \quad 或 \quad R_1N\begin{matrix} \diagup R_2SO_3H \\ \diagdown R_2SO_3H \end{matrix}$$

式中，R_1，R_2 为烷羟基或者芳基。

因其结构式具有阴、阳两种极性基，可以根据矿物及矿浆溶液化学特性，矿浆pH值不同，浮选条件变化，表现不同活性变化，以使药剂适应矿物表面的复杂物理化学性质。

在锡钨等金属氧化矿以及非金属矿（如萤石、重晶石）浮选捕收剂研究日益深入之时，此类两性捕收剂不失是一个良好选择，或许将成为锡钨药剂研究的一个方向。

有两种产品：油酸基（即十八碳烯）氨基磺酸盐（flotbel AM21，olegl anino sulponate）和硬脂基氨基磺酸盐（flotbel AM20，stearyl anino sulphonate）已在英国等国家应用于锡石、黑钨、萤石、重晶石和菱锌矿等的浮选，取得了良好的选别效果。据报道捕收剂质量浓度为75mg/L时，对重晶石、萤石和菱锌矿石捕收能力弱，在pH值较高时对锡石有强的捕收作用。其中AM20在碱性矿浆浮选锡石有特效。如AM20用量为200g/t时，浮选原矿锡石品位0.88%，磨矿细度小于0.074mm，pH=11，矿浆（含固量）为30%，可获得锡精矿品位13.9%，回收率69.8%的产品。

此类捕收剂性质稳定，能溶于水，在水中得到澄清溶液，适于与酸碱电解质共用。它们的等电点pH值在6.3~6.6之间。

参考文献

1 Nicklin T，Holland B H．Gas World，1963，sep（7）：273~278

2 Moyes A，Wilkinsson J S．The Chem．Eng．（Brit），1974（Feb）：84~90

3 国外金属矿选矿编辑部．国外浮选药剂．1977

4 选矿手册编委会．选矿手册．北京：冶金工业出版社，1993

5 见百熙．浮选药剂．北京：冶金工业出版社，1981

6 Зигелес М Л：Основы флотачий несуло фидных минераллов иза НЕДРА，1964，141，320，325
7 石增荣，译．国外金属矿选矿，1964（3）
8 郑大权．国外金属矿选矿，1964（8）
9 云锡中心食盐所科技情报所．国外锡工业，1974（1）
10 朱建光，朱玉霜．浮选药剂的化学原理．长沙：中南工业大学出版社，1987
11 上官正明等．金属矿山，2001（1）
12 上官正明等．金属矿山，2005（5）
13 徐金球等．有色金属，2001（1）
14 U S Pat．3235007
15 Kaznmov K A，et al．C A，76：115554u
16 Chistykov B E，et al．C A，68：116521d；116531v
17 Desu Raul A et al．Trans Soc Min Eng，AIME，1972，252（1）：35～38
18 C A，76：115555w
19 Mining Minerals Engineering．1969（4）：35～40
20 北京矿冶研究总院．国外浮选药剂生产和研究概况，1972
21 阙煊兰．第八届选矿年评报告文集．1997
22 见百熙，阙煊兰．第六届选矿年评报告文集．1991
23 赵宝根，译．国外金属矿选矿，1982（1）：1～11
24 U S Pat 3329265，1967
25 国外金属矿选矿，1964（5）：18～23
26 Worbel S A．Min and Miner Eng，1970（1）
27 孙伟等．矿产保护与利用，2000（3）
28 曾清华等．国外金属矿选矿，1995（2）
29 曾清华，赵宏．国外金属矿选矿，1997（3）
30 彭昌枯，译．国外锡工业，1982
31 Arbiter N．British Patent，1110643，1968
32 Moncrieff A G，Lewis P T．Trans IMM，1977，86：A56
33 Arbiter N．In：International Tin Symposium，Lapaz，1977
34 昆明冶金研究所选矿室．有色金属（选矿部分），1978
35 Baldauf H，Schoenherr J，et al．In：Extraction of steel Alloying Metals，Lulea，1983
36 Moncrieff A G et al．In：Tenth International Mineral Processing Congress．Jones M J（ed）．London，1973
37 Hobba W J．In：Jones M J（ed）．Mineral Processing and Extrative Metallurgy．London，IMM，1984
38 Welles A．Mine Quarry，1989，718：36
39 Longman G F．The Analysis of Detergents and Detergent Products，Nes york：Wiley，1976
40 赵援．有色金属（选冶部分），1977（10）：31～32

41 张永松等. 有色金属（选冶部分），1977（7）
42 C A，73：7962
43 Minging Engineering，1970，22（12）
44 Eng Mining J，1971，127（6）：110～115
45 赵援，李晓阳. 云南冶金，2003（增）
46 Khangaonkar P R，et al. Int J Miner Process，1994，42
47 XVI International Mineral Processing Congress. London，Elsevier，1988
48 朱建光，朱玉霜. 中南矿冶学院学报，1980（1）
49 Decuyper J，Salas A. In：International tin Symposium. Lapaz，1977
50 Radev N. C A，59：3574c
51 朱建光. 矿冶工程，2004（12）
52 阙煊兰等. 金属矿山，1997（8）

第 7 章　含氮有机化合物
——阳离子型和两性型选矿药剂

含氮有机化合物是品种众多的一类化合物，也可看作是无机化合物氨分子中的氢被烃基等取代或者进一步衍生的化合物。本章介绍的是与矿用化学品相关的药剂，是尤为重要的一类选矿药剂。

氨分子中的氢原子被烃基取代了就是烃基胺（脂肪胺），氢被烃基取代一个就是伯胺，取代两个就是仲胺，取代三个就是叔胺，氨基氮与四个烃基相连成为 N^+ 时即成为季铵盐；氨被缓慢氧化生成羟胺，羟胺与醛或二酮作用即生成羟肟和二肟类化合物；氨或胺再进行和羧基化合就生成氨基酸类两性捕收剂，然后再酰基化就生成美的亚兰等具洗涤、润湿、捕收作用的化合物。

H ╲ H—N ╱ H	R ╲ H—N ╱ H	R ╲ R′—N ╱ H	R ╲ R′—N ╱ R″	H ╲ H—N^+ OH^- ╱ │ H　H	R ╲ R′—N^+X^- ╱ │ R″　R‴	H ╲ N—OH ╱ H
氨	伯胺	仲胺	叔胺	氢氧化铵	季铵盐	羟胺

式中，R、R′、R″、R‴代表相同或不同的烃基；X^-代表卤素或羟基。

上述的胺是脂肪胺。胺分为脂肪胺和芳香胺两大类。脂肪胺和芳香胺的理化性质和合成方法都各有不同之处，它们对矿物的浮选性能也有显著区别。

在化学上脂肪胺的合成始于 1850 年。1913 年发现脂肪胺具有表面活性。在选矿中随着浮选的兴起与发展，1920 年胺类作为阳离子捕收剂用于硫化铜矿的浮选，随后（1933 年）用于硅酸盐浮选。期间经历了一段不短时间（30 年）的试验室试验、研究、探索，脂肪胺类作为浮选药剂才真正在选矿工业上得到实用；与此同时，作为阳离子型表面活性剂胺类及其衍生物除了在浮选应用方面不断发展之外，在化学选矿、湿法冶金（如铀矿萃取）、废水处理、纺织纤维的软化以及洗涤、化妆、护肤等各种用途用品中获得广泛的应用，有着许多阴离子型表面活性剂无法比拟的性质与功能。

如今阳离子胺类表面活性剂在金属氧化矿、非金属矿等的选矿中，在磷矿石中硅酸盐分选、钾钠盐分选、氧化铁矿分选石英及硅酸盐，硅酸等矿物分选云母，以及闪锌矿与方铅矿的分选等方面均能发挥重要作用，获得好的使用效果。

胺类阳离子型捕收剂使用之初只有几种脂肪伯胺，用来浮选石英等少数几种非金属矿物，发展至今从药剂品种类型到选别矿物种类都发生了极大的变化。本章将对胺类药剂及选别矿物进行较为深入的探讨。

胺类阳离子型捕收剂，大致可以分为下列几类：

(1) 脂肪胺 RNH_2（伯胺），其中 R 一般为 $C_{12}\sim C_{24}$，固体或膏状物，以及仲胺和叔胺。

(2) 醚胺 $R—O—(CH_2)_3\cdot NH_2$，其中 R 为 $C_8\sim C_{13}$，为液体。

(3) 季铵盐 $R_1R_2R_3R_4N^+Cl^-$（R_1、R_2、R_3、R_4 连于 N），其中 R_1、R_2、R_3、R_4 为烷基，例如乙基十六烷基二甲基溴化铵 $C_{16}H_{33}—N^+(C_2H_5)(CH_3)_2Br^-$。

(4) 脂肪二胺 $RNH_2(CH_2)_3\cdot NH_2$，其中 R 为 $C_{12\sim24}$，产品为固体或膏状物。

(5) 醚二胺 $R—O—(CH_2)_3\cdot NH—(CH_2)_3\cdot NH_2$，R 碳链和醚胺相似，产物一般为液体。

(6) 松香胺和芳香胺。

(7) 胺类缩合物和吗啉。胺的缩合物可容忍高浓度硫酸盐，可用于磷酸盐矿石的浮选中。在磷酸盐矿石处理中，要用硫酸从粗精矿表面擦洗脂肪酸捕收剂，然后用缩合物捕收剂反浮选磷酸盐粗精矿；在钾盐矿石反浮选中，用N-椰子吗啉作为石盐的捕收剂。

上述各类胺的制备、性能以及在选矿中的应用将在后述各节中讨论。

7.1 脂肪胺

7.1.1 胺类的制备合成

胺类的合成方法很多，但比较重要且有工业价值的方法不多。例如用卤代烷与氨作用合成胺；烷烃硝化还原生成胺；用得最多的还是脂肪酸在催化剂作用下与氨作用生成腈，腈再经氢化生成胺。

7.1.1.1 脂肪酸催化氨化加氢合成脂肪胺法

脂肪酸合成胺法，脂肪酸可以是直接来自动植物油脂的脂肪酸，也可以来自塔尔油的混合酸或者由氧化石蜡合成的混合酸为原料。脂肪酸的氨化反应可以在不锈钢制的大型泡盖式分馏塔内进行。脂肪酸经过预热后，由塔底层进入塔内，与氨作用生成脂肪腈；腈与一部分未起反应的脂肪酸、氨及水蒸气由塔顶逸出，进入装有氧化铝催化剂固定床的转化器后，即全部转化成腈；高沸点的沥青物质则由塔底卸出。在转化器生成的腈由底部进入另一泡盖式分馏柱与氨及水分离，多余的氨气经压缩泵又回到氨气储存系统。

脂肪腈的氢化反应，可以在容量为4500kg左右（1万磅）的加氢压力罐中进行。罐内附有密闭式蒸汽涡轮搅拌机及从内部加热与冷却用的蛇形管。反应温度150℃，氢气压力为1360kPa（13.6atm），用海绵状镍为催化剂，在液相中反应，产率一般可达85%。副产物为仲胺及少量叔胺。最后再于分馏塔中分馏，除去仲胺及叔胺。产品可以按需要与酸类混合，生成脂肪胺的盐酸盐或醋酸盐，也可以进一步与氯甲烷作用合成季铵盐，供浮选或化工使用。

用反应式表示如下：

$$RCOOH + NH_3 \longrightarrow RCOONH_4$$

$$RCOONH_4 \longrightarrow RCN + 2H_2O$$

$$RCN + 2H_2 \xrightarrow{\text{Ni 催化}} RNH_2 \text{（伯胺）}$$

副反应有：

$$2RNH_2 \longrightarrow R_2NH \text{（仲胺）} + NH_3$$

$$3R_2NH \longrightarrow 2R_3N \text{（叔胺）} + NH_3$$

伯胺进一步反应：

$$RNH_2 + CH_3Cl \xrightarrow{\triangle} R\overset{H}{\underset{CH_3}{N}}\cdot HCl\text{（仲胺盐酸盐）}$$

$$RNH_2 + 2CH_3Cl \longrightarrow R—\overset{CH_3}{\underset{CH_3}{N}}\cdot HCl\text{（叔胺盐酸盐）} + HCl$$

$$RNH_2 + 3CH_3Cl \longrightarrow \left(R—\overset{CH_3}{\underset{CH_3}{N}}\cdot CH_3 \right)^+ \cdot Cl^- \text{（季铵盐）} + 2HCl$$

长沙矿冶研究院等单位曾对各种脂肪胺阳离子捕收剂进行了小型试制研

究，包括十四碳胺、十七碳胺及十八碳胺等，并进一步探索了常压催化加氢制备高级脂肪胺；利用我国的特产樟树子油，分离出三种脂肪酸：癸酸、月桂酸及油酸，并且合理地利用了上述原料，用气相催化氰化及加压氢化法，制出了癸胺及月桂胺。

铁岭选矿药剂厂已于1970年建立了混合胺扩大试验车间，并对混合胺的生产工艺条件进行了试验和改进；大连油脂化学厂也生产同类型的混合胺，都是用混合脂肪酸为原料经过腈化还原而得，使用上述混合胺作为浮选捕收剂，目前已在柴河铅锌矿、泗顶铅锌矿以及通城长石等厂矿推广使用。

该选矿药剂厂生产的 $C_{10\sim20}$ 混合脂肪胺，主胺价大于185，部分胺价要小于45以下，在常温下为淡黄色蜡状固体，有刺激性胺味，受热后变成油状液体，不溶于水，溶于酸性介质和有机溶剂中，产品性质稳定，使用时通常用冰醋酸或盐酸按物质的量比1∶1混合后，用水稀释成5%～10%溶液使用。运输时用铁桶包装，严密封闭。保存时要放于通风、阴凉的库中，不得暴晒。

脂肪胺的合成，还可以使用硫化镍及硫化钼的混合物为催化剂，例如用得自氧化石蜡的 $C_{16}\sim C_{20}$ 的混合脂肪酸为原料，在较高温度下（290～320℃）进行腈化与胺化，粗产品的伯胺含量达90%，相当于理论产率的90%～93%。有关这方面的研究文献很多。

7.1.1.2 *烷烃硝化还原法制备胺*

合成脂肪胺的另外两个重要途径，一个是烷烃经硝化再还原，另一个是卤代烷在压力下氨化，某些阳离子浮选药剂就是通过这两种途径生产的。

烷烃经硝化再还原方法制备胺的原料有两种：一种是合成石油，馏分范围为240～290℃；另一种原料是软石蜡。硝化反应温度为135～145℃，所用硝酸质量浓度为55%～65%。硝酸与烷烃的物质的量之比为（0.7～0.8）∶1。反应完了后，反应物分为两层，下层为硝酸液，可回收后再用，上层产品含硝化烷烃35%～40%，氧化产物3%～10%及未反应的烷烃50%～62%。

硝化产物进一步在有催化剂存在下，在高压釜中，用电解氢气，氢化还原成脂肪胺，压力为6000～20000kPa（60～200atm），反应温度约140℃：

$$R—NO_2 + 3H_2 \longrightarrow R—NH_2 + 2H_2O$$

还原后的液体产物，溶于甲醇，用盐酸或氯化铵中和成盐，此时，未反应的烃可以分去，回收再用，产物蒸去甲醇及水分后，加饱和食盐水再析出部分杂质及水。如是所得的药剂，苏联商品名为“AHП”，是水溶性褐色液体，其中除含有伯胺的盐酸盐以外，还含有少量仲胺，但含量不超过3%，另外含水分10%～20%，胺的产率为63%～72%。

7.1.1.3 氨化氯代烷烃法制备脂肪胺

用此法制造脂肪胺的原料可用两种石油产品，合成煤油或软蜡，先经过氯化变为氯化煤油或氯化软蜡，然后与氨作用变为脂肪胺，再用酸中和变为相应的盐。

$$C_nH_{2n+2} + Cl_2 \longrightarrow C_nH_{2n+1}Cl + HCl$$

$$C_nH_{2n+1}Cl + 2NH_3 \longrightarrow C_nH_{2n+1}NH_2 + NH_4Cl$$

$$C_nH_{2n+1}NH_2 + NH_4Cl \longrightarrow C_nH_{2n+1}NH_2 \cdot HCl + NH_3\uparrow$$

$$C_nH_{2n+1}NH_2 + CH_3COOH \longrightarrow C_nH_{2n+1}NH_2 \cdot CH_3COOH$$

用上述方法制成的混合脂肪胺的盐酸盐、醋酸盐及游离胺，前苏联商品名分别为 ИМ－11、ИМ－12、ИМ－13，此外可以分别简称为混合胺-11，混合胺-12，混合胺-13，这种方法的好处是原料来源广泛，产品价格比由脂肪酸合成的胺便宜。

实验室小型试验的方法，系用煤油的两种不同馏分，一种沸程为 230～280℃，另一种是 230～270℃，先将煤油放在烧瓶内，在温度 70～75℃时通入氯气，至被氯化的液体质量分数增加 24%～26%时为止。然后将瓶内的残余氯化氢气用空气排除，放入小型压力釜中进行下一步氨化操作。

用 1 份氯化产物与 2.3 份为氨所饱和（15%）的乙醇混合，在压力釜中，于 160～170℃时加热 9h，此时压力为 2800～3200kPa（28～32atm），反应完了后，在蒸馏瓶中蒸去酒精及多余的氨气，再用质量比 1：1 的稀酒精水溶液（1g 产物加 125mL 稀酒精）萃取，上层不溶物为未反应的煤油，下层为产品的酒精溶液，在减压下蒸净酒精，最后用食盐水盐析后制成。产品中除主要成分伯胺的盐酸盐以外，其中仍含有副产物仲胺、叔胺、二胺、烯烃及双烯烃等。

工业生产用合成煤油的 240～290℃馏分作为原料（相当于 C_{12}～C_{15}），在 70℃时氯化，至质量分数增加 25%为止，然后进行氨化，其原则流程如图 7－1所示。

上述的工业产品混合胺-11 系褐色液体，其主要成分为伯胺的盐酸盐，其中也含有相当量的仲胺（30%）及水分（12%～25%），由合成煤油出发，产率约 35%。产品再经中和后在减压下蒸馏，可以得到无色液体状的游离胺（混合胺-13），密度（d_4^{20}）0.840g/cm^3，游离胺再与计算量的醋酸中和，就可以得到混合胺-12，在目前推广使用的主要是混合胺-11，以上三种产物可贮存 6 个月不变质。

见百熙等人曾用此法进行实验室合成，发现氯对不锈钢压力釜的腐蚀，应对反应器的材质进行改进，采取防腐蚀措施。

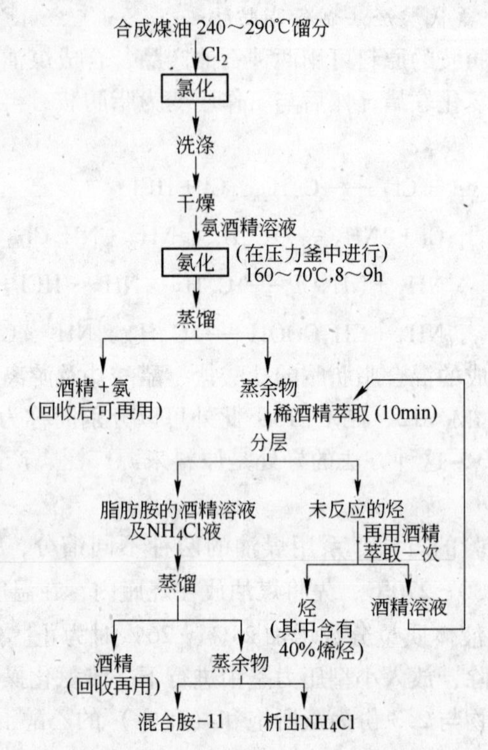

图7-1 混合胺-11的工艺流程

7.1.2 脂肪胺性质

脂肪胺类的物理化学诸性质中，这里主要讨论与选矿相关的性质。低碳链的胺可以溶于水，随相对分子质量增大，溶解度愈变愈小，直至不溶于水。作为选矿药剂的胺类碳原子数一般在 $C_{8\sim20}$ 之间，它们在水中的溶解度从短碳链到长碳链为微溶或者几乎完全不溶于水，但能溶于酒精、乙醚等有机溶剂。胺类特别是伯胺是弱电解质，可以与各种酸生成盐。在选矿应用中通常是通过其成盐的性质来配用。一些胺类或其盐类的溶解度及临界胶团浓度（CMC）见表7-1所列。

表7-1 一些胺或其盐类的溶解度及临界胶团浓度

名 称	化学式	CMC/mol·L^{-1}	溶解度/mol·L^{-1}
癸 胺	$C_{10}H_{21}NH_2$	3.2×10^{-2}	5×10^{-4}
十二胺	$C_{12}H_{25}NH_2$	1.3×10^{-2}	2×10^{-5}
十四碳胺	$C_{14}H_{29}NH_2$	1.0×10^{-3}	1×10^{-6}

续表 7-1

名称	化学式	CMC/mol·L^{-1}	溶解度/mol·L^{-1}
十六碳胺（软脂胺）	$C_{16}H_{33}NH_2$	8.3×10^{-4}	
十八碳胺（硬脂胺）	$C_{18}H_{37}NH_2$	3.0×10^{-4}	
正十二胺盐酸盐	$C_{12}H_{25}NH_2\cdot HCl$	5.4×10^{-2}	
十二烷基三甲基季铵盐	$C_{12}H_{25}N^+(CH_3)_3\cdot Cl^-$	1.6×10^{-2}（30℃）	
十八胺盐酸盐	$C_{18}H_{37}NH_2\cdot HCl$	1.7×10^{-3}	
N-甲基十八胺盐酸盐	$C_{18}H_{37}(CH_3)NH\cdot HCl$	1.7×10^{-3}	
N-二甲基十八胺盐酸盐	$C_{18}H_{37}(CH_3)_2N\cdot HCl$	3.0×10^{-3}	
十八烷基三甲基季铵盐	$C_{18}H_{37}(CH_3)_3N^+\cdot Cl^-$	3.7×10^{-2}	
十八烷基溴化吡啶	$C_{18}H_{37}$—$\overset{+}{N}C_5H_5\cdot Br^-$	9×10^{-4}	

胺类捕收剂因为实际上不溶于水，一般是用盐酸或醋酸中和配成乳状液体使用，或与煤油、松油、酒精等溶剂或起泡剂配成乳状液使用。

长链胺在煤油中的溶解度（质量分数），25℃时为5%~20%，60℃时为50%~100%，在松油、酒精中的溶解度，25℃时为50%~100%。当使用煤油为溶剂时，能影响浮选过程的选择性，故多用于使用抑制剂以保证浮选分离成功的流程中；当使用松油、酒精为溶剂时，能加强起泡性，但对浮选过程的选择性影响不大。例如从磷灰石中浮出石英时，可用松油、酒精溶剂，不致影响分离，而用煤油则产生影响；但从石英中浮出长石，采用氟化物为抑制剂时，则可使用煤油为溶剂。因此，胺类药剂使用时应注意把药配好，表7-2所列介绍了两种配制方法。表7-3所列是某些直链脂肪胺以及它们的醋酸盐的凝固点；表7-4所列是直链脂肪伯胺在不同压力下的沸点。

表7-2 脂肪胺溶液配制方法

乳液种类	加料顺序	胺浓度（质量分数）/%	胺中和程度（质量分数）/%	温度
胺/水	（1）水（占总质量分数60%~100%） （2）胺 （3）冰醋酸 （4）稀释	2.5~5	25~48	混合： 水100~120 ℉ 胺100~150 ℉ 醋酸 储存：80~100 ℉

续表7-2

乳液种类	加料顺序	胺浓度（质量分数）/%	胺中和程度（质量分数）/%	温 度
胺-煤油/水	（1）水（占总质量分数60%~100%） （2）胺-煤油 （3）冰醋酸 （4）稀释（冷水）	2.5~5	25~35	混合： （1）水100~120 ℉ （2）胺-煤油80~120 ℉ （3）醋酸 储存：80~100 ℉

表7-3 直链脂肪胺及其醋酸盐的凝固点

名 称	碳原子数	伯胺的凝固点/℃	醋酸盐的凝固点
十碳胺（癸胺）	10	16.11	
十二碳胺（月桂胺）	12	28.32	68.5~69.5
十三碳胺	13	27	66.0~67.5
十四碳胺（肉豆蔻胺）	14	38.19	74.5~76.0
十五碳胺	15		75.0~76.5
十六碳胺（软脂胺）	16	46.77	80.0~81.5
十七碳胺	17		81.5~82.5
十八碳胺（硬脂胺）	18	53.06	84.0~85.0
二十二碳胺	22	熔点：67	

表7-4 直链脂肪伯胺在下列残余压力（kPa）下的沸点（℃）

碳原子数	压力/Pa										
	0.133	0.266	0.532	1.064	2.128	4.256	8.512	17.024	34.048	68.096	136.2
6						47.7	62.5	79.1	98.1	119.4	132.7
7					53.8	67.3	81.8	99.8	119.7	143.4	156.9
8		35.2	46.6	58.9	72.1	86.6	102.8	121.1	141.5	161.9	179.6
9		51.5	62.9	75.6	89.4	104.8	122.2	141.2	162.8	187.3	202.2
10	56.3	66.9	78.4	91.2	105.6	121.4	138.8	158.3	180.2	204.9	220.5
11	69.0	80.3	91.9	105.1	120.0	136.7	155.3	175.7	193.4	224.9	241.6
12	81.4	93.5	106.3	120.5	135.2	152.8	171.2	191.8	214.9	242.1	259.1
13	98.0	108.0	120.3	134.9	150.6	167.8	186.7	207.4	230.9	258.2	275.7
14	109.2	120.9	133.6	147.8	163.4	181.4	201.1	222.9	246.6	274.2	291.2
15	120.5	132.3	145.5	160.1	176.3	194.6	214.5	236.9	261.7	289.7	307.6
16	131.8	143.9	157.6	172.7	189.4	207.9	228.2	250.7	275.8	304.6	322.5
17	143.2	155.0	168.6	183.9	200.6	219.3	239.7	262.3	288.1	317.6	335.9
18	153.2	166.1	180.0	195.5	212.3	232.0					348.8

脂肪伯胺和仲胺因氢原子与氮原子相连，氢很容易被取代，即易与其他一些化合物反应，例如与酰氯和羧酸等起作用：

$$RNH_2 + CH_3COCl \longrightarrow RNHCOCH_3 + HCl$$

$$R_2NH + CH_3COCl \longrightarrow R_2N{-}COCH_3 + HCl$$

$$RNH_2 + CH_3COOH \longrightarrow RNH_2 \cdot HOOCCH_3 \xrightarrow{-H_2O} RNHCOCH_3$$

胺类化合物不论是第一胺、第二胺或者第三胺的氮原子上都有一对未共用的孤对电子，这是它们具有和氨一样呈碱性和能生成共价配位键络合物的原因。也就是氨或胺的氮原子上未共用的电子对能吸引水溶液中的质子 H^+，使 OH^- 离子浓度相对增大而呈碱性：

$$H_2O \rightleftharpoons H^+ + OH^-$$

$$H^+ \xrightarrow{NH_3} NH_4^+ \qquad H^+ \xrightarrow{RNH_2} RNH_3^+$$

由于胺是 NH_3 上的氢被 R 烷基所取代，R 有输送电子的能力，使得氮原子上的电子云密度增加，从而对质子的吸引能力较强，所以碱性比氮强。又因伯胺有一个 R 基，仲胺有两个 R 基，叔胺有三个 R 基，可以推断它们碱性从弱到强，应该是氨 < 伯胺 < 仲胺 < 叔胺。

季铵盐氮原子上没有独对电子，不显碱性，但它能与湿 Ag_2O 作用生成季铵碱和卤化银沉淀：

$$R_4NX + AgOH \longrightarrow R_4NOH + AgX\downarrow$$

季铵碱是强碱，碱性与 KOH、NaOH 强度相当。

由于 NH_3、伯胺、仲胺、叔胺氮原子上有独对电子，除了在水溶液中呈碱性外，与很多金属离子能形成络离子，例如：

$[Cu(NH_3)_4]^{2+}$　　$[Cu(RNH_2)_4]^{2+}$

$[Zn(NH_3)_4]^{2+}$　　$[Zn(RNH_2)_4]^{2+}$

$[Co(NH_3)_6]^{3+}$　　$[Co(RNH_2)_6]^{3+}$

$[Cd(NH_3)_4]^{2+}$　　$[Cd(RNH_2)_4]^{2+}$

在浮选中作为捕收剂使用的主要是伯胺，其他如仲胺、叔胺和季胺等应用不广。伯胺由于制取加工上的原因常混有少量的仲胺。此外，国内目前生产的混合脂肪胺是由石蜡氧化所得皂用混合脂肪酸为原料制成的，主要成分是混合伯胺，烃链长度为 $C_{10} \sim C_{20}$，其中大约 80% 为伯胺，其他为仲胺或叔胺，故简称混合胺。

混合胺在常温下为淡黄色蜡状体（即膏状物），有刺激性臭味，不溶于水，但由于它呈弱碱性，能与有机酸或无机酸形成可溶盐，也能溶于其他一些有机溶剂（如煤油、酒精或起泡剂如松油等）。所以，浮选时通常将混合胺与盐酸或醋酸按物质的量比为1∶1，适当加温待溶解后再用水稀释成乳状溶液（实验室可稀释成1%～0.1%，工业上为5%～10%）以供使用。

前已述及，胺在水溶液中呈碱性水解反应（碱水解常数K_b可用于标示其碱性），并形成阳离子胺RNH_3^+，如用胺的盐酸盐或醋酸盐，则更容易电离出RNH_3^+阳离子；然而溶液中形成的RNH_3^+又会发生不同程度的酸解离（酸解离常数K_a可用于标示其酸解离度大小）。换言之，溶液中胺分子（RNH_2）、胺阳离子（RNH_3^+）相对浓度的大小与溶液的pH值密切相关，所以，胺类的捕收性能随溶液pH值的变化而变化，且呈现为不同的作用机理。

7.1.3 胺类在选矿中的作用

用阳离子捕收剂浮选的一般特点是与矿物的作用特别快，有时甚至不必搅拌，在短时间内即可浮选完毕，而且分选效果也很好，多半不需要再精选。其次，使用阳离子捕收剂还可以浮选比较粗粒的矿物，例如浮选钾石盐矿时粒度可达6目，由石英中分离长石，粒度可达0.833mm（20目）。

使用阳离子捕收剂时，还应该注意下列一些问题：

（1）阳离子捕收剂，一般不要与阴离子捕收剂一起使用，因为它们会产生不溶性盐而致减效。但也有例外，有时反而可改善浮选效果（组合效应），这可能与有利于形成半胶团或发生共吸附有关。

（2）使用胺类阳离子捕收剂应特别注意矿浆pH值的调节和控制。矿浆中RNH_3^+和RNH_2相对浓度的大小对矿物浮选有重要影响，同时矿浆中其他无机阳离子对胺类阳离子（RNH_3^+）在矿物表面双电层的静电物理吸附也有重要影响。

当浮选需要在高碱性条件下进行时，可直接选用脂肪胺溶液或季胺盐。用胺盐作捕收剂在酸性或中性矿浆中RNH_3^+的浓度较高，且比较稳定；在较高碱性矿浆中使用，胺盐易分解成游离胺分子（或沉淀），反应式可表示如下：

$$\underset{\text{月桂胺盐酸盐}}{CH_3(CH_2)_{11}NH_2 \cdot HCl} + NaOH \longrightarrow \underset{\text{月桂胺分子}}{CH_3(CH_2)_{11}NH_2} + NaCl + H_2O$$

可见，如果必须在碱性较高的矿浆中进行浮选，这时可以考虑直接使用脂肪胺的煤油、燃料油或酒精等的溶液，而不必使用伯胺的胺盐。

（3）可不加或只加少量起泡剂。高级脂肪胺类捕收剂除具有捕收性能外，一般均兼具起泡性能，浮选时可不加起泡剂；如若为了减少胺盐类的用量，在浮选中也可添加少量的起泡剂（如松油等）。

（4）添加过量的药剂是有害的，最好分阶段添加。药剂过量时，不单会降低优先分离浮选的选择性，有时甚至引起相反的效果，在矿物表面形成亲水性第二层覆盖，妨碍浮选作用。

（5）胺类捕收剂在矿物表面的吸附不牢固。胺的阳离子（RNH_3^+）在氧化矿物表面的吸附主要是靠静电引力的作用（包括分子间力的作用），这种吸附不牢固，易从矿物表面解吸。所以造成有利于形成半胶团吸附的条件，例如加入适宜烃链长度的中性分子等，常可显著改善浮选效果（即改善胺类捕收剂的临界胶团浓度）。但从另一方面看，吸附不牢固这一性质对混合精矿的进一步分离又是有利的。

（6）矿物表面因风化等作用而变质时，在酸、碱或中性溶液中，在高浓度下强烈搅拌洗矿，常可改善浮选结果；根据矿物表面污染的程度不同，搅拌时间可以是几分钟或几小时。如果矿石是软质的，而且含有大量黏土成分时，与阳离子药剂的接触搅拌时间，必须控制在最小限度，例如5~20s左右。

（7）阳离子捕收剂对泥很敏感，矿浆性质的调节在浮选前很重要。

1）脱泥。胺类捕收剂对矿泥很敏感，RNH_3^+易吸附在荷负电的矿泥颗粒表面，这样不仅要消耗大量的捕收剂，而且常会造成大量黏性泡沫，使过程失去选择性，降低浮选效果，所以使用胺类捕收剂时浮选矿浆常需进行预先脱泥。

2）擦洗。当矿物表面受污染或风化时，为了提高胺类捕收剂作用的选择性，一般可先用中性或酸、碱溶液在较高矿浆浓度条件下进行强烈搅拌和擦洗（根据污染程度确定适宜的搅拌、擦洗时间），脱除污水后再用新鲜水调浆，这样常可获得较好的浮选效果。

3）水的硬度。胺类捕收剂对水的硬度一般并不敏感，但当水的硬度过高时，会因Ca^{2+}的竞争吸附增大胺类的用量，这时也应采取适当软化水的措施。

国内外比较常用的阳离子型捕收剂，胺类及季铵盐类药剂的名称、厂家、结构特性列于表7-5。国外商品牌号有alamine，alamac，armeen，ninol，arusurf以及表7-5所列。

表7-5 国内外常用胺及季铵型捕收剂

商品名称	生产厂家	中文名称	化学组成、结构	中和程度/%	备注
flotigam SA-B	Clariant	十八酰胺醋酸盐	C_{12}15%、C_{16}20%、C_{18}65%		
flotigam T2A-B	Clariant	牛脂丙烯二胺	C_{12}5%、C_{16}30%、C_{18}65%		

续表7-5

商品名称	生产厂家	中文名称	化学组成、结构	中和程度/%	备 注
collector 0753-94	Clariant	脂肪丙烯二胺			
HOE F2835-B	Clariant	醚二胺醋酸盐	C_{12}、C_{13}	50	
flotigam EDA-B	Clariant	醚胺醋酸盐	C_{10}	50	
flotigam EDA-3B	Clariant	醚胺醋酸盐	C_{10}	50	
MG-70-A5	Sherex	醚胺醋酸盐	$C_{18\sim10}$烃氧基	5~15	
arosurf (MG83A)	Sherex	醚二胺·醋酸盐	$RO(CH_2)_3NH(CH_2)_3NH_2 \cdot CH_3COOH$		
arosurf (MG98A)	Sherex	醚胺醋酸盐	$RO(CH_2)_3NH_2 \cdot HOOCCH_3$	12~35	
醚胺,Arosurf MG84A3	Sherex		$RO(CH_2)_3NH(CH_2)_3NH_2$ 醋酸盐		
ECNA 04D	Pietschem	醚胺	C_{12}、C_{13}	部分	
Nb 104	Pietschem	缩合胺	C_{18}		
Nb 102	Pietschem	缩合胺	$C_{8\sim10}$胺、C_{18}缩合胺		
colmin C12	Quimikao	醚胺醋酸盐		30	
poliad A-3	Akzo	醚胺醋酸盐			
合成十二胺	大连油脂化学厂		$C_nH_{2n+1}NH_2, n=10\sim13$		全胺价不小于265
椰油胺	大连油脂化学厂		$C_nH_{2n+1}NH_2, n=8\sim18$		全胺价不小于260
十八胺(硬酯胺)	大连油脂化学厂 上海吴泾化工厂		$C_nH_{2n+1}NH_2, n=16,18$		全胺价不小于185
合成十八胺	大连油脂化学厂		$C_nH_{2n+1}NH_2, n=17\sim19$		全胺价不小于180
三($C_{8\sim10}$)烷基胺	大连油脂化学厂		$R_3N, R=C_nH_{2n+1}, n=8\sim10$		分一级品,二级品,金属萃取剂
混合胺	沈阳冶金选矿药剂厂		$C_nH_{2n+1}NH_2, n=10\sim20$		选矿用
ИМ-11	前苏联产品		$C_{12\sim15}$混合伯胺盐酸盐		用煤油氯化氨化,褐色液体

续表 7-5

商品名称	生产厂家	中文名称	化学组成、结构	中和程度/%	备 注
ИМ-12	前苏联产品		同上的醋酸盐		
ИМ-13	前苏联产品		$C_{12\sim15}$混合伯胺		相对密度(d_4^{20})0.840
氨化硝基胺(АНП)	前苏联产品		$C_{14\sim15}$胺		硝基烷烃氨化产品
变性松香胺醋酸盐(RADA)			用松香为原料的合成胺		
塔尔油胺			用塔尔油为原料的混合胺		
季铵盐	大连油脂化学厂		氯化十八烷基二甲基苄基胺		纯度不小于80%
十六烷基溴化吡啶盐			$R—\overset{+}{N}C_5H_5 \cdot Br^-$，R = $C_{16}H_{33}$		萤石、重晶石、铁矿捕收剂

阳离子脂肪胺类捕收剂的应用首先是可溶性钾盐矿的浮选。在这方面发表的专利文献也最多。由钾石盐中使氯化钾与氯化钠分离，用脂肪胺（$C_7\sim C_{18}$胺）为捕收剂可以浮选氯化钾，氯化钠则留在尾矿中；相反如果用脂肪酸类阴离子捕收剂，泡沫产物是氯化钠。也可以用碳链长短不同的混合胺，提高氯化钾的浮选效果。使用高级脂肪胺盐酸盐浮选氯化钾，一般用量为40~25g/t，矿浆pH值及固液比对氯化钾的品位及回收率影响不大。

1975年科学院青海盐湖研究所使用沈阳冶金选矿药剂厂生产的混合胺的盐酸盐（原料为氧化石蜡的皂用酸）代替十八碳胺盐酸盐，从察尔汗湖盐田日晒光卤石矿中浮选氯化钾，证明混合胺盐酸盐同十八碳胺盐酸盐相比，除对$CaSO_4$的选择性略有差别外，其余捕收性能是一致的。如果将该混合胺加以适当分馏，使$C_{14}\sim C_{23}$馏分占60%~70%时，就完全可以代替十八胺用作光卤石矿冷分解后浮选氯化钾的捕收剂。

脂肪胺碳链的不饱和度（含双键的多少）对浮选的效果也有影响，这种情况与脂肪酸不饱和度对于浮选效果的影响是很相似的。大抵不饱和度愈高，浮选时温度可以相应地降低，例如用十六碳及十八碳混合伯胺的醋酸盐作为捕收剂浮选氯化钾时，碳链为饱和烃基（碘值为0~10）在40℃时浮选最合适；平均每分子含有0.5个双键时（碘值为45），在25℃浮选最合适；当平均每分子含有1.5个双键时（碘值为135），可以在10℃时浮选。如果在矿浆中再加入微量的可溶于水的铅、铋或银盐（$10\times10^{-4}\%\sim50\times10^{-4}\%$），还可以使钾盐的回收率提高。但是，在实践上制造长碳链不饱和脂肪胺比较困难，必须使用适于选择性加氢的催化剂。一般常用的仍然是饱和的长碳链脂肪胺。用脂肪胺作捕收剂分选氯化钾、氯化钠及少量 $CaSO_4 \cdot 2H_2O$ 时，脂肪胺的碳链愈短，选择性愈差，碳链愈长，选择性愈好，但过长则捕收力相应减弱。用胺类浮选钾盐时，只要添加少量的调整剂，如氢化松香乙醇、松香或氢化松节油、2-乙基己醇、甲基戊醇，还可以大大减少胺的消耗量，又能获得良好的分选效果。

7.1.3.1 胺类捕收剂与矿物作用机理

胺类药剂可以浮选各种各样的矿物，特别是含硅矿物和盐类矿物。它们的作用机理随矿物与矿浆特性、介质 pH 值的不同而各不相同。从药剂角度上首先分析一下伯胺在盐酸溶液中平衡式的移动方向：

$$RNH_2 + HCl \rightleftharpoons RNH_2 \cdot HCl$$

$$RNH_2 \cdot HCl \rightleftharpoons RNH_3^+ + Cl^-$$

$$RNH_3^+ \rightleftharpoons RNH_2 + H^+$$

从上述三个平衡式可以看出，在溶液中胺分子、胺离子和胺的盐酸盐是同时存在的，它们的相对含量取决于介质中 H^+ 离子的浓度，pH 值低，H^+ 离子浓度大，矿浆中 RNH_3^+ 离子就多；如 pH 值高，H^+ 离子浓度小，矿浆中胺分子就多，故此这类捕收剂的性能是随矿浆的 pH 变化而变化的。

根据矿石的不同性质，举例讨论。

（1）胺类捕收剂对石英的捕收机理。胺类捕收剂在浮选石英时，最好的 pH 值是 5~6，即在酸性介质中进行浮选，此时矿浆中存在着大量的 RNH_3^+ 阳离子，石英的“等电点”是 pH = 2~3.7，即 pH < 2~3.7 时 ζ 电位为正，表面带正电荷，pH > 2~3.7 时 ζ 电位为负，即表面带负电荷，RNH_3^+ 离子是带正电荷，所以在石英表面带负电荷时 RNH_3^+ 起捕收作用。

如图 7-2 所示是在 pH = 7 时，十二烷胺盐酸盐与石英作用后，石英 ζ 电位随十二烷胺盐酸盐浓度而变化的情况。从图 7-2 中可以看出，在十二烷胺盐酸盐浓度变稀时，石英的电位显负值，随着十二烷胺盐酸盐浓度的增加，ζ 电位跟着变化，当十二烷胺盐酸盐浓度约为 5×10^{-4} mol/L 时，ζ 电位出现了正值，十二烷胺盐酸盐的浓度越高，ζ 电位的正值越大。

可以这样理解图 7-2 所示的实验结果：石英晶体 Si—O 四面体，每个硅原子和四个 O 原子相连接，Si—O 键是共价键，当石英晶体破碎时，Si—O 键破裂，显出未饱和的键能，吸引介质中大量 OH^- 离子，吸附外层又吸引 H^+ 离子而形成双电层，但整个石英晶体表面吸附 OH^- 离子比 H^+ 离子多，故 ζ-电位为负值。当十二烷胺盐酸盐浓度增大，即 RNH_3^+ 阳离子浓度增大时，吸附在石英表面上的 RNH_3^+ 阳离子越来越多，因 RNH_3^+ 是带正电的，最后使石英的 ζ-电位为正值，故一般认为阳离子捕收剂浮选石英时，是在双电层发生交换吸附。

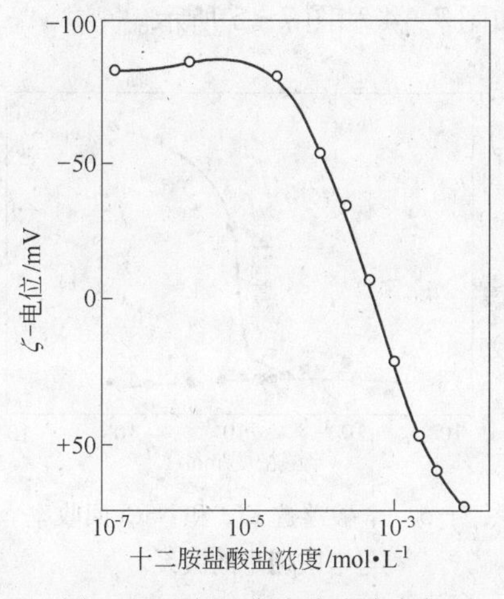

图 7-2 十二胺盐酸盐浓度与石英ζ-电位的关系

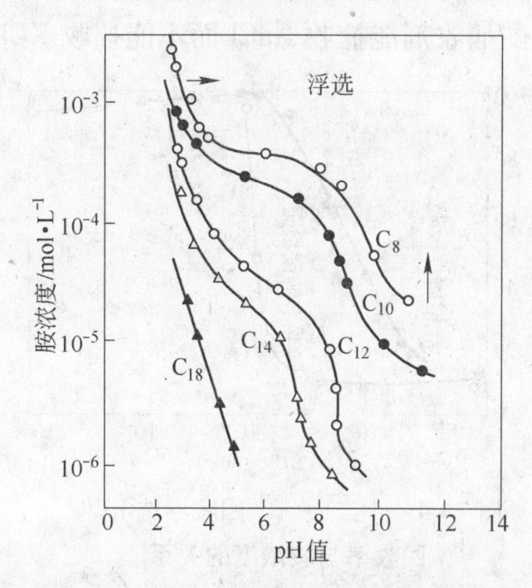

图 7-3 几种不同长度烃链伯胺醋酸盐浮选石英的临界 pH 值

换言之，用胺类捕收剂浮选石英等氧化物时主要是靠胺的阳离子 RNH_3^+ 在矿物表面双电层发生静电物理吸附，故为了促使更为有效的捕收作用，就需要将矿浆调至有利于形成以 RNH_3^+ 为主的 pH 值（酸性至弱酸性）。但对烃链长度不同的胺类捕收剂而言，其适宜的 pH 值也是不同的，试验研究表明，用不同长度烃链的伯铵（即 C_8、C_{10}、C_{12}、C_{14}、C_{18} 的伯胺）浮选石英，它们的浮选临界 pH 值变化范围有如图 7-3 所示的关系。

（2）对可溶性钾盐矿的作用。胺类对 KCl 的捕收作用，有“嵌合”作用说。实验表明，用辛胺浮选钾石盐（KCl）和岩盐（NaCl）时，可以浮选前者而不浮选后者。分析辛胺离子半径（0.54nm）和钾石盐的晶格（0.41nm）及岩盐的晶格（0.38nm）大小之间的关系，发现辛胺的离子半径与钾石盐晶格大小相差约为18%，而与岩盐晶格大小之差为26.3%，得出结论是前者之间相差比后者之间相差要小约8.3个百分点，而一般以为以捕收剂离子半径与矿物晶格相差值不大于22%为界线，大于该界线就不能浮起。这就是捕收剂离子半径与被浮矿物晶格“嵌合”作用浮选说。

根据上述理论，同一矿物用不同大小离子的捕收剂进行试验，发现浮方铅矿时，用庚胺是可浮的，用辛胺就不浮。方铅矿晶格大小为0.419nm，庚胺离子大小为0.5nm，相差只16.2%，此时可浮；而辛胺离子大小为0.54nm，比方铅矿晶格大小相差22.4%，即超过了理论界限值22%，果然不浮。由此认为胺离子半径与钾石盐晶格大小相差不远，使捕收剂离子固着在钾石盐的表面，烃基向外，于是钾石盐疏水而上浮。还有一种表面电荷与“嵌合”两个因素同时起作用的观点，用以说明阳离子捕收剂能捕收 KCl 而不能捕收 NaCl，羧酸捕收剂能捕收 NaCl 而不能捕收 KCl，如图 7－4 和图 7－5 所示。

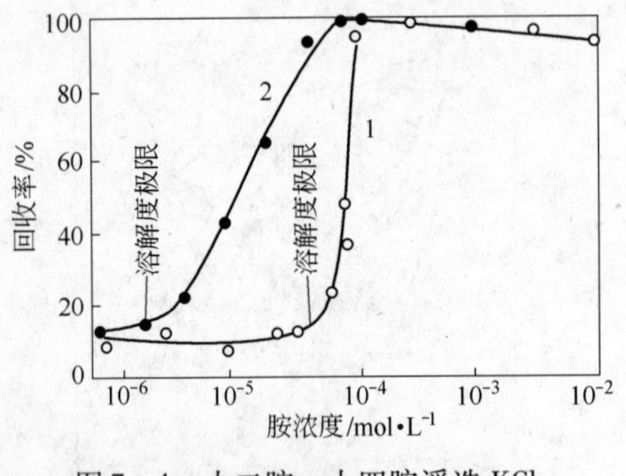

图 7－4 十二胺、十四胺浮选 KCl，回收率与胺浓度的关系

1—十二胺；2—十四胺

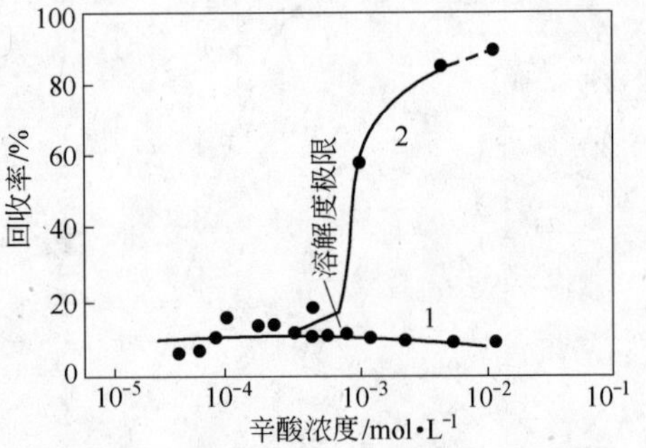

图 7－5 辛酸浮选 KCl 和 NaCl 回收率与辛酸用量的关系

1—KCl；2—NaCl

据此，碱金属氯化物在饱和溶液中进行浮选时，颗粒表面带有电荷。在卤水中，KCl 晶体表面是带正电荷的，因其表面的氯离子已溶于水中；NaCl 晶体表面是带负电荷的，因其表面的钠离子已溶于水中。中性的 RNH_3Cl 分子在浮 KCl 时是捕收剂，RNH_3Cl 分子中带负电较强的氯离子一端能在 KCl 晶格中进行“嵌合”匹配，能进行“匹配”的原因除氯离子半径大小合适外，带负电较多的氯离子和 KCl 晶体表面的正电荷互相吸引也是一个原因。

从表面电性看，由于 NaCl 表面带负电，RNH_3Cl 中带负电的氯离子，因同性电相斥，自然不能钻进 NaCl 的晶格中。若用脂肪酸盐，如辛酸钠情况就完全不同。辛酸钠分子中的钠离子带正电，NaCl 晶体表面带负电，因异性电相吸，故辛酸钠分子能“嵌入”NaCl 的晶格中，使辛酸钠吸附在 NaCl 的晶体表面上，烃基疏水，故辛酸能捕收 NaCl。

用胺类捕收剂浮选石英时，或浮选 KCl 时，与 $C_5 \sim C_{10}$ 的脂肪醇混合使用，能降低胺的用量，提高浮选指标，用含有示踪原子的癸醇混合物作 KCl 或石英的起泡剂时，发现癸醇和胺共同吸附在 KCl 或石英的表面上，并且所吸附的醇、胺摩尔比为 1∶1。故认为在 KCl 晶体或石英晶体表面上形成胺和醇共吸附。

（3）胺与金属离子的络合作用。铜、锌等有色金属氧化矿物的浮选多在碱性介质中进行，pH 值大，保证 RNH_3^+ 的生成，在 RNH_2 分子中的氮原子上的独对电子便能与 Cu^{2+}、Zn^{2+}、Cd^{2+}、Co^{2+} 等氧化矿物晶格上的金属离子生成络合物，而将胺分子固着在矿粒表面，R 基向外使矿物疏水而上浮。故此用胺来浮选硅酸盐及 Cu、Zn 等氧化矿时，由于 pH 值不同，胺分子变化不同及矿粒本身性质不同，其固着形式即不同。

从生成络合物的角度来看，在周期表中的各种元素都是有一定规律的。从表7-6所列可看出，周期表中部的元素是最强的络合物形成体（表7-6中黑线所括的22个元素），它们能够形成比较稳定的非螯形配位化合物，亦能形成更稳定的螯形配位化合物——螯合物；在黑线以外虚线内的元素，虽然它们的非螯形配位化合物稳定性一般都较差，但还可以形成稳定的螯合物；碱金属和Ca、Sr、Ba、Ra等碱土金属（虚线以外、弯线以内）虽然没有发现它们的非螯形配位化合物，但是实验证明，它们还是可以形成螯合物的，有些还是相当稳定的螯合物。这就充分说明螯合剂对金属离子具有更强的结合力。

表7-6 元素同期表金属元素位置与中心离子络合能力的关系

H																	He
Li	Be											B	C	N	O	F	Ne
Na	Mg											Al	Si	P	S	Cl	Ar
K	Ca	Sc	Ti	V	Cr	Mn	Fe	Co	Ni	Cu	Zn	Ga	Ge	As	Se	Br	Kr
Rb	Sr	Y	Zr	Nb	Mo	Tc	Ru	Rh	Pd	Ag	Cd	In	Sn	Sb	Te	I	Xe
Cs	Ba	La系	Hf	Ta	W	Re	Os	Ir	Pt	Au	Hg	Tl	Pb	Bi	Po	At	Rn
Fr	Ra	Ac系															

而硅是不容易形成络合物的，且从硅酸盐的结晶格子结构来看，其表面没有硅离子，而Cu、Zn等22个元素则能生成稳定的络合物，可见胺对硅酸盐矿物的捕收机理属于正负电吸附，对于Cu、Zn等金属氧化矿的捕收机理被认为属于生成络合物是有一定道理的。

根据上述关于胺与矿物的作用机理，我们还可以用药剂的立体结构位阻效应来解释为什么伯胺对氧化锌等金属矿物的捕收最好，仲胺、叔胺则较差。伯胺的氮原子只与一个烷基相连接，空间位阻小，容易与Zn^{2+}离子靠近生成络合物；而仲胺和叔胺的氮原子与较多的烷基相连接，空间位阻大，氮原子的独对电子不容易与Zn^{2+}离子靠拢结合形成络合物，故伯胺比仲胺、叔胺的捕收能力都强。但是，也有例外，当仲胺的侧链比较短时，例如甲基十八碳仲胺在pH >8时，对石英的捕收效果反而比十八碳伯胺高，对菱锌矿浮选来说，也是伯胺最好。

药剂与金属矿物表面或晶格离子的络合、螯合作用愈来愈引起人们的广泛关注与重视，将在螯合药剂一章再行讨论。

7.1.3.2 *胺类在矿物加工中的应用*

用月桂胺醋酸盐浮选石英，石英粒度最好在37~10μm之间；捕收剂的浓度愈大，愈适于粗粒的浮选，对于细粒的回收率也有提高。由玻璃砂或粗砂沉积岩精选石英，可以用脂肪胺的醋酸盐，浮出石英；或先用塔尔油除去铁质，再用胺盐浮石英，胺盐的用量约122～136g/t，石英产品的纯度可达97.6%～98%，氧化铝含量1.0%～0.90%。

用阳离子捕收剂浮选长石与石英，可以在酸性介质中用月桂胺盐酸盐（或变性松香胺醋酸盐）分离石英，也可以在氢氟酸介质中，用另一种胺盐回收长石，氟离子的作用在于活化长石。在选矿厂实践上，系按云母、石榴石、长石、硅砂（尾砂）次序分段浮选，所用药剂包括硫酸、燃料油、松油、氢氟酸及脂肪胺等。也有的选矿厂按云母、重金属、长石、硅砂（尾矿）次序分别回收，日处理量达700～800t（主要成分系钾长石、石英）。

在酸性介质中，用阳离子捕收剂精选叶蜡石，可以除去其中的主要杂质石英，回收率达94%，石英含量只有1.8%。

无机盐对胺类浮选石英的影响（月桂胺醋酸盐），主要决定于捕收剂离子的吸附情况，捕收剂离子在石英表面一旦被缔合之后，无机盐类电解质就不能再起抑制作用，在这种情况下，用胺类浮选石英，甚至于可以在海水中进行。

长碳链脂肪胺（C_{12}～C_{18}）在石英表面上的吸附，碳链愈长捕收力愈强，但选择性下降。当浓度在临界胶团浓度以下时，吸附作用符合“弗兰德利希吸附公式”。当长碳链脂肪胺浓度为100mg/L时，石英表面覆盖面积的百分数为：十二碳胺（月桂胺）1.5%；十四碳胺5.3%；十六碳胺10.0%；十八碳胺17.2%（按胺分子的有效表面积为2.34nm^2计算）。胺的醋酸盐较胺的盐酸盐吸附作用强。

用脂肪胺类做捕收剂，可以浮选钾盐镁矾矿（Kainite $KCl \cdot MgSO_4 \cdot 3H_2O$）与氯化钠分离。原矿磨细后，加氯化镁至质量分数为30%，然后在此悬浮液中，加一种脂肪胺的醋酸盐及少量的戊醇。泡沫产物中含钾盐镁矾96%～98%，尾矿中含氯化钾测定量为1%～1.5%，氯化镁液可以回收再用。

关于脂肪胺盐对卤化铵及碱金属盐的浮选性能，曾进行过研究。含有硝酸钾、硝酸钠及硫酸镁的固体混合物，可以用浮选方法分开。混合物先磨细至0.295～0.147mm（48～100目），在矿浆中，加十八碳胺为捕收剂，先浮出硝酸钾，含有硝酸钠及硫酸镁固体的槽内产品，过滤后再用十二烷基硫酸钠为捕收剂浮出硝酸钠，槽内产品过滤再分出硫酸镁固体，硫酸镁可再用甲基戊醇为起泡剂进行浮选分离。各种产物的回收率，硝酸钾可达81.3%，硝酸钠达77.3%，硫酸镁达94.2%。

脂肪胺可用于浮选锂辉石。锂辉石原矿品位15%时，用脂肪胺的醋酸盐先浮去云母、长石及石英，然后浮去含铁矿物，锂辉石留在槽内；锂辉石精矿中含氧化锂（Li_2O）6.0%及氧化铁（Fe_2O_3）0.45%，回收率为70%～75%。

用脂肪胺浮选磷矿，是脂肪胺药剂在浮选工业中应用的重要成就之一。在北美洲早已将由廉价的塔尔油制成的塔尔油胺用于精选磷矿。根据一些专利文献报告，脂肪胺盐（例如十八碳胺醋酸盐，36g/t）先与苛性钠（18g/t）快速混合，同时再加入煤油（204g/t）成混合药剂浮选石英，经过一系列处理后，磷酸钙的品位可以由低于30%提高至70%以上。或者用脂肪胺的硫酸盐，它的制法是：用1份（质量比）的商品脂肪胺与2~6份的煤油及0.14~0.25份的浓硫酸混合在一起即可，脂肪胺硫酸盐用量为91~181g/t。原矿含磷酸钙70%左右，经处理精矿含磷酸钙可达96%~99%。据估计，在适宜条件下，每500g的阳离子捕收剂可以浮选9072kg的石英。据研究用脂肪胺各种盐类，包括醋酸盐、盐酸盐羟基乙酸盐及甲酸盐由磷矿中浮选石英，各种盐的效果基本上是一样的。但脂肪胺本身则以含十二个碳原子到十四个碳原子的最好。

一些用阳离子捕收剂浮选磷矿石的数据可参考表7-7所列。

表7-7 磷矿石的反浮选

捕收剂名称	用量/g·t^{-1}	泡沫产品产率/%	泡沫产品P_2O_5/%	槽内产品P_2O_5/%	P_2O_5回收率/%
硬脂胺	126	43.6	3.32	26.5	91.2
月桂胺	167	53.0	2.34	31.6	92.3
石蜡吡啶	544	56.2	5.54	30.4	81.0
煤油吡啶（馏分250~280℃）	1040	51.6	3.16	30.5	90.2

用月桂胺盐酸盐或醋酸盐可浮选含稀土元素的矿物，用淀粉硫酸为调整剂，必要时可用松油作起泡剂，浮出独居石（磷铈镧矿）及类似的含磷矿物，重金属矿留在槽内。用月桂胺由海砂中分选独居石，可用硫酸铝为调整剂。

用胺类浮选分离云母-蓝晶石，加拿大生产实例是用硫酸、戊基黄药及一种起泡剂，先浮出黄铁矿，再用长链脂肪胺盐浮出云母，槽内产品再用硫酸、脂肪酸、乳酸回收蓝晶石。

蔷薇辉石与石英的分选，用月桂胺盐酸盐、磷酸钠在pH=7时浮选石英，磷酸钠（Na_3PO_4）的作用不仅促进石英的浮游，而且能节省捕收剂用量，提高精矿品位。

分选蛭石与绿色透辉石，蛭石精矿品位可由51%提高至89%，回收率96%，如果事前用2%氢氟酸洗涤，效果更好。低品位的硅藻土精矿，用月桂胺盐酸盐浮选（酸性矿浆），可除去其中的黏土成分。浮选绿柱石，可在pH=2~2.5时，用月桂胺盐酸盐浮去所含的大量云母，然后用氟化钠搅拌洗涤，再用脂肪酸乳剂回收绿柱石。胺类捕收剂还可以浮选菱苦土（$MgCO_3$）。

由海砂中精选二氧化钛，可以使用胺类捕收剂。用燃料油与油酸浮选所得的钛铁矿精矿，在下一步用硫酸萃取以前，可以先用0.05%～0.2%的仲胺处理，以避免在硫酸萃取时产生过多的泡沫，所用的仲胺包括十八碳仲胺、双十八碳硬脂酰胺、双十六碳硬脂酸盐等类似的药剂。含有滑石的钛铁矿可以在酸性矿浆中用工业月桂胺盐酸盐浮选滑石，二氧化钛品位可由41%升高至54%。

含蛇纹石及橄榄石的铬铁矿以及硬铬矿，可以用脂肪胺进行浮选。据报道，铬铁矿的表面是两性的，可以用阳离子捕收剂浮选也可以用阴离子捕收剂进行浮选。

胺类阳离子捕收剂不但是浮选脉石的有效药剂，例如月桂胺的盐酸盐也是方铅矿与闪锌矿的很有效的捕收剂，用量只要9～55g/t，如果矿浆pH值控制在9～11（加石灰），一般的脉石是不会浮起的，先用黄药浮方铅矿，再用月桂胺盐浮闪锌矿。但是，多年来值得重视的是胺类对氧化锌矿物的浮选，例如用长碳链脂肪胺浮选氧化锌矿，它是最有效的捕收剂，特别是它的乳剂。十六碳胺（盐酸盐或醋酸盐）也是菱锌矿（$ZnCO_3$）的最有效捕收剂。广西泗顶铅锌矿使用混合脂肪胺（含碳原子10～20）浮选氧化锌矿，已投入生产，可提高回收率8%左右。混合脂肪胺的纯度愈高，效果愈好。使用前先将混合胺与冰醋酸按相对分子质量1∶1比例混溶，然后稀释成0.5%～1.5%浓度供使用，浮选作业的药剂制度如表7-8所列。

表7-8 广西泗顶铅锌矿浮选药剂制度

浮选系统	黄铁矿系统			氧化锌系统			
药剂名称	碳酸钠	丁基黄药	2号油	水玻璃	烤胶	硫化钠	混合胺
用量/$g \cdot t^{-1}$	444	71	55	550	46	1390	35

脂肪胺类浮选药剂之所以引起注意不仅在于能浮选上述矿物以及滑石、燧石、铍矿等的浮选，而且还在于它们可以作为铀矿的捕收剂以及水冶时铀矿的有效萃取剂。例如，用浮选方法精选钒酸钾铀矿（Carnotite），原矿含$U_3O_8$0.26%、$V_2O_5$1.75%，磨细至小于0.208mm（-65目），加水配成含30%固体的矿浆，加入3.6kg/t的油酸乳剂与136g/t40%的水玻璃及2.3kg/t的碳酸钠，在30～35℃搅拌8min，所得的粗精矿含$U_3O_8$1.29%、$V_2O_5$3.43%，铀回收率为82.3%、钒回收率38%。月桂胺对于沥青铀矿的捕收性能也有人进行了研究。

在铀矿水冶方面，椰子油胺、双癸仲胺（$[CH_3(CH_2)_9]_2NH$）、三异辛基叔胺、3-十二烷基叔胺都是有效的铀矿萃取剂。曾有人系统地研究了60余种有机含氮化合物对铀矿的萃取性能表明，具有实用价值的是具有支链的脂肪伯胺或 N-苄基-N-长链烷基仲胺。

用混合胺-11（250g/t）及松油（30g/t），浮选原矿五氧化二磷品位为11.89%，$SiO_2$60.40%得磷酸盐矿精矿五氧化二磷品位为30%，回收率为90%，与用淡水或海水的结果一致。

用混合胺-11精选石灰石（原矿品位34%~36%），使之适于作水泥生产的原料，可先将矿石磨细至小于-74μm粒级占65%，用混合胺-11（300g/t）浮去石英、长石等杂质。中间工厂实验可以达到要求，即氧化钙含量大于50%，氧化镁小于0.5%~1%，石英小于2.5%。

原中南矿冶学院曾经有人用混合胺-11浮选黑钨矿泥，试验证明比油酸及十八碳伯胺都好；比较多种胺类对钾盐矿（KCl）及钾镁矿（$KCl \cdot MgCl_2 \cdot 6H_2O$）的浮选效果，证明浮选钾镁矿时小于18个碳的脂肪伯胺最好，只是十二碳伯胺的用量略大一些，浮选钾盐矿最好是得自氧化石蜡或塔尔油的脂肪胺，效果与十二碳胺及十八碳胺相同。

对菱锌矿（$ZnCO_3$）及异极矿（ZnO）的浮选效果，软脂伯胺（工业品十六碳伯胺）的活性最强，各种胺的强弱次序为：软脂胺>硬脂胺>油烯胺>混合胺-11。

在较高用量时（600g/t），硬脂胺的活性最大。在最好的浮选条件下，矿物粒度小于0.075mm，矿浆pH值为10.6~11，硬脂胺用量600g/t，菱锌矿的精矿回收率为92%，异极矿的精矿回收率为84%，对菱锌矿及异极矿，所得的另一组试验结果也证明：最有效的是直链脂肪伯胺，碳链愈长，作用愈强。在碳链中引入双链或支链，都降低作用的效果。

脂肪胺除作为捕收剂外，其他用途胺类药剂（抑制剂、水处理剂、助滤剂等）也在不断增加，它也是使用最多的脱水过滤助剂，包括伯胺、仲胺、叔胺和季胺盐，碳原子总数一般在10~30。东北大学用十二胺与水解聚丙烯酰胺组合对东鞍山赤铁矿进行脱水过滤就是其中一例。

二胺和多胺就是在脂肪胺分子组成结构中含两个或者两个以上的氨基（又称二元胺和多元胺）。这类浮选药剂的报道时有出现，研究与应用的方向值得注意。

某些试验研究表明，浮选白钨矿使用 C_{10} ~ C_{14} 等一些较长烃基的二元胺，例如，选用烃链 R 为 C_{14} ~ C_{18} 的饱和或不饱和的取代丁二胺，分子式为：$RNHCH_2CH_2CH_2CH_2NH_2$。在精选分离方解石可以获得比一元胺更好的分离效果。

试验研究还表明，在分离长石与石英时，二元胺的选择性常高于一元胺，有时甚至可以不用含氟的抑制剂；短烃链的二元胺（如乙二胺、丙二胺）的磷酸盐还是氧化铜矿的活化剂，对“结合”氧化铜和游离氧化铜均有良好的活化作用，能改善泡沫状态，降低硫化钠和丁黄药的用量，并能显著地提高用黄药浮选氧化铜矿的金属回收率，其机理尚待研究。

有人用工业二乙基三胺（或三乙基四胺）与粗塔尔油、煤油（或燃料油）混合作为捕收剂从磷酸盐矿中分选石英很有效，多胺药剂在其中起了促进和活化捕收作用。

一种由脂肪酸（月桂酸或豆蔻酸）的甲酯与乙二胺的缩合产物：

$$R—COOCH_3 + NH_2—CH_2CH_2—NH_2 \longrightarrow$$

$$\begin{cases} R—CONHCH_2CH_2NH_2 \text{ 占产品 } 80\% \\ R—CONHCH_2CH_2NH(O)C—R \text{ 占产品 } 20\% \end{cases}$$

使用这种不同于一般二胺的二胺盐酸盐混合产物浮选氯化钾，据说有其优点。最适宜从非金属矿中分选石英，浮选异极矿；还可用于长石、辉石、尖晶石、黑云母、白云母及黏土等的浮选。

多胺类化合物用于浮选，不仅只用短碳链化合物，长碳链化合物也可用于浮选。例如，十六烷基三次乙基四胺的醋酸盐、N-月桂酰-N′-乙酰基-二次乙基三胺的氢溴酸盐、N-硬脂酰-N′-羟乙基二次乙基三胺的盐酸盐，其结构式依次如下：

$$C_{16}H_{33}—NH—CH_2CH_2—NH—CH_2CH_2—NH—CH_2CH_2—NH_2 \cdot CH_3COOH$$

$$C_{11}H_{23}CO—NH—CH_2CH_2—NH—CH_2CH_2 \cdot NH—COCH_3 \cdot HBr$$

$$C_{17}H_{35}CO—NH—CH_2CH_2—NH—CH_2CH_2—NH—CH_2CH_2OH \cdot HCl$$

此类产品根据报道可以用于石灰石、矾土矿、方解石及磷矿等非金属矿物中分选石英及硅酸盐。选磷矿所得精矿含不溶物少，浮选时可少加起泡剂，而且上述捕收剂用量少，仅约90g/t。

用通式为$NH_2(CH_2CH_2NH)_n—CH_2CHNH$（$n=0\sim4$）的2~6元胺，以及N，N′-二甲基乙二胺和1，2-二胺基-2-甲基丙烷和黄药或黑药等捕收剂组合使用，浮选氧化了的Co、Ni、Pb、Cu、Zn等硫化矿及磁黄铁矿、镍黄铁矿等，均获得好结果，胺类起了活化作用。

7.2 季铵盐类

季铵盐在化学工业中随着其表面活性性质和用途被逐步认识促进了它的发展，特别是在纺织印染及医药工业上作为润湿剂、均染缓染剂、杀菌剂、抗腐蚀剂等；在矿物加工三废治理和环境生态保护中应用正在不断深入发展，不仅作为浮选捕收剂，而且在其他工业及功能中的用途也在发展，例如作缓蚀剂、水处理剂、润湿剂等。

作为浮选药剂的季铵盐类主要有两类表面活性剂，烷基季铵盐及烷基吡啶盐，其通式是：

$$\left[R_2-\overset{R_1}{\underset{R_3\ \ R_4}{N^+}}\right]Cl^-$$

烷基季铵盐

$$R-\overset{+}{N}C_5H_5\ Cl^-$$

烷基吡啶盐

式中，$R_1 \sim R_4$ 为长短不一的碳链；R 一般碳数在 10 以上。

7.2.1 季铵盐的制备

季铵盐类化合物一般从叔胺季铵化反应制得，而叔胺又从伯胺或腈化物等制得，叔胺可用不同碳链的单一伯胺，也可用 $C_{10\sim16}$ 和 $C_{17\sim20}$ 的合成脂肪酸制得。

7.2.1.1 叔胺的制备

（1）脂肪胺经刘卡特反应制得二甲叔胺，或者用伯胺催化加氢制得：

$$R-NH_2 + 2HCOOH + 2HCHO \longrightarrow RN(CH_3)_2$$

$$R-NH_2 + 2HCHO \xrightarrow[\text{兰尼镍催化}]{\text{加 }H_2} R-N(CH_3)_2$$

（2）用脂肪腈的原料制备。此法，是国际最先进的工艺路线，由赫斯特公司在 20 世纪 80 年代开发的新方法（无腐蚀，反应速度快）。

$$RCH_2CN + HN(CH_3)_2 \xrightarrow[\text{兰尼镍催化}]{\text{加 }H_2} RCH_2-N(CH_3)_2$$

（3）以脂肪醇为原料合成。直接胺化一步合成，易操作控制，无腐蚀，无污染，产品纯度高（99%）。

$$RCH_2OH + HN(CH_3)_2 \xrightarrow[\text{兰尼镍催化}]{\text{加 }H_2} RCH_2-N(CH_3)_2 + H_2O$$

以上是单烷基二甲基叔胺的制备，而双烷基甲基叔胺的制备方法是：伯胺先催化加热脱氨再还原甲基化制得：

$$2R-NH_2 \xrightarrow[\text{催化}]{\text{加热}} R_2NH \xrightarrow[\text{催化剂}]{HCHO/H_2} R_2N-CH_3$$

或者由仲胺经刘卡特反应制得：

$$R_2NH + HCOOH + HCHO \longrightarrow R_2N{-}CH_3 + CO_2 + H_2O$$

7.2.1.2 季铵盐制备

（1）单长链烷基季铵盐的制备，举两例说明：

$$\underset{\text{十二烷基二甲基叔胺}}{C_{12}H_{25}N(CH_3)_2} + \underset{\text{氯苄}}{ClCH_2{-}C_6H_5} \xrightarrow[H_2O,\ \text{缩合}]{60 \sim 90^{\circ}C} \underset{\text{十二烷基二甲基苄基氯化铵}}{\left[C_{12}H_{25}N^{+}(CH_3)_2{-}CH_2{-}C_6H_5\right]Cl^{-}}$$

$$C_{12}H_{25}N(CH_3)_2 + CH_3Cl \xrightarrow[NaOH]{\text{压力釜},\ \Delta} \underset{\text{十二烷基三甲基氯化铵}}{\left[C_{12}H_{25}N^{+}(CH_3)_3\right]Cl^{-}}$$

（2）双长链烷基季铵盐的制备，例如：

$$\underset{\text{双辛基甲基叔胺}}{(C_8H_{17})_2N{-}CH_3} + CH_3Cl \xrightarrow[\text{压力}0.3 \sim 0.5MPa]{80 \sim 90^{\circ}C,\ 3 \sim 4h} \underset{\text{双辛基二甲基氯化铵}}{\left[(C_8H_{17})_2N^{+}(CH_3)_2\right]Cl^{-}}$$

从叔胺类化合物合成季铵盐时，四级化反应的难易与胺的碱性强弱有关，碱性愈强，四级化速度愈快。合成季铵盐的原料可以用合成脂肪酸 $C_{10 \sim 26}$，$C_{17 \sim 20}$馏分制成的伯胺及仲胺，比较经济。

7.2.2 季铵盐类的选矿应用

季铵盐作为阳离子捕收剂的特点（与其他胺类比较）是在水中的溶解度较高，一般为无色或淡黄色的固体或液体。选择性较强，对碱性介质不敏感，性能较稳定，具有抗腐蚀作用，无毒，其缺点是制造成本比脂肪胺类捕收剂高。烃链较短的季铵盐，主要用于可溶性盐矿的浮选。

据专利报道，季铵盐可用于钾石盐脱除黏土及矿泥。该钾石盐矿含有约5%不溶性物质，粒度小于1.168mm（14目），先在盐水中擦洗，使之与表面的黏土质脱离，然后在每份矿石中加入0.25%份（质量）的双椰油基双甲基氯化季铵盐（占80%）及环氧化牛脂胺（占20%）的混合物，每25份矿浆中加入1份正庚烷，使固液两相分开，再于每50份矿浆中加入1份正庚烷。矿浆经部分脱水后，再加入淀粉227g/t、胺22.7g/t、甲基戊醇45g/t药剂进行浮选。浮选结果为：矿泥产率4.6%，含氯化钾（品位）3.8%（含KCl 0.174份），精矿产率50.4%，氯化钾品位为95.1%（含KCl 47.93份），尾矿产率为45.0%，氯化钾品位为1.3%（含KCl 0.585份）。

季铵盐（乙基十六烷二甲基溴化铵 $[C_{16}H_{33}(H_3C)N^+(C_2H_5)(CH_3)]Br$）还用做重铬酸盐的离子浮选剂。在给料中，重铬酸离子的质量浓度范围为10~100mg/L，季铵盐与 $Cr_2O_7^{2-}$ 离子的给料质量比率范围为2.5~6.0，从3个浮选柱系列实验证明，当给料中 $Cr_2O_7^{2-}$ 离子质量浓度为100mg/L时（季铵盐质量浓度约400mg/L），尾矿中 Cr_2O 离子质量浓度为8mg/L，泡沫精矿中 Cr_2O_7 离子质量浓度为468mg/L。

乙基十六烷基二甲基溴化铵是一种阳离子表面活性剂，一些导致自来水浑浊并带颜色的负电性胶体粒子，可以吸附这种表面活性剂做捕收剂。用连续泡沫浮选净化自来水时，可以使用这种表面活性剂做捕收剂，使这种粒子吸附在空气泡上浮出水面。在有 Al^{3+} 及 Fe^{3+} 存在下，乙基十六烷基二甲基溴化铵的用量为30mg/L。在有 Al^{3+} 及 Fe^{3+} 存在下，也可用膨润土（35~70mg/L）与上述表面活性剂（50mg/L）一起使用。给料水经过处理后，泡沫中药剂损失量为1%~2%，每1000加仑（3.7785t）水处理费用估计为15~28美分。

从合成脂肪酸 $C_{12\sim20}$ 为原料制成的二（长链）烷基二甲基氯化铵，可以作为阳离子捕收剂，从方解石中直接分选烧绿石及磷灰石。

这种二烷基二甲基氯化铵对于多种碳酸盐不具捕收作用，但对于烧绿石捕收作用好，用量为400g/t，浮选后可以用0.5~20kg/t重铬酸钾解吸。与氨化的硝基烷烃比较，这种季铵盐所获得的精矿含Ta、Nb品位高，产率只微有降低。

据美国专利报道季铵盐用做氧化铜矿捕收剂，这类药剂包括丙基、丁基、戊基的季铵盐及三甲基十六烷基季铵盐等。

$(C_4H_9)_4N^+ \cdot Cl^-$，$(C_3H_7)_4N^+ \cdot I^-$，$(C_5H_{11})_4N^+ \cdot I^-$ 以及 $C_{16}H_{33}(CH_3)_3N^+ \cdot Br^-$

这是先将矿石经过硫化，再以氟化物为抑制剂，在pH值为5~11范围内，用季铵（0.9~0.13kg/t）浮铜的氧化矿，得到比黄药更高的回收率。

用十六烷基三甲基氯化铵，十六烷基氯化吡啶鎓等季铵盐和鎓盐进行离子沉淀浮选回收 Co^{2+}，即先用硫化钠处理 Co^{2+}，生成硫化钴沉淀，再用季铵盐或鎓盐浮选，既回收了钴又净化了废水。十六烷基三甲基铵基盐酸盐是浮选硝酸钾盐的捕收剂。

另一类重要的季胺盐是烷基吡啶盐。例如烷基苄基吡啶，曾被推荐为阳离子捕收剂，用于从铁矿及磷矿中分选石英，以及用于浮选铍矿、云母、氧化锌矿及水溶性盐等。烷基苄基吡啶系一种糊状黄色物质，易溶于水，有效成分占90%，水分占7%其制造过程为：

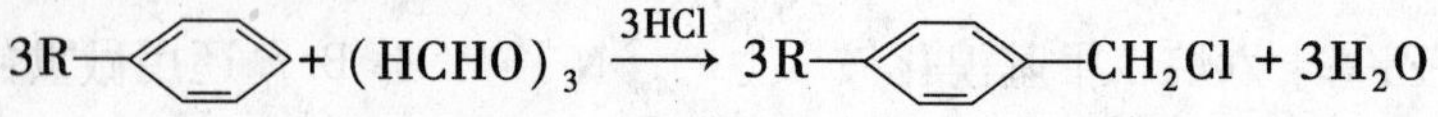

$$3R—C_6H_5 + (HCHO)_3 \xrightarrow{3HCl} 3R—C_6H_4—CH_2Cl + 3H_2O$$

（式中 $R = C_{12} \sim C_{18}$）

$$R—C_6H_4—CH_2Cl + NC_5H_5 \longrightarrow R—C_6H_4—CH_2—\overset{+}{N}C_5H_5\ Cl^-$$

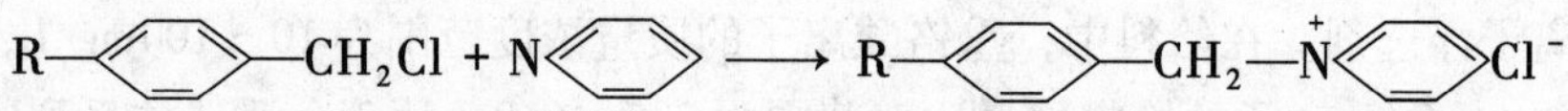

我国泰山有机化工厂所生产的十五烷基溴化吡啶主要用于青霉素的生产。

十四烷基溴化吡啶曾用于研究对石英及方铅矿吸附作用。在吸附作用最强的条件下，浮选效果也最好，浮选产率随用量的增大而增加，超过临界胶团浓度以后，产率随之下降。

N-萘基甲基季铵盐（$C_{10}H_7—CH_2\overset{+}{N}R_3A^-$，式中 R_3N 可以是 $(CH_3)_3N—$、二乙氨基乙醇基；A代表卤素），在浮选钾盐矿时，可作为矿泥黏土的调整剂。

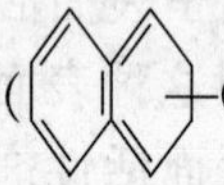

近年来用季铵盐作捕收剂的报道较多，例如：

（Ⅰ）$R'_nP(O)[OH_2CH_2N^+Me_2(R)_m]_kX^-$，式中 $R' = Me$，$OCH_2CH_2N(R)Me$，$R = CH_2COOR_2$，$CH_2CHOHCH_2OR^2$ 或 R^2；$R_2 = C_8 \sim C_{20}$ 烷基；X = 卤素，$n = 0 \sim 2$，$m = 1 \sim 3$，$k = 1 \sim 3$。

（Ⅱ）$[(CH_3)_2—N^+(CH_2COOR)—(CH_2)_2—N^+(CH_2COOR)—(CH_3)_2]_2Cl^-$，$R = C_{7 \sim 18}$ 烷基。

（Ⅲ）$[(CH_3)_2—N^+(C_{12}H_{25})—(CH_2)_n—N^+(C_{12}H_{25})—(CH_3)_2]_2Br^-$，式中 $n = 2$，6或10。

（Ⅳ）$\left[(CH_3)_2—N^+(CH_2C(=O)O\text{-}R^*)—(CH_2)_{10}N^+(CH_2C(=O)O\text{-}R^*)—(CH_3)_2\right]2Cl^-$（$R^*$ 为带 H_3C、H_3C 及 CH_3CH_3 取代基的环己基）

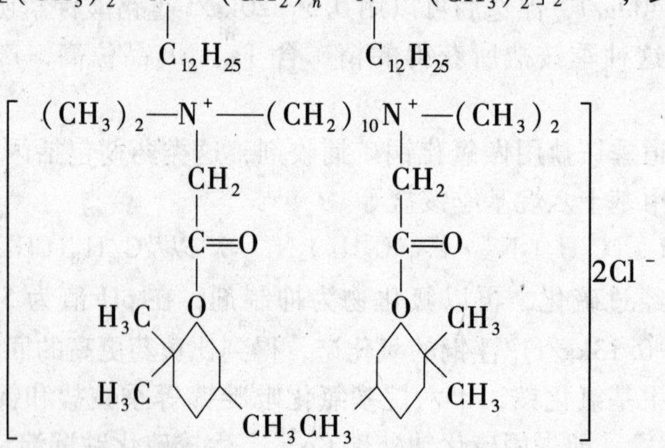

这些季铵盐的分子中含有1~3个季铵基，分子内还有较大而且比较复杂的疏水基团，都用来反浮选赤铁矿，可得精矿含 Fe71.7% ~ 71.8%，含

$SiO_2$0.2% ~0.25%，捕收剂单耗400 ~500g/t，效果比常用的伯胺、醚胺为优。

据专利报道，在含硅酸盐杂质的碳酸盐矿物的浮选中，采用一种季铵盐化合物作捕收剂浮选。这种捕收剂的通式为 $R^1R^2R^3R^4NA$，式中 R^1 ~ R^4 有一个或两个是 $C_{8\sim16}$ 的烃基，其余的是 $C_{1\sim7}$ 的烃基，或者是 $C_{2\sim7}$ 的羟烷基，$C_{2\sim4}$ 的烷氧基，总的碳数为 $C_{10\sim40}$，A 为阳离子。实际上是用 $C_{8\sim22}$ 烃基取代聚乙烯胺，或聚丙烯酰胺的季铵盐化合物（质量比为3∶2 ~11∶1）进行浮选，使硅酸盐富集于浮选泡沫产品中。

作为选矿药剂使用的某些季铵盐见表7－9所列。

表7－9 季铵盐类药剂

化学名称	分子结构		用途及文献
三甲基辛基氯化铵		$R = C_8H_{17}$	
三甲基癸基氯化铵		$R = C_{10}H_{21}$	
三甲基十二烷基氯化铵		$R = C_{12}H_{25}$	
三甲基十四烷基氯化铵	$R—N^+(CH_3)_3Cl^-$	$R = C_{14}H_{29}$	
三甲基十六烷基氯化铵		$R = C_{16}H_{33}$	
三甲基十八烷基氯化铵		$R = C_{18}H_{37}$	
三甲基-椰油基氯化铵		R = 椰油基	捕收铬铁矿
二甲基二椰油基氯化铵	$R_2N^+(CH_3)_2Cl^-$，R = 椰油基		
三甲基豆油棉子油基氯化铵	$R—N^+(CH_3)_3Cl^-$，R = 大豆油基/棉子油基		
三甲基氢化牛油基氯化铵	同上，R = 氢化牛油基		
二甲基二(十八烷基)氯化铵	$R_2N^+(CH_3)_2Cl^-$，$R = C_{18}H_{37}$		同上，又是矿泥絮凝剂
三甲基十六烷基溴化铵	$R—N^+(CH_3)_3Br^-$，$R = C_{16}H_{33}$		分选石英、方解石；浮选碳酸盐、氧化矿；浮选萤石、重晶石；浮选硫化矿
十六烷基溴化吡啶盐	$R—\overset{+}{N}C_5H_5\cdot Br^-$，$R = C_{16}H_{33}$		石英捕收剂（分选石英石灰石时）萤石重晶石捕收剂，铁矿捕收剂
十六烷基氯化吡啶盐	$R—\overset{+}{N}C_5H_5\cdot Cl^-$，$R = C_{16}H_{33}$		在酸性介质中作金属缓蚀剂，可在0.5mol/L的盐酸溶液中作锌金属缓蚀剂，与 NO_3^- 复配使用对不锈钢缓蚀

续表 7-9

化学名称	分子结构	用途及文献
烷基二甲基苄基氯化铵	$C_6H_5-CH_2-N^+(R)(CH_3)_2Cl^-$，$R=C_{18}H_{37}$	BTC，Triton K-60
甲氧基十二烷基苄基氯化吡啶盐	$ROCH_2-C_6H_4-CH_2-\overset{+}{N}C_5H_5\cdot Cl^-$，$R=C_{12}H_{25}$	
甲氧基辛基苄基氯化吡啶盐	$ROCH_2-C_6H_4-CH_2-\overset{+}{N}C_5H_5\cdot Cl^-$，$R=C_8H_{17}$	捕收剂，荷兰专利 73869
甲氧基辛基苄基三甲基氯化铵盐	$ROCH_2-C_6H_4-CH_2-\overset{+}{N}(CH_3)_3\cdot Cl^-$，$R=C_8H_{17}$	
乙基二甲基十八烷基碘化铵	$C_{18}H_{37}N^+(CH_3)_2(C_2H_5)I^-$	洗涤剂、润湿剂、杀菌剂
对位烷基苄基三乙基氯化铵	$R-C_6H_4-CH_2N^+(C_2H_5)_3\cdot Cl^-$，$R=C_{12\sim18}$	捕收剂，杀菌剂，抗酸腐蚀剂
甲氧基烷基二乙基甲基铵（苯磺酸盐）	$ROCH_2N^+(CH_3)(C_2H_5)_2\ C_6H_5-SO_3^-$，$R=C_{10\sim12}$	纺织工业润湿剂
烷基聚乙二醇二乙基甲基铵（苯磺酸盐）	$RO(CH_2CH_2O)_nN^+(CH_3)(C_2H_5)_2\ C_6H_5-SO_3^-$，$R=C_{14\sim18},C_{16\sim18}$	
烷基苯基聚乙二醇二乙基甲基铵（苯磺酸盐）	$R-C_6H_3(R_1)-O(CH_2CH_2O)_nN^+(CH_3)(C_2H_5)_2\ C_6H_5-SO_3^-$	纺织工业
烷基咪唑季铵盐	R-咪唑环（$\overset{+}{N}$上连 CH_3、CH_2CH_2OH）$C_6H_5-SO_3^-$，$R=C_{17}H_{33}$或$C_{17}H_{35}$	纺织工业润湿剂

季铵盐类在矿山循环水、冷却水和生活生产废水中用于防腐蚀和杀生剂。它是一类非氧化性的杀生剂，对多种微生物具有较强的杀灭抑制作用，是在半个多世纪前由 Domay K G 发现的强力杀生表面活性剂。作为水处理剂的季铵盐及其性质见表 7-10。

表 7-10 水处理剂的季铵盐及其性质

名称	相对分子质量	外观	熔点/℃	pH 值（1% 水溶液）	经口 LD_{50} /mg·kg^{-1}	对鱼 LD_{50} /mg·L^{-1}
十二烷基二甲基苄基氯化铵（洁灭尔）	340.5	无色淡黄色固体	42	6~8	910（小鼠）	3.65（96h）
十二烷基二甲基苄基溴化铵（新洁尔灭）	384.51	无色淡黄色固体或液体				15（96h）
十四烷基二甲基苄基氯化铵	368.11	白色或淡黄色结晶粉末	63（含两个结晶水）	6~8	1100（小鼠）	
十二烷基三甲基氯化铵	363.89	淡黄色胶状透明液体		6~8	250~300（大鼠）	

7.3 醚胺

醚胺是指在胺类分子中的非极性基——烃基中引入了一个醚基（—O—，有人称之为氧桥），使之成为 ROR′—形式的醚基，联上—NH_2 即成为醚胺（ROR′—NH_2）。

根据分子中氨基数的不同，亦可分为醚一胺（简称醚胺）及醚二胺、醚三胺等，它们的结构式可分别表示如下：

醚一胺　通式为 ROR′—NH_2，如 $RO(CH_2)_3NH_2$。

醚二胺　通式为 ROR′NHR′NH_2，如 $RO(CH_2)_3NH(CH_2)_3NH_2$

式中，R 为 C_8 ~ C_{14}的烃基；R′常为正丙基。目前国内外比较常见的主要为醚一胺，且多为烷氧正丙基的醚胺系列 $RO(CH_2)_3$—NH_2。

醚胺类化合物，它们主要被用于氧化铁矿反浮选作为石英及其他硅酸盐矿的捕收剂，亦可用于浮选氧化锌矿。

醚胺具有脂肪烷胺类同等的浮选性质和捕收性能，但烃链较长的脂肪烷胺如 C_{12}以上的混合胺在常温下都是固体，在水中难溶，在 HCl、H_2SO_4 中也很难溶，浮选过程中不能充分分散以发挥其最大的捕收性能。在胺的烷基上引入一个醚基可显著地降低熔点，固体的胺变为液体的醚胺，醚胺在矿浆中易于弥散，浮选效果比胺好。它们具有浮选速度快、选择性较好以及泡沫产品的输送、脱水等较易处理等优点。

7.3.1 性能与制备

通常指的醚胺是烷基丙基醚胺（或3-烷氧基-正丙基胺）系列的简称，其化学通式为：

$$RO—CH_2CH_2CH_2NH_2$$

式中，R为$C_8 \sim C_{18}$烷基。

合成醚胺分两步进行：

（1）丙烯腈与醇作用，在碱的催化下生成醚腈：

$$ROH + CH_2 {=}CHCN \xrightarrow{碱} ROCH_2CH_2CN$$

常用的催化剂有碱金属、碱金属的氧化物或氢氧化物，或氢化物或氨基化物、强碱性树脂等。

丙烯腈具有聚合作用，特别是在较高温度或碱存在下，聚合作用更为明显，因此宜在低温和低碱量下进行，防止丙烯腈的聚合。

（2）氢化还原醚腈成醚胺，醚腈在催化剂雷尼镍存在下，加氢还原成醚胺：

$$ROCH_2CH_2CN + 2H_2 \xrightarrow{雷尼镍} ROCH_2CH_2CH_2NH_2$$

雷尼镍的活性作用在于它有活性中心，在氢还原反应开始时，活性中心的氢首先析出原子状态的氢，剩下的氢化物NiH_2又能与吸附的H_2分子相结合，重新形成活性中心——［Ni，2H］$_n$H$_2$，利用雷尼镍的这一特性，可以逐渐将醚腈氢化还原成醚胺。

$$ROCH_2CH_2CN + N_2 \longrightarrow ROCH_2CH_2CH{=}NH$$

$$ROCH_2CH_2CH{=}NH + H_2 \longrightarrow ROCH_2CH_2CH_2NH_2$$

$$2ROCH_2CH_2CH_2NH_2 \longrightarrow (ROCH_2CH_2CH_2)_2NH + NH_3$$

$$ROCH_2CH_2CH{=}NH + (ROCH_2CH_2CH_2)_2NH \longrightarrow (ROCH_2CH_2CH_2)_2N—\underset{\underset{NH_2}{|}}{C}HCH_2CH_2OR$$

$$(ROCH_2CH_2CH_2)_2N—\underset{\underset{NH_2}{|}}{C}HCH_2CH_2OR + H_2 \longrightarrow (ROCH_2CH_2CH_2)_3N + NH_3$$

$$ROCH_2CH_2CH{=}NH + ROCH_2CH_2CH_2NH_2 \longrightarrow ROCH_2CH_2\underset{\underset{NH_2}{|}}{C}H—NH—CH_2CH_2CH_2OR$$

$$\begin{matrix}ROCH_2CH_2CH_2 \\ ROCH_2CH_2\underset{|}{C}H \\ \quad NH_2\end{matrix}\Big\rangle NH + H_2 \rightarrow \begin{matrix}ROCH_2CH_2CH_2 \\ ROCH_2CH_2CH_2\end{matrix}\Big\rangle NH + NH_3$$

采用此法制造醚胺产率很高，制醚腈时用$C_{12}\sim C_{13}$的混合醇与丙烯腈物质的量之比为1∶1，反应温度40～45℃，反应时间1h，醚腈产率在95%以上，用所得的醚胺与醋酸反应，则生成醋酸醚胺盐。

7.3.2 应用

醚胺和胺有类似的性质和捕收作用，可反浮选赤铁矿和磷灰石中的石英，浮选氧化锌矿等，举例如下：

用$C_{10}\sim C_{18}$醚胺醋酸盐对某铁矿石进行反浮选试验，结果见表7－11。

在国外用醚胺类药剂选矿，在实验室及工业现场都取得了进展。例如加拿大园湖矿（Knob）铁矿物主要是假像赤铁矿、赤铁矿、磁铁矿、针铁矿、褐铁矿，用各种商品胺类捕收剂对比，用淀粉、糊精抑制铁矿，浮选石英，实验室结果如表7－12所列。

表7－11 工业合成醚胺浮选某铁矿石开路试验指标

药剂	用量/kg·t^{-1}	浮选指标		
		γ/%	β_{Fe}/%	ε_{Fe}/%
$C_{12}\sim C_{13}$醚胺醋酸盐（75%）	0.45	55.94	65.45	81.45
		57.65	64.70	83.25
		56.40	65.70	83.08
	0.60	52.44	66.90	78.25
		53.84	66.80	80.58
		52.90	67.10	79.35

注：γ—产率；β—品位；ε—回收率。

表7－12 各类胺类捕收剂对照（加拿大园湖铁矿）

药剂厂家	胺牌号	精矿品位/%		铁回收率/%
		Fe	SiO_2	
赫库斯公司	RADA	61.2	5.6	93.9

续表 7-12

药剂厂家	胺牌号	精矿品位/%		铁回收率/%
		Fe	SiO_2	
阿莫尔公司	AL-11	67.3	4.6	93.4
	DL-11	62.4	4.6	94.1
通用公司	Alamine21	61.4	5.6	94.4
	Diamine21	62.1	5.3	95.3
	Diamine26	57.3	12.7	98.0
阿什兰德公司	Arosurf MG83	67.7	4.3	94.2

园湖矿的工业生产是采用阿什兰德公司生产的 Arosurf MG83 作为捕收剂，用小麦糊精 WW-82 作铁矿抑制剂，用 NaOH 调节 pH 值为 10.5，据报道能获指标如表 7-13 所列。在美国默萨比铁矿石，铁燧岩阳离子浮选硅石，小型试验结果如表 7-14 所列。

表 7-13　园湖矿工业生产指标

时　间	磨矿能力/$t\cdot h^{-1}$	原矿品位/%		精矿品位/%		铁回收率/%
		Fe	SiO_2	Fe	SiO_2	
1975 年	890	55.6	16.5	62.8	6.2	89.6
1976 年四季度	1020	56.0	14.7	63.3	5.4	91.6

表 7-14　默萨比铁矿石小型试验结果

药剂名称	药剂用量/$kg\cdot t^{-1}$	名　称	铁含量/%	SiO_2 含量/%	铁回收率/%
树胶 8079	0.45	原　矿	34.9		
胺 MG-83	0.14	精　矿	63.7	5.9	89.5
起泡剂 MIBC	0.11				

上面使用的 Arosurf MG83，是 N-十三烷氧基-正-丙基-1，3-丙二胺单醋酸盐，而 Arosurf MG98 是 3-正-壬氧基丙胺醋酸盐。这都属于醚胺类型。

国外某磷矿采用脂肪酸类捕收剂先浮出碳酸盐矿物，然后再用不同胺类捕收剂浮出石英等硅酸盐矿物，试验表明，醚胺浮出石英等硅酸盐矿物的能力比脂肪胺强，反浮选最终所得磷酸盐精矿品位及回收率指标见表 7-15 所列。但需指出，醚胺的捕收能力比烃基碳原子数相同的脂肪烷胺要弱一些。例如，对赤铁矿的试验研究表明，十四烷基醚胺的捕收能力约与十二烷基脂肪胺相当。

这主要是因为醚胺分子的非极性基有一定水化作用，降低了药剂在矿物表面所造成的疏水效应。

表 7-15 几种不同胺类捕收剂浮出 SiO_2 所得磷酸盐精矿指标

胺类名称	用量 /kg·t^{-1}	精矿品位/%		回收率/%	
		P_2O_5	SiO_2	P_2O_5	SiO_2
伯醚胺	0.46	33.6	8.1	90.3	26.3
伯醚胺醋酸盐	0.46	33.2	7.3	89.2	24.4
粗制脂肪烷胺	0.46	31.5	10.7	83.2	31.0
粗制脂肪烷胺醋酸盐	0.46	26.0	21.4	97.2	87.3
动物脂肪烷胺醋酸盐	1.15	28.9	15.8	87.1	48.7
植物椰子和动物脂肪烷胺醋酸盐	0.48	28.8	15.6	94.6	54.1

有关醚胺类浮选药剂的研究比较多。1982 年美国专利（4319987 号）介绍用 3-异辛氧基丙胺醋酸盐和 3-异癸氧基丙胺醋酸的混合物作为氧化铁矿中石英脉石的捕收剂。用量 0.091kg/t（0.2 lb/t），铁回收率为 70.7%。美国道化学公司提出用戊基苯醚胺浮选磷矿，据介绍效果比塔尔油脂肪酸与二乙基三胺的缩合物好；用这类醚胺作为调整剂浮选氧化煤效果也好。

据报道使用两种药剂组合浮选赤铁矿。这两类化合物为：

（1）多醚胺，其结构式为：

$R(OC_nH_{2n})_m(NHC_aH_{2a})_bNH_2$，式中 $R=C_6\sim C_{12}$ 烃基；n，a 是 2 或 3；m 和 b 是 0~4。

（2）含氮两性捕收剂，在阴离子—CH_2COOH，—CH_2CH_2COOH，—$CH_2CH_2OPO_3H_2$，—$CH_2PO_3H_2$ 中任选一种与氮相连即成。

例如有一铁矿含 34% Fe，23.9% Si，0.044% P，矿物主要是赤铁矿、石英和磷灰石，用 $C_{10}H_{21}OCH_2CH_2CH_2NHCH_2CH_2CH_2NH_2$ 和 $C_8H_{17}OCH_2$—$\underset{\displaystyle OH}{\underset{|}{C}}HCH_2CH_2NHCH_2COOH$ 混合物作捕收剂进行浮选，获铁回收率 80.0%；如只用后者铁回收率为 74.7%。其他一些两性捕收剂及其应用参见第 4 章和第 6 章相关部分。

胺类化合物不仅用作捕收剂，其他如调整剂、絮凝剂、水处理剂（含絮凝、清洁、清毒）和起泡剂等也有不少试验与使用实例。例如有资料报道用二乙醇胺的双（1-异丁氧基）乙基醚作为起泡剂，代替松油或甲酚油做分选铜锌矿的起泡剂，其分子结构式为：

$$\left[\begin{matrix}CH_3\\ \\ CH_3\end{matrix}\!\!>\!CH—CH_2—O—CH_2CH_2—O—CH_2CH_2\right]_2\!\!—NH$$

有一种叔胺化合物是作为捕收剂的促进增效剂，将其添加至中性或酸性的胺溶液中浮选钾盐矿，添加量为胺类捕收剂的5%，可使从粗盐混合物中分选出来的精盐中氧化钾的含量达60%以上。这种叔胺分子是由一个烷基及两个聚乙氧基组成，乙氧基总数应小于6。其结构式推测为：

$$R—N\!\!<\!\!\begin{matrix}(CH_2CH_2O)_nH\\ \\ (CH_2CH_2O)_mH\end{matrix}$$

此类叔胺类化合物，即脂肪伯胺（如硬脂胺）与环氧乙烷的缩合物（或盐），也可以用作乳化剂，用于高碳脂肪胺（十六碳胺、十八碳胺等）捕收剂乳化分散用。

云南东川矿物局中心试验所利用乙二胺类化合物——乙二胺磷酸盐作为调整剂，对因民、落雪、汤丹氧化铜矿石进行了工业浮选试验，证明乙二胺磷酸盐当用量为82~156g/t（原矿）时，在精矿品位基本一致或提高的情况下，铜精矿回收率可提高2.23%~9.24%，其中氧化铜回收率可提高5.59%~11.24%，硫化铜回收率提高0.12%~1.75%，还可以节约NaS，用量降低22%~34%，丁基黄药用量降低8%~43%。乙二胺磷酸盐的合成反应式如下：

$$\begin{matrix}CH_2—NH_2\\ |\\ CH_2—NH_2\end{matrix} + H_3PO_4 \longrightarrow \begin{matrix}CH_2—NH_3\\ |\\ CH_2—NH_3\end{matrix}\!\!>\!HPO_4$$

乙二胺　　　　　　　　　　乙二胺磷酸盐

在带有机械搅拌的不锈钢反应槽中，先放入磷酸17.5kg（质量分数为85%）、加水稀释至质量分数40%。然后在搅拌下，由反应槽底部通过管道慢慢放入乙二胺9kg，反应槽外部用水冷却，以减少乙二胺的损失，大约1.5~2.0h加完，中和反应即告完成。趁热过滤，过滤后的母液可直接用于下槽配料。乙二胺磷酸盐的水溶液具有较强的溶解自然氧化铜矿物的能力，例如孔雀石和硅孔雀石，同时生成紫色的铜胺络合物。它系白色结晶，易溶于水，性质稳定，无刺激性臭味。添加乙二胺磷酸盐后，主要是提高结合氧化铜的回收率，其次是游离氧化铜的回收率也有明显提高，而活性硫化铜和惰性硫化铜的回收率基本一致。

在讨论胺类阳离子选矿药剂的同时，顺便介绍一下作为捕收剂用的含硫、磷、锑的阳离子表面活性剂，这些化合物是：

$R_3S^+(NO_2)^-$　$R_3Sb^{2+}(NO_2)_2{}^{2-}$　$R_3P^{2+}(NO_2)_2{}^{2-}$　$R_4P^+(NO_2)^-$

式中 R 为 $C_1 \sim C_8$ 的烷基，其中有的烷基还带有羧基。用于浮选铜、镍、钴的氧化矿及硫化矿，也有报道用于浮选锂、钠、钾等的盐类矿物。

7.4 松香胺与芳香胺

松香胺有别于脂肪胺和芳香胺，它是来源于松脂的环状萜烯、菧烯类结构，一种特殊的环烷烃，其胺也就属环烷胺类。松香胺是一种比较成熟的阳离子捕收剂。本节将对松香胺及其衍生物进行简要讨论。

松香胺产品通常分两种，一种是氢化松香胺，另一种是变性松香胺，它们都由松香酸制得。它们的结构式如下：

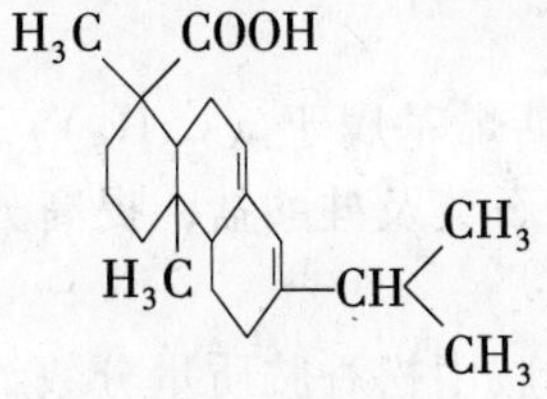

松香酸 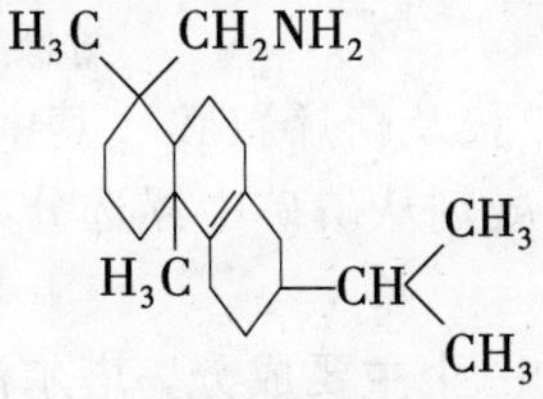　　　　氢化松香胺 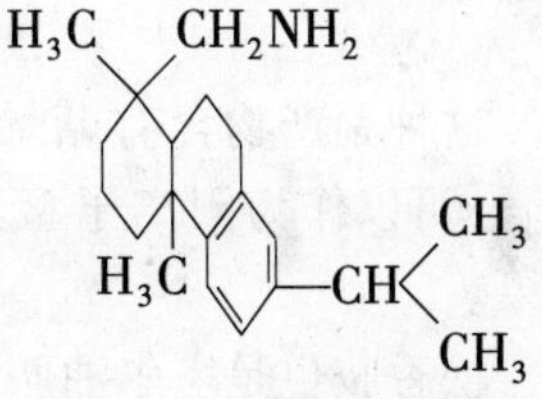　　　　变性松香胺

松香酸本身容易氧化且不很稳定，在制造松香胺之前，首先要通过加氢使双键饱和变为氢化松香酸，或者用少量碘或硫催化处理使之芳环化，变为变性松香酸。氢化松香酸或变性松香酸再经过氰化及加氢胺化，最后制成氢化松香胺或变性松香胺。松香胺本身不溶于水，它的盐酸盐也不溶于水，只有它的醋酸盐能溶于水。变性松香胺的醋酸盐简称 RADA（rosin amine denatured acetate）。

在浮选工艺中变性松香胺的醋酸盐可以单独使用，作为硅酸盐矿物及某些硫化矿物的阳离子捕收剂，变性松香胺还可以作为捕收剂，制备低硅高品位赤铁矿精矿，原料为含 SiO_2 约5%的赤铁矿，矿浆固体含量为30%，先加453g/t的糊精调整5min，再添加90g/t 的变性松香胺醋酸盐（药剂质量分数为1%溶液），所用的起泡剂水溶液含50%松油及2.5%双-2-乙基己基磺化琥珀酸钠，经过反复浮选后，可使大部分 SiO_2 除去，残留的铁精矿中 SiO_2 品位可以降至0.1%。所得的铁精矿再经过湿式磁选，磁场强度约0.5T（5000Gs），电流10A，矿浆浓度约20%，最终低硅铁精矿含氧化铁不低于99%，SiO_2 品位不高于0.03%。

用松香胺作捕收剂还可以分选钾长石和钠长石。

用浮选方法分离单宁酸锗及镓络合物，也可以使用松香胺醋酸盐作为捕收剂，回收率接近100%。

为了探讨松香胺类化合物在矿物表面的吸附状态，早在1971年曾有人对脱氢松香胺醋酸盐在氧化矿物上的吸附进行过测定，包括石英、赤铁矿、金红石及锆英石。条件为 pH 值 =2.5 ~ 10.5，脱氢松香胺醋酸盐量浓度为0.3 ~

5600μmol/L，为了达到较好的选择性，还需使用淀粉等药剂作为抑制剂。脱氢松香胺醋酸盐在上述氧化矿物表面上的吸附与胺浓度的平方根成正比，与氢离子浓度成反比。

脱氢松香胺的醋酸盐作为捕收剂，可用作 VO_3^-、MoO_4^- 和 WO_4^- 等离子的浮选。

国外专利曾经报道，由异戊二烯合成柠檬醛时，产生一种副产物：

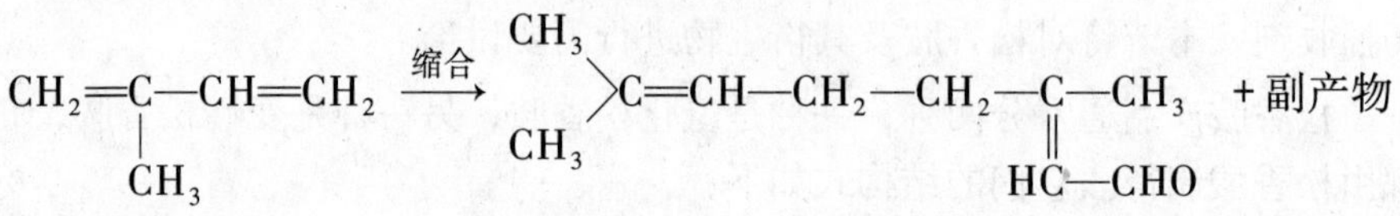

$$\underset{\text{异戊二烯}}{CH_2{=}\underset{\underset{CH_3}{|}}{C}{-}CH{=}CH_2} \xrightarrow{\text{缩合}} \underset{\text{柠檬醛}}{(CH_3)_2C{=}CH{-}CH_2{-}CH_2{-}\underset{\underset{HC-CHO}{\|}}{C}{-}CH_3} + \text{副产物}$$

这种副产物含有萜烯仲胺及萜烯叔胺［其中萜烯基属于 $(C_5H_8)_{2\sim6}H$ 型］，可以作为阳离子型絮凝剂从磷矿中浮选分离石英及硅酸盐，提高分选效果。

松香胺也是塔尔油胺的一个主要成分。塔尔油胺中松香胺质量分数约占60%、脂肪胺约占40%，塔尔油胺的特点是成本低廉，目前已大量用于磷矿石的浮选工业。

松香胺在化学工业上用途也很广泛，可用于灭菌、去霉、杀虫、防锈、制革以及青霉素的稳定剂等。

芳香族胺类化合物与脂肪族胺类化合物两者在理化性质和在选矿应用中却有区别。脂肪胺类阳离子捕收剂在浮选中的应用在不断发展，无论是药剂品种或者是使用领域都在不断扩大，近年来在选矿工业中获得应用的实例愈来愈多。相比之下，芳香族胺类化合物就显得零星，不连贯，资料报道远不如脂肪胺类的出现率，常是或隐或现。

芳香族胺类只有一种例外，就是二苯基硫脲（白药）。关于白药，在含硫化合物硫化矿捕收剂一章中已经讨论过，在此不再赘述，只简单讨论其衍生物及其他芳胺。

有人用二氯二苯基硫脲浮选硫化铜矿，可以在中性、碱性或者酸性介质中使用，用量为45g/t；二苯基硫脲分子中的硫原子被氮原子置换，则变为二苯基胍：

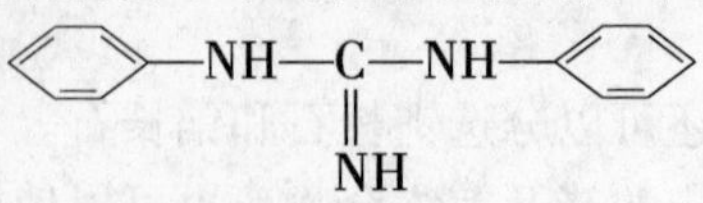

$$C_6H_5{-}NH{-}\underset{\underset{NH}{\|}}{C}{-}NH{-}C_6H_5$$

用它作为铅锌矿的捕收剂，用于浮选闪锌矿或铁闪锌矿，其效果比乙基黄药好，回收率和精矿品位都比较高。二苯基胍及其衍生物二邻甲苯胍 $CH_3C_6H_4{-}NH{-}\underset{\underset{NH}{\|}}{C}{-}NH{-}C_6H_4CH_3$ 也是高冰镍（含有硫化镍、硫化铜及铜镍合金）

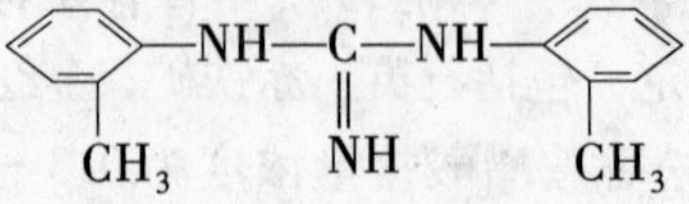

的优良捕收剂，可以从中分离硫化铜及硫化镍，它是有效的捕收剂，一般用量为110～150g/t。

此外，s-苯基-异硫脲氯化物和s-苄基-异硫脲氯化物都是硫化矿的优良捕收剂。

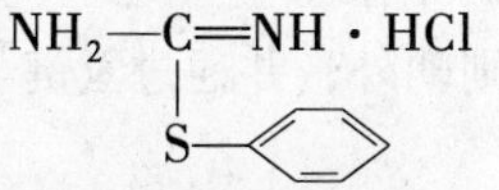

$NH_2—C═NH \cdot HCl$（S—C₆H₅）　　$NH_2—C═NH \cdot HCl$（S—CH₂—C₆H₅）

S-苯基-异硫脲氯化物 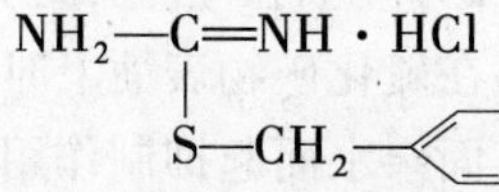　　S-苄基-异硫脲氯化物

芳香胺中简单的是苯胺、甲苯胺。它们的主要用途不在选矿而是在化工印染偶氮化物和农药及其他精细化学品方面。吉林化工公司是我国产品的主要生产企业。在选矿中，苯胺、甲苯胺是重要的药剂原料（如合成黄药等）。苯胺可作为选煤药剂，但不是很有效的药剂，效果逊于苯酚及对-甲苯磺酸，但比甲苯、苯及苯磺酸强些；α-萘胺，用其10%的乙醇溶液进行选煤试验，其用量为0.25kg/t（为苯胺用量的1/4）。α-萘胺虽然算是有效的浮选药剂，但是浮选性比β-萘酚低。萘胺曾使用于浮选铜的硫化矿物。

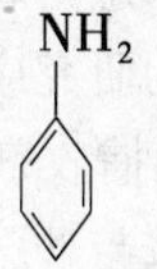

NH_2　　NH_2, CH_3　　NH_2　　CH_3, NH_2

苯胺 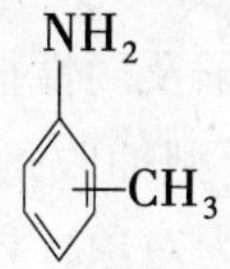　　甲苯胺 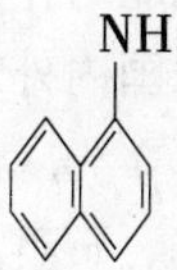　　α-萘胺 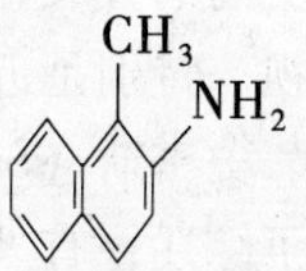　　1-甲基萘胺

最近有资料报道，利用甲萘胺作捕收剂浮选铝硅酸盐的研究。试验结果表明，甲萘胺对叶蜡石捕收能力强，其回收率超过98%，而对伊利石和高岭石的捕收能力相对较弱。矿浆的pH值对叶蜡石和高岭石的回收率影响比较小，而在酸性和碱性矿浆条件下，伊利石的回收率均下降。在酸性矿浆中甲萘胺捕收剂是通过静电引力吸附在矿物表面上；在碱性矿浆中捕收剂主要通过氢键作用吸附于矿粒的表面上。甲萘胺对叶蜡石、伊利石和高岭石三者之间的捕收能力由强到弱的顺序依次为叶蜡石 > 高岭石 > 伊利石。

呋喃噻胺和咪唑硫酮等含杂原子的杂环胺类选矿药剂，也可看做是芳香族胺类的衍生物。咪唑硫酮也是分析试剂。

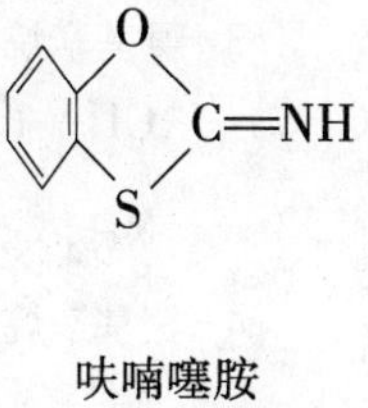

O, C═NH, S　　N═N, N, NH, C, S

呋喃噻胺 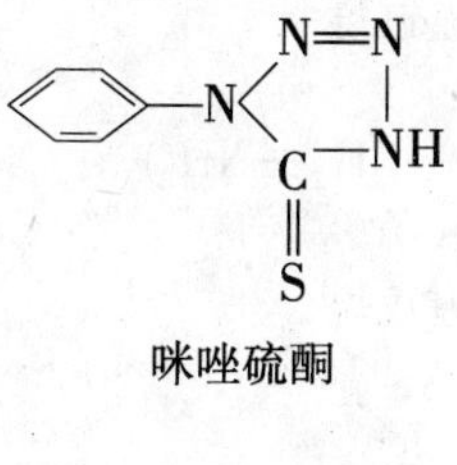　　咪唑硫酮

羟基白药是低分子量的有机抑制剂，其结构式为：

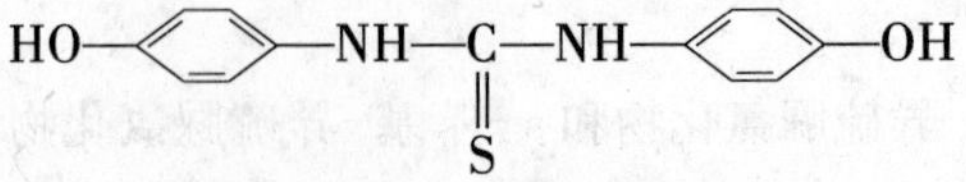

$$HO-C_6H_4-NH-\underset{\underset{S}{\|}}{C}-NH-C_6H_4-OH$$

它是方铅矿等的抑制剂。羟基白药在苯环上有两个亲水基（羟基）。当硫原子选择性地吸附在硫化矿物表面上时，两个羟基则朝外，并通过氢键与水分子缔合促使矿物表面亲水而起抑制作用。

7.5 胺类药剂研究应用的发展动态

在化学工业中无论是伯胺、仲胺、叔胺、季铵或铵盐及醚胺等脂肪胺的生产，过去（半个世纪以前）都以天然油脂原料为主，自20世纪50年代之后，特别是近30年来，随着石油业的发展，石油化工下游产品开发技术的成熟应用，设备的现代化，胺类产品从原料到胺的制备合成可以说是轻而易举，工艺技术设备以及测试手段等均可以满足要求，为胺类选矿药剂的合成及发展应用创造了良好的条件。

对胺类药剂合成、结构、性能与作用理论的研究与应用愈来愈引起国内外学者的重视。特别是近十多年来国内外对阳离子及两性捕收剂的研究应用更为广泛深入。史密斯（Smith R. W.）曾就阳离子型捕收剂及两性捕收剂的性质及应用作了综述；有人以菱锌矿、石英和萤石为对象，比较伯胺与仲胺结构对于捕收性能的影响，比较了位置由1至4的氨基辛烷，1-氨基庚烷，1-氨基己烷，1-氨基戊烷，二丁基仲胺及二辛基仲胺的浮选结果：在浮选菱锌矿时，对捕收剂分子中的氨基而言，离碳链端点（端部）愈近则捕收性能愈强；烃基碳链愈长捕收性能愈强。反之，碳链变短捕收性能也随之变弱。在成对的比较试验中得到下列捕收性强弱的结果：

$$CH_3(CH_2)_5-CH_2-NH_2 \quad > \quad CH_3(CH_2)_5-\underset{\underset{NH_2}{|}}{CH}-CH_3$$

1-氨基庚烷（庚基伯胺）　　2-氨基辛烷

$$CH_3(CH_2)_4-CH_2-NH_2 \quad > \quad CH_3(CH_2)_4-\underset{\underset{NH_2}{|}}{CH}-CH_2CH_3$$

1-氨基己烷　　3-氨基辛烷

$$CH_3(CH_2)_3-CH_2-NH_2 \quad > \quad CH_3(CH_2)_3-\underset{\underset{NH_2}{|}}{CH}-(CH_2)_2CH_3$$

1-氨基戊烷　　4-氨基辛烷

$$\begin{matrix} CH_3CH_2CH_2CH_2 \\ \quad\quad\quad\quad\quad\quad NH \\ CH_3CH_2CH_2CH_2 \end{matrix} \quad > \quad \begin{matrix} CH_3CH_2CH_2CH_2CH_2CH_2CH_2 \\ \quad\quad\quad\quad\quad\quad\quad\quad\quad\quad NH \\ CH_3CH_2CH_2CH_2CH_2CH_2CH_2 \end{matrix}$$

二丁基仲胺　　　　　　　　二辛基仲胺

在浮选石英时，伯胺捕收能力也随着碳链增长而显著增强，氨基在分子中短碳链两端的远近变化对捕收能力的影响小些。这一结果和浮选菱锌矿时相反，即每一对的后者捕收性能强于前者，例如：2-氨基辛烷强于1-氨基庚烷，依此类推，仲胺更是。

上述药剂对萤石的浮选行为，结果介于菱锌矿和石英之间，氨基的位置比对石英浮选影响大，但又不如对菱锌矿的影响。成对对比中后者略强于前者。二辛基仲胺捕收能力最强，而二丁基仲胺几乎没有多少捕收能力。

有关矿物与捕收剂离子形成复盐说、溶液化学、溶解度说，离子置换说、络合物说、药物离子半径与矿物晶格嵌合匹配说等多种理论学说百花齐放。

除上述研究外，新型胺类药剂不断出现和增加使其应用面也在不断地扩展。胺类药剂不仅作为捕收剂应用于非金属矿和金属矿选矿、氧化矿和硫化矿的选矿，而且有关胺类药剂作为调整剂、乳化剂、起泡剂、增效剂、水处理剂、絮凝剂等用于矿物加工及相关工艺的研究应用也在发展之中。为了提高药剂效果，降低药剂成本，提高选别指标，用两种或两种以上药剂混合，发挥药剂的协同效益的研究和使用亦日益成为突出的重点（详见组合药剂一章）。

诸多脂肪胺类（含醚胺类和季铵类等）捕收剂及其他在矿物加工药剂的发展应用详列于表7-16中。

表7-16　阳离子型药剂在矿物加工中的发展应用

捕收剂名称	作用矿物	资料来源
己胺，月桂胺（乙酸盐）	赤铁矿+石英混合，浮石英	CA.108，119676（1988）
月桂胺乙酸盐	分选赤铁矿与粗粒石英，吸附	CA.108，207102（1988）
月桂胺乙酸盐	石英与云母、长石分选	日本公开特许 63，205，164（1988）
月桂胺乙酸盐+Al盐	从石英中分选绢云母	CA 111，136891（1989）
月桂胺乙酸盐	浮选含有稀土、氟的金云母	矿产综合利用，1988（1）：66-72
月桂胺盐酸盐	浮选天青石	CA 111，9706（1989）
月桂胺	浮选Cu-Zn硫化矿	CA 110，42443（1989）
月桂胺HCl；烷基硫酸钠	对煤浮选（用非极性油）的影响	CA 110，234396（1989）

续表 7-16

捕收剂名称	作用矿物	资料来源
C_{12} ~ C_{18}烷基胺	在含黏土的矿物上吸附	CA 109，112840（1989）
$C_{12,16,18}$烷基胺·HCl	离子浮选铼钼	CA 110，27060（1989）
C_{12}，C_{18}烷基胺·HCl	硫化汞，吸附作用	CA 110，199704（1989）
C_{12}，C_{16}烷基胺·HCl	水冶锌过程中，铅的浮选	CA 108，171241（1988）
$C_{10,12,14}$烷基胺·HCl	天青石浮选性能	CA 111，100695（1989）
C_{16}烷基胺、柠檬酸	稀土元素离子的分选	CA 111，100769（1989）
胺+淀粉	从铁矿中浮选制造纯铁矿	日本公开特许 62，246，822（1987）
$C_{8\sim16}$伯胺或仲胺	硫化矿水冶废品中浮选氧化铅矿	德国专利 3，716，012（1988）
N-烷基三次甲基二胺	SiO_2 与长石分选	毛钜凡，武汉矿业大学学报，1988（3）
2-乙基己基氧丙胺	浮选高岭石矿，脱石英	日本公开特许 63，123，454（1988）
醚胺	镜铁山铁矿反浮选，去白云石	陈起政，矿冶工程，1988（4）：20
三烷基胺酯（或醚）	铁矿脱硅酸盐	前苏联专利，1，461，514（1989）
АНП-2 捕收剂	浮选石英，微斜长石，斜长石	CA 110，234122（1989）
（$C_{21\sim25}$）RCO（$NHCH_2CH_2$）$_n$—NH_2	（BP-3）铌铁矿、锡石	CA 108，41625（1988）
烟酸烷基酰胺等	浮选铀 $[UO_2(CO_3)]^{4-}$	CA 110，98100（1989）
KHARA-9 Proponium-9	长链阳离子捕收剂，铁矿反浮选	CA 109，234551（1988）
十六烷基三甲胺	从水中脱除“直接红”染料（吸附胶体浮选）	CA 110，25376（1989）
十四烷基溴化吡啶鎓	铀（U^{6-}）	CA 111，61420（1989）
双十六烷基二甲基铵乙酸盐	浮选石英	CA 110，142109（1989）
$[(CH_3)_2]N^+(CH_2CH_2COOR)]_2(CH_2)_3$（双季铵）	铁矿脱脉石	前苏联专利，1，327，973（1989）
十六烷基氯化吡啶	研究31种金属离子的浮选性能	邓华玲，分析化学，1988（2）：106
十六烷基氯化吡啶	Cu^{2+}，Hg^{2+}，Ag^+，Zn^{2+}，Cd^{2+}浮选	CA 110 204692（1989）
二乙氨甲基烷基醚（季铵化）	钾盐矿浮选	前苏联专利，1，351，682（1987）
HOE-F3469（阳离子型）	菱镁矿	CA 110，157088（1989）
АНП-2 水合氯醛	磷矿反浮选	CA 111，136888（1989）

续表 7-16

捕收剂名称	作用矿物	资料来源
$(C_4H_9)_2NCH_2CH_2—NH_2$	硫化矿，氧化矿，贵金属	美国专利，4，797，202（1989）
胺类	浮选钾石盐，生产 KCl	前苏联专利，1，390，187（1988）
4-羟基丁酸-2-乙烯-羟乙烯胺	从白云母中浮选云母（添加剂）	前苏联专利，1，475，904（1989）
盐酸烷基咪唑	反浮选磷酸盐矿	前苏联专利，1，488，015（1989）
N-十二烷基-β-氨基丙酰胺 [$CH_3(CH_2)_{11}NHCH_2CH_2C(O)NH_2 \cdot HCl$]	分离石英和铁矿物	伍喜庆等，矿冶工程，2005（2）
十八烷基胺·HCl	含泥钾石盐，作用机理	CA 111，177312（1989）
十八烷基胺乙酸盐	硅锌矿，浮选机理	CA 111，26486（1989）
月桂胺等	天青石，吸附机理，热力学	CA 110，177019（1989）
C_{12}~C_{18}脂肪胺乙酸盐	核磁共振-光谱研究	CA 111，156482（1989）
季铵两性捕收剂	浮选磷灰石	CA 104，210577（巴西专利），99253（南非专利）
十二胺	高纯石英砂	CA 104，73675（日本专利），106，69607，202434
烷基二胺（与石油磺酸共用）	石英砂	CA 107，62527（日本专利）
脂肪胺（在 HF 酸介质中）	长石与陶土分选	CA 104，154564（日本专利）CA 105，63136
$C_{10\sim12}$伯胺·HCl	分选锂云母-石英	CA 105，9685，9688
伯胺+燃料油	块硫镍铁矿	CA 104，72241
胺	硫化矿精选	CA 105，100838
胺	异极矿、硅锌矿	CA 105，9689
脂肪胺（长链烃）	黄铜矿	CA 106，36486（欧洲专利）
十二氨基聚丙二醇醚	硫化铜矿	CA 103，181524（日本专利）
罂粟碱	由溶液中回收锑	CA 106，123520（前苏联专利）
合成酰氨二胺 $R—C(O)—NH(CH_2)NH(CH_2)NH_2$		1225619（1989）（前苏联专利）
松香胺醋酸盐	废水中胶态汞	CA 104，74324（1986）
胺+石油	磷灰石	CA 103，180297
一种季铵盐（烷基苄基二甲氯化铵）	净化方解石	CA 103，73372
脂肪胺	钾盐、钾石盐	CA 105，59987，106，104655，104656，104657
硫脲衍生物 $S{=}C(NHC_3H_7)(NHCOOC_2H_5)$	铜矿、铜钼矿	美国专利 4556482（1985）4556483（1985）
硫脲+O_3	硫化矿尾矿中铜、银	CA 104，113543

续表 7-16

捕收剂名称	作用矿物	资料来源
异茨酮双乙酰胺	氯化钾盐矿	前苏联专利，1250562（1986）
烷醇酰胺	粗粒磷灰石	CA 107，61467（1987）
三乙醇胺 + $ZnCl_2$ + 醋酸		美国专利 4505839（1985）
壬基（亚）酸式硝基钠	闪锌矿、菱锌矿	CA 106，7786（1987）
烷基二甲基氧化胺 R－NO（CH_3）$_2$	黏土捕收剂（浮选钾时）	前苏联专利 1219145（1986）
酰胺酸类（AAK 系列） $R^1—C(=O)—NR^2—(CH_2)_n—COOH(Na)$ $R^1 = C_8 \sim C_{20}$； R^2 = H 或短链烃，$n = 1 \sim 5$ （俄罗斯）	浮选磷灰石效果显著	CA 105，117013 化工矿山译丛，1987（1）：40～43
十二胺醋酸盐	反浮选分离赤铁矿与石英	CA 103，74165，74166（日本专利） 105，176294
脂肪酸醋酸盐	贫铁矿	CA 104，37496（日本专利）
胺	铌铁矿（机理）	CA 106，70720（日本专利）
双季铵盐（含硫双季铵盐）	铁矿反浮选	CA 104，210579 106，180315（前苏联专利）
双季铵盐（聚亚甲双季铵盐）	高纯铁精矿	CA 106，88059
三季铵盐（五甲基双丙基三铵）	铁矿反浮选	CA 106，141553（前苏联专利）
磷酰基季铵盐 $RP(O)(COCH_2CH_2)_2N^+Me_2(R)KX^-$	反浮选分离赤铁矿与石英，捕收石英效果比伯胺、醚胺好	CA 106，160010 106，14554 106，14557 106，180315
双季铵盐 $(CH_3)_2—N^+(CH_2COOR)—(CH_2)_2—N^+—(CH_3)_2Br^-$　$R = C_7 \sim C_{18}$		
牛油脂肪酸或塔尔油脂肪酸与二乙醇胺的缩合物	选煤调整剂	CA 94，870196 日本公开特许 8099356
天冬氨酸 $HOOC—CH_2CH(NH_2)COOH$	浮选明矾石的调整剂	CA 95，118874 USSR 825163
十酰烷基吗啉及十二烷基氢化吡啶盐酸（C_{14}示踪原子）	在 NaCl、KCl 饱和溶液中的吸附捕收作用	CA 95，137225
叔烷基二胺	非硫化矿浮选捕收剂	CA 95，11872（1981） USSR 822902
N-酰基氨基酸	浮选磷灰石（分选霞石）	CA 111，42290（1989）

续表 7-16

捕收剂名称	作用矿物	资料来源
$C_{18}H_{37}NHCOCH_2CH(COOH)-S-CH_2-CH(OH)-CH_2OH$	分选磷矿用来脱除碳酸盐矿	CA 108，154169
$C_{8\sim22}$伯胺与黄药混合	金矿和硫的捕收剂	CA 111，10592（1989）
$C_6H_{13}—S—(CH_2)_2NH_2$ 和 $CH_3(CH_2)_5—C{=}CH$（—S—环）	混合捕收剂选黄铜矿，辉钼矿	CA 108，60008
两种胺类和塔尔油或石油磺酸混合	捕收稀土矿	美国专利 4772382（1988）
一种季胺盐＋一种醚胺	分选含硅脉石矿物捕收剂	CA 111，137002
十八烷胺及其盐酸盐组合	抑制钾精矿泡沫量	CA 111，216670
聚丙烯酰胺	废水处理（电镀铬锌废水），絮凝剂	涂料工业，1988（6）：29~31
聚丙烯酰胺共聚物	絮凝重晶石精矿	CA 111，81725
聚 N-烷基-2-乙烯吡啶鎓盐	絮凝高岭土及其制备	CA 109，94339
N-十二烷基-1，3-丙二胺 $CH_3(CH_2)_{10}CH_2NH—(CH_2)_3NH_2$	对霞石有较好的选择性捕收，对赤铁矿脱硅反浮选有利，选择性优于十二胺	梅光军，矿冶工程，1999（4）：26~28
GE-601 阳离子捕收剂	磁铁矿反浮选	葛英勇等，金属矿山，2004（3）：44~46
醚胺醋酸盐（由 $C_{10\sim13}$醇合成）	司家营铁矿反浮选	北京矿冶研究总院，有色金属，1999（1）
N-烷基-1，3-丙二胺类	考察了它们对高岭石、叶蜡石、伊利石的浮选行为取得满意的指标	胡岳华，矿产保护与利用，2002（6）：33~37
醚胺醋酸盐作反浮选捕收剂	同时选择高蛋白 玉米淀粉和支链淀粉作铁矿抑制剂，效果最佳（磁铁矿）	Minerals Engineering，2001（1）：107~111
十二胺盐酸盐	浮选天然碱	Ozcano，Miner Eng，2002（8）：578~584
甲萘胺	捕收能力从强到弱的顺序：叶蜡石＞高岭石＞伊利石	赵世民等，非金属矿，2003（5）：34~35
N-(3-氨基丙基) 月桂酰胺 $CH_3(CH_2)_{10}C(O)NHCH_2CH_2CH_2NH_2$	对高岭石、伊利石和叶蜡石等硅铝酸盐有较好的捕收性能	赵世民等，中国金属学报，2003（5）：1273~1277
十二胺	浮选蓝晶石（$Al_2O_3\cdot SiO_2$）好	J Miner Process，2004，73：29~36

续表7-16

捕收剂名称	作用矿物	资料来源
N-(3-二甲基氨基丙基)烷基酰胺 $CH_3(CH_2)_n—C(=O)—NH—(CH_2)_3—N(CH_3)_2$ 式中，n = 10，12，14，16，$—N(CH_3)_2$ 也可以是$—N(C_2H_5)_2$	对一水硬铝石捕收性能好	赵世民等，有色金属，2004(2)：84~87 赵世民等，中国矿业大学学报(科技版)，2004(1)：70~73
N-(2-氨基乙基)萘二酰胺 (萘环)$CH_2—C(=O)—NH—CH_2CH_2NH_2$	捕收铝硅酸盐矿物，浮选叶蜡石效果好，回收率90.4%，对高岭石和伊利石浮选回收率分别为94.1%和39.8%	Zhao S. M，Minerals Eng，2003(10)：1031~1033
胺类阳离子捕收剂	捕收石英及其他硅酸盐。用于赤铁矿反浮选，以及从磷灰石、重晶石、菱镁矿中浮石英	美国专利3078966
十八碳胺或混合胺	从钾石盐矿中对KCl-NaCl饱和溶液分选KCl	矿山技术，1972(2)：1~8
DM-2捕收剂(二甲基二烷基氯化铵)，其中烷基为$C_{10\sim20}$混合原料	浮选烧绿石效果很好	CA 74，15016
十八胺醋酸盐	从含锌14%的硅酸锌中浮选可获得含Zn 45%，回收率86%的精矿	CA 64，10813
醚胺+含氮两性捕收剂 1. $R(OC_nH_{2n})_m(NHC_aH_{2a})_bNH_2$ $R=C_6\sim C_{18}$烃基 n，a=2，3m，b=0~4 2. 氨基酸	用$C_{10}H_{21}O(CH_2)_3NH(CH_2)_3NH_2$和$C_8H_{17}OCH_2C(OH)H(CH_2)_2NHCOOH$混合浮选赤铁矿、石英、磷灰石，铁回收率80.0%，单用后者浮选回收率只有74.7%	CA 106，199700
氨基酸	用上述后一种药剂浮选柿竹园白钨矿，可从含0.48% WO_3的给矿，得到品位大于66% WO_3，回收率大于75%	CA 107，100163
甲基丙烯酸丁酯与2-甲基-5-乙烯基吡啶的共聚物	起泡性捕收剂，浮选黄铜矿	前苏联专利822903
$H_2C=C(CH_3)COO(CH_2)_2N(CH_3)_2+CH_3COOCHCH_2$共聚物季铵盐，以及聚[1，3-双(二甲氨基)异丙基-甲基丙烯酰酯和甲基丙烯腈-甲基丙烯酸共聚物]	用所列三种化合物从钾盐矿中浮选分离黏土矿物的捕收剂	白俄罗斯专利810286，818655，839579

续表 7－16

捕收剂名称	作用矿物	资料来源
椰子油胺醋酸盐	浮选铬铁矿	CA 96，22916
羊脂二胺的双油酸盐	不加HF酸条件下浮选长石，可提高品位及收率	CA 97，40964
$ROOCCH_2N(CH_3)_2(CH_2)_2N—(CH_3)_2CH_2COOR$　R = C_{10} 或 C_{12} 烷基	浮选亲油性微粒硫	CA 97，40964 Braz Pedido PI 8102947（1982）
3－异辛氧基丙胺醋酸盐和3－异癸氧基丙胺醋酸盐混合物	作为氧化铁矿中石英脉石的捕收剂	美国专利4319987 CA 97，9650
戊基苯醚胺	浮选磷矿效果比塔尔油脂肪酸与二乙基三胺的缩合物好	CA 96，100413； CA 96，38788（1982）
脂肪二胺（Duomoeen TDO） $R—NH—(CH_2)_3NH_3$	在无氟化物的矿浆中分选长石与石英，无氟污染	CA 95，89065
脱氢松香胺的醋酸盐	作捕收剂浮选 UO_3^-、MoO_4^{2-}、WO_4^{2-}	CA 95，137225，96，89091
烷基酰胺己酸盐及烷基酰胺醋酸盐	锡石捕收剂	CA 97，9550（俄罗斯）
十六烷氨基二乙酸	锡石浮选捕收剂	朱建光，中南矿冶学院学报，1982
$R—CONHCH_2CH_2OH$，系由 $C_{10\sim16}$ 的合成脂肪酸与乙醇胺合成	浮选细粒分散锰矿	CA 95，118878 USSR 825159（1981）
十六烷基三甲基溴化铵	在酸性介质中浮选高岭石有良好可浮性	Minerals Engineering，2003，16（11）
季铵盐	浮选水铝石型铝土矿，回收率大于86%	Minerals Engineering，2003，17（1）：63～68
烷基吗啉 $O\langle{}^{CH_2—CH_2}_{CH_2—CH_2}\rangle N—C_nH_{2n+1}$ （n＝12～22）	石盐（NaCl）的新型捕收剂，以十六烷基吗啉和十八烷基吗啉混用对石盐的可浮性最好	季特科夫S. D，国外金属矿选矿，2004（6）；2004（8）
醚胺与油酸钠	反浮选赤铁矿，先用阴离子浮选方解石和石英后，再用阳离子醚胺浮选绿泥石	金属矿山，2004（2）：32～34
新型阳离子捕收剂和组合剂 $w(CS_2)/w(CS_1)=2$	铁矿反浮选脱硅，在pH值6～12之间，捕收能力与十二胺相当，但选择性更好，回收率提高8.32%（品位与后者相同时）	中国矿业，2004（4）：70～72

续表7-16

捕收剂名称	作用矿物	资料来源
阳离子捕收剂YS-73（效果相当于美国的醚胺MG87）	弓长岭选厂磁选精矿提高精矿铁品位降硅，并工业试验及运行，生产指标稳定	金属矿山，2004（3）：7~19
两性聚丙烯酰胺	工业废水处理絮凝剂	甘肃冶金，2003（增）：51~53
三元共聚物PDA（由阳、阴两种离子单体三元聚合）	絮凝剂，处理赤泥比用常规的阴、阳、非离子聚丙烯酰胺好	甘肃冶金，2003（增）：62~63
烷基胺（含一元胺、二元胺、多胺、醚胺和醚多胺）与羧酸（含$C_{3\sim24}$脂肪酸或$C_{7\sim12}$的芳香羧酸）混合	反浮选磁铁矿中的石英	Cotton Joe, W C A, 1988, 129, 70177 Gefver, David L, et al. W C A, 1988, 129, 70178
AZ-36A胺与油酸钠混用	浮选含有石英脉石的磷酸盐矿比单独用油酸钠选择性更好	美国专利4725351
十二胺与仲辛基黄药	组合使用，浮选氧化锌矿	有色金属（选矿部分），1987（5）：12~17
十二胺与油酸组合	萤石捕收剂	CA 105，67144（1986）
C_{10}醚二胺与C_8醚胺乙酸	组合作赤铁矿分选提纯药剂	CA 106，199700
$C_{17\sim22}$合成脂肪胺	钾盐矿捕收剂	CA 104，71129
Arsurf MG 98（醚胺）	添加辛醇共作铁矿反浮选捕收剂	CA 103，145272
二元胺 $RNH(CH_2)_4—NH_2$ $R=C_{14\sim18}$的饱和或不饱和烃	浮选氧化铜及白钨矿。浮选白钨精选分离石英比一元胺好。在长石、石英分离中二元胺比一元胺选择性更好。短链二元胺如乙二胺磷酸盐，丙二胺磷酸盐可以显著提高黄药浮选氧化铜的回收率（作调整剂）	美国专利3976565
聚乙烯醋酸酯与十二胺盐酸盐溶液聚合复合物	这种由十二胺盐酸盐与聚乙烯醋酸酯生成的聚合复合捕收剂，浮选磁铁矿效果比十二胺好，而且适应浮选的pH值范围宽（不局限在碱性介质中），在使用$BaCl_2$作铁的抑制剂时，用复聚捕收剂时浮选不受影响	G G Higi, Bull, Mining Met, 718（1966）：C240

自从颇具代表性的美国蒂尔登选矿厂20世纪80年代前后应用选择性絮凝脱泥-阳离子型胺类捕收剂反浮选新技术选别低品位、细粒嵌布赤铁矿矿石工艺取得成功，可谓是把阳离子胺类捕收剂的研究与应用向前推进了一步，也是该类药剂在选矿中的地位、作用提升的转折点。

美国共和选矿厂阳离子反浮选法用于选别用脂肪酸正浮选后得到的含铁61.7%的铁精矿。主要做法是：将正浮选精矿浓缩过滤后，再磨至小于0.044mm占80%~82%，通蒸汽加热调浆至矿浆温度98.3℃，然后再加水至温度为60℃进行一次精选，50℃进行二次精选，46.7℃进行三次精选。反浮选的铁精矿含铁66.9%，含硅4.0%，铁矿物回收率为97.8%。美国恩派尔选矿厂阳离子反浮选工艺主要用于选别两段磁选后含铁63%的铁精矿。加拿大塞普特伊利斯选矿厂处理的非磁铁矿原矿品位较高，为含铁53%~60%，原矿磨矿后直接采用阳离子反浮选，最终精矿 SiO_2 含量降至5.5%，铁矿物回收率在90%以上。巴西萨马尔科选矿厂虽然处理的非磁铁矿原矿品位与加拿大塞普特伊利斯选矿厂相近，但选别工艺较加拿大塞普特伊利斯选矿厂复杂。原矿磨矿后，要预先经过两段旋流器脱泥后再用阳离子反浮选，最终精矿含硅较低，为2%以下，铁矿物回收率在90%以上。

利用烷基胺与羧酸混合可增加胺的流动性和稳定性，将其组合成为良好的捕收剂。所用的胺有各种烷基胺、烷基二胺、烷基多胺、醚胺和醚多胺；所用羧酸是含 $C_{3\sim24}$ 的脂肪羧酸，或 $C_{7\sim12}$ 的芳香族羧酸，在它们混合时，部分胺被羧酸中和，在浮选过程中很稳定。将醚胺用质量分数40%的 $C_{9\sim13}$ 脂肪族羧酸中和，用来反浮选磁铁矿中的石英，矿浆浓度为35%，pH=11，浮选除去石英和杂质，得到Fe品位66.74%~67.7%，回收率81.0%~92.9%的铁精矿，而单用醚胺，只得到Fe品位67.01%~67.7%，回收率80.5%~91.0%的浮选指标。

如用Arosurf MG-98胺中和质量分数30%的 $C_{5\sim10}$ 脂肪族羧酸，配成0.02%水溶液，用来浮选赤铁矿，矿浆浓度为35%，pH=10.5时，得到Fe品位60.0%~61.1%，回收率58.8%~77.7%的铁精矿，如单用Arosurf MG-98胺，精矿Fe品位53.3%~55.5%，回收率只有59.3%~61.3%。

美国化学文摘介绍有人用代号为HOEF1940的胺反浮选磁铁矿，该矿石含铁36%、含硅37.8%、含MgO 6.5%和0.54%的铝土矿。主要矿物是闪石（42%）、磁铁矿（39%）和石英（14%）。先用弱磁选得到含铁66.6%、含硅6.4%的精矿，铁回收率72%；将这种精矿进行反浮选，提高铁的品位，降低硅的含量，最好的捕收剂是HOEF1940胺类捕收剂，用量为100g/t，配合抑制剂淀粉150~300g/t使用，在pH=8.5~9.0范围内浮选，经过多次磨矿和反浮选，得到含铁69.08%、含硅2.89%的精矿，回收率64.38%，在最佳的情况下回收率可达70%。

我国铁矿用胺类阳离子捕收剂反浮选历史不长，20世纪70年代开始做研究工作，20世纪80年代初这一工艺在鞍钢烧结总厂经工业改造成功投产；

2001年又在鞍钢弓长岭矿业公司进行了磁选精矿反浮选提铁降硅试验；此后，又有报道，弓长岭采用十二胺阳离子反浮选在弓长岭选厂二选车间的阶段磨矿—磁矿—再磨的基础上进行“提铁降硅”工艺流程改造，最终获得了铁精矿品位Fe68.85%、含 SiO_2 3.62%的浮选指标。

葛英勇等采用新型捕收剂GE－601反浮选某磁铁矿，药剂用量为162.5g/t，经过两次粗选，两次扫选，可获得精矿品位Fe69.31%、回收率97.90%，尾矿Fe17.60%，回收率2.10%的良好指标。并且分别在8、12、25℃进行了开路试验，从试验的结果可知：在8～25℃的区间内，GE－601的捕收性能和分离选择性几乎不受温度的影响，各种温度试验点的指标相当。用 $C_{10\sim13}$ 醇合成的醚胺醋酸盐对司家营矿进行反浮选试验，药剂用量在450～600g/t，铁精矿品位一般在65%以上，回收率80%左右。

我国中南大学等许多单位在胺类药剂的制备与应用方面做了许多工作。先后合成了N－烷基1，3－丙二胺类（$RNHCH_2CH_2CH_2NH_2$），N－3－氨基丙基烷基酰胺类［$RC(O)NHCH_2CH_2CH_2NH_2$］，N－3－二甲基氨基丙基脂肪酰胺［$RC(O)NHCH_2CH_2CH_2N(CH_3)_2$］和N－3－二乙基氨基丙基脂肪酰胺［$RC(O)—NH(CH_2)_3—N(C_2H_5)_2$］类的浮选捕收剂。例如通过月桂胺与丙烯腈在20～25℃反应生成月桂胺基丙腈，然后在高压下用兰尼镍作催化剂（工业生产法）进行加氢合成，或者是用金属钠和酒精在45～50℃条件下还原月桂胺基丙腈（实验室合成法）生成N－十二烷基－1，3－丙二胺。反应式为：

$$C_{12}H_{25}NH_2 + CH_2{=}CHCN \xrightarrow{20\sim25℃} C_{12}H_{25}NHCH_2—CH_2CN$$

$$C_{12}H_{25}NHCH_2CH_2CN \xrightarrow[\text{兰尼镍}]{(H)\ \text{压力}} C_{12}H_{25}NHCH_2CH_2CH_2NH_2$$

$$C_{12}H_{25}NHCH_2CH_2CN \xrightarrow[45\sim50℃，\text{还原}]{Na+\text{酒精}} C_{12}H_{25}NHCH_2CH_2CH_2NH_2$$

N－3－氨基丙基十二烷酰胺（或称十二烷酰胺基丙胺）基结构式为：$CH_3(CH_2)_{10}CONHCH_2CH_2CH_2NH_2$，其制备方法是用月桂酸先经过氨化制备月桂酰胺，然后再与氯丙腈反应生成月桂酰胺基丙腈，经加氢还原制得N－3－氨基丙基十二烷基酰胺。

梅辉等在合成了阳离子捕收剂N－十二烷基－1，3－丙二胺的基础上，通过与十二胺的对比试验，最终发现，在相同的试验条件下，对于赤铁矿脱硅反浮选，N－十二烷基－1，3－丙二胺是一种比十二胺更好的反浮选阳离子捕收剂。

胡岳华等用N－（3－氨基丙基）月桂酰胺［$CH_3(CH_2)_{10}CONHCH_2CH_2CH_2NH_2$］作捕收剂对高岭石、伊利石和叶蜡石的浮选性能进行理论研究。试验结果表明，它对上述三种硅铝酸盐都有较好的捕收性能，对高岭石、伊利石和叶蜡石的浮选回收率分别在91%、90%和96%以上，矿浆pH值对这三种矿物的可浮性影响较小，在一个较宽的pH值范围内，这三种矿物的ζ-电位均为负值，矿粒表面荷负电。红外光谱证明，这三种矿物均含有—OH基团，在酸性介质中捕收剂分子通过静电引力，吸附在矿粒表面上，碱性介质中捕收剂通过氢键吸附在矿粒表面而引起浮游。

赵世民等先后对下列一系列阳离子药剂进行了研究。

（1）对N-（3-二乙基氨基丙基脂肪酸酰胺）阳离子捕收剂浮选一水硬铝石的机理进行了研究。矿浆的ζ-电位测定结果表明一水硬铝石矿浆等电点约为pH=6.2，在等电点附近，一水硬铝石回收率最高，达到99.8%以上，碱性条件下一水硬铝石回收率急剧下降，增加捕收剂用量可有效地提高一水硬铝石回收率，该类捕收剂主要通过静电力方式吸附在矿粒表面上，使烃基疏水，使矿粒上浮。

（2）用N-（3-二甲基氨基丙基脂肪酸酰胺）浮选一水硬铝石，该系列药剂的通式如下：$CH_3(CH_2)_nCONH(CH_2)_3N(CH_3)_2$，式中$n=10$、12、14和16。这类药剂与N-（3-二乙基氨基丙基脂肪酸酰胺）相似，只在分子中用后者的—$N(CH_3)_2$代替前者—$N(C_2H_5)_2$而成。该类捕收剂对一水硬铝石单矿物浮选结果表明，回收率达到99.7%以上，在等电点附近，回收率最高，在碱性条件下回收率急剧下降，它的捕收性能和作用机理与N-（3-二乙氨基丙基）脂肪酸酰胺相同。

（3）用N-（3-氨基丙基）十二烷酰胺浮选硅铝酸盐。N-（3-氨基丙基）十二烷酰胺有下述结构式：$CH_3(CH_2)_{10}C(O)$—$NHCH_2CH_2CH_2NH_2$。在高岭石、伊利石和叶蜡石3种硅酸盐矿物浮选试验中，伊利石、叶蜡石和高岭石的单矿物回收率分别达到90.6%、96.3%和91.5%。

（4）用N-（2-氨基乙基）萘乙酰胺捕收铝硅酸盐矿物。N-（2-氨基乙基）有下述结构式：

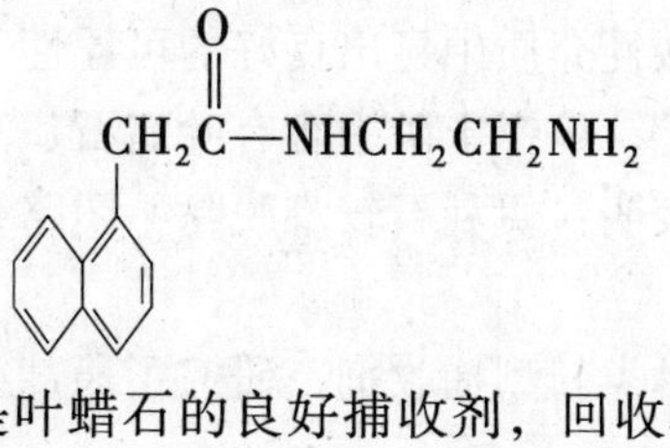

$$C_{10}H_7-CH_2C(=O)-NHCH_2CH_2NH_2$$

试验结果表明，它是叶蜡石的良好捕收剂，回收率达到90.4%，而高岭石和伊利石浮选回收率较低，分别为41.1%和39.8%。

据资料报道，以石人沟铁矿精矿粉为原料生产超级铁精矿，用十二胺作为捕收剂进行了磨矿—反浮选、分级—反浮选和分级—低磁场磁选等试验，并按磨矿—反浮选方案建成了生产超级铁精矿的选矿厂，得到了优良的浮选指标。

以细粒嵌布的鞍山式磁铁矿精矿为原料，采用弱磁—重选—阳离子反浮选工艺，在反浮选中用十二胺60g/t、$Na_2CO_3$1500g/t、淀粉100g/t，闭路试验可得TFe72.04%，$SiO_2$0.26%的超级铁精矿。

用醚胺与油酸钠反浮选赤铁矿。试样含方解石13%、石英10%、绿泥石8%和镜铁矿。先用阴离子捕收剂油酸钠将矿浆中的方解石和石英浮出后，采用阳离子捕收剂醚胺浮选绿泥石，呈现良好的选择性，试验结果获得品位和回收率分别为65.28%和79.05%的指标。

有资料报道：

用阳离子YS-73捕收剂反浮选—磁选联合流程对弓长岭选矿厂磁选精矿进行提高铁品位降硅试验，一年多工业试验和运行结果表明，工艺流程顺利，生产指标稳定，浮选铁精矿铁品位达到68.8%，铁回收率达到98.50%，所用浮选捕收剂YS-73已用于工业生产。这一结果与美国、加拿大等国利用Arosurf MG83（醚胺类）作捕收剂，MIBC为起泡剂对磁铁矿（或赤铁矿）采用磁选—反浮选流程所生产的铁精矿品位68%~69%的结果相当。表明我国该项选矿技术已达到世界先进水平。

用新型阳离子捕收剂和组合剂（$w(CS_2)/w(CS_1)=2$）进行了铁矿反浮选脱硅试验，试验结果表明，在pH=6~12范围内，它们的捕收能力与十二胺相当，但选择性更好。新组合药剂在获得与十二胺相近铁品位的前提下，铁回收率提高了8.32%，同时对硬水有较好的适应性，铁精矿品位仍可保持在69%以上，回收率90%以上，可见新组合药剂是铁精矿反浮选的有效捕收剂。

有一篇资料报道了季铵盐的溶液化学特性。浮选高岭石的十六烷基三甲溴化铵。药剂结构式为：$CH_3(CH_2)_{14}CH_2N(CH_3)_3Br$。在水中电离产生十六烷基三甲铵正离子，属阳离子捕收剂，高龄石的等电点为pH=4.3，在高岭石电位为负值时，阳离子捕收剂在高岭石上的吸附率比在酸性pH值条件下吸附率要高，由于高岭石晶体边缘和底面电荷不同，矿粒间的静电有可能导致浮选聚集现象，从而使高岭石在酸性介质中显出良好的可浮性。在另一报道中，用季铵盐反浮选水铝石型铝土矿，该铝土矿中含有叶蜡石、高岭石和绿泥石等多种铝硅酸盐矿物。试验结果表明：伊利石较难脱除，闭路结果铝土矿精矿回收率大于86%。

有人研究了烷基吗啉类新型捕收剂，研究了药剂结构特征、属性以及对石盐的选择性捕收能力。烷基吗啉有下述结构式：

$$O\begin{matrix} \diagup CH_2CH_2 \diagdown \\ \diagdown CH_2CH_2 \diagup \end{matrix} N—C_nH_{2n+1}$$

，式中$n=12\sim22$。在它的结构式中有三个碳原子与N直接连接，属于叔胺，是石盐（NaCl）的新型捕收剂，它分子中的氧原子与两个碳相连，属醚的结构，该氧原子与石盐表面上的水合钠离子之间生成氢键而吸附在石盐上。研究表明，它吸附在光卤石（$KCl \cdot MgCl_2$）表面少，而吸附在石盐表面多，因此对石盐捕收力强，对光卤石捕收力弱，通过精选将石盐浮出，光卤石为槽内产品，石盐回收率很高。采用十六烷基吗啉和十八烷基吗啉混用对石盐的可浮性最好。

使用十六烷基吗啉和十八烷基吗啉混合对石盐的可浮性之所以最好，推断认为与烷基吗啉分子中既有叔胺基又有醚基，可以看做是醚胺，它可能具有两个吸附中心，除氧原子吸附于石盐表面外，氮原子也会有吸附作用；两种药剂混合使用，由于组合药剂的协同效应，从而进一步增强了药剂的效能。

据报道含有醇基（羟基）的氨基化合物可作为有效的活化剂。例如以Pb-Zn-Fe硫化矿作浮选对象，用2-氨基乙醇、2，3-二氨基-1-丙醇或羟基吡啶及羟基嘧啶作活化剂都有效，当用氨基乙醇作活化剂时，Pb+Zn回收率为75%，而用羟基吡啶作活化剂Pb+Zn回收率为92.68%。有人在氧化铜矿或硫化铜矿浮选时，用NaHS作活化剂，在一定pH值和电化学电位时铜回收率为60%；用硫化氢气体代替NaHS作活化剂，回收率比用NaHS高3%。因此可以认为H_2S的活化性比NaHS强。

多胺类化合物，例如像二乙基三胺和三乙基四胺，它们的结构式如下：

$NH_2CH_2CH_2NHCH_2CH_2NH_2$ （二乙基三胺）

$NH_2CH_2CH_2NH—CH_2CH_2NH—CH_2CH_2NH_2$ （三乙基四胺）

这类化合物是一种很强的螯合剂。由于N—N之间由乙烯基相连，相邻氮原子因其各自的孤对电子极易与金属离子形成螯合物。据报道它们是磁黄铁矿的优良抑制剂。

这类多胺能在矿浆中控制金属离子的浓度，在进行镍黄铁矿和磁黄铁矿的浮选分离时，当有此类多胺存在时，黄药对磁黄铁矿的吸附能力减弱，使磁黄铁矿受到抑制。若将其与$Na_2S_2O_5$（重亚硫酸钠）匹配使用，镍黄铁矿与磁黄铁矿浮选分离效果更好，使其抑制磁黄铁矿的能力进一步增强。

7.6 两性选矿药剂

浮选工艺是矿物加工过程中最为重要的一环。对捕收剂而言，依据捕收剂极性基的特性和它在水溶液中分离出的疏水性离子或基团，分为阴离子型捕收剂、阳离子型捕收剂、非离子型捕收剂以及两性捕收剂。前三类药剂在前述各章和后述各章节中已经讨论或者还会继续进行讨论。本节将讨论两性药剂。

两性药剂源于两性表面活性剂，在浮选中称作两性捕收剂。两性捕收剂就是分子中同时具有阴离子表面活性中心以及阳离子表明活性中心。即分子中既带有阴离子基团同时又带有阳离子基团的一类有机复极性化合物。两性捕收剂的特点是随介质条件的变化，既可呈现为疏水性的阴离子，也能呈现为疏水性的阳离子。

两性表面活性剂早在1930年就有研究报道，真正在工业上有了产品生产和应用是在20世纪60年代。到1966年美国总产量也不足3000t，到了1970年以后，才被应用到选矿中。当今两性表面活性剂生产应用已经有了量和质的发展，广泛用作杀生剂（杀菌剂）、纤维柔软剂、各种工业用助剂以及用于日用洗涤化妆用品等方面；在矿物加工中两性药剂已经不再局限于捕收剂。

两性捕收剂的通式为：$R_1X_1R_2X_2$，其中R_1为较长的烃链（如C_8~C_{18}的烷烃）；R_2为一个或多个较短的烷基，或芳基、环烷基等；X_1为一个或多个阳离子基团（即阳离子官能团）；X_2为一个或多个阴离子基团（即阴离子官能团）。两性捕收剂在分子结构上至少应带一个阳离子基团，一个阴离子基团，一个较短的烃基和一个较长的烃链，有的也可是较长的有机硅基团，如：

$$-O-\underset{CH_3}{\overset{CH_3}{\underset{|}{\overset{|}{Si}}}}-O-\underset{CH_3}{\overset{CH_3}{\underset{|}{\overset{|}{Si}}}}-O-\underset{CH_3}{\overset{CH_3}{\underset{|}{\overset{|}{Si}}}}-O-$$

两性捕收剂的阴离子功能团和阳离子功能团的种类比较多。主要的功能基如表7－17所列。

表7－17　在两性捕收剂中的阳离子和阴离子功能团

阴离子功能团	阳离子功能团	组合类型实例
羧基—COOH	胺基—NH_3^+	N－烷基氨基乙酸（$R-CH_2NHCH_2COOH$）
磺酸基—SO_3H	季铵盐基—NH_4^+	N－烷基氨基牛磺酸（$RCH_2-NH-CH_2CH_2-SO_3H$）
巯基—SH（黄原酸基—CSSH）	胂基—AsH_3^+	N－芳基氨基膦酸［$Ar-N(CH_2PO_3H)_2$］
砷酸基—AsO$(OH)_2$	胂盐—AsH_4^+	烷氨基黄原酸（或盐），如 $\underset{C_2H_5}{\overset{C_2H_5}{N}}-CH_2CH_2OCSSH$（Na，K）
硫酸基—SO_4H	膦基—PH_3^+	参见表7－16，表7－18
膦酸基—PO$(OH)_2$和 磷酸基—O－PO$(OH)_2$	膦盐—PH_4^+	

根据表7－17所列的阴、阳离子功能团，可以排列组合合成不同的两性药剂，可以依据分子结构极性基与非极性基的特性，药剂在选矿中的作用（捕

收剂、调整剂等）以及矿物特性进行分子设计。

两性捕收剂的解离性质，例如氨基酸在水溶液中的解离，主要取决于介质的酸碱度。现以烷基氨基异丁酸为例分述如下：

（1）在酸性介质条件下的解离。在酸性介质条件下，由于氨基氮原子上独对电子的影响，易吸引介质中的 H^+ 质子而使捕收剂荷正电，使之成为具有铵型性质的阳离子捕收剂。反应如下：

$$RNHCH(CH_3)CH_2COOH + H^+ \rightleftharpoons RNH_2^+CH(CH_3)CH_2COOH$$

（2）在碱性介质条件下的解离。在碱性介质条件下，因羧基（—COOH）易解离成阴离子（$—COO^-$），这时便成为具有羧酸型性质的阴离子捕收剂，反应为：

$$RNHCH(CH_3)CH_2COOH + OH^- \rightleftharpoons RNHCH(CH_3)CH_2COO^- + H_2O$$

（3）在特定 pH 值条件下的解离。在特定 pH 值条件下，药剂的解离阳离子性与阴离子性可达到平衡状态，使整个捕收剂分子的电性为零而成为一种中性的偶极子，这时分子组成结构可表示为：$R_1N^+H_2R_2COO^-$，通式为 $R_1X_1^+R_2X_2^-$。换言之，整个捕收剂分子处于等电点（或零电点）状态，此时矿浆的 pH 值可称为零电点 pH 值。例如，适量的酸加入两性捕收剂的碱性溶液中，阳离子性质与阴离子性质达到平衡，出现一个“等电点”，形成一种同时具有阴离子与阳离子性质的离子。以 N-椰油基-β-氨基丙酸钠为例，用反应方程式表示其平衡及向左向右移动的可能条件：

$$\underset{\text{酸性范围}}{Cl^-RN^+H_2CH_2CH_2COOH} \underset{H^+}{\overset{OH^-}{\rightleftharpoons}} \underset{\text{等电点范围}}{R—N^+H_2—CH_2CH_2COO^-} \underset{H^+}{\overset{OH^-}{\rightleftharpoons}} \underset{\text{碱性范围}}{RNHCH_2CH_2COO^-M^+}$$

它的“等电点”范围为 pH = 2.1 ~ 4.2。在等电点状态时药剂的解离程度最小，溶解度也较小。

两性捕收剂的名称、结构以及某些常用两性药剂的等电点（或零电点）如表 7-18 所示。

表 7-18 两性表面活性剂（两性捕收剂）

化学名称	分子结构	等电点（或零电点）
N-椰油基-β-氨基丙酸钠	$R—NHCH_2CH_2COONa$ $R = C_8$ 占 3% $= C_{10}$ 占 5% $= C_{12}$ 占 50% $= C_{14}$ 占 23% $= C_{16}$ 占 11% = 油酸烯烃基 5% = 硬脂酸烷烃基 3%	等电点 pH = 2.1 ~ 4.2 (deriphat151)

续表 7-18

化学名称	分子结构	等电点（或零电点）
N-牛油基-β-亚氨基二丙酸钠	$RN(CH_2CH_2COONa)_2$ $R = C_8 \sim C_{12}$ 0.5% C_{14} 2.5% C_{16} 28% 油酸烯烃基 42% 硬脂酸烷烃基 26%	等电点 pH = 1.3~4.7 (deriphat 154C)
N-月桂基-β-亚氨基二丙酸一钠	$R—N<^{CH_2CH_2COOH}_{CH_2CH_2COONa}$ $R = C_{12}H_{25}—$	等电点 pH = 1.7~3.5 (deriphat 160C)
N-羧甲基-N-椰油基-N-二甲基-氢氧化铵	$R—{}^+N(CH_3)_2—CH_2COO^-$ R = 椰油基	
N-羧甲基-N-(9~18烯基)N-二甲基氢氧化铵	$R—{}^+N(CH_3)_2—CH_2COO^-$ R = 9~18 烯基	
(1-羧基-十七烷基)三甲基氢氧化铵	$R—CH(COO^-)—N^+—(CH_3)_2$ $R = C_{16}$	
(1-羧基-十一烷基)三甲基氢氧化铵	$R—CH(COO^-)—N^+—(CH_3)_2$ $R = C_{10}$	
十二烷基二(胺基乙基)甘氨酸盐酸盐	$C_{12}H_{25}NHC_2H_4NHC_2H_4NHCH_2COOH \cdot HCl$	Tego 系两性表面活性剂
N-椰油酰基-N-羟乙基氨基乙酸钠	$R—CO—N(CH_2CH_2OH)—CH_2COONa$	
N-硬脂酰基-N-羟乙基氨基乙酸钠	$R—CO—N(CH_2CH_2OH)—CH_2COONa$	
N-羟乙基-N-月桂酰-β-氨基丙酸钠	$C_{11}H_{23}—CO—N(CH_2CH_2OH)—CH_2CH_2COONa$	
2-烷基-1-羧甲基-1-羟乙基-1-氢氧化咪唑季铵	咪唑啉环：$CH_2—CH_2$，N=C(R)，季铵 N 上连 CH_2CH_2OH、CH_2COONa、OH	
N-十六烷基-α-氨基乙酸	$CH_3(CH_2)_{14}CH_2NHCH_2COOH$	4.5

续表 7-18

化学名称	分子结构	等电点（或零电点）
N-椰油基-β-氨基异丁酸	$RNH—CHCH_2COOH$ $\vert$ CH_3	4.1
N-十二烷基-β-亚氨基二丙酸	$C_{12}H_{25}N—CH_2CH_2COOH$ $\vert$ CH_2CH_2COOH	3.7
N-十四烷基牛磺酸	$CH_3(CH_2)_{12}CH_2NHCH_2CH_2SO_3H$	约1.0
N-十二烷基-β-氨基丙酸	$C_{12}H_{25}NHCH_2CH_2COOH$	4.3
硬脂酸氨基磺酸	$RN(R_1SO_3H)_2$，国外牌号 Flotobel AM 20	6.3~6.6
油酸氨基磺酸	$RN(R_1SO_3H)_2$，国外牌号 Flotobel AM 21	6.3~6.6
N-十二烷基-N-羟基乙基-α-氨基乙酸钠	CH_2CH_2OH $CH_3(CH_2)_{11}—N<$ CH_2COONa	
N-十六烷基亚氨基二乙酸钠	CH_2COONa $CH_3(CH_2)_{15}—N<$ CH_2COONa	
1，1-双（羧甲基）-2-十一烷基-1-氢氧化咪唑季铵盐	$CH_2—CH_2$　CH_2COONa N　　　$N—CH_2COONa$ 　　　　OH C $\vert$ $C_{11}H_{23}$	
丙氧化、硫酸化油酸-乙二胺缩合物	$(C_3H_6O)_aH$ $\vert$　　　　　　　$(C_3H_6O)_bH$ $C_{17}H_{33}CO—N—CH_2CH_2—N<$ 　　　　　　　$(C_3H_6O)_cSO_3H$	
乙氧化、十八烷基-β-氨基丙酸	$(CH_2CH_2O)_aH$ $C_{18}H_{37}N^+—(CH_2CH_2O)_bH$，$a+b=4$ $CH_2CH_2COO^-$	
乙氧化、硫酸化十四烷基季铵盐	$(CH_2CH_2O)_aH$ $C_{14}H_{29}N^+—(CH_2CH_2O)_bH$，$a+b=20$ $CH_2CH_2SO_4$	
乙氧化、磷酸化十六烷基季铵盐	$(CH_2CH_2O)_aH$ $C_{16}H_{33}N^+—(CH_2CH_2O)_bH$，$a+b=4$ $CH_2CH_2—P—ONa$ O^-　O	乳化分散力好，杀菌作用强
乙氧化，氨基十一酸	$(CH_2CH_2O)_aH$ $(CH_2CH_2O)_bH$ N^+ $(CH_2CH_2O)_cH$，$a+b+c=20$ $C_{10}H_{20}COO^-$	
乙氧化，硫酸化烷基胺盐	$R—N—(CH_2CH_2O)_nSO_3Na$ $\vert$ CH_2CH_2OH	

7.6.1 两性药剂理化性质与捕收性能

一些两性捕收剂的溶解度在等电点时，因不发生解离而最小，在等电点pH值的两边的溶解度随pH值的变化而变化。其变化规律分别如图7－6和图7－7所示。

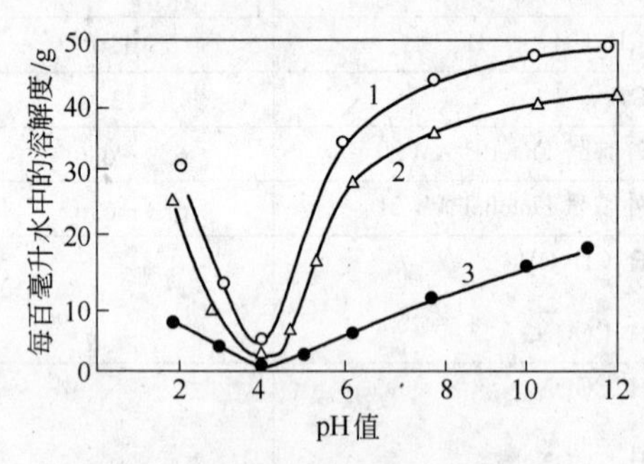

图7－6 烷基氨基丙酸钠在水中的溶解度与pH值的关系

1—正十二烷基亚氨基二丙酸钠；

2—正十二烷基氨基丙酸钠；

3—十八烷基氨基丙酸

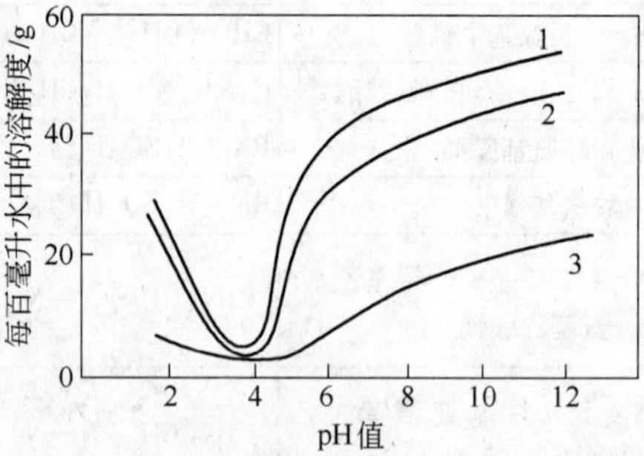

图7－7 两性捕收剂的溶解度

1—N－十二烷基胺基二丙酸钠；

2—N－十二烷基－β－胺基丙酸钠；

3—N－十四烷基－β－胺基丙酸钠

现以二乙氨基乙基黄原酸（或盐）为例，对药剂性质与捕收性能的关系进行讨论，其结构式为：

$$\begin{matrix} C_2H_5 \\ C_2H_5 \end{matrix} \Big\rangle NCH_2CH_2OCSSH \text{ (Na 或 K)}$$

由于它在溶液中的解离性质与介质酸碱度的变化密切相关，即在酸性介质条件下呈阳离子性质；在碱性介质中呈阴离子性质；在特定pH值时则呈中性分子性质不解离。也就是说可以通过调整介质的pH值，来使两性捕收剂产生不同的解离性能。

对氨基酸类两性捕收剂的研究得到如下共识：

（1）两性捕收剂由于在分子结构上带有多个极性基，可以改善药剂的水溶性和抗低温性能。目前较常见的两性捕收剂多为游离的氨基酸类或其钠盐，其中钠盐的水溶性更好。两性捕收剂在水溶液中的溶解度，主要与药剂分子结构中极性基的数目和长烃链的长度有关，而分子中的短碳链对溶解度和浮选性能亦有一定影响。

（2）氨基酸类捕收剂在分子结构中带有羧基和氨基，既能与酸作用生成盐又能与碱作用生产盐，所以它易溶于强酸、强碱及强电解质（如NaCl）

溶液。

（3）多数两性捕收剂都不受硬水和海水的影响或影响较小，所以两性捕收剂有其特殊的工业意义。

（4）氨基酸类捕收剂可与阴离子型捕收剂、阳离子型捕收剂、起泡剂及调整剂等其他药剂配合使用，而不失其特殊性能。

（5）在不同条件（如介质 pH 值、矿物种类）下两性捕收剂既可借助静电引力在荷相反电荷的矿物表面吸附，亦可通过化学键力发生化学吸附（包括络合吸附）。

络合作用作为捕收剂的两性药剂也是很重要的。众所周知，乙二胺四乙酸（EDTA）在分析化学中是应用很广的氨基羧酸络合剂，结构式为：

$$(HOOCCH_2)_2N—CH_2CH_2—N(CH_2COOH)_2$$

它能与多种金属离子生成络合物。氨基酸类两性捕收剂可以看作是将 EDTA 截成 N－二乙酸基，即 $-N(CH_2COOH)_2$，后面接上一个烷基 R，变成 $R—N(CH_2COOH)_2$，这类氨基酸能与诸多矿物的表面生成稳定的络合物，烃基朝外，使矿物表面疏水而起捕收作用。

7.6.2 烷基氨基乙酸的制备及选矿应用

在此介绍两种烷基氨基乙酸药剂：N－烷基氨基乙酸（即 N－烷基甘氨酸）和 N－烷基氨基二乙酸（即 N－烷基二甘氨酸），结构式分别为：

$$R—NH—CH_2COOH \qquad R—N(CH_2COOH)_2, \quad (R \geqslant C_{12})$$

N－烷基氨基乙酸　　　　N－烷基氨基二乙酸

两种化合物的制备方法一样（摩尔比不同）。后一种化合物的制备方法：取纯的一氯乙酸 24g（0.25mol）溶于 100mL 酒精和 10mL 水中，用酚酞作指示剂，用 10mol/L NaOH 中和，再加 12g（0.065mol）正十二胺，将此混合物置于 250mL 圆底烧瓶中，在室温下放置 3 天，然后在水浴上回流 5h（如不在室温放置可回流 10h），在整个反应中，不断加入 10mol/L 的 NaOH，共加入 30mL，在开始阶段碱很快地被消耗，在后阶段，碱消耗得很慢。直至加入

NaOH 后酚酞的红色不消失为止。加入 NaOH 溶液的作用是逐步中和反应中生成的 HCl，使反应顺利进行。反应完毕后，用纯的浓 HCl 酸化反应产物至 pH = 3 ~ 4 时（pH = 3 ~ 4 是这类物质的等电点），在加热的状态下即有大量的白色沉淀析出。反应式如下：

$$R{-}NH_2 + 2ClCH_2COOH \xrightarrow[NaOH]{加热} R{-}N\begin{matrix}\diagup CH_2COOH \\ \diagdown CH_2COOH\end{matrix} + 2HCl$$

$$R{-}N\begin{matrix}\diagup CH_2COONa \\ \diagdown CH_2COONa\end{matrix} + 2HCl \longrightarrow R{-}N\begin{matrix}\diagup CH_2COOH \\ \diagdown CH_2COOH\end{matrix} + 2NaCl$$

将析出的沉淀和母液一起冷却、抽滤、取出沉淀，用 95% 的酒精重结晶三次，用乙醚洗涤一次，在空气中晾干，得白色晶体产品。用相同的方法制得 C_{14}、C_{16}、C_{10} 正烷基亚氨基二乙酸，产率一般在 40% ~88% 左右，都是白色晶体，熔点与文献数据一致。有人用这种方法制得的多种烷基氨基二乙酸的熔点列于表 7 - 18 中。

$R{-}\underset{\displaystyle H}{\underset{|}{N}}{-}CH_2COOH$ 型两性捕收剂的制法与 $R{-}N(CH_2COOH)_2$ 型两性捕收剂的制法相同，但所用一氯乙酸应减少一半，反应产物用丙酮重结晶即得。表 7 - 18 所列为几种烷基氨基乙酸的熔点。

表 7 - 19 烷基氨基乙酸的熔点

名 称	结构式	熔点/℃	备 注
正癸胺二乙酸	$C_{10}H_{21}N(CH_2COOH)_2$	134 ~ 136	白色针状晶体
正十二胺二乙酸	$C_{12}H_{25}N(CH_2COOH)_2$	134 ~ 135	白色小片状晶体
正十四胺二乙酸	$C_{14}H_{29}N(CH_2COOH)_2$	130 ~ 131	白色小片状晶体
正十六氨基乙酸	$C_{16}H_{33}NHCH_2COOH$	174 ~ 176	白色小片状晶体
正十六胺二乙酸	$C_{16}H_{33}N(CH_2COOH)_2$	128 ~ 130	白色小片状晶体

烷基氨基乙酸类药剂在不同的矿浆 pH 值条件下可以浮选捕收不同的矿物，适应性强，应用范围相对宽广，比如它在酸性介质中的作用类似于阴离子捕收剂，在碱性介质中的作用类似于阳离子捕收剂。

十二烷基氨基二乙酸钠可作为铬铁矿、赤铁矿及石英的捕收剂。对黑钨纯矿物捕收性能试验研究结果表明：烷基氨基乙酸中的烷基碳链长度对捕收性能有显著影响，碳原子数在 10 个以下，捕收能力很弱，从 C_{10} 到 C_{16} 碳链愈长捕收能力愈强。

在烷基氨基乙酸分子中，含一个羧基甲基的（$—CH_2COOH$）比含两个羧基甲基的捕收性能好，浮选效果好。在烷基氨基乙酸分子中，含一个羧基甲基的，在 pH = 4 ~ 8 范围内，都可以得到最好的浮选效果，含两个羧基甲基的，只有在 pH = 4.2 ~ 4.5 时，才能得到最好的浮选效果。所以含一个羧基甲基的，比较容易控制矿浆的 pH 值。它们对黑钨的捕收性能成下列顺序：

正十六胺乙酸 > 正十六胺二乙酸 > 正十四胺二乙酸 > 正十二胺二乙酸 > 正癸胺二乙酸

朱玉霜等用十六烷基氨基二乙酸（又称十六烷基亚胺基二乙酸）浮选浒坑黑钨粗精矿，当给矿 WO_3 品位为 2.16% 时，在 pH = 4.5，捕收剂用量 200g/t 的条件下，进行一次精选，可获得 WO_3 品位为 16.8%，回收率 85.58% 的精矿，富集比达 7.8 倍。同时，用该捕收剂对锡石单矿物及矿泥进行了试验，效果也不错。对锡石多金属硫化矿泥的试验是先用黄药浮选硫化矿，再在碱性矿浆中浮选方解石，最后用 H_2SO_4 调浆至 pH = 4.5 以下时浮选锡石得粗精矿。

昆明冶金研究院曾用 N－十二烷基氨基二乙酸钠浮选硅孔雀石纯矿物，试验结果如图 7－8 所示。用 N－十二烷基氨基二乙酸钠浮选孔雀石的试验结果如图 7－9 所示，用 N－十二烷基氨基二乙酸钠浮选其他铜矿的试验结果如图 7－10 所示。

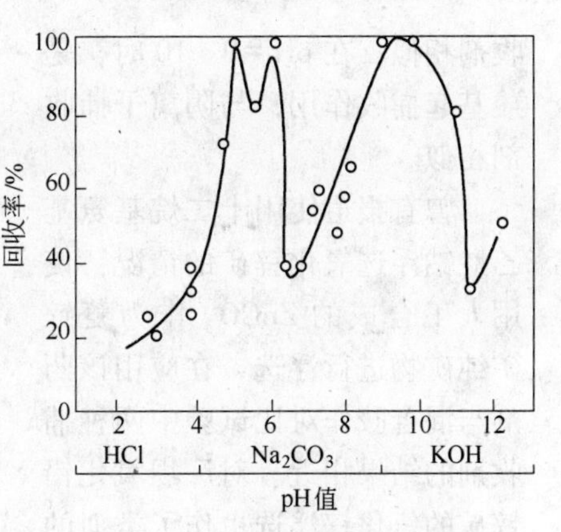

图 7－8 N－十二烷基氨基二乙酸钠（2×10^{-4}mol/L）浮选硅孔雀石

从图 7－8 可以看出，用 N－十二烷基氨基二乙酸钠浮选硅孔雀石纯矿物的结果说明，在捕收剂浓度为 2×10^{-4} mol/L 的条件下，pH = 5 和 pH = 9 ~ 10 两个区间，硅孔雀石全部浮游。从图 7－9看出，用 N－十二烷基氨基二乙酸钠的同系物浮选硅孔雀石纯矿物，以烷基中含 10 个碳原子的为最好，多于或少于 10 个碳原子的都较差。从图 7－10 看出，用 N－十二烷基氨基二乙酸钠浮选孔雀石、蓝铜矿、赤铜矿、黑铜矿纯矿物，在较宽的 pH 值范围内，孔雀石、黑铜矿能完全浮起；蓝铜矿在 pH = 8 时能全浮，赤铜矿浮得较差，在 pH = 9 ~ 10 时，回收率最高达 85%。

用 N－十二烷基氨基二乙酸钠为捕收剂，浮选阿尔巴尼亚铬铁矿，选择性较好，试验结果如图 7－11 所示。从图 7－11 看出，pH = 3 ~ 4 和 pH = 9 ~ 10 有两个最高的回收率，这表明在 pH = 3 ~ 4 时是氨基起捕收作用，与阳离子捕

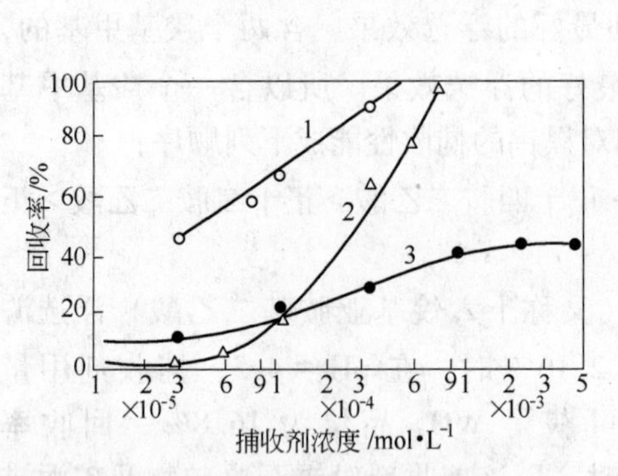

图7-9 N-烷基氨基二乙酸浮选硅孔雀石

1—N-癸基氨基二乙酸钠；
2—N-十四烷基氨基二乙酸钠；
3—N-己基氨基二乙酸钠

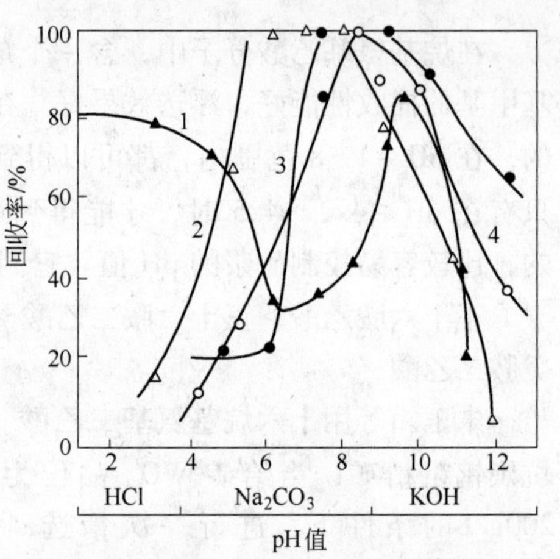

图7-10 N-十二烷基氨基二乙酸钠（2×10^{-4}mol/L）浮选单矿物试验结果

1—赤铁矿；2—黑铜矿；
3—孔雀石；4—蓝铜矿

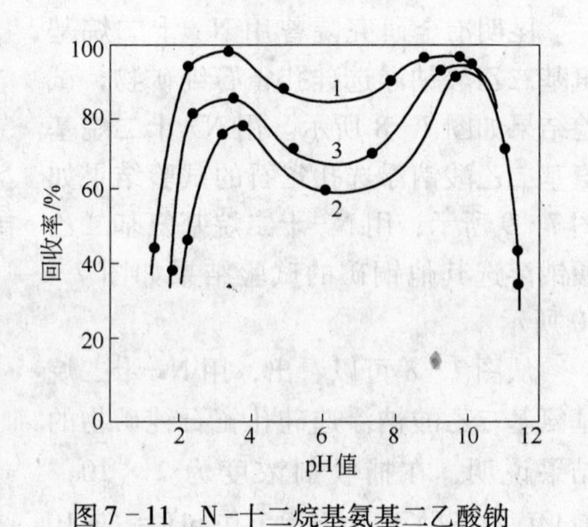

图7-11 N-十二烷基氨基二乙酸钠（1×10^{-4}mol/L）浮选阿尔巴尼亚铬铁矿结果

1—单用捕收剂；2—三次解吸后的浮选；3—用含50%的平衡阿尔巴尼亚铬铁矿溶液浮选

收剂相似；在pH=9~10时，是羧基起捕收作用，与阴离子捕收剂相似。

曾有报道使用十二烷基氨基乙酸钠浮选氧化锌矿的情况：使用人工合成的$ZnCO_3$作为菱锌矿纯矿物进行浮选，在应用该药剂与混合胺作对比试验中两种捕收剂的结果相近。对厂坝氧化铅锌矿的氧化锌浮选也作了类似的研究。厂坝氧化铅锌矿矿物组成：硫化矿物主要有黄铁矿、闪锌矿、方铅矿等，氧化矿物有菱锌矿、白铅矿、异极矿。脉石矿物有石英、方解石、重晶石、云母、高岭土、多水高岭土、透闪石、长石、绿泥石、榍石、水铝石等，铅矿物的氧化率89.17%，锌矿物的氧化率68.21%。

浮选试验：用混合胺作捕收剂，浮选的原则流程为：原矿磨至小于0.74mm占65%，铅锌混合浮选，其尾矿进行氧化锌浮选，分别得到铅锌粗精矿、锌粗精矿和尾矿。氧化锌浮选的Na_2S用量为8kg/t，矿浆pH=11.3，混合胺用量200g/t，2号油用量24g/t，混合胺添加是以冰醋酸作溶剂，配成冰醋酸溶液使用，混合胺和冰醋酸质量比为1∶1，锌浮选回路中获得锌粗精矿品位20.44%，回收率60.37%；用十二烷基氨基乙酸钠捕收剂作对比试验是将该药剂与水解聚丙烯腈抑制剂组合试验，组合药剂用量为300g/t，该药方在氧化锌浮选回路中获锌粗精矿品位为22.73%，回收率为63.18%。

按上述两种方案进行闭路试验，闭路试验的流程为：铅锌混合浮选循环为一次粗选，一次扫选，二次精选；氧化锌浮选循环为一次粗选，一次扫选，三次精选。闭路试验结果如表7－20所示。

表7－20 小型闭路试验结果

药剂方案	产品名称	产率/%	品位/%		回收率/%	
			Pb	Zn	Pb	Zn
混合胺	混合精矿	4.72	33.69	12.93	88.08	17.01
	氧化锌精矿	4.66	0.39	40.39	1.00	52.21
	尾矿	90.60	0.22	1.23	10.99	30.78
	原矿	100.00	1.82	3.61	100.00	100.00
AE－12钠盐与水解聚丙烯腈	混合精矿	4.90	33.32	13.11	88.18	17.47
	氧化锌精矿	4.90	0.51	40.41	1.34	53.83
	尾矿	90.20	0.22	1.17	10.48	28.70
	原矿	100.00	1.85	3.68	100.00	100.00

从表7－20看出，用十二氨基乙酸钠盐与水解聚丙烯腈配合使用浮选氧化锌矿石，可获得锌品位40.41%，回收率53.83%的锌精矿；用混合胺浮选，可获得锌精矿品位40.39%，锌回收率52.21%，两者指标颇为接近。

7.6.3 烷基氨基丙酸

烷基氨基丙酸类两性表面活性剂和前一节的氨基乙酸类一样都是重要的两性选矿药剂。其制备方法之一是：利用相应的烷基一胺、二胺或多胺与丙烯酸甲酯作用，生成相应的烷基氨基丙酸甲酯，再经碱皂化水解，即得相应的烷基氨基丙酸钠盐。各种胺与丙烯酸甲酯的作用其反应式如下：

（1）伯胺：

$$RNH_2 + CH_2{=}CHCOOCH_3 \longrightarrow RNHCH_2CH_2COOCH_3 \xrightarrow[\triangle]{NaOH} RNHCH_2CH_2COONa$$

（2）二胺：

$$RNH(CH_2)_3NH_2 + CH_2 = CHCOOCH_3 \longrightarrow$$

$$RNH(CH_2)_3NHCH_2CH_2COOCH_3 \xrightarrow[\triangle]{NaOH} RNH(CH_2)_3NHCH_2CH_2COONa$$

$$R[NH(CH_2)_3]_2NH_2 + CH_2 = CHCOOCH_3 \longrightarrow$$

$$R[NH(CH_2)_3]_2NHCH_2CH_2COOCH_3 \xrightarrow[\triangle]{NaOH} R[NH(CH_2)_3]_2NHCH_2CH_2COONa$$

(3) 三胺：

$$RNH(CH_2)_3NHCH_2CH_2NH_2 + 2CH_2{=}CHCOOCH_3 \longrightarrow$$

$$RNH(CH_2)_3N(CH_2CH_2COOCH_3)—(CH_2)_3NHCH_2CH_2COOCH_3 \xrightarrow[\triangle]{NaOH}$$

$$RNH(CH_2)_3N(CH_2CH_2COONa)—(CH_2)_3NHCH_2CH_2COONa$$

将这类烷基氨基丙酸钠盐溶液用 HCl 中和到它们的等电点，即结晶析出，例如制造十二烷基氨基丙酸时，将十二烷基氨基丙酸钠盐的水溶液中和到 pH =3.7，十二烷基氨基丙酸大量析出。这类两性捕收剂的等电点都在 pH = 3 ~4 左右，用 HCl 中和到其等电点很容易控制，当加酸时发现产生大量沉淀，取出清液再加少量 HCl 不再发生沉淀即可。盐酸稍微过量亦不溶解。

国外使用两性捕收剂浮选磷酸盐矿物，据介绍，取得了较大的进展，尤其是以烷基氨基丙酸为代表，其商品名为“CATAFLOT”。举例说明：

名 称	商品牌号	结 构 式
烷基氨基丙酸	CATAFLOT Cp_1	$RNHCH_2CH_2COOH$
烷基丙烯二氨基丙酸	CATAFLOT D_iCp_1	$RNH(CH_2)_3NHCH_2CH_2COOH$
烷基二丙烯三氨基丙酸	CATAFLOT T_riCp_1	$R[NH(CH_2)_3]_2NHCH_2CH_2COOH$
烷基二丙烯三氨基二丙酸	CATAFLOT $T_riC_2p_1$	$RNH(CH_2)_3N(CH_2CH_2COOH)—(CH_2)_3NHCH_2CH_2COOH$

在上述各式中，R 为 $C_{10} \sim C_{18}$ 的烷基。使用这种两性捕收剂浮选磷灰石时，一般采用的原则流程：磨矿和脱泥后加入两性捕收剂和煤油，在自然 pH 值下进行调浆，浮出碳酸盐矿物再加 H_2SO_4，使矿浆呈弱酸性（pH =5），再加两性捕收剂调浆，然后浮出硅酸盐矿物，槽内产品为磷酸盐精矿，能得到比使用脂肪酸类捕收剂为高的浮选指标。

据 Clerici 报道，磷矿物给矿含 $P_2O_5$25.8%、CaO49.7%、$SiO_2$6.5%、$CO_2$10.4%，经磨矿后脱去小于 37μm 的矿泥，然后进入浮选。浮选时用 Cataflot Cp_1 的烷基氨基丙酸与柴油混合使用（利于控制浮选泡沫），先在 pH =11

浮选碳酸盐，然后在 pH = 4 介质中浮选硅酸盐泡沫，槽内产品即为磷酸盐精矿，与此同时用塔尔油为捕收剂进行对比试验。结果表明，使用烷基氨基丙酸为捕收剂的结果，不论是精矿品位还是回收率都比塔尔油脂肪酸的结果好得多。用氨基丙酸和塔尔油酸浮选磷酸盐精矿的产率、品位（P_2O_5）、回收率分别为 56.9%、32.1%、66.7% 和 49.3%、30.5%、56.4%。

7.6.4 使用两性表面活性剂进行离子浮选

当某种水溶液中含有 100 ~ 500mg/L 的铜离子时，首先加入 Na_2S 使之生成胶体硫化铜沉淀。然后用 rewopon AM - 2L 或 amphoterge K - 2 作为捕收剂进行离子沉淀浮选，其结构式为：

$$\begin{array}{l} \qquad\qquad\qquad\qquad CH_2CH_2OH \\ R{-}C{=\!=\!=\!=}N^+\!\!< \\ \quad \| \qquad\quad\; | \qquad CH_2COOH \\ \quad N{-}CH_2{-}CH_2 \end{array} \qquad \begin{array}{l} \qquad\qquad\qquad\qquad\qquad CH_2CH_2OCH_2COOH \\ C_{11}H_{23}{-}C{=\!=\!=\!=}N^+\!\!< \\ \qquad\quad \| \qquad\quad\; | \qquad CH_2COOH \\ \qquad\quad N{-}CH_2{-}CH_2 \end{array}$$

rewopon AM - 2L　　　　amphoterge K - 2

从上述两种药剂的结构式看，分子中具有季铵基和羧基，与烷基氨基乙酸类药剂也有相似之处。据介绍使用 rewopon AM - 2L 作捕收剂进行硫化铜沉淀浮选可以除去水中 88% 的铜离子，而使用 amphoterge K - 2 浮选时，可以除去 99.5% 的铜离子。若将 pH 值升高并加热，可以将 95% 的药剂解吸，其溶液可以循环使用。这对于含铜废水处理是一种好方法。

此外，咪唑啉及其衍生物类化合物，不仅是选矿药剂，还有不少是缓蚀剂。例如有一种两性咪唑啉 JM403 用作缓蚀剂，它是吸附型缓蚀剂。以脂肪酸和多胺为原料，在氧化铝催化下，通过二甲苯共沸将水带出，经过酰胺化、环化制得 JM403 的中间体，然后向中间体引入亲水基，得到水溶性的产品，反应如下：

$$\begin{array}{l} \quad\;\; N{-}CH_2 \\ R{-}C\!\!\lessdot \qquad | \\ \quad\;\; N{-}CH_2 \\ \quad\;\; | \\ \quad\;\; CH_2CH_2NH_2 \end{array} + CH_2{=}CHCOOMe \xrightarrow{NaOH} \begin{array}{l} \quad\;\; N{-}CH_2 \\ R{-}C\!\!\lessdot \qquad | \\ \quad\;\; N{-}CH_2 \\ \quad\;\; | \qquad\qquad\qquad CH_2CHCOONa \\ \quad\;\; CH_2CH_2N\!< \\ \qquad\qquad\qquad\qquad CH_2CHCOONa \end{array}$$

JM403 中间体　　　　JM403

将该药剂注入水中起缓蚀作用时，咪唑啉环上含有孤对电子的氮原子与设备表面的金属原子形成强的金属原子——氮原子配位键，而长链烷基则形成一个疏水保护膜，从而阻止了腐蚀化介质的侵蚀。该药剂对 A3 钢的缓蚀率达 77.4%。

7.6.5 胺类及两性聚合物药剂

有机聚合物（高分子）水溶性表面活性剂通常用作水处理剂（清洁水和废水）。近年来有关用于矿物加工的报道愈来愈多。胺类及两性药剂不论是单体化合物（前面已述）或者是聚合物药剂，不仅作捕收剂而且作为絮凝剂、调整剂（抑制剂、活化剂）、助滤剂、离子浮选剂等的报道亦屡见不鲜。本节就聚合体作一简介。

在钾盐矿的浮选中，有人使用相对分子质量为30000的双甲基双丙烯基氯化季铵盐聚合物作为抑制剂；还有专利（国外）报道，用高分子聚合物作为捕收剂，从钾盐矿中浮选分离铝硅酸盐等黏土矿物。介绍和使用的聚合物捕收剂有：

（1）二甲氨基乙基甲基丙烯酸酯——醋酸乙烯酯共聚物的碘甲烷盐：

$H_2C{=}C(CH_3)COOCH_2CH_2N(CH_3)_2 + CH_3COOCH{=}CH_2 \longrightarrow$ 共聚物·碘甲烷盐

很显然所生成的聚合物是具有季铵阳离子基和羧酸酯类的两性捕收剂。

(2) 聚［1，3-双-（二甲氨基）乙基-异丙基-甲基丙烯酸酯］，即

$[CH_2{=}C(CH_3)COOCH_2CH_2N(CH_3)_2CH_2N(CH_3)_2]_n$

(3) 甲基丙烯腈与甲基丙烯酸共聚物：

$CH_2{=}C(CH_3)CN + CH_2{=}C(CH_3)COOH \longrightarrow$ 共聚物

前苏联专利（822903号）介绍了用甲基丙烯酸丁酯与2-甲基-5-乙烯基吡啶的共聚物作为起泡兼捕收剂用于黄铜矿的浮选。

$CH_2{=}C(CH_3)COOC_4H_9 +$ H_3C—（吡啶环，N）—$CH{=}CH_2$ $\longrightarrow$ 共聚物

日本公开特许公报80-162362号介绍用一种两性酯类药剂：聚-二甲基氨基乙基丙烯酸酯醋酸盐：$[CH_2{=}C(CH_3)COOCH_2CH_2N(CH_3)_2 \cdot CH_3COOH]_n$，用该药剂质量分数为$5\times10^{-4}\%$浮选一种含有约$600\times10^{-4}\%$的胶体二氧化硅的悬浊液，浮选时间5min，$SiO_2$的回收率高达99.8%，溶液中的$SiO_2$含量仅余有$1\times10^{-4}\%$。

我国有人研究将两性聚丙烯酰胺用于废水处理。这种药剂的聚合骨架是丙烯酰胺，由阳离子单体MBK和阴离子单体丙烯酸（AA）在引发剂的引发下聚合而成。该聚合物已经用于工业废水处理。这一应用颇有创意，用两性聚合物处理变化多端的废水作为悬浊颗粒胶粒或离子的澄清絮凝用，或许还可作为脱水和过滤助剂用。此外，还有报道称，用阴离子和阳离子单体化合物三元聚合，生成三元共聚物PDA，作为絮凝剂用来处理赤

泥，其效果比常规单独使用的阴离子型、阳离子型或非离子型聚丙烯酰胺的效果好。

国外还曾经报道利用聚乙烯醋酸酯与十二胺的盐酸盐进行聚合复合，将生成的聚合复合捕收剂（Polymer-Complexes Collectors）浮选磁铁矿，其效果比十二胺要好，而且在不同 pH 值介质（矿浆）中适应范围广，不仅可以在碱性条件下浮选，也可在酸性条件下浮选，在使用钡盐作铁的抑制剂时，也不影响浮选效果。

7.6.6 烷氨基羧酸酯类两性药剂

美国曾报道用四甲基乙二胺与一氯醋酸酯反应产物作为浮选亲油性的微粒硫的药剂，其反应方程式为：

$$\underset{\substack{|\\CH_3}}{\overset{\substack{CH_3\\|}}{HN}}—CH_2CH_2—\underset{\substack{|\\CH_3}}{\overset{\substack{CH_3\\|}}{NH}}+ClCH_2COOR \longrightarrow RCOO—CH_2—\underset{\substack{|\\CH_3}}{\overset{\substack{CH_3\\|}}{N}}—(CH_2)_2—\underset{\substack{|\\CH_3}}{\overset{\substack{CH_3\\|}}{N}}—CH_2COOR$$

式中的 R 为 $C_{10}H_{21}$—或者 $C_{12}H_{25}$—。

近几年来国内王晖等人研究了酯类两性捕收剂，认为，为了强化氨基羧酸类两性捕收剂的选择性，对羧基进行酯化是一种强化方法。就是将捕收基团由氨基和羧基变成氨基和羧酸酯基。如下列化合物：

代　号	名　　称	结 构 式	等电点（pH 值）
SF_8	申氨基丙酸甲酯	$CH_3(CH_2)_7NHCH_2CH_2COOCH_3$	8.2
SF_{10}	癸氨基丙酸甲酯	$CH_3(CH_2)_9NHCH_2CH_2COOCH_3$	7.6
MF_{10}	癸氨基丙酸甲酯与癸氨基二丙酸甲酯按 1∶1 混合	$CH_3(CH_2)_9NHCH_2CH_2COOCH_3$ + $CH_3(CH_2)_9N(CH_2CH_2COOCH_3)_2$	6.0

报道认为此类化合物对硅酸盐矿物表面能发生氢键键合及静电吸附，甚至发生络合、螯合作用，同时，还设计提供了吸附模型。实践表明，羧基酯化后的氨基、酯基两性捕收剂从含硅萤石矿石和含硅赤铁矿矿石中浮选分离石英的结果很好。将氨基羧酸类两性捕收剂的羧基酯化提高对矿物浮选的选择性，似乎和黄药的状况有些相似。黄药酯化后的黄药酯类也有利于提高选择性。

将羧酸类两性捕收剂酯化改善药剂性能，以及与矿物的作用效果，不仅局限于一般的两性有机化合物，而且高分子聚合物中的两性药剂也在前一节中作了简介。相信对此类药剂的研究将会更加引起重视。

7.7 烷基氨基磺酸类两性药剂

这类药剂与氨基羧酸类两性捕收剂的结构和作用均极为相似，只是羧基变成了磺酸基。其结构式表示如下：

$$R—NH—R_1—SO_3H \qquad R—N\begin{matrix} R_1SO_3H \\ R_2SO_3H \end{matrix}$$

烷基氨基磺酸　　　　烷基氨（或亚氨）基二磺酸

式中，主要烷基 R 碳链比较长，R_1、R_2 碳链较短，若是脂肪基碳原子一般不超过 3 个，也可是芳香烃基。

最早有意识地将两性表面活性剂作为选矿捕收剂的探索研究始于 20 世纪 70 年代前后，当时曾试用两种带磺酸基的两性表面活性剂：一种是油烯基（十八碳-9-烯基）氨基磺酸盐（flotbel AM-21 或 AM-21），另一种是十八烷基氨基磺酸盐（flotbel AM-20 或 AM-20）。

这两种两性捕收剂都溶于水，性质稳定，适合与酸碱等电解质共用，其水溶液为澄清液体。它们的等电点 pH 值为 6.3~6.6，等电区 pH 值为 6.0~8.0。

试用十八烷基氨基磺酸盐于萤石、重晶石、菱锌矿及锡石等纯矿物的可浮性试验，证明这种捕收剂对于萤石、重晶石及菱锌矿无论在酸性介质或碱性介质可浮性差别不大，而且捕收性能都比较弱，但是对于锡石却显出十分引人注意的浮选性能。如图 7-12 所示，在酸性 pH 值范围内，锡石的可浮性弱，在中性及弱碱性，可浮性更差，在强碱性介质中 pH 值大于 9.0 时，锡石可浮率就大为增强。

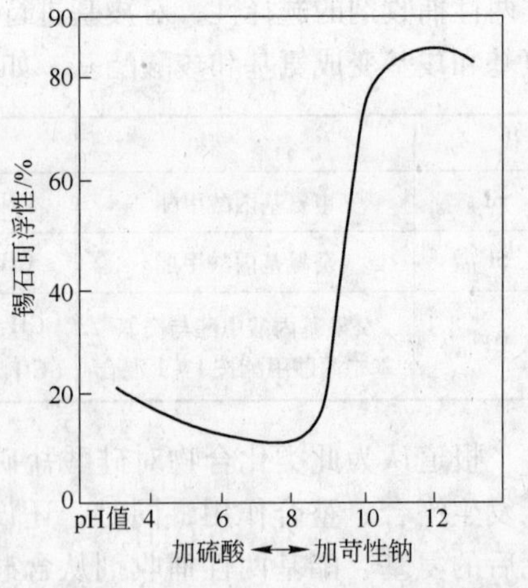

图 7-12 锡石可浮性，十八烷氨基磺酸盐质量浓度为 75mg/L，温度 18℃

浮选试验的最好结果如表 7-21 所示。锡石粒度小于 0.074mm 粒级占 95%，小于 43μm 占 65%。矿浆浓度 30%，矿浆温度 18℃，分两次加药，两性捕收剂十八烷氨基磺酸盐总量为 200g/t，另加起泡剂 150g/t，pH = 11.0（NaOH），调浆时间 5min。粗选一次，精选两次。

表 7-21 浮选试验结果

产品名称	产率/%	Sn 品位/%	Sn 回收率/%
精 矿	4.4	13.9	69.8
第二次精选尾矿	1.9	2.9	6.3
第一次精选尾矿	2.0	0.9	2.0
尾 矿	97.7	0.2	21.9
原 矿	100.0	0.88	100.0

试验做了用 NaOH 调节矿浆 pH 值，pH 值变化对锡精矿品位的影响。结果表明，当 pH 值从 9.0 逐步调至 12 时，锡精矿品位由 8.2% 开始上升，至 pH = 11 时锡精矿品位最好，至最高值 11.39%，此后逐步下降，pH 值为 12 时锡精矿品位为 10.2%。

在使用不同碱性物质调整矿浆 pH 值至 11 时，效果由小到大（括号内为精矿含锡量%）排序为：$NH_3 \cdot H_2O(5.9) < Na_2S(6.5) < (NH_4)_2CO_3(9.6) < Na_2CO_3(13.7) < NaOH(13.9)$。表明用 NaOH 调浆最好。

7.8 其他两性药剂及用途

本章前述几节用了比较多的篇幅和内容讨论了氨基羧酸（酯）及磺酸、硫酸类两性捕收剂的化合物性质及应用，同时也介绍了一些其他用途的药剂，例如：絮凝剂、调整剂、促进剂、乳化剂、水处理剂等。

如俄罗斯专利 825163 号介绍使用天冬氨酸 [$HO—C(O)—CH_2CH(NH_2)COOH$]，作为浮选明矾石的调整剂。用来源于微生物发酵的产品天冬氨酸浮选明矾石的用量为 10g/t，获得的精矿含明矾石 70%，回收率达 86.1%。

在此将举例介绍带膦酸基的捕收剂及其他用途的药剂。

据报道有人用带膦酸基类的两性药剂作为浮选调整剂。例如用苯基亚氨基双甲基膦酸和乙二氨基四甲基膦酸作为非硫化矿的捕收剂。其结构式分别为：

$$C_6H_5—N(CH_2PO_3H_2)_2$$

苯基亚氨基双磷酸

$$(H_2O_3P)_2N—CH_2—CH_2—N(CH_2PO_3H)_2$$

乙二氨基四甲磷酸

$$C_5H_{11}—C(NH_2)(PO(OH)_2)—PO(OH)_2$$

α-氨基己基双磷酸

$$C_7H_{15}—C(OH)(PO(OH)_2)—PO(OH)_2$$

α-羟基辛基双磷酸

$$C_6H_5—CH{=}CH—PO(OH)_2$$

苯乙烯磷酸

在比较α-氨基己基双磷酸，α-羟基辛基双磷酸和苯乙烯磷酸三种药剂对铁矿、锡石及铈铌钙钛矿的浮选中的选择性和捕收性，结果表明单膦酸的捕收性较双膦酸强，而选择性则双膦酸强于单磷酸。三种药剂中α-氨基己基双磷酸的选择性最强，α-羟基辛基双磷酸次之，苯乙烯磷酸再次之。在处理小于44μm的锡石时，用苯乙烯磷酸进行粗选，用α-氨基己基双磷酸进行精选的流程，可以获得良好的选别效果；而用膦酸甲基化的聚乙烯聚酰胺在浮选多金属矿时，可以作为锌矿物的抑制剂。

此外，有一类并非两性捕收剂的表面活性剂却与之有某些相似的结构与作用：

（1）油酰基乙基氨基乙醇（$C_{17}H_{33}COOCH_2CH_2NHCH_2CH_2OH$）可用于浮选石英、赤铁矿、菱镁矿、石膏和萤石。

（2）牛油脂肪酸或塔尔油脂肪酸与二乙醇胺的缩合物可作为浮选煤的调整剂。

7.9 阳离子和两性药剂新进展

表7-22列出近年来某些阳离子和两性捕收剂研究应用新动态。

表7-22 阳离子及两性捕收剂

药剂名称	选别矿物或作用	资料来源
醚胺+中性油捕收剂聚甘醇作起泡剂	铁矿浮选药剂（反浮）	Araujo A C，等. Minerals Engineering，2005，18（2）：219~224
脂肪胺（用燃油乳化）作捕收剂	浮选 calaminezinc ore（氧化了的锌矿）	Pereira C A 等. Minerals Engineering，2005，18（2）：275~277
一种含原酸酯（Ortho ester）的胺类阳离子表面活性剂。含有 $C_{8\sim16}$烷基。由短链原酸酯，脂肪醇和氨基醇合成	阳离子捕收剂，作为多种矿物浮选药剂和纺织的印染洗涤用	CA 137，312722
季铵盐的生产制备（$C_{10\sim24}$季铵盐）及应用。特点：无毒	用作废纸脱墨剂、选矿药剂，抗静电剂和杀虫剂	Cody Charles 等. CA 128，49846；US 5696292（1997）
癸基醚胺醋酸盐等胺类和醚胺类阳离子捕收剂	铁矿反浮选（浮石英）	Lima L M F，et al. Minerals Engineering，2005，18（2）：267~273
三种阳离子捕收剂：①胺和二胺；②醚胺；③含有 C═O 基的胺（如酰胺）	铁矿浮选，阳离子捕收剂	Papini R M，et al. Minerals and Metallurgical Processing，2001，18（1）：5~9

续表 7-22

药剂名称	选别矿物或作用	资料来源
十四碳铵盐酸盐	赤铁矿浮选捕收剂	Monies S, et al. Minerals Engineering, 2005, 18 (10): 1032~1036
新型两性捕收剂	选择性浮选磷酸盐，分离白云石，效果比油酸好	Shao X, et al. CA 129, 42932
N-十二烷基肌氨酸盐，或与十二烷铵氯化物组合	捕收萤石矿提高浮选效率	Cornelia Helbig, et al. CA 130, 240178
两性捕收剂十二烷基-N-羧乙基咪唑啉	分选磷酸盐、白云石矿	Abdel Khalek, et al. CA 136, 265280
W-羟基羰硫基烷基胺，S-W-氨基烷基羰硫醚［S-（omega-aminoalkyl）hydrocarbyl thioate］，N-羟羰基-α，W-烷基二胺，W-氨基烷基羧酸酯，W-羰硫基烷胺，或者它们的混合物	浮选捕收硫化矿、硫化氧化矿、金属氧化矿等金属矿	FI 873288；US 802882
$C_{14\sim20}$胺	浮选天青石、分离黄铁矿、云母	DE 19835498
天冬氨酸（aspartic acid）衍生物（取代基 R 为 $C_{6\sim24}$ 疏水基，$C_{1\sim7}$烷基）	磷酸盐矿物（含方解石）选择性捕收剂	WO 2005046878
hidrazeksa-2（季联氨盐，quaternary hydrazine salt）	从含钾矿物中选择性浮选硅酸盐和碳酸盐矿物	RU 2123893
烷基胺、烷基二胺、烷基多胺、醚胺和其他多胺用 $C_{3\sim24}$烷基羧酸或用 $C_{7\sim12}$芳基羧酸中和成盐	浮选钾碱、磷酸盐等（抑铁）	Gefvert, David L, 等. CA 129, 70178
混合季铵盐（含十二烷基和十六烷基季铵醋酸盐）	铁矿反浮选捕收剂（浮石英）	Wang Yuhua（王毓华）等. Int J Miner Process, 2005, 77: 116~122
美狄亚兰（Medialan KA）两性捕收剂	白钨细泥聚团浮选，效果好，适应 pH 值范围广	Rao G V. CA 128, 170104

参考文献

1 Dobias B. Bergakademie. 1965 (3): 162

2 Bakinor K G. IMPC. Vol (I): 227

3 U S Pat. 3073488; 3078966. 1963

4 Ger Pat. 1259264. 1968

5 C A. 74，15016r；64，10813g
6 北京矿冶研究总院药剂室．有色金属（选矿部分）1979（1）：1～6
7 周叔良，译．化工矿山译丛，1985（1）：32
8 C A. 67，92955n
9 余永富等．矿冶工程，2002，22（3）
10 张泾生等．矿冶工程，2003，23（3）
11 郭兵．包钢科技，1995（1）
12 孙平．金属矿山，2002（12）
13 李永聪等．化工矿山技术，1997，26（4）
14 刘动．金属矿山，2003（2）：38～42
15 向井滋等．公开特许公报，昭60－150856
16 葛英勇等．金属矿山，2004（3）：44～46
17 梅光军等．矿冶工程，1999，19（4）：26～28
18 胡岳华等．矿产保护与利用，2002（6）：33～37
19 帕皮里 R M，等．国外金属矿选矿，2001（8）：27～28
20 陈达等．矿产保护与利用，2005（4）
21 见百熙．选矿药剂会评第二届选矿年评报告文集．1984
22 Smith G E. C A. 96，22916（1982）
23 C A. 96，55805；109585；100413；38788；55849；221000；38712
24 C A. 95，89065；89091；137225；118872；118874；118878
25 C A. 97，9582；40664；26809；9650；9550
26 Dow Chemical Co. 日本公开特许，8099356（1980）
27 Rykov K E, *et al*. C A. 106，160010p；88059s（1987）
28 Smitsa A D, *et al*. C A. 106，141551b；1415575（1987）
29 Zablatskaya N P, *et al*. C A. 106，180315（1987）
30 C A. 106，199700p；88057q；104469s；104650；104651（1987）
31 Shi Xueta. C A. 107，100163b（1987）
32 Bager，Jokvg，*et al*. C A. 105，117013
33 Baldouf，*et al*. 化工矿山译丛，1987（1）：40～43
34 Shargold H L. Spec Publ R Soc Chem，1987，59（Imd. Appl. Surfactant）：269～288
35 Скрилев Л. Д.，Ф Прикл Хим，1985，58（6）：1317
36 Sotskova T Z. C A. 107，80477（1987）
37 见百熙，阙煊兰．选矿药剂述评．第五届选矿年评报告会文集，1989
38 皮尔斯 M J. 国外金属矿选矿，2005（5）：5～11
39 朱玉霜，朱建光．浮选药剂的化学原理．长沙：中南工大出版社，1989
40 Roman I R，Ferstenan M C. Trams Soc Min Eng AIME，1968（1）：56
41 严志强．络合物化学．北京：人民教育出版社，1962
42 Smith R W. Surfactant Sci Ser，1988，27：219～258

43 夏彭飞，朱建光等. 湖南有色金属，1989（3）：16
44 Sotskova T Z. C A. 107，80437（1987）
45 Bumge F H，*et al*. XIIth I. M. P. C，Vol. II：1
46 Houot R，*et al*. XIth I. M. P. C，Vol. II：95
47 U S Pat，4006014（1977）
48 朱建光. 国外金属矿选矿，2000（3）：2～6
49 Cotton Toe W. C A. 129，70177（1998）
50 Getveri David L，Cotton Toe W. C A. 129，70178（1998）
51 C A. 132，210546
52 赵世民，胡岳华，王淀佐. 中国金属学报，2003（5）：1273～1277
53 胡岳华等. Tran of Nonferrous Metals Soc of China，2003（2）：417～420
54 朱建光. 国外金属矿选矿，2004（2）
55 赵世民，王淀佐等. 中国矿业大学学报（科技版），2004（10）
56 Zhao S M. Minerals Engineering，2003，16（12）：1391～1395；2003，16（10）：1031～1033
57 赵世民等. 有色金属（季刊），2004（2）
58 李朝晖，郭秀平等. 国外金属矿选矿，2004（2）
59 郭秀平等. 金属矿山，2004（2）
60 高林章，王义达，马厚辉. 金属矿山，2004（3）
61 任建伟，王毓华. 中国矿业，2004（4）：70～72
62 Hu Y. Minerals Engineering，2003，16（11）：1221～1223
63 Wang Y. Minerals Engineering，2004，17（1）：63～68
64 季特科夫等. 国外金属矿选矿，2004（6）；2004（8）
65 朱建光. 国外金属矿选矿，2004（2）
66 C A. 132，210538
67 Kim Dong－su. C A. 129，178162（1998）
68 S Kelebek，C Tukel. Int I Miner Process，1999，57：135～152
69 C A. 96，38712
70 赵世民，王淀佐，胡岳华等. 非金属矿，2003（5）
71 U S Pat，3375924；3435952；3329266；3785488；2951576
72 U S Pat，3985645（1976）
73 吴亨魁等. 中南矿冶学院学报，1980（4）：89～93
74 朱建光等. 有色金属（选矿部分），1982（6）：13～17
75 朱建光等. 中南矿冶学院学报，1983（增1）
76 王桂茗等. 有色金属（选矿部分），1983（5）：40～45
77 Sotskova T Z. C A. 96，109585（1982）
78 Andreer P I. USSR 825163；C A. 95，11874（1981）
79 Petrova L N，et al. USSR 839574；C A. 96，22914（1982）
80 Kosikov E M，et al. USSR 871832；C A. 96，126976

81 Koltunova T E, *et al*. USSR 818653 (1981)

82 Toussemet H R, *et al*. Inter J of Min Process, 1985 (4): 245 ~ 264

83 Clerici C, et al. Reagents in the Minerals Industry, 1984. Edited by J Tones, R Oblatt. The Inst Min Metall, London

84 Beitelshees, Carl P, et al. Inter J of Min Princess, 1981 (2): 97 ~ 100

85 李翻海. 甘肃冶炼, 2003 (增刊): 51 ~ 53

86 王辉, 钟宏. 矿冶工程, 1996 (3)

87 王辉, 钟宏. 有色金属 (选矿部分), 1998 (1); 1999 (1)

88 PCT Int Appl, 9426419; C A. 122, 2434742

89 阙煊兰, 阙锋. 选矿药剂述评. 第八届矿会议报告文集, 1997

90 Wrobel S A. Min and Miner Eng 1970 (1): 42

第8章 磷砷硅氟元素有机化学药剂在矿物工程中的应用

磷砷硅氟等元素有机化合物（含聚合物）与国民经济、生产生活关系密切。在医药、农药、化工产品与材料、分析化学等领域应用广泛。

在矿业开发、矿物加工与深加工、湿法冶金、废水处理等方面也是不可或缺的一类重要药剂。有机砷化物中的胂酸类药剂早在1940年就已应用为浮选药剂。如对甲苯胂酸就早已在锡石及其他矿物选别中作为浮选捕收剂得到成功应用。

氟硅元素有机化合物在选矿应用中的研究比较晚些，直到新近的30年才获得了较多的关注和较大的发展，开始了作为捕收剂、起泡剂、抑制剂等的应用研究。

有机磷化学药剂在矿业开发中应用最广，不论是金属矿、非金属矿或者金属氧化矿和金属硫化矿，也不论是浮选、化学选矿、湿法冶金溶剂萃取、矿浆固液分离、水处理等都使用它。从化学结构组成看，这类药剂包括有机磷酸酯类、硫代磷酸酯（盐）类、膦酸和次膦酸类、双膦酸类和各种氨基膦酸类等。

某些含磷及其他元素的有机药剂，作为选矿应用实例归列于表8-1。

表8-1 含磷硅等元素的选矿药剂

药剂名称	选矿作用	资料来源
单烷基膦酸 $R—PO(OH)_2$ R为烷基、烯烃基、羟烷基、芳基、烷芳基等	细粒锡石浮选捕收剂	前民主德国专利31537(1963)
双烷基膦酸$(R_2)PO(OH)$（又称次膦酸） （式中R同上R）	锡石等矿物捕收剂	前苏联专利185787
烷基磷酸酯：$RO—PO(OH)_2$ 和$(RO)_2PO(OH)$ 式中R为烷基、烯基、羟烷基、芳基、烷芳基	锡石选择性捕收剂，冶金萃取剂最好是单酯和双酯混用	前民主德国专利63345
单烷基磷酸酯或双烷基磷酸酯 通式为 $RO—P(=O)(ONa)_2$ 和 $(RO)_2P(=O)—ONa$	浮选磷灰石、磷钙土和铁的氧化物等非硫化矿捕收剂	前联邦德国专利1175623

续表 8-1

药剂名称	选矿作用	资料来源
含有酸性磷酸酯(单磷酸酯)的化合物	浮选硅酸盐矿石,石英矿	美国专利 3480143 前联邦德国专利 3480143
含硅有机化合物(如二甲基硅酮、苯基硅酮、甲基氢化硅酮)	钾石盐浮选。先将胺类配成3%的水乳液,再加入盐酸、有机硅药剂	US Pat 2934208
含硅化合物 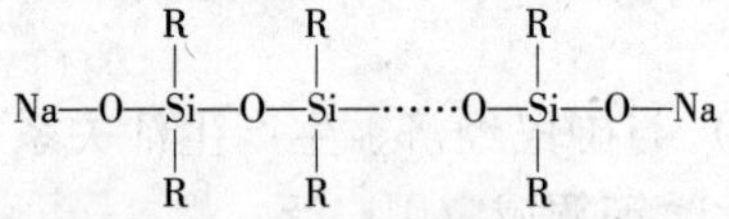 $Na-O-Si(R)_2-O-Si(R)_2-\cdots\cdots O-Si(R)_2-O-Na$	矿石浮选	前苏联专利 108484
壬基磷酸或二壬基磷酸(盐) $C_9H_{19}O-P(=O)(OH)_2$ 或 $(C_9H_9O)_2-P(=O)-OH$ 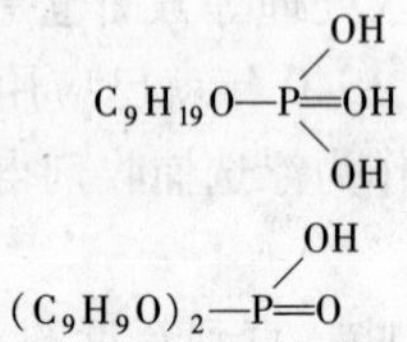	有效的从方解石中分离萤石,从石英中分选萤石和磷灰石后再分选萤石,从石英中分选针铁矿、赤铁矿,从石英和硅酸盐中分选四至八族的金属矿物	英国专利 107742
硫代磷酰卤素化合物 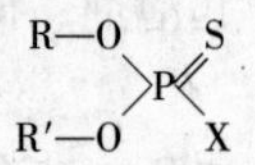 $(R-O)(R'-O)P(=S)X$ 式中,R,R′为烷基;X 为卤素(Cl,Br)	含黄铁矿的铜钼矿石及沉淀铜的捕收剂	US Pat 2901107;3220551
碱性甲基硅酮	浮选硫化矿,氧化矿	前联邦德国专利,1197042
有机聚硅氧烷 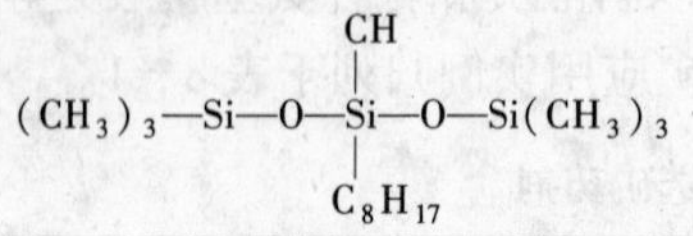 $(CH_3)_3-Si-O-Si(CH)(C_8H_{17})-O-Si(CH_3)_3$	与黄药组合,浮选硫化矿,用量 7~30g/t	法国专利 1283605
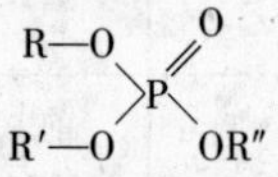 $(R-O)(R'-O)P(=O)OR''$ 式中,R,R′,R″为烷基、芳基、烷芳基、芳烷基或氢,其中有不少于一个基的碳原子数为 8~22	从脉石中浮选硫化的或氧化了的 Cu,Zn,Pb,Mn 矿(特别是 Cu,Mn 氧化矿,不需硫化)	US Pat 3037627
1-羟基 $C_{7\sim9}$ 烷基-1,1-双膦酸(Flotal-7,9) 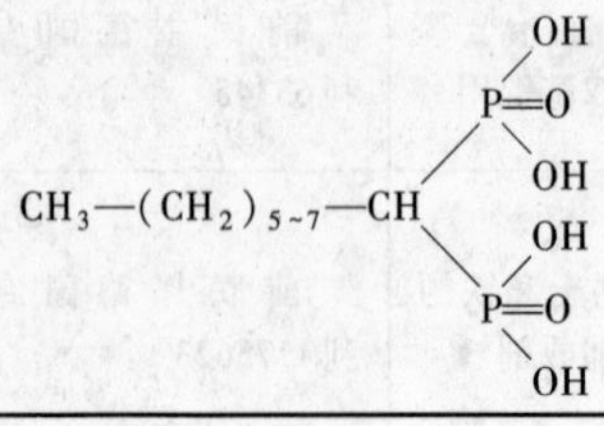 $CH_3-(CH_2)_{5\sim7}-CH[P(=O)(OH)_2]_2$	磷灰石捕收剂	CA 106,104650

续表 8-1

药剂名称	选矿作用	资料来源
黑药加脂肪酸衍生物 $(RO)_2P(=S)-S-CH_2-COOH$	萤石捕收剂	俄罗斯专利 1627257
次膦酸单酯(其中一个烷基为 $C_{12\sim14}$,酯为丁二酸单酯)	浮选锡石	欧洲专利 206233
烷基磷酸单酯或双酯的三乙醇胺盐	选异性正长石	CA 117, 11700 (1992)
单硫代磷酸盐:$(RO)_2P(S)OX$	从贫黄铁矿中浮选回收金的辅助捕收剂,很有效	US Pat 4929344
多种有机磷酸酯	浮选锡石和稀土	CA 116,25158
烷基二元膦酸与水扬羟肟酸	钛铁矿、钛辉石捕收剂,比单一捕收剂好,用量少	阙煊兰. 金属矿山,1997 专辑
LP 系列的异丙基烷基磷酸酯	浮选萤石、白钨矿和石榴石	陆英英. 有色矿冶,1993(1)
烷氧基氧化聚乙烯磷酸酯	含稀土的锡石捕收剂	CA 116,25158
苯乙烯膦酸、癸基双膦酸、十二烷胺双甲基膦酸等	浮选锡石、钛铁矿和方解石等矿物	CA 116,25931 冯建成. 有色金属(选矿部分),1999(1)
二烷基单硫代磷酸盐	在 pH=6~10 时浮硫化矿,pH=5~6 时置换沉积铜	美国生产. 国外金属矿选矿,1990(12):8
$(CH_3)_3-SiO-R-OSi(CH_3)_3$(硅酮)式中,R 为丙基或丁基	选煤起泡剂	前苏联专利 1468598(1989)
戊基乙二醇双-三甲基硅烷基醚	选煤起泡剂	前苏联专利 1391712
有机硅泡沫控制剂	用于表面活性剂泡沫控制	J An Oil Chem Soc, 1988, 65(6): 1013
$(CH_3)_3-SiO(CH_2CH_2O)_2Si(CH_3)_3$	选煤捕收剂	前苏联专利 1430110
烷基胺基二次甲基膦酸($R=C_2\sim C_{12}$) $R-N(CH_2-PO_3H_2)_2$	锡石浮选捕收剂	矿冶工程,2004(朱建光专辑)国外金属矿选矿,1998(7)

8.1 烷基磷酸酯及烷基亚磷酸酯

磷酸酯类可以看做是由无机磷酸(或盐)衍生而成。磷酸中—OH 基的 H 被烷烃基或芳烃基等所取代。它分为磷酸单酯(烷基或芳香基磷酸单酯)、磷酸双酯(双烷基或双芳香基磷酸酯)和磷酸三酯(三烷基或三芳基磷酸酯)。同样,硫代磷酸酯也可看做是磷酸的衍生物。它们的化学式为:

$$HO-P(=O)(OH)-OH$$

磷酸

$$R-O-P(=O)(OH)-OH$$

烷基磷酸单酯

$$R-O-P(=O)(O-R)-OH$$

烷基磷酸二酯

$$R-O-P(=O)(O-R)-OR$$

烷基磷酸三酯

$$HO-P(=S)(OH)-SH$$

二硫代磷酸

$$R-O-P(=S)(OR)-SH(Me)$$

二烷基二硫代磷酸（盐）

$$R-O-P(=O)(O-R)-SH$$

二烷基一硫代（巯基）磷酸

$$R-O-P(=S)(O-R)-OH(Me)$$

二烷基一硫磷酸

在各式中的 Me 为 K，Na，NH_4 等。

本节在介绍有机磷酸酯的同时，先来看看无机磷酸及其盐类。在选矿中最先使用的是聚合磷酸盐（见第12章），例如，六偏磷酸钠 $(NaPO_3)_6$ 在浮选工艺中用作调整剂和分散剂，同时也是水处理用的软化剂和洗涤助剂。它是由磷酸二氢钠加热制得：

$$n\mathrm{NaH_2PO_4} \xrightarrow{973\mathrm{K}} (\mathrm{NaPO_3})_n + n\mathrm{H_2O}$$

六偏磷酸钠过去被称作具有 $(PO_3)^{6-}$ 组成的格氏盐，实际上并非如此，它是一种直链多磷酸盐，链长 n 约达 20～100 个 PO_3^- 单位，但是习惯上还称六偏磷酸钠。

$$Na^+\,O^- - P(=O)(O^-Na^+) - O - \left(P(=O)(O^-Na^+) - O \right)_n - P(=O)(O^-Na^+) - O - Na^+$$

六偏磷酸钠的阴离子在空间呈螺旋式链状结构。其中磷氧四面体通过共用角顶的氧原子呈链状相连接，磷氧四面体可绕 P—O—P 链自由旋转。这种结构使得六偏磷酸钠分子中的几个 PO_3^- 单位可同时与一个金属阳离子 Ca^{2+}，Mg^{2+} 等络合成稳定的胶态多磷酸根阴离子：

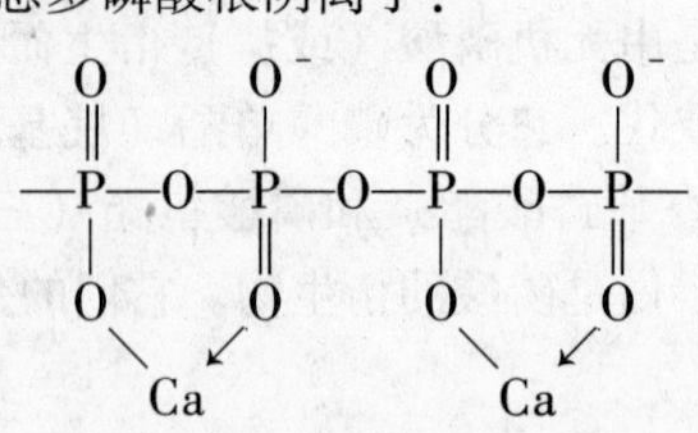

$$-P(=O)(O)-O-P(O^-)(=O)-O-P(=O)(O)-O-P(O^-)(=O)-$$

（前两个 P 的下方 O 与 Ca 络合，O→Ca；后两个 P 的下方 O 与另一 Ca 络合，O→Ca）

此螯合络合物吸附于矿物表面，使矿物表面荷大量负电，从而提高矿物动电位的电负性。如图8-1所示的测定结果证明了这一推断。由图8-1可以看出，随着六偏磷酸钠用量的增加，方解石动电位向负值方向骤增，从而提高矿物微粒的静电排斥势能而被分散。同时由于六偏磷酸钠在矿物表面生成的稳定胶体吸附膜，增大了水化膜强度，而产生了位阻效应。同样由于位阻效应的结果，产生排斥势能而有助于矿粒的分散。

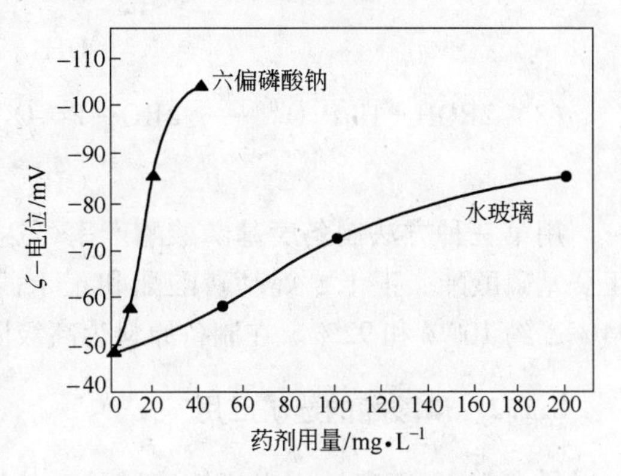

图8-1 六偏磷酸钠及水玻璃与方解石ζ-电位的关系

从图8-1还可以看出，当六偏磷酸钠用量较小时，就能使方解石动电位向负值方向骤增，这可能由于六偏磷酸钠可与金属阳离子形成螯环。由于螯合物的特殊稳定性，使其能在矿物表面牢固固着所致。

通过以上讨论可见，六偏磷酸钠对矿物的作用是通过静电因素及位阻效应来达到调整（抑制）或分散的目的的。

8.1.1 烷基磷酸酯的制备

在选矿中使用的主要是磷酸单酯和磷酸双酯，即酸式磷酸酯，其制备方法多种多样，主要是以醇为原料。可以用醇与五氧化二磷、三氯氧磷和焦磷酸等作用制得，反应式为：

(1) $$3ROH + P_2O_5 \xrightarrow[EtOH]{<100℃} RO-\underset{OH}{\overset{OH}{\underset{|}{\overset{|}{P}}}}=O + RO-\underset{OH}{\overset{OR}{\underset{|}{\overset{|}{P}}}}=O$$

(2) $$ROH + POCl_3 \xrightarrow{-HCl} RO-\underset{Cl}{\overset{Cl}{\underset{|}{\overset{|}{P}}}}=O \xrightarrow{+2H_2O} RO-\underset{OH}{\overset{OH}{\underset{|}{\overset{|}{P}}}}=O + 2HCl$$

$$2ROH + POCl_3 \xrightarrow{-HCl} RO-\underset{Cl}{\overset{OR}{\underset{|}{\overset{|}{P}}}}=O \xrightarrow{+H_2O} RO-\underset{OH}{\overset{OR}{\underset{|}{\overset{|}{P}}}}=O + HCl$$

$$(3)\ 2ROH + H_4P_2O_7 \xrightarrow{\triangle} 2RO-\overset{\displaystyle OH}{\underset{\displaystyle OH}{\overset{|}{\underset{|}{P}}}}=O + H_2O$$

用第三种方法制备庚基磷酸酯产率可达90%。制造2-乙基己基磷酸酯、正癸基磷酸酯、正十二烷基磷酸酯和正十四烷基磷酸酯的产率分别为93%，94%，约100%和92%。在制备原料为高级固体醇时，可用苯作溶剂。

8.1.2 磷酸酯的选矿应用

早在1933年曾试用十二烷基磷酸钠盐浮选多种金属氧化物和非金属矿，所得结果如图8-2所示。

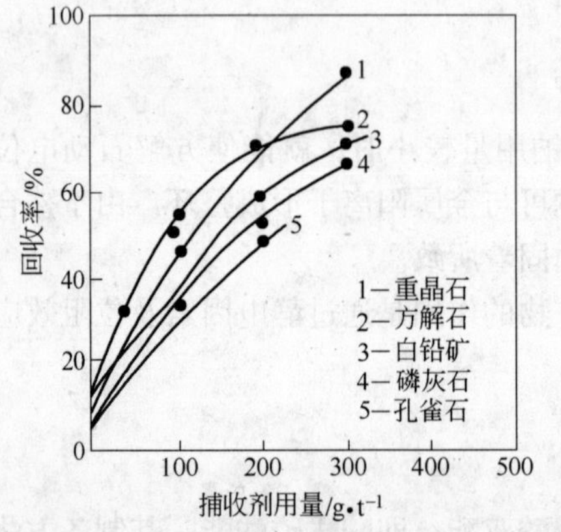

图8-2 十二烷基磷酸盐的捕收性能

用庚基磷酸单酯浮选锡石，其富集比为3或4的情况下，回收率可达70%~80%。虽然芳基磷酸单酯也有捕收能力，但比一烷基磷酸酯的捕收能力小得多，相应的二烷基磷酸酯的捕收能力也比一烷基磷酸酯弱，只有在捕收剂用量较大，富集比较低的情况下，才能得到满意的回收率。磷酸三酯作为锡石的捕收剂是无效的，但可用作萃取剂。

用异辛基磷酸酯浮选含U_3O_8 0.11%的铀矿石。主要矿物有钛铀矿和大约9%的黄铁矿，黄铁矿用一般的方法浮出后，钛铀矿从浮黄铁矿后的尾矿浮选，该尾矿固体含量为17%，pH值调到1.7，用异辛基磷酸酯为捕收剂进行浮选，铀回收率大于90%，富集比为8.95。

浮选非硫化矿时，尤其是磷灰石、氧化铁矿如赤铁矿、磁铁矿，磷酸单酯或磷酸二酯都可以用，可以单独使用或混合使用。在浮选前先加水玻璃（作分散剂）和起泡剂，可以用来浮选小于100μm大于10μm粒级的矿粒。在弱碱性介质（pH=7~8）中，用烷基磷酸酯的钠盐浮出磷灰石，在酸性矿浆中，用同样的捕收剂浮选氧化铁矿，捕收剂用量为900g/t，水玻璃用量为1000g/t，起泡剂用量为125g/t。

在浮选萤石和重晶石时，将含萤石和重晶石为有用矿物的矿石磨碎至完全解离后，用烷基磷酸酯钠盐，在中性矿浆中浮出萤石，再在碱性矿浆中加入水玻璃和同样的捕收剂浮出重晶石。

作为离子浮选捕收剂，在同一酸性溶液中含有Pb（Ⅱ）、Cd（Ⅱ）、

Zn（Ⅱ）三种离子，十八烷基磷酸酯能将 Pb（Ⅱ）离子浮出。十八烷基磷酸酯与 Pb（Ⅱ）生成络合物，将这种络合物用无机酸酸化，可以将药剂回收，得95%的十八烷基磷酸酯。

美国专利号2382178（1945）介绍用几种烷基氨基磷酰类化合物作为浮选药剂，从硅酸盐脉石矿物中回收硫化矿物或非硅酸盐矿物。例如，回收磷酸盐、铁矿物、重晶石、方解石、长石、萤石、钾盐矿和石英砂等，其结构式为：

$$\begin{matrix} R \\ \quad \end{matrix}\!\!\!>\!N-P(=O)(X)(X) \quad (R_2N-P(=O)X_2)$$

式中，R 为烷基（可以是辛基、十二烷基、十四烷基、十八烷基、十八烯[-9]基、7-乙基-2-甲基-十一烷基、松香烃或环烷基）、氢或一种酰胺基（—C（O）NH_2）；X 可以是 OR、NRR、OY（Y 为金属离子），但是两个 X 中必须有一个 X 是 OR 基。

最近国外报道用以烷基磷酸单酯或双酯的三乙醇胺盐为主要成分的捕收剂，浮选异性正长石，可获得精矿含 ZrO_2 9.5% ~10%，回收率为75% ~80%的精矿产品，尾矿含长石为70%。

二（2-乙基己基）磷酸，结构式为：

$$[CH_3-CH_2-CH_2-CH_2-CH(C_2H_5)-CH_2-O]_2P(=O)OH$$

除用作浮选硫化矿药剂，例如用来捕收闪锌矿外，达斯研究认为也可作为赤铁矿等氧化矿捕收剂。有这种捕收剂存在时，赤铁矿的 PZC 偏移和铁溶解性降低，表明它可有效地吸附在赤铁矿表面上，使赤铁矿疏水而上浮，用它作捕收剂能在赤铁矿和石英混合物中浮出赤铁矿。该药剂其实就是湿法冶金萃取剂 P204，用于 Co、U、Ni 等的溶剂萃取。

有人合成了环烷基磷酸酯，原料是山东胜利油田的粗环烷酸，与丁醇作用成酯，酯还原得环烷醇，再与五氧化二磷作用即得产品。如用碱中和即得环烷基酸钠。用于湖北王集磷矿浮选，原矿含 P_2O_5 13.76% 可得到含 P_2O_5 30.02% ~31.38%，回收率为81.47% ~83.88%的精矿，用量60g/t，比脂肪酸类捕收剂耗量低许多。

一种叫 B8-13 的烷基磷酸酯是用高级醇与五氧化二磷作用而制得。用该药剂浮选齐大山细粒赤铁矿，据报道可达到美国同类药剂的指标。

加拿大专利1198835号（1985）用单烷基或双烷基磷酸酯捕收剂浮选烧绿石回收氧化铌，精矿品位约30%，回收率大于90%。

美国佛罗里达州的磷灰石浮选厂的矿泥曾用一种代号为F-168捕收剂浮选，重点研究浮选粒度为200~60μm的矿泥。该药剂是一种烷基磷酸酯的钠盐及二钠盐的工业混合物，属于阴离子表面活性物质，烷基的链长也没有公布，系德国产品。浮选时可以用水玻璃为调整剂以达到抑制脉石的最适宜pH值。捕收剂的最大用量为1~2kg/t。其一般浮选试验条件为：矿浆浓度为100g/L，pH=8，水玻璃用量1kg/t，处理5min，磷酸酯用量1kg/t，处理3min；起泡剂（Flotanol F）125g/t，处理3min，随粒度减小则捕收剂选择性下降，捕收剂的消耗量增加。

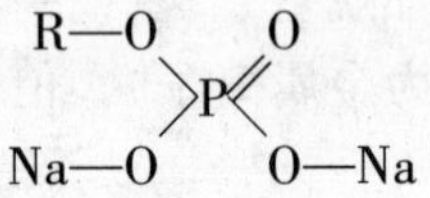

$$(R{-}O)(Na{-}O)P(=O){-}O{-}Na$$

单酯，二钠盐

$$(R{-}O)_2P(=O){-}O{-}Na$$

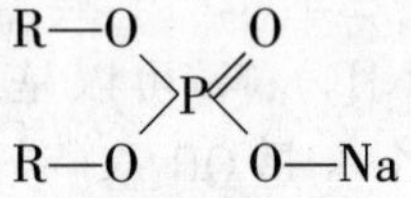

双酯，一钠盐

烷基磷酸酯捕收剂还可以用于铜、锰、铅、锌的硫化矿及氧化矿的浮选。单独使用一烷基磷酸盐或二烷基磷酸盐，或者两者的混合物可以使这些金属的硫化矿与氧化矿同时浮起，脉石可以加药抑制。此种捕收剂的结构为：

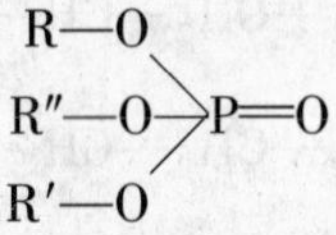

$$(R{-}O)(R''{-}O)(R'{-}O)P{=}O$$

式中，R为烷基、芳香烃基、烷基芳香烃或芳香基硫基；R′及R″可以是烷基、烷基芳香烃基、芳香基烷基、芳香烃基或H基。德国专利介绍用磷酸三丁酯与非离子型表面活性剂联合使用，可以提高脂肪酸对白钨矿、黑钨矿以及萤石的浮选捕收效果。

烷基磷酸酯类化合物在铀矿的水冶工业中的应用效果突出，成绩显著。早在1958年美国约有1/3的铀矿已采用或准备采用溶剂萃取的方法，所用的有效药剂中就有磷酸三丁酯 $(C_4H_9O)_3{-}P=O$ 和双-2-乙基-己基磷酸酯 $[CH_3{-}(CH_2)_3{-}CH(C_2H_5){-}O]_2{-}P(=O){-}OH$ 等，这类药剂至今还是有效而又普遍使用的一类，它已不仅只是用于铀萃取，其他金属萃取和选矿也用到它。

就锡石的浮选来说，一烷基磷酸酯类，ROP（O）$(OH)_2$R 包括乙基、丙基、丁基、己基、辛基乙基苯基、4-甲苯基和4-氯苯基，其中以己基及辛基磷酸酯捕收效果最好。二烷基磷酸酯类，$(RO)_2$P（O）（OH）中的R包括二丁基、二异丁基、二己基、二辛基乙基芳基的二苯基、二甲苯基、二氯苯基的磷酸酯，其捕收效果远不如一烷基磷酸酯类。而三烷基磷酸酯类，[$(RO)_3$PO] 的R包括三丁基、三己基、三辛基、三苯基、而三甲苯基磷酸酯几乎没有捕收作用。

8.1.3 磷酸酯在水处理中的应用

有机磷酸酯不仅可以作为浮选药剂，而且还可用于水处理中，典型的水处理剂是多元醇磷酸酯、焦磷酸酯、聚氧乙烯基化磷酸酯和聚氧乙烯基化焦磷酸酯等。有机磷酸酯作为水处理剂具有缓蚀、阻垢效果好，用量比无机聚磷酸盐少的特点，主要用于循环冷却水，含 Ca^{2+}、Mg^{2+} 离子较高的循环用水，防止管道结垢影响输送，传递效果。

磷酸酯的制备方法前已述及，多元醇磷酸酯的制备方法也相似，用多元醇和磷酸或五氯化磷作用，即可制得多元醇磷酸酯。此类药剂阻垢是很有效的，它可以使钙垢沉积松散消解，形成易流动的絮状物随水流带走。

聚氧乙烯基磷酸酯和聚氧乙烯基化焦磷酸酯的合成比磷酸酯和焦磷酸酯较为复杂一些。例如，具有良好缓蚀性能的辛基苯烷氧基聚氧乙烯磷酸酯可以通过以下反应来合成：

$$C_8H_{17}-C_6H_4-O\!\left[CHCHO\right]_nH + P_2O_5 \xrightarrow{90\sim100℃} C_8H_{17}-C_6H_4-O\!\left[CHCHO\right]_nP(=O)(OH)_2 +$$

$$\left(C_8H_{17}-C_6H_4-O\!\left[CHCHO\right]_n\right)_2P(=O)-OH$$

反应过程中也有二酯形成。但无论单酯或二酯都有良好的缓蚀性能，因此生产过程中不必进行分离而可直接使用。使用的pH值为6.6~9.0，得到的产品为棕色黏稠性液体。n 值可视不同情况而有所不同，一般 n 接近4，缓蚀效果较好。常用的有机磷酸酯总是和其他药剂（如BTA、MBT等）组合使用。

聚氧乙烯基磷酸酯等聚合磷酸酯由于在分子中引入了多个聚氧乙烯基，它的性能比一般磷酸酯好，提高了缓蚀性能和对钙镁垢的阻垢性能。

有机磷酸酯的缓蚀、阻垢机理目前还不十分清楚，有人认为对金属铁起缓蚀作用的有机磷酸酯属于混合型缓蚀剂。它们能在金属铁的表面进行化学吸附，其所带的烷基覆盖在金属表面上组成了一种化学吸附膜，阻止了水中的溶解氧向金属表面扩散而使金属材料得到了保护。至于有机磷酸酯的阻垢机理，主要是破坏了钙垢晶体的正常生长，引起晶格畸变而阻垢。它们对炼油厂的含油冷却水的水质稳定有着独特的效果。

以上介绍的是与C—O—P键相连接的有机磷酸酯在水处理中的应用。碳—磷直接连接的膦酸（多元）将在膦酸类化合物中介绍。

8.1.4 烷基亚磷酸

烷基磷酸（酯）和烷基亚磷酸（酯）中的磷原子都是通过氧再与烷基碳相连接，形成C—O—P键。而烷基膦酸类化合物则是磷—碳直接相连接，形成C—P键。亚磷酸酯可以看作是烷基膦酸的同分异构体。它们的结构式为：

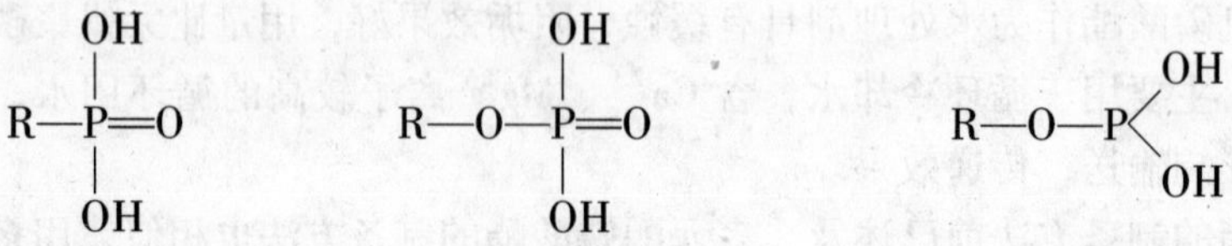

$$\mathrm{R{-}P(=O)(OH)_2}\qquad \mathrm{R{-}O{-}P(=O)(OH)_2}\qquad \mathrm{R{-}O{-}P(OH)_2}$$

烷基膦酸　　一烷基磷酸　　烷基亚磷酸

前两节谈到了烷基磷酸，为了对比，将烷基亚磷酸的制备与浮选性能作一简述。

（1）合成方法。

烷基亚磷酸酯的制备方法有多种，用化学反应式表示主要有：

1）$\mathrm{ROH + PCl_3 \xrightarrow{20\sim60^\circ C} ROPCl_2 + HCl}$

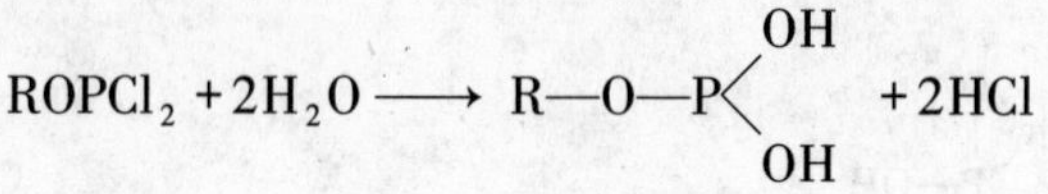

$$\mathrm{ROPCl_2 + 2H_2O \longrightarrow R{-}O{-}P(OH)_2 + 2HCl}$$

（产率60%）

2）$\mathrm{6ROH + P_4O_6 \xrightarrow{40\sim60^\circ C} 2R{-}O{-}P(OH)_2 + 2\,(RO)_2P{-}OH}$

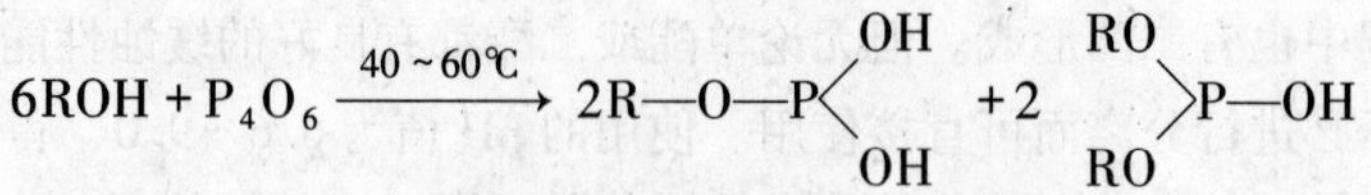

（两种产物产率总和近100%）

3）$\mathrm{ROH + HO{-}P(OH)_2 \longrightarrow R{-}O{-}P(OH)_2 + H_2O}$

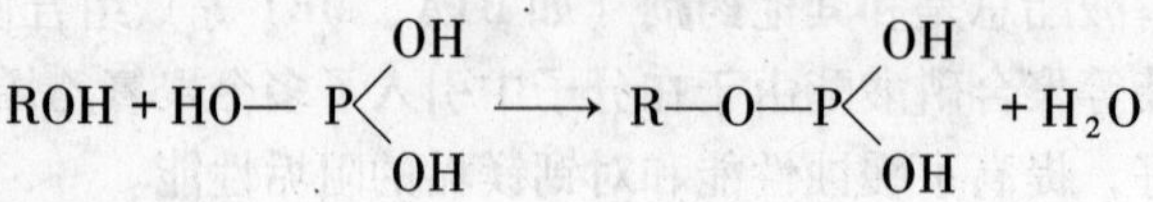

（产率80%）

亚磷酸酯是酸性化合物，分子中的两羟基可解离出 H^+，与碱中和成盐，亚磷酸酯易水解生成亚磷酸，使用时宜现配现用。

(2) 浮选性能。

烷基亚磷酸酯在进行了锡石和石英的单矿物浮选试验的基础上，用烷基亚磷酸酯系列药剂作锡石捕收剂进行了锡石-石英人工混合矿的浮选分离。试验采用60mL挂槽浮选机，转速为1580r/min。对小于40μm锡石的锡石-石英混合矿（含锡约7.5%），搅拌时间为3min，刮泡4min；对小于10μm锡石的锡石-石英混合矿（含锡约7.1%），搅拌时间为5min，刮泡时间为6min。

如图8-3所示为用正辛基亚磷酸酯、正癸基亚磷酸酯、正十二烷基亚磷酸酯作捕收剂，pH值条件试验，pH对小于40μm锡石-石英混合矿浮选分离的影响。由图可知，正癸基亚磷酸酯浮选分离锡石-石英混合矿的pH值范围最宽，锡石回收率在80%以上的pH值区间为3~8，锡石回收率最高；正十二烷基亚磷酸酯次之，有效浮选区间为pH=4~7，锡石回收率在相同的pH值条件下比癸基亚磷酸酯低。正辛基亚磷酸酯的有效浮选锡石的pH值范围最小，仅在酸性介质中（pH>2）锡石回收率超过80%。随着pH值的增大，锡石的回收率逐渐下降。从锡精矿品位来看，癸基亚磷酸酯和十二烷基亚磷酸酯比较接近，且品位较高。辛基亚磷酸酯浮选的精矿品位在酸性条件下，与前者较相近，随着pH值的增大，锡精矿品位逐渐下降。

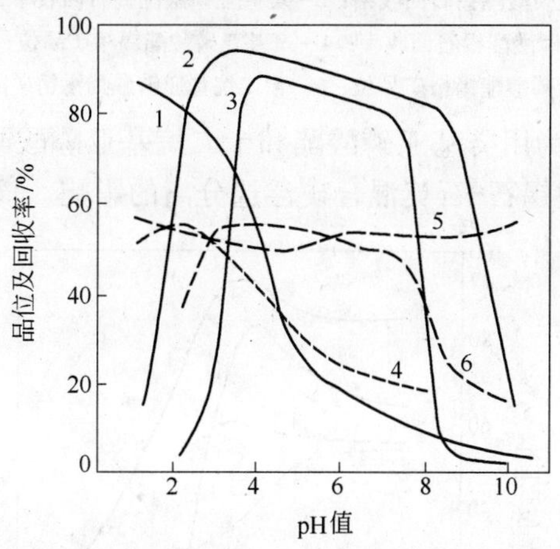

图8-3 烷基亚磷酸酯浮选锡石-石英混合矿pH值条件试验结果

1—辛基亚磷酸酯锡石回收率；2—癸基亚磷酸酯锡石回收率；3—十二烷基亚磷酸酯锡石回收率；4—辛基亚磷酸酯锡精矿品位；5—癸基亚磷酸酯锡精矿品位；6—十二烷基亚磷酸酯锡精矿品位

固定浮选pH值（癸基亚磷酸酯，pH=4；十二烷基亚磷酸酯，pH=4.3；辛基亚磷酸酯，pH=2.2），考察了捕收剂用量对锡石-石英混合矿物浮选分离的影响，结果如图8-4所示。研究表明，癸基亚磷酸酯和十二烷基亚磷酸酯对锡石的捕收能力较强。对于癸基亚磷酸酯，随着用量增大，锡石的回收率逐渐增高。而品位基本不变，当癸基亚磷酸酯用量为40mg/L时，锡石回收率达90%，品位为74%。十二烷基亚磷酸酯在用量很少时，锡石的回收率较高，随着用量增大，锡石的回收率降低。原因可能是药剂用量大时，药剂分子之间易于缔合，形成胶团，从而使捕收能力降低。此外，和癸基亚磷酸酯相比，十二烷基亚磷酸酯的碳链长，因此，后者在水介质中的溶解分散能力较差。与癸基亚磷酸酯和十二烷基亚磷酸酯相比，辛基亚磷酸酯的捕收能力较弱。

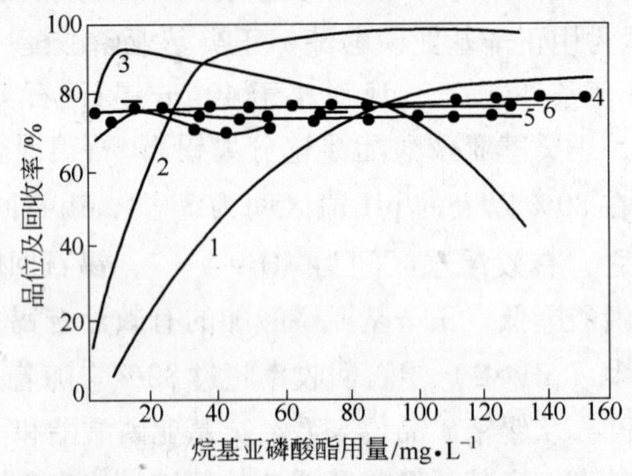

图8-4 烷基亚磷酸酯浮选分离锡石-石英混合矿的用量试验

1—辛基亚磷酸酯锡石回收率；2—癸基亚磷酸酯锡石回收率；3—十二烷基亚磷酸酯锡石回收率；4—辛基亚磷酸酯锡精矿品位；5—癸基亚磷酸酯锡精矿品位；6—十二烷基亚磷酸酯锡精矿品位

如图8-5所示为用癸基亚磷酸酯和十二烷基亚磷酸酯作捕收剂pH值条件对小于10μm细粒锡石-石英混合矿浮选分离的影响。该图表明，癸基亚磷

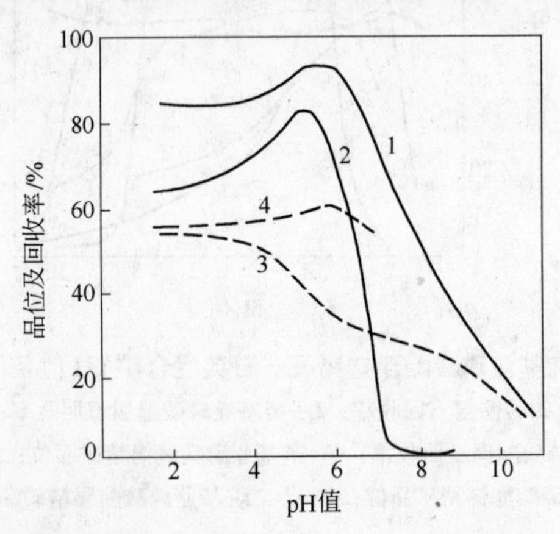

图8-5 烷基亚磷酸酯浮选小于10μm锡石-石英混合矿pH值条件试验结果

1—癸基亚磷酸酯锡石回收率；2—十二烷基亚磷酸酯锡石回收率；

3—癸基亚磷酸酯锡精矿品位（质量浓度36.5mg/L）；

4—十二烷基亚磷酸酯锡精矿品位（质量浓度41mg/L）

酸酯、十二烷基亚磷酸酯对小于10μm细粒锡石有较强的捕收能力。其中癸基亚磷酸酯浮选锡石的回收率较高，十二烷基亚磷酸酯的锡精矿品位较高。与小于40μm锡石-石英混合矿浮选分离的结果（如图8－3）相比，小于10μm锡石-石英有效浮选分离的pH值范围向低pH值方向移动。

固定癸基亚磷酸酯的浮选pH值为4左右，十二烷基亚磷酸酯为5左右。进行了捕收剂用量试验，结果如图8－6所示。该图表明，癸基亚磷酸酯对小于10μm锡石有较强的捕收作用。当药剂用量为73mg/L时，对于含锡（Sn）7.1%的原矿，可得Sn品位48%、回收率90%的锡精矿。十二烷基亚磷酸酯对小于10μm锡石的捕收能力稍强，但其选择性比癸基亚磷酸酯要好些，表现在其锡精矿品位较高。

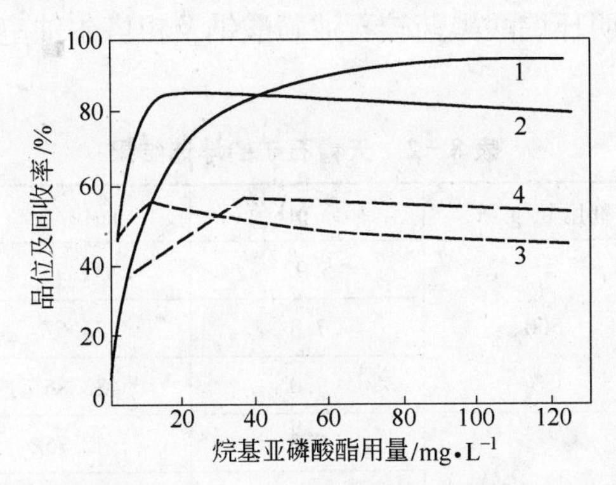

图8－6 烷基亚磷酸酯浮选小于10μm锡石-石英混合矿的用量试验结果
1—癸基亚磷酸酯回收率；2—十二烷基亚磷酸酯回收率；3—癸基亚磷酸酯锡精矿品位；4—十二烷基亚磷酸酯锡精矿品位

8.2 烷基硫代磷酸盐

前一节介绍了磷酸、亚磷酸和烷基磷酸酯（盐）及烷基亚磷酸酯结构式时，已将硫代磷酸及其衍生物烷基硫代磷酸盐的结构式作了相应介绍。其中，最著名的就是二硫代磷酸盐——黑药，是浮选中较为优良的捕收剂兼起泡剂。

黑药较为详细的情况在第5章已作阐述。黑药在泡沫浮选中应用已有80多年的历史。黑药浮选效果好，易于制备，所以经久不衰，我国的选矿药剂厂生产的黑药等选矿药剂还远销世界各地。这里再介绍一些黑药衍生物。

8.2.1 环烷酸黑药

环烷酸黑药（фосфотен）的制造方法是用摩尔比75份环烷酸与25份五硫化二磷互相作用即可。反应时将环烷酸分成两份，一部分放于反应瓶中，另一部分先与五硫化二磷混合，待反应瓶温度达80℃时，再将混合物慢慢加入，在搅拌下维持温度80~90℃，反应完了后，上层澄清浓稠液体即为环烷酸黑药。产品不溶于水，但溶于酒精。此处所用的环烷酸是精制石油时的产物，成本较低。

环烷酸黑药对于锆英石与锡石有捕收性，且兼有起泡作用，最高的回收率是在pH=4~10.5，小于4或大于10.5，捕收作用停止。但对于未加活化的石英与长石在各种pH值条件下，都没有浮选效果。用放射性铁及锡的同位素试验证明，在酸性矿浆中较在碱性时为佳。利用水玻璃的选择性作用，可以使锆英石与石英分开；加大水玻璃的用量至700g/t，可以将锆英石与已经为三氯化铁活化了的长石分开。

有色金属研究院曾于1959年用自制的环烷酸黑药浮选天青石矿（硫酸锶品位为28%）。证明环烷酸黑药较石油磺酸钠及粗塔尔油皂的浮选效果好，如表8-2所列。

表8-2 天青石矿的浮选结果

药剂名称	药剂用量/g·t^{-1}	矿浆pH值	品位/%	回收率/%
环烷酸黑药	500	5.92	37.97	97.76
		7.8	35.67	95.93
		9.0	33.86	97.12
石油磺酸钠	600	5.5	42.75	69.94
		7.2	39.27	75.66
		7.8	37.19	76.76
		9.0	33.10	80.80
粗塔尔油皂	300	5.5	37.46	70.36
		7.2	37.39	76.18
		7.8	37.17	79.62
		9.0	35.93	82.86

8.2.2 磷胺4号与磷胺6号

磷胺4号（也叫做“苯磷胺”），化学名称为N，N′-二苯基二硫代氨基磷酸。磷胺6号（也叫做“甲苯磷胺”），化学名称为N，N′-二甲苯基二硫代氨基磷酸。这两种新型浮选药剂是北京矿冶研究院在1974年前后试制成功的。1974年该院与凡口铅锌矿合作完成了小型选矿试验，1976年又进行了半工业试验。证实了在非氰药剂制度下，用磷胺4号选铅比用25号黑药、乙基黄药选铅，铅回收率提高1.86%。磷胺6号的选铅指标与磷胺4号的选铅指标相近。

磷胺4号　　　　磷胺6号

磷胺4号与6号的物理化学性质相近，都是白色粉末，有臭味，不溶于水，但溶于酒精和稀碱，在溶于碱后臭味消失；对光及热稳定性差，暴露空气中，特别是湿空气中容易分解变质，在稀酸、碱或水中加热回流，立即加水分解。

磷胺4号是由苯胺和五硫化二磷反应生成的，反应式为：

$$4C_6H_5NH_2 + P_2S_5 \xrightarrow[40\sim50℃,\ 1.5h]{溶剂甲苯} (C_6H_5NH)_2PSSH + H_2S$$

苯胺与五硫化二磷的配料摩尔比为8∶1，溶剂甲苯用量为五硫化二磷质量的12～13倍；反应温度40～50℃，反应时间1.5h；反应混合物经分离残渣、洗涤、真空干燥后，即得成品。

磷胺6号的性质、合成条件与磷胺4号近似，只是用对-甲苯胺代替苯胺，合成过程无需分离残渣。对-甲苯胺与五硫化二磷的配料摩尔比为6∶1；溶剂甲苯用量为五硫化二磷质量的16～17倍；反应温度30～40℃，反应时间2h。

磷胺4号和6号与25号黑药及乙基黄药比较具有捕收力较强，选择性较好，毒性低，溶解后无臭，浮选泡沫不黏，中矿循环量小，适应性强等优点，是一种选铅的有效捕收剂。

8.2.3 环已胺黑药（环已磷胺）

环已胺黑药就是双环已氨基二硫代磷酸，广东有色院1975年研究成功的一种捕收剂，为浅黄色粉末状产物，熔点178～185℃，微溶于水，有一定气味，能溶解于无机酸和碱中，能与多种金属作用生成沉淀，选矿时溶于碱溶液中使用。结构式为：

$$(C_6H_{11}NH)_2PSSH$$

环已胺黑药是由环已胺与五硫化二磷作用制得。环已胺与五硫化二磷的配料分子质量比为4∶1，用轻汽油作溶剂，反应温度保持在80℃左右，反应时间约3h。产物在50～60℃温度下烘干后粉碎。产品纯度70%～80%，它的反应式为：

$$4\,C_6H_{11}\text{—}NH_2 + P_2S_5 \xrightarrow[\text{溶剂}]{\text{加热}} 2\,(C_6H_{11}\text{—}NH)_2P(=S)SH + H_2S$$

环已胺黑药曾在广西泗顶铅锌矿对多种矿样进行了选矿试验，并与25号黑药和黄药混合使用的浮选闭路指标进行了对比。环已胺黑药可使浮选流程简化，铅回收率略有提高，铅精矿质量有了改善并成为合格产品。对氧化铅矿中的$PbSO_4$，PbO，$PbCO_3$有较好的捕收能力。

8.2.4 二硫代磷酸烷基酯

脂肪族醇类与五硫化二磷作用的生成物二硫代磷酸烷基酯（烷基二硫代磷酸）也属黑药类型。如丁基黑药（C_4H_9）$_2$P（S）SH、丁基铵黑药（C_4H_9）$_2$P（S）SNH_4等。

表8－3列出了某些烷基、芳基二硫代磷酸酯和烷基二硫代次膦酸的物理化学常数。

二硫代磷酸烷基酯的合成方法如今都比较成熟，各国各药剂生产厂家均有生产，早期Booth、Обцфрцню等人都曾发表过专利、文章。它们应用也比较普遍，是铜、铅、锌硫化矿的良好捕收剂。对过去的浮选情况不再介绍，只将近些年来的新药剂（衍生物）新用途作一简介。

表8－3 一些二硫代磷酸酯类及二硫代次膦酸类药剂的物理化学常数

R	R′	熔点/℃	沸点/℃	n_D^{20}	d^{20}	pK_{20}	
						7%酒精中	80%酒精中
CH_3O—	CH_3O—		56～57(4mm)/Hg	1.5340	1.2869	1.55	2.64
C_2H_5O—	C_2H_5O—		77～78(4mm)/Hg	1.5073	1.1651	1.62	2.56
异-C_3H_7O—	异-C_3H_7O—		71～72(4mm)/Hg	1.4918	1.0911	1.82	2.65
正-C_3H_7O—	正-C_3H_7O—		85～86(4mm)/Hg	1.4987	1.1040	1.75	2.57
正-C_4H_9O—	正-C_4H_9O—		99～99.5(4mm)/Hg	1.4971	1.0722	1.83	2.64
异-$C_5H_{11}O$—	异-$C_5H_{11}O$—		77.5～78(4mm)/Hg	1.4921	1.0620	1.79	2.65
C_6H_5—O—	C_6H_5—O—	60～61				1.81	2.66

续表 8-3

R	R′	熔点/℃	沸点/℃	n_D^{20}	d^{20}	pK_{20}	
						7%酒精中	80%酒精中
Cl—C_6H_5—O—	Cl—C_6H_5—O—	82.3				1.79	2.69
C_6H_5—	C_6H_5—	56				1.75	2.60
CH_3—C_6H_5—	CH_3—C_6H_5—	80~81				1.81	2.65
CH_3—	CH_3—	62~63（Na 盐）				1.74	2.63
C_2H_5—	C_2H_5—	122.5~124（Na 盐）				1.71	2.53
C_3H_7—	C_3H_7—		91~91.5(2mm)/Hg	1.5632	1.0691		
C_4H_9—	C_4H_9—		99~99.5(2mm)/Hg	1.5481	1.0314		
异-C_3H_7—	异-C_3H_7—	153~154（Na 盐）					

一硫代磷酸酯（衍生物）和硫代次膦酸与二硫代磷酸酯有其相似之处，亦作简介，如前苏联专利（162757 号）介绍，利用药剂的拼合原理，将黑药和脂肪酸拼合，生成衍生物作为萤石矿的捕收剂，其结构为：

$$(RO)_2P(=S)—CH_2COOH$$

从结构式看，它是由相应的黑药与氯乙酸反应生成。研究表明，利用

$(RO)_2P(=S)—(CH_2)_{10}COOH$ （$R=C_2H_5\sim C_5H_{11}$）代替油酸可以浮选氧化矿。

国外还报道用 O，O-二烷基二硫代磷酸酯油酸衍生物作含磷矿物捕收剂，其结构式为：$CH_3(CH_2)_7(HXCHY(CH_2)_7)COZ$，式中 X，Y 为 H，OH，$S_2P(OC_nH_{2n+1})_2$；Z 为 OH，ONa，$NHC_2H_4$，$N(C_2H_4OH)_2$；$n=1\sim12$。

Nagaraj 等人在研究烷基一硫代次膦酸 $R_2—P(=S)—OH$ 和烷基一硫代磷酸双烷基酯 $(RO)_2—P(=S)—OH$ 的浮选性能时，发现这两种药剂在酸性介质中浮选比二硫代磷酸盐更稳定，捕收能力更强。

林强等人合成了二乙基磷酸基二硫代甲酸钠（见下结构式），研究了它对方铅矿和黄铁矿的浮选性能，并从理论上进行了量子化学方面的讨论。该药剂和前述的几种利用拼合原理组成的双极性官能团化合物相似。

$$\begin{array}{l} C_2H_5—O \quad\; O \\ \qquad\qquad \diagdown \;\, /\!\!/ \\ \qquad\qquad\;\; P \qquad S \\ \qquad\qquad \diagup \;\; \diagdown \;\, /\!\!/ \\ C_2H_5—O \qquad C—SNa \end{array}$$

二乙基磷酸基二硫代甲酸钠

杨晓铃等人合成了4种二烷基一硫代磷酸铵系列捕收剂，通式为（RO）$_2$P（S）ONH_4，式中R分别为C_2H_5、C_4H_9、C_6H_{13}和$CH_2=CH—CH_2$。用这些捕收剂分别对孔雀石、锡石、赤铁矿、白铅矿、方解石、菱锌矿单矿物进行浮选试验，结果表明，二烷基二硫代磷酸铵对非硫化矿物有良好的捕收作用，且具有一定的选择性，对软酸性矿物，如孔雀石、菱锌矿、白铅矿等作用能力更强。该系列捕收剂的非极性烃基应在10个碳原子以上，较为适宜。

二硫代磷酸的二烷基酯也可以作为铀矿的萃取剂。在溶液的pH值介于6～9时，用二异丙基二硫代磷酸钾、二甲基二硫代磷酸钠或甲基丙基二硫代磷酸钾将铀变为相应的盐类，然后用与水不能互溶的非极性溶剂，例如乙醚、丁醚、乙基丁基醚，将铀的二硫代磷酸盐萃取出来，与此同时其他的重金属离子如锰、铁、钴、镍、铜、银、镉、铟、铅、锡、锑、汞、铬及钒也变为水不溶性的二硫代磷酸盐络合物，可以过滤除去或用非极性溶剂（己烷、庚烷、苯或甲苯）加以萃取。原溶液中的碱金属或碱土金属则不溶于此类极性溶剂中。萃取出来的铀的二硫代磷酸盐用蒸发或蒸馏法除去溶剂。与二硫代磷酸酯的作用温度最好在10～38℃，搅拌30～60min。二硫代磷酸酯的用量需要超过与所有金属作用量质量分数的5%～50%。

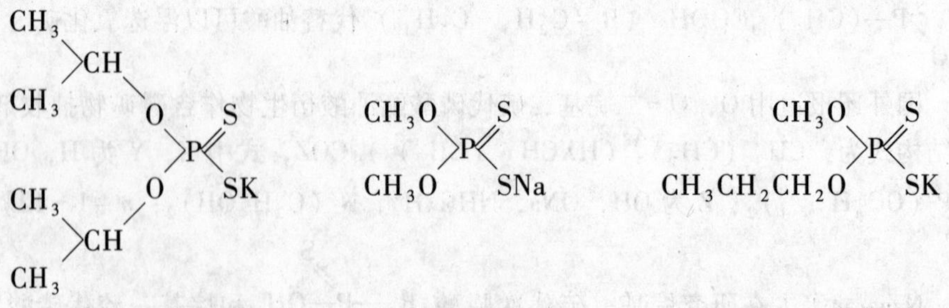

二异丙基二硫代磷酸钾　　二甲基二硫代磷酸钠　　甲基丙基二硫代磷酸钾

一般黑药的金属盐类也是一种润滑油加合物，从而改变润滑油的抗腐蚀性能。二硫代磷酸与多种金属作用可以生成相应的络合物，例如用钼盐与二乙基二硫代磷酸作用后，即生成钼的络合物：

$$\begin{array}{c}(C_2H_5O)_2P(=S)-S-Mo(\text{六价})(=O)(O)(O)-S-P(=S)(OC_2H_5)_2 \\ \downarrow \\ Mo(\text{四价})[S-P(=S)(OC_2H_5)_2]_2\end{array}$$

利用类似的反应，二烷基二硫代磷酸与金属形成络合物的反应，也可以回收或分析鉴定重金属离子。例如二异己基二硫代磷酸的各种重金属盐在己烷溶剂中产生不同的颜色：锰为琥珀色，铁为黑色，钴为深黄绿色，镍为深紫色，铜为深黄绿色，银为葡萄酒红色，镉无色，铟为浅黄色，铅无色。了解二硫代磷酸与金属的作用对于进一步研究黑药类浮游选矿的作用机理将是有帮助的。

8.2.5 双黑药及其他衍生物

黑药经氯或其他氧化剂作用氧化成双黑药，据较早（1930 年）的报道，可作为浮选捕收剂。

$$(RO)_2P(=S)SH \xrightarrow{Cl_2} (RO)_2P(=S)-S-S-P(=S)(OR)_2$$

苄基硫醇与五硫化二磷作用生成四硫代磷酸酯及三硫代偏磷酸酯，可作为浮选药剂。

$$C_6H_5-CH_2SH + P_2S_5 \rightarrow (C_6H_5-CH_2S-)_3P{=}S + C_6H_5-CH_2SPS_2$$

美国专利（2376242；2434357）等曾报道用二硫代磷酸钠与光气作用生成的产物作为铜矿物浮选的捕收剂。反应式为：

$$(RO)_2P(=S)SNa + COCl_2 \longrightarrow (RO)_2P(=S)-S-C(=O)-S-P(=S)(OR)_2$$

式中，R 为乙基、丁基或甲苯基。

美国专利（2574554；2602814）报道，二乙基二硫代磷酸钠与聚乙二醇的氯代甲酸酯在水溶液中作用，所得的产物可用作浮选捕收剂。反应式为：

$$2\,(C_2H_5O)_2P(=S)SNa + [Cl-C(=O)-OCH_2CH_2]_2O \rightarrow \left[(C_2H_5O)_2P(=S)-S-C(=O)-OC_2H_4\right]_2O$$

二乙基二硫代磷酸与对-硝基苄基氯的反应产物式（1）、二烷基二硫代磷酸与N-乙基苹果酸亚酰胺的反应产物式（2）以及化合物 $(C_2H_5O)_2P(=S)SCH_2CONHCONH_3$ 等都曾被推荐作为浮选剂使用。

$$(C_2H_5O)_2P(=S)SH + NO_2-C_6H_4-CH_2Cl \xrightarrow{KOH} (C_2H_5O)_2P(=S)-S-CH_2-C_6H_4-NO_2 \tag{1}$$

$$(RO)_2P(=S)SH + \text{(CH=CH, O=C, C=O, N–}C_2H_5\text{ 环)} \rightarrow (RO)_2P(=S)-S-CH-CH\text{(O=C, C=O, N–}C_2H_5\text{ 环)} \tag{2}$$

美国专利（2632020）报道，用二烷基二硫代磷酸与不饱和酮的反应产物，既可作为杀虫剂、增塑剂使用，又可作为浮选药剂，反应式为：

$$(RO)_2P(=S)SH + CH_3-\underset{\underset{O}{\|}}{C}-CH=CH_2 \xrightarrow{苯} (RO)_2P(=S)SCH_2CH_2-\underset{\underset{O}{\|}}{C}-CH_3$$

式中，R为乙基、2-氯乙基、仲丁基等。

美国专利（2876244和2876245）和英国专利（801568）还介绍用环状结构的化合物式（3）、式（4）作为浮选药剂。

$$(CH_3)_2C=CH-\underset{\underset{O}{\|}}{C}-CH_3 + PCl_3 + H_2S \xrightarrow{25℃} H_3C-C\text{(=HC–C(CH}_3)_2\text{–P(=S)–O– 环)} \tag{3}$$

$$R_1-C(-O-)=C(-O-)-R_2 \text{ 环 } P(=S)-S-CH(C_6H_5)-CH_2-\underset{\underset{O}{\|}}{C}-CH_3 \tag{4}$$

二烷基硫代磷酰氯是比较突出的一种有效药剂。它在酸性矿浆中可作为浮选硫化矿的捕收剂。用此种酰氯化合物浮选铜精矿回收率可达85%～86%。锌回收率达97%。例如用二甲基二乙基或二仲丁基硫代磷酰氯浮选南美洲所产的一种铜矿（含铜1.9%～2.0%）；用二乙基衍生物浮含铜1.6%～1.7%的矿泥，或用二乙基或二异丙基硫代磷酰氯浮选锌矿。

也有人提出二烷基硫代磷酰氯及其相似的化合物用做硫化铜矿及部分氧化了的硫化矿的捕收剂，并指出效果好。包括二乙基硫代磷酰氯及二乙基硫代磷酰溴两种药剂。浮选时用硫酸作捕收剂，松油为起泡剂，原矿铜品位为1.045%，用二乙基硫代磷酰氯浮选后，精矿中铜品位5.59%，尾矿0.120%；用二乙基硫代磷酰溴浮选时，精矿中铜品位为6.27%，尾矿为0.129%。

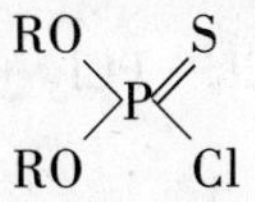

$$(RO)_2P(=S)Cl \qquad (C_2H_5O)_2P(=S)Cl \qquad (C_2H_5O)_2P(=S)Br$$

二烷基硫代磷酰氯 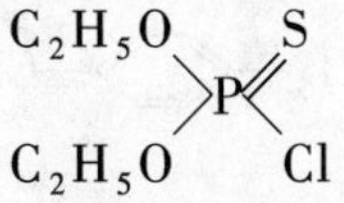　　二乙基硫代磷酰氯 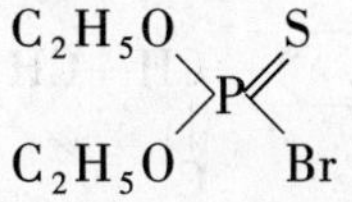　　二乙基硫代磷酰溴

一硫代磷酰氯一类化合物，美国氰胺公司已有生产列入黑药系列，商品名aerofloat 135，在性质上该药剂遇水分解放出盐酸气，其反应可能为：

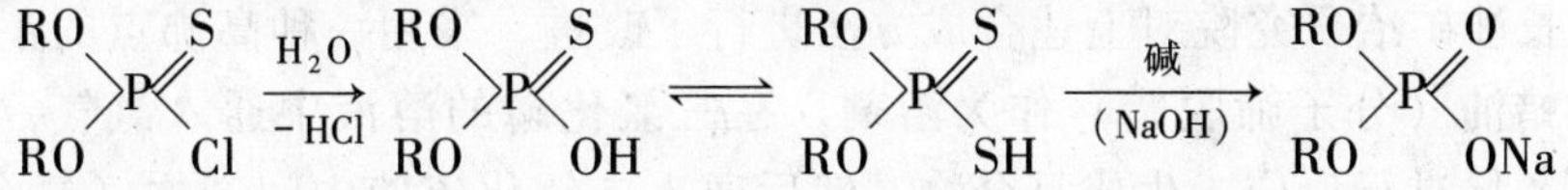

$$(RO)_2P(=S)Cl \xrightarrow[-HCl]{H_2O} (RO)_2P(=S)OH \rightleftharpoons (RO)_2P(=O)SH \xrightarrow[(NaOH)]{碱} (RO)_2P(=O)ONa$$

8.3 膦酸

由碳-磷原子直接相连的有机磷酸类化合物统称为膦酸。作为选矿使用的膦酸主要有单膦酸和双膦酸及其衍生物。从结构上可将膦酸分为烷基膦酸和烷芳基膦酸。

胂酸和膦酸类药剂在选矿中均首先用于锡石浮选，如今已应用于许多稀有金属矿和其他氧化矿。前民主德国和前苏联以及英国、澳大利亚、印度等国在膦酸、双膦酸类药剂的研究生产制备以及选矿应用上做了大量的工作，如甲苯胂酸和苯乙烯膦酸等药剂，在半个世纪前就已经在阿登贝格（Altenberg）、雷尼桑（Renison）和惠儿简等选厂进行过工业试验，或生产使用。新药剂生产试验从未停止过。

我国学者和科技工作者对有机磷化合物的研究领域也非常广泛。除用于矿物加工外，也用于有机磷农药、清洗洗涤剂（清洗易拉罐等）和水处理阻垢防垢、防腐蚀剂等。

中南大学、长沙矿冶研究院等不少高等院校和科研院所，以及药剂生产厂家对包括有机磷化合物类选矿药剂的研究、生产与应用做了大量的工作，新药剂研究不断出现。

长沙矿冶研究院见百熙、张泾生等人自20世纪60～80年代对有机砷和有机磷药剂进行了较为系统和深入的研究，从药剂的试验室制备、工业生产到选矿评价、选矿工业试验，先后研究了邻位、对位、间位三种甲苯胂酸，混合甲苯胂酸，甲苯膦酸，苯乙烯膦酸，α-羟基苄基膦酸，1-羟基-1，3-二甲基丁基膦酸，苄基膦酸，双膦酸，烷基磷酸（酯）和苯乙烯磷酸酯等十多种含砷、含磷选矿药剂和冶金萃取剂。现以膦酸为例，介绍苯乙烯膦酸及其酯类的合成。

国外文献介绍其合成方法为：

$$C_6H_5-CH{=}CH_2 + 2PCl_5 \longrightarrow C_6H_5-\underset{\underset{Cl}{|}}{CH}-CH_2-PCl_4\cdot PCl_5$$

$$C_6H_5-\underset{\underset{Cl}{|}}{CH}-CH_2-PCl_4\cdot PCl_5 \longrightarrow C_6H_5-CH{=}CH_2\cdot PCl_4\cdot PCl_5 + HCl$$

$$C_6H_5-CH{=}CH_2\cdot PCl_4\cdot PCl_5 + 7H_2O \longrightarrow C_6H_5-CH{=}CH-P(OH)_2{=}O + 9HCl$$

长沙矿冶研究院对上述合成方法进行了改进，采用一种高沸点的正构烷烃重蜡油（分子筛脱蜡）作为溶剂，在三氯化磷的溶液中通入氯气，再加入苯乙烯进行反应，生成复合物，然后通入二氧化硫使中间产物（复合物）分解生成苯乙烯二氯氧膦，再经水解生成苯乙烯膦酸。经过改进后的工艺方法，除获得主产品苯乙烯膦酸外，同时得到两种重要的化工原料氯化亚砜（亚硫酰氯）和三氯氧磷，使产品、副产品得到有效分离，充分利用，提高附加值，大大降低了生产成本。苯乙烯膦酸的收率可达 80% 以上。用反应式表示为：

$$PCl_3 + Cl_2 \xrightarrow[\text{重蜡油}]{20\sim55℃} PCl_5$$

$$PCl_5 + C_6H_5-CH{=}CH_2 \xrightarrow{35\sim45℃} C_6H_5-CH{=}CH-PCl_3^+\cdot PCl_6^- + HCl$$

$$C_6H_5-CH{=}CH-PCl_3^+\cdot PCl_6^- + SO_2 \xrightarrow{50\sim60℃} C_6H_5-CH{=}CH-PCl_2{=}O + POCl_3 + 2SOCl_2$$

$$C_6H_5-CH{=}CH-PCl_2{=}O + H_2O \longrightarrow C_6H_5-CH{=}CH-P(OH)_2{=}O + 2HCl$$

苯乙烯膦酸是一种白色结晶，毒性很小，纯品熔点 159～160℃，可溶于水，它与 Sn^{2+}，Sn^{4+} 离子形成难溶解的盐，如表 8-4 所示。它与 Ca 和 Mg 离子只是在高物质的量浓度下（5×10^{-2}mol/L）才能形成盐，因此它对矿浆中的Ca，Mg离子是不敏感的。苯乙烯膦酸不具有起泡性，它的表面活性很小，当它的物质的量浓度在5×10^{-2}mol/L以上时，才能使水的表面张力下降。

表8-4 苯乙烯膦酸一些盐的溶解度

盐	在20℃的溶解度
$C_6H_5CH=CH-PO_3Sn\cdot H_2O$	1×10^{-8}
$(C_6H_5CH=CH-PO_3)_2Sn\cdot 2H_2O$	1.7×10^{-11}
$(C_6H_5CH=CH-PO_3)_5Fe_2$	5.5×10^{-24}

在试验室工作和选矿评价研究的基础上，先后在上海彭浦化工厂和长沙矿冶研究院本部完成了苯乙烯膦酸药剂的扩大（工业）试验和工业试生产。进而进行了冶金萃取剂磷酸酯类的研究。

苯乙烯膦酸单酯（SPAME）的制备是：将正构烷烃溶剂油改为用四氯化碳作溶剂，在制备苯乙烯二氯氧膦之后进行下列反应：

$$C_6H_5-CH=CH-P(=O)Cl_2 + ROH + C_5H_5N \longrightarrow$$

$$C_6H_5-CH=CH-P(=O)(OR)Cl + \underset{\text{(少量)}}{C_6H_5-CH=CH-P(=O)(OR)_2} + C_6H_5N\cdot HCl$$

$$C_6H_5-CH=CH-P(=O)(OR)Cl + H_2O \longrightarrow C_6H_5-CH=CH-P(=O)(OR)OH$$

式中，使用的醇为2-乙基己醇和混合醇（平均碳原子相对分子量为12）。合成了苯乙烯膦酸单2-乙基己基酯（简称B312萃取剂）和苯乙烯膦酸单十二碳醇酯。同时，也用正戊醇、正丁醇、丙烯醇和环己醇等醇解，合成了相应的单酯。产品收率一般在60%以上最高达80%以上，B312的收率在75%左右。

B312萃取剂能与煤油或其他烃类等多种有机溶剂互溶，具有良好的化学稳定性和很低的水溶性与毒性。B312与常用的萃取剂二-2-乙基己基磷酸（DEHPA，P204）和2-乙基己基膦酸单2-乙基己基酯（P-507或EHPNA）从酸性硫酸盐水溶液中萃取分离Co-Ni的能力相比较，B312在常温下分离Co-Ni的能力比DEHPA即使在升高温度时的分离能力还要强得多。B312能够从含镍、钴的硫酸盐水溶液中有效地萃取除去铜、锌、锰、钙等杂质，而P-

507都不能分离Ca－Co，说明B312－煤油萃取体系既能分离钴镍，又能除去杂质。

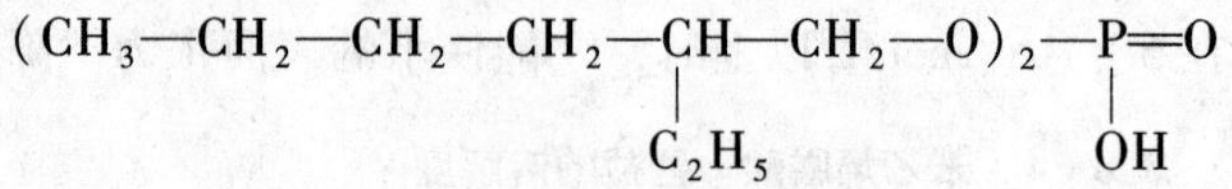

$$(CH_3—CH_2—CH_2—CH_2—\underset{\displaystyle C_2H_5}{\underset{|}{CH}}—CH_2—O)_2—\underset{\displaystyle OH}{\underset{|}{P}}=O$$

DEHPA

$$CH_3CH_2CH_2CH_2—\underset{\displaystyle C_2H_5}{\underset{|}{CH}}—CH_2—\overset{\displaystyle O}{\overset{\|}{\underset{\displaystyle OH}{\underset{|}{P}}}}—O—CH_2—\underset{\displaystyle C_2H_5}{\underset{|}{CH}}—CH_2CH_2CH_2CH_3$$

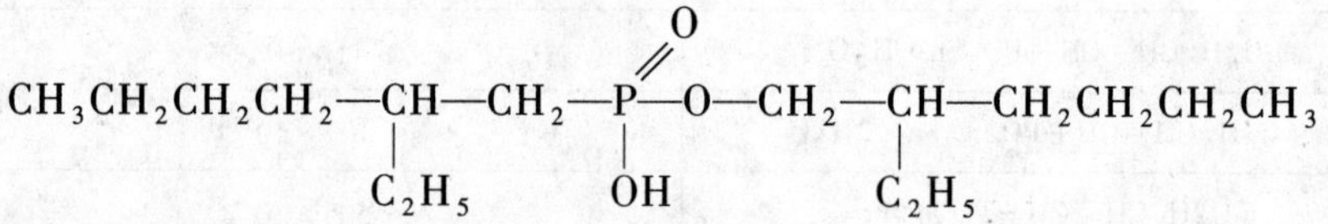

EHPNA

对胂酸的研究（如甲苯胂酸、混合甲苯胂酸等）也是如此。从试验室合成研究，在株洲选矿药剂厂建立生产车间，生产混合甲苯胂酸供锡钨矿山工业试验和工业生产使用。

长沙矿冶研究院对混合甲苯胂酸和苯乙烯膦酸等含砷含磷药剂从试验室合成方法、原料选取，到工业试验与生产工艺流程、设备、物料平衡及分析测试、药剂的捕收性能、与矿物的作用机理、选矿评价与选矿实际等进行了较为系统和深入的研究。尝试应用量子力学的理论推广的Hückel分子轨道法（EHMO法），研究药剂结构（有机磷化合物）性能、浮选过程的吸附成键特性。从磷原子的sp3杂化轨道，磷-氧配键、孤对电子、电负性大小以及过渡金属氧化矿（金属原子）成键理论入手，分析有机磷药剂对该类矿物（Sc，Ti，V，Cr，Mn等）的相互作用及机理。

国内外混合甲苯胂酸和苯乙烯膦酸的选矿试验都证明它们是锡钨等许多稀有、稀土矿物的优良药剂，在选矿中发挥过或仍在发挥重要作用。

8.3.1 烷烃基膦酸

8.3.1.1 制备与性质

烷烃基膦酸的制备方法有多种，以反应式为例列举如下：

(1) 烃基膦酰氯化法：

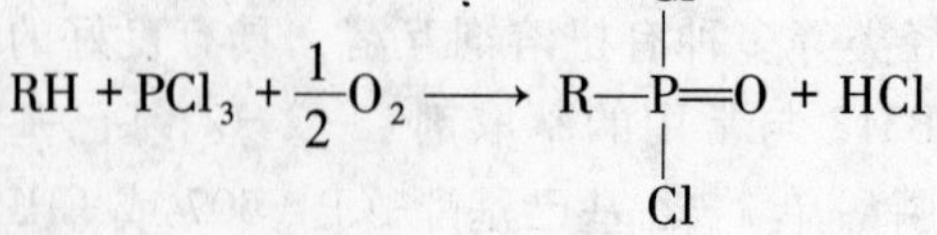

$$RH + PCl_3 + \frac{1}{2}O_2 \longrightarrow R—\overset{\displaystyle Cl}{\overset{|}{\underset{\displaystyle Cl}{\underset{|}{P}}}}=O + HCl$$

反应式中的RH可以是烷烃、环烷烃等。例如，用庚烷（C_7H_{16}）41g与22.4g PCl_3混合，在60℃时慢慢通入O_2气流，作用5h，得28.1g庚基膦酰氯，在1.33kPa（10mmHg）压力下，沸点106～108℃。将这种庚基膦酰氯粗产品倒入冰水中，得庚基膦酸。

$$R-P(Cl)_2{=}O + 2H_2O \longrightarrow R-P(OH)_2{=}O + 2HCl$$

用此法可制得烷基膦酸、环烷基膦酸，也可以制得芳基烷基膦酸。

（2）亚磷酸酯法：

$$R-O-P(OR)_2 + R'X \xrightarrow{加热} R'-P(=O)(OR)-OR + RX$$

亚磷酸酯

$$R'-P(=O)(OR)-OR + 2H_2O \xrightarrow{HCl} R'-P(=O)(OH)-OH + 2ROH$$

烷基膦酸

反应中的卤代烷 R′X 中的 R′必须是烷基或芳烷基（如 $C_6H_5CH_2$—），如果 R′是芳香基则不发生反应。得到烷基磷酸酯后，再用浓盐酸（HCl）将酯水解而得烷基膦酸。亚磷酸酯与卤代烷烃经加热重排的制备方法是比较重要的反应。例如，用亚磷酸三乙酯与 1-溴已烷一起回流，则生成已基膦酸二酯，用浓盐酸水解便得到已基膦酸；用 1-溴壬烷代替 1-溴已烷，便能制得壬基膦酸，余类推。这个方法适合于制造分子量较小的烷基膦酸二乙酯，分子量增大至烷基含 10 个以上碳原子时，则加热时间长且产量低，所以长烃链膦酸一般不用此法。

如果用亚硫酸二丁酯钠为原料，与卤代烷作用，便很容易生成烷基膦酸酯。

$$(CH_3CH_2CH_2CH_2O)_2P-OH + Na \xrightarrow[-H_2]{石油醚} (CH_3CH_2CH_2CH_2O)_2P-ONa$$

$$\xrightarrow[\triangle]{+R'X} (CH_3CH_2CH_2CH_2O)_2P-OR' \xrightarrow{\triangle} R'-P(=O)(OCH_2CH_2CH_2CH_3)_2$$

$$R'-P(=O)(OCH_2CH_2CH_2CH_3)_2 + 2H_2O \xrightarrow[回流]{HCl} R'-P(=O)(OH)_2 + 2C_4H_9OH$$

具体步骤是：悬浮 1.15g 钠于 150mL 无水已烷或庚烷中，加入 9.7g 二丁基亚磷酸酯，加热回流至金属钠完全溶解为止，然后加入 0.05mol 烷基溴，并回流至5~6h，将混合物冷却，用水洗涤，将有机层分开，在减压下蒸馏二丁烷基磷酸酯，将酯在50~75mL浓盐酸（HCl）中回流，发生水解反应得相应的膦酸产品溶液。将回流混合物放置过夜后，用蒸馏的方法除去丁醇和未作用的卤代烷以及HCl。烷基膦酸用己烷或庚烷重结晶，即得较纯的烷基膦酸。

表8-5所列为某些烷烃基膦酸的熔点及电离常数 pK_1 和 pK_2（负对数）。从 pK_1 及 pK_2 值看，其酸性强于脂肪酸。

表8-5 烷基膦酸的熔点，pK_1 和 pK_2 值

烷基膦酸名称	结构式	熔点/℃	pK_1	pK_2
甲基膦酸	$CH_3P(O)(OH)_2$	104~106	2.38	7.79
乙基膦酸	$CH_3CH_2P(O)(OH)_2$	126~127	2.43	8.05
丙基膦酸	$CH_3(CH_2)_2P(O)(OH)_2$	73	2.49	8.18
丁基膦酸	$CH_3(CH_2)_3P(O)(OH)_2$	95	2.59	8.19
戊基膦酸	$CH_3(CH_2)_4P(O)(OH)_2$	120.5~121.5	2.40	7.95
己基膦酸	$CH_3(CH_2)_5P(O)(OH)_2$	104.5~106	2.4	8.25
庚基膦酸	$CH_3(CH_2)_6P(O)(OH)_2$		2.9	8.25
辛基膦酸	$CH_3(CH_2)_7P(O)(OH)_2$	99.5~100.5		
壬基膦酸	$CH_3(CH_2)_8P(O)(OH)_2$	99~100		
癸基膦酸	$CH_3(CH_2)_9P(O)(OH)_2$	102~102.5		
十二烷基膦酸	$CH_3(CH_2)_{11}P(O)(OH)_2$	100.5~101.5		8.25
十四烷基膦酸	$CH_3(CH_2)_{13}P(O)(OH)_2$	97~98		
十六烷基膦酸	$CH_3(CH_2)_{15}P(O)(OH)_2$	94.5~95.5		
十八烷基膦酸	$CH_3(CH_2)_{17}P(O)(OH)_2$	98.5~99		

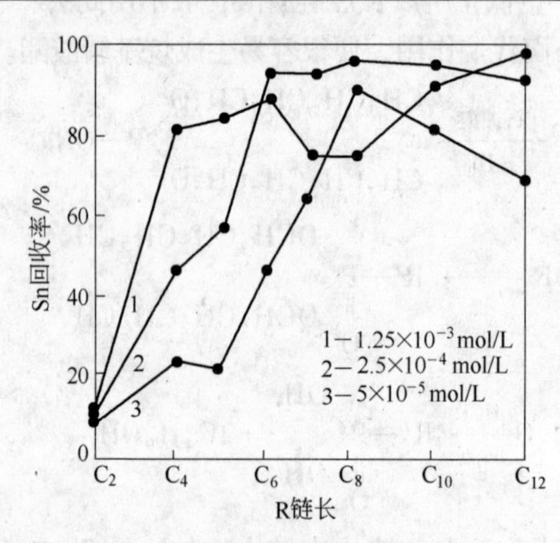

图8-7 Sn回收率与正烷基膦酸碳链长的关系

8.3.1.2 捕收性能

烷基膦酸的捕收性能与非极性基烃链的长短有关。如图8-7所示为不同碳链长度（$C_{2\sim12}$）和浓度的烷基膦酸对锡石浮选的捕收性能，从锡精矿的回收率可看出，乙基膦酸几乎无捕收性，己基膦酸和庚基膦酸效果较好，碳链长度超过 C_8 捕收性能又减弱。

为了对比不同品种锡石捕收剂的捕收性能，用庚基膦酸与油酸及单-正辛基磷酸酯进行试验比较。试验时先将锡石磨碎脱泥后，加入250g/t 捕收剂，搅拌5min，然后加入10g/t 起泡剂，采用一次粗选一次精选流程，三种产品分别化验，将这三种捕收剂的回收率、富集比（精矿品位除以原矿品位）曲线绘于图8-8~图8-10。从图可以看出，粗选回收率为90%时三种药剂相对应的pH值范围，庚基膦酸为pH=5.6~7.4，油酸为pH=5.65~6.35，正辛基磷酸单酯为pH=5.95~6.2。

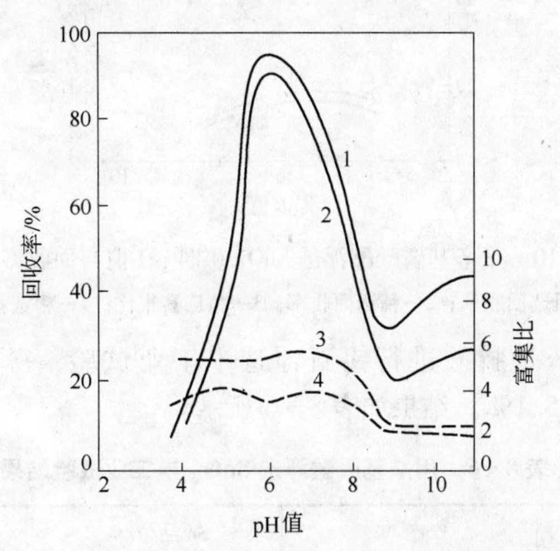

图8-8 油酸浮选 SnO_2 矿时pH值与回收率的关系

1—粗选回收率；2—精选回收率；3—精选富集比；4—粗选富集比

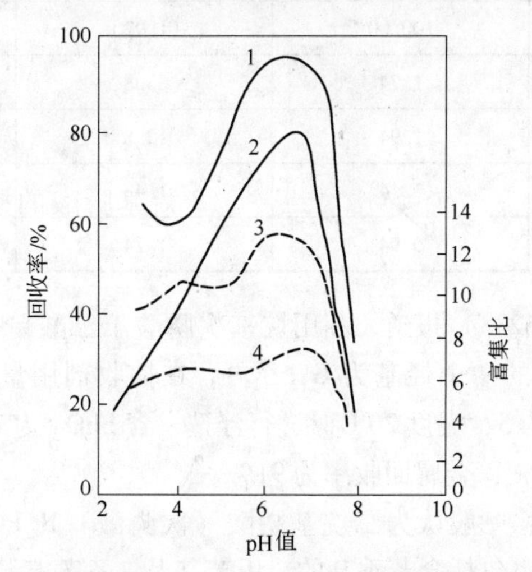

图8-9 庚基膦酸浮选 SnO_2 矿时pH值与回收率的关系

1—粗选回收率；2—精选回收率；3—精选富集比；4—粗选富集比

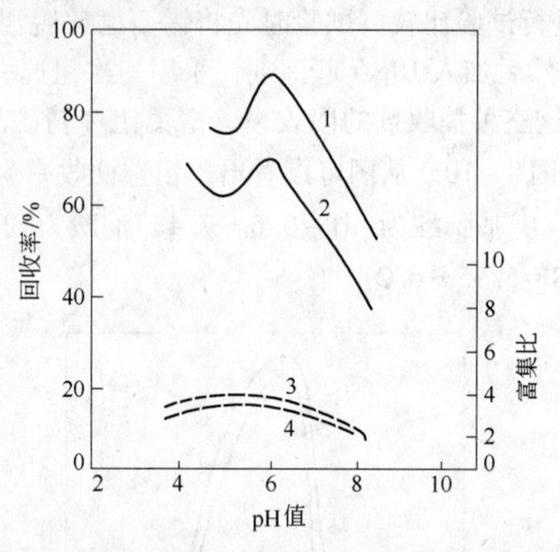

图8-10 正辛基磷酸酯浮选 SnO_2 矿时pH值与回收率的关系

1—粗选回收率；2—精选回收率；3—精选富集比；4—粗选富集比

曾有人利用辛基膦酸进行锡石浮选半工业试验，得高品位精矿含Sn 63.8%，回收率65.1%。结果如表8-6所示。

表8-6 用辛基膦酸浮选 SnO_2 半工业试验结果

产品名称	产率/%	Sn品位/%	Sn分布率/%
粗精矿	22.1	8.4	96.1
粗 尾	77.9	0.092	3.9
给 矿	100.00	(1.92)	100.0
高品位精矿	1.74	63.8	65.1
低品位精矿	1.94	12.8	15.0
重选尾矿	12.4	1.48	10.1
矿 泥	5.94	1.74	5.9

欧洲专利（206233）报道，利用烷基次膦酸丁二酸单（半）酯作为锡石捕收剂（次膦酸中的一个烃基为 $C_{12\sim14}$），在捕收剂用量为300g/t，水玻璃2200g/t，pH值约为5，温度20℃时进行浮选，含 SnO_2 为1.0%的给矿，可获得精矿含 SnO_2 4.2%，金属回收率为91%。

在锡石浮选中，一般认为二烷基膦酸（次膦酸）$R_2PO(OH)$ 包括二丁基和二辛基膦酸，也包括含芳香基的二甲苯基及二乙苯基膦酸为捕收剂，结果表明只有二辛基膦酸具有较好捕收作用。烷基焦磷酸，$[RP(O)(OH)]_2O$，包括4-乙基苯焦磷酸或庚基焦磷酸，捕收力小。捕收效果最好的是苯乙烯膦酸及庚基膦酸。也有人用过茚膦酸。

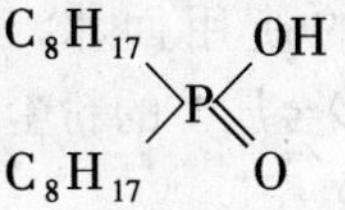

$$(C_8H_{17})_2P(=O)OH$$

二辛基膦酸

$$C_2H_5-C_6H_4-P(=O)(OH)-O-P(=O)(OH)-C_6H_4-C_2H_5$$

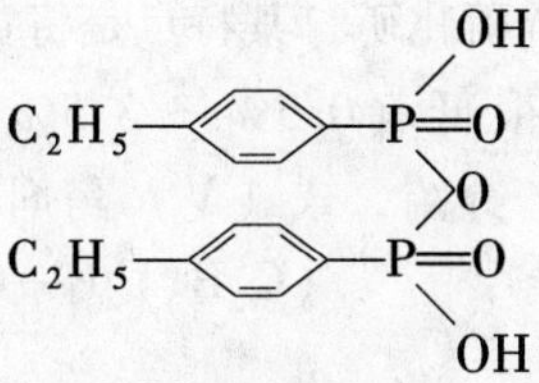

4-乙基苯焦磷酸

原民主德国在20世纪80~90年代对膦酸及其衍生物进行了诸多的研究，并发表专利，如结构式为：

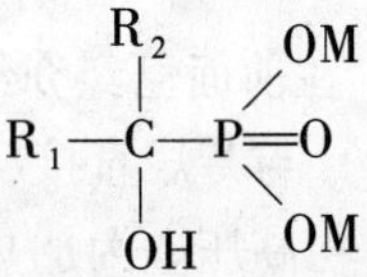

$$R_1-C(R_2)(OH)-P(=O)(OM)_2$$

式中，R_1为$C_{3\sim17}$烷基或烯烃基；R_2为H或$C_{1\sim10}$烷基或烯烃基；M为H或金属阳离子。

与P原子相连的直链烃基（R—C—P），也可以是卤代烷基（如β-氯代烷基）或环烷基、芳烃基。该研究几乎包含了各种单元膦酸。该膦酸可以是以酸、中性盐或酸式盐的形式使用，或者经乳化剂乳化及活化使用。可以单独或与其他药剂混合使用。膦酸用量为25~200g/t，当原矿锡细泥含Sn 0.25%~0.26%，可获得锡精矿回收率为78%~86%。

在次膦酸药剂方面，还有一种二硫代或一硫代化合物的取代次膦酸作为硫化矿捕收剂。如美国专利（843042号）等有关资料介绍，用烷基二硫代次膦酸式（Ⅰ）、烷基巯基次膦酸式（Ⅱ）和烷基一硫代次膦酸式（Ⅲ）以及它们的盐类作为硫化铜矿和金银矿的捕收剂。

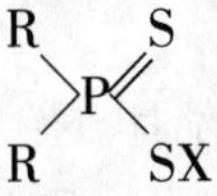

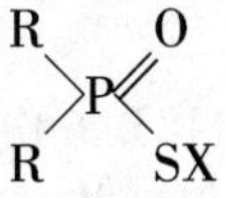

$$R_2P(=S)SX \quad (\text{Ⅰ}) \qquad R_2P(=O)SX \quad (\text{Ⅱ}) \qquad R_2P(=S)OX \quad (\text{Ⅲ})$$

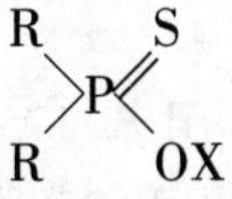

式中，R为$C_{1\sim18}$烃基（如异丁基）、烷氧基和烷硫基；X为H或Na。如用二异丁基一硫代次膦酸作捕收剂进行铜钼矿的分选。

用结构式为R（R′）PS（SX）（R和R′为丙烷基或$C_{4\sim10}$的环烷基；X为阳离子）的捕收剂，或与普通捕收剂混合使用浮选金银矿。例如，用2，4，6-三异丙基-1，3-二噁-5-磷环己基二硫代膦酸铵可有效地从尾矿中回收金银，也可以与巯基苯骈噻唑共用。

一类新型捕收剂——二硫代胺基甲酸与膦酸酯的缩合物式（Ⅳ）可用于浮选铜铅锌硫化矿，其特点是将黄药类与膦酸拼合在一个分子之中，在选矿回水中含量很低（0.5%～3.5%），有利于100%的使用回水。前苏专利（1262058）介绍，式（Ⅴ）药剂可作为润湿剂抑制多金属矿的粉尘。

$$(C_2H_5)_2N—C(S)—S—CH_2PO_3CH_3$$

（Ⅳ）

$$R—COO[CH_2CH(OH)CH_2O]_n—PO_3Na_2$$

（Ⅴ）

8.3.2 烷基芳基膦酸

烷基芳基膦酸的制备方法，在前面已经介绍了苯乙烯膦酸的生产制备。在此介绍用五氧化二磷（或P_4S_{10}）与芳烃直接反应制芳基膦酸。用苯（或甲苯或萘等芳香烃）和过量的P_2O_5在高压釜内加热到250～325℃，首先生成膦酸酐，将这种产物水解，便可得到所需要芳基膦酸。以制备苯基膦酸为例，反应式估计为：

$$2C_6H_6 + P_2O_5 \xrightarrow[250\sim325℃]{高压} C_6H_5P(=O)(OH)—O—P(=O)(OH)C_6H_5 \xrightarrow{水解} C_6H_5P(=O)(OH)_2$$

如将P_4S_{10}和过量（5mol以下）的芳烃在140～250℃加热，得到芳基硫代硫化膦二聚合物，将后者水解，得到芳基膦酸和H_2S。

$$\underset{(过量)}{ArH} + P_4S_{10} \xrightarrow{140\sim250℃} (ArPS_2)_2 \xrightarrow{水解} ArP(=O)(OH)_2 + H_2S$$

例如，用苯175.8份和P_4S_{10} 483.8份（摩尔），在搅拌下，分别在200℃、225℃和250℃做三次试验，得到苯基硫代硫化膦的二聚物和七硫化四磷（P_4S_7），在225℃反应产品中，苯基硫代硫化膦与P_4S_7的比例（摩尔比）为4∶1，将这种反应混合物加水200份，回流至没有H_2S放出为止，得到苯基膦酸。反应温度以225℃最好。

上述两例反应都用苯-芳烃为原料，取代芳烃（如甲苯）也可用上述反应制得相应的芳烃基膦酸。

膦酸在水中的溶解度随pH值的改变而变化，在酸性介质中，溶解度较小，一般在pH值为9.5～12.0时溶解度最大。

膦酸钠溶于水中，引起的表面张力下降与 pH 值的关系不大，分子量较大的膦酸影响水的表面张力较明显。

膦酸与 Ca^{2+}、Fe^{3+}、Sn^{2+}、Sn^{4+} 等离子能生成难溶盐，故用膦酸作锡石的捕收剂时，Ca^{2+}，Fe^{3+} 离子有影响。膦酸与 Sn^{2+} 生成的沉淀可用如下形式表示：

$$Ar-P(=O)\langle O_2 \rangle Sn$$

式中，Sn^{4+} 离子与膦酸作用时，除生成四价的膦酸锡外，还产生 SnO_2 的水合物，只有在特定的条件下才能生成（$(ArPO_3)_2Sn$）。

如表 8－7 所示为几种芳香基膦酸的 pK 值及熔点。图 8－11 所示为不同的对烷基（侧链）苯膦酸浮选锡石时，侧链长度对捕收性能的影响，与锡回收率的关系。从图 8－11 中可以看出，对甲苯膦酸，对乙苯膦酸以及对丙基苯膦酸用较小的剂量就可以得到较高的锡回收率，但它们的高级同系物作为捕收剂的效果反而小，或者完全不适宜用作捕收剂。它们的锡回收率确实较高（给矿锡品位大约 0.4%，回收率 35% 以上），但富集比大约为 2，这是不适宜的。

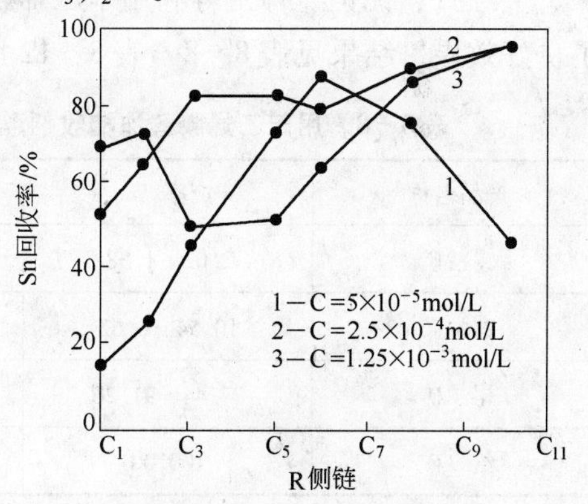

图 8－11 对烷基苯侧链长度与 Sn 回收率的关系

表 8－7 芳基膦酸的熔点和 pK 值

芳基膦酸名称	结构式	熔点/℃	pK_1	pK_2
苯膦酸	$C_6H_5P(O)(OH)_2$	157～158		
P－甲基苯膦酸	$P-CH_3C_6H_4P(O)(OH)_2$		2.45	7.35
P－乙基膦酸	$P-C_2H_5C_6H_4P(O)(OH)_2$		2.60	7.55
P－丙基膦酸	$P-C_3H_7C_6H_4P(O)(OH)_2$			7.35
苯乙烯膦酸	$C_6H_5CH=CHP(O)(OH)_2$	112～113		
苯甲基膦酸	$C_6H_5CH_2P(O)(OH)_2$	167.4～169	2.30	7.40

1985年Altenberg锡石选矿厂进行了一次工业试验，以苯乙烯膦酸为捕收剂，辛二醇为起泡剂，氟硅酸钠为调整剂，重选与浮选结合，低品位锡石给矿，回收率在70%以上。至1986年民主德国又发表专利（236882号），用含锡0.4%的矽卡岩矿进行浮选，添加膦酸三丁酯作为调整剂，氟硅酸钠，苯乙烯膦酸（750g/t），硫酸铜和异丁基钾黄药，在pH=5.5~5.7条件下，锡的回收率达61.9%。不加膦酸三丁酯时，回收率只有55.4%。理论研究表明，苯乙烯膦酸在锡石表面的作用为化学吸附并生成四价锡的络合物，吸附速率在pH=4.5~5.5时最大。

在我国黄茅山锡矿、香花岭锡矿、浒坑锡矿和平桂锡矿，以及对一些钛铁矿、金红石、铌钽、稀土等利用苯乙烯膦酸作捕收剂进行了浮选试验，均取得了良好效果，结果见表8-8~表8-12所列。

表8-8 用苯乙烯膦酸作捕收剂浮选黄茅山锡石细泥工业试验结果

产品名称	产率/%	Sn品位/%	Sn回收率/%
锡精矿	2.02~1.58	24.26~26.40	44.79~52.14
富中矿	10.54~6.62	3.56~3.016	37.48~34.38
尾 矿	87.44~91.20	0.139~0.100	17.73~13.48
给 矿	100.00	0.715~0.673	100.00

表8-8所列黄茅山工业试验的试样是该厂的原生矿泥和次生矿泥，性质复杂，特点是粒度细，含泥多，锡铁结合致密，重矿物含量高，伴生矿物以褐铁矿为主。铁矿物占50%~65%，锰结核约占10%~15%。其次是锡石、砷酸铅、白铅矿、铅铁矾、金红石、镁钛矿、锆英石。脉石矿物为方解石、白云母、长石、云母、透辉石、透闪石、黏土及硅酸盐风化物。浮选入选物料是矿泥中-37~+19μm部分。

浮选时，采用一次粗选两次扫选的开路流程。用苯乙烯膦酸作锡石的捕收剂，Na_2CO_3和Na_2SiFe_6为调整剂，并加少量二号油，药剂用量范围见表8-9所列。工业试验规模日处理24t。矿浆含固体为40%~50%，矿浆pH=6.5左右。

从表8-8可以看出，当给矿品位为0.715%~0.673%时，锡精矿和富中矿总回收率达82.27%~86.51%。其中锡精矿为合格精矿，含锡3%左右的富中矿，可用烟化处理，回收金属锡。

由于苯乙烯膦酸比烷基膦酸较容易合成，故国外一些浮锡选矿厂多用苯乙烯膦酸为捕收剂。

表 8-9 香花岭矿的浮选结果

药剂用量/$g \cdot t^{-1}$	产品名称	产率/%	品位/%	回收率/%	备 注
Na_2SiF_6 800 粗选，苯乙烯膦酸 400 扫选 1，苯乙烯膦酸 200 扫选 2，苯乙烯膦酸 200	粗精矿	8.54	11.21	83.13	粒度为小于 0.074mm 占 86%，pH = 4.5~5.0
	中矿 1	4.84	1.98	8.32	
	中矿 2	3.56	0.67	2.07	
	尾 矿	83.06	0.09	6.48	
	合 计	100.00	1.15	100.00	

表 8-10 平桂细粒锡石的浮选结果

药剂用量/$g \cdot t^{-1}$	产品名称	产率/%	品位/%	回收率/%
NaOH 1000 羧甲基纤维素 1000 H_2SO_4 1000 Na_2SiF_6 700 苯乙烯膦酸 1000 2 号油 20	精 矿	1.97	18.75	73.19
	尾 矿	91.69	0.142	25.80
	矿 泥	6.34	0.08	1.01
	合 计	100.00	0.50	100.00

表 8-11 江西浒坑矿细泥的浮选结果

产品名称	产率/%	品位/%	回收率/%
粗精矿	3.40	8.60	70.10
中矿 1	2.12	3.50	15.50
中矿 2	1.57	1.24	4.67
尾 矿	92.91	0.044	9.75
合 计	100.00	0.417	100.00

表 8-12 湘东矿矿泥的浮选试验结果

药剂用量/$g \cdot t^{-1}$	产品名称	产率/%	品位/%	回收率/%
氟硅酸钠 50 硝酸铅 150 苯乙烯膦酸 600 2 号油 45	精 矿	15.5	1.74	82.8
	中 矿	3.8	0.54	6.3
	尾 矿	80.7	0.04	10.9
	合 计	100.0	0.325	100.0
合成丹宁 200 苯乙烯膦酸 900 樟 油 34.8	精 矿	13.1	1.92	78.7
	中 矿	6.3	0.58	10.7
	尾 矿	80.6	0.043	10.6
	合 计	100.0	0.327	100.0

有资料介绍，用苯乙烯膦酸、磷酸三丁酯、异丁基黄药以及一种非离子型表面活性剂组合作为捕收剂，可从矽卡岩中分选锡石，锡的回收率为61.9%。

国内有人研究了带不同官能团的苯基膦酸单酯作为浮选钨、锡、赤铁矿、方解石和石英等矿物的捕收剂。认为其浮选行为，捕收作用主要是不同结构效应的作用与影响。例如：林强等研究了苯基膦酸单酯的合成及其在非硫化物浮选中的结构效应对捕收性能的影响，所研究的苯基膦酸单酯的结构为：

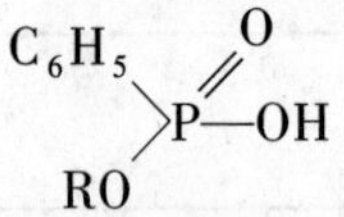

$$\begin{matrix} C_6H_5 \\ RO \end{matrix} \rangle P(=O)—OH$$，式中R分别为乙基、丁基、仲丁基、特丁基、己基和辛基。

王淀佐等报道，利用两性捕收剂α-和β-胺基烷基膦酸对萤石具有较高的选择性捕收作用。

国内外其他的有机膦酸类捕收剂的资料较多。例如用苄基膦酸和α-羟基苄基膦酸，后者用于锡、钨、钛等矿物作为捕收剂。锡石矿浆用α-羟基苄基膦酸342g/t进行浮选，回收率为90.8%，锡品位为9%，尾矿锡品位为0.15%。

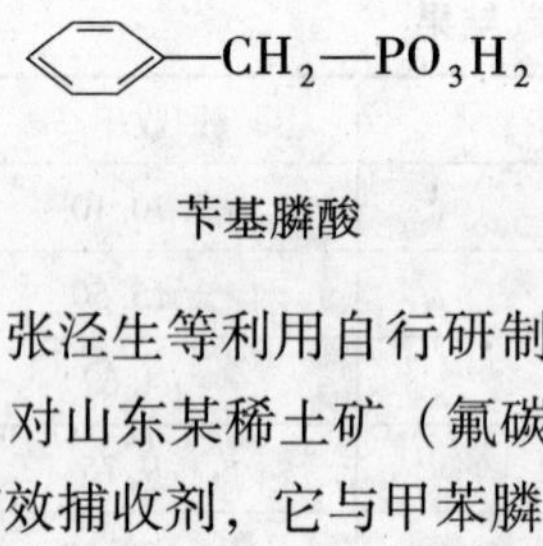

$$C_6H_5—CH_2—PO_3H_2$$

苄基膦酸

$$C_6H_5—CH(OH)—PO_3H_2$$

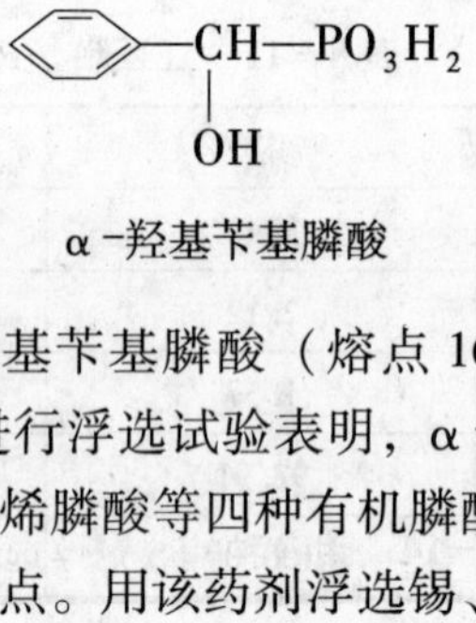

α-羟基苄基膦酸

张泾生等利用自行研制的α-羟基苄基膦酸（熔点168~170℃，白色固体）对山东某稀土矿（氟碳铈矿）进行浮选试验表明，α-羟基苄基膦酸是一种有效捕收剂，它与甲苯膦酸、苯乙烯膦酸等四种有机膦酸相比较，具有药剂耗量小、选择性好、捕收能力强等特点。用该药剂浮选锡、钨等其他矿物亦取得良好效果。

我国浮金红石所用的捕收剂有苄基胂酸、油酸钠、肉桂酸钠、十二烷基硫酸钠、氨基酸、二膦酸和苯乙烯膦酸等。而认为最好的金红石捕收剂是苯乙烯膦酸与脂肪醇，例如苯乙烯膦酸与辛醇混合使用效果最好。但由于辛醇不溶于水，要把苯乙烯膦酸与辛醇混合必须加入少量乳化剂，才能乳化成组合捕收剂。用这种组合捕收剂对含TiO_2 8.78%的金红石进行粗选，得到含TiO_2 71.3%，回收率81.6%的粗精矿。这种组合捕收剂可以代替苄基胂酸浮选金红石。在国内刊物亦有相同报道。还有人用苯乙烯膦酸浮选铈铌钙钛矿和氧化铝等。南非金矿有限公司联合锡矿浮选厂处理的原料是选厂的尾矿，所用矿样的粒度分析如表8-13所列。

表 8-13 联合锡矿重选尾矿粒度分析结果

粒级/μm		产率/%	锡品位/%	锡分布率/%
筛析部分	+295	8.67	0.19	2.44
	-295+149	18.51	0.25	7.14
	-149+74	18.21	0.33	8.92
	-74+37	16.34	0.44	10.67
旋流器分级部分	-37+26	6.80	2.17	21.89
	-26+20	4.68	1.88	13.05
	-20+14	2.81	1.69	6.82
	-14+10	3.59	1.38	7.35
	-10+7	2.41	1.20	4.29
	-7	18.07	0.65	17.43
合　计		100.00	0.67	100.00

在建设锡石浮选厂过程中，用对-甲苯胂酸（PTAA）、双烷基磺化琥珀酸盐（DSSI）、乙基苯膦酸（EPPA）和乙基苯膦酸与油酸钠混用，对该矿泥进行浮选试验。所有试验都用水玻璃（1kg/t）、氟硅酸钠（1.5kg/t）作调整剂。用DSSI时pH值要求很严格，pH>2.5时选择性低得多，pH<2.5时则锡石几乎全被抑制。试验结果见表8-14所列。后来又将对甲苯胂酸与柴油的乳化液和A-22（与DSSI相似）比较，在给矿品位含锡1.38%时，所得结果见表8-15所列。从表8-14和表8-15可以看出，所用捕收剂的性能优劣次序为：对-甲苯胂酸>乙基苯膦酸>A-22>油酸钠和异己基膦酸混合物。

表 8-14 用各种捕收剂浮选联合锡矿矿泥试验结果

捕收剂名称	捕收剂/kg·t⁻¹		pH值	精选次数	精矿品位/%	回收率/%
	粗选	精选				
异己基膦酸	0.1		5	2	11	72
油酸钠	0.25					
乙基苯膦酸（EPPA）	0.33	0.1	4.5~5.0	2	25	62
				3	28	52
对-甲苯胂酸（PTAA）	0.35	0.1	4.5~5.0	2	25	80
				3	30	75
双烷基磺化琥珀酰胺盐（DSSI）	0.4	0.1	2.5	2	10	70
				3	15	50

表8-15 对-甲苯胂酸乳液和A-22作捕收剂浮选锡矿结果

捕收剂名称	精选精矿	
	锡品位/%	回收率/%
A-22	22	67
对-甲苯胂酸	31	72

南克罗夫蒂（South Crofty）矿含锡石和大量石英、长石和绿泥石，含少量萤石、硫化物、云母、氧化铁、电气石和黄玉。用庚基膦酸、对-乙苯膦酸、对-甲苯胂酸和油酸分别做了对比试验。首先加水玻璃0.5kg/t，磨矿至小于0.15mm粒级占90%，以黄药浮选硫化物，浮硫尾矿脱泥后再用油酸浮选萤石，浮萤石尾矿脱泥后再进行锡石浮选。浮选锡石条件见表8-16所列。芳基化合物浮选浓度要高，以保证浮选的高药剂浓度；胂酸和膦酸浮选按矿浆原有pH值进行；油酸浮选则添加硫酸调节。试验结果见表8-17所列。

表8-16 浮选南克罗夫蒂矿单元试验条件

捕收剂及用量/$kg \cdot t^{-1}$		道-250/$kg \cdot t^{-1}$	pH值	粗选浓度/%	精选次数
对-甲苯胂酸	0.6	0.12	5.3	53	1
对-乙苯膦酸	0.6	0.12	5.3	53	1
对-甲苯胂酸/对-乙苯膦酸	0.3/0.3	0.12	5.3	53	1
庚基膦酸	0.25	0.12	6.5	31	2
庚基膦酸	0.4	0.12	6.5	31	2
油 酸	0.25	0.12	6.0	31	1

表8-17 用4种捕收剂浮选南克罗夫蒂矿单元试验结果（%）

产品名称	指标	硫精矿	萤石精矿	锡精矿	精选尾矿	精Ⅱ尾矿	精Ⅰ尾矿	尾矿	矿泥	给矿
试验1（对-甲苯胂酸）	γ	0.3	2.7	2.8	5.9			76.7	11.6	1.00
	β	0.58	0.28	38.3	1.36			0.14	0.54	(1.33)
	ε	0.1	0.6	80.5	6.0			8.1	4.7	100.0
试验2（对-乙苯膦酸）	γ	0.3	2.7	1.7	5.8			77.1	12.4	100.0
	β	(0.58)	(0.28)	47.0	2.9			0.22	(0.54)	(1.21)
	ε	0.1	0.6	65.9	13.9			14.0	5.5	100.0
试验3（1,2混用）	γ	0.3	2.7	2.2	9.7			78.7	11.3	100.0
	β	(0.58)	(0.28)	48.1	1.95			0.15	(0.57)	(1.34)
	ε	0.1	0.6	79.0	6.9			8.8	4.6	100.0

续表 8-17

产品名称	指标	硫精矿	萤石精矿	锡精矿	精选尾矿	精Ⅱ尾矿	精Ⅰ尾矿	尾矿	矿泥	给矿
试验4（庚基膦酸）	γ	0.4	3.1	5.0		0.9	6.4	72.4	11.8	100.0
	β	(0.58)	(0.28)	19.4		1.48	0.62	0.13	(0.54)	(1.19)
	ε	0.2	0.7	81.4		1.1	3.3	7.9	5.4	100.0
试验5（庚基膦酸）	γ	0.5	2.9	7.8		14.6	62.2		12.0	100.0
	β	(0.58)	0.14	14.3		0.39	0.02		0.60	(1.27)
	ε	0.2	0.3	88.3		4.5	1.0		5.7	100.0
试验6（油酸）	γ	0.6	3.0	8.2	4.9			72.1	11.2	100.0
	β	(0.58)	0.13	12.2	1.43			0.13	0.60	(1.24)
	ε	0.3	0.3	80.7	5.7			7.6	5.4	100.0

由表 8-17 可知：

（1）庚基膦酸（试验5）的回收率最高，精矿品位虽较低，但仍高于试验6的精矿品位，而且回收率也比它高得多。

（2）对-乙苯膦酸（试验2）的选择性最好，但捕收能力较差，回收率低。

（3）对-甲苯胂酸（试验1）的选择性仅次于对-乙苯膦酸，回收率也不低；将这两种药剂混合使用（试验3）得到了最好的结果，锡精矿品位达到48.1%，回收率为79.0%。

（4）从这4种药剂单独使用来看，对-甲苯胂酸的精矿品位和回收率都高，效果最好。它们的优劣顺序是：胂酸 > 膦酸 > 油酸。

8.4 双膦酸

双膦酸和二次甲基膦酸是继乙苯膦酸、苯乙烯膦酸和烷基膦酸等单膦酸研究之后，出现的研究比较活跃的领域，国内的有关双膦酸的研制与使用的报道比较多，表明它是一类良好的捕收剂。

双膦酸类药剂主要有：1-羟基烷基-1，1-双膦酸式（Ⅰ）；1-氨基烷基-1，1-双膦酸式（Ⅱ）和1-甲基（或H）烷基-1，1-双膦酸式（Ⅲ）。

$$\mathrm{R{-}C(OH)(PO_3H_2)_2}$$

（Ⅰ）

$$\mathrm{R{-}C(NH_2)(PO_3H_2)_2}$$

（Ⅱ）

$$\mathrm{R_1{-}C(R_2)(PO_3H_2)_2}\quad \mathrm{R_2(Me,H)}$$

（Ⅲ）

8.4.1 双膦酸合成方法

(1) 1-羟基烷基-1，1-双膦酸制备：

合成式（Ⅰ）双膦酸的原料是羧酸与三氯化磷，反应过程比较复杂。一般认为反应过程先经缩合聚合，生成双膦酸的聚合物（酯），然后加过量水水解制得产品。其反应式为：

$$R-\overset{O}{\overset{\|}{C}}-OH + PCl_3 \longrightarrow R-\overset{O}{\overset{\|}{C}}-Cl + H_3PO_3$$

$$H_3PO_3 \xrightleftharpoons{H^+} HPO_3H_2$$

$$R-\overset{O}{\overset{\|}{C}}-Cl + HPO_3H_2 \longrightarrow R-\underset{Cl}{\overset{OH}{C}}-PO_3H_2$$

$$R-\underset{Cl}{\overset{OH}{C}}-PO_3H_2 + R-\overset{O}{\overset{\|}{C}}-Cl + HPO_3H_2 \longrightarrow$$

$$R-\overset{O}{\overset{\|}{C}}-O-\left[\underset{PO_3H_2}{\overset{R}{C}}-\underset{OH}{\overset{O}{\overset{\|}{P}}}-O\right]_n-\underset{PO_3H_2}{\overset{R}{C}}-PO_3H_2$$

$$R-\overset{O}{\overset{\|}{C}}-O-\left[\underset{PO_3H_2}{\overset{R}{C}}-\underset{OH}{\overset{O}{\overset{\|}{P}}}-O\right]_n-\underset{PO_3H_2}{\overset{R}{C}}-PO_3H_2 \xrightarrow[\text{(水解)}]{H_2O} R-\underset{OH}{C}(PO_3H_2)_2$$

式中，R为C_4H_9~$C_{15}H_{31}$的烷基，或环烷基。

(2) 1-氨基烷基-1，1-双膦酸的制备：

用烷基腈与亚膦酸反应制得1-氨基烷基-1，1-双膦酸。但是，通常先需用羧酸与氨作用制得烷基腈，反应式为：

$$RCOOH + NH_3 \xrightarrow[\triangle,\text{脱水}]{Al_2O_3} RCN$$

$$RCN + H_3PO_3 \longrightarrow R-\underset{NH_2}{C}(PO_3H_2)_2$$

式中，R = C_5H_{11} ~ $C_{11}H_{23}$。

除上述羟基、氨基双膦酸外，还有许多衍生物，例如1-氨基烷基-1，1-双膦酸，可以衍生制备下列氨基甲叉双膦酸系列产物，作为锡等矿物捕收剂。此外，有下列类型双膦酸药剂：

1）芳基磺酰基氨基甲叉双膦酸制备：

$$RNH—CHO + H_3PO_3 \xrightarrow{PCl_3} RNH—CH\begin{cases}PO_3H_2\\PO_3H_2\end{cases}$$

$$RNH—CH\begin{cases}PO_3H_2\\PO_3H_2\end{cases} + ArSO_3Cl \xrightarrow{Et_3N} ArSO_3—\underset{\underset{R}{|}}{N}—CH\begin{cases}PO_3H_2\\PO_3H_2\end{cases}$$

式中，Ar为对甲苯或萘基；$R = H$，CH_3（一般为H）。

2）甲叉双膦酸的脲和硫脲衍生物。由异硫氰酸酯（$R^2—N=C=O$）或异硫氰酸酯（$R^2—N=C=S$）与氨基甲叉双膦酸或甲基氨基甲叉双膦酸和三乙胺在甲醇水溶液中反应而得。

$$R^1NH—CH\begin{cases}PO_3H_2\\PO_3H_2\end{cases} \xrightarrow[Et_3N]{R^2—N=C=O} R^2—NH—\underset{\underset{O(S)}{\|}}{C}—\overset{\overset{R^1}{|}}{N}—CH\begin{cases}PO_3H_2\\PO_3H_2\end{cases}$$

式中，$R^1 = H$，CH_3；$R^2 = C_6H_6CH_2$，$2C_{10}H_7$，C_7H_{15}。

此反应即使仲氨基进行得也很顺利。

3）通过亚乙烯双膦酸的亲核加成可以合成一些有潜力的捕收剂。例如把脂肪胺或芳香胺加到亚乙烯双膦酸上便得到2-N烷（芳）基氨基乙叉-1，1-双膦酸。反应在极性质子化介质（水、醋酸）中进行，反应温度为100～120℃，产率73%～93%。

$$CH_2═C\begin{cases}PO_3H_2\\PO_3H_2\end{cases} \xrightarrow{R—NH_2} R—NH—CH_2CH\begin{cases}PO_3H_2\\PO_3H_2\end{cases}$$

式中，$R = C_5H_{11}$，C_7H_{15}，C_9H_{19}；$P—CH_3C_6H_4$（对甲苯）。

4）醇也可以与亚乙烯双膦酸反应生成烷氧基乙叉-1，1-双膦酸。反应在过量醇（兼作溶剂）中100～120℃下进行，产率50%～70%。

$$CH_2═C\begin{cases}PO_3H_2\\PO_3H_2\end{cases} \xrightarrow{R—OH} RO—CH_2CH\begin{cases}PO_3H_2\\PO_3H_2\end{cases}$$

式中，$R = C_4H_9$，C_5H_{11}，环C_6H_{11}。

5）如上述亲核加成中硫醇比醇活泼。亚乙烯双膦酸在三乙胺盐于醋酸中与脂肪基（或芳基）硫醇在100～120℃下反应，可得到产率约100%的2-烷基（芳基）硫代乙叉-1，1-双膦酸。

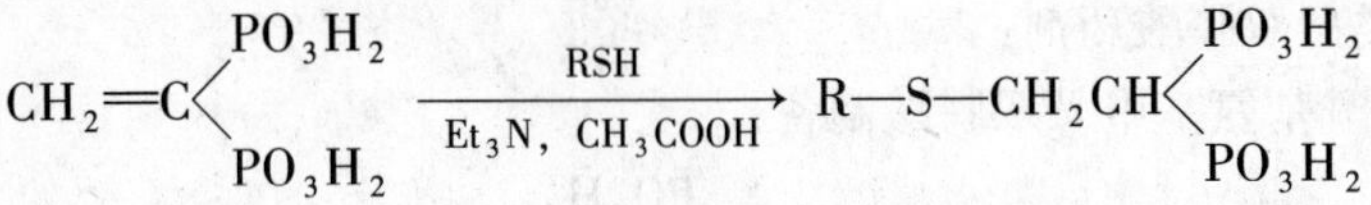

$$CH_2=C(PO_3H_2)_2 \xrightarrow[Et_3N,\ CH_3COOH]{RSH} R-S-CH_2CH(PO_3H_2)_2$$

式中，$R=C_6H_6$，C_4H_9，$(CH_3)_2CHCH_2$，$C_6H_5CH_2$；$P-CH_3C_6H_4$，$B-C_4H_7$。

（3）1-甲基烷基-1，1-双膦酸制备：

1-甲基烷基-1，1-双膦酸也是双膦酸衍生物系列，它的制备方法是用羧酸酯（如甲酯）与P_4O_6在惰性溶液BF_3存在下进行反应，然后，在酸性条件下进行水解制得。

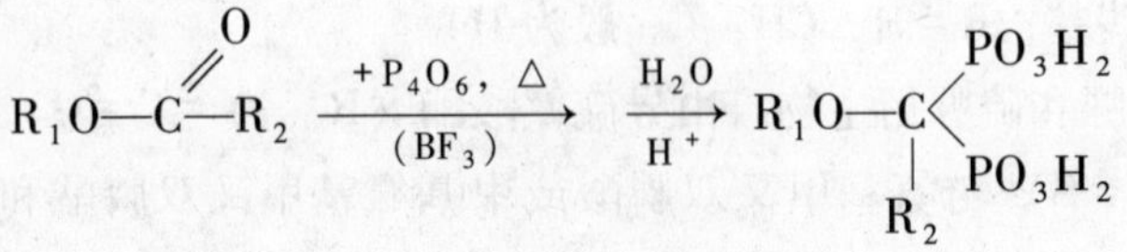

$$R_1O-C(=O)-R_2 \xrightarrow[(BF_3)]{+P_4O_6,\ \triangle} \xrightarrow[H^+]{H_2O} R_1O-C(R_2)(PO_3H_2)_2$$

式中，$R_1=C_4H_9\sim C_6H_{13}$；$R_2=H$或CH_3。

8.4.2 羟烷基双膦酸的捕收性能

1-羟基烷基-1，1-双膦酸在水中溶解度不大，能溶于稀碱溶液中，所以用作捕收剂时常用ω（NaOH）1%配成溶液使用，无毒无刺激性。它是四元酸，可分步电离，其电离常数有$pK_1\sim pK_4$四个值。

1-羟基烷基-1，1-双膦酸（即烷基-α-羟基-1，1-二膦酸）能与Ca^{2+}及重金属离子生成四元环（Ⅰ）或六元环（Ⅱ）的络合物。其络合物的形式为：

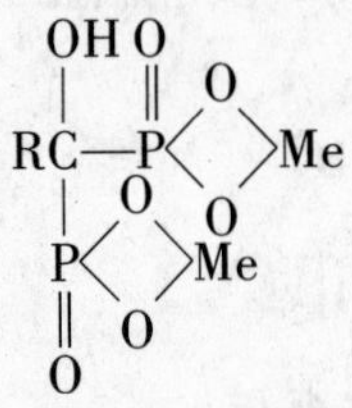

（Ⅰ）: RC(OH) bonded to P(=O) chelating Me via two O (four-membered ring) and to P(=O) chelating Me via two O.

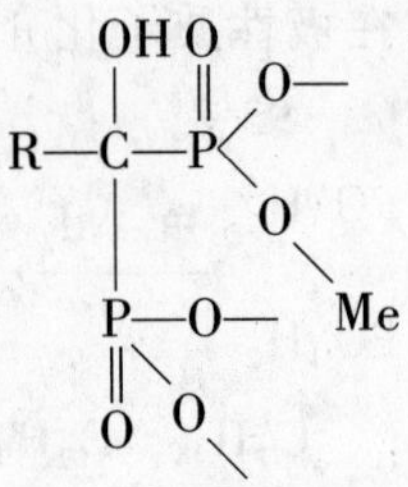

（Ⅱ）: R—C(OH)—P(=O)(—O—)(O—Me); P(=O)(—O—)(O—) forming six-membered ring with Me.

当pH<4.5时，烷基-α-羟基-1，1-二膦酸（Hz）与铁（Ⅲ）生成一种组成为$Fe_n(Hz)_3$的难溶络合物，当pH=7.3时，这种络合物化为可溶性的络合物。pH值再增大时，水解作用会导致溶液中出现一种线状结合的羟基络合物。

波立金等人通过它对锡石捕收性能和作用机理的研究认为它是良好捕收

剂。Kotlyarovsky 等人研究合成了一系列双膦酸衍生物，如羟基二膦酸、氨基二膦酸、亚氨基二膦酸等，对 C_4、C_5、C_6、C_7、C_8 和 C_{11} 的烷基羟基双膦酸对锡石浮选捕收性能的比较，并与甲苯胂酸、苯乙烯膦酸，$C_{7\sim9}$ 羟肟酸（ИМ－50）和磺化琥珀酰胺酸（Aerosl）浮锡效果进行比较。除浮锡外，他们还进行了用于萤石、磷灰石浮选的实验研究。

Kotlyarovsky 等人通过对比研究认为 Folotol－7，9（флотол－7，9）是最有效的锡石捕收剂，其结构式为：

$$R-\underset{\displaystyle OH}{\overset{}{C}}\begin{matrix} \diagup PO_3H_2 \\ \diagdown PO_3H_2 \end{matrix}$$

式中，$R=C_6\sim C_8$ 的烷基。

Folotol－7，9 即 1－羟基 $C_{7\sim9}$烷基－1，1－双膦酸，已在国外成功地应用于锡石、萤石浮选。在浮选锡石时，与对甲苯胂酸、苯乙烯膦酸比较其效果更好。当原矿含锡为 0.56%，其精矿品位可从 8.4%～5.5% 提高到 25.6%。

图 8－12 为辛基－α－羟基－1，1－二膦酸和苯乙烯膦酸浮选锡石单矿物试验的结果，从图中可以看出，苯乙烯膦酸在 pH＝4.5～6.5 时对锡石有较好的捕收性能，对电气石和褐铁矿的捕收能力弱；辛基 α－羟基－1，1－二膦酸在 pH＜7.5 时，对锡石有较高的捕收能力，在 pH＞4.5 时对褐铁矿和电气石捕收能力都较差。辛基 α－羟基－1，1－二膦酸的选择性比苯乙烯膦酸好。

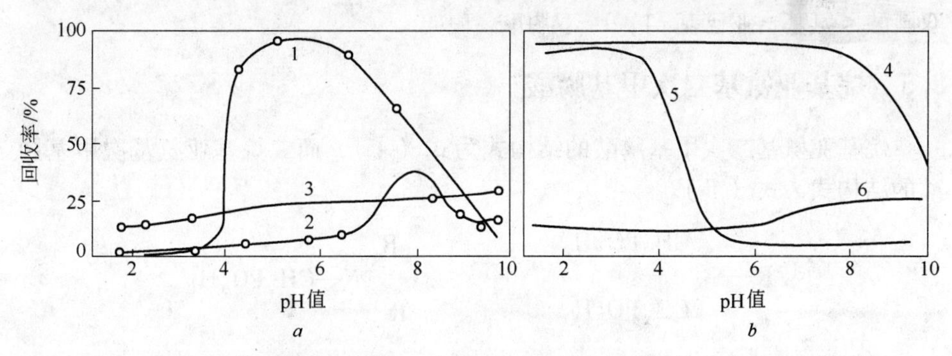

图 8－12 矿浆 pH 值对锡石（1，4）、电气石（2，5）和褐铁矿（3，6）可浮性的影响

a—苯乙烯膦酸（1×10^{-3}mol/L）；*b*—辛基 α－羟基－1，1－二膦酸（1×10^{-3}mol/L）

我国黄文孝等人对羟基双膦酸的合成及应用也进行了研究，并对合成方法进行了改进。将合成过程中含脂肪酸较多的粗产品溶于酒精中，用浓碱中和至 pH＝6 左右，这时候双膦酸呈二钠盐沉淀析出，而脂肪酸及其皂类溶于水及醇的溶液中，通过过滤可获得纯度较高的产品。将产品用来浮选云锡黄茅山选厂二次离心机精矿，含锡 1.21% 的给矿，经一粗二精开路流程获得锡品位为

30.17% ~31.46%，回收率为66.72% ~72.30%的锡精矿。

国外有人曾作过1-氨基已基-1，1-双膦酸等多种捕收剂从难选矿中选择性浮选锡石的比较。所用物料为含褐铁矿49%，电气石24%的锡石细泥。而75%的锡石存在于小于44μm粒级中。用油酸和ИМ-50作捕收剂浮选锡石的效果都很差，用膦酸类药剂效果较好。

用苯乙烯膦酸与异构醇起泡剂一起使用，在pH=4.5~5.5的条件下，能得到锡石品位为6% ~7%，回收率为70% ~74%的锡精矿。两次精选后，使用烷基α-羟基-1，1-二膦酸能够得到锡品位为8%，回收率为40% ~50%的精矿，其用量为400g/t，浮选pH=4.5~5.5，异辛醇的用量为930g/t。

在一次精选后，使用烷基α-氨基-1，1-二膦酸精选精矿，所得精矿含有11%的锡，回收率为56% ~60%。已基α-氨基-1，1-二膦酸的用量为250g/t，异辛醇的用量为500g/t。

二次精选后，使用α-羟基亚辛基-1，1-双膦酸400g/t作捕收剂，异辛醇930g/t作起泡剂，在pH=4.5~5.5条件下精选，锡精矿品位达到8%，回收率40% ~50%。

用浮选法从含大量氢氧化铁和电气石的矿泥中回收锡石，组合使用膦酸和异构醇，能保证得到较高的浮选指标，在这种情况下最有效的捕收剂是双膦酸，它们的捕收性能以下列顺序增大，苯乙烯膦酸 <α-羟基-亚辛基-1，1-双膦酸 <氨基-亚已基-1，1-双膦酸。

8.5 烷基亚氨基二次甲基膦酸

烷基亚氨基二次甲基膦酸的结构式为式（Ⅰ），而二烷基亚氨基次甲基膦酸的结构式为式（Ⅱ）。

$$R-N\begin{cases} CH_2PO_3H_2 \\ CH_2PO_3H_2 \end{cases} \quad (\text{I}) \qquad\qquad \begin{matrix} R \\ R' \end{matrix}\Big\rangle N-CH_2PO_3H_2 \quad (\text{II})$$

烷基亚氨基二次甲基膦酸是一种表面活性剂，既是洗涤剂、防冻剂又是选矿捕收剂。Collins等进行了C_3~C_{12}的这类化合物作为捕收剂对锡石、黑钨、电气石、绿泥石等22种矿物的真空浮选试验，总结出使用这种新型捕收剂浮选氧化矿的规律，并用单槽小型试验对锡石和磷石灰进行了浮选。锡石浮选试验时采用辛基亚氨基二次甲基膦酸为捕收剂和苯乙烯膦酸做了对比，试验结果表明捕收能力比苯乙烯膦酸强，回收率高，但选择性比苯乙烯膦酸稍差，精矿品位稍低。浮选磷灰石时，也使用辛基亚氨基二次甲基膦酸为捕收剂。发现能从白云石中浮出磷灰石，有很好的选择性，精矿 P_2O_5 品位 30.46%，回收率 92%。

真空浮选试验所用药剂见表 8－18 所列，所用矿样有锡石（马来西亚产）、黑钨（法国）和方解石（门的斯）等。试验在标准的玻璃浮选管中进行，捕收剂配成 0.1% 的溶液，当天配当天使用。pH 值由 H_2SO_4 或 NaOH 调节，药剂用移液管移取。浮选管中先加入药剂，然后加入蒸馏水到 25mL。

管中加入水后，然后加入粒度为 $-150\mu m+75\mu m$ 的矿样 0.2mL（以矿样体积计）将浮选管放进自动振动器振动 2min 后，调节 pH 值并加入捕收剂。然后再放入振动器中振动 2min，最后将浮选管与真空泵相连，进行浮选。观察浮选现象后，将管移出，测量矿浆的 pH 值，并记录。矿物的浮选行为记为全浮、3/4 浮和不浮三种。矿物的浮出量凭视觉估计，全浮代表矿物大块絮凝体浮到液面上，并保留在液面；3/4 浮则代表矿物絮凝体浮在液面，但不保留在液面；除了上述两种情况外，其他则为不浮。

5 个浮选试验是在同一 pH 值条件下用不同的捕收剂浓度进行。各个质量分数分别为 $10\times10^{-4}\%$，$20\times10^{-4}\%$，$50\times10^{-4}\%$，$100\times10^{-4}\%$，$200\times10^{-4}\%$。作出 pH－药剂浓度曲线，则可得到不同矿物和药剂的浮选范围。

表 8－18 真空浮选使用的烷基亚氨基二次甲基磷酸

名称	结构式
异丙基亚氨基二次甲基膦酸	$(CH_3)_2CH—N(CH_2PO_3H_2)_2$
正丙基亚氨基二次甲基膦酸	$CH_3CH_2CH_2N(CH_2PO_3H_2)_2$
正丁基亚氨基二次甲基膦酸	$CH_3CH_2CH_2CH_2N(CH_2PO_3H_2)_2$
正己基亚氨基二次甲基膦酸	$CH_3(CH_2)_4CH_2N(CH_2PO_3H_2)_2$
正庚基亚氨基二次甲基膦酸	$CH_3(CH_2)_5CH_2N(CH_2PO_3H_2)_2$
2－乙基己基亚氨基二次甲基膦酸	$CH_3(CH_2)_3CH(C_2H_5)CHN(CH_2PO_3H_2)_2$

续表8-18

名 称	结 构 式
异壬基亚氨基二次甲基膦酸	$(CH_3)_2CH—(CH_2)_5CH_2N(CH_2PO_3H_2)_2$
十二烷基亚氨基二次甲基膦酸	$CH_3(CH_2)_{10}CH_2N(CH_2PO_3H_2)_2$

试验所得的结果见图8-13和图8-14所示。从两图可看出，对于锡石和

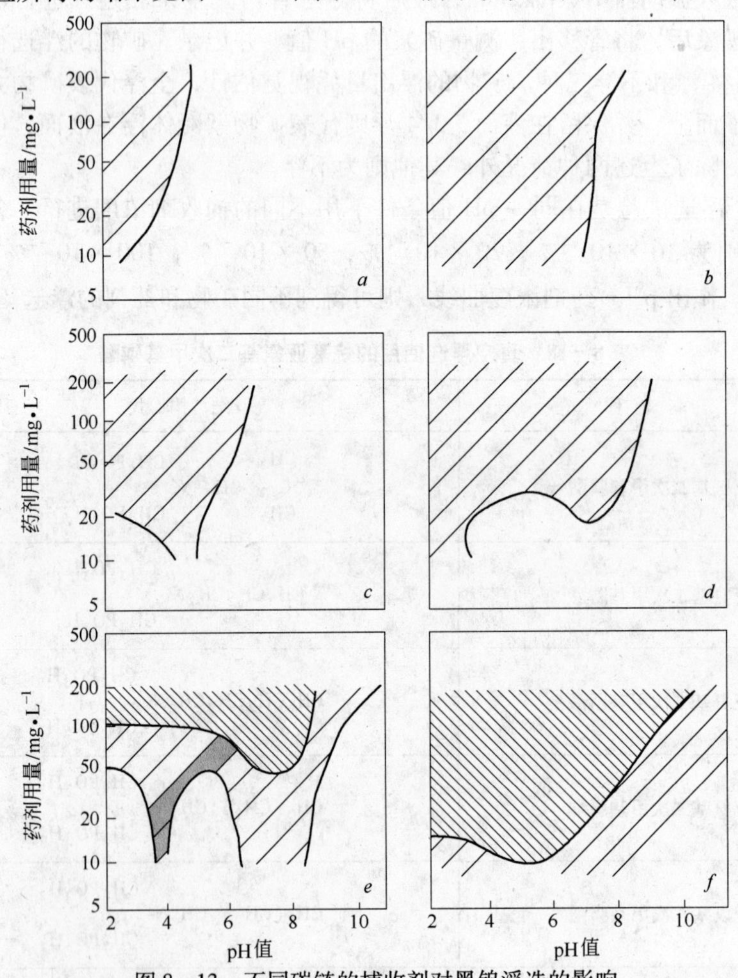

图8-13 不同碳链的捕收剂对黑钨浮选的影响

a—正己基亚氨基二次甲基膦酸；*b*—正庚基亚氨基二次甲基膦酸；*c*—2-乙基己基亚氨基二次甲基膦酸；*d*—正辛基亚氨基二次甲基膦酸；*e*—异壬基亚氨基二次甲基膦酸；*f*—十二烷基亚氨基二次甲基膦酸

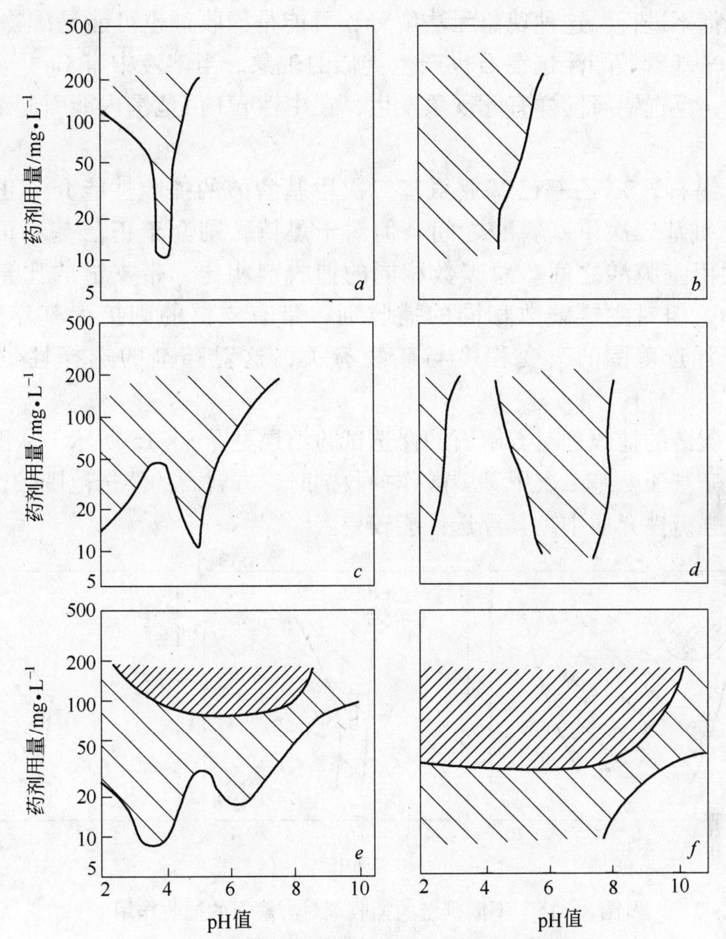

图 8-14 不同碳链的捕收剂对锡石浮选的影响

a—正己基亚氨基二次甲基膦酸；*b*—正庚基亚氨基二次甲基膦酸；*c*—2-乙基己基亚氨基二次甲基膦酸；*d*—正辛基亚氨基二次甲基膦酸；*e*—异壬基亚氨基二次甲基膦酸；*f*—十二烷基亚氨基二次甲基膦酸

黑钨这两种矿物，3/4 浮的浮选范围变化的趋势极为相似；对于异丙基、正丙基和正丁基亚氨基二次甲基膦酸，没有发生明显的浮选现象。但从正己基到十二烷基亚氨基二次甲基膦酸，浮选开始于酸性，并且随碳链的增长，其浮选区域显著扩大；对于十二烷基亚氨基二次甲基膦酸，其浮选区域从 pH = 2 到 pH = 11。虽然这类捕收剂对这两种矿物的捕收性能相似，但对每一种捕收剂来说，都有一个总的倾向，黑钨的浮选区域比锡石宽；中碳链的捕收剂（2-乙基己基、正辛基和异壬基）有两个极大效应区，一个处于强酸性，另一个处于中性 pH 值范围。正辛基对锡石的这种效应极为显著，但在 pH = 3 ~ 4.5

之间浮选都不进行。这种现象无法解释，可能是捕收剂也可能是矿物的影响。过去用正辛基磷酸酯浮选锡石也产生类似的现象。当溶液中有 Ca^{2+} 、Fe^{3+} 离子存在时，浮选锡石同样有此现象发生，在中性 pH 值范围内能引起最大的抑制效应。

对于锡石，2 -乙基已基亚氨基二次甲基膦酸的捕收性能介于正庚基和正辛基亚氨基二次甲基膦酸之间，但对于黑钨，则介于正己基和正庚基亚氨基二次甲基膦酸之间。总碳数相同的捕收剂相比，带支链的比直链的浮选范围小，但对主链碳数相同的捕收剂，带有支链的则扩大其浮选范围。很明显，浮选范围的改变程度与矿物有关，这对药剂的选择性也是有影响的。

不同碳链的捕收剂对方解石的浮选试验结果见图 8 - 15 所示，从图可以看出，用正辛基亚氨基二次甲基膦酸作捕收剂时，方解石的浮选范围较宽，但在强酸性和强碱性介质中，其浮选性能较差。

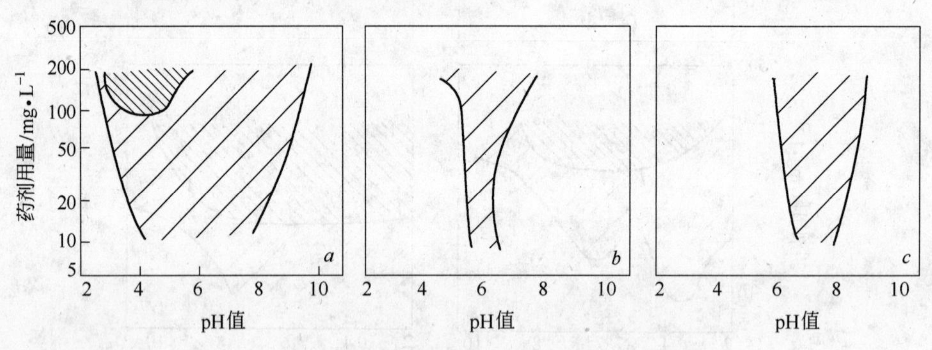

图 8 - 15 不同碳链的捕收剂对方解石的捕收作用

a—正辛基亚氨基二次甲基膦酸；*b*—正丁基亚氨基二次甲基膦酸；*c*—正己基亚氨基二次甲基膦酸

对比图 8 -13 (*a*) 和图 8 -13 (*d*) 与图 8 -15 (*a*) 和图 8 -15 (*c*)，可以发现，用正己基亚氨基二次甲基膦酸为捕收剂时，对方解石和黑钨的浮选是有一定的选择性的；而对比图 8 - 14 (*a*) 和图 8 - 14 (*d*) 与图 8 -15 (*a*) 和图 8 -15 (*c*)，则发现用正已基亚氨基二次甲基膦酸和正辛基亚氨基二次甲基膦酸时，对方解石和锡石的浮选则具有较好的选择性。因此，选择适当的烷基长度达到方解石与锡石、方解石与黑钨分离的目的是有可能的。

亚氨基二次甲基膦酸在国外的商品的牌号为 "Brigust"。关于它的制法早在 1966 ~ 1975 年美国、法国和孟山都公司都有报道。使用合成原料胺（氨）、甲醛及亚膦酸，可以得到三种次甲基膦酸产品。只有用伯胺为原料能得到烷基亚氨基二次甲基膦酸，反应式为：

$$(1)\quad R_2NH + CH_2O + HP(=O)(OH)_2 \longrightarrow R_2N-CH_2P(=O)(OH)_2 + H_2O$$

$$(2)\quad RNH_2 + 2CH_2O + 2HPO_3H_2 \longrightarrow RN(CH_2PO_3H_2)_2 + 2H_2O$$

$$(3)\quad NH_3 + 3CH_2O + 2HPO_3H_2 \longrightarrow N(CH_2PO_3H_2)_3 + 3H_2O$$

用脂肪胺、环烷胺、芳基烷基胺等都可以成功完成这个反应。反应在酸性介质中进行，可得到很高的产率。当 $R = CH_3$ 到 C_4H_9 时，得到的产物易溶于水，可用酒精和酒精-水混合物重结晶提纯；当 $R > C_6H_{13}$时，从反应混合物冷却得到的是晶体，用水重结晶可得到纯物质。当这种二膦酸有长的烷基（$R \geqslant C_{12}$）时，较难溶于水，反应后，在反应物中存在着大量的沉淀，这种沉淀可用浓盐酸溶解。

烷基亚氨基二次甲基膦酸分子量小者易溶于水，随分子量增大溶解度减小。该类化合物分子中有两个膦酸基、一个亚氨基，故呈两性反应。用碱中和时能生成膦酸盐而溶解（如反应式），遇强的无机酸又会析出。当无机酸过量时，则溶于浓的无机酸中。

$$\underset{\text{稍溶于浓无机酸}}{R-N(\cdot HCl)(PO_3H_2)-PO_3H_2} \underset{HCl}{\overset{NaOH}{\rightleftharpoons}} \underset{\text{溶解度最小}}{R-N^{+}H(CH_2PO_3H^-)-CH_2PO_3H_2} \underset{HCl}{\overset{NaOH}{\rightleftharpoons}} \underset{\text{溶于碱}}{R-N(PO_3Na_2)-PO_3Na_2}$$

因此，可配成钠盐使用，并且有强的表面活性，相对分子质量小的可做水的软化剂；相对分子质量较大的，能做洗涤剂，且清洗力很强。同时还能与多种高价金属离子生成螯合物。

一些烷基亚氨基二次甲基膦酸的物理常数见表 8－19。

表 8－19 烷基亚氨基二次甲基膦酸的合成产率和物理常数

R	$RN[CH_2PO_3H_2]_2$ 熔点/℃	产率/%	当量（理论）/mol
CH_3	210～212[a]	62.0[b]	73.0
C_2H_5	205[a]	62.2[b]	77.1
$n-C_3H_7$	183[a]	81.0[b]	82.4

续表 8-19

R	RN [$CH_2PO_3H_2$]$_2$ 熔点/℃	产率/%	当量（理论）/mol
$n-C_5H_{11}$	196 ^{a}	74.5 ^{b}	87.1
$n-C_6H_{13}$	186 ^{a}	73.3 ^{b}	91.6
$n-C_7H_{15}$	315 ^{a}	89.7 ^{c}	96.4
$n-C_8H_{17}$	213～215 ^{a}	59.5 ^{c}	101.1
$n-C_9H_{19}$	215 ^{a}	68.2 ^{c}	105.7
$n-C_{10}H_{21}$	247 ^{a,b}	90.2 ^{c}	110.4
$n-C_{12}H_{25}$	215	90.0 ^{d}	115.1
$n-C_{14}H_{29}$	216	90.5 ^{d}	134.5
$n-C_{16}H_{33}$	215	91.3 ^{d}	133.8
$n-C_{18}H_{37}$	219	93.7 ^{d}	143.2

注：*a*—熔时有气泡放出；*b*—浓的反应混合物用酒精-水重结晶；*c*—用水重结晶；*d*—溶解在热的浓 HCl 中，用水稀释提纯。

为了比较烷基亚氨基二次甲基膦酸类捕收剂和苯乙烯膦酸对锡石的浮选行为，用 Cornish 矿石做了对比试验。试验条件是在真空浮选时苯乙烯膦酸的最佳条件进行的。磨矿细度小于 75μm 占 88%，矿浆固体体积分数 31%，加 500g/t 水玻璃作调整剂。用黄药 200g/t 作捕收剂，用道-250 药剂 50g/t 作起泡剂，先选出硫化矿，再脱除小于 10μm 的矿泥，然后进行锡石浮选。浮选时，加 Na_2SiF_6 400g/t，调浆 5min，再加苯乙烯膦酸、正辛基亚氨基二次甲基膦酸或 2-乙基己基亚氨基二次甲基膦酸为捕收剂，道-250 50 g/t 为起泡剂进行浮选，所得结果见图 8-16 所示。从图可明显看出，烷基亚氨基二次甲基膦酸类捕收剂的捕收性能比苯乙烯膦酸强，而苯乙烯膦酸的选择性稍好，2-乙基己基亚氨基二次甲基膦酸的选择性比正辛基亚氨基二次甲基膦酸的好。分析该图的曲线还可看出，延长 2-乙基己基亚氨基二次甲基膦酸的曲线，则很快靠近苯乙烯膦酸的曲线。也就是说，选择合适的药剂用量，则可得到较好的选择性。可以预测，分段添加烷基亚氨基二次甲基膦酸可以得到较好的结果。

试验结果还表明，对铁镁质硅酸盐矿物和锡石分离可得到较高的精矿品位，说明烷基亚氨基二次甲基膦酸类的捕收性能较好。对于另一黑钨和锡石矿样的试验，2-乙基己基亚氨基二次甲基膦酸和正辛基膦酸的选择性比苯乙烯膦酸好。

由英国阿伯瑞特-威尔逊公司制造的乙基己基亚氨基二次甲基膦酸硫酸氢

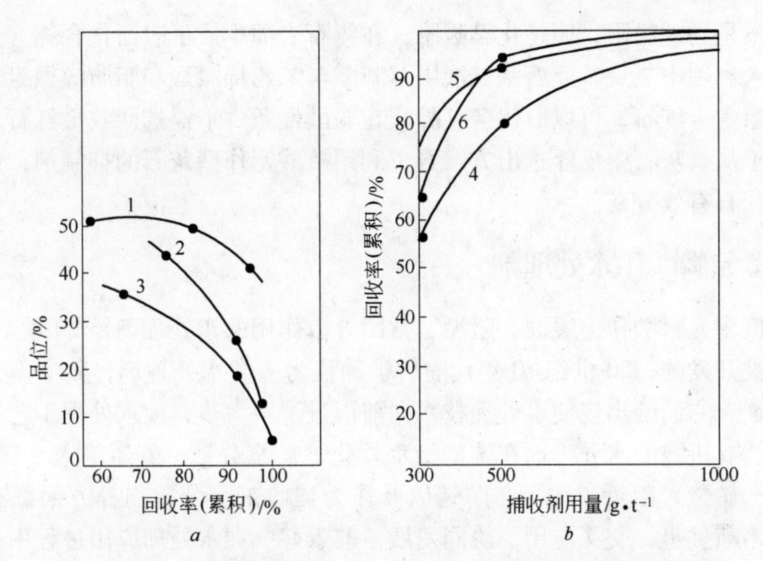

图 8-16　品位-累积回收率曲线（a）；累积回收率-捕收剂用量曲线（b）

1，4—苯乙烯膦酸；2，5—2-乙基己基亚氨基二次甲基膦酸；

3，6—正辛基亚氨基二次甲基膦酸

盐，结构式为：

$$CH_3CH_2CH_2CH_2\underset{\underset{C_2H_5}{|}}{CH}—CH\overset{+}{N}\begin{matrix}CH_2PO_3H_2\\ [SO_4H]^-CH_2PO_3H_2\end{matrix}$$

它曾用作捕收剂（1983 年）。该药剂适用于含赤铁矿的锡石浮选，适应捕收小于 45μm 的锡石，小型试验中，小于 7μm 粒级的回收率最高，达 99.11%。在选矿厂生产中，7～19μm 粒级的回收率最高，达 80.24%～82.62%。采用此种药剂 300～400g/t，使用起泡剂 MIBC 10g/t，并用捕收剂戊基钾黄药 2.5g/t 辅助，用硫酸 8g/t 调整 pH 值。在英国 Cornish 公司南格弗笛矿采用上述药剂制度进行锡石浮选，通过 18 个月的连续应用试验，锡石的平均回收率为 70%～80%。

我国钟宏等人合成了烷基为 C_{10}～C_{16}的亚氨基二次甲基膦酸，取名浮锡灵（FXL），其中以 C_{14}的 FXL-14 对锡石的捕收性能较好。用 FXL-14 浮选了栗木锡矿四选厂离心机精矿，可以从含锡 0.30% 的给矿，经一粗二精中矿集中返回粗选的闭路流程，获得精矿锡品位 9.47%，回收率 72.44% 的指标，同时铌钽钨均有较好的富集。这个指标与使用苄基胂酸或甲苯胂酸的指标极为接近。但浮锡灵无毒，用量少（浮锡灵用量 280g/t，胂酸用量 1.3kg/t），可以在自然 pH 值浮选。有推广价值，通过测定 ζ-电位、吸附量、红外光谱等方法，研究了 FXL-14 对锡石的作用机理，试验结果表明 FXL-14 在锡石表面的吸附不是物理吸附，而是化学吸附，在锡石表面生成了表面化合物。

有人利用十二烷基亚氨基二次甲基膦酸与苯乙烯膦酸和脂肪醇做组合捕收剂浮选原生金红石，可以取代苄基胂酸在弱酸性条件下浮选回收金红石。该药也可用于从磷灰石中反浮选出方解石，利用硫酸铝作磷灰石的抑制剂，使方解石与磷灰石有效分离。

8.6 多元膦酸作水处理剂

有机多元膦酸作为缓蚀、阻垢、絮团分散作用的水处理剂是20世纪60年代后期被开发的，20世纪70年代前后被确认为一类水处理剂，其中不少也是矿用药剂。它们的出现使水处理技术向前迈进了一大步，使水处理工艺有了较大发展。有机膦酸水处理剂在选矿给水软化、矿浆分散、管道输送（循环水、冷却水、矿浆）阻垢、防垢、防锈以及作为捕收剂、分散剂等方面都有重要作用。不断进步，交叉应用，协同发展，前景好。在水处理应用过程中，有机膦酸和无机聚磷酸盐相比，具有良好的化学稳定性以及不易水解、能耐较高温度和药剂用量小且阻垢性能优异等特点。

有机膦酸水处理剂是一类阴极型缓蚀剂，它们又是一类非化学当量阻垢剂，具有明显的溶限效应（threshold effect）。当它们和其他水处理剂复合使用时，又表现出理想的协同效应。它们对许多金属离子（如钙、镁、铜、锌等）具有优异的螯合能力，甚至对这些金属的无机盐类如硫酸钙、碳酸钙、硅酸镁等也有较好的去活化作用，因此大量应用于水处理技术中。目前它的品种还在不断地发展，所以是一类比较先进且有发展前途的药剂。我国自1974年年底开始研究以来，凡是在水处理方面应用的有机膦酸重要品种目前均已有工业规模的生产。

有机膦酸按分子中膦酸数目可分为二膦酸、三膦酸等。但目前通常按结构来分类，如亚甲基膦酸型、同碳二膦酸型、羧酸膦酸型和含其他原子膦酸型。有机膦酸型阻垢缓蚀剂的分类见表8-20。

表8-20 有机膦酸型阻垢缓蚀剂的分类与结构

分类	名 称	缩称代号	结构式	备 注
甲叉膦酸型	氨基三亚甲基膦酸	ATMP	$N(—CH_2—PO_3H_2)_3$	多功能矿用药剂
	乙二胺四亚甲基膦酸	EDTMP	$[—CH_2—N(—CH_2—PO_3H_2)_2]_2$	
	二乙烯三胺五亚甲基膦酸	DETPMP	$H_2O_3P—CH_2—N[—CH_2—CH_2—N—(CH_2—PO_3H_2)_2]_2$	GB/T 10536-89
	己二胺四亚甲基膦酸	HDTMP	$[—(CH_2)_3—N—(CH_2—PO_3H_2)_2]_2$	ZB/G 71004-89
	甘氨酸二亚甲基膦酸	GDMP	$HOOC—CH_2—N—(CH_2—PO_3H_2)_2$	
	甲胺二亚甲基膦酸	MADMP	$CH_3—N—(CH_2—PO_3H_2)_2$	

续表 8-20

分类	名称	缩称代号	结构式	备注
同碳二膦酸型	1-羟基次乙基-1，1-二膦酸	HEDP	$CH_3—C(PO_3H_2)_2$ (C 上连 OH)	
	1-氨基次乙基-1，1-二膦酸	AEDP	$CH_3—C(PO_3H_2)_2$ (C 上连 NH_2)	GB/T 10537-89
羧酸膦酸型	1，3，3-三膦酸基戊酸		$H_2O_3P—C—PO_3H_2$ (C 上连 $CH_2—CH_2—PO_3H_2$ 和 $CH_2—COOH$)	
	1，1′-二膦酸丙酸基膦酸	BPBP	$HO_2P(CH_2—COOH)_2$ (P 上连 PO_3H_2)	
	2-膦酸基丁烷基-1，2，4，-三羧酸	PBTCA	$(HO)_2P(=O)—C—COOH$ (C 上连 CH_2CH_2COOH 和 $CH_2—COOH$)	
聚合膦酸型	膦酸化水解聚马来酸酐	PHPMA	$[CH(COOH)—CH(PO_3H_2)]_m\cdots[CH—CH]_n$ (两个 CH 上连 C(=O)—O—C(=O) 酸酐环)	
	异丙烯基膦酸共聚物	IPPA		
	聚醚基多氨基亚甲基膦酸（多氨基多醚基亚甲基膦酸）	PHPMAP	$(H_2O_3PCH_2)_2N—CH(CH_3)—CH_2(OC_2H_4)_n N(CH_2PO_3H_2)_2$	$n=2\sim3$
	膦酰基聚羧酸（美国FMC公司1990年代开发投入市场）	POCA	$PO_3H_2(CH_2—CH(COOH))_xR_y—H$	R为不饱和羧酸及其酯或盐。如丙烯酸酯或带磺酸盐的单体。
含其他原子型	二乙硫醚二胺四亚甲基膦酸		$S[—CH_2—CH_2N—(CH_2—PO_3H_2)_2]$	
	N′-三甲氧基丙硅烷基乙二胺-N，N-二亚甲基膦酸		$(CH_3O—)_3Si(CH_2)_3—N—(CH_2)_2—N—(CH_2—PO_3H_2)_2$	

此类药剂中的氨基二甲叉膦酸和同碳二膦酸类的制备方法以及前述的1-氨基烷基-1，1-双膦酸和烷基亚氨基二次甲基膦酸是相同或相似的。

有机膦羧酸化合物中具有代表性的产品有1，1′-二膦酸丙酸基膦酸钠（BPBP）和2-膦酸基丁烷-1，2，4-三羧酸（PBTCA），以其为例，合成制备反应为：

BPBP制备：

$$\mathrm{H{-}\overset{\overset{\displaystyle O}{\|}}{\underset{\underset{\displaystyle ONa}{|}}{P}}{-}H} + 2\begin{array}{l}\mathrm{CH{-}COOH}\\ \|\\ \mathrm{CH{-}COOH}\end{array} \xrightarrow{\text{过氧化物}} \mathrm{NaO_2P}\left[\begin{array}{l}\mathrm{CHCOOH}\\ |\\ \mathrm{CH_2COOH}\end{array}\right]_2$$

$$\xrightarrow{\mathrm{H_2PO_3}} \mathrm{NaO_2P}\Big[\underset{\underset{\displaystyle PO_3H_2}{|}}{\mathrm{CH}}{-}\mathrm{CH_2COOH}\Big]_2$$

PBTCA制备：

$$\mathrm{(CH_3O)_3\overset{\overset{\displaystyle O}{\|}}{P}{-}H} + \begin{array}{l}\mathrm{CH{-}COOCH_3}\\ \|\\ \mathrm{CH{-}COOCH_3}\end{array} \xrightarrow{\text{Cat（催）}} \mathrm{(CH_3O)_3\ \overset{\overset{\displaystyle O}{\|}}{P}{-}\underset{\underset{\displaystyle CH{-}COOCH_3}{\|}}{C}{-}COOCH_3}$$

$$\mathrm{(CH_3O)_3\overset{\overset{\displaystyle O}{\|}}{P}{-}\underset{\underset{\displaystyle CH{-}COOCH_3}{\|}}{C}{-}COOCH_3} + \mathrm{CH_2{=}CH{-}COOCH_3} \xrightarrow{\text{Cat(催)}} \mathrm{(CH_3O)_3\overset{\overset{\displaystyle O}{\|}}{P}{-}\overset{\overset{\displaystyle CH_2CH_2COOCH_3}{|}}{\underset{\underset{\displaystyle CH_2{-}COOCH_3}{|}}{C}}{-}COOCH_3}$$

$$\mathrm{(CH_3O)_3\overset{\overset{\displaystyle O}{\|}}{P}{-}\overset{\overset{\displaystyle CH_2CH_2COOCH_3}{|}}{\underset{\underset{\displaystyle CH_2{-}COOCH_3}{|}}{C}}{-}COOCH_3} + 5H_2O \xrightarrow{\text{Cat(催)}} \mathrm{(HO)_2\ \overset{\overset{\displaystyle O}{\|}}{P}{-}\overset{\overset{\displaystyle CH_2CH_2COOH}{|}}{\underset{\underset{\displaystyle CH_2{-}COOH}{|}}{C}}{-}COOH}$$

PBTCA的合成反应中，亚膦酸三烷酯与顺丁烯二酸酯在碱性催化剂作用下按亲电加成反应历程进行，而其第二步反应则按Michael加成反应进行。可以用反丁烯二酸酯和丙烯腈分别代替顺丁烯二酸酯和丙烯酸酯进行合成制备。

有机多元膦酸系环境生态安全药剂，一般为低毒或无毒化合物，例如，表8-21所列的几种化合物的毒性都很小。

表8-21 有机多元膦酸水处理剂的毒性

有机多元膦酸	毒性试验 $LD_{50}/mg \cdot kg^{-1}$		毒 性
ATMP	雄性小白鼠（口服灌胃）	10000	低 毒
EDTMP	小鼠（口服）	8700	低 毒
HEDP	小白鼠皮下注射	486.4	低 毒
	小鼠（口服）	1841	
PBTCA	大鼠（口服）	>6500	低毒或无毒

纯 HEDP 钠盐对男青年每天静脉注射 5mg，一周后并未发现血和尿中的生化指标有任何变化。无论纯的 HEDP 或纯的 EDTMP，它们都还是某些疾病的注射用药剂，国外曾用 EDTMP 作为牙膏的添加剂，以阻止磷酸钙垢在牙齿珐琅质上的沉淀。HEDP 甚至还可作为酒的稳定剂等，可见它们是无毒性或低毒性的。它们对水生物，特别对鱼类是无毒或低毒的。例如，ATMP 对刺鱼的 TL_m^{50} 值为 100mg/L，对胖头鱼的 TL_m^{50} 值也为 100mg/L。PBTCA 对家兔的皮肤刺激试验结果为阴性，对家兔眼睛黏膜的刺激作用为中等。

8.7 有机胂化物

在有机化学中含砷有机化合物的研究与应用已经有相当长久的历史。早在 1896 年在医药上就已引用二甲基胂酸钠为补血剂，1905 年发现氨基苯胂酸钠对杀灭锥虫的作用。在分析化学上，1926 年引用苯胂酸及对-甲苯胂酸作为分析锆的定量试剂。1933 年引用为锡的定量分析试剂。它们在酸性溶液中可以与锆、锡等无机离子生成极难溶解于水的白色沉淀，并且灵敏度很高。

引用有机胂化合物为浮选药剂开始于 1940 年。根据分析化学上的作用机理，曾试用了一系列的苯胂酸类衍生物做锡石的捕收剂，包括戊基胂酸、苯胂酸、对-甲苯胂酸、对-氨基苯胂酸、对-硝基苯胂酸、邻-硝基苯胂酸、邻-硝基-对甲苯胂酸及 2，6-二硝基-对甲苯胂酸，其中证明最有效的捕收剂是对-甲苯胂酸。它们的结构式为：

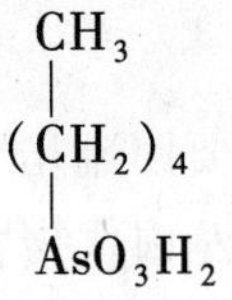

CH_3
$(CH_2)_4$
AsO_3H_2
戊基胂酸

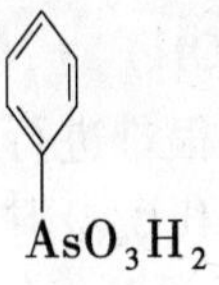

AsO_3H_2
苯胂酸

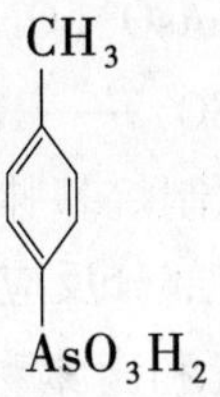

CH_3
AsO_3H_2
对-甲苯胂酸

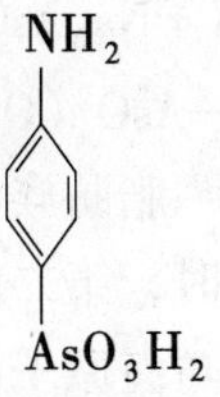

NH_2
AsO_3H_2
对-氨基苯胂酸

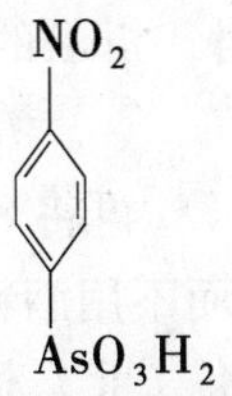

NO_2
AsO_3H_2
对-硝基苯胂酸

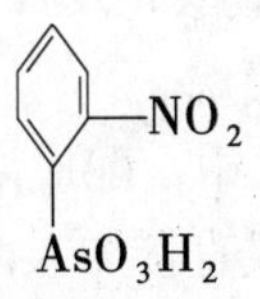

NO_2
AsO_3H_2
邻-硝基苯胂酸

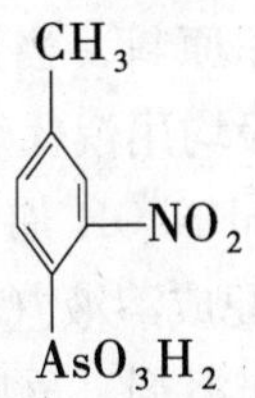

CH_3
NO_2
AsO_3H_2
邻-硝基-对甲苯胂酸

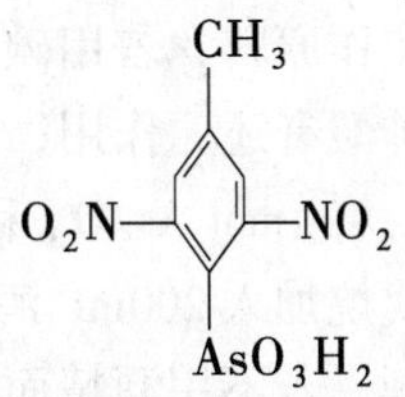

CH_3
O_2N NO_2
AsO_3H_2
2，6-二硝基-对甲苯胂酸

胂酸类药剂和膦酸药剂一样主要用做锡石和黑钨矿的捕收剂。由于胂酸对锡石具有选择性，从而促使胂酸在锡石浮选中广泛应用。首次报道对甲苯胂酸工业应用是在20世纪50年代末民主德国的阿尔滕贝格（Altenberg）。到了20世纪70年代初，这种表面活性剂就作为捕收剂用于南非的鲁伊贝格（Rooiberg）和龙尼恩（Union）以及澳大利亚的雷尼森（Renison）和克里夫兰（Cleveland）锡选厂。

英国Hoechst公司、日本三菱金属矿业公司和我国的株洲选矿药剂厂等都是胂酸（甲苯胂酸、混合甲苯胂酸）的生产企业。后因胂酸的毒性问题，到20世纪70~80年代均已先后停产。此后，国内又生产了苄基胂酸。

国内的研究工作者对胂酸和膦酸衍生物在浮选锡、钨、铌、钍等矿物做了大量工作，取得了重大成果，研究药剂的同分异构原理，开发新药苄基胂酸、羟苄基胂酸等，研究药剂与矿物相互作用机理，阐述胂酸的捕收性、选择性。大厂车河选矿厂锡石浮选使用混合甲苯胂酸，所得锡石浮选精矿品位28%，作业回收率为90%。

8.7.1 烷基胂酸

烷基胂酸和烷基膦酸对锡石的捕收性和两者的R基相互对应的碳原子数（C_4~C_{12}）相似。戊基胂酸等烷基提出用作捕收剂与芳基胂酸是同一时期，但是由于烷基胂酸的制造相对困难，所以研究应用远不如芳基胂酸。

烷基胂酸的制备原则上可用Na_3AsO_3与卤代烷作用制得烷基胂酸钠，再酸化得烷基胂酸：

$$RX + Na_3AsO_3 \longrightarrow R—AsO(ONa)_2 + NaX$$

$$R—AsO(ONa)_2 + H_2SO_4 \longrightarrow R—AsO(OH)_2 + NaHSO_4$$

第一脂肪族卤代烷胂化制烷基胂酸，反应很难进行，往往需要回流几十至几百小时，第二卤代烷只有部分反应，第三卤代烷没有反应；烯基卤代物反应视双键与卤原子的相对位置和卤素种类而定，$CH_2=CHCH_2Cl$只能部分发生反应，$CH_2=CHCH_2Br$能达到理论产量，$CH_2=CHCl$不发生反应。不能用碘代烷作原料，若用碘代烷作原料，当用无机酸酸化反应混合物时，析出的HI对胂酸有还原作用，故一般均用溴代烷或氯代烷。

将4mol As_2O_3和24mol NaOH加入2L水中，配成溶液（Ⅰ），再将8mol卤代烷加入200mL酒精中配成溶液（Ⅱ）（或直接加入卤代烷，而不用酒精作溶剂，若不用酒精而用水作溶剂，反应时必须搅拌）。在室温下将（Ⅱ）慢慢滴入（Ⅰ）中，加完后在水浴上加热回流70~200h，将反应混合物浓缩，使卤化钠结晶，滤去卤化钠晶体，用无机酸酸化，则分离出烷基胂酸。用水或酒精重结晶一次便可得到足够纯度的烷基胂酸。用卤代芳烃代替卤代烷制芳香族胂酸，产量很低（有些卤代芳烃不发生这一反应），故此法不宜用于制芳香族胂酸。

烷基胂酸一般为白色晶体。常温下稳定，它能与 Sn^{4+}、Sn^{2+}、Fe^{3+}、Fe^{2+} 等金属离子生成难溶盐，对 Ca^{2+}、Mg^{2+} 离子不敏感，所以胂酸对锡石和黑钨具有捕收性，而不捕收方解石等碳酸盐。

几种烷基胂酸的熔点见表 8－22。

表 8－22 烷基胂酸的熔点

名 称	结 构 式	熔点/℃
甲基胂酸	$CH_3—As(=O)(OH)_2$	15.98
乙基胂酸	$CH_3—CH_2—As(=O)(OH)_2$	99.6
丙基胂酸	$CH_3—CH_2—CH_2—As(=O)(OH)_2$	134.6～135.2
丁基胂酸	$CH_3—CH_2—CH_2—CH_2—As(=O)(OH)_2$	159.5～160
戊基胂酸	$CH_3—CH_2—CH_2—CH_2—CH_2—As(=O)(OH)_2$	169～173
3－甲基丁基胂酸	$CH_3—CH(CH_3)—CH_2—CH_2—As(=O)(OH)_2$	192～194
2－甲基丁基胂酸	$CH_3—CH_2—CH(CH_3)—CH_2—As(=O)(OH)_2$	171～172

8.7.2 甲苯胂酸

甲苯胂酸主要包括对甲苯胂酸、邻甲苯胂酸和邻、对位混合甲苯胂酸。长沙矿冶研究院见百熙等人从 1961 年起分别对此三种甲苯胂酸进行了研究。制备方法是以甲苯为主要原料进行下列反应：

甲苯 $\xrightarrow{HNO_3}$ 对硝基甲苯 $\xrightarrow[\text{还原}]{Fe+HCl}$ 对甲苯胺 $\xrightarrow[NaNO_2]{As_2O_3}$ 对-甲苯胂酸

甲苯 $\xrightarrow{HNO_3}$ 邻硝基甲苯 $\xrightarrow{Fe+HCl}$ 邻甲苯胺 $\xrightarrow[NaNO_2]{As_2O_3}$ 邻-甲苯胂酸

试验证明邻位及对位甲苯胂酸都是锡石的良好捕收剂，将邻位与对位异构体按一定比例混合使用，效果反而比单独使用对位甲苯胂酸优越。用工业混合硝基甲苯为原料所制成的混合甲苯胂酸，曾进行了锡石的半工业浮选试验，效果良好。随后即在吉林市第三化工厂利用生产硝基甲苯的废液（俗称冷母液）用铁粉还原制成了混合甲苯胺，再经“胂酸化”制成混合甲苯胂酸（对位及邻位甲苯胂酸质量比约为4∶6，另外，还有少量间位甲苯胂酸）；试用于锡石的工业浮选试验，证明效果同样良好。此后，经过不断的改进，简化了操作方法，使结晶母液循环利用，减少对环境的污染。并在株洲选矿药剂厂建立了混合甲苯胂酸车间并投入了生产。

对甲苯胂酸及其异构体的物理常数见表8-23。

表8-23 甲苯胂酸同分异构体的物理常数

名 称	结构式	熔点/℃	K_1	K_2
苯胂酸	$C_6H_5-As(=O)(OH)-OH$	159~160		
邻-甲苯胂酸	$o\text{-}CH_3C_6H_4-As(=O)(OH)-OH$	159~160	1.5×10^{-4}	1.4×10^{-9}
对-甲苯胂酸	$CH_3-C_6H_4-As(=O)(OH)-OH$	105~110（转化为无机物）	2.0×10^{-4}	2.1×10^{-9}

续表 8－23

名　称	结构式	熔点/℃	K_1	K_2
间-甲苯胂酸	m-$CH_3C_6H_4$—As(=O)(OH)—OH	150	1.5×10^{-3}	1.5×10^{-9}
混合甲苯胂酸	$CH_3C_6H_4$—As(=O)(OH)—OH	126（开始熔化）		
苄基胂酸	C_6H_5—CH_2—As(=O)(OH)—OH	196～197	6.6×10^{-5}	7.9×10^{-10}

前面已谈到德国等国外锡选厂首先使用对甲苯胂酸作锡石捕收剂，日本曾用的锡石捕收剂 SM－119，其主要成分也是对-甲苯胂酸。

田忠诚等研究了甲苯胂酸用量、矿浆 pH 值、邻对位混合甲苯胂酸等对锡石捕收性能的关系。

用苯胂酸、邻-甲苯胂酸、对-甲苯胂酸在 pH＝6.6、矿浆温度为 25℃时，采用不同药量对锡石进行浮选试验，结果如图 8－17 所示。图 8－17 表明，所采用的三种胂酸捕收剂中，对-甲苯胂酸捕收能力最强，邻-甲苯胂酸次之，苯胂酸又次之。

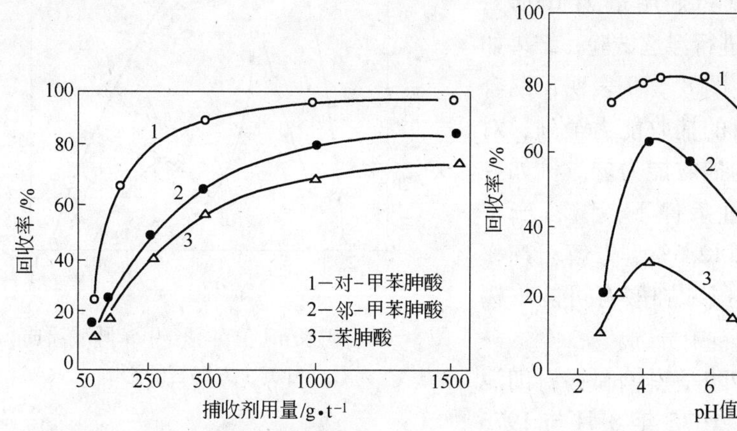

图 8－17　苯胂酸类捕收剂用量对锡石回收率的影响

图 8－18　苯胂酸类捕收剂浮选锡石回收率与 pH 值的关系

当药剂用量为 100g/t，矿浆温度 30℃，在不同 pH 值条件下，分别对锡石浮选，所得结果如图 8－18 所示。从图 8－18 可以看出一个共同规律，所用捕收剂均在 pH =4 左右回收率最高，很可能是这个 pH 范围内胂酸根与锡石表面的锡离子最易生成难溶的胂酸盐，因此胂酸根吸附最牢固，回收率最高。

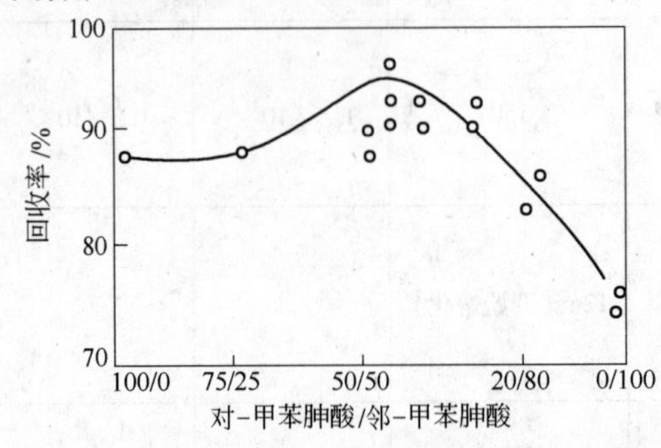

图 8 - 19 对位和邻位甲苯胂酸不同比例的混合物对锡石的浮选结果

根据文献报道，多数是用对-甲苯胂酸作锡石捕收剂，邻-甲苯胂酸则未见报道。如前所述，邻-甲苯胂酸的捕收能力仅次于对-甲苯胂酸，而用甲苯硝化制取硝基甲苯时，同时产生对-硝基甲苯和邻-硝基甲苯的混合物，将此混合物还原便得混合甲苯胺。不经分离直接用于制甲苯胂酸，便得混合甲苯胂酸，若捕收性能好，就省去分离对-硝基甲苯和邻-硝基甲苯的手续，降低合成成本。为了了解两者混合对锡石的捕收性能，长沙矿冶研究院做了不同比例的混合甲苯胂酸对锡石的浮选试验，结果如图 8 - 19 所示。从图 8 - 19 可以看出，当两者混合质量比在 (50 ~ 30)：(50 ~ 70) 范围时，捕收能力强于单独使用对-甲苯胂酸，其中混合质量比在 45：55 时，混合捕收剂捕收锡石的能力最强，此时曲线出现最高点。这个结果为制造混合甲苯胂酸提供科学依据。

为了比较混合甲苯胂酸在不同 pH 值时对锡石、石英和方解石三种矿物的捕收性能，以药剂用量为 100g/t，在不同 pH 值下进行浮选试验，结果如图 8 - 20 所示。图 8 - 20 表明，混合甲苯胂酸对锡石的捕收能力最强，对石英和方解石的捕收能力弱。例如在接近中性 pH 值条件下，锡石产率 82%、石英产率 12.5%、方解石产率 16.9%，故混合甲苯胂酸有可能将锡石从石英、方解石中分选。

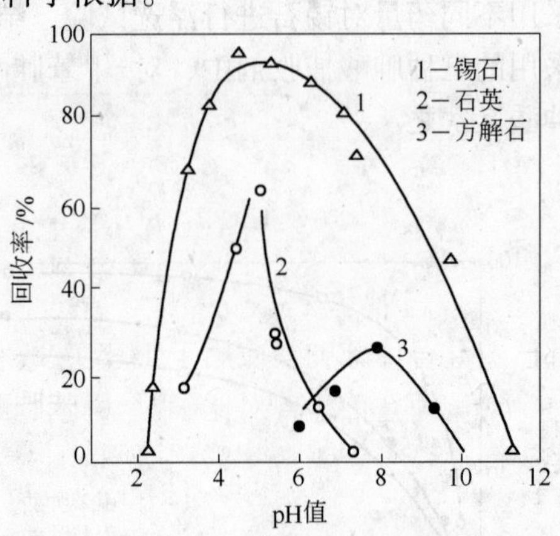

图 8 - 20 矿浆 pH 值对混合甲苯胂酸浮选锡石、石英、方解石的影响

混合甲苯胂酸是黑钨和锡石细泥的有效捕收剂。1975 年 8 月与 1976 年 7 月用混合甲苯胂酸作捕收剂，羧甲基纤维素（CMC）作抑制剂，在长坡选厂完成了浮选工业试验，从给矿锡品位为 0.60%，可得到含锡 25.93%、回收率为 93.93% 的锡精矿，工业试验结束后并投入生产。对广西平桂新桂选厂锡石细泥的浮选用混合甲苯胂酸作捕收剂，氟硅酸钠作抑制剂，采用一粗、一

扫、一精中矿返回闭路流程，可从含锡0.52%的给矿，得到含锡21.96%，回收率72.06%的锡精矿。在湖南香花岭锡细泥试验，用混合甲苯胂酸作捕收剂，CMC和腐殖酸钠作抑制剂采用脱泥、脱硫，浮锡（一粗、一扫、三精）流程，最终得到锡品位为18.8%~23.7%，作业回收率为86.5%~71.8%的锡精矿。在大屯硫化矿细泥浮选试验，采用絮凝脱泥后脱硫，浮锡采用一次粗选，二次精选，脱泥药剂用腐殖酸钠、粗选不加抑制剂，只用混合甲苯胂酸浮选，锡铁一起选入粗精矿，精选时用腐殖酸作抑制剂，精选产品经磁选除铁得到含锡15.50%，回收率77.10%的锡精矿。

江西省西华山选矿厂于1967年成功地将混合甲苯胂酸作为黑钨矿的捕收剂，用于黑白钨矿全浮选中，用硫酸120g/t（pH=6.5），白钨矿活化剂硝酸铅500g/t，混合甲苯胂酸304g/t及适量松油，精矿中WO_3品位为33%~35%，回收率为80%~81%，尾矿品位为0.05%。1969年西华山选矿厂为满足稀土矿物与黑钨矿分离的需要，又成功地制定了在酸性介质中用氟硅酸钠等作调整剂，混合甲苯胂酸与脂肪酸联合使用浮选黑钨矿的工艺。浮选黑钨矿时，用氟硅酸钠2400g/t，硫酸3200g/t，混合甲苯胂酸320g/t，油酸加煤油（质量比1：1）2040g/t，所得精矿中WO_3品位为57%~62%，回收率为82%~78%，其中黑钨的回收率大于95%。浒坑选厂于1972年在酸性矿浆中（pH=3.5）浮选湿式强磁选精矿中的黑钨矿。用草酸750g/t，混合甲苯胂酸250g/t，酸化“731”氧化石蜡皂1200g/t，煤油1200g/t，所得精矿中WO_3的品位为46.17%时，回收率为92.88%，尾矿品位为0.42%。铁山垄选厂于1975年用混合甲苯胂酸浮选铺布溜槽粗精矿中的黑钨矿。粗选用混合甲苯胂酸2350g/t，硝酸铅150g/t及2号油。精选用硝酸铅400g/t，水玻璃600g/t，混合甲苯胂酸500g/t，氟硅酸钠500g/t，2号油54g/t。精选作业指标：给矿品位为17.36%，精矿中WO_3品位为45.9%，回收率96.41%。上述三个选厂都已将混合甲苯胂酸应用于生产实践。

德国阿登伯格曾对比了对-甲苯胂酸和乙苯膦酸对锡矿石（部分脱泥）的半工业试验，表明乙苯磷酸要强些，结果见表8-24。

表8-24 对甲苯胂酸与乙基苯膦酸的半工业试验结果比较（用阿尔登伯格锡矿）

捕收剂类别	捕收剂用量 /g·t^{-1}	pH值	给矿锡品位 /%	精矿锡品位 /%	尾矿锡品位 /%	锡回收率 /%
对甲苯胂酸	410	5.6	0.37	5.90	0.14	63.6
乙基苯膦酸	295	5.7	0.39	6.18	0.11	72.9

8.7.3 苄基胂酸

朱建光等人根据甲苯胂酸同分异构原理合成了苄基胂酸，认为它是有效捕收剂。合成原料为三氧化二砷及苄氯等，合成方法用反应式为：

$$As_2O_3 + NaOH \xrightarrow{70\sim80℃} Na_3AsO_3 + H_2O$$

$$C_6H_5-CH_2Cl + Na_3AsO_3 \longrightarrow C_6H_5-CH_2AsO_3Na_2 + NaCl$$

$$C_6H_5-CH_2AsO_3Na_2 + H_2SO_4 \longrightarrow C_6H_5-CH_2AsO_3H_2 + NaHSO_4$$

苄基胂酸是白色粉状物，工业品含苄基胂酸80%左右，含无机砷1%以下，含少量NaCl、Na_2SO_4，其余为水分。在常温下稳定，溶于热水，难溶于冷水，可用水作溶剂重结晶提纯，经提纯的苄基胂酸为无色针状晶体，熔点196~197℃。pK_1 和 pK_2 分别为4.43和7.51。

苄基胂酸和甲苯胂酸一样，能与 Fe^{2+}、Fe^{3+}、Mn^{2+}、Sn^{2+}、Sn^{4+}、Cu^{2+}、Pb^{2+}、Zn^{2+} 等作用形成沉淀，对 Ca^{2+}、Mg^{2+} 不敏感，因此它能捕收黑钨、锡石及铜、铅、锌、铁的硫化矿等，对含 Ca^{2+}、Mg^{2+} 的矿物捕收能力较弱。苄基胂酸的选择性较好。

在完成苄基胂酸小试合成和工业合成后，用该药与混合甲苯胂酸作对比对黑钨、锡石进行了试验，两者浮选效果相似，结果见表8-25。

表8-25 苄基胂酸和混合甲苯胂酸浮选黑钨和锡石细泥结果

序号	矿山及矿石名称	捕收剂名称	试验规模	原矿品位 $\omega(WO_3)$/%	精矿指标/%	
					WO_3	回收率
1	瑶岗仙黑钨细泥	混合甲苯胂酸	小型试验	0.59	17.0	77.0
		苄基胂酸		0.58	16~18	71~73
2	浒坑黑钨细泥	混合甲苯胂酸	小型试验	0.26	32.61	81.43
		苄基胂酸		0.25	32.08	81.22
3	浒坑黑钨细泥	混合甲苯胂酸	单槽工业精选	3.28	52.62	83.18
		苄基胂酸		3.76	50.81	84.75
4	汝城黑钨细泥	混合甲苯胂酸	小型试验	0.253	15.75	73.86
		苄基胂酸		0.254	20.37	81.79
5	长坡锡石细泥	混合甲苯胂酸	小型试验	Sn 1.31	Sn 44.68	86.07
		苄基胂酸		Sn 1.31	Sn 45.33	88.32
6	长坡锡石细泥	混合甲苯胂酸	工业试验	Sn 1.405	Sn 30.86	90.17
		苄基胂酸		Sn 1.01	Sn 30.85	87.88
7	期北山铅锡精矿	混合甲苯胂酸	1979年4月生产累计工业试验	Sn 10.25 Pb 33.74	Sn 31.71 Pb 40.28	Sn 88.83 Pb 85.09
		苄基胂酸		Sn 9.54 Pb 35.51	Sn 32.32 Pb 41.32	Sn 88.39 Pb 85.98
8	水岩坝钨锡中矿	混合甲苯胂酸	小型试验	Sn 41.56 WO_3 11.86	Sn 63.68 WO_3 19.60	Sn 98.69 WO_3 65.49
		苄基胂酸		Sn 40 WO_3 11.81	Sn 68.78 WO_3 23.42	Sn 98.68 WO_3 81.64

有人用苄基胂酸浮选铌钽矿泥取得良好效果，浮选某铌钽矿山矿泥含有(Ta，Nb)$_2$O$_5$ 0.052%，以苄基胂酸为主，辅以少量731混合用作捕收剂，在pH=5.8～6.2进行浮选，可得（Ta，Nb）品位2.49%～2.85%，回收率80%～80.45%的浮选粗精矿，再用离心选矿机进行精选，获得含（Ta，Nb）$_2$O$_5$ 15.87%～20.20%，作业回收率83.03%～85.9%的铌钽精矿。澳大利亚雷尼森锡选厂利用苄基胂酸进行浮选试验也取得了良好的效果。

大厂曾对混合甲苯胂酸、苄基胂酸等进行了工业试验和生产应用，生产指标对比结果见表8-26。

表8-26 不同药剂浮选锡石的生产指标

药剂浮选工艺	选定时间	锡浮选作业指标				药剂制度/kg·L^{-1}							备注
		给矿量/t·班$^{-1}$	精矿产率/%	精矿品位/%	回收率/%	混合甲苯胂酸	苄基胂酸	水杨氧肟酸	P86	羧甲基纤维素	碳酸钠	松醇油	
混合甲苯胂酸	1993.7.1	27.57	2.32	23.00	91.51	1.107				0.43		0.103	1982年起用
苄基胂酸	1987.10.1	45.09	4.06	23.26	91.89		0.912			0.05	0.228	0.154	1985年起用
水杨氧肟酸与P86	1987.10.25	29.54	0.79	28.60	93.38			0.483	0.11	0.02 0.005	50.38	0.042 0.042	1987年起用

毒性试验对小白鼠的半致死量（LD$_{50}$）：苄基胂酸与混合甲苯胂酸300～120mg/kg；水扬氧肟酸883.17mg/kg，P86为3000mg/kg。

8.7.4 甲苄胂酸

甲苄胂酸的制备方法主要分两步：首先利用甲苯、甲醛和盐酸为原料在无水ZnCl$_2$催化下进行氯甲基化（Blanc反应），并用砒霜和碱制备亚砷酸钠，然后将两者进行Meyer反应生成混合甲苄胂酸钠，酸化后得胂酸。反应式为：

$$CH_3-C_6H_5 + HCHO + HCl \xrightarrow[\Delta]{ZnCl_2} CH_3-C_6H_4-CH_2Cl + H_2O$$

$$As_2O_3 + NaOH \longrightarrow Na_3AsO_3 + H_2O$$

$$CH_3-C_6H_4-CH_2Cl + Na_3AsO_3 \longrightarrow CH_3-C_6H_4-CH_2AsO_3Na_2 + NaCl$$

$$\text{C}_6\text{H}_4(\text{CH}_3)\text{—CH}_2\text{AsO}_3\text{Na}_2 + \text{H}_2\text{SO}_4 \xrightarrow{\text{pH}=2\sim3} \text{C}_6\text{H}_4(\text{CH}_3)\text{—CH}_2\text{AsO}_3\text{H}_2 + \text{NaHSO}_4$$

混合甲苄胂酸

对位、邻位和间位三种甲苄胂酸的质量分数大致为64%，34.7%和1.3%。与其中间体三种相应的甲基苄氯异构体比例相当。

甲苄胂酸性质与苄基胂酸相似，结构上只是多了一个甲基，为白色粉末，熔点158~161℃。

用甲苄胂酸为捕收剂浮选浒坑钨矿黑钨细泥，先用黄药浮选脱硫后一次粗选两次精选，中矿Ⅰ、中矿Ⅱ集中返回粗选的闭路流程，可从含 WO_3 0.33%的给矿得到 WO_3 品位39.5%，回收率84.72%的钨精矿。用甲苄胂酸在浒坑钨矿作单槽钨矿泥精选工业试验，采用现场的生产流程，可从含 WO_3 2.01%的给矿得到 WO_3 品位44.61%，回收率88.00%的钨精矿。

用甲苄胂酸、丁基黄药混用为捕收剂浮选铁山垅离心选矿机精矿，分粗选和精选二步单槽进行，单槽精选的粗精矿，先储于粗精矿槽中待到一定量后再进行精选，粗选可从含 WO_3 14.07%的给矿得到含 WO_3 27.7%，回收率91.82%的粗精矿；精选时可从含 WO_3 31.72%的给矿得到含 WO_3 52.12%，回收率为97.98%的黑钨精矿。

用甲苄胂酸浮选大厂长坡选厂的锡石细泥，先脱硫后浮锡，用一粗二精中矿集中返回粗选的闭路流程，可从含Sn 0.77%的给矿得到含Sn 39.53%，回收率为96.55%的锡精矿。

8.8 有机硅化合物矿用药剂

硅是自然界最普通的化学元素，多以硅砂和硅酸盐类矿物存在。常用的无机硅化合物最常用的有水玻璃（偏硅酸钠）、聚硅酸盐和氟硅酸盐（钠盐、铵盐等）等，它们在选矿中可以作为抑制剂、分散剂和絮凝剂等。

有机硅化合物和有机氟化物相似。元素有机硅化合物是现代有机化学，特别是在高分子化学方面引人注目、发展很快的一大类。目前已经知道有相当多的有机硅化合物具有表面活性，例如含硅羧酸化合物式（Ⅰ），溶于碱水中，可作为硅酮油（Silicone oils）的乳化剂；化合物式（Ⅱ）也具有表面活性。含硅的醇类式（Ⅲ）据说也是有用的乳化剂。

$$\text{RSi(CH}_3)_2\text{—CH}_2\text{CH}_2\text{COOH} \quad (\text{Ⅰ})$$

$$(\text{CH}_3)_3\text{Si(CH}_2)_{6\sim10}\text{COOH} \quad (\text{Ⅱ})$$

$$(\text{CH}_3)_3\text{Si—C}_6\text{H}_4\text{—OCH}_2\text{CH}_2\text{OH} \quad (\text{Ⅲ})$$

有机硅化合物在选矿工业上的应用，近年来也是有成就的。其中特别是作为非离子表面活性剂的聚硅醚类化合物，例如二甲基聚硅酮，苯基甲基聚硅酮等都是有效的氧化矿物、煤及硅酸盐矿物捕收剂、矿泥分散剂及电磁选矿前表面处理剂。

早在1952年即有报道说，3－硫代－7，7－二甲基－7－（三甲硅氧基）－7－硅代庚酸的金属锂盐式（Ⅳ），即4，4－二甲基－4－（三甲硅氧基）丁基乙酸硫醚［2］的锂盐及其聚合衍生物式（Ⅴ）可以作为矿物浮选药剂或润滑油加成剂。它与硬脂酸锂盐的不同之处，在于它可以溶解在丙酮内。类似的有机硅化合物也具有表面活性、去垢作用及乳化作用。

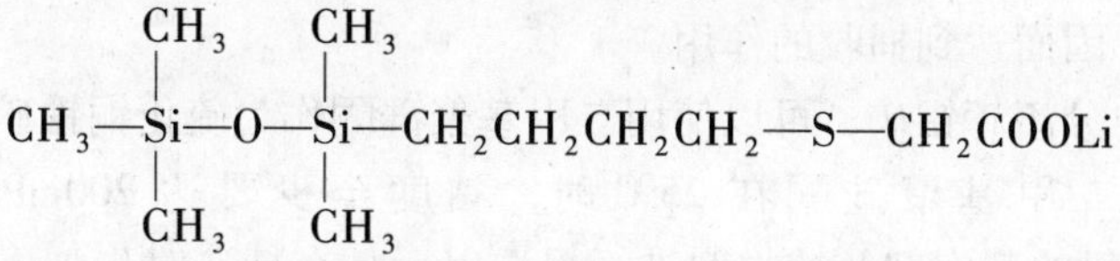

$$CH_3-\underset{CH_3}{\overset{CH_3}{Si}}-O-\underset{CH_3}{\overset{CH_3}{Si}}-CH_2CH_2CH_2CH_2-S-CH_2COOLi \qquad (Ⅳ)$$

$$CH_3-\underset{CH_3}{\overset{CH_3}{Si}}\left[O-\underset{CH_3}{\overset{CH_3}{Si}}\right]_n(CH_2)_m-S-CH_2COOM \qquad (Ⅴ)$$

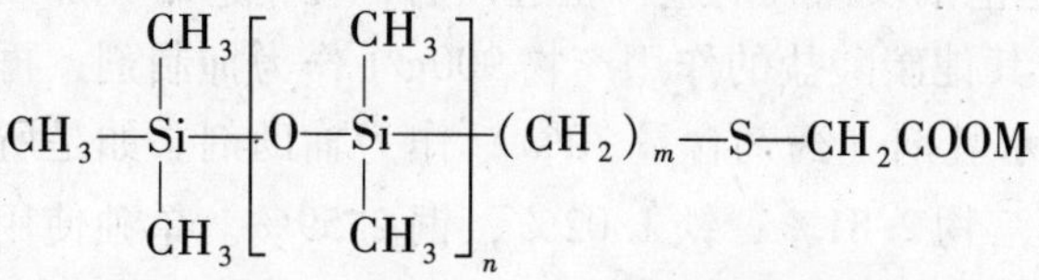

式中，M＝Li，Na，K；$n=0\sim10$，最好是0或1；$m=2\sim3$。

1954年又有人报道用二甲基二氯化硅与甲基三氯化硅的混合物式（Ⅵ）浮选石英，收到良好效果。这种甲基氯化硅化合物容易水解为相应的硅醇化合物，后者（水解物）很不稳定，随即聚合成聚硅酮化合物（silicones）。它与矿物表面的OH基或者与吸附在矿石表面的水分子作用，也同样形成聚硅酮化合物薄膜。利用上述的作用机理，浮选石英，效果良好。但是这种聚硅酮化合物对于方铅矿、闪锌矿、黄铁矿、方解石等矿物则没有作用。

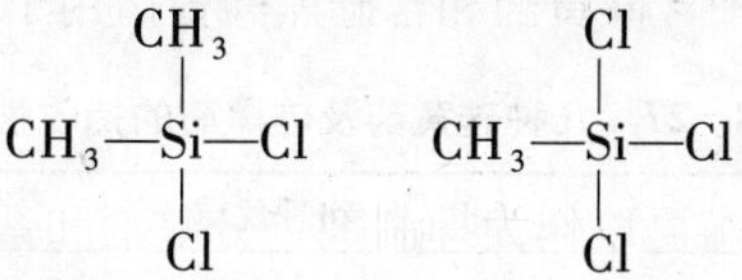

$$CH_3-\underset{Cl}{\overset{CH_3}{Si}}-Cl \qquad CH_3-\underset{Cl}{\overset{Cl}{Si}}-Cl \qquad (Ⅵ)$$

另据报道有机硅化合物烷基（芳基）硅醇也是矿物的浮选药剂，其结构式为：

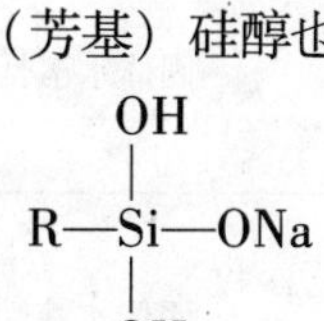

$$R-\underset{OH}{\overset{OH}{Si}}-ONa$$

式中，R为一种烷基或芳香基。

聚硅酮化合物可作捕收剂浮选方铅矿及闪锌矿。实验表明：在碱性矿浆中，方铅矿很容易浮起，在酸性矿浆中则闪锌矿很快浮起。但是在中性矿浆中反应很慢。在碱性矿浆中浮选方铅矿时，闪锌矿大部分呈悬浮状态。如果同时再加入少量的硫酸锌，则抑制得更好。使用水玻璃溶液可以使方铅矿的精矿品位更加提高，同时也增加了极性的阳离子捕收剂的乳化程度。在酸性矿浆中浮选闪锌矿适宜的pH值为3.5~5.0，最好同时再加入150g/t的硫酸铜。聚硅酮化合物可以是液体的或固体的，先溶于有机溶剂中，然后加水使成乳浊液做捕收剂。药剂的有效用量为2~50g/t，矿浆固液比为1：4（含固量25%）。最好的捕收剂是带有短的并且是直链的有机聚硅化物。例如甲基、丁基。捕收剂用量小于2g/t时，浮选不完全；用量大于50g/t时，泡沫过多。聚硅酮的作用机理是由于这种乳化剂在空气泡的表面形成膜，然后又覆盖在矿物表面上造成矿物疏水与气泡黏附，因而达到捕收的作用。

由硫化铜铁矿中分离辉钼矿，可以使用二甲基聚硅酮作为硫化铜铁矿的辅助抑制剂。所用的二甲基聚硅酮在25℃时，黏度至少要达200mPa·s（200cP）。原矿用一般的起泡剂及捕收剂进行粗选以后，在精选时先加入一种磷（砷或锑）的硫化物与其他碳酸盐的作用产物900g/t作为抑制剂，再加入113g/t二甲基聚硅酮的油水乳剂（药剂含量30%）作为辅助剂。如是所得的精矿含钼52%~55%，不溶物2.81%，铁1.02%，铜2.59%。单独使用上述抑制剂时，精矿中含钼只有49.31%，不溶物2.67%，铁1.44%，铜6.77%。

1969年用硅酮油的乳剂（40%的硅酮油，1.2%的乳化剂，58.8%的水）浮选方铅矿，选择性良好。用于硫化铅锌矿石优先浮选时，可以不使用氰化物抑制闪锌矿，就可得到良好的分选效果。1985年前苏联专利（1140829号）报道，在拖拉机用煤油中添加八甲基环四硅氧烷作为选煤捕收剂，可以提高煤的回收率。此后又有两篇美国专利（4526680和4532032）和两篇前苏联专利（1268205和1278034）介绍都用有机硅烷类药剂浮选细煤。

表8-27所列为几种含硅黄药和含硅黑药曾试用于浮选。

表8-27 几种硅黄药及硅黑药的捕收性能

药剂名称	物理性质	与丁基黄药比较
2-三甲基硅乙黄药 $(CH_3)_3Si—CH_2CH_2—O—C(=S)SNa$	固体水溶性好	捕收性能比丁基黄药强，但对氧化的闪锌矿不如丁黄药
2-三甲基硅氧基乙基黄药 $(CH_3)_3Si—O—CH_2CH_2—O—C(=S)SNa$	固体水溶性好	捕收性能差
2-三甲基硅氧基乙基黑药 $[(CH_3)_3Si—O—CH_2CH_2—O]_2P(=S)SNa$	液体水溶性好	捕收性能差

浮选多金属矿时，用四乙氧基硅烷式（Ⅶ）作为起泡剂，可以强化浮选效果。

$$\begin{array}{c} OC_2H_5 \\ | \\ C_2H_5O\text{—}Si\text{—}OC_2H_5 \\ | \\ OC_2H_5 \end{array} \qquad (\text{Ⅶ})$$

在浮选萤石矿时，用邻苯二酚硅酸作为脉石的抑制剂，据报道可以增强浮选的选择性。

波兰曾报道用有机硅化合物浮选铜砂矿。

最近20多年来，对煤浮选的报道不少，有机硅药剂有作捕收剂、起泡剂、抑制剂及其他作用的药剂。有人在选煤矿浆中添加质量分数0.01%～0.001%的硅氧烷化合物可以使两相的泡沫的消泡速度增加1.5～3.3倍，浮选速度增加1.9倍，三相的矿化泡沫的消泡系数为0.6～0.2。当使用一种抗泡沫制剂（Φ-2）时，煤矿浆的密度可增加到450g/L。

俄罗斯介绍使用辛撑基三硅氧烷和辛撑四硅氧烷等四种硅氧化有机化合物进行有效组合，用作捕收-起泡剂使用，可以提高选煤效果、浓度和速率。

总之，对有机硅药剂在矿物中的应用试验，不仅仅是涉及捕收、起泡和抑制的研究，而且在消泡、粉尘控制等方面也有人进行过研究。

一些有机硅矿用药剂使用情况参见表8-28和表8-1所列。

表8-28 有机硅浮选药剂

<table>
<tr><th>药剂名称（或商品名称）</th><th>用　途</th></tr>
<tr><td>有机聚硅氧烷</td><td rowspan="2">与烷基胺一起，作为辅助捕收剂，从大颗粒钾盐矿捕收钾盐矿</td></tr>
<tr><td>甲基羟基聚硅酮</td></tr>
<tr><td>八甲基环四硅氧烷</td><td>方铅矿与闪锌矿捕收剂</td></tr>
<tr><td>聚硅酮</td><td>与阴离子活性物质一起，作为钾盐电选的辅助剂</td></tr>
<tr><td>四氯化硅（$SiCl_4$）</td><td>石英捕收剂</td></tr>
<tr><td>乙基三氯硅烷（$C_2H_5\text{—}SiCl_3$）</td><td rowspan="2">气体调整剂（使矿石表面疏水）</td></tr>
<tr><td>甲基三氯硅烷（$CH_3\text{—}SiCl_3$）</td></tr>
<tr><td>C_1～C_{11}烷基聚硅酮</td><td>方铅矿-闪锌矿捕收剂</td></tr>
<tr><td>二甲基羟基聚硅酮</td><td rowspan="2">与烷基胺一起作为辅助捕收剂（钾盐）</td></tr>
<tr><td>苯基羟基聚硅酮</td></tr>
</table>

续表 8-28

药剂名称（或商品名称）	用　途
聚卤代硅烷	调整剂
二乙基三氯硅烷	
苯基三氯硅烷	
硅酸乙酯 $(C_2H_5)_4SiO_4$	矿泥抑制剂
dow corning antifoam A（一种聚硅酮防沫剂）	分散剂
dow corning silicone fluid F-60（氯苯甲基聚硅酮）	捕收剂、分散剂、调整剂
dow corning silicone fluid F258（二甲基聚硅酮）	
dow corning silicone fluid 550（苯基甲基聚硅酮）	
Siliconemulsion Le 40 聚硅酮乳液（含聚硅酮40% +1.5%乳化剂 +58.8%水）	方铅矿、闪锌矿捕收剂
linde silicone X-520	分散剂
dri-film（非离子型聚硅酮）	润湿剂、分散剂
НПС-25（硅酮油）	用超声波制成质量分数0.1%~0.2%乳油液，黄铜矿、方铅矿捕收剂
НПС-50（硅酮油）	
Н-120（硅酮油）	
ГКЖ-94（硅酮油）	

8.9 有机氟化物

在卤素族元素中，氟是化学活性最大的一个，同时它的负电性也比氯、溴、碘强，氟与碳原子一旦结合之后就形成异常牢固的氟-碳链。由于氟原子的这种特殊性质，有机氟化合物无论在物理性质与化学性质上，与一般的碳氢有机化合物都有很大的差别。近年来由于含氟有机化合物，特别是含氟高分子化学的飞跃发展，有机氟化物已经引起化工方面的密切注视与应用，例如含氟塑料的耐酸、耐碱、耐高温、耐氧化的性质，在工业上已经得到广泛的应用。

有机氟化物除了只引有个别氟离子以外，一般分为全氟化合物和多氟化合物。所谓全氟化合物就是在有机分子中碳链上的氢原子全部为氟原子所取代，成为碳氟化合物，例如全氟丁酸式（Ⅰ）。而多氟化合物的特点是在碳链上仍保有少数的氢原子，例如多氟戊酸式（Ⅱ）：

$$\begin{array}{ccccccc} & & \mathrm{F} & & \mathrm{F} & & \mathrm{F} \\ & & | & & | & & | \\ \mathrm{F} & — & \mathrm{C} & — & \mathrm{C} & — & \mathrm{C}—\mathrm{COOH} \\ & & | & & | & & | \\ & & \mathrm{F} & & \mathrm{F} & & \mathrm{F} \end{array} \qquad \begin{array}{ccccccccc} & & \mathrm{F} & & \mathrm{F} & & \mathrm{F} & & \mathrm{F} \\ & & | & & | & & | & & | \\ \mathrm{H} & — & \mathrm{C} & — & \mathrm{C} & — & \mathrm{C} & — & \mathrm{C}—\mathrm{COOH} \\ & & | & & | & & | & & | \\ & & \mathrm{F} & & \mathrm{F} & & \mathrm{F} & & \mathrm{F} \end{array}$$

（Ⅰ）　　　　　　　　（Ⅱ）

CF_3—及—CF_2—基团可以产生较碳氟化合物更低的表面自由能，如果在具有极性基与非极性基的分子中，非极性部分如果是碳氟链，则该化合物必然是表面活性很强的物质。事实上，含氟有机酸及其衍生物都表现了不寻常的表面活性性质。它们一般地都能够使水的表面张力降低到$15\times10^{-5}\sim2\times10^{-4}$N/cm（15~20dyn/cm），如图 8-21 所示。

全氟乙酸至全氟己酸可以与水任意混合（25℃），全氟辛酸及癸酸只微溶于水。全氟酸的沸点一般较相应的脂肪酸沸点低，如图 8-22 所示。

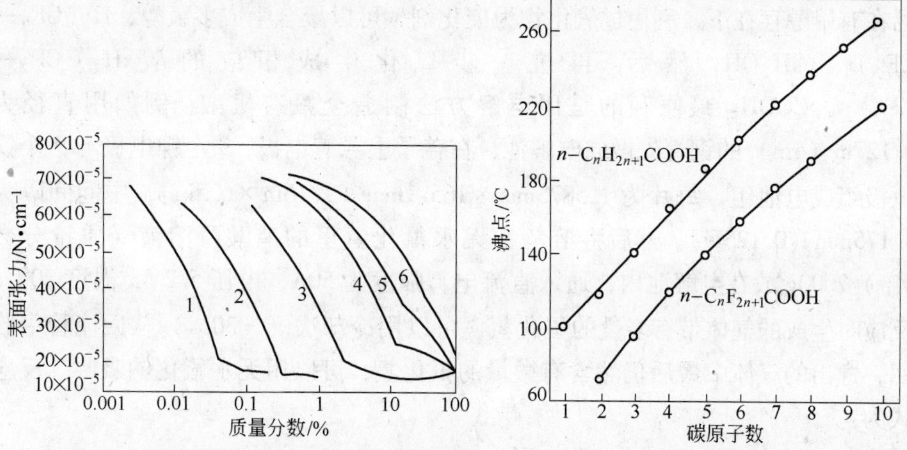

图 8-21 全氟脂肪酸水溶液性质（25℃）
1—$C_9F_{19}COOH$；2—$C_7F_{15}COOH$；3—$C_6F_{11}COOH$；4—C_3F_7COOH；5—C_2F_5COOH；6—CF_3COOH

图 8-22 全氟酸及脂肪酸的沸点比较

全氟酸较相应的脂肪酸有更强的解离度。它们的盐类，在实际应用上，对于钙质及酸有很突出的耐受性，所以它们都是优良的润湿剂及表面活性剂。例如全氟化的 C_4 至 C_{10} 的混合酸铵盐（其中主要成分是全氟己酸），就是很好的表面活性剂。此外，作为表面活性剂的还有丙烯酸 1，1-二氢多氟丁酯式（Ⅲ）、全氟烷基磺酰氟式（Ⅳ）、多氟醇式（Ⅴ）、阳离子防污性表面活性剂含氟吡啶盐式（Ⅵ）及全氟烷基嘧啶盐式（Ⅶ）。

$CF_3(CF_2)_3CH_2OOC—CH═CH_2$（Ⅲ）　　$R_F—SO_3F$（Ⅳ）　　$H(CF_2CF_2)_nCH_2OH$（Ⅴ）

$C_7F_{15}CONH(CH_2)_2—\overset{+}{N}C_5H_5$，$Cl^-$（Ⅵ）

$R_FCOCl + NH_2CH(Y)—CH(Y)—NHX \longrightarrow R_F—C$（=N—CH—Y，—N(X)—CH—Y，环状）（Ⅶ）

式中，Y = H 或烷基（C_1 ~ C_{19}）；X = H，—（CH_2）$_n$—NH_2 或—（CH_2）$_n$—OH；n = 2 ~ 3；R_F 为全 F 烷基。

含氟化合物在固体表面上具有较强的吸附作用，所形成的薄膜较相应的不含氟的烃类有较大的接触角。

全氟有机酸或多氟有机酸的制造方法，有其特点但并不难。例如用四氟乙烯在有甲醇存在下，利用过氧化物为催化剂，可以聚合生成多氟醇，H（CF_2—CF_2）$_{2\sim6}CH_2OH$，然后，再进一步氧化生成相应的酸 H（CF_2—CF_2）$_{2\sim6}COOH$。最便利的是用电解方法制造全氟有机酸。例如用直径为 0.127m（5in）的钢管先做成电解池，在盖子上悬着电极，9 个镍电极与 9 个铁电极组成电池组，每片为 1.5875mm × 165.1mm（1/16in × 6.5in），中间间隔为 3.175mm（0.125in）。然后将溶解在无水氟化氢里的醋酸酐溶液（质量分数 4%）2000g 放在电解池内，通入直流电，强度为 50A，电压 5.2V，温度 20℃，反应时生成的气体带有多量的氟化氢，可以用冷却法（−30℃）从回流管中收回，逸出的气体中最后仍然含有微量的氟化氢，可以用无水氟化钠吸收。反应式为：

$$(CH_3CO)_2O + 10HF \longrightarrow 2CF_3COF + OF_2 + 8H_2$$

$$CF_3COF + H_2O \longrightarrow CF_3COOH + HF$$

生成的 CF_3COF 遇水则分解成酸。此法也可以连续加料操作。用其他高级脂肪酸或酐代替醋酸酐，则生成相应的全氟酸。产物密度大且不溶于水，常沉于反应瓶底部。

氟化物中的无机氟化物早已在选矿中使用。例如，氟化氢已经是选矿生产中常用的抑制剂之一，它是石英和某些硅酸盐类矿物的有效抑制剂，在石英、长石的分选中，使长石随泡沫上浮，石英被抑制达到分离的目的。氟硅酸钠（铵）也是脉石（硅等）及方解石的有效抑制剂、含镍磁黄铁矿的活化剂、氧化铁矿和铬铁矿浮选的有效活化剂。氟化钠在浮选工艺中是钛铁矿和萤石矿的絮凝剂。

作为含氟有机化合物在浮选工艺上的应用研究，尚处于探索性试验研究阶段。早在 1955 年曾试用多种含氟有机化合物作为捕收剂浮选赤铁矿及黄铁矿。证明六碳及十一碳全氟代羧酸，对于赤铁矿比相应的脂肪酸是更有效的捕收剂。全氟磺酸也是赤铁矿的有效捕收剂，用量小，见表 8 − 29，全氟癸酸就比相应的癸酸浮选效果好，但是都不如油酸好，问题在于它们的碳链长度不同，不饱和度也不同，若用与油酸相同碳链的全氟酸相比较，就可以说明问题。

表 8-29 全氟酸类药剂浮选赤铁矿（含石英）的比较

药剂名称	结构式	用量/$g \cdot t^{-1}$	pH 值	回收率/%	品位/%
癸酸		453	4.1	19.0	56.4
全氟癸酸酒精溶液	$CF_3(CF_2)_8COOH$	453	2.0	58.1	55.3
全氟癸酸钠盐水溶液	$CF_3(CF_2)_8COONa$	453	3.0	88.0	62.1
全氟月桂酸酒精及水溶液	$CF_3(CF_2)_{10}COOH$	453	5.7	30.7	55.5
全氟对-乙基环己烷基磺酸	$CF_3CF_2—CF<(CF_2—CF_2)(CF_2—CF_2)>CF—SO_3H$	181	3.6	52.8	55.3
全氟正-辛烷基磺酸	$CF_3(CF_2)_7SO_3H$	181	2.6	54.8	58.6
油酸		453	>8	91.6	59.2
油酸钠+柴油		453	>8	96.0	60.0

据 1973 年报道，全氟脂肪酸钾盐［$CF_3(CF)_n—COOK$，$n=2，4，6，8$］作为浮选捕收剂比相应的脂肪酸更为有效。在浮选氧化铝矿物时，捕收能力随碳氟链的增长而增大，当 n 由 2 逐渐增大至 8 时，浮选回收率也由 10% 增长到 90%。

含氟季铵盐［式（Ⅰ）、式（Ⅱ）］曾试用于浮选，用氟代烷基吡啶盐式（Ⅰ）由铁矿石中反浮选石英，得到了显著的分选效果；其中化合物Ⅰ（a）不是捕收剂，与作为捕收剂的化合物Ⅰ（b）一起合用时，它是起泡剂。

$$R—CONHCH_2CH_2—\overset{+}{N}C_5H_5,Cl^- \quad (Ⅰ)$$

$$C_7H_{15}CONHCH_2CH_2N^+(C_2H_5)_2CH_3I^- \quad (Ⅱ)$$

式中，（a）$R=C_3F_7$；（b）$R=C_7F_{15}$。

氟代烷基吡啶盐［式（Ⅰ）（b）］的优良捕收性能如图 8-23 和图 8-24 所示。从图可以看出，对洗选尾矿用量为 1kg/t，铁精矿品位为 69.1%，与 Fe_2O_3 的理论含量相差只在 1% 以内。而在另一个实验中，用经充分酸洗的小于 0.147mm 石英矿，药剂用量为 0.5kg/t 时，可以全部浮起。

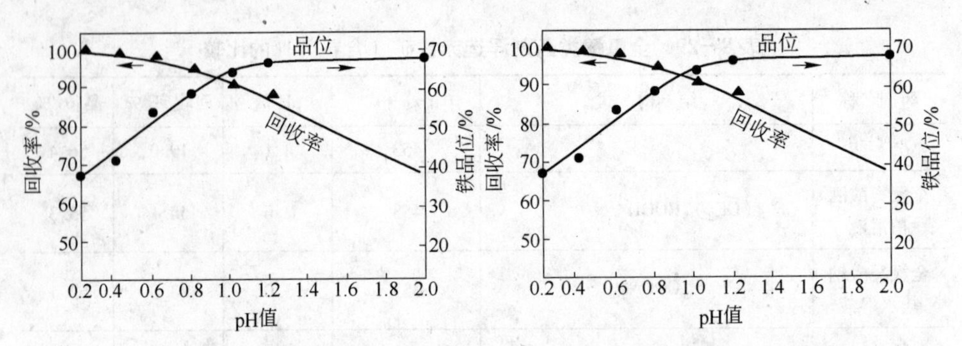

图 8-23 用氟代烷基吡啶（式（Ⅰ）(*b*)为石英的捕收剂从洗选石英尾矿中分离赤铁矿

图 8-24 用氟代烷基吡啶（式（Ⅰ）(*b*)为石英的捕收剂从酸洗石英尾矿中分离赤铁矿

至于氟代乙基黄药式（Ⅲ）及氟代丁基黄药式（Ⅳ）性质都不稳定。新配制的氟代乙基黄药溶液在 pH <5 时，对于黄铁矿的浮选结果尚令人满意，参考图 8-25 所示。但是制好的溶液只要放置 0.5h，浮选铁精矿的品位（18%）及回收率（22%）显著下降。氟代丁基黄药性质更加不稳定。

$$CF_3CH_2OCSSK \quad (Ⅲ)$$

$$CF_3CF_2CF_2CF_2OCSSK \quad (Ⅳ)$$

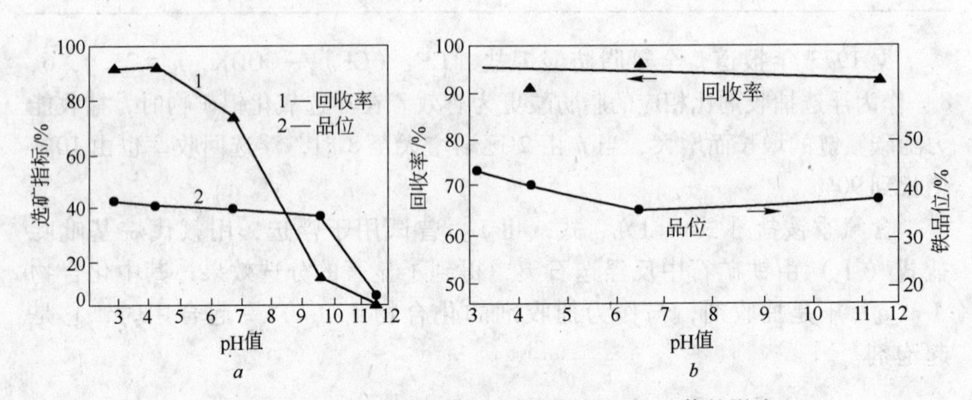

图 8-25 不同黄药从石英中浮选黄铁矿时 pH 值的影响

a—氟代乙基黄药 CF_3CH_2OCSSK，用量 9g/t；*b*—普通乙基黄药 CH_3CH_2OCSSK，用量 9g/t

此外，全氟环醚化合物［式（Ⅴ）及式（Ⅵ）］据报道可以作为重介质选矿的药剂。在式（Ⅴ）和式（Ⅵ）化合物分子中碳原子总数为 6 至 10。可以直接由相应的含碳氢的醚类经电解氟化而得，或者由适当的脂肪酸在电解氟化时，作为副产品而制得（见反应式）。

$$\begin{array}{l} CF_2—CF_2 \\ | \quad\quad | \\ CF_2 \quad CF—(CF_2)_nCF_3 \\ \quad \backslash \ / \\ \quad\ O \end{array} \qquad \begin{array}{l} \quad CF_2 \\ CF_2 \quad CF_2 \\ | \quad\quad | \\ CF_2 \quad CF—(CF_2)_nCF_3 \\ \quad \backslash \ / \\ \quad\ O \end{array}$$

（Ⅴ）　　　　（Ⅵ）

$$\underset{\text{己胺}}{CH_3(CH_2)_4—COOH} + HF \xrightarrow[\text{50A, 5～6V}]{\text{电解}} \underset{\text{(混合物)}}{\begin{array}{l} CF_2—CF_2 \\ CF_2 \quad CF—CF_2—CF_3 \\ \quad O \end{array}} + \begin{array}{l} \quad CF_2 \\ CF_2 \quad CF_2 \\ CF_2 \quad CF—CF_3 \\ \quad O \end{array}$$

氟化物除了在浮选方面的应用以外，还应该注意到在水冶方面的应用，用溶剂萃取铀矿的时候，有机氟化物，1，1，1-三氟-3，2′-噻吩羧基丙酮式（Ⅶ）与磷酸三丁酯或三丁基氧磷［$(C_4H_9)_3PO$］可产生协同作用。从含铀 1×10^{-4}mol 的 0.01mol/L 的稀硝酸溶液中萃取铀，在含 0.02mol 磷酸三丁酯（或三丁基氧磷）的环己烷萃取剂中加入 0.02mol 的三氟噻吩羰基丙酮式（Ⅶ）以后可以使萃取效率提高 1 万倍。

$$\begin{array}{l} CH—CH \\ \| \quad\quad \| \\ CH \quad C—\underset{\|}{C}—CH_2—\underset{\|}{C}—CF_3 \\ \quad \backslash \ / \quad\ \ O \qquad\quad O \\ \quad\ S \end{array}$$

（Ⅶ）

参考文献

1 见百熙．浮选药剂．北京：冶金工业出版社，1982

2 朱建光，朱玉霜．浮选药剂的化学原理．长沙：中南工业大学出版社，1987

3 达斯 B. 国外金属矿选矿，2004（7）：25～27

4 Kotlyarovsky I L, *et al.* 国际矿业药剂会议论文选编．中国选矿科技情报网，1985

5 Reagents in the Minerals Industry. Edited by Jones J, Dblaate R. Inst Min Metall, London, 1984

6 彭勇军等．中国金属学报，1999，9（2）：355～361

7 阙煊兰，见百熙．选矿药剂年评．全国第五届选矿年评报告会论文集，1989

8 孙 伟，胡岳华等．矿产保护与利用，2000（3）：42～46

9 Chen G L, Tao D, Ren H. Int J Miner Process, 2005, 76: 111～122

10 Ren H, Chen GL. Int J Miner Process, 2004, 74: 271 ~ 279
11 见百熙. 选矿药剂年评. 全国第四届选矿年评报告会论文集, 1987
12 朱建光. 国外金属矿选矿, 2006 (3): 4 ~ 12
13 王湘英, 丁大森, 向平等. 湖南有色金属, 2000 (1): 9 ~ 12
14 北京矿冶研究院. 国外浮选药剂生产和研究概况, 1972
15 阙煊兰, 朱玉兰. 应用有机磷酸浮选过渡金属氧化矿机理的探讨. 见: 第三届全国锰矿技术讨论会资料, 1984
16 张泾生. 有色金属 (季刊), 1982 (2)
17 长沙矿冶研究所. 有色金属, 1980 (4)
18 长沙矿冶研究所. 有色金属, 1978 (4)
19 许宜尉, 阙煊兰. 矿冶工程 1983 (1)
20 长沙矿冶研究所. 苯乙烯膦酸的合成及其在浮选中的应用研究. 见: 第二届全国选矿药剂会议文集, 1976
21 长沙矿冶研究所. 有色金属, 1973 (5): 32 ~ 34
22 长沙矿冶研究所. 苯胂酸类捕收剂对锡石捕收性能和矿泥浮选的研究. 见: 全国第一届有色金属综合利用论文, 1963
23 长沙矿冶研究所. 有色金属, 1964 (3)
24 CA 102, 49145
25 CA 106, 104650
26 阙煊兰, 见百熙. 选矿药剂年评. 见: 第七届全国选矿年评报告会论文, 1993
27 欧洲专利 206233
28 CA 108, 9230
29 林强等. 中南工业大学学报, 1989, 20 (4)
30 前苏联专利 1627257
31 CA 115, 95416
32 前苏联专利 1639762
33 CA 116, 217933
34 CA 106, 21502
35 CA 115, 96224
36 丁浩. 有色金属 (选矿部分), 1993 (8)
37 阙煊兰等. 选矿快报述评. 见: 第八届选矿年评报告文集, 1997
38 国外选矿快报, 1993 (12)
39 Hall S T. 有色矿山, 1992 (1)
40 CA 117, 11734
41 CA 117, 31028
42 CA 120, 250836
43 US Pat 843042
44 前苏联专利 1627257

45 前苏联专利 1484373，1989
46 US Pat 843042
47 英国专利 2267851
48 CA 121，14432
49 国外选矿快报，1995（16）
50 阙锋等．国外金属矿选矿，1999（7）
51 前苏联专利 1140829，1985
52 CA 71，32548
53 Тропмер. Е. П Цветн Мет（Москва），1987（5）：102～103
54 Kuys K T，*et al.* Collids Surf，1987，24（1）：1～17
55 CA 104，37240
56 CA 104，210578
57 CA 106，104648
58 CA 106，104650
59 CA 107，61464
60 CA 107，136865
61 钟宏，朱建光．有色金属，1985（4）：37～45
62 肖有名，朱玉霜．矿冶工程，1987（2）：33～36
63 李云．有色金属（选矿部分），1987（3）：58
64 曾清华等．国外金属矿选矿，1997（3）：6～12
65 杨晓铃．山东冶金，1997（4）：33～34
66 Hälbich W. Metall U Erg.，1931，30：431
67 张俊辉．四川有色金属，2004（4）
68 Somnay J Y，*et al.* CA 61，5237
69 Ger Pat 1142803，1963
70 Yamada Kimiho，*et al.* CA 78，19128，1973
71 US Pat 3037627，1962
72 CA 57，5643
73 Booth R B，*et al.* US Pat 2919025，1959
74 Brit Pat 745858，1956
75 CA 50，15143
76 CA 54，7509
77 Oruфиринко СЛ，ИдР. ЖОХ，1960，30：3457
78 US Pat 2904568
79 CA 54，15203
80 US Pat 2976122，1961
81 CA 55，21510
82 US Pat 2644002

83 US Pat 2494126
84 US Pat 2537926
85 US Pat 2901107
86 Am Cyanamid Co, Mining Chemicals Handbook. 26
87 Clayton J. O, *et al.* J Am Chen Soc, 1948, 70: 3882
88 Tensen W L, *et al.* J Am Chen Soc, 1949, 7: 2384 ~ 2385
89 CA 45, 543
90 Wottge E. CA 64, 6163, 1966
91 王孝愈. 有色金属（选矿部分）, 1980（3）: 42 ~ 44
92 Moncrieff A G. 10th IMPC, 1973（1）: 8 ~ 9
93 Collins D N. Inst of Mining and Met, 1967, 76: C77 ~ 96
94 黄文孝, 刘端仁. 云南冶金, 1982（6）: 14 ~ 16
95 见百熙, 译. 国外金属矿选矿, 1978（4）: 40 ~ 48
96 萨梅全 BД, 等. 浮选理论现状与远景. 北京: 冶金工业出版社, 1984
97 Proc 16 Inter Miner Proces Congress, Socockolm, June 5 - 10, 1988. A-Anstcrdam etc. 81 ~ 91
98 Akademic der Wissenshften der DDR 249251
99 Akademic der Wissenshften der DDR 2492984
100 Ger Pat 1002355
101 US Pat 3303139, 1965
102 CA 75, 36355
103 CA 77, 19799
104 Collins D N, *et al*, Reagents in the Minerals Industry. Edited by Jones J, Oblatt R. The Inst Min Metall, London, 1984
105 Moedrither K, *et al.* J Org Chem, 1966, 31: 1603 ~ 1607
106 US Pat 3269812
107 US Pat 3344077, 1966
108 Fr Pat 457016, 1966
109 Quiulam P M. CA 83, 32895
110 US Pat 3867286, 1975
111 CA 67, 65779, 孟山都公司
112 CA 75, 36463
113 Collins D N. CA 102, 82246
114 CA 82247, 1985
115 田忠诚, 等. 有色金属, 1964（9）: 45 ~ 54
116 CA 43, 57
117 CA 66, 49726
118 朱建光. 矿冶工程, 2004（专辑）

第9章　螯合药剂在矿业中的应用

螯合药剂是指能够与某些金属离子作用形成环状结构络合物的药剂。这种具有环状结构的络合物通常叫做金属螯合物。具有螯合络合性能的一类化合物，分为无机和有机两部分，螯合药剂主要是有机化合物，络合剂则以无机化合物为主。

螯合药剂最先应用在分析化学上，在分析化学中称作螯合试剂。相当多的螯合试剂用来分析检验金属元素，或选择性分离金属元素。在高纯材料与金属制备中，对于微量杂质元素的处理及分析具有十分重要的作用。如今，各种螯合试剂在现代工业已经得到广泛应用。例如，在洗涤工业、纺织工业、金属表面清洗和食品工业中，用于消除有害的金属（离子）杂质；在制革、高分子聚合制备、瓮染染料、化学催化反应等方面，用来与金属离子作用，结合形成螯合物。

自20世纪70、80年代以来，在分离中展现出优异金属选择性的具有螯合官能团的药剂，在矿用浮选捕收剂和调整剂、絮凝剂、固液分离和水处理以及湿法冶金、溶剂萃取和膜分离中获得了广泛应用。尤其在浮选中，螯合药剂作为矿物体系的捕收剂和抑制剂，显示了优异的分选效果，日益受到注意和重视；在溶剂萃取稀有元素，例如铌与钽、锆与铪、铌与钽，以及对稀散半导体元素和稀土元素等性质相近的元素之间的分离十分重要。

9.1　螯合剂与螯合作用

9.1.1　配位化学

配位化学是螯合络合物化学的基础，它涉及金属元素（原子）通过给予孤对电子与无机离子或分子以及有机分子或离子形成化合物的化学。配位化合物可以说是络合物与螯合物的总和。它们可以是含有被给予体基团（配位体）所紧密包围的中心金属离子或原子的离子型，也可以是中性的。

依照韦尔纳（A. Werner）的配位理论，要形成稳定的配位化合物（配合物），必须具备：

（1）大多数元素表现有两种形式的价，即主价和副价。

（2）每一元素倾向于既要满足它的主价又要满足它的副价。

（3）副价指向空间的确定位置。

配位理论的主价和副价的概念后来被“配位数”的概念所代替。

按照韦尔纳的配位理论，以配合物 $CoCl_3 \cdot 6NH_3$ 为例，其组成可表示为：

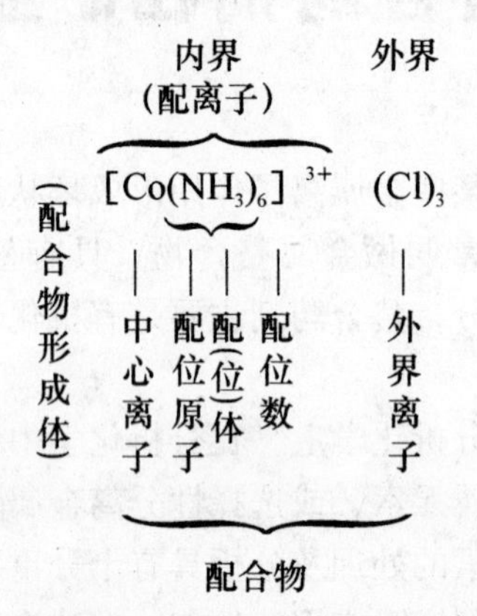

按照配位理论，在一般的配合物中，有一个称为中心离子（或中心原子，也称配合物形成体）的金属阳离子（在少数情况下，也可能是电中性的原子）。在中心离子的周围，有一定数目的阴离子或分子，称为配位体（简称配体）。配体与中心离子直接较紧密地结合着，这种结合称为配位。中心离子与配体一起构成配合物的内界，书写配合物的化学式时，一般用方括号表明内界，在方括号的外面，可能还有一定数目的离子，距中心离子较远，构成配合物的外界，与整个内界相结合着，而使整个配合物呈电中性。在个别的配合物中，内界的电荷已等于零，那么就没有外界。在配合物中，与中心离子直接相结合的、由配体提供的原子称为配位原子，如 NH_3 配体中的 N 原子。与中心金属离子直接相结合的配位原子的总数，称为中心金属离子的配位数（即与金属离子配位的给予体原子的最大个数，通常的配位数为 2、4、5、6 和 8）。如反应式：

$$Ni^{2+} + 4CN^- \longrightarrow Ni(CN)_4^{2-}$$

Ni 的配位数为 4。又如 $[Co(NH_3)_6Cl_3]_3^-$ 中 Co（Co^{3+}）的配位数为 6。应注意的是配位原子的总数不一定是配体的总数。从本质上讲，中心离子的配位数是中心离子接受孤对电子的数目或者是形成 σ 配键的数目。

由上组成可知配合物具有如下的特点：

（1）中心离子（或原子）有空的价电子轨道。

（2）配体分子或离子含有孤对电子或 π 键电子。

（3）配合物形成体与配体可形成具有一定空间构型和一定特性的复杂化学质点。

9.1.2 螯合作用

如果与金属相结合的物质（分子或离子）含有两个或更多的给电子基团，以至于形成具有环状结构的配合物时，则生成物不论是中性的分子或是带有电荷的离子均称为螯合物或内络合物。这种类型的成环作用称为螯合作用。而电子给予体则称为螯合剂。

例如，能够形成如下环状结构式（Ⅰ）、式（Ⅱ）、式（Ⅲ）特点的金属络合物的一类化合物，像乙二胺、乙酰丙酮等称作螯合剂。

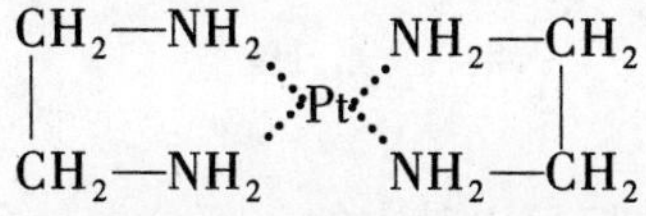

$CH_2—NH_2$　　$NH_2—CH_2$
Pt
$CH_2—NH_2$　　$NH_2—CH_2$

（Ⅰ）

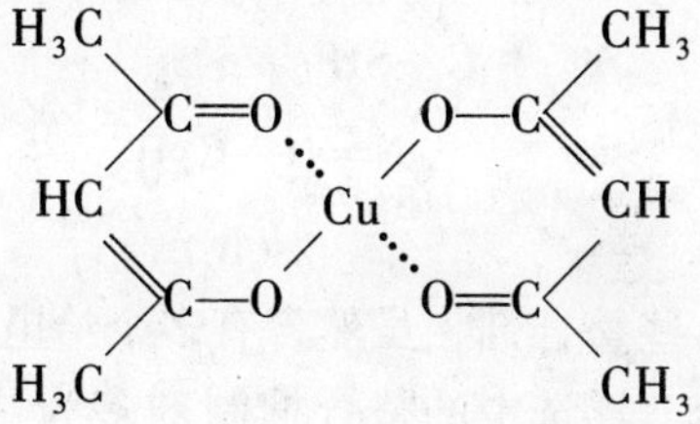

H_3C　　CH_3
C=O　O—C
HC　Cu　CH
C—O　O=C
H_3C　　CH_3

（Ⅱ）

B　B
C_1　C_1　C_1
Cd　Cd
C_1　C_1　C_1
B　B

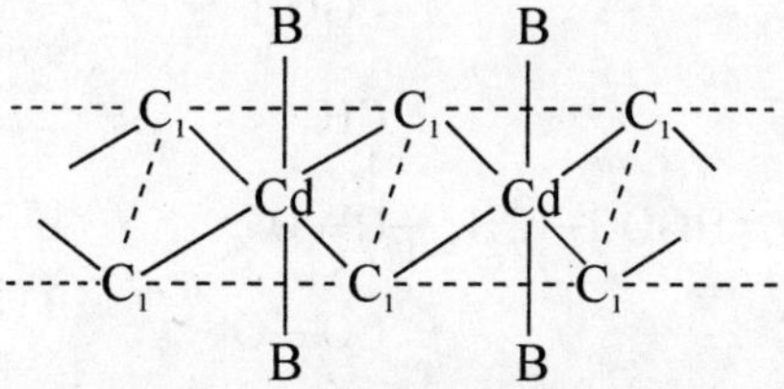

（Ⅲ）

铜离子与氨分子可结合成铜氨络离子，氨分子只含一个给电子基团，它无法与金属离子形成环状结构的螯合物，只能按下列形式与金属离子配位：

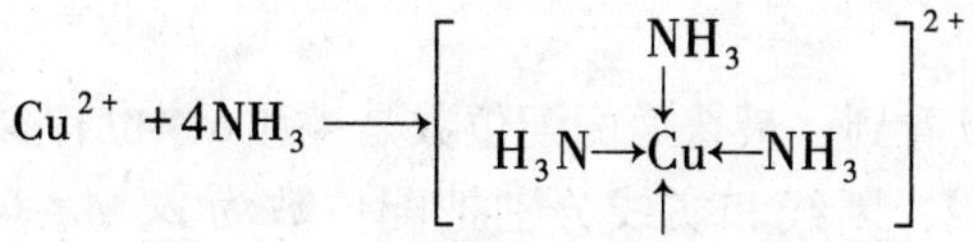

$$Cu^{2+} + 4NH_3 \longrightarrow \left[\begin{array}{c} NH_3 \\ \downarrow \\ H_3N \rightarrow Cu \leftarrow NH_3 \\ \uparrow \end{array}\right]^{2+}$$

而铅离子与草酸根离子结合成双草酸根络铅螯合阴离子：

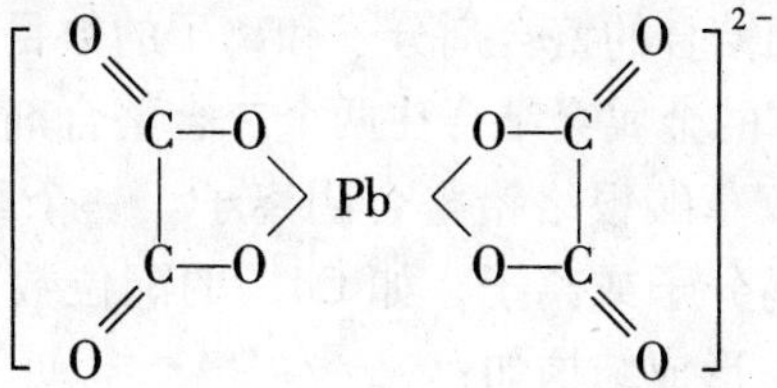

$$\left[\begin{array}{ccccc} O & & & & O \\ C—O & & & & O—C \\ & & Pb & & \\ C—O & & & & O—C \\ O & & & & O \end{array}\right]^{2-}$$

草酸是通过其离子中的两个给电子基团与金属离子键合生成闭合的环状结

构物即螯合物，称之为二合螯合物，此螯合剂称为二合螯合剂。

有些螯合剂分子中所含有的能与金属离子键合的给电子基团不止两个，例如可作为捕收剂的双硫腙，其烯醇式异构体的结构如式（Ⅳ）。

它含有三个给电子基团，即—SH、—NH—、═N—。它可以通过这三个给电子基团与二价金属离子如 Cu^{2+} 键合生成结构如式（Ⅴ）的螯合物。这种通过三个给电子基团形成的螯合物称为三合螯合物，而提供三个给电子基团的螯合剂就称为三合螯合剂。依此类推，还有四合螯合剂及四合螯合物。

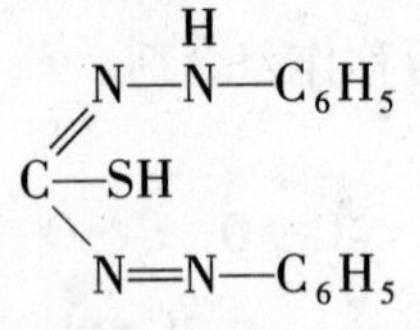

```
      H
   N—N—C6H5              N—N—C6H5
  //                     //  |
 C—SH                    C—S—Cu
  \                       \  ↑
   N═N—C6H5               N═N—C6H5
     (Ⅳ)                     (Ⅴ)
```

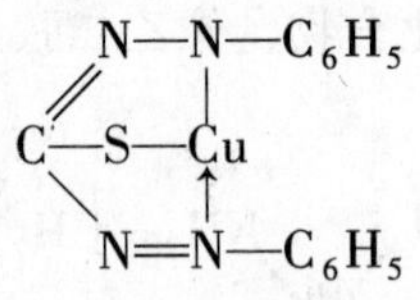

有些螯合剂，虽然含有多个给电子基团，但只以其中的一部分去与金属离子键合，浮选中的螯合抑制剂多为这种情况。例如柠檬酸，有四个给电子基团，即三个—COOH 基和一个—OH 基，它与 Fe^{3+} 生成结构式为：

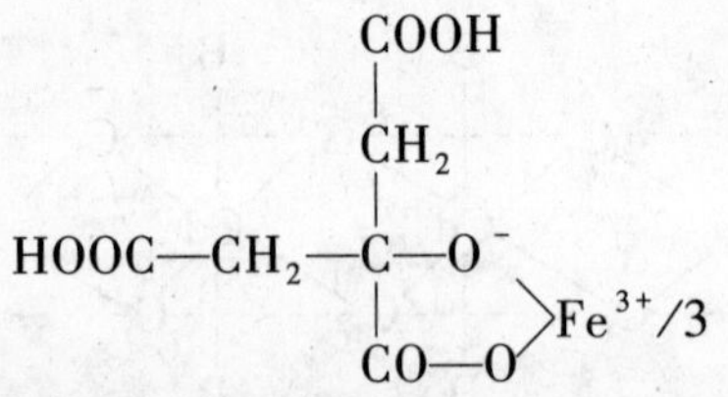

```
               COOH
                |
               CH2
                |
HOOC—CH2—C—O⁻
                |     >Fe3+/3
               CO—O
```

其中每一个柠檬酸离子只用两个给电子基团去与 Fe^{3+} 键合，生成的是二合螯合物，而这时的柠檬酸的作用为二合螯合剂。

由于金属的配位数是指能和一给定的金属离子同时生成共价键的给电子基团的数目，故大多数金属在一特定的价态时，具有一个仅有的特征配位数，但有几种金属也常见到具有两种不同的配位数，各金属形成螯合物的特征配位数列于表9－1。

由表9－1可以看到，最普通的配位数是4和6，也有少数金属具有配位数2和8。表中有点线，断线和实线分别把配位数为2，4，6的金属圈起来了，在这些线外边的金属通常配位8个基团。

与一个金属离子相结合的螯合剂分子和离子的数目决定于该金属离子的配位数。一个配位数为4的金属会结合住两个二合螯合剂分子或离子，如前例中 Pb^{2+} 与草酸结合成的双草酸根络铅螯合阴离子。一个配位数为6的金属就能结合住三个二合螯合剂分子或离子，如 Co^{3+} 的配位数为6，它结合三个乙二胺分子（二合螯合剂）形成结构如：

表 9-1 金属的配位数

H													
Li4	Be4											B4	
Na4	Mg6											Al6	Si^{IV}6
K4	Ca6	Sc	Ti	V6	Cr^{IV}6	Mn^{II}6	Fe^{II}6	Co^{II}4,6	Ni^{II}4,6	Cu^{II}2	Zn^{II}4	Ga	Ce
						Mn^{IV}6	Fe^{III}6	Co^{III}6	Ni^{IV}6	Cu^{II}4			
Rb6	Sr6	Y	Zr8	Nb	Mo6	Tc	Ru6	Rh6	Pd^{II}4	Ag^{I}2,4	Cd^{II}4	In	Sn^{IV}6
									Pd^{IV}8	Ag^{II}4			
Cs6	Ba6	镧系	Hf	Ta	W8	Re	Os6	Ir6	Pt^{II}4	Au^{I}?	Hg^{I}4	Tl	Pb^{II}6
									Pt^{IV}6	Au^{IV}4			
	Ra6			锕系									

$$
\begin{array}{ccccc}
 & H_2C & — & CH_2 & \\
 & | & & | & \\
 & H_2N & & NH_2 & \\
 & \diagdown & & \diagup & \\
H_2C—H_2N & — & Co & — & NH_2—CH_2 \\
| & \diagup & & \diagdown & | \\
H_2C—H_2N & & & & NH_2—CH_2
\end{array}
$$

一个配位数为4的金属只能与一个三合螯合剂分子或离子相结合，如 Cu^{2+} 与烯醇式双硫腙形成的结构如前式V的螯合物，就属于这种情况，这时 Cu^{2+} 的配位数尚未完全满足，按理它还可以再与一个单合络合剂相键合。

螯合剂的特性取决于给予体原子和颗粒表面（对矿物而言）之间的相互作用。给予体原子列于表9-2，含有主要原子（N、O、P、S、As）的官能团列于表9-3。卤素原子（Cl、Br、I）在桥接多核络合物中参与螯环形成的络合物在选矿中并不重要。As 和 Se 只形成少量有用的络合物，因此也极少应用。

表 9-2 螯合剂给予体原子

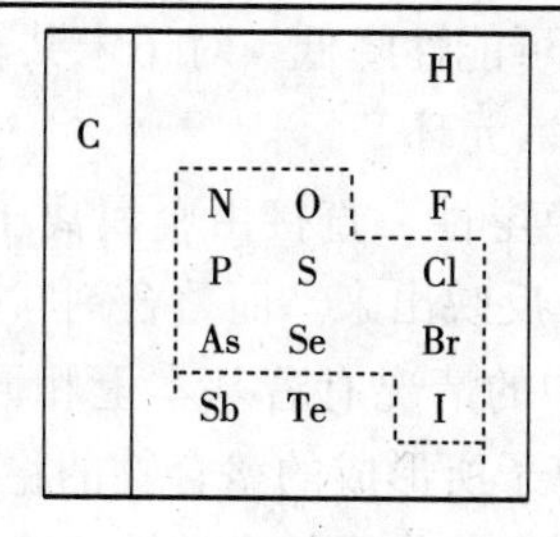

			H
C			
	N	O	F
	P	S	Cl
	As	Se	Br
	Sb	Te	I

表9-3 含有主要给予体原子的官能团

主要给予体原子	酸性官能团（失去一个质子）	碱性配位基（给出电子对）
N		—NH_2，—NHR，—NR_2，═NOH
O	—COOH（羧基），—OH（烯醇或酚）	—OH（醇类）
P	—PO（OH）$_2$（膦酸根）	—OH
S	—SH（硫醇基）	—S—R
As	—AsO（OH）$_2$（胂酸根）	—OH

对螯合剂主要有两项基本要求，即螯合剂必须满足形成金属螯合物；分子应有适宜的官能团并且官能团必须处于能与一种金属形成一个闭合环的位置。但是，这对于形成一个螯合物环而言是不够的。还有稳定性及其他诸多因素对螯合物的作用与影响。

9.1.3 螯合物的稳定性

施瓦曾巴奇对螯合物的稳定性的提高提出用螯合效应解释。螯环的形成大大提高了络合物的热力学稳定性。螯合环的数目越多，形成的螯合物的稳定性越高。螯合效应在热力学上可当作螯合反应的焓和熵的变化的原因。螯合熵的增大和焓的降低（负电性更大）有利于螯合物的形成。

螯合物的稳定性，也包括热稳定性、受热分解的难易以及在水溶液中在不同 pH 值条件下（酸或碱）的解离和氧化还原的稳定性。

金属螯合物较之一般非螯合性的络合物有着更高的稳定性，例如铝、锡、铅、锑、铋等金属的非螯合性配位化合物的稳定性一般比较差，但是它们也能形成相当稳定的螯合物，对碱金属和钙、锶、钡等碱土金属虽然还未发现有非螯合形配位化合物，但是它们可以形成螯合物，有些还是相当稳定的。这充分说明螯合剂对于金属离子比一般络合剂具有更强大的亲和力。

螯合环的大小也是决定其稳定性的一个重要因素。随着形成螯合环由小（三元环）到大增大，配位络合物的稳定性增大。但是如果环的节数小于4或大于7，那么形成闭合环的可能性降低。对于未共轭的配合体，通常以五元环（五节环）最稳定，其次是六元环。

螯合物在水溶液中的稳定性，直接由金属离子与螯合剂分子（离子）结合，相互作用的平衡常数 k 反映出来。而螯合剂与矿物表面上的金属离子的作用（在矿浆中）与水溶液中的情况有着基本上相同的规律性。因此可以根据螯合剂与水溶液中的金属离子所形成的螯合物的稳定常数（或阶段平衡常数）来判断它们对矿物表面金属离子作用的有效性：稳定常数愈大表示药剂与矿物表面上金属离子的亲和力也愈强；稳定常数差别愈大，则该药剂对不同的金属矿物的作用选择性愈大。如螯合捕收剂 8-羟基喹啉与 Pb^{2+}、Mg^{2+}、Ca^{2+}、Ba^{2+}、Zn^{2+} 几种金属离子均可形成螯合物。螯合物的结构为：

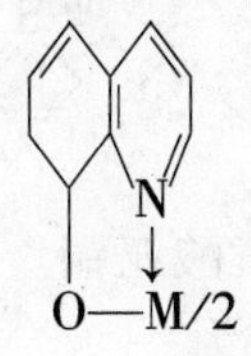

其平衡常数见表 9－4 所列。

表 9－4 几种金属离子螯合物平衡常数

金属离子	测定方法	温度/℃	平衡常数对数值
Mg^{2+}	玻璃电极法	20	3.27
Ca^{2+}	玻璃电极法	20	4.74
Ba^{2+}	玻璃电极法	20	2.07
Pb^{2+}	玻璃电极法	20	9.02
Zn^{2+}	分光光度法	20	8.56

从表 9－4 可以推断，8-羟基喹啉对 Pb^{2+}、Zn^{2+} 生成的螯合物均较为稳定（$\lg k$ 值比较高），对铅或锌矿物均有较强的捕收能力，但是 Pb^{2+}、Zn^{2+} 的对数值相近，故用来对铅锌矿物的分选不易；对 Mg^{2+}、Ca^{2+}、Ba^{2+} 虽可以生成螯合物，但稳定性差，表明该药剂对碱土金属矿物捕收能力弱。同时，也可推断用 8-羟基喹啉作捕收剂从碱土金属矿物中分选铅锌矿物，具有一定的选择性，并已为试验室所证实。

螯合物在水溶液中是否易于发生酸解离或碱解离也是螯合物稳定性的一个重要方面。各螯合物的稳定状态均有其一定的 pH 值范围，超过此范围，螯合物将进行酸解离或碱解离。例如上述的 8-羟基喹啉能与多种金属离子生成难溶的内络盐沉淀，但是各金属盐不仅在水溶液中的稳定常数不同，而且其完全沉淀的 pH 值也不同，如对几种金属离子的测定值如表 9－5 所示。因此可借 pH 值的调节来增大螯合剂的作用选择性。

表 9－5 几种金属离子被 8-羟基喹啉完全沉淀的 pH 值范围

金属离子	被 8-羟基喹啉完全沉淀的 pH 值范围
Ca^{2+}	9.2～13
Pb^{2+}	8.4～12.3
Zn^{2+}	4.6～13.4
Fe^{2+}	2.8～12

有的螯合物在生成过程中，由于极易受到还原或氧化，因此稳定性差。例如 Cu^{2+} 与黄药虽可生成不溶性黄酸高铜螯合物，其结构为：

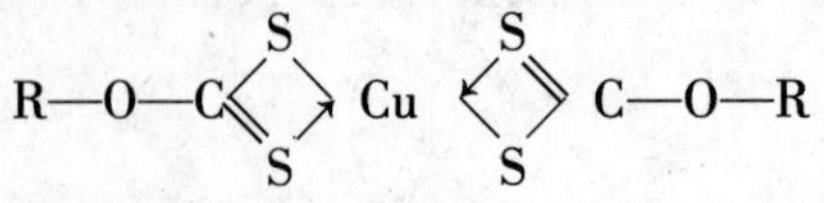

$$R-O-C\langle\begin{smallmatrix}S\\S\end{smallmatrix}\rangle Cu\langle\begin{smallmatrix}S\\S\end{smallmatrix}\rangle C-O-R$$

但在水中却极易还原为非螯形的黄酸亚铜。Cu^{2+} 与 N，N-二烷基二硫代氨基甲酸盐生成不溶性螯合物，结构式为：

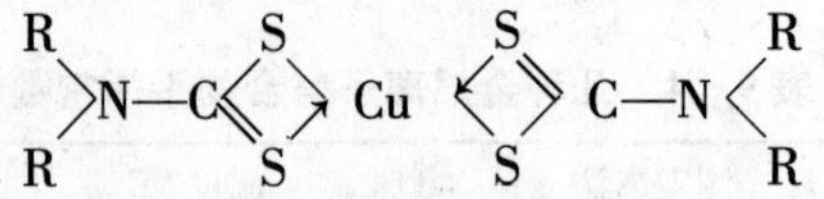

$$\begin{smallmatrix}R\\R\end{smallmatrix}\rangle N-C\langle\begin{smallmatrix}S\\S\end{smallmatrix}\rangle Cu\langle\begin{smallmatrix}S\\S\end{smallmatrix}\rangle C-N\langle\begin{smallmatrix}R\\R\end{smallmatrix}$$

它的结构虽与黄酸高铜类似，但在水溶液中却很稳定，不易被还原。从这种是否易被氧化或还原的程度而言，二硫代氨基甲酸盐对 Cu^{2+} 的螯合能力要比黄药强得多。

9.1.4 影响螯合物稳定性的主要因素

9.1.4.1 金属离子（接受体）的性质

金属离子的性质影响它与配位体（L）原子之间的键的类型。随金属（M）氧化状提高，形成共价键的趋势增强，随 M^{n+} 电荷的增大，配位强度增强，随离子半径增大，配位强度降低（Fajan 定律）。这是因为电荷越多，对电子的吸引力越大。由二价过渡金属离子与配位体外界（通常通过 O，N 或 S 配位）形成的络合物的稳定顺序为：

$$Pd > Cu > Ni > Pb > Co > Zn > Cd > Fe > Mn > Mg$$

这个顺序称作 irving-williams 稳定顺序。

为了理解一些螯合剂对某些矿物的特效性的原因，需要回顾一下金属与不同配位体反应的分类。这种分类是以皮尔逊软硬酸碱概念为基础的。根据软硬酸碱原理判断 M－L 反应中的 M 和 L 交换互容性。在这个概念中，金属（包括 H^+ 离子，路易斯酸）和配位体（路易斯碱）可分为 3 类。第 1 类是硬酸硬碱，第 2 类是边界酸碱，第 3 类是软酸软碱，见表 9－6。

软硬酸碱概念与离子的电荷/半径比值密切相关，离子越大，极化越强，其周围的静电场越易变形，即它们比较软。而带电荷离子越小，其周围的静电场越强，它们越硬。由此可知，F^- 离子比 I^- 离子要优先与 Fe^{3+} 离子结合，Pt^{2+}、Pd^{2+}、Au^+、Cu^{2+} 和 Hg^{2+} 离子与周期表中的第三周期元素（如 P、S、As 和 Cl）形成最稳定的络合物。

表 9-6 根据软硬酸碱概念对一些酸和碱的分类

第 1 类（硬酸碱）	第 2 类（边界酸碱）	第 3 类（软酸碱）
酸	酸	酸
H^+，Li^+，Na^+，Be^{2+}，Mg^{2+}，Si^{2+}，Mn^{2+}，Al^{3+}，Ga^{3+}，In^{3+}，Cr^{3+}，Fe^{3+}，Co^{3+}，Ce^{3+}，Sn^{4+}，Ri^{4+}，WO^{2+}，VO^{2+}，La^{3+}，Gd^{3+}，Lu^{3+}，$UO_2{}^{3+}$，Au^{3+}	Fe^{2+}，Co^{2+}，Ni^{2+}，Cu^{2+}，Zn^{2+}，Pb^{2+}，Sb^{2+}，Bi^{2+}	Cu^{2+}，Au^+，Pd^{2+}，Cd^{2+}，Hg^{2+}，Ti^{3+}，Pt^{2+}，$Hg_2{}^{2+}$
碱	碱	碱
H_2O，OH^-，F^-，Cl^-，CH_3COO^-，$SO_4{}^{2-}$，ClO_4，$CO_3{}^{2-}$，$NO_3{}^-$，ROH，RO^-，RO^-，R_2O，NH_3，NH_2，H_2O_2，O，N	$C_6H_5NH_2$，C_6H_5N，$N_3{}^-$，Br^-，$NO_2{}^-$，$SO_3{}^{2-}$，N_2	R_2S，RS^-，SCN^-，$S_2O_3{}^{2-}$，R_3P，CO，$(RO)_3P$，R_3As，RNC，C_2H_4，H^-，R^-，S，P，As

Somasundaran 等人将接受体简便的按照单配位基配位体分成主要两类：(1) 能与 N，O 和 F 形成极稳定络合物的金属离子；(2) 能与 P，S 和 Cl 形成极稳定络合物的接受体。如表 9-7 所列。

表 9-7 按单配位基配位体的接受体分类

H																
Li	Be											B	C	N	O	F
Na	Mg											Al	Si	P	S	Cl
K	Ca	Sc	Ti	V	Cr	Mn	Fe	Co	Ni	Cu	Zn	Ga	Ce	As	Se	Br
Rb	Sr	Y	Zr	Nb	Mo	Tc	Ru	Rh	Pd	Ag	Cd	In	Sn	Sb	Te	I
Cs	Ba	La	Hf	Ta	W	Re	Os	Ir	Pt	Au	Hg	Tl	Pb	Bi	Po	At
Fr	Ra	Ac	Ku	Ha												

注：□*A* 类：与 N，O，F 形成稳定的络合物；

□边缘区；

■*B* 类：与 P，S，Cl 形成稳定的络合物。

属于上述两类的金属络合物的稳定常数遵循以下概括的顺序：N≫P > As > Sb；O > S；F > Cl > Br > I，以及类似的配位体 N > O > F；发现 P > S > Cl 系列的差别不大明显。已知绝大多数元素属于 *A* 类，即它们优先与含 O^- 和 N^- 的配位体络合。

9.1.4.2 给予体原子（给电子基团）的性质

如前所述，金属的配位数，最普遍的是 4 和 6，也有少数金属具有的配位数是2和8。在各种配位数之下，给电子基团在中心离子周围的配布均有一定的几何构型。例如配位数为4的金属，给电子基团在中心离子周围的几何构型可以是平面正方形（四个电子基团位于四面体的四个顶角）；配位数为6的金属，给电子基团在中心离子周围的几何构型为八面体形（6个给电子基团位于八面体的6个顶角）。

除受配位数的影响外，还受中心离子与给电子基团间键的性质的影响。由于螯合物中金属离子和给电子基团之间的键可分为“基本共价型”和“基本离子型”两种。对于离子键来说，给电子基团必带有负电荷，它们彼此排斥，各给电子基团将均匀地分布在中心离子的周围，故四个这样的基团在中心离子周围必然趋向于占据一个四面体的关系。而六个这样的给电子基团则趋向于排成八面体。但对于基本上为共价型的键来说，给电子基团在中心离子周围的空间配布则决定与金属离子的成键轨道的配布角度。如sp为直线型，即两个杂化轨道之间的键角为180°。sp^3为四面体型，即四个杂化轨道指向四面体的四个顶角，键角为109°。dsp^2为平面正方型，即四个杂化轨道指向平面正方形的四个顶角，键角为90°。d^2sp^3及sp^3d^2均为八面体型，即六个杂化轨道指向八面体的六个顶角，键角亦为90°。给电子基团将按各中心离子的成键轨道的方向配布于中心离子四周形成相应的几何构型。

O和N给予体属于周期表中元素的第一排，遵循具有2价和3价的八隅体定则。P和S给予体属于第二排并且也遵循具有3价和2价的八隅体规则，然而P和S不能保持较高的价态，因为它们有容易接近的3d空轨道。在（靠近）原子和离子表面的那些电子在确定其化学和物理性质方面是重要的，这对P和S给予体以及过渡金属离子特别正确，后者有未完全填满的d轨道。该轨道有其靠近离子表面的总容量的十分大的百分数，因此填满极便于键的形成。另外d轨道更容易极化，引起一个极有利的轨道重叠。四个给予体O，N，S和P的重要性质列于表9-8。

表9-8 给予体原子O，N，S和P的主要性质

	O	N	S	P
配置	$1s^22s^2p^4$	$1s^22s^22p^3$	[NE] $3s^23p^43d^0$	[NE] $^23s^23p^33d^0$
电负性	3.5	3.07	2.44	2.06
价电子	2	5	2	5
正常价	2	3	2	3
轨道数	4	4	4+D	4+D
成键数（价扩展）	3	4	2~6	3~6

续表 9-8

	O	N	S	P
孤对电子	2	1	1	1
pπ-pπ	强	强	弱	无
dπ-pπ（反成键）	无	无	强	强
可极化性	无	良	强	良
H-键	强	强	很弱	无
键	较多离子键	较少离子键	共价键	共价键
空间可亲性	低	低	高	高

从表 9-8 中可以看出，O 和 N 有 2p 电子并且没有可接近的 d 空轨道。S 和 P 有 3p 电子，此外它们还有极易接近的 3d 空轨道。电负性按以下顺序递减：

$$\begin{array}{cccc} O > & N > & S > & P \\ (3.5) & (3.07) & (2.44) & (2.06) \end{array}$$

所以 O—总是与周期表中大多数元素形成离子键，因此具有 O—O 给予体的螯合剂常常与大多数金属形成螯合物，所以选择性差。一般说来，选择性应由 O 到 P 而递增。

O，N，S 和 P 的正价分别为 2，3，2 和 3。O 有两个未成对电子或是可给出两个电子对，但是它极少给出两对。只有一对是活性的。它最高能形成 4 个键，但很少 4 个键全部实现（三个键是常见的），氧形成多键。N 有五个价电子，但只有四条轨道，因此最多能形成四个键。当三个电子对键形成时，它有一个孤电子对可给出。与其邻近的 C 和 O 一样，N 也易形成多键，在这点上 N 与 P，S，As，Sb 和 Bi 不同。S 有两个价电子，其正常价为 2，但是它有四条轨道和易接近的 d 轨道，因此 S 能形成二到六个键。同样 P 虽然正常价是 3，但能形成三到六个键，并且有五个价电子。所有这四个给予体都有一个活性的孤电子对。尽管 O 和 N 表现出强的 pπ-pπ 成键（由于 p 外轨道和无 d 轨道），但 S 和 P 表现出极少或没有 pπ-pπ 的可能。另一方面，只有 S 和 P 表现强的 dπ-dπ 成键。另外 S 和 P 表现 dπ-pπ 成键（或反成键），因为它们能够在其空 d 轨道上接纳来自金属的电子，P 和 S 的这种反成键能力确实是把这些给予体归入特殊一类的一个重要特征。在这些给予体上的孤电子对的可极化性遵循与电负性顺序几乎是相反的顺序，因此可极化性为：O < N≪S - P。

O 和 N 有形成很强 H 键能力的特性，而 S 和 P 表现出极少或没有上述的倾向。因为P和S有d轨道和大的容积，这些给予体对于键的形成比O或N是更具空间接触的优势。

S在其耦合能力方面（与自身成键）是唯一的。经常发生在形成八元环中。也已知S形成高聚物。S的这种独有的特点是很重要的。

O和S能通过或是醚，或是硫醚形式参与螯合作用（R—O—R，R—S—R或者R—OH，R—SH）。—SH基团比—OH酸性更强，并且是高度可极化的，但是没有一个有效的接受体。R—S—R基团形成棱锥体键并且是一个有效的dπ接受体。R—SH表现出一种强烈的单配位体键的倾向，R—S—R表现出一种强烈的形成螯合物环的倾向。C═S是更可离子化的，并且比C=O有一个较大的容积。就共享或是供给孤电子对来说，S是比O更好的给予体，同样，N也是比O更好的给予体。

9.1.4.3 螯合剂取代基的作用

有机基团电子给予或是吸收的倾向将影响给予体原子的电子密度和分子的pK_a值。诱导效应起源于电负性的差异。电子密度的剧烈变化和电子的不定位是共振效应或中介效应的结果。例如烷基胺，烷基对氮发生诱导效应，使其共享的电子对更可能成键，并且因而增大碱性。

$$\mathrm{R{\rightarrow}\overset{\displaystyle H}{\overset{|}{\underset{\underset{\displaystyle H}{|}}{N}}}\!:}\ +\mathrm{H^+} \rightleftharpoons \mathrm{R{\rightarrow}\overset{\displaystyle H}{\overset{|}{\underset{\underset{\displaystyle H}{|}}{N}}}{-}H^+}$$

对于羧酸类的非极性基（烷基R）而言，其诱导效应电子云转移偏向极性基（羧基），降低酸性，K_a减小。如甲酸和醋酸的解离常数K_a分别为17.7×10^{-5}和1.75×10^{-5}，两者K_a相差较大。假如R基上有被氯或硝基（Cl^-，—NO_2）等所取代，那么诱导效应电子云转移，朝着相反的方向（羧基的电子云变小），酸性增强，K_a增大。

在芳香化合物中电子效应更强烈得多。一个苯环可以发生电子给予和吸收电子两种效应。苯甲酸中的芳香环发生吸电子效应，所以它有一个比醋酸高得多的K_a。在环的对位上有一个烷基发生电子释放效应，例如—OH或是—OCO_3基团由于共振是释放电子的，尽管该基团能够被表明具有电负性氧和吸电子诱导效应。

在芳香环上电子活性取代基的效应，芳香基羟肟是极好的说明例子，如化学式。对于一个电子释放的R基团来说（例如—CH_3或—OCH_3），其酸性降低并且K_a增大，由于释放电子而使酚基不稳定（N上的电子容度也可能增大）。

$$\text{R-C}_6\text{H}_3(\text{OH})\text{-CH=NOH}$$

烷基水杨醛肟

取代基 R ═Cl，NO_2 等有相反的效应。增大给予体的电子密度能够（*a*）增大碱性和（*b*）从而增大 O 键的稳定性，但是（*c*）它也可能减低 π 接受体的配位能力和（*d*）因而减低给予体 π－键的稳定性。

效应（*c*）和（*d*）对给予体来说（例如 S），由于在金属和有机试剂之间形成给予体 π-键（或是配价键，除了配位的或是 s 键外）可以加强。这是电子从金属的 d 轨道进入给予体的空 d 轨道传递的一种结果。一种增强 σ 键的配位键的形成，对金属来说在其低氧化态因为比其在较高氧化态时有更多的电子而更可能。另一个重要的要求是给予体原子应有极易接近的空 d 轨道（S）。O 和 N 没有这些 d 轨道，所以不能形成一种配位键。然而在肟中氮形成一个给予体——π 键，所以肟是一个例外。这阐明取代水杨醛肟（SALO）与 Cu，Ni 及 Co 之间的螯合物所观测的配位场稳定化效应的序列，见表 9－9。

表 9－9　水杨醛肟及其取代物 pK_a 和配位场稳定化

pK_a		CH_3SALO	SALO	ClSALO	NO_2SALO
±0.05		11.06	10.70	10.25	8.72
金属 ΔB_2	Cu	7.5	8.4	10.1	
	Ni	0.9	1.5	2.9	3.8
	Co	0.8	1.1	2.4	3.5

对于每种金属来说配位场稳定化（LFS）随着 pK_a 的降低而增大，即随着给予体原子上电子密度的降低而增大。这种 LFS 的增大被认为是取代基对配位体 π-接受体容量的效应。

硫代氨基甲酸酯（Z-200 型）不仅是优异的硫化矿物捕收剂，而且也给研究提出了一种有兴趣的情况，即分子中含有三个重要给予体 O，N 和 S。O 和 N 是硬碱，S 是软碱。

$$(CH_3)_2CH-O-C(=S)-NH-CH_2CH_3$$

O 和 N 施加一种吸电子诱导效应。

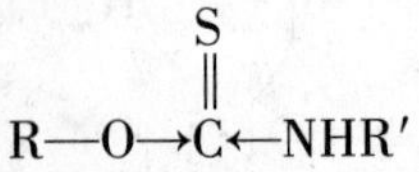

$$R—O→\overset{\overset{S}{\|}}{C}←NHR'$$

同时，RO 和 R′NH 基团能够施加一种电子给予效应，因为 C—S 比 C ═S 更稳定。这种互变异构现象与诱导效应一起将不受电子位置的限制而布满整个活性基团。

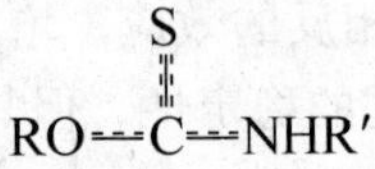

$$RO\cdots\overset{\overset{S}{\vdots\vdots}}{C}\cdots NHR'$$

电子密度的顺序为：S > O > N，并且就给予体的大小、给予体的可极化性、空间可亲性而论，将遵循如下顺序：S > N ≥ O。S 也能呈现出一种与硫化矿物表面上的 S 键合的倾向。因此 S 是硫代氨基甲酸酯分子中一个很具活性的给予体。

取代基除了可能产生诱导效应，增大或减少 pK_a 值外，还有另一个问题是，当给予体的结构不能使给电子原子排列在最适于和给定金属结合的位置时，常不能发生螯合作用，即使发生了化合作用，金属的键的位置也要偏离其正常位置，而有机给予体中，各原子也偏离了其正常的键角，使螯合环中有着较大的张力。这一现象即为位阻效应。例如，作为氧化镍矿的捕收剂的丁二酮二肟（$\begin{matrix} CH_3—C═NOH \\ | \\ CH_3—C═NOH \end{matrix}$），若在其一个肟基上有一个甲基取代基（═N—O—$CH_3$），这个取代的—$OCH_3$ 基就会产生位阻效应，妨碍氢键形成，使两个丁二酮二肟与 Ni 形成的两个五元环受到影响，也就是使药剂与 Ni^{2+} 形成螯合物的螯合能力大为减弱，稳定性变小。不可能和丁二酮二肟一样成为镍矿物的有效捕收剂。

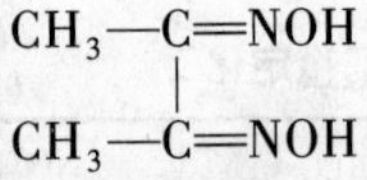

9.2 矿物加工工艺对螯合剂的基本要求

螯合剂已广泛应用于选矿，对于选矿应用来说，螯合剂必须满足某些要求：如果螯合剂是起一种捕收剂作用的话，螯合物应该（最好）是中性的；如果螯合剂是起一种抑制剂作用的话，螯合物应该（最好）是带电的和极亲水的。对于一种聚合的抑制剂或是一种絮凝剂来说，只要骨架上有其他的亲水基，这种要求就不很严谨。但是，两者的聚合度是有区别的，具体见第 13 章和第 18 章。作为抑制剂的要求：离子螯合物，例如 $[Co(DMG)_2(H_2O_2)]^+$，抑制剂在分子上有亲水基的化合物（DMG，为二甲基乙二肟，即丁二酮肟）。

通常中性络合物在水中是不溶的，因而促进疏水性。然而对于在水中的不溶性来说，螯合物仅是一种中性络合物是不够的。一个典型的例子是二甲基乙二肟（DMG）的螯合物，镍与DMG的1∶2络合物（如结构式）是水不溶的，相反与铜的络合物是比较水溶的。这是由于两个分子性状的微妙差别，以及在它们各自晶体中两个分子填充形成的重大区别引起的。镍的化合物是平面的，并且分子在晶体中被重叠，那么Ni原子是共线的，并且它们之间有一个弱的键合。然而，在铜络合物中，螯合物环不是共面的，而是相互间成一个28°的小角并且没有金属－金属键合。四方锥体的铜螯合物分子在结晶中以下述方式即每个铜原子有一个来自其相邻的，即其紧邻的五个分子中的一个分子的氧原子成对。在Ni络合物中—OH和—O—是强的内氢键合，因此不大容易溶解。实际上铜络合物的稳定常数比镍络合物的稳定常数高，但是因为可能没有内氢键合，所以容易溶解。

```
              O—H····O
              |      |
    CH3—C=N      N=C—CH3
         |    \  /    |
         |     Ni     |
         |    /  \    |
    CH3—C=N      N=C—CH3
              |      |
              O····H—O
```

注：DMG与Ni的螯合结构式。

大多数螯合基团可与几乎是全部的过渡金属和许多非过渡金属形成络合物，因此特性并不像它们在矿物上选择性吸附那样绝对。实际上选择性可运用稳定常数的差别和在不同溶液条件下螯合物的形成来实现，如pH值、难免离子、溶液化学和表面化学特性等，都可能影响螯合物的稳定性。正如早先所指出的，给予体的作用（例如它们位于矿物晶格中）在获得选择性方面应予考虑。并且矿物的溶解度还有金属螯合物的溶解度对于螯合剂的选择性和捕收力也都有明显的影响。

金属螯合物的溶解度对于浮选来说是一个很重要的问题。如螯合捕收剂就是要在矿物表面形成一种稳定的、疏水性强的、在水中不溶解的或溶解度很小的金属螯合物。而螯合抑制剂则是要与金属离子形成稳定的亲水性强的或易于溶解于水的螯合物。

一般来说，一螯合物如相对的不含有可被水化的基团，就不溶于水。这种水化越少，则螯合物溶解度越小。增大螯合物中不能水化的基团，便可增加其不溶性。有人将此性质称为“加重”效应。但是在螯合剂的结构中如果引入高度水化的基团，如磺酸基、氨基、酚基等，则至少可部分地抵消这个“加重”效应，有可能使之成为好的抑制剂。

比较8-羟基喹啉和5-磺酸基-8-羟基喹啉与铁生成的螯合物的溶解度就能

清楚地说明问题。在8-羟基喹啉（A）的情况下，它与铁生成螯合物之后，原来螯合剂中的羟基及叔氮原子这两个水化基团都因与金属直接地化合而被掩蔽住了，因而生成的螯合物是一种强烈疏水的不溶性物质。所以8-羟基喹啉可用来作为金属矿物的捕收剂。5-磺酸基-8-羟基喹啉与铁离子生成螯合物，由于有一完整的、未被掩蔽的亲水基团—SO_3H，故而是水溶性的螯合物（B），也非常稳定，其溶解度并非由于螯合物的解离，而是由于三个磺酸基（Fe^{3+}的配位数为6，一个Fe^{3+}离子与三个5-磺酸基-8-羟基喹啉相结合，故生成的螯合物分子中含有三个磺酸基）在水中的溶剂化所造成。由此可推测到5-磺酸基-8-羟基喹啉不能作为金属矿物的捕收剂，或许可作为抑制剂。

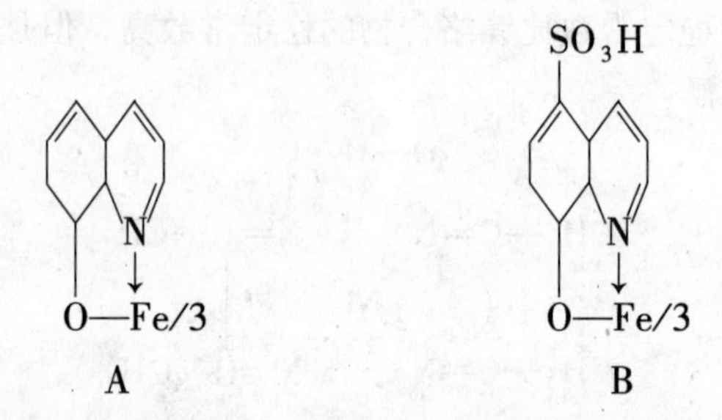

总而言之，螯合剂作为捕收剂，在矿物浮选中的应用的理论基础是：（1）螯合剂与矿物晶格表面离子反应，形成不溶的金属螯合物，使矿物得以浮选。（2）当晶格中原子有正确的方向，使得表面键形成时的位阻最小时，有利于表面化合物的形成。（3）氧化物比硫化物对含有氧的药剂（如羟基捕收剂）亲和力强，更容易与其反应，而硫化物优先与含有给予体硫原子药剂（如巯基捕收剂）键合。

大部分捕收剂在它的给予体原子中含有孤对电子，大多数捕收剂在其官能团中含有像O，N，P或S一样的给予体原子。

9.3 螯合剂在矿物加工中的应用

在现代矿业开发与选别加工中，与金属（离子）矿物具有螯合络合作用的化学药剂已经显得越来越重要。许多的选矿药剂，例如，捕收剂、抑制剂、活化剂、絮凝剂等，其结构、性能、作用机理均属于螯合药剂，其中尤以捕收剂中的品种数量为多。

螯合剂在选矿中的实际使用已有相当长的时间，可以追溯到20世纪30年代。但是真正较为系统的对螯合剂的研发，制备对特定金属离子具有选择性的螯合捕收剂，通过紫外光光度计用浓度法测定药剂在矿物表面的吸附量，通过测定 *Zeta* 电位，通过X射线、光电子能谱、红外光谱等手段对羟肟酸类等不同类型的螯合剂与黑钨矿、金红石和稀土矿物的作用机理进行的研究是在近

30年才全面展开的。

如今螯合剂型选矿药剂的开发与应用包含了脂肪烃类、芳香烃类、烃基芳基类、单环或多环、杂环类和天然与人工合成高分子类，具有与O、N、S、P、As等元素组成有极性官能团的化合物。例如，各种羟肟酸、肟类、膦酸（含双膦酸、次膦酸氨基膦酸）或磷酸酯类化合物、胂酸、硫醇、氨基硫酚、硫代氨基甲酸盐（酯）、二硫代磷酸盐、二硫代碳酸盐、白药、巯基苯骈噻唑、咪唑、噁唑等。这些都是良好的捕收剂。除捕收剂外，其他用途的螯合剂型选矿药剂也不少。表9-10列出了一些螯合剂捕收剂对矿物的作用。

表9-10 螯合与络合捕收剂

捕收剂名称	作用矿物	资料来源
混合甲苯胂酸	捕收锡石的作用机理	张钦发，田忠诚．矿冶工程，1989（1）
甲苯胂酸	锡石细泥（生产实践）	田忠诚，吴振东．CA 111，81748（1989）
苄基胂酸，酸化水玻璃	钛铁矿	松全元．Int Miner Process，1989，26
苄基胂酸	钛铁矿、金红石	刘俊标，崔琳．有色金属，1987，39
苄基胂酸	黑钨矿作用机理	李毓康，等．稀有金属，1987（2）
苄基胂酸	黑钨矿作用机理	朱一民.稀有金属,1987(3)
苄基胂酸，苯乙烯膦酸	锡石及其表面电性	石道民．CA 110，42402（1989）
苯乙烯膦酸	锡石与SiO_2分选，最佳用量	CA 111，216662（1989）（德文）
苯乙烯膦酸	人造锡石，浮选机理	CA 109，25663（1988）（日文）
苯乙烯膦酸+稳定剂	锡石（稳定剂为特丁基儿茶酚）	前民主德国专利259156（1988）
R—C（OH）$(PO_3H_2)_2$（Folotlo-7.9）	锡石，萤石	CA 102，49145
水杨醛肟	浮黑钨矿	CA 112，81367
N-乙基-O-异丙基一硫代氨基甲酸酯	在pH=5~11时选择性浮选硫化铜和黄铁矿	阙锋．国外金属矿选矿，1999（7）
N-乙氧基羰基-O-异丁基硫代氨基甲酸酯（IBECTC）	选择性浮选硫化铜矿	阙锋．国外金属矿选矿，1999（7）

续表9-10

捕收剂名称	作用矿物	资料来源
5-羟基乙基-2-癸烯基咪唑（amine 20）	选铜等硫化矿	阙锋. 国外金属矿选矿, 1999（7）
巯基苯骈噁唑（R为甲基，乙基和壬基，M为H，Na，K） 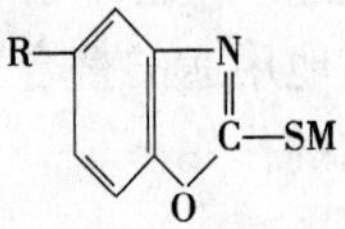 （结构式：苯环上带R，与N=C(—SM)—O 稠合成噁唑环）	辉铜矿等硫化铜矿浮选及作用机理	Italian Pat RM 91，A000897
aerosol-22，alcopol 540，aero promoter 845，S-3901，Acnapal 等磺化琥珀酸类	已应用锡石工业生产，亦用于浮选硼酸钙矿物	曾清华. 国外金属矿选矿, 1995（2） 美国专利 5238119. CA 120，138690
二苯胍 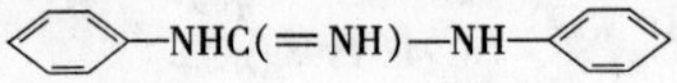 C_6H_5—NHC(=NH)—NH—C_6H_5	铜矿物	Somasundaran. 国际矿业药剂会议论文选编，1985
苯骈三唑  （结构式：苯环与N=N—N 稠合成三唑环）	硫化铜矿	Somasundaran. 国际矿业药剂会议论文选编，1985
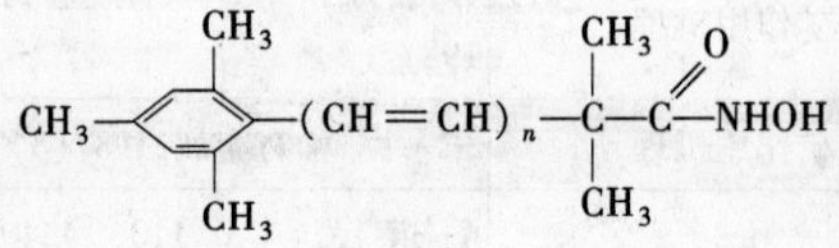 CH_3—$C_6H_2(CH_3)_2$—$(CH=CH)_n$—$C(CH_3)_2$—C(=O)—NHOH $n=1\sim5$	锡石及稀有金属矿捕收剂	USSR 8718131
$CH_3—C(OH)(PO_3H_2)_2$	生成金属络合物，非硫化矿浮选	比利时专利 1000075（1988） CA 111，13203（1989）
浮锡灵-14（一种双膦酸）	黑钨矿作用机理（电化学法）	朱玉霜. 中南矿冶学院学报, 1987（3）：257~262. 矿冶工程，1987（2）：33~36
$C_8H_{17}N(CH_2PO_3H_2)_2$（钠盐）	锡石	CA 108，208208（1988）
双烷基磷酸	锡石，结构与活性关系	林强，王淀佐. 有色金属，1988（3）：34~39
二烃基次膦酸	细粒孔雀石、赤铁矿，结构关系	林强，王淀佐. 矿冶工程，1989（3）：16
次膦酸与马来酸半酯加合物	锡石捕收剂	CA 108，9230（1988）
单烷基苯膦酸	非硫化矿，结构关系	林强. 中南矿冶学院学报，1989（4）：367

续表 9－10

捕收剂名称	作用矿物	资料来源
2-氯-1-己烯-膦酸	锡石	前民主德国专利 259155（1988）
1-羟基庚基膦酸	锡石	前民主德国专利 259153（1988）
$C_8H_{17}—C(COOH)(PO_3H_2)$	锡石	前民主德国专利 259154（1988）
膦酸	锡石，金属离子的作用	CA 110，79795（1989）
N-亚硝基-β-苯胲铵 $C_6H_5N(NO)(ONH_4)$	锡石	CA 111，43093（1989）
N-亚硝基-β-苯胲铵 $C_6H_5N(NO)(ONH_4)$	锡石浮选及吸附机理	戴子林，朱建光. 矿冶工程，1989（1）：27～31
α-羟基肟，4-叔丁基苯偶姻肟	Cu，Pb，Zn，Mo 矿（螯合剂）	CA 111，118478（1989）
8-羟基喹啉	浮选氧化铜矿，天青石	CA 109，213852（1988），112，162455
F-802（N-羟基苯二酰亚胺）	稀土矿，质子化常数等 分选氟碳铈矿和独居石	古映莹，朱玉霜. 稀有金属，1988（2）：81～86 古映莹，朱玉霜. 矿冶工程，1988（4）：29～31
巯基苯骈噻唑	浮选白铅矿	CA 110，99270（1989），119，254065
异羟肟酸碱金属盐	非硫化矿，制造方法	CA 111，25842（1989）
烷基异羟肟酸	选磷矿	CA 108，171219（1988）；USSR 839570
$C_{5\sim9}$烷基异羟肟酸	我国稀土矿	CA 111，26453（1989）
异羟肟酸	包头稀土矿，作用机理	CA 111，81746
辛基异羟肟酸钾	浮选石英，微量金属离子干扰	CA 108，78122（1988）
辛基异羟肟酸 + S_{808}	浮白钨矿抑方解石、萤石	江信开，卢永新. 有色金属，1987（4）：52
异羟肟酸（ИМ-50）	铌铁矿，锆石及钛矿，锆石作用机理	CA 111，81769（1989）
	除高岭石中的锐钛矿和铁矿	CA 102，29115；111，81769
	浮黄绿石（含铌矿物），钙钛矿	CA 117，72572；106，88055

续表9-10

捕收剂名称	作用矿物	资料来源
异羟肟酸（ИМ-50）	与重晶石、氟碳铈镧矿、方解石和硅孔雀石的吸附作用等	CA 102，29115
异羟肟酸	捕收氧化黄铜矿，作用机理	CA 110，427407（1989）
ИМ-50	氧化铋矿（回收率增加12.5%）	CA 110，42395（1989）
H_{205}（2-羟基-3-萘羟肟酸）	稀土矿（品位59.63%，回收率92.59%）	中国专利CN-86，100，710（1986） CA 119，185286
羟基肟螯合剂	氧化铜矿	Minerales，1988（182）：46~50
辛基异羟肟酸	辉铜矿，电化学及润湿性能	CA 110，139072（1989）
含异辛基异羟肟酸基的树脂	金属吸附剂（镓）及制法	前东德专利3630935（1988）
$C_{8\sim10}$羟肟酸	对锡捕收能力强于其他羟肟酸	Min Eng，1966（4）：81
F系列螯合剂 $R_1—S—R_2—N^+—R_3R_4$	辉铜矿，闪锌矿，含贵金属硫化矿	美国专利4789392，4676890，4684495
TMT-15（三硫醇—S—三嗪）	含铌硫化矿，无污染，提高回收率（银等）	CA 117，255269
苯甲基羟肟酸	选菱锌矿效果优于水杨醛肟	赵景云. 有色金属，1991（1） 朱建光. 国外金属矿选矿，1995（2）
丙酰丙酮	孔雀石，硅孔雀石	Somasundaran. 国际矿业药剂会议论文选编，1985

9.3.1 螯合捕收剂

螯合捕收剂与非螯合捕收剂在附着（吸附）于矿物表面所起的疏水化作用，高特柴特（G. Gutzeit）认为是不同的，他在1946年提出螯合捕收剂的疏水性是由于形成螯合闭环而取得的。这一推理，在1969年由梭罗任肯（П. М. Соложенкин）与考皮齐亚（Н. И. Колиця）的研究所证实。

他们用电子顺磁共振光谱法（简称ЭПР法）研究巯基捕收剂（黑药、黄药、二烷基二硫代氨基甲酸盐）与硫化矿物表面作用产物的结构证明当用黑药浮黄铜矿以及用黑药浮选硫酸铜活化了辉锑矿时，浮选矿物的表面形成了不同比例的一价与二价铜的二硫代磷酸盐。控制条件使二价铜化合物的比例增高，则矿物回收率也增加。

当用黄药及复黄药浮选被硫酸铜活化的闪锌矿时，也有类似的结果。

当用二硫代氨基甲酸盐浮选铜硫化矿物时，矿物表面只有二价铜的化合物形成，浮选结果最好。

这是由于巯基捕收剂所形成的二价铜化合物为螯合物，而一价铜化合物为非螯合物。螯合物的特殊稳定性，促使疏水化作用更强，浮选效果最好。

为了进一步阐明问题，以黄药捕收剂为例，比较在形成表面化合物最初单层时，成螯环与不成螯环的情况，如图 9－1 所示。在不形成螯环的情况下（图 9－1 *a*），$\rangle$C═S 基中的硫是空闲着的，该硫具有一定的配价能力，对极性水分子有一定的亲和力。形成螯环的情况如图 9－1 *b* 所示，$\rangle$C═S 中的硫用于与金属离子配价，不再裸露于外，不能再吸引水分子。因此，黄药在矿物表面上形成表面化合物的最初单层时所引起的疏水化作用要比不成螯环时为高。

当金属黄原酸盐再附着于表面化合物所造成的初具疏水性的矿物表面时，金属黄原酸盐是螯合物与不是螯合物的情况也有所不同。如黄药与铜矿物的作用，黄原酸铜（螯合物）在矿物表面的附着状态见图 9－2 及图 9－3 所示。黄原酸铜由于螯合环的闭合，其本身就是疏水的，矿物对黄药单分子吸附层（表面螯合物）上的附着，不论吸附多少层，其结果总是烃基朝向外面，但吸附层厚度增加，且 $\rangle$C═S 基中的硫用于成螯环，不会空闲，有利于疏水化程度的提高，有利于矿粒对气泡的附着。

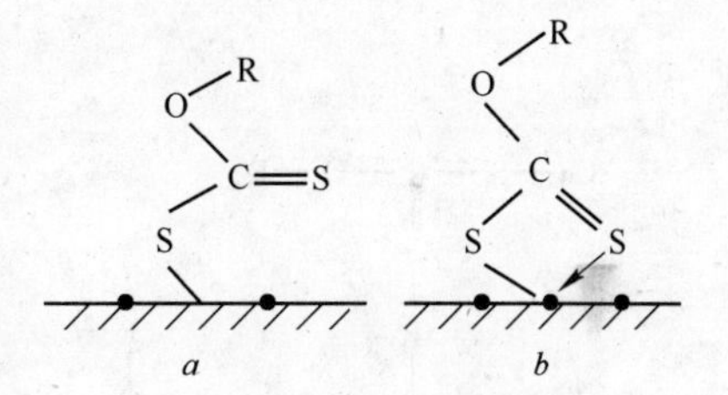

图 9－1 黄药在矿物表面形成表面化合物单层的附着情况

a—不成螯环的情况；*b*—成螯环的情况

图 9－3 所示的不是螯合物的黄原酸亚铜的附着可能状态，其中 *c* 与 *d* 两种状态均不是烃基向外，且 $\rangle$C═S 基中的硫空闲着，皆不利于疏水化作用，只有 *a* 及 *b* 状态稍好，但烃基的指向仍不理想，当再附上第三层时，情况可能更差，其疏水化作用显然不如螯合物黄原酸铜的状态。这或许就是黄原酸亚铜的溶度积尽管很小（乙基黄原酸亚铜的溶度积为 5.2×10^{-20}），但在矿物表面形成黄原酸亚铜时矿物可浮性并不很好的原因。

除了形成疏水吸附膜外，螯合捕收剂性能，选择性与结构、介质 pH 值的关系也是有关的。矿浆 pH 值对螯合捕收剂的选择性有显著影响。

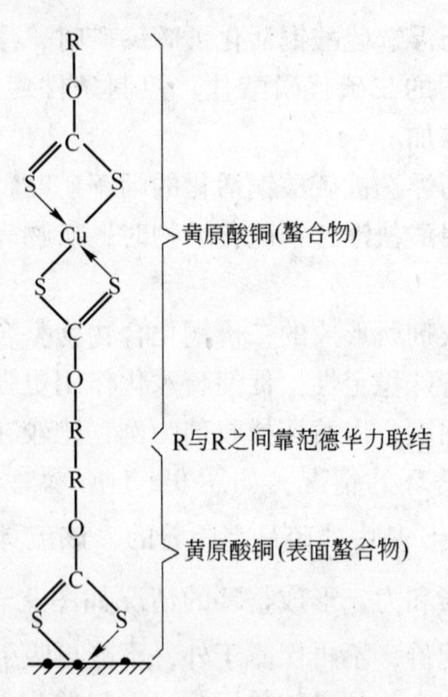

图9-2 黄原酸铜（螯合物）在表面化合物上的附着状态

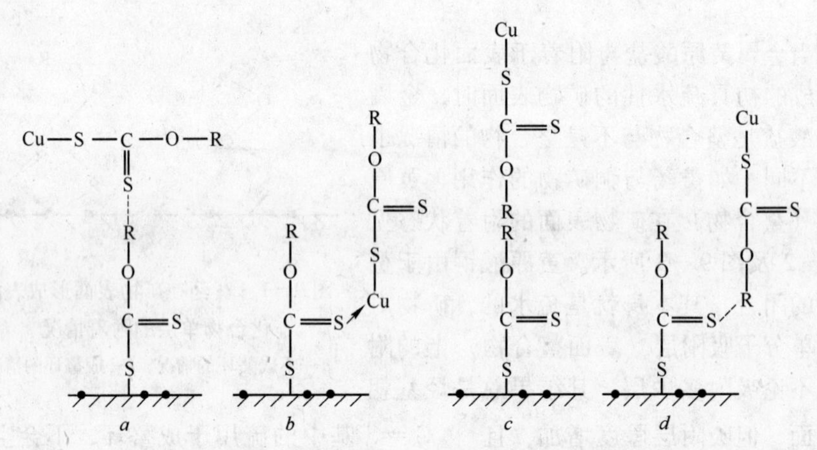

图9-3 黄原酸亚铜（非螯合物）在矿物表面多层覆盖的几种可能状态

如二硫醇类螯合捕收剂4-甲基-1，2-二巯基苯式（Ⅰ），它与Pb^{2+}可在酸性溶液中生成铅的螯合物沉淀式（Ⅱ），但此产物可溶于氨水或碱类，形成水溶性的螯合阴离子式（Ⅲ）。

SH SH CH_3

（Ⅰ）

S Pb(Zn) S CH_3

（Ⅱ）

(Ⅲ)

而 Zn^{2+} 却可与这一药剂式（Ⅰ）在弱碱性溶液中生成结构同式（Ⅱ）的螯合物沉淀。

浮选实践证明，二硫醇类捕收剂在 pH = 7.5 ~ 9.0 的弱碱性范围内对闪锌矿有良好的选择性捕收作用，可不用硫酸铜活化直接浮选，而在此 pH 值下，方铅矿则不浮。

二硫醇类捕收剂对铅和锌矿物的这种选择性捕收作用，正是由于它在弱碱性矿浆中与闪锌矿表面的锌离子生成了难溶的螯合物，但此时与方铅矿表面的铅离子却生成了亲水性的螯合阴离子所致。

金培尔等人以溶液螯合化学定性理论为基础，进行螯合剂的有机制备，然后通过浮选试验与统计技术定量，研究螯合剂的作用，效果以及在浮选中所受到诸因素的影响与制约。例如，矿物晶格与螯合剂的给予体原子（N，O，S 等）给电子的能力，矿物结构缺陷的影响，脉石矿物位置的给电子的能力的影响，浮选过程参数的变化所带来的矿物和螯合物的溶解度的变化，化合物结构对于药剂的给予体原子将电子给予金属原子的能力（pK_a）以及螯合环结构形成的立体因素等。

金培尔认为，含 O 螯合剂与金属氧化矿作用，含 S 螯合剂则优先与金属硫化矿发生作用。N 具有强的络合能力，S 对于含 S 金属矿物的亲和力，可能产生意想不到的协同作用。为此通过计算，为降低螯合体的空间阻力，并产生 S 和 N 的协同作用，推出具有下列结构的 F 系列螯合剂：$R^1—S—R^2—N^+—R^3R^4$。F 系列药剂的工业试验表明，它们可用于难选矿如辉铜矿、闪锌矿及含贵金属矿物的选矿回收。

Kiersznicki 等通过紫外吸收法研究了 5-乙基水杨醛肟、N-丁基-2-巯基苯骈咪唑、己基异羟肟酸钾和 5-甲基氨茴酸对 Zn^{2+} 的络合性能。在不同 pH 值条件下，测定了这些化合物在闪锌矿和菱锌矿上的吸附作用，并通过哈里蒙德管浮选试验研究了这些化合物的捕收性能。在浮选过程中发现，这些化合物的吸附性能和捕收性能之间存在着一种良好的相关性。

他们还研究了 2-肟基羧酸、2-肟基壬酸、2-肟基十一烷酸和 2-肟基十五烷酸在闪锌矿、菱锌矿和白云石上的吸附作用，并对这些酸在哈里蒙德管中浮选上述矿物的捕收性能与吸附作用进行了比较。结果表明，这些酸均对闪锌矿和菱锌矿表现出很高的吸附性能和良好的捕收性能。

表9－11所列为螯合型捕收剂的主要类型、名称、结构以及所形成的金属螯合物。

表9－11 螯合捕收剂结构及其金属螯合物

药剂名称	药剂分子结构	形成多金属螯合物（M代表某金属）	备注（浮选矿物）
黄药	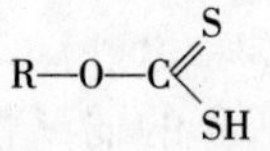 R—O—C(=S)—SH	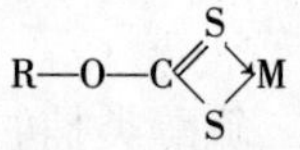 R—O—C(S)(S)→M	R为烷基（下同）
黑药	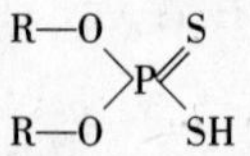 (R—O)(R—O)P(=S)—SH	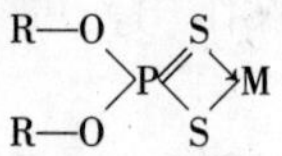 (R—O)(R—O)P(S)(S)→M	
二烷基二硫代氨基甲酸	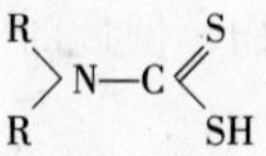 (R)(R)N—C(=S)—SH	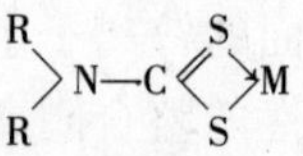 (R)(R)N—C(S)(S)→M	
巯基苯骈噻唑	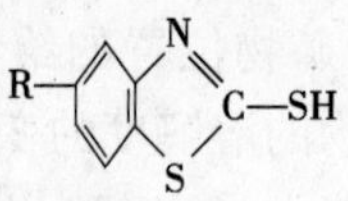 R—(苯环)—N=C(—SH)—S	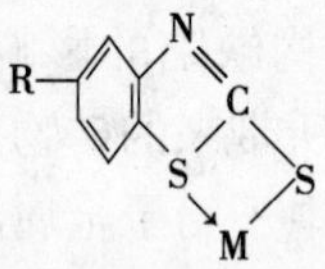 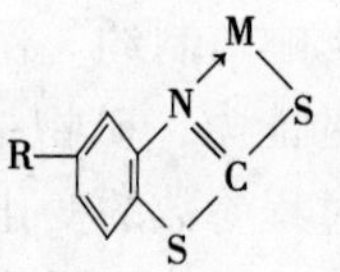 R—(苯环)—N=C(S)—S→M；R—(苯环)—S—C(=N→M)—S	R为CH_3，H。浮选Cu，Pb，Zn硫化矿。R为CH_3—时对硫化铜有很强的选择性，也用来浮选氧化矿
4-甲基-1，2-二巯基苯	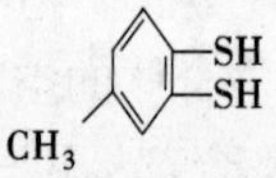 CH_3—(苯环)(—SH)(—SH)	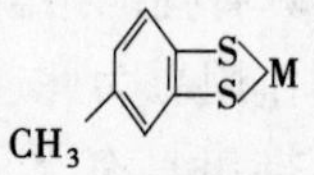 CH_3—(苯环)(S)(S)M	
黄原酸酯	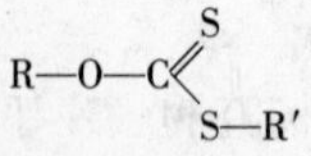 R—O—C(=S)—S—R′	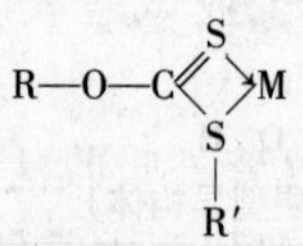 R—O—C(S)(S—R′)→M	
复黄药	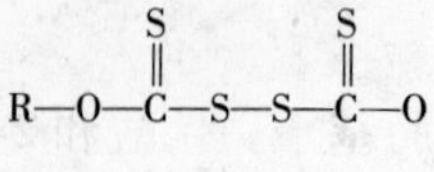 R—O—C(=S)—S—S—C(=S)—O	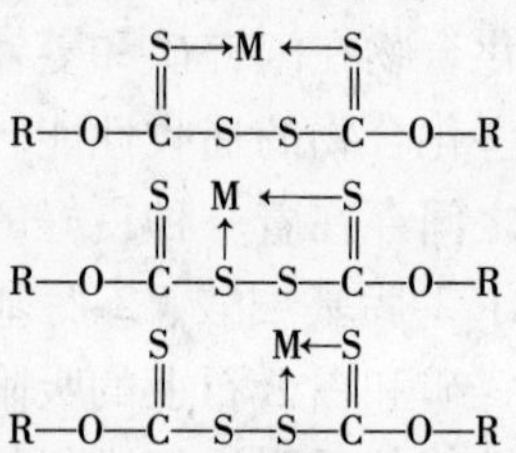 R—O—C(=S→M)—S—S—C(=S→M)—O—R；R—O—C(=S)—S(→M)—S—C(=S→M)—O—R；R—O—C(=S)—S(→M)—S—C(=S→M)—O—R	选硫化矿

续表9－11

药剂名称	药剂分子结构	形成多金属螯合物（M代表某金属）	备　注（浮选矿物）
均二苯硫脲（白药）	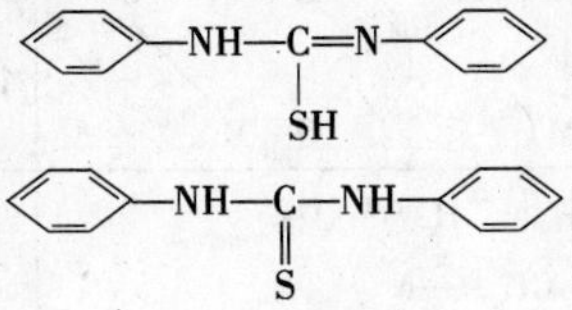 NH—C=N—，SH；NH—C—NH—，S	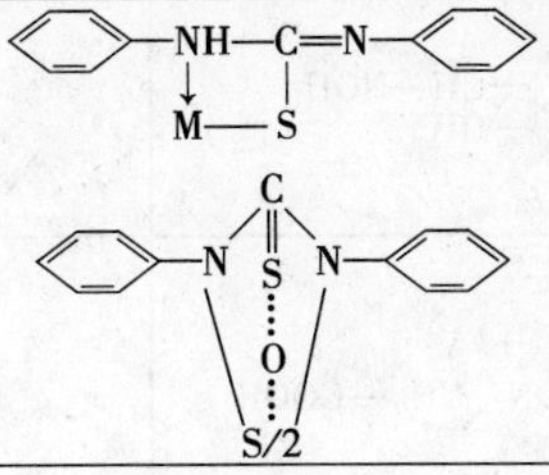 NH—C=N—，M—S；C，N，S，N，S，O，S/2	选硫化矿（Cu和贵金属）
双硫腙	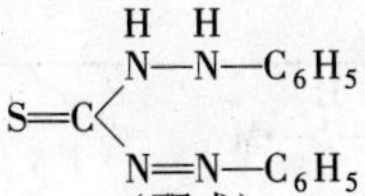 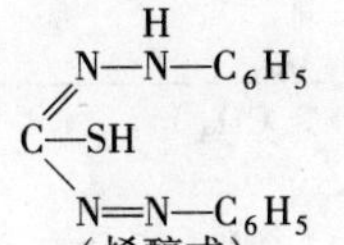 H H N—N—C_6H_5，S=C，N=N—C_6H_5（酮式）；H N—N—C_6H_5，C—SH，N=N—C_6H_5（烯醇式）	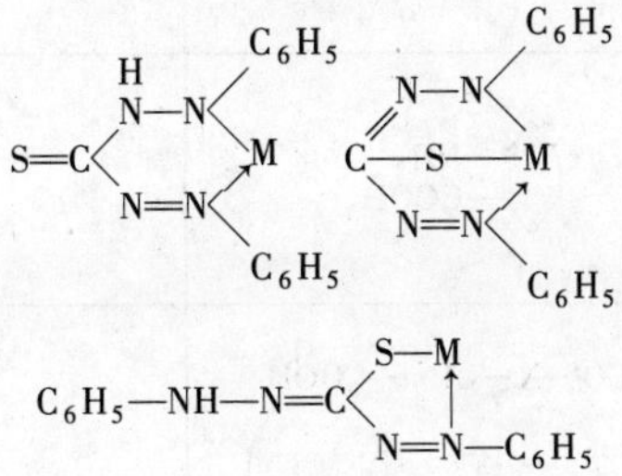 H N—N C_6H_5，S=C M，N=N C_6H_5；C_6H_5 N—N，C—S—M，N=N C_6H_5；C_6H_5—NH—N=C S—M N=N—C_6H_5	选硫化矿
巯基苯骈咪唑	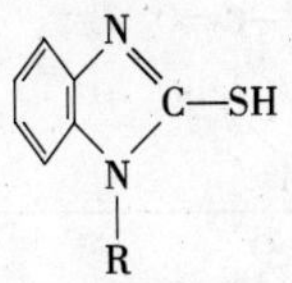 N，C—SH，N，R	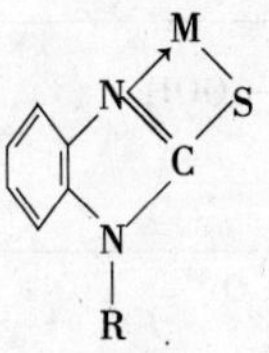 M，N S，C，N，R	
胺基苯硫酚	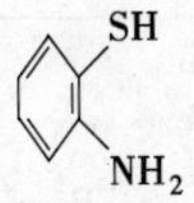 SH，NH_2	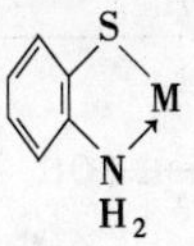 S，M，N H_2	
8-羟基喹啉	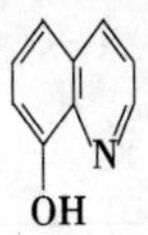 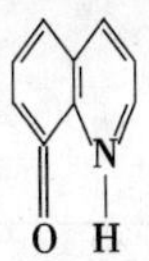 N，OH；N，O H（醌型异构体）	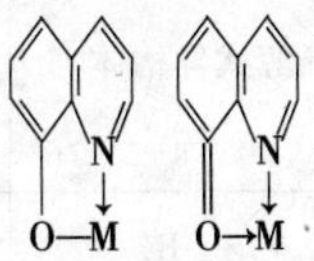 N，O—M；N，O→M	浮选白铅矿，烧绿石，硅孔雀石
α-亚硝基-β-萘酚	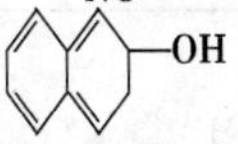 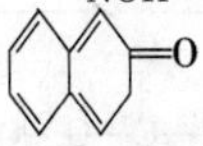 NO，—OH；NOH，=O（异构体）	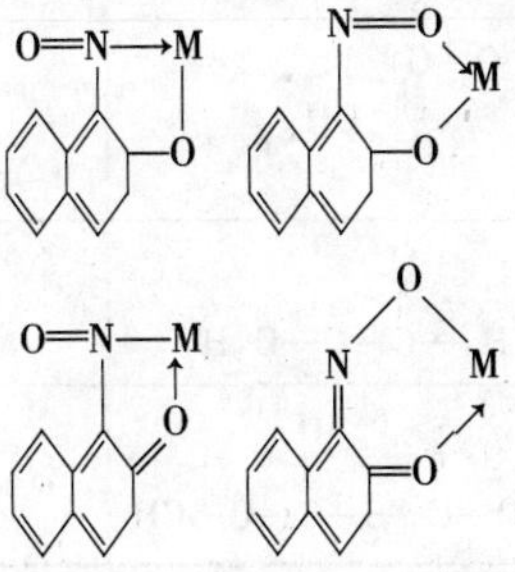 O=N→M，O；N=O，M，O；O=N—M，O；O，N，M，=O	浮选辉钴矿

续表9－11

药剂名称	药剂分子结构	形成多金属螯合物（M代表某金属）	备注（浮选矿物）
水杨醛肟	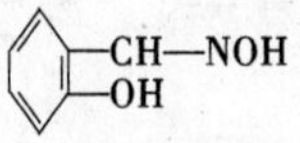 邻位取代苯：—CH—NOH，—OH	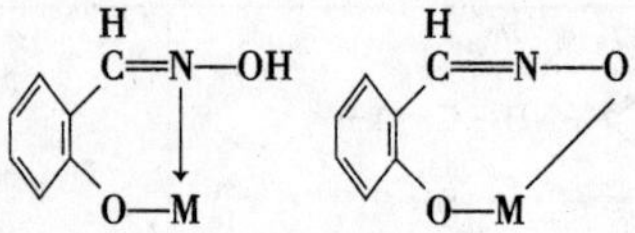 C_6H_4(—CH=N—OH)(—O—M)，N→M；C_6H_4(—CH=N—O—M)(—O—M)	浮选氧化铜矿
苯基甘氨酸	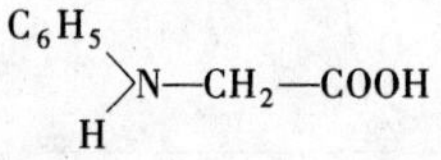 C_6H_5(H)N—CH_2—COOH	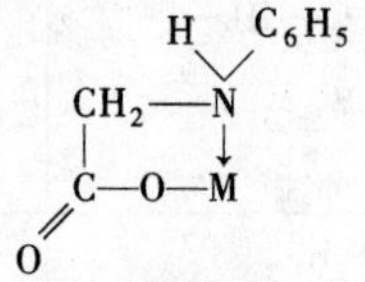 CH_2—N(H)(C_6H_5)→M，C(=O)—O—M	
邻氨基苯甲酸	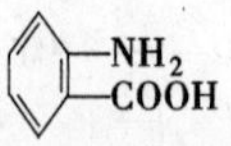 邻位取代苯：—NH_2，—COOH	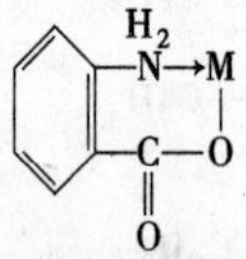 C_6H_4(—NH_2→M)(—C(=O)—O—M)	
美地亚兰	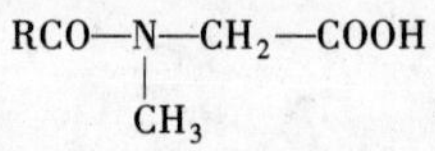 RCO—N(CH_3)—CH_2—COOH	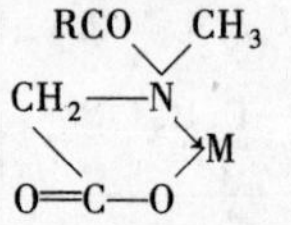 RCO—N(CH_3)(—CH_2—C(=O)—O—M)→M	
氨基乙酸	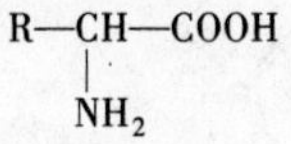 R—CH(NH_2)—COOH	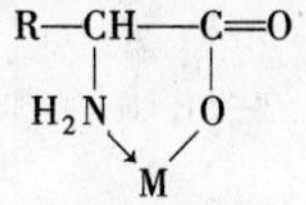 R—CH—C=O，H_2N→M，O—M	
脂肪酸	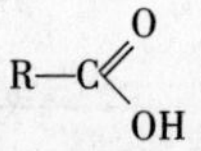 R—C(=O)OH	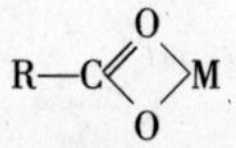 R—C(O)(O)M	
氧肟酸（ИМ-50等）	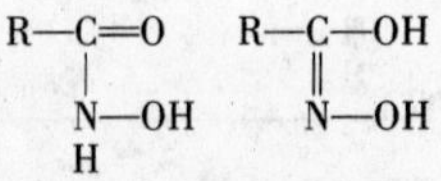 R—C(=O)—N(H)—OH；R—C(—OH)=N—OH（烯醇式异构体）	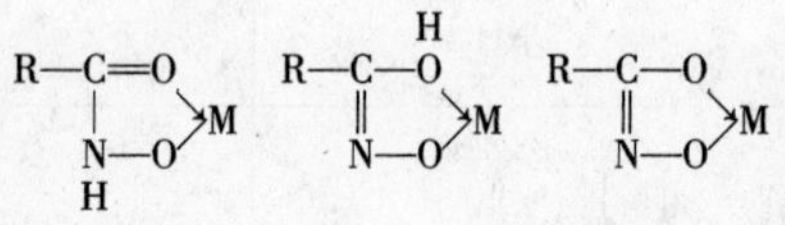 R—C(=O)—N(H)—O—M（O→M）；R—C(—OH)=N—O—M（OH→M）；R—C(—O)=N—O—M（O→M）	浮选硅孔雀石、赤铁矿、钛矿以及Y，La，Nb，Sn，W等矿物
水杨醛	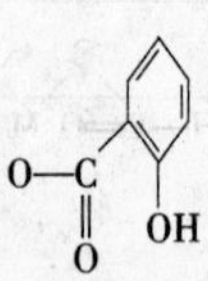 邻位取代苯：—C(=O)—O，—OH	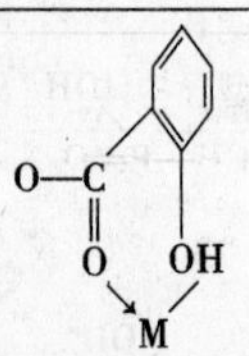 邻位取代苯：—C(=O)—O，—OH；O→M，OH—M	浮选锡
巯基醋酸异丙酯	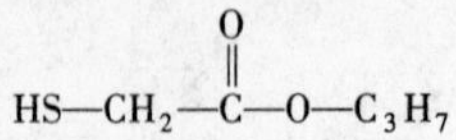 HS—CH_2—C(=O)—O—C_3H_7	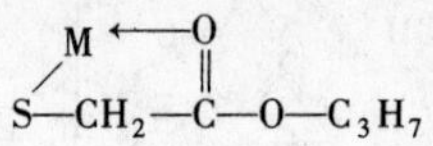 S(M)—CH_2—C(=O→M)—O—C_3H_7	
丁黄酸酰甲氧酯	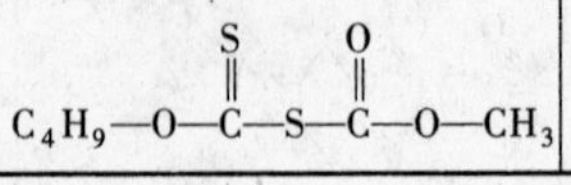 C_4H_9—O—C(=S)—S—C(=O)—O—CH_3	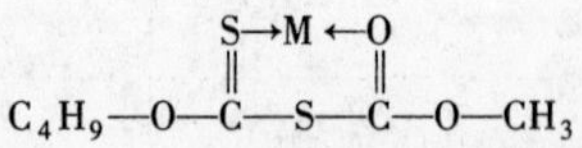 C_4H_9—O—C(=S→M←O=)—S—C—O—CH_3	

续表 9-11

药剂名称	药剂分子结构	形成多金属螯合物（M代表某金属）	备 注（浮选矿物）
亚硝基苯胲铵（铜铁灵）及亚硝基萘胲铵	$C_6H_5-N(N{=}O)-O(NH_4)$ $C_{10}H_7-N(N{=}O)-O(NH_4)$	$R-N(-O\rightarrow M)-N{=}O\rightarrow M$（环状螯合） R为苯基或萘基	浮选锡石、赤铁矿、沥青铀矿
丁二酮二肟	$CH_3-C(=N-OH)-C(=N-OH)-CH_3$	$[CH_3-C(=N-O\cdots H\cdots O-N=)-C-CH_3]_2Ni$（两分子丁二酮二肟与Ni螯合，O—H···O氢键）	选镍矿物
邻羟基苯硫酚	$C_6H_4(SH)(OH)$	$C_6H_4(S-)(O-)M$（环状螯合）	
邻羧基苯硫酚	$C_6H_4(SH)(COOH)$	$C_6H_4(S-M)(C(=O)-O-)$（环状螯合）	
甲苯胂酸	$CH_3-C_6H_4-As(=O)(OH)_2$	$CH_3-C_6H_4-As(=O)(O)_2M$	浮选钨、锡
2-乙基己基磷酸	$C_4H_9-CH(C_2H_5)-CH_2-O-P(=O)(OH)_2$	$C_4H_9-CH(C_2H_5)-CH_2-O-P(=O)(O)_2M$	浮选钨、锡萃取Co,N
苯乙烯膦酸	$C_6H_5-CH=CH-P(=O)(OH)_2$	$C_6H_5-CH=CH-P(=O)(O)_2M$	浮选锡钨铌钽、钛铁矿、金红石
COBA（RN-665）	$R-CH(COOH)-C(=O)-NHOH$	$R-CH(C(=O)-O-)(C(-O-)-NHO)M$（环状螯合）	R为烷基，浮选黑钨矿、铁矿物等

续表 9-11

药剂名称	药剂分子结构	形成多金属螯合物（M 代表某金属）	备注（浮选矿物）
苯骈三唑（与柴油、$C_{5\sim9}$酸混合使用）	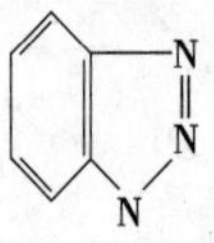 苯骈三唑（N, N, N 环）	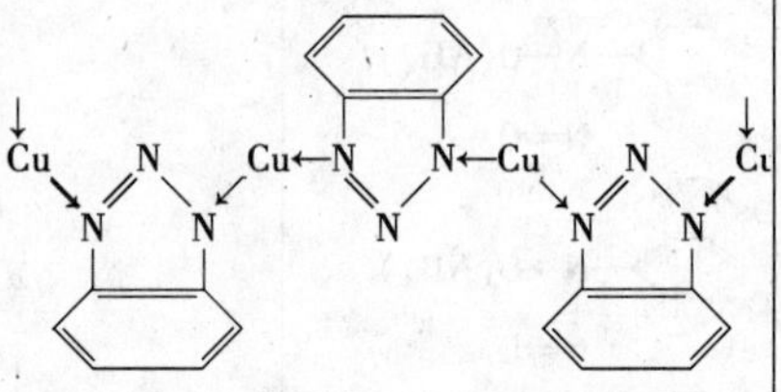 Cu→N, N←Cu, Cu←N, N←Cu, Cu→N, N←Cu（多核铜–苯骈三唑螯合物）	用于含砷氧化铜矿浮选，选矿效果很好
硫代氨基甲酸酯	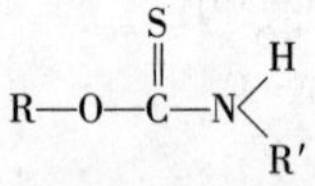 $R-O-\overset{\overset{S}{\parallel}}{C}-N\begin{smallmatrix}H\\R'\end{smallmatrix}$	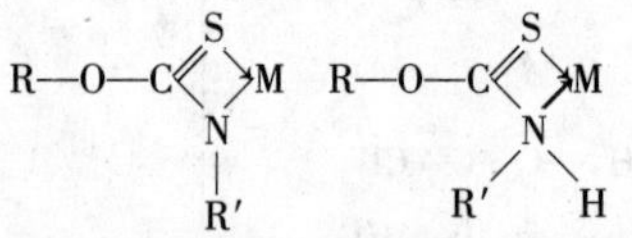 R—O—C(S→M)(N—R′)；R—O—C(S→M)(N(R′)H)	选硫化矿

9.3.1.1 羟肟酸类

羟肟酸类（异羟肟酸或氧肟酸）是一种广泛应用于选矿，尤其是浮选的螯合剂，早已为人们所熟悉。1940 年 Poppoerle 首先把羟肟酸及其盐用作矿石浮选捕收剂而获得德国专利。1965 年 Petersom 等人用辛基羟肟酸作为硅孔雀石的捕收剂。此外，国内外许多的科技工作者研究开发了辛基羟肟酸，$C_{7\sim9}$羟肟酸（ИМ-50）、水杨羟肟酸、苯甲基羟肟酸等一系列的羟肟酸（盐），或单独使用，或与黄药、燃料油等组合使用浮选铁矿石、铜-钴矿、软锰矿、锡石、钛铁矿、白钨矿、钽铌矿、硅孔雀石、氟碳铈矿、烧绿石、石英、斜长石、重晶石和方解石等。

烷基羟肟酸具有两种互变异构体，并且以异羟肟酸为主要成分：

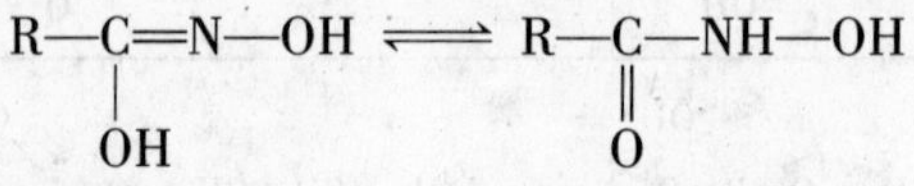

$$\underset{\text{烷基羟肟酸}}{R-\underset{\underset{OH}{|}}{C}=N-OH} \rightleftharpoons \underset{\text{烷基异羟肟酸}}{R-\underset{\underset{O}{\parallel}}{C}-NH-OH}$$

烷基异羟肟酸也叫做烷基氧肟酸，或烷基羟肟酸，目前在国内有关它的名称还不统一。

羟肟酸具有双配位基：

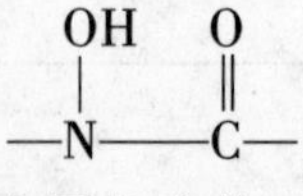

$$-\overset{\overset{OH}{|}}{N}-\overset{\overset{O}{\parallel}}{C}-$$

通过双配位基，形成羟肟酸金属络合物。

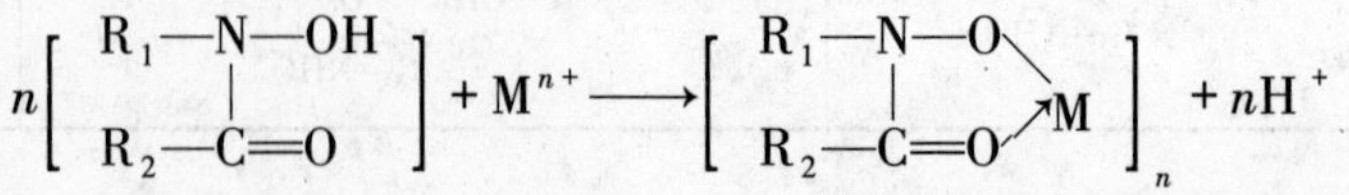

$$n\left[\begin{matrix}R_1-N-OH\\ |\\ R_2-C=O\end{matrix}\right]+M^{n+}\longrightarrow\left[\begin{matrix}R_1-N-O\\ |\qquad\quad \searrow M\\ R_2-C=O\nearrow\end{matrix}\right]_n+nH^+$$

由这样的机理形成的金属螯合物，早已构成了测定溶液中不同金属离子分析方法的基础。红外光谱和紫外光谱研究证实了这一点。

羟肟酸 HA 的热力学解离常数 K_a 由反应式确定。

$$HA \rightleftharpoons H^+ + A^-$$

$$K_a = \frac{[H^+][A^-]}{[HA]} = \frac{rH^+ \cdot rA^-}{rHA}$$

式中，r 代表溶液中各活度系数，羟肟酸 pK_a 值（电离 50% 时的 pH 值）是由 pH 值测定法、电位滴定法和分光光度法确定的。结果表明，羟肟酸是一种弱给电子基团，N-芳基羟肟酸由于分子内部氢键的原因甚至比单纯的芳基羟肟酸更弱。不饱和的 N-芳基羟肟酸则比相应的饱和化合物有较强的给电子能力。表 9－12 所列为几种烷基羟肟酸的 pK_a 值。

表 9－12　烷基羟肟酸在 20℃时的 pK_a 值

化合物	样品质量/g	离子强度	在水中的 pK_a	在 50% 乙醇溶液中的 pK_a
$CH_3CONHOH$	0.0375	0.01	9.72 ±0.03	10.70 ±0.02
		1.0	8.75 ±0.03	
$C_5H_{11}CONHOH$	0.0655	0.01	9.64 ±0.01	10.93 ±0.05
		0.1	9.47 ±0.05	
$C_6H_{13}CONHOH$	0.0725	0.01	9.67 ±0.01	11.02 ±0.02
		0.1	9.46 ±0.2	
$C_7H_{15}CONHOH$	0.0795	0.01	9.69 ±0.01	11.01 ±0.04
		0.1	9.55 ±0.01 ①	
		0.5	8.91 ±0.03	
		1.0	8.69 ±0.05	
		3.0	8.66 ±0.03	
$C_8H_{17}CONHOH$	0.0865	0.01		1.98 ±0.03
$C_9H_{10}CONHOH$	0.0935	0.01		10.93 ±0.03 ②

①pK_a = 9.44 ±0.03（25℃），9.54 ±0.03（50℃），9.03 ±0.04（65℃）；

②pK_a = 10.43 ±0.02，在 15% 乙醇溶液中离子强度 I = 0.1。

表 9－13 所列为几种金属羟肟酸盐的稳定常数。其中，最弱的是与碱土金属阳离子 Ca^{2+}、Ba^{2+} 等所形成的络合物，而与诸如 Nb、Ti、V、Mn、Zr、Hf 和 Ta 过渡元素所形成的络合物较为稳定，与高电荷的稀土元素及铝形成的络合物其稳定性相当强。而与 Fe^{3+} 生成的络合物的稳定性最强。还可能与 Ta^{5+} 和 Nb^{5+} 生成的络合物稳定性也属最强之列。有人认为，在浮选中待分离的矿物晶格的离子与羟肟酸形成的络合物的稳定常数要比与脂肪酸形成的络合物的

稳定常数大得多。

表9-13 20℃时，金属羟肟酸的稳定常数

阳离子	$\lg k_1$	$\lg k_2$	$\lg \beta_2$	$\lg k_3$	$\lg \beta_3$
H^+	9.35				
Ca^{2+}	2.4				
Fe^{2+}	4.8	3.7	8.5		
La^{3+}	5.16	4.17	9.33	2.55	11.88
Ce^{3+}	5.45	4.34	9.79	3.0	12.8
Sm^{3+}	5.96	4.77	10.73	3.68	14.41
Gd^{3+}	6.10	4.76	10.86	3.07	13.93
Dy^{3+}	6.52	5.39	11.91	4.04	15.95
Yb^{3+}	6.61	5.59	12.21	4.29	16.49
Al^{3+}	7.95	7.34	15.29	6.18	21.47
Fe^{3+}	11.42	0.68	21.1	7.23	28.33

注：1. 离子强度 $I=0.1$。

2. 引自 Fwersleman D. W. 国际矿业药剂会议文集，1984. 9.（罗马）。

烷基羟肟酸的制备方法多种多样，其中最常用的方法是用脂肪酸酯与羟胺反应：

$$R-C(=O)-OR' + H_2N-OH \xrightarrow[\text{无水乙醇钠}]{\text{碱}} R-C(=O)-NH-OH \underset{\text{重排}}{\rightleftharpoons} R-C(OH)=N-OH$$

俄罗斯制备 $C_{7\sim9}$ 烷基羟肟酸（牌号为 ИМ-50），用 $C_{7\sim9}$ 混合脂肪酸的甲酯与羟胺硫酸盐的水溶液与苛性钠一起反应即可，反应温度等于或小于55℃，反应物的摩尔比按上述次序为1：1.2：2.2。产品的分析数据（质量分数）为：含 $C_{7\sim9}$ 烷基羟肟酸68%～70%，$C_{7\sim9}$ 脂肪酸10%～15%，水分10%～15%，对三氯化铁反应的灵敏度为70μg/25mL，最大吸收光谱值在500nm波长。

昆明冶金研究所用硝基甲烷制备羟胺：

$$CH_3NO_2 + H_3O^+ \xrightarrow{H_2SO_4} NH_2OH^+ + H-COOH$$

$$H-COOH \longrightarrow H_2O + CO\uparrow$$

合成烷基羟肟酸的反应式为：

$$R-COOC_2H_5 + \frac{1}{2}(NH_2OH)_5 \cdot H_2SO_4 + 2NaOH \longrightarrow R-CONHONa + C_2H_5OH + \frac{1}{2}Na_2SO_4 + 2H_2O$$

所用的脂肪酸原料为$C_{7\sim9}$合成脂肪酸或$C_{5\sim9}$合成脂肪酸。

通常用亚硝酸钠、二氧化硫及氨为原料合成硫酸羟胺，制备脂肪酸酯和甲酯肟化，其合成反应式及主要条件为：

（1）硫酸羟胺的制备：

$$NaNO_2 + 2SO_2 + NH_3 \xrightarrow{0\pm2℃} N\begin{cases}SO_3Na\\OH\\SO_3NH_4\end{cases} \quad \text{羟胺二磺酸盐}$$

$$N\begin{cases}SO_3Na\\OH\\SO_3NH_4\end{cases} + H_2O \xrightarrow[\text{水解}]{100\sim105℃} \underset{\text{硫酸羟胺}}{(NH_2OH)_2\cdot H_2SO_4} + Na_2SO_4$$

（2）脂肪酸甲酯的制备：

$$C_{7\sim9}H_{15\sim19}COOH + CH_3OH \xrightarrow[75\sim85℃]{\text{浓 }H_2SO_4} C_{7\sim9}H_{15\sim19}COOCH_3 + H_2O$$

（3）甲酯肟化：

$$2RCOOCH_3 + (NH_2OH)_2\cdot H_2SO_4 + 4NaOH \xrightarrow[45\sim60℃\,1h]{\text{常温 }3h} 2R-\overset{\overset{O}{\|}}{C}-NHONa$$
$$+2CH_3OH + Na_2SO_4 + H_2O$$

（4）酸化提取羟肟酸：

$$2R-\overset{\overset{O}{\|}}{C}-NHONa + \underset{(\text{质量分数}35\%)}{H_2SO_4} \xrightarrow{pH=3\sim4} 2R-\overset{\overset{O}{\|}}{C}-NHOH + Na_2SO_4$$

（5）皂化制取羟肟酸钠：

$$R-\overset{\overset{O}{\|}}{C}-NHOH + NaOH \rightleftharpoons R-\overset{\overset{O}{\|}}{C}-NHONa + H_2O$$

烷基在四个碳原子以下的羟肟酸在常温下为液体，在水中有一定的溶解度。五个碳原子以上的羟肟酸，基本上不溶于水，而易溶于醇、酮等有机溶液中。$C_{7\sim9}$的烷基羟肟酸一般呈浅黄色硬油脂状，密度约0.98g/cm^3。它是弱有机酸，电解离常数K值为2.0×10^{-10}，使用时可与煤油或柴油按质量比1：1或1：2混用。上述羟肟酸的钠盐纯品为白色鳞片状结晶，能溶于水。工业品一般配成5%的水溶液使用。烷基异羟肟酸及其盐类有较强的起泡性能，在pH值10~11时，起泡能力最强。

工业羟肟酸（$C_{7\sim9}$）的规格为红棕色油状液体，羟肟酸含量60%~65%，脂肪酸含量20%~15%，水分20%~15%。工业羟肟酸钠（$C_{7\sim9}$）为红棕色黏稠液体，羟肟酸含量25%~30%，脂肪酸含量10%~15%，水分50%~60%。

另据报道，制备 $C_{7\sim9}$羟肟酸时，先将脂肪酸甲酯与含有一种阴离子型表面活性剂的苛性碱水溶液（碱过量10%摩尔数）作用配成乳剂。然后与一种含有12%～17%的 $HONH_2 \cdot \frac{1}{2}H_2SO_4$，10%～12% H_2SO_4 及25%～35%的 $(NH_4)_2SO_4$ 的水溶液在22℃左右加热2h，反应完了后，酸化至pH值3～4，分出的油层即为 $C_{7\sim9}$烷基羟肟酸产品。产品中烷基羟肟酸含量为65%～70%（产率83%～85%），未反应的脂肪酸7%～15%以及水分15%～20%。

此外，也有报道称，在碱性水溶液介质中，温度在25℃或以上时，用质量分数30%～40%的羟胺硫酸盐（脂肪酸酯与羟胺硫酸盐的用量摩尔比为1：（1.45～1.5）反应，为了增加产量还要添加一种OP型表面活性剂，其用量相当于脂肪酸酯用量的3%～5%（质量）时，可获得最大产率的烷基羟肟酸。

在羟肟酸与矿物作用机理等理论研究方面，不时有人探索，例如，有人通过紫外光光度计用浓度法测定吸附量，通过ζ-电位，X射线光电子能谱以及红外光谱等手段对水杨羟肟酸对金红石的浮选机理进行了研究。有人研究了萘羟肟酸浮选黑钨矿时的作用机理，吸附量、ζ-电位、红外光谱和X光电子能谱测定的结果证明，萘羟肟酸在黑钨矿表面以化学吸附为主，Pb^{2+}离子能改变黑钨矿浮选过程中的ζ-电位，具有为萘羟肟酸在黑钨矿表面提供吸附中心的作用和活化作用。发现它对黑钨矿有良好的捕收性能，且对石英和萤石捕收力极弱，对黑钨矿浮选具有较高的选择性。

也有人用红外光谱等手段研究苯甲羟肟酸浮选铌钽锰矿的作用机理。结果表明，苯甲羟肟酸主要在铌钽锰矿表面上与锰离子生成五元环螯合物，以化学吸附为主，并根据铌钽锰矿晶体结构分析，认为 Mn^{2+} 是铌钽锰矿的主要浮选活性中心。

有人用辛基羟肟酸钾对硅孔雀石、辉铜矿以及黑钨矿的浮选性能、化学吸附现象、矿物表面螯合膜的形成，对辉铜矿形成异羟肟酸铜等进行了研究。并用计算设计技术、方法对螯合捕收剂的选择性进行了研究。

表9-14所列为几种羟肟酸盐捕收剂浮选不同矿物的研究概况。从表9-14可见，除了硅孔雀石、烧绿石外，所有矿物的零电点pH值都比较高，多数pH值在5～10，羟肟酸的吸附和浮选在pH值为9±0.5时为最高峰；而且恰在羟肟酸 pK_a 值范围之内。温度上升常常导致矿物吸附量和回收率的增加。通过红外光谱的研究已十分明确的证实羟肟酸盐在矿物表面上的吸附是化学吸附，形成相应的羟肟酸盐。羟肟酸溶液中的萤石红外光谱吸收峰在1530～1630cm^{-1}之间。研究还表明，羟肟酸与矿物表面的相互作用主要取决于矿浆pH值，在一定程度上也取决于矿浆固液界面的物理化学性质和有机螯

合剂的溶解性及螯合作用。

表 9-14 羟肟酸（盐）捕收剂浮选各种矿物的研究概况

矿物	零电点	药剂	研究方法	最佳回收率和最大吸附量时的 pH 值	提高温度的影响
赤铁矿 Fe_2O_3		辛基羟肟酸	浮选	9.0	回收率增加（25~50℃）
赤铁矿 Fe_2O_3	8.2	辛基羟肟酸	油萃取微量浮选	8.0~8.5	
赤铁矿 Fe_2O_3	8.2	辛基羟肟酸	空气油接触角浮选	8.5	吸附量增加（20~61℃）
γ-MnO_2	5.6	辛基羟肟酸	浮选	9.0	
γ-MnO_2	5.6	辛基羟肟酸	吸附	9.0	吸附量增加（20~90℃）
蔷薇辉石（MnFeCu）SiO_3	2.8	辛基羟肟酸	浮选	9.0	
硅孔雀石 $CuSiO_3 \cdot 2H_2O$	2.0	辛基羟肟酸	浮选	6.0	回收率增加（22~49℃）
硅孔雀石 $CuSiO_3 \cdot 2H_2O$		辛基羟肟酸	浮选	6.0	
孔雀石 $Cu_2CO_3(OH)_2$	7.9	辛基羟肟酸	浮选	6~10 平稳	
孔雀石 $Cu_2CO_3(OH)_2$	7.9	辛基羟肟酸	吸附	10^{-4} mol 时 9.5 9.5 时吸附量线	
硅孔雀石/孔雀石/蓝铜矿		$C_{6\sim9}$ 羟肟酸	浮选	6.5~9.5 浮选良好 7.5~8 最好(工厂)	
烧绿石 $NaCaNb_2F(CO_3)_6$		ИН-50	浮选	6.0	
萤石 CaF_2		ИН-50	浮选	8.5	
			吸附	8.5	
钨锰矿 $MnWO_4$		ИН-50	浮选	9.0	
			吸附	9.0	
重晶石 $BaSO_4$	10	辛基羟肟酸钾	浮选	9.5	回收率增加（20~50℃）
			吸附	9.0	吸附量增加（21~61℃）

续表 9-14

矿 物	零电点	药剂	研究方法	最佳回收率和最大吸附量时的 pH 值	提高温度的影响
方解石 $CaCO_3$	10	辛基羟肟酸钾	浮选	9，5.8 时低	回收率增加（20~50℃）
			吸附	9，5.8 时低	吸附量增加（21~61℃）
氟碳铈矿（Ce，La）FCO_3	9.5	辛基羟肟酸钾	浮选	5~9 平稳	回收率增加（20~50℃）
			吸附	平稳，8.5 以下下降	吸附量增加（21~41℃）
石英/微斜晶石	2.0	辛基羟肟酸钾	浮选	1.5	
氧化铅锌矿		$C_{6\sim8}$ 羟肟酸	浮选		

Raghavan 和 Faersfenau 提出了一个羟肟酸分子既起吸附作用又参加表面反应的双重作用机理。在捕收剂的 pK 值附近，羟肟酸盐分子的共吸附作用可能与羟肟酸离子的化学吸附一起发生，很可能是由于这种离子-分子吸附作用（这两种形式都可形成稳定的金属螯合物）增加了羟肟酸盐的活性，从而导致了其最大的浮选回收率和最大的吸附量。

羟肟酸浮选的另一个值得注意的特点是温度对各种矿物浮选的影响。所有有关羟肟酸浮选的研究都已表明，升高温度，捕收剂的吸附和浮选的回收率都增加（见表 9-14 所列）。这似乎是所有化学吸附型捕收剂所共有的特征。首先，在高温时捕收剂的吸附密度增加可能与发生在表面的吸附反应的吸热性质有关，Fwersleman 测得了这个体系中焓和熵的正值。其次，由于吸附作用可能通过金属氢氧化物（或在界面的沉淀）的形成而发生，随着温度的升高，矿物的溶解度增加，从而有助于增加吸附量。第三，升高温度也对所有受热活化的辅助过程的动力学有影响。例如，浮选中负载泡沫的碰撞及附着都会加剧。因而，在高温下就会有较高的回收率。

有人用测定接触角法研究多种螯合捕收剂对多种硫化铜矿和氧化铜矿物生成接触角的大小作为判据，判断该螯合物捕收能力的大小。试验结果表明，硅孔雀石是很难浮的矿物，它与辛基羟肟酸钾溶液作用后接触角在所用螯合捕收剂中最大，证明辛基羟肟酸对硅孔雀石有较好的捕收性能。

国内有人用苯甲羟肟酸为捕收剂浮选黑钨细泥。在 pH = 6.5 ~ 7 的矿浆中以硝酸铅为活化剂，水玻璃和硫酸铝为组合抑制剂，苯甲羟肟酸和塔尔皂等共用为组合捕收剂。当给矿 WO_3 品位 1.62%，含钙矿物大于 70%，小于 40μm 粒级约占 90% 的细泥，采用一粗三精三扫的浮选工艺流程，可获得含

$WO_3$66.04%，回收率90.36%的黑钨精矿，基本上解决了含钙矿物黑钨细泥回收的技术难题。

在对苯甲羟肟酸捕收黑钨矿的作用机理进行的研究中，分析了苯甲羟肟酸与黑钨矿表面金属离子发生螯合作用的产物，并通过红外光谱测定及分析苯甲羟肟酸中各官能团的电子净电荷和螯合物的结构和稳定性。结果表明，苯甲羟肟酸对黑钨矿的捕收主要是生成五元环的螯合物，以化学吸附为主，同时从络合物的晶体场稳定能论证，黑钨矿表面的 Fe^{2+} 能与苯甲羟肟酸形成更稳定的产物，它是浮选中捕收作用的主要活性组分。

羟肟酸类药剂是氧化矿的有效捕收剂，已为生产实践所证实。我国生产的羟肟酸主要有 H_{205}、环烷羟肟酸、水杨羟肟酸、苯甲羟肟酸和 $C_{7\sim9}$羟肟酸等。但羟肟酸类捕收剂价格偏高是最大的缺点。改进生产流程，提高产品质量和转化率，降低生产成本是目前生产羟肟酸亟待解决的问题。铁岭选矿药剂厂费九光总结该厂长期生产羟肟酸的经验，从配方和反应条件等进行了总结。指出通过定量添加 Na_2S 于反应物中来消除 Fe^{2+} 和多种金属离子对羟肟酸合成质量的影响。

用工业 $C_{7\sim9}$烷基异羟肟酸钠盐浮选氧化铜矿，在铜录山矿曾进行了两次工业试验。使用丁基黄药和异羟肟酸钠混合捕收剂时，与单用丁基黄药相比具有浮选过程较稳定，易操作、浮选速度快，极少使用或不用消泡油，药剂总耗量降低，选矿成本有所下降。

云南冶金一矿的一个旧存尾矿（含 Cu 约 1.14%），用黄药浮选时，回收率仅为15% ~20%，尾矿含铜仍高达1%。用 $C_{8\sim9}$ 烷基羟肟酸代替黄药浮选时，铜回收率达到35% ~40%，尾矿含铜可降到0.7%。二矿一个含有砷黝铜矿、水钙镁铜矿的氧化铜矿石，混用 $C_{8\sim9}$ 烷基羟肟酸及丁基黄药，经过半工业试验，也提高了分选指标。在使用羟肟酸作为捕收剂，同时用六偏磷酸钠作为钙-镁碳酸盐脉石的抑制剂效果最好。

羟肟酸盐与丁基黄药配合使用，较之单用黄药可以提高回收率3% ~8%（绝对值）。羟肟酸盐对氧化铜矿（原矿品位0.60% ~0.63%，氧化率77% ~80%，结合率35% ~40%）的浮选活性大于黄药，见表9 - 15 所列。但是它对硫化矿的捕收作用则不如黄药。使用羟肟酸盐浮选氧化铜矿，仍然需要添加硫化钠预先硫化，但用量可以降低。羟肟酸的烷基碳链在 $C_{6\sim10}$范围内，碳链越长捕收能力越强。但在水中溶解度随碳链的增长而降低，钠盐易溶于冷水，但含 C_6 以上的钾盐要热水才能溶解。添加的时间在加入羟肟酸之后，且需一定的搅拌时间。矿浆 pH 值在 8 ~9 时较好，浮选温度在40 ~43℃时较好。

表 9－15 用异羟肟酸盐浮选某氧化铜矿的效果

试验内容	一次粗选精矿指标						一次粗选药剂用量/$g \cdot t^{-1}$				
	品位/%			回收率/%			羟肟酸钾	六偏磷酸钠	丁基黄药	硫化钠	硫酸铵
	全铜	氧化铜	硫化铜	全铜	氧化铜	硫化铜					
加羟肟酸盐，不加黄药	2.46	1.71	0.75	39.80	34.97	57.99	30	60	0	600	600
羟肟酸盐与黄药混用	3.20	2.08	1.12	58.18	48.51	92.84	30	60	80	500	600
只用羟肟酸盐，不用其他药剂	2.03	1.44	0.59	47.35	43.08	62.41	150	90	0	0	0

注：原矿品位 0.60% ~0.63%，氧化率 77% ~80%，结合率 35% ~40%。

有人以氟碳铈矿单矿物为研究对象，发现邻苯二甲酸、$C_{5\sim9}$羟肟酸与异辛醇共用或与煤油混用均有协同效应，前者回收率达到 91.14%，$C_{5\sim9}$羟肟酸与煤油混用时，回收率从单用的 89.37% 提高到 96.32%。

2-羟基-3-萘基羟肟酸（H_{205}）和 1-羟基-2-萘羟肟酸（H_{203}）是同分异构体，它们的结构式为：

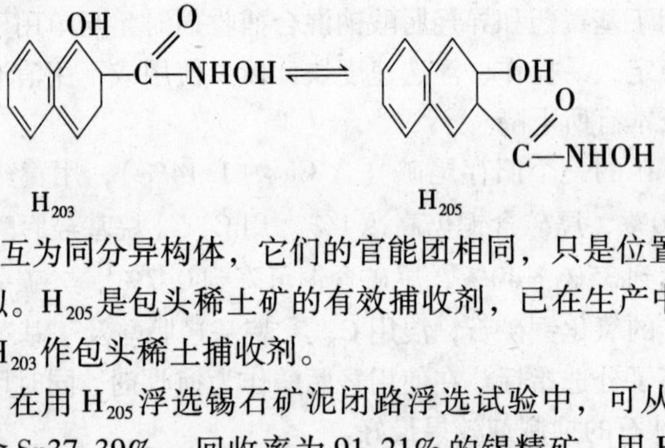

OH O
C—NHOH ⇌ —OH
O
C—NHOH

H_{203} H_{205}

H_{203}和H_{205}互为同分异构体，它们的官能团相同，只是位置不同，其捕收性能应十分相似。H_{205}是包头稀土矿的有效捕收剂，已在生产中使用多年。同样，也可利用H_{203}作包头稀土捕收剂。

试验证明，在用H_{205}浮选锡石矿泥闭路浮选试验中，可从含 Sn1.36% 的给矿中，得到含 Sn37.39%，回收率为 91.21% 的锡精矿。用H_{203}浮选另一次取的试样（特别细，−11μm 占 57.6%，−20μm 占 100%），含 Sn1.16%，闭路试验得到含 Sn18.29%，回收率为 92.68% 的锡精矿。表明H_{203}这种H_{205}的同分异构体也是有效的捕收剂。

苯甲羟肟酸是锡石、黑钨矿和白钨矿等氧化矿物的捕收剂。用它浮选锡石和黑钨矿取得了好效果，并在柿竹园矿得到推广使用。

广州有色金属研究院用苯甲羟肟酸配合 $Pb(NO_3)_2$ 及组合抑制剂 AD 回收含 $WO_3$0.9% 的黑钨细泥，扩大试验结果为：五次精选获得最终精矿，品位为 69.00%，回收率为 71.4%。朱建光等用 F_{203}（水杨羟肟酸的同系物）配合 $Pb(NO_3)_2$ 浮选含 $WO_3$1.07% 的柿竹园黑钨细泥，扩大连选试验结果为：四次精选得到品位为20.30%的黑钨精矿，回收率为80.27%。

对庚基异羟肟酸、水杨羟肟酸以及АСПАРЛ-F（类似于Aerosol 22）等国内外的研究表明，它们都是锡石浮选的有效捕收剂，其特点是毒性低，用量少，作用时间短。

烷基异羟肟酸也是钴矿、钽铌矿、烧绿石矿、钛-钴矿等的浮选捕收剂。在高岭土的提纯除杂中可用来剔除钛、铁杂质，在硫化矿过滤中可作为助滤剂。N-甲基庚基羟肟酸也用于溶液萃取钴。

将试样磨碎后，先用湿式高梯度磁选丢掉70%低品位尾矿，再用苯甲羟肟酸和辅助捕收剂 WT_2 混用浮选细粒级钽铌矿，浮选给矿 Ta_2O_5 品位0.029%，获得 Ta_2O_5 品位为0.882%，回收率为88.45%的浮选精矿。将浮选精矿用弱磁-浮硫-重选方法进一步分离可获得 Ta_2O_5 品位为13.53%，对浮选给矿回收率为78.94%的钽铌精矿。

据报道，采用COAB作螯合捕收剂，其结构式为：

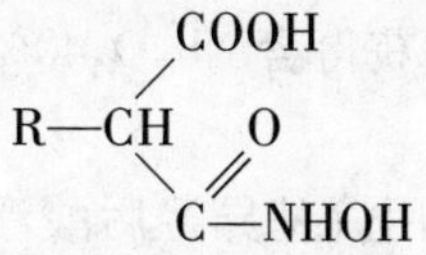

$$R—CH(COOH)—C(=O)—NHOH$$

式中，R为烃基。研究了它对黑钨矿的捕收性能。试验结果表明，它对黑钨矿单矿物具有良好的捕收性能，其捕收机理是分子中的3个氧原子，通过化学成键与矿物表面金属离子形成了螯合物：

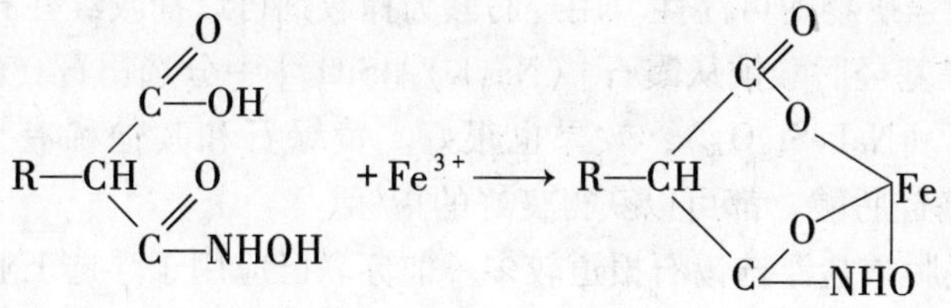

$$R—CH(C(=O)—OH)—C(=O)—NHOH + Fe^{3+} \longrightarrow R—CH[C(=O)—O—Fe][C(=O)—NHO—Fe]$$

在COAB的极性基中，羧基—COOH中的氧原子，羟肟基中的C ═O和—NHOH中的氧原子均含未成键电子，净电荷的负值均较大，孤立分子中净电荷分别为-0.7236，-0.7876和-0.9244。这3个氧原子均为COBA参与对黑钨矿作用的可能键合原子，同时这些原子间正好相隔4~6个原子，符合成环的良好条件，故推断生成螯合物。

前苏联专利871831和865397分别介绍了：（1）用苯乙烯类羟肟酸作为锡矿和稀有金属矿的捕收剂，其通式为：

$$R-C_6H(R)_2-(CH{=}CH)_n-C(R)_2-C(O)NHOH$$，式中 R 为 CH_3 或 H，$n = 1 \sim 5$。

（2）提出浮选铁矿时，用一种羟肟酸类捕收剂与一种高分子化合物按质量比 1∶（2～10）的比例混合进行调浆，可以提高浮选指标，其结构式为：

$$R-C(=O)-NHOY$$，式中 R 可以是$-CH_3$，$-CH_2Cl$，$-HSO_3CH_2$ 或$-HCNHCO$；Y 为 H 或$-COCH_3$。

在国内用塔尔羟肟酸浮选鞍山式贫赤铁矿试验也获得了良好指标。铁精矿品位达 63%～65%，回收率为 79%～80%，优于松香羟肟酸。

我国某地钽铌细泥矿用工业异羟肟酸配以变压器油（或柴油）进行粗选，其质量比为 2∶1，可使含 Nb_2O_5 0.094% 的给矿富集到 0.9%～1.0%。回收率在 90% 左右。经六次精选，可获得含 Nb_2O_5 40% 左右的铌铁矿精矿，其浮选作业回收率达 75%。

峨眉矿产综合利用研究所用烷基异羟肟酸浮选钒钛磁铁矿磁尾中的钛铁矿，在保证较高回收率的情况下，获得了 TiO_2 品位在 48% 以上的合格钛精矿。

用含有同位素 ^{14}C 的壬基羟肟酸钾浮选含钛锆矿石，证明在矿浆中增加氧的含量可以增强矿物的可浮性。用羟肟酸为捕收剂可以捕收红柱石。

用 $C_{7\sim9}$ 烷基羟肟酸钠从霞石［$(Na,K)AlSiO_4$］中分选榍石（$CaO \cdot TiO_2 \cdot SiO_2$）及霓石（$NaFeSi_2O_6$），效果也很好。黄绿石和其他稀有金属浮选中，采用 $C_{7\sim9}$ 烷基羟肟酸，都可以获得良好的指标。

用烷基羟肟酸盐浮选锡石报道较多。前苏联已应用于浮选工业实践。前东德试用于阿尔登伯格锡矿及另一个矿样，用 $C_{8\sim16}$ 及 $C_{8\sim10}$ 两种烷基羟肟酸钠作捕收剂，另加二甲酚（1000g/t）作起泡剂，在 pH 值为 6.2～6.5 时，羟肟酸钠的捕收性能与庚基磷酸或对-甲苯胂酸相差不多，其中，对-甲苯胂酸的回收率低些，但精矿品位高些。用 $C_{7\sim9}$ 烷基羟肟酸作为锡石精选的捕收剂，用草酸作调整剂，羟肟酸用量为 0.3～0.35kg/t，草酸用量为 0.35～0.4kg/t，硫酸用量为 1.0～1.2kg/t。精选后精矿锡品位为 6%～8%，回收率为 80%～85%。用 $C_{7\sim9}$ 烷基羟肟酸 3.5～4.0kg/t，草酸 5～6kg/t，硫酸 12～14kg/t 的半工业试验，从矿石中所得锡的总回收率可提高 9%～12%。

9.3.1.2 常用捕收剂中的重要螯合剂

除羟肟酸类型的矿用螯合剂外，黄药、黑药、白药或其酯及衍生物，脂肪酸、磺酸、胂酸、单膦酸、双膦酸及其衍生物和一些杂环化合物等，它们都是常用的硫化矿或氧化矿捕收剂，其中大多都具有成螯的电子给予体也是螯合型的药剂，如表9-10，表9-11所述。

二硫代碳酸盐已用于黄铜矿的浮选，其选择性好。N-乙基-O-异丙基硫代氨基甲酸酯（Z-200）在 pH=5~11 时选择性浮选硫化铜矿和黄铁矿，N-乙氧基羰基-O-异丁基硫代氨基甲酸酯（IBECTC）对硫化铜具有极好的选择性，5-羟基乙基-2-癸烯基咪唑（商品名 Amine 20）也是铜等硫化矿的螯合捕收剂。

Nagarj 用烷基（$C_{8\sim10}$）异羟肟酸、丙基钠黄药和二硫代磷酸盐组合作捕收剂从矿石中回收金，金的回收率达 70.6%，若不用异羟肟酸其回收率只有 61.0%。Ruberts 等利用烯丙基硫代氨基烷基酯与二硫代磷酸盐之间的协同作用，回收铂族金属和金，当 pH=7~12 时，用通式为 $(RO)_2P(S)SX$（R=$C_{7\sim8}$ 烃基，X 为阳离子）的二硫代磷酸盐质量分数 75%~95% 和通式为 $CH_2=CHCH_2NHC(S)OR$ 的烯丙基硫代氨基甲酸酯质量分数 5%~25% 组合作捕收剂，用量 40g/t，贵金属的回收率从使用单一药剂时的 75.93%~82.65%，提高到 88.49%。

德国专利 4325017（CA 122，319141m）介绍，用通式为 $RNR^1C(S)OR^2$ 的硫代氨基甲酸酯（R 为直链或支链 $C_{8\sim12}$ 烷基，环己基或苯基；R^1 为 H，甲基或乙基；R^2 为直链或支链 $C_{1\sim6}$ 烷基），直链或支链 $C_{8\sim12}$ 烷基硫醇；二烷氧基二硫代磷酸盐 [$(R^3O)_2PS_2Na$，$R^3=C_{1\sim6}$ 烷基或长碳链 $C_{8\sim22}$ 烷基] 以及棕榈酸、精制塔尔油等组合，可作为组合捕收剂浮选铜和钴矿石。

据意大利文献报道，巯基苯骈噻唑与苯胺硫酚两系列作捕收剂，不用硫化可直接浮出氧化铅锌矿。美国使用巯基羧酸酯，法国使用羟肟酸作捕收剂浮选氧化铅锌矿的小型试验也获得良好的结果。8-羟基喹啉、水杨羟肟酸、α-亚硝基-β-萘酚等螯合剂也曾用于黑钨矿细泥的浮选，且取得了不错的指标。

国内外学者对于烷基磺化琥珀酰胺酸盐类螯合剂在锡石浮选中的应用研究均进行了述评。该类捕收剂有：（1）aerosol-22，（2）aerosol-18，（3）alcopol 540，（4）aeropromoter 845（类似 Aerosol，氰胺公司产），（5）aeropromoter 830，（6）aeroprometer 860，（7）S-3901，（8）acnapal 等，其中（1），（3），（4），（7），（8）已应用于生产。

膦酸和双膦酸类药剂是重要的氧化矿捕收剂，主要用于浮选锡钨等金属。有人研究用亚硝基-2-萘酚和亚硝基羟胺作黑钨、锡石、方解石的螯合捕收剂。

含白钨矿及锡石的重选精矿在分选时添加 EDTA 络合试剂（500g/t），可以提高其分选效果。所得白钨精矿 WO_3 品位为46.5%，回收率为91.07%；锡石精矿Sn品位为79.1%，回收率为98%。有人推荐（CA 104，190134）用一种双羧酸类捕收剂（804）浮选氟碳铈镧矿效果好。

在高级脂肪酸的α-碳原子上引入羟基（R—CH（OH）—COOH），氨基（R—CH（NH_2）—COOH），巯基（R—CH（SH）—COOH），磺酸基（R—CH（SO_3H）—COOH），或者在碳链的适当位置上用—NH—基或用甲氨基—N（CH_3）—取代一个氢原子后，增强活性使之变成带侧链的螯合剂，就很可能会出现对某些矿物的良好捕收作用。比如α-磺化脂肪酸、美地亚兰、伊基朋（Igepon）A或伊基朋T等就是如此。

白药（二苯基硫脲）是我们所熟知的硫化矿物的捕收剂，白药就是一个可以与多种金属离子形成金属螯合物的试剂。例如白药可以与锇作用：

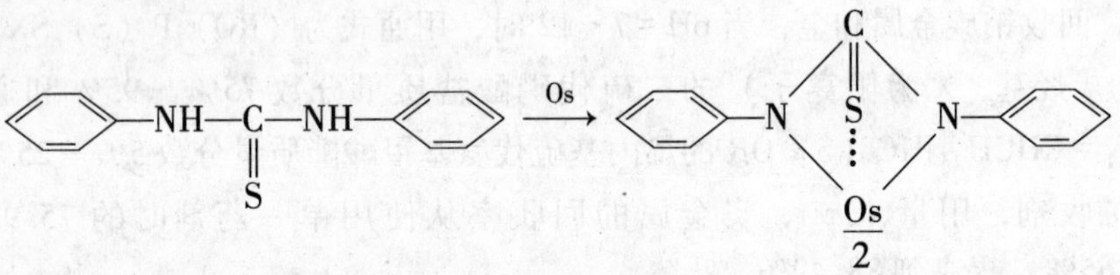

$$C_6H_5-NH-\underset{\underset{S}{\|}}{C}-NH-C_6H_5 \xrightarrow{Os} C_6H_5-N \cdots \overset{C}{\underset{\frac{Os}{2}}{S}} \cdots N-C_6H_5$$

二乙基胺甲醇黄药简称胺醇黄药，结构式为：

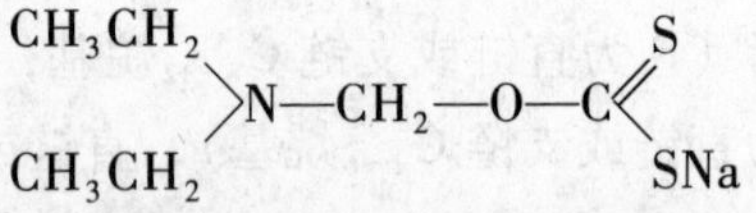

$$(CH_3CH_2)_2N-CH_2-O-C(=S)SNa$$

是一种浮选性能优良的硫化矿捕收剂。

二乙胺甲基黄药（胺醇黄药）可用二乙胺与甲醛缩合成二乙胺甲醇，再与 CS_2 和NaOH作用制得。反应式为：

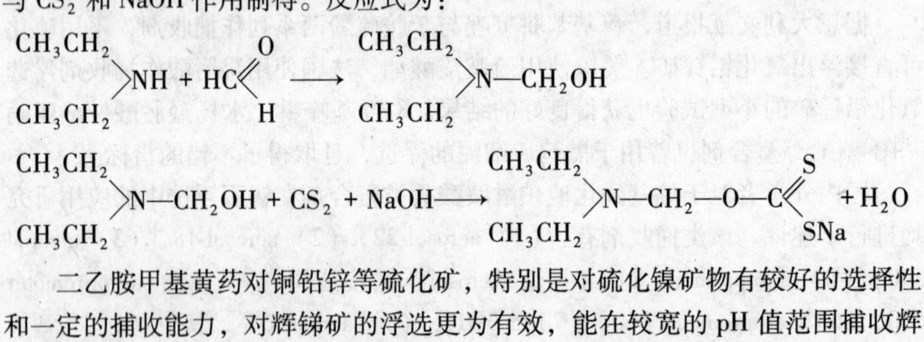

$$(CH_3CH_2)_2NH + HC(=O)H \longrightarrow (CH_3CH_2)_2N-CH_2OH$$

$$(CH_3CH_2)_2N-CH_2OH + CS_2 + NaOH \longrightarrow (CH_3CH_2)_2N-CH_2-O-C(=S)SNa + H_2O$$

二乙胺甲基黄药对铜铅锌等硫化矿，特别是对硫化镍矿物有较好的选择性和一定的捕收能力，对辉锑矿的浮选更为有效，能在较宽的pH值范围捕收辉锑矿，是锑砷矿物浮选分离的有效药剂。在浮选过程中能提高伴生贵金属的回收率。通过几种矿石的浮选试验指标的统计，可以得出，胺醇黄药的捕收性能优于普通烃基黄药，与其他捕收剂配合使用能改善选矿指标，提高选别效率。如胺醇黄药作为捕收剂浮选衡东铅锌矿，试验表明胺醇黄药能使铅锌回收率在原药剂制度的基础上分别提高 7% 和 13%。再如胺醇黄药应用于金川硫化镍矿的浮选工业试验，在两种药剂制度的黄药总用量相当的条件下，能使镍精矿品位提高 0.5% 左右，而对回收率影响不大。

胺醇黄药从其分子结构分析，与乙硫氮具有相似的疏水基。在酸性介质中 N 原子的独对电子以配位键形式给予溶液中的氢离子，形成带正电荷的离子，而分子的另外一端电离后带负电，因此在介质中呈现两性结构，在浮选过程中能与矿物表面的金属离子形成络合吸附或螯合吸附，增强其捕收及选择性。如对辉锑矿和砷黄铁矿的浮选分离，如图 9－4 所示，砷黄铁矿在整个 pH 值范围内可浮性极差，而辉锑矿在 pH <6 的介质中则有很好的可浮性。

胺醇黄药气味小，水溶性好，比烃基黄药稳定。这种药剂用量少，能减少废水的污染。

用水杨醛和苯胺在酒精中反应生成的黄色沉淀（经过滤去除酒精）所得的产品称作苯胺水杨醛西佛氏碱。作为选矿药剂，朱建光及其他人都曾作过报道。它的结构式为：

OH

—CH═N—

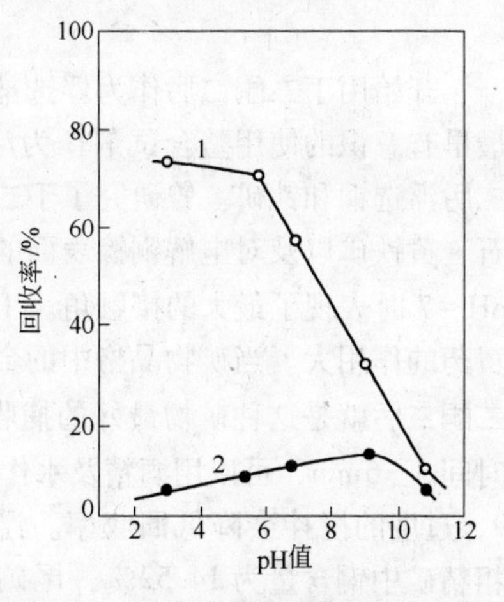

图 9－4 胺醇黄药浓度为 10mg/L 时辉锑矿（1）和砷黄铁矿（2）的回收率—pH 值关系

用这种药剂在自然 pH 值下浮选黑钨细泥，选择性和捕收能力与苄基胂酸相似，优于油酸钠，可从含 $WO_3$4.08% 的给矿中得到含 $WO_3$30.12%，回收率 91.5% 的粗精矿，经精选后可得到含 $WO_3$58.60%，回收率 85.0% 的黑钨精矿。

巯基苯骈噻唑以及咪唑、噁唑等一些杂环类化合物、肟类化合物、染料化合物等也是一类重要的螯合捕收剂。

9.3.1.3 有机肟（胲）药剂

作为肟类（═NOH）和胲类（—NOH）螯合捕收剂，主要介绍下列几种：

A 丁二酮二肟

丁二酮二肟（又名二甲基乙二肟）式（Ⅰ）是一种白色结晶，熔点 238℃（分解），是分析化学上一种最常用的镍离子试剂。每升水可溶解 0.5g（浓度为 5×10^{-3} mol/L），水溶液呈弱酸性，$pK_{HA}=10.54$。它与镍离子生成的沉淀物质也是典型的螯合物（式（Ⅱ），或内络合物）。这个反应的灵敏度很高，能在 400000 份水溶液中检验出 1 份镍的存在，而且这还不是反应的灵敏限量。丁二酮二肟可溶于水，一旦与金属镍离子形成螯合物以后，就显现不出镍离子的原有性质，像很多螯合物的性质一样，可以溶解于苯、凡士林油或四氯化碳等非极性的溶剂中，并且能够在真空中升华。

$$CH_3—C(=N—OH)—C(=N—OH)—CH_3 \xrightarrow{Ni^{2+}} \text{(II)}$$

(Ⅱ)：上部 $CH_3—C(=N{=}O)—C(=N—O)—CH_3$，下部 $CH_3—C(=N—O)—C(=N{=}O)—CH_3$，四个 N 与 Ni 配位，O—H⋯O 氢键连接上下两部分。

（Ⅰ）　　　　（Ⅱ）

开始用丁二酮二肟作为浮选捕收剂富集氧化镍矿是在1930年。这可能是最早有意识的使用螯合试剂作为浮选药剂的一个例子。1954年又试用丁二酮二肟浮选铜和铁矿。曾研究了丁二酮二肟对于辉铜矿、斑铜矿、黄铜矿、孔雀石、黄铁矿以及对电解铜镍表面的作用。丁二酮二肟在质量浓度为16.68g/L，pH =7时表现了最大的接触角。丁二酮二肟对增加矿物表面疏水作用的效果比黄药的作用大。当矿物晶格中的金属离子能够与丁二酮二肟形成络合物时，丁二酮二肟就是这种矿物最好的捕收剂。它的最大消耗量为100 ~200g/t，接触时间3 ~5min，可以用酒精及水作为它的溶剂，矿浆温度40 ~60℃，pH =5 ~9，过度的搅拌会降低回收率。浮选铜矿时（孔雀石），铜回收率为92.1%，粗精矿中铜含量为14.52%，尾矿含铜为0.178%，而用丁基黄药浮选同一铜矿时，回收率只有89.0%，铜含量为11.65%，尾矿含铜量0.246%。说明丁二酮二肟浮选氧化铜矿的优越性，但是由于丁二酮二肟药剂成本比较高，应用受到限制，后来又研究了丁二酮二肟对铁矿的选择性捕收作用。证明丁二酮二肟是铜、镍及亚铁矿物的最有效的捕收剂。它不与锌、铅及高铁盐作用。因此凡是含有锌、铅及高铁阳离子的矿物都不能被捕收。

与丁二酮二肟相近似的化合物有联糠醛肟和α-安息香肟。前者是离子浮选镍的捕收剂。α-安息香肟据报道对铜－钼矿石的浮选效果比丁基黄药，O-异丙基-N-甲基硫代氨基甲酸酯的效果都好。水杨醛肟，α-安息香肟和邻-氨基苯甲酸对异极矿的浮选具有明显的活化作用，在异极矿的胺法浮选中，用上述三种螯合剂活化比用硫化钠更具选择性。

$$C_4H_3O—CH(OH)—C(=N—OH)—C_4H_3O$$

联糠醛肟

$$C_6H_5—CH(OH)—C(=N—OH)—C_6H_5$$

α-安息香肟

B 水杨醛肟

另一个肟类螯合试剂曾试用为浮选药剂的是水杨醛肟式（Ⅲ）。1939 年曾试用于辉铜矿（Cu_2S）、铜蓝（CuS）、蓝铜矿［$2CuCO_3Cu(OH)_2$］、孔雀石（$CuCO_3 \cdot Cu(OH)_2$）及赤铜矿（Cu_2O）的浮选。浮选时所用纯矿物的粒度小于40 目，大于60 目。矿浆 pH =4 ~5。浮选时取硅酸盐脉石 50g 加入不同纯矿样0.5g，加水 200mL，松油用量每 50g 矿物加 2.5mg，所得结果如表9-16所列。

表 9-16 用水杨醛肟浮选各种铜矿的结果

被捕收的矿物名称	水杨醛肟用量	矿物产量/g	矿物回收率/%
孔雀石（0.5g）	0.01g（200g/t）	0.563	90
	0.05g（1000g/t）	0.736	97
铜蓝（0.5g）	0.01g（200g/t）	0.717	91.4
	0.05g（1000g/t）	1.093	97.6
蓝铜矿（0.5g）	0.01g（200g/t）	0.613	81.8
	0.05g（1000g/t）	0.739	95.6
赤铜矿（0.5g）	0.20g（4kg/t）	1.091	89.7
	0.50g（10kg/t）	1.393	78.0
辉铜矿（0.5g）	0.1g（2kg/t）	1.390	91.7

由表9-16 的结果可以看出，水杨醛肟对多种铜矿与硅酸盐脉石的分选效果很好。它作为捕收剂选择性较好。不但如此，对同样脉石与其他金属氧化矿及碳酸盐矿物的分选，也有同样的效果。但是如果水杨醛肟分子中的酚基为甲氧基取代式（Ⅳ），或者酚基处于间位式（Ⅴ）或对位式（Ⅵ），就不能达到分选的目的。显然水杨醛肟与铜离子的螯合作用起着主导作用式（Ⅶ）。

庚醛肟式（Ⅷ）与辛醛肟式（Ⅸ）也同样有较好的分选能力，但对其作用机理还未能加以解释。

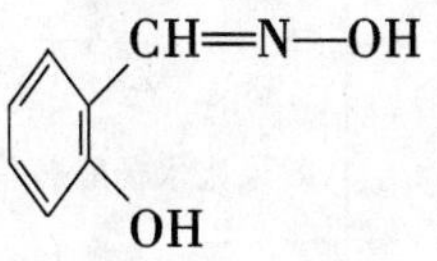

CH═N—OH
OH
（Ⅲ）

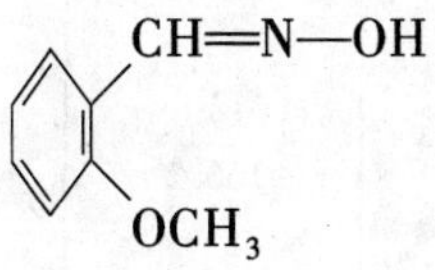

CH═N—OH
OCH_3
（Ⅳ）

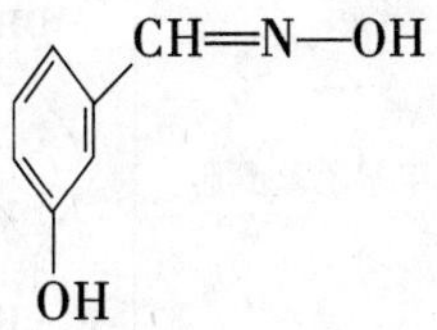

CH═N—OH
OH
（Ⅴ）

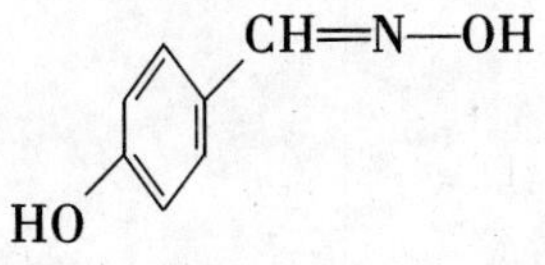

CH═N—OH
HO
（Ⅵ）

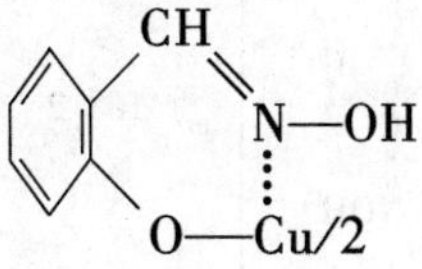

CH
N—OH
O—Cu/2
（Ⅶ）

$$CH_3(CH_2)_5—CH═N—OH \qquad CH_3(CH_2)_6—CH═N—OH$$

（Ⅷ）　　　　　　　　　　（Ⅸ）

Somasundaran 等人在水杨醛肟的基础上，研究了芳香基羟肟类水溶性螯合剂（见表9－17所列）取代基配置、电负性产生的吸电子诱导效应，对硅孔雀石捕收效果的影响，如图9－5所示。

表9－17　各种羟肟的结构及水溶解度

名　　称	结构式	相对分子质量	水溶解度 /mol·L^{-1}	备　注
水杨醛肟	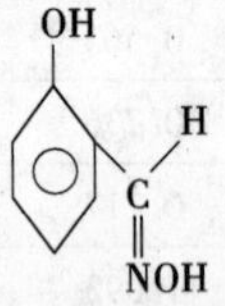 OH, H, C═NOH	137.1	2×10^{-1}	
邻-羟基乙酰苯酮肟	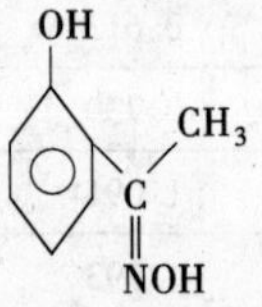 OH, CH_3, C═NOH	151.2	4.5×10^{-3}	
邻-羟基丁苯酮肟	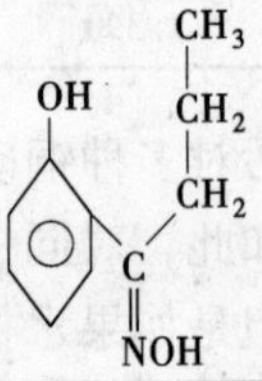 OH, CH_3, CH_2, CH_2, C═NOH	179.2	5.0×10^{-4}	
邻-羟基二苯酮肟	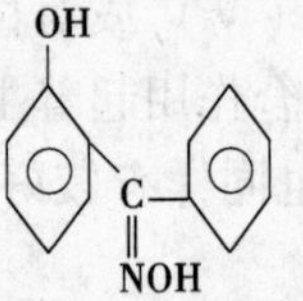 OH, C═NOH	213.2	1.5×10^{-4}	效果优于水杨醛肟
2-羟基-5-甲基乙苯酮肟	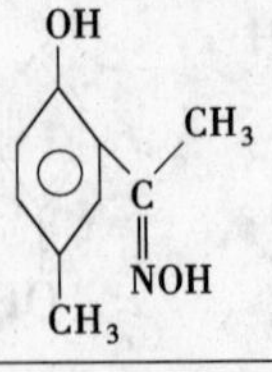 OH, CH_3, C═NOH, CH_3	166.2	3×10^{-4}	效果比水杨醛肟差
2-羟基-5-甲氧基苯甲醛肟	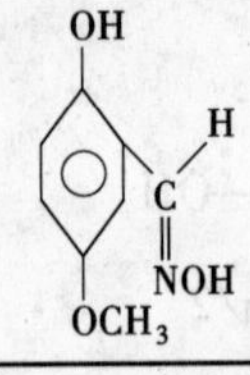 OH, H, C═NOH, OCH_3	168.2	5×10^{-8}	

续表 9 - 17

名　称	结构式	相对分子质量	水溶解度 /mol · L^{-1}	备　注
2-羟基-1-萘甲醛肟	H C NOH OH	189.2	1×10^{-4}	
邻 - 羟基环己酮肟	NOH OH	129.0	约 1.0	

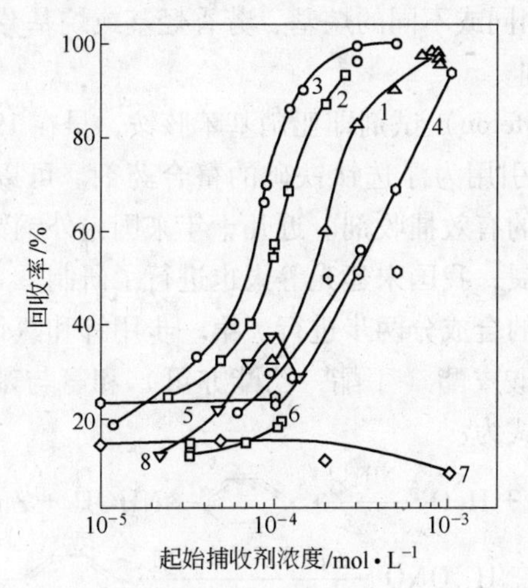

图 9 - 5　水杨醛及各种取代基配置对硅孔雀石的浮选结果

1—水杨醛肟；2—邻-羟基乙酰苯酮肟；3—邻-羟基丁酰苯酮肟；4—2-羟基-5-甲基乙酰苯酮肟；5—2-羟基-5-甲氧基甲酰苯酮肟；6—2-羟基-1-萘醛肟；7—邻-羟基环己酮肟；8—邻-羟基苯酮肟

有人用哈里蒙德管在不同 pH 值和两种捕收剂浓度下对闪锌矿、菱锌矿和白云石进行了浮选试验。测定了 5-烷基水杨醛肟类在各矿物表面上的吸附作用，并绘制了 5-丁基水杨醛肟的吸附等温线。结果表明，5-烷基水杨醛肟类在各矿物表面上的吸附强度按如下顺序减少：菱锌矿，闪锌矿，白云石。并在哈里蒙德管中进行了 5-烷基水杨醛肟类的烃基链长和捕收力之间的关系的浮选研究。以菱锌矿与白云石的浮选速率差为标准，在所研究的参数范围内，5-丙基水杨醛肟的浮选选择性最好。调整 pH 值可导致吸附和浮选结果的改变。

还有人用水杨醛肟和铜铁灵混合捕收剂对菱锌矿进行浮选，并应用高效液相色谱分析技术，对各药剂间的协同作用机理进行了探讨。认为铜铁灵先吸附在矿石表面，水杨醛肟在其表面吸附形成“复合半胶团”，这种“复合半胶团”的存在使菱锌矿的浮选能力大大提高，即产生了协同作用。“复合半胶团”中药剂有一定的比例，当两种药剂的用量为这一比例时，形成的“复合半胶团”数目最多，菱锌矿的回收率达到最大值。

除此之外，还有人提出用硫代水杨酰胺的衍生物作为硫化矿的浮选药剂，据报道可以提高浮选活性，并可以降低药剂的毒性。结构式为：

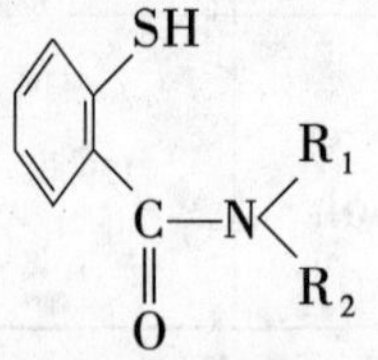

$$\text{C}_6\text{H}_4(\text{SH})\text{—C(=O)—N}\begin{matrix}R_1\\R_2\end{matrix}$$

式中，R_1，R_2 为相同或不同的烷基、芳香烃基或烷基芳基。

C 铜铁灵试剂

铜铁灵（Cuperferon）试剂即亚硝基苯胲铵，早在1927年就曾用于锡石浮选。30年后又有人引用为浮选钛铁矿的螯合药剂。可以与煤油及硫酸化皂混合使用作为钛铁矿的有效捕收剂。近几十年来国内外铜铁灵的制备与试验应用研究又有了新的发展，我国朱建光等人也进行了研制。

亚硝基苯胲铵的合成分两步进行。第一步用锌和氯化铵将硝基苯还原为苯胲，第二步用亚硝酸戊酯（丁酯，乙酯亦可）和氨与苯胲作用，生成亚硝基苯胲铵盐。其反应式为：

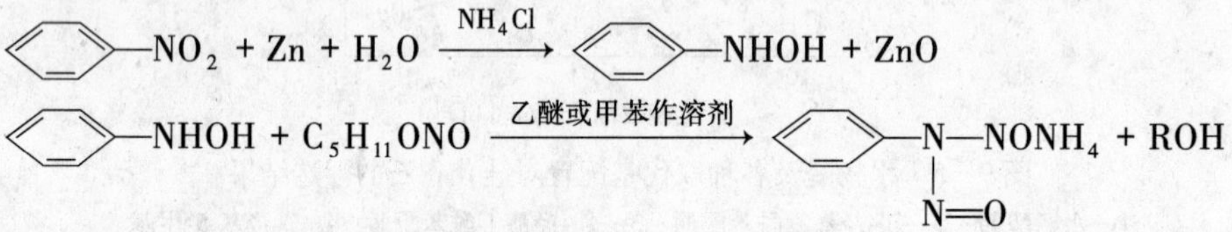

$$\text{C}_6\text{H}_5\text{—NO}_2 + \text{Zn} + \text{H}_2\text{O} \xrightarrow{\text{NH}_4\text{Cl}} \text{C}_6\text{H}_5\text{—NHOH} + \text{ZnO}$$

$$\text{C}_6\text{H}_5\text{—NHOH} + \text{C}_5\text{H}_{11}\text{ONO} \xrightarrow{\text{乙醚或甲苯作溶剂}} \text{C}_6\text{H}_5\text{—N(N=O)—ONH}_4 + \text{ROH}$$

溶剂和反应生成的醇可以回收。

用铜铁灵为捕收剂浮选大厂车河选厂锡石细泥，在自然pH值条件下，不加任何调整剂，可以从含Sn1.07%的给矿中得到含Sn27.89%，回收率91.80%的锡精矿。

用测定ζ-电位、红外光谱、计算基团电负性等方法研究亚硝基苯胲铵的浮选作用机理得知，捕收剂在矿物表面的吸附是捕收剂基团中的两个氧原子与矿物表面的金属离子发生螯合作用而固着于矿物表面，烃基疏水而起捕收作用。

这类捕收剂在锡石和方解石表面均能发生螯合作用，但由于亚硝基苯胲钙在水中特别是热水中的溶解度大，并且是含结晶水的化合物，而锡盐的溶解度小，因此，对锡石的捕收能力强，而对方解石捕收能力弱。试验证明，单用亚硝基苯胲铵和2号油，在自然pH值条件下，就能使方解石和锡石分离。特别是经过40min的调浆，温度可升高8~10℃，方解石表面亚硝基苯胲钙的溶解度增加，从而方解石受到抑制，使两矿物更好地分离。

由于亚硝基苯胲铵生产过程存在毒性治理问题，其推广使用会受到影响。但药剂的效果说明螯合剂的特殊性能保证药剂的选择性。

北京矿冶研究总院的CF药剂，其主要成分也是N-亚硝基-N-苯胲铵盐，用于柿竹园黑白钨矿浮选。试验表明，它除了对柿竹园粗细粒黑白钨矿具有较强的捕收能力外，对萤石和方解石具有较好的选择性，目前已成功地应用于柿竹园黑白钨矿浮选生产中，并已建成年产量100t的药剂生产基地。

CF药剂对菱锌矿和白铅矿浮选选择性好，在合适的调整剂配合下，能较好地将菱锌矿、白铅矿与方解石、白云石、石英和褐铁矿分离。

谭欣、李长根等初步探讨了螯合捕收剂CF对氧化铅锌矿及含钙、镁、铁、硅的脉石矿物的捕收性能，并系统地研究了氧化铅锌矿物浮选过程中各种因素的影响。试验结果表明，CF是菱锌矿和白铅矿的有效捕收剂，对方解石、白云石、石英和褐铁矿具有良好的选择性。以螯合剂CF为捕收剂，六偏磷酸钠和硫酸锌盐化水玻璃为抑制剂，在常温下的自然pH值矿浆中不需要加温和预先用硫化钠硫化就能较好地实现氧化铅锌矿物与方解石、白云石、褐铁矿和石英的浮选分离。多元矿物混合物的浮选分离验证了该方法的可行性。

朱建光等人还报道了用铜铁灵浮选硫酸铅和菱锌矿的研究。用铜铁灵作捕收剂浮选硫酸铅、菱锌矿、方解石、石英单矿物和混合矿，得到了较好的结果。并通过测定ζ-电位和采用红外光谱等手段，研究了铜铁灵浮选菱锌矿的作用机理。结果表明，铜铁灵与菱锌矿表面发生化学吸附。

加拿大有人研究用烷基铜铁灵浮选铀矿。研究铜铁灵对铀矿的吸附作用。

9.3.1.4 巯基苯骈噻唑

巯基苯骈噻唑属杂环类化合物，是含有噻唑环、巯基的一个重要的捕收剂，在浮选捕收性质上与黄药及白药相类似。其结构式为：

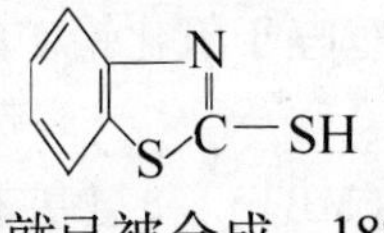

巯基苯骈噻唑早在19世纪就已被合成，1887年已经引用于分析化学测定铅。目前它是测定多种金属包括铜、铅、铋、钴、镍、镉、金、汞、铊的沉淀试剂。在多数情况下，都是通过螯合作用与金属离子形成盐：

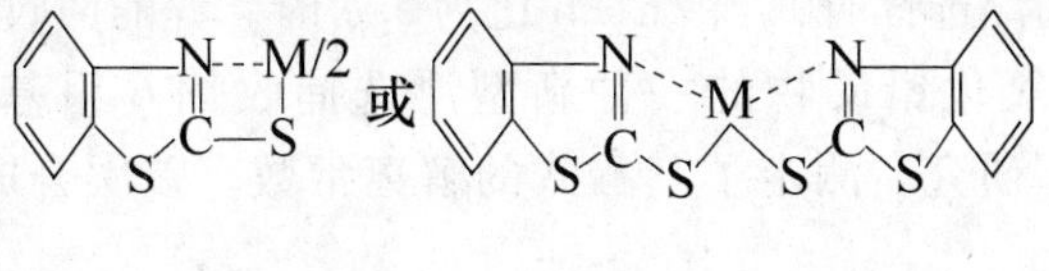

在化学工业上，它又是重要的橡胶促进剂。作为选矿药剂用，在国外的名称有404号药剂、405号药剂或Flotagen AC-400等。

纯的巯基苯骈噻唑为白色针状或叶片状结晶，熔点179℃，不溶于水，稍溶于酒精、乙醚及冰醋酸，溶于氢氧化钠及碳酸钠。化工用品为黄色粉末，密度1.42g/cm^3，无毒，熔点170～175℃。

巯基苯骈噻唑的制备方法途径很多。小量制备可以用1份偶氮苯与2.5份二硫化碳混合，在封闭管内加热至260～270℃，5h，反应完毕后，打开管子，使过量二硫化碳逸出。常用方法，取苯胺（93g）与二硫化碳（76g）及硫磺（32g）共置于压力釜内，保持温度270℃左右，相当于4000kPa（40atm），反应2h，产物加苛性钠溶解，再用酒精、盐酸以类似上述的方法加以精制，产量128g，产率76.6%。反应式为：

$$C_6H_5NH_2 + CS_2 + S \longrightarrow C_6H_4\langle_{S}^{N}\rangle C{-}SH + H_2S\uparrow$$

在浮选工业中，巯基苯骈噻唑主要用于浮选铜和锌的硫化矿，多使用它的水溶性钠盐。与黑药或丁基黄药混合使用，不加硫化剂即可用于浮选碳酸铅矿（白铅矿）。与硫化钠一起用于氧化铜矿石的浮选。用巯基苯骈噻唑浮选白铅矿及孔雀石时，最好没有游离碱存在，而在浮选硫酸铅矿时，最好在碱性矿浆中进行，例如浮选含有硅孔雀石的智利铜矿石，矿石中每含有100g的铜金属，可加入0.1～1g的硫化钠（或硫化钾），1～10g的巯基苯骈噻唑钠及2～15g硫酸铜进行浮选。硅孔雀石在硫化之后，也可以在弱碱性矿浆中用巯基苯骈噻唑及31号黑药进行浮选。

巯基苯骈噻唑在选矿厂使用时，一般用量为20g/t左右，以日本的选矿厂为例，细仓选矿厂（选Au、Ag、Cu、Pb、Zn、S）的用量为12g/t，生野选矿厂（选Au、Ag、Cu、Pb、Zn、Sn）的用量为22g/t，豊羽选矿厂（选Ag、Pb、Zn）的用量为21g/t。但南美玻利维亚的加克瑞拉选矿厂（选Cu）的用量高达167g/t。使用巯基苯骈噻唑于氧化铅矿的浮选，也使现有的这一类型的捕收剂的选择性范围扩大了。

Baralaro对巯基苯骈噻唑（MBT）和氯基苯硫酚（ATP）的捕收性能进行了比较，结果表明，MBT对铅的选择性好，ATP对锌的选择性好。在用MBT作捕收剂浮选铅矿物时，当Pb/Zn比为5.8时，铅的回收率可达87.4%。在用ATP作捕收剂浮选锌时，当Zn/Pb比为5.5时，锌的回收率可达83.6%。

Nowak等对氧化铅矿物的一种新型浮选捕收剂6-甲基-2-巯基苯骈噻唑（MMBT）进行了研究。测定了其酸式的解离常数。首次合成和表征了MMBT

与铅的两种不溶性的铅络合物，并测定了其可溶性产物。根据这些铅盐与水溶液之间的平衡的数据和文献资料，对 MMBT 溶液和不溶性铅盐的体系的化学平衡进行了计算，并将可能会形成铅矿物或可能在方铅矿的表面上以氧化产物的形式存在的铅盐考虑了进去。以分布图的形式表示出了不同组分存在的范围和不同条件下 MMBT 的平衡浓度。对计算结果与用傅里叶变换红外内反射光谱测定的 MMBT 溶液与氧化方铅矿表面的相互作用的结果进行了比较。

Cozza 等采用 X 射线光电子能谱法（XPS）研究了合成浮选捕收剂 K-MBT 在白铅矿上的吸附作用。其吸附机理包括：矿物表面的 Pb 离子和药剂的官能螯合基团之间形成了一种螯合化合物；Pb 可能通过与 N 原子和最邻近的 S 原子形成配价键与噻唑环连接。

Marabini 等用含有一个 Pb 的螯合基团和一个直烃链的巯基苯骈噻唑研究了白铅矿的浮选。吸附等温线的形状表明，捕收剂对矿物阳离子强烈的化学亲和力克服了矿物表面的不均匀性。未经预先硫化，白铅矿的浮选就获得了良好的效果，回收率较高，而捕收剂耗量为常规用量。捕收剂的最佳初始浓度为 1×10^{-4}mol/L，相当于矿物表面的单层覆盖。

存在于辉绿岩脉石中的辉钴矿、砷钴矿及钴华（含钴 2.6%），在碱性矿浆中，用巯基苯骈噻唑、松油及硫酸铜等药剂可以分选钴，所得的精矿含钴 17.8%，回收率 84%，缺点是浮选速度缓慢。

必须注意：巯基苯骈噻唑的钠盐易溶于水，而遇酸则析出不溶于水的游离碱，因此，用巯基苯骈噻唑进行浮选时，矿浆必须是碱性。

另一个专利介绍的硫化矿捕收剂，N，N-二乙基-2-苯骈噻唑亚磺酰胺，只保留苯骈噻唑环，其结构式为：

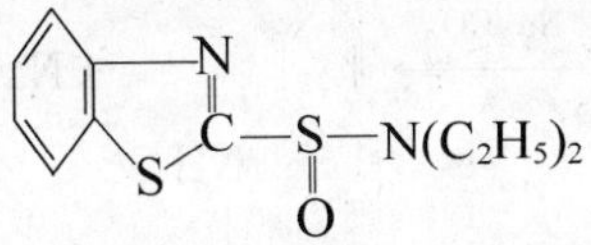

$$\text{(benzothiazole ring)}-\overset{}{C}-\underset{\underset{\displaystyle O}{\|}}{S}-N(C_2H_5)_2$$

巯基苯骈噻唑的另一个衍生物巯基苯骈噻唑的硫代磷酸盐，据介绍，可作为硫化铜矿、黄铁矿、辉钼矿或铂族金属细磨矿石的捕收剂。系用二硫代磷酸二异丁酯（异丁醇与五硫化二磷的摩尔比为 4∶1）与巯基苯骈噻唑及苛性钠（或苛性钾）水溶液混合，放出硫化氢，加热促使硫化氢释放完全，但不能蒸干，溶液的 pH 值要大于 11，硫代磷酸盐与苯骈噻唑的总和质量分数要大于或等于 50%。过滤后溶液的 pH 值为 11.5，碘值为 21~24，固体含量为 40.5%，在 0~43℃ 下可保存 6 个月不变质。用此溶液浮选一种铜矿（铜品位为 2.54%~2.62%），其精矿中铜品位为 23.88%~25.41%，尾矿品位为 0.33%~0.34%，回收率为 88.2%。如果添加的是药剂的干燥粉末，回收率为85.7%~86.5%。

巯基苯骈噻唑的同系物——巯基萘骈噻唑结构式为：

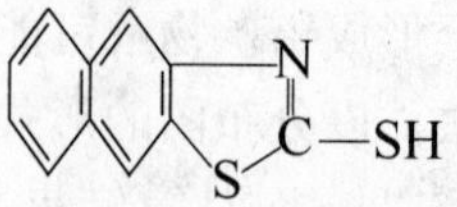

$$\text{(naphtho-thiazole ring)}\ \overset{N}{\underset{S}{C}}—SH$$

据文献资料报道，该药剂也是有色金属氧化矿的有效捕收剂。制备比较简单。用β-萘胺与二硫化碳及硫在高压釜中220℃下作用即可。这个捕收剂特别适用于富含贵金属的铜及铅矿。

9.3.1.5 1-苯基-2-巯基苯骈咪唑

1-苯基-2-巯基苯骈咪唑（以下简称“咪唑”）是一种白色固体粉末，难溶于水、苯及乙醚，易溶于丙酮、乙醇、热碱（如苛性钠、硫化钠等）及热醋酸中。它是浮选氧化铜矿（主要是碳酸铜和硅酸铜）以及难选的硫化铜矿的新型捕收剂。对金、铂等金属矿也有捕收作用。

据说巯基苯骈咪唑捕收剂特别适用于浮选闪锌矿，用量小于450g/t。加入球磨机中一起研磨，用量还可以减少。例如在浮选铅的尾矿中（含锌0.67%），加入约5g/t的巯基苯骈咪唑，浮选粗精矿中锌品位达到44.41%，而尾矿只含锌0.17%，回收率97.5%。用于浮选铜矿（含铜3.4%）时，先加石灰磨矿再浮选，回收率达96%~98%，也用于浮选方铅矿，但不适用于浮选铅锌矿。

该药剂的合成方法为：

(1) 胺化反应，合成邻硝基二苯胺：

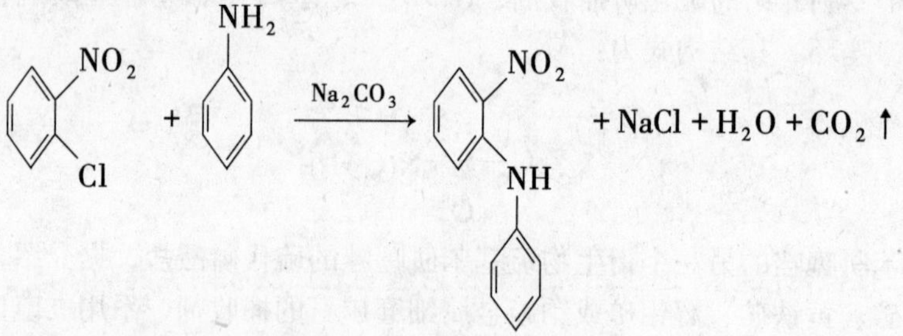

$$\text{(o-}NO_2\text{-}C_6H_4\text{-}Cl) + C_6H_5NH_2 \xrightarrow{Na_2CO_3} \text{(o-}NO_2\text{-}C_6H_4\text{-}NH\text{-}C_6H_5) + NaCl + H_2O + CO_2\uparrow$$

(2) 还原反应，合成邻胺基二苯胺：

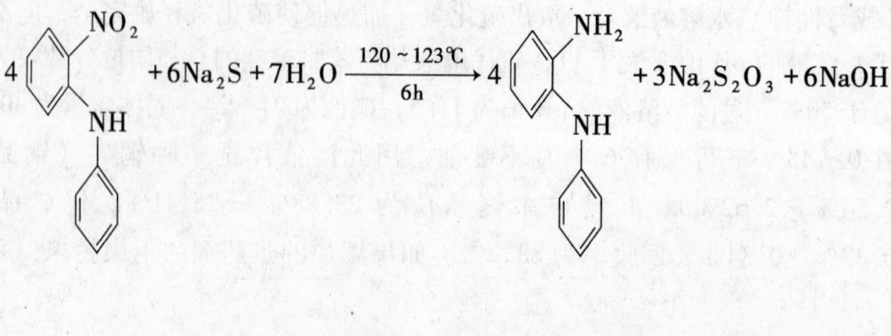

$$4\,\text{(o-}NO_2\text{-}C_6H_4\text{-}NH\text{-}C_6H_5) + 6Na_2S + 7H_2O \xrightarrow[6h]{120\sim123℃} 4\,\text{(o-}NH_2\text{-}C_6H_4\text{-}NH\text{-}C_6H_5) + 3Na_2S_2O_3 + 6NaOH$$

(3) 缩合（与CS_2）重排：

$$\text{C}_6\text{H}_4(\text{NH}_2)(\text{NH}-\text{C}_6\text{H}_5) + CS_2 \xrightarrow[5h]{(40\pm1)℃} \text{C}_6\text{H}_4(\text{NH}-\text{C}(=S)-\text{SH})(\text{NH}-\text{C}_6\text{H}_5) \xrightarrow[\substack{-H_2S \\ (90\pm1)℃ \\ 2h}]{\text{分子重排}} \text{1-苯基-2-巯基苯骈咪唑}$$

1-苯基-2-巯基苯骈咪唑

该药剂曾在不少矿山进行推广试验，获得了良好效果。试用于五龙金矿四道沟选厂，选金工业试验证明，在单独使用“咪唑”的情况下，与黄药相比（药剂用量都是100g/t），金回收率提高0.65%，精矿品位则大幅度提高，增加了18.77g/t。说明“咪唑”对金捕收力强，选择性也强，操作也稳定。试用于华铜铜矿难选矿石，与黄药相比，可提高回收率10%左右，效果显著。东川矿务局中心试验所用汤丹矿氧化铜矿石进行了扩大连续试验，当“咪唑”用量为836g/t时，可提高铜回收率3%左右。“咪唑”与黄药混合试用，对落雪氧化铜矿，回收率提高3.22%；对因民氧化铜矿，回收率提高2.72%。

国外资料也证明，1-苯基-2-巯基苯骈咪唑用于浮选硅酸铜及碳酸铜矿效果很好，原矿铜品位为1.77%，浮选后回收率提高，接近90%。

咪唑药剂制备成本较一般黄药高，如能采用组合用药，降低用药成本，提高选矿回收率，不失为一个好方法。

9.3.1.6 染料的选矿应用

染料大多数都是结构比较复杂的有机化合物，它的主要用途众所周知。某些染料可以被一定的矿物所吸附，也是早已熟知的事实。例如水合硅酸盐矿物可以被盐基性染料染色，硅孔雀石及其他胶体性矿物可以吸附复红B、次甲蓝、甲基绿等盐基性染料。

染料在很低浓度时，远较无机离子易为矿物表面所吸附，其吸附的程度又常受到少量的其他离子的影响。曾有人证明，当硫酸铅吸附一种红色染料（丽春红S，ponceau red S）时，在固体表面每6个铅离子吸附1个染料离子。如果溶液中铅离子的浓度增大，吸附作用也可能随之增加，说明吸附作用并不仅仅是由于染料的分子大。在吸附过程中，只是染料的阳离子从溶液中消失，吸附在矿物表面，相应的，在溶液中的氢氧基与硫酸离子增多了。

染棉织品的色基染料（又称沉淀染料），在使用时，先用铝、铁铬等金属的氢氧化物沉淀在棉布上，然后，再用这种染料，例如茜素染料，吸附在棉布上，显示出不同的色泽。就一般说，离子越大吸附越强。染料的离子是较大的，它们在物质表面的吸附不只是由于它们的极性基团，染料分子的其他部分，通过范德华引力也起作用。色基色素的形成，主要是与金属离子形成螯合物所致，例如土耳其红色基就有如下结构：

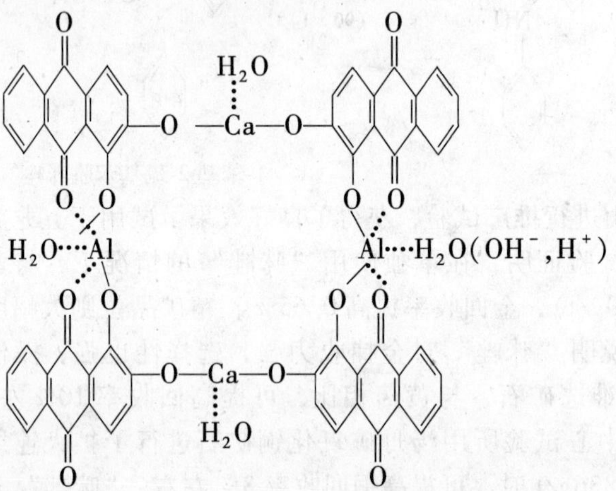

早在1947年，人们就试用酸性染料（阴离子）、盐基性染料（阳离子）及瓮染染料作为浮选捕收剂。酸性染料，其中主要是酸性偶氮染料及樱草灵（primulin，式Ⅰ）染料都具弱捕收性，其中只有酸性间胺黄（Metanil Yellow，式Ⅱ）例外，用后者的1%水溶液加盐酸酸化（0.5份酸对1份染料溶液），所得酸性染料溶液以30g/t量的倍数，浮选粒度为小于0.088mm的萤石，当染料溶液由90g/t增至510g/t时，萤石的回收率也从76%增至85%。用量为540g/t时，总回收率增加至90%~92%，浮选时不用松油作起泡剂。

盐基性染料包括碱性菊橙（苯二胺偶氮苯 Chrysoidine，式Ⅲ）、俾斯麦棕式（Ⅳ）、三苯甲基染料（孔雀石绿、甲基紫、晶紫等）、藏红式（Ⅴ）、次甲蓝式（Ⅵ）等，以盐或游离基形式可用于浮选石英。其中孔雀绿式（Ⅶ）、甲基紫、晶紫式（Ⅷ）成游离基形式时可作为石英的捕收剂。所有石英尽管来源不同，纯度及粒度不同，并不影响所得结果，回收率达90%~95%。

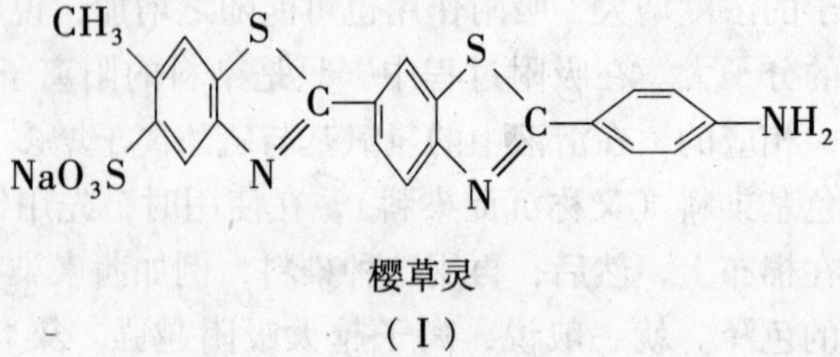

樱草灵

（Ⅰ）

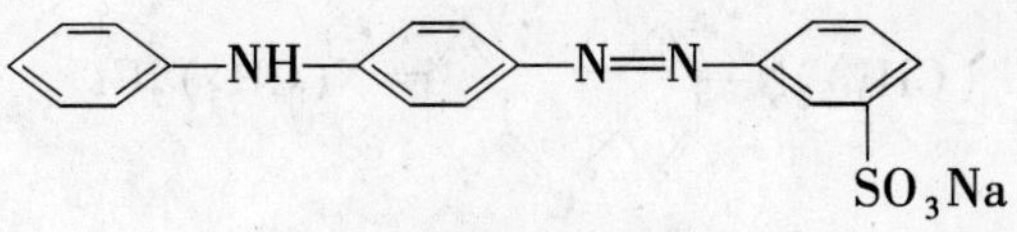

酸性间胺黄

（Ⅱ）

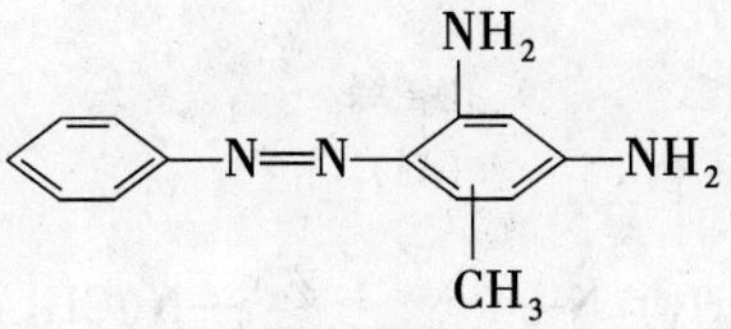

碱性菊橙

（Ⅲ）

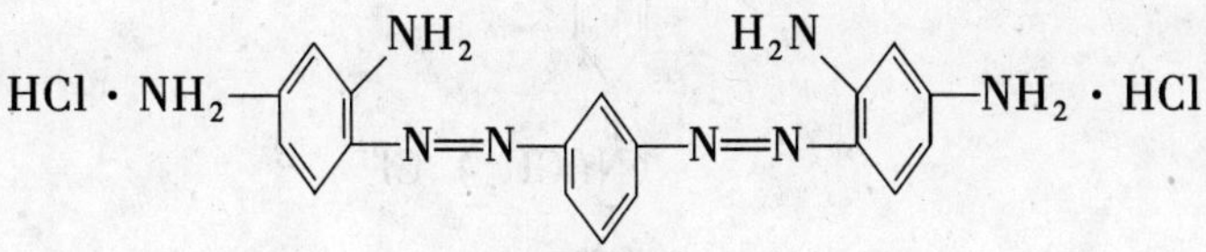

俾斯麦棕

（Ⅳ）

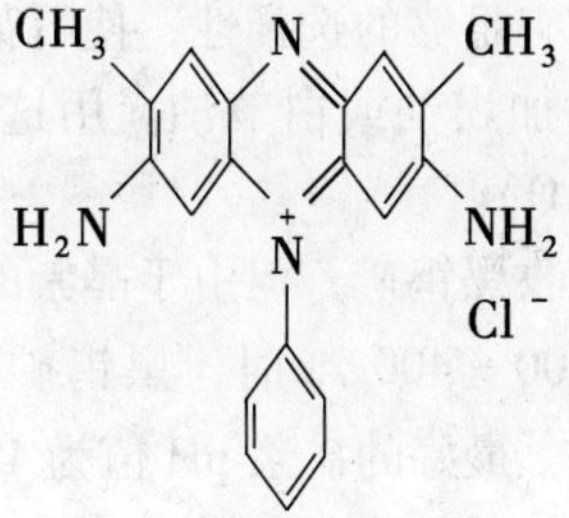

藏红

（Ⅴ）

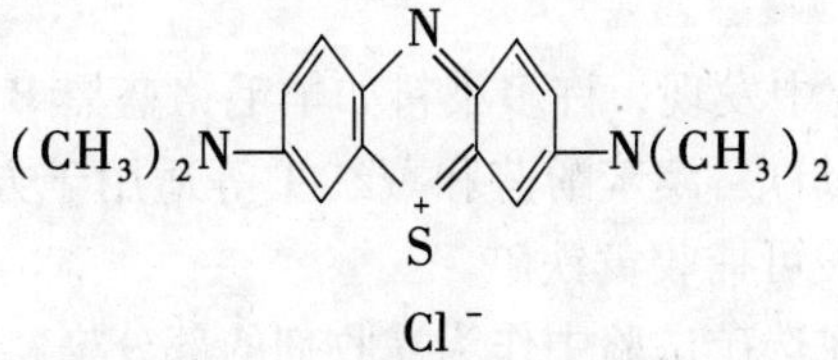

次甲蓝

（Ⅵ）

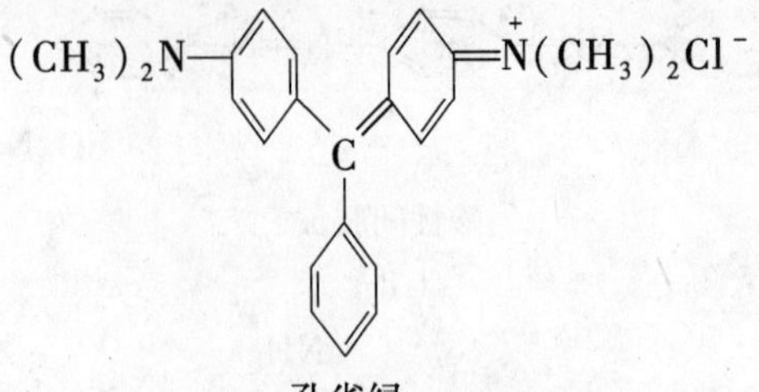

$(CH_3)_2N$— —$\overset{+}{N}(CH_3)_2Cl^-$

C

孔雀绿

（Ⅶ）

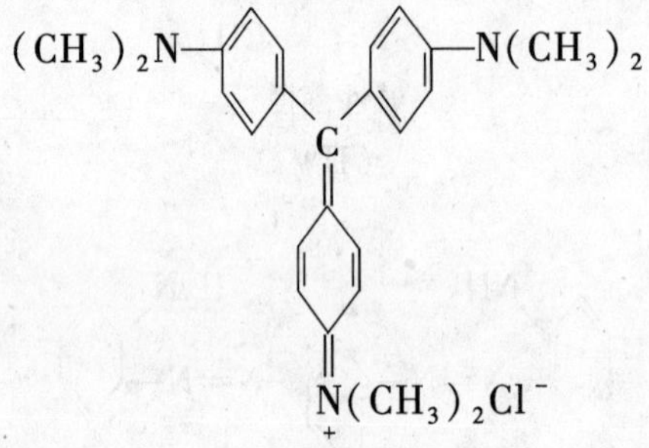

$(CH_3)_2N$— —$N(CH_3)_2$

C

$\underset{+}{N}(CH_3)_2Cl^-$

晶紫

（Ⅷ）

所用的药剂用量，染料200g、酒精400~500g、煤油800~900g/t，浮选时矿浆为碱性。这些染料具有足够的选择性，使石英与方解石及长石分开。由萤石中分离石英时，需要添加煤油或白节油。用这些染料也可以浮选钒铀矿（$K_2O \cdot 2U_2O_3 \cdot V_2O_5 \cdot 3H_2O$）。

晶紫染料还可以浮选捕收黑钨矿，但由于晶紫的疏水性不足，同时还要添加煤油。当晶紫的用量为300~400g/t时，黑钨矿和钨酸锰矿的回收率可达80%~90%。对黑钨矿来说，最好的矿浆pH值为4~8，对钨酸锰矿来说，最好的pH值为4，萤石和磷灰石等含钙矿物，在这种pH值范围内也被浮起，但量不大。与晶紫相类似的其他三苯甲烷基染料捕收钨酸锰矿的效果比晶紫还要好些。在精选阶段，当矿浆中石英和长石量不多时，这一类的染料都可以作为捕收剂使用。

Sengupta等在研究中发现，许多染料如羊毛铬蓝黑B、二苯胺磺酸钡、荧光磺酸（fluorescein acid）、澳苯酚蓝和藏红T等适用于方铅矿和闪锌矿浮选。在氧化条件下荧光磺酸可捕收黄铁矿。

表9-18列出了在选矿试验中作为捕收剂的部分染料名称，表明部分染料有希望作为选矿药剂使用。

表 9-18 曾试作浮选捕收剂的部分染料

染料名称	外文名称	浮选应用	备注
烷基三苯甲烷染料	alkyl triphenyl methane dyes	硅酸铜捕收剂 脉石抑制剂	CA 42 5815 (1948), 4005 (1948) CA 42 2139 (1949) 美国专利 2211686
晶紫	crystal violet	石英捕收剂 黑钨矿捕收剂	CA 42 4005 (1948) CA 75 100086 (1971)
溴苯酚蓝和藏红 T		方铅矿、闪锌矿浮选	Int J Miner Process, 1988 (1-2): 151-155
苯胺棕(俾斯麦棕)	aniline brown	石英捕收剂 黑钨矿捕收剂	CA 42 4005 (1948) CA 75 100086 (1971)
苯胺蓝	aniline blue	辉钼矿抑制剂	美国专利 2095967
碱性亮绿	brilliant green	赤铁矿选择性活化剂 硅孔雀石捕收剂	Min Technology, 1946, 274 The Min J, 1960, 145
若丹明 3B extra	rhodanmine 3B extra	钾盐捕收剂	德国专利 1076593, 348954
酸性间胺黄	metanil yellow	萤石捕收剂	CA 42 4005 (1948)
藏红	safranen	石英捕收剂	CA 42 4005 (1948)
羟基次甲蓝	hydroxy - methylene blue	硅酸锌捕收剂	CA 49 12235 (1955)
碱性菊橙	chrysoidine	石英捕收剂	CA 42 4005 (1948) 澳专利 86639
偶氮染料类	azo - dyes	菱镁矿捕收剂 (单独或与脂肪酸混用)	德专利 945081 奥专利 86639
荧光黄酸	fluorescein acid	方铅矿、闪锌矿、氧化黄铁矿捕收剂	Int J Miner Process, 1988 (1-2): 151-155
二苯胺磺酸钠		方铅矿、闪锌矿捕收剂	Int J Miner Process, 1988 (1-2): 151-155
毛铬蓝黑 B 等		方铅矿、闪锌矿捕收剂	中南工大,选矿综合年评.第六届全国选矿年评报告会论文集,1991

9.3.1.7 8-羟基喹啉

8-羟基喹啉式(Ⅰ)是典型的螯合试剂。早在 1881 年就已经合成出来,1926~1927 年用作分析金属离子的试剂。可用于检定铝、锑、铍、铋、镉、钙、铜、镓、钼、铼、钍、钨、铀、钒、锌、锆,并且可用于定量分析铝、锑、铍、铋、镉、铈、铬、钴、铌、铜、镓、铟、铁、铅、锂、镁、钼、镍、磷、稀土元素、钌、硅、钍、钛、钨、铀、钒、锌及锆等金属离子。

8-羟基喹啉与多种金属离子的沉淀或生色反应主要依靠它的螯合作用，羟基位置的任何改变，或者用甲氧基代替羟基，立即失去这种作用。8-羟基喹啉的杀菌作用及杀霉菌作用，在19世纪末即已发现，直到1943年，才认识这种作用是由于8-羟基喹啉捕捉了微生物代谢所必需的微量金属所致。同样也证明了，凡是有抗菌作用的羟基喹啉化合物都能与微量金属形成螯合物质（式Ⅱ），而不能形成螯合作用的都是无效的。8-羟基喹啉也是重要的医药品。

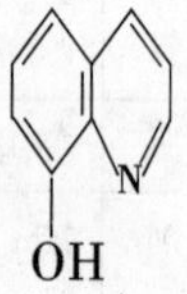

（Ⅰ）

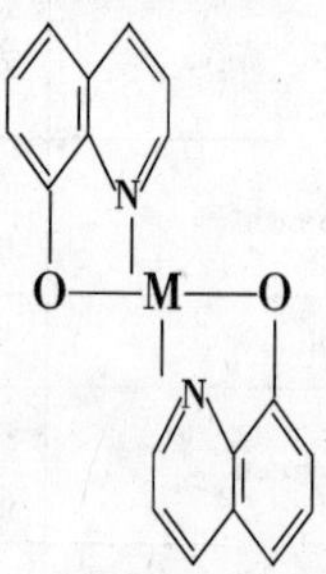

（Ⅱ）M＝金属离子

8-羟基喹啉浮选上作为捕收剂的性能，早在1942～1944年间曾经做过仔细研究，1959年以后，由于稀有元素矿物的浮选问题提到一个新的高度，8-羟基喹啉的研究应用又重新引起注意。

8-羟基喹啉为白色结晶物质，熔点74～76℃，沸点267℃。它几乎不溶于水及乙醚，但易溶于酒精、丙酮、氯仿、苯及多种无机酸的水溶液中，它极易溶于醋酸，与多种金属形成难溶于水的、多数带有颜色的螯合物，如式（Ⅱ）所示。个别金属的8-羟基喹啉盐分子组成比较特殊，包括钼、钍、钛、钨及铀，其分子式分别为：$MoO_2(C_9H_6ON)_2$，$Th(C_9H_6ON)_2 \cdot C_9H_6ON$，$TiO(C_9H_6ON)_2$，$WO_2(C_9H_6ON)_2$及$UO_2(C_9H_6ON)_2 \cdot C_9H_6ON$。

大多数情况下，不同金属离子与8-羟基喹啉的完全沉淀反应都有一定的pH值范围，超出这个范围，有些沉淀又溶解。这一点对于有效地分离不同金属离子的分析很重要，对于使用8-羟基喹啉为浮选药剂的条件也很重要，其数据如表9－19所列。

表9－19 氢离子浓度对8-羟基喹啉沉淀金属离子的影响

金属	开始产生沉淀的pH值	使沉淀完全的pH值范围	金属	开始产生沉淀的pH值	使沉淀完全的pH值范围
铝	2.8	4.2～9.8	镁	6.7	9.4～12.7
锑		＞1.5	锰	4.3	5.9～10

续表 9-19

金属	开始产生沉淀的pH值	使沉淀完全的pH值范围	金属	开始产生沉淀的pH值	使沉淀完全的pH值范围
铋	3.5	4.5~10.5	钼		3.6~7.3
镉	4.0	5.4~14.6	镍	2.8	4.3~14.6
钙	6.1	9.2~13	钯		稀盐酸
铈（Ⅲ）		弱碱	钍	3.7	4.4~8.8
铬（Ⅲ）		微碱	钛	3.5	4.8~8.6
钴	2.8	4.2~11.6	钨		5.0~5.7
铜	2.2	5.3~14.6	铀	3.1	4.1~8.8
镓		约6~8	钒		醋酸-醋酸钠
铟		醋酸-醋酸钠	锌	2.8	4.6~13.4
铁	2.4	2.8~11.2	锆		醋酸-醋酸钠
铅	4.8	8.4~12.3	镁	6.7	9.4~12.7

注：在 pH=12~13 时，生成的铝、镍、锰、钛、铀酰、钍及铋沉淀又重新溶解。

早在 1942 年就有人研究了 8-羟基喹啉及其同型物 4-羟基苯骈噻唑式（Ⅲ）的浮选性能。用菱锌矿、白铅矿及氧化铜矿为捕收对象，证明两者对它们都有捕收作用，同时这两种药剂与这些金属离子都可以产生不溶性的螯合物。8-羟基喹啉可以与镁离子生成不溶性螯合物，4-羟基苯骈噻唑不能与镁离子生成不溶性螯合物。浮选白云石及磷酸铵镁（$MgNH_4PO_4$）试验表明，8-羟基喹啉对它们就有捕收性，而 4-羟基苯骈噻唑对它们没有捕收性，对于金红石、黑钨矿及石英的浮选，也出现同一规律，即凡是与这些金属离子能够生成不溶性螯合物的，都具有捕收性能，相反的，就没有捕收性。

OH
S
N

（Ⅲ）

用人工混合矿物试验，在碱性矿浆条件下，用萜烯醇为起泡剂，浮选菱锌矿与石英的混合矿物时，不加 8-羟基喹啉就不能分选。加入 8-羟基喹啉，锌矿物大部分进入泡沫中。在弱碱性矿浆中，8-羟基喹啉同样也可以分选白铅矿与石英的混合物。由于钡离子不能与 8-羟基喹啉产生沉淀，因此，它也可以由菱锌矿-菱钡矿混合矿中，只捕收锌矿物。

近年来有人用8-羟基喹啉类表面活性剂浮选镓（离子）矿物，用2-喹啉羧酸浮选碳酸锌，用1-亚硝基-2-萘酚与中性油混合物作螯合捕收剂浮选黑钨矿。

Kusaka 等人用螯合型捕收剂8-羟基喹啉对具细粒氧化颗粒的硫化矿进行了异辛烷-水萃取浮选研究。结果表明，在某一 pH 值范围内，其回收率获得了提高。其可浮性与8-羟基喹啉在矿物表面的吸附有关。而且，溶液化学计算表明，金属阳离子与8-羟基喹啉的反应能力与8-羟基喹啉的吸附性有密切关系，从而与固体的可浮性有密切关系。试验还确定了用萃取浮选法捕收的可能条件，并使之与溶液化学标准相联系。

8-羟基喹啉同样也可以捕收硫化矿。被研究的矿物包括方铅矿、闪锌矿、辉锑矿、黄铁矿及砷黄铁矿。浮选时，无论使用单一矿物，或加入碳酸钠、苛性钠、水玻璃、盐酸并与石英、方解石配成人工混合矿，用8-羟基喹啉为捕收剂，都可以分选，但能否分选完全，则与所加入的电解质有关。

用8-羟基喹啉浮选白云石（$CaCO_3 \cdot MgCO_3$）、菱镁矿（$MgCO_3$）及氧化镁矿（$MgO \cdot H_2O$），矿物中水分的含量越少则分选得越完全。

曾试用8-羟基喹啉浮选氧化铁、水合氧化铁、氧化铬、水合氧化铬与赤铁矿物、铬铁矿物，研究了各种盐包括铜、镁、锌、铁、镍、锰、钙、钴、铬、汞对其浮选的影响。水合氧化铁的浮选，受所加的金属离子的影响很大。不加其他金属盐，在0.1摩尔质量盐酸溶液中，8-羟基喹啉可以浮选水合氧化铁化合物达26.8%，捕收能力较差，但加入少量镍盐，回收率随即提高至92%。而在同样条件下，加铜盐则回收率下降至11%～12%，铜盐的影响也与浮选的条件有关。直接用8-羟基喹啉的95%酒精溶液为捕收剂，浮选水合氧化铁，回收率只有9.6%，但加入硫酸铜后，回收率反而提高至45.8%。在盐酸溶液中，铁离子的沉淀为黄色凝胶状，而用8-羟基喹啉的酒精溶液时，所得的铁沉淀为绿色结晶物质。

另据报道，用8-羟基喹啉为捕收剂，可以有效而经济地浮选铌矿。用相当于矿石质量分数0.05%～0.5%的8-羟基喹啉及少量燃料油，浮选精矿含Nb_2O_5达12%。8-羟基喹啉的价格贵，但是可以在浮选之后，加入铜、镍、钴、汞或锑盐，使之变为不溶性盐，加以回收。

在喹啉核上的2，3，4，5，6，7等位置上引入一个或几个烷基，可使4-甲基-8-羟基喹啉式（Ⅳ）及6-甲基-8-羟基喹啉式（Ⅴ）的浮选性能更加有效。例如用4-甲基-8-羟基喹啉2g在 pH = 7.2～8 时，浮选氧化铌（Nb_2O_5）的碳酸盐矿500g，该矿在事前已除去方解石、磷灰石、硫化铁及磁铁矿，浮选10min，氧化铌的回收率为34.7%，精矿氧化铌品位为19.3%。在同样条件下，用2.5g8-羟基喹啉为捕收剂，回收率只达31%，精矿品位为10.36%。

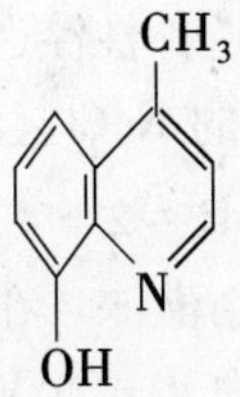

CH3 / N / OH
（Ⅳ）

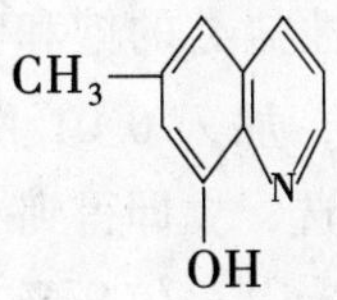

CH3 / N / OH
（Ⅴ）

国外还有人使用不同的锌螯合剂对菱锌矿、异极矿和硅锌矿进行了小型浮选研究。这些药剂形成不溶性的、疏水性的锌螯合物，使浮选得以进行。这些药剂包括有双硫腙、8-羟基喹啉、2-甲基-8-羟基喹啉和 LIX 65N。上述螯合剂与矿物反应形成多层锌螯合物，并松散地附着在矿物表面上。在试验室浮选槽中的条件下，这些螯合物层脱落，矿物的疏水性也随之下降，从而浮选性能下降。矿物的硫化不能改善锌螯合物层的稳定性和降低螯合剂的高耗量。可以得出结论，除非找到一些能提高捕收剂覆盖层的稳定性和减少螯合剂用量的方法，否则上述类型的螯合剂不太可能适合浮选氧化锌矿物。

9.3.1.8 其他螯合捕收剂

1961 年曾试用另一类型的螯合捕收剂浮选黑钨矿，包括 α-亚硝基-β-萘酚的亚硫酸氢钠衍生物式（Ⅰ）、1-亚硝基-8-磺酸钠-2-萘酚式（Ⅱ）、二亚硝基-间苯二酚式（Ⅲ）及烷基 β-萘酚亚硝基衍生物式（Ⅳ）等。

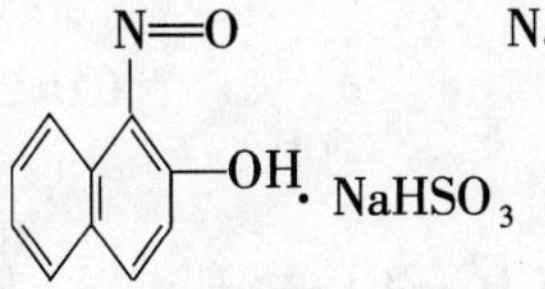

N=O / OH · $NaHSO_3$
（Ⅰ）

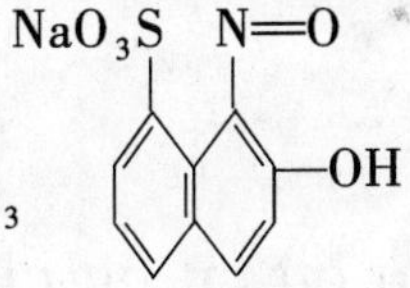

NaO_3S / N=O / OH
（Ⅱ）

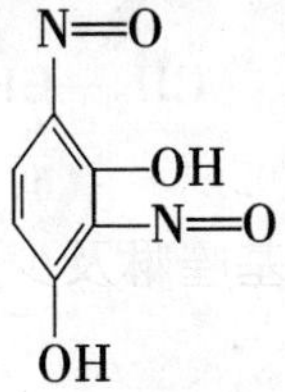

N=O / OH / N=O / OH
（Ⅲ）

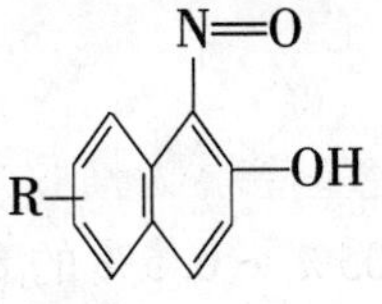

N=O / R / OH
（Ⅳ）

这些试剂试用于浮选黑钨矿、黑钨矿与石英的人工混合矿以及由重选时所得的黑钨矿细泥。最适宜的 pH 值为 6 左右。试验证明，这些试剂，特别是 α-亚硝基-β-萘酚，可用于浮选黑钨细泥。从这里可以看出，一些捕收效力较低的药剂，如萘酚，当引入适当基团之后，变为具有螯合作用的药剂，就可以将其捕收效力大为提高。β-亚硝基-α-萘酚对于铁矿物（赤铁矿、假象赤铁矿）也有很好的捕收性能，浮选低品位铁矿，它也有较好的选择性。

烷基三唑酮类化合物可以从可溶性盐混合物中，选择性浮选氯化钠。例如在800份可溶性盐类的饱和溶液中，分别含有50份的NaCl、KCl、$MgCl_2$及$MgSO_4$悬浮体，加入0.01份的溶于稀醋酸溶液（pH=2~4）的化合物式（Ⅴ），充气浮选，立即得到一种含有NaCl的稠密细小泡沫。在10min内，所得泡沫产品，NaCl品位97%，回收率96%。用化合物［式（Ⅵ），式（Ⅶ），式（Ⅷ）］的硫酸盐代替式（Ⅴ）的化合物，也可获得相同结果。

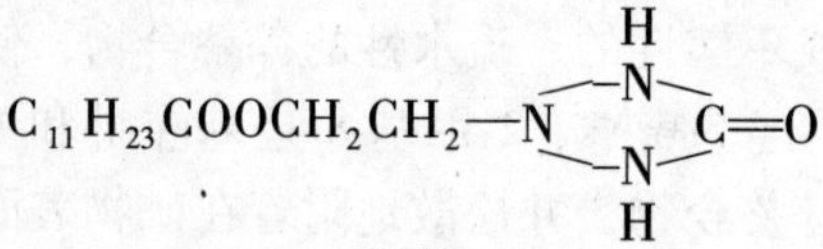

$$C_{11}H_{23}COOCH_2CH_2-N\langle\text{ring: }-NH-C(=O)-NH-\rangle$$

（Ⅴ）

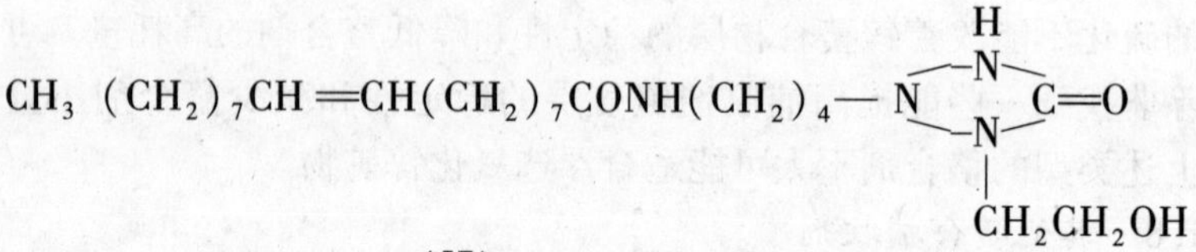

$$CH_3(CH_2)_7CH=CH(CH_2)_7CONH(CH_2)_4-N\langle\text{ring: }-NH-C(=O)-N(CH_2CH_2OH)-\rangle$$

（Ⅵ）

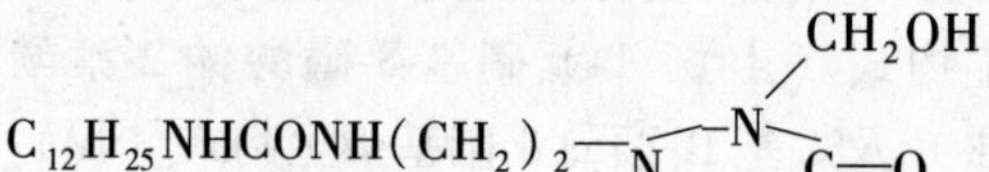

$$C_{12}H_{25}NHCONH(CH_2)_2-N\langle\text{ring: }-N(CH_2OH)-C(=O)-N(CH_2OH)-\rangle$$

（甲醇溶液）

（Ⅶ）

$$CH_3CH_2CH_2CH_2CH_2CH_2-CH(OH)-CH_2-N\langle\text{ring: }-N(R)-C(=O)-N(R)-\rangle,\ N-O-CH_2-CH_2$$

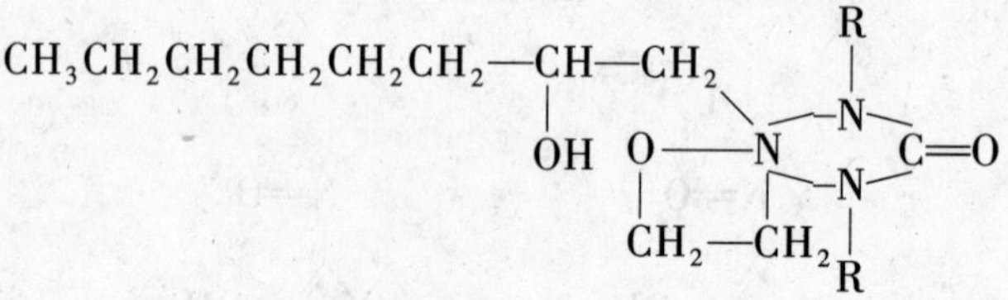

（水溶液）

（Ⅷ）

（R =—$CH_2CH_2OCH_2CH_2OH$）

辛酸或油酸与乙二胺的缩合产物——烷基咪唑啉式（Ⅸ），式（Ⅹ）可作为烧绿石稀土矿物的捕收剂。

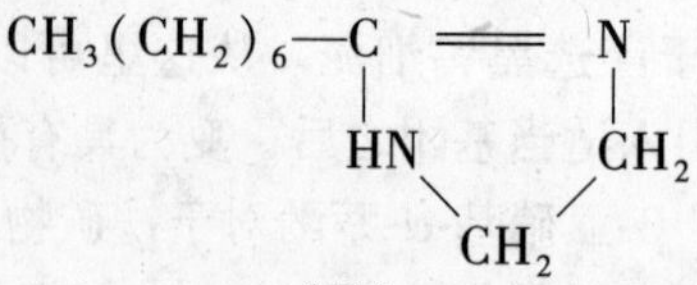

$$CH_3(CH_2)_6-C\langle\text{ring: }=N-CH_2-CH_2-NH-\rangle$$

（Ⅸ）

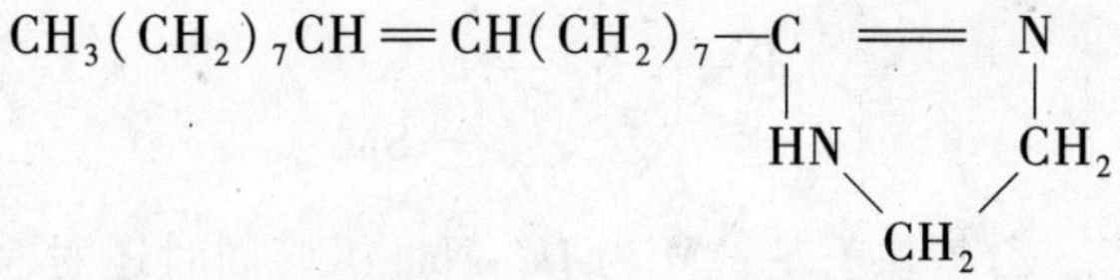

$$CH_3(CH_2)_7CH=CH(CH_2)_7—C \overset{}{=} N$$

（HN—CH_2—CH_2 环）

（Ⅹ）

1970 年专利文献报道，带有取代基的噁唑啉衍生物（润湿剂，alkaterge-T，式Ⅺ）可用于浮选锡石，锡回收率为 80%，富集比为 10～12。

4，4-二甲基-1，3-二氧六环式（Ⅻ）、2-丁烯基-4-甲基-1，3-二氧六环式（ⅩⅢ）及 2-辛基-1，3-二氧六环式（ⅩⅣ）都是特别有效的选煤剂，无须另外添加表面活性剂。

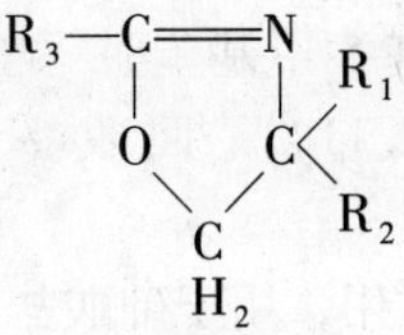

$R_3—C=N$，O，$C(R_1)(R_2)$，CH_2

（Ⅺ）

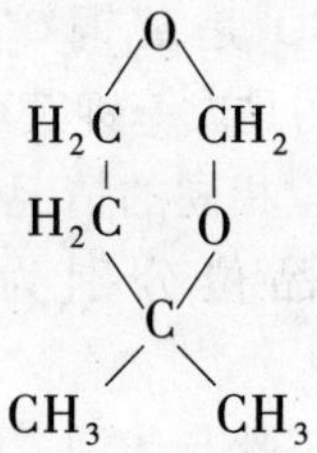

O，H_2C，CH_2，H_2C，O，C，CH_3，CH_3

（Ⅻ）

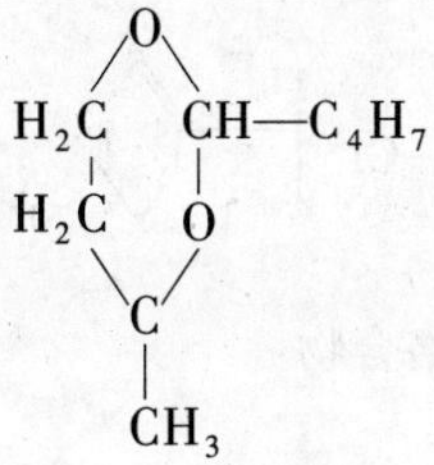

O，H_2C，$CH—C_4H_7$，H_2C，O，C，CH_3

（ⅩⅢ）

O，H_2C，$CH—C_8H_{17}$，H_2C，O，C，H_2

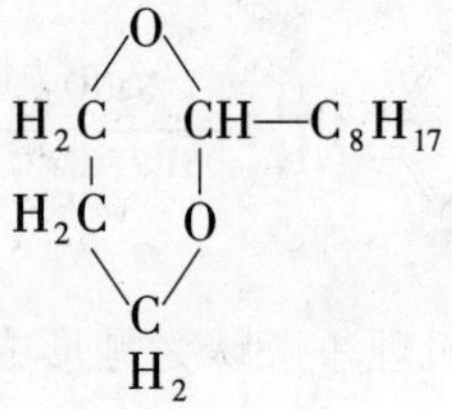

（ⅩⅣ）

著名的螯合分析试剂水杨醛式（ⅩⅤ）也曾被引用为一种新的锡石浮选捕收剂。其作用在于与 Sn^{4+} 离子生成一种内络盐。水杨醛是一种毒性很低、生物不可降解的化合物。初步试验已经证明用水杨醛作为锡石的捕收剂是可能的。

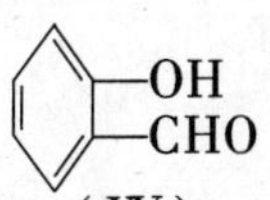

—OH
—CHO

（ⅩⅤ）

Marabini A M 等人在已被工业证明巯基苯骈噻唑是氧化铅（PbO）矿的选择性捕收剂和巯基苯骈咪唑是 Pb、Zn（氧化的）的良好捕收剂的基础上，新近研究合成了对硫化铜选择性很强的巯基苯骈噁唑（如 5-甲基-2-巯基苯骈噁唑，MMBO）类药剂，分子式为：

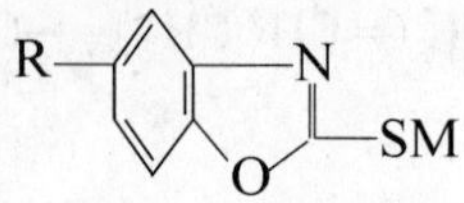

式中，R 为甲基、乙基和壬基；M 为 H、Na、K。同时还对 MMBO 药剂等与硫化铜矿的作用机理进行了研究，认为是通过 N，S 形成螯合键而吸附到辉铜矿表面，而噁唑环上的 O 通过共轭效应传递电子使螯合环稳定。MMBO 半工业试验已经证明，它是从各种复杂的硫化矿中浮选硫化铜的有效而又有选择性的捕收剂。当用量为 80g/t 时，在中性条件下浮选效果比戊基钾黄药的效果好。

该类药剂通过对含有黄铜矿、方铅矿、闪锌矿和黄铁矿的多金属硫化矿的试验表明，MMBO 是黄铜矿的最好捕收剂，其次是壬基巯基苯骈噁唑（NMBO），最差的是戊基钾黄药。

在原矿铜品位相同的情况下，用 2-巯基-5-甲基苯骈噁唑和戊基钾黄药浮选所得精矿铜品位分别为 7.14% 和 2.11%，回收率分别为 73.87% 和 73.54%。

螯合剂苯骈三唑与柴油、$C_{5\sim9}$酸混合试用，用于砷酸盐型氧化铜矿浮选，可以得到很好的选别指标。苯骈三唑的制备方法是：

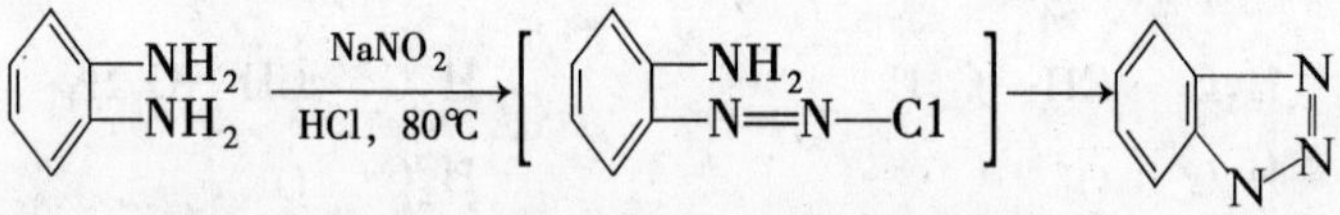

其络合机理一般认为是形成如下结构式的络合物：

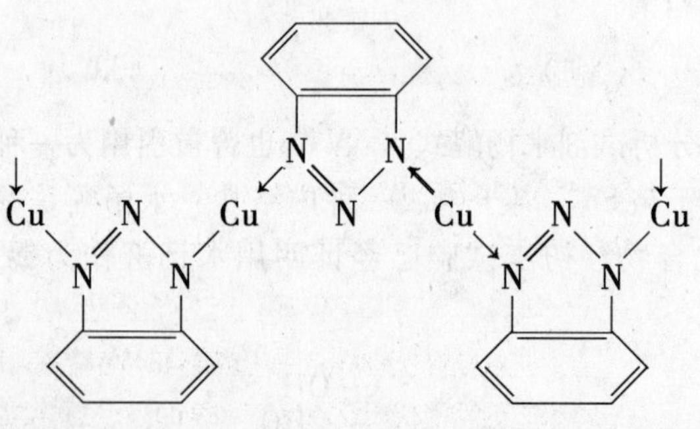

在浮选含有细粒方铅矿、闪锌矿、黄铁矿的碳质铅锌矿时，添加尼格洛辛（nigrosine）黑色染料（即苯胺黑，amiline black $C_{33}H_{27}N_3$）可以提高其分选效果，黄药用量可以下降至 70g/t，流程简化，无需脱泥。

具有下列化学结构的 2-巯基-4，4，6-三甲基-3，4-二氢嘧啶也是新出现的浮选剂的一种。

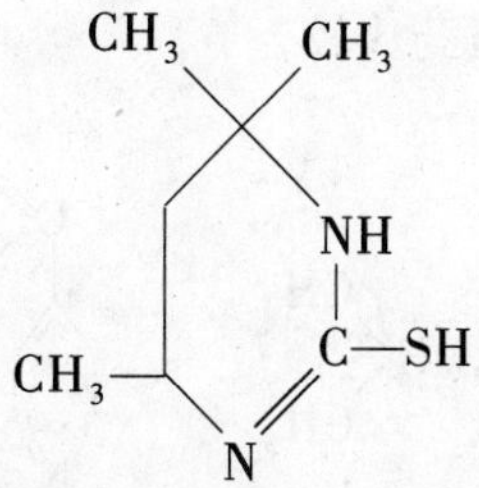

$$\ce{CH3} \quad \ce{CH3}$$
$$\text{(环状结构：2,2,4-三甲基，NH—C(—SH)=N)}$$

Kinabo 论述了无污染三硫醇-S-三嗪（TMT-15）捕收剂在含银硫化矿浮选中的应用。TMT-15 捕收剂效果取决于 pH 值，pH =9 ~11 时银回收最佳，用量为 100 ~120g/t，与普通捕收剂相比，TMT-15 的优点是：它在水溶液中能使许多金属离子形成大量的松散絮凝物，这些絮凝物在新的硫化矿颗粒表面吸附，溶解重金属离子，形成不溶解的 TMT-15 金属络合物。TMT-15 无毒。

美国专利（5089116）介绍试用二噻嗪类药剂浮选硫化铜矿或者经过硫化处理了的氧化矿物。其结构式为：

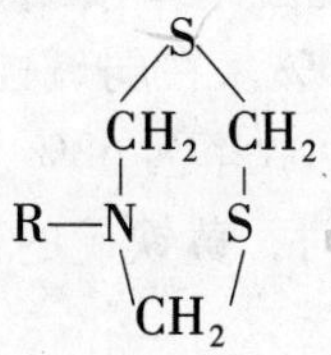

$$\text{R—N}(\ce{CH2}\text{—S—}\ce{CH2}\text{—S—}\ce{CH2})\text{（环）}$$

式中，R 为 $C_{1\sim8}$ 烷基、烯烃基或芳基。

应用该捕收剂浮选 Cu-Mo 矿时，原矿含 Cu1.176%，Mo0.091% 和 Fe1.75%，可获得含铜 11.3%，Mo0.16% 的精矿，铜钼回收率分别为 84.38% 和 68.64%。该药剂也可以与黄药、烷基硫代碳酸盐和硫醇等药剂组合使用。

据日本专利称，用氧化乙烯缩合烷基苯酚类、高级脂肪醇类乙基脂肪酸类制备的非离子活性剂可以不脱泥而直接浮选氧化锌矿石。

法国专利提出浮选细粒和极细粒的氧化锌矿石时，使用胺黄药分子络合物（MAKK）比单独使用胺类捕收剂更容易提高不同粒级、特别是小于 10μm 细粒的锌矿物的可浮性。

1972 年国外还出现了使用吡啶衍生物——异烟酸或烟酸酯作为金矿及铜矿的捕收剂。烟酸异戊酯是一种澄清液体，密度为 1.0361g/cm^3，沸点 262℃，在水中溶解度为 0.71g/L，易溶于苯、丙酮、二氧六环、煤油等溶剂中。水溶液在 pH =5 ~9 时稳定。它与一些金属可以形成不溶性化合物。试验室小型试验中，烟酸异戊酯可以浮选金、天然铜、沉降铜及黄铜矿。从黄铁矿中，它捕收的主要是金，与黄铁矿结合的金还需要添加黄药。选金时，烟酸异戊酯最适宜的用量为 10 ~20g/t。在工业试验中，单独使用或与丁基黄药合用，都可以获得较好的回收率（与丁基黄药比较）。

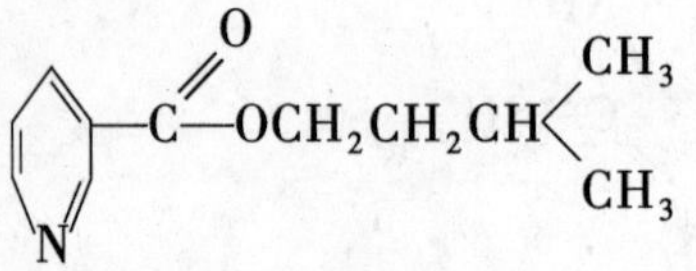

烟酸异戊酯 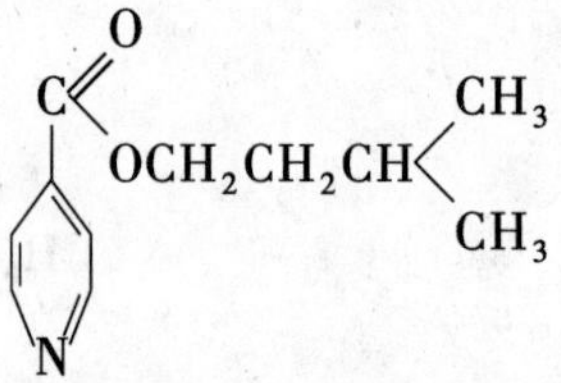 异烟酸异戊酯

当药剂浓度为 0.2mmol/L 时，用异烟酸异戊酯浮选金，金的回收率为 97.2%。在同样条件下，用丁基钾黄药作捕收剂，金回收率只有 87%。浮选金时，最适宜的矿浆 pH 值为 7 ~ 10，异烟酸异戊酯最适宜的浓度为 0.3mmol/L。

吡啶的另一类衍生物——硫代吡啶酰甲苯胺式（Ⅰ）及5-乙基硫代吡啶酰苯胺式（Ⅱ）可用于浮选方铅矿、辉锑矿及黄铁矿。浮选方铅矿时，在矿浆 pH = 9.8 ~ 11 时，用硫代吡啶酰甲苯胺或5-乙基硫代吡啶酰苯胺 2mg/L，泡沫产品中方铅矿的回收率为 90%。在弱碱性矿浆中，当硫代吡啶酰甲苯胺的用量为 10mg/L 时，黄铁矿的回收率为 62%。在同样条件下，5-乙基硫代吡啶酰苯胺用量为 0.1 ~ 0.5mg/L 时，黄铁矿的回收率为 85% ~ 93%（泡沫产品）。

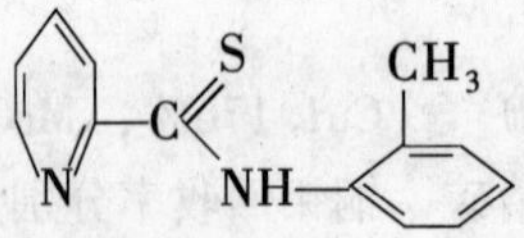

（Ⅰ） 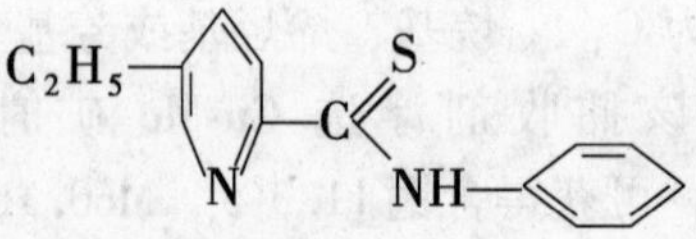 （Ⅱ）

除了上述吡啶衍生物之外，另一种杂环化合物，即带有脂肪族取代基的氢化咪唑衍生物，是一种浮选钾盐的捕收剂。在水溶液中，它遇水水解为相应的氨基酰胺，从而在氯化钾结晶之上形成薄膜并使之浮起。使用它的好处是由饱和盐水溶液中浮选钾盐，无需另外加入分散剂及调整剂。氯化钾的回收率达 92% ~ 99%。精矿中氯化钠含量为 8% ~ 25%，即氯化钾的品位达到作为肥田粉的要求。由于文献不详，估计其结构式及水解反应式可能为：

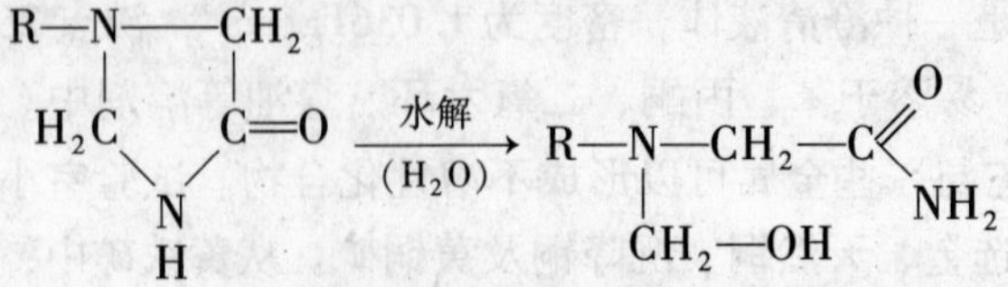

$$\text{R—N(—CH}_2\text{—C(=O)—NH—CH}_2\text{—)} \xrightarrow[(H_2O)]{\text{水解}} \text{R—N(CH}_2\text{—OH)—CH}_2\text{—C(=O)NH}_2$$

有人进行了 β-双酮浮选富集细粒矿物或氧化颗粒的研究。用某一双酮药剂通过浮选从菱镁矿中分离出诸如孔雀石和白铅矿之类的铜矿物和铅矿物。例

如，在 pH =6 ~8 时，用 6.25×10^{-4} mol/L 的2，2，6，6-四甲基-3，5-庚烷二酮溶液浮选，可获得良好的选别指标。

Sarangic 等介绍了 2-羟基-5-壬基苯甲酮肟的合成制备方法，以及用该药剂对混合铜矿物的浮选，可以从含 Cu0.24% 的贫铜矿中获得铜品位为 10.6% 的铜精矿。

9.3.2 螯合剂的抑制与活化作用

9.3.2.1 螯合抑制剂的螯合性能

螯合抑制剂的构造中，含有两类官能团，既含有与金属离子成螯的官能团，又含有促进水溶性的官能团。由于螯合物的稳定性，金属离子在所形成的螯合物中被结合得十分完全，所有过量的金属离子均被束缚起来。故应用螯合抑制剂将某些能在溶液中起活化作用的金属离子束缚起来，使它们不能再在脉石矿物表面吸附，从而消除它们的有害影响，达到有用矿物与脉石矿物有效分离的目的。它往往有一般抑制剂所不能达到的特殊效果。

同时，将矿浆中对脉石矿物起活化作用的金属离子束缚起来，并不要求螯合剂具有高度的选择作用。由于矿浆中往往是各种金属离子同时存在，反而希望它能与大多数常在矿浆中碰到的离子（如 Ca^{2+}、Mg^{2+}、Fe^{2+}、Cu^{2+}、Pb^{2+}等）形成稳定的水溶性螯合物，以便达到应用一种螯合抑制剂能束缚多种活化作用的金属离子的目的。如乙二胺四乙酸就属于这类理想的药剂。乙二胺四乙酸不仅对铁、钴、锰、铜、锌等金属离子有很强的螯合能力，而且与钙、镁等碱土金属离子也能形成稳定性很高的水溶性螯合物。达伦贝克（Dallanbach C B）等人的研究表明，由于乙二胺四乙酸对起活化作用的金属离子的螯合作用，石英的浮选可以完全受到抑制。

螯合抑制剂的另一个作用是牢固地附着于需抑制的矿物表面上，增大矿物表面的亲水性并阻碍捕收剂的附着，从而对矿物起抑制作用。因而螯合抑制剂在结构中除了成螯基团外还应有促进水溶性（或亲水性）的基团。通过这种方式对矿物起抑制作用时，需要螯合抑制剂对不同的矿物有较高的选择作用，即它只附着于需要抑制的矿物表面而不附着或少附着于要浮起的矿物表面。

以葡萄糖酸钾 $CH_2OH—(CHOH)_4—COOK$ 的抑制作用为例，它的成螯基团是 α-羟基羧酸基，其螯合离子只能与 Zr^{4+} 成螯而不能与 Ti^{4+} 成螯，由于它除 α 位置上的羟基以外，还有其他的羟基，因而形成的螯合物是亲水性的。格列姆鲍茨基（Глеъмоцкий А В）等人在以油酸钠浮选金红石（TiO_2）和锆英石（ZrO_2）时，研究了葡萄糖酸钾抑制作用的选择性。

葡萄糖酸钾与金红石表面的 Ti^{4+} 不能成螯，它在金红石表面虽可吸附，但与油酸钠一样，只能靠分子中羧基的作用，两种药剂在金红石表面进行吸附竞争。只有在先加入葡萄糖酸钾，后加入油酸时，由于油酸钠不易取代已附着于矿物表面的葡萄糖酸钾，才有一定的抑制作用。而葡萄糖酸钾对锆英石的抑制作用则完全不同。由于它能于锆英石表面的 Zr^{4+} 离子形成表面螯合物，故它附着于锆英石表面的能力远较油酸钠强，因此对锆英石有很强的抑制作用。甚至在先加入捕收剂然后再加入葡萄糖酸钾的情况下，由于葡萄糖酸钾吸附能力强，可以部分地取代原已附着的油酸而表现出明显的抑制作用。

同样，螯合剂也可用来清洗矿物表面，有利于捕收剂吸附，对浮选起活化作用。例如，我国东川氧化铜矿浮选中，应用乙二胺的磷酸盐作活化剂，显著地提高了浮选效果。

表9-20列出了某些螯合剂的抑制作用。

表9-20 某些螯合抑制剂分子结构及螯合物

药剂名称	分子结构	所形成的金属螯合物结构（例）	亲水结构特征及其他
草酸	HOOC—COOH	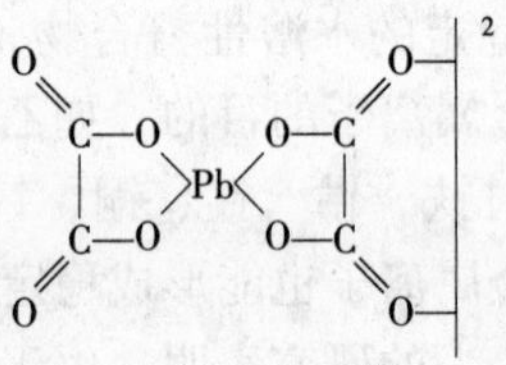 [(O=C—O, O=C—O)→Pb←(O—C=O, O—C=O)]^{2}	水溶性螯合离子，抑制 Pb 等. 前苏联专利173150. 浮选 Ta-Nb 粗精矿抑制剂. CA 108, 224674
乳酸	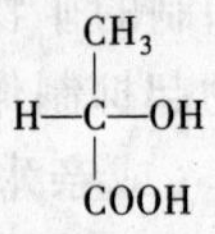 CH_3—CH(OH)—COOH	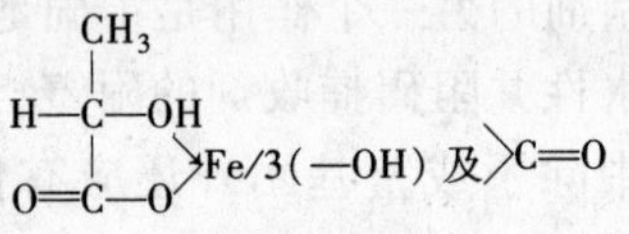 CH_3—CH(OH)—C(=O)—O→Fe/3(—OH) 及 >C=O	短碳链，亲水的羟基、羰基
柠檬酸	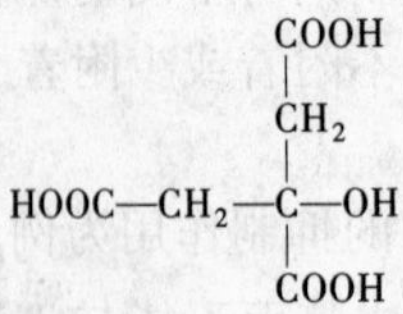 HOOC—CH_2—C(OH)(COOH)—CH_2—COOH	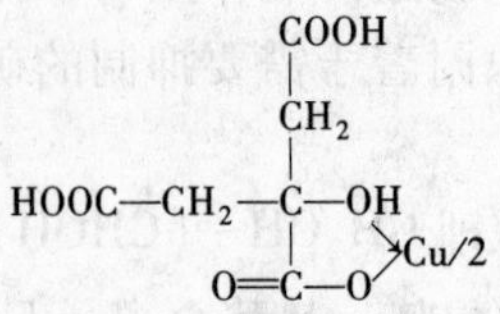 HOOC—CH_2—C(OH)(CH_2COOH)—C(=O)—O→Cu/2	可电离的亲水的羧基，亲水的羟基及羰基
磺基水杨酸	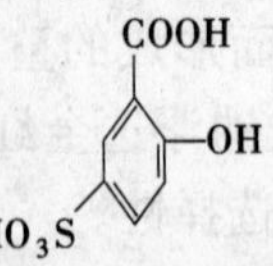 HO_3S—C_6H_3(COOH)(OH)	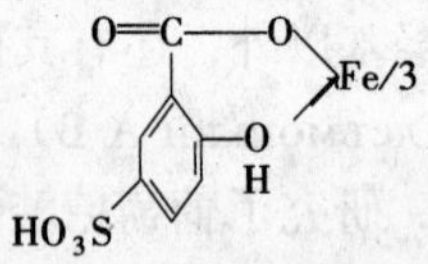 HO_3S—C_6H_3(C(=O)—O→Fe/3)(O—H)	可电离的，亲水的磺酸基，亲水的羰基

续表 9-20

药剂名称	分子结构	所形成的金属螯合物结构（例）	亲水结构特征及其他
喹啉酸	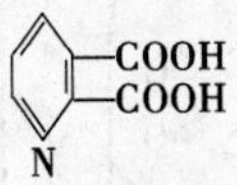 —COOH, —COOH, N	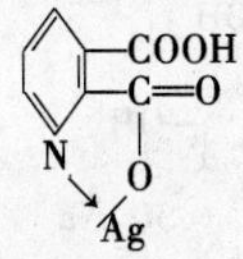 COOH, C=O, O, N→Ag	可电离的，亲水的羧基，亲水的羰基
天冬氨酸	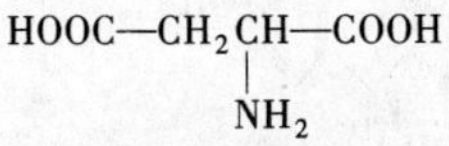 HOOC—CH_2—CH—COOH NH_2	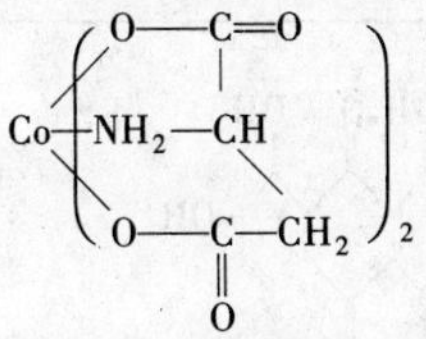 $(O—C=O$, Co—NH_2—CH, O—C—$CH_2)_2$, O	水溶性螯合离子
		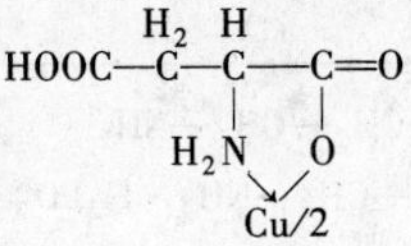 H_2 H HOOC—C—C—C=O H_2N O Cu/2	亲水的羧基、羰基与氨基
乙二胺四乙酸	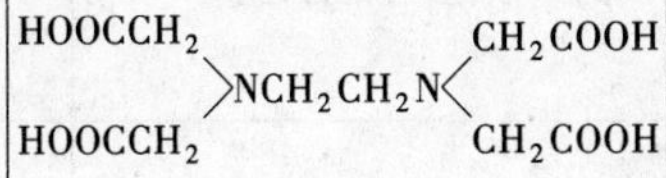 $HOOCCH_2$, $HOOCCH_2$ >NCH_2CH_2N< CH_2COOH, CH_2COOH	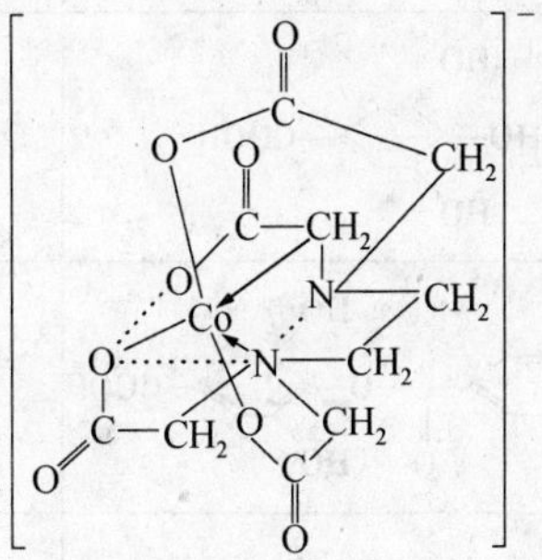 [O, C, O, CH_2, O, C—CH_2, O, Co, N, CH_2, O, N, CH_2, O, C—CH_2, O, CH_2, C, O]$^-$	水溶性螯合离子，钴抑制剂，也可作白钨矿及锡石的重选精矿分选捕收剂，提高分选效果
		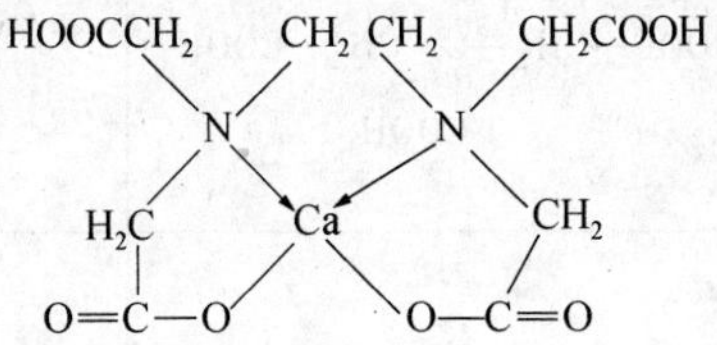 $HOOCCH_2$, CH_2 CH_2, CH_2COOH N, N H_2C, Ca, CH_2 O=C—O, O—C=O	亲水羟基、羧基
茜 素	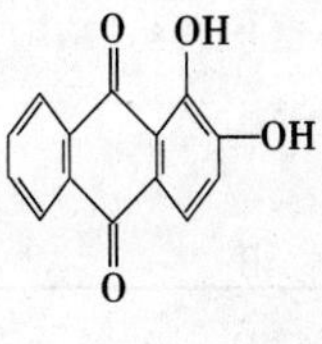 O, OH, —OH, O	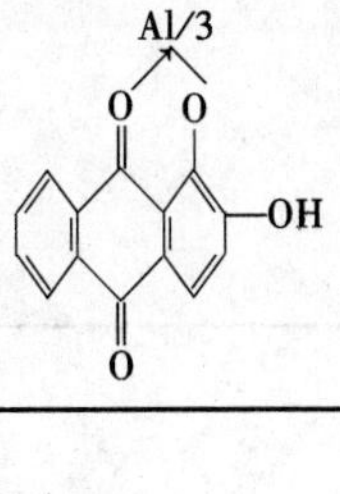 Al/3, O, O, —OH, O	羟基、羰基亲水

续表 9-20

药剂名称	分子结构	所形成的金属螯合物结构（例）	亲水结构特征及其他
茜素红-S	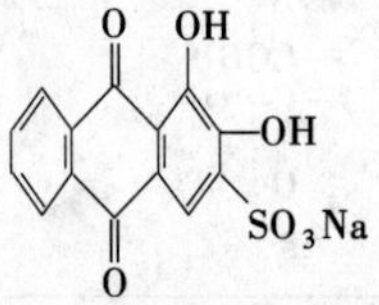 O OH OH SO_3Na O	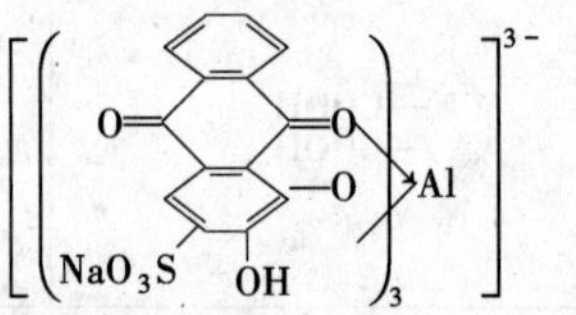 O O Al O NaO_3S OH $[(\ldots)_3]^{3-}$	水溶性螯合离子含硅矿物抑制剂
醌茜素	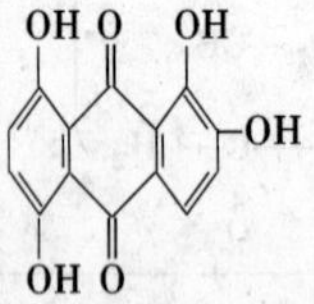 OH O OH OH OH O	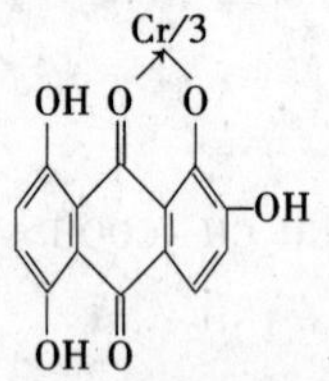 Cr/3 OH O O OH OH O	3 个亲水的羟基，1 个亲水的羰基
乙二胺及其无机酸盐	$H_2N—CH_2—CH_2—NH_2$ $H_2N—CH_2—CH_2—NH_2 \cdot H_3PO_3$ $H_2N—CH_2—CH_2—NH_2 \cdot H_2SO_4$	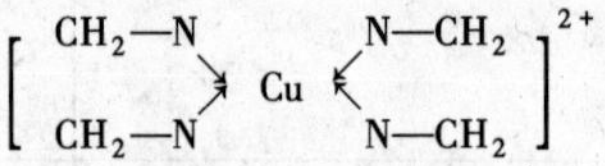 $\left[\begin{matrix} CH_2—N \\ CH_2—N \end{matrix} \rightarrow Cu \leftarrow \begin{matrix} N—CH_2 \\ N—CH_2 \end{matrix}\right]^{2+}$	水溶性螯合离子
没食子酸	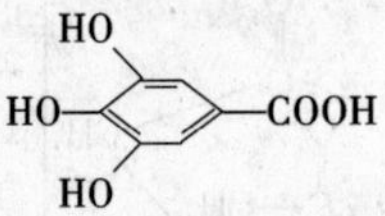 HO HO—⬡—COOH HO	形成一种多合配位体	用于测定钛萤石等抑制剂
单宁酸	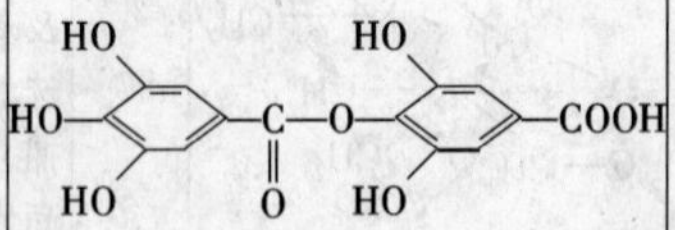 HO HO HO—⬡—C(=O)—O—⬡—COOH HO HO	形成一种多合配位体	工业上用于富集锗萤石等抑制剂
酒石酸	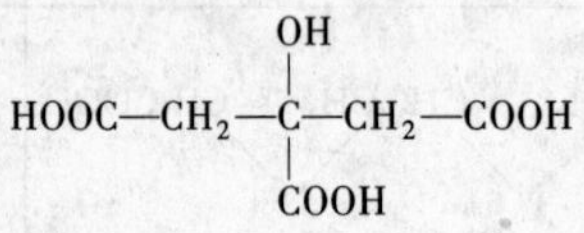 OH $HOOC—CH_2—C—CH_2—COOH$ COOH	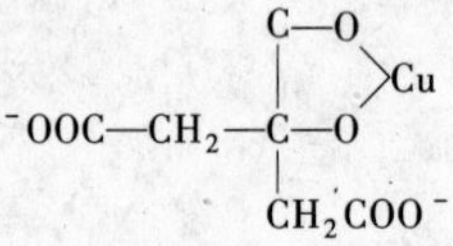 C—O Cu $^{-}OOC—CH_2—C—O$ CH_2COO^{-}	水溶性螯合物，能与 Cu，Zn，Cd，Pb 等螯合
淀粉氧肟酸			在酸性条件下对一水硬铝石有较强的抑制作用. 金属矿山，2004（6）：26-29

续表 9-20

药剂名称	分子结构	所形成的金属螯合物结构（例）	亲水结构特征及其他
苯二氧基二乙酸	$C_6H_4(OCH_2COOH)_2$		抑制能力从大到小为：方解石＞一水硬铝石＞黄铁矿. 有色金属学报，2001（4）：707-711
聚丙烯酸	$-\!\!\!\leftarrow CH_2-CH(COOH) \rightarrow_n$	相连羧基与金属成螯合环	氧化铜矿等的浮选，提高 Cu，Pb 品位，改善矿泥浮选
腈化物	$CH_3-CH(OH)(CN)$ 乳腈 $CH_2(OH)(CN)$ 乙醇腈 $(CH_3)_2C(OH)(CN)$ 2-甲基-2-羟基丙腈	与金属螯合成环	Cu，Pb 硫化矿浮选，铁矿物有效抑制剂，提高 Pb，Zn 质量和回收率 法国专利 1519540 美国专利 2984354
羟乙基纤维素	羟乙基数量不大于 10%	与被抑金属矿物成环	阳离子浮铁锰抑制脉石 前苏联专利 108035 美国专利 2824643
聚乙烯基氨基苯酚醚	$(NH_2C_6H_4OC_2H_3)_n$	与被抑金属矿物成环	浮选分离黄绿石、磁铁矿，与后者络合 前苏联专利 181563

续表9-20

药剂名称	分子结构	所形成的金属螯合物结构（例）	亲水结构特征及其他
磺酸盐	烷芳基磺酸盐，聚磺酸盐	与被抑金属矿物成环	抑制硅酸盐等脉石 美国专利 3214018 前苏联专利 173662

9.3.2.2 螯合抑制剂实例

A 乙二胺四乙酸（EDTA）

乙二胺四乙酸［$(HOOC—CH_2)_2—N—CH_2—CH_2—N—(CH_2COOH)_2$］是广泛应用于分析化学的螯合试剂。试剂的特点是可以与多种碱土金属形成稳定的螯环化合物，并且，也可以与多种过渡元素及重金属的离子形成更稳定的金属螯合物。例如EDTA与铁或钙离子形成的金属螯合物，如式（Ⅰ）及式（Ⅱ）所示。

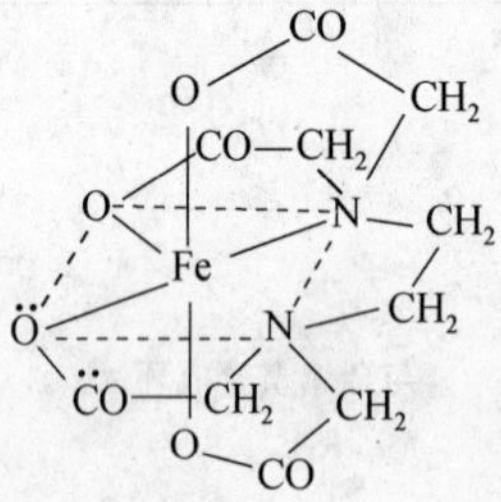

Ⅰ 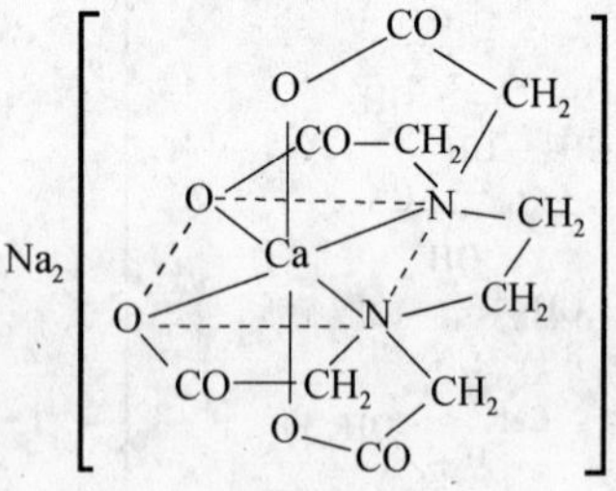　　Ⅱ

用EDTA作为浮选药剂（抑制剂）的研究开始于1946年。一般由脉石中浮选单一的硫化矿，困难不大，但是在浮选氧化矿时，因为脂肪酸类捕收剂缺乏选择性，必须比较严格地控制矿浆的条件，如控制pH值、调节药剂的加入量等，才能达到选别的目的。在这种情况下，被精选的矿物与脉石之间在表面化学性质上差别很小。例如浮选分离金红石（TiO_2）与石英就是如此。另一方面，一般的脉石，除了滑石与石墨之外，表面未被污染时比矿物更具有亲水性，但是当它们一旦为金属离子所活化以后，就很容易被浮起。用脂肪酸捕收剂浮选有用矿物时，石英与大多数硅酸盐可以为很少量的铁、铜、锌、铅、镍、锡、钛、钡及其他阳离子所活化，如表9-21所列。方解石可以为钡、铜、铁及铅盐所活化。矿浆中存在少量金属离子常常是不易避免的，球磨机中溶解的铁离子，硫化矿氧化作用所带来的铜、锌或铁的硫酸盐等。这样就或多或少地使脉石受到活化。如果加入一种药剂，将能够活化脉石的金属离子变为不具活化作用的物质，就可以避免脉石混入精矿中，从而达到抑制脉石的作用。能够形成水溶性螯合物的有机药剂可以达到这种目的。例如乳酸与柠檬酸很早就被推荐为脉石，特别是硅酸铁类脉石的抑制剂。乳酸与柠檬酸可以与铜、铁等金属离子形成可溶性螯合物。

表 9-21　金属阳离子活化石英的 pH 值范围（括弧内数字为该金属离子的价数）

金　属	活化作用的 pH 值	金　属	活化作用的 pH 值
钍（Ⅳ）	3.0~8.0	镍（Ⅱ）	6.5~10.5
钛（Ⅳ）	2.0~6.5	镉（Ⅱ）	7.0~10.0
铁（Ⅲ）	3.0~7.5	镁（Ⅱ）	9.5~12
锡（Ⅱ）	3.0~7.5	钙（Ⅱ）	9.5~14
铅（Ⅱ）	5.0~10.0	钡（Ⅱ）	9.5~14
铜（Ⅱ）	6.0~10.0		

1，2 或 1，3-多元羧基氨基酸，一元羧基多氨基酸以及多元羧基多氨基酸类，例如水解蛋白及染料工业中的人工合成物质，都是很好的脉石抑制剂，就是因为在它们分子中含有 α-位或 β-位氨基酸，这种结构很容易与金属离子形成可溶性螯合物。乙二胺四乙酸同样符合这种要求。

用 30g 人工混合的氧化铜矿，含孔雀石 10%，石灰石 30%，石英 60%。用碳酸钠（质量分数 10%）0.1mL，水玻璃（38°Be（波美）质量分数 10%）0.2mL，捕收剂乳剂（含油酸、重油、煤油、十二烷基硫酸钠、乳化剂）1.3mL，进行浮选的结果，铜的回收率很高，但精矿铜的品位只有 7.2%。在同样条件下，在加碱前先加 0.15mL 质量分数 1% 的乙二胺四乙酸溶液，精矿的品位就提高很多，如表 9-22 所列。用其他氨基酸，如麸胺酸等也可以收到同样的效果。除铜矿外，用螯合试剂处理锰矿也收到类似效果。

表 9-22　孔雀石浮选的结果

产物名称	不加 EDTA			加 EDTA		
	质量/g	铜品位/%	铜回收率/%	质量/g	铜品位/%	铜回收率/%
精　矿	14.73	7.21	95.08	4.31	24.92	95.89
尾　矿	14.84	0.37		25.39	0.18	
给　矿	29.57	3.78		29.70	3.77	

在硬水中进行矿物浮选时，在添加捕收剂之后，再加入乙二胺四乙酸钠可以增强矿物的可浮性。例如用皂化粗塔尔油浮选假象赤铁矿时，添加350g/t乙二胺四乙酸钠，当水硬度为32.9m mol/L时，铁回收率由66.2%增加到88.4%。浮选铬铁矿时，铁回收率由70.4%增加到91.3%。如果使用其他的软化水的络合剂也具有同样效果。

B 无机及有机酸

在浮选过程中所使用的酒石酸、柠檬酸、乳酸、草酸、氰化物、六偏磷酸盐等药剂，用以抑制矿浆中多种金属离子对于某些矿物的活化作用，其原理就是由于形成水溶性金属螯合物所致。例如酒石酸可以与Ca、Cu、Zn、Cd、Pb等离子形成水溶性螯合物。乳酸可以与Ca、Ba、Mg、Fe、Co、Cu、Zn等形成螯合物，柠檬酸可以与钙、锶、钡、镁、铁、铜、锌、镉、铅、镨、钇等金属离子形成螯合物。

```
                                                        COO⁻
                                                         |
                                             O          CH₂
     COOH                                    ‖           |
      |                                      C—O     O—C
     CH₂                                     |   \   /   |
      |           Cu²⁺                       |    Cu     |
HO—C—COOH  ——————→  ⁻OOC—CH₂—C—O    O—C—CH₂COO⁻
      |                                      |            ‖
     CH₂                                  CH₂COO⁻         O
      |
     COOH
```

酒石酸　　　　　　　　　　　　　　　　酒石酸铜螯合物

与选矿工艺中所常用的无机抑制剂一样，以六偏磷酸钠为例，在溶液中它能够与钙、镁离子络合，形成螯环化合物，使钙、镁离子失去原来具有的作用，从而达到抑制钙、镁离子的目的。

```
       O         O
       ↑    O    ↑
  —O—P          P—O—
       |         |
       O         O
         \     /
            M
         /     \
       O         O
       |         |
  —O—P          P—O—
       ↓    O    ↓
       O         O
```

式中，M = Ca，Mg，…。

C 染料抑制剂

染料除作捕收剂外，也曾经用作抑制剂进行试验。表9－23所列为染料抑制剂。

表9－23 在选矿工艺中曾试用的染料抑制剂

染料名称	外文名称	在浮选中的用途	备注
茜素	Alizarin	脉石抑制剂	美国专利2359866
媒染茜素枣红	Alizarinbordeaux	脉石抑制剂	美国专利2359866
1，3，5，7-四羟基蒽醌	Anthrachrysol	脉石抑制剂	美国专利2359866
萘茜	Naphthazarine	脉石抑制剂	美国专利2359866
红紫素	Purpurin	脉石抑制剂	美国专利2359866
茜素蓝（茜素青B）	Alizarin Sky Blue B	脉石抑制剂	美国专利2211686
蒽醌染料	Cyanthrol G	脉石抑制剂	美国专利2211686（二蒽醌）
茜酚玉醇蓝B	Alizarin Saphirol B	脉石抑制剂	美国专利2211686
苯胺黑	Nigrosine		美国专利2211686，英国专利596522
苯胺黑磺酸盐	Nigrosine Sulfonate	分散剂	英国专利596522
树汁棕	Sap Brown	脉石抑制剂	美国专利2211686 英国专利538908
日光黄	Sun Yellow		美国专利2211686
甲基棉蓝	Methyl Cotton Blue		美国专利2211686
专利蓝A	Patent Blue A		美国专利2211686
直接菊黄（二苯乙烯直接黄）	Chrysophenine		美国专利2211686
金刚黑PV	Diamond Black PV		美国专利2211686
双胺绿B	Diamine Green B		美国专利2211686
酸性喹啉黄	Quinaldine		美国专利2211686
茜素黄	Alizarin Yellow	钾盐静电选矿调整剂	德国专利1076593
茜素红	Alizarin Red	脉石抑制剂，从石棉中分离$CaCO_3$	英国专利723783 加拿大专利602902
品红	Fuchsin	浮选铜钼矿时为辉钼矿抑制剂	美国专利2095967

续表 9-23

染料名称	外文名称	在浮选中的用途	备 注
刚果红	Congo Red	浮选铜钼矿时为辉钼矿抑制剂，铜锌混精选锌抑辉铜矿和斑铜矿	美国专利 2095967 前苏联专利 129574
苦味酸	Picrin Acid		美国专利 2095967
引杜林蓝（对氮蒽蓝）	Indulin Blue		美国专利 2095967
荧光素钠	Uramine	钾盐电选调整剂	德国专利 1076593
次甲基蓝	Methylene Blue	辉钼矿抑制剂	美国专利 2095967 CA 42，4005（1948）
甲基曙红	Methyl Eosin		美国专利 2095967
甲基紫	Methyl Violet	脉石抑制剂	美国专利 2211686 CA 42，4005（1948）
曙红-蓝	Eosin Blue	辉钼矿抑制剂	美国专利 2095967
曙红-黄	Eosine Yellow		美国专利 2095967， 德国专利 1076593
萘酚偶氮染料		与硫代磷酸钠共用，辉钼矿优先浮选，抑制 Cu、Fe 硫化矿	美国专利 3400817

茜素染料可以抑制锡石、萤石及石英的浮选。抑制作用的机理与乙二胺四乙酸的作用是一样的。它捕捉矿浆中的金属离子，从而避免需要抑制的矿物被活化。用质量分数1%的茜素式（Ⅰ）0.05mL 溶液，硫酸（质量分数 10%）0.3mL，氟硅酸钠（质量分数 0.05%）1.5mL，油酸钠（质量分数 1%）0.2mL，浮选赤铁矿重选尾矿时，所得结果如表 9-24 所列。用茜素红-S 式（Ⅲ）（质量分数 1%）0.05mL，硫酸（质量分数 10%）0.8mL 及油酸 0.15mL 浮选氧化铬矿物所得的结果如表 9-25 所列。茜素红-S 与金属离子的螯合作用如式（Ⅳ）所示。而茜素蓝式（Ⅱ）不适用于石英萤石的浮选。

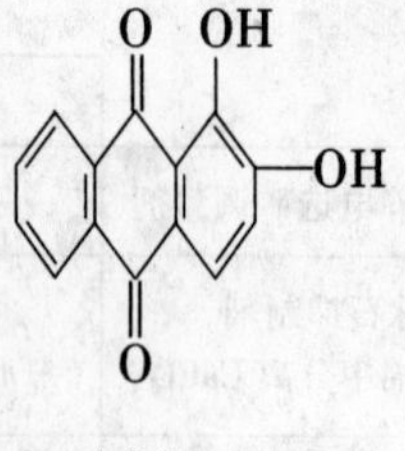

（Ⅰ）

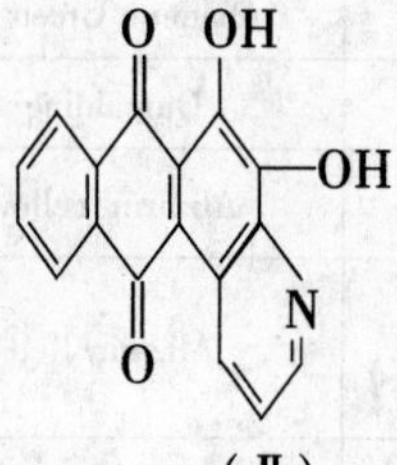

（Ⅱ）

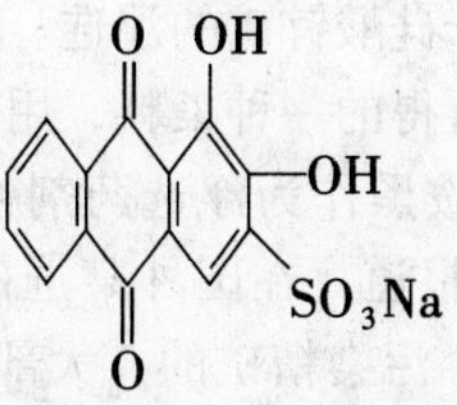

（Ⅲ） 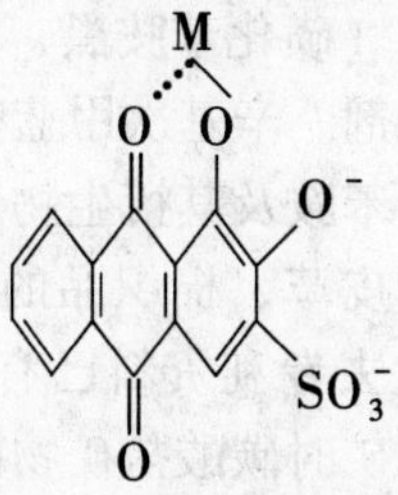　　（Ⅳ）

表 9－24　使用茜素浮选赤铁矿结果

产品名称	质量/g	铁品位/%	铁回收率/%
精矿Ⅰ	23.70	47.2	57.5
精矿Ⅱ	14.90	27.3	20.9
中　矿	54.70	6.57	18.4
尾　矿	6.70	2.10	3.2
给　矿	100.00	19.53	100.0

表 9－25　使用茜素-S 浮选氧化铬矿结果

产品名称	质量/g	Cr_2O_3 品位/%	回收率/%
精　矿	135.65	50.0	79.30
中　矿	55.42	23.9	15.50
尾　矿	30.49	14.95	5.18
给　矿	221.56	38.70	99.98

刚果红染料式（Ⅴ）在 pH = 2 ~ 12 范围内，对于方铅矿、黄铜矿、斑铜矿、辉铜矿及闪锌矿是一种有效的抑制剂。可用于分选铜锌混合精矿，用黄药为闪锌矿的捕收剂，同时用刚果红为斑铜矿的抑制剂。

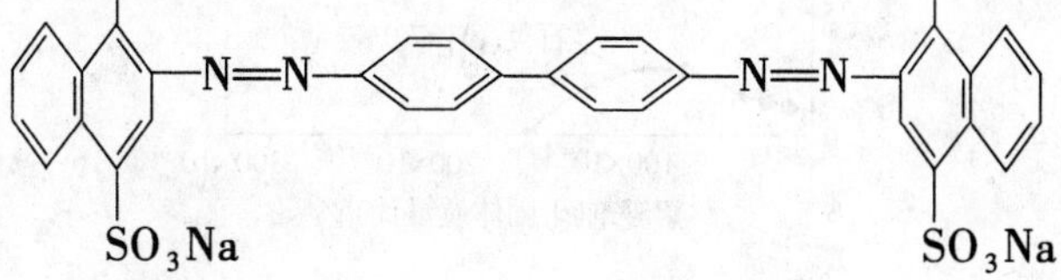

（Ⅴ）

也有人建议采用某些染料（如印第安蓝、刚果红、苯胺蓝等）抑制辉钼矿，用酸性染料（磺化苯胺黑、太阳黄及青玉茜素）作脉石中含硅矿物和碳酸盐矿物的分散剂。辛基次甲蓝被推荐用于硅酸锌矿的浮选。

苯胺黑是由苯胺及其衍生物直接氧化所得的一种染料，用于制造黑色墨水及皮鞋油或作为皮革、棉织品的染料。苯胺黑作为浮选药剂使用（脉石抑制剂或分散剂）过去专利资料已有介绍。据报道，在国外某选矿厂已使用苯胺黑作为浮选黄铜矿时碳酸盐矿物的抑制剂。污染精矿的，大部分是小于10μm的黄铁矿和硅酸盐矿物。经过研究，发现细粒的黄铁矿和石英包含在碳酸盐矿物之中，并附在黄铜矿的表面上。采用苯胺黑作为抑制剂，可以抑制碳酸盐矿物，提高精矿品位。首先浮选碳酸盐矿物，然后加入苯胺黑与糊精混合剂（质量比60：40）进行铜矿物浮选，可得到含铜25%的铜精矿，回收率未降低。多次试验证明，苯胺黑是一种抑制剂很强的药剂，用质量分数为0.1%时的效果比质量分数为5%的糊精好得多。

9.3.3 螯合剂的絮凝作用

螯合剂产生絮凝作用（现象）是复杂的，它与药剂结构、性能、官能团的极性、种类、直链烃及支链烃以及酸碱电离常数、相对分子质量等有关，也与矿浆pH值、加药量以及加药方式、离子强度等参数有关。

Sresty 和 Sonasundaran 在研究选择絮凝中注意到含有一个硫醇基的羟丙基纤维素黄原酸酯对黄铜矿产生良好的絮凝作用而对石英的影响极小，如图9－6所示。它是以黄铜矿和石英颗粒按照在45s内固体沉降百分数絮凝作用为羟丙基纤维素黄原酸酯的函数。

表9－26列出某些螯合型絮凝剂对细泥矿物的选择性絮凝。详细情况见第18章。

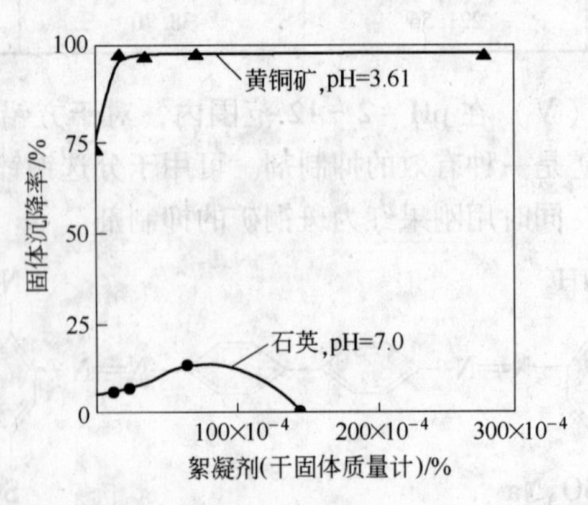

图9－6 黄铜矿、石英与羟丙基纤维素黄原酸酯的作用关系

表 9-26　含螯合官能团的聚合物用于矿泥的选择性絮凝

聚合物	结构（或基团）	矿物/矿石	备　注
PAMX（聚丙烯酰胺羟肟酸盐）	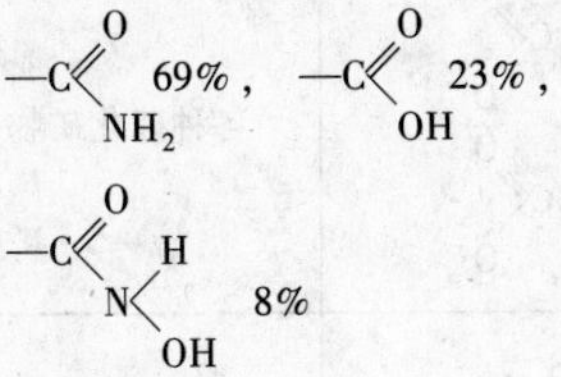 $-C(=O)NH_2$ 69%，$-C(=O)OH$ 23%，$-C(=O)N(H)OH$ 8%	锡石/石英 Fe^{3+}，Cu^{2+}，UO^{2+} 等的阳离子交换	PAM 为聚丙烯酰胺
PAMG（己二醛双氢缩苯胺）	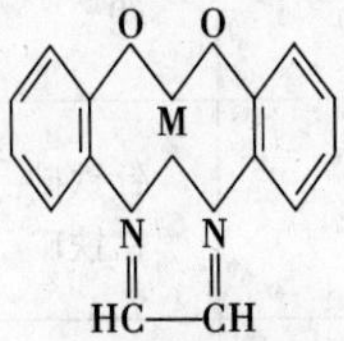 O　O　M　N　N　HC—CH	氧化铜矿石	
PAMS（磺化聚丙烯酰胺）	$-SO_3H$	赤铁矿，锡石	矿冶工程，1988（2）：21～25
PAAX（黄原酸化聚丙烯酸）	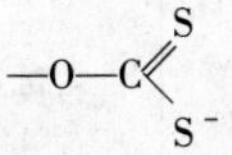 $-O-C(=S)S^-$	黑钨矿粉矿/石英，煤/黄铁矿	
PAMX（聚丙烯酰胺羟肟酸盐）	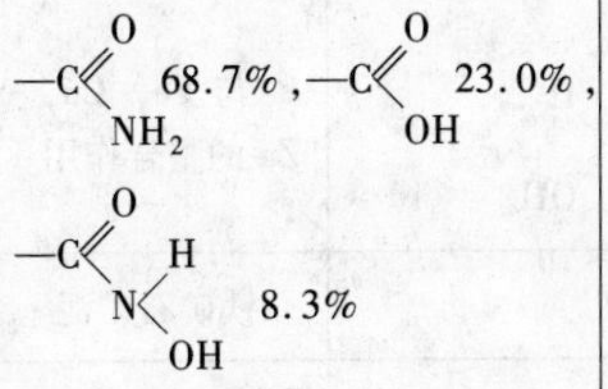 $-C(=O)NH_2$ 68.7%，$-C(=O)OH$ 23.0%，$-C(=O)N(H)OH$ 8.3%	赤铁矿/高岭土和铁矿石矿泥	
淀粉及苛化的淀粉		铁矿石，铀、钒、锰、泥矿（铁燧岩）针铁矿/石英	美国专利 3138550
多黄药（纤维素）	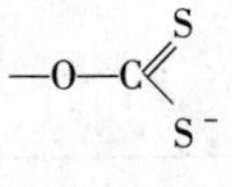 $-O-C(=S)S^-$	硫化物的选择性絮凝和抑制，黄铜矿/石英	
纤维素黄药	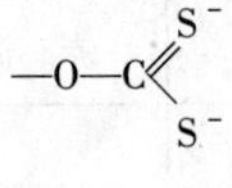 $-O-C(S^-)S^-$	硅孔雀石矿石，硫化矿选择性絮凝	
直链淀粉黄药			
含有螯型官能团的交链淀粉		硅孔雀石矿石，硫化矿选择性絮凝；废水中脱除 Hg，Pb，Cd	吉林大学自然科学学报，1988（2）：85～88

续表 9-26

聚合物	结构（或基团）	矿物/矿石	备 注
伯胺双醋酸盐	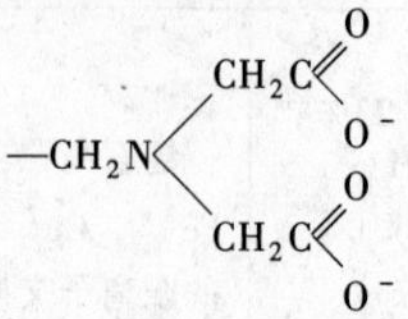 $-CH_2N(CH_2C(=O)O^-)_2$	各种硫化矿物	
黄 药	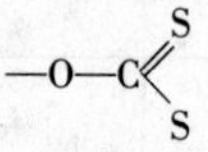 $-O-C(=S)S$	赤铁矿	
二乙醇胺	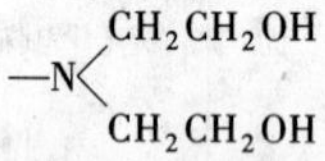 $-N(CH_2CH_2OH)_2$	针铁矿 铬铁矿	
羧甲基纤维素类	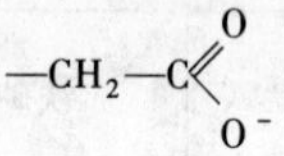 $-CH_2-C(=O)O^-$	赤铜矿 软锰矿	
聚酰胺类	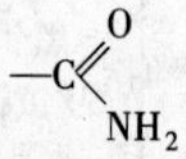 $-C(=O)NH_2$	石英与锡石分离	
纤维素羟肟酸盐	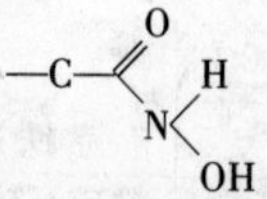 $-C(=O)-N(H)OH$	与 Fe，Cu，NiCo，Zn 的螯合作用	
淀粉硫醇	—SH	铁矿石矿泥	
聚(乙烯基吡啶硫化物) 3-乙烯基-2,5 硫代二唑	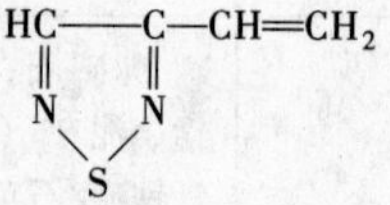 $HC{=}N-S-N{=}C(-CH{=}CH_2)$ （环）	MnO_2/石英和紧接地表的岩层 辉铜矿/石英	
甲基丙烯酸共聚物	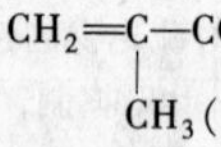 $CH_2{=}C(CH_3)-COOH$（单体）		
聚胺基胺		辉铜矿/石英	
磺化淀粉衍生物		赤 泥	英国专利2204032
共聚物： 1，3-苯骈二氧化物 1，4-苯骈二氧杂环乙烷 4-乙烯基吡啶 4-乙烯基苯甲酸		铜、铁、钛矿石	

续表 9-26

聚合物	结构（或基团）	矿物/矿石	备　注
PMVOX 聚（甲基乙烯基吡啶）	[H CH₃ / C—C / C=N (吡啶环)]ₙ	锡石/电气石石英	
羟肟酸聚合物 （在羟肟酸盐基团间含有 spacungs）	[—C=O ⋮ N / OH H]ₙ	铁的良好螯合剂 Fe^{2+}，Cu^{2+}，Cr^{3+} 和 UO^{2+} 的阳离子交换剂	
聚 4-丙烯胺基水杨酸 聚 5-丙烯胺基水杨酸		Fe^{2+}，Cu^{2+}，Cr^{3+} 和 UO^{2+} 的阳离子交换聚合物	

在氧化铁-高岭土体系中使用改性聚丙烯酰胺等进行选择性絮凝，加入聚合螯合物，并以硅酸钠作分散剂，高岭土能得到良好的分散，对原矿 Fe_2O_3 品位为50%可获得品位为95.1%的氧化铁，结果如表 9-27 所列。

表 9-27　用带有羟肟酸盐官能团的改进型聚丙烯酰胺进行选择性絮凝的结果

（Ravishankar 等，1987）

药剂名称	用量/$mg \cdot L^{-1}$	pH 值	精矿指标（沉降部分）	
			Fe_2O_3 品位/%	回收率/%
无絮凝剂		10	60	50
聚丙烯酰胺 PAM [—$CONH_2$]	1	9.0	79.3	57.5
聚丙烯酸 PAA [—COOH]	2	9.0	88	74
改进型聚丙烯酰胺 8.3% [—CONHOH]	5	9.2	95.1	72
改进型聚丙烯酰胺 23% [—COOH]	1①	8.6	85.2	92

①为硅酸钠分散剂质量浓度 80mg/L 的条件下，其余为 40mg/L。

从表 9-27 可以看出，不加絮凝剂和使用未改性的聚丙烯酰胺效果很差，其中水解度为23%的聚丙烯酰胺效果最佳。聚丙烯酸和聚丙烯酰胺羟肟酸次之。

Marabini A M 等使用一种巯基苯骈三唑型药剂对细磨白铅矿和菱锌矿的絮凝作用进行了研究，并通过傅立叶变化红外光谱检查和ζ-电位测定对研究结果进行了解释。对两种细磨矿物进行的随 pH 值变化的沉降试验的结果表明，丙氧基巯基苯骈噻唑在碱性 pH 值下是白铅矿的絮凝剂，而在相同的 pH 值范围内分散菱锌矿。对未处理过和处理过的矿物和铅锌螯合物进行傅立叶变换红外光谱检查表明，两种矿物的不同行为可以解释为是由于表面螯合物不同的疏水性所引起的。ζ-电位测定也证实了沉降试验的结果和傅立叶红外光谱结果。根据总的试验结果，对矿物表面铅锌螯合物的结构作出了假设。

9.4 螯合型矿用药剂的发展与结构性能的关系

Natarajan 等人（国际选矿杂志，2003，71：113－129；2006，79：141－148）对新型羟肟酸类螯合捕收剂的结构、物理化学性质、几何参数，与浮选效率的作用与影响作了较多深入的研究，合成制备了 N-芳基-C-烷基，N-芳基-C-芳基，N-芳基-C-芳烷基羟肟酸和二羟肟酸。通过对加拿大 Cu-Zn 矿试验表明，对闪锌矿浮选捕收性提高由小到大顺序是：N-芳基-C-芳基 < N-芳基-C-烷基 < N-芳基-C-芳烷基，而二羟肟酸是贫闪锌矿的有效捕收剂。用 N-羟苯酰基-N-苯基羟肟酸盐（67g/t）浮选闪锌矿，不用硫酸铜活化的情况下，回收率可达80%，品位为32%。

文章介绍了合成方法。用反应方程式表示其合成步骤是：

$$R_1\text{-}C_6H_4\text{-}NO_2 \xrightarrow[NH_4Cl\ 溶液]{Zn} R_1\text{-}C_6H_4\text{-}NH\text{-}OH \xrightarrow[醚,\ Na_2CO_3\ 溶液]{R_2COCl,\ 0℃} HO\text{-}N(C_6H_4\text{-}R_1)\text{-}C(=O)\text{-}R_2$$

取代硝基苯　　芳基羟肟　　芳基羟肟酸

经过合成制备（或应用）的羟肟酸中间体（羟胺）和二羟肟酸产品列于表9－28（表中 R_1，R_2 如反应式所代表）。

国内外对各种螯合络合型捕收剂（含其他用途螯合剂）研究十分重视，研究设计更有效且具有良好结构性能的螯合剂，取代非螯合络合型药剂是发展趋势。

表9－29所列为螯合捕收剂是近年来在浮选中的研究应用的最新报道。

表 9-28 某些羟肟酸制备的中间体（羟胺）及羟肟酸产品

序号	R_1	R_2	Name（名称）	Abbreviation（缩写）
Type Ⅰ. N-aryl-C-alkyl（N-芳基-C-烷基类）				
1	H	n-C_3H_7	N-butanoyl-N-phenylhydroxylamine[a] N-丁基-N-苯基羟胺	NBuPHA
2	4-C_2H_5	n-C_3H_7	N-butanoyl-N-（4-ethylphenyl） hydroxylamine N-丁基-N-4-乙基苯基羟胺	NBuEPHA
3	H	C（CH_3）$_3$	N-trimethylacetyl-N-phenylhydroxylamine N-三甲基乙酰基-N-苯基羟胺	TMAPHA
4	H	CH_2C（CH_3）$_3$	N-t-butylacetyl-N-phenylhydroxylamine N-特丁基乙酰基-N-苯基羟胺	tBuAPHA
5	2，6-diCH_3	n-C_3H_7	N-butanoyl-N-（2，6-dimethylphenyl） hydroxylamine N-丁基-N-（2，6-二甲苯基羟胺）	NBuXHA
6	2，6-diCH_3	C（CH_3）$_3$	N-trimethylacetyl N-（2，6- dimethylphenyl） hydroxylamine N-三甲基乙酰基-N-（2，6-二甲苯基）羟胺	TMAXHA
7	2，6-diCH_3	CH_2C（CH_3）$_3$	N-t-butylacetyl N-（2，6-dimethylphenyl） hydroxylamine N-特丁基乙酰基-N-（2，6-二甲苯基）羟胺	tBuAXHA
8	4-C_2H_5	C（CH_3）$_3$	N-trimethylacetyl N-（4-ethylphenyl） hydroxylamine N-三甲基乙酰基-N-（2，6-二甲苯基）羟胺	TMAEPHA
9	H	n-C_5H_{11}	N-hexanoyl-N-phenylhydroxylamine[a] N-已基-N 苯基羟胺	NHexPHA
10	4-Br	n-C_3H_7	N-butanoyl-N-（4-bromophenyl） hydroxylamine N-丁基-N-（4-溴苯基）羟胺	NBuBPHA
Type Ⅱ. N-aryl-C-aryl（N-芳基－C－芳基类）				
11	H	C_6H_5	N-benzoyl-N-phenylhydroxylamine[a,b] N-苯甲酰基-N-苯基羟胺	NBPHA
12	H	4-CH_3O-C_6H_4	N-4-Anisoyl-N-phenylhydroxylamine N-甲氧苯甲酰-N-苯基羟胺	NAnPHA
13	H	4NO_2-C_6H_4	N-（4-nitrobenzoyl） -N-phenylhydroxylamine N-（4-硝基苯甲酰）-N-苯基羟胺	NNBPHA
14	4-F	C_6H_5	N-benzoyl-N-4-（fluorophenyl） hydroxylamine N-苯甲酰-N-4（氟苯）羟胺	NBFPHA

续表 9-28

序号	R_1	R_2	Name（名称）	Abbreviation（缩写）
15	2-OCH_3	C_6H_5	N-benzoyl-N-（2-methoxyphenyl）hydroxylamine N-苯甲酰-N-（2-甲氧苯基）羟胺	NBoMPHA
16	4-F	4-CH_3O-C_6H_4	N-4-Anisoyl-N-phenylhydroxylamine N-4-甲氧苯甲酰-N-苯基羟胺	NAnFPHA
17	4-C_2H_5	C_6H_5	N-benzoyl-N-（4-ethylphenyl）hydroxylamine[a] N-苯甲酰-N-（4-乙苯）羟胺	NBEPHA
18	2，6-diCH_3	C_6H_5	N-benzoyl-N-（2，6-dimethylphenyl）hydroxylamine[a] N-苯甲酰-N-（2，6-二甲基苯基）羟胺	NBXHA
19	4-*n*-C_3H_7	C_6H_5	N-benzoyl-N-（4-propylphenyl）hydroxylamine[a] N-苯甲酰-N-（4-丙苯）羟胺	NBPPHA
20	4-*i*-C_2H_7	C_6H_5	N-benzoyl-N-（4-i-propylphenyl）hydroxylamine[a] N-苯甲酰-N-（4-异丙苯）羟胺	NBiPPHA
21	4-*t*-C_4H_9	C_6H_5	N-benzoyl-N-（4-t-butylphenyl）hydroxylamine[a] N-苯甲酰-N-（4-特丁基苯基）羟胺	NBtBuPHA
Type Ⅲ. N-Aryl-C-aralkyl（N-芳基-C-芳烷基类）				
22	H	$C_6H_5CH_2$	N-phenylacetyl-N-phenylhydroxylamine N-苯乙酰基-N-苯羟胺	PANPHA
23	H	$C_6H_5CH_2CH_2$	N-hydrocinnamoyl-N-phenylhydroxylamine N-苯丙基-N-苯基羟胺	HCNPHA
24	4-C_2H_5	$C_6H_5CH_2$	N-phenylacetyl-N-（4-ethyphenylhydroxylamine） N-苯乙酰-N（4-乙苯）羟胺	PANEPHA
25	4-C_2H_5	C_6H_5 CH_2 CH_2	N-hydrocinnamoyl-N-（4-ethylphenyl）hydroxylamine N-苯丙基-N-（4-乙苯基）羟胺	HCNEPHA
26	2，6-diCH_3	$C_6H_5CH_2$	N-phenylacetyl-N-（2，6-dimethylphenyl）hydroxylamine N-苯乙酰-N-（2，6-二甲苯）羟胺	PANXHA
27	2，6-diCH_3	$C_6H_5CH_2CH_2$	N-hydrocinnamoyl-N-（2，6-dimethylphenyl）hydroxylamine N-苯丙基-N-（2，6-二甲苯基）羟胺	HCNXHA
TypeⅣ. dihydroxamic acids[c]（二羟肟酸类）				
28	H	CH_2-C（==O）	N，N-diphenylmalanodihyroamic acid N，N-二苯基苹果基二羟肟酸	MALDHA

续表 9-28

序号	R_1	R_2	Name（名称）	Abbreviation（缩写）
29	H	$(CH_2)_2$-C（==O）	N，N-diphenysuccinonodihyroamic acid N，N-二苯基琥珀基二羟肟酸	SUCDHA
30	H	$(CH_2)_3$-C（==O）	N，N-diphenylglutarodihyroamic acid N，N-二苯基戊二基二羟肟酸	GLUDHA
31	H	$(CH_2)_4$-C（==O）	N，N，-diphenyladipodihyroamic acid N，N-二苯基己二酰基二羟肟酰	ADIDHA

注：*a* Used in an earlier study（Natarajan and Nirdosh，2001）.

b Commercially availabe. The compound was purchased and used as such.

c Dihydroxamic acid have another－N（OH）-C_6H_5 attached to the carbonyl carbon indicated in bold faces.

表 9-29 某些螯合药剂试验应用新近情况

药剂名称或代号	选别应用对象	资料来源
螯合剂：铜铁灵和其衍生物（苯基取代物，庚基取代）	选铀矿捕收剂，研究螯合捕收剂疏水性，螯合原子的影响等；浮选锌矿	Natrajan R，Nirdosh I，*etal*. CA 137，327635；340238
巯基苯骈噻唑类和氨基硫代苯酚类	Pb、Zn 矿捕收剂	CA 137，355771
烷基羟肟酸表面活性和螯合性质	作为离子浮选和沉淀浮选新捕收剂，浮选 Co^{2+}、Ni^{2+}、Cr^{3+}等	Stoica L，Constantin C，Cioloboc I. CA 137，144678
双膦酸：烷基亚胺-双-甲基-二膦酸（IMPA-8）和 1-羟基-烷叉基-1，1-双膦酸（Flotol-8）	作用于钙矿物（萤石、方解石、氟磷灰石）研究设计作用的分子模型	Pradip Rai B，Rao T K，*etal*. Langmuir，2002，18（3）：932～940
茜素红 S（ARS）-改性阴离子交换树脂（Duolite A101）	选择性选别铀或 U-ARS 螯合浮选	Khalifa Magdi E. CA 130，60266
螯合抑制剂（芳香基类型）：1，10-二氮杂菲（1，10-phenau-throline）和 8-羟基喹啉	用阳离子捕收剂浮选硅矿物抑制磁性铁矿物（taconite）	Dho H，Iwasaki I. Minerals and Metals Review，13（2）：65～68
含有膦酸基（-C-PO（OH）$_2$）的聚合物抑制剂（形成络合作用）	浮选含橄榄石和钨硫化物的磷灰石	Ryaboi V I，Горный Журнал，2003（12）：51～53
5-甲基-2-巯基苯骈嘧唑及疏基苯骈嘧唑衍生物	辉铜矿捕收剂	Contini G，*et al*. Journal of colloid and Interface Science，1995，171（1）：234～239

续表9-29

药剂名称或代号	选别应用对象	资料来源
用苯胺基硫脲($C_6H_5NHNHCSNH_2$)等含N—O, O—O, S—N螯合捕收剂	浮选黄铜矿、硅孔雀石、铜蓝、赤铜矿和孔雀石等。捕收效果与碳链长度有关	Fuerstenau D W, *et al.* CA 133, 20335
螯合捕收剂：①羟基膦酸类(8-hydroxychnolinsulfate)与分散剂Dispex-115和-N40(由相关胺而得)；②铁螯合剂	①研究螯合捕收剂与分散剂，在矿物悬浮分散絮团浮选中的作用与影响；②铁螯合剂与黏土的相互作用	Siebner-Freibach H, *et al.* Soil Science Society of America Journal, 2004, 68 (2): 470～480; XXI International Mineral Processing Congress, Italy, 2000, B
螯合捕收剂	处理回收重金属	Tetsuo Senzaki, *etal.* CA 134, 371148
环烷基羟肟酸，烷基羟肟酸，苯胂酸，苯乙烯膦酸和双膦酸	铌钙矿浮选捕收剂，其中以双膦酸的捕收剂、选择性最好	Zheng X P, Misra M. Minerals Engineering, 1996, 9 (3): 331～341
油酸钠，辛基羟肟酸钾	浮选稀土矿捕收剂	Pavez O, *etal.* Minerals Engineering, 1996, 9 (3): 357～341
用长碳链黄药(癸基黄药)	浮选重金属氧化物(CuO, NiO)	Rao S R, *etal.* CA 138, 370987
烷基羟肟酸盐(辛基，十二烷基)	锡石浮选捕收剂，研究其浮选过程表面化学(等温吸附、电位、红外光谱、pH值等表面化学性质特点)	Sreenitvas T, *etal.* Colloids and surfaces(A physicochemical and Engineering Aspects), 2002, 205(1～2): 47～59; Sreenivas T, *etal.* CA 137, 235509; 131, 339781
苯乙烯膦酸捕收剂(用辛醇乳化)，或用苄基胂酸	浮选金红石(复合捕收剂)	Liu Q (中国). Minerals Engineering, 1999, 12 (12): 1419～1430
辛基羟肟酸盐捕收剂	浮选黑钨矿	Hu Y. Minerals Engineering, 1997, 10 (6): 623～633
用烷基膦酸、磺化琥珀酰胺酸钠和烷基磷酸酯三种捕收剂，以及H_2SO_4，氟硅酸钠和柠檬酸	从低品位重选尾矿浮选回收锡石(印度锡矿，Tosham, Haryana)	Sreenivas T, et al. Mineral Processing and Extractive Metallurgy Review. 19 (5～6): 461～479
烷基羟肟盐捕收剂	浮选回收氧化铜矿物实践	Lee J S, *etal.* Minerals Engineering, 1998, 11 (10): 929～939; CA 129, 292133

续表 9-29

药剂名称或代号	选别应用对象	资料来源
N-芳基-C-烷基，N-芳基-C-丙烯基，N-芳基-C-芳烷基羟肟酸和二羟肟酸	浮选模型、效率以及化学、结构学和几何参数（topochemical，topostructural，physicochemical and geometrical parameters）理论研究与实用研究	Natarajan R，Nidro I. Int J of Miner Process，2003，71（1~4）：113~129；2006，79：141~148

参考文献

1 邓玉珍. 选矿药剂概论. 北京：冶金工业出版社，1994

2 见百熙. 浮选药剂. 北京：冶金工业出版社，1981

3 王淀佐. 矿物浮选和浮选药剂——理论与实践. 长沙：中南工业大学出版社，1986

4 刘邦瑞. 螯合药剂. 北京：冶金工业出版社，1982

5 张祥麟，康衡. 配位化学. 北京：冶金工业出版社，1986

6 马特尔 A E，卡其文 M. 金属螯合物化学. 北京：科学出版社，1964

7 Fwerslenan D W. 国际矿业药剂会议论文选编. 中国选矿科技情报网，1985

8 见百熙，阙煊兰. 选矿药剂年评. 第五届全国选矿年评报告会论文集. 1989

9 北京矿冶研究院情报组. 国外浮选药剂生产和研究概况，1972

10 Somasundaran P，Nagaraj D K. 国际矿业药剂会议论文选编. 中国选矿科技情报网，1985

11 朱建光. 国外金属矿选矿，2004（2）：4~11

12 戴子林，张秀玲，高玉德. 矿冶工程，1995（2）：24~27

13 徐金球，徐晓军等. 有色金属（季刊），2002（3）：32~33

14 全宏东. 矿冶工程，1985（1）：35~38

15 周维志. 金属学报，1985（3）：B105~111

16 Сыасин Ю А. Перероб Окисленюых Pуg，1985：16~21

17 陈竞清等. 有色金属（选矿部分），1987（3）：26~32

18 Urbina R H. CA 105，195004. 1986

19 朱申红等. 金属矿山，2000（8）：32~34

20 CA 132，20335

21 CA 132，125557

22 高玉德. 有色金属（选矿部分），2000（6）：21~25

23 叶志平. 有色金属（选矿部分），2000（5）：35~39

24 朱建光. 国外金属矿选矿，2003（2）：4~10

25 王明细，蒋玉仁. 矿冶工程，2002（1）：56~57

26 程新潮. 国外金属矿选矿, 2000 (6): 21~25
27 程新潮. 国外金属矿选矿, 2000 (7): 16~21
28 谭欣, 李长根. 有色金属 (季刊), 2002 (4): 86~94
29 谭欣, 李长根. 矿冶, 2002 (2): 20~25
30 张泾生等. 矿冶工程, 2002 (2): 47~50
31 葛英勇等. 有色金属 (选矿部分), 2002 (3): 45~47
32 朱一民, 周菁. 有色金属 (季刊), 1999 (4): 31~34
33 费九光. 有色矿冶, 1999 (3): 26~30
34 阙煊兰, 见百熙. 选矿药剂年评. 第六届全国选矿年评报告会论文集, 1991
35 谭欣, 李长根等. 有色金属, 2002 (4): 31~35
36 高玉德, 邹霓等. 有色金属 (选矿部分), 2004 (1): 30~33
37 朱建光. 国外金属矿选矿, 2004 (7): 25~27
38 朱建光. 国外金属矿选矿, 2005 (2): 5~12
39 见百熙. 选矿药剂年评. 全国第二届选矿年评报告会论文集, 1984
40 谭欣, 李长根. 国外金属矿选矿, 2000 (3): 7~14
41 邱显扬, 高玉德. 有色金属 (选矿部分), 2005 (6): 37~40
42 Cak T L, *et al*. CA 96, 146652. 1982
43 Culyaikhin E V, *et al*. CA 95, 173154
44 USSR 839570
45 金属矿山, 1982 (2): 17~22
46 赵援, 邓维永等. 云南冶金, 1982 (2): 17~22
47 Lueckemeier W, Haidlen U. Ger. Offen 3022976
48 Nagaraj D R. Surfactant Sci Ser, 1988, 27: 257~334
49 Pradip. Miner Metall Process, 1988 (2): 80~89
50 阙煊兰, 见百熙. 选矿药剂年评. 第七届全国选矿年评报告会论文集, 1993
51 马里宾尼等. 国内外金属快报, 1991 (1)
52 Mining Annual Review, 1990: 283~301
53 CA 105, 10076
54 CA 102, 10109
55 CA 112, 162455
56 奥格伍格布 M O C 等. 国外金属矿选矿, 2001 (2): 8~13
57 奥格伍格布 M O C 等. 选矿和提取冶金评述, 2000 (6)
58 金倍儿 B R 等. 国外金属矿选矿, 1994 (4)
59 US Pat, 4789392
60 US Pat, 4676890
61 US Pat, 4684495
62 Marabin A M, *et al*. CA 119, 254065

63 Marabin A M, *et al*. 国外金属矿选矿，1994（5）
64 Marabin A M, *et al*. 国外金属矿选矿，1995（4）
65 Italian Pat, 91A 000897
66 曾清华等. 国外金属矿选矿，1995（2）
67 贺志明等. 矿产保护与利用，1995（1）
68 CA 119，185286
69 CA 117，255269
70 CA 132，20335
71 赵景云等. 有色金属（季刊），1991（1）
72 冷娥. 有色金属（季刊），1991（1）
73 US Pat, 5126038
74 US Pat, 5232581
75 CA 117，255376
76 CA 120，35114
77 CA 132，125557
78 CA 121，34935
79 Sengupta D K, *et al*. Int J Miner Process, 1988（1~2）：151~155
80 中南工业大学. 选矿综合年评. 第六届选矿年评报告会论文集（中国），1991

第 10 章 烃类化合物

10.1 烃类化合物

烃类化合物是碳氢化合物的总称，又称**矿物油**，主要包括脂肪烃类和芳香烃类化合物。脂肪烃又可分为饱和脂肪烃、不饱和脂肪烃、脂环烃、直链烃和支链烃等；芳香烃是指带有苯环、萘环和多芳环及其衍生物的芳香环结构，还包括烷基芳香烃（芳香烃和杂环化合物）等。

脂肪烃俗称烃油，主要来自石油及其提取加工产物。石油随形成地质年代、条件、产地等不同，可分为几十种原油。例如有石蜡基、环烷基、异构烷基、芳香基和混合基等原油之分。它们依次含正构烃、脂肪烃、支链烃、环烷烃、饱和烃、不饱和烃以及芳香烃和烷基芳烃等多种不等成分。

芳香烃主要来自焦油，石油馏分中的芳烃较少，但可以由石油馏分芳基化。从煤焦油经切刈蒸馏可以馏出苯、甲苯、萘、蒽、菲等多达十几种至几十种产品。为适应现代产业发展的需要，靠焦油产出芳烃化合物不论是品种或者是数量都远不能满足需求，主要靠石油馏分的芳香化，使用石油的某一馏分，在高温下经过“铂重整”催化处理，环化脱氢产生甲苯、乙苯、二甲基、苯乙烯、烷基苯等各种芳烃化合物。

脂肪烃类化合物在选矿中除作为天然疏水性比较好的矿物的捕收剂外，主要作辅助捕收剂、乳化剂、稀释分散剂以及作为石油化工下游产品和矿用药剂加工、合成的原料等。与选矿相关的脂肪烃类物质见表 10－1 所列。

表 10－1 石油分馏产物（部分）

名称	成分	沸程/℃	主要用途（直接）
石油醚	C_5H_{11} ~ C_7H_{15}	40 ~ 100	溶剂
汽油	C_6H_{13} ~ $C_{12}H_{25}$	30 ~ 205	萃取助剂
煤油	$C_{13}H_{27}$ ~ $C_{15}H_{31}$	200 ~ 300	选矿，制氧化煤油、高级醇等
航空煤油	正构烷烃		航空、选矿溶剂

续表10-1

名称	成分	沸程/℃	主要用途（直接）
灯用煤油	正构烷烃为主	180~310（270℃占70%）	煤油、选矿
拖拉机煤油		110~300	拖拉机
溶剂煤油	芳烃不超过10%		选煤、萃取
柴油			选矿、动力
轻柴油		主馏程280~290	选煤、石墨
重柴油	页岩		动力
燃料油	从石油烃、页岩油得重质油		锅炉等
汽油（瓦斯油）		180~450	捕收剂、助剂
白精油		150~250	选矿、代替松醇油
重油		>300	选矿或裂解
太阳油	国外产品（凝固点24~40℃）	高于煤油	选矿
润滑油	$C_{16}H_{23}$~$C_{20}H_{41}$	275~400	防蚀剂、润滑剂
凡士林	$C_{18}H_{37}$~$C_{22}H_{45}$		防蚀剂
石蜡	$C_{20}H_{41}$~$C_{24}H_{49}$	高于液体石蜡	选矿、制脂肪酸（氧化石蜡、捕收剂）
液体石蜡（轻蜡）	$C_{20}H_{41}$~$C_{24}H_{49}$	240~280（$C_{13~17}$约占9%）	捕收剂、制脂肪酸
沥青		残余物	

10.2 脂肪烃的选矿作用

烃油这类由石油精制不同馏分的产物或其副产物及残留物，在选矿早期的全油浮选中起重要作用。烃类化合物是非极性（无极性）化合物，在水溶液中不溶解，不电离出离子，或者视碳原子及杂质状况有轻微的溶解性。

烃类在浮选中的应用主要是做非极性天然疏水矿物的捕收剂，离子型选矿捕收剂的辅助捕收剂和难溶性药剂的溶剂、乳化剂，亦可作为消泡剂使用。它与矿物的作用靠的是范德华静电力，以物理吸附的方式与矿物作用，吸附于矿物表面，不发生化学吸附也不与矿物表面的金属离子发生化学反应。但是将烃类进行加工，例如将烃类进行切刈，收集C_5~C_9、C_7~C_9、C_{10}~C_{20}等不同馏分的烃类进行氧化，就可以获得不同碳链的混合脂肪酸。氧化石蜡、氧化煤油和烷基醇等就是用烃氧化制得的选矿药剂。由混合脂肪酸出发可以制备选矿药剂混合脂肪胺、含取代基（羟基、氨基、卤代基）的脂肪酸及其缩合产品等。

用烃油作捕收剂能有效地分选的矿物种类不多，特别是在现代浮选剂品种比较多样化，矿石又趋于“贫、细、杂”的情况下，单独使用烃油作捕收剂只适用于分选某些天然可浮性很好的所谓非极性矿物，例如，可用作辉钼矿、石墨、天然硫磺、滑石、煤以及雄黄等矿物的捕收剂。因为这些矿物经破碎磨矿后的解理面主要呈现为分子键力，表面有一定的天然疏水亲油性，如辉钼矿，它是硫化矿中最好浮的矿物，浮选时不需要用很强的捕收剂，使用脂肪烃类中性油可成功地进行浮选。

烃油难溶于水，在矿浆中难于分散，主要呈油珠状态（分子聚合体）存在，在矿物表面形成的油膜也较厚，故药剂用量一般较大，通常约为 0.2 ~ 1kg/t 或更高。

应该指出：烃油用量过大，不仅使浮选过程的选择性下降，且常使浮选泡沫变坏而容易产生“消泡作用”。大量的非极性烃油分子，可从气泡表面排挤掉起泡剂分子或在气-液界面发生共吸附，由于烃油的疏水作用使气泡表面的水化外壳保护层变得很不稳定，加速气泡的兼并和破灭，严重时甚至会使整个浮选过程遭到破坏。

为了改善烃油在矿浆中的水溶性和分散性，以便与矿粒充分接触并节约药剂用量，一般可将烃油直接加入球磨机里，也可添加乳化剂或用超声波等物理方法进行乳化，使烃油和水调和制成乳液使用。例如，可选用烷基硫酸钠、烷基苯磺酸钠或二甲基二烃基胺之类的表面活性物质作为乳化剂将煤油制成乳液，乳化过程的机理如图 10-1 所示。

由图 10-1 可见，乳化剂的离子或分子在经强烈搅拌后形成的微小油珠上可产生定向排列，非极性端朝向油珠内部，极性端朝向水溶液，于是在微小油珠表面形成水化层，使微小油珠被乳化剂及其形成的水化外层所包围。这时微小油珠在互相碰撞或接触时就不易兼并，并始终保持比较稳定的乳浊液状态，于是改善了烃油在矿浆中的分散性能，这样既可以改善烃油的浮选效果，也可降低烃油的用量。

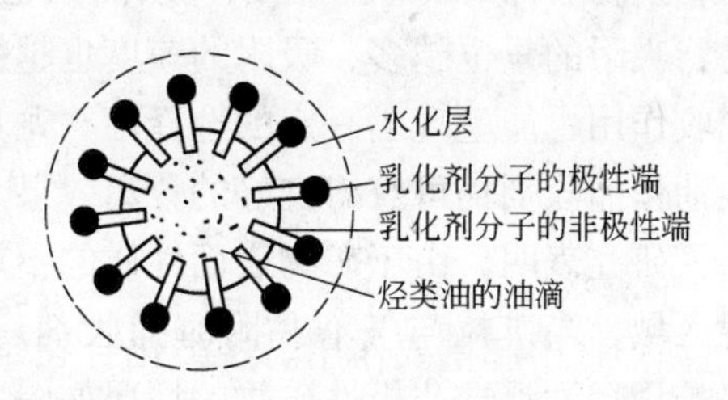

图 10-1 乳化剂在烃油珠表面形成保护水化层原理示意图

对于天然疏水性较强的非极性矿物而言，烃油在矿物表面的吸附过程如图 10-2*a*、*b*、*c* 所示。

在强烈的机械搅拌作用下，使烃油在矿浆中分散成微细的油珠，同时另一方面这些微细的油珠在机械搅拌作用下又与矿粒发生大碰撞和接触，并在范德

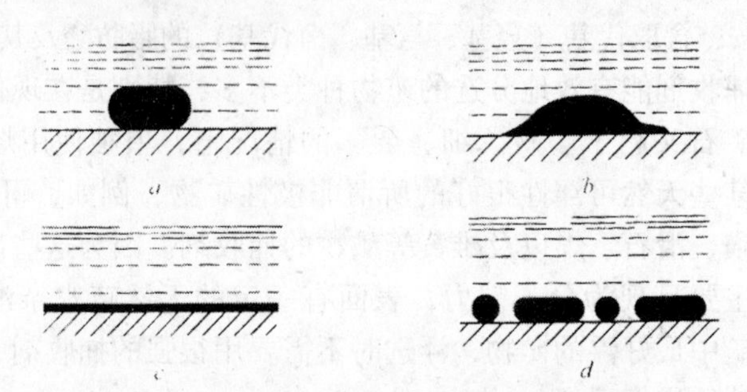

图 10－2 烃油在矿物表面吸附过程示意图

华力作用下黏附在矿物表面，如图 10－2a 所示。

由于矿物天然疏水性较强，亲油性较大，黏附在矿物表面的油珠可逐渐展开，如图 10－2b 所示。

油滴展开的结果，最终可在矿物表面形成一层疏水性的油膜，如图 10－2c 所示，于是就可以增强矿物表面的疏水性和可浮性。

对于天然疏水性不太强、即亲油性不太大的矿物而言，微细油珠在矿物表面黏附后虽不易展开，但由于矿浆中微细油珠较多，在强烈机械搅拌作用下可不断和矿粒发生碰撞接触，也可使矿粒表面油珠数增多，同时油珠间由于相互兼并作用，在矿物表面黏附的一些（或个别）微细油珠亦能形成不连续的油团，如图 10－2d 所示，结果使这些矿粒具有一定的疏水性和可浮性。

总之除极少数绝对亲水性矿物（即润湿接触角等于零）外，多数矿物一般都或多或少具有亲油性。换言之，多数矿物表面均可吸附矿浆中的烃油。然而，矿物表面的疏水性越强，亲油性越大，烃油在该矿物表面的吸附也越容易，吸附的量也越多，吸附的速度也越快。因此，对不同的矿物而言，烃油的捕收作用也能呈现出一定的选择性。尤其是在分离非极性矿物与极性矿物时用烃油作捕收剂仍可获得良好的分离效果。

研究表明，由于矿物表面性质的不均匀性，捕收剂主要是吸附在表面的活性区域，当矿粒与气泡黏附时捕收剂还有向固-液-气三相接触周边聚集的趋势，用烃油浮选非极性矿物的情况如图 10－3 所示。

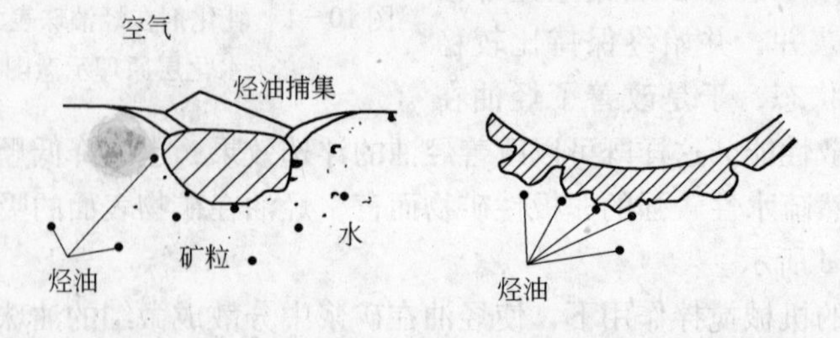

图 10－3 烃油浮选非极性矿物在接触周边聚集示意图

由图10－3可见，吸附在矿物表面的烃油，趋于沿固-液-气三相接触周边聚集，甚至所形成的烃油疏水膜可介于非极性矿粒与气泡之间，这样便可大大提高矿粒的可浮性及其在气泡上的黏附强度。

如果将脂肪烃作为辅助捕收剂使用，特别是其中的煤油、柴油以及燃料油和轻蜡油已被国内外选矿实践证明有效并广泛用作离子型捕收剂的辅助捕收剂。

浮选实践表明，无论是用阴离子型捕收剂还是阳离子型捕收剂，若与适量烃油混合使用常可增强极性捕收剂的捕收能力，发挥协同效应，提高矿物的浮选粒度上限，且能降低极性捕收剂的用量，降低药剂及选矿成本，获得良好的浮选效果。

例如，某些非硫化矿的浮选表明，将脂肪酸与燃料油混合使用浮选氧化铁矿物，或将脂肪酸与煤油混合使用浮选磷灰石等均已取得了良好的浮选效果。此外，将脂肪胺与煤油混合使用浮选石英也可获得较好效果，它不仅可提高选别指标，且可节省胺的用量等。

国外硫化矿浮选比较广泛使用烃油作辅助捕收剂，它有助于改善粗粒和连生体颗粒的浮选。例如，用黄药浮选辉锑矿，加烃油作辅助捕收剂能显著提高粗粒的浮选速度及回收率。同样，浮选铜、铅等粗粒硫化矿亦可取得类似的较好效果。用黄药浮选硫化矿时往矿浆中添加适量的烃油，有时比大量增加黄药用量效果更好。用有机膦酸和胂酸浮选锡、钨和钛铁矿，添加烃油既可提高效率又可降低捕收剂用量。

烃油与极性捕收剂联合使用可提高矿物浮选效果的原因，主要是极性捕收剂的离子或分子与矿物作用时极性端朝向矿物表面，非极性端则朝外使矿物获得初步的疏水性，而与此同时，在强烈机械搅拌作用下烃油被分散成微小油珠并依靠分子间力再吸附在极性捕收剂的非极性端上，这样使矿物表面的疏水膜变厚，同时由于烃油与长烃链极性捕收剂的相互缔合作用，使矿物表面捕收剂吸附膜强度增大，吸附量增多，从而增强矿物表面的疏水性和可浮性，图10－4*a*即表示煤油在吸附油酸的磷灰石表面起辅助作用的示意图。当然烃油本身亦可在疏水矿物表面吸附和展开，这不仅可增强矿物表面的疏水性，而且还可大大增强矿粒在气泡上的黏附强度。

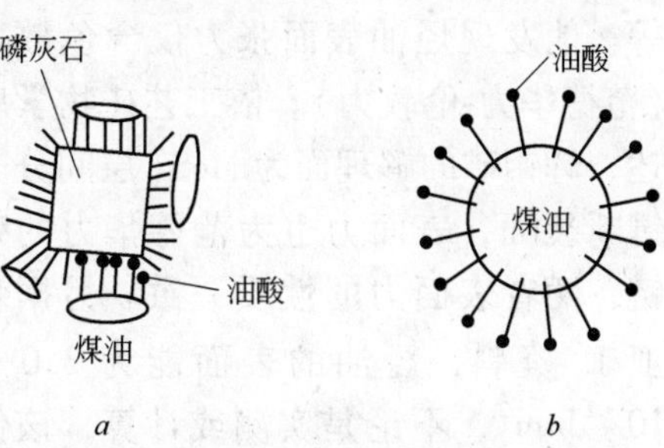

图10－4 煤油与油酸联合作用示意图
a—煤油在吸附油酸的磷灰石表面覆盖；
b—油酸在煤油表面上的分布

煤油与油酸联合使用可提高矿物浮选效应并可降低油酸用量的原因也

可能与煤油的乳化作用有关，如图 10-4*b* 所示。在强烈的机械搅拌作用下，烃油先被分散成微小的油珠，难溶极性捕收剂（油酸）的离子或分子便在这些微小油珠表面发生定向排列，非极性端朝向油珠内部，极性端朝向溶液使油酸受到乳化。当乳滴与矿粒接触时，极性捕收剂便以极性基选择性地与矿粒作用并吸附在矿物表面上，而烃油则呈油珠或油膜状聚集在极性捕收剂的非极性基上，使极性捕收剂在矿物表面更为牢固，同时还可以降低极性捕收剂的用量。

在浮选多孔性矿石和细泥时，由于表面积很大强烈吸收捕收剂，增大极性捕收剂的消耗，同时巨大的表面积，由于溶解和交换作用等原因也常使矿浆中有害浮选的难免离子浓度显著升高。这时如果将适量的烃油与极性捕收剂混合使用，若在矿物表面形成薄薄的油膜，则可堵塞吸收极性捕收剂的孔穴和孔道，降低极性捕收剂的消耗；而对于细泥而言，添加适量的烃油则有利于发生絮凝作用增大细泥粒度。总之，在上述这些情况下，将适量烃油与极性捕收剂混合使用，常有利于浮选的进行，因此，烃油有时又被称为浮选“辅助强化剂”。

10.3 脂肪烃与钼矿浮选

10.3.1 不同烃油及组分对浮选的影响

由于辉钼矿具有良好的天然疏水可浮性，添加脂肪烃作为捕收剂浮选辉钼矿，一般均可以获得高质量的精矿产品，MoS_2 的回收率达 90% 以上。

烃油与辉钼矿间吸附机理，可从它们之间表面力的性质相似、表面能的大小相近来解释。福克斯（Fowkes）将液体表面张力按力的类型分解为离子间静电力、偶极力、氢键力和色散力等。他发现烃油表面张力仅含色散力（范德华力-伦敦力）。依工艺矿物学所述，辉钼矿的解理面为 MoS_2 层间分子键断裂面，表面力也为范德华力的残键，两者表面力的性质一致。另据赖亚 J. 资料，烃油的表面能为 $3.0\times10^{-2}J/m^2$，不论是实测或计算，该值都一致。而西村允报道辉钼矿“解理面”上表面能为 $2.4\times10^{-2}J/m^2$，两者大小很接近。因而，按吸附理论，

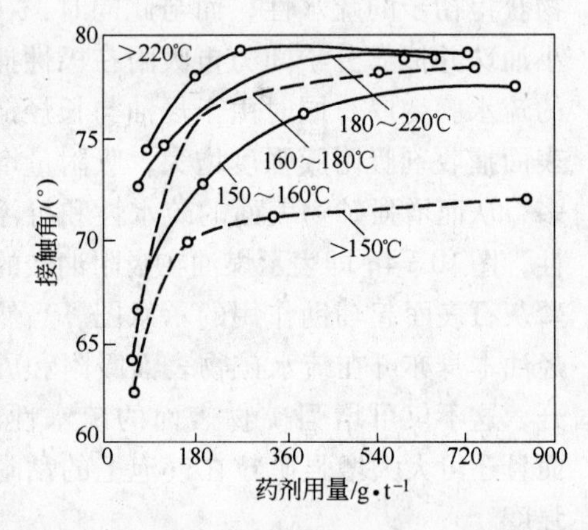

图 10-5 不同馏分烃油与矿物作用的接触角（图内数据系烃油分馏温度）

烃油极易物理吸附在辉钼矿矿物表面。

用作辉钼矿捕收剂的烃油通常为煤油、柴油、润滑油和重蜡油，我国以用煤油、蜡油为多。克罗欣 C. H. 等对不同馏分的煤油与矿物表面作用的接触角，以及不同浓度（用量）不同馏分的煤油对接触角的影响进行了测试，分别列于表 10－2 和示于图 10－5。

表 10－2 各种烃油对辉钼矿接触角影响

药 剂	接触角/（°）	药 剂	接触角/（°）
蒸馏水	59.5	180～220℃馏分煤油	76.0
松 油	52.0	＞220℃馏分煤油	84.5
初馏煤油	60.3	变压器油	73.0
150℃馏分煤油	63.1	机油 CB	78.0
150～180℃馏分煤油	73.2	机油 CY	78.0

使用烃油（煤油）的低馏分（沸程小于 150～180℃）与高馏分（沸程 180～220℃），变压器油和机油对含 $MoS_2$0.2% 的钼矿石进行浮选，结果表明，低馏分煤油捕收性能差，高馏分煤油的捕收效果显著；变压器油和机油的捕收效果略逊于高馏分煤油。煤油的捕收效果与表 10－2 所列和图 10－5 所示的结果是相对应的，可以改善辉钼矿表面的疏水性，接触角明显增大。

烃类化合物的不饱和度和所含表面活性物质对辉钼矿表面的疏水性能有一定影响，一般说来，含表面活性物质以及不饱和程度愈高的烃油与辉钼矿的亲水垂直解理面作用愈好。因为垂直解理面暴露的钼原子能与不饱和烃的双键发生吸附，增强疏水性。表 10－3 所列是几种油类对辉钼矿表面疏水性的影响。

表 10－3 烃类油捕收剂的成分对辉钼矿表面疏水性的影响

捕收剂名称	与水接触界面上表面张力/Pa	碘值	酸值	平面的润湿接触角/（°）	
				解理面	垂直解理面
变压器油	4.5	8.70	0.63	50	60
煤 油	3.0	11.23	0.82	45	65
机油（矿型）	2.9	11.97	0.65	50	78

表 10－3 所列的碘值说明烃油的不饱和程度，碘值高不饱和程度高，即含双键（不饱和键）比较多。酸值的大小则表示所含酸性物质的多少，酸值愈高含酸性物质愈多。矿物垂直解理面的接触角随着烃油的碘值和酸值的增加而增大，即解理面的接触角与烃油的碘值和酸值变化有一定的影响。可见不饱和碳氢化合物和酸性表面活性物质在垂直解理面上的吸附，增强了矿物垂直解理

面的疏水性，增大了其接触角。

同样，有人对煤油和低、高馏程（150℃以下和180~220℃）不同的烃油进行极化处理，即在加热的情况下用质量分数5%~10%的单体硫或质量分数5%的Na_2S处理，处理结果表明烃油对辉钼矿的捕收作用，与随双键增加一样，当极性物增加时捕收能力增强，极化后的接触角都有较大的增加，非极性煤油接触角增加了14.8°，150℃以下和180~220℃馏分烃油的接触角分别增加了5°和7.5°。

此外，有人也对烃油的黏度和密度的影响做过选矿试验，结果表明：以馏程较高相对分子质量较大的基础油料和低分子稀释油组成的双组分混合物比单一组分油是更好的辉钼矿捕收剂。将石蜡烃与环烷烃混合，结果比与芳香烃混合的捕收效果更好（石蜡烃、环烷烃和芳香烃的黏度-密度常数分别为0.798~0.813，0.842~0.856，0.918~0.980）。使用柴油加质量分数为30%的环烷烃混合进行浮选捕收力最好。

辽宁杨家杖子矿务局钼选厂对煤油、重蜡、重芳烃做过对比试验。煤油含烷烃、环烷烃和芳烃；重蜡（液体石蜡）是煤油与尿素络合法脱蜡在240~280℃脱出产物，正构烷烃占90%以上，其组成如表10-4所列。重芳烃系轻柴油中提取240~280℃馏分，其中芳烃约占90%。用煤油-重蜡油和重蜡油-重芳烃选钼，选矿结果如表10-5与表10-6所列。从两个选矿结果表可以看出，用重蜡油作辉钼矿捕收剂粗选回收率比用煤油提高1%~2%，芳烃对辉钼矿的捕收效果与重蜡接近。

表10-4 重蜡组分分析（质量分数/%）

试 样	C_{12}烷以下	C_{13}烷	C_{14}烷	C_{15}烷	C_{16}烷	C_{17}烷	C_{18}烷	C_{19}烷	C_{20}烷
试样1	微	8.73	19.27	22.20	21.35	15.38		3.7	微
试样2	2.96	9.61	18.81	21.61	20.38	16.27	7.93	2.47	

表10-5 煤油-重蜡浮选辉钼矿效果对比

试料编号	药剂用量/$g \cdot t^{-1}$		精矿含钼/%	钼回收率/%	回收率提高幅度/%
	煤油	重蜡			
试料1 含0.11% Mo	160	0	3.63	93.10	1.12（重蜡）
	0	160	3.48	94.22	
试料2 含0.11% Mo	155	0	5.28	84.52	1.33（重蜡）
	0	155	5.36	85.85	

表10-6 重蜡-芳烃粗选效果对照表

捕收剂	药剂量/g·t⁻¹			浮选指标/%			指 标	对 比
	2号油	重蜡	重芳烃	原矿品位	精矿品位	钼回收率	精矿品位	钼回收率
重 蜡	100	130	0	0.117	2.32	93.92	+0.16（芳烃）	-0.11（芳烃）
重芳烃	80	0	130	0.118	2.48	93.81		

10.3.2 烃油乳化与乳化剂

研究发现，增加烃油用量可以提高钼矿石粗选的钼回收率，特别是提高中矿（连生体）的上浮量，但是在实际操作中要提高烃油用量比较困难，起泡剂2号油的泡沫层没有增厚，而且很难操作。原因是烃油不溶于水，靠强搅拌产生小油珠形成的油-水分散相不稳定，大油滴易漂浮析出水面，小油滴受热力学和界面能的聚结力的影响可能变成较大的油滴，因而增加烃油用量难于操作，难于将烃油微珠化（雾化）与矿物作用，故难于实现提高回收率的目的。为此，经历了由超声波乳化到用乳化剂乳化的发展。两种方法对分散油珠均有效，后者效果强于前者。

乳化剂是具有亲水和亲油基的表面活性剂。将烃油先用乳化剂乳化添加，或者在强搅拌下将油及乳化剂添加于矿浆中，乳化剂均能吸附于油-水界面，使界面的表面能下降，油-水分散相稳定，防止小油滴的兼并变大。这种水包油型（O/W）的添加方式提高了烃油分散度，也提高了浮选效果。

沈阳有色金属研究所任慧珍等人自1980年起先后研究了国外常用的Syntex（辛太克斯，硫酸化椰子油皂）、硫酸化单甘酯系列（用椰子油和脂肪酸不同原料生产，结构与辛太克斯一致）做乳化剂。北京矿冶研究总院用石油化工生产乙二醇副产品和脂肪酸合成S-11（有效成分为脂肪酸二乙二醇单酯硫酸钠，结构与辛太克斯类似）做分散乳化剂。金堆城钼业公司等单位也合成了类似Syntex的PF-100做乳化剂。上述四种乳化分散剂对金堆城、杨家杖子（岭前矿）钼矿选矿乳化试验均取得了良好的效果。

除辛太克斯式（Ⅰ）、S-11式（Ⅱ）、硫单甘酯和PF-100等乳化剂外，十二烷基硫酸盐式（Ⅲ）、芳烷基磺酸盐、硫酸化单甘酯式（Ⅳ）以及各种非离子型表面活性剂也是有效的煤油乳化剂。如脂肪醇聚乙二醇醚式（Ⅴ）、脂肪酸聚乙二醇酯式（Ⅵ）和烷基酚聚乙二醇醚式（Ⅶ）等。

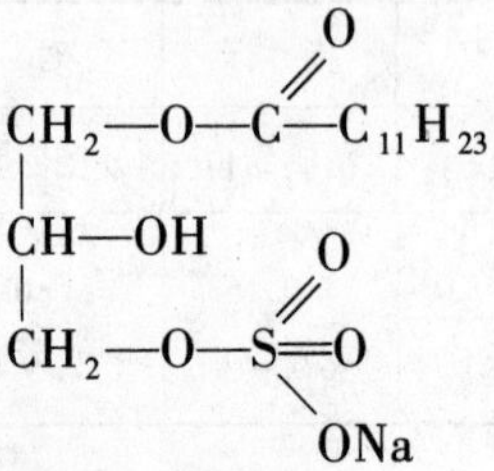

$$\begin{array}{l} CH_2-O-\overset{O}{\overset{\|}{C}}-C_{11}H_{23} \\ | \\ CH-OH \\ | \\ CH_2-O-\overset{O}{\overset{\|}{S}}=O \\ \qquad\qquad | \\ \qquad\qquad ONa \end{array}$$

（Ⅰ）

$$\begin{array}{l} CH_2-O-\overset{O}{\overset{\|}{C}}-R \\ | \\ CH_2 \\ | \\ O \\ | \\ CH_2 \\ | \\ CH_2-O-\overset{O}{\overset{\|}{S}}=O \\ \qquad\qquad | \\ \qquad\qquad ONa \end{array}$$

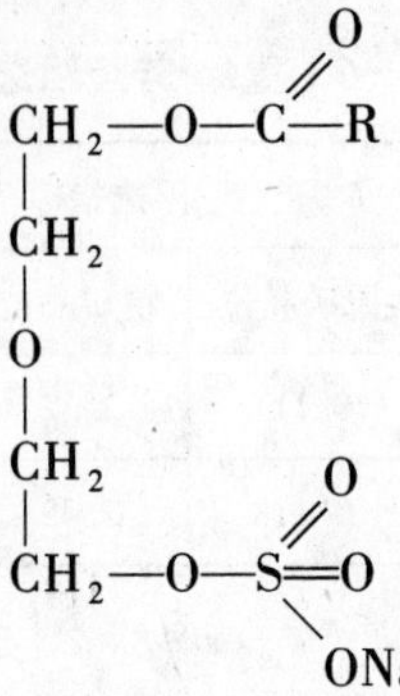

（Ⅱ）

$$C_{12}H_{25}OSO_3Me$$

（Ⅲ）

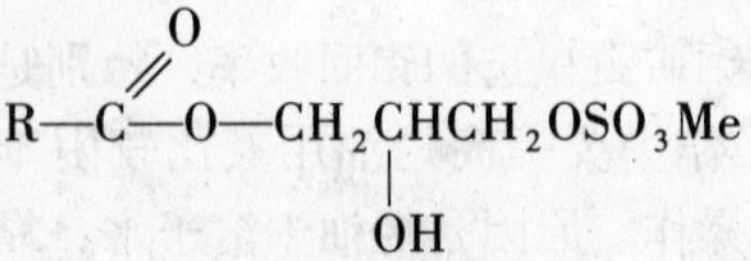

$$R-\overset{O}{\overset{\|}{C}}-O-CH_2\underset{\underset{OH}{|}}{CH}CH_2OSO_3Me$$

（Ⅳ）R＝油酰基等

$$R-O-(CH_2CH_2O)_nH$$

（Ⅴ）R＝月桂基等

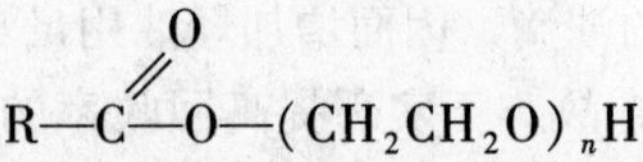

$$R-\overset{O}{\overset{\|}{C}}-O-(CH_2CH_2O)_nH$$

（Ⅵ）R＝油酰基等

$$R-C_6H_4-O-(CH_2CH_2O)_nH$$

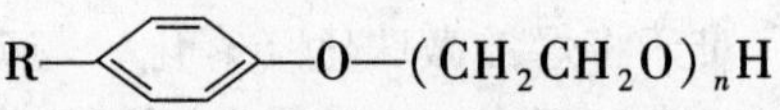

（Ⅶ）R＝壬基等

非离子型聚氧乙烯酯或醚类乳化剂中，聚氧乙烯的个数，即 $[CH_2CH_2O]_n$ 式中 n 的个数与乳化剂效果有关，当聚合度 n 增多时，亲油亲水平衡值（HLB）值加大，亲水性增强，乳化效果更好。在不同类型的非离子型乳化剂中又以壬基酚聚氧乙烯醚更好些。

此外，利用萘、异丙基萘和二异丙基萘等芳香烃类非极性物质与烃油共用也可以提高辉钼矿的回收率。当单独使用萘对一般金属硫化矿既无捕收性又无起泡性。但是，若将适量萘于70℃先溶于煤油中，加到磨机中，萘遇水易呈鳞片状吸附于辉钼矿表面从而提高辉钼矿浮选回收率。

为了更好地了解国内外钼矿选矿工艺，将国内外某些钼矿生产企业列于表10－7中。

表10－7 国内外某些企业生产钼矿选别工艺

序号	矿山	生产规模 /kt·d^{-1}	产量 /t·a^{-1}	工艺流程	药剂
1	金堆城	22	10000	粗磨、一粗一扫二精、两段再磨、九精一精扫	煤油、2号油、氰化钠、诺克斯、水玻璃
2	杨家杖子	6	6000～8000	粗磨、一粗二扫、两段再磨、四精扫精尾水冶	煤油（或重蜡）、黄药、2号油、氰化钠、诺克斯、水玻璃

续表 10-7

序号	矿山	生产规模 /kt·d⁻¹	产量 /t·a⁻¹	工艺流程	药剂
3	栾川	约10（全县）	约5000（全县）	粗磨、一粗一扫；八次精选（马圈）	煤油、2号油、氰化钠
4	钢屯	18	乡镇共约4000		煤油、2号油、氰化钠
5	新华		1106		煤油、2号油、氰化钠
6	青田		192		煤油、2号油、氰化钠
7	黄山	0.1	176	粗磨、粗选二扫选精浓缩、集中再磨八次精选、扫尾选硫	煤油、2号油、氯化钠、石灰
8	福安		58		煤油、2号油、氯化钠
9	Climax 克莱麦克斯（美国科罗拉多州 Cymax 公司）	48	26000	粗磨、粗选二次扫选、粗精浓缩、三段（砾岩）再磨、一次擦选、五次精选	松油、蒸汽油、辛太克斯、石灰、水玻璃、氰化钠、诺克斯、道-200、纳科
10	Henderson 亨德森（同9）	35	22700	粗磨、粗选、一次扫选粗精浓缩、三段再磨四次精选（代精扫）	蒸汽油、辛太克斯、松油、石灰、诺克斯、氰化钠
11	Questa 奎斯塔（美新墨西哥 Moly corp 公司）	18	9000	粗磨、粗选、中矿再磨再选、粗精再磨、六次精选	油类捕收剂、辛太克斯、松油、水玻璃、氰化钠
12	Thompson 汤姆逊（美爱荷达州 Cypruc 公司）	23	8000	粗磨、粗选、一次扫选、一段再磨、十次精选	煤油、松油、石灰、氰化钠、水玻璃
13	Tonopah 托诺帕（美内华达州 Amaconda 公司）	20	5400~6800		
14	Emdako 恩达科 Placer 公司（加拿大）	27	6400	棒球二段磨矿、一粗一扫、三段再磨、五次精选	松油、蒸汽油、辛太克斯、氰化钠
15	Boss 博思山 Noranda 公司（加拿大）	2.4		粗磨-粗-扫、一段再磨、十次精选	煤油、松油、石灰、氰化钠、硅酸钠

10.4 烃油在其他矿物分选中的应用

煤油用于选煤，因为纯煤油的效果不如粗煤油，所以一般都采用粗煤油选煤。而单独使用煤油时，往往精煤含灰分高，高灰分未能达到好的抛尾结果。如果选煤时能在煤油中添加甲酚作为捕收剂，或者与太阳油或煤焦油中的轻中油混合使用，选煤的效果会更好。可以提高精煤可燃物的回收率，显著降低精煤中的灰分含量。为了提高选煤效果，降低灰分含量，近年来出现不少新的选煤药剂（包含硅烷类），不少是用煤油与其他新药剂组合使用。

石墨具有天然疏水性，易选易浮，一般使用煤油及松油为捕收剂及起泡剂，石灰或水玻璃作为脉石抑制剂。也有人曾经尝试将汽油与松油混合加热变成混合蒸汽，混合蒸汽再和空气混合鼓入石墨矿浆中进行浮选。

煤油与变压器油等也是金矿伴生的碲铋矿（Tetradymite）的良好捕收剂。例如在先用氰化法处理金矿后，所得的含碲铋矿尾矿进行浮选时，用变压器油（200g/t）和二甲苯（20g/t）作捕收剂，用水玻璃（200g/t）作细泥的分散剂、抑制剂，碲的回收率可达70%左右。

石油烃也可用于浮选钾盐矿。所用的石油烃的流动点为10～48.9℃。浮选时先将钾盐矿磨细至5～35目，脱泥，浮选时盐水溶液中的固体质量分数为65%。

芳香烃萘加氢后所得的化合物四氢萘式（Ⅷ）或十氢萘式（Ⅸ）可以与脂肪胺一起用于浮选钾盐矿，四氢萘或十氢萘作为浮选药剂的好处是：形成的泡沫层含水量少，泡沫层与液相的界面清楚，产率较一般的浮选药剂可以提高3%左右。

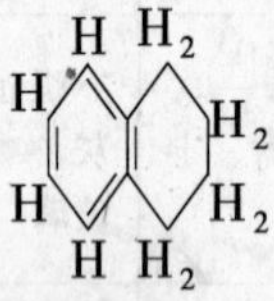

（Ⅷ） 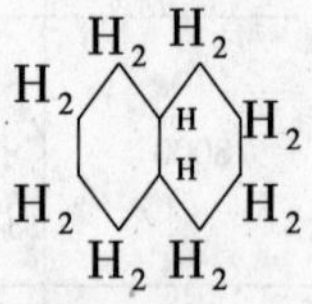　　（Ⅸ） 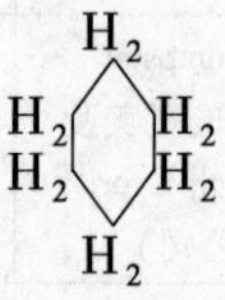　　（Ⅹ）

在化学工业中，环己烷式（Ⅹ），可以用于精制硫酸除去硒砷杂质。例如在含有质量分数0.005%硒及0.048%砷的粗硫酸中（质量分数72%），通入硫化氢，一直到在硫酸表面上有游离硫黄漂浮时为止。然后加入质量分数0.05%～0.1%的环己烷作为浮选剂一起搅拌，静置后使杂质浮起，最后用倾泻法分离，分离出来的浮起杂质，再过滤与环己烷分离，或加水使硫化硒及砷沉淀。经过处理后的硫酸只含有痕量的砷及硒。

在接触法制硫酸时，硒是必用的。为了从固体残渣中回收含有0.4%～

3.7%的硒，首先须将料浆加热到90～100℃，使粒径仅为小于5μm的微粒凝聚为半径粒径约为30～45μm后方可浮选，浮选时矿浆固体含量为25%，硫酸含量为36%，用煤油作浮选剂浮选20min，硒的回收率可达到93%，精矿含硒为19.44%，若再精选一次，品位还可以提高。

煤油、松油与一种焦油一起，还可以用于浮选富集油页岩。对两种油页岩粒度0～25mm进行浮选处理。其成分如表10－8所列。浮选时以松油为起泡剂，煤油及页岩焦油（200～300℃的馏分，含碱性物质0.35%，酚类7.51%，羧酸3.88%）为捕收剂，工业生产获得精矿中可燃物质可达到85.0%，精矿产率为40%，可燃物回收率为90.0%。

表10－8　两种油页岩的成分（质量分数/%）

样 品	灰分	有机质	石英	Al_2O_3	CaO	Mg	Fe	S	CO_2	W
1	47.90	35.75	12.60	3.86	20.16	2.54	2.07	2.22	16.35	0.22
2	47.50	36.74	13.26	3.07	18.69	2.97	2.15	2.08	15.75	0.26

燃料油作为辅助捕收剂或乳化剂与塔尔油的混合乳剂可以提高对铁矿的浮选效果（如图10－6和图10－7所示）。单独使用塔尔油的效果不如混合剂的效果好。如果在塔尔油与燃料油的混合剂中再加入一种油溶性乳化剂，无论在加入之前先与水乳化，还是直接加入，效果都比不加乳化剂好。

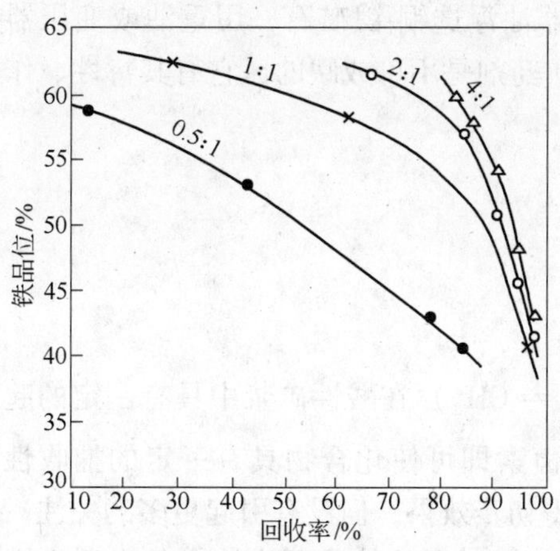

图10－6　用塔尔油与燃料油混合乳剂浮选赤铁矿的结果
（塔尔油用量固定在960g/t，燃料油与塔尔油的质量比介于0.5∶1～4∶1之间）

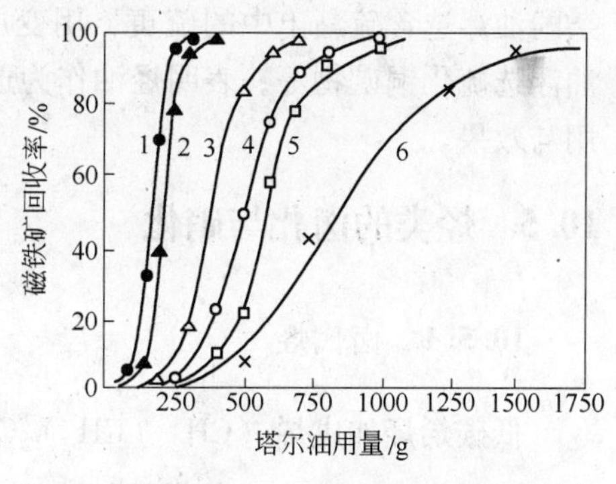

图10－7　塔尔油、燃料油和乳化剂组合对磁铁矿回收率的影响

1—塔尔油＋燃料油（质量比1∶4）＋一种油溶乳化剂（Emigol），直接加入；2—塔尔油＋燃料油（质量比1∶4）＋同上乳化剂＋75%水，做成水乳剂；3—塔尔油＋燃料油（质量比1∶4）＋烷基苯磺酸钠＋75%水，乳化；4—塔尔油＋同上乳化剂；5—塔尔油＋燃料油（质量比1∶4），不加乳化剂；6—塔尔油

燃料油与塔尔油的混合液也可以用于磷矿石的浮选。原矿含磷酸钙26.7%，经过三段浮选后磷酸钙的回收率可达89.5%，粗选搅拌时矿浆浓度（含固量）为70%，加入苛性钠350g/t，燃料油1500g/t及塔尔油350g/t，然后再稀释矿浆至含20%固体，进行浮选，所得浮选精矿仍含有一些硅酸盐物质，需对粗精矿再选除去杂质。再选时先用酸调节pH值为6.2，矿浆在浓浆（含固体70%）下搅拌30min，再稀释至矿浆pH值为7.2进行浮选得中矿，再添加燃料油（160g/t），塔尔油（30g/t），调节pH值为8.9，进行浮选得合格精矿。

用燃料油与塔尔油混合乳剂可以在酸性矿浆（pH=4.8~5.0）中浮选含锰仅为15.5%~16.2%的锰矿，获得锰品位为36.6%，回收率为90.1%的精矿。将燃料油与水溶性石油磺酸盐浮水矾土（铁铝氧石）效果也不错，使氧化铝含量提高7%~14%，石英含量下降55%~80%，回收率66%~77%。

用煤油与油酸混合浮选独居石,与单独使用油酸浮选独居石获得同等选矿指标,可节约一半的油酸,使油酸用量从1600g/t降至800g/t,而煤油用量为600g/t,足见煤油辅助捕收剂的效果。长沙矿冶研究院曾以苯乙烯膦酸为捕收剂,煤油为辅助捕收剂,对攀枝花钛铁矿进行浮选试验,结果表明,苯乙烯膦酸与煤油组合,可获得单独使用苯乙烯膦酸的效果,而苯乙烯膦酸的用量减少许多。

有关报道烃油的例子颇多，如柴油与黄药或黑药混合浮选自然金，柴油与杂酚油浮选含硫黏土中的硫黄，用变压器油浮选铜-镍矿石，用重油或变压器油浮选硫化铜矿物等，表明烃油作为选矿药剂是不可或缺的，它有其特性、作用与效果。

10.5 烃类的卤化与硝化

10.5.1 卤代烃

低碳烯烃如戊烯（$CH_3(CH_2)_2CH=CH_2$）在酸性矿浆中具有一定的起泡性，但无捕收性。若在低碳烃中引入卤素即可使化合物具有一定的捕收性能。这一设想虽然有人做过工作，并取得初步效果，但没有引起更多的关注。

1958年曾研究了冰晶石的泡沫浮选，探讨了从冰晶石泡沫产品中浮选碳质泥和冰晶石。粗选适宜的条件为煤油1.5kg/t，甲酚2.5kg/t。但如果使用过氯乙烯代替煤油时，用量可以降低至150g/t，浮选时间可以缩短1/2或2/3。

用浮选方法从铀矿中分离碳酸盐矿物时，使用了三氯乙烯药剂。在实验室条件下，浮选含有碳酸盐、硫化物及石墨等杂质的铀矿石，可以用两段浮选流程，第一段用汽油、三氯乙烯、松油及水玻璃为浮选药剂，将石墨及大部分的硫化物除去。在第二段用油酸为捕收剂，由硅酸盐中除去碳酸盐。铀主要富集在石墨产品中，如果矿石中不含有石墨，用一段浮选即可。

用卤代烷做捕收剂浮选含硫、含砷的矿物，已经证明可用氯代十二烷式（XI）、溴代癸烷式（XII）、溴代十二烷式（XIII）、碘代癸烷式（XIV）、碘代十二烷式（XV）、碘代十六烷式（XVI）等作捕收剂。它与丁基黄原酸钾一样，都可以用作方铅矿与黄铜矿的浮选，并且得到较好的结果。用上述卤代烷做捕收剂所得的精矿品位较用黄药所得的为高。捕收效果随碳链的增长而增强，当碳原子为 12 时捕收效果为最佳，而且浮选效果也随 pH 值增大而增加。

$CH_3(CH_2)_{11}$—Cl（XI）　$CH_3(CH_2)_9$—Br（XII）　$CH_3(CH_2)_{11}$—Br（XIII）

$CH_3(CH_2)_9$—I（XIV）　$CH_3(CH_2)_{11}$—I（XV）　$CH_3(CH_2)_{15}$—I（XVI）

10.5.2 硝基化合物

硝基化合物系烃类化合物的衍生物，早在 20 世纪 30 年代就有人总结了曾用于浮选钼矿的 492 种药剂中有 30 种药剂属硝基化合物。其中包括硝基烷烃，而大部分属于染料合成的中间体，硝基苯的衍生物，以及硝化烷烃。

硝酸基戊烷式（XVII）与亚硝酸戊烷式（XVIII），具有起泡性，对铜矿物也有捕收性；硝基萜类式（XIX）则只有起泡性。

$CH_3(CH_2)_4$—O—NO_2（XVII）　$CH_3(CH_2)_4$—O—N=O（XVIII）

CH_3—$C_6H_3(NO_2)$—$CH(CH_3)_2$（XIX）

在硝基苯衍生物中，硝基苯式（XX）与二硝基苯，对位硝基甲苯式（XXI）对铜矿物既有起泡性也有捕收性。而邻位硝基甲苯、二硝基甲苯、对位硝基溴代苯既无起泡性也没有捕收性，三硝基甲苯与1-硝基萘式（XXII）无起泡性但有捕收性。

$C_6H_5NO_2$（XX）　$CH_3C_6H_4NO_2$（XXI）　$C_{10}H_7NO_2$（XXII）

烃类的硝基化合物作为选矿药剂，提出和试用很早。但直至1957年才有人重提用长碳链硝基烷烃作为浮选剂的建议，因为在此时硝基烃化合物的工业规模合成才算真正解决。

长碳链的硝基烷烃和硝基环烷烃实验室合成可以用伯醇或仲醇的酯在二甲基亚砜溶剂中与亚硝酸钠和氢溴酸等作用而制得。也可以用溴代烷制备。例如用1-溴代辛烷55.42g，在搅拌下加于含36g亚硝酸钠的二甲基亚砜（CH_3SOCH_3）溶液中，烧瓶放在5℃的水浴中，使之逐渐上升至室温，继续搅拌2h，然后将溶液倾入600mL冰水内，上面再加200mL沸点为35~37℃的石油醚萃取，分出石油醚层后，再用75mL石油醚萃取4次，萃取液合并、水洗、用无水硫酸镁干燥脱水、过滤后，滤液蒸去石油醚，真空蒸馏，得1-亚硝基辛烷（产率18%，n^{20}1.4125）及1-硝基辛烷（产率66%，沸点61℃/0.9mm，n^{20}1.4322）。用同样方法所制得的硝基化合物如表10-9所示。

表10-9 一些硝基烷烃的物理常数

名 称	结构式	沸点/℃	折光率（n^{20}）
1-硝基辛烷	$CH_3(CH_2)_7—NO_2$	61/119.99Pa	1.4322
2-硝基辛烷	$CH_3(CH_2)_5—CH(NO_2)—CH_3$	67/266.64Pa	1.4280
1-硝基癸烷	$CH_3(CH_2)_4—NO_2$	86/133.32Pa	1.4387
1-硝基丁烷	$CH_3CH_2CH_2CH_2—NO_2$	71/6.00kPa	1.4106
硝基环戊烷	环（$CH_2—CH_2$, $CH_2—CH_2$）$>CH—NO_2$	62/1.07kPa	1.4538
硝基环庚烷	$(CH_2)_4<(CH_2)(CH_2)>CH—NO_2$	72/266.64Pa	1.4724
2-苯基硝基乙烷	$C_6H_5—CH(NO_2)—CH_3$	76/133.32Pa	1.5212

硝基烷烃的工业规模生产可以通过液相或气相法用烷烃直接硝化反应来实现。例如，低碳烷烃（1~4个碳）经过硝酸或二氧化氮的气相反应，在^{60}Co的γ射线及氧的存在下，直接生成硝基烷烃；例如用5.10mol/h的丙烷，0.523mol/h的硝酸，0.845mol/h的水及0.49mol/h的氧，通过一个玻璃反应

管，在800居里^{60}Co的195000γ/h剂量的辐射下，于温度约280℃，1.06s的接触时间的作用下，烷烃经硝酸转化为硝基烷烃的转化率为45.7%，不用γ辐射时转化率只有25.8%。

C_{10} ~ C_{18}的高级硝基烷烃可将硝酸或二氧化氮的蒸气通入液体烷烃（或石油的较高馏分）进行制造。反应在140~210℃时进行，烷烃与硝酸的摩尔比为1∶2至2∶1，在3~5h内转化率为60%。

硝基烷烃的检定：可将硝基烷烃在碱性介质中，与过氧化氢作用生成亚硝酸离子，再与偶氮化了的对氨基苯磺酸作用生成偶氮染料计之。

硝基烷烃可作为萤石及白钨矿的有效捕收剂。用硝基烷烃（或叫做硝化石蜡）的钠盐，即将硝基烷烃溶解在碱性酒精溶液中，使之变为所谓“氮羧酸盐”（如反应式）

$$\underset{\text{硝化石蜡}}{R—CH_2N\begin{matrix}\nearrow O\\ \searrow O\end{matrix}} + NaOH \rightarrow \underset{\text{烷基氮羧酸钠}}{R—CH{=}N\begin{matrix}\nearrow O\\ \searrow ONa\end{matrix}} + H_2O$$

作为捕收剂浮选0.15mm粒度的萤石。使用时，用新配制的浓度为0.04mol的药剂浮选，用松油为起泡剂（每立方米矿浆用量为15g），固液质量比为3.2∶1，硝基烷烃捕收剂的用量为250g/t，精矿产率为82%。使用硝基烷烃为捕收剂的特点是：在用量相当少的时候，浮选进行很强烈，浮选速度快，在2min内即可完成；矿浆温度降到2℃时，也不降低萤石的浮游性；增加碳酸钠的用量，使矿浆pH值达到9.7时，泡沫中萤石的产率也相应增加，添加少量水玻璃，回收率只微有下降，但增加水玻璃的用量，显然对浮选不利。

1974年中南矿冶学院曾使用长沙矿冶研究院研制的硝化重精油（重蜡油）作为潘家冲萤石矿的低温捕收剂，萤石的精矿品位可达98.23%，回收率68.5%，浮选时矿浆温度为6~8℃，矿浆pH值7.0~9.5。生产上述捕收剂的原料为重蜡油（沸点范围为230~290℃），其中含正构烷烃约90%，带苯环的芳香烃只有0.58%，用硝酸直接经过气相硝化处理。使用时将12g硝化重蜡油溶于40mL浓度为10%的苛性钠水溶液中，加温至60~70℃，并在此温度下搅拌40min，然后加水配成4%的溶液使用。

10.6 芳香烃

芳香烃类化合物如前所述除了用适当的石油馏分经芳基化“铂重整”催化关环脱氧所得合成品外，主要来自高温炼焦副产煤焦油。高温焦油加工产品是重要的化工原料，其主要成分有苯、甲苯、苯酚、吡啶、喹啉、萘、蒽、菲、芘、芴、三苯甲烷和二苯乙烷等。为便于掌握将几个稠环化合物如萘、蒽、菲、芘、芴、芘等的化学式列后：

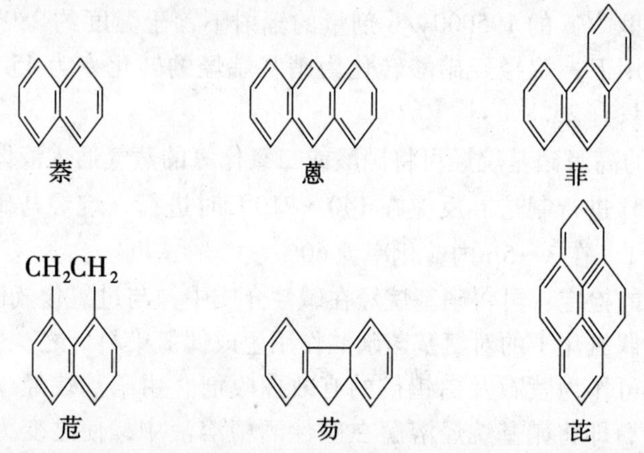

芳香烃类化合物除有部分用作易选矿物捕收剂以及作为辅助捕收剂与捕收剂组合用作选矿外，主要是作为进一步加工制备选矿药剂的重要原料。

由低温煤焦油中分离出来的一种产物，含有两种蒽的衍生物（式Ⅰ和式Ⅱ），据1974年报道，能够作为起泡剂用于硫化矿物的浮选。

（Ⅰ）　　（Ⅱ）

用甲苯、α-甲基萘，β-甲基萘、蒽、芘等芳香烃类与乙烯、丙烯作用制成烷基芳香烃之后（用 $BF_3 \cdot H_3PO_4$ 或 $AlCl_3$ 为催化剂），其中的烷基化甲基萘是比较好的选煤药剂，精煤的回收率达到91%，80% ~82%的灰分留在尾煤。烷基化的多环芳香烃类（具有较高的分子折光指数），适用于浮选钾盐矿，效果较好。

1973 ~1974 年杨家杖子矿务局为了解决用“重蜡油”浮选辉钼矿时，在冬季使用“重蜡油”凝固点高所造成的困难，利用北京石油化工总厂试验厂从催化裂化轻柴油提取出来的“芳烃”（235 ~330℃馏分），作为辉钼矿捕收剂，获得成功。“芳烃”为非离子型非极性捕收剂，可极化程度强，凝固点低（ -35 ~50℃），可提高选钼回收率1.0% ~3.0%左右。“芳烃”具有捕收能力强，浮选速度快，有一定起泡性能，提高细粒级钼的回收率明显，还有利于黄铁矿的回收等特点。此后，北京怀柔钼矿混合使用“芳烃”煤油，也获得钼回收率提高1.5%、硫化铁矿回收率提高2%的好结果。“芳烃”弥补了“重蜡”凝固点高的弱点，为冬季和选别不起泡的角页岩型矿石提供了适宜捕收剂。

有人用苯与丙烯的缩合物——多烷基苯（相对分子质量174.5）作为钼矿的浮选药剂，用它可以提高钼精矿的品位，降低起泡剂聚丙二醇丁醚的用量。使用来自催化裂化的产品——芳香基石油产物（相对分子质量276）代替煤油浮选钼矿，可以提高钼精矿的浮选效果。用煤焦油炉气中的丙烯馏分与甲苯（或与苯、甲苯混合物，或萘油，或蒽油）的缩合产物可用为选煤药剂，效果类似煤油。

有关芳香烃的卤代、硝化产品曾有报道：在芳香烃分子中引入卤素，在一定条件下，用来对硫化铜矿的浮选，可以改善其性能。溴苯、二溴苯、二溴蒽这三个化合物虽然没有明显的起泡性与捕收性，但是对氯甲苯、1，3，5-三氯甲苯对硫化铜矿具有捕收作用。

用生产一氯苯时所得的多氯苯副产品可作为辉钼矿的捕收剂。

实践证明，一些芳香烃的硝化产物对硫化铜矿具有浮选性能。硝基苯、二硝基苯、对硝基甲苯不但有起泡性也有捕收性，1-硝基萘无起泡性但有捕收性，但是，邻硝基甲苯与二硝基甲苯的起泡性与捕收性比较弱。应用硝基苯与煤油按质量比1∶1的混合剂，制成乳剂等形式用于浮选分离金红石与石榴子石，可以提高浮选过程的选择性。

用一些芳香族化合物，如苯的各种衍生物，以假象赤铁矿为试验对象进行了系统捕收性能的试验表明：如果在苯环上只有一个极性基团时，对假象赤铁矿捕收作用由弱到强次序为：

C_6H_5COOH 苯甲酸 < $C_6H_5AsO(OH)_2$ 苯砷酸 < $C_6H_5N(N{=}O)ONH_4$ “铜铁灵”（苯偶姻肟）

如果在苯环上的邻位同时含有（引入）两个极性基团时，各种化合物的捕收效力按如下次序急剧上升：

$C_6H_4(COOH)NH_2$ 邻位-氨基苯甲酸 < $C_6H_4(OH)NH_2$ 邻位-氨基苯酚 < $C_6H_4(OH)OCH_3$ 愈疮木酚 <

$C_6H_4(COOH)COOH$ 邻-苯二甲酸 < $C_6H_4(OH)COOH$ 水杨酸

“铜铁灵”的捕收作用比上述所有的带两个极性基团的苯衍生物作用都强。

在芳香族衍生物中，带有一个并且是相同的极性基团时，芳香烃基愈大，其捕收能力也愈强。例如萘的衍生物就比苯的衍生物强。两个苯环的化合物就比一个苯环的同样衍生物的捕收能力强约50% ~60%。

10.7 煤焦油

煤或页岩等经过高温或低温干馏得高温焦油和低温焦油，高温焦油（即煤焦油）沸点范围为200 ~300℃或者200 ~350℃。低温焦油（轻煤焦馏油）的沸点范围为190 ~235℃。

轻焦馏油主要含中性含氧化物（质量分数约14%）、苯及衍生物（约19%）、萘及衍生物（约15%）、不饱和烃（约9%）和有约30%的酚类化合物，成分复杂。

煤焦油的成分更为复杂，已经知道含有萘、甲基萘、二甲基萘、蒽、甲蒽、菲、联苯，也有少量的脂肪族饱和与不饱和烃。含氧化物有苯酚、甲酚、萘酚等。含氮化合物有吡啶、甲基吡啶、苯胺、甲苯胺、喹啉以及它们的同系物。也还含有有机硫化物。表10 - 10列出煤焦油中较为重要的某高温焦油馏分情况。

表10 - 10 某煤焦油（高温）的馏分组成

馏分	馏出温度/℃	产率/%	密度/g · cm⁻³	状 态	主 成 分
轻油	<170	0.5 ~2.0	0.91 ~0.98	半透明褐色油状液体	苯、甲苯、二甲苯、苯骈呋喃、萘、酚及同系物等
中油	170 ~240	9 ~16	1.026 ~1.04	混浊黄白色油状或糊状	萘、甲萘、二甲萘酚、甲酚、二甲酚等
重油	240 ~280	10 ~13	1.05 ~1.07	混浊、黑褐色油状液体	萘、蒽、菲、焦油酸、碱性物等
蒽油	280 ~390	20 ~25	1.08 ~1.13	混浊绿 - 红色糊状	蒽、菲、咔唑、吖啶、芘、吡啶等
沥青	残渣			亮黑固体	

10.7.1 煤焦油在浮选中的应用

早期文献记载煤焦油在1915年已经用作硫化铜矿浮选，用法是将煤焦油与松油按质量比1∶1混合使用。1943年曾试用低温（中温）煤焦油浮选鞍山贫赤铁矿，虽能富集但铁品位达不到冶炼要求。经分析低温煤焦油中的有效成分是酚及环烷酸。

在20世纪60年代曾有报道，使用重油馏分浮选硫化铜矿，可以单独使用，也可以与乙基黄药及2号油混合使用。单独用和混合使用效果均好。用未经分馏的低温焦油与黄药及2号油一起浮选辉锑矿,获得较好效果,用中油(馏分)和丁基黄药浮选辉锑矿效果更好,而且2号油用量可减少一半,因为中油具有起泡性。有人推荐用中油(200~250℃馏分)替代2号油浮选含铜黄铁矿的起泡剂;一种性质与低温焦油类似的产品,即由煤气站产生的煤焦油也有人做过浮选贫赤铁矿的实验。所有这些试验与应用,大多数是在经济水平比较低的国家和贫困地区使用,因其使用效果、使用操作、气味、污染毒性等原因,未能很好发挥作用。随着技术经济条件的变化后来都对焦油进行深加工处理后再行利用。

在煤焦油精加工的下游产品中,除前面提及的苯、酚、萘和杂环类化合物及其衍生产品在选矿中广泛应用外,在此应该特别提及的是与苯酚沸点(181℃)很接近的馏分中含有的茚,2,3-二氢茚及其衍生物,如下列化学式所示的化合物:

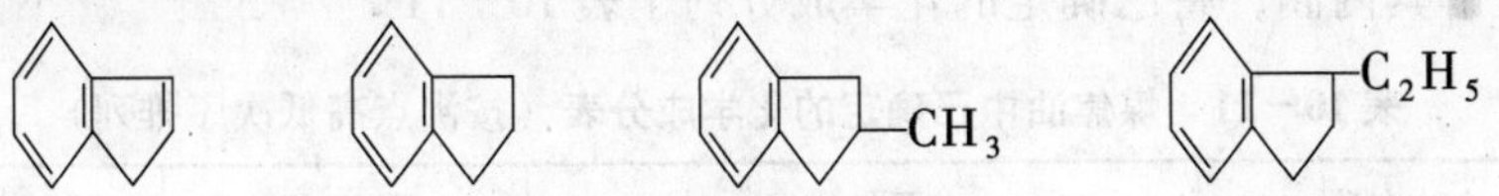

C_2H_5 CH_3

茚　2,3-二氢茚　2-甲基氢化茚　3-乙基氢化茚

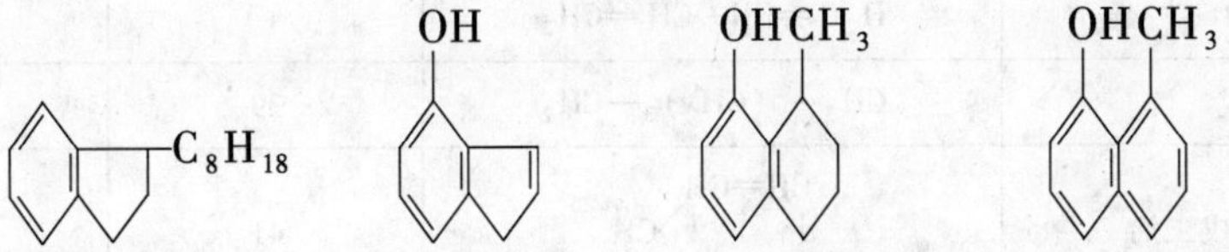

OH　OHCH$_3$　OHCH$_3$

C_8H_{18}

3-异辛基氢化茚　4-羟基茚　8-羟基-1-甲基四氢萘　8-甲基-1-萘酚

这类化合物许多可直接做选矿药剂。如3-异辛基氢化茚与长链脂肪胺浮选钾盐矿,可使氯化钾回收率达到94%~97%。上述化合物的后三种可以作为硫化矿的浮选剂。至于它们作为原料再跟其他化合物反应生成的化合物用作捕收剂的也时有报道,其中用茚制备的茚膦酸就是浮选钨锡等矿物的膦化物捕收剂。

10.7.2 煤焦油的硫化产物选矿

含有硫氢基(巯基,—SH)的药剂是效果显著的硫化矿捕收剂。为了提高煤焦油及其馏分产品的选矿效果,对其进行硫化处理不能不说是一种好的思路。事实上,早已有人做过类似的试验。例如:将松节油类型的化合物在催化条件下与硫化氢或者硫黄、一氯化硫作用的产物作为浮选剂;用二氯苯与硫黄作用制得硫代蒽做浮选药剂,反应式为:

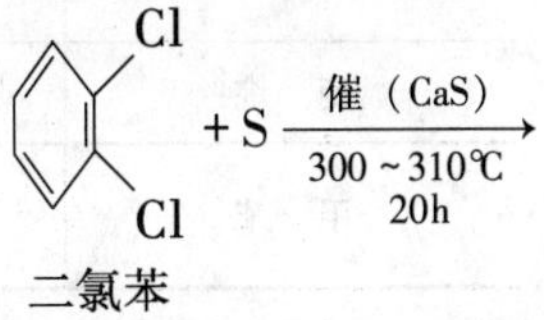

Cl　Cl

$$+ S \xrightarrow[300\sim310℃,\ 20h]{催(CaS)}$$

二氯苯

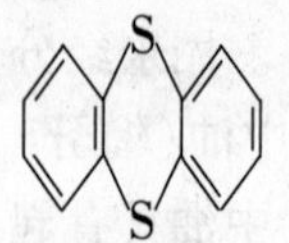
硫代蒽

。或者将煤油经硫黄处理之后，使煤油中含有大约10%的有机硫化物，用其作捕收剂，效果与一般黄药相当。有人用硫化处理的泥煤焦油浮选毒砂，据介绍可以代替黄药。

根据相关报道：利用煤焦油及其分馏产物加工为硫化蒽油、磺化重油、硫化脱酚中油、硫化煤油、硫化柴油、硫化润滑油、硫化煤焦油等产品进行选矿试验，代替黄药浮选辉锑矿、硫化铜矿等，都取得了一定的效果。使用上述原料进行磺化的也有人做过很多工作，长沙矿冶研究院曾经使用粗蒽、粗菲原料，磺化制备磺化粗蒽及磺化粗菲产品，作为磷矿浮选的抑制剂，石门磷矿工业试验取得了良好效果。煤焦油化学对于化工、选矿、印染关系重大，为了更好地了解其内涵，将已确定的化学成分列于表10-11。

表10-11 煤焦油中已确定的化学成分表（按沸点高低次序排列）

化合物名称	分子结构式	沸点/℃	熔点/℃
1，3-丁二烯	$H_2C{=}CH{-}CH{=}CH_2$	+1	
戊 烷	$CH_3{-}(CH_2)_3{-}CH_2$	39	
环戊二烯	CH=CH CH CH=CH	41	
二硫化碳	CS_2	47	
丙 酮	CH_3COCH_3	56	
己 烷	$CH_3(CH_2)_4CH_3$	69	
己 烯	C_6H_{12}	69	
乙 腈	$CH_3{-}C{\equiv}N$	79	-41
甲基乙基酮	$CH_3COC_2H_2$	80	
苯		81.1	+5
噻 吩	S	84	
庚 烷	$CH_3(CH_2)_5CH_3$	98	
甲 苯	$-CH_3$	111	

续表 10-11

化合物名称	分子结构式	沸点/℃	熔点/℃
甲基噻吩	S, —CH_3	113	
吡　啶	N	117	
辛　烷	$CH_3(CH_2)_6CH_3$	119	
吡　咯	N	133	
乙基苯	—C_2H_5	134	
α-甲基吡啶	N, —CH_3	135	
二甲基噻吩	C_6H_8S	137	
β-甲基吡啶	N, —CH_3	138	
对二甲苯	CH_3, —CH_3	138	+15
间二甲苯		139	
邻二甲苯		143	
2，6-二甲基吡啶	H_3C—, N, —CH_3	143	
乙烯苯	—$CH{=}CH_2$	145	
2，4-二甲基吡啶	CH_3, N, —CH_3	157	
正丙基苯	—$CH_2CH_2CH_3$	159	

续表 10－11

化合物名称	分子结构式	沸点/℃	熔点/℃
邻-乙基甲苯	CH_3-苯环-C_2H_5	159	
间-乙基甲苯		159	
对-乙基甲苯		162	
1，3，5-三甲基苯	CH_3, H_3C, CH_3（苯环）	164	
甲基乙基吡啶	$C_8H_{11}N$	165	
1，2，4-三甲基苯	CH_3, CH_3, H_3C（苯环）	168	
氧（杂）茚	O	169	
癸 烷	$C_{10}H_{22}$	170	
1，2，3-三甲基苯	CH_3, CH_3, CH_3（苯环）	175	
2，3-二氢茚		177	
茚		178	－3
苯 酚	苯环-OH	181	42
苯 胺	苯环-NH_2	182	－3
邻-甲酚	CH_3, OH（苯环）	191	32
甲基-氧（杂）茚	C_9H_8O	190	

续表 10-11

化合物名称	分子结构式	沸点/℃	熔点/℃
四甲基苯	$C_{10}H_{14}$	193~195	80
苯甲腈	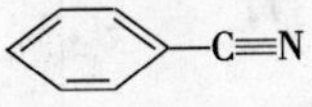 —C≡N	196	
对甲酚	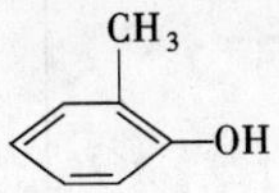 CH_3 —OH	201	
间甲酚		202	
苯乙酮	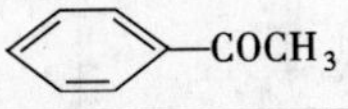 $—COCH_3$	202	
四氢萘	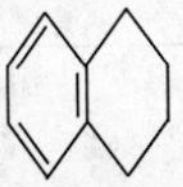	205	
1，2，4-二甲酚	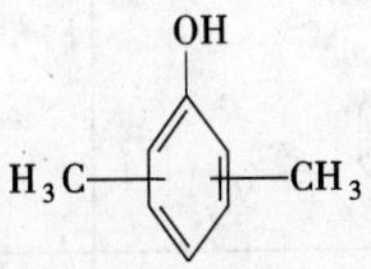 OH $H_3C—$ $—CH_3$	225	65
1，3，4-二甲酚		208.5~210	26
1，4，5-二甲酚		208.5~210	75
1，2，3-二甲酚		214	75
1，3，5-二甲酚		219	69
间乙基酚	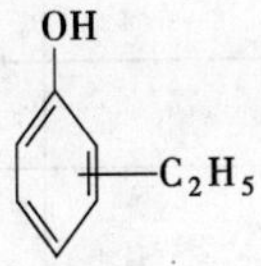 OH $—C_2H_5$	217	
对乙基酚		218	45
萘	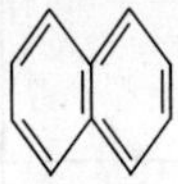	218	80
苯骈噻唑	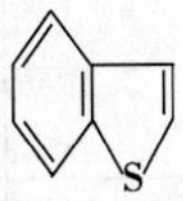 S	220	30
二甲基-氧（杂）茚	$C_{10}H_{10}O$	221	
间-甲基乙基酚	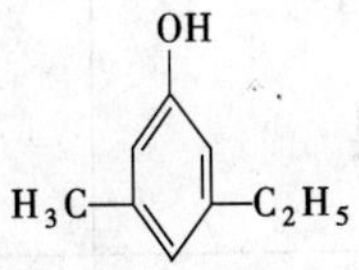 OH $H_3C—$ $—C_2H_5$	232.5~234.5	55
三甲基苯酚	$C_9H_{12}O$	233	95~96

续表 10-11

化合物名称	分子结构式	沸点/℃	熔点/℃
1，2，3，4-四甲基吡啶	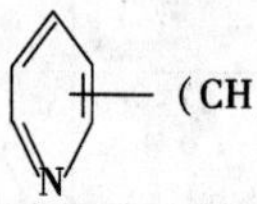 N —$(CH_3)_4$	233	
喹　啉	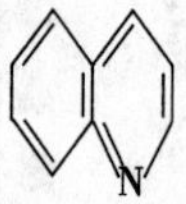 N	239	
异喹啉	 N	240	28
2-甲基萘	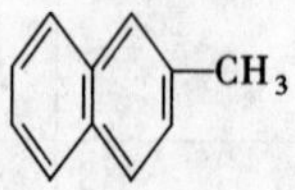 CH_3	241	33
1-甲基萘	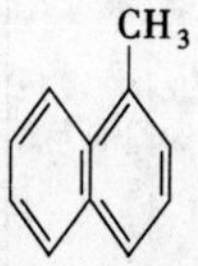 CH_3	245	
2-甲基喹啉	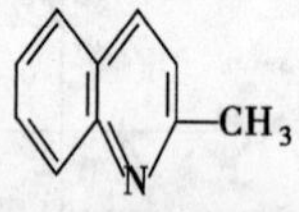 N CH_3	247	
四甲基苯酚	$C_{10}H_{14}O$	247～248	118～119
8-甲基喹啉	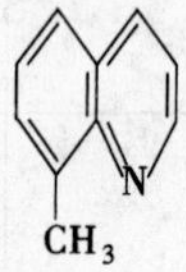 N CH_3	247	
吲　哚	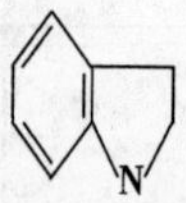 N	249	52
十八碳烷烃	$C_{18}H_{38}$	250	20
3-甲基异喹啉	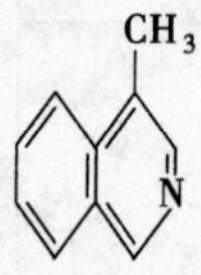 CH_3 N	252	
联　苯	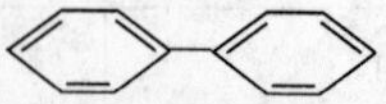	254	70.5

续表 10-11

化合物名称	分子结构式	沸点/℃	熔点/℃
1-甲基异喹啉	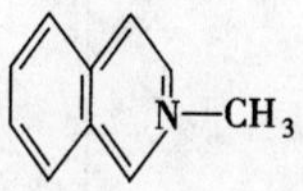 $N-CH_3$	255	
2，8-二甲基喹啉	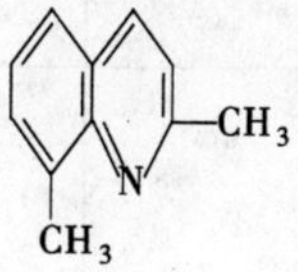 CH_3, N, CH_3	257	
5-甲基喹啉	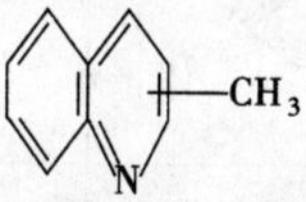 CH_3, N	262	
7-甲基喹啉		257	
6-甲基喹啉		258	
3-甲基喹啉		259	
4-甲基喹啉		264	
2，6-二甲基萘	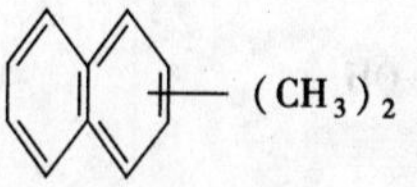 $(CH_3)_2$	261	110
1，2-二甲基萘		262	
2，7-二甲基萘		263	96
2，3-二甲基萘			104
1，3-二甲基喹啉	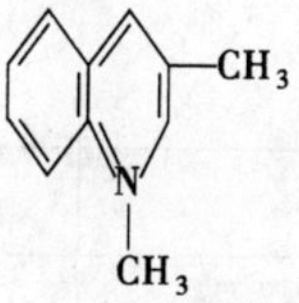 CH_3, N, CH_3	262	
1，7-二甲基萘	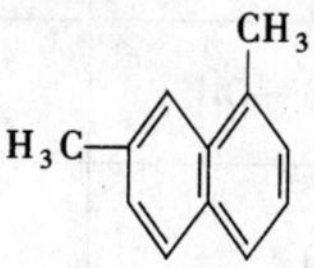 CH_3, H_3C	262	
2-甲基吲哚	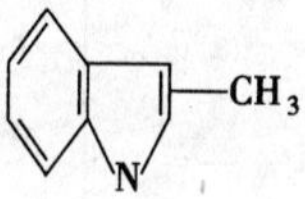 CH_3, N	271～272	61
3-甲基吲哚		265	95
7-甲基吲哚		266	85
5-甲基吲哚		267	60
4-甲基吲哚		267	5
间-甲基联苯	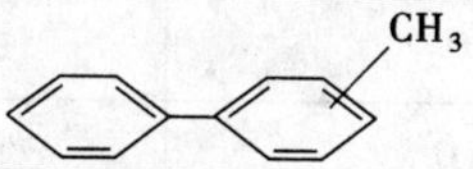 CH_3	269	
邻-甲基联苯		271	48

续表 10-11

化合物名称	分子结构式	沸点/℃	熔点/℃
苊	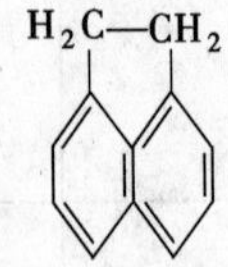	278	95
1-萘酚	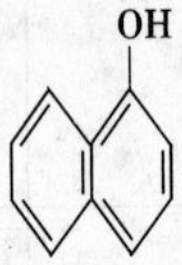	280	96
联苯氧醚（或氧芴）	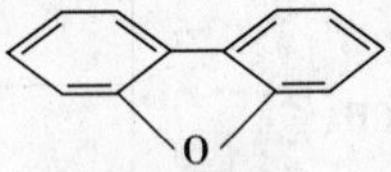	288	86~87
3，4′-二甲基联苯	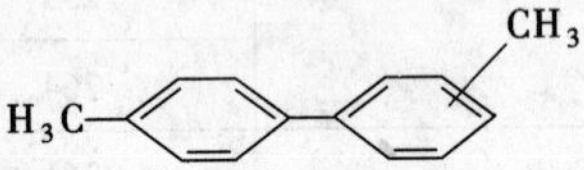	289	14~15
4，4′-二甲基联苯		292	123
2-萘酚	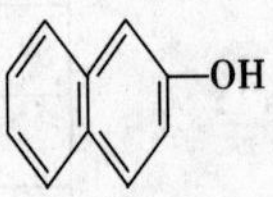	294	123
芴	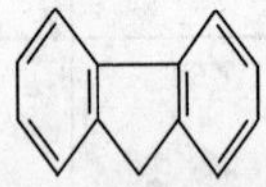	295	115
1-甲基联苯氧醚	$C_{13}H_{10}O$	298	45
2-甲基芴	$C_{14}H_{12}$	319	
4-羟基联苯	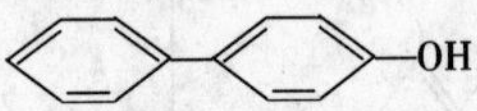	319	163
联苯硫醚（或硫芴）	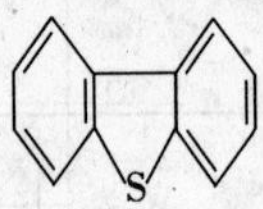	333	97
菲	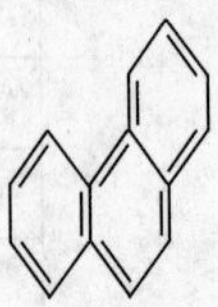	340	100.5
羟基联苯氧醚	$C_{12}H_4O_2$	348	143
2-羟基芴	$C_{12}H_4O$	约352	

续表 10－11

化合物名称	分子结构式	沸点/℃	熔点/℃
4，5-次甲基菲	CH_2	353	120
咔唑	N H	355	246
蒽		339	217
吖啶	N H	345～346	107
β-甲基-蒽	$-CH_3$	＞360	190
荧光蒽	$C_{16}H_{10}$	382	110
1，2，3，4-四氢荧光蒽	$C_{15}H_{14}$		76
芘	$C_{16}H_{10}$	393	156
䓛	$C_{18}H_{12}$	448.5	255
苯基萘基咔唑	$C_{16}H_{11}N$	＞450	330
3，4-苯骈芘	$C_{20}H_{12}$	＞450	177
1，2-苯骈芘	$C_{20}H_{12}$	＞450	179
骈四苯	$C_{18}H_{12}$	＞450	377
1，2-苯基骈四苯	$C_{22}H_{14}$	＞425	
萘骈2′，3′，-1，2-蒽	$C_{22}H_{14}$	＞425	

10.8 木焦油

木焦油是由硬木经隔绝空气干馏得到的产物，成分比较复杂。从表10-12的桦木与山毛榉树两种木焦油的成分可以略知其成分的复杂性。木焦油和煤焦油有相似又有不同，但作为选矿用药基本相同。将木焦油经过分馏等精加工可以获得适于选矿的各种药剂。

表10-12 桦木与山毛榉树焦油成分

名称	含量/%		名称	含量/%	
	桦木焦油①	山毛榉树焦油②		桦木焦油①	山毛榉树焦油②
水	1.5~2	11.5	间，对甲酚		11.6
挥发酸	1.7~2.5	4.34	邻乙基酚		3.6
酚	21~27	41.55	二甲酚类		3.0
中性物	55~58	20.0	愈疮木酚		25.0
不挥发酸	15~18	5.63	甲酚及其高级同系物		35.0
苯酚		5.2			
邻甲酚		10.4	其他酸类		6.2

①桦木焦油分子量较大的酸占80%，其中硬脂酸和芳香酸各占25%；

②山毛榉树焦油密度为1.21g/cm^3，酸值为111.63，皂化值为65.69，灰分为0.95%。

木焦油易溶于酒精、乙醚、冰醋酸、苯、二硫化碳及轻石油馏分。木焦油还可以分成轻、重两种木焦油。两种产品均可作为起泡剂，浮选铜铅锌硫化矿。重质的用于铁矿浮选起泡剂。

从木焦油中分离出的中性油，即用碱脱除酚类之后的中性油主要是芳香烃、醇、羰基化合物和醚，可以用来浮选煤并获得良好的指标。也可用于石墨、硫黄的捕收剂，产品的品位和回收率都高。

国外报道用一种柳木焦油作为氧化铁矿及稀有金属矿石的捕收剂、起泡剂。木焦油的含醚馏分（240~350℃，其中约有质量分数50%的酸性物质，主要是酚及相关酸和衍生物）是赤铁矿、假象赤铁矿的捕收剂。

从木焦油中还分离出一种油（沸程等于低于340℃的占80%，等于低于240℃的占10%），酸值约为20，这是白铅矿（$PbCO_3$）、钼铅矿（$PbMoO_4$），铅矾（$PbSO_4$）等铅的氧化矿的良好捕收剂，对石英、长石及其他硅酸盐没有捕收作用。

10.9 酚类化合物

在酚类化合物中，一元酚一般只有起泡性，无捕收性，其中包括苯酚、甲酚（邻及对位）、二甲酚、邻-甲基-间-异丙基苯酚和愈疮木酚（邻-甲氧基苯酚）等。如果将苯酚醚化成乙氢基苯，不但具有起泡性还有捕收性。

在二元酚中，间苯二酚具有起泡性，更有强抑制性。邻-苯二酚，茜素磺酸钠（O OH / OH / SO_3Na / O），邻-三苯酚（HO OH / OH）和没食子酸（OH / HO OH / COOH）都是铜矿的抑制剂。

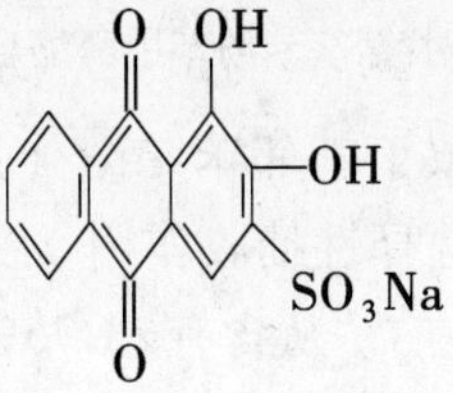

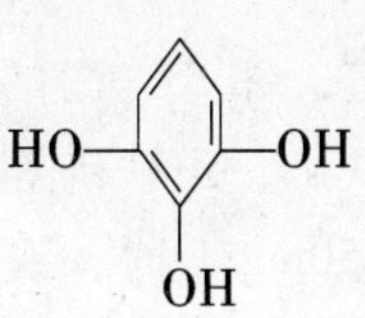

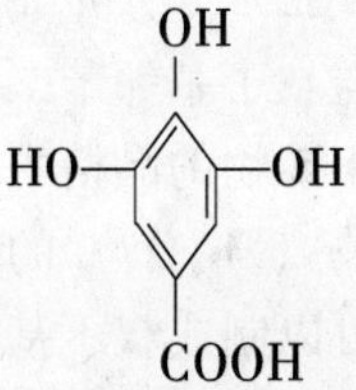

酚类化合物极易与芳香胺起偶氮化反应，生成一系列的染料中间体。其中不少就是选矿药剂，如甲苯基偶氮间苯二酚具有起泡兼捕收性能，苯基偶氮间苯二酚、苯基偶氮-α-萘酚和萘基偶氮-β-萘酚均有捕收性，对-磺酸基苯基偶氮-α-萘酚是铜矿的抑制剂，而氨基酚苯甲醛缩合物则是起泡剂。上述化合物的分子式如下：

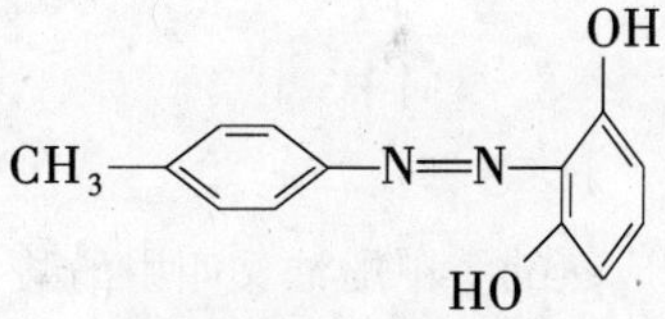

CH_3—N=N— OH HO

甲苯基偶氮间苯二酚

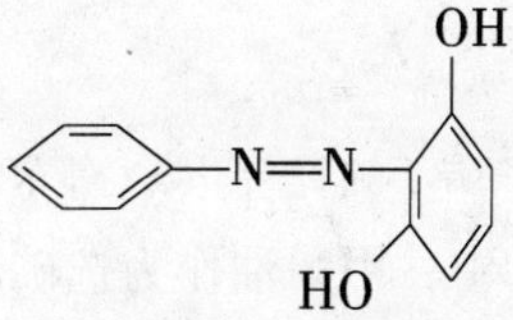

—N=N— OH HO

苯基偶氮间苯二酚

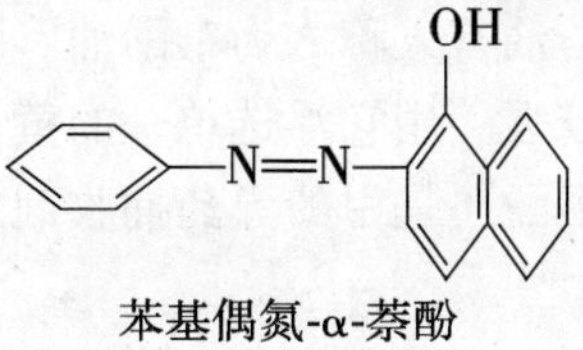

—N=N— OH

苯基偶氮-α-萘酚

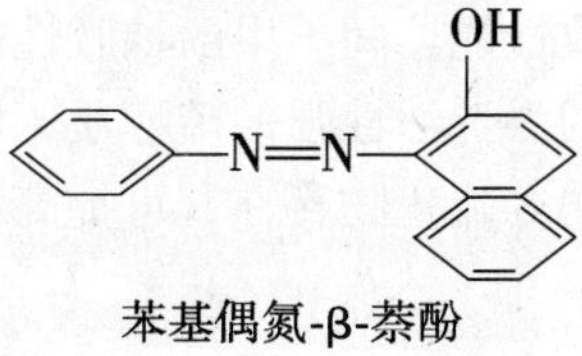

—N=N— OH

苯基偶氮-β-萘酚

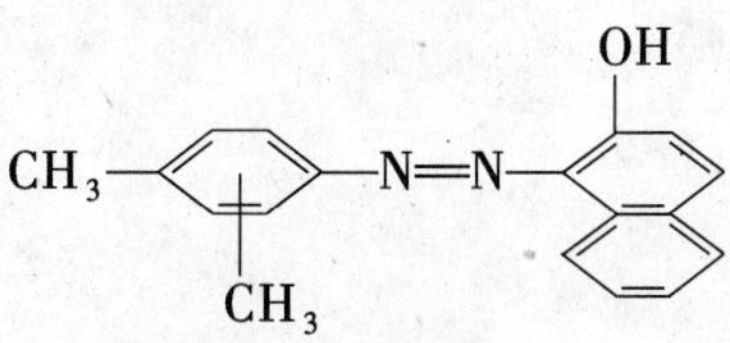

CH_3 —N=N— OH CH_3

二甲苯偶氮-β-萘酚

—N=N— OH

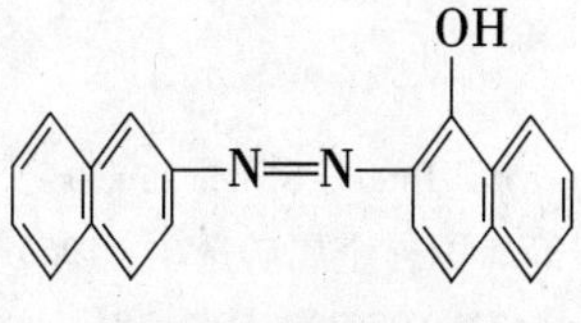

萘基偶氮-α-萘酚

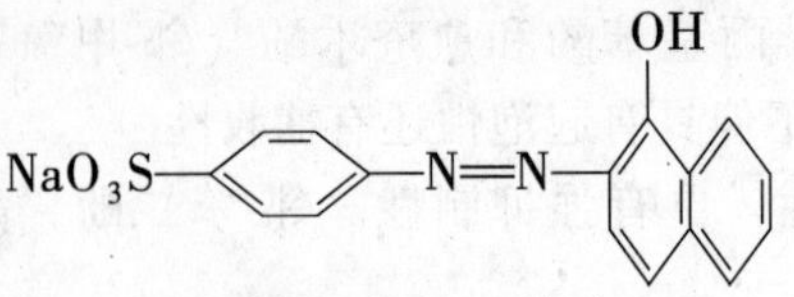

对-磺酸基偶氮-α-萘酚 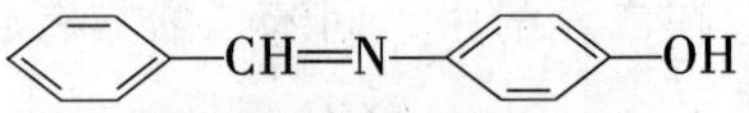　　对-氨基苯酚苯甲醛缩合物

据资料报道，邻苯二酚的烷基衍生物——叔丁基邻苯二酚（见反应式）对铁矿物（赤铁矿、磁铁矿等）具有相当强的选择性捕收作用。在 pH = 7 ~ 9，浓度为 40 ~ 50mg/L 时，铁的回收率达 90% 左右。从含有 23.75% 铁的磁选尾矿中，当这种捕收剂用量为 800g/t 时，铁的回收率可达 83.62%。分光光度仪测定，它的选择性作用的机理是由于在矿物表面上铁离子与叔丁基邻苯二酚之间形成了一种络合物。它可以捕收钼的原因，也是由于在钼矿物的晶格中与铁离子形成了类似的络合物。还有报道用它是作为氧化锑矿物（Sb_2O_3）的有效捕收剂。利用石油工业的副产物异丁烯与邻苯二酚缩合，可以制成叔丁基邻苯二酚。

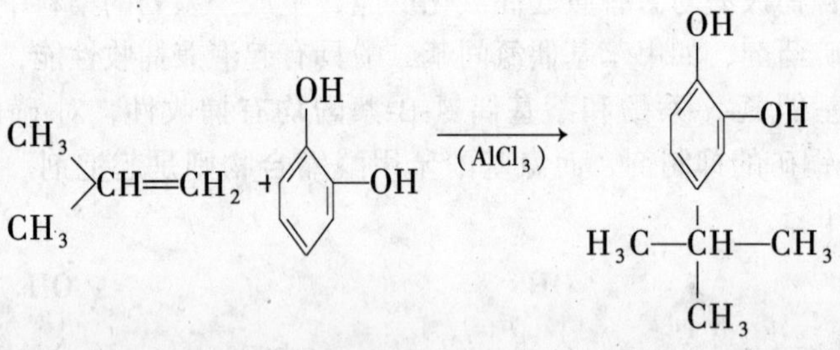

$$(CH_3)_2C{=}CH_2 + C_6H_4(OH)_2 \xrightarrow{(AlCl_3)} (CH_3)_3C{-}C_6H_3(OH)_2$$

异丁烯　　邻苯二酚　　叔丁基邻苯二酚

在酚类物中，甲酚油作为选矿药剂是比较成熟的。甲酚油又叫甲酚酸，它是邻、间、对三种甲基酚的混合物，是选矿应用比较广的起泡剂，同时亦具有一定的捕收性能。间 - 甲酚捕收性能最强。粗甲酚油有人称之为杂酚油。因它含有较多的浮选活性强的硫醇质，所以捕收能力较强。用它浮选单一的黄铜矿时因有硫酚等硫化物存在，可提高铜的回收率。甲酚还是甲酚黑药捕收剂的重要原料。

参考文献

1 Smit F J, *et al*. Inter J Miner Process, 1965, 15（1 ~ 2）
2 和田正美等．国外金属矿选矿，1965（6）
3 CA. 74 44447M; 97 220359S
4 徐赞生．第五届选矿年评报告会文集．中国矿业协会选矿委员会，1989
5 李怀先．第六届选矿年评报告会文集．中国矿业协会选矿委员会，1991
6 胡熙庚．有色金属硫化矿选矿．北京：冶金工业出版社，1987

7 林春元等．钼矿选矿与深加工．北京：冶金工业出版社，1997

8 US Pat 4316797；4329223；4354980；4341626

9 见百熙．浮选药剂．北京：冶金工业出版社，1981

10 朱玉霜，朱建光．冶金药剂的化学原理．长沙：中南工业大学出版社，1997

11 Глембоцкий В А. идр，Флогаионные Метады Обогащения，1981，Неара，114～120

12 杨家杖子选矿厂．有色金属，1973（10）

13 Borm C A，*et al.* Flotation，1976（2）

14 CA. 61 15705h；66 58026S；68 97684r，106205g；69 20978c

第11章 起泡剂

起泡剂是浮游选矿过程中不可或缺的药剂。在选矿历史发展中起泡剂及其作用被认识和利用不迟于捕收剂。但其注意力不如捕收剂，起先各国多为因地制宜，就地取材。例如澳大利亚多用桉叶油、日本多用樟油、中国用松油等。这些都是天然的，因环境生态、适度砍伐之需，其重要性有可能次之。化学合成的起泡剂随着基本有机合成技术、工艺、方法、设备的迅速发展，带来了勃勃生机。天然起泡剂在市场占有的份额正逐步减少，各种人工合成起泡剂所占市场份额不断增加。对此本章将详尽讨论。

具有起泡性质的有机化合物很多，如醇类、酚类、酮类、醛类、醚类、酯类、羧酸类、胺类等有机异极性表面活性物质。它们均能在气-液界面上吸附，能在矿浆中形成大量大小适中具有一定稳定性的泡沫物质，形成气、液、固三相组成的“三相泡沫”，对矿物浮选而言，就是形成浮选矿化泡沫。

11.1 起泡剂的结构与分类

起泡剂的分子结构与捕收剂有其相似之处，多数是由极性基和非极性基组成的异极性分子表面活性物质。其中又有非离子型和离子型化合物之分，其中非离子型表面活性起泡剂的品种、作用、效果都占有优势。非离子型起泡剂一般不具有捕收性，而离子型起泡剂往往兼具捕收性。起泡剂在气-水界面吸附能力强，优良的起泡剂在矿物表面一般不发生吸附，多数起泡剂能使水的表面张力大为降低，增加空气在矿浆中的弥散，改变气泡在矿浆中的大小，当被浮矿粒愈大和矿物密度愈大，要求气泡也应随之增大。气泡相对稳定，能够防止气泡的兼并，并在矿浆表面形成浮选需要的矿化泡沫层。

依据起泡剂的结构与官能团特点，将常用的起泡剂分类列于表11－1。表11－1所列各种类型的起泡剂在我国都有生产，品种品牌都比较齐全，例如：松醇油、高纯度松醇油、丁基醚醇、二丙醇烷基醚类、BK-201和BK-204、RB系列、730A新型起泡剂（主要成分1，1，4-三甲基-3-环己烯-1-甲醇，1，3，3-三甲基双环（2，2，1）庚基-2-醇、樟脑油和$C_{6\sim8}$醇、醚、酮等）、三乙氧基丁烷、MIBC以及炼油与石油、化工等生产的各种副产物作为起泡剂的也有很多，像YC-111等。

表11-1 起泡剂分类

类型	类别	极性基	实例名称与结构	备注
非离子型化合物	醇类	—OH（醇基）	直链脂肪醇 $C_nH_{2n+1}OH$（$C_{6\sim9}$混合）	杂醇油（副产）
			甲基异丁基甲醇（异构醇） $CH_3-CH(CH_3)-CH_2-CH(OH)-CH_3$	MIBC（英文缩写） Aerofroth 70（国外代号）
			萜烯醇（terpineol） $H_3C-C\langle{}^{CH—CH_2}_{CH_2—CH_2}\rangle CH-C(OH)(CH_3)_2$	2号油主要成分
			桉叶醇（Eucalyptol） $H_3C-C\langle{}^{CH_2—CH_2}_{CH_2—CH_2}\rangle$ —O—C$(CH_3)_2$ —CH（双环结构）	桉树油主成分
			樟脑（莰酮）及莰醇 樟脑：H_3C-C 环含 $CH_2—C{=}O$、$CH_2—CH_2$、—O—C$(CH_3)_2$—CH 莰醇：H_3C-C 环含 $CH_2—CH(OH)$、$CH_2—CH_2$、—O—C$(CH_3)_2$—CH	樟脑油主成分
	醚醇	—O— —OH	丙二醇醚醇（$R=C_{1\sim4}$，$n=1\sim3$） $R(OCH_2-CH(CH_3))_nOH$	三聚丙二醇甲醚，即美国商品名Dow-froth 250
			芳香基醚醇（$n=1\sim4$） $C_6H_5-CH_2O(CH_2CH_2O)_nH$	苄醇与环氧乙烷缩合
	醚类（烷氧类）	—O—	三乙氧基丁烷 $CH_3-CH(OC_2H_5)-CH_2-CH(OC_2H_5)_2$	英文缩写TEB
	酯类	—COOR′	脂肪酸酯（R一般为$C_{3\sim10}$混合酸，R′为$C_{1\sim2}$混合酸） $R-C(=O)-OR'$	烃油氧化低碳酸酯化

续表 11-1

类型	类别	极性基	实例名称与结构	备 注
离子型化合物	羧酸及其盐类	—COOH —COONa	脂肪酸及其盐 $C_nH_{2n+1}COOH$ (Na)，$C_nH_{2n-1}COOH$ (Na)	饱和酸及不饱和酸（低碳酸）
			松香酸等 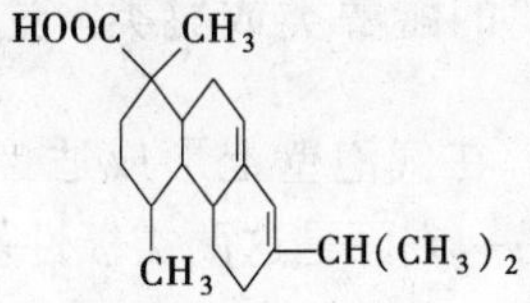 HOOC CH_3 CH_3 —$CH(CH_3)_2$	松香的主成分；粗塔尔油的成分之一
	烷基磺酸及盐	—SO_3H —SO_3Na	烷基苯磺酸钠等 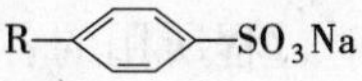 R— —SO_3Na	国外牌号 R-800
	酚类	—OH	甲酚等  CH_3— —OH	如杂酚油（邻、对、间位）
	吡啶类	═N	吡啶类  N	焦油馏分

11.2 起泡剂的性质及要求

起泡剂起泡性能的好坏，通常是在实际应用中以选矿指标作为判据，而且不同矿物及给矿状况对起泡性能也有影响，需要选择与之适应的起泡剂。在实验室常以一定浓度起泡剂用下列方法测定其性能：

（1）用手或机械方法搅动起泡剂水溶液数分钟，然后测量泡沫层的体积。

（2）用旋转的搅拌器或者上下移动的多孔盘，在起泡剂水溶液中搅拌，然后测量泡沫体积。

（3）在带有细孔底板的玻璃管内，将空气或其他气体的小气泡鼓入被测试的水溶液中，然后测量泡沫高度。

（4）从一定高度将起泡剂水溶液滴下，然后对所产生的泡沫进行测量。

上述四种基本方法，都是在一定时间内或者测量所产生的泡沫高度，或者测量泡沫层中所含有的液体质量。这些方法的共同特点都是在固体颗粒不存在的条件下，在两相的体系内测量泡沫的体积，一般来说，只适用于测试表面活性剂。用上述方法比较不同起泡剂的优劣是否与浮选实践所得的结论相符还很难说，一般只作参考。

鉴定起泡剂的好坏，取决于起泡能力、泡沫的稳定性，即已形成的泡沫消失的快慢。除此以外，气泡的大小、气泡的比表面积（可用显微镜或光的透射进行测量）以及泡沫的黏度、弹性、抗张强度也具有重要意义，但一般很少测量。

浮选对起泡剂的要求和起泡剂应有的共同性质概括起来主要有：

（1）起泡剂一般应是具有适宜结构的有机异极性表面活性物质。这些有机异极性物质的起泡性能主要取决于其分子组成结构中极性基和非极性基的性质，所以要求要有适宜类型的极性基与非极性基。

极性基是亲水基。浮选最广泛使用的起泡剂是含羟基（—OH）的醇类或酚类和含醚基（ $-\overset{|}{\underset{|}{C}}-O-\overset{|}{\underset{|}{C}}-$ ）的醚醇类或醚类。这些极性基都可通过氢键与水分子缔合，发生水化作用，在气泡壁上形成适当强度的水化外壳保护层，使气泡具有适宜的稳定性；另一方面是这两类极性基的亲固性能很弱，对矿物基本无捕收作用，且在浮选过程中矿浆酸碱度的变化很少影响它们的起泡性能，便于根据浮选的需要对过程所用的各种药剂分别进行必要的调节，因而这几类极性基目前被认为是构成起泡剂分子结构比较理想的极性基团。这也就是前面所述非离子型起泡剂。另外，离子型起泡剂诸如含羧基（—COOH）、氨基（$-NH_2$）、磺酸基（$-SO_3H$）等的表面活性物质，虽然也有较强的起泡性能，但一方面由于其具有亲固性，有一定的捕收作用；另一方面介质 pH 值将显著地影响它们的解离程度，使起泡性能变化较大。所以对于优良的起泡剂而言，这些极性基都不能算是理想的极性基。

非极性基是亲气的。亲水、亲气异极性使起泡剂分子在气-液界面上产生定向排列。非极性基可以由不同的烷烃基构成，其碳链长度、相对分子质量大小、结构特性、几何状态对起泡性能均有影响。

一般规律是：随着烃链的增长，表面活性增大，起泡能力增强；烃链过长，由于水溶性显著降低，反而导致起泡能力下降；烃基为芳香烃者表面活性较弱，起泡能力也比相应链烃要弱。

研究表明，低级脂肪醇（如甲醇、乙醇）可以与水任意混合，完全溶于水中，不在气-液界面吸附，因而低级醇不具起泡性能；当过渡到丁醇以后如 $C_4 \sim C_{10}$ 的脂肪醇，这时可部分溶于水，但主要吸附在气-液界面形成定向排列并能显著地降低气-液界面张力，因而具有较强的起泡性能；十二碳以上的脂肪醇在常温下则是固体，在水中溶解分散不好，不宜用作起泡剂。例如试验证明，浮选中作为实用的起泡剂，对于烃基不含双链的脂肪醇而言，非极性基的长度以含 5 ~ 8 个碳原子为宜；对于含有双链的脂肪醇，由于溶解度增大，烃基可以稍长一些。

烃基的长度与分子结构中极性基的特性类型有关。因为极性基的亲水性，在水溶液中的溶解度等，都与起泡剂的性能有关。例如十六烷基硫酸酯（$C_{16}H_{33} \cdot SO_4H$）有着较强的起泡能力，而十六烷基醇（$C_{16}H_{33} \cdot OH$）却由于溶解度很低而基本无起泡作用。

（2）起泡剂是有机表面活性物质，它能够降低水的表面张力。所谓表面活性系指在溶液中由于增加单位起泡剂浓度而引起的表面张力的降低数值。一般来说，同一系的有机表面活性剂，其表面活性按“三分之一律”（也叫做“特鲁贝规律”）递增，其溶解度按同样规律递减。以醇类为例，由乙醇起，任何一个醇的表面活性强度都是它的最邻近的低级醇的三倍，也是它的最邻近的高级醇的三分之一。而溶解度则按同样规律递减。

（3）起泡剂在矿浆中要有适当的溶解度。即应具有适当的水溶性，溶解度大，在矿浆中溶解分散性能好，大部分易滞留在矿浆内部并随矿浆流失，而吸附在气-液界面的起泡剂却显得比较少，为此必须增大用量才能形成一定数量的泡沫；或表现起泡速度快、迅速产生了气泡，但形成的泡沫结构疏松、气泡发脆、寿命过短、不能持久，为此必须多次追加用量才能维持一定数量的泡沫。与上述情况相反，溶解度过小的起泡剂，在矿浆中溶解分散性能不好，大部分易滞留在矿浆表面并易随泡沫产物流失，所以过于难溶的起泡剂也不能有效地充分发挥起泡作用；或者表现为起泡速度缓慢，形成的泡沫结构致密、起泡韧性大、寿命长以及发泡延续时间持久，使浮选过程难以控制等。表 11－2 所列为某些起泡剂的溶解度。

表 11－2 常见起泡剂的溶解度

起泡剂名称	溶解度/$g \cdot L^{-1}$	起泡剂名称	溶解度/$g \cdot L^{-1}$
正戊醇	21.9	异戊醇	26.9
正己醇	6.24	甲基戊醇	17.0
正庚醇	1.81	庚醇－［3］	4.5
正壬醇	0.586	松 油	2.50
α-萜烯醇	1.98	樟脑醇	0.74
甲酚酸	1.66	1，1，3-三乙氧丁烷	~8
聚丙烯乙二醇（相对分子质量 400 ~500）	全 溶	壬醇－［2］	1.28

11.3 起泡剂在浮选中的作用

泡沫浮选法，实质是利用疏水矿物向气泡表面黏附，形成的矿化气泡徐徐向上升浮至矿液面聚集成矿化泡沫层，以获得泡沫产物（疏水性矿物）与非泡沫产物（亲水性矿物）的一种分选方法。在该工艺中，气泡既是各种矿物选择性分选的界面，又是疏水性矿粒的载体和运载工具，所以其性能的好坏对矿物浮选过程的进行和分选效果均有重要的影响。

矿浆经调整剂、捕收剂处理好后，矿物表面性质已达到浮选要求，这时如果矿浆中存在有大量性能良好的气泡，就能将欲浮的疏水性目的矿物顺利浮出，浮选成绩的好坏与气泡的性能和起泡剂的性能密切相关。

起泡剂在矿物浮选过程中的作用，主要是促使矿浆中形成大量大小适中和稳定适宜的泡沫，使疏水性目的矿物得以顺利浮出。

起泡剂系有机异极性表面活性物质，分子由一端为极性基，另一端为非极性基组成。它的 HLB 值（亲水亲油平衡值）一般为 6～8。气-液界面的液相（水相）是极性很强的偶极水分子，气相为非极性基。

由于起泡剂分子在气-液界面吸附时其极性端受到偶极分子的强烈吸引，因而总是朝着溶液内部；而非极性端则由于它的疏水性，故总是力图指向气相或插入气泡内部，这就很自然地在气-液界面或气泡表面形成了所谓的定向排列，其情况如图 11－1 和图 11－2 所示。

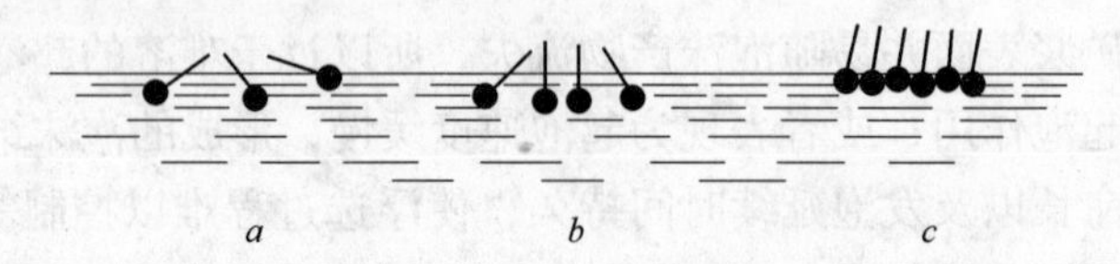

图 11－1 起泡剂分子在气-液界面定向排列示意图

a—浓度很小；*b*—浓度中等；*c*—浓度很大

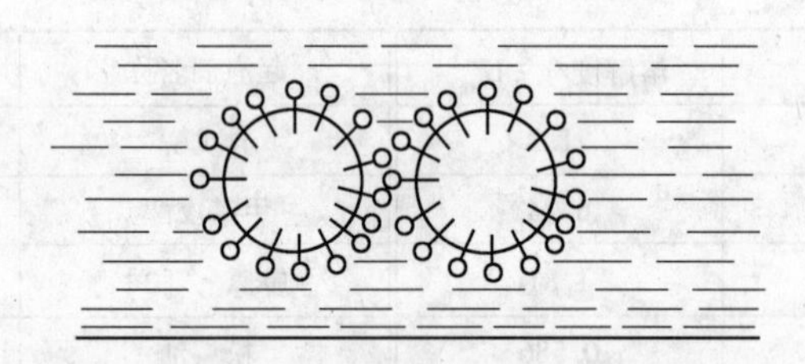

图 11－2 起泡剂分子在气泡表面吸附示意图

由图 11－1 可见，气-液界面起泡剂分子的定向排列状况与浓度密切相关。由图 11－2 可见，当往溶液中充入空气时，起泡剂分子在气泡表面发生定向排列，由于这时偶极水分子与起泡剂分子极性基之间发生了强烈的水化作用，使气泡表面形成具有一定厚度和具有一定构架的“水化外壳”保护层，它有一定的强度并使气泡表面有一定的刚性和弹性，如要破坏这种水化外壳层往往需要比较大的外力作用。这就是说，由于水化外壳层的保护作用，防止或减轻气泡彼此接近或相互碰撞时的兼并现象，提高了气泡的相对稳定性。同时，在起泡剂极性基的作用下，气泡表面水膜的蒸发和流动性都大为减弱，使水膜变薄的速度减缓，降低气泡的破裂或兼并趋势，有利于气泡的稳定。

此外，气泡表面总是或多或少地带有电性，特别是当使用离子型起泡剂时更为突出。由于气泡表面所带的电性总是相同的，同种电荷的相互排斥作用也可阻碍气泡的兼并、增加气泡的相对稳定性。

表11－3列出了几种起泡剂防止气泡兼并能力的对比，相对值愈大防止气泡兼并能力愈强。表中所列起泡剂顺序，正是防止气泡兼并能力由强至弱的排列顺序。

表11－3 几种起泡剂防止气泡兼并能力的对比

药剂名称	相对数值	药剂名称	相对数值
聚丁基乙二醇醚	1.00	$C_6 \sim C_8$ 醇	0.19
聚甲基乙二醇醚	0.59	环己醇	0.19
三乙氧基丁烷	0.39	松 油	0.18
辛 醇	0.23	甲 酚	0.15

其次，起泡剂能增强气泡强度，降低矿浆中气泡上浮速度，增强矿粒与气泡接触碰撞几率，提高泡沫矿化程度。

没有吸附起泡剂的气泡，受外力作用（如机械搅拌、气泡间的相互碰撞等）很容易破裂，而吸附有起泡剂分子的气泡，就可以增强抵抗外力的能力（即提高气泡的机械强度）。

当气泡未受到外力作用时，气泡为球形体，而且在球体气泡壁上分布有许多定向排列的起泡剂分子，如图11－3*a*所示。可以认为，气泡表面起泡剂分子的吸附密度以及气-液界面张力，沿着整个气泡表面是均匀一致的；当气泡受外力作用时就发生变形，如图11－3*b*所示。在变形区域内，这时气-液界面（即气泡壁）扩大，起泡剂分子的吸附密度瞬时下降，表面张力显著增大。由于表面能的降低是一种自发进行过程，所以这时气泡便获得了较大的“收缩力”，以克服外力作用，恢复气泡原来的形状。这就如同一个受外力作用的弹簧企图恢复原状一样。所以有起泡剂分子存在，气泡就有一定“弹性”，可增强气泡抵抗外力变形的强度；受外力作用压缩变形的气泡，也像弹簧一样具有恢复原来的球形体的能力，因此当外力不太大时，气泡又将恢复原形，如图11－3*c*所示。也就是说气泡受外力作用时，起泡剂起到了增强气泡抵抗外力和提高气泡机械强度的能力。

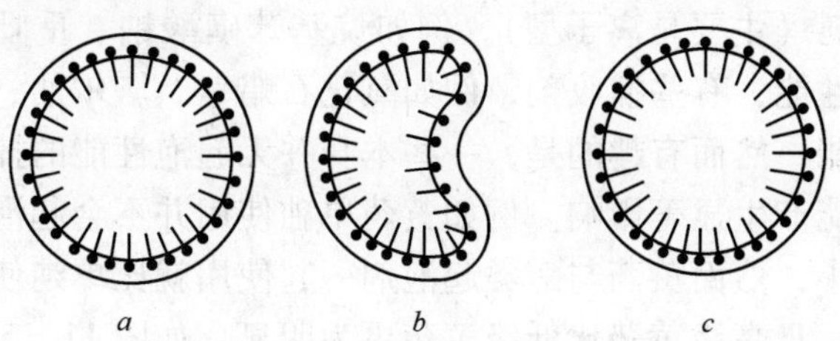

图11－3 受到外力作用时起泡剂增大气泡机械强度示意图

没有吸附起泡剂的气泡，受介质阻力后很易变形，例如变成椭圆形或鱼体状以利于运动，其向上浮阻力小，升浮速度快；而吸附有起泡剂分子的气泡升浮速度则比较慢。这主要是因为吸附有起泡剂分子的气泡壁上有一层水化外壳保护层并随气泡一起运动，而水化外壳层中的水分子，对主体溶液中的偶极水分子必然要产生强烈的内聚吸引作用，于是增大了气泡升浮运动的黏性阻力，减缓气泡的升浮速度。此外，球形气泡运动受介质阻力较大，这样也会减慢气泡的升浮速度。气泡升浮速度的适当减慢，可增加气泡在矿浆内的停留时间，有利于提高矿粒与气泡接触和碰撞的概率，改善气泡的矿化条件。此外，因气泡运动速度的减慢，气泡间相互碰撞的能量也小，气泡也不易兼并，有利于气泡的相对稳定。

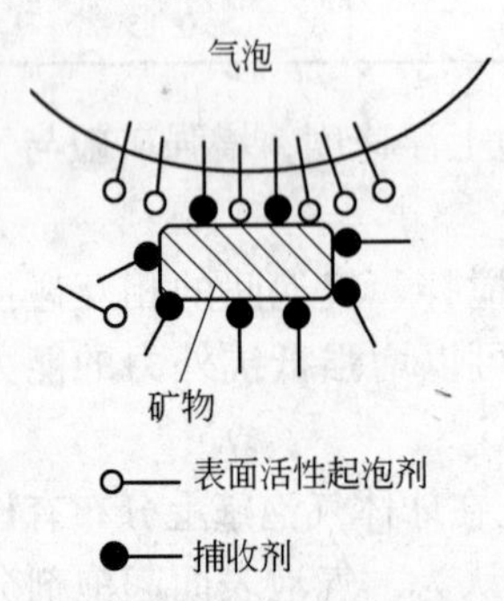

图 11－4 起泡剂与捕收剂共吸附及相互穿插模型

起泡剂除了上述浮选基本作用外，近代浮选理论研究认为，起泡剂与捕收剂还具有联合作用，或称交互作用，它可加强捕收作用和加速矿粒的浮选。列雅（Leja）与修曼（Schulman）提出了起泡剂与捕收剂相互穿插共吸附的假设模型，如图 11－4 所示。

研究认为，起泡剂的作用不单纯是为泡沫浮选提供性能良好的气泡，而且由于起泡剂和捕收剂两者非极性烃链间存在着疏水性缔合作用，起泡剂与捕收剂只要两者的结构和比例配合适当，在气-液界面（即气泡表面）即可产生共吸附现象，同样在固-液界面（即矿物表面）也可产生类似共吸附现象。由于气泡表面和矿物表面都存在着起泡剂和捕收剂的共吸附，所以当矿粒与气泡接触时，具有共吸附的界面便可发生“互相穿插”，加强捕收和加速矿粒的浮选。可见，起泡剂与捕收剂的交互作用对矿物浮选有着重要的意义。共吸附及相互穿插理论也是矿粒向气泡黏附过程的气泡矿化机理之一。

下面列举两个有趣的事实作为起泡剂与捕收剂在气泡表面和矿物表面存在共吸附的例子。

有些起泡剂（主要是离子型），例如烷基苯磺酸钠、重吡啶、甲苯酚等本身兼有捕收性能；有些捕收剂，例如氧化石蜡皂、塔尔油、胺类等本身都兼有起泡剂性能；然而有趣的是，一些本身并无起泡性能的捕收剂，却对起泡剂的起泡性能产生显著影响。例如黄药单独使用并不会起泡，对水的表面张力影响也极小；然而黄药与醇类起泡剂一起使用就比单纯使用醇类产生多得多的泡沫量，且高级黄药比低级黄药更为明显，如图 11－5 所示。这说明起泡剂与捕收剂在气泡表面存在着交互作用和共吸附现象，改善了起泡剂的起泡性能。

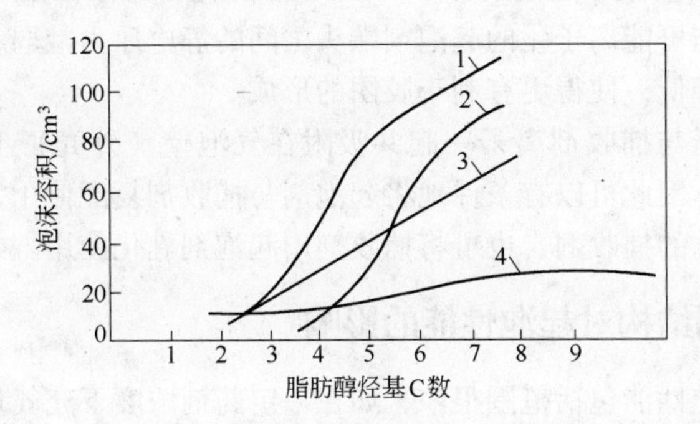

图 11-5 捕收剂（黄药）对起泡剂（醇）起泡性能的影响

1—0.001mol 戊黄药+醇；2—0.001mol 己黄药+醇；3—单用醇；4—单用黄药

又如，有些非表面活性物质，如双丙酮醇，其结构式为：

$$CH_3-\underset{\displaystyle OH}{\overset{\displaystyle CH_3}{\underset{|}{\overset{|}{C}}}}-CH_2-\underset{\displaystyle O}{\underset{\|}{C}}-CH_3$$

双丙酮醇分子中有两个极性基醇基（—OH）和酮基（$>C=O$），易溶于水，在气-液界面缺乏吸附活性，不产生大量两相泡沫，所以按两相泡沫概念，双丙酮醇不是起泡剂；在浮选用量范围内双丙酮醇即使吸附在矿物表面也不能明显地改变矿物表面的疏水性，因而也不是捕收剂。然而有趣的是，双丙酮醇与捕收剂联合作用后，在固-液-气三相体系中却有起泡作用，并能形成足够稳定和性能良好的三相泡沫，故双丙酮醇也因此而被称为“非表面活性型的三相泡沫起泡剂”。

试验表明，双丙酮醇与乙黄药联合使用对黄铜矿浮选有显著影响。这时双丙酮醇是三相泡沫的起泡剂，且只有当与乙黄药适当配合后（发生共吸附的联合作用）才能提高铜的回收率和精矿品位。因此可以认为，这类起泡剂与捕收剂在矿粒表面发生了共吸附。当矿粒与气泡接近时，起泡剂分子就重新定向、并在矿粒向气泡黏附过程中与捕收剂一道互相穿插，结果形成了良好的三相泡沫。非表面活性起泡剂的优点是不降低液-气界面张力，可使浮选有益的作用力保持在最高水准，加强捕收和加速矿粒的浮选。

近年报道皮尔斯的研究认为，除列雅相互穿插模型外，起泡剂与捕收剂协同发生其他作用也可改善浮选效果。这些作用主要是：

（1）起泡剂可与捕收剂一起共吸附在矿物/水界面上。由于起泡剂是中性分子，所以这种吸附可以降低捕收剂的用量，即降低其半胶团形成的浓度，从而促进矿物浮选。

（2）在矿浆溶液中起泡剂分子可以与捕收剂一起存在于胶团中。由于弱极性基官能团与可能离子化的起泡剂端头之间的静电斥力减弱，捕收剂的临界胶团浓度得以降低，使得更有利于胶团的形成。

起泡剂分子与捕收剂离子一起共吸附在气泡壁（外壳）上，可以有效地改善浮选效果，因此可以有条件地将起泡剂与捕收剂复配使用，或者可用起泡剂溶解不溶于水的捕收剂，也可将捕收剂用起泡剂乳化使用。

11.4 起泡剂结构对起泡性能的影响

药剂的起泡性能包括范围很广，如在一定药剂浓度下充气量与气泡量的关系、形成气泡的粒度组成、气泡的兼并程度、气泡的升浮速度、气泡的机械强度、气泡的韧性、黏度以及泡沫的稳定性、对矿浆 pH 值变化及矿浆中其他组分（如各种浮选药剂、难免离子）的适应性、对矿物有无捕收性能以及对浮选过程的选择性是否有影响等都是研究起泡剂的重要内容。

影响药剂起泡性能的因素很多，也甚为复杂，其中起决定性作用的是构成药剂分子的极性基和非极性基。而药剂纯度亦有一定影响。

11.4.1 极性基结构对起泡性能的影响

极性基是起泡剂分子的重要组成部分，是决定药剂性质最关键性的因素，对药剂性能有着多方面的影响，既影响药剂的化学性质，如对矿物表面的作用活性、对矿浆中难免离子的作用活性以及在矿浆中的电离度等；亦影响起泡剂的物理性质，如在矿浆中的溶解度等。

在浮选过程中良好的起泡剂最好不具有捕收性，或只有极微弱的捕收性能，且不影响分选过程的选择性。实践表明，醇类、醚类和醚醇类起泡剂均能较好地满足这一要求，而脂肪酸类、磺酸类以及重吡啶等起泡剂则不能满足这一要求，其原因就在于极性基的化学活性。醇类、醚类或醚醇类起泡剂属于非离子型化合物，它们的极性基分别为羟基（—OH），醚基（$\rightarrow$C—O—C$\leftarrow$），醚醇类则既有羟基又有醚基。这些极性基的突出特点是化学性质不活泼，属于惰性基团，在介质中很稳定，也不发生电离。由于化学性质上的不活泼性，亲固性能也就很弱，基本无捕收性能。因此，含羟基、醚基基团的各种醇类、醚类、醚醇类化合物就成为目前浮选生产中应用最广的起泡剂。

脂肪酸类或磺酸盐类起泡剂属于离子型化合物，它们的极性基分别为羟基（—COOH）、磺酸基（—SO_3H）。这些极性基的特点是化学性质活泼，在介质中不稳定，易发生电离，与许多金属阳离子有较强的化学亲和力，能在许多金属矿物表面发生吸附作用，所以带有这类极性基的起泡剂必然兼有一定的捕收性能。这不仅给浮选过程的生产调节带来麻烦，而且会使细粒矿泥易于黏附在气泡上，常常严重地影响浮选过程的选择性。

由于醇类、醚类和醚醇类起泡剂化学性质都是比较稳定的化合物，醚基不可能发生电离，醇基的氢也极难电离，所以在比较宽的 pH 值范围内均能保持稳定的起泡性能，对矿浆 pH 值变化适应性较强。其中只有以萜烯醇为主成分的松油在 pH >9 时，起泡能力显著增强。如图 11－6 所示。

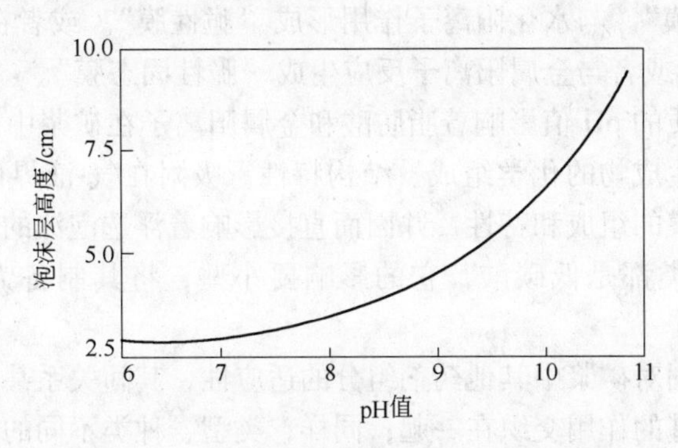

图 11－6 松油起泡能力与介质 pH 值的关系
（松油质量浓度 11mg/L）

对图 11－6 所示现象的解释有人认为醇虽被视为中性化合物，但与水相比醇略偏碱性，所以在碱性条件下起泡能力显著增强。笔者认为，松油不是一种纯化合物，杂质及其他化学组成，尤其是羧酸（脂肪酸、树脂酸）类等化合物都能改变和影响其起泡性能的变化。

酚类、吡啶类和脂肪酸类起泡剂的情况不一样。酚类与醇不同，酚基与苯环直接相连，由于共轭效应的影响使酚基上的氧原子电子云分布偏向苯环，O—H 间的键合力弱些，氢易解离，这也就是酚具有弱酸性之故。故酚在酸性介质中不易解离，比较稳定，起泡性能比较好，可以减少用量；吡啶类可视为胺类，具碱性，在碱性介质中其起泡性能较好；脂肪酸类起泡剂属弱电解质，羧酸基可以离解呈弱酸性，其起泡性能必然受溶液 pH 值的影响。

起泡剂极性基对矿浆中的难免离子或其他药剂组分的适应与影响，也是至关重要的因素。

试验研究和生产均已表明：醇类、醚类以及醚醇类起泡剂的优良特性之一，是它们不受或少受矿浆中难免离子的影响。这几类起泡剂的极性基均属惰性基团，化学性质比较稳定，它们对矿浆中存在的“难免离子”很不敏感，换言之，它们与矿浆中的各种金属阳离子不发生化学反应，不形成难溶性化合物，所以使用醇类、醚类或醚醇类起泡剂将不受或少受矿浆中难免离子的影响；此外，所形成的气泡表面也比较干净。

反之，脂肪酸类起泡剂的极性基为羧基（—COOH），如前所述，羧基属活性基团，化学性质活泼，它对金属离子很敏感，可以和几乎所有的二价或二价以上的金属阳离子发生反应生成难溶化合物，吸附在气-液界面（即气泡壁）时使气泡表面罩盖化合物膜，它影响着气泡表面膜的组成、特性和浮选泡沫的性质。修曼等人研究认为，在不同 pH 值条件下，脂肪酸在介质中与金属离子作用后，可以形成不同特性的表面膜，例如，与金属离子在气-液界面上形成“气态膜”。与水化阳离子作用形成“脆性膜”。或者在气-液界面上形成“固态膜”。或者与金属阳离子反应生成“脆性固态膜”。

总之，介质的 pH 值影响着脂肪酸和金属阳离子在矿浆中的存在状态，进而影响到反应生成物的化学组成、结构特性，吸附在气-液界面时自然也就影响着气泡表面膜的组成和特性，并因而直接影响着浮选泡沫的性质。不过能作为起泡剂的酸类都是低碳酸，它的影响要小些，将其制备为酯类情况就更好些。

至于起泡剂对矿浆中其他药剂组分的适应性，其间关系甚为复杂，并常与起泡剂非极性基的作用交织在一起；同样，类型、种类不同的调整剂对气泡特性及气泡矿化过程的影响在实践中也是存在的。但都还不十分清楚，有待进一步研究。

最后谈谈极性基对起泡剂水溶性及水化能力的影响。

11.4.1.1 对水溶性的影响

非极性基相同但极性基不同的各种起泡剂，它们在介质中的溶解度往往存在着很大的差别。研究认为，起泡剂的水溶性不仅取决于非极性基的分子量大小和烃基属性，而且与极性基的组成、结构和类型密切相关。例如非极性基相同，而极性基分别为—OH、$—NH_2$ 和—COOH 的起泡剂，它们的溶解度之间有很大的差异。其中溶解度较高的是带—OH 基的醇类。

一般而言，极性基相同的药剂随着非极性烃链的增长，水溶性逐渐下降。当非极性烃链增长到一定长度后药剂即变为难溶。也就是说，难溶性起泡剂的非极性烃链一般都比较长，在气泡表面吸附后形成的单分子层比较厚、烃链间范德华力的相互吸引缔合作用较强，所以形成的气泡稳定，泡沫寿命长、韧性大；但非极性烃链过长时，则因药剂溶解度过小而不利于在气泡表面吸附，使气泡稳定性急剧下降。

相反，对于易溶性起泡剂而言，其非极性烃链一般都比较短，在气-液界面吸附后形成的单分子层比较薄，烃链间范德华力的相互吸引缔合作用较弱。所以形成的气泡比较脆，泡沫寿命短，韧性小。

在浮选中溶解度不同的起泡剂的应用要从实际情况出发进行适时选择。对于一般溶解度较低的起泡剂（如松油类），由于它们起泡速度慢而持久，形成的泡沫结构致密，泡径较小，且常常较黏，对提高泡沫产物的回收率较为有利；反之，对于一般溶解度较大的起泡剂（如 $C_6 \sim C_8$ 醇），由于它们起泡速度快，形成的泡沫结构疏松，泡径较大，泡沫较脆，能较好地避免脉石矿泥的机械夹杂，有利于提高浮选泡沫产物（精矿）的品位。

11.4.1.2 极性基的水化能力

起泡剂分子的极性基与溶液中周围的偶极水分子可发生强烈的水化作用，使气泡表面形成一层水化外壳保护层，所以可使气泡保持稳定不易破灭。可见，选用极性基水化能力较强的起泡剂，形成的泡沫稳定性较高，反之亦然。

需要指出，矿物浮选要求的气泡应该具有适宜的稳定性。研究认为，浮选矿化泡沫的稳定性以一旦从浮选槽内排出后就能迅速破灭为宜。因为不稳定易破灭的泡沫，会使已经被携带上来的疏水性目的矿物重新掉入浮选槽内，影响浮选速度以及泡沫产物的回收率。反之，过分稳定的泡沫产物会使进一步精选、输送以及浓缩脱水等过程发生困难，所以矿物浮选要求气泡的稳定性并非越稳定越好，而是要适度。

下面选择介绍几种常见极性基在气-液界面的吸附自由能，并分析讨论极性基的水化能力与气泡稳定性的关系。极性基水化能力的强弱，可用它们在气-液界面吸附的自由能进行粗略判断。例如羧基（—COOH）的水化能为4330J/mol，羟基（—OH）为2406J/mol，硫酸酯基（$—SO_4H$）为1255J/mol。

上列数据表明，羧基（—COOH）水化能力强，在气泡壁上形成的水化外壳层牢固，所以用脂肪酸做起泡剂形成的泡沫不易破裂、稳定性很强且表现泡沫发黏；反之，选用烃基硫酸酯做起泡剂由于极性基水化能力弱，形成的泡沫发脆、稳定性差；但如选用醇类或醚醇类化合物做起泡剂，由于其极性基水化能力居中，故形成的泡沫稳定性也比较适中。所以在浮选生产中，目前广泛使用醇类或醚醇类化合物做起泡剂，这也是重要原因之一。

此外，起泡剂分子结构中极性基的数目和位置对起泡剂的浮选性能亦有影响。研究表明，药剂分子组成结构中极性基数目增多，水溶性则随之增大，但影响药剂分子在气-液界面（即气泡壁）的吸附，使药剂表面活性下降。所以对绝大多数常见的烃基相对分子质量不太大的起泡剂而言，分子组成结构中只有一个极性基就可以了，它足以保持一定的水溶性和在气-液界面的吸附活性。对某些水化能力较弱的极性基（如醚基）而言，这时起泡剂分子就需要带有多个极性基才能保持一定的水溶性和在气-液界面的吸附活性，例如带有三个醚基的1，1，3-三乙氧基丁烷即是一例。

11.4.2 非极性基对起泡性能的影响

11.4.2.1 正构饱和烃基（简称正构烷基）

正构饱和烃基对药剂起泡性能的影响主要是碳链的长度，按特劳贝定则，对一定的极性基而言，在同系列表面活性物质中，烃基每增加一个碳原子（即—CH_2—基），表面活性增大3.14倍，而溶解度则按同样规律递减。表面活性越大，起泡能力越强，所以非极性基较长的药剂起泡能力也较强；但非极性基过长，溶解度则急剧降低，反而引起起泡能力的下降。

不同的醇类起泡剂在不同浓度下，所产生的泡沫层高度也不同。实验结果表明，烃基中碳原子数为$C_5 \sim C_8$的正构烷基脂肪醇均具有较强的起泡能力；碳原子数过高或过低起泡能力均不好。因为$C_1 \sim C_4$的低级醇溶解度大，表面活性低；碳原子数超过C_8的高级醇，则主要是由于难溶所致。可见，浮选中所选用的正构烷基脂肪醇类起泡剂，烃基中碳原子数为$C_5 \sim C_8$为宜。

此外，在各种正构烷基脂肪醇所形成的气泡中，随着烃基的增长微泡所占的比例增多，气泡升浮的速度减慢，这也有利于起泡剂在浮选中的作用。这种现象在$C_5 \sim C_8$范围内比较明显，C_8以上时不再有显著的变化。

11.4.2.2 烷氧基（醚基）

其通式一般为：$R(—O—CH_2CH_2—)_n$ 或 $R—(O—CH_2—\underset{\displaystyle CH_3}{\underset{|}{CH}}—)_n$，

式中，$n=1 \sim 4$；R为$C_{1\sim4}$（一般）。

这类含烷氧基的醚类化合物与普通含脂肪烃基起泡剂相比其特点为：

（1）与碳原子数相同的烷基相比，由于引入醚基，使烃基的极性增大亲水性增强，故药剂的水溶性可得到改善。但烃基中的醚基是通过氢键与水分子缔合发生水化作用的，这种水化作用随温度的升高而减弱，即温度升高，药剂的溶解度反而降低。

（2）在n值（烷氧基聚合度）较小的情况下，药剂的表面活性和起泡能力随n值的增大而增强；n值增大到2以上再继续增大则表面活性和起泡能力均无明显增加，甚或降低。因为这时烃基中引入的醚基过多，疏水亲气性能明显下降，不利于药剂分子在气-液界面的吸附。

此外，这类药剂分子由于醚基有一定作用活性，有插入捕收剂分子（或离子）间发生共吸附的倾向，这种倾向随烃基中醚基的增多变得更加明显。

11.4.2.3 异构饱和烃基（简称异构烷基）与不饱和烃基

一般来说正构烷基起泡性能一般都高于烃基中碳原子数相同的异构烷基。然而，在常用的起泡剂中，分子组成结构为带有支链的异构物却相当普遍且起泡性能良好。这主要是因为当起泡剂分子量较大时，溶解度将显著降低；而采用带支链的异构物则由于烃链间范德华力作用较小，改善药剂的水溶性，有利于它们在气-液界面吸附和在气泡表面形成水化外壳，故可改善药剂的起泡性能。

对于带有不饱和烃基（指含有双键）的起泡剂而言，研究表明，当直链烃基含有双键时，起泡性能与饱和烃基相比仅略有增加；而在环烃化合物分子中（如萜烯醇、树脂酸、脂环醇等），因有双键而起泡性能则显著增强。其原因认为是双键可减轻非极性基彼此的缔合程度，而改善药剂的水溶性，再则是有利于在气-液界面定向排列的烃链间保留一定的水分子，提高气泡表面水化外壳层的稳定性，使气泡不易破裂。

11.4.2.4 芳香基及烷基-芳基

非极性基为芳香烃或烷烃－芳烃的起泡剂，试验研究表明，其表面活性较弱，一般都比相应碳原子数的脂肪烃类差，所以它们的起泡能力相对也要弱一些，且不同程度地具有捕收性能。非极性基为芳香烃的起泡剂，在实践中遇见的主要是甲酚（或称甲酚酸）和重吡啶，此外，还有多环的萘酚以及喹啉以及它们的衍生物等。

由烷烃-芳烃作为非极性基的起泡剂，比较常见的是烷基苯磺酸钠类。由于苯核上连接的烷基侧链碳原子（即—CH_2—）数不同，这类药剂的浮选性能亦不尽相同。例如试验表明，侧链为C_8～C_{11}的烷基，在浮选硫化矿时当起泡剂用可获得较好指标；而侧链为C_{16}～C_{17}的烷基则由于难溶而不易得到好的浮选指标。

非极性基为烷烃多芳香环烃的起泡剂，常见的是烷基萘磺酸钠类，它们也是一类捕收-起泡剂，主要用于高溶解度矿物水方硼石、钾盐等可溶性盐类的浮选。

11.4.3 研究趋势

从起泡剂研究发展的趋势看，合成起泡剂的分量在日益增加，特别是以石油化工及其下游产品为原料或成品的起泡剂，无论是类型还是品种都有很大的发展。在科技不断进步和企望经济可持续发展的当今世界，一方面追求高效新药剂；另一方面十分重视生态环境友好型产品。对油脂化工、农林化工和石油化工产品及副产品的综合利用，对残液、“三废”的治理和回收利用，变废为宝等方面的研究实践不时可见于信息资料之中。

与此同时，研究工作者对药剂结构、性质、起泡性能与浮选性能等的研究，在现代仪器、设备、测试手段的配合下，更加深入和卓有成效。例如，有人从起泡剂的功能入手、分析功能团特性、几何结构的协同与位阻效应，研究、设计提高起泡剂的效率。Mclaughlin 评价了几种工业起泡剂的平衡泡沫高度和泡沫的稳定性（消泡能力与消泡速度），这些起泡剂包括 MIBC、松醇油、三乙氧基丁烷（TEB）、Dowfroth SA 1263、Dowfroth 250C、Dowfroth 200 和 Allied Colloids CRNI-1002 等。结果表明，Dowfroth SA 1263 产生的泡沫高度最大，TEB 的消泡速度快，经综合分析，选择 Dowfroth 200 和 Allied Colloids CRNI-1002 起泡剂较为优越、适合。

对不同起泡剂或助剂的组合利用，对与捕收剂、抑制剂等的选择性配合协同等方面的研究应用也广为重视（详见组合药剂一章）。如加拿大专利介绍用过氧化氢与起泡剂混合使用，对硫化矿及其尾矿的浮选具有良好的选择性。该混合物系由质量分数1%～10%的松醇油，15%～36%的H_2O_2（含水50%），10%～30%（最佳值12%～20%）硫化钠和20%～40%的$NaHCO_3$组成。用该混合药剂浮选含Cu 0.18%的辉铜矿尾矿，获精矿Cu品位为4.2%，回收率91%的好结果。

11.5 松油

松油、樟脑（油）、桉叶油和松针油等为天然起泡剂，其主要成分均属于萜类化合物。其中松油是浮游选矿中使用比较广泛的起泡剂。此类起泡剂中有一类与松油来源相似，但是经过进一步加工制得。前者称“天然松油”，后者称作“合成松油”。例如用优级松节油进一步加工制备的合成松油，即松油醇（松醇油、2号浮选油、2号油均同）。又如合成樟脑系由松节油中的α-蒎烯异构化变为莰烯，再与甲酸进行重排和水解作用生成莰醇，莰醇经催化脱氢制得合成樟脑；还有一类是将天然萜类化合物经过氧化制得。如前苏联的ИМ浮选油就是利用松节油残液氧化制得。不论是松醇油、合成樟脑或氧化产品都是以天然松节油等进一步加工制得，其实将其称之为半合成天然起泡剂更为确切。

各种天然起泡剂松油、樟脑油、桉树油以及木材干馏油都是来自于木材的加工产品，起始原料是树干、树枝、树脂、树根。从合成樟脑的制备反应可以看到松油中某些成分的相互转换。

CH_3
C═CH
HC
H_3C—C—CH_3 $\xrightarrow{\text{催化}}$ H_3C—C—CH_3
H_2C CH_2
C
H
α-蒎烯

CH_2
C
HC CH_2
H_2C CH_2
C
H
莰烯

$\xrightarrow{H-\overset{O}{\overset{\|}{C}}-OH}$ $H-\overset{O}{\overset{\|}{C}}-O-CH$ CH_2
CH_3
C
H_3C—C—CH_3 $\xrightarrow{\text{水解}}$
H_2C CH_2
C
H
甲酸莰酯

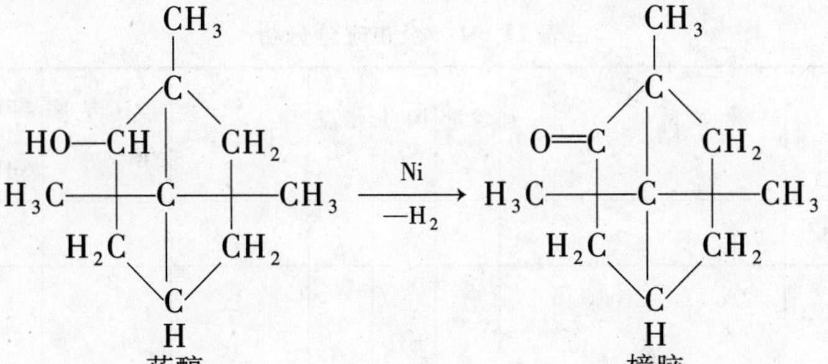

$$\text{莰醇} \xrightarrow[-H_2]{Ni} \text{樟脑}$$

11.5.1 松油的来源

由松树采下来的松脂、松木、松根（也称作“明子”）、松枝甚至松叶都可以作为生产松油的原料。一般生产方法，先将松木加工成如火柴大小的细屑，然后用蒸汽与溶剂在铜制蒸馏釜或直立塔型反应筒内加热处理。先通入蒸汽除去松节油及一部分松油，然后再用“石脑油”馏分用逆向萃取法将其余的松油及松脂浸出。新式方法已经省去通蒸汽的手续。松节油、松油及松脂直接用适当的具有挥发性的溶剂，例如松节油、糠醛、汽油等加以萃取。然后用分馏方法按下列次序将溶剂、松节油、中间萜类馏分（萜二烯）及最后的松油馏分加以分离，余下的残液就是粗制松香。每吨松材可以分出约40L左右的挥发油类。生产松油的原料示意图如图11－7所示。

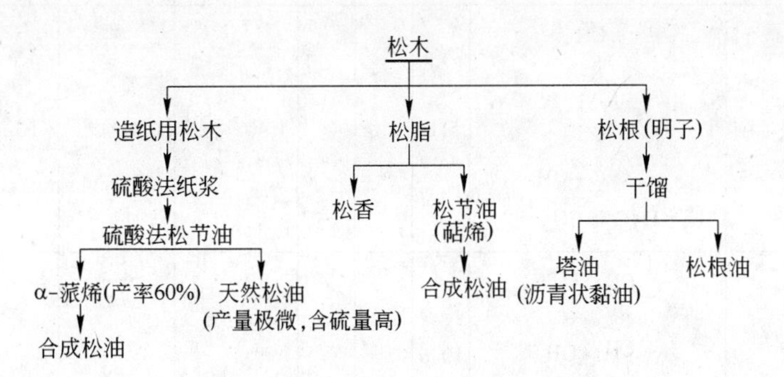

图11－7 生产松油的原料示意图

11.5.2 松油的化学组分及性质

松油是组成不定的萜类混合物，主要成分是α-萜烯醇（占55%～60%），萜烯、樟脑、松油脑、α-葑酮，萜烯-1-醇，萜烯-4-醇共占约40%。表11－4和表11－5所列系经气相色谱和按真空分馏与气-液色谱分析法分析松油的化学组成结构、物理化学性质，起泡能力等。

表 11-4 松油成分分析

名 称	结 构	含量 /%	沸点 /℃	熔点 /℃	折光率	密度 /g·cm⁻³	起泡能力指数 (pH=7)	泡沫稳定指数 (pH=7)
烃类化合物		1.3						
萜二烯	CH_3; H_3C C CH_3	2.7	183	15	$1.4900_D^{20°}$	$0.8620^{20°}$	痕量	24.0
葑 酮	CH_3; O; CH_2; CH_3; CH_3	0.6	192	5	$1.4647_D^{14.5°}$	0.9465		
樟 脑 (camphor)	CH_3; O; C; H_3C CH_3	3.6	209	176~179		$1.000^{0°}$	84.8	49.4
顺二氢-α-松油脑	CH_3; C—OH; H_3C CH_3	5.8	210		$1.4665_D^{20°}$	$0.9124^{20°}$	53.7	42.7
α-葑醇	CH_3; H; CH_2 OH; CH_3; CH_3	10.6						
萜烯-1-醇	CH_3; OH; H_3C CH_3	10.6						

续表 11-4

名 称	结 构	含量/%	沸点/℃	熔点/℃	折光率	密度/g·cm^{-3}	起泡能力指数(pH=7)	泡沫稳定指数(pH=7)
萜烯-4-醇	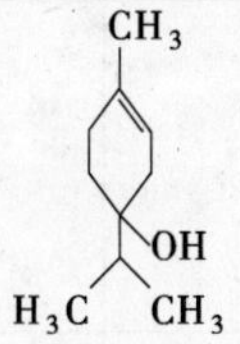 CH_3; OH; H_3C CH_3	3.7						
β-萜烯醇	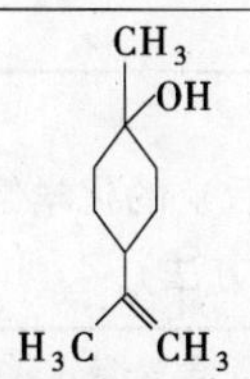 CH_3; OH; H_3C CH_3	1.5						
草蒿脑	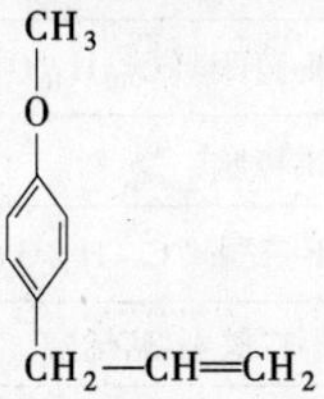 CH_3—O—; CH_2—CH=CH_2	0.6	215~216		$1.3244_D^{16°}$	$0.979^{11°}$	15.4	26.7
异龙脑	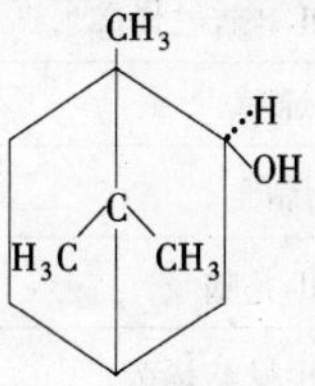 CH_3; H; OH; C; H_3C CH_3	1.6						
α-萜烯醇(α-terpinol)	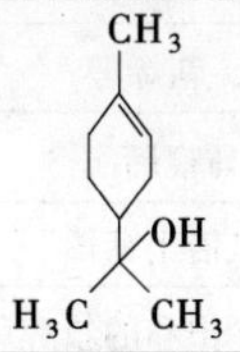 CH_3; OH; H_3C CH_3	59.0	221	35	$1.4831_D^{20°}$	$0.935^{20°}$	84.6	64.0
龙 脑	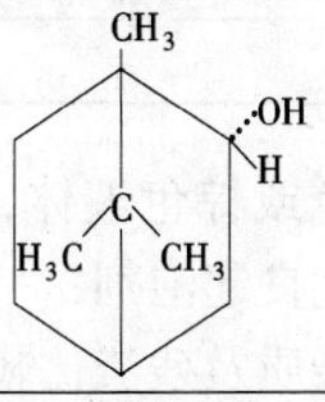 CH_3; OH; H; C; H_3C CH_3	7.4	212	205		$1.010^{20°}$	84.6	50.7
顺式-茴香脑	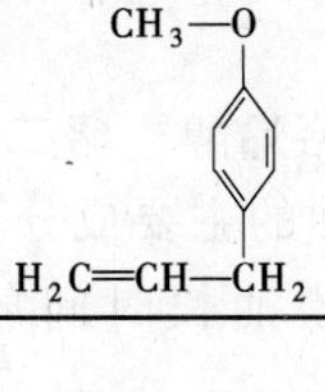 CH_3—O—; H_2C=CH—CH_2	0.4						

续表 11-4

名　称	结　构	含量/%	沸点/℃	熔点/℃	折光率	密度/$g\cdot cm^{-3}$	起泡能力指数(pH=7)	泡沫稳定指数(pH=7)
反式-茴香脑	CH_3—O (苯环) CH_2—CH═CH_2	0.5						
其　他		0.7						

表 11-5　浮选用松油（脱除酚及酸之后）的化学组分

（按真空分馏与气-液色谱分析方法）

不含氧馏分	含量/%	含氧馏分	含量/%
α-蒎烯（$C_{10}H_{16}$）	0.5	d+dl-葑酮（$C_{10}H_{16}O$）	0.5
莰烯（$C_{10}H_{16}$）	痕量	d+dl-樟脑	3.5
β-蒎烯（$C_{10}H_{16}$）	0.1	l+dl-葑酮（$C_{10}H_{17}O$）	4.5
β-香叶烯	痕量	dl-顺-二氢-α-萜烯醇	15.5
3-蒈烯	5.5	d+dl-4-萜二烯醇	11
α-萜二烯	0.2	γ-萜烯醇	2.5
双戊烯（$C_{10}H_{20}$）	3	p-丙烯酚	1
水芹烯（$C_{10}H_{16}$）	0.3	d+dl-龙脑	1.6
γ-萜品烯（$C_{10}H_{16}$）	0.6	d+dl-枞萜烯醇	14.5
伞花烃	4	d+dl-α-萜烯醇	10.5
$\Delta^{1-2,4-8}$萜二烯	10	d+dl-马鞭烯酮	0.5
m-薄荷-1，3（8）二烯	0.1	一种“倍半萜烯”	0.5
顺式和反式-别罗勒烯（$C_{10}H_{16}$）	0.1	一种“饱和的叔醇”	0.5
一个未知组成的烃化合物			

松油的密度为0.86～0.94g/cm^3，系淡黄色或棕色液体，具松节油臭味。密度愈大颜色愈深。质量好的松油是淡黄色的优良起泡剂，一般不具捕收性能或者捕收性能很小。颜色深的为不洁净松油、杂质及残渣比较多，起泡性能较差，并具有捕收性能。

α-萜烯醇及其异构体γ-萜烯醇，二氢-α-萜烯醇、萜二烯醇、龙脑、樟脑、枞萜烯以及二氢-α-萜烯醇等是浮选用松油的主要成分。纯α-萜烯醇熔点35℃，可以从松油中分离出来；如果将松油长时间放置在-10℃至

-20℃的条件下，纯α-萜烯醇即自行结晶析出。浮选用松油为了保证最大的起泡性能，在使用前应当将松油桶稍稍加温，以免有析出的结晶未能在使用前均匀混合。

11.5.3 松油起泡剂的性能及作用

松油的主要组成萜烯醇的优良起泡性能很久以前即被发现；龙脑及小茴香醇的起泡剂性能类似萜烯醇，但质量稍差。如果松油中萜烯醇的起泡性能列为“优”，则龙脑属于“良”。在酸性矿浆中，樟脑也是优良的起泡剂，但在中性及碱性矿浆中，效果较差；松油中的次要成分萜醚类作为起泡剂也有一定的价值。在松油中，起泡性能最弱的是萜烯烃类物质；从化学角度来看，这也是容易理解的，因为在它的分子中除了不饱和键以外，并没有极性基团。萜烯醇分子中极性基团，有不饱和键和羟基，两者都是构成起泡性能的重要因素。为了查明松油中各种成分的浮选效果，以及萜烯醇分子中不饱和键的作用曾用多种矿物做过一系列的研究。

表11-6~表11-9所列是利用松油及其主要组分对方铅矿、铜矿“甲”、铜矿“乙”及闪锌矿作浮选试验所获结果的比较。

表11-6 松油对方铅矿浮选性能的影响

起泡剂	用量/$g \cdot t^{-1}$	铅含量/%		回收率/%	泡沫性能
		尾矿	精矿		
α-萜烯醇	54	0.56	59.9	87	良
二氢-α-萜烯醇	54	1.03	64.2	76	中
松 油	54	0.57	65.7	87	良

注：其他药剂用量：异丙基原酸钾45g/t，$Na_2S \cdot 5H_2O$ 68g/t。

表11-7 松油各成分对铜矿“甲”浮选性能比较

起泡剂	用量/$g \cdot t^{-1}$	含铜量/%		回收率/%	泡沫性能
		尾矿	精矿		
α-萜烯醇	82	0.24	27.5	78	中
二氢-α-萜烯醇	82	0.20	26.9	81	劣
松 油	82	0.17	26.0	84	良
α-萜烯醇、柠檬萜（质量比1:1）	104	0.20	29.8	80	良

注：其他药剂用量：$Ca(OH)_2$ 1.13kg/t（加入球磨机中），氰化钠18g/t，捕收剂烃基二硫代磷酸钠27.2g/t。

铜矿“甲”由黄铜矿、黄铁矿及硅酸盐脉石组成。

表11-8 松油各成分对铜矿“乙”浮选性能比较

起泡剂	用量/g·t^{-1}	含铜量/%		回收率/%	泡沫性能
		尾矿	精矿		
α-萜烯醇	54	0.42	13.6	55	良
α-萜烯醇（质量分数75%） 柠檬萜（质量分数25%）	54	0.42	10.3	55	良
α-萜烯醇（质量分数50%） 柠檬萜（质量分数50%）	54	0.44	12.1	52	中
松油	54	0.38	11.8	59	良

注：其他药剂用量：Ca（OH）$_2$2.72kg/t，丁基黄原黄酸钾22.7g/t。
铜矿“乙”的成分：辉铜矿（Cu_2S），黄铁矿，一定量的氧化铜及硅酸盐脉石。

表11-9 松油各成分对闪锌矿浮选性能比较

起泡剂	用量/g·t^{-1}	含铜量/%		回收率/%	泡沫性能
		尾矿	精矿		
A. 浮选用松油	100	0.54	42.5	93.2	良
B. 其他产品（含叔醇75%，仲醇12%，萜、烯、醚、酮等13%）	100	0.75	43.2	90.0	中
C. 3份B+1份萜烯（主要是柠檬萜）	100	0.57	44.8	93.2	良

注：其他药剂用量：调整剂（10min）硫酸铜64g/t，Ca（OH）$_2$907g/t，氰化钠27g/t；捕收剂：乙基黄原酸钾500g/t。

从上述各表浮选结果表明松油作为天然起泡剂是可行和有效的，曾被广泛使用。它可以与黄药一起浮选铜矿、黄铁矿、方铅矿、铅锌矿、金矿、碳酸钡矿。作为起泡剂与胺类合用浮选磷矿、钾盐矿、锂辉石、独居石等。松油与脲类药剂用以浮选钛矿。在我国也曾试用松油浮选白钨矿。

松油不但是起泡剂，而且也兼有一定的捕收能力，特别是对于易浮的非金属矿物。例如，可以单独用松油或与其他起泡剂一起浮选辉钼矿、铋矿、硫黄、石墨；或代替煤焦油浮选煤。

松油虽然是一种比较好的起泡剂，但是由于它来自天然产品，生产上不能不受到一定限制。利用松节油经化学加工处理使之成为萜烯醇进一步提高天然资源的利用率，该产品就是2号油（松醇油）。

此外，有一种得自造纸工业的副产物称作黄浮选油或黄油，它的性质和组成与松油基本相同。

造纸厂用松木或云杉木生产纸浆的时候，先将木片在大型压力蒸煮罐内与苛性钠及硫化钠水溶液一起蒸煮。然后，必须将蒸煮罐内的高压水蒸气泄出，同时它携带出的挥发性有机质遇冷凝结，所获得的产品就是所谓的“粗松节油”。粗松节油再经过分馏手续，沸点在170℃以下的馏分就是精制松节油，沸点在170℃以上的馏分就是黄浮选油。

黄浮选油的物理化学性质为：密度（20℃）0.9360g/cm^3，运动黏度（20℃）5.89Pa·s，折光率（20℃）1.4926，萜烯醇含量58.17%，酸值1.90mgKOH/g，皂化值10.3mgKOH/g。

黄浮选油和粗松节油具有较强的起泡性和捕收性，并且也有选择性，但是黄浮选油的效果特别显著。用于浮选煤时，不仅具有起泡与捕收作用，同时也是矸石细泥的分散剂。

有些黄浮选油的萜烯醇含量并不比优质松油中的含量低（大于60%），浮选效果也好。除选煤外用于硫化铜及硫化钼矿的浮选，曾获得相当满意的结果。

11.6 2号浮选油

如前节所述，松油作为起泡剂使用效果较好，而且已有相当长的历史。松油来自天然，出于生态与环境考虑，开发必须有节制。因此有限的来源已难以满足化学与矿业等行业的需要。利用与松油不同馏分的天然产品松节油，加工制备2号浮选油（或称松油醇）是一种必然而有效的选择。

11.6.1 松节油

松节油系若干松柏科属植物析出（或割滴出）的松脂通过蒸汽蒸馏馏出的挥发油，主要成分为α-蒎烯。其实，松节油随来源及制备方法不同，成分变化较大；一般来源有4种：（1）采用松树分泌出来的松脂经过蒸馏而得到的，主成分是α-蒎烯，这一来源与制备比较普遍。割香脂与刈橡胶类似，在树干下方离地面半米左右刈一槽，让松脂慢慢流出，用竹筒收集。（2）木松节油，系由松树枝及碎木片（屑）经水蒸气蒸馏所得，主要成分是d，L-柠檬萜。（3）采用松树碎片及小块树枝干馏所得的松节油。（4）亚硫酸法造纸工业的副产品。4种来源不同的松节油的物理常数见表11-10所列。

表 11-10 不同来源的松节油物理常数

物理常数	松节油（来自松脂）		水松节油					
			水蒸气馏法		造纸副产物		干馏法	
	最高值	最低值	最高值	最低值	最高值	最低值	最高值	最低值
密度（15℃/25℃）/$g \cdot cm^{-3}$	0.875	0.860	0.875	0.860	0.875	0.860	0.860	0.860
折光率（$D^{20}n$）	1.478	1.465	1.478	1.465	1.478	1.465	1.483	1.463
用36mol 硫酸聚合处理后的残留物体积/%	2		2		2		2	
开始沸点/℃	160	150	160	150	160	150	157	150
<160℃馏分（质量分数）/%		90	90			90		60
<180℃馏分（质量分数）/%								90

在医药上所用的松节油系来源于松脂的第一种方法制得，产品质量比较好，密度（25~25℃）为0.852~0.872g/cm^3，沸程在154~170℃，馏出的体积分数为90%，折光率（n_D^{20}）为1.468~1.478。

普通松脂中含有约20%的松节油，经过蒸馏，松节油随水蒸气馏出，剩下的物质就是松香。土法制造松节油系将松脂放在铜锅或甑内，加30%的水，直接用火蒸煮3~4h，蒸出来的就是粗松节油及水。

新式方法先用松节油将松脂溶解，加入食盐，通入蒸气，再加过磷酸钙，然后澄清沉淀，过滤除去杂质，分开食盐及松香溶液，再以过热蒸气（210~220℃）蒸馏松香溶液，即得松节油及精制松香等产品。

松节油是制造松油醇的原料。在浮选上也有用作起泡剂，但效果不如松油及松油醇。据报道，松节油（或乳化煤油）浮选水硼酸钙镁石除去脉石，氧化硼（B_2O_3）精矿品位及回收率都相当高。这是由于松节油对于水硼酸钙镁石表面的分子具有选择性固着作用，加速了矿粒向气泡黏附所致。

沸点在160℃以上的松节油馏分（密度0.9464g/cm^3，酸值7.78）可作为选煤及选铜的起泡剂，便宜有效。

利用松节油作为浮选硫化铅锑矿（$5PbS \cdot 2Sb_2S_3$ 或 $Pb_5Sb_4S_{11}$）的起泡剂时，用乙基或丁基黄药（20g/t）为捕收剂，当矿石粒度为200~70目时，金属回收率也接近90%。此处用松油代替松节油时，效果也良好，但不如松节油。

松节油在矿物加工中主要用来制备2号浮选油。我国生产2号油所用松节油一般均为优级品。广东、广西、福建、江西、湖南、浙江等南方各省均有松节油生产。优级品为无色透明，具有特殊新鲜松树气味的挥发性液体，密度为0.86～0.87g/cm^3，沸程范围150～170℃，主要成分为α-蒎烯和β-蒎烯。

曾有人用造纸厂所得的粗制松节油与醇类经过浓硫酸或三氯化铝缩合的产物也可以作为浮选硫化矿物的起泡剂。250g浓硫酸分批加入1kg松节油与20g丁醇的混合物中，反应温度不超过50℃，反应结束后，再搅拌10～12h，放置数小时，用酒精苛性钠溶液脱去硫酸，所得液体油状产物，可用蒸馏法精制，沸点125～126℃。

1976年曾以松节油的主要成分α-蒎烯为原料在硫酸的催化作用下，分别与甲醇、乙醇、丙醇、异丙醇制成相应的萜醚类化合物。其反应条件如表11－11所列。

表11－11 α-蒎烯与醇的反应条件

醇 类	硫酸（催化剂）用量（质量分数）/%	反应温度/℃	反应时间/min	产率/%
甲 醇	10	67.5	45	83.5
乙 醇	15	83.1	45	68
丙 醇	17.5	100.7	45	77
异丙醇	17.5	85	60	56

它们的表面活性随碳原子的增加而下降。其中以α-萜烯甲醚及1，8-二甲基萜

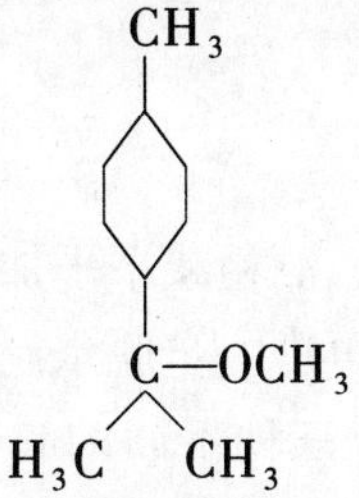

CH_3
C—OCH_3
H_3C CH_3

α-萜烯甲醚

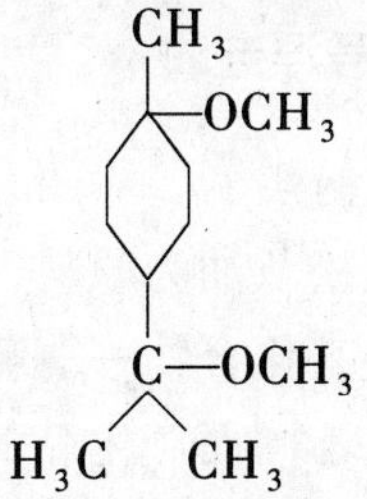

CH_3
—OCH_3
C—OCH_3
H_3C CH_3

1，8-二甲基萜醚

醚作为起泡剂最好。对铜矿浮选试验（原矿含铜0.95%、$SiO_2$74.23%、CaO7.22%），在pH值9.0～11.2时，铜回收率为88.6%。用量为α-萜烯甲醚溶液（质量浓度10g/L）250g、乙基黄药300g/t，氧化钙1150g/t。α-萜烯甲醚，在波兰命名为SFT-15起泡剂。

松节油通过氧化反应可以进一步发挥其起泡性能。例如用松香酸或硬脂酸

的钴盐作催化剂（相当于松节油质量分数的0.1% ~0.5%），将松节油加热至90℃，然后通入空气使反应物保持在100 ~150℃，10 ~15h，直到反应物的密度不低于 0.905g/mL，所得产品含醇量 35% ~40%，酸值小于 5，产率为70%。

从制造樟脑和制造松香、松节油工厂所得的废物，在 80 ~85℃吹入空气氧化 20 ~26h［用氧化钙或松脂酸钙（0.5% ~1%）为催化剂］，所得的产物用于粉煤的浮选，不但有起泡性也有捕收作用。该氧化产物与煤油配合使用时，效果更好，可以使药剂的消耗量降低 80% 以上。产品的质量指标与数量指标据说均接近于用煤油和彼得罗夫接触剂浮选同样粉煤时获得的效果。类似的上述副产残渣经过氧化处理以后，提高了极性含氧物质的含量，从而改善了药剂的浮选性能，并减少了药剂的消耗量。

前苏联的一种起泡剂 ИМ 浮选油的制造方法，其原理也是利用空气的氧化作用。由造纸厂得来的副产品粗松节油残液（1240kg）在 95 ~105℃时，通入空气氧化 4 ~5h，使萜烯类物质氧化为带有羟基的醇化合物（质量分数30% ~35%），停止通气以后，通入水蒸气蒸去含有蒎烯的松节油，剩下来的残留物就是所谓的 ИМ 浮选油（产量为 300 ~320L）。按萜烯醇计算，其中含松油醇在60%以上。

ИМ 浮选油为透明的棕色液体，气味类似松节油，密度 D_4^{20} 为 0.985g/cm^3，酸值（mgKOH/g）为2 ~6，ИМ 浮选油是起泡剂，无论在活性及选择性上足以与2 号浮选油相比拟。适用于浮选铅锌及铜矿。

11.6.2 2 号浮选油

11.6.2.1 制法

松醇油是以松节油为原料，硫酸作催化剂，酒精或平平加为乳化剂，发生水合反应生成羟基化合物——萜二醇，萜二醇再进一步脱水制得萜烯醇。反应中常因脱水位置不同而产生萜二醇的 α、β、γ 三种不同的异构体。反应投料按质量比（%）为松节油：硫酸（浓度32%）：酒精 =10：8：3 加入反应器中，在47 ~50℃下搅拌 6h 后，再升温至 65℃，保持 5 ~10min，再冷却到40℃，即可出料。先送入酸、油分离器内，静置 40min 左右，酸油分离为两层，然后分别放出，酸可以再用，将油用 Na_2CO_3 中和，再用蒸馏法回收酒精。

反应方程式为：

(α-蒎烯) + (β-蒎烯) $\xrightarrow[\text{酒精(或平平加)乳化,50℃}]{H_2SO_4\ \text{催化} + 2H_2O}$ (萜二醇)

$\xrightarrow[\begin{subarray}{c}-H_2O\\ (65℃)\end{subarray}]{[H^+]}$ (α-萜烯醇) + (β-萜烯醇) + (γ-萜烯醇)

我国的选矿药剂厂制造2号油时，一般都不再使用酒精作乳化剂而改用平平加。平平加国外商品名 pergal，用它代替酒精效果好，而且可以降低生产成本。

此外，有一篇专利报道，用1000kg造纸工业所得的松节油，加入含有醋酸（260kg）、硫酸（58kg）及水（200kg）的混合液，在65℃时处理2.5h。反应完了后，混合物分为两层，上层用600kg水洗涤，获得1080kg的浮选油。下层水液含有醋酸185kg，硫酸58kg及水170kg，可以返回再利用。所得浮选油含有浮选的有效成分约90%，浮选用量为40～70g/t。

或者在用硫酸（50%）水合α-蒎烯时，加入表面活性剂与硫酸银盐，所用的表面活性剂以异丁醇及正戊醇最好，硫酸银可以加速反应的进行，但不影响产率。

利用萜烯醇与聚乙二醇（或聚氧乙烯）反应可以得到醚类产物，据报道也是良好的起泡剂。

11.6.2.2 2号油的化学组分

用松节油制备2号浮选油的原理、工艺过程，看似简单，蒎烯在酸催化下先水合，再经脱水即得产品。其实反应是极为复杂的。如前述脱水位置不同就生成不同的萜烯醇异构体。除了萜烯醇还有其他的组分。

例如，用质量分数95%的水及5%的丙酮，于75℃用0.06mol/L的H_2SO_4催化萜烯进行反应，经色谱分析证明产品中有下列化合物：

（1）α-蒎烯（α-pinene）：未反应物

（2）α-萜烯醇（α-terpeneol）

沸点：219.8℃

```
        CH3
        |
        C
      /   \\
  H2C       CH
  H2C       CH2
      \   /
        CH
        |
        C—OH
      /   \
  H3C       CH3
```

（3）钵尼醇（fomeol）或称莰醇、樟脑醇

沸点：214℃

```
           CH3
           |
           C
         / |  \
     H2C   |   CHOH
H3C——+——C——+——CH3
     H2C   |   CH2
         \ |  /
           C
           H
```

（4）葑醇（fenchyl alcohol）

熔点：45℃

沸点：201～202℃

```
        CH3
        |
        C
      / |  \
  H2C   |   CHOH
   |   CH2   |
  H2C   |   C(CH3)2
      \ |  /
        C
        H
```

（5）未确定的醇

（6）苧（limonene）
沸点：176℃

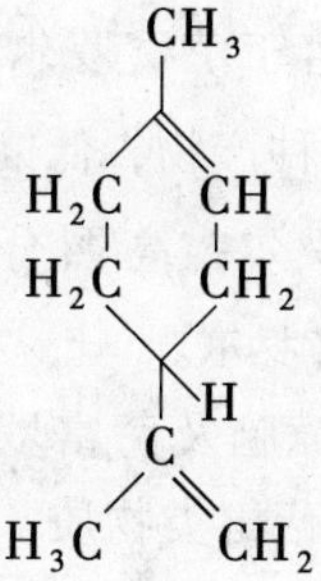

（7）松油二烯（terpenolene）
沸点：183℃

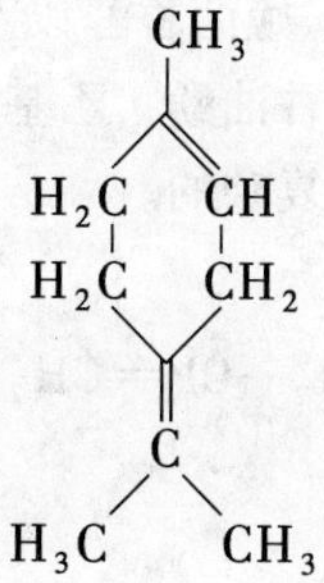

（8）莰烯（camphene）
沸点：157℃

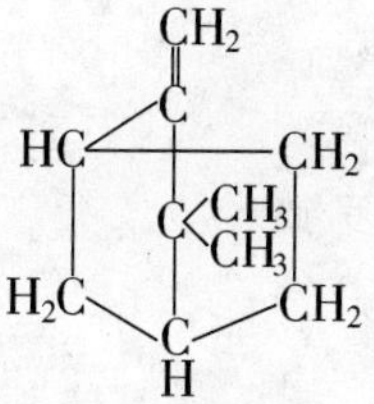

（9）β-蒎烯（β-pinene）
沸点：162~163℃

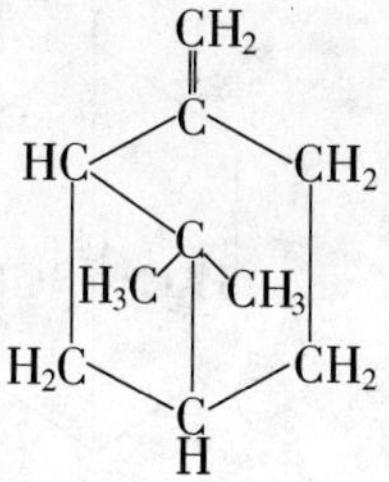

另一个试验系对α-蒎烯在5~10℃用50%的H_2SO_4水解缩合、分离、干燥，再用2%的H_3PO_4在100℃脱水生成物进行色谱分析结果表明，除主成分为α-萜烯醇（占84.2%）外，尚含有1，4-除茴蒿油内醚、二戊烯及蒎烯、莰烯等。

11.7 樟油

樟树是我国的特产，樟脑油一般是指樟脑与樟油的总称。用水蒸气蒸馏樟木时，可以得到含量1.0%~3.0%的挥发油。由挥发油用冷冻及部分结晶法除去其中的贵重成分樟脑及萨富罗尔（Safrol，黄樟油素）香料以后，剩下来的副产物就是樟油。樟树身上所有部分都可以提炼樟油；由叶子中提出来的油含樟脑多，由树干及根所提出的油富于萨富罗尔。粗樟油的密度为0.950～0.990g/cm^3，部分分馏时可以得到两种产物，低馏分为白樟油，密度0.875～0.900g/cm^3，含有约35%的萨富罗尔；高馏分为棕樟油，密度1.018～1.026g/cm^3，含有25%～35%的萨富罗尔。

樟树中所含的挥发油中，除了樟脑及萨富罗尔以外，还含有α-蒎烯及β-蒎烯、柠檬萜、茴香萜、莰香萜、萜醚类物质、龙脑、萜烯醇、（2号浮选油的主要成分）、雄刈萱醇、姬茴香醛以及少量的龙牛儿苗醇、沉香酮，也发现有胡椒酮、香荆芥酚、丁香油酚、乙基愈疮木酚、没药油萜、荜澄茄油萜以及微量的酯类等，成分是很复杂的。

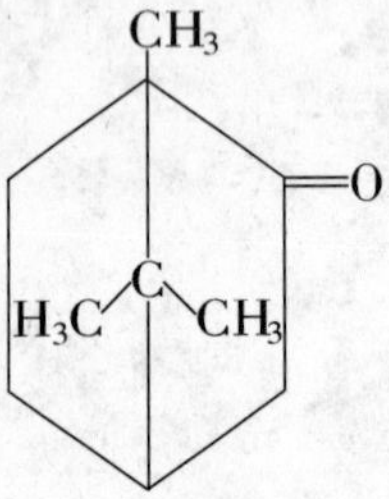

樟脑 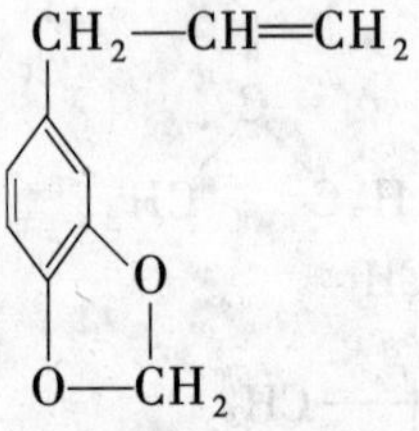　萨富罗尔 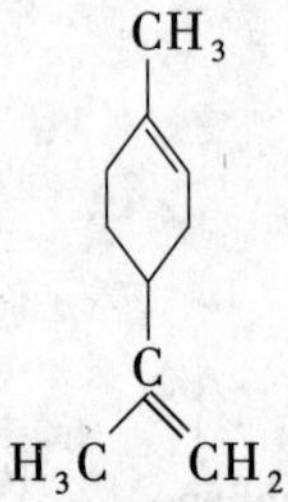　柠檬萜 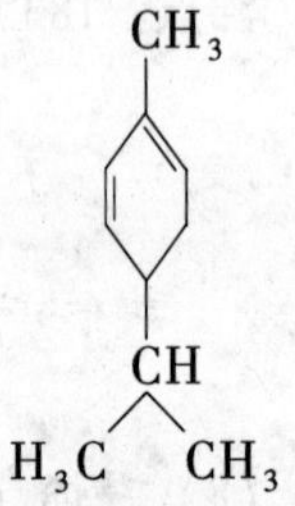　茴香萜

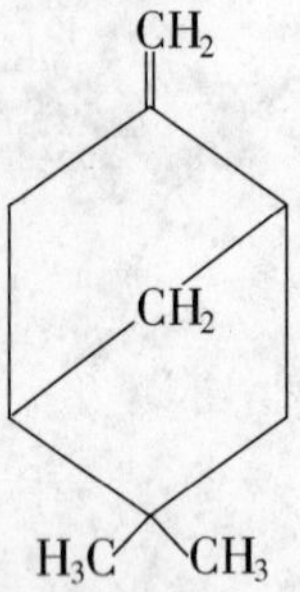

莰香萜 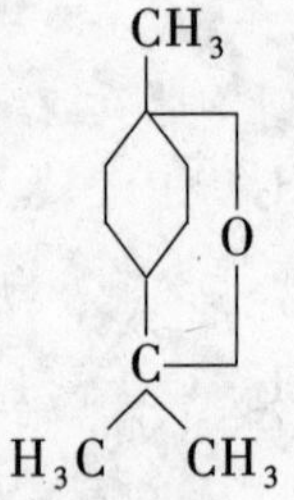　萜醚类 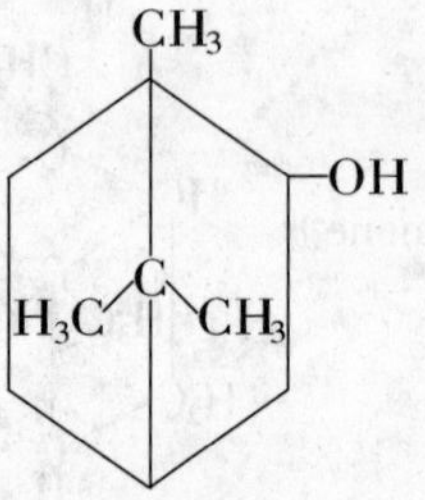　龙脑 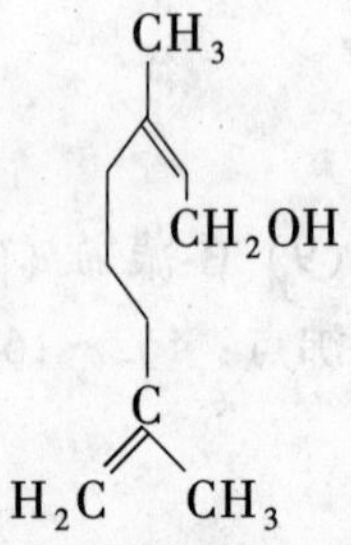　雄刈萱醇

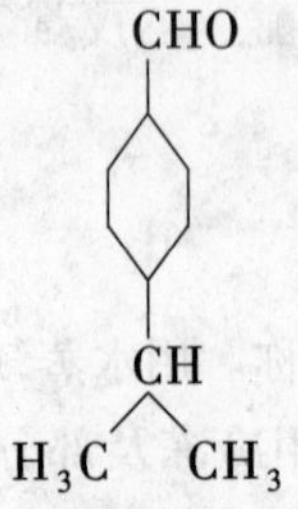

姬茴香醛 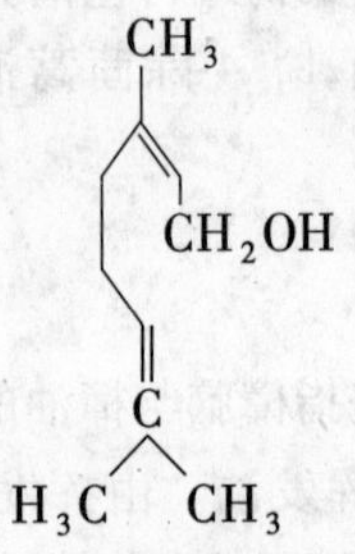　龙牛儿苗醇 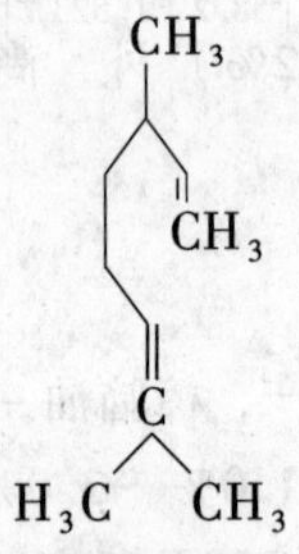　沉香酮 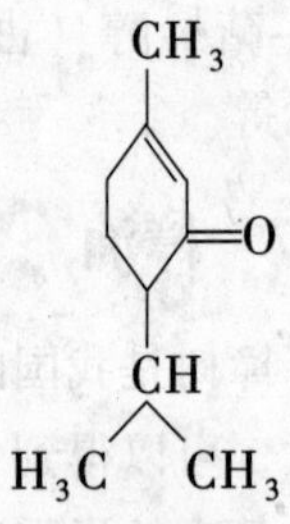　胡椒酮

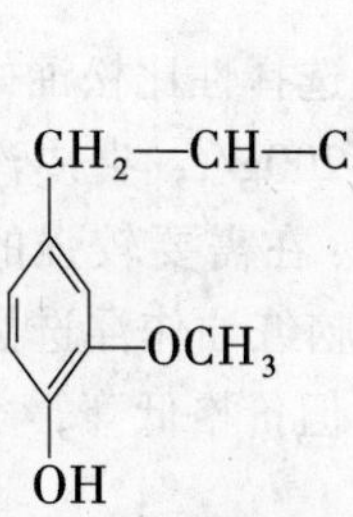

$CH_2—CH—CH_2$ / OCH_3 / OH

丁香油酚

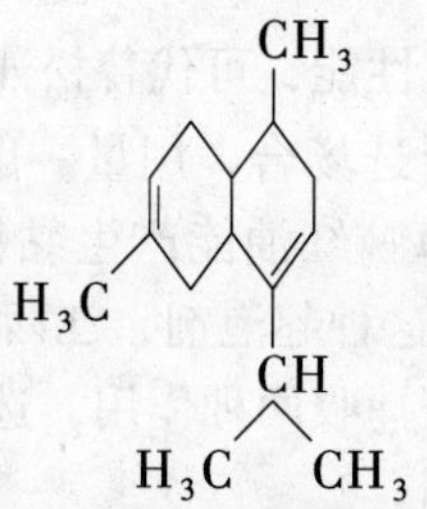

CH_3 / H_3C / CH / H_3C CH_3

荜澄茄油萜

CH_3 / OH / CH / H_3C CH_3

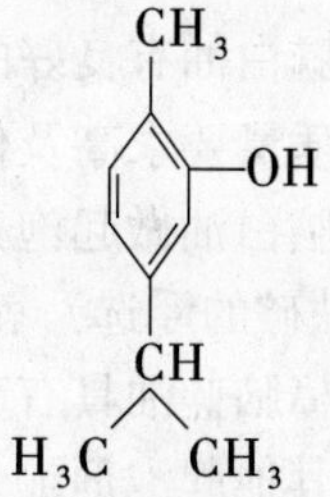

香荆芥酚

有人曾对樟脑油分馏，在截取樟脑白油之后截取馏分为210～250℃的樟脑红油。再将樟脑红油进行精密分馏，收集27个馏分，再行薄层层析，结果列于表11－12。

表11－12 樟脑红油中性部分分馏结果

馏分	沸程/℃	压力/kPa	质量/g	折光率/n_D^{20}	主要成分	个别成分结构式
1	45.5～46	2.394	16.9	1.4645	α-蒎烯	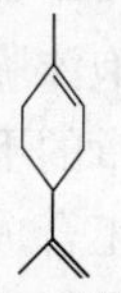
2	42～52	2.261	5.8	1.4619	α-蒎烯	
3	53.2～60	2.128	3.8	1.4659	α-蒎烯，1，8-桉叶油素，戊二烯	
4	58～60	1.995	24	1.4728	1，8-桉叶油素（桉叶醇，除茴蒿油内醚），戊二烯	苧(二戊烯)
5	55～58.5	1.33	4.7	1.4830		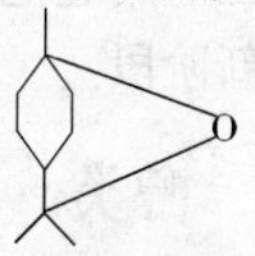
6	58.5～66	1.197	4.7	1.4820		
7	66～69.5	1.197	1.7	1.4780	1，8-桉叶油素，戊二烯，樟脑	
8	70～72.5	1.197	14.3	1.4681	樟脑，芳樟醇	除茴蒿油内醚
9	71～71.5	1.197	33.8	1.4660		
10	65.8～70.5	1.066	28.8	1.4692		C=O
11	73～74	0.665	0.8	1.4732	樟脑，芳樟醇，α-松油醇	
12	72.5～78	0.665	1.5	1.4746		
13	79～80	0.665	8.1	1.4781	芳樟醇，α-松油醇	樟脑 芳樟醇
14	80～85	0.665	24.3	1.4842	芳樟醇，α-松油醇，黄樟油素	$CH_2CH=CH_2$
15	85～87.2	0.665	40.9	1.4922		
16	87～88	0.665	16.3	1.5043	α-松油醇，黄樟油素	
17	88～89.5	0.532	10.1	1.5146		O
18	91～93	0.532	58.2	1.5237		O
19	90～92.6	0.532	48.2	1.5265		黄樟油素
20	90～96	0.532	16.5	1.5209	黄樟油素	
21	96～100	0.532	26.3	1.4977	黄樟油素，倍半萜烯	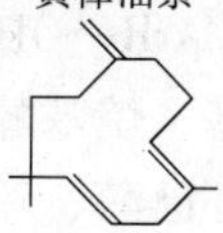
22	100～105	0.532	8.5	1.7950		
23	105～107	0.532	15.9	1.4948	倍半萜烯	蛇麻烯
24	104～106.7	0.532	23.6	1.4940	倍半萜烯	
25	107.5～110.5	0.532	26.5	1.4959	倍半萜烯	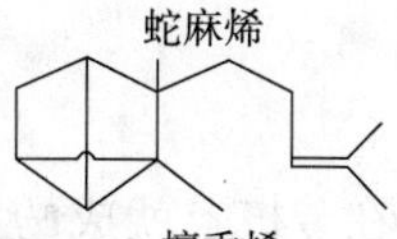
26	110.3～113.8	0.532	7.1	1.5008	倍半萜烯	
27	112.5～115	0.532	3.4	1.5006	倍半萜烯	α-檀香烯

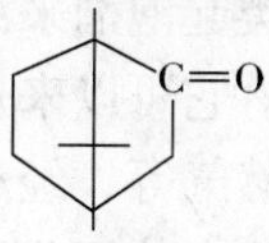

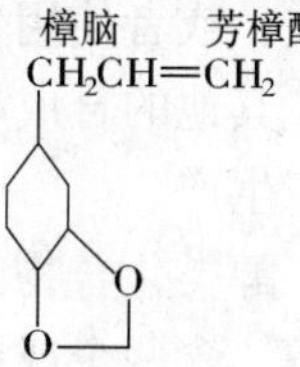

樟脑白油有良好的起泡性能，可代替松油使用，且选择性比松油好，多用于精矿质量要求高及优先浮选场合，用量一般为100～200g/t，夹皮沟金矿就采用樟脑白油做起泡剂。樟脑红油能产生黏性的泡沫，在需要较强的泡沫时（如黄铁矿的浮选）就采用这种起泡剂，江西浒坑用樟脑红油作浮选黑钨的起泡剂。樟脑蓝油具有起泡兼捕收两种作用，选择性差，但价格低廉，多用于选煤或与其他起泡剂配合使用。

一般在选矿上采用的起泡剂，大半都是因地制宜就地取材，日本也出产樟油，也有使用樟油为浮选起泡剂的报道，并指出在1L水中溶解6.7g的异丙基苯磺酸钠为乳化剂，加入2.7g的樟脑，振摇溶解后，也可以作为浮选起泡剂使用。

本章上述各节讨论的是天然起泡剂。除已讨论的外，还有松针油、干馏松树明子等的浮选油和桉树油等天然起泡剂。桉树油主要成分是桉叶醇（占50%～90%），并含有少量的柠檬醛，水茴香油烯和蒎烯。其起泡性能较松油弱，但泡沫脆，选择性好。

本章的下列各节将讨论各种类型的合成起泡剂以及炼焦副产品起泡剂。

人工合成起泡剂系基本有机化学合成工业技术迅速发展的产物，它标志着浮选工业用起泡剂从以天然产品为主发展到以技术、经济效益为优势的合成产品的新阶段。

11.8 醇类

醇类起泡剂来源广、品种多、起泡性能和浮选效果好，产量大，经济上比较实惠。它可以来自于石油化工、油脂及日用化工、电石气（乙炔）、一氧化碳、天然气等，经过化学加工而成。也有直接引用其他工业用途的表面活性剂物质，或者使用化学工业相关合成产品的残液、副产品。不仅醇类产品来源于此，其他的合成起泡剂醚醇类、醚类、酯类以及酸、醛、酮类产品也来源于大化工生产。

醇类化合物的功能基是羟基（—OH），当分子中含有一个羟基时称为一元醇，含两个或两个以上的羟基分子，称为二元醇或多元醇。其通式是R—OH或ArR—OH（芳基烷基醇）。R代表直链、支链烷烃基或环烷基，Ar代表芳香基。烷基醇一般称为脂肪醇，例如已醇和甲基戊醇（MIBC）等；环烷基醇如环已醇、环戊基甲醇等；芳香醇的羟基则不是直接连在芳烃基上（直接

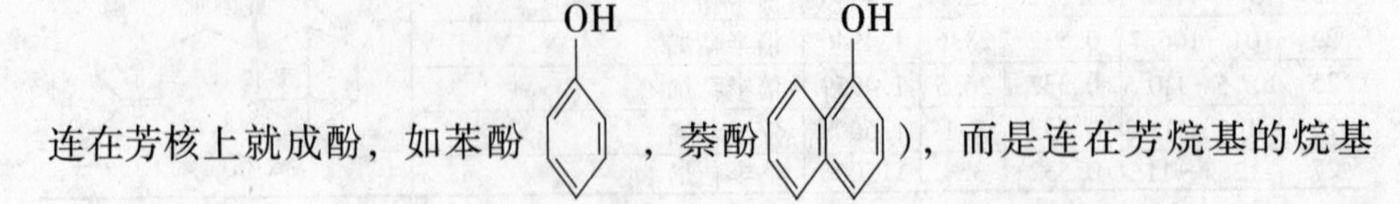

连在芳核上就成酚，如苯酚 ，萘酚 ），而是连在芳烷基的烷基

上，如苄醇类（$C_6H_5-C(R)(R_1)-OH$，R = H 或 CH_3，R_1 = H，CH_3，C_2H_5）等。

11.8.1 脂肪族醇类的理化性质及起泡性能

低级醇如甲醇、乙醇、丙醇可以与水任意混合，且不具有起泡性能。在20℃时，每百克水可以溶解8.3g丁醇，或溶解正戊醇2.6g；正己醇在同样条件下只能溶解1g，碳链愈长，溶解度愈小。在物理性质上，十碳醇（癸醇）以下在常温为液体，自月桂醇（$C_{12}H_{25}OH$）以上都是固体，如鲸蜡醇（$C_{16}H_{33}OH$）的熔点为49℃。

由于醇类对矿物作用的活性（硫醇类除外）远不如羧酸活泼，一般不具有捕收性而只有起泡性。在浮选工艺中醇类大多数只用做起泡剂。

就直链醇类的同系物比较，随分子中碳原子数的增多，在水中溶解度逐渐降低而起泡能力则随之增强；至碳原子数达到5、6、7、8时（即戊、己、庚、辛醇），起泡能力达到极大点，自此以后随碳原子数的增加，起泡能力又逐渐降低。所以用为起泡剂的脂肪醇类化合物，都是$C_{4\sim10}$特别是$C_{5\sim8}$的脂肪醇，这些醇能显著地降低水的表面张力，起泡性能随表面活性的增大而增强，而且使气泡稳定。高碳醇（十二碳以上）在水中不易分散，一般不宜做起泡剂。但是，这并非绝对之事，近年来有报道利用高级醇（$C_{12\sim16}$）与其他起泡剂（如OП起泡剂）混合使用，或者加入乳化剂将醇变为乳液，用做铜、铅、锌硫化矿和煤的起泡剂取得好效果。

对醇类起泡剂起泡能力强弱以及与酚类的比较，曾有人进行过试验研究，研究所用药剂是经过反复精制，用极纯的石墨及硫（斜方晶系）作为浮选对象。结论是：一般而言直链醇比同碳原子数的异构醇起泡能力要强，如各种丁醇异构体起泡性能强弱次序为：

$$\underset{\text{正丁醇}}{CH_3CH_2CH_2CH_2OH} > \underset{\text{仲丁醇}}{CH_3CH_2CH(OH)CH_3} > \underset{\text{异丁醇}}{(CH_3)_2CHCH_2OH} > \underset{\text{叔丁醇}}{(CH_3)_3C-OH}$$

对同一类型的醇类比较，如异醇类、仲醇类及叔醇类，则分子量大的起泡能力比较强，当达到一个较大（强）点以后，又随分子量（碳数）的继续增加而降低。例如：

（1） $(CH_3)_2CHCH_2CH_2OH$ > $(CH_3)_2CHCH_2OH$

异戊醇　　　　异丁醇

（2） $(CH_3CH_2)_2C(CH_3)OH$ > $CH_3CH_2—C(CH_3)_2—OH$ > $CH_3—C(CH_3)_2—OH$

叔己醇　　　　叔戊醇　　　　叔丁醇

（3） $(CH_3)_2CHCH(OH)CH_2CH_3$ > $(CH_3)_2CHCH(OH)CH_3$

1-乙基-异丁醇　　　　1-甲基-异丁醇

（4） $(CH_3)_2CHCH_2CH(OH)CH_3$ > $(CH_3)_2CHCH_2CH(OH)CH_2CH_3$ > $(CH_3)_2CHCH_2CH(OH)CH_2CH_2CH_3$

1-甲基-异戊醇　　　　1-乙基-异戊醇　　　　1-丙基-异戊醇

当羟基与苯环直接相连时（即酚类），它们的表面活性比羟基不直接与苯环相连的苄醇要强，苄醇的起泡性能远不如任何一种甲酚的异构体。

甲酚对石墨和硫的浮选试验结果表明：在两相体系条件下所测得的起泡剂最大起泡能力的相应浓度，比在浮选条件下最好的浮选结果所用的起泡剂浓度高。在接近最佳的回收率条件下，甲酚的三个异构体作为起泡剂的强弱次序为：对-甲酚 > 间-甲酚 > 邻-甲酚。

图 11－8 和图 11－9 分别表示 7 种不同碳链的直链脂肪醇和三种不同取代基的异戊醇起泡剂的起泡能力比较。

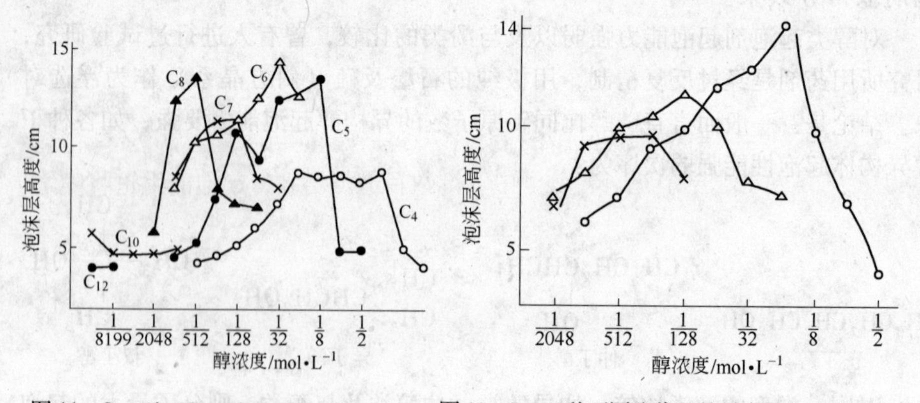

图 11－8　正－C_4，C_5，C_6，C_7，C_8，C_{10}，C_{12} 醇起泡能力比较

图 11－9　三种不同取代基的异戊醇起泡能力比较
○—1-甲基-异戊醇；△—1-乙基-异戊醇；×—1-丙基-异戊醇

11.8.2 芳香族醇类的起泡性能

芳香族醇的起泡能力一般都不如相同碳原子数的脂肪醇，而酚类的起泡能力比芳香醇略强，但同样不如同碳原子数脂肪醇的起泡能力。若将芳核（如苯环）加氢变为环己醇，其起泡能力也强于酚类起泡剂。如图 11－10 所示。

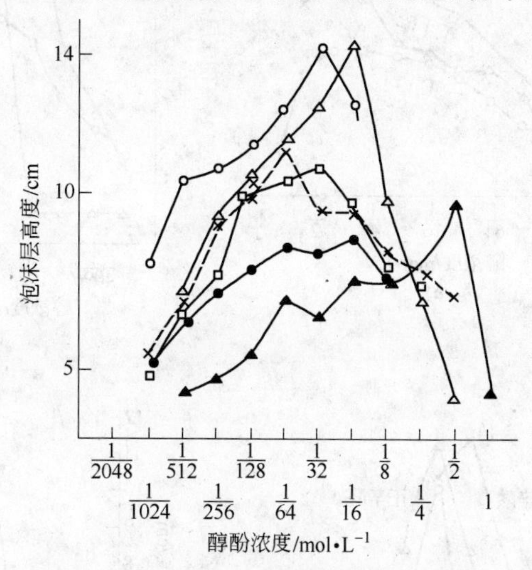

图 11－10 不同结构的己醇起泡能力比较

○—正己醇 $CH_3(CH_2)_4—CH_2—OH$；●—己醇-3 $\begin{matrix}CH_3—CH_2—CH_2\\CH_3—CH_2\end{matrix}\rangle CH—OH$；

×—2-甲基戊醇-3 $\begin{matrix}\begin{matrix}CH_3\\CH_3\end{matrix}\rangle CH\\CH_3—CH_2\end{matrix}\rangle CH—OH$；△—5-甲基戊醇-2 $\begin{matrix}\begin{matrix}CH_3\\CH_3\end{matrix}\rangle CH—CH_2\\CH_3\end{matrix}\rangle CH—OH$；

□—环己醇 $CH_2\langle\begin{matrix}CH_2-CH_2\\CH_2-CH_2\end{matrix}\rangle CH—OH$；▲—苯酚 $CH\langle\begin{matrix}CH-CH\\CH=CH\end{matrix}\rangle C—OH$

对于在选矿上已广为使用的萜烯醇类起泡剂来说，一般都含有十个碳原子，基本结构单元是环戊烯，其中的不饱和双键是很重要的，若双键加氢饱和后起泡能力也随之急剧下降；若分子中双键数目适度增多，起泡能力也将随之增强。

若将醇类的起泡性能与相应的醛及酸类相比较，在碳原子数目相同的条件下起泡能力从大到小顺序为：酸＞醛＞醇。图 11－11a ~ 图 11－11d 所示为同碳数的酸、醛和醇起泡性能的比较。图 11－11b ~ 图 11－11d 对药剂的起泡能力试验结果进一步证明，酸的起泡性能强于醛，醛的起泡性能又强于醇。但是从来源、性质、浮选性能等综合考虑，作为起泡剂醇类化合物就显得更为重要。

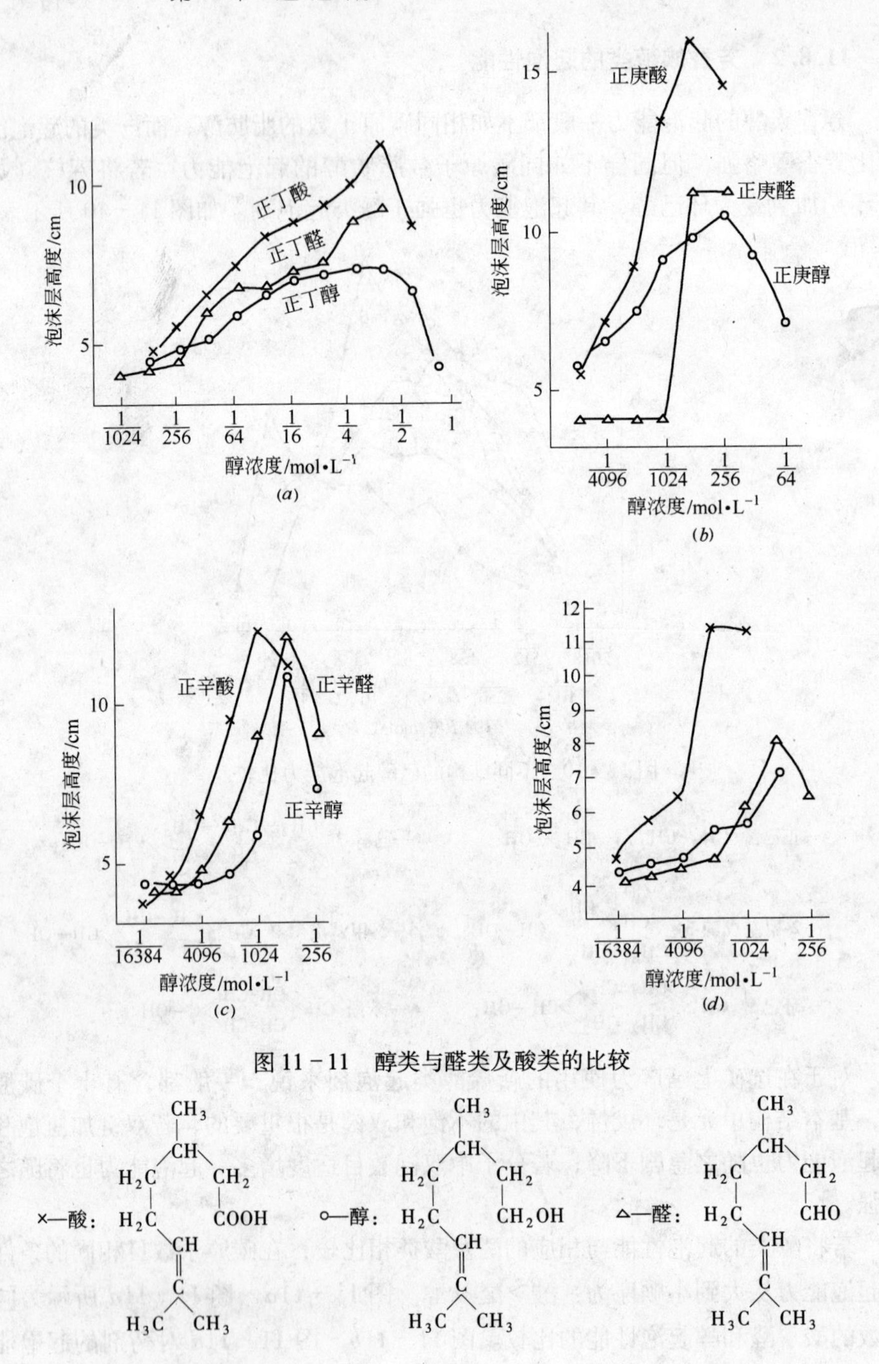

图 11-11 醇类与醛类及酸类的比较

11.8.3 醇类的制备

醇类化合物在选矿中不仅用做起泡剂，而且亦是合成其他选矿药剂的重要原料。用来生产制备各种有不同非极性基的黄药等矿用药剂。醇类的合成方法很多，主要方法是以现代石油化工原料为出发点的合成方法，例如用烯烃水合法、羧基合成法等。其他方法虽然所占比重不大，但它还是可以因地制宜，根据资源、经济、技术状况进行生产制备，还是必不可少的。例如就酒精生产方法而言，可以采用粮食发酵法；制糖厂的副产糖蜜发酵制法；木屑加酸水解生产酒精法；用亚硫酸纸浆废液发酵法，将废液中少量糖分（约3%），经脱SO_2、中和、分离、发酵法；也可以用电石（乙炔）经水合制备乙醛、加氢制得酒精或者用廉价石油气——乙烯，在7MPa（70atm）压力和温度250℃下经催化水合直接制得乙醇。

工业化国家虽然90%以上的乙醇均用乙烯为原料合成，但是其他合成法依然不可或缺，可以因地制宜根据需要与可能加以采用。

与乙烯制备乙醇相似，丙烯经水合反应可以得到异丙醇；而用正丁烯可制得仲丁醇，用异丁烯可以得到叔丁醇，反应通式为：

$$R—CH{=}CH_2 + H_2O \rightleftharpoons R—\underset{\displaystyle OH}{\underset{|}{CH}}—CH_3$$

北京矿冶研究总院与大连化物所共同研制的$C_{5\sim7}$脂肪醇（混合六碳醇，代号P-MPA），系用聚合级丙烯在温度10～40℃，压力约2MPa和镍系2301络合催化剂上进行丙烯本体液相二聚，生成由几种六碳烯异构体组成的混合物，其主要成分是甲基戊烯，含量为70%±2%，还有已烯和2，3-二甲基丁烯，丙烯单程转化率可达90%～94%。六碳烯硫酸水合得六碳醇，即烯烃经硫酸化生成硫酸脂，再水解生成相应的醇。

$$R—CH{=}CH_2 + H_2SO_4 \longrightarrow R—\underset{\displaystyle SO_4H}{\underset{|}{CH}}—CH_3$$

$$R—\underset{\displaystyle SO_4H}{\underset{|}{CH}}—CH_3 + H_2O \longrightarrow R—\underset{\displaystyle OH}{\underset{|}{CH}}—CH_3 + H_2SO_4$$

酯化和水解在低温下（0～10℃）进行，产品回收率可达90%以上。

混合六碳醇组成见表11-13所列。

表11-13 最佳条件下制得的混合六碳醇组成

实验批号	叔醇		仲醇				总醇	六碳醇	聚合物
	2，3-二甲基丁醇-［2］	2-甲基戊醇-［2］	2-甲基戊醇-［3］ 3-甲基戊醇-［3］	4-甲基戊醇-［2］	己醇-［3］	己醇-［2］			
46	21.5	47.6	1.0	9.0	2.5	2.7	84.3	10.5	5.3
47	22.0	49.4	0.8	8.6	2.6	2.5	85.9	11.1	2.8
48	18.9	45.7	0.5	9.6	3.0	3.9	81.6	11.9	6.5

混合六碳醇是无色至淡黄色易流动液体，有高级醇气味，其中的六碳烯是未反应的原料，聚合物是丙烯的聚合体，是六碳烯硫酸化时的副产物，聚合物含量高，将使总醇含量下降，从而造成起泡剂性能差，选矿效果不好。混合六碳醇的起泡性能与MIBC相似，泡脆，泡沫量较稳定。

用混合六碳醇进行铜钼矿物的混选、铜钼分离、精选，当用药量中的总醇达到MIBC的总醇量时，所得的选矿指标基本相同。混合六碳醇浮选滑石的结果，滑石精矿中的SiO_2含量在59.5%以上，回收率90%左右，达到MIBC浮选滑石的指标，并且泡沫适宜，没有2号油浮选滑石时的泡沫黏结、流动性差、跑槽和难以输送的现象。

高级醇的合成还有一个更重要的途径，即所谓的“羰基合成”。它是近代化学工业中的一个重要发展，凡是含两个碳原子以上的烯烃与一氧化碳及氢气在钴或其他催化剂存在下，合成脂肪醛，再将后者进一步氢化为醇类的过程，就叫做“羰基合成”。应用这一方法，可以制造一系列的高级醇，直接可用为浮选起泡剂或其他化工原料。不少国家已经采用这种方法生产高级醇，合成醛的反应代表式为：

$$R—CH{=}CH_2 + CO + H_2 \xrightarrow{[Co(CO)_4]_2} R—CH_2CH_2\overset{\overset{O}{\|}}{C}H \text{ 或 } R—\overset{\overset{CHO}{|}}{C}H—CH_3$$

例如由乙烯可以得到正-丙醛，产率为74%，加氢后可以得到丙醇。丙烯经羰基合成后可以得到正丁醛及异丁醛；加氢后可以分别得到正丁醇及异丁醇。我国也有许多企业用羰基合成工艺生产制备醇类化合物。

两分子的正丁醛通过缩合反应及加氢反应直接可以得到2-乙基已醇，它就是合成爱罗索（Aerosol）类型起泡剂的主要原料，也是铀矿及稀有金属Co，Ni等的萃取剂EHPA，即2-乙基已基磷酸2-乙基已基酯的重要来源。

$$\underset{\text{丁醛}}{2CH_3CH_2CH_2CHO} \xrightarrow[+H_2]{-H_2O} \underset{\text{2-乙基已醇}}{CH_3CH_2CH_2CH_2—\underset{\underset{C_2H_5}{|}}{C}H—CH_2OH}$$

又如用石油热裂副产品聚合级丙烯，经分馏切刈六碳烯馏分（$C_{5\sim7}$烯烃）经羰基合成制得$C_{6\sim8}$混合醇。

$$RCH{=}CH_2 + CO \xrightarrow{Co(CO)_8} \underset{\underset{\underset{O}{\|}}{C}}{RCH—CH_2} \xrightarrow{[H]} R—\underset{\underset{CHO}{|}}{C}H—CH_3 + RCH_2CH_2CHO$$

$$\xrightarrow{[H]} R-\underset{\displaystyle CH_2OH}{\underset{|}{CH}}-CH_3 + R-CH_2CH_2OH$$

用烯烃经羰基合成制得的醇通常以伯醇为主，其起泡性能比仲醇及叔醇好。

此外，烯烃直接氧化或与有机铝化合物作用，也可以合成醇；石蜡在特定条件下也可以合成高级醇。用石蜡氧化制造脂肪酸时，在第二不皂化物中，也可以提出20%左右的高级醇。上海制皂厂由第二不皂化物提取高级醇的工艺已正式生产。生成的高级醇与硫酸作用后可以得到烷基硫酸酯，作为起泡剂用于浮选赤铁矿，曾在东鞍山选矿厂已初步取得良好试验效果。也可用做其他氧化矿的捕收剂。

蓖麻油皂热解生产癸二酸时的副产品，即蓖麻油皂碱性裂解时除生成癸二酸钠外，还生成仲辛醇，在裂解过程中同时蒸出仲辛醇，结构式为 $CH_3(CH_2)_5CH(OH)CH_3$，同时含有部分辛酮。仲辛醇是无色至淡黄色油状液体，密度0.825g/cm^3，具高级醇气味，不溶于水，溶于醇、醚、苯等有机溶剂。仲辛醇作为起泡剂，在广西德保铜矿选铜试验与2号油对比，当其他条件相同、用量相同、回收率一致的前提下，仲辛醇的铜精矿品位提高3.15%，而且仲辛醇价格是二号油的二分之一。

11.8.4 主要醇类起泡剂

在浮选实践中，醇类化合物是种类、品种、来源最广最多，而且是最为重要的一大类浮选起泡剂，既有天然的，也有合成的，而且合成产品大大超过天然产品。一些醇类起泡剂在选矿中的应用，参见表11－14，表11－15所列为几种不同醇类对精煤回收率的影响。

表11－14 醇类起泡剂及应用

化学名称或结构式	作用矿物	资料来源
高级脂肪醇（特别是 $C_{4\sim8}$ 醇）	泥煤浮选	波兰专利56448
二甲基苯基甲醇等苯基烷基及其含氧衍生物	硫矿石浮选	波兰专利58611
聚乙烯醇	钾盐矿	前苏联专利137842
含有添加石油碳氢化合物的2-乙基己醇及2-辛醇，$C_{2\sim6}$ 醇	煤及矿物浮选	日本专利8524
环己醇	闪锌矿及铅矿物浮选，具有活化捕收作用	波兰专利49945 前苏联专利101106
戊二醇混合物	重有色金属硫化矿石	前苏联专利186354

续表 11-14

化学名称或结构式	作用矿物	资料来源
羟基聚丙二醇（R═H，CH_3，$m+n=2\sim6$） $H(OCH(CH_3)—CH_2)_m—OCH_2CH(R)O—(CH(CH_3)—CHO)_nH$	含铜矿石的浮选	日本专利8523（高砂工业公司）
聚乙二醇，HO［—（CH_2）$_2$—O—（CH_2）$_2$—］$_n$—OH	多金属矿石	俄罗斯专利140002
4（四氢-2呋喃）-2-丁醇，1，5-二-（4-氢-2-呋喃）-3-戊醇	铜、锌硫化矿浮选，用量2~450g/t	美国专利2767842
戊醇	代替松油选铜矿（印度）	CA108，79171（1988）
仲辛醇	鳞片石墨，效果优于萜烯醇	矿冶工程，1988（3）
聚亚烷基甘醇	选煤	CA111，10010（1989）
双丙酮醇	浮选劣质煤（有润湿性）	CA111，157207
3-甲基-1，3-丁二醇	选钾盐	前苏联专利1360802（1987）
145混合醇（$C_{3\sim7}$醇）	选石墨等（据介绍优于2号油）	矿产综合利用，1988（1）
生产四氢呋喃甲醇残液	钾盐矿	前苏联专利1407558（1988）
生产2-乙基已醇残液	选煤，商品名Ketgol	CA111，118015
生产卡必醇残液	钾盐矿	前苏联专利1438840（1988）
MIBC（甲基异丁基卡必醇）	黄铜矿	CA110，26999
合成乙二醇残液（AEA80），T-66	用于热电站粉煤灰脱碳	CA109，78694
生产环已酮、环已醇副产品或残液	选煤及煤渣、石墨、钼矿	CN86100037；捷克专利250016
仲辛醇	选煤效果好（30g/t）	洁净煤技术，2003（3）
$C_{12\sim16}$高级醇和OП作混合起泡剂，改善高级醇溶解、分散性能	浮选冰晶石，提高精矿质量	CA101，214501
$C_{8\sim12}$脂肪醇+醛+酯混合物	含多量黄铁矿的铜矿、铅锌矿和煤，效果好，泡沫稳定	CA100，142754
α-苯乙醇 $C_6H_5—CH(OH)—CH_3$	选煤	前苏联专利1045938

续表 11－14

化学名称或结构式	作用矿物	资料来源
由异丁烯及甲醛制4，4二甲基-1，3二噁烷的一类可溶性混合醇（T－66）	有色金属矿浮选，代松油	选矿手册，1993
新松醇油（株洲选矿药剂厂生产）	选大义山铜矿，用量为2号油的45%	有色金属（选矿部分），1985（3）
辛二醇（含量60%～80%），丁二醇（含量20%～40%）或含己二醇混合物	钾盐矿浮选起泡剂	CA96，33960
（1）2-乙基己醇蒸残液（含伯醇70%～90%）；（2）MIBC；（3）己醇；（4）Оппг-3（主要是羟基聚丙烯乙醇，含26%～60%的二醇，36%～75%的醚）	半工业试验表明，对铜的浮选效果以第（4）种起泡剂最好，第（1）种次之	国外金属矿选矿，1995（1）
仲辛醇，甘苄油，WO-2，RB（醇、醚、醚醇和酯）四种起泡剂与松醇油对比	起泡剂性能研究表明，起泡能力强，用量少，泡沫脆，有利于二次富集	矿产综合利用，1994（4），CA122，295693
11号油（化工副产，主成分为$C_{7\sim11}$混合醇）	浮选铜（铜绿山）效果好	有色冶金，1993（5）
新2号油（石油加工副产品，密度0.88～0.91g/cm^3）	起泡性能与2号油相近，可提高铜精矿品位	矿冶工程，1992（2）

表11－15 不同醇类对浮选精煤回收率的影响（醇用量113g/t，5%矿浆）

编号	醇类名称	精煤		尾煤	
		质量/%	灰分/%	质量/%	灰分/%
1	自然浮选（不加任何药剂）	12.6	10.1	87.4	26.4
2	甲醇	17.6	11.6	82.4	25.4
3	乙醇	17.8	10.7	82.2	26.1
4	丙醇	18.2	10.7	81.8	26.7
5	异丙醇	23.1	11.1	76.9	26.0
6	丁醇	25.2	11.7	74.8	26.7
7	异丁醇	23.5	11.2	76.5	26.0
8	叔丁醇	23.3	11.0	76.7	26.3
9	戊醇	32	12.7	68	28.4
10	4－甲基－2－戊醇	23.9	12.0	76.1	27.2
11	己醇	29.9	13.2	70.1	29.7
12	月桂醇	23.8	12.9	76.2	27.5
13	乙二醇	14.5	10.2	85.5	25.3
14	甘油	19	10.4	81	25.4
15	苄醇	18.9	10.9	81.1	26.9
16	环己醇	27.4	11.7	72.6	27.1

续表 11－15

编号	醇类名称	精煤		尾煤	
		质量/%	灰分/%	质量/%	灰分/%
17	煤酚（甲酚酸）	21.4	11.0	78.6	26.3
18	邻甲酚	22.2	11.3	77.8	26.8
19	对甲酚	22.9	11.4	77.1	26.8
20	苯 酚	20.8	10.8	79.2	26.2

注：原煤灰分含量 23.8%，水分 0.84%，挥发物 23.62%，固定碳 52.24%。

11.8.4.1 甲基戊醇

甲基戊醇化学名全称 4-甲基戊醇-［2］，国外名称甲基异丁基卡必醇（MIBC）。纯品为无色液体，折光指数为 1.409，密度为 0.813g/cm^3（20/4），沸点为 131.5℃，每 100mL 水可以溶解 1.8g，与酒精及乙醚可以任意混合。是一种优良起泡剂或作为合成己基黄药和磷酸酯的原料。

$$(CH_3)_2CH—CH_2—CH(OH)—CH_3$$

这种产品早在 1935 年已经用丙酮缩合成二缩烯丙酮，再经加氢后制成，工业上已大量生产，其反应式如下：

$$2CH_3—\underset{\|}{\overset{}{C}}(=O)—CH_3 \xrightarrow{-H_2O} (CH_3)_2C=CH_2—C(=O)—CH_3$$

$$\xrightarrow{H_2} (CH_3)_2CH—CH_2—CH(OH)—CH_3$$

首先，美国、法国在选煤及选矿工业中用甲基戊醇与燃料油混合，做起泡剂。1955 年用铅锌矿物实验证明：甲基戊醇的浮选选择性比甲酚好。此后，几十年大量实验证明，它适用于多金属矿物铜铅浮选，可以减少锌和黄铁矿在铅铜精矿中的损失，并使铜铅矿物达到较高的回收率，美国、澳大利亚等国已广泛应用。

在 MIBC 作为选矿起泡剂实用之后，据报道国外研制了“溶剂 L”（1958），“溶剂 L”是比甲基戊醇更便宜、更有效、更具有选择性的药剂。“溶剂 L”是制造酮基溶剂时的残留副产物，主要成分为二异丙基丙酮（沸点 165℃）及二异丁基甲醇（沸点 173℃）：

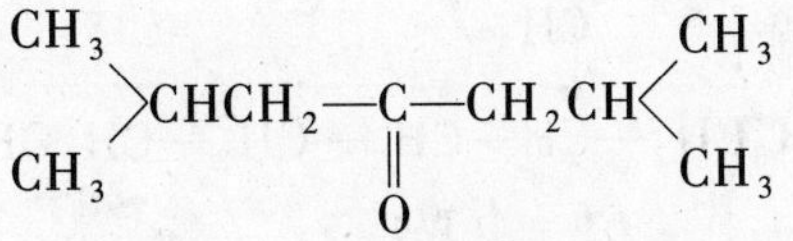

$$\begin{matrix} CH_3 \\ CH_3 \end{matrix}\!\!>\!CHCH_2-\underset{\underset{O}{\|}}{C}-CH_2CH\!<\!\!\begin{matrix} CH_3 \\ CH_3 \end{matrix} \qquad \begin{matrix} CH_3 \\ CH_3 \end{matrix}\!\!>\!CHCH_2-\underset{\underset{OH}{|}}{C}-CH_2CH\!<\!\!\begin{matrix} CH_3 \\ CH_3 \end{matrix}$$

二异丙基丙酮 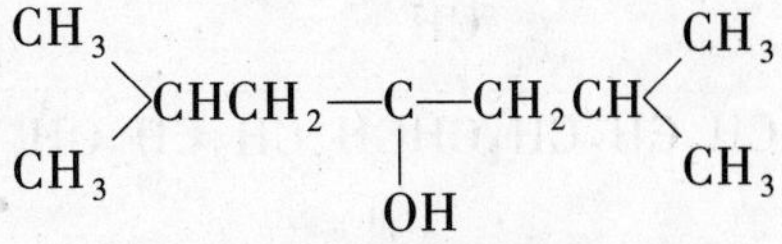　　　　　　　　二异丁基甲醇

将“溶剂 L”快速加入矿浆，生成的泡沫更加紧密，有利于粗矿粒的浮选，因而获得良好效果。

11.8.4.2 杂醇油及再加工产品起泡剂

在工业生产制备各种醇类产品中，不论是丁醇、戊醇、乙醇或其他醇类的生产中，都有残留的高沸点副产物，以及有类似蓖麻油热解癸二酸的副产仲辛醇等不少用生物资源加工产生的含醇类物质。这些醇类副产物依据各自的组分及技术特点，或者直接使用，或者经过蒸馏切割及再加工，都是重要而有效的醇类起泡剂，在各个国家都广泛使用，无论从资源循环及三废综合利用，或者从环境生态考虑，该类药剂都具有重要意义。曾经或已经在生产中使用的高沸点馏分（沸程）范围产品有：

（1）沸程范围在 130～150℃，密度 0.836g/cm³，平均相对分子质量约为 105，含伯醇 60%～65%，其中主要成分是 2-甲基戊醇-1；含仲醇 15%～20%，主要是 1，1-二异丙基甲醇（$\begin{matrix} CH_3 \\ CH_3 \end{matrix}\!\!>\!CH-\underset{\underset{OH}{|}}{C}-CH\!<\!\!\begin{matrix} CH_3 \\ CH_3 \end{matrix}$）；含 18%～20% 的酮类化合物主要是 2，4-二甲基己酮-3（$\begin{matrix} CH_3 \\ C_2H_5 \end{matrix}\!\!>\!CH-\underset{\underset{O}{\|}}{C}-CH\!<\!\!\begin{matrix} CH_3 \\ CH_3 \end{matrix}$）以及有约 2% 的酯类。

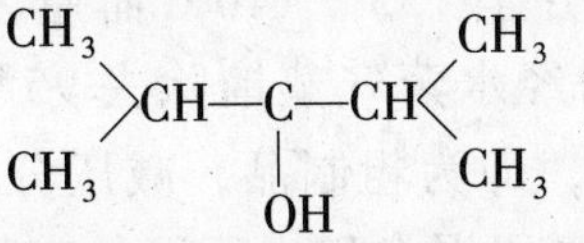

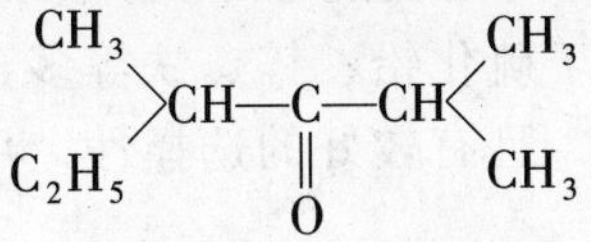

（2）沸点范围在 150～160℃，平均相对分子质量近于 123，含伯醇 40%～45%，主要是 2，4-二甲基戊醇-1 式（Ⅰ）；含仲醇 40%～45%，主要是 2，4-二甲基己醇-3 式（Ⅱ）；及含 8%～12% 结构不明的酮类。

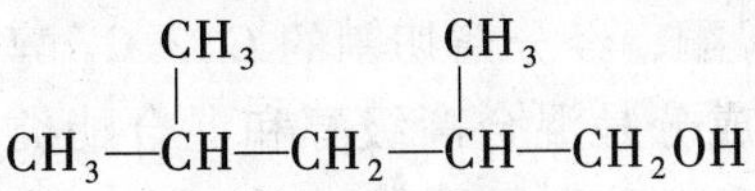

$$CH_3-\overset{\overset{CH_3}{|}}{CH}-CH_2-\overset{\overset{CH_3}{|}}{CH}-CH_2OH \qquad CH_3CH_2-\overset{\overset{CH_3}{|}}{CH}-\underset{\underset{OH}{|}}{CH}-\overset{\overset{CH_3}{|}}{CH}-CH_3$$

（Ⅰ） 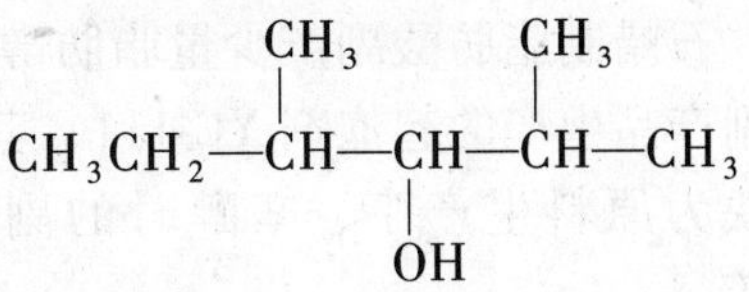　　　　　　　　　　　（Ⅱ）

（3）沸点范围在 160～195℃，含伯醇 44%～47%，主要成分为 4-甲基己醇-1 式（Ⅲ）和 4-甲基庚醇-1 式（Ⅳ）；含仲醇 32%～36%，酮类 17%～19%，及结构不明的酯 1%～4%。

$$\underset{(\text{III})}{CH_3CH_2CH_2\overset{\overset{CH_3}{|}}{C}HCH_2CH_2CH_2OH} \qquad \underset{(\text{IV})}{CH_3CH_2—\overset{\overset{CH_3}{|}}{C}H—CH_2—CH_2—CH_2OH}$$

（4）沸点高于195℃的最后碱液，最终沸点315℃，在此以后则为焦油。用真空蒸馏时，产物含伯醇65%～70%，酮类12%～17%，酚类10%～15%，及2%～6%烃类化合物。

上述多馏分的产物，一般说来沸点范围为130～150℃的三种产物可以单独用做起泡剂；其他沸点范围的产物通常需要与其他起泡剂混合使用方可发挥较好的起泡性能，其中沸点为150～160℃的产物可以增强泡沫的稳定性；沸点高于160℃的产物若单独使用可以有效地降低泡沫稳定性，即有消泡作用。

北京有色金属研究总院利用酒精厂的蒸馏残液“杂醇油”，通过碱性催化缩合方法制造高级混合醇，反应式为：

$$2R—CH_2CH_2OH \xrightarrow[NaOH]{Ni} R—CH_2\overset{\overset{R}{|}}{C}H_2CHCH_2OH + H_2O$$

用无水杂醇油500g与活性镍催化剂8.5g及苛性钠30g，回流24～36h，当反应瓶内温度逐渐上升至135～140℃而瓶内不再有反应水生成时，反应即告完毕，缩合产物经水蒸气蒸馏除去95℃以下馏分，残留物用水洗至中性（除去镍及碱），即为粗制品，减压分馏，收集沸点110～133℃/7.98kPa的馏分，即为高级混合醇。所得的高级混合醇经过选矿试验，证明可以代替松油用于硫化铅、锌、铁等多金属矿石的浮选。特别是锌浮选时，它较松油优越，且有较好的选择性，用量大时也不影响品位指标，缺点是有臭味。

11.8.4.3 混合醇起泡剂（伯醇与仲醇）

A 伯醇

混合伯醇的来源比较多，有用石蜡裂解 $C_{5\sim9}$ 烯烃经硫酸水合制得 $C_{5\sim9}$ 醇；石蜡制脂肪酸副产少量脂肪醇、醛、酮，经分馏切割的 $C_5\sim C_8$ 醇；炼油副产品生产的起泡剂YC-111，其主要成分是混合高级醇和混合酯类；以乙炔为原料生产丁、辛醇时的副产物 $C_{4\sim8}$ 醇，以及经分馏后的 $C_{6\sim8}$ 醇，等等。

这些混合醇都是具有良好起泡性能的药剂。例如：YC-111起泡剂在德兴铜矿的应用试验表明：具有起泡速度快，泡沫不发黏，在粗选时使用与原用起泡剂相比，铜回收率不降低，铜精矿品位显著提高，金、银指标相当，铜回收率提高8.44%，YC-111已在德兴铜矿推广使用。

电石厂生产丁、辛醇的副产品$C_{4\sim8}$醇，经分馏去除低沸物，截取$C_{6\sim8}$醇，既达到资源综合利用，又扩大了起泡剂的来源及品种。该$C_{6\sim8}$醇为淡黄色液体，密度0.83g/cm^3，其组分见表11－16。

表11－16　$C_{6\sim8}$醇组分

正丁醇	$CH_3CH_2CH_2CH_2—OH$	18.85%
庚醇-4	$CH_3CH_2CH_2CH(OH)CH_2CH_2CH_3$	2.46%
2-乙基丁醇	$CH_3CH_2CH(C_2H_5)CH_2OH$	30.60%
3-甲基庚醇	$CH_3CH_2CH_2CH_2CH(CH_3)CH_2CH_2OH$	14.12%
2-乙基己醇	$CH_3CH_2CH_2CH_2CH(C_2H_5)CH_2OH$	25.1%

将$C_{6\sim8}$醇用于铜矿、铅锌矿、辉钼矿等硫化矿的小型及工业试验表明完全可以代替2号浮选油，在浮选指标相同的情况，用量比2号浮选油要少。

开滦煤炭科学研究所曾用乙炔法生产丁醇、辛醇的蒸馏残液作为煤泥浮选用起泡剂，当浮选入选煤泥灰分约为18%时，精煤灰分为9%，尾煤灰分70%，精煤回收率约81%，用量和效果均比1号轻柴油好。生产丁醇和生产辛醇的蒸馏残液其物理性质如表11－17所列。

表11－17　不同来源$C_{6\sim8}$混合醇物理性质

名　称	沸点范围/℃	密度（20/4）/g·cm^{-3}	闪点/℃	溶解度（水中）/%
丁醇蒸残液	148～185	0.829～0.834	74	0.4
辛醇蒸残液	180～280	0.83～0.89	80	0.3
羰基合成醇	146～200	0.838		羟基值（mg KOH/g）470

表11－17所列羰基合成醇——$C_{6\sim8}$醇，系由石油裂解副产物戊烯、己烯、庚烯的混合物经过羰基合成制得的。即在20MPa压力，温度150～200℃及钴催化剂存在下，与一氧化碳及氢气作用，生成相应的醛，再氢化还原为相应的己醇、庚醇、辛醇的混合物，最后经过分馏除去未反应的烯烃及其他副产及渣油，即为$C_{6\sim8}$混合醇（或称$C_{6\sim8}$合成混合醇）。

$C_{6\sim8}$合成混合醇是强力起泡剂，用于浮选时用量比一般松油（含醇约45%）少，为一般松油的$\frac{1}{2.5}\sim\frac{1}{3.0}$倍，为甲酚用量的$\frac{1}{4}\sim\frac{1}{3}$，可以用于多种矿石的浮选，而且选择性比甲酚好。用阳离子捕收剂浮选铁矿时，也可以用它作为起泡剂。如图11－12所示，当松油用量为20g/t或$C_{6\sim8}$醇为10g/t时，所得精矿质量相同（铁品位66%），而且后者的回收率和效率稍高。用量只相当

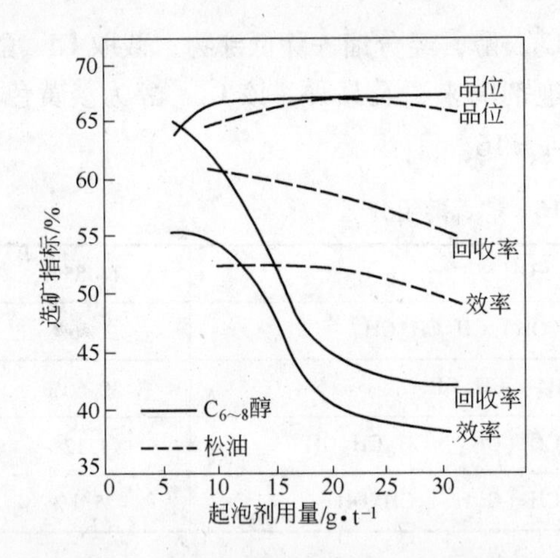

图 11－12 起泡剂的用量对选矿指标的影响

试验条件：苏打 0.4kg/t，淀粉 0.68kg/t，粗选 7min，粗选加脂肪酸盐 0.2kg/t；扫选 5min，扫选加脂肪酸盐 0.16kg/t

于松油的一半。同样该 $C_{6\sim8}$ 醇也可用于浮选细煤，效果良好，根据煤的性质不同，其消耗量约为 0.50～0.25kg/t。

B 仲醇（$C_{6\sim7}$ 混合仲醇）

仲醇起泡剂系石油工业副产品丙烯经聚合反应、分馏切割截取其中含己烯（沸点 60～75℃）、庚烯（沸点 75～95℃）的馏分，然后在 70～80℃，2MPa 压力下通空气氧化。据资料介绍，氧化的起始阶段采用异丙苯的过氧化物或烯烃的过氧化物作为引发剂，最佳的反应条件是：反应时间 14h，每千克烯烃混合物每小时空气流量为 100L，醇的产率为 80%。反应结束后，存在的过氧化物在 60～65℃用质量分数 15% 亚硫酸的水溶液处理 4h，使之分解。分离出来的油层经分馏柱分馏，除去未反应的烯烃，残存的过氧化物（0.5%）及沸点较高的残液。在减压 90.44～97.09kPa（680～730mmHg）下分出 60～125℃的馏分，主要成分为不饱和醇及酸的混合物。最后经镍铬催化剂氢化饱和。最好的氢化条件为 130～140℃，1atm（1.013×10^5Pa），反应物与氢的摩尔比例为 1∶8，氢气的流速为 400mL/h。氢化产物分馏为三个馏分：氧化物及烷烃，100～120℃（产率 13.23%），混合醇 120～175℃（产率 75.95%），二元醇类等 175℃（产率 10.50%）。由于混合醇与二元醇在浮选起泡作用下都有效，这两个馏分一般不再分离，而是混在一起使用。

这样获得的氢化混合物就是 C_6～C_7 混合仲醇起泡剂，密度（20/4）0.834g/cm^3，酸值 3.4，溴值 5.7，在常压 133～187℃时约 80% 可以蒸出，含醇量为 85.5%，其余为少量二元醇、酮及醚类物质。这种醇起泡剂的主要成分是带有支链结构的仲醇及叔醇。

反应通式（示意）：

$$n\mathrm{CH_3CH{=}CH_2} \xrightarrow{\text{聚合}} \mathrm{R{-}CH_2{-}CH{=}CH_2} \xrightarrow[\text{空　气}]{\text{过氧化物引发}}$$

$$(\mathrm{R{=}C_3H_7{-}}\text{或 }\mathrm{C_4H_9{-}})$$

$$\mathrm{R{-}\underset{\displaystyle O{-}OH}{\underset{|}{CH}}{-}CH{=}CH_2} \longrightarrow \mathrm{R{-}\underset{\displaystyle OH}{\underset{|}{CH}}{-}CH{=}CH_2} \xrightarrow{H_2} \mathrm{R{-}\underset{\displaystyle OH}{\underset{|}{CH}}{-}CH_2{-}CH_3}$$

C_6～C_7混合仲醇起泡剂的毒性大小与已醇及庚醇一样，但是比酚类起泡剂的毒性小，成本也比甲酚及松油便宜。在浮选矿物时，用量比甲酚约低20%～30%，如浮选铜铅矿时，用量为5g/t，用甲酚时则为15g/t。其缺点是具有强烈刺激臭味。

11.8.4.4　二烷基苄醇（芳香烃基醇）

早在20世纪中叶就有报道使用一些含有9个至12个碳原子的芳香基仲醇或叔醇作为浮选起泡剂，特别是对于金属矿浮选起泡性能好，价格相对比较便宜。这些起泡剂中包括1，1-二甲基苄醇式（Ⅰ），1-乙基苄醇式（Ⅱ），甲基乙基苄醇式（Ⅲ），1，1-二甲基-对甲基苄醇式（Ⅳ），1-甲基-对甲基苄醇式（Ⅴ），对位双异丙醇基苯式（Ⅵ）和1-甲基-1-乙基对甲基苄醇（Ⅶ）。

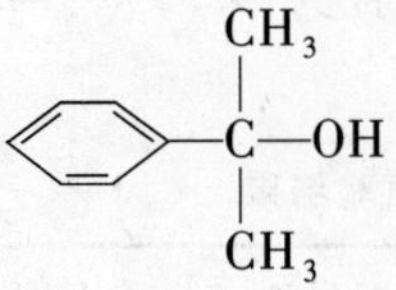

$C_6H_5-C(CH_3)_2-OH$　（Ⅰ）

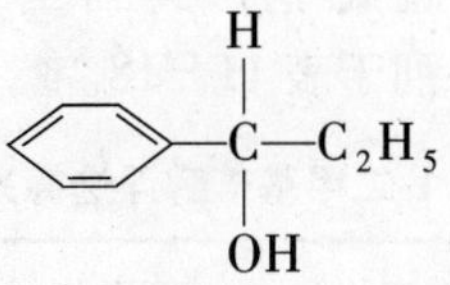

$C_6H_5-CH(OH)-C_2H_5$　（Ⅱ）

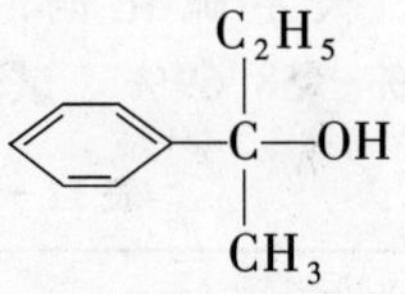

$C_6H_5-C(C_2H_5)(CH_3)-OH$　（Ⅲ）

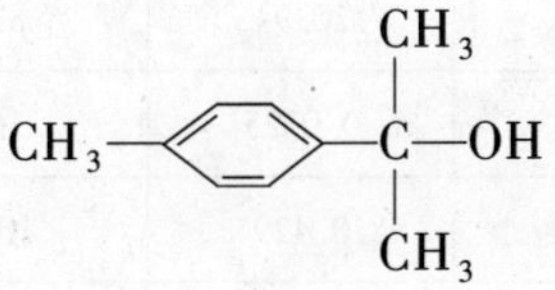

$CH_3-C_6H_4-C(CH_3)_2-OH$　（Ⅳ）

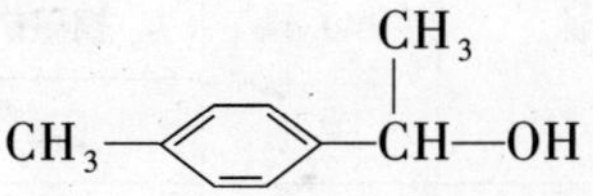

$CH_3-C_6H_4-CH(CH_3)-OH$　（Ⅴ）

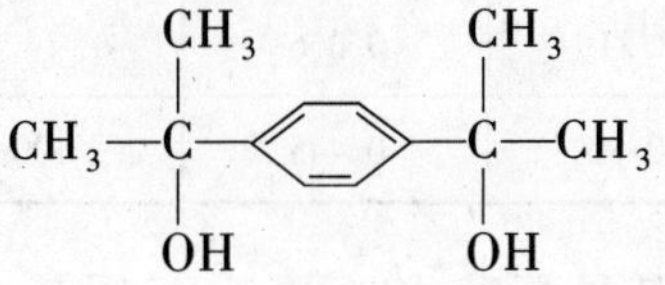

$CH_3-C(CH_3)(OH)-C_6H_4-C(CH_3)(OH)-CH_3$　（Ⅵ）

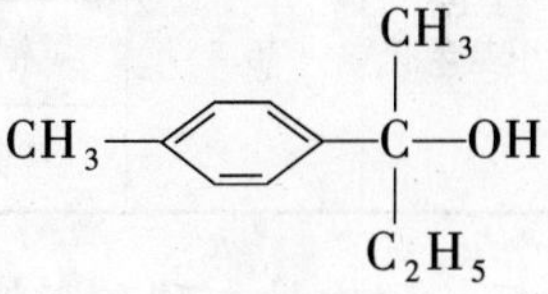

$CH_3-C_6H_4-C(CH_3)(C_2H_5)-OH$　（Ⅶ）

据最新资料，1，1-二甲基苄醇式（Ⅰ）用做浮选起泡剂，无论其选择性及作用强度都超过了甲酚的效果，并且用量比甲基酚小，是甲基酚的1/2。

1，1-二甲基苄醇是石油化工厂生产苯酚丙酮的中间体过氧化异丙苯，经Na_2SO_3还原制成，产品通常为无色液体，冷却时有菱形晶体析出，不溶于水，能溶于乙醇、苯、乙醚和醋酸中。反应机理如下：

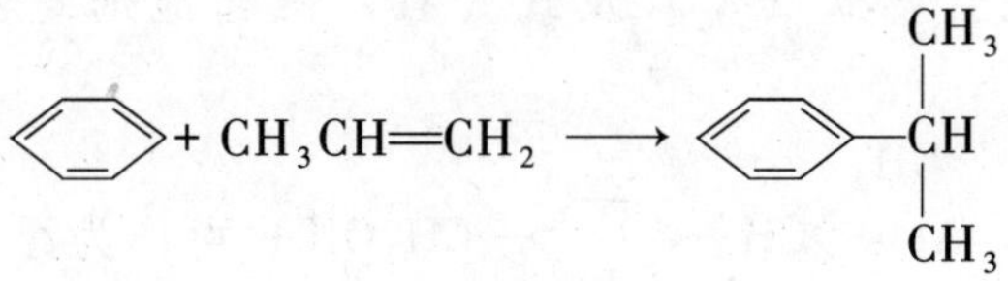

$$C_6H_6 + CH_3CH{=}CH_2 \longrightarrow C_6H_5-CH(CH_3)_2$$

（异丙苯）

$$\text{C}_6\text{H}_5\text{—}\underset{\text{CH}_3}{\overset{\text{CH}_3}{\text{CH}}} + \text{O}_2 \longrightarrow \text{C}_6\text{H}_5\text{—}\underset{\text{CH}_3}{\overset{\text{CH}_3}{\text{COOH}}}$$

（过氧化氢异丙苯）

$$\text{C}_6\text{H}_5\text{—}\underset{\text{CH}_3}{\overset{\text{CH}_3}{\text{COOH}}} + \text{Na}_2\text{SO}_3 \longrightarrow \text{C}_6\text{H}_5\text{—}\underset{\text{CH}_3}{\overset{\text{CH}_3}{\text{C}}}\text{—OH} + \text{Na}_2\text{SO}_4$$

（二甲基苄醇）

用1，1-二甲基苄醇浮选德兴铜矿，闭路试验试样为自由氧化铜、结合氧化铜、次生硫化铜、原生硫化铜，其占有率分别为4.35%、4.35%、32.61%、58.69%。试验结果列于表11－18。

表11－18　1，1-二甲基苄醇浮选德兴铜矿试验结果

起泡剂名称	用量/g·t^{-1}	产品名称	产率/%	Cu品位/%	Cu回收率/%
2号油	40.4	铜精矿	1.71	20.94	83.39
		铜尾矿	98.29	0.0725	16.61
		给矿	100.00	0.429	100.00
1，1-二甲基苄醇	36.5	铜精矿	1.79	21.21	85.32
		铜尾矿	98.21	0.066	14.68
		给矿	100.00	0.445	100.00

此后，国内外专利和资料又介绍甲苯基异丙醇式（Ⅳ），α-甲基-对甲苄醇式（Ⅴ），以及α，α-二甲基-甲基苄醇式（Ⅵ），即对位双异丙醇苯，α-甲基-α-乙基-对甲基苄醇式（Ⅶ）作为煤及硫化铜、铅、锌矿的起泡剂。浮选煤粉（灰分占23.3%，小于28目）时，用乙基钠黄药（100g/t）为捕收剂，化合物式（Ⅳ）100g/t（对位甲基占37%、间位甲基占63%），矿浆质量浓度100g/L，温度25℃，pH＝7.2，精煤产率73.5%，灰分含量9.57%，在相同条件下，用松油做起泡剂，精煤产率只有55.0%，灰分含量9.75%。用化合物式（Ⅴ）及式（Ⅵ）做起泡剂，效率与化合物式（Ⅳ）相同。

异丙基苄醇（$\begin{matrix}\text{CH}_3\\ \text{CH}_3\end{matrix}\!\!>\!\text{CH—C}_6\text{H}_4\text{—CH}_2\text{OH}$）可作为浮选铜矿时的起泡

剂。原矿铜品位为1.2%，浮选时矿石粒度小于200目占80%，配成固体含量25%的矿浆，加乙基钠黄药200g/t，上述起泡剂150g/t，浮选精矿铜品位17%，回收率94.2%。

11.9 醚醇

现代有机合成与高分子化学的发展为醚醇等选矿药剂的发展创新与应用奠定了基础。醚醇类起泡剂首先是由美国道化学公司和氰胺公司开发生产的。它是在生产刹车液时产生的副产品，而后开拓应用于选矿的起泡剂。此类起泡剂道化学公司的商品名称为"Dowfroths"（道-起泡剂）；氰胺公司的商品名为"Aerofroths"（艾罗-起泡剂）；帝国化学公司（英国）则称为"Teefroths"；俄罗斯称为"ОПС"类。

醚醇类起泡剂的特点是分子中既有醇基又有醚基。醚基氧原子及醇基氧原子存在的孤对电子都可以与水分子亲水结合，烃基亲气使气泡稳定，由于它们具有多个亲水基团所以完全能够溶解于水，系能降低水的表面张力的表面活性物质。它们的原料大多离不开环氧烷类。据国际市场信息，如今醚醇类及MIBC起泡剂在选矿中的用量约占金属矿浮选起泡剂总用量的90%。

醚醇类起泡剂有优良的起泡性能，例如二聚乙二醇甲醚（式Ⅰ，俗称Methyl Carbitol），二聚乙二醇丁醚（式Ⅱ，Butyl Carbitol），三聚丙二醇甲醚（式Ⅲ，ОПС-М、Dowfroths 200）和三聚丙二醇丁醚（式Ⅳ，ОПС-Б、Dowfroths 250）等都是优良的起泡剂，可用于多种类型的硫化矿浮选，特点是用量少。用三聚丙二醇甲醚类浮选Cu、Pb、Zn矿时用量一般在3～15g/t。

$$CH_3OCH_2CH_2OCH_2CH_2OH \quad (Ⅰ)$$

$$CH_3(CH_2)_3OCH_2CH_2OCH_2CH_2OH \quad (Ⅱ)$$

$$CH_3O[CH_2CH(CH_3)O]_2CH_2CH(CH_3)OH \quad (Ⅲ)$$

$$CH_3(CH_2)_3O[CH_2CH(CH_3)O]_2CH_2CH(CH_3)OH \quad (Ⅳ)$$

纯二聚乙二醇甲醚，系无色液体，相对分子质量为120.09，密度δ_4^{20}为1.035g/cm^3，沸点193.2℃，可与水成任意比例混合，易溶于酒精，难溶于乙醚。二聚乙二醇丁醚也是无色液体，相对分子质量为162.14，密度δ_4^{20}为0.9553g/cm^3，沸点231.2℃，溶解度与二聚乙二醇甲醚相似。

我国对醚醇类起泡剂进行研究起步较早，合成了不少产品，但使用不如国外广。表11-19列出十二种丙二醇醚的物理常数进行测试的结果。收集的一些醚醇类起泡剂在选矿中的应用情况见表11-20所列。

表11-19 十二种醇醚类型起泡剂的物理常数

名称	结构式	沸点/℃/kPa	n_0^{25}	δ^{25}	μ^{25} /mPa·s	σ^{25}/Pa
丙二醇甲醚	$CH_3OCH_2CH(CH_3)—OH$	120~122/101.1	1.4047	0.9315	2.02	2.630
二聚丙二醇甲醚	$CH_3O(CH_2CH(CH_3)O)_2—H$	100~104/3.99	1.4245	0.9861	4.63	
三聚丙二醇甲醚	$CH_3O(CH_2CH(CH_3)O)_3—H$	130~134/1.995	1.4369	0.9895	16.68	
丙二醇乙醚	$C_2H_5OCH_2CH(CH_3)—OH$	131~137/101.1	1.4081	0.8981	2.12	2.528
二聚丙二醇乙醚	$C_2H_5O(CH_2CH(CH_3)O)_2—H$	106~112/3.99	1.4246	0.9528	6.56	
三聚丙二醇乙醚	$C_2H_5O(CH_2CH(CH_3)O)_3—H$	134~136/1.995	1.4360	0.9889	23.3	
丙二醇异丙醚	$C_3H_7OCH_2CH(CH_3)—OH$	140~146/101.1	1.4017	0.8891	2.42	2.391
二聚丙二醇异丙醚	$C_3H_7O(CH_2CH(CH_3)O)_2—H$	110~116/3.99	1.4259	0.9659	6.89	
三聚丙二醇异丙醚	$C_3H_7O(CH_2CH(CH_3)O)_3—H$	146~156/1.995	1.4393	0.9998	29.8	
丙二醇丁醚	$C_4H_9OCH_2CH(CH_3)—OH$	166~174/101.1	1.4019	0.8840	3.2	2.450
二聚丙二醇丁醚	$C_4H_9O(CH_2CH(CH_3)O)_2—H$	124~126/3.99	1.4300	0.9295	7.05	
三聚丙二醇丁醚	$C_4H_9O(CH_2CH(CH_3)O)_3—H$	170~174/1.995	1.4389	0.9841	20.1	

注：n 为折光率；δ 为密度；μ 为黏度；σ 为表面张力。

表 11-20 醚醇类起泡剂及其浮选矿物

化学名称及结构式	浮选矿物	文献来源
$C_{4\sim8}$饱和脂肪醇的乙二醇（或丙二醇）醚	方铅矿浮选	前联邦德国专利 1001665
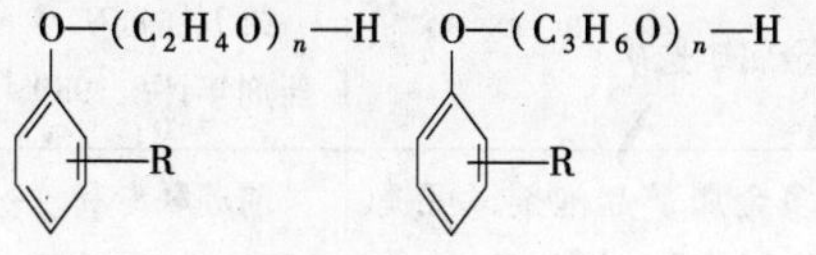 $O-(C_2H_4O)_n-H$（苯环上带 R）　$O-(C_3H_6O)_n-H$（苯环上带 R） 式中 $R=C_{2\sim8}$烷基，$n=1\sim6$	煤的浮选，如二乙醇对辛基酚醚，耗量低，能提高回收率	日本专利 134814（丸善石油公司）
低聚乙二醇单丁醚 $H-(OCH_2CH_2O)_n-C_4H_9$	铜矿石浮选	前苏联专利 181564
有机合成乙氧基化副产品，含三甘醇单丁醚（$C_4H_9C_2H_4OC_2H_4OC_2H_4OH$）、五甘醇乙醚、高聚甘醇丁醚以及二、三、四甘醇等混合物	与汽油混合浮选煤和有色金属取得良好结果	CA100，10718
合成乙基溶纤素残液，含二甘醇 28.5% ~ 30.3%、甘醇 3.5% ~ 4.4%、三甘醇醚 49.52% ~53.88%、正丙醇 14.1% ~15.7% 和二甘醇单乙醚（乙基溶纤素）0.02% ~0.08%	用于浮选煤和石墨矿	CA100，213649
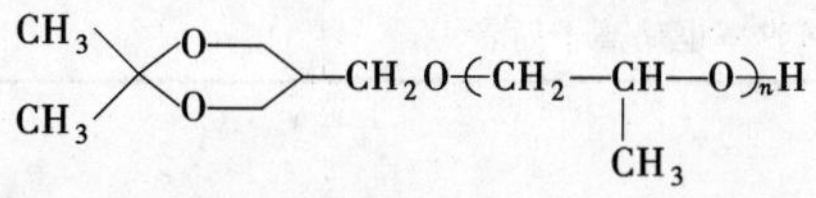 $(CH_3)_2C<(O)_2>$环$-CH_2O\leftarrow CH_2-CH(CH_3)-O\rightarrow_n H$ 式中 $n=4$	浮选铜矿（α1.28%，得 β18.36%，ε88.27%） α—原矿含铜；β—精矿含铜；ε—回收率	波兰专利 120992
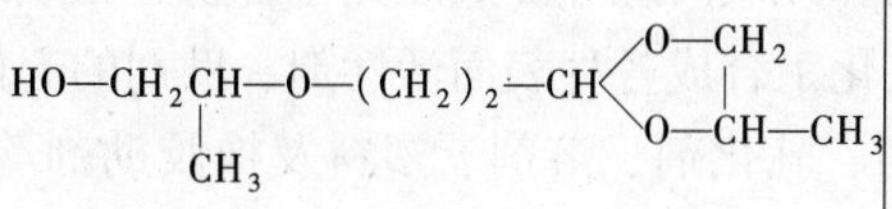 $HO-CH_2CH(CH_3)-O-(CH_2)_2-CH<(O-CH_2)(O-CH-CH_3)$	浮选铜矿（α1.52%，得 β22%，ε88%） α—原矿含铜；β—精矿含铜；ε—回收率	波兰专利 120993
萜二烯与醇类反应产物 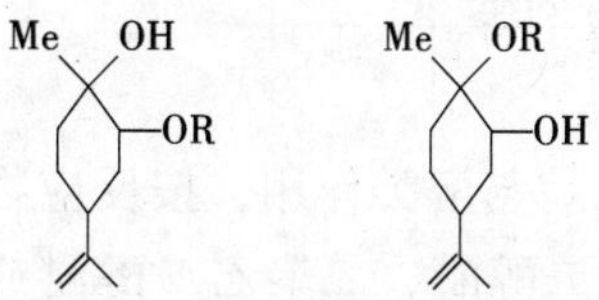 Ⅰ：Me、OH、OR 取代环己烷（带异丙烯基）　Ⅱ：Me、OR、OH 取代环己烷（带异丙烯基） 式中 R 为 $C_{1\sim12}$的直链或支链烷烃羟乙基或羟丙基	用作锡石、氧化了的铜铅锌硫化矿和煤的起泡剂。用 R 为异丁基的Ⅰ式或Ⅱ式混合选煤，煤的灰分从 32% 降至 6.3%	Ger Offen De 4135388 yCA119，184625
丁醇或乙醇与环氧乙烷聚合为醚醇	选煤	捷克专利 205768（1983）

续表 11-20

化学名称及结构式	浮选矿物	文献来源
甘油-环氧乙烷低聚物	铅锌起泡剂，效果优于T-66	第四届选矿药剂年评. 1987
$CH_3CH_2CH_2CH_2CH(C_2H_5)CH_2OCH_2CH_2CH_2OH$	金属矿选矿	第五届选矿药剂年评. 1989
异戊基乙二醇-双［1-（2-缩水甘油乙氧基）-乙基］醚	多金属矿起泡剂，可提高金属的回收率	前苏联专利1082448（1984）
聚丙二醇丁醚（丁醇与环氧丙烷反应）	做铜矿起泡剂，可以降低黄药28.6%和石灰17%的用量	CA96，10774（罗马尼亚）
T-70起泡剂（含聚乙二醇乙烯醚41.2%、乙二醇单乙烯醚1.9%、乙二醇36.9%）	浮选铜矿	见百熙. 浮选药剂. 冶金工业出版社，1981
氨基已酸、已三醇、双-甘油醇山梨糖醇、季戊四醇等与五个以上的环氧丙烷反应的产物聚氧丙烯醚（相对分子质量大于2100）	具有强起泡性能，用于浮选黄铜矿起泡剂，用量56~104g/t，一般起泡剂用量为119~334g/t，铜精矿回收率也略高于后者	见百熙. 浮选药剂. 冶金工业出版社，1981

11.9.1 醚醇的合成

在醚醇类起泡剂制造中，环氧乙烷和环氧丙烷等环氧烃类化合物是合成的基本而重要的原料。这两种原料是现代化工合成各种表面活性剂、助剂的起始原料，例如，刹车液、抗冻剂、洗涤剂、乳化剂、溶剂、塑料及橡胶助剂等。在选矿中除用来合成醚醇类起泡剂、乳化剂外，还用于合成其他选矿药剂及高分子化合物作为絮凝剂、调整剂、水处理剂以及捕收剂等。

11.9.1.1 乙二醇醚系列（乙二醇烷基醚）

在酸性条件下（微量硫酸或磷酸催化），环氧乙烷与醇类作用，按反应物投料比的不同就可以生成相应聚合度的（为主）乙二醇醚、二聚乙二醇醚或三聚乙二醇醚等，反应式为：

$$ROH + n\underset{\backslash O/}{CH_2—CH_2} \xrightarrow{H^+} RO—(CH_2CH_2O)_n—H$$

式中，$R = CH_3—$，$C_2H_5—$，$C_3H_7—$，$C_4H_9—$；$n = 1, 2, 3, \cdots$

反应物环氧乙烷系由乙烯直接催化氧化或者由氯乙醇与苛性钠作用而制

得。如果采用1mol丁醇分别与1mol、2mol和3mol的环氧乙烷反应则分别生成：乙二醇丁醚，二聚（缩）乙二醇丁醚和三聚乙二醇丁醚。用其他醇则生成与之相应的醚醇。乙二醇（甘醇），二缩乙二醇即二甘醇等，都是有效的刹车防冻液，也可以用做矿物粉体的抗结块剂。在工业生产氯乙醇时，其蒸馏残液中会有质量分数20%～25%的二聚氯乙醇，用它与丁醇钠作用，在碱性条件下缩合，也可制得二聚乙二醇丁醚。

$$Cl(CH_2CH_2O)_2H + CH_3CH_2CH_2CH_2ONa \xrightarrow[\text{缩合}]{[OH^-]} CH_3(CH_2)_3—O—(CH_2CH_2O)_2H$$

同样也可以用单或多甘醇和氯代烷作用制备相应的单或多缩甘醇醚。

11.9.1.2 丙二醇醚系列（丙二醇烷基醚）

表11－19所列各种不同的丙二醇系列的醚醇。该系列的基本原料是环氧丙烷与相应的醇作用。环氧丙烷可由丙烯直接催化氧化，或者用氯丙醇法制备。以下介绍用后一种方法制得环氧丙烷再制造醚醇的反应方法：

$$CH_3—CH═CH_2 + Cl_2 + H_2O \xrightarrow{450\sim500℃} CH_3—\underset{\displaystyle Cl}{\underset{|}{CH}}—\underset{\displaystyle OH}{\underset{|}{CH_2}}$$

$$CH_3—\underset{\displaystyle Cl}{\underset{|}{CH}}—\underset{\displaystyle OH}{\underset{|}{CH_2}} + Ca(OH)_2 \xrightarrow{100℃} CH_3—\underbrace{CH—CH_2}_{O} + H_2O + CaCl_2$$

$$ROH + nCH_3—\underbrace{CH—CH_2}_{O} \xrightarrow{NaOH} R(OCH_2—\underset{\displaystyle CH_3}{\underset{|}{CH}}—)_nOH$$

式中，$R=CH_3—$，$C_2H_5—$，$C_3H_7—$（正丙基或异丙基），$C_4H_9—$等；$n=1$，2，3，…。

我国对此类醚醇起泡剂早在20世纪60年代就进行了合成及应用研究。

11.9.2 醚醇起泡性能与选矿应用

醚醇起泡剂是无色液体，易溶于水和酒精，不溶于乙醚。聚（多）丙二醇烷基醚的起泡能力随分子中的n值（聚合度）增大而增大，但当n值达到2以上时，继续增大n的数值，起泡能力没有显著增加，随着分子中R碳链的增长，起泡能力有所增强；在低浓度时，n值增大则泡沫稳定性增大，在高浓度时，则泡沫稳定性相近；聚丙二醇烷基醚的起泡力在pH值4～8时，都能保持强的起泡能力，在pH值为10时比在酸性介质中稍强。泡沫稳定性则无显著变化。

多丙二醇烷基醚水溶液的表面张力随浓度、n值、R碳链增大而降低。

国内曾有人用聚丙二醇烷基醚（三聚丙二醇乙醚，二聚或三聚丙二醇异丙基醚和四聚丙二醇异丙醚或乙醚等）代替松油浮选方铅矿-石英-长石人工混合矿，当用量为20g/t时，选别效率比松油高或者与之接近（松油用量约60g/t），而且泡沫性能优于松油。

用不同相对分子质量的聚丙二醇乙醚浮选河北某铜矿时，选别指标也与松油的接近，或者略优于松油。该醚醇的相对分子质量在160～360范围内对浮选效果无明显影响。

在浮选上使用醚醇类起泡剂例子不少，除用于硫化矿浮选外，还用二聚乙二醇甲醚为起泡剂浮选肥皂石（含滑石及相当量的白云石及很少量的石英及氧化铁，含酸不溶物83%，氧化钙4.7%）。所用药剂有碳酸钠900g/t，焦磷酸钠386g/t，捕收剂椰子油胺醋酸盐318g/t，二聚乙二醇甲醚163g/t，矿石经过两次精选，回收率达86.1%，滑石品位94.8%，含氧化钙只有1.1%。

日文杂志介绍用聚乙二醇醚类药剂（Nonion TM-50）作为脉石活化剂，一般用量9.5g/t，在铜铅锌矿浮选时，先添加脉石活化剂及起泡剂浮选出大部分脉石后，再选出铜铅锌混合精矿，然后进行分选，效果较好，避免了在抑制铅、浮铜过程中对铅精矿的严重影响。

聚丙二醇本身，当相对分子质量介于400～1100之间时，也是很好的起泡剂。用于铅、锌矿及铁矿的浮选以及无烟煤的浮选。

据加拿大苏里万选矿厂的报道，该厂用三聚丙二醇甲醚浮选铅锌矿取得了好效果，在与用发生炉煤气的焦油产品做起泡剂的对比试验中（两种起泡剂分别进行半年工业对比），结果表明，使用三聚丙二醇甲醚，每一个工作日可多回收7.07t的铅与锌（黄药等其他药剂用量不变）。

乙二醇烷基醚的应用也很活跃，有专利报道利用通式 $R—O(CH_2CH_2O)_n—H$（$R = C_{5\sim8}$，$n \leqslant 5$）的聚乙二醇烷基醚作为起泡剂浮选铜等有价金属矿物效果好。包括：（1）已醇和5mol环氧乙烷反应制得的五聚乙二醇己醚；（2）甲醇与10mol环氧乙烷反应制得的十聚乙二醇甲醚；（3）燃料油（烷烃R—）与4mol环氧乙烷反应的产物四聚乙二醇烷基醚。反应式分别为：

$$(1)\ C_6H_{13}OH + 5\underset{\diagdown\ O\ \diagup}{CH_2—CH_2} \xrightarrow{NaOH} C_6H_{13}—O—(CH_2CH_2O)_5—H$$

$$(2)\ CH_3OH + 10\underset{\diagdown\ O\ \diagup}{CH_2—CH_2} \xrightarrow{NaOH} CH_3—O—(CH_2CH_2O)_{10}—H$$

$$(3)\ \underset{\text{(燃料油)}}{RH} + 4\underset{\diagdown\ O\ \diagup}{CH_2—CH_2} \xrightarrow{NaOH} R—(CH_2CH_2O)_4—H$$

罗马尼亚用庚醇与5分子的环氧乙烷缩合，甲醇与10分子环氧乙烷缩合，杂醇油与4分子环氧乙烷缩合制得不同的醚醇：

$$(1)\ CH_3(CH_2)_6{-}OH + 5\underset{\diagdown O \diagup}{CH_2{-}CH_2} \xrightarrow{NaOH} CH_3(CH_2)_6O(CH_2CH_2O)_5H$$

$$(2)\ CH_3OH + 10\underset{\diagdown O \diagup}{CH_2{-}CH_2} \xrightarrow{NaOH} CH_3O(CH_2CH_2O)_{10}H$$

$$(3)\ CH_3(CH_2)_{3\sim4}{-}OH + 4\underset{\diagdown O \diagup}{CH_2{-}CH_2} \xrightarrow{NaOH} CH_3(CH_2)_{3\sim4}O(CH_2CH_2O)_4H$$

利用这些起泡剂进行试验表明，适用于浮选铜矿及复杂硫化矿。这些起泡剂的另一个优点是无毒，可为微生物降解，不会造成环境污染。

澳大利亚利用十二烷基酚与环氧乙烷作用制成十二烷基苯基聚乙烯醚醇：

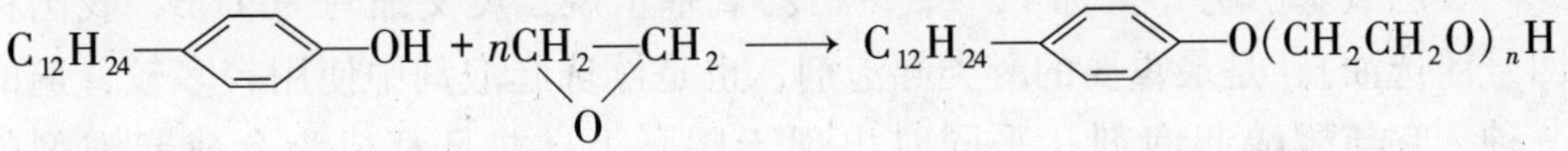

$$C_{12}H_{24}{-}C_6H_4{-}OH + n\underset{\diagdown O \diagup}{CH_2{-}CH_2} \longrightarrow C_{12}H_{24}{-}C_6H_4{-}O(CH_2CH_2O)_nH$$

作为布洛肯（Broken Hill）铅锌矿选矿，在与桉树油起泡剂对比中，效果基本一致。

此外，还有报告称用分子中含有四氢呋喃基类的4-（四氢-2-呋喃）-2-丁醇及1，5-双-（四氢-2-呋喃）-3-戊醇，浮选黄铜矿及闪锌矿，用量为90～136g/t。也可以作为非硫化矿、非金属矿以及浮选煤的起泡剂。两种起泡剂结构为：

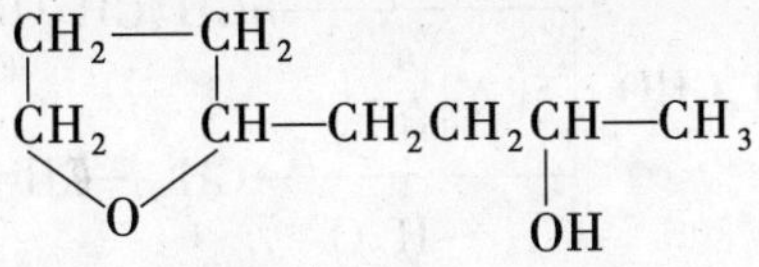

$$\begin{array}{l} CH_2{-}CH_2 \\ | \qquad\quad | \\ CH_2 \quad CH{-}CH_2CH_2\underset{\underset{OH}{|}}{CH}{-}CH_3 \\ \quad\diagdown O \diagup \end{array}$$

4-（四氢-2-呋喃）-2-丁醇

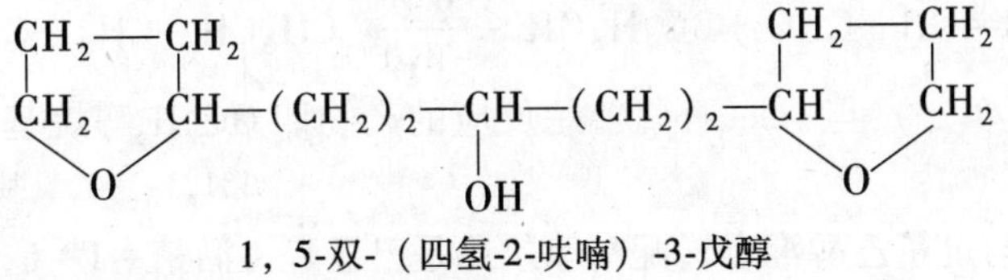

$$\begin{array}{l} CH_2{-}CH_2 \qquad\qquad\qquad\qquad\qquad\qquad\qquad\quad CH_2{-}CH_2 \\ | \qquad\quad | \qquad\qquad\qquad\qquad\qquad\qquad\qquad\quad | \qquad\quad | \\ CH_2 \quad CH{-}(CH_2)_2{-}\underset{\underset{OH}{|}}{CH}{-}(CH_2)_2{-}CH \quad CH_2 \\ \quad\diagdown O \diagup \qquad\qquad\qquad\qquad\qquad\qquad\qquad\quad \diagdown O \diagup \end{array}$$

1，5-双-（四氢-2-呋喃）-3-戊醇

这两种起泡剂属环烷基醚醇药剂。

醚醇类药剂除了作为起泡剂使用之处，在浮选工艺上还有其他的用途。例如环氧乙烷与高级醇、酚、酸、酰胺、胺、硫醇及乙二醇等缩合产物也是良好的解吸剂。它们的非离子性质可以阻止在矿物表面上的化学吸附。它们的良好的增溶溶解性质，可以使解吸下来的药剂保留在溶液或乳浊液之中，不会再被吸附。例如用十二烷基硫酸钠浮选重晶石时，添加聚乙二醇十六烷

基醚（$C_{16}H_{33}O(CH_2CH_2O)_7H$）可以使92%被吸附的十二烷基硫酸钠解吸，从而保持了精矿的润湿性并防止进一步发泡；聚乙二醇的单醚类还可以在浮选钾盐时防止矿泥与捕收剂作用。

11.10 醚类

醚类化合物可以看做是醇类羟基中的氢原子被烷基所取代，通式为：R—O—R，R可以是链状或者环状烃基，两个R基可以是相同的烃基，也可以是不同的烃基。当醚分子中的氧换成硫原子时就叫做硫醚，R—S—R。醚类化合物作为起泡剂用于选矿始于20世纪50年代，醚类化合物的化学性质比较稳定、不活泼，醚基是亲水基团。

11.10.1 三乙氧基丁烷

三乙氧基丁烷（全称1，1，3-三乙氧基丁烷，英文缩写为TEB，我国称四号浮选油），是最重要的醚类起泡剂，也是浮选起泡剂中使用较多较普遍的一种，它与醚醇起泡剂几乎同时出现于国际上，并且都成为合成起泡剂的“先驱”和佼佼者，起泡性能好，对浮选介质酸碱度适应性强，同为各种金属矿和非金属矿的优良起泡剂。

制造三乙氧基丁烷的主要原料为巴豆醛及酒精，而这两种原料都是乙炔的反应产物；反应式如下：

$$CH\equiv CH \xrightarrow{H_2O} CH_3CHO \begin{cases} \xrightarrow{H_2} CH_3CH_2OH & \text{乙醇} \\ \xrightarrow[-H_2O]{\text{缩合}} CH_3-CH=CH-CHO & \text{巴豆醛} \end{cases}$$

$$CH_3-CH=CH-CHO + 3C_2H_5OH \xrightarrow[-H_2O]{(HCl)} CH_3CH(OC_2H_5)-CH_2-CH(OC_2H_5)_2$$

1,1,3-三乙氧基丁烷

巴豆醛与过量乙醇混合，配料摩尔比是巴豆醛∶酒精=1∶6，比例低一些反应慢，比例高一些没有更好的效果；用少量盐酸（1.2%）及二氯甲烷或苯为催化剂，利用二氯乙烷或苯，或环已烷和正已烷做脱水剂。脱水的原理是脱水剂与水生成恒沸混合物被蒸除。反应过程会分去生成的水，使反应达到完全。然后用碱将盐酸中和（pH=7~8）蒸去多余酒精，残留物即粗制三乙氧基丁烷，其中常含有1.5%~2.0%高沸点胶质杂质。反应时间至少2h，反应温度为65℃，产物的平均相对分子质量为170~210。为了保证产品的质量可以加入少量抗氧化剂如氢苯醌等。

纯1，1，3-三乙氧基丁烷系由粗产品真空蒸馏精制而得，为无色透明油状液体，密度δ_4^{20}为0.875g/cm³，折光率n_4^{20}为1.4080，沸点87℃/2.793kPa(21mmHg)。工业品由于含有杂质颜色棕黄，在20℃时在水中的溶解度为0.8%。在弱酸性介质中可水解成羟基丁醛及乙醇：

$$\underset{\displaystyle\underset{OC_2H_5}{|}}{CH_3CH}—CH_2—CH\begin{cases}OC_2H_5\\OC_2H_5\end{cases} + 2H_2O \xrightarrow{H^+} \underset{\displaystyle\underset{OH}{|}}{CH_3CH}CH_2CHO + 3C_2H_5OH$$

β-羟基丁醛

羟基丁醛易被氧化为羟基丁酸：

$$\underset{\displaystyle\underset{OH}{|}}{CH_3CH}CH_2CHO \xrightarrow{O_2} \underset{\displaystyle\underset{OH}{|}}{CH_3CH}CH_2COOH$$

北京矿冶研究总院和白银有色金属公司药剂厂曾于20世纪60~70年代先后对三乙氧基丁烷进行研究、工业试制与生产，并在白银、中条山、红透山等铜矿选厂、杨家杖子辉钼矿选厂、广西德保铜矿及大新铅锌矿、山东南墅石墨矿等不同矿山对不同矿种进行小试及工业试验，证明三乙氧基丁烷是具优良性能的起泡剂，完全可以代替2号油等起泡剂，能提高精矿质量，而用量也比2号油等药剂的用量少。

此前，在国外如南非、加拿大、美国、俄罗斯等国家，三乙氧基丁烷早已用于生产实践。该药剂可以单独使用，也可以与其他起泡剂混合使用。

11.10.2 其他醚类药剂

依据国内外选矿药剂研究相关资料报道，有关醚类起泡剂的实例颇多。在结构上与三乙氧基丁烷相类似的化合物有：1，1，4，4-四丙氧基丁烷和1，1，4，4-四异丙氧基丁烷，也是优良的起泡剂，特别适用于硫化矿的浮选。

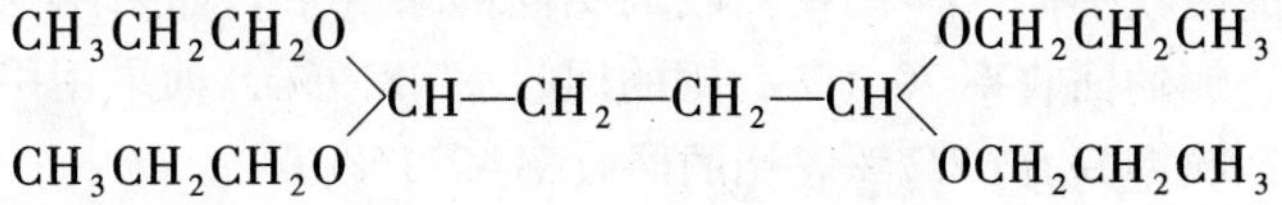

$$\left.\begin{matrix}CH_3CH_2CH_2O\\CH_3CH_2CH_2O\end{matrix}\right\rangle CH—CH_2—CH_2—CH\left\langle\begin{matrix}OCH_2CH_2CH_3\\OCH_2CH_2CH_3\end{matrix}\right.$$

1，1，4，4-四丙氧基丁烷

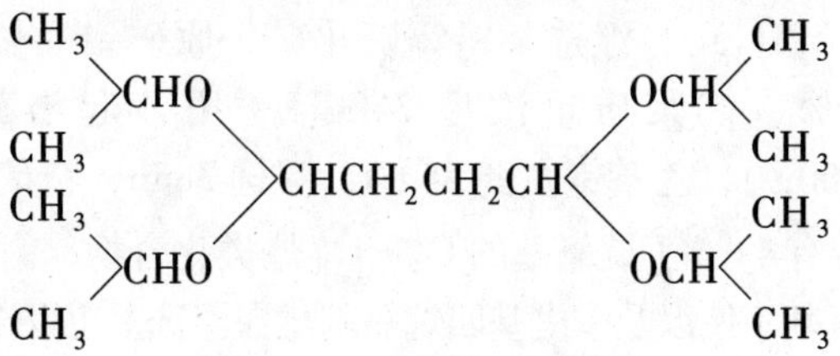

$$\left.\begin{matrix}\left.\begin{matrix}CH_3\\CH_3\end{matrix}\right\rangle CHO\\\left.\begin{matrix}CH_3\\CH_3\end{matrix}\right\rangle CHO\end{matrix}\right\rangle CHCH_2CH_2CH\left\langle\begin{matrix}OCH\left\langle\begin{matrix}CH_3\\CH_3\end{matrix}\right.\\OCH\left\langle\begin{matrix}CH_3\\CH_3\end{matrix}\right.\end{matrix}\right.$$

1，1，4，4-四异丙氧基丁烷

下列醚及硫醚类化合物据报道作为硫化矿，例如黄铜矿、磁黄铁矿浮选的起泡剂效果也不错。

四烷氧基醚类 $\begin{matrix}RO\\RO\end{matrix}\rangle CH—(CH_2)_n—CH\langle\begin{matrix}RO\\RO\end{matrix}$，式中R为甲基、乙基、丙基或异丙基；$n=0\sim3$。

聚乙二醇烷基醚 R—O—（CH_2CH_2O）$_n$—R，R为甲基等烷基；$n=1\sim3$。

乙烯二醇烷基醚 R—O—CH ═CH—O—R，R为甲基、乙基、丙基或异丙基。

丙烯二醇烷基醚 R—O—CH ═CH—CH_2—OR，R为甲基、乙基、丙基、异丙基及叔丁基。

多缩乙二醇二苄基醚

$$C_6H_5—CH_2O—(CH_2CH_2O)_n—CH_2—C_6H_5$$，$n=1\sim4$。

1，1，3-三乙氧基丙烷 $C_2H_5O—CH_2CH_2CH\langle\begin{matrix}OC_2H_5\\OC_2H_5\end{matrix}$

四乙氧基烷基硫醚类（多金属矿中优先选铅） $\begin{matrix}C_2H_5O\\C_2H_5O\end{matrix}\rangle CH(CH_2)_n—S—(CH_2)_nCH\langle\begin{matrix}OC_2H_5\\OC_2H_5\end{matrix}$，$n=1，2，3$。

二聚乙二醇甲基叔丁基醚［$CH_3O—CH_2CH_2OCH_2CH_2O—C(CH_3)_3$］及二聚乙二醇二叔丁基醚［$(CH_3)_3C—O—CH_2CH_2OCH_2CH_2—O—C(CH_3)_3$］，据专利资料介绍，也是较好的起泡剂，用于多金属硫化矿（铜、钴、镍、钼、锌、铅、锑等）选矿。例如浮选某铜-钼矿，原矿铜品位0.2%～1.5%，钼品位0.01%～0.1%，矿浆浓度15%～40%固体，矿浆pH值7～12，用二聚乙二醇甲基叔丁基醚做起泡剂（38g/t），铜的回收率83.4%，钼的回收率71.6%。在捕收剂相同的条件下，如果用三聚丙二醇甲醚做起泡剂，铜的回收率70.1%，钼的回收率48.9%，如果用甲基戊醇做起泡剂，铜的回收率只有67.7%，钼的回收率42.1%。

用二聚乙二醇丁基叔丁基醚［$CH_3(CH_2)_3—O—CH_2CH_2—O—CH_2CH_2—O—C(CH_3)_3$］浮选某铅锌硫化矿，原矿铅品位11%，湿磨至小于0.06mm占40%，矿浆质量浓度250g/L，用该起泡剂10g/t，碳酸钠1000g/t，硫酸锌500g/t，乙基钾黄药25g/t，浮选2min，精矿铅回收率78.3%。

另据报道，带有4～6丁烷氧基的$C_4\sim C_{10}$烃类化合物，例如六烷氧基癸烷和1，2，3，4-四烷氧基丁烷以及季戊基四烷氧基醚在浮选上也可以做起泡剂使用。

丙烯醛或桂皮醛与醇类（甲、乙、丙或异丙醇）的反应产物1，1，3-三烷氧基丙烷或1，1，3-三烷氧基丙苯也是比较好的起泡剂。用它们为起泡剂浮选铜矿（含铜3.5%）时，用量为18g/t，铜回收率达74%，精矿含铜品位32%（用黄药为捕收剂）。所用起泡剂的平均相对分子质量为170~210，烷氧基含量为40%~62%。

$$CH_2{=}CH{-}CHO + 3R{-}OH \longrightarrow CH_2(OR){-}CH_2{-}CH(OR)_2$$

丙烯醛 → 1,1,3-三烷氧基丙烷

$$C_6H_5{-}CH{=}CH{-}CHO + 3R{-}OH \longrightarrow C_6H_5{-}CH(OR){-}CH_2{-}CH(OR)_2$$

桂皮醛 → 1,1,3-三烷氧基丙基苯

四号浮选油与2号浮选油对铜钼矿的浮选结果列于表11－21；表11－22列出某些醚类起泡剂及应用供参考。

表11－21　四号浮选油(1,1,3-三乙氧基丁烷)与2号浮选油对硫化铜和辉钼矿的浮选效果

矿石		起泡剂		铜或钼粗精矿指标		
编号	类型	名称	用量/g·t⁻¹	产率/%	品位/%	回收率/%
铜矿甲	浸染状含铜黄铁矿	4号	13		8.89	96.22
		2号	30		8.39	96.21
铜矿乙	致密块状含铜黄铁矿	4号	18	18.6	19.12	94.18
		2号	31.5	19.05	18.84	94.52
铜矿丙	致密状结构铜锌黄铁矿	4号	20	19.80	6.24	93.90
		2号	40	22.61	5.64	94.99
铜矿丁	细脉浸染类型黄铜矿为主	4号	20		6.65	95.11
		2号	36		6.29	95.72
辉钼矿甲	斯卡隆	4号	12.5	3.570	3.808	89.29
		2号	30	3.640	3.914	90.68
辉钼矿乙	颗粒致密块状斯卡隆	4号	20	4.83	2.169	92.97
		2号	45	4.176	2.521	93.37
辉钼矿丙	斑状组织细粒浸染状	4号	25	2.706	3.615	85.76
		2号	45	2.542	3.830	85.82

表11-22 某些醚类起泡剂及应用

化学名称或结构式	浮选矿物	文献来源
烷氧基苯 $R—O—C_6H_5$	硫化矿和煤的浮选	美国专利 2776749
缩醛型醚：a. $CH_3CH(OR')_2$，R'为丁基、异丁基、乙氧基乙醇；b. $CH_3CH(OR)(OCH_2CH_2)_n—O—CH(OR)CH_3$，n=1~3，R为乙基或丁基；c. $CH_3—CH—(OC_2H_4)—O—C_4H_8—(OC_2H_4)CHCH_3$	铅锌和铜-锌-黄铁矿浮选	前苏联专利 107239
OXOLT-80起泡剂，生产乙基-甲基丁二烯（1，3）的半成品，含有 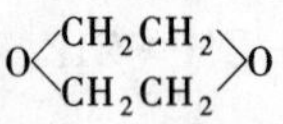 $O\langle{CH_2CH_2 \atop CH_2CH_2}\rangle O$、醛与醇和醚缩合物、乙烯醇、己醇	浮选铜镍矿和铜铅矿等多金属硫化矿，均有较高选择性	CA 102，29116
乙二醇缩水甘油醚 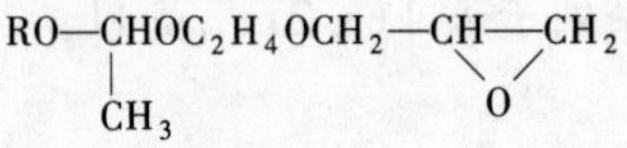 $RO—CH(CH_3)OC_2H_4OCH_2—CH—CH_2$（CH—CH₂间以O成环氧）式中，R为烷基、烯基、芳基或多氟代烷基	浮选铅、锌、铁硫化矿砷黄铁矿，效果很好（介绍该系列15种产品）	Nedolya B A CA 106，123424 (1987)
聚合物：a. $C_{1\sim20}$烷与环氧乙烷聚合物（相对分子质量150~1400）；b. 甘油与环氧丙烷聚合物（平均相对分子质量700）	浮选黄铜矿指标，比MIBC好	CA 105，6404（美国道化学公司）
环己基炔基醚 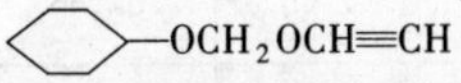 $C_6H_{11}—OCH_2OCH{\equiv}CH$	选煤	俄罗斯专利 1461511
环戊基环醚 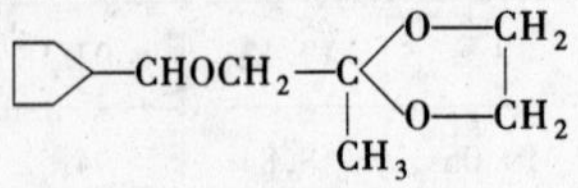 $C_5H_9—CHOCH_2—C(CH_3)\langle{O—CH_2 \atop O—CH_2}$	选煤	俄罗斯专利 1461515
多缩乙二醇二苄基醚 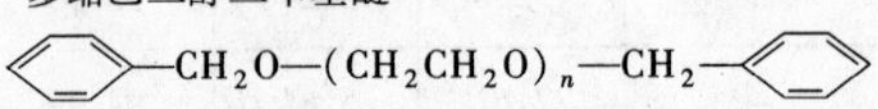 $C_6H_5—CH_2O—(CH_2CH_2O)_n—CH_2—C_6H_5$	有色金属硫化矿浮选	矿冶工程，2004（朱建光专辑）
庚醚	选钾盐矿代替松油	CA 97，9575
二聚乙二醇二甲醚 $CH_3OCH_2CH_2OCH_2CH_2OCH_3$	浮选锑矿及钾盐矿	前苏联专利 1131055，1162495
四聚乙二醇双环氧乙基醚 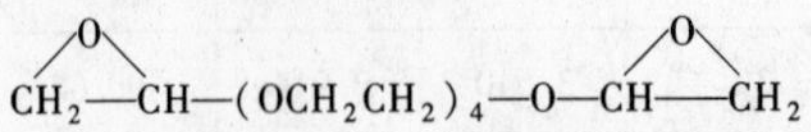 $CH_2—CH—(OCH_2CH_2)_4—O—CH—CH_2$（两端CH₂—CH间以O成环氧）	多金属矿浮选的起泡剂	USSR 648271 CA90，172136
聚丙二醇烷基醚，TEB，邻苯二甲酸二乙酯及醚	四种起泡剂的选矿评述	非金属矿，1982（4）CA 101，233647

11.10.3 芳香烃醚

据报道芳香基醚也有不少，如前节所述十二烷基酚基醚外，二乙氧基苯、三乙氧基苯和四乙氧基苯等也可用做起泡剂使用。

甘苄油（多缩乙二醇二苄基醚）最早由株洲选矿药剂厂研制，随后与原中南矿冶学院共同完善工艺技术、检测、评价，并在1982年之后获得推广应用。

11.10.3.1 甘苄油制法

多缩乙二醇（蒸馏乙二醇的下脚料）和烧碱作用生成醇钠，然后与苄氯进行醚基化反应，即得甘苄油（多缩乙二醇二苄基醚为主）。

$$HO—(CH_2CH_2O)_n—H + 2NaOH \longrightarrow NaO—(CH_2CH_2O)_n—Na + 2H_2O \quad n = 2,3,4$$

$$NaO—(CH_2CH_2O)_n—Na + 2ClCH_2—C_6H_5 \longrightarrow C_6H_5—CH_2O—(CH_2CH_2O)_n—CH_2—C_6H_5 + 2NaCl$$

多缩乙二醇二苄基醚

在多缩乙二醇与NaOH反应中，同时发生如下反应：

$$HO—(CH_2CH_2O)_n—H + NaOH \longrightarrow NaO—(CH_2CH_2O)_n—H + H_2O$$

在醚基化反应中还有如下产物生成：

$$NaO—(CH_2CH_2O)_n—H + ClCH_2—C_6H_5 \longrightarrow C_6H_5—CH_2O—(CH_2CH_2O)_n—H + NaCl$$

苄基醚醇

此外苄氯在碱性水溶液中会水解产生苄醇：

$$C_6H_5—ClCH_2 + NaOH \xrightarrow{H_2O} C_6H_5—CH_2OH + NaCl$$

多缩乙二醇二苄基醚，苄基醚醇，苄醇都有起泡性能。甘苄油的有效成分实质上是一个混合物。

11.10.3.2 甘苄油的性质与性能及使用

甘苄油是一种棕褐色油状液体，微溶于水，溶于甲苯及其他多种有机溶剂，其主要成分是醚及醚醇类化合物，对油漆及某些有机物质有很强的溶解能力。甘苄油粗产品蒸馏时，在100~200℃的馏出物主要是水和低沸点共沸物，约占总量的15%~25%。有效成分馏分在温度200~290℃范围，约占总量的70%~80%，其密度$\delta_{25}{}^{20}$=1.0934~1.1179g/cm^3，折光率$n_D{}^{20}I$=1.5040~1.5168。

甘苄油的泡沫量（高度）随浓度的增大而增高（泡沫量略高于松醇油），

泡沫寿命比松醇油短（消泡比较快），泡沫性能不受 pH 值的影响，可在不同 pH 值范围使用。

甘苄油起泡剂先后通过浮选白面山含锡硫化矿、湘东钨矿原生细泥中的黄铜矿、铜录山氧化铜矿、浒坑黑钨细泥及铁铋分离、水岩坝钨锡中矿等试验，以及桃林铅锌矿和锡矿山锑矿石的工业试验，结果说明作为起泡剂甘苄油和松醇油、樟油的选矿效果很接近，甘苄油可以替代松醇油和樟油。甘苄油起泡能力较强、用量少、低毒、三废污染较轻。

11.10.4 醚类药剂的其他应用

醚类药剂在选矿中不但作为起泡剂，而且还可作为捕收剂等应用。

据报道有人提出一种新型的环醚类药剂，作为矿石泡沫浮选的捕收剂，也可以看做是三聚醛的衍生物；例如：2，4，6-三（2-甲氧基丙基）-1，3，5-三氧六环［沸点 100℃/6.67Pa（0.05mmHg）］，系用 3－甲氧基丁醛（含水量小于 0.05%）200mL 在 0.1g 碘的催化剂作用下，温度上升至 50℃时所得的聚合产物。反应完了后，用真空蒸馏法加以提纯精制。

$$\underset{\text{巴豆醛}}{CH_3-CH=CH-CHO} \xrightarrow{CH_3OH} \underset{\text{3-甲氧基丙醛}}{CH_3-\underset{\displaystyle OCH_3}{\underset{|}{CH}}-CH_2CHO}$$

$$3CH_3-\underset{\displaystyle OCH_3}{\underset{|}{CH}}-CH_2CHO \xrightarrow[50℃]{(I_2)} CH_3-\overset{\displaystyle OCH_3}{\overset{|}{C}}HCH_2-CH\overset{O-CH(CH_2CH(OCH_3)-CH_3)-O}{}CH-CH_2\overset{\displaystyle OCH_3}{\overset{|}{C}H}-CH_3 \;(\text{两个CH之间经 O 桥连接，成环})$$

2,4,6-三(2-甲氧基丙基)-1,3,5-三氧六环

在金矿选矿中由氰化法所得的含黄铁矿-金矿的残留物，进一步用浮选法回收金及砷时，使用上述三氧六环衍生物作为捕收剂，可以提高金及砷的回收率。

近年来，国外文献中还报道了一类含有炔基的醚类化合物，可以代替丁基黄药作为捕收剂使用，用于铜钼矿或铅钼矿以及铜矿的浮选。包括乙炔基乙烯基丁基醚式（Ⅰ），2-丁炔醛的二丁基醚及 3-丁炔醛的二丁基醚式（Ⅱ及Ⅲ），以及由含有丁二炔式（Ⅳ）的燃料气为原料制得的产品。用等量的乙炔基乙烯基丁基醚代替丁基黄药浮选铜-钼矿，或者用式（Ⅱ）、式（Ⅲ）、式（Ⅳ）化合物代替丁基黄药，浮选铅-钼矿可以获得同等或更好的精矿，尾矿中金属

的损失可以下降。在铜矿浮选时，添加捕收剂式（I），可以加强对黄铁矿的抑制作用。

$$HC\equiv C—CH═CH_2—O—C_4H_9 \quad (I) \qquad CH_3—C\equiv C—CH(OC_4H_9)_2 \quad (II)$$

$$HC\equiv C—CH_2—CH(OC_4H_9)_2 \quad (III) \qquad CH\equiv C—CH═CH \quad (IV)$$

环氧乙烷（$CH_2—CH_2$ 经 O 成环），可以说是一种最简单的有机醚类化合物。它的相对分子质量只有44.05，是一种无色的液体或气体，沸点只有10.7℃，与水、酒精或乙醚可以任意混合。环氧丙烷与环氧乙烷性质作用相似。

在20世纪70年代有人不经意地将环氧乙烷引做选矿药剂。环氧乙烷可以作为捕收剂浮选方铅矿、黄铜矿及黄铁矿，但不能捕收闪锌矿。环氧乙烷可以与乙基黄药一起使用，可以提高矿物的回收率。用质量分数3%的环氧乙烷水溶液先将矿粉预先处理，可以增加矿物对黄药的吸附量。其作用机理可能是由于矿物表面为环氧乙烷所氧化，或者是黄药受氧化，环氧乙烷在矿粒表面上的定向排列，以及增强矿物表面疏水性等因素所造成的。

使用环氧乙烷水溶液作为一个选择性捕收剂，与其他捕收剂相比，还可以降低浮选过程的毒性。

工业实验也证明：优先浮选复杂硫化矿的时候，黄铁矿、方铅矿及黄铜矿都很好浮游，但不能浮选闪锌矿。浮选时只用硫化钠，不加氰化物。例如用硫化钠800g/t，环氧乙烷350~400g/t，浮选黄铁矿、方铅矿及黄铜矿，最后分出闪锌矿。锌精矿品位提高20.0%，回收率增加16.1%。

用丁基黄药浮选铜-钼矿时，同时添加环氧乙烷也有好处，铜的回收率提高1%，钼的回收率提高2%。

11.11 酯类

酯类起泡剂一般系由脂肪酸或芳香酸与醇反应制得，通式为RCOOR′。R可以是脂肪烃基，也可以是芳烃基，其碳链比R′长，但也不能过长，一般为低碳脂肪酸或烷芳酸；R′一般为低碳链，如乙基等。

11.11.1 邻苯二甲酸酯类

邻苯二甲酸酯类包括：邻苯二甲酸双-3-甲氧基丙酯，邻苯二甲酸双-2-乙氧基乙酯和邻苯二甲酸双-2，3-二甲氧基丙酯，它们都是醚酯（含醚链和酯基），其结构式：

邻苯二甲酸双-3-甲氧基丙酯：$C_6H_4[C(=O)-O-(CH_2)_3OCH_3]_2$

邻苯二甲酸双-2-乙氧基乙酯：$C_6H_4[C(=O)-O-(CH_2)_2OC_2H_5]_2$

邻苯二甲酸双-2，3-二甲氧基丙酯：$C_6H_4[C(=O)-OCH_2CH(OCH_3)CH_2OCH_3]_2$

它们适用于浮选含有辉铜矿、黄铜矿及斑铜矿的硅酸盐铜矿，可以提高浮选效果及铜的回收率，也可以将此类药剂与1，1，2，2-四乙氧基乙烷（$(C_2H_5O)_2CH-CH(OC_2H_5)_2$）混合使用。

邻苯二甲酸二乙酯是前苏联首先研制的起泡剂，商品名为Д-3起泡剂，在我国昆明冶金研究院进行了研制并投入生产，称为苯乙酯油。其合成反应式为：

$$\underset{\text{苯酐}}{C_6H_4(CO)_2O} + 2C_2H_5OH \xrightarrow[H_2SO_4]{\text{催化}} \underset{\text{邻苯二甲酸二乙酯}}{C_6H_4(COOC_2H_5)_2} + 2H_2O$$

邻苯二甲酸二乙酯为无色或淡黄色透明液体，密度为1.12g/cm^3，沸点296.1℃，不溶于水，溶于醇、醚、苯等有机溶剂，起泡能力比2号油强。作为选矿的起泡剂要求酯含量大于95%，酸值小于10，密度1.116~1.120g/cm^3。适用于铅锌和铜矿、铁矿，石墨矿等硫化矿、氧化矿和石墨等非金属矿选矿，浮选效果比2号油好，用量比2号油少。

11.11.2 混合脂肪酸乙酯

混合脂肪酸乙酯系用石蜡氧化制备高级脂肪酸产生的低碳脂肪酸，根据分馏温度割取不同馏分，当切割C_5~C_6馏分所得即C_5~C_6混合酸，切割C_5~C_9沸点范围的酸称为C_5~C_9混合酸。将C_5~C_6酸或C_5~C_9混合酸与乙醇在浓硫酸的催化作用下进行反应，即生成C_5~C_6混合脂肪酸乙酯或C_5~C_9混合脂肪酸乙酯，铁岭选矿药剂厂将前一种酯称作56号起泡剂，后一种酯称作59号起泡剂，反应通式为：

$$RCOOH + C_2H_5OH \xrightarrow[75\sim90℃,\ 8\sim10h]{H_2SO_4} RCOOC_2H_5 + H_2O$$

两种起泡剂均为淡黄色透明液体，微溶于水，溶于醇、醚等有机溶剂，密度δ_4^{20}为0.865g/cm^3，折光率分别为1.4160和1.4168，酸价小于10，易燃，具有良好的起泡性能，适用于铅锌矿浮选分离以及铜矿浮选。

一种混合脂肪酸乙酯，称作W-02起泡剂，与前两种混合脂肪酸乙酯相类似。其原料也是合成脂肪酸的低沸点馏分，是$C_2\sim C_{18}$脂肪酸混合物，以$C_5\sim C_9$脂肪酸为主，再与95%的乙醇反应制得。

W-02起泡剂为淡黄色油状液体，微溶于水，易溶于多种有机溶剂，密度δ_4^{20}为0.8000~0.8900g/cm^3，酸价0.50~20.0，皂化价250~380。W-02的起泡能力随浓度增大而增强，而水溶液的表面张力则随浓度增大而明显下降。

W-02在桃林铅锌矿浮锌小型试验及工业试验表明，与松醇油相比较，在指标相当的情况下，药剂用量不到松醇油的2/5，对铜矿浮选，两者用量相同，浮选所得精矿指标相近。

11.11.3 其他酯类

在工业生产乙烯乙酸酯过程中，聚乙烯及聚乙烯乙酸酯乳剂，以及乙烯乙酸酯的蒸馏残留物（含有乙烯乙酸酯、乙酸等）可用为起泡剂浮选煤，其特点是消泡快。

聚乙二醇脂肪酸酯可用于浮选磷灰石-霞石矿（P_2O_5品位为22.5%），也可以作为浮选其他矿物（金属矿）的起泡剂。结构式为：

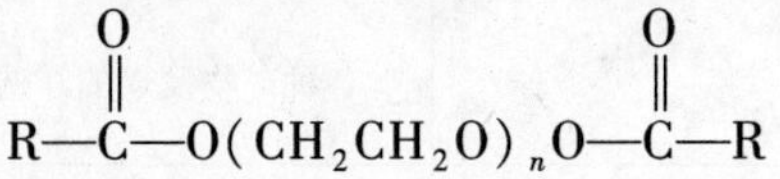

$$R-\overset{\overset{\displaystyle O}{\|}}{C}-O(CH_2CH_2O)_nO-\overset{\overset{\displaystyle O}{\|}}{C}-R$$

生产塑料时，制造醋酸及醋酸酐的联合流程中所得的蒸馏残液，含有次乙基双醋酸酯及亚乙基双醋酸酯馏分，已用为起泡剂（单独或与其他起泡剂混合使用）浮选硬煤。

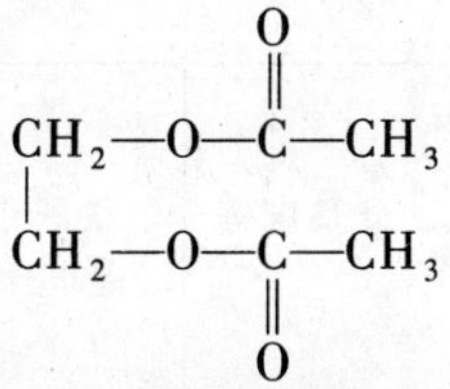

$$\begin{array}{l} CH_2-O-\overset{\overset{\displaystyle O}{\|}}{C}-CH_3 \\ | \\ CH_2-O-\underset{\underset{\displaystyle O}{\|}}{C}-CH_3 \end{array}$$

次乙基双醋酸酯

$$CH_3CH\left\langle\begin{array}{l} O-\overset{\overset{\displaystyle O}{\|}}{C}-CH_3 \\ O-\underset{\underset{\displaystyle O}{\|}}{C}-CH_3 \end{array}\right.$$

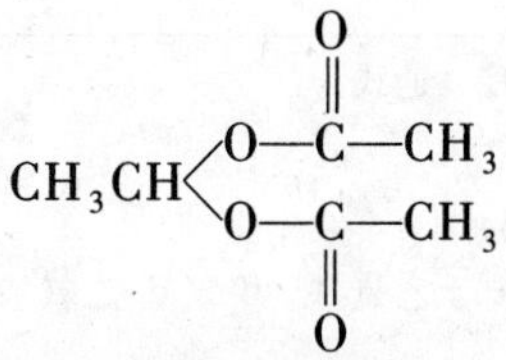

亚乙基双醋酸酯

含醚链的脂肪酸酯类（二乙氧基烷基酯），或1，4-二氧六环的异丙氧基化合物（2，3，5，6-四异丙氧基-1，4-二氧六环），或两者的混合物可作为起泡剂浮选硫化铜矿，用量只要1~20g/t，可以产生很好的泡沫。用乙基黄药为捕收剂时，使用该起泡剂，原矿含铜4.75%，回收率达96.5%，尾矿含铜只有0.17%。

$$\begin{matrix} C_2H_5O \\ C_2H_5O \end{matrix}\!\!>CH(CH_2)_n\text{—}COOR \quad 式中\ R=CH_3\ 或\ C_2H_5;\ n=2,3,4。$$

二乙氧基烷基乙酯或甲酯

$$\begin{matrix} & O & \\ RO\text{—}CH & & CH\text{—}OR \\ RO\text{—}CH & & CH\text{—}OR \\ & O & \end{matrix} \quad 式中\ R=\text{—}CH\!<\!\begin{matrix} CH_3 \\ CH_3 \end{matrix}$$

2，3，5，6-四异丙氧基-1，4-二氧六环

此外，有报道木糖醇的十四碳酸酯，是作为捕收剂而不是用做起泡剂浮选含钛矿物的药剂。

$$C_{13}H_{27}COO\text{—}CH_2(\text{—}\underset{}{\overset{OH}{\overset{|}{C}}}H\text{—})_3CH_2OH$$

木糖醇的单十四碳酸酯

酯类起泡剂以应用石油化工和油脂化工产生的各种酸类物质为原料合成的报道不少，在此不再赘述。有关酯类起泡剂应用情况见表11-23所列。

表11-23 酯类起泡剂及应用

化学名称或结构式	浮选矿物	文献来源
烷基二羧酸酯 ROOC（CH_2）$_m$-COOR' 式中，R及R'为烷基，m=3~4	各种矿物及煤的浮选	前联邦德国专利904762（英Distillers公司）
邻苯二甲酸二乙酯，如 $C_6H_4(COOC_2H_5)_2$（苯环邻位上两个 $\overset{O}{\overset{\Vert}{C}}\text{—}OC_2H_5$）	有色金属矿物浮选	前联邦德国专利922401
β-烷氧基丁烯酸酯，通式为： $CH_3\text{—}\underset{X}{\underset{\vert}{C}}\text{=}\underset{H}{\underset{\vert}{C}}\text{—}\underset{O}{\underset{\Vert}{C}}\text{—}X$ 式中，X为甲氧基、乙氧基、甲氧基-乙氧基、异丙氧基	硫化矿、金及煤等的浮选	美国专利2776748（南非国家化学品公司）
邻苯二甲酸酯（二乙基、二丁基及二己基酯）	用于阴离子捕收剂浮硫化矿做起泡剂	美国专利2689044（美国矿业公司）

续表 11-23

化学名称或结构式	浮选矿物	文献来源
二甲基邻苯二甲酸酯或其生产废料	有色金属，重晶石浮选	俄罗斯专利 187682，180588
生产酯酸乙烯酯单体及聚合物，以及聚乙烯醇的乳浊残液	煤及有用矿物浮选，主要是酯酸及其乙烯酯和乙醛混合物	前苏联专利 299265
二乙二醇和一元羧酸的脂肪二酯 $R—COO—R_1—OOC—R_2$，式中，R_1、R_2 为烷基或烷氧基	煤及有用矿物浮选，（含硫化矿及氧化矿）	前联邦德国专利 933263 美国专利 2803345
邻苯二甲酸的乙基、丙基、异丙基、甲氧基、乙氧基、丙氧基或异丙氧基酯	硫化矿及其他矿的浮选，如邻苯二甲酸的二（-3-甲氧基丙基）酯，或二（-乙氧基乙基）酯	美国专利 2732940
邻苯二甲酸的混合醇酯（C_7 ~ C_9 脂肪醇）	多金属矿石浮选	前苏联专利 224420
苯乙酯油（邻苯二甲酸二乙酯）	铜铅分选（起泡能力强）	湖南有色金属，1989（2） 有色金属（选矿部分），1981（3）
WO-2，主成分 $C_{5\sim15}$脂肪酸乙酯	浮选铅锌矿用药 15.61g/t（2 号油 42.72g/t）	朱玉霜等. 中南矿冶学院学报，1985（4）
2，2，4-三甲基（1，3-戊二醇）异丁酸酯 $CH_3—CH(CH_3)—CH(OH)—C(CH_3)_2—COO—CH_2—CH(CH_3)—CH_3$	选煤效果好，俄罗斯用来选钾盐矿	欧洲专利 11331（1984） USSR657853
月桂酸甲酯	代替松油浮选钾盐矿	CA97，9575
己二酸酯及丁酸戊酯等	选煤的良好药剂	CA96，22912
$C_{1\sim5}$ 酸癸二醇单酯	选矿（多金属）	CA106，123424，160012；107，79790
2，2，4-三甲基-1，3-戊二醇-异丁酸酯	选矿（多金属）	CA105，64224；106，140659
丁二酸、戊二酸或己二酸的二乙酯混合物	浮选硫化铜矿，Cu 收率达 95%	南非专利 7606040
二聚乙二醇环氧乙基醚甲基丙烯酸酯 $\overset{O}{\overbrace{CH_2—CH}}—(OCH_2CH_2)_2—O—\overset{O}{\overset{\Vert}{C}}—\overset{CH_3}{\overset{\vert}{C}}=CH_2$	用做浮选多金属矿的起泡剂	USSR624657，CA90，26840

11.12 其他类型合成起泡剂

以上讨论了醇、醚醇、醚及酯类等各类合成起泡剂。本节将进一步探讨，化合物分子中不仅含碳、氢、氧原子，而且还有含硫、氮、硅及磷等原子（杂原子）的合成起泡剂；组分比较复杂的多个亲水基的复合起泡剂及含醛酮类的起泡剂；新起泡剂的研发应用等。

11.12.1 含杂原子的起泡剂

常用起泡剂基本上都是含碳、氢、氧的化合物，唯有重吡啶有氮原子，而且因重吡啶的臭味，国内外均不受欢迎，行将被彻底淘汰。

新型的含S、N、P、Si杂原子及高分子起泡剂在国际上出现，这一发展趋势和动向值得关注，而这些起泡剂中有的已在选矿中使用，获得了不同程度的影响和效果。若进一步研究获得突破与成功，将为起泡剂增添新类型、新品种。将含杂原子的起泡剂归类于表11-24所列。

表11-24 含杂原子的起泡剂

起泡剂名称	分子结构	含杂原子	专利或文献	用途
三氯乙醛脲素	$CCl_3—CHO \cdot NH_2C(O)NH_2$	N	前苏联专利398,277(1973年)	多金属矿
三氯乙醛异硫脲	$CCl_3—CHO \cdot NH_2C(SR)═NH_2$	N	前苏联专利398,278(1973年)	多金属矿
水合三氯乙醛	$CCl_3—CHO \cdot H_2O$	N	前苏联专利398,279(1973年)	多金属矿
苏氨酸	$CH_3CH(OH)CH(NH_2)COOH$	N	前苏联专利521,930(1976年)	多金属矿
乙二氨丁基醚醇	$C_4H_9OCH(CH_3)O(CH_2)_2OCH_2CH(OH)CH_2N(C_2H_5)_2$	N	前苏联专利624,656(1978年)	多金属矿
2-氨基乙基乙烯醚	$CH_2═CH—O—CH_2CH_2—NH_2$	N	前苏联专利1,036,390(1983年)	多金属矿
N-(2-环己基乙基)-N-异丙胺的盐酸盐	$(CH_3)_2CH—NH—CH_2CH_2—C_6H_{11} \cdot HCl$	N	前苏联专利1,084,079	浮选钾盐矿
二缩丙酮肟	$CH_3—C(═N—OH)—CH═C(CH_3)—CH_3$	N	CA91,42442	浮选铜矿

续表 11-24

起泡剂名称	分子结构	含杂原子	专利或文献	用途
2-乙基己醛肟	$CH_3—CH_2—CH_2—CH_2—CH—C(C_2H_5)=N—OH$	N		浮选铜矿
二乙醇胺二(α-异丁氧基)乙醚		N	前苏联专利 110511	硫化矿
N-苯基环乙烷亚胺	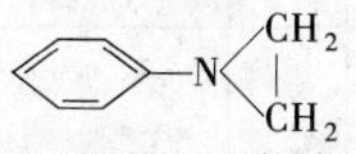 $C_6H_5—N<(CH_2—CH_2)$	N	俄罗斯专利 185786	硫化矿
生产己内酰胺残液		N	俄罗斯专利 1445795；波兰专利 144318	钾盐矿、铜矿
N-乙基环己基-N-异丙基氨基盐酸盐	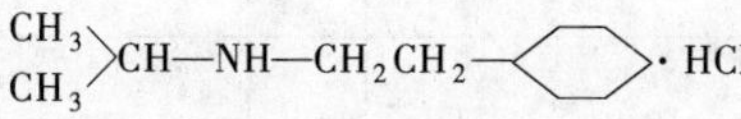 $(CH_3)_2CH—NH—CH_2CH_2—C_6H_{11}·HCl$	N	CA101,41676	浮选含钾矿物，兼辅助剂和捕收剂
3,3,3',3'-四乙羟基二丙基亚砜	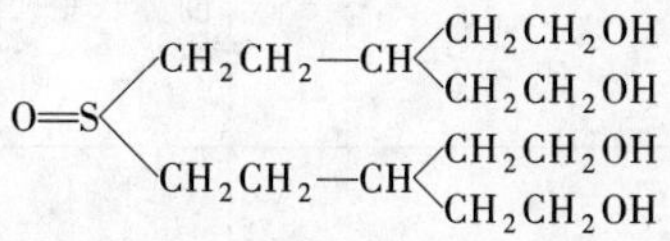 $O=S[CH_2CH_2—CH(CH_2CH_2OH)_2]_2$	S	前苏联专利 1126568 (1984)	多金属矿浮选
4-羟基丁基辛基亚砜	$C_8H_{17}—S(=O)—(CH_2)_4OH$	S	选矿动态，1981 (4)：11	硫化矿浮选效果好，用量少，为T-66的1/6，为聚丙二醇的1/5
四烷氧基二烷基硫化物	$(RO)_2CH(CH_2)_n—S—(CH_2)_nCH(OR)_2$ 式中，R为烷基，$n\geqslant1$。	S	前苏联专利 105006	各种矿物浮选
羟丁基-辛基亚砜	$C_8H_{17}—S(O)—(CH_2)_4—OH$	S	前苏联专利 757197 (1980)	硫化矿
高硫石油氧化物	含亚砜基	S	CA90，155035；97，185916；98，201890	多硫化矿
硫化醚醇	$S[(—CH(CH_3)CH_2O—)_nH]_2$	S	美国专利 4122004 (1978)	铜-钼矿
聚烷氧基苄基硫醚	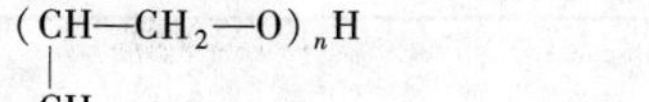 $C_6H_5—CH[S(CH_2CH_2O)_nH]_2$	S	美国专利 4130477 (1978)	铜 矿
硫化环氧丙烷(聚丙醇硫醚)	$H(OCH_2—CH(CH_3)—)_n—S—(CH_2)_2—S—(CH(CH_3)—CH_2—O)_nH$	S	南非专利 7707510 (1978)	铜或铜钼矿

续表 11-24

起泡剂名称	分子结构	含杂原子	专利或文献	用途
含硫丁酮(硫酮醚)	C_4H_9—S—$CH_2CH(CH_3)C(O)CH_3$	S	前苏联专利 657853 (1979)	多金属矿
2-噻茚满-5-磺酰胺-2,2-二氧化物	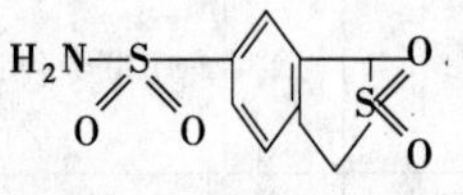 H_2N—S(O)(O)—(噻茚满环)S(O)(O)	S,N	前苏联专利 684035 (1979)	方铅矿
1-硫茚-3-酮-1,1-二氧化物	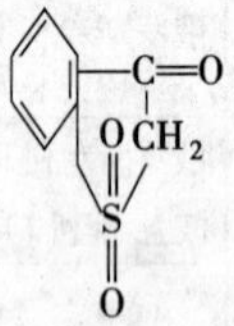 (苯环)C=O, CH_2, S(O)(O)	S	前苏联专利 676342	方铅矿
烷基噻茚满	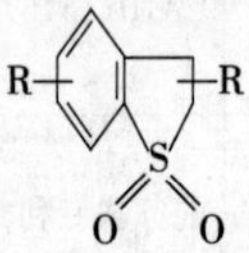 R—(噻茚满环)—R, S(O)(O)	S	前苏联专利 694220	辉锑矿
N-对甲苯磺酰-氨基-2-硫二氢茚-2,2-二氧化物	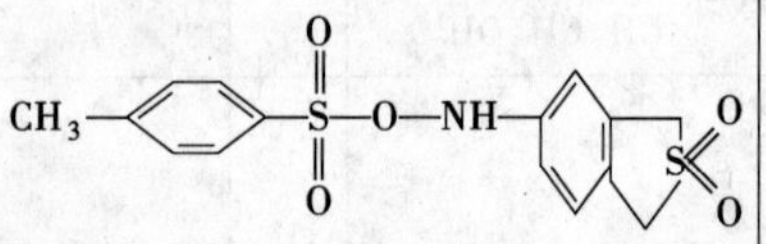 CH_3—(苯环)—S(O)(O)—O—NH—(二氢茚环)S(O)(O)	N,S	前苏联专利 1065416	方铅矿浮选
硫醚腈	$(CH_3)_2$CH—CH_2—S—CH_2—CH_2—C≡N	N,S	Bras Pededo PI 8007505	浮选铜钼硫化矿
2,4-二甲基四氢硫代吡喃-4-[酮]肟		N,S	CA,86,76409	浮硫化铅矿
硫氮腈酯(酯-105)	$(CH_3CH_2)_2$N—C(S)S—CH_2CH_2—CN	N,S	白银选矿药剂厂	铜矿
异丁基-氰乙基硫醚	$(CH_3)_2CH_2CH_2$—S—CH_2CH_2CN	N,S	美国氨胺公司	铜钼矿
TEM-TM	$HOCH_2CH_2$—N—$(CH_2CH_2O)_2$P(O)R	N,P	CA,90,58642 前苏联专利,519221	辉锑矿
烷基二基(三甲基硅)醚	Me_3SiO—R—$OSiMe_3$ R = C_3H_6,C_4H_8	Si	前苏联专利 1468598 (1989)	选煤

续表 11－24

起泡剂名称	分 子 结 构	含杂原子	专利或文献	用 途
四甲基二甲硅醚类	大分子	Si	前苏联专利 652974	多金属矿
异戊基乙二醇双(三甲基硅烷基)醚	大分子	Si	前苏联专利 1391712 (1988)	选 煤
1. 甲基-三异丙氧基硅烷 2. 二甲苄基炔丙醇硅烷 3. 八烷基-1,3-二 噁-2-硅 环己烷	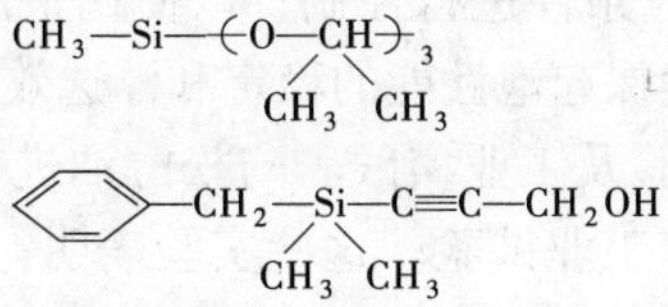 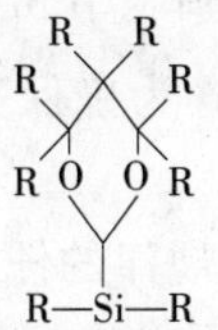 $CH_3—Si—(O—CH(CH_3)CH_3)_3$ $C_6H_5—CH_2—Si(CH_3)_2—C\equiv C—CH_2OH$ R R / R R / R O O R / R—Si—R（$R = CH_3, C_2H_5$）	Si	CA,100,194785 101,9903 102,169570 102,187890	煤粉及石墨矿的优良起泡剂
氨基甲醛树脂	与 MIBC 混用		美国专利 4128745	铜 矿
吡咯酮与四氢吡咯共聚物	相对分子质量约 15000		前苏联专利 923624	多金属矿
聚乙二醇	泡沫稳定剂相对分子质量大于 400		CA,97,201148	铜 矿

11.12.2 复合型起泡剂及其他

本节要讨论的起泡剂不是单一的醇、醚醇、醚、酯或其他类型的化合物，也不是属于同类型的醇、醚醇、醚或酯类多种化合物的混合组分，而是一种由醇、酯、醚或其他类型的起泡剂中的两种或两种以上（不同类型）起泡剂组分组合（混合）而成。这种化合物除人工组合外，多数反应物的组分比较复杂，反应物在反应过程中必然产生不同极性基的起泡剂成分。为了便于分门别类掌握属性，这里称为复合起泡剂。

11.12.2.1 RB 起泡剂

RB 起泡剂有 $RB_1 \sim RB_8$ 共八种，是朱建光、朱玉霜研制的系列起泡剂。据报道它是以工业废料与粗苄醇或者苄醇的代用品以及其他化合物为原料合成的。合成工艺流程示意如下：

$$\text{原料 A} + \text{原料 B} \xrightarrow[\text{加热，搅拌}]{\text{催化剂}} \longrightarrow \text{中间产品} \xrightarrow[\text{搅拌}]{+\text{原料 C}} \longrightarrow \text{产品}$$

RB为棕色油状液体，密度$\delta_4^{20}=0.90\sim1.00g/cm^3$，微溶于水。RB系列的运动黏度（$mm^2/s$）除与温度有关（温度升高，黏度变小）外，还与RB的编号有关，从$RB_1\sim RB_8$基本趋势编号越往后，黏度越小。

根据RB系列的制造原料，产品的性状，分析测试内涵及红外光谱特征峰和选矿效果以及作为浮选用起泡剂应具的特征与要求等各方面的因素，通过综合分析考虑，RB系一种复合起泡剂。$RB_1\sim RB_8$的黏度不同，主要是通过调节原料醇、酸及酯或其他组分的配比（含原料A、B、C的配比及选择，芳香苄醇或脂肪酸为原料之一）及反应条件进行控制，以便调整产品的凝固点和流动性等以适应四季温度变化，确保起泡性能的稳定和浮选效果的优化。

RB起泡剂对桃林铅锌矿的试验及工业实践和与松醇油进行对比。用RB_3代替松醇油在水口山选厂进行浮锌工业试验。这些实验表明：RB系列起泡剂均可代替松醇油用于浮锌生产，其浮选指标比松醇油好，并可降低锌精矿中铅含量，提高锌精矿质量，用量为松醇油的1/3～1/2。为确保选矿效果，冬季可以选择流动性较好的产品，例如RB_3、RB_4。

现代化工科技发展到今天，可以说只要符合科学规律的任何化学物的设计合成都不难。以石油或油脂、林产品等化工产品为原料进行深加工，各种产品、副产品、残液等越来越多，为选矿药剂的研究发展提供了丰富的资源。

11.12.2.2 730起泡剂

730系列起泡剂是近年来开发应用的新型复合起泡剂。有关评价及使用报道比较多的是730A，其次是730E。系昆明冶金研究院新材料股份有限公司研制开发的产品，在铜矿、铜锡矿及铅锌矿以及金矿等的浮选中取得了成效。

730系列产品是在合成多种优良起泡剂的基础上，针对不同类型的有色金属矿，对药剂进行试验、筛选和组合而成。例如：最具代表性的730A的主要成分有2，2，4-三甲基-3-环己烯-1-甲醇，1，1，3-三甲双环（2，2，1）庚-2-醇，樟脑和$C_{6\sim8}$醇、酮、醚等。据介绍它是一种起泡能力比松醇油强、泡沫均匀、稳定性和黏度适中的低毒药剂。小鼠经口急性毒性试验表明其半致死量LD_{50}为3201.85mg/kg体重（松醇油毒性LD_{50}为1671mg/kg体重），依据我国工业毒物急性毒性分级标准为低毒物质。

730A在易门铜矿木奔选厂2000年工业试验中与松醇油相比，在铜精矿的品位和回收率方面有所提高的同时，药剂用量比松醇油少20%；对个旧某锡石多金属硫化矿的工业试验与生产实践中，采用的生产工艺为先浮铜、硫后再选锡（重选），达到了较好的铜锡分离效果，在锡精矿品位略有提高的同时，大幅度地提高锡的回收率；同样，730A也有较好的铅锌分离效果，易武铅锌选厂工业试验表明，与2号油相比，铅精矿品位提高1.7%，回收率提高2.01%，铅精矿锌降低了2.21%，而锌精矿的回收率提高31.05%，品位也略有提高。

730E 在对铁矿型脉金矿和高氧化率的难选铜矿浮选中，同样显示了730复合起泡剂与松醇油相比在用量和选矿效果中的优势。

11.12.2.3 其他复合起泡剂

除上述讨论的起泡剂之外，还有不少其他类型的起泡剂，例如酮醇类、酮类、酚类、炔类、高分子纤维素以及羧酸类，本文仅对某些品种的起泡剂列于表11－25。

表11－25 其他复合起泡剂品种

化学名称或结构式	作用矿物	文献来源
纤维素衍生物	含钛铁矿（砂）	日本专利13803
酮醇起泡剂，成分： $CH_3-\underset{OH}{\overset{CH_3}{C}}-CH_2-\underset{\overset{\|}{O}}{\overset{CH_3}{C}}$ （占80%～90%） $CH_3CH_2CH_2CH_2\underset{C_2H_5}{CH}-CH_2OH$ （占2%～5%） $CH_3-\underset{\overset{\|}{O}}{C}-CH=\underset{CH_3}{C}-CH_3$ （占5%～6%）	与黄药配合使用浮选硫化矿，取得好效果（该起泡剂尚含有0.20%～2%的脂肪醚及2-乙基己基硫酸钠）	CA114，168347
Neo－Acid（很重要，国外已规模生产） $CH_3(CH_2)_n-\underset{CH_3}{\overset{C_2H_5}{C}}-COOH$	非铁金属起泡剂，此类化合物还可用为稀有金属萃取剂和制羟肟酸	USSR818654；CA95，101020
RB 系列起泡剂（RB_1～RB_8），工业副产物酸、酯、醇（苄醇等）按不同比例反应制得八种产品	铅锌矿浮选起泡剂，效果优于松醇油，可降低锌精矿中铅含量，用量为松醇油的1/2	矿冶工程，2004（12专辑）
甲基戊基缩醛	浮选铜矿	波兰专利120988
生产高分子乙基纤维素釜底残液	选煤及石墨	前苏联专利1080873
双羟基 MIBK $\begin{matrix}CH_3\\CH_3\end{matrix}\!>\underset{OH}{C}-\underset{OH}{CH}-\underset{\overset{\|}{O}}{C}-CH_3$	用于工业选矿	长沙矿冶研究院，选矿手册．1993
有机炔类化合物	选　煤	前苏联专利1253994，1253665（1986）
环氧化乙缩醛类	选硫化矿	选矿药剂述评（1989）

续表 11-25

化学名称或结构式	作用矿物	文献来源
间戊二烯与甲醛缩合物	浮选硫化矿	USSR722586（1980）；CA93，11329
异丁醛与环氧丙烷化的甘油缩合物	选铜矿，铜精矿品位22.5%，尾矿铜品位0.09%	波兰专利101265
邻-甲酚及其他甲酚和3-2苯酚	选煤及其他硫化矿	CA108，170495（1988）
3-乙基环已基衍生物的一种铵盐	浮选硫化矿起泡剂（兼有捕收性）	美国专利1786019；CA119，185436
多环酮类起泡剂 （结构式：三个六元环稠合，中间环上C=O）	浮选硫化矿	见百熙．浮选药剂．冶金工业出版社，1981
苄基乙炔基乙醇 $C_6H_5-CH_2-CH(OH)-C\equiv CH$	矿物的起泡剂，也可做捕收剂	

11.13 起泡剂最新进展

起泡剂研究应用已从使用天然起泡剂，发展到以合成起泡剂为主，或者是将天然与人工合成起泡剂（或不同合成起泡剂）组合应用，发挥药剂的协同作用。不少研究工作者的研究表明，起泡剂从天然到合成（产品）的发展及组合，是由起泡剂的作用效率、选择性能、泡沫性质（稳定性与消泡性）等所决定。表11-26所列为最新起泡剂研究应用实例。

表11-26 起泡剂最新信息（摘录）

起泡剂名称	性能或作用	最新文献
聚氧丙基烷基醚系列：DF-200，DF-250和DF-1012等	做泡沫浮选起泡剂的主要性质	Laskowski J S，等. International Journal of Mineral Processing，2003（1/4）：289
聚氧乙烯醚非离子型起泡剂，以及相对分子质量为300，HLB为6.5的聚氧丙烯甘醇丁基醚	非金属矿石墨等浮选起泡剂，效果优于MIBC，可替代之	Pugh R J. Mineral Engineering，2002，13（2）：151~162
聚烷氧基醚（Polyalkeylene oxide）起泡剂	Cu，Mo矿浮选回收起泡剂	Harris G H，Jia R. International Journal of Mineral Processing，2000，58（1~4）：35~43

续表 11－26

起泡剂名称	性能或作用	最新文献
FRIM-IPM 起泡剂（主要成分为松油和表面活性剂 T-80）	浮选硫化矿（Cu，Ni）效果比 MIBC 好，Cu－Ni 混选和 Cu 选矿回收率提高了 30%，而且价格低于 MIBC	Ryaboi V I，Nalimov G V，等. CA 138，173602；Obogash Chenie Rud，2002（3）：17～18
弱选择性起泡剂 MIBC 和强起泡剂二－乙氧基－丙氧基己醇及 DF－1012	浮选钾盐碱的强力稳定起泡剂	CA 139，151767；Canadian Journal of Chemical Engineering，2003，81（1）：63～69
起泡剂 Espumella	Mina Grade（El Cobre）提高铜回收率（比松油强）	Luis E Perez，等. CA 128，284725
4－甲基环己基甲醇	选煤起泡剂	US4915825
多羟基脂肪酸	金属氧化矿分选捕收－起泡剂	US4368116
起泡剂：$C_{1\sim20}$ 烷基或环烷基多羟基化合物或单糖二糖，聚氧乙烯，聚氧丙烯和聚氧乙烯混合物（相对分子质量：150～1400）	有价矿物浮选回收起泡剂	GB2163946
$C_{4\sim8}$ 烷基甘醇（乙二醇）或二甘醇与 $C_{2\sim5}$ 烷烯基氧化物烷氧化产物	起泡剂，润湿剂，清洗剂	DE10245886
$C_{5\sim10}$ 二醇和 $C_{1\sim7}$ 羧酸反应物，$C_{5\sim10}$ 二醇和丙烯腈反应物，$C_{2\sim4}$ 烷烯基氧化物和 $C_{1\sim7}$ 羧酸反应物，$C_{2\sim4}$ 烷烯基氧化物与 $C_{5\sim10}$ 二醇或丙烯腈反应物或其混合物	硫化矿浮选醇类改性起泡剂	US4678563
三环基癸烯类衍生物（含酰基、羟烷基、$C_{1\sim8}$ 烷基）	煤及矿物浮选起泡剂	US4925559. DE3877787
二烷（烯）基甘醇，如乙撑基甘醇，丙烯基甘醇	Cu，Mo，Pb，Ni，Zn 硫化矿及煤浮选起泡剂	US3565718
聚丙烯甘醇（平均相对分子质量 200～2000，HLB10.4～5.8）如二聚丙烯甘醇（HLB9.7）；甘醇－MIBC 混合系列；4－甲基戊醇等商业用起泡剂	起泡剂，通过不同组合产生不同的亲油-亲水平衡值（*HLB*）。通过不同的 *HLB* 筛选适于某矿物的起泡剂	Su Nee Tam，Pugh R J，*et al*. Minerals Engineering，2005，18（2）：179～188

续表11-26

起泡剂名称	性能或作用	最新文献
非离子型聚氧乙烯或聚氧丙烯甘醇丁醚（后者相对分子质量300，HLB6.5）	生产中替代MIBC，最有效的石墨起泡剂	Pugh R J. Minerals Engineering，2000，Vol. 13. No. 2，151~162
松油，MIBC，甲酚酸（甲苯酚），Nalco N-8586	粉煤、焦煤起泡剂，松油应用广，但选择性不如MIBC，消耗也比MIBC多。甲酚酸浮选产品灰分低，产率不如用松油，若加MIBC，松油（少量）混用，可改善生产厂精煤质量，降低消耗	Shobhana Dey, *et al*. Transactions of the Indian Institute of Metals，2003，56（5）. MS S Dey，*et al*. The Indian Mining and Engineering Journal，1995，34（8）：35~37
新醇类衍生物起泡剂：燃料油氧化产物（混合醇）-OFA	在Kasakhstan Cu-Pb-Zn复杂矿商业规模浮选中效果优于T-80起泡剂	Tropman E P，*et al*. CA136，40458
马来酸（顺丁烯二醇）酯衍生物起泡剂的制备方法	非铁金属浮选起泡剂	Nicolaie Gusatu，*et al*. CA 134，224348；Rom RO113662.
起泡剂组成（质量分数%）：二甲基-异丙基戊基甲醇（95~98），四甲基丁基二醇（0.1~1.5），二异丙基戊基乙炔（0.1~1.0）和2，5-二甲基-1，4-己基二炔-3-酮（1.5~2.5）	制备方法	Shchelkunov，Sergei Anatolievich，*et al*. CA 134，180325；PCT Int Appl，WO20010561
聚乙二醇类起泡剂：DF-200和DF-250（短链），DF-1020（长链）	用HUT和UCT粒度测量仪对起泡剂气泡大小影响进行测试。结果表明，长链起泡剂产生的气泡比短链的要大，且更稳定，其临界凝聚浓度（CCC）也比DF-200和DF-250的低	Rodrigo A. Crau，等. Int J Miner Process. 2005，76：225~233

11.14 消泡剂

泡沫浮选的特点是利用矿化的泡沫将有价矿物或目的矿物浮出，实现与脉石或非目的矿物的分离，起泡剂作用就是形成泡沫帮助促进和实现泡沫的矿化和分离。但是，在浮选过程中，若泡沫过多或者消泡时间过长，常会出现跑槽，使浮选作业无法顺行。为此在必要时需要添加消泡剂，以便控制泡沫层高度（量）。

在化学、食品、药品、化妆品等行业，消泡剂应用广泛，有众多成分各异和针对性强的效能消泡剂。消泡剂大多不易溶于水，常以乳化剂或物理方法乳化使用。

消泡剂不像起泡剂，资料文献报道比较少，常用的消泡剂有：水玻璃、三聚磷酸钠、六偏磷酸钠、有机硅氧烷、二甲基硅氧烷聚合物、各种动植物油（含蓖麻油等）、二乙基己醇、二异丁基甲醇、脂肪酸及皂、脂肪酸酯（如Spans）、羟酸烷基酯、磺化油、聚酰胺、聚丁烯和聚乙二醇等。有些粉体，如活性炭（特别是对有毒有害泡沫的吸附与消泡）、石英粉、硅酸铝粉等。

美国化学文摘不久前报道用P-100即$C_4H_9O[(CH_2)_3O]_{7\sim8}$—H，作为消泡剂；美国油化学会志曾综述了用有机硅化合物作为泡沫控制剂；俄罗斯专利（1169700）曾报道用木素磺酸盐与聚丙烯酰胺共用，作为浮选硫精矿的消泡剂。

参考文献

1 王淀佐．浮选剂作用原理及应用．北京：冶金工业出版社，1982

2 Hanna H S, Somasundaran P. Flotation A M. Gaudin Mem, 1976, 1：197

3 Somasundaran P. AICnE, 1975, 71：150

4 皮尔斯 M J. 国外金属矿选矿，2005（5）：5~11

5 见百熙．浮选药剂．北京：冶金工业出版社，1981

6 化学系有机教研室．中山大学学报（自然科学版），1973（1）：86~92

7 CA 120，12152

8 加拿大专利2108071；CA：121，113857

9 董贞元等．有色金属（选矿部分），1982（3）：4~11

10 万盛辉．有色金属（选矿部分），2004（5）：43~44

11 宋庆福等．有色金属（选矿部分），1979（1）：66

12 CA 58，9899；3131；8687；CA 63，321；USSR 153049；CA 62，7425

13 朱建光．矿冶工程，1994，14（4）；2004（12专辑）

14 赵援等．云南冶金，2003（增）

15 刘述中，李晓阳等．有色矿冶，2002（6）．中国有色金属学报，2003（2）：587~591

16 郑伟．有色金属（选矿部分），2004（1）

17 刘安平等．金属矿山，2001（12）：43~45

18 刘述忠，李晓阳等．有色金属（选矿部分），2001（3）：8~11;2001(4):26~28

19 刘克明，朱永坤．有色矿山，1999（1）：20~22

20 尚衍波等．矿冶，2004（2）：24~27

21 朱建光．国外金属矿选矿，2005（2）

22 罗廉明，艾军．湖南有色金属，1999（4）

第12章 调 整 剂

12.1 概述

调整剂（regulators）是在浮选过程中除捕收剂、起泡剂之外，添加的一类能够改变矿物表面作用性质或矿浆性质，提高矿物分选选择性的无机和有机化学药剂。

调整剂按其在矿物浮选中的作用，一般可分为下列几类：（1）调整矿浆酸碱度的pH值调整剂，主要包含各种无机酸及碱（含石灰）。（2）用来提高矿物表面亲水性的药剂，称为抑制剂。它是调整剂门类中品种最多最为重要的药剂。（3）用来提高矿物表面疏水性，促进矿物与捕收剂相互作用的药剂，称为活化剂。（4）用来分散矿泥（脉石等）促进目的矿物浮选的分散剂。（5）用来削弱矿化泡沫过于稳定，不易消泡的消泡剂。（6）有人将促进微细粒矿物絮团的絮凝剂（或凝聚剂）以及有利于提高分选效率的促进剂，乳化剂等也归入调整剂系列。

矿浆pH值调整剂的作用主要影响矿物表面电性，晶格离子溶解及药剂的解离，调整捕收剂与矿物之间的相互作用。由于药剂的性质（极性）、矿浆的pH值、矿物的表面电性等是相互影响和竞争的，根据各自特性（溶液化学、电化学性质等），调整好介质的酸碱度，方能利于捕收剂与矿物的作用。如离子型捕收剂的离子浓度、分子、离子存在的状态与pH值密切相关。矿浆pH值在一定程度上还可以控制矿浆中矿物自身带来的重金属离子的浓度和存在状态，以利于目的矿物的浮选捕收，即通过重金属离子与OH^-生成氢氧化物沉淀来减少重金属离子浓度，消除有害或不利分选的难免离子影响。酸碱调整剂还可以调节矿泥的分散与团聚，调整起泡剂（特别是极性起泡剂）的性能与泡沫状态及稳定性。

消泡剂的研究应用相对要少些。它的功能主要是消除浮选作业中泡沫过多、过厚、过黏、稳定时间长的问题，即削弱矿化泡沫的稳定性。某些无机盐、高级脂肪醇及酸、酯和烃类化合物均有消泡作用。活性炭、石英粉、聚合磷酸盐（三聚及六偏磷酸钠等），有机硅氧烷及其聚合物，动植物油类、脂肪酸皂和酯、聚甘醇、聚醚、聚酰胺、聚烷氧化合物等是常用的消泡剂。

本章重点介绍无机抑制剂和活化剂。分散剂、絮凝剂及凝聚剂以及消泡剂将在本书的第11章、第18章及其他相关章节介绍。有机抑制剂在第13章单独介绍。

12.2 pH值调整剂

12.2.1 石灰

石灰（CaO）是一种pH值调整剂，也是黄铁矿的有效抑制剂，氰化物等有害离子废水的沉淀剂。

由石灰石在900~1200℃下煅烧分解制得的CaO称为生石灰，俗称石灰。

$$CaCO_3 \longrightarrow CaO + CO_2\uparrow$$

石灰为白色固体，有强烈的吸水性，与水作用生成消石灰［或称熟石灰，Ca（OH）$_2$］，难溶于水，是一种强碱。

$$CaO + H_2O \longrightarrow Ca(OH)_2$$

$$Ca(OH)_2 \rightleftharpoons Ca(OH)^+ + OH^-$$

$$Ca(OH)^+ \rightleftharpoons Ca^{2+} + OH^-$$

在硫化矿优先浮选时，常用石灰提高溶液的pH值，使黄铁矿受到抑制。

一般说来，石灰抑制黄铁矿的原因是在矿物表面生成了Fe（OH）$_2$和Fe（OH）$_3$亲水薄膜。也有观点认为石灰抑制黄铁矿是由于在黄铁矿表面生成了$CaSO_4$、$CaCO_3$和CaO的水合物薄膜。

但是石灰对方铅矿，特别是表面略有氧化的方铅矿有抑制作用。从多金属硫化矿中浮选方铅矿时，常采用碳酸钠调节矿浆pH值。如果由于黄铁矿含量较高，必须用石灰调节矿浆pH值时，应注意控制石灰的用量。

石灰对起泡剂的起泡能力也有影响，如松醇油类起泡剂的起泡能力随pH值的升高而增大，而酚类起泡剂的起泡能力则随pH值的升高而降低。

石灰本身又是一种凝结剂，能使矿浆中微细颗粒凝结。因此，石灰用量适当时，浮选泡沫能保持一定的黏度；当用量过大时，将促使微细矿粒凝结，而使泡沫黏结膨胀，影响浮选过程的正常进行。

在使用脂肪酸类捕收剂时，不能用石灰来调节pH值。因为这时会生成溶解度很低的脂肪酸钙盐，消耗大量的脂肪酸，并且会使过程的选择性变坏。

在实际应用中，石灰常备置成石灰乳添加。由于其碱性较大，应注意眼睛和皮肤的防护。

12.2.2 小苏打

小苏打（$NaHCO_3$）为白色粉末，或不透明单斜晶系细微结晶。无臭，味咸。易溶于水，不溶于乙醇。水溶液呈微碱性。受热易分解，在65℃以上迅速分解，在270℃时，完全失去二氧化碳。在干燥空气中无变化，在潮湿空气中，缓慢分解。

小苏打盐常用作 pH 值调整剂和水处理剂。它的作用与碳酸钠（大苏打）相似。

12.2.3 碳酸钠

碳酸钠（即纯碱，大苏打）的应用仅次于石灰，主要用于非硫化矿浮选的 pH 值调整剂。它是一种强碱弱酸盐，在矿浆中水解后得到 OH^-、HCO_3^- 和 CO_3^{2-} 等离子，对矿浆 pH 值有缓冲作用。

用脂肪酸类捕收剂浮选非硫化矿时，常用碳酸钠调节矿浆 pH 值，因为碳酸钠能消除矿浆中的难免离子 Ca^{2+}、Mg^{2+} 等的有害作用，同时还可以减轻矿泥对浮选的不良影响。

由于石灰对方铅矿有抑制作用，在浮选方铅矿时，多用碳酸钠来调节矿浆 pH 值。

12.2.4 苛性钠

氢氧化钠（NaOH），俗名苛性钠、火碱、烧碱。纯净的氢氧化钠为白色固体，极易溶于水，溶解时放出大量的热，易潮解，水溶液有涩味和滑腻感。有强腐蚀性。在使用时，必须十分小心，防止皮肤、衣服被它腐蚀。化学性质活泼，与酸碱指示剂反应，呈现不同的颜色，能与非金属氧化物反应，生成盐和水；能与酸反应生成盐和水；能与盐反应生成新盐和新酸。

氢氧化钠是浮选中常用的 pH 值调整剂。从铁矿石中反浮选石英时，常用氢氧化钠做 pH 值调整剂。

12.2.5 酸

浮选中常用的酸性调整剂主要是硫酸，其次是盐酸、硝酸、磷酸等。

浓硫酸（H_2SO_4）为无色、黏稠的油状液体，不易挥发，有很强吸水性，溶于水时放出大量热，有很强的脱水性、氧化性和腐蚀性。常用的浓硫酸的质量分数是98%，密度是1.84g/cm^3，能以任意比例溶于水。稀硫酸的化学性质活泼，能与酸碱指示剂显示不同的颜色，能与活泼金属反应放出氢气，能与金属氧化物反应生成盐和水，能与碱反应生成盐和水，也能与某些盐反应生成新盐和新酸。

纯硝酸（HNO_3）是无色油状液体，开盖时有烟雾，挥发性酸。熔点为-42℃，沸点为83℃，密度为1.5g/cm^3，与水任意比互溶。硝酸有强腐蚀性，能严重损伤金属、橡胶和肌肤，因此不得用胶塞试剂瓶盛放硝酸。硝酸不稳定，遇到光或热能分解，所以，硝酸要避光保存。硝酸具有强酸性，在水溶液里完全电离，具有酸的通性。而且硝酸有强氧化性，且浓度越大，氧化性越强。

盐酸是氯化氢的水溶液，可看做是酸类化合物。纯的浓盐酸是无色液体，通常浓盐酸约含 HCl 37%，密度约为 $1.19g/cm^3$，易挥发有氯化氢刺激气味，逸出的氯化氢遇潮湿空气形成白色酸雾。工业盐酸因含铁盐杂质，因而呈黄色，有腐蚀性。

盐酸是强酸，具有酸类通性，可与酸碱指示剂作用，使呈不同颜色，可与比氢活泼的金属发生置换反应，可与金属氧化物（碱性氧化物）及碱发生中和反应，可与某些盐发生复分解反应。盐酸中氯离子有弱还原性，可被强氧化剂（如 $KMnO_4$、MnO_2）氧化成氯气。

磷酸（H_3PO_4）的酸性弱于上述三种酸。磷酸在非金属矿浮选、浸出、漂白中作为调整剂不仅能够调整 pH 值，还能起到除杂的作用。聚合磷酸（盐）也是重要的调整剂。

12.3 无机抑制剂

抑制剂（depresants）是指在泡沫浮选中能够阻止或削弱非目的矿物对捕收剂的吸附或作用，增强矿物表面亲水性的一类药剂，属调整剂中的一类。抑制剂按其化学组分可以分成两类：无机化合物和有机及高分子化合物。有机及高分子化合物见第 15 章。

抑制剂与矿物的作用机理，主要是在矿物表面吸附，形成亲水性薄膜，阻止捕收剂与非浮起矿物的相互作用，或者是起溶去或覆盖该矿物表面已有的捕收剂薄膜，去除矿浆中能与捕收剂作用的活性离子，阻止捕收剂膜的形成。矿物表面形成的亲水薄膜增强捕收剂对被浮矿物的捕收性和选择性。其作用因抑制剂而异，分成三种形式抑制膜：

（1）难溶亲水的化合物薄膜。如重铬酸钾抑制方铅矿形成亲水的铬酸铅膜：

$$K_2Cr_2O_7 \xrightarrow{OH^-} K^+ + CrO_4^{2-} + [O]$$

$$PbS + [O] \longrightarrow PbSO_4 \longrightarrow PbS(矿)[PbSO_4 \xrightarrow{+CrO_4^{2-}} PbS[PbCrO_4 + SO_4^{2-}$$

（2）胶体吸附膜。在矿浆中药剂与可溶性离子及其他药剂相互作用生成一种亲水性胶粒。胶粒在静电力或其他力作用下，选择性地吸附在矿物表面。如，硫酸锌抑制剂在碱性介质中形成氢氧化锌，吸附于闪锌矿表面形成氢氧化锌亲水胶粒抑制闪锌矿浮选。硅酸盐、淀粉等也易形成亲水胶体膜抑制矿物。

(3) 离子吸附膜。矿物表面对水化性强的离子吸附能高于捕收剂离子时，矿物表面就吸附强亲水离子而被抑制。例如，硫化钠在矿浆中解离生成的 HS^-、S^{2-} 离子可以吸附在硫化矿的表面，阻止某硫化矿与捕收剂的相互作用，达到分选的目的。

12.3.1 氰化物

浮选中常用的氰化物为氰化钠（NaCN）和氰化钾（KCN），此外还有黄血盐（亚铁氰盐）和赤血盐（铁氰盐）。

在硫化矿物优先浮选中，常用氰化钠（钾）抑制黄铁矿、闪锌矿及黄铜矿等硫化矿物，效果好。氰化钠（钾）是闪锌矿典型的抑制剂，在工业上多与 $ZnSO_4$ 混合使用，以增强它的抑制能力。当氰化钠（钾）用量少时，能抑制黄铁矿，用量稍多时能抑制闪锌矿，用量更多一些，能抑制含铜的硫化矿物。但氰化钠（钾）有剧毒，废水必须处理。因此目前许多选矿厂在努力寻找无氰浮选的新途径，虽已取得成功，但氰化物的使用仍不可或缺。

氰化钠（钾）的制备方法用反应式表示为：

(1) $HCN + NaOH \longrightarrow NaCN + H_2O$

$$HCN + KOH \xrightarrow{1000 \sim 1100℃} KCN + H_2O$$

(2) $CaC_2 + N_2 \longrightarrow CaCN_2$（氰氨基化钙）$+ C$

$$\left.\begin{array}{l} CaCN_2 + C + Na_2CO_3 \xrightarrow[-CaCO_3]{800 \sim 850℃} \\ CaCN_2 + C + NaCl \xrightarrow[\substack{1400 \sim 1500℃ \\ -CaCl_2}]{\text{熔融}} \end{array}\right\} \longrightarrow NaCN$$

NaCN 为无色立方体结晶，工业品为白色或微灰色块状物或结晶粉末，易潮解，有微弱的苦杏仁味。能溶于水、氨、乙醇和甲醇中。在34℃以下，从水溶液中结晶出来的氰化钠，常含有一个或两个结晶水，在34.7℃以上结晶时，则为无水结晶，无水盐的熔点为563.7℃。饱和水溶液在0℃时含 NaCN 43.4%，在34.7℃时的饱和水溶液则含82.0%的 NaCN。KCN 为白色等轴晶系块状物或粉末，易潮解，易溶于水、乙醇，微溶于甘油、甲醇、液氨中。在空气中吸收水分和二氧化碳，逐渐分解并放出有苦杏仁气味的氰化氢。在水中溶解后，即行水解。水溶液在常温下分解较慢，但在高温、光照射以及有氧化剂存在下，即行氧化。赤热时与二氧化碳反应，形成一氧化碳和氰酸钾。与镁、铝等金属反应，形成氮化物。水溶液可溶解多种金属形成络合物。于634.5℃时熔融，熔融物可腐蚀玻璃和石英。因 KCN 比 NaCN 价格稍贵，一般选矿厂都使用 NaCN。常用的 NaCN 有粉状和球状两种，盛于铁桶中。

NaCN和KCN都是弱酸强碱盐，易溶于水，在水中完全电离并发生水解反应，使溶液呈碱性。

在有 O_2 存在的条件下，NaCN（K）能溶解金、银等贵金属。形成金、银络合物，反应式为：

$$4Au + 8NaCN + 2H_2O + O_2 \longrightarrow 4Na[Au(CN)_2] + 4NaOH$$

$$4Ag + 8NaCN + 2H_2O + O_2 \longrightarrow 4Na[Ag(CN)_2] + 4NaOH$$

NaCN（K）能与很多金属离子形成络合物。如 Fe^{3+}、Fe^{2+}、Mn^{2+}、Co^{2+}、Ni^{2+}、Zn^{2+} 等金属离子与 CN^- 都能形成稳定的络合离子，但 Al^{3+} 和 Cr^{3+} 不能生成这种络合离子，而水解成氢氧化物沉淀。因此，当加NaCN或KCN到含有这些离子的溶液中时，首先得到氰化物沉淀，当继续加入NaCN或KCN时，除了铝和铬的氢氧化物沉淀外，所有的沉淀由于生成可溶于水的络合物而溶解。氰化物能用做抑制剂，从化学的观点来看，它能成为金属络离子起到了极其重要的作用。但是，由于氰化物的剧毒性，使用受到了影响和限制。

黄血盐包括黄血盐钠和黄血盐钾。

黄血盐钠学名亚铁氰化钠〔$Na_4[Fe(CN)_6] \cdot 10H_2O$〕，柠檬黄色单斜晶系菱形针状结晶。相对密度1.458g/cm^3。溶于水，不溶于醇。在空气中易风化，在50~60℃的温度下，晶体会很快失去结晶水。在更高的温度下进行干燥，则成坚硬的块状无水盐。在不加热的稀酸中不分解，但在煮沸的浓酸中，生成游离的氢氰酸。

黄血盐钾，学名亚铁氰化钾［$K_4Fe(CN)_6 \cdot 3H_2O$］，柠檬黄色单斜晶系柱状结晶或粉末，有时有六方晶系的变态。相对密度1.85g/cm^3。溶于水，不溶于乙醇、醚、醋酸甲酯和液氨中。加热至70℃失去结晶水。强烈灼烧时，分解而放出氮气，并生成氰化钾和碳化铁。其水溶液遇光则分解为氢氧化铁。遇卤素过氧化物则形成赤血盐钾。遇硝酸先形成赤血盐钾，继而形成含亚硝基铁氰化物 $K_2[Fe(CN)_5(NO)]$。

赤血盐即赤血盐钾，学名铁氰化钾［$K_3Fe(CN)_6$］，深红色或红色单斜晶系柱状结晶或粉末。相对密度1.85g/cm^3。溶于水、丙酮，不溶于乙醇、醋酸甲酯及液氨中。经灼烧可完全分解，产生剧毒氰化钾和氰。但在常温下，固体赤血盐钾却十分稳定。其水溶液受光及碱作用易分解，遇亚铁盐则生成深蓝色沉淀（滕氏蓝）。其热溶液能被酸及酸式盐分解，放出剧毒氢氰酸气体。

有人认为在Cu-Pb-Zn多金属硫化矿浮选中，氰化物对闪锌矿的抑制是溶去了闪锌矿表面上的活性硫化铜膜，露出不能与黄药作用的纯闪锌矿表面；也有人认为氰化物的抑制作用主要是 CN^- 与矿物表面上的 SO_4^{2-} 和 $ROCSS^-$ 进行交换吸附，生成 $Zn(CN)_2$ 在矿物表面固着，阻碍捕收剂与矿物表面作用；

也有人认为氰化物对金属黄原酸盐有较强的溶解络合作用。

根据氰化物对金属黄原酸盐的溶解能力不同，将金属分为三类：第一类是铅、铊、铋、锑、砷、锡、铑等的矿物，因不能生成稳定的氰络合物，不与 CN^- 作用。第二类是铂、汞、银、镉和铜的矿物，这类矿物可以与 CN^- 作用而被抑制，但需要较大的 CN^- 浓度。第三类是锌、钯、镍、金和铁的矿物，这类矿物受 CN^- 的抑制极其敏感，少量的 CN^- 即可将其抑制。实践证明，第一类和第三类矿物在氰化物溶液中进行分选最有效，如铅锌矿分选。第一类和第二类的金属矿物也可以采用氰化物分选，只是氰化物的用量较大，如铜铅混合精矿的分选。第二类和第三类矿物的分选比较困难，如铜锌的分选，必须准确控制氰化物的浓度。

氰化物抑制闪锌矿时，多在 pH = 8 ~ 9 的介质中进行。

氰化物对铜矿物的抑制作用主要是溶解表面形成的黄原酸盐膜，使表面亲水并使矿浆中的 Cu^{2+} 生成铜氰络离子。

氰化钠（钾）一般配制成 10 ~ 20g/L 的水溶液使用。

有关浮选中使用氰化物后的废水处理问题，见本书第 22 章内容。

12.3.2　水玻璃

水玻璃又名泡花碱，是一种无机胶体，是浮选非硫化矿或某些硫化矿常用的调整剂，它对石英、硅酸盐等脉石矿物有良好的抑制作用。当用脂肪酸作为捕收剂，浮选萤石和方解石、白钨矿时，常用水玻璃作为选择性抑制剂。水玻璃的用量较大时，对硫化矿也有抑制作用，水玻璃也是良好的分散剂。

水玻璃的工业制法，是将石英砂（SiO_2）与纯碱（Na_2CO_3），或石英砂与 Na_2SO_4 及木炭（或煤粉）共同熔融制得，反应温度为 1200 ~ 1400℃。

水玻璃的分子式为 $Na_2O \cdot nSiO_2$，n 称为水玻璃的模数。为天蓝色或黄绿色玻璃块状物，中性，无异味，难溶于水，很难与酸反应，但易被氢氟酸分解。有吸湿性、易结块，模数越低，吸水性越强，结块越严重，结块后表面产生白膜。性脆，故易碎裂成小块，断口呈贝壳状。通常将水玻璃称为偏硅酸钠，严格讲不妥，但已习惯。常见的硅酸盐有：偏硅酸钠（Na_2SiO_3）、硅酸钠（Na_2SiO_4）、二偏硅酸钠（$Na_2Si_2O_5$）等。

一般来说，水玻璃的模数越小，越易溶于水，但抑制能力差；模数越大，溶解度越低，但抑制能力越高。一般浮选厂使用的水玻璃模数为 2.4 左右。

水玻璃溶于水，电离为 Na^+ 和 $SiO_3{}^{2-}$。水玻璃是弱酸强碱盐，在水中能发生强烈的水解反应。

一般认为水玻璃的抑制作用，是由 $HSiO_3^-$ 和 H_2SiO_3 引起的，这两种物质能较多地吸附在矿物表面，它们又有很强的吸水性，吸附在矿物表面后，使得该矿物亲水而起到抑制作用。另外，各种矿物表面吸附 $HSiO_3^-$ 和 H_2SiO_3 的能力是不相同的，吸附得牢固的，易受抑制，吸附得不牢固或不吸附的，不易受抑制或不受抑制。

也有认为水玻璃的抑制作用，除 $HSiO_3^-$ 和 H_2SiO_3 外，胶态的 SiO_2 也是起抑制作用的极有效成分。

含 Al^{3+}、Cr^{3+}、Zn^{2+}、Cu^{2+} 等高价弱碱性金属离子的化合物［$Al_2(SO_4)_3$、$Cr_2(SO_4)_3$、$ZnSO_4$、$CuSO_4$ 等］能与水玻璃组合共用，其抑制机理，有人认为是与水玻璃在矿浆中可水解生成的 OH^-，与这些高价金属离子作用，生成弱碱性的氢氧化物，于是促进水玻璃的水解，生成更多的硅酸胶体，这些金属氢氧化物也是一种胶体状态，和水玻璃胶体交杂在一起，从而增加抑制作用的选择性；也有人认为是生成这些高价离子的复合硅酸盐，这种复合硅酸盐的选择吸附比较好，故增加水玻璃的选择性。

水玻璃对矿泥有分散作用，添加水玻璃可以减弱矿泥对浮选的有害影响，但用量不宜过大。

为了提高水玻璃的选择性，可采取与金属盐，如硫酸铝、硫酸镁、硫酸亚铁、硫酸锌等配合使用。

有人曾用水玻璃、水玻璃和CMC、水玻璃和CMC及亚硫酸钠、CMC和重铬酸钠等5种单一或组合的药剂进行铜铅精矿分选的工业试验，试验结果表明组合药剂水玻璃＋CMC＋亚硫酸钠的效果最好，可从含Cu 3.4%，含Pb 60.41%的铜-铅混合精矿中，获得含Cu 24.19%，回收率88.99%的铜精矿，得到含Pb 68.7%，回收率为99.39%的铅精矿。

12.3.3 硫酸锌

硫酸锌可以用ZnS和 H_2SO_4 为原料制得，也可以用ZnO、金属加工厂的锌屑与稀 H_2SO_4 作用制得。

硫酸锌有含7个结晶水的 $ZnSO_4 \cdot 7H_2O$（从低于39℃的溶液中析出），也有含6个结晶水的 $ZnSO_4 \cdot 6H_2O$（在39～70℃的溶液中析出）。硫酸锌纯品（无水）为白色晶体，易溶于水，在0℃时，饱和水溶液中含 $ZnSO_4$ 29.4%，70℃时含有47.1%，100℃时含有49%。$ZnSO_4$ 在水中电离为 Zn^{2+} 和 SO_4^{2-}，为强酸弱碱盐，在水溶液中发生水解反应，水溶液呈酸性。

硫酸锌是闪锌矿的抑制剂，为提高抑制能力，通常在碱性矿浆中，与氰化物、亚硫酸钠等共同使用，组合后作为闪锌矿的抑制剂，有强烈的抑制效果。

在碱性介质中，矿浆pH值越高，对闪锌矿的抑制效果越好，生成的胶体 $Zn(OH)_2$ 沉淀于闪锌矿表面，使矿物亲水，阻碍捕收剂被吸附于矿物表面。

在高 pH 值下，硫酸锌进一步生成 $HZnO_2^-$ 或 ZnO_2^- 离子吸附在闪锌矿表面，也增强了闪锌矿的亲水性，使之受到抑制。

氰化物与硫酸锌联合使用时，抑制硫化矿的能力递减顺序大致是：闪锌矿、黄铁矿、黄铜矿、白铁矿、斑铜矿、黝铜矿、铜蓝、辉铜矿。因此，在硫化矿浮选时，要严格控制抑制剂的用量。

12.3.4 含氟化合物

浮选中使用的氟化物有氢氟酸、氟化钠、氟化铵及氟硅酸钠等，主要用作抑制剂和活化剂。其中氟硅酸钠（或铵）是常用的抑制剂。

萤石（CaF）与浓硫酸作用放出 HF 气体，将 HF 气体通入水中就得氢氟酸，将 HF 气体通入 NaOH 溶液中，生成氟化钠（NaF）。

氢氟酸（HF）是吸湿性很强的无色液体，在空气中能发烟，其蒸气具有强烈的腐蚀性和毒性。为中等强度的酸。在稀溶液中氢氟酸微离解成离子，在较浓的溶液中，氢氟酸发生聚合作用而生成 H_2F_2 分子。腐蚀性极强，能侵蚀玻璃和硅酸盐而生成气态的四氟化硅。极易挥发。与金属盐类、氧化物、氢氧化物作用生成氟化物。不腐蚀聚乙烯及白金。氢氟酸既不能进行氧化反应，也不能进行还原反应。一般用塑料或铅制容器盛装，有时也可以用内壁涂有石蜡的玻璃瓶子暂时盛装。

氟化钠是氢氟酸的钠盐，为无色发亮晶体或白色粉末，属四方晶系，有正六面体或八面体结晶，溶于水，微溶于醇，水溶液呈碱性反应，能腐蚀玻璃。溶于氢氟酸中，形成氟化氢钠。在水溶液中完全电离，生成 Na^+ 和 F^-。氢氟酸和氟化钠等氟化物都是腐蚀性强的剧毒物，误食少量就可以立即严重灼伤致死，使用时要特别小心。

氢氟酸是硅酸盐类矿物的抑制剂，是含铬、铌矿物的活化剂，也可抑制绝榴石。

用阳离子捕收剂浮选长石时，氟化钠是长石的活化剂，也是石英和硅酸盐类矿物的抑制剂。

用阳离子捕收剂浮选长石时，长石表面的 Al^{3+} 在矿浆中吸附 OH^-，并在固液分界面上呈平衡状态，当加入 F^- 和调节矿浆 pH 值至酸性条件下，矿浆中 H^+ 增多，长石表面与 F^- 和 H^+ 发生吸附平衡：

$$\text{长石]}\ Al—OH^- + 2F^- + 2H^+ \rightleftharpoons \text{长石]}\ AlF_2{}^-H^+ + H_2O$$

加入胺类捕收剂于此矿浆中，则 $RNH_3{}^+$ 与长石表面上的 H^+ 发生交换吸附而固着在矿粒表面，烃基朝外，促使矿物疏水上浮。

$$\text{长石]}\ AlF_2{}^-H^+ + H_3{}^+NR \longrightarrow \text{长石]}\ AlF_2{}^-\ H_3{}^+NR + H^+$$

氟硅酸钠生产的主要原料是：萤石粉、石英砂和浓硫酸等，其制备方法用反应式表示为：

$$2CaF_2 + 2H_2SO_4 + SiO_2 \xrightarrow{加热} SiF_4 + 2CaSO_4 + 2H_2O$$

$$SiF_4 + H_2O \longrightarrow H_2SiF_6$$

或

$$SiF_4 + 2HF \longrightarrow H_2SiF_6$$

$$H_2SiF_6 + 2NaCl \longrightarrow Na_2SiF_6\downarrow + 2HCl$$

氟硅酸钠是无色结晶状物质，微溶于水，0℃时，饱和溶液中含 Na_2SiF_6 0.39%，100℃时，含2.4%。在HF溶液中，溶解度稍大一点。

氟硅酸钠与强碱作用分解为硅酸和氟化钠，若碱过量，则生成硅酸盐。

氟硅酸钠是目前较为广泛使用的抑制剂，常用于抑制石英、长石及其他硅酸盐矿物。在硫化矿浮选中，氟硅酸钠能活化被氧化钙抑制过的黄铁矿，还可作为磷灰石的抑制剂。常在铬铁矿、菱铁矿、铁矿、黑钨矿、钨锰矿等浮选时用来抑制蛇纹石、石英、长石、电气石、脉石。

在用脂肪酸做捕收剂浮选矿物时，氟硅酸钠的有效作用在于优先从脉石矿物（主要是石英、长石、萤石）的表面上解析脂肪酸，而有用矿物表面，不被解吸或解吸得少，因此这些矿物是选择性浮选。另一种观点认为氟硅酸钠没有直接从霞石和长石表面除去捕收剂，而是其中的 $[SiF_6]^{2-}$ 离子水解生成HF，HF溶解霞石，由于霞石的溶解而生成游离的 H_2SiO_3。H_2SiO_3 吸附在霞石表面而形成胶束，这种胶束延伸到水相，进一步延伸到吸附在霞石表面的捕收剂的烃基，妨碍霞石和长石一类矿物浮游，使其受到抑制。

又一种观点认为油酸类捕收剂在被捕收矿物表面有两种吸附形式，一种成油酸分子的吸附；另一种是油酸根的吸附，即在矿物表面生成多价金属离子的油酸盐，而Al、Ca、Mg等的油酸盐被 Na_2SiF_6 分解而放出油酸。

还有人认为 Na_2SiF_6 的抑制作用，是由于 Na_2SiF_6 在水中先电离生成 $[SiF_6]^{2-}$ 离子，$[SiF_6]^{2-}$ 离子再水解生成 SiO_2 胶体，悬浮在矿浆中，这种胶体吸附在表面而引起矿物亲水，受到抑制。

总的来说，氟硅酸钠的抑制机理尚需继续研究。

12.3.5 亚硫酸盐

亚硫酸盐一类抑制剂包括亚硫酸钠、二氧化硫、亚硫酸等。

亚硫酸钠（Na_2SO_3）和二氧化硫（SO_2）虽然抑制能力比NaCN弱，但毒性很小，并且易被空气氧化，废水易处理。对含金、银等贵金属的矿石，使用 Na_2SO_3 或 H_2SO_3 做抑制剂，贵金属不会损失。被 Na_2SO_3 或 H_2SO_3 抑制过的矿物，易被 $CuSO_4$ 活化。

SO_2 是一种无色有刺激性臭味的气体，易溶于水，既有氧化性，又有还原性，但还原性是主要的。SO_2 溶于水为 H_2SO_3。H_2SO_3 为中等强度的酸，在水中电离生成 HSO_3^- 和 H^+，并进一步电离生成 H^+ 和 SO_3^{2-}。

Na_2SO_3 和 H_2SO_3 均易氧化，是强还原剂，空气及一些氧化剂能将它们氧化。

Na_2SO_3 和 H_2SO_3 是闪锌矿和黄铁矿的有效抑制剂，但对黄铜矿没有抑制作用，反而能活化黄铜矿。一般在弱酸性条件下使用。硫代硫酸钠、焦亚硫酸钠可代替 Na_2SO_3 或 H_2SO_3 抑制闪锌矿和黄铁矿。

有人认为 Na_2SO_3（H_2SO_3）能抑制闪锌矿是因为它的强还原性，将 Cu^{2+} 还原为 Cu^+，于是矿浆中对闪锌矿有活化作用的 Cu^{2+} 离子浓度降低。

对于被铜离子强烈活化后的闪锌矿，只用亚硫酸盐抑制效果较差。此时应同时添加硫酸锌、硫化钠或氰化物来增强其抑制效果。

亚硫酸盐在矿浆中易于氧化失效，为使过程稳定，溶液需在使用的当天配制，且通常采用分段添加的方法。

12.3.6 重铬酸盐

浮选中常用的重铬酸盐主要是重铬酸钠（$Na_2Cr_2O_7$）和重铬酸钾（$K_2Cr_2O_7$）。

重铬酸钠（$Na_2Cr_2O_7$）和重铬酸钾（$K_2Cr_2O_7$）是方铅矿的抑制剂，常在铜、铅混合精矿分选时用于抑制方铅矿，亦有用于分选铅锌混合精矿时抑制方铅矿。$Na_2Cr_2O_7$（K）也用于抑制重晶石（$BaSO_4$）。

重铬酸盐的工业制备是以铬铁矿和碳酸钠等为原料经氧化焙烧、浸出，再与硫酸作用制得，反应式为：

$$4FeO \cdot CrO_3 + 4Na_2CO_3 + O_2 \xrightarrow{1100 \sim 1200℃} 4Na_2CrO_4 + 2Fe_2O_3 + 4CO_2 \uparrow$$

$$2Na_2CrO_4 + H_2SO_4 \longrightarrow Na_2Cr_2O_7 + Na_2SO_4 + H_2O$$

重铬酸钾是由重铬酸钠与氯化钾或硫酸钾进行复分解反应制得。

重铬酸钠是单斜菱形晶体或细针形的二水合物（$Na_2Cr_2O_7 \cdot 2H_2O$），温度高于80.6℃结晶的晶体没有结晶水。重铬酸钾（$K_2Cr_2O_7$）没有结晶水，这两种重铬酸盐都呈橙红色。$Na_2Cr_2O_7$ 易潮解，比 $K_2Cr_2O_7$ 更易溶于水，在0℃时，$Na_2Cr_2O_7$ 的溶解度为63%，100℃时为80%，而 $K_2Cr_2O_7$ 在0℃时的溶解度为5%，100℃时为45%。

$Na_2Cr_2O_7$ 和 $K_2Cr_2O_7$ 都是易溶的强电解质，在水溶液中能电离生成 Na^+（或 K^+）和重铬酸根 $Cr_2O_7^{2-}$。$Na_2Cr_2O_7$（K）的水溶液呈酸性反应，这是由于重铬酸根在水中发生如下反应：

$$Cr_2O_7^{2-} + H_2O \rightleftharpoons 2H^+ + 2CrO_4^{2-}$$

$Na_2Cr_2O_7$（K）在酸性介质中是强氧化剂（六价铬还原为三价铬），可将亚铁盐、亚硫酸盐、H_2S 和硫化物等氧化。

钡、铅、银、汞等金属的铬酸盐几乎不溶于水，当 Ba^{2+}、Pb^{2+}、Ag^{2+}、Hg^{2+} 等金属离子与 $Na_2Cr_2O_7$（K）或 $Na_2Cr_2O_4$（K）溶液作用时，都形成铬酸盐沉淀。

$Na_2Cr_2O_7$（K）抑制方铅矿的作用机理，主要是由于 $Na_2Cr_2O_7$（K）在弱碱性矿浆中转变为 $Na_2Cr_2O_4$（K），然后与被氧化了的方铅矿表面相作用，生成难溶的亲水性铬酸铅，增加矿物的亲水性。

重铬酸盐只能与表面氧化了的方铅矿作用，为此常使重铬酸盐与矿浆进行适当的搅拌，以促进矿物表面氧化。重铬酸盐和铬酸盐都是氧化剂，可以将硫化矿氧化：

$$3PbS + 4Na_2Cr_2O_7 + 16H_2SO_4 \longrightarrow 3PbSO_4 + 8Cr_2(SO_4)_3 + 4Na_2SO_4 + 16H_2O$$

用重铬酸盐做方铅矿的抑制剂，分选铜铅混合精矿时，对铜矿物的浮选没有影响，其特点是用量少。如果铜矿物是原生硫化铜（如黄铜矿），铅与铜能较好的分选；如果矿石中的铜矿物是次生硫化铜（如辉铜矿），或除了原生硫化铜外，存在相当量的次生硫化铜，则分选效果较差。这是因为有次生硫化铜或易受氧化的铜矿物存在时，会有相当的铜离子进入矿浆中，这些铜离子吸附在方铅矿表面，从而使方铅矿难以受重铬酸盐抑制。用重铬酸盐分选硫化铜铅混合精矿时，在适当的药剂条件下，矿浆的搅拌时间非常重要。搅拌时间过长，硫化铜矿物晶格将受到破坏而不浮，最佳搅拌时间是使方铅矿表面充分氧化，而硫化铜矿物的表面则刚刚开始氧化时，立即进行浮选，这样既保证方铅矿表面能生成铬酸铅膜，硫化铜表面的捕收剂又未被剥落，分选效果就较好。一般搅拌时间为0.5~1 h。在铜铅混合精矿分选中，利用质量比1∶1的重铬酸钠和水玻璃做抑制剂，抑制效果更好。

用重铬酸盐抑制过的方铅矿可用 $FeSO_4$、HCl、Na_2SO_3 等还原剂活化。

重铬酸盐也可以氧化黄药及其他黄原酸盐（如黄原酸铁），对黄铁矿也有一定的抑制作用，但吸附铜离子的方铅矿，虽然使用大量重铬酸盐，也难以抑制。

重铬酸盐可用来抑制重晶石，如萤石矿中含有重晶石时，可在矿浆中加入 $Na_2Cr_2O_7$（K），则在重晶石表面生成稳定的 $BaCrO_4$ 亲水薄膜，使捕收剂不能固着在重晶石表面而起到抑制作用。

铬酸盐及重铬酸盐都有毒，Cr^{6+} 毒性大，使用时应加以注意。

12.3.7 磷酸盐

磷酸盐包括其缩合物聚磷酸盐是一类重要的无机化合物系列，在矿物加工与环境工程中用途广泛。它可以用做抑制剂、分散剂、活化剂、硬水软化剂、废水处理剂、矿物悬浮液（矿浆）的稳定剂以及某些金属离子的沉淀剂和除垢防锈剂等。作为抑制剂常用于有色金属选矿。

在多金属硫化矿分选时可用磷酸三钠（$Na_3PO_4 \cdot 12H_2O$）来抑制方铅矿。

硫化铜矿物和硫化铁（黄铁矿、磁黄铁矿）分离时，可在石灰介质中，用磷酸钠（钾）加强对硫化铁矿物的抑制作用。

浮选氧化铅矿时用焦磷酸钠来抑制方解石、磷灰石、重晶石。浮选含重晶石的复杂硫化矿时，用其抑制重晶石，并消除硅酸盐类脉石的影响。

常用的偏磷酸钠是六偏磷酸钠［$(NaPO_3)_6$］。六偏磷酸钠是方解石、石灰石的有效抑制剂。亦可用于抑制石英和硅酸盐。

磷酸盐是原磷酸盐（或称正磷酸盐或单体磷酸盐）和聚合磷酸盐的总称。将原磷酸盐（PO_4^{3-}）聚合产生新的聚磷酸盐，又称为格拉汉姆氏（Graham）盐。格拉汉姆将磷酸盐分为正磷酸盐、焦磷酸盐和偏磷酸盐。正磷酸盐是含有不连续的 PO_4^{3-} 离子的化合物，如 Na_3PO_4；焦磷酸盐和偏磷酸盐是缩合（聚合）磷酸盐。而聚磷酸盐又分为链状聚磷酸盐和环状磷酸盐，此外还有所谓的超磷酸盐（笼状、层状和三维结构的复杂磷酸盐）。

（1）链状聚磷酸盐。

链状聚磷酸盐主要是碱金属和碱土金属盐，其主要构造单元是正磷酸盐离子（磷酸根，PO_4^{3-}），由正磷酸盐离子一个接一个连接起来即成链状聚磷酸盐。即由正磷酸盐聚合而成。如图 12－1 所示。

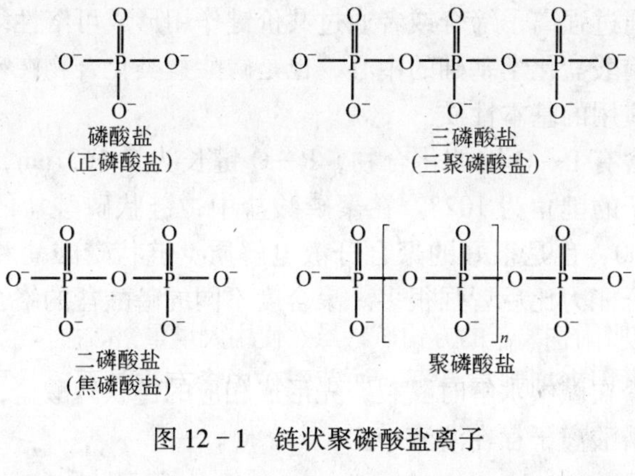

磷酸盐
（正磷酸盐）

三磷酸盐
（三聚磷酸盐）

二磷酸盐
（焦磷酸盐）

聚磷酸盐

图 12－1 链状聚磷酸盐离子

低聚合度（$n<10$）和高聚合度（$n \geqslant 50$）的聚磷酸盐形成的是结晶好的磷酸盐，而聚合度 $n=10 \sim 50$ 之间的聚磷酸盐一般为玻璃状聚合物。玻璃状磷酸盐过去曾称为偏磷酸盐（环状），原因在于当聚合度 n 变得很大时，链状聚合物分子式［$(PO_3)_{n-1}PO_4$］$^{n+2}$变得和环状偏磷酸盐分子式 $(PO_3)_n^{n-}$ 没有什么区别。

(2) 环状磷酸盐。

环状磷酸盐又称环状偏磷酸，传统俗称偏磷酸盐。严格讲应按国际纯化学和应用化学联合会的定名：环状磷酸盐。图 12－2 列出三种环状磷酸盐示意图。

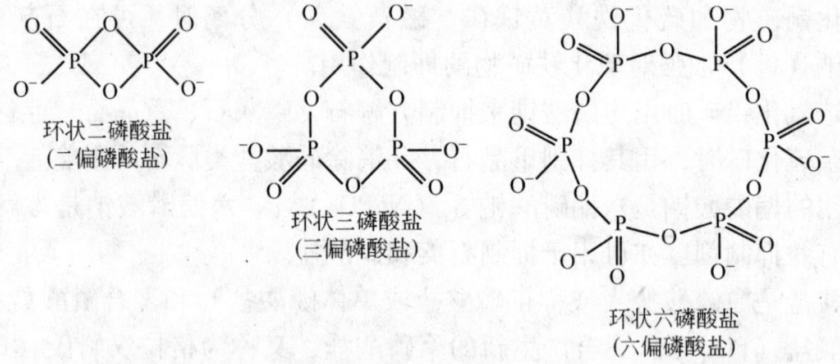

环状二磷酸盐
(二偏磷酸盐)

环状三磷酸盐
(三偏磷酸盐)

环状六磷酸盐
(六偏磷酸盐)

图 12－2 环状磷酸盐

环状磷酸盐是由正磷酸盐加热制成。如环状三磷酸钠（三偏磷酸钠）是由正磷酸盐类磷酸二氢钠加热至 640℃，再在 500℃熔融一定时间，经过缩合脱水而形成的。

$$3NaH_2PO_4 \xrightarrow{\Delta} \underset{\text{环状三磷酸钠}}{Na_3P_3O_9}\ [\ (NaPO_3)_3\ ]\ + 3H_2O$$

经过 150 年的努力，特别是近 60 年的努力，聚磷酸的研究取得了很大的进展。磷酸盐与某些金属离子（如 Ca^{2+}、Mg^{2+}等）可形成较稳定的可溶性的络合物。它是通过强离子缔合或者通过共价键作用形成可溶性络合物的。可溶性络合物既是磷酸盐化学基础的中心，也是磷酸盐类化合物在矿物加工与环境工程等领域中应用的基本性质。

磷酸盐为含有 P—O 键的化合物，P—O 键长为 0.162 nm，O 原子的键角为 130°，P 原子的键角为 102°。在聚磷酸盐中，链状磷酸盐的链易弯曲，其聚合度高达 2000，也是很好的聚合分散电解质。链状磷酸盐和环状磷酸盐相比，前者的络合能力比后者强很多。聚合度不同的磷酸盐的络合能力，水解速度也有不同。

环状磷酸盐在碱中水解时断裂，先形成相应的链状磷酸盐，然后进一步断裂，最后以正磷酸离子存在溶液中：

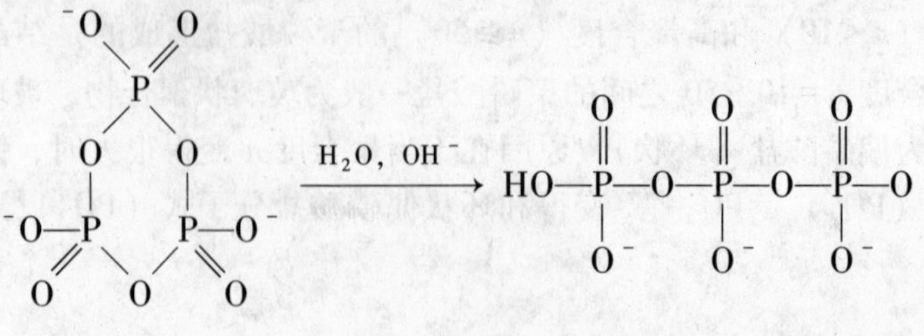

$$(P_3O_9)^{3-}\ (\text{环状}) \xrightarrow{H_2O,\ OH^-} HO-\overset{O}{\underset{O^-}{P}}-O-\overset{O}{\underset{O^-}{P}}-O-\overset{O}{\underset{O^-}{P}}-O$$

12.4　无机抑制剂的应用

无机抑制剂是矿物加工泡沫浮选的一类重要调整剂，绝大部分矿物（金属矿、非金属矿）浮选都离不开它，尤其是复杂的多元素难选矿、贫矿、粉矿。现将主要的无机抑制剂及作用的矿物的研究、发展和生产应用列于表12-1。

表12-1　主要的无机抑制剂及作用矿物

抑制剂名称	分选作用抑制矿物	资料来源
硫酸盐与亚铁氰化钾或碱和羟甲基磺酸锌组合	铅锌矿浮选分离、抑制闪锌矿	前联邦德国专利1020282
$K_3Fe(CN)_6$(铁氰化钾)	分选黄铁矿与砷黄铁矿;抑次生铜	CA 111,118587
氟化铵(或钠、钾、氢)	从含高钙、镁碳酸盐及硅酸盐的磷酸盐矿中优先浮选	美国专利3482688
硫酸钾、硫酸镁或硫酸铵	用塔尔油、油酸作捕收剂,从高岭土中分选浸染杂质	美国专利2894628(美国矿物化学公司)
过硫酸氢钾	选煤脱黄铁矿	美国专利4828686
氧化钙和羧甲基纤维素钠	选煤抑制剂,精煤产率上升,灰分下降	矿冶工程,2006(增)
六偏磷酸钠	一水硬铝石和高岭石分选,用量低时抑高岭石正浮选,用量高时抑制一水硬铝石反浮选脱硅。 浮镍黄铁矿时抑镁	中国金属学报,2003(1):222~227 CA 104,228067 CA 110,177031
三聚磷酸钠	浮含铌烧绿石和硅硼钙石时抑方解石	CA 106,104654; 110,196756
anamol-D (含 $Na_2S+As_2O_3$)	抑制黄铜矿	CA 103,198992;106,7783
As_2O_5+NaHS	抑黄铜矿(比anamol-D好)	CA 103,198992
$Na_3CuP_3O_{10}$	用于反浮选重晶石	前苏联专利1,233,942(1989)
NH_4HF+水玻璃	(浮选萤石时)抑制方解石	CA 103,107046
$P_4S_{10}+NaOH$	方铅矿,辉铜矿(浮钼矿时)	CA 103,40431
过硫酸钾($K_2S_2O_8$)	抑砷黄铁矿	CA 104,113464
过硫酸氢钾	选煤抑制硫铁矿	US Pat 4828686
硫酸铜	黄铁矿	CA 107,180743(1987)
多硫化钠(或Ca、Mg、NH_4的多硫化物)	富集氧化铜矿,硅孔雀石	CA 110,42514;214773;110,196755
普通水泥加亚硫酸钠作调整剂	在pH值为10.5时,可有效地从砷黄铁矿中分选出黄铁矿	CA 119,254063

续表 12 - 1

抑制剂名称	分选作用抑制矿物	资料来源
重铬酸钠与偏硅酸钠等量混合物与 CMC(羧甲基纤维素)组合	铜铅分选(加拿大)	Wyslouzil D M, *et al*. 14th IMPC, 1982(4)
accophos 950	磷酸盐抑制剂,在硅酸盐胺浮选期间,为减少磷酸盐的损失而生产的专用氰胺抑制剂	American Cyanamid
aero 633 抑制剂 artkopal	碳质脉石抑制剂,专用氰胺抑制剂,也用作滑石和云母的抑制剂	American Cyanamid
calgon	碳质脉石抑制剂,磷酸盐浮选的专用添加剂	Hoechst 公司
碳酸钠	矿泥分散剂,也作为 pH 值调整剂	Calgon 公司
aero 氰化物范畴(粗 NaCN 和氰化钙等)	aero 范畴氰化合物含大约 50% NaCN	American Cyanamid
氰化钠	过量的氰化物将抑制所有的硫化矿	CA 110,177016
重铬酸钠(钾)	分选汞锑矿,抑制锑矿	CA 111,81747
亚铁氰化物[$Na_4Fe(CN)_6$]	用于 Cu/Zn 和 Cu/Mo 分选	氰胺公司生产
铁氰化钾 $K_3Fe(CN)_6$	分选黄铁矿与砷黄铁矿	CA 110,118587
氟硅酸 H_2SiF_6	尤其用于锡石浮选中磷酸盐浮选	Hoechst 公司
次氯酸钠 NaClO	抑硫化铜矿(在 Cu/Mo 和 Cu/Pb 分选中)	Reakem, Henkel, Tvohdl
硫氢化钠 NaHS	抑硫化铜,广泛用于 Cu/Mo 分离中	Reakem, Henkel, Tvohdl
高锰酸钾和六偏磷酸钠	代替氰化钠作细泥摇床尾矿硫化钛回收的抑制剂	有色金属(选矿部分),1993(4)
碳化钙(CaC_2)	有效抑制黄铁矿,活化闪锌矿	国外金属矿选矿,1994(7)
波特兰水泥(一种硅酸盐水泥)	含金砷黄铁矿的有效抑制剂,对磁黄铁矿、闪锌矿和辉锑矿有抑制作用	Proceeding of Ⅷ IMPC, 1993(3):587 ~ 592
五硫化钠,多硫化钠(或 Ca、Mg、NH_4)	据介绍为硅孔雀石最好的调整剂(吸附于氧化矿表面)	Proceeding of Ⅷ IMPC, 1993(3):607 ~ 609 CA 110,42514;214773;196755

续表 12-1

抑制剂名称	分选作用抑制矿物	资料来源
亚硫酸(钠盐)+铜盐	硫化矿浮选。选钼时作铜铅选择性抑制剂。单独使用亚硫酸钠作闪锌矿浮选中黄铁矿抑制剂	国外金属矿选矿,2003(11):22~26
硫酸亚铁	辉锑矿	CA 106,199615(1987)
硫化钠	Sb_2O_3;SiO_2;浮辉铋矿抑砷黄铁矿	CA 106,199615;61464;107,157573 前民主德国专利 258572
硫氢化钠	辉铜矿	CA 105,9684(1986)
二氧化硫	闪锌矿(可取代 NaCN,Na_2S,$ZnSO_4$)	CA103,198978;104,133422
三硫代碳酸钠	辉铜矿、黄铁矿(浮钼矿时)	CA 103,9547;104,54116
亚硫酸钠	抑闪锌矿及黄铁矿(浮钼矿时)	湖南有色金属,1988(3); CA 108,116287
$Na_2S_2O_3$	抑制双黄药的生成(矿浆中)	CA 103,108127;109,234549
亚硫酸钠与氯化钙组合(SO_3^{2-}+Ca^{2+})	铜铅分离抑制剂,pH=6~12 浮黄铜矿,pH=6~8 浮辉铜矿	CA 104,92682;138,224361
水玻璃抑制剂	铜铅分离抑铅;浮选菱镁矿抑脉石;选煤抑制剂;方铅矿(浮白铁矿及辉铜矿时)及硅酸盐脉石抑制剂	CN 86,102011;有色金属,1988(3); CA 105,176303;176302;156613; CA 110,138396;104654;103,164073
水玻璃+$FeSO_4$	重晶石	湖南有色金属,1988(3)
水玻璃+$KAl(SO_4)_3$	萤石	湖南有色金属,1988(3)
水玻璃+细菌培养物	用于浮选非硫化矿	CA 107,118747(1987)
亚硫酸(或钠盐)+铜盐	硫化矿石浮选。例如浮选钼矿时作铜、铅硫化矿物的选择性抑制剂。若单用亚硫酸钠,闪锌矿与黄铁矿分选时,抑制黄铁矿	前苏联发明书 171334; 国外金属矿选矿,2003(1)
水玻璃+高锰酸钾或钠(辅助抑制剂)	白钨矿与方解石分离,萤石分离,辉钼矿与黄铜矿分离,锆英石与独居石分离作抑制剂	美国专利 3094485
铝盐[如 $Al_2(SO_4)_3$]或者再加 $K_4Fe(CN)_6$ 加强抑制	从铜钼混合精矿中浮选辉钼矿作硫化铜矿的抑制剂	美国专利 3314412
"诺乌克"药剂(NoKe)(P_2O_5+NaOH 的水溶液)	辉钼矿优先浮选,抑制 Cu 矿物(pH=11.4~12.4)	美国专利 3375924

续表 12-1

抑制剂名称	分选作用抑制矿物	资料来源
“诺乌克”药剂，含二价硫的磷、砷或锑药剂（含磷药剂为 P_2O_5 和 NaOH、Na_2CO_3 或 $Ca(OH)_2$；砷药剂是硫化砷与苛性钠、钾或熟石灰；锑药剂是锑的氧化物和硫、碱金属氢氧化物作用而制得）	铜钼矿石分选，抑制铜和铁的硫化矿	美国专利 2957576；3435952
石灰+腐殖酸	瑶岗仙钨矿含毒砂的混精分离	矿冶工程，1991(1)
石灰+亚硫酸钠	铜锑矿优先浮选抑制锌矿物	前苏联发明书 134220
硫酸锌、碳酸钠和连二硫酸钠组合	浮选硫化铜和硫化铅矿时作闪锌矿和黄铁矿抑制剂	罗马尼亚专利 51851
硫化钠+淀粉	浮铜抑铅	日本专利 48—16764
硫化钠+SO_2	多金属硫化矿浮选铜铅，作锌、铁硫化矿的抑制剂	日本专利 15310
亚硫酸盐+重铬酸钾（在 OH^- 介质中）	铜铅混合精矿分离。抑制方铅矿	前苏联发明书 152439
高锰酸钾（$KMnO_4$）	日列肯斯克矿床浮铜钼精矿时，用 $KMnO_4$ 代替硫化钠作黄铜矿和黄铁矿抑制剂，并能提高精矿指标。浮铅锌矿，代替氰化物	国外金属矿选矿，2003(7). CA 106，180244；矿冶工程，1982(2)；1987(2). CA 109，173918；173922

12.4.1 磷酸盐的应用

玻璃状等的聚磷酸盐大量用于各种水处理过程（磷系列水处理剂，包括有机膦酸及其盐类），用于水的软化、去污、锅炉及管道除垢，能与硬水、废水中的 Ca^{2+}、Mg^{2+} 离子形成络合物，达到软化水和除垢的作用。抑制钙盐沉淀，防止钙盐（$CaCO_3$）等堵塞管道和确保加热传导效率。

聚磷酸盐还用于去污剂和食品等工业。如，在肉类加工中用来防止凝结，能与纤维蛋白质产生沉淀反应，用于制革工业，焦磷酸二氢钠（$Na_2H_2P_2O_7$）与 $NaHCO_3$ 混合用于面包发酵。用作造纸工业中的黏土类填料、涂料和钛白粉浆，波兰特水泥浆、二氧化钛基乳化油漆涂料和石油钻井泥浆等处理中的分散剂，去絮凝作用的浆料稳定剂。

在环境工程中磷酸盐用于从废水中除去重金属 Pb^{2+} 等离子，生成碱式正磷酸铅［$Pb_5(PO_4)_3(OH)_2$］。应用三元超膦酸（TSP）络合重金属离子，废水中的 Cu、Pb、Ni 和 Cd 离子的去除率可达 99.6% ~99.9%。

国外有人建议采用磷酸盐控制和处理矿山排放的酸性废水。硫化矿（黄铁矿等）矿山因氧化等因素产生的酸性废水溶解矿物中的重金属造成污染。用铁的磷酸盐（$FePO_4$）包膜黄铁矿，使黄铁矿表面钝化不易氧化，防止污染。

在矿物加工中磷酸盐作为抑制剂、分散剂使用是比较普遍和常用的，帕尔索拉格等人研究发现磷酸钠（Na_3PO_4）对方解石、白云石、磷灰石有抑制作用。研究发现随磷酸钠的加入，矿物表面的负电性升高，认为是磷酸盐吸附在方解石等矿物表面的阳离子质点上所致。油酸钠捕收剂与磷酸盐在矿物表面（质点上）进行剧烈的竞争吸附，磷酸盐的强吸附降低了捕收剂的吸附量，使矿物受到抑制。但磷酸盐在高质量浓度（1g/L）下，对方解石、白云石抑制不利。

李长根等人认为环状磷酸盐六偏磷酸钠［$(NaPO_3)_6$，HMP］和链状焦磷酸钠（$Na_4P_2O_7$）不为方解石所吸附，它们对方解石的抑制作用是由于它们与矿物表面的钙离子络合，使矿物表面上的钙离子减少。所以在用油酸钠作捕收剂，磷酸盐作调整剂时，磷酸盐选择性溶解和络合，因此可以从含钙的方解石、萤石中优先浮选白钨矿。

夫利亚林等人发现，用六偏磷酸盐除去钙和镁可改善方铅矿的浮选。没有钙时，方铅矿回收率在 pH <9 时很高，在 pH =10 ~11 时降低，如图 12 -3 所示。在 0.001mol/L 钙存在，pH =9 时方铅矿完全被抑制，但是在 0.001mol/L 六偏磷酸盐存在时，方铅矿能很好地浮选回收，特别是在 pH =8 ~10 时。

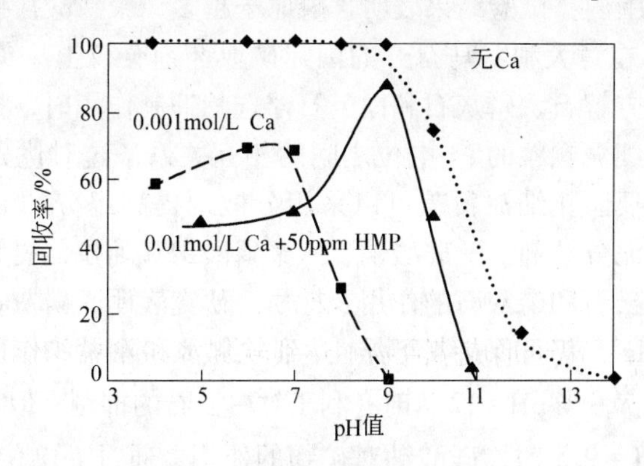

图 12 -3 在不同条件下方铅矿的浮选回收

在浮选中常遇到一些难免金属离子，这些“污染”的金属离子可能使矿物意外地受到活化或者去活化，使分选效果不佳，精矿品位降低。利用聚磷酸盐能与重金属离子产生络合作用，在矿物表面形成金属离子-聚磷酸盐络合物，可以防止（阻隔）捕收剂在矿物表面的吸附，起到抑制该矿物的作用；另一种情况是利用聚磷酸盐络合溶解矿物表面的金属离子，将金属离子从矿物表面除去，使矿物提高了浮选活性，增强矿物与捕收剂的作用和选别效果，起到活化作用。有人将聚磷酸盐的去活化和活化作用分别叫做“堵塞”机理和“清洗”机理。

聚磷酸盐，例如六偏磷酸钠和焦磷酸钠等都是脉石及矿泥的有效抑制剂和分散剂。在我国一些镍矿石的浮选试验中，在自然pH值条件下，以六偏磷酸钠为抑制剂时，取得了良好的选别效果。对此，有人认为，六偏磷酸钠抑制效果好，与吸附在硫化矿物表面上细泥的胶溶作用以及使浮游性良好的钙镁脉石矿物被抑制有关。六偏磷酸钠在矿浆中可能存在如下反应：

$$Na_2[Na_4(PO_3)_6] \rightleftharpoons 2Na^+ + [Na_4(PO_3)_6]^{2-}$$

$$[Na_4(PO_3)_6]^{2-} + Ca^{2+} \rightleftharpoons [Na_2Ca(PO_3)_6]^{2-} + 2Na^+$$

$$Na_4(PO_3)_6^{2-} + 2Ca^+ \rightleftharpoons [Ca_2(PO_3)_6]^{2-} + 2Na^+$$

六偏磷酸钠在反应中形成的络合阴离子，可以选择性地吸附在钙镁脉石矿物表面上。因此，在添加该抑制剂时，破坏了矿泥对矿浆中的多价阳离子（如Ca^{2+}、Mg^{2+}）的吸附平衡，使矿泥表面吸附的多价离子密度降低，从而使原来处于黏附或凝聚状态的矿泥再度分散。

Andro的研究认为，直链的聚磷酸盐能抑制红锌矿。红锌矿有一定的溶解度，因此矿浆中有Zn^{2+}离子，聚磷酸盐与Zn^{2+}离子作用生成聚磷酸锌沉淀，这种沉淀吸附在红锌矿表面，增加了对红锌矿的抑制，聚磷酸盐分子中P原子在1~10个范围内，试验结果表明含磷原子越多，聚磷酸盐抑制性能越强。

1984年9月在意大利罗马召开的国际矿业药剂会议上，英国的Parsonaeg等人发表在研究方解石、磷灰石和白云石浮选的抑制作用时，探讨了细泥覆盖膜与矿物颗粒及细泥颗粒的ξ-电位之间的相互关系，这对优先浮选或有促进或有阻碍作用。要防止细泥覆盖可以采用分散剂提高组分的ξ-电位来达到。于是研究3种细泥分散剂——硅酸钠、三聚磷酸钠和阿拉伯树胶、油酸钠捕收剂对方解石、白云石和磷灰石的作用及性质。研究表明，磷灰石在有阿拉伯树胶与硅酸钠存在下，仍可保持其可浮性，但会被聚磷酸盐抑制。

对硅酸钠而言，当pH=12.7时有利于对白云石的抑制，但对磷灰石的抑制作用不大。当pH=9.5时，硅酸钠对矿物的作用，通过ξ电位变化测定表明，方解石几乎完全受到抑制，白云石受抑制程度较小，而磷灰石不受抑制。

阿拉伯树胶和硅酸钠一样，能使3种矿物的负电性升高，是细泥的有效分散剂。在一定的pH值等特定浮选条件下对矿物表面发生吸附作用，只有方解石受到阿拉伯胶的强烈抑制，磷灰石几乎不受影响，白云石介乎两者之间。

三聚磷酸钠同样可以改变3种矿物的负电性，也可作为分散剂使用（高浓度)，三聚磷酸钠质量浓度为0.4g/L以下时，3种矿物均受到抑制，药剂质量浓度大于5g/L时，方解石、白云石易浮，磷灰石受抑制。

研究结果表明，3种药剂作用方式不同，三聚磷酸钠借吸附在矿物表面的金属离子上，以及增加负ζ-电位而分散，在油酸钠存在时，两种药剂剧烈地在矿物表面竞争吸附阳离子。三聚磷酸钠吸附作用阻隔捕收剂吸附，起抑制作用。阿拉伯树胶和硅酸钠（聚合）借重弱键作用形成水化层而吸附在矿物表面，因矿物负ζ-电位增加，及水化层的稳定而产生分散作用。因此，可以调节矿浆及矿物的性能，利用分散与抑制的条件，实现不同矿物的浮起与抑制。3种药剂的分散作用或抑制作用，实际也是“清洗”与“堵塞”作用。

12.4.2 氰化物及其代用品的应用

氰化物是多金属硫化矿浮选分离的有效抑制剂。由于它的剧毒性，科研、生产与环保工作者都在设法少用或不用。合理地选择性能优异有效和高效的、低毒和无毒的药剂是提高浮选分离效果、减少环境污染的主要手段之一。俞什娜等人研究了偶氮化合物在硫化矿分选中的应用。通过浮选试验，电化学试验，IR-FT以及电子光谱和其他测试手段的研究结果证实，在用氰化物作铅铜混合精矿浮选分离过程中作抑制剂时，使用具有偶氮基团的染料（如苯胺黑）可起到有效辅助抑制剂的作用。偶氮化合物的抑制效果可以通过它们与硫化铜矿物表面选择性作用来调节。偶氮化合物苯胺黑不吸附在方铅矿的表面，也不改变方铅矿的表面性质。苯胺黑对硫化铜矿物的抑制机理是通过其配位化学机理吸附于铜矿物表面上，形成难溶的亲水化合物，使氰化物浸出金属铜离子的速度减慢，氰化物的用量减少。俞什娜通过半工业试验验证了小试结果，苯胺黑可有效用于铜铅混合精矿的分选，铜精矿和铅精矿回收率分别提高了（与不用苯胺黑相比）1.5%，品位分别提高0.5%~0.7%，剧毒氰化物用量降低50%~70%，并且浓密机溢流中溶解的金属损失也减少了，改善了周围的生态条件。

减少氰化物的用量或者完全使用代用品，对环境保护、人类健康至关重要。首先是研究氰化物与其他无机化合物的组合使用，或者实现无氰浮选，实现矿物的有效分选是人们所关注的。例如用石灰-氰化物-亚硫酸或二氧化硫组合，成功地用于部分氧化或风化了的铜铅矿或铜锌矿浮选作为黄铁矿的抑制剂。对于天然活化了的闪锌矿的抑制剂组合（质量比）有：硫酸锌-氰化钠（3:1），氢氧化锌-氰化钠（1:1），氧化锌-氰化钠（1:3）等。对被抑制未被活化或轻度活化的闪锌矿采用石灰或苏打再加氰化钠和硫酸锌。对难选的铜-锌矿石及在矿石中同时含有几种铜矿物（如黄铜矿、斑铜矿、铜蓝）的铜-铅-锌矿石，以及需要细磨的细粒浸染状矿石，在抑制黄铁矿时采用钙盐（氯化钙或硫酸钙）-氰化物-氧化锌组合是有效的。在国外已有多个选矿厂应用。

例如，在伴生金银多金属铜铅锌硫化矿的分选中，用硫酸锌和氰化钠作组合抑制剂，生成的氰化络合物［$Na_2Zn(CN)_4$］能有效抑制铜矿物，并减少因抑制铜造成Au的溶解。

出于对生态、环境和人类健康的考虑，人们少用氰化物或不用氰化物是研究与生产应用的发展方向，在硫化矿浮选中引起广泛重视。除上述采用氰化物和其他药剂组合作组合抑制剂外，完全不用氰化物的无氰工艺在工业生产应用中亦早已获得成功。无氰（非氰）抑制剂大多数是采用组合药剂。目前，国内外研究应用的无氰组合药剂主要有：石灰-硫化钠，石灰-亚硫酸（或二氧化硫），石灰-硫化钠-硫酸锌，石灰-硫化钠-亚硫酸，石灰-硫化钠、二氧化硫和硫酸锌，碳酸钠-硫酸锌和硫化钠，硫化钠-亚硫酸或硫酸亚铁，硫代硫酸钠-亚硫酸或硫酸亚铁，硫代硫酸钠-硫酸锌或硫酸铝，硫代硫酸钠-硫酸锌和硫酸高铁，重铬酸盐（钾、钠）-水玻璃或亚硫酸盐或硫酸锌，硫化钠-石灰，石灰-高锰酸钾，石灰（碳酸钠）-硫酸锌，硫代硫酸钠-亚硫酸或硫酸亚铁，硫代硫酸钠-硫酸锌或硫酸铝，硫酸锌和水玻璃等各种组合，实例甚多。例如：加拿大某选厂处理致密硫化矿石时，采用石灰-二氧化硫组合对磁黄铁矿进行了有效抑制。日本（松峰）和澳大利亚某铅锌选厂也采用这一组合来抑锌浮铅。

澳大利亚伍德隆（Woodlawn）选厂处理复杂硫化矿时，采用焦亚硫酸钠与二氧化硫抑制铅矿物，铅精矿脱铜采用加温无捕收剂反浮工艺，解决了多年来多种药剂制度未能实现的Cu-Pb分离问题。

我国武山铜矿用石灰与亚硫酸和硫化钠组合抑制闪锌矿和黄铁矿，原矿含Cu 0.76%，含As 0.5%，最终获得含Cu 28.4%，回收率为81.48%的铜精矿，精矿含As小于0.3%。

内蒙古莲花山铜矿的混合精矿再磨，采用石灰和亚硫酸组合抑制剂，乙黄药与甲硫氨酯为捕收剂，获得含Cu 27.3%，含砷0.269%，铜回收率92.58%的铜精矿。

俄罗斯人曾用硫代硫酸钠与三氯化铁并用，代替氰化物作多金属硫化矿浮选铜矿物，抑制方铅矿、闪锌矿与黄铁矿的抑制剂。试验是在pH值为4.8~5.5介质中，先加活性炭和三氯化铁调浆，再加硫代硫酸钠和捕收剂丁基黄药。

国外还报道在铜锌分选中，用锌酸钠代替氰化物抑制闪锌矿。锌酸离子$[Zn(OH)_4]^{2-}$、$[Zn(OH)_3]^-$起抑制作用，不影响铜矿物的浮选，但其用量要比氰化物的用量多。

12.4.3 几种抑制剂的应用实例

无机抑制剂与矿物的作用，有两种情况，一种是药剂本身有较强的氧化还原性质（如$Na_2Cr_5O_7$、$KMnO_4$、$NaClO_3$、$Na_2S_2O_3$、H_2O_2、HClO、SO_2等）

能够影响和控制矿物表面氧化还原反应的发生和发展。另一种是具有络合作用的络合剂，如氰化物、硫化钠、亚硫酸钠、氨以及 Na_2SiF_6、聚磷酸盐($Na_6P_6O_{18}$等)、NaHS 和 NaSCN 等，它们能与矿物表面金属离子或溶液中的金属离子配位-络合，产生吸附，形成亲水膜，或者产生溶解和沉淀等作用。此类药剂应用更广。

伯德在磷灰石浮选与铁矿物分离研究中，对硅酸盐类抑制剂与矿物作用机理以及抑制剂、捕收剂体系进行了研究。结果表明，硅酸盐类抑制剂吸附在赤铁矿矿物表面，使赤铁矿表面疏水，从而达到磷灰石与赤铁矿的浮选分离。通过 ^{29}Si、NMR 和电位滴定，对硅酸盐单体、四聚体不同模型的计算，盐溶液 FTIR 全反射分光光度和 XPS 等的分析测试与计算，结果表明，与试验结果相一致，均证明聚合硅酸盐的抑制效果比单体硅酸盐的效果更好。在使用烷基磺化琥珀酸钠作为磷灰石的有效捕收剂时，捕收剂和抑制剂之间存在竞争吸附，它们在铁矿物和磷灰石矿物表面上吸附量是不同的，抑制剂明显地阻碍捕收剂在铁矿物表面的吸附。

皮马辉钼矿浮选厂采用加拿大专利（981841），添加硫酸锌（或硫酸铝）与硅酸钠作抑制剂抑制滑石浮选辉钼矿，使用表明，由此法生产的钼精矿平均含钼由原先焙烧法的 40% 提高到 43%，从而代替了焙烧-反浮选分离工艺。

Rom 和俄罗斯专利报道，在采用硅酸钠、次氯酸钠、硫化钠、氰化钠和亚硫酸氢铵等在铜钼分选中，作为铜铅锌铁等矿物的组合抑制剂，以烃油为捕收剂浮选钼精矿。用石灰和纤维素羟乙酸作为抑制剂分离铜钼黄铁矿。

加拿大专利（2082831）介绍，在含磁黄铁矿、黄铜矿、闪锌矿和方铅矿的硫化矿浮选中，采用多硫化钙调浆能有效地抑制磁黄铁矿。

俄罗斯人研究了在铜锌硫化矿浮选中，使用碳化钙作抑制剂，抑制黄铁矿的浮游。研究认为在各种条件下均可抑制黄铁矿，其原理是：

$$CaC_2 + 2H_2O \longrightarrow CH \equiv CH + Ca(OH)_2$$

$$Ca(OH)_2 \longrightarrow Ca^{2+} + 2OH^-$$

碳化钙水解，解离产生 OH^- 使矿浆溶液的 pH 值有了较大的升高，有利于 Ca^{2+} 离子吸附于黄铁矿表面，从而对黄铁矿产生抑制作用。同时，因碳化钙的作用使矿浆温度可提高 2～3℃，强化了黄铁矿的氧化过程。对于闪锌矿而言，在磨矿过程中使矿物碎解暴露出新鲜表面，使乙炔与矿物表面 Cu^{2+} 离子相互作用，甚至进入细粒矿物的晶格中，形成炔铜或烯铜，增强疏水性，促进闪锌矿在强碱性介质的浮游性，达到黄铁矿与闪锌矿的有效分选。

在钼浮选中，Pb 及 Cu、Sn、P、As 是钼精矿的主要杂质，含量高了严重影响钼的焙烧和冶炼，用少量 $K_2Cr_2O_7$ 可以抑制方铅矿（用油类捕收剂），为了提高钼的回收率，可在油类捕收剂中添加黄药，但是精矿中铅含量因重铬酸钾抑制能力不足而升高。辽宁某厂利用 P_2O_5 和 NaOH 作抑制剂与 $K_2Cr_2O_7$ 抑制剂进行了工业对比试验。工业试验结果表明，粗精矿含铅 1.16% ~1.38% 时，用 P_2O_5 + NaOH 组合和用 $K_2Cr_2O_7$ 作抑制剂，最终在钼精矿品位和回收率相近时，钼精矿含铅分别约为 0.1% 和 0.46%，可见组合药剂效果更优。

美国专利报道利用 Noke 药剂作铜钼分选时铜的抑制剂，Noke 药剂的制法是：14.3g 氢氧化钠先置于 200mL 水中，冷却后徐徐加入 10g P_2O_5，然后在搅拌下（50℃）加入 2.4g As_2O_3，对含二硫化钼 0.229% ~0.6% 的钼矿，在 pH 值为 11.4~12 的条件下，经浮选处理，可得含二硫化钼达 9.9% ~30.1% 的钼粗精矿，回收率为 88.5% ~96%，尾矿品位为 0.035%，有效抑制了铜矿物。

1985 年前苏联专利（1135498）报道，在浮选重晶石时，采用聚硅酸铝钠（$Na_2Al_2Si_2H_4O_{10}$）作为抑制剂抑制硅酸铝，硅酸盐及碱土金属氧化物等脉石矿物，从而提高了浮选技术指标。

12.4.4 无机抑制剂与有机抑制剂的组合

抑制剂是除捕收剂之外，发展较快、品种较多的药剂，特别是有机抑制剂的品种越来越多。将无机抑制剂和有机抑制剂组合使用已是当今研究与应用的重要方向，使用实例不少（组合用药详见第 20 章）。无机和有机药剂的组合不仅可以提高精矿品位，而且还可以强化对脉石等需要抑制的矿物的抑制作用和选择性。

包头铁矿石在稀土矿物浮选时，曾研究萤石抑制剂。使用 Na_2SiO_3 和 CMC（羧甲基纤维素），Na_2SiO_3 和明矾两组抑制剂对稀土矿物和萤石进行分离试验，结果表明，Na_2SiO_3 在浮选中比较敏感，会使捕收剂的捕收能力降低，甚至造成在精矿中稀土矿物的脱浮。当 Na_2SiO_3 分别与 CMC 和明矾组合使用时，选择性和抑制能力均获增强。在与偏硅酸钠的组合中 CMC 和明矾发挥了各自的抑制功能的协同作用，组合药剂发生了协同效应，使萤石等杂质矿物受到了强烈的抑制，优化了选别效果。

日本中龙选厂在铜铅混合精矿分离时，使用了淀粉与亚硫酸和硫酸作为铅矿物的组合抑制剂，浮选铜矿物，使铜的回收率达到 97.9%。

辽宁某萤石矿矿石含 CaF_2 56.8%、$BaSO_4$ 14.9%、SiO_2 14.33%、Fe_2O_3 1.92%、Al_2O_3 3.48%，单独使用某些抑制剂时，浮选效果欠佳，在组合使用水玻璃与苛性淀粉时获得了很好的效果。若单独使用水玻璃时，获萤石精矿含 CaF_2 95.60%，回收率为 82.30%，而当使用水玻璃和苛性淀粉作抑制剂时，浮选获得的萤石精矿含 CaF_2 97.97%，回收率为 81.81%。

12.5 活化剂

活化剂（activators）是在浮选中能增强矿物表面对捕收剂的吸附能力的一类药剂。活化剂主要通过下列方式使矿物得到活化：在矿物表面形成吸附覆盖，生成难溶的活化膜。例如，白铅矿（$PbCO_3$）用黄药浮选务必先与硫化钠作用，使矿物表面先生成硫化铅薄膜，再用黄药浮选。硫化钠就是白铅矿浮选的活化剂。通过活化离子吸附在矿物表面增加活化触点。石英是难于用磺酸、脂肪酸浮选的矿物，但是可在石英表面先吸附 Ca^{2+}、Mg^{2+}、Pb^{2+}、Al^{3+}、Mn^{2+} 和 Fe^{3+} 等金属离子，借助离子对捕收剂的吸附活性而活化。清除矿物表面的亲水膜和有碍浮选的金属离子（矿浆中）也能达到活化浮选的目的。例如黄铁矿表面易生成 $Fe(OH)_3$ 薄膜，需要用酸清洗矿物表面，除去表面膜，黄药浮选才有效。又如，用脂肪酸类药剂浮选萤石、白钨矿时，Ca^{2+}、Mg^{2+} 影响浮选效果，添加碳酸钠可提高浮选效果（使钙镁沉淀）。

活化剂主要可以分为两大类，即无机化合物和有机化合物。无机化合物有：无机酸类（H_2SO_4、HCl、HF 等），主要用于活化被石灰抑制了的黄铁矿和铍锂矿以及对长石的活化；无机碱（Na_2CO_3、NaOH 等）主要用于沉淀难免离子和活化被石灰抑制过的黄铁矿。金属盐（离子），如 $CuSO_4$、$Pb(NO_3)_2$ 用来活化硫铁矿、闪锌矿和锑矿物浮选。Ca^{2+} 主要活化硅酸盐矿物，在用羧酸类捕收剂浮选石英时可使石英活化。硫化钠和硫氢化钠等硫化物，使用黄药作捕收剂时，可作为浮选 Cu、Zn、Pb 等氧化矿的活化剂。用胺类阳离子捕收剂浮选氧化锌添加硫化物作活化剂。有机化合物作活化剂的实例也很多。表 12－2 和表 12－3 分别列出为使用无机活化剂和有机活化剂活化浮选矿物的实例。

表 12－2 无机活化剂试验及应用实例

活 化 剂	对矿物的活化作用	资料来源
硫酸铜氨络合物（氨与硫酸铜之摩尔比为 2∶1），$[Cu(NH_3)_4]SO_4H_2O$	镍铜和铁硫化物的混合浮选。在碱性矿浆中活化硫化物（添加到磨矿中更好）	美国专利 3309029（加拿大国际镍公司）
用含多价阴离子（SO_4^{2-}、PO_4^{3-} 等）的各种酸及其盐的阴离子活化矿物。在酸性介质中用阳离子型捕收剂浮选	等电点相近的氧化矿物（锆英石、斜锆石、金红石、钛铁矿、磁铁矿、赤铁矿）的优先浮选。例如，斜锆石从磁铁矿和硅酸盐矿中优先浮选，加硫酸钠作活化剂；从磁铁矿和硅酸盐中优先浮选锆英石，用 H_2SO_4 作活化剂	日本专利 22768（日本东北开发公司）

续表 12-2

活化剂	对矿物的活化作用	资料来源
HF	活化浮选铬铁矿	CA 111,236973
多硫化钠	80~90℃活化难选氧化铜	前苏联专利 1437409(1988)
$Fe(OH)_3$ 和 $Al(OH)_3$ 作共沉淀剂(用十二烷基硫酸钠为捕收起泡剂)	活化重金属离子(Cu、Zn、Cr、Pb、Hg、Cd),通过吸附胶体浮选脱除上述重金属离子	CA 111,139816
硫酸铜与甲醛合用	可使被氰化物所抑制的闪锌矿再活化,效果好	选矿药剂年评,第五届全国选矿年评报告会论文集,1989
氧化钙 (50g/t)	石英、黑云母	选矿手册,第三卷,第二分册(1993)
氯化钡	石英、蛇纹石	
氯化镁	石英	
硫酸铜 (50~1000g/t)	闪锌矿、黄铁矿、辉砷钴矿	
氯化铜 (50~1000g/t)	闪锌矿、黄铁矿、辉砷钴矿	
硫酸锰	二氧化锰矿	
活性炭 (35~250g/t)	硫化矿	
硝酸铝	石英、白云石	
硫酸镍	硫化矿	
铁盐 (50~1000g/t)	石英、锆石	
硫酸 (50~1000g/t)	未经氧化的硫化铜矿	
盐酸	绿柱石、锂辉石	
硝酸铅 (45~900g/t)	闪锌矿、云母岩、辉锑矿	
氢氟酸或氟硅酸阴离子的化合物	含铌矿物的活化剂(包括在由碳酸盐和磷酸盐矿石中预先浮选时被碱性淀粉或硅酸钠抑制了的铌矿物),在 H^+ 介质中用阳离子作捕收剂	美国专利 2959281
铬盐(其中有硫酸铬)活化剂(用脂肪酸或其皂作捕收剂)	从含重晶石、方解石、石英及硫化物的矿石中分离萤石,为 CaF_2 的活化剂(有效絮凝氟化物矿泥),同时,兼有抑制不良组分作用	法国专利 1421799
$K_4Fe(CN)_6$(活化剂)	用脂肪胺浮选钾盐的活化剂,提高回收率和精矿质量	前民主德国专利 38073

续表 12-2

活化剂	对矿物的活化作用	资料来源
硫酸铜($CuSO_4$)	闪锌矿和其他硫化矿的活化剂	Calgon 公司
硝酸铅活化剂	高砷锑矿石浮选,在弱酸性介质中,以醇胺黄药为捕收剂	选矿综合年评,第六届全国选矿年评报告会论文集,1991
硫酸铵	活化氧化锌矿石的黄药浮选	国外金属矿选矿,2000(3)
硫酸铵	已被抑制的黄铁矿及磁黄铁矿	选矿手册,第三卷,第二分册(1993)
碳酸铵		
氯化铵		
硝酸铵		
过硫酸铵	与硫酸铜合用活化被抑制的闪锌矿	
氢氧化铵	与硫酸铜合用活化被抑制的闪锌矿,硫化矿(氰化物抑制之后)	
硫酸亚铁 (45~900g/t)		
亚铁氰化钾 (45~900g/t)		
过氧化钡		
亚硫酸		
亚硝酸钠	氧化铜矿	
硫化钠或硫化钙 (250~2500g/t)	白铅矿、孔雀石、菱锌矿	
硫氢化钠 (250~2500g/t)		
硫化氢 (100~1000g/t)		
碳酸氢钠(铵)	(用胺捕收时)铌矿	
醋酸铅 (45~900g/t)	闪锌矿、辉锑矿、辉砷钴矿	
硝酸铅 (45~900g/t)		
氟化钠	硅酸盐脉石、长石、黑云母、绿泥石、铬铁矿	
氢氟酸 (200~900g/t)		
氟硅酸钠	氧化铁矿、铬铁矿、含镍磁黄铁矿活化被石灰抑制的黄铁矿	
胶状二氧化硅	氧化铁矿	
硝酸铵	分离硫砷铁矿,优先活化黄铁矿	CA 70,70396c

表 12-3 有机活化剂及其应用

活化剂名称	对矿物的活化作用	资料来源
聚乙烯吡啶的多卤代烷基化合物活化剂	用阴离子捕收剂浮选石英,活化石英	前苏联发明书 124378
天然和合成单宁分散剂	Rinelli 等用于白铅矿、菱锌矿、石英和方解石浮选	国外金属矿选矿,2003(8):9~14
乙二胺及水杨醛肟	均对菱锌矿具有强活化作用	国外金属矿选矿,2000(3):7~14
二甲酚橙、羟肟酸、水杨醛肟、α-安息香肟和邻氨基苯甲酸以及甲基、乙基和丁基的二硫代碳酸盐等	均为异极矿活化剂,促进十二胺多层吸附,使异极矿与脉石很好分离。其中肟类及邻氨基苯甲酸为螯合活化剂,它们在矿物表面发生化学吸附	国外金属矿选矿,2000(3):7~14 有色冶金,1998(6):15~18
ИМ-70,-80,-90,-100	Cu-Mo 矿浮选抗氧化剂	CA 110,234897
淀粉	活化氧化铅、水方硼石	An Introduction to the Theory of Flotation, Butterworths, London, 1963
羧甲基纤维素	辉铜矿、斑铜矿、石墨活化剂	Gorlovsky S L. In: Flotation Reagents Reagents Reagents, 1965,157~180 Solari J A, De Araujo A C, Laskowski J S, Coal Prep, 1986(3):15~32
聚电解质 Betz 1150(一种弱阳离子型聚丙烯酰胺共聚物和氢氧化铁)	用作吸附胶体浮选法从溶液中浮选锌离子的有效活化剂	Sep Sci Technol, 1989(13):1179~1180
柠檬酸	白云母	选矿手册,第三卷,第二分册(1993)
草酸	(被石灰抑制的)黄铁矿、磁黄铁矿	
次硫酸氢钠甲醛		
乙二胺磷酸盐	氧化铜矿	
乙醇胺磷酸盐		
乙炔	氧化铜矿、锡石	
糊精+磷酸三钠	石英(浮蔷薇辉石时)	
亮绿	赤铁矿	
脂肪酸烷基酯	硫化矿	
aerosol-18,-22	氧化铁矿	

续表 12-3

活化剂名称	对矿物的活化作用	资料来源
磷酸酯类	硫化矿	选矿手册,第三卷,第二分册(1993)
四氯化碳	石墨	
糊精	白云母(酸性介质中)	
二甲苯	钾盐矿	
聚乙二醇	脉石	
木素磺酸(或其盐类)	浮选多金属硫化矿中可活化铜-铅矿抑制黄铁矿及脉石	日本公开特许 59160558(1984)

硫酸铜是常用的活化剂。硫酸铜的制备原料是浓硫酸和铜，废铜或金属加工业的废料（铜刨片、铜屑等）都可用作制造硫酸铜的原料。反应式为：

$$Cu + 2H_2SO_4 \xlongequal{\text{加热}} CuSO_4 + 2H_2O + SO_2\uparrow$$

硫酸铜，俗称胆矾，分子式为 $CuSO_4 \cdot 5H_2O$，密度为 2.29g/cm^3，一般为结合了 5 个结晶水的蓝色晶体，为蓝色透明三斜晶系结晶或粉末。无臭，在干燥空气中慢慢风化，表面变成白色粉末状物。加热到 45℃时失去一分子结晶水，102℃时失去二分子结晶水，113℃时失去四分子结晶水，成为白色的一水硫酸铜，258℃时失去全部结晶水而成绿白色无水硫酸铜粉末，650℃时分解为黑色的氧化铜粉末，并释放出 SO_2。

胆矾易溶于水，其饱和溶液在 0℃时为 129g/L，在 100℃时为 424g/L。溶液中有游离的 H_2SO_4 存在时，胆矾溶解度下降，在较高的温度下，从酸性溶液中析出 $CuSO_4 \cdot 3H_2O$ 晶体。三水硫酸铜为天蓝色晶体。

硫酸铜是强电解质，在水溶液中电离出铜离子和硫酸根：

$$CuSO_4 \rightleftharpoons Cu^{2+} + SO_4^{2-}$$

硫酸铜是强酸弱碱盐，在水中能水解，使溶液呈弱酸性：

$$Cu^{2+} + 2H_2O \rightleftharpoons Cu(OH)_2 + 2H^+$$

$CuSO_4$ 溶液中的 Cu^{2+} 可以被置换次序表中位于铜前面的金属所置换。因此 $CuSO_4$ 有腐蚀作用，一方面由于 $CuSO_4$ 水解使溶液呈酸性，腐蚀设备，而更重要的是 Cu^{2+} 能被铁置换，金属铜析出而铁质设备受到腐蚀。所以不能用铁质容器盛 $CuSO_4$ 溶液，也不能用铁质管道输送 $CuSO_4$ 溶液。

硫酸铜是闪锌矿和黄铁矿的活化剂，目前广泛使用。

硫酸铜的活化机理有两点：

(1) 在被活化矿物表面发生复分解反应，结果在矿物表面形成活化膜。

例如，以硫酸铜活化闪锌矿时：

$$ZnS]ZnS + CuSO_4 \longrightarrow ZnS]CuS + ZnSO_4$$

CuS 的溶解度远小于 ZnS 的溶解度，因此会在闪锌矿的表面生成一层 CuS 薄膜。闪锌矿表面的 CuS 薄膜很容易与黄药类捕收剂作用，因而闪锌矿得到活化。

（2）先脱去抑制剂，后生成活化膜。例如，NaCN 抑制闪锌矿时，在闪锌矿表面生成了锌氰络离子$[Zn(CN)_4]^{2-}$，所以将 $CuSO_4$ 溶液加入被氰化物抑制的闪锌矿矿浆中，有如下的反应发生：

$$Zn]Zn(CN)_4^{2-} \rightleftharpoons ZnS]Zn^{2+} + 4CN^- \xrightleftharpoons{Cu^{2+}} ZnS]Zn^{2+} + Cu(CN)_4{}^{2-}$$

$[Zn(CN)_4]^{2-}$的不稳定常数为 1.26×10^{-17}，而铜氰络离子 $[Cu(CN)_4]^{2-}$ 的不稳定常数为 1.0×10^{-25}，因此反应正向进行，闪锌矿表面的氰根脱落，露出新鲜表面，游离的 Cu^{2+} 再与闪锌矿表面作用生成硫化铜的活化膜，达到活化闪锌矿的目的。

凡是能够与硫离子作用生成难溶硫化物，又能与黄原酸根作用形成难溶黄原酸盐，其难溶程度较黄原酸更大的重金属离子，都可以作为闪锌矿的活化剂，其活化顺序为：Cu^{2+}、Cu^+、Hg^{2+}、Pb^{2+}、Cd^{2+}。

Na_2S 在浮选中作用突出，使用广泛，它在浮选过程中的主要作用有 4 方面：（1）有色金属氧化矿及氧化了的硫化矿活化剂；（2）硫化矿的抑制剂；（3）硫化矿混合精矿的脱药剂；（4）矿浆离子成分的调整剂。

硫氢化钠（NaHS）、硫化钙（CaS）等，与硫化钠的性质、作用相似，属同类型。

硫化钠的主要制造方法是用还原剂还原硫酸钠，还原剂可以是煤、木炭、发生炉煤气、水煤气、天然煤气及其他还原性气体等。

硫化钠纯品为无色结晶粉末，工业品是带有不同结晶水的混合物，并含有杂质，其色泽呈粉红色、棕红色、土黄色等，密度、熔点、沸点也因组成不同而异。

硫化钠吸潮性强，易溶于水，微溶于乙醇，不溶于醚。在水中完全电离，生成大量的 S^{2-}。硫化钠是弱酸强碱盐，在水中易水解，使水溶液呈强碱性反应，能腐蚀皮肉，不能用手接触。

S^{2-} 是强还原剂，易被氧化，硫化钠水溶液置于空气中，慢慢被空气氧化而析出单质硫。因此硫化钠溶液应新鲜配制，若放置过久则会失效。

一般说来，氧化矿是由离子键结合而成，亲水性强，用黄药类捕收剂不易浮选。加入 Na_2S 后，Na_2S 在水中发生电离，产生 S^{2-}。S^{2-} 可以与很多金属离子生成硫化物沉淀，例如与 Cu^{2+}、Pb^{2+}、Zn^{2+}、Ni^{2+}、Co^{2+} 等离子都可以形成难溶的硫化物沉淀，形成难溶的硫化物薄膜，附着在矿物表面，变矿物的亲水性为疏水性，活化了氧化矿，从而能为黄药类捕收剂所浮选。为了使矿浆中的S^{2-}不致水解变为HS^-，Na_2S的硫化作用一般都在高pH值介质中进行。

Na_2S对硫化矿的抑制作用，是因其在中性及弱酸性介质中水解产生HS^-，HS^-排除硫化矿表面吸附的黄药，同时本身又吸附在矿物表面，增加矿物表面的亲水性，从而起到抑制作用。

硫化钠抑制硫化矿的递减顺序大致为：方铅矿、闪锌矿、黄铜矿、斑铜矿、铜蓝、黄铁矿、辉铜矿等。

硫化钠用量大时，会解吸矿物表面的黄药类捕收剂，起到脱药的效果。

铬矿石一般伴生大量的蛇纹石和橄榄石等脉石。无论采用阳离子或阴离子捕收剂回收铬矿物分离脉石矿物都比较困难。在使用阳离子捕收剂时，用HF活化剂可以得到良好的分选效果。

HF能够强烈地吸附在铬矿物的表面上生成CrF_2^-，这种负离子和荷正电的月桂胺离子有很强的亲和力，在矿物表面上形成疏水膜，利于铬矿物的浮起。HF也能与蛇纹石、橄榄石晶格中的镁和铁生成一种可溶性的氟化盐类。在pH<4时，HF也能与硅起反应，生成硅氟酸，防止了这些脉石矿物与捕收剂的吸附作用。但是，Na_2SiF_6无论是用脂肪酸或脂肪胺类浮选都有不良影响，其主要原因是SiF_6^{2-}能够吸附在铬矿物和脉石矿物表面，无法分选，选择性被破坏。

Rowson在钛铁矿的浮选过程中，使用硝酸铅60g/t作活化剂，油酸作捕收剂，回收率由不用活化剂时的65%提高到83%，精矿含TiO_2 36.6%；矿物表面电位测定表明，Pb^{2+}离子选择性地吸附于钛铁矿表面，加强了油酸根离子在钛铁矿表面的吸附，硝酸铅不活化石英和硅酸盐矿物。

1988年法国专利（2610219）介绍了用醋酸铅活化锡石浮选，用acropromoter 845作捕收剂，远比用硝酸铅效果好。

昆明理工大学汪伦对云南某氧化锌矿进行浮选试验研究时，以水杨醛肟（活化剂）200mg/L、Na_2CO_3 600mg/L、十二胺35mg/L、松醇油30mg/L，在对矿物脱泥后采用较简单的流程一次选别，获得锌精矿品位37.07%，回收率73.92%的指标。研究表明有机螯合剂水杨醛肟在氧化锌浮选中，利用水杨醛肟活化-胺浮选方法是可行的，可用于氧化锌矿的浮选。它与常规硫化-胺浮选法相比，具有锌精矿品位高，药耗低，对环境污染小等特点。

我国东川矿务局汤丹矿选厂用乙二胺磷酸盐与硫酸铵混合调整剂活化浮选氧化铜矿，铜精矿品位为14.67%，回收率提高1.29%。

在铜镍矿浮选中，可用硫酸铜与硫代硫酸铜按比例混合作为铜镍硫化矿的混合活化剂。

用胺类作活化剂，除我国用乙二胺磷酸盐作为氧化铜矿的调整剂外，据国外报道，用黄药、黑药组合捕收剂浮选氧化了的Co、Ni、Pb、Cu、Zn硫化矿，磁黄铁矿和镍黄铁矿时，添加活化剂均可获得好的选别效果。所使用的活化剂有：通式为 $NH_2(CH_2CH_2NH)_n—CH_2—CH_2NH_2$（式中 $n=0\sim4$）的2~6元胺以及N，N′-二甲基乙二胺，1，2-二胺基-二甲基丙烷等。结果表明，这类胺活化剂在浮选中起着明显的活化作用。

前苏联1985年有多篇资料和专利介绍：（1）用脲素和氯化钡（摩尔比3∶1）的络合物作为重晶石的活化剂。（2）认为硫酸铜、硫酸锌和硝酸铅在辉锑矿的浮选过程中的活化作用，是由于在辉锑矿表面上的铜、锌、铅离子取代了锑金属离子之故。

参考文献

1 伯德．国外金属矿选矿，1995（3）
2 CA 120，33878
3 国外金属矿选矿，1994（4）
4 ИЗВ. ВУЗ. ГОР. Ж，1993（7）
5 CA 122，133068
6 CA 122，295701
7 CA 117，255257
8 Rom RO 100035
9 CA 119，164577
10 USSR SV 1819160
11 CA 122，111242
12 CA 119，106627
13 B. Ю. Кукущкин，Обогащ，Руд，1984（5）：9~13
14 阙锋等．国外金属矿选矿，1999（7）
15 国外金属矿选矿，1994（4）
16 胡熙庚．有色金属硫化矿选矿．北京：冶金工业出版社，1987
17 CA 102，49142（1985）
18 Rowson N A. 国外金属矿选矿，1994（4）：2~6
19 Androw M P, Jenkins J R. Int J Miner Process，2003，68（1~4）：1~16
20 中国冶金百科全书，选矿卷．北京：冶金工业出版社，2000
21 选矿手册编辑委员会．选矿手册（第三卷，第二分册）．北京：冶金工业出版社，1993
22 见百熙．选矿药剂年评（述评）．全国第一届选矿年评报告会论文集，1981
23 见百熙．选矿药剂年评（述评）．全国第二届选矿年评报告会论文集，1983
24 见百熙．选矿药剂年评（述评）．全国第三届选矿年评报告会论文集，1985

25 见百熙．选矿药剂年评（述评）．全国第四届选矿年评报告会论文集，1987
26 见百熙，阙煊兰．选矿药剂年评（述评）．全国第五届选矿年评报告会论文集，1989
27 见百熙，阙煊兰．选矿药剂年评（述评）．全国第六届选矿年评报告会论文集，1991
28 阙煊兰等．选矿药剂年评（述评）．全国第七届选矿年评报告会论文集，1993
29 阙煊兰等．选矿药剂年评（述评）．全国第八届选矿年评报告会论文集，1997
30 Parsonaeg P, Meven D, Healey A F. 国际矿业药剂会议论文选编．中国选矿科技情报网，1985
31 张俊辉．四川有色金属，2004（4）：13～22
32 汪伦．昆明理工大学学报，23（2）：25
33 张闾．浮选药剂的组合使用．北京：冶金工业出版社，1994
34 Bulatovic S M，et al. Complex Sulfidee Processing of Ores Conce-ntrates and By-Products，ed. by kunkel A，et al. 1985，102～133
35 Шубов，Л Я и др. Фдотационые Реагенты В Працессах Обогащения Минеральвного СырБя，Книгаэ，Москва，1990，206～222；157～188
36 浦家扬．国外金属矿选矿，1985（5）：33～43
37 胡锦华．国外金属矿选矿，1990（10）：35～42
38 Palvlica J，et al. Min Mag，1991（3）：125～129
39 高伟等．有色金属（选矿部分），1981（1）：8～9
40 温蔚龙．有色矿山，1992（6）：40～44
41 王兰华等．矿产综合利用，1992（3）：10～12
42 贺爱兰．湖南有色金属，1992（1）：17～22
43 任俊．矿产综合利用，1991（3）：21～23
44 吴永云．非金属矿，1989（3）：18～22
45 拉什奇．F. 等．国外金属矿选矿，2000（11）：2～9
46 Bulatovic S M，et al. Preprints-XIV Int. Min. Proc. long.，Session IV-Flotation，1982 IV-3. 1-3. 28
47 张心平译．国外金属矿选矿，1981（4）：50～51
48 C. A. 95，84098；114，47027
49 U. S. Pat. 3435952；前苏联专利 1077642
50 Г. В. Иллыунева，Цвет. Мет.（Москва）1985（3）：94～97
51 А. В. Пацис，Докл. Акау. Надк. СССР，280（6），1391～1393

第 13 章　有机抑制剂

13.1　概况

有机抑制剂在浮游选矿中是调整剂的重要组成。无机和有机两类抑制剂可以互补，发挥协同作用。有机抑制剂既可以弥补一些无机抑制剂或因有毒或因抑制分选指标不理想的不足，又可以提供来源广泛，具有使用有利有效方面的特点。有机抑制剂选择性、针对性强，能增强非目的矿物的亲水性，使其受到抑制，达到分选分离的目的。

有机抑制剂有天然和人工合成两类。若按相对分子质量分，可以分为小分子有机抑制剂和高分子抑制剂。天然抑制剂又可简单分为两类：多糖类和多酚类。表 13－1 列出了一些天然多糖化合物特性。多酚类主要有单宁、栲胶、木质素衍生物（木质素磺酸钠等）和荆树皮及白雀树皮浸膏等。

表 13－1　一些多糖化合物的特性

分　子	相对分子质量	配糖连接	羟基位置	链 的 结 构	氢　键
古尔胶	25000	β	顺式	带有半乳糖分支的链状甘露糖	顺式羟基增强氢键
直链淀粉	40000～650000	α	反式	无支链的易弯曲的螺旋结构	多个 OH 基向里对着螺旋，没有氢键加入
支链淀粉	10000～100000	α	反式	高的分支结构	分支结构空间屏蔽氢键列阵
纤维素	250000～1000000	β	反式	刚性直链	由于 OH 在反式位置上，所以没有氢键

小分子有机抑制剂主要有：草酸、丁二酸、天冬氨酸、柠檬酸（或钠盐）、水杨酸钠、酒石酸和巯基乙酸（钠）等。它们主要是硅酸盐类脉石、石英、白云石和长石等的抑制剂。

高分子有机抑制剂除具有较好的抑制性能外，通过改变相对分子质量的大小或对其进行改性，可使其具有分散性和絮凝作用。常见的有机抑制剂类型、品种如表13-2所列。

有机高分子抑制剂通常都是水溶性的（与絮凝剂相似）。它在分子中应有相当足够的能促进水合作用的极性基团，例如，—OH，—COOH，$\rangle C{=}O$，$HC{=}O$（$\vert$），$-NH_2$，$R{-}NH$（$\vert$），R_2N-，$-SO_3H$ 等极性基。极性基团不同性能亦有不同，根据高分子抑制剂在矿物表面吸附的作用机理及影响，大致可以将高分子抑制剂作用分成四类：

(1) 具有起水合作用的非离子化极性基团的化合物，例如含有羟基、羰基及醚基等的物质；包括羟乙基纤维素、甲基纤维素、聚乙烯醇等。

表13-2 高分子有机抑制剂类型

类型		品种	结构特点		应用
			极性基	非极性基	
天然高分子及其改性物	淀粉类	淀粉	—O—,—OH	α-甙单元	抑制赤铁矿、辉钼矿及脉石矿物等
		改性阳离子淀粉	$-N^+(CH_3)_2$,—O—		抑制硅酸盐脉石矿物等
		改性阴离子淀粉	—COOH,—O—		抑制赤铁矿及脉石矿物等
		糊精(水解淀粉)	—O—,—OH	同上(分子量较小)	类似天然淀粉
	纤维素类	羧甲基纤维素	—COOH(Na),—O—	β-甙环单元	抑制含Ca、Mg矿物及矿泥
		羧乙基纤维素	—OH,—O—		
		磺酸基纤维素	$-SO_3H(Na)$,—O—		
		黄原酸基纤维素	—OCSSH(Na),—O—		抑制硫化矿
	聚糖类	天然植物胶	—O—,—OH	各种甙环(多为甘露半乳聚糖)	抑制含Ca、Mg矿物及矿泥
		改性植物胶	—O—,及其他基团		
	木质素类	天然木质素	—OH	$-C_6H_4-C_3H_4-$	抑制脉石矿物等
		磺化木质素	$-SO_3H(Na,Ca)$,—ON,		
		氯化木质素	—Cl,OH		
	单宁类	栲胶	—COOH,—OH	$-C_6H_4-$等	
		氧化栲胶	—COOH,—OH及其他基团		
		硫化栲胶			

续表 13-2

类型		品种	结构特点		应用
			极性基	非极性基	
合成高分子及改性物	阳离子型	聚乙烯吡咯啉酮	氮杂环	$-CH_2-\underset{\mid}{CH}-$ 等	抑制石英等
		氨甲基化聚丙烯酰胺	$-N(CH_3)_2$，$-C(O)NH-$	$-CH_2-\underset{\mid}{CH}-$ 等	
	非离子型	聚丙烯酰胺	$-C(O)NH_2-$	$-CH_2-CH-$	抑制钙矿物及脉石矿物类
		聚乙烯醇	$-OH$	$-CH_2-CH-$	抑制赤铁矿等
	阴离子型	聚丙烯酸	$-COOH$	$-CH_2-CH-$	抑制脉石矿物等
		水解聚丙烯酰胺	$-COOH(Na)$	$-CH_2-CH-$	

（2）具有起水合作用的阴离子极性基团的化合物，例如含有羧基、磺酸基（$-SO_3H$）、硫酸酯基（$-OSO_3H$）等物质，包括羧甲基纤维素、海藻酸、硫酸化纤维、木素磺酸盐、各种无机酸化淀粉、聚丙烯酸等。

（3）具有起水合作用的阳离子极性基团的化合物，例如含有伯胺基、仲胺基等的物质，如蟹壳蛋白、水溶性脲醛树脂、氨乙基淀粉等。

（4）同时含有阴离子及阳离子极性基团的化合物，例如蛋白质类氨基酸化合物等。

以上各类所举例子在选矿试验或生产使用中都有不少实例。其中淀粉及其衍生物是使用最为常见的，例如，铁矿反浮选时抑制铁矿物；浮选硫化铜时抑制硫铁矿及辉钼矿；浮选金和硫化矿物时抑制石墨、云母和滑石；从方铅矿中浮选闪锌矿以及浮选重晶石等矿物时也有用淀粉作抑制剂的。

国内外介绍（使用）的某些有机抑制剂的用途及作用见表 13-3 所列。

表 13-3 某些有机抑制剂及用途

抑制剂名称(组分、牌号)	用途及作用	资料来源(生产厂家)
丙烯酸或其衍生物的水溶性聚合物 $\left[-CH_2-\underset{\mid}{CH}(COOX)-\right]_n$	氧化铜矿等，有利于提高 Cu，Pb 品位，改善矿泥浮选	法国专利，1519540
醋酸乙烯酯与顺丁烯二酸酐的水解聚合物，组合质量比为 2:1~1:1.5	多金属矿浮选，脉石抑制剂	前苏联发明书：141827
乙烯磺酸钠：丙烯酰胺（摩尔比）=1:9的共聚物	多金属矿浮选，脉石抑制剂	前苏联发明书，144124

续表 13-3

抑制剂名称(组分、牌号)	用途及作用	资料来源(生产厂家)
乙酰二硫代碳酸二钠	辉钼矿浮选,抑制伴生硫化矿物	美国专利,3329266
萘酚偶氮染料(最好是4号酸性红)和硫代磷酸钠混合物	辉钼矿优先浮选。铜和硫化矿物的抑制剂	美国专利,3400817
刚果红药剂	铜锌混合精矿浮锌作辉铜矿和斑铜矿抑制剂	前苏联发明书,129574
丙烯腈与丙烯酸共聚物(两者摩尔比为1∶1~1∶6)	铜铅混合精矿分选,抑制铅矿物	前苏联发明书,141826
腈混合物[CH_3—CH(OH)—CN,C(OH)H_2CN和$(CH_3)_2$—C(OH)CN]	铅锌矿和铜黄铁矿。含铁矿物的有效抑制剂(代替氰化物),有利于提高铅锌精矿质量和回收率	美国专利,2984354(美国氰胺公司)
羧甲基纤维素	铜镍矿精选和中矿再选降低杂质含量	前苏联专利,110039
纤维素乙基磺酸盐(酸性介质)	铜镍矿石的优先浮选。抑制与硫化物伴生的硅酸盐	钼矿选矿与深加工,1997.冶金工业出版社
水玻璃、聚磷酸盐加甘露半乳聚糖	镍黄铁矿、黄铜矿、磁黄铁矿的泥质硫化矿,滑石、辉石、角闪石等泥质抑制剂	美国专利2519802(加拿大谢里特·戈登矿山公司)
三硫代碳酸酯钠 S═C(S—CH_2CH_2CSONa)(S—CH_2—CSONa)	抑铜、铁(浮钼、铅)	CA 103,199046(1985)
$HOCH_2CH(OH)$—CH_2S—C(S)SNa	浮钼时,抑制铁矿	CA 107,62528(1987)
羧甲基氨基二硫代甲酸钠 NaOOC—CH_2NHCSSNa	选择性抑制多硫化矿(铜、铁、铅、镍)	CA 104,190296
Д-2Е(低分子量的硫代氨基甲酸盐)	抑黄铜矿(浮辉钼矿)	CA 106,123423(1986)
NaOOC—CH_2NHCSSCOOC_2H_5	抑铜、镍、铁(浮钼)	CA 103,40425
硫脲	抑铜(浮铅);抑次生硫化铜矿	CA 106,88147;111,81727
草酸	抑铅(浮铜);浮Ta-Nb抑制剂	CA 103,40427;108,224674
酒石酸	抑制被$CuSO_4$活化的黄铁矿	CA 104,228066
柠檬酸	抑制被铁活化的石英	CA 104,72305
ОП-2(一种混合羧酸)	抑石英	CA 103,9453
氰基三甲基膦酸(与水玻璃一起)	抑方解石(浮萤石)	CA 107,18270
氯化铵-双氰胺甲醛缩合物	抑萤石、石英(浮高岭土)	CA 107,9958(德国专利)

续表 13-3

抑制剂名称(组分、牌号)	用途及作用	资料来源(生产厂家)
苯胺黑	抑黄铁矿、碳质脉石	CA 103,218768
茜素红-S(一种染料)	抑制磷灰石	CA106,88053;105,230334
氧化淀粉	对赤铁矿化学吸附,对刚玉和石英无化学吸附	CA 111,236972(1989)
从木浆制的多糖类	铁矿,浮选助剂	(前苏联)专利 1357409(1987)
多糖类	选煤时抑制黄铁矿	CA 111,41733(1989)
羧甲基纤维素	抑方铅矿,浮闪锌矿	CA 103,59909(1988)
羧甲基纤维素与古尔胶	用于锌精矿脱 SiO_2	CA 108,9173(1988)
甘蔗渣半纤维素	滑石抑制剂	南非专利 8802,394(1988)
腐殖酸	选煤时,脱黄铁矿(脱硫)	CA 111,236517(1989)
腐殖酸钠	分选萤石-碳酸盐作抑制剂,抑铅浮铜	CA 108,224728(1988) 106,141458
高温褐煤灰尘	硫化矿浮选药剂的解吸剂	德国专利 244079(1987)
褐煤生物处理产品	抑制萤石矿	前苏联专利 1,407,559(1988)
黄腐酸钠	Cu,Pb,Zn 矿,抑制方铅矿	刘惠卿,见百熙.矿冶工程,1988(1)
坚木栲胶	浮选方解石时作抑制剂	CA 110,176054
磺甲基化磺酸钙(来自木素)	磷矿浮选时抑制白云石	中国发明专利 86,107,171
磺甲基化磺酸钙(来自木素)	磷矿浮选时抑制白云石	中国发明专利 86,101,820
氯化木素或硝化木素	浮选铁矿时,抑制萤石	前苏联专利,1,488,013(1989)
木素磺酸盐	浮选辉锑矿,抑制毒砂	CA 111,178232(1989)
单宁	抑制方铅矿、碳酸盐;浮铁抑制剂	CA 106,36381
木素磺酸盐	抑制方铅矿、碳酸盐;浮铁抑制剂	CA 105,176302;176203 俄罗斯专利 1416188
铁铬木素	处理多金属矿有效抑制剂	CA 104,52941;105,176302;106,141458
黄腐酸钠	抑铅(浮铜)	矿山,1987(1)CA 105,176302
Баниты(班尼特)为造纸废物制得的木素磺酸盐	铁矿反浮选抑制铁矿物	前苏联专利 186352

续表 13-3

抑制剂名称(组分、牌号)	用途及作用	资料来源(生产厂家)
阿拉伯半乳糖胶水溶性聚合物(由落叶松水淬加工)	铁矿石反浮选铁的抑制剂	前苏联发明书149731
改性淀粉	反浮选抑铁,用量为玉米淀粉的一半(阴离子捕收剂)	金属矿山,2004(7)
匀化淀粉(普通凝胶淀粉液高速搅拌,2000r/min)	铁矿石阴离子捕收剂反浮选硅酸盐作铁矿物抑制剂(比普通淀粉用量少一半)	美国专利3171778
苛性淀粉与硫酸钠组合抑制剂	苛性淀粉强抑制剂,硫酸钠选择性抑制,抑制重晶石	化工矿物与加工,2000(9)
羟乙基纤维素(羟乙基数量不大于10%)	阳离子捕收剂浮选铁矿石和锰矿石时作脉石抑制剂	前苏联发明书108035
淀粉或坚木栲胶或硫化钠或木素磺酸镁和氟化钠的混合物	含锂辉石和绿柱石的伟晶岩矿石,用油酸作捕收剂浮选锂辉石,作绿柱石抑制剂(此前先用阳离子捕收剂浮选云母)	美国专利3028088
聚乙烯基氨基苯酚醚[$NH_2C_6H_4O(C_2H_3)_n$]与氟硅酸钠	浮选分离磁铁矿、黄绿石	前苏联发明书181563
腐殖酸钠	分选钛铁矿-磁铁矿混合精矿作磁铁矿抑制剂	前苏联发明书160477
酚类芳香族羟基化合物(对苯二酚、间苯二酚等)或五倍子酸、水杨酸、没食子酸	浮选锡石和黑钨矿先作介质调整剂,再用脂肪酸作捕收剂浮选	前苏联发明书153047
聚丙烯酰胺(低分子量)	优先浮选白钨矿与方解石和混合精矿中,与硅酸钠一起解吸方解石表面的捕收剂,在硫化矿浮选中选择性抑制黄铁矿	前苏联发明书202020 A. 布尔顿,等. 国外金属矿选矿,2001(1)
羧甲基纤维素或者羟乙基纤维素	用脂肪酸皂类药剂浮选含钙矿物(白钨矿、方解石、萤石等)作抑制剂	美国专利2824643
烷基芳基磺酸盐,$R_nA_rSO_3Me$(R为一个或n个烷基,碳原子数为9~16,A_r为芳基,Me为氢或金属,如十二烷基苯磺酸钠)	浮选云母矿物时用于抑制脉石矿物	美国专利3214018
植物胶的胶体溶液	在用脂肪酸浮选磷酸盐矿石时抑制碳酸盐	英国专利1686438
胶凝化糊精(苛性钠与淀粉的质量比为1:1~1:2)	用油酸或亚油酸从含碱土金属碳酸盐矿石中浮选磷酸盐矿的非磷酸盐类的抑制剂	美国专利3403783

续表 13 - 3

抑制剂名称（组分、牌号）	用途及作用	资料来源（生产厂家）
坚木栲胶（从冷杉和栗木中提取）	浮选菱镁矿时代替丹宁、六偏磷酸钠等抑制白云石（捕收剂为油酸＋氧化煤油）	捷克专利 102060
聚甲基丙烯酸盐（相对分子质量 100000）以及其与丙烯酰胺共聚物	用阴离子捕收剂浮选钾盐时抑制矿泥	前联邦德国专利 1267631
淀粉与烷氧基仲胺缩合物	用阳离子捕收剂浮选钾盐矿时抑制黏土矿泥	法国专利 1147933
γ-巯基丙醇及 $C_{1\sim3}$ 衍生物	铜镍铁矿选择性抑制剂	CA 107,220982
巯基乙酸钠，$HSCH_2COONa$	黄铜矿有效抑制剂，毒性远低于氰化钠，也低于硫化钠，用量少，可代替氰化钠、硫化钠（浮钼、铜、钨钼）	张文征. 第一届全国选矿学术讨论会论文集，1986
巯基乙醇，$HSCH_2CH_2OH$	强抑被黄药覆盖的闪锌矿、弱抑黄铜矿	CA 104,2280725；105,9684；106,70813
焦性没食子酸或糊精、柠檬酸、腐殖酸钠	选择性浮选锡石抑制赤铁矿	杨敖. 第一届全国选矿学术讨论会论文集，1986
乙二胺四甲基膦酸、二硫代碳酸乙酸二钠和二硫代氨基乙酸二钠	煤脱硫除黄铁矿的强抑制剂	陈万雄. 1992 年武陵源选矿选煤及矿产资源综合利用学术讨论会论文集
102 号抑制剂	氧化矿特效抑制剂	郭玉光. 1992 年武陵源选矿选煤及矿产资源综合利用学术讨论会论文集
苯二氧基二乙酸，$C_6H_4(OCH_2COOH)_2$	抑制三种矿物大小顺序为：方解石 > 一水硬铝石 > 黄铁矿	中国有色金属学报，2001(4)
氧肟酸淀粉	对一水硬铝石抑制性较强	金属矿山，2004(6)
氧肟酸聚丙烯酰胺	高岭石、一水硬铝石的活化剂	金属矿山，2004(6)
二甲基二硫代氨基甲酸钠（ДМДК）	抑制磁黄铁矿，降低磁黄铁矿对丁黄药的吸附量	国外金属矿选矿，2003(4)
柠檬酸	硅酸盐抑制剂	Calgon 公司
CMC，羧甲基纤维素	碳质脉石抑制剂	Calgon 公司
Courlose Ml 921 CMC 碱（K，Na） Courlose Ml 613 CMC 碱（K，Na）	滑石，赤铁矿，黏土，方解石，电气石（专用的 Courtaulolv 产品）	Couitauids Fine Chemicals
古尔胶	抑滑石，广泛用于 Ni 和铂族浮选	Reakem Henkel Tvohdl
Orfom D_8（二-羧甲基硫代碳酸钠）及高锰酸盐	Fe、Cu 和 Pb 硫化矿，砷黄铁矿抑制剂	Phillips 66 公司
白雀树皮汁（一种单宁提取物）	方解石、白云石	Phillips 66 公司

续表 13-3

抑制剂名称(组分、牌号)	用途及作用	资料来源(生产厂家)
白雀树皮汁与硅酸钠	浮天青石,抑制钙硅脉石	CA 118,238076
淀粉	黏土和硅酸盐抑制剂	矿冶工程,1998(1)
淀粉黄药	抑方铅矿(浮铜);抑黄铁矿(选煤)	CA 107,118656104;91787
淀粉	抑方铅矿(浮铜)	CA 105,176302
淀粉的其他用途	浮选剂,絮凝剂,浓密剂,助滤剂,用于K,P,CaF矿	CA 111,9681(1989)
Tylose,纤维素醚	黏土矿泥抑制剂	Hoechest 公司
甲羧酸酯瓜胶,乙羟基淀粉,三聚磷酸盐和聚羟基酸	A. M. 马拉比克等人认为这些药剂是细粒嵌布氧化锌等浮选中,脉石选择性最强的抑制剂	国外金属矿选矿,2003(8)
胺基三甲叉膦酸(NTP),乙二胺四甲叉膦酸(HDTP),己二胺四甲叉膦酸(HDTP),胺基乙二酸(NDA)	抑制黄铁矿和毒砂,其抑制能力大小顺序为:HDTP > EDTP > NTP≫NDA	林强等.第二届全国选矿学术讨论会论文集,1990
糊精	可使方铅矿与黄铜矿,六方硫镍矿与辉铜矿选择性分离等	Proceeding of ⅩⅧ IMPC,1993(3) CA 111,61401;217397
糊精(同时用黄药捕收剂)	分选黄铜矿与方铅矿	CA 111,217397(1989)
糊精	与金属氢氧化物起共沉淀作用	CA 111,61401(1989)
乙炔乙烯丁基醚(MIG-4E)	浮选多硫化矿,抑黄铁矿	CA 110,26459
羟基、羧基取代聚丙烯酰胺(PAM-H,PAM-C)	硫化铁矿有效抑制剂。PAM-H(羟基)比PAM-C抑制性更强	国外金属矿选矿,2002(1)
NDF,ADF及JE(煤焦化工制品,清华大学)	齐大山铁矿阴离子反浮选代替玉米淀粉,改性淀粉作抑制剂,尤其是NDF + JE更好。亦可用于磷矿石浮选	金属矿山,2004(7)
聚丙烯酸钠	浮选赤铁矿,脱 SiO_2,选煤脱黄铁矿	美国专利4808301;4830740
聚丙烯酰胺(带二羟乙酸及磺酸基)	浮选磷矿,脱 SiO_2	美国专利4720339(1988)
胺醛树脂	浮钾盐矿,抑黏土、碳酸盐	CA 110,159709(1989)
氧化丙烯-氧化乙烯嵌段共聚物	浮硫化矿,抑萤石	前民主德国专利258894(1989)
乙二胺四乙酸铵(EDTA 铵)	浮硅灰石、方解石抑制剂	非金属矿,1988(3)
环氧化烷基酚聚合物	浮银矿抑制剂	CA 111,26426
EDTA	从含水铝石分选石英,消除 Al^{3+} 对石英的抑制作用	CA 119,99143

自20世纪30年代后期，在浮选中发现有些有机化合物对脉石矿物具有抑制作用。Dewitt发现水杨醛肟对硅酸盐类脉石有很强的抑制作用，而有意识地将形成可溶性化合物的有机药剂用来做浮选抑制剂约开始于20世纪40年代中期，乳酸及柠檬酸之类的有机含氧酸被用来抑制硅质脉石。这类有机含氧酸是可以与铜铁及其他金属形成可溶性化合物的药剂，它们对于抑制含铁的硅酸盐矿物也特别有效。到目前为止试验研究使用过的有机抑制剂已很多。

对有机抑制剂的作用机理也做出较为详细的阐述。

1946年Gutzeit，Baldauf和Schubert等曾先后研究过浮选有机抑制剂的作用机理，结构与吸附的关系，后两者于1991年提出了用做有机抑制剂的化合物所必须具备的条件：

（1）分子结构应带有多个（至少两个）极性基团；

（2）带有与矿物表面作用比捕收剂更强的极性基；

（3）它的吸附必须有选择性；

（4）必须带有使矿物表面呈亲水的其他极性基。

对于有机大分子、小分子抑制剂的研究表明，使用有机抑制剂可以使药剂的抑制能力增强，大分子有机抑制剂的选择性较差，而小分子有机抑制剂就表现出较好的选择性。

王淀佐定量研究了有机抑制剂的结构和活性的关系，根据他的理论，有机抑制剂的模型为：$X_m—R—Y_n$。其中X为矿物亲固基；Y为亲水基；R为烃骨架。药剂在矿物表面吸附能力取决于X，当X是比捕收剂更强的单个基团时，$m=1$即可满足需要；若X比捕收剂更弱或相同时，$m \geqslant 2$，以便形成更强的络合基团。亲水基Y的极性越大，数量越多，药剂的抑制能力越大。R骨架的分子量越小，并为芳香基时，药剂抑制活性越大。有机抑制剂活性计算判据为：

$$i_1 = \frac{\sum (\Delta X)^2}{\sum n\phi} \tag{13-1}$$

或

$$i_2 = \sum (\Delta X)^2 - \sum n\phi \tag{13-2}$$

式中，ΔX是药剂基团电负性X_g与氢的电负性X_H之差，代表极性基极性大小，$(\Delta X)^2$则与极性基亲水能量大小相当；n是药剂分子烃架中饱和及不饱和的碳氢基单元的数目；ϕ为与烃架结构有关的每个碳氢基疏水性大小的常数，其值为0.4~1.0。

1989年Pugh从原理、类型及应用方面对硫化矿浮选时大分子有机抑制剂进行了评述，包括淀粉类、聚酚类、木素磺酸盐、纤维素、染料等抑制剂。又对抑制作用中各种力加以理论分析，认为大分子抑制剂的亲水基向外延伸到溶液中，所产生的水合作用力阻止了气泡与矿粒的附着。徐晓军等研究发现，氨化羧甲基纤维素对硫酸铜活化后的辉锑矿具有化学络合抑制作用。

1989年日本公开特许8938153号介绍从单晶石榴石细磨粉尘中用浮选法回收浮游矿物时用烷基异羟肟酸为捕收剂，淀粉、阿拉伯胶、单宁、聚乙烯醇、明胶或羧甲基纤维素为抑制剂。用此方法可以回收Gd-Ga石榴石或Sm-Ga石榴石。

13.2 淀粉及其衍生物

13.2.1 淀粉

13.2.1.1 淀粉的结构性能

淀粉是有机化学中重要的碳水化合物之一，主要来源于玉米、马铃薯、小麦、木薯、稻米等作物。各种种子中的淀粉含量如表13－4所列。

表13－4 各种植物种子淀粉的含量

植物名称	淀粉质量分数/%		在面粉中质量分数/%
	含量限度	平均值	
马铃薯	8~29	16	
红 薯	15~29	19	
玉 米	65~78	19	
稻 米	50~69	70	
大 麦	38~42	60	64
筱 麦	54~69	40	54~61
燕 麦	30~40	59	
小 麦	55~78	66	57~67
豆	38	—	99.96

淀粉是由α-葡萄糖分子通过1，4位甙键连接起来的高分子聚合物。相对分子质量由10000~1000000，随淀粉的来源以及组合方式而有所不同。一般认为淀粉的分子结构有两种形式，一种是直链式的，如式Ⅰ，另一种是支链式的，如式Ⅱ。一般淀粉具有前一种结构的，所占的成分比较少（25%），后一种占的成分较多（约75%）。直链式的淀粉相对分子质量一般在10000~60000之间，遇碘变蓝色，100%可以为α-淀粉酶所水解。直链淀粉又称颗粒淀粉，支链式淀粉相对分子质量在30000~1000000之间，遇碘变紫色，α-淀粉酶可以使它水解60%，在水中成糊状，又称皮质淀粉。

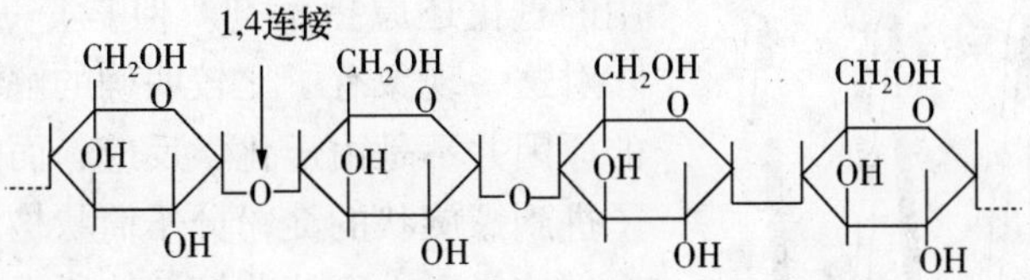

1,4连接

（Ⅰ）

1,6连接分支

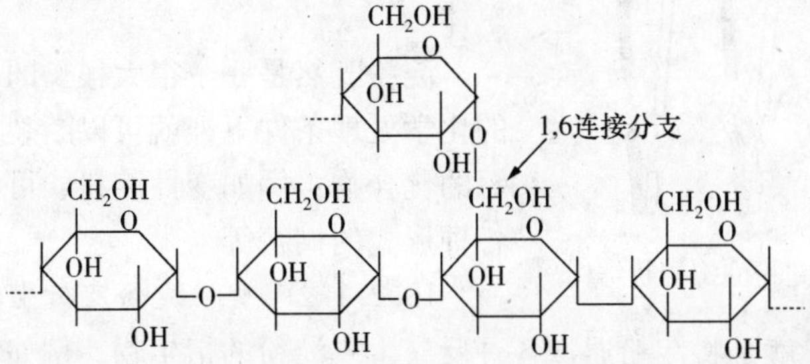

（Ⅱ）

淀粉、纤维素、古尔胶及其衍生物属多糖类化合物。淀粉和纤维素（式Ⅲ）在结构上也十分相似，同属多羟基化合物，只是淀粉的组成单元是α－葡萄糖，纤维素的组成单元是β-葡萄糖。

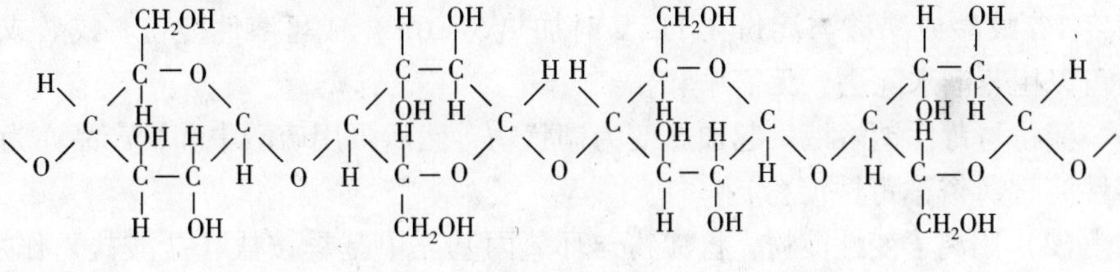

（Ⅲ）

淀粉不溶于冷水，在热水中形成黏性胶状溶液。在无机酸作用下，淀粉水解最终生成α-葡萄糖。

$$\underset{\text{淀粉}}{(C_6H_{10}O_5)_n} + nH_2O \xrightarrow[\text{加热}]{H^+} \underset{\alpha\text{-葡萄糖}}{nC_6H_{12}O_6}$$

淀粉分子中的羟基，特别是伯醇基，能起各种化合反应。其中最重要的是醚化与酯化，主要发生在伯醇基上。

例如，在液体氨中，有金属钠存在时，与碘甲烷作用，或与硫酸二甲酯作用生成淀粉甲基醚。可以酯化成乙酸、丙酸、丁酸以至于软脂酸的酯化产物，也可以与二硫化碳作用生成与黄药相类似的淀粉黄原酸盐（或叫做淀粉黄药）。淀粉与碘作用变蓝现象发现于1814年，在分析化学上用以作为一种最常

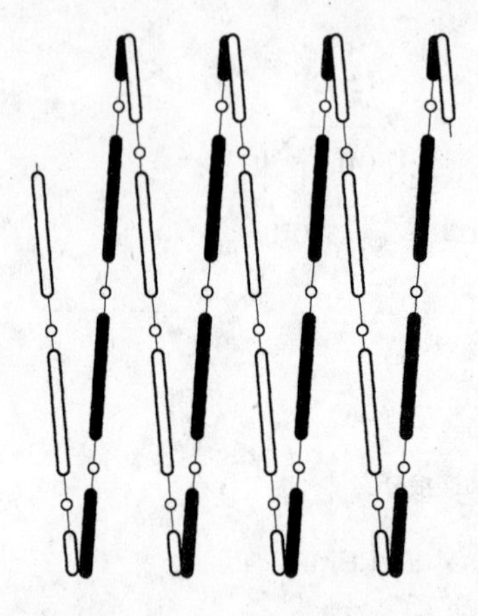
图 13-1 淀粉的螺旋状结构

用的氧化还原指示剂。但是，一直到1937年才对这一现象有了比较明确的解释。产生蓝色的原因并不是由于化学反应，而是由于碘的分子进到螺旋状的淀粉分子筒状构造中所致。每个螺旋是由六个葡萄糖单体所组成，如图13-1所示，其中每个五元环就代表一个葡萄糖单体。

淀粉既然是一个很大很长的分子，在不同的化学处理条件下，就可以断裂为不同大小长短的化合物，例如变性淀粉、可溶性淀粉以及各种形式的糊精等。

13.2.1.2 变性淀粉及衍生物

变性淀粉就是将淀粉通过各种反应生成淀粉的衍生物。例如：

（1）可溶性淀粉。可以溶于热水或温水中。其制备方法是在淀粉乳液中加入淀粉质量分数的0.1%~0.3%的硝酸或盐酸、硫酸（也可用有机酸蚁酸、草酸、酒石酸）等。在搅拌作用下，通入310g/t淀粉的氯气，然后，将经过处理的物料用离心机分离烘干，干燥时的温度最高是70℃。另一种方法是用淀粉与质量浓度12%的盐酸接触24h以后，用水洗去酸质即可。或者用质量浓度1%蚁酸或醋酸与淀粉在115℃时加热5~6h生成可溶性淀粉。蚁酸或醋酸可以用蒸馏水除去，无需中和。

淀粉与苛性钠溶液一起加热变为糊状物，然后再用硫酸中和，产品亦为可溶性淀粉（俗称苛性淀粉）。

（2）阳离子变性淀粉。将淀粉与环氧丙基三甲基季铵盐（盐酸盐）作用，可醚化生成氯化三甲基β-羟基丙基铵淀粉，是一种阳离子变性淀粉。反应式为：

CH_2OH
H　O　H
$-O-$[　OH　H　$-O-$]$_n$ $+ nCH_2-CHCH_2N^+(CH_3)_3Cl^- \longrightarrow$
（环氧基上的 O 连接 CH_2 与 CH）
H　OH

OH
$CH_2OCH_2-CH-CH_2N^+(CH_3)_3Cl^-$
H　O　H
$-O-$[　OH　H　$-O-$]$_n$
H　OH
阳离子变性淀粉

（3）阴离子变性淀粉。NaOH 和氯乙酸与淀粉作用，则生成含乙酸基的阴离子变性淀粉：

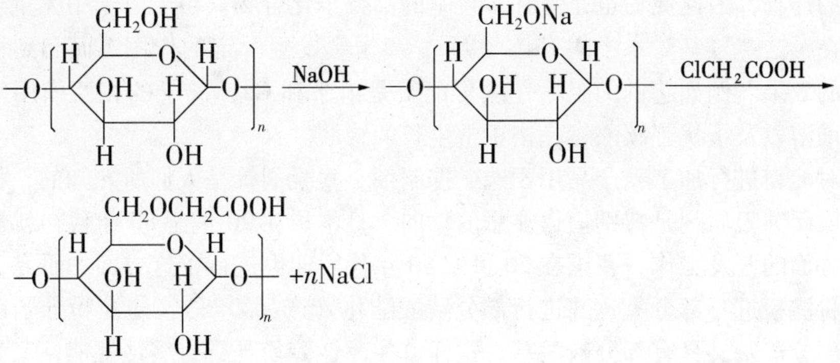

$$\left[\text{淀粉葡萄糖单元}(CH_2OH)\right]_n \xrightarrow{NaOH} \left[\text{淀粉葡萄糖单元}(CH_2ONa)\right]_n \xrightarrow{ClCH_2COOH} \left[\text{淀粉葡萄糖单元}(CH_2OCH_2COOH)\right]_n + nNaCl$$

阴离子变性淀粉

（4）中性变性淀粉。淀粉与环氧乙烷作用，可得含乙醇基的中性的变性淀粉：

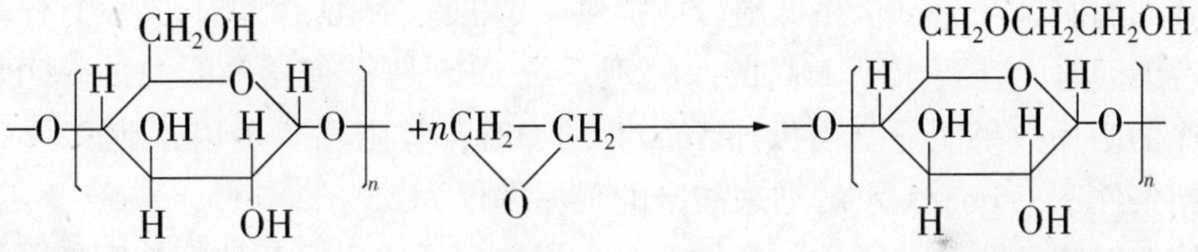

$$\left[\text{淀粉葡萄糖单元}(CH_2OH)\right]_n + nCH_2{-}CH_2(O) \longrightarrow \left[\text{淀粉葡萄糖单元}(CH_2OCH_2CH_2OH)\right]_n$$

中性变性淀粉

这些变性淀粉，一般是在淀粉中的葡萄糖单元 2，6 两个羟基上取代，特别是取代 6 位上羟基的氢为多。文献上表示取代程度的符号是 D. S。因为每个葡萄糖单元上还有三个羟基，故引进基团的摩尔数最多是三个，即 D. S 最大值是 3。一般变性淀粉中 D. S 都小于 1。变性淀粉中 D. S 值的大小对其溶解度和浮选性能都有很大影响。

淀粉在未变性以前，每个葡萄糖单元中的三个羟基和两个葡萄糖单元之间的氧原子均为亲水基团，它们借助氢键的作用而与水分子缔合（也有人认为是吸附）。因此，淀粉在水中有一定的溶解度。也就是这些极性基团，通过氢键与矿粒表面吸附，而固着在矿粒表面上，使矿粒亲水而起抑制作用。或通过氢键吸附在若干个矿粒上，起“桥键”作用而使矿粒凝聚。

变性淀粉引进了更多的极性基团，总的说来，能增加它的溶解度；对引进了阳离子的变性淀粉来说，它在水中带正电，能更好地选择吸附在表面带负电荷的矿粒上，使带负电荷的矿粒受到抑制或起絮凝作用；如在其分子中引进了阴离子的变性淀粉，它在水中带负电，因此容易吸附在表面带正电的矿粒上，使之受到抑制或絮凝。所以，淀粉变性以后，一方面可增加它在水中的溶解度，另一方面能增强其对矿物作用的选择性。

葡萄糖是多羟基化合物。淀粉可以看作是由许多葡萄糖分子相互脱水缩合而成的产物，因此淀粉也是一种多羟基的高分子化合物。由于分子中大量羟基的存在，这些羟基对水中的 Ca^{2+} 、Mg^{2+} 离子会发生一定的作用，而起到稳定水质的效果。例如它们的阻垢作用可能就是由于和 Ca^{2+} 离子的相互作用发生络合增溶以及干扰了碳酸钙晶格正常生长的缘故。

对淀粉进行加工，产品用于选矿抑制剂、絮凝剂等是人们所熟知的，将其制备成缓蚀阻垢剂是特别值得注意的动向。日本早在20世纪80年代初就进行了这方面的开发工作，我国在20世纪80年代后期也进行了这方面的研究，主要是将淀粉进行部分氧化并进行部分磷酸酯化（产品 OPS），使淀粉分子链上既有部分羧基又具有部分磷酸基，这样就使改性淀粉既具有缓蚀性能，又大大提高了阻垢性能。

OPS 的相对分子质量约在十几万至几十万，它的缓蚀性能接近有机磷酸酯，阻垢性能接近聚丙烯酸钠。目前 OPS 正在开发之中，它的最大的优点就是充分利用农副产品，价格低廉，能提供一定的缓蚀阻垢性能，又没有任何的排放污染问题。在要求不太高的水处理系统 OPS 是很有竞争能力的。OPS 对 $CaCO_3$ 的阻垢效果明显。当投加 5mg/L 的 OPS，其阻垢率可以达到 92%，而在相同条件下，5mg/L 水解马来酸酐的阻垢率仅为 85%。

淀粉加工、改性、衍生、变性，可在淀粉分子中引入其他特性官能团如羧基、磺酸基、氨基等，抑制性能会有较大的变化。淀粉氧化、磷酸化改性淀粉反应过程为：

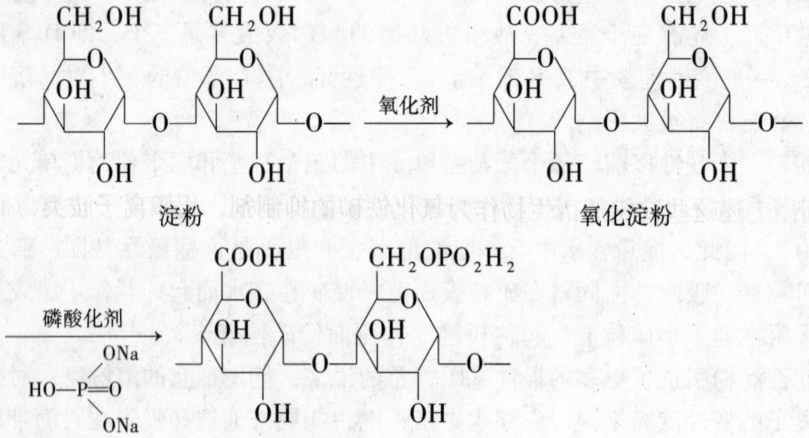

CH_2OH CH_2OH —(氧化剂)→ COOH CH_2OH

淀粉 氧化淀粉

—(磷酸化剂 HO—P(=O)(ONa)ONa)→ COOH $CH_2OPO_2H_2$

氧化磷酸化淀粉（磷酸淀粉）

淀粉与环氮乙烷作用就生成氨乙基淀粉，产品分子中每10个葡萄糖单体含有一个氨乙基，几乎不溶于冷水。

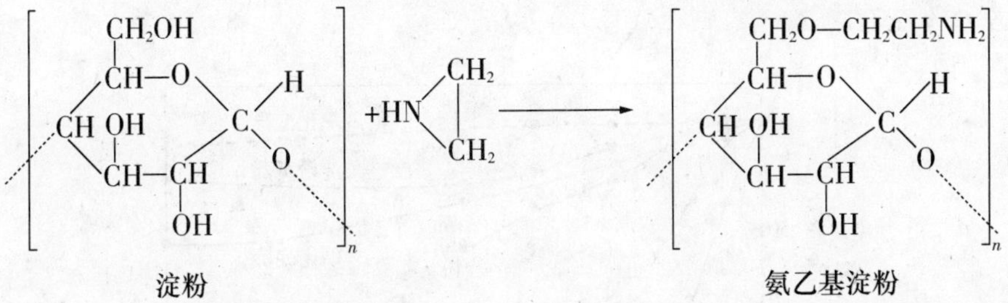

淀粉 $+HN(CH_2)_2$ ⟶ 氨乙基淀粉

玉米淀粉与二硫化碳作用生成淀粉黄药，产品分子中每4个葡萄糖单体含有1个黄原酸基，产品溶于热水：

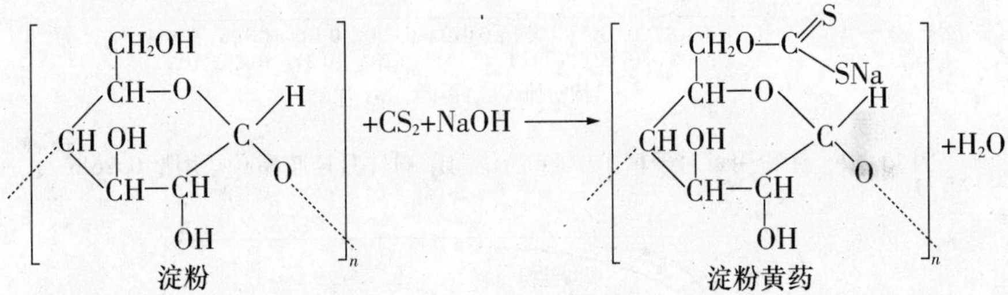

淀粉 $+CS_2+NaOH$ ⟶ 淀粉黄药 $+H_2O$

玉米淀粉用二氧化氮处理后，生产氧化淀粉，产品分子中约有35%的醇基变为羧酸基，溶于热水；淀粉经硫酸作用而得磺化淀粉，每25个葡萄糖单体中含有一个磺酸基，不溶于冷水。

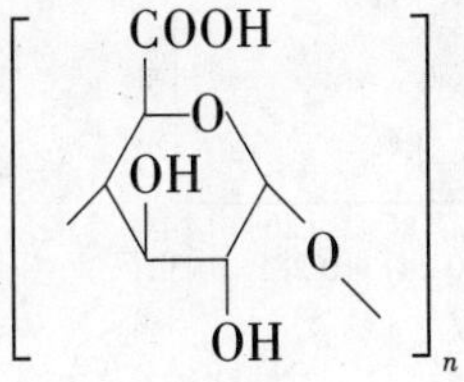

氧化淀粉

每3个葡萄糖单体中有一个羧基

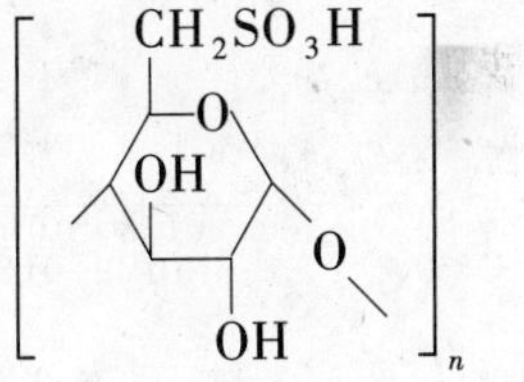

磺化淀粉

每25个葡萄糖单体含一个磺酸基

利用上述这些淀粉的衍生物作为氧化铁矿的抑制剂，用阳离子胺类为捕收剂进行反浮选，这种淀粉衍生物的抑制作用，就有了不同程度的变化。淀粉及其衍生物作为选矿抑制剂，其效果见图13－2和图13－3所示。由图13－2和图13－3可以看出，随着抑制氧化铁矿能力的增强，对于石英的抑制作用也增强。按照对铁矿抑制作用的强弱，可以排列成如下次序：氨乙基淀粉>磷酸淀粉>淀粉>磺化淀粉>淀粉黄药>氧化淀粉。看来玉米淀粉本身仍然是比较好的抑制剂。当淀粉的用量增加时，铁回收率也随它增加。几乎达到100%。但是它并不像氨乙基淀粉或磷酸淀粉那样，用量增加，铁品位急剧下降，而是精矿中铁品位下降得较慢，因而可以使铁品位保持在60%，同时回收率可以高达95%左右。

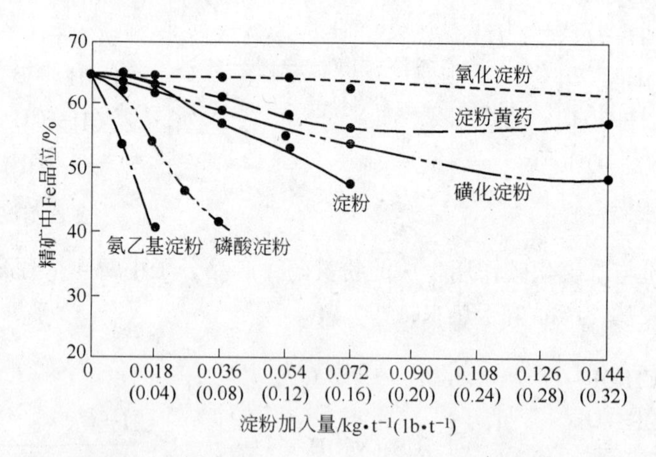

图13-2 淀粉用量对于精矿中Fe品位的影响（月桂胺醋酸盐用量0.26lb/t）

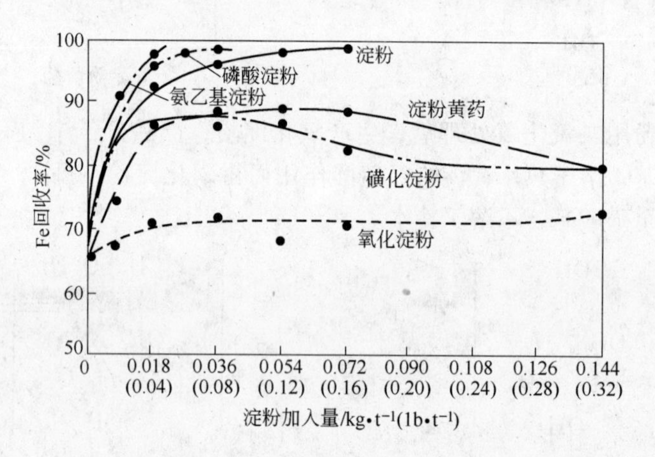

图13-3 淀粉用量对于精矿中Fe回收率的影响（月桂胺醋酸盐用量0.26lb/t）

13.2.2 糊精

糊精也是一种变性淀粉，是淀粉不同程度裂解（水解）的中间产品。将淀粉水解到中间阶段终止得糊精。再进一步水解生成麦芽糖，最后得到α-葡萄糖：

$$\underset{\text{淀粉}}{(C_6H_{10}O_5)_n} \xrightarrow{\text{水解}} \underset{\text{糊精}}{y(C_6H_{10}O_5)_m} \xrightarrow{\text{水解}} \underset{\text{麦芽糖}}{pC_{12}H_{22}O_{11}} \xrightarrow{\text{水解}} \underset{\alpha\text{-葡萄糖}}{qC_6H_{12}O_6}$$

裂解法就是将淀粉烘炒，不论用什么方法所得糊精，裂解程度不一，有的碳链比较长，遇碘呈红色，有的碳链比较短，遇碘呈黄色以至于无色。糊精是一种胶状物质，可以溶于冷水中，水溶液如果再加入酒精，糊精即成无定形的粉末沉淀而析出。不加酒精但加入氢氧化钙或氢氧化钡的溶液，也可以使它沉淀。糊精的水溶液具有旋光性，$[\alpha]_D^{20}$ 等于195°。在浮选工业上也用作抑制剂或絮凝剂。文献报道的不列颠胶9084便是由谷淀粉水解而得的一种糊精。

糊精的工业产品可以是上述各种糊精的混合物，也可以是糊精与部分未起反应的淀粉的混合物。制造方法比较简单，只要将干燥的淀粉（含水量在7%~15%）在一定温度下烘炒一次就可以了。一般有两种方法，一种是在199~249℃温度下加以烘炒，产品颜色深；另一种方法是加入少量的酸作催化剂，烘炒就可以在较低温度下进行，产品颜色浅。例如，用红薯淀粉1kg加硝酸0.15mL，在200℃时加热30min，糊精的产率可达80%。终点检查可用碘试验，及水溶度试验（1份糊精应溶于5份冷水内）。用这种方法也可以生产可溶性淀粉，只是终点的要求不同。1份可溶性淀粉与5份冷水混合时呈蛋白色不透明状。另一个例子是用马铃薯淀粉1kg与0.225mL浓硝酸（密度1.40g/cm^3）及氯化镁（每百克淀粉相当于0.02g镁）混合后，在32℃以下干燥过筛（40目），然后再加热至170℃，45min，产率为83%。用玉米淀粉加0.15mL硝酸，温度210℃，50min，产率85.6%。用稻米淀粉加0.625 mL硝酸，温度215℃，反应55min，产率为80%。

13.3 淀粉及其衍生物在选矿中的应用

随着科技的发展，有机及高分子化合物研究飞速前进。淀粉及其改性的衍生物产品越来越多。除上述介绍的阴离子、阳离子和中性改性淀粉，氧化淀粉、磷酸淀粉、胺化淀粉和黄药淀粉外，还对多种类型的衍生物制备及应用进行了研究。例如淀粉醚、环氧乙烷淀粉、聚丙烯酸淀粉、均化胶凝淀粉、聚氧乙烯亚胺淀粉、丙烯酰胺-淀粉接枝共聚物、丙烯酸甲酯-淀粉接枝共聚物、淀粉-聚电解质络合物以及磷氧铬酸钠糊精等。

淀粉在工业上应用的范围极广，在选矿工业上淀粉及其衍生物的应用也是很多的。主要是作为某些矿物的抑制剂、絮凝剂及分散剂。例如作为尾矿水中矿泥、选煤工艺中沥青和煤泥的有效絮凝剂，以及硫化矿（例如角银矿）及非硫化矿浮选时，为了不同的目的，也常使用淀粉。抑制氯化绢云母片岩的矿泥，通常也使用淀粉。

多糖类淀粉及其衍生物高分子药剂在矿物工业中的应用已有半个多世纪的历史。1928年登记了第一个使用淀粉作为废水澄清剂的专利。1931年又登记了第一个使用淀粉作为磷矿石浮选抑制剂的专利。从那以后，淀粉、纤维素及其衍生物被广泛地用作矿物浮选抑制剂及细粒絮凝剂。表13-5列出了迄今为止该类药剂作为浮选抑制剂应用或试验过的主要矿物。可见这类药剂基本上可应用于各种矿物，包括硫化矿、氧化矿、硅酸盐、磷酸盐、碳酸盐及天然疏水性矿物等。淀粉也是选矿界被工业应用的细粒絮凝剂之一。

表 13-5 淀粉糊精对矿物的抑制

药剂	矿 物	淀粉糊精参考文献
淀粉糊精	磷酸盐-石英 磷灰石-石英 赤铁矿-石英	1. Lange L H. US Patent 1,914,695, 1931
		2. De Aranjo A C. The University of British Columbia, Vancouver, Canada. 1988
		3. Cooke S R B, Schulz N F, Lindrooe E W. Tran AIME, 1952,193:697 ~ 698
		4. Chang C S, Cooke S R B, Huch R O. Tran AIME, 1953, 196: 1282 ~ 1286
		5. Iwasaki I, Lai R W. Trans AIME, 1965, 232:364 ~ 371
		6. Iwasaki I, Carson W J, Parmerter S M. Trans AIME, 1969, 244:88 ~ 98
		7. Balajee S R, Iwasaki I. Tran AIME, 1969, 244:401 ~ 406
		8. Partridge A C, Smith G W, Can Met Q, 1971,10:229 ~ 234
	方解石	9. Somasundaran P J. Colloid Interface Sci, 1969, 31:557 ~ 565
	方解石、重晶石-萤石	10. Hanna H S. In:Recent Advance in Science and Technology Materials(A. Bishay, Editor) Plenum Press. New York, 1973. 365 ~ 374
	重晶石-萤石	11. 吴永云,龚焕高. 非金属矿,1989(3): 18 ~ 22
	黄铜矿、闪锌矿-方铅矿	12. Dolivi-Dobrovolskii V V, Rogachevskaya T A. Obogashchenie Rud, 1957(1): 30 ~ 40. CA 53,11135
	煤	13. Klassen V I. Coal Flotation. Wyd Slask, Katowice, 1963
	石墨	14. Afenya R P. Int J Miner Process, 1982(9):303 ~ 319
	辉钼矿	15. Wie J M, Fuerstenau D W. Int J Miner Process, 1974(1):17 ~ 32
	煤、滑石	16. Haung H H, Calara J V, Bauer D L, Miller J D. Recent Developments in Separation Science, 1978
		17. Miller J D, Lin C L, Chang S S. Coal Prep, 1984(1):21 ~ 38
	方铅矿-铜矿物	18. Schnarr J R. Milling Practice in Canada, 1978. (D E Picket, Editor),CIM Spec. Vol 16:158 ~ 161
		19. Allen W, Bourke R D. Milling Pratice in Canada, 1978. (D E Picket, Editor),CIM Spec. Vol 16:175 ~ 177
	方铅矿-黄铜矿	20. Liu Qi, Laskowski J S. Miner Process, 1989, 27: 147 ~ 155
	硫镍矿-辉铜矿	21. Nyamekye G A, Laskowski J S. In: Proc Copper 91 Int Symposium, Pergamon, Elmsford, NY. 213
	方解石、金红石-萤石	22. 刘奇,李晔,许时. 重庆大学学报,1993 年增刊

帕夫洛维可研究了淀粉、直链淀粉、支链淀粉和葡萄糖、麦芽糖作为抑制剂（用阳离子捕收剂）浮选石英抑制赤铁矿。高质量浓度（1000mg/L）的葡萄糖和麦芽糖是赤铁矿抑制剂，淀粉类对赤铁矿的抑制浓度比前述糖类要低得多，而对石英影响不大。淀粉在赤铁矿、磁铁矿浮选中，无论是用脂肪酸类捕收剂还是用阳离子捕收剂反浮选石英，都是赤铁矿、磁铁矿的有效抑制剂。淀粉及其衍生物对磁铁矿

等的抑制效果与化合物的相对分子质量有关。它们的抑制效果随相对分子质量的增大而增强。抑制效果由弱到强依次为黄糊精 < 白糊精 < 淀粉。

淀粉作为氧化锰矿的抑制剂，分选含砷矿物，例如某锰矿含砷45%（为$CaMgFAsO_4$），锰42%（包括褐锰矿及软锰矿）及石英16%，先细磨至0.147mm，取200g加水2L，再加质量分数2%的玉米淀粉糊状溶液5mL。用质量分数10%的碳酸钠水溶液调整pH值为9，加0.2mL油酸为砷酸盐矿物的起泡兼捕收剂。浮选结果，尾矿含砷量降至1.3%，含锰量为46%。

由钛铁矿精矿中分选硅酸盐脉石，可以用松香胺作捕收剂，用淀粉作为钛铁矿的抑制剂。例如，一种粒度为60目的钛铁矿精矿，含钛铁矿87%、榍榴石4%、长石2%、角闪石3%、辉石3%及硫化矿0.5%，先用碳酸钠及黄药浮选，脱除硫化物，再脱泥。尾矿中加水使变为含固体物50%的矿浆，然后再进行硅酸盐浮选。先加氢氟酸1.63kg/t，pH值为3~6，搅拌3min，再加淀粉1.36kg/t，搅拌3min，再加变性松香胺醋酸盐127g/t，搅拌5min，充气浮出硅酸盐，最后尾矿含TiO_2 96.4%，硅酸盐3.4%，相当于有79%的硅酸盐被除去。TiO_2的回收率为92.6%。其中氢氟酸也可以用硫酸代替。所用的淀粉最好是马铃薯淀粉。

在用阳离子捕收剂从锡石、金红石、钨铁矿等矿物中浮选独居石（磷铈镧矿）或类似的含磷矿物，可以用淀粉作为这些金属矿物的抑制剂。淀粉还可用于抑制方解石、白云石。在钾盐矿浮选中，淀粉及其衍生物可用来防止黏土吸附捕收剂，使黏土受到抑制，还可用作絮凝剂、分散剂。

将淀粉先用氢氧化钠苛化，再与氯乙酸反应醚化制得改性淀粉阴离子型的羧甲基淀粉，其反应式为：

$$\left[-O-\text{(H)}\,\text{C}_6\text{环}(CH_2OH)\,\text{(H)}-O-\right]_n \xrightarrow{NaOH} \left[-O-\text{(H)}\,\text{C}_6\text{环}(CH_2ONa)\,\text{(H)}-O-\right]_n \xrightarrow{ClCH_2COOH} \left[-O-\text{(H)}\,\text{C}_6\text{环}(CH_2OCH_2COOH)\,\text{(H)}-O-\right]_n$$

鞍钢矿山研究所利用改性的羧甲基玉米淀粉代替玉米淀粉，作调军台选矿厂连续磨矿—弱磁—强磁—阴离子反浮选流程中阴离子反浮选铁矿物的抑制剂，试验结果表明，在选矿指标相同的条件下，用改性淀粉作抑制剂其淀粉用量比直接使用天然淀粉作抑制剂可减少一半用量，即天然淀粉与改性淀粉用量分别为800g/t和400g/t时，获得的精矿品位分别为65.75%和65.61%，回收率分别为77.70%和77.74%。

可溶性淀粉可以抑制辉钼矿、黄铜矿及闪锌矿，在中性矿浆中，甚至在pH值为8～8.5时也不抑制方铅矿。还可以用于分选铜、锌矿。例如某硫化矿石含铜4.51%、锌4.22%、铁23.89%及硫33.00%，用可溶性淀粉30g/t、硫酸铜200g/t、乙基钾黄药15g/t进行浮选15min，所得锌精矿的锌品位为51.8%，铜品位4.12%；所得铜精矿的铜品位为33.01%，锌品位为3.98%。

糊精应用于选矿，主要是作为脉石的抑制剂。例如，在浮选金矿时作碳质脉石的抑制剂。糊精的来源不同，效果亦异。有黄玉米制成的糊精（用量2～3kg/t）其作用确实证明优于白玉米及马铃薯制成的糊精。其次，用油酸浮选石灰石时，糊精可作为石英的抑制剂。原矿含碳酸钙77.37%、石英13.11%，浮选后精矿中含碳酸钙91.03%、石英4.27%。

国外有人在敞开大气的体系中，用微量浮选方法，用黄药作捕收剂，研究了糊精对黄铁矿浮选的抑制作用，糊精的等电点为6.4，当矿浆pH值为4～6之间时，黄铁矿表面被氧化生成三价铁离子的氢氧化合物，糊精和三价铁的氢氧化合物作用而吸附在黄铁矿表面上，并遮盖了由于黄药吸附在黄铁矿表面生成的双黄药而引起黄铁矿被抑制。试验结果表明，糊精对黄铁矿的抑制像氰化物一样有效。该结果若能在工业上获得应用，采用糊精代替现场使用最广的石灰，可减少生产石灰时造成的环境污染，减少选厂运送大量石灰的经济消耗，减少浮选厂管道和浮选槽的结钙垢。

糊精在英国称“不列颠胶”，为非离子型、水溶性有机高分子聚合物。它是由淀粉经稀酸水解的第一步产物，相对分子质量在800～79000间，为辉钼矿良好的抑制剂。

Wie研究发现糊精在辉钼矿上的吸附量随介质pH值及糊精浓度而变化，如图13－4和图13－5所示。

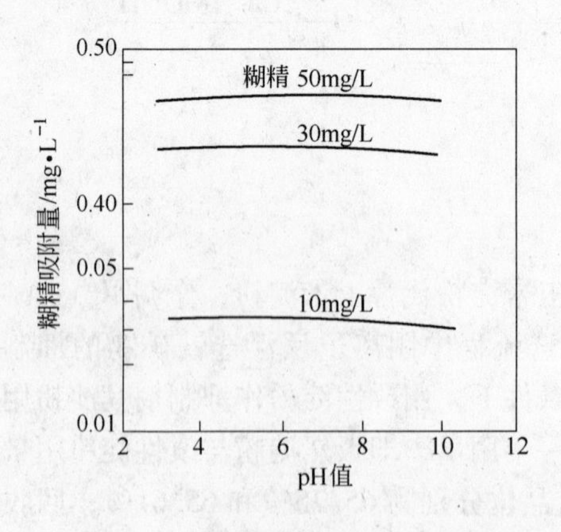

图13－4 吸附量与pH值的关系

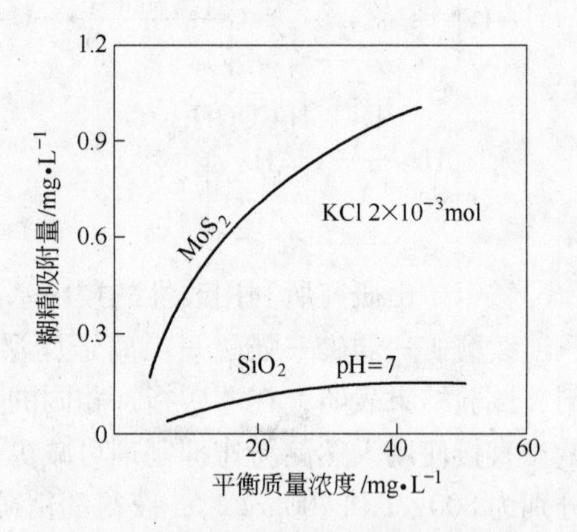

图13－5 吸附量与平衡质量浓度的关系

由图可见，糊精在辉钼矿上的吸附量基本不受 pH 值变化的影响，而吸附量随糊精质量浓度的变化，符合朗格缪尔吸附方程：

$$\frac{m}{m_0 - m} \cdot \frac{1}{[D]} \cdot K = \exp\left(-\frac{\Delta G^0}{RT}\right)$$

式中，$[D]$ 为介质中糊精的平均浓度；m 为平衡时吸附糊精量；m_0 为饱和吸附量；ΔG^0 为吸附自由能。根据实测数据计算，$\Delta G^0 = 2190\text{kJ/mol}$ 糊精。

糊精为非离子型大分子量有机抑制剂，当它吸附于辉钼矿后，由于亲水性分子链较长，不但直接使矿物表面亲水，还掩盖已吸附在矿物表面捕收剂的疏水性，见图 13－6所示。

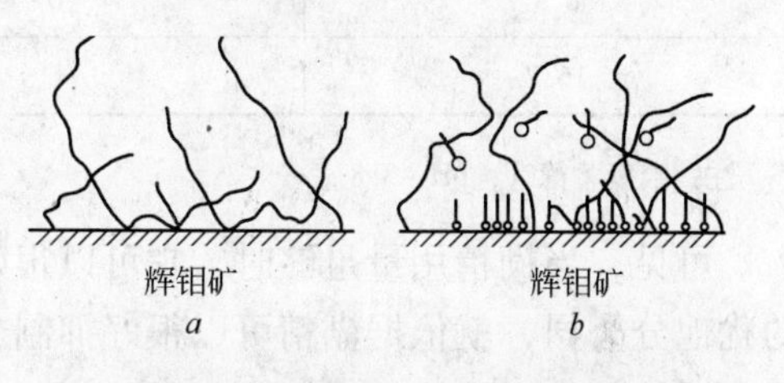

图 13－6 辉钼矿上糊精吸附（a）与掩盖捕收剂（b）示意图

糊精在钼矿上吸附主要是靠氢键和范德华力的作用。据测定计算，吸附自由能为 22.6J/mol。Wie 等测定，吸附热约 2.5kJ/mol，这个数量级也表明辉钼矿是通过氢键与糊精分子间形成亲水键合（即糊精分子取代部分氧化的辉钼矿表面吸附的水，形成定向排列的亲水性强的药剂吸附层）。

非离子型的糊精吸附在辉钼矿表面，ζ-电位绝对值下降，但变化不大，对介质 pH 值保持不变，见图 13－7 所示。

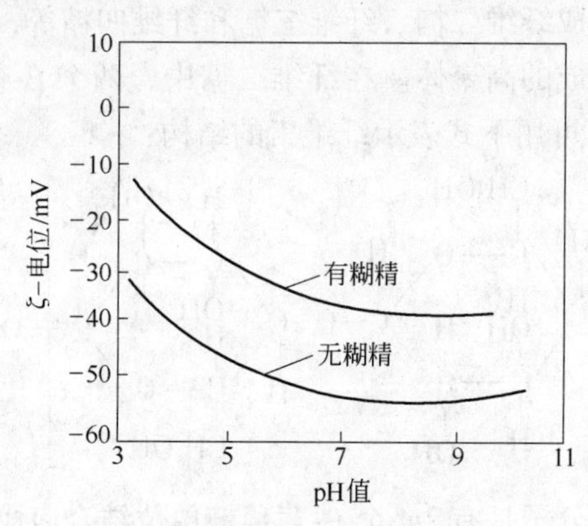

图 13－7 糊精对辉钼矿表面 ζ-电位的影响

辉钼矿吸附糊精后，润湿接触角和浮选回收率都显著降低，见表 13－6 所列。

表 13-6 糊精对辉钼矿抑制效果

糊精用量/mg·L^{-1}	接触角/(°)	回收率/%
0	86	92
0.2	67	18
1.67	42	8
8.3	0	2
16.7		

注：哈里蒙德管，pH = 3.8。

可见，当糊精用量足够时，它可以很好地抑制钼矿。美国肯尼柯特铜公司的犹他分公司，就依据糊精可以很好抑制辉钼矿和滑石，而不影响硫化铜、铁的可浮性，实现了抑钼浮铜的工业实践。采用这种被称作“犹他法”工艺的还有银铃铜-钼选厂。

13.4 纤维素衍生物

纤维素在自然界有广为分布的资源。棉、麻、甘蔗渣、稻草、麦秆、玉米秆、灌木、乔木都是纤维素的来源。木材中含纤维素约为 40% ~50%，将木材用强碱或强酸处理，溶解除去木质素，即得较纯的纤维素。

纤维素不溶于水。将纤维素用无机酸共煮，可得近乎理论产量的葡萄糖。若用浓盐酸水解可生成纤维二糖、纤维三糖和纤维四糖等，这说明纤维素是由多个纤维二糖聚合而成的高聚体。在纤维二糖中，两个 β-葡萄糖 1，4 脱水相连，并且扭转 180°，可用下式表示纤维素的结构：

```
     H    OH          ┌      CH2OH                    H    OH      ┐          CH2OH
OH   |    |           │       |                       |    |       │           |
 |   C————C    H      │  H`   C————O    H             C————C    H  │           C————O    H
 | / |    |  \ |      │  |  / |     \   |           / |    |  \ |  │         / |     \   |
 C   OH   H   C—O—C   │      H       C—O—C             OH   H    C—O—C         H        C
 |   H       /        │  \   OH   H  /     \          H        /   │     |   OH    H   / |
 H   C————O           │   C————C           H  C————O           │     H   C————C      OH
     |                │   |    |              |                │         |    |
   CH2OH              └   H    OH           CH2OH              ┘m        H    OH
```

由此可见纤维素分子是有 $2m$ 个 β-葡萄糖单位结合而成的，相对分子质量由几千至几十万单位，纤维素的分子是一条螺旋状的长链，再由 100 ~200 条这样彼此平行的长链通过氢键结合而成纤维束。纤维素不溶于水，但经过化学加工，纤维素得到改性成为水溶性的纤维素衍生物。例如，羟乙基纤维素和羧甲基纤维素等。

13.4.1 羟乙基纤维素

羟乙基纤维素即3号纤维素，学名为α-羟基乙基纤维素。将纤维素用环氧乙烷作用即可制得：

CH_2OH　OH　OH　OH　OH　CH_2OH　$+CH_2—CH_2$（O）⟶

$CH_2OCH_2CH_2OH$　OH　OH　OH　OH　$CH_2OCH_2CH_2OH$

羟乙基纤维素

也可将纤维素先用氢氧化钠碱化，再与氯乙醇反应制得羟乙基纤维素，反应式为：

CH_2OH　OH　OH　OH　OH　CH_2OH　$+NaOH$ ⟶

CH_2ONa　OH　OH　OH　OH　CH_2ONa

$\xrightarrow{ClCH_2CH_2OH}$　$CH_2OCH_2CH_2OH$　OH　OH　OH　OH　$CH_2OCH_2CH_2OH$

羟乙基纤维素是白色或黄色纤维状物质，是非离子型极性基化合物。它有两种产品，一种可溶于苛性钠水溶液但不溶于水，另一种是水溶性的（羟乙基含量在28%以上），溶于碱或水中。按照纤维素分子中葡萄糖单体计算，每一个葡萄糖单体含有0.17~0.25的羟乙基（一般为0.2），只能溶于质量分数7%的苛性钠溶液（即羟乙基含量为4%~10%之间时溶于稀碱），而羟乙基含量在0.43以上或高达4.11（一般为1.4~1.5）都能溶于水。

1964年北京矿冶研究总院用纤维素（如短棉浆、甘蔗渣、稻草、芦苇浆等）、氯乙醇与苛性钠试制了羟乙基纤维素，并且定名为"3号纤维素"。先将纤维素放入沸腾状态的质量分数5%的硫酸溶液中处理，水洗至中性，经干燥后制成裂化纤维素，再用质量分数30%~40%氢氧化钠溶液浸渍裂化纤维素3~4h（室温），压榨至碱纤维素的质量为原料纤维素的3倍，然后移入密闭反应器内，加固体氢氧化钠（为碱纤维素质量分数的20%~30%）、搅拌均匀后放置16~18h。在添加等量的氯乙醇（含氯乙醇33%），在60~80℃温度下，保温12~16h，直至产物成淡黄色细纤维状物质。3号纤维素在浮选过程中有微弱起泡现象，对矿泥有絮凝作用，能加速矿泥的沉降。

羟乙基纤维素主要应用于纺织工业。选矿中有人曾用于浮选作为钾石盐的矿泥浮选剂。先将钾石盐配成含固体25%~30%的盐水饱和矿浆，然后加入质量浓度1%~5%的矿泥浮选药剂浮去矿泥。药剂组成系由36%羟乙基纤维素与17%氯化钠及47%的乙二醇质量分数配成。浮去矿泥之后，再用阳离子胺类捕收剂浮出钾盐精矿。

在浮选含钴黄铁矿的钛铁矿磁选尾矿时，使用"3号纤维素"作为绿泥石、角闪石、变质长石的抑制剂，可以显著地提高硫精矿品位及回收率。

羟乙基纤维素能有效地抑制闪石（透闪石-阳起石）类脉石矿物，对绿泥石和云母类型脉石矿物也有显著的抑制效果。以镍矿石的浮选为例，该矿石主要金属矿物为磁黄铁矿、镍黄铁矿，脉石矿物为橄榄石、紫苏辉石和次闪石等，镍矿石进行精选时，使用羟乙基纤维素为抑制剂，由于次闪石被有效的抑制，镍精矿品位大大提高。

又如含钴黄铁矿的浮选试验，该钴黄铁矿是另一作业的尾矿，主要脉石矿物有绿泥石、角闪石、变质长石（带有共生矿物-绢云母、黝帘石、白云母等），进行钴黄铁矿浮选时，用羟乙基纤维素作抑制剂，由于绿泥石和云母类型脉石被有效地抑制了，因此硫精矿的品位和回收率获得提高。有结果表明，用水玻璃和Na_2SiF_6作抑制剂达不到提高该硫精矿品位和回收率的目的，可见羟乙基纤维素的抑制效能比水玻璃和Na_2SiF_6好。

13.4.2 羧甲基纤维素

羧甲基纤维素是一种应用极广的水溶性纤维素，围绕矿业开发加工处理也是不可或缺的重要药剂之一。工业生产多用木质纤维（纸浆）或废棉花为原料。羧甲基纤维素（1 号纤维素，CMC）的制备是通过纤维素分子中的伯醇基与一氯醋酸缩合。在缩合反应前，先用苛性钠处理，使纤维素中的伯醇基成为醇钠，反应式为：

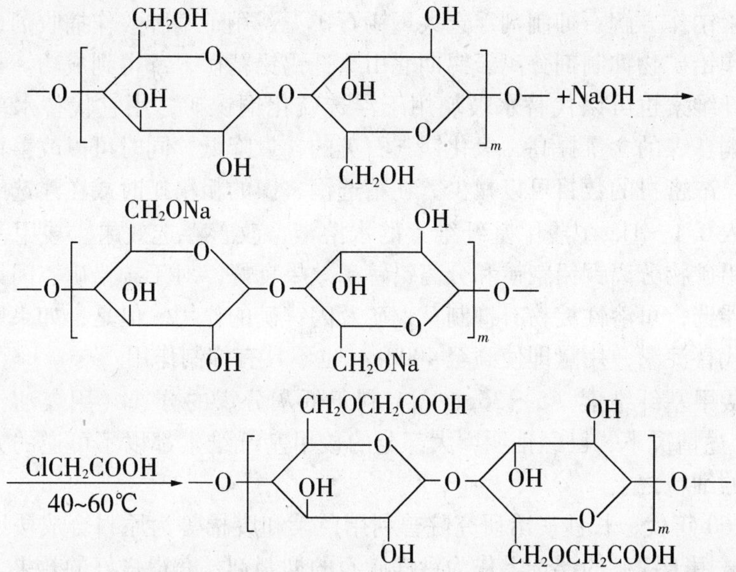

$$-O-\left[\begin{matrix}CH_2OH, OH, OH\\ -O-\\ OH, OH, CH_2OH\end{matrix}\right]_m-O- \ +NaOH \longrightarrow$$

$$-O-\left[\begin{matrix}CH_2ONa, OH, OH\\ -O-\\ OH, OH, CH_2ONa\end{matrix}\right]_m-O-$$

$$\xrightarrow[40\sim60℃]{ClCH_2COOH} -O-\left[\begin{matrix}CH_2OCH_2COOH, OH, OH\\ -O-\\ OH, OH, CH_2OCH_2COOH\end{matrix}\right]_m-O-$$

羧甲基纤维素是白色无臭无毒固体，其游离酸的强度与醋酸相似，解离常数为 5×10^{-5}。性质随取代的程度而有不同。在羧甲基纤维素结构式中，m 为正整数，称聚合度，m 的数值表示羧甲基纤维素分子的大小。纤维素分子中每个葡萄糖有三个羟基，其中以第六碳原子上的伯羟基最活泼，这些基团被羧甲基醚化的多少称为醚化度（或称取代度）。据研究认为，醚化度高则水溶性好，抑制能力强，醚化度在 0.45 以上即可满足浮选抑制剂的要求。羧甲基纤维素的相对分子质量也随醚化度不同而不同。羧甲基纤维素产品通常都是以钠盐出售，其钠、钾、铵盐是可溶性无色固体，无臭无毒。

羧甲基纤维素的铝、铁、镍、铜、铅、银、汞等金属盐不溶于水，但溶于氢氧化钠水溶液中，其中有些盐类也溶于氨水中。

羧甲基纤维素在纺织印染工业中可代替淀粉用于经纱上浆。在肥皂或合成洗涤剂中加入质量分数 1% ~2% 的羧甲基纤维素可使洗下的污垢不再黏染衣服。纸浆中加入质量分数 0.1% ~0.3% 的羧甲基纤维素，能增强纸的抗张强度及耐油性，其他在医药和化妆品工业、陶瓷工业，特别是石油钻井工程均有应用。

羧甲基纤维素在浮选工业上的应用，始于 1955 年，用于钾盐的浮选。含有矿泥的粗钾盐，细磨至小于 0.5mm 粒度，悬浮于浓盐母液中，用羧甲基纤维素钠盐（25 ~50g/t）可以代替淀粉及其衍生物进行脱泥，再用胺类按常法浮选可以提高钾盐品位，羧甲基纤维素 25g/t，与硬脂胺的盐酸盐 100g/t 及辛二醇25g/t的混合物药剂可用于浮选钾石盐等矿石，氯化钾精矿品位可达87.6%。我国于1965年就开始研究羧甲基纤维素的抑制作用，并成功地应用于浮选工业，取得了显著的效果。例如用混合甲苯胂酸或苄基胂酸作捕收剂，羧甲基纤维素钠作方解石抑制剂浮选大厂锡石矿泥，用苄基胂酸作捕收剂，羧甲基纤维素作铅矿物抑制剂分离云锡期北山重选锡铅精矿，都得到成功。

羧甲基纤维素也可以代替水玻璃用于浮选硫化铜镍矿，用它代替水玻璃时，精矿中铜、镍的含量提高，氧化镁与石英的含量降低，同时可以改善精矿的浓缩过程，浓密机的数目可以减少。在精选铜、镍的粗精矿时或在浮选中矿时，可以加入0.1~1kg/t羧甲基纤维素的水溶液，改善浮选效果。羧甲基纤维素在抑制铅矿物分离铜铅精矿和分离铅锌矿效果良好。对于方铅矿、闪锌矿及黄铜矿的浮选，可溶性淀粉有抑制黄铜矿及闪锌矿的作用。但是，如果用羧甲基纤维素代替淀粉，用量即使高至4000g/t也不具有抑制作用。

少量的羧甲基纤维素（5~36g/t）有利于低灰分煤的分选（用煤油作捕收剂）。在上述情况下，已经证明，大部分的羧甲基纤维素都以不可逆的方式吸附在脉石的细粒之上。

20世纪60年代，长沙矿冶研究院曾利用芦苇和废棉等为原料合成羧甲基纤维素，并试用于镍矿的浮选，作为钙镁脉石的抑制剂，获得良好的效果。通过比较不同原料（棉花、芦苇、甘蔗渣、松木、稻草等纸浆）所制成的产品的性能，研究了羧甲基纤维素对方解石、萤石、稀土矿物、磷灰石、石英、锡石等矿物的抑制作用，证明羧甲基纤维素是方解石和萤石的优良选择性抑制剂，其抑制性能随醚化度的增加而增加。东川矿务局从1966年以来，曾利用羧甲基纤维素作为碳质脉石抑制剂，浮选黄铜矿，已投入工业生产。所用羧甲基纤维素的黏度为800~1200mPa·s（800~1200cP），醚化度在0.65以上。精矿品位提高3%~3.8%（绝对值），而回收率只降低0.75%~1.37%。

与此同期，有色金属研究院等单位也用研制的羧甲基纤维素有效地抑制磁铁矿、赤铁矿、方解石以及为钙离子或镁离子活化了的石英、钠辉石等硅酸盐脉石，并能有效地抑制具有较高天然可浮性的次生硅酸盐矿物，如蛇纹石、绿泥石等；采用$Na_2Cr_2O_7$、羧甲基纤维素、水玻璃、水玻璃合剂Ⅰ（水玻璃和羧甲基纤维素的混合物）、水玻璃合剂Ⅱ（Na_2SO_3、水玻璃和羧甲基纤维素的混合物）五种药剂作铜铅精矿分离工业试验，试验证明以水玻璃Ⅱ最好。从含3.4% Cu、60.46% Pb的混合精矿获得Cu品位24.19%、回收率88.99%的铜精矿，Pb品位68.7%、回收率为99.39%的铅精矿。

将羧甲基纤维素水溶液在不超过95℃条件下与二聚氰胺作用，置换率为75%~85%，二聚氰胺置换量相当于CMC质量的15%~20%，生成的产物，俄文名为КМД-Д，作为镍矿调整剂效果优于CMC。其结构为：

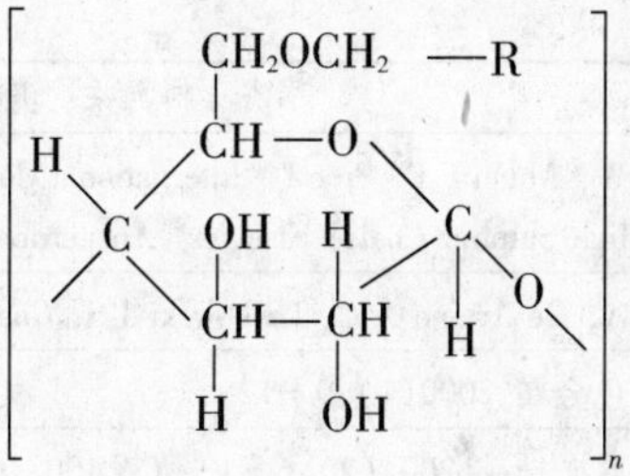

$$\left[\begin{array}{c}\mathrm{CH_2OCH_2}\text{—R}\\ \mathrm{CH—O}\\ \mathrm{H\quad C\quad OH\quad H\quad C\quad O}\\ \mathrm{CH—CH\quad H}\\ \mathrm{H\qquad OH}\end{array}\right]_n$$

式中， $R = \text{—}\underset{\underset{\displaystyle O}{\|}}{C}\text{—}\underset{\underset{\displaystyle NH_2}{|}}{C}\text{—NH—}\underset{\underset{\displaystyle NH}{\|}}{C}\text{—NH}$ 或 $\text{—}\underset{\underset{\displaystyle O}{\|}}{C}\text{—NH—}\underset{\underset{\displaystyle O}{\|}}{C}\text{—NH—}\underset{\underset{\displaystyle NH}{\|}}{C}\text{—}NH_2$

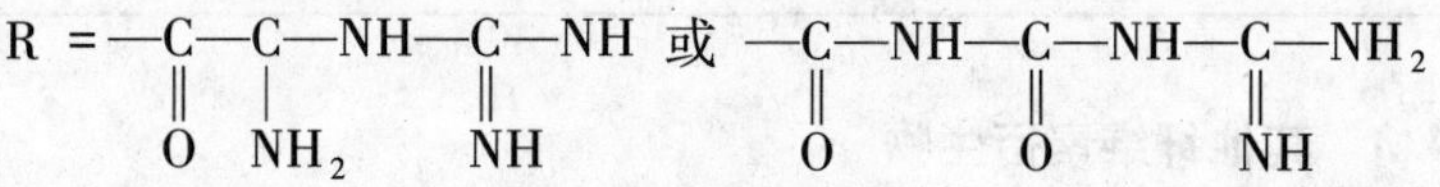

КМД-Д

羧甲基纤维素铵盐可提高对锌矿物的抑制作用，铅精矿中含锌可由3.25%下降至2.19%，铜精矿中含锌可由4.4%下降至1.8%，锌精矿的锌回收率可提高1.8%，浮选时黄药用量可减少一半。制备方法：用质量分数0.1%~5%的氨溶液在10~20℃处理羧甲基纤维素，羧甲基纤维素与氨的摩尔比为2:1~5:1。前苏联专利825160号用碱化纤维素与一氯醋酸钠及硫代硫酸钠的反应产物，作为非铁金属矿浮选的调整剂。前苏联专利831193号用碱纤维素-5一氯醋酸钠及硫代硫酸钠的反应物作为非铁金属矿的浮选调整剂。

表13-7列出了羧甲基纤维素抑制剂对一些矿物的抑制及其资料来源。

表13-7 羧甲基纤维素对矿物的抑制应用

矿物名称	资料来源
抑硅酸盐-硫化矿	1. Vaneev I I. Non-ferrous Metals, 1957,30: 79~81; CA 52,6095e; 55,25651a
	2. Bakinov K G, Vaneew I I, Gorlovsky S I, *et al*. Proc 7th International Mineral Processing Congress, 1964. 227~238
	3. Rhodes M K. Proc 13th International Mineral Processing Congress, 1979, 2B:346~369
硫化矿	4. Gorlovsky S L. In: Flotation Reagents Reagents Reagents, 1965,157~180
方铅矿-闪锌矿	5. Jin R, Hu W B, Meng S. AIME/SME Annu Meet Denver Co, 1987 CA 96,18485;96,146670
硫化铜-硫化钼	6. 李宏周,等. 有色金属(选冶部分),1978(5):21
硫化铜-硫化铅	7. 刘金华,许时,孟书青,等. 有色金属(选冶部分),1981(5):38;国外金属矿选矿,2001(3):10~16
硫化锌-硫化铅	8. 孟书青,黄炎珠,何志权. 中南矿冶学院学报,1981(12):49
	9. 容而谦. 矿产综合利用,1981(4)
	10. 徐晓军,等. 矿冶工程,1990(2):28
辉锑矿	11. Lackowski J S, Bustin M, Moon K S, *et al*. Proc 1st International Conference on Processing and Utilization of High Sulphur Coals, Elsevier, Amsterdam, 1985

续表 13-7

矿物名称	资 料 来 源
黄铁矿-煤	12. Perry R W, Aplan F F. Proc 1 st International Conference on Processing and Utilization of High Sulphur Coals, Elsevier, Amsterdam, 1985
石 墨	13. Solari J A, De Araujo A C, Laskowski J S, Coal Prep, 1986(3):15~32
锡浮选(抑铅)	14. 湖南有色金属,2000(1):9~12
浮铜镍,抑蛇纹石	15. 国外金属矿选矿,2004(2):6~12; CA 100,10420

13.4.3 其他纤维素衍生物

作为纤维素衍生物除上述3号和1号纤维素外，用作选矿抑制剂等使用的还有甲基、乙基（即甲醚基、乙醚基等）纤维素、硫酸纤维素酯（纤维素硫酸酯）和纤维素苯基硫代氨基甲酸乙酯等。

用甲基取代纤维素分子中伯醇基上的氢原子，称为纤维素的甲基醚，可以增加纤维素在水中的溶解度，这样可以使纤维素用作抑制剂，其结构式为：

CH_2OCH_3 OH O —O— OH —O— OH —O— O OH CH_2OCH_3 $]_m$

纤维素甲基醚的制造方法，可用精制木浆（56.7 g）及500g/L苛性钠水溶液（1134 g）在60℃时于混捏机中搅拌30min，然后将此碱性纤维素冷却至室温。用所得上述产物1558g放于压力釜中，由钢瓶中通入一氯甲烷气至510kPa（5.1atm），在1 h内使温度升高至70℃，继续保温保压12.5h至一氯甲烷通入总量为680g，其吸收量约在450g以上。反应完以后，未反应的气体可以放入回收系统，反应产物仍属微碱性，然后用热水在25~30℃时在离心机中冲净其中所含的苛性钠及氯化钠，如此所得的甲基纤维素产率为95%（根据纤维素量计算），甲氧基含量为29.0%。

甲基纤维素是一种白色无臭无味无毒性的固体，使用时先浸在热水中然后冷却到5~10℃，成为澄清、滑润而稳定的溶液，但是在较高温度时，例如60~70℃，溶液的黏度反而增大并形成胶体。pH值的改变并不会使甲基纤维素由溶液中沉淀，只是在强碱性溶液中，黏度有增大趋势。磷钨酸及单宁酸可使之沉淀，在性质上类似皂类、淀粉、动物胶、酪素及天然胶质。低温时对pH值不敏感，这对选矿有利。

硫酸纤维素酯是纤维素分子中的醇基被酸式硫酸根取代而成。通常是做成钠盐出售。是无色无臭无味固体，硫酸纤维素酯及其钠盐易溶于水。用硫酸纤维素酯的钠盐（称 T_2-6）作抑制剂，冶山铁矿在浮选铜矿时，原先用羧甲基纤维素作抑制剂，后改用 T_2-6，浮选指标得到改进。在使用羧甲基纤维素时铜精矿品位 Cu 为 29.55%，含 MgO 2.92%，回收率 76.13%；使用 T_2-6 的铜精矿品位 Cu 为 31.14%，含 MgO 3.33%，回收率 80.97%。

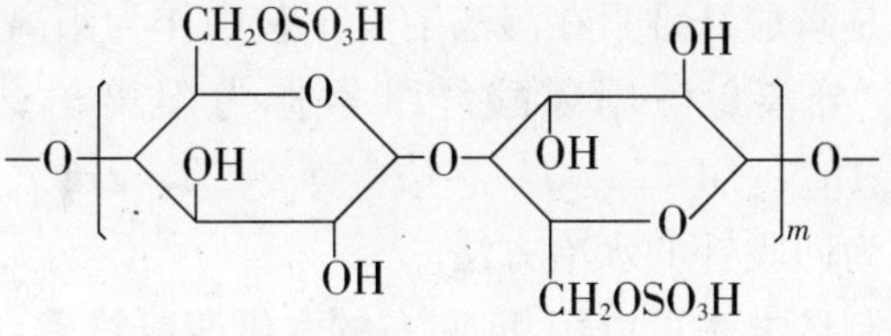

硫酸纤维素酯

纤基醋酸钠与水溶性的脲素甲醛树脂一起作为抑制剂也可以用于浮选钾盐矿，脱除黏土矿泥。

纤维素降解产品也是一种抑制剂，最简单的加工方法是设法用酸处理，使之变为低分子量的水溶性的降解产物。例如，将纤维素在球磨机中研细之后，加质量浓度为 40% 的盐酸或质量浓度为 80% 的硫酸，使之水解成为一种低分子量的水溶性的纤维糊精（Cellodextrins）及低聚糖（Oligosaccharides）的混合物。这种降解的纤维素与羧甲基纤维素混合物使用曾被推荐作为抑制剂用于黏土-氯化钾矿的浮选。

一种新型的有机抑制剂——碱纤维素与硫代硫酸钠的反应产物用于浮选浸染的铜-镍矿，可以增加镍的回收率，比羧甲基纤维素好。

前苏联专利 827176 号介绍，带有甲基羟肟酸基团的纤维素可作为锡矿浮选的调整剂。甲基羟肟酸基团在纤维素分子上的取代度为 40% ~45%。

Pent 介绍用纤维素黄原酸钠聚合物，经过乳化的中性油滴，其直径小于 100μm，用来浮选小于 2μm 的黄铜矿和小于 2μm 的石英混合物，能使黄铜矿和石英很好地分离。纤维黄原酸钠是纤维素与烧碱和二硫化碳作用而成，结构式为：

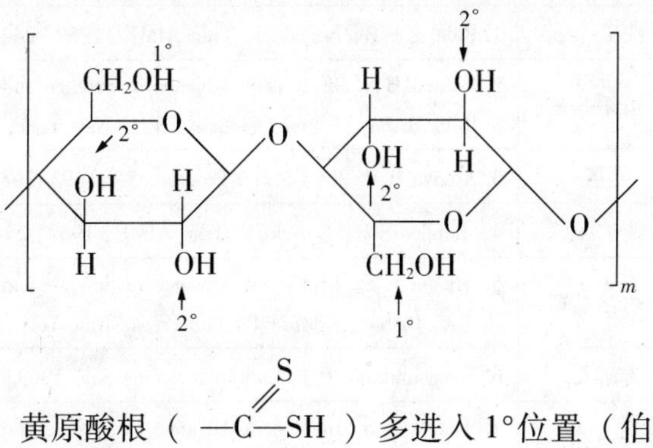

式中，$m=1000$，黄原酸根（ $-\overset{S}{\overset{\|}{C}}-SH$ ）多进入 1°位置（伯醇基），每个葡萄糖单元取代一个黄原酸根。

纤维素苯基硫代氨基甲酸乙酯据介绍与羧甲基纤维素一样，有絮凝助滤作用，可以加速矿浆的过滤速度。

曾有人用黄药及石油烃分选硫化铜矿时，比较了纤维素乙基磺酸盐、六偏磷酸钠与水玻璃对脉石的抑制作用。

还值得注意的是磷酸纤维素在湿法冶金工艺中作为阳离子交换剂，从独居石中（磷铈镧矿）分离钍。用磷酸纤维素作为阳离子交换剂，它在浓度4mol/L酸液中对于 Th^{4+}、Ti^{4+}、U^{4+}、Ce^{4+}、Fe^{3+}、$ZrO_2{}^{2+}$ 及 $UO_2{}^{2+}$ 具有高度的亲和力，可作为回收钍的水冶方法。

磷酸纤维素的制造方法可以用9g左右的木纸浆纤维素（含99%的α-纤维素），浸于含脲素（质量分数50%）及正磷酸（质量分数18%）的溶液中，过量的液体待吸收饱和之后即可榨出，平均磷酸的取代程度相当于0.9，反应后的纸浆在烘箱中（130℃）加热，用热空气吹干再浸于水中，水洗，离心机干燥即可。

13.5 淀粉等多糖类化合物的抑制机理

国内外研究工作者对淀粉、糊精和羧甲基纤维素等有机高分子化合物对矿物的抑制作用及机理作了许多研究与报道。这些研究包括：被抑制矿物对多糖类抑制药剂的吸附、抑制剂与金属盐（离子）的共沉淀。用各种方法、手段测试、研究药剂与矿物表面的相互作用机理、药剂与矿物作用浮选分离的行为，亲水键合、氢键作用等物理化学吸附作用。

表13-8所列为淀粉、糊精、羧甲基纤维素作为某些矿物抑制剂的作用机理的研究状况的相关报道。

表13-8 多糖类抑制剂的作用机理

药剂	作用机理	矿物	资料来源
淀粉	氢键作用	赤铁矿-石英	1. Balajee S R, Iwasaki I. Tran AIME, 1969, 244: 401~406
		半可溶盐矿	2. Hanna H S. In: Recent Advance in Science and Technology Materials (A. Bishay, Editor) Plenum Press. New York, 1973. 365~374
		石墨	3. Afenya R P. Int J Miner Process, 1982(9): 303~319
	静电作用	赤铁矿-石英	4. Balajee S R, Iwasaki I. Tran AIME, 1969, 244: 401~406
		半可溶盐矿	5. Hanna H S. In: Recent Advance in Science and Technology Materials (A. Bishay, Editor) Plenum Press. New York, 1973. 365~374
	化学键合	方解石	6. Somasundaran P J. Colloid Interface Sci, 1969, 31: 557~565
		半可溶盐矿	7. Hanna H S. In: Recent Advance in Science and Technology Materials (A. Bishay, Editor) Plenum Press. New York, 1973. 365~374

续表 13-8

药剂	作用机理	矿 物	资 料 来 源
糊精	亲水键合作用	辉钼矿	8. Wie J M, Fuerstenau D W. Int J Miner Process, 1974(1):17～32; 钼矿选矿与深加工. 北京:冶金工业出版社,1997
		煤	9. Haung H H, Calara J V, Bauer D L, Miller J D. Recent Developments in Separation Science, 1978
			10. Allen W, Bourke R D. Milling Pratice in Canada, 1978. (D E Picket, Editor), CIM Spec. Vol 16:175～177
		煤-黄铁矿	11. Miller J D, Lin C L, Chang S S. Coal Prep, 1984(1):21～38;国外金属矿选矿,2004(11):29
CMC	氢键作用	滑石-磁黄铁矿，抑蛇纹石	12. Vaneev I I. Non-ferrous Metals, 1957,30: 79～81; CA 52,6095e; 55,25651a;有色冶金,2003(4):15～17
		硅酸盐矿	13. Bakinov K G, Vaneew I I, Gorlovsky S I, *et al.* Proc 7th International Mineral Processing Congress, 1964. 227～238
		硫化矿-氧化矿-半可溶性岩矿	14. Steenberg E, Harris P J, Afr J Chem, 1984, 37: 85
	静电作用	滑石-磁黄铁矿	15. Vaneev I I. Non－ferrous Metals, 1957, 30: 79～81; CA 52, 6095e; 55,25651a
		滑 石	16. Steenberg E. 4th Int Conf Surface and Colloid Sci, Jerusalem, 1981
	化学作用	石 墨	17. Perry R W, Aplan F F. Proc 1st International Conference on Processing and Utilization of High Sulphur Coals, Elsevier, Amsterdam, 1985

13.6 古尔胶

古尔胶（Guargum）又叫瓜胶，是由生长在巴基斯坦、印度和南非等地的豆荚科植物种子提取得到的半乳糖甘露糖。细磨强度决定了它的分子量。这种植物的产量对气候很敏感，因此其价格随生长地区的季节降雨量波动很大。

古尔胶是非离子聚合物，相对分子质量为 250000，约有 450 个重复链单元。

古尔胶有一个通过 β（1-4）将甘露糖单元连接起来的长的刚性直链。半乳糖简单的侧向链通过 α（1-6）连接从甘露糖链引出来。甘露糖与半乳糖比值为 2∶1，即半乳糖分支从每个甘露糖单元分出来。其结构式为：

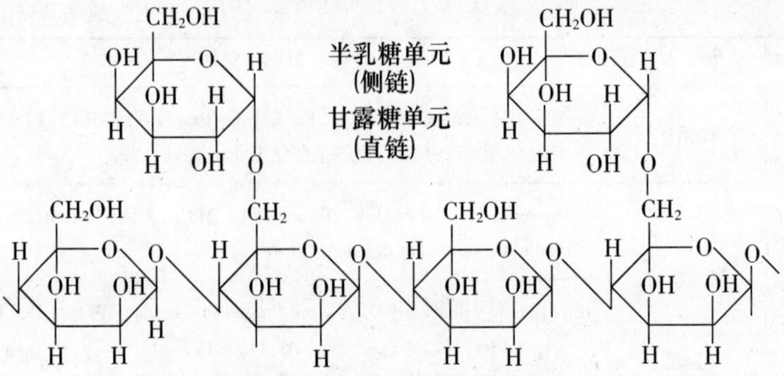

半乳糖单元
(侧链)
甘露糖单元
(直链)

古尔胶的半乳糖甘露糖结构

OH 基团的位置很重要。在甘露糖基团中 OH 基团都处在顺式位置（同一侧）上，在半乳糖基团中有一些顺式 OH 基团。OH 基团的这种位置意味着它们可以彼此加固，促使有效的氢键形成。

古尔胶的用途很多，在矿物加工中可做抑制剂、絮凝剂、助滤剂使用。在浮选工艺中具有抑制脉石（包括黏土、叶蜡石、滑石、页岩）的作用，一般用量为45 ~225g/t。古尔胶衍生物 Acrol LG 是古尔胶的芳基或烷基衍生物，取代度在0.1 ~1.5 之间。从浮铜尾矿中浮选磷灰石时，用该药作方解石抑制剂(200g/t)，与阿拉伯胶相比，不仅提高精矿质量，而且回收率（P_2O_5）从79.3%提高到84.8%。在浮选钾盐矿时，用脂肪胺为捕收剂浮选氯化钾，使用淀粉或古尔粉作调整剂或絮凝剂，结果指出古尔粉的絮凝效果比淀粉好，36g 的古尔粉相当于236g 淀粉的作用。

对于含有大量胶体黏土和氧化铁矿泥的复杂氧化锌矿浮选，马拉比尼研究采用各种工业抑制剂，例如：硅酸钠、三聚磷酸盐瓜胶（以及乙羧基瓜胶、甲羧基瓜胶、羟丙基瓜胶)、淀粉衍生物（乙羧基钠盐淀粉等)、纤维素衍生物（羧甲基和羧乙基纤维素)、聚羧酸和酚凝聚物等，强化氧化锌矿物与二氧化硅、方解石和氧化铁的分离。结果表明甲羧基钠盐瓜胶、改性阴离子瓜胶、羧甲基纤维素钠和三聚磷酸钠，能够大幅度地提高锌精矿的回收率，有效抑制黏土及铁矿物。

13.7 单宁

13.7.1 来源组分及性质

单宁或植物鞣质是来源于植物的有机抑制剂。五信子、橡碗、红根、薯莨、茶子壳、板栗壳、槲树皮。化香树、松树等许多植物都含有较多的单宁。它是可再生资源（对一些壳、皮而言是废物利用）。不同植物来源的单宁在化学结构常有较大差异，分子结构比较复杂，都具有一种没食子酚的葡萄糖酐结构。单宁及单宁酸的结构式为：

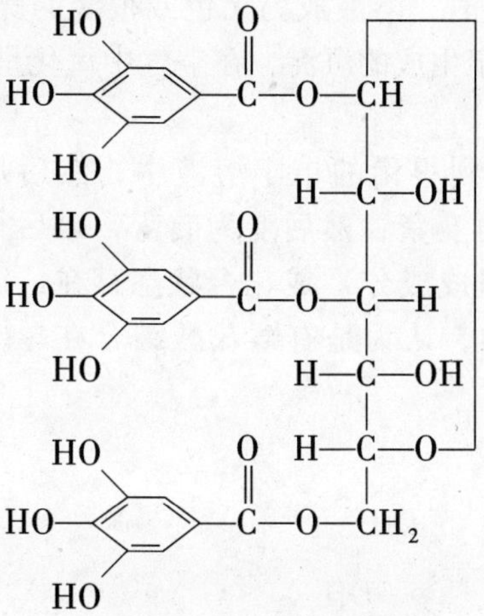

一般单宁分子结构式 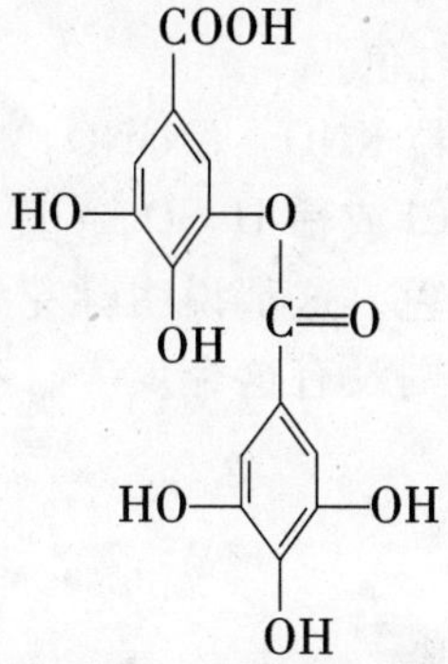　　　　单宁酸（单宁的水解产物）

单宁的相对分子质量在2000以上，分子中通常具有数个苯环，是多元酚的衍生物，为无定形物质。它们的分子中常包含有下列几种酚类：儿茶酚、焦性没食子酸（焦棓酚或邻苯三酚）、间苯三酚，有不少单宁分子中还含有原儿茶酸及没食子酸。

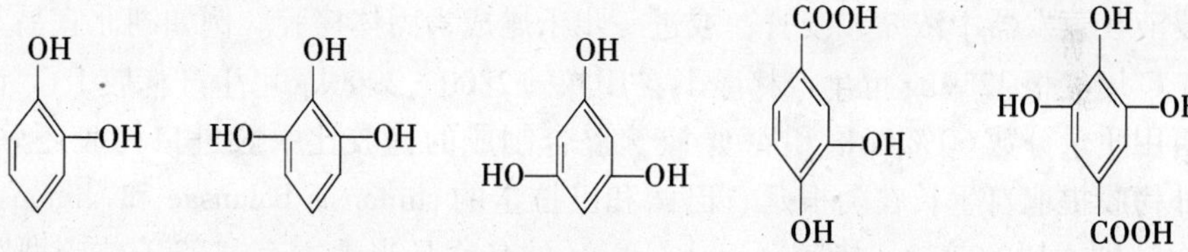

儿茶酚　　焦性没食子酸　　间苯三酚　　原儿茶酸　　没食子酸

单宁呈棕色胶质或粉状、易溶于水，可以为明胶、蛋白质及植物碱所沉淀，可用来鞣制皮革，有涩味。单宁的酒精溶液与三氯化铁作用，产生蓝或绿色，分子中若含有焦性没食子酸的结构，则呈蓝色，若含其他结构则出现绿色。单宁与醋酸铅作用能生成羽毛状沉淀；斐林试剂（等体积的硫酸铜溶液和酒石酸钠、氢氧化钠溶液混合）与单宁作用（加热至沸），硫酸铜被还原，生成红色的 Cu_2O 沉淀。

在单宁溶液中加入 K_2CO_3 或 $(NH_4)_2CO_3$ 便生成单宁酸钾或单宁酸铵沉淀，而单宁酸钠盐可溶于水。单宁是用来沉淀钍盐的试剂，在提取钍时，可用单宁溶液将钍沉淀，从而与不发生沉淀的离子分离。单宁与KCN发生颜色反应，这个反应是用来区别没食子酸在单宁溶液中是游离的还是成化合物状态的。加几滴含有游离没食子酸的单宁溶液到2mL KCN溶液中，出现深酒红色，大约保持15 s后颜色就会消失，摇动溶液，颜色可以再现。若单宁溶液中只含化合结构状态的没食子酸，当加入KCN时，溶液成为无色或很淡的颜色。碱土金属离子（Ca^{2+}、Sr^{2+}、Ba^{2+}）与单宁生成的沉淀，在空气中氧化呈棕、蓝、绿或红色。

将一粒KNO_2（$NaNO_2$）的晶体加入到很稀的单宁溶液中，然后加入几滴稀HCl或稀H_2SO_4，直接出现红色再变紫，然后变为靛蓝，最后得出青色或棕色，这都说明鞣花酸（单宁的组成成分）成化合状态存在，游离的鞣花酸则没有这个反应，有这个反应的，认为是有鞣花酸结合在单宁分子里。

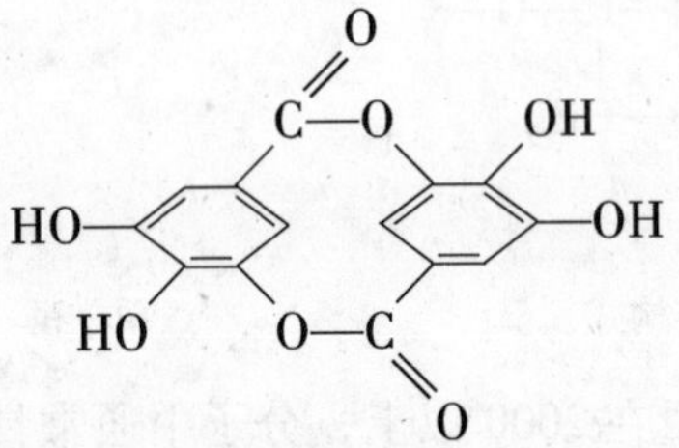

鞣花酸

粗制单宁在国内一般称为栲胶，系植物萃取液经浓缩后的浸膏。一般方法是将原料装入一系列的萃取器内用温热水（60~80℃）连续萃取，最后得到的浸液在蒸发器中浓缩成浸膏，或进一步干燥成为固体栲胶。例如湖北宜昌某化工厂用红根3239kg可生产栲胶1t；用橡碗2800~2900kg可生产栲胶1 t。该厂更用质量分数60%红根和40%橡碗混合制成的栲胶比一般进口栲胶还好。国外栲胶提取自生长在阿根廷、巴西和巴拉圭的shinopsis balansae和shinopsis lorenzii硬木树的芯材。栲胶（quebracho）的名称是当地方言“斧子破碎器”，指的是这种木头很硬。木头在100 ℃下浸出，将得到的10%溶液在真空下蒸发得到含5%水分的粉末。粗栲胶的近似结构为：

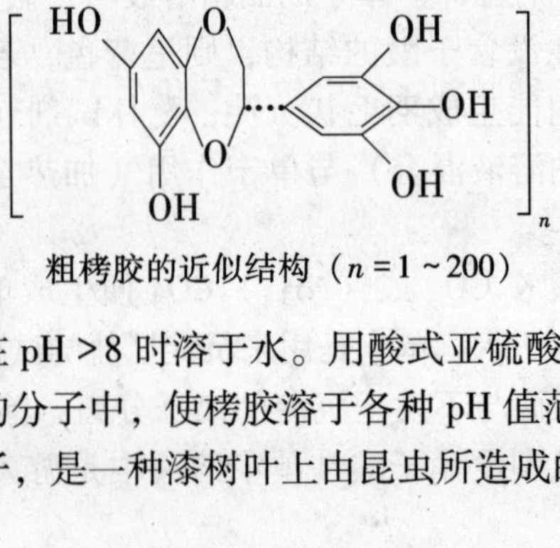

粗栲胶的近似结构（$n=1\sim200$）

这种粗制的粉末在pH>8时溶于水。用酸式亚硫酸盐处理高品级的栲胶，可将磺基引入到栲胶的分子中，使栲胶溶于各种pH值范围的溶液中。

我国特产的五倍子，是一种漆树叶上由昆虫所造成的结瘤，单宁的含量很高，质量也最好，也是在所有单宁中被研究得最清楚的一个，它是很好的制革鞣料，但价格高，主要用作棉织品的染色剂、制取没食子酸及其他药剂的原料。其结构式如下所示。

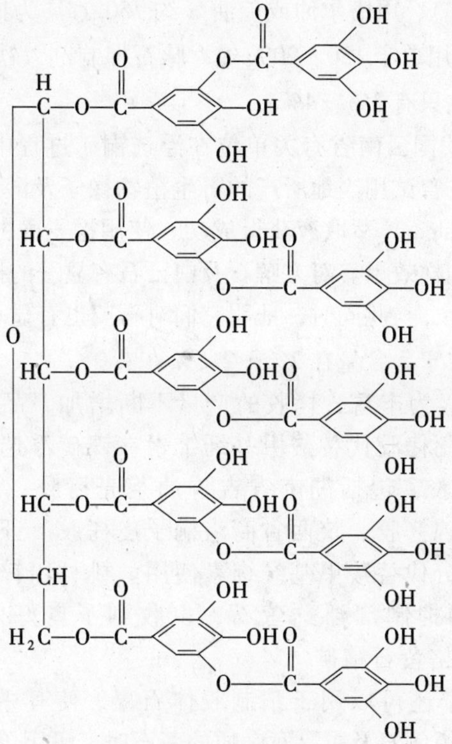

五倍子单宁的分子结构式

13.7.2 在选矿中的应用

在浮选工艺中，单宁是一种有效的抑制剂。用单宁或其萃取液精选用脂肪酸浮选所得的低品位钨精矿时，使用单宁分离脉石的效果最好。有人对单宁的应用作过统计，20 世纪 80 年代，全世界的钨矿浮选厂有 70% 以上都采用了栲胶等单宁类化合物作为抑制剂，对白钨进行优先浮选。其他有机胶体：淀粉、CMC、PMA、白朊及动物胶也用于特定条件下的浮选。日本大谷钨矿选厂采用白坚木碱 C 和 D（变性栲胶）作为抑制剂，在白钨浮选中使钨精矿品位达到 72.77%，总回收率达 86.76%。美国氰胺公司生产的 Timbrol FM 530 产品也属此类变性（改性）产品。由此可见高分子天然抑制剂的改性是研究方向，可以提高抑制剂的选择性。

级别不同的单宁和鞣质即单宁酸的选择性不同，在用巯基捕收剂浮选方铅矿时，它可抑制闪锌矿和碳质脉石。在浮选工艺中，单宁被作为一种有效的抑制剂，人们发现，当其用量大时，几乎可抑制所有的硫化矿物。

用单宁为脉石抑制剂，浮选含铁10%～14%的尾矿（即经过磁选及重选后的磁铁矿及赤铁矿）、用塔尔油或鱼油（约750g/t）为捕收剂，在酸性矿浆中（加硫酸1kg/t）用单宁150～200g/t为脉石抑制剂，铁精矿品位达58%～60%，而尾矿中含铁只有3%～4%。

1960年前后，我国云南省有关单位在浮选铜矿过程中，为了寻求对钙镁脉石的有效抑制剂，曾试用当地所产的野生植物橡子及酸浆草（属蓼科植物，学名为Onyrid Senensiem）萃取液获得成功。使用橡子壳的干粉或其萃取剂栲胶与使用单宁酸有同样效果。对方解石及白云石有显著的抑制作用，而对所选的铜矿抑制作用不大，与此同时，证明它们对石英也有显著的抑制作用；酸浆草的主要成分也是单宁，含量在2%～2.5%左右。

我国栲胶资源极为丰富，栲胶的产量不断增加，品种也不断扩大，辽宁冶金研究所曾试用栲胶代替羧甲基纤维素在镍矿浮选工艺中作为脉石的抑制剂。所用的栲胶，包括湖南省吉首油茶壳栲胶、河北省青龙板栗栲胶、河北省青龙橡碗栲胶、陕西省商洛桐子皮栲胶。证明它们在不同程度上都可以代替或部分代替羧甲基纤维素使用。桃林铅锌矿曾试验过油茶壳栲胶作为重晶石的抑制剂浮选萤石，也收到了良好效果，可以得到含$CaF_2$95%以上的合格萤石精矿。

除此之外，单宁还可以用于精制胶体石墨，使其中的灰分由3%降至0.5%。在浮选含有方解石及重晶石杂质的萤石时，可用单宁酸为浮选药剂。

某萤石矿含重晶石22.18%，$CaF_2$26.81%，采用焦性没食子酸和硫酸亚铁抑制重晶石，油酸作捕收剂，可获得含$CaF_2$98.14%，回收率56.89%的萤石精矿，表明组合抑制剂效果十分显著。试验还表明，栲胶、单宁、糊精均对重晶石有抑制作用，价格比焦性没食子酸便宜。

从单宁的水解产物，或近似物质出发，曾有人研究并分析单宁分子对石英浮选的有效基团，以寻求单宁抑制作用的机理。此外，对于方铅矿-戊基黄药-单宁酸及方铅矿-戊基黄药-白雀树皮栲胶（quebracho）两个系统的作用机理也有人进行过研究。1973年还有人研究了用油酸盐作捕收剂时，白雀树皮栲胶对萤石、方解石、赤铁矿和石英的浮选的影响；以及单宁酸、没食子酸对于方解石抑制作用机理的研究。

有人研究了单宁对方解石的抑制机理，认为单宁的水解物单宁酸通过羧基吸附在方解石的表面，其羟基向外与水分子借助氢键结合形成水膜而起抑制作用。据此推断与单宁酸结构相似的没食子酸对方解石也应有抑制作用。实践证明，没食子酸对方解石抑制能力较强，特别是在加热的情况下，无论单宁酸或没食子酸的抑制效果均比常温时更强。因此，可认为不加热时，单宁酸或没食子酸的羧基在方解石表面与 Ca^{2+} 是形成物理吸附为主，故容易脱落，抑制效果较差，加热以后转化为化学吸附，吸附较牢固，因此升高温度处理以后，抑制能力得到加强。红外光谱研究还表明，方解石矿物表面有单宁酸钙络合物的存在。

对于不含羧基的单宁对方解石的抑制机理，有人认为是通过酚基离子以物理吸附或化学吸附的方式固着在方解石表面起抑制作用。

13.7.3 合成单宁

13.7.3.1 水解木质素与酚的缩合产物

在不影响木质素分子中甲氧基（CH_3—O—）的温和条件下将木质素水解后，水解的木质素与酚按摩尔比 100∶50、100∶75、100∶100 比例进行缩合（不添加甲醛），所得到的合成单宁按顺序分别命名为“合成单宁-2”、“合成单宁-3”及“合成单宁-5”（syntan2，3，5）。其中以“合成单宁-2”的效果最好，用于浮选某矿的磁选尾矿（含重晶石 14% ~15%）时，对石英、方解石和氧化铁具有强烈抑制作用，但不抑制重晶石（$BaSO_4$）的浮选。与水玻璃一起应用，重晶石精矿品位达 92.3%，回收率 56.0%；单独使用水玻璃时，品位只有 85%，回收率 64%。

“合成单宁-5”用作调整剂浮选明矾石（$3Al_2O_3 \cdot K_2O \cdot 4SO_3 \cdot 6H_2O$）时，凡是容易被三价铁离子活化的矿物（如石英），它都能够加以有效地抑制，但是不受三价铁离子活化的产物，也不受“合成单宁-5”的影响。

“合成单宁-5”还适用于浮选锗，用十六烷基三甲基溴化铵阳离子捕收剂为捕收剂，“合成单宁-5”的用量对锗的质量比为 40∶1，溶液 pH 值为 7 ~10 时，从质量浓度为 10^{-4}mol/L 的锗溶液中富集锗，效果最好。此处“合成单宁-5”是一种活化剂，它与锗形成不溶性的络合物。在此浮选过程中，溶液中的电解质的允许浓度，即 NH_4Cl 或 $(NH_4)_2SO_4$ 的质量浓度可达 3mol/L。“合成单宁-5”的浮选有效成分为：

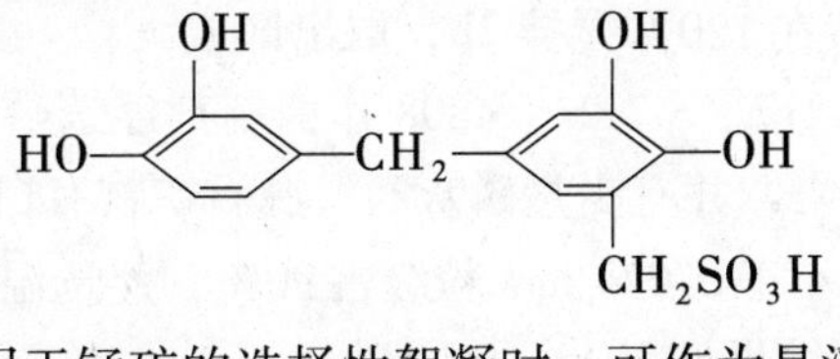

OH OH
HO—⟨苯环⟩—CH_2—⟨苯环⟩—OH
CH_2SO_3H

“合成单宁-3”用于锰矿的选择性絮凝时，可作为悬浮液的稳定剂。

13.7.3.2 芳基化合物与醛的缩合产物

国外利用萘磺酸或对-羟基苯磺酸等与甲醛或其他醛类（如糠醛、乙醛、丙醛等）的缩合产物——合成单宁，主要用于造纸、制革、染料等工业。连云港化工设计研究院等单位曾经以菲、蒽等化工原料合成单宁的类似物用作选矿抑制剂。例如，代号为S-217、S-804、S-711和S-808的抑制剂。

（1）S-217、S-711、S-804的制法。S-217的原料是苯酚、浓硫酸（H_2SO_4）、甲醛；S-711的原料与S-217相同，只用萘代替苯酚；S-804的原料亦与S-217相同，但用菲代替了苯酚。

S-217、S-711、S-804的合成方法基本一样，大同小异，以S-804为代表介绍如下：取粗菲50g于容量为250mL并附有回流和搅拌装置的三口瓶中，在空气浴中加热至120℃，在15min内滴加浓H_2SO_4 40mL，维持120℃3.5h，降温至80℃，加水100mL左右，在10min内滴加体积分数为40%的甲醛17.5mL，在沸水中搅拌1.5h，取出即得。估计合成反应式为：

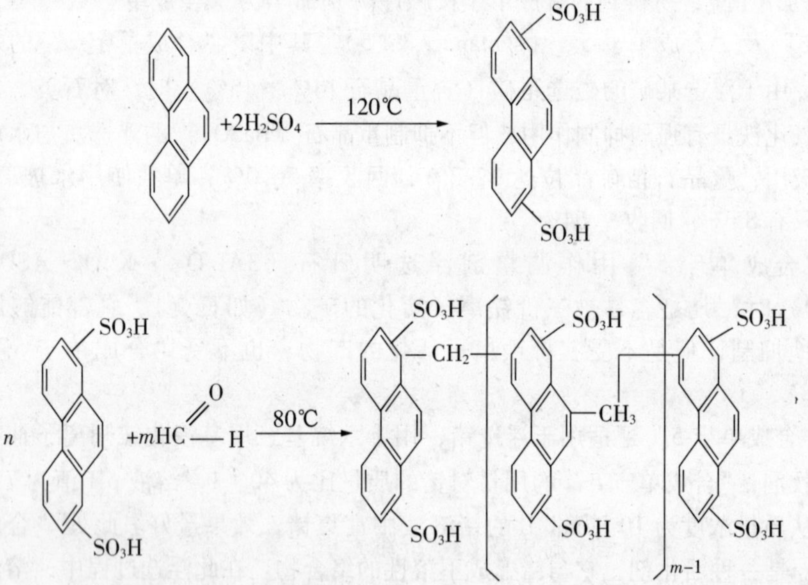

（2）S-808的制法。S-808是以粗菲磺化合成。取粗菲40g于容量为250mL附有搅拌和回流装置的三口瓶中，加热至120℃左右，在20min内滴加浓$H_2SO_4$24mL，保持在120℃搅拌2h，取出即成。

（3）合成单宁S-217、S-711、S-808作抑制剂浮选磷矿石的效果。某磷矿石的有用矿物为磷块岩，并有少量磷灰石。脉石矿物有白云石、方解石、石英和玉髓等。磨矿细度小于0.074 mm粒级占90%，浮选温度35~40℃，浮选矿浆含固体22%，选别结果见表13-9所列。

表 13-9 合成单宁 S-217、S-711、S-804、S-808 的抑制效果

抑制剂名称	用量/$g \cdot t^{-1}$	其他药剂	用量/$g \cdot t^{-1}$	精矿指标/%			尾矿指标/%		
				产率	品位	回收率	产率	品位	回收率
S-217	333	Na_2CO_3	9000	53.89	22.52	89.46	46.11	3.12	13.57
		Na_2SiO_3	1000						
		塔尔油皂	900						
S-711	505	Na_2CO_3	8000	59.86	20.99	92.28	40.14	2.62	13.61
		Na_2SiO_3	1000						
		塔尔油皂	300						
S-804	1100	Na_2CO_3	9000	56.75	21.59	92.94	43.25	2.00	13.19
		Na_2SiO_3	1000						
		塔尔油皂	800						
S-808	1000	Na_2CO_3	9000	59.74	20.77	94.44	40.26	1.82	13.14
		Na_2SiO_3	1000						
		塔尔油皂	300						
不用合成单宁和粗菲磺化物		Na_2CO_3	8000	54.00	16.76	68.58	46.00	9.08	13.23
		Na_2SiO_3	300						
		塔尔油皂	300						

从表 13-9 所列以及 S-804、S-217 对其他磷矿及 S-217 对阿尔巴尼亚磷矿的试验结果表明，S 系列抑制剂是有效的。

13.8 木质素及其衍生物

木质素（木素）是木材中仅次于纤维素的主要成分。木质素化学结构比较复杂，目前仍没有完全弄清楚，有人推测可能具有下列结构：

OCH_3, O

—CH_2—CH(OH)—CH(OH)—[苯环]　CH_2—CH—CH(OH)—[苯环]—CO—CH_2—CH_2—

OCH_3, OH

当它进一步水解可得到下列化合物：

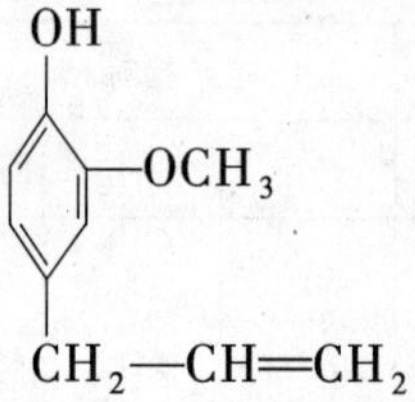

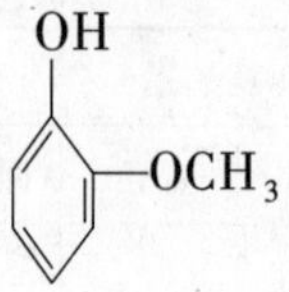

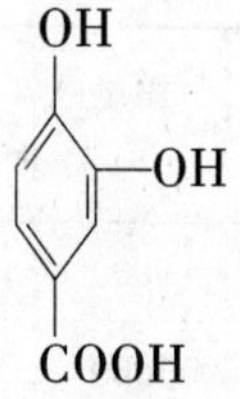

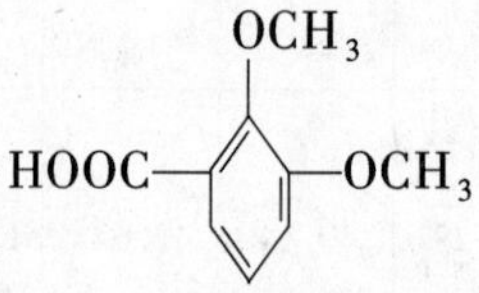

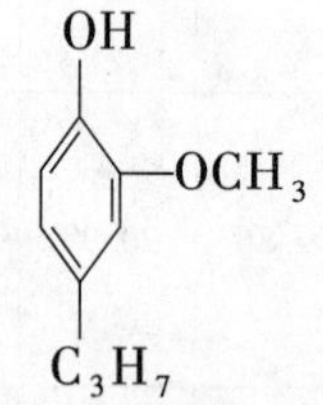

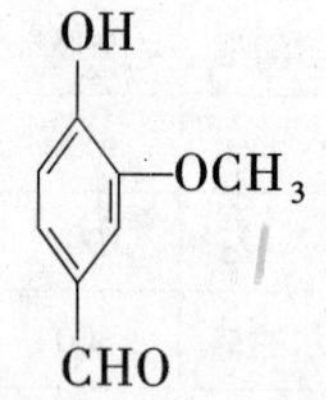

OH
$-OCH_3$
$CH_2-CH=CH_2$

OH
$-OCH_3$

OH
$-OH$
COOH

OCH_3
$HOOC-$ $-OCH_3$

OH
$-OCH_3$
C_3H_7

OH
$-OCH_3$
CHO

已经肯定木质素分子是含有很多羟基、酚基与甲氧基的高分子物质。不同的木质素基本上具有三种单体，即松柏醇、芥子醇以及P-香豆醇，例如毛榉木质素就是由松柏醇与芥子醇通过共聚作用生成的一种共聚物。

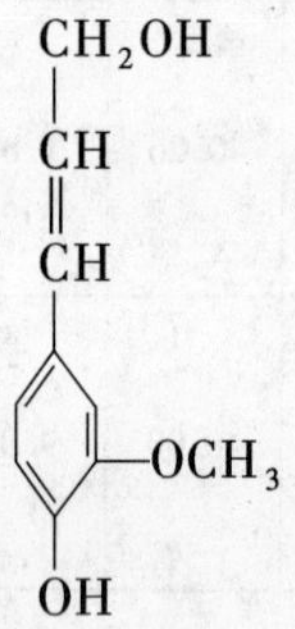

CH_2OH
CH
‖
CH
$-OCH_3$
OH
松柏醇

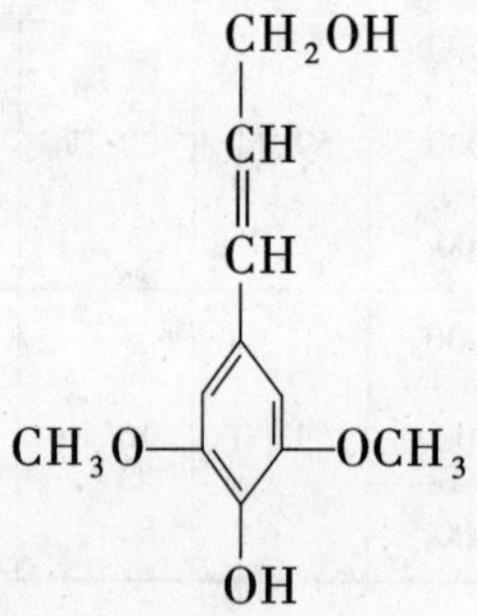

CH_2OH
CH
‖
CH
CH_3O- $-OCH_3$
OH
芥子醇

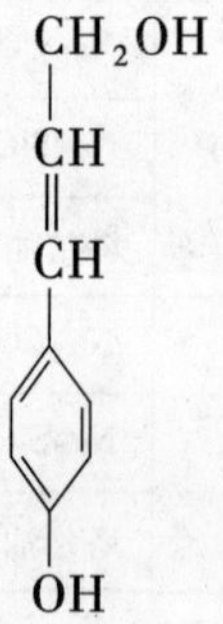

CH_2OH
CH
‖
CH
OH
P-香豆醇

木材是木质素最丰富的来源。树皮与树干以及木材加工的锯木屑等都含有木质素，随木材的种类不同而有所不同，一般含木质素为17.3%～31.5%不等。软木含量较多，平均约28%，硬质木材平均含量约24%。

木质素的生产来源主要是造纸厂的副产品，在造纸工业制浆废液中，含有相当可观数量的木质素。用草类作原料用亚硫酸盐法造纸浆，可以得到300kg/t木素磺酸钙；用硫酸盐法造纸浆，则可以得到100～150kg/t或更多的碱木质素。如果用木材制纸浆，木质素的产量更高。

用亚硫酸盐法造纸，将木材经过亚硫酸氢钙等盐及二氧化硫在压力釜中蒸煮水解，木质素即变为可溶性的物质与纤维分离。所得废液除含有大量木素磺酸钙以外，还含有多种五碳糖、六碳糖等有机物质。木素磺酸盐仍然是一种高分子聚合物，相对分子质量在2000～15000之间，相当于每2～4个单体含有一个硫原子。木素磺酸钙遇硫酸则释放出游离的木素磺酸，钙离子则变为硫酸钙沉淀。游离的酸与其他碱性化合物作用，即生成相应的木质素磺酸钠、镁或铵盐。

采用硫酸盐法（或碱法）的造纸厂，将木材切碎后用一种强碱溶液（10%苛性钠溶液，或10%苛性钠与硫化钠的混合溶液）在170~180℃处理1~3h，木质素、脂肪酸钠、五碳糖及六碳糖等大部分溶解，成为黑纸浆废液。在这个时候，如果所用的木材是松杉木，废液经浓缩后，可以盐析出在浮选上作为植物油脂肪酸代用品的粗塔尔油皂，剩下来的废液再利用工厂中的染料废气（主要利用其中的二氧化碳），通入中和，使pH值由12降至4.5~10，经过这样处理之后，1/2或3/4可利用的木质素即成为木质素钠沉淀而出，用木材每生产1t纸浆大约可以产生200kg左右的木质素。木质素钠盐也不溶于水，有机溶剂及无机酸，与亚硫酸盐共煮就可以变为木质素磺酸钠。

由木屑制酒精时，可以得到大量的水解木质素。利用农业副产物（玉米杆、稻谷壳）制造糠醛的时候，蒸去糠醛后的废液仍含有30%~40%的木质素，可直接作为粗木质素液供工业应用。

工业上所得的木质素是综合粉末状固体，非结晶性物质，密度约1.3~1.4g/cm^3，折光率为1.6，木质素不溶于水、强酸及有机溶剂，但溶于碱性水溶液内，有些类型的木质素可以溶在含氧的有机化合物及胺类中。木质素没有固定熔点，加热时变软随即碳化。

木质素的工业用途很广，木质磺酸盐是一种优良的胶合剂、黏结剂、塑化剂和扩散剂及浮选抑制剂，用于石油钻井，在混凝土、陶瓷冶金工业中添加作成型剂，也用于皮革工业、火柴工业等，同时还作为制取食品香料香兰素的原料；或作为橡胶工业的填充料糠醛木质素树脂等。

国外已利用木质素来制造木质素纤维。将木质素水解，取得酚基苯甲酸，再与氯化环氧丙烷缩合后再缩聚成木质素纤维。

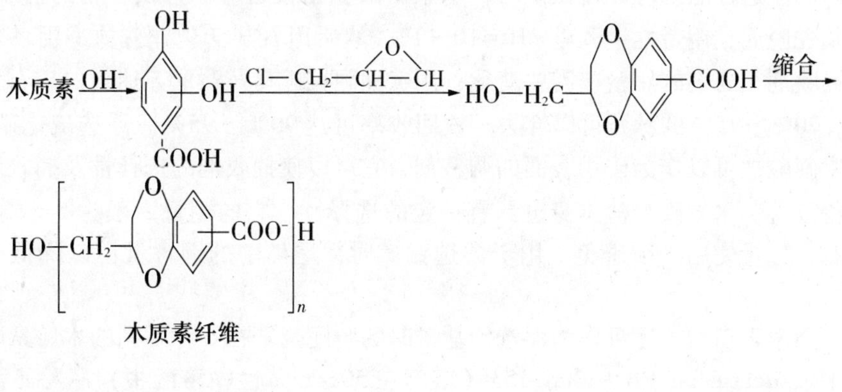

木质素 $\xrightarrow{OH^-}$ (HO)(COOH)苯环—OH $\xrightarrow{Cl-CH_2-CH(O)CH}$ HO—H_2C—(二氧六环并苯环)—COOH $\xrightarrow{\text{缩合}}$

$HO\left[-CH_2-\text{(二氧六环并苯环)}-COO^-\right]_n H$

木质素纤维

13.8.1 木素磺酸盐

木素磺酸盐是用亚硫酸盐法或 Kraft 法（用碱性硫化钠破坏软木）获得的。木素磺酸钠用作含碳质矿物的抑制剂，也可在钼浮选中用作硫化铜和硫化铁矿物的抑制剂。它也具有分散剂的性质。

木质素磺酸盐的结构为：

它一般以钠盐形式销售，它具有阴离子性质。

木质素在浮游选矿工艺上是作为抑制剂使用。当用脂肪酸、黄药或阳离子捕收剂时，木素磺酸钙可用为碳质脉石的抑制剂；浮选水泥岩时，它的用量约为 1kg/t。用脂肪酸与水玻璃浮选方解石，在 pH = 8 ~ 9.5 时，木素磺酸盐可作为石英的抑制剂。

木素磺酸盐用作方解石、重晶石的抑制剂，精选稀土粗精矿时，可从含 TR_2O_3 10.63% 的产品中得到含稀土氧化物品位为 30% ~60% 的精矿。

用浮选方法处理氧化铁矿时，木素磺酸盐据报道可作为铁矿物的抑制剂。矿浆先脱泥，用苛性钠调整 pH = 10 ~ 12，然后用石灰活化硅酸盐，用塔尔油作捕收剂，药剂的用量按需要变化，用美洲阿拉巴马及明尼苏达州的矿石为对象，70% ~75% 的脉石可以弃去，铁回收率可达 90% ~95%。浮选硫化矿时，木素磺酸盐可以作为矿物表面的调整剂，它可以使捕收剂的选择性及捕收能力获得改善。木素磺酸盐本身也具有一定的选择性，它的用量一般为 5 ~ 137g/t 左右，过量使用必须避免。用于浮选铜矿时，尾矿中的铜含量可以降低一半左右。

用木素磺酸盐还可作为浮选钾盐矿时的脱泥剂。在 6 种不同的木质素磺酸盐中以 Marasperse CB 和 NaL-153（溶解在 50g/L 苛性钠溶液中）脱除不溶解泥的试验结果最好。前一种药剂中，90% 为部分脱硫的木质素磺酸，硫与木质素之比为 32 : 2000 或 32 : 1900。后一种药剂也是能溶解在碱液内的一种木质素。部分脱硫的木质素的特点是它比高硫木质素的胶溶作用大。一般浮选钾盐时，在矿浆内留有少量的矿泥，在经济上虽然是合算的，但是必须另外使用淀粉、聚乙二醇或聚乙二醇醚类等药剂作为抑制剂，以减少泥浆大量吸收阳离子药剂的特性。木质素磺酸盐还用作阻垢和分散剂使用。

在浮选含有滑石的复合硫化矿时，用木素磺酸或它的钠盐抑制硫化矿中的滑石颗粒，可以提高金属的回收率。国外报道用木素磺酸钠 100g/t 作抑制剂浮选，金属回收率提高到 90.3%，不加木素磺酸钠时，回收率仅为 48.3%。在我国还很少使用木素磺酸钠作抑制剂，值得注意。

木素磺酸钙在浮选云母时作为脉石的抑制剂，所浮矿样含白云母、黑云母和脉石。取矿样 250g，磨至小于 28 目，用倾泻法脱泥，然后在小浮选机中进行浮选。用自来水稀释至约 40% 的矿浆浓度，加入 Na_2CO_3 900g/t，木素磺酸钙 450g/t，搅拌 5min，加入十八烷胺 180g/t，搅拌 1min，用自来水稀释矿浆至含固体约 20%，pH = 9.8，粗选 5min，精选两次，云母精矿品位 97.7%，回收率 86.7%。

利用木素磺酸钙作抑制剂浮选萤石。该萤石的矿物组成为含石英 54%，萤石 36%，重晶石 2%，方解石 2% ~3%，硫化物 0.5%，$Fe(OH)_3$ 0.3% ~0.5%，白云母、绢云母、绿泥石、水云母共 4%。其中萤石与石英紧密共生，矿石磨至小于 0.074 mm 粒级占 82.5%，浮选硫化物，再用油酸作捕收剂浮萤石，一次粗选，一次扫选，四次精选，粗选加木素磺酸钙（100g/t）和 NaF（1500g/t）作调整剂，试验结果表明，混合使用比单独使用效果好。

所用的木素磺酸钙即是亚硫酸法纸浆废液的固体浓缩物，代号 КБТ，所得萤石品位为 96.11%，回收率为 91.5%。

前苏联专利（831192）推荐用氟硅酸-木素磺酸钙作为萤石浮选的抑制剂。特温·比尤特铜矿用木素磺酸盐作钼矿的抑制剂提高回收率。

有人在一种伟晶花岗岩的试验室及中间工厂试验时曾提出一个新改良分选和回收独居石、云母和铍矿的方法。用氟化钠与木质素磺酸盐作为调整剂，抑制铍矿；用脂肪酸皂作为浮选独居石的捕收剂；如此，则 80% 以上的铍矿被抑制在浮选独居石的尾矿中，此尾矿经过活化、浮选、精选等作业之后，铍精矿的品位可达 6% ~7%，利用此新方法还可以有效地回收高品位的云母。

美国阿纳康达公司双峰铜钼选厂使用低浓度木素磺酸盐加石灰抑制辉钼矿浮选滑石等片状硅酸盐，在小试的基础上建立了半工业试验厂，代替钼选厂原先采用喷雾干燥，脱除辉钼矿表面的药剂，再经反浮选获取合格钼精矿工艺，取得了良好的结果。直接抑钼-反浮选工业试验结果见表 13 - 10 所列。

表 13-10 双峰抑钼反浮选试验厂指标

产品名称	产率/%	品位/%			分布率/%			备 注
		Mo	不溶物	Cu	Mo	不溶物	Cu	
钼精矿	70.05	45.87	15.22	1.12	91.11	34.25	53.86	槽内产品
不溶物产品	29.95	10.41	64.52	2.08	8.89	65.75	46.14	泡沫产品
给 矿	100.00	35.21	30.58	1.42	100.00	100.00	100.00	

此外，有人利用木素磺酸钙做浮选胶磷矿的抑制剂。用木素磺酸盐与水玻璃组合从黄玉中分选萤石。

日本专利等文献报道，木素磺酸盐在锡石浮选时可做脉石抑制剂，球团黏结剂以及水泥浆的分散剂。在多金属硫化矿浮选中，木素磺酸（或盐）可活化铜-铅矿，抑制黄铁矿和滑石。

13.8.2 氯化木素

氯化木素系在木质素分子中引入氯原子。制备氯化木素的方法有：氯水法、电解法及液相连续通氯法。前两种方法的反应速度较快，耗氯量较少，但氯水法限于氯水的浓度，设备利用率低；电解法设备不易解决。这两种方法用于大规模生产还有一定困难。液相连续通氯法配料量多，设备利用率高，较为便利，在生产时，先将水加入搪瓷反应罐内，再加入木质素（木质素质量分数为14%），开动搅拌器，通入氯气，至产品含氯量至14%~15%为止，然后将反应产物用真空吸滤器洗涤至中性，抽干后即为合格产品，此时产品的含水量为60%左右。例如，用木材水解厂和糠醛生产过程中产生的废渣（含木质素约50%~60%）进行制备。

氯化木素的含氯量与原料中木质素的含量有关，纯氯化木素产品的含氯量在20%以上。木质素含量较低（50%~60%）的原料，一般含氯量在15%~18%之间，但以氯含量在13.5%~15%较为适宜，作为抑制剂，含量过低或过高都不好。

干的氯化木素是黄色固体粉末，易溶于乙醇及碱溶液中，不溶于水，在水中有一小部分氯水解。在用作抑制剂时，要先将它溶于10g/L~50g/L的碱溶液中，并且要求在pH=11~13时使用较好。

用氯化木素作为抑制剂，以工业石灰作为活化剂，对鞍山大孤山磁选精矿曾进行半工业及工业反浮选试验，都获得了良好的结果。例如粗选精矿反浮选试验中，给矿量28t/h，给药量为苛性钠800g/t，氯化木素900~1100g/t，石灰550~600g/t，粗硫酸盐皂150~160g/t，选矿比1.187，原矿含铁61.09%，精矿含铁67.44%，全尾含铁23.36%，理论回收率94.49%，实际回收率93.06%。用东鞍山贫赤铁矿曾做过小型反浮选试验，效果也比较好。原矿主要成分含铁33.27%，主要脉石为石英，用塔尔油皂为捕收剂，用石灰活化石英，用氯化木素为赤铁矿的抑制剂，浮选获得精矿含铁61.96%，尾矿含铁8.72%，回收率86.75%。

13.8.3 铁铬（铬铁）木素

铬铁木素是由H_2SO_4，$FeSO_4$，$Na_2Cr_2O_7$（K）与木素磺酸钙作用而成。木素磺酸钙与$FeSO_4$作用生产木素磺酸亚铁和$CaSO_4$沉淀，$Na_2Cr_2O_7$在酸性介质中将部分亚铁氧化为三价铁，则六价铬还原为三价铬，后者与亚铁共同与木素磺酸生成铬铁木素。铬铁木素的主要部分是高分子木素磺酸，Fe^{2+}和Cr^{3+}同时和木素磺酸分子中的两个或三个极性基团络合，形成稳定的螯合物。

铁铬盐木素为棕黑色粉末，是一种水溶性高分子有机化合物，结构比较复杂，可作为硅酸盐、石英、方解石等矿物的抑制剂，同时，也具有良好的起泡性能。

山西胡家峪矿选矿厂1995年在选铜中添加铁铬木素作硅酸盐类的抑制剂，经过一年的生产实践取得了显著效果，铜精矿品位达到27.35%，回收率为96.44%。在回收率相同的情况下，铜精矿品位比此前四年不用铁铬盐木质素时提高了2.22%，表明铁铬盐木质素抑制剂的抑制效果好，而且利用铁铬盐木质素还有利于降低铜精矿水分。

大厂铜坑91号矿体405 m水平的矿石除含石英、方解石外还含有褐铁矿，为了提高选矿指标，粗选中添加抑制剂CMC以及亚硫酸钠，捕收剂苄基砷酸，精选添加亚硫酸钠和水玻璃，目的在于抑制褐铁矿。闭路试验结果锡矿平均含Sn 19.15%，指标很低。后来改用铁铬木素，从含锡0.61%的给矿浮出品位35.11%，回收率76.97%的锡精矿，比用亚硫酸钠作抑制剂指标高得多，说明铁铬木素是该锡矿中褐铁矿的有效抑制剂。

13.9 腐殖酸

腐殖酸主要来源于泥煤、褐煤、新褐煤以及风化烟煤，这些煤所含腐殖酸最高达80%以上，一般含量约50%～60%，沼泽地的土壤也含有多量的腐殖酸。从光谱分析中证实腐殖酸与木质素在结构上有很多相似之处，但在性质上两者又有很多不同。腐殖酸是一种高度氧化了的木质素，分子中含有很多羧基，易溶于苛性钠，生成腐殖酸钠盐，还溶于焦磷酸钠，及5摩尔浓度（5mol/L）的尿素水溶液，以及二甲基亚砜，甲酰胺和乙酰胺等有机溶剂。

腐殖酸是一种天然高分子聚合电解质，平均相对分子质量约25000～27000。具有胶体化合物性质，在不含有电解质的纯水中是一种无腐蚀作用的胶体分散溶液，在它的分子中含有C、H、O、N及少量S及P等元素。腐殖酸含有多环芳香环、单苯环、多种氨基酸、己糖胺、糖、脂肪族碳链，醌基及内酯结构。对于它的整个分子结构还很不清楚。有人通过沉降、扩散以及流变性质的研究，认为腐殖酸的分子构型是属于自由螺旋状的直链聚合物，其特点是支链多些。

腐殖酸的另一个重要性质是，它可以在不同pH值条件下与多种金属离子形成金属螯合物，包括Fe^{3+}、Fe^{2+}、Cu^{2+}、Zn^{2+}、Mn^{2+}、Co^{2+}、Ni^{2+}、Ca^{2+}等金属离子。

腐殖酸的化学研究开始于1922年。经历30～40年之后才开始工业生产。有关研究的重点是农林化学和农业化学肥料。我国较普遍的是利用腐殖酸铵作为肥料。

在选矿中用作选矿药剂的主要是腐殖酸钠溶液，制造容易，工艺简单。例如用褐煤细粉(－0.147mm)50kg悬浮于500kg水内，加苛性钠20kg，加热搅拌至微沸状态，约3～5 h即可将煤中腐殖酸全部溶解变为腐殖酸钠溶液，经离心机脱泥后即可使用。

13.9.1 腐殖酸的组成及性质

将褐煤的苛性钠萃取液用HCl酸化，溶解物称黄腐殖酸，不溶物用丙酮或酒精处理，溶解者为棕腐殖酸，不溶物为黑腐殖酸。其中以黑腐殖酸所占比例最大，是三种组分中最重要的成分。从元素分析得知腐殖酸是由C、H、O、N、S等元素组成，一般含碳55%～65%、氢5.5%～6.5%、氧25%～35%、氮3%～4%，含少量硫和磷。

腐殖酸的相对分子质量随原料和提取方法不同而有较大差别，一般黄腐殖酸相对分子质量为300～400，棕腐殖酸相对分子质量约2×10^3～2×10^4，黑腐殖酸相对分子质量10^4～10^6。通过物理和化学方法可推测腐殖酸的大致功能团及结构，对腐殖酸的结构特征比较统一的看法是：

（1）所有腐殖酸都有芳香族结构，基本上含有相同的功能团。

（2）黄腐殖酸、棕腐殖酸、黑腐殖酸的差别在于黄腐殖酸分子最小，棕腐殖酸分子较大，黑腐殖酸分子最大。黄腐殖酸含碳量较低，含氢量较高，芳香结构较少，脂肪结构较多，侧链较多；黑腐殖酸芳香结构及功能团较多，较复杂；棕腐殖酸在两者之间。

腐殖酸大致结构的基本组成部分，即腐殖酸的部分结构可表示为：

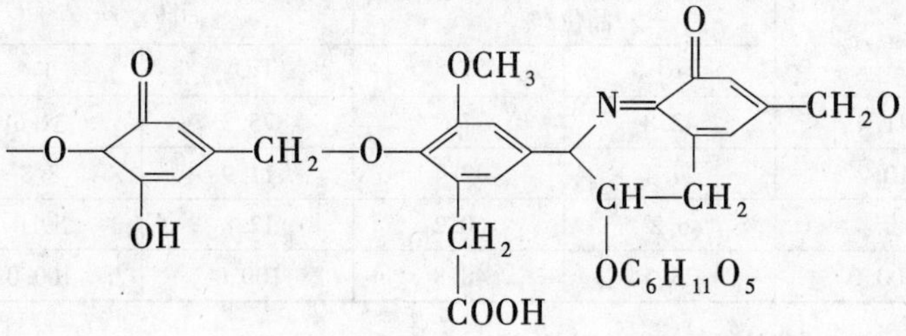

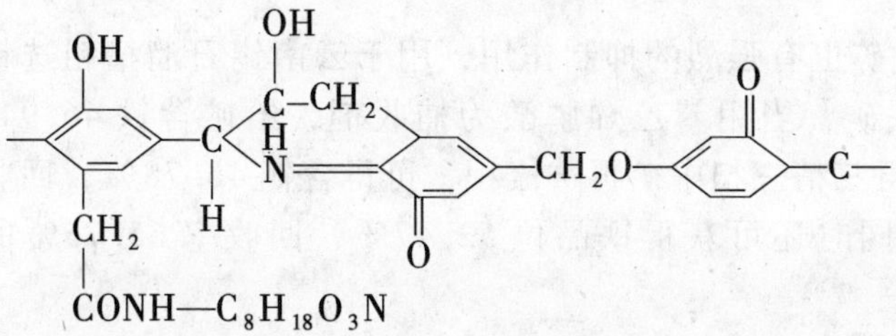

长沙矿冶研究院见百熙等人从1972年开始对各种煤类提取腐殖酸的制备、分析、测试、选矿评价与应用进行了系列研究，对锡铁分离、黑钨浮选、褐铁矿、红铁矿反浮选，使用腐殖酸作抑制剂、絮凝剂做了大量工作，并取得良好的选矿指标。

13.9.2 腐殖酸在选矿中的应用

早期专利报道，用腐殖酸作为抑制剂，利用浮选工业可以使纤维状煤从亮煤及暗煤中分离，腐殖酸的作用是抑制亮煤与暗煤的可浮性，能够强烈地影响石墨（疏水性固体物）的可浮性。

一种含有82.5%的钾镁盐矿和17.5%的氯化钠的混合物，用388g/t羟基硬脂酸作为捕收剂和起泡剂，用175g/t腐殖酸作为活化剂，浮选后钾镁盐矿精矿（$K_2SO_4 \cdot MgSO_4 \cdot 9H_2O$）的品位达99%，回收率88.6%。

用腐殖酸作为脉石抑制剂，可以提高钾盐（KCl）浮选精矿的品位。腐殖酸还可以作为钾盐电选的调整剂，用量为50~200g/t。

腐殖酸对赤铁矿和磁铁矿都有强烈抑制作用，可代替玉米淀粉作抑制剂用来反浮选赤铁矿。用腐殖酸钠盐作为磁铁矿等矿物的抑制剂，钛铁矿与磁铁矿的混合精矿，用胺类作捕收剂，用腐殖酸钠作抑制剂，证明腐殖酸钠可以完全有选择性地抑制磁铁矿。矿浆固液比（质量比）为1∶3.5，最适宜的pH值为8.1，粗选3min，腐殖酸钠用量为750g/t，胺类捕收剂1500g/t。精选4min，腐殖酸钠用量300g/t，胺捕收剂500g/t。其结果见表13-11所列。

表 13-11 钛铁矿、磁铁矿混合精矿的优先浮选

产品名称	产率/%	品位/%		回收率/%	
		TiO_2	Fe	TiO_2	Fe
钛铁矿精矿①	41.4	42.8	37.3	75.3	31.6
中矿	10.2	27.4	42.4	11.9	8.8
磁铁矿精矿	48.4	6.2	60.2	12.8	59.8
原混合矿	100.0	23.5	48.8	100.0	100.0

①该精矿含钛铁矿约90%，磁铁矿及辉石约10%。

腐殖酸钠对褐铁矿也有强烈的抑制作用，用于云南锡石溜槽粗选精矿浮选分离锡石和褐铁矿，当用苯乙烯膦酸为捕收剂，给矿含铁46.94%，含锡5.49%，经一粗三精三扫中矿再选流程，可得含锡46.78%，回收率48.78%的锡精矿，同时还可获得铁品位52.47%，回收率65.75%的铁精矿。

长沙矿冶研究院除使用腐殖酸对云锡锡铁分离进行试验外，对浙江尤泉的铜铅混合精矿分选用腐殖酸钠作为抑制剂，对江西铁坑褐铁矿、东鞍山赤铁矿反浮选进行了试验研究，取得一定效果。同时，还制备了氯化腐殖酸钠和氯化腐殖酸铵用于香花岭锡矿泥浮选，锡铁分离效果比腐殖酸钠更好。此外，还试用腐殖酸钠作为钛铁矿团矿黏结剂，效果不错。

用腐殖酸钠作为偏钛酸及选煤尾矿水的絮凝剂。1956年专利报道用腐殖酸钠净化含有胶体物的液体或含有极细粒悬浮体的液体，将工业废水酸化至pH值7~4.5，加入腐殖酸的溶液使腐殖酸游离，然后加入一种凝结剂（例如$FeCl_3$），生成的絮凝物即可将胶状悬浮物一起沉降，使水净化。腐殖酸铵还可以作为选煤厂煤泥尾矿水的絮凝剂。

在偏钛酸［$TiO(OH)_2$］的盐酸溶液中加入腐殖酸盐使偏钛酸悬浮液凝结。凝结物粒粗容易过滤，产率达96%~98%。

用于抑铅浮铜进行铜铅分离，得到与重铬酸钾基本一致的结果，使用腐殖酸钠的特点是无毒，分选流程和药剂制度简单，比用重铬酸钾成本低。

东川工业试验和生产10个月的结果表明用150g/t左右的腐殖酸作抑制剂，并用乙二胺磷酸盐和硫化钠为调整剂，丁黄药为捕收剂，浮选澜泥坪铜矿，比不用腐殖酸钠时，在回收率极为相近的情况下精矿品位提高2%~3%，效果显著。

广西冶金研究所在浮选锌工艺试验中，采用腐殖酸铵做磁黄铁矿和毒砂的抑制剂，在锌粗精矿精选中，使铁闪锌矿与黄铁矿和毒砂分离，取得了较好效果。据报道也有另一种情况出现值得注意，当浮选辉钼矿时生产用水中腐殖酸

浓度增加会影响辉钼矿的回收率。因为它会吸附在辉钼矿表面，减少了辉钼矿的疏水性和可浮性，为了改善辉钼矿的可浮性，可以用充气或活性炭将水处理。

美国肯尼柯特矿产公司研究了腐殖酸在不同水介质中对辉钼矿可浮性的影响以及腐殖酸对水介质的干扰。辉钼矿是天然疏水矿物，研究表明，在吸附腐殖酸后，辉钼矿的疏水性明显下降，钼浮选回收率也随之下降。而且该影响还与介质 pH 值相关，当 pH 值上升时，腐殖酸的溶解度和活度随之提高，而辉钼矿的可浮性则相应下降。

矿山水源中通常都或多或少的含有腐殖酸，影响水质的 pH 值（与季节、温度、腐殖质有关）。为消除腐殖酸对水质的干扰，研究发现，通过充气搅拌可提高矿浆氧化还原电位，降低 pH 值，提高辉钼矿回收率。因此可以通过降低水质中腐殖酸含量提高回收率。又如，添加活性炭吸附处理腐殖酸可使辉钼矿回收率从 35% 提高到 92%。由此得到启示，水质对浮选影响不可忽视。

根据前苏联专利（774602 号）报道，黄腐殖酸可在铅矿浮选中用作调整剂。研究认为腐殖酸或黄腐殖酸（一种低分子量的腐殖酸）可以与铜离子起较强的络合作用，在多金属矿浮选中，腐殖酸或黄腐殖酸应有可能代替氰化物起到抑制闪锌矿的作用，从而有可能消除氰化物对环境的污染。

13.10 其他天然高分子选矿药剂

淀粉、纤维素、单宁、木质素以及它们的衍生物在矿物加工用药中占有重要位置，是重要的抑制剂、絮凝剂、活化剂，也是阻垢分散剂，废水处理剂和助滤剂。其他的天然化合物加工产品，如动植物蛋白、野生植物淀粉及其衍生物，在一定的条件下也是有效的矿用药剂。

在浮选上曾经被研究过的蛋白质类物质有水胶、白明胶、鳔胶以及蟹壳蛋白，卵磷脂、干酪素、干血粉、血清、水解蛋白、由大麻仁种子提取的麻仁蛋白等。例如水胶可以抑制石墨、云母和滑石的浮选；白明胶可以抑制黄铁矿、氧化铁矿、云母、石墨、煤以及碳质脉石等，在文献中都有所报道。

海藻酸是由海藻及海带一类物质中提取的高分子有机酸，在分子结构上类似羧甲基纤维素，它的碱金属盐可溶于水，并形成黏度很高的溶液，与二价和三价金属离子可以形成不溶于水的盐，在化工上海藻酸主要是作为食品工业的原料。在印染工业上作为浆料代替淀粉，已被广泛应用。在浮选中，海藻酸钠盐曾被介绍在方解石-石英的分选中用作方解石的抑制剂。国内有人曾试用作为絮凝剂。海藻酸的化学结构式为：

```
      COOH
       |
       C——O
  H   / H    \
   \ /        \ /
    C  OH  OH  C
   / \  |   | / \
  O    C——C    H
       H   H        ]n
```

国外报道一种叫做“索必腊金”（Sobragene）的浮选药剂，也是含有海藻酸的褐色粉末状海藻胶。无毒，不溶于水，溶于碳酸钠（Na_2CO_3 质量浓度为40g/L）的叫做“索必腊金SC”，溶于氢氧化钠的叫做“索必腊金SN”，使用时用碱溶解后，每30g另加防腐剂150mg。可在黑钨矿浮选时作为脉石抑制剂，效果比水玻璃好；菱锌矿与萤石分选时，它可以作为萤石的抑制剂。当用量为600g/t时，萤石全部被抑制。菱锌矿不受任何影响，可达到两者有效分离。

在浮选过程中，如果脉石是方解石、白云石、滑石、绿泥石和重晶石，特别是极细粒或矿泥（$-80\mu m$）状态下，用上述海藻酸盐作为脉石抑制剂有效。例如分选萤石（品位80%）和方解石（品位20%），磨矿粒度小于200μm，用脂肪酸（250g/t）为捕收剂，用上述海藻酸盐作抑制剂，得萤石精矿品位为94%；如果用水玻璃（1 kg/t）代替海藻酸盐，萤石精矿品位只有84%。

用野生植物加工的选矿药剂据相关报道有称为白胶粉（F703）、石青粉（F691）和上石粉等。白胶粉系由白胶树（又称刨花树）树干磨成细粉使用（广东阳山较多，作蚊香原料）。石青粉系用香胶树（灌木，又名槁树）的树叶磨成的粉。而上石粉则由香胶树的树皮磨粉而成。湖北某铜矿为加速氧化铜精矿在浓密机中的沉降，使用F703作絮团沉降剂可促使沉降提高11%的过滤速度。

13.11 有机羧酸抑制剂

有机羧酸作为抑制剂的多数都是短碳链的羟基羧酸，即在分子中既含有羧基又含有羟基的化合物。羧基或羟基可以含一个，也可含多个。例如，2-羟基丁二酸（苹果酸），2-羟基丙二酸，2，3-二羟基丁二酸（酒石酸），柠檬酸和没食子酸等。

```
HO—CH—COOH       HOOC—CH—COOH      HO—CH—COOH
   |                  |                |
   CH2—COOH           OH            HO—CH—COOH
```

苹果酸　　　2-羟基丙二酸　　　酒石酸

$$\begin{array}{c} CH_2—COOH \\ | \\ HO—C—COOH \\ | \\ CH_2—COOH \end{array}$$

柠檬酸

$$C_6H_2(OH)_3COOH$$

没食子酸

羟基羧酸分子中至少含有的一个羟基和一个羧基，两者都能与水形成氢键，所以羟基羧酸一般较相应的羧酸易溶于水，不易溶于石油醚等非极性溶剂。低级羟基羧酸可以与水混溶。

羟基羧酸具有羟基和羧基的各种反应，如生成醚和酯，呈酸性反应，羟基可以被氧化成羰基等。但两个功能团同时存在于一个分子中，互相间也会有影响，也具有其特殊性质。

由于羟基是一个吸电子基团，在多数情况下会增强羧基的酸性，所以一般的羟基羧酸的酸性比相应的羧酸强，其增强程度则视羟基所在位置而定，羟基距离羧基越远，则对于酸性的影响越小。

在络合物化学中，短碳链羟基羧酸是一种螯合剂，容易与金属离子络合，形成溶于水的螯合物，例如：

$$\begin{array}{c} HO—CH—COOH \\ | \\ HO—CH—COOH \end{array} + Cu^{2+} \rightleftharpoons Cu\left\langle \begin{array}{c} O—CH—COOH \\ | \\ O—CH—COOH \end{array} \right. + 2H^+$$

$$(HO)_3C_6H_2—COOH + Cu^{2+} \rightleftharpoons Cu\langle(O)_2C_6H_2(OH)—COOH + 2H^+$$

所以有机抑制剂的一部分功能团与金属离子通过配位键形成螯合物后，另一部分未与金属离子络合的基团则亲水，故易溶于水中，若与矿物表面的金属离子成键而螯合，则另一部分基团向外与水形成水膜，覆盖于矿物表面，与金属离子（晶格）相互吸附，显示抑制性质。大部分金属离子都能够与螯合剂形成稳定的螯合物。例如，用作萤石的抑制剂。图 13 -8 所示是 Baldauf 等人用烷基硫酸盐和烷基苯磺酸盐作捕收剂，几种羟基羧酸对萤石的

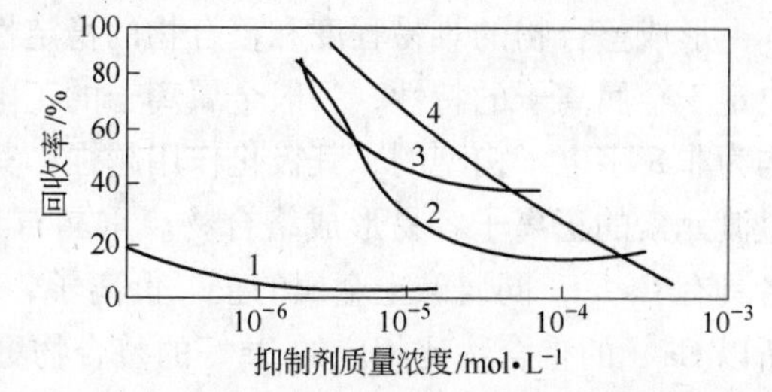

图 13 -8 使用烷基硫酸盐和烷基苯磺酸盐混合捕收剂时各种羟基羧酸对萤石的抑制活性

1—柠檬酸；2—苹果酸；3—酒石酸；4—没食子酸

抑制效果。

从图中可以看到这些有机抑制剂对萤石有显著的抑制作用。应该加以注意的是介质的 pH 值、捕收剂种类等因素对低分子有机抑制剂抑制萤石的效果有显著的影响，如在酸性范围内多数有机化合物对萤石的抑制作用降低，又如使用阳离子捕收剂时，可发生活化作用。通过吸附和解吸研究可知，柠檬酸大大地降低了阴离子捕收剂（如烷基硫酸盐、羧酸盐）在萤石上的吸附，但不影响在重晶石上的吸附量，因而使用阴离子捕收剂捕收重晶石，羟基羧酸作萤石抑制剂分离重晶石和萤石是适宜的。又根据流动电位研究，认为有机抑制剂在萤石上首先发生化学吸附，物理吸附只有很小的可能性，因为吸附力强，足以防止阴离子捕收剂在萤石上发生化学吸附而达到抑制效果。这种强大的化学吸附作用是由于有机抑制剂（B）与萤石晶格表面的 Ca^{2+}（A）发生键合作用生成表面螯合物（C），如下式所示：

$$[Ca^{2+}]_{固} + HO-C_6H_2(OH)_2-COOH \rightleftharpoons \left[Ca\!<\!\!{}^{O}_{O}\!\!>\!C_6H_2(OH)-COOH \right]_{固} + 2H^+$$

（A） （B） （C）

这种解释可由下列事实证明，如果抑制剂的极性键合基团在分子中的排列位置适宜于生成螯合物时，则有机亲水药剂的吸附胜过捕收剂的吸附。

有机抑制剂除了应具备与矿物晶格表面的金属离子发生螯合作用的极性基团外，结构中还具备另一些极性亲水基，才能达到既键合在矿物表面又形成亲水膜，例如 1，2-二羟基苯、丁二酸、α-羟基丙酸可以与 Ca^{2+} 螯合，但不能在矿物表面形成亲水膜，故在浮选中不是抑制剂。只有柠檬酸、酒石酸、没食子酸等，分子结构中具有较多的极性基团，不仅强烈的键合于矿物表面，而且引起亲水，才是浮选中的抑制剂。

形成螯合物的难易程度和螯合物的稳定性，除了决定于螯合剂的结构，还决定于金属离子的特性，一般金属离子的正电荷越多，半径越小，外层电子结构为非 8 字电子构型的，其极化作用越强，其螯合物越易生成，且稳定，所以过渡元素的正离子容易形成络合物。重晶石与萤石相比，前者具有 Ba^{2+}，后者具有 Ca^{2+}，同属碱土金属的正二价离子，但 Ba^{2+} 的半径大于 Ca^{2+} 的半径，所以 Ca^{2+} 的螯合物比相应的 Ba^{2+} 的螯合物更为稳定。故萤石比重晶石更容易形成亲水螯合物而受抑制。

柠檬酸广泛地应用于食品饮料、印染、医药等行业，在选矿中主要作为抑制剂，用于抑制萤石、长石、石英及碳酸盐矿物。胡岳华研究了在白钨矿-萤石分离中柠檬酸对萤石的抑制作用，取得了优异的指标，表明柠檬酸在白钨矿浮选中有使用价值，并通过考察生成表面亲水络合物的自由能变化对机理作了初探。Miinae 等讨论了 EDTA 对氧化铜与方解石浮选分离的络合抑制作用。

13.12 巯基化合物

巯基化合物作为抑制剂使用的是短碳链的巯基化合物，碳链一般都在 $C_{1\sim5}$之间，例如，巯基乙酸（或钠盐）、巯基乙醇、γ-巯基丙醇及其衍生物等，主要用作硫化铜矿和硫化铁等矿物的抑制剂。

巯基乙酸（thioglycolic acid）是巯基化合物中比较有代表性，研究较早的化合物。巯基乙酸的合成方法有多种，有硫化钠法、硫代硫酸钠法、硫脲法、三硫代碳酸钠法、烷基黄原酸盐法和电化学还原法等。硫化钠合成法是以硫化钠和一氯醋酸钠、盐酸反应。在反应体系中添加适量的氯化钠可以有效地提高硫化氢的反应活性，硫化氢也可以起到抑制副反应的作用。合成反应物料的投料比（摩尔）为：w（Na_2S）：w（$ClCH_2COONa$）：w（HCl）=2.2：1.0：0.7。当反应温度75℃，反应时间为120min，压力为0.4 MPa时，转化率达到65.6%。该合成法也可以用 NaHS 代替 Na_2S 在一定的压力、温度和 pH 值条件下进行。反应完成后反应产物经酸化析出。

巯基乙酸为无色透明液体，有刺激性气味，能与水、醚、醇、苯等溶剂混溶。密度（δ_4^{20}）1.3253g/cm^3，熔点 -16.5℃，折光率 n_D^{20} 1.5030，沸点60℃/133.3Pa（1mmHg），101.5℃/1333Pa（10mmHg），131.8℃/5332Pa（40mmHg），154℃/13333Pa（100mmHg）（分解）。巯基乙酸水溶液显酸性，其酸性比醋酸强，是一个较强的酸。其分子结构中的—COOH 基和—SH 基都呈酸式电离，一级和二级电离常数的负对数 pK_a 分别为 3.55 ~ 3.92 和9.20 ~ 10.56。

巯基乙酸特别是它的碱性水溶液非常容易被空气氧化称为双巯基乙酸或双巯基乙酸盐，当少量铜、锰、铁离子存在时反应更快。弱的氧化剂如碘、也可以将它氧化成为双巯基乙酸。强氧化剂如稀 HNO_3 可以将它氧化为 HO_3SCH_2COOH。纯巯基乙酸在室温下进行自缩合，质量分数98%的巯基乙酸在一个月内损失质量分数3% ~ 4%，通常加15%的水以阻滞缩合反应进行。

巯基乙酸盐有腐蚀性，使用时必须注意，使用量大时必须加以防护，皮肤和眼睛接触到时，一定要用适量水洗去，眼睛除水洗外最好用药涂敷。巯基乙酸盐的中性或微碱性溶液的刺激性比巯基乙酸小得多。

根据动物试验，巯基乙酸具有中等程度的毒性，家鼠口服半致死量是250 ~ 300mg/kg，老鼠试验半致死量为120 ~ 150mg/kg。浓度较稀时对植物生长无影响。由于易于受空气氧化，在环境中不引起累积毒性。其毒性比硫化钠小，在选矿中是剧毒氰化物以及硫化钠的替代品。

巯基乙酸属巯基羧酸类精细化工产品。如烫发剂中就含有9%的巯基乙酸钠溶液。在选矿中，于20世纪40年代始做铜钼分离抑制剂。在最近的20年来，国内外的研究及生产应用极为活跃。巯基乙酸（或钠盐）是迄今最有成效并已应用于工业生产的有机抑制剂。它完全可以代替硫化钠、氰化钠用于铜钼、钨钼和钼的浮选中。

1948年美国氰胺公司研制巯基乙酸，以商品名Aero 666，Aero 667（为质量分数50%钠盐溶液）申请专利，并用于某大型铜矿铜钼浮选分离中抑制铜。

Cordon等人的试验研究结果表明，当巯基乙酸钠的添加量在50g/t左右时，就可以使硫化铜矿浮选得到令人满意的结果。表13-12所示是Cordon用Aero 666作铜矿物和黄铁矿的抑制剂分选钼精矿的结果。分选中，在粗精矿中加入活性炭以免精选槽中产生过多的泡沫，这样对于使用巯基乙酸盐做抑制剂将会得到好的效果。从结果可以看出，加入0.05g/kg的巯基乙酸盐或每升矿浆中含巯基乙酸盐0.12g，就可以达到满意的抑制硫化铜矿的目的。

表13-12 用巯基乙酸盐作抑制剂分选铜-钼粗精矿

Aero 666加入量 /g·kg^{-1}	加入的活性炭 /g·kg^{-1}	钼精矿品位/%		钼精矿回收率/%	
		Cu	Mo	Cu	Mo
0.025	0.1	0.15	57.7	1.4	88.3
0.05	0.5	0.08	56.9	0.7	89.6
0.05	0.25	0.39	55.7	3.4	88.7
0.05	0.10	0.23	57.2	2.3	96.1
0.10	0.13	0.11	57.6	1.0	86.7

该试验结果（及其他相关研究报告）还表明，用巯基乙酸盐或三硫代碳酸盐可以代替常用的NaCN和NaHS、Na_2S作为铜矿物的抑制剂。Nagaraj通过小型浮选试验和对浮选体系及抑制剂溶液的氧化还原电位测定，对巯基乙酸抑制剂的结构-活性的关系作系统的研究，证实巯基乙酸是一种优良的有机抑制剂，同时还能提高钼的回收率。

巯基乙酸抑制硫化铜矿及黄铁矿，是其分子结构中存在两个极性基团，即—SH和—COOH。—SH基能强烈的与这两种矿物发生化学反应而吸附在矿物表面，而—COOH存在于这样小的分子中不可能表现出捕收性能，但能表现出亲水性而形成水膜。

Raghavan等人研究辉铜矿（Cu_2S）表面（+150-200目，泰勒筛）与巯基乙酸（纯度98%）间的相互作用，结果如图13-9和图13-10所示。图

13－9表示辉铜矿与巯基乙酸矿浆溶液共同搅拌 1h 之后，溶液中剩余巯基乙酸浓度只有起始浓度的 50%，说明辉铜矿与巯基乙酸间的多相反应是相当强烈的，搅拌至第 4h，反应仍在稳定的进行，4h 后出现平衡状态，最后溶液中余下的巯基乙酸体积分数只有原来的 10%，90% 巯基乙酸被辉铜矿吸附。图 13－10 表示除 pH＝4.0 之外，所有结果都在一条直线上，说明在这些 pH 范围内，辉铜矿吸附巯基乙酸的量与 pH 值无关。图 13－9 和图 13－10 表明巯基乙酸与辉铜矿接触后，所降低的浓度远远大于辉铜矿表面吸附单分子层至饱和状态时所需要的理论数量。粗略计算约为理论量的 5500 倍。因此推想巯基乙酸可能溶解 Cu_2S，生成大量的亲水络合物 $Cu(HSCH_2COO)_2$，而减小巯基乙酸的浓度。为了证实这一反应，令巯基乙酸与 Cu_2S 长时间接触后进行测定，结果如图 13－11 所示，图中数据表示极少的 Cu_2S 溶于溶液中，铜和巯基乙酸是 1∶2 的比例形式存在的络合物，只消耗体积分数（5%～7%）的巯基乙酸。从理论上说，Cu_2S 是巯基乙酸氧化为双巯基乙酸的催化剂，可能是在 Cu_2S 催化下，巯基乙酸被氧化为双巯基乙酸而吸附在辉铜矿上，故用 Zn 在碱性条件下还原双巯基乙酸为巯基乙酸的方法检查双巯基乙酸的存在。试验证明体系中有大量的双巯基乙酸存在，说明巯基乙酸迅速被辉铜矿表面吸附，并大量地被氧化为双巯基乙酸。从图 13－12 所示可以看出，在 30min 内，质量分数 50% 的巯基乙酸氧化成为双巯基乙酸，经过 4h 接触，质量分数 90% 的巯基乙酸不是被氧化就是与 Cu^{2+} 形成络合物。pH 值升高，对巯基乙酸浓度下降的趋势影响

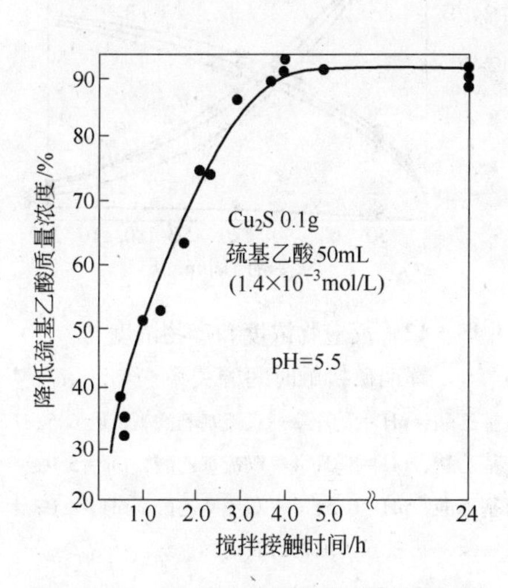

图 13－9 巯基乙酸质量浓度下降与接触时间的关系

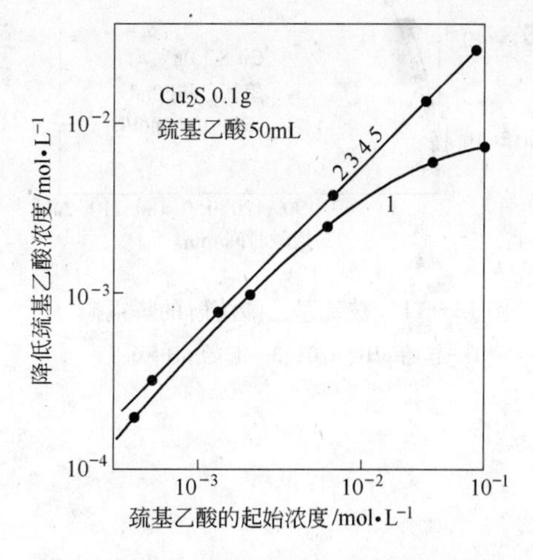

图 13－10 巯基乙酸浓度下降与起始浓度的关系

1—起始 pH＝4.0；2—起始 pH＝5.5；3—起始 pH＝6.5；4—起始 pH＝8.0；5—起始 pH＝10.0

极小。已经说明，辉铜矿经-巯基乙酸间的多相反应机理是相界面上吸附一层巯基乙酸分子，被吸附的巯基乙酸与水溶液中的巯基乙酸反应生成双巯基乙酸：

$$O_2 + 2HSCH_2COOH_{(吸附)} + 2HSCH_2COOH_{(溶液)} \longrightarrow 2HOOCCHS—SCH_2COOH + 2H_2O$$

在辉铜矿表面上的巯基乙酸或双巯基乙酸都是亲水的，都使矿物表面形成水膜而受抑制。

有人研究了不同用量巯基乙酸在不同 pH 值条件下对黄铜矿和闪锌矿的抑制作用。试验结果表明，巯基乙酸对黄铜矿具有较好的抑制作用，对闪锌矿基本上没有抑制作用。采用巯基乙酸作抑制剂，在 pH = 10.5 时可以有效地实现黄铜矿和闪锌矿浮选分离。理论分析认为：巯基乙酸分子中的巯基是亲固基，羧基是亲水基，巯基乙酸与黄铜矿作用比闪锌矿强而受抑制。

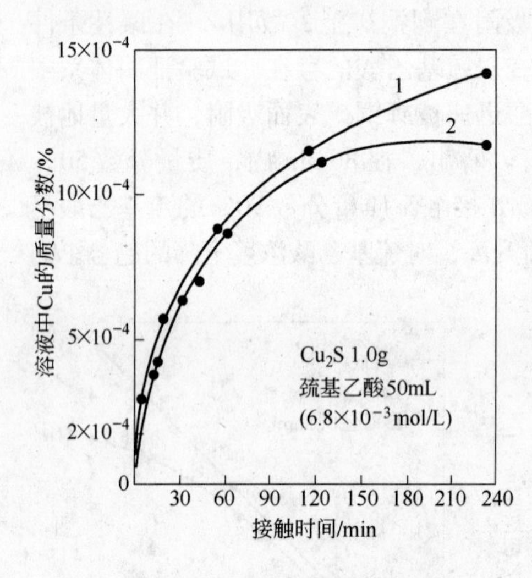

图 13-11 被巯基乙酸溶解的辉铜矿

1—起始 pH = 6.0；2—起始 pH = 6.7

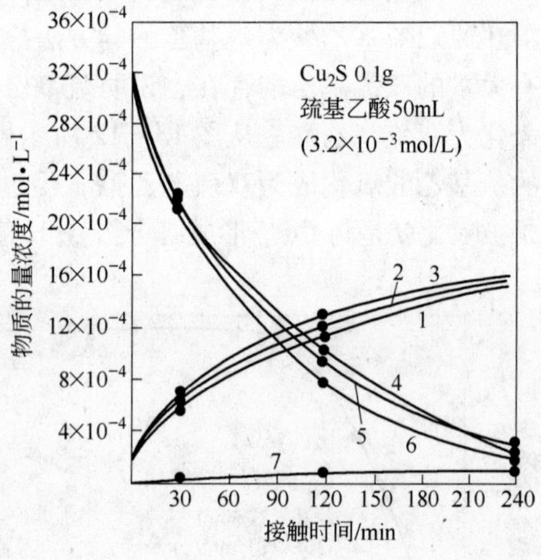

图 13-12 反应物浓度和产物浓度与辉铜矿接触时间的关系

1—巯基乙酸，pH = 5.0；2—双巯基乙酸，pH = 6.5；
3—巯基乙酸，pH = 8.0；4—双巯基乙酸，pH = 5.0；
5—巯基乙酸，pH = 6.5；6—双巯基乙酸，pH = 8.0；
7—巯基乙酸铜

1984 年 9 月至 1985 年 10 月中旬，西安冶金研究所采用巯基乙酸钠代替 NaCN、Na_2S 在金堆城钼业公司的某选厂进行了工业试验，结果表明巯基乙酸钠除对黄铜矿具有明显的抑制作用外，兼有对硅酸盐脉石矿的抑制作用，且其用量只需 NaCN 的一半，两者的回收率相近。在小型试验和工业性试验的基础上，金堆城钼业公司与 1994 年全面推广使用巯基乙酸钠。

随后，中南大学在阐述巯基乙酸作为铜钼分离抑制剂的研究发展及应用现状的基础上，在德兴铜矿进行了选钼工业试验，结果表明，巯基乙酸是一种优良的有机抑制剂，可以替代硫化钠，且能降低使用的药剂成本。研究了巯基乙酸对黄铜矿的抑制作用及机理，提出了巯基乙酸与黄铜矿化学竞争吸附和电化学还原协同作用机理。结果表明，由于巯基乙酸在黄铜矿表面的化学竞争吸附和电化学还原协同作用，使巯基乙酸在吸附于矿物表面的同时能解吸矿物表面黄药，从而对黄铜矿产生强烈的抑制作用。

另据报道，用 Aero 666 和三硫代碳酸钠（orfom-8）对一种铜钼矿进行铜钼浮选分离。该矿石用氰化钠或硫氢化钠进行铜钼浮选分离，所得钼精矿含铜量高于 0.2%。用 Aero 666 和 orfom-8 做抑制剂进行铜钼分离，效果更好，Aero 666 的用量为 0.05g/kg 时，钼精矿含钼 55.7% ~56.9%，含铜 0.16% ~0.19%，钼回收率为 88.7% ~89.6%，orfom-8 比 Aero 666 略差些，可见 Aero 666 和orfom-8 可代替剧毒的氰化钠进行铜钼分离，减少环境污染。

菲律宾石油公司曾有人提出用 N-巯基烷基酰胺做抑制剂，用黄药浮硫化铜矿，例如 N-（2-巯基乙基）2-吡咯酮做浮选硫化铜矿时的抑制剂，能提高铜的回收率。

还有人提出浮选辉钼矿时，先用活性炭处理矿浆，然后加入 HSZCOXH 型巯基化合物（$Z = C_{1\sim5}$ 脂肪基或 CO；X = O 或 S）进行浮选，例如原矿含 MoS_2 0.265%，含 Cu 0.0035%（以黄铜矿存在），磨到小于 100 目粒级占 22%，加入常用药剂进行粗选和扫选，得粗精矿，含 Cu 0.1%，进行 6 次精选，钼精矿回收率达 78.7%，精矿中 MoS_2、Cu、Fe 含量分别为 87.7%，0.032% 和 0.20%，没有使用活性炭与巯基药剂时分别为 72.1%，87.8%，0.130% 和 0.37%，可见活性炭与巯基药剂加入精选作业能提高辉钼矿质量。

在抑制铜矿物机理方面，Poling 提出吸附模型。该模型认为巯基乙酸分子通过巯基（—SH）键合牢固的吸附在铜矿物的表面，使黄药捕收剂对该矿物解吸。巯基乙酸通过巯基和羧基在矿物表面覆盖形成化学吸附层，随后的多层分子之间是通过氢键和氧化作用产生的硫-硫（—S—S—）键合而形成。

13.13 硫代酸盐类化合物

硫代酸盐有机化合物作为抑制剂的主要是某些二硫代和三硫代化合物。例如，羟基烷基二硫代氨基甲酸盐（ $HO\text{—}(CH_2)_n\text{—}NH\text{—}\overset{\overset{S}{\|}}{C}\text{—}SMe$ ，式中 n =

1~2；Me 为 Na，K)，多羟基烷基黄原酸盐（ $HOCH_2(CHOH)_nCH_2OC(=S)—SMe$ ，式中 $n=2\sim7$)，戊糖及己糖黄原酸盐（ $HOCH_2(CHOH)_nCOCH_2OC(=S)—SMe$ ，式中 $n=2,3$）以及淀粉黄药和三硫代碳酸盐等。这些有机抑制剂都有相同的特点，相似的性质，都含有—OH，—NH—， $—C(=S)—S—$ 和 $—S—C(=S)—S—$ 等多个极性基团。

13.13.1 制备与性质

羟基烷基二硫代氨基甲酸盐是由羟基乙胺、二硫化碳和氢氧化钠反应制得的。该反应实际上是得到羟基烷基二硫代氨基甲酸盐和胺乙基黄原酸盐两种抑制剂的混合物，反应式为：

$$HO—CH_2CH_2—NH_2+CS_2+NaOH \longrightarrow HO—CH_2CH_2NH—C(=S)—SNa+H_2O$$

同时也产生如下反应：

$$HO—CH_2CH_2—NH_2+CS_2+NaOH \longrightarrow H_2N—CH_2CH_2O—C(=S)—SNa+H_2O$$

羟基烷基二硫代氨基甲酸盐在水溶液中发生解离的二硫代羧基能与重金属离子作用成盐，而分子中的羟基是亲水基，因此，该类化合物具备了抑制剂的性能。

多羟基黄原酸盐的制备方法，无论是以多元醇或以糖类为原料都和羟基烷基二硫代氨基甲酸盐的制备方法相似，不同的是产物（分子）中烃基链上带有多个羟基，以丁四醇为例，反应式为：

$$CH_2(OH)—CH(OH)—CH(OH)—CH_2—OH+CS_2+NaOH \longrightarrow$$

$$CH_2OH—CHOH—CHOH—CH_2O—C(=S)—SNa+H_2O$$

多羟基化合物制备黄药的过程中除了与一个伯醇发生反应生成黄药外，也可能与多个羟基，特别是与其中的两个或多个伯醇基发生反应生成相应的黄原酸盐化合物。产品是黄色固体，易溶于水，易吸潮分解，特别在酸性介质中更易分解，其化学性质也与其他硫代酸盐相似。

13.13.2 选矿应用

羟基烷基二硫代氨基甲酸盐，国外代号Д-1。例如羟基乙基二硫代氨基甲酸盐。该类化合物在酸性条件下不稳定，在水溶液中电离产生 $-NH-\underset{\underset{S}{\|}}{C}-S^-$ 离子，可与重金属离子反应，生成溶于水的重金属盐，从而去除矿物表面的重金属离子，而分子中另一端羟基的亲水性，抑制黄铜矿和黄铁矿，浮选辉钼矿。浮选结果见表13-13。当抑制剂的用量为500g/t时，可选择性的有效抑制黄铁矿和黄铜矿。

表13-13 用Д-1和Na_2S分离科翁拉德混合精矿结果

名称	用量/$kg \cdot t^{-1}$	浮选时间/min	产品名称	产率/%	品位/%		回收率/%		用药与条件
					Mo	Cu	Mo	Cu	
Д-1	0.5	3.0	精矿	9.60	1.940	14.85	93.4	7.5	T-66 40g/t；水玻璃500g/t 煤油 100g/t pH=10.0
			尾矿	90.40	0.015	19.40	6.6	92.5	
			给矿	100.00	0.200	18.97	100.0	100.0	
Д-1	1.0	4.0	精矿	10.20	1.800	17.10	88.9	9.5	浮选时间到铜铁硫化物恢复浮游性为止
			尾矿	89.80	0.026	18.60	11.1	90.5	
			给矿	100.00	0.207	18.44	100.0	100.0	
Na_2S	3.3	3.0	精矿	6.27	2.680	13.15	90.3	4.9	T-66 40g/t；煤油100g/t；pH=10.0；温度80℃；浮选时间到铜铁硫化物恢复浮游性为止
			尾矿	93.33	0.014	18.10	9.7	95.1	
			给矿	100.00	0.198	17.76	100.0	100.0	

美国专利（4211642）等介绍，多羟基黄原酸盐（如戊糖黄原酸盐）解离成酸根后能与重金属离子成盐。多羟基黄原酸盐可被黄铁矿、白铁矿及含有机硫脉石矿物表面所吸附，形成水膜，成为黄铁矿、白铁矿以及煤等矿物的良好抑制剂。

Desiatov等合成了一种低分子有机抑制剂MFTK，它是硫代氨基甲酸酯的衍生物，能有效地从铜和铁的硫化矿中分离辉钼矿，且显著地提高钼和铜的回收率。Glembotsky等人研制出一种硫化锌矿物的有效抑制剂——二甲基二硫代氨基甲酸酯，该药剂对闪锌矿和硫化铁矿具有抑制作用，而对方铅矿和含银矿物的活性却很高，能代替氰化物，并获得较氰化物更好的银回收率指标。

陈万雄等人研究了几种小分子有机抑制剂对煤系黄铁矿的抑制作用，结果表明，二硫代碳酸乙酸二钠和二硫代氨基乙酸钠对黄铁矿的抑制作用最强，丁四醇黄原酸盐的抑制作用最弱。

最近有多人较深入的研究了二甲基二硫代氨基甲酸盐，结果表明该药剂既能代替 NaCN 抑制闪锌矿和黄铁矿，又有对方铅矿、斑铜矿等的活化作用。比较了捕收剂黄药的盐和二硫代氨基甲酸盐的溶度积，如乙基黄原酸锌和二乙基二硫代氨基甲酸锌的溶度积分别为8.6×10^{-17}和1.4×10^{-30}。前一种药剂的锌盐的溶度积远比对应的后一种药剂（二硫代氨基甲酸锌）大得多，因此在用黄药为捕收剂的精选中加入二甲基二硫代氨基甲酸钠，在闪锌矿表面吸附的黄原酸根被二甲基二硫代氨基甲酸根取代，又因后者甲基太短，疏水性不够，闪锌矿（或黄铁矿）被抑制。如果先将二甲基二硫代氨基甲酸钠加入矿浆中，则黄铁矿（或闪锌矿）表面的金属离子先与它作用生成难溶的盐，黄原酸根无法取代二甲基二硫代氨基甲酸根，故不能浮起，起抑制作用；铜和铅等与这两类捕收剂成盐的溶度积较接近，黄原酸根不易被取代，故不被抑制。如有少量二甲基二硫代氨基甲酸根取代了黄原酸根，则与未被取代的黄原酸根起了混合用药的作用，反而有利于浮选，起到活化作用。

13.14 磺酸（多极性基团）

可作为磺酸类有机抑制剂的是芳香烃类多极性化合物，除含磺酸基团外，还含有—OH，$—NH_2$，—COOH 等极性基团。该类化合物易溶于水，易电离成酸根，易螯合成环，亲水。具有抑制作用的药剂不少，例如：

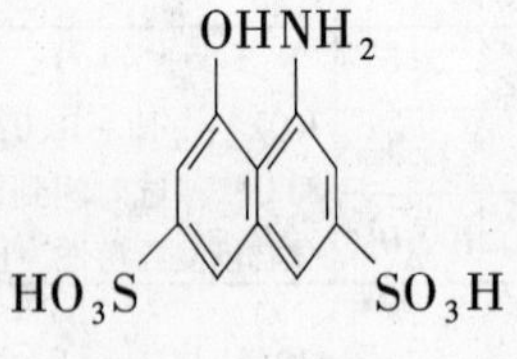

OH NH₂ / HO_3S / SO_3H

1-氨基-8-萘酚-3，6-二磺酸（H 酸）

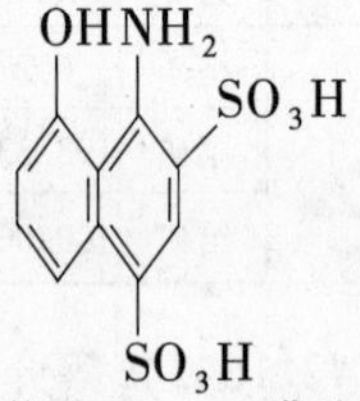

OH NH₂ / SO_3H / SO_3H

1-氨基-8-萘酚-2，4-二磺酸（芝加哥酸）

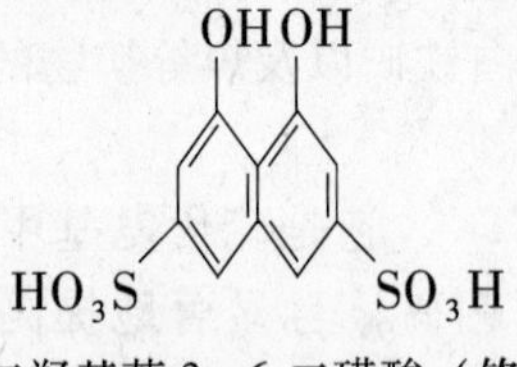

OH OH / HO_3S / SO_3H

1，8-二羟基萘-3，6-二磺酸（铬变酸）

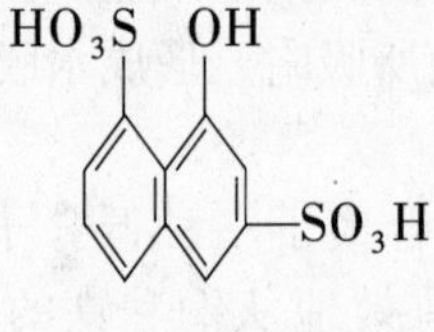

HO_3S OH / SO_3H

1-萘酚-3，8-二磺酸（ε 酸）

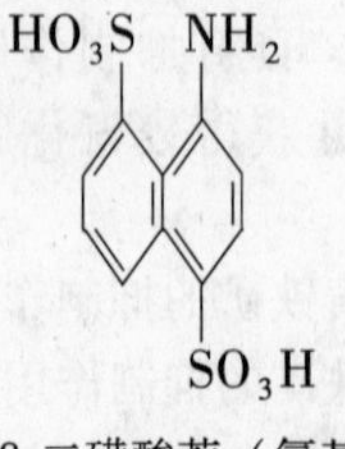

HO_3S NH_2 / SO_3H

1-氨基-4，8-二磺酸萘（氨基芝加哥酸）

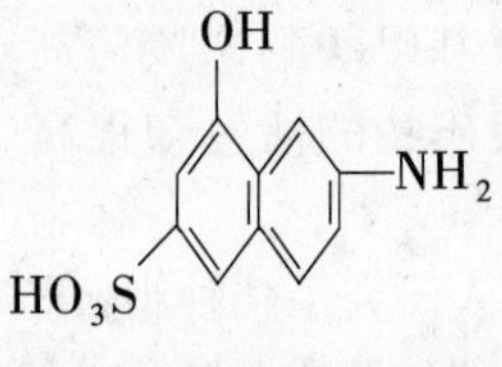

OH / NH_2 / HO_3S

2-氨基-8-萘酚-6-磺酸

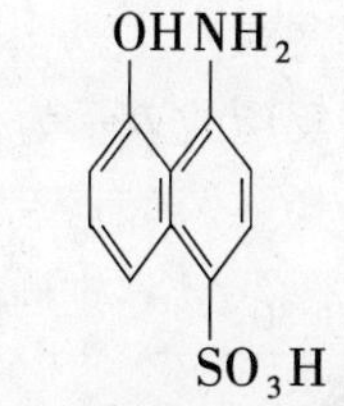

1-氨基-8-萘酚-4-磺酸 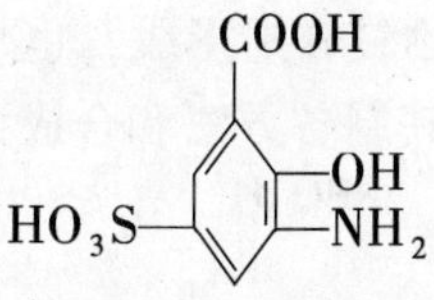　　2-羟基-3-氨基-5-磺酸基-苯甲酸 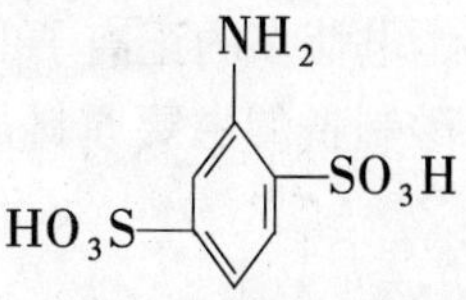　　2，5-二磺酸苯胺

以上列出的9种化合物多半都是属于偶氮染料中间体做矿物的抑制剂。染料及其中间体用做矿物加工药剂的实例不少，如刚果红染料对于方铅矿、黄铜矿、斑铜矿、辉铜矿和闪锌矿等硫化矿物都是有效的抑制剂。在一定的pH值条件下，用黄药浮选闪锌矿时，添加适量的刚果红可以选择性地抑制斑铜矿，实现铜锌混合精矿的有效分离。而苯胺黑偶氮染料也是铜铅等多金属硫化矿的抑制剂，也做捕收剂使用。例如，澳大利亚在铜浮选时使用苯胺黑与糊精组合抑制二氧化硅和含碳黄铁矿。

磺酸类药剂作为捕收剂众所周知。作为抑制剂的磺酸类药剂是具有多极性基团的具有抑制剂性能的一类药剂。择要介绍如下。

13.14.1 1-氨基-8-萘酚-3，6-二磺酸

H-酸为无色结晶，微溶于冷水。一钠盐为针状体，含1.5分子结晶水，微溶于水中。钡盐为针状体，含4.5分子结晶水，微溶于水中。遇 HNO_2 成为可溶性红黄色重氮化合物。在酸性或碱性溶液中和重氮盐耦合，显一定偶氮染料的颜色。

H-酸遇某些金属离子容易形成可溶性螯合物，例如 Fe^{3+}、Al^{3+} 在H-酸水溶液中有如下反应：

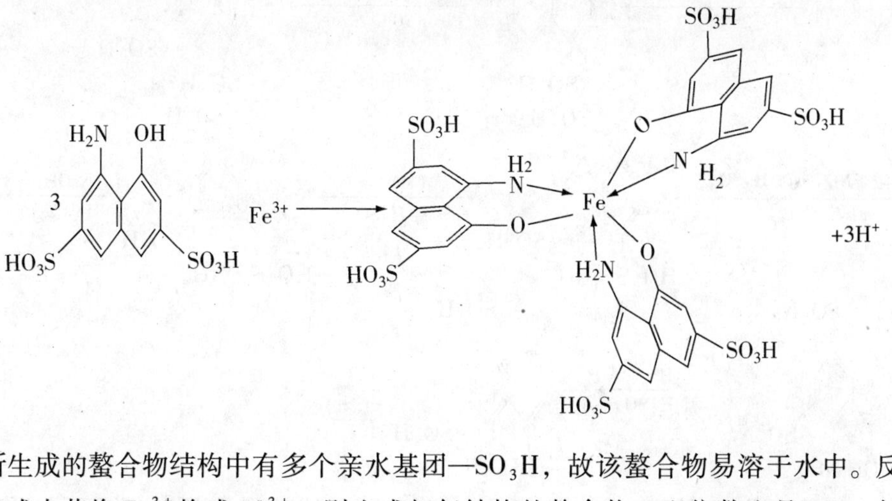

$$3\,\text{H-酸} + Fe^{3+} \longrightarrow [\text{Fe(H-酸)}_3\ \text{螯合物}] + 3H^+$$

所生成的螯合物结构中有多个亲水基团—SO_3H，故该螯合物易溶于水中。反应式中若将 Fe^{3+} 换成 Al^{3+}，则生成相似结构的螯合物，配位数也是6。一般

半径小，电荷多的正离子的这种螯合物较容易形成，也较稳定。

H-酸制备的主要原料是有机萘。其制备方法和合成条件用反应式表示为：

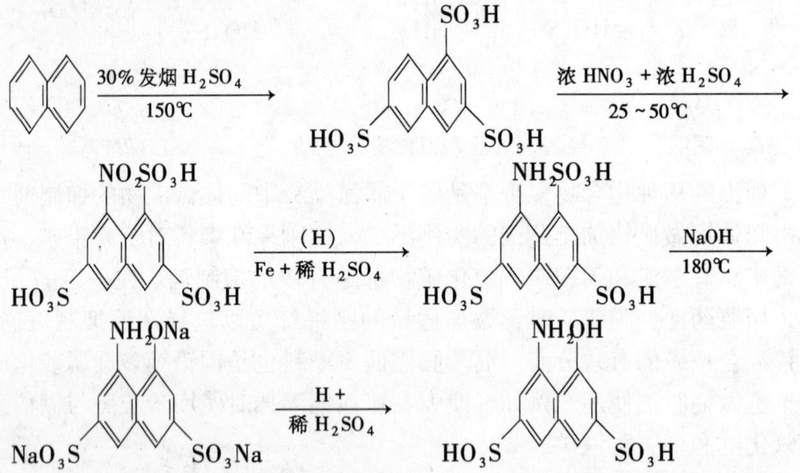

30%发烟 H_2SO_4，150℃ → SO_3H，HO_3S，SO_3H → 浓 HNO_3 + 浓 H_2SO_4，25～50℃ →

NO_2 SO_3H，HO_3S，SO_3H → (H)，Fe + 稀 H_2SO_4 → NH_2 SO_3H，HO_3S，SO_3H → NaOH，180℃ →

NH_2 ONa，NaO_3S，SO_3Na → H +，稀 H_2SO_4 → NH_2 OH，HO_3S，SO_3H

13.14.2 1-氨基-8-萘酚-2，4-二磺酸

芝加哥酸为无色结晶，易溶于水。碱性溶液呈荧光绿色。与 HNO_2 作用成红黄色重氮化合物。在醋酸和碱性溶液中与一分子重氮盐耦合，在酸性溶液中与两分子重氮盐耦合，为偶氮染料的中间体。一钠盐含一分子结晶水，易溶于水，在水溶液中能被盐酸沉淀。它和 H-酸性质相似，遇某些金属离子容易生成可溶性的螯合物。其制备方法用反应式表示为：

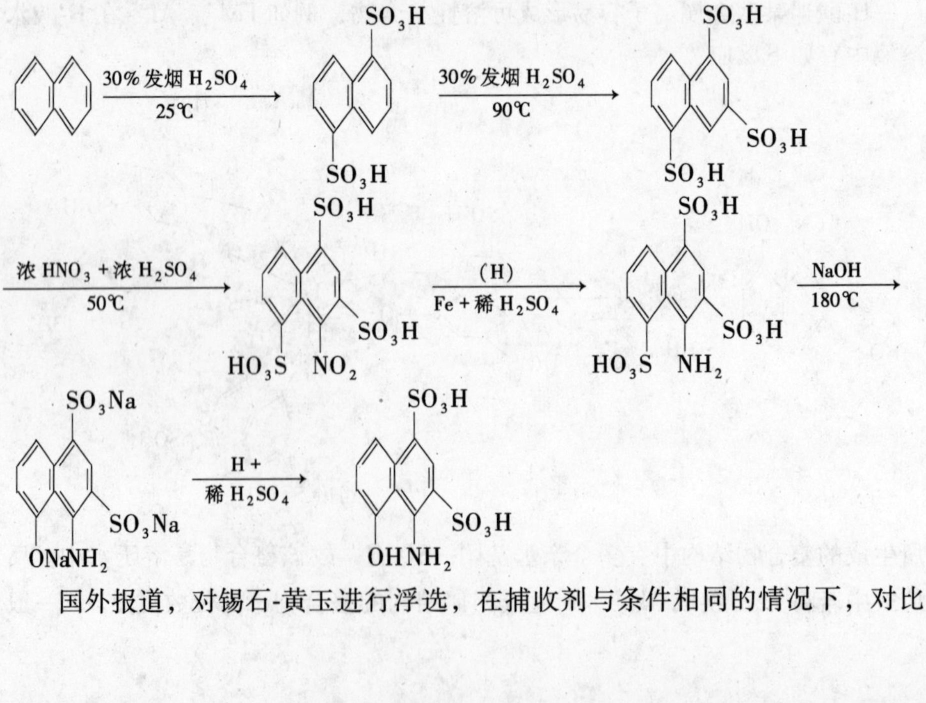

30%发烟 H_2SO_4，25℃ → SO_3H，SO_3H → 30%发烟 H_2SO_4，90℃ → SO_3H，SO_3H，SO_3H

浓 HNO_3 + 浓 H_2SO_4，50℃ → SO_3H，SO_3H，HO_3S NO_2 → (H)，Fe + 稀 H_2SO_4 → SO_3H，SO_3H，HO_3S NH_2 → NaOH，180℃ →

SO_3Na，SO_3Na，ONa NH_2 → H +，稀 H_2SO_4 → SO_3H，SO_3H，OH NH_2

国外报道，对锡石-黄玉进行浮选，在捕收剂与条件相同的情况下，对比

添加和不添加磺酸类抑制剂的试验结果。用十一烷基-1，1-二羧酸钠做捕收剂，在哈里蒙德管中浮选锡石和黄玉的单矿物结果表明，无论锡石还是黄玉，均可用十一烷基-1，1-二羧酸钠顺利浮选，不加抑制剂时，捕收剂的浓度为 1×10^{-4}mol/L，锡石回收率达98%。使用萘磺酸类和苯磺酸类抑制剂时，结果如图13－13和图13－14所示。

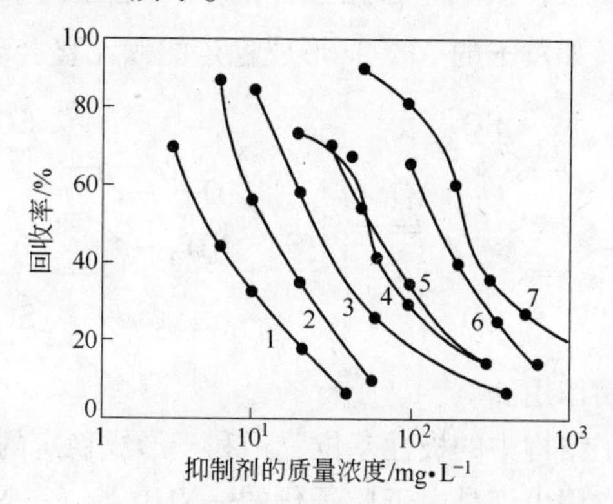

图13－13　试验中所用有机药剂对黄玉的抑制作用

1—H-酸；2—芝加哥酸；3—铬变酸；4—ε 酸；5—2，5-二磺基-苯胺；

6—2-羟基-3-氨基-5-磺基-苯甲酸；7—4，8-二磺基-苯胺

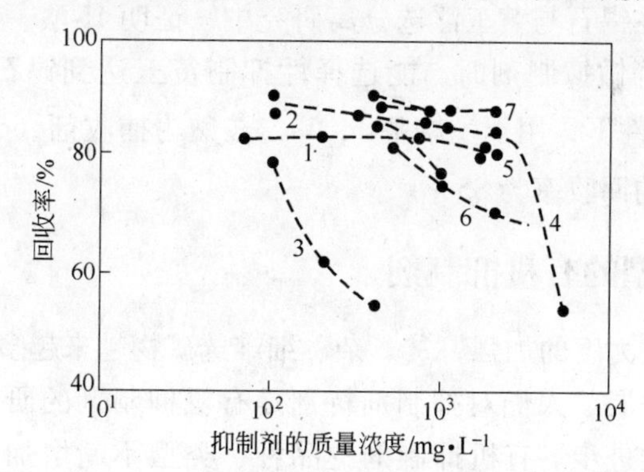

图13－14　所用有机药剂对锡石的抑制作用

1—H-酸；2—芝加哥酸；3—铬变酸；4—ε 酸；5—2，5-二磺基-苯胺；

6—2-羟基-3-氨基-5-磺基-苯甲酸；7—4，8-二磺基-苯胺

图13－13和图13－14分别表示各种萘磺酸类和苯磺酸类抑制剂对黄玉与锡石的抑制效果。试验中所用的捕收剂的浓度应符合下列要求，即在不添加抑制剂的情况下黄玉的回收率应能达到98%，而锡石回收率则应达到90%。显而易见，在哈里蒙德管中，有若干种有机药剂，例如H-酸、芝加哥酸、ε-酸能对黄玉产生特殊的抑制作用。而它们对锡石浮选没有或略有影响（但铬变酸除外）。它们还有这样的特点，只有 pH > 3.5 时才对黄玉发生抑制作用。

显然，抑制剂的分子结构对抑制作用起着重要的作用。一般来说，萘基芳香族化合物比单环分子的芳香族化合物抑制效果更好些。

从试验结果和作用机理的分析研究看，磺酸类抑制剂的多极性基团（—OH，$—NH_2$ 等）排列位置是重要的，例如 H-酸的—OH 和$—NH_2$ 基分别占据萘环的 8 位和 1 位，磺酸基占据萘环的 3，6 位。$—NH_2$ 和—OH 可以和矿物的晶格阳离子（如黄玉的 Al^{3+}）形成稳定的六元螯合环：

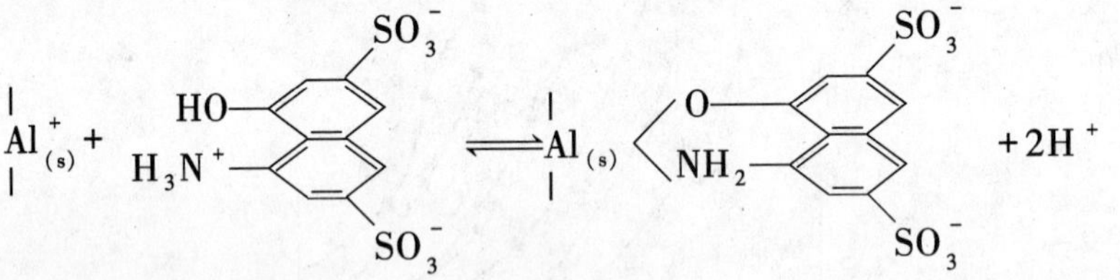

$$Al^{+}_{(s)} + \text{HO}/H_3N^{+}\text{-萘-}(SO_3^-)_2 \rightleftharpoons Al_{(s)}\langle^{O}_{NH_2}\rangle\text{-萘-}(SO_3^-)_2 + 2H^{+}$$

所以具有更强的抑制作用。

如果抑制剂分子结构中的极性基位置不利于形成稳定的螯合物的位置，在这种情况下的抑制作用也许是由于质子化的$—NH_2$ 基（$—NH_3^{+}$）（例如 2-氨基-8-萘酚-6-磺酸）与带负电的黄玉表面（其零电点为 pH =4. 3）发生静电交互作用而吸附。

Baldauf 等人在锡石与黄玉浮选分离研究中，证明 H-酸、芝加哥酸和 1-氨基-8-萘酚-4-磺酸等做抑制剂时，能选择性抑制黄玉达到锡石与黄玉的分离，在 pH =4 ~4. 5 条件下，用十一烷基-1，1-二羧酸为捕收剂（60g/t）粗选富集比为 5 ~6，锡石的回收率为 85%。

13. 15 其他类型的有机抑制剂

随着矿业开发力度的加强，贫、杂、细难选矿物越来越多，促进了选矿药剂的需求与不断发展。人们对抑制剂特别是有机抑制剂的研究应用引起了重视，获得了长足的进步。有机抑制剂的品种、类型不断增加。除了前述的淀粉、纤维素和木质素衍生物（含接枝改性）外，以下列举一些聚合物抑制剂：

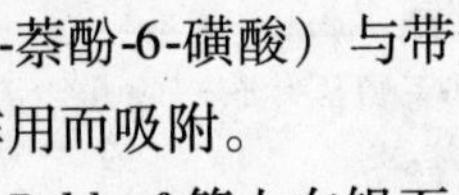

$$\left(CH_2-\underset{CONH_2}{\underset{|}{CH}}\right)_n$$

聚丙烯酰胺

$$\left(CH_2-\underset{CONH_2}{\underset{|}{CH}}\right)_{n-m}\left(CH_2-\underset{CONHCH_2N(CH_3)_3}{\underset{|}{CH}}\right)_m$$

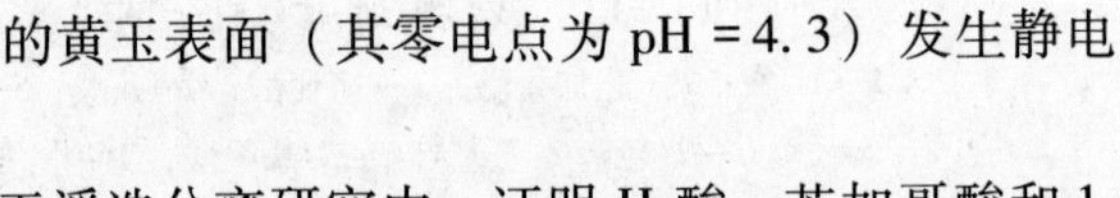

氨甲基聚丙烯酰胺（季铵）

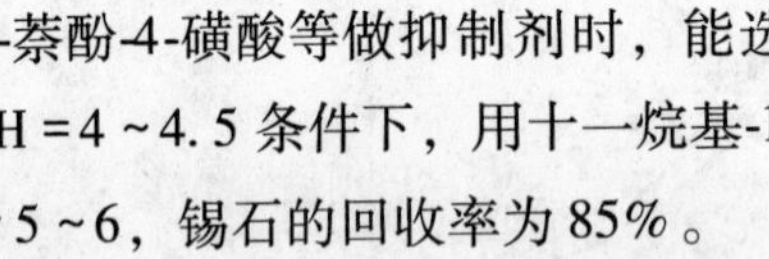

$$\left(CH_2-\underset{CONH_2}{\underset{|}{CH}}\right)_{n-m}\left(CH_2-\underset{NH_2}{\underset{|}{CH}}\right)_m$$

氨基聚丙烯酰胺

$$\left(CH_2-\underset{CONH_2}{\underset{|}{CH}}\right)_{n-m}\left(CH_2-\underset{COOH}{\underset{|}{CH}}\right)_m$$

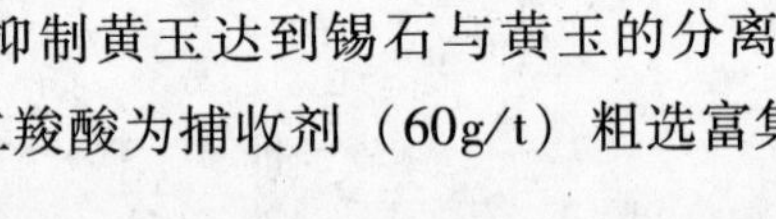

水解聚丙烯酰胺

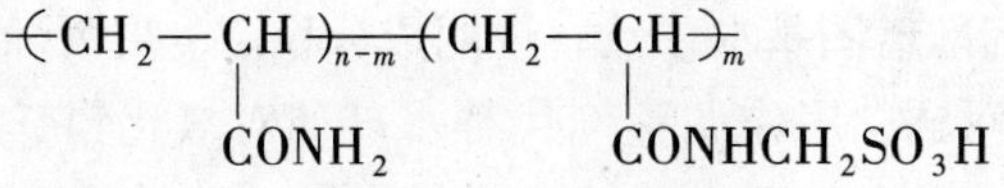

$$-\!\!\left(CH_2-\underset{\underset{CONH_2}{|}}{CH}\right)_{n-m}\!\!\left(CH_2-\underset{\underset{CONHCH_2SO_3H}{|}}{CH}\right)_m$$

磺酸甲基聚丙烯酰胺

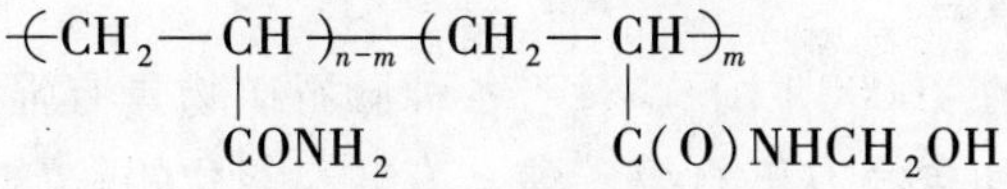

$$-\!\!\left(CH_2-\underset{\underset{CONH_2}{|}}{CH}\right)_{n-m}\!\!\left(CH_2-\underset{\underset{C(O)NHCH_2OH}{|}}{CH}\right)_m$$

羟甲基聚丙烯酰胺

$$-\!\!\left(CH_2-\underset{\underset{COOH}{|}}{CH}\right)_n$$

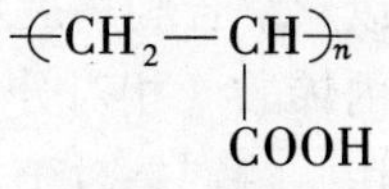

聚丙烯酸

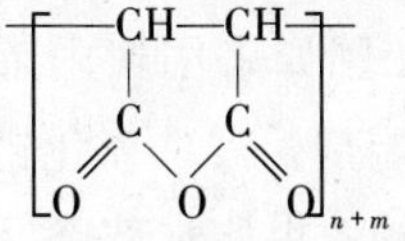

聚马来酸酐（PMA）

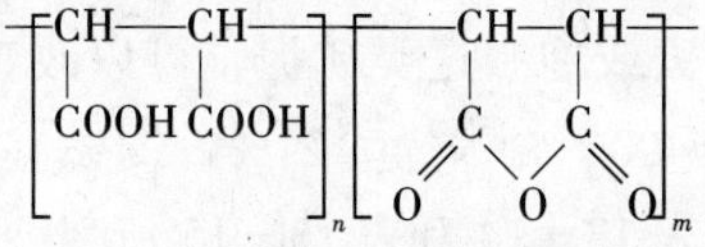

水解聚马来酸酐（HPMA）

除上述化合物外，还有一些高分子共聚物，如丙烯酸-磺酸共聚物、丙烯酸-马来酸共聚物、丙烯酸-丙烯酰胺共聚物、马来酸（酐）-苯乙烯磺酸共聚物和聚天冬氨酸等。

美国氰胺公司专利提出用低相对分子质量（500～7000）的部分水解聚丙烯酰胺作为抑制剂，认为它比淀粉效果好，选择性强，用量较少，重复性也好。可用于铁矿中分选硅酸盐脉石，从辉钼矿中分选铜，从闪锌矿、黄铜矿中分选方铅矿，从钛铁矿中分选磷灰石，从方解石中分选萤石等。

Бaьак 等人在白钨、方解石混合精矿精选时，添加聚丙烯酰胺来强化水玻璃的抑制作用，指标明显得到改善。美国专利介绍采用过硫酸铵做抑制剂助剂，浮选效果好，且勿需脱泥。采用丙烯酰胺-烯丙基硫脲共聚物做 Cu-Mo 分选抑制剂。俄国人用有机膦酸类药剂捕收锡石矿物时，用高分子聚丙烯基羟肟酸“ЛАГК”抑制剂抑制含铁矿物，所得精矿含锡品位为 1.84%，回收率为 76.4%。

国内有人研究了羟肟酸聚丙烯酰胺和羟肟酸淀粉作抑制剂。这两种抑制剂均为高分子化合物，它们对铝土矿中的一水硬铝石和高岭石的浮选行为是不同的。试验结果表明，羟肟酸淀粉在酸性条件下，对一水硬铝石有强烈的抑制作用，而对高岭石有活化现象；羟肟酸聚丙烯酰胺在整个试验 pH 值范围内，对上述这两种矿物均有活化作用。这两种高分子药剂属阴离子型，动电位测定结果表明，它们在带负电的高岭石和一水硬铝石表面吸附，使这两种矿物电位负值增加，表明药剂与矿物之间存在氢键力和化学作用力，由于在一水硬铝石表面羟肟酸淀粉可以罩盖捕收剂十二胺，增加了矿物亲水性，故将它抑制。而线性的羟肟酸聚丙烯酰胺在矿物表面成卧式吸附，其分子上的负电区能增加阳离子捕收剂的吸附量从而活化了浮选。

辽宁冶金研究所曾利用腈纶废丝为原料合成聚丙烯酸钠作为浮选的调整

剂，成本很低，红外光谱图与标准谱图基本一致，说明成分稳定，聚丙烯酸钠的产率达97%，合成时无三废问题。用作调整剂代替水玻璃对氧化铅锌矿做闭路试验，在氧化锌浮选作业中指标优于水玻璃，用量为水玻璃的1/10，这给腈纶废丝综合利用展示了前景。

聚丙烯酸（相对分子质量在10000以下）对于各种脉石矿物具有强烈的抑制作用，特别是对于方解石和含镁方解石等碳酸盐有效。氧化铅锌矿的浮选，除了矿物本身浮游性能较差外，含有钙镁的矿泥对浮选过程也有较大的破坏作用，如能除去或抑制这类矿泥，可以改善浮选效果。例如采用聚丙烯酸（相对分子质量5400，含丙烯酸22%~24%）作为脉石抑制剂，浮选氧化铅锌矿的试验结果见表13-14和表13-15所列，说明丙烯酸的效果比水玻璃好。

表13-14 聚丙烯酸与水玻璃的比较（浮铅）

药剂名称	用量 /g·t^{-1}	精矿铅品位 /%	精矿铅回收率 /%	CaO + MgO 含量 /%	精矿锌品位 /%
聚丙烯酸	200	61.77	72.5	3.44	4.72
	300	62.84	72.2	3.22	4.74
水玻璃	1000	58.94	73.1	4.75	7.05
	1500	54.60	68.3	5.50	8.89

表13-15 聚丙烯酸与水玻璃的比较（浮锌）

药剂名称	铅浮选时添加量 /g·t^{-1}	锌浮选时添加量 /g·t^{-1}	精矿锌品位 /%	锌回收率 /%	CaO + MgO 含量 /%
聚丙烯酸	200	100	47.24	70.9	3.24
	100	100	45.20	74.9	
水玻璃	800	1000	43.43	64.3	
	800	1500	45.10	65.9	4.57

俄罗斯专利（827175；825161）介绍，利用丙烯酸二甲氨基乙基酯与苄基氯的反应产物，在萤石矿浮选中，用做方解石的抑制剂。脲素-乙二醛的共聚物可作为钾盐矿浮选的调整剂，丙酮-甲醛共聚物在钾盐矿浮选过程中可用做黏土-碳酸盐矿泥的抑制剂。

据报道，丙烯酰胺与氨基甲基丙烯酸酯的共聚物可作为矿石浮选的调整剂，利用醋酸乙烯与顺丁烯二酸的共聚体的水解产物（按2∶1~3的摩尔比共聚)，当用黄药为捕收剂浮选多金属矿物时，可作为脉石的抑制剂，以提高精矿中金属的品位。

Bulalivic 等人将淀粉用氢氧化钠进行苛化处理（pH = 12 ~ 14)，再与聚丙烯酸（相对分子质量3000 ~ 4000）乙基木质素磺酸钠交联制得的聚合淀粉可作为铁硫化矿浮选的抑制剂。

在络合型调整剂（抑制剂）研究方面成绩突出。Hivilmaz 等人在十七届国际选矿会议上介绍了用 EDTA、乙酰基氧肟酸、氨基三乙酸和对羟基苯甲醛肟（HO—⟨苯环⟩—CH═NOH）、环己撑二氮四乙酸盐（$(NaOOC{-}CH_2)_2N{-}C_6H_{10}{-}N(CH_2COONa)_2$）和水杨醛肟等作重晶石、方解石和萤石的抑制剂研究，论述了在使用阴离子型捕收剂时这些药剂起抑制作用，在用阳离子捕收剂浮选时则起活化作用。在十八届国际选矿会议上有人介绍了用烷基化了的8-羟基喹啉做调整剂，用油酰肌氨酸做捕收剂从方解石（含 $CaCO_3$ 96.3%）中浮选低品位白钨矿（含 WO_3 0.28%)，使用该调整剂与普通的调整剂相比，白钨精矿的品位从8.07%提高至33.54%，回收率从55.1%提高到73.4%，红外光谱研究表明，该调整剂吸附于白钨矿表面，不吸附于方解石的表面，促进有效分选。

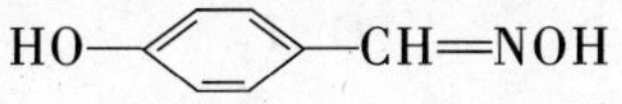

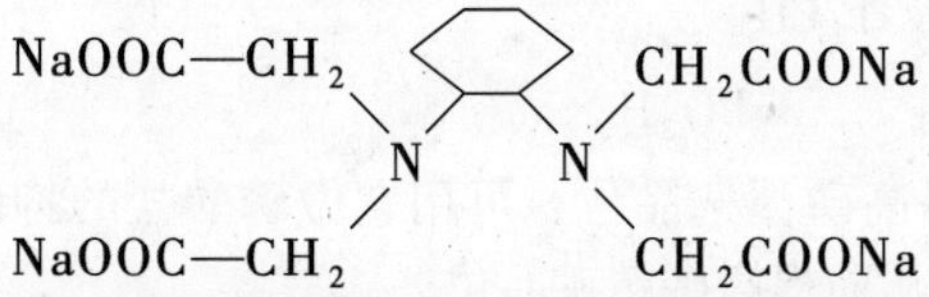

带有络合基团的膦酸类有机抑制剂有：

（1）用苯胺基双甲基膦酸（AMΦ）等做抑制剂，其结构代号为：

$C_6H_5N(CH_2PO_3H_2)_2$	AMΦ
$N(CH_2PO_3H_2)_3$	HTΦ
$HOCH_2CH_2N(CH_2PO_3H_2)_2$	ОЗДФК
$O{\leftarrow}N(CH_2PO_3H_2)_3$	HTΦ

用这些带膦酸基团的新型抑制剂在浮选磷灰石-碳酸盐-镁橄榄石时得到较好的效果。例如用 AMΦ-3 氧化物做抑制剂获得的浮选指标与用水玻璃相近。用水玻璃获得的指标为，从含 P_2O_5 12.31%的给矿得到含 P_2O_5 37.4%，回收率64.8%的磷精矿；而用 AMΦ-3 时从含 P_2O_5 12.28%的给矿得到含 P_2O_5 37.2%，回收率67.1%的磷精矿。AMΦ-3 的回收率比水玻璃高些，而 AMΦ-3 用量为100g/t，水玻璃用量为750g/t。

用 AMΦ-3 这类抑制剂，技术经济指标都是可行有利的。

国内有人研究讨论了同样具有络合作用的氨基三甲叉膦酸（$N(CH_2PO_3H_2)_3$）以及乙二胺四甲叉膦酸和氨基二乙酸对黄铁矿和毒砂的抑制性能。

(2) 羟基亚乙基二膦酸:

羟基亚乙基二膦酸的结构式为:

$$HOCH_2CH(PO_3H_2)_2$$

为了浮出磷酸盐中的白云石，提高磷浮选品位，可用它做磷酸盐的抑制剂，然后用脂肪酸浮出碳酸盐杂质，从而提高磷精矿品位。

聚乙烯-氨基苯酚醚与氟硅酸钠一起，可以改进烧绿石［$(Na_2, Ca, Fe, Ce)_2Nb_2O_6(OH, F)$］与磁铁矿的分选效果。

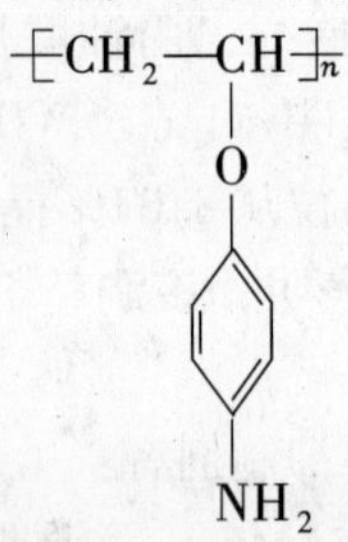

聚乙烯-氨基苯酚醚

用油酸钠作捕收剂浮选伟晶岩稀有金属矿石时，添加 Heksaran（甲基磷酸酯）调整剂，可以减少水硬度敏感性的影响，选择性地从硅线石中浮选铌和绿柱石。

俄罗斯专利 1785739 介绍用一种氯化烯醇（ethylene chlorohydrin）作为调整剂，改善铜浮选的效果。

昆明冶金研究所杨温琪等研究了四种铜-钼分离有机抑制剂（3-甲基硫代脲嘧啶，假乙内酰硫脲，假乙内酰硫脲酸，脲素硫代磷酸盐），均可用于铜-钼分离，可达到或超过硫化钠的分离效果。

国外报道用二乙烯三胺（$NH_2CH_2CH_2NHCH_2CH_2NH_2$）和三乙烯四胺（$NH_2CH_2CH_2NH—CH_2CH_2NHCH_2CH_2NH_2$）作为磁黄铁矿的抑制剂。这种多胺化合物是一种很强的螯合药剂，有优良的抑制性能，能在矿浆中控制金属离子的浓度，当进行镍黄铁矿和磁黄铁矿浮选分离时，如有这种多胺存在，黄药对磁黄铁矿的吸附大量减少，使磁黄铁矿受到抑制。将这种多胺与 $Na_2S_2O_5$

配合使用，镍黄铁矿与磁黄铁矿浮选分离效果更好。

除多胺外，国外也介绍几种既含硫又含—NH_2 基的新型黄铁矿抑制剂，它们是一种硫醚胺类或羟基硫醚胺化合物，化学式为：$CH_3S(CH_2)_2NH_2$、$CH_3(CH_2)_3S(CH_2)_2NH_2$、$HOCH_2CH_2SCH_2NH_2$。试验结果表明用此三种有机药剂可有效地抑制煤系黄铁矿。

Kocherova 在含有煤油、丁基钾黄药、乳化剂的乳剂中添加质量分数为 0.1% 的氨基硫脲［$NH_2NHC(=S)NH_2$］浮选 Cu-Ni 硫化矿时，铅、银、金的回收率可提高15% ~30%，精矿品位可提高 1.5 倍。氨基硫脲还可使氧化的铜镍铁硫化矿在浮选时得到活化。

二氢萘季铵盐的聚合物（式Ⅰ）或二氢萘季铵盐与苯乙烯季铵盐的聚合物（式Ⅱ）在浮选钾盐时可作为抑制剂使用。

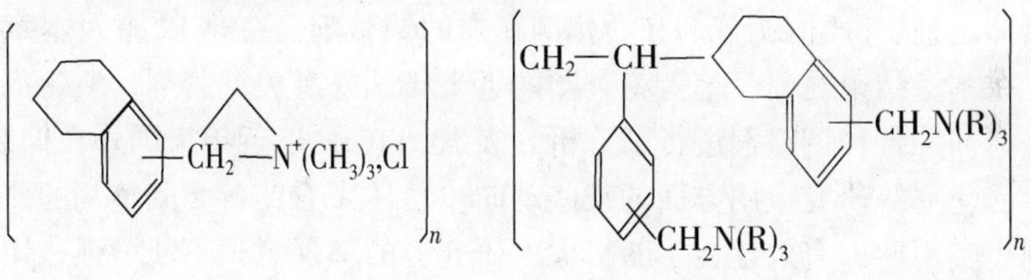

$—CH_2—N^+(CH_3)_3,Cl$　n

$CH_2—CH—$　$—CH_2N(R)_3$　$CH_2N(R)_3$　n

（Ⅰ）　　　　（Ⅱ）

美国专利（4866150）报道用下述结构的抑制剂可提高铜钼混合精矿的分选指标。

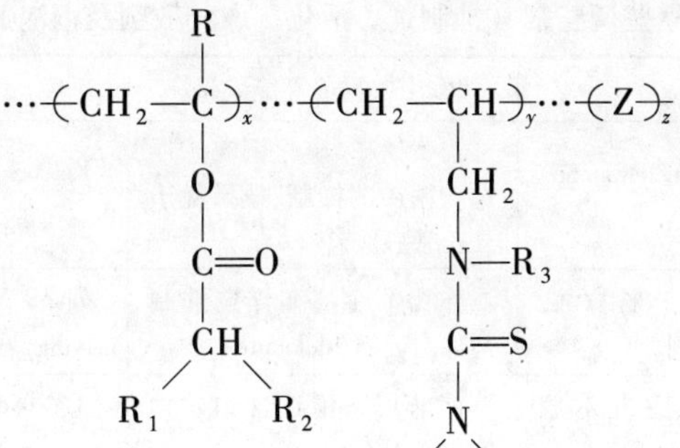

$$\cdots(CH_2—C(R)(O—C(=O)—CH(R_1)(R_2)))_x\cdots(CH_2—CH(CH_2—N(R_3)—C(=S)—N(R_4)(R_5)))_y\cdots(Z)_z$$

式中，R，R_1，R_2，R_3，R_4 和 R_5 可为 H 或 $C_{1\sim4}$ 的烷基或芳基；Z 为单体聚合残余物；各组分的（摩尔分数/%）分别为 $x=20\sim99.0$，$y=1\sim30.0$，$z=0\sim50.0\%$。聚合物的相对分子质量一般为 $10^3\sim10^6$。

树脂类化合物用作矿业药剂的国外报道也不少，在本书相关章节亦有介绍，在此，介绍一种树脂作为抑制剂的实例：

在弱碱性介质中从含有方解石矿中浮选萤石时，可用一种亚氨呋喃树脂做抑制剂。

式中，$n=50\sim100$。在调浆时先加入抑制剂亚氨基呋喃树脂抑制矿泥，然后加入捕收剂脂肪酸进行浮选，这样可以降低萤石精矿中方解石的含量。

13.16 抑制剂及其他调整剂的研发趋势

包括抑制剂、pH值调节剂和活化剂在内的调整剂已在第12章及本章中作了阐述。在本章结束之前，笔者将查阅的近十年国外有关抑制剂、活化剂、分散剂、消泡剂等各种调整剂进行了分析。表13－16列出近年来国外在抑制剂、分散剂、活化剂等研究应用方面的某些动向。总体来看，各类调整剂的研究思路、范围、实用性、有效性在不断扩大。研究者的环保意识不断增强，无氰无毒无污染浮选、成为共识和研究发展的方向。生物调整剂（见第14章）越来越受重视。

表13－16 国外某些调整剂（抑制剂、活化剂、分散剂及消泡剂）研究应用新动态

药剂名称	作用矿物或性能效果	新资料来源
三乙基四胺（triethylenetetramine）螯合剂	镍黄铁矿、硫化铜镍矿浮选硫铁矿的抑制，效果优于二乙基三胺	Kelebek S, International J of Mineral Processing, 1999, 57(2): 135～152
羧甲基纤维素（CMC）、柠檬酸，某些石油磺酸盐抑制剂	作为非金属矿浮选抑制剂如白云石（dolomite）	Zheng X, Smith R W. Minerals Engineering, 1997, 10(5): 537～545
多糖类抑制剂改性古尔胶和CMC	南非用来浮选含铂矿物抑制滑石	Cawood S R *et al*. Minerals Engineering, 2005, 18(10): 1060～1063
无毒抑制剂多糖类糊精等代替氰化物	用黄药做捕收剂浮硫化矿时有效抑制黄铁矿	Lope A Valdivieso, Cervantes T, *et al*. Minerals Engineering, 2004(9/10): 1001～1006. Qi Liu, Polymers in Min Proce, 1999
新抑制剂槚如树胶（cashewgum）	磷酸盐矿浮选抑制石灰石	Ribeiro R C C, Correia J C G, *et al*. Minerals Engineering, 2003, 16(9): 873～875
玉米淀粉、支链淀粉、直链淀粉和葡萄糖等多糖类抑制剂	用胺类捕收剂分选赤铁矿和石英（巴西）	Pavlovic S, Brandao P R G. Minerals Engineering, 2003, 16(11): 1117～1122

续表 13 - 16

药剂名称	作用矿物或性能效果	新资料来源
古尔胶 MAA 抑制剂	古尔胶对黑云母、滑石吸附研究;MAA 从黄铁矿中浮选砷黄铁矿	Minerals Engineering, 1997, 10(12): 1405 ~ 1420; 2003, 16(11): 1217 ~ 1220
氯化铜($CuCl_2$ 溶液)活化剂	复杂锌矿用 $CuCl_2$ 活化硫化锌,提高其回收率,降低杂质含量	CA 137, 387417; US Pat 6484883 (2002)
脲素甲醛树脂(缩合物)制备	钾盐浮选抑制剂	CA137, 311662; Russ 2169740
Na_2SO_3 + $CaCl_2$ 抑制剂	铜-铅分选抑制方铅矿	CA 138, 224362
二甲基-二硫代氨基甲酸钠(SDMDC)做活化剂	提高丁黄药浮选磁黄铁矿的捕收作用,减少药剂用量	Chanturiya V A, Nedosekina T V, *et al*. CA 138, 388431
木素磺乙基酯钠盐制备。通过木素碳水化合物,丙醇,1,2-二氯乙烷和 Na_2SO_3 的磺乙基化制得	用于建筑业和选矿药剂中	Galochkin A I, Ananiana I V, *et al*. CA 138, 289238; Russ 2187512
纤维素和淀粉衍生物的制备方法及应用	作为 Cu-Ni 矿浮选抑制剂	Bondar V A, Smirnova N V, *et al*. CA 139, 398077; Russ 2209687 (2003)
CMC 和聚丙烯酰胺(PAM-A 和 PAM-N)	滑石抑制剂	Grayle E Morris, *et al*. CA 138, 919755
调整剂:从褐煤制备腐殖酸类物质	浮选萤石调整剂(腐殖酸钠)	Antsiferova S A, *et al*(俄罗斯). CA 128, 63516
高聚合物(CMC)和低聚合物多糖类、淀粉、木质素的水解产物组合	在浮选钾石盐中做调整剂具有协同作用,提高选择性	Mozheiko F F, Aleksandrovich Kh M. CA 133, 138131
N,N-二烷基-N'-芳烃磺酰基甲脒类(N, N-diallkyl-N'-arene-Sulfonyl formamidines)调整剂	浮选非铁金属矿(Cu-Mo, Cu-Zn)和贵金属矿	Bel'kova O N, Levkovskaya G G, *et al*. CA 129, 70129
芳香酸,烷基醇铵盐(含硫、羧基,羟基酰胺和氨基)	云母、白云母浮选调整剂	Bel'kova O N, Levkovskaya G G, *et al*. CA 130, 69317
已内酰胺衍生物(盐类)	黏土调整剂	Russ 2129109, CA 133, 238801
聚丙烯腈水解产物(碱性水解)	钾盐-黏土分选调整剂	Mozheiko F F, Domovskaya T G.. CA 130, 298868
乙烯吡啶——烷基亚砜共聚物,相对分子质量 6000 ~ 20000	选煤调整剂(煤油做捕收剂,T-80 为起泡剂)	Petukhov V N, *et al*. CA 132, 24621; Koks Khim, 1999(9): 9 ~ 12 (Russ)

续表 13-16

药剂名称	作用矿物或性能效果	新资料来源
钙离子和硫代硫酸盐离子活化剂	Cu-Ni 分选活化剂，可减少黄药消耗	Kirjavainen V. C A 136,356908
聚丙烯酰胺聚合物抑制剂	浮闪锌矿抑黄铁矿	Boulton A, *et al.* CA 134,210817; Inter J of Min Proce, 2001, 61(1): 13~22
己基硫代乙基季铵盐酸盐	抑制砷黄铁矿	Sirkeci A A. CA 134,74180
用22kHz的超声波处理巯基捕收剂及其他药剂	分选黄铜矿和黄铁矿(用于黄药)起活化作用	Varlamov V G *et al.* CA 130,354973
改性淀粉(淀粉经苛化，与 CS_2 和氨基丙酮腈、二乙基三胺作用)、聚丙烯酸(相对分子质量1000~10000)和木素磺酸盐	分选铜铅锌、回收 Pt，Pd，做黄铁矿、磁黄铁矿、白铁矿抑制剂	Srdjan Bulatovic, Tirn M Jessup, *et al.* CA 128,51054; US 5693692
对铅的抑制剂；糊精 > Na_2CO_3 > 二乙基三胺	Pb-Zn 分选	Rashchi F, *et al.* Colloids and Surfaces, 2004, 245(1~3): 21~27
CMC，聚丙烯酰胺(PAM-A 和 PAM-N)，改性古尔胶	滑石抑制剂	Gayle E, *et al.* International J of Mineral Processing, 2002, 67, (1/4): 211 ~ 127Shortridge P G. International J of Mineral Processing, 2000, 59(3): 215~224
阿拉伯胶、硅酸钠、壬基苯基四甘醇醚抑制剂	浮选磷灰石抑制白云石、碳酸盐矿物	Blazy B, *et al.* CA 138,15013
羧甲基纤维素和羧甲基淀粉钠盐抑制剂制备	铁及 Cu-Ni 矿浮选抑制剂	Bordar V A, *et al.* CA 139,398077
季铵盐抑制剂，$R_1R_2R_3N^+C_2H_4R_4X$，式中 $R_1 \sim R_3 = C_{3-6}$ 烷基；R_4 = H，脒基($H_2N—C=NH—$)；X = Cl，Br，I 或氨基甲基膦酸，$RN[CH_2\text{-}PO(OH)_2]_2$，其中 $R = C_{3\sim8}$ 烷基	硫化矿和煤中抑制黄铁矿	Guy H Harris, *et al.*. CA 130, 97156. US 5853571(1998)
2-S-硫脲甲基磺酸盐抑制剂	铜等硫化矿浮选抑制黄铁矿	Douglas W Fuerstenau, *et al.* CA 130,53957; US 5846407
丙烯酸盐，木素磺酸盐抑制剂	Ni，Cu，Pb，Zn 等金属硫化矿浮选抑制磁黄铁矿、黄铁矿和白铁矿	US Pat 05693692
N-(o-,m-,p-)磺酸基苯基-硫代氨基甲酸乙酯抑制剂	Cu-Mo 分选抑制剂	DE 4446924

续表 13-16

药剂名称	作用矿物或性能效果	新资料来源
取代苯酚衍生物，如 3-{4-[2-(5-甲基-2-苯基-4-噁唑)乙氧基-2-硝基苯基]丙烯酸}乙酯	新型抑制剂和润湿剂	JP 8325250
四聚丙烯酰胺，烷基硫脲和羟烷基丙烯酸盐	新型抑制剂（硫化矿浮选）	BG 102747；US 5959054；5756622
天然和合成聚合物，如多糖类，聚丙烯酰胺或混合物（含有羟基）	非硫化矿含硅脉石抑制剂	US Pat 5533626
多胺和各种含硫化合物	多硫化矿浮选砷化物抑制剂	US Pat 7004326(2006)
烷基缩水甘油醚化合物（有通式）	泡沫控制剂	US Pat 6746623(2004)
聚合物，多功能分散剂，对各种功能基均有描述（烷基、胺基、亚胺基、醚基）	矿物处理分散剂（矿泥分散等）	US Pat 2002，185415；2003，27872；2003，27873；2000，801
CMC 盐，多糖类黏度（增稠）调整分散剂，刺梧酮胶，古尔胶，明胶、阿拉伯胶和 Tara 胶等	矿物分散剂，矿泥分散剂	JP 2003339354
二乙基三胺，抑制剂	抑制磁黄铁矿机理研究（浮镍黄铁矿）	Kim Dong-Su (Korea S). CA 129，178162；Bozkurt V. CA 131，260291
烷基酚类分散剂	磷酸盐浮选用	US 27621
2-S thironium-ethane solfonate (IESA)磺酸盐抑制剂	选硫化矿和煤，做黄铁矿抑制剂	US 5846407
膦酸抑制剂，$R_1—S—(CH_2)_n—PO(OH)_2$，式中 $n=1\sim4$；$R_1=H$，脒$[H_2NC(:NH)—]$	黄铁矿抑制剂	US 5855771
聚苯乙烯磺酸钠（PSS）和萘磺酸甲醛缩合物（NSF）	PSS 和 NSF 作为烟煤磨矿分散剂提高磨放效率分别为 20%和 16%，对褐煤则可分别提高 32%和 20%（用量分别为 0.3% 和 0.7%）	Atesok G，*et al.* Int J Miner Process，2005，77：199～207
CMC 钠盐和羧甲基淀粉	Cu，Ni 等硫化矿浮选抑制剂	Bondar V A，*et al.* Russ 2209687
羧甲基纤维素的制备及应用	作铁矿和 Cu-Ni 矿浮选抑制剂	Bondar V A，Smirnova N V，*et al.* CA 139，398077；Russ 2209687 (2003)
聚合物分散剂，羟基乙基双膦酸（Ⅰ）、氨基三甲基膦酸，丙烯酸/烷基-2-羟基丙基磺酸醚聚合物（Ⅱ）	贫铁矿分选分散剂．用质量比 Ⅰ：Ⅱ=5：1 时，Fe 的回收率可达 98.026%	Corey J Kowalski，*et al.* CA 137，355788. PCT Int Appl，WO 2002089991

参考文献

1 王淀佐，林强，蒋玉仁．选矿与冶金药剂分子设计．长沙：中南工业大学出版社，1996
2 选矿手册编委会．选矿手册（第三卷，第二分册）．北京：冶金工业出版社，1993
3 中国冶百编委会．中国冶金百科全书．北京：冶金工业出版社，2000
4 见百熙．浮选药剂．北京：冶金工业出版社，1981
5 朱建光，朱玉霜．浮选药剂的化学原理．长沙：中南工业大学出版社，1987
6 吕建华．铁矿石抑制剂改性淀粉试验研究．第四届全国青年选矿学术会议论文集，1996
7 黄英明．用木质素提高铜精矿品位．第四届全国青年选矿学术会议论文集，1996
8 国外金属矿选矿编辑部．国外浮选药剂．1977
9 中国金属学会第二届全国选矿药剂会议论文集．1981
10 冶金部矿冶研究所（长沙矿冶研究院前身）．腐殖酸钠制取及其在选矿工艺中的应用，1976
11 T I 俞什娜等．国外金属矿选矿，2001（12）：38～41
12 见百熙，阙煊兰．选矿药剂述评．第五届全国选矿年评报告会论文集，1989
13 见百熙，阙煊兰．选矿药剂述评．第六届全国选矿年评报告会论文集，1991
14 符剑刚，钟宏，欧乐明．矿冶工程，2002（4）
15 US Pat 2449984
16 惠学德，译．国外金属矿选矿，1992（4）：33～45
17 见百熙．选矿药剂年评．第四届全国选矿年评报告会论文集，1987
18 朱建光．国外金属矿选矿，2004（12）：5～12
19 符剑刚，钟宏，欧乐明等．中南大学学报，2003（2）：152～155
20 CA 119，164529
21 A M 马拉比尼等．国外金属矿选矿，1995（5）
22 林春元，程秀俭．钼矿选矿与深加工．北京：冶金工业出版社，1997
23 陆柱，蔡兰坤等．水处理药剂，北京：化学工业出版社，2002
24 C C Dewitt. J A C S，1936（6）：1247
25 冯其明，陈建华．国外金属矿选矿，1998（4）：12～15
26 US Bur of Mines，R I 3239&R I 3233
27 G Gutzeit. Trans AIME，1946，169：272～273
28 王淀佐．矿物浮选与浮选剂理论与实践．长沙：中南工业大学出版社，1986
29 M J 皮尔斯．国外金属矿选矿，2005（5）
30 J M W Mackenzie. Eng and Min J，1980，181（10）：80～87
31 刘奇，邓小莉．多糖类高分子药剂与矿物表面作用机理的研究．选矿学术会议论文集．北京：冶金工业出版社，1993
32 US Pat 1914695. 1931
33 A M 马拉比尼等．国外金属矿选矿，1995（5）

34 阙锋等. 国外金属矿选矿, 1995 (5)
35 王湘英等. 湖南有色金属, 2000 (1): 9 ~ 12
36 朱建光. 国外金属矿选矿, 2003 (2)
37 孙伟, 胡岳华等. 矿产保护与利用, 2000 (3)
38 苏仲平. 有色金属, 1965 (6)
39 US Pzt 3371778. 1965
40 Major-marothy G. Bull Can Min Metall, 1967, 665: 1060 ~ 1075
41 Mackenzie T M W. Eng and Min J, 1980, 181 (10), 80 ~ 87
42 连云港化工矿山设计研究院. 化工矿山技术, 1972 (1): 1 ~ 15
43 陈 斌, 周晓四, 李志章. 云南冶金, 2004 (3): 14 ~ 17
44 瓦尔离维叶素等. 国外金属矿选矿, 2004 (11): 29 ~ 32
45 赵康. 矿冶工程, 1985 (1): 56 ~ 59
46 B Haldauf, *et al.* Fine Particles Processing, 1981. Chapter 39, 767 ~ 785
47 Gordon E Agar. Can Inst Min Bull, 1984, 77 (872): 43 ~ 45
48 Raghavan S, Unger K. Bull Inst of Min and Metall, 1983, 92: 95
49 孙传尧译. 国外金属矿选矿, 1984 (7): 16 ~ 20
50 A M Desiatov, *et al.* A Method for Selection of copper-molybdenum Concentrates with Low-molecular Organic Depressors, Flotation Reagents, 1986, 9, 10
51 V V Voronnova, *et al.* CA 101, 25199 (1984)
52 日本公开特许, 5916558; 59166258
53 Pugh R J. Int J Miner Process, 1989 (25): 101, 103
54 徐晓军等. 矿冶工程, 1990 (2)
55 陈建华等. 国外金属矿选矿, 1998 (5): 18 ~ 21
56 王淀佐. 浮选溶液化学. 长沙: 湖南科技出版社, 1988
57 胡岳华等. 国外金属矿选矿, 1998 (5)
58 赵宝根, 译. 国外金属矿选矿, 1982 (1): 1 ~ 11
59 朱建光. 国外金属矿选矿, 2006 (3): 4 ~ 14
60 B Haldauf, S Jchoenerr, *et al.* Int J Miner Process, 1985, 15: 117 ~ 133
61 芮新民, 杨世凡. 矿冶工程, 1985 (3)
62 W Pent, *et al.* Int J Miner Process, 1985, 14: 217 ~ 232
63 李海普, 胡岳华. 金属矿山, 2004 (6): 26 ~ 28
64 帕夫洛维奇. 国外金属矿选矿, 2004 (6): 27 ~ 30
65 Φ. K. Бабак. ABT CB CCCP, 202020
66 CA 119, 207515c
67 CA 119, 75722w
68 Ger offen 3042066
69 辽宁冶金所. 有色金属 (选矿部分), 1981 (3)

70 S S Hsieh, *et al.* Miner Metal Process, 1985, 15: 117 ~ 133

71 Kin, Dong-Su. CA 129, 178162

72 Kelebek S, Tukel C. Int J Miner Process, 1999, 57: 135 ~ 152

73 P K Kirilova, *et al.* CA 100, 142861

74 USSR Pat 1058622

75 Bulalivic Srdjam, *et al.* CA 112, 60232

76 Niinae M, *et al.* XVI IMPC, 1988: 1233 ~ 1241

77 Kocherova E K. CA 109, 9724

78 国外金属选矿技术快报, 1990 (1): 8 ~ 10

79 皮尔斯. 国外金属矿选矿, 2005, 5

第 14 章　生物药剂

14.1　简述

本章主要是阐述生物药剂在矿业中的应用以及发展前景。生物药剂在矿物工程中的应用技术，可称为矿物生物技术（mineral biotechnology）。

生物工程主要包括：微生物工程、酶工程、细胞工程和基因工程。矿用生物药剂涉及的主要是前两项。微生物技术迄今已有四五千年的历史。我国人民早就知道酿酒、发酵技术，酱、醋制造，面粉发酵，家肥沤制，北京人时期就知道用酸性水（胆水）浸铜等应用微生物的技术。微生物技术主要包含：从自然界分离特需菌种⟶诱变育种⟶生产用菌种⟶扩大培养⟶分离（提纯）→微生物菌体 / →代谢产物。

生物技术是依据生物的属性、特质、生存法则，对生物资源进行科学利用，为人类发展服务的技术，是一门多学科的技术，是与生物物理、生物化学、生物选矿、生物冶金等的交叉学科。现代生物技术涉及非常广泛的应用领域，被誉为 21 世纪的新技术。它在生命科学、基因工程、航天科学与技术，在视频、医药、化工、机械、电子、能源、采矿、选矿加工、冶金环境和水处理等领域都有广泛的应用。

矿物生物技术被认为是综合应用生物、化学和矿物工程科学的原理，研究利用微生物在矿物加工、金属分离提取、废弃物污染处理利用过程中的作用与效果的现代技术。

在矿物工程中微生物主要是用来处理低品位矿石和矿业废弃物。微生物可以改变金属（或其他元素）的活动性，改变其在活动相和非活动相之间的分布。它的影响方式主要是：

（1）微生物的金属堆积作用。

微生物的主动或被动金属堆积作用是金属转至不活动相的原因。

（2）微生物的金属转移作用。

金属可被微生物从一种状态转化为另一种状态，如烷基取代作用或氧化-

还原作用。

(3) 微生物产生影响金属活动性的物质，如微生物新陈代谢的副产物简单有机化合物或大分子腐殖酸和富里酸等或微生物渗出物络合有毒有害金属离子，变有毒有害为无毒害作用。

(4) 嗜酸铁氧化细菌的作用。

嗜酸铁氧化细菌如氧化亚铁硫杆菌、氧化亚铁钩端螺旋杆菌等能够氧化 Fe^{2+} 或以还原态形式硫如 H_2S，SO_2，$S_2O_3^{2-}$ 以及金属硫化物来获得能源，影响许多金属的活动性。

利用浸出回收利用金属是最早使用的生物技术方法。据报道，在300年前西班牙里奥-廷托就利用生物从矿坑水浸出含铜黄铁矿中的铜，此后人们一直在探索利用微生物强化浸出，1958年美国用细菌（bioleaching）浸出铜，1966年加拿大用细菌浸出铀的研究和工业应用获得成功之后，先后有20多个国家开展了利用微生物提取矿物中的有价金属，减少废弃物中有害金属（物质）的研究。从1977年起每两年召开一次的国际生物湿法冶金（biohydrometallurgy）学术讨论会，进一步促进了该领域学术研究的活跃。近20年来生物技术在矿物工程中的应用研究获得了广泛的注意和重视。人们认识到生物技术对于资源有效利用，环境治理与保护的重要性，促使生物技术由试验室阶段向工业应用迈进。如今有的技术已经或者正在准备应用于生产实践，其应用发展前景乐观。

矿产资源的开发利用是国民经济发展的物质基础。近20年来，我国资源的开发利用有了长足的发展，在国民经济可持续发展中发挥了重大的作用。然而，随着人们对矿物资源需求的不断增长，大多数品位高、易于开采的矿床已趋减少，现存的大多为贫、杂、细、难采、难选的复杂伴生、共生矿，低品位复杂矿的选别利用和环境污染已经成为我国的突出问题。寻找一种新的，低成本的，对环境友好的矿产开发技术，特别是对低品位矿物的开发利用技术和有价尾矿的再利用技术是人们的夙愿，而矿物生物技术是最好的选择之一，它可以处理用其他选矿方法难以回收的元素。

这一新技术具有低能耗、高效益、无污染的特点。它在生物浮选（bioflotation）、生物浸出（bioleaching）或生物水冶（biohydrometallurgy）、生物吸附（biosorption）、生物絮凝（biocoagulation）、生物积累（bioaccumalation）以及选矿富集、废弃物处理等方面的研究、应用都已取得了成就。图14-1所列生物技术在矿物工程中的应用及未来发展方向。

Smith等在《矿物的生物处理及其未来》一文中指出了具潜在应用价值的矿物生物技术的11个新方向。此后，矿物生物技术研究越来越广泛，甚至涉及许多难以想象的领域，例如材料的表面加工处理、废气治理等。

- 矿物生物技术
  - 矿物的生物浸出
    - 铜、铀浸出
    - 难浸金矿预处理
    - 煤、原油脱硫
    - 精矿除杂（高岭土、玻璃原料除铁等）
    - 混合精矿分离
    - 锰矿碎矿浸出
    - 铝土矿脱硅
  - 金属的生物吸附与沉淀
    - 废水净化（除去有害离子）
    - 废水中回收金属
    - 含油废水处理（烃油及聚合物的分解、降解）
  - 烟尘（冶炼）及废弃物处理
  - 矿物的生物浮选
    - 生物及代谢物直接作浮选剂
    - 用生物或代谢物处理现有浮选剂
  - 矿物的生物絮凝富集
  - 生物磷肥

图 14-1　矿物生物技术的应用领域

总的来说，生物技术在矿物工程中的应用目前还不普遍，其技术水平和应用范围与其他领域相比仍有不小差距。这与生物过程固有的缺点是分不开的：生物反应速度慢，对金属的吸附能力低，对温度变化敏感，缺乏选择性回收金属的微生物以及对微生物菌种的选择性优化（对特定矿物）培养等。尽管存在这些问题，但矿物生物技术仍将对矿物和金属的传统生产产生很大的冲击。在世界范围内，2000 年其产生的经济价值大约已达数百亿美元。目前，铜、铀、金的浸出、烟尘及废水处理等生物技术已用于生产。

我国矿物生物技术的研究是在中科院微生物所的首倡下，于 20 世纪 50 年代末开展起来的，至今已经历了几十年的研究与试验，积累了相当丰富的经验。但工业应用并不广泛。值得庆幸的是，近年人们又重新对该技术产生极大的兴趣。相信在我国生物、选矿、冶金各方面工作者的配合下，该技术不久将会在我国得到广泛应用。

14.2　微生物菌种的培养制备

微生物菌种可谓千千万万种。生物学家研究认为寄生于人体内的各种菌就多达数千种。可以应用于矿物与冶金工程的微生物也很多，有的还未被认识，有的认识但还在初试阶段，真正试验成熟或者应用于工业生产的并不多。在矿物与冶金工程中通用的微生物有：嗜酸的中温菌，如硫杆菌属和小螺菌属等，适宜环境 pH = 1.4 ~ 3.5，温度 5 ~ 34℃；中等嗜热菌，如硫代杆菌属，适宜温度在 30 ~ 55℃，pH = 1.1 ~ 3.5；极嗜热菌，如硫代叶菌属、金属球菌属和硫球菌属，适宜温度45~96℃，pH=1.0~5.0。以上三类型的菌属都能够氧化硫化矿、硫和亚铁离子。此外，异氧微生物一类，包括异氧菌（如真菌、细菌、酵母菌和藻类等）及其代谢产物，此类微生物能分解硫化矿、硅铝酸盐和硝酸盐等，也能溶解金、吸附金属离子，还原或氧化锰矿物等。

细菌微生物在矿业中的应用是人类依据细菌如氧化亚铁硫杆菌（*Thiobacillus ferrooxidans*，*T f*）和氧化硫硫杆菌（*Thiobacillus thiooxidans*，*T t*）的生理生化特性加以利用而实现的。它们以Fe^{2+}，S和硫化矿等为能源，通过这些物质的氧化获得摄取能量，合成自身生命物质及维持各种生物活动，代谢产生酸及Fe^{3+}、过氧化物、有机物等。这一过程及代谢物可以在浸矿或其他分离方法中应用。

微生物的生存、培养、活性受环境、pH值、养分等许多因素的影响，菌株必须在一定的培养基和培养条件下进行繁殖并提高活性。迄今细菌在矿业、冶金中的应用仍非常有限的一个重要原因，就是细菌浸矿等作业周期太长，堆浸、地浸需要数月甚至数年，利用搅拌浸出也要几天。其中根本原因是细菌生长速度太慢，周期长。例如，*T t*菌在正常细胞培养液中的浓度只有大肠杆菌（*E Coli*）的1/10，说明生长速度很慢。另外在浸矿体系中，往往受一些表面活性剂、重金属离子、卤素离子的影响，当其浓度超过一定值时，会抑制细菌生长，甚至造成菌体死亡。对浸矿细菌产生抑制作用的一些离子的极限浓度见表14-1。

表14-1 抑制浸矿细菌的离子的极限浓度（mol/L）

Cl^-	Ca^{2+}	Cu^{2+}	Ag^+	AsO_4^{2-}	NH_4^+	Co^{2+}	Na^+
0.34	0.073	0.0071	0.0019	0.056	0.118	0.078	0.29

因此必须从遗传学的角度，改良、培育出活性高、适应性强、选择性好的菌种，为理论研究和工业生产的需要服务。

14.2.1 驯化育种

驯化育种是在逐渐变化的外界条件，尤其是在不利条件下，对细菌进行转移培养，最终培育出适应性、耐受性较强的目的菌株的一种育种方法，其遗传学理论依据是基因的自发突变。

培育*T f*菌对铜离子的耐受力的具体步骤：首先在9K培养基中加入低质量浓度铜离子如2g/L（以$CuSO_4$形式加入），接入要驯化的*T f*菌。开始时细菌不适应，生长活性受到抑制，部分细菌甚至会死亡。经过较长时间后，某些菌株生存下来并适应环境，开始正常生长。待菌的浓度达到10^7~10^8cells/mL

后，再将它们转移到含较高铜离子质量浓度的培养基中，如5g/L的9K培养基继续培养。依此类推，将菌种逐次转移到较高 Cu^{2+} 浓度的培养基中。进行下去，就可以获得对 Cu^{2+} 具有较强耐受性的菌株。

在试验中用这种方式已驯化出可耐受铜离子质量浓度50g/L的 *Tf* 菌株，其部分生理特性指标如表14－2所列。

表14－2　驯化菌的部分生理特性指标

菌种名称	在含50g/L的 Cu^{2+} 的9K培养基中细菌浓度/cells·mL^{-1}	氧化活性 /μLO_2·$(L·min)^{-1}$	抑制细菌活性（30%～40%）所需铜离子质量浓度/g·L^{-1}
原始菌	几乎不长	1.0	1.5
驯化菌	10^5～10^6	2.5	13.0

提高细菌对铜的耐受力，现实意义较大。复杂铜精矿的槽浸体系中，铜离子质量浓度较高（大于10g/L），细菌在其中仍可保持活性。低品位铜矿的细菌堆浸-萃取-电积工艺中，细菌通过电解液可能存活下来，可再生、循环利用。

运用驯化方式，还可以培养出适应其他金属、离子和有害成分如Ag、Hg、As等的适应菌，以及培训对某类矿石选择性浸出的菌株。

14.2.2　诱变育种

菌种自然突变的频率非常低，只有 10^{-8}～10^{-9}，诱变技术可大大提高基因的突变率，比自发突变率提高10～10^5 倍。这些技术包括，运用物理诱变剂，如紫外线，X射线，γ射线、快中子等，以及化学诱变剂，如亚硝基胍、羟胺、各种烷化剂等。

诱变育种就是用诱变剂处理均匀分散的细胞群，促进突变率大幅度提高的一种简便、快速、高效的育种筛选方法（又称筛子），通过诱变育种可筛选出少数符合育种目的的突变菌株。

有人对诱变育种培养的菌种与野生菌的性状作了对比，表明诱变育种培育的菌种优于野生菌，见表14－3所列（*Tf* 菌）。

表14－3　诱变菌与野生菌的性状对比

菌种类型	氧化活性 /μLO_2·$(L·min)^{-1}$	耐Cu性 /g·L^{-1}	耐 Cl^- 性 /g·L^{-1}	对 $CuFeS_2$ 达到吸附平衡所需时间/h
野生菌	0.10～0.13	1～5	2.0～3.0	72～120
诱变菌	2.1～3.4	50	10	1～7

14.2.3 杂交育种

杂交育种是指将两个基因型不同的菌株经接合使遗传质重新组合，从中分离和筛选出具有新性状的菌株。所谓细菌接合是在不同菌株和受体菌的细胞间直接传递大段DNA的过程，可将不同菌株的优良性状集中于重组体，从而获得优良菌株。

亲本雄性菌株形成接合管，与亲本雌性菌株连接。接着，雄性体中一段DNA通过接合管进入雌性体中，这样雌性菌株中便含有雄性菌株的一段DNA片断，并在自身细胞分裂时稳定的遗传给子代。如果吸入的雄性DNA片断中，基因型不同于雌性，那么重组菌株便形成，可能表现出人们感兴趣的某些优良性状。例如获得抗砷菌株，可用于难处理的含砷金矿的浸出，提高金的提取率。

对浸矿菌种的筛选培育研究虽然起步较晚，但意义重大，也为各种其他菌种的培育提供新的思路。它在矿业与冶金工程中具有重大意义。Van Aswegen等在难处理矿石的细菌预氧化中，改善细菌活性及耐砷能力，提高金的提取率。Attia等采用预先培养筛选适应的*Tf*菌浸出含金黄铁矿尾矿，使金的回收率从32%提高至95%，银的回收率从48%提高至98%。邱冠周等改良德兴铜矿废石细菌堆浸厂中的野生细菌，提高细菌氧化活性及耐铜能力，改善废石堆中细菌浓度及活性，加快了铜的浸出。

一些已被试验应用的微生物菌种，在矿物加工、金属提取以及废水处理中的作用（使用情况）见表14－4所列。

表14－4 微生物在矿业及冶金中的作用

<table>
<tr><th>微生物（菌种）</th><th>在矿业及冶金中的作用</th><th>备 注</th></tr>
<tr><td>氧化铁硫杆菌（嗜酸菌）
(Thiobacillus thiooxidans)</td><td rowspan="2">选煤抑黄铁矿，硫化矿抑制剂，硫化矿浸出</td><td rowspan="2">在酸性条件下选煤可除去90%的黄铁矿，其作用是氧化硫化物，Fe^{2+}、S、Cu^{2+}、UO_2、Mo^{5+}等（pH = 1.4 ~ 1.5，温度5 ~ 35℃）</td></tr>
<tr><td>氧化亚铁硫杆菌（嗜酸菌）
(Thiobacillus Ferrooxidans)</td></tr>
<tr><td>草分支杆菌
(Mycobacter Phlei)</td><td>絮凝剂，如絮凝磷灰石、黏土矿、赤铁矿、高岭土、膨润土等。赤铁矿捕收剂</td><td>吸附于矿物表面，改变矿物表面电性</td></tr>
<tr><td>氧化硫硫杆菌
(Thiobacillus Thiooxidans)</td><td>硫化矿浸出</td><td>以Fe^{2+}、S、硫化矿为能源获取能量、生育力，产生（代谢）Fe^{3+}等</td></tr>
</table>

续表 14-4

微生物（菌种）	在矿业及冶金中的作用	备 注
细螺旋氧化铁杆菌（*Leptospirillum*）与硫杆菌（*Thibacillus*）	硫化矿浸出（从冶炼废渣浸出金属），煤及原油脱硫	pH = 1.4 ~ 3.5，5 ~ 35℃ 氧化硫化物
海藻，如 *Ulva* sp，蓝藻（蓝缘藻，*Spiralina* sp 等）	生物吸附剂，絮凝剂	净化废水
MBX 芽孢杆菌	对难处理含锰银矿	浸 Ag、Mn、Cu
异养型细菌及代谢产物（真菌、细菌。酵母、藻类等）	分解浸出硫化矿，硅酸盐及铝硅酸盐，还原锰、镍、磷灰石、溶解金、银、生物吸附金属等	浸出，浮选
假单细胞菌（*Pseudomonas*）	捕收剂	代谢产物做捕收剂
酵母菌	捕收剂	代谢产物做捕收剂
地衣芽孢杆菌（*Bacillus Lichenformis*）	捕收剂	代谢石油磺酸钠
显微菌及青霉	捕收剂（萤石、天青石、铁钨锰矿）	饱和脂肪酸脱氢为不饱和酸
曲霉属菌（*Aspergillus sp*）	非硫化矿浸出	
青霉属菌（*Penicillium*）	非硫化矿浸出	
鞘铁菌	非硫化矿浸出	
斯塔策里假单菌属	水处理剂，富集 UO_4^{2+}	生物吸附（生物积累）
白色链霉菌，绿色链霉菌	吸附重金属离子等	废水处理除重金属
克雷白氏肺炎杆菌	破坏选矿废水中的药剂（如十六烷基硫酸钠捕收剂）	
萤光假单孢菌（*Psendomonas Fluorescens*）	破坏含黄药类捕收剂废水	
泥炭藓	生物吸附剂	对金属离子吸附力强
钟虫，草履虫及线虫、肾虫等微生物	选厂废水排放，生物接触氧化法治理	对浮选药剂起降解作用
嗜热嗜酸硫化裂片菌（*Sulfloobus Theroaoidophilum*）	硫化矿浸出	温度 30 ~ 55℃

续表 14-4

微生物（菌种）	在矿业及冶金中的作用	备 注
嗜酸硫叶菌属 *Sulfolobus*	硫化矿浸出	温度 30~55℃
环状芽孢杆菌（*Bac. circulans*）和蜡状芽孢杆菌（*Baccerecus*）	锰矿浸出	将高价氧化锰还原为低价锰
天色杆菌属（*Aohromobacter*）细菌	日本研究用于碳酸锰和氧化锰浸出	

14.3 生物浸出

矿物生物浸出技术主要包括生物富集、积累、代谢、转移和去害，涉及：

（1）氧化硫化矿物、元素硫和亚铁的过程；

（2）异养微生物破坏矿物、氧化或还原不同价态元素的有机物、过氧化物等的过程；

（3）化学元素的微生物积累和沉淀过程。

这里前两个过程，我们一般利用它们来从矿石或废弃物中溶解浸出金属，称之为生物浸出（bioleaching）或生物水冶（bio-hydrometallurgy）。其中第一个过程主要用于硫化矿浸出，第二个过程主要用于非硫化矿浸出。第三过程一般用于从各种溶液（废水）中去除或回收有毒有价金属，称之为生物积累（bioaccumulation）或生物吸附（biosorption）。

生物浸出是最早使用的矿物生物技术。浸出包括直接浸出和微生物代谢产物间接浸出。直接浸出中的硫化矿物铜、金等的细菌氧化浸出比较成功和普遍。锰等还原浸出生产试验研究也较早。

14.3.1 硫铁矿浸出过程与机理

硫化矿生物直接浸出过程涉及硫化矿、元素硫和亚铁的氧化过程，主要是一个生物氧化过程。以黄铁矿为例，采用氧化亚铁硫杆菌能够直接酶解氧化黄铁矿表面晶格或裂隙处的物质，获得生长所需的能量，用反应式示意：

$$4FeS_2 + 15O_2 + 2H_2O \xrightarrow[\text{能量}]{\text{细菌}} 2Fe_2(SO_4)_3 + 2H_2SO_4 \tag{14-1}$$

产生的硫酸高铁是一种强氧化剂，可反过来氧化黄铁矿；

$$FeS_2 + 7Fe_2(SO_4)_3 + 8H_2O \longrightarrow 15FeSO_4 + 8H_2SO_4 \tag{14-2}$$

$$FeS_2 + Fe_2(SO_4)_3 \longrightarrow 3FeSO_4 + 2S \tag{14-3}$$

产生的硫酸亚铁及元素硫又可作为能源被氧化亚铁硫杆菌氧化为硫酸高铁和硫酸：

$$4FeSO_4 + O_2 + 2H_2SO_4 \xrightarrow[能量]{细菌} 2Fe_2(SO_4)_3 + 2H_2O \qquad (14-4)$$

$$2S + 3O_2 + 2H_2O \xrightarrow[能量]{细菌} 2H_2SO_4 \qquad (14-5)$$

产生的硫酸高铁按式（14-3）、式（14-4）又可氧化更多的黄铁矿。因为微生物在硫化矿的浸出过程中的重要作用之一是再生氧化剂——硫酸高铁，完成生物化学循环。图14-2显示出了这个过程。

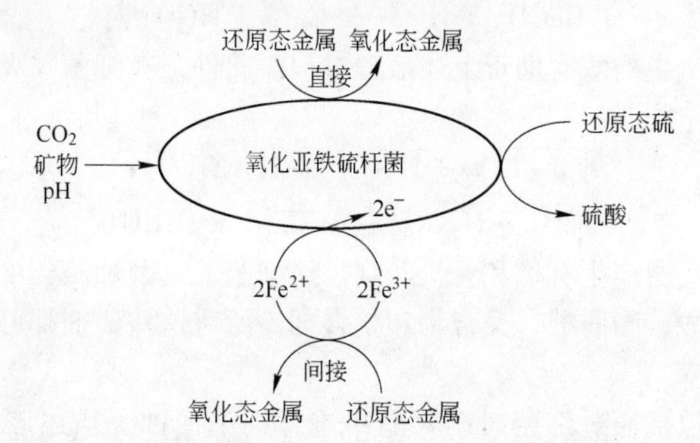

图14-2 氧化亚铁硫杆菌在浸矿过程中直接与间接作用示意图

这个过程即是所谓的间接生物作用，因为在这个过程中微生物的作用是产生氧化剂——硫酸高铁，由硫酸高铁完成矿物的氧化，微生物可不与矿物接触。

直接作用即如式（14-2）所描述的，需微生物与被浸矿物黄铁矿直接接触。

直接作用与间接作用的结果，导致黄铁矿晶格的破坏，从而最终导致矿物的分解和硫酸的形成。但是，直接作用与间接作用的相对重要性仍不十分清楚。鉴于大多数细菌是黏附于矿粒上，溶液中游离细菌数量很少；并且也证明，细菌产生硫酸高铁浸出效果要好于纯化学药剂硫酸高铁的浸出效果，故大多数学者认为细菌浸出以直接作用为主，间接作用为辅。

索马桑德兰等认为氧化亚铁硫杆菌是氧化硫化矿应用最广的微生物之一，其作用机理为：间接作用、直接作用和电荷作用等三种。他们认为，在大多数浸出过程中，这三种机理可能同时起作用，间接浸出机理包括通过细菌新陈代谢产物（硫酸铁）浸出硫化物：

$$FeS_2 + \frac{7}{2}O_2 + H_2O = FeSO_4 + H_2SO_4 \qquad (14-6)$$

$$2FeSO_4 + \frac{1}{2}O_2 + H_2SO_4 = Fe_2(SO_4)_3 + H_2O \qquad (14-7)$$

所产生的硫酸铁是能溶解大多数硫化矿物的有效氧化剂。

几种自养和异养细菌、藻类和真菌类也可加速溶解反应。像黑曲霉、青霉菌和真菌类可降解铝土矿和黏土。黏杆菌可分泌多聚糖，与二氧化硅、硅酸盐、氧化铁和氧化钙反应。处理低品位铝土矿的另一个方法就是用黑曲霉、环状芽孢菌、多黏芽孢杆菌或产气假单胞菌选择性溶解铁和钙。

土壤杆菌和真菌在磷酸盐溶解时起重要作用。用根瘤菌溶解磷块岩。黑曲霉脱磷也很有效。具有直接和间接生物活性炭酸盐的生物降解与从矿石中除去含钙脉石是等价的：

$$CaCO_3 + H^+ \longrightarrow Ca^{2+} + HCO_3^- \tag{14-8}$$

新陈代谢产生的酸有助于上述溶解过程。此外，在细菌呼吸时产生的 CO_2 也可起类似的作用：

$$CO_2 + H_2O \longrightarrow H_2CO_3 \tag{14-9}$$

$$CaCO_3 + H_2CO_3 \longrightarrow Ca^{2+} + 2HCO_3^- \tag{14-10}$$

细菌新陈代谢产生有机和无机药剂。用细菌、真菌和藻类可产生不同类型的药剂：无机酸、脂肪酸、聚合物和螯合剂。所有这些药剂都可改变矿物和污染物的处理效率。

直接浸蚀包括通过细菌对矿物晶格进行细菌浸蚀。描述该过程的简化反应为：

$$MeS + 2O_2 \longrightarrow MeSO_4 \tag{14-11}$$

式中，Me 为二价金属。

另一方面，电荷转换机理是以电化学原理为基础的。当两种具有不同剩余电位的硫化矿物在浸出介质中接触时，就会形成电池。在这个电池中，具有较低电位的矿物作为阳极受到氧化，而另一个较惰性矿物作为阴极。铁氧化硫杆菌的存在加速了电化学氧化过程。

黄铜矿与较惰性的黄铁矿接触时，随着在黄铁矿表面发生氧的还原，黄铜矿可发生阳极氧化：

$$CuFeS_2 \longrightarrow Cu^{2+} + Fe^{2+} + 2S^0 + 4e \tag{14-12}$$

$$O_2 + 4H^+ + 4e \longrightarrow 2H_2O \tag{14-13}$$

以细粒浸染在硫化矿（毒砂、黄铁矿、黄铜矿和闪锌矿）基质中的难选的金不适于直接氰化，用常规的金回收方法处理这种矿石是不经济的。为了使连生的金解离，用细菌预处理，使硫化矿物基质氧化，使单体解离的自然金留在剩余物中。在毒砂和黄铁矿中的生物化学反应为：

$$FaAsS + \frac{7}{2}O_2 + H_2O \xrightarrow{\text{铁氧化硫杆菌}} FeAsO_4 + H_2SO_4 \tag{14-14}$$

$$2FeS_2 + \frac{15}{2}O_2 + H_2O \xrightarrow{\text{铁氧化硫杆菌}} Fe_2(SO_4)_3 + H_2SO_4 \tag{14-15}$$

用细菌预先浸出矿物基质可提高氰化物浸出多种难选金矿石中金的浸出

率。有很多细菌也能产生可以与金属形成络合物的酶。直接用细菌处理金以及其他贵金属和稀有金属也已取得进展。

14.3.2 铜、铀浸出

铜和铀是最先采用细菌浸出技术的，美国、智利、加拿大、西班牙、俄罗斯、印度、日本等许多国家都做过大量工作。一致认为在浸出过程中细菌起着主要作用，其中美国在此领域内所做的工作最多。据称，在美国至少有20个低品位和难采铜矿采用细菌堆浸或就地浸出法提取其中的铜，矿石处理量从数百万吨至数亿吨不等，各厂矿所产的电解铜量均在1000t/a以上，年总产值逾3.5亿美元。智利近年也进展较快，从低品位矿石中堆浸产出的金属铜量已达30万t，占全国总产铜量的20%。日本虽铜矿不多，但细菌就地浸出小坂铜矿中铜已生产多年。表14－5列出国内外铜矿堆浸的例子。

低品位铜矿的微生物堆浸—萃取—电解工艺已成为工业生产的主要方法之一，用于经济地处理品位很低的铜矿，是其他任何方法难以实现的。早在1992年，生物技术生产铜已占美国年产铜的25%以上。目前生物技术生产的铜已占世界产量的20%。我国在“九五”期间也在江西德兴铜矿进行工业规模生产性试验。微生物用于含难处理金矿堆浸预处理技术，已在美国及我国等完成工业生产试验。

低品位矿就地浸出是生物浸出另一种工业应用形式。将含有营养物质和菌种（或仅注入营养液，就地利用矿山原有细菌）的浸出液注入矿床，渗入矿层并溶解目的矿物，然后在回收井中抽出浸出液并提取有价金属。这种方法使地表和矿床都不受到大规模破坏，对环境的不利影响也小，在资金、能源消耗及生产成本等方面低于现行提取工艺。细菌就地浸出技术已在美国、加拿大等10多个国家应用于铜矿和铀矿的开发。

表14－5 铜矿细菌堆浸的例子

矿山	主要硫化矿	含Cu/%	浸出矿量/kg	浇灌面积/m^2	浇灌流量及方式/$L \cdot m^{-1}$	温度/℃	Cu年产量/kg	Cu回收率/%
蓝鸟矿(美国)(Bluebird Mine)	硅孔雀石	0.5	4×10^{10}	92000	8505间断		6.8×10^{6}	40
费尔普斯道奇公司(美国)(Phelps Dodge Corp)	黄铁矿、铜蓝、硅孔雀石、黑铜矿、辉铜矿、胆矾	0.35	3.9×10^{10}		12490间断		4.5×10^{6}	25

续表 14 - 5

矿山	主要硫化矿	含 Cu/%	浸出矿量/kg	浇灌面积/m^2	浇灌流量及方式/$L \cdot m^{-1}$	温度/℃	Cu 年产量/kg	Cu 回收率/%
巴格达矿(美国)(Baghdad)	混合氧化矿	0.30			12600 连续		13.6×10^6	不详
杜瓦尔爱思帕瑞扎矿(美国)(Duval Esparanza)	辉铜矿、孔雀石、蓝铜矿、黄铜矿	0.15 ~ 0.20	3.7×10^{10}		8516 连续	最高 25	2.5×10^6	60
里奥廷托(西班牙)(Rio Tinto)	辉铜矿、黄铜矿、黄铁矿	不定					8×10^6	不详
卡纳里矿(墨西哥)	辉铜矿、黄铁矿	不定					8.7×10^6	不详
Degtyanski Urals(俄)	黄铜矿、辉铜矿、黄铁矿	不详					约 9×10^5	不详
Kosaka 矿(日本)	硅化黄铁矿石、辉铜矿、斑铜矿	0.15 ~ 0.25				17 ~ 24	8×10^5	不详
德兴铜矿	80% ~ 90% 黄铜矿	0.121	1×10^6		间断			40 ~ 60

江西省科学院微生物研究所用氧化亚铁硫杆菌在培养基中 ±30℃ 摇床培养 72h。

培养基成分如下：

硫酸铵（3g）、磷酸氢二钾（0.5g）、硝酸钾（0.01g）、氯化钾（0.1g）、七水硫酸镁（0.5g）、七水硫酸亚铁（45g）和自来水（1L）。结果使 90% 以上的亚铁离子（Fe^{2+}）氧化为高铁（Fe^{3+}）离子，菌株数由原来的每毫升 $10^3 \sim 10^4$ 个提高到每毫升 $10^6 \sim 10^{81}$ 个。对铜、铁离子的耐受程度分别为 12g/L和 62g/L。

利用上述培养菌与坑道硫酸性废水，堆浸某含铜黄铁矿铜矿采场废矿，堆浸 60 ~ 120d，铜浸出率 60% ~ 88%；用含铜 0.6% ~ 1.0% 的尾矿搅拌浸出 15 ~ 30min，铜浸出率为 73.83%，浸出液用铁屑置换生产的海绵铜，海绵铜品位为 60% ~ 81%。

铀的浸出是通过微生物（如氧化亚铁硫杆菌）氧化铀矿中伴生的黄铁矿成为硫酸高铁，由硫酸高铁将难溶的四价铀变为易溶的六价铀：

$$2FeS_2 + 3O_2 + H_2O \xrightarrow{细菌} Fe_2(SO_4)_3 + H_2SO_4$$

$$UO_2 + Fe_2(SO_4)_3 + 2H_2SO_4 \longrightarrow UO_2(SO_4)_3^{4-} + 2FeSO_4 + 4H^+$$

加拿大使用微生物浸铀已有半个世纪。使用细菌浸铀的规模最大，历史最久。加拿大安大略省伊利埃热（Elliot）湖区的3个铀矿公司（斯坦洛克，里奥·阿尔干及典尼逊）从20世纪60年代起就已进行细菌浸铀的试验室研究和现场试验，并很快进行工业生产，年产U_3O_8 60t。这个地区的铀矿石品位为0.12%，以沥青铀矿和铀黑矿为主，因含5%~10%黄铁矿，适于细菌浸出。这3个公司都有细菌浸铀生产厂，到1986年U_3O_8年产量已达360t。此外，加拿大的梅尔利坎铀矿也用细菌法生产铀，年产U_3O_8 60t。

近20年来，法国也有一些铀矿用细菌进行地下浸出，如埃卡尔勃耶尔铀矿原以化学浸出为主，后改用细菌浸出，到1975年铀产量由原来的25t增至35t。

美国在浸取铜矿石时用细菌法回收其中的铀，据调查至1983年其产值已达9000万美元。

葡萄牙早在1953年就曾进行细菌浸铀的试验，在1959年就有一铀矿采用此法进行生产，铀浸出率达60%~80%。

14.3.3 金及硫化矿物浸出

用细菌法处理金矿是近20年发展起来的新工艺，到1990年代初，已有十几个正在生产或计划在建的细菌氧化提金厂。其中南非金科公司的Fairview金矿是世界上第一个细菌氧化提金矿，1986年投产以来，效益较好，金浸出率稳定在95%以上，氧化处理时间已经从5~6天缩至3~4天，同时浸出槽的金精矿的日处理量从12t增至20t。加拿大有一家厂，处理含金、银的尾矿，氧化处理时间为40h，金浸出率达74%。澳大利亚有两家厂，采用嗜热铁硫杆菌浸金。美国有一家厂（Tomkin Spring），槽浸容量最大（槽高13m，内径17m）。该矿已被霍姆斯特克公司兼并。巴西有一家厂，由南非Gencon公司设计。津巴布韦一家厂，由英国DAVY公司投资兴建。加纳一个由澳大利亚承担建设设计任务，是已建10家细菌提金厂中生产规模最大的，日处理金精矿大于574t。我国湖南、陕西各有一家金矿正开始进行细菌堆浸氧化处理原矿石的试验与工业应用。

复杂硫化矿中有价金属的提取技术是冶金工作者向来十分关注的领域之一。含锰、锌、镍、钴、铋、钼及铅等金属矿或复杂矿是生物浸出工艺的潜在应用目标，国外正在进行试验室研究，浸出率高及消耗低是其主要特点。特别是低品位复杂矿，难以用其他工艺经济地回收有价金属，利用细菌氧化这些金属的硫化矿或伴生硫化矿，通过细菌的直接作用和化学间接作用（细菌氧化产生的硫酸和 Fe^{3+}）浸取这些金属元素，从而转变成有价产品，是最经济又少环境污染的工艺途径。

细菌氧化浸出技术作为含砷硫化矿、难处理金矿的新一代预处理方法，从20世纪90年代初开始已在黄金工业中获得广泛应用。金微粒以次显微级嵌布在黄铁矿或砷黄铁矿中是这些金矿难以氰化浸出的主要原因。细菌氧化破坏了这些载金硫化矿物，使金微粒从中分离出来，使金能氰化浸出。在黄金工业中首先将细菌浸出技术应用于硫化精矿，解决了与反应速度、反应器等有关的一系列工程问题，使生物浸出技术的工业应用发展到一个新阶段。

表14-6示出为难浸金矿微生物浸出的几个例子。

表14-6 难浸金矿微生物浸出

厂 矿	规 模 /$t \cdot d^{-1}$	矿物分布/%		停留时间/h	硫化矿氧化率/%	金回收率/%
		黄铁矿	毒砂			
Epuity Silver（加拿大）	2			40	14	75
Yellow Knife（加拿大）	10		主要成分	60	75	96
Fairview（南非）	40	33.5	10.9	96	88.8	92
Sao Bento（巴西）	150	15.6	17.8	14.4	29.8	与加压处理串联
Wiluna（澳大利亚）	115	36.9	21.7	120	87	—
Harbour Light（澳大利亚）	40	28.3	17.6	120	90	92
Ashansi（加纳）	720	6.5	16.6	120	94.8	—

帕庞内蒂等人研究了生物预处理对希腊含金砷黄铁矿氰化浸出的影响，表明经15d生物预处理后再进行2h的氰化浸出，可回收大部分（77%）的金。经过8h的氰化浸出后，金的回收率高达84%。对比之下，在同样氰化物浓度及工艺条件下的不经过生物预处理的浸出作业中，经过24h氰化浸出后金的回收率仅为50%。

格劳得瓦和格劳得夫在一项较有意义的研究中，采用蓝细菌和化学联合浸出过程处理含金的多金属硫化矿石。在该过程中，先将含闪锌矿、黄铜矿及方铅矿的黄铁矿用含氧化铁硫杆菌、氧化硫杆菌、嗜酸硫杆菌、细螺旋氧化铁杆菌以及某些以嗜酸的菌属为主的嗜酸异氧菌的混合培养基进行生物浸出。在此阶段锌和铜的提取率分别高达77%和73%。然后用 $FeCl_3$ 溶液浸出铅，该浸出作业使约71%的铅得到溶解。最后用氧基-硫脲溶液浸出金和银，该浸出作业中回收了约63%的金以及57%的银，回收率比不用细菌处理时高得多。

吉姆·布赖尔利博士等人于1993年和1994年为生物氧化堆浸难选金矿石

的细菌团聚和培养的工艺设计申请美国专利，该专利主要将氧化铁硫杆菌的混合细菌添加到堆浸矿石中，添加量为60~80L/t矿石。试验发现，对于预堆浸试验来说较理想的颗粒粒度为小于19μm。如果矿石颗粒太大，在合理的时间内细菌没有足够的表面积进行繁殖；如果颗粒太小，或者矿石含有较高比例的黏土，因为孔隙度太低，溶液不能流经整个料堆。他们采用滴管网络将生物氧化溶液输送到各个料堆，生物氧化溶液由加有硫酸铵的含铁酸性溶液和硫酸钾营养基组成。在初始的30d堆浸作业中，氧化铁细菌从10^5个/g矿石增加到10^7个/g矿石。金的提取率从未生物处理时的零，上升到60%以上。

有人采用高铁溶液氧化和细菌氧化黄铁矿，当堆浸高度为2m时，它们的氧化效果一致。当堆浸高度为10m时，前者的效果就没有后者的好。

南非Genmin工艺研究所曾对来自原东德兰士瓦省的德文郡矿矿样进行了细菌堆浸（ϕ67.8mm×1000mm高）的小型试验，该矿石经细菌氧化处理后，金的氰化浸出率从直接氰化浸出时的24%提高到74%，浸出率增加50%。

以上实例说明利用微生物强化堆浸浸出效果要比不用微生物堆浸的效果好得多。

国内有人研究了曲霉属菌生物体活性物和非活性物（死菌）以及生物分子蛋白质等对金矿的吸附积累作用，对难浸金矿的微生物氧化预处理机理。

童雄等人培养了具有高活性的以氧化铁硫杆菌为主的混合菌液，即菌株Ⅰ和用菌株Ⅰ经金精矿驯化培养得到的菌株Ⅱ，对镇源浮选金精矿作了细菌—氧化—硫脲浸金的试验研究，细菌氧化在模拟堆浸的不充气搅拌和矿浆液固质量比为1∶1的操作条件下进行，使用菌株Ⅰ，氧化42d，金的浸出率达83.51%。使用菌株Ⅱ，氧化14d，金的浸出率达85.16%。氧化30d，金的浸出率可达96.0%，而金精矿直接进行硫脲浸出，不用细菌氧化，金的浸出率只有6%~7%。表明此项技术对于开发利用镇源特大型金矿是有益的。

14.3.4 还原浸出（非硫化矿浸出）

非硫化矿浸出主要采用异养菌即需有机营养物的微生物。具有浸矿能力的异养微生物种类很多，其中主要为细菌与真菌。这些微生物主要通过产生具螯合作用的有机酸或其他胞外产物来浸出目的矿物。异养微生物产生的有机酸具有双重功效，一方面提供酸解矿物的H^+，另一方面由于其较强的螯合作用而与金属形成络合物（络合溶解）。微生物产生的比较有效的有机酸是柠檬酸和草酸。这两种酸主要产自真菌的碳水化合物的代谢。工业生产有机酸的实践表明，曲霉（*Aspergillus* sp）和青霉（*Penicillium* sp）是这类酸的有效生产者。用异养菌浸出非硫化矿还不太成熟，其浸出机制有很多还不十分清楚。已报道过的非硫化矿浸出的矿物有：铝土矿浸铝、锰矿浸出、从各种氧化矿浸铜和锌、从含镍铝矾土浸镍、矿物原料（石英砂、高岭土）除铁、磷矿浸出、精矿脱磷脱硅等。

微生物还原浸出主要应用于锰矿提取过程。具有生物还原特性的细菌，可将不溶的 MnO_2 还原成可溶性的 Mn^{2+}，适宜于从贫氧化锰矿或硫酸盐矿物中浸出锰，回收率达80%～90%。对于含碳酸钙的碳酸锰矿，则研究过用硫酸铵溶液和硝化杆菌浸出，浸出率可高达98%～99%。软锰矿还可在黄铁矿存在下用细菌氧化技术浸出。

有些难处理含锰氧化银矿，由于银被软锰矿、针铁矿等包裹，不适于氰化浸出。与此相类似，一些铜和钼矿被针铁矿（FeOOH）所包裹，无法采用常规的酸浸法处理。用具有生物还原性质的细菌处理，可使锰、铁等氧化物还原溶解，使包裹体解体，从而浸出银、铜、钼等有价金属。对美国西南等地的难处理银矿和钼矿曾进行过深入研究。含锰银矿用一种称为MBX的杆菌处理后，94.5%的银转入有机培养液，同时99.8%的锰及100%的铜被溶解。

阿利伯海等人报道了有关用有机酸、H_2SO_4 和微生物从希腊红土矿中溶解镍的近期评价研究。在研究中，曾用六种镍品位为0.73%～4.27%的不同类型希腊红土矿进行试验，研究中所用的酸包括醋酸、甲酸、乳酸、硫酸、柠檬酸和草酸以及柠檬酸-硫酸、草酸-硫酸、乳酸-硫酸混合物。硫酸是与所有矿石作用最快的浸出剂，柠檬酸虽反应较慢，但在多数场合下经长时间的浸出后，能提取同样多的镍。此外，通常可得到比铁选择性更高的镍浸出。其他有机酸中，草酸对镍的溶解稍许有效，但不利的是它会溶解一定量的铁。

在用微生物的浸出试验中采用了曲霉属和青霉属菌种。所用的许多种此类菌种均能有效地从矿石中溶解镍，而且通常可与用工业品级柠檬酸浸出时所得的结果相比拟。

拉辛等人用生物浸出法来处理难选的含锰银矿石。试验表明，用此工艺可使锰和银的回收率大于90%。在研究中，从亚利桑那州和科罗拉多州的采场采取了矿石和沉积物样品，并通过在锰基质中培养而获得微生物分离菌。表14-7列出了试验所得结果的一些实例。

表14-7 亚利桑那含锰银矿石经生物处理后进行氰化浸出回收银的结果

名 称	锰溶出率/%	银回收率/%
未经细菌培养液处理	0.3	10
用物质的量浓度为10.05mol/L①MBX芽孢杆菌处理	96.5	70
用物质的量浓度为10.1mol/L①MBX芽孢杆菌处理	99.8	92.5

注：矿浆体积2L，浓度为150g/L，处理时间14d。

①为添加浓度。

某些微生物分离菌能从矿石中溶解磷酸盐。罗杰斯和沃尔弗拉姆从54种不同的环境样品中筛出860种微生物分离菌，以考查这些菌对溶解不溶性磷酸盐的能力。选择了9种活性较高的细菌和真菌属，分别对含有可溶性磷酸盐及不含可溶性磷酸盐的磷酸三钙液体介质进行研究，试验数据表明，两种情况下均发生溶解现象。但一般情况下，当不存在可溶性盐时有机体可溶解更多的磷酸三钙。因此，某些有机体的溶解作用会由于可溶性盐的存在而受到抑制。

试验工作还扩大到对爱达荷州的某磷酸盐矿石进行溶解研究，该矿石中磷酸盐的溶解率不如磷酸三钙的高。但采用最好的分离菌时，磷酸盐的溶解率超过了以前大部分试验研究中所达到的值。在进一步的研究中已确定，通过定期的更换微生物浸出液，可使爱达荷州该磷酸盐的溶解率大大提高（在有细菌培养液条件下浸出9d后溶解率达82%～84%，而浸出液不更换时溶解率仅为40%～68%）。看来，溶解率的提高与微生物较长时间的生存能力有关。综合数据表明，用活性高的微生物选别法从一些磷酸盐矿石中回收PO_4^{3-}是完全可能的。

另一类非硫化矿浸出是利用自养菌的代谢物（如无机酸等）所具有的浸矿作用来浸出非硫化矿物，即通过易于培养的自养菌间接浸出。例如，*T ferrooxidans*，*T thiooxidans*，*L ferrooxidans* 在有硫化矿或元素硫存在时，可产生硫酸，可浸出铀、锰、磷等矿物。

14.3.5 细菌浸出的其他应用

（1）回收钼、钪。据1990年资料报道，前苏联用一些酵母菌和真菌从浸矿溶液中提取稀有金属钼和钪，其效果优于离子交换法，已接近工业化研究阶段。中亚细亚正在试验用少根霉菌（*Rhizopus arrhizus*）等吸附矿石溶解液中的钼，吸附量可达170mg钼/g菌体。里海铁矾土矿厂用酵母菌回收稀有金属钪，经4次吸附之后，钪提取率达98.8%，大大高于离子交换法时的金属回收率。该厂已决定将用生物法以工业规模回收金属钪。

（2）铝土矿脱硅。国外资料报道利用微生物提纯铝土矿脱除硅矿物。有人认为利用微生物脱硅提高铝土矿的质量是一种有前途的方法。前苏联和保加利亚利用硅酸盐细菌（如 *Bac mucilaginosus*）来分解硅酸盐矿物。使用该菌类浸出低品位铝土矿表外矿中的硅，脱硅率达77%。Al_2O_3 含量可达60%，回收率达84%。但是需要7d时间。

（3）高岭土除铁。高岭土是重要的工业原料，特别是高纯高岭土在电子、军工、化工、轻工行业中用途广泛。保加利亚利用黑曲霉对高岭土进行除铁试验，降低高岭土中铁的含量，提高其品位和白度，试验效果好。我国贵州也有人做过高岭土微生物除铁的试验研究。

(4) 氧化铋浸出。用青霉 *Expansum* 698 处理绿藻，可以获得一种具选择性的氧化铋矿的浸出剂。表14-8给出了实际难浸原矿用这种浸出剂浸出，随后离子浮选（无药剂）回收铋的结果。由表中结果可见，这种浸出剂处理后，铋的品位和回收率均大为提高。

表14-8 从氧化铋矿中回收铋的结果比较

使用药剂	物料	铋含量/%	铋回收率/%
油酸350mg/L 直接浮选	精矿	0.32	42.1
	尾矿	0.24	57.9
脱脂藻150mg/L	精矿	0.73	87.3
	尾矿	0.05	12.7
脱脂藻250mg/L	精矿	0.76	92.9
	尾矿	0.02	7.1
脱脂藻350mg/L	精矿	0.75	85.1
	尾矿	0.06	14.9

14.4 生物浮选及药剂

14.4.1 生物浮选（bioflotation）

生物浮选就是将微生物技术与传统的浮选工艺结合起来处理各种难选矿石的一种方法，即利用微生物及其派生物（代谢物）作为药剂，使矿物选择性分选分离的过程，是矿物工程领域的一门新兴工业技术。

目前，对生物浮选的研究应用虽然还不普遍，但已经引起关注。在一些领域已经获得成功。研究较多的有：(1) 用细菌改变矿物（某些）表面性质（如润湿性），增加矿物之间的可浮性的差异；(2) 利用生物浮选对煤进行脱硫的研究与应用；(3) 利用微生物作为浮选捕收剂和调整剂；(4) 生物絮凝及其在选矿上的应用；(5) 利用微生物或其代谢产物处理（改性）传统的浮选药剂，提高药剂的效能。例如，有人用氧化硫菌作表面氧化剂，在浮选时抑制黄铁矿，使黄铁矿浮游率低于10%。

还原硫酸盐的细菌作为矿石表面轻度氧化时的硫化剂，曾试验用于提高不同氧化程度硫化铅矿的可浮性。白铅矿的可浮性提高20%~28%，与同样条件下用硫化钠浮选相比，证明铅的回收率提高了5%~8%。同样，微生物硫化氧化铜-钼矿的试验表明，完全可代替硫化钠浮选工艺。硫酸盐的生物还原技术也曾用于铅（方铅矿）锌（闪锌矿）混合精矿中优先浮选铅，此时硫酸盐还原微生物的作用是硫化物表面吸附黄药的解吸剂。

从有色金属（铜、铜-铋、铅-锌等）多金属复杂矿中提取伴生银是目前获得银的主要矿源，在这些矿石中大约30%的银以胶体或细小浸染型包裹在硅酸盐矿物中。利用生物处理可使其从硅酸盐矿物中解离出来，使其能被浮选。试验表明，经细菌处理后，银的回收率从33%提高到72%，同时铅和锌的回收率也提高了20%~30%。

一般说来，微生物的表面既带正电荷，又带负电荷，然而大多数微生物所带的是阴离子型基团，特别是羰基，因此在水溶液中呈负电性。微生物表面的润湿性根据其表面的脂肪酸基等官能团所占面积与其他亲水区面积之比的大小在很宽的范围内变化，Van Loosdrecht 等人测得12种细菌的接触角在15°~70°之间。如果微生物体和矿物表面的电荷及其疏水性有助于吸附的话，微生物可能吸附在矿物表面上，并改变矿物原有的表面性质，尤其是润湿性。

微生物在矿物表面吸附，可不同程度的改变矿物表面的物理化学性质，如疏水性、矿物表面元素的氧化-还原、溶解-沉淀等行为。改变矿物表面疏水性的作用使人们自然联想到利用微生物做矿物的捕收剂、絮凝剂、调整剂。有关工作正在展开，是矿物加工生物技术的新方向。

微生物在固体表面的吸附可以是直接接触也可以是有中间物存在的间接接触，由代谢物桥联作用形成的吸附属于间接接触。按照吸附的选择性和强弱可将微生物的吸附分为三种类型：

（1）特性永久吸附，或称专一性永久吸附。此类吸附发生在特殊矿物表面之间，微生物对所吸附的表面具有选择性（专一性），且吸附得很牢固。

（2）非特性永久吸附。某些细菌对所吸附的表面不具选择性，但吸附得比较牢固。

（3）非特性非永久吸附。发生这类吸附的细菌与矿物表面之间无选择性而且相互作用较弱，容易脱附。

对于微生物与表面吸附的过程，较为统一的看法是，首先在物理力作用下微生物与固体表面靠近到一定距离并产生非特性吸附，然而，如果微生物表面能与固体表面之间发生化学作用，则有可能形成特性永久吸附。

产生非特性吸附的物理力包括流体输送力、库仑力、范德华力等。形成非特性吸附时细胞与固体表面之间的距离约几个纳米，在此距离之外长程物理力起作用，在此距离以内短程力起作用。长程力产生非特性吸附后并不一定导致特性吸附，但为产生特性吸附创造必要的空间和时间条件，换言之，非特性吸附是特性吸附的前提。

细菌与固体吸附是一个自由能变化过程。如果吸附使总自由能降低，则吸附能自动进行。吸附过程单位面积自由能 F_{ad}变化为：

$$F_{ad} = \gamma_{bs} - \gamma_{bl} - \gamma_{sl}$$

式中 γ_{bs}，γ_{bl}，γ_{sl}分别为细菌与固体、细菌与液体、固体与液体的界面张力。如果这三个力能够计算或从试验测得，则可求得吸附的自由能变化。

这样通过测定固体和细菌的接触角，就可估算出它们吸附的自由能变化。另外也可以将接触角作为细菌表面疏水性强弱的指标，以此推断细菌在固体表面上吸附的趋势和牢固程度。表14-9列出了一些细菌的接触角。

表14-9 一些细菌的接触角

编号	细菌名称	英文名	接触角 /(°)	电泳迁移率 /μm·(S·V·cm)$^{-1}$
1	荧光假单孢菌	*Pseudomonas fluorescens*	21.2	
2	铜绿假单孢菌	*Pseudomonas aeruginosa*	25.7	
3	恶臭假单孢菌	*Pseudomonas putida*	38.5±1.0	-1.60（-2.36）
4	浑圆节枝杆菌	*Arthrobacter globiformis*	23.1	
5	简单节枝杆菌	*Arthrobacter simplex*	37.0	
6	藤黄微球菌	*Micrococcus luteus*	44.7±0.9	-1.62
7	红假单孢菌	*Rhodopseudomonas palustris*	34.3	
8	放射性土壤菌	*Agrobacterium rediobacter*	44.1	
9	地衣形芽孢杆菌	*Bacillus licheniformis*	32.6	
10	棕色固氮根瘤菌	*Azotobacter vinelandii*	43.8	
11	豌豆根瘤菌	*Rhizobacter leguminosarum*	31.0	
12	草分支杆菌	*Mycobacter phlei*	70.0	-3.09
13	大肠杆菌 NCTC9002		15.7±1.2	-0.42
14	假单孢菌属特种菌株52		19.0±1.0	-2.67
15	硫杆菌类	*Versutus*	26.8±0.8	-2.97
16	土壤细菌类单体		37.0±0.9	-1.08
17	土壤杆菌放射细菌		44.1±0.5	-1.48
18	棒状杆菌特种菌株125		70.0±3.0	-3.07

从表中不同微生物其表面电性和润湿性（亲水性）不同可以看出，接触角小，亲水性、润湿性强。

按照电性原则，如果无特性吸附存在，只要微生物表面的电性和矿物表面的电性有助于微生物在矿物表面吸附，微生物必定能吸附于矿物表面，并以它本身的性质调整和改变矿物表面的润湿性。如果微生物能在矿物表面吸附，不但可减少矿物表面净电荷，还可通过矿物表面净电荷的减少，调节矿物的抑制、活化、分散和絮凝等状态，这种微生物就可充当矿物调整剂使用。如果吸附于矿物表面的微生物，本身具有疏水性，则在中和或改变矿物表面电性的同时，还可改变矿物表面疏水性，这种微生物就可作为矿物捕收剂使用。疏水微生物在微细粒矿物表面吸附还可导致微细粒矿物形成疏水聚团而浮选。因此可以推断，草分支杆菌和棒状杆菌特种菌株125可作为捕收剂或微细粒矿物疏水絮凝剂使用。假单孢菌属特种菌株52、硫杆菌类 *versutus* 及荧光假单孢菌则可作为矿物调整剂或絮凝剂使用。大肠杆菌 NCTC9002 则可作为分散剂使用。

氧化亚铁硫杆菌等菌与硫化矿物短暂接触（2~10min）后即引起矿物表面性质（润湿性、电性）改变，通常使其失去疏水性。王军等系统研究了硫化矿物-*T f* 菌-黄药三者间的相互关系，主要是不同活性、不同培养条件下的 *T f* 菌对黄铁矿可浮性的影响。测定了菌体带电性以及矿物吸附 *T f* 菌后 ζ-电位的变化情况，还测定了黄药和 *T f* 菌在矿物表面上和黄药在 *T f* 菌表面上的吸附状况。

国内外不少研究者对微生物与矿物表面性质的关系以及在选矿中的作用，如上述的电负性、ζ-电位、表面吸附状况以及 pH 值等各种因素的影响，理论和实际应用相结合，在细菌活性测定等方面进行研究，并有不少资料报道。认为生物浮选已经取得了许多令人鼓舞的研究成果，为微生物在矿物工程中的应用展示了美好的前景。但是仍处于初始阶段，许多研究有待深入，特别是在工业应用方面仅仅处于起步阶段，离广泛应用尚需时间。今后应从微生物和微生物与矿物的相互作用方面入手，做如下几项工作：

（1）寻找高效低耗细菌。目前已作过研究的细菌种类只是极少数，即使已研究过的细菌，也还存在着效率不高，用菌量大或者需要大量价昂的培养基、导致生产成本高等技术或经济问题，妨碍在工业上的推广应用。但是，微生物种类繁多，可能还有许多高效低耗细菌还没有被人们发现与认识，需要矿物工程与微生物等相关方面专家共同努力发现、发掘。

（2）利用遗传工程使现有菌变异。为了增强现有菌的浮选性能，可以利用基因重组、原生质融合、DNA 重组等高科技手段，将现有菌转变为高活性、高效低耗工程菌。

（3）改进细菌培养方法，利用驯化诱导技术培育出高选择性细菌。细菌经驯化诱导后，不仅作用能力增强，作用时间短，而且选择性可大大提高，工业浮选的适应性也提高，培养出适合多金属复合矿石分离的优良菌种。

（4）开发利用制药、食品等工业的废微生物体作选矿药剂或者以它们的废料、废水作培养基，为细菌提供碳源和氮源，是降低生物浮选药剂成本的切实可行途径。

(5) 加强现有工业浮选条件下的生物浮选研究。要特别注意矿浆酸碱度和矿浆浓度的研究，还要解决大规模培养、回收、循环利用细菌等问题。这是一种投产速度快、投资省的捷径，可以达到立竿见影的效果。

14.4.2 生物浮选药剂

14.4.2.1 生物捕收剂

微生物作为捕收剂的研究相对于生物浸出的报道要少，国外在近10年来才有较为广泛和创造性的研究，这些研究也包括调整剂和絮凝剂等生物药剂，并且已取得了较好的试验成果，并开始或正在进行应用研究与生产实践。

草分支杆菌广泛存在于土壤和植物叶子中，无毒、具较高的负电性和疏水性。它的细胞壁的组成和性质类似于常规赤铁矿捕收剂，可作为赤铁矿捕收剂使用。德国Dubel和美国Smith等人报道了草分支杆菌作为赤铁矿捕收剂的研究情况。电动电位测量结果表明，草分支杆菌的等电点是pH=2，赤铁矿的等电点是pH=5.5，且草分支杆菌具有疏水性，因此认为草分支杆菌可作为赤铁矿捕收剂。他们分别研究了草分支杆菌对-52+20μm和-20μm这两种粒级的赤铁矿的吸附浮选。研究表明，-52+20μm粒级赤铁矿，在pH=7±0.5时，其浮选回收率随着草分支杆菌浓度的增大而增大，但增大幅度很缓。小于20μm粒级赤铁矿，其浮选回收率随着草分支杆菌浓度的增大而不同，当草分支杆菌浓度小于7.5mg/L时，赤铁矿回收率随着草分支杆菌浓度的增大而增大，当草分支杆菌浓度大于20mg/L时，赤铁矿回收率随着草分支杆菌细菌的增大而减小，赤铁矿回收率最大时的草分支杆菌浓度为10~20mg/L，其回收率达到80%左右。草分支杆菌浓度过大会导致形成过大的赤铁矿疏水聚团而降低浮选回收率。研究还发现，经草分支杆菌浮选得到的赤铁矿精矿，沉降速度和过滤速度都得到了极大的提高。

草分支杆菌与常规赤铁矿捕收剂（石油磺酸钠和油酸钠）的对比试验表明，草分支杆菌对微细粒赤铁矿的捕收能力明显比常规赤铁矿捕收剂强，在中性偏酸性环境中较好，它主要是通过“架桥”作用实现赤铁矿絮凝再浮选的。草分支杆菌对煤的作用主要是絮凝疏水捕收作用，用草分支杆菌浮选煤时，在最佳试验条件下，煤的全硫脱除率和灰分脱除率可分别达到70%和75%。非病源性疏水暗红球细菌（*R Opacus*）是一种化学能有机营养菌，具有高疏水性。作为赤铁矿-石英体系中的浮选捕收剂，虽然随细菌用量的增加，这两种矿物回收率均增加，但对赤铁矿的回收率要大得多，在一定pH值范围，可选择性浮选赤铁矿颗粒。

国外资料报道，一些学者进行了用活性异养植物细胞从方解石、重晶石中浮选分离重晶石的研究，在 $CaCO_3$ 含量为 50% 的条件下，可得到含量为 87.4%，回收率为 96.75% 的重晶石精矿，精矿中方解石含量为 2.1%，回收率为 18.6%，取得非常好的分选效果。

拉塔拉扬研究了嗜酸的矿物质化学营养细菌（铁氧化硫杆菌）和嗜中性的异养细菌（多黏芽孢杆菌）在氧化矿物和硫化矿物中的作用。从细菌作用对矿物表面疏水性和亲水性影响出发，概述了细菌在氧化矿物和硫化矿物上的附着机理。讨论了细菌细胞及其代谢物（生物蛋白质和多糖）对硫化矿物（闪锌矿和方铅矿）及氧化矿物（赤铁矿、氧化铝和方解石）表面性质改变中的作用。在细菌经矿物基质驯化以后，可以得到对矿物具有特效性的生物药剂。

14.4.2.2 微生物及其代谢产物在传统药剂中的作用

除了微生物（如草分支杆菌、暗红球细菌等）本身可用作为浮选捕收剂外，微生物产生的代谢产物表面活性剂等，在适当条件下也可用作为浮选捕收剂和起泡剂。微生物产生的这些表面活性剂有许多不同的种类，如糖酯、酯肽、多糖－酯类复合物、磷脂、脂肪酸和中性脂等。使用时间比较早的就是利用石油发酵制得的脂肪酸做捕收剂。美国（专利 5122290）用微生物发酵产品 mycobacteirum phlei 作为捕收剂浮选赤铁矿。用假单细胞菌属和碱性基质对石油烃产生的发酵产物是白钨矿的有效捕收剂。我国中国科学院微生物研究所等单位也曾用石油发酵脂肪酸浮选铁矿和萤石等矿物，效果良好。Bala 等人报道了地衣芽孢杆菌产生的代谢产物浮选原油的研究工作。地衣芽孢杆菌在适当培养液中会产生石油磺酸钠类型的表面活性剂。通过表面活性剂降低油和盐类物质之间的界面张力，使油充分分散和溶解在水相中，借此提高原油的回收率。Solozhenkin 等人报道了利用酵母菌产生的表面活性剂浮选磷灰石、白钨矿及方解石，利用显微菌产生的类脂化合物浮选萤石、天青石、铬铁矿及铁钨锰矿的研究。结果表明，这类微生物代谢产物的浮选效果都较常规药剂好，如用显微菌代谢产物捕收磷灰石－辉石体系的磷灰石，不仅选择性好，还可使磷灰石回收率较常规捕收剂高 12 个百分点。

Lyalikova 等人研究用青霉菌 *Expansum* 698 预处理生物源（即由微生物脂肪和类脂得到）的脂肪酸类捕收剂，将饱和脂肪酸变为不饱和脂肪酸，从而提高了捕集能力。使用这种经预处理后的脂肪酸浮选萤石，可降低药耗2/3，增加回收率 2.6% ~4.2%，还可提高精矿品位。

利用微生物产生的化学物质，如氨基酸、柠檬酸、腐殖酸，浸出有价金属矿物，是国外研究活跃的领域之一，在金矿及低品位复杂矿的浸取研究方面取得了进展。

前苏联曾研究过利用代谢产出各类氨基酸的微生物浸金，并发现添加氧化剂（如 H_2O_2，$KMnO_4$）或用紫外诱变处理可增加浸金能力。蛋白质的微生物水解产物（主要有效成分为氨基酸）也可从矿石中浸取金，并进行了广泛试验，金的回收率达58%～73%。

废糖浆的生物代谢产物用于软锰矿的浸出也已获得成功。

微生物解吸矿物表面捕收剂的研究工作国外也有报道。Sadowski 等人报道了利用黑曲霉代谢产物解吸重晶石、方解石和菱镁矿矿物表面油酸钠的研究，研究表明，黑曲霉代谢产物对这三种矿物表面油酸钠有选择性的解吸作用，它能引起重晶石和方解石表面油酸钠的解吸，对菱镁矿表面油酸钠则几乎无解吸作用。

无机药剂也可用微生物预处理来改善浮选分离效果。例如，用胶质芽孢杆菌代替高价金属离子处理水玻璃溶液后，用于某萤石－重晶石型矿石浮选。当加入适量 Al^{3+} 和水玻璃 10mg/L 做抑制剂时，在矿浆浓度为5%，捕收剂油酸用量为20mg/L 的条件下浮选，萤石精矿中萤石的回收率为90.4%，重晶石、方解石和石英的分布率分别达到11.4%，13.4%和4.6%。改用芽孢菌（10^6 个/mL）处理水玻璃后，仍加同量的水玻璃和油酸浮选，萤石精矿的萤石回收率仍达到89%，而以上三种杂质的分布率分别下降到4.4%，5.1%和0.6%。由此可见，经杆菌改性后的水玻璃的选择性抑制效果明显增强。详见表14－10所列。

表14－10 两种方法处理水玻璃的浮选结果对比

方法	抑制剂耗量 /mg·L^{-1}	菌浓度 /个·mL^{-1}	回收率				条件
			萤石	重晶石	方解石	石英	
硫酸铝处理	0	—	90.5	30.1	34.4	21.1	捕收剂：油酸20mg/L 液固比20：1（质量比）
	5		91.7	15.7	27.7	9.8	
	10		90.4	11.4	13.4	4.6	
	20		78.7	8.1	11.5	1.1	
细菌处理	0	0	91.7	31.1	29.8	20.9	
	2.5	10^4	90.8	14.4	21.1	8.7	
	5.0	10^4	89.2	7.9	12.9	3.8	
	10.0	10^6	89.0	4.4	5.1	0.6	
	25.0	10^6	88.9	2.1	1.9	0	

14.4.2.3 生物调整剂

微生物调整剂最先起源于煤的浮选。煤资源既重要又普遍。煤炭是我国能源的主要来源，目前每年煤产量达10多亿吨。但是煤炭中普遍含硫1%～

9%，燃烧释放出的SO_2严重污染环境。煤中的硫约60%～70%是以粗细不均的黄铁矿形态存在。如果黄铁矿以团矿状、结核状、脉状等出现，用重选或浮选法易于脱除。但是，大多数煤中的黄铁矿是以微细浸染状、星散状出现，粒度细到微米级或亚微米级，这就给常规浮选带来很大困难。因此，浮选脱硫目前在工业上应用不多。现采取的强化措施之一是添加浮选调整剂，增加煤和黄铁矿可浮性的差别，但是很难找到选择性好的药剂。国内外均注重并寄望于通过细菌改变矿物表面性质的方法脱除煤中的黄铁矿，现已取得了可喜的研究成果。

氧化硫杆菌、球形红假单孢菌和在煤的浮选中常用的氧化亚铁硫杆菌、氧化铁硫杆菌等亲酸细菌可以氧化抑制黄铁矿。砷、铋矿浮选时也常用这些细菌氧化抑制其中的硫化矿。传统的生物浸出使用氧化亚铁硫杆菌、氧化铁硫杆菌等细菌氧化其中的硫化矿，而使其中的金属得以分离提取。

A. S. Atkin 等人采用黄铁矿驯化 21d 的 *T f* 菌在给矿粒度 -0.15 +0.075mm，矿浆浓度2%，细菌浓度3.26×10^{10}个/g，pH =2 的条件下对美国高硫煤（全硫≥10.4%，黄铁矿硫≥5.9%）进行 2min 细菌改性后常规浮选分离，结果精煤的全硫降至6%～6.45%，黄铁矿硫脱除率达到75%以上。而在无菌浮选时，精煤含全硫仍高达 10.2% 以上，基本上没有脱除。为了了解 *T f*菌对不同粒度黄铁矿的抑制效果，他们用不同粒度的纯黄铁矿和低硫煤配成的人工煤样进行研究，从结果可以看出，*T f* 菌对各粒级黄铁矿的抑制作用均非常显著。例如 -212 +106μm 级别，黄铁矿由无菌上浮率 84% 降到有菌的2%。

为考察细菌驯化时间及预处理时间对浮选脱硫的影响，Attia 等人对匹兹堡两种含硫分别为3.8%（黄铁矿硫 1.9% 左右）和 1.59% 的煤进行了研究，含硫 3.8% 煤样的试验磨矿细度为小于 0.074mm，*T f* 菌预处理，pH =2.0，改性后经固液分离，再加水配成浓度为5%的矿浆，在接近中性的浮选条件下进行。从试验可知，随着黄铁矿对 *T f* 菌驯化时间和 *T f* 菌对煤预处理时间的增加，黄铁矿硫和灰分的脱除率均提高。用驯化 28d 后的活性菌处理黄铁矿10min，黄铁矿硫和灰分的脱除率分别为80%～90%和60%以上。他们还对驯化时间不同的 *T f* 菌进行了新采煤和氧化煤的对比试验。结果表明，驯化菌可增强对黄铁矿的抑制作用，抑制作用不受黄铁矿氧化程度的影响。

为了解现行浮选工业条件下 *T f* 菌对煤中黄铁矿的抑制效果，Kawatra 等人对含硫 4.8%（黄铁矿含硫 2%）、灰分 18% 的煤进行浮选研究。煤的给矿粒度为 -0.15mm，在矿浆浓度为 26%，菌浓度为7.1×10^{10}个/g 煤的矿浆中预处理 2h 或 23h，然后固液分离，再配成浓度为 5%，pH =6.0 的矿浆浮选，结果黄铁矿硫和灰分的脱除率分别为55%和71%，这与稀矿浆浓度下改性的抑制效果还有较大差距。在对黄铁矿的抑制作用研究中，他们还发现酵母菌在酸性条件下可抑制黄铁矿的可浮性，但在中性条件下对煤和黄铁矿的抑制无选择性。

Ohmura 等人报道了用氧化亚铁硫杆菌抑制人工配制的煤样中黄铁矿的研究。结果表明细菌作用几分钟，煤中黄铁矿的可浮性便已失去，并使其中硫含量从11%降低至1.8%。Capes 等人在 pH >5 时，用氧化亚铁硫杆菌抑制黄铁矿，可脱除90%以上的黄铁矿。

周桂英等人将草分支杆菌作为煤浮选药剂，对矿浆进行预处理，研究不同的粉煤粒度、矿浆浓度、菌液浓度等因素对浮选脱硫及降灰效果的影响，试验研究认为，微生物预处理浮选脱硫是一种有效的洁净煤技术，硫和灰分的脱除率可分别达到70%和75%。

在其他硫化矿研究中，有人研究了在氧化铁硫杆菌和经黄铜矿驯化后的异养性细菌 P. 多黏芽孢杆菌细胞存在时，黄药浮选黄铁矿的反应被抑制，而黄铜矿的浮选却不受影响。对伊朗 Sarcheshmeh 铜矿用氧化铁硫杆菌可选择性抑制黄铁矿，可使黄铁矿上浮，脱除率降低50%以上，而对黄铜矿等其他硫化矿没什么影响。另一种常用生物浸出菌氧化硫杆菌（*T t* 菌）可选择性的吸附在方铅矿上。在方铅矿和闪锌矿表面上的吸附数量与 pH 值无关，但是，细菌细胞在方铅矿上的吸附量比在闪锌矿上的吸附量高1个数量级，*T t* 菌在方铅矿和闪锌矿上的吸附等温线表现为兰格缪尔特性。方铅矿和闪锌矿的等电点位于 pH =2 附近，*T t* 菌的等电点位于 pH =3 附近。与 *T t* 菌作用后，矿物的等电点向高 pH 值偏移，这表明细菌在矿物表面上是特性吸附。闪锌矿与 *T t* 菌作用后不影响浮选回收率。而方铅矿的浮选几乎完全被抑制。它们的人工混合样分离表明，*T t* 菌存在时，可以优先浮选闪锌矿。

在细菌对硫化矿的抑制作用机理研究中，有人认为微生物与矿物作用数分钟之内，就对黄铁矿，黄铜矿的可浮性产生很大的抑制作用，这只能是细菌吸附到矿物表面引起的，而非生物氧化引起。黄铁矿、黄铜矿的静电位在任何 pH 条件下，均不随细菌浓度变化，并且与菌液作用达30min 数值仍稳定，表明生物的氧化作用未发生，矿物未被氧化。而是细菌表面极其亲水，吸附到矿物表面后，使矿物表面也变得亲水。

细菌对黄铜矿的抑制作用更强，当细菌浓度达到 1.0×10^{9} 个/mL 时就对黄铜矿有强烈的抑制作用。而只有细菌浓度达到 1.0×10^{10} 个/mL 时，才对黄铁矿有较强的抑制作用。说明细菌在黄铜矿表面的吸附作用更强。黄铜矿比黄铁矿表面电性更负，则与带正电的细菌吸附作用更强，这是原因之一。

细菌氧化铁离子的活性对黄铁矿的抑制作用基本没有影响，进一步证明细菌对矿物的抑制作用是生物吸附而非生物氧化所致。活性细菌对黄铁矿、黄铜矿的抑制效果不同，而加热处死的细菌对两者都具有几乎同等程度的强烈的抑制作用。

14.5 生物絮凝剂

微生物絮凝剂是一类对矿物等微粒具有絮凝作用特性的微生物或由其产生的有絮凝活性的代谢产物，例如糖蛋白、多糖、蛋白质、脂肪酸、氨基酸、纤维素和 DNA 等。生物絮凝技术，就是利用和通过细菌、真菌等微生物或其发酵、抽提、精炼而得到的物质。虽然它们性质各异，但均能快速絮凝各种颗粒物质，在絮凝及选择性絮凝浮选，特别是贫矿选矿及稀贵金属絮凝（富集）浮选，矿山含有价金属废水的絮凝沉降，废水脱色澄清和食品及其他工业废水处理等方面，均有独特的作用与效果。尤其是其具有可生物降解性，克服了以往使用的絮凝剂铝盐、聚合铝、聚丙烯酰胺等存在的不足和毒性问题，安全可靠，对环境无二次污染，故受到国内外研究者的广泛注意，成为絮凝剂研究的重要方向之一。目前已有的理论研究主要集中在鉴别絮凝物质，测定絮凝物质的性质，观测絮凝效果，以及通过遗传基因工程寻找具有絮凝功能的遗传因子以用于组建工程菌等。

微生物的絮凝现象最早发现于酿造工业，早在 100 多年前，人们就注意到发酵后期的酵母菌具有絮凝能力，能使细胞体从发酵液中分离出来。在活性污泥处理废水时，发现由多种微生物组成的菌胶团可分泌絮凝性聚合物，有利于污泥沉降。20 世纪 70 年代，美国人对活性污泥中的絮凝微生物进行了详细的研究，发现活性污泥中含有多种絮凝性微生物。占污泥 2% 微生物相的生枝动胶菌（*Zoogloearamigera 115*）在生长过程中能产生聚合纤维素纤丝，并有荚膜存在，该菌株具有很好的絮凝活性。在研究酞酸酯生物降解的过程中，80 年代日本学者也发现了具有絮凝作用的微生物活性菌。从此人们开始关注对微生物絮凝剂的研究。迄今研究人员已发现 17 种以上的微生物具有絮凝性，有霉菌、细菌、放线菌和酵母等。由这些微生物生产的絮凝剂有许多，其中较为典型的是，Nakamura J，用酱油曲霉（*Aspergillus sojae*）生产的絮凝剂 AJ7002；Takagi H 用拟青霉素（*Paecilomyces sp* Ⅰ-1）微生物生产的 PF101 絮凝剂；仓根隆一郎等人利用红平红球菌（Rhodococcus erythropolis）的 S-1 菌株，研制成功了 NOC-1 微生物絮凝剂处理各种废水效果显著。在 20 世纪 90 年代后期，我国对微生物絮凝剂的研究报道也不断增加，引人注目。

14.5.1 微生物絮凝剂的种类

微生物絮凝剂主要包括如下几类:

(1) 直接利用微生物细胞的絮凝剂。如某些细菌、霉菌、放线菌和酵母菌，它们大量存在于土壤、活性污泥和沉积物中。

(2) 利用微生物细胞壁提取物的絮凝剂。如酵母菌细胞壁的葡聚糖、甘露聚糖、蛋白质和N-乙酰葡萄糖胺等成分均可用作絮凝剂。

(3) 利用微生物细胞代谢产物的絮凝剂。微生物细胞分泌到细胞外的代谢产物主要是细胞的荚膜和黏液质，除水分外，其主要成分为多糖及少量多肽、蛋白质、脂类及其复合物。其中多糖在某种程度上可用作絮凝剂。

具有絮凝作用的微生物种类如表14-11所列。

表14-11 具有絮凝作用的微生物种类

Alcaligenes cupiclus	协腹产碱杆菌	*Nocardin rhodnii*	红色诺卡氏菌
Aspergillus sojae	酱油曲霉	*Paecilomyces* sp	拟青霉素菌
Aspergillus ochraceus	棕曲霉	*Paecilomonad aeruginosa*	铜绿假单孢菌
Aspergillus parasiticus	寄生曲霉	*Paecilomonad fluorescene*	荧光假单孢菌
Brevibacterium insectiohilum	嗜虫短杆菌	*Paecilomonad faecalic*	粪便假单孢菌
Brown rot fungi	棕腐真菌	*Rhodococcus erythropolis*	红平红球菌
Corynebacterium brevicale	棒状杆菌	*Schizosaccharomyces pombe*	粟酒裂殖酵母
Geotrichum candidum	白地霉	*Slaphytococcus aureus*	金黄色葡萄球菌
Monacus anka	赤红曲霉	*Strptomyces grisens*	灰色链霉菌
Nocardin restricta	椿象虫诺卡氏菌	*Streptomyces vinacens*	酒红色链霉菌
Nocardin calcarea	石灰壤诺卡氏菌	*White rot fungi*	白腐真菌

14.5.2 微生物絮凝剂的组成和结构

微生物产生的絮凝剂种类繁多，结构、性能各异，目前已报道的有多糖、糖蛋白、纤维素等。研究者借助各种测试手段和技术，对多种微生物（代谢）絮凝剂的组成和结构进行了分析，如表14-12所示。

表14-12 微生物（代谢）絮凝剂的组成

絮凝剂产生菌	名 称	结构与组成
Aspergillus parasiticus AHU 7165 寄生曲霉		相对分子质量在30万~100万之间，由半乳糖胺残基以α-1，4糖苷键相连的直链大分子。含量为55%~65%，氮未取代的半乳糖胺残基随机分布在多糖链上

续表 14-12

絮凝剂产生菌	名 称	结构与组成
Paecilomyces sp 拟青霉素菌	PF-101	相对分子质量为30万。由半乳糖胺形成的多糖。含85%半乳糖胺，2.3%乙酰基和5.7%甲酰基。还含有氮未取代的半乳糖胺，大部分以α-1，4键相连
Aspergillus sojae AJ7002 酱油曲霉		相对分子质量大于29万。含20.9%的半乳糖胺，0.3%的葡萄糖胺和35.3%的2-酮葡萄糖酸，27.5%的蛋白质。其中，半乳糖胺和葡萄糖胺均非乙酰化
Alcaligenes cupiclus KJ201 协腹产碱杆菌	Al-201	相对分子质量超过200万。是一种多聚糖絮凝剂。含42.5%的葡萄糖，36.38%的半乳糖，8.52%的葡萄糖醛酸和10.3%的乙酸
R-3 mixed microbes	APR-3	相对分子质量超过200万。是由葡萄糖、半乳糖、琥珀酸和丙酮酸（摩尔比为5.6：1：0.6：2.5）组成的酸性多糖
Rhodococcus erythropolis S-1 红平红球菌		由多肽和脂质组成
Nocardin amarue UKL	FIX	由三种以上物质组成的混合物。其中主要组成可能是多肽。其组分之一含有25.6%的甘氨酸，13.8%的丙胺酸和12.3%的丝氨酸
Arcuadendron sp TS-49		定性分析表明其中可能含有氨基己糖、糖醛酸、中性糖和蛋白质

14.5.3 微生物絮凝剂的制备

14.5.3.1 微生物絮凝剂的产生和絮凝条件

外界条件直接影响微生物絮凝剂的产生和积累，不同的絮凝剂产生菌产生絮凝剂的条件也不同。研究表明，培养基的成分直接影响絮凝剂的产生，如：红平红球菌的最适合碳源为葡萄糖、果糖等水溶性糖类，最适合的氮源为尿素和硫酸铵；而拟青霉素（Paeci lomyces）Ⅰ-1最适合的碳源为淀粉，最适合的氮源为多肽或酪氨酸。另外，培养基的碳氮比、pH值、温度、充气量对絮凝剂的产生和积累也有影响。每一种细菌，只有在适宜生长条件达到最佳时，才能产生大量的絮凝剂，多数细菌在其生长期后期或稳定期絮凝性最强，而后减弱。

微生物絮凝剂的絮凝条件也因其自身的成分和处理对象的不同而变化。外界环境因素如pH值、温度、离子种类、离子强度对絮凝剂的活性有直接影响。当絮凝剂是蛋白质时，温度对絮凝活性影响很大。高温使蛋白质分子变形，从而使某些基团失去活性不能与悬浮颗粒结合，因而导致絮凝剂活性下降。当胞外聚合物带有较多电荷时，处理或作用对象的电荷性质、数量直接影响絮凝效果。当电荷相反时，可以对聚合物表面电荷起中和作用，并可能以离子键的形式键合而促使絮凝的发生，而离子强度过高，尤其是电荷性质相同时，会因离子间的静电斥力增大，不利于离子相互靠近，从而对絮凝过程产生不利的影响。

14.5.3.2 微生物絮凝剂的提取和纯化

从发酵液中提取纯化絮凝剂是一个复杂的过程。因为在发酵液中混有包括剩余的营养物质、细胞体和各种分泌产物等多种杂质。对于矿业加工应用的絮凝剂，一般无需分离提纯，只有对处理物有特殊要求的，才需纯化处理。在纯化分离过程中不但要使产品从发酵液中分离出来，而且还要保证产品的稳定性，目前絮凝剂提取和纯化的常用方法是首先去除菌体（对于霉菌通常采用过滤法，而细菌和酵母菌则更多的是采用离心法），然后根据絮凝产品成分的不同，采用乙醇、硫酸铵盐析或丙酮等有机试剂进行沉淀，再用乙醇洗涤后真空干燥，获得絮凝剂粗品。对于含多种成分的絮凝剂，则还需用酸、碱、有机溶剂反复溶解，经多次沉淀才能得到粗品。粗品还应溶解到水或缓冲溶液中，通过离子交换、凝胶色谱纯化，真空或冷冻干燥后才得到絮凝剂精制品。

14.5.3.3 基因控制

微生物絮凝性主要由遗传因素决定。这些遗传因素来自于染色体内和染色体外的基因。有关絮凝剂产生菌产生絮凝剂的基因控制及絮凝剂在菌体内形成，分泌机理等尚不很清楚。目前的研究表明，在酵母菌中与絮凝剂有关的基因是在染色体上，也就是说酵母染色体参与酵母絮凝的基因控制。此外，人们已从酿酒酵母中发现了 FL01 ~ FL08 等絮凝基因，其中已确定 FL01 和 FL05 是在 1 号染色体上，而 FL08 在 8 号染色体上。酵母菌的絮凝性能的基因控制十分复杂，不仅受染色体上的基因控制，而且受线粒体上的 DNA 影响，这些遗传基因的发现，对于组建高效工程菌具有指导意义。基因控制的目标是把高效絮凝基因片断从某一细菌的染色体上转移到另一工程菌上，使得到的菌株既具有絮凝性又兼有工程菌的特性，从而满足生产需要。通过基因重组，可把细菌的特长控制基因组合到一起，以获得高效絮凝工程菌。控制了基因，也就控制了酶的产生，从而使絮凝聚合物的产生得以控制，最终达到控制絮凝过程的目的。目前，原生质融合技术被认为是工业育种最有效的手段。

14.5.4 微生物絮凝剂的性能及其应用

最早用微生物絮凝矿物的是 Gary 等人。他们于 1963 年报道了用细菌和菌纲絮凝佛罗里达磷灰石黏土矿的研究工作。随后 Bernstein 在 1972 年报道了用赖氨酸细胞絮凝有机和无机废料的研究工作。在 20 世纪 80 年代中期又有许多研究者报道了用细菌、菌纲、蓝藻等微生物从悬浮液中絮凝矿物的研究工作。

Schneider 等人用酵母菌及其衍生物对不同矿物进行了絮凝研究，发现许多细菌对它们都具有一定的絮凝能力。

目前，微生物絮凝剂已用来处理高岭土、赤铁矿、膨润土等多种矿物。1991 年美国雷诺大学的 Misra 等人研究表明，草分支杆菌（phlei）是一种表面高度荷负电而又高度疏水的微生物，其表面有多种基团，可作为磷矿、赤铁矿、煤、方解石、高岭石等矿物的絮凝剂，对所试验的多种矿物都具有良好的絮凝作用。在絮凝佛罗里达州磷灰石细泥时，效果明显。当悬浮液中加入草分支杆菌 10.2mg/kg 固体后 4min，其中的磷灰石细泥就可发生大量沉降，而不加草分支杆菌时，46min 磷灰石细泥仍未获得同样沉降量，悬浮液的固体含量沉降前为 3% ~5%，沉降后上升到 24% ~25%。草分支杆菌加入量越多，磷灰石细泥的絮凝沉降速度越快。草分支杆菌还表现出很好的选择性絮凝特性。

用草分枝杆菌絮凝煤泥水时，发现在较宽 pH 值范围内，草分支杆菌对煤中黄铁矿无絮凝作用，对其中的煤则有较强的絮凝作用，即煤絮凝而灰分和黄铁矿保持分散，因为煤和草分支杆菌都具有较强的疏水性，它们会形成疏水絮团，从而达到分选的目的。在 pH =4.5，菌的质量浓度为 0.1g/L 的条件下，处理含全硫 2.5%（黄铁矿硫 1.5%），灰分 12.1% 的粉煤，结果煤形成絮团，而黄铁矿和灰分仍分散在矿浆中，从而分选得到精煤。精煤全硫降至 1.2%（黄铁矿硫 0.2%），灰分 5.8%。煤回收率 86%，全硫、黄铁矿硫和灰分的脱除率分别为 60%，88% 和 60% 以上。

用草分支杆菌絮凝赤铁矿时，向悬浮液中加入草分支杆菌与赤铁矿质量比为 5.85mg/kg 固体 4min 后，其中的赤铁矿发生大量沉降，未加时，沉降 30min 仍未获得同样效果。同时还发现，当悬浮液 pH =3 左右时，获得的赤铁矿絮团含水最少，絮凝效果最好。在 pH 值在中性左右，草分支杆菌对赤铁矿悬浮液中的赤铁矿有选择性絮凝作用，而对其中的石英却没有絮凝作用。可见，这种生物体可作为良好的选择性絮凝剂，同时絮凝后的沉淀物过滤性能明显提高。而采用聚丙烯酰胺絮凝物料，当质量浓度达到 400mg/L 时，沉降后的物料黏度很大，难以进一步脱水，而草分支杆菌由于具有疏水性，絮凝后的物料脱水较容易。Misra 等人认为，草分支杆菌的絮凝作用与高分子絮凝剂的絮凝作用是不同的。高分子絮凝剂主要是通过桥键作用将微粒连接成一种松散的、网络状的聚集状态。而草分支杆菌虽然也具有桥键作用，但吸附于矿物表面的草分支杆菌之间的疏水作用力是矿物絮团的主要原因。

图 14 -3 所示为史密斯等人在赤铁矿中不加或加入 10.2mg/kg 草分支杆菌，含 2% 赤铁矿悬浮液的沉降量与时间的关系。从图中可以看出，在加入有机体时，在 4min 内赤铁矿可明显的沉降，而不加有机体时，在 30min 之后还达不到相同的沉降量。图 14 -4 所示是草分支杆菌、赤铁矿和石英的 ζ-电位

和 pH 值的关系，说明了不加草分支杆菌时赤铁矿的分散以及有细菌存在下的絮凝情况。研究结果表明，有机体确实易附着于赤铁矿，而较难附着于石英，至少在不存在使石英电荷符号改变的阳离子的情况下是如此。研究还表明：在 pH 值为中性左右时，草分枝杆菌只对体系中的赤铁矿有絮凝作用，而对石英却无絮凝作用。

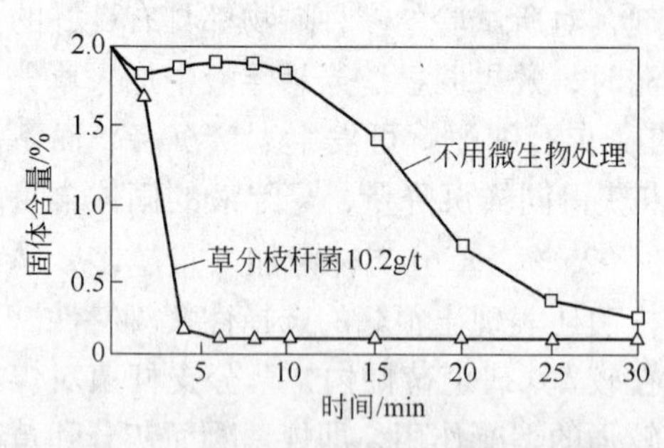

图 14－3 草分支杆菌的存在对浓度为 20g/L 的赤铁矿悬浮液沉降的影响

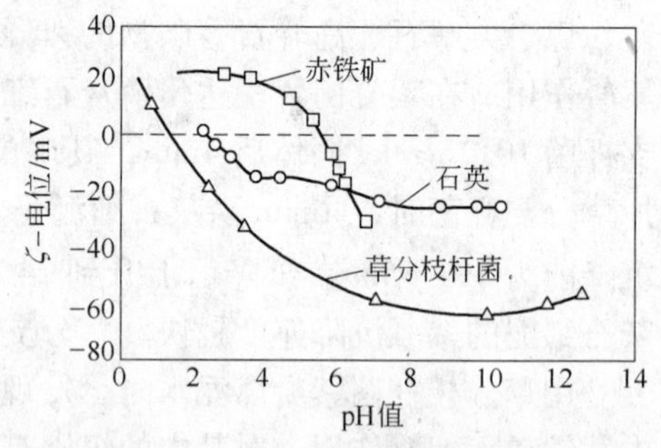

图 14－4 草分支杆菌、赤铁矿和石英的 ζ－电位与 pH 值的关系

Misra 等人 1991 年报道了草分支杆菌絮凝油母岩的研究。油母岩是一种含油的细粒岩石，其中的有用成分有机碳嵌布粒度很细，必须细磨至小于 10μm 才能用浮选柱有效分离。柱浮选得到的精矿，浓度很低，粒度很细，难以过滤。加入草分支杆菌后，能使柱浮选精矿在 pH = 3 ~ 4 范围迅速絮凝和沉降，87% 的精矿 5min 内得到沉降，不加草分支杆菌时，5min 只能使 40% 的精矿得到沉降。经草分支杆菌絮凝的精矿，过滤脱水效果明显改善，10min 可脱水 77%，而未经草分支杆菌絮凝的精矿，10min 只能脱除 60% 的水分。同年，Misra 等人还报道了草分支杆菌絮凝赤铁矿、煤、磷灰石细泥的情况。研究表明，草分支杆菌对所试验的三种矿物都具有良好的絮凝作用。在絮凝磷灰石细泥时，加入草分支杆菌后 4min，其中的磷灰石细泥就得到大量沉降，而不加时，磷灰石细泥沉降 46min 仍未获得同样的沉降量。草分支杆菌加入量越多，磷灰石细泥的絮凝沉降速度越快。在絮凝煤时，发现草分支杆菌能选择性的从灰分和黄铁矿中絮凝煤，85% 以上的黄铁矿型硫可通过草分支杆菌的选择性絮凝去除。

还要指出的是，经草分支杆菌等絮凝后的物料，由于具有疏水性，沉淀和过滤效率大大提高，有利于选矿产品的脱水。

最近，Schneider 等人使用从加拿大锰矿中分离出来的酵母菌及其衍生物作为絮凝剂，处理细粒赤铁矿、方解石和高岭土，也取得了很好的效果。在 pH = 3 ~ 11 范围内，赤铁矿的絮凝效率均在 90% 以上。在 pH = 6 ~ 8 时，高岭土的絮凝效率也达到 80% ~90%。

有人研究了多黏芽孢假单孢菌（*PP* 菌，*Paenibacillus polymyxa*）与铁矿石作用使石英和高岭石具有更高的疏水性，而使其他矿物变得更亲水，可通过浮选或选择性絮凝从铁矿石中分出二氧化硅和铝硅酸盐。*PP* 菌作用后的赤铁矿、刚玉和方解石表面细菌多糖占主导地位，而在石英和高岭石表面上蛋白质占主导地位，因而使矿物表面性质发生不同变化，例如，在 pH = 4 ~ 7，细菌个数为 1×10^9 个/mL 时，在 2min 内，99% 的赤铁矿、刚玉和方解石絮凝沉降，石英只有 10% 下沉。研究方铅矿和闪锌矿与多黏芽孢杆菌代谢物之间的相互作用表明，在 pH = 6 ~ 7 范围内，代谢物的碳水化合物在闪锌矿上的吸附密度最大，而在方铅矿上的吸附密度随 pH 值升高而一直增大。相反的，细菌蛋白质在两种矿物上的吸附密度随 pH 值升高而连续降低。代谢物的两种组分对方铅矿的吸附亲和力比对闪锌矿要高。矿物经代谢物处理后，其电泳迁移率向负值小的方向变化，并且其值与作用时间长短有关。有趣的是，在生物处理后，闪锌矿等电点向 pH 值高的方向偏移，但是方铅矿的等电点不变化。方铅矿与闪锌矿人工混合物的生物浮选和絮凝表明，在适当条件下，代谢物使方铅矿选择性抑制和选择性絮凝。

生物絮凝剂的絮凝应用，除矿物工程外，在工业与生活废水的治理、净化，矿山废水（尾矿水）以及发酵工业中均有广泛的应用前景。

李志良、张本兰等用常规的细菌分离纯化方法从废水、土壤、活性污泥中得到 42 株细菌，主要是活性污泥微生物，如类产碱假单孢菌（*Pseudomonas pseudoalcaligenes*）等，将单株菌在特殊的液体培养基中培养，培养物离心分离后获得 6 株微生物絮凝剂产生菌：Ⅰ-23，Ⅰ-24，Ⅱ-4，Ⅲ-2，Ⅲ-8，Ⅲ-12，其发酵离心菌液对多种废水絮凝试验结果列入表 14-13 中。表中可知，微生物絮凝剂对废水的固液分离效果良好，COD_{Cr} 去除率 55% ~ 98%，悬浮物、色度、浊度的去除率均在 90% 以上。

仓根隆一郎等人的试验表明，由红平红球菌产生的 NOC-1 微生物絮凝剂，在 Ca^{2+} 存在的情况下，对大肠杆菌、酵母、泥浆水、河水、污泥沉淀物、粉煤水、活性炭粉水、畜产废水、膨胀污泥、瓦厂废水、纸浆废水、染料废水等有良好的絮凝和脱色效果。采用微生物絮凝剂 NOC-1 对墨水、糖蜜废水、造纸黑液、染料废水等进行试验，结果发现只要加入一定量的 NOC-1，就可见到色素絮团沉降，处理液变成无色透明，脱色率高达 90% 以上。畜产废水，特别是猪粪尿废水是 BOD 较高的难处理有机废水，采用 NOC-1 处理效果也很明显，处理 10min 后废水上层清液就可变成几乎透明的液体，浊度去除率达 94.5%。

表14-13 分离菌株培养产生菌代谢产物的废水絮凝试验结果

废水		菌株代号	ρ_B (COD_{Cr}) /mg·L^{-1}	ρ_B (SS) /mg·L^{-1}	D_{660nm}	色度/倍	pH值
彩印制版	原水	Ⅲ-8	16154	1280	→∞	96000	14.0
	出水		312	49.0	0.015	8	7.0
造币	原水	Ⅱ-4	243	326	0.230	16	6.0
	出水		15.8	13.0	0.002	0	6.5
皮革	原水	Ⅲ-2	605	1393	1.500	4000	11.0
	出水		236	40.5	0.020	2	7.5
电镀	原水	Ⅰ-24	994	132	2.000	400	5.5
	出水		146	10.0	0.005	2	7.0
石化	原水	Ⅲ-2	348	732	0.185	32	7.0
	出水		24.3	11.5	0.015	0	7.5
造纸黑液	原水	Ⅰ-24	6535	8690	→∞	30000	14
	出水		2937	100	0.041	32	7.0
硫化染料	原水	Ⅲ-12	4110	2398	3.00	3200	6.5
	出水		114	45.0	0.010	64	7.5
偶氮染料	原水	Ⅲ-12	448	658	0.340	160	6.5
	出水		113	23.5	0.038	16	7.5
生活污水	原水	Ⅲ-12	189	146	0.040	16	6.0
	出水		40.4	2.3	0	0	7.0
墨汁	原水	Ⅲ-12	468	208	1.10	1000	7.5
	出水		87.3	17.0	0.015	8	7.0
蓝墨水	原水	Ⅲ-12	389	146	0.040	160	7.5
	出水		55.6	32.0	0.014	4	7.0

邓述波、余刚等从土壤中经分离筛选得到硅酸盐芽孢杆菌，用紫外、红外光谱分析了细菌产生的絮凝剂 MBFA9 的结构，将该絮凝剂与天然多糖类絮凝剂进行性能比较，并探讨了 MBFA9 的絮凝作用机理。结果表明，MBFA9 中不含蛋白质和核酸，是一种多糖结构的阴离子絮凝剂，其絮凝过程主要是架桥作用机理。MBFA9 絮凝剂投加量小，对淀粉厂的黄浆废水、河水等有较好的絮凝效果。

通过和多种微生物多糖及天然多糖絮凝剂的比较，可知多糖的絮凝效率和多糖组成中糖醛酸的含量及相对分子质量密切相关，中性糖和氨基糖的含量多少与絮凝效率没有直接关系，这是因为中性糖不含对吸附于颗粒表面有利的亲固基团，而氨基糖的氨基虽有一定的亲固能力，但往往又容易被乙酰化。多糖中的糖醛酸含量越高，分子量越大，其絮凝效果越好。同时，也表明天然多糖类化合物如淀粉、糊精、树胶、动物胶、海藻胶、纤维素、木质素及其衍生物（烷氧基化、羟基化、磺化、羟烷氧基化）的系列产品是和生物絮凝剂相似，无毒，能被生物降解的一类重要的絮凝剂，有关的研究应用的不断深入，足以表明它的重要性。

生物絮凝剂 MBFA9 和天然多糖类絮凝剂一样，也是多糖，不同的是该多糖是微生物在生长过程中分泌的存在于培养液的聚合物，保证了多糖具有较好的水溶性。微生物利用发酵液中营养成分，在各种酶的作用下，合成大分子絮凝剂，然后排出体外。微生物的作用相当于酶促化学反应，把简单的营养物转化成化学反应难以得到的独特高分子物质。天然多糖絮凝剂的相对分子质量较低，一般不超过 100 万，而絮凝剂 MBFA9 的相对分子质量为 2.594×10^{6}，大于一般天然多糖类絮凝剂，糖醛酸含量也较高，因而其絮凝性能优异。可见利用微生物自身的反应合成具有有利于絮凝的极性基团，而且相对分子质量能高达几百万，优于天然多糖类絮凝剂。

另外，微生物絮凝具有选择性絮凝溶液中的金属离子的作用。试验表明，生枝动胶菌能吸附自身质量 34% 的铜离子，这为从矿山废水中回收贵重金属提供了一个有效途径。在乳浊液破乳过程中，微生物絮凝剂显示出很好的应用潜力。用微生物 Alcaligenes latus 产生的絮凝剂处理棕榈酸的乳浊液，很快形成小油滴并上浮，在水面上形成油层，达到油水分离的目的。

微生物絮凝剂在生物产品的分离中已得到广泛应用，尤其在发酵过程中，一般要求酵母在发酵后，能产生絮凝，使发酵后的细胞体能及时有效地分离出来。通过生物絮凝，可以改善离心分离和过滤的效果，富集除去发酵液中的细胞和细胞碎片。由此可见，微生物絮凝剂在固液分离中也具有重要作用。人们对酿酒酵母进行了大量的研究并在酵母菌基因控制方面取得了一定的进展。利用基因工程手段，对酵母品种进行改良，可以得到絮凝和沉降性能良好的酵母，目前已成功的应用到酒精的连续发酵过程中。

14.5.5 生物絮凝机理

微生物絮凝作用机理比一般絮凝剂的絮凝机理更为复杂，人们虽然已进行了大量的研究工作，对它的机理依然不十分清楚。研究工作者提出了某些特定条件下的检测分析和较有说服力的解释。

有关的絮凝理论主要有荚膜学说、菌体外纤维素纤丝学说、电性中和学说、疏水学说和胞外聚合物架桥学说等。荚膜学说认为细胞在生长的过程中形成了黏性荚膜，黏连颗粒使之形成絮体；纤维素纤丝学说认为菌体外的纤丝直接参与了絮凝，纤丝把颗粒联结到一起，形成絮团；电性中和学说认为细菌在溶液中可以看成带电胶体，在絮凝时和相反电性的颗粒发生电性中和，压缩双电层，颗粒相互靠近，发生絮凝；疏水学说认为细菌表面的疏水性与絮凝过程有关，颗粒与细胞表面的疏水作用对细菌的黏附至关重要；胞外聚合物架桥学说认为细菌体外的聚合物是絮凝产生的物质基础，这些物质与颗粒表面相互作用，从而导致絮凝的发生。

许多研究工作的结论认为，具有絮凝功能的微生物表面主要有黏多糖、蛋白质、脂类、糖蛋白、纤维素、核酸及其离子化的葡聚糖和胞核酸等物质，这些物质和絮凝有着密切的关系。细胞外的物质除了上述高分子聚合物外，还有一些低分子聚合物和金属离子。聚合物是细菌生长过程中的排泄物。细菌在对数生长期主要排泄的是低分子聚合物，这些物质由于链长不够，一般不能产生有效的絮凝，而在内源呼吸期主要排泄的是高分子聚合物，这些物质在颗粒之间可以离子结合起架桥作用。Forstet 指出，在细胞外物质为酸性时，离子键合是主要吸附形式；当胞外物质为中性时，氢键结合是主要方式。Tenney、Busch 提出了胞外高分子聚合物“架桥”的絮凝模型，根据这种理论，高分子聚合物通过桥连作用使悬浮物絮凝时，可在絮凝剂分子与颗粒之间以离子键结合而促使絮凝发生。Lyons 和 Hough 指出絮凝是由于细胞壁上的磷酸二酯的架桥作用。也有人认为起这种架桥作用的是羧基，并且絮凝的效果和细胞表面上暴露的羟基的多少有直接的关系。另外，Ca^{2+} 在絮凝中起到架桥作用，增强絮凝效果，但其用量有一临界值，超过临界值则絮凝作用减弱。

通过前述微生物絮凝剂 MBFA9 和微生物多糖及天然絮凝剂的比较研究可以发现，絮凝剂中含有较多的羧基和具有较大的分子量是絮凝剂 MBFA9 具有较强絮凝性的主要原因。

絮凝剂 MBFA9 是一种极性大分子，与水中颗粒之间存在范德华力作用：氢键是一种短程作用力，絮凝剂 MBFA9 的分子中含有 OH^-、—COOH、—COO^- 等基团，因而这些基团和颗粒表面的 H^+、OH^- 等能以形成氢键的方式发生吸附。MBFA9 中因含有—COO^- 基，很容易和颗粒表面的金属离子以化学键结合发生吸附。因此，可以认为絮凝剂 MBFA9 和颗粒间在相互靠近时，首先是范德华力克服静电斥力，随着距离的缩短，氢键为主要吸附力，促使絮凝剂分子在颗粒表面产生吸附，同时，也很有可能由于离子键的作用或通过形成表面络合物而在颗粒表面发生化学吸附。

絮凝剂 MBFA9 含有 19.1% 的糖醛酸，高于一般微生物多糖，由于—COO^- 基的静电斥力作用，分子链具有较好的伸展性。另外，糖醛酸在絮凝剂中的分布也直接影响絮凝剂分子的伸展性，絮凝剂 MBFA9 中糖醛酸的分布可能是非常均匀的，保证了絮凝剂分子由于静电斥力充分伸展，也使絮凝剂

MBFA9 具有较好的水溶性。较大分子链的有效长度，有利于吸附架桥，絮凝剂 MBFA9 分子中的糖环结构又可使分子链不易弯曲，有利于分子链上颗粒物的吸附。

关于微生物絮凝剂的作用机理，目前较普遍接受的和有机高分子絮凝剂机理相同的是“架桥作用机理”。这种学说认为絮凝剂大分子借助离子键、氢键及范德华力同时吸附多个胶体颗粒，通过在颗粒间的“架桥”形成一种网状三维结构后沉淀下来。Levy 等通过吸附等温线和 ζ-电位的测定，表明环圈项圈藻 PCC-6720 所产絮凝剂对膨润土的絮凝过程确以桥联机制为基础。电镜照片也显示聚合细菌之间存在胞外聚合物搭桥相连。

14.6 微生物溶磷和磷资源利用

将不溶性的磷矿石转化为可为植物吸收的可溶性磷酸盐（微生物磷肥）的微生物研究，已经取得重大进展，为实用奠定了基础。

磷是参与生物体新陈代谢的重要元素之一。在地球生物圈内，由于微生物的参与，磷元素发生了循环。其过程如图 14-5 所示，它能将不溶性磷源（无机或有机）转化为能被植物吸收的可溶性磷，此类微生物称为溶磷（phosphate-solubilizing）微生物。具有溶磷能力的微生物很多，包括细菌、真菌、放线菌等，菌根真菌也能促进植物吸收磷。

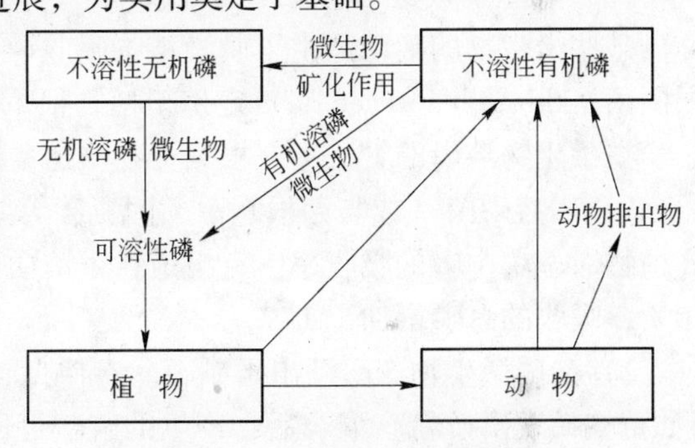

图 14-5 生物圈中的磷循环

土壤是一个巨大的微生物储库，溶磷微生物广泛的存在于土壤中。曾有人从土壤和水中分离出 373 种菌株，其中半数以上有溶磷能力。

溶磷微生物中真菌溶磷能力最强，经多次传代后性能保持不变，细菌溶磷能力较差，且经传代后逐渐失去其溶磷能力。

溶磷菌的溶磷能力是很可观的。有报道称，Idaho 磷矿经细菌和真菌作用 9d 后 80% 的 P_2O_5 被溶解出来。溶磷菌与磷矿粉共同施用效果甚至超过单独施用普钙（过磷酸钙肥料）。

一般认为微生物将不溶性磷矿石变为可溶性磷酸盐的菌种有多种多样，不溶性磷源种类也多，因此溶磷的机理比较复杂，主要的可以归纳为：

（1）通过微生物代谢产物溶磷

微生物代谢过程中产生许多非挥发性有机酸，如柠檬酸、草酸、乳酸等，降低了体系的pH值，促进磷块岩的溶解，它们还会与Ca^{2+}、Mg^{2+}、Fe^{3+}、Al^{3+}等形成稳定的螯合物或不溶化合物（如草酸钙），使平衡向生成可溶性磷酸盐移动。有些化学能自养菌如氧化硫硫杆菌、亚硝化菌等能产生硫酸、硝酸，有较强溶磷作用，如同磷酸钙盐经硫酸作用生成可溶性普钙作肥料，为植物所吸收。

（2）微生物分解含磷有机物

土壤中磷的有机物主要来自草本植物及微生物残体的原生质分解。主要成分为肌醇六磷钙镁、磷脂、核酸等，不能被植物直接吸收利用。溶磷微生物能直接参与磷有机物的分解，如曲霉、青霉、假单孢菌等能产生肌醇六磷酸酶，将肌醇六磷钙镁水解为肌醇和磷酸。磷酸能与土壤中的磷灰石生成可溶性的重过磷酸钙，为植物直接吸收利用。土壤中的无机溶磷菌与有机溶磷菌联合作用可获更好效果。

（3）微生物促进植物对磷的吸收

某些微生物的活动产生了刺激植物吸收磷的生长因子（植物激素）。有些根围菌（rhizosphere bacteria）定殖于植物根系周围，能刺激植物吸收磷源。

在微生物溶磷的方法上，根据资料报道，研究成果主要有：

1）用溶磷菌（或与菌根真菌、固氮菌等共用）接种处理种子或土壤，提高植物对土壤中磷的吸收率。有报道，土壤中接种青霉后，试验作物干重增产16%，吸收的总磷增加了14%。

2）溶磷微生物产酸浸出磷矿石。有些菌，如氧化亚铁硫杆菌与能源物质（如黄铁矿及磷矿粉）混合后，产生的硫酸可使磷矿粉中的不溶性磷灰石转化为可溶性磷化物。

3）溶磷微生物与磷矿粉，微生物能源物质（如农家肥）混合发酵制取磷肥。该方式能较有效的控制发酵条件，溶磷效果优于上两种方式。虽然大量添加物使废料中磷的相对含量降低，但农家肥中的磷也能被分解。除磷外还含其他养分，肥效高而持久。

我国磷资源虽丰富，但以中低品位为主，不能直接制磷肥。若经选矿富集，又会使成本大幅度上升，长期困扰着我国磷肥工业的发展。云、贵、鄂等地还有大量选磷尾矿，含P_2O_5 10%左右，只能作废弃物堆存，若能用生物技术将这些磷源转化为植物能吸收的磷肥，由于其原料成本低、不耗酸、无污染，所以是极具吸引力的。

采用无机及有机溶磷菌与磷矿粉、农家肥混合发酵制取菌磷肥，有良好增产效果。用小于80目磷矿粉（P_2O_5 17%）与肥土、谷糠以质量比1∶1.6混匀，加入菌种发酵3d。经测定含菌数为10^{10}个/g，含可溶性磷5%，磷溶解率达76%。用做小麦的底肥、追肥（施肥量$30g/m^2$）分别比对照组增产75%和

50%，用于水稻沾根插秧比对照组增产 14%。用于小面积（$5m^2$）油菜追肥试验结果表明菌磷肥比过磷酸钙和钙镁磷肥好，详见表 14－14 所列。

表 14－14 小面积油菜追肥试验

肥料名称	肥料用量/$g \cdot m^{-2}$	产量/$g \cdot m^{-2}$	比对照组增加/%
过磷酸钙	30	76.7	17.2
钙镁磷肥	30	78.9	20.6
菌磷肥	30	93.3	48.2
对照组	30	65.4	—

微生物磷肥含有效磷虽不高，但增产效果超过普钙，其原因可能是菌磷肥还含有其他肥效成分，此外肥效也将更长久，因为由于微生物的作用，不再存在常规磷肥中可溶性磷肥盐在土壤中重新转化为不溶性磷酸盐的问题。

如今，微生物磷肥的应用开始进入实用阶段，迫切的任务是制定肥料的标准，进而研制大规模生产的工艺与设备。

14.7 生物吸附

生物吸附以及生物聚积主要是通过微生物（含藻类）或其代谢产物与金属离子相互接触与作用除去或回收金属的方法。人们对利用成百上千的微生物从矿物或者水溶液中提取、回收金属越来越感兴趣。微生物通过生物吸附可以从极低浓度中吸收、富集几倍于自身质量的金属离子，从中回收有价金属元素。还可以减少或消除重金属的毒害作用，对保护、治理环境污染具有重要意义。

工业活动的增加，加剧了环境污染。随着重金属、合成材料和废弃的核物质等污染物的积累，导致了一些生态系统的恶化。已经注意到重金属对环境的污染和对健康的危害。采选和冶金的废水是主要的重金属杂质的污染源，已经开发出用于脱除金属的经济而有效的新分离工艺。沉淀、离子交换、电化学处理和膜技术已经普遍用于处理工业废水。但是，这些工艺的应用有时受工艺和经济的限制。已注意研究用生物吸附法从废水中脱除有毒金属的新技术，这是基于各种微生物对金属的结合能力。海藻、细菌、真菌和酵母是金属潜在的吸附剂。

生物吸附法被认为是从溶液中脱除金属的潜在方法。如上所述，不仅是对于脱除有毒金属，而且对于贵金属的回收也一样。已经研究过用微生物通过生物吸附法回收金银。

微生物生物量是由具有低密度、低机械强度和低刚性的小颗粒组成。由于固液分离问题，用微生物生物量在常规容器中和大量含金属溶液接触是不现实的。在吸附柱中生物量以固体形式固定时需要一种具有合适的粒度、机械强度、刚度和孔隙度的物料。固定后产生了能洗脱金属的珠粒或微粒，类似于离子交换树脂和活性炭再生和再利用一样。在随后的吸附—解吸循环中使用生物吸附剂的可能性也提高了生物技术应用的经济性。使用废弃的生物量代替专门生产的生物量，也提高了该工艺的经济性。已吸附的金属的回收通过使用合适的洗提液完成，金属从生物量的有效洗提，可以使其返回溶液，得到有价金属的浓溶液。尽可能不损坏生物量的吸附特性，以便能使生物量在随后的吸附—解吸循环中重复使用。在废水处理中具有灵活性、可靠性和低成本。

长期以来人们就认识到了微生物会明显的富集液体中的重金属离子。在鉴别适合作为生物吸附剂的微生物研究新进展中，包括了萨卡古奇和钠卡吉马对135种不同微生物对铀的富集能力的研究：斯塔策里假单菌属、米象属链孢霉菌、白色链霉菌和绿色链霉菌尤其能从溶液中富集 UO_4^{2+}。除了对铀进行研究外，还研究了微生物对钍的吸附。发现这种金属能较好的被酵母链霉菌属及枯草硫杆菌所富集。此外，还考查了各种微生物对重金属离子的选择性富集。UO_4^{2+}，Hg^{2+} 及 Pb^{2+} 离子较易被试验所用的多数有机体所富集。放线菌类及真菌与细菌以及多数酵母菌的差别是，这些菌较易选择性富集 UO_4^{2+} 和 Hg^{2+}。

在用包括微生物在内的有机物作吸附剂进行金属提纯及回收的工业化中，最重要的问题是金属富集后的有机物处理及回收过程。由美国矿山局研究人员所研究的一种令人鼓舞的工艺包括用 BIOFIX 小珠的过程，在该过程中，将微生物或泥炭藓之类的有机物吸收进一个多孔隙的聚砜类介质中。在其他的研究中，采用泡沫浮选法对重金属富集后的微生物进行回收。这种系统可能被证明是金属浓度很低的重金属回收过程中一个较有吸引力的方法。

另一种较有前途的方法是使有生命力的微生物在各种纤维上以及在藻朊酸钙小珠中稳定的生存。这种方法可以连续方式进行，将一定量的营养剂不断加入该系统中以维持细胞成长。

生物吸附的机理，据报道可归纳为很多种，如图 14-6 所示的两种。

14.7.1 生物沉淀

如上所述，沉淀可以依赖细胞的新陈代谢，也可能不依赖。在前一种情况，溶液中金属的脱除常与微生物的去活系统有关，在存在有毒金属时，反应后生长易于沉淀的化合物。Scott 和 Palmer 发现用一些节枝杆菌属（*arthrobacter*）和假单细胞菌属（*pseudomonas*）脱除镉时，通过去毒系统测定，在细胞表面形成了镉的沉淀。在沉淀不依赖细胞的新陈代谢的情况下，可能是由于在金属和细胞表面间发生了化学反应。这种现象就是用 Rhizopus arrhizus 吸附铀

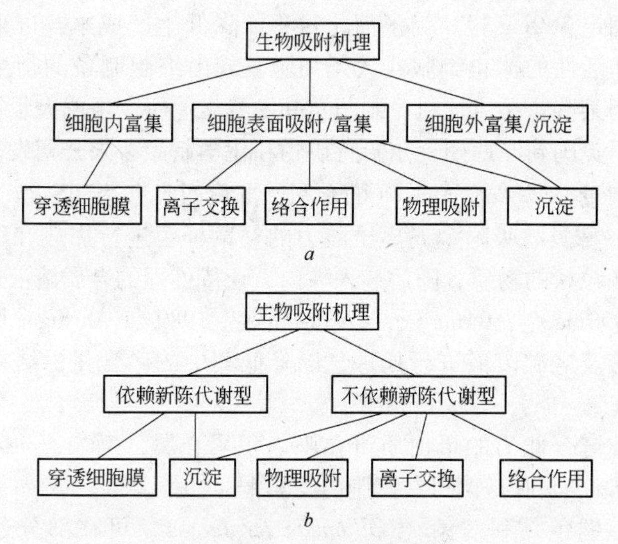

图 14-6 生物吸附机理

a—根据对细胞新陈代谢的依赖程度分类；

b—根据脱除金属的方式分类

的最终步骤，铀-壳质间形成络合物，络合物水解，水解产物（氢氧化双氧铀）在细胞壁上沉淀。Holan 等认为，作为不溶微生物沉淀的金属夹带，对海藻生物吸附镉起主要作用。

重金属离子可用硫酸盐还原菌还原硫酸盐产生的硫化氢，与之发生反应生成硫化物沉淀：

$$Me^{2+} + H_2S \longrightarrow MeS\downarrow + 2H^+ \text{（Me 为金属）}$$

可产生此作用的微生物，除了典型的脱硫孤菌（*desulfovibrio*）和脱硫肠状菌（*desulfotomaculum*）外，最近也发现许多新的硫酸盐还原菌。

根据报道，垃圾填埋厂含痕量金属离子的渗滤液经细菌厌氧消化，可沉淀85%以上的 Al，Ba，Cd，Hg，Ni，Zn，80%的 Fe，40%～70%的 Cr，Cu，Pb，Mn，30%的 Ca 和10%以下的 Mg，K，Na。沉淀是以不溶化合物（硫化物）或有机络合物形式进行的。沉淀的金属可用微生物浸出硫化矿的方法回收。矿山废水中的金属离子也可用这种方法处理。

14.7.2 生物聚积（积累）

通常细菌细胞的生存生长和许多生物一样都需要金属和非金属元素（如 Co、Cu、Fe、Mn、Mg、Mo、Ni、P、Se 等）。金属（离子）可以通过细胞壁（膜）起作用，吸收。其中革兰氏阳性菌往往能固定较多的金属离子。Charley 和 Bull（1979）曾用假单孢菌和金色葡萄球菌的混合物进行试验，发现每克混合干细胞可固定300mg银。为了简化过程，降低生产成本，可采用具有固定金属能力的非活性的休止细胞或致死细胞，或由细胞制备的衍生物来固定金属，也可利用某些食品、饮料、制药及其发酵工业所产生的大量微生物细胞达到这一目的。美国新泽西州提尔哈特矿物和化学制品有限公司发表了用真菌从废液中回收微量金属Au、Ag、Pt的专利，据称回收率达到94%～98%。1988年Brierly对一株具有吸附金属离子能力的枯草杆菌进行加热和碱处理后制成一定大小呈颗粒状的物质，随后装入柱内，让待处理的金属溶液通过，每克干物质可固定390mg金，94mg银，436mg铯等。1989年Ahringer用细菌混合物对农业排放液及尾矿废液进行处理，以降低其中的硒含量，结果硒脱除率达到96%。

具有金属键合能力的蛋白质可在胞内积累金属，例如，*metallothionein* 酵母和 *Metallothionein* 脉孢菌可在其胞内积累铜。

据报道，锈色嘉利翁菌（*Gallionella ferruginea*）可在部分还原气氛中以Fe^{2+}自养生活，而将Fe^{3+}以氧化物形式沉积在其侧柄上。同样，赫色纤发菌（*Leptothrix Ochracea*）和其他纤发菌可氧化Fe^{2+}，Mn^{2+}，并将相应的氧化物沉积在其鞘膜上。目前还不清楚这些纤发菌是如何氧化Fe^{2+}以及它是否能从氧化Fe^{2+}或Mn^{2+}的过程中获得能量。这种通过氧化Fe^{2+}或Mn^{2+}而成的壳化鞘可达很厚，以至于它所包含的细菌完全不可见。某些鞘铁菌（*Siderocapa saceae*）可在其荚膜上累积Fe^{2+}和Mn^{4+}。

1988年Macaskie和Deall用固定化的柠檬酸菌产生的HPO_4^{2-}进行了固定镉、铅和铀的试验，发现1g干细胞可吸附9g铀。近十多年来，生物沉淀富集累积金属离子，在生物药剂研究和试验应用方面均有了新发展，工作更为深入。

14.7.3 键合螯合作用

许多微生物提取物也具有金属键合能力。例如，Zoogloea ramigera可产生很多胞外多糖，这种多糖由葡萄糖、半乳糖和丙酮酸等构成，具有很高的金属键合活性。当将这种菌体提取物加入含重金属离子的溶液中，并以800r/min搅拌，15min内其表面即吸附饱和了金属离子并形成絮凝体沉降下来。例如，当pH=3.5，每克生物体可吸附0.37mg铀，当pH=5.5，可吸附0.233mg的镉，而pH=6.5时，可吸附0.323mg的铜。由于各种离子吸附的最佳pH值不同，故可选择性去除某种金属。

这类细胞提取物的金属键合受物理化学以及提取环境等多种因素的影响，这些因素包括温度、pH值及其他金属离子浓度等。这种生物吸附剂的再生即可通过调节这些控制因素来达到。例如上述沉淀絮团，即可通过加水稀释，然后调 pH（用 HCl）为 3.0，则吸附的镉、铜即可溶解而从絮团中释放出来。解吸后的絮团经强烈搅拌又可分散而重新使用。

利用生物细胞产生的可作螯合剂的物质固定金属离子。如已发现专与铁形成配位体的铁末沉着体，据 Lundgen 和 Dean 介绍，它是一种低相对分子质量化合物儿茶酚或羟氨的衍生物，从多种细菌、放线菌中可分离出这些物质。1986 年 Deves 和 Hollein 合成了一系列的能固定金属的儿茶酚及其代用品，将该物品以共价方式固定在多孔的玻璃珠上，能回收除铁以外的金属。用它处理含钚、钍和铀的核工业废液，其有效固定率大于 99.9%。进一步证明了微生物及其生成、提取物对金属离子的作用。

14.7.4 生物吸附的商业应用

利用活体细菌作为金属离子的生物吸附剂，其应用效果受到不同环境条件的影响。例如在处理废水中由于废水的化学组成、酸碱度、温度、金属离子浓度是不固定的，这些条件的波动变化能否维持细胞的活性，也就是说活体细胞可能由于条件变化或某些有毒组分的影响致菌体不能生存，这对活菌的使用不利，因此就产生死菌市场——商业利用。

生物回收工艺均是基于从廉价营养源得到的死菌体。

许多微生物可在其细胞壁上积累金属。通常这种积累也不需要代谢活性细胞，死细胞也可起同样的作用。

某些细胞表面组分可与金属键合，这种金属阳离子的键合是由于表面聚合物所带负电荷基团（羧基、酚羧基和巯基）的络合作用。金属阴离子的键合主要是通过质子化的氨基基团。

有三种商业化的利用死生物体从废弃物中提取金属的工艺。即 AMT 生物回收工艺和另外两种利用固定化于无机基质藻类的工艺。

AMT 技术是由美国 AMT 公司（Advanced Mineral Technology Inc）研制的一种废水处理技术。该技术的关键是称之为 MRA（Metal Recovery Agent）的有机胶粒。这种胶粒是用枯草芽孢杆菌（*Bacillus subtilis*）以化学方法制得的。它是一种硬的、基本上不溶于水的生物体。这种微生物体的金属吸收能力通过一种腐蚀剂处理后得以提高。腐蚀剂也将微生物体转化为固定化颗粒。MRA 粒度很小（约 0.1mm），密度略大于水。在制备 MRA 胶粒时采用了一种技术使其活性金属键合点不仅分布于 MRA 表面，而且还遍布胶粒内部。这就极大提高了金属吸附能力。AMT 技术可用于回收珠宝业和电镀业废水中的贵金属，即使当这些金属是与氰化物络合时，AMT 也可回收之。

MRA 胶粒可直接从废水中富集金属，从而取消耗资大而又麻烦的化学预处理。AMT 技术不产生化学预处理不可避免的副产品——污泥。

AMT有两种MRA：一种为回收有毒金属阳离子的阳离子型MRA；一为回收有毒金属含氧阴离子的阴离子型MRA。

MRA的最大特点是具有反复再生能力。

从MRA洗脱的含金属离子的浓溶液有三种处理方式：（1）返回给生产线循环再用。（2）电积产出阴极金属。（3）如有沉淀前处理作业，可返回到该作业。

14.8 生物处理废水

去除废水中的有害重金属及有机物质是当今重要的环境问题之一。本书在相关章节中均有述及废水处理内容。本节仅介绍生物处理的相关问题。

生物处理废水研究已有相当长的历史，可以追溯到20世纪初甚至更早些，至今已经有不少使用实例。

14.8.1 矿山废水生物处理

14.8.1.1 酸性废水生物处理

美国矿务局对煤矿排出的酸性废水进行了长期的多方面的研究，发现可用生物-化学法治理酸性矿水，其基本原理是，从煤矿排出的酸性矿水流经人工“沼泽”地时，可被铁和锰的氧化细菌及硫化物的还原细菌作用、中和，使金属沉积下来。目前已建了300个“沼泽”地。

在含铬工业废水处理方面，前苏联出版了《含铬工业废水的生物处理》一书。该书分4章：（1）铬及其他金属的毒性。（2）微生物净化工业污水的理论基础。（3）微生物净化电镀工业污水的工艺。（4）净化设备的设计、制造及维修。由此书可以看出，人们利用微生物净化含铬工业废水已经做了许多工作。

为了减少或消除矿山废弃物带来的污染，人们根据从矿山废水中分离出来的氧化铁硫杆菌（*Tf*）和氧化硫硫杆菌（*Tt*）的特征及硫化矿物在细菌作用下溶出的机理，控制硫酸还原菌，抑制金属的溶出，或有目的地利用细菌加速金属溶出，从回收溶出液中提取金属，或利用细菌具有吸收或沉积各种离子于其表面的亲和力处理废水。

矿山酸性废水，一般都含有大量Fe^{2+}离子且无色，但随pH值的提高会生成红褐色不溶性$Fe(OH)_3$沉淀而污染环境。例如日本旧松尾矿山闭坑后仍排出大量强酸性含Fe^{2+}约0.1%的废水。利用该矿山附近生育的*Tf*和*Tt*细菌开发了处理此类废水的方法。即将含Fe^{2+}废水导入生长有*Tf*细菌的氧化槽，同时充气搅拌进行继续培养，使Fe^{2+}氧化为Fe^{3+}生成$Fe(OH)_3$沉淀。硫酸离子则添加碳酸钙进行中和回收硫酸钙（石膏）。如果将$Fe(OH)_3$和H_2SO_4混合可得无机絮凝剂。这种利用*Tf*细菌处理废水设施，在日本栅原矿山已在运转。

日本小坂矿是铜锌铅铁复杂硫化矿。矿山酸性废水用细菌氧化—阶段中和—浮选流程处理，废水 pH = 2.22，所含成分为（%）：SO_4^{2-} 0.7138，TFe 0.1985，Al^{3+} 0.0285，Ca^{2+} 0.0091，Cu^{2+} 0.0150，Zn^{2+} 0.0109。原废水的铁大部分以二价铁离子存在。用细菌氧化为 Fe^{3+} 离子。溢流首先用碳酸钙中和至 pH = 4 ~ 4.5，使铁离子和大部分 SO_4^{2-} 沉淀出来，以淀粉为抑制剂，胺类为捕收剂浮选，石膏为泡沫产品。$Fe(OH)_3$ 为槽内产品，将两者浮选分离，而铜、锌大部分留在溶液中。两者分离过滤后，滤液继续中和，使铜和锌以氢氧化物沉淀出来。脱水得铜锌混合精矿，滤液再适当处理排放。

目前国内外对氧化铁硫杆菌、氧化亚铁硫杆菌和氧化硫硫杆菌等 *Thiobacillus* 属自养菌的研究比较多，在矿山酸性废水中就含此菌。这些细菌大小为 0.5 × 1.0μm 左右，属短杆状需氧细菌，有运动性、好酸性，其增殖是通过分裂来实现的，能够利用氧化硫铁矿物时所产生的能量，固定空气中的 CO_2 发育生长。这些细菌在矿山酸性水形成中主要起生物催化作用，即：（1）Fe^{2+} 经细菌氧化变成 Fe^{3+}，在硫酸和硫酸高铁作用下使 $FeSO_4$ 再生。（2）S^{2+} 经细菌氧化成 S^{6+}，使硫化矿物转变为硫酸盐。实现对酸性废水的治理。

14.8.1.2 含重金属离子的废水

用生物法处理含重金属离子的废水，目前广泛采用的有活性污泥法。将重金属离子富集于污泥中，然后再利用活性炭吸附或除去硫化铁等回收重金属。但此法费用高，在矿山废水处理中难以实现。于是人们借用细菌 *T f* 和 *T t* 溶出金属的机理，从污泥中除去重金属并加以回收，或直接利用细菌吸附、吸收重金属，然后再回收细菌。

研究发现，*T t* 和 *T f* 细菌对重金属离子具有很大的潜在富集作用，因此可提高培养基重金属离子浓度以加大细菌对重金属离子的富集。宇佐美昭次等用数种重金属离子对 *T t* 进行培养，结果如表 14 - 15 所示。表 14 - 15 中所列菌株对重金属离子的适应度获取的方法因重金属不同而有差异。而阻碍繁殖的最小浓度系对原株 *T t* WU - 79A 而言，而 *T t* WU - 79A 适应株系指原株在含各种重金属培养基经数代驯养而成的。

表 14 - 15 重金属离子对 *T t* WU - 79A 原株和适应株生育影响

重金属离子	阻碍生育最小量浓度/$g \cdot L^{-1}$	适应株能生育量浓度/$g \cdot L^{-1}$	适应性获取的方法
CO^{2+}	2.0×10^{-2}	3.0×10^{-1}	未讨论
Hg^{2+}	2.5×10^{-5}	4.0×10^{-5}	由于 Hg 气化，Hg 减少

续表 14 - 15

重金属离子	阻碍生育最小量浓度/g · L^{-1}	适应株能生育量浓度/g · L^{-1}	适应性获取的方法
Ni^{2+}	5.0×10^{-2}	5.0×10^{-1}	高分子量物质与 Ni 结合
Cd^{2+}	2.5×10^{-2}	2.0×10^{-1}	与 Cd^{2+} 结合蛋白质的形成
Zn^{2+}	2.5×10^{-2}	2.0×10^{-1}	与 Zn^{2+} 结合蛋白质的形成

通过研究证明，在 *T t* 和 *T f* 细胞壁内含有的重金属离子浓度较其周围环境的重金属离子浓度高得多。这说明这些细菌有积蓄重金属的性质。因此，利用在细胞壁内可结合大量金属离子的硫杆菌进行废水处理，从水系中除去重金属离子，进而进行回收是有可能的。

БГМК 公司尾矿排出设施的经验证明，硫酸盐细菌能够间接地影响溶液的铜含量。在其作用下能达到净化该公司二次沉淀池过滤径流的铜、砷、钼之目的。生物净化率平均值为：含铜 61.7%，砷 86%，钼 65.8%。

美国矿山局研究人员考查了各种微生物对重金属的选择性富集，然后采用泡沫浮选法对富集重金属后的微生物进行回收。这种系统可能被证明是金属浓度很低的重金属回收过程中一种较有吸引力的方法。

14.8.1.3 生物富集——磁选处理

Bahai 在含有被提取金属离子和某些附加培养基的溶液里，依靠生长多种微生物来实现微生物的富集。由于微生物的生长，随着溶液中金属离子浓度的降低，在微生物表面便富集沉淀金属离子。如果离子是顺磁性的，则在微生物上的生成物表面磁化，使微生物产生一定磁矩。利用高梯度磁选促使生物富集，从而产生了生物 - 磁选法。此工艺包括生物富集和磁选两部分。表 14 - 16 所列表示用细菌富集多种金属离子的典型结果。这个结果指出了这种方法在处理一种溶液中含多种金属离子的效果。可以看出，细菌在不同条件下有富集各种离子的巨大能力，可使初始浓度成功地降到很低的水平，在分离富集有金属离子的细菌时，依据细菌比磁化率来表征其磁特性非常重要，因磁化率的研究提供了一个确切的方法来确定磁矩随时间增加的速率，以便能获得实际细菌磁分离工艺设计的必要参数。研究结果表明细菌 - 磁选工艺是有效的。大多数情况下，金属离子可从 $10^{-3}\%\sim10^{-2}\%$ 降至 $10^{-6}\%\sim10^{-5}\%$，去除率 90%。在这项研究的基础上，设计的一个试验厂已由细菌 - 分选有限公司顺利运行。对于脱除重金属和有毒金属离子（Ni，Cu，Pb，Sb，As，Cr）以及回收贵金属有效。

表14-16 在不同pH值下细菌从废水中分离金属的结果（%）

金属	pH=12.5		pH=8.75		pH=1.43	
	起始	结束	起始	结束	起始	结束
Rh	0.69×10^{-4}	0.0×10^{-4}	23×10^{-4}	1.5×10^{-4}	2.0×10^{-4}	0.1×10^{-4}
Ag	0.5×10^{-4}	0.5×10^{-4}	0.9×10^{-4}	0.0×10^{-4}	0.6×10^{-4}	0.0×10^{-4}
Ir	0.0×10^{-4}	0.0×10^{-4}	1.9×10^{-4}	1.0×10^{-4}	0.5×10^{-4}	0.0×10^{-4}
Au	1.0×10^{-4}	0.1×10^{-4}	0.5×10^{-4}	0.0×10^{-4}	0.5×10^{-4}	0.0×10^{-4}
Ru	25×10^{-4}	0.8×10^{-4}	25×10^{-4}	11×10^{-4}	2.0×10^{-4}	0.4×10^{-4}
Pd	2.2×10^{-4}	0.7×10^{-4}	43×10^{-4}	15×10^{-4}	2.2×10^{-4}	0.2×10^{-4}
Os	0.0×10^{-4}	0.0×10^{-4}	0.5×10^{-4}	0.0×10^{-4}	0.0×10^{-4}	0.0×10^{-4}
Pr	5×10^{-4}	1.5×10^{-4}	61×10^{-4}	30×10^{-4}	23×10^{-4}	0.2×10^{-4}
Hg	2.5×10^{-4}	0.2×10^{-4}	1.6×10^{-4}	0.8×10^{-4}	1.2×10^{-4}	0.2×10^{-4}
Pb	30×10^{-4}	0.0×10^{-4}	1.0×10^{-4}	0.0×10^{-4}	3.5×10^{-4}	0.0×10^{-4}
Si	4020×10^{-4}	1545×10^{-4}	4515×10^{-4}	1782×10^{-4}	2114×10^{-4}	1325×10^{-4}
Cr	10×10^{-4}	1×10^{-4}	13×10^{-4}	3×10^{-4}	10×10^{-4}	1×10^{-4}
Fe	250×10^{-4}	82×10^{-4}	245×10^{-4}	86×10^{-4}	250×10^{-4}	64×10^{-4}
Ni	32×10^{-4}	2×10^{-4}	29×10^{-4}	2×10^{-4}	72×10^{-4}	20×10^{-4}
Cu	118×10^{-4}	0×10^{-4}	72×10^{-4}	2×10^{-4}	59×10^{-4}	0.0×10^{-4}
Zn	33×10^{-4}	0.5×10^{-4}	89×10^{-4}	23×10^{-4}	1004×10^{-4}	0.0×10^{-4}
Sb	2×10^{-4}	0.4×10^{-4}	34×10^{-4}	13×10^{-4}	0.0×10^{-4}	0.0×10^{-4}
P	861×10^{-4}	238×10^{-4}	795×10^{-4}	265×10^{-4}	531×10^{-4}	50×10^{-4}
Mn	5×10^{-4}	0.5×10^{-4}	5×10^{-4}	0.5×10^{-4}	10×10^{-4}	0.5×10^{-4}
As	182×10^{-4}	0.5×10^{-4}	532×10^{-4}	222×10^{-4}	201×10^{-4}	5×10^{-4}
Sn	5×10^{-4}	0.5×10^{-4}	171×10^{-4}	60×10^{-4}	5×10^{-4}	3×10^{-4}
Al	14×10^{-4}	2×10^{-4}	17×10^{-4}	9×10^{-4}	15208×10^{-4}	40×10^{-4}
Mg	7053×10^{-4}	7429×10^{-4}	7203×10^{-4}	7400×10^{-4}	14148×10^{-4}	1350×10^{-4}
Sr	19×10^{-4}	19×10^{-4}	20×10^{-4}	20×10^{-4}	15×10^{-4}	14×10^{-4}

14.8.1.4 矿山含氰废水处理

美国霍姆斯托克采矿公司利用细菌处理矿坑水和选矿尾水中的CN^-、硫代氰酸盐和氨，并吸附Ni、Cu、Pb、Zn等有毒物。已于1984年8月投入工业性运转。处理能力达$2100m^3/h$。其处理流程为：矿坑水、尾矿水→混合槽→生物转盘→沉淀池→砂滤→处理出水。其关键设备为生物转盘。处理条件为：

在混合槽中添加适当的H_3PO_4和苏打水，经生物转盘处理后添加适量$FeCl_3$和絮凝剂。当处理温度为5~42℃（最佳为30℃），pH=7.0~8.5时，原水及其处理结果为（mg/L）：原矿坑水SCN^-1.0~16.0，总CN^-0.1~0.5；尾矿水SCN^-110~240，总CN^-7.0~30.0，Cu 0.1~0.5；处理水：SCN^-<0.10，总CN^-0.30，NH_3 0.10，Cu 0.05，SS<10.0，出水完全达到排放标准。

哈萨克斯坦选矿设计研究院对某选矿厂含氰废水进行了研究，当选矿厂尾矿水池中复合和单一氰化物含量为1~10mg/L时，加入异氧细菌群落进行污水净化是有效的和合理的。研究结果指出，当净化溶液中氰化物原始浓度为32.0~204.0mg/L时，使用从选厂尾水中排出的细菌破坏单一氰化物和复合氰化物的可能性已被证实。

14.8.1.5 *磷矿废水处理*

磷矿浮选尾水的处理，根据其特征，主要是处理浮选药剂所造成的有机物污染，含磷物的生物处理回收前面已述。由于磷矿选矿药剂种类较多，成分复杂，残余在尾水中的污染物含量高，污水量大，给处理工作带来了较大的困难。孙家寿等人对生物药剂及其在矿业中的应用做了许多工作，其中，对磷矿浮选也进行了多年的研究，如采用混凝法、电化学法进行处理，获得较满意的结果。连云港化工矿山设计研究院根据不同磷矿类型选矿废水的特征，先后开发了自然沉降—生物处理工艺、混凝沉降—生物接触氧化法处理工艺及自然沉降—生物铁处理工艺。

利用人工变异的假单孢属短杆菌类降解湖北大峪口选矿尾水中S711（选矿抑制剂）有机物，S711去除率达90%以上。其处理结果如表14-17所列。表中数据以沉降处理后出水与生化出水数据计算得出。此项工艺已用于王集磷矿尾水处理。

表14-17 细菌处理大峪口矿选矿尾水结果

流 程	pH值	SS/mg·L^{-1}	COD/mg·L^{-1}	BOD_5/mg·L^{-1}
原尾矿水	10.32	141580	168.1	107.5
细菌处理	8.58	微	71.8	96.60

14.8.2 有机废水的生物处理

矿业生产加工中无论是选矿或冶金都有不少的废液排出（如前一节所述），特别是选矿药剂厂、浮选厂和化学选矿、溶剂萃取都留有用过的无毒或有毒，或者是不易为生物降解的药剂及聚合物废液排放，有的化学药剂还具有致癌畸变的危害，详见第22章。

利用微生物分解工业废水中有机污染物已是国内外常用的一种有效方法。利用生物吸附、絮凝、活性污泥及生物膜等可用前面已经阐述的方法进行处理。

废水的好氧生物处理常采用活性污泥法或生物膜法处理。

国内某公司是生产脂肪胺类等阳离子表面活性剂作选矿药剂及其他工业用的企业。废水中主要含伯、叔胺类和季铵盐，污染物为 COD 和氨氮化合物，其中 COD 质量浓度约 3000 ~ 5000mg/L，氨氮化合物质量浓度为 2000 ~ 5000mg/L，BOD/COD 约为 0.33，采用高效微生物 + A/O 工艺可取得较好效果，氨氮去除率达 99%。

某化工设计研究院利用混凝沉降-半软性填料接触法处理胶磷矿选矿废水，去除了悬浮物质，降解 COD_{Cr}，BOD_5 和 P，达到国家污染水综合排放标准。所用生物膜主要为钟虫、草履虫及一些线虫、肾形虫等微生物。

卡塔尔研究了用生物法处理选矿药剂废水。研究各种菌株和同类生物以及氧与二氧化碳浓度和各种物化因素对三种捕收剂的降解作用。所研究的捕收剂为十六烷基硫酸钠、油酸钠和十二烷基磺酸钠。用克雷白氏肺炎杆菌及克雷白氏肺炎杆菌和大肠杆菌的混合菌来研究其对捕收剂的破坏性能，结果表明单采用克雷白氏肺炎杆菌时十六烷基硫酸钠是最易被破坏的。

索马桑德兰研究生物治理是将其中的有毒化合物降解为无毒的产品，而不是将有毒的离子吸附在细菌表面上。有趣的例子是在提金法的排放溢流中，氰化物与耐药的细菌的作用可以消除氰化物的毒性，变为无毒物。还有一些微生物能破坏存在于地下水中所含的和污染地点的天然石油产品的污染。目前，美国至少有 50 家公司，世界有 100 多家公司用这种技术净化癌症多发区被汽油浸泡过的土壤。索罗正金等人研究了用细菌生物降解捕收剂四甲基亚氨羟基钾黄药（KTIX）、丁基钾黄药（KBX）和二乙基二硫代氨基甲酸钠盐（NaEC）。在细菌存在时，经 45min 后 100% 的 KTIX 被破坏，若没有细菌存在时，只有 45% 的捕收剂被破坏。在另一项研究中，考查了多黏芽孢杆菌对不同捕收剂（油酸钠、异丙基黄药和胺类）的生物降解。有细菌存在时，在 2h 后约 $1.5 \times 10^{-2}\%$ 胺类捕收剂被破坏，在 5h 后黄药被破坏，约 6h 后油酸被破坏。而没有细菌存在时，上述捕收剂不发生变化。这些研究表明，细菌降解可有效地破坏浮选捕收剂，用该法也可处理废水。加拿大科学家已经查明了深藏于地下的一种特殊细菌可以分解重油、轻油，使之变为甲烷、二氧化碳和氢气。

从用生物法除去废水中化学物质来看，人工合成有机化合物可分为适于细菌降解和难于用细菌处理两类。属于前一类的有机化合物可用以下方法除去：

（1）将它们转变成无害的形式；

（2）通过矿化将它们降解为二氧化碳和水；

(3) 将它们厌氧分解为二氧化碳和甲烷;

(4) 将它们挥发掉。

属于第二类的有机化合物（难于用细菌处理的）可用吸附法除去。

此外，国内有人研究了浮选药剂对浸矿细菌活性的影响。研究了丁基醚醇、乙基黄药和丁胺黑药3种浮选药剂对浸矿细菌活性的影响；进行了脱药和不脱药的铁闪锌矿精矿细菌浸出对比试验。研究结果表明，添加4×10^{-4}mol/L的丁基醚醇、乙基黄药、丁胺黑药，氧化34h后，使9K液体培养基中的Fe^{2+}质量浓度由4.03g/L分别增加至4.64g/L、4.77g/L和5.91g/L；浸出35d后，精矿中锌的浸出率分别为92%和61%，这进一步验证了浮选药剂（丁基醚醇、乙基黄药）对浸矿细菌的活性有影响。

浮选厂可能排出的其他有机化学药剂就是各种起泡剂和抑制剂。这些药剂，尤其是起泡剂，排入废水中，往往具有一定的毒性。起泡剂包括聚乙二醇、烷氧基取代的石蜡（醚类和醚醇类）、松油、甲酚以及各种烷基醇类等化合物。也可对其进行生物降解处理。

14.8.3 废水生物微球净化技术

Jeffers研究报道美国矿山局研制出一种内含稳定的生物物质（如泥炭藓类）的多孔聚合微球提取废水中的金属污染物。这种生物微球比一般的生物处理方法更具优点。

虽然活性微生物能有效吸附有害重金属，但处理系统却往往很复杂，活性生物吸收体系通常需要额外的营养来维持健康的生物体，这一点因废水环境有毒很难达到。此外，固液分离回收含有金属的废渣也十分困难。有人认为，非活性生物具有和活性生物相同的吸收能力（Tsezos 1985，Kuyucak 1988），而且使用非活性物质避免了养料需求和解决水质毒性的问题，然而从处理液中分离含有金属的生物量仍很困难。

研究表明，固定非活性生物于粒状或多孔聚合微球中，便于将其从溶液中分离出来。美国矿山局（Daranall 1986，Brierley 1987）研究通过固定生物质于多孔聚合微球中，证实了这一结论。生物微球固定的生物物量，是从稳定的应用原材料中提取出来，在酸液和碱液中具有稳定的物理性，可应用于填充柱、流动床及搅拌反应池这类传统的废水处理装置中，此法更便捷。

14.8.3.1 生物微球

首先是对微生物及对金属离子吸附的研究试验观察，通过选择生物质，在众多生物介质中发现一种蓝缘藻（*Spiralina* sp）、一种海藻（*Ulva* sp）、黄化脂、藻肮酸盐和泥炭藓对金属离子具有相似的吸附力。虽然，所有这些生物都能有效地吸收金属，但泥炭藓是最具吸附力的，而且，它来源充足，价格便宜。

然后是制造微球：将聚砜球溶于二甲基酰胺内，加入干燥的、研细的生物质、拌匀，再将合成的泥浆喷入、水浴，使其经过一雾化装置，在雾化装置中经过一系列变化，生物微球形成了。双液面的喷雾器生成的微球，尺寸变化范围是 -8 ~ -35 网目（直径2.4~2.5mm），它是受聚合泥浆传送带环状空间内存在的空气流速控制着。随着剩余的二甲基酰胺的渗出，合成的生物微球只有少量溶于水，而后便可收集使用这些微球。这些生物微球充满了被固定的生物物质。

生物微球对重金属离子质量浓度高达100mg/L的废水吸附去除十分有效。通过 Fishier 和 Kunin 法测定，含有固定泥炭藓的生物球（干燥的规格小于14目×32目）的离子交换容积为4.5~5mg/g，比常用的离子交换树脂的离子交换容积（0.35~0.5mg/g）高得多。

14.8.3.2 生物微球用途

在实验室和现场测试了近百种废水，其中包括正在生产或废弃的矿山排出废水、冶金及化学工业废水，受污染的地面水、电子工业废水等。在这些废水中最常见的污染物是 Ca，Pb，Zn，Cu，Al，Fe，Mg 和 Ni 等离子。偶尔也会碰到其他20多种离子。当溶液 pH 值变化范围在0.5~13之间时，污染物的浓度一般在生物微球所期望的范围内（<100mg/L）。少量污水除重金属离子外还包含如矿物油和芳香烃之类的有机污染物。

通过这些实验也观察到几种倾向，一个重要的结论是：污水类型和来源并不影响生物微球处理。在早期的筛分实验中，金属污染物的类型、污染物的浓度和 pH 值支配着处理水的成功程度，重金属阳离子在 pH=3~8 的水中，易于提取，而当最初溶液质量浓度在75~100mg/L时金属离子质量浓度会降至几mg/L的范围。这些结果达到了国家一类和二类饮用水标准。从硫酸盐和氯化物溶液中提取金属离子，即使有机物达到50mg/L也不妨碍离子提取。由于有从很稀溶液中去除金属离子的能力，最后生物微球作为一级处理后的二级处理系统，是十分有效的。表14-18列出了从废水中去除离子的结果。

表14-18 用生物微球从废水中提取金属离子（金属离子质量浓度：mg/L）

水质类型	Al	Cd	Cu	Fe	Mn	Ni	Pb	Zn
1	3.4	0.05	0.14	0.03	6.1	0.22	NO①	11.0
2	<0.1	<0.01	<0.01	<0.01	0.03	0.03	NO	0.07
3	8.6	ND②	1.4	0.40	0.90	ND	0.35	16.5
4	0.21	ND	0.11	0.02	0.04	ND	0.03	0.69
5	ND	1.2	0.45	3.0	0.22	42.1	0.15	9.6

续表 14-18

水质类型	Al	Cd	Cu	Fe	Mn	Ni	Pb	Zn
6	ND	<0.01	0.02	<0.01	<0.01	0.03	<0.01	0.02
7	1.6	0.22	0.17	0.05	21.6	ND	ND	1.7
8	0.14	<0.01	<0.01	>0.01	0.19	ND	ND	0.03
9	NS③	0.01	1.0	0.03	0.05	NS	0.05	5.0

注：水质类型：1—酸性采矿排出水；2—水用生物微球处理后水；3—地面水；4—地面水由生物微球处理后水；5—电镀冲洗水；6—电镀冲洗水处理后水；7—沉积废水；8—处理沉积水；9—国家饮用水标准。

①未检出；②国家饮用水标准；③非饮用水标准。

从表 14-18 的实验室和现场试验表明，生物微球可有效地从废水中提取重金属离子，使其出水达到每升几微克的排放标准，处理的水质范围很广，包括矿山废水、工业废水和生产废水及被污染的地面水。

被提取的金属离子可通过生物微球的洗脱作用，用稀酸溶液再生，生物微球可再循环，浓缩清洗液，可通过脱水或沉降处理至小量剩余。所用的再生用酸硫酸、硝酸和盐酸是最有效的洗脱液，其中质量浓度为 30g/L 的硫酸、50g/L硝酸或 20g/L 盐酸，它们可把含有泥炭藓、酵母、鸭嘴、藻类或藻朊酸的生物微球中吸附的金属离子几乎全部去除掉。在这三种酸中硫酸是最优的洗脱液，因为用硫酸处理，最适合对金属的浓缩洗脱液的处理，在固液接触前 15min，90% 以上被吸附的金属离子被洗脱，酸洗后用质量浓度 15g/L 的碳酸钠溶液冲洗生物微球 20min，使剩余酸液被中和。

在现场试验中，微球在传统的离子交换柱循环和低维护系统中，都能达到排放要求，通过重复装载—洗脱循环实验，生物微球显示出稳定的化学和物理特性，而且不受低温的环境影响。

14.9 固体废弃物及瓦斯的生物处理

生物技术还被研究应用于低品位废弃物矿物（如表外矿等）处理、尾矿处理、废渣及有害废弃物的处理，既减少废弃物对环境的污染，变有害为无毒无害，又可以从中回收有价元素，相信不久将取得突破性进展。

利用生物氧化或还原技术处理有色金属冶炼厂产出的烟尘，并提取有价金属已经获得了令人满意的效果。日本小坂冶炼厂采用细菌氧化法处理冶炼释放出的烟尘，除去其中的砷、铁和铜已获得工业应用。

美国矿山局正研究应用一种新技术，拟利用煤矿中存在比较普遍的甲烷氧化微生物来控制矿井中的甲烷（瓦斯主要成分）含量。研究培养甲烷氧化微生物快速生长的方法，减少矿井中的甲烷含量，防止瓦斯爆炸。

14.10 生物药剂研究新动态

近年来，生物药剂研究引起广泛重视。生物浮选、生物浸出、生物絮凝、生物抑制、生物降解有毒害药剂、生物处理废水等的专业文献期刊报道占据了相当的比例。表 14－19 为近年来国外有关生物药剂的最新报道。

表 14－19 选矿及三废治理生物药剂新信息

生物药剂名称	用途与作用	最新文献
生物表面活性剂（生物产品）：surfaction－105 和 licheny-sin－A	从溶液中除去金属离子（Zn^{2+}，Cr^{2+}），先吸附后浮选，效果比十二胺或十二烷基硫酸钠好	Zouboulis A I，Matis K A，*et al.* Minerals Engineering，2003，16（11）：1231～1236
生物药剂——利用某些细菌，如芽孢杆菌（*Bacillus Polymyxa*）脱除捕收剂	从水溶液和矿物表面（选矿废水、尾矿等）利用微生物脱除某些捕收剂，如十二胺，二胺，异丙基黄药，油酸钠等	Dea N，Natarajan K A. Minerals Engineering，1998，11（12）：717～738
用细菌 *Paenibacillus Polymyxa* 和黄药	分选黄铁矿-黄铜矿（浮黄铜矿）并通过电位、吸附和 IR 进行鉴定，证实其效果	Sharma P K，Hanumantha K. CA 138，109838
生物药剂述评	利用微生物选矿处理低品位矿物和进行水冶（浮选和絮凝）吸附有毒金属离子和化学药剂	Somasundaran P，等. CA 138，125146
黄铜矿生物浸出，用细菌氧化铁硫杆菌添加表面活性剂 Tween－20，－40，－60，－80，－85 和 Brij 35 等	表面活性剂可提高生物浸出提取黄铜矿铜的浸出率	Hiroyoshi N，Nishida S. Proceedings of the ⅩⅩ Intenational Mineral Processing Congress，Aachen，Germany，1997：547～556
用一种 Sphagnum Peat moss 作生物吸附剂	从水溶液中生物吸附浮选重金属离子。顺序 Pb > Ni > Cu > Cd	Aldrich C，等. CA 133，18218. Miner Eng，2000，13（10～11）：1129～1138
纤细细菌（*non-filamentous filamentous bacteria*）	选矿厂尾渣处理	Lemmer H. CA. 132，255368
硫化还原菌铁氧硫杆菌。生物调整剂（细菌及代谢产物）	分选 Hg，硫化铜与锑矿物调整剂	Solozhenkin P M，等. 8th International Mineral Processing，Symosium Antalya/Turkey，2000：573～577

续表 14-19

生物药剂名称	用途与作用	最新文献
氧化亚铁硫杆菌（*Thiobacillus ferrooxidans*）生物提取剂	从硫化矿中回收金	Valdivia David, Nestor Vrquizo. CA 136, 105348
异氧青霉菌（*heterotrophic Paenibacillus Polymyxa bacteria*）	通过细菌与黄铜矿黄铁矿的作用，用黄药浮黄铜矿，抑制黄铁矿	Sharma P K, *et al*. CA 132, 81157; Miner Metall Process, 1999, 13 (4): 35 ~41
氧化亚铁硫杆菌（*Thiobacillus ferrooxidans*）	黄铁矿的生物浮选（通过形成生物膜）	Shaoxian Song, *et al*. Journal of University of Science and Technology Beijing, 2004, 11 (5): 385
芽孢杆菌和草杆菌（*Mycobacterium Phlei*）抑制剂	生物浮选磷灰石，抑制白云石	Xiapeng Zheng, *et al*. International J of Min Proce, 2001, 62 (1 ~4) Zheng X, *et al*. CA 135, 34930
微生物抑制剂（*Chemolithotrophic Bacteria or yeast*）	用细菌或酵母抑制黄铁矿	Kawatra S K, *et al*. CA 138, 93096
用微生物菌 SP 系 DM-11	生物降解2，3-二乙基与甲基吡嗪	Rappert S, *et al*. Applied and Envinonmental Microbiology, 2006, 72 (2): 1437 ~1444
铁氧化酶和黄药捕收剂	生物浮选硫化铜	Kolahdoozan M, *et al*. Green Processing, 2004: 81 ~83
脂肪酸烷基酯，在生物浮选中的作用 $R_1 = C_{6\sim18}$ 直链或环状脂肪烃 $R_2 = C_{1\sim8}$ 直链或环状脂肪烃	生物浮选辅助剂	WO 2004098782
具有阴离子、阳离子，两性和/或非离子的季酯取代物	生物降解除硅药剂	EP 1025908
季酯类药剂（含烷醇胺和羧酸）	生物降解浮选助剂（硅酸盐浮选）	WO 9627995
生物吸附	除 As^{3+}，As^{5+}	Pushpa Kumari, *et al*. Inter J of Min Proce, 2006, 78 (3): 131 ~139
藻类（*Lessonia nigrescens*）生物吸附剂	取代传统的废水处理法脱除炼铜厂废水中的 As^{5+}。在 pH=2.5 时藻对砷的吸附能力达 45.2 mg/g	Hemrik K, Hansen, *et al*. Miner Eng, 2006, 19 (5): 489 ~490

续表 14-19

生物药剂名称	用途与作用	最新文献
氧化铁硫杆菌	通过生物吸附浮选，从辉铜矿、辉钼矿、针镍矿、方铅矿、黄铁矿等硫化复杂矿中除黄铁矿	Nagaoka T, *et al.* Applied and Environmental Micorobiology, 1999, 65 (8)
霉菌（*Aspergillus Migercultures*）生物浸出	从硅酸盐中浸 Zn, Ni	Castro I M, *et al.* Hydrometallurgy, 57 (1): 39~49
假单胞菌（*Pseudomonas* sp）	生物处理氰化物	Akcil A. Mintrals Engineering, 2003, 16 (7): 643~649
选矿用生物药剂综述	包括生物浸出、生物浮选、生物絮凝等药剂的论述	Somasundaran P, *et al.* CA 133, 32836; Miner Metall Process, 2000, 17 (2): 112~115
生物浸出菌（*Aspergillus niger*）	高岭土除铁等杂质	Cameselle C, *et al.* CA 130, 184484
生物分选菌（*Bacillus Circulans*）	从石英砂、高岭土、黏土中除铁	Groudev S N. CA 132, 81149
芽孢多黏杆菌（*Bacillus Polymyxa*）生物降解药剂	对浮选捕收剂异丙基黄药、十二烷基季铵醋酸盐和油酸钠等进行降解	Errie chockalingam, *et al.* Hydrometalslurgy, 2003, 71 (1/2): 249~256. CA 136, 204695. Hydrometrallurgy, 2003, 71 (1~12)
用土壤细菌，芽孢杆菌	生物降解有机浮选药剂：十二胺、二胺、异丙基钠黄药及油酸钠	Namita Deo, *et al.* CA 130, 186538 Biorem J, 1998, 2 (3~4): 205~214
生物工艺处理选矿废水	用生物法除去选矿厂废水中的丁基黄药，二硫代磷酸丁基酯，T-70	Timofeeva S S. CA 128, 6816; Tsvetm Metall, 1997 (2): 3~6
用微生物细菌 *Extracellular* 聚合产品	生物浸铜	Sklodowska A, *et al.* Geomicrobiology J, 2005, 22 (1~2): 65~73

参考文献

1 周桂英，阮仁满，温健康等．微生物选矿药剂的研究进展．矿冶工程，2006，（增）：128～130

2 Atkin A S. A Study of the Suppression of Pyrite Sulphur in Coal Froth Flotation by T ferrooxidans. Coal Preparation, 1987（5）：1～13

3 余成译．矿物的生物选别工艺新进展．国外选矿快报，1994（23）

4 童雄，钱鑫．国外强化浸矿堆浸技术的最新进展．国外金属矿选矿，1996（5）

5 邱冠周，王军等．浸矿细菌的育种及工业应用．国外金属矿选矿，1986（6）

6 Hutchins S R, *et al.* Microorganisms in Reclamation of Metals. Annu Rev Microbiol, 1986, 40：311～326

7 Cheng-Hsien, *et al.* Bacterial leaching of Zinc and Copper from Mining Wasters. Hydrometallurgy, 1995, 37：169～179

8 Vassiley D V, *et al.* Industrial Copper Dump Leaching Operation at Valaikov Vrah Mine. In：Karavaiko G I, *et al*（eds）. Biohydrometallurgy. Moscow：Prco Intern Semi, 1990

9 《浸矿技术》编委会．浸矿技术［M］．北京：原子能出版社，1994

10 Colmer A R, *et al.* The Role of Microcrganisms in Acid Mine Drainage, A Preliminary Report. Science, 1947, 106：253～256

11 Lizama H M, *et al.* Bacterial Leaching of a Sulfide Ore by Thiobacillus Ferrooxidans and Thiobacillus Thiooxidans：Ⅰ［J］. Shake Flask Studies, Biotech. Bioeng, 1988, 32：110～116

12 Groudeva V I, *et al.* Nitrosoguanidine Mutagenesis of Thiobacillus Ferrooxidans in Relation to the Levels of its Oxidizing Activity［J］. Bulgar Acad Sci, 1980, 33：1401～1404

13 Groudeva V I, *et al.* Biological Bases of Increased Ferrous-oxidizing Activity of Thiobacillus Ferrooxidans［J］. Bulgar Acad Sci, 1981, 35：371～373

14 Van Aswegen P C, *et al.* Developments and Innovations in Bacterial Oxidation of Refractory Ores［J］. Miner Metallurgy Processing, 1991, 8：188～192

15 Attia Y A, *et al.* Bioleaching of Gold Pyrite Tailings with Adapted Bacteria［J］. Hydrometallurgy, 1989, 22：291～300

16 邱冠周等．国家"九五"重点科技攻关项目"难处理氧化铜矿和低品位铜矿直接提起新工艺"研究报告［R］．1997

17 Smith R W, Misra M, *et al.* Mineral Bioprocessing and the Future［J］. Minerals Engineering, 1991, 4（7～11）：1127

18 Holmes D S. Biorecovery of Metals from Mining Industrial and Urban Wastes［C］. In：Martin A M, Patel T R（eds）, Bioconversion of Waste Materials to Industrial Products：Elsevier Applied Science, 1991

19 Mooinan M B. Frontiers in Aqueous Processing of Materials［C］. In：Mooinan M B, Aqueous Processing in Materials Science and Engineering, JOM, 1994

20 王周谭．黄金科学技术，1995（1）

21 柯家骏等．黄金科学技术，1995（2）

22 Magnin J P. Bacterial Corrosion as New Method for Obtaining Porous Metallic Matrixes from a Ti-Fe. In：Progress in the Understanding and Prevention of Corrosion（Proc Conf）Barcelona, Spain, 1993

23 张树政．工业微生物成就［M］．北京：科学出版社，1990

24 Jensen A B. Treatment of H_2S-Containing Gases：A Review of Microbiologic Alternatives［J］. Enzyme and Microbial Technology, 1995

25 魏以和，钟康年，王军．生物技术在矿物工程中的应用［J］．国外金属矿选矿，1996（1）

26 裘荣庆．微生物冶金的应用和研究现状［J］．国外金属矿选矿，1994（8）

27 方兆珩．矿业中的生物技术［M］．国外金属矿选矿，1998（6）

28 Tzeferis P G. Mineral Leaching of Nonsulphide Nickel Ores Using Heterotrophic Microorganisms［J］. Letter of Applied Microbial, 1994, 18（4）

29 Tzeferis P G. Leaching of Low-grade Hematite Laterite Ore Using Fungi and Biological Produced Acid Metabolities［J］. Int J Miner Process, 1994, 24

30 钟康年等．利用微生物生产磷肥［J］．化工矿山金属，1994（5）

31 US Pat 5246486

32 BR 9203400

33 KR 9311267

34 王军，钟康年．细菌对硫化矿可浮性影响的研究［J］．国外金属矿选矿，1996（5）

35 刘汉钊，张承奎．生物浮选法的发展与方向［J］．国外金属矿选矿，1998（11）

36 王文生，魏德洲，郑龙熙．微生物在矿物表面吸附的意义及研究方法［J］．国外金属矿选矿，1998（3）

37 Neufeld R T, *et al.* Cell Surface Measurements in Hydrocarbon and Carbonhydrate Fermentations［J］. Appl Env Microbiol, 1980, 39：511～517

38 Ohmura N, Saiki H. Desulfurization of Coal by Microbial Column Flotation［J］. Biotechnol and Bioeng, 1994, 44：125～131

39 Smith R W, *et al.* Microorganisms in Mineral Processing［C］. Proceedings of the 19th IMPC, 1995, 12：87～90

40 王金祥．我国难浸浸矿细菌氧化技术开发研究现状［J］．湿法冶金，1997，61（1）

41 Crundwell F. The Formation of Biofilm of Iron-oxidising Bacteria on Pyrite［J］. Mineral Engineering, 1996, 9（10）

42 Marshall K C. Bacterial Adhesion in Natural Environments. In：Microbial Adhesion to Surface［M］. New York, Aoademic Press, 1980

43 Mark C M, Van Loosdrecht, *et al.* The Role of Bacterial Cell Wall Hydrophobicity in Adhesion［J］. Applied and Environmental Microbiology, 1987, 8：1893～1897

44 Darryl R, Absolom, *et al.* Surface Thermodynamics of Bacterial Adhesion［J］. Applied and Environmental Microbiology, 1983, 7：90～97

45 邱冠周等．近年浮选进展［J］．金属矿山，2006（1）

46 Dubel J. Microorganisms as Chemical Reagents：the Hematite System［J］．Minerals Engineering，1992（5）：547～556

47 Doyle R J. Surfactant Based Microbial Enhanced Oil Recovery［J］．American Society for Microbiology，1990（3）：75～105

48 潘冰峰，徐国梁，施邑屏．生物表面活性剂产生菌的筛选［J］．微生物学报，1999（6）：32～36

49 Bala G A. Surfactant Based Microbial Enhanced Oil Recovery［J］．Mineral Bioprocessing，1991（4）：121～131

50 Solozhenkin V，Kolesova Y. Microorganisms and Flotation［J］．Tsventnye Metallurgy，1998（7）：20～23

51 Atkin A S. A Study of the Suppression of Pyrite Sulphur in Coal Froth Flotation by T ferrooxidans［J］．Coal Preparation，1987，5：1～13

52 Ohmura N，Saiki H. Desulfrization of Coal by Microbial Column Flotation［J］．Biotechnology and Bioengineering，1994，44：125～131

53 Attia Y A. Coal Slurries Desulphurization by Froth Flotation Using T f Bacteria for Pyrite Depression［J］．Coal Preparation，1987，5：15～37

54 Attia Y A，Elseky M，Ismail M. Enhanced Separation Pyrite from Oxidized Coal by Froth Flotation Using Biosurface Modification［J］．International Journal of Mineral Processing，1993，37：61～71

55 Capes C E，Darcovich K. A Hydrodynamic Simulation of Mineral Flotation［J］．Surface Chemical Effects for Coal-oil Agglomerate flotation. Ffuel and Energy Abstracts，1996，37：5～14

56 Kawatra S K. Depression of Pyrite Flotation by Microorganism as a Function of pH［J］．Proc of Processing and Utilization of High-sulful Coals. Elsevier Scientific Publishers，1993，6：139～147

57 邓述波等．微生物絮凝剂的研究和应用［J］．国外金属矿选矿，1998（1）：15～18

58 魏以和等．生物技术在矿物工程中的应用［J］．国外金属矿选矿，1996（1）：1～11

59 王军，钟康年．细菌对硫化矿可浮性影响的研究［J］．国外金属矿选矿，1996（5）：4～10

60 张明旭．利用微生物调整表面强化煤炭中细粒黄铁矿的脱硫技术［J］．国外金属矿选矿，1997（8）：24～28

61 Van Loosdrecht. Electrophoretic Mobility and Hydrophobicity as a Measure to Predict the Initial Steps of Bacterial Adhesion［J］．Appl Environ Microbiol，1984，47：495～499

62 Van Loosdrecht M C M. Pot M A，Heijnen J J. Importance of Bacterial Storage Polymers in Bioprocesses［J］．Water Science and Technology，1997，35：41～47

63 Smith R W. Microorganisms in Mineral Processing. Proceedings on the XIX IMPC［J］．Mineral Engineering，1995，16：87～90

64 Smith R W, Rubio J. Effect of mining Chemicals on Biosortion of Cu（Ⅱ）by the Non-living Biomass of the Macrophyte Potamogeton Lucens［J］. Mineral Engineering, 1999（12）: 255～260

65 CA 98, 1424576

66 CA 101, 147557

67 CA 103, 177511

68 Rogers R D. Biological Separation of Phosphate from Ore［J］. Mineral Bioprocessing Proceeding Conference, 1991, 219～232

69 汤树德等．高效溶磷黑曲霉菌株的筛选及溶磷机理与条件的研究［J］．微生物通报，1983, 10（5）: 201～204

70 Ryuichiro Kurane, *et al.* Agric Biol Chem, 1991, 55（4）: 1127～1129

71 仓根隆一郎．PPM, 1991（10）: 8～13

72 江慧修等．微生物学报，1993, 33（1）: 22～31

73 Watari J, *et al.* Agric Biol Chem, 1991, 55（6）: 1547～1552

74 王镇等．微生物学报，1995, 35（2）: 121～129

75 Endo T, *et al.* Agric Biol Chem, 1976, 40（11）: 2289～2295

76 Nakamura J, *et al.* Agric Biol Chem, 1976, 40（2）: 377～383

77 Takeda M, *et al.* Agric Biol Chem, 1991, 55（10）: 2663～2664

78 仓根隆一郎．PPM, 1991（4）: 7～12

79 仓根隆一郎．PPM, 1992（10）: 44～51

80 Mwaba C C. Application of Biotechnology in Mineral［C］. Metal Refining and Fossil-fuel Processing Industried, XⅧ IMPC. 1993

81 Karavaiko G I, Rossi G. Biogentechnology of Metals Manual［M］. Gentre for International Projects GKNT. Moscow, 1988

82 Ehrlich H L, Brierley C L. Microbial Mineral Recovery［M］. McGraw-Hill Publishing Co, New York, 1990

83 李兆龙等．生物絮凝剂［J］．上海环境科学，1991, 10（9）

84 WO 9422770

85 JP 06287649

86 Ohmura N, *et al.* Mechanism of Microbial Flotation Using Thiobacillus Ferrooxidans for Pyrite Suppression, Biotechnology and Bioengineering, 1993, 41: 671～676

87 Ohmura N, *et al.* Desulfurization of Coal by Microbial Column Flotation. Biotechnology and Bioengineering, 1994, 44: 125～131

88 孙家寿．世界生物处理矿山废水技术的进展［J］．国外金属矿选矿，1998（8）

89 Jeffers T H, *et al.* 利用含有生物的微球净化废水［J］．国外金属矿选矿，1996（9）

90 宇佐美昭次等．华大理工研报告，1979, 84: 33

91 Nishikana S, *et al.* Agric Biol Chem, 1985, 49: 1513

92 矢ケ崎诚ケ．发酵工学，1986，64：447
93 Sakamoto K，*et al.* J Ferment Bioeng，1989，67：266
94 Bahai A S，*et al.* 国外金属矿选矿，1995（1）：26～29
95 余成．国外选矿快报，1994，23：1～5
96 孙家寿．环境工程，1990，8（4）：7～11
97 孙家寿等．有色金属（选矿部分），1994（1）：18～21
98 孙家寿．湖南有色金属，1993（1）：52～56
99 盐田胜夫．バィオ高分子研究法（4）［M］．学会出版ヤソタ，1989
100 国吉信行等．日本矿业会志，1985，11：1～10
101 宇佐美昭次等．水处理技术，1990，31（11）：1～9
102 Dun Can D W，*et al.* Trans Can Int Mining and Metals，1996，69：329～333
103 Murrl E. Minerals Sci Eng，1981，12（3）：121～129
104 王敦华．第二届全国磷矿选矿会议论文集．1991，宜昌
105 程忠．环境科学与技术，1990（2）：8
106 邱冠周，伍喜庆，王毓华，等．近年浮选进展．金属矿山，2006（1）
107 郑元景．生物膜法处理废水［M］．北京：中国建筑工业出版社，1986
108 US Pat 5122290
109 CA 117，194678
110 李红，张爱云．微生物在矿物工程环境保护中的意义．国外金属矿选矿，1998（4）
111 Ledin M，Pedersen K. The Environmental Impact of Mine Wastes-roles of Microorganisms and their Significance in Treatment of Mine Wastes［J］．Earth Science Review，1996，41：67～108
112 索马桑德兰 P 等．矿物加工中的生物药剂的应用［J］．国外金属矿选矿，2000（11）
113 杨慧芬，张强，王化军．微生物选矿药剂的应用研究现状及发展方向［J］．矿产综合利用，2001（1）
114 Misra M，*et al.* Bioflocculation of Finely Divided［J］．Minerals Bioprocessing，1991：90～103
115 Misra M，*et al.* Kerogen Aggrefation Using a Hydrophobic Bacterium［J］．Minerals Bioprocessing，1991：133～140
116 吴海杰，刘志奎等．高效微生物处理含胺选矿药剂生产废水试验研究［J］．化工矿物与加工，2005（8）
117 孔荟．日本矿山废水的治理［J］．冶金矿山设计与建设，1998（5）
118 维戈利奥 F 等．综合回收金属的生物吸附法［J］．国外金属矿选矿，1998（12）
119 Aksu Z，*et al.* Investigation of Biosorption of Cu（Ⅱ），Ni（Ⅱ）and Cr（Ⅵ）Ions to Activated Sludge Bacteria［J］．Environ Technol，1991，12：915～921
120 Aksu Z，Sag Y，Kutsal T. The Biosorption of Copper（Ⅱ）by C vulgaris and Z Ramigera［J］．Tnviron Technol，1992，13：579～586
121 Gadd G M，De Rome L. Biosorption of Copper by Fungal Melanine［J］．Appl Microbiol

Biotechnol, 1988, 29: 610 ~ 617

122 Gadd G M, White C, De Rome L. Heavy Metal and Radionuclide Uptake by Fungi and Yeasts. In: Norris P R, Kelly D P (eds), Biohydrometallurgy. A Rowe, Chippenham, Wilts, UK, 1988

123 Nourbakhsh M, *et al.* A Comparative Study of Various Biosorbents for Removal of Chromiun (Ⅵ) Ions from Industrial…

124 Mattuschka B, Straube G. Biosorption of Metals by a Waste Biomass [J]. J Chem Technol, 1993, 58: 57 ~ 63

125 Fourest E, Roux J C. Heavy Metal Biosorption by Fungal Mycelial By-products: Mechanism and Influence of pH [J]. Appl Microbiol Biotechnol, 1992, 37: 399 ~ 403

126 Kuyucak N, Volesky B. Biosorbents for Recovery of Metals from Industrial Solutions [J]. Biotechnol Lett, 1988, 10 (2): 137 ~ 142

127 Cabral J P S. Selective Binding of Metal Ions to Pseudomonas Syringae Cells [J]. Microbios, 1992, 71: 47 ~ 53

128 Holan Z R, Volesky B. Biosorption of Lead and Nickel by Biomass of Marine Algae [J]. Biotechnol Bioeng, 1994, 43: 1001 ~ 1009

129 Holan Z R, Volesky B, Prasetyo I. Biosorption of Cadmium by Biomass of Marine Algae [J]. Biotechnol Bioeng, 1993, 41: 819 ~ 825

130 Huang C P, Morehart A L. The Removal of Cu (Ⅱ) from Dilute Aqueous Solution by Saccharomyces Cerevisiae [J]. Water Res, 1990, 24: 433 ~ 439

131 Tsezos M. The Role of Chitin in Uranium Adsorption by R Arrhizus [J]. Biotechnol Bioeng, 1983, 25: 2025 ~ 2040

132 Tsezos M, Volesky B. Biosorption of Uranium and Thorium Biotechnol [J]. Bioeng, 1981, 23: 583 ~ 604

133 Venkobachar C. Metal Removal by Waste Biomass to Upgrade Wastewater Treatment Plants [J]. Sci Technol 1990, 22: 319 ~ 320

134 Volesky B. Removal of Heavy Metals by Biosorption. In: Ladisch M R, Bose A (eds), Harnessing Biotechnology for the 21st Century [M]. American Chemical Society, Washington D C, 1992

135 Sakaguchi T, Nakajima A. Accumulation of Heavy Metals such as Uranium and Thorium by Microorganisms. In: Smith R W, Misra M (Editors), Mineral Bioprocessing [M]. The Minerals, Metals and Materials Society, 1991

136 拉塔拉杨 K A. 矿物微生物诱导浮选和絮凝 [J]. 国外金属矿选矿, 2004 (9)

137 周桂英, 张强, 曲景奎. 煤炭微生物预处理浮选脱硫降灰的试验研究 [J]. 矿产综合利用, 2004 (5)

138 童雄等. 镇源浮选金精矿细菌氧化——硫脲浸金的试验研究 [J]. 国外金属矿选矿, 1998 (4)

第15章 矿物加工相关药剂

矿物加工药剂系指用选矿及其他方法对矿物进行富集及其相关作业处理过程中使用的药剂。主要包括浮选用捕收剂、起泡剂、调整剂（抑制剂、活化剂、介质pH值及黏度调整剂、消泡剂、分散剂、选择性絮凝剂）以及电选、磁选和重选用药剂，化学选矿用药剂（浸出剂、萃取剂、离子交换及膜分离药剂），特殊选矿用药，大洋多金属结核矿处理用药等。

广义而言，矿物加工药剂还包括磨矿助剂，固液分离脱水过滤助剂，凝聚与絮凝药剂、乳化剂、破乳剂以及与矿物加工紧密相关的粉尘控制剂、抗结块剂、黏结剂、阻垢防垢剂、防腐防蚀剂、防冻剂、抗静电剂和矿物深加工提纯、超微粉碎、非金属矿物及产品表面改性药剂以及三废治理与综合利用药剂（特别是水及固体废弃物的处理等污染治理）等。

除了本书前述各章和后续各章介绍的矿物加工药剂外，本章将对各章未予涉及的药剂有选择的作简要介绍，以便对“矿物加工药剂”的概况作一个较为全面的介绍。

15.1 电选药剂

电选药剂（electrostatic separation agent）就是通过改变固体矿物表面电性能，提高电选的选矿效率所用的选矿药剂。

在矿物的固体表面存在着由多个分子层组成的吸附层时，被吸附的物质会显示出自己的表面能结构，它将直接影响矿物表面的电导率。电选正是依据矿物表面能结构的电导率的差异实现矿物的分选。因此，利用温度和湿度的联合效应，调节矿物表面能结构是改变或改善电选指标的重要方法。为此，务必找到能改变两种或两种以上矿物表面能电性结构，扩大带电相的不同固体矿物行为差异的方法。选择适当的药剂可以达到这一目的。使用选择性吸附药剂处理矿物表面，清除表面的杂质污染，或使之形成新的化合物以改变固体矿物表面能结构，及分选矿物之间的电导率差异，达到电选有效分离矿物的目的。

电选药剂分为有机和无机两类。带极性基团的有机电选药剂，通过其在矿物表面的化学吸附和黏着，能使矿物表面由亲水变为疏水，或者是减少吸附水的量，因而降低矿物表面的电导率；无机电选药剂则可以和矿物表面产生化学作用，形成新的化合物层，也可以选择性地阻止有机药剂在某些矿物表面的吸附和黏着。可见，利用两类药剂的特性和作用，将有机和无机两种药剂进行有选择的组合，混合使用药剂对电选更为有利。

意大利人 Alfano G 等曾在重晶石和石英电晕带电的电选试验中发现，在调节温度及湿度的许多试验条件中，两种矿物都显示出相似的特征；而只有在使用十二烷基硫酸盐调整矿物的表面能之后，才能显示差异，改变它们的电导率，经电选（电动滚筒分选器）分离，重晶石精矿品位可达95.20%，回收率为90.2%，有效实现了分选目的（室温，空气相对湿度约75%，药剂用量为1200g/t）。

同样在钾盐镁矾和岩盐混合物等的电选中也得到证明。研究电物理参数与电选之间的相互关系，预测矿物在电选中的特性，充分利用温度和湿度的联合效应及药剂的作用调整固体矿物表面能是实现选择性分离的重要途径。在不少矿物中，使用药剂调整和改变矿物表面的电导率显得尤为重要。

电选药剂可以是阴离子型的烷基羧酸盐类和烷基硫酸盐类等药剂（如 pamak 4）或是阳离子胺类药剂（如十二胺）以及无机化合物类药剂。

15.2 磁性矿物加工用药剂

不少磁性矿物加工都离不开化学药剂，其中分散剂就是最通用的，例如磁选不论是干选或湿法磁选，为了提高磁分离效率，使微细粒矿物在分选时不至于发生絮团，保持良好的分散细粒状，就需添加分散剂，这些分散剂有无机物及有机物（见第12章、第13章相关内容）。

15.2.1 磁性药剂（载体磁选）

低品位细泥矿物的回收一直是矿物加工的一个重要课题，对易流失的低品位细泥矿物的回收，有许多方法，如柱浮选、剪切絮凝浮选、载体浮选、双液浮选、离子浮选和沉淀浮选等，实践证明对贫细矿物的回收利用都是有成效的。应用磁分离技术也是有效的。磁分离法处理微细粒物料的关键是在磁选前或磁选过程中通过选择性提高要回收的目的矿物或要除去的非目的矿物颗粒的磁性，利用磁性差异来实现矿物与脉石的分离。

某些矿物可以通过化学法如焙烧或还原来转变成磁性相，从而增加磁性。焙烧或还原过程是基于矿物表面的化学反应或热反应，以使目的矿物在反应中转变成磁性成分；另外，可以通过微波或 X 射线等外部能选择性地增强要处理的目的颗粒的磁性。如利用高能微波辐射来增强煤中的黄铁矿磁性，其原理是煤中黄铁矿受到微波辐射后温度升高从而转变成单斜晶系的磁黄铁矿，再通过高梯度磁选除去煤中的黄铁矿。但也不是所有物质都可以通过化学方法来增强磁性，而且化学法处理成本高，操作条件难以控制，因此研究了采用物理方法增强目的矿物颗粒磁性的方法，即把磁性载体添加到颗粒的悬浮液中去，通过目的颗粒和添加的磁性颗粒选择性黏附来提高目的矿物颗粒的磁选，再通过磁选的方法即可回收或除去目的颗粒，这就是载体磁选。研究表明，一个颗粒即使含有很少量（小于1%）的强磁性物质如磁铁矿，其磁化率将会大幅度上升。已经算出非磁性颗粒中含有体积分数0.01%～0.1%的磁铁矿，就足够利用传统的强磁选机加以回收。

磁性载体可以是：磁矩较大的离子如铒、镧离子等，大的磁性颗粒，细颗粒磁种，磁性药剂等。大粒磁性颗粒作为载体时，调节矿浆中的离子、矿浆pH值等，从而改变目的矿物表面的电性，使载体颗粒和目的矿物颗粒相结合。在瑞典某铬铁矿矿泥（<10μm）体系中加入粗粒（-53μm+38μm）的铬铁矿载体，铬铁矿的回收率和品位得到大大提高。细粒磁种在特定的条件下黏附于非磁性或弱磁性细颗粒上，形成磁絮团，因此在较低的场强下即可回收。这种工艺常加入表面活性剂，利用疏水性和磁性的交互作用组合，在高剪切速度作用下，增强颗粒的选择性团聚。这种选择性异质团聚可能是由于四种作用力的结果，即电解质团聚、疏水键合、聚合物桥联和磁力黏结。Parrsonage等对这项技术在矿物分选领域的应用进行了评述。在油酸钠存在的条件下，通过用细粒胶体磁铁矿的选择性团聚，再用高梯度磁选机分选，可使超细粒赤铁矿有效地富集。油酸盐被用来诱发赤铁矿和磁铁矿颗粒之间的疏水性异质（多相）团聚。这表明具有亲固疏水作用的化学药剂对磁分离也是必要的。此外，氧化铁矿的残余磁化作用是影响团聚过程的另一因素，强烈搅拌是造成矿粒之间有效接触的主要因素。试验表明，高梯度磁选机在适宜的矿浆流速下，相当低的磁场就足以回收用胶体磁铁矿接种的超细粒赤铁矿。

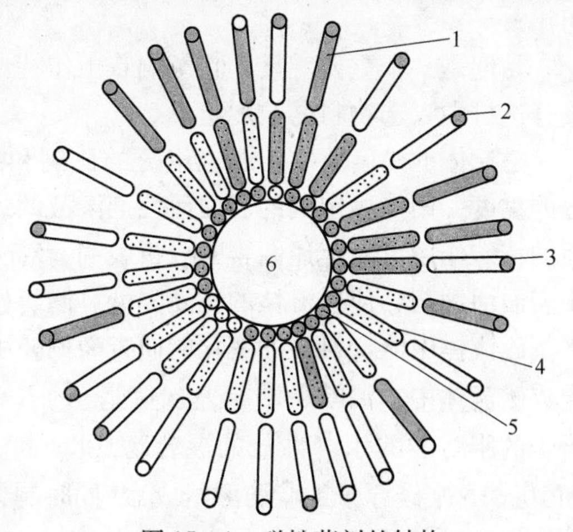

图15－1 磁性药剂的结构

1，4—外、内层表面活性剂；2，5—亲和目的矿物与亲和磁核的官能团；3—疏水端；6—磁核

磁性药剂是由磁性物料与表面活性剂组合而成的（如图15－1所示）。运用符合胶体稳定性的双表面活性剂层原理，设计出具有第一及第二表面活

性剂层的磁铁矿颗粒（铁磁流体）。这些铁磁流体在磁记录装置、磁性墨水、选矿、能量转换器、磁性盐水、淡化器和细胞分离等方面的潜在应用价值，推动了铁磁流体制备新方法的发展。把这种磁流体加入待选物料体系，磁性药剂选择性地吸附于目的矿物上，再进行高梯度磁选即可达到分离的目的。磁性药剂对微细粒的选择性及颗粒之间的疏水作用所依赖的因素与影响矿物分选技术中的疏水团聚及剪切絮凝的因素是相似的。磁性药剂在矿物分选、废水处理、煤的脱硫及生物技术上得到了广泛的应用。Owen在其研究中叙述了生物细胞磁选方法。红细胞试验清楚表明，使用胶体磁性药剂标识悬浮液中的细胞的可行性及简易性，利用高梯度磁滤器即可迅速把细胞固定在过滤介质上。对白细胞而言，利用这种简单而迅速的工艺，可以除去99%的标识细胞。利用磁性药剂和高梯度磁选相结合还可以实现蛋白质的定量标定、DNA分离与确定、蛋白酶的固定、纤维素的确定和光氨酸的提取。对含磷酸盐及重金属的流量为$10m^3/s$的水流进行处理，首先进行沉淀絮凝，然后加入磁性药剂同污染物团聚，再进行高梯度磁选取得了良好的效果。目前，磁性药剂还没有在分选矿物工业上得到广泛应用，主要是药剂的制备成本高，磁核外围用何种药剂及药剂的稳定性问题仍没得到很好解决。但这是一个方向。

15.2.2 磁流体用药

在磁—重分选中，用煤油和水基磁铁矿作为磁性单元，流体在磁场中的稳定、低黏度和高密度，价格相对低是极为重要的参数，而使用药剂与黏度等密切相关。

黏度是一个重要变量，它影响着工作特性，如操作性能、分选精度和磁—重分选机中入选物料的粒度组成。

磁流体的黏度取决于磁性组分的比例和品级、温度、pH值、液体主要成分的黏度，用作稳定剂的表面活性剂溶液的黏度，以及表面活性剂与磁铁矿表面的特殊作用。对上述因素的分析表明，对主要成分相同的磁流体，使用和改变表面活性剂会使磁流体的黏度降低，磁特性保持不变，或者还有所改善。对水基磁流体中流变特性的变化的研究表明，下述表面活性剂可作为稳定剂加入合成磁流体中：油酸、1-羟基次烷基-1，1-双膦酸和烷基链中含6~13个碳原子的脂肪酸的水溶性盐的混合物（flotol）、合成脂肪酸SFA（由含10~13和10~16个碳原子的脂肪酸组成）。同时制备好相同浓度和pH值的表面活性剂标准溶液。黏度测定的结果示于表15-1所列，从中可看到表面活性剂溶液和磁流体两者同时发生的变化。

表 15-1 表面活性剂溶液和含此药剂的磁流体的黏度

表面活性剂	黏度/Pa·s	
	表面活性剂溶液	磁流体
油 酸	1.4	1.9
flotol	0.9	1.4
SFA（10~13）	1.0	1.6
SFA（10~16）	1.1	1.8

有外磁场存在时，黏度取决于磁流体的磁化和颗粒的非均质性。在磁场中黏性摩擦系数明显增大，增大比例随所用的表面活性剂类型而异。进而言之，施加磁场时，不同磁流体的黏性系数变化很大。例如，含 flotol 的磁流体和含油酸的磁流体的变化方向相反。含 flotol 磁流体的电子扫描显示，磁铁矿颗粒较粗是这种磁流体的特征（表 15-2 所列）。与含油酸的磁流体相比，磁铁矿颗粒在磁流体中的百分比最大时，其磁铁矿颗粒的直径也较大。由于这个原因，在含 flotol 的磁流体中施加磁场，会形成磁结构（在光学显微镜下清晰可见），使黏度产生相应的变化。

表 15-2 磁流体中磁铁矿的粒度

颗粒直径/nm	颗粒占总数的百分比/%	
	含油酸磁流体	含 flotol 磁流体
2.8	0.9	
4.2	5.2	
6.3	8.8	2.8
7.0	8.8	5.2
7.7	22.1	4.9
8.3	12.7	12.6
9.0	13.5	14.8
10.41	7.7	13.8
13.2	5.7	24.4
13.9	5.8	6.1
16.0	2.5	2.2
18.6		3.8

续表 15-2

颗粒直径/nm	颗粒占总数的百分比/%	
	含油酸磁流体	含 flotol 磁流体
20.0		1.8
24.0		0.9
29.0		1.1

虽然改变表面的活性剂能调整磁流体流变性质，但要充分估计到，不仅表面活性剂是溶液黏度的主要参数，而且表面活性剂与磁铁矿作用的特性决定着磁性组分粒度的差异，导致在磁场中形成不同的黏度值。

15.2.3 磁种分选法用药

15.2.3.1 选择性磁种絮凝法

选择性絮凝法是分选细粒矿物的一种有效方法。若在分散的微细粒矿物悬浮液中加入磁种（磁铁矿），再用高分子絮凝剂絮凝，絮凝剂在磁铁矿物表面上吸附，或者磁铁矿在絮团内夹杂形成磁性絮团，再用磁选法得以把絮团分离出来。这一方法已经在污水净化中得到应用。

Iwasak I 把细磨的磁铁矿加到赤铁矿和石英的悬浮液中进行絮凝（用絮凝剂），赤铁矿和磁铁矿产生共絮凝，而石英则保持分散状态，所得絮团具有强磁性，可用磁选法与石英分选。

罗家柯等对包头铁矿石研究了选择性絮凝脱泥新工艺，其实质是给矿中必须含有（或者外加）一定量（约 20%）的细磨磁铁矿；其次是矿石必须细磨，小于 0.037mm 粒级含量为 65% 以上，添加必要的水玻璃，并要求矿浆 pH 值大于 6.5。

工艺流程是原矿细磨后，经稀土萤石混合浮选作业，浮选尾矿进一步细磨，磨矿中加入水玻璃和氢氧化钠，磨矿产品经过多段闭路脱泥，一段脱泥尾矿丢弃，各段中矿顺序返回上一作业，最后一段脱泥底流即为铁精矿。由于原矿中含有磁铁矿，所以不用外加磁铁矿。

半工业试验指标为：铁精矿品位 63.44%，回收率 82.91%。

为了探索细粒嵌布的弱磁性铁矿物的选别途径，进行了单矿物选择性磁种絮凝方法的研究：所用单矿物为镜铁矿、褐铁矿、菱铁矿，细度分别为小于 0.040mm 粒级占 83.2%、86.0% 和 82.7%，铁品位分别为 57.50%、48.28%、36.58% 与 100% 小于 0.040mm 粒级的石英按质量比 1∶1 相混，得到的人工混合矿石铁品位分别为 28.75%、24.14%、18.29%。用化学试剂四氧化三铁为磁种，粒度为小于 10μm 粒级占 87.10%。常规的选择性絮凝与选择性磁种絮凝研究结果对比列于表

15-3 中。从表 15-3 中可看到，磁种的引入可提高选择性絮凝的分选效果。磁种絮凝法比常规絮凝法分选效率提高一倍以上；对于镜铁矿-石英体系，在回收率不变的情况下，可使精矿品位绝对值提高 17.02%（相对数值为 38.42%），品位达到 61.32%。对褐铁矿-石英及菱铁矿-石英体系效果亦明显，因而，磁种絮凝法是一种分选弱磁性铁矿物的有希望的途径。

表 15-3 弱磁性铁矿物-石英体系选择性絮凝和磁种絮凝法选别指标比较

体 系	选择性絮凝				
	絮凝剂	絮凝剂质量分数/%	品位/%	回收率/%	分选效率/%
镜铁矿-石英	F-8	1×10^{-4}	44.30	73.42	28.06
褐铁矿-石英	F-5	3×10^{-4}	33.54	78.12	16.82
菱铁矿-石英	F-8	3×10^{-4}	22.66	83.28	15.24

选择性磁种絮凝										
粗 选				精 选				品位/%	回收率/%	分选效率/%
絮凝剂	絮凝剂质量分数/%	（给矿的质量分数/%）磁种用量	背景场强/T	絮凝剂	絮凝剂质量分数/%	（给矿的质量分数/%）磁种用量	背景场强/T			
F-8	1×10^{-4}	1	0.0600	F-8	1	1	0.06	61.32	73.42	57.34
F-5	3×10^{-4}	3	0.1400	无精选				39.18	88.81	37.42
F-5	3×10^{-4}	4	0.1200				0.12	34.89	70.80	37.72

注：试验条件：pH=10.5，水玻璃 600×10^{-4}%，碳酸钠 100×10^{-4}%，矿浆质量分数 2%。

磁种絮凝法是在磁种与目的矿物共絮凝后用磁选分离，较之常规选择性絮凝法有其优点。这在于用磁种絮磁法不一定要产生大的、快速沉降的絮团，因而在搅拌时，可应用较高的剪切速度，高的剪切力有助于降低絮团中脉石的夹杂，可改善品位，也可避免由于粗的脉石颗粒与絮团一起沉降时，使絮凝精矿品位降低的问题。

原苏联的 Shrader E A 等提出细粒铁矿石的絮凝磁选。原苏联的米卡洛夫斯基（Michailovsky）矿床的矿石由赤铁-假象赤铁矿和残留有磁铁矿、铁氢氧化物、硅酸盐、碳酸盐的假象赤铁-赤铁矿变种组成。玉米淀粉是这种矿石有效的选择性絮凝剂。也试验了下列一些絮凝剂，如质量分数 6%～8% 凝胶形式的聚丙烯酰胺（PAA）、聚乙烯氧化物（PEO）、聚乙烯醇 PVS18/11、Superfloc A 130LMW、阳离子絮凝剂 VA-2（聚合四乙烯基 N 苄基三甲基铵氯化物）、甲基丙烯酸衍生物、水解聚丙烯腈和活化硅酸（详见第 18 章）。

试验证明，活化硅酸效果好。由于活化硅酸引起的絮凝，在 pH > 10 时才开始，故在絮凝之前用苛性钠调整 pH 值。

絮凝磁选试验在 Michailovsky 选厂的试验厂进行，处理量为 50t/h，矿石经两段磨矿两段磁选，一段磨至小于 45μm 粒级占 75% ~78%，一段磁选精矿及尾矿分级后的沉砂合并送入二段磨矿磨至小于 45μm 粒级占 94% ~96%，分级溢流浓缩后的沉砂选择性絮凝后用磁感强度为 0.86T 的 DR - 317 型磁选机磁选。每吨原矿苛性钠用量为 2.6kg，活化硅酸为 0.22kg，由于在流程中引入絮凝磁选，最终精矿品位提高 2.3%，回收率提高 4.2%。

15.2.3.2 *磁种选择性吸附法*

Parsonage 研究了磁铁矿在碳酸盐上选择性磁罩盖，从磷酸盐矿物中分选方解石和白云石，若与表面活性剂如油酸钠合用，则所需磁铁矿量可降低。说明具有相似润湿性的不同矿物，可用选择性磁罩盖（磁种法）配合药剂而达到分离，这可用胶体稳定性原理解释。悬浮液的胶体稳定性与使用药剂有关，为胶体化学与表面化学原理、作用所影响。用合成的或细磨的天然磁铁矿作磁种在试验室和半工业试验规模均进行过研究，关键是用改变动电位及表面活性剂吸附的办法，控制矿物微粒间的相互作用。

松全元以酒钢强磁尾矿为对象，研究磁种选择吸附分选法。酒钢桦树沟铁矿石矿物组成复杂，矿石主要为细粒嵌布的条带结构，属弱磁性含铁矿石。含铁矿物有：镜铁矿、褐铁矿、菱铁矿等；主要脉石矿物为石英、重晶石、白云石、碧玉等。占原矿约 45% 的粉矿，用强磁处理，取得了精矿品位 47% ~48%，回收率 65% ~70% 的生产指标，后来尽管对聚磁介质进行了改进，但回收率仍然不高，其主要原因是微细粒级别的损失造成的。

首先进行了小于 0.040mm 粒级的镜铁矿、石英、重晶石、白云石单矿物磁种分选可选性研究，所用磁种为化学试剂四氧化三铁。研究结果表明：(1) 镜铁矿在 pH = 6.5 附近有最高回收率；(2) 磁种用量对矿物回收率有直接影响；(3) 六偏磷酸钠可调整分选效果。

根据上述研究结果的最佳条件，对镜铁矿-石英、镜铁矿-重晶石、镜铁矿-白云石体系进行研究，得出了镜铁矿与单独脉石的分离条件，六偏磷酸钠的加入能显著改善磁种在镜铁矿和石英上黏附的选择性。当磁种用量质量分数为 2%，六偏磷酸钠用量为 125g/t 时，一次选别获得铁精矿品位 53.18%、回收率 74.57% 的指标；同时，六偏磷酸钠对重晶石也有较强的抑制作用，当磁种用量质量分数为 2%，六偏磷酸钠用量为 125g/t 时获得铁精矿品位 47.17%，回收率 72.28% 的指标；但六偏磷酸钠使磁种在镜铁矿和白云石上的选择性不强，使得精矿品位和回收率较不加时都有所下降。然而酒钢尾矿中白云石量比石英、重晶石量少得多，所以镜铁矿同石英、重晶石、白云石混合脉石的分离是可能的。

按照酒钢强磁尾矿中铁矿物及脉石含量比进行镜铁矿与石英、重晶石、白云石混合矿石磁种分选研究，分选结果表明，在六偏磷酸钠用量为150g/t，磁种质量分数为1%，背景场强为60000A/m（750Oe）时，用钢毛管进行分选，一次粗选获得精矿品位45%、回收率89%的指标。当采用一粗一精一扫流程，获得精矿品位50.43%、回收率85.17%的指标。

利用上述试验条件，对酒钢强磁尾矿进行选别。矿样取自酒钢强磁尾矿，含铁品位为18.26%，选别结果见表15-4。

表15-4 酒钢强磁尾矿磁种分选法选别结果

磁种用量（给矿的百分数）/%	六偏磷酸钠用量/$g \cdot t^{-1}$	产品	品位/%	回收率/%
—	—	精矿	53.13	45.53
		尾矿	12.38	54.47
—	—	精矿	43.64	75.03
		尾矿	7.01	24.92
1	200	精矿	47.28	80.25
		尾矿	5.63	19.75

因而，当六偏磷酸钠用量为200g/t，磁种质量分数为1%，背景场强60000A/m（750Oe）的条件下进行分选，精矿品位达到47.23%，回收率达到80.25%。与空白试验相比，回收率提高34.72%，精矿品位有所降低；与不加六偏磷酸钠相比，精矿品位提高3.64%，回收率提高5.17%。可见，磁种的作用是明显的，六偏磷酸钠对脉石矿物也有较强的抑制作用。采用一粗一精一扫流程，精矿品位达到51.33%，回收率为76.12%。精矿品位偏低，是由于酒钢强磁尾矿中细级别含量大，小于30μm粒级含量超过80%，在铁矿物上产生矿泥覆盖，在选别过程中，脉石矿物也会黏有部分磁种，经磁选进入精矿产品，而使精矿品位偏低。

此外，贝尔格莱德大学（塞尔维亚）Igniatoric R等报道了用强磁场磁选机从铜矿石中分离黄铁矿时，使用有机表面活性剂对矿物进行预处理，可降低矿浆中水介质的表面张力，提高分选效果，除去黄铁矿。所用表面活性剂的类型通式为：

$C_nH_{2n+1}-C_6H_4-SO_3Na$

烷基苯磺酸钠

$C_nH_{2n+1}-C_6H_4-CH_2-(CH_2CH_2O)_n-H$

烷基苄基聚乙烯醇

15.3 重液

以重液为介质的重力选矿是按照阿基米德原理进行的。在分选密度不同的矿物时，利用它们之间的密度差，选择一种适当的重液，其密度介于两种矿物密度之间，从而达到分选的目的。

新型重介质的研制引起人们的重视。澳大利亚矿物工业研究协会（AMIRA）研制出一种称为LST的新型无毒性重液。LST是一种钨的多价阴离子化合物的水溶液，它溶于丙酮、水和甲醇，很容易从矿物中冲洗干净。它在黏度与四溴乙烷近似条件下达到所要求的密度。因此它是一种很有潜力的能代替目前实验室使用的三溴甲烷和四溴乙烷等有机重液的新型无毒性重液，并有希望在工业生产上推广应用。LST重液容易回收再用，在其沸点前具有热稳定性，无蒸发耗散，保持微弱酸性但无腐蚀性。目前澳大利亚一些矿产公司在用它进行各种矿物的分选试验并对其毒性进行单独的评价。结果表明，除海滨砂矿外，LST还可用于回收金刚石、锡、钛、铁、锰矿石、铬铁矿和磷酸盐。英国Nottingham大学Rhodes等人开发出另一种新型的重介质，它是在多钨酸钠（SPT）的水溶液中添加细粒硅铁制成的。多钨酸钠无毒，其水溶液的最大相对密度为3.1g/cm^3，添加硅铁后的最大相对密度可达4.0g/cm^3，后者在黏度和稳定性方面都较好。用相对密度为2.75g/cm^{3}的多钨酸钠溶液与不同比例的细粒硅铁配成相对密度为2.75、3.25、3.74、4.18g/cm^{3}的悬浮液，在烧杯中进行粒度为8~4mm的铅矿石的浮沉试验，其结果与逐个矿粒称重测定密度的结果非常吻合。多钨酸钠-硅铁悬浮液对外界无化学作用，易于回收与再生。向溶液中添加少量的乙二胺四醋酸（EDTA），可防止钙离子置换钠离子而生成钨酸钙沉淀，有希望实现工业应用。

一些选矿用重液的物理常数列于表15-5，对人体的毒害列于表15-6。

15.4 化学选矿药剂

15.4.1 化学选矿与药剂

化学选矿是处理贫、细、杂等难选矿物原料的有效方法，其分选效率比物理选矿法高。但是化学选矿不论采用何种具体的工艺方法都离不开化学药剂，需要消耗相当数量的化学药剂（如浸出等），而且，对设备材质等相关技术条件、参数的要求都比一般选矿法高。所以化学选矿法通常仅是在单独使用物理选矿法，无法处理或者得不到可行的技术经济指标时，才采用化学选矿法。

近代化学选矿的发展与金、银、铀、铜和铝等矿物原料的化学处理密切相关。1887年用氰化法浸出提取金、银，开创了在矿山生产金的历史。奥地利

表 15-5 一些选矿用重液的物理常数

重液编号	重液名称	密度(25~4℃)/g·cm^{-3}	热膨胀系数(20~30℃)	沸点(0.1MPa)/℃	ΔH_p在沸点时/J·g^{-1}	凝固点/℃	质量热容/J·(g·℃)$^{-1}$	蒸气压(25℃)/Pa	黏度(25℃)/Pa·s	表面张力(20℃)/Pa	每百克水中的溶解度/g	水在该介质中的溶解度(每百克)/g	腐蚀速度①
1	甲酸铊-丙二酸铊溶液(克列里奇液)	4.3			539×4.18				31×10^{-3}				
2	甲酸铊溶液(85%)	3.39	0.454		539×4.18	22			2.7×10^{-3}	7.45	800		
3	四溴化锡	3.35(35℃/4℃)		202		30		5(58℃)×133.2			分解	分解	
4	二碘甲烷	3.3079	0.790	182	34.65×4.18	6.1	0.12×4.18	1.25×133.2	2.6×10^{-3}	6.244	0.124		
5	四溴乙烷	2.9529	0.634	243.5	33.64×4.18	0.1	0.12×4.18	1.02×133.2	9.6×10^{-3}	5.386	0.065(30℃)	0.04	30
6	三溴甲烷	2.887	0.91	149	37.2×4.18	8	0.13×4.18	5.8×133.2	1.8×10^{-3}	4.42	0.311		20
7	三溴氟甲烷	2.748		108	30.7×4.18	-73.9		33×133.2	1.5×10^{-3}	3.39	0.04(25℃)	0.02	22
8	1,1,2-三溴乙烷	2.6101	0.843	188.9	36.76×4.18	-29.3		0.78×133.2	3.5×10^{-3}	4.312		0.05	
9	二溴化锌溶液(78%)	2.539			539×4.18	-8		5.2×133.2	42.3×10^{-3}		482		
10	二溴甲烷	2.4832	1.05	96.95	44.88×4.18	-52.6	0.17×4.18	45.3×133.2	0.97×10^{-3}	3.989	1.1(25℃)	0.07	10
11	1,2-二溴-1,2-二氯乙烷	2.335		195	41.7×4.18	-13		0.74×133.2	3.7×10^{-3}	4.38		0.07	

续表15-5

重液编号	重液名称	密度(25~4℃)/g·cm^{-3}	热膨胀系数(20~30℃)	沸点(0.1MPa)/℃	ΔH_p在沸点时/J·g^{-1}	凝固点/℃	质量热容/J·(g·℃)$^{-1}$	蒸气压(25℃)/Pa	黏度(25℃)/Pa·s	表面张力(20℃)/Pa	每百克水中的溶解度/g	水在该介质中的溶解度(每百克)/g	腐蚀速度①
12	1,2-二溴-氯乙烷	2.246(25℃/25℃)		163.4	46.7×4.18	-25		3.1×133.2	2.4×10^{-3}	4.25		0.06	
13	二溴乙烷	2.1688	0.98	131.4	45.60×4.18	9.8	0.18×4.18	11.7×133.2	1.6×10^{-3}	3.851	0.417(25℃)	0.071	15
14	三氯溴甲烷	2.0013	1.10	104.7	38.4×4.18	-5.7		37×133.2	1.5×10^{-3}	3.13		0.006	
15	二氯化锌溶液(70%)	1.962(20℃/4℃)			539×4.18	5		12.7×133.2	42×10^{-3}		432		1
16	溴氯甲烷	1.9229	1.19	68.11	55.4×4.18	-88		147.2×133.2	0.63×10^{-3}	3.332	1.5	0.09	1
17	五氯乙烷	1.6712	0.912	161.04	44.2×4.18	-22	0.15×4.18	3.2×133.2	2.33×10^{-3}	3.56	0.047	0.24	
18	四氯乙烯	1.6145	1.02	121.0	50.0×4.18	-22.4	0.17×4.18	18.5×133.2	0.86×10^{-3}	3.133	0.015		
19	三氯乙烯	1.4554	1.17	87.08	56.4×4.18	-85.8	0.20×4.18	74.3×133.2	0.55×10^{-3}	2.928	0.11	0.02	<5
20	1,1,1-三氯乙烷	1.3306	1.26	74.1	52.44×4.18	-30.4	0.28×4.18	123.4×133.2	0.80×10^{-3}	2.54	0.130(25℃)	0.03	
21	二氯乙烷	1.2458	1.17	83.47	76.38×4.18	-35.7	0.31×4.18	80.3×133.2	0.79×10^{-3}	3.248	0.87(20℃)	0.15	
22	杜列液(碘化汞与碘化钾按质量比1.24:1配成)	3.19											

①腐蚀速度系指在25℃时，在湿的条件下，每年腐蚀软钢的1×10^{-3}in数。

表 15-6　一些重液的毒害

重液编号	重液名称	在沸点时稳定否	与蒸气一次接触，中毒程度	与蒸气多次接触，中毒程度	毒性临界限度/%	液体对皮肤的刺激作用	皮肤对液体的吸收作用	液体对眼睛的作用
1	甲酸铊-丙二酸铊溶液				0.1mg/m^3	严重	严重	
2	甲酸铊溶液(85%)				0.1mg/m^3	严重	严重	
3	四溴化锡		严重	严重	未定	严重	严重	严重
4	二碘甲烷	不稳			未定			
5	四溴乙烷	不稳	轻微	严重	1×10^{-4}	中等	中等	中等
6	三溴甲烷	不稳	严重	严重	25(估计)$\times10^{-4}$	轻微	中等	轻微
7	三溴氟甲烷	稳	严重	严重	未定	中等	严重	中等
8	1,1,2-三溴乙烷	中	严重	严重	未定	中等	严重	轻微
9	二溴化锌溶液(78%)					严重	轻微	严重
10	二溴甲烷	稳	中等	轻微	100×10^{-4}	中等	轻微	中等
11	1,2-二溴-1,2-二氯乙烷	中	严重	严重	5(估计)$\times10^{-4}$	中等	严重	轻微
12	1,2-二溴-氯乙烷	中	严重	严重	<5(估计)$\times10^{-4}$	轻微	严重	中等
13	二溴乙烷	稳	中等	严重	25×10^{-4}	中等	严重	中等
14	三氯溴甲烷	中	严重	严重	未定	中等	严重	轻微
15	二氯化锌溶液(70%)					严重	轻微	严重
16	溴氯甲烷	稳	中等	轻微	200×10^{-4}	轻微	轻微	中等
17	五氯乙烷		中等	严重	5(估计)	中等	中等	中等
18	四氯乙烯	稳	中等	轻微	100×10^{-4}	轻微	轻微	轻微
19	三氯乙烯	稳	中等	轻微	100×10^{-4}	轻微	轻微	轻微
20	1,1,1-三氯乙烷	稳	中等	轻微	500×10^{-4}	轻微	轻微	轻微
21	二氯乙烷	稳	中等	中等	100×10^{-4}	中等	中等	中等

人 Bayer 于 1888 年发明拜耳法和 20 世纪初处理铝矿物原料生产氧化铝的联合法先后用于工业生产。20 世纪 40 年代起，随着原子能工业的兴起与发展，用酸或碱直接浸出铀矿，生产铀化学浓缩物的工艺在工业上获得应用。从 1960 年后期起，酸浸、氨浸法处理次生铜矿，难选铜矿的离析处理，以及对物理选矿法产出的尾矿、中矿和混合精矿的处理和粗精矿除杂等都实现了工业应用与发展。当今化学选矿已被成功地用于处理诸多的金属矿物和非金属矿物原料，如铁、锰、钛、铜、锌、钨、钼、锡、金、银、钽、铌、钴、镍、铀、钍、稀土、铝、磷、石墨、金刚石和高岭土等固体矿物原料，也用于从矿坑水、废水及海水中提取有价成分。

在化学选矿中为了降低药剂消耗，减少三废对环境的污染，通常都尽量采用闭路流程，使药剂获得充分回收利用，或者采用化学-物理方法联合流程，以便充分有效而经济的利用资源。

15.4.2 浸出与药剂

浸出是化学选矿中常用的一种方法，是用化学溶剂做浸出剂选择性地溶解矿物原料中某目的组分的过程，从而达到矿物分离之目的。浸出剂的使用因浸出的方法而异。浸出方法分类如表 15－7 所列。

表 15－7 浸出方法分类

<table>
<tr><td rowspan="15">浸出方法</td><td rowspan="6">按浸出物料状态分类</td><td rowspan="2">渗滤浸出</td><td rowspan="2">在重压或压力作用下</td><td>堆浸</td></tr>
<tr><td>池浸（或槽浸）</td></tr>
<tr><td rowspan="4">搅拌浸出</td><td>机械搅拌浸出</td><td></td></tr>
<tr><td>压缩空气搅拌浸出</td><td></td></tr>
<tr><td>混合搅拌浸出</td><td></td></tr>
<tr><td>流态化（逆流）浸出</td><td></td></tr>
<tr><td rowspan="4">按浸出体系压力分类</td><td>常压浸出</td><td></td><td></td></tr>
<tr><td rowspan="3">热压浸出（浸出率高）</td><td>热压氧酸浸</td><td></td></tr>
<tr><td>热压氧氨浸</td><td></td></tr>
<tr><td>热压无氧浸出</td><td></td></tr>
<tr><td rowspan="5">按浸出剂分类</td><td rowspan="4">水溶剂浸出（使用酸碱盐）</td><td>酸 浸</td><td rowspan="4">包括氨浸、氯化浸出、碳酸钠浸出、苛性钠浸出、硫化钠浸出、氰化浸出、非氰浸出</td></tr>
<tr><td>碱 浸</td></tr>
<tr><td>盐 浸</td></tr>
<tr><td>水 浸</td></tr>
<tr><td>非水溶液浸出</td><td>用有机溶剂作浸出剂</td><td></td></tr>
</table>

在使用酸或碱浸出中，由于在矿石中含有大量的耗酸脉石，浸出时酸的用量大，费用比较高，为此，常采用碱浸出。

15.4.2.1 碱浸（氨浸）

A 铀

用湿法冶金处理铀矿石，其中包括铀矿石浸出，用溶剂萃取和离子交换法选择性富集铀金属。在萃取过程中发生形成配位络合物的络合反应。根据矿石的类型和其他因素，采用酸浸或碱浸铀金属。在氧化剂存在时碳酸钠或碳酸铵是常用的浸出剂。

通常，该法包括用浸出剂溶解 UO_2 精矿。用碱浸铀矿石时，通常在氧化剂过氧化钠存在情况下用碳酸铵的氨溶液对铀精矿进行碱浸，铀以络合的碳酸铀阴离子形式被提取。其典型的反应为：

$$UO_2+3CO_3^{2-}\text{（溶液）}+\frac{1}{2}O_2\text{（气）}+H_2O\longrightarrow[UO_2(CO_3)_3]^{4-}\text{（溶液）}+2OH^-\text{（溶液）}$$

4 价铀酸盐氧化为 6 价态，然后与 3 个碳酸根离子配位。用溶剂萃取或离子交换法回收铀的络合阴离子，在加压条件下用氢气从浸出的滤液中沉淀回收海绵铀。

B 镍和银等

氨是从矿石中提取某些金属的主要浸出剂。氨（NH_3）浸出已经实现了工业化。如在空气存在时用氨浸出铜、镍和钴的硫化矿。在该条件下，Co、Ni、Zn、Cu 和 Cd 以氨的络合物形式被溶解，而 Fe 留在渣中。

加拿大 Sherritt - Gordon 矿山用该法在有空气存在，180℃ 和 1013.3kPa（10atm）下，成功地浸出硫化镍浮选精矿（镍黄铁矿）。镍和其他伴生的钴、铜、锌和镉以氨的络合物形式进入溶液中。

$$M^{2+}\text{（溶液）}+4NH_3\text{（溶液）}\longrightarrow M(NH_3)_4^{2+}\text{（溶液）}$$

式中，M 为 Co、Cu、Zn 或 Cd 的 4 氨络合物。而镍主要形成 6 氨络合物（决定于操作条件）：

$$NiS+6NH_3\text{（溶液）}+2O_2\longrightarrow Ni(NH_3)_6^{2+}\text{（溶液）}+SO_4^{2-}\text{（溶液）}$$

银形成 2 氨络合物：

$$Ag^+\text{（溶液）}+2NH_3\text{（溶液）}\longrightarrow Ag(NH_3)_2^+\text{（溶液）}$$

而铁以氢氧化物形式在此沉淀出来：

$$Fe^{3+}\text{（溶液）}+3OH^-\text{（溶液）}\longrightarrow Fe(OH)_3\downarrow$$

Cr 或 Al 和 Fe 一样，形成氢氧化物沉淀，可用过滤法除去它们。络合物分别用 H_2 或 H_2S 从浸出水溶液中沉淀出 Ni 和 Co。这些可溶的金属络合物的形成可使它们与不溶的组分分开。然后用适当的沉淀方法再分离这些可溶的金属。在菲律宾 Marinduque 矿山该法已工业化了，用氨-碳酸铵加压浸出红土矿中的 Ni。氧化后在加压条件下用 H_2 从浸出过滤液中沉淀回收 Co 和 Ni。

15.4.2.2 卤化浸出

近年来对用卤化物介质从矿物、复杂矿石和渣中回收有价金属的兴趣越来越浓。熔炼炉中熔炼时，Ag 和 Pb 的损失大，在复杂硫化矿加压浸出时由于黄钾铁矾-银铁矾［（Pb，Ag）Fe_3（SO_4）$_2$（OH_6）］的形成，Ag 和 Pb 的损失也是一个突出的问题。最常用的氯化介质是盐酸（HCl）、氯化钠（NaCl）、氯化钙（$CaCl_2$）、氯化铁（$FeCl_3$）和它们的混合物。用氯化物介质回收有价金属的优点是：（1）氯化物在溶液中溶解度大；（2）氯化物浸出体系可产生元素硫副产品，它比火法冶金产生的 SO_2 对环境影响小；（3）形成金属氯络合物，可使通常不稳定的金属组分（如 Cu（Ⅱ））离子稳定。

银、铅和铜的氯化物不溶于水。但是，特别有趣的是，在热的浓氯化物溶液中，这些化合物具有较高的溶解度。因此，氯化物水溶液通常用于提取氯络合阴离子：$AgCl_2^-$、$AgCl_3^{2-}$、$PbCl_4^{2-}$、$CuCl_2^-$ 和 $CuCl_4^{2-}$。

王升等人报道了用酸化的盐水在 80℃ 处理金矿石浸渣，获得 AgCl 和 $PbCl_2$ 可溶的络合物，可将留在渣中的金很好分开。再用铁（粉）置换回收银和铅；Vinals 对含有铅黄钾铁矾和银矾的赤铁矿尾矿氯化浸出，回收金、银及铅。结果表明，用 $CaCl_2$ - HCl 浸出这些物料，可以使氯络合物中的 Ag、Pb 回收率达到 90%~95%。

铁杂质（精矿或尾矿中）在黄钾铁矾法中以黄钾铁矾状态除去。Fe^{3+} 在适当温度、硫酸浓度及 pH 值下，形成黄钾铁矾沉淀［MFe_3（SO_4）$_2$（OH）$_6$，M = K、Na、NH_4 等］，反应式为：

$$M^+ + 3Fe^{3+} + 2SO_4^{2-} + 6H_2O \longrightarrow MFe_3(SO_4)_2(OH)_6\downarrow + 6H^+$$

大量的二价的 Zn、Co、Ni 等留在溶液中。

在含 Ag、Pb 的精矿氯化浸出时，AgCl 及 $PbCl_2$ 以氯的络合物留在溶液中。这些可溶性络合物与上述不溶性铁化合物（沉淀物）形成有效分离，保证铁的高去除率和铅银的高回收率。

当氯离子（Cl^-）过量时，氯黄钾铁矾和氯银铁矾络合物以下列形式进行：

$$AgCl + nCl^-(\text{溶液}) \longrightarrow AgCl_n^{n-1}(\text{溶液}) \quad (n = 2,3,4)$$

$$PbCl_2 + 2Cl^-(\text{溶液}) \longrightarrow PbCl_4^{2-}(\text{溶液})$$

在 Cl^- 离子过量时，这种络合反应会使得固体浸出时的简单阳离子大幅地减少，而大部分进入溶液中，而精矿的其余部分仍以固态存在，氯化物介质

（溶液）用于CLEAR（铜浸出、电解、再生）法中，以溶解黄铜矿，氯化物溶液是$CuCl_2$及$FeCl_3$的混合物，在反应中形成亚铜及亚铁的氯化物：

$$CuFeS_2 + 3CuCl_2(\text{溶液}) \longrightarrow 4CuCl + FeCl_2(\text{溶液}) + 2S$$

$$CuFeS_2 + 3FeCl_3(\text{溶液}) \longrightarrow CuCl + 4FeCl_2(\text{溶液}) + 2S$$

为了使氯化亚铜留在溶液中，用NaCl饱和浸出液，使Cu（Ⅱ）的活度降至很低，所以通过氯离子与Cu（Ⅰ）配位，形成可溶的氯化亚铜阴离子（$CuCl_2^-$）。

在Cl^-离子浓度高时，可形成$[CuCl_3]^{2-}$：

$$CuCl + 3Cl(\text{溶液}) \longrightarrow [CuCl_3]^{2-}(\text{溶液})$$

古等人进一步证实了氯化物浸出的重要性，该法可能成为处理混合矿石和多金属矿石的重要方法。氯化物对金属浸出率高归因于它与某些金属形成稳定的氯化物络合物。

金（Au）和铂（Pt）金属的惰性高，除王水（盐酸与硝酸混合物，其摩尔比为3∶1）外，一般的酸都不溶解它们。虽然，浓盐酸和浓硝酸单独不溶解金和铂，但是，氯离子和强氧化剂（如硝酸）混合物可溶解这两种金属或它们的精矿。Au^{3+}和Cl^-离子之间形成络合物使得溶剂的溶解能力增强。

$$AuCl_4^- + 3e \longrightarrow Au + 4Cl^-;\ E^0 = 1.00V$$

因为，络合离子的稳定性比混合酸中简单的水合阳离子稳定性高得多，总的反应式可写成：

$$Au + 6H^+ + 3NO_3^+ + 4Cl^- \longrightarrow AuCl_4^- + 3NO_2\uparrow + 3H_2O$$

铂与混合液也发生类似反应形成$PtCl_4^{2-}$和$PtCl_6^{2-}$，而钯形成$PdCl_4^{2-}$：

$$MCl_4^- + 2e^- \longrightarrow M + 4Cl^-\ (M = Pt, Pd)$$

$$PtCl_6^{2-} + 2e \longrightarrow PtCl_4^- + 2Cl^-;\ E^0 = 0.68V$$

由于一些矿石中含的金和对氰化物无反应的含金渣中的金与难处理的硫化矿物基质（如黄铁矿及毒砂）紧密连生，在氧化前通常需将金从矿物质中解离出来。为促使难选金溶解度增大，就得用氧化氯化物加压浸出。有人报道了这种提金方法，在氧分压为1500kPa，NaCl和HCl不同浓度下，加热170～200℃，O_2和$FeCl_3$联合作用，增大溶解度：

$$FeS_2 + \frac{15}{2}O_2 + 4NaCl + H_2O \longrightarrow FeCl_2 + 2Na_2SO_4 + 2HCl$$

$$2FeCl_2 + \frac{1}{2}O_2 + 2HCl \longrightarrow 2FeCl_3 + H_2O$$

$$4Au + 3O_2 + 12HCl + 4NaCl \longrightarrow 4NaAuCl_4 + 6H_2O$$

$$4Au + 3FeCl_3 + 4NaCl \longrightarrow 4NaAuCl_4 + 3FeCl_3$$

因此，在适当条件下，d^8 的 Au（Ⅲ）、Pt（Ⅱ）和 Pd（Ⅱ）在溶液中通过 dsp^2 杂化分别形成稳定的低自旋络合物 $AuCl_4^-$、$PtCl_4^{2-}$ 和 $PdCl_4^{2-}$。

铌（Nb）和钽（Ta）作为难选的氧化物经常与钨一起产在锡矿石和复杂矿石中。它们的化学性质类似，用一般的方法难以分离它们。但是，用氟氢酸、热的盐酸和它们的混合物可溶解它们。在这种酸体系中，Ta 和 Nb 形成一系列氟络合物和氯络合物：TaF_6^-、NbF_6^-、TaF_7^{2-}、$NbCl_6^-$、$TaCl_6^-$ 和 $TaOF_5^{2-}$ 等，它们大多是用溶剂萃取法可富集和提纯的主要组分。Nb 和 Ta 是 d^3 金属，对于具有八面体排列的 MX_6 组分，d^2sp^3 杂化是唯一的可能排列，这些离子具有高自旋状态。

15.4.2.3 氰化浸出

金的一个明显的特点是惰性大。但是，它溶于稀的碱性氰化物溶液中，这是用氰化钾或氰化钠碱溶液从金银矿石或精矿中提取金和银的氰化法的基础。金具有 +1 或 +3 价氧化态，它们的还原电位为：

$$Au^+ + e \longrightarrow Au;\ E^0 = 1.68V$$

$$Au^{3+} + 3e \longrightarrow Au;\ E^0 = 1.50V$$

对于银：

$$Ag^+ + e \longrightarrow Ag;\ E^0 = 0.08V$$

金具有正的还原电位，因此，不与氧反应，但是，像 CN^- 离子的配位体可与 Au^+ 离子络合，形成配位络合物［Au（CN_2^-）］，其还原电位比较低：

$$Au(CN)_2^-(\text{溶液}) + e \longrightarrow Au + 2CN^-(\text{溶液});\ E^0 = -0.60V$$

对于银：

$$Ag(CN)_2^-(\text{溶液}) + e \longrightarrow Ag + 2CN^-(\text{溶液});\ E^0 = -0.30V$$

金或银溶解，分别形成金氰络合物或银氰络合物。Au 转变为 Au^+ 后，立即被 CN^- 所络合，并在溶液中以解离的阳离子状态存在。它们的总反应为：

$$4M + 8CN^-(\text{溶液}) + O_2 + 2H_2O \longrightarrow 4M(CN)_2^-(\text{溶液}) + 4OH^-(\text{溶液})$$

式中，M 为 Au 或 Ag。其他的银矿石或银矿物（如 AgCl 或 Ag_2S）也可以 $Ag(CN)_2$组分进入溶液中，用锌粉置换法从氰化物富液中回收海绵金和银：

$$Zn + 2M(CN)_2^-(\text{溶液}) \longrightarrow 2M + Zn(CN)_4^{2-}(\text{溶液})$$

在足够高的 CN^- 离子浓度下，可能形成高金氰络合物（$Au(CN)_3^{2-}$ 和 $Au(CN)_4^{3-}$ 等）。利用这些简单的络合剂形成可溶的金和银络合物，从而浸出低品位矿石，在成功处理复杂的多金属矿石时，可有效地分离有用金属。

最近报道有几种处理铜金矿石的新方法，如氨氰化物法。该法的基础是金属与浸出剂形成络合物。在氨氰化物法中，Cu 首先被氨络合：

$$Cu^{2+}(\text{溶液}) + 4NH_3(\text{溶液}) \longrightarrow Cu(NH_3)_4^{2+}(\text{溶液})$$

接着 CN^- 离子提取 Au：

$$Au^+(溶液) + 2CN^-(溶液) \longrightarrow Au(CN)_2^-(溶液)$$

在氨氰化法中，控制溶液的 pH 值和 CN^- 离子浓度，使 Cu 离子吸附在用于分离的活性炭上，用锌粉置换留在溶液中金的氰化物。

一价铜氰化物包括 $CuCN^-$、$Cu(CN)_2^-$、$Cu(CN)_3^{2-}$ 和 $Cu(CN)_4^{3-}$。在低的 CN^- 离子质量浓度（<9.5mmol/L）和 pH（<7）下，主要形成 $Cu(CN)_2^-$，它是电化学活性组分。所以，适当调节水溶液的条件，可形成适宜的 Cu（Ⅰ）和 Au（Ⅰ）的氰化物络合物，再用电化学法将 Cu（Ⅰ）和 Au（Ⅰ）分开。

氰化提金过程中，氧是至关重要的，常规充气氰化浸出矿浆中，氰化物的质量分数 CN^- 一般大于 0.03%，此时金的溶解速度与矿浆中的氧的溶解浓度成正比，而充气矿浆中溶解氧的浓度一般都很低，若矿浆中又含有较多的耗氧物质，可能耗尽矿浆中的溶解氧，而影响金的浸出。因此，提高矿浆中的溶解氧浓度就可以提高浸出速率。化学反应式为：

$$4Au + 8NaCN + O_2 + 2H_2O \longrightarrow 4NaAu(CN)_2 + 4NaOH$$

1989 年美国卡米尔（Kamyr）公司对年处理 33 万 t 和 165 万 t 的充氧炭浸厂和常规炭浸厂，做了投资成本效率比较，表明充氧炭浸出投资少，生产成本低。

我国的东坪金矿，张家口金矿和马鞍桥金矿均于 20 世纪末进行氰化浸出试验（工业）与应用研究。河北东坪金矿首先获得显著效果，提高了浸出速度，使原有设备的能力提高 1 倍以上，极大地推动了这一工艺在我国的推广应用。

15.4.2.4 铜的浸出

堆浸提铜十分重要。铜是重要金属材料战略物资，应用广泛，需求日增，而铜矿资源，尤其是高品位铜矿资源日益枯竭。堆浸提铜技术成为从低品位铜矿、铜的废矿、尾矿、残留铜矿石中回收铜不可或缺的化学选矿生产工艺。

堆浸法起源于渗滤浸出，早在公元前二世纪，我们祖先就记载了铁自硫酸铜溶液中置换铜的化学作用。至唐朝末年或五代时期，已出现了从含硫酸铜矿坑水中提取铜金属的生产方法，叫做胆铜法。这种方法操作简单，在常温下即可提取铜金属，因而节省燃料，成本低廉。到了宋代，有了《浸铜要略》之编纂，且堆浸法已成为铜的重要生产手段之一。公元 16 世纪，西班牙最早采用这种方法，同期匈牙利从旧矿体废堆中反复循环的液体中取铜。从 18 世纪以来，大规模的堆浸在西班牙的里奥廷托（Rio Tinto）矿进行，并持续至今二百余年而不衰。美国 1914 年首次引进堆浸技术。1924 年卡纳里阿（Cananea）

矿、1939~1942年苏联乌拉尔铜矿也先后用堆浸法生产铜。澳大利亚从1965年开始对氧化铜和硫化铜矿实行堆浸。到20世纪80年代，保加利亚弗拉柯夫弗拉铜矿用堆浸法处理其表外矿和废石，年产能力已达1千万t（含铜品位约0.05%）。

我国自20世纪60年代以来，对铜矿石的堆浸一直进行试验和研究工作。江西的德兴铜矿于1985~1986年间进行了1000t的堆浸试验；1990年西藏玉龙铜矿进行了400t级的堆浸研究，1995~1996年间青海祁连山铜矿进行了4000t规模的现场堆浸工业化生产研究。

堆浸提铜是一种简便而又经济的生产工艺，其浸出方式有氨浸、酸浸和细菌浸等方法。目前全世界用堆浸工艺每年可生产上百万吨的铜，其中美国占47万t。

(1) 氨浸用于处理自然铜或硫酸铜矿石，浸出时添加硫铵或硫酸铵，可获得较高的浸出率。但由于氨水极易挥发，造成试剂损耗和环境污染，严重限制了氨堆浸法在工业生产中的应用。

(2) 对低品位氧化铜矿矿石（含Cu<0.4%）的酸浸应用生产已经多年，尤其对矿石粒度在3~10mm间，处理能力在5~10t/d到工业规模的10000t/d的矿山及碳酸盐低于5%，黏土矿物低于7%的矿石进行生产最为有利。美国应用堆浸工艺产铜已占全国铜产量的30%。澳大利亚、智利、加拿大、秘鲁等国家也都在积极应用和推广这种工艺技术，具有一定规模的堆浸厂在相继建立并投入生产。世界堆浸产铜量也在逐年上升（见表15-8所列）。

表15-8 部分国家堆浸产铜量（万t）

国家	1991年	1992年	1993年	1994年	1995年
美国	44.12	51.03	49.05	48.8	48.4
智利	12.25	12.25	17.00	20.0	31.44
赞比亚	10.79	10.35	11.35	11.22	8.49
秘鲁	2.89	2.59	3.14	1.8	2.35
墨西哥	3.21	2.79	2.41	2.8	2.48
扎伊尔	2.5	1.60	0.95	0.96	0.88
澳大利亚	1.08	1.45	1.8	4.14	4.03
加拿大	0.33	0.31	0.27	0.23	0.22
合计	77.17	82.37	85.97	89.95	98.29

美国是世界堆浸产铜量最高的国家，美国的兰乌矿是采用酸堆浸提铜工艺技术的典型工厂之一，该矿用堆浸处理氧化矿，在1964~1967年间用铁屑置换法，1968年首次改用溶剂萃取法投入工业生产。1500万t含铜0.5%的矿石，采用多矿层顺流浸出进行堆浸，每一层矿高5.5~6.1m，不断加至十多层，堆高达55~61m，每堆有12万t矿石，喷液面积4200~5600m^2，平均每

个矿堆浸出180d，酸浸方式是前10d加硫酸50g/L，后20d为30g/L，再后30d为20g/L，最后120d直接加含酸7~10g/L的尾液，浸出液用LiX-64N三段逆流萃取，用铜的废电解液反萃取铜进行电解。浸出液用量4.95m^3/min，铜液含铜2.9g/L，每千克铜耗酸6.5kg产铜13t/d。

美国茵斯皮雷联合铜公司的牛皮矿于1968年开始堆浸，矿石铜品位0.344%，日处理矿石6700t，酸浸置换得海绵铜，年产海绵铜含铜4850t。

智利的普德哈尔公司开发的制粒-薄层堆浸提铜法别具特色，该工艺最适于处理耗酸大的氧化铜矿，其耗酸量只相当于其他浸出法的60%，随着原料从氧化矿逐步过渡到混合矿，在硫化矿已占75%的情况下，该工艺依然适应，且浸出率可达到85%，耗酸量4.2万t/tCu，该工艺的特点一是制粒，二是薄层，矿石破碎后加酸制粒，可润湿矿石表面，有利于硫化物氧化过程，提高铜浸出率，制粒物料在底铺PVC塑料板的浸出场堆成高4~6m“薄层”以增加透气性，在物料“熟化”24h后开始喷淋，浸出周期视矿石性质1~6个月之间。含铜2~3g/L的浸出液经过萃取—电积，产出纯度99%以上的电积铜。

我国从事酸堆浸提铜工艺研究的单位很多，但目前只限于柱浸和半工业试验，正在形成规模生产。试验由铜山铜矿和玉龙铜矿进行，它们都是低品位难选氧化铜矿，是在1990年代进行的试验，前者采用堆浸—萃取（用5%N-510和200号溶剂油为萃取剂）—电积工艺；后者用堆浸—铁屑置换生产海绵铜工艺。

（3）细菌浸出法主要用于硫化矿物，也可以选择性地浸出混合矿石或精矿中的部分矿物，使未浸出的矿物富集和纯化。细菌浸出工艺的特点是：1）规模大，每堆的矿石量可以是数万吨甚至上亿吨；2）入堆粒度大，一般不经破碎或粒度在10mm到数百毫米之间；3）时间长，因粒度大，所以浸出时间也较长，有的需用几年才完成浸出；4）成本低，可处理大规模的贫矿、废矿和尾矿（参见本书第14章生物药剂）。

澳大利亚的里奥廷托联合锌公司（Conzinc Riotinto）从1965年开始用细菌堆浸法从拉姆琼格（Rum Jungle）铜矿的废石堆中回收铜，该地区气候温暖干燥，常年温度平均接近32℃，对细菌生长很有利。该矿体的组成主要为黄铜矿及铜的硫化矿，在主矿体的上部分布着易碎的氧化矿，浸出用的硫化矿堆平均含铜为1.61%，氧化矿堆含铜为2%，先用细菌浸出硫化矿，产生的酸性浸出液返回矿堆顶部浸出氧化矿，pH值在1.3左右，为强化浸出采用轮流布液法，矿堆交替润湿和干燥，使空气自动吸入矿堆内部，浸出液用置换法回收铜，每千克海绵铜用铁1.1~1.5kg。

在美国所有铜矿山采出的矿岩中，有60%的废石，废石中含铜0.15%~0.75%。美国阿利桑那州大多数矿山使用细菌堆浸法从废石中生产铜的实践表明，利用细菌堆浸法从废石中浸出铜是有利可图的。美国几家公司废石细菌堆浸情况见表15－9所列。

表15－9 美国废石细菌堆浸

矿山或公司	废石产量/t·d^{-1}	废石堆铜含量/%	海绵铜产量/t·a^{-1}	浸出、沉淀工人数/人
巴格达矿	36000	0.35～0.75	7800	18
卡纳里阿矿山公司	49000	0.2～0.4	3300	7
契诺矿	52000	0～0.5	2700	23
铜皇后矿	60000	0.3	5000	1
埃斯皮兰查矿	18000	0.15～0.14	2000	3
茵斯皮雷电矿	26000		3800	6
迈阿密铜公司	28000		1300	
雷依矿	1000	0.21	900	11
银铃矿	3000		2400	4
犹他矿			20000	31

我国江西德兴铜矿在1985～1986年进行了1000t级细菌堆浸试验，浸出液用矿山排出的酸性废水，采用间断循环喷淋浸出，间休一个月，以促进细菌生长繁殖，矿堆为自然爆破粒度，平均含铜0.121%，呈硫化物状态占73%，铜浸出率16.6%，浸出液含铜1.15g/L，用Lix622萃取，经反萃取得质量浓度36.40g/L铜液，电解得电积铜。后将堆浸物经四年雨淋氧化再堆浸，铜浸出率达30%。

在联合流程方面，我国东川矿务局开发出两项处理难选氧化铜矿的新工艺，即“氨浸—硫化沉淀—浮选法”和“水热硫化—温水浮选法”。前者是在加温加压条件下，先用氨性碳酸铵溶液将矿石中的铜浸出，同时用硫磺粉将铜氨络离子中的铜变为硫化铜沉淀，并将氨蒸馏吸收，二氧化碳回收，最后用黄药浮选硫化铜；后者则是在加温加压条件下，直接用硫磺将矿石中的氧化铜矿物硫化，然后浮选硫化铜。

15.4.3 萃取剂

有机溶剂萃取法就是用一种或几种与水不相混溶的有机药剂（萃取剂）从水溶液中选择性地提取有用组分（金属离子等）的浸出液处理方法。最初用于化学工业及化学分析，20世纪中叶开始规模化地应用于冶金工业。首先是用于核燃料的分离提纯，接着是在稀土、钽铌、钴镍、锆铪等金属的分离提纯，以及铜等诸多重有色金属的提取。

萃取工艺为全液过程，分有机相和水相两个液相。有机相的密度通常小于水相，静置分层，有机相处于水相之上（上层）。在萃取过程中，有机相由萃取剂、稀释剂和添加剂等有机物组成，水相一般为无机化合物的水溶液，如原始料液、洗涤剂、反萃剂和再生剂等。原始料液含被萃取的组分、杂质、盐析剂和络合剂等；洗涤剂及反萃剂通常为适当浓度的酸、碱、盐溶液，有时清水也可作洗涤剂和反萃剂。

萃取剂一般为能与被萃物形成化学结合的萃合物（络合、螯合物等）的有机化学物，稀释剂不溶于水，能溶解萃取剂和萃合物，但不与被萃物发生化学作用的有机溶剂，如磺化煤油；添加剂则是为了改善萃取过程和提高萃取效率而添加的有机溶剂，常用的有2-乙基己基醇、异癸醇和磷酸三丁酯等。

溶剂萃取工艺主要包括萃取、洗涤、反萃取和有机相再生四道主要工序。首先将水相与有机相有效均匀混合，将水相中的有用组分（被萃物）选择性地转入有机相，静置分层得到负载有机相（被萃物及共萃杂质）和萃余液。洗涤负载有机相除去共萃杂质，然后再反萃将有机相中的有用组分转入水相，反萃后有机相中的萃取剂用再生剂再生后返回使用。

15.4.3.1 萃取剂的作用与分类

溶剂萃取剂是一类具有特效性高的药剂，使整个萃取过程具有速度快、效率高、容量大、选择性好、易分离、试剂易再生、易自动化及操作安全等特点，在各工业领域应用发展迅速，不足是试剂较昂贵，成本较高。

萃取剂一般都是能与被萃物形成化学结合的萃合物（络合、螯合物等）的有机化合物。在萃取过程中由萃取剂、稀释剂和添加剂等有机物将被萃物萃取到有机相。稀释剂不溶于水，能溶解萃取剂和萃合物，但不与被萃物发生化学作用的有机溶剂，常用的有2-乙基己基醇、异癸醇和磷酸三丁酯等。

萃取剂可分阴离子交换萃取剂、阳离子交换萃取剂和螯合萃取剂。其中螯合萃取剂研究使用比较广泛，适用于许多金属离子的萃取回收，萃取效果更好。

随着萃取工艺的发展，品种、用途、功能各异的萃取剂不断增加，表15-10列出了不同类型的萃取剂的作用及实例。

表15-10 萃取剂的分类及作用

萃取剂类型	主要作用	萃取剂使用实例
中性络合萃取剂	萃取中性无机盐（常添加盐析剂）	1. 磷酸三丁酯（TBP）从硝酸中萃取硝酸铀酰[$UO_2(NO_3)_2$]和硝酸钍[$Th(NO_3)_4$]； 2. 仲辛醇从氢氟酸中萃取钽铌； 3. 甲基异丁基甲酮（MIBK）用作锆铪、钽铌及稀土元素等的分离
离子络合萃取剂	与金属络阴离子形成离子缔合物（萃入有机相）（可加盐析剂）	常用此类萃取剂为有机胺类、中性磷氧及碳氧萃取剂，如三辛胺或三异辛胺在盐酸溶液中分离钴、镍；季铵盐用于稀土元素分离及萃取铬、钒等

续表 15-10

萃取剂类型	主要作用	萃取剂使用实例
酸性络合螯合萃取剂	有机羧酸、有机磷（膦）酸、羟肟酸、酮肟及醛肟等用于萃取金属阳离子	1. 用混合脂肪酸分离钴、镍、铜，从混合稀土氧化物中分离钇； 2. 环烷酸分离 Cu、Co、Ni，分离稀土回收钇； 3. 用二（2-乙基己基）磷酸（P_2O_4）萃取铀分离钴镍及稀土分组； 4. 芳基 β-羟肟类从酸液中萃取铜； 5. 2-乙基己基膦酸-2-乙基己基酯（P_{507}）分离钴镍及稀土等； 6. 双（2，4，4-三甲基戊基）次膦酸和苯乙烯膦酸单烷基酯分离钴镍萃取剂

15.4.3.2 铜萃取剂

铜的溶剂萃取技术一般用于从低酸（pH = 1 ~ 3）、低铜（1 ~ 6g/L）的堆浸液和细菌浸出液中回收铜。自 1968 年世界上建立了第一座铜的溶剂萃取厂以来，不断开创新的铜萃取剂，完善萃取工艺过程，逐步形成了铜的萃取工业体系。今天世界上已有几十家铜萃取厂。一年从氧化铜矿石中由溶剂萃取法生产出 200 万 t 的金属铜。

萃取法提铜主要有三种类型：（1）用有机胺类（含季铵）萃取剂进行阴离子交换萃取，萃取氯阴离子络合物；（2）阳离子交换萃取，用脂肪酸及环烷酸、烷基或芳基磷酸（膦酸）或胂酸萃取铜阳离子；（3）螯合萃取，利用螯合萃取剂如羟肟酸类、醛肟类和酮肟类化合物作铜的萃取剂。代表式如下：

R—C(=O)—NH—OH ⇌ R—C(OH)=N—OH

（羟肟酸类）

2-OH, 5-R 取代苯环—CH═NOH

（醛肟类）

2-OH, 5-R 取代苯环—C(CH$_3$)═NOH

（酮肟类）

式中，R = C_9H_{19}—或 $C_{12}H_{25}$—。

螯合剂是萃取提铜最有效的萃取剂。此类螯合萃取剂含有对铜特效的配位基。德国汉高公司及英国捷利康公司生产的 Lix 系列和 M5640 以及 Acorgap 5000 系列、SME 529 或 Kelex 系列萃取剂，均能与 Cu^{2+} 形成螯合物。

国内外相继开发出的铜萃取剂有：Lix 系列（汉高，Henkel 公司生产），包括 Lix-63（N），-64，-65，-70，-984；Kelex 系列的 Kelex-100，120；SME 529；M5640；Acorgap 5000 系列；以及 TBP（磷酸三丁酯），MIBK（甲基异丁基甲酮）和 $C_{4\sim6}$ 混合醇等。

美国的塞浦路斯巴格达公司德新铜厂，1970 年投产，用稀硫酸浸出氧化铜矿石，浸出液含 Cu 1g/L、Fe 1.2g/L、pH = 2，用 10% Lix 64N－煤油萃取，相比 O/A = 1/1，时间 2min，三级逆流，铜的萃取率不低于 98%，用废电解液三级反萃取，时间 2min，反萃液含 Cu 50g/L，Fe 2g/L，H_2SO_4 100g/L，反萃得电解铜纯度 99%，年产铜 7000t。

我国的铜录山铜矿氧化铜矿石在其资源中占有相当比重。对含 Cu 21.6g/L，Fe 0.04g/L 的氧化铜浸出液，pH = 2.2，试验用 N530－煤油萃取铜，萃取率为 98%。

武汉化工学院与铜录山矿协作，对酸浸氧化铜矿石所得含铜液，应用萃取—反萃—结晶流程制备饲料级硫酸铜进行了工业试验。用 Lix 984N 萃取剂，通过四级逆流萃取（料液含 Cu 4.2g/L，pH = 2.0，混合时间 4min），萃取率达 97.15%。Lix 984N 为 2－羟基-5－壬基-苯乙酮肟式（Ⅰ）与 5－壬基-水杨醛肟式（Ⅱ）的混合物。

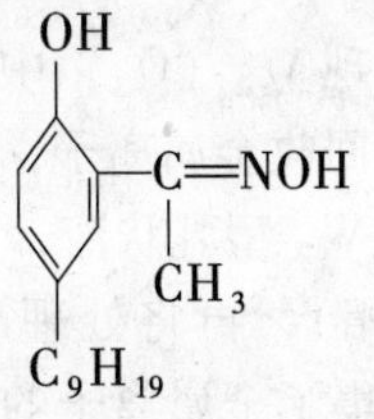

OH; C=NOH; CH_3; C_9H_{19}

（Ⅰ）

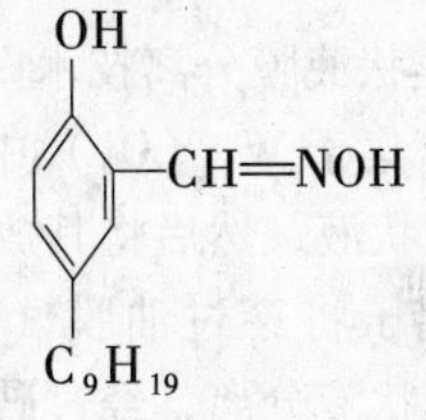

OH; CH=NOH; C_9H_{19}

（Ⅱ）

该混合萃取剂对铜有很高的选择性，铜铁分离系数大于 2000，萃取反应速度快，在水中溶解损失很小，不易产生乳化层，分相效果好。萃取作业的 pH 值与浸出液 pH 值相适应，简便了两工序之间的连接，反萃性好，是一种较为理想的铜萃取剂。

研究结果表明，用含 Cu 浸出液经萃取最终制备饲料级五水硫酸铜技术可行，经济合算，效益显著。该法与浸出—沉淀分离—酸溶解浓缩法相比，不仅产品质量高，酸耗小，而且废渣少、污染小，同时该法对低品位铜矿石和尾矿都适合，适应范围广。

15.4.4 液膜分离及药剂

15.4.4.1 液膜分离技术

液膜分离法 1960 年由 Scholander P F 首先提出（含血红蛋白水溶液浸膜输

氧)，1968年黎念之等获得关于乳状液膜分离技术的第一项专利至今不到半个世纪。在近半个世纪里国内外对液膜的研究，十分关注，尤其是美国、日本、欧洲等国更为活跃，有隔膜型液膜，含浸型液膜和乳状液膜等。特别是对乳状液膜分离技术做了大量工作，在环境保护三废治理、冶金（化学选矿）、化工、医药和生物工程等各领域进行了研究，并已于1986年开始在富集锌及酚的工业生产中应用。

所谓乳状液膜（如图15-2所示）是指形成$W_1/O/W_2$（$O_1/W/O_2$）型乳状液中的O薄膜（W薄膜）即油膜（水膜），其中W_1（O_1）称为内水相（内油相），W_2（O_2）称为外水相（外油相）。这层液膜与其他两相都不会产生互溶。

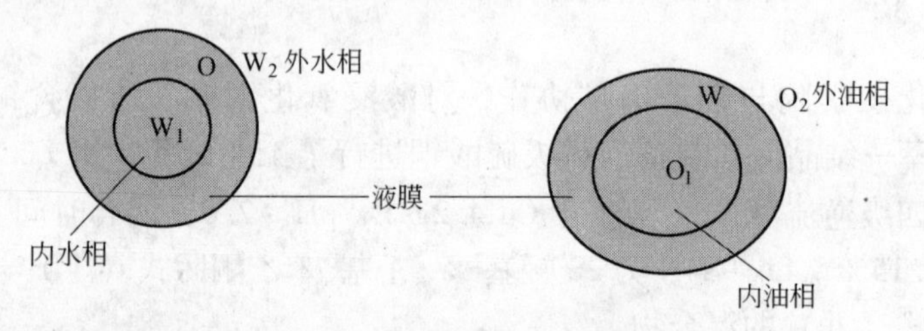

图15-2 乳状液膜示意图

所谓乳状液膜分离技术即是指利用乳状液膜实现W_2（O_2）中的目的组分选择性地富集于W_1（O_1）中的过程，如从废水中回收金属离子，首先，制成W_1/O型乳状液，然后将其放入废水中形成$W_1/O/W_2$型乳状液，W_2（废水）中的金属离子将穿过油膜（O）进到W_1（内水相），再将处理后的废水与W_1/O型乳状液分离，经过破乳作业，即可获得富集了金属离子的内水相，油膜相返回重新制乳。这一过程可用图15-3表示。

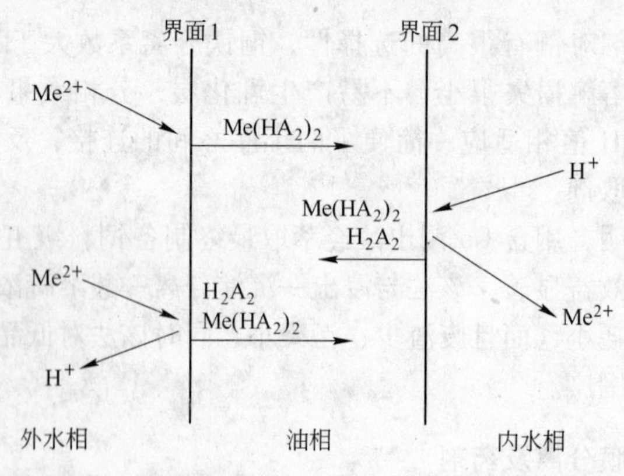

图15-3 乳状液膜提取金属离子的传质过程示意图

外水相中Me^{2+}为待提取金属离子，油膜相中的H_2A_2为流动载体，其作用是将金属离子由外水相输送到内水相，流动载体及其化合物仅溶解于油相。

在外水相与油相的界面1上发生如下反应：

$$Me^{2+}_{外} + 2H_2A_{2\,有机} \rightleftharpoons Me(HA_2)_{2有机} + 2H^+_{外} \quad (1)$$

产物 $Me(HA_2)_2$ 溶解于油膜中，并向界面2扩散，到达界面2后发生解析反应：

$$Me(HA_2)_{2\,有机} + 2H^+_{内} \rightleftharpoons Me^{2+}_{内} + 2H_2A_{2\,有机} \quad (2)$$

将 Me^{2+} 释放于内水相中，产物 H_2A_2 返回界面1，与废水中 Me^{2+} 重新发生反应，从而不断将 Me^{2+} 输送到内水相中。

反应式（1）的平衡常数 K_1 为：

$$K_1 = \{[H^+_{外}]^2[Me(HA_2)_{2\,有机}]\}/\{[Me^{2+}_{外}][H_2A_{2\,有机}]^2\} \quad (3)$$

反应式（2）的平衡常数 K_2 为：

$$K_2 = \{[Me^{2+}_{内}][H_2A_{2\,有机}]^2\}/\{[H^+_{内}]^2[Me(HA_2)_{2\,有机}]\} \quad (4)$$

则在界面1和界面2上发生的总反应的反应常数 K 为：$K = K_1/K_2$，将式（3）和（4）代入并整理后得：

$$\{[Me^{2+}_{内}]/[Me^{2+}_{外}]\} = K\{[H^+_{内}]/[H^+_{外}]\}^2 \quad (5)$$

式（5）说明内外水相中金属离子 Me^{2+} 的浓度比与内外水相中 H^+ 的浓度比的平方成正比。即内外水相中 H^+ 的浓度差，决定了金属离子 Me^{2+} 自外水相进入到内水相的富集程度，而与金属离子 Me^{2+} 本身的浓度无关。

乳状液膜分离技术自水溶液中回收金属离子的基本工艺流程示意图如图15-4所示，主要包括三部分：W_1/O 型乳状液的制备、金属离子的提取及破乳等。

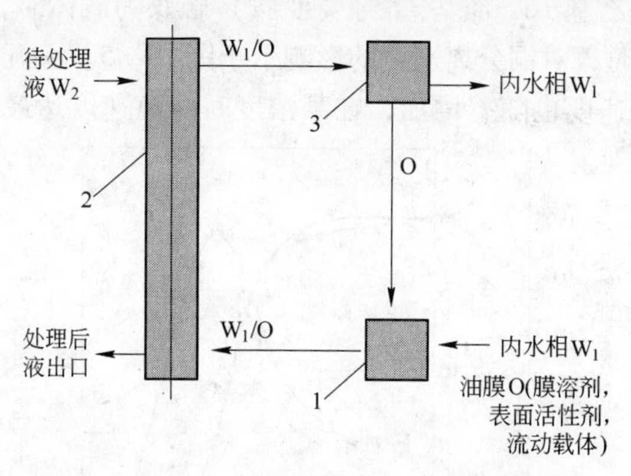

图15-4 乳状液膜分离技术工艺流程示意图

1—制乳；2—提取塔；3—破乳

乳状液膜分离技术的传输机理可分为两类：一类是被动输送机理；另一类是促进输送机理。被动输送是利用待提取组分既能在有机相中溶解也能在无机相中溶解，待提取组分进入膜相并向内水相扩散，而被解析于内水相中，如乳状液膜分离技术处理含酚废水，以煤油为膜溶剂，内水相为NaOH，废水中酚能溶于煤油而进入液膜相，当扩散到内界面时被生成酚钠固定下来，形成内外水相中酚的浓度差，结果不断地使外水相中的酚进到内水相中，达到处理废水和浓缩富集酚的目的。

促进输送机理是待处理组分在膜相中不溶解，为实现浓缩富集这种组分，必须向膜相中加入流动载体，在流动载体作用下，待提取组分不断由外水相进入内水相，实现在内水相中的富集，乳状液膜分离技术提取金属离子即属于此类。

15.4.4.2 膜分离药剂

乳状液膜的稳定性对分离效果关系很大，液膜不稳定会导致回收率和浓缩比的下降。而出现这些现象的原因又跟使用的药剂相关，首先是与乳化剂的物理化学性质、分子结构、在界面上的排布状态，以及乳化剂、载体(萃取剂)、膜溶剂、盐类等药剂的组合匹配等密切相关。所以，为了提高乳状液膜的稳定性，人们十分关注对界面活性剂的浓度、使用条件、液膜相的黏度、乳浊液的制备条件等的研究，特别重视新型表面活性剂的开发、合成、制备。

研究证明，乳化剂的添加、乳化剂非极性基结构、极性基结构及解离后的电性、乳化剂、载体、目的离子间的匹配等都对分离速度有影响。

高桥等研究证实，以Lix 65N（2-羟基5-壬基二苯甲酮肟）为载体，用乳化型液膜分离铜，添加乳化剂Span 80质量分数1%与不添加时相比，铜的分离速度降低到不添加时的十分之一；以Lix 64N（在Lix 65N中添加了Lix 63N，即5，8二乙基-6-羟基-7羟癸亚胺）触媒为载体时，乳化剂Span 80的浓度在分离铜时，对铜分离速度的影响示于图15-5。一开始，随着乳化剂浓度增加，分离速度也随着增加，在某浓度时分离速度达最大值；随后乳化

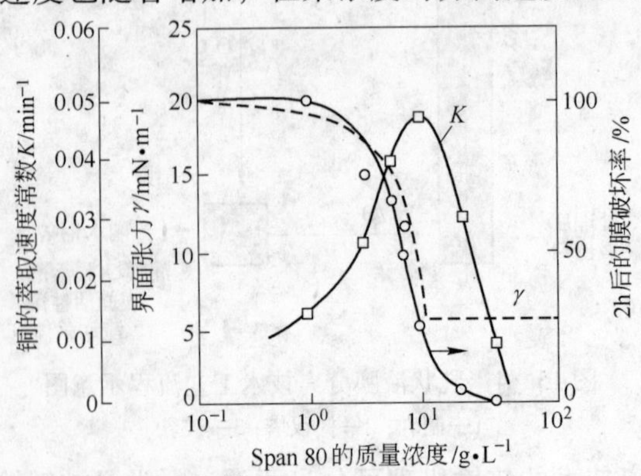

图15-5 乳化剂浓度对铜的分离速度、液膜稳定性和界面张力的影响

（载体：0.03 mol/L Lix 65N和0.0042 mol/L Lix 63N混合物；乳化剂：Span 80；膜溶剂：环己烷）

剂浓度再增加，分离速度减小，开始的分离速度随乳化剂浓度的增加认为是由于液膜稳定性增加，使铜从液膜的内包相中转移出来的速度减小之故；后来的速度减小是由于油水界面上乳化剂已达到吸附饱和，油水界面呈多层构造，抑制了铜与载体的络合反应造成的。

作为乳化剂等使用的一些界面活性剂化学式为：

（1）Span 80（major component：sorbitan monooleate）

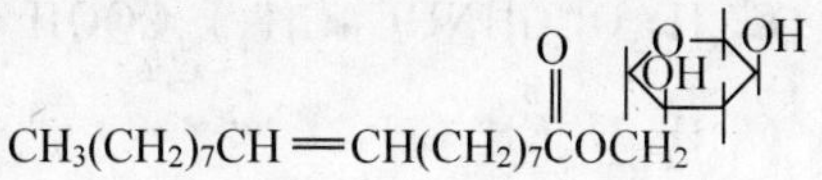

$$CH_3(CH_2)_7CH{=}CH(CH_2)_7\overset{O}{\overset{\|}{C}}OCH_2\text{-}(\text{sorbitan ring, OH, OH})$$

（2）Polyamine，如 ECA 4360

$$\underset{CH_3}{\overset{CH_3}{HC}}-(\underset{CH_3}{\overset{CH_3}{C}}-CH_2)_n-\underset{CH_2-\underset{\underset{O}{\|}}{C}}{CH}-\overset{\overset{O}{\|}}{C}\diagdown N-(CH_2CH_2NH)_x$$

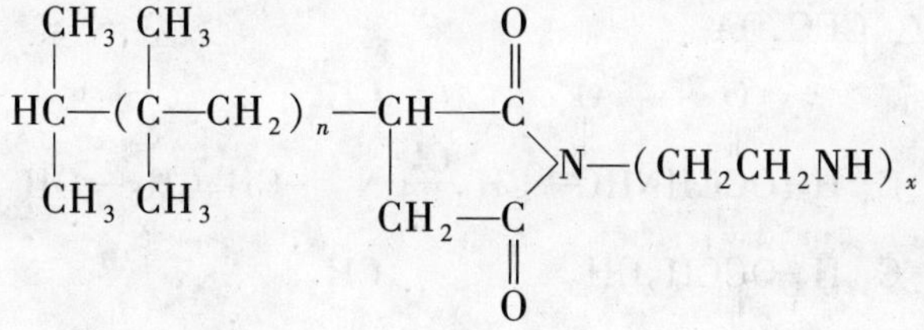

式中，$n = 10 \sim 60$，$x = 3 \sim 10$。

（3）2R－L－Glu－Rib（2R－GE）

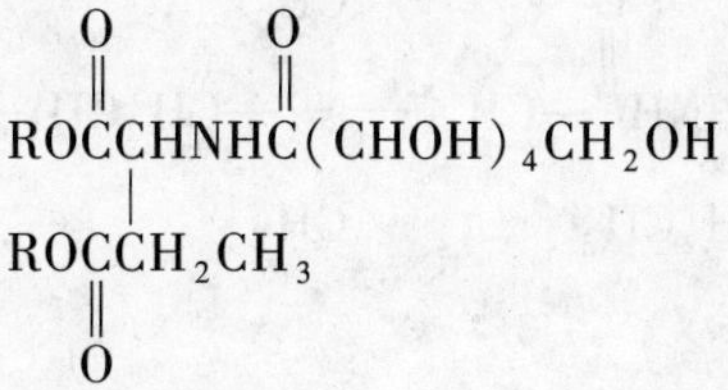

$$RO\overset{\overset{O}{\|}}{C}\underset{\underset{RO\underset{\underset{O}{\|}}{C}CH_2CH_3}{|}}{CH}NH\overset{\overset{O}{\|}}{C}(CHOH)_4CH_2OH$$

式中，$R = C_8 \sim C_{18}$，$C_{18}{}^{\triangle 9,10}$。

（4）$2R'N^+2C_1Br^-$（$2R'-QA$）

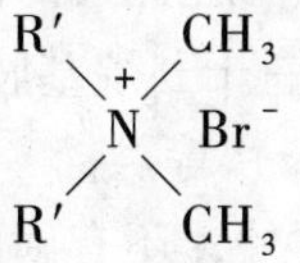

$$\begin{matrix} R' & & CH_3 \\ & \overset{+}{N} & & Br^- \\ R' & & CH_3 \end{matrix}$$

式中，$R' = C_{12} \sim C_{18}$。

（5）$2C_{18}\triangle^9SA$

$$\begin{matrix} C_{18}H_{35}O\overset{\overset{O}{\|}}{C}CH_2 \\ | \\ C_{18}H_{35}O\underset{\underset{O}{\|}}{C}CHSO_3Na \end{matrix}$$

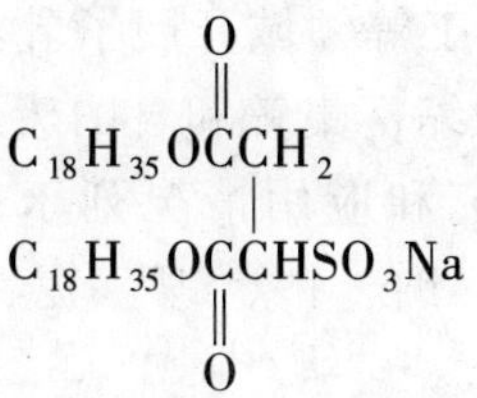

(6) $2C_{18}\triangle^{9}PA$

$$\begin{array}{l} C_{18}H_{35}O \quad\ \ O \\ \qquad\qquad\ \ \rangle P \langle \\ C_{18}H_{35}O \quad\ \ OH \end{array}$$

(7) $2C_{18}\triangle^{9}CA$

$$\begin{array}{l} \qquad\quad\ \ O \qquad\quad\ O \\ \qquad\quad\ \ \| \qquad\quad\ \| \\ C_{18}H_{35}OCCHNHC(CH_2)_2COOH \\ \qquad\qquad\quad | \\ C_{18}H_{35}OCCH_2CH_3 \\ \qquad\quad\ \ \| \\ \qquad\quad\ \ O \end{array}$$

(8) $2C_{18}\triangle^{9}GEC_2QA$

$$\begin{array}{l} \qquad\quad\ \ O \qquad\quad\ O \qquad\qquad\quad CH_3 \\ \qquad\quad\ \ \| \qquad\quad\ \| \qquad\qquad Cl^- | \\ C_{18}H_{35}OCCHNHC—CH_2—N^+—CH_2CH_2—OH \\ \qquad\qquad\quad | \qquad\qquad\qquad\quad\ | \\ C_{18}H_{35}OCCH_2CH_3 \qquad\qquad\ CH_3 \\ \qquad\quad\ \ \| \\ \qquad\quad\ \ O \end{array}$$

(9) $2C_{18}GEC_2QAC_2PA$

$$\begin{array}{l} \qquad\quad\ \ O \qquad\quad\ O \qquad\qquad\quad CH_3 \qquad\qquad\qquad\quad O \\ \qquad\quad\ \ \| \qquad\quad\ \| \qquad\qquad Cl^- | \qquad\qquad\qquad\qquad \| \\ C_{18}H_{37}OCCHNHC—CH_2—N^+—CH_2CH_2—O—P—OH \\ \qquad\qquad\quad | \qquad\qquad\qquad\quad\ | \qquad\qquad\qquad\qquad | \\ C_{18}H_{37}OCCH_2CH_3 \qquad\qquad\ CH_3 \qquad\qquad\qquad\quad OH \\ \qquad\quad\ \ \| \\ \qquad\quad\ \ O \end{array}$$

膜分离使用的载体都是萃取剂，如选择性萃取分离钴镍锌铁的三-正-辛胺（简称 TOA 或 T）、TNOA（叔胺）、N_{1923}（伯胺）、二-2-乙基己基磷酸（P204）、2-乙基己基膦酸酯（DZEHPA，P507 或 HL）、DTMPP［H，二-(2，4，4 三甲基戊基）膦酸］、三十二烷基胺基盐酸盐（TLAHCl）、TBP（三丁基磷酸）和 DIPB（二异丙基苯）等。

除胺类、磷（膦）酸类载体外，还有磺酸类和羟肟类载体，如 Lix 65N、TOPO 以及 Aliquat 336 等。

15.4.4.3 研究与应用

在环境保护、冶金、化工等领域开展了乳状液膜分离技术提取金属离子的研究，其中自废水中浓缩富集锌和含酚废水处理已在工业生产中实现工业化。有关这方面的研究和应用情况列于表 15-11。此外，还对钪、汞、镉、钨、钼、铁、钾、钠、钴、镍、铌、钽等的分离提取进行了研究。

表 15－11 乳状液膜分离技术提取金属离子的研究和应用情况

金属离子	液膜组成	内水相含量	处理前外水相含量	处理后外水相含量	提取率/%
稀土离子	煤油－P507－NS	杂质小于0.1%，稀土84g/L	稀土母液		>90
锌离子	煤油－上205－P204－HCl或者H_2SO_4		Zn^{2+} 0.2～2g/L		>99
	煤油－D2EHPA－30% H_2SO_4	Zn^{2+} 40～60 g/L	Zn^{2+} 4×10^{-2}%～6×10^{-2}%	3×10^{-4}%	>97
铜离子	LMS－2－煤油－N530－HCl	Cu^{2+} 1%	Cu^{2+} 1×10^{-2}%～5×10^{-2}%		>90
	Span 80－N510－煤油－$4NH_2SO_4$		Cu^{2+} 3000～4000mg/L		>99
金	Span 80－TOA－煤油－硫脲				>90
银	Span 80－MSP－8－煤油－HCl		Ag^+ 0.4mol/m^3		>99
铀	TNOA－Span 80－煤油－Na_2CO_3	U^{4+} 6g/L	U^{4+} 0.17g/L		>90
铬	煤油－三辛胺－液体石蜡－NaOH	Cr^{6+} 25g/L	Cr^{6+} 10×10^{-2}%		>98
钯	DOSO－煤油－上205＋兰113A－$NH_3\cdot H_2O$		Pa^{2+} 1×10^{-2}%～3×10^{-2}%		>90

乳状液膜分离技术的特点：（1）相界面积大，乳状液滴粒度仅数微米。（2）提取速度快。（3）一次完成萃取和反萃。（4）选择性强，可通过流动载体和内水相的选择实现高的选择性。（5）工艺流程简单，主要包括制乳、提取和破乳三部分。（6）成本低，乳状液膜分离技术中有机物用量低，尤其是昂贵的萃取剂（流动载体），其用量通常仅为有机物用量的1%～2%，大大低于萃取技术中的有机物用量。（7）适用性强，乳状液膜分离技术已对各种流体中的组分分离进行了研究。

江西师范大学张瑞华曾对乳状液膜提取钯进行了研究，内容包括对流动载体（络合萃取剂）TNOA（叔胺）和N1923（伯胺）的比较实验。实验最终确定采用的液膜体系为TNOA－煤油－Span 80－EDTA二钠盐。实验所获较佳工艺条件的TNOA 0.3%，Span 80 6%，煤油93.7%，EDTA二钠盐5%，外相HCl 0.1mol/L，水乳质量比为30∶1，油内比为1∶1，提取时搅拌速度为355～400r/min，制乳时间2min，温度为20℃左右。

试验结果表明，用乳状液膜提取稀溶液中的钯是可行的。对于含钯质量分数为10^{-2}%左右的料液，钯的提取率可达97%以上，内相富集液中钯的浓度可达1‰～3‰。

表15－12所列为应用液膜分离可以处置的金属离子或其他物质。

表 15-12 液膜分离应用对象（括号内表示载体）

项 目	物 质
气体类	O_2（金属络合体）、CO_2、H_2S（HCO_3^-/CO_3^{2-}）、CO（Cu^{2+}）、NO（Fe^{2+}）、烯烃类（Ag^+）
金属离子类	碱金属、碱土金属（冠醚、羧酸）、Zn、In（DZEHPA）、镧系元素（DZEHPA、PC-88A）、Co、Ni（DZEHPA、PC-88A、CYANEX272）、Pb（DZEHPA、冠醚）、U（D2EHPA、70PO、叔胺）、Au（二丁醇二丁基醚）、Cd、Cr（Ⅵ）（叔胺、季铵盐）、Pt、W（叔胺、季铵盐）、V、Re（季铵盐）、Cu（羟肟类、羧酸）、Hg（季铵盐、TIBPS）、Pd（TIBPS）
其 他	芳香烃、胆固醇、氨基酸（季铵盐、DNNS、冠醚）

15.4.5 离子交换剂

15.4.5.1 离子交换及吸附

人类最早是利用天然沸石净水；1880年用活性炭从溶液中回收金；20世纪的20~30年代离子交换技术随着离子交换树脂合成的成功与应用不断发展，使该技术广泛应用于工业生产。20世纪60年代炭浆法提金用于生产。至今应用离子交换技术已经能够分离、净化和回收70种以上的金属元素，广泛地用于核燃料应用的前期及后期处理、稀土元素分离、从稀溶液（如浸出液）中提取金属组分、工业用水软化、废水净化及制备高纯水等领域。

离子交换是两种以上离子性物质之间相互交换的过程，是一种物质运动，一般是指在水溶液中通过树脂所发生的固-液间离子相互交换的过程。离子交换树脂的作用主要是通过功能基所带的可交换离子与外界同类型而不同种的离子之间的交换或络合等，达到物质分离、提纯、浓缩等目的。

离子交换吸附法，在化学选矿中系对浸出作业的浸出液的处理方法之一，将浸出液中的目的组分（离子或分子）与离子交换剂中固有的同类不同种的组分之间进行交换、吸附作用（反应），达到富集目的组分和净化浸液的作用。常用交换吸附剂有离子交换树脂、活性炭以及磺化煤等。吸附的方法有清液吸附和矿浆吸附。清液吸附分为清液柱吸附和清液逆流吸附，矿浆吸附包括悬浮床吸附、搅拌吸附及半逆流吸附。

15.4.5.2 离子交换剂

离子交换剂种类比较多，有天然的、合成的，有无机的和有机的，人工合成的有机离子交换剂通常称为离子交换树脂。按其功能基分类列于表15-13。

表 15－13 离子交换剂分类

<table>
<tr><td rowspan="15">离子交换剂</td><td rowspan="3">无机离子交换剂</td><td rowspan="2">天然的</td><td colspan="2">阴离子型：硅铝酸盐</td></tr>
<tr><td colspan="2">阳离子型：沸石、蒙脱石、高岭石、磷灰石</td></tr>
<tr><td>合成的</td><td colspan="2">铝硅酸盐（4A 沸石等）、磷酸锆</td></tr>
<tr><td rowspan="12">有机离子交换剂</td><td>天然的</td><td colspan="2">褐煤、泥煤及磺化煤等</td></tr>
<tr><td rowspan="11">合成的</td><td rowspan="3">阳离子交换树脂</td><td>强酸性：RSO_3H（由苯乙烯与二乙烯苯悬浮共聚，再经磺化制得）</td></tr>
<tr><td>中强酸性：RPO_3H_2（由交联聚苯乙烯膦酰化、水解制得。含羟基、氨基、苄基膦酸的树脂）</td></tr>
<tr><td>弱酸性：R—COOH（由甲基丙烯酸甲酯或丙烯酸甲酯与二乙烯苯共聚后，再水解制得）</td></tr>
<tr><td rowspan="3">阴离子交换树脂①</td><td>强碱：$R—NR_3^+X^-$（将聚苯乙烯氯甲基化，再氨化制得）</td></tr>
<tr><td>中强碱：仲胺 R_2NH、叔胺 R_3N</td></tr>
<tr><td>弱碱：伯胺 RNH_2</td></tr>
<tr><td rowspan="4">其他交换树脂</td><td>氧化还原型树脂</td></tr>
<tr><td>螯合型树脂</td></tr>
<tr><td>两性树脂</td></tr>
<tr><td>光活性树脂</td></tr>
</table>

①伯胺、仲胺、叔胺季铵盐类，碱性阴离子型交换树脂，碱性不同，制法相似，季铵盐强碱树脂是用三甲胺或二甲基乙醇胺作氨化试剂制得。

有机合成高分子离子交换树脂是化学选矿中，以离子交换吸附法净化浸出富集回收目的组分常用的一类吸附剂。

我国有树脂生产企业数十家，产量数万吨，各种类型功能的树脂品种不齐全，但正在不断配套、完善。目前品种主要还是强酸树脂，其次是强碱树脂。美、日、德、法、英等国家树脂年产量约为 30 万 t，它们的品种多样，数据齐全，便于推广应用。如美国 Rohm 和 Haas 公司生产的 Amberlite 等各种牌号的树脂型号众多，性能、用途、使用方法均有详细说明。

15.4.6 离子浮选与萃取药剂

离子（沉淀）浮选、湿法冶金萃取等方法已成为从废水中处理有价金属离子和有害物质（重金属和砷等）的重要手段。现将最新的有关离子浮选，冶金萃取药剂资料列于表 15－14。

表15-14　某些离子浮选和萃取的药剂

药剂名称	处理对象	资料来源
烷基羟肟酸盐和咪唑衍生物捕收剂	从废水中进行离子浮选回收金属离子（Cu^{2+}）	Stoica L, Constantim C, *et al.* CA 137, 10286
烷基（$C_{7\sim9}$）羟肟酸离子浮选捕收剂	从矿浆中回收Cu^{2+}离子，研究了捕收剂复合功能团在离子浮选、沉淀浮选中的行为，表面张力捕收特性	Stoica L, Constantim C, *et al.* CA 139, 71842
用烷基羟肟酸（AH7-9和AH14-18）作捕收剂	从废水溶液中离子沉淀浮选各种金属离子回收金属氧化物或盐类（如回收回收率大于97%的Cr^{3+}离子）	Stoical L, *et al.* CA 138, 406168. J of Environmental Protection and Ecology, 2002, 3 (4): 935~940
水解木素次膦酸盐	Zn^{2+}, Fe^{3+}, Ni^{2+}吸附浮选调整剂	Tgarev N I, *et al.* CA 134, 117311
二硫代磷酸酯：$R[(OC_2H_4)_xO]_2—PS_2M$ 式中，$R=C_{9\sim18}$烷（烯）基；$M=H, Na, K, NH_4$；$x=0\sim6$；次膦酸	含重金属废水沉淀浮选捕收剂	DE 4040475
十二烷基硫酸钠为捕收剂	沉淀浮选废水中的Cr^{3+}等重金属离子	Medina B Y, *et al.* Minerals Engineering, 2005, 18 (2): 225~231
己基甲铵己基甲基二硫代氨基甲酸盐（HMA-HMDTC）	沉淀除铁选铅，降低尾矿铅含量	Gorica Pavlovska, *et al.* CA 129, 35814
HMA-HMDTC捕收剂	浮选分离总铬（溶液中）	Trajce Stafilov, *et al.* CA 129, 249885
$C_{7\sim9}$羟肟酸	离子浮选回收Ni^{2+}	Ligia Stoica, *et al.* 12th Romanian Inter Confer on Chemistry and Chemical Engineering, 2001. 324~329
$C_{7\sim14}$羟肟酸	Cu^{2+}, Ni^{2+}离子沉淀浮选分离	Stoica L, *et al.* 8th Inter. Min Proce Symposium, 土耳其, 2000. 241~246
聚乙烯醇在用苯乙烯-二乙烯聚合物和2-乙基己基膦酸单2-乙基己基酯中作用	稀土Gd, Tb分散萃取	Toon-Seok Kim, *et al.* Talata, 2006, 68 (3): 963~968

续表 15－14

药剂名称	处理对象	资料来源
2－羟基－5－壬基苯乙酮肟（Lix84）和2－乙基已基膦酸单2－乙基已基酯（PC－88A）	在硫酸盐液中对 Cu^{2+}、Zn^{2+} 离子的萃取分离	Jae － Chum Lee, *et al.* Materials Tromsactions, 2004, 45（6）
甲基异丁基甲酮（MIBK）	铌钽萃取分离	Mineral Process and Extrac Metallur Review. 2001, 22（4～6）: 633～650
3－苯基－4－苯酰基－5－异噁唑	Fe^{3+}、Ti^{4+} 分离	Saji J. Talanta, 1999, 50（5）: 1065～1071
H_2SO_4, H_2O_2 化学浸出	从锂离子电池中浸出 Li、Co	Shin S M, *et al.* Hydrometallurgy, 2005, 79（3～4）: 172～181
NH_3－硫代硫酸铵浸出剂	从 Cu、Zn 硫化矿精矿中浸金	Navarro P, *et al.* Hydrometallurgy, 2002, 65（1）: 37～42
用 Cyanex－301	在酸性介质中从多价金属氯化物中提 Mo^{4+}	Saberyom K, *et al.* Engineer, 2003, 16（4）: 391～393
三烷基膦氧 $R_3P{=}O$（R—P═O，P 上连三个 R） 三丁基磷酸盐	提取 V^{5+}	Solvent Extrac and Ion Exchan. 2003, 21（4）: 573～589; Separation Scien and Techno, 2003, 15: 3761～3764
二（－2－乙基已基）磷酸胺及 DIEHPA	提取 Co、Cu	Minerals Engineering, 2003, 16（10）: 1013 ～ 1017; 2003（12）: 1371～1374
Cyanex 301, Cyanex 302 为萃取剂	从废酸液（硝酸）中萃取银	CA 136, 312862
CMPO（正－辛基－苯基－N, N－二异丙基氨基甲酰甲基膦氧）和 DTPA（二乙基三胺戊基醋酸盐）	稀土矿萃取分离（重镧系）	Yoshikazu Koma, *et al.* CA 132, 41803

15.5 大洋多金属结核药剂

15.5.1 概况

大洋多金属结核是蕴藏在深海（水深 3000～6000m）海底表面的金属矿产资源，它是一种铁-锰氧化物在深海中的沉积物，由生长核心和同心圆状的沉积物层两部分组成。沉积层内充满着直径约10nm大小的微孔，孔隙率为50% ~60%，比表面积可达200m^2/g以上，通常包含30% ~40%的游离水。深海海底表面的任何固态物质几乎都可能成为结核的生长核心。核心主要成分为铝硅酸盐、石英、磷酸盐等。核心以外部分是呈年轻状的铁-锰氧化物的沉积物。据矿物学鉴定表明，沉积物中锰以三种矿物形式存在，即晶质的钡镁锰矿（1nm水锰矿）、钠水锰矿（0.7nm水锰矿）以及非晶质的$\delta - MnO_2$矿。沉积物中的铁主要以针铁矿形式存在。铜、钴、镍及其他金属以离子形态或者以类质同象形式赋存于上述矿物的晶格之中，这些金属都没有自己单独的矿物，因此，不能用常规的物理选矿方法加以富集、分离，而必须采用化学选矿或冶金方法处理。

大洋多金属结核中含有丰富的金属元素（达70乃至80余种）。太平洋多金属结核中主要金属平均品位（以干矿计,%）为：w（Mn）24；w（Fe）14；w（Ni）0.99；w（Cu）0.53；w（Co）0.35；w（Ti）0.67；w（Mo）0.052；w（Sr）0.081；w（Zr）0.063；w（V）0.054；w（Si）9.4。有经济意义的最有提取价值的是Ni、Cu、Co、Mn四种金属。据调查，多金属结核分布在太平洋、印度洋、大西洋中，总储量约为3万亿t，其中太平洋储量最为丰富，约1.7万亿t，大约占三大洋总储量的57%。仅太平洋的金属结核含镍164亿t、铜88亿t、钴58亿t、锰4000亿t，为陆地相应金属储量的273倍、21倍、967倍及67倍。

大洋多金属结核早在1872 ~1876年由英国的“挑战者”号考察船作环球考察时被发现，当时称之为“锰结核”。由于其中有用成分除锰外，还有镍、钴、铜等多种重要金属，一百多年后的1987年联合国海底资源筹委会将其正式更名为多金属结核。它的被发现长时间里没有引起人们的重视，直到1959年，美国科学家梅罗（Mero L）整理“挑战者”号、“信天翁”号和“顺风”号的考察成果时，详尽地论述了多金属结核可成为镍、铜、钴等金属的新资源。此后，日益受到许多国家和联合国的关注和重视。到20世纪70年代许多工业发达国家，如美国、苏联、日本、法国、英国和加拿大，以及印度、韩国、巴西等都竞相进行调查和研究。甚至一些跨国财团和公司也跃跃欲试。

我国于1991年向联合国申请了太平洋夏威夷东南公海的一块多金属结核矿区，登记面积为15万km^2，是继印度、法国、日本及苏联之后第五个核准登记的国家。

15.5.2 处理技术

国内外的研究工作者对大洋多金属结核的利用处理技术做了大量的工作，进行了广泛的探索与研究。根据文献资料介绍处理方法大致如表15－15所列。

表 15-15 大洋多金属结合处理方法

<table>
<tr><td rowspan="9">大洋多金属结核处理方法</td><td rowspan="3">火法熔炼</td><td>熔炼合金法</td><td></td></tr>
<tr><td>离析熔烧法</td><td></td></tr>
<tr><td>氯化挥发法</td><td></td></tr>
<tr><td rowspan="2">焙烧—浸出法</td><td>盐化焙烧</td><td>水浸法</td></tr>
<tr><td>还原焙烧</td><td>氨浸法</td></tr>
<tr><td rowspan="3">直接浸出法</td><td>氨浸法</td><td>常温常压还原氨浸法</td></tr>
<tr><td rowspan="2">酸浸法</td><td>常温加压酸浸法</td></tr>
<tr><td>常温常压还原酸浸法</td></tr>
<tr><td>其他处理法</td><td>细菌浸出法及生物絮凝等</td><td></td></tr>
</table>

15.5.2.1 火法

火法熔炼国内外研究者进行了熔炼合金法、氯化挥发法和离析法的探索研究。熔炼合金法通常是将多金属结核在高温下选择性还原熔炼得到一个主要金属富集的高铁合金相和富锰渣相，然后再用化学选矿方法处理，回收分离各种金属。如贝克（Beck）等人将破碎的多金属结核矿样进行选择性还原熔炼得Ni、Co、Cu、Mo、Fe 合金；长沙矿冶研究院的熔炼—锈蚀工艺，可得镍铜锰铁合金和富锰渣（约 40% 锰）。氯化挥发法是以氯气、氯化氢气体或碱及碱土金属氯化物作氯化试剂，美国深海公司（Deep Sea Ventures）取得了多项专利；离析法是添加焦炭和氯盐高温焙烧。有人曾对氯化剂的离析焙烧效果进行考察，结果表明，$CaCl_2$ 效果最好，其次为 NH_4Cl、$MgCl_2$、LiCl、NaCl 和 CsCl。

15.5.2.2 焙烧浸出

焙烧—浸出法包括盐化焙烧——水浸法和还原焙烧——氨浸法。前者就是通过添加硫酸化试剂（SO_2 气体）或氯化剂（如 HCl 气体）进行焙烧转化为易溶于水的金属硫酸盐或氯盐，然后水浸。后者就是将 Ni、Co 等高氧化态氧化物经还原焙烧，由不溶氨液不易氨浸变为易于在氨-铵盐溶液中浸出。

15.5.2.3 直接浸出

大洋多金属结核含水量（游离水）一般在 30% ~40%，用上述两节的焙炼及焙烧方法，需将物料干燥后再行高温焙炼，焙烧能量消耗很大，成本比较高，即使技术可行，在经济上也不合算。直接浸出湿法处理应该更为符合多金属结核的物料特性，更具实际应用前景，因而采用直接浸出法的研究报道最多。主要有酸浸法和氨浸法两类。

在氨浸法中较为成功的是肯尼科特公司阿加瓦尔（Agarwal J C）提出的 $Cu(NH_3)_2^+$ - CO 还原氨浸法，经试验（含半工业试验）表明，可从多金属结核中提取90%以上的Cu、Ni；并将95%的 Mn^{4+} 转化为 Mn^{2+}（$MnCO_3$ 沉淀）。也有人将氨浸溶液通入 SO_2（或 H_2SO_3 及其盐）作还原剂，进行还原浸出，通过提高浸出温度抑制铁的浸出，而锰则由于生成 $(NH_4)_2Mn(SO_3)_2 \cdot H_2O$ 沉淀进入渣相。Cu、Ni、Co 的浸出率为99%、98%、95%，而Mn、Fe浸出率分别为3%和1%。

常温常压还原酸浸法和常温还原氨浸法一样被认为是设备工艺条件简单，金属浸出率高，在经济上最为可行。

梅罗一条美智夫和长沙矿冶研究院等个人或单位，研究应用 SO_2 浸出法浸出多金属结核，而美国专利则报道用黄铁矿（FeS_2）、辉铜矿（Cu_2S）和斑铜矿（Cu_5FeS_4）作还原剂，进行还原酸浸处理多金属结核，获得了满意的金属浸出率，除Fe的浸出率为90%左右，其余金属接近完全浸出。

15.5.3 选矿回收浸出液中金属的药剂研究

15.5.3.1 药剂筛选

长沙矿冶研究院在用 SO_2 浸出多金属结核的基础上，对铜、钴、镍与铁锰分选药剂（离子浮选）进行了研究，针对大洋多金属结核还原浸出液中铁、锰含量大大高于铜、钴、镍含量。因此，研究有效药剂，从浸出液中优先浮选钴、镍、铜，将大量的铁锰留在尾液中，既能降低含量低的铜、钴、镍的相对损失，提高回收率，又能减少药剂用量与成本，为此，设计、选择有效捕收剂最为重要。在研究中首先从捕收剂的性能、结构、溶液化学特性及其与浸出液的金属状态和相互作用机理考虑，要求该类药剂能与铜、钴、镍形成难溶化合物，而且其溶度积必须小于与锰铁形成化合物的溶度积，溶度积之间差异愈大愈好。根据上述诸因素的考虑，对五种金属离子的15种难溶化合物溶度积数据进行分析研究，最终挑出了8种性能好，形成化合物溶度积小，切实可行的药剂进行试验。试验结果列于表15-16。

从表15-16所列数据可以说明，8种药剂中HB、EP、EB、RE等捕收剂均获好的效果，其中以药剂HB效果最佳，铜、钴、镍的回收率达98%左右。在此基础上，对药剂组合效果进行了研究。

表 15-16 药剂评价试验结果

浸出液编号	产物名称	金属元素					药剂	
		Cu	Co	Ni	Fe	Mn	名称	用量/g·L^{-1}
L-3-1	铜、钴、镍精矿，回收率/%	93.82	94.27	96.39	16.79	23.02	RE	12.18
		99.63	98.13	98.56	14.30	18.10	HB	12.18
	原液含量/g·L^{-1}	0.52	0.12	0.72	2.56	16.31		
L-7-1	铜、钴、镍混合精矿，回收率/%	93.10	98.79	93.54	28.66	12.64	RE	10.60
		99.26	98.95	99.23	27.88	9.42	HB	10.60
		99.68	97.53	98.91	8.55	4.27	EP	10.60
		96.72	95.27	96.56	9.86	9.48	EB	10.60
	原液含量/g·L^{-1}	0.35	0.10	0.62	2.14	13.79		
L-5-1	铜、钴、镍精矿，回收率/%	20.19	16.00	18.38	26.80	17.01	DP	6.78
		56.81	56.20	56.62	60.58	51.65	DP	11.30
		98.36	94.40	66.38	64.55	49.19	HN	7.92
		19.77	18.60	19.57	17.25	21.17	DS	7.92
		99.37	97.60	98.84	19.59	13.54	HB	7.92
	原液含量/g·L^{-1}	0.43	0.10	0.60	2.75	12.99		

注：2 号油用量为 0.082g/L。

15.5.3.2 药剂组合

试验表明，利用组合药剂的协同效应，其选别指标比单独使用好，尤其是可使铁、锰混入铜、钴、镍精矿中的量减少。并且还可降低药剂费用。

（1）HB+RE 组合：试验结果如表 15-17 所列。HB+RE 的药剂组合，既可保持单一用药时铜、钴、镍的回收率在 98% 左右，又可将铁锰上浮率降到 10% 以下。

（2）HB 与 DS 的组合：试验结果列于表 15-18。从表 15-18 所列数据可以看出，组合用药可使 HB 用量大幅度降低，据初步估算可节约剂费用 40% 左右。同时与单独使用 HB 相比较，铜、钴、镍精矿中锰铁混杂也有所降低。

对于大洋多金属结核的非选择性浸出液，要选择性优先浮铜，实现铜与钴、镍的分离，需寻找能选择性沉淀铜的有效药剂。根据沉淀剂的沉淀原理，利用某些铜盐与钴镍盐化合物的溶度积的差异，选择价格便宜，效果较好的 DS 沉淀剂。试验发现用 DS+HB、DS+TH 两种药剂组合比单独用 DS 药剂更能提高铜的沉淀浮选效果。一次粗选优先浮铜，铜的回收率可达 92%~99%，而其他金属上浮率控制在10%以下，特别是DS+TH药剂选择性尤佳。其他金属夹杂率控制在1.0%以下。铜精矿品位达42.43%，超过铜精矿一级品质量标准。试验结果列于表15-19。

表15-17 HB与RE的组合药剂试验结果

浸出液	产物名称	金属元素					药剂	
		Cu	Co	Ni	Fe	Mn	名称	用量/g·L^{-1}
L-3-1	铜、钴、镍精矿，回收率/%	93.82	94.27	96.39	16.79	23.02	RE	12.18
		99.63	98.13	98.56	14.30	18.10	HB	12.18
		98.92	97.72	98.58	5.32	8.82	HB+RE	12.18
L-7-1	铜、钴、镍混合精矿，回收率/%	93.10	98.79	93.54	28.66	12.64	RE	10.60
		99.26	98.95	99.23	27.88	9.42	HB	10.60
		98.56	98.95	97.43	18.78	6.64	HB+RE	10.60

表15-18 HB与DS组合药试验结果

浸出液	DS用量（Cu物质的量的倍数）	HB用量（Co、Ni物质的量的倍数）	回收率/%					节约药剂/%
			Cu	Co	Ni	Fe	Mn	
$90-L-H_1$	1	1	96.61	69.40	61.19	13.94	7.60	49
	1	1.2	98.37	71.09	70.80	10.71	4.48	38
	1.7	1.2	99.30	97.60	97.70	12.95	8.79	38
	1.7	1.4	99.62	97.80	99.04	15.44	7.74	30
$90-L-H_2$	2.0	1.2	99.27	98.12	97.63	9.46	1.79	39
	3.6	1.1	99.37	97.92	95.30	9.46	1.31	44
	3.5	1.0	99.22	95.37	88.50	9.46	1.98	50

表15-19 铜离子优先浮选试验

沉淀剂用量（Cu^{2+}摩尔分数的倍数）		捕收剂用量（Cu^{2+}摩尔分数的）		回收率/%				
				Cu	Co	Ni	Fe	Mn
DS	2.5	HB	32	92.78	3.01	10.69	0.05	0.70
DS	1.6	TH	少量	99.44	0.15	0.54	0.05	0.02

注：上述试验沉淀 pH <2。

此外，在铁锰药剂方面，研究应用SC或AM作沉淀剂，SP作捕收剂，对铁锰组分进行混合沉淀浮选，浮选产品拟作合金原料。试验表明浮选迅速而完全，铁锰回收率均在95%以上，且药剂用量低。

将锰铁分离是锰铁综合利用的又一途径。研究表明，铁锰分选无论采用氧化、水解沉淀浮选工艺，还是氧化—载体浮选工艺选铁，均可使铁的回收率达90%以上，锰上浮率可控制在5%以下。

在上述不同药剂应用试验研究的基础上，还进一步探索了钴镍分离的药剂。钴、镍分离药剂的研究是实现钴、镍有效分离的关键，直接浮选用阴离子捕收剂B-1时，镍回收率可达93%~98%，镍、钴相对含量分别为93.63%和6.73%；用阳离子捕收剂B-2时，钴的回收率达96.31%，镍上浮率为10%左右。在钴镍混合精矿中加入AM药剂，镍回收率可达94%，也基本实现了钴、镍分离，将钴、镍同时浮选；通过捕收剂再生也可基本实现钴、镍分离的目的，镍的回收率为93.32%，镍、钴相对含量分别为98.83%和1.17%，渣中钴的回收率为92.11%。

15.6 乳化增效剂

乳化剂是一类重要的表面活性剂，广泛地应用于纺织、印染、医药、食品、化工、制革、合成树脂及橡胶、化妆品、选矿、冶金和农药等领域。不少乳化剂不仅具有乳化、分散作用，而且还具有抗静电、润湿、增效等功能。

能使两种或两种以上互不相溶（或微溶）的液体（如油与水）形成稳定的分散体系（乳浊液）的表面活性物质称作乳化剂（emulsifying agent）。它能降低分散相与连续相的界面张力，使它们易于乳化，并在液滴表面上形成双电层或薄膜，阻止液滴相互凝聚，而充分分散于介质中促使乳浊液的稳定性。乳化剂具有增溶作用，其性能可用亲水亲油平衡值（HLB）表示，乳化剂分为亲油型和亲水型。亲油型即油包水型（W/O），连续相为油，分散相为水；亲水型即水包油型（O/W），其连续相为水，分散相为油。

乳化剂可根据其亲水基团的性质分为4类：阴离子型、阳离子型、两性型和非离子型（表15-20所列）。

表15-20 乳化剂分类

乳化剂分类	阴离子型	（1）使用最广的是有机羧酸的金属盐（皂），通常为$C_{12\sim18}$的脂肪酸皂（钠皂、钾皂、铵皂）以及乙醇胺皂和吗啉皂等 （2）烷基硫酸盐或烷基芳基磺酸盐，如拉开粉nekal、二丁基萘磺酸钠
	阳离子型	含伯胺或仲胺盐，季铵盐和长碳链取代胺盐（如吡啶、吗啉、哌啶等）
	两性型	既含酸性亲水基团，又含有碱性亲水基团（氨基酸类）
	非离子型	主要包括多元醇酯（羧酸酯及磷酸酯等），烷基和芳基聚氧乙烯缩合物。如乳化剂EL（聚氧乙烯蓖麻油，乳化剂BY）

常用几种类型乳化剂的化学式如下所列：

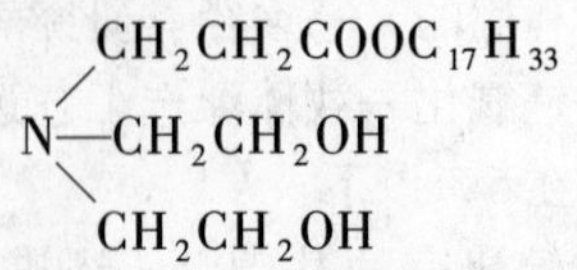

$$N\begin{cases}CH_2CH_2COOC_{17}H_{33}\\CH_2CH_2OH\\CH_2CH_2OH\end{cases}$$

乳化剂 FM（三乙醇胺油酸酯）

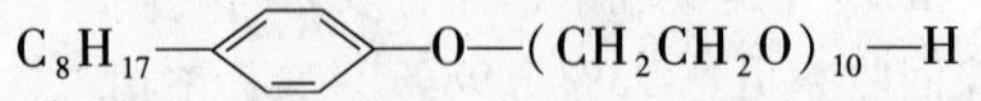

$$C_8H_{17}-C_6H_4-O-(CH_2CH_2O)_{10}-H$$

乳化剂 OT 或 TX-10（辛烷基酚聚氧乙烯醚）

O OH

H_2C $CHCHCH_2OCOC_{17}H_{35}$

HOHC——CHOH

和

O

H_2C $CHCHCH_2OCOC_{17}H_{35}$

HOHC CHOH

CH

OH

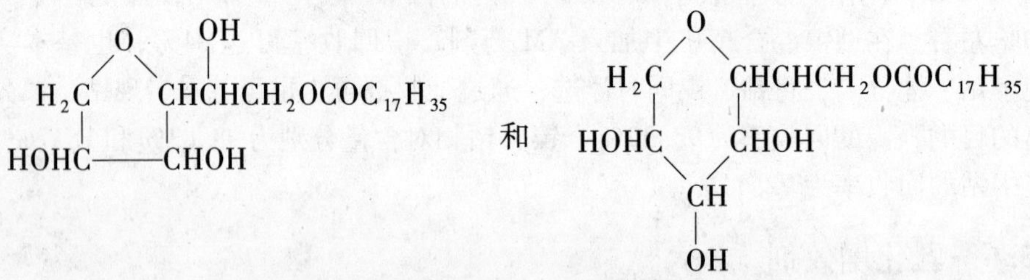

乳化剂 S-60（Span 60，山梨醇酐硬脂酸酯）

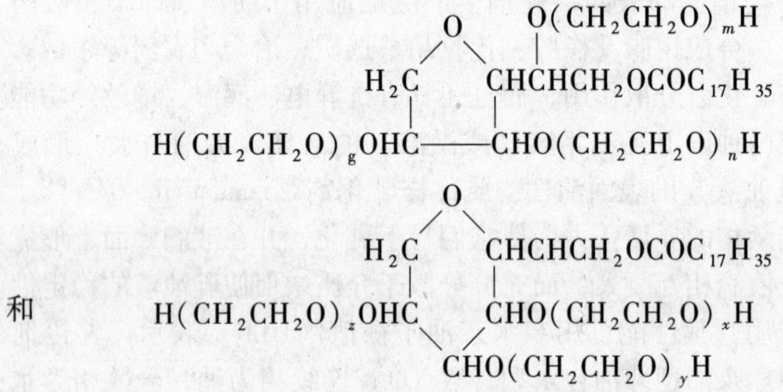

O $O(CH_2CH_2O)_mH$

H_2C $CHCHCH_2OCOC_{17}H_{35}$

$H(CH_2CH_2O)_gOHC$——$CHO(CH_2CH_2O)_nH$

和

O

H_2C $CHCHCH_2OCOC_{17}H_{35}$

$H(CH_2CH_2O)_zOHC$ $CHO(CH_2CH_2O)_xH$

$CHO(CH_2CH_2O)_yH$

乳化剂 T-60（吐温60，山梨醇酐硬脂酸酯聚氧乙烯醚）

式中，$m+n+g+x+y+z=20$。

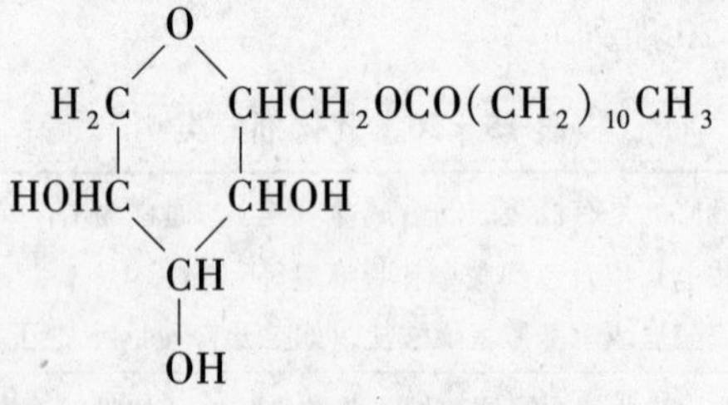

O

H_2C $CHCH_2OCO(CH_2)_{10}CH_3$

HOHC CHOH

CH

OH

斯本-20(山梨醇酐单月桂酸酯)

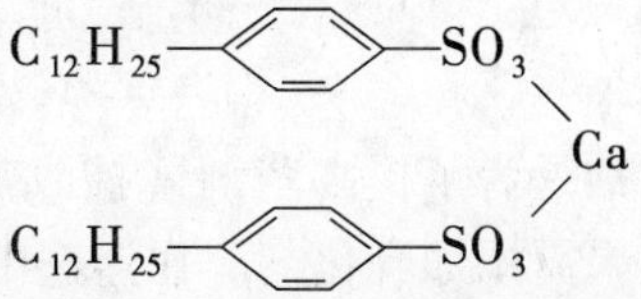

$$
\begin{array}{l}
C_{12}H_{25}-C_6H_4-SO_3 \\
\qquad\qquad\qquad\qquad\quad \diagdown \\
\qquad\qquad\qquad\qquad\qquad Ca \\
\qquad\qquad\qquad\qquad\quad \diagup \\
C_{12}H_{25}-C_6H_4-SO_3
\end{array}
$$

乳化剂 ABCCa（十二烷基苯磺酸钙）

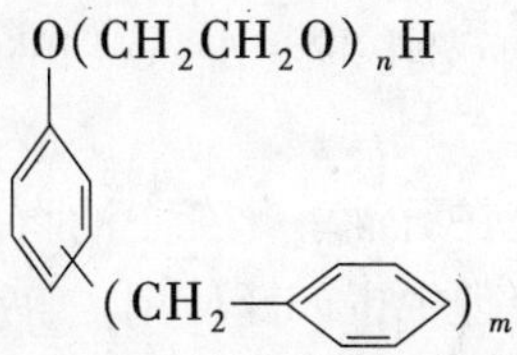

$$O(CH_2CH_2O)_nH-C_6H_4-(CH_2-C_6H_5)_m$$

乳化剂 BP（苄基苯酚聚氧乙烯醚）

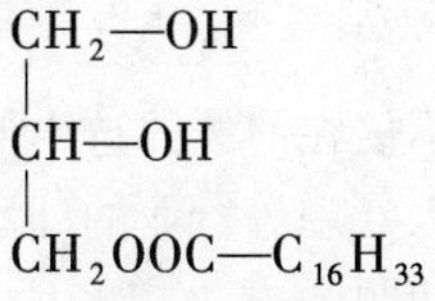

$$
\begin{array}{l}
CH_2-OH \\
| \\
CH-OH \\
| \\
CH_2OOC-C_{16}H_{33}
\end{array}
$$

单硬脂酸甘油酯

式中，$n=10\sim20$，$m=2\sim3$。

乳化剂在选矿中（如浮选、化学选矿、乳液膜分离、离子交换）也是一类不可或缺的药剂。对于难溶或不溶于水的选矿药剂（如捕收剂等），为了保证药效（选矿效果），减少药剂用量，通常采用添加乳化剂，使选矿药剂充分乳化、分散，形成微粒油珠状乳浊液，使药剂形成大分子层增大表面积，增大与矿粒碰撞接触的几率，从而减少药剂用量，提高选别效果，缩短作业时间。

在一般情况下，用脂肪酸类和脂肪胺类及油类作捕收剂时，添加乳化剂可降低矿浆中黏土矿物（泥）对药剂的吸附作用，从而提高捕收剂的选择性及捕收能力。在重晶石、磷灰石和萤石等矿物的浮选中使用乳化剂，也可以减少药剂用量。

在选矿中为提高选别效果，添加增效剂，其种类和作用实际上与乳化剂的情况相似，都是起分散、协同作用，增强药剂与矿物的作用几率。例如：在磷灰石的浮选中采用脂肪酸（皂）-油酸等浮选时一般都需加温浮选。若添加阴离子表面活性剂 SDBS 增效，在不加温的情况下可获得与油酸加温（40℃）浮选同样的回收率。

用油酸浮选萤石同样对矿浆温度极为敏感，一般在 15℃以下其溶解分散性能急剧降低，浮选效果恶化。增加用药量虽对指标稍有改善，但用药量过大，油酸易团聚形成胶团。为了改变现状，有人利用十二烷基硫酸钠作乳化增效剂对油酸进行超声乳化，在低温下，浮选河北某萤石矿的萤石获得了满意的效果，萤石精矿品位达 98.4%，回收率 85.30%；利用二烷基硫酸钠 OП-1、OP-1、OP-2 作乳化剂，同样可以获得满意结果。

15.7 破乳剂

在浮选过程中加乳化剂是为了提高药剂（捕收剂等）的可溶性、分散性，减少用药量，提高选别效果需添加乳化剂。在浮选中也常常存在因药剂自身易于乳化起泡，或者因添加乳化剂造成泡沫过黏、过于稳定，或易于乳化起泡，导致泡沫久久不能消泡去乳化影响后续工序，造成精矿溢流损失，或者跑槽污染环境。为此，在上述情况下需要添加破乳剂（deemulsifying agent）加以处理。

破乳剂不仅在泡沫浮选中使用，而且在石油、化工、油脂化学、毛纺及机械加工和废水处理等行业的油水乳浊液处理中也广泛使用。解决物料的过乳化现象和过黏问题的方法有多种。使用破乳剂需要药剂及相关条件（如药剂的选择、溶液或矿浆 pH 值的调整等）。所以利用物理方法破乳，如加热法，电场破乳法等也是选项。对非选矿行业大量的油水乳液处理还可选用膜分离技术。

破乳剂又称反乳化剂，通常是由多种组分构成的高分散性的混合物（或复配物）。对水包油型乳浊液的破乳剂，可以是电荷相反的多价离子化合物，如用带有 H^{+}、Al^{3+}、Fe^{3+} 等阳离子的硫酸铁和无机酸为破乳剂，对油包水型乳浊液的破乳，可用阴离子型和非离子型化合物或两者的混合物作破乳剂。也可以用和离子型相反的乳化剂起沉淀作用，或是使用酸类起分解作用。

破乳剂大致可分为如下7类：

（1）磺酸盐类。主要有烷基萘磺酸和石油磺酸钠等。

（2）环烷酸盐。主要系含五元环的羧酸衍生物。

（3）琥珀酸酯磺酸盐。为一种二元羧酸酯的磺酸盐。

（4）聚氧乙烯烷基苯基醚。非离子型表面活性剂，视氧化乙烯的分子数（聚合度）不同，可以有不同的亲水亲油平衡（HLB）值，性能有所差异。

（5）环氧乙烷、环氧丙烷嵌段共聚物。也是一类非离子型表面活性剂。通过调节一段聚合度和另一段加成分子数，可以有不同的亲水亲油平衡值的共聚物。

（6）烷基咪唑。为含氮杂环类表面活性物质。

（7）烷基羧酸树脂衍生物。系聚氧乙烯烷基苯基醚与甲醛的缩合物。改变烷基的碳链及结构，缩合度以及氧化乙烯的加成分子数，即可获得不同性质的产品。

15.8 黏度调整剂

黏度调整剂（viscosity controlling agents）有别于在浮选中使用的各种调整

剂（如抑制剂、活性剂、分散剂、酸碱调整剂等）。黏度调整剂顾名思义调整黏度，是用于调整水溶液或水分散悬浮体（矿浆等）的流变性质，改变黏度大小的一类化学制剂。它可以分为减黏剂和增黏（增稠）剂两类。减黏剂与矿物加工、管道输送密切相关；增黏剂虽与选矿矿浆均一、分散、悬浮等有关系，但更多的是在石油钻探与加工、食品加工和化妆品等行业中使用。石油钻井中增黏剂可提高钻井泥浆的黏度和稳定性，保护钻孔周壁不塌落。在食品、化妆品中，用作冰淇淋、果浆、膏、霜乳类增稠。琼胶、明胶、海藻酸钠和果胶等都是食品增稠剂。

矿浆黏度对矿物，尤其是对微细粒矿物的沉降、脱水、分选和长距离的管道输送影响很大。减黏剂（对矿浆而言）就是降低矿浆黏度的药剂。特别是对微细粒、易过粉碎、泥化等类型的黏度较大的矿浆进行减黏，改善流动性是有益的。例如：

（1）在矿物浮选中，因一些含有微细粒的矿物，如高岭土等黏土矿物不易均匀地分散在矿浆中，或者因其本身的黏稠度较高而增大了浆体的黏度，此时在矿浆中添加适量的减黏剂。

（2）在矿山井下充填或矿浆的长距离管道输送（如尾矿、水采矿浆及粉煤、泥煤等）中使用减黏（减阻）剂，可以提高胶结充填料的浓度，使其一般质量分数达到70%左右，在管道输送中添加适量的有机高分子减黏剂降低浆体黏度，提高流动性，可减少50%～80%的阻力。这对于节能降耗，提高浆体的射程（或扬程）、管道的输送能力及输送距离等意义重大，经济效益显著，在重介质选矿中添加减黏剂有利于提高重力分选效率和精矿的品位。

减黏剂通常可分为无机类和有机类。无机类减黏剂主要有：三聚磷酸钠、六偏磷酸钠、水玻璃、碳酸钠和氟硅酸盐等。有机减黏剂主要有聚丙烯酰胺、聚丙烯酸钠，水解聚丙烯酰胺、胍胶、聚氧乙烯类非离子型化合物、羧甲基纤维素（CMC），羟乙基纤维素等高分子化合物。

15.9 泡沫稳定剂

泡沫稳定剂（foam stabilizers）是指能够改变水及水-气界面表面张力，延长或缩短矿化泡沫生存寿命，调整泡沫稳定性及时间的一类矿用药剂。泡沫稳定剂如同烹调某些菜需用的佐料。在选矿工艺过程中，尤其是硫化矿浮选中使用的一些起泡剂（如碳链较短的醇类，C_5 以下）产生的泡沫细而脆，而且泡沫生存时间短，不易形成矿化泡沫，影响选矿效果，特别是当矿浆中含有重金属铅、铜离子或碱土金属离子时，泡沫变得不稳定，因此需要添加泡沫稳定剂，增强泡沫的稳定性，延长泡沫生存时间，改善矿化泡沫生成条件，达到矿物良好分选之目的。有些起泡剂或捕收兼起泡剂，如某些脂肪酸的皂类或酯类、磺酸类等药剂，因产生的泡沫过黏不易破碎（长时间不消泡），造成选矿作业中大量泡沫跑槽，就需要降低泡沫黏度、增大泡沫脆性的消泡剂。

泡沫的稳定性与气泡的矿化程度有关，一般矿化了的泡沫相对比较稳定，同时，还与起泡剂的性能、结构、浓度有关，例如，$C_{5\sim9}$醇、醚醇、松醇油和环己醇等可产生相当稳定的泡沫。而烃油、高分子有机酸等因会大幅度降低界面（液-液，液-固，气-液界面）的表面张力，挤走起泡剂，使泡沫变得不稳定。黄药可以强化某些起泡剂的泡沫性能。有些物质，如烷基硫酸盐则会降低醇及脂肪酸的起泡性能。多价阳离子会使表面电荷发生某种变化，而促进气泡的兼并。

15.10 粉尘控制剂

粉尘的定义一般是指小于600目（小于25μm）的微粒；小于1μm的超细微粒通称为烟尘。粉尘控制剂（dust control chemicals）就是能够改变粉尘的物理性质，使之聚集、沉降、防止扩散、流失和污染空气、危害健康的化学药剂。在矿业开采及矿物加工中产生粉尘的作业很多，如采矿作业中的凿岩、爆破，选矿作业中的干式破碎、干式磨矿、筛分、配矿、煅（焙）烧以及装卸运输过程中所产生的粉尘；非金属矿深加工过程，特别是超微粉碎（小于2μm）加工作业所产生的粉尘、煤炭的采掘与加工产生粉尘；此外，建材、电力（火电）、冶金、化工、轻工等工业也产生许许多多各种各样的粉尘。

粉尘对环境生态、空气、大气造成污染，危害人类健康，长期接触粉尘或者长期生活在粉尘污染的空气中会造成各种疾病，如矽肺病、肺尘病、心肺病，有的甚至会致癌，危及生命。总之应重视粉尘的危害，而危害的程度轻重，与粉尘粒子大小、浓度、致毒物质与化学组成等有关。有的粉尘在空气（局部环境）中达到一定的比例浓度还会引起燃烧爆炸，如煤矿井下除瓦斯爆炸外，粉尘引起的燃烧爆炸国内外都偶有发生过。我国在最近也发生过。

粉尘控制的方法有机械与化学方法。机械（物理）法主要是通风、收尘、水喷雾（可用带正电荷或负电荷的水处置不同粉尘）法。化学方法就是通过化学品进行控制。常用粉尘控制剂有：

（1）润湿（或吸湿）剂。能降低水的表面张力，提高水对矿粒，特别是疏水粒子（如石墨、烟煤等）的润湿或吸湿能力。主要类别有烷基化二苯醚双磺酸盐、磺化琥珀酸二辛酯钠盐、直链烷基苯磺酸盐、本素磺酸盐、乙氧基化醇（聚氧乙烯醇）、烷基酚醚类、脂肪胺类、聚氧丙烯乙二醇醚、醚基磺酸盐类、邻二甲苯基甲基磺酸钠以及氯化钙、氯化镁和氯化钠溶液等。

(2) 发泡剂。能产生大量泡沫以包裹粉尘、吸附粉尘。如泡沫除尘剂和各种阴离子型表面活性剂，表面活性剂使用浓度范围为含活性成分0.5% ~5.0%。

(3) 水溶性聚合物。根据粒子碰撞原理利用水溶性聚合物使微细粒子被吸着聚集成较粗粒子。水溶性聚丙烯酰胺就是一类优良的粉尘控制剂。它在物料堆放，装卸运输下游作业中无需重复加药，一次加药数周之内不再起尘。

(4) 黏结剂。使物料的表面结成一层薄的覆盖膜，防止粉尘料飞扬(也可降低某些矿物，如硫化矿粉的氧化速率)。主要黏结剂如丁苯胶乳、黏稠的石油和树脂的乳浊液、木素磺酸盐以及胶乳型的苯乙烯-丁二烯共聚物、聚醋酸乙烯酯、聚醋酸乙烯酯-丙烯酸乳剂、聚丙烯酸及聚偏二氯乙烯等。

(5) 油及有机物。如废机油加沥青、乙二醇和甘油生产的副产品。此法为经典老方法，特别适用于煤及磷酸盐矿物等。

国外粉尘控制剂也有许多商品，例如：日香S.F剂（精矿运输时防粉尘飞散）、Aerospray - 52 及 Aerospray - 70、Arkopal N - 040 及 Arkopal N - 090（为氯化钙和氯化镁的混合剂）等。

15.11 防冻剂

防冻剂（antifreezing agents）用来降低水的冰点或者破坏冰的结构，防止物料在低温（0℃以下）环境中冰冻的药剂。防冻剂是在20世纪70年代才开始受到重视并逐步发展起来的。冰冻给生产运输、使用带来极大的不便和损失。矿山冬季一般温度都比较低，特别是在严寒地区开采原矿、加工分选精矿及尾矿在冰冻期均难于装卸运输，给生产造成困难和影响。影响物料冻结的原因除气候条件外，与物料表面的湿度，物料颗粒的大小、组成，多孔性质，堆放运输周围环境，时间长短，气温变化等因素也有关系。

常用的防冻剂可分为：

(1) 冻点调整剂。用于抑制冻点，如用二甘醇等多羟基醇类配制，或者用碳氢化合物配制，也可以直接使用含有氯化镁和氯化钙的卤水溶液或其水溶液聚合物。此法是有效的。因为水在结冰过程是把杂质排除在冰的晶格之外，防冻液滞留在冰的晶体界面上，或被吸附在冰的晶体生长点，削弱了冰的结构，致使冰冻的物料易在冰晶表面碎裂，防止冰冻成大块。

(2) 防冻脱膜剂。主要是一些高分子化合物和疏水性油类及石油产品。

矿物原料或精矿产品在铁路冬运中，常常遇到的是整车的冰冻物料黏结于车厢内壁十分牢固（物料含水8% ~15%时更严重），务必在装载物料前在车厢内壁喷洒防冻脱膜剂，减少冰冻物料的黏结。

(3) 化学融化剂。即在冰冻物料上喷洒氯化钙、氯化钠等促进其融化，以利于操作利用。

15.12 防垢阻垢剂

在矿物开采、加工过程中，以及其他一切工业用水及物料贮运系统中，污垢的产生与形成是除材料及设备腐蚀之外的第二大麻烦问题。污垢通常是由溶解度特异的难溶或微溶的无机盐、矿粒或其他悬浮颗粒、腐蚀的产物和生物黏泥等共沉积而产生的，不同地区、不同用水系统、不同矿物及水环境，因其水质、运行工艺条件等因素的不同，因此污垢的实质各有差别或差别较大。但是，这些污垢主要由碳酸钙、硫酸钙、硫酸钡、硫酸锶、磷酸钙、铁氧化物、氟硅酸盐和铝硅酸盐等不同的单一成分或多种成分的垢及垢的混合物组成。水垢在生产容器、管道和热交换器壁表面生长，能降低容器的容量，管道的输送量，严重影响热交换效率，大大增加水或矿浆流动输送的阻力，降低生产能力增加能耗，甚至造成因污垢的局部脱落影响产品的质量。也可能产生垢后局部腐蚀脱落造成物料泄漏，降低设备的使用寿命等。为了控制污垢的形成，将凡能防止水垢和污垢产生或抑制其沉积生长的化学药剂统称为防垢剂或阻垢剂(antiscaling reagents)。阻垢剂，依据其功能作用，工业上分作阻垢缓蚀剂和阻垢分散剂两类。

不少的防垢阻垢剂，特别是有机磷酸酯和膦酸类以及淀粉、木质素及其衍生物等阻垢防垢剂，由其性质决定了他还是有效的选矿抵制剂和分散剂。

15.12.1 阻垢缓蚀剂

15.12.1.1 磷酸酯

阻垢缓蚀剂的主要类型有：无机聚合磷酸盐、有机多元膦酸、葡萄糖酸和丹宁酸等。阻垢剂的分子结构中一般都含有多种官能团，在水体系中表现为螯合、吸附和分散作用，能发挥水处理剂的“一剂多效”功能，即一种药剂同时具备阻垢、缓蚀、絮凝、杀菌、分散等性能中的两种或两种以上的作用效果。阻垢缓蚀剂就是指同时具备阻垢和缓蚀两种作用的水处理剂，有单剂和复配两种商品形式。HG2762—1996列出了阻垢缓蚀剂的主要复配产品系列和代号，如表15-21所列。

表 15-21 阻垢缓蚀剂产品系列和代号

类型代号	系列代号	产品化学成分
ZH	ZH21	聚磷酸盐、聚羧酸（盐）
	ZH22	聚磷酸盐、共聚物
	ZH23	有机膦酸、聚羧酸（盐）
	ZH24	有机膦酸、共聚物
	ZH25	钨酸盐、聚羧酸
	ZH31	聚磷酸盐、聚羧酸（盐）、锌盐
	ZH32	聚磷酸盐、共聚物、锌盐
	ZH33	有机膦酸、聚羧酸（盐）、锌盐
	ZH34	有机膦酸、共聚物、锌盐
	ZH35	有机膦酸、共聚物、聚羧酸盐
	ZH36	有机膦酸、聚磷酸盐、共聚物
	ZH37	有机膦酸、共聚物、噻唑类
	ZH38	多元醇磷酸酯、磺化木质素、锌盐
	ZH39	膦羧酸、共聚物、有机膦酸
	ZH41	有机膦酸、聚羧酸、聚磷酸盐、锌盐
	ZH42	磷酸酯、木质素、共聚物、噻唑类
	ZH43	钼酸盐、膦羧酸、共聚物、锌盐
	ZH44	有机膦酸、共聚物、噻唑类、锌盐
	ZH51	聚羧酸、有机膦酸、聚磷酸盐、锌盐、噻唑类
	ZH52	钼酸盐、噻唑类、聚磷酸盐、有机膦酸、锌盐

在众多的水垢处理剂中，最典型的兼具阻垢和缓蚀作用的是含磷有机化合物。含磷阻垢缓蚀剂开发于20世纪60年代，70年代才在工业上获得推广和应用，特别是碳-磷直接相连的膦酸类化合物。有机磷酸酯和无机聚磷酸盐（三聚磷酸钠、六偏磷酸钠）相比，其化学稳定性好，不易水解和降解，缓蚀、阻垢效果也比无机聚磷酸盐好，使用的剂量也比聚磷酸盐为低。当它们和低分子量的聚电解质-聚丙烯酸以及聚磷酸盐等复合使用时，会产生协同效应，

从而提高了药剂的缓蚀、阻垢效果。

循环冷却水系统中经常使用的含磷有机阻垢缓蚀剂，一般有两大类：一类是有机磷酸酯，碳原子不与磷原子直接相连，官能团为—C—O—PO_3H_2，烷基中的碳原子是通过氧原子和磷原子相连的，统称为烷基磷酸酯（盐）；另一类是有机膦酸及其盐类，碳原子与磷原子直接相连，官能团为—C—PO_3H_2的膦酸（盐），可以看作是磷酸分子中的一个羟基被烷基取代的产物。

大多数的C—O—P键的烷基磷酸酯，即有机磷酸酯在水中都有一定的溶解度，特别是磷酸单酯溶解度较大。有机磷酸酯的氧乙烯基（—CH_2CH_2O—），可使磷酸酯的溶解度增加，所以聚氧乙烯基化的磷酸酯或焦磷酸酯，它们的烷基可以比较大，甚至可带有苯环，这样也提高了磷酸酯的缓蚀效果。虽然烷基磷酸酯（单酯或双酯）比无机磷酸盐难于水解，但都能发生水解，特别是在温度比较高和较强的碱性介质中更容易发生水解。水解结果产生正磷酸和相应的醇。

一般认为有机磷酸酯对哺乳动物和鱼类的毒性是很低的，它可以在一定时间内被水分解掉，它的水解产物也可以被生物降解。

有机磷酸酯的合成工艺是比较简单的，用相应的醇和磷酸或五氧化二磷或五氯化磷作用，即可制得。采用不同的配比即可制备磷酸单酯或磷酸二酯。当多元醇和磷酸或五氯化磷作用后，就可以得到多元醇磷酸酯。反应式为：

$$R—OH + H_3PO_4 \xrightarrow{\triangle} R—O—P(=O)(OH)_2 + H_2O$$

单烷基磷酸酯

$$2R—OH + H_3PO_4 \xrightarrow{\triangle} (R—O)_2P(=O)—OH + 2H_2O$$

双烷基磷酸酯

$$R—OH + PCl_5 \longrightarrow R—O—PCl_4 + HCl$$

$$R—O—PCl_4 + 3H_2O \longrightarrow R—O—P(=O)(OH)_2 + 4HCl$$

聚氧乙烯化磷酸酯和聚氧乙烯基化焦磷酸酯的合成比磷酸酯和焦磷酸酯较为复杂一些。例如，具有良好缓蚀性能的辛基苯烷氧基聚氧乙烯磷酸酯可以通过以下反应来合成：

$$C_8H_{17}—C_6H_4—O\!\left[CH_2CH_2O\right]_nH + P_2O_5 \xrightarrow{90\sim100℃}$$

$$C_8H_{17}-C_6H_4-O-[CH_2CH_2O]_n-P(=O)(OH)_2$$

$$C_8H_{17}-C_6H_4-O-[CH_2CH_2O]_n-P(=O)(OH)-[OCH_2CH_2]_n-O-C_6H_4-C_8H_{17}$$

$$+$$

$$C_8H_{17}-C_6H_4-O-[CH_2CH_2O]_n-OH$$

反应过程中对辛基苯酚聚氧乙烯醚除生成对辛基酚聚氧乙烯磷酸单酯外，也有对辛基酚聚氧乙烯磷酸二酯形成。但无论单酯或二酯都有良好的缓蚀性能，因此生产过程中不必进行分离而可直接使用。使用的 pH 值为 6.6 ~9.0，得到的产品为棕色黏稠性液体。n 值可视不同情况而有所不同，一般 n 接近 4，缓蚀效果较好。常用的有机磷酸酯总是和其他药剂（如 BTA、MBT 等）复合使用。

磷酸酯无论是单烷基酯或双烷基酯，或者是其两者的混合物在防垢阻垢方面是很有效的，例如对已沉积的钙垢等可以使之逐渐疏松消解，生成易于流动的絮状物被水带走。

水质的好坏及污染，关系到人类的生存和健康，我国于 1991 年颁布了水处理剂磷酸酯类化工行业标准（HG 2228—91），适用于用甘油聚氧乙烯醚和五氧化二磷反应制得不含氮的多元醇磷酸酯（标准中的 *A* 类），也适用于用甘油聚氧乙烯醚、乙二醇、乙二醇乙醚及三乙醇胺和五氧化二磷反应制得含氮的醇基磷酸酯（标准中的 *B* 类）。其中，*A* 类产品为棕色膏状物，*B* 类为酱黑色黏稠液体，两类产品的技术条件要求如表 15－22 所示。

表 15－22 有机磷酸酯的技术条件

指标名称	指标			
	A 类		*B* 类	
	一等品	合格品	一等品	合格品
有机磷酸酯（以 PO_4 计）含量/%	≥33.5	≥32.0	≥33.5	≥32.0
无机磷酸（以 PO_4 计）含量/%	≤8.0	≤9.0	≤9.0	≤10.0
pH 值（1% 水溶液）	1.5 ~2.5			

15.12.1.2 膦酸类

膦酸、多元膦酸类药剂是众所熟知的选矿药剂和冶金萃取剂。至 20 世纪 70 年代有机膦酸被确认为一类重要水处理剂以来，水处理技术、工艺有了较大的发展。该类药剂所具有的良好的化学稳定性，不易水解，能耐较高温度和药剂用量少，阻垢性能优异，是无机磷酸盐（聚磷酸盐）无法比拟的。

有机膦酸是一类阴离子型缓蚀剂，它们又是一类非化学当量阻垢剂，具有明显的溶限效应（threshold effect）。当它们和其他水处理剂复合使用时，又表现出理想的协同效应。它们对许多金属离子（如钙、镁、铜、锌等）具有优异的螯合能力，甚至对这些金属的无机盐类如硫酸钙、碳酸钙、硅酸镁等也有较好的去活化作用，由于其优异的阻垢性能，因此大量应用于水处理技术中。目前它的品种还在不断地发展，所以是一类比较先进且有发展前途的药剂。我国自1974年底开始研究以来，凡是在水处理方面应用的有机膦酸重要品种目前均已有工业规模的生产。

有机膦酸阻垢缓蚀剂系指分子中有两个或两个以上的膦酸基团，其中磷原子与碳原子直接相连的有机化合物。

有机膦酸按分子中膦酸数目可以分为二膦酸、三膦酸等。但目前通常按结构来分类，如亚甲基膦酸型、同碳二膦酸型、羧酸膦酸型和含其他原子膦酸型。有机膦酸型阻垢缓蚀剂的分类列于表15-23。

多元膦酸的制备方法多种多样，有一步法、二步或多步合成法。举例反应式表示为：

1）亚甲基膦酸型的一步合成法：

例如EDTMP（乙二胺四亚甲基膦酸）可采用乙二胺、甲醛和三氯化磷为原料一步合成：

$$H_2N—CH_2—CH_2—NH_2 + 4HCHO + 4PCl_3 + 8H_2O \longrightarrow$$

$$(H_2O_3P—CH_2)_2N—CH_2—CH_2—N(CH_2—PO_3H_2)_2 + 12HCl$$

此反应与曼里希（Mannich）反应属同一类型，可以把亚磷酸（或PCl_3）看作是参与曼里希反应的含有C—H活泼氢化合物相当的磷化合物，磷原子的亲核性能是形成C—P键的主要原因。

ATMP［$N(CH_2—PO_3H_2)_3$］大都采用氯化铵、甲醛和三氯化磷为原料的一步合成法制备。

表15-23 有机膦酸型阻垢缓蚀剂的分类与结构

分类	名称	缩称代号	结构式	产品执行标准
甲叉膦酸型	氨基三亚甲基膦酸	ATMP	$N(—CH_2—PO_3H_2)_3$	GB/T 10536—89 ZB G 71004—89
	乙二胺四亚甲基膦酸	REDTMP	$\text{⫟}CH_2—N(CH_2—PO_3H_2)_2\text{⫞}_2$	
	二乙烯三胺五亚甲基膦酸	DETPMP	$H_2O_3P—CH_2—N[—CH_2—CH_2—N(CH_2—PO_3H_2)_2]_2—[(—CH_2)_3—N—N—(CH_2—PO_3H_2)_2]_2$	
	己二胺四亚甲基膦酸	HDTMP	$(H_2O_3P—CH_2)_2—N—(CH_2)_6—N(—CH_2—PO_3H_2)_2$	
	甘氨酸二亚甲基膦酸	GDMP	$HOOC—CH_2—N(—CH_2—PO_3H_2)_2$	
	甲胺二亚甲基膦酸	RMADMP	$CH_3—N(CH_2—PO_3H_2)_2$	

续表 15-23

分类	名称	缩称代号	结构式	产品执行标准
同碳二膦酸型	1-羟基次乙基-1，1-二膦酸	HEDP	$CH_3—C(OH)(PO_3H_2)_2$	GB/T 10537-89
	2-氨基次乙基-1，1-二膦酸	AEDP	$CH_3—C(NH_2)(PO_3H_2)_2$	
羧酸膦酸型	1，3，3-三膦酸基戊酸	—	$H_2O_3P—C(CH_2—CH_2—PO_3H_2)(CH_2—COOH)—PO_3H_2$	
	1，1-二膦酸丙酸基膦酸	BPBP	$HO_2P\text{-}(CH(PO_3H_2)—CH_2—COOH)_2$	
	2-膦酸基丁烷-1，2，4-三羧酸	PBTCA	$(HO)_2P(=O)—C(CH_2CH_2COOH)(CH_2—COOH)—COOH$	
聚合膦酸型	膦酸化水解聚马来酸酐	PHPMA	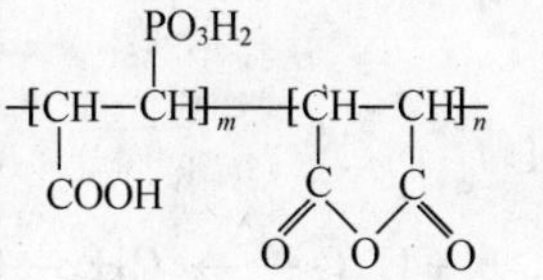 $\text{-}[CH(COOH)—CH(PO_3H_2)]_m\text{-}[CH—CH]_n\text{-}$（后一单元两个 C 以 $C(=O)—O—C(=O)$ 成环酐）	
	异丙烯基膦酸共聚物	IPPA		
含其他原子型	二乙硫醚二胺四亚甲基膦酸	—	$S—[—CH_2—CH_2N—(CH_2—PO_3H_2)_2]$	
	N'-三甲氧基丙硅烷基乙二胺-N，N-二亚甲基膦酸	-	$(CH_3O)_3Si(CH_2)_3—N(—CH_2)_2—N(—CH_2—PO_3H_2)_2$	

2）同碳二磷酸型的有机多元膦酸一步合成法：

例如 HEDP（1-羟基次乙基-1，1-双膦酸）可采用乙酸和三氯化磷等一步合成，反应历程可解释如下：

亚磷酸制备：

$$CH_3COOH + PCl_3 \longrightarrow CH_3COCl + HO—PCl_2 + HCl$$

$$HO—PCl_2 + 2H_2O \longrightarrow P(OH)_3 + 2HCl$$

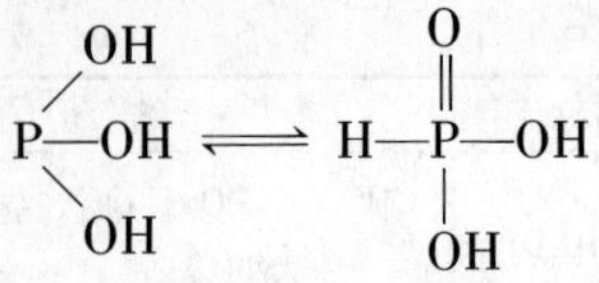

$$P(OH)_3 \rightleftharpoons H-P(=O)(OH)-OH$$

酰氯与亚磷酸反应：

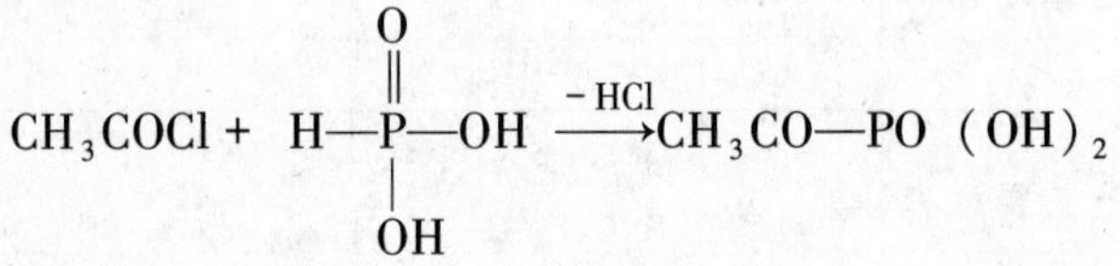

$$CH_3COCl + H-P(=O)(OH)-OH \xrightarrow{-HCl} CH_3CO-PO(OH)_2$$

制备膦酸羧酸酯：

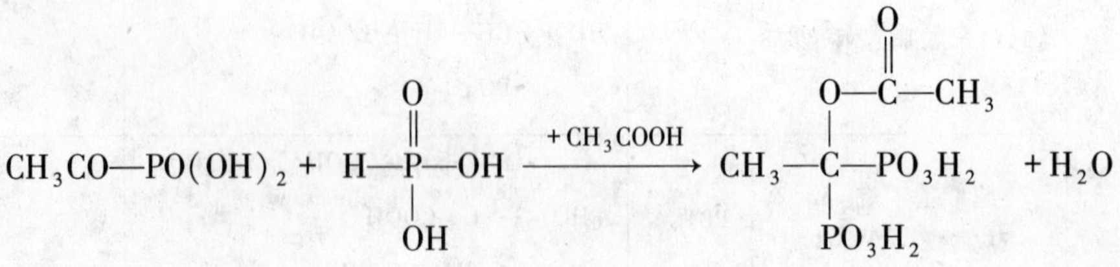

$$CH_3CO-PO(OH)_2 + H-P(=O)(OH)-OH \xrightarrow{+CH_3COOH} CH_3-C(O-C(=O)-CH_3)(PO_3H_2)-PO_3H_2 + H_2O$$

酯水解得羟基双膦酸：

$$CH_3-C(O-C(=O)-CH_3)(PO_3H_2)-PO_3H_2 + H_2O \xrightarrow{\triangle} CH_3-C(OH)(PO_3H_2)-PO_3H_2 + CH_3COOH$$

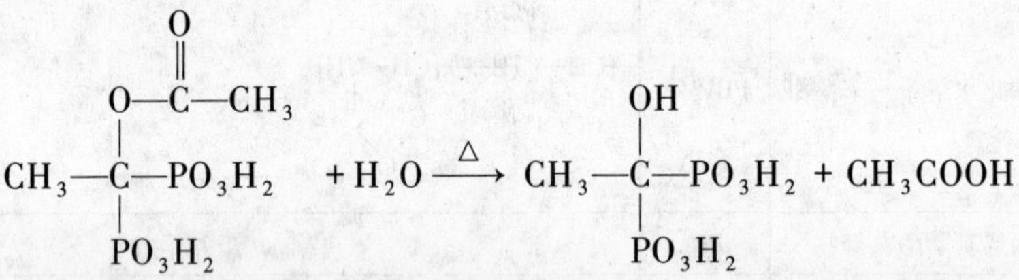

该反应在较高温度的HCl溶液中进行，可能会有部分的HEDP二缩产物生成，但最后水解亦会生成HEDP：

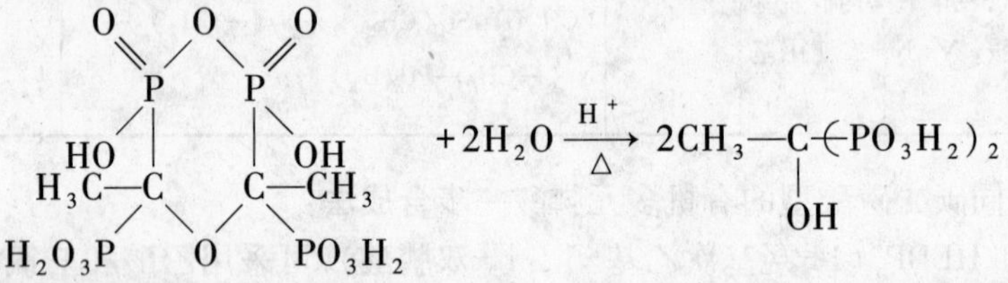

$$[\text{HEDP二缩产物：两个 }P(=O)\text{ 经 }O\text{ 桥连，}H_3C-C(HO)(H_2O_3P)\text{ 与 }C(OH)(CH_3)(PO_3H_2)\text{ 经 }O\text{ 相连}] + 2H_2O \xrightarrow[\triangle]{H^+} 2CH_3-C(OH)(PO_3H_2)_2$$

制备HEDP的原料，在国内除了采用乙酸和三氯化磷外，国外也有采用乙酸酐和亚磷酸或乙酰氯和亚磷酸的。这不仅能够改进生产中发生的大量HCl而造成设备的严重腐蚀，而且还能解决氯化氢的尾气处理问题。

如果用丙酸来代替乙酸进行上述反应，则可以得到1-羟基亚丙基-1，1-二膦酸（HPDP）。虽然分子结构上仅仅多了一个亚甲基，但它对Ca^{2+}离子的控制能力却可以远远超过HEDP，这对提高循环冷却水的浓缩倍数是有利的。例如，在Ca^{2+}离子的质量浓度为600mg/L，碱度为550mg/L的水中，HPDP

和 HEDP 投加量同为 6mg/L 时，前者的阻垢率可达 91% 而后者仅为 69%。

虽然有机多元膦酸具有一定的缓蚀效果，然而作为水处理剂，主要还是利用它们优异的阻垢性能，而阻垢性能又和其络合性能有关。HEDP、EDTMP 与几种金属离子的络合常数列于表 15－24。

表 15－24 HEDP、EDTMP 与金属离子的络合常数

金属离子	Mg^{2+}	Ca^{2+}	Cu^{2+}	Zn^{2+}	Fe^{3+}
HEDP	6.55	6.04	12.48	10.37	16.21
EDTMP	8.63	9.33	8.95	17.05	19.60

多元膦酸在水溶液中能够离解成 H^+ 和酸根负离子。它们和许多金属离子形成的络合物往往是五元环、六元环或双五元环等形式，这种形式的络合物常常是十分稳定的。例如，HEDP 与金属离子形成六元环螯合物（Ⅰ），如亚甲基膦酸和金属离子形成双五元环螯合物（Ⅱ），又如 EDTMP 与 Ca^{2+} 形成多元环螯合物（Ⅲ），如图 15－6 所示。

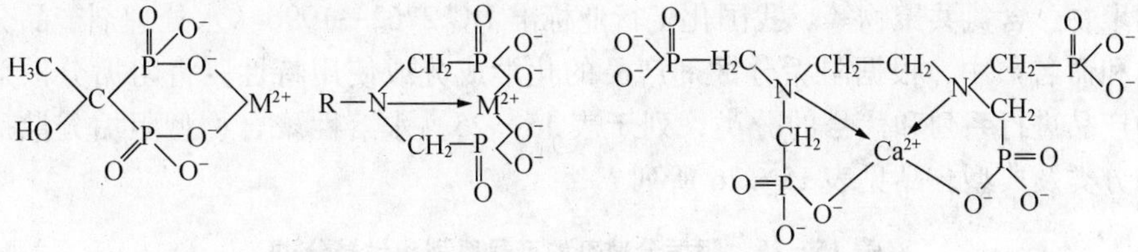

图 15－6 五元环、双五元环和多元环螯合物示意图

图 15－6 仅是在平面上表示它们与一个金属离子形成的螯合物，而实际上一个 HEDP 分子（或一个 EDTMP 分子）形成一元环后还有负离子，可以和两个或多个金属离子螯合，形成立体结构的双环或多环螯合物，这些胶束状络合物大分子是疏松的，可以分散在水中或者混入钙垢中，使得钙垢的正常晶体被破坏，硬垢变成软垢或极软垢。

有机多元膦酸还能大幅度地提高碳酸钙过饱和溶液的临界 pH 值。即使 HEDP 或 EDTMP 在较低的质量浓度下（如 1～2mg/L）也都可以稳定地提高临界 pH 值 1.1 左右。有机多元膦酸还能对碱土金属的盐类产生去活化作用，这就使得水中要形成钙垢的晶核数目大为减少。

有机多元膦酸用作水处理剂时，还具有突出的溶限效应和协同效应，这和一般的纯络合剂有很大的区别。例如，常用的钙、镁离子的络合剂 EDTA，它们是完全按化学当量进行络合的，然而有机多元膦酸的络合阻垢作用却并不按化学当量进行，质量浓度 1mg/L 的药剂往往可以阻止质量浓度数十甚至几百个 mg/L 的钙离子形成 $CaCO_3$ 硬垢。同时还发现这种作用必须在药剂大于一定质量浓度时才会产生，药剂质量浓度一般应大于 0.95mg/L。但并不是药剂浓度越大阻垢作用越好，通常当药剂投加质量浓度大于 3mg/L 时，阻垢率的变化就不大了。阻垢率并不随药剂浓度的增加而增加，有时药剂浓度过大，缓蚀、阻垢效果反而降低。有机多元膦酸的这种效应就称作溶限效应。溶限效应可使药剂在低剂量下运行；协同效应是指药剂在复配使用时，在药剂总量保持不变的情况下，复配药剂的阻垢缓蚀效果大大高于单一用药时的效果。

15.12.2 阻垢分散剂

作为阻垢分散剂的水溶性聚合物，大多数也是选矿用分散剂。按其在水中离解的离子类型可分为阴离子、非离子和阳离子三大类，目前应用较多的是阴离子型聚合物；按聚合物的结构类型可分为均聚物、二元共聚物、多元共聚物等；按聚合物官能团性质可分为聚羧酸及其盐类、含磺酸基团的聚合物、含磷共聚物、含氮共聚物等。我国化工行业标准 HG 2762—1996《水处理剂产品分类和命名》中，根据阻垢分散剂产品的化学成分或使用特性，将阻垢分散剂的产品进行系列和代号的分类，列于表 15－25，水溶性聚合物型阻垢分散剂的分类及典型产品见表 15－26 所列。

表 15－25 阻垢分散剂的产品系列和代号分类

类型代号	系列代号	产品化学成分
ZF	ZF10	天然高分子化合物
	ZF11	有机膦酸及其盐类
	ZF12	聚羧酸及其盐类
	ZF13	膦羧酸类
	ZF14	羟基膦酸类
	ZF15	多元醇磷酸酯类
	ZF21	丙烯酸-丙烯酸酯类二元共聚物
	ZF22	丙烯酸-磺酸类二元共聚物
	ZF23	丙烯酸-丙烯酰胺二元共聚物
	ZF24	马来酸-丙烯酸类二元共聚物
	ZF25	马来酸-乙酸乙烯二元共聚物
	ZF31	丙烯酸-丙烯酸酯类三元共聚物
	ZF32	丙烯酸-磺酸类三元共聚物
	ZF33	丙烯酸-丙烯酰胺三元共聚物
	ZF34	马来酸-丙烯酸类三元共聚物

表 15-26 水溶性聚合物型阻垢分散剂的分类

类型		名称	分子结构式	备注
阴离子型	均聚物	聚丙烯酸（钠）PAA	$\left[CH_2-\underset{COOH}{CH}\right]_n$	GB 10533-89
		聚甲基丙烯酸 PMAA	$\left[CH_2-\overset{CH_3}{\underset{COOH}{C}}\right]_n$	GB 10534-89
		水解聚马来酸酐 HPMA	$\left[\underset{COOH}{CH}-\underset{COOH}{CH}\right]_n-\left[\underset{\underbrace{C(=O)-O-C(=O)}}{CH-CH}\right]_m$	GB 10535-89
	二元共聚物	丙烯酸/马来酸共聚物 AA-MA	$\left[CH_2-\underset{COOH}{CH}-\underset{COOH}{CH}-\underset{COOH}{CH}\right]_m$	HG/T 2429-93
		富马酸/烯丙基磺酸共聚物 EA-PSDA	$\left[\underset{COOH}{CH}-\overset{COOH}{CH}-CH_2-\underset{CH_2SO_3H}{CH}\right]_m$	HG/T 2229-91
		丙烯酸/丙烯酸羟烷酯共聚物 AA-HPA	$\left[CH_2-\underset{COOH}{CH}-CH_2-\underset{COOCH_2\underset{OH}{CH}-CH_3}{CH}\right]_m$	
		马来酸（酐）/苯乙烯磺酸共聚物	$\left[\underset{COOH}{CH}-\underset{COOH}{CH}-CH_2-\underset{C_6H_4-SO_3H}{CH}\right]_n$	
		丙烯酸-异丙烯膦酸共聚物	$\left[CH_2-\underset{COOH}{CH}-CH_2-\overset{CH_3}{\underset{PO_3H_2}{C}}\right]_m$	
		丙烯酸/2-丙烯酰胺-2-甲基丙基磺酸共聚物 AA-AMPS	$\left[CH_2-\underset{COOH}{CH}\right]_a-\left[CH_2-\underset{CONH\overset{CH_3}{\underset{CH_3}{C}}-CH_2SO_3H}{CH}\right]_b$	HG/T 3624-1999
	多元共聚物	丙烯酸/丙烯酸甲酯/丙烯酰胺共聚物	$\left[CH_2-\underset{COOH}{CH}-CH_2-\underset{COOCH_3}{CH}-CH_2-\underset{CONH_2}{CH}\right]_n$	
		丙烯酸/醋酸乙烯脂/马来酸共聚物	$\left[\underset{COOH}{CH}-\underset{COOH}{CH}-CH_2-\underset{COOCH_3}{CH}-CH_2-\underset{COOH}{CH}\right]_n$	
		丙烯酸/丙烯酸乙酯/2-丙烯酰胺-2-甲基丙基磺酸共聚物 AA-EA-AMPS		
		丙烯酸/乙烯磺酸/醋酸乙烯酯共聚物 AA-VS-VA		

续表 15－26

类型		名 称	分子结构式	备 注
非离子型	均聚物	聚丙烯酰胺 PAM	$\left[CH_2—CH(CONH_2)\right]_n$	
		部分水解的聚丙烯酰胺	$\left[CH_2—CH(CONH_2)\right]_m\left[CH_2—CH(COOH)\right]_n$	实际为两性型
阳离子型	均聚加成物	聚马来酸乙醇胺加成物	$\left[CH(C(=O)—NH—CH_2CH_2—OH)—CH(C(=O)—O^- \cdot {}^+NH_3—CH_2CH_2—OH)\right]_n$	
		聚马来酸亚胺二乙酸加成物	$\left[CH(C(=O)—N(CH_2—COONa)_2)—CH(C(=O)—O^- \cdot {}^+NH_2(CH_2COONa)_2)\right]_n$	实际为两性型

较早用于水处理过程的阻垢剂是天然化合物，如淀粉、木质素等。随着冷却水由直流系统发展到敞开式循环系统，开始采用加酸、烟道气稳定碳酸钙等技术，以 Langelier，Ryznar 等为代表提出判断水质类型的各种饱和指数，并在此基础上发展了水质稳定的概念，具有螯合作用的阻垢剂如聚合磷酸盐大量用于各种水处理过程。20 世纪 60 年代以后，由于对冷却水浓缩倍率提高的要求，合成化合物逐步成为阻垢剂的主流产品，水处理剂配方也从铬系、磷系发展到钼系、钨系和全有机系等。在此过程中，高效阻垢分散剂的开发和应用起了关键性的作用。

寻求缓蚀、阻垢和分散等性能优越且经济的化学品，满足日益严格的环境保护要求，始终是水处理剂研究开发的主要动力。有机膦酸类的阻垢缓蚀剂的出现，解决了工业水系统运行中出现的腐蚀和碳酸钙结垢等问题，但在苛刻水质条件下，对于磷系配方中的磷酸钙垢、碱性水处理方案中出现的锌垢、高浓缩倍率条件下运行可能形成的其他污垢等许多问题，仅仅利用有机膦酸盐是无法解决的。与有机多元膦酸开发的同时，具有良好分散性能的聚羧酸类水处理剂也开始得到应用，针对不同的应用情况，越来越多的其他阻垢分散剂的品种都逐渐得到了研究和开发。尤其是 20 世纪 80 年代以后，共聚物药剂的出现，使得水处理技术的水平大大提高了一步。

水溶性聚合物阻垢分散剂属低分子聚合物，其羧基、磺酸基或膦（磷）酸基等官能团在水溶液中均能部分解离，离解出 H^+ 或金属离子和多种酸根负离子，因而具有导电性。所以此类低相对分子质量聚合物亦称为聚电解质。相

对分子质量大约在 $10^3 \sim 10^4$。阻垢性能与相对分子质量大小有关。举例说明相对分子质量大小对阻垢率的影响，见表 15－27 所列。

表 15－27 相对分子质量大小与阻垢率的关系

聚电解质	相对分子质量（平均）	质量浓度/$mg \cdot L^{-1}$	阻垢率/%
聚丙烯酰 PAA	20000	3	62
	10000	3	61
	5000	3	71
聚甲基丙烯酰 PMA	10000	3	62
	5000	3	68
水解聚马来酸酐 HPMA	10000	3	86
	5000	3	98
	5000	2	97

起阻垢防垢作用的主要是聚合物负离子（酸根离子），这些羧酸、磺酸和膦酸解离后的负离子（根）一般都能与 Ca^{2+}、Mg^{2+}、Fe^{3+}、Cu^{2+} 等众多金属离子形成优异的螯合物。

作为天然高分子化合物类型的阻垢剂，例如葡萄糖酸钠、淀粉、单宁和木质素等的应用虽然遭到大量合成聚合物的冲击，受到影响，但是它们的生物降解、无毒等优点显著，所以依然是不可缺少的一类阻垢剂。

15.13 防腐蚀剂

15.13.1 腐蚀及危害

腐蚀是材料或设备在环境的作用下引起的破坏或变质。对金属类的腐蚀主要是化学或电化学作用引起的破坏，有时还同时兼含机械、物理或生物的作用；对非金属的破坏则主要是因氧化、溶解、溶胀等直接的化学或物理的作用。因此，腐蚀对金属来说，就是一种金属在一般情况下受到氧化后的化学衰竭现象，氧化过程就是物质中电子的损失过程。

因此，为了防止物质（如金属等）的腐蚀，在各种造成或产生腐蚀的环境或条件下，为抑制腐蚀现象的发生，对工业设施、金属装备、器皿添加少量的化学物质或涂层进行防腐，这种物质就叫做防腐蚀剂，或称腐蚀抑制剂(corrosion inhibitor)。

2004 年西班牙《趣味》月刊（8 月）曾发表一篇文章，“腐蚀现象从未停止过”，论述了腐蚀无处不在；腐蚀造成的损失，带来的危害，提出要科学抗腐蚀。文章列举了发生于1984年12月2日至3日凌晨，在印度博帕尔市农药厂的特大化学灾难的罪魁祸首就是“腐蚀”，因腐蚀作用造成有毒气体管道出现一个小裂缝而引起大爆炸，大灾难，造成3000多人死亡，18万人严重受伤。诸如此类因腐蚀造成汽油管道、煤气管道等泄漏爆炸的事例不胜枚举。

根据美国国家工程腐蚀协会在2002年进行的调查，腐蚀作用对基础设施或产品造成的直接损失相当于美国国内生产总值的3.1%，约为2760亿美元。如果加上对生产和供货活动造成的损失，其金额会翻一番。而蒙受如此重大损失的元凶首推电化学腐蚀。

我国的金属腐蚀也不容乐观，金属腐蚀的经济损失约占国民生产总值的3%~4%。根据中国化工报（1999.1.13）报道，腐蚀损失为2800亿元/年，其中石油化工年损失400亿元；钢材年损失约1000万t。

腐蚀从未停止过，腐蚀无所不在，从矿业开发，矿物加工，冶炼到国民经济各环节的运行，离不开金属材料与制备，少不了腐蚀这个印记，表明防腐何等重要。

15.13.2 防腐蚀剂

防腐蚀剂的作用是使易于腐蚀的加工元件，金属表面形成疏水性吸附膜或形成保护膜，以阻止水分、氧气及其他腐蚀气体、液体或固体物质与易腐蚀体（表面）的直接接触。因为腐蚀是无孔不入的，防腐蚀剂也是防不胜防，仅能起到抑制和延缓腐蚀的作用。所以防腐蚀剂、腐蚀抑制剂和缓蚀剂三种名称是异曲同工。

防腐蚀剂大致可以分成四类：

（1）无机缓蚀剂。无机缓蚀剂有些使阳极过程减慢，有些使阴极过程减慢。所有促进阳极钝化的氧化剂（如铬酸盐、重铬酸盐、硝酸盐、Fe^{3+}）或阳极成膜剂（碱、磷酸盐、硅酸盐、苯甲酸盐等），因为是在阳极反应，促进阳极极化，故此药称为阳极型缓蚀剂。它的效果很好，但有危险。因为如剂量不够时，膜就不完整，膜缺陷处暴露的阳极面积小，电流密度大，腐蚀更加集中了，容易穿孔。

阴极型缓蚀剂聚磷酸盐、碳酸氢钠等则是在抑制腐蚀的阴极反应和阴极极化。如锌、钙、镁的化合物与阴极反应产生的OH^-生成不溶性的氢氧化物，形成阴极上的厚膜，就会阻滞氧的扩散，增加浓差极化，使腐蚀速度减慢。脱氧剂（亚硫酸钠、肼等）在氧去极化的中性、微酸性液中有效，对处于钝态边沿的不锈钢则不利，因为破坏了钝化过程。又如阻抑放氢过程的杂质（硫、硒、砷、锑、铋等化合物）使阴极活化极化增大，因而腐蚀减小。

（2）有机缓蚀剂。有机缓蚀剂可以分为：1）羧酸及其金属盐。如链烯基丁二酸、亚油酸的二聚物、氧化石蜡、环烷酸或硬脂酸的金属盐等。2）磺酸的碱金属盐、碱土金属盐及胺盐。如石油磺酸盐，二壬基萘磺酸盐、二烷基苯磺酸盐等。3）多元醇的脂肪酸酯。如失水山梨糖醇单油酸酯、季戊四醇单油酸酯等。4）有机磷酸酯及其胺盐。如酸性磷酸酯的胺盐等。5）胺类化合物。如：氧化石蜡十八碳胺的盐、脂肪胺与环氧乙烷加成物等。6）杂环化合物。巯基苯骈噻唑、苯骈三唑、烷基咪唑啉等。这些表面活性化合物，以其极性基朝向金属表面形成吸附层，非极性基朝外，与相邻分子共同组成疏水层，阻止、延缓金属腐蚀。也就是说有机缓蚀剂是吸附型，吸附在金属整个表面，形成几个分子厚的不可见的膜，有些螯合剂则能在金属表面生成一层金属有机化合物（螯合物）。它可能使阴极和阳极反应都受到阻滞。有机缓蚀剂的发展很快。常用品种有含氮化合物，如胺类、杂环化合物、长链脂肪酸化合物，含硫化合物（硫脲类）和含氧化合物（醛）等。

缓蚀剂广泛用于水、盐水、油气井、酸洗、炼油和化工、矿山、冶金等体系。涂料中也加入缓蚀剂（红丹、铅酸钙等），以防大气腐蚀。

缓蚀剂也有不利方面，如可能污染产品，特别是食品。可能在生产流程的这部分有利，进入另一个部分则有害；还可能阻抑了需要的反应，例如酸洗时，使去膜速度降低到不适用的程度。

（3）挥发性防腐蚀剂。主要是胺类的亚硝酸盐或羧酸盐，例如：二环已胺的亚硝酸盐（$(C_6H_{11})_2NH \cdot HNO_2$，将其置于密闭可渗透的包装内，在常温和一定的蒸气压下挥发（挥发性大）与空气和水凝集，沉积于金属的表面防止生锈。

（4）防锈油。主要是在石油系基油中配加腐蚀抑制剂、表面活性剂和一些添加剂搅拌而成。防锈油中的腐蚀抑制剂主要是有机化合物，如上述有机缓蚀剂中的一些化合物。涂于大型机械和水冷却系统的内壁的防生锈油是由沥青和凡士林等用溶剂稀释的溶剂稀释型防锈油。凡士林型防锈油是以热浸渍方式涂于设备的精加工部件表面、滑动部位和精密元件上。有些防锈油还可作为润滑油用于机械的润滑系统、部件及轴承等。

15.14 抗静电剂

静电的危害遍及工矿企业和一切人类活动的空间，它不仅影响产品质量，人类身体健康，而且还会因静电电荷电场过大过强引发火花，引燃易燃蒸汽（挥发物）、气体，或粉尘与空气的混合物，造成重大燃烧爆炸事故。在现实生活中，当电介质引起的静电达到一定的电荷密度时，被加工的电介质材料的不同部位会因静电力影响出现相互作用，影响正常生产过程的进行，干扰工艺的协同程序。静电引起的微电流，长期流经人体，或对人体的瞬间放电都会损害人体的健康。

为了消除静电影响，常常使用能增加电介质表面电导率与体积电导率，防止其产生静电的化学制剂，叫做抗静电剂（antistatic agent）。抗静电剂按其性质可分为吸湿型和表面活性型两类。

吸湿型防静电剂具有吸湿和保湿性质，能在电介质的表面上形成一层水(液膜)。属于这类的抗静电剂有聚硅氧烷、多元醇胺、乙二醇、甘油、山梨糖醇和氯化钙、氯化锂、氯化镁等无机盐类。表面活性剂型抗静电剂则是通过分子中亲油部分牢固地附着于电介质表面，亲水基部分从空气中吸收水分，从而在易荷静电的树脂表面形成薄薄的导电层，起消除静电的作用。具有表面活性的抗静电剂按其离子形态可以分为阳离子型、阴离子型和非离子型等。

阴离子型表面活性类抗静电剂最大特点是热稳定性好，它的代表产品有高级醇硫酸酯（盐）、脂肪族磺酸盐、高级醇磷酸酯盐。如抗静电剂 P（烷基磷酸乙二醇胺盐，

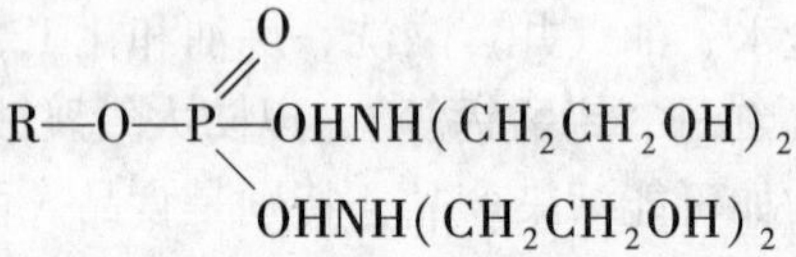

$$\mathrm{R{-}O{-}\overset{\overset{\displaystyle O}{\|}}{P}{-}OHNH(CH_2CH_2OH)_2}\quad \text{with second branch } \mathrm{OHNH(CH_2CH_2OH)_2}$$

，式中 $R = C_{8\sim12}$ 烷基）和抗静电剂 PK（烷基磷酸酯钾盐）。此类抗静电剂其平衡离子的阳离子部分，除钠、钾等金属阳离子外，还可以使用二和三乙醇胺之类的烷基醇胺。

阳离子型抗静电剂以带有 8 ~ 22 个碳的烷基季铵盐为代表，如抗静电剂 SN（十八烷基二甲基羟乙基季铵硝酸盐）和抗静电剂 TM（三羟乙基甲基季铵甲基硫酸盐）。它们的分子式分别为：

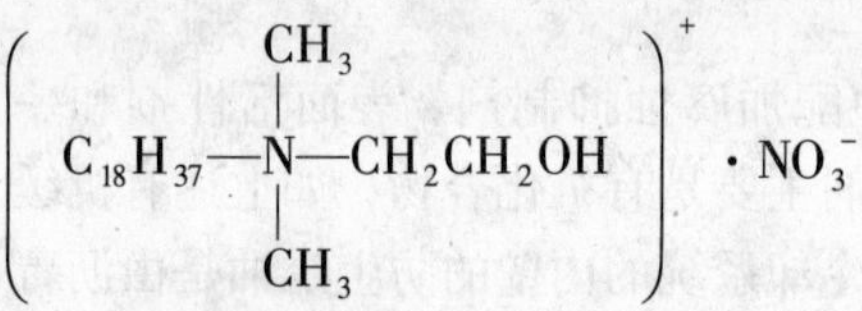

$$\left(\mathrm{C_{18}H_{37}{-}\underset{\displaystyle CH_3}{\overset{\displaystyle CH_3}{N}}{-}CH_2CH_2OH}\right)^+\cdot NO_3^- \qquad \left(\mathrm{CH_3{-}N(CH_2CH_2OH)_3}\right)^+\cdot CH_2SO_4^-$$

抗静电剂 SN 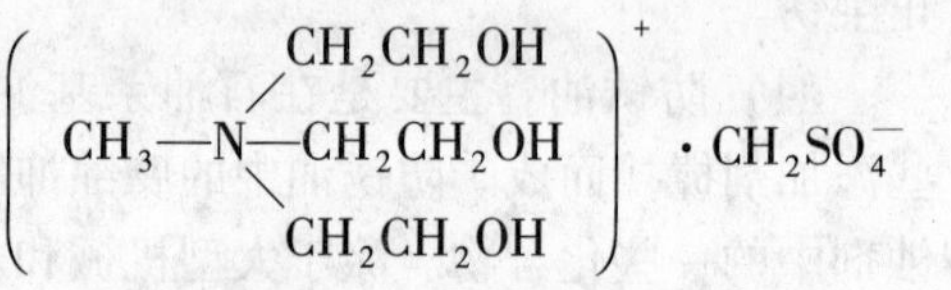　　　　抗静电剂 TN

这一类表面活性剂抗静电能力最好，但热稳定性稍逊一些，这类药剂阴离子部分的平衡离子（负离子）可以是卤素（X^-），也可以是硝酸、硫酸和高氯酸（根）等。

非离子型抗静电剂，主要是聚氯乙烯衍生物及多元醇的部分酯化产品以及高分子聚合物。其热稳定性好，可用来作食品包装薄膜等使用的内用抗静电剂。

按照使用方法可将抗静电剂分为外用抗静电剂和内用抗静电剂。在采矿、选矿和冶金工业中，为防止矿物粉体（颗粒）和金属粉末在生产或加工过程中产生静电效应，一般采用外用抗静电剂；在纺织合成纤维生产过程中使用的表面涂层抗静电剂也属外用抗静电剂；在合成树脂、薄膜、模塑制品加工中添

加的为内用抗静电剂。外用抗静电剂主要是表面活性剂型和硅化合物，内用抗静电剂除表面活性剂外，主要是无机物，如在固体电介质中填充金属粉，炭黑等，可以提高其体积电导率，达到抗静电作用。

参 考 文 献

1 国际矿业药剂会议论文选编．中国选矿科技情报网，1985

2 第八届选矿年评报告会论文集．1997，14 ~ 16

3 Hwang T Y. Proceedings of the SME Annual Meeting. Phoemix，A Z，1992，Preprint

4 GRAY S. R，*et al.* Proceedings of Extractive Metallurgy Conference，Perch，Australia，1991，223

5 Wang Y，*et al.* Mineral and Metallurgical Processing，1994

6 Fujita T，*et al.* J Inst Min Metall，Japan，1987，103：35

7 Parsonage P，*et al.* The Proceedings of Production and Processing of Fine Particles（Ed Plampon AJ），Pergamon Press，1988

8 Wang Y M，*et al.* Minerals Engineering，1992（8）：895

9 Parsonage P. Inter J Miner Process，1988，24：269

10 国外选矿快报，1993，13：1 ~ 6

11 Gulyaikhin EV，*et al.* 国外金属矿选矿，1992（7）

12 松全元，陈绍林．第二届全国选矿学术讨论论文集，1990，27 ~ 32（中国有色金属选矿学术委员会等主办）

13 第八届选矿年评报告论文集．1997，29 ~ 30

14 选矿手册编辑委员会．选矿手册第三卷第二分册．北京：冶金工业出版社，1993

15 奥格伍格布 M O C 等．国外金属矿选矿，2001（2）

16 第 21 届国际选矿会议论文集．2000，B86：168 ~ 175

17 何叔琴．国外金属矿选矿，1998（2）：21 ~ 26

18 何发钰，罗家珂．国外金属矿选矿，1996（7）：1 ~ 7

19 陈继斌．矿冶工程，1983（4）：33 ~ 35

20 罗廉明，顾德付等．国外金属矿选矿，1999（7）：10 ~ 19

21 薛玉兰，王淀佐．第六届选矿年评报告会文集，1991

22 N N L，*et al.* US Pat 3410794（1968）

23 张瑞华等．江西有色金属，1993（2）

24 黄万抚，王淀佐．国外金属矿选矿，1998（6）

25 Lee S C，*et al.* J Ind Eng Chem，1996，2（2）：130

26 李思芽等．膜科学与技术，1995，15（2）：21

27 张瑞华等．膜科学与技术，1995，15（3）：1

28 高桥胜六，大坪藤夫等．化学工学论文集，1983（9）：409

29 Mikuchi B A，Ossco – Asarc K. Solvent Extr Ion Exch，1986，450（3）

30 钱庭宝，刘维琳．离子交换树脂应用手册．天津：南开大学出版社，1986
31 阙锋，丰于惠．金属矿山，1997，8（专辑）：234～238
32 王淀佐，张亚辉，孙传尧．国外金属矿选矿，1996（9）：3～13
33 Belikov V V, *et al.* US Pat 1715873（1993）
34 冶金工业部大洋多金属结核研究开发报告．中国大洋矿产资源研究开发协会第一届理事会第四次会议论文集，1993
35 陆柱，蔡兰坤等．水处理剂．北京：化学工业出版社，2002
36 左景伊．腐蚀数据手册，北京：化学工业出版社，1982

第16章 助 磨 剂

16.1 概述

自20世纪80年代以来，磨矿、超细粉碎即粉体工程，国内外研究与发展工作十分活跃，已成为一门独立的学科，广泛应用于矿业、建材、陶瓷、化工、轻工、医药、食品等许多工业领域。

粉体工程是一个高能耗、高成本作业。在矿物加工中，有用矿物达到单体解离才能进行有效的分选，尤其是嵌布粒度细的矿物。为达此目的就必须进行磨矿（细磨）作业，破碎磨矿工序的电耗一般占选矿总用电量的50%以上，占生产成本的10%~20%；在矿物（尤其是非金属矿物）深加工和其他行业需要对物质粉体进行超细粉碎使粉体达到微米和亚微米粒级的作业中，能耗更大。据报道用于粉磨作业（世界各行业中）的能耗占世界总能耗的5%左右，而用于矿石加工中的碎矿与磨矿作业的能耗又占这一总能耗的60%。在这巨大的能量消耗中，专家认为，真正用于矿石生成新生表面积的能量仅占1%左右，其他的绝大部分能量均以发声、发热和摩擦碰撞等形式损失了。因此，基于能源利用、节约资源和价值、效益、成本等共同的问题及原因，人们便十分注意和重视研究如何提高碎磨效率，增加产量，降低能耗。

影响矿物碎磨作业的因素比较复杂，但主要的是两种。一种是原矿性质，原矿的机械力学性质，矿石的硬度、韧度、晶格缺陷及裂纹等。另一种是碎磨工艺操作条件，如磨机、粉碎机的种类及结构功效选择，磨矿浓度等工艺参数的优化，磨矿方式和介质（如球）的选择等。添加化学药剂助磨提高磨矿和超细粉磨效率的研究已经获得成功，对微波助磨的研究也引起了广泛的注意。有关颗粒学、断裂力学、电磁学、岩石力学和现代测试技术等的综合研究，对矿石强度、应力变化及分布，颗粒及晶格表面的状况、选择性磨矿及粒度特性的研究，均取得了很大的进展，这些无疑对于通过助磨节能降耗提高效率是非常重要的。

粉体工程研究中，粉磨设备（粉磨与分级）的效率最为重要，设备是关键。其次是化学药剂。任何设备在粉碎、磨矿、超微粉碎中都必须添加起助磨作用的药剂，发挥机械化学力的协同效应、提高效率。

16.2 助磨剂研究历程

在磨矿中通过添加化学药剂改变磨矿环境或物料表面的物理化学等方面的特性，促使磨矿效率提高，所添加的化学药剂称作助磨剂（grinding aid）。

关于助磨剂的研究，始于20世纪30年代。1931年，列宾捷尔ΠA在测定物料硬度时，发现固体表面覆有薄膜后，其硬度小于表面光滑的固体。于是他系统地考查了周围介质对物料破坏过程中力学性能的影响。对水、无机盐、表面活性剂的试验研究结果表明，方解石硬度降低程度与介质和添加物的浓度的关系曲线，具有吸附等温线特征。他还着重研究了表面活性剂的吸附对降低固体强度的效应。列宾捷尔的这一研究成果，奠定了一门新型边缘学科——物理化学力学基础。

随后，韦斯特伍德（Westwood A R）、克里帕尔（Klimpel R R）、伊-歇尔（H El-Shall）、山姆散得拉尔（Samasundaran）以及富尔斯特瑙等人先后进行了大量而广泛的研究，其中包括吸附降低硬度、吸附对近表面位错迁移、矿浆黏度、矿浆分散和絮凝（团聚）以及对磨矿环境性质影响为主要内容的流变学理论的研究，理论要点是磨矿中物料的穴蚀破裂作用以及物料在磨机中迁移运输过程。

1965年韦斯特伍德及其同事研究了水、甲苯、由庚烷到十六烷的同系物和氯化铝水溶液在合金扁钻头穿透新劈开的MgO和CaF_2单晶时对速率的影响，认为硬度的变化是由于吸附引起近表面电子状态的变化。这种变化导致晶格中位错和缺陷点之间特殊的相互作用。

1972年山姆桑得拉尔对磨矿性质影响为主的流变理论研究、1977~1985年克里帕尔的矿浆黏度以及临界矿浆黏度研究等都有重要的意义。

1972年有报道说，原联邦德国和南斯拉夫成功地在生产上使用助磨剂，使磨矿机生产能力显著增加。

1975年十一届国际选矿会议上发表了前苏联与保加利亚共同对保加利亚乌尔梯诺夫矿床铁矿石进行的研究，用低分子脂肪酸作助磨剂、促进了中矿颗粒的解离，有利于选择性磨矿，使精矿铁含量增加1%~1.5%，回收率增加2%~3%，同时还提高了磨矿机的处理能力。在此后的30年助磨剂（含超微粉磨助剂）的研究更加活跃，应用也更加广泛，在金属矿、非金属矿、化工、建材等方面都已普遍使用。

16.3 作用机理

16.3.1 列宾捷尔假说

列宾捷尔吸附降低表面能假说认为，一切固体都可以看成是由超显微裂缝所组成的缺陷网包割着的独特的胶体结构。这些独特的超显微裂缝的平均间距约0.01~0.1μm。当固体受力发生形变时，新表面即以它们为基础逐渐发展形成，在缺陷最多的地方发生破坏。倘若卸载，在分子力的作用下，已经扩展的微裂缝又会重新愈合。当固体周围有表面活性剂时，活性剂就会吸附在微裂缝孔隙的表面上，降低物体的表面自由能，因而固体强度降低，形变增加。周围介质形成的吸附层，沿形变固体的缺陷表面以两维移动的方式透入，延缓了这些缺陷在卸载时的愈合过程，这就降低了固体的强度及周期性载荷下的韧性。从而增加了它的形变。

16.3.2 韦斯特伍德理论

韦斯特伍德和同事在水、甲苯、庚烷直到十六烷的同系物和氯化铝的水溶液存在的情况下，通过测定硬质合金扁钻头穿透新劈开的 MgO 和 CaF_2 单晶速率的现象进行研究，得出结论认为：观察到的硬度变化是由于吸附所引起的表面位错迁移，或者是固体化学组成的迁移，而不是由于界面能的变化。他们认为，添加剂对表面的吸附，引起点和线的缺陷和表面电子状态的变化。这些变化影响位错和点缺陷之间的特定相互反应，因此，可以通过控制晶格中位错的迁移率来改变硬度。他们还发现硬度的变化随溶液中 ξ-电位不同而不同。

如果在合适的界面电性条件下，加入添加剂于玻璃表面。由于钠离子从体相扩散到表面，结果导致玻璃硬度降低。

某些添加剂由于局部侵蚀可以促进新裂隙的形成，而这些侵蚀，在表面缺陷区最显著。体系的温度或压力急速变化也会促进裂隙的形成和扩展。

16.3.3 克里帕尔理论

以克里帕尔为代表的学者在研究矿浆的流变特性和磨矿效果两者关系的基础上，从宏观的角度出发，认为添加化学药剂不是由于吸附引起岩矿力学性质的改变，而是导致磨机内矿浆黏度的改变，助磨剂主要是控制矿浆的黏度和流动性。

克里帕尔全面地考查了助磨剂与矿浆浓度、矿浆黏度和磨矿速率之间的关系。他将磨机中的矿浆流变特性划分为三种类型，即膨胀型、假塑性型和有屈服限的假塑性型。基于假塑性矿浆的磨矿速率最高，膨胀型矿浆次之，有屈服限的假塑性最低，为使磨矿机有最高的处理能力，操作中应将磨机内的矿浆浓度控制在假塑性区内，但因该区域的范围很狭窄，生产实践中难以控制。使用某些助磨剂，在一定程度上可改变假塑性区的位置，并扩大该区的范围，以提高磨矿速率。用助磨剂 XF（XFS）-4272 的磨矿效果证实了他的论点。

富尔斯特瑙（Fuersdenau D W）等人的研究进一步充实了这一理论。他们采用高浓度矿浆（质量分数 82.80% 和 76.00%）对白云石所做的试验（图 16-1 所示）表明添加助磨剂（XF-4272）能显著降低高浓度矿浆的黏度。在添加剂用量质量分数为 0.012% ~0.24% 的狭窄范围内，矿浆黏度急剧降低。这是由于 XF-4272 是阴离子聚羧酸聚合物，吸附在固体表面，使颗粒间互相排斥，减少了剪切摩擦，从而降低了黏度。

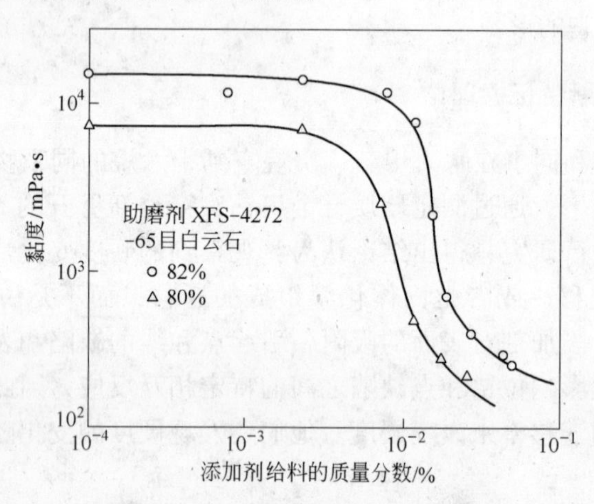

图 16-1 助磨剂用量对黏度的影响

富尔斯特瑙等进一步解释了添加剂改变矿浆黏度对磨矿介质动力学的影响。在高矿浆浓度下，矿浆难于流动。如果没有添加剂，黏性矿浆罩盖在磨机壁和钢球上，并把钢球黏在磨机壁上。磨机转动时，钢球被带起，若矿浆黏结力足够大，钢球将难于与壁分离而做离心运转，这时磨机像一个飞轮一样，其牵引动力（扭矩）也减小。他们认为，很可能存在一个临界黏度，超过此值磨矿介质即做离心运动。这个临界值取决于磨矿操作条件，如磨机的转速、尺寸、钢球大小、矿浆黏度等。一定的添加剂可以把矿浆黏度控制在临界值以下，使大部分钢球作泻落和抛落运动，增加细粒产量。矿浆浓度较低时，黏度较小，添加剂不起作用。通过磨矿介质的受力分析可以估算临界黏度。克里帕尔对高浓度煤浆磨矿的研究指出，助磨剂有助于稳定一级磨矿动力学，富尔斯特瑙等研究的结果说明，聚合物添加剂减小了矿浆黏度，有效地利用了磨矿介质，但同时也伴随能耗的升高。因此他们认为，从比能耗的观点来说，助磨剂是没有什么意义的。但从综合的经济估算，在经济上，使用助磨剂是可行的。

据1998年报道，我国有人就矿浆浓度对磨矿效果的影响进行了研究：从矿浆流变学和磨矿动力学角度看浓度对磨矿效果的影响，研究有效控制矿浆浓度以提高磨矿效率。结论简述如下：

（1）流变学是研究物体流动与形变的科学。由细粒分散固体组成的矿浆，通常认为是流体。它们受应力作用会产生变形，描述这类液体的变形，一般用剪切应力与剪切应变率（速度梯度）的关系曲线来表示。图16－2所示概括了液体曲线的几种基本类型。

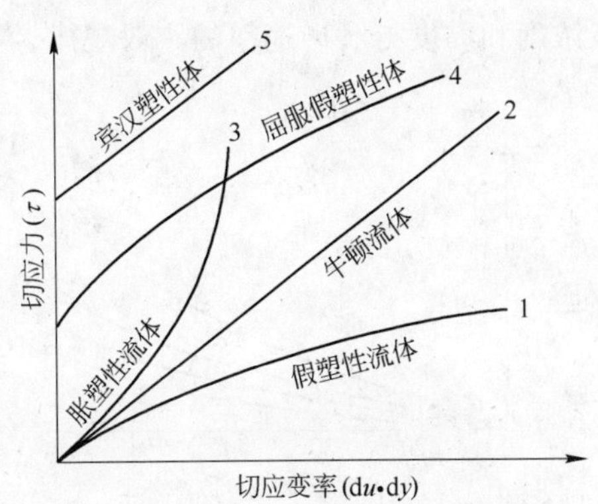

图16－2　牛顿流体、非牛顿流体切应力-切应变率曲线

这些流体在给定的剪切速率和温度下，流体流层相对运动显示的剪切应力与时间无关，若令τ为切应力，F为流层间的内摩擦力，S为液体摩擦表面积，du/dy为速度梯度（切应变率），则$\tau = F/S = \mu \times du/dy$，此方程式即为牛顿内摩擦定律（黏性定律）。其意义是液体内摩擦切应力与速度梯度成正比（见图16－2，曲线2）。μ表示牛顿流体的流变特性（又称动力黏度）。

若物体的剪切应力与速度之间的关系为：

$$\tau = \mu \times (du/dy)^n$$

式中，n称为流变指数，是衡量偏离牛顿流体特性的判据。$n=1$称为牛顿液体，如清水；$n<1$称为假塑性流体（见图16－2，曲线1和4），如一定浓度的矿浆；$n>1$称为胀塑性流体（见图16－2，曲线3），如固体体积分数低于40%～50%的矿浆。广义的非牛顿流体，宾汉体是重要的一种，它的流变方程为$\tau - \tau_b = \mu \times du/dy$。式中$\tau_b$为初始屈服剪切力，$\tau > \tau_b$时，发生流动；$\tau < \tau_b$时，无流动时性，如泥浆、血浆。

由此可见，牛顿流体的流变特性仅用μ表示，非牛顿流体中假塑性流体，胀塑性流体的流变特性用μ和n表示，μ和τ_b均用来表示宾汉塑性液体的流变特性。

矿浆中分散固体浓度、形状、颗粒的粒度和它们的矿粒组成，以及颗粒间有无吸引力等都影响到矿浆的流变特性，在复杂的磨矿环境中，上述诸因素将随着磨矿过程的进行而不断变化。目前这一领域的研究，仅局限于单一因素的影响情况。不同矿物矿浆的流变特性随固体浓度的变化规律，如图16－3所示。矿浆的浓度很低时，黏度增加甚微，几乎为一条直线，当浓度（质量分数）低于30%时，相对黏度随浓度的变化而缓慢递增，但体积分数高于40%～50%时，它将随质量分数的增加而急剧增大。同时，克里帕尔等人全面系统考查了大量矿石和煤在磨矿循环中流变特性对磨矿效果的影响，概括出矿浆浓度和黏度与磨矿速率的一般规律，如图16－4所示。

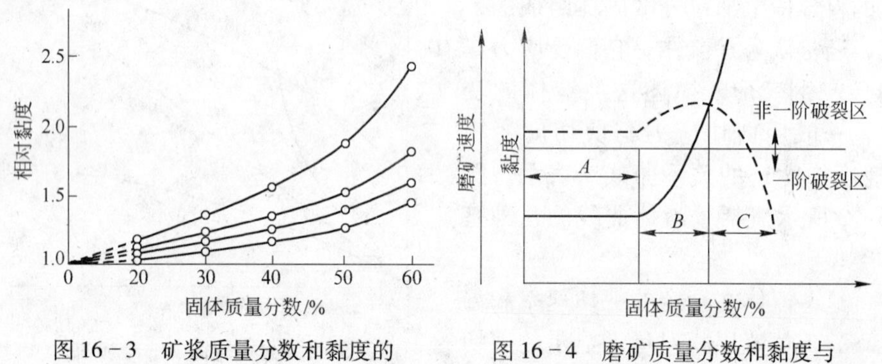

图16－3 矿浆质量分数和黏度的关系曲线

图16－4 磨矿质量分数和黏度与磨矿速率的关系曲线

在A区，矿浆中固体的质量分数（容积浓度）低于40%～50%，此时黏度较小，流变特性属膨胀型，速度为一阶动力磨矿过程，磨矿效率较低。在B区，矿浆的浓度较高，质量分数约为45%～55%，黏度较高，矿浆的流变特性属无屈服应力的假塑性，磨矿速度虽仍是一阶动力过程，但此区域的磨矿效率最高。浓度过高的C区，由于产生的细粒增大了矿浆黏度，屈服应力迅速提高，其流变特性属于屈服应力的假塑性或者塑性，该区域的磨矿速率较低，为非一阶动力学过程。从图16－4可以看出，随着固体浓度的增加，矿浆的流变性质将由胀塑型过渡到假塑性，最后转化成高屈服点的假塑性或塑性矿浆，与此同时，磨矿速率也由速率较低的一阶动力学过程，过渡到速率较高的一阶动力学过程，最后转化成速度很低的非一阶动力学过程。生产实践证明：磨矿机在速率较高的一阶动力学区域即B区内操作，生产能力较在区域A中或C中操作提高4%～20%，因此，从最大生产率出发，湿式磨矿最佳磨矿浓度应设法控制在B区内。

（2）磨矿动力学告诉我们：处于磨矿介质之间的矿粒，是受磨矿介质（钢球）的冲击和研磨作用而被磨碎的。在给矿性质一定的前提下，磨矿浓度主要通过磨矿机的给水量来调节，磨矿浓度过大和过小都将产生不良的影响。矿浆愈浓，钢球受到的浮力大，它的有效密度就小，打击效果就差，但浓矿浆中含有固体矿粒较多，被钢球打着的也就多，所以生产率高。稀矿浆的情况恰好相反。浓度过高时，矿浆流动速度慢，同时磨矿介质的冲击作用变弱。当磨矿浓度太稀时，矿浆流速加快，矿粒与磨矿介质的碰击次数减少，这样会降低磨矿效率和增加衬板钢球的磨损量。因此，磨矿浓度要控制在适当的范围内，如图 16－5 所示。

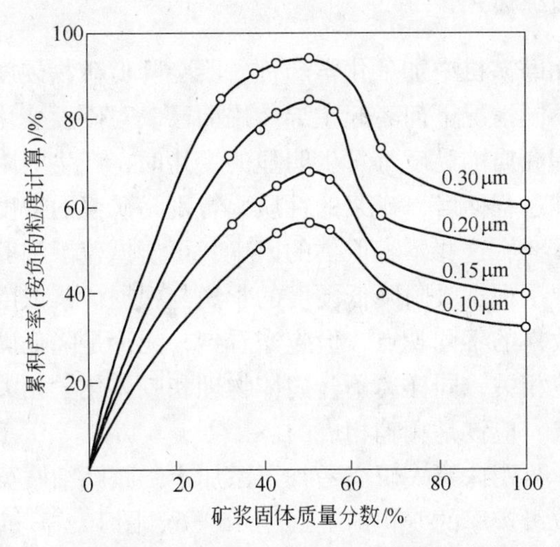

图 16－5 矿浆固体质量分数（浓度）和磨矿生产率的关系曲线

由图 16－5 可以看到，只有当磨矿浓度适当时，生产效率才会最高（磨矿效果最好），它随被磨物料性质及工艺条件而定。粗磨过程磨矿浓度稍大些，(控制在固体质量分数 75% ~85% 之间)，而细磨过程磨矿浓度稍小些（控制在 65% ~75% 之间）。密度大或硬度大的矿石磨矿浓度可控制得稍高些；反之，密度小或硬度小的矿石，磨矿浓度可控制得低些。

在生产实践中，常采取增加磨机的给矿量，或减小磨机的补给水量，或调整分级作业，控制分级返砂中的粒度组成和水分等办法，来确保磨矿浓度在 *B* 区操作。由于操作中往往因某种原因的影响和 *B* 区变化范围很小，矿浆的流变特性很快就会发生突变（即向 *A* 区域或 *C* 区域转变），难以控制，以致降低磨矿生产率。因此近年来国内外选矿专家进行了针对性研究，美国的金佩尔通过大量的试验研究表明，假塑性 *B* 区的位置和范围有可变性，适当地使用分散剂和凝聚剂可以改变矿浆的流变特性，在一定程度上可扩大 *B* 区范围。

有效的助磨剂是极性化合物，由于其不对称结构，使它们具有不重合的正、负电中心，在重力场中发展成为偶极矩，当新表面产生时，被吸附于未饱和价键的位置上，使新生表面相对稳定。工业试验证明，磨矿机中使用了有分散作用的助磨剂 XF-4277，磨矿效率显著提高。如某铜矿的选矿厂加入助磨剂后，在产品质量相近的情况下，磨矿机的处理量增加 10%。

综上所述，为提高磨矿效率，要求湿式磨矿的操作应在尽可能浓的矿浆中进行，但又要有足够低的黏度，以保持磨矿机内的矿浆浓度为假塑性。使用助磨剂，会使磨矿效率显著提高。

16.3.4 机理综述

一般地说，在磨矿机中加入化学药剂，既会降低矿物硬度，也会影响矿浆黏度，仅仅是在不同情况下何者起主导作用而已。对硬度变化而言，当加入化学药剂不会使周围介质的黏度等发生明显的变化时，产生吸附降低硬度的现象最为典型。对磨矿过程而言，矿浆的性质，特别是矿浆的浓度、黏度与矿粒的分散或凝聚至关重要，这些不容低估的因素，可能掩盖了细磨时吸附降低硬度的作用。尽管出现了根据吸附降低硬度的学说与根据矿浆浓度、黏度及其他性质来解释助磨剂效果的不同观点，但应当看到，无论是降低硬度，或是改善流动性都与吸附理论相关，同样离不开固体物理和胶体化学相关理论。所以两种不同的观点或论点，应该是相辅相成的。

昆明理工大学吴明珠等人研究考查了添加十二胺磨细石英、加入油酸磨细磁铁矿时各指定粒级产率的变化情况（图16-6、图16-7和表16-1）。试验结果得到：在稀矿浆中，油酸和十二胺都可改善磁铁矿和石英的磨矿效果；高浓度下，两者都会恶化磨矿过程。这是由于这两种药剂都各自对被磨物料起团聚和黏附作用，使矿浆的黏度增加、流动性降低，随着磨矿浓度的增加，加入药剂不但无助磨效果，反而变得有害，使两者的细级别产率都有不同程度的下降。

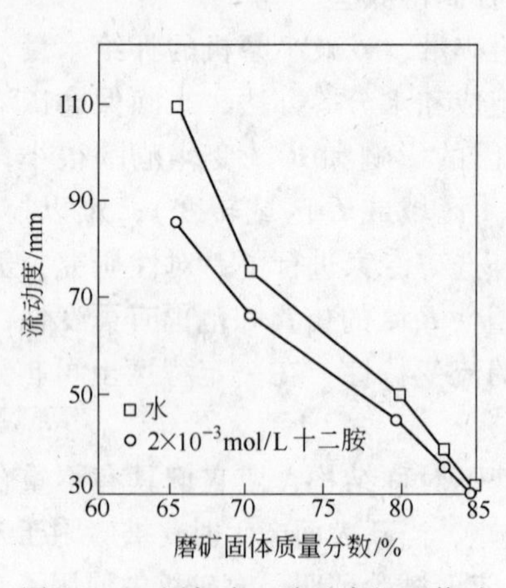

图16-6 添加十二胺对磨细石英时流动度的影响

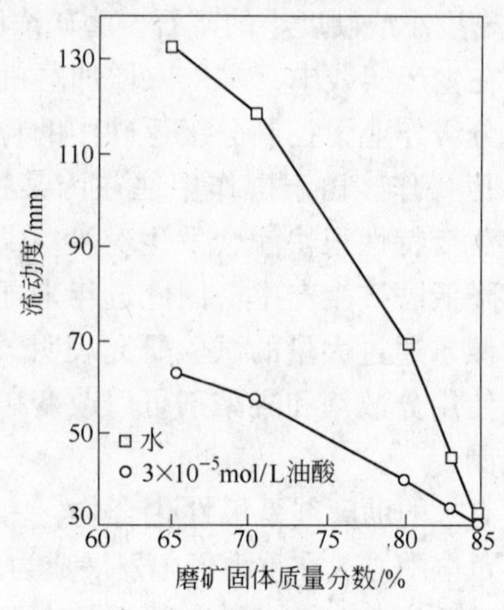

图16-7 添加油酸对磨细磁铁矿时流动度的影响

表 16-1 十二胺用量为 2×10^{-3}mol/L 时细磨石英指定粒级的产率变化

磨矿固体质量分数/%	未加药			加入十二胺		
	-100 目	-200 目	-400 目	-100 目	-200 目	-400 目
60	85.50	63.40	35.20	91.74	67.65	38.37
65	90.90	68.90	41.60	96.16	71.38	40.38
40	94.40	64.90	40.40	99.97	64.55	38.32
80	66.50	47.60	31.60	73.21		31.08

为了改善矿浆的流动特性，添加某些分散剂，考查其助磨情况。表 16-2 列出了添加不同用量的丙酮和木素磺酸钙对石英指定粒级的产率影响。对比表 16-1，表 16-2 可以看出，在碱性矿浆中，任一用量的丙酮和木素磺酸钙都能提高石英的磨矿速率，有助磨作用，尤其是对 -400 目的作用效果较好。

表 16-2 丙酮和木素磺酸钙对石英指定粒级的产率影响

粒度分布	丙酮/$mL\cdot L^{-1}$			木素磺酸钙/$g\cdot t^{-1}$		
	10	20	40	200	300	400
-200 目	68.83	70.47	69.33	66.23	66.92	69.15
-400 目	47.91	52.12	53.03	43.00	44.02	46.07

为了解释上述试验药剂对矿物的不同作用，进行了矿物的显微硬度、矿浆的流动度、透光率以及表面 ξ-电位变化规律的测定。测定结果说明，油酸和十二胺主要是降低了矿物的显微硬度，适宜的分散剂则能改善矿浆的流动性，它们分别能在不同的阶段发挥助磨作用。表明吸附降低硬度学说和流变学理论，分别代表不同的磨矿阶段。因此，矿物在粗磨时，一般是吸附降低硬度的论点占据主导作用，宜用降低硬度型药剂；当细磨时，流变学理论占主导地位，宜用降低黏度型药剂。较理想的助磨剂应是既能降低硬度，又兼有分散作用的药剂。或者是将作用、功能不一的两种药剂进行有效组合，发挥协同效应，同样可以获得好的助磨效果。

16.4 助磨剂分类

助磨剂的主要功能是：在磨矿中通过化学助剂作用于矿物颗粒表面的裂缝及晶格缺陷，促进矿物的撕裂碎解，选择性地改变矿物硬度利于细磨；对矿物颗粒有效分散降黏增强流变性（干磨或湿磨），防止矿粒在磨细过程中发生包覆、聚集、二次团聚（即已达到粒级要求的物料再被团聚），从而影响磨矿效率增加能耗；在控制与确定一定矿浆浓度的条件下，调节矿浆黏度（对干磨而言是弥散度），防止或减少颗粒对介质或磨粉工件的黏附。

助磨剂的分类若按照通常的化学分类法，可分为无机化合物、有机化合物和高分子聚合物三类；若按照性能和在使用中的作用可分为分散剂和表面活性剂两类。分散剂主要起分散颗粒的作用，如各类磷酸盐、水玻璃、醇类、柠檬酸、氯化铵、氯化镁和氯化铝等都具良好分散作用；表面活性剂类主要起降低硬度作用，有联氨、酰胺和脂肪胺等胺类化合物，有油酸（盐）等羧酸、聚羧酸、腐殖酸和聚丙烯酸，以及各类烷基磺酸盐和烷基硫酸盐等。主要的助磨剂及其分类如表16－3所示。

表16－3 主要助磨剂分类

分类	助磨剂	应用及效果
无机化合物	水玻璃	锰矿、泥浆
	氢氧化钠	赤铁矿、方解石、石灰石、磷灰石、石英
	碳酸钠	伟晶岩、砂岩、石灰石
	氯化钠	硫化矿、石英岩
	六偏磷酸钠	铅锌矿、硅灰石
	三聚磷酸钠	赤铁矿-石英，提高赤铁矿效率，降低石英效率，提高磨矿浓度。方解石、磷灰石
	三聚磷酸钠－碳酸钠	石灰石。改善磨矿细度
	炭黑	煤、石灰石、水泥熔渣
	胶体石墨	矿物材料深加工
	胶体二氧化硅	矿物材料深加工
	氯化铵（或氯化镁、氯化钙、氧化镁）	硫化矿
	三氯化铝	石英
	氧化钙、氰化钾	含金矿物
	磷酸二氢钾	赤铁矿
	亚硝酸钠、铬酸钠（或钾）	盐类矿物
	氢气、氦气、二氧化碳	石英、石墨
有机化合物	醇（甲醇、异戊醇、直链醇、二元及多元醇）	石英、铁粉、石灰
	甘油	铁矿
	S-辛醇醛	石英
	烷烃（己烷、庚烷、十六烷、环己烷）	石英、赤铁矿
	二烃基二硫代磷酸钠	含铁石英岩
	$C_{4\sim6}$羧酸盐	炉渣，提高效率（用量0.035%～0.05%）
	油酸	赤铁矿、石灰石，降低矿浆黏度，提高磨矿浓度
	油酸钠（或铵）	石灰石、石英
	硬脂酸（钠）	浮石、白云石

续表 16－3

分类	助 磨 剂	应用及效果
有机化合物	脂肪酸钙或氧化钙	石灰石（用量 0.1% ~1.0%，新生表面增加 1.4 倍）
	环烷酸钠（硫代环烷酸钠）	石灰岩（用量 1%，新生表面增加 1.8 倍）
	硝基甲烷、四氯化碳	
	苯	赤铁矿、石英
	丙酮	赤铁矿、黏土、滑石、石灰石、水泥
	丁酸	石英
	癸酸、环烷酸、三乙醇胺	水泥
	氧化石蜡皂	锰矿
	草酸钠	赤铁矿
	羊毛脂	石灰石
	醋酸戊酯、牛脂胺醋酸盐	石英
	十六烷胺	石英、锰矿
	十二烷基氯化铵、十二胺	石英、砂岩（碱性介质提高磨矿效率）
	ГКЖ-10 或 94 去污剂	锆石，用量 0.03%，新生表面增 1.55 倍
	环烷基磺酸钠	石英岩
	甘油硬脂酸的盐类	各种矿石
	烷基磺酸类和过苯甲酸烷基磺酸盐	
	烷基硫酸盐类	
	酰胺类、联胺类、尿素	
	丙酸、柠檬酸	
高分子聚合物	木素磺酸、羧酸及钙盐	水泥，用量 0.02% ~0.1%。对硅酸盐矿矿浆黏度下降，磨矿效率提高
	木素磺酸钙与三乙醇胺混合物	提高效率
	多糖（CMC 羧化淀粉、藻朊酸钠等）	提高磨矿效率
	磺化聚苯乙烯及其衍生物（相对分子质量 0.5 万 ~2 万）	铜、铁矿石，用量 0.02%，矿浆黏度下降 30% ~50%，产品中小于 325 目增加 3% ~5%
	N－磺烷基丙烯酰胺及其衍生物（相对分子质量 5000 ~20000）	金、银、铜、铁矿石，用量 0.02%，矿浆黏度下降 40% ~60%，产品中 －325 目增加 10% 左右
	顺丁烯二酸酐和苯乙烯共聚物	矿石、煤，用量 0.01% ~0.04%，矿浆黏度下降 23%
	磺化聚乙烯甲基丙烯酸盐	矿石和煤
	聚丙烯酸盐（相对分子质量约 5000）	石灰石，用量 0.1% ~0.6%，细度改善
	聚羧酸及其盐类	滑石
	磺化腐殖酸盐	

16.5 助磨剂的应用

助磨剂的研究应用发展至今已在工业生产中获得了实效。无论是在干磨或湿磨中助磨剂均发挥了增效降耗的重要作用。

16.5.1 助磨剂在非金属矿物（材料）中的应用

众所周知，助磨剂在水泥熟料干磨中效果显著，采用乙二醇、丙二醇、二乙醇胺和有机硅烷等助磨剂可以提高磨矿速率22% ~50%，减少磨矿时间70%，降低能耗10%。我国东北某水泥厂以膨胀珍珠岩为主的助磨剂（含膨胀珍珠岩微粉50% ~70%，丙三醇、木炭和萤石粉共占30% ~50%）对水泥熟料进行粉磨，用量为1% ~2%，同比可增加产量13%，节电11.5%，同时，还能提高水泥早期及后期的强度40%，增加混合材料的掺入量（使用时)，改善水泥的安全性。

石英细磨采用FlotigamP作助磨剂，当用量为0.03%时，可使物料新生表面积增加120%；用$CaCl_2$作助磨剂可使矿石功指数下降25.3%；当使用油酸钠作助磨剂时能够改变石英的ζ（Zeta）-电位，分散物料防止聚结，降低粒子之间的静电引力。

使用聚羧酸盐和苯胺等作为滑石的助磨剂，六偏磷酸钠作硅灰石的助磨剂均能改善矿浆特性，提高磨矿效率；利用硅烷作铝土矿磨矿助剂可以缩短磨矿时间3/4；各类黏土矿物采用Al、Ti、Cr等碱性氧化物助磨，也都能改变矿浆流变特性，提高磨矿效率。

在20世纪80年代克里帕尔（Klimpel）用XFS-4272作为助磨剂，在实验室中以铁燧岩为原料在不同磨矿条件下详细测定了添加助磨剂和不加助磨剂时的矿浆黏度、粒度特性和磨矿功耗等。结论是添加助磨剂可以增加磨机产量8.5%，或者是在产量不变（不增加）的情况下产品中的小于200目粒级增加3.6%。XFS-4272助磨剂是一种低分子量（低聚合度）的、易溶于水的阴离子型羧酸聚合物，它是一种选择性分散剂。

苏勇以石英粉为磨矿对象，用十二烷基三甲基氯化铵（DTMAC）作助磨剂，从流变学角度探讨干法及湿法球磨对粉料粒子形貌和粒子级配的影响等。认为，随球磨时间增加，细粉逐渐增加，但在相同磨矿时间内，干磨的细粉量低于湿磨的细粉量，表明湿磨效率优于干磨，而干磨粉较湿磨粉更完整。为了提高湿磨效率，通过添加助磨剂调节磨矿作业尽可能浓的矿浆浓度，足够低的黏度是必要和有效的。

16.5.2 助磨剂在金属矿中的应用

加拿大白马铜矿磨矿中添加由道（Dow）化学公司生产的 XES-472 助磨剂，可以提高球磨机磨矿效率5%左右；俄罗斯对铜镍转炉冰铜进行浮选分离时，在湿磨阶段添加硫黄作为助磨剂，不仅可以提高磨矿效率，而且提高了磨矿产品质量，在用丁基黄药或者脂肪胺类作捕收剂浮选时提高了捕收效果。

据资料报道（1991），在赤铁矿、褐铁矿的选矿过程中，磨矿矿浆经羟乙基化烷基酚和烷基芳基磺酸盐类助磨剂处理，可以提高后续磁选（Sala 磁选机）作业的效率，使铁精矿产率从53.3%提高到68.6%，品位由49.4%提高到55.7%，非磁性产品中含铁量从31.2%降至12.8%，铁的损失率从36.4%降至9.6%，效果十分显著。

杨敖采用醋酸铵、三聚磷酸钠、六偏磷酸钠、硫酸铜和苄基胂酸等作助磨剂对云南文山的锡石和山东招远的石英进行磨矿试验。结果表明：

（1）添加表面活性剂类和无机电解质类作助磨剂均能助磨，可减少磨矿功耗，增加磨矿效率，但亦有与其相适应的条件：表面活性剂型醋酸铵（CH_3COONH_4）、苄基胂酸和硫酸铜的添加量以0.05kg/t时助磨作用好；六偏磷酸钠的用量在0.5kg/t时才起助磨作用；三聚磷酸钠的用量条件比较宽，但以0.05kg/t最好。使用的五种助磨剂中助磨效果最好的是苄基胂酸，而三聚磷酸钠的效果次之。利用助磨剂可以使精矿产率从51.6%提高到58%。

（2）五种助磨剂对锡石的可浮性有一定的影响，苄基胂酸对泡沫浮选效果好，有促进作用（捕收剂也用苄基胂酸）。其他四种助磨剂对浮选效果均有不同程度的降低。

16.5.3 超细粉碎中的助磨剂

助磨剂在矿物分选前期磨矿中，能够起到提高磨矿效率降低能耗的作用，人们早已有了共识。近十来年助磨剂在矿物（尤其是非金属矿物）原料深加工及如前所述在其他工业领域中的粉体材料的超细粉碎中获得了广泛的应用及认同。

超细粉碎一般包含微粉碎和超微粉碎。通常将物料粉碎至 -10μm +1μm 粒级称作微粉碎；粉碎至小于1μm 粒级（或称亚微米级）叫做超微粉碎。而前一种粉体产品则称超细粒粉体产品，后者称作超微粉体产品。有人习惯将两者统称为超细（微）产品。

超细粉碎也分干法和湿法，在实际应用中干法比湿法多，比较经济。在超细粉碎作业中，由于产品要达到超细或超微细粉体粒级的要求，如此细微粒级产品不论是其本身性能、相互作用，或者是超细磨矿、超细粉碎设备运行操作环境等都比一般磨矿更为复杂，更加离不开助磨剂（又称超细粉碎助剂），否则“黏结”，“包裹”、“覆盖”、“二次凝聚”更为严重。一些超细粉碎设备（含分级设备）比一般选矿磨矿设备也更为复杂和关键，投资与技术要求更高。设备主要分机械式和气流式。机械式的有振动磨机、搅拌磨机、悬辊式粉碎机、塔式粉碎机、高速粉碎机、胶体磨机、离心磨机和挤压磨机等；气流式的有扁平式气流粉碎机、循环式气流粉碎机和对喷式气流粉碎机等。

美国专利4868228号介绍：采用丙烯酸的聚合物或者是共聚物作为重质碳酸钙湿磨的助剂，能极大地提高磨矿的浓度及效率，当磨矿固体质量分数（浓度）为70%时，磨矿产品小于2μm粒级含量不低于95%，其中小于1μm粒级产品占75%。日本人用丙酸－丙烯酸甲基酯聚合物的钠盐作为助磨剂，在碳酸钙的干式磨矿中，用量为0.05%~0.5%，可提高磨矿效率。

拉巴斯（Lappas H）等人采用石英、方解石、滑石和硅灰石等作为试验物料，以表面活性剂型或分散剂型的助磨剂进行了磨矿试验（采用的磨机是旋转磨矿机、振动磨矿机和碾磨机），目的是验证添加助磨剂可以减少颗粒的表面能，使晶格表面断裂纹蔓延（即所谓的rehbirder效应），以及减少磨矿介质、物料被覆盖、包裹或凝聚的现象。

试验表明：石英用油酸钠作助磨剂效果很好。因为油酸钠的离子性质决定它能在水中改变石英的ζ-电位，从而防止聚结成团。油酸钠即使在干燥状态下也能吸附于石英颗粒表面上，并且能降低石英粒子间强的静电吸引。三乙醇胺用作方解石的助磨剂，其作用据介绍与油酸钠用于石英的效果差不多。三乙醇胺已广泛应用于水泥料的助磨。聚羧酸盐用作滑石的分散助磨剂（在芬兰滑石选厂普遍使用）。这一药剂在湿磨情况下通过分散、离子排斥、或者是通过空间位阻起助磨作用，而在干磨时其作用与油酸钠和三乙醇胺相似。硅灰石湿式磨矿时可用众所周知的分散剂六偏磷酸钠，因其能极大地改变矿物的ζ-电位，产生强大的离子排斥力，达到分散的效果与目的。

图16－8~图16－14所示为采用不同的磨矿方法时介质直径和试验样品的比表面积对磨碎物料能耗的影响。

由图16－8和图16－9可知，当介质直径大于10μm时，旋转磨矿机中石英的干磨和湿磨效率都由于油酸钠的加入而降低，但粒度细时则提高。

石英在干式振动磨碎时，不论粒度大小，磨矿效率都因添加油酸钠有所加强（图16－8），这种情况与旋转磨矿机正相反。振动磨矿机中磨碎介质和石英粒子间的高速碰撞产生强大的静电荷而增加聚结，这可用表面活性剂加以阻止。另一方面，在湿式振动磨中因水足以阻止静电吸引，表面活性剂的作用就不重要了，如图16－9所示。

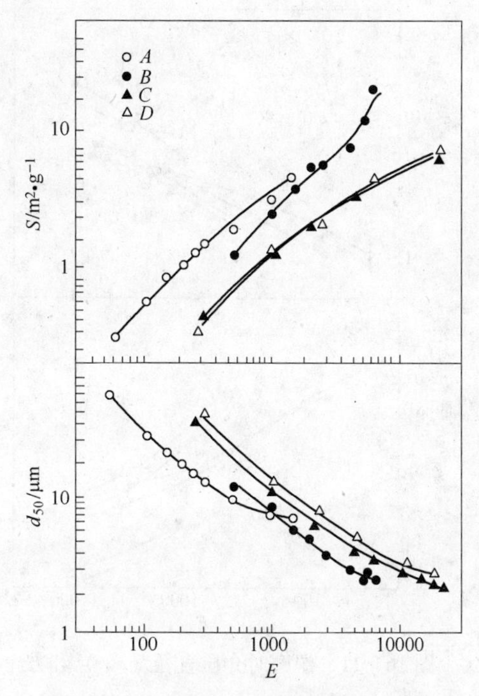

图 16-8 干磨时介质直径（d_{50}）和石英的比表面积（S）与净能消耗（E）的函数关系

A—旋转磨矿机；B—旋转磨矿机＋质量分数 0.3% 油酸钠；C—振动磨矿机；D—振动磨矿机＋质量分数 0.3% 油酸钠

（起始试料：$d_{50}=715\mu m$，$S=0.09m^2/g$）

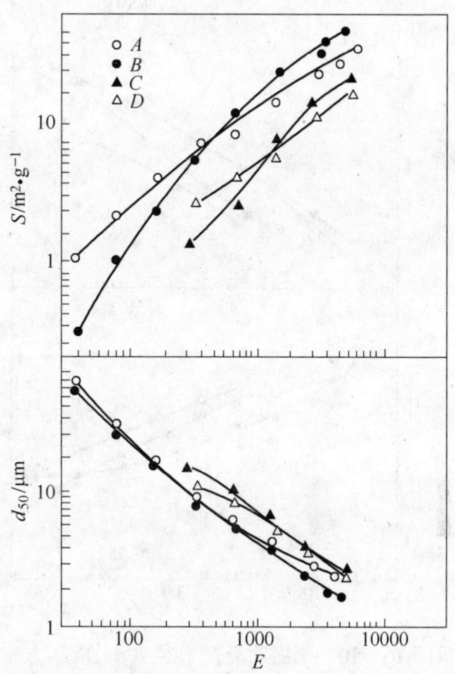

图 16-9 湿磨时介质直径（d_{50}）和石英的比表面积（S）与净能消耗（E）的函数关系

A—旋转磨矿机；B—旋转磨矿机＋质量分数 0.1% 油酸钠；C—振动磨矿机；D—振动磨矿机＋质量分数 0.1% 油酸钠

（起始试料：$d_{50}=715\mu m$，$S=0.09m^2/g$）

在旋转磨矿机中，方解石的磨碎结果和石英相类似（如图 16-10 和图 16-11 所示），介质粒度 10μm 看来是用助磨剂的界限。超过这个限度不加添加剂时，由于聚结厉害会使磨矿作用停止。在振动磨矿机中方解石的干磨由于三乙醇胺的加入而显著地改进。这再次归因于增加了流动性和分散性，并可以从产品的自由流动性看出。与石英不同，方解石的湿式振动磨碎可由助磨剂改进。方解石在水中容易聚结，振动磨矿机中激烈的碾磨作用能促进聚结，这种聚结现象由于三乙醇胺的加入而减少。当助磨剂用量增加时，振动磨矿产品的比表面积降低（图 16-11）。碾磨聚结状态的方解石，实际上大量的能量消耗在产生微小的裂片上而不是新粒子上。

图 16-11 表示方解石的碾磨由三乙醇胺的加入所促进，矿浆的流变特性能促进磨矿和增加细度（表 16-4 所列）。

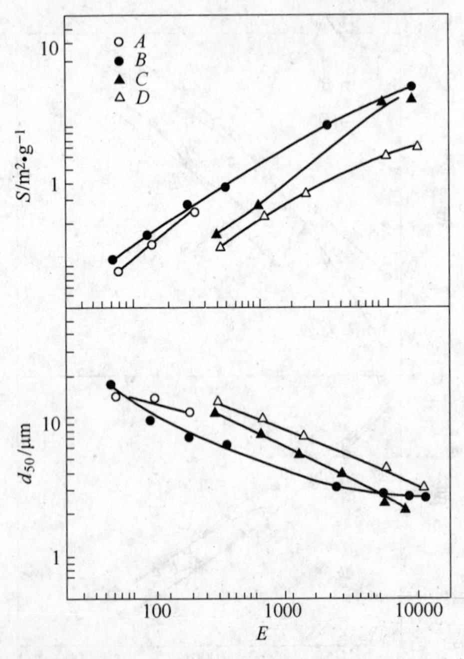

图16-10 干磨时介质直径（d_{50}）和方解石的比表面积（S）与净能消耗（E）的函数关系

A—旋转磨矿机；B—旋转磨矿机＋质量分数0.3%三乙醇胺；C—振动磨矿机；D—振动磨矿机＋质量分数0.3%三乙醇胺（起始试料：$d_{50}=140\mu m$，$S=0.26m^2/g$）

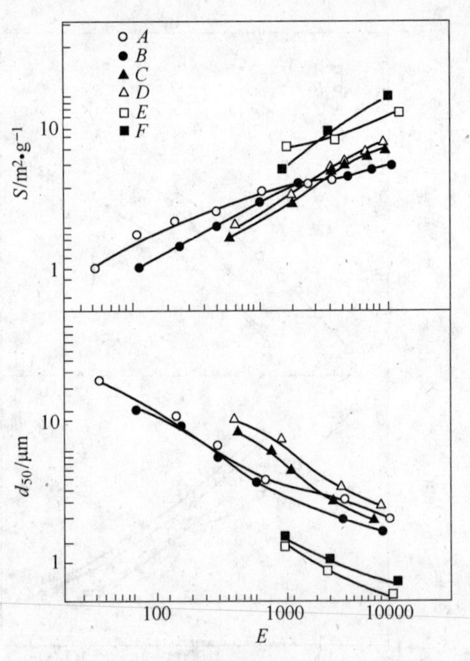

图16-11 湿磨时介质直径（d_{50}）和方解石的比表面积（S）与净能消耗（E）的函数关系

A—旋转磨矿机；B—旋转磨矿机＋质量分数0.3%三乙醇胺；C—振动磨矿机；D—振动磨矿机＋质量分数0.3%三乙醇胺（起始试料：$d_{50}=140\mu m$，$S=0.26m^2/g$）；E—碾磨机；F—碾磨机＋质量分数0.3%三乙醇胺（起始试料：$d_{50}=70\mu m$，$S=0.83m^2/g$）

表16-4 在剪切率为1665N下助磨剂对一些产品的表观粒度的影响

样 品	磨矿机类型	介质尺寸/μm	添加剂	视黏度/kPa
滑 石	振 动	2.7	0.1%聚羧酸盐	201
滑 石	振 动	3.0		201
滑 石	碾 磨	2.7	0.1%聚羧酸盐	36.2
滑 石	碾 磨	2.3		69.7
方解石	碾 磨	0.5	0.3%三乙醇胺	257.3
方解石	碾 磨	0.7		361.8
硅灰石	振动磨	1.8	0.2%六聚磷酸钠	16
硅灰石	振动磨	2.0		∝不定
硅灰石	碾 磨	2.6	0.2%六聚磷酸钠	25.5
硅灰石	碾 磨	2.2		∝不定

图 16－12 和图 16－13 表示添加剂聚羧酸盐的作用，用旋转磨矿机干磨时各种粒度下都能提高滑石的破碎比，但湿磨时只有小于 15μm 才适用。振动磨矿机中干磨时助磨剂是有害的，而湿磨时没有什么作用。在碾磨机中滑石的破碎比不受助磨剂的影响，干磨时添加剂增加了滑石的流动性，这在旋转磨矿机中是有利的，但在振动磨矿机中片状的和自由流动的滑石粉末不易产生由粒子间的摩擦而引起的磨碎作用。湿式振动磨碎时分散剂不改变矿浆的黏度，破碎比同样不受影响。而碾磨机中当加入助磨剂时矿浆的黏度会降低（表 16－4），但不影响磨碎比。这也归因于滑石粒子的形状和柔软性，两者均减少粒子和磨碎介质间的作用。

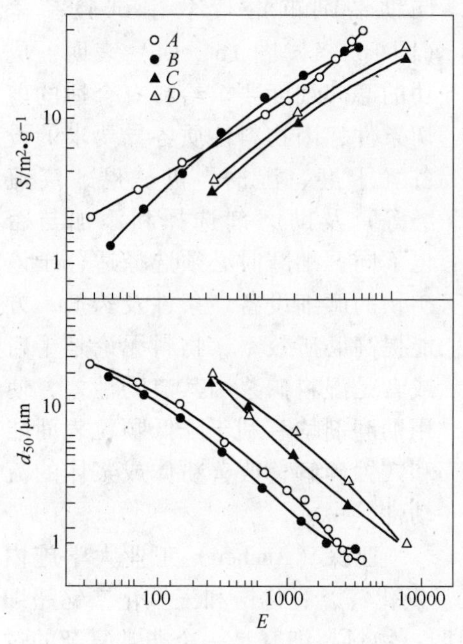

图 16－12 干磨时介质直径（d_{50}）和滑石的比表面积（S）与净能消耗（E）的函数关系

A—旋转磨矿机；B—旋转磨矿机＋质量分数 0.3% 聚羧酸盐；C—振动磨矿机；D—振动磨矿机＋质量分数 0.3% 聚羧酸盐

（起始试料：$d_{50}=85\mu m$，$S=1.53m^2/g$）

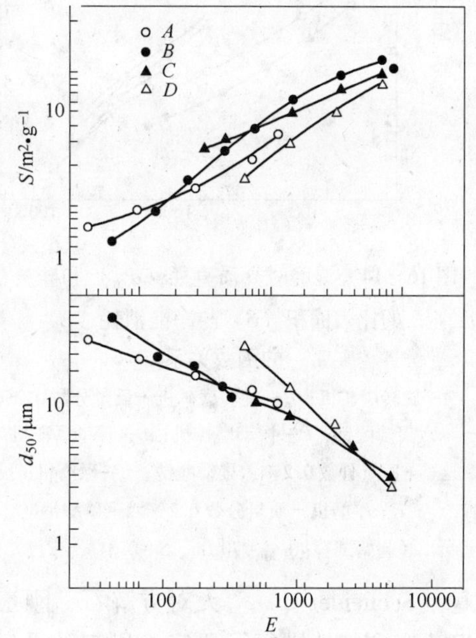

图 16－13 湿磨时介质直径（d_{50}）和滑石的比表面积（S）与净能消耗（E）的函数关系

A—旋转磨矿机；B—旋转磨矿机＋质量分数 0.1% 聚羧酸盐；C—振动磨矿机；D—振动磨矿机＋质量分数 0.1% 聚羧酸盐

（起始试料：$d_{50}=85\mu m$，$S=1.53m^2/g$）

硅灰石的干磨是很困难的，试料聚结的倾向较高，这可能由于它的针形结构引起的。没有发现干磨的有效分散剂。在旋转磨矿机中湿磨时，再次发现添加剂能够显著地提高破碎比。助磨剂六聚磷酸钠是一种非常有效的分散剂，它

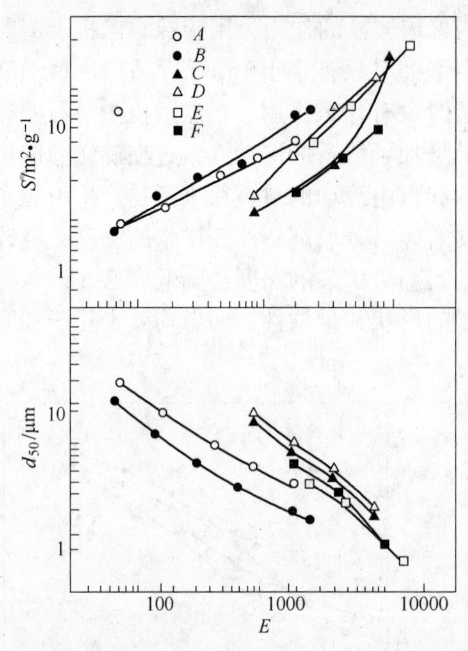

图 16-14 湿磨时介质直径（d_{50}）和硅灰石的比表面积（S）与净能消耗（E）的函数关系

A—旋转磨矿机；B—旋转磨矿机＋质量分数0.2%六聚磷酸钠；C—振动磨矿机；D—振动磨矿机＋质量分数0.2%六聚磷酸钠；E—碾磨机；F—碾磨机＋质量分数0.2%六聚磷酸钠

（起始试料：$d_{50}=70\mu m$，$S=0.31m^2/g$）

可以大幅度地降低泥浆的黏度（表16-4），若不加添加剂时，产生很细的硅灰石后，矿浆很黏，使磨碎和加工实际上不可能进行。证明当添加剂用于振动和碾磨机，产生的表面较小（图16-14），这是在很黏的矿浆中增加微小裂片产品的一个例子。

上述不同磨机、不同物料、不同助磨剂的磨碎效率试验结果（图16-8～图16-14）表明：成功的磨碎细度要求给料有合适的剪切条件，因物料性质各异要求的设备（干磨、湿磨、机械磨、气流磨等）及助磨剂选择和添加与否也不同，细磨时必须选择适合于该矿物的磨细设备、条件及药剂，方能提高磨矿效率，物料无论是干粉或者是湿料矿浆因其流动性差，使用助磨剂均有利于降低颗粒表面能和穴蚀碎解，改善粉体或浆体的流动性。

亚琛（Aachen）工业大学施内德（Schneider U）等人对方解石、刚玉、氧化锌、氧化锆和三氧化二钇超细磨生产和特性进行了研究。研究结果说明：物料超细磨是一个非常复杂的过程，从微粒到胶质状颗粒的转变中，微观与宏观粉碎过程变化明显，发生了复杂的固态反应现象并吸收了大量的能量，这将影响被磨物料颗粒的碎解、裂崩、结块和活化。

研究认为，在超细粉碎运作过程中，粉体会发生界面效应、表面能变化现象，使粉碎后粉体发生变化，特别是亚微米范围内粉磨特性产生剧烈变化。

图16-15表示不同粒度陶瓷硬物料的粉碎特性，“粗”粒级、过渡粒级和胶质状颗粒（胶体）的范围。图示反映了物料特性和颗粒粒度的相关性，单位粉碎功随粒度的减小而变化的定性的曲线。在粗粒级范围内，颗粒的碎裂和可磨性由描述碎裂阻力的参数和关于新施应力影响的参数明确定义。工艺过程可用数学模型描述，产品质量用粒度测定的方法描述。

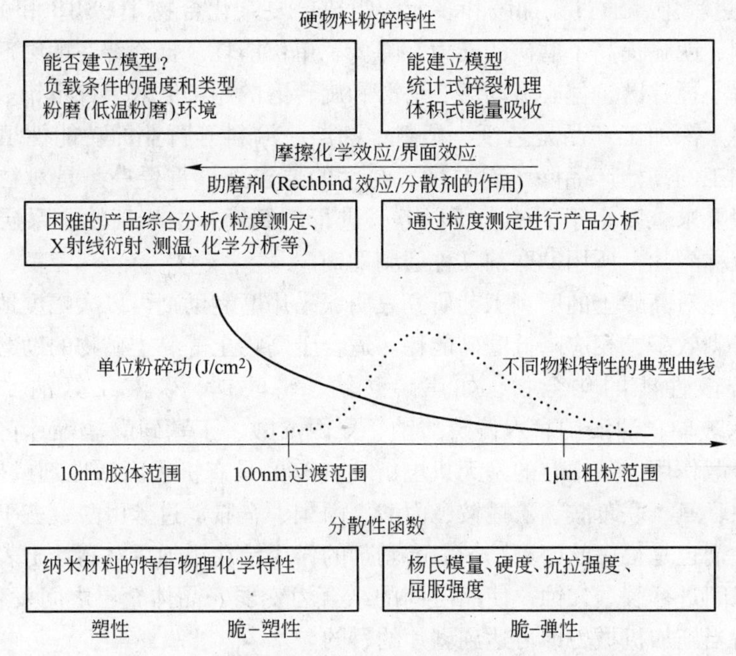

图 16-15 硬物料粉碎时与颗粒粒度大小有关的特性

能量的消耗和表面积的增加之间存在一个相互关系。在亚微观范围内上面的条件剧烈变化。在这些参数或条件中出现了新的影响和特性。颗粒越小所含的裂缝也越小，为达到破碎所需要的应力也越大。还能看到从脆性到塑性的转变。纳米结构的材料显示出特有的物理-化学特性。纳米范围内能耗的增加取决于特性的变化。随着颗粒粒度的减小，界面效应的影响越来越大于与容积有关的作用影响，发生了凝结作用的结块，因此必须使用助磨剂。这些添加剂减少了微粒结块的形成，同时增加了流动性并可能产生附加颗粒破碎。粉体材料（特别是亚微米及纳米级）的这些多重的、非常复杂的界面效应以及独特特性造成了超细磨的过程和结果难以分析和理解。给料受到的应力强度和种类，以及磨机内的环境在超细磨中远比在一般粉磨和超细磨混合过程中重要。在物料中摩擦化学反应可引起明显的特性变化，由于热函过剩物料的活性会增加。

方解石、刚玉、氧化锌、二氧化锆及三氧化二钇等物料，通过行星磨机干磨 60min，结果表明：方解石和刚玉的比表面积大幅增加（因它们为异极性物料，易在水中分散），氧化锌次之，锆及钇的氧化物发生结块。通过添加 NaCl、丙酮、乙醇、活性炭、二甲苯、水及葡萄糖做分散助碎剂可以防止结块、絮团。因此，必须使用粉磨添加剂，才有助于粉磨效率的提高。对于亚微米范围内粉磨的特性，很大程度上取决于应力的强度以及磨机内的环境。

挪威的 Kolacz J 等人将长石和白云石通过超细粉碎分别粉磨至 6μm 和

40μm 的过程中，通过添加胺和多元醇组成的复杂化合物 TC98RB 和 BA10 两种助磨剂，明显提高了磨矿的能力，降低了单位能耗。据介绍在助磨剂的参与下，用偏心搅拌磨，偏心振动磨、塔磨和旋转磨的超细磨效果都不错。

高岭土深加工产品是造纸、塑料、油漆、涂料等行业的功能性填料和颜料。深加工的高档产品除了对白度、纯度的要求外，重要一条是对粒度的要求，一般要求粒度小于 2μm。所以务必进行超细磨，由于高岭土系层状化合物，故又称剥片，所用助磨剂又称磨剥助剂。

国内外对高岭土的磨剥工艺研究表明，采用磨剥助剂可以大幅度地提高高岭土的磨剥效率，相应降低磨矿能耗。适合于高岭土等黏土矿物的助磨剂主要是具有分散性能的化合物，如焦磷酸钠、磷酸钠、磷酸二氢钠、柠檬酸(钠)、水玻璃、油酸钠、六偏磷酸钠、聚丙烯酸、丁基磺酸盐等，它们都有很好的分散作用，其中有的是无机电解质，有的是有机表面活性剂或聚合物；此外，像联氨、联苯胺、乙酰铵、丙酸、丙酮、辛胺、过苯甲酸、三丁醇胺等表面活性剂也是很好的磨剥助剂。磨剥剂的作用旨在添加后对高岭土表面、晶格面裂隙间进行浸透穴蚀，使晶层间的结合力变弱，晶体叠层之间发生松解，此时，适当施加机械力即可达到剥片的目的。

前苏联首先利用尿素作磨剥助剂磨剥高岭土，具有一定的效果。同时，我国也试用了尿素磨剥技术，试验结果表明，尿素对软质高岭土剥磨效果好，硬质高岭土（如煤系高岭岩）效果次之。

我国自 20 世纪 90 年代以来对高岭土等各类黏土型矿物及其他非金属矿物工业原料深加工磨矿助剂及磨矿效果十分重视，研究利用各种化学药剂进行剥片、细磨的工艺技术。例如对硬质高岭土，力图将入料小于 74μm 粒级磨剥成 2~0.5μm 的超细高岭土。这些研究包括：药剂种类、药剂用量及添加方式、磨剥时间、给料粒度、矿浆浓度（湿法）、矿浆 pH 值、矿浆物理化学环境及矿浆中 Ca^{2+}、Fe^{3+}、Mg^{2+} 离子等对磨剥效果的影响。同时，还研究了影响磨剥助剂磨剥效果的各种制约因素。以矿浆浓度为例，在助磨剂作用下对小于 325 目的煤系高岭土球磨 6h，当矿浆固体质量分数（浓度）分别为 58% 和 63% 时，磨后小于 2μm 粒级的产率分别达到 37% 和 42%。并且在研究中不断取得新进展。

对于矿物深加工中的超细粉碎一个值得一提的新理论，即矿物粉体机械力化学改性理论。它的实质是利用粉碎等强机械力的作用激活矿物表面，同时利用化学药剂改变矿物粉体的性能。详情将在非金属矿物深加工一章论述。

在此需要谈的一点是在助磨过程中产生的机械力化学效应。日本人研磨滑石时添加苯基丙氨酸（phenylalanine，$C_6H_5CH_2CH(NH_2)CO_2H$），使细颗粒团聚现象下降，粉碎效果大幅提高，不仅起了很好的助磨作用，而且对滑石粉体起到了改性作用。又如在正癸烷液体中球磨石英，同时用改性剂十六烷醇和十八烷基硅氧烷进行改性。首先是癸烷助磨石英，使矿物粉碎产生断裂碎磨的新生表面，然后新生表面与改性剂作用，使粉体由亲水变为疏水。

16.6 助磨剂的应用前景

在磨矿及超细粉碎粉体工程作业中，添加某些化学药剂可以提高磨矿及超细粉碎的效率已是不争的事实。由于粉磨作业对能源、材料消耗极大，生产成本高，因此，如何节能降耗提高效率为人们所重视，对设备、药剂、工艺技术的研究是热点和重点，而且在近年来都有较大的进展和突破。就助磨剂而言，要有好的发展前景，还应注意一些问题。现将这些问题归纳如下：

(1) 对磨矿而言，不论是什么药剂，只要能够提高磨矿效率，经济上合算、有效益，就可以作为助磨剂使用。但必须认真研究助磨剂对后续作业的影响。

助磨剂一般不会对重选、磁选和电选的分选效果带来不良影响，或者说影响不会大，但是对于浮选，助磨剂与矿物表面或与其他浮选药剂之间的作用可能产生好的影响，也可能产生坏的影响；对脱水作业也可能有有利和不利两种不同的作用，因此，凡是对磨矿后续作业带来较大不利影响，不利于目的矿物分选的药剂，都不能作为助磨剂使用。

许多化学药剂既不会影响磨矿的后续工艺，经济上又合算，不少浮选药剂对磨矿均有正面积极的影响，例如：胺类、脂肪酸类（油酸等）捕收剂和一些分散剂都可作为助磨剂，而且助磨效果好，在后续浮选作业中还可兼做捕收剂或分散剂发挥作用。所以将一些浮选药剂加入磨矿机提高磨矿效率的实例不少。本章谈及用苄基胂酸做助磨剂又做捕收剂，既提高磨矿效率，又能作为捕收剂，实现良好的泡沫分选，就是一例。

(2) 磨矿作业尤其是湿法磨矿是一个复杂的化学（包括溶液化学、界面化学、胶体化学）、微电子学、力学、机械学过程。添加的助磨剂可能影响矿浆的各种参数，如ζ-电位，pH 值、表面张力、矿浆黏度等，而矿浆的某些参数也可能对助磨剂起反作用，从而影响磨矿效率。例如有关助磨剂、助磨效果及矿浆 pH 值之间关系的报道不少。最典型的是药剂的解离与矿浆 pH 值的关系。

同时，还需考虑表面活性剂型助磨剂的起泡性能，一般要求不具起泡性，因为起泡性可能使气泡在磨矿过程中产生矿化泡沫，颗粒上飘不能与磨矿介质作用，影响磨矿效果。

还要关注助磨剂及矿物在矿浆溶液中的电化学性质。例如：在磨矿作业中添加的是与矿物电荷相反的表面活性剂型助磨剂，即使添加量很少，对磨矿也是不利的。这是由于矿粒吸附了与矿物本身电荷相反的药剂，会使矿物颗粒的ξ-电位降低，因而造成颗粒包覆、凝聚成团，从而降低磨矿速率。

超微粉碎（超细磨矿）分湿法和干法，干法更为看好。干法助磨也存在机械力和化学力的协同问题。干法超细粉碎一般对粉体质量要求比较高，助磨剂既要提高超细粉碎的效率（粒度细，能耗低），又要防止微细粉体二次絮团和二次污染，还要有利于不同粉体物料的再加工和后续产品的制备。

(3) 注意助磨剂的选择性。有的添加剂可能对矿石中的不同矿物成分产生不同的磨矿效果，如已发现三聚磷酸钠在碱性条件下对石英和赤铁矿产生不同的磨矿效果，对赤铁矿具有选择性助磨作用。因此，在使用助磨剂时，选择不同矿物磨矿效率产生较大差异的助剂，能提高选择性磨矿效率，有利于改善后续作业的分选效果。

(4) 关注助磨剂发展应用动态。

本章中各节对磨矿助剂研究应用、作用机理及相关理论和药剂的分类、制备及性能已作了综述。

从目前国内外研究应用现状看，矿物加工中磨矿和超细粉碎工程中磨矿助剂的试验与应用已经进入发展的新阶段。尤其是钙、硅矿物、碳酸钙、硅酸盐以及石英、长石、超硬耐磨材料等的干式和湿式超细碎粉磨利用助剂的研究最为活跃。

表16－5所列为近年来国外文献资料报道的研发应用助磨剂。

表16－5 磨矿助剂研发应用新动态

药剂名称或代号	磨矿物料	资料来源
aero-801，硅酸钠，油酸钠	天青石磨矿助剂。对磨矿效力作了对比	Indian J of the Chemical Technology, 2004, 11 (3): 382～387
聚电解质聚丙烯酸钠和聚苯乙烯磺酸盐	在钙矿物的湿式超细磨矿中防止矿粉结团，提高磨矿效率，减少黏度	Garcia F, *et al.* International J of Miner Proce, 2004, 74 (1)
α－环糊精，β－糊精，γ－糊精，糊精衍生物和一些糖类	超细（nano）磨助剂，将其单独使用或组合使用效果不一，环糊精效果好	J of Inclusion Phenomena and Molecular Chemistry, 2005, 50 (1～2): 67～71
己酸，工业助磨剂	石灰石助磨	Inter Mine Proce, 2004, 74 (1): 239～248
用醇（五种）和甘醇（两种）做助磨剂	对 Al_2O_3（Alumina）进行超细磨，研究其磨矿效率、磨矿因素（表面积、温度、粒度等）的变化及影响	粉体工学会志（日），2002, 39 (10): 736～742

续表16-5

药剂名称或代号	磨矿物料	资料来源
二乙基甘醇（DEG）	水泥磨矿有效助剂，能改善水泥性质	Indian Cement Review, 2002, 17 (2): 21
用七种醇类、三种甘醇类化合物做磨矿助剂（干磨）	用于干式振动磨，由于它们有不同的烷基，对超细磨效果有所不同。在对石英超细磨中粒度及流动性、表面积、磨矿效率提高都有差别，药剂对矿物表面有作用（烷氧基化）	Hasegawa M, *et al.* Powder Technology, 2001, 114 (1~3): 145~151
PMMA和PS聚合物助磨分散剂	白云石干式超细磨矿中，添加聚合物分散剂，可以防止结团，包覆（颗粒间、粗细之间），提高磨矿效率和细度	Forssberg E, *et al.* Metals Materials and Process, 9 (1): 49~56
聚苯乙烯磺酸钠（PSS）和萘磺酸甲醛缩合物（NSF）	不同煤质磨矿的分散剂，节能，提高效率，显著提高磨矿细度。PSS和NSF对烟煤和褐煤磨矿可分别提高20%，16%和32%，20%的效率	Atesok G, *et al.* Fuel, 2005, 84 (7~8): 801~808 Inte Miner Process, 2005, 77 (4): 199~207
助磨分散剂的作用	改变磨矿流变学，矿浆悬浮性，表面物理化学性质及颗粒团聚或分散性	European Coatings J, 2005 (4): 96Miner and Metallurgy Process, 2005, 22 (2): 83~88
木素磺酸钠	用量0.4%，提高水泥磨矿比表面14%	Silicates Industriels, 2002, 67 (11~12): 141~143
磺化丙烯酰胺或丙烯酸聚合物（相对分子质量500~100000）；丙烯酸-丙烯酰胺聚合物的磺化聚合物；2-丙烯酰胺-2-甲基丙基磺酸	磷酸盐矿物湿磨助剂	US 5383211
聚丙烯腈水解产物，助磨分散剂	高岭土、$CaCO_3$、石膏的分散助磨	US 5393845
羟基羧酸助磨剂。含有至少三个羟基，1~2个羧基的C_{5-6}羟基羧酸（盐）	助磨剂	US 5799882 US 6135372
含芳香基的羧酸胺盐	炉渣、矿渣助磨剂	US 4386963
丙烯乙二醇等多元醇	谷面助磨剂	US 4384010
铝酸酯，钛酸酯和锆酸酯，分子中R为C_{3-11}烷基	无机矿物助磨剂	JP 2187155

续表 16-5

药剂名称或代号	磨矿物料	资料来源
A-B 嵌段共聚物；弱阴离子共聚物	矿物分散助磨剂	EP 445751 US 6946510
丙基-1，1-二甲醇（1，1-dimethylol propane）	水泥及矿物助磨剂	US 4491480
正-十二烷基硫醇和叔-十二烷基硫醇组合，或含有一至二个羟基的芳香烃或烷烃（碳原子数为4~100，最好为C_{5-40}）	金属矿物磨矿助剂	US 7014048
烷醇胺，如二乙醇胺，乙醇胺，三乙醇胺或混合物	含硅矿物磨矿助剂，提高磨矿效率	US 5131600
阴离子烃基聚电解质	用于煤及金属矿物分散助磨剂，提高磨矿效率	US 4274599

参 考 文 献

1 邓玉珍．选矿药剂概论．北京：冶金工业出版社，1994
2 阙锋等．国外金属矿选矿，1999（8）
3 阙煊兰等．第七届选矿药剂年评，见：第七届选矿学会报告文集，1994
4 施内德 F U 等．国外金属矿选矿，1998（3）（原载“第20届国际选矿会议论文集”，1997（2）：25~36）
5 Richard R KlimPel. 国外金属矿选矿，1991（2）
6 Klimpel R R. Development of chemical grinding aids and their effect on selections for breokage distribution parameters in the wet grinding of ores. Proceedings of the 12th international mineral Processing congress，1977
7 Shall El B，Gorker H. Effect of chemical additives on wet grinding of iron ore minerals. Proceedings of the 13th international mineral processing congress，1979
8 Kather M，Klimpel R R. Example of the laboratory characterihation of grinding aids in the wet grinding of ores. Mining Engineering，1981（10）：1471
9 杨敖．第二届全国选矿学术讨论会论文集，1990，86~87
10 Heikki Lappas，Ulla-Riitta Lahtinen，et al. 国际矿业药剂会议论文选编（1984，意大利）．中国选矿科技情报网，1985，159~163
11 吴明珠等．第一届全国选矿学术讨论会论文集（中国有色金属学会），1986，188~192
12 曾春水．国外金属矿选矿，1998（6）
13 苏勇．国外金属矿选矿，1998（2）

14 俄罗斯专利 1742346；CA 119，121779
15 Canadion Mining J，1979（3）；选矿动态，1991（3）
16 方全国，唐玲玲．国外金属矿选矿，1995（10）
17 丁浩，卢寿慈．国外金属矿选矿，1996（9）
18 池川昭子，早川宗八郎．粉体工学会志，1991，28（9）：544
19 Kolacz J，Sandvik K L. Proceedings of XX international mineral Processing Congress. 1977（2）：251 ~260

第17章　浓缩脱水过滤助剂

17.1　概况

细粒悬浮液固液分离、浓缩、沉降和过滤，是物料湿法加工过程中不可缺少的作业工序，越来越受到人们的重视。固液分离工艺解决不好，不仅会影响产品质量，造成有用物料流失，而且对环境造成的污染也不容忽视。矿物资源日趋贫乏，由于嵌布粒度细，为回收有价矿物必须细磨，这样在固液分离时，由于颗粒粒度小，沉降速度慢，浓密机溢流跑浑严重，某大型赤铁矿选厂跑浑含固体质量分数甚至高达5%，同时，微细颗粒过滤滤饼孔径小，透气性差，从而导致细粒悬浮液固液分离效率低。此外，生产、生活循环水系统或工业废水净化过程也由于颗粒悬浮物问题，影响水的质量、循环水的利用或废水的排放。因此，世界各国许多研究工作者都在致力于浓缩、沉降、絮凝、脱水及过滤工艺技术的研究。

目前，为了提高矿物等脱水效果，采取的主要办法有：（1）完善提高重力浓缩沉降设备，采用新型高效浓缩设备。（2）采用压力过滤和真空过滤方法，提高给料中固体含量，增加过滤面积。（3）应用复合力场，如离心力场、磁力场、超声波、高频振动等技术。（4）添加脱水过滤助剂，促进设备与药剂协同作用。

希利（Healy）等人研究浓缩工艺，考查了添加剂在浓缩中的作用和矿浆的流变性。研究表明，为提高脱水速率及脱水量，需要详细研究设备的操作方式和固液界面的特性，添加助剂，对于界面特性作用的了解尤为重要。巴斯考尔（Buscall）等人在分析絮凝矿浆的沉降特性时，定义了一个取决于浓度的屈服应力［py（φ）］，即在这样的压力下，体积比为φ的被絮凝的悬浮液不再能承受压缩作用。分析表明，沉降速率和压实的程度取决于三种力的平衡，即重力、与流出沉积层的液体有关的黏滞力以及在压实区由于颗粒相互作用而产生的颗粒或结构的应力——通常被认为是由颗粒的网状结构所产生的弹性应力。1994年Landman K A对絮凝物网状结构受压缩时的物理性质作了述评。

为了提高固液分离的效果，添加助剂是有益的。通常人们把浓缩沉降用助剂称为助凝剂（有人为区分有机及无机物，把有机聚合物叫絮凝剂，无机及其聚合物称为凝聚剂）。把过滤脱水用助剂称作助滤剂，亦称为浓缩脱水过滤助剂或脱水助剂。添加助剂简单易行，耗资少、见效快，特别是对于已有的生产线，如选矿厂、废水处理厂，可以在现有设备工艺的基础上不作大的改动，只要在线增加加药设施，就能达到提高固液分离效果之目的。

17.2 脱水过滤助剂的分类及性能

固液分离浓缩沉降过滤等生产工艺中所使用的脱水剂，大致可以分为三大类：第一类是无机物，包括矿物、无机化合物和无机聚合物等；第二类是有机高分子聚合物；第三类系有机表面活性剂。对于过滤而言，上述三种类型化合物都可以作为助滤剂用，根据矿物或物料颗粒特性以及滤液的溶液化学、电化学、界面化学特性对助剂进行选择；而对浓缩沉降而言，添加的助剂统称为助凝剂，包括无机酸、碱、盐、无机聚合物等具有凝聚作用的化合物，以及有机天然化合物和人工合成有机高分子化合物。

为了对分类有一个较为直观的大体了解，现将脱水助剂示于图17－1。为了对凝聚剂和絮凝剂的范畴、作用、使用领域以及重要性有更深入的了解，可参见第18章。在此，仅介绍与固液分离相关的内容。

助剂分类
- 无机类
  - 矿物类(粗粒型)：如硅藻土、石棉、石英砂(适于黏性及胶体溶液需要的是滤液)
  - 无机类：明矾、铁盐及铝盐[$AlCl_3$，$FeCl_3$，$Al_2(SO_4)_3$，$Fe_2(SO_4)_3$，$Al(OH)_3$，$Fe(OH)_3$，$Ca(OH)_2$，Na_2CO_3，$NaOH$，HCl，H_2SO_4]，磷酸盐类
  - 无机聚合物：聚合氯化铝，聚合硫酸铁，聚合氯化铝铁，聚合硫酸铝硅，聚合氯化铁，聚合硫酸铝，聚合硫酸硅铁等
- 有机聚合物(高分子絮凝剂)
  - 天然化合物
    - 木质素(作用与矿物类同)
    - 海藻酸，腐殖酸，淀粉，明胶，蛋白素和纤维素以及其衍生物等
  - 人工合成聚合物
    - 非离子型
      - 聚乙烯醚，吐温(tween)，聚丙烯醚
      - 聚丙烯酰胺等(其中，有的既是聚合物又是表面活性剂)
    - 阴离子型
      - 聚丙烯酸，磺化聚乙烯苯
      - 部分水解的聚丙烯酰胺等
    - 阳离子型 聚胺季铵类，如 $\left(-\overset{CH_3}{\underset{CH_3}{N^+}}-CH_2CH_2\right)_n$，$\left(CH_2-CH_2\right)_n$ 与 N^+ 相连、N^+ 上连 H_3C、CH_3 的环状结构
- 表面活性剂型
  - 阴离子型：磺化琥珀酸盐类，如美国商品名 aero 100，OT助滤剂，aerodri 104，aeroolri200，烷基芳基磺酸盐(十二烷基磺酸钠，十二烷基苯磺酸钠)
  - 非离子型：聚乙烯醇醚类，如壬基酚聚乙氧烯醚，十二烷基聚氧乙烯醚，失水山梨醇脂肪酸酯类(span类)和失水山梨醇脂肪酸酯与环氧乙烷的加成物类(tween类)等
  - 阳离子型：$C_{10\sim30}$(最少为C_5)的脂肪胺(伯、仲、叔胺和季铵)
  - 两性类：甜菜碱等
  - 有机硅：硅甘醇，八甲基环四硅氧烷(3号助滤剂)

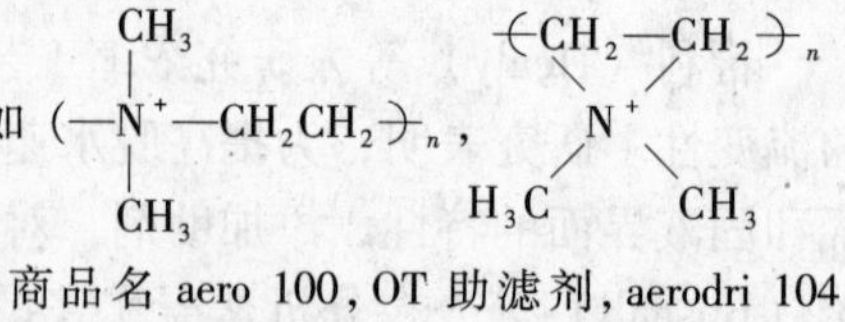

图17－1 脱水过滤助剂的分类

国外生产助滤剂的公司主要有：联合胶体公司（英国，drimax 系列表面活性剂）、赛拉本公司（DH 系列表面活性剂）、道化学公司（separan MGL 和 MG700 系列、非离子型絮凝剂）、Nalco 公司（filter max 9764 絮凝型）和氰胺公司（accoal 系列和 aerodri 100 等）。除上述牌号外，絮凝剂牌号还有很多，如：margnafloc 805、cat floc、filterfloc、superfloc（阴离子型，相对分子质量大于 14 万），hercofloc 1021（阴离子型，相对分子质量大于 14 万）以及非离子型的 plurafac RA20、tergitol 15 - S - 9 和 surax NM92 等。

国外生产有机（高分子）脱水过滤助剂的主要品种、牌号、厂家列于表 17 - 1。

表 17 - 1　国外脱水过滤助剂（絮凝剂型）主要生产厂家

助剂		特性	作用	生产厂家
aerodri	100		酸回路助滤剂	American Cyanamid 公司
	104/200		助滤剂	
	S-6093		离心法助滤剂	
alclar		高聚物吸附剂	红泥浆	Allied Colloids
al cosorb			细煤加工	
aoki 絮凝剂 A 和 B		高聚物	矿山用凝结剂	Aoki Chemical
aguasorb 类		聚丙烯酸酯	粉煤加工中做高聚物吸附剂，也用作复田区域的土地再生	Sef floerger
drimax 1233/1234，1235/1938		液体	助滤剂	Allied Colloids
floerge 类 900/900 SH		阴离子粉末	0 ~ 100% 阴离子，相对分子质量为 10 亿 ~ 20 亿，用量 10 ~ 20g	SNF Floergre
MPM 和 BPM		阴离子粉末	离心机和带式压滤机的助滤剂	Set Floslger
700/700MPM		阳离子粉末	可达 100% 的阳离子电荷	
9000 - W1		阳离子粉末	可达 100% 的阳离子电荷	
8000/800 SH		阳离子粉末	可达 100% 的阳离子电荷	
4000/4000 SH		阳离子粉末	可达 100% 的阳离子电荷	
系列 3		阴离子乳浊液	0 ~ 100% 阴离子	
系列 4/5/8		阳离子乳浊液	0 ~ 100% 阴离子	
guar 絮凝剂/jaguan		苛性古尔	在酸浸回路中回收 Cu	Trohall 股份有限公司
guaitec 类			苛性古尔胶表面活性剂为絮凝、过滤和抑制用	Henkei 公司
AD		阴离子古尔		
CD/HCD		阳离子古尔		
401/AC - 85		非离子古尔		

续表17-1

助 剂	特 性	作 用	生产厂家
magna 絮凝剂	聚丙烯酰胺	絮凝剂（助凝）	Allied Colloids
351	非离子		
392/140/352/	阴离子		
455/592	阴离子		
139/155/156/	阴离子		
E24/E10/1011/	阴离子		
919/611	阴离子		
HR120/270/493/513/922/2597/1697	阳离子液体	为有机物和泥	
300 系列	非离子和阳离子	超高级相对分子质量	
magnasol	凝聚剂 + 絮凝剂	为处理远距离洗矿工艺的球团产品	Allied Colloids
netzersB 10	磺化丁二酸盐	助滤剂和润湿剂	Hoechst 公司
nalco 7810/8817		消泡剂	Nalco Chemical 公司
7830/8860		高聚物分散剂	
9766/9768		磷酸盐脱水剂	
干粉 8815		一般用途的脱水助剂	Nalco Chamical 公司
8819		铝土矿的脱水助剂	
8822/8864		煤的脱水助剂	
Netzer SB 10	磺化琥珀酸盐	助滤剂和润湿剂	HoeChst 公司
超絮凝剂类	聚丙烯酰胺		American Cyanamid 公司
C521/C573	阳离子液体		
C577/581	阳离子液体		
C100/C110	阳离子颗粒	增加阳离子电荷	
N100/N100S	非离子颗粒		
A95—A150	阴离子颗粒	增加阴离子电荷	
RMD30/RMR30	高强阴离子	尤其用于红泥	
RMD50			
vardri 31/35		一般用脱水助滤剂，	Sherex Chemical 公司
40		做铁、煤的脱水助滤剂	

17.2.1 无机型脱水助剂

无机型脱水助剂除了某些矿物用于过滤除去固体颗粒外，不论是作为助凝剂或者是作为助滤剂使用，实质上都是对悬浮固体颗粒（微粒）起凝聚作用的凝聚剂，它是研究应用最早的一类脱水助剂，其凝聚（助凝）作用慢，凝聚强度大，聚团小，含水率低，对微细颗粒的团聚很有效。将不同凝聚剂组合（复合）使用更有效，特别是与有机絮凝剂或表面活性剂组合使用，脱水、助滤效果更好。

无机凝聚剂作为固液分离的脱水助凝剂使用，只是其众多用途之一，在选矿工艺中及水处理中都有广泛的用途。经历100多年的发展，无机凝聚剂在产量、品种、质量方面都有显著的进步。我国在基础理论研究、新产品及其应用工艺的开发、产品的标准化以及药剂的卫生和毒理学等方面已有了一个较为完整的研究开发应用体系。

无机脱水助剂分无机低分子凝聚剂和无机大分子（聚合物）凝聚剂。无机低分子中常用的是石灰、铝盐、铁盐以及碱金属、碱土金属盐等，例如硫酸钾铝［明矾，$Al_2(SO_4)_3 \cdot K_2SO_4 \cdot 2H_2O$］、硫酸铝［$Al_2(SO_4)_3$］、结晶氯化铝（$AlCl_3 \cdot nH_2O$）、铝酸钠（$NaAl_2O_4$）、三氯化铁（$FeCl_3 \cdot 6H_2O$）、硫酸亚铁（绿矾，$FeSO_4 \cdot 7H_2O$）、硫酸铁［$Fe_2(SO_4)_3$］、硫酸铝铵［$(NH_4)_2SO_4 \cdot Al_2(SO_4)_3 \cdot 2H_2O$］、氢氧化钙以及氧化镁和碳酸镁等。无机聚合物类助凝剂主要有：(1) 聚合硫酸铝［$Al_2(OH)_n(SO_4)_{3-n/2}$］$_m$ 和聚合氯化铝［$Al_2(OH)_nCl_{6-n}$］$_m$。后者也有将化学通式表示为：［$Al_m(OH)_m(H_2O)_x$］$\cdot Cl_{3m-n}$，式中 $m=2 \sim 13$、$n<3m$，又称碱式氯化铝；(2) 聚合氯化铁［$Fe_2(OH)_nCl_{6-n}$］$_m$ 和聚合硫酸铁［$Fe_2(OH)_n(SO_4)_{3-n/2}$］$_m$；(3) 聚硅化合物，如聚硅氯化铝、聚硅硫酸铝和聚硅硫酸铁，以及铝铁硅复合聚合氯化物和硫酸盐等。

铝盐（以聚合氯化铝为例）是一种两性电解质，极易水解。铝在酸性范围内以正的铝离子形态存在，在碱性范围内以负的铝离子存在。根据许多学者的研究，对应不同的pH值范围，铝有如下主要形态：

pH<4 时，为［$Al_2(OH)_3$］$_n^{3+}$　（$n=6 \sim 10$）

4<pH<6 时，为［$Al_6(OH)_{15}$］$^{3+}$、［$Al_7(OH)_{17}$］$^{4+}$、［$Al_8(OH)_{20}$］$^{4+}$、［$Al_{13}(OH)_{34}$］$^{5+}$

6<pH<8 时，为［$Al(OH)_3$］$_\infty$（沉淀）

pH>8 时，为［$Al(OH)_4$］$^-$、［$Al_8(OH)_{26}$］$^{2-}$

在 pH<4 时，铝的形态是稳定的单核络合物；pH值增高后，随着 OH^- 浓

度提高，一部分配位水合物（络合离子）发生水解，并在两个 OH^- 离子间发生聚合形成多聚体。其结构为：

$$[Al(H_2O)_6]^{3+} \xrightarrow{水解} [Al(OH)(H_2O)_5]^{2+} \longrightarrow [Al_2(OH)_2(H_2O)_8]^{4+}$$

$$\longrightarrow [Al_2(OH)_n(H_2O)_y]_m^{(6-n)+}$$

水解生成的聚合体 $[Al_2(OH)_n(H_2O)_y]_m^{(6-n)+}$ 与作为外配位体的 Cl^- 离子结合，即为聚铝的组成 $[Al_2(OH)_nCl_{6-n}]_m$（式中未写出配位水）。

水解和聚合过程是交替进行的。在相应的 pH 值下，水解、聚合产物不是单一的形态，而是各种形态的混合平衡。在不同 pH 值条件下生成的不同形态的聚羟基铝配离子，强烈地吸附水中带负电荷的悬浮胶体粒子，混凝生成较大的凝聚体，在水中相互碰撞聚集沉降下来。因此铝盐理想的混凝过程是“水解—聚合—凝聚”三个分过程的总和。

对聚合氯化铝，其重要的质量指标为“盐基度”。它直接决定产品的化学结构形态和许多特性，如聚合度、分子电荷量、混凝能力、贮存稳定性，pH 值等。

目前国内外统一使用的“盐基度”概念，定义为氢氧根与铝的摩尔比，用符号“B”来代表盐基度百分数：

$$B = \frac{1}{3}\frac{[OH]}{[Al]} \times 100\%$$

式中，[OH]、[Al] 分别为 OH 和 Al 的摩尔数。

盐基度与凝聚效果有十分密切的关系。对同一浊度的原水，在相同投药量下，盐基度越高，混凝沉淀效果越好。一般要求产品盐基度控制在 50% ~ 80%。经验表明，盐基度在 60% 时具有较高的净水效果和较低的原料消耗。这是由于此时聚羟基氯化铝在溶液中为优势形态的高聚物，所以具有最佳混凝性能。

马鞍山矿山研究院前些年对新型铁系凝聚净化剂聚合硫酸铁进行了研制。(1) 用废硫酸、废铁屑（刨花铁）和液体氧化剂为主要原料，生产Ⅰ型聚合硫酸铁。(2) 用工业浓硫酸、硫酸亚铁和固体氧化剂为主要原料，生产Ⅱ型聚合硫酸铁。该工艺生产流程短，操作容易，投资少，设备简单，能耗低，利于选厂自行组织生产。据介绍，武汉某钢铁公司供水厂、大冶有色金属公司某选矿厂均已自建聚合硫酸铁的生产厂，就地生产使用取得了良好的效果。

硅藻土是最具代表性的粗粒型固体助滤剂。它主要靠物理或机械作用来改善过滤过程。一般用于去除过滤液中的悬浮微粒。

硅藻土是生长在海水和淡水中的一种单细胞藻类，它能分泌硅质而形成坚固外壳，硅藻土即此种植物死后留下的遗骸。它是 SiO_2 的一种形式，带负电。如宁波天然硅藻土系圆盘状，其结构是盘与盘相叠而形成不可压缩的多孔性滤饼。由于滤饼的这种性质，使它既可通过溶液，又为捕集悬浮固体准备了空间。

硅藻土助滤有两种方式：(1) 预涂层；(2) 助滤（即将硅藻土掺入料浆中一起过滤）。其共同特点是保持大的孔隙率。预涂层孔隙率为85%~90%，可防止胶体黏附于滤布上而堵塞滤孔和防止固体微粒嵌入滤孔而引起过滤速度下降。助滤可使滤饼不断保持35%~40%的孔隙率，使过滤在8~9h周期始终保持较为恒定的流速，以满足生产的需要。

硅藻土之所以能保持多孔性，与其结构有关。外形主要分蜂窝形与盘形两种，而且有内孔，孔径约1μm，间孔靠硅藻土之间和硅藻土与固体粒子变化万千的堆积而成，形成无数显微水渠，以保持较大的空间。

不同产地的硅藻土，物理、化学性能稍有差异，宁波某厂生产的工业级硅藻土化学成分和物理常数见表17-2和表17-3所列。

表17-2 硅藻土化学成分

成 分	SiO_2	CaO	MgO	Fe_2O_3	Al_2O_3
质量分数/%	75.0	0.81	0.32	2.16	7.7

表17-3 硅藻土物理常数

硬 度	密度/$g \cdot cm^{-3}$	密度/$g \cdot cm^{-3}$		孔隙率/%	比表面积/$cm^2 \cdot g^{-1}$
		干块	粉状		
1~1.5	2.1~2.5	0.45	0.2~0.35	85.0	10500

硅藻土由于其结构的特性而具有不可压缩性，当过滤压力逐步升高至 3.63×10^5 Pa 时仍保持较大滤速，这种网状的水渠使流体自由通过，也为悬浮粒子准备了截留、沉积和附着的足够空间。因而被广泛应用。

17.2.2 有机高分子的助凝助滤剂

有机高分子化合物类型的絮凝剂作为助凝（浓缩沉降脱水剂）剂和过滤

助剂仅是其用途的一小部分，它还广泛应用于选矿、选煤、石油开采、化工、冶金、生物、医药、废水环境治理等行业。

絮凝剂分为天然和人工合成高分子化合物两大类，名目品种繁多，图17-1所示也仅是作为助剂的一部分。Hogg等研究了絮团的结构对沉降和脱水的影响，表明添加絮凝剂到矿浆中去的确能显著改善沉降性能。对矿浆浓度、黏度、颗粒等物理和化学因素影响，以及它们与药剂的相互关系、药剂的选择、介质pH值与搅拌方式、搅拌强度、颗粒的相互碰撞等均作了深入的研究。

用于脱水、过滤的絮凝剂和其他用途的絮凝剂一样，都具有聚电解质的结构特点，对水有溶解性，稀水溶液有一定黏度，不同的有机高分子絮凝剂对盐类和微生物表现有不同的容忍度，有降低流体动力学阻力（能量）的能力等。

长碳链高分子聚合物，具有较强的亲水性能。由于它絮凝速度快，能生成稳定的絮团，可使微细颗粒不再穿透滤布，也不在滤布孔洞中沉积，因而提高了过滤速度，并能得到澄清的滤液。不同分子量的絮凝剂由于其形成的絮团不同，因此其用途也有差异。一般说来，高相对分子质量的絮凝剂形成的絮团大，滤饼中含水量大，常用于浓缩澄清作业，可防止细粒有用成分损失；较低相对分子质量的絮凝剂形成的絮团较小，滤饼具有均匀的孔状结构，有助于过滤脱水，常用于过滤作业。絮凝剂作为助滤剂如在药剂用量、相对分子质量和种类上选择得当，既可提高设备处理能力，又可强化固液分离效果，在工业上应用普遍，如在煤浆过滤中广泛应用。

淀粉、纤维素和聚丙烯酰胺等天然及人工合成絮凝剂都能明显提高脱水、过滤的效率。特别是各种类型的人工合成絮凝剂，由于可依据其需要进行分子设计、合成品种更多，更有针对性，更有效的产品，获得快速发展与应用。例如聚丙烯酰胺类的絮凝剂就有如下各种类型（代表式）：

非离子型

$$\left[CH_2-\underset{\underset{\displaystyle CONH_2}{|}}{CH}\right]_n$$

阴离子型

$$\left[CH_2-\underset{\underset{\displaystyle CONH_2}{|}}{CH}\right]_{n_1}\left[CH_2-\underset{\underset{\displaystyle COONa}{|}}{CH}\right]_{n_2},$$

$$\left[CH_2-\underset{\underset{\displaystyle CONH_2}{|}}{CH}\right]_{n_1}\left[CH_2-\underset{\begin{array}{c}|\\CO\\|\\NH\\|\\CH_2\\|\\OH\end{array}}{CH}\right]_{n_2}\qquad\left[CH_2-\underset{\underset{\displaystyle CONH-CH_2-SO_3Na}{|}}{CH}\right]_n$$

阳离子型

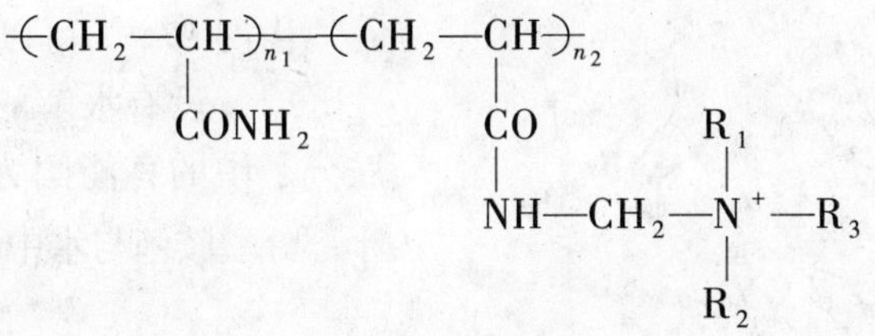

$$-\!\!\left(CH_2-\underset{\underset{CONH_2}{|}}{CH}\right)_{n_1}\!\!-\!\!\left(CH_2-\underset{\underset{NH-CH_2-\overset{R_1}{\overset{|}{N^+}}\underset{R_2}{\underset{|}{}}-R_3}{\underset{|}{CO}}}{\underset{|}{CH}}\right)_{n_2}$$

两性型

$$\left[\begin{array}{c}CH_3\quad CH_3\\ \diagdown\;\diagup\\ CH\qquad CH-\\ |\qquad\quad |\\ CH\qquad CH_2\\ \diagdown\;\diagup\\ N^+\\ \diagup\;\diagdown\\ R\qquad R\end{array}\right]_m\left[-CH_2-\underset{\underset{NH_2}{|}}{\underset{C=O}{|}}{CH}-\right]_n\left[-CH_2-\underset{\underset{OM}{|}}{\underset{C=O}{|}}{CH}-\right]_o$$

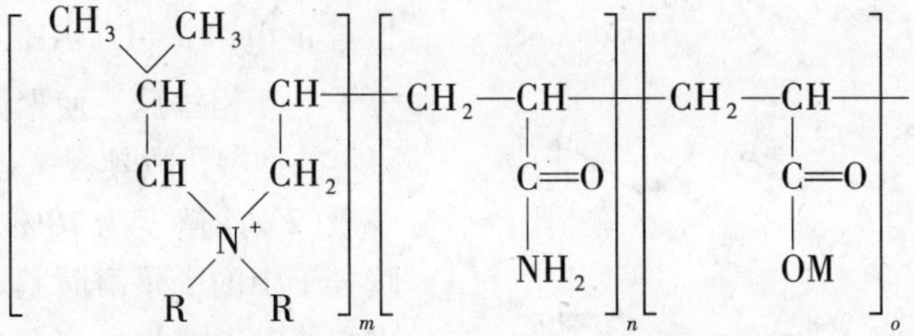

本章主要讨论有关聚丙烯酰胺在作为助凝剂、助滤剂的特点、要求和实际应用中应注意的问题（其他在第18章讨论）。

固液分离常用的聚丙烯酰胺的相对分子质量有资料介绍可达2000万。浓缩用的分子量较高，过滤用分子量较低的。我国目前市场上销售的商品聚丙烯酰胺相对分子质量多为500万左右。

非离子型聚丙烯酰胺（代号PAM）的溶解和絮凝效果都比较差，用作矿浆的絮凝、沉降、脱水、过滤作业中，一般均选择部分水解或磺化的聚丙烯酰胺絮凝剂（即阴离子型）使用。即将非离子型聚丙烯酰胺中的酰胺基加碱处理，水解变为羧基。水解不是全部水解，只是将部分酰胺基变成羧基，或经部分磺化，成为阴离子型聚丙烯酰胺。

17.2.2.1 阴离子型高分子助凝助滤剂

聚丙烯酰胺（非离子型）经部分水解或磺化即得含有羧基和磺酸基的阴离子型聚丙烯酰胺。聚丙烯酰胺部分水解制备阴离子型絮凝剂的反应方程式为：

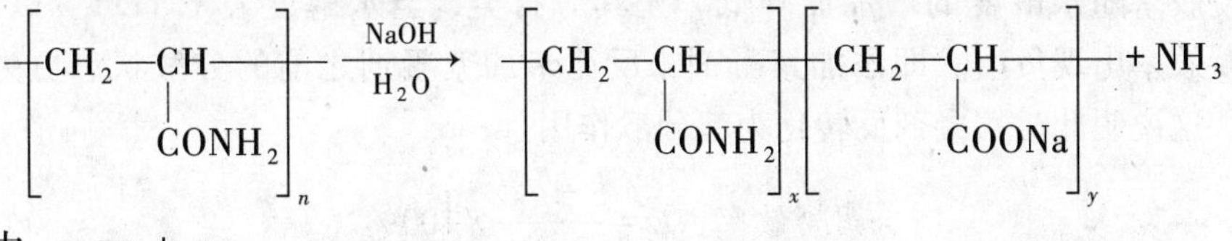

$$\left[-CH_2-\underset{\underset{CONH_2}{|}}{CH}-\right]_n\xrightarrow[H_2O]{NaOH}\left[-CH_2-\underset{\underset{CONH_2}{|}}{CH}-\right]_x\left[-CH_2-\underset{\underset{COONa}{|}}{CH}-\right]_y+NH_3$$

式中，$n=x+y$。

由反应式可见，用非离子型聚丙烯酰胺加碱水解生成阴离子型的聚丙烯酸钠。阴离子型聚丙烯酰胺使一个高聚物的分子中同时带有两个不同性质的官能团。不同水解度的阴离子型聚丙烯酰胺的分子链上羧酸基的含量不同，引起链上电荷排斥力不同，使分子链伸展程度不同，从而絮凝效果不同。图17-2所示为水溶液中不同水解度的聚丙烯酰胺分子（HPAM），从中可以看出聚丙烯酰胺水解的特性反应：

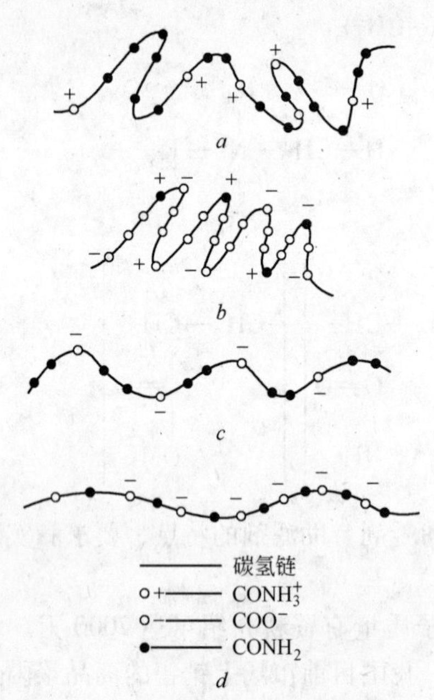

图17-2 水溶液中的不同水解度的聚丙烯酰胺分子

a—非离子型分子的形状；*b*—水解度为10%时分子的形状；*c*—水解度为33%时分子的形状；*d*—水解度为67%时分子的形状

由图17-2可以看出：

（1）没有水解的非离子型聚丙烯酰胺分子中的官能团为—$CONH_2$，由于有小部分酰胺基与水中的H^+作用而生成少量带正电的 $—\overset{\overset{\displaystyle C}{\|}}{C}—NH_3^+$ ，这种基团在分子中互相排斥，使聚丙烯酰胺分子有一定的伸展，故具有一定的絮凝能力。

（2）水解度为10%左右的聚丙烯酰胺分子中的少量酰胺基水解为—COOH，羧酸能电离成带负电荷的COO^-基，与带正电荷的—$CONH_3^+$电荷相当，互相吸引，使分子高度蜷伏收缩不伸展，此时絮凝能力最小。

（3）当水解度达到33%左右时，溶液中—COO^-多，负电排斥超过—$CONH_3^+$，负电互相排斥的力量增大，使分子达到相当伸展，此时具有较好的絮凝能力。

（4）当分子中有67%酰胺基被水解后，分子中羧基占了官能团数目的2/3，带负电的羧基互相排斥，使分子基本上完全伸展开，絮凝能力更强。

许多研究的测定数值证实了这一规律。图17-3为絮凝菱铁矿和石英的测定结果。由曲线可看出，菱铁矿的絮凝效率随着水解度的增加而增强；石英的絮凝效率随水解度的增加而降低。尤其对石英，当水解度大于11.1%以后，絮凝效率出现负值。即添加絮凝剂，反比未加絮凝剂之前的分散状态更为分散。这说明此时絮凝剂反转化为起分散作用。

$$\text{絮凝效率：}E=\frac{g-g_0{}'}{g_0}\times 100\%$$

式中，g_0为原矿重；$g_0{}'$为最佳分散状态下沉物重；g为加絮凝剂后沉物重。

出现上述情况的原因在于，在弱碱性及中性介质中，菱铁矿表面荷正电，石英表面荷负电，水解度愈高，聚丙烯酰胺溶液中—COO^-离子愈多，与表面荷正电的菱铁矿静电相吸得愈完全，因而絮凝得愈好，相反，与表面荷负电的石英粒子静电相斥得愈厉害，从而分散得愈好。此时静电因素起主要作用。

适宜水解度的聚丙烯酰胺对菱铁矿，石英的良好选择性，使菱铁矿-石英组合矿物得以良好的分选，即可作为这类矿物的选择性絮凝剂。

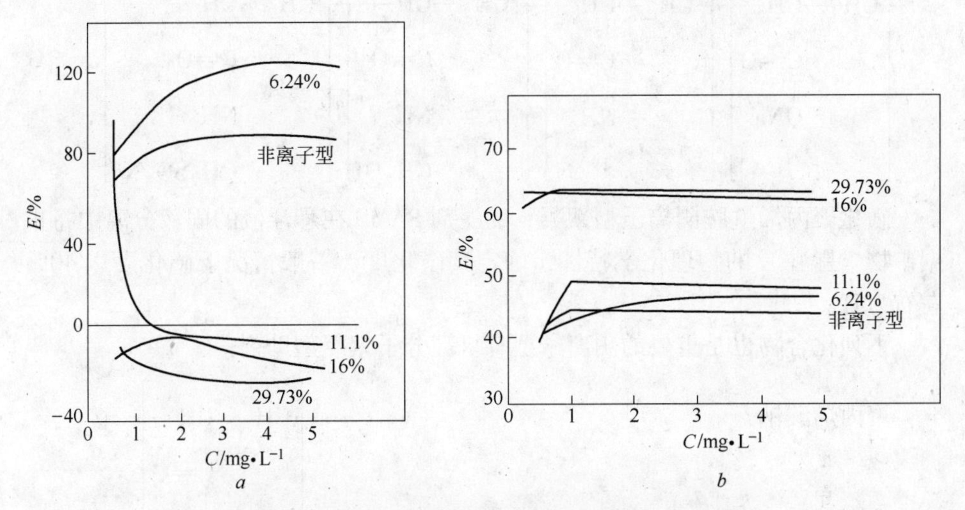

图 17-3 聚丙烯酰胺水解度对不同矿物絮凝的影响

a—石英；*b*—菱铁矿

一般合成的聚丙烯酰胺的相对分子质量可大可小，最高相对分子质量可达2000万，一般在400万~800万。其絮凝能力随相对分子质量的增加而增加，因而在选用这类药剂进行絮凝时，应根据不同用途，对不同的矿物选用不同相对分子质量、不同水解度的药剂作为助凝剂、助滤剂。如某选矿厂用于沉降助凝剂所使用的药剂相对分子质量一般都在500万左右，水解度在30%以上。

部分水解的聚丙烯酰胺，在某种程度上说来与丙烯酰胺-丙烯酸钠共聚物相似：

$$\left[-CH_2-\underset{\underset{NH_2}{|}}{\underset{C=O}{\underset{|}{CH}}}- \right]_n \left[-CH_2-\underset{\underset{ONa}{|}}{\underset{C=O}{\underset{|}{CH}}}- \right]_o$$

非离子型聚丙烯酰胺经磺化，则成为另一类型的阴离子型聚丙烯酰胺。常用的磺化方法是用甲醛和亚硫酸钠进行磺化，获得具有磺甲基的衍生物(PAMS)。聚丙烯酰胺的磺化反应如下：

$$\left[-CH_2-\underset{\underset{NH_2}{|}}{\underset{C=O}{\underset{|}{CH}}}- \right]_n + CH_2O + Na_2SO_3 \longrightarrow$$

$$\left[CH_2-\underset{\underset{ONa}{|}}{\underset{C=O}{\overset{|}{CH}}}\right]_x\left[CH_2-\underset{\underset{NH_2}{|}}{\underset{C=O}{\overset{|}{CH}}}\right]_p\left[CH_2-\underset{\underset{\underset{CH_2OH}{|}}{NH}}{\underset{C=O}{\overset{|}{CH}}}\right]_y\left[CH_2-\underset{\underset{\underset{CH_2SO_3Na}{|}}{NH}}{\underset{C=O}{\overset{|}{CH}}}\right]_z$$

磺化聚丙烯酰胺阴离子型絮凝、助滤剂 PAMS 在悬浮液的固液分离中将根据矿物（颗粒）的物理化学特性，确定其磺化度。一般情况下磺化度以 40%左右为宜。

下列化合物也是重要的阴离子型有机高分子絮凝型助剂：

聚丙烯酸钠

$$\cdots\left[CH_2-\underset{\underset{ONa}{|}}{\underset{C=O}{\overset{|}{CH}}}\right]_n\cdots$$

聚苯乙烯磺酸钠

$$\cdots\left[CH_2-\underset{\underset{SO_3Na}{|}}{\underset{C_6H_4}{\overset{|}{CH}}}\right]_n\cdots$$

顺丁烯二酸酐-醋酸乙烯酯共聚物

$$\cdots\left[CH-CH \text{（—CO—O—CO— 环）}\right]_m\cdots\left[CH_2-\underset{\underset{O=C-CH_3}{|}}{\underset{O}{\overset{|}{CH}}}\right]_n\cdots$$

甲基乙烯基醚-顺丁烯二酸酐共聚物

$$\cdots\left[\underset{\underset{CH_3}{|}}{\underset{O}{\overset{|}{CH}}}-CH_2\right]_m\cdots\left[CH-CH \text{（—CO—O—CO— 环）}\right]_n\cdots$$

α-甲基苯乙烯-顺丁烯二酸钠共聚物

$$\cdots\left[\overset{CH_3}{\underset{C_6H_5}{C}}-CH_2\right]_m\cdots\left[\underset{\underset{O=C-ONa}{|}}{CH}-\underset{\underset{O=C-ONa}{|}}{CH}\right]_n\cdots$$

甲基丙烯酸甲酯-顺丁烯二酸钠共聚物

$$\cdots\left[\mathrm{C(CH_3)(COOCH_3)-CH_2}\right]_m\cdots\left[\mathrm{CH(COONa)-CH(COONa)}\right]_n\cdots$$

苯乙烯-丙烯酸钠共聚物

$$\cdots\left[\mathrm{CH(C_6H_5)-CH_2}\right]_m\cdots\left[\mathrm{CH(COONa)-CH_2}\right]_n\cdots$$

乙烯醇-丙烯酸钠共聚物

$$\cdots\left[\mathrm{CH(OH)-CH_2}\right]_m\cdots\left[\mathrm{CH(COONa)-CH_2}\right]_n\cdots$$

有机高分子絮凝剂，如上述聚丙烯酰胺类絮凝剂等，由于它是相对分子质量很大的线性结构化合物，它的配制和添加也是使用过程中的重要一环，在配制使用中应注意：

(1) 首先在配制中应使其分子充分伸展，不至于使其长链结构被折断，所以一般将其配成稀溶液，质量分数一般配成0.02%~0.1%为宜。为了防止聚丙烯酰胺降解，粉末状产品保存时注意避光避潮。配成溶液后经过一段时间放置，其絮凝效果会逐渐下降，办法是现配现用，数日内用完，或者是先配成质量分数0.25%~1.0%的溶液，使用时再稀释至质量分数0.02%~0.1%，这样使用时间可以长些。放置太久影响效果。

(2) 药剂配制使用时，把粉末样置于水中让其充分润湿、分散，较长时间搅拌溶胀，使其完全溶解活化。活化其实就是让线性分子充分舒展。适度掌握好搅拌时间及速度，搅拌时间过长、速度过快，产生的强剪切力会切断长分子链，使聚合物有部分降解，影响絮凝效果。同样，在絮凝颗粒过程中也应控制搅拌速度。搅拌的目的是增加微粒与絮凝剂之间接触碰撞的机会，使微粒易于形成絮团。若搅拌速度过快，可能会破坏已形成的絮凝聚团。一般做法是开始时以较快的速度搅拌让微粒与絮凝剂充分接触碰撞，然后降低搅拌速度以利于絮团的形成，提高絮凝效果。

(3) 加温配制有助于絮凝剂的溶解，一般在45~55℃配制为宜，可缩短配制、搅拌时间。絮凝剂的保存一定要密封防潮，遇水形成胶团，胶团溶解速度更慢，配制时间将增至6~24h。此外，配制用水也要注意：一般情况下非离子型或阳离子型高分子有机絮凝剂配制时对水质要求不太严格，阴离子型絮凝剂因其分子中带有羧基官能团，羧基在碱性溶液中解离度较好，在酸性介质中与之相反，若在含有 Ca^{2+}、Mg^{2+} 离子的硬水中，该类离子会与羧基形成溶解度极小的钙盐和镁盐影响絮凝剂的吸附性能及效果，因此配制溶液时使用中性无离子软水为好。

17.2.2.2 阳离子型有机高分子絮凝助剂

合成阳离子型有机高分子絮凝剂，除阳离子型聚丙烯酰胺外，主要是季铵盐及聚胺类化合物。阳离子絮凝剂对水体中带负电荷的胶体颗粒具有强烈的吸附作用和电荷中和作用，其非极性基团具有一定的疏水作用，明显改变颗粒，特别是微细粒（亚微米）的胶质颗粒表面的界面状态及表面能，使胶粒脱稳能力和沉降性能均显著提高。季铵盐类阳离子絮凝剂还具有杀菌杀生作用，因此对废水、循环水净化具有特殊作用。目前，国内外使用比较广泛的阳离子絮凝剂有聚丙烯酰胺、二烯丙基二甲基铵类聚合物以及丙烯酰胺-氯化二烯丙基二甲基铵共聚物。主要阳离子絮凝助剂的化学式如下：

聚氯化二甲基二烯丙基铵

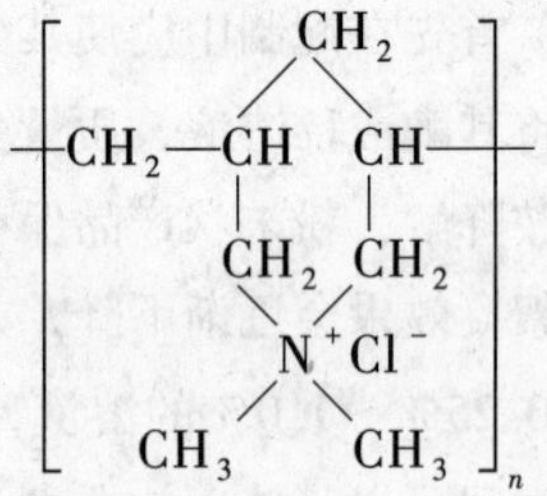

$$\left[-CH_2-\overset{\overset{CH_2}{\diagup}}{CH} \quad \overset{\overset{}{\diagdown}}{CH}- \right]_n \quad \text{环：} CH-CH_2,\ CH-CH_2 \text{ 连接 } N^+Cl^-(CH_3)(CH_3)$$

丙烯酰胺-甲基丙烯酸-2-羟基丙基酯基三甲基氯化铵共聚物

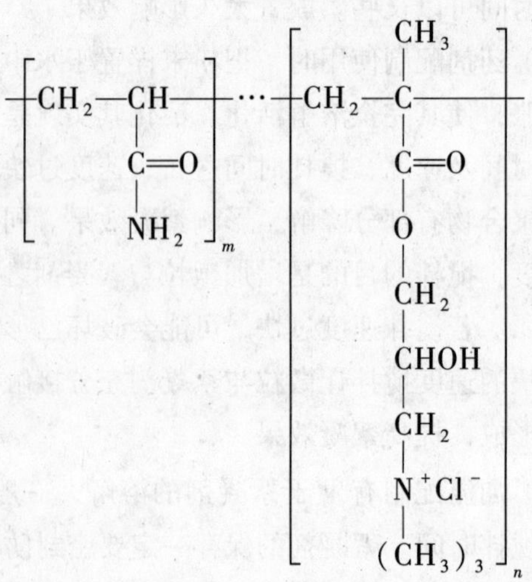

$$\left[-CH_2-\underset{\underset{NH_2}{|}}{\underset{C=O}{\underset{|}{CH}}}- \right]_m \cdots \left[-CH_2-\overset{CH_3}{\overset{|}{\underset{|}{C}}}- \right]_n,\quad C: -C(=O)-O-CH_2-CHOH-CH_2-N^+Cl^-(CH_3)_3$$

丙烯酰胺-甲基丙烯酸乙酯基三甲基氯化铵共聚物

$$\left[-CH_2-\underset{\underset{NH_2}{|}}{\underset{C=O}{\underset{|}{CH}}}-\right]_m\cdots\left[-CH_2-\overset{CH_3}{\overset{|}{\underset{|}{C}}}-\right]_n \quad \text{侧链：} C=O-O-CH_2-CH_2-N^+Cl^--(CH_3)_3$$

丙烯酰胺-氯化二甲基二烯丙基铵共聚物

$$\left[-CH_2-\underset{\underset{NH_2}{|}}{\underset{C=O}{\underset{|}{CH}}}-\right]_m\cdots\left[-CH_2-CH\overset{CH_2}{\frown}CH-\right]_n \quad \text{环：} CH-CH_2-N^+(CH_3)_2Cl^--CH_2-CH$$

2-羟基丙基二甲基铵-氯化二（2-羟基丙基）烷基铵共聚物

$$\left[-\overset{CH_3}{\overset{|}{\underset{\underset{CH_3}{|}}{N^+}}}Cl^--CH_2-\underset{\underset{OH}{|}}{CH}-CH_2-\right]_m\cdots\left[-\overset{R}{\overset{|}{\underset{\underset{CH_2-\underset{\underset{OH}{|}}{CH}-CH_3}{|}}{N^+}}}Cl^--CH_2-\overset{OH}{\overset{|}{CH}}-CH_2-\right]_n$$

聚亚胺类 $\left[NH-R_1-NH-R_2\right]_n$ 和 $\left[-NH-CH_2CH_2-\underset{\underset{\underset{CH_3}{|}}{CH_2}}{\underset{|}{N}}-\right]_n$

17.2.2.3 非离子型有机高分子絮凝助剂

在非离子型高分子絮凝剂中，除使用量最大、应用最广的聚丙烯酰胺外，其他非离子型产品有：

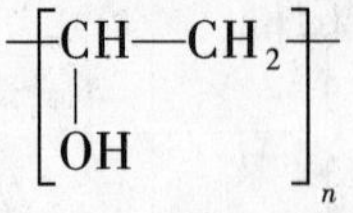

$-[CH(OH)-CH_2]_n-$

聚乙烯醇

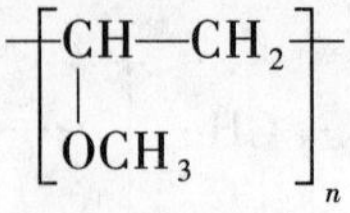

$-[CH(OCH_3)-CH_2]_n-$

聚乙烯基甲基醚

$-[CH_2-CH_2-O]_n-$

聚氧化乙烯

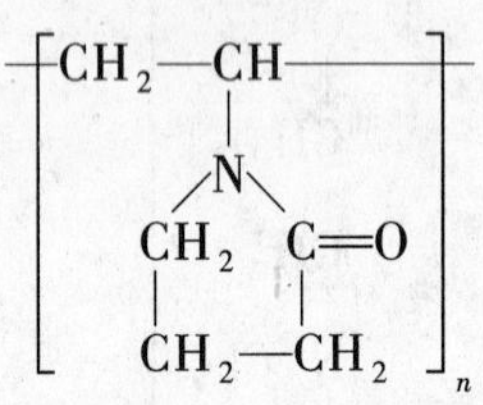

$-[CH_2-CH(N(CH_2CH_2CH_2C{=}O))]_n-$

聚乙烯吡咯烷酮

$-[CH(OH)-CH_2]_m-[CH(OCOCH_3)-CH_2]_n-$

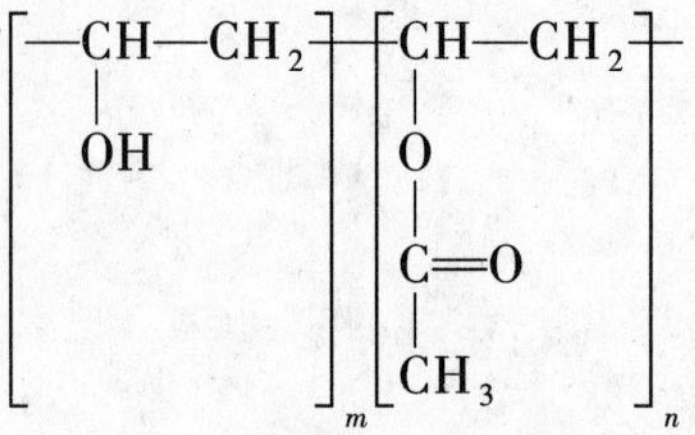

聚醋酸乙烯酯水解产物

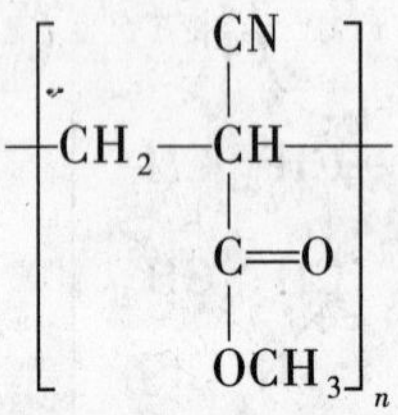

$-[CH_2-C(CN)(COOCH_3)]_n-$

聚-α-氰基丙烯酸甲酯

$R-C_6H_4-O(CH_2-CH_2-O)_nH$

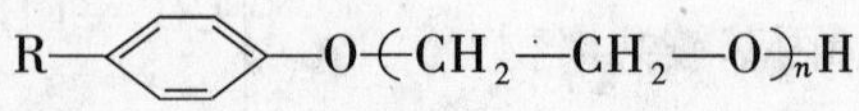

烷基酚-聚环氧乙烯醇

此类有机高分子絮凝剂的絮凝效果与相对分子质量的大小、使用量及浓度均有关系，一般说来高分子量的用作絮凝、浓缩、脱水、过滤助剂，低分子量的用作分散剂。然而，作为助剂若过量添加反而导致微粒分散。

同样，腐殖酸、木质素、纤维素及羧甲基纤维素等衍生物既可做矿物脱水或水处理絮凝助剂又可做分散剂或抑制剂使用。见本书絮凝、抑制、分散药剂相关章节。

17.2.3 表面活性剂型助滤剂

表面活性剂型助滤作用主要是通过降低滤液表面张力，使滤液易于流动排出。

矿物粒度细微，使矿物颗粒之间形成微细毛细管，而毛细管的气-液弯曲界面存在阻碍液体流动的基本因素——附加压强，同时滤液又具有表面张力，这两个因素直接影响过滤效果。由拉普拉斯（Laplace）方程求得附加压强如下：

$$\Delta P = \sigma \frac{1}{R'} + \frac{1}{R''}$$

式中，ΔP 为任一毛细管弯曲液面的附加压强；R' 和 R'' 分别为通过曲面上同一点的任一对应互相垂直正切口的曲率半径；σ 为液体表面张力。

减少滤液的表面张力，并使其附加压强 ΔP 最小而使毛细管中的水能够顺利地流出，可通过两个途径：一是改变 R' 和 R''，使两曲率半径增大。如添加絮凝剂，使细颗粒聚成为大颗粒，但絮凝的结果，在大颗粒中容易包裹水分。二是改变σ，使液体表面张力减小。如加入表面活性剂，能促使界面之表面张力降低。长沙矿冶研究院研制的SP500是一种阴离子表面活性剂，它的亲水端和矿物表面产生化学和静电吸附；另一端疏水，伸在毛细管中，降低滤液表面张力，产生排挤水的趋势，从而达到降低滤饼水分的目的。

表面活性剂分子一般都是由亲水亲矿的极性基和疏水亲气的非极性基组成的有机化合物。有阴离子型、阳离子型、非离子型和两性型表面活性剂之分。其中使用比较多的是阴离子型和非离子型助滤剂。由于非离子型表面活性剂型助滤剂不仅能降低过滤矿浆表面张力，还能增强固体颗粒（矿粒）及其相互之间的疏水性，因而研究得最多，使用最广。表面活性剂型和絮凝剂型助滤剂两者的主要区别是，前者能有效地减少滤饼中的残留水分，而后者主要是使颗粒聚集，提高过滤速度。

17.2.3.1 阴离子表面活性剂型助滤剂

此类助滤剂中具有代表性的是磺化琥珀酸二（2-乙基己基）酯钠盐，其化学式为：

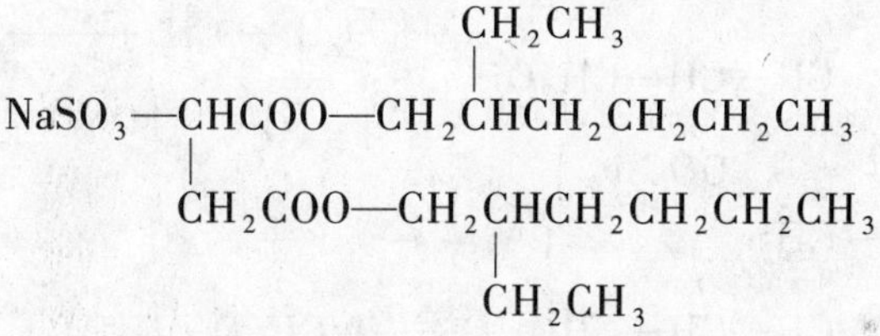

$$
\begin{array}{l}
\qquad\qquad\qquad\qquad\qquad\quad CH_2CH_3 \\
\qquad\qquad\qquad\qquad\qquad\quad | \\
NaSO_3—CHCOO—CH_2CHCH_2CH_2CH_2CH_3 \\
\qquad\qquad\ | \\
\qquad\qquad\ CH_2COO—CH_2CHCH_2CH_2CH_2CH_3 \\
\qquad\qquad\qquad\qquad\qquad\qquad\ | \\
\qquad\qquad\qquad\qquad\qquad\qquad\ CH_2CH_3
\end{array}
$$

该化合物早在20世纪30年代就已用于印染、化工行业，氰胺公司牌号为aerosol OT，20世纪40年代在矿物加工中用作润湿剂，到了60年代以该化合物为基本活性物质生产aero dri 110和aero dri 104两个牌号的助滤剂投入市场。助滤剂nalco 5，WM-436和OT型助滤剂活性成分基本相同。但这类化合物具有起泡性能和很强的润湿能力等一些问题。在OT型助滤剂的基础上提出用其同系物含碳原子10~24（最好是$C_{12\sim16}$）烷基的磺化琥珀酸二烷基酯盐代替OT型助滤剂。这类衍生物是用OT型助滤剂与胺进行胺解作用，生成三种磺化琥珀酸烷基酰胺酯类衍生物：

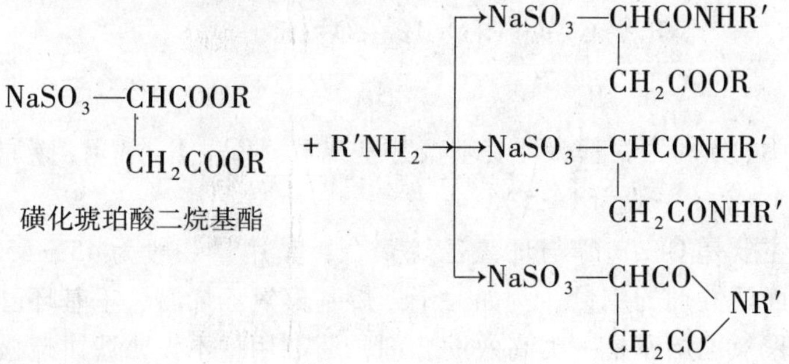

$$
\begin{array}{l}
\begin{array}{l} NaSO_3—CHCOOR \\ \qquad\quad | \\ \qquad\quad CH_2COOR \end{array} + R'NH_2 \longrightarrow
\left\{\begin{array}{l}
NaSO_3—CHCONHR' \\ \qquad\quad | \\ \qquad\quad CH_2COOR \\
NaSO_3—CHCONHR' \\ \qquad\quad | \\ \qquad\quad CH_2CONHR' \\
NaSO_3—CHCO\diagdown \\ \qquad\quad |\qquad\quad NR' \\ \qquad\quad CH_2CO\diagup
\end{array}\right.
\end{array}
$$

磺化琥珀酸二烷基酯

这类化合物作为助滤剂与OT相比较，压滤试验（铁精矿）表明，滤饼水分明显下降。

国内有人研究了烷基、烷芳基磺酸盐，例如用十二烷基苯磺酸钠作为助滤剂。通过黄铜矿精矿真空抽滤试验表明效果不错，在真空度相同的情况下，滤饼厚度和滤饼水分与磺基琥珀酸二仲辛基酯钠盐几乎完全相同。

17.2.3.2 非离子表面活性剂型助滤剂

非离子型表面活性剂是一类发展迅速、性能优良、用途十分广泛的助剂，在矿物加工、化学选矿与湿法冶金、综合利用、三废治理、医药、生物、日用化工、美容护肤护发、轻工、化工等领域均有重要用途。作为助滤剂使用不仅能降低悬浮溶液的表面张力，还能增大固体颗粒表面的疏水性。

早在20世纪50年代Stoneman等人就提出用吐温（tween）型非离子表面活性剂作为助滤剂。吐温型表面活性剂其实就是斯潘（span）——失水山梨醇脂肪酸酯表面活性剂与环氧乙烷的加成物，即失水山梨醇脂肪酸酯聚氧乙烯醚，反应式为：

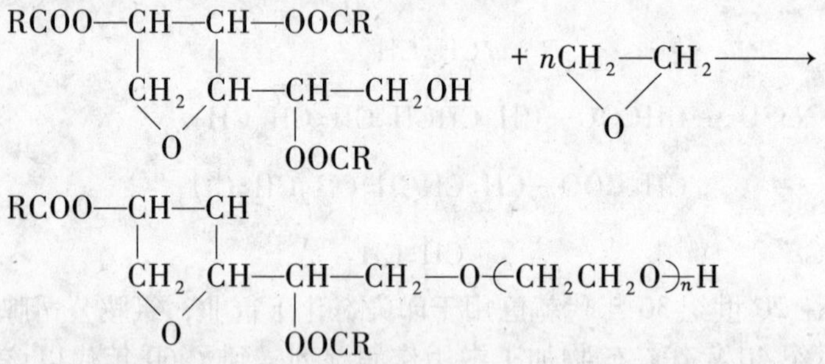

```
RCOO—CH—CH—OOCR
     |    |                          + nCH2—CH2———→
     CH2  CH—CH—CH2OH                     \  /
       \  /    |                           O
        O      OOCR

RCOO—CH—CH
     |    |
     CH2  CH—CH—CH2—O(CH2CH2O)nH
       \  /    |
        O      OOCR
```

由于失水位置不同，失水山梨醇有不同的异构体，而且只有1~2个羟基被酯化，所以这类制品多半是混合物。这类化合物助滤效果与OT型助滤剂大致相同。

除吐温型非离子表面活性剂外，还可用高级醇环氧乙烯聚合产物，通式为：

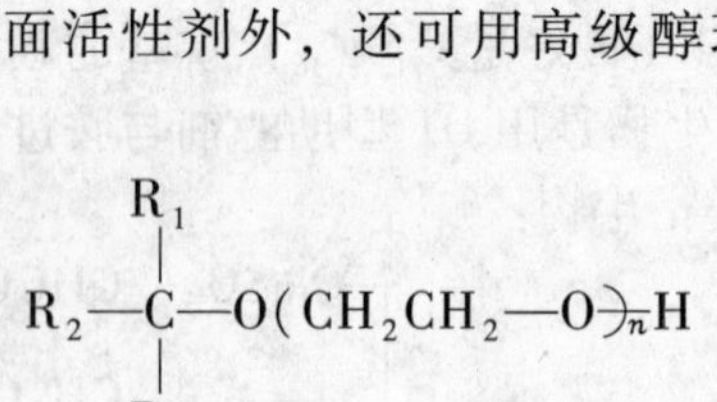

$$R_2-\overset{R_1}{\underset{R_3}{\overset{|}{\underset{|}{C}}}}-O(CH_2CH_2-O)_nH$$

式中，R_1，R_2，R_3 分别为烷基、环烷基、芳基或氢。R_1，R_2 和 R_3 碳原子总数为5~17。$n=1\sim7$（一般为1~5）

这类助滤剂主要是 $C_{9\sim14}$ 醇与环氧乙烷聚合，其用量一般为45~450g/t，少于阴离子型表面活性剂的用量。例如，十二烷基聚氧乙烯醚、壬基环己基聚氧乙烯醚等烷基聚氧乙烯醚是一类高效助滤剂，药剂用量不大，滤饼疏松易于处理，滤液可循环使用。在黄铜矿精矿过滤中，添加烷基聚氧乙烯醚助滤剂与不添加相比，滤饼水分降低2%～5%。

17.3 助滤剂的研究应用

由于矿物的贫细化，固液分离技术及存在的问题日益突出和重要，因此，各种助剂的研究显得非常活跃，应用范围日益拓展。

17.3.1 国内状况

多年来长沙矿冶研究院先后研究应用了阴离子表面活性剂型和有机高分子絮凝剂型助剂，SP505、酸化油-3132 和 4041、CA603 等多种助剂用于东鞍山烧结厂和酒钢选矿厂等铁矿选矿厂以及可可托海锂辉石选厂做精矿过滤助滤剂，用 HPAM 作为铁精矿等的浓缩沉降脱水絮凝剂，并在试验研究和工业应用中取得了显著的效果。

SP505 阴离子表面活性剂型助滤剂对东鞍山铁矿精矿过滤试验中，添加药剂 200g/t，滤饼水分绝对值下降 3.6%，堆密度下降 0.47t/m^3；对可可托海和阿勒泰两个锂辉石精矿脱水生产实践中，当 SP505 药剂用量为 300～500g/t 时，滤饼水分从 12%～13% 降到 7.5%～10.8%，滤饼的松散度提高约 20% 左右。酸化油（石油化工产品中的一馏分，馏程为 200～300℃，碳数为 $C_{14\sim24}$，经硫酸反应所得）用于东鞍山精矿过滤可使滤饼水分降低 3% 以上。东北大学等单位用非离子型聚丙烯酰胺（PAM）做铁精矿助滤剂，滤饼水分下降 2%，若将非离子型 PAM 与阳离子型 PAM 混用效果更好；东北大学还研究了用复方磺酸盐 SLS 做铁精矿过滤的助滤剂。用十二胺和水解聚丙烯酰胺组合用作东鞍山赤铁矿精矿助滤剂，结果表明，先添加十二胺，然后添加水解聚丙烯酰胺，可以使滤饼水分降低 3.32%，这充分体现了阳离子型表面活性剂与阴离子型有机高分子絮凝剂的组合协同效应。

胡筱敏设计合成了 PCRE、PTRE 和 PTCA 等有机大分子缩合物，该类化合物表现出高分子絮凝剂和表面活性剂特征，是一类新型助滤剂。PCRE 的主要成分是对-甲苯酚树脂，PTRE 和 PTCA 的主要成分分别是对-甲苯胺树脂和对-甲苯酚与对-甲苯胺的共聚物。即对-甲苯酚与甲醛缩合得 PCRE，对-甲苯胺与甲醛缩合得 PTRE，PTCA 则是两者的共聚物。PCRE 与 PTRE 的聚合度分别为 6.2 和 6.5。

为考查新型助滤剂的效果，选择了 PCRE、OT 等多种表面活性剂对赤铁矿、石英和精煤进行过滤试验。结果发现，在多种表面活性剂中，琥珀酸双酯磺酸钠 OT 对赤铁矿的助滤效果最好；十二胺盐酸盐，DAC 对石英的助滤效果优于其他种类的表面活性剂；辛基酚聚氧乙烯醚，OP-10 对精煤的助滤效果显著。PCRE、PTRE和PTCA的试验情况如下：

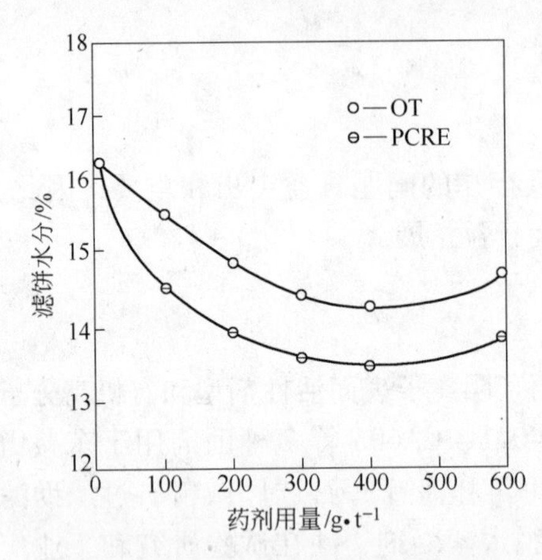

图17-4 PCRE及OT对东鞍山浮选铁精矿的过滤效果

(1) PCRE用于浮选铁精矿过滤。试验物料取自东鞍山烧结厂浮选车间一系统第三次精选作业，东鞍山铁矿是典型的鞍山式细粒嵌布红铁矿，生产中采用两段磨矿，磨矿细度为-200目占85%，浮选铁精矿过滤困难，长期以来没有得到很好的解决。

以OT和PCRE为助滤剂的试验结果示于图17-4。试验结果表明，PCRE助滤效果优于OT型表面活性剂，当用量为300g/t时，可将滤饼水分从16.2%降至13.6%。

(2) 本溪某石英砂厂浮选石英，经200目筛分，筛下产物作为过滤试验物料。PTRE对细粒石英的助滤试验结果示于图17-5。由图17-5可见，大分子表面活性剂PTRE的助滤效果明显优于石英常用的捕收剂DAC。当PTRE用量为100g/t时，滤饼水分从25.8%降至20.7%，比添加DAC滤饼水分低2.3%。

(3) PTCA对本溪洗煤厂浮选精煤的过滤强化脱水试验。结果如图17-6所示。由图可见，PTCA强化浮选精煤脱水的效果远远优于OP-10。PTCA用量为50g/t时，与空白滤饼水分相比可降低5.2%，而OP-10最多只能降低滤饼水分2.3%。PTCA对煤的强化脱水最佳用量比PCRE对铁精矿的低得多，原因可能是煤颗粒表面本身比铁矿物更疏水。试验又一次表明了大分子表面活性剂的助滤性能优于普通类型的表面活性剂。

北京矿冶研究总院研制了半乳甘露聚糖胺AF1、AF2和AF3系列，作为铁精矿的助滤剂，曾用相对分子质量为10万~900万的AF2对包钢铁精矿进行过滤，可明显提高过滤速度；用AF3在东鞍山烧结厂铁精矿过滤，脱水效果明显；若将它与硫酸亚铁配合使用，过滤效果更好。昆明冶金研究院研究用阴离子型表面活性剂琥珀酸二仲酯磺酸钠和十二烷基苯磺酸钠助滤剂对铜精矿进行过滤。

聚醚是一种非离子型表面活性剂，规格200060，表示相对分子质量为2000，环氧丙烷为60（即聚合度）。在铀水冶控制过滤过程中，聚醚能与浸出液中高聚硅酸分子形成较大的絮团。该絮团密度小，不易沉降。由于絮团半径大，易被滤饼中固体截留或附着，改变了滤饼性质，形成许多活性表面，当料液通过时，其中悬浮的固体粒子在滤饼中沉积，附着和截留的机会增多，从而克服了穿滤现象。

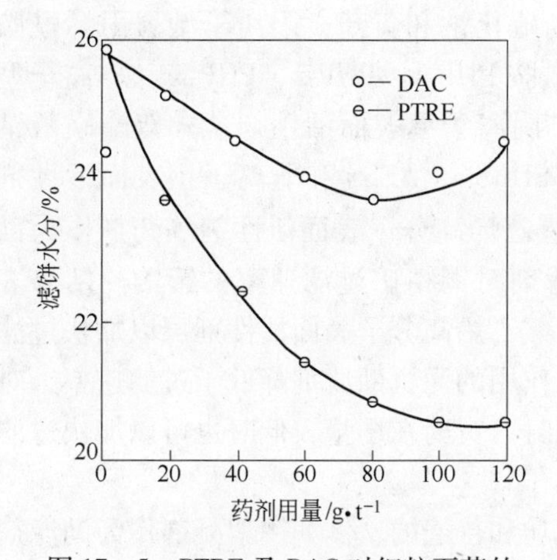

图 17-5 PTRE 及 DAC 对细粒石英的助滤试验结果

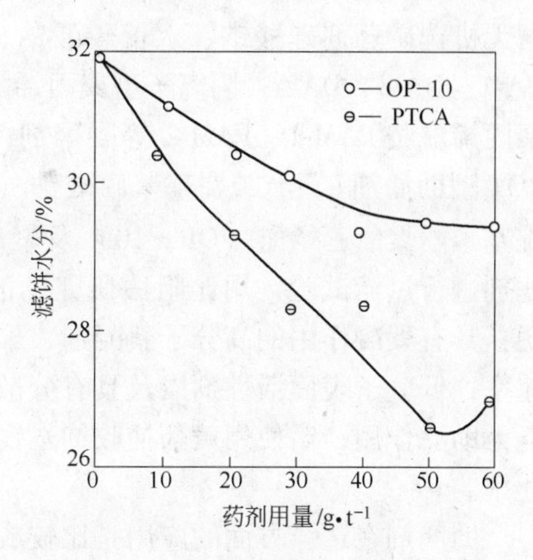

图 17-6 PTCA 及 OP-10 强化浮选精煤过滤试验的结果

此外，经 1h 老化后，聚醚絮团生成一种质地疏松的片状渣，它与硅藻土相类似，其硬度不如硅藻土，但富于弹性，与料液混合注入，可保持滤饼的多孔性，使过滤速度比较稳定。

CM-1 助滤剂是一种混合的表面活性剂型助滤剂，据介绍具有化学性质稳定、水溶性好、低毒、原料来源广、生产工艺简单等优点。

CM-1 用于德兴铜矿工业过滤试验，当纯品用量为 100g/t 时，取得了滤饼水分从 12.95% 降到 10.74% 的指标。

CM-1 用于金川镍矿镍精矿小型脱水试验，与有利于加快细粒沉降速度的絮凝剂型助滤剂 SD-24 配合使用，使镍精矿水分从 27.30% 降到 24.76%。

遵义锰矿选矿厂在碳酸锰矿石磨矿时，矿石易泥化，曾因大量微细粒锰精矿随浓密机溢流损失，损失率约占原矿的 2.4%，当利用水解度为 20% ~ 30%，相对分子质量介于 600 万 ~ 1000 万的阴离子型聚丙烯酰胺，用量为 15 ~ 30g/t，在自然 pH 值，保持相同给矿量的条件下，添加与不添加絮凝剂相比，浓密机溢流损失减少 65% ~ 92%。

华南理工大学开发的 FQ-C 类药剂，一种新型水处理凝聚剂，昆明理工大学将它用于高岭土絮凝，并将其与阳离子型聚丙烯酰胺的效果作了对比，结果表明：在碱性介质时，FQ-C 类药剂的絮凝效果优于阳离子聚丙烯酰胺的脱水效果。

FQ-C 是以天然植物胶粉为主要原料，将原料化合物中的多聚糖纤维素结构通过化学反应接上醚键、次甲基和氮杂环等活性基团，增强药剂的水溶性和絮凝效果。

周永华等人利用江西德兴铜矿精尾综合厂的铜精矿矿浆作为试验物料，使用无机选矿药剂硅酸钠、六偏磷酸钠、硫化钠和黄药；阳离子型聚丙烯酰胺DA-1、DA-3、DA-5；阴离子型聚丙烯酰胺PHP-1、PHP-2、PHP-3和非离子型聚丙烯酰胺PAM-1、PAM-2等凝聚剂；阴离子型表面活性剂琥珀双酯磺酸钠（OT型助滤剂）、十二烷基苯磺酸钠（SDBS）、AESS和非离子型表面活性剂烷基苯酚聚氧乙烯醚（OP－10）及聚氧乙烯高分子表面活性剂等药剂作为助滤剂进行过滤试验，用比阻法研究助滤剂对铜精矿过滤速率的影响。结果表明：具有絮凝作用的高分子絮凝剂、聚氧乙烯高分子表面活性剂可以加快过滤速率；低分子表面活性剂以及具有分散作用的无机助滤剂降低了过滤速率，对铜无助滤作用；当使用黄药捕收剂选铜时，黄药在用量较低时也可以加快过滤速率。

助滤剂在选煤方面的应用是比较成功和普遍的。例如用絮凝剂作为助滤剂在20世纪80年代已在我国选煤厂应用，不但可以降低精煤水分2%～4%，而且可以提高过滤设备的处理能力一倍以上。絮凝剂作为精煤过滤助滤剂的主要作用是：提高煤泥的有效粒度和孔隙度，减缓煤浆中煤的分层速度，有利于煤与助滤剂的吸附，并提高脱饼率。三种作用的结果大大改善浮选精煤过滤的效果。

煤炭科学研究总院唐山分院研究了浮选药剂与絮凝剂在浮选精煤过滤时的作用。认为过滤设备性能（真空度、过滤周期和滤介等）和煤的性质（灰分、孔隙度、粒度、比表面积和结构等）一定时，影响过滤效果的主要因素是煤浆的浓度、泡沫的强弱和煤浆的黏度、浮选药剂及絮凝剂等：

（1）选煤捕收剂与絮凝型助滤剂的影响。选煤的捕收剂用正十二烷、煤油和柴油，未使用絮凝剂助滤时，捕收剂碳链越长，煤粒表面的疏水性越好。如用柴油做捕收剂，滤饼的水分低，滤饼重，滤液的浓度低，过滤效果好。煤油次之，正十二烷最差。在使用絮凝剂助滤时，都可明显地改善过滤效果，随着絮凝效果的提高，用煤油或柴油过滤效果趋向一致，捕收剂的影响被消除。但用正十二烷时，除滤饼的水分和滤液的浓度与用煤油、柴油时一致外，过滤机处理量基本上不增加。表明捕收剂与絮凝剂在浮精过滤时的协同效应相当明显。

（2）起泡剂与絮凝剂的作用影响。试验采用三种工业上通用的起泡剂MIBC、仲辛醇和GF（兼有一定捕收性），对浮精过滤无不良影响。不用絮凝剂助滤，将使用三种起泡剂浮选的泡沫产品直接过滤，过滤效果基本相同。添加絮凝剂助滤时，对浮选精矿的过滤效果有不同程度的影响，用GF起泡剂絮凝剂的助滤效果最好，MIBC和仲辛醇的过滤效果基本相同。表明起泡剂不同对絮凝剂在浮选精矿过滤中有不同的作用。

总之，选煤药剂不仅对选煤有影响，而且对过滤效果也有影响。使用絮凝剂作为助滤剂可明显提高过滤效果。

在无机化合物助滤助凝研究方面，国内也做了许多工作，特别是在水处理方面，做了许多工作（参见第18章）。在此仅就与矿物加工有关的举例说明。

有人对于影响大冶铁矿硫精矿滤饼水分的因素进行了研究。大冶铁矿除铁外，伴生有铜、硫、钛、金、银等多元素。选矿工艺采用浮-磁联合流程。磨矿后先行铜硫混合浮选。浮选尾矿采用磁选回收铁精矿。浮选所得铜硫混合精矿经两次粗选、两次精选，进行铜硫分选，用Z-200号做捕收剂，石灰做抑制剂（抑制黄铁矿）抑硫浮铜，以往因硫精矿过滤滤饼水分比较高，给储存运输带来不便。研究认为，影响硫精矿滤饼水分的主要不利因素是石灰，其次是Z-200。研究还表明，使用硫酸铜调整矿浆pH值，可以消除药剂（石灰等）造成的不利影响，达到降低滤饼水分的目的，说明硫酸铜在特定条件下可以起助滤脱水作用。

铜录山铜铁矿的氧化铜铁矿石性质复杂，风化严重，氧化率高达90%以上，胶体矿泥含量大，选矿厂采用常规的硫化浮选法选氧化铜，一般硫化钠用量3~5kg/t。在浮选过程中，矿泥与硫化钠作用，形成红色胶体状高pH值的矿浆水，其排放水包括：铜精浓密池溢流水、铁精浓密池溢流水及尾矿水。三股废水主要有害成分为金属和非金属离子Cu^{2+}、Pb^{2+}、Zn^{2+}、Cd^{2+}、As^{3+}等，残存选矿药剂有黄药、松油等，还有大量的悬浮颗粒。废水最后汇合排入大冶湖，水量达640万m^3/a，给大冶湖水体带来严重污染。十几年来该矿进行了大量的净化和利用工作，其中聚铁（聚合硫酸铁）被认为是应用最好的净化剂。

使用聚铁后，最难处理的铜精矿溢流水可使得悬浮颗粒含量降至10mg/L左右，pH=7左右，满足循环用水规定要求（pH=7~8，浊度在80mg/L以下）。

17.3.2 国外状况

17.3.2.1 表面活性剂型

国外对表面活性剂型助滤剂的研究比较显著，应用最早、使用比较广泛。主要有：

（1）以磺酸基琥珀酸（OT型助滤剂）和琥珀酸酰胺酯为代表的阴离子型表面活性剂。后者是前者的胺解产品，与前者比不具起泡性，助滤性能好。对铁精矿的压滤试验表明，滤饼水分比OT型助滤剂降低1%。除OT型助滤剂[二（2-乙基己基）磺化琥珀酸钠，aerosol-OT]外，aerodri 100及104、nalco 5、WM-436等均属此类，可作为铁及铜精矿的过滤助剂。日本专利报道磺化琥珀酸二辛基酯钠盐是长石类矿物脱水的很有效助滤剂。美国专利报道用OT型助滤剂，作褐铁矿精矿过滤的助滤剂，其滤饼水分从14.2%降到12.8%。

(2) 以吐温（tween）和聚氧乙烯醚两类为代表的非离子型助滤剂。它们不但能降低滤液（矿浆）的表面张力，而且可以增大固体颗粒的疏水性，吐温型助滤剂是失水山梨醇的脂肪酸酯与环氧乙烯的加成聚合物，效果仅比OT型助滤剂稍好或相当，因成本价格较贵，应用不广。聚氧乙烯醚类助滤性能好，用量比阴离子型活性剂小，滤饼疏松，助滤剂残液不进入滤液，有利于回收利用。澳大利亚、日本和美国均有不少专利产品，介绍用此类衍生物作为氢氧化物（如铝土矿及其加工产物）过滤助剂。有人用十二烷基聚氧乙烯醚做铜精矿脱水过滤助剂，滤饼水分下降2%～5%（与不用聚醚比）。美国专利介绍用聚氧乙烯-N-烷基-丙基胺、聚氧乙烯酰胺和聚氧乙烯烷基丙胺作为长石类物料脱水助剂很有效。

(3) 烷基或芳烷基的磺酸盐及硫酸盐类。普托克（Puttock S J）等人发现烷基或芳基磺酸盐对氢氧化铝的脱水性能良好，但在碱性条件下表面活性有所降低。若用烷基或烷芳基硫酸盐阴离子表面活性剂在碱性条件下脱水效果良好：资料报道，使用十二烷基磺酸钠、十二烷基苯磺酸钠和十二烷基硫酸钠等磺酸盐、硫酸盐，作为铁精矿、精煤浓浆和盐类矿物浮选精矿脱水过滤的助滤剂很有效。除磺酸盐硫酸盐外，日本专利报道了用烷基磷酸盐作助滤剂对氢氧化铝的脱水效果，可以使滤饼水分下降6%左右。

(4) 胺类阳离子表面活性剂。包括伯、仲、叔胺和季铵盐类，含碳原子总数一般在10～30，至少为5个碳原子。可用于强化絮凝煤矿浆和氯化钾浮选精矿的过滤脱水。随着胺类合成技术的成熟，此类表面活性剂的价格将降低，它的应用也将得到推广。

17.3.2.2 *凝聚及絮凝型助剂*

在无机凝聚剂方面，俄罗斯人Bimberekov A P研究了萤石精矿矿浆的澄清和过滤工艺，结果表明，先将适量的硫酸铝添加到萤石精矿矿浆中，然后再添加聚丙烯酰胺，采用这种方式添加两种不同的药剂能够大大缩短过滤时间，消除滤液中的固体产品。日本公开特许（03163398，1991）介绍了混合使用无机絮凝剂和一种两性聚电解质对城市有机污泥进行处理后，用压滤或离心过滤的方法进行脱水效果好。美国Nalco公司采矿和选矿化学部开发一种filter max 9764高分子聚合物絮凝剂型助滤剂，用于高岭土的过滤，可以提高高岭土的过滤效率，尤其是对微细粒矿浆的过滤效果更好，过滤的速度可以提高约80%。

大量的研究及使用情况表明，有机高分子聚合物絮凝剂型助滤剂的助滤效果是显著的。其效果与絮凝剂的类型、品种、相对分子质量、性能等均有关系，与矿物颗粒的性能也有关。在一定的条件下，选择适宜的絮凝型助滤剂与矿浆颗粒性能相互匹配，就能产生好的效果。如粉煤过滤时，用中等分子量的丙烯酰胺与丙烯酸钠的共聚物可以取得滤饼水分减少的良好效果。Shulyak V E

等人研究了聚丙烯酰胺和其他几种聚丙烯酰胺和醚类共聚物对细煤（含灰分7.9%）的助滤作用。结果表明，聚丙烯酰胺对细煤的絮凝和过滤效果最好。日本专利报道渡道伸一等人发现，用丙烯酰胺-苯乙烯共聚物以2%的用量代替硫酸铝做助滤剂，对细粒煤浆进行过滤，过滤时间可以从93min降至3min。利用高相对分子质量的聚氧乙烯做助滤剂，可以提高铁、煤及非金属矿精矿过滤速度，而聚乙二醇的酯类可以提高铜精矿的脱水效率。

前苏联发明书（Борч М А等，281362、226522、122449）和德国专利（Tosephsiebel，1002703）介绍：用甲基丙烯酸及丙烯酰胺共聚物、聚甲基丙烯酸、聚5-甲基-2-乙烯基吡啶衍生物的盐酸盐和聚乙烯基吡咯烷酮或将其与纤维素衍生物组合，作为矿浆澄清和废水悬浮液的澄清用絮凝剂，例如，作为煤浆黏土矿物等沉降絮凝澄清用药剂效果显著。

对浮选精煤的过滤脱水，国内外不论是脱水理论、脱水助剂、脱水设备或是脱水方法的研究都是比较深入的，应用也比较成熟。

美国Pittsburgh大学Chiang S教授等人对浮选精煤过滤滤饼进行了研究。他们用过滤机滤饼的显微结构来控制过滤和脱水中的特性，例如，单相渗透率、过滤和脱水速率等。研究开发出了一种细粒浮选精煤煤浆过滤和脱水的网络模型，该模型基于一个描述过滤机滤饼的显微结构的方程。

中国矿业大学朱书全等也系统地测定了煤的表面特性并在脱水实验研究的基础上，用计算机程序分析的方法，研究了中国各煤种的表面结构特性参数与各煤样（含不同粒级煤样）的真空过滤水分和空气压滤水分之间的关系，建立了煤的干燥基水分、煤的水润湿热及煤的亚甲基官能团的红外光谱吸收峰面积等与滤饼水分之间的相关方程。进一步研究表明，与煤的空气干燥基水分最相关的因素是煤的水润湿热。水润湿热研究揭示了影响精煤过滤和压滤的主要因素是煤的羧基红外光谱吸收峰面积和煤的氧碳元素比。同时，还发现空气压滤更适于中高变质程度的煤的脱水。

在精煤过滤脱水助剂的研究方面，国内外研究人员对浮选精煤脱水过滤的重点都放在化学助滤剂的研究及应用方面。主要研究各种有机高分子聚合物絮凝剂、各种有机表面活性剂及中性油和沥青乳液等。

聚合物絮凝剂是最早应用于精煤浆过滤脱水的助滤剂。这类高分子絮凝剂具有很高的相对分子质量，它们（如聚氧乙烯和聚丙烯酰胺等）是机械脱水的强化剂，可以提高过滤设备的处理能力，还能适度降低滤饼水分（很有限）。使用比较多的是阳离子型和阴离子型高分子絮凝剂，前者更利于降低滤饼水分，后者（即阴离子型）更有利于提高沉降速率。有人研究了天然高分子化合物——改性田菁胶做絮凝剂型助滤剂，该药支链多，既有强捕收凝聚能力又能将水分大幅降低。

近些年来人们似乎把煤浆助剂研究的兴趣从絮凝剂型助剂转向表面活性剂型助剂。表面活性剂可以降低水的表面张力，从而使滤饼中的水更易通过毛细管析出，另一方面，表面活性剂在煤粒表面的吸附可以使煤粒表面进一步增强疏水性，从而更有助于改善氧化煤的脱水性能。

中性油（煤油、柴油等）应用于精煤及细粒、微细粒煤的脱水主要有两种方法。一是与表面活性剂一起使用，可以起到提高表面活性剂性能的作用；另一种是用于油团聚法，该法聚集细粒煤的精选与脱水过程为一体，可以获得低水分、低灰分精煤产品。中国矿业大学利用油团聚法分选细粒煤试验，获得了灰分小于2%，水分低于10%的细粒精煤产品，缺点是成本较高。

美国能源部Pittsburgh能源技术研究中心，利用沥青乳液把细粒煤的脱水和细粒煤的造粒融为一体。将沥青乳液与煤浆混合作为过滤和造粒的助剂。脱水过后，过滤机的滤饼一般会硬化为无尘的块粒。沥青乳液的添加量约占煤浆的2%时，滤饼的水分可以从25%降低至15%，而且过滤速度显著加快。沥青乳液价格低廉，可采用高浓度添加沥青乳液的方法。

17.3.3 不同药剂的混合复配

无论是沉降助凝剂还是过滤助滤剂，其中的某些药剂单独使用效果较差，用药量较大，而有些药则效果不错，但药剂价格比较贵。如若将不同药剂通过合理复配组合用药，和浮选中的组合用药一样（见第20章），既可以减少价昂药剂的用量，降低生产成本，更为重要的是使参与复配组合使用的不同药剂扬长避短，以取得最佳沉降过滤效果。不同药剂的复配混合使用，并非两种(或两种以上）药剂的简单混合，而是合理组合，产生协同增效作用。

17.3.3.1 凝聚助剂与絮凝助剂的组合使用

无机凝聚剂与有机絮凝剂的性能、使用对象、使用效果及价格各有利弊。有机絮凝剂的絮凝速度快、生成絮团大，作用时不但有架桥作用，而且兼有电性中和作用。无机凝聚剂凝聚作用慢，凝聚强度大，絮团小，含水率低，其作用是通过减少表面电性排斥而使微粒更有效的凝聚。当微粒凝聚物逐渐加大，达到一定程度的聚团以后加速了沉降。在过滤脱水过程中，往往希望既能在短时间内达到过滤脱水的目的，又能获得含水率低的滤饼。如果单纯使用无机凝聚剂，虽然可以获得含水率低的滤饼，但过滤时间长，设备利用率低，无法达到缩短时间的目的。为了达到上述两个目的，将两种性能不同的药剂配合使用，可以获得良好的效果，不仅过滤脱水时间短，而且滤渣含水率低。在凝聚过程中，先用价格低廉的无机凝聚剂降低微粒电荷使之逐渐形成能够自由沉降的悬浮物，然后再加入高分子絮凝剂，使形成大块絮团以加速沉降和过滤速度，从而获得较好的技术经济效果。

有机高分子絮凝剂由于其相对分子质量很大，与颗粒絮凝桥联产生的大絮团在某种程度上仍为悬浮状，此时，较难自然沉降分离，或者说沉降速度比较慢。华东理工大学曾经研究混合使用三氯化铁无机凝聚剂与改性的聚丙烯酰胺高分子絮凝剂处理含锌含硫废水，结果表明沉淀性能改善，处理后的沉淀物呈粒状紧密结构，沉降速度快，便于过滤，处理后排放水能达到国家排放标准。

试验最佳用药量为：当废水中含 Zn^{2+} 量为 450mg/L 时，每 100mL 加入质量分数 1% 的 $FeCl_3$ 1.6mL、12 号 PAM 0.4mL，加碱中和至 pH = 8.8，即能使 Zn^{2+} 含量降至允许含量以下（2 ~ 3mg/L）。

该工艺通过生产单位一年多运行，经测定，处理后的废水含锌量可由处理前的 2000 ~ 200mg/L 降至 2mg/L；含硫量可由 200 ~ 5mg/L 降至 0.5mg/L，pH = 7.5 ~ 9，均能达到国家排放标准。

17.3.3.2 不同表面活性剂的复配使用

如将非离子和阴离子型的表面活性剂型助滤剂进行有效组合使用，不少例子表明可以提高助滤效果。把仲醇的聚氧乙烯醚质量分数 5% ~ 98.9%、OT 型助滤剂质量分数 1% ~ 94.9%、磺化琥珀酸聚氧乙烯醇单酯盐质量分数 0.1% ~ 10% 混用，效果更好。仲醇聚氧乙烯醚通式如下：

$$\begin{array}{l} CH_3 \leftarrow CH_2 \rightarrow_x \underset{|}{CH} \leftarrow CH_2 \rightarrow_y CH_3 \\ \qquad\qquad\quad O \leftarrow CH_2CH_2O \rightarrow_n H \end{array}$$

式中，$n = 1 \sim 10$（一般 1 ~ 5），$x + y = 7 \sim 23$。磺化琥珀酸聚氧乙烯醇单酯，包括通式如下的一系列化合物：

$$\begin{array}{l} MSO_3\text{—}\underset{|}{CH}COOM \\ \qquad\quad CH_2COO \leftarrow CH_2CH_2O \rightarrow_n R \end{array}$$

式中，R（烷基）含碳原子 8 ~ 20（最好 10 ~ 12）；M 为 H^+、K^+、Na^+ 或者 NH_4^+；$n = 1 \sim 10$。

又如将阳离子型和阴离子型助滤剂混用，可以降低阳离子胺类（或季铵类）的使用成本，又可以克服某些药剂自身存在的弱点。比如将含碳 5 ~ 30 的脂肪胺与 OT 型助滤剂混合使用，就可以克服 OT 型助滤剂的起泡性，达到提高效率的目的。据报道俄罗斯的一个选厂铁精矿粒度 −32μm 占 95%、比表面积 2600cm^2/g 的褐铁矿样，在常温条件下添加质量比 1∶1 的 2-乙基己胺和 OT 型助滤剂，滤饼水分降至 9.8%。如果单加 OT 型助滤剂，只有将矿浆加温到 70℃，滤饼水分才能降至 9.8%。

适用的胺包括通式如下的一系列化合物：

$$\begin{array}{c} R' \quad R'' \quad R''' \\ \diagdown \; | \; \diagup \\ N \end{array}$$

式中R′为烷基中含有5~12碳原子的烷基、烷氧乙基、烷氧丙基；R″、R‴为H或碳原子数1~12的烷基，胺分子中碳原子总数5~30。

东北大学将复方磺酸盐（简称SLS）与无机盐氯化钙混合使用，曾在东鞍山烧结厂的浮选车间，对一般浓密机底流作为过滤机给矿，进行试验。试样固体质量分数（浓度）70%，pH=8.5~8.9。试验结果表明：

(1) 单独使用SLS时，虽能降低滤饼水分，但未能达到降低2%以上的要求；

(2) 无机盐$CaCl_2$作为助滤剂使用，在矿粒表面ζ-电位为负值时能压缩双电层使ζ-电位提高，促使矿粒间相互凝结，加快过滤速度；

(3) $CaCl_2$与SLS联合使用，使滤饼含水量进一步降低，这被认为是无机阳离子促进了阴离子型SLS在矿粒表面的吸附。

当$CaCl_2$用量为120g/t，SLS用量为400g/t，在常温自然pH下可使滤饼含水量下降2.05%。

17.3.3.3 不同絮凝助剂之间或与表面活性助剂的组合使用

在絮凝过程中，如何选择高分子絮凝剂才能充分发挥药剂的效果，应根据絮凝对象和使用设备而定。试验证明，单独使用一种药剂不如依据试验结果按适当比例混合使用药剂的效果好。例如在处理纺织厂洗涤羊毛后的含泥污水时，单独使用聚合度为5×10^6~6×10^6，水解度为30%的阴离子型聚丙烯酰胺，不如使用聚合度为5×10^6~6×10^6的非离子型聚丙烯酰胺加上聚合度为5×10^6~6×10^6、水解度为40%的阴离子型聚丙烯酰胺的混合物（混合质量比为1:3）的过滤效果好。

又如同时添加非离子型聚丙烯酰胺和水解聚丙烯酰胺或某些阳离子型絮凝剂，可明显地改善过滤效果。

添加少量相对分子质量为12×10^6的水解聚丙烯酰胺，除加快了絮团外对于褐铁矿精矿滤饼含水并没有任何影响，再加入OT型助滤剂，滤饼含水可以由14.2%降到12.8%；若添加OT型助滤剂的同时，加入少量2-乙基已胺及水解聚丙烯酰胺，滤饼含水将降低到10.2%。

17.4 固-液分离助剂新进展

最近几年固-液分离药剂的研究应用与发展，总体看来人们比较重视能溶于水，并易被生物降解的高分子聚合物和有机表面活性剂型化合物。这些化合物一般要求无毒或少毒（微毒），不会造成二次污染。总之高效无毒害能被生物降解助剂的研究是发展应用的方向。表17-4所列为近年来报道的某些固-液分离助剂。

表 17-4 近年来报道的某些固-液分离助剂

助剂名称	处理对象	资料来源
非离子聚丙烯酰胺和 TX-100，阳离子型癸基三甲基季铵溴化物，阴离子十二烷基硫酸钠	研究三种絮凝剂、表面活性剂对高岭土悬浮液絮凝脱水的作用与影响（沉降速率，表面活性变化与效果）	Besra L, Sengupta D K, Roy S K. International Journal of Mineral Processing, 2002, 66(1~4)
阴离子聚丙烯酰胺	粉煤灰絮凝脱水	Ceroge V, *et al*. Int J Miner Process, 2005,77(4): 46~52
聚乙烯吡咯烷酮，活性炭和果胶酶等	膜滤（微滤、超滤）澄清预处理助剂	Youn K S, *et al*. J of Membrane Science, 2004, 228(2): 179~186
絮凝剂，表面活性剂，脱水助滤作用特性评价（沉降速率，脱水率及影响）	铁粉（精矿）真空过滤，用药与不用药影响对比	Singh B P, *et al*. Separation Science and Technology, 1997, 32(13): 2201~2219
乙烯基三烷氧硅烷。由二烯丙基二甲基季铵氯化物和一种乙烯烷氧基硅烷乳化共聚	脱水助剂，煤尾矿脱水，清洁煤生产，矿泥处理	US 5622647 US 5597475
阴离子聚丙烯酰胺（AP710VHM，含5%阴离子电荷；AP745VHM，含40%阴离子电荷；AP794VHM，含90%阴离子电荷等）	用于絮凝脱水，如水力旋流器处理尾矿絮凝脱水；煤灰脱水。根据矿物特性选择不同的长链阴离子絮凝剂	George V Franks, *et al*. Int J of Miner Process, 2005, 72: 46~52
石油磺酸钠	铁精矿细泥脱水过滤	Separation Science and Technology, 1997, 32(13): 2201~2219
聚乙烯吡咯烷酮，活性炭，膨润土，果胶酶等	做果汁处理助滤剂	Journal of Membrane Science, 2004, 228(2): 179~186
絮凝剂和表面活性剂脱水过滤助剂	在铁精矿过滤脱水中的作用。絮凝、超絮凝、助滤、脱水评价	Singh B P, *et al*. Separation Science and Technology, 1997, 32(13): 2201~2219
天然油类产品（动植物油，轻烃油及短碳链醇）	做细煤或矿粉脱水助剂	CA 138,207597 US 6526675
两性聚合物絮凝剂	含阴离子、阳离子及非离子单体，主要由丙烯醇、丙烯酰胺、丙烯酰氧乙基三甲基铵基氯化物按适当比例聚合，可提高纸浆废水等的过滤、沉降、絮凝速度	Yoshio Mori, *et al* (Toagosei Co, Japan). CA 138,222362 PCT Int Appl WO 2003020829

续表 17-4

助剂名称	处理对象	资料来源
疏水表面改性淀粉	主要做食品和食物化学助滤剂	CA 139,196593 Eur Pat Appl EP 1338321
阳离子聚合物絮凝助剂	矿泥脱水	CA 134,285224. WO 2001025156
单宁（天然聚电解质）和AN913（合成阴离子聚电解质）或与硫酸铝组合，混凝剂	能有效凝聚，进行水处理除去悬浮物	CA 132,170409
高分子量阴离子聚丙烯酸（为均聚或共聚物，或水溶性盐）	高岭土黏土矿泥助滤	CA 131,89707
硅藻土	无机矿物加工助滤	US 5710090
不饱和单羧酸（$C_{3\sim6}$）聚合物	助滤剂	US 6736981 US 3124233(2002) US 94486(2004)

参考文献

1 希利 T W 等．国外金属矿选矿，1996（9）：42～45
2 选矿手册编辑委员会．选矿手册（第四卷）．北京：冶金工业出版社，1991
3 邓玉珍．选矿药剂概论．北京：冶金工业出版社，1994
4 阙煊兰等．选矿药剂述评．见：第八届全国选矿年评报告会文集，1997
5 Sarald Anlauf. 第十七届国际选矿会议论文集，1991，3：129～231
6 Healy T W. 第十八届国际选矿会议论文集，1993，1：47
7 邹志毅等．国外金属矿选矿，1995（11）
8 浓宏灏等．选矿产品脱水技术．中国选矿科技情报网，1984，129～136
9 日本公开特许公报．昭 58-49415，58-17814，57-84708
10 刘丽芳等．矿冶工程，1983（3）
11 刘丽芳等．云南冶金，1990，19（2）
12 U S Pat 24442010；4146473
13 林海，松全元．国外金属矿选矿，1996（9）
14 钟宏等．矿冶工程 1994（增刊）
15 周永华等．有色金属，2002（3）
16 孙体昌，李定一等．金属矿山，2000（3）
17 李少章．日用化学品科学，2000（增刊）
18 李少章等．选煤技术，2000（2）
19 Buscall R，White L R. J Chem Soc Farady Transactions，1987，83：873

20 黄枢. 第五届选矿年评报告会文集，1989. 275 ~ 284
21 王力，梁为民. 国外金属矿选矿，1988（1）：28 ~ 36
22 罗中平. 国外金属矿选矿，1988（1）：22 ~ 27
23 Hogg R，*et al.* Mineral and Metallurgical Processing，1987（4 – 5）：108 ~ 114
24 Reuler J M，*et al.* 国外金属矿选矿，1988（2）
25 胡筱敏. 第四届全国青年选矿学术会议论文集. 昆明：云南科技出版社，1996
26 胡筱敏. 国外金属矿选矿，1993（12）
27 Puttock S T，*et al.* Characterization and dewatering of Australian Alumina Trihydrate. Int J of Mineral Processing，1986，16：263 ~ 279
28 日本公开特许公报. 昭 58 – 17814，昭 58 – 49415，昭 57 – 84708，昭 57 – 19010
29 U S Pat 4442010；4146473
30 前苏联专利 797727
31 C A 89，113652；95，99931
32 钱押林等. 化工矿山技术，1991（2）
33 王卫星等. 第三届全国青年选矿会议论文集. 1992
34 陈向东，朱书全等. 第四届全国青年选矿学术会议论文集. 1996
35 惠学德译. 国外金属矿选矿，1992（4）：33 ~ 45

第 18 章 凝聚剂和絮凝剂

18.1 概述

微细粒矿物的分选回收是国内外长期关注、选矿界研究和开发的重要课题。特别是自 20 世纪 80 年代以来有关细粒矿物利用的会议在国内和国际上频频召开，论文报道不断。

实验及生产实践得出一个比较客观和公认的粒度判据：认为常规浮选的粒度范围的下限大约是 3 ~ 7μm。小于这个粒度范围的矿粒，乃至小于 0.1μm 的粒级（称为胶粒）用常规泡沫浮选难以奏效。这类微粒的特征是：质量小，比表面积大，易于互凝或分散，或被矿泥包裹覆盖，浮选药耗大，与气泡接触黏着几率减小，影响浮选速度、回收率、选择性和精矿富集比。

为了克服这类微粒的不良特性，改善细粒分选效果，选矿工作者从微粒浮选动力学出发，研究反映微粒浮选动力学的微粒速率常数 K 与微粒粒径 d_p 和气泡粒径 d_b 的相互关系，这种关系可用方程式表示为：$K \propto \frac{d_p^n}{d_b^m}$（式中 $n = 1.5 \sim 2$，$m = 2.67 \sim 3$）。从式中可以得出，增大微粒粒径或减小气泡直径都可以改善分选效果。通常研究采用团聚或絮团增大微粒粒径达到提高浮选速度等目的。

凝聚剂和絮凝剂不仅可以较好地解决上述选矿问题，而且在固-液分离、工业废水、生活废水、饮用水、工业用水处理等方面都有重要的作用，应用发展迅速。

18.1.1 悬浮颗粒团聚分离方法

矿粒的团聚作用大致可以分成五种情况（类型）：

（1）凝聚。使用各种无机电解质，如无机酸或盐［HCl、H_2SO_4、$Al_2(SO_4)_3$、$FeSO_4$、$FeCl_3$、$Fe_2(SO_4)_3$ 等］以及已被广泛采用的无机聚合物（聚合氯化铝、聚合硫酸铝、聚合硫酸铁和聚合氯化铁等）。这种凝聚是由于颗粒表面双电层中的静电作用而产生的。当加入这类无机电解质药剂，使颗粒表面 ξ-电位降低，颗粒间的静电斥力减少，颗粒凝聚，破坏悬浮液的稳定，加快聚团沉降。

这类药剂（凝聚剂）一般对矿粒无选择性作用，主要用于固体颗粒（矿物）的凝聚、浓缩脱水、过滤和净化水时加速颗粒沉降，实现固-液分离。

(2) 絮凝。利用有机高分子絮凝剂的桥联作用，将颗粒相互连接聚团，例如：聚丙烯酰胺、淀粉、羧甲基纤维素等，它们在一定的条件下对矿物颗粒的絮凝具有很强的选择性。这类药剂对细粒矿物选别极为有效，适于选择性絮凝、脱泥工艺。同样也用于浓缩、脱水、过滤、水处理及其他行业。

(3) 矿粒的疏水絮凝。主要是使用分子中具有极性基和非极性基的表面活性剂，如油酸、各种磺酸、黄药、OT 类、吐温类等表面活性物以及煤油、柴油等，使颗粒（矿粒）表面疏水，变小颗粒为大颗粒，也就是使颗粒表面间形成疏水膜，疏水膜中的非极性基互相吸引-缔合而产生疏水絮团。主要用于乳化浮选、载体浮选、剪切絮凝浮选、油团聚分选和双液分离浮选等。

(4) 磁力团聚。主要是通过外加磁场、磁种使之产生磁力团聚的目的。也有报道采用磁性药剂的方法来改善和提高选别效果。

(5) 微生物絮凝。就是利用微生物作絮凝剂絮凝各种颗粒物质，如矿粒或废水中的悬浮物，以及用于食品工业中的混浊废水及废水脱色处理。微生物絮凝剂主要包括：直接利用微生物（如某些霉菌、细菌、放线菌、酵母菌等）细胞作絮凝剂或者利用微生物细胞壁提取物作絮凝剂；利用微生物细胞的代谢生物作絮凝剂。

本章主要是讨论前两种情况：利用凝聚剂和絮凝剂对微细粒矿物进行凝聚或者絮凝，以便达到回收微细粒矿物和固-液或固-固分离的目的。微生物絮凝在生物药剂一章（第 14 章）讨论。有关疏水絮凝和磁力团聚内容在有关章节也作了扼要介绍。

18.1.2 凝聚与絮凝的范畴及作用

为了更好地介绍本章内容，有必要对有关凝聚和絮凝、凝聚剂和絮凝剂的定义和概念加以说明。

在固-液悬浮体系中，例如在矿物悬浮液中，形成聚集体（aggregate）的过程称作聚集或聚集作用（aggregation）。这种聚集体在矿物加工中通称为凝聚物或絮凝物。

由于历史的原因，凝聚（凝结，coagulation）和絮凝（flocculation）这两个名词在文献资料、论文报告中常被相互通用。但两者实际上是有区别的。“凝聚”所形成的聚集体或凝结物比较紧密；而“絮凝”所形成的絮凝物（絮团）比较松散，是网式的聚集体。凝聚和絮凝所使用的化学药剂也有不同，凝聚用的凝聚剂（coagulator 或 coagulating agent）主要是无机盐类电解质及无机聚合物；絮凝用的化学药剂称为絮凝剂（flocculant 或 flocculating agent）是有机聚电解质及非离子型聚合物。有机聚合物有天然和人工合成有机高分子化合物之分。凝聚剂与絮凝剂与矿物等悬浮颗粒的相互作用过程及机理都有不同。

使用无机盐或无机聚合物类化合物作为凝聚剂，使固液悬浮液中的分散颗粒（矿粒）产生凝结现象就是凝聚。凝聚剂的作用通常是压缩矿粒表面双电层，使电动电位下降。不同矿物的悬浮粒子表面所带的ξ-电位并不相同。带同种电荷的颗粒相互排斥，处于分散状态而不易凝聚，带不同电荷的颗粒相互吸引使其电性中和，进而使颗粒相互聚集凝结。凝聚剂的添加改变矿浆或固-液悬浮体系中的悬浮粒子之间的电性及相互作用力，减少或消除了同电荷粒子的相互碰撞，并失去表面电荷，使细粒、超细粒矿物凝聚沉降。若是通过添加凝聚剂使矿浆悬浮体中的目的矿物凝聚，非目的矿物保持分散，或者相反，从而达到选择性分离分选的目的，就称作选择性凝聚。所用药剂就称作选择性凝聚剂。然而，在实践中要达到选择性凝聚分选、分离不同矿物的目的比较困难。因为凝聚除了受药剂影响外，凝聚过程还易受外界因素干扰，分离的条件较难控制。在一般情况下，矿物悬浮颗粒在酸性介质中易于凝聚，在碱性介质中，特别是高 pH 值高负电性时易使矿粒分散，而且 pH 值愈高分散性愈稳定。凝聚方法对于矿产品的浓缩、脱水、过滤、加速细粒沉降速度、强化固液分离是有显著效果的。它在环境保护、尾矿水（坝）处理、净化饮用水、处理工业循环用水和工业废水以及凝聚固体粉尘等方面使用得早，很广泛，也很有效果。用明矾处理浑浊水就是一个古老的例子。

絮凝剂是能使悬浮在溶液中的微细粒级或亚微细粒级的固体物质或胶体物质通过桥联作用（bridging）形成大的松散絮团，从而实现固-液和固-固分离的一类药剂。它是由相同或不同结构单元通过共价键连接起来的有机高分子化合物，其相对分子质量至少在 1000 以上，或者含有 100 个以上的单元结构。典型的絮凝剂的相对分子质量一般几百万到几千万之间。其化学性质和作用随化学结构、官能团、相对分子质量等的不同而异，可作絮凝剂、分散剂、抑制剂。絮凝剂与矿物颗粒在悬浮液中通过桥联作用连接在一起，具有松散性、多孔性的三维空间的结构。天然絮凝剂在古代就用作澄清饮用水及各种酒类的澄清剂。自20世纪60年代以来，絮凝剂在选矿及其他行业及工业领域获得了广泛应用。

絮凝剂应用于固-液分离，一是用于精矿处理，防止细粒及微细粒物料的溢流损失等；二是用于尾矿处理，加速尾矿水的沉降、澄清以及选矿回水的处理利用。絮凝剂用作助滤剂，提高精矿过滤速率和脱水效率，降低滤饼水分。絮凝剂用在固-固分离方面，主要是选择性絮凝作用，使微细粒目的矿物有选择性地形成絮团而达到与脉石有效分离。同时也用于精矿脱泥，用作抑制剂和分散剂，提高分离选择性。

絮凝剂在固-液界面上的吸附是通过其特有的官能团与颗粒表面的相互作用而产生多点吸附，形成絮团的作用力可以是物理力，如静电（库仑）力、偶极吸引力、范德华力等，也可以是化学力，如化学键力、配位键力、氢键力；同样，也可以是物理力与化学力共同作用的结果。

对于凝聚剂和絮凝剂的定义，以上已作了阐明，但是习惯上还是有人将两者统称为絮凝剂。如在工业用水处理的混凝沉淀过程中，常将所用的药剂（凝聚剂和絮凝剂）统称为絮凝剂；而在废水处理过程中起凝聚作用的药剂统称为混凝剂。

我国化工行业标准HG2762—1996《水处理剂产品分类和命名》，也沿用了习惯性叫法，将用于工业用水处理中混凝沉降过程的水处理剂统称为絮凝剂。水处理过程中所用絮凝剂的产品系列和代号，按HG2762—1996规定，如表18-1所列。

表18-1 絮凝剂的产品系列和代号

类别代号	系列代号	产品化学成分
XN	XN10	天然高分子化合物
	XN21	无机铝盐
	XN22	无机铁盐
	XN31	阳离子高分子化合物
	XN32	阴离子高分子化合物
	XN33	非离子高分子化合物
	XN34	两性高分子化合物
	XN41	其他

该标准按照药剂化合物的类型，絮凝剂可分为无机絮凝剂、有机絮凝剂和微生物絮凝剂三大类，其中，有机絮凝剂又可分为合成有机高分子絮凝剂和天然高分子化合物两种。

18.2 悬浮颗粒的聚团与分散作用

凝聚或絮凝都存在一个固液分散体系的稳定性问题。Derjaguin，Landan，Verwey 和 Overleek 建立了固液分散体系的稳定化理论（DLVO 理论），假设分散的固体微粒间存在一种排斥和吸引位能的平衡，排斥作用是由于带同种电荷的颗粒（或胶体超细微粒）的双电层相互作用。或者是粒子和溶剂（如水）等之间的相互作用，主要是范德华力所引起的。因此，要使固体微粒能均匀分散颗粒间的相互斥力就必须克服引力；而要使分散的颗粒迅速地聚集，那么固体颗粒间的相互引力就必须克服相互的斥力，达到凝聚和絮凝的效果。

固体微粒间相互作用的总位能 $U_{总}$ 等于吸引位能 U_A 和排斥位能 U_R 之和。U_A 和 U_R 是固体微粒间距离的函数，它们之间的关系可用图 18－1 来表示。当固体微粒间的距离很近时斥力小，范德华力占优势，合力为吸引力，固体微粒彼此相互吸引；当微粒间距离增大时，则静电斥力逐渐增大到占据优势，此时合力为排斥力，固体微粒彼此之间相互排斥。微粒彼此相互接近，必须克服 Born 斥能势垒（U_{max}）才会发生聚集。

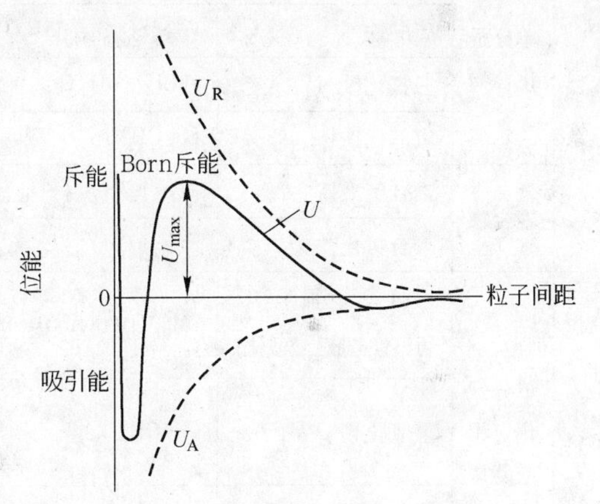

图 18－1 总位能（$U_{总}$）曲线与粒子间距关系

18.3 无机凝聚剂

18.3.1 凝聚剂的主要类型及品种

无机凝聚剂是人类使用最早的一类药剂。凝聚剂经历了一个多世纪的前工业科技革命，无论是产品品种、技术和产量均有很大的发展、进步和提高。无机凝聚剂在水处理中应用量最大。产品品种有无机铝盐、铁盐、其他无机化合物和聚合物，发展到无机高分子（无机大分子）聚合物和聚合复合物等多类型多品种。表18－2所列为凝聚剂的主要类型与品种。

表18－2 无机凝聚剂的主要类型及品种

类别		名称	分子式	缩写代号	适用pH值	其他
铝系	单分子(或复盐)	硫酸铝钾(明矾)	$Al_2(SO_4)_3 \cdot K_2SO_4 \cdot 24H_2O$	KA	6.0～8.5	HG/T 2565—94
		硫酸铝	$Al_2(SO_4)_3$	AS		HG 2227—91
		结晶氯化铝	$AlCl_3 \cdot nH_2O$	AC		
		铝酸钠	$Na_2Al_2O_4 \cdot 3H_2O$	SA		
		氢氧化铝	$Al_2(OH)_3$			
	聚合物	聚合氯化铝	$[Al_2(OH)_nCl_{6-n}]_m$	PAC		GB 15892—95
		聚合硫酸铝	$[Al_2(OH)_n(SO_4)_{3-n/2}]_m$	PAS		
铁系	单分子化合物	硫酸亚铁(绿矾)	$FeSO_4 \cdot 7H_2O$	FSS	8.0～11	GB 1051—89
		硫酸铁	$Fe_2(SO_4)_3 \cdot 3H_2O$	FS		
		三氯化铁	$FeCl_3 \cdot 6H_2O$	FC	4.0～11	
		氢氧化铁	$Fe(OH)_3$			
	聚合物	聚合硫酸铁	$[Fe_2(OH)_n(SO_4)_{3-n/2}]_m$	PFS	4.0～11	GB 4482—93
		聚合氯化铁	$[Fe_2(OH)_nCl_{6-n}]_m$	PFC		GB 14591—93
其他	单分子化合物(或复盐)	蒙脱石(经加工) 可溶性硅胶(经活化)	$(Mg,Ca)O \cdot Al_2O_3 \cdot 5SiO_2 \cdot nH_2O$			可用作阴离子凝结剂
		氢氧化钙	$Ca(OH)_2$	CC	9.5～14	主要起促进作用
		镁化合物	$MgO, MgCO_3, MgCl_2 \cdot 6H_2O$	MC	9.5～14	
		硫酸铝铵	$(NH_4)_2SO_4 \cdot Al_2(SO_4)_3 \cdot 24H_2O$	AAS	8.0～11	GB 1986－80
	聚合物	聚硅氯化铝		PASC	4.0～11.0	
		聚硅硫酸铝	$Al_A(OH)_B(SO_4)_C(SiO_x)_P(H_2O)_Q$	PASS		
		聚硅硫酸铁	$Fe_A(OH)_B(SO_4)_C(SiO_x)P(H_2O)_Q$	PAFS (PFSS)		
		聚合硅酸铁		PFSiC		

18.3.2 凝聚剂的应用

无机凝聚剂作为水处理剂用量最多，例如饮用水的净化、工业及城市废水的排放处理，糖酒食品工业水澄清处理，在矿物加工中用作精矿、尾矿沉降脱水和矿山回水利用处理。

众所周知，明矾在我国使用历史悠久。据文献记载，1884 年美国人海亚特取得了硫酸铝作凝聚剂应用的第一个专利。日本最早（20 世纪 60 年代）开发聚合氯化铝（PAC）无机高分子（大分子）凝聚剂，开启了无机聚合物凝聚剂的先河。我国也早在 1971 年就成功采用“酸溶铝灰一步法”生产聚合氯化铝，促进铝系聚合物迅速发展。目前，我国的铝盐生产能力超过 100 万 t/a（硫酸铝），约占世界产量的 1/5；聚合氯化铝产量约为 35 万 t/a（以含 Al_2O_3 10% ~11% 的标准液体聚合氯化铝计），约占世界总产量的 1/4 左右。

铁系凝聚剂与铝系凝聚剂相比，性质基本相同，但铁系对 pH 值的适用范围广，水温影响小，形成凝聚体密度、强度更大，沉降速度快，效果显著，而且不存在铝对人的健康影响，所以生产应用发展快。

鞍山黑色金属冶金设计院等单位用聚合铝盐处理鞍钢赤铁矿浮选产生的尾矿水“红水”的污染。经过凝聚处理，当添加量为 0.53% ~0.67% 时，净化率可达 99.6% ~99.8%，剩余浊度在 10mg/L 以下，净化后的水可作工业用水返回使用；武钢净水厂用聚合铝盐净化长江水及电厂冷却水，也收到实效，原水浊度 320 ~860mg/L，用聚合氯化铝 5.03 ~5.98mg/L，可使浊度降至 12.8 ~15.0mg/L，得到合格净化水。聚铝的特点是凝聚性能好、用量少、效率高、沉降快，并能除去水中的铬、铅等有害杂质。

我国杭州某厂利用原有生产硫酸铝的条件，以硫酸铝溶液为原料，通过水解聚合，制得带硫酸根的聚硫氯化铝；日本则采用聚合氯化铝加入适量硫酸重新聚集的促进剂制得聚硫氯化铝。聚硫氯化铝分子式为 $[Al_4(OH)_{2n}Cl_{10-2n}SO_4]_m$（$m \leqslant 5$，$n=2 \sim 6$），缩写为 PACS。其效果优于硫酸铝和聚合氯化铝。同济大学用杭州某厂生产的 PACS 作净化实验表明，PACS 的药剂效果是聚合氯化铝的 2 ~3 倍，因此可减少药剂用量。山东大学对 PACS 的性能及影响因素研究表明：${SO_4}^{2-}$ 的含量对 PACS 的凝聚效果影响明显。当 Al^{3+} 与 ${SO_4}^{2-}$ 的摩尔比为 15 ~17 时凝聚效果最佳。

武钢从 1984 年起用自产聚铁代替聚铝对净水站高浊度水进行生产处理，经过长期实践表明，聚合硫酸铁净化水效果更好；利用聚铁取代聚丙烯酰胺处理武钢高炉煤气洗涤水，显示了良好的凝聚作用和脱硫作用。悬浮物的脱除率在 90% 以上，脱硫率（硫化物）为 77.1%。

用聚铁代替聚丙烯酰胺，能改善污泥的脱水性能，降低滤饼含水率，两种药剂在相同条件下使用，聚铁比聚丙烯酰胺的含水率降低 2.8%。

利用聚铁处理选矿厂废水、炼油厂含油废水，印染厂废水等均取得了良好的净化效果。天津某自来水厂自20世纪90年代至今用聚合硫酸铁净化水，出厂水质经国家城市供水水质监测网天津监测站检测达到国家标准。

某煤矿利用聚硅硫酸铁（PFSS）处理洗煤废水，当采用Fe与Si摩尔比分别为0.5和1.0的PFSS时，其用量分别为1.0mg/L和0.5mg/L，可使煤废水浊度从580NTU下降至小于20NTU，表明PFSS对洗煤废水混凝除浊效果好。同时，用PFSS处理某煤矿井下外排水和某市生活污水和工业废水均取得很好的效果。煤矿井下外排水浊度可从250NTU降至10NTU；对城市污水、工业废水的浊度可降至20NTU以下，脱色率达80%。

湖北王集磷矿矿石嵌布粒度极细，采用直接浮选工艺已获得较好的指标。然而，磨矿细度达-200目占92%左右，使浮选精矿在浓缩池内沉降速度极慢，导致有用成分随溢流大量流失，理论回收率与实际回收率相差十几个百分点。为解决这一问题，采用 $FeCl_3$ 和 $AlCl_3$ 对细粒胶磷矿进行絮凝，通过适当控制药剂的用量，可以获得对胶磷矿的良好凝聚作用，而对白云石和石英的作用效果保持在较低水平，可以使浮选精矿在浓缩过程中得到再次富集。

一些无机凝聚剂的使用情况见表18-3所列。

表18-3 某些无机凝聚剂的应用

凝聚剂名称或代号	使用制备及性能等	备 注
硫酸铝等铝盐和聚合铝	矿物固-液分离，城市用水，工业水澄清，污水处理	pH值5.5~8.5或大于10.5有效。水处理药剂．化学工业出版社，2002
硫酸铁等铁盐和聚合铁	污水处理，废渣沉降脱水，精矿尾矿脱水	pH值适应范围广。水处理药剂．化学工业出版社，2002
石灰	用于pH值调节，碳酸盐沉淀，磷酸盐沉淀	
铝酸钠，$Na_2Al_2O_4 \cdot 3H_2O$	与石灰或碳酸钠共用，废水澄清	分别加入
加工蒙脱石 $(Mg, Ca)O \cdot Al_2O_3 \cdot 5SiO_2 \cdot nH_2O$	工业废水沉降脱色 常用量为$(8\sim10)\times10^{-4}\%$ 极限为$(2\sim50)\times10^{-4}\%$	系蔷薇红色的酸性陶土
活化的可溶性硅胶	用于污水处理	可与铁盐和明矾合用
氢氧化铁，氢氧化铝	黏土和带细菌等的荷负电的微粒或胶体	给水处理理论．建筑出版社，2000

续表 18-3

凝聚剂名称或代号	使用制备及性能等	备 注
$MgCl_2 \cdot 6H_2O$	金矿(2.4g/t),银(10g/t)	CA 110,42446(1989)
聚硫酸铁(PFS)	屠宰场废水处理	环境污染与防治,1987(3):21
硫酸铁溶液	制造方法	美专利 4,814,158(1989)
碱式氯化铝	制造方法	日专利 0145717(1989)
聚三氯化铝(PAC)	水处理(外加二甲胺表氯醇共聚物)	美专利 4,795,585(1989)
$(Al,Fe)_2(SO_4)_3 \cdot 6H_2O$	纸浆废水处理	CA 108,134370(1988)
硫酸铝·氯化铝(PAX)	净化水、污水处理	CA 110,13306(1989)
Politetsu SA-1	处理氨液(含 $Fe^{2+}-Fe^{3+}$)	CA 109,236227(1988)
三氯化铁 5% 溶液	处理含表面活性剂的污水	CA 111,63489(1989)(专利)
$FeCl_3$ 和 $AlCl_3$	-200 目占 92% 的磷矿石精矿浓缩沉降	矿产综合利用,1991(5)

18.3.3 铝系凝聚剂

铝系无机凝聚剂是最早发现、使用和进行开发的一类凝聚剂。本节以硫酸铝和聚合铝等几种产品为例，介绍其制备方法和结构性能。

18.3.3.1 硫酸铝

硫酸铝又称铝矾（aluminium sulfate，AS），分子式为 $Al_2(SO_4)_3 \cdot 18H_2O$。硫酸铝是一种普通的无机盐类化合物，制备方法比较多而且容易。

A 制备与性质

硫酸铝可以用铝或铝的氧化物、铝灰和氢氧化合物制备，也可以用硬质高岭土、铝矾土制备。工业上一般以铝土矿和硫酸为主要原料加工制备。工艺流程如下：

铝矾土 ⟶ 烘焙粉碎 ⟶ 硫酸浸出 ⟶ 沉淀 $\xrightarrow{\text{(调节 pH 值)}}$ 分离 ⟶ 浓缩 ⟶ 结晶 ⟶ 干燥包装。

无水硫酸铝纯产品为无色结晶（斜方晶系），易溶于水（溶解度 0℃，31.3g；100℃，89.0g），含水硫酸铝可带有 6、10、16、18 和 27 个结晶水分子，常温下十八水合物较为稳定。$Al_2(SO_4)_3 \cdot 18H_2O$ 是具有光泽的无色粒状或粉末（单斜晶系）晶体，很易溶解于水（溶解度 0℃，86.9g；100℃，

1104g)，水溶液呈酸性（pH≤2.5）。工业产品为白色或微带灰色的粉末或块状结晶，因可能存在少量硫酸亚铁杂质而使产品表面发黄，空气中长期存放易吸潮结块，难溶于醇。

质量标准、国内企业执行HG 2227—91水处理剂硫酸铝行业标准见表18-4所列，和GB 3151—82净水剂用硫酸铝国家标准；可参考的标准有JISK 1423—1970（日本工业标准）ANSI/AWWAB403—88（美国）等。

表18-4 HG2227—91硫酸铝质量指标

指标名称	指标		
	固体		溶液
	一等品	合格	
氧化铝（Al_2O_3）含量/%	≥15.6	≥15.6	≥7.8
铁（Fe）含量/%	≤0.52	≤0.70	≤0.25
水不溶物含量	≤0.15	≤0.15	≤0.15
pH值（1%水溶液）	≥3.0	≥3.0	≥3.0
砷（As）含量/%	≤0.0005	≤0.0005	≤0.0003
重金属（以Pb计）	≤0.02	≤0.002	≤0.001

注：工业水处理用的产品不检验砷和重金属。

B 性能与凝结作用机理

在自然水体中铝铁等大多数多价金属（离子）能与许多配位体（OH^-、Cl^-、SO_4^{2-}和HCO_3^-等无机配位体），形成各种络合物。多价金属离子的配位化合物可以呈单核和多核两种配位的形式存在于水体系中。

硫酸铝在水中水解，即Al^{3+}的水解过程中产生各种各样的水解产物，其存在的形态主要取决于溶液的pH值，见表18-5所列。

表18-5 硫酸铝在不同pH值的水解产物

pH值范围	水解产物的主要存在形态（n=6~10）
pH<4	$[Al(OH)_n]^{3+}$
4<pH<6	$[Al_6(OH)_{15}]^{3+}$，$[Al_7(OH)_{17}]^{4+}$，$[Al_8(OH)_{20}]^{4+}$，$[Al_{13}(OH)_{34}]^{5+}$
6<pH<8	$[Al(OH)_3]$
pH>8	$[Al(OH)_4]^-$，$[Al_8(OH)_{26}]^{2-}$

从基本的水解平衡反应式得知，硫酸铝的各种水解产物浓度的对数与 pH 值呈线性关系，图 18－2 和图 18－3 表示考虑与固相物 Al（OH）$_3$（s）相平衡的 Al^{3+} 的各种水解物的浓度与 pH 值的关系。

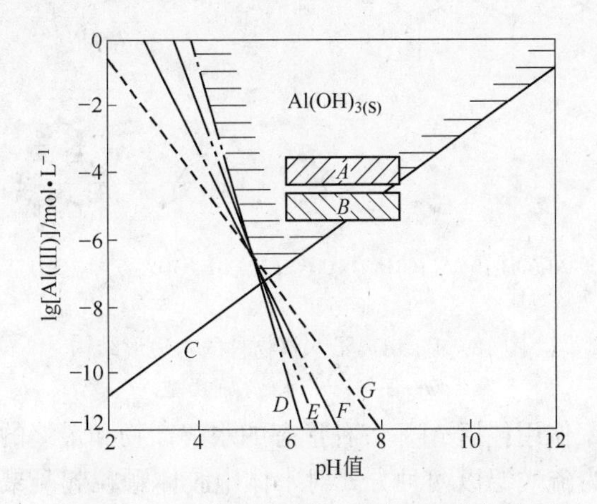

图 18－2 Al（Ⅲ）的水解物与 pH 值的关系

A,B—$Al(OH)_{3(S)}$；C—$Al(OH)_4^-$；D—$Al_{13}(OH)_3^{5+}$；E—$Al_7(OH)_{17}^{4+}$；F—Al^{3+}；G—$Al(OH)^{2+}$

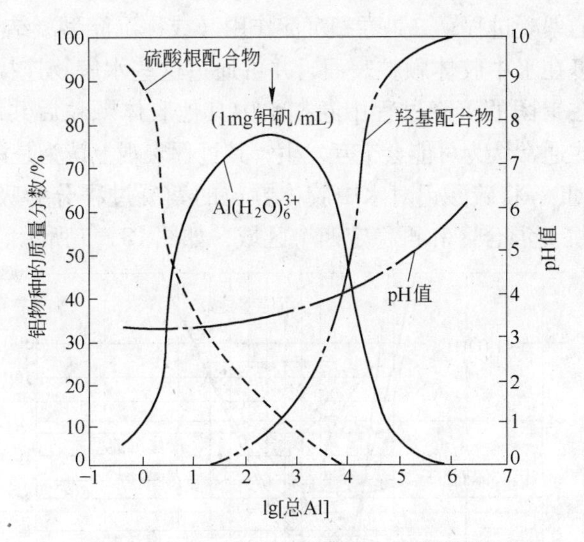

图 18－3 硫酸铝的水解物与 pH 值的关系

对于 Al^{3+} 的各种水解物形态除与 pH 值有关外，还与诸多因素如浓度、时间、添加方式和检测方法等相关。因此，对各类水解物的结构式也有不同认识和看法。比较有代表性的是，有研究者提出了以 Al_2（OH）$_2^{4+}$ 为单位形成的六边形结构，以及通过氢键或分子间范德华引力作用组合的片状结构，见图 18－4 所示。

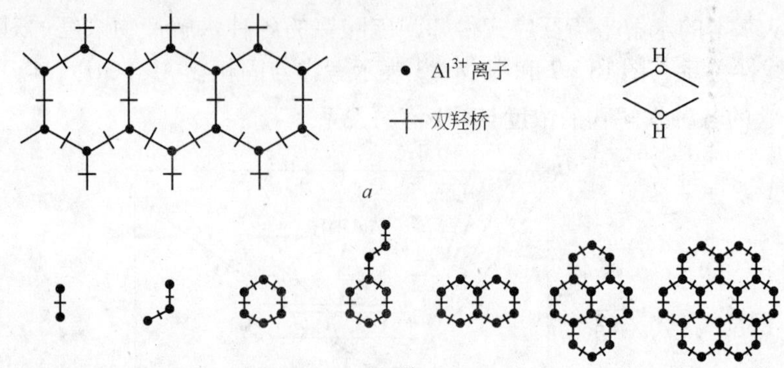

图 18－4 铝离子水解物种的六边形结构

a—图例；*b*—水解物种类型

硫酸铝的凝聚作用包括 Al^{3+} 各种形态的水解产物和最终的 Al（OH）$_3$ 胶体的作用。一般认为硫酸铝以两种方式对水体中胶体颗粒起凝聚作用：一是吸附脱稳（或称吸附凝聚），当铝盐的带正电的水解产物吸附在带负电的胶体颗粒（微粒）表面，部分或全部中和胶体颗粒表面电荷，使胶体脱稳并相互碰撞黏结生长为大颗粒的絮凝过程；二是卷扫沉淀作用（或称沉淀型凝结），当铝盐的各种水解产物包裹在水中胶体颗粒表面，并可通过这些水解物连接胶体颗粒形成较大的聚团，在聚团的沉降过程中卷扫水中其他胶体颗粒后共同沉淀的过程。这两种作用形式通常认为可能会交互发生，其过程宏观上认为是混凝作用。

Amirtharajah 等将硫酸铝对水中胶体颗粒的絮凝过程分为吸附脱稳、沉淀型凝聚、吸附沉淀混合区和再稳定四个区域，如图 18－5 所示。

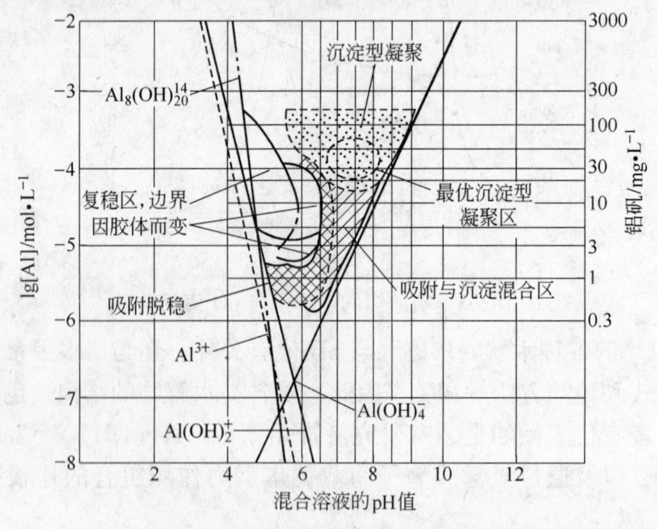

图 18－5 硫酸铝的凝聚过程分区图

再稳定区情形一般出现在胶体颗粒浓度较低、阴离子浓度不高的水溶液中。带负电的胶体颗粒吸附过量的带正电的硫酸铝水解产物，成为带正电的胶体颗粒，由于静电排斥作用而使胶体体系再次稳定。从某种意义上说，再稳定区是硫酸铝凝聚剂凝聚化学计量的反应，即产生凝聚时的凝聚剂剂量与胶体颗粒的浓度和总表面积存在一定的剂量关系。

18.3.3.2 无机聚铝凝聚剂

无机聚铝凝聚剂是目前在混凝、团聚、沉淀处理中用得比较多的药剂。这类凝聚剂是由若干结构简单的碱式 Al^{3+} 如 $Al(OH)^{2+}$、$Al_2(OH)_4^{4+}$、$Al_3(OH)_4^{5+}$ 等进一步水解、缩合生成的复杂多核多羟基配位聚合物，其相对分子质量在数千范围内。按其物质组成分为聚合氯化铝（PAC）、聚合硫酸铝（PAS）、改性聚合氯化铝（PACS）等主要品种。进而也可将复合无机高分子凝聚剂如聚合氯化铝铁（PACF）和聚合硫酸硅铝（PASS）等包含在其中。

A 生产工艺流程

生产聚铝的原料有多种，如铝矾土、三水软铝石、铝酸钙、铝灰渣、氧化铝等。原料不同制备路线不一。以聚合氯化铝为例，从化学反应的本质讲其制备方法不外是两类，即三氯化铝水解和氢氧化铝中和，然后再行聚合。

20 世纪 70 年代以来，我国工业水处理的聚合氯化铝多采用“酸溶铝灰一步法”生产。其反应原理和工艺流程示意如下：

$$Al_2O_3 + 6HCl + 9H_2O \longrightarrow 2AlCl_3 \cdot 6H_2O$$

$$2AlCl_3 \cdot 6H_2O \longrightarrow Al_2(OH)_nCl_{6-n} + (12-n)H_2O + nHCl$$

$$mAl_2(OH)_nCl_{6-n} + mxH_2O \longrightarrow [Al_2(OH)_nCl_{6-n} \cdot xH_2O]_m$$

含铝灰渣(或明矾石)→酸溶反应→聚合→沉降→液体聚合氯化铝→
盐酸（加入酸溶反应）
稀释过滤→浓缩结晶→固体干燥→产品包装

其他生产工艺还有：

（1）铝酸钙粉酸溶一步法。铝酸钙粉是由氧化铝含量 75% ~85% 的高铝土与氧化钙在高温下煅烧制得的活性矿物原料，其化学组成分别为：Al_2O_3 51% ~55%、CaO 31% ~35%、Fe_2O_3 1.5% ~2.5%、SiO_2 4% ~8%、TiO_2 2% ~3%。它与盐酸作用能一步制得盐基度很高的聚合氯化铝液体产品，反应时放出大量的热，生产中可以利用自热进行反应。氧化铝的溶出率和原料的煅烧质量有关，原料配比越均匀，氧化铝的溶出率越高，一般可以达到 80%。该法生产工艺简单，但盐酸的消耗量大，生成氯化钙反应掉的盐酸约占总量的 2/3，固体产品中氧化铝的含量偏低约等于 25%，悬浮在溶液中的水不溶物难于分离、含量普遍超标。

（2）以铝矾土为原料两步合成法。该法以廉价易得的铝矾土轻烧料为原料，与酸反应首先制得溶出母液，然后在搅拌下再用碱化剂如 NaOH、Na_2CO_3、$NaAlO_2$ 等与母液反应，以提高溶液中铝离子的聚合度。若将盐基度为9%的氯化铝母液用铝酸钙粉进行碱化。而铝酸钙粉也是一种优良的盐基度调整剂，它价格便宜，可以增加聚铝混凝剂的产量，溶出反应即使在低酸度下进行，溶液的盐基度也能迅速上升。这类产品含有较多的氯化钠或氯化钙等可溶性杂质，固体聚合氯化铝中氧化铝含量在30%左右波动。

（3）氢氧化铝溶出法。该法以结晶氢氧化铝为原料，通常有活化法和加压法两种。活化法是将结晶氢氧化铝加热到一定温度部分脱水，得到比表面积较大（约 $300m^2/g$）的活性氧化铝，再与盐酸反应制得聚合氯化铝。加压法是让结晶氢氧化铝和盐酸在加压反应釜中溶出，压力控制在0.2～1.0MPa，反应温度在150℃以上，可一步直接获得有一定盐基度的液体，其中含有不大于3.5%的硫酸根增强凝聚效果。该法生产成本偏高，但产品中非水溶性杂质少，产品呈无色或淡黄色，是日本一直采用的重要方法。

（4）凝胶法。该法以硫酸铝或氯化铝为原料，与碱如氨水等进行中和反应，在室温或降温条件下生成无定形凝胶状氢氧化铝，经过板框压滤和洗涤，滤饼中含水率一般在60%～75%之间。然后在快速搅拌下用盐酸或氯化铝溶液溶解氢氧化铝凝胶，经过一段时间熟化即为确定盐基度的聚合氯化铝液体。该法制得的产品凝聚性能好，生产中可以添加各种助剂，但有大量的氯化物或硫酸盐产出，用氨水制备凝胶，产品的氨氮含量难以达到标准。

（5）沉淀法。该法用盐酸和硫酸按一定比例配成混酸，与活性铝矾土反应，溶出浆液液固分离后，将制得的低盐基度母液再用重质碳酸钙沉淀，经再过滤和洗涤滤饼，可以得到澄清透明的聚合氯化铝液体和白色粉状石膏。该产品杂质成分少，各项质量指标均达到要求，如能对副产品综合利用，聚合氯化铝生产成本较低。

（6）干式热解法。对结晶氯化铝固体直接进行加热分解的方法称为干式热解法，干式热解法可以得到任意盐基度的聚合氯化铝，适宜于大规模工业化生产。热解反应在沸腾炉或回转窑中进行，反应温度为170～180℃，成品盐基度控制在70%～75%之间，分解放出的氯化氢气体由吸收塔吸收，可循环反复利用。干式热解法直接得到的产品溶解性较差，需经过加水熟化过程，即得溶解性较高的聚合氯化铝。该法生产流程长，设备耐酸抗腐蚀性要求高，热效率比较低。

聚合氯化铝的应用范围不断扩大，除作净水处理剂外，在矿产加工、固液分离、废水排放（工业及城市废水）以及冶金、食品、印染、化工等行业都广为采用。对产品质量要求也越来越严。质量指标杂质含量见表18－6所列国家标准。同类产品也可参考日本工业标准 JISK 1475—1978，德国工业标准 DIN 19634—1985。

表 18－6 GB 15892—1995 水处理剂聚合氯化铝主要质量指标

指标名称	产品指标							
	适用于饮用水处理				适用于非饮用水处理			
	液体		固体		液体		固体	
	优等品	一等品	优等品	一等品	优等品	一等品	优等品	一等品
相对密度(20℃) /g·cm^{-3}	≥1.21	≥1.19			≥1.19	≥1.18		
氧化铝(Al_2O_3)含量/%	≥12.0	≥10.0	≥32.0	≥29.0	≥10.0	≥9.0	≥2.9	≥27.0
盐基度 B/%	60.0～85.0	50.0～85.0	60.0～85.0	50.0～85.0	50.0～85.0	45.0～85.0	50.0～85.0	45.0～85.0
水不溶物含量/%	≤0.2	≤0.5	≤0.5	≤1.5	≤0.5	≤1.0	≤1.5	≤3.0
硫酸根(SO_4^{2-})含量	≤3.5		≤9.8					
氨态氮(N)含量/%	≤0.01	≤0.03	≤0.03	≤0.09				
砷(As)含量/%	≤0.0005		≤0.0005					
锰(Mn)含量/%	≤0.0025	≤0.015	≤0.0075	≤0.045	未作规定			
六价铬(Cr^{6+})含量/%	≤0.0005		≤0.0015					
汞(Hg)含量/%	≤0.00002		≤0.00002					
铅(Pb)含量/%	≤0.001		≤0.003					
镉(Cd)含量/%	≤0.0002		≤0.006					
pH 值(1%水溶液)	3.5～5.0							

以上介绍的是聚合氯化铝的各种生产工艺及其特点。以下扼要介绍聚合硫酸铝的生产方法。

聚合硫酸铝（PAS）化合物水溶液不稳定，在室温下放置几天就会有白色的物质从溶液中析出。国外报道加拿大汉迪化学品公司提出的 PAS 制备方法比较成熟，即以硫酸铝和铝酸钠为原料，在 10～90℃下采用强剪切混合技术进行反应，硅酸钠作稳定剂，制得的聚合硫酸铝液体，水处理性能优越，贮存期在三个月以上，加拿大已于 1991 年春在魁北克省建立了年产 2.7 万 t 的工厂。另外在日本、英国和瑞典等国也相继开始生产、使用聚合硫酸铝。我国目前也有少量生产。

B 聚铝的性能与特点

聚合氯化铝和聚合硫酸铝是聚铝凝聚剂的两种基本类型，氯离子与硫酸根在离子大小、电荷和结构上的差异，使这两类凝聚剂的性质有明显区别。阴离子对聚铝凝聚剂的作用，不仅是多聚铝配离子外界平衡电荷的异号离子，而且也参与到多核多羟基配离子的形成和水解过程中，液体中不大于质量分数3.5%的硫酸根对聚合氯化铝的增聚作用前人已做了大量工作。AINMR 研究表明，在 PAC 溶液中起凝聚作用的活性成分是 $[AlO_4Al_{12}(OH)_{24}(H_2O)_{12}]^{7+}$，硫酸根的引入可以作为桥基以配位键或氢键与多个中心铝离子结合，硫酸根甚至可以取代活性成分中的铝氧四面体形成带有更高正电荷的球簇离子 $[SO_4Al_{12}(OH)_{24}(H_2O)_{12}]^{10+}$，因此改性聚合氯化铝 PACS（又称聚硫氯化铝）的絮凝能力优于聚合氯化铝。聚铝絮凝剂作为一类无机聚合物，溶液性质在一定程度上与胶体的性质相似。1987 年 Bottero 用小角 X 射线散射测定出聚合氯化铝的平均粒子半径为 1.2nm，粒子大小已开始介入溶胶范围，其溶液的稳定性与溶液中电性相异离子的价数有关，阴离子价态愈高，对聚铝高分子粒子的聚沉作用愈大，溶液的稳定性也就越差。聚铝凝聚剂的这种性质与惰性电解质作用溶胶所遵守的 Schulze - Hardy 规则呈现一致，硫酸根的聚沉能力大于氯离子，因此聚合硫酸铝的稳定性比聚合氯化铝的稳定性差，有效成分容易产生沉析。

聚铝凝聚剂的混凝行为除与外界因素如水温、水样 pH 值、水流紊动速度以及水中去除物性质有关外，本质上应由聚铝离子的水解动力学来决定。从化学平衡分析得到的铝盐最佳混凝 pH 值为6.3，此值比实际所需 pH 值偏低，在同等盐基度下，聚合氯化铝的水解速度较慢，聚合硫酸铝的凝聚作用易于发生，水解过程进行得快。当 pH 值在中性或弱酸性的水样中，聚合硫酸铝的除浊效果显著优于聚合氯化铝，在弱碱性水样中，由于聚合硫酸铝水解速度太快，还未与水均匀混合就已水解完全，此时聚合氯化铝的除浊效果反而稍高于聚合硫酸铝。在水样 pH 值为 7.0 时，改变悬浊液的混浊程度，聚合氯化铝与聚合硫酸铝的混凝差别是在凝聚剂用量相等的条件下，聚合硫酸铝的净水作用比聚合氯化铝好得多，这与国外近年来聚合硫酸铝的生产和发展情况是一致的。纯态聚合氯化铝的凝聚性能有必要进一步提高，目前一般采用阴离子复合，阳离子复合或与有机物复合等措施，聚合氯化铝铁是这方面的一个典型实例。

若将聚合氯化铝与聚合硫酸铝相比作为凝结剂用于混凝，前者有以下优点：

（1）适应水质范围较宽；

（2）相对于聚合硫酸铝而言，混凝效果随温度变化较小；

（3）形成絮团的速度较快，絮团颗粒和相对密度较大，沉淀性能好，投加量小；

（4）适宜的 pH 值范围在 5 ~9 之间，过量投加一般不会出现胶体的再稳定现象；

(5) 药剂配制后投加对设备的腐蚀作用小，且对出水水质影响不大。

聚铝凝聚剂的混凝能力一般可以从凝聚速度、矾花大小、沉降时间、过滤速度、剩余浊度等方面进行衡量，通常使用机械式多联搅拌器进行实验。对普通原水进行净化，固体聚合氯化铝的用药量为（10～20）$\times 10^{-4}\%$，污水处理用药量为（10～80）$\times 10^{-4}\%$，使用效果相当于硫酸铝的3～5倍。对微细粒矿物固液分离凝聚沉降聚合氯化铝的用量可参考上述用量及颗粒浓度。硫酸铝作为传统的铝盐凝聚剂，由于其盐基度低，铝离子的水解速度不快，特别是在水温低于10℃时混凝效果很差，具有显著的温度效应。钾明矾与硫酸铝相比，由于其中硫酸根与铝离子的摩尔比高出三分之一，铝离子水解产生的溶胶更容易被硫酸根破坏，因此用钾明矾处理弱酸性水质时使用效果比硫酸铝强。对于聚铝絮凝剂实际应用上有诸多优点，如一般不需要投加碱剂，有较好的低温处理性能，对设备、管道的腐蚀性小，能抑制微生物、藻类的生长，水质浊度越高，混凝沉淀效果发挥得越突出，但是聚铝絮团对有色物质的吸附性较差，脱色能力不及镁盐和铁盐。

C. PAC的混凝作用机理

PAC是由Al^{3+}盐水解-聚合产物不同聚合度的阳离子所组成，其混凝作用机理可概括为三点：一是对精矿浓缩脱水、对尾矿水沉降澄清和对水中胶体颗粒污染物等进行电性中和脱稳的凝聚作用；二是对已凝聚的次生粗大颗粒进行吸附凝结沉降作用；三是除去水中有害离子的吸附和络合作用。因此PAC可以处理生活用水和工业废水，并能吸附去除一些有害的阴、阳离子。

PAC的凝聚作用主要取决于Al^{3+}盐水解-聚合产物中多聚体的表面结构特征。多聚体表面上极性活性部位应该和被凝聚的次生粗大颗粒表面活性部分进行较强烈的相互作用，即只有两者的表面结构相适应，凝聚过程才能自动向体系能量减小的方向进行。水中有害离子的去除，也可能主要是靠其中的多聚体及凝聚产生的次生粗大颗粒表面上极性活性部位和正、负离子发生强烈吸引作用完成的，当然在某种场合也可能是通过与Al^{3+}形成络合物而去除。

18.3.4 铁系无机凝聚剂

铁系凝聚剂在固液悬浮体和水体中的性质和铝系凝聚剂相同，与铝系凝聚剂相比，铁系凝聚剂适应的pH值范围大，受水温影响小，形成铁的氢氧化物絮团快，且密度和强度更大，因而所形成的絮团沉降速度快，净水效果显著。铁盐如三氯化铁等由于酸性较强，氯离子对设备存在严重的腐蚀性，并且铁盐凝聚剂中Fe^{2+}与水中杂质可能会形成溶解性络合物，造成混凝处理出水带黄色，但由于铁系凝聚剂价格便宜，对多种水质条件下悬浮颗粒的混凝沉淀效果显著，特别是在废污水处理中可以沉淀去除重金属、硫化物，生成的絮团矾花又可吸附去除水中难降解的油类和聚合物，并能有效地降低水中磷含量，因此应用相当广泛。目前常用的铁系无机凝聚剂有三氯化铁、硫酸亚铁、硫酸铁和聚合硫酸铁等。

18.3.4.1 三氯化铁

A 三氯化铁主要制备方法

固体产品常用废铁屑氯化法、低共熔混合物反应法和四氯化钛副产法，液体产品多用铁屑盐酸法和一步氯化法。废铁屑氯化法的工艺流程如图18－6所示。

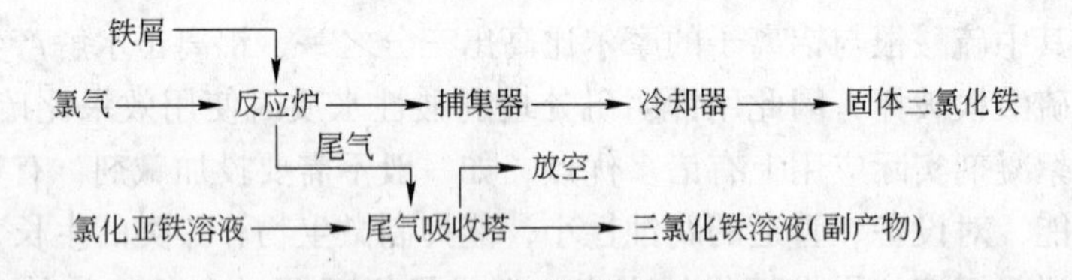

图18－6 废铁屑氯化法工艺流程

三氯化铁（$FeCl_3\cdot 6H_2O$），黄褐色晶体，熔点约37℃，极易吸潮和溶解于水（水中溶解度：0℃，74.4g/100gH_2O；100℃，535.7g/100gH_2O），有轻微氯化氢刺激性气味，溶液呈强酸性，氯化铁也是一种强氧化剂。我国市场供应的三氯化铁有无水物、六水结晶和溶液三种商品。

国内企业生产和应用氯化铁主要是以作为净水剂为参照，执行GB 4482—93净水剂氯化铁国家标准，主要指标见表18－7所列。可参考的国外标准有JISK 1447—1956（日本工业标准），DIN 19602—1987（德国工业标准），ANSI/AWWA B 407—88（美国国家标准）等。

表18－7 GB 4482—93净水剂氯化铁主要质量指标/%

指标名称	Ⅰ型无水氯化铁			Ⅱ型氯化铁溶液		
	优等品	一等品	合格品	优等品	一等品	合格品
外观	褐绿色晶体			红棕色溶液		
氯化铁（$FeCl_3$）含量	≥98.7	≥96.0	≥93.0	≥44.0	≥41.0	≥38.0
氯化亚铁（$FeCl_2$）含量	≤0.70	≤2.0	≤3.5	≤0.20	≤0.30	≤0.40
不溶物含量	≤0.50	≤1.50	≤3.0	≤0.40	≤0.50	≤0.50
游离酸（以HCl计）含量				≤0.25	≤0.40	≤0.50
砷（As）含量	≤0.0020			≤0.0020		
铅（Pb）含量	≤0.0040			≤0.0040		

B 凝聚性质

$FeCl_3$的水解物与铝盐类似，Fe^{3+}在天然水中的平衡反应有：

$$Fe^{3+} + H_2O \rightleftharpoons Fe(OH)^{2+} + H^+ \qquad \lg K_1 = -2.16$$

$$Fe^{3+} + 2H_2O \rightleftharpoons Fe(OH)_2^{+} + 2H^+ \qquad \lg K_2 = -6.74$$

$$Fe(OH)_{3(S)} \rightleftharpoons Fe^{3+} + 3OH^- \qquad \lg K_{S0} = -38$$

$$Fe^{3+} + 4H_2O \rightleftharpoons Fe(OH)_4^{-} + 4H^+ \qquad \lg K = -23$$

$$2Fe^{3+} + 2H_2O \rightleftharpoons Fe_2(OH)_2^{4+} + 2H^+ \qquad \lg K = 2.85$$

由上述平衡反应可得固体 $Fe(OH)_{3(S)}$ 与 Fe^{3+} 的其他水解物的平衡关系：

$$Fe(OH)_{3(S)} \rightleftharpoons Fe(OH)^{2+} + 2OH^- \qquad \lg K_{S_1} = -26.16$$

$$Fe(OH)_{3(S)} \rightleftharpoons Fe(OH)_2^{+} + OH^- \qquad \lg K_{S_2} = -16.76$$

$$Fe(OH)_{3(S)} + OH^- \rightleftharpoons Fe(OH)_4^{-} \qquad \lg K_{S_4} = -5$$

$$2Fe(OH)_{3(S)} \rightleftharpoons Fe_2(OH)_2^{4+} + 4OH^- \qquad \lg K = 50.8$$

从氯化铁的水解物及其平衡反应可知，三价铁盐的作用相当于三价铝盐，也会形成各种形态的水合络合物起凝聚作用，$Fe(H_2O)_3(OH)_{3(S)}$ 沉淀物、带正电荷的水合单核离子及多核离子络合物可以吸附带负电荷的胶质粒子，通过压缩双电层、电性中和、羟基间的缔接（部分大分子水解物中）和卷扫沉积等作用，使矿粒或其他胶体颗粒体系脱稳沉降。与铝盐相比，铁盐的水解速度更快，水解产物的溶解度小，密度大，投加浓度可以更少。最适宜氯化铁形成凝聚体的 pH 值是 5.0 ~ 6.0，由于其强腐蚀作用，必须以耐酸的设备来储存或添加。

有研究者在相同条件下，分别用 $Al_2(SO_4)_3$、$FeCl_3$、PAC 三种混凝凝聚剂沉淀同样的水样，用电子显微镜放大不同倍数（0.15 万 ~ 2 万倍）观察所形成的矾花，结果表明：

（1）铁系比铝系混凝剂形成的矾花致密度大，结构紧凑，内聚系数大。如 $FeCl_3$ 形成的矾花内聚系数较大（16.00），PAC 形成矾花的内聚系数较小（10.19）；

（2）高分子凝聚剂的矾花吸附的最大胶粒直径，大于低分子混凝剂吸附的最大胶粒直径。如 PAC 和 $Al_2(SO_4)_3$ 的矾花所吸附最大胶粒粒径分别为 1.85μm 和 1.15μm；

（3）铁系沉淀物的体积远小于铝系沉淀物的体积，试验中得到 $FeCl_3$、PAC 沉淀物的表面容积分别是 40.2mL 和 88.1mL。

18.3.4.2 硫酸亚铁

硫酸亚铁作为凝聚剂其制备方法主要有：铁屑硫酸法、钛白粉副产法和从酸洗废液中冷却结晶分离法。

常用产品为七水合硫酸亚铁（$FeSO_4 \cdot 7H_2O$），俗称绿矾，为蓝绿色单斜晶系结晶或颗粒，无臭无味，熔点 64℃，加热易失去结晶水。易吸潮，在水中的溶解度（g/100 gH_2O）随温度升高而增大（0℃，28.8；100℃，57.8），有腐蚀性，在空气中放置易被氧化成黄色或黄褐色的碱式硫酸铁 $Fe(OH)SO_4$，其水溶液呈弱酸性，亚铁离子有较强的还原性，易与其他阳离子形成复盐。

硫酸亚铁用途不同，要求也不同，国内企业生产和应用中，作为凝聚剂用的硫酸亚铁，可参照执行 GB 10531—89《水处理剂硫酸亚铁国家标准》，主要指标见表 18－8 所列。可参考的国外标准有 DIN 19609—1987《德国工业标准》，ANSI/AWWA B402—85《美国国家标准》等。

表 18－8 GB 10531—89 水处理剂硫酸亚铁主要质量指标

指 标 名 称	指 标/%（水处理级）					
	引用水处理用			工业水处理用		
	优等品	一等品	合格品	优等品	一等品	合格品
硫酸亚铁（$FeSO_4 \cdot 7H_2O$）含量	≥97.0	≥94.0	≥90.0	≥97.0	≥94.0	≥90.0
二氧化钛（TiO_2）含量	≤0.5	≤0.5	≤0.75	≤0.5	≤0.5	≤0.75
水不溶物含量	≤0.2	≤0.5	≤0.75	≤0.2	≤0.5	≤0.75
游离酸（以 H_2SO_4 计）含量	≤0.35	≤1.0	≤2.0			
砷（As）含量	≤0.0005					
重金属（以 Pb 计）含量	≤0.002					

18.3.4.3 聚合硫酸铁

A 制备与性质

聚合硫酸铁（polymerized ferrous sulfate，PFS），化学通式$\{[Fe_2(OH)_n \cdot (SO_4)_{3-n/2}]_m, n<2, m=f(n)\}$，又称聚铁或硫酸聚铁。聚合硫酸铁的制备自 1974 年日本铁矿业株式会社首先取得专利后，欧美等国都相继开发应用了相似的产品。我国于 20 世纪 80 年代初期，由天津化工研究院、冶金部建筑研究院先后研制成功并推广使用。近年来，各国在 PFS 的研究、制备和应用等方面都取得了很大进展。目前市场上供应的 PFS 有液体和固体两种形式。固体产品为淡黄色或浅灰色的树脂状颗粒；液体产品为红褐色或深红褐色的黏稠液，相对密度（20℃）大于 $1.45g/cm^3$，黏度（20℃）在 11mPa·s 以上。产品在储运和使用过程中，对设备基本上无腐蚀作用。PFS 具有以下特点：

（1）药剂用量比较低；

（2）适应的水质条件较宽；基本上不用控制溶液 pH 值；

（3）凝聚速度快、矾花较大、沉降迅速；

（4）具有脱色、除重金属离子、降低水中 COD、BOD 浓度和提高加氯杀菌效果等，是一种优良的无机高分子凝聚剂。

聚合硫酸铁的制备方法因原料来源和催化反应方式的不同而有所差异，一般先选用合适的废铁屑或酸洗废液等制备硫酸亚铁，再用硝酸或亚硝酸钠等作催化剂，经氧化聚合反应合成聚合硫酸铁液体产品。反应原理如下：

$$Fe + H_2SO_4 \longrightarrow FeSO_4 + H_2\uparrow$$

$$6FeSO_4 + 3H_2SO_4 + 2HNO_3 \longrightarrow 3Fe_2(SO_4)_3 + 4H_2O + 2NO\uparrow$$

$$2NO + O_2 \longrightarrow 2NO_2$$

$$2FeSO_4 + NO_2 + H_2SO_4 \longrightarrow Fe_2(SO_4)_3 + H_2O + NO\uparrow$$

总反应方程式：

$$4FeSO_4 + O_2 + (2-n)H_2SO_4 \longrightarrow 2Fe_2(OH)_n(SO_4)_{3-n/2} + 2(1-n)H_2O$$

$$mFe_2(OH)_n(SO_4)_{3-n/2} \longrightarrow [Fe_2(OH)_n(SO_4)_{3-n/2}]_m$$

式中，$m=f(n)$。

国内有人利用钛白粉厂的副产硫酸亚铁和浓硫酸作为原料，所用催化剂也非亚硝酸盐或硝酸，而是选用202催化剂和201助催化剂进行催化氧化，制备聚合硫酸铁。其反应式为：

$$2FeSO_4 + H_2SO_4 + 1/2O_2 \xrightarrow{\text{催化剂、助催化剂}} Fe_2(SO_4)_3 + H_2O$$

$$Fe_2(SO_4)_3 + nH_2O = Fe(OH)_n(SO_4)_{(3-n/2)} + nH_2SO_4$$

$$m[Fe(OH)_n(SO_4)_{(3-n/2)}] = [Fe_2(OH)_n(SO_4)_{(3-n/2)}]_m$$

聚合硫酸铁的产品质量标准，对净水（饮用水）执行国家标准GB14591—93，主要质量指标见表18-9所列。用于矿业固-液分离及矿业废水处理可参考。

表18-9 GB 14591—93 净水剂聚合硫酸铁主要质量指标

指标名称	指标	
	Ⅰ型液体	Ⅱ型固体
外观	红褐色黏稠液体	淡黄色无定形固体
密度（20℃）/g·cm^{-3}	≥1.45	
全铁含量/%	11.0	18.5
还原性物质（以Fe^{2+}计）含量/%	≤0.10	≤0.15
盐基度/%	9.0~14.0	9.0~14.0
pH值（1%水溶液）	2.0~3.0	2.0~3.0
砷（As）含量/%	≤0.0005	≤0.0008
铅（Pb）含量/%	≤0.0010	≤0.0015
水不溶物含量/%	≤0.3	≤0.5

B PFS的凝聚作用

混凝处理过程中，PFS提供多种组分的核羟基络合物时，各组分就开始对矿浆中的微粒或者是对水中的胶体颗粒起多种混凝作用。那些相对分子质量较小的高价络离子被原水中的负电性胶粒和悬浮物吸引进入紧密层，起了压缩胶粒的双电层、降低ζ-电位的作用，使胶粒迅速脱稳聚沉。无机高分子凝结剂的相对分子质量增大，伸展度增大触点增多，粒间的吸附作用增大。在溶液中PFS提供大量的大分子络合物及疏水性氢氧化物聚合体，具有较好的吸附作用。但PFS在溶液中多种核羟基络合物不同于有机高分子絮凝剂，这些高分子物的相对分子质量远小于有机絮凝剂的相对分子质量。其分子的大小与结构特点，使这些络离子在混凝中具有较强的吸附中和作用，因此PFS溶液中的高价大分子络离子在混凝中的主要贡献是吸附中和胶粒的电荷和兼有粒间团聚作用。PFS絮团的表面积大、表面能高，结构紧凑致密有一定的强度，在沉降过程中对胶体颗粒的吸附量大，具有吸附共沉淀作用且容易发生卷扫沉积现象，沉淀物容积小且沉降速度快，大大提高了PFS的混凝效果。

18.3.4.4 复合无机高分子凝聚剂

无机高分子凝聚剂（inorganic polymer coagulator，IPC）是继硫酸铁、三氯化铝及其聚合物等第一代传统凝聚剂之后的第二代无机凝聚剂。它比第一代产品的效能优异，比有机高分子絮凝剂（organic polymer flocculant，OPF）的价格低廉，已成功地应用在城市供水、工业废水、城市污水以及矿山废水、选矿加工固液悬浮的沉降团聚等的过程中，包括前处理、中间处理和深度（完全）处理。然而，无机聚合物凝聚剂虽然优于无机盐类（$AlCl_3$、$Fe_2(SO_4)_3$等），但与传统金属盐类凝聚剂和有机高分子絮凝剂相比，从粒度、相对分子质量、聚合度、选择性以及效果（在凝聚与絮凝之间）等方面都存在差距。因此，人们在不断开发，在第二代产品聚铁、聚铝的基础上寻求各种复合型无机高分子凝聚剂。

复合型无机高分子凝聚剂是指含有铝盐、铁盐和硅酸盐等多种具有凝聚或助凝作用的物质，它们预先分别经羟基化聚合后再加以混合，或先混合再加以羟基化聚合，形成羟基化的更高聚合度的无机高分子形态，具有较单一的无机聚合体凝聚剂更为优异的凝聚性能和对各种细粒及胶体颗粒的混凝沉降效果的产品。目前国内主要有聚合硅酸铝（PASC）、聚合硅酸铁（PFSC）、聚合氯化铝铁、聚合硅酸铁铝、聚合硫酸氯化铝等的产品，另外也有有关铝铁共聚复合凝聚剂、聚磷氯化铁、硅钙复合型聚合氯化铝铁等研究和应用的报道。

A 复合型无机高分子凝聚剂开发的理论依据

在复合凝聚剂中，各组分的适当配比和制备时的最佳工艺应是研究的主要目标，制备过程中和最终产品内各组分的化学形态转化及其综合结果是研究和应用时的关键问题。复合剂中每种组分在总体结构和凝聚－絮凝效果中都会作出“贡献”，但可能在不同方面的作用有正效应或负效应。如何在加强一种效应的同时尽量把另一种不利效应控制在有限程度，应在发展和选用复合凝聚剂时着重考虑，取得综合的净增处理的协同效应是复合改型遵循的原则。

铝铁硅类的无机高分子凝聚剂实际上分别是它们由水解、溶胶到沉淀过程的中间产物，即 Al（Ⅲ）、Fe（Ⅲ）、Si（Ⅳ）的羟基和硅氧基聚合物。铝和铁是阳离子型荷正电，含硅离子是阴离子型荷负电，它们在水溶状态的相对分子质量约为数百到数千，相互结合成具有分形结构的聚集体。

它们的凝聚-絮凝过程是对固液悬浮体颗粒物的电中和与黏附团聚两种作用的综合体现。各类矿物颗粒及污染物的粒度在微米至纳米级，所荷电性不同。因此，凝聚剂的电荷性质、电性强弱和相对分子质量、聚集体的粒度大小是决定其凝聚效能的主要因素。当然水介质与颗粒物的脱稳需求以及投加量和工艺条件的有效匹配也是重要因素。

在复合无机高分子凝聚剂中，铝、硅、铁聚合物的形态组合是决定其有效复合的决定性因素。由于铝硅铁水解聚合反应的速度不同，物种形态的稳定性各异，故控制它们的形态转化条件及程度在制备工艺中是十分重要的。同时，当溶液中最佳凝结形态的聚集体粒度大致在纳米级范围时，可获得低剂量高效能的凝聚-絮凝作用。

单一聚合铝、聚合铁类凝聚剂的弱点是相对分子质量和粒度尚不够高而聚集体的黏附团聚能力不够强，因而常加入粒径较大的硅聚合物来增强凝聚性能。但硅聚合物属于阴离子型，总体电荷会随其加入而降低，从而减弱了电荷中和能力。所以，制备时控制组分的加入量和配比是得到最佳效果的前提之一。

B 聚合复合硅酸硫酸铝（PASS）

在复合无机高分子凝聚剂中 PASS 是较具影响力的。它的制备主要有三种方法：

（1）以含高铝、铝土矿、高岭土等做原料，将其中的 SiO_2、Al_2O_3 等以硅酸盐、铝盐形式提取出来，在一定条件下反应聚合制备聚硅酸铝盐；

（2）将铝盐引入到聚硅酸溶液中；

（3）用硅酸钠、铝酸钠和硫酸铝等做原料在高剪切力工艺条件下制备聚硅酸铝盐。

加拿大 Handy 化学品公司采用高剪切专利技术，将硅酸钠、铝酸钠、硫酸铝等混合，并在一定温度下进行反应而制得储存稳定性特别好、有一定碱化度的 PASS，1989 年该公司首先发表了研究成功的报道，并于 1991 年在加拿大魁北克省的 Laprairie 建成年产 2.7 万 t 的 PASS 生产装置，此后日本和美国也分别建立了年产2万t的工厂，所生产的产品已有广泛应用。

国内对硅铝复合凝聚剂的研究始于20世纪90年代。例如，山东大学高宝玉等将铝盐引入聚硅酸中研制开发了含铝离子的聚硅酸凝聚剂；华东理工大学袁相理等制备了稳定性较好的聚硅酸硫酸铝，适应于室温或更低温度；兰州铁道学院和中国科学院生态环境研究中心常青等采用水玻璃硫酸酸化聚合后加入硫酸铝的方法制备了PASS，并对其制备条件、结构与性能进行了较为深入的研究，认为聚合硅酸硫酸铝的最佳制备条件为pH值5.5~6.0，SiO_2质量分数（浓度）2.0%~3.0%，Al/Si摩尔比0.25时产品较稳定。

聚硅酸作为阴离子型凝聚剂具有很强的黏结聚集能力，活化硅酸是其中的一种形态，但稳定性很差，一直不能成为独立的商品，活化硅酸在传统凝聚剂的应用中是作为硫酸亚铁、硫酸铝的助凝剂分别投加，曾经发挥过很好的作用。把聚硅酸的各种形态与阳离子型的Al、Fe聚合物复合可以增强它们的聚集能力，同时也可以提高聚硅酸的稳定性。实验表明，Al/Si摩尔比是影响PASS凝聚效果的最主要因素，比值为1.0时凝聚效果最佳；PASS投加量有一定影响，而溶液pH值影响最小。

硅酸的聚合是由相邻硅酸分子上羟基脱水的缩聚反应引起的，可形成链状、环状甚至三维体型分子（详见12章）而出现凝胶化。在PASS制备过程中，Al^{3+}可以与聚硅酸链状、环状分子端基氢氧根之间发生络合作用，阻断硅酸凝胶化过程，延长聚硅酸的稳定时间。且X射线衍射的定性分析结果证明，Al^{3+}、SO_4^{2-}等参加了反应，与聚硅酸共同形成了无定形聚合物PASS。

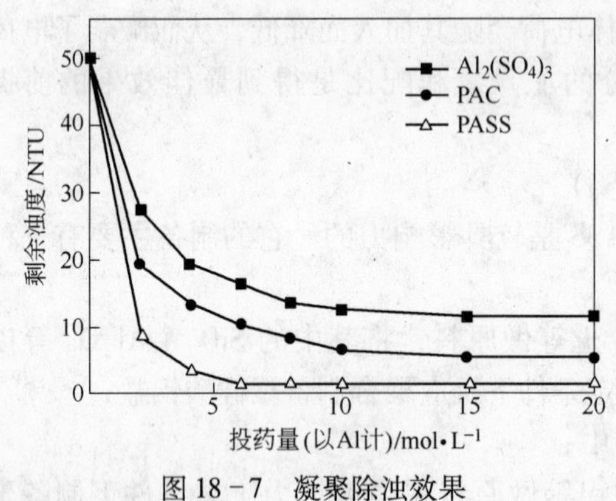

图18-7 凝聚除浊效果

以高岭土和腐殖酸配制低浊高色度水样，浊度50NTU，腐殖酸含量10mg/L，pH值7.5，做容器搅拌混凝试验，分别用LaMOTTE2008型浊度仪和UV-120-20型紫外分光光度计测定水样浊度和色度（254nm吸光度）。比较$Al_2(SO_4)_3$、PAC和PASS的凝结效果（图18-7），PASS除浊性能明显优于$Al_2(SO_4)_3$和PAC，当投加量5mg/L（以Al计）时，配制的低浊高色度水样经混凝沉降后的剩余浊度为2NTU左右。图18-8和图18-9所示分别是PAC、PASS混凝沉淀后的上清液、上清液经0.45μm滤膜过滤后的色度比较。实验结果是未经膜滤时PASS对腐殖酸的去除较PAC有效得多，0.45μm滤膜过滤后两者对腐殖酸的去除基本相同。这表明PASS和腐殖酸形成的絮体密实粗大，不必使用过滤，而PAC与腐殖酸形成的絮团颗粒则细小且松散，PASS凝结能力优于PAC。此外，在不同温度条件下对低浊高色度水进行混凝处理，相比于PAC而言，PASS更能适应水温的变化，这表明PASS在水溶液中凝聚时的水解过程受温度影响较小。

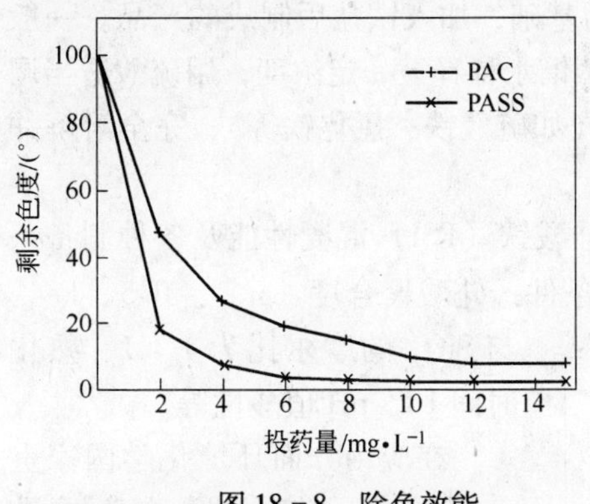

图18-8 除色效能

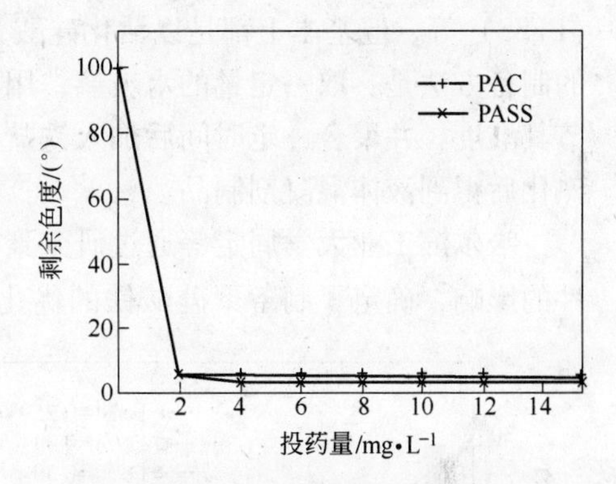

图18-9 除色效能（膜过滤）

C 聚硅氯化铝（PASC）

我国山东大学等单位对聚硅氯化铝的制备性能作了较为深入的研究。其制备方法：

（1）复合法。取一定量的物质量浓度为0.25mol/L的$AlCl_3 \cdot 6H_2O$溶液和一定量的去离子水于烧杯中，采用Dosimat型精密微量自动滴定仪微量滴加物质量浓度为0.5mol/L的NaOH溶液（滴碱速度为0.05mL/min），制备铝浓度（以Al_T表示）为0.10mol/L，碱化度B=2.0的PAC，然后立即向PAC溶液中加入一定量的熟化2h的聚硅酸溶液，可以制备不同Al/Si摩尔比的PASC溶液。

（2）共聚法。取一定量的物质量浓度为0.25mol/L的$AlCl_3 \cdot 6H_2O$溶液于烧杯中，按Al/Si摩尔比分别为5.0、10和15的比例加入一定量的新鲜制备的聚硅酸，加入一定量的去离子水，然后采用Dosimat型精密微量自动滴定仪微量滴加物质量浓度为0.5mol/L的NaOH溶液（滴碱速度为0.05mL/min）至B=2.0，可得Al_T=0.10mol/L，B=2.0的PASC溶液。

聚硅氯化铝制备中铝盐的水解聚合形态及转化特征至关重要。研究了解其过程的方法是Al-Ferron逐时络合比色法和核磁共振Al-NMR法等。了解聚硅氯化铝产品的颗粒大小与相对分子质量分布，有助于解释药剂与固体微颗粒（固液悬浮体系）相互作用机理，并指导高效能凝聚剂的生产制备。基于光散射测量技术的光子相关光谱（PCS）方法和超滤膜方法常用于研究无机高分子凝聚剂的颗粒大小及相对分子质量分布。

D 铁硅复合大分子凝聚剂

在硅铝复合型凝聚剂成功实践的基础上，因铁系凝聚剂的使用优点，以及由于铝系凝聚剂水体溶液中残余的铝对人体健康可能存在的不良影响，许多研究者倾向开发铁硅型复合凝聚剂。

目前国内外报道的铁硅混凝剂尽管缩写和名称有所不同，主要有聚硅酸铁（PSF或PSI）、聚合硅酸铁（PFSiC）、聚合硅酸硫酸铁（PSFS）、聚硅硫酸铁（PFSS）等，但基本上都是以活化硅酸为基础，加入铁盐后制成的产品。一般的制备方法是：取一定量的水玻璃，用蒸馏水稀释至一定浓度，用硫酸适当调节其酸度，并聚合一定时间后加入铁盐（如硫酸铁、氯化铁等），完全溶解并熟化后得到液体混凝剂制品。

哈尔滨工业大学周定等通过研究聚硅酸铁（PSI）混凝性能及各种制备条件的影响，确定了制备聚硅酸铁的优化条件：硅酸聚合度［η］＝0.5、Fe^{3+}与SiO_2的摩尔比为1∶1、熟化时间1d、pH值酸性等。

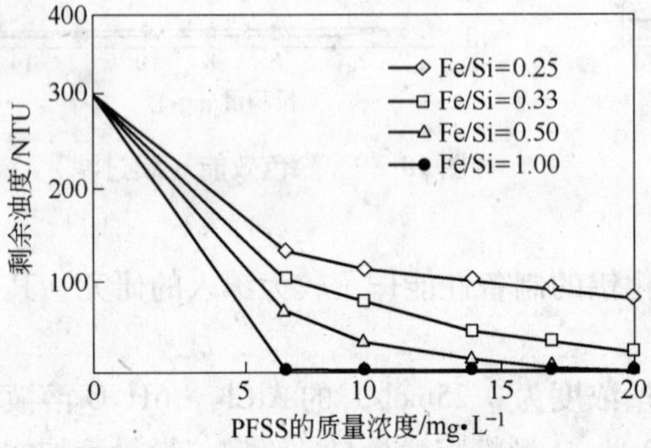

图18－10　PFSS对模拟水样的混凝除浊效果

在应用方面环境化学国家重点实验室研究了聚硅硫酸铁（PFSS）的凝聚性能，以及对煤矿矿井废水、洗煤废水等的凝聚效果。

图18－10所示是Fe/Si摩尔比从0.25增大到1.0时，PFSS对模拟水样的混凝除浊效果（PFSS浓度以SiO_2的mg/L计），可以看出随Fe/Si摩尔比的增大，PFSS混凝除浊效果明显增强。

图18－11给出了不同Fe/Si摩尔比的PFSS对洗煤悬浮废水的混凝除浊效果和煤屑微细胶体颗粒ζ（Zeta）-电位变化情况。洗煤废水水样取自某煤矿，呈浓黑色，浊度高达580NTU，不能自然澄清，pH值为7.76。电泳测定结果表明，PFSS能不同程度地中和煤屑微细胶体颗粒表面的负电荷。当投加量小于2.5mg/L时，不同Fe/Si摩尔比的PFSS对煤屑胶粒电中和的程度没有明显的变化规律；大于2.5mg/L后，其电

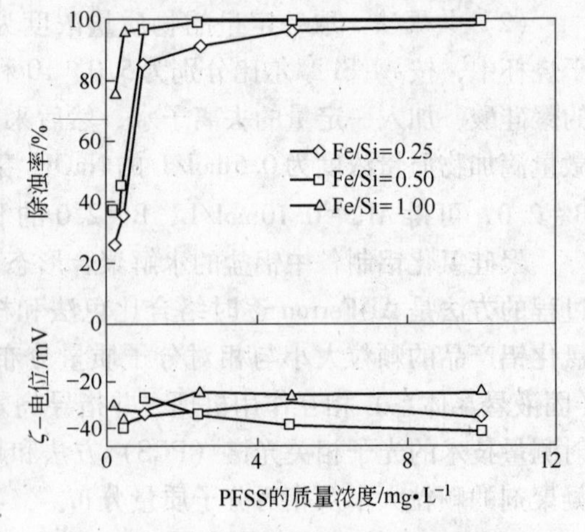

图18－11　PFSS对洗煤废水的混凝除浊效果及ζ-电位变化

中和程度按 Fe/Si 摩尔比 1.0、0.50、0.25 的顺序递减。这主要是由于 PFSS 中所含 Fe^{3+} 浓度不同，导致其与聚硅酸相互作用而生成的水解产物及水解程度不同，造成 PFSS 电中和能力不一样，即随 Fe 含量增加，电中和能力增强。

另外，由图 18-11 可见，PFSS 随 Fe/Si 摩尔比增大，对洗煤废水的混凝除浊团聚效果明显增强。这说明对 PFSS 这类复合型凝聚剂，不能只用电中和能力大小来解释混凝效果，应视为是铁离子、聚硅酸以及铁水解产物对洗煤废水中悬浮胶体颗粒的电中和、吸附连接和黏附卷扫综合作用的结果。

18.4 合成高分子聚合物絮凝剂

自从 20 世纪 50 年代矿物加工工业引入人工合成高分子絮凝剂以来，由于絮凝剂使用效果好、操作简便、有利于微细粒矿物回收精矿脱水和各种废渣（尾矿等）、废水的环境治理，絮凝剂的品种不断增加，产品工艺技术、质量不断提高。到 20 世纪 60 年代絮凝及选择性絮凝已成为选矿及废渣废水处理微细粒矿物进行固-液分离的新工艺。早期研究得比较多的是铁矿的絮凝。1975 年前后的美国蒂尔登（Tilden）选厂的试验研究与成功地应用于生产，标志着絮凝技术中的絮凝、选择性絮凝、选择性絮凝浮选（反浮选）进入了一个新的发展期。

18.4.1 絮凝剂的分类与品种

如前所述，絮凝是指高分子化合物于溶液（矿浆等）中伸展成为线状分子结构，通过桥联作用与固体微粒（固-液体系中）连接在一起，形成具有三度空间的任意的、松散的、多孔性的絮凝体结构的过程。也就是说，只有能够打破固-液平衡体系，使固体微粒相互接触，并与高分子聚合物形成“桥联作用”生成絮凝体的作用称作絮凝作用。而能使颗粒微粒产生絮凝作用的一类有机高分子化合物称为絮凝剂。

絮凝剂门类品种很多。它的分类方法主要有：

（1）按原料来源进行分类。可以将有机絮凝剂分为天然化合物（含后加工产品）絮凝剂和人工合成有机及有机高分子化合物絮凝剂。

1）天然化合物主要有淀粉、糊精、动物骨胶、藻朊、羧甲基纤维素、腐殖酸、可溶性干血粉或血蛋白（脱除纤维素的）、纤维素黄药、甲壳素（chitin）、壳聚糖（chitosan）、古尔胶和单宁（英国专利 1310491）等。这些天然化合物除了作絮凝剂外，更重要的是作抑制剂以及分散剂。因此，这类天然化合物主要放在第 13 章有机抑制剂中和第 17 章脱水沉降、浓缩助剂以及其他相关章节中讨论。本章主要对有关絮凝及选择性絮凝的药剂内容作更深入一步的阐述。

微生物絮凝剂也可以归属天然絮凝剂一类。随着现代科技的发展，生物工程已经成为正在崛起的前沿科学，利用生物工程技术对矿物进行加工处理，不仅有利于矿物回收利用，而且有利于环境保护生态平衡。国内外不同用途的生物药剂及其应用的研究报道及成果不断涌现。为了对矿物加工及其他相关行业生物技术及应用进行系统的介绍，本章仅对涉及生物絮凝剂的内容作简单介绍，具体内容放在第14章生物药剂中作了详细介绍。

2）人工合成絮凝剂。主要是有机高分子聚合物、有机多胺及季铵盐类，同时，也包括天然高分子化合物与人工合成高分子化合物的共聚物。最著名的有机高分子聚合物聚丙烯酰胺及其系列衍生物，占据了高分子絮凝剂市场的半壁江山。

（2）絮凝剂也可以按官能团的性质、聚合度、产品形态进行分类。按官能团极性基离子型分类，有阴离子型、阳离子型和非离子型三种，两性型的高分子絮凝剂的研究及应用也有报道，其中最典型的是聚丙烯酰胺类的两性型产品。表18－10所列为按离子型分类的有机合成絮凝剂适用范围及应用领域。

表18－10 按离子型分类的有机合成絮凝剂使用范围及应用领域

类别	化合物示例	适用范围	应用
阳离子型	聚丙烯酰胺类及季铵盐等	带负电荷或阴离子型的微细颗粒和胶体颗粒及有机物类，pH值为中性至强酸性	含油废水、食品业废水、印染废水、城市污水等
阴离子型	聚丙烯酸钠（铵）和水解PAM等	矿物加工固液分离（精矿、尾矿、废水），重金属盐类及其水合氧化物（胶粒一般带正电荷），pH值为中性至强酸性（较高温度条件下仍有效）	矿物微粒（精矿、尾矿等）浓缩、沉降脱水、过滤、絮凝，精煤废煤絮凝脱水、电镀、纸浆废水
非离子型	聚丙烯酰胺及淀粉等	矿粒、无机质颗粒或无机－有机质混合体系，pH值范围较宽，不易受pH值和金属离子影响，多用于酸性介质	矿物加工及冶炼等工业废水处理、回水利用等
两性型	甜菜碱等	化合物中带有阴离子和阳离子极性基可在不同矿浆条件下对不同粒子进行作用	微细粒矿物及水处理

有机合成高分子絮凝剂因其用量少、pH值适应范围广、受盐类及环境因素影响小，处理效果好（与无机凝聚相比较）等，发展迅速、应用范围十分广泛。表18－11所列为主要的有机合成絮凝剂的分类及品种。

国外有关有机絮凝剂的商品牌号很多，无论是门类或品种都比较全、比较多、用途广、用量大。国外主要絮凝剂商品牌号列于表18－12。

表 18－11 合成有机高分子絮凝剂的分类与重要品种

离子类型	化学名称	结构式	备注
阳离子型	丙烯酰胺-甲基丙烯酸-2-羟基丙酯基三甲基氯化铵共聚物	$\cdots\!\left[CH_2-\underset{\underset{NH_2}{\mid}}{\underset{C=O}{\underset{\mid}{CH}}}\right]_m\!\cdots\!\left[CH_2-\overset{CH_3}{\overset{\mid}{C}}(-C(=O)-O-CH_2-CH(OH)-CH_2-N^+Cl^-(CH_3)_3)\right]_n\!\cdots$	共聚物（季铵盐）
	丙烯酰胺-甲基丙烯酸乙酯基三甲基氯化铵共聚物	$\cdots\!\left[CH_2-\underset{\underset{NH_2}{\mid}}{\underset{C=O}{\underset{\mid}{CH}}}\right]_m\!\cdots\!\left[CH_2-\overset{CH_3}{\overset{\mid}{C}}(-C(=O)-O-CH_2-CH_2-N^+Cl^-(CH_3)_3)\right]_n\!\cdots$	共聚物（季铵盐）
	聚氯化二甲基二烯丙基铵（聚二烯丙基二甲基氯化铵）	$\cdots\!\left[H_2C-CH(-CH_2-N^+Cl^-(CH_3)(CH_3)-CH_2-)CH-CH_2\right]_n\!\cdots$ 或 $\cdots\!\left[CH_2-CH(CH_2)CH-\right.$ 环：CH_2 CH_2 N^+Cl^- $\left.CH_3\ CH_3\right]_n\!\cdots$	均聚物（季铵盐）
	丙烯酰胺-氯化二甲基二烯丙基铵共聚物	$\cdots\!\left[CH_2-\underset{\underset{NH_2}{\mid}}{\underset{C=O}{\underset{\mid}{CH}}}\right]_m\!\cdots\!\left[CH_2-CH(CH_2)CH-\right.$ 环：CH_2 CH_2 N^+Cl^- $\left.CH_3\ CH_3\right]_n\!\cdots$	共聚物（丙烯酰胺-二丙烯二甲基季铵盐）

续表18-11

离子类型	化学名称	结构式	备注
阳离子型	氯化2-羟基丙基二甲基铵-氯化二(2-羟基丙基)烷基铵共聚物	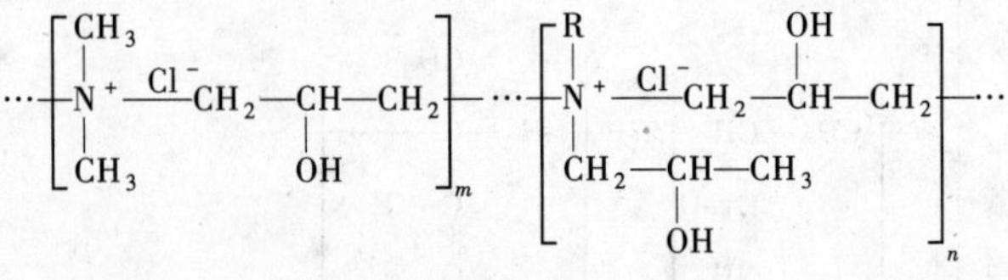 $\cdots\left[N^{+}(CH_3)_2 \ Cl^{-}-CH_2-CH(OH)-CH_2\right]_m\cdots\left[N^{+}(R)(CH_2-CH(OH)-CH_3)\ Cl^{-}-CH_2-CH(OH)-CH_2\right]_n\cdots$	共聚物(季铵盐)
	聚乙烯胺	$\leftarrow CH_2CHNH_2\rightarrow_n$ $\leftarrow CH_2CH(NH_2)\rightarrow_n$	电荷密度与pH值有关(多胺类)
	聚(乙-羟丙基)-1-N-氯化甲铵	$\leftarrow CH_2CH(OH)CH_2N^{+}(H)CH_3\rightarrow_n,Cl^{-}$	电荷密度与pH值有关(多胺类)
	聚(乙-羟丙基)-1-1-N-氯化二甲铵	$\leftarrow CH_2CH(OH)CH_2-N^{+}(CH_3)_2\rightarrow_n,Cl^{-}$	强阳离子型,对pH值不敏感
	聚[N-(二甲氨基甲基)丙烯酰胺]	$\leftarrow CH_2CH\rightarrow_n$, $O{=}C-NHCH_2N(CH_3)_2$	溶液平衡化,电荷密度与pH值有关
	聚(2-乙烯咪唑鎓盐),硫酸氢盐	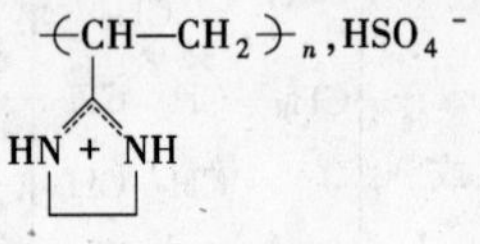 $\leftarrow CH-CH_2\rightarrow_n,HSO_4^{-}$ (CH 连接 HN + NH 咪唑鎓环)	均聚物,电荷密度与pH值有关
	聚(双丙烯二甲基氯化铵)	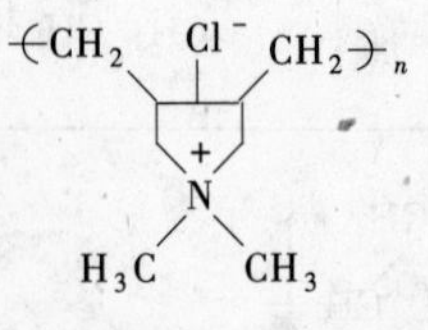 $\leftarrow CH_2$ — 环(N^+(H_3C)(CH_3), Cl^-) — $CH_2\rightarrow_n$	强阳离子型,对pH值不敏感,耐氯
	聚(N,N-二甲基氨乙基-甲基丙烯酸酯)	$\leftarrow CH_2-C(CH_3)\rightarrow_n$, $O{=}C-OCH_2CH_2N(CH_3)_2$	均聚物

续表 18-11

离子类型	化学名称	结构式	备注
阳离子型	聚[N-(二甲氨基丙基)-甲基丙烯酰胺]	$\mathrm{\text{-}\!\!\left(CH_2-C(CH_3)\right)\!\!\text{-}}$ $\mathrm{O=C-NH(CH_2)_3N(CH_3)_2}$	抗水解(叔胺类)
	丙烯酰胺-甲基丙烯酸-2-羟基丙酯基三甲基	$\cdots\left[CH_2-CH(C{=}O)(NH_2)\right]_m\cdots\left[CH_2-C(CH_3)(C{=}O-O-CH_2-CH(OH)-C-(CH_3)_3)\right]\cdots$	
	阳离子型聚丙烯酰胺	$\left(CH_2-CH(CONH_2)\right)_{n_1}$ $\left(CH_2-CH(CO-NH-CH_2-N^+R_1R_2R_3)\right)_{n_2}$	有阳、阴、非及两性系列产品
阴离子型	聚丙烯酸钠(或铵)	$\cdots\left[CH_2-CH(C{=}O)(ONa)\right]_n\cdots$	对pH值不敏感絮、抑、分
	聚苯乙烯磺酸钠(PSS)	$\cdots\left[CH_2-CH(C_6H_4SO_3Na)\right]_n\cdots$	絮、抑、分
	丙烯酰胺-丙烯酸钠共聚物	$\cdots\left[CH_2-CH(C{=}O)(NH_2)\right]_m\cdots\left[CH_2-CH(C{=}O)(ONa)\right]_n\cdots$	与部分水解聚丙烯酰胺相似
	顺丁烯二酸酐-醋酸乙烯酯共聚物	$\cdots\left[CH-CH(C(=O)-O-C(=O))\right]_m\cdots\left[CH_2-CH(O-C(=O)-CH_3)\right]_n\cdots$	

续表 18 - 11

离子类型	化学名称	结构式	备注
阴离子型	甲基乙烯基醚-顺丁烯二酸酐共聚物	$\cdots\!\left[CH(OCH_3)-CH_2\right]_m\cdots\left[CH-CH\right]_n\cdots$（两个 CH 各连 C=O，二者经 O 相连成酸酐环：$C(=O)-O-C(=O)$）	
	α-甲基苯乙烯-顺丁烯二酸钠共聚物	$\cdots\!\left[C(CH_3)(C_6H_5)-CH_2\right]_m\cdots\left[CH(COONa)-CH(COONa)\right]_n\cdots$	
	甲基丙烯酸甲酯-顺丁烯二酸钠共聚物	$\cdots\!\left[C(CH_3)(COOCH_3)-CH_2\right]_m\cdots\left[CH(COONa)-CH(COONa)\right]_n\cdots$	
	苯乙烯-丙烯酸钠共聚物	$\cdots\!\left[CH(C_6H_5)-CH_2\right]_m\cdots\left[CH(COONa)-CH_2\right]_n\cdots$	
	乙烯醇-丙烯酸钠共聚物	$\cdots\!\left[CH(OH)-CH_2\right]_m\cdots\left[CH(COONa)-CH_2\right]_n\cdots$	
	聚丙烯酰胺阴离子型系列	$\left(CH_2-CH(CONH_2)\right)_{n_1}-\left(CH_2-CH(COONa)\right)_{n_2}$ $\left(CH_2-CH(CONH_2)\right)_{n_1}-\left(CH_2-CH(CO-NH-CH_2-OH)\right)_{n_2}\ \ \left(CH_2-CH(CO-NH-CH_2-SO_3Na)\right)_{n_3}$	
非离子型	聚乙烯醇	$\cdots\!\left[CH(OH)-CH_2\right]_n\cdots$	

续表 18-11

离子类型	化学名称	结构式	备注
非离子型	聚乙烯基甲基醚	$\cdots\left[\underset{\displaystyle O-CH_3}{CH}-CH_2\right]_n\cdots$	
	聚丙烯酰胺(PAM)	$\cdots\left[\underset{\displaystyle \underset{\displaystyle NH_2}{C=O}}{CH}-CH_2\right]_n\cdots$	
	聚氧化乙烯(PEO)	$\cdots[CH_2-CH_2-O]_n\cdots$	
	聚乙烯吡咯烷酮	$\cdots\left[CH_2-\underset{\displaystyle N(CH_2-CH_2-CH_2-C{=}O)}{CH}\right]_n\cdots$	
	聚醋酸乙烯酯水解产物	$\cdots\left[\underset{\displaystyle OH}{CH}-CH_2\right]_m\cdots\left[\underset{\displaystyle O-\underset{\displaystyle O}{\overset{\Vert}{C}}-CH_3}{CH}-CH_2\right]_n\cdots$	
	聚α-氰基丙烯酸甲酯	$\cdots\left[CH_2-\overset{\displaystyle CN}{\underset{\displaystyle \underset{\displaystyle OCH_3}{C=O}}{CH}}\right]_n\cdots$	
	烷基酚-聚氧乙烯醇	$R-C_6H_4-O[CH_2-CH_2-O]_nH$	
两性型	聚丙烯酰胺两性系列	$\left[\underset{\displaystyle CH_2-\underset{\displaystyle R\;\;R}{N^+}-CH_2}{\overset{\displaystyle CH_3\quad CH_3}{CH\quad CH}}\right]_l\left[CH_2-\underset{\displaystyle \underset{\displaystyle NH_2}{C=O}}{CH}\right]_m\left[CH_2-\underset{\displaystyle \underset{\displaystyle O^-K^+}{C=O}}{CH}\right]_n$	
	聚胺基羧酸类化合物		含羧基聚胺

表18－12 国外主要絮凝剂商品牌号和厂商

商品牌号	厂 商	类型名称
accofloc	1. mitsui－cyanamid Ltd.,(日本)	聚丙烯酰胺(阴、阳、非离子型)
amerfloc	2. drew chemical Corp(美)	同上,聚胺及季铵类,环氧聚乙烯聚合物
aquafloc	3. dearborn chemical(美)	聚丙烯酰胺(阴、阳、非离子型)
aronfloc	4. toagosei chemical industry Co.(日本)	
betz polymer	5. betz laboratoried,Inc(美)	
bozefloc	6. nober－hoechst(法)	
calgon	7. the calgon Corp (Merck & Co.)(美)	聚胺及季铵类,环氧化聚合物(POE).PAM.
catfloc		
coagulant aid		聚丙烯酰胺(阴、阳、非离子型PAM)
cyfloc	8. American cyanamid Co.(美)	
drewfloc	drew chemical Corp(美)	聚丙烯酰胺(阴、阳、非离子型PAM)(如A-100,A-110,A-130,阴离子型PAM)
diaclear	9. mitsubishi chemical industry(日本)	聚丙烯酰胺(阴、阳、非离子型)
fennofloc	10. KEMIRA Oy(芬兰)	
flocogil	11. rhone－poulenc(法)	
floerger	12. floerger(法)	
hercofloc	13. hercules,Inc.(美)	聚丙烯酰胺(阴、阳、非离子型)
himoloc	14. kyoritsu yuki(日本)	
hi－set	15. dai－ichi kogyo seiyuku Co.(日本)	
magnafloc	16. allied colloids Ltd.(英国)	
magnifloc	American cyanamid Co.(美)	聚丙烯酰胺(阴、阳、非离子型),聚胺类,季铵类
montrek	17. the dow chemical Co.(美)	
nalco	18. nalco chemical Co.(美)	
nalcolyte		
nopcofloc	19. diamond shamrock(美)	聚丙烯酰胺(阴、阳、非离子型),聚胺类,季铵类,POE等
PEI	the dow chemical Co.(美)	聚丙烯酰胺(阴、阳、非离子型)
percol	allied cdloids Ltd.(英国)	
polyfolc	the calgon Corp (Merck & Co.)(美)	聚丙烯酰胺(阴、阳、非离子型),聚胺类,季铵类

续表 18-12

商品牌号	厂　商	类型名称
polyox	20. union carbide Corp(美)	POE 等
praestol	21. chemische fabrik stocknausen & cie (德)	聚丙烯酰胺(阴、阳、非离子型),季铵盐,聚胺类,POE 等
primafloc	22. sandoz(美)	季铵盐类,聚胺类
purifloc	the dow chemical Co.(美)	聚丙烯酰胺(阴、阳、非离子型)
rohafloc	23. rohm G. M. B. H(德)	
sandolec	sandoz(美)	聚胺类,季铵类,POE
sanfloc	24. sanyo chemical industries(日本)	聚丙烯酰胺(阴、阳、非离子型),聚胺类,季铵类
sanpoly	25. sanyo chemical industries, Ltd.(日本)	
sedipur	26. BASF A. G.(德)	
separan	the dow chemical Co.(美)	
sumifloc	27. sumitomo chemical co. Ltd.(日本)	
superfloc	American cyanamid Co.(美)	聚丙烯酰胺(阴、阳、非离子型),聚胺类,季铵类,POE 及其他
versa-TL	28. national starch corp(美)	
zetag	allied colloids Ltd.(英国)	聚丙烯酰胺(阴、阳、非离子型)
crofloc CF A30 & A80	29. crofied Co.(英)	阴离子型
coofloc CF No. 1		非离子型
profloc		脱除纤维素的可溶性干血及血蛋白加工的胶
fibrefloc		脱除纤维素的可溶性干血及血蛋白加工的胶
burtonite No. 78		古耳(guar)树胶精制液
glu-beeds No. 22		骨胶(动物蛋白)
guartec star		古尔胶(半乳糖聚甘露糖)
guar jaguar		
kelgin w		藻朊(海藻酸,algin)
kelcosol		
peter cooper std. No. 1 zetex, zeten 等		动物胶(长链)
P. M. Colloid No. 4,5		氧化动物蛋白(精制)

续表 18-12

商品牌号	厂　商	类 型 名 称
	J. T. Baker 公司(新泽西州)	糊精(相对分子质量 >900)
	BDH 公司	支链淀粉(相对分子质量 20000000,分析纯)
	polysciences 公司	羧甲基纤维素(相对分子质量 250000,分析纯)
	A and B ingrediont 公司(比利时)	世界最大的淀粉生产公司,生产各种淀粉及衍生物

18.4.2 絮凝剂与微细矿粒的作用机理

絮凝剂与固液悬浮体系中颗粒的相互作用，与两者的物理性质和化学性质有着密切关系，药剂在矿物表面的吸附固着可以是物理的或者是化学的吸附，也可以两者兼有。

18.4.2.1 物理吸附力

(1) 静电力（库仑力）。这是聚电解质絮凝剂在带异性电荷表面上的吸附力。例如阴离子型的聚丙烯酰胺在荷正电荷的萤石、重晶石、方解石上的吸附；阳离子型的聚丙烯酰胺在黏土矿物上的吸附。这种吸附的键合能可大于48KJ，因此吸附几乎是不可逆的。荷电官能团数目众多的絮凝剂对多个颗粒发生吸附，主要是依靠静电力在矿粒表面双电层吸附，通过絮凝剂长链的"桥联"和极性基中和矿物表面电荷的双重作用，使分散微细颗粒，连接成较大的絮团。

(2) 偶极吸引力。非离子絮凝剂是由偶极或诱导偶极在离子晶体上发生吸附。例如，非离子型的聚丙烯酰胺在萤石上的吸附。这种作用的键合能较弱（<9.6kJ/mol）。

(3) 范德华引力。这种力量是暂时偶极作用力，是中性分子或原子间的吸引力，其能量为9.6~48kJ/mol。在分散颗粒间都存在这种相互吸引力。

(4) 疏水键合分子的非极性基与疏水固体表面的键合。

18.4.2.2 化学吸附力的作用

(1) 共价键和离子键。絮凝剂的官能团与固体表面上的金属离子通过共价键或离子键形成不溶化合物。例如聚丙烯酸在含钙矿物如方解石、磷灰石、白钨矿上的吸附，在固体表面上形成了聚丙烯酸钙的沉淀。这种化学键的键能通常大于48kJ/mol。

(2) 配位键。絮凝剂借配位键在固体表面上形成络合物或螯合物而固着。

例如，聚乙烯亚胺对 $CuCO_3$ 的絮凝及螯合聚合物聚丙烯酰胺-乙二醛-双羟缩苯胺（PAMG）对铜矿物的絮凝就属这种情况。

（3）氢键。在有机化合物中，当氢原子与负电性强的原子（O、S、N）连接时，这个氢原子能够从固体表面的原子接受电子而形成氢键。例如，从氧化矿物水化表面的—OH 基的 O 原子接受电子对时，这个质子在两个负电性原子间共振。这种键视两个负电性原子间的距离不同，键能介于 9.6 ~ 48kJ/mol 间。可作为例子的有非离子型聚丙烯酰胺在氧化物表面氢氧基上的吸附。非离子型聚丙烯酰胺的—C（O）—NH_2 基与金属氧化矿物或者其他具有高电负性元素的矿物表面间形成较强的氢键缔合作用，并通过自身分子长链上的许多酰胺基同时吸附在几个、几十个甚至几百个微细矿粒上，把分散的微细矿粒"桥联"成较大的絮团。

表面上的特性化学吸附也可以发生在同号电荷间，例如阴离子絮凝剂聚苯乙烯磺酸盐 $[CH_2—CH—(C_6H_4—SO_3)^-]_n^{n-}$ 在负电荷石英表面上的特性化学吸附。吸附是靠范德华力或强力碰撞而产生。

18.4.2.3 絮凝剂的絮凝特性

（1）有机高分子絮凝剂的结构和类型的作用

合成有机高分子絮凝剂的分子结构中，一般可分为极性基团、非极性或弱极性的长分子链两部分，它们共同组成了柔性分子链。

絮凝剂的极性基团在水溶液中会产生电离或水合离解，决定了药剂存在的电荷形式，例如，丙烯酸、甲基丙烯酸、顺丁烯二酸酐等均聚物及其共聚物，在水中常常是以阴离子形式起主要作用；聚丙烯酰胺、聚乙烯醇、某些淀粉化合物等，在水中常常是以中性分子（非离子型）的形式在起作用；而某些聚胺类化合物，则常常是以阳离子形式起主要作用；另外还有既带正电荷又带负电荷的聚胺基羧酸类两性型的高分子絮凝剂。除了非离子型高分子化合物以外，絮凝剂分子主链上的官能团在水中能解离出正离子，或吸附水中的正离子，形成带有电荷的基团。例如聚丙烯酸钠在水中即能解离出钠正离子，分子链上则生成带负电荷的羧基负离子。絮凝剂高分子链上的官能团的带电形式对带异号电荷的胶体颗粒会产生电荷中和或压缩双电层的作用，使得矿浆或胶体颗粒体系脱稳。

非离子型聚丙烯酰胺是以螺旋状的形式出现，当聚合物水解后，负电荷彼此排斥，螺旋状的分子被打开。有研究者认为，这种排斥效应对具有长柔性分子链的聚合物絮凝剂是相当重要的，絮凝过程中的架桥作用主要归因于阴离子型聚合物具有长链的关系。也可以通过被固体微粒吸附的离子型高分子絮凝剂的非极性基团之间相互作用，使微细颗粒聚集起来。显然这种相互作用是比较弱的，一旦浓度、条件等稍有变化，则这种架桥作用便可被破坏，凝聚作用也即停止。

（2）聚合物与胶体颗粒表面的作用

在聚合物絮凝剂如聚丙烯酸钠、水解聚丙烯酰胺等分子的长碳链中，由于碳碳单键在一般条件下是可以自由旋转的，主链的碳碳单键的键角大约为109°28′，再加上聚合度 n 值一般在10～100之间，即主链相当长，在水介质中，主链不是直线的，而是弯曲的或卷曲的，因此可以将其形象地看作带有多个负电荷的卷曲的线状分子。絮凝剂的非极性基团与微细胶体颗粒之间，由于氢键和范德华力的作用，分子主链上的多个部位可能被固体微粒所吸附，在固体微粒之间呈架桥形式，使得固体微粒相对地聚集起来。

（3）聚合物对胶体颗粒的凝聚与分散作用

当水介质中的固体微粒密度比较大，相对的聚电解质的浓度又比较低时，絮凝剂因架桥作用而引起的絮凝是主要的，然而当水介质中的固体微粒密度比较低、相对的聚电解质的浓度又比较高时，或者已被絮凝的部分扩散到相对聚电解质浓度比较高的区域时，则会发生分散的过程，如图18－12所示。

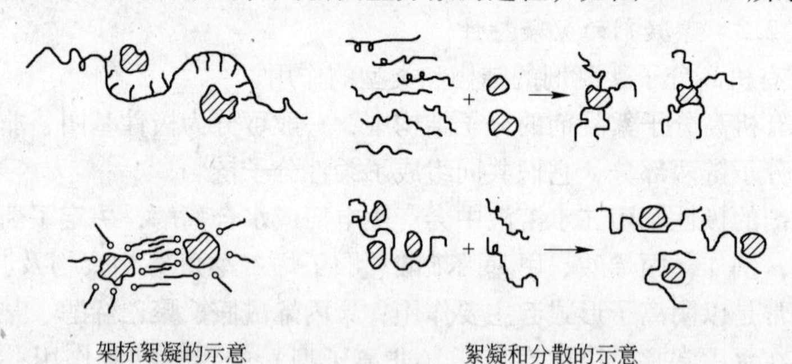

图18－12 聚合物与胶体颗粒之间的凝聚与分散作用

这种状态下的絮凝和分散，在一定条件下，是可以转化的。尽管它们在现象上是完全不同的，但在机理上却是类似的。例如对氧化铁的固体微粒（微粒界面带正电），当阴离子型的聚电解质聚苯乙烯磺酸钠物质量浓度达到 1×10^{-6} mol/L时，体系就会有如下的过程：分散→部分絮凝→絮凝→部分絮凝→分散。

聚合物与胶体颗粒之间的相互作用，不仅和聚电解质的类型、浓度以及液体介质等因素有关，还与介质的温度、pH值、存在的其他电解质的种类和浓度有关，相同的聚电解质对不同的被分散或絮凝的固体粒子种类也有完全不同的作用。溶液pH值与离子强度会影响聚合物链长的延伸性、粒子间的排斥力、聚合物分子在粒子间的吸附度、吸附聚合物分子的相互作用等。如聚丙烯酸钠对碳酸钙等固体微粒，在介质pH值较高时，表现出絮凝性质，在pH值较低时，表现出分散的性质，在pH＝8.5时有最大的絮凝程度。再如同一种阳离子型高分子絮凝剂，对带有正电的固体粒子有上述的现象，但对带负电的固体粒子，就影响不大。

18.4.2.4 絮凝剂的选择性吸附

一般情况下，静电引力的吸附缺乏选择性，氢键引起的吸附其选择性也较差，但是静电作用力可以调节不同矿物表面电位，给絮凝剂的选择性提供条件。对特定金属离子矿物表面含有亲和力官能团的絮凝剂的化学吸附最具选择性。而对矿物表面具有竞争力的调整剂，可以作为活化剂或抑制剂。所以，为了使选择性絮凝获得成功，使细磨矿浆呈现良好的悬浮分散状态十分必要，往往需要先添加分散剂防止“杂絮”、“包覆”，使矿浆充分分散，在分散的基础上进行选择性絮凝。

为达到有效的选择性絮凝，矿物表面的表面化学、电化学、溶液化学性质、介质的 pH 值、可能存在的电解质性质等的影响应该充分考虑。

在絮凝剂方面，其选择性吸附可由引入的活性官能团与矿物表面上特定金属离子形成难溶化合物或稳定络合物来达到。例如，使用带有羟肟基的聚丙烯酰胺螯合络合絮凝剂。按络合物的结构理论，电子对给予体 O 或 F 倾向于选择性地与具有惰性气体构型的金属阳离子，如 Ba^{2+}、Ca^{2+}、Mg^{2+}、Al^{3+}、Ti^{4+} 等结合；含有 S 或 N 的配位原子的配位体较能选择地与具有 d^8 ~ d^{10} 电子构型的金属阳离子，如 Ag^+、Cu^+、Cd^{2+} 等结合；具 d^0 ~ d^9 电子构型的金属阳离子，如 Cu^{2+}、Ni^{2+}、Fe^{2+}、Mn^{2+} 等，也和 d^8 ~ d^{10} 类阳离子一样，与 S 或 N 的配位原子的结合比与 O 或 F 的结合更稳固。

因此，在某些高分子有机化合物中引入特定官能团，可以使它在絮凝作用中具有选择性，从而能作为选择性絮凝剂。

研究表明，絮凝剂在矿粒表面的吸附量达 50% 单分子层的覆盖率（半饱和状态）时絮凝效果最佳。用量过多或过少对絮凝效果均不利，特别是用量过大时不仅破坏选择性，而且使矿粒表面在未絮团之前就被絮凝剂分子包覆，这时因没有空白位置去吸附已键合在其他矿粒表面上的絮凝剂使桥联作用失去，同时也增大了空间位阻效应，引起分散的负效应。高分子絮凝剂使用时应配成稀溶液（如质量分数 0.1%）使用，保证长分子链的充分伸展、分散。此外，有机高分子絮凝剂的相对分子质量有从几万、几十万、几百万到几千万的不同产品规格、用途，选择适当的相对分子质量十分重要。絮凝剂选择不当则变成分散剂、抑制剂等。

18.4.3 絮凝剂的制备与性能

18.4.3.1 有机合成高分子絮凝剂的制备

高分子絮凝剂的种类繁多，制备方法也多种多样，国内外每年都有许多专利、文献报道，在此，仅对某些具代表性的絮凝剂的制备合成方法作一简单的介绍。

A 非离子型絮凝剂的制备

在非离子型合成高分子絮凝剂中，研发最早、生产技术、工艺、方法最成熟、使用量最大、应用范围最广的典型产品是聚丙烯酰胺（PAM）。PAM最早是在1893年由Moureu用丙烯酰氯与氨在低温下反应制得的。早期的PAM工业化生产是使用丙烯腈为原料，在铜催化剂作用下水解反应制备聚合单体丙烯酰胺（AM），再经自由基型聚合反应制得。

聚丙烯酰胺由于聚合或水解的条件不同，组成与化学活性可以有相当大的差异。属于这一类型的商品浮选药剂名称也多种多样。例如絮泊元（separan）NP10，NP20及AP30，絮泊元2610，爱罗弗洛克(aerofloc)(R)550、(R)3000及(R)3171。同样的聚丙烯腈部分水解产物在俄罗斯名为ПАНГ－55及56，或者叫做ПАА（聚丙烯酰胺 Полиакриламид 的缩写字），或者叫做絮凝剂-АМФ。日本生产的叫做兴南弗罗100。我国生产的聚丙烯酰胺叫做3号凝聚剂(或3号絮凝剂)。

1954年最先应用到浮选上来的是絮泊元2610。它是丙烯酰胺高分子聚合物，其分子中部分的酰胺基已水解成羧酸基（阴离子型）。

聚丙烯酰胺的制备可以用反应方程式示意如下：

$$\underset{\text{电石}}{CaC_2} \xrightarrow{H_2O} HC \equiv CH \xrightarrow{HCN} CH_2{=}CH{-}C \equiv N \ (\text{丙烯腈})$$

$$\underset{\text{丙烯(石油裂解)}}{CH_3CH{=}CH_2} \xrightarrow[O_2]{NH_2} CH_2{=}CH{-}C \equiv N$$

$$CH_2{=}CH{-}C \equiv N + H_2O \xrightarrow[\text{或铜催化}]{H_2SO_4\text{催化}} CH_2{=}CH{-}\overset{\overset{O}{\|}}{C}{-}NH_2$$

$$CH_2{=}CH{-}\overset{\overset{O}{\|}}{C}{-}NH_2 + H_2O \xrightarrow[\text{(引发剂)}]{K_2S_2O_8} \left[CH_2{-}\underset{\underset{O=C-NH_2}{|}}{CH} \right]_n$$

早期制备PAM所用单体丙烯酰胺（AM）是由丙烯腈（AN）经硫酸催化水合制得（硫酸法）。1970年之后，开发了生产AM的固定床催化法、悬浮催化法和微生物法等工艺技术，而且均已实现了工业化。

固定床非均相催化法制丙烯酰胺所用的催化剂有Cu-Al、Cu-Cr、Cu-Zn，其中以Cu-Al催化剂较为理想，这种催化剂是骨架铜和质量分数50%的电解铝在1200～1300℃下熔融得铜铝合金，然后碎成1～2.5mm，放入质量分数

25%的 NaOH（碱用量为 ω（NaOH）：ω（Cu-Al）=1.8：1）水溶液中，于40℃浸泡2～3h。用无离子水洗去 NaOH，pH=7～7.5，再用酒精洗两次，并保存在酒精中，用时取出。

将质量分数7%～26%的丙烯腈和水的混合液，由定量泵注入装有骨架铜催化剂反应器中，连续进行水合反应，生成的丙烯酰胺连续流出，进入蒸馏塔进行减压蒸馏，蒸出含有少量未反应的丙烯腈的水，得到粗丙烯酰胺溶液。用这种方法生产的粗丙烯酰胺，一般是不能直接用来聚合的（质量好除外），因为粗丙烯酰胺中含有杂质，特别是 Cu^{2+}（500×10^{-4}%左右）及 SO_4^{2+} 离子不除去，不能聚合，所以必须经过净化。

净化的方法是将粗丙烯酰胺溶液依次通过已再生好的阳离子交换树脂和阴离子交换树脂，以除去 Cu^{2+} 离子和 SO_4^{2-} 等杂质，收集纯净的丙烯酰胺溶液。

制造质量分数8%的聚丙烯酰胺是将已净化的质量分数8%的丙烯酰胺溶液放入反应器中，当温度升至60℃时，加入质量分数0.04%（以纯丙烯酰胺计）$K_2S_2O_8$ 引发剂，并搅拌均匀，约经20～30min 溶液即开始变黏，此时应慢慢地不断搅拌，约0.5h 即聚合完毕，保温1h，放置过夜，即可包装。

质量分数8%的聚丙烯酰胺，含水分90%以上，装包和运输都不方便。可采用质量分数30%～40%的净化丙烯酰胺溶液，加入煤油或汽油作分散剂，再加少量乳化剂，在搅拌下使水油形成稳定的乳液，加热至60～70℃，加入引发剂 $K_2S_2O_8$ 则发生聚合反应。聚合的乳液用酒精沉析，在搅拌下加入酒精，聚丙烯酰胺中的水分溶于酒精，聚丙烯酰胺不溶于煤油与酒精而析出，过滤得粉状聚丙烯酰胺。

B 阴离子型高分子絮凝剂的制备

（1）部分水解的聚丙烯酰胺（HPAM）。可以用非离子型聚丙烯酰胺部分水解制得，也可以用丙烯酰胺和丙烯酸共聚制得类似物。

在阴离子型有机高分子絮凝剂中，已经商品化并具较强竞争力的品种是部分水解的聚丙烯酰胺及其衍生物，类似于丙烯酰胺-丙烯酸共聚物。其制备方法一般是采用聚丙烯酰胺部分水解，反应式为：

$$\cdots\left[\begin{array}{c}CH_2-CH\\ \qquad|\\ \qquad C{=}O\\ \qquad|\\ \qquad NH_2\end{array}\right]_{m+n}\cdots + nH_2O \xrightarrow[\text{加热}]{\text{催化剂}}$$

$$\cdots\left[\begin{array}{c}CH_2-CH\\ \qquad|\\ \qquad C{=}O\\ \qquad|\\ \qquad NH_2\end{array}\right]_{m}\left[\begin{array}{c}CH_2-CH\\ \qquad|\\ \qquad C{=}O\\ \qquad|\\ \qquad OH\end{array}\right]_{n}\cdots + nNH_3\uparrow$$

用丙烯酰胺与丙烯酸共聚是通过溶液、乳液或丙酮水沉淀三种方法，制备丙烯酰胺-丙烯酸共聚物产品：

$$\cdots\left[\begin{array}{c}CH_2-CH\\ \quad\;|\\ \quad\;C=O\\ \quad\;|\\ \quad\;NH_2\end{array}\right]_m\cdots + \cdots\left[\begin{array}{c}CH_2-CH\\ \quad\;|\\ \quad\;C=O\\ \quad\;|\\ \quad\;OH\end{array}\right]_n\cdots \xrightarrow{\text{引发剂}}$$

$$\cdots\left[\begin{array}{c}CH_2-CH\\ \quad\;|\\ \quad\;C=O\\ \quad\;|\\ \quad\;NH_2\end{array}\right]_m\left[\begin{array}{c}CH_2-CH\\ \quad\;|\\ \quad\;C=O\\ \quad\;|\\ \quad\;OH\end{array}\right]_n\cdots$$

部分水解的聚丙烯酰胺产品中，酰胺基与羧基的比例决定了共聚物产品的性质。作为絮凝剂，该产品羧基含量一般在5%～30%之间，相对分子质量在5×10^6左右。HPAM是PAM系列产品或衍生物产品之一。PAM是非离子型，HPAM为阴离子型。PAM还有阳离子型系列衍生产品和两性型产品。

（2）聚丙烯酸PAA及其钠盐。聚丙烯酸的单体是丙烯酸，其制备方法主要有两种：一是丙烯经由丙烯腈水解制备：

$$CH_2=CH-CH_3 + NH_3 + \frac{3}{2}O_2 \xrightarrow[470℃]{\text{含铈、磷铝酸铋催化剂}}$$

$$CH_2=CH-CN + 3H_2O$$

$$\underset{\text{丙烯腈}}{CH_2=CH-CN} + 2H_2O \xrightarrow{H_2SO_4} \underset{\text{丙烯酸}}{CH_2=CH-COOH} + NH_4HSO_4$$

二是由丙烯直接氧化：

$$CH_2=CH-CH_3 + O_2 \xrightarrow[\text{压力}]{500\sim750℃} CH_2=CH-COOH$$

聚丙烯酸由丙烯酸单体直接在水介质中自由基反应聚合而成：

$$nCH_2=CH-COOH \xrightarrow[CH_3-CH(OH)-CH_3]{(NH_4)_2S_2O_8} \left[\begin{array}{c}CH-CH_2\\ |\quad\;\;\\ COOH\quad\end{array}\right]_n$$

聚合温度控制在60～100℃，以过硫酸铵［$(NH_4)_2S_2O_8$］作引发剂。异丙醇作控制相对分子质量调节剂，它不仅可以使相对分子质量分布范围较窄，还有降低黏度、移走反应热的作用。低控制相对分子质量（$M_W<1\times10^4$）的PAA作为选矿及阻垢分散剂，也可作抑制剂，高相对分子质量的PAA作为絮凝剂。另外产品也可以用烧碱中和得到的钠盐作为选矿及阻垢分散剂。也可制成铵盐使用。

（3）磺化聚丙烯酰胺的合成。磺化聚丙烯酰胺的原料聚丙烯酰胺为白色粉末，易溶于水，也有胶体状产品，但以粉状为好。磺化聚丙烯酰胺用聚丙烯酰胺与磺化剂亚硫酸钠（亚硫酸钠和36%～38%的甲醛溶液）进行磺化反应。PAM杂质含量低于5%，游离丙烯酰胺低于1%，水解度2%，平均相对分子质量$4\times10^6\sim9\times10^6$。由于聚丙烯酰胺是长碳链高分子聚合物，为防止反应过于剧烈发生断键降解，磺化反应不用SO_3和发烟H_2SO_4强磺化剂，所以采用温和的Na_2SO_3，反应式如下：

$$\cdots\left[CH_2-\underset{\underset{CONH_2}{|}}{CH}-CH_2-\underset{\underset{CONH_2}{|}}{CH}\right]_n\cdots\xrightarrow{HCHO}\cdots\left[CH_2-\underset{\underset{CONHCH_2OH}{|}}{CH}-CH_2-\underset{\underset{CONH_2}{|}}{CH}\right]_n\cdots$$

$$\cdots\left[CH_2-\underset{\underset{CONHCH_2OH}{|}}{CH}-CH_2-\underset{\underset{CONH_2}{|}}{CH}\right]_n\cdots\xrightarrow{Na_2SO_3}\cdots\left[CH_2-\underset{\underset{CONHCH_2SO_3Na}{|}}{CH}-CH_2-\underset{\underset{CONH_2}{|}}{CH}\right]_n\cdots$$

因为反应在碱性介质中进行，不可避免地有一部分酰胺基水解成羧酸基，也不定期有一部分羟基未被$-SO_3Na$取代，故磺化后的最终产物除含磺酸基、酰胺基的主产物外，还含磺甲基、羟甲基、羧基和酰胺基的多官能团产品，据资料介绍，以下列形式存在：

$$\cdots\left(CH_2-\underset{\underset{CONH_2}{|}}{CH}\right)_n\cdots-+HCHO+Na_2SO_3\longrightarrow$$

$$\left(CH_2-\underset{\underset{COONa}{|}}{CH}\right)_n\left(CH_2-\underset{\underset{CONH_2}{|}}{CH}\right)_n\left(CH_2-\underset{\underset{CONHCH_2OH}{|}}{CH}\right)_n\left(CH_2-\underset{\underset{CONHCH_2SO_3Na}{|}}{CH}\right)_n$$

磺化反应速度与介质pH值及温度有关，当pH=10时，甚至温度在70～75℃加热2h也未有明显的反应发生，当pH值升高到10.5时，反应则明显地进行，只在50℃就有60%甲醛发生了反应。当反应在70℃进行，则最初反应速度大于50℃时的速度。合成磺化聚丙烯酰胺的原料聚丙烯酰胺的平均相对分子质量及分节整齐（单元结构规律性及聚合度）与否是决定产品絮凝性能的重要因素，要提高絮凝能力，必须选择分子规整且平均相对分子质量大的聚丙烯酰胺为原料。

磺化聚丙烯酰胺无色、无臭、无毒，水溶性极好。对细粒石英质铁矿石有较好的选择性絮凝作用。磺化聚丙烯酰胺与天然淀粉同时对山西岚县铁矿石进行絮凝对比。矿样主要金属矿物为假象赤铁矿和半假象赤铁矿；主要脉石矿物为石英、方解石及铁白云石，金属矿物和脉石的嵌布粒度极细，大部分颗粒小于0.045mm。用磺化聚丙烯酰胺一次选择性絮凝脱泥，可脱除产率为22.60%、铁品位为9.15%的矿泥；经二次絮凝脱泥可脱除产率为31.70%、铁品位为8.8%的矿泥，沉砂铁品位达43.85%，为下一步浮选创造有利条件。

在同样的条件下，玉米淀粉一次选择性絮凝脱泥，可脱除产率为24.45%、铁品位为7.05%的矿泥；经二次絮凝脱泥可脱除产率为31.23%、铁品位为7.20%的矿泥。相比之下，在选择性方面磺化聚丙烯酰胺比玉米淀粉略差，但絮凝能力比玉米淀粉强，用量仅为玉米淀粉几十分之一。

（4）含羟肟基聚丙烯酰胺制备。烷基羟肟酸是锡石的有效捕收剂，以石英为主要脉石的锡石矿泥可用烷基羟肟酸浮选，所以羟肟基是捕收锡石的有效官能团。若在聚丙烯胺分子中引入羟肟基，对石英为主要脉石的锡石细粒以及其他金属矿物（Fe、Ti 等）具有选择性。Somasundaran 等认为该药剂具有螯合络合特性，是一种既有桥联作用，又有螯合作用的优良选择性絮凝剂。

这种絮凝剂的制法可将8g纯聚丙烯酰胺（相对分子质量5.5×10^6）溶于1L纯净水中，加热沸腾，在搅拌的同时逐步加入32mL浓度为6mol/L的NaOH和0.5mol的盐酸羟胺溶于200mL乙醇中，保持沸腾至溶液总体积减少至1L为止。溶液不经净化即可作絮凝剂。这种絮凝剂的组分为：

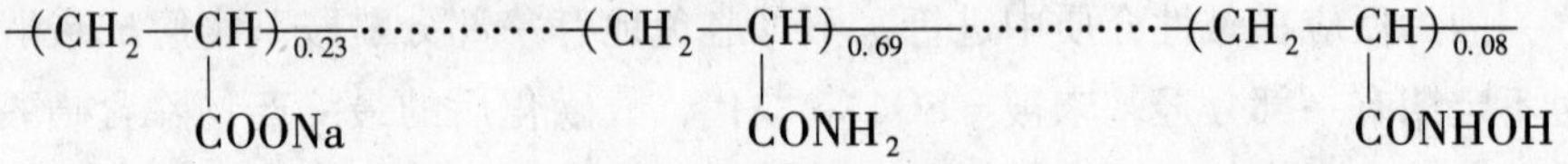

$$-\!\!\left(CH_2-\underset{\substack{|\\ COONa}}{CH}\right)_{0.23}\cdots\cdots\left(CH_2-\underset{\substack{|\\ CONH_2}}{CH}\right)_{0.69}\cdots\cdots\left(CH_2-\underset{\substack{|\\ CONHOH}}{CH}\right)_{0.08}$$

酰胺基水解而形成羧酸，占基体的23%；未发生变化的酰胺基，占基体的69%；取代产品，羟肟基占基体的8%

C 阳离子型絮凝剂

（1）苯乙烯-马来酸酐聚合的三甲基胺基丙基酰亚胺季铵盐的制法。首先是将苯乙烯-马来酸酐聚合物和二甲基胺基丙胺反应，在马来酸酐单元上进行如下反应，生成酰亚胺，然后再和碘甲烷作用，如方程式（18－1）（18－2）反应，生成酰亚胺的季铵盐。

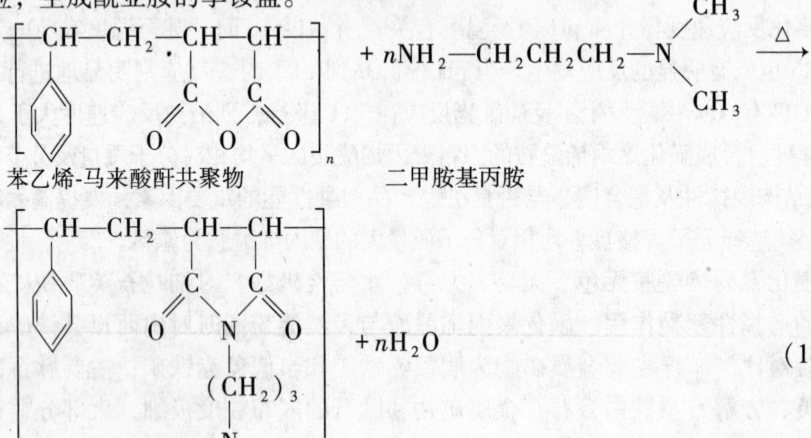

$$\left[-\underset{\substack{|\\ C_6H_5}}{CH}-CH_2-\underset{\substack{|\\ C(=O)}}{CH}-\underset{\substack{|\\ C(=O)}}{CH}-\right]_n\ (\text{C–O–C 酸酐环}) + nNH_2-CH_2CH_2CH_2-N(CH_3)_2 \xrightarrow{\Delta}$$

苯乙烯-马来酸酐共聚物　　二甲胺基丙胺

$$\left[-\underset{\substack{|\\ C_6H_5}}{CH}-CH_2-\underset{\substack{|\\ C(=O)}}{CH}-\underset{\substack{|\\ C(=O)}}{CH}-\right]_n\ (\text{两个C=O经 N 成环，N}-(CH_2)_3-N(CH_3)_2) + nH_2O \quad (18-1)$$

酰亚胺季铵盐

$$\left[\begin{array}{c}\text{—CH—CH}_2\text{—CH——CH—} \\ \text{C}_6\text{H}_5 \quad\quad \text{O=C}\diagdown_{\text{N}}\diagup\text{C=O} \\ | \\ (\text{CH}_2)_3 \\ | \\ \text{N} \\ \text{CH}_3 \quad \text{CH}_3\end{array}\right]_n + n\text{CH}_3\text{I} \rightarrow \left[\begin{array}{c}\text{—CH—CH}_2\text{—CH——CH—} \\ \text{C}_6\text{H}_5 \quad\quad \text{O=C}\diagdown_{\text{N}}\diagup\text{C=O} \\ | \\ (\text{CH}_2)_3 \\ | \\ \text{N}^+ \\ \text{CH}_3 \quad \text{CH}_3\text{CH}_3\end{array}\right]_n + n\text{I}^- \quad (18-2)$$

聚苯乙烯-马来酸酐-三甲基氨基丙基酰亚胺季铵盐

在实验室制少量这种阳离子季铵盐絮凝剂时，可采用下述程序进行：取100g 苯乙烯-马来酸酐共聚物（苯乙烯对马来酸酐的摩尔比为 3∶1，平均相对分子质量为 1900）和 300g 3，3-二甲基氨基丙胺，在室温下将苯乙烯-马来酸酐树脂状的共聚物溶于 3，3-二甲基氨基丙胺，逐渐加热至固体溶解，在缓和的回流下对溶液搅拌 1h，然后经过蒸馏，直至反应产物的温度升至 200℃ 为止。使用 40kPa（300mmHg）的真空除去微量的游离 3，3-二甲基氨基丙胺。分析酰亚胺-胺季铵盐产品的含氮量，分析结果列于表 18－13 中。

表 18－13 酰亚胺－胺和季铵盐分析

苯乙烯-马来酸酐聚合物	酰亚胺-胺摩尔分数/% ①	季铵盐摩尔分数/% ②
1. 苯乙烯-马来酸酐摩尔比 3/1，相对分子质量为 1900	5.6	3.9（57）
2. 苯乙烯-马来酸酐摩尔比 1/1，相对分子质量为 1500	9.3	6.4（57）
3. 苯乙烯-马来酸酐摩尔比 1/1，相对分子质量为 8000	9.6	4.3（38）
4. 苯乙烯-马来酸酐摩尔比 1/1，相对分子质量为 20000	9.3	4.7（43）
5. 苯乙烯-马来酸酐摩尔比 1/1，相对分子质量为 43000	9.3	10.3（92）

①所有实验数值均为理论值的 95%；

②括号中的数值表示酰亚胺-胺生成季铵盐的转化率。

研究表明，该药剂分子由于含有许多带正电的季铵基，对无机粒子有强吸附力，而对表面带负电荷的颗粒絮凝作用更强，使絮团快速沉降，沉降悬浮固体颗粒的效果在 95% 以上。

(2) 聚丙烯酸酯季铵盐型絮凝剂的制备。如聚丙烯酸甲酯与羟乙基二烷基叔胺的反应式:

$$\underset{\displaystyle COOCH_3}{CH_2{=}CH} + HO{-}CH_2CH_2{-}N\begin{matrix}R_1\\R_2\end{matrix} \xrightarrow{-CH_3OH} \underset{\displaystyle COOCH_2{-}CH_2{-}N\begin{matrix}R_1\\R_2\end{matrix}}{CH_2{=}CH} \xrightarrow{+R_3X}$$

$$\underset{\displaystyle COOCH_2{-}CH_2{-}\overset{\displaystyle R_1}{\underset{\displaystyle R_3}{N^+}}{-}R_2}{CH_2{=}CH} \xrightarrow{聚合} {+\!\!\!\!-}\!\!\left[CH_2{-}\underset{\displaystyle COOCH_2{-}CH_2{-}\overset{\displaystyle R_1}{\underset{\displaystyle R_3}{N^+}}{-}R_2}{CH}\right]\!\!{-\!\!\!\!+}_n$$

聚丙烯酸乙酯基三烷基季铵盐

式中，R_1，R_2，R_3，R_4 为 $C_1 \sim C_4$ 烷基。

季铵盐型聚合物主要是一种一剂多效的各种水处理剂，它对微粒（含矿粒）不仅具有絮凝作用，而且还有强烈的杀菌作用，当相对分子质量范围不同时，该阳离子絮凝剂对运作设施污垢也有很好的分散作用（防垢），在酸性条件下对碳钢等材质具有非常明显的缓蚀效果。

18.4.3.2 合成絮凝剂的结构性能对絮凝的作用特性

A 合成有机高分子絮凝剂的聚电解质的结构特点

合成有机高分子絮凝剂是水溶性聚合物的重要品种之一，其相对分子质量在 $10^3 \sim 10^7$ 数量级之间，由于聚合物分子中带有各种官能团，能溶于水而具有电解质的明显特征。

(1) 聚合物的平均相对分子质量及其分布。所有聚合物都含有不同链长的分子，一般用平均相对分子质量表征平均链长，其大小与聚合物的凝聚能力有直接关系。而具有相同平均相对分子质量的两种聚合物，由于相对分子质量的大小分布情况不同，可能具有不同的凝聚能力。

例如，聚丙烯酰胺是一大类系列产品。从相对分子质量大小来分类，可分为低相对分子质量聚丙烯酰胺（相对分子质量在100万以下）、中等相对分子质量聚丙烯酰胺（相对分子质量在100万~1000万）、高相对分子质量聚丙烯酰胺（相对分子质量在1000万~1500万）、超高相对高分子质量聚丙烯酰胺（相对分子质量在1700万以上）。其中，低相对分子质量聚丙烯酰胺用作分散剂，中等相对分子质量聚丙烯酰胺主要用做纸张的增强剂，高相对分子质量聚丙烯酰胺主要用做絮凝剂，超高相对分子质量聚丙烯酰胺主要用于三次采油。

（2）平均离子的电荷密度与聚合物的相对活性。采用含不同离子（官能团）类型的单体以不同比例混合，通过共聚反应可制备得到各种不同电荷密度的共聚物，该聚合物的离子电荷密度会影响聚合物在微粒上的吸附，即影响其絮凝活性。

通过各种聚合反应也可以制备不同的相对分子质量、官能团、骨架结构、分子几何形状、构造等有机聚电解质，使其在固液相分离过程中具有更好的絮凝作用效果。由于聚电解质兼具多种特征，其性质不仅有单一电解质的特性，如导电性，可以与反离子交换结合，它们同时还具有一般高分子的特性，如吸附及流体动力学和溶液化学的性质等。

例如，聚丙烯酰胺按离子特性可以分为阳离子型、阴离子型、非离子型和两性型四种，这些聚合物可以是均聚物，也可以是共聚物。阳离子型聚丙烯酰胺主要用于水处理，阴离子型聚丙烯酰胺主要用于矿物加工过程中的选矿及固液分离，如细粒矿物的絮凝，选择性絮凝浮选精矿，以及尾矿、废水等的浓缩沉降等絮凝助滤剂和造纸的增强剂。两性聚丙烯酰胺主要用于污泥脱水处理。

B 合成有机高分子絮凝剂的物理性质

一般用以表征合成有机高分子絮凝剂物理性质的主要参数有溶解性、稀水溶液的黏度、对盐类和微生物的容忍度、降低流体的动力学阻力的能力等。

（1）溶解性。溶解性是影响合成有机高分子絮凝剂应用的工艺条件的首要物理参数。影响药剂溶解性的主要因素有分子量（即相对分子质量，下同）、分子结构、官能团特性、温度、溶液 pH 值、含盐量等。

如聚丙烯酰胺易溶于冷水，分子量对水溶性的影响不太明显，但高分子量的 PAM 的浓度超过 10%（质量分数）以后，可能会形成凝胶状的结构。提高温度可略微促进 PAM 溶解，但当溶解温度超过 50℃时，可能会发生分子降解。

聚丙烯酰胺不溶于大多数非极性有机溶剂，也不溶于丙酮和甲醇，可以通过在甲醇或丙酮中沉淀的办法来提纯聚丙烯酰胺，用含水 20% ~30%（体积分数）的甲醇或丙酮对干的聚合物进行洗涤也可以去除杂质。

聚丙烯酰胺在水中的溶解速率不受 pH 值的影响（非离子型），但如果是部分水解的阴离子型产品，pH 值偏碱性，其溶解速率会稍稍增高。pH > 10.5 时，聚丙烯酰胺就会发生水解。

未水解的聚丙烯酰胺的稀溶液不受大多数无机盐的影响；但由于高价金属盐与羧基可能形成不溶于水的盐，会使水解度大于 45% 的聚丙烯酰胺成盐析出。

(2) 黏度。水溶液的黏度是合成有机高分子絮凝剂的另一个重要物理参数，它一般都会受溶液浓度、pH值、剪切速率、共存盐类及聚合物分子量的影响。

聚丙烯酰胺稀水溶液的黏度和浓度近似于对数线性关系，升高温度能降低黏度，但一般在同一数量级范围内变化。纯聚丙烯酰胺易水解，当稀水溶液中的pH值由酸性转到碱性范围时，非离子型PAM水解度不断提高，聚丙烯酰胺溶液黏度也随着增大。但当pH>7时，低分子量的PAM黏度变化则不大。

聚丙烯酰胺是非牛顿流体，在剪切条件下显示假塑性。由于存在高分子链的缠结现象，当剪切速率增大，PAM溶液的黏度会因链的缠结被部分破坏而减小（断链）。各种不同浓度的PAM溶液的黏度一般都随分子量（即相对分子质量，下同）的增大而增大，当分子量增大到44万左右时，大分子链开始产生缠结，相互运动受到了空间阻碍，黏度会发生突变而急剧升高。

(3) 对盐类、微生物等的容忍度。不同的合成有机高分子絮凝剂对盐类、微生物等的容忍度差别较大，其中聚丙烯酰胺溶液的性能较好，它对许多无机盐电解质如氯化铵、氢氧化钾、碳酸钠、硼酸钠、硝酸钠、磷酸钠、硫酸钠、氯化锌等都有很好的容忍性，与表面活性剂也能相容。

聚丙烯酰胺可耐霉菌的侵蚀，但不耐其他微生物的侵蚀，故储存时需添加杀菌剂。

(4) 降低流体的动力学阻力。水溶性聚合物可以降低含悬浮物的流体通过管线时所需要的能量，液体的阻降取决于聚合物的浓度和流体的线速度。

例如，在水力疏浚和水采矿石及选矿矿浆输送作业中经常采用管路输送物料，当添加质量浓度为100mg/L高分子量的聚丙烯酰胺时，减少输送物料的管流阻力可达70%，在给定的泵送能力下可以大大增加物料的流动速度，即提高了输送量。

C 合成有机高分子絮凝剂的化学性质

由于分子结构中含有不同类型的反应活性的官能团，合成有机高分子絮凝剂可以通过多种作用形式对微细颗粒矿物及胶体颗粒物进行絮凝，提高其絮凝效果；也可以利用官能团的化学性质进行改性，针对颗粒物的性质，制备更好、更适宜的产品以满足实际应用的要求。

使用最多最广的聚丙烯酰胺于1955年由美国首先实现工业化生产。随着絮凝技术在石油钻井、采矿、选矿、矿物深加工、水处理、造纸、建材、食品、医药等行业的发展应用，聚丙烯酰胺絮凝剂的用量大增，到1980年西方15个公司均相继投入规模生产，至今达数十万吨。

聚丙烯酰胺是一种化学性质比较活泼的线形水溶性聚合物，在其分子的主链上带有大量的侧基——酰胺基，酰胺基的化学活性很大，易与多种化合物反应生成各种聚丙烯酰胺的衍生物，它还能与多种化合物结合形成氢键，使之在使用中具有许多特殊性能，如絮凝、增黏（稠）性、表面活性等。

聚丙烯酰胺可以通过酰胺基的水解反应而转化为含有羧基的聚合物，成为阴离子型聚丙烯酰胺或称部分水解的聚丙烯酰胺，水解度不同性能各异。

丙烯酰胺和甲醛碱性条件下发生羟甲基化反应生成羟甲基化丙烯酰胺，它是一个重要的交联单体，我国大多采用阴离子交换树脂作催化剂的水溶液法生产，也有以丙烯酰胺和三聚甲醛为原料，采用乙醇钠为催化剂，在无溶剂条件下进行固相反应合成羟甲基丙烯酰胺。

$$CH_2{=}CHCON(H){-}H + CH_2{=}O \rightleftharpoons CH_2{=}CHCONHCH_2OH$$

羟甲基化改性聚丙烯酰胺的制备原理基本上与此反应相同。

将羟甲基聚丙烯酰胺和二甲胺进行 Mannich 反应，或将聚丙烯酰胺和二甲胺反应可生成二甲胺基-N-甲基丙烯酰胺聚合物，这是通过非离子型聚丙烯酰胺制备阳离子型聚丙烯酰胺的一种方法，该产品实质上是一种丙烯酰胺、羟甲基丙烯酰胺及 N-（二甲胺基甲基）丙烯酰胺的三元共聚物，在 PAM 分子链上引入了 4 个官能团而改进了 PAM 对悬浮颗粒物的絮凝作用效果。

$$\left[CH_2{-}\underset{\substack{|\\CONH}}{CH}\right]_n + HCHO + HN(CH_3)_2 \longrightarrow {+}CH_2{-}\underset{\substack{|\\CONHCH_2\\|\\N(CH_3)_2}}{CH}{+}_n$$

将羟甲基化聚丙烯酰胺和 $NaHSO_3$ 反应，或将聚丙烯酰胺和甲醛、$NaHSO_3$ 反应可以制备磺甲基化聚丙烯酰胺，该反应称为磺甲基化反应。反应是在碱性介质、pH = 10 ~ 13、温度 60 ~ 68℃下进行：

$${+}CH_2{-}\underset{\substack{|\\CONH}}{CH}{+}_n + nHCHO + nNaHSO_3 \longrightarrow {+}CH_2{-}\underset{\substack{|\\CONHCH_2SO_3Na}}{CH}{+}_n$$

聚丙烯酰胺与次氯盐酸在碱性条件下发生霍夫曼降解反应生成阳离子型的聚电解质聚乙烯胺：

$${+}CH_2{-}\underset{\substack{|\\CONH_2}}{CH}{+}_n + NaOCl + NaOH \longrightarrow {+}CH_2{-}\underset{\substack{|\\NH_2}}{CH}{+}_n + Na_2CO_3 + NaCl + H_2O$$

聚丙烯酰胺的活性使其在很多情况下有可能发生交联反应，成为不溶于水的聚合物。用含多价阳离子的有机、无机盐如柠檬酸铝、硫酸钾铝、氯化铁、氯化钙加入聚丙烯酰胺溶液中，就会形成凝胶。

凝胶制备反应示意：

$$
\begin{array}{l}
-\!\!\left(CH_2-\underset{\substack{|\\ CONH_2}}{CH}-CH_2-\underset{\substack{|\\ COOH}}{CH}\right)_{\!n}\\
\qquad\qquad\qquad\qquad\qquad\qquad\qquad COOH\\
-\!\!\left(CH_2-\underset{\substack{|\\ CONH_2}}{CH}-CH_2-\overset{|}{CH}\right)_{\!m}
\end{array}
\xrightarrow{Ca^{2+}}
\begin{array}{l}
-\!\!\left(CH_2-\underset{\substack{|\\ CONH_2}}{CH}-CH_2-CH\right)_{\!n}\\
\qquad\qquad\qquad\qquad\quad C{=}O\\
\qquad\qquad\qquad\qquad\quad O\\
\qquad\qquad\qquad\qquad\quad Ca\\
\qquad\qquad\qquad\qquad\quad O\\
\qquad\qquad\qquad\qquad\quad C{=}O\\
-\!\!\left(CH_2-\overset{\substack{CONH_2\\ |}}{CH}-CH_2-CH\right)_{\!m}
\end{array}
$$

根据聚丙烯酰胺的化学性质，我国从20世纪60年代开始，近半个世纪已先后开发了水解聚丙烯酰胺、亚甲基聚丙烯酰胺、磺化聚丙烯酰胺、水溶液状阳离子聚丙烯酰胺、粉状阳离子聚丙烯酰胺以及淀粉改性的阳离子聚丙烯酰胺等许多品种。目前人们已将其广泛用于采油、工业给水和废水处理、制糖、选煤、洗煤、选矿及矿物加工固液分离、絮凝脱水、助滤以及造纸等工业部门，取得了很好的效果。

18.4.3.3 *矿物加工中的多用途高分子化合物*

前述各节不同程度地介绍了许多合成聚合物不仅可作为絮凝和选择性絮凝剂、脱水助剂、助滤剂，其作用实质是相同或相似的，不同的是用途不一。相对分子质量较低的可用为分散剂和抑制剂。有的聚合物还可作浮选捕收剂或起泡剂等使用，下面举例说明。

许多胺类与有机酸的缩聚产物，如用六次甲基四胺的残液与高级脂肪酸或松脂酸或塔尔油缩合，再与二氯乙烷或二氯乙醚缩合（俄罗斯称该产品为KOДT）。如用粗塔尔油与二缩乙二胺（80%）和三缩乙二胺缩合，用羟乙基化聚胺和环氧乙烷聚合等产品，它们不但可以作为絮凝剂，有的还是钾盐、石英、硅酸盐矿物等的捕收剂，或者是作为磷矿的抑制剂。

聚乙烯醇是有效的絮凝剂，同时也是钾盐矿浮选的起泡剂（用脂肪胺为捕收剂）；聚烷基乙烯吡啶盐酸盐，既是高分子絮凝剂，又是矿物浮选的捕收剂。化学通式为：

$$
-\!\!\left(\underset{\substack{|\\ \text{吡啶环}\\ N\cdot HCl}}{CH}-\overset{\substack{R\\ |}}{CH}-\underset{\substack{|\\ \text{吡啶环}\\ N\cdot HCl}}{CH}-\overset{\substack{R\\ |}}{CH}\right)_{\!n}
$$

又如，以环氧乙烷为原料，二乙锌和硝基甲烷为聚合剂制成的聚氧乙烯

[—(CH_2—CH_2—O—)$_n$] 水溶性高分子化合物是一种絮凝剂，用于水的净化、洗煤、精密铸造（脱模），也用作白钨细泥矿的脱泥剂，可以提高白钨精矿品位，由31.5%提高到40.1%。

聚乙烯-氨基苯酚醚与硅酸钠共用，可以改善烧绿石［(Na_2，Ca，Fe，Ce)$_2Nb_2O_6$（OH，F）］与磁铁矿的分选效果：

$$-\!\!\left(CH_2-\underset{\substack{|\\ O\\ |\\ C_6H_4\\ |\\ NH_2}}{CH}\right)\!\!-_n$$

月桂胺盐酸盐（或硫酸盐）与聚乙烯乙酸酯的共聚物可作为磁铁矿的捕收剂；用黄药为捕收剂浮选多金属硫化矿时，可用醋酸乙烯与顺丁烯二酸的共聚物做脉石抑制剂，以提高精矿中的金属品位。凡此等等，不胜枚举。

18.4.3.4 树脂与离子交换树脂

在合成树脂中有很多是能够溶于水的，由于此类合成树脂的结构性能符合选矿的基本要求，为其在选矿中的应用奠定了基础。特别是作为絮凝剂使用的合成树脂在絮凝中占有相当地位，其应用是很有意义的。例如苯胺甲醛缩聚物，尿素甲醛缩聚物等。尿素与甲醛可以缩聚而成具有各种性状的树脂，原料配比不同，或pH值、温度不同，缩聚后生成的树脂在性质上差异可很大；如果尿素与甲醛的原料摩尔比为1∶3，或比例再大些，在弱酸性状态下就可获得水溶性树脂，作为絮凝剂是有效的。表18－14所列为苯胺甲醛缩聚物的物理性质。表18－15所列为苯胺甲醛缩聚物对煤的悬浮液的絮凝作用，结果表明缩聚的程度愈高，絮凝价愈小，絮凝力愈大，用量愈少。

表18－14 苯胺甲醛缩聚物的物理性状

苯胺甲醛缩聚物的编号	苯胺盐酸盐∶甲醛（摩尔比）	反应时间/h	密度/$g\cdot cm^{-3}$	相对黏度
1	1∶0.25	192	1.013	1.17
2	1∶0.5	192	1.015	1.20
3	1∶0.75	192	1.017	1.26
4	1∶1.00	192	1.017	1.37
5	1∶1.20	192	1.018	2.91

表 18－15 煤悬浮液的絮凝作用

药 剂 名 称	絮凝剂的质量浓度/mg · L^{-1}
氯化钠	3750
氯化钡	250
三氯化铝	40
苯胺盐酸盐	750
十二烷胺盐酸盐	125
十二烷基吡啶盐酸盐	150
苯胺甲醛缩聚物 1 号	200
苯胺甲醛缩聚物 2 号	75
苯胺甲醛缩聚物 3 号	10
苯胺甲醛缩聚物 4 号	4
苯胺甲醛缩聚物 5 号	2

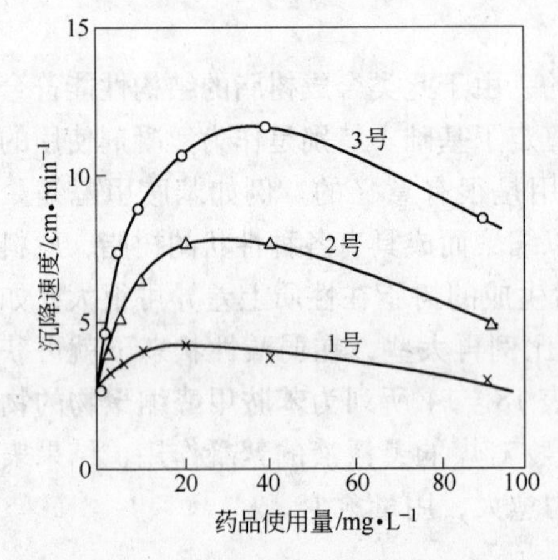

图 18－13 尿素甲醛树脂对煤悬浮液的沉降促进作用

（同时使用硫酸铝 100mg/L，pH＝6.1）

尿素甲醛树脂对煤的絮凝作用，如图 18－13 所示为对煤悬浮液的沉降促进作用。图中尿素甲缩聚物 1 号，浓度 25% 时，密度 1.099g/cm^3，黏度 6.4mPa · s；2 号密度 1.101g/cm^3，黏度 8.7mPa · s；3 号的密度 1.102g/cm^3，黏度 10.6mPa · s。即黏度愈大的树脂，促进沉降的作用愈强。

据报道，也有人利用尿素甲醛树脂在煤泥选矿中做脉石细泥沉降絮凝促进剂，使用羧甲基纤维素或苯乙烯磺酸盐做煤泥沉降絮凝剂。

离子交换树脂在湿法冶金中的应用已广为人知，并已取得重大的成功。如今用于选矿更是值得关注。1951 年开始有人使用离子交换树脂于浮选工艺。在浮选过程中常因某些无机电解质、金属阳离子先于药剂吸附在矿物表面上，影响药剂与矿物的选择作用和浮选效果。如果在适当的时候，于矿浆中加入适量的离子交换树脂，将这类有害作用的阳离子从矿浆中吸附除去，就可以改善浮选效果，剔除阳离子的干扰。有人曾试用磺化煤，合成硅铝酸盐（铝硅胶）和合成树脂于石英铁燧岩矿、磷矿和铜矿的浮选。

浮选多金属矿在磨矿的时候，加入阳离子交换树脂，可以防止闪锌矿为铜离子所活化，从而可以实现铜-铅矿石与锌矿的选别。在浮选铜-锌矿时，为了提高铜矿物和锌矿物的选择性，预防铜矿物被过量的氰化物抑制，先用1.5kg/t的氰化物抑制锌，矿浆经过搅拌以后，再加入0.5kg的离子交换树脂“AH-1”或“ЭДЭ-10П”，据介绍经过这样的处理以后，可以进一步改善铜或锌矿的分离。

曾有报道，采用泡沫浮选技术于树脂浮选，使离子交换之后的树脂与未经过滤的或者尚未分选的矿浆及母液加以分离，带活性磺酸基、羧酸基及磷酸基的阴离子交换树脂可以按一般方法用胺类阳离子捕收剂从矿浆中使之浮游并加以捕集，阴离子捕收剂及阴离子表面活性剂则可以使阳离子交换树脂浮游及捕集。用铜、铀及金等天然矿石进行初步实验，证明这种方法在技术上及经济上是可行的。

离子交换树脂在浮选上的应用，文献上所发表的大都是专利报告。但是这种方法的出现，在浮游选矿工艺中，却是一种新的课题。例如上述将有用矿物先吸附在离子交换树脂上，然后与树脂一起被浮出，显然在浮选上是一种技术创新。有人用离子交换树脂直接由磷矿石回收磷酸，完全不使用浮选方法，则是很引人注意的事。例如用不溶于水的含磷灰石的矿石粉0.5g，在10mL悬浮液中与3g的氢离子交换树脂振摇，1h后反应即达于完全，溶液中的磷酸（H_3PO_4）含量达1.8%，反应速度与树脂粒度有关，粒度愈小，速度愈大。如此反复处理数次之后，磷酸液的浓度可达20%左右。

18.5 天然高分子絮凝剂

随着石油及石油产品价格不断上涨，人们生活质量水平与要求不断提升，对多功能有广泛用途的如絮凝剂一类的有机合成高分子化合物在一定程度上也带来冲击：一是价格水涨船高；二是某些合成类有机高分子絮凝剂中由于残留单体所具毒性，一定程度上限制了它们的使用范围，尤其是限制了其在食品加工、给水处理及发酵、生物工程等方面的发展使用。

天然有机高分子絮凝剂由于具有原料来源广泛而又是可再生资源，价格低廉、无毒、易于生物降解等特点，显示了良好的应用前景。天然高分子有机絮凝剂包括纯天然产品（加工）和在天然产品中引进某些基团（官能团）经化学改性的系列衍生物。

天然高分子絮凝剂主要可分为多聚糖类碳水化合物和壳聚糖或甲壳素两大类。据文献报道主要有：纤维素、三醋酸纤维素、淀粉、氧化淀粉、淀粉醚、阳离子改性淀粉、磺化交联淀粉、丙烯酰胺-淀粉接枝共聚物、环糊精、壳聚糖、植物树胶、果胶、多糖、木质素衍生物、聚乙二醇交联的木质素、蛋白质、动物胶等等各类品种。此类化合物除作絮凝剂外，也作调整剂（见第13章）。

18.5.1 多聚糖类碳水化合物

多糖化合物主要是淀粉类化合物（淀粉及其改性物）和纤维素及其衍生物。这类化合物含有如羟基、酚基等各种活性基团，表现出较活泼的化学性质，通过羟基的酯化、醚化、氧化、交联和接枝共聚等化学改性，其活性基团大为增加，聚合物呈多点枝化结构，增强和分散了絮凝基团的絮凝作用，对悬浮体系中的微细颗粒有更强的捕捉微粒及桥联作用，加快絮团的形成、沉降、分离效果。

18.5.1.1 淀粉

淀粉类多糖药剂与其他泡沫浮选药剂几乎同步在矿物工业中得到应用。1928 年登记了最早使用淀粉作为絮凝剂用于废水澄清的专利，1931 年又登记了第一个使用淀粉作为磷矿石浮选抑制剂的专利。此后淀粉、纤维素多糖类及其衍生物被广泛应用于矿物浮选抑制剂和微细粒矿物的絮凝剂。淀粉及其衍生物不仅在矿物资源和能源资源（煤炭加工、油田开采等）方面应用，而且广泛应用于水处理、造纸、食品、纺织、医药、胶黏剂、水产和饮料等诸多领域。淀粉工业在国内外发展既早又快，特别是进入20 世纪 90 年代以来发展速度更是惊人，如我国 1993 年淀粉生产量仅为 152 万 t，1999 年发展到 470 万 t，2000 年达 520 万 t。在 1993 ~ 1999 年的 6 年间增加了 318 万 t，年均递增 20.7%，大大超过国民经济发展的速度。据报道，1996 年世界淀粉生产量约 3600 万 t，1999 年达 4700 万 t，3 年增加了 1100 万 t，平均每年增加 400 万 t。美国是世界上生产淀粉最多的国家，1996 年占世界总生产量的 59%（约 2100 万 t），欧盟占 15%（约 540 万 t），日本占 6%（约 216 万 t），其他国家占 20%。

淀粉主要来源于小麦、大米、土豆、红薯和木薯，也有橡子淀粉、芭蕉芋淀粉等。淀粉品种各异，但结构和性质基本相同。表 18 - 16 列出了主要淀粉的理化特性。

表 18 - 16 各种淀粉的理化特性

项 目	形 状	直径 /μm	平均直径 /μm	糊化温度 /℃	水分 /%	蛋白质 /%	脂肪 /%	灰分 /%	五氧化二磷 /%	直链淀粉 /%
大米淀粉	多面体	2 ~ 8	4	75	13	0.07	0.06	0.10	0.02	19
玉米淀粉	多面体	6 ~ 21	16	77 ~ 78	13	0.35	0.04	0.08	0.05	25
小麦淀粉	镜片状	5 ~ 40	20	75	13	0.38	0.07	0.17	0.15	30
木薯淀粉	铃状	4 ~ 35	17	67 ~ 78	12	0.02	0.10	0.16	0.02	17
甜薯淀粉	铃状	2 ~ 40	18	75	12	0.10	0.10	0.30	0	19
土豆淀粉	卵状	5 ~ 100	50	65 ~ 66	18	0	0.05	0.60	0.18	25

淀粉受淀粉酵素作用，可水解麦芽糖，受无机酸作用，最终水解成α-葡萄糖。因此淀粉可看作是一种由葡萄糖单元构成的高分子聚合物。分子式可简写为（$C_6H_{10}O_5$）$_n$。

淀粉分子有两种不同的结构：一是含有直链的、可溶性的链淀粉，也叫颗粒淀粉；另一种是含支链的仅能糊化的胶淀粉，也叫皮质淀粉。大多数淀粉含有22% ~26%的直链淀粉和约74% ~78%的支链淀粉。颗粒淀粉中的α-葡萄糖是通过1，4碳上的羟基脱水结合而成的。其结构为：

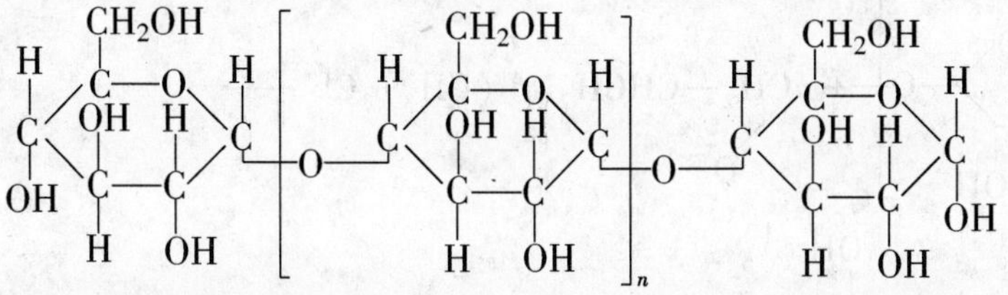

[结构式：CH_2OH … $-O-$ … $]_n$ … OH]

式中，n 是一个很大的正整数。

皮质淀粉分支很多，在它的分子中，葡萄糖单位除1，4结合外，其他的羟基如2、3、6位上的也参加缩合，从而形成支链，其分子中的葡萄糖可能有各种结合方式。其结构示意为：

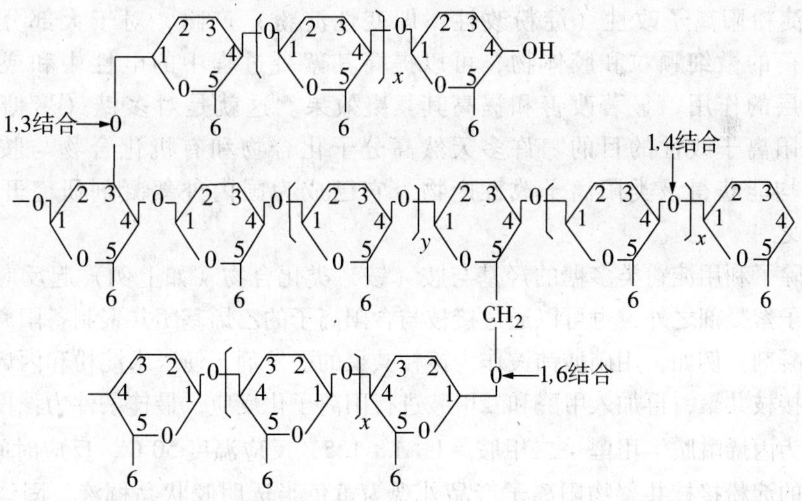

[结构示意：1,3结合 → O；1,4结合；CH_2；O ← 1,6结合；下标 x，y]

式中，x，y 都是较大的正整数。

直链淀粉约含200 ~980个葡萄糖单元，相对分子质量在3.2万 ~16万；支链淀粉约含600 ~6000个葡萄糖单元，相对分子质量达10万 ~100万。淀粉的大分子结构特性，使其能成为良好的高分子絮凝剂。

淀粉最主要的性质是生成多种淀粉的衍生物。这是由于在淀粉的分子中，每个葡萄糖单元经缩合后还有三个羟基，在2、3和6位上，特别是第6位碳原子上的羟基，因其伸出环外，受到的位阻效应很少，比较容易与其他试剂反应，使羟基醚化生成各种变性淀粉，即衍生物。加工处理不同，可以有多种衍生物或多种变性淀粉。例如：

A 阳离子变性淀粉

淀粉与氯化三甲环氧丙基铵作用，可醚化生成氯化三甲基β-羟基丙基铵淀粉，是一种阳离子变性淀粉，反应式示意：

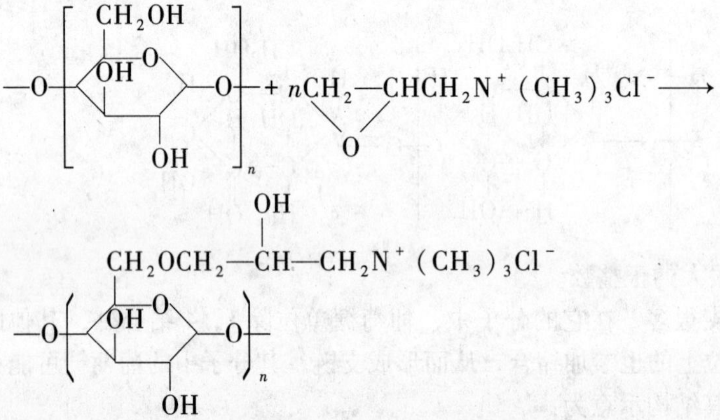

$$\left[-O-C_6H_7O_2(CH_2OH)(OH)_2-O-\right]_n + nCH_2\underset{O}{-}CHCH_2N^+(CH_3)_3Cl^- \longrightarrow$$

$$\left(-O-C_6H_7O_2(OH)_2(CH_2OCH_2-\underset{OH}{CH}-CH_2N^+(CH_3)_3Cl^-)-O-\right)_n$$

淀粉阳离子改性（淀粉改性，即变性淀粉）产物，对于大部分带有负电荷的微细颗粒和胶体物，可以提高其絮凝过程中的电性中和或压缩双电层的作用，显著改善和提高其絮凝效果。这就是对多糖（聚糖）类进行阳离子改性的目的。许多天然高分子化合物和有机化合物与胺、铵反应均能获得该类阳离子改性产物。它已成为国内外絮凝剂研究开发的热点之一。

除了利用淀粉类多糖的羟基与胺（铵）类化合物（如上例）起反应制得阳离子絮凝剂之外，也可以通过接枝与含阳离子的乙烯基团共聚制备阳离子改性絮凝剂。例如，用硝酸铈铵作为接枝共聚的引发剂，使玉米淀粉和丙烯酰胺进行接枝共聚，再加入甲醛和二甲胺进行阳离子化反应，最佳条件为：投料摩尔比为丙烯酰胺：甲醛：二甲胺＝1：1：1.5，反应温度50℃，反应时间2h。制得的淀粉接枝共聚物阳离子产品外观为黄色半透明胶状黏稠液，固体含量6%～8%，pH值为7.5～8.5。

B 阴离子变性淀粉

将淀粉与氯乙酸（或钠盐）在碱性条件下（NaOH）发生作用，则生成阴离子变性淀粉——羧甲基淀粉，它的制备方法和作用性能与羧甲基纤维素相似。反应式为：

$$\left[-O-\underset{\text{(淀粉)}}{C_6H_7O_2(OH)_2(CH_2OH)}-O-\right]_n \xrightarrow{NaOH} \left[-O-C_6H_7O_2(OH)_2(CH_2ONa)-O-\right]_n \xrightarrow{ClCH_2COOH}$$

$$\left[-O-C_6H_7O_2(OH)_2(CH_2OCH_2COOH(Na))-O-\right]_n + nNaCl$$

（羧甲基淀粉或钠盐）

此外，淀粉与环氧乙烷作用，可得中性的变性淀粉——羟乙基淀粉。

$$\left[-O-C_6H_7O_2(OH)_2(CH_2OH)-O-\right]_n + n\,\underset{\diagdown O \diagup}{CH_2-CH_2} \longrightarrow \left[-O-C_6H_7O_2(OH)_2(CH_2OCH_2CH_2OH)-O-\right]_n$$

淀粉结构中每个葡萄糖单元中的三个羟基和两个葡萄糖单元之间的氧原子（变性淀粉除含羟基外，还有羧基、胺基等）均为亲水基团。它们借助氢键的作用而与水分子缔合。也就是这些极性基团，通过氢键与矿粒表面吸附，而固着在矿粒表面上，使矿粒亲水而起抑制作用；或通过氢键吸附在若干个小矿粒上，起“桥键”作用而使矿粒絮凝。

变性淀粉引进了更多的极性基团，能增加淀粉的溶解度。引进了阳离子的变性淀粉在水中带正电，能更好地选择性地吸附在带负电荷的矿粒上，使带负电荷的矿粒受到抑制或絮凝。引进了阴离子的变性淀粉在水中带负电，因此容易吸附在表面带正电的矿粒上，使之受到抑制或絮凝。因而，淀粉变性后，一方面可增加它在水中的溶解度，另一方面能增强其对矿物作用的选择性。

羧甲基淀粉钠的性能取决于它的取代度、相对分子质量和取代基分布的均匀性。羧甲基淀粉钠分子链上带有负电荷，是一种能溶于水的高分子电解质，其溶液黏度不仅受取代度（即淀粉上羟基与氢氧化钠和取代基反应生成淀粉钠盐的程度）的影响，而且也受小分子电解质的浓度和类型，以及介质的 pH 值的影响。取代度越高，黏度也越大。当溶液中加入小分子电解质（如氯化钠）后，羧甲基淀粉钠水溶液的黏度迅速下降，至一定程度后，影响变得很小，pH 值在 7 ~ 9 之间，黏度最大。

18.5.1.2 淀粉和纤维素的黄原酸化产物

淀粉和纤维素多聚糖类物质采用乙酰化交联、酯化交联或醚化交联，再进行黄原酸化，可制得不同的多聚糖黄原酸酯，主要用于处理金属废水和金属矿物与脉石的絮凝浮选分离。以淀粉为原料，可制成不溶性淀粉黄原酸酯（ISX）；以木屑为原料，已研制成功木屑柠檬酸酯，可大幅度地降低原料成本。

甘蔗渣来源广泛且价廉，其主要成分是纤维素，其结构与淀粉相似，由葡萄糖单元组成，每个葡萄糖单元有三个醇羟基，与黄原酸反应，生成纤维素黄原酸酯（IBX）。用甘蔗渣为原料，再辅以氢氧化钠、二硫化碳和硫酸镁，可制得钠-镁型 SCX，对废水中重金属离子（Cr^{6+}、Cu^{2+}、Zn^{2+}）均有脱除效果，特别是对 Cr^{6+}，其脱除率达99.76%。将淀粉用环氧氯丙烷交联，交联淀粉用氢氧化钠、二硫化碳、硫酸处理，得到不溶性黄原酸酯，再以双氧水作氧化剂，便可产生不溶性淀粉黄原酸化二硫 ISX_2。

纤维素是高分子有机化合物，其结构式中的伯醇羟基较仲醇羟基活泼，比较容易和 NaOH、CS_2 作用生成黄原酸钠盐。用质量分数 18% 的 NaOH 溶液将纤维素粉末浸泡 30min 后，除去过量的 NaOH 溶液，置入密闭容器中，加入 CS_2 搅拌 1h，得黄色黏稠物，即为纤维素黄原酸钠盐，可用下式代表其反应：

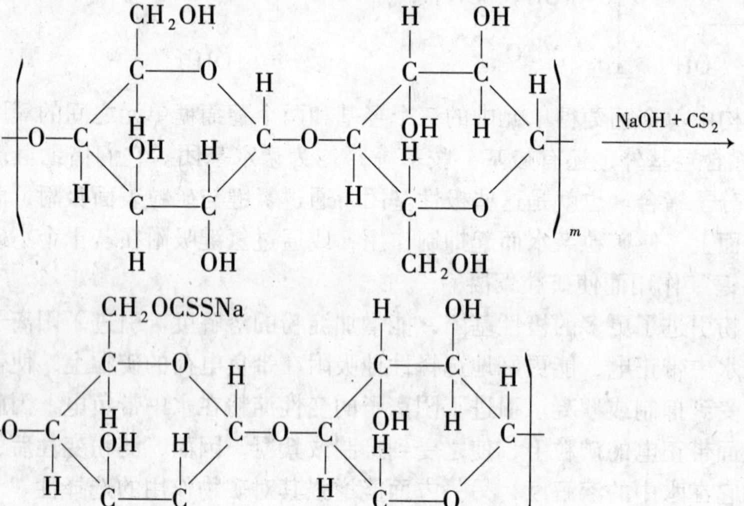

$$\xrightarrow{NaOH + CS_2}$$

纤维素黄药

纤维素黄原酸钠的中性油乳化液用于小于 2μm 的黄铜矿和石英的絮凝浮选，能较好地使两者分离，这是因黄原酸对硫化矿有选择性的特征吸附，而不吸附在石英表面。

若将羟丙基纤维素代替纤维素与 NaOH 和 CS_2 作用制造黄原酸钠，则得到羟丙基纤维素黄原酸钠。该高分子有机物对硫化矿也有选择性吸附特性，可以选择絮凝硫化矿。图 18－14 所示是羟丙基纤维素黄原酸钠从黄铜矿-石英混合物中选择性絮凝黄铜矿的结果。一次清洗作业后，就获得 0.75 的分离指数，效果极好。

18.5.1.3 海藻酸钠

海藻酸（algin，即藻朊）的钠盐，又称藻朊酸钠，是另一类具有广泛用途的天然高分子化合物类型的絮凝剂，白色或淡黄色粉末，有吸湿性，溶于水后生成黏性胶乳。不溶于醇和醇含量大于30%的水溶液，也不溶于乙醚、氯仿等有机溶剂和 pH < 3 的酸性水溶液。其1%水溶液的 pH = 6 ~ 8。黏性在 pH = 6.9 时稳定，加热至80℃以上则黏性降低。可与除镁之外的碱土金属离子结合，生成水不溶性盐。其水溶液与钙离子反应可形成凝胶。

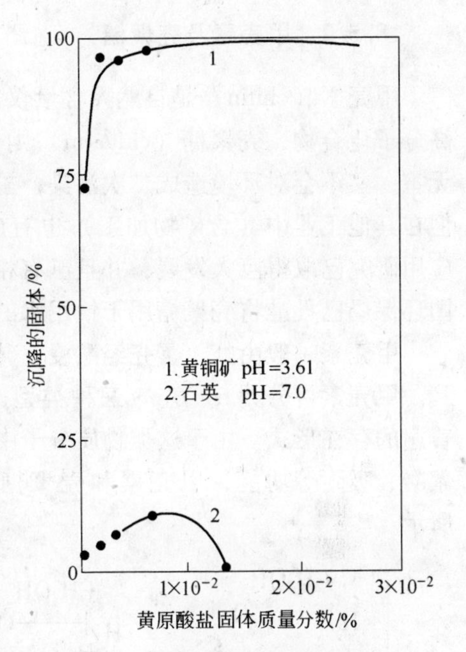

图 18-14 羟丙基纤维素黄原酸盐絮凝黄铜矿-石英

海藻酸钠溶液的流动性取决于浓度，对于质量分数2.5%的中黏性海藻酸钠溶液，特别是在较高的剪切速率（10 ~ 10000L/s）下呈现假塑性。

海藻酸钠的分子式可简写为：$(C_6H_7O_6Na)_n$

结构式为：

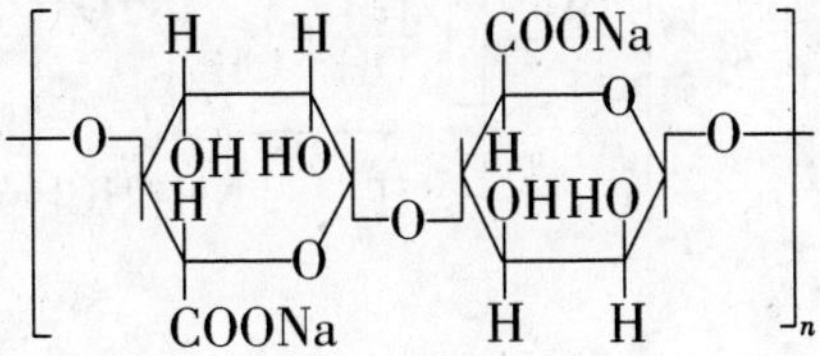

海藻酸钠可由褐藻类植物-海带加碱提取，藻酸盐溶解时加入碳酸钠，温度控制在60 ~ 80℃，反应约2h。生产流程如图18-15所示。

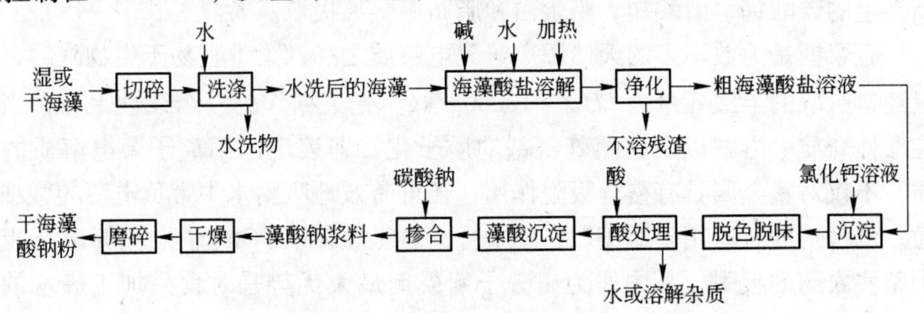

图 18-15 制取海藻酸钠的工艺流程

18.5.2 甲壳素及壳聚糖

甲壳素（chitin）是自然界含量仅次于纤维素等多糖类的第二大天然有机高分子化合物，壳聚糖（chitosan）则是甲壳素脱乙酰化的产物。由于对人体无害，又不会对环境造成二次污染，虽然主要用于水处理、食品、医药工业，但在其他工业中（含矿物加工）也有广泛用途。近年来，甲壳素和壳聚糖的应用研究已取得巨大发展，并且已有相当部分进入实用阶段或实现商品化，美国环保局已批准将壳聚糖用于饮用水的净化。

甲壳素一般由虾、蟹壳经酸浸、碱煮，分别脱去碳酸钙与蛋白质后分离得到。甲壳素可分为α、β、γ三种类型，其中以α型最为稳定，也是自然界较普遍的存在形式。由于这类物质分子中均含有酰胺基及氨基、羟基，因此具有絮凝、吸附等功能，甲壳素和壳聚糖的结构式分别如式（Ⅰ）和式（Ⅱ）所示。

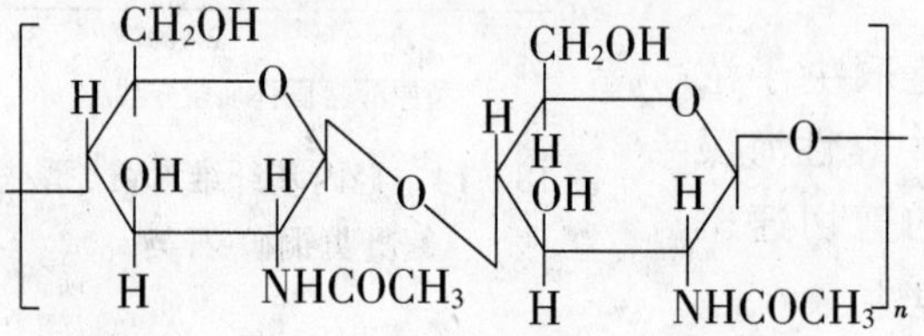

CH₂OH, H, O, OH, H, H, NHCOCH₃ ; O ; CH₂OH, H, O, H, OH, H, H, NHCOCH₃, O ; n

（Ⅰ）

CH₂OH, H, H, O, OH, H, H, NHR, O ; n —HCl→ CH₂OH, H, O, H, OH, H, H, $NH_2 \cdot HCl$; n

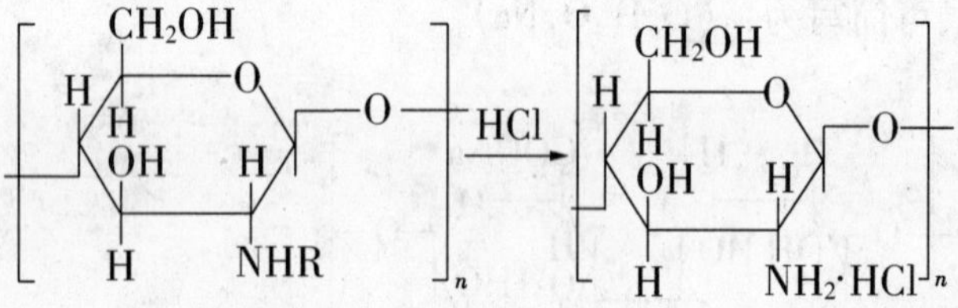

（Ⅱ）

式中，R = H 或 CH_3CO。

甲壳素溶于浓盐酸、硫酸、冰醋酸和磷酸（78% ~97%），不溶于水、稀酸、碱、醇及其他有机溶剂。利用以上性质，在制造过程中可将动物甲壳中与其共生的碳酸钙、磷酸盐、粗蛋白和脂肪等分离提取。

壳聚糖是为数不多的天然阳离子聚电解质之一，无毒且易于生物降解，小鼠经口摄取的半致死量为LD_{50} >16000g/kg。壳聚糖作为一个线性聚胺，当它在酸性介质中溶解以后，随着氨基的质子化，即表现出阳离子聚电解质的性质，不仅对重金属具有螯合吸附作用，还可有效地吸附水中带负电荷的微细颗粒。已报道的有：用于对 HCl、H_2SO_4、多氯联苯（PCB）、染料等以及废水中某些农药的吸附。其中作为高分子絮凝剂最大优势是对食品加工废水的处理，壳聚糖可使各种食品加工废水的固形物减少 70% ~98%。使用壳聚糖处理城市废水，其效果与硫酸铁和硫酸铝相比，在质量上和经济上均较理想。操作条件为：pH = 5.5 ~ 9.5（最好是5.5 ~ 8.0），投加质量浓度2.5 ~ 40mg/L（最好是10mg/L），澄清时间为60min。

18.5.2.1 甲壳素的提取

甲壳素的原料广泛存在于江河湖海的虾蟹类生物中，其制备提取步骤如下：以食品工业中的虾皮和蟹壳下脚料为主料，先用水洗净，除去有机无机杂质后，再加质量分数4% ~6%浓度的盐酸在常温下浸泡一定时间溶解除去壳中的无机盐，再加质量分数10%氢氧化钠溶液脱除蛋白质和脂肪，经水洗后加质量分数1%高锰酸钾溶液漂白去除尚残存的原生及次生杂质，再用质量分数1%硫酸氢钠洗涤和脱除残留的高锰酸根离子 MnO_4^-，即可得到甲壳素的粗产品。

18.5.2.2 壳聚糖的制备

甲壳素脱除乙酰基即可制得壳聚糖。具体反应步骤是：于甲壳素粗品中加入质量分数40% ~50%氢氧化钠溶液，加热至110 ~115℃反应数小时，即可使乙酰氨基水解脱除乙酰基制成含氨基的壳聚糖，最后加水洗涤至中性并在60 ~70℃下烘干制得成品。

甲壳素的脱乙酰化反应速度和脱乙酰化度与氢氧化钠的质量分数有关，当质量分数低于30%时，无论反应温度多高，反应时间多长，脱乙酰化度只能达到50%左右。氢氧化钠达到一定质量分数，如40%时，脱乙酰化反应速度随温度升高而加快，如在135 ~140℃时，在1 ~2h内可将乙酰基脱净，而在50 ~60℃时则需24h左右。

壳聚糖产品并非纯粹由聚氨基葡萄糖组成的壳聚糖产品，壳聚糖的理论含氮量为8.7%，而壳聚糖产品的含氮量一般在7%左右，说明其中还有相当一部分乙酰基没有脱除，实际上，只要脱乙酰化度在70%以上的产品，工业上即为合格品。由于壳聚糖中游离氨基可接受质子或盐，故在酸性水溶液中可溶解，造成流失，使其应用受到限制，因此人们对其进行不断的改性来提高其性能。通过甲壳素与一氯乙酸反应引入羧甲基，同时进行水解脱乙酰基，或利用壳聚糖中的胺基与醛基反应生成的schiff碱的性质，选择分子结构中含有羧基的醛，制成的两性壳聚糖可显著提高脱色及COD去除效果。

18.6 絮凝剂的应用

我国的有机高分子絮凝剂与无机凝聚剂相比，无论是品种和产量都有较大的差距。凝聚剂（coagulants），如前所述，包括无机低分子和无机高分子化合物，主要品种有十多种。有报道2000年光是用于水处理的凝聚剂需求量约为

130万t，有机高分子絮凝剂（flocculants）我国起步和发展相对慢些，主要品种是非离子型、阳离子型和阴离子型的水溶性聚丙烯酰胺，总产量约6万t（1999年）。用作水处理剂的约为4万t。但是由于絮凝剂在适应性、用量、效果等方面比凝聚剂更具优越性，发展及应用前景看好。

1997年全球用于水处理的有机絮凝剂需求总额约为9.95亿美元，其中美国为5.46亿美元，年均约以6.1%的速度增长。美国、亚太地区和欧盟是有机絮凝剂的世界三大消费市场。随着絮凝剂应用领域特别是在固液分离和水处理方面的扩展，有机絮凝剂的生产、应用、销售将在我国获得迅速发展。国外的不少大型专业公司，例如美国的Nalco、BETZ－Dearborn、日本的Kurita和瑞士的Ciba-Geligy等公司都已进入我国市场，表18－17列出了某些絮凝剂的使用量。

表18－17 一些常用絮凝剂的用量

药剂名称	使用溶液质量分数/%	工业用量	有效pH值范围	其 他
藻朊(藻酸)	0.5%～1%母液稀释至0.5%或更低	$(0.1\sim5)\times10^{-4}$%	4～11	藻朊即Algin或Alginicacid
动物骨胶	在冷水中浸泡，热至60℃，加入化学品后，稀释，放置24h，温和搅动	$(20\sim75)\times10^{-4}$%	1～10 最好是～4.7	可加入稀酸或稀碱控制其电荷，使用时需有三价金属离子一起存在
脱去纤维素的可溶性血粉或血蛋白	在15～30℃水内搅动，放置30min后，冲稀与烷基苯磺酸钠混合，母液为40%，稀释至0.1%使用	$(5\sim25)\times10^{-4}$%	<4.7 大于71℃或使用多价金属离子时，pH值可大于4.7	
羧甲基纤维素	0.2	25～250g/t 或10^{-4}%	2～10 最适宜4～6	当有多价阳离子存在时，单独使用。不然应与0.6%明矾混合使用，与铁卤混合使用亦可
聚丙烯酰胺	0.01	$(0.1\sim10)\times10^{-4}$% 或5～125g/t		
植物淀粉	1～10	25～50kg/t	3～14	使用前需加苛性钠在85～90℃搅拌加热15～20min
可溶性淀粉	1～5	25～250g/t	较宽的范围内皆可使用	使用振荡的干粉加料器，有利于溶解

续表 18－17

药剂名称	使用溶液质量分数/%	工业用量	有效 pH 值范围	其 他
糊 精	5	100～250g/t	4.5～10	溶于冷水
玉米淀粉的环氧乙烷衍生物	5	100～7500g/t	4.5～10	
阴离子型聚丙烯酰胺（部分水解聚丙烯酰胺）	斑岩铜浮选尾矿浓缩	10g/t		给矿固体质量分数30%，浓缩至65%～70%，回收利用
水解度为20%～30%的聚丙烯酰胺	相对分子质量600万～1000万	15～30g/t	自 然	如锰精矿溢流处理
12号PAM（改性）+$FeCl_3$	$w(FeCl_3)$ 1%	$FeCl_3$ 1.6mL/100mL 12号PAM 0.4mL/100mL	8.8	含锌含硫废水处理 Zn^{2+} >450mg/L
聚丙烯酰胺（非离子型）	0.1%～0.5%	2～50g/t	范围广	铜浸出矿浆，钨精矿溢流等

18.6.1 分散剂

由于微细矿物颗粒比表面大、质量小，要将分散状态的微细矿粒转为絮团，就必须减少表面自由能。在絮凝过程中的互凝、包覆现象必然对矿物的分选产生不利影响，降低甚至破坏分选的选择性，所以在絮凝分选中必须克服和对抗互凝现象，使矿粒处于最佳分散状态是分选成功的必要前提，要实现选择性絮凝首先就必须使矿浆分散。

表 18－18 所列为选择性絮凝用有机及无机主要分散剂名称。

表 18－18 选择性絮凝用有机及无机主要分散剂

无机分散剂	有机分散剂	有机聚合物分散剂
氢氧化钠	柠檬酸钠	葡糖醛酸
水玻璃	葡萄糖酸钠	海藻酸
硅酸铝 $Al_2(SiO_3)_3$	草酸钠	干酪素
三聚磷酸钠（STPP）	酒石酸钠	明胶、阿拉伯胶、古尔胶

续表 18-18

无机分散剂	有机分散剂	有机聚合物分散剂
六偏磷酸钠（$(NaPO_3)_6$）	抗坏血酸	卵膦脂
焦磷酸四钠 $Na_4P_2O_7$	多胺类	单宁酸盐、栲胶
氟化钠	氨基醇类	木素磺酸盐
碳酸钠	烷基或芳基磷酸和膦酸（盐）	降解的聚糖类
硼酸钠（硼砂）	烷基或烷芳基磺酸盐	多种人工合成的高聚物（如聚丙烯酸）
铝酸钠 $NaAlO_2$ 或 Na_3AlO_3	烷基硫酸盐	

18.6.2 絮凝及絮凝分选

本书对絮凝剂在助滤剂和环境保护、废水处理等方面的应用已在有关章节作了介绍。本章相关各节主要是介绍有关絮凝及絮凝分选的内容。

在矿产资源及煤矿等采掘、选矿加工、水冶（化学选矿）等不同作业，絮凝剂主要用于固液分离，例如微细粒物料的浓密、澄清、沉降（含废水处理）等。不同的固液分离设备对絮凝剂的结构、性能、相对分子质量等有不同的要求。英国学者 Pearse 将应用范围作了扼要的叙述，如表 18-19 所列。

由表 18-19 可以得出：（1）非离子型和阴离子型有机高分子絮凝剂（如聚丙烯酰胺及其水解物）主要用于选矿、选煤及水冶；（2）非离子型絮凝剂广泛应用于酸性矿浆；（3）强阴离子型絮凝剂用于碱性矿浆；（4）中等相对分子质量产品适用于过滤（真空等），而高相对分子质量产品适用于沉降而阳离子型聚合物主要用于非金属及脉石矿物的处理。

表 18-19 絮凝剂在矿业中的应用范围

作业处理	絮凝剂的离子特征							
	非离子性	低阳离子	中等阴离子	中至高阴离子	高阴离子	低阳离子	中阳离子	高阳离子
铀/铜/钴/镍逆流倾析酸浸	H	H				H	H	
铀酸浸（逆流过滤）	M	M				M	M	
铀碱浸（逆流倾析）					H			
贱金属尾矿的浓密澄清	H	H	H	H				
预浸研磨矿的絮凝	H	H	H	H				
煤尾矿的浓密澄清			H	H				
煤细泥的真空过滤（絮凝助滤）				M				

续表 18－19

作业处理	絮凝剂的离子特征							
	非离子性	低阳离子	中等阴离子	中至高阴离子	高阴离子	低阳离子	中阳离子	高阳离子
电解锌—酸浸的絮凝浓密	H	H						
电解锌—中性浸取絮凝处理	H	H	H					
Clayey 煤尾矿处理			H①					
铁矿尾矿（pH 11）的絮凝沉降			H①					
Bayer 法红泥絮凝脱水								L
Ni/Co 碱性浸取	H	H	H	H	H			
重晶石/萤石尾矿		H	H	H	H			
矿浆中高度胶体部分的絮凝		H①	H①	H①		H	H	L
钾尾矿絮凝脱水	H	H	H	H				
高 pH 体系（pH＞12）颗粒的沉降					H			
磷酸盐细泥/尾矿的絮凝处理		H	H	H				
硫酸盐纸浆，TiO_2 黑液的脱水絮凝							M	M
沙子和卵石泥浆的沉降处理		H	H					

注：H—高相对分子质量［（15～20）$\times 10^6$］；M—中等相对分子质量（10×10^6）。L—低相对分子质量（$<1\times 10^6$）；

①—与无机凝聚剂共用。

絮凝剂或称选择性絮凝剂的应用主要是处理需要细磨才能解离的复杂细粒嵌布矿物。通过选择性絮凝或选择性絮凝浮选将有用矿物（目的矿物）和脉石矿物分离。

表 18－20 列举了絮凝剂在絮凝及选择性絮凝中的应用，简介了药剂及其处理矿物。

表 18－20 絮凝剂在絮凝及选择性絮凝中的应用

	名 称	应用及其他
絮凝	阳离子型(40%～80%)(括号内为离子化程度，下同)；(1～5)$\times 10^6$(相对分子质量，下同)	工业及城市废渣污泥脱水，制造 TiO_2 时黑液澄清
	阳离子型(40%～80%)；10^3～10^5	铁精矿及尾矿的浓缩，煤渣的浓缩(作为辅助絮凝剂)，工业及城市废渣脱水

续表 18-20

	名　称	应用及其他
絮凝	阳离子型(40%~80%),10^3~10^5	铁精矿及尾矿的浓缩,城市及工业废渣污泥脱水
	阳离子型(1%~10%),(1~5)×10^6	城市及工业废渣、污泥脱水,活性污泥微泡浮选,造纸厂白水微泡浮选
	阴离子型(10%~40%),(1~5)×10^6,>5×10^5	煤渣浓缩及脱水,铝污泥脱水,制糖工业糖浆净化
	阴离子型(80%~100%),>5×10^5	铝厂红泥(氧化铁)浓缩
	阴离子型(1%~10%),(1~5)×10^6,>5×10^5	化学沉淀后使用的絮凝剂,钾盐尾矿(黏土细泥)浓缩,选矿絮凝剂
	非离子型,(1~5)×10^6	选矿絮凝剂,酸性矿浆及精矿浓缩,弱酸性废渣浓缩,铀萃取液沉降
	pracstol 絮凝剂	处理含铬废水,外加硫酸铝[CA 110,159,813(1989)]
	PCA(无机高分子)	歪头山铁矿[矿冶工程,1988,8(3):28-32.]
	聚苯乙烯聚电解质	废水处理(含砂金)[CA 111,159,595(1989)]
	聚丙烯酰胺	废水处理(电镀铬锌废水)[涂料工业,1988(6):29-31.]
	聚丙烯酰胺(Bx)	絮凝浮选蔗糖液[中国专利,CN 87,108,285(1988)]
	聚丙烯酰胺共聚物	絮凝重晶石精矿[CA 111,81725(1989)(波兰)]
	聚丙烯酰胺(固体)	制造方法[东德专利,264700(1989)]
	聚丙烯酸钠	精矿碳酸钙矿(脱煤、黄铁矿)[CA 110,60,575(1988)]
	聚乙烯基乙基醚	(lutenal)辉铜矿、孔雀石[英国专利,2,212,418(1989)]
	淀粉	磷灰石,混凝-浮选[CA 111,178253(1989)]
	磺化淀粉衍生物	铝土矿残渣(赤泥)[英国专利,2,204,032(1988)]
	氧化淀粉	在有Ca存在下,在赤铁矿吸附[Miner Eng,1989,2(1):55-64.]
	巯基交联淀粉(有制法)	从废水中脱除汞、铅、镉离子[吉林大学自然科学学报,1988(2):85-88.]
	$C_{14\sim18}$烷基硫酸盐	重晶石悬浮液[colloids surf.,1988,33(3-4):239.]

续表 18－20

	名　称	应用及其他
	三元共聚物	金（从尾矿中回收）［日本公开特许，63，60240（1988）］
	epofloc L1（德国产）	从废水中脱重金属［CA 109，79063（1988）］
	BS 30F（球状颗粒）	选煤絮凝-浮选［KOKC XИM，1988（11）：10－13.］
	califloc（高分子聚合物）	赤铁矿细泥［CA 109，77036（1988）］
	VPK－402（聚合物，苏）	精煤过滤脱水［KOKC XИM，1989（6）7－9］
	聚（N-烷基-2-乙烯吡啶鎓盐	高岭土，絮凝，制备，再分散［CA 109，94339（1988）］
	木素-聚胺-醛缩合物	造纸絮凝剂，脱水助剂［美专利，4，775，744（1988）］
	丙烯酰胺与丙烯酸共聚物	黏土矿物［美国专利，5211920］
	氧化乙烯聚合物（PEO）和一些聚丙烯酰胺絮凝剂比较	采选后加工小于 150 目碳酸盐细泥（小于 10μm 约 75%）废弃物料絮凝，PEO 效果更好［B. J. Scheiner 等，国外金属矿选矿 1990（9）.］
絮凝	不同水解度和分子量的聚丙烯酰胺	加速磷精矿的浓缩沉降［矿产综合利用 1993（2）.］
	乙-羟丙基 1，1-N-二甲基氯化铵	煤的澄清脱水 Pearse. M. J.，国际矿业药剂会议论文选集，中国选矿科技情报网，1985
	聚二烯丙基甲基氧化铵（聚 DADMAC）	在高 pH 值条件下尾矿澄清．国际矿业药剂会议论文选集，中国选矿科技情报网，1985
	alclar 系列 27、600、W5、W16 四种（针对性耐高温和苛性条件）	Bayar 法炼铝，铝酸盐溶液和不溶性红泥分离．国际矿业药剂会议论文选集，中国选矿科技情报网，1985
	聚丙烯酸沉降絮凝及机理	氧化铝悬浮液沉降。第十七届国际选矿会议论文集，1991（3）：273－285.
	脱去纤维的可溶性干血及血蛋白加工的动物胶	矿石加工，纸浆及造纸加工，污物处理及化学化工［凝结作用，电解质作用］Profolc，Fibrefloc（国外商品名，下同）
	古耳（guar）豆科种子的精制液	矿石加工，水处理，污物处理，食品工业，化学加工，造纸等 ［桥联作用，电解质作用］burtonite 78 号
	骨胶（动物蛋白）	矿石加工，化学及纸浆加工 ［凝结作用，桥联作用］glu－Beeds 22 号
	工业品古耳（guar）胶（半乳醣聚甘露醣）	矿石加工，污物处理 ［桥联作用］guartec star，guar jaguar

续表18-20

	名称	应用及其他
絮凝	藻朊(algin)(即海藻酸)	矿石处理,水处理,食品,造纸,化学加工 [凝结作用,桥联作用] kelgin W,kelcosol
	长链动物胶(来自生贮料的蛋白质胶体)	矿石加工,纸浆加工,污物处理 [电解质作用,桥联作用]peter cooper std. No. 1
	精制氧化动物蛋白质	矿石加工,化学加工,造纸 [桥联作用,电解质作用] Colloid. P. M No. 4V
选择性絮凝	各种絮凝剂对细粒锡石的絮凝	美国N100非离子型絮凝剂效果最好。卢寿慈等,第五届选矿年评文集,1989
	十二烷基磺酸钠+少量聚丙烯酸	可显著改善-10μm赤铁矿选择性絮凝浮选。Gebhardt J E等。国外金属矿选矿,1988(4):48-56.
	磺化聚丙酰胺(PAMS)	钛铁矿-长石体系选择性絮凝钛的过程及机理。翁达,卢寿慈.第五届选矿年评文集,1989
	玉米淀粉	选择性絮凝地开石(从石英中),CA 113,000(1994)
	阴离子聚丙酰胺(Separan AP30,平均相对分子质量3百万)	从石英中选择性絮凝地开石等高岭土。国外选矿快报,1995(9)
	聚丙烯酸(PAA)和氧化聚乙烯(PEO低相对分子质量)	磷灰石中除去白云石及硅石,用PAA和PEO絮凝前者选择性好,PEO几乎无选择性。国外选矿快报,1995(24)
	聚丙烯酸	絮凝黑钨矿。卢毅屏.矿冶工程,1994(1)
	stiPix A40絮凝剂	铁矿与白云石选择性絮凝浮选,脂肪酸(下脚)作捕收剂,六偏磷酸钠及quaker L 86-640作抑制剂。CA 119,99118
	阴离子聚丙烯酰胺(cganamid superfloc A130)	与油酸钾捕收起泡剂共用,对赤铁矿絮凝浮选。Bagster等,CA 122,85821
	聚丙烯酰胺和一种聚丙烯腈纤维的碱性水解物(Nitron废渣)	从钾盐矿中絮凝浮选碳酸盐矿。USSR 1,792,743
	六种高分子聚合物	细粒黑钨矿[石大新等,有色金属,1988(1):39-47]
	磺化聚丙烯酰胺等三种	锡石[钟宏等,矿冶工程,1988(2):21-25]
	聚电解质	合成方法,特性,用于矿物分选[CA 109,190,889(1988)]
	聚黄药(polyxanthate)	制法,从煤中脱黄铁矿[CA 110,10,838(1989)]
	羧甲纤维素-表氯醇缩合物	黄铁矿,黄铜矿,PbS,ZnS,MoS_2[CA 109,173,914(1988)]

续表 18－20

	名　称	应用及其他
选择性絮凝	絮凝剂＋络合剂(二苯胍)	黄铁矿,镍黄铜矿[CA 111,217,394(1989)]
	1,4-苯骈二噁烷系共聚物	钛矿[Eur Folym J,1988(5):457]
	丙烯酸-丙烯酸酯共聚物	钛矿,铁矿[美专利 4,698,171(1987)]
	淀粉	铁矿(人工混合矿)(赤铁矿刚玉)[CA 109,113,808(1988)]
	淀粉	金红石-钛铁矿,石英……[Process Technol Proc,1988,7:345]
	天然悬浮体中的微生物	选择性絮凝金(细粒分散)[CA 109,234,393(1988)]
	部分水解了的聚丙烯酰胺	锡石细泥选择性絮凝。刘邦瑞等,云南冶金 1981(5):14－18
	木薯淀粉	选择性絮凝脱泥(东鞍山铁矿)。潘其经,矿冶工程,1981(1)
	聚氧乙烯	分离白云石与磷灰石[CA 119,163,433,76,783;121,12,484]
	丙烯酰胺和丙烯酸共聚物	贵金属浸出液絮凝剂。美国专利 5112582
	聚丙烯酰胺和某仲或叔胺盐酸盐	从钾盐矿中絮凝浮选碳酸盐矿。USSR 1680341;CA 118,41,801
	先用缩聚型和聚合型阳离子絮凝剂,后用阴离子型絮凝剂	搅拌-絮凝-分选回收溶液中的银。JPN 05247551;CA 120,35,135
	聚丙烯酰胺絮凝剂	高岭土除铁、钛、硫。阙煊兰,2000 年中国非金属矿工业发展战略(论文集),中国建材工业出版社,1992
	羟丙基纤维素黄原酸盐螯合型选择性絮凝剂	黄铜矿等硫化矿物选择性絮凝。如絮凝黄铜矿分离石英。P Somasundaran,Nagaraj K R(美国)。国际矿业药剂会议论文选编,中国选矿科技情报网,1985
	带羟肟基改性聚丙烯酰胺	锡石-石英分离效果好(1975,克劳斯等)。 杨敖等,第二届全国选矿学术讨论会论文集,中国选矿科技情报网,1990
	18%水解度的聚丙烯酰胺	选择性絮凝明矾石等含硫物质,分离提纯高岭土,高岭土从含 SO_3 5%左右降到小于 1%。国外金属矿选矿 1995(10)

18.6.3 絮凝实例

聚丙烯酰胺（3号絮凝剂）是使用比较广泛的一种非离子型高分子絮凝剂，石油、选矿、选煤、湿法冶金、有机合成等工业均已使用。据报道对固体颗粒的效果优于胶体微粒。若与其他电解质凝聚剂和絮凝剂混合使用更为有效，特别是对胶体微粒混合用药比单独用药效果更显著。

使用“3号絮凝剂”澄清冶炼厂铜浸出矿浆，速度提高将近五倍，每立方米矿浆用药量为10克（纯药剂）。在锗湿法冶炼过程中，用3号絮凝剂代替牛胶，可使浸染渣浆的澄清速度提高5~10倍，同时所得浸液量增加40%，浸出次数减少1/3。

使用3号絮凝剂对江西某钨矿选矿厂也取得良好的技术指标，细泥精矿脱水溢流（WO_3品位为16%）固体质量分数由0.063%降低到0.027%，沉砂金属占有率由93.2%提高到97.0%；枱浮前精矿脱水溢流（WO_3品位12%）固体质量分数由0.1%降低到0.055%，沉砂金属占有率由68.21%提高到78.4%，枱浮硫化矿脱水溢流（Mo品位0.5%，Bi1.0%）固体质量分数由0.47%降低到0.027%，钼铋金属损失分别由4.6%，22.5%减少到0.61%及2.0%，18m浓密机溢流（WO_3品位0.5%）固体质量分数由0.515%降低到0.236%，沉砂金属占有率由87.57%提高到92.73%。

遵义锰矿选矿厂处理碳酸锰矿石，由于磨矿粒度细，矿石易泥化，又由于浓缩面积不足和过滤效率低等原因，大量微细粒锰精矿随浓密机溢流损失，损失率约占原矿的2.4%。武汉科技大学为此进行过试验研究，使用聚丙烯酰胺对该厂精矿溢流水进行处理，取得良好的絮凝效果。在自然pH值条件下，添加相对分子质量介于600万~1000万、水解度为20%~30%的阴离子聚丙烯酰胺（适宜用量为15~30g/t），在保持相同给矿量的条件下，添加与不添加絮凝剂相比，浓密机溢流损失减少65%~92%（不同流量下，降低值不同）。

利用聚丙烯酰胺等有机高分子絮凝剂对白钨矿精矿的浓密絮凝处理，可以减少溢流中精矿的损失，如给矿溢流中固体含量为50~60g/L，含WO_3 0.6%~0.8%。被试用的絮凝剂有海藻酸钠、羧甲基纤维素、聚丙烯酰胺、絮泊元-2610、六次甲基二胺残渣与塔尔油、二氯乙烯缩合物（КОДТ）、聚丙烯醇及聚丙烯酸钠等。其中聚丙烯酰胺、絮泊元-2610、二氯乙烯缩合物及聚乙烯醇都具有加速沉降及澄清溢流水的作用。最终精矿需要聚丙烯酰胺或絮泊元-2610的用量为50~60g/t时，或粗精矿需要聚丙烯酰胺120g/t时，溢流中固体的含量只有1g/L。如果用聚乙烯醇300g/t或二氯乙烯缩合物600g/t时，溢流中固体物质含量为5~6g/L。添加絮凝剂时最好用它们的稀溶液分段添加。使用聚丙烯酰胺的稀释度为0.002%~0.006%，药剂耗量为35~50g/t。

絮凝剂AMΦ系在有次甲基蓝及过硫酸钾存在下，使丙烯胺聚合的产物，产品中含有50%以上的硫酸铵。实验室及中间工厂研究证明，于每立方米矿浆中加入5~25g，可以加速铜精矿的浓密效果5.2倍，或锌黄铁矿精矿的浓密效果114.3倍。

聚丙烯酰胺类药剂还可以大大加速氢氧化亚铁、石膏、白钨矿及重晶石的沉降速度。但是在磷灰石矿浆中有碳酸钠存在时，或方解石矿浆中有水玻璃存在时，可以降低此种药剂的絮凝作用。絮泊元-2610对石英的絮凝作用，随搅拌的强度及搅拌时间的增加而降低。

美国有两篇专利，5112582和5211920（CA 117，154981S和185438r）介绍应用丙烯酰胺和丙烯酸的共聚物作为贵金属浸出液的絮凝剂。前后两种共聚物单体的摩尔比为90：10至70：30，共聚物的相对分子质量不低于1×10^6。一是将其与足够石灰混合，调节pH值至9.5~11，浸出后经絮凝从絮凝物中回收贵金属。另一篇是从氰化钠堆浸液中提取金。絮凝剂、石灰、pH值同前，絮凝剂用来絮凝黏土矿物。

俄国有两篇专利报道的絮凝浮选，都是从钾盐矿中浮选黏土碳酸盐矿。一篇是用聚丙烯酰胺和一种仲烃基或叔烃基伯胺盐酸盐（组合摩尔比1：（1~4）），将矿浆先用组合絮凝剂处理，乳化，再浮选（USSR 1680341，CA 118，41801k）。另一篇专利（USSR 1792743，CA 121，137323d）则用聚丙烯酰胺和一种高分子废液（Nitron）聚丙烯腈纤维的碱性水解产物作絮凝剂进行调浆，浮选。其选择性和回收率随药剂浮选活度的提高而提高。

日本专利（JPN 05247551，CA 120 35135w）介绍用絮凝剂从水溶液中回收银。先用缩聚型阳离子高分子絮凝剂和聚合型阳离子高分子絮凝剂搅拌溶液，尔后用阴离子高分子絮凝剂搅拌，过程包括搅拌—絮凝—分选。

Pearse利用聚丙烯酰胺等絮凝剂对斑岩铜矿浮选尾矿的浓密，原煤泥浆的浓密以及对炼铝红泥等的试验研究。

斑岩铜矿浮选尾矿的浓密。使用Talmage和Fitch浓密机，浓密机直径45m，面积$1534m^2$，日处理量3000t。给料质量分数（浓度）30%，矿浆密度$1.233g/cm^3$，浓缩至65%，絮凝剂耗量10g/t。如果当地缺水，可以使用更多的絮凝剂，使底流质量分数达到70%，以回收更多的循环水。这样每月可少损失水18000立方米，这对沙漠地带特别有利。絮凝剂耗量增至15g/t，处理量可达3600t/d，相当于增添一台直径20m的浓密机。

原煤泥浆的浓密。所采用的装置为直径20m（面积$314m^2$）的一般浓密机，排出底流浓度34%，给料速度固定$6800m^3/d$，给料质量分数（浓度）

3.5% ~5.5%。

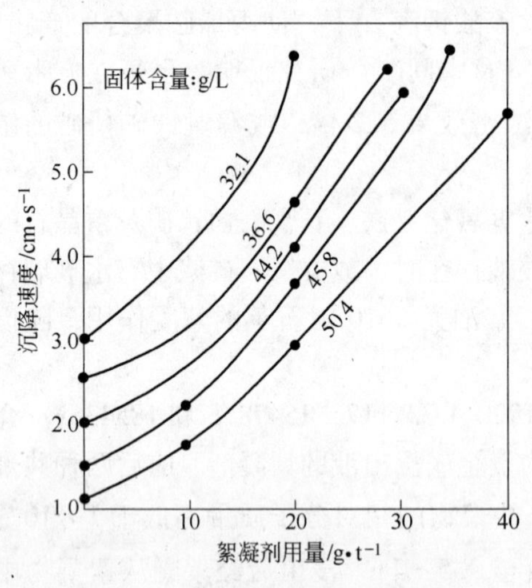

图 18-16 絮凝剂用量与沉降速率

试验结果表明，不加絮凝剂时溢流的澄清度很差，用很高相对分子质量的聚合物絮凝剂能获得很好的效果。如图 18-16 表明矿浆越稀沉降速率越快，矿浆浓度高则要求絮凝剂用量大。试验还表明，絮凝剂用量与所需单位面积、沉降速率、给料固体浓度有关。浓度下降时，为保持浓密机的工作限度，要提高絮凝剂的给料速度，这也使沉降速率增加，减少所需单位面积。反之，如果固体浓度加大，则必须进行调整，使絮凝剂达到最佳利用率。本例中，煤浆流速为 $6800m^3/d$，泥浆质量浓度 35g/L，所需浓密机面积为 $1.32m^2/(t\cdot d)$，而泥浆质量浓度 55g/L，则所需单位面积降至 $0.84m^2/(t\cdot d)$。

Bayer 法炼铝特殊絮凝剂。铝土矿用苛性碱蒸煮后，通过倾析和逆流洗涤使有价铝酸盐溶液和不溶性红泥分离。研制了能耐高温和强碱条件件的专门絮凝剂 Alclar 系列进行絮凝分离处理。其中四种 Alclar 600 和 Alclar W5 及 W16、W27 在初步沉降和洗涤槽絮凝处理中使铝盐获得最佳收率。

Somasundaran 等人多途径地研究了氧化铝悬浮液的各种絮凝效应与聚丙烯酸在矿粒表面的吸附和构型的关系。测定了氧化铝悬浮液的浊度、沉降絮凝体产率和沉积物高度以及同一样品中聚合物吸附量、吸附的聚合物分子构型和覆盖了聚合物矿粒的 ζ-电位。研究了吸附的聚丙烯酸以卷曲、伸展和从卷曲到伸展三种构型存在时细粒的絮凝行为、效果以及与 pH 值的关系（pH 值增大从卷曲转为伸展状态），对从理论和实际运作上的结合具有极好的作用。

在天然有机絮凝剂方面，铜录山选矿试验室曾试用鄂东地区盛产的橡子淀粉作为絮凝剂絮凝铜精矿矿浆，对弱碱性（pH = 8 ~ 9）矿浆效果良好，提高了沉降速度和过滤速度，减少溢流中铜的损失，还略优于聚丙烯酰胺。它的黏性大，对矿粒的絮凝作用强。橡子淀粉的用量以 $500\sim1000g/m^3$ 矿浆为宜，配成质量分数 0.5% ~1% 的溶液使用。但在酸性和强碱性矿浆中效果变差，与聚丙烯酰胺一样，当用量增加时，滤饼含水量也增加。

美国的 Scheiner B J 等用氧化乙烯聚合物（PEO）和一些以丙烯酰胺为基础的聚合物为絮凝剂，处理在佛罗里达磷酸盐的采、选以及加工成化肥的过程中产生的两种废弃物料。其一为含小于150目磷酸盐细泥的泥浆，其中近75%的颗粒小于10μm，排放困难。实验结果表明，（1）采用聚丙烯酰胺时脱水产品的固体浓度为24%～23%，而同样浓度的PEO产出的脱水产品则含固体33%～35%，即相对于同一产品固体浓度，PEO的效果好用量比聚丙烯酰胺低得多；（2）两种絮凝剂合适的给矿浓度不同。当处理稀矿浆时，聚丙烯酰胺类能得到最佳效果，而PEO则相反，给料越浓，PEO用量越低。

18.6.4 选择性絮凝实例

在一个含有两种或两种以上矿物颗粒组分的稳定悬浮液中，加入某种高分子絮凝剂及调节好利于选择性分离的相关药剂配伍之后，由于矿物组分不同，表面性质各异，使这种高分子絮凝剂在不同组分之间产生有选择性的吸附作用，被吸附的目的矿物通过“桥联”产生絮团沉降，而非目的矿物依然分散于悬浮体系中，从而达到分离之目的，这就称作选择性絮凝，能起选择性絮凝作用的药剂叫做选择性絮凝剂。选择性絮凝在选矿中主要用来处理小于74μm的原生及次生矿泥，或者用来处理胶体颗粒。

选择性絮凝最早在美国用于铁矿，是由美国克利夫兰-克利夫斯钢铁公司经过近30年的努力实现的。利用木薯淀粉作为选择性絮凝剂，处理极细粒嵌布的石英铁燧岩，先选择性脱泥，然后反浮选。此后，各种天然的和人工合成的高分子絮凝剂（如支链淀粉、含不同离子形式的聚丙烯酰胺等）在赤铁矿、锡石等不同矿物中的试验、应用时有报道。

蒂尔登选矿厂应用选择性絮凝脱泥—反浮选新技术选别低品位、细粒嵌布赤铁矿矿石的工艺是高分子絮凝浮选最早成功的实例之一。

关于蒂尔登细粒赤铁矿的选矿，克利夫兰—克利夫斯公司于1949年开始试验室研究工作，经历了从磁化焙烧、浮选等方法一直到1961年开始应用选择性絮凝技术的漫长过程，直至1966年开始进行半工业试验，并取得良好效果。1972年蒂尔登选矿厂开始建厂（400万t/a精矿），1975年初投产。至20世纪80年代建成第三期工程，年生产总能力达12000万t，矿山服务年限35年。

该矿区矿石的特点是，铁矿物为细粒嵌布非磁性氧化铁，主要为假象赤铁矿和燧石与赤铁矿共生，局部地区有土状赤铁矿，一部分针铁矿与赤铁矿构成氧化铁集合体。氧化铁矿物的粒度范围为1～100μm，多数在10～25μm之间。

针对该矿区的特点，采用选择性絮凝脱泥—浮选新技术。这一技术的关键在于将矿石细磨（-25μm粒级占85%），使铁矿物与脉石解离；再对赤铁矿进行选择性絮凝，脱出呈分散状态的含硅脉石；并从赤铁矿中用反浮选法进一步脱除含硅脉石。选矿厂简化后的一个系列流程如图18-17和图18-18所示。选厂设计指标与设计的药剂制度如表18-21、表18-22所列。

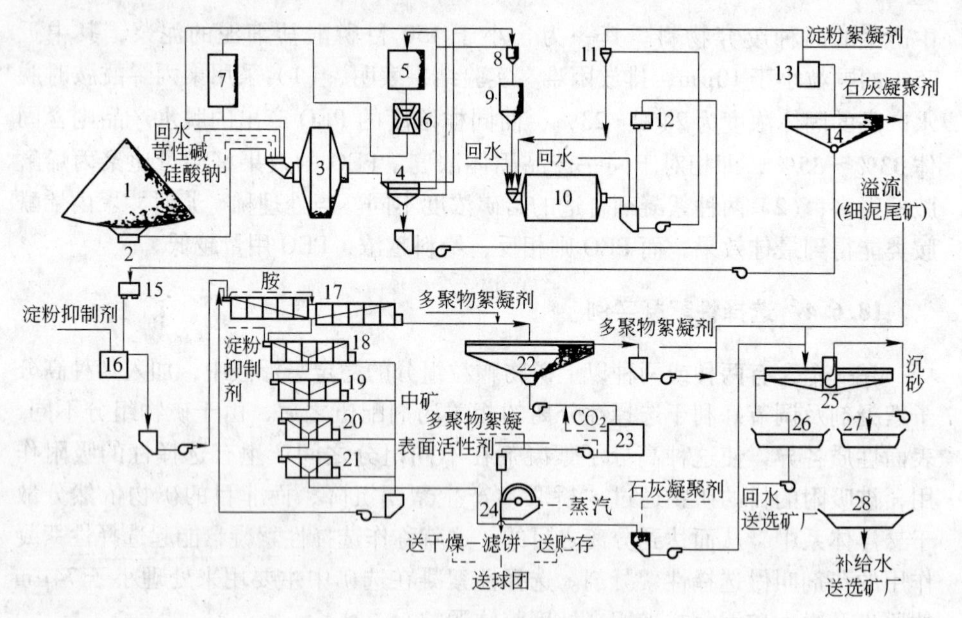

图18－17 蒂尔登选矿厂流程图

1—有盖的原矿储矿场；2—给矿机；3—一段自磨机；4—筛子，一层筛上－76＋31.8mm，二层筛上－31.8＋15.9mm，三层筛上－15.9＋2.0mm，筛下－2mm；5—圆锥碎矿机给矿仓；6—圆锥碎矿机；7—圆锥碎矿机产品；8—砾石收集漏斗；9—砾石仓；10—砾磨机；11—旋流器；12—矿浆分配器；13—搅拌槽；14—脱泥浓密机；15—浮选给矿矿浆分配器；16—搅拌槽；17—粗选槽；18—一次扫选槽；19—二次扫选槽；20—三次扫选槽；21—四次扫选槽；22—精矿浓密机；23—矿浆桶；24—过滤机；25—尾矿浓密机；26—回水池；27—尾矿坝；28—水库

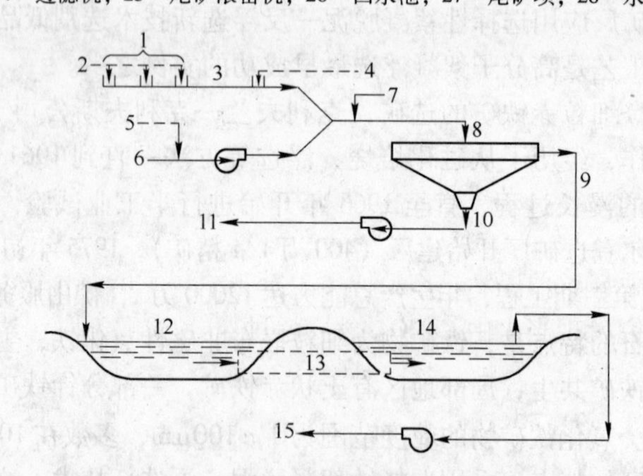

图18－18 配置有总尾矿浓密机的新回水系统

1—脱泥浓密机溢流；2—加石灰、多聚物或两种；3—精矿浓密机溢流；4—加多聚物；5—加石灰、多聚物或两种均加；6—浮选尾矿；7—如需要，加石灰或多聚物；8—总尾矿浓密机；9—溢流；10—沉砂；11—至尾矿池；12—从前的尾矿池；13—直径2.3m涵道；14—回水池；15—回水送选矿厂

表 18-21 选矿设计指标

产品名称	产率/%	铁品位/%	铁分布率/%
原矿	100.0	35.9	100.0
脱泥浓密机溢流	20.0	12.5	7.0
脱泥浓密机底流	80.0	41.8	93.0
浮选尾矿	41.6	19.7	22.8
浮选精矿	38.4	65.6	70.2
总尾矿	61.6	17.4	29.3

表 18-22 药剂制度（设计）

药剂名称	吨矿药量/g	加药点	吨矿药剂总量/g
硅酸钠	258.5	自磨机	258.5
氢氧化钠	952.5	自磨机	952.5
	226.8	脱泥浓密机给矿	
淀粉	272.2	浮选搅拌槽	816.5
	317.5	第一次扫选给矿	
胺捕收剂	91.7	第一次扫选给矿	136.1
	45.4	第六个粗选槽	
	43.1	精矿浓密机给矿	
聚合物药剂	0.54	精矿浓密机溢流	64.2
	20.7	过滤机给矿	
石灰	1360.8	脱泥浓密机溢流	1542.2
	181.4	浮选尾矿	

蒂尔登选矿厂投产以来，为适应季节性水质温度的变化，对药剂用量作了研究调整；研究发现当水中 $CaCO_3$ 含量超过 $40 \times 10^{-4}\%$ 时，絮凝出现无选择性。在生产中通过控制水中的 $CaCO_3$ 含量解决了问题；矿浆温度（夏天、冬天）与药剂关系，冬天脱泥浓密机脱泥量始终不如夏季，如通过调节分散剂硅酸钠用量，夏天少用，冬天多用，解决生产中出现的问题。

蒂尔登选矿厂选择性絮凝脱泥作业的成功应用使铁精矿品位提高了7% ~10%，脱出矿泥的产率20% ~30%，铁的损失率9% ~12%，大大改善反浮选的条件及药剂用量。

1953 年便有美国专利报道用淀粉作絮凝剂分离磷酸盐矿物。佛罗里达硬质磷酸盐以淀粉作为絮凝剂，通过连续选择性絮凝，并采用沉降和倾析使絮凝物分离选别富集比为1∶30，Haseman J H 采用2.3kg/t 淀粉使田纳西河谷水洗磷矿泥中小于10μm 的磷矿物絮凝，然后用水力分离器或别的方法分离出磷矿物的絮凝精矿。经过这样的选择性絮凝，可使总的磷酸盐矿物的回收率提高10%左右。

1984年在意大利罗马召开的国际矿业药剂会议上，Mario Zuleta 等人报告了用淀粉作选择性絮凝剂，对低品位赤铁矿和高灰分煤除杂提高品位进行的研究，对试验条件、工艺矿物特性、选择性絮凝分离效果等进行了研究。用木薯淀粉于黏土质含铁物料的选择性脱泥，用水解的聚丙烯酰胺选择性絮凝分选长石-赤铁矿效果显著。

变换聚丙烯酰胺类絮凝剂的阴离子性能，可以从一种混合物中优先絮凝赤铁矿或者优先絮凝硅酸盐。例如，强阴离子型聚丙烯酰胺促进赤铁矿的选择性絮凝；而弱阴离子型的聚丙烯酰胺则优先絮凝硅酸盐。聚丙烯酰胺可以选择性地絮凝锡石。

用聚丙烯酰胺还可以选择性地絮凝石英与方铅矿的人工混合矿，效果很好。

聚丙烯酰胺还试用于硅孔雀石与石英的选择性絮凝；试用于高岭土与黏土的选择性絮凝；水解聚丙烯酰胺试用于高岭土与铝土矿的选择性絮凝。

羧甲基纤维素、聚丙烯酰胺、合成单宁等可用于锰矿泥的选择性絮凝。羧甲基纤维素还用于铬铁矿的选择性絮凝及铅、锌硫化矿的选择性絮凝。

用木薯粉于黏土质含铁物料的选择性脱泥。用聚甲基丙烯酸钠选择性絮凝煤与黏土。用聚氧乙烯选择性絮凝铜铀云母。

Somasundaran 等人通过在浮选和絮凝中螯合剂的化学作用研究，认为不同矿物之间用浮选和絮凝方法进行分离主要取决于表面活性剂和聚合物（即捕收剂和絮凝剂）在这些矿物表面的选择性吸附。然而许多药剂虽然早已在实践中用于矿物的浮选或絮凝，但大多数并非是选择性的，特别是对细粒及超细粒矿物的选别，缺乏有效分离所需要的选择性药剂。他们不断认识、总结、研究、筛选出对特定金属有优异的选择性的具有螯合官能团的药剂。例如，选择具有巯基的羟丙基纤维素黄原酸酯选择性絮凝黄铜矿，与石英分离。

Clauss 在酸性介质中用甲醛与乙二醛-双羟基缩苯胺与聚丙烯酰胺缩合而成聚丙烯酰胺-乙二醛双羟基缩苯胺（PAMG）作絮凝剂。试验研究表明，PAMG 能选择性地从方解石、石英、长石和白云石混合物中絮凝各种铜矿物（硅孔雀石、孔雀石、辉铜矿、黄铜矿、赤铜矿），在进行选择性絮凝之前，应加入聚磷酸钠或低相对分子质量的丙烯酸聚合物作分散剂。PAMG 的选择性比聚丙烯酰胺好，即聚丙烯酰胺与乙二醛-双羟基缩苯胺缩合后，加强了选择性，降低了聚丙烯酰胺对方解石、石英、长石和白云石的作用。选择性得到加强是由于乙二醛-双羟基缩苯胺基团的存在，这是铜离子形成螯合物的配位体。乙二醛-双羟基缩苯胺对铜离子的选择性是 Bayer 发现的（1957 年），该化合物特别适宜于螯合铜、铀离子，在弱酸性介质中，只有铜、铀、镍离子与该化合物强烈地键合，在 pH <7 时，与碱土金属离子或其他重金属离子都不形成络合物。这种对少数金属离子的选择性行为，主要原因可能是该化合物的空间结构和异构现象引起的，乙二醛-双羟基缩苯胺在酸性介质中形成环状结构，而在碱性介质中，环状重排而成开链结构：

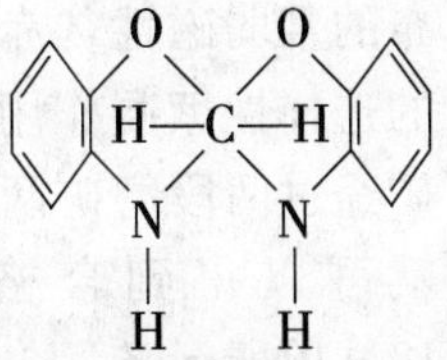

酸性介质中 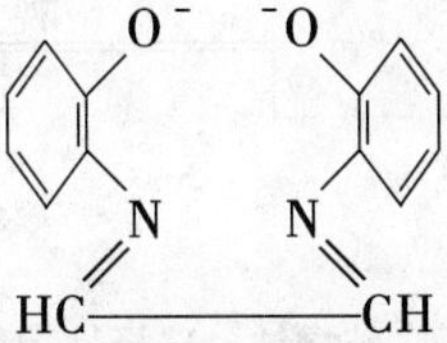　　　　碱性介质中

在酸性介质中与 Co^{2+}、Zn^{2+}、Cd^{2+} 及碱土金属离子形成的螯合物是不稳定的。

Bagster 等人论述了赤铁矿的絮凝浮选的发展。他在早期的研究工作中确定了絮凝剂的应用原理与效果，以便提高油酸捕收剂浮选赤铁矿的回收率。絮凝剂与捕收剂联合使用可以提高约 2% 的回收率。基本条件是：油酸钾捕收剂起泡剂质量浓度 2×10^{-3} mol/L（赤铁矿悬浮液（浓度）固体体积分数 1%），pH =8 ~9，Cganamid Superfloc A130 阴离子聚丙烯酰胺絮凝剂添加量为 $1\times10^{-7}\%\ \times10^{-4}\%$。早期的研究工作是将捕收剂与絮凝剂一起添加到浮选槽，调浆 10min，由于絮凝物被认为是快速形成的，时间太长会导致絮凝物的破裂。所以在浮选时需利用絮凝，迅速浮选以提高回收率。研究表明，在 A130 质量分数（浓度）为 $2\times10^{-7}\%$ 的情况下，回收的最佳浓度是不同的，浓度高回收率低，这与絮凝桥连引起的赤铁矿表面的覆盖相关。作者分别用粒度 -53 +38μm 和小于 15μm 的赤铁矿进行试验，结果是令人满意的。另外，有一篇报道对磁铁矿与白云石进行选择性絮凝浮选，采用絮凝剂是 stipix A40，抑制剂为六偏磷酸钠及 quaker L86 -640，捕收剂为脂肪酸下脚料。

对于高岭土的选择性絮凝报道不少，如利用一种阴离子型聚丙烯酰胺即 separan AP30（平均相对分子质量 300 万）从石英中选择性絮凝地开石（小于 2μm 粒径），然后用油酸作捕收剂、$CaCl_2$ 的稀盐酸液作调整剂进行浮选。有一篇文章介绍用玉米淀粉作絮凝剂选择性絮凝地开石，然后进行浮选分离石英。

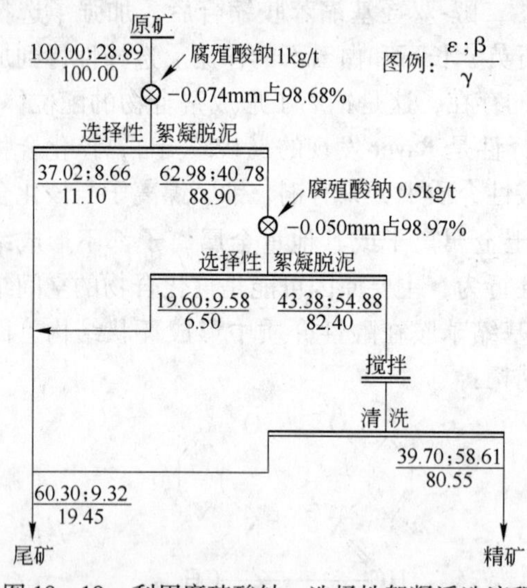

图18-19 利用腐殖酸钠、选择性絮凝浮选流程

我国不少单位对选择性絮凝药剂及其作用进行了研究。早在1972年，长沙矿冶研究院见百熙等对来源广、成本低廉、制备工艺简单的腐殖酸进行了研制，该产品除作抑制剂、脱泥剂外，发现从褐煤提取的腐殖酸钠盐、铵盐不但对赤铁矿具有有效的抑制作用，同时还发现它对于细粒嵌布的某弱磁性贫赤铁矿具有良好的选择性絮凝作用。其特点是原矿经过两段磨矿两次选择性絮凝就可以得到合格精矿（如图18-19所示流程），并且适应性很强，不需要再经过浮选。

此后，昆明理工大学用腐殖酸钠盐分选细粒锡石。对腐殖酸钠选择性絮凝分离锡-铁-硅进行了探索，并对其作用机理作了阐述。

马鞍山矿山研究院曾研究用部分水解的聚丙烯酰胺或橡子淀粉对东鞍山赤铁矿选择性絮凝，用离子交换树脂对水介质进行处理取得了初步效果。昆明理工大学使用过芭蕉芋粉作赤铁矿的选择性絮凝剂，也取得了一定效果。

杨敖等人对锡石、赤铁矿和石英体系选择性絮凝分离进行了研究，使用的絮凝剂是改性聚丙烯酰胺。药剂来源一是美国氰胺公司产品：A100，A110，A130；二是广州南中塑料厂的产品：PHY10，PHP20、PHP30、PAP50、PA55和PAP20。通过锡石、赤铁矿和石英以及铁-锡、铁-锡-石英的絮凝及选择性絮凝分选研究，结果表明，在一定范围内聚丙烯酰胺的水解度愈大，它对锡石和赤铁矿的絮凝能力愈强，药剂的最佳用量就愈小。但超过一定范围效果不佳。研究还表明要获得良好选择性絮凝浮选最终分离效果，捕收剂、抑制剂等的配伍也是重要的。

中南大学用磺化聚丙烯酰胺（PAMS）作絮凝剂成功地进行了锡石-石英混合试料的选择性絮凝分选试验，其絮凝效果远优于阴离子（水解）和非离子型聚丙烯酰胺。用羧甲基纤维素（CMC）能显著提高PAMS的絮凝分选效果。日本四元弘毅和若松贵英用一种锡的螯合剂制得改性聚丙烯酰胺，可从人工混合试料中有效地选择性絮凝SnO_2。

章云泉、黄枢较详细地研究了黑钨矿（小于10μm）和石英（小于19μm）絮凝过程的影响因素，采用组合絮凝剂CF_1（PAMS + HPAM），CMC和

Na_2SiF_6 为分散剂，苯乙烯膦酸为捕收剂，成功地分离了黑钨-石英混合试料，分选指标比单一絮凝或螯合剂浮选要好。杨井刚、石大新的研究表明，用选择性絮凝-浮选工艺处理微细粒黑钨矿十分有效，对黑钨矿-石英混合矿进行分离，获得了钨精矿（WO_3）品位57%，回收率75%的指标。与常规浮选相比钨精矿品位提高9%，回收率提高20%。

章云泉、黄枢还用组合絮凝剂 CF_1 选择性絮凝细粒黑钨矿，然后用重选分离絮凝物，对某精选厂浮选中矿（含 WO_3 12.67%）进行高浓度絮凝重选时，可获得精矿 WO_3 品位31.43%，回收率77.19%的钨精矿，比单一重选的分选指标高。冯汉桥指出，选择性絮凝—重选是一种有希望的新工艺，只要有良好的选择性絮凝和适宜的重选方法，就可获得较好的分选效果。

在黑色金属矿中，赤铁矿的选择性絮凝仍是主要研究对象。Gebhardt J E，Fuerstenau D W 用十二烷基磺酸钠（SDS）浮选细粒赤铁矿时，发现用少量聚丙烯酸（PAA）可显著改善赤铁矿的浮选，但聚合物过量，由于矿粒表面被亲水聚合物饱和，而导致浮选回收率降低。张洪恩等研究了细粒赤铁矿的疏水聚团和亲水絮凝的联合作用。对细粒赤铁矿（4.48μm）、石英（8.71μm）单矿物和人工混合矿样采用高分子絮凝剂、表面活性剂以及中性油进行选择性絮凝研究，结果表明，上述三种药剂联合使用效果最佳，既提高了絮凝物的品位，又大大增加了铁的回收率。钟宏等研究了锡石、赤铁矿、方解石和石英高聚物和表面活性剂的复合絮凝，认为表面活性剂可增加聚合物在矿物上的吸附。表面活性剂对高聚物絮凝的活化作用可能是表面活性剂存在下，高聚物的盐析作用和高聚物与表面活性剂之间的疏水缔合作用。

陈荩等用磺化聚丙烯酰胺絮凝含铁矿物（钒钛磁铁矿和钛铁矿），用磁选将絮团与长石分离，再用超声波使絮团重新分散，再分散的钒钛磁铁矿和钛铁矿再用磁选分离。陈大皋等采用洗矿—选择性絮凝—高梯度强磁选新工艺分选微细粒松软锰矿，可获得品位30.39%，回收率80.49%的锰精矿。

在铁矿石的选择性絮凝中，为了提高过程的选择性，Arol A Z 和 Iwasaki I 用络合剂的化学法和超声波的机械法抑制蒙脱石。前苏联则用电化学方法强化细粒赤铁矿的选择性絮凝。研究表明，电流的极化作用对矿物的选择性絮凝有良好的影响，适当的电流对脉石和铁矿物有选择性分散作用，可降低异相凝聚，提高分选效率。

Acar S 和 Somasundran P 研究聚丙烯酰胺和聚乙烯氧化物选择性絮凝黄铜矿和镍黄铁矿的可能性，发现矿物上的溶解物与被处理的矿物和药剂相作用，导致非选择性絮凝。可用络合剂二苯基胍消除可溶物对镍黄铁矿的活化作用，提高黄铜矿絮凝的选择性。微细粒硫化铜矿可在常规浮选条件下，添加疏水型聚合絮凝剂来提高精矿回收率。如英国专利用异丙基黄药100g/t 调浆，然后添加聚乙烯醚30g/t，其中加有15%的聚丙烯乙二醇起泡剂，可使硫化铜精矿回收率从不加聚乙烯醚絮凝剂的约75%提高到约90%。

在非金属矿物选择性絮凝中，毛钜凡等研究了聚丙烯酰胺（PAM）和磺化聚丙烯酰胺（PAMS）对微细粒高岭石的絮凝行为，阴离子型絮凝剂PAMS对高岭石具有良好的絮凝作用，非离子型PAM对高岭石的絮凝作用不明显。发现Ca^{2+}和Al^{3+}在中性或酸性介质中对高岭石的絮凝有不利影响，且pH值越低，Al^{3+}的影响越大，但pH>8~9时，Al^{3+}却对高岭石絮凝具有活化作用。陈树忠则用Ca^{2+}活化明矾石，再添加适宜的水解聚丙烯酰胺，使明矾石选择性絮凝，而高岭土仍处于分散状态，并指出Ca^{2+}在明矾石上的吸附主要归结于化学吸附。Soto H和Barbery G研究了包括滑石、煤、方解石、黏土和矾土在内的细粒矿物选择性絮凝分选。认为用浮选分离絮团在回收率和品位上都优于沉降分离絮团，且用浮选柱比用机械浮选槽可获得更高的浮选回收率。

18.7 凝聚剂和絮凝剂研究应用新进展

无机凝聚剂和有机絮凝剂近年来的报道不少，内容包括新药的研究与改性（变性，变型）、制备工艺与方法、性能测试、作用机理探索等。对无机凝聚剂方面较多的集中在无机大分子聚合硫酸铝、铁，聚合氯化铝、铁，尤其是对聚合硅铁、硅铝、硅铁铝的硫酸盐或氯化物的研究；而对有机高分子絮凝剂的研究则更为活跃，主要是对丙烯酸、丙烯酰胺、丙烯腈、丙烯醇的聚合，如共聚、齐聚、嵌段聚合、产品的制备与应用；对多糖类化合物及其衍生物，因是天然产品（或加工）对环境友好，对其有着更为深入的研究。生物絮凝剂也时有介绍，总的趋势是研究无毒、高效、针对性强、选择性好、易为生物降解、不会造成二次污染的新产品。

表18－23所列为最近国外期刊杂志、文摘、论文、书籍报道的有关絮凝剂和凝聚剂。

表18－23 有关絮凝剂和凝聚剂最新资料

絮凝剂或凝聚剂名称代号	处理对象（矿物）	信息来源
阳离子和阴离子型聚丙烯酰胺絮凝剂	絮凝浮选高岭土，研究药剂与矿物结构、断面、电负性、介质对絮凝选别的影响	Sun Wei，et al. CA 139，313031（2003）
阴离子聚电解质游离基乳化聚合，制备聚丙烯酰胺的方法、过程	用于废水处理，絮凝浮选，钻井添加剂，土壤污染去污处理剂	Orlyanskii V V, et al. CA 139，365404. RUSS 2195464（2002）
CT－8 絮凝剂（用 flotakol NX 捕收剂）	絮凝浮选煤泥浆	CA 139，103406

续表 18－23

絮凝剂或凝聚剂名称代号	处理对象(矿物)	信息来源
纤维素黄药	选择性吸附超细方铅矿与石英分离	Wightman E M,et al. CA 134,254890
阳离子淀粉固液分离剂	对分散、低稠度、细颗粒废水处理	Gert Oelmeyer, et al. Chemical Engineer and Technolo, 2002, 25(1): 47～50
无机凝聚剂，聚合硅铁(PSI)，聚合氯化铝等	凝聚剂的发展及效果，水处理剂	Bulletin of the Chinese Academy of Scien, 2005, 19(4). Environmental Techno, 2000, 21(3). Internation J Environment and Pollution, 2004, 21(5)
铝-硅聚合凝聚剂	制备方法，水处理	Воцоснабжение Цсанитарнал Техника, 2002(11): 5～6
丙烯酰胺(AM)和甲基丙烯酸-2-二甲基氨基乙酯(DMAEMA)共聚，或者AM与环糊精或糊精共聚物	制备，具有超级絮凝作用	Kazuk Hashimoto, et al. 高分子论文集(日), 2001, 58(9): 448～452
有机无机掺和混凝剂：$Al(OH)_3$-聚丙烯酰胺新混凝剂	对高岭土等黏土矿物絮凝效果优于商业PAM，$AlCl_3$	Yang W Y. J of Colloid and Interface Science, 2004, 273(2)
丙烯酰胺与丙烯酸共聚复合物的合成及应用	与金属离子、羧酸、胺的键合基结合，絮凝效果更快，用于废水处理厂	Liu Y F, et al. J of Applied Polymer Science, 2000, 76(14)
某些商用絮凝剂沉降过滤效果(印度的 Andhra Pradesh 镁矿)	效果好次顺序：阴离子型>非离子型>阳离子型(低品位易泥化镁矿)	Kanungo S B. Indian J of Chemical Technology, 2005, 12(5): 550～558
羟基丙基古尔胶(HPG)与PAM接枝共聚新絮凝剂的合成及效果	对高岭土、铁矿、硅石分散液的絮凝效果(HPG－PAM共聚物)优于PAM(商用)	Nayak B R, et al. J of Applied Polymer Science, 2001, 81(7): 1776～1785
聚氧乙烯-氧化丙烯与聚乙烯醇聚合物以及阳离子OPF等聚合物絮凝剂	油水分离(破乳、分散漂浮聚集)；炼油厂淤泥脱水；制葡萄酒沉淀分离等	Collid and Polymer Science, 2004, 283(2): 219～224. Collid and Polymer Science, 1997, 275(1): 73～81. J of Environ Science, 2003, 15(4): 503～513
藻酸钠与聚丙烯酰胺接枝聚合	铁矿泥絮凝。对粒度细的铁矿泥均能有效絮凝	European Polymer Journal, 2001, 37(1): 125～130

续表 18－23

絮凝剂或凝聚剂名称代号	处理对象(矿物)	信 息 来 源
支链淀粉-聚丙烯酰胺,藻酸钠-聚丙烯酰胺高分子絮凝剂,如 magnafloc 1011,superfloc N300	沉降脱水过滤铁矿泥(精矿)	International J of Polymeric Materials,2000
天然多糖絮凝剂,如淀粉,CMC,树胶,动物胶,木质素等,通过化学改性与PAM共聚。为极好的生物降解还原剂	废水及工业流出物处理(絮凝)效果综述。与直链低相对分子质量淀粉和支链高相对分子质量淀粉的接枝物均具有好的絮凝稳定性及效果,易于生物降解	Singh R P, Karmakar G P, et al. Current Science,2000,78(7):798～803. Polymer Engineer and Science,2000,40(1):46～60
淀粉-PAM 接枝聚合	铜选厂铜精矿细泥絮凝及其沉降特性	Karmaker N C, et al. CIM Bulletin,2005,92(10):67～71
阴、阳离子絮凝剂沉降过滤效果评价对比。阴离子型效果好,过滤快	工业铁矿泥脱水过滤	Minerals and Metals Review,13(4):170～173
阴离子聚丙烯酰胺(PAM-A)十六烷基三甲铵溴化物,聚氧乙烯醚(triton X 100)等,单用或混用	高岭土脱水絮凝,混合使用可提高沉降速率,减少药剂用量	CA 137,296723
胶乳聚合物絮凝剂制备、应用	抗泡沫剂、抑制泡沫,利于石油及金属回收	CA 134,270686. US 6210585
絮凝剂表面活性剂脱水助滤	制备与应用述评	CA 133,46413. CA 132,336420
氨基醚醇类药剂:① 3-氨基-1-(2-乙烯醚乙氧基)-2-丙醇。② 3,6,14,17-四噁-10-氮杂-1,18-十九烷基二烯-8,12-二醇	① 为 Pb－Zn 硫化矿分选有效调整剂。② 有效絮凝剂。处理活性泥废水可除去 97%～97.8% 悬浮颗粒,矿泥脱水率为 93.3%～94.3%	Kukharev B F, et al. CA 131,46305
二元聚合物 percol 727 和 368,絮凝附聚剂	Cu 浮选尾矿沉降絮凝	CA 128,273020
无机凝聚剂(聚硅铁等含硅凝聚剂)	团絮废水处理	CA 136,10672
阳离子聚合物 PVAM－1	有效絮凝钻井泥浆及黏土	CA 139,399071
阳离子-改性 β-环糊精纳米球絮凝剂制备及应用	黏土矿物絮凝剂	J of Colloid and Interface Scien,2005,283(2):406～413

续表 18-23

絮凝剂或凝聚剂名称代号	处理对象(矿物)	信息来源
阳离子淀粉,淀粉与N-(3-氯-2-羟丙基)三甲铵氯化物	有效絮凝剂(硅矿物絮凝),具商业应用价值	Carbahydrate Polymers, 2005, 59(4):417~423
二元聚合物。短链聚丙烯酸(PAA)与高分子聚合物	有效絮凝铝矾土	Internation J of Miner Process, 2004,73(2~4):145~160
高相对分子质量聚合物(Magnafloc-1440,-E-10和-351)絮凝剂(以油酸钠,十二烷基硫酸钠和十六烷基三甲铵溴化物作捕收剂)	絮凝浮选 ZnO 和 MgO	Internation J of Miner Process, 2004,74(1~4):85~90
CMC与PAM接枝共聚絮凝剂的制备及应用	高岭土絮凝	Discovery and Innovation, 2004,16(3~4):144~148
阴离子聚丙烯酸钠与阳离子淀粉接枝共聚	絮凝方解石	J of Applied Polymer Science, 2001,81(7):1776~1785
腐殖酸	能与金属离子和有机物复合沉淀,对饮用水等进行絮凝处理	Water Research, 2004, 38(12):2955~2961
凝聚剂 IPF,PFSi(Fe基)	改性制备、性能、凝聚行为	Water Research, 2001, 35(14):3418~3428
聚二烷基-二甲基氯化铵盐(PDADMAC)与两种不同的聚合阴离子复合物(PEC等)	对黏土具有很强的絮凝作用	Colloid and Polymer Science, 1998,276(2): 125~130
絮凝剂	处理铁矿尾矿,用旋流器处理回水助剂	Particle Size Enlargement in Min Process,Canada,2004. 289~301
水杨酸衍生物:含水杨酸基的高分子絮凝剂(2003年由Nalco Co发明,由水杨酸、淀粉、聚丙烯酸聚合)	对红泥等具有极佳絮凝效果	Light Metals,2004: 21~26. North Carolina, California, USA,2003. 137~143
阴离子聚丙烯酰胺	废水处理,改善对 $Fe_2(SO_4)_3$, $Al_2(SO_4)_3$ 和聚合氯化铝的凝结-絮凝	Chemosphere, 2005, 58(1): 47~56
硫酸铁,硫酸铝	凝聚有机物,高分子有机物(饮水中)	Environmental Technology, 2005,26(8): 867~875

续表 18 - 23

絮凝剂或凝聚剂名称代号	处理对象(矿物)	信息来源
用聚合氯化铝硅酸盐(PAX-XL-60S)作凝结剂,碳酸离子作活化剂,油酸作表面活性剂	通过凝聚沉淀,浮选除去水溶液中的有害重金属离子 Cu^{2+} 等	Ghazy S E, Mahmoud I A, et al. Environmental Technology, 2006, 27(1): 53 ~ 61
用聚氧氯化铝(aluminum polyoxychloride)和硫酸盐	凝集沉降高岭土悬浮液	Russian J of Applied Chemistry, 2005, 78(11): 1872 ~ 1875
聚合氯化铝凝结剂	处理供水厂的水质;废水固液分离	CA 136, 74137. CA 134, 61128
用 $FeCl_3$ 和/或阳离子聚合物	对浮选厂废水的处理,减少 COD 消耗	CA 136, 122776
聚合氯化铝铁(PAFC)作凝聚剂	处理水和废水(如煤矿废水的处理,澄清去色)	CA 139, 25847
凝聚和絮凝材料的组成:少量的聚合铝化合物和水溶性聚合物絮凝剂;一种或多种阳离子凝聚助剂	对含 Ca, Mg 的硬水处理	US Pat 6929759(2005). US Pat 68227874(2004)
含亚胺的多氨基酸共聚体,例如天冬氨酸-钠[HOOC—CH(NH_2)CH_2COONa]的共聚物	对水进行沉降,清洁,软化,防蚀	US Pat 6686441(2004)
水溶性交联阳离子聚合物制备	水处理剂	US 6323306
羟肟酸盐(聚合物)	选择性絮凝浮选,处理如高岭土等黏土矿物	US 6041939
羟甲基双膦酸聚合物絮凝剂	有效沉降处理红泥,提高沉淀速度	US 5711923
二烷基二甲基铵氯化物,丙烯酰胺,三烯丙基胺交联聚合物	用于矿物渣泥凝聚	US 5653886

参考文献

1 中国冶金百科全书(选矿卷). 北京: 冶金工业出版社, 2000

2 P Somasundaran, B M Moudgil. Reagent in Mineral Technology. Marcel Dekker Int, New york, Basel, 1987

3 选矿手册(第三卷第二分册). 北京: 冶金工业出版社, 1993

4 陆柱, 蔡兰坤, 陈中兴等. 水处理药剂. 北京: 化学工业出版社, 2002

5 邓玉珍. 选矿药剂概论. 北京：冶金工业出版社，1994
6 见百熙，阙煊兰. 第六届全国选矿年评报告会论文集，1991. 208 ~ 225
7 杨立新. 无机盐工业，1996（1）：28 ~ 31
8 张金云，朱亨吉等. 无机盐工业，1998（3）：36 ~ 37
9 阙锋等. 国外金属矿选矿，1999（8）
10 姚重华. 混凝剂与絮凝剂. 北京：中国环境科学出版社，1991
11 CN 1042340A
12 Bottero J Y，Axelos M，*et al.* J Colloid Interface Sci，1987，117（1）：47
13 高宝玉，岳钦艳，王占生等. 环境化学，2000 19（1）：1 ~ 12
14 常青等. 环境化学，1999，18（2）：168 ~ 172
15 Richardson P F，*et al.* Surfactant Sci Ser，1988，27，519 ~ 558（Nolco 公司，凝结剂及絮凝剂在矿石处理固液分离作业中的性质与用途）
16 Gregory J. Crit Rev Environ Control，1989，19（3）：185 ~ 250
17 Rapolskii A K，Baran A A（俄）. CA 108，43778
18 Реф，Журн. Горн. Дело. 1987（11）：Д4
19 Pearse M J. 国际矿业药剂会议论文选编（罗马）. 中国选矿科技情报网，1985
20 卢寿兹等. 第六届全国选矿年评报告会论文集，1991
21 Fuerstenau D W，*et al.* 国外选矿快报，1992（13）
22 杨敖等. 第二届全国选矿学术讨论会论文集（有色选矿学术委员会），1990
23 骆兆军，钱鑫. 国外金矿选矿，1998（4）
24 马鞍山矿山研究院. 金属矿山，1985（3）：25 ~ 29
25 Somasundaran P，D R Nagaraj（美）. 国际矿业药剂会议论文选编，中国选矿科技情报网，1985
26 马鞍山矿山研究院. 矿山情报，1973（4）
27 刘奇，邓小莉. 选矿学术会议论文集. 北京：冶金工业出版社，1993
28 Kitchener J A. The Scientific Basis of Flocculation（K J Ives，Editor）. Sijthoff & Noordhoff，Alphen a/d Rijn，283 ~ 328
29 Langl L H. US Patten 1914695；2660303
30 Colmbo A F，Frommer D W. Ch 47 in Flotation. A M Gaudin Memorial（1976）
31 Kent W，Ralston J. Inter J Miner Process，14，217 ~ 232（1985）
32 Sresty G C，*et al.* XII Inter Process Congr Spec，Pubic，1，160 ~ 178
33 李长河. 大米淀粉及其衍生物现代化农业，2004，12：37 ~ 39
34 Somasandaran P，*et al.* 国外金属矿选矿，1992（12）
35 Clauss C R E，*et al.* Inter J Miner Process，1979（1）
36 CA 122，85821d；119，99118
37 国外选矿快报，1995（5）
38 CA 122，113000f（1994）；有色金属，1994（3）

第19章　非金属矿物选矿及深加工药剂

19.1　非金属矿概况

非金属矿物及其加工产品自古以来就是社会生产和人们生活不可或缺的资源与材料，消费量大，使用历史悠久，是人类赖以生存的宝贵的物质财富。非金属矿产资源的开发利用在国民经济可持续发展中具有重要的战略意义。

我国是世界少数几个矿产资源比较丰富、矿产种类比较齐全的国家之一。截至2000年底，世界业已发现近200种矿产，我国已发现171种，其中非金属矿产95种，占55.56%。非金属矿产中储量居世界首位的有石膏、石灰石、菱镁矿、石墨、膨润土和重晶石等，居世界第二位的有滑石、萤石、硅灰石和芒硝等，居世界第三位的有珍珠岩和硼石等；高岭土、石棉、铝土矿以及能源矿物煤等名列前茅；伊利石、叶蜡石、凹凸棒石、海泡石、蓝晶石、硅石、硅藻土、沸石、蛭石、磷灰石、云母、透辉石、透闪石、霞石正长岩、大理石、花岗岩等资源也十分丰富。但是像金刚石、硫、钾盐矿、天然碱等一些资源却相对缺乏。

我国经过50多年的奋斗，已跻身世界矿业大国的行列。矿产为可持续发展做出了重大贡献，提供了85%的能源和80%的工业原料。但是我国矿产资源的人均占有量不足世界人均水平的一半，矿产资源利用水平不高，浪费大，比世界水平低20个百分点。非金属矿产的综合回收率只有20%～40%，我国的非金属矿开发利用水平仍比较低，有些甚至还比较后进。

我国已探明储量的非金属矿产资源中大部分已开发利用并已形成一定的生产能力。其中菱镁矿、萤石、重晶石、石墨、滑石和高铝黏土等的产量居世界首位，产品的数量、品种基本可满足国内市场需要，而且有些还能大量出口，在国际市场占有举足轻重的作用，其中菱镁矿、萤石、重晶石、石墨、滑石、硅灰石等在国际市场占有重要地位，贸易额居世界首位。主要非金属矿产品近年来进口也呈上升趋势。主要进口的产品是高档装饰石材、长纤维石棉、优质高岭土、高铝耐火材料等，进口额2001年约为40亿美元。近年来主要非金属矿产品产量见表19－1所列。根据中国海关统计年报我国近几年来非金属矿产品出口情况见表19－2所列。

表19－1 1997~2001年主要非金属矿产品产量 （万t）

年 度	1997	1998	1999	2000	2001
石 棉	43.70	29.70	32.90	31.46	30.00
石 膏	2662	1957	1891	2000	2100
石 墨	168.27	162.10	150	165	160
鳞片石墨	14.27	12.80	20.13	28.00	25.00
滑 石	220	210	205	190	200
高岭土	245	260	269	295	310
硅灰石	20	22.50	24	26.8	27

表19－2 1991~2001年我国非金属矿产品出口创汇额 （亿美元）

年 度	1991	1992	1993	1994	1995	1996	1997	1998	1999	2000	2001
创汇额	8.2	9.5	9.97	10.63	15.34	15.26	20.47	18.40	23.72	24.29	26.8
采选产品	3.94	4.39	4.42	4.51	5.28	8.74	12.5	10.00	9.15	10.48	10.78
加工产品	4.26	5.16	5.55	6.12	5.17	6.55	7.97	9.40	15.57	13.81	16.02

随着经济科技的发展，世界各国对非金属矿的需求将长期稳步增长。我国因资源相对丰富和国内外市场的需要，增长速度将会比世界平均水平快些，到20世纪末我国的非金属矿产品已经有了较好的基础和生产实力。例如：轻质碳酸钙年产量已超过100万t，重质碳酸钙发展更快，软硬质高岭土超过250万t/a，滑石约250万t/a（出口块矿年约120万t），硅藻土年约10万t，石墨约50万t/a，石膏1000万t/a，膨润土超100万t/a，重晶石150~200万t/a。而且产能及产量均在迅速增长。有人对部分非金属矿产品需求量预测如表19－3所列。

表19－3 我国部分非金属矿产品需求量预测 （万t）

矿物名称	2005年需求量	2010年需求量	2020年需求量
石 墨	250	300	400
鳞片石墨	35	40	50
石 膏	3000	4000	5000
滑 石	300	400	600
石 棉	30	35	40
高岭土	400	500	600
硅灰石	30	40	60

续表 19-3

矿物名称	2005 年需求量	2010 年需求量	2020 年需求量
硅藻土	40	50	60
饰面石材①	112000	300000	400000
萤石	220	400	300
菱镁矿	1100	1300	1600
重晶石	350	400	500
石灰石	60000	70000	1000000
膨润土	250	200	400

①计算单位：万 m^2/a。

19.2 非金属矿选矿及药剂

1980 年之前，我国经过选矿或化学加工提供的非金属矿物（产品）不多，如高岭土、石墨、碳酸钙、膨润土、滑石、萤石、磷灰石、云母、石棉、金刚石等；1980 年以后加大了科技投入和研发，许多矿种都已成功地进行选矿及提纯加工生产，例如，硅石类、长石、硅灰石、蓝晶石（含硅线石、红柱石)、伊利石、叶蜡石、膨润土、重晶石、硅藻土、菱镁矿、石榴石、天青石、金红石、绢云母、锆英砂石等。对石墨、石英、高岭土、膨润土、金红石和硅藻土等已具备提取高纯度产品的成套工艺技术。

由于篇幅的关系，本书仅介绍其中用途广、储量大与矿用药剂关系密切的一些矿种。

非金属矿选矿药剂与金属矿，特别是氧化矿有许多相似之处，但是非金属矿有其独有的特点，因矿种不同，也有许多不同，现将主要的非金属矿选矿药剂列于表 19-4（捕收剂）和表 19-5（抑制剂）。

表 19-4 主要非金属矿选矿捕收剂

药剂名称牌（代）号及组成		应用	生产商或资料来源
Aero：801R/899R	阴离子石油磺酸盐	酸回路中铁矿石，金属硅酸盐	American Cyanamid 公司
825/840		氧化物，重晶石	
830/845/3903	阴离子烷基琥珀酰铵酸盐	重晶石，天青石、白钨矿	
847/848	合成阴离子	磷酸盐	
870	阳离子	钾碱（碳酸钾）	

续表 19-4

药剂名称牌（代）号及组成		应用	生产商或资料来源
arosupf MG-140/148	短链胺	碳酸钾	Sherex Chemical 公司
MG-140D		碳酸钾	
MG-101H/103S	长链胺	碳酸钾	
MG-102H/104S	中间碳链胺	碳酸钾	
MG-3014	阳离子胺	硅酸盐	
atrac	两性氨基酸	从方解石中浮磷灰石	berol Nobel 公司
atrac	阴离子脂肪酸，脂肪胺和脂肪醇	从铁矿石中浮磷灰石及粗重晶石、萤石	
flotigam C/CA	脂肪胺和醋酸胺	碳酸钾和长石	Hoechst 公司
T/TA		在铁矿石反浮选中浮硅酸盐	
S/SA	脂肪胺和醋酸胺	磁铁矿和方解石	
O/OA	脂肪胺和醋酸胺	高岭土，云母和异极矿	
DAT	烷基丙磷二胺	在铁矿石反浮中浮硅酸盐	
ENA	醚胺	高岭土、云母、异极矿	
ITU	咪唑啉	主要对烧绿石	
KZC	季铵盐	在铁矿石反浮选中浮硅酸盐	
flotinor FS-2	脂肪酸	从玻璃砂中回收重矿物萤石、磷灰石、重晶石	Hoechst 公司
SM-15	烷基磷酸甲酯	方解石、磷钙土、锡石重矿物	
SM-35	磺化琥珀酰胺酸盐	从玻璃砂矿中回收重矿物	
SI-72	烷基硫酸盐	重晶石	
flotimor V-类	烷基氨基酸；酰胺酸盐 磺化琥珀酸酯，磷酸盐等 烷基丁二酸酯	非金属矿	
genamin TAP100	烷基丙磷二胺	在铁矿石反浮选中浮硅酸盐	
hostaph At MDAH	膦酸酯	重矿物	Hoechst 公司
OPS	膦酸	尤其锡石	Hoechst 公司
lilatlot	从脂肪酸合成的阳离子胺季铵盐，醚胺和二醚胺	碳酸钾和硅酸盐	Berol Nobel 公司
philflo	非极性衍生物	磷酸盐和碳酸钾	Phillips 66 公司

续表 19-4

药剂名称牌（代）号及组成		应　用	生产商或资料来源
sascol	碳氨馏出物	煤浮选	Sasolchem 公司
	苯乙烯膦酸	锡石	
	苯乙烯膦酸盐	氧化矿	
	脂肪酸酯	氧化矿和非金属矿	
senkol	磺酸	磷灰石等	Senmin 有限公司
阳离子型月桂胺盐		选高岭土（酸性或弱碱性介质）	国外金属矿选矿，1995（10）
阴离子型油酸钠		高岭土（pH=7~8）	国外金属矿选矿，1995（10）
SiO_2 高纯晶体粉新药剂及机理		获 SiO_2 纯度高于99.99%	CA 122，191637
多元羧酸 XN（CH_2CH_2COOH）$_2$ 系列 式中 X = RSO_2，$RNHSO_2$，RNHC（S），RSC（S），$ROCS_2$，$(CH_2)_mCO$， $RNHCS_2$ $(CH_2)_mCO$，RNHCO $(CH_2)_mSC_2$ 等； $R = C_nH_{2n+1}$；n = 6 ~ 18；m = 1 ~ 3，例如 $C_{12}H_{25}OCS_2CH_2CON(CH_2CH_2CO_2H)_2$		作非金属矿浮选剂以及水处理剂（絮凝）和防腐剂等 作萤石捕收剂，收率比用 Cordesin O 药剂高10%，用量少1/6	CA 118，168703；Ger. Offen DE 4118751 中国钨业，1995（5）
两性捕收剂 N-脂-1，3-丙二胺油酸酯		作萤石、重晶石、方解石、氟碳铈矿和独居石捕收剂	国外选矿快报，1995（12）
brij 58 非离子型表面活性剂和烷基磺酸钠阴离子捕收剂 Brij 58，即十六烷基醚聚氧乙烯醇［$C_{16}H_{33}(OCH_2CH_2)_{20}OH$］		分选石英、长石。非离子型药剂对石英起活化捕收作用。阴离子型捕收剂对长石有抑制作用	国外金属矿选矿，1998（8）
二烷基磺化琥珀酸盐（钠盐或铵盐），烷基包括壬基、月桂基、异癸基		作捕收剂，从其他钙矿物中浮选硬硼钙和硼钠钙石等	美国专利 1740075 CA 120，138690
煤油+甲基已亚砜+亚砜混合物（一种硫化物的碱性废水部分氧化物，内含乙基丁基亚砜19%~26%，异丙基丁基亚砜35%~45%，丙基丁基亚砜15%~24%，异丁基丁基亚砜11%~20%等）		选煤捕收剂，效果好	USSR 1704836；1766522；1787559 和 1787560 CA 118，24883；120，185709；121，13734；13735

续表 19-4

药剂名称牌（代）号及组成	应 用	生产商或资料来源
三丁基-1-萘磺酸钠及2，2-二甲基环己基-2-（5，5二甲基）-1，3-二噁烷基乙基醚等	选煤效果好	Pct. Int Appl WO 9407609 CA 120，127369
石油磺酸钠+氧化石蜡皂以及油酸和HSZ（石油磺化后的酸渣经皂化处理），KOL，AM100	蓝晶石、硅线石选矿捕收剂	国外金属矿选矿，1995（4） 非金属矿，1995(5) CA 119，75719
聚羧酸钠+水玻璃	絮凝明矾石及石英用以提纯高岭土	CA 119，16434
氰乙基噁唑衍生物的氯酸盐 （结构式：噁唑环 N^+—$CH_2CH_2CNClO_4^-$）	在pH=12的条件下分离小于2μm的石英及地开石	阙煊兰. 第八届选矿年评报告会论文，1997
长链烷基苯磺酸盐	蓝晶石捕收剂，选择性好	前苏联专利，202804
$C_{7\sim20}$脂肪酸+$C_{6\sim20}$伯胺，如油酸钠+C_{16}胺醋酸盐	从NaCl中浮选软钾镁矾	美国专利，3049233
氨基酰胺RC（O）NH（CR_2^1NH）$_x$H 式中R为$C_{7\sim21}$烃基；R_2为H_2，CH_3，C_2H_5，C_3H_7；$x=2\sim5$	浮选钾石盐阳离子捕收剂	通用矿山化学公司（美），US 3009575
吗啉衍生物 $R—N<(CH_2—CH_2)(CH_2—CH_2)>O$ R为$C_{8\sim22}$烃基	石盐浮选	通用矿山化学公司（美），US 3032198 法国专利1241821
聚胺，R—［NH（CH_2）$_n$］$_m$—NH_2 式中R为$C_{8\sim22}$的直链或支链，饱和或不饱和的烃基；$n=2\sim3$；$m=2\sim8$	选煤，与烃油共用作捕收剂，用量为非极性油的质量分数1%~50%（最好是1%~20%）	法国化工和有机产品公司 法国专利1241821
烷基硫酸盐和烷基磺酸盐	石膏浮选捕收剂	日本专利8087
α-磺化硬脂酸酯等$C_{16}H_{33}C$（SO_3H）HCO-OR，式中R为$C_{1\sim10}$烷基、羟烷基、磺烷基	作捕收剂从石英中浮选磷钙土	美阿穆尔公司US 3098817
十二烷基苯磺酸（钠）+非极性油	磷酸盐矿石捕收剂	US 3164549

续表 19-4

药剂名称牌（代）号及组成	应 用	生产商或资料来源
羟烷基酰基聚胺基甲酚	捕收剂。从磷酸盐矿中浮硅酸盐，从石英、方解石中浮云母，从石英中浮长石	美国专利 3056498
单烷基或双烷基磷酸钠	捕收剂，分离磷灰石和铁矿物	联邦德国专利 1175623
月桂酸钠+己酸钠	重晶石捕收剂	联邦德国专利 1061715
RL 新型螯合型阴离子型捕收剂	硬水铝石（回收 90% 以上）	国外金属矿选矿，2005（2）
阳离子胺类+风梨油水玻璃	选别高岭土中的云母	法国阿福尔公司
十二胺（捕收剂）+木素磺酸钙（调整剂）	分选石英和长石	美国哈瑞公司
阴离子型含氟表面活性剂［自美国矿冶工程师学会 AIME 第 118 届、119 届年会论文（1989～1990）］	作粉煤的选择性浮选捕收剂，与 MIBC 组合使用，在自然 pH 值条件下可脱除更多的黄铁矿及其他灰分（pH<3 选择性更好）	美国矿山局和能源部合作研制
N-十二烷基氨基-β-丙酰胺，$CH_3(CH_2)_{11}NH—(CH_2)_2—C(=O)—NH_2$	石英与铁矿物分选	矿冶工程，2005（3）
BK-125 捕收剂	天青石（$SrSO_4$）	有色金属（选冶部分），2005（7）
TXP-2 捕收剂	磷矿低温浮选	孝感天翔选矿药剂公司开发，矿冶工程，2004（增）
TXLi-1 捕收剂	锂辉石浮选	
TXF-1 及 TXF-2 捕收剂	用于衡南萤石矿和浙江东风萤石矿	
PA-900B 捕收剂	低温浮选磷矿（8～9℃）	化工矿物与加工，2005（12）
ZP-02	磷矿捕收剂，选择性优于油酸和氧化石蜡皂	金属矿石，2005（8）
油酸盐（钾、钠）+己氧基磺酸盐	选择性浮选白云石，对磷灰石捕收性弱，乙氧基磺酸盐为耐盐性表面活性剂	P Somasundaran 等．17 届国际选矿会议论文集，1991（2）

续表 19-4

药剂名称牌（代）号及组成	应　用	生产商或资料来源
脂肪酸+氨基酸，烷基硫酸盐+N-烷基氨基酸组合脂肪酸为 $C_{12\sim36}$ 酸或塔尔油沥青	磷酸盐浮选	US Pat 5147528 CA 117，254361；122，59566
油酰基肌氨酸+$C_{14\sim24}$ 饱和或不饱和酸（2～5∶1）	从富含方解石中浮选萤石	CA 118，41820
二烷基磺化琥珀酸+二元醇或一元醇组合	浮选过硼酸钙矿物	US 5122290，CA 117，194678
$C_{8\sim22}$ 烃基聚氧乙烯胺或聚丙烯酰胺的季铵盐加合物	浮选富集硅酸盐矿物	PCI Int Appl Wo 9426419 CA 122，2434742
Avanel S-30（乙氧基磺酸盐）和油酸钾混合	从白云石中浮选磷灰石	Sonasundaran 等人
Triton X-100（壬基酚基乙氧化物）和油酸钠	分离石英和长石	Salmawy
HOSS、TW 捕收剂（反浮选方解石等）	常宁硼矿（镁硼石和硼镁石为主）	王秋林. 矿冶工程，2006（增）
氧化石蜡皂、油酸（盐）、塔尔油皂	浮选硼镁矿，抑制蛇纹石（水玻璃），捕收能力：氧化石蜡皂 > 油酸 > 塔尔油皂，选择性：油酸钠 > 塔尔油 > 氧化石蜡皂	曾邦任. 第一届全国选矿学术讨论会论文集（有色金属学会），1986

表 19-5　非金属矿浮选抑制剂

抑制剂牌号及组分	抑制矿物	资料来源
accophos 950	磷酸盐矿物（用胺浮选硅酸盐时）	American Cyanamid
aero 633；Artkopal	碳质脉石、滑石、云母	American Cyanamid
calgon（六偏磷酸钠）	磷酸盐浮选，抑制碳酸盐	Hoechst 公司，Cagon 公司
柠檬酸	硅酸盐脉石	国外金属矿选矿，1992（4）
古尔胶	滑石	Reaken，Henkel，Tvohdl
courlose Ml 921（CMC 碱）	滑石、黏土、方解石、电气石、赤铁矿以及蓝晶石和硅石分选抑制剂	Conitauids Fine Chemicals，国外金属矿选矿，1992，4
courlose Ml 613（CMC 碱）		
CMC		

续表 19-5

抑制剂牌号及组分	抑制矿物	资料来源
白雀树皮汁（单宁提取物）	方解石、白云石	
Tylose（纤维素醚）	黏土和泥	Hoechest 公司
甲羧基钠盐瓜胶，改性阴离子瓜胶，CMC 钠盐、三聚磷酸钠	抑制胶体黏土及氧化铁	阙煊兰，等. 全国第八届选矿年评论文报告，1997
白雀树皮与硅酸钠组合	抑制方解石，浮天青石	阙煊兰，等. 全国第八届选矿年评论文报告，1997
磷酸盐，单宁	钾石盐-钾镁矾矿浮选，抑制钾镁矾（$C_{8\sim18}$直链羧酸为捕收剂）	法国专利 1239592
木素磺酸盐	浮选钾石盐脱泥	US Pat 2846068
淀粉与烷氧基仲胺缩合物	阳离子捕收剂浮选钾石盐时，用来抑制（絮凝）黏土矿泥	法国专利 1147933
烷芳基磺酸盐 $(R)_n$—Ar—SO_3Me（如十二烷基苯磺酸盐）式中 R 为 $C_{9\sim16}$；$n=1，2$	浮选云母矿用来抑制脉石	US 3214018
聚苯磺酸钠	抑制硅酸盐	俄罗斯专利 173662

19.2.1 高岭土选矿药剂

高岭土资源丰富，除了软质高岭土外，还有大量的煤系硬质高岭岩。高岭土用途广泛，在石油、化工、油漆、涂料、塑料、橡胶、建筑材料、造纸、耐火材料、陶瓷、电瓷、军工及高科技行业均有广泛应用。

为了提高高岭土等黏土矿物的纯度和品级，从 20 世纪 60 年代以来的 40 年里，科技人员做了大量的研发工作。对于除去黏土矿物中的多种杂质的各种浮选工艺做了许多工作，如对杂质云母、黄铁矿、含钛矿物、煤质等有机物质，氧化铁和水矾土等。威尔士认为传统的浮选技术通常用于选别的粒级范围为 300~5μm，而小于 5μm 粒级可采用改进的浮选技术，例如载体浮选、电解浮选、絮团浮选等。在载体浮选中通常用油酸等脂肪酸作捕收剂，用粗粒方解石作为载体矿物。选别高岭土等黏土中含的锐钛矿，通过强力搅拌使锐钛矿细粒或微粒在载体方解石矿粒表面产生黏附聚结，再用油酸捕收剂进行絮团浮选，选别效果显著提高。这一方法对于除去高岭土中的含钛矿物杂质是有效的。

美国恩戈哈特公司 Mclntyre 精选厂在生产中采用载体浮选法除去高岭土的杂质锐钛矿时，用塔尔油、燃料油作捕收剂，石油磺酸钙作辅助捕收剂，氨水作调整剂（pH = 8.2 ~ 8.5），除去微细粒锐钛矿效果良好，原矿含 TiO_2 1.8% ~1.2%，选后降至0.3% ~0.4%，白度由83%提高到87%。英国 ECC 公司采用双液浮选提高高岭土的纯度，除去电气石杂质，用脂肪酸和煤油作捕收剂，水玻璃和碱作调整剂，通过强搅拌剪切作用，混合、静置分层，从油相回收电气石，水相回收提纯的高岭土。

拉法万对印度南部克拉拉（Kerala）500 万 t 含有少量石墨杂质的高岭土用一种硅酸盐药剂（硅酸钠）作分散剂，煤油作捕收剂和一种起泡剂（松油或 MIBK，甲基异丁基甲酮）进行絮凝反浮选除去微粒石墨杂质。该工艺在粗选阶段可以除掉70%的石墨，在扫选中可以除去10%以上的石墨，高岭土的回收率在95%以上，表明它是脱石墨的一种有效而合适的选矿技术，提高了高岭土的白度，作为造纸涂料使用使纸张表面不再有黑色斑点。

东北大学、武汉工业大学和中国高岭土公司等单位利用选择性絮凝除去高岭土杂质明矾石和黄铁矿等。例如用水解度为18%的聚丙烯酰胺作絮凝剂，六偏磷酸钠为分散剂，可使高岭土中 SO_3 含量由5%左右降至0.35% ~1.0%。国外有用黄药浮选高岭土中的细粒黄铁矿的报道。

长沙矿冶研究院早在20世纪60年代开始，特别是80年代以来就对煤、石墨、磷矿物、萤石、海泡石、高岭土及其他黏土矿物等系列非金属矿物进行了研究。针对不同矿物的性质特点，研究与之相适应的分选工艺、技术、设备、药剂。例如对广东、广西、福建、湖南、江西、江苏、山东、辽宁、吉林、山西、河南、陕西、贵州、云南等省区数十家企业的软质高岭土和煤系硬质高岭土进行了研究，在高岭土分选提纯提高白度以及复合改性方面均进行了一系列工作，这些工作包括：选矿工艺、设备及药剂（含高梯度磁分离、重选、浮选、化学处理、选择性絮凝）、煅烧、超细粉碎、改性、复合等，积累了比较全面的经验和技术。

在化学漂白提纯方面，主要目的是除去带色的铁、钛、有机物等杂质，提高高岭土的白度及纯度，视高岭土中所含杂色矿物质的特性选择不同的漂白浸出去除方法，对氧化矿物杂质利用还原漂白法，而对有机质和硫铁矿等杂色物质则采用氧化漂白的方法，有些矿物需要将氧化还原兼而用之。药剂的选择和使用方法是关键。影响漂白效果的因素很多，除了与所使用的化学药剂和高岭土矿石特性、赋存状态、含杂元素物质的数量、依存结合形态（如类质同象晶格结合等）关系重大外，漂白效果还与矿浆的 pH 值、温度、浓度、时间、药剂的选择、用量和高岭土的粒度等有关系。

高岭土的化学漂白处理，借鉴前人和他人的成果和我们自身长期实践的经验认为主要有下列几种方法：（1）浸出处理。即用盐酸或硫酸等进行浸出，使杂质元素成为可溶性物质，通过固液分离除去。（2）氯化法。通氯气使铁的氧化物（Fe_2O_3）变成 $FeCl_2$ 过滤除去。（3）用草酸或其铵盐使铁氧化物溶解呈草酸铁络合物滤去。（4）用连二硫酸盐、硫代硫酸盐、亚硫酸氢钠和连二亚硫酸盐等盐类化合物处理，除去铁钛杂质。（5）先用次氯酸钠、臭氧、过氧化氢和高锰酸钾等氧化剂进行氧化漂白，除去有机质杂色及含硫化合物等，然后再用保险粉等进行还原漂白。（6）用酒石酸等蒸煮除去晶格铁，用水解纤维素、糖蜜、蔗糖废渣（副产品）等在酸性介质下除铁（除铁率可达98%）。还可将上述方法进行组合，例如酸（盐酸、硫酸）-连二亚硫酸钠联合漂白。为了防止处理后的高岭土返黄，还需用药剂防止白度降低返黄，例如添加各种磷酸盐。

长沙矿冶研究院曾对江西（宜春、抚州）、湖南（临武、耒阳等地）、福建（龙岩、同安、漳平）、广东（茂名、湛江）以及江苏、海南等地的软质高岭土进行漂白除杂提高白度的试验工作。选择适合的漂白药剂和配以分散剂和防止返黄的药剂（各种磷酸盐等），一般可以使白度提高5%～10%，最多的可以提高20%以上。如龙岩高岭土精泥白度为80%～85%，经漂白后可达90%～95%，并长时间不返黄。对含 Fe_2O_3 为1%左右的给料，可降至 Fe_2O_3 为0.3%以下；含 Fe_2O_3 为1.5%左右的可降至0.5%左右。

高岭土的选择性絮凝除杂，一般是用来处理用重选、磁选和浮选等工艺难于奏效的方法，它对于嵌布粒度极细的铁钛等有害杂质的高岭土是十分有效的方法，可以获得和化学处理方法同样好的效果，但它没有化学处理法带来的后处理问题，也不会影响和改变高岭土原有的理化特性。美国、英国、法国、捷克和澳大利亚等许多国家在20世纪80年代就在工业中采用了这一工艺。使用天然或人工合成高分子化合物作选择性絮凝剂。例如美国的佐治亚公司、英国的ECC公司、俄罗斯的格鲁维茨等高岭土公司均已采用该法分选除杂。

长沙矿冶研究院曾对福建、山东、陕西等地的软质和硬质高岭土进行选择性絮凝除杂试验研究，结果表明除铁效果显著，可将含 Fe_2O_3 1.0%～1.5%的高岭土降低至含 Fe_2O_3 0.3%～0.5%，白度也随之明显提高，特别是软质高岭土。使用的有机高分子絮凝剂有不同类型规格的聚丙烯酸胺、淀粉和羧甲基纤维素等，无机凝聚剂比较有效的是聚磷酸盐，例如三聚磷酸盐。

160多年前就已证实了磷酸盐有可与金属离子形成可溶性的络合物能力，磷酸盐的结构化学特点奠定了各种磷酸在环境工程净水处理（除Pb、除垢、絮凝）和选矿中作分散剂、抑制剂、金属离子沉淀剂等。

磷酸盐可以分为链状磷酸盐（聚磷酸盐）、环状磷酸盐（偏磷酸盐）和超磷酸盐（笼状、层状和三维结构）。在工业上应用比较多的是前两类磷酸盐（通称缩合磷酸盐），特别是聚合磷酸类的链状磷酸盐。

链状化合物是长链化合物，它的聚合度可达2000，相对分子质量12000～18000，亦称链状偏磷酸盐，其结构式为：

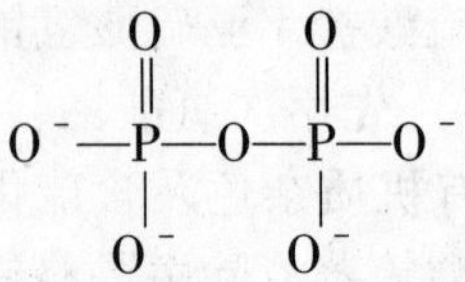

$$\begin{array}{ccccc} & O & & O & \\ & \| & & \| & \\ O^- - & P & -O- & P & -O^- \\ & | & & | & \\ & O^- & & O^- & \end{array}$$

二磷酸盐（焦磷酸盐）

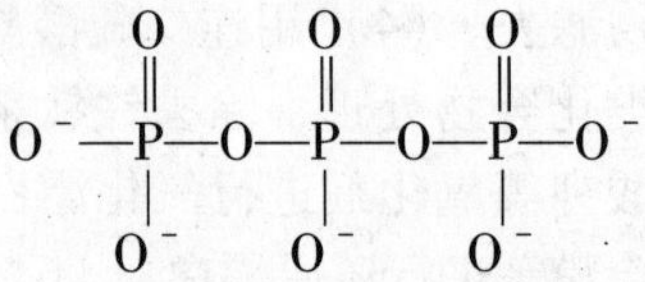

$$\begin{array}{ccccccc} & O & & O & & O & \\ & \| & & \| & & \| & \\ O^- - & P & -O- & P & -O- & P & -O^- \\ & | & & | & & | & \\ & O^- & & O^- & & O^- & \end{array}$$

三磷酸盐（三聚磷酸盐）

$$\begin{array}{ccccccc} & O & & O & & O & \\ & \| & & \| & & \| & \\ O^- - & P & \left[-O- \right. & P & \left. \right]_n -O- & P & -O^- \\ & | & & | & & | & \\ & O^- & & O^- & & O^- & \end{array}$$

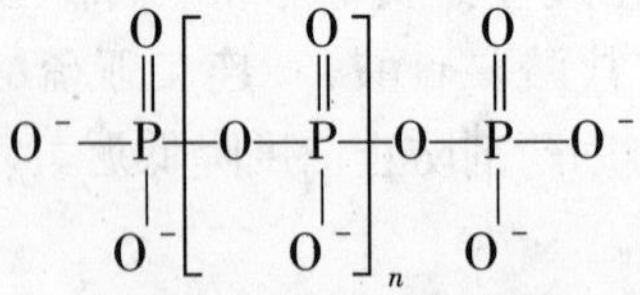

聚磷酸盐（多聚磷酸盐）

链状磷酸盐有好的络合能力，通过强离子缔合或通过共价键形成络合物，作为凝聚剂除铁就是利用它与铁形成络合物沉淀。

19.2.2 铝土矿浮选药剂

19.2.2.1 概述

铝土矿是氧化铝和铝生产的重要原料。铝的用途广泛而重要，铝合金是飞机、建筑、机（器）件，易拉罐和包装（食口等）工业的重要材料。铝是地壳中丰度第三的元素，中国探明的铝土矿储量约为23亿t，居世界第五位。

国外的铝土矿多以软铝石为主（如三水软铝石和一水软铝石）。我国的铝土矿以硬水铝土（一水硬铝石型，$Al_2O_3 \cdot H_2O$）为主（约80%），98%的铝土矿都有硬水铝石的存在，脉石矿物（伴生矿物）主要是高岭石［$Al_4(Si_4O_{10})(OH)_8$］、叶蜡石［$Al_2(Si_4O_{10}) \cdot (OH)_2$］和伊利石［$K_{1-x}(H_2O)_xAl_2(AlSi_3O_{10})(OH)_{2-x}(H_2O)_x$］等含铝硅酸盐黏土矿物，其余为少量的钛、铁杂质。这些脉石矿物常以细粒浸染包裹体形式存在。硬水铝石与软水铝石相比的弱势是低铝硅比，一般的范围为4～6。所以对我国的铝土矿——硬水铝石的处理，除硅降硅是关键。

众所周知，Al_2O_3与SiO_2质量比大于10的高品级铝土矿能直接用拜耳法处理。而对于Al_2O_3与SiO_2质量比低于8的低品级硬水铝石铝土矿，只有提高铝硅比，向成本较低的拜耳法提供Al/Si（铝硅比）大于10的优质铝土矿，因此，必须采用经济有效的脱硅技术。而用烧结或烧结-拜耳法联合，能耗高，环境不友好，生产成本高。

选矿-拜耳法是处理我国高硅铝土矿生产氧化铝的较好途径。脱硅提高

Al/Si 的方法主要有化学选矿、生物选矿和物理选矿三种方法，其中物理选矿尤其是浮选具有处理量大、成本低、易于提高 Al/Si、能耗低、易于工业化等特点而具有广阔的前景。

国外有关铝土矿浮选及药剂研究主要是针对三水软铝石和一水软铝石，所采用的药剂配方通常是用碳酸钠或氢氧化钠作 pH 值调整剂，无机硅酸钠、六偏磷酸钠或多聚糖类等作抑制、分散和絮凝剂，脂肪酸类（氧化石蜡皂、塔尔油皂等）作捕收剂。国内的工作主要着眼于一水硬铝石型铝土矿的回收利用。早期的研究较多的是在直接浮选硬水铝石方面做工作，如以氧化石蜡皂和塔尔油等为捕收剂，重点研究考察在碱性条件下，羧甲基纤维素（CMC）、硫酸钠、六偏磷酸钠、氢氧化钠、水玻璃等调整剂对云母等脉石矿物的作用及对一水硬铝石浮选指标的影响。据报道我国河南某一水硬铝石-高岭石型（或水云母型）铝土矿，利用羧酸类药剂在碱性介质浮选可使 Al/Si 从 5.3 提高到 10.35，回收率为 88.9%。长沙矿冶研究院针对阳泉高岭石-一水硬铝石型铝矾土研究了多种捕收剂的捕收性能和多种调整剂如六偏磷酸盐、氟硅酸钠、腐殖酸铵、六偏磷酸盐 + 苛性淀粉对高岭石及钛、铁脉石的抑制性能，结果表明，捕收剂的选择性为：733 优于 RA - 315 + 733（1∶1）和 RA - 315，氧化石蜡皂 + 塔尔油（4∶1）优于油酸和苯乙烯膦酸，调整剂以六偏磷酸盐 + 苛性淀粉的抑制性能最强。据报道为了直接浮选硬铝石，脱除硅酸盐矿物，有人研制了新型螯合捕收剂。例如，用一种代号为 RL 的新型阴离子螯合捕收剂浮选硬水铝石，回收率超过 90%，抑制铝硅酸盐用的是无机抑制剂，获得的浮选精矿铝硅比大于 11。

用直接浮选法提高硬水铝石的铝硅比，由于需要消耗大量的捕收剂浮出大约 80% 的给矿物料，从而使作业费用非常高，于是国内的研发工作十分重视反浮选，借鉴高岭石提纯除杂、铁矿石降硅的反浮选经验，对铝土矿脱硅的浮选做了大量的工作。中南大学和东北大学等单位对一水硬铝石反浮选脱硅工艺流程、药剂以及磨矿设备、磨矿粒度、分级、脱泥等相关因素做了大量的工作，取得了相关的专利。

19.2.2.2 反浮选捕收剂

硬水铝石与铝硅酸盐矿物的反浮选分离捕收剂就是用来浮选各种铝硅酸盐黏土矿物的捕收剂。对这类药剂除了在本节介绍外，在高岭土黏土矿物精选药剂中也有叙述，两节内容可以相互补充。

硬水铝石是一种双链结构，而所有的黏土矿物则都是层状结构。硬水铝石由六方紧密堆积的氧层与充填了 2/3 八面体间隙位置的铝原子组成。每个所占据的八面体与邻近的铝八面体共享四个边，并在 c 轴方向形成双链，这些单元通过共享的顶端氧原子连在一起，铝原子以形成八面体带的方式占据层之间的八面体配位位置。黏土矿物中，高岭石是二层结构的铝硅酸盐，这两个层是通过公共的氧原子共价结合在一起，形成一个层状结构的重复单元，八面体氢氧化铝的羟基离子和四面体硅酸盐的氧原子之间的氢链使两层重复单元聚于一起。叶蜡石［$Al_2(Si_4O_{10})(OH)_2$］则是一种三层铝硅酸盐，它是由四面体硅酸盐的两层之间夹层结构的一个八面体铝氢氧化物层组成，而且这种三层是由公共的氧原子共价结合而成，形成一个三层夹层结构，这些夹层结构则由相对弱的范德华力聚集在一起。伊利石具有与叶蜡石类似的晶体结构，也是一种三层硅酸盐。然而，在伊利石中，随着水对晶格氢氧化物取代程度的变化，Al^{3+}类质同象取代了四面体硅酸盐的一些晶格 Si^{4+}，这些补偿离子通常是钾，它作为桥键连接了两个邻近的夹层结构，在这种情况下层间力为离子性质。

磨矿时，硬水铝石沿结合最弱的（010）晶面破裂，破坏了离子-共价的Al—O 键，导致生成一个离子性质的不饱和残留键的表面。对于层状结构的黏土矿物，破碎使粒子沿弱结合的（001）基面裂开。由于硬水铝石的晶体结构与共生的黏土矿物的晶体结构有明显的差别，因此矿物表面上活性 Al—O 位置密度从硬水铝石到伊利石，然后到高岭石和叶蜡石明显降低。由于（001）基面支配着黏土矿物固体表面的暴露，将（001）基面作为例子来比较被破坏的键的特性。硬水铝石每平方纳米破坏键的密度为 38（Al—O）+15（氢键），而伊利石为 25（Al—O）。对高岭石和叶蜡石，解理破裂的仅 13 个氢键和分子键。显然，硬水铝石天生就是比较亲水的，然后是伊利石、高岭石，最后是叶蜡石（它可视为比较疏水的），在其基面上它的天然接触角为49°。除了已被破裂的荷正电的 Al—O 键外，黏土矿物也含有相当数量的荷负电的已破裂的Si—O 键，根据这些已破裂的 Si—O 键可以区分黏土矿物与硬水铝石。细磨的矿物粒子呈现明显不同的表面电荷特性，它可以用相应的等电点（IEP）加以表征。对硬水铝石而言，得到的典型 IEP 为 pH =6.4，此数值大大高于高岭石、伊利石和叶蜡石 3.6，2.8 和 2.4 的 IEP 值。这三种铝硅酸盐黏土矿物的 Zeta 电位随 pH 值的变化呈现类似规律。从理论上说，不同的 IEP 值表明，从硬水铝石中反浮选铝硅酸盐黏土矿物可以在 pH =4 ~6 用阳离子捕收剂进行，此时硬水铝石荷正电，而黏土矿物荷负电。

因此，在反浮选中采用阳离子捕收剂在酸性介质中浮选铝硅酸盐是可行和有效的。脂肪胺类（伯胺、叔胺等）、酰胺类（如氨基酰胺）、季铵类等都是硅矿物的有效捕收剂，通常以静电力或氢键力与浮选矿物表面的硅、氧和羟基等相互作用（与药剂分子的极性基），而药剂的非极性部分则增强矿粒表面的疏水性。有人使用月桂胺（十二胺，DDA）作捕收剂浮选高岭石、叶蜡石和伊利石三种铝硅酸单矿物，结果表明（如图 19 -1 所示），在悬浮液 pH <5 时，DDA 能有效浮出叶蜡石和高岭石，与之相比，伊利石的可浮性相对较低

（即使在 pH =2 也低于60%），且在 pH >3.5 时显著下降。例如在 pH =7 进行浮选时，叶蜡石、高岭石和伊利石的回收率只分别为 45%、40% 和 10%。在这样低的回收率下，尤其是对伊利石，用所提出的反浮选分离方法并不能使浮选尾矿（即硬水铝石精矿）的铝硅比提高到预期的 10 以上。红外光谱分析吸附的捕收剂特性指出，捕收剂通过物理静电吸引方式吸附在这些矿物上。

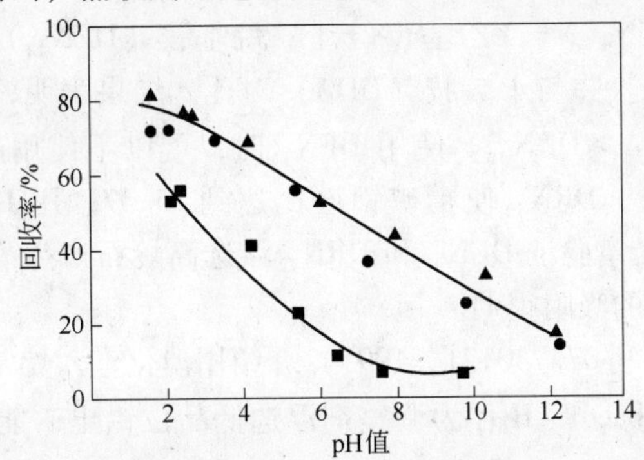

图 19-1　用 DDA 作捕收剂时黏土矿物的浮选回收率与 pH 值的关系

（DDA 的质量浓度为 2×10^{-4} mol/L）

●—高岭石；■—伊利石；▲—叶蜡石

为了探索不同阳离子捕收剂对上述三种铝硅酸盐的浮选效果，分别采用正-（2-氨基乙基）十二酰胺（AEDA）、正-（3-氨基丙基）十二酰胺（APDA）和十二烷基 1，3 丙二胺（$C_{12}H_{25}—NH—C_3H_6—NH_2$，$DN_{12}$）进行浮选，结果显示，AEDA 对高岭土捕收能力强，回收率为98%，对叶蜡石和伊利石的捕收能力较好，回收率约 80%。APDA 对叶蜡石的浮选回收率 92%，伊利石和高岭石为 75%。DN_{12} 对高岭石的浮选回收率高于 85%，而伊利石为 60%（三种药剂质量浓度约为 0.2 mol/L，在酸性介质中，DN_{12} 可在中性介质中浮选）。

在醚胺捕收铝硅酸盐矿物中，用醇和丙烯腈反应制得烷氧丙腈再加氢还原得到烷氧基丙胺。反应式如下：

$$ROH + CH_2=CH—CN \longrightarrow ROCH_2CH_2CN$$

式中，$R = n-C_{12}H_{25}$，$n-C_{14}H_{29}$，$n-C_{16}H_{33}$ 或 $n-C_{18}H_{37}$。

$$ROCH_2CH_2CN \xrightarrow[\text{[H]，加压}]{\text{Ni 催化剂}} ROCH_2CH_2CH_2NH_2$$

在实验室少量制备烷氧基丙胺时，可采用烷氧丙腈为原料，以酒精作溶剂，用金属钠还原：

$$ROCH_2CH_2CN \xrightarrow[Na]{C_2H_5OH} ROCH_2CH_2CH_2NH_2 + C_2H_5ONa$$

用烷氧丙胺对高岭石、叶蜡石和伊利石的浮选试验结果表明，它们的捕收性能比十二烷胺好，是一种有选择性的捕收剂；对烧绿石也有相似的捕收性能。浮选高岭石和伊利石的捕收性能由强到弱依次为：

$C_{18}H_{37}O(CH_2)_3NH_2 > C_{16}H_{33}O(CH_2)_3NH_2 > C_{14}H_{29}O(CH_2)_3NH_2 > C_{12}H_{25}O(CH_2)_3NH_2$

中南大学曹学锋研究考察了两种叔胺捕收剂：N，N－二甲基－N－十二烷基胺（DRN_{12}）与N，N－二乙基－N－十二烷基胺（DEN_{12}）对高岭石与一水硬铝石的浮选行为。并与十二胺（DDA）对比。结果表明，对高岭石的捕收能力：$DEN_{12} > DDA > DRN_{12}$。使用$DEN_{12}$时，可以不使用起泡剂和乳化剂。用人工混合矿试验，$DRN_{12}$使精矿铝硅比达到25.37，用$DEN_{12}$铝硅比可达34.51。通过红外光谱验证$DEN_{12}$和$DRN_{12}$浮选高岭石产生静电吸附，作用较强，对一水硬铝石的吸附很弱。

国外（日本专利074730121，1995）介绍用溴化十六烷基吡啶盐作为捕收剂，白雀树胶和arbacol - H作为调整剂浮选低品位铝土矿能回收其中80% ~ 90%的高岭石。

19.2.2.3 反浮选抑制剂

在研发应用一种对铝硅酸盐黏土矿物反浮选有效的选择性捕收剂的同时，还需要寻找一种一水硬铝石抑制剂，而且它对硬水铝石兼有分散作用，防止两种矿物相互夹杂包覆凝聚，影响泡沫质量。

常用的抑制剂有各种磷酸盐和聚磷酸盐（六偏磷酸钠等）等无机盐和淀粉、糊精等有机高分子化合物（天然及人工合成），氟化钠和氯硅酸钠可作活化剂，也可作抑制剂。

在硬水铝石和高岭石浮选的研究中，发现用DDA作捕收剂浮选硬水铝石时，六偏磷酸钠［$(NaPO_3)_6$，简称SHMP］是最有效的抑制剂。同样使用六偏磷酸钠为抑制剂，而是用DN_{12}、*n*－（3－氨基丙基）－十二酰胺或*n*－（2－氨基乙基）－十二酰胺作捕收剂来进行浮选也是有效的，因为这些药剂对硬水铝石矿石中的高岭石及其他两种主要的黏土矿物表现出更好的捕收能力。

虽然在硬水铝石的反浮选中无机磷酸盐对抑制硬水铝石具有某种程度的选择性，但高岭石的可浮性则相对偏低，因此，有机抑制剂的研究引起关注。使用天然淀粉作抑制剂结果表明，对硬水铝石分选抑制效果不大。为了改善抑制效果，合成了一种经羟肟酸改性的淀粉（即淀粉分子带有羟肟酸基）进行抑制浮选。该改性淀粉的合成方法是，首先在异丙醇/水混合液中对淀粉进行羧甲基化合成羧甲基淀粉（酯），然后再与羟胺反应生成羟肟酸淀粉。

通过羟肟酸淀粉对硬水铝石－高岭石的反浮选试验，证明改性淀粉对硬水铝石有强烈的抑制作用，能够活化高岭石的浮选，提高可浮性。

据报道一些改性的聚丙烯酰胺和纤维素也是好的抑制剂。如部分水解的聚丙烯酰胺（带羧基、羟肟基）和羟肟基纤维素等。

19.2.3 蓝晶石类矿物选矿药剂

19.2.3.1 *矿物及选矿方法*

蓝晶石类矿物是一组无水铝硅酸盐矿物，包括蓝晶石、硅线石和红柱石。三者为同质多相变体，化学式均为 Al_2SiO_6，化学组分（质量分数）为 Al_2O_3 62.93%，SiO_2 为 37.07%。性质如表 19-6 所示。

表 19-6 蓝晶石类矿物性质

矿物	化学式	晶系	晶形	密度 /g·m^{-3}	莫氏硬度	转变温度 /℃	体积膨胀 /%	颜色	化学组分（质量分数）/%
蓝晶石	Al_2SiO_6	三斜	柱状	3.56~3.69	5.5~7	1100~1460	16~18	青色	Al_2O_3 62.93 SiO_2 37.07
硅线石	Al_2SiO_6	斜方	针状	3.23~3.27	7~7.5	1550~1680	5~6	灰色	
红柱石	Al_2SiO_6	斜方	柱状	3.10~3.20	7~7.5	1350~1460	<5	红、淡红	

蓝晶石类矿物在高温下（1300~1600℃）煅烧变为富铝红柱石（即莫来石，高岭石高温煅烧也产生莫来石）和熔融状的游离二氧化硅（即方石英），同时产生不同程度的体积膨胀（见表 19-6）。反应式：

$$3(Al_2SiO_6) \xrightarrow{>1300℃} 3Al_2O_3 \cdot 2SiO_2 + SiO_2$$

莫来石具有很高的耐火度，温度在 1800℃时性质仍然稳定。具有化学惰性和良好的机械强度，密度为 3.16g/cm^3，莫氏硬度 6~7，1810℃分解为刚玉。此类矿物因其具有优良耐火度和高铝等特性，使其在冶金、建材、机械化工、轻工、核工业军工和宇航等领域广泛应用，如用作制造耐高温、节能、不变形的耐火材料、硅铝合金、金属纤维、高级陶瓷、铸造型砂涂料、氧化铝等。

为了提高蓝晶石、硅线石和红柱石的产品质量，去除杂质，进行了手选、选择性磨矿、浮选、重选、磁选、光电选以及磁化焙烧、氯化焙烧、酸浸等选矿手段。浮选是其中最重要的手段，特别是对细粒嵌布的矿石，主要采用浮选法。根据矿物特性通常先行除杂、脱泥，如先浮硫、浮石墨等，然后再浮选目的矿物。

19.2.3.2 浮选药剂

浮选捕收剂主要是脂肪酸、磺酸及其皂类，例如油酸、氧化石蜡皂、羟肟酸和石油磺酸钠等，也有用十二胺乙酸盐做捕收剂的。抑制剂是水玻璃、乳酸和蚁酸等。硅线石、红柱石常选用焦磷酸钠、六偏磷酸钠和羧甲基纤维素等作抑制剂，可以在酸性介质中浮选，更多采用在中性或碱性介质中浮选，酸碱调整剂有 H_2SO_4、HF、Na_2CO_3、NaOH 等。

美国 Ranpacek R H 和 Clemons B H 等人研究了柱状和纤维状硅线石。硅线石和白云母、石英黏土、石榴石及石墨共生。在中性和弱碱性介质中用油酸浮选硅线石，矿石磨至小于0.2 mm 占100%，先脱泥再经一次粗选三次精选，用焦磷酸钠或偏磷酸钠抑制含铁矿物，当原矿含硅线石17.3%时，浮选精矿硅线石含量为96%，回收率为92%。

俄罗斯稀有金属选矿研究院等单位选别恰赫琴硅线石，浮选采用油酸和煤油混合捕收剂在碱性介质（苏打调浆）浮选，水玻璃抑制脉石矿物，先用阳离子捕收剂浮选除去黑云母，再用磁选或摇床除去石榴石。所得硅线石精矿含硅线石54%～55%，回收率70%～77%。

对蓝晶石的浮选则以十碳脂肪酸做捕收剂，水玻璃做抑制剂，用 Na_2CO_3 调 pH 值9～10进行浮选。印度用 M－500（石油磺酸）作捕收剂浮选蓝晶石，用阳离子捕收剂 Boramine C（R—$NHCH_3COOR$，R = $C_{8\sim12}$）浮选云母。我国曾用氧化石蜡和羟肟酸捕收剂反浮选脱泥。

我国的硅线石资源丰富，但大部分品位比较低，与脉石相互嵌布复杂，较难分选，选矿研究起步晚，直至1979年才开始进行可行性研究。目前我国已建成的大型矿山有鸡西山道沟硅线石矿，中小型的有河北灵寿硅线石矿等。

鸡西硅线石矿用 M50（石油磺酸）与氧化石蜡按质量比1∶2组合作捕收剂在中性介质中进行浮选，流程为脱泥-浮选-干式强磁选，得精矿含 Al_2O_3 55.22%，硅线石回收率53.5%。

鸡西硅线石由于矿石比较复杂，矿石性质变化较大，所以近几年来的生产指标不理想，该矿主要有用矿物硅线石，共生矿有斜长石、钾长石、石英、石榴石、黑云母、白云母、方解石以及少量石墨、钛铁矿和黄铁矿等。黑龙江科技学院对研制合成的不同新药剂进行组合，对浮选最佳配方进行了探索，取得初步效果。

郑州矿产综合利用研究所曾用 AM100 为捕收剂，No.8 为抑制剂，在矿浆 pH = 9.0～9.5 的条件下，对罗圈硅线石进行浮选，所得精矿含 Al_2O_3 56.06%、Fe_2O_3 1.12%、$K_2O + Na_2O$ 0.43%，硅线石回收率为81.75%。中南冶金地质研究所在碱性介质中用铁铬盐木素作抑制剂，油酸作捕收剂浮选红透山硅线石，进行一粗四精选矿，然后再进行强磁选，精选时加入甲酸、柠檬酸和六偏磷酸钠作抑制剂，并适当添加油酸，最终精矿含硅线石84.05%，含

Al_2O_3 55.63%，硅线石回收率为42.7%。中南大学用水玻璃和三氯化铝按质量比（0.4mg/L：0.15mg/L）作调整剂，油酸钠作捕收剂分离蓝晶石和石英，获得蓝晶石精矿含 Al_2O_3 58.48%，矿物回收率为89.49%。

19.2.4 磷矿资源开发利用与药剂

19.2.4.1 概况

磷矿是磷肥及磷化工的重要原料。

我国的磷矿资源丰富，但富矿比较少，而且分布不均衡。虽然已查明磷矿资源分布于27个省区，但是北方地区资源少，相对集中分布在云、贵、川、湘、鄂5省，占有全国已查明资源的83%（富矿全分布在该5省）。截至2003年底，我国已查明资源储量约160亿t，其中富矿约占8%。

具有经济价值可开发利用的磷矿主要是磷灰石、磷块岩和岛屿磷矿。我国有大小磷矿企业约460家，其中大中型企业仅32家，产能约为3000多万吨，大中型和小型企业产能各占一半左右。据化工协会推算，2005年和2010年我国磷矿石的需求量分别为5291万t和5617万t。供需缺口较大，务必加大资源开发力度，提高磷矿资源综合利用效率。

美国、中国和摩洛哥是世界上磷酸盐矿最大的生产国。美、中又都是消费大国。摩洛哥有世界上最大的磷酸盐矿床。据西斯等人报告，世界磷酸盐的产量和储量如表19-7所列。

表19-7 世界磷酸盐的产量和储量

国 家	产量/Mt		储量/Mt	国 家	产量/Mt		储量/Mt
	2000年	2001年			2000年	2001年	
美 国	38.8	34.2	4000	塞内加尔	1.8	2.0	160
巴 西	4.9	5.0	370	南 非	2.8	2.8	2500
中 国	19.4	20.0	10000	叙利亚	2.17	2.1	800
以色列	4.11	4.0	800	多 哥	1.37	0.8	60
约 旦	5.51	5.5	1700	突尼斯	8.34	8.1	600
摩洛哥	21.6	22.0	21000	其 他	11.3	11.1	4000
俄罗斯	11.1	10.5	1000	总 计	133.0	128.0	47000

19.2.4.2 *磷矿选矿方法*

不论是磷块岩或磷灰石，都需要加工，以降低伴生的脉石矿物，如石英、燧石、黏土、长石、云母、方解石和白云石等的含量。通常作为肥料对磷酸盐的要求是：含 P_2O_5 大于30%，$w(CaO)/w(P_2O_5)<1.6$，MgO 含量小于1%。若满足不了这些要求，就需要通过选矿方法除去杂质。

自20世纪20年代用浮选回收细粒磷灰石发展至今，浮选已成为选别磷矿石的主要选矿方法。今天，世界磷酸盐市场上有一多半的磷矿石和美国佛罗里达的磷矿石是用浮选方法获得的。其他方法（如煅烧、酸浸和磁选）在磷矿石选矿工业中的应用是有限的，并且与浮选法相比，具有一些缺点。Elgillani 等人指出了煅烧法的以下缺点：(1) 煅烧厂的基建投资高；(2) 煅烧含白云石的磷矿石的技术难度大；(3) 煅烧产品的质量差；(4) 能耗高。

在能量价格便宜和水资源有限的地方，可用煅烧和酸浸处理碳酸盐含量高的磷酸盐矿石。沙特阿拉伯 Al Jalamid 的磷矿石含碳酸盐40%～50%、有机物8%～10%和 P_2O_5 16%～25%。矿石先在850℃下煅烧1 h，然后用水浸，以除去石灰，用质量分数5% NH_4NO_3 溶液水淬，以除去镁。

在应用酸浸时，强酸（如硫酸）可以很容易浸出磷矿石中的碳酸盐，但是，强酸也会浸出一部分磷灰石。而弱酸（如醋酸或柠檬酸）太昂贵，以至于很难在实践中应用。弱磁选用于处理含有大量铁磁性矿物（如磁铁矿和钛磁铁矿）的岩浆型磷灰石矿石。强磁选用于从南非 Foskor 磷矿石中除去复杂的含铁矿物。这个地区的矿石中不含非磁性脉石矿物，并且，矿物单体解离度很好。

磷灰石 [$Ca_5(PO_4)_3(F, OH)$] 如同萤石、方解石、菱镁矿、白钨矿和重晶石，都是微溶的亲水矿物。在浮选分离提高品位时，选择各种浮选药剂对矿物的选择性疏水是很重要的。例如磷矿石与方解石的分选，就比较难。因为它们的表面化学性质相似，要实现其分选除了捕收剂外，各种药剂的配伍（特别是抑制剂和调整剂）药方也很重要。

磷酸盐矿床的类型影响它们的浮选指标。当沉积型磷矿石中的脉石矿物主要由含硅物质组成时，可用浮选法处理它们，如佛罗里达中部磷酸盐砂矿。但是碳酸盐含量高的沉积型磷矿石（如南佛罗里达矿床和 Mediterranean 地区）难于用浮选法处理。因此，含有碳酸盐脉石矿物的磷矿石的选矿是世界难题，目前在工业上还没有处理这种矿石的合适方法。世界上大多数（80%以上）磷资源又都是有碳酸盐化的沉积型磷矿石组成的，它的选别方法引起世人的关注。

美国佛罗里达中部地区用于处理含硅的磷酸盐矿石的浮选法是 Crago 的“两段浮选法”。其简化浮选流程如图19－2所示。在该法中，矿石脱泥和筛分后，在 pH＝9.0～9.5 范围与脂肪酸和燃料油调浆。然后在粗选中从硅酸盐矿物和碳酸盐矿物中浮选出磷灰石，此时，脂肪酸用量为0.362～0.906kg/t（0.8～2.0lb/t），燃料油用量为0.453～0.634kg/t（1.0～1.4lb/t）。粗精矿用硫酸擦洗，以从磷灰石表面上除去捕收剂。再在 pH = 7 时用阳离子捕收剂（胺）对粗精矿进行浮选精选。在阳离子浮选过程中，硅石浮起，而磷灰石留在槽内产品中，即为最终磷精矿。在精选回路中，胺的用量为 0.0456 ~ 0.09kg/t（0.1 ~ 0.2lb/t），煤油用量为 0.023kg/t（0.05lb/t）。粗精矿和精选精矿 P_2O_5 品位一般分别为 18.5% ~25% 和 30%。

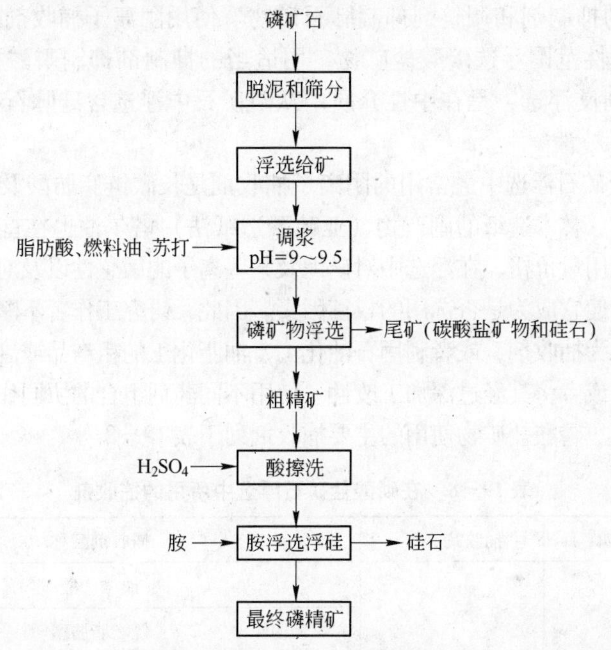

图 19-2 用 Crago 的“两段浮选法”分选佛罗里达磷酸盐矿石的简化流程

俄国专利 1740075 号介绍，用 N-（2-羟基烷基）-6 氨基己酸类的钠盐或钾盐作为磷灰石-硅酸盐矿的浮选剂。该化合物的分子式为 $CH_3(CH_2)_n$—C（OH）$HCH_2NH(CH_2)_5COOM$，式中 n = 11 或 13；M = K 或 Ma。也有人介绍用别的两性表面活性剂（N-烷基氨基醋酸和 N-烷基氨基癸酸）和塔尔油皂组合浮选磷矿，可获得约 95.5% 的回收率，比单独用表面活性剂的回收率高。为了脱除磷酸盐矿石中磁铁矿，在采用高梯度磁选法降铁时，用磷酸氢二钾和水玻璃作调整剂，磷酸氢二钾可防止磁铁矿在磷酸盐矿物上覆盖，水玻璃则用来防止在二氧化硅表面形成覆盖层，从而达到较好的分选除铁效果。

在连云港新浦磷矿选矿厂（6.6 万 t/a）对浅海相化学沉积变质磷灰岩矿床（其中细粒磷灰岩占储量的 90%，云母磷灰岩占 9%，锰磷矿占 1%），进行处理。原矿属于含碳酸盐较高的磷灰岩矿石，原矿含 P_2O_5 18.29%、CaO 40.96%、MgO 4.10%、CO_2 17.51%、SiO_2 12.33%。采用邯郸 A12 和湖南化皂按质量比 1∶1 混合捕收剂，经二粗二精二扫流程，磨矿矿浆质量分数为

66%，细度为小于200目占60%，在温度25℃下进行浮选试验，取得了较好的技术经济指标。

19.2.4.3 *磷矿选矿药剂*

磷矿物的浮选中，正浮选和反浮选工艺使用不同类型、不同结构及官能团的药剂，正浮选使用阴离子捕收剂在pH值碱性矿浆范围浮选磷酸盐矿物，同时使用适当的抑制剂和调整剂抑制脉石矿物。使用阴离子捕收剂进行反浮选则是在pH值酸性范围浮选碳酸盐矿物，用适当的抑制剂抑制磷酸盐矿物。而用阳离子捕收剂反浮选，是在中性介质中从磷矿石中浮选含硅脉石矿物。

A 捕收剂

在磷酸盐矿石浮选中最常用的阴离子捕收剂是长碳链脂肪酸及其盐类，例如油酸或油酸钠。林木造纸的副产物（亚硫酸造纸法）塔尔油也在首选之列。脂肪酸化合物因其用量价格、在浮选中对矿泥及某些离子的敏感性以及对浮选矿浆需要较高的温度，使它成为是否选用的权衡因素。因此，研究工作者不断探索研发其他表面活性剂作为捕收剂，或者利用石油化工、油脂化工的粗产品或副产品经简单加工作为捕收剂或者将其经过深加工改性。使用不同药剂组合的协同作用，也是捕收剂开发的方向。磷酸盐矿物使用的主要捕收剂列于表19－8。

表19－8 在磷酸盐矿石浮选中所用的捕收剂

浮选的矿物	捕收剂类型	捕收剂名称
磷酸盐矿物和磷灰石浮选	阴离子捕收剂	油　酸
		烃类脂肪酸
		十二烷基磷酸二钠盐
		茜素磺酸钠
		十二烷基硫酸钠
		乙氧基化磺酸盐和磷酸盐
		乙氧基化磺酸盐
		羟肟酸
		磺化琥珀酸盐/磺化琥珀酰胺酸盐
	组合药剂	脂肪酸与氨基酸组合，Atrac 1562（脂肪酸与胺组合）
		烷基硫酸盐和N－烷基氨基酸组合
	阳离子捕收剂	动物脂胺醋酸盐，Armac T胺
		烷基伯、叔胺和季铵盐
	两性捕收剂	肌氨酸
		氨基酸

续表 19-8

浮选的矿物	捕收剂类型	捕收剂名称
反浮选碳酸盐矿物	阴离子捕收剂	脂肪酸
		磺化脂肪酸
		十二烷基磷酸二钠盐
		烷基磷酸酯
		乙氧基化磷酸酯
	两性捕收剂	氨基酸（盐）
		羧乙烯基咪唑啉
反浮选硅酸盐矿物	阳离子捕收剂	胺、季铵盐
	非离子型捕收剂	辛基酚基乙氧化合物
	两性捕收剂	氨基酸（如肌氨酸和咪唑啉衍生物等）

表中所列十二烷基磷酸二钠盐（$C_{12}H_{25}OPO_3Na_2$）是在 pH 值大于 9 时从石英中优先浮选磷酸盐矿物（或方解石）的捕收剂。美国专利介绍，采用一种新型表面活性剂与普通脂肪酸捕收剂配合提高磷酸盐矿物的回收率以改进磷酸盐矿石分选。所开发的表面活性剂包括石油磺酸盐和乙氧基化的醚醇硫酸盐（酯）。也有采用脂肪酸和氨基酸的组合，烷基硫酸盐和 N-烷基氨基酸的组合等，所用脂肪酸为碳链 $C_{12\sim36}$的脂肪酸或塔尔油沥青。

Pinto 等人在有或没有油酸钠存在时研究了磺化琥珀酸盐和磺化琥珀酰胺盐捕收剂对磷灰石的浮选动力学。在单独应用捕收剂（不是以混合物）时，磺化琥珀酸盐浮选窄粒级磷灰石的速度比用油酸钠时要快。Assis 等人选择羟肟酸作捕收剂，从两种不同类型磷灰石和纯矿物混合样中浮选氧化铁和二氧化钛矿物。他们提出，捕收剂的选择性决定于矿物的溶解度和羟肟酸离子与矿物晶格中阳离子形成的络合物的稳定性常数。Miller 等人最近的研究结果表明，在用羟肟酸作捕收剂时，一段浮选佛罗里达的磷矿石时就获得了高的浮选效率和选择性。Baudet 等人在磷矿石浮选中发现，在用硫酸或氟硅酸作为磷酸盐矿物抑制剂时，烷基磷酸酯可以从沉积型磷酸盐矿石中有效地浮选碳酸盐矿物。

阳离子捕收剂在磷酸盐矿物中的作用，是从磷矿物中反浮选硅酸盐矿物以及白云石或方解石。有人用脂肪胺（动物脂肪加工）和煤油混合使用作捕收剂，在 pH = 7 左右的介质中浮选碳酸盐矿物含量高的磷矿石。两性捕收剂在高 pH 值条件下具有阴离子捕收剂行为，在低 pH 值时，它具有阳离子捕收剂行为。Houot 等人用它反浮选磷矿石。如在浮选芬兰 Siilinjarve 磷矿石中的碳酸盐矿物中，肌氨酸类两性表面活性剂在工业中得到应用。

Shao等人在浮选试验中发现，羧乙烯基咪唑啉类两性捕收剂对白云石选择性比较好，对矿浆中离子的敏感性比油酸要差。Clerici等人在叙利亚磷矿的两段反浮选中用氨基酸钠盐作为两性捕收剂。在第一段中在pH=11左右时先浮选碳酸盐矿物，pH=4左右时用同样的捕收剂浮选硅石。两性表面活性剂也可用于脱磷。Rao等人用脂肪酸与胺混合物（商品名为Atracl 586）作为捕收剂，从磁铁矿矿石中浮选含磷的污染物。试验中发现，它对磷的选择性比油酸钠要好。

B 抑制剂

含有羧酸官能团的脂肪酸是磷灰石和碳酸盐矿物的有效捕收剂，而羧甲基纤维素高分子酯类药剂是此类矿物的有效抑制剂。阳离子胺类捕收剂可以浮选石英硅酸盐矿物，阳离子改性的多聚糖类（阳离子改性淀粉等）是磷酸盐矿有效抑制剂。

在磷酸盐矿物浮选中常用的抑制剂，可以分为两类：(1) 浮选各种磷酸盐类矿物抑制脉石矿物的抑制剂有：硫酸铝、酒石酸钠或钾、氟硅酸、磷酸、硫酸、焦磷酸、三聚磷酸钠、磷酸二氢钾、苏打、小苏打、淀粉和SCO（含硫有机化合物）等；(2) 反浮选碳酸盐矿物抑制磷矿物通常用水玻璃、氢氟酸、阿拉伯胶、淀粉等多聚糖及衍生物、柠檬酸、芳基磺化聚合物等抑制剂。

Zheng和Smith评价了在磷灰石与白云石混合物浮选时抑制白云石的多种不同抑制剂。他们指出，羧甲基纤维素是白云石的最好抑制剂，柠檬酸和萘基蒽基硫酸盐是白云石好的抑制剂。有人比较了在被氧化铁污染的磷酸盐矿石浮选时水玻璃和淀粉抑制剂的效果，认为在广泛的pH值范围内，水玻璃作为选择性抑制剂比淀粉要好些。里贝罗等人在总结羧甲基纤维素、羧乙基纤维素、古尔胶、单宁等多聚糖类抑制剂作用效果的基础上，研究了漆树胶在磷酸盐矿物浮选中作为抑制石灰石的一种新型抑制剂。

漆树胶种类多，又比较经济，它的应用得到迅速发展。漆树胶水解产物含有82%葡萄糖苷、半乳糖和树胶醛糖，主成分与淀粉类相似，所以它是一种新型的优良抑制剂。

用淀粉和漆树胶作为抑制剂的单矿物微泡浮选结果证实了漆树胶对方解石的抑制能力，从图19-3所示单矿物浮选结果可以看出，淀粉或漆树胶具有相同的抑制作用，随淀粉或漆树胶的浓度增大，方解石的浮选回收率降低。含钙矿石浮选试验结果表明，pH值升高增加了泡沫产品中不溶物的含量，在pH=8.0时，酸不溶物含量较低，为0.64%，其槽内产品中的碳酸盐回收率为82%。pH值升高，由于不溶物含量增加，碳酸盐回收率降低。

图19-3所示结果，证明漆树胶对方解石和含钙矿物的抑制作用可行、有效。

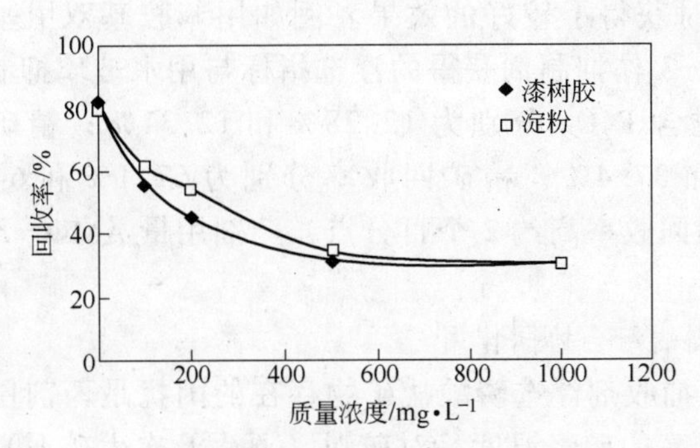

图 19-3　方解石的可浮性与漆树胶或淀粉浓度的关系

在磷酸盐矿石反浮选中，广泛应用磷酸及其衍生物（如二磷酸盐）作为抑制剂，以抑制有用矿物磷灰石。Hsieh 等人在 Idaho 磷酸盐矿石浮选时，在酸性 pH 值范围内，用二磷酸抑制磷酸盐矿物，用脂肪酸浮选碳酸盐矿物。正如 Tanake 解释的那样，正磷酸（磷酸、焦磷酸即二磷酸、聚磷酸等链状磷酸）离子之所以对磷灰石有抑制作用，是因为在吸附于磷灰石表面上的正磷酸盐离子与包围磷灰石的水分子之间形成了强氢键，使磷灰石亲水性增强。因为在酸性 pH 值范围，方解石和白云石会产生二氧化碳，这样会阻止在这些矿物上形成氢键。所以，用油酸类捕收剂可以浮选方解石和白云石，从而可以与磷灰石分离开。

在磷灰石与铁矿物的分离研究中，对抑制剂的作用机理以及抑制剂和捕收剂体系基础研究表明：在磷灰石和赤铁矿（作脉石矿物）分选中，硅酸盐吸附在赤铁矿表面，从而选择性抑制磷灰石中的赤铁矿。其中聚合硅酸盐类的抑制效果比单体硅酸盐的更好。这是通过 ^{29}S、NMR 和电位滴定对硅酸盐单体、四聚体不同模型计算，盐溶液 FTIR 全反射分光光度、α-PS 分析测试证实的。在用烷基硫代琥珀酸钠作为有效捕收剂选择性浮选磷灰石时，必须抑制铁矿物，捕收剂和抑制剂之间有着竞争吸附，但两者在磁铁矿和磷灰石上的吸附量是不同的。用淀粉及其衍生物做抑制剂，抑制剂明显阻碍捕收剂在磁铁矿上的吸附，抑制剂对磁铁矿的抑制效果随相对分子量的增加而增加，顺序是黄糊精、白糊精、淀粉。

有一类值得推介的新型抑制剂引起人们的关注。这类药剂带有络合基团，能形成络合物，它们的结构及代号如下：

$C_6H_5N(CH_2PO_3H_2)_2$　　$N(CH_2PO_3H_2)_3$

AMΦ　　HTΦ

$HOCH_2CH_2N(CH_2PO_3H_2)_2$　　$O \leftarrow N(CH_2PO_3H_2)_3$

OЭДΦK　　HTΦ（氧化物）

用这些双膦酸或三膦酸氨基化合物作为新型抑制剂在浮选磷灰石-碳

酸盐-镁橄榄石时获得了较好的效果。例如用苯胺基双甲基膦酸（AMΦ）的氧化物 AMΦ－3 作抑制剂获得的浮选指标与用水玻璃抑制剂的浮选指标相比，给矿品位含 P_2O_5 分别为 12.28% 和 12.31%；精矿品位（P_2O_5）分别为 37.3% 和 37.4%；精矿回收率分别为 67.1% 和 64.8%。指标相近，AMΦ－3 的回收率高约 2 个百分点，药剂用量 AMΦ－3 为 100g/t，水玻璃为 750g/t。

C 辅助药剂的组合协同作用

用脂肪酸类捕收剂浮选磷酸盐矿物存在的困扰是药剂用量比较大，成本较高，需要较高的矿浆温度，对矿泥（原生及次生矿泥）和难于避免的某些离子比较敏感，影响浮选效果。所以使用一些辅助药剂来弥补不足。

研究结果表明，与单独应用一种表面活性剂（捕收剂）相比，表面活性剂与辅助药剂组合使用可能具有明显的协同作用优点。添加非离子型表面活性剂可通过与脂肪酸相互作用，而改进浮选过程。混合药剂（脂肪酸、非离子捕收剂和燃料油）组分在磷酸盐矿物浮选中的各自作用过程如图 19－4所示。在微溶性矿物浮选中所用表面活性剂组合物如表 19－9 所示。该表中不同研究者报道了表面活性剂混合物在气-液，液-油和固-液界面上的协同作用。

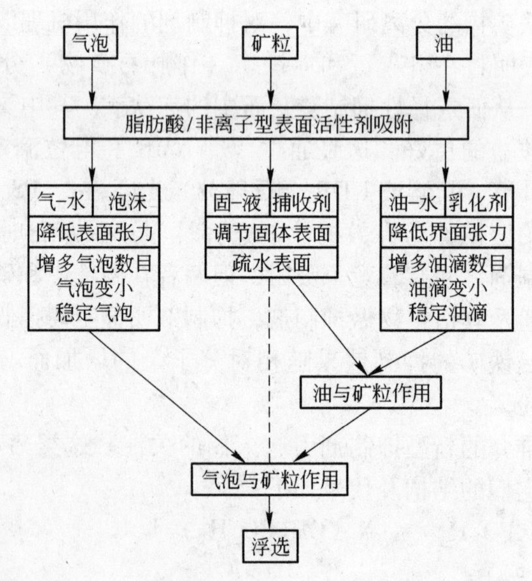

图 19－4 用脂肪酸、非离子表面活性剂和燃料油选磷矿石的作用过程

表 19-9 微溶性矿物浮选中所用表面活性剂组合物

捕收剂	辅助捕收剂（调整剂）	要浮选的矿石
脂肪酸	烷基酚基乙氧化物	磷矿石
脂肪酸	烷基酚基乙氧化物	萤石矿石
脂肪酸	燃料油	磷矿石
脂肪酸	烷基酚基乙氧化物	磷矿石
脂肪酸	Tween80	萤石和磷灰石
脂肪酸	两性表面活性剂	磷矿石
脂肪酸	PEO/PPO 聚合物①	磷矿石
油酸钾	乙氧基磺酸盐	磷灰石和白云石
油酸钠	磺化琥珀酸盐	磷灰石
油酸钠	辛基酚基乙氧化物	长　石
油酸钠	壬基酚基乙氧化物	磷矿石
肌氨酸钠	烷基酚基乙氧化物	磷矿石
十二烷基肌氨酸酯	烷基胺氯化物	萤　石
磺化琥珀酰胺酸钠	脂肪异醇（Exol-B）	锡　石
磺化琥珀酸钠	辛基酚基乙氧化物	锡　石
烷基磺化琥珀酸盐	烷基酚基乙氧化物	白钨矿
胺（Armak）	燃料油	磷矿石

①PEO 为聚氧化乙烯；PPO 为聚氧化丙烯。

D　气-液和液-油界面的协同作用（不同类型药剂组合）

气-液界面上表面活性剂分子的存在能够提高气泡周围液膜的稳定性，防止气泡兼并，有助于颗粒在液相中向气泡固着，阻止矿浆从泡沫相中气泡膜上流出。如利用离子型和非离子型药剂组合，就可以更好地发挥表面活性协同作用。

Salmawy 根据油酸钠和 Triton X-100（辛基酚基乙氧化物）产生的泡沫特性，观察了表面活性剂混合物的协同行为。在试验中，测定了泡沫高度和表面活性剂溶液泡沫的稳定性。结果表明，表面活性剂混合物形成泡沫的能力比单一表面活性剂形成泡沫的能力要强。有研究也报道了在有或没有影响捕收剂（如脂肪酸）作用的离子（如 Ca^{2+}）存在时，阴离子表面活性剂与非离子表面活性剂之间的类似协同行为。

对水不溶捕收剂（如燃料油）的乳化也是很重要的，因为油的乳化和油滴的稳定性对浮选结果影响很大。增大油的分散性可以产生细的油滴，增加油滴与颗粒之间的碰撞机会，从而提高浮选回收率。随着油滴的变小，不希望浮选的颗粒被捕获到要浮选的颗粒上的数量减少，所以浮选选择性提高。在有或没有表面活性剂存在时研究了烃油的稳定性。结果表明，用非离子表面活性剂制备的表面活性剂/油乳浊液稳定性最好，这种乳浊液在水中的分散性最好。乳化的油在降低用量的同时可以获得更高的回收率。

E 固-液界面的协同作用（离子型和非离子型药剂组合）

表面活性剂组合对固-液界面的协同作用可产生以下作用：(1) 提高脂肪酸捕收剂的捕收性能和选择性；(2) 降低脂肪酸的用量；(3) 降低脂肪酸对矿浆 pH 值和离子及矿泥的敏感程度。表面活性剂的非离子特性可使它们对溶液的 pH 值变化不敏感。

协同作用能增强可浮性，改善捕收剂的吸附和增大捕收浮选的矿物表面接触角。试验了一些离子型和非离子型乙氧化物表面活性剂作为捕收剂或作为阴离子捕收剂的促进剂所起的作用。Giesekke 等人研究了壬基酚基乙氧化物(NP - X) 药剂的乙氧化程度对用油酸钠从方解石中浮选萤石和从碳酸盐矿物中浮选磷酸盐矿物的作用。

Somasundaran 等人用乙氧基磺酸盐与壬基酚基乙氧基磷酸盐浮选磷酸盐矿石。他们发现，第二种辅助药剂的存在对浮选有很大的好处。它们改进浮选的最主要的原因是保护阴离子捕收剂免遭矿泥和可溶离子（Ca^{2+} 和 Mg^{2+}）的有害影响。这些离子可与捕收剂离子作用，形成不溶的盐，而无选择性的沉积在矿物表面上。

十二烷基三甲基铵溴化物（DTAB）、十二烷基吡啶溴化物（DBP）、十二烷基苯磺酸钠和十二烷基磺酸钠（SDS）在单独添加和两种一起添加时，研究它们在石英上的吸附性质，只有在阳离子捕收剂（DTAB 和 DBP）存在时，阴离子捕收剂 SDS 才在石英表面吸附。试验表明，非离子型表面活性剂的存在增大了离子型表面活性剂的吸附量，这可能是由于非离子型化合物钻入阴离子捕收剂中间，使捕收剂极性头之间的静电斥力被遮挡，烷基链之间的疏水作用增大了非离子型捕收剂的吸附量，辅助药剂与捕收剂相互协同作用，使捕收剂(如油酸钠) 在矿物表面上更均匀的吸附。

Valdiviezo 在研究表面活性剂（油酸钠和非离子型聚合物）时发现，当总药剂用量为 3.04mg/L 时，含有 PEO 的非离子型聚合物的添加使磷灰石的接触角增大 20°，表明有辅助药剂的存在使磷酸盐矿石表面更加疏水。

19.2.5 钾盐类矿物浮选药剂

19.2.5.1 钾盐类矿物概况

钾盐矿石是含有钾盐（KCl）、食盐（NaCl）和一些沉积物（如光卤石，$KCl \cdot MgCl_2 \cdot 6H_2O$）的矿物混合物。钾资源是生产化肥氯化钾、硫酸钾、硝酸钾的原料，生产的其他化工产品如氢氧化钾、碳酸钾、高锰酸钾、氰化钾、金属镁、氧化镁等是纺织、印染、造纸、军工、日用化工、医药及电子等行业不可或缺的重要原料。

世界钾资源极为丰富，总资源量达2500亿t，绝大部分为地下固体钾盐矿，少部分为钾卤水，至2002年已探明储量83亿t，基础储量170亿t。主要分布在北美、欧洲、南美、中东和亚洲（泰国等）、加拿大、俄罗斯、白俄罗斯和德国，探明储量占世界总量的92%。我国的钾盐资源相对紧缺。2002年世界储量和基础储量如表19－10所示。

表19－10 世界主要国家钾（按K_2O计）资源储量

国 家	储量/万t	基础储量/万t	国 家	储量/万t	基础储量/万t
美 国	9000	30000	巴 西	30000	30000
加拿大	440000	970000	俄罗斯	180000	220000
智 利	1000	5000	白俄罗斯	75000	100000
法 国	50	不 详	乌克兰	2500	3000
德 国	71000	85000	西班牙	2000	35000
英 国	2200	3000	泰 国	10000	不 详
以色列	4000	58000	老 挝	2000	不 详
约 旦	4000	58000	其 他	—	14000
世界总计	830000	1700000			

注：源自美国地质调查局统计资料。

我国已探明的可溶性钾盐矿产地40处，其中大型的6处，分布在青海、新疆、西藏、云南、山东、甘肃等省区，保有储量8.66亿t，其中储量13567万t，基础储量27543万t，资源量59022万t。柴达木盆地和罗布泊地区约占总储量的96%以上。我国钾盐品位低，共伴生组分多，卤水钾矿一般含KCl 10～20 g/L，第四纪以前的固体钾盐含KCl 5%～10%，一般与钠盐共生，盐湖钾盐共伴生有镁、硼、锂、碘、石盐、芒硝等元素或矿物，可供综合开发利用。我国钾盐以卤水钾矿为主（占总量的98%），尤其是盐湖型矿床。国外的钾资源98%为固体钾矿床。

我国的钾肥90%依靠进口，氯化钾大部分靠进口，硫酸钾和硝酸钾部分进口，年进口总量平均为500~600万t。2003年我国钾盐消费量（以K_2O计）为465.3万t，自产62.5万t，世界钾盐和我国钾肥生产情况见表19-11和表19-12。

表19-11 1996~2002年世界钾盐（按K_2O计）产量

年 份	产量/万t	年 份	产量/万t
1996	2327.9	2000	2530
1997	2570	2001	2640
1998	2510	2002	2700
1999	2570		

表19-12 国内钾肥（按K_2O计）近几年生产统计

年 份	生产能力/万t	产量/万t	年 份	生产能力/万t	产量/万t
1996	25	15	2000	52	38
1997	27	19	2001	79	42
1998	31	21	2002	80	51
1999	31	22	2003	150	62.5

19.2.5.2 钾盐类矿物浮选药剂

脂肪伯胺（C_{16}~C_{18}胺）作为浮选钾盐矿捕收剂，可以说是成功开创了钾盐开发利用的先锋。加拿大、美国、前苏联、德国、法国和西班牙都先后建成KCl浮选厂，如今，世界75%的KCl都是由浮选生产的。

十六烷基三甲基季铵的盐酸盐和辛基硫酸钠组合是浮选硝酸钾的有效捕收剂。季科特夫研究了烷基吗啉的捕收性能。烷基吗啉的结构式为$O(CH_2CH_2)_2NC_nH_{2n+1}$，式中$n=12\sim22$。烷基吗啉分子中的氮与三个碳键相连属于叔胺捕收剂，环状结构中有一个醚键，所以又是一个醚胺类化合物。分子中的氧原子与石盐表面的水合钠离子之间形成氢键而吸附于石盐表面上。研究表明该药剂在光卤石表面的吸附量少，而在石盐表面的吸附量多，因此，对石盐的捕收能力强，对光卤石的捕收能力弱，从而达到两者的分选，浮出石盐精矿，光卤石为槽内产品。试验表明十六烷基吗啉和十八烷基吗啉对石盐的可浮性最好。我国青海盐湖岩盐的浮选试验表明，用十二烷基吗啉与十六烷基吗啉混用，体积（容积）比为7：3时效果最好。

国内在工业生产中使用两种代号为 QHS－1 和 QHS－2 的氯化钠浮选剂。QHS－1 有良好的浮选效果，但药剂用量大，还需用有机溶剂，成本较高；QHS－2 浮选剂是目前工业生产氯化钠浮选较多使用的药剂，用量小，但仍嫌价格高，它对光卤石中的硫酸钙杂质浮选效果差，致使硫酸钙在低钠光卤石精矿中有富集现象。

为了探讨光卤石中氯化钠的更好的分选。连云港化工设计研究院研制了一种新型的氯化钠浮选剂 Y－042。通过对青海钾肥厂二选厂光卤石的闭路试验表明，精矿含 KCl 23.7%，NaCl 4.13%；尾矿含 KCl 2.9%，NaCl 84.03%，精矿氯化钾的回收率达 96.79%，氯化钠排除率为 84.7%（浮出氯化钠，槽内为 KCl）。

在钾盐矿的浮选中，黏土-碳酸盐矿泥对阳离子胺类捕收剂浮选起负面影响，所以在矿石处理中需要预先脱泥。利用有机抑制剂才可以消除矿泥对钾盐浮选的影响，降低胺在矿泥上的吸附量。俄罗斯研究了具有阳离子官能团的 KS-M 聚合物（合成）抑制剂，并于 1999 年应用于 Uralkaly 选矿厂的生产中取得了成功。从含 $MgCl_2$ 0%～2.5% 的溶液中浮出钾盐，降低了 KCl 在尾矿中的损失。

19.2.6 萤石选矿药剂

萤石是一种重要的非金属矿物原料，在冶金、化工、建材、玻璃和陶瓷工业等领域有着广泛的用途。根据 1994 年 Mineral Commodity Summaries 资料世界萤石矿查明资源大约为 4 亿 t。独联体国家、中国、南非、蒙古和墨西哥是萤石资源最丰富的国家。中国也是萤石的生产、出口大国，主要分布（探明储量位居前列）在湖南、河南、河北、内蒙古、山西、山东、辽宁、广东、广西、四川、贵州、云南、陕西等省区。

国内外对萤石矿物的分选方法作了大量的研究，主要有重选、紫外光拣选、化学选矿、磁选和浮选等。但是要获得高品位的萤石产品，均采用浮选法。萤石矿根据矿床类型和伴生矿物种类不同分选方法各异。主要方法列于表 19－13。

表 19－13 萤石矿的主要选矿方法

矿石类型	选矿方法主要特点
石英-萤石型	浮选法，多采用一次磨矿粗选、粗精矿再磨、再多次精选。其药剂常规制度为 Na_2CO_3 作调整剂调至碱性，用脂肪酸作捕收剂，为防止多价金属离子对石英的活化，用水玻璃抑制含硅脉石矿物

续表 19-13

矿石类型	选矿方法主要特点
碳酸盐-萤石型	浮选法。因萤石与方解石均为含钙矿物，对脂肪酸类捕收剂均具有强烈吸附作用，所以务必在抑制剂方面寻找有效措施，例如采用组合药剂，栲胶+水玻璃、硫酸+酸化水玻璃等，或者同时在捕收剂与抑制剂两方面努力
硫化矿-萤石型（伴生萤石矿）	该类型主要含Pb、Zn伴生萤石矿物。仍以浮选方法为主，先浮硫化矿，再从尾矿中浮选萤石矿物

19.2.6.1 捕收剂

A 阴离子型捕收剂

萤石浮选的阴离子捕收剂主要是羧酸类，其次是具有磺酸基、硫酸基和膦（或磷）酸基的化合物。这些含硫含磷化合物作为捕收剂有它与油酸等脂肪酸类药剂相同和不同的特性与作用，是萤石等矿物浮选用脂肪酸捕收剂的补充、发展或替代产品。

油酸等脂肪酸类捕收剂虽然选择性差，又需加温浮选，药剂用量较大，除了继续研发新型有效的有机磷酸类等捕收剂外，脂肪酸类捕收剂现在仍然是萤石浮选的常用药剂。

广州有色金属研究院曾用橡胶树子制备橡子油酸钠在7～12℃低温下浮选萤石，效果略优于油酸。湖南有报道采用山茶子核仁油酸与菜油或米糠油下脚配置LHO－R和LHO－D捕收剂，浮选桃林潘家冲萤石矿，由于该类捕收剂含有较多的二元羧酸，浮选萤石效果较好，精矿品位可达到一级或特级标准。

国内外均有不少报道，因地制宜，用油脂化工下脚料，如棉籽油、米糠油、菜子油等油脂类下脚料经过皂化或精制后作为萤石捕收剂。俄罗斯的БС－2药剂就是用棉籽油下脚制取的油酸代用品（含脂肪酸70%以上）浮选萤石，效果与油酸相比回收率相近，品位高1.29%。

将油酸等脂肪酸改性或乳化也是有效的。即在羧酸分子中引入其他活性基团，增强药剂的亲固捕收选择性，或者改善原有药剂的亲水弥散性。例如引入磺酸基、羟基、硫酸基、卤素原子和氨基等。乳化就是将油酸用乳化剂或烃油乳化，增强油酸药剂分子乳化微粒的分散性。

还有一类脂肪酸是由微生物（细菌）发酵制备的产品。中科院生物所、湖南有色院、包头冶金所等不少单位，均研究过利用石油发酵形成的脂肪酸作为捕收剂。石油发酵脂肪酸粗皂用于桃林铅锌矿萤石与重晶石分离的捕收剂，结果表明：它和十八烷基磺化琥珀酰胺钠盐都是萤石和重晶石分选的选择性捕收剂。可获得含CaF_2 97.48%，$BaSO_4$ 0.4%，回收率为83.7%的萤石精矿。

СоложенкиН П和Иванова Н等人的研究发现由真菌酵母和细菌提取脂类

化合物，是比油酸更有选择性的萤石捕收剂。该脂类化合物能够提高萤石回收率，改善精矿质量。当用量为5mg/L时，萤石回收率为88.4%～97.0%，方解石为4.0%～71.7%，重晶石为6.5%～86.4%。而使用油酸钠时，萤石回收率为91.6%，方解石为83.7%，重晶石为63.8%。

石油磺酸和烷基硫酸盐也是萤石浮选的捕收剂。文献报道用C_{12}、C_{13}、C_{16}的烷基磺酸盐对萤石的捕收性能作比较，结果表明碳链长的优于碳链短的药剂的捕收性能。

Kotlgarovskg I L和Alferiev I S研制了一类新型的浮选非硫化矿的有效捕收剂，即各种结构膦酸，该药剂因螯合作用而选择性高，浮选效果好。根据这项研究，推出了Flotol－7.9捕收剂，即含有$C_{7\sim9}$的1－烃基甲叉－1，1－双膦酸[R—CH—（PO_3H）$_2$]，进行了工业生产，并已成功地用于选别锡石和萤石。对下述含钙矿物的可浮性递降顺序为：萤石＞磷灰石＞白钨矿＞方解石。常温浮选含CaF_2大于34%，$CaCO_3$ 8%～14%的原矿，获得的精矿含CaF_2大于93%，$CaCO_3$ 1%～1.5%，回收率78%～80%，可不加氟硅酸钠，热耗减少1/2。用脂肪酸浮选需要加温至50～80℃下进行浮选，还需高浓度的氟硅酸钠和硅酸钠。

林海研制了一种新型萤石浮选捕收剂烷基－2－羟基双膦酸（代号C28）选别山东某萤石矿（脉石为方解石和石英等硅钙质矿物），经过一粗五精一扫和中矿脱泥再选，在常温下可获得特级萤石精矿。与油酸相比，C28捕收性、选择性更好。且尾矿水易于澄清，循环利用。

B　两性捕收剂

两性捕收剂与离子型捕收剂的显著差别是在一个分子中同时具有不同离子型的官能团，有阴离子和阳离子表面活性中心，电性相反，适宜pH值范围广，在酸性介质中呈阳离子性（胺、季铵），在碱性介质中呈阴离子性（羧酸基等）。

原苏联用油酰肌氨酸浮选含方解石5%～10%的萤石矿石，可获得精矿CaF_2品位大于97%，回收率高于75%。而用油酸浮选萤石，精矿中方解石含量高达4%。

德国某化工公司生产的Cardesino药剂，主要含油酰基肌氨酸，其次为油酸，用以浮选含CaF_2 42.85%的萤石，可获得精矿含CaF_2 97.3%，含$CaCO_3$ 1.1%的产品。

有一种萤石矿含萤石30%～60%，含碳酸盐20%～30%，采用常规的羧酸类捕收剂难于获得优质的萤石精矿，Balduf H等人经过不懈努力，证实用一种N－酰胺基羧酸两性捕收剂可以有效地分选萤石与方解石。

AAK系列捕收剂也属两性捕收剂，它是含$C_{14\sim18}$的石油产品脂肪酸与N-氨基己酸缩合物。当AAK用量为450~550 g/t时，浮选含CaF_2 37.42%~39.63%、$CaCO_3$ 7.08%~10.23%的萤石原矿，回收率可达72%~75%。

朱建光等人合成的nRO-X系列捕收剂对萤石、白钨矿有较强的捕收能力，使用它能从萤石-石英和萤石-白钨矿混合矿石中浮出萤石，得到好的结果，许时、孟书青等人曾报道用1号两性捕收剂优先浮选含萤石、方解石的白钨矿，指出该捕收剂可在碱性和弱酸性介质中浮选白钨矿和萤石，从萤石中浮选白钨矿则最好将pH值控制在11~11.5之间，需使用NaOH调浆，并用水玻璃抑制脉石。

王淀佐等研究合成了两种新型捕收剂β-氨基烷基膦酸（代号LN10-2）和α-氨基烷基膦酸（代号LN11-2），考察了它们对萤石、重晶石及白钨矿的捕收效果及作用机理。结果表明，该两种捕收剂对萤石捕收能力最强，而对重晶石捕收能力较弱，其捕收性及选择性远比油酸钠作捕收剂好。

C　组合捕收剂

前苏联将油酸、塔尔油等与ниогрин和северин的混合物浮选萤石，可在低温下进行并降低脂肪酸用量0.18~0.39kg/t，萤石回收率还提高了0.9%~2.4%。前苏联专利介绍了乙酰氨基酸或盐类与脂肪酸混合处理含碳酸盐的萤石矿，可将原矿含CaF_2 34.8%富集到92.06%，其回收率82.4%，含杂质$CaCO_3$ 0.98%，SiO_2 2.51%，浮选在常温下进行。

德国专利介绍添加质量分数28%磷酸三丁酯和质量分数15%非离子型表面活性剂用于萤石、白钨矿和黑钨矿浮选。文献报道，木材加工产品产生的硫酸皂萃取物，含有80%的脂肪醇和萜烯醇及20%的脂肪烃和萜烯烃，可代替部分脂肪酸，烃类作浮选萤石助剂也取得了一定效果。

有人研究利用离子型和非离子型表面活性剂组合浮选萤石矿物；在研究协同效应中，用阴离子捕收剂N-十二烷基肌氨酸与阳离子捕收剂十二胺氯化物组合应用在萤石浮选中起协同作用。在这两种捕收剂质量比为6∶4时，协同效应最大。

在接触角测定中，Valdiviezo的研究结果表明，在将质量分数25%的十六烷基三甲基铵溴化物（CTAB）添加到油酸钠溶液中后，萤石的接触角从70°增到80°，表明选别效果更好。

武汉工业大学北京研究生部采用阴离子混合捕收剂和阴、阳离子混合捕收剂对萤石选矿进行了研究，结果表明，以阴离子混合捕收剂代替单一药剂使用，能明显地降低药剂成本。

南非Giesekke E W等人研究了脂肪酸浮选萤石中添加聚氧乙烯化合物的作用。研究的萤石矿取自Transvaal西部，萤石含CaF_2 20%~30%。脉石矿物为石灰石、方解石，还有百分之几含量的硫化矿（黄铁矿、磁黄铁矿、黄铜矿和闪锌矿），叶蜡石及石英；捕收剂为Priolene6921脂肪酸产品，含油酸63.6%，亚油酸11.8%，碘值为92。抑制剂WBE是一种含羞草的萃取物。研究的聚氧乙烯化合物（POEC）如表19－14所示。

表19－14 聚氧乙烯化合物（辅助捕收剂）

商品名称	化合物	厂商	OE值的平均数目（聚合度）
none	聚氧乙烯塔尔油脂肪酸（TF*X*，TF为化合物缩写，*X*为聚合度）	ICI	*X*＝2，5，8，11，14，17，20
none	聚氧乙烯-对-壬基酚（NP*X*）	Berol－kemi	*X*＝2，4，6，8，10，12
triton X－100	聚氧乙烯-对-特辛基酚 Triton *X*－100	BDH（Rohus and Haas）	*X*＝9～10
Triton X－405	Triton *X*－405	BDH（Rohus and Haas）	40
brij－35	聚氧乙烯＋二烷醇	BDH（Atlas）	23
tween 80	聚氧乙烯山梨糖醇油酸酯（土温80）	BDH（Atlas）	20

在温度为60℃，Priolene 6921脂肪酸为捕收剂，WBE为抑制剂，进行添加和不添加不同的POEC浮选萤石（预先浮选排除硫化物之后）的中间规模工厂的试验，单独使用脂肪酸和添加不同的POEC结果表明：（1）单独使用脂肪酸，萤石品位、回收率指标不如加入POEC的好。（2）不论何种POEC产品，或同一种产品不同聚合度（相对分子质量），对萤石浮选均有协同作用。POEC与脂肪酸比值为1～4时能强有力地提高萤石的回收率。若POEC用量过大，会降低品位，但不影响回收率。（3）聚氧乙烯塔尔油脂肪酸（TFX）系列是POEC中最好的系列，特别是TF11和TF17效果最好。用TF8可降低浮选温度（40℃）。（4）POEC在浮选中是脂肪酸的补充助剂，又是乳化剂，能增大捕收剂在萤石和方解石的吸附量的差异，提高萤石的回收率。

19.2.6.2 抑制剂

萤石浮选常用的抑制剂通常分为无机和有机两大类。水玻璃、淀粉、单宁、栲胶都是常用的抑制剂。抑制剂组合用药也是抑制剂研究应用的趋势之一。

美国专利（2965231）介绍用氟化钠作抑制剂抑制冰晶石，脂肪酸为捕收剂浮选萤石。法国专利（1421799）及Joweet. A介绍用硫酸铬等铬盐和重铬酸盐，从重晶石、方解石、石英以及硫化矿物中浮选分离萤石。铬盐能活化

CaF_2，有效絮凝氟化物抑制脉石矿物，促进脂肪酸（皂）对萤石的捕收性能。

Соложенкин П和Иванова Н研究使用了蛋白分解复合物“蛋白酶-C”头孢子菌抗生素生物合成副产品作为萤石选矿时重晶石、方解石等脉石矿物的抑制剂。实践证明，它能有效地从萤石中选择性分离出萤石，有效地抑制重晶石和方解石，同时与水玻璃和硫酸铝相比，在不降低工艺指标的前提下捕收剂用量减少了25%～30%。

前苏联专利报道，萤石与方解石分离使用一种由二甲基氨基乙丙烯酸酯和苄基氯反应而得的抑制剂，它比通常水玻璃、硫酸钠和六偏磷酸钠效果要好。

Masami、T. Subekawa等采用油酸钠作捕收剂，甲基异丁基甲醇作起泡剂。用5种调整剂对萤石-方解石混合矿进行了浮选试验。结果表明可溶性淀粉、木质素磺酸钠、单宁酸和硅酸钠均能选择性地抑制方解石，分选最佳pH值为8左右。也有专利报道用相对分子质量为500～1000的PHPA在萤石浮选中作方解石的抑制剂。

俄罗斯西伯利亚有色金属选矿研究院制定了在常温条件下进行浮选的方法。此方法是采用脂肪酸作捕收剂，在碱性介质（pH = 9.3～9.6）中进行，酸化水玻璃（pH = 1.2～1.6）和氟化氢胺的混合物作方解石的抑制剂，精选温度为18～20℃，二次精选为40℃，浮选尾矿可分解出96%的$CaCO_3$。法国铎特桑特选厂采用DB药剂（聚磺酸）作重晶石抑制剂特别有效，达到了萤石与重晶石的分离。

江苏冶金研究所对浙江东风萤石矿几个主要矿点进行了选矿研究。结果表明，酸化水玻璃在弱酸性介质中精选萤石对方解石有强烈的抑制作用。刘仁辅对四川某地萤石矿浮选进行了研究，结果表明，GSB药剂能强烈抑制重晶石而使萤石上浮，现场矿石浮选试验取得了较好的分选指标。

广州有色金属研究院周维志综合各项有关试验的规律性，总结不同萤石矿的浮选实践，配置了一种混合剂——H1101，它是由多种无机盐和有机物经过处理后，依一定比例混合而成，它具有比水玻璃更好的特性。试验证明，它不但能有效地抑制石英，而且对重晶石、方解石具有强烈去活作用，同时保持萤石足够的可浮性，与碳酸钠-水玻璃或硫化钠-水玻璃相比，它能使萤石和重晶石的混合泡沫在精选过程中得以分离，获得优质萤石精矿。

林海曾对萤石与重晶石浮选分离进行了研究，结果表明，烷基α-羟基1，1-双膦酸（TF28）是萤石和重晶石的优良捕收剂，使用ND15作复合抑制剂可以实现萤石与重晶石的浮选分离。在对山东某萤石矿原矿CaF_2品位63.20%，S品位0.52%进行了试验，应用上述两种药剂并经一粗一扫六精选别，可获得CaF_2品位99.50%，S品位为0.0333%的萤石精矿，其中CaF_2回收率77.15%，S回收率为3.08%。

19.2.7 菱镁矿浮选药剂

菱镁矿的浮选捕收剂通常是采用油酸钠或其他脂肪酸。捷克专利（272124 号）介绍，用六偏磷酸钠和水玻璃作混合抑制剂，用油脚脂肪酸皂（油脂下脚料经 NaOH 皂化）为捕收剂，捕收剂在使用前先用烯丙基聚乙二醇或石油磺酸钠进行乳化后再浮选，当原矿含 MgO 36.81%、CaO 31%、SiO_2 8.8%时，用水玻璃 2100 g/t，六偏磷酸钠 1000 g/t，捕收剂 2100 g/t（用 30% 乳化剂乳化）浮选，得到的菱镁矿的精矿产率为 52.49%，MgO 品位为 44.8%，含 SiO_2 0.39%，CaO 0.32%。该捕收剂的组分含油酸 55.4%，亚油酸 16.2%，棕榈酸 12.9%，硬脂酸 8.07% 和其他酸 2.25%。

鞍山钢铁学院等单位利用一种新的药剂制度和浮选工艺提纯菱镁矿，即用阳离子胺类捕收剂进行反浮选脱除菱镁矿杂质，同时添加适量的无机磷酸盐改善分选效果。将分选从正浮选变为反浮选，比反浮选-正浮选流程简单。据称单一反浮选可以达到反浮选-正浮选的技术指标，节约了设备投资和管理费用，减少了药剂品种和数量，使生产成本降低了 50% ~60%，也利于反浮选泡沫产品的输送，提高选厂回水利用率。

又一专利报道用浮选法提纯菱镁矿的新工艺，先用反浮选预富集，再用正浮选提纯，反浮选用 2 号油先浮去易浮选的滑石等脉石矿物，在正浮选浮菱镁矿时，用油酸做捕收剂，严格控制水玻璃用量，达到有效抑制白云石、方解石等矿物，活化菱镁矿的效果。此法的药剂种类和药剂用量大大减少，原来需要使用 6 ~7 种药剂，既复杂又存在污染和过滤困难等问题，如今只需要使用 2 号油、水玻璃和油酸就可以达到最佳分选效果。

此外，人工合成脂肪酸及其改性产品也是菱镁矿浮选的有效捕收剂，由于其组分比较复杂，往往能够起到组合药剂的协同作用。效果优于单一脂肪酸（油酸等）。非离子型表面活性剂有利于促进脂肪酸的分散，减少其用量，提高效率。

19.2.8 硅质矿物浮选药剂

19.2.8.1 硅质矿物性质及应用

石英是地壳中分布最广的重要矿产资源之一，在地壳中的含量仅次于长石、碳酸盐类矿物，约占 12%。硅质原料矿物是主成分为石英的矿物总称，分为岩矿类（石英砂岩、石英岩、脉石英）和砂矿类（石英砂、含长石石英砂和含黏土石英砂）两个大类。地质部门将岩矿大类又称为硅石。

硅质原料的化学式为 SiO_2，密度 2.65g/cm^3，莫式硬度 7，六方晶系，化学性质稳定，不溶于酸（除氢氟酸外），微溶于碱（KOH），熔点 1710 ~1766℃。

石英砂岩是由石英颗粒胶结而成的沉积岩。矿物成分主要是石英，其次是云母、长石和黏土矿物；石英岩分沉积和变质成因两种。脉石英由热液作用形成。

砂矿类的各种石英砂都是风化产物，除主成分石英外，杂质有长石、云母、岩屑、黏土和重矿物铁质等。

石英广泛应用于玻璃、铸造、陶瓷、耐火材料、冶金等工业。在化学工业中用来制造水玻璃、硅胶、石油精炼催化剂、碳化硅、有机硅以及用作塑料、橡胶、农药的填料等。高纯 SiO_2 在军工、通讯等高科技行业也有重要用途。

19.2.8.2 *硅质矿物浮选药剂的研究应用与发展*

石英砂除杂提纯依据不同杂质（钾长石、钠长石、黑云母、白云母、磁铁矿、磷灰石、尖晶石等等）采用水洗、分级、擦洗、酸浸、磁选、浮选、微生物浸出等工艺方法处理。

微生物浸出是新近发展起来的一种除铁技术。据国外研究结果，用黑曲霉素、青霉素、假单孢菌、多黏菌素杆菌等微生物在石英表面形成薄膜对铁的浸出取得较好的效果。

我国绝大部分陆相沉积的石英砂矿中，除含黏土和重矿物外，主要是长石含量较高，因此，长石和石英的分选是提纯石英的一大课题。石英除去长石的传统方法是硫酸法和氢氟酸法，特别是氢氟酸法。就是用 HF 作调整剂，在 pH =2 ~3 的条件下，用脂肪胺阳离子捕收剂浮选出长石。20 世纪 50 ~60 年代，此法效率高，HF 既调 pH 值又抑制石英。此后（Katayanagi A，1973）日本首先使用硫酸法，用硫酸调整矿浆 pH 值为 2 ~3，用阴、阳离子混合捕收剂浮选长石。内蒙古角干地区硅砂用 H_2SO_4 调浆，高级脂肪胺和石油磺酸盐为捕收剂，原矿经脱泥后浮选，最终产品 SiO_2 的含量从原来的 90.44% 提高到 97.83%，Fe_2O_3 含量由 0.41% 降至 0.11%。达到了玻璃用砂和优质铸造型砂的要求。由于氢氟酸对环境的污染及危害，国内外对无氢氟酸浮选替代工艺的研究成功意义重大。

Shimoiizaka 等（1976）和 Malghan（1981）都先后报道了无氟化氢工艺。利用二胺和阴离子捕收剂在酸性条件下浮选长石分离石英的浮选工艺。在 20 世纪 80 年代中期，我国研究成功了无氟无酸工艺。在自然 pH 值条件下（中性矿浆）使用阴、阳离子混合捕收剂从石英砂中浮选出长石和其他杂质。内蒙古大林型砂厂精选车间采用无氟无酸工艺生产获得了成功，消除了 F^- 和酸性废水的污染。

拉奥 K H 等研究了长石-石英浮选分离体系中阴、阳离子混合捕收剂的吸附行为，发现阴、阳混合捕收剂比单一捕收剂具有更高的表面活性。两种药剂混合（组合）的摩尔比对浮选具有显著影响，当阴离子（捕收剂）与阳离子混合的摩尔比小于1时，浮选回收率提高；反之，两者摩尔比大于1时，长石的浮选受到抑制。试验采用的药剂阳离子有单胺和二胺，单胺为十二烷胺醋酸盐，二胺是N-牛脂基-1，3-丙二胺醋酸盐（牛脂基主成分为十八烃基-硬脂基、十六烃基和油酸基-十八烯基）；阴离子捕收剂有十四烷氧基二聚氧乙烯硫酸钠［$C_{14}H_{29}O(CH_2CH_2O)_2SO_3Na$］、十六烷氧基二聚氧乙烯硫酸钠［$C_{16}H_{33}O(CH_2CH_2O)_2SO_3Na$］和十八烷氧基二聚氧乙烯硫酸钠［$C_{18}H_{37}O—(CH_2CH_2O)_2SO_3Na$］以及十二烷基硫酸钠等。研究表明，在低pH=2.5时分选效果好，长石的回收率高，而石英不浮。因为在此pH值时长石和石英表面电荷不同，胺吸附在长石表面而不吸附在石英表面上。长石由此得到的部分疏水性因阴离子捕收剂和阳离子胺捕收剂形成络合物产生的共吸附而得到增强。此后报道了加入碱土金属离子Ca^{2+}、Ba^{2+}和Sr^{2+}作为活化剂，用烷基磺酸盐作捕收剂在高pH值情况下，从长石-石英混合物中浮选石英，并发现浮选中添加非离子表面活性剂，如十二烷基醇，能使石英的回收率明显提高。

拉奥等在对格斯格鲁万（Gasruvan）方解石的阴离子和阳离子捕收剂除硅浮选分离提纯碳酸盐矿物的研究中，采用不同的阴、阳离子药剂进行试验，阴离子捕收剂为油酸钠、改性脂肪酸（OMC 357）、脂肪酸磺酸盐（OMC 5019）、羧酸衍生物（QMC 359）和烷基磺化琥珀酸（SCO 40）等；阳离子捕收剂为十二胺、椰子胺、椰子丙烯二胺、椰子三丙烯四胺、N，N-聚乙二醇牛脂二胺、油烯基胺醋酸盐（十八碳烯胺醋酸盐 flotigan OA）、十八烷基醋酸盐（flotigan SA）、牛脂胺醋酸盐（flotigan TA）和椰子胺醋酸盐（flotigan CA）等。所用的调整剂是硅钠比为3.5的硅酸钠。试验结果表明，先用阳离子捕收剂浮选去除含硅矿物，再用阴离子捕收剂浮选方解石，可以获得高品位精矿。在阳离子和阴离子药剂的浮选试验中表明，flotigan SA 和 OMC 357 两种捕收剂效果较好，最终获得含方解石99.25%、回收率80%左右的精矿产品。

前面诸多实例都已经谈到脂肪酸类、氧化石蜡皂类及石油磺酸类阴离子药剂和胺类阳离子捕收剂是石英浮选、石英-长石分离单独或混合使用的捕收剂，而且还出现不少代号捕收剂，如阴离子型的YS、SHN、ZY-2等，阳离子的有DWBE、SBA等。随着研究与应用的发展，新药剂、组合药剂均有报道。日本最先报道用N-烷基丙二胺浮选石英-长石，而我国首先应用于工业生产，将N-烷基丙二胺与石油磺酸混用浮选石英-长石。Slanawy等研究了用非离子型表面活性剂浮选分离石英、长石，即使用非离子型表面活性剂烷氧基聚氧乙烯醇（醚）或聚氧乙烯酚作为石英、长石浮选分离药剂。这是一个新概念、新开端，过去未发现有用非离子型表面活性剂浮选石英、长石的先例。具体研究了商品名为Brij 58表面活性剂（十六烷氧基聚乙烯醇，分子式为$C_{16}H_{33}O—(CH_2CH_2O)_{20}H$）等对石英的浮选行为和影响以及表面活性剂在固-液界面的吸附作用。结果表明，Brij 58 表面活性剂浓度低时，石英出现最大的可浮性。长石不被这种表面活性剂捕收。研究的初步结论是，在低 pH 值条件下，用烷氧基聚乙烯醇非离子型捕收剂，从长石中浮选石英，在理论上似乎是可能的，从而为石英、长石的选择性浮选开启了新途径。

俄罗斯研制了一种新型药剂，该药剂的结构式为：

$$R,R'\text{-}C_6H_3-(CH_2CH_2O)_nCH_2CH_2-\underset{Me}{\underset{|}{N}}-CH_2CH_2-C_6H_5SO_3H$$

据报道是用来从磷灰石中浮选石英的特效药剂，对石英具有良好的选择性。

19.2.9 锂矿物及药剂

19.2.9.1 锂矿物及工业应用

世界的锂资源丰富，但欠缺的是高品位、低杂质的富锂矿资源。含锂矿床有伟晶岩矿床、卤水矿床、海水矿床、温泉矿床和堆积矿床。被工业利用的主要是伟晶岩及卤水矿床中的锂资源。作为工业矿物的锂矿物如表 19-15 所示。

表 19-15 典型的锂矿物

矿物名称	分子式	$w(Li_2O)$ /%	密度/g·cm⁻³	其他
透锂长石	$Li_2O \cdot Al_2O_3 \cdot 8SiO_2$	4.9	2.42	熔点 1400℃，硬度 6~6.5
锂辉石	$Li_2O \cdot Al_2O_3 \cdot 6SiO_2$	8.0	3.15~3.2	熔点 1450℃，硬度 6.5~7
锂云母	$K(Li, Al)_3(Si, Al)_4O_{10}(F, OH)_2$	4.1	2.8~3.0	
透锂铝石	$LiAlSi_2O_6 \cdot H_2O$	11.8	2.29~2.34	
锂霞石	$Li_2O \cdot Al_2O_3 \cdot 2SiO_2$	11.9	2.67	
磷锂铝石	$LiAl(F, OH)PO_4$	10.3	3.0~3.1	

其中最重要的是锂辉石、透锂长石和锂云母。我国规定的一级锂辉石精矿指标（质量分数）为：$Li_2O \geqslant 6\%$、$Fe_2O_3 \leqslant 3\%$、$MnO \leqslant 0.5\%$、$P_2O_5 \leqslant 0.5\%$、$(K_2+Na_2)O \leqslant 3\%$；低铁锂辉石精矿则要求 $Fe_2O_3 \leqslant 0.25\%$；玻璃陶瓷用一级锂云母精矿指标为：$(Li_2+Rb_2+Cs_2)O \geqslant 5\%$、$Li_2O \geqslant 4\%$、$(K_2+Na_2)O \geqslant 8\%$、$Fe_2O_3 \leqslant 0.4\%$、$Al_2O_3 \leqslant 26\%$。值得说明的是，上述指标在考虑玻璃陶瓷行业要求的同时，也兼顾了我国的资源状况。国外锂矿物资源条件较好，其产品质量也高。以加拿大 Tanco 矿山为例，其锂辉石精矿指标（质量

分数）如下：

Li_2O	Fe_2O_3	MnO_2	Na_2O
7.25%～7.3%	0.05%	0.02%～0.04%	0.15%～0.2%
Al_2O_3	K_2O	P_2O_5	F
25%～27%	0.10%～0.20%	0.15%～0.25%	0.01%～0.02%

炼铝业是锂及其化学制品的最大用户，锂制品广泛应用于润滑脂、高能电池、焊接、空调器、轻合金、涂料、合成橡胶、医药及军工等行业。玻璃陶瓷直接使用的锂矿物原料占整个锂工业用量的1/4左右。目前西方国家锂加工产品年需求大约为10万t。电视元件和耐火陶瓷主要用锂辉石及透锂长石的精矿，玻璃纤维、安全玻璃、优质玻璃容器一般直接用各种锂矿物。

19.2.9.2 锂矿物资源加工技术与药剂

锂资源主要集中于美国、加拿大、澳大利亚、津巴布韦、智利和扎伊尔等国。加拿大的Tanco矿山、澳大利亚的Gwitia公司（选厂能力15万t/a）和津巴布韦的Bikita矿山是世界锂矿物的三大生产供应商。前两者目前处理的是含4.0%的锂辉石矿石，Bitika矿山处理的是2.0%的透锂长石。经过选矿处理后它们能获得含Li_2O高达10%的精矿。美国的金斯山（Kings Mountain）选厂锂辉石资源基本储量为7000万t，选厂日处理5000 t矿石。

我国锂资源储量居世界前列，主要矿物是锂辉石和锂云母，透锂长石等其他锂矿物较少。与国外资源相比，我国的锂矿多是共生矿床，含Li_2O比较低，矿石组成复杂。铁等杂质含量较高，主要分布于四川、江西、新疆、湖南、河南等省区。

新疆可可托海是我国锂辉石产品的最大生产基地，矿石中含锂辉石18.9%、长石49.5%、石英19.2%、白云母87.6%、绿柱石0.4%。原矿含Li_2O 1.30%、Fe_2O_3 0.36%、Al_2O_3 17.13%。

低铁锂辉石的生产过程是：手选出含0.35% Fe_2O_3的锂辉石块矿，然后用无铁介质球磨机磨细，经强磁选除铁后得到的。其Fe_2O_3含量为0.18%。可可托海的化学级锂辉石精矿采用碱法不脱泥流程浮选。含Li_2O 1.0%～1.2%的原矿经过棒磨后进入旋转螺旋溜槽。分级作业后细粒进浮选，粗粒用球磨机磨矿。采用一粗二精的浮选流程，最终得到含Li_2O6%，回收率79%的锂辉石精矿。这两项指标已达到美国Cyprus Foote公司的水平，但该流程的矿物利用率很低，只有15%左右。另外，由于碱法不脱泥流程，药耗高，每吨矿石原耗1.33kg苛性钠、2.366kg苏打、2.324kg氧化石蜡皂、0.9kg环烷酸皂、0.586kg柴油、0.084kg氯化钙。另外，由于精矿受泥质污染，曾研究过图19-5所示的流程。该流程的总药耗为2.8kg/t，并且在总药耗降低的情况下，精矿品位及回收率都有所提高。在原矿含Li_2O 1.14%时，锂辉石精矿

Li_2O 品位为6.4%，尾矿 Li_2O 品位为0.11%，锂回收率88%。浮选锂精矿用湿式强磁选可将 Fe_2O_3 含量从2.8%降到0.39%，氧化锂品位从5.88%提高到6.44%，达到陶瓷级锂辉石质量标准。

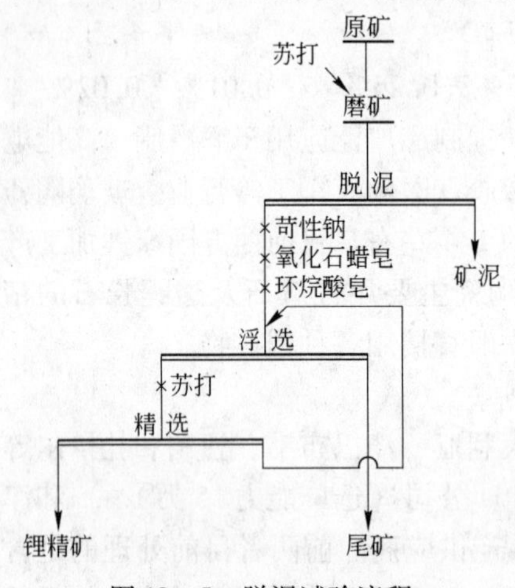

图19-5 脱泥试验流程

江西宜春钽铌矿所生产锂云母精矿是出自于钽铌尾矿，该矿原来是单一的选钽流程，而将占原矿20.4%的锂云母、69%的长石均作为尾矿排除。1975年开始从尾矿中回收锂云母。目前拥有锂云母年生产能力约5万t。该矿属钠长石化-云英岩化-锂云母化的多种稀有金属矿床。选钽重选尾矿主要为钠长石、锂云母、高岭土和石英。以其作选锂云母给矿，流程是先用旋流器脱泥（水），然后用 H_2SO_4 调整pH值，混合胺浮选，经过一次粗选和一次扫选和扫精，可获得含 Li_2O 4.00%，产率为20.7%的锂云母精矿，Li_2O 回收率为72.00%，同时获得长石粉（浮选尾矿）产率67.80%（含 Li_2O 0.345%）。该矿所含高岭土矿其氧化铝含量和白度都不错，亦已开发利用，实现了整体综合利用资源。

锂矿物选矿通常是用重选-浮选或者重选-浮选-磁选联合流程。所用药剂除浮锂云母类用阳离子型胺类作捕收剂外，锂辉石类浮选用的是阴离子型的脂肪酸或磺酸类药剂，例如：塔尔油脂肪酸、石油磺酸、氧化石蜡皂、环烷酸皂等各种脂肪酸和磺酸。有报道称采用新型螯合类捕收剂代替氧化石蜡皂，实现锂辉石与石英、长石的浮选分离。特别是将油酸与研制的螯合型捕收剂组合使用，能有效地分离锂辉石与石英等矿物，提高锂辉石的选别指标。

19.2.10 煤及石墨浮选药剂

19.2.10.1 选煤现状及发展

煤炭是我国的第一能源，在总能源生产及消费中约占75%左右。2000年以来，煤年产量都在14亿t或以上。我国的煤炭资源丰富，在国民经济中占有举足轻重的地位。

我国煤炭资源的特点是，难选煤多，高灰高硫比重大（约占27%的产量），缺水地区煤储量大（约占总储量的2/3）。存在着煤加工利用程度低，原煤入选比例为22%；动力煤入选比例仅6%，质量差，灰分高达22.4%，含矸率20%；电煤灰分高达28%左右。

我国的煤炭80%以上用于燃烧，对大气污染严重，早在1994年全国烟尘排放量就达1414万t，SO_2排放量1825万t，工业粉尘排放量583万t。其中燃煤产生的SO_2约占总量的90%，CO占71%，CO_2占83%，NO_x占70%，灰尘微粒占60%。我国酸雨的覆盖面积已占国土面积的40%。2006年7月国家环保总局发布信息，我国的SO_2排放量居世界第一位。除大气污染外，煤矿矿区环境污染令人不安，至1993年开采塌陷面积已达30万hm^2，煤矸石积存约30亿t，占地1.2万hm^2，现仍以每年130 Mt外排，每年矿井水外排17.5亿t，释放煤尾气60亿m^3。

因此，发展清洁煤技术（clean coal technology）是中国能源的战略方向。选煤是洁净煤的源头技术。选煤可以大大减少煤中的灰分及硫分。选煤的方法分为物理选煤、化学选煤和生物选煤三大类型。物理选煤包括重介质、跳汰和浮选等，一般可脱除60%的灰分和30%~60%的硫。物理选煤技术目标是脱除90%的黄铁矿硫和灰分。化学及生物选煤技术可脱除90%以上的黄铁矿硫和有机硫，但是成本远高于物理方法。浮选法是物理选煤中提高精煤质量脱灰降硫的关键技术与方法。“九五”期间我国原煤入选能力已达5.5亿t，产生泥煤约1亿t。“十一五”对煤质与量的需求和环境要求更高，煤的液化也是方向之一。

19.2.10.2 选煤药剂

煤矿物是表面疏水性的天然易选矿物。药剂的使用与选择就是扩大和提高煤表面的疏水性和煤粒在气泡上的黏附性、黏着的牢固度，不论是捕收剂、起泡剂或调整剂，都是为提高分选效果及精煤质量，降低灰分及硫分含量为己任。

选煤捕收剂最常用的是非极性的烃类化合物，如煤油、轻柴油、重蜡油等。如今人们愈来愈重视和更多地选择用捕收剂兼起泡剂的复合药剂，此类药剂有的是将捕收剂与起泡剂混合使用，有的是利用具有不同功能团、不同活性物质的石油化工产品与副产品或副产品与副产品混合使用，或者再经过适度加工后使用；也有是设计合成一种化合物，这种化合物既有捕收性能，又有起泡性能的合二为一药剂。研究表明，此类捕收起泡兼而有之的药剂与用煤油相比较，浮选煤的选别效果、环境因素和经济成本一般都较好。也有报道利用添加剂、乳化剂等方法改善提高捕收剂（煤油等）的捕收性能。

北京科技大学张景来等人，研究制备新型复合浮选药剂ME，用于平顶山煤浮选工艺中，可改善浮选效果，具有明显的选择性优势。该药剂是利用环己烷制取环己酮产生的大量酸性废料（简称EI)，该废料中含有大量羧酸类物质，过去作为废弃物造成环境严重污染，利用它与醇（乙醇等）反应制成羧酸酯可作起泡剂使用，进一步与其他化合物（磺酸盐、甲苯）组合加工即得ME浮选剂。

中国专利（CN 8610037）报道了一种新型捕收-起泡剂与ME相似。利用（1）化纤厂生产环已醇、环已酮的副产物（代号83或X油），其主要成分为醇酮、一元酸、二元酸、环已烷、叔丁醇及中性物；（2）生产己二酸的副产物（含环戊酮及各种轻组分）；（3）一线芳烃、裂解焦油芳烃类（初馏点140℃，干点240℃）；（4）正构异构烷烃、不饱和烃、环烷烃以及煤油（沸程140～240℃）。用上述四种原料复合加工为新型捕收-起泡剂，适用于煤、石墨、辉铜矿的浮选，也可作为磷灰石、钨矿等的辅助浮选剂。同样，还有一篇专利（CN 1115264）是用矿物油、松油、X油、有机溶剂、乳化剂等以一定配比后进行酸化、中和、乳化加工而成的新型起泡-捕收兼用药剂，报道称可有效浮选气煤、肥煤和焦瘦煤以及高度氧化的煤。

近来有报道将金属矿浮选剂邻苯二甲酸二乙酯（BET）类型的药剂，用于煤的选矿。一篇报道将结构式为 ⌬$\begin{array}{l}\text{—R—O—R}\\\text{—R—O—R}\end{array}$（BET）的药剂与平顶山超各庄现场生产中使用的药剂进行对比，试验表明，BET作为捕收-起泡兼具的单一药剂，具有良好的选择性，是细粒煤浮选优良的促进剂，与传统药剂相比可明显改善浮选指标，并节约用药50%～90%以上（与传统药比）。同时，还通过红外光谱、药剂结构、煤的优化空间量子化学计算等手段对作用机理进行探讨；另一篇报道是将BET与已使用的浮选剂GF、FS202作对比，通过对煤和黄铁矿表面电位的测试、电子能谱（ESCA）分析以及吸附作用测试进行BET与煤作用机理研究，结果表明，BET的浮选效果优于GF、FS202等药剂，尤其是对高硫煤浮选具有较强的选择性。

降灰脱硫是选煤的技术关键。抑制黄铁矿浮选脱硫等的抑制剂研究也很有成效。据报道多羟基黄原酸（盐）是有效抑制剂，其他的抑制剂有石灰、巯基乙酸、亚硫酸盐、硫酸亚铁、聚羧酸、联苯三酚和淀粉等。美国发明采用二段浮选，一段选煤脱除灰分和部分黄铁矿，二段精选用黄药巯基捕收剂浮选黄铁矿，用氰胺公司的633抑制剂抑制煤的浮出。也有报道采用有机胶状物如糊精作为煤的抑制剂，糊精质量浓度为1mg/L就能抑制煤。

中国矿业大学利用选择性絮凝选煤法，对宁夏大武口矿、山东八一矿进行试验研究表明，选择性絮凝可以制取纯精煤，灰分低于3%，产率和可燃体回收率平均在90%以上。该校还对溶剂萃取法、微生物脱硫技术进行了探讨。

由于煤的战略地位和环保要求，选煤药剂报道很多，主要的选煤药剂（含石墨药剂）列于表19－16。

表 19-16 主要选煤药剂（含选石墨药剂）

药剂名称或成分	作 用	资料来源
丙酮缩合物或其脱水产物，其成分为三丙酮二元醇，2，6-二甲基庚二烯[2，5]酮[4]和2，2-6，6-四甲基四氢化γ-吡喃酮	选煤捕收剂兼起泡剂	法国专利1277409
萜烯酮	煤捕收剂（使用时加入质量分数1%~2%的饱和烃等）	前苏联专利160478
带支链的烷基苯（烷基>C_8，支链烃>C_6）	选煤捕收剂	前苏联专利118433
烯烃氧化物	选煤捕收剂兼起泡剂，代替酚类起泡剂	捷克专利105332
聚胺，R—[NH—$(CH_2)_n$]$_m$—NH_2 式中R为$C_{8\sim22}$的直链或支链，饱和或不饱和烃基，$n=2\sim3$；$m=2\sim8$	煤浮选中，作烃油特别是芳烃油添加的表面活性	法国化工有机产品公司 法国专利1241821
煤干馏脱酚油和石油混合物（前者占50%~90%，后者占50%~10%）	煤浮选捕收剂	波兰专利52327
有机化工副产物（主要由高级醛和醇组成，沸点105℃，密度0.8~0.95g/cm³，酸值小于10）	煤及其他矿物（含铅锌矿）浮选	捷克专利117661
环已醇和酮蒸馏残液-环已醇油	难选煤浮选（可与锭子油共用）	波兰专利56866
合成丁醇的釜残液	浮选泥煤	前苏联专利169460
氧化煤油（含烃、脂肪酸、羟酸、酮酸及酯混合物）	浮选石墨	捷克专利99538
羧甲基纤维素（CMC）	选煤抑制灰分，效果优于水玻璃	朱建光，国外金属矿选矿，2006（3）
SG900（石油化工产品及副产品的化学改性产品，如烃油+有机酸+釜残醇+活化剂）	泥煤浮选剂	卫兵兵，应用化工，2001（5）
煤用浮选药剂组合物（组分：矿物油20%~40%，松油20%~30%，X油10%~25%，酸3%~6%，乳化剂3%~5%，在40~80℃经互溶，酸化，中和乳化）	可有效浮选气煤、肥煤、焦瘦煤以及高氧化煤，是捕收兼起泡剂	CN 1115264

续表 19-16

药剂名称或成分	作 用	资料来源
不同化工副产品与烃油组合选煤药剂［由生产环己醇、环己酮副产83油（或称X油），生产己二酸副产品和芳烃、烷烃组合，基本组成醇酮、一元酸、二元酸、叔丁醇、环戊酮、环己烷、煤油、柴油，加工而成］	煤、石墨、辉钼矿浮选新型捕收起泡剂，也可作磷灰石和钨矿等的辅助浮选剂。与烃油比浮选效率高，节能，价廉	CN 86100037
复合选煤剂（含轻柴油、阴离子表面活性剂、杂醇油和调整剂）	捕收起泡合二为一（比轻柴油药方节省20%～30%）	徐初阳等，煤炭科学技术，2003（6）
RB2合成选煤油，含醇、醚、酯35%，烃类60%，皂化物5%，棕色液体	选煤用优良起泡捕收剂	曾治平，煤炭加工与综合利用，2004（2）
OC系列添加剂（一种非离子型表面活性剂）	改善氧化煤泥表面疏水性，效果显著（OC-01添加剂）	林玉清等，选煤技术，2001（1）
ME浮选剂，由环己烷制环己酮的酸性废料（EI）与乙醇先酯化（起泡剂），再与磺酸盐、甲苯等合成ME	酯化产品羧酸酯作选煤起泡剂，ME作起泡捕收复合浮选剂选煤	张景来，Coal，2001（1）
煤油乳化剂，用油酸与乙醇、丁醇或多元醇酯化，再加入泡沫稳定剂和抑制剂组配	煤油的乳化促进剂，可以节省煤油70%，浮选效果优于煤油	曹敏等，哈尔滨师范大学自然科学学报，2000（2）
CaO和羧甲基纤维素钠选煤抑灰机理探讨	选煤抑制剂，使精煤产率提高，灰分下降	韦小利，湛含辉等，矿冶工程，2006（增）
FX-127	选煤药剂	朱玉霜，选煤技术，1993（5）
FJ系列药剂	煤用浮选剂	安征，煤炭科学技术，1995（10）

Laskowski J S和Miller J D通过检测试验从多角度研究煤的乳化浮选，研究了捕收剂油滴和煤粒的ζ-电位，表面活性剂如lissapol NBD能够显著改善浮选过程，使煤粒和油滴相互作用引起ζ-电位降低。Wen和Sum提示了胺类吸附在氧化煤上，有力的改变煤粒的ζ-电位使其从负值变正值，因此，少量阳离子表面活性剂（胺类）与非极性油共同使用时，能够作为氧化煤浮选捕收的促进剂；电位测定还表明煤油在水中整个pH值范围均显负电性，而2号油和6号油混合物pH值在5以下带正电荷，表明煤油的捕收性较差，尤其对氧化煤。Furloug和Aseon研究了壬基酚聚乙烯醇［$C_9H_{19}C_6H_4O$—$(CH_2CH_2O)_n$—H］在亲水、疏水表面吸附状况以此证明其对于疏水固体的强

亲和力。最后试验也证明，混合用药优于单一用药，醚醇类（或酚基醇）对捕收剂具起泡乳化作用，能改进油的润湿状况，促进油滴向煤粒附着使难选煤（如氧化煤等）实现有效的乳化浮选。该作者还研究了煤的二段脱硫反浮选，用戊黄药作为黄铁矿的捕收剂，糊精（amaizo 1706）为抑制剂抑制二段精煤。

19.2.10.3 *石墨选矿及药剂*

石墨具有耐高温、导电、导热性、润滑性、可塑性、抗热震性和化学稳定性。石墨的熔点为（3800±50℃），它的导电性比一般非金属矿高100倍，导热性超过金属材料，其强度随温度升高而增加，在2000℃时强度提高一倍，在极高的温度下石墨则呈绝热体，其韧性很好，可碾成很薄的薄片，耐酸、耐碱、耐腐蚀。这些优良特性决定了石墨的广泛用途。

石墨在冶金、机械、石油、化工、军工、核工业、高科技行业得到广泛应用。主要用做耐火材料、导电材料（电极、电刷炭管、电视机显像管涂层等）、耐磨及润滑材料，密封材料、耐腐蚀材料以及隔热、耐高温、防辐射材料等。

据中国非金属矿业协会石墨专业委员会介绍［非金属矿2005（3）］：2004年我国石墨供不应求造成价格上扬，2005年石墨市场仍离不开两个方面的需求状况，一是出口市场，一是耐火行业需求市场。这两个市场对石墨的需求量约占总量的85%。国际市场对我国石墨的需求量变化不大，一般在10万t左右。耐火行业直接受钢铁行业的影响，因而镁碳砖的产量有发展，若不包括保护渣，该行业对石墨的需求约9~10万t。加上铅笔行业、坩埚、锻造、军工等的需求，2005年，国际国内两个市场实际需石墨量约在25~26万t。2004年，我国石墨产量提高，产品基本无积压，内蒙古以及河北、山西、东北（箩北、鸡西、麻山等地）、山东等产区生产在加强。今后应在新品开发、提升产品技术水平和国际竞争力以及合理开采、科学选别、提纯和加工、有序竞争、提高资源利用水平等方面加大力度。

石墨的选矿方法可采用摇床和浮选两种方法。日本曾用静电选矿法，研究表明可行但要求复杂，既要将微细石墨仔细分级，又必须干燥，未能推广应用。其中，最常用的是浮选法。浮选工艺不仅是有效的，而且是生产高品位高纯度石墨相对廉价的方法。

石墨浮选常用的捕收剂有煤油、轻柴油、重柴油、液体石蜡以及磺酸盐、硫酸盐、酚类、甲酚、重吡啶、樟脑油、桉叶油、醚胺、丁醚油、MIBC（甲基异丁基甲醇）、TEB（1，1，3－三乙氧基丁烷）和蓝烷醇（$CH_3C_6H_6OH$，menthanol）等；调整剂和抑制剂主要是石灰、苏打、水玻璃、氟硅酸钠和氟化钠（含云母、石墨）等。其实，石墨浮选药剂和选煤药剂基本相同，关键是因时因地制宜筛选选择性强的有效药剂。参见前表19－16所示。

19.3　非金属矿物深加工技术及药剂

19.3.1　非金属矿物深加工简述

矿产资源通常分为金属矿产资源和非金属矿产资源两大类。若将燃能资源煤炭、石油等从两大类矿产资源中剥离，则变成三大类不可再生的矿产资源。非金属矿产资源是国民经济的基础，其应用领域及可开发利用的前景非常广阔，广泛应用于化工、轻工、冶金、石油、医药、农药、化肥、农林、建筑材料、环保、机械、通讯和航空航天等领域。经非金属矿产深加工的相关产品已成为不可替代的新产品、新材料。

非金属矿产品种类繁多，不同矿产品具有各自不同的独特的组成、结构及性能，例如导电性、绝缘性、隔热性、润滑性、可膨胀性、可塑性、离子交换性、耐高温、耐酸碱、高强度、高硬度以及耐磨性等等。各工业行业和科技领域可以依据需求利用其某一性能，例如，选择利用其脱色、净化、酸碱稳定、耐火，助熔、吸附、脱臭、过滤、净水、填料、功能涂料、黏结、润滑、超导，绝缘、耐高温、防辐射屏蔽等性能。

非金属矿业开发利用依据“十五”和“十一五”规划明确指出的发展方针和主要目标是发展非金属矿深加工产品，围绕建筑、石化、汽车、机电、环保等产业的需要，发展超细粉碎（粉体）、精细除杂提纯、改型改性、超微细和微孔技术，研究开发纳米技术和产品。发展高性能摩擦材料、绝缘材料、密封材料、工程塑料功能填料、电子工程材料和环保节能材料和矿物深加工材料，提高产品的科技含量和产业化水平。产品向多品种、多功能、高技术、高效益方向发展。在技术装备水平、产品质量、规格品种等方面尽快缩小与国际先进水平的差距。发展优势矿种的深加工，逐步实现产品标准化、系列化、配套化。

19.3.2　非金属矿深加工提纯超细技术

19.3.2.1　非金属矿的精细加工提纯

非金属矿物原料不经分选提纯直接使用或只做简单加工的产品都是初（粗）加工产品。一般具有一定档次的非金属矿产品都必须经过选矿分选提纯（如浮选、重选、磁选、电选、风选、光电选和化学选矿等）再行使用。高纯和超纯是非金属矿深加工功能化的基础，例如，纯度为99.99%的 SiO_2 是光导纤维、高精尖光学仪器的原材料，电子、核能、激光、宇航所用功能材料也是如此。为了适应深加工产品对非金属矿的提纯要求，除采用物理选矿和化学选矿（酸碱溶浸等）外，利用综合力场（离心力、化学力等）精选技术，溶剂萃取、离子交换、氧化漂白、还原漂白、氧化-还原漂白、煅烧等方法，也是高纯-超纯的重要手段。

我国石墨、石英、高岭土、膨润土等矿物的提纯已经达到了相当的水平。例如石墨通过振动磨再磨再选新工艺技术，可产出固定碳含量在95%以上的产品；高岭土通过高梯度磁选、剥磨、选择性絮凝-漂白、煅烧可以大大地提高高岭石的含量和白度，满足高档技术产品市场的需求等。南非开发的石墨分选新技术可实现在无过滤的条件下生产出超级品位的石墨片，除去石墨层间夹杂的杂质、脉石，有效分离出超纯产品，而且对石墨片本身几乎无损害。俄罗斯高纯石英提纯技术，使产品 SiO_2 纯度达到99.99%等。

19.3.2.2 *超细粉碎与分级技术*

随着科学技术发展，工业与民用产品质量不断提高，新产品层出不穷，对原料要求精细化。因此，大多数的非金属矿物必须经过超细粉碎后，达到微米级或纳米级的细度才能发挥其功能性作用，使其具有比表面积大、表面活性高、化学反应速度快、烧结温度低且烧结体强度高、填充补强性能好、遮盖率高等优良的物理化学性能。预计到2010年市场对各类非金属矿物超细粉体材料的需求量将达到200万t左右。而非金属矿物的超细粉碎技术通常是指将颗粒的细度加工到10μm以下（有的以小于2μm为界），对于超细产品的粒度界限如何划分目前无统一标准，习惯上将0.1～10μm的颗粒称为超微细颗粒或微米级产品。到目前为止，超细粉碎采用的方法主要是物理法，即机械粉碎的方法。国外从20世纪40年代起就开始了这方面的研究，进入20世纪80年代后该项技术已日趋成熟。我国的超细粉碎技术是在近10年来才得到了很大的发展，国内在引进消化吸收国外先进技术和设备的基础上，相继研制成功各种类型的超细粉碎设备及工艺技术，现已走向工业化生产和应用阶段。如冲击式超细粉碎机、气流磨、搅拌磨（干式、湿式）、振动磨等等。配套工艺设备，尤其是精细分级设备的研制开发进展迅速，由于分级机品种增多，性能提高，因而使超细粉碎设备的配套性得到进一步完善，工艺性能提高。此外，有效的分级除满足了用户对超细粉体产品级配的要求外，还提高了粉碎设备的效率，降低了能耗。性能良好的分级设备甚至与雷蒙磨配套也可生产各种粒级的超细粉产品。例如，咸阳非金属矿研究院和山东平度滑石矿通过在雷蒙磨后配置分级机，成功地实现了同时产出45μm、15～20μm、10μm三种粒级的产品。目前国产工业型干式分级机一般最细可分离出小于5μm超细粉。湿式分级机（卧式螺旋离心分级机、水力旋分机、小直径旋流器）可分离出小于2μm超细粉。但是，现今分级设备，尤其是干式分级设备还有两个难题有待于突破：一是单机处理能力较低，难以与大型粉碎设备配套以满足大规模工业化生产的需要；二是需要提高分级细度和精度。我国的超细粉碎技术及装备与国外发达国家相比仍有一定的差距。日本、德国、美国、加拿大等国一直保持世界先进水平。

目前，欧美及日本等超细粉碎及精细分级技术主要在以下两方面领先于我国：(1) 设备的大型化。与欧美和日本等国相比，我国的大型设备明显不足。(2) 先进的工艺控制系统。国外的一些超细粉碎工艺设备及生产线已采用了自动化控制系统，而我国基本上依赖于人工凭经验进行操作或控制，这样的产品质量和稳定性将得不到保证。

在超细粉碎技术中除了需要关键的设备（粉碎与分级）外，还有一项不可忽视的技术就是添加助磨剂的必要性和重要性。在通常的选矿磨矿（小于200目等）和水泥磨矿中添加助磨剂对于提高磨矿效率、节能降耗是众所周知的。在超细磨矿中磨矿的粒度是以微米计，通常要粉碎至小于10或小于2μm的粒级。超细微粒的表面性能和物理化学性能与普通的以毫米粒级计的颗粒有着很大的差异，矿物的超细粉碎（干法）粉体会发生机械力的化学改性，更易产生粉碎后的二次、三次絮团，所以添加助磨剂的作用是分散粉体，防止絮团包覆，促进颗粒矿物晶格缺陷的穴蚀、崩解、碎裂，节能降耗，提高细磨效率。常用的助磨剂参见第16章助磨剂。主要是一些能起分散作用，或能改变表面能，能与颗粒晶格缺陷或残键产生作用的表面活性剂。

助磨剂有无机化合物、有机化合物和高分子化合物之分，具有助磨、分散和改变颗粒表面活性等功能，对湿磨而言还能使矿浆稳定。无机盐类、胺类、缩醇类、脂肪酸类、聚丙烯酸类等都是有效的助磨剂。

此外，有一种药剂，它既是超细粉体的改性剂，同时又是助磨剂。Lowrison G C在涉及磨矿过程中的微细粒矿物粉体表面改性的研究表明，细磨添加的表面改性剂同时也有助于磨矿过程，它使颗粒细化程度加强，或速度加快。和其他助磨剂一样能降低矿物表面能，或降低矿浆黏度（湿法），强化磨矿过程提高效率。像有机改性剂油酸、油酸钠、硬脂酸、有机硅和氟代烷基化合物等就是既能降低矿物表面能，又能改善磨矿体系流变性及黏度的助磨剂；能导致矿物表面亲水性的改性剂，如三乙醇胺，聚己二酸和低相对分子质量的聚羧酸等，正是常用的助磨剂。由此，可以看到在超细磨矿（湿法或干法）过程中机械力与化学力、改性剂与助磨剂的相互关联。

19.3.3 粉碎机械力化学改性

矿物粉体颗粒在超细粉碎设备机械力的作用下，矿物的粉体颗粒在实现微细化的同时，发生了一系列的化学物理现象。主要的是颗粒在强大的机械力作用下，使颗粒从外到内，从宏观到微观受到激活碎解，微粒活性提高，反应能力增强。因此，借助粉碎机械力激发的化学作用实施（促使）药剂对矿物表面改性，称作粉碎机械力化学改性。它被认为是最具前景的高效改性方法之一。主要用于高纯矿物粉体的改性。

机械力化学改性一般认为有两层含义，其一是利用粉碎（特别是超细、超微粉碎）中的强机械力（能）的作用激活矿物表面，使微粒表面晶体结构与物理化学性质发生变化，从而实现粉体改性；其二是在利用粉碎等机械力激活作用的同时，添加有机表面活性物质或能形成聚合物的单体使之在矿物表面发生作用或引发聚合，促使这些改性剂高效作用（反应）与附着，实现比前一种含义更深一层的改性。因此，机械力化学改性既是一种单独改性方法(即含义一)，又是一种将机械力改性和表面化学改性相结合相促进的深层改性（含义二)，这也是机械力化学改性中最主要的研发内容。

现将机械力化学改性的基本作用原理介绍如下。

(1) 微细颗粒新鲜高活性表面的产生。

新鲜表面是指在粉碎机械力作用下，矿物断开结构键，且尚未实现饱和的表面。高活性表面是指断键键能和不饱和程度高于常态下的新表面。在较弱的机械力作用下和超细磨矿初期，矿物颗粒倾向于沿颗粒内部原生微细裂缝和强度较弱的部位断裂生成，形成键力较弱的新鲜表面。随着磨矿时间或强度增加，键力较强的键被冲击断开，一部分粉碎输入能量在矿物表面贮存，使表面被机械激活呈高活性。

这种状况对于层状黏土矿物更是如此，在超细粉磨的初始期，矿物沿结合较弱的层间剥离，继而在其他晶体方向断裂，最后引起整体晶形的变形。如高岭石层面仅有 OH^- 官能团，但经结构断裂则出现 Si—O—和 Al—OH 等活性官能团。许多广泛使用的非金属矿物属层状，因此，在超细磨矿等机械力作用下，矿物结晶构造的整体变形对改性具有重要作用。研究表明，机械力化学改性是通过药剂与矿物表面活性点或与表面的中间反应态进行反应而实现。因此，新鲜表面，特别是高活性表面成为矿粒与改性药剂之间高效反应的基础。

日本宇津木弘和山本睦夫等人研究石英、Al_2O_3 和 SiC 在 n－癸烷液体中球磨同时进行改性，认为，改性剂十六醇和十八烷基硅氧烷均与矿物的粉碎断裂新生表面发生了反应。如硅烷与石英的反应过程是：

$$\equiv SiOSi\equiv \rightarrow SiO\cdot + \equiv Si\cdot \xrightarrow{2RSi(OC_2H_5)_3} 2\equiv SiOSi(OC_2H_5)_2R + C_2H_5OC_2H_5$$

在进行 $\alpha-Al_2O_3$ 的有机化学改性时还考虑到了水的作用，研究表明，$\alpha-Al_2O_3$ 的表面覆盖的改性剂量正比于 $\alpha-Al_2O_3$ 在改性反应前的吸水量。显然，药剂的作用状况与 $\alpha-Al_2O_3$ 表面与水的某种反应密切相关，这一观点与传统的偶联剂与矿物表面的作用机理相一致。

(2) 矿物表面能量的储存增高。

矿物颗粒在粉碎机械力作用下的行为不仅是机械物理过程，而且是一种复杂的物理化学过程。粉碎过程中施加的大量机械能，除消耗于颗粒细化外，还有一部分能量储存在颗粒表面。卢寿慈对不同位置表面原子的电荷密度和势能的大致计算表明，不规则处表面原子其活性高于正常表面原子。这种能量的贮存及增高还通过晶格畸变和非晶化等作用来完成。颗粒表面的能量贮存是机械力激活矿物表面的又一重要方式，而且储存能量的活性点可沿颗粒表面层呈现局部和整体的均匀分布。

晶格畸变是使矿物晶格点阵粒子在排列上部分失去周期性，形成晶格缺陷的外在体现。粉碎机械力不仅能引起矿物颗粒的断裂，而且在磨矿的中、后期（细化接近极限）还引起塑性变形，从而导致表面位错的出现，增殖和移动。由于位错储存能量，因此形成机械化学活性点。

矿物颗粒在机械力作用下呈现非晶态化是位错的形成、流动及互相作用而导致晶体结构无序化的结果。随着粉碎时间的延长，非晶态层逐渐变厚，最后导致整个结晶颗粒无定形化。矿物颗粒在非晶化过程中储存的能量远高于单纯位错所储存的能量。储存的时间极短，仅几万分之一到百万分之一秒。

矿物颗粒的晶格畸变与非晶化已通过石英、高岭石和白云石等许多矿物的超细粉碎所证实，另外，研究还表明，晶格畸变和非晶化现象还与磨矿方式、时间、环境等因素有关。

矿物颗粒的晶格畸变和非晶化作用除导致表面物化性质发生变化外，还引起相间反应速度的加快。后者对改性过程的意义有时更为重要。

19.3.4 非金属矿煅烧改性

自20世纪70年代以来，非金属矿物的煅烧在国内外迅速兴起和发展，特别是各种黏土矿物（如高岭石）和轻钙的煅烧技术应用发展迅速。为了提高非金属矿物的纯度，改善或改变其性能，煅烧是选择的重要途径，铁、钛、钙、碳及有机质等，可以通过煅烧工艺除去或减少和提高白度，煅烧也可以达到改性的效果。

例如，对含铝硅酸盐黏土矿物高岭土而言，煅烧是实现产品高值化、功能化的基础，尤其是煤系高岭石的煅烧是生产深加工产品的基础和核心。高岭土煅烧过程发生的主要反应是，在100～110℃时除去物理吸附水，在110～400℃除去层间吸附水，400～650℃失去结构水和分解有机质，发生碳化氧化，900℃碳化完全，碳酸盐、硫酸盐分解以及氯化物等金属化合物除去。用反应式表示：

$$Al_2O_3 \cdot 2SiO_2 \cdot 2H_2O \xrightarrow{400 \sim 650℃} Al_2O_3 \cdot 2SiO_2 + 2H_2O$$

（高岭石）（偏高岭石）

$$2(Al_2O_3 \cdot 2SiO_2) \xrightarrow{\sim 925℃} 2Al_2O_3 \cdot 3SiO_2 + SiO_2$$

（铝尖晶石）（无定形 SiO_2）

$$2Al_2O_3 \cdot 3SiO_2 \xrightarrow{\sim 1100℃} 2(Al_2O_3 \cdot SiO_2) + SiO_2$$

（假莫来石）

$$3(Al_2O_3 \cdot SiO_2) \xrightarrow{\sim 1300℃} 3Al_2O_3 \cdot 2SiO_2 + SiO_2$$

（莫来石）（方石英）

高岭石的杂质可以依据杂质的成分组成、含量，采用不同的去除杂质添加剂，通过煅烧除去各种不同的杂质，提高白度，尤其是煤系高岭岩的白度可以从30%～40%提高到90%～95%，提高2～3倍。长沙矿冶研究院在高岭土等矿物的煅烧、除杂提纯中做了大量的研究工作，通过在煅烧土中添加某种添加剂，如某些还原剂，氧化剂和NaCl等无机盐类。不仅可以进一步提高产品白度，而且可以减少或除去铁、钛等杂质。高岭石脱羟（结构水）后依然保持原有的硅氧骨架，而Al—OH八面体失羟后，Al^{+3}扩散于保留着的晶格中，重新排列组合成Al—O键，由六配位变成两配位，即形成偏高岭石。偏高岭石是失羟基水的高岭石，既是改性产品之一，还可进行表面化学改性，并可以利用插层剂进行层间插入改性，制备高功能新型材料。

中国专利（CN1522959）介绍用粒度小于45μm的煤系高岭石粉料和尿素混合后，置于球磨或振动磨机中研磨插层复合，然后置于煅烧炉中煅烧，以5℃/min的速率升温至600℃后恒温0.5h，再加热至850～900℃，恒温1h，煅烧过的粉料冷却后，再送入打散机打散絮团，可得小于2μm含量大于90%，白度大于90%的“双90”超细煅烧高岭土，如想制备白度更高的超细煅烧高岭土，可在尿素/高岭石插层复合物中加入NaCl。

高岭石于900～1000℃煅烧的产品是无水高岭土颜料，快速（闪烁）煅烧可使产品具有更高的遮盖力，可作为造纸的填料和涂料，塑料橡胶的补强剂、功能填料，在油漆涂料中可以部分代替钛白粉，或单独用作颜料、涂料用（尤其作底漆，如汽车底漆）。高温煅烧生成的莫来石是高熔点的结构材料，电性能好，热稳定性高，化学稳定性强，能增强抗拉、抗撕的强度和绝缘性，提高胶卷、胶带（绝缘）的抗断裂性能，作聚乙烯膜的功能填料，可提高红外线的吸收率，保持温室温度。

高岭石是1∶1的层状结构，在煅烧过程层间的氢键结合力小，易发生破坏，层间易剥离碎解。所谓剥片土就是利用层间结合力小易于层层剥片得名。

煅烧过程随温度的变化和不同，高岭石的各种性质，如结晶化学、表面化学、电化学、光学、热力学等都随之发生变化。煅烧温度的控制往往与用途结合考虑。例如煅烧温度约为1000℃时，产品白度高，用于造纸填料、涂料和塑胶功能填料比较好，对纸张的白度，光洁平滑度、不透光度、光的散射能力以及吸油墨和印刷性能较好；作为高压电缆填料高岭土的煅烧温度以800～900℃为好，产品具有高孔隙率和极好的吸附活性、电绝缘性、疏水性以及优良的光、热和力学性能。

煅烧窑炉设备通常有三种：

(1) 固定床式。如隧道窑、倒烟窑、推板窑等，缺点热效率低。

(2) 半固定床式。国外主要采用回转窑和立窑。英法等西欧国家主要用回转窑，一窑产能在10万t/a以上。美国用立窑，为多层结构，层层均有刮板（耙)，物料从上到下，一层一层往下刮，燃气则从下往上。据介绍一台炉径为6m、高度为20m的立窑，相当于直径为3m、长度为47m的回转窑，年产10万t煅烧土。

(3) 流化床式。一种旋转沸腾流化床，东北大学为研制做了许多工作。还有一种旋流器式煅烧炉。

19.3.5 表面改性剂

表面化学改性是指利用某些化学物质作为表面改性剂对矿物表面进行物理-化学方法处理，使药剂与矿物表面产生化学吸附或化学反应，达到矿物表面改性的目的。不过像膨润土（蒙脱石）的改性（从Ca基改为Na基)，通常就称作改型。其实改型也是改性的一种。

矿物表面改性应用最多的例子是对用作橡胶、塑料等功能填料和填充剂（或增强剂）的矿物的改性。加入塑料、橡胶中的矿物必须使其表面与聚合物相容，以获得最佳的性能和最好的可加工性。为此，通常采用偶联剂和润湿剂来使无机矿物填料与有机聚合物间的界面改性，使两者之间形成较强结合，从而提高矿物的充填量及降低成本，改进最终产品性能；另一方面，经过偶联剂处理，使得可用作填充剂的矿物种类范围大大扩展，最大限度地开发利用各种非金属矿深加工。

表面改性剂主要有偶联剂、脂肪酸及其盐类、胺类以及烯烃低聚物和树脂等。

19.3.5.1 偶联剂

偶联剂是应用最为广泛的表面改性剂，是一种既能亲矿物又能亲有机高分子化合物的化学物质，在无机矿物和有机高分子之间形成具有特殊功能的连接（或架桥)，形成新的复合材料。或者是改变矿物作为填充剂

（塑料、橡胶、油漆、涂料等）的性能，成为良好的功能填料或颜料、涂料。常用的偶联剂按化学组分结构可以分为硅烷类、钛酸酯类、有机铬类和锆类。

（1）硅烷偶联剂。硅烷偶联剂是研究得最早且应用最广的偶联剂，最初是由美国联合碳化物公司为发展玻璃纤维增强塑料而开发出来的，至今已有近40年的历史。

硅烷偶联剂的通式为RSiX。式中R代表与聚合物分子有亲和力或反应能力的活性官能团，如氨基、巯基、乙烯基、环氧基、氰基、甲基丙烯酰氧基等；X代表能够水解的烷氧基（如甲氧基、乙氧基）或氯。在与矿物表面发生偶联作用时，X基首先水解形成硅醇，然后再与矿物表面上的羟基反应，使体系中两组分产生很强的界面结合，实现了无机矿物表面的有机化。现以甲氧基硅烷偶联剂为例，其偶联作用过程如下：

$$R—Si(O—CH_3)_3 + 3H_2O \xrightarrow[\text{催化剂}]{pH} R—Si(OH)_3 + 3CH_3OH$$

$$R—Si(OH)_3 + (HO)_2\text{(矿物)} \longrightarrow R—Si(O)_2(OH)\text{(矿物)} + 2H_2O$$

偶联剂另一端的R可与聚合物发生反应形成牢固的化学键合。这种化学反应取决于R基的性质和树脂的种类。以环氧烷为例，与环氧树脂的作用为：

$$\text{(矿物)}(O)_2(HO)\overset{+}{Si} + R'—O—CH_2—\underset{O}{CH—CH_2} + 2\underset{O}{CH_2—CH}—R'' \longrightarrow \text{(矿物)}(O)_2(HO)Si—O—R'—O—CH_2—CH(CH_2—CH_2—CH(OH)—R'')—O—CH_2—CH(OH)—R''$$

硅烷与其他树脂（氨基树脂、羟基树脂等）的作用和环氧树脂的作用过程相同或相似。

硅烷偶联剂可用于许多无机矿物填料的改性，其中对含硅酸较多的玻璃纤维、石英粉及白炭黑的效果最好，对高岭土和水合氧化铝次之，对不含游离水的碳酸钙效果欠佳。

（2）钛酸酯偶联剂。钛酸酯偶联剂是美国肯里奇（Kenrich）石油化学公司20世纪70年代开发成功的一类新型偶联剂。它具有独特的结构，对热塑性聚合物与干燥填充剂有良好的偶联效能。钛酸酯偶联剂的化学通式为：

$$(RO)_m Ti—(OX—R'—Y)_n$$

式中，(RO)$^-$为钛酸酯与矿物填料进行化学键合的官能团，它可与矿物的表面结构水和H^+作用，形成包围矿物的单分子层；—Ti(OX—)部分为钛酸酯的有机骨架，可与聚合物的羧基之间进行相互交换，起酯基和烷基转移反应，钛和氧的结合不牢，易使体系中的有机酸游离，作为催化剂或缓效剂影响反应；—X部分是和分子核心钛结合的基团，对钛酸酯的性质有着重要影响，具体可分为磷酸酯、五磷酸酯、羧酸基、磺酸基等等；—R′为长链分子基团，偶联时起缠绕作用，能与热塑性树脂缠绕结合，改善冲击性能；—Y为胺基、丙烯酸基、羟基及末端氢原子等，具有热固化反应性能，可较好地与热固性树脂作用；m、n为官能团数，$n \geqslant 2$时，为多官能团的钛酸酯，它可与多官能团的热塑性及热固性树脂起作用。

钛酸酯类偶联剂按其分子结构和作用可以分为单烷基型、螯合型和配位型。单烷氧基型包含单烷氧基焦磷酸酯基型。

三异硬脂酰基钛酸异丙酯（TTS）分子式为：

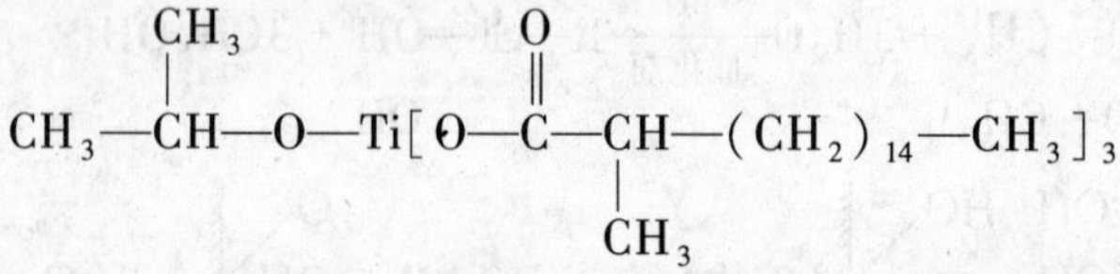

$$CH_3—\underset{}{\overset{CH_3}{\overset{|}{C}}}H—O—Ti[O—\overset{O}{\overset{\|}{C}}—\underset{\underset{CH_3}{|}}{C}H—(CH_2)_{14}—CH_3]_3$$

它是目前应用比较普遍的单烷氧基型钛酸酯偶联剂。它适用于不含游离水，只含化学键合羟基水和物理键合的结构（结晶）水的干燥矿物粉体物料，如碳酸钙和水合氧化铝等。

单烷氧基焦磷酸钛酸酯类的偶联剂，通式为：

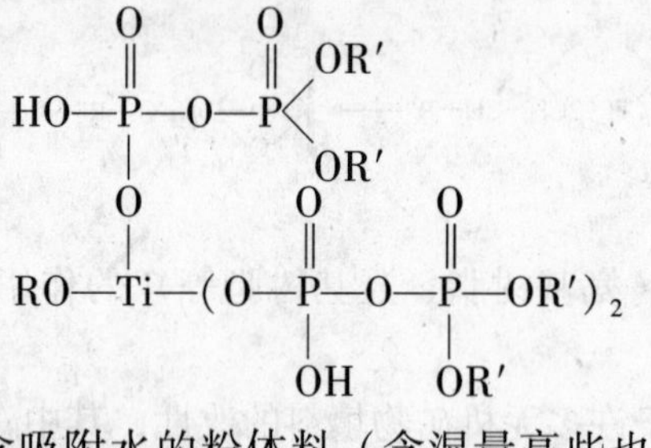

$$\begin{array}{c} \quad O \quad\quad O \\ \quad \| \quad\quad \| \quad OR' \\ HO—P—O—P\langle \\ \quad | \quad\quad\quad OR' \\ \quad O \quad\quad O \quad\quad O \\ \quad | \quad\quad \| \quad\quad \| \\ RO—Ti—(O—P—O—P—OR')_2 \\ \quad\quad\quad | \quad\quad | \\ \quad\quad\quad OH \quad OR' \end{array}$$

该偶联剂适用于含吸附水的粉体料（含湿量高些也无妨）如高岭土、滑石、膨润土等。在改性体系中，焦磷酸型偶联剂除烷氧基可与矿物填料表面的羟基反应外，它还可以分解形成磷酸基与矿物发生作用。

螯合型钛酸酯偶联剂适用性较强，用于高湿（水分较多）物料与含水聚合物体系的改性，如含水二氧化硅、高岭土、滑石、硅酸铝、水处理玻璃纤维和炭黑等，螯合100型式（Ⅰ）和螯合200型式（Ⅱ）是具代表性的两种螯合类型。通式为：

```
CH2—O      O—R
    │   \Ti/
    │   /   \
    C———O      O—R
    ‖
    O
      (Ⅰ)
```

```
CH2—O      O—R
 │    \Ti/
 │    /   \
CH2—O      O—R
      (Ⅱ)
```

此类偶联剂具有极好的水解稳定性（单烷氧基型钛酸酯水解稳定性较差），适于在高温状态下使用。

单烷氧基型或螯合型钛酸酯都是四价钛酸酯，它在改性作用体系中常会出现一些副反应；如在聚酯中可分解出现酯交换反应；在环氧树脂中发生羟基反应；在聚氨酯中与聚醇或异氰酸酯反应等。配位体型的钛酸酯（如下通式）偶联剂，可以克服这些副反应。

```
                         R
           CH3           │               CH3
           │             O               │
CH3 — CH — O  \          │          / O — CH — CH3
                >  [ Ti ]  <
CH3 — CH — O  /          │          \ O — CH — CH3
           │             O               │
           CH3           │               CH3
                         R
```

钛酸酯偶联剂亲有机部分 R 通常为长链烃基（C_{12}—C_{16}），它们可与聚合物分子链发生缠绕，借分子间的范德华力结合在一起。这种偶联作用对于聚烯烃之类的热塑性塑料特别适用。长链的缠绕可转移应力应变，提高抗冲击强度、剪切强度和伸长率，同时可在保持抗张强度的情况下增加填料填充量。此外，长链烃基还可以改变矿物填料界面处的表面能，使黏度下降，使高填充聚合物显示出良好的熔融流动性能。

（3）有机铬偶联剂。有机铬偶联剂是 20 世纪 50 年代开发的较老的一类偶联剂，系由不饱和有机酸与三价铬原子形成的配价型金属铬络合物。其通式为：

```
      R—C
      //  \
     C     O
     ↓     │
    CrX   CrX
      \   /
       OH
```

式中，X 为无机酸根 NO_3^-、Cl^- 等；R 为烃基。

有机铬偶联剂合成及应用技术较成熟，在玻璃纤维增强塑料中偶联效果较好，且成本低。但其品种单调，适用范围及偶联效果均不及硅烷偶联剂和钛酸酯偶联剂。主要品种是甲基丙烯酸氯化铬络合物。它一端含有活泼的不饱和（烯）键，可与树脂反应，另一端依靠配价的铬原子与玻璃纤维表面硅氧键结合。偶联机理为：

```
  CH2=C—CH3                         CH2=C—CH3  CH2=C—CH3
      |                                 |          |
      C                                 C          C
    //  \                             // H \     // H \
   C     O        加水分解            C   O  O    C   O  O
   ↓     |      ———————————→         ↓ /  \ /    ↓ /  \ /
 ClCr   CrCl        缩合             Cr    Cr—O—Cr     Cr
    \   /                            |     |     |     |
      O                              O     O     O     O
      H                              |     |     |     |
                                  ///Si////Si////Si////Si///
                                           (玻璃质)
```

（4）锆类偶联剂。锆类偶联剂是美国 Cavedon 化学公司于20世纪80年代开发的一类新型偶联剂。这类偶联剂是含有铝酸锆的低相对分子质量无机聚合物，在分子主链上络合着两种有机配位基，一种配位基可赋予偶联剂有良好的羟基稳定性和水解稳定性，另一种配位基可赋予偶联剂有良好的有机反应性。

锆类偶联剂不仅可以促进无机质和有机质的结合，而且还可以改善填充体系的性能。在通常的情况下，由于用作填充剂的矿物表面存在着羟基或其他含水基，矿粒间易产生相互作用从而发生凝聚，致使体系黏度上升。加入锆偶联剂后，矿粒与树脂被偶联剂结合在一起，抑制了矿粒间的相互作用，降低了体系的黏度，提高了分散性，从而可增加无机填料填充量。

根据分子中的金属含量及有机配位基的性质，目前国外已商品化的锆类偶联剂牌号分别为：A、APG、Cavco、MOD、S、SPM 等。此类偶联剂主要适用于聚烯烃、聚酯、环氧树脂、尼龙、丙烯酸类树脂、聚氨酯、合成橡胶等不同的聚合物，对于矿物填料，可用于碳酸钙、二氧化硅、高岭土、三水合氧化铝、氧化钛等的偶联改性。

除上述四种类型偶联剂外，还有铝酸酯偶联剂。铝酸酯偶联剂用于 $CaCO_3$ 表面处理有其独特的优点。它可改善产品加工性能和物理力学性能，色浅、无毒、常温下为固体，使用方便、热稳定性高，能与 $CaCO_3$ 表面形成不可逆的化学键。

表19－17列出了主要类型的偶联剂的化学名称或牌号。

表19－17 主要类型偶联剂

类型	名称及牌号	通例（分子式）	生产单位	备 注
硅烷偶联剂	乙烯基硅烷 A－151，NDZ－605，KH－921，GF－56	$CH_2=CH—Si(OC_2H_5)_3$ $CH_2=CH—Si(OC_2H_5OCH_3)_3$	天津一化，南京战斗化工厂，UC（美国）	密度 $0.905g/cm^3$ 沸点160.5℃
	乙烯基硅烷 KBE－1003，A－171	$CH_2=CH—Si(OCH_3)_3$	Wacker（德国），信越（日本）	密度 $0.968g/cm^3$

续表 19－17

类型	名称及牌号	通例（分子式）	生产单位	备 注
硅烷偶联剂	烯丙基酯硅烷 KH－570，A－174，Z－6030，KBE－503，NDZ－604，NS	$CH_2=C(CH_3)C(O)(CH_2)_3Si(OCH_3)_3$ $CH_2=C(CH_3)COO—CH_2—Si(OC_2H_5)_3$	DC（美），UC，信越，天津一化，南京曙光化工厂，南京大学化工厂	密度 $1.045g/cm^3$ 沸点 255℃
	环氧基硅烷 A－186，Y－4086，KMB－303 A－187，Z－6040，KBE403，KH560（环氧乙烷基硅酸）	$O\!\!\bigcirc\!\!—(CH_2)_3Si(OCH_3)_3$	UC，信越	密度 $1.065g/cm^3$ 沸点 310℃
		$\overset{O}{\overbrace{CH_2—CH}}CH_2O(CH_2)_3Si(OCH_3)_3$	UC，DC，信越	
	巯基硅烷 A－189，KBM－830，Y－6030，Z－6020，KH－590，A－1893，GF－70	$HS—(CH_2)_3—Si—(OC_2H_5)_3$ $HS—(CH_2)_2—Si—(OC_2H_5)_3$ $HS—(CH_2)_2—Si—(OCH_3)_3$	UC，DC，信越，Wacker，盖县化工厂	密度 $1.056g/cm^3$
	氨基硅烷-南大－22，南大－24，A－1100，A－1101，KH－590，NPZ－603 A1110，KBE903 氨基，多氨基硅烷 A1120，Z－6020，KBE－603，GF－9 A－1130 Y－5162，B－201 南大－24 南大－22	$H_2N—(CH_2)_3—Si—(OC_2H_5)_3$	UC，南大化工厂，盖县化工厂	密度 $0.946g/cm^3$
		$H_2N—(CH_2)_3—Si—(OCH_3)_3$	UC，信越	
		$H_2N(CH_2)_2NH(CH_2)_3—Si—(OCH_3)_3$	UC，DC，信越，Kacker	密度 $1.030g/cm^3$
		$H_2N(CH_2)_2NH(CH_2)_2NHCH_2Si(OCH_3)_3$	UC	
		$H_2N[(CH_2)_2NH]_2(CH_2)_3—Si—(OC_2H_5)_3$	UC	密度 $0.920g/cm^3$
		$H_2N(CH_2)_6NHCH_2Si(OC_2H_5)_3$	南方战斗化工厂	
		$(C_2H_5)_2NCH_2Si(OC_2H_5)_3$	南方战斗化工厂	
	脲基硅烷（r－脲基丙基三乙基硅烷）A－1160，Y－5650	$H_2NCONH(CH_2)_3—Si(OC_2H_5)_3$	UC	密度 $0.920g/cm^3$
	芳基硅烷-南大－24 Y－5669 南大－73	$C_6H_5—NH—CH_2—Si(OC_2H_5)_3$	南京战斗化工厂	
		$C_6H_5—NH—(CH_2)_3—Si(OCH_3)_3$	UC	
		$C_6H_5—NH—CH_2—Si(OC_2H_5)_3$	南京战斗化工厂	

续表19－17

类型	名称及牌号	通例（分子式）	生产单位	备注
硅烷偶联剂	酰胺基硅烷 NDZ－602	$H_3C—CONH(CH_2)_3—Si—(OC_2H_5)_3$	南京战斗化工厂	
	氨基羧酸酯硅烷 A－1125，Y－5653 Y－5652 Y－5651	$(CH_3O)_3Si(CH_2)_3NH(CH_2)_2NH(CH_2)_2—COOCH_3$	UC	
		$(CH_3O)_3Si(CH_2)_3NH(CH_2)_3COOC_2H_5$	UC	
		$(CH_3O)_3Si(CH_2)_3NH(CH_2)_2COOC_2H_5$	UC	
	氯丙基硅烷A－143，Z－670，Si－400	$ClC_3H_6Si(OCH_3)_3$	UC，DC	
		$ClC_3H_6Si(OC_2H_5)_3$	盖县化工厂	
钛酸酯类	三硬脂酰基-异-丙氧基钛酸酯 OLT－99，TTS，KR－TTS（国外）	$i-C_3H_7O—Ti—(O—C(O)—C_{17}H_{35})_3$	上海有机所 太原化工所	单烷氧基型
	三（二辛基）膦酰基氧基钛酸异丙氧基硅烷）TTOP，KR－12（国外），TC－2	$i-C_3H_7O—Ti[—O—P(O)—(OC_8H_{17})_2]_3$	上海东方化工厂	单烷氧基型
	三（二-辛基焦磷酰基）异丙氧基钛酸酯 NDZ－401，KR－383	$i-C_3H_7O—Ti[—O—P(OOH)—O—P(O)—(OC_8H_{17})_2]_3$	南京战斗化工厂	单烷氧基型
	二（焦磷酸二辛酯）乙酸酯钛 KR－1389，TC－115，NDZ－311（国内）	$CH_3COO—Ti[—O—P(OOH)—O—P(O)—(OC_8H_{17})_2]_3$	Kenrich 公司（100型，KR系列）	螯合型
	二（磷酸二辛酯）乙基钛酸酯 KR－212S，TC－104，NDZ－303（国内）		Kenrich 公司（200型）	螯合型
	二（硬脂酰基）乙撑钛酸酯 KR－201，TC－206		Kenrich 公司	螯合型

续表 19－17

类型	名称及牌号	通例(分子式)	生产单位	备 注
钛酸酯类	四辛氧基钛二(亚磷酸二月桂酯)KR－46，TC－301，NDZ－401		Kenrich	配位型
钛酸酯类	二(亚磷酸二月桂酸)钛酸四异丙酯 KR－36S，NDZ－400		南京战斗化工厂 Kenrich	配位型
钛酸酯类	二烯丙酰基钛酸异丙酯(国外TTAC－39S，KR－39S)		Kenrich	
钛酸酯类	三（十二烷基苯磺酸）钛酸异丙酯（国外TTBS，KR－95）		Kenrich	
钛酸酯类	三甲基丙烯酰基钛酸异丙酯（国外TTA－2，KR－2）		Kenrich公司，南京战斗化工厂(DNZ－302)	
有机铬类	甲基丙烯酸氯化铬络合物 Volan		美国杜邦公司，上海助剂厂	
有机铬类	反丁烯二酸硝酸铬络合物 NY－41，B－301		南京大学	
锆类	锆铝酸盐	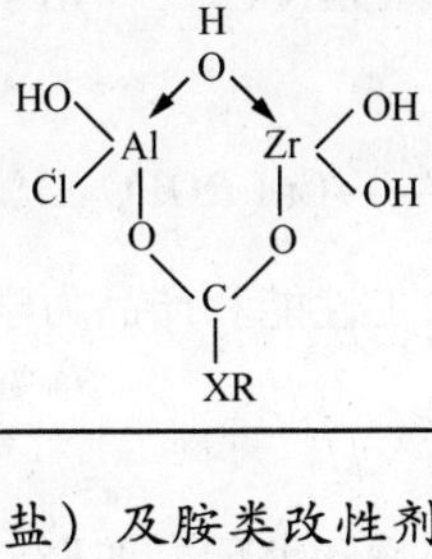 H O; HO, Cl—Al ← O → Zr—OH, OH; Al—O, Zr—O; O—C—O; C—XR	Cavelon	

19.3.5.2 脂肪酸（盐）及胺类改性剂

高级脂肪酸（盐）的分子非极性一端与聚合物、聚烯烃结构相似，有一定的相容性；另一端的极性基羧基（盐）可与矿物粉体物料亲近，发生某种程度的化学作用。

因此，用高级脂肪酸及其金属盐处理矿物填料时，具有类似于偶联剂的作用，有一定的表面改性效果，可以改善无机填料和聚合物分子之间的亲和性。

由于高级脂肪酸及其金属盐类本身具有润滑作用，可使复合体系内部摩擦力减小，熔体黏度降低，改善复合体系的流动性能。

常用的高级脂肪酸及其金属盐类的表面改性剂有硬脂酸、硬脂酸钙、硬脂酸锌等。也包括含有羟基、氨基、巯基、芳香基等的脂肪酸（盐）。

在分子中带有不饱和双键的有机酸，对含碱金属离子的矿物填料进行表面改性，具有良好的处理效果。不饱和脂肪酸价格便宜，来源广泛，可作为一种新型改性剂。

不饱和有机酸分子可带有一个或多个不饱和双键及一个或多个羟基。碳原子数一般在10以下，常见的有丙烯酸、马来酸、衣康酸、醋酸乙烯、醋酸丙烯等。

含活泼金属离子的矿物填料常带有 $K_2O-Al_2O_3-SiO_2$、$Na_2O-Al_2O_3-SiO_2$、$CaO-Al_2O_3-SiO_2$ 和 $MgO-Al_2O_3-SiO_2$ 结构。当用含不饱和双键的有机酸进行表面处理时，活泼金属离子能与其形成稳定的离子键，从而构成单分子层薄膜包覆在矿物表面。由于分子中不饱和双键的存在，当与基体树脂复合时，在残余引发剂或热能、机械力作用下，激活产生高能，可把双键打开，与基体树脂发生“接枝”、交联等一系列化学反应，使矿物与树脂较好地结合在一起，提高了复合材料的物理力学性能。

脂肪胺类表面活性剂作用与脂肪酸（盐）类相似，也是非金属矿物粉体改性常用的改性剂，如己内酰胺，6-氨基已基油酸钠以及碳链为12~22的脂肪伯、仲、叔胺和季铵盐类。与脂肪酸（盐）类似的还有磷酸酯表面处理剂。如用磷酸酯处理 $CaCO_3$ 粉体，主要是与 Ca^{2+} 形成磷酸钙盐沉积，包覆 $CaCO_3$ 粒子表面。作用机理如下：

$$CaCO_3 + ROPO_3H_2 \longrightarrow ROPO_3H \cdot CaHCO_3 \longrightarrow ROPO_3Ca + CO_2\uparrow$$

$$ROPO_3Ca \xrightarrow{2H_2O} ROPO_3Ca \cdot 2H_2O$$

$$ROPO_3H \cdot CaHCO_3 \xrightarrow{ROPO_3H_2} Ca(ROPO_3H)_2 + CO_2\uparrow + H_2O$$

磷酸酯类改性剂不仅能改变加工性能和产品力学性能，而且有耐酸性和阻燃性能。

19.3.5.3 聚合物类改性剂

聚合物类改性剂主要是指低聚物和聚酯，如聚乙烯和聚丙烯。聚烯烃低聚物有着较高的黏附性能，可以和无机矿物填料较好地黏附、浸润，包覆、相容、改善矿物填料与聚合物的亲和性能，改善复合材料的加工黏度及流动性，降低生产成本，提高产品质量。

非离子型的聚氧乙烯类表面活性化合物也是一类优良的改性剂，它是由脂肪酸和环氧乙烷聚合物作用获得的高级脂肪酸聚氧乙烯醚类化合物，相对分子质量为1500~5000，密度小于1g/cm^3，软化点101~110℃，其中脂肪烃基可以带一定量的羟基或聚羧基。聚丙烯酸（盐）—[CH—(OR)—CH_2—CH———CH—$]_2$（两个 CH 上分别连接 CO(OX) 和 CO(OY)）就是其中一例。它对无机粉体（$CaCO_3$ 等）有很好的吸附，分散稳定性。

19.3.6 包覆（包膜）改性

19.3.6.1 型砂覆膜涂层剂树脂

覆膜涂层与前述的表面改性不同。通常使用树脂对矿物进行改性的目的是使矿粒表面形成覆盖层，以便在后续应用过程中使矿粒间互相黏结以便成型，因此作为处理剂的树脂起着黏结剂的作用，它与矿物之间不产生化学键，属于改善矿物机械加工性能的简单物理涂层。

铸造工业中所用的树脂砂（或称覆膜砂），是将石英砂表面涂以酚醛或呋喃树脂，当把这种带涂层的砂倒入热模板，温度达到200℃左右时，树脂软化，将砂粒黏结在一起，当模制品冷却并硬化后，取下模具以便再次铸造用。这种壳型铸造是铸造工业中用来生产高光洁度产品的一种新技术，产品不需进行机械精加工，而生产速度高、再现性好、适用于大规模生产。

在石油钻井工业中有一项将圆形石英砂用呋喃树脂涂敷以提高滤油性的技术。在油井钻探完成后，由于水压的作用，岩层经常破裂，当断裂压力被释放后，须将矿物补强剂强力压入岩层，以提高其孔隙度。此时将带树脂涂层的硅砂用泵送入油井钻孔区，涂层在油井温度条件下固化，或用水蒸气或盐水使其固化（聚合），沙子留在裂隙中并形成一个坚固的三维多孔网，即围绕油井形成一过滤层，原油可流入井内，而井壁不会有岩屑脱落。

常用的树脂有：（1）酚醛树脂类，它是由苯酚、甲酚等酚类与醛类（如甲醛、糖醛）缩合而成；（2）用糠醇、脲素和甲醛为原料制得的呋喃Ⅰ型树脂；（3）呋喃Ⅱ型树脂（糠醇改性酚醛树脂）等。

19.3.6.2 无机涂层（包覆）改性剂

用氧化锂、氧化铬、氧化铁、氧化钛等对云母粉等矿物粉体进行改性涂敷处理。用此法生产的珠光颜料，已用于化妆品、油墨、塑料、油漆等方面，并逐渐取代一些传统的材料如氯氧化铋、砷酸氢铅、碱式碳酸铅等；又如将氧化铬、氧化铁、氧化钛、水玻璃及其他一些组分涂敷在板石粉颗粒上，在一定温度下烧结，形成硬的涂有颜色的陶瓷层，用于油毡生产。作为屋面材料，具有装饰效果，又比金属屋面板价格便宜。同时，涂有反射层的板石粒，能使太阳光散射，可保护屋面油毡不变质。

在矿物表面形成装饰涂层，其机理是利用上述金属的某些化合物，在一定条件的溶液中发生水解或其他化学反应，使反应得到的金属氧化物均匀地沉积到处于溶液中的矿物颗粒表面。用钛的氯化物（如 $TiCl_4$）经过反应，最终以二氧化钛的形式包覆于高岭土表面，也属此类。

珠光颜料之所以具有珠光效果，是由于这种高折射率（$n>2$）的透明颗粒对光的反射和折射造成的。当光照射在颗粒表面时，只有一部分入射光在表面被反射，其余的照射到颗粒下表面时再被反射回来，还有一些光透过涂层照射到另一颗粒上。此过程一直持续下去，在平行取向的涂层颗粒上，有一定方向的光多次反射，就得到了珠光效应。应用不同的干涉颜料，再经过对涂层厚度的控制，即可得到各种珠光效果。

19.3.6.3 有机包覆改性

有机包覆改性一般是指对有机物（聚合物）的改性，是粒-粒包覆改性，即用一种细粒改性物质包覆另一种颗粒。所用固体改性物质称作膜粒（wall materials），把被包覆的颗粒，叫作核粒（心粒，core materials），粒-粒包覆改性通常在高速旋转搅拌器和粉碎设备中进行。旋转搅拌器中的粒-粒包覆又称双颗粒搅拌法（binary powders blending method）改性，核膜粒子间的作用主要有异相凝聚力、静电吸引力和范德华力等。若用相对较弱的机械力不能产生颗粒细化和团聚颗粒的再分散作用，所以改性效果差，核粒上不可能形成规则覆盖。而在粉碎过程中进行这种改性，较强机械力作用导致粒子间碰撞、附着机会的增加，特别是出现细颗粒向粗颗粒间的渗透，因而改性效果大大增强，最理想的改性通过高速搅拌器和超细粉碎设备的结合使用来完成。

用于粒-粒包覆改性的具有粉碎机械力化学效应的设备主要有高速气流冲击式改性机和搅拌球磨机以及其他特殊装置，如 angmill 等。

日本本田宏隆等人研究了 NHS-O 型高速气流冲击中不同膜粒对核粒的表面包覆改性。结果表明，膜粒聚甲基丙烯酸甲酯（PMMA）（0.4μm）在核粒尼龙-12（5.0μm）和聚乙烯（5.0μm）上、膜粒二氧化硅（0.6μm）在核粒聚乙烯（2~10μm）上都取得了均匀包覆的表面改性，电镜观察显示，改性效果远远优于在自动乳钵中仅靠颗粒搅拌作用的包覆改性。进一步讨论认为，二氧化硅在聚乙烯表面的颗粒包覆层是通过强有力的机械力化学效应，以嵌入黏附机理形成的，因此，产生机械力化学效应对形成颗粒改性层至关重要。二氧化钛和含氟石墨作为膜粒子对尼龙-12 的表面改性、含氟石墨对环氧树脂的表面改性也都取得了满意效果。

Alonso M. 等研究了机械力化学效应下磁铁矿粉（0.17μm）对 PMMA 核粒（50μm）的改性及其机理。改性分两个阶段进行，首先采用传统的高速搅拌器（HSSM）混合改性，然后再进入 angmill 的机械扩散体系完成最终改性。结果表明，机械扩散体系内颗粒的短时间作用取得了比 HSSM 单一作业强得多的改性效果，粒-粒包覆改性的过程机理为：（1）膜粒子聚集体黏附在核粒上；（2）黏附膜粒的核粒与未黏附核粒碰撞；（3）部分膜粒由前者向后者转移；（4）颗粒之间分裂、破碎，膜粒子逐渐覆盖了核粒表面；（5）膜粒子向核粒内部嵌入渗透并实现牢固结合。其中已被覆盖的核粒（C）和未被覆盖的颗粒（N）之间的反应可被认为是二级反应：C + N→C + C。膜粒向核粒表面的分散程度与速率以及渗透嵌入在很大程度上取决于反应器的机械力强度和效应。

19.3.7 黏土矿物的层间改性

19.3.7.1 简介

黏土矿物的层间改性，就是利用某些层状黏土矿物的分子或离子的可交换性、可膨胀性，将一些化合物插入其层间形成黏土层间化合物（clay intercalation compounds，CICs）。这些插入层间区域的化合物称作插层剂（或称柱化剂）。它会将黏土层状结构的层与层撑开。也就是CICs经过进一步的加热脱氢或脱羟基后，会在层间区域形成柱状金属氧化物群，将黏土层间撑开，产生具有分子大小的层间距，因此，又称为层柱黏土（pillared interlayer clay，PILC），也称柱撑黏土（化合物）。

黏土层间化合物在保持原有黏土矿物层状结构的同时，在原有物质和新形成的化合物的协同作用下，形成了一些新的优良的物化性质和功能，使之成为近年来被重视的新的研究热点课题。CICs一出现就成为一类新颖的功能材料，作为一种分子级的复合材料，以其独特优势在许多领域得到了研究及应用，例如作为催化剂和催化剂载体、吸附剂、离子交换剂、离子导体、电极、传感器和光功能材料等。在石油化工、环境科学、材料科学、化学选矿与湿法冶金等领域具有广泛的应用前景。

早期研究用四烷基季铵离子和有机金属螯合物作插层剂制备的CICs，对羧酸酯化反应具有良好的催化活性，但因热稳定性差，限制了它的使用。最早利用的柱撑黏土是1977年利用聚合羟基铝和锆离子作插层剂制得的。该类化合物热稳定性好，比表面积和层间距大，对CICs的研发、应用创造了条件。

19.3.7.2 基质黏土矿物

黏土层间化合物是由黏土矿物和插层剂通过离子交换或离子、分子间键合形成的。作为基质材料的黏土矿物首先必须是具有层状结构的矿物，具备良好的分子、离子交换性能，可膨胀性和一定的层间反应场。蒙脱石、高岭石、蛭石、云母、海泡石、凹凸棒石以及层间具有负离子交换性能的水滑石等，原则上都可以作为CICs的基质材料。表19－18为具有层状结构的硅酸盐黏土矿物。

表 19-18 层状结构硅酸盐黏土矿物

层 型	层间物	族	亚 族	矿物种类举例
1∶1	无或仅有 H_2O	蛇纹石-高岭石 X=0	蛇纹石 高岭石	纤蛇纹石、利蛇纹石、铁铝蛇纹石 高岭石、地开石、珍珠岩、埃洛石
2∶1	无层间物	滑石-叶蜡石 X=0	滑 石 叶蜡石	滑石、镍滑石、叶蜡石
	可交换水化阳离子	蒙皂石 X=0.2~0.6	皂 石 蒙脱石	皂石、锂皂石、锌皂石、斯蒂文石 蒙脱石、贝得石、绿泥石
	可交换水化阳离子	蛭石 X=0.6~0.9	三八面体蛭石 二八面体蛭石	三八面体蛭石 二八面体蛭石
	非水化阳离子	真云母 X=0.5~1.0	三八面体真云母 二八面体真云母	金云母、黑云母、锂云母、铁云母 白云母、伊利石、海绿石、钠云母、绿泥石
	非水化阳离子	脆云母 X=2.0	三八面体脆云母 二八面体脆云母	绿脆云母 珍珠云母
	氢氧化物	绿泥石 X 不定	三八面体绿泥石 二八面体绿泥石	斜绿泥石、鲕绿泥石、镍绿泥石、锰绿泥石、顿绿泥石
2∶1 规则间层	层间物可变	无族名	无亚族名	钠板石、柯绿泥石、滑间皂石、羟硅铝石、绿泥间滑石
变1∶1	无层间物	无族名，X=0	无亚族名	叶蛇纹石、铁蛇纹石
变2∶1	可交换水化阳离子	海泡石-坡缕石 X 不定	海泡石 坡缕石	海泡石、纤钠海泡石 坡缕石
	层间物可变	无族名，X 不定	无亚族名	铁滑石、黑硬绿泥石、菱硅钾铁石

注：X 为层间电荷/O_{10}（OH）$_2$。据 Eric Eslinger and David Pevear，1988。

对蒙脱石矿物的研究最多。蒙脱石类黏土矿物是由二维排列的硅氧四面体和铝氧八面体按 2∶1 层型叠加形成的硅酸盐。其四面体片和八面体片中，常存在类质同象。四面体中的 Si^{4+} 可被 Al^{3+}、Fe^{3+} 替代，八面体中 Al^{3+} 可被 Mg^{2+}、Fe^{2+}、Li^{+}、Ni^{2+} 替代，造成晶胞电价不饱和，使层间带负电。这种负电荷常由层间水合阳离子来平衡，因此其层间具有良好的离子交换活性和分子吸附特性。蒙皂石类黏土的层间电荷最小，更有利于插层剂的引入和 CICs 的形成，因而它更适于作 CICs 的基质原料。

刘涛、张一敏等利用湖北某地钙基膨润土矿制备蒙脱石纳米复合材料基质。根据该矿石物质组成及性质：含蒙脱石约80%，主要杂质石英、方石英含量约10%~15%，其他杂质为长石、类蛋白、水云母、伊利石、绿泥石、褐铁矿、碳酸岩屑等，为钙基膨润土。通过试验研究提出用焦磷酸钠为分散剂的湿法分级提纯工艺流程（三级除渣），获得了含蒙脱石大于90%的膨润土精矿，为制备无机纳米复合材料提供了高性能的基质材料。随后，用提纯的精土作柱撑试验：以 Ti（$n-C_4H_9O$）$_4$（醇钛）为钛源（柱撑剂），采用溶胶-凝胶法，在 c（HCl）=5mol/L，Ti/土=15mmol/g，H/Ti=2.0mol/mol，水/丙酮（体积比）=1：1，交联温度25℃，黏土悬浮液质量浓度1%，交联剂老化时间3h的条件下，对提纯精矿进行柱撑试验，获得柱撑产品Ti-PILCs。经测试产品的层间距 d_{001} 由基质材料的1.283nm增加为3.592nm，比表面积也由精土的31.6m^2/g增大到了409.1m^2/g，效果十分明显。

中国专利（CN1470486）介绍一种柱撑蒙脱石控释材料（对肥料）的制备方法，包括下述步骤：制备蒙脱石悬浮液；制备柱化剂；蒙脱石悬浮液与柱化剂之间插层反应；陈化、干燥。所述的插层反应中，配比为柱化剂：蒙脱石=0.5~1.5mmol/g的柱化剂和蒙脱石悬浮液混合后在60~80℃温度下搅拌0.5~1 h，然后将上述反应体系用超声波处理后，再置于微波场中继续反应。前述控释材料可应用于控释肥料的生产。这一发明采用超声技术和微波技术诱导制备柱撑蒙脱石，缩短插层反应时间，提高柱撑效率，并可直接利用钙基蒙脱石，无需钠化，节约运行成本，因而所需投资少，无需特殊专用设备，有利于现有化肥厂的实施应用。

19.3.7.3 插层剂

插层剂分为有机、无机和复合物三类。最早使用的是一些有机化合物，形成所谓的有机黏土物质。为了提高黏土层间化合物的热稳定性，聚合羟基多金属阳离子一类的无机插层剂得到了较深入的研究，阳离子包括Al、Zr、Ti、Cr、Fe、Si、Ni、Cu、Co、Ru、Ta等，其中能得到较大体积和较高电荷的有Al和Zr。例如：聚合羟基铝阳离子 $[Al_{13}(OH)_{24}(H_2O)_{12}]^{7+}$ 和聚合羟基锆阳离子 $[Zr_4(OH)_{14}(H_2O)_{10}]^{2+}$。

插层剂的选择在很大程度上决定了CICs的结构。当黏土层间电荷密度一定时，插层剂的体积越大，层间距就越大；插层剂的电荷越高，柱间距就越大。其次，插层剂还在一定程度上影响着CICs的热稳定性、水热稳定性和活性。通常认为，大相对分子质量的插层剂，有利于CICs热稳定性和水热稳定性的提高。因此，近年来的研究致力于复合型插层剂的研究，并取得了一定的成果。

聚合羟基多核金属阳离子插层剂，是由水合金属离子在一定的OH/M摩尔比条件下，经水解形成的：

$$[M(H_2O)_6]^{2+} + OH \longrightarrow [M_x(OH)_y(H_2O)_z]^{m+}$$

一般地，金属离子浓度、碱性或水解程度（OH/M）、制备的温度、老化时间和温度、反离子的类型和制备方法等，均能影响水溶液中羟基聚合阳离子的聚合程度。

不同的金属羟基聚合阳离子的生成条件，差别很大。对 Al、Zr、Cr、Fe 等离子，需按一定比例，将基盐溶液和碱（NaOH、Na_2CO_3）的水溶液混合，并经一定时间的老化，才能得到所需的金属羟基聚合阳离子。

有机胺类和金属螯合物是有别于金属羟基聚合阳离子类型的插层剂，属有机类化合物。

19.3.7.4 黏土层间化合物的应用

（1）层柱黏土催化剂。层柱黏土作为新型分子筛催化材料，应用于催化裂解、烯烃齐聚、芳烃烷基化和歧化等。与分子筛相比，其孔径（0.4～1.8nm）大，表面酸性和孔结构可调控，在大分子吸附和转化中显示出独特的催化性能。Al－PILC、Zr－PILC 对重油裂解的催化性能优于传统的催化剂。含铈、镧的 Cr－PILC 则是重油裂解的理想催化剂。含铂的 Si－PILC，对碳氢化合物的加氢异构化有很强的催化活性，可作石油催化重整催化剂。此外，PILC 材料在乙醇酯化、甲醇催化转化、丙烯低聚、环已烷脱氢等反应中的催化性能，经结构研究，表明均具有很高的选择性催化活性，是这些有机反应的理想催化剂。层柱黏土类分子筛，将成为继沸石分子筛和磷酸盐分子筛后，在催化工业中获得广泛应用的理想催化剂。

（2）吸附剂。由于黏土层间化合物的比表面积大，有机基团的可调变，可应用于液体的分离、离子交换、络合物交换等。20 世纪 70～80 年代 McBride 和 Mortland 等人试验利用改性黏土（有机胺插层改性黏土等）作吸附剂，吸附去除可溶性苯酚、氯苯酚、间二氯苯和三氯苯等有毒有害有机污染物。此后，不同的有机胺改性黏土，对各种有机污染物的吸附性能，如杀虫剂、五氯苯酚、三氯乙烯、除草剂 2，4－二氯苯氧乙酸、2－氯苯酸和 2－萘酚等，也得到了研究。

聚合羟基金属阳离子插入到黏土层间，可极大地降低黏土的亲水性。Srinivasan 等（1990）使用聚合羟基铝阳离子插层蒙脱石层间化合物，去除农药八氯二苯骈吲哚，效果超过活性炭，同时用溶剂法再生了吸附剂。Nolan 等用聚合羟基铝阳离子插层高岭土，吸附去除联苯和二苯吲哚。Zielke 等（1988）使用聚合羟基铝阳离子和聚合羟基铬阳离子制成的无机层间化合物，去除一氯苯酚、三氯苯酚和五氯苯酚。因此，黏土层间化合物有可能成为理想的污水处理剂。

此外，1991年Yang等人报道了关于层柱黏土在气体动力分离（即基于气体在层柱材料中扩散性差异来分离气体的过程）中的应用。他们指出，层柱黏土中孔的大小不是取决于层间距（可高达2nm），而是受柱体间距的控制，且可通过控制离子交换过程中柱体密度来调整柱体间距。离子交换过程中，较高的pH值、较低的聚合体浓度和竞争阳离子的引入，均能降低柱体密度。他们用层柱黏土作为动力分离吸附剂，应用于空气以及二甲苯同分异构体的分离。Baksb等人测定了O_2、N_2、CH_4、SO_2、NO在五种层柱黏土（Zr、Al、Cr、Fe、Ti、PILC）中的吸附等温线，结果表明，CH_4/N_2在Al-PILC上达到吸附平衡时的选择性（大于5.0），超过了任何已知的吸附剂。另外，SO_2/CO_2在这些层柱黏土上的平衡吸附选择性也很高。

19.3.8 主要非金属矿产的深加工技术与产品应用

19.3.8.1 概况

我国的非金属矿物经过近30年来，特别是经历了“八五”、“九五”和“十五”的努力，新型功能化、精细化、高值化的新产品、新材料获得长足发展。碳酸钙（轻质、重质）、高岭土（软质和硬质）、滑石、石膏、硅藻土、膨润土、石墨、云母、重晶石等产品加工深度不断提高，生产规模发展迅速，据估计除硅藻土、石墨、云母年产量在百万吨之内外，其余六种产品产量都在200万~500万t/a之间，不仅满足了国内需求，而且有的产品如石墨、滑石、重晶石出口量大。

碳酸钙、高岭土、三水氧化铝、重晶石、硅石、硅灰石、膨润土、凹凸棒石、长石、石墨、伊利石、海泡石、云母和蛭石等，是使用广、用量大，资源相对丰富的工业矿物原料，在塑料、油漆涂料、建筑材料、造纸、汽车以及石油化工、冶金、环境保护、轻工陶瓷，日化、农林牧副渔等行业具有广泛应用。其中碳酸钙、高岭土、滑石、重晶石、硅灰石、云母、二氧化硅等，深加工产品在塑料、油漆涂料中作为填料、功能填料、颜料广为采用；而碳酸钙、高岭土、滑石又是造纸三大填料、涂布料。

无机非金属深加工新材料及制品的研究开发也是高纯超细改性非金属矿产品进一步发展的方向。包括新型化工产品、人工晶体和新型材料三大内容。如硅、铝、镁的高纯氧化物、盐类及无机大分子化合物（如铝盐、聚合铝）；各种绝缘、超硬耐高温人工晶体、耐火耐高温材料（合成堇青石、莫来石及石墨等复合材料）、高技术电子、工程和生物陶瓷、云母、蒙脱石、石墨、高岭土等多功能层间化合物（含纳米材料）、光通信、光电子微电子、信息传输储存等高纯原料等。

表19-19列出了在非金属矿物深加工中有代表性的一些产品技术应用

情况。

表19-19 非金属矿物深加工产品及应用

深加工内容或产品名称	应用	资料来源
偏高岭石与碱加工制备沸石A	处理含放射性的工业废水	化工矿物与加工，2005(1)
黏土与聚乙醇胺接枝聚丙烯的复合物	表面活性剂，聚合物增强剂	化工矿物与加工，2005(1)
胶状硅酸铝镁和沸石组合	清洗擦净膏（剂）	US 4248728
沸石+阳离子表面活性剂+脂肪酸钠（高级）	无泡沫洗衣粉	JP 17092099
膨润土+不溶性肥皂	纺织品软化洗涤添加剂	PT 77814
用阳离子、非离子及两性表面活性剂处理蒙脱石（膨润土）、锂皂石	头发处理剂	DE 3224585
膨润土+硬酯酰胺	织物软化，抗静电洗涤剂	GB 2170236
膨润土+阳离子表面活性剂	液状织物软化、洗涤剂	GB 213262
浮石粉+皂类或氧联二乙酸钠	去除结构油污、洗涤	US 4266938，JP 59078299，56139597
高白度煅烧滑石	陶瓷、医药橡胶油漆涂料，造纸	化工矿物与加工，2005(2)
天然沸石、氧化铝、钙化合物制成	长效干燥剂	JP 55144879
沸石、珍珠岩、硫酸铝、硫酸亚铁	除臭剂（垃圾、污水、粪便）	JP 58169454
膨润土、凹凸棒石、水云母混合制成	酒类及葡萄汁澄清剂	SU 1018968，1391575
铝矾土、高岭土等按比例混合煅烧 $KMnO_4$ 浸泡	水源处理剂（陶瓷滤料）	JP 63236511
$KMnO_4$ 吸附沸石、蛭石	鲜花、食品保鲜剂	JP 56036401
高岭土膨松颜料制备（用木素磺酸盐或萘甲基磺酸盐作分散剂）	轻质涂布印刷纸	非矿中国专利汇编，地矿部专利代理事务所，1995.8（下同）
膨润土复合净水剂	处理阳离子染料及活性染料废水	

续表 19－19

深加工内容或产品名称	应　用	资料来源
有机膨润土胶黏剂（用季铵盐等改性）	润滑脂稠化剂，石油钻井泥浆	
提纯硅藻土（SiO_2 >90%）	食品助滤、触媒剂、吸附剂等	
β－沸石－γ－氧化铝制备	催化剂（乙苯合成）	
天然石墨高温氯化提纯	高纯石墨，含量98%~99.9%	
凹凸棒石物理、化学同步活化	无污染中性食用油脱色、降酸、去除黄曲霉素	矿产保护与利用，1991（4）
高岭土制备超细（平均粒径0.2μm）水合瓷土 ASP ultrafine	有光建筑涂料（代替10%~12%的钛白粉和5%~10%彩色颜料）	无机盐工业，1998（4）（Engelhard 公司）
石英粉煅烧生产白硅石粉（Crystobalite）经表面处理	白度93%~95%，内墙涂料，代替20%钛白粉	无机盐工业，1998（4）（Engelhard 公司）
胺化物表面改性黏土（高岭土等）	树脂填充剂	US 4690868，WO（国际专利）8803869
用烷氧基或芳烷氧基硅烷改性细粒高岭土	作颜料（含纸张涂料）	EP（欧洲专利）296866
高岭土与金属氯化物（MCl_x、Al、Ti、Si）反应制备结构状高岭土颜料	作造纸填料、涂料、光散射和遮光性好	US 4151048
滑石的聚丙乙烯复合材料	汽车装饰材料	JP 0107925，GB（英）2210050
云母钛复合材料	涂料、化妆品、塑料、陶瓷颜料	JP 6343962
烃基石蜡处理煅烧蛭石	吸附剂，从废水中分离石油	前苏联 1438836
高岭石制3A沸石	吸附剂	BR（巴西）8704858
硅烷改性 SiC	增强 SiC 的疏水性	粉体工学会志（日），1991（11）
碳酸钙接枝改性（与苯乙烯）	碳酸钙从亲水变疏水，功能填料	国外金属矿选矿，1996（9）
石英与甲基丙烯酸甲酯聚合接枝改性	亲水变疏水	Powder Technology，1994，178
改性膨润土作催化剂载体	吸附－光催化剂	CN 1513595
钾盐加工	制备硫酸钾	CN 1482063

续表 19-19

深加工内容或产品名称	应用	资料来源
磷矿用质量分数93%~98%的浓硫酸萃取	生产磷酸技术	CN 1460635
由聚氯乙烯，插层树脂氯乙烯-醋酸乙烯共聚物，抗冲型丙烯酸酯（铅盐、有机锡、硬脂酸钙及钡等）有机改性膨润土和稳定剂	制备聚氯乙烯/蒙脱石纳米复合材料工艺技术，明显提高材料力学性能和加工性能	CN 1482170
以铝矾土、三水软铝矿等加工改性	制备水处理剂、凝聚剂、聚合氯化铝和聚合硫酸铝	无机盐工业，1996（1）
用珍珠岩、膨胀珍珠岩、硅酸铝纤维、石膏粉、浮石等材料	制备复合保温、装饰吸声和隔热保温等材料	CN 1148581，1149529，1161944，1163248
有机膨润土加工技术（湿法、干法和预凝胶法）	作有机分散体系增稠剂、黏度调节剂、触变剂、悬浮剂和乳胶稳定剂，用于钻井泥浆、油漆油墨、润滑脂、玻璃纤维、日化及高压铸造	非金属矿，1998（3）
碳铵法重晶石制备碳酸钡	$BaSO_4 \longrightarrow BaS \sim Ba(HS)_2 \longrightarrow BaCO_3$	非金属矿，1998（3）
膨胀珍珠岩微粉（占50%~70%）外加萤石粉、甘油、木炭作助磨剂	水泥助磨剂（添加量1%~2%），平均增产13%，节电1.5%，提高水泥强度40%	地质矿产经济信息，1997（2）
硅藻土过滤材料。将硅藻土提纯、洗涤、烘干，添加复合助剂（苏打、$MgCl_2$、$CaCO_3$、$MgCO_3$等）和煅烧	生产制备助滤剂，用于酿酒、饮料、医药卫生、石油化工、水处理等	CN 1044233，1053562，1098660，1057596
隔热阻燃高温耐火材料制备瓷土、漂珠、硅线石、改性硅藻土、稀土高温胶，黏合剂，改性海泡石复配	适用于800~1400℃窑炉保温隔热	CN 1107498
硅藻土作高分子材料填充剂	制备改性材料、防腐塑料膜	CN 1045111，1095667

19.3.8.2 膨润土的化学处理改型改性

膨润土是由蒙脱石矿物组成的黏土岩。依据矿物组分，膨润土可分为钠基、钙基、镁基、锂基和氢基（即活性白土）膨润土。各种膨润土化学组成不同，理化性能差异很大，工业利用程度效果也不一样。我国的膨润土资源以钙基为主，其性能和使用价值远不如钠基膨润土。所以我国膨润土生产的改型，将钙基改型为钠基膨润土等是带有普遍性的问题。

蒙脱石为层状硅酸盐矿物。膨润土的改型就是通过离子交换原理改变蒙脱石层间可交换阳离子种类，达到改变膨润土物化性能的方法。蒙脱石为2∶1型，外层有两层Si—O四面体，中间夹一层Al—O—OH八面体。在硅氧四面体层和铝氧八面体层内，高价硅和铝离子能被其他较低价离子置换，Si^{4+}可被Al^{3+}置换，而铝氧八面体中的Al^{3+}能被Mg^{2+}置换取代。这种置换的结果使得单位晶胞内电荷出现不平衡，负电荷过剩，从而导致层间补偿电荷阳离子（Na^{+}、K^{+}、Ca^{2+}、Mg^{2+}、H^{+}、Al^{3+}、Li^{+}及NH_4^{+}等）的充填。同时，由于层间离子交换的结果，极性水分子易于进入晶层间，从而发生膨胀。补偿性层间离子的种类取决于蒙脱石中八面体和四面体内取代阳离子的种类和程度。如含Mg高的切托（cheto）型蒙脱石，八面体中有四分之一的铝被镁取代，并呈有序分布，使层电荷总量偏高，层间阳离子通常为Ca^{2+}或Mg^{2+}，这种类型的土就是钙基型膨润土。而钠基膨润土含镁低（又称怀俄明型，wyOming）层间阳离子为Na^{+}。由于钙基膨润土膨胀性较小，所以需要改型，膨润土改型通常是指钙基的改型，改型包括：

（1）钙基膨润土的钠（或锂）化改型。

在钙基膨润土中加入一定量的（占原矿量的2%～4%）钠或锂盐（如Na_2CO_3、Li_2CO_3），用Na^{+}、Li^{+}置换蒙脱石层间的Ca^{2+}、Mg^{2+}，从而使钙基转化为钠基（或锂基）膨润土。经过钠化改型的膨润土具有比钙基或镁基膨润土优越的物化性能，如吸水速度慢，但吸水率和膨胀倍数高，阳离子交换容量大，在水介质中分散性好，胶质价高，胶体悬浮液触变性、黏度、润滑性好，pH值高，热稳定性能好，具有较强的可塑性和黏结性等。经锂盐改型的锂基膨润土，不仅具钠基良好性能（在水介质中），还具有在有机溶剂，如醇和某些油类中溶胀形成胶体的性能，因而可作涂料的悬浮剂、增稠（黏）剂。

（2）活性白土制备。

将膨润土（钙基等）进行酸化处理（用硫酸或盐酸酸化，质量比为膨润土∶硫酸（或盐酸）=1∶0.3，若含方解石则需用盐酸活化）即得活性白土（或称酸性白土、漂白土等）。在强酸性溶液中，蒙脱石层间可交换的阳离子Al^{3+}、Ca^{2+}、Mg^{2+}等被H^{+}部分或全部置换生成的酸性白土具有比钠基膨润土更高的吸附性能和比表面积。其比表面积可由约$80m^2/g$增大到约$200m^2/g$，从而增大吸附能力。

（3）有机膨润土制备。

膨润土有机改性，用的覆盖剂是亲油性强的长链有机胺类，包括伯、仲、叔胺和季铵盐，其中以季铵盐最佳，结构式为：

$$\left[\begin{array}{c} R_4 \\ | \\ R_1—N—R_3 \\ | \\ R_2 \end{array}\right]^+ \cdot X^-$$

式中，R_1 为 CH_3 或 C_6H_5O；R_2 为 $C_6H_5—CH_2$；R_3、R_4 为 $C_{12\sim22}$烃基；X^-为Cl^-、Br^-、NO_2^-、OH^-、CH_3COO^-等。

用有机阳离子胺类化合物置换蒙脱石晶片中可交换的阳离子（Na^+或Ca^{2+}），使其覆盖于蒙脱石表面，从而堵塞了水的吸附中心，使其失去吸水的作用，生成一种疏水亲油的有机膨润土结合物。

有机膨润土是一种触变性胶体，属非牛顿液体一类。其化学活性低，不溶于有机溶剂，也不与有机溶剂发生化学反应，但在有机溶剂中可形成触变性凝胶体，还能抗稀酸和碱。其胶体结构内仅含1%～2%的水，从而使其具有很好的防水性与热稳定性，能耐150～175℃温度，因而它能作为有机（溶剂）体系良好的增稠剂，油漆增黏剂、高温润滑剂、灭火剂、高效吸附剂和石油钻井泥浆助剂等。它是一种重要的化工产品。

19.3.8.3 石墨改性与制品

A 石墨层间化合物

鳞片石墨为六角网状平面层叠结构，在氧化剂的作用下，化合物层间化学反应与碳原子键合，形成一种保存石墨层状结构的化合物，称之为石墨层间化合物（GIC）。

柔性石墨及其制品在工业上应用显示了层间化合物的作用后，引起世人的重视和开发。柔性石墨等石墨的层间化合物作为优质密封材料、轻质高导电材料、催化剂材料、贮氢材料其用途和功能的多样性，已日益受到人们的重视，成为冶金、石油、化工、机械、宇航、原子能等工业部门理想的耐高温、抗热震、防氧化、耐腐蚀、润滑性和密封性良好的新型材料。

石墨层间化合物的制法，大体可分两大类：一类用于制备离子型层间化合物，主要是碱金属离子插入法；另一类用于制备共价型层间化合物，主要包括化学氧化法和电解法。

（1）离子插入法。主要包括碱金属、卤素及金属卤化物等离子与石墨作用生成的层间化合物。制备方法可分为：

1）蒸汽吸附法。这是合成层间化合物的最经典方法。

2）粉末冶金法。将一定数量的金属和石墨粉末，在真空条件下混合均匀，模压成型，然后在惰性气氛中热处理。

3）浸溶法。将金属盐溶于某些非水溶剂中，然后与石墨反应。常有的溶剂有液氨、萘、甲胺、六甲基磷酰胺等。例如在碱金属盐和杂环络合物四氢呋喃溶液中放入一定量石墨粉，可以生成碱金属－石墨－有机物三元层间化合物。又如，将石墨粉加进 Li、Na 的六甲基磷酰胺（HMPA）溶液中，浸泡数分钟，即能生成一种三元层间化合物 LiC_{32}（HMPA），NaC_{27}（HMPA），石墨层间距扩大到0.762 nm。

（2）电化学氧化和电解法。电化学氧化法主要用来制备共价型层间化合物。

1）强酸氧化法。用混合比例（1~9）：1（质量比）的浓硫酸和浓硝酸混合液浸泡石墨，石墨层间生成石墨氧化物，将这种石墨氧化物脱酸、洗净、烘干，即得产品。这一方法用得最早，是目前工业上广泛应用的可膨胀石墨（酸化石墨）。但该法存在酸水治理问题，如废酸和废水对环境构成污染；高温膨胀时废气中含酸浓度过高，对人体健康会造成危害。

2）强氧化剂法。是将石墨浸入浓硝酸、硝酸盐、铬酸钾、重铬酸钾、高氯酸及其盐类等氧化剂中，生成石墨层间化合物，经过脱酸、洗涤至中性，然后烘干得产品。此法同样存在“三废”处理问题。

3）过硫铵法。用过硫酸二铵盐类［$(NH_4)_2S_2O_8$］（称过硫铵）和浓硫酸的混合液，其混合质量比为（10：90）～（40：60）。硫酸波美度为66°，密度为1.856 g/cm^3。将石墨粉（5~500目）浸入上述溶液中10~60min，石墨层间化合物可形成。经过脱液、水洗、过滤和烘干即得产品。该法的优点是能减少“三废”污染，层间化合物清理容易，反应产物中杂质含量少并呈中性。在后续的高温膨胀中，废气毒性小。

4）电解氧化法。是在特制的电解槽内进行。将石墨粉与含层间浸入剂的电解液放入电解槽中，将电极通以直流电，同时搅拌槽内溶液，石墨层间化合物即可形成。这种方法特点是对氧化剂的浓度要求不严格，并可用低浓度溶液，生成的层间化合物质量比较均匀，对环境污染轻。常用的电解液有硫酸、硝酸、高氯酸、三氯乙酸等。虽然仍使用强酸，但浓度很低，因而减少了废水污染。

石墨经化学处理制成的层间化合物，其性质大大优于未处理石墨，应用范围已扩大到冶金、石油、化工、机械、宇航、原子能等许多工业部门，是理想的耐高温、抗热震、防氧化、耐腐蚀、润滑性和密封性良好的新型材料。如作为导电材料比原石墨的电导率高12~13倍（用 HNO_3 处理制得的），也比铜高；作为高功率电池电极，具有质轻、体积小、高电压、高能量密度，储存性能好；作为浓缩储氢材料的低温型 K－H－石墨层间化合物有吸附氢后化合物本身体积几乎不变，且吸附和解吸完全、速度快和有杂质存在时其性能不受影响等优点，还能从氢气中选择性提取重氢（氘、氚）、分离同位素，其效果比5A分子筛还好。

B 可膨胀石墨（酸化石墨）

可膨胀石墨是目前研究和应用最成熟的一种石墨层间化合物。将可膨胀石墨置于800～1000℃下数秒钟内，其体积迅速膨胀，成为一种蠕虫状物质，称之为膨胀石墨，其膨胀倍数达100倍以上（20～500mL/g）。膨胀石墨再经加工制成纸、箔等制品，具有不同于普通石墨的柔韧性，称为柔性石墨。

可膨胀石墨是石墨的一种氧化物，如前所述，采用强酸氧化法生产，称之为酸化石墨。因其呈酸性，能使石蕊变红，故又称石墨酸。可膨胀石墨（或石墨酸）是鳞片石墨在强氧化剂的作用下，石墨晶格受到氧化，氧原子进入石墨层间，获取了可移动的π电子，使层间金属键断裂，氧原子与碳原子结合从而生成了石墨酸。

石墨酸虽然外貌与鳞片石墨一样，也保留了石墨的某些特性，但失去了普通石墨的疏水性、高温下良好的热稳定性等，变得亲水性强、热电性减弱，高温下产生极大膨胀等。

膨胀石墨在目前石墨层间化合物中用途最广。目前90%的膨胀石墨用来作密封材料，被称之为“密封材料之王”，具有耐高温、低温、耐酸碱、自润滑等优点。

内蒙古兴和石墨矿可膨胀石墨生产工艺流程见图19－6。所用的各种规格的石墨含碳量80%以上，经过该工艺的酸处理，产品比容可达150mL/g以上，大于100目可达800mL/g以上。石墨酸浸氧化采用浓硫酸加固体高锰酸钾搅拌15～20min，而后在常温常压下浸泡0.5～2 h左右。边搅拌边缓慢加入一定量的水，冷却后将物料用真空吸入中间贮罐中。中间贮罐有搅拌装置。搅匀后，将液料放入过滤槽中。开启真空泵，用水洗涤至中性，并抽干。再用单链刮板将物料运送到干燥机干燥，干燥后包装。

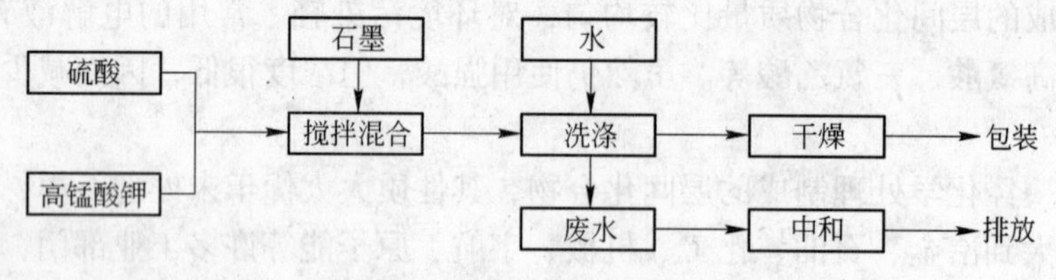

图19－6 兴和石墨矿可膨胀石墨生产工艺流程

C 石墨乳

石墨乳又称胶体石墨，它是以胶体大小的石墨颗粒（0.1～0.001μm，理论值，实际约1μm）作为分散相，以水、油、有机溶剂，合成树脂溶液等作分散介质的固－液分散体系，胶体石墨依用途分为拉丝用胶体石墨润滑剂、精密锻造胶体石墨（增加润滑、减少摩擦、易冷却脱模）、节能油剂高纯胶体石墨等。

石墨是强疏水性能的粒子，要使胶体石墨在水等介质中稳定分散，必须添加亲水、稳定、分散剂，使之吸附于石墨粒子表面。这些稳定和分散剂十分重要，常用的有动物胶，阿拉伯胶、单宁、明矾、萘磺酸、聚乙烯醇、羧甲基纤维素等，以及琼脂、糊精、聚乙烯吡咯烷酮（PVP，$\left[\begin{array}{c} -CH-CH_2- \\ | \\ N \\ CH_2 \quad\quad C=O \\ | \quad\quad\quad | \\ CH_2-CH_2 \end{array}\right]_n$）、水溶性醋酸乙烯、水溶性聚丙烯、水溶性酚醛树脂、硅酸盐以及一些表面活性剂增稠黏结剂。此外，含杂质在 $10^{-3}\%$ 以下的超纯石墨在电气工业中已成首选的原料。

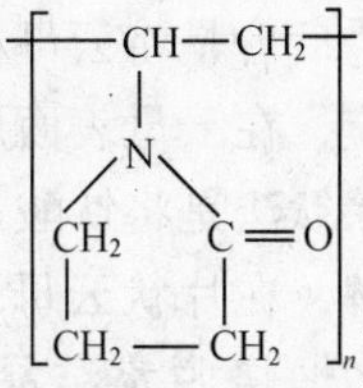

19.3.8.4 *其他矿物的改型活化处理*

沸石是一种具有吸附、筛分、离子交换和催化等性能和独特结构的矿物，已发现的天然沸石有40余种，目前已工业应用的有斜发沸石、丝光沸石、菱沸石、毛沸石、片沸石和钙十字沸石。它是架状结构的硅酸盐，其中每个硅与四个氧形成硅氧四面体，结构中的 Si^{4+} 可以部分被 Al^{3+} 置换，为平衡电荷引入 K^{2+}、Na^+ 等离子。这些金属离子又可被 Ca^{2+}、Sr^{2+}、Ba^{2+}、Zn^{2+}、Cu^{2+}、Ni^{2+}、稀土、贵金属等其他离子置换。置换不同的离子对沸石的离子交换、吸附及催化性能影响颇大。

沸石的改型根据用途可以用 NaOH 溶液处理；用稀无机酸（HCl、H_2SO_4、HNO_3、$HClO_4$ 等）处理；用 Cu^{2+} 交换，也可用钠盐（NaCl、$NaNO_3$ 等）、NH_4Cl、$CaCl_2$ 等置换，形成不同类型的沸石。

海泡石是一种富镁纤维状硅酸盐黏土矿物，结构和凹凸棒石相似，均由链层状结构的硅氧四面体或八面体组成。海泡石在我国于20世纪80年代才被发现，有热液型和沉积型。

海泡石具有较好的吸附、脱色、热稳定、抗腐蚀、抗辐射、隔热绝缘等性能。过去多用于石油钻井、石油化工、医药、环保、酿造、农药、建材等方面。海泡石用酸液处理时，溶液中的 H^+ 交换层间的阳离子，并溶出八面体中的 Al^{3+}、Mg^{2+} 和 Fe^{3+} 等，从而增大层间距，疏通孔道，增大层间孔隙和内表面积。各种性能比未处理的海泡石更优越，用途更广，如在涂料、焊条、填料、干燥剂、吸附剂、饲料、油脂脱色、除臭、香烟过滤嘴、新型钒触媒载体以及各种活化海泡石材料等。

对凹凸棒石通常用 HCl 或 H_2SO_4 进行活化处理。用 HCl 比 H_2SO_4 活化好些，因为盐酸可以溶去碳酸盐杂质和晶体结构孔道中的其他阳离子，所以性能较好。

19.3.8.5 云母涂覆及黏土纳米材料实例

A 云母钛珠光粉

世界生产或制备云母珠光粉有两种方法：一种是水解涂钛法，另一种是气相反应法。后者是将云母粉置于流化床中，通入氧气，使其与 $TiCl_4$ 或其他钛金属盐反应，在云母表面形成氧化钛薄膜。工业上广泛采用的是水解涂钛法。

水解涂钛法是将钛酸盐加入到云母悬浮液中，在酸性条件下经加热使钛酸盐发生水解，在片状云母表面沉积形成水合二氧化钛薄膜，然后经过滤、洗涤、烘干和煅烧脱水结晶为云母二氧化钛薄膜。一般工艺流程如图 19－7 所示。

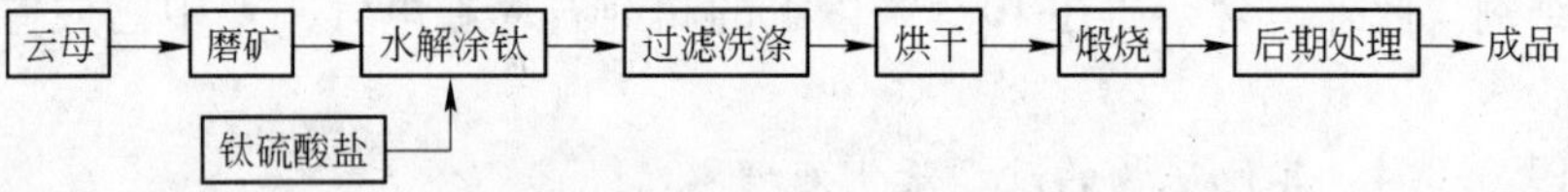

云母 → 磨矿 → 水解涂钛 → 过滤洗涤 → 烘干 → 煅烧 → 后期处理 → 成品

钛硫酸盐 → 水解涂钛

图 19－7 水解涂钛法生产珠光云母粉的工艺流程

用于制作珠光颜料的云母原料可以是白云母、锂云母、绢云母（暗色珠光粉还可用黑云母），但主要是白云母。磨矿方法一般采用湿法，且多用轮碾法，这样可以保持云母光泽，获得纵横比较大、表面光滑和易于分散的片状云母颗粒。云母粒度长径通常为 5～200μm（大多在 200 或 325 目以下），径厚比 50～200。径厚比是影响云母珠光粉产品质量的主要因素之一。为了获得较大径厚比云母粉，常采用一些物理或化学方法进行预处理。例如，磨矿前将云母在 800℃煅烧，可有效地使云母层间剥离，可使产品径厚比达 1000；采用超声波对云母进行处理，可使层间剥离和粉碎；采用强酸处理云母，可增加层间剥离效果，同时还能除去酸溶物杂质。

水解涂钛是珠光粉生产工艺中最关键也是最复杂的工序。目前常有的涂钛试剂是最早使用的四价钛盐 $TiOSO_4$ 和 $TiCl_4$，近年来也开始使用低价钛盐 $TiCl_3$、$TiCl_2$、$Ti_2(SO_4)_3$ 等。这些低价钛盐可获得高光泽度和干涉色鲜艳的彩虹云母珠光粉。此外，还可使用两种钛盐形成 $Ti_xO_yN_2$ 固溶体钛薄膜及 $TiCl_4$ 与有机酸配用形成有机钛膜。

水解涂钛法是利用钛盐本身特性——钛盐水解没有固定的 pH 值，只要加热或稀释即使在 pH 值很低的情况下，也可以发生水解，析出 TiO_2 沉淀。化学反应为：

$$TiOSO_4 + 2H_2O \xrightarrow{\triangle} H_2TiO_3 + H_2SO_4$$

H_2TiO_3 为偏钛酸，吸附着大量的游离酸和水，为无定型结构，可视为水合二氧化钛（$TiO_2 \cdot nH_2O$）。利用这一原理，可使云母粉表面涂覆上一层水合 TiO_2 膜。制备过程是：将云母粉制备成悬浮液，并加热到 60～100℃。为了防止杂质离子沉淀和使云母粉胶溶，常用HCl或H_2SO_4将悬浮液调节到pH值为2~3，然后将配成一定浓度的钛盐溶液慢慢不断地加入到云母悬浮液中。钛盐溶液浓度和用量主要取决于工艺本身和钛膜厚度。不同干涉色的珠光粉与TiO_2含量（%）关系为：银色10~26，金黄色26~40，红→蓝→绿色40~50。水解过程中需要保持pH值和温度十分稳定。由于钛盐水解过程本身使pH值不断下降，因此常用碱或氨水进行调节，以保持pH值恒定。水解时间也取决于TiO_2膜厚度，水解时间越长，涂钛膜越厚。一般为几小时到几十小时。

水解涂钛完成后，由于水合TiO_2膜含有大量游离酸和水，需进行过滤、洗涤、烘干后才能进行下一工序的煅烧。烘干温度一般为110~130℃，烘干时间一般30min到数小时。

煅烧不仅可使水合TiO_2膜脱水结晶为TiO_2膜，还可促进其晶型转变，如锐钛型TiO_2在低温时形成，高温时则转变为金红石型TiO_2晶体。煅烧时温度一般为500~1000℃，最高可达1200℃，煅烧时间为30min到数小时。为防止TiO_2膜在煅烧中出现裂隙，升温开始要缓慢一些。煅烧可以直接在空气中进行，也可在保护气氛中进行。后者常用于特殊目的。如水合TiO_2在900℃煅烧3h，采用不同的气氛，可得到不同的金红石转化率，如表19－20所示。目前云母珠光粉生产多在空气（流）中直接煅烧；用于特殊目的，如生产暗色珠光粉时，则采用氢气或氨气气氛中煅烧。

表19－20 不同气氛中煅烧时金红石型TiO_2转化率

气 氛	氧气流	空气流	氩气	真空	氢气	静止空气
转化率/%	52	70	85	94	95	46

后期处理是近年来发展起来的云母珠光粉改性加工技术，主要手段是在涂钛云母珠光粉表面再涂敷上其他金属氧化物薄膜或有机物薄膜，形成多层薄膜的复合云母珠光粉。其目的在于改善云母珠光粉的颜色、耐光、耐候性和亲油性能等，从而可使其广泛地应用于汽车涂料。

例如在已涂钛的云母粉表面再涂覆一层Cr_2O_3保护层，形成$Cr_2O_3/TiO_2/$云母型珠光粉，可改善其耐光、耐候性。其方法大致是，将涂钛云母粉制成悬浮液，加热到50~80℃，将一定浓度的铬盐$KCr(SO_4)_2 \cdot 2H_2O$溶液慢慢加入，使之水解，同时加入不同阴离子沉淀剂使铬离子以磷酸铬、氢氧化铬或甲基丙烯酸氧铬形式沉淀于云母珠光粉表面形成薄膜，其pH值保持4.5~6.5，然后过滤、洗涤、烘干、煅烧即可。

又如，云母珠光粉用有机酸类表面活性剂（如壬二酸、癸酸、硬脂酸、月桂酸等）作表面处理，可将原来金属氧化物表面的OH覆盖，使得其表面变得亲油，能在有机涂料中良好分散。

除了在涂钛表面再涂覆外，近年来还出现了在涂钛水解过程中同时加入能生成 SiO_2、Al_2O_3、ZrO_2、SnO_2 等的盐类，从而形成几种新型云母珠光粉，并具有各自独特的性能或色泽。

B 纳米复合材料制备

中国专利（CN1528802A）介绍，一种纳米膨润土（蒙脱石）水基聚氨酯复合材料的制备方法。

将接枝有磺酸钠离子的聚酯二醇、二异氰酸酯、催化剂、二羟甲基丙酸和丙酮按一定比例在氮气保护下反应，然后再加入三乙胺丙酮溶液反应15min，最后加入纳米膨润土去离子水分散液并减压蒸出丙酮。该发明采用的聚合工艺简便、重复性好、成本低；所得水基聚氨酯性能优异，而且保留了纳米膨润土耐候性、耐热性和抑菌性等优良性能。

CN1482170 介绍一种聚氧乙烯和蒙脱石纳米复合材料及制备方法。其原材料包括：聚氯乙烯、插层树脂（氯乙烯-醋酸乙烯酯共聚物、抗冲型丙烯酸酯）和有机改性蒙脱石、稳定剂（铅盐、有机锡、硬脂酸钙、硬脂酸钡等）和加工助剂，采用母料法熔融插层制备获得，本发明的复合材料力学性能明显提高，并且材料的加工性能也有所改善 。

有文献介绍，通过黏土矿物与聚合物的复合作用制备新型材料，该法提出采用一种黏土与聚乙二醇胺接枝聚丙烯的复合物的生产方法，该黏土系无机层状硅酸盐黏土用两性添加剂改性而得。这种改性剂由相对分子质量超过1800的聚乙二醇胺与聚丙烯接枝马来酸酐聚合得到。生产这种复合物的方法大体上是首先制得两性改性剂，然后用无机酸酸化，与膨胀黏土在60～80℃强烈搅拌混合，使之发生阳离子交换，得到最终产品。该产品是极好的表面活性剂，也是聚合物的增强剂。

纳米材料与技术，正如诺贝尔奖获得者 Feymeman 在20世纪60年代所预言，物体的微小颗粒通过排列控制，就能得到大量异乎寻常的特性。它是由一般所指的1～100nm 的超微颗粒——纳米粒子所组成。矿物深加工纳米材料与技术在陶瓷（高硬度、高韧性、低温超塑性）、光电（信息、传输、存储、处理、运算和显示具高精度超强能力）、化工和医学等领域均有广泛用途。

19.3.8.6 碳酸钙深加工技术与产品

A 概况

碳酸钙是一类重要的无机化工产品或原料，品种很多，广泛地应用于橡胶、塑料、油漆、涂料、造纸、油墨、印刷、电缆、食品、医药、化妆品、牙膏、饲料、润滑油等众多行业。由于其资源丰富，分布广泛，加工工艺相对简单，质优白度高，价格比较便宜，所以它作为工业矿物原料具有较多的优势，是国内外用量最多的产品。

我国和世界的碳酸钙资源丰富（我国约占世界资源的1/2），主要有石灰石、方解石、大理石、白垩、冰洲石和贝壳等。碳酸钙产品有轻质碳酸钙（沉淀碳酸钙）和重质碳酸钙（单飞粉、双飞粉、三飞粉和四飞粉，细度不同）。重钙和轻钙两者在世界的生产使用质量比为（14～18）：1，我国过去轻钙比重钙多。

轻质碳酸钙主要用作塑料、橡胶、造纸填料；单飞粉主要用于生产氧化钙；双飞粉除用于生产无水氯化钙和玻璃工业用外，也作填料；三飞粉主要作塑料、油漆、涂料的填料，四飞粉作电线绝缘填充料等。碳酸钙经过深加工超细粉碎、改性，可以生产胶体碳酸钙（活化碳酸钙和晶体碳酸钙等系列深加工产品）；碳酸钙也是生产苏打、小苏打、漂白粉［$CaCl_2$、$Ca(OCl)_2 \cdot H_2O$ 和 $Ca(OCl)_2$］、过碳酸钙、特种水泥和饲料等的原料之一。

轻质碳酸钙的生产工艺是，先将原料煅烧后，再消化、精制、碳化、过滤（浓缩）、干燥所得。轻质碳酸钙视生产结晶工艺的差异，产品晶体有立方状、针状、球状、链状和纺锤状（国内生产的产品以纺锤状为主）。轻钙的不透明度和白度高、吸油墨性好，但分散性流动性较差，用于造纸涂布料磨耗比较低，但固含量和固化点不如重钙。重质碳酸钙是将纯度高、自然白度高（≥90%）的原料直接通过机械加工，即用超细碎分级设备进行超细微粉的细磨与分级。同时还必须添加助磨剂（无机、有机及高分子化合物见16章）助磨，对颗粒起软化、降低硬度、晶格缺陷穴蚀崩裂作用，对粉体起分散作用，防止重复絮团。

表19－21所列为国内轻质碳酸钙标准，表19－22列出了国外几家公司的重质碳酸钙技术指标。

表19－21　轻质碳酸钙标准（HG1－517—74）

名称＼指标	一级	二级	三级
外观	白色	白色	白色
$CaCO_3$（干基）/%	≥98.2	≥96.5	≥98.2
盐酸不溶物/%	≤0.3	≤0.4	≤0.5
氧化铁/%	≤0.1	≤0.2	≤0.1
游离碱（CaO计）/%	≤0.15	≤0.2	≤0.15
锰/%	≤0.0045	≤0.0045	—
120目筛余/%	0	≤0.005	0
沉降体积/$mL \cdot g^{-1}$	≤2.8	≤2.5	≤2.8
硫化物	—	—	符合检验
还原性硫/%	—	—	≤0.0005

表19－22 国外重质碳酸钙技术指标

指 标	日 本		英国 ECC			西班牙雷贝特			美国 Microna	意大利	芬 兰
	底涂	面涂	NP100	Carbita190	Polycarb	Fitocarb90	Microcarb95	底涂	65－HBC	Carbita 193	Camelcal
白度（或亮度）/%	96	96	89±0.7	96	85	93~94	94	93	96	93	95~96
粒度质量分数/% －1μm	40~44					61	74~76	20~50		81	75
粒度质量分数/% －2μm	67~73	90~93	80±3	90	86	91	95~96	50~70	90		87
粒度质量分数/% －5μm	94~96	100				100	100	≥90			96
磨耗/mg^{-1}·2000次	4~10	3	5	5	4~7	2~5	2~5	5~12	2	2	5~7
$CaCO_3$ 质量分数/%	99		98.5	98.1		98.9					94
SiO_2 质量分数/%	0.2	0.72	0.4		0.12						

$CaCO_3$ 粉体表面具有许多羟基水，表面是亲水疏油性的，生产过程中易形成聚结体，分散性能极差，直接应用效果不好。因此需要对 $CaCO_3$ 粉体进行表面处理，以克服粉体表面自身的缺陷。

为了使 $CaCO_3$ 产品具有所需要的性能，首先要根据其本身的性质及应用目的，恰当地选择表面处理剂及处理方法。不同表面处理剂和处理方法，得到的产品性能和效果各异。

在 $CaCO_3$ 粉体表面处理方面，日本是领先的。日本狮子公司、白石工业公司、白石中央研究院、金平公司等对 $CaCO_3$ 粉体的表面处理都有独到的研究。随着 $CaCO_3$ 工业的发展，欧、美国家对 $CaCO_3$ 粉体的表面处理也颇为重视。Genstar 石头公司、Sylaceanga 钙产品公司、菲泽公司等也有许多经表面处理的 $CaCO_3$ 粉体产品面市。20 世纪 70 ~80 年代著名的英国 ICI 公司自其活性 $CaCO_3$ 产品工业化生产以来，其汽车底漆专用 $CaCO_3$ 产品一直垄断整个欧洲市场。全世界 $CaCO_3$ 系列产品不下数百种，表面处理 $CaCO_3$ 产品的需求量不断增长，全球 $CaCO_3$ 产品逐渐向“粒子微细化，表面活性化”的方向发展。

我国的 $CaCO_3$ 工业起始于 1931 年的上海 1 家，发展到如今已有不下 200 家，产品品种质量还在努力提升。至今有些高档产品，如胶体碳酸钙和高档煅烧改性超细高岭土一样，还需从ICI公司和美国进口。因此，深加工改性十分必要。

B 碳酸钙粉体表面处理

$CaCO_3$ 粉体表面处理为 $CaCO_3$ 粉体的应用注入了新的活力，处理后的 $CaCO_3$产品应用范围更广，性能更加完善，需求量愈来愈大，品种愈来愈多。世界碳酸钙系列产品多达数百种，$CaCO_3$ 粉体的表面处理就是通过物理或化学的方法将表面处理剂吸附或反应在 $CaCO_3$ 粉体的表面，形成表面改性层，从而改善 $CaCO_3$ 粉体的表面性能。采用不同的表面处理方法和不同表面处理剂，可以得到不同性能的 $CaCO_3$ 产品，可以满足不同要求。表面处理使 $CaCO_3$产品获得许多优异性能，具有广阔的发展前途。

$CaCO_3$ 粉体的表面处理按处理方法来分，可分为干法表面处理和湿法表面处理。干法表面处理就是把 $CaCO_3$ 粉体放入高速捏合机中，旋转后再投入表面处理剂或分散剂，进行表面处理（或者用其他干法处理设备处理，目前已有多种干法表面处理设备）。湿法表面处理是直接把表面处理剂或分散剂加入 $CaCO_3$ 悬浮液（以水或有机溶剂作介质）中，进行表面处理。前者简单易行，捏合机出料后可直接进行包装，此法适用于各种偶联剂对 $CaCO_3$ 粉体的表面处理。后者是在水（或其他介质中）用表面处理剂或分散剂和 $CaCO_3$ 作用，具有很好的表面涂层、包覆效果，此法是传统的 $CaCO_3$ 表面处理方法。

（1）耐酸性表面改性处理。

由于 $CaCO_3$ 粉体的耐酸性差和表面 pH 值高等两个缺点，限制了其使用范围和使用量。为扩大其使用范围和使用量，日本白石工业公司采用缩合磷酸（偏磷酸或焦磷酸）对 $CaCO_3$ 粉体进行表面处理，得到了一种表面改性产品。这样处理提高了 $CaCO_3$ 粉体的耐酸性，降低了其表面 pH 值，拓宽了 $CaCO_3$ 使用范围。

经过这种表面处理的 $CaCO_3$ 产品，难溶于醋酸等酸中，表现 pH 值为 5.0~8.0，比未处理 $CaCO_3$ 表面 pH 值下降 1.0~5.0。这类产品可有效地用于塑料、橡胶、涂料、造纸、食品、牙膏及其他领域中。

（2）偶联剂表面处理。

碳酸钙微细粉体经偶联剂表面处理后获得的改性产品性能优异。国外用于 $CaCO_3$ 表面处理的偶联剂较多。

1）钛酸酯偶联剂的表面处理。

钛酸酯偶联剂和 $CaCO_3$ 粉体表面的自由质子（自由质子来源于 $CaCO_3$ 粉体表面的结合水、结晶水、化学吸附水和物理吸附水）形成化学键，主要是 Ti—O 键的形成。经过钛酸酯偶联剂处理后 $CaCO_3$ 表面覆盖了一层分子膜，使 $CaCO_3$ 表面性质发生了根本的改变。钛酸酯偶联剂对 $CaCO_3$ 粉末表面处理机理如图19－8所示。

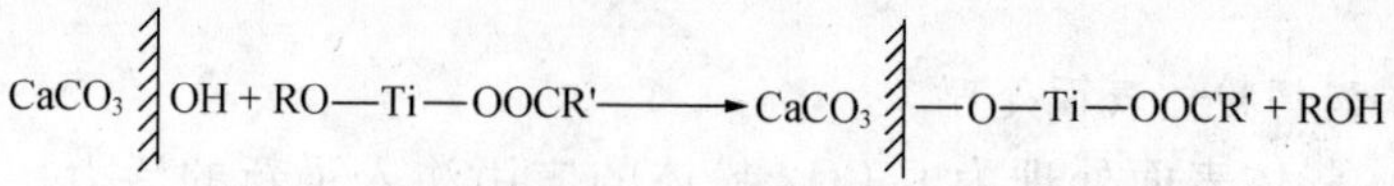

$$CaCO_3 \text{/}OH + RO—Ti—OOCR' \longrightarrow CaCO_3 \text{/}—O—Ti—OOCR' + ROH$$

图19－8 钛酸酯偶联剂对$CaCO_3$表面处理机理示意图

蒙特（Monte S J）等人认为，钛酸酯偶联剂LICA 90和LICA 38改性的碳酸钙对热固性聚酯的充填效果最佳。钛酸酯NDZ－105作为超细碳酸钙（小于25μm）的改性剂，其改性产品可用于硬质PVC/CPE塑料合金的高填充，并提高合金材料的加工流动性，补强作用明显强于其他改性碳酸钙；比较新型大分子偶联剂MTCA与通用小分子钛酸酯偶联剂和硬脂酸的偶联效果显示，大分子偶联剂具有更好的偶联作用。

2）铝酸酯等偶联剂的表面处理。

铝酸酯偶联剂用于$CaCO_3$的表面处理有其独特的优点。它可以改善产品的加工性能和物理力学性能，而且铝酸酯常温下是固体，有色浅、无毒、使用方便和热稳定性高的优点。铝酸酯偶联剂的表面处理机理和钛酸酯偶联剂的表面处理机理相类似，但是$CaCO_3$粉体经过铝酸酯的表面处理后，铝酸酯偶联剂能够不可逆地和$CaCO_3$表面形成化学键，所以对$CaCO_3$粉体的表面处理，铝酸酯偶联剂优于一般的钛偶联剂，以及硅烷偶联剂。同样，经锆铝偶联剂EEPM处理，超细改性碳酸钙（小于2μm）填充聚丙烯制品的冲击强度和伸长率等力学性能均有明显增强。

3）硅烷偶联剂的表面处理。

实验证明，一般的硅烷偶联剂和$CaCO_3$粉体表面不发生偶联反应。对$CaCO_3$粉体表面处理较为有效的硅烷是一种属于多组分的具有能与粉体$CaCO_3$表面吸附或键合的硅烷偶联剂。

（3）有机物表面处理。

1）有机磷酸酯表面处理。

磷酸酯对$CaCO_3$粉体进行表面处理主要是磷酸酯和$CaCO_3$粉体表面的Ca^{2+}离子反应形成磷酸钙盐沉积或包覆在$CaCO_3$粒子表面，从而改变了$CaCO_3$粉体的表面性能。磷酸酯对$CaCO_3$粉体进行表面处理的反应机理如下式所示：

$$CaCO_3 + ROPO_3H_2 \longrightarrow ROPO_3H \cdot CaHCO_3 \longrightarrow ROPO_3Ca + CO_2\uparrow$$

$$ROPO_3H \cdot CaHCO_3 + ROPO_3H_2 \longrightarrow Ca(ROPO_3H)_2 + CO_2\uparrow + H_2O$$

$$ROPO_3Ca + 2H_2O \longrightarrow ROPO_3Ca \cdot 2H_2O$$

用磷酸酯化合物作为$CaCO_3$粉体的表面处理剂，不仅可以使复合材料的加工性能、力学性能显著提高，对耐酸性和阻燃性的改善也有较好的效果。

2）脂肪酸（盐）表面处理。

用于 $CaCO_3$ 粉体表面处理的脂肪酸主要是含有羟基、氨基或巯基的脂肪族、芳香族或含芳烷基的脂肪酸（盐）。$CaCO_3$ 粉体经过脂肪酸（盐）的表面处理后，因有机酸（盐）的表面活性作用，与 $CaCO_3$ 粉体表面的 Ca^{2+} 离子进行化学反应，使 $CaCO_3$ 粉体的表面性能由亲水变为亲油、脂肪酸（盐）对 $CaCO_3$ 粉体的表面处理机理如图 19－9 所示。

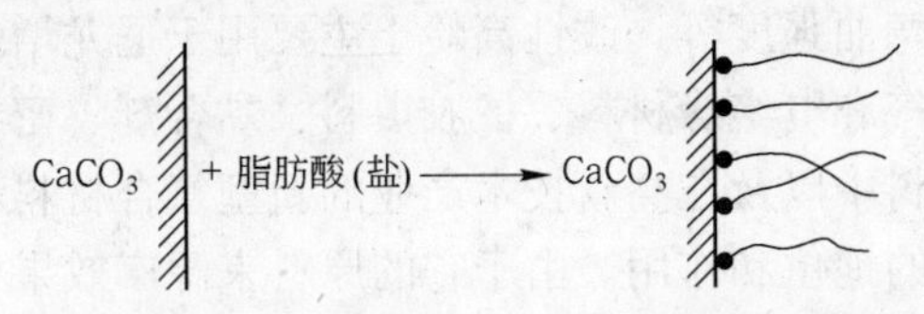

图 19－9　脂肪酸（盐）对 $CaCO_3$ 进行表面处理机理示意图

木质素、树脂酸及其盐也可用来对 $CaCO_3$ 粉体进行表面处理。白石工业公司的白艳华系列产品中就有用木质素、树脂酸等对 $CaCO_3$ 粉体进行表面处理的产品。

3）高分子化合物表面处理。

用于 $CaCO_3$ 粉体表面处理的高分子分散剂通常是聚丙烯酸（盐）、三元共聚物。

$$\left[\begin{array}{c}\text{CH}\\|\\\text{OR}\end{array}—\text{CH}_2—\begin{array}{c}\text{CH}\\|\\\text{CO}\\|\\\text{OX}\end{array}—\begin{array}{c}\text{CH}\\|\\\text{CO}\\|\\\text{OY}\end{array}\right]_n$$

这些高分子物质可以定向地吸附在 $CaCO_3$ 粉体的表面，不仅使 $CaCO_3$ 粉体具有电荷特性，而且在 $CaCO_3$ 粒子的表面形成吸附层，阻止 $CaCO_3$ 粒子的聚集，具有良好的分散稳定性。另外，烷氧基苯乙烯和苯乙烯磺酸的共聚物对 $CaCO_3$ 粉体的表面处理，也可以起到良好的分散稳定作用。图 19－10 所示是高分子物质对 $CaCO_3$ 粉体的表面处理形态示意图。

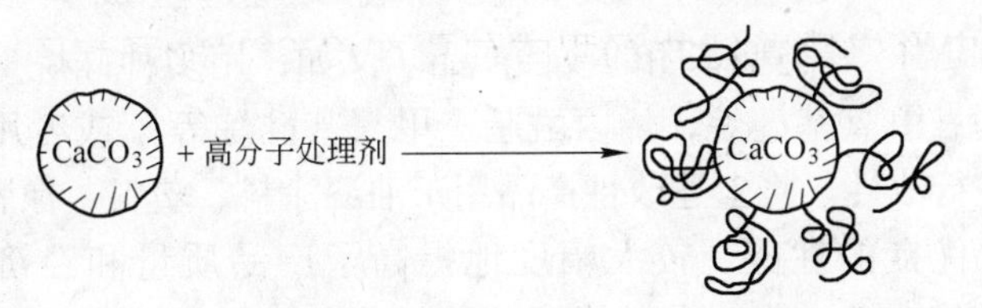

图 19－10　高分子物质对 $CaCO_3$ 粉体表面处理形态示意图

聚烯烃低聚物通常是借助粉碎机械力化学效应高能处理法实现其在碳酸钙表面的接枝改性，如通过在苯乙烯单体中研磨碳酸钙实现了聚苯乙烯聚合产物在矿物表面的接枝改性，用氩（Ar）和丙烯（C_3H_6）混合气体作为等离子处理气体对重钙（小于10μm）粉体进行低温等离子表面改性，所得改性重钙与聚丙烯树脂（PP）有极好的相容性，因为改性使碳酸钙表面增加了非极性有机层。

19.3.8.7 高岭土表面改性

化学改性粉体高岭土作为一种新型颜料和功能填料，能提高复合材料的抗冲击、抗拉伸、抗弯曲强度等，改性高岭土主要用于尼龙增强材料、聚氨酯和聚酯填料、高压电气和电绝缘材料、橡胶填料、黏合剂、密封胶等各种高分子材料中，在油漆涂料中以及在高新技术产业的新型复合材料和日用精细化工产品中具有十分重要的地位和作用。由于它的原料来源广效果好，不仅可以降低原材料及其制品的成本，而且更为重要的是能够提高材料及其制品的力学性能，例如增加刚性、韧性、几何性（规格、大小不变形）、耐腐蚀和耐候性、阻燃性、绝缘性、共容增量性以及疏水、光洁等各种性能，是白色颜料钛白粉的优良替代品。特别是经 TiO_2 包覆的高岭土。

国外有关改性应用技术的专业文献、资料有诸多报道，例如：美国 Engelhard 公司生产的 translink 445 和 translink 555 产品就是经氨基硅烷处理的煅烧土，主要用于尼龙、聚酯和其他极性聚合物，能够降低材料的吸水性，提高热变形温度和耐冲击强度，增强充填物几何尺寸的稳定性。将后一种改性土（555）用于高档油漆涂料，使涂料具有很好的光泽、很少的气泡，能提高涂层的强度、增强涂层的附着力，可以替代钛白粉。该公司用乙烯硅烷改性的 translink 37 和 translink 77 煅烧土，可以显著地提高 PVC 和硅橡胶的性能，具有极好的疏水性、电绝缘性和表面光洁度，同样用于聚乙烯和乙丙橡胶作为电子复合材料、高压电绝缘材料，也显示了耐水、低吸湿、耐高压、耐冲击、高电阻和热稳定等性能。美国专利号 4690868、3227675、3290165、3567680 和 4798766 等专利，介绍了应用各种改性剂制备改性土的工艺与产品。例如：介绍用胺试剂先使高岭土成为胺化高岭土，然后将含—NH_2 基土与 RCOCl、RX、$RSCO_2Cl$（$C_6H_5SO_2Cl$ 等）一类的化合物反应，生成具有 $RCONH^-$、RNH^- 和 RSO_2NH^- 等类型基团的改性产品。又如，用多种硅烷（如甲基丙烯丙酰基丙氧基三甲氧基硅烷，烯丙酰基三甲氧基硅烷等）或者用羧酸、羟基羧酸类试剂进行改性。将上述改性产品用于油漆涂料、塑料、橡胶和造纸等行业，均显示了优良的性能，较大幅度地提高了产品质量和经济效益。英国 ECC 公司用硅烷改性土作尼龙的增强功能填料，显示了优良的表面特性、抗扭变性、低吸湿性和低磨耗性。此外，据报道经氨基酸硅烷处理的高岭土用在 PA 中作运载工具微电的填料、小车帽的填料、熔丝金属灯装饰物填料，用量为 20% ~40%。

长沙矿冶研究院于20世纪80年代开始高岭土的改性研究，利用福建某地高岭土分别在650℃、750℃、800℃和1000℃温度下煅烧粉碎（-325目占99%）和超细粉碎（-2μm占70%以上）的产品用硅烷进行改性，并进行了将其用作聚氯乙烯电缆料和高电性（TGD）绝缘级电缆功能填料的试验。用于耐温105℃绝缘级电缆料中（不同分量的掺和），经物理性能测试：20℃和95℃时的体积电阻率（欧姆）、拉伸强度（MPa）、断裂强度（%）和200℃热稳定时间（min）等试验结果和国标GB8815-88-J-105相比较，均超过了国标的质量指标，特别是体积电阻率成倍超标（超标达5倍）。用于高电性（TGD）绝缘级电缆，其拉伸强度、断裂伸长率，20℃和70℃体积电阻率以及200℃热稳定性时间，经测试其指标也均达到或超过了国标GB8815-88（TGD-70）规定的指标。除了体积电阻率等成倍超标准外，而且在加工时具有容易操作、塑性好和样片光滑等优点。在不同温度煅烧产品相互比较中，中温效果比高温好，粒度细的比粗的好。同时，还研究了利用高岭土（软硬质土）制备活性氧化铝、无机铝盐和莫来石耐高温材料。

19.3.8.8 *滑石改性*

滑石为表面惰性的层状硅酸盐矿物（和叶蜡石一样）。经胺类、硬脂酸盐及钛酸酯等偶联剂进行表面处理后，其表面由弱疏水性转变为完全疏水，从而增强了改性粉体与有机体的相容性。因此，改性滑石（或叶蜡石）作为高聚物基复合材料的功能性填料能明显提高制品的抗冲击强度和耐磨性等力学性能，并赋予制品具阻燃性。

在聚丙烯制品中加入质量分数40%滑石可使拉弯模量从1.378×10^3MPa提高到6.314×10^3 MPa；在高密度聚丙烯中添加质量分数25%滑石填料使抗冲击能力和刚性强度等综合性能优于等量$CaCO_3$充填的效果。该制品用于汽车部件生产。

涂料工业采用各种滑石粉作填料，质地柔软，磨蚀性低，片状结构可使涂膜有高耐水性和瓷漆不渗性。产品有普通粒度的滑石粉（小于325目）、微细级（小于20μm和小于10μm）滑石粉、超微细级滑石粉（小于5μm)、化学改性处理的滑石粉等，其中微细级和超微细级的具有重要意义，因为它除了能改进涂膜性能外，还具有空间位阻能力，可部分取代钛白粉、TiO_2等颜料，用化学改性剂处理的滑石粉取代TiO_2等颜料的性能更好。

19.3.8.9 *硅灰石表面处理*

硅灰石矿物为纤维状、针状或放射状集合体，长径比大。硅灰石的化学成分理论量含SiO_2 51.7%，CaO 48.3%。天然硅灰石表面类似石英表面的亲水性，不易与亲油性的有机聚合物亲和。通过表面改性的硅灰石粉体，不仅可以改善它与聚合物之间的相容性，而且能提高功能性补强作用。

硅灰石粉体的表面改性可采用偶联剂进行反应，也可以采用聚合物接枝聚合、包覆等方法。表面改性剂主要包括硅烷、钛酸酯和锆铝酸盐等，也有用胺类和硬脂酸进行改性的。

英国 Blue Circle 公司使用氨基硅烷和甲基丙烯含氧硅烷作为改性剂生产牌号为 4000C 50 和 4000F 75 的硅灰石粉体改性产品均为高效的增强填料。机械和热性能试验表明，使用该改性产品充填的各类高聚物基复合材料的刚性与强度得到提高，膨胀系数降低，热扭变性能得到改善，在潮湿条件下的物理性能稳定，易于加工。

改性硅灰石作为聚丙烯塑料、PVC 人造革、尼龙和聚四氟乙烯等工程塑料中的增强填料与高岭土、碳酸钙、滑石、玻璃纤维和未改性硅灰石相比，其填充增强性能、拉伸强度等力学指标明显改善，特别是在填充尼龙树脂时，对复合材料最敏感的缺陷冲击强度的改善最为明显，显示了改性硅灰石作为增强填料的优越性。它可以改善各类塑料的性质，使产品具有高的热稳定性、低的电性和低的吸水率、高的机械强度以及低成本。

19.3.9 非金属矿选矿及加工药剂最新报道

非金属矿的选矿、提纯、除杂，深加工用的各种药剂的研究应用十分重要。表 19－23 为非金属矿物选矿及加工药剂的研究应用新动态。

表 19－23 某些非金属矿选矿、加工药剂及应用

药剂名称或代号	使用对象或性能	最新资料来源
各种脂肪酸、烷基磺酸盐和烷基苯磺酸盐，$C_{10\sim18}$醇	有效组合匹配作为重晶石矿物浮选分离有效药剂	Selivanova N V, *et al.* Russian Journal of Non-Ferrous Metals, 1999, 40 (3): 3 ~ 6
AERO－801 和－825 系列	硅石和玻璃砂新捕收剂	Oktay Bayat, *et al.* Minerals Engineering, 2002, 15 (4): 293 ~ 296
有机胺类、脂肪酸类及松油	大理石浮选除杂质	Afonso M D, *et al.* Desalination. 2002, 149 (1/3): 153 ~ 162
阳离子捕收剂 flotigam DAT, aero－3030, R825 和 armac C	浮选长石，云母，石英，aero3030 浮选长石比 flotigam 好，R825 和 armac 浮选石英好	Sekulic R, *et al.* Minerals Engineering, 2004, 17 (1): 77 ~ 80
十二胺与己醇和辛醇	浮选钾盐，用十碳醇与十二胺配合 KCl 回收更高	Monte M B, Oliveira J F. Minerals Engineering, 2004, 17 (3): 425 ~ 430

续表 19-23

药剂名称或代号	使用对象或性能	最新资料来源
硫代乙酸胺（armac C，等）	选黄铁矿、（脱硫）效果优于戊黄药	Kongolo Mu. Minerals Engineering，2004，17（4）：505~515
N-（2-氨基乙基）-1-萘基乙酰胺	浮选高岭石、伊利石、叶蜡石并研究了相关物化性能	Zhao S M. Minerals Engineering，2003，16（10）：1031~1033
N-（3-氨基丙基）十二烷基酰胺	浮选高岭石、伊利石、叶蜡石的回收率分别为91.5%、90.6%和96.3%	Zhao S M. Minerals Engineering，2003，16（12）：1391~1395
四羟基糠醛基酯（tetra-hydrofurfuryl）	作劣质风化煤非离子捕收剂，效果好	Renhe Jia，Guy H Harris，*et al.* Coal Preparation，2002，22（3）：123~149
油酸和羟肟酸捕收剂	浮选除去长石中的钛、铁、云母杂质	Celik M S，Can I. Minerals Engineering，1998，11（12）：1201~1208
阳离子二胺和阴离子磺酸盐或二胺和油酸盐的混合捕收剂	从石英中分离长石，研究其吸附性能及选择性	Vidyadhar A，Rao，K，Hanumantha. CA. 137，339616（Sweden）
脂肪胺作捕收剂，用烷基苯酚羟乙氧基酯（烃基为 C_2，乙氧基为 $C_{12\sim20}$）的三聚合物脱泥	提高 KCl 浮选产品质量，降低药剂消耗，絮凝（脱泥）-捕收	Titkov S N，Chistyakov A A，*et al.* CA 137，111223；Russ 2165797
改性羟肟酸盐 AP6493 和 S8706	浮选高岭土，具高活性和稳定性	CA 138，207042
阴离子和阳离子双环萜烯表面活性剂：三甲基双环化合物（5，5，6-trimethylbicyclo-（2，2，1）-heptane-2-on-3-exosulfuric acid）和冰片基化合物（N-（2-（2-exobornyloxy）-ethyl）ethylene diamine chloride）	分选钾、钠好，是 KCl（钾盐矿物）的有效药剂。研究其作用特性，对 KCl 表面活性作用强，浮选钾盐疏水活性好	Mozheiko F F，Korshuk E F，Potkina T N. CA 138，93093
聚羟肟酸淀粉制备及应用	分选水铝石与高岭石（脱硅）	CA 138，125152（Hu Yuehua）
环烷酸钠作捕收剂，NaCl 作抑制剂	浮选萤石，抑制磷灰石	Zhang Y，*et al.* CA 139，325406
磷矿浮选药剂（捕收剂、抑制剂和辅助药剂，混合药剂）述评	综述磷矿浮选及其药剂的发生发展，研究工业应用，浮选理论与药剂的商业应用	Sis H，Chander S. CA 139，232470. Minerals Engineering，2003，16（7）：577~585

续表19-23

药剂名称或代号	使用对象或性能	最新资料来源
油酸钠+壬基酚聚乙烯甘醇醚非离子表面活性剂	浮选磷矿石	CA 139，352227
N-十二烷基-1，3-氨基丙烷的合成与应用	从铝土矿中选择性捕收浮选高岭土、叶蜡石、伊利石	Hu Yuehua，*et al.* CA 139，279310. Tran of Nonferrous Metals Society of China，2003，13（2）：417~420
用长碳链阳离子表面活性剂，如十八碳胺（黏土改性剂）	黏土类矿物深加工。对黏土矿物进行表面改性，改变亲水疏水性能	Van Oss，C J，Giese R F. CA 139，264156
铬酸盐，十六烷基三甲铵溴化物非矿深加工产品改性剂	黏土矿物（高岭土、蒙脱石等）深加工表面改性作用与加工方法	Krishna B S，Murty D S R，*et al*（India）. CA 136，25634；Applied Clay Science，2001，20（1~2）：65~71
二烷基二硫代磷酸钠	金刚石浮选捕收剂	CA 131，46711
非离子型聚氧乙烯（相对分子质量1550~3500）非矿深加工改性剂	蒙脱石（膨润土）、高岭土、黏土表面改性	Jorn Dau，*et al*（Germany）. CA 130，173487；Croat Chem Acta，1998，71（4）
各种植物油脂肪酸，肌氨酸盐和磺化琥珀酸盐为捕收剂	磷酸盐矿浮选捕收剂（粗淀粉为抑制剂）	Gulmaraes R C，*et al.* Minerals engineering，2005，18（2）：199~204
$C_{6\sim18}$的烷基，芳基或芳烷基羟肟酸盐	磷酸盐等矿物浮选捕收剂	US 634169（2002）
$C_{6\sim22}$脂肪羟肟酸与石蜡油	浮选非硫化矿、高岭土捕收剂	Rothenberg A S，*et al.* CA 132，244177；PCT Int Appl WO 9961669
AERO 801和AERO 825	硅石和玻璃砂新型捕收剂	Oktay Bayat，*et al.* Minerals Engineering，2002，15（4）：293~296

参 考 文 献

1　非金属矿工业手册（上、下册）. 北京：冶金工业出版社，1992

2　国外矿产年评（1993）. 中国地质矿产信息研究院，1995

3　孙宝歧，吴一善等. 非金属矿深加工. 北京：冶金工业出版社，1995

4　拉法万 P等. 国外金属矿选矿，1995（10）（原载英刊《国际选矿杂志》，1992，16：55~60）

5　2000年中国非金属矿工业发展战略. 北京：中国建材工业出版社，1992

6 阙锋等. 国外金属矿选矿. 1998
7 雷东升，许时. 国外金属矿选矿，1995（4）
8 林海. 矿产保护与利用，1993（1）
9 许泽胜等. 非金属矿，1998（3）
10 Rao K H 等. 国外金属矿选矿，1994（10）
11 曹欧等. 哈尔滨师范大学自然科学学报，2000（2）
12 徐政和等. 国外金属矿选矿，2005（2）
13 阙煊兰，徐星佩，阙锋等. 95’全国非矿会议论文. 1995
14 阙煊兰，刘洪萍等. 第二届全国非金属矿加工利用技术交流会论文（国内外碳酸钙的生产应用及发展趋势）. 非金属矿，1997（增）
15 阙煊兰等. 高岭土的开发应用与展望. 见：2000 年中国非金属矿工业发展战略. 北京：中国建材工业出版社，2002
16 阙煊兰等. 高岭土的超细粉碎与改性技术. 95’全国非矿会议论文. 1995
17 阙煊兰等. 96’全国煤炭综合利用会议论文. 1996
18 阙煊兰，潘琳等. 97’煤炭伴生资源及非矿深加工技术会议论文. 1997
19 拉什奇 F 等. 国外金属矿选矿，2000（11）（原载英刊《矿物工程》，2000（10））
20 西斯 H 等. 国外金属矿选矿，2003（10）
21 纪丽凡. 化工矿物与加工，2000（7）
22 美国专利 5962828. 矿业快报，2000（17）
23 里贝罗 R C C 等. 国外金属矿选矿，2003（12）
24 龚先政. 矿产保护与利用，2000（4）
25 Giesekke E W 等. 国际矿业药剂会议论文选编. 中国选矿科技情报网，1985
26 王恩孚，马胡建，陆钦芳等. 轻金属，1996（7）
27 李海普，胡岳华等. 矿产综合利用，2001（6）
28 冯安生. 矿产保护与利用，1993（1）
29 王毓华. 矿产保护与利用，2002（5）
30 CA 118，14812；119，2745672；CN 1037098；CN 86102011
31 Venta I. Groudeva. American Ceramic Society Bulletin，1995（6）
32 关明九. 轻金属，1991（6）
33 温英，甘怀俊等. 中国锰业，1995（6）
34 CN 1369328；CN 1370625；CN 1389300；CN 1393292；CN 1603002
35 CN 1364754，1370624
36 朱建光. 国外金属矿选矿，2006（3）
37 邱冠周等. 金属矿山，2006（1）
38 曹学锋，胡岳华等. 矿冶工程，2006（增）
39 王孝峰. 磷肥与复肥，2005（1）
40 纪特科夫 S 等. 国外金属矿选矿，2004（6）
41 CN 1587049；CN 1318515；1608995

42 马晓青. 化工矿物与加工，2002（4）
43 王爱丽，张全有. 化工矿物与加工，2005（7）
44 雷东升，许时. 国外金属矿选矿，1995（4）
45 李九鸣等. 矿产保护与利用，1991（4）
46 孙宝歧，毛钜凡. 国外金属矿选矿，1998（8）
47 袁继祖等. 矿冶工程，2004（增）
48 Malghan S G. Mining Engineering，1981. 16~26
49 Smith R W, *et al*. Minerals Engineering，1991（4）
50 牛福生等. 云南冶金，2001（2）
51 Katayangt A. Ceramics Japan，1973（1）
52 Malghan S G. Mining Engineering，1981（11）
53 许时等. 矿产保护与利用，1995（5）
54 Salmawy M S EL 等. 国外金属矿选矿，1995（4）
55 CN 1507953，86100037，1115264，1368404
56 张希梅等. 应用能源技术，2004（4）
57 刘国强. 选煤技术，1994（3）
58 安征. 煤炭科学技术，1995（6）
59 张景来等. 北京科技大学学报，2002（1）
60 赵跃民. 国外金属矿选矿，1998（6）
61 徐立铨. 资源·产业，2002（3）
62 丁浩，卢寿慈. 国外金属矿选矿，1996（9）
63 郑水林. 粉体表面改性. 北京：中国建材工业出版社，1995
64 宇津木弘等. 粉体工学会志，1990（10），1991（11），1192（10）
65 田金星. 矿产保护与利用，1995（4）
66 曾清华，王淀佐等. 非金属矿，1998（3）
67 丁浩，卢寿慈，张克仁等. 矿产保护与利用，1997（2）
68 李冷. 国外金属矿选矿，1991（9）
69 Lourison G C. Crushing and Grinding. Butterworths London，1974
70 Klimpel R R, *et al*. Powder Technology，1982（31，32）
71 Sohomi S, *et al*. Powder Technology，1991（67，68）
72 本田宏隆等. 粉体工学会志，1988（9），1987（9），1989（9）
73 Alonso M，Sotoh M，Miyanami K. Powder Technology，1989（59）
74 刘涛，张一敏. 矿冶工程，2004（增），2006（增）
75 阙煊兰，徐星佩，潘琳. 非金属矿，1997（增）
76 阙锋等. 碳酸钙深加工技术与产品市场. SBK 第八届选矿药剂年会论文集，深圳，1999
77 潘鹤林等. 无机盐工业，1996（1）
78 日特许昭 57-30813；59-49836
79 Abu-zeid M E. Colloid and Surface，1985（16）

80 施凯等. 中国塑料，1990（4）
81 Okayama. Rubber Chemistry and Technology，1992（28）
82 Abd EI－Hakim A A. Colloid and Polym Sci，1991（209）
83 施辉忠. 聚氯乙烯，1989（4）
84 Erika Fekete，*et al*. J Colliod and Interf Sci，1990（135）
85 Joppien G R，*et al*. J Oil Col Chem Assoc，1992（60）
86 徐伟昌，王世玮. 矿产保护与利用，1993（1）
87 刘洪萍等，含钙矿物资源的开发利用［C］. 第八届石灰石白云石矿专业委员会暨科技信息交流大会论文集，1999 深圳

第 20 章　矿物加工中组合（改性）药剂的应用

20.1　组合（改性）药剂的使用与发展

由两种或两种以上的矿用药剂按一定的比例组合应用于矿物加工（浮选等）的药剂通常称作**组合药剂**，又称**混合药剂**或**联合药剂**，也有称它为复合药剂或复配药剂。它的作用通常比单独使用其中的任一种药剂的浮选效果都好。

组合用药的这种组合称作协同组合（synergistic combination），能够使不同药剂发挥协同效应（synergistic effect），提高药效。组合用药比单一用药好，起初是由生产实践中总结出来的。从 1957 年斯德哥尔摩国际选矿会议以来，格林博茨基等从理论方面总结了组合用药的作用与效果。此后，有关组合药剂理论、作用机理、使用效果、应用领域的研究十分活跃。如利用自旋共振顺磁标记（spin-lalbeled）研究各种药剂，药剂表面张力计算测试、吸附作用与机理研究、协同作用的共表面活性剂效应、磨耗-溶蚀的协同作用，高聚合物的协同作用、具有协同作用的杀菌剂的组合、水处理剂的复配组合、协同效应类型及数学表达式、组合药剂的设计及效果的预测以及协同萃取（synergistic extraction）等的研究。

对选矿药剂而言，通过捕收剂、起泡剂、抑制剂（调整剂）本身的组合应用，或是它们之间的相互组合（如捕收剂-起泡剂组合等），以提高分选效率。其中捕收剂的组合，已不单是不同的黄药、黄药与黑药、黄药与脂肪酸等的组合使用，不同的脂肪酸、膦酸、磷酸酯、胺类、磺酸、硫酸盐、氨基酸、琥珀酸等的同类型和不同类型的组合也十分普遍。除捕收剂的组合外，使用各种有机及无机的絮凝和凝聚剂、分散剂、抑制剂、活化剂、废水处理剂、起泡剂、乳化剂的组合应用亦很广泛。

组合捕收剂以极性基（官能团）分，可以分为阴离子型与阴离子型的药剂（如脂肪酸与磺酸）的组合，阴离子型与阳离子型的药剂（如羟酸与胺类）的组合；阳离子型同阳离子型表面活性剂的组合；阴离子或阳离子型与非离子型表面活性剂的组合等。从化学性能结构特征与来源看，可以是同类型同系列或者不同类型系列的两种或两种以上化合物组合。以石油化工产品或副产品直接或经过简单处理，或者经过再加工处理所得产品也可认为是属组合药剂类，例如石蜡、煤油经过氧化所得氧化石蜡、氧化煤油主要是由不同碳链长度的脂肪酸混合组成，生产胺类、二胺类的下脚料或油脂制备的下脚料等也都是含不同胺类（多胺、聚胺）或不同脂肪酸的混合物；将含酸类、胺类等的副产品再加入醛、酮、醇、酚等产品或者含有这些成分的副产品，按比例进行反应、缩合、乳化、活化等加工所得的新产品混合物等，这些也都属组合药剂的范畴。

改性药剂可看作是另一类的组合药剂。例如在脂肪酸类药剂中引入一定比例量的羟基或硝基、卤素、胺（氨）基、磺酸基、羟肟基、硫酸基等不同活性基团（一个或一个以上），经过反应之后的产物除了羧酸外，还有其他取代羧酸。如羟基酸或氯代酸、磺化脂肪酸、硫酸化脂肪酸等。依据引入的基团产生相应的取代产物，是一种混合产品。可以称它为改性脂肪酸，也可以说是羧酸与取代羧酸等的组合药剂。除了脂肪酸的改性外，其他化合物同样可以用相似的方法改性组合。丙烯酰胺和丙烯酸的相嵌共聚产物，或者是聚丙烯酰胺部分水解产品，既含酰胺基又含羧酸基及其他，也可看作是一种改性或组合药剂实例。

20.2 药剂的活性、矿物表面特性与组合药剂

20.2.1 药剂活性强弱与匹配组合

在选矿生产实践中常常遇到一种重要的现象（规律）：选择性好的浮选捕收剂其捕收能力——活性往往比较差，而活性强——捕收能力强的药剂则往往选择性不好。药剂的活性与选择性之间的关系，王淀佐提出，可根据化学药剂化学作用相互的过渡态，对应的能量——活化能（$\Delta G^{\ominus}$），用 Eying 方程 $\Delta G^{\ominus}=A\lg K$（$A$ 为常数；K 为速度常数）来表示。研究一系列矿物与药剂作用时的过渡态之间的差别、通过活化能差异来寻求高效药剂。活化能差越大（不同矿物）药剂的选择越好。由此可以获得浮选药剂活性-选择性原理：反应活性低的药剂对矿物的选择性较好，而活性高的捕收剂选择性必然较差。其他非捕收剂药剂的情况也一样。

根据这一原理，使用单一官能团药剂是难以同时获得较好选择性和高回收率的浮选效果的。要同时兼顾活性和选择性，有两条途径：一是药剂改性，即使用多官能团药剂，通过改性使药剂取得多种极性化合物以及多官能团化合物在键合过程中的优势（如螯合）、官能团间相互作用或不同活性官能团之间的配合得到好的浮选效果；二是组合用药，通过不同药剂匹配、不同的活性和选

择性互补获得好的选矿效果。

不同药剂的有效匹配（复配）是组合用药的关键。组合产生协同效应一般均可以获得好的浮选效果（正效应），也有可能产生负效应，这是值得注意的。药剂的种类、品种、类型诸多，可以根据选择性强弱、捕收能力大小（活性大小）进行排列组合产生各式各样的复配组合方式。对捕收剂而言，可按捕收能力活性大小分为强-强组合（如黄药和油酸组合浮选 Pb、Zn、Cu 矿）、强-弱组合（如黄药和 Z-200 选择性浮铜）、弱-弱组合（如 8-羟基喹啉+中性油浮黑钨矿）。

在选择助剂（如辅助捕收剂）与捕收剂组合时，可以考虑能与捕收剂产生共吸附作用的化合物：对于长链或是难溶性的捕收剂，可选择能改善其溶解分散性能的药剂。例如，锡石浮选采用水杨羟肟酸加磷酸三丁酯（TBP）混合浮选，其作用是通过共吸附方式促进了水杨羟肟酸在锡石表面的吸附，从而提高了药效。又如，在煤浮选过程中，用乳化剂促进起泡剂、煤油的分散也能较大幅度提高药效。

捕收剂和抑制剂具有可与矿物表面作用的亲矿物基，因此，在选择捕收剂加抑制剂配方时，应从竞争吸附的角度出发，通常采用的组合配方是强抑制性配合强捕收性，或者是弱抑制性配合弱捕收性。当使用强活性抑制剂时不能使用弱活性的捕收剂，因为前者更强的竞争吸附能力会阻止后者在矿物表面的吸附。同样，弱活性抑制剂也不能与强捕收性药剂作用，否则，竞争吸附会使抑制剂失去应有的效果。

捕收剂加活化剂型配方在选矿实践中时常用到，活化剂种类甚多，如硫化钠（通过清洗矿物表面达到活化目的）、各种金属离子（通过在矿物表面的吸附提高其与捕收剂作用的能力）、各种有机活化剂（通过溶解矿物表面金属离子或吸附在矿物表面使其初步疏水提高矿物可浮性）。可以根据具体的浮选体系加以选择。

抑制剂和抑制剂也有强-强型、强-弱型和弱-弱型三种组合。强-强型配方一般认为是结合体吸附或共吸附的方式在矿物表面发生作用，是抑制剂常用的组合方式。主要用于一些难抑制脉石的处理如钙矿物的抑制。强-弱型配方和弱-弱型配方均按吸附互补的方式起作用。强-弱型搭配是一种普遍适用的配方形式；而弱-弱型配方则只用于那些对选择性要求较高或矿物本身可浮性不太好的浮选体系。

起泡剂和起泡剂的配合主要应按照优势互补的原则确定，如前述（11 章）用 MIBC 和甲醚醇浮选不同粒度铜矿物。

浮选过程是一个复杂的体系，上述观点笔者认为仅是一种定性规律，矿物的组成、性质、药剂的结构性能、体系的溶液化学性质等都对组合药剂的效果有影响。

20.2.2 矿物表面不均匀性与组合药剂

矿物在成矿、开采、加工过程中由于受到各种物理、化学、机械化学力等的作用会产生裂隙、穴蚀成为表面不均匀的有棱、角、孔隙、凹凸不平的颗粒（微粒）。固体物理和固体催化理论已经证明矿物的这些几何形状差异导致了固体表面吸附的非均一性质，使处于顶角、边缘及平面上的原子（离子）的能量状态各不相同。在静电力作用下药剂在晶格上的表面吸附较多的集中于棱、角及顶端，其次是在晶面上，而在晶体裂缝中吸附最少。这就成为不同活性药剂组合使用时产生共吸附的条件，多数矿物在碎裂过程最可能出现的解离面是凹凸不平的，其中的金属离子因与表面的距离不同而形成表面性能的差异，如铅铁矾，其结构单位是阳离子 Pb^{2+}、Fe^{3+} 和阴离子 OH^-、SO_4^{2-}。磨矿时最可能出现的解离面是棱面体，其中铅离子处于距表面的第 12 层，距离为 0.37nm，即几乎等于 3 个铅离子的半径，这一层的铅离子未补偿电荷不大，为 +1/6，且铅离子的相当大一部分被其他离子屏蔽，使药剂离子难以与之作用，故这种矿物难以硫化。而其中铁离子则处于第 6 层，其位置与表面的距离比铅离子小 2/5，铁离子的活性和相对数目为铅离子活性和相对数目的 3 倍。从对捕收剂作用的观点看，把铅铁矾作为铅矿物看待，更可作为氧化铁矿物看待，如果同时采取铅捕收剂与回收氧化铁的捕收剂组合使用，则更有利于铅回收率的提高。

矿石在碎磨过程中不可避免地产生粒度大小差异很大的矿粒群体。其中大于 10μm 的疏水性矿粒，通过它与气泡的碰撞即可在气泡上黏着而上浮。而小于 10μm 的矿粒则很难黏着，即使是疏水性粒子的固着也只能在泡沫层中发生。即液流与气泡一起上升时，疏水矿粒和亲水矿粒都无选择性地机械夹带到泡沫层中，然后一部分随着液流从上部泡沫中下落到下部的矿浆中。对此 Mitrofanov 在第十五届国际选矿会议上提出应采用两种以上捕收剂组合，同时保证粗粒和细粒矿物的回收。

上述矿物表面性质物理的不均匀性，可视为宏观的物理不均匀性。而各种自然矿物晶格具有各种缺陷，空位、位错、夹杂等可视为微观的物理不均匀性。

这些缺陷对强度、电导性、吸附能力都有影响。如：异类原子取代晶格中的固有原子，此时晶格中的离子产生电荷异常。在金属离子与空的类金属结点之间呈现的是正电性缺陷。而结点间金属离子和空的金属结点呈负电性缺陷。由于在矿物表面上正电性缺陷居多，有利于阴离子在矿物表面的固着。

在硫化矿中，Se 和 Te 的性质与 S 相近，就常以类质同象的方式混入各种硫化矿如黄铁矿、磁黄铁矿中。有些元素如In、Ge、Ga、Cd等常不构成独立矿物而混入其他矿物晶格中成为“固溶体”。有些硫化矿物中有非化学计量杂质，如磁黄铁矿中的Ni和Co，黄铁矿及黄铜矿中的Au，方铅矿中的Ag。它们既重要，又易对药剂浮选吸附及可浮性产生影响。

在硫化矿中比较典型的例子是闪锌矿，其表面性质的差异从外观就可观察到，浅色闪锌矿含杂质少，黑褐色的闪锌矿则含铁多，褐色或其他变色的闪锌矿，含Cd较多（质量分数1%以上）。这些闪锌矿的Zn含量也很不一致，含Zn高的达65%～67%，低的只有40%左右，后者常导致锌浮选产品不合格，Fe、Cd及In、Ga等杂质在闪锌矿晶格中替换锌，使闪锌矿可浮性的差异变大，因此，在这种化学不均匀性情况下，就适宜采取不同药剂的组合使用，以利于提高锌的回收率。

黄铁矿的分子式一般写成FeS_2，而实际成分是$FeS_{1.2}$～$FeS_{2.04}$，磁黄铁矿的分子式一般写成FeS，而实际成分是Fe_7S_8、$Fe_{11}S_{12}$等，其组成变化必然导致浮游性的差异，如不同S/Fe比黄铁矿的浮选速率系数差别就较大。日本曾对多种黄铁矿进行了研究，发现即使同一矿床产出的黄铁矿，当其组成的结晶构造不同时，表面性质不一，浮游性就有差异。不同矿床的黄铁矿，表面化学不均匀性差异更大。有的在碱性矿浆中用少量石灰就可抑制，有的加大量石灰仍不能抑制。有试验证明，S/Fe比高的难浮游，中等的可浮，低的易浮。其他一些矿物，例如成分分别为$Ca_5(PO_4)_3OH$和$Ca_5(PO_4)_3F$两种磷灰石，也有类似的化学不均匀性，从而具有不同的浮游性。

以上所述矿物表面存在的物理的和化学的不均匀性，构成了选择组合药剂的重要基础之一。

20.3 组合捕收剂在硫化矿物浮选中的应用

组合药剂在硫化矿浮选中的应用既早又多，如黄药与黄药、黄药与其他捕收剂的组合。表20-1所列为国内外硫化矿浮选组合捕收剂的一些实例。

表20-1 硫化矿组合捕收剂应用实例

组合药剂名称	浮选使用矿物	资料来源
乙基黄药与黑药组合（捕，比单一用药强）	成功实现复杂多金属矿优先选铅	江苏冶金，2003（4）
组合黄药或Y89与新型螯合捕收剂ZH组合	浮选低氧化率混合铜矿组合用药效果优于单一用药	矿冶工程，2001（3）
复合药剂（含1，3-二甲基丁基黄药和乙基黄药或异丙基黄药中的某种）	降低难选矿选矿药剂成本，提高Cu、Ag、Au回收率	CN 1249212

续表 20－1

组合药剂名称	浮选使用矿物	资料来源
复合黄原酸盐浮选剂（含丁基、戊基、己基黄药）	极大地提高含金矿物中 Au、Ag、Cu 回收率，药剂用量减少 50%，成本显著下降	CN 1127164
以新型增效剂 TF－3 为核心的组合药剂	提高铜硫浮选指标，降低成本	矿冶，2001（4）
MOS－2＋MA－1 代替 Y89＋丁铵黑药	对武山铜矿工业试验不仅可以提高 Cu、Au、Ag 的选别指标，还可降低生产成本	矿冶工程，2001（2）
丁基黄药（钾）与甲基硫代氨基甲酸异丁酯或异丙基硫代氨基甲酸酯	铜－钼分选	CA 103，9456；218766
丁基、乙基黄药与烷基酚－甲醛缩合物（oksafor－1107）	铅－银矿	CA 105，118613
丁基黄药与 Y89（黄药）混用，效果同丁黄药＋丁铵黑药以及戊基钠黄药＋异丙基钾黄药一样	都是浮选镍矿的有效组合捕收剂	矿业研究与开发，2002（5） 有色矿山，1980（4）
黄药经适度氧化成双黄药（部分氧化）	浮选辉锑矿和自然铜效果好	云南冶金，2002（4）
萜二硫醇与丁黄药组合使用，可节省 50% 黄药	浮选浸染状硫化铜矿	
苯胺黑药、丁铵黑药及丁黄药组合	浮铅回收率达 91.8%（西林铅锌矿），也用于选铜生产捕收剂	矿冶，1997（3）
丁黄药：丁基腈酯＝1：1 组合（质量比）	浮选硫化铜矿	有色矿山，1985（4）
丁黄药与硫氮腈酯组合	浮选黄铜矿	有色金属（选矿部分），1991（2）
丁黄药与异丙腈酯组合	浮选铜黄铁矿	有色矿山，1981（2）
乙基黄药与甲基硫氨酯组合	浮毒砂与黄铜矿	有色金属（选矿部分），1981（1）
硫醇与烷基芳基烃油组合	浮硫化矿效果显著	US 43411626
乙基黄药：丁基黄药＝1：1（3：1）（质量比）	铅锌矿，回收率提高 2%，药剂费用节约 60%	陈宝权，湖南冶金，1986（2）
$C_{8\sim10}$烷基异羟肟酸，丙基钠黄药和二硫代磷酸盐组合	浮选金矿	Dr Nagarj， US 5126038 CA 117，225376

续表 20-1

组合药剂名称	浮选使用矿物	资料来源
烯丙基硫代氨基烷基酯和二硫代磷酸盐组合［通式 $CH_2=CHCH_2$—NH—C(S)OR 和 $(RO)_2PSSX$，$R=C_{7\sim8}$，X 为阳离子］	浮铂族金属和金（回收率显著提高）	US 5232581 CA 120，35114
丁基黄药添加微量相对分子质量为1~2千的低聚物2-氨基乙基乙烯醚与2-羟基乙基乙烯醚的共聚物，$NH_2—C_2H_4OCH=CH_2$ 与 $HO—C_2H_4OCH_3$ 聚合	浮选铅锌矿	CA 100，107174 USSR Pat 1049473
乙基钾黄药与 $C_{1\sim4}$ 氨基酸混合	浮选铅锌矿，氨基酸分散石英	CA 100，71798
黄药与δ-氨基戊酸组合	浮选孔雀石	浮选，1983（1）（日文）
黄药与脲素作混合捕收剂	分选铜钼矿，可分别提高金、银回收率5%及11%~15%，工业试验效果最佳	CA 100，24730
丁基钾黄药，少量添加脲素及聚乙二醚	铅锌浮选	CA 101，155548 USSR Pat 1104133
羟肟酸与丁黄药或羟肟酸与烃基油	浮选硅卡岩型氧化铜矿、孔雀石、假孔雀石及泥质难选氧化铜	Reagants Miner Ind Pap，1984（广州有色院）
丁黄药、丁黑药与巯基苯肼噻唑混合	分选铜镍矿，可提高镍回收率	Обгащ，руд，1984（4）
用1-(2-氨基乙基)-2-十七烷基咪唑啉（商品名 cosamac R）与十二烷基硫醇的聚丙二醇溶液（orform CO 120）混捕	浮选金矿效果比单一用药效果好	南非专利，8302484
二叔壬基五硫化物与环氧化壬基苯酚混合	浮选硫化铜矿	Обгащ руд，1984（4）
丁黄药与苄基胂酸混合捕收剂	浮选黑钨矿、药耗降低	湖南冶金，1984（4）
环烷酸（皂）与煤油混合	铜捕收剂	USSR 1477758
乙黄药甲酸乙酯与N-异丙基-O-乙基硫逐氨基甲酸盐	铜矿捕收剂	US 4729843
黄药与丁基过黄药，质量比1∶4	Cu、Pb、Zn 离子浮选	CA 111，178256
戊基钾黄药与甲基异丁基硫化氨基甲酸脂	辉铜矿混合捕收剂	日本专利，639158

续表 20 - 1

组合药剂名称	浮选使用矿物	资料来源
戊基钠黄药与 $C_6H_{13}SCH_2CH_2CO$—NH—C_2H_5 之比（质量分数比）为 25%：75%	铜镍矿浮选（捕）	CA 107，220980
丁基钾黄药（310g/t）与水解聚丙烯酰胺（27g/t）	选金矿（捕）	CA 106，36406
丁基脲与黄药	金矿	CA 106，88058
异丙基黄药甲酸乙酯等和十二烷基硫醇	铜矿	南非专利，8503956
叔-十二烷基硫醇与甲酚酸（4：2）（质量比）	铜矿	南非专利，8405787
异丙基三硫代碳酸钠与异丁基硫代碳酸钠	铜-铅-铁矿	CA 105，64223
S-丙烯-S-正丁基三硫代碳酸钠和 N，N，S-三乙基二硫代氨基甲酸盐	铜-钼-铁矿	US 4511465
S-烯丙基-S-正丁基三硫代碳酸盐与正-十二烷基硫醇	铜-钼-铁矿	加拿大专利，1217285
十二胺与仲辛基黄药	氧化锌	有色金属（选矿部分），1987（5）
苯胺黑药+丁基铵黑药+丁基黄药	铅锌硫化矿	有色金属（选矿部分），1987（5）
硫代氨基甲酸脂（RNR^1CSOR^2，R 为直链或支链 $C_{1\sim4}$烷基、环已基或苯基；R^1 为氢、甲基、乙基；R^2 为直链或支链 $C_{1\sim6}$ 烷基，直链或支链 $C_{8\sim12}$烷基硫酸盐组合；以及二烷氧基二硫代磷酸盐；$(R^3O)_2PS_2Na$，R^3 为 $C_{2\sim6}$烷基或 $C_{8\sim22}$烷基）和棕榈酸（或精制塔尔油）组合	浮选铜和钴矿石	CA 122，319141 德国专利，4325017
乙基钠黄药与双丙酮醇组合	Cu 矿捕收剂	波兰专利，141681
拖拉机油煤油与 $C_2H_5OCH_2SCO_2$—C_4H_9	选煤	USSR 1461517
二丁基一硫代次膦酸盐与巯基苯骈噻唑	组合捕收金	CA 108，60012

续表 20－1

组合药剂名称	浮选使用矿物	资料来源
$C_6H_{13}S(CH_2)_2NH_2$ 与 $CH_3(CH_2)_5C{=}CH$（环硫，S）	黄铜矿、辉铜矿组合捕收剂	CA 108，60008
$C_{8\sim22}$伯胺与黄药组合	捕收金矿和硫矿物	CA 111，10592
丁基钠黄药与二丁基二硫代磷酸铵及十二烷基苯磺酸钠	铜矿捕收剂	CN 86108113
$C_{7\sim9}$异羟肟酸与丁黄药＋丁黑药	铜镍矿（捕）	CA 104，210475
戊基钾黄药与1，2－环硫辛烷	铜钼分选	CA 106，18871

黄药组合实例很多，表20－2列出了一些方铅矿试验的浮选结果。使用的捕收剂分别为乙基、异丙基、丁基、戊基黄药相互组合药剂。试验同时也记录了应用放射性同位素方法测定出来的药剂固着量（按开始时所用药剂的百分数计算），绝大多数的情况表明，使用黄药的混合捕收剂都增加了回收率。凡是用混合捕收剂的，药剂在矿物表面的固着量也相应地增加。

表 20－2 黄药组合捕收剂对于不同产地的方铅矿的浮选效果（药剂用量为80g/t）

组合药剂名称（质量比）	样品Ⅰ		样品Ⅱ		样品Ⅲ		样品Ⅳ	
	回收率/%	固着率/%	回收率/%	固着率/%	回收率/%	固着率/%	回收率/%	固着率/%
乙基黄药	66.6	37.2	84.6	52.5	83.0	58.0	78.5	39.2
戊基黄药	93.4	51.3	96.3	53.4	95.7	51.3	93.5	47.0
1∶1	95.0	52.4	96.6	55.2	96.1	52.9	92.0	48.0
乙基黄药	66.6	37.2	84.6	52.5	83.0	58.0	78.5	39.2
丁基黄药	90.1	44.3	95.4	51.5	94.5	50.4	90.2	45.6
1∶1	90.3	44.6	96.2	52.0	96.0	52.2	91.7	46.4
乙基黄药	66.6	37.2	84.6	52.5	83.0	53.0	78.5	39.2
异丙基黄药	77.5	39.0	86.4	49.3	81.8	46.5	83.5	44.3
1∶1	78.4	41.3	89.1	50.5	84.4	47.5	83.3	41.9
异丙基黄药	77.5	39.0	86.4	49.3	81.8	46.5	83.5	44.3
丁基黄药	90.1	44.3	95.4	51.5	94.5	50.4	90.2	45.6
1∶1	91.0	47.8	94.5	51.6	95.5	54.0	88.0	49.4
异丙基黄药	77.5	39.0	86.4	49.3	81.8	46.5	83.5	44.3
戊基黄药	93.4	51.3	96.3	53.4	95.7	51.3	93.5	47.0
1∶1	95.2	52.4	96.5	53.2	95.5	55.0	90.3	51.4
丁基黄药	90.1	44.3	95.4	51.5	94.5	50.4	90.2	45.6
戊基黄药	93.4	51.3	96.3	53.4	95.7	51.3	93.5	47.0
1∶1	95.4	51.7	97.5	58.0	97.2	54.5	92.2	46.0

表20－3是方铅矿对药剂的吸附试验结果。乙基与戊基黄药在单独使用时在方铅矿上的吸附量分别为56.2%和57.4%；当这两种药剂混合使用时，矿

物表面上的吸附量有所增加，接近于58%。但是就乙基与戊基的吸附比例来看，与原有的混合比值不同，而是有了更新的分布。在原有的药剂中，每有一个乙基黄药分子就有0.78个戊基黄药分子，但在矿物表面的吸附层中，每有一个乙基黄药分子却有1.05个戊基黄药分子，即较强的捕收剂有较高的吸附量。

表20-3 方铅矿对乙基、戊基黄药的吸附

捕收剂	用量 $/t\cdot g^{-1}$	捕收剂的分子数目	在混合剂中捕收剂含量		混合剂中乙基与戊基黄药物质的量之比	矿物对捕收剂的吸附			乙基与戊基黄药的吸附物质的量之比
			质量分数/%	摩尔分数/%		分子总数	占混合剂中吸附的分子总数的摩尔分数/%	占混合剂分子总数的摩尔分数/%	
乙基黄药	100.0	3.76×10^{18}	—	—	—	2.12×10^{18}	—	56.2	单独用
戊基黄药	100.0	2.93×10^{18}	—	—	—	1.71×10^{18}	—	57.2	单独用
乙基黄药	50.0	1.88×10^{18}	50.0	56.00	乙基：戊基=1：0.78	0.955×10^{18}	48.8	50.8	乙基：戊基=1：1.05
戊基黄药	50.0	1.49×10^{18}	50.0	44.00		1.00×10^{18}	51.2	67.0	
合　计	100.0	3.37×10^{18}	100.0			1.955×10^{18}	100.0	58.0	

用接触仪测量气泡向方铅矿颗粒黏附的速度，使用组合捕收剂时，黏附所需要的时间较单独使用一种捕收剂为短。用同一种方铅矿样品作絮凝试验，使用组合捕收剂时，矿物颗粒的絮凝作用较大。

吸附层形成速度的实验也说明了组合捕收剂的作用效果，如图20-1所

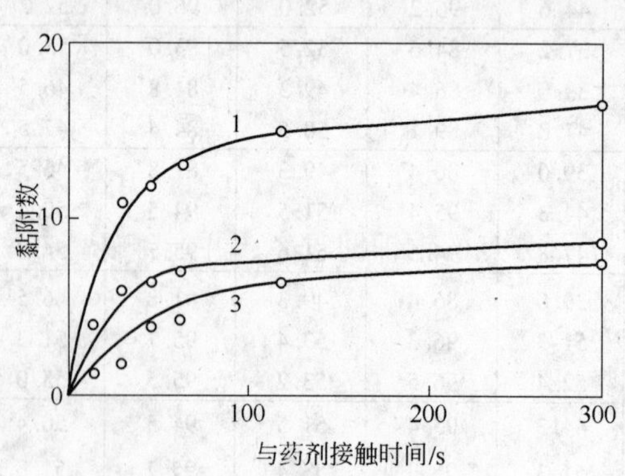

图20-1 矿物与药剂的相互作用

（方铅矿-0.15mm+0.10mm用质量分数0.8% H_2O_2 氧化）

1—油酸钠+丁基黄药；2—丁基黄药；3—油酸钠

示。用1g方铅矿粉与20g/t药剂溶液接触一定时间，最初用15s，然后加压快速滤去水液，用水冲洗两次，移入接触仪的容器内，再计取黏附的数目。曲线表明：用油酸钠与丁基黄药为捕收剂时，捕收剂在矿物上的吸附层形成速度最快（表明疏水效果）。

矿物表面的不均匀性，也是影响因素之一。矿物表面的部位不同，对于不同的捕收剂的吸附活性也有所不同。活性较小的捕收剂在矿物上的吸附层占据了活性较大的面积或区域，而吸附力较小的地区固着不了较弱的捕收剂，因而就可以吸附作用较强的捕收剂。

美国Garry Mc等提出了一种氧化锌浮选新工艺，在浮选过程中，加入调整剂分散矿浆，抑制脉石，然后加入絮凝剂（如苛性淀粉），絮凝细泥，再加入Na_2S（0.3~1.0kg/t）硫化，用巯基羧酸酯（0.3~1.0kg/t）及塔尔油与2号燃料油（质量比2∶1）混合物（0.3~1.0kg/t）浮选。闭路试验表明，当氧化锌原矿含锌16.63%时，可获得品位为42.9%、回收率为90.6%的锌精矿。该法消除了脱泥作业，减少锌金属的损失，大大降低了Na_2S用量。

美国专利2267851（CA121，14432）介绍，用下述捕收剂：(1) $R(R^1)PS(S)X^+$（式中R和R^1为丙烷基或者是$C_{4\sim10}$的环烷基；X为阳离子）；(2) $R^2CH(OCHR^2)$（式中R^2为$C_{1\sim8}$烷基），与普通捕收剂混合使用效果最好。例如用2，4，6-三异丙基-1，3-二噁-5-磷环己基二硫代磷酸铵能有效地从尾矿中回收金银，也可以以巯基苯骈噻唑作辅助捕收剂一起使用。碳酸铵与黄药共用，从保加利亚拉齐特选矿厂的Cu-Mo矿中回收金，金品位相对提高5%，银的品位提高11%~15%。

李松存以酯类捕收剂酯-105（为主成分）和烷基或芳基黑药、醇类起泡剂以及助剂混合成代号为T-622浮镍捕收剂，并将其应用于金川镍矿工业试验，能提高2%的镍回收率，是一种捕收兼起泡性能的组合药剂。将T-622分别与Y_{89-2}、Y_{89-5}和Y_{89-6}三种黄药或者与丁黄药组合混用浮选金川二矿区矿石可以提高约1个百分点的铜镍回收率，并能降低药剂成本。

国外有人利用油酸钠和二甲基乙二醛肟式（Ⅰ）或二苯基乙二醛肟式（Ⅱ）混合使用浮选硅镁镍矿，在高pH值（pH=11~12）碱性矿浆中浮选富集镍矿物，生成一种稳定的螯合物。

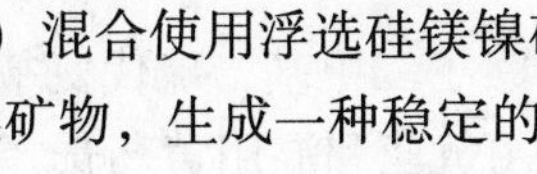

$$CH_3{-}\underset{\underset{NOH}{\|}}{C}{-}\underset{\underset{NOH}{\|}}{C}{-}CH_3 \qquad (Ⅰ)$$

$$C_6H_5{-}\underset{\underset{NOH}{\|}}{C}{-}\underset{\underset{NOH}{\|}}{C}{-}C_6H_5 \qquad (Ⅱ)$$

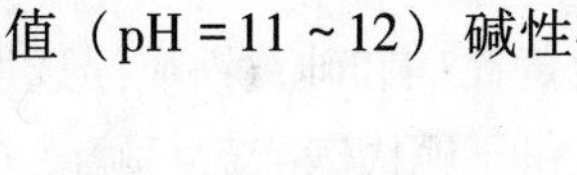

加拿大一专利（1105156）介绍浮选黄铜矿单一用药和组合用药的对比试

验，结果表明，单独使用二异丁基二硫代次磷酸铵为捕收剂时，用量为0.018kg/t（0.04 lb/t），铜回收率为91.6%；单独使用乙基硫逐氨基甲酸丙基酯时，用量相同，铜回收率只有87.4%。将上述两种捕收剂混合使用时，前者0.014kg/t（0.03 lb/t）、后者0.005kg/t（0.01 lb/t），铜的回收率93.3%，即混合使用比单独使用效果好。所用起泡剂为MIBC，用量0.045kg/t（0.1 lb/t），矿浆pH值为10.5。

络合剂对扩大不同硫化矿物浮选性质的差异性展现了可喜的前景。Agarvala等人认为，亚烷烯基三硫代碳酸盐与许多过渡金属的硝酸盐和氯化物作用形成了络合物对分选有利。在硫化铜矿物的浮选中使用这类化合物已在Gurvich等人的工作中得到证实。Ivanova等指出，丙烯基三硫代碳酸盐适于作为经Cu离子活化的闪锌矿的捕收剂。文献中反复提到了有机硫化物是有前途的浮选药剂。确实在硫化物分子中引入一个或几个羟基可为浮选中的矿物表面提供局部的亲水性。Shubov提到，法国研究人员在硫化矿的浮选中已使用过R—S—R^1型的有机硫化物，其中R和R^1为至少加进一个羟基的烷基($C_6 \sim C_{16}$)。

钱图利亚等人在22届国际矿物加工大会上发表的论文“含金硫化矿浮选的理论”，是在上述研究基础上的新进展。该研究的目的是基于对不同来源的天然含金硫化矿的吸附性质、电物理特性及晶体化学特征的综合评价，为复杂矿石的加工浮选分离Fe、As硫化物浮选分离的最佳技术选择适当的评判标准。作者使用X射线分析、光谱分析（紫外和红外光谱等）、电位分析、计算机图像分析及模拟技术等方法对矿物进行了元素成分、悬浮液液相的离子-分子组成、硫化矿物的表面性质、不同浮选药剂的吸附形式的评判鉴定，阐明了复杂矿石加工中矿物表面所形成的巯基捕收剂疏水层对类质同象杂质的作用。根据含金硫化矿晶体的非化学计量特征，测定了表征不同黄铁矿中Fe/S比例可变性的一些参数，分析测试相关性能、计量与可浮性的关系，揭示硫化矿物中存在的杂质形式对浮选临界pH值的影响及其向碱性方向移动的趋势，对成分复杂各异的硫化矿的加工手段、方法进行预测评估提供理论依据。也将为新药剂的研制和新的药剂组合提供选择。

为了扩大黄铁矿和砷黄铁矿浮选性质差异，考察了二甲基二硫代氨基甲酸盐（DMDC）和三硫代碳酸盐与硫醚的混合物对单用黄药和混用黄药选择性浮选这些矿物的影响，如图20-2所示。结果表明，丁基黄药与DMDC混合使用使砷黄铁矿浮选活性降低，而黄铁矿的可浮性不变。也就是导致矿物表面弱疏水性的短链二甲基二硫代氨基甲酸盐在砷黄铁矿上占优势，而黄药则附着于黄铁矿表面上。

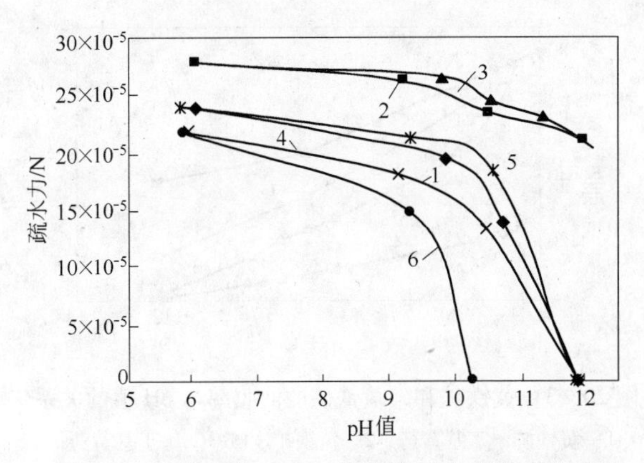

图 20-2 溶液中 DMDC 浓度对丁基黄药在硼酸盐中浮选时黄铁矿和砷黄铁矿可浮性的影响

1—黄铁矿，无药剂；2—黄铁矿 + 丁基黄药；3—黄铁矿 + 丁基黄药 + DMDC；4—砷黄铁矿，无药剂；5—砷黄铁矿 + 丁基黄药；6—砷黄铁矿 + 丁基黄药 + DMDC

钱图利亚等人认为，分离黄铁矿与砷黄铁矿一个可能的方法是使用能选择性地与矿物表面不同离子作用的络合捕收剂。因而有目的地合成了称为 PROCS 药剂，这是一组包括下列三种药剂的络合捕收剂：丙烯基三硫代碳酸盐（PTTC，式Ⅰ）、2，6-二羟基丙基硫醚（2，2′-丙醇硫醚，ORS，式Ⅱ）和 2-羟基丙基丁基硫醚 OPS 式（Ⅲ）。

```
CH3—CH—S
    |    \
    |     C=S
    |    /
    CH2—S
      (Ⅰ)

CH3—CH—CH2—S—CH2—CH—CH3
    |                |
    OH               OH
            (Ⅱ)

CH3—CH—CH2—S—C4H9
    |
    OH
      (Ⅲ)
```

试验表明，在 pH = 4.5 ~ 10 之间，存在丁基黄药时，PROCS 能降低砷黄铁矿的可浮性。在弱酸性和中性环境中于黄药之前加入 PROCS 时，砷黄铁矿的回收率降低得最显著。黄铁矿的情形则不同，当加入 PROCS 时，许多含金黄铁矿的可浮性提高，与在中性和碱性环境中单独用黄药浮选黄铁矿相比，黄铁矿和砷黄铁矿的回收率差别最明显，如图 20-3 所示。

这一研究结果也为其他矿床含金砷黄铁矿和黄铁矿样品所进行的试验所证实。这种作用对由 Cu 离子活化的矿物样品表现得更明显。对有比较高的金含量的砷黄铁矿样品和黄铁矿样品获得的效果最明显。

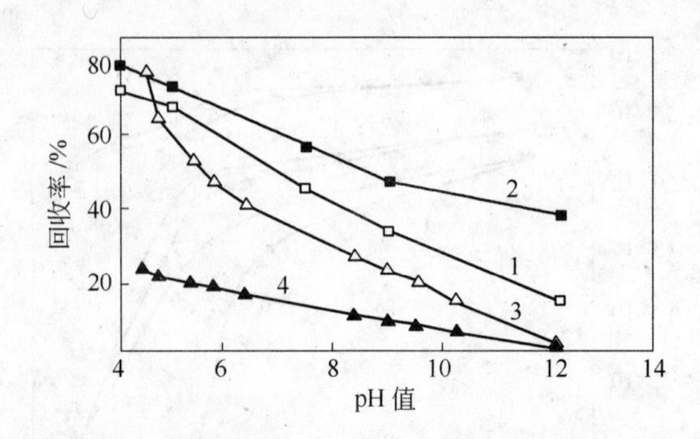

图20-3 黄铁矿和砷黄铁矿的回收率与pH值的关系

1—黄铁矿+丁基黄药；2—黄铁矿+PROCS+丁基黄药；

3—砷黄铁矿+丁基黄药；4—砷黄铁矿+PROCS+丁基黄药

试验还表明，PROCS的组分，即丙烯基三硫代碳酸盐（PTTC）和羟基丙醇化硫化物在pH=4~7与铁离子（Fe^{3+}）形成稳定的螯合络合物，这种化合物在己烷的紫外吸收光谱242nm处出现一个峰。这个化合物在PROCS溶液接触的砷黄铁矿表面上的存在已由薄层色谱试验结果所证实。

总起来说，PROCS对含金砷黄铁矿和黄铁矿的选择性是由于矿物表面不同的离子组成，在砷黄铁矿表面形成了PTTC和OPS与Fe^{3+}离子的螯合络合物以及在黄铁矿表面PTTC的吸附以及与丁基黄药等强捕收剂的协同组合等原因促成的。

近年来，有关硫醇捕收剂的报道时有发现。研究表明，硫醇的确是硫化矿的好捕收剂。低相对分子质量的硫醇类化合物既臭不可闻又易挥发，不宜作捕收剂。随着相对分子质量增大，碳原子数在10以上时，硫醇类化合物不再臭味难闻，也不易挥发，可以用做捕收剂。但该类药剂因国内市场价格过高，难于在选厂推广应用。务必对合成工艺路线进行改进，降低生产成本。

Moritomo等人报道，一个年处理10万t炼铜炉渣的浮选厂，采用十二烷基硫醇与巯基苯骈噻唑组合捕收剂浮选炉渣中的铜，不但能浮选硫化铜，也能捕收金属铜；另一种硫醇组合捕收剂是正十二烷基硫醇和叔十二烷基硫醇的混合物，两者的质量比为（0.5~1）：1，再加入质量分数10%~30%的甲酚即成，所用的叔硫醇是硫醇的混合物，叔硫醇的烷基含碳原子数为C_9~C_{15}，这种混合捕收剂适用于从矿石中浮选出铂族金属。

表20-4和表20-5所列为国外一些铜选矿厂浮铜和铜钼粗选使用的组合捕收剂选别结果。

表 20－4 国外部分主要铜矿选矿厂组合药剂的应用及技术参数

厂 名		处理能力/kt·d⁻¹	Cu 品位/%		精矿 Cu 回收率/%	捕收剂		起泡剂	
			原矿	精矿		名 称	用量/g·t⁻¹	名 称	用量/g·t⁻¹
美国	白 松	25	1.0	33	83	石油、黄药、黑药	14	松油，道－250（即 DPW froth 250）	65
美国	依叶林格顿	14	0.5	30	84	黄药、石油	20	道－250	无资料
美国	巴特尔·马温泰	4.7	0.84	25	69	黄药、Z－200	25	MIBC	无资料
加拿大	阿佛顿	7	1.0	50（浮），85～90（重）	87	乙基钾黄药，异丙基黄药	190	MIBC，甲酚，松油	90，30，10
加拿大	智泊加英	4	1.44	22.8	95	乙黄药，黑药 208 号	14，12.5	MIBC	29
加拿大	格列奈尔	14	0.44	34	88	乙基钠黄药，Z－200	15，5	松油	20
加拿大	西米尔卡米	22	0.4	28	87.5	乙基钠黄药，戊黄药	14.5，6	MIBC	24
加拿大	比尔·科培尔	13.8	0.43	27	85	Z－200，黄药	5，1.5	MIBC	13
加拿大	克莱格蒙特	5.4	1.35	28.5	96	Z－200，黑药 242 号	3.5，6	道－250	11.5
加拿大	维依特贺药	2.4	1.65	44	88	异丙基黄药，戊黄药	6.5，12.5	MIBC	25
菲律宾	达斯-阿特拉斯	34.5	0.42	28	81	黄药、黑药	35	道-250	45
菲律宾	菲列克斯	30	0.38	24	90	黄药、黑药、Z－200	18	MIBC	25
菲律宾	马尔科培尔	18	0.79	95	85	黄药、Z－200	75	MIBC	45
菲律宾	比加-阿特拉斯	31.5	0.44	29	79	黄药、黑药	35	MIBC，道－250	45
南非	帕拉博拉	74	0.54	33	84	戊黄药，黑药	90	黑药 65，MIBC，松油	20

续表 20-4

厂 名	处理能力 /kt·d⁻¹	Cu 品位/%		精矿 Cu 回收率 /%	捕收剂		起泡剂	
		原矿	精矿		名 称	用量 /g·t⁻¹	名 称	用量 /g·t⁻¹
印度尼西亚 埃匀特斯 贝尔格	7	2.5	28	93	戊黄药; Z-200	无资料	松油	无资料
秘鲁 柯泊里札	3.6	1.8	25.7	91	Z-200、异丙基黄药	37.5 21.0	道-250	11
瑞典 阿蒂克	24	0.4~0.5	28	91	戊黄药、异丙基黄药	40 5	无资料	无资料
墨西哥 卡纳涅阿	24	0.7	30	88	黑药 238、异丙基黄药	16	道-250	35

表 20-5 斑岩铜矿铜钼粗选组合捕收剂或组合起泡剂

国名	厂 名	原矿品位		粗精矿品位		粗选药剂	
		Cu/%	Mo/%	Cu/%	Mo/%	组合（或单一）捕收剂	组合（或单一）起泡剂
美国	雷（Ray）	1.0	0.015	18	0.2	二甲酚黑药（Reco） + F.O	甲基异丁基甲醇（MIBC）
	奇诺（Chino）	0.9	0.008	20	0.2		MIBC + 松油
	麦吉尔（McGill）	0.9	0.016	20	0.2	巯基苯骈噻唑（Re404） + Z-200	MIBC + 松油
	矿物园（Mineral Park）	0.4	0.04	18	1.3	戊基黄原酸烯丙酯（Re3302） + Z-200	MIBC
美国	埃斯佩兰萨（Esperanza）	0.4	0.03	22	1.5	Re3302 + 戊基黄药（Z-6）	MIBC
	米森（Mission）	0.7	0.02	25	0.4	仲丁基钠黄药（Re238） + Z-6	MIBC + 松油
	银铃（Silver Bell）	0.7	0.008	30	0.2	Re238 + Z-10（己基钾黄药）	MIBC + 甲酚酸
	皮马（Pima）	0.5	0.009	26	0.2	Z-6 + F.O	MIBC
	因斯皮雷森（Inspiration）	0.7	0.007	35	0.3	乙基异丁基黄药甲酸酯（minerec 898）	MIBC + 聚醇甲醚（AF-65）
	迈阿密（Miami）	0.5	0.005	26	0.2	乙基钠黄药	道-250（聚丙烯二醇单甲醚） + 松油

续表 20-5

国名	厂 名	原矿品位		粗精矿品位		粗选药剂	
		Cu/%	Mo/%	Cu/%	Mo/%	组合（或单一）捕收剂	组合（或单一）起泡剂
加拿大	布伦达 (Brenda)	0.2	0.05	22	3.0	Re3302 + 异丙基钠黄药 (Z-11)	MIBC
	加斯佩 (Gaspe)	0.6	0.015	27	0.3	Re3302 + Z-6	MIBC
	艾兰铜矿 (Island Copper)	0.5	0.017	24	0.6	Z-6 + Re238	MIBC
智利	丘基卡马塔 (Chuquicamata)	2.4	0.06	40	0.9	Re238 + Z-11	道-250 + 松油
	埃尔特尼恩特 (El Teniente)	1.5	0.04	42	0.5	乙基黄原酸酯 (minerec A) + Re238	MIBC + 松油
	埃尔萨瓦多 (El Salvador)	1.2	0.024	42	0.8	Z-200 + Z-11	
	安迪那 (Andina)	1.8	0.015	28	0.25	异丙基乙基硫逐氨基甲酸酯 (minerec 2030) + Z-200	MIBC + 道-250
前苏联	巴尔喀什	0.4	0.01	18	0.3	丁基钾黄药 (Z-7) + 煤油	吡啶 + 松油
	阿尔马雷克	0.7	0.01	17	0.2		松 油
	卡贾兰	1.2	0.05	16	1.5		松 油
保加利亚	梅迪特 (Medet)	0.4	0.01	13	0.2	乙基钠黄药 + 煤油	松 油

铜录山铜矿使用组合捕收剂浮选硫化铜矿的试验结果见表 20-6。结果表明，将丁基黄药与异丁基黄药或者与黄腈酯（即丁基黄原酸丙腈酯，OSN）按质量比 1:1 组合，产出的铜精矿品位接近时，回收率比单用一种药剂提高 1.13% ~1.16%；用丁基黄药与酯-105（N，N-二乙基二硫代氨基甲酸丙腈酯即硫氨丙腈酯）组合和用丁基黄药与硫氨酯（O-烷基-N-烷基硫代氨基甲酸酯）组合时，其结果与单用丁基黄药的效果相近，但比单独用酯 105 或硫氨酯的效果要好。用丁基黄药与 BE-64（二乙基二硫代氨基甲酸腈乙酯和异丙基黄原酸腈乙酯的混合物）组合使用，比各自单独使用的效果好。

表20-6 铜录山硫化铜矿捕收剂组合的浮选效果

试验规模	药剂配方/g·t^{-1}	浮选指标/%				
		原矿氧化率	原矿品位	精矿品位	尾矿品位	回收率
小型试验	丁黄药 200	3.25	1.928	14.700	0.110	95.00
	异丁黄药 200		1.926	13.955	0.090	95.66
	丁黄药 100 + 异丁黄药 100		1.934	14.750	0.085	96.16
	丁黄药 200	2.81	1.600	14.580	0.061	96.60
	丁黄腈酯 200		1.600	15.200	0.095	94.68
	丁黄药 100 + 丁黄腈酯 100		1.620	14.700	0.040	97.73
	丁黄药 200	3.75	1.357	10.900	0.062	95.98
	酯105 120		1.378	9.250	0.135	91.54
	丁黄药 100 + 酯105 60		1.336	10.250	0.062	95.93
	丁黄药 250	3.14	1.379	9.800	0.060	96.20
	BE64 120		1.336	7.850	0.092	94.22
	丁黄药 125 + BE64 60		1.348	10.000	0.063	96.58
	丁黄药 200	3.45	1.570	19.200	0.070	95.91
	硫氨酯 40		1.580	19.240	0.105	93.90
	丁黄药 100 + 硫氨酯 20		1.550	18.260	0.060	96.40
工业试验	丁黄药 285	6.18	1.717	22.184	0.131	92.92
	异丙基黄药 285	6.18	1.714	20.846	0.145	92.26
	丁黄药 143 + 异丙黄药 143	6.18	1.713	22.158	0.115	93.73
	丁黄药 397	10.88	2.241	24.586	0.083	96.39
	异丁黄药 619	10.60	2.204	21.972	0.096	96.05
	丁黄药 215 + 异丁黄药 308	10.85	2.214	25.430	0.077	96.81

属于硅卡岩中温热液矿床的辉铜矿铜山选厂，原来采用丁基黄药、松醇油、碳酸钠、水玻璃、硫化钠5种药剂，后来采用组合捕收剂，只用丁基黄药与25号黑药，可以减少其他药剂2~3种，简化了操作过程，且泡沫稳定，回收率亦有所提高，当原矿含铜为1.887%时，精矿含铜为29%，回收率95.28%，最佳年份可达97.84%。玻利维亚的可罗可罗的辉铜矿选厂，采用附近小河的碱性水，所用浮选药剂为黑药238号（10g/t）、黑药242号（85g/t）、丁基黄药（9g/t）、甲酚油（8g/t），原矿平均含铜为3.5%~4%，精矿铜品位为75.5%，铜的回收率平均为97.5%，尾矿含铜为0.06%。

20.4 组合捕收剂在金属氧化矿浮选中的应用

塔尔油是金属氧化矿，特别是铁矿物的浮选捕收剂。塔尔油由脂肪酸和松脂酸等组成，其本身就是一种混合药剂。其中脂肪酸与松脂酸两者的含量、比例，对浮选效果有着明显的影响。

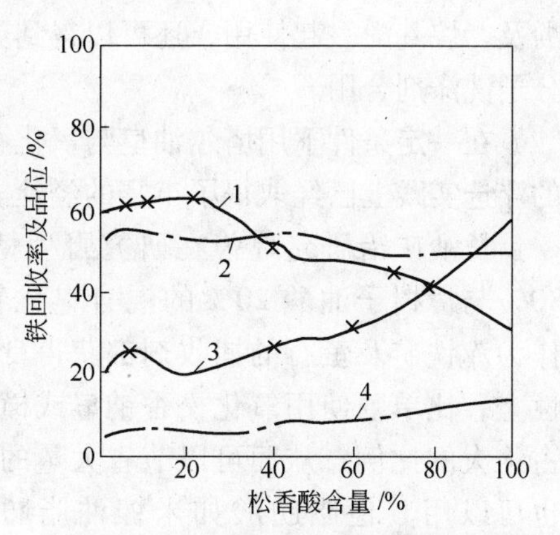

图20－4 塔尔油中松香酸含量对氧化铁矿浮选的影响（磁选尾矿）
1—精矿中铁回收率；2—精矿中铁品位；3—尾矿中铁回收率；4—尾矿中铁品位

由磁选及重选所得的氧化铁尾矿，用塔尔油作捕收剂，塔尔油中脂肪酸与松脂酸的含量比例，由图20－4曲线可以看出对浮选效果的直接影响。当塔尔油中松脂酸的含量大于40%时，铁回收率显著下降。松脂酸含量达80%，浮选速度及选择性都降低。单独使用松脂酸时，效果最坏。分别用含有脂肪酸量为41.6%、56.3%及100%的塔尔油皂在中性矿浆浮选同一氧化铁尾矿时，其结果如表20－7所示。

表20－7 含脂肪酸量不同的塔尔油皂在中性介质中浮选氧化铁

塔尔油皂中各种酸含量/%		含铁品位/%						铁回收率/%
		原矿	泡沫产品				尾矿	
脂肪酸	松脂酸		1	2	3	4		
41.6	41.2	12.96	45.1	24.8	20.9	18.1	6.3	79.7
56.3	35.5	12.84	45.1	23.7	18.0	15.9	5.9	79.5
100.0	0	12.48	53.4	35.2	23.5	18.7	4.2	77.2

塔尔油的浮选性能与其脂肪酸及松脂酸的含量比有关。例如由磷灰石-霞石矿浮选磷灰石时，脂肪酸与松脂酸最好的质量比为（1.6～2.2）：1。脂肪酸的作用在于可以改进塔尔油的起泡性质。

如上所述，改变塔尔油中脂肪酸与松脂酸的含量比，可以改进塔尔油的浮选效果；塔尔油还可以与其他药剂混合使用以达到同样目的。例如用质量分数80%塔尔油与20%的鱼油在低温（12℃）一起皂化，用混合的皂化产物为捕收剂浮选经过磁选的氧化铁尾矿（赤铁矿的最大粒度为150μm），用量230g/t，矿浆 pH 值为 7.1～7.3，精选时加硫酸 100g/t，浮选结果铁回收率 69%，精矿铁品位 63.35%，尾矿含铁 4.3%。用塔尔油皂捕收赤铁矿时，如果与一烷基酚及二烷基酚一起使用，还可以得到更好的效果。或者用粗塔尔油皂与一种高分子洗涤剂合用。

在一定条件下用塔尔油皂与氧化石蜡皂的组合捕收剂浮选赤铁矿，在我国的浮选实践上已经取得了丰富的经验。

长沙矿冶研究院曾在研究野生植物的综合利用过程中，发现用含松香 80% 与樟树子油酸 20% 的混合皂化物（皂化时通入空气使部分松香氧化）作为赤铁矿及萤石的捕收剂都获得良好效果。在捕收能力、起泡性能及选择性上，比单独使用氧化松香钠皂或樟树子油酸效果好。在组合药剂中，松香占绝大的比例，从而可以节省大量的脂肪酸皂，并且组合剂中脂肪酸的组分也可以用其他脂肪酸如米糠油脂肪酸、香树子油酸、山苍子油酸等代替使用。

有人在研究不同结构的脂肪酸对铁矿的浮选性能时，发现不纯的异油酸对氧化铁的浮选选择性指标明显高于纯净异油酸，也高于油酸，结果如图 20－5 所示。不纯异油酸是用工业油酸加碘处理经异构化而得，碘值 80.9，含单个双键成分 56.5%，含两个双键成分 13.5%。纯异构油酸碘值 80.6，熔点 43.7℃（反式异构体）。工业油酸碘值为 88.2，含单双键成分 93%。纯油酸碘值为 89.8，熔点 13.4℃（顺式异构体）。

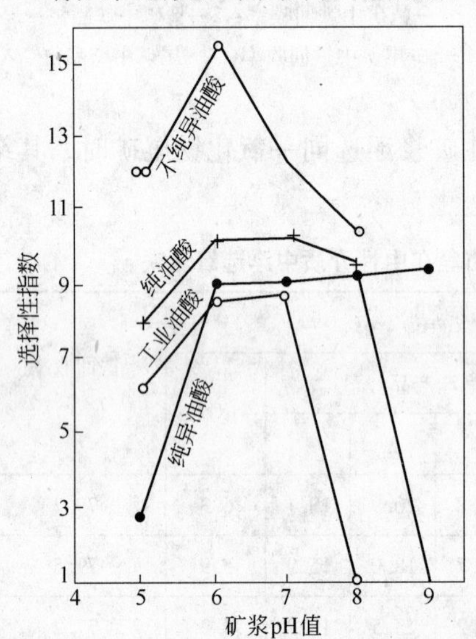

图 20－5　氧化铁矿浮选选择性指数

澳大利亚墨尔本大学在研究海沙中优先浮选锆英石过程中，提出用等量的油酸钠与硬脂酸钠的混合物作为捕收剂。用桉叶油作起泡剂，浮选时用碱性介质（pH＝11.4～11.5）代替一般使用的酸性介质。所得锆英石精矿产率为 31.4%，品位 95.2%，回收率 80.6%。

1960 年曾有人用原联邦德国最常用的洗涤剂美地亚兰 KA（椰子油酰－N－甲基氨基乙酸钠，R—CO—N（CH_3）—CH_2COONa，R—CO 为椰子油混合脂肪酸酰基）为基础与油酸等其他药剂组合浮选氧化铁矿，系统研究了美地亚兰与其他表面活性剂组合浮选获得最佳结果的比例关系。所使用的脂肪酸类型药剂，如表20－8所列。即用美地亚兰分别与油酸钠、月桂酰-N-甲基氨基乙酸钠及牛脂酰-N-甲基氨基乙酸钠组合。实验证明美地亚兰与这三种药剂的最适宜比例大多数为7∶3；但是组合药剂最适宜的比例也因铁矿石的种类不同而有所变动，特别是对褐铁矿和铬铁矿。

表20－8　以美地亚兰为基础的组合捕收剂浮选多种铁矿石的最适宜的比例

矿石名称	混合药剂的最适宜质量比		
	M∶A	M∶B	M∶C
人工混合矿（50%赤铁矿和50%的石英）	7∶3	7∶3	7∶3
赤铁矿-磁铁矿石	7∶3	7∶3	7∶3
菱铁矿石	7∶3	5∶5	7∶3
褐铁矿石	9∶1	2∶8	9∶1
铬铁矿石	9∶1	4∶6	3∶7

注：M为美地亚兰；A为油酸钠；B为月桂酰-N-甲基氨基乙酸钠；C为牛脂酰-N-甲基氨基乙酸钠。

中南大学曾经报道了美地亚兰与混合甲苯胂酸组合浮选黑钨矿的机理。认为，美地亚兰的作用主要是辅助作用，与混合甲苯胂酸组合使用时，弥补了混合甲苯胂酸捕收力的不足，而充分发挥两者的协同效应得到好结果。

随着表面活性剂合成工艺和理论研究的不断深入，应用领域愈加广阔，为脂肪酸及其衍生物组合药剂研究积累了丰富的信息资源，也对组合药剂在浮选中的协同作用有了更深的认知。

关于两种不同脂肪酸混合体系对于物化性质的影响，包括乳化作用、相律、溶解度、去垢作用、单分子膜、X光衍射、临界胶团浓度、缔合作用及红外光谱测量等方面都进行过研究。

一般而言，在不同溶剂中的脂肪酸溶液，脂肪酸的分子都是两个两个的通过氢键作用缔合在一起。不同脂肪酸缔合示意为：

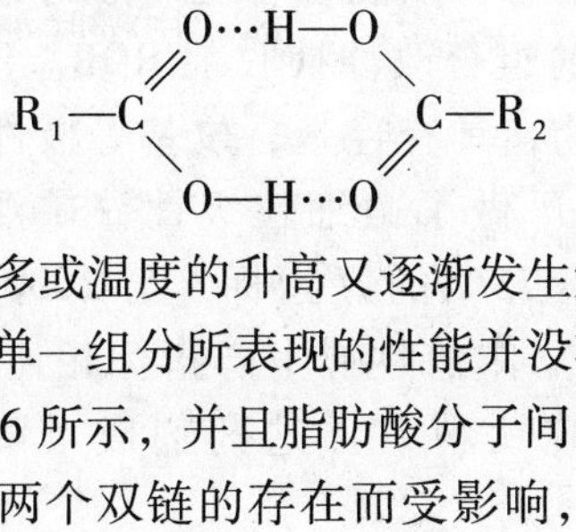

$$R_1-C\begin{matrix}\nearrow O\cdots H-O \searrow \\ \searrow O-H\cdots O \nearrow\end{matrix}C-R_2$$

这种缔合作用随溶剂的增多或温度的升高又逐渐发生解离。研究证明：混合脂肪酸的缔合作用性能，与单一组分所表现的性能并没有不同，缔合度也随温度的升高而降低，如图20－6所示，并且脂肪酸分子间的缔合作用不因碳键的长度或支键的存在、一个或两个双链的存在而受影响，红外线光谱证明了这种现象。

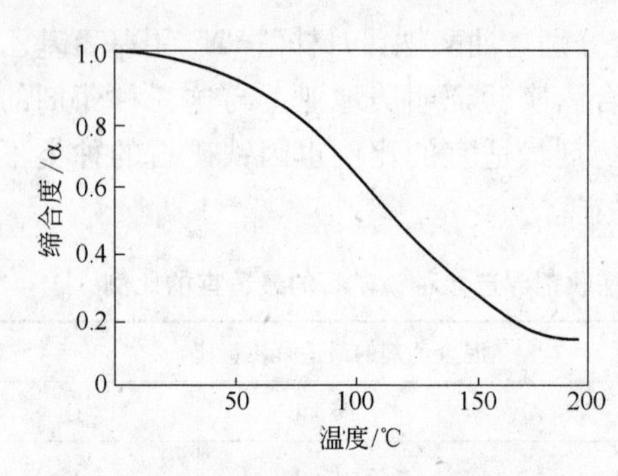

图20-6 混合脂肪酸分子缔合度与温度变化的关系（丁酸+二十碳酸，或油酸+硬脂酸）

混合脂肪酸的临界胶团浓度也是浮选中至关重要的问题，在半个世纪前就为物理化学的工作者所阐明。一般而言，脂肪酸的相对分子质量愈低，它的皂类水溶液愈不易形成胶团，反之，相对分子质量大的脂肪酸，愈容易形成胶团，当低相对分子质量的脂肪酸皂水溶液混入少量高相对分子质量的脂肪酸皂之后，混合皂水溶液的临界胶团浓度急剧下降，并且随高相对分子质量脂肪酸皂的加入量增大而逐渐下降，与两者的摩尔组分比，成加合的函数。也就是说，这里并不出现极大点或极小点。两种混合脂肪酸皂的碳链长度差别愈大，混合皂的临界胶团浓度的变化也愈大。

混合皂的临界胶团浓度可以根据下列公式计算：

$$C_{m_1}^{1+k}\frac{x'}{x'+(1-x')\exp(m_2-m_1)W/KT}+C_{m_2}^{1+k}\frac{(1-x')\exp(m_2-m_1)W/KT}{x'+(1-x')\exp(m_2-m_1)W/KT}=C_{混合}^{1+K}$$

式中，C_{m_1}及C_{m_2}分别代表两个脂肪酸的临界胶团浓度；$C_{混合}$为两种脂肪酸皂混合后的临界胶团浓度；K为一定的脂肪酸皂同系物的常数，直链饱和脂肪酸同系物皂的K值为0.56；W为碳链上每个次甲基由水溶液进入胶团内部时表面能的变化，直链饱和脂肪酸皂的W值为1.08KT；x'为另一个成分的摩尔组分。不同碳链的饱和脂肪酸混合钾皂的临界胶团浓度变化如图20-7~图20-10所示。

长沙矿冶研究院使用一种以混合有机羧酸为原料，经过预处理、反应、精制、乳化等工艺制得的组合改性捕收剂ROB。ROB阴离子捕收剂是一种多官能团的化合、复合物，具有羟基、羧基等极性亲矿基。用ROB作捕收剂，在攀枝花钛铁矿选厂做了微细粒级钛铁矿浮选工业试验，获得精矿TiO_2品位48%，回收率75%的好指标，与2000年5月生产线Ⅱ系列用MOS（脂肪酸的混合物）作捕收剂生产指标相比，精矿品位提高0.65%，回收率提高7.3%，每吨钛精矿浮选药剂成本降低40.54元，经济效益显著。

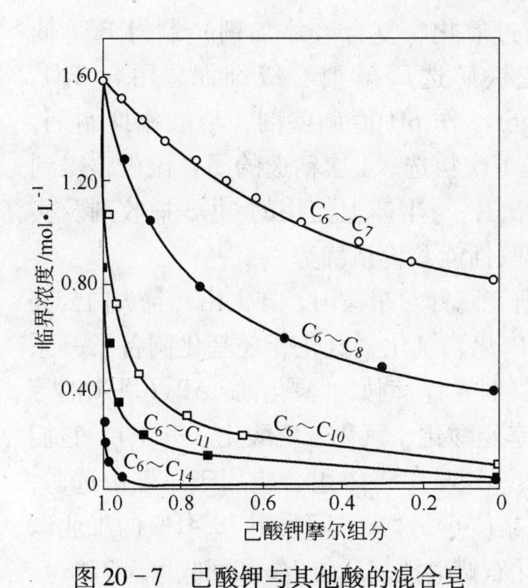

图 20－7 己酸钾与其他酸的混合皂在25℃时临界胶团浓度

$C_6 \sim C_7$—己酸钾＋庚酸钾；

$C_6 \sim C_8$—己酸钾＋辛酸钾；

$C_6 \sim C_{10}$—己酸钾＋癸酸钾；

$C_6 \sim C_{11}$—己酸钾＋十一酸钾；

$C_6 \sim C_{14}$—己酸钾＋豆蔻酸钾

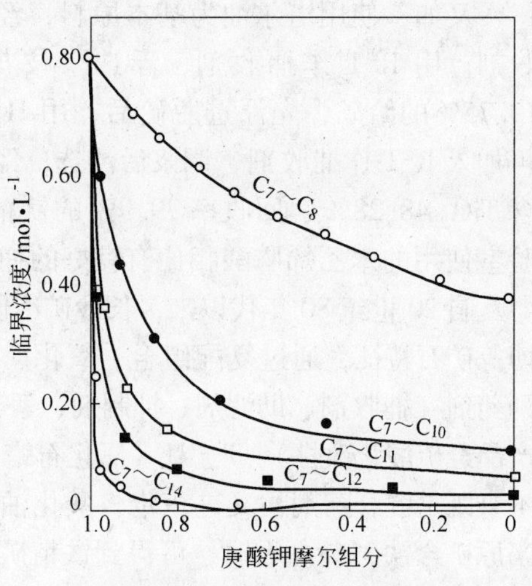

图 20－8 庚酸钾与不同碳链酸的混合皂在25℃时临界胶团浓度

$C_7 \sim C_8$—庚酸钾＋辛酸钾，

余类推（下同，图 20－9 和图 20－10）

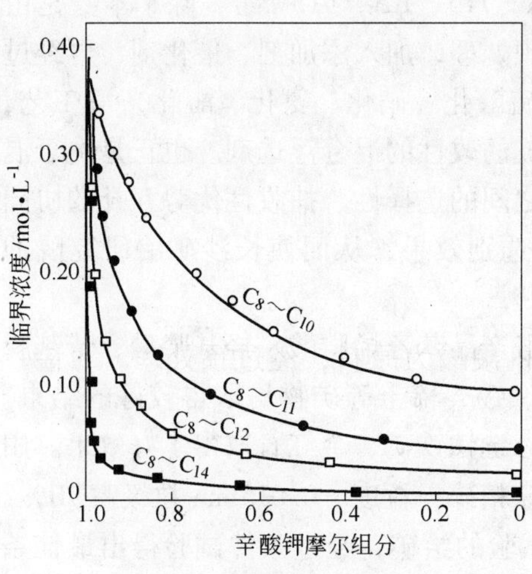

图 20－9 辛酸钾与不同碳链酸的混合皂在25℃时临界胶团浓度

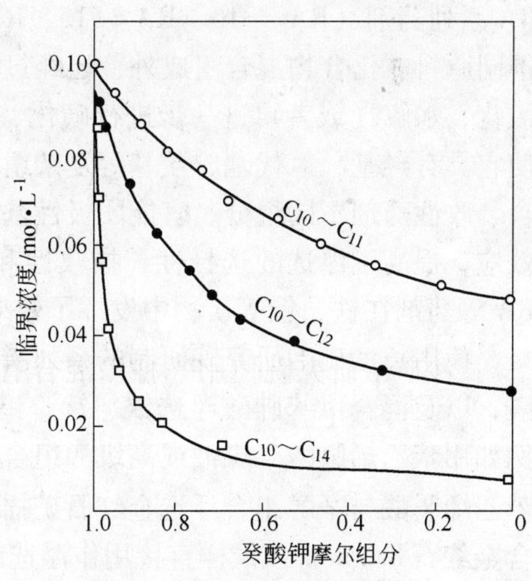

图 20－10 癸酸钾与不同碳链酸的混合皂在25℃时临界胶团浓度

又如，使用塔尔油为基本原料，经过氧化、复合（添加剂）制得RST捕收剂。用RST作捕收剂，浮选攀枝花铁矿选厂微细粒级细泥。用含TiO_2 19.75%的给矿，先浮选脱硫后，用H_2SO_4作pH值调整剂，草酸作抑制剂，再加入RST作捕收剂，调浆后浮选，经1次粗选、4次精选的闭合流程，得到含TiO_2 48.28%、回收率79.9%的钛精矿，与生产上使用的MOS捕收剂及实验室使用的苯乙烯膦酸相比有良好的捕收性能和价格优势。

自20世纪80年代以来，长沙矿冶研究院针对东鞍山、齐大山、包头白云鄂博等矿石特征，通过复配组合、氧化、硝化、氯化、氨化、羟基化制备了一系列药剂（捕收剂、助滤剂、抑制剂、絮凝剂等）。例如，酸化油-AB（塔尔油等产品经硫酸化改性）、T-41（氧化石蜡皂经酸化、氧化、硫酸化、皂化），它们本身既是混合药剂，又进一步将酸化油-AB与T-41组合应用于东鞍山选矿，当原矿含铁32%左右时，可得到铁精矿品位64.11%、回收率78.41%的工业试验结果，比现场生产使用的塔尔油与氧化石蜡皂提高品位1%和回收率5.77%。

在包头钢铁公司选矿厂，长沙矿冶研究院用磺化环烷酸、EM_2（带芳基、羧基和磺酸基）与氧化石蜡皂组合使用，结果表明，有利于降低铁精矿中氟含量，并已在生产中使用。

组合药剂比单一药剂浮选效果好已是不争的事实。其实像氧化煤油、氧化石蜡皂、环烷酸皂本身就是混合药剂，它们由含有不同碳链的脂肪酸、羟基酸以及醇、醛等化合物混合组成。如羟肟酸、AB、EM_2、T-41、磺化环烷酸及RA系列药剂（RA-315、RA-515、RA-715、RA-915等），除了本身是由不同原料、化合物混合组成外，还经过预处理，加入添加剂、催化剂，再经过氯化、水解（或者再进一步进行磺化、硫酸化、硝化、氨化、醚化）等工艺，使它具有羟基、氯代基、羧基等复杂组成的改性的混合浮选剂。也正是由于混合、改性药剂不同组分、官能团极性基之间的选择性、捕收性优势互补的协同效应，提高了浮选的选择性、捕收性和选别效果，从而使长沙矿冶研究院的RA等药剂在铁、钛等矿物中发挥了效果。

使用长沙矿冶研究院研制的系列膦酸产品苯乙烯膦酸、羟基膦酸、苄基膦酸，以及混合甲苯胂酸浮选铁、钛、钨、锡、稀土等矿物均取得较好的结果。例如用苯乙烯膦酸与煤油或高级醇组合浮选钛铁矿、金红石取得了好效果。用苯乙烯膦酸与辛醇组合浮选金红石矿摇床精矿，粒度-0.015mm粒级占70%，含金红石8.5%，该试样直接用作浮选试验的给矿，经过条件试验得出最佳条件为：pH=4.5，抑制剂氟硅酸钠300g/t，苯乙烯膦酸1000g/t。单用苯乙烯膦酸的用量试验结果和苯乙烯膦酸与辛醇按质量比1∶1混合药剂中苯乙烯膦酸的用量对金红石浮选的影响见图20-11。从图20-11看出，单用苯乙烯膦酸1000g/t，金红石品位70.79%，回收率84.67%；用苯乙烯膦酸与辛醇按质量比1∶1混合物作捕收剂可大幅度降低苯乙烯膦酸的用量，当其用量为450g/t时，精矿品位75.7%，回收率为88.64%，不但大幅度降低了苯乙烯膦酸用量，而且提高了浮选指标。用松醇油（辅助捕收剂，其成分为α-萜烯醇）和苯乙烯膦酸组合浮选钛铁矿，试验证明：苯乙烯膦酸与松醇油协同效应在pH值3.5左右时最显著，一次粗选可从给矿TiO_2品位22.33%，得到TiO_2品位44.44%、回收率83.54%的粗精矿；一次开路精选可得精矿品位48.63%的TiO_2，精选作业回收率92.51%。

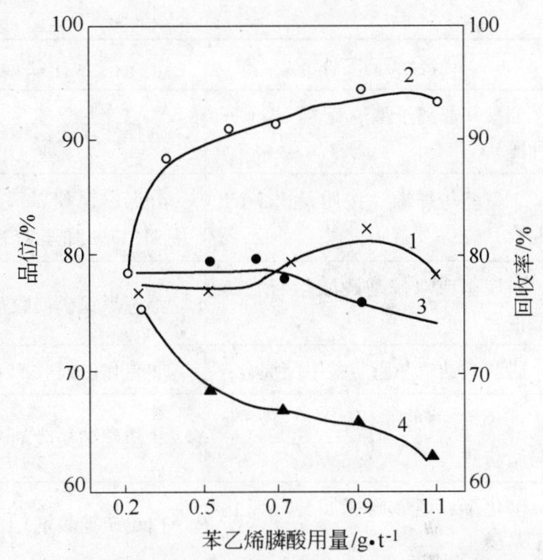

图20-11　苯乙烯膦酸用量对金红石浮选的影响
1—单用苯乙烯膦酸回收率；2—苯乙烯膦酸∶辛醇=1∶1混用回收率；3—单用苯乙烯膦酸品位；4—苯乙烯膦酸∶辛醇=1∶1混用品位

XT新型钛铁矿捕收剂是由A、B和C三种药剂组合而成，这三种药剂各有特点，A药剂捕收能力强，有一定的选择性；B药剂选择性较好，但捕收能力较差；C药剂具有较好的选择性和较好的捕收能力，且在精选时有抗脱药作用，根据协同效应原理，经浮选试验找出A、B和C的最佳配比，合成了XT新型钛铁矿捕收剂。

采用XT作捕收剂，H_2SO_4作pH值调整剂和活化剂，从含TiO_2 19.5%的给矿，通过1次粗选和3次精选开路流程，得到含TiO_2 49.14%、回收率53.44%的钛精矿（中矿回收率未计算在内）。72h工业试验可从含TiO_2 17.8%的给矿，得到含TiO_2 47.42%、回收率73.20%钛精矿。

表20-9所列为某些氧化矿的组合捕收剂。

表20-9　氧化矿组合捕收剂应用实例

组合药剂名称	应用浮选矿物	文献资料来源
烷基二元膦酸（C279）与水杨羟肟酸（SHA）组合	钛铁矿、钛辉石和斜长石，用量比单一捕收剂显著减少	CA 119，219038
C_{25}烷基磺酸钠与十六或十八烷基烯丙基乙胺组合	从金红石中分离锆石机理探讨	CA 120，274560 矿冶工程，1993（3）
磺化油酸钠与磺化菜籽油酸钠	浮选磁铁矿，回收率90.3%	Ger Pal 4117671，CA 118，217012

续表 20-9

组合药剂名称	应用浮选矿物	文献资料来源
油酸和非离子型厄克索-Б（一种醇）	选择性浮选白钨矿	国外金属矿选矿，1994（5）
丁黄药与煤油（按质量比5∶1混合）	分选白钨和黑钨，WO_3 损失可从31.17%降至7.3%	Bakap，T B，Обогащ，pyg，1984（4）
单烷基或双烷基磷酸盐与脂肪酸混合	浮选黑钨矿捕收剂	CA 101，232572
脂肪酸钠皂与脂肪酸甲酯混合	非硫化矿捕收剂	USSR 1371712
［RCO（OCH_2CH_2）$_n$］PSSNa与脂肪酸	非硫化矿捕收剂	USSR 1327972
磺化丁二酰胺与脂肪醇环氧化丁基醚	白钨矿捕收剂	前民主德国专利，36414470988
$C_4H_9S_nOONa$ 与丙二醇葡萄糖苷	锡石组合捕收剂	CA 109，58820
脂肪酸与磺化琥珀酰胺	非硫化矿捕收剂	前苏联专利，1027885
脂肪酸+2-环己烯基环己酮	铁矿捕收剂	USSR 1189505
油酸钠+聚丙烯酰胺	赤铁矿（捕）	CA 107，99187
改性氧化石蜡皂与磺化塔尔油	赤铁矿（东鞍山，捕）	CA 105，230329
塔尔油木素+脂肪酸蒸残液	氧化铁浮选	CA 107，202676
氧化石蜡皂与石蜡皂中的中性物（仲醇、醚、烃）	氧化铁捕收剂	CA 106，88045
H_{205}羟肟酸组合药剂	稀土矿捕收剂	矿山，1987（6）
水杨氧肟酸与P68萃取剂	锡石细泥浮选（大厂）	广州有色金属研究院（1988）
arsurf MG 98（醚胺）与辛醇	铁矿	CA 103，145272
C_{10}醚二胺与 C_8 醚胺乙酸	赤铁矿	CA 106，199700
阳离子胺类与氯乙酸酯（$ClCH_2COOR$，R 为 $C_{10\sim13}$）(10~50)∶1混合反浮选(质量比)	铁矿捕收剂，回收率及品位提高，药耗减少	前苏联专利，1090449 USSR Pat 1042806
四甲基亚乙基二胺与四甲基亚丙基二胺	铁矿反浮组合捕收剂	USSR 1411043
两种胺类与塔尔油、石油磺酸	组合捕收稀土矿	US 4772382
牛脂胺衍生物与N-$C_{16\sim18}$烷基天冬氨酸	白钨捕收剂	前民主德国专利，3641579

续表 20-9

组合药剂名称	应用浮选矿物	文献资料来源
月桂羟肟酸与塔尔油：氧化石蜡=1：3（质量比）	浮选红铁矿（东鞍山），显著提高精矿回收率	湖南有色金属，2000（1）
混合甲苯胂酸或苄基胂酸与煤油或柴油的组合	浮选钨、锡矿获好结果	长沙矿冶研究院资料
苯乙烯膦酸等膦酸与煤油、柴油组合	浮选钨、锡、钛铁矿、金红石效果好	长沙矿冶研究院资料
苄基或甲苄基胂酸与丁基黄药组合	黑钨细泥（铁山垅等）	矿冶工程，2004（朱建光专辑）
F_{203}与水杨羟肟酸单用或组合或再与 TBP（磷酸三丁酯）混合（三者组合）	浮选锡石细泥效果优于单一用药	中南矿冶学院学报，1993（5）；1994（1）；1995（4）
萘羟肟酸与氧化石蜡混合	浮选黑白钨矿	湖南有色金属，2000（1）
邻位与对位甲苯胂的质量比 55：45 组合；混合甲苯胂酸	锡石浮选（细泥）	有色金属（选矿部分），1964（9），1997（1）
脂肪酸与燃料油组合	浮选高镁磷酸盐	国外金属矿选矿，1987（2）
脂肪酸与磷酸三丁酯	浮选黑钨、萤石	Ger（East），272419
苯乙烯膦酸与磷酸三丁酯	浮选锡石细泥	Ger（East），236882
水杨羟肟酸与 P-86 组合	浮选锡石细泥	有色金属（选矿部分），1986（3）
F_{203}与 TBP 混用	浮选锡石细泥	中南矿冶学院学报，1994（1）

朱建光利用自行研制的 F_{203} 新药剂与水杨羟肟酸为组合捕收剂浮选锡石，同时进行了两种单一药剂浮选对比试验。在实验中发现 F_{203} 的捕收能力强、水杨羟肟酸选择性好。两种药剂作为组合捕收剂可利用捕收性和选择性优势互补。通过粗选、精选、开路闭路试验证明：两种捕收剂组合浮选锡细泥比单一使用 F_{203} 或水杨羟肟酸的效果好。当 F_{203} 与水杨羟肟酸的配比（质量比）为 2：1 时，浮选效果最佳。单独使用 F_{203} 和水杨羟肟酸的粗精矿品位分别为 8.83% 和 11.80%，回收率为 91.4% 和 64.78%，组合使用（最佳比例）粗精矿品位 11.46%，回收率 93.17%。最终得到精矿（大厂车河选厂锡细泥含 Sn1.6%，经两次精选）Sn 品位 34.54%～37.83%，回收率为 88.88%～91.85%。

20.5　脂肪酸与磺酸或硫酸盐等药剂的组合应用实例

脂肪酸类捕收剂与烷基磺酸或烷基硫酸盐的混合使用。例如油酸和石油磺酸（盐）组合，在萤石、方解石、白铅矿、钒铅矿、铁矿、磷灰石、钼矿、钒铅锌矿、菱锌矿、锡石、孔雀石、含硅矿物等许多矿物中均已广泛使用。

处理铀矿时，应用分散在油溶性石油磺酸中的脂肪酸为捕收剂，可以提高氧化铀的回收率。矿浆含固体质量60%，所用铀矿为小于48目，不含硫化物。浮选时加油酸1193g/t，石油磺酸408g/t，煤油95g/t及丁基-戊基醇36g/t，矿浆pH值为7.6，用水稀释至含固体质量为20%，浮选4min，泡沫为暗褐色。U_3O_8的回收率为95.6%，富集比为5。如果有硫化矿存在时，磨矿至小于200目，浮选铀矿前，须先用黄药浮去硫化矿。

含U_3O_8 0.067%的花岗岩还可以用油酸、石油磺酸及油酸钠（质量比为2∶1∶2）的混合捕收剂3.63 kg/t进行浮选。pH值范围为7.5~8.0，不加起泡剂，铀回收率达90%，精矿U_3O_8品位为0.3%。

含烷基硫酸钠，不饱和脂肪酸及煤油三种成分的乳剂，试用于三种含铀矿石（U_3O_8的含量为0.08%，0.15%及0.25%的高、中、低三种）进行浮选试验，表明捕收性能强，回收率达60%，富集比为1.3。第一段浮选捕收性最高，磨矿时间对回收率无影响，但捕收剂选择性较差。

有人用油酸与烷基硫酸钠为组合捕收剂浮选重晶石（铅尾矿选重晶石，综合回收），若单独用油酸，硫酸钡的精矿回收率只有12%~14%；若采用油酸加一种洗衣粉（主要成分是烷基硫酸钠）进行浮选，得到精矿产率由8%提高到25%，硫酸钡的回收率由23%提高至80%，硫酸钡品位开始时由57%增至77%然后再降至61%。中间工厂试验证明，药剂消耗量为水玻璃（工业品）2.5~3.0kg/t，乳化的油酸0.04kg/t，洗涤粉（10%水溶液，50℃）0.15kg/t。原矿中硫酸钡含量为20.7%，浮选精矿硫酸钡品位为69.2%，尾矿品位12.4%，精矿产率14.2%，回收率46.7%。

石炭氧化铜矿采用$C_{7\sim9}$羟肟酸和氧化石蜡皂组合直接浮选效果好，精矿铜品位接近35%，回收率超过70%，比黄药浮选效果显著。

非金属矿物浮选使用的油酸、磺酸及其他组合药剂，见表20-10所列。

表20-10 非金属矿物组合捕收剂

组合捕收剂	使用矿物	资料来源
$\begin{matrix} CH_2—CH_2 \\ \vert \\ CH_2—CH_2 \end{matrix} > CHOCH_2OCH_2—C \equiv CH$ 与拖拉机煤油	选煤组合捕收剂	USSR 1461516
$C_{7\sim9}$异羟肟酸（ИМ-50）与N-烷烯基酰胺己酸钠	磷灰石（捕）	CA 104，21334

续表 20-10

组合捕收剂	使用矿物	资料来源
$C_{7\sim9}$异羟肟酸与煤油	磷钙土	CA 107，61468
$C_{7\sim9}$异羟肟酸和塔尔油与E-氨基己酸钠的缩合物	非磁性磷灰石	CA 106，104653
钾黄药与亚油酸	石英脱铁	日本专利 157374
胺类+汽油（沸点62~105℃）	钾盐矿	USSR 1215748
十二胺+油酸	萤石	CA 105，67144
$C_{17\sim22}$混合脂肪胺（代替C_{18}胺）	钾盐矿	CA 104，71129
$CH{\equiv}C{-}CH_2OCH_2{-}CH(OH){-}C_6H_5$ 与煤油	选煤	USSR 1207499
煤油与 $CH{\equiv}C{-}CH_2OCH_2{-}CH(C_6H_5){-}CH_2{-}C_6H_5$	选煤	USSR 1256790
煤油+$CH{\equiv}C{-}CH_2OCH_2CH_2OH$	选煤	USSR 1261714
煤油+乙二醇二叔丁基醚	选煤	USSR 1297918
拖拉机煤油+ $C_6H_5{-}Si({=}O){-}CH(CH_3)_2$	选煤	USSR 1286293
拖拉机煤油+ $O{=}C(OR)(OR')$ 式中，R为$C_{3\sim5}$异烷基；R′为$C_{3\sim5}$烷基	选煤	USSR 1261712
塔尔油酸与5-氨基己酸钠缩合物和木素磺酸盐	磷灰石	CA 106，104651
磺化棉籽油皂、高级脂肪醇、烷基芳基磺酸盐三者按质量比1∶1∶1混合作捕收剂	从石英、碳酸盐中分选重晶石	USSR 860865

续表20-10

组合捕收剂	使用矿物	资料来源
塔尔油脂肪酸与多元羧酸酯组合	磷矿石捕收剂	化工矿山技术，1982（2）
异羟肟酸、烷基磺酸和非极性油	磷矿捕收剂	CA 98，57778
①$C_{12\sim36}$脂肪酸（或塔尔油沥青）与氨基酸组合；②或者用烷基硫酸盐和N-烷基氨基酸组合	浮选磷酸盐	国外金属矿选矿，1994（5）
①油酰基肌氨酸；②$C_{14\sim24}$饱和或不饱和脂肪酸组合（①：②＝（2～5）：1（质量比））	从富含方解石中浮选萤石	CA 118，41820
二烷基磺化琥珀酸盐与二元醇（或一元醇）组合作捕收剂	浮选过硼酸钙	US 5122290 CA 117，194678
油酸与十六碳烷酰胺基丙酸和十八碳酰胺丙酸及磷酸酯与环氧化油醇（45：55）的复杂混合物（三部分的用量分别为300，338，112g/t）	捕收萤石矿，可获得品位为81.9%，回收率为95.2%的萤石精矿	瑞典专利429822
长碳链多官能团羧基化合物与短链羧酸	作捕收剂可降低精煤灰分	煤炭科学技术，1984（11）
脂肪酸与燃料油混合捕收剂	浮选高镁磷酸盐	CA 101，232572
伊基朋-T［$RCON(CH_3)CH_2CH_2SO_3Na$或铵盐］与一组药剂（粗蒸馏塔尔油、次级焦油、氧化石蜡皂及脂肪酸）按质量比（35～65）：（65～35）作捕收剂	浮选磷灰石，提高了精矿品位及回收率	CA 100，9466 USSR Pat 1042806
脂肪胺、石油烃及酸性水（pH＝1～2）混合，前两者的质量比为1：0.1～0.5。石油烃为$C_{11\sim14}$烷烃，固体石蜡、液蜡或甲苯	钾盐矿捕收剂	前苏联专利1143469
$C_{7\sim16}$烷基（或烯基）琥珀酸单酯钠盐与$C_{1\sim16}$脂肪醇混合捕收剂	浮选金属、非金属氧化矿	CA 101，26687 USSR Pat 1084076
马来酸单酯（酯基的碳小于5）与$C_{11\sim12}$脂肪醇混合捕收剂	浮选金属、非金属氧化矿	US 4511463 CA 102，223976
煤油与六次甲基亚氨基-2-丁炔基醇 （环状$(CH_2)_6$）$N-CH_2-C\equiv C-CH_2OH$	组合选煤，可提高选择性	CA 101，113815

续表 20-10

组合捕收剂	使用矿物	资料来源
异构硬脂酸与 C_{14}烷基二甲氧化胺	磷矿捕收剂	英专利 2207619（1989）
石油磺酸盐与合成芳香基油混合	菱镁矿捕收剂	捷克专利 252715
一种季铵与一种醚胺组合	分选含硅脉石	CA 111，137002
氯化石蜡与不饱和脂肪酸	选煤捕收剂	USSR 1364367
oxanol-18 与木素磺酸盐及聚丙烯酰胺	钾盐矿捕收剂	USSR 1445796

另一篇专利报道，也是用脂肪酸与烷基硫酸盐混合剂为捕收剂浮选重晶石。优点是可以降低中矿产量，降低药剂用量，泡沫的力学性能好。烷基硫酸钠与脂肪酸的用量质量比介于 20∶1 至 1∶2。烷基硫酸钠原料的来源可以是饱和或不饱和的脂肪醇，含碳原子 8～20，矿浆 pH 值为 9.5～11.0，同时用水玻璃作分散剂，加入少量醇（4～7 个碳原子的醇）为起泡剂，所用的如果是脂肪酸或硫酸酯可以加碱使变为钠盐，矿浆中固体体积分数保持在 38%，浮选温度为 24～26℃。

1970 年一篇专利报道用氧化石油馏分与烷基硫酸盐混合使用作为重晶石矿（$BaSO_4$）的浮选药剂，不但可以改进精矿质量，还可以降低浮选泡沫的黏性。用氧化石油馏分代替前述的脂肪酸，降低了成本，因此这种组合药剂更具有工业实用意义了。

德国钾盐化学公司的一项专利报告中用质量分数 70% 的癸酸钠（$C_9H_{19}COONa$）与 30% 的月桂酸钠（$C_{11}H_{23}COONa$）混合剂作为浮选重晶石的捕收剂。每吨重晶石矿（含硫酸钡 88.5%，石英 6.4%）的药剂用量为 200g，搅拌 3min，浮选 4min，重晶石的回收率为 88%。精矿中含硫酸钡 96%，含石英为 0.89%。如果仔细研究癸酸与月桂酸的比例关系，可以看出它正好是这两个酸在共熔点时的比例。

按质量比，42% 的塔尔油脂肪酸与 58% 的芥酸［$CH_3(CH_2)_7CH=CH(CH_2)_{11}COOH$，顺式廿二（碳烯-［13］-酸）］的混合药剂，用量约 50g/t，浮选钾铝的硅酸盐-黝辉石，回收率可由 62.1% 提高至 88.3%。用 60% 塔尔油脂肪酸与 40% 芥酸的组合捕收剂，用量约 63g/t，大于 50 目的黝辉石的回收率也大为提高。

美国利用脂肪酸与磺化琥珀酸单酯，燃料油组合使用浮选佛罗里达州磷矿，比单独使用脂肪酸精矿 P_2O_5 品位由 67.45% 提高到 70.26%，回收率由 49.35% 提高到 55.82%。

浮选磷矿时用塔尔油脂肪酸加烷基聚醚硫酸盐组合可提高选矿效果。烷基聚醚硫酸盐通式：R—（OCH_2CH_2）$_n$$OSO_3M$，式中R为芳基或$C_{7\sim21}$烷基；$n$为1~6；M为$K^+$、$Na^+$、$NH_4^+$。

脂肪酸和硫酸盐的组合质量比为2∶1。此外，还加入一定量烃油（烃油为5号燃料油与煤油，两者的质量比为9∶1），浮选结果见表20－11所列。由表可见组合用药可使磷精矿含量提高15%，回收率平均可提高18%，效果显著。

表20－11 塔尔油脂肪酸与聚醚硫酸盐浮选磷矿石

药剂名称	用量 /g·t^{-1}	精矿品位 /%	精矿不溶物 /%	尾矿品位 /%	尾矿不溶物 /%	回收率 /%
塔尔油脂肪酸	136	35.40	49.56	13.93	79.50	10.56
	273	41.52	42.99	6.56	90.15	64.84
	408	40.86	43.71	3.28	94.55	34.36
	544	36.27	49.66	1.97	94.66	90.28
塔尔油脂肪酸∶聚醚硫酸盐（质量比）=2∶1	136	55.06	23.65	7.05	86.54	57.34
	273	53.97	25.09	3.06	94.55	83.00
	408	52.88	26.99	2.10	95.86	89.02
	544	53.53	25.20	1.75	96.39	92.29

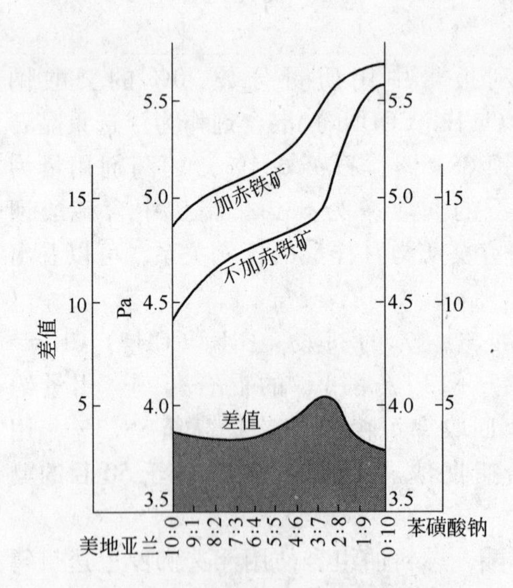

图20－12 美狄亚兰KA与苯磺酸钠混合物水溶液表面张力

有关磷矿石浮选组合捕收剂实例报道不少，如石油磺酸、油酸钠加柴油；脂肪酸与己醇生产的残液组合；脂肪酸与胺类组合；烷基氨基丙酸与燃料油组合（摩洛哥Sid Daoui磷矿）；烃基酰胺与塔尔油组合；烷基酰胺羧酸与羟肟酸组合等。

烷基磺酸及烷基硫酸酯（盐）的作用问题，有人用混合的表面活性剂浮选氧化铁矿时，带羧酸基的美狄亚兰与三种碳酸盐的混合使用效果，以及它们对溶液的表面张力影响，基本规律与混合脂肪酸相似，如图20－12所示及表20－12所列。

表 20－12 美地亚兰与烷基磺酸类混合药剂浮选铁矿的最适宜比例

矿　　石	混合药剂中各成分最适宜的比例（质量比）		
	美狄亚兰：D	美狄亚兰：E	美狄亚兰：F
人工混合矿（赤铁矿和石英各 50%）	7：3	7：3	3：7
赤铁矿-磁铁矿	7：3	7：3	3：7
菱铁矿石	3：1	7：3	3：7
褐铁矿石	9：1	7：3	7：3
铬铁矿石	7：3	9：1	9：1

注：D 为椰子油酰-N-甲基氨基乙磺酸钠；E 为牛脂酰-N-甲基氨基乙磺酸钠；F 为苯基磺酸钠。

关于脂肪酸与烷基硫酸盐混合使用的问题，也有人认为烷基硫酸钠的作用主要是使脂肪酸捕收剂高度分散，从而改善它的浮选效果。用带有放射性碳同位素的十三酸钠在辉钼矿物上的吸附，考察烷基硫酸钠对此的影响，结果如表 20－13 所示。

表 20－13 十三酸钠在辉钼矿物上吸附作用

<table>
<tr><th rowspan="3">编号</th><th rowspan="3">药剂用量
/g·t⁻¹</th><th colspan="3">泡沫产物</th><th colspan="3">非泡沫产物</th><th rowspan="3">十三酸钠在浮选矿物上总吸附量/%</th></tr>
<tr><th rowspan="2">辉钼矿收率/%</th><th colspan="2">十三酸钠的吸附</th><th rowspan="2">辉钼矿收率/%</th><th colspan="2">十三酸钠的吸附</th></tr>
<tr><th>mg·g⁻¹</th><th>相当于原有的质量分数/%</th><th>mg·g⁻¹</th><th>相当于原有的质量分数/%</th></tr>
<tr><td>1</td><td>十三酸钠 200</td><td>12.9</td><td>0.350</td><td>9.0</td><td>87.1</td><td>0.156</td><td>27.0</td><td>36.0</td></tr>
<tr><td rowspan="3">2</td><td>十三酸钠 200</td><td rowspan="3">54.2</td><td rowspan="3">0.150</td><td rowspan="3">16.3</td><td rowspan="3">45.8</td><td rowspan="3">0.125</td><td rowspan="3">11.6</td><td rowspan="3">27.9</td></tr>
<tr><td>碳酸钠 900</td></tr>
<tr><td>煤　油 160</td></tr>
<tr><td rowspan="4">3</td><td>十三酸钠 200</td><td rowspan="4">78.7</td><td rowspan="4">0.117</td><td rowspan="4">18.4</td><td rowspan="4">21.3</td><td rowspan="4">0.037</td><td rowspan="4">16.0</td><td rowspan="4">34.4</td></tr>
<tr><td>碳酸钠 900</td></tr>
<tr><td>煤　油 160</td></tr>
<tr><td>烷基硫酸钠 20</td></tr>
</table>

注：用人工混合矿，10g 辉钼矿 +15g 石英；十三酸钠质量浓度为 50mg/L。

由表 20－13 内数据可以看出，加煤油之后，辉钼矿的回收率由 12.9% 提高至 54.2%，但降低了十三碳脂肪酸钠在矿物上的吸附量。如果再加入少量的烷基硫酸钠（20g/t），辉钼矿的回收率由 12.9% 提高至 78.7%。

用油酸钠与烷基硫酸钠组合捕收剂，钼的回收率可达 90% 以上，这都说明了烷基硫酸钠可以促进脂肪酸的高度分散。并且两种药剂同时集聚在矿物表面，构成疏水性的凝聚物，药剂在矿物的各个表面上可以更好地起作用，发挥了强的亲固体的羧酸基与一个弱的硫酸酯基的协同作用。

另有报道认为，在吸附层上烷基硫酸钠起分散作用，它可以使捕收剂被吸附的浓度增加（烷基硫酸钠对十三酸钠在辉钼矿上的吸附作用），防止了捕收剂分子凝聚成为大的胶团，从而改善了脂肪酸吸附的均匀性和选择性。

20.6 阳离子型捕收剂的组合应用

阳离子型捕收剂的组合包括同型和异型组合，同型组合主要是不同胺的组合（伯、仲、叔、季，不同碳链的胺、季铵、醚胺、酰胺）；异型组合主要是与阴离子捕收剂以及中性油等非离子型化合物的组合。

20.6.1 胺-胺组合

胺类捕收剂通常用来浮选石英、锂辉石、绿柱石等硅酸盐矿物，铁矿反浮选脱硅，以及用来浮选氧化锌矿和钾盐矿物等。胺类单用效果比较差，工业应用的多为具有不同碳链的混合脂肪胺，或者是用不同碳链的单一胺类组合使用具有明显的协同作用。

我国矿业生产应用的胺类化合物多为混合脂肪胺，用石蜡氧化所得氧化石蜡——混合脂肪酸为原料制得。而醚胺多半是以 $C_{12\sim13}$ 混合醇与丙烯腈为主要原料合成。国外胺类生产除品种、系列多外，胺和醚胺基本情况相似。例如俄罗斯和法国分别报道，用含 $C_{15\sim20}$ 的脂肪胺质量分数35% ~64%，$C_{21\sim28}$ 脂肪胺质量分数 24% ~ 63% 组合浮选钾盐矿；用醚胺醋酸盐 $C_8H_{17}O(CH_2)_2NH_3Ac$ 和 $C_{10}H_{21}O(CH_2)_3NH_3Ac$ 组合作捕收剂浮选赤铁矿中的石英。

用组合脂肪胺捕收剂 armeen HT 和 armeen HR 按质量比 1∶1 混合，用量为 22g/t，聚丙烯酰胺 10g/t，浮选脱除钾盐中的黏土、细粒碳酸盐等矿泥；用 $C_{15\sim20}$ 不饱和脂肪胺质量分数 25% ~64% 和饱和脂肪胺质量分数 25% ~63% 组合用来浮选钾盐矿，其效果比单独使用一种胺的效果要好得多；用十二胺、辛胺和两者组合物浮选绿柱石单矿物，结果表明，组合作用比单独使用，回收率有很大提高。

化工副产品已二胺残液是多种胺类化合物的混合物，用于浮选河北寿王坟铜矿石时，据报道其效果优于丁铵黑药；用于浮选钴硫铁矿可以降低药剂成本。由乙二胺、二亚乙基三胺、三亚乙基四胺、四亚乙基五胺和 N-甲基乙基二胺等的不同组合物可用于浮选氧化了的铅锌硫化矿。混合醚胺类是铁等氧化矿反浮选的有效药剂。而塔尔油胺（系松香胺和脂肪胺二类胺的混合物）已广泛应用于磷矿石的浮选。

使用双椰油基双甲基氯化季铵盐和氧化牛脂胺组合浮选含黏土矿泥的钾盐矿效果显著，可得到氯化钾品位为95.1%，产率为50.4%的精矿。

不同长度碳链的混合脂肪胺，其浮选效果比单独使用一种脂肪胺好。这种情况基本上与黄药的混合使用效果相类似。其解释为：在矿粒与气泡之间，长碳链脂肪胺与短碳链脂肪胺互相结合，正好可以改善气泡和矿粒间的黏附强度，因而有利于提高浮选效果，如图20－13所示。使用放射性同位素研究，也证明了同样的效果。

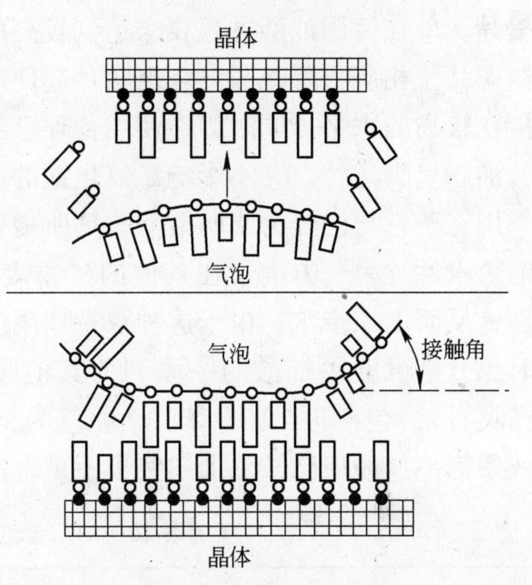

图20－13　矿粒向气泡黏附过程中，碳链长短不同的组合药剂作用示意图

在工业实践上，甚至于蒸馏脂肪胺（$C_{8\sim20}$）的残渣也可以与沸点较低的脂肪胺按一定比例混合使用。例如从磷矿中浮去石英，可以用质量分数20%～40%的低沸点脂肪胺与蒸馏残渣混合作为捕收剂。脱泥后的磷矿石先用脂肪酸浮选，所得的磷粗精矿加硫酸处理后，再用这种混合胺类捕收剂的质量分数5%水乳剂进行第二次精选，浮去石英杂质，药剂用量在270g/t左右，磷酸钙品位达74.4%，回收率达90%以上。

巴西专利报道使用脂肪胺与醚胺或其他含氮化合物组合作为捕收剂，对氧化铁矿石进行反浮选，能获得含铁大于67%，回收率为89.91%～91.3%的铁精矿。

1988年苏联专利（1411043）报道，将四甲基亚乙基二胺与四甲基亚丙基二胺组合，可用作铁矿石的反浮选捕收剂。

20.6.2　阳离子型与阴离子型捕收剂的组合

使用两种电性截然相反的捕收剂组合，最早报道进行试验研究的是Mcewen等人，他们用$C_{12\sim14}$的伯胺与烷基磺酸盐或烷基羧酸组合使用浮选长石、钛铁矿、石榴石和独居石。美国专利等报道了用胺与巯基捕收剂（黄药、黑药和硫醇等）组合浮选硫化矿和经过硫化的氧化矿；用十二胺酯酸盐和油酸作组合捕收剂浮选云母。

脂肪酸与胺类先后添加，作为含钛矿物的有效捕收剂，增强了选择性，改善了精矿的质量。如表20－14所列，单独使用油酸时（25g/t）精矿中金红石品位只有23.5%，但先加油酸再加仲环已胺联合使用时，精矿中金红石的品位达47.3%。而且使捕收剂的用量相对减少，二氧化钛的品位与回收率相应提高。单独使用油酸并且要求达到较高的回收率时，油酸的用量必须增大，但精矿品位相应下降，与仲环已胺一起使用时，无论回收率与精矿质量都可以保持在较高的水平。同时，在使用仲环已胺的时候，部分的油酸可以用成本较低的油脂皂脚代替，并不影响二氧化钛的品位及回收率。其解释是：仲环已胺的作用在于它与已经为脂肪酸捕收剂所覆盖的矿物表面相结合，增加了矿物表面的疏水性。另一方面，在其他的矿物表面上，加入仲环已胺并不能增强疏水性，反而更加亲水。由于这种双重作用的结果才使浮选的选择性提高。与此同时也分别试验了油酸与一系列的其他胺类的联合效果（对金红石、钛铁矿、锆英石），包括正已胺、苯胺、氨基酚、铜铁试剂、羟基喹啉、α-萘胺等，但效果都不如仲环已胺。上述例子不是事前混合均匀，而是加药次序有先有后。

表20-14 金红石的浮选结果

<table>
<tr><th rowspan="2">药 剂</th><th rowspan="2">用 量
/g·t⁻¹</th><th colspan="3">精 矿</th></tr>
<tr><th>产率/%</th><th>品位/%</th><th>回收率/%</th></tr>
<tr><td>油 酸</td><td>25</td><td>17.9</td><td>23.5</td><td>92.5</td></tr>
<tr><td>油 酸</td><td>25</td><td rowspan="2">9.8</td><td rowspan="2">47.3</td><td rowspan="2">94.7</td></tr>
<tr><td>仲环已胺</td><td>60</td></tr>
<tr><td>大豆油皂脚</td><td>50</td><td>11.5</td><td>23.0</td><td>58.8</td></tr>
<tr><td>大豆油皂脚</td><td>50</td><td rowspan="2">10.2</td><td rowspan="2">36.8</td><td rowspan="2">83.4</td></tr>
<tr><td>仲环已胺</td><td>100</td></tr>
<tr><td>棉籽油皂脚</td><td>50</td><td>8.8</td><td>24.0</td><td>44.9</td></tr>
<tr><td>棉籽油皂脚</td><td>50</td><td rowspan="2">10.5</td><td rowspan="2">33.6</td><td rowspan="2">79.9</td></tr>
<tr><td>仲环已胺</td><td>100</td></tr>
</table>

在氧化锌矿浮选中不经硫化直接采用阳离子胺类捕收剂浮选时，加入适量的羟肟酸或煤油可以提高锌的回收率；云南奕良氧化铅锌矿因含有大量褐铁矿，而且锌矿石中含有30%左右的铁菱锌矿，可浮性差。若单用混合胺浮选，尾矿中锌的损失大，用混合胺和辛基黄药浮选，与单一用药对比，在精矿品位相当的条件下，回收率提高了约5%。

有报道称用结构为 $C_mH_{2m+1}\text{—}\underset{C_qH_{2q+1}}{\overset{C_pH_{2p+1}}{C}}\text{—}C(=O)NH_2$ 的三烷基乙酰胺与塔尔油捕收

剂组合浮选磷矿石。当烷基酰胺中的 $p+m+q=7\sim23$ 时，用量100g/t，塔尔油200g/t，以苏打和单宁为抑制剂浮选磷矿石，在精矿品位相同时，回收率比单用塔尔油提高25%；当 $m+p+q=10\sim15$ 时，用该药20g/t与塔尔油组合，精矿品位可提高0.1%~1.6%。

俄罗斯报道用烷基乙醇酰胺［RC（O）—NH—CH_2CH_2OH］50g/t与250g/t塔尔油组合浮选磷矿石，可以获得单用塔尔油500g/t所得的指标；而用RNH—C（O）—C（SO_3H）H—CH_2COOH和塔尔油、二次渣油、氧化石蜡等组合，不仅可提高浮选指标，还可降低浮选温度；用烷基酰胺羧酸RC（O）—NH（CH_2）$_n$COOH或N－甲基烷基酰胺羧酸［RC（O）—N（CH_3）（CH_2）$_n$COOH］与羟肟酸组合时，对含 P_2O_5 为6%的高碳酸盐磷矿石进行浮选时，其精矿品位比单独使用羟肟酸提高0.86%~1.4%，回收率提高1.2%~10%，并能改善浮选泡沫性能。

瑞典拉奥等人（Lulea工业大学）研究了阴-阳离子混合捕收剂的溶液化学及长石与石英的浮选分离；总结分析认为浮选是分离长石与石英的唯一实用的方法。此法通常务必用氢氟酸作长石的活化剂，用阳离子捕收剂才能将长石从石英中浮选分离出来。而氢氟酸不仅价高而且有强腐蚀，对环保不利。所以作者通过电导率、表面张力、动电电位和浮选等研究手段，研究了长石-石英体系浮选过程阴、阳离子混合捕收剂的行为及作用。

实验使用阳离子捕收剂十二胺醋酸盐和二胺（牛脂基1，3-二胺基丙烷醋酸盐，牛脂基主要由 C_{16} 及 C_{18} 烷基和油烯基组成）；阴离子捕收剂为十二烷基硫酸钠（SDS）及十四、十六、十八烷氧基二乙氧基硫酸钠［$C_{14}H_{29}O(CH_2CH_2O)_2SO_3Na$、$C_{16}H_{33}O(CH_2CH_2O)_2$—$SO_3Na$、$C_{18}H_{37}O(CH_2CH_2O)_2SO_3Na$］。结果表明，带不同电荷的阴、阳捕收剂离子之间通过电荷中和而形成分子络合物。这种络合物具有比单一组分更高的表面活性；混合构成的摩尔比对浮选具有显著影响，当摩尔比（阴/阳）小于1时，浮选回收率提高。若在混合捕收剂中的阴离子捕收剂的摩尔组分大于阳离子捕收剂时，浮选受到抑制。从电导率、表面张力数据说明，使用单胺与SDS的最大相互作用是在摩尔比为1∶1，二胺与SDS则是在摩尔比为1∶2时。通过表面张力下降效应证明，这些混合络合物的表面活性比单一药剂络合物的表面活性更高。实验还表明用二胺与阴离子捕收剂组合比单胺与阴离子药剂的组合更好，在pH值为2.5或者更低的情况下，前者（二胺和阴离子）对微斜长石具有相当高的回收率，而石英不浮选。特别是在低pH值条件下，使用二胺比使用单胺混合捕收剂时长石回收率更高，相关结果见图20－14和图20－15所示。

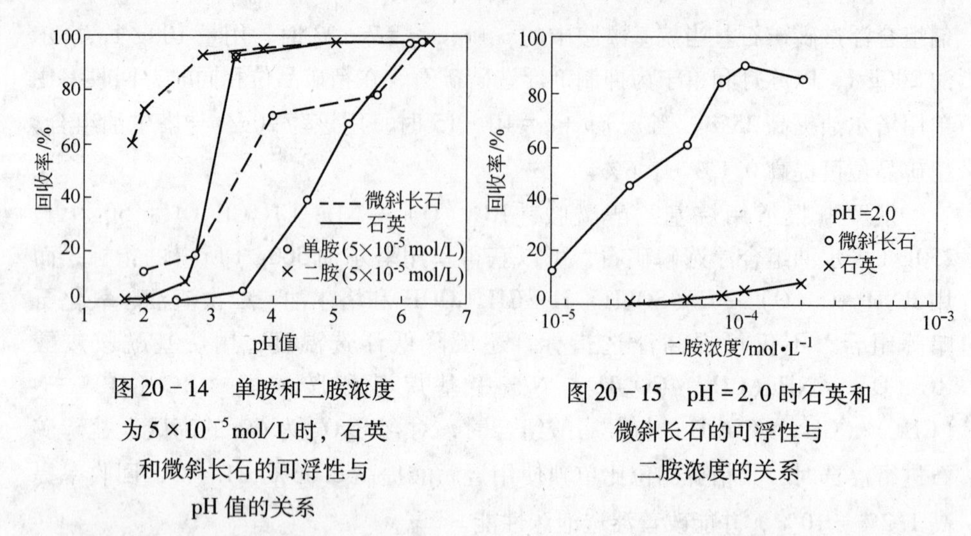

图20－14 单胺和二胺浓度为5×10^{-5}mol/L时，石英和微斜长石的可浮性与pH值的关系

图20－15 pH＝2.0时石英和微斜长石的可浮性与二胺浓度的关系

图20－14表示了捕收剂浓度为5×10^{-5}mol/L时浮选结果与pH值的关系。可以看到，对于单胺，在pH＜3时，浮选特性很差，而pH＞3时，两种矿物几乎具有相同的可浮性。有二胺存在时，在pH≤2.5时，微斜长石具有相当高的回收率而石英不能浮选。在低pH值下，使用二胺比使用单胺时长石回收率更高，这可能是由于二胺为具有双电荷的胺离子。

图20－15显示了pH＝2时二胺浓度对石英和微斜长石回收率的影响。在此pH值下，微斜长石和石英所带电荷分别为负值和零。可以看到，在浓度小于5×10^{-5}mol/L时，石英没有可浮性；大于此浓度时，稍有可浮性。二胺浓度为2×10^{-4}mol/L时，石英回收率约为10%。微斜长石的回收率随着二胺浓度的增加而增大。浓度为1×10^{-4}mol/L时，回收率约为90%；高于此浓度，回收率下降。浓度为5×10^{-5}mol/L时，微斜长石的回收率约为60%，而石英没有可浮性。

图20－16显示了在pH＝2和捕收剂总浓度为5×10^{-5}mol/L，使用二胺与不同阴离子捕收剂在不同混合比例下配合的微斜长石的浮选特性曲线。浮选结果表明，当二胺与一种阴离子捕收剂混合时，回收率增大。然而，这种回收率的增大仅在二胺的浓度过量的比例下，也就是在硫酸盐与二胺的摩尔比为0.25～0.66的范围内才出现。当硫酸盐阴离子浓度等于二胺浓度时，回收率出现急剧下降。摩尔比增大到超过1时（即阴离子捕收剂浓度超过阳离子捕收剂时），可浮性消失。

拉奥继在十七届国际选矿会议提出阴-阳离子组合捕收剂的溶液化学及长石与石英的分离研究之后，又于十八届国际选矿会议提出用阴、阳离子捕收剂浮选提纯瑞典Gasruvan的方解石。该方解石矿含$CaCO_3$约89.2%，主要杂质

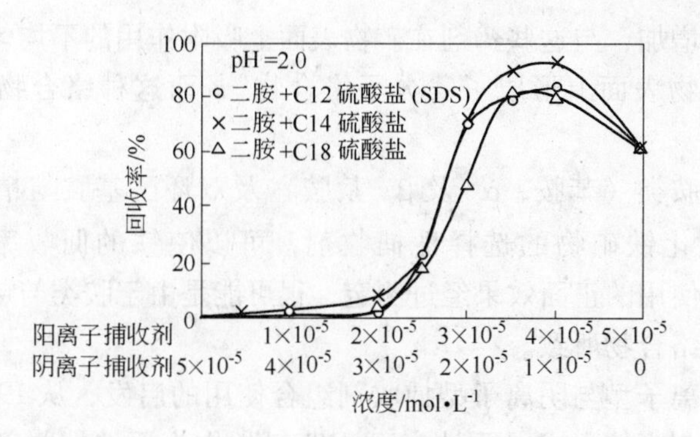

图 20-16 在 pH = 2，阴-阳离子恒定总浓度为 5×10^{-5} mol/L 时，微斜长石的浮选特性与药剂混合比例之间的关系

矿物是含硅的辉石和角闪石。杂元素含量（%）为：MgO 3.1、Fe_2O_3 0.7、SiO_2 3.7、Al_2O_3 0.8、MnO 0.13。拟用浮选方法提纯方解石矿以满足造纸填料和涂料的要求，目的是将相关杂质降低到（%）：MgO 0.1、Fe_2O_3 0.12、SiO_2 0.3、Al_2O_3 0.1。

使用的阴离子捕收剂有：脂肪酸磺酸盐（OMC 5019）、羧酸衍生物（QMC 395）、烷基磺化琥珀酸（SCO 40）和改性脂肪酸（OMC 357）；阳离子捕收剂有：十二胺、十八烷基胺、椰基丙烯二胺、椰基三丙烯四胺以及椰基胺和牛脂胺的醋酸盐等。浮选首先用阳离子捕收剂浮选除去含磷矿物，然后用阴离子浮选分离碳酸盐矿物。结果表明，十八烷基胺醋酸盐（flotigan SA）和改性脂肪酸（MFA OMC 357）两种捕收剂组合效果较好，最终得到含方解石 99.25%。回收率为 80% 左右的精矿产品。

有研究认为阴离子型捕收剂与阳离子型捕收剂混合使用效果比单独使用阳离子捕收剂的效果之所以要好，原因是组合用药的协同效应可以消除矿泥在浮选中产生的有害影响。例如云南会泽铅锌矿采用混合胺与仲辛基黄药混用（胺：黄药（质量比）=2:1）进行浮选，可以使锌精矿品位从单一阳离子浮选时的 19.28% 提高到 23.72%，效果显著。

用塔尔油脂肪酸、三乙醇胺、羟乙基乙二胺，三者按质量比 2:1:1 比例混合，加热至 200℃ 缩合后用或不用醋酸中和，作为磷酸盐矿中二氧化硅及硅酸盐的捕收剂，反浮选磷酸盐矿石，用量为 300 ~ 400g/t，磷酸盐精矿品位为 71.94% ~ 75.74%，回收率 91.68% ~ 94.57%，该捕收剂还可与燃料油混用。

使用阳离子型与阴离子型组合捕收剂，它们之间发生的作用类似于电子的给予体-接受体之间的性质，并且通过氢键的作用在它们之间形成了具有一定组成的“分子络合物”。使用阳离子型与阴离子型组合捕收剂之后，其所以能够使浮选效果增加，与这些药剂在矿物表面上吸附作用的不均匀性有关系，并且很可能在矿物表面上形成了“分子络合物”，而这种络合物具有高度的疏水性。

例如芳香胺类（苯胺、α-及β-萘胺）及双环己基胺与精馏塔尔油皂混合使用作为氧化铁矿物的选择性捕收剂，可以使铁的回收率提高6.3%～18.2%。组合使用的正面效果经过测定，很可能是由于胺类与羧酸之间形成具有活性的分子络合物所致。

受上述阳离子型与阴离子型捕收剂组合使用的启发，从1969年开始研究和使用新型药剂直接合成“两性表面活性剂”作为浮选捕收剂，即在一种捕收剂的分子内同时具有阳离子基团及阴离子基团。使药剂及选矿工艺技术不断创新。

1969年对钾黄药与烷基三甲基溴化铵（CnTAB）组合捕收剂体系的红外光谱的测定，证明在它们之间也存在类似“缔合”、“络合”现象，形成了“加合物”（如反应式）。黄药（包括乙基、己基、辛基、壬基、癸基钾黄药）的特殊吸收带在1000～1200cm^{-1}，C—S键的引伸振动在1040～1060cm^{-1}范围内，C—O—C键的引伸振动范围在1100～1200cm^{-1}。黄药与上述季铵盐混合之后，黄药的这种吸收光谱向低频率方向移动，这是因为形成加合物之后，相对分子质量增大了的缘故。

$$\underset{\text{钾黄药}}{R{-}O{-}C({=}S){-}S^-K^+} + \underset{\text{烷基三甲基溴化铵}}{R{-}N^+(CH_3)_3Br^-} \xrightarrow[-KBr]{} \underset{\text{加合物}}{R{-}O{-}C({=}S^-){-}S \cdot R{-}N^+(CH_3)_3}$$

与上述情况相类似的例子是：将胺类与高分子醇联合使用，另一个是胺类与有机硅化合物联合使用，浮选钾石盐矿。

在浮选脱泥的钾石盐矿（-6目+28目）时，将钾石盐矿悬浮在母液中，先加入少量的脂肪胺使有选择性地覆盖在钾盐颗粒之上，然后再加入一种非极性的高度疏水性的高分子醇作为调整剂。这种醇可以与胺互相混合，但是没有选择吸附作用；从而使已经为胺所覆盖的钾盐颗粒更加疏水，然后用浮选方法，充气使悬浮颗粒向上移动，使钾盐浮起分离。

另一种用含“聚有机硅化合物”的药剂浮选钾石盐矿，矿石先用27g/t的氢化牛油脂肪胺处理，然后分别加入不同黏度的三种聚有机硅［黏度分别为100、500、1000mPa·s（运动黏度单位）］345、390、450g/t，所得浮选后尾矿含氯化钾分别为5.3%、6.0%及6.8%。当为胺所覆盖的矿物再用聚有机硅处理后，接触角增大，说明疏水性增强了。

20.6.3 阳离子捕收剂与中性油组合使用

磷矿石的处理，早期在国外只能回收粗粒级的矿物，细粒磷矿开始时不能回收，一直到1929年以后才开始用油浮选法处理细粒嵌布的矿石，1930年以后才使用胺类捕收剂浮石英杂质，用以提高磷精矿的品位。用浮选法回收 -20目 +65 目磷矿石的选矿厂，先用燃料油、粗塔尔油及苛性钠进行粗选，所得粗精矿用硫酸处理，再用一种胺类阳离子捕收剂与煤油按质量比 1∶4 比例使用，有选择性地浮去粗精矿中的石英，提高磷精矿的品位。

有一报道称，处理含0.1%以下重金属矿物的磷灰石矿，先用362g/t塔尔油（其中含煤油质量分数12%）及907g/t燃料油浮选得出粗精矿（含磷酸钙60%，石英30%及重矿物1%），再用硫酸处理，用苛性钠调整pH值为7.5~8，加煤油（453g/t）及脂肪胺醋酸盐（含73%十八碳胺及25%十六碳胺）进行第二次浮选，浮去石英，所得尾矿加次氯酸钠脱药，最后用重选法回收重金属矿物，重金属矿物回收率93.7%，尾矿含磷酸钙16.53%。

在浮选石英过程中，一系列的阳离子捕收剂中，由庚胺到月桂胺（C_7~C_{12}）分别加入煤油进行比较，证明脂肪胺与煤油的组合捕收剂比纯脂肪胺具有相当高的捕收能力。其中最适宜的比例为质量比 1∶1。值得注意的是使用这样的组合捕收剂不仅提高了石英的产率，最重要的是降低了药剂的成本，因为煤油远比胺类便宜。

用一般的脂肪胺类（22~450g/t）从磷矿或铁矿中反浮选石英及其他硅酸盐类脉石的时候，添加9~227g/t的杂环氮化合物（沸点高于90.4℃，一种精制硬沥青产物），可以提高精矿的回收率。

在钾盐矿浮选中，组合使用脂肪胺和烃油为捕收剂可得到好结果。脂肪胺和烃油之质量比为 1∶0.1~1.5，烃油可以是 $C_{11\sim14}$的烷烃，也可以是固体石蜡，浮选的矿浆pH值为2。

Sulo等人用脂肪胺与烃油组合使用浮选磷酸盐矿物；使用脂肪胺与氯乙酸酯（$ClCH_2COOR$，式中 $R = C_{10\sim13}$烷基）反浮选赤铁矿。

美国索托（Soto）等人用阳离子捕收剂从白云石中选择性浮选磷酸盐矿物的研究中，添加煤油与否对十八胺（ODA）的浮选效果影响很大。单用十八胺时其浓度很大（$>10^{-3}$mol/L）才能使磷灰石完全浮游，当与煤油组合时，胺的浓度在 1×10^{-4}mol/L 与几毫克/L煤油的添加量即可使磷灰石的回收率从原来的10%提高到近乎100%，但煤油在组合中的量不能大于70%。当全用煤油时磷灰石的回收率为零。其他烃类（十二烷、十四烷）药剂与胺组合也能获得好的效果。

为了探索煤油对阳离子捕收剂浮选效果的影响，作了吸附量的研究。试验在ODA溶液及ODA+煤油（质量比1∶3）乳液中对ODA在矿物表面上的吸附量进行对比试验，结果表明，胺在磷灰石表面的吸附量不受煤油存在的影响，如表20-15所示；在胺（ODA）+煤油（质量比1∶3）乳液中对ODA与煤油吸附量关系的试验表明，煤油的吸附量与ODA的存在（有无）及变化有关，没有胺的存在，煤油不吸附于矿物表面（如表20-16）。所以对烃类而言，胺的优先吸附是必要条件，没有这个条件，煤油的吸附就不会发生。通过疏水键合作用烃分子就有可能与已被吸附的胺的—CH_2—基发生相互作用，从而产生烃与胺的共吸附。

表20-15 在胺溶液及胺+煤油（质量比1∶3）乳液中ODA在矿物表面上的吸附量

吸附时间/min	ODA吸附量/mol·g⁻¹ 溶液中		乳浊液中	
	白云石	细晶磷灰石	白云石	细晶磷灰石
1	4.9×10^{-6}	3.2×10^{-6}	4.0×10^{-6}	3.1×10^{-6}
2	5.3×10^{-6}	3.5×10^{-6}	5.0×10^{-6}	3.3×10^{-6}
3	5.5×10^{-6}	4.0×10^{-6}	5.5×10^{-6}	3.9×10^{-6}
5	5.8×10^{-6}	4.3×10^{-6}	5.8×10^{-6}	4.2×10^{-6}
10	5.9×10^{-6}	4.6×10^{-6}	5.8×10^{-6}	4.4×10^{-6}

注：吸附条件相同，浓度为2.5×10^{-4} mol/L；pH=7。

表20-16 在胺+煤油（质量比1∶3）乳液中ODA与煤油吸附量关系

矿 物	ODA吸附量/mol·g⁻¹	煤油吸附量/mg·g⁻¹
白云石	0	0
	0.43×10^{-6}	0.4
	4.2×10^{-6}	2.5
细晶磷灰石	0	0
	0.55×10^{-6}	0.6
	3.9×10^{-6}	2.1

20.7 螯合类药剂的组合使用

具有螯合性能的选矿药剂，愈来愈受到重视。具有螯合作用的捕收剂，例如烷基羟肟酸与戊基黄药作组合捕收剂浮选氧化铜钴矿，钴的回收率比单独使用其中的一种药剂高50%；浮选异极矿时，采用羟肟酸与十二胺组合，由于羟肟酸中的N、O原子能与异极矿表面的Zn^{2+}键合生成螯合物，促进十二胺在异极矿表面的吸附，从而使异极矿有效回收；浮选某钨矿时，单用ИМ50，200g/t可获得品位0.82%，回收率80%的粗精矿；当用50g/t变压器油与150g/t ИМ50组合使用后，所得精矿的品位和回收率都与单独用200g/t ИМ50相似；D_2与丁基黄药、柴油等组合可大大提高铜的回收率。

羟肟酸类螯合捕收剂是在近十多年来在稀有、稀土金属矿物中广为试验和工业应用的有效药剂。例如，苯甲羟肟酸式（Ⅰ）、水杨羟肟酸式（Ⅱ）、2-羟基-3-萘甲基羟肟酸（H_{205}，式Ⅲ）和1-羟基-2-萘甲基羟肟酸（H_{203}，式Ⅳ）等。

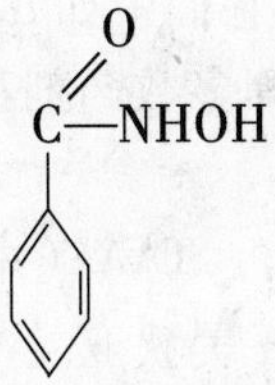

O
C—NHOH

（Ⅰ）

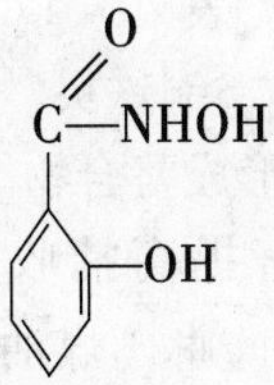

O
C—NHOH
OH

（Ⅱ）

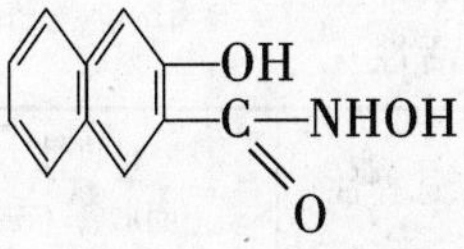

OH
C—NHOH
O

（Ⅲ）

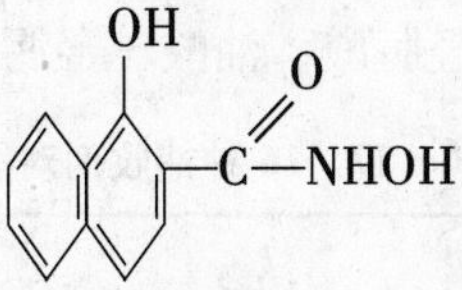

OH
O
C—NHOH

（Ⅳ）

从上述化学结构式以及其他烷基羟肟酸类型看，它们结构有极相似之处，或是同系物或是同分异构物。同分异构是研究、寻找、设计新型药剂的同分异构原理（规则）的依据和重要方法。利用羟肟酸类螯合捕收性能，与其他捕收剂（或辅助捕收剂）组合使用，则是发挥不同药剂的作用，实现优势互补、提高选别效果、降低药剂用量和成本的又一有效途径。

H_{205}是浮选稀土的有效药剂，在包头稀土浮选工业生产中已经得到了成功的应用。H_{203}是H_{205}的同分异构体。它们结构相似、性质相近。徐金球等人对H_{203}的研制合成和选矿试验表明，H_{203}对包头稀土矿物有较好的捕收性能，也是有前途的捕收剂。

朱建光使用H_{205}和H_{203}为主要捕收剂，分别与磷酸三丁酯（TBP）辅助捕收剂进行组合，对广西大厂车河选厂细泥工段给矿锡石细泥作浮选研究。对H_{205}+TBP和H_{203}+TBP分别作了开路和闭路试验。试验结果表明，（闭路）

H_{205} + TBP可从含锡1.36%的给矿经过1粗2精，中矿集中返回粗选闭路流程获得含锡37.39%，回收率为91.21%的锡精矿。药剂制度是以 Na_2CO_3 为pH值调整剂、单宁为方解石抑制剂，松醇油为起泡剂，H_{205} + TBP为组合捕收剂。H_{203} + TBP对微细粒锡石效果显著。对于 −11μm 粒度占76%，−22μm 粒度占100%，含锡1.16%的给矿，通过1粗2精1扫试验可以获得含锡18.23%，回收率为92.68%的锡精矿。所用的抑制剂为CMC，其他药剂与前例相同。

广州有色金属研究院研究和生产的苯甲基羟肟酸在柿竹园取得了良好效果。利用以苯甲羟肟酸为主的混合捕收剂BH，与组合抑制剂AD复配使用，对柿竹园黑钨细泥浮选取得了良好效果，并已成功投入生产运行多年。

王淀佐、胡为柏在螯合剂研究中考察了16种捕收剂对黑钨矿的捕收能力，并对组合用药进行了研究。表20－17所列为16种捕收剂。它们中如α－亚硝基－β－萘酚、8－羟基喹啉、铜铁灵、胂酸、膦酸、羟肟酸等多数药剂都具有螯合作用，能与金属离子形成螯合物。

在这些药剂中能显著提高捕收剂能力的组合药剂有：TAA（甲苯胂酸）＋美狄亚兰、8－羟基喹啉＋煤油、油酸＋煤油、油酸＋美狄亚兰＋煤油和733（氧化石蜡皂）＋美狄亚兰等。彼此之间能够增加捕收能力的组合药剂有：733＋TAA、733＋羟肟酸、油酸＋羟肟酸等。

表20－17 16种捕收剂对黑钨矿的浮选活性

捕收剂	分子式	pH值	选择性	捕收性（回收率/%）
美狄亚兰	$C_{14}CON(CH_3)$ CH_2COOH	7	较好	>90
TAA	$CH_3C_6H_4AsO_3H_2$	6~7	较好	>90
苄基胂酸	$C_6H_4CH_2AsO_3H_2$	6~7	较好	>90
油酸	$C_{17}H_{33}COOH$	7~9	较好	>90
苯乙烯膦酸	$C_6H_5C_2H_2PO_3H_2$	7~8	较好	>90
混合烷基羟肟酸	RCONHOH	5~8	好	>80
癸基羟肟酸	$C_9H_9CONHOH$	7	好	>80
烷基酰胺基乙酸	$RCONHCH_2COOH$	6~8	好	>80
月桂酰胺基乙酸	$C_{11}H_{23}CONHCH_2COOH$	8	好	>80
十六烷基氨基乙酸钠	$C_{16}H_{33}NHCH_2COONa$	4.5	好	>80

续表 20-17

捕收剂	分子式	pH 值	选择性	捕收性（回收率/%）
十八烷基氨基丙酸	$C_{18}H_{37}NHCH_3CH_2COOH$	7	好	>80
8-羟基喹啉	C_9H_5NOH	8.5	好	>80
铜铁试剂	$C_8H_5NONH_4NO$	5~7	好	>80
α-亚硝基-β-萘酚	$C_{10}H_8NO_2OH$	5~7	好	>80
脂肪胺	RNH_2	>7	好	>70
733	$R_{12\sim16}COONa$	7~9	一般	>70

美国曾有专利报道（US Pat 4324654，1982）氧化铜矿使用两种螯合捕收剂羟肟酸与黄药组合，并用组合起泡剂浮选，即用辛基羟肟酸钾 0.4 lb/t 与戊基黄药 0.8 lb/t 混合使用，同时用松油与 MIBC 按质量比 1∶1 混合作为起泡剂，浮选一种氧化铜矿，原矿品位为 1.77%，其中氧化铜 1.67%、硫化铜 0.10%，细磨至 -100 目占 97%，矿浆固体质量分数 65%，pH 值 8.7，调浆 20min，铜回收率达到 96.57%。

前苏联和英国专利报道，分别用 1-羟基-辛基-1，1-双膦酸

$$C_7H_5—C(OH)(PO_3H)(PO_3H)$$

与脂肪酸或脂肪酸皂组合浮选锡石；用 1-羟基-辛基-1，1-双膦酸及其二钠盐的混合物作为锡石捕收剂。

为了浮选含钛矿石，过去曾试验了一系列的与钛离子可以生成难溶性络合物的有机试剂，发现用“铜铁试剂”为捕收剂在弱酸性介质中可产生捕收作用。在有起泡剂存在下“铜铁试剂”可以浮选钛磁铁矿、钛铁矿及榍石，但是浮选速度慢，较粗的颗粒不易捕收仍然停留在尾矿里。为了增强“铜铁试剂”的捕收能力，又加入了煤油及脂肪酸皂，在有草酸存在下，在 pH 值 6 左右时，浮选效果很好。所用的矿石是由生产磷灰石所得的含钛铁矿-钝钠辉石-软玉辉石尾矿，由这种尾矿中浮选钛磁铁矿、钛铁矿及榍石，与钝钠辉石分离，使用上述组合药剂，钛的回收率可以达到 78% 左右。但是与钛磁铁矿结合在一起的含钒矿物不容易分开。

以“铜铁试剂”与石脑油混合使用，浮选赤铁矿。以 α-亚硝基-β-萘酚试剂与石脑油混合使用，浮选辉钴矿。以丁二酮二肟试剂与石脑油混合使用，浮选镍矿（Niccolite）。以 8-羟基喹啉与石脑油混合使用，浮选烧绿石，也获得较好效果。

以“铜铁试剂”与茜素的混合捕收剂浮选石英-锡石人工混合矿也获得了效果。用210 ~75μm 的石英50 g 与小于150μm 的锡石1.5g 组成人工混合配料。用正辛醇为起泡剂，用量30mg/L，单独使用“铜铁试剂”或茜素在任何浓度下，结果均不好；但是当“铜铁试剂”（500mg/L）与茜素（200mg/L）混合使用时，精矿中锡回收率最高（74%）。浮选时pH值范围要求很窄，少量硫酸或苛性钠，会使结果显著下降。分别在每种捕收剂溶液中测量锡石悬浮液的电导率，证明“铜铁试剂”和茜素与矿物相互作用的结果，可以使悬浮液的电导率大大提高。

螯合试剂捕收剂与中性油组合使其浮游矿物的能力显著改善。对烃油的作用研究，有人认为是烃油沿润湿周边形成油膜，有人则认为是烃油将矿物孔隙中的水挤出增大接触角，还有人认为是延长捕收剂非极性基的作用，以后一种看法居多，并认为螯合试剂类捕收剂与矿物表面金属离子形成的络合物的选择性很强，但络合物仅略微疏水，非常亲油，故添加中性油可大大提高其疏水性。

中南大学在研究1-亚硝基-2-萘酚螯合剂分别与柴油、煤油、汽油、石油醚等中性油组合浮选黑钨矿的过程中，进行了吸附试验和表面电性测定，结果表明，中性油的加入可能只是使螯合剂的吸附量（Γ）增大而引起ζ-电位的变化，中性油分子自身不直接影响ζ-电位。因为，在同时加入1-亚硝基-2-萘酚和煤油的溶液中处理的黑钨矿，其ζ-电位向负方向移动增大，但对应于螯合剂单位吸附量的ζ-电位值ζ/Γ，与不加煤油比较没有明显的变化（ζ/Γ分别为3.66和3.55）。从图20-17所示结果反映的捕收剂在黑钨矿上的吸附量增大的顺序正好与中性油烃链长短的顺序一致，并与浮选结果有很好的对应关系，从而推想，中性油分子可能起着延长螯合剂非极性基的作用，并用以下界面吸附方程进一步作了论证。

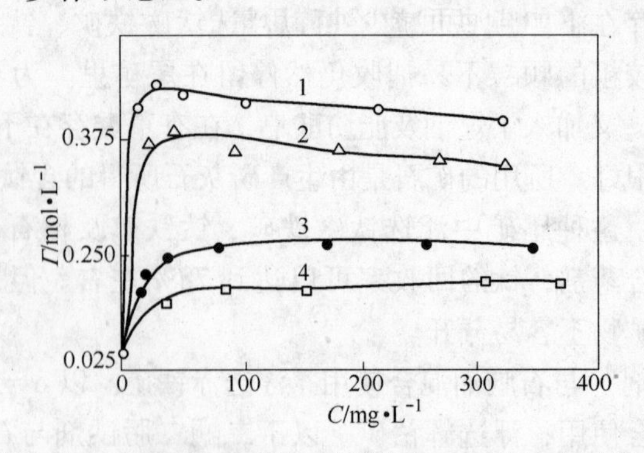

图20-17 中性油对1-亚硝基-2-萘酚（浓度50.0mg/L）在黑钨矿上吸附的影响

1—柴油；2—煤油；3—汽油；4—石油醚

界面吸附方程为：

$$\Gamma = \tau C_b \exp\left(\frac{\Delta G_a^o \mathrm{ds}}{RT}\right) \tag{20-1}$$

式中，Γ 为吸附层厚度；C_b 为溶液浓度，mol/L；ΔG_a^o 为吸附总自由能。

对于螯合剂-黑钨矿吸附体系，若认为加入不同烃链中性油后，中性油分子加到螯合剂非极性基上，类似于延长了非极性基，则吸附自由能为：

$$\Delta G_a^o \mathrm{ds} = b + n\Phi \tag{20-2}$$

式中，Φ 为非极性基中每摩尔—CH_2—基的缔合能量；n 为烃基中碳原子数；b 为与静电作用、化学作用、氢键等作用有关的常数。

将式（20-2）代入式（20-1）并取其对数值得：

$$\ln\Gamma = -\frac{\Phi}{RT}n + b + \ln(\tau C_b)$$

用图 20-17 中加入不同烃链中性油后，1-亚硝基-2-萘酚的吸附量值作图，得到的 $\ln\Gamma = n$ 呈直线关系，这表明中性油的作用相当于使螯合剂自身烃链按比例延长。并意味着中性油分子在螯合剂非极性基上缔合，应当是垂直定向排列的。

20.8 非离子型捕收剂与极性离子型药剂的组合或自组

阴离子型捕收剂和阳离子型胺类捕收剂一样可添加各种非离子型药剂，如中性油等作为活化剂、乳化剂、增效剂等统称辅助药剂。通过组合使用的协同效应提高选别效果。实例不胜枚举。

浮选磷灰石（含 P_2O_5 24.2% 或 $Ca_3P_2O_8$ 52.8%、Fe_2O_3 21.4%、SiO_2 16.5%）时，先用磁选脱除磁铁矿，再用碳酸钠、油酸钠或质量比 1：1 油酸与柴油的混合物作浮选剂，经过 1 粗 2 精，产品中 $Ca_3P_2O_8$ 含量均达 90.2%，氧化铁杂质 1.04%。添加柴油可减少油酸用量。

使用脂肪酸皂与煤油的组合剂作捕收剂（0.75～0.25kg/t），水玻璃为调整剂（1.0～0.5kg/t），浮选砂质磷矿（含 P_2O_5 11%）；用含 88% 的塔尔油与 12% 煤油的组合药剂（435g/t）浮选磷灰石，均取得较好的效果。

用脂肪酸与燃料油的组合捕收剂浮选硅酸铍石-似晶石矿。原矿含氧化铍 0.49%，精矿含氧化铍 14%，回收率 82%。单独浮选含 5% 氧化铍的似晶石矿时，精矿中氧化铍品位达 34%，回收率 85%。

用脂肪酸与燃料油的组合药剂浮选氧化铁矿，效果比单独使用脂肪酸好，回收率可达 83%～93%，用一般浮选方法铁回收率只有 60% 左右。药剂用量为脂肪酸 0.45～2.2kg/t，燃料油 0.45～9kg/t。

为了提高铁矿矿泥浮选效率，使用一种石油产品白精油与酸渣或油酸与

70%白精油的混合剂为捕收剂，在碱性介质中增加矿浆浓度，比单用阴离子型捕收剂，提高回收率28.7%，富集效率18.9%，并且缩短了浮选时间。

在选矿厂浮选软锰矿细泥（≤0.25mm）时，用塔尔油与马达油、变压器油或矿物油的水乳剂作捕收剂，效果都比较好。尾矿中锰的品位可从5.5%下降到2.6%。

用脂肪酸钠皂与矿物油混合使用也有报道。例如用松脂酸钠皂或塔尔油皂与燃料油作混合捕收剂在碱性矿浆中浮选脱泥后的氧化铁矿。油酸钠或氧化石蜡皂与煤油（或松油）混合捕收赤铁矿，可以使回收率提高。

油酸是萤石浮选最常用的捕收剂，但是矿浆温度对油酸的捕收性能影响非常显著，油酸在较低温度下黏度增大，难溶于水不易分散。因此，当温度低于15℃时，油酸对萤石的浮选效果恶化，利用增效、活化剂或乳化剂就可以克服和改善因低温带来的不良影响。

赵援研究利用醇或醚醇与一氯醋酸的缩合物，以及具有一个或多个游离羧基的多元羧酸酯，或者与其相当的磺酸、磺酸盐、硫酸盐、全氟代羧酸等有机化合物作为增效活化剂，在浮选时与脂肪酸混用，可以取代2%~10%的脂肪酸，并且能起增效作用，产生明显的“协同效应”，改善浮选的技术经济指标，这类化合物被称为脂肪酸捕收剂的增效剂。把增效剂加到油酸中混合使用，既是组合药剂又可称作增效油酸。使用增效油酸能在3~5℃的低温下使萤石浮选获得很好的指标。例如用增效油酸 HOL_{710} 和 HOL_{720} 为捕收剂浮选分离碳酸盐萤石矿，与用油酸皂、超声乳化油酸和油酸等相比，使用增效油酸（即混合用药）其用量比其他捕收剂减少一半，精矿同样达到酸级萤石指标，回收率也比其他捕收剂大幅度提高。

有报道称使用脂肪酸乳化剂（或添加剂），即将脂肪酸与添加剂组合乳化使用，也可以改善浮选效果。例如在油酸中添加适量的AOS药剂乳化搅拌2~3min，在5~9℃低温矿浆条件下，浮选格尔木萤石矿能获得高质量的精矿。直接用油酸和乳化油酸做同一矿石浮选的对比试验，前者油酸用量540g/t，原矿 CaF_2 品位为56.1%，浮选得到的精矿 CaF_2 品位为97.62%，含 SiO_2 1.35%，回收率为85.41%；用乳化油酸浮选，油酸用量285g/t，可从原矿 CaF_2 品位58.35%浮选得到含 CaF_2 98.67%，含 SiO_2 0.9%，回收率为89.03%的萤石精矿。可见将油酸与乳化剂乳化混用不但降低了油酸的用量，而且提高了萤石精矿的质量。

在锡石浮选中，磺化琥珀酸钠与烷基聚氧乙烯混合使用，在pH值为4.5时，可提高选择性及回收率。

用脂肪酸和燃料油混合捕收剂浮选美国南佛罗里达州的高镁磷酸盐矿，原矿 P_2O_5 品位为6.8%~8.5%，所得精矿 P_2O_5 品位为28.97%~29.80%，回收率72.4%~76.9%，氧化镁品位为1.2%~1.36%。若在精矿矿浆中通入二氧化硫，可使氧化镁品位下降至0.5%~0.8%，但磷矿回收率有损失。

阴离子型捕收剂与非极性的中性捕收剂组合，效果比单独使用阴离子捕收剂要好，报道认为中性油能增强阴离子捕收剂在矿物表面的吸附强度。例如用混合甲苯胂酸与煤油组合浮选黑钨矿可节省1/3的混合甲苯胂酸；用棕榈油、粗柴油和塔尔油混合浮选科卢伟次选矿厂（印度）硅质铜钴矿；用黄药和煤油混合浮选木利锑矿；利用苯乙烯膦酸与煤油组合浮选钛铁矿及金红石等。

英国惠尔简锡矿使用磺化琥珀酰胺与煤油组合作为锡石浮选捕收剂；有专利报道脂肪酸与磷酸酯、非离子表面活性剂组合使用，可提高对钨矿、萤石的回收率，其回收率分别为81.5%和84.6%，而单独使用脂肪酸，白钨矿和萤石的回收率分别为75.10%和77.30%。表明使用组合药剂两者的回收率分别提高了6.4%和7.3%。

中国专利（CN.87104013）报道，用十二烷基苯磺酸钠作为主捕收剂，以十四烯、双戊烯、长叶烯、仲辛醇等其中的一种作为辅助捕收剂，组合使用浮选含锆矿石，可得到含$(Zr, Hf)O_2$ 66.5%，含TiO_2低于0.06%的高纯度锆精矿，回收率达77%~89%。浮选低锆物料时，可获得含$(Zr, Hf)O_2$ 60%~65%的普通锆精矿，回收率可达93%以上。

美国专利曾报道，用脂肪酸与燃料油组合浮选氧化铁矿，效果比单独使用脂肪酸好，回收率83%~93%，用一般脂肪酸浮选回收率仅60%左右；据报道在对南非锰铁矿石浮选时，最好的捕收剂是脂肪酸组合药剂，即用油酸、塔尔油与柴油组合物，当原矿含锰15.9%，含铁40.9%时，可得到含锰32%的锰精矿。

美国专利还报道，用聚氧乙烯衍生物作为脂肪酸类捕收剂的辅助捕收剂，例如仲烷基醇聚氧乙醚非离子型表面活性剂可在浮选非硫化矿物时做脂肪酸捕收剂的活性添加剂。

萨尔莫依（Salmawy）总结了长石与石英分选，从用胺浮选、用氟离子活化浮选到无氟工艺使用二胺与阴离子捕收剂，再到将聚氧乙烯醇、聚氧乙烯烷基酚以及酯醇等非离子型和阳离子型表面活性剂的混合使用，已在几种矿石中应用，它与单独使用离子型捕收剂相比，能改善浮选的选择性和回收率。在此基础上萨尔莫依率先使用非离子型表面活性剂作捕收剂进行浮选分离试验研究。

研究用十六烷基醚聚氧乙烯［$C_{16}H_{23}O(CH_2CH_2O)_{20}H$，醚醇，商品名Brij58］非离子表面活性剂作捕收剂，对石英和长石浮选行为的影响及固-液界面的吸附作用，它是一种浮选分离石英、长石的新概念的可行性的一种探索。结果表明，表面活性剂浓度低时，石英出现最大可浮性，而长石不能被该表面活性剂捕收。试验在哈里蒙特管进行，试验数据表明，在低 pH 值下，用烷基醚聚氧乙烯作非离子捕收剂，从长石中浮选石英，理论上似乎是可能的。在石英及长石的非离子浮选分离中，形成的硅烷基起决定性作用。同时，非离子型捕收剂为石英与长石的无氟选择性浮选开拓新路，具有潜在意义。

国外用黄药和十二烷基硫醇、聚乙二醇作捕收剂单独或组合浮选铜矿物，结果表明组合用药比单一用药效果好，见表 20－18。

表 20－18　帕拉巴拉（Palabora）公司铜选厂用组合药剂扫选试验结果

捕收剂 18g/t		精矿指标/%	
十二烷基硫醇质量分数/%	聚乙二醇质量分数/%	铜品位	铜回收率
95	5	5. 33	50. 7
90	10	5. 10	50. 3
85	15	5. 48	45. 2
80	20	4. 89	42. 0
单用十二烷基硫醇		4. 48	44. 0
单用戊基黄药		4. 14	39. 8

中性油煤油等烃类油与脂肪酸组合后浮选效果比单用脂肪酸好。有人研究它对磷灰石浮选的影响，如图 20－18 所示，将溶于煤油中的油酸混合液加到矿浆中以后，由于扩散与乳化作用在煤油乳滴上形成了活性的定向油酸分子层，单独使用油酸时，活性的乳滴的数目很少。当磷灰石的矿粒与覆盖油酸分子层的煤油乳滴相遇时，油酸分子以其羧基极性基固着在矿物表面上，而煤油则集聚在油酸分子中烃基一端。被脂肪酸分子层与煤油所覆盖的矿粒，具有高度疏水性，从而容易为空气泡黏附而浮起，如图 20－19 所示。通过电动电位测量证明非极性油的影响在于使矿物表面的双电层发生变化。

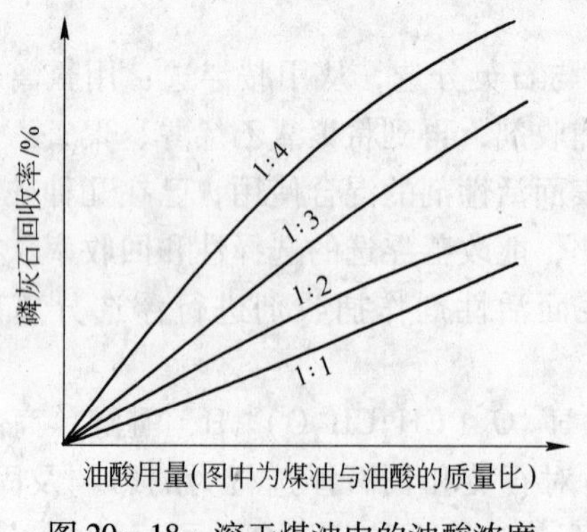

图 20－18　溶于煤油中的油酸浓度对磷灰石回收率的影响

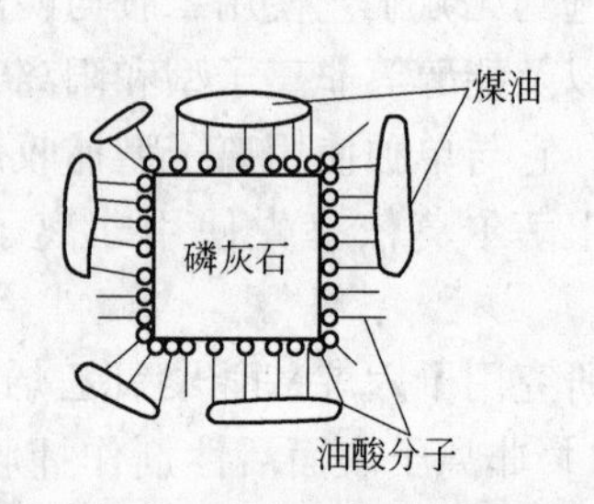

图 20－19　用溶于煤油中的油酸浮选磷灰石

研究了油酸与煤油混合剂在水介质中对于长石表面的润湿作用。在不同pH值条件下，这种混合剂的乳剂在浸入水中的矿物表面上扩散。在固体表面上，液体扩散的倾向，可以通过在该系统润湿过程中自由能的降低程度加以测量。液体对固体的黏附力与液体分子本身的凝聚力的差数S_r，称为扩散能或扩散系数。S_r值愈迫近于零，液体的润湿作用愈好。液体A的润湿能力可以通过液体A在固体表面上取代液体B所需的能量加以测定。它等于液体A对浸沉在液体B中的固体的黏附能E_s/A，与液体B对于浸沉在液体A中的固体的黏附能E_s/B的差数：

$$\frac{E_s}{A} - \frac{E_s}{B} = 4E = \frac{2\gamma B}{A}\cos\theta$$

式中，γ为界面张力；θ为润湿接触角；γ与θ可以用已知方法加以测量。

用油酸与煤油的混合剂按质量比75：25，67：33，50：50及35：65比例，在pH值分别为8.2、9及10的条件下，测量长石表面在水溶液中的润湿接触角θ，计算出S_r值及两种不溶于水的液体在固体表面上相互置换时黏附能的变化ΔE。

在pH=9时，S_r值随煤油用量的增多而增加。在pH=8时，水比捕收剂有更好的润湿作用；但是在pH=9时，组合捕收剂表现有更好的润湿作用。当pH=9时，产生最好的润湿作用的组合捕收剂油酸与煤油的组成质量比为75：25。在pH=10时，即使是纯煤油也可以得到正的ΔE值，在同样pH值（10）条件下，组合捕收剂的效果都比在pH=9时低。含有任何比例的油酸与煤油组合捕收剂对于长石的润湿性能都比单独使用油酸或煤油的性能好。事实上在浮选长石及磷矿时，pH值的上限就是10，最好的浮选条件仍然是pH=9，在pH=8.2时，水相就排除了这种捕收剂对于矿物的黏附。从矿物表面的润湿作用解释了脂肪酸与非极性油组合捕收剂的作用机理。

表20-19所列为极性捕收剂与其他药剂的组合实例，这些药剂包括抑制剂、起泡剂、乳化剂及其他等。

表20-19 极性捕收剂与其他药剂的组合使用实例

药剂名称	实用矿物	资料来源
由70%~80%（质量分数）的2-乙基已醇蒸残物和20%~30%的环十二碳三烯残余物组成	化工副产品混合物，选煤捕收-起泡剂，提高效率	俄罗斯专利1764703 CA 120，1957087
石油磺酸盐与松油组合	浮选重晶石（捕-泡）	CA 109，112863

续表 20-19

药剂名称	实用矿物	资料来源
二烷基二硫代磷酸盐质量分数 30% ~ 60%，二烷基硫代氨基甲酸酯 8% ~ 14%。混合脂肪醇 8% ~24%，芳烃油 4% ~8% 和羧甲基纤维素钠 0% ~30% 组合	贵金属和有色金属硫化矿复合浮选药剂	CN 1294032
以 Y89-2 与 PN405 新组方代替丁黄药 + J-622	新的捕-泡组方对金川铜镍浮选提高回收率，降低药剂成本	矿冶工程，2003（5）
水杨醛肟活化-胺（十二胺）浮选氧化锌矿新工艺	与常规硫化-胺浮选工艺比具有锌精矿品位高、药耗低、污染小等特点	四川有色金属，2004（4）
复合药剂：烷基二硫代磷酸铵 20% ~ 60%（质量分数，其中烷基为乙基、丙基、丁基）、烷基硫代氨基甲酸酯 10% ~40%（烷基及酯基为 $C_{1\sim3}$ 烷基）、$C_{6\sim8}$ 混合醇或萜烯醇 8% ~20%。	硫化矿捕收剂兼具起泡性、捕收力强，选择性好，用量少，价格低	CN 1298765
10 号轻柴油 + $C_{6\sim8}$ 杂醇，比单一柴油好	可提高煤泥浮选效果（石台厂）	江苏煤炭，2004（2）
捕收剂丙烯酰胺和季铵盐的共聚物以及调整剂羧甲基纤维素和碱组合	浮选铁矿石，可提高铁矿物的回收率	俄罗斯专利 1713656 CA 122，1189655
油酸 +2 号油 + 水玻璃，反浮预富集用 2 号油浮选滑石，正浮选提纯菱镁矿水玻璃抑制白云石、方解石及剩余硅酸盐矿物	菱镁矿浮选新药方新工艺，减少药剂品种（原药方需用 6、7 种药剂）	CN 86102011

20.9 两性捕收剂与其他捕收剂的组合及作用机理

两性捕收剂的报道不少。两性捕收剂是一个分子中既有氨基又有羧基（或有机含氧酸）的阳、阴两个极性基团的化合物，也可以把它看作是改性药剂，即在阳离子化合物中引入阴离子极性基或者在阴离子型化合物中引入氨基阳离子所生成的化合物。该类药剂与非两性药剂共用，亦有其特点和长处。

烷基氨基羧酸 $RNH(CH_2)_nCOOH$ 是浮选氧化铅锌矿、黑钨、锡石的良好捕收剂。俄罗斯报道了 AAK1，AAK2，…，AAK8 系列烷酰胺基羧酸 [$R^1C(O)NR^2(CH_2)_nCOOH$，式中 $R^1 = C_{8\sim20}$ 烃基，$R^2 = H$ 或烷基，$n = 1\sim5$] 用来浮选磷灰石、锡石、萤石。

朱建光研制的 R—X 系列 [$CH_3(CH_2)_nCH_2NHCH_2COOH$] 和 RO—X 系列 [$CH_3(CH_2)_n—C(O)—NH(CH_2)_nCOOH$] 也属于两性捕收剂。酰胺

基羧酸类捕收剂碱性很弱，但仍不失两性特征。

N-甲基酰胺羧酸（美狄亚兰）与油酸作为组合捕收剂，在德国某选矿厂用来浮选含方解石6%以上的萤石矿效果好。

日本人研究了氨基酸与黄药组合，前者对后者在矿浆界面吸附的影响，提出了氨基酸促进黄药吸附的机理。

研究所用黄药为乙基钾黄药（KEX）、戊基钾黄药（KAX）和辛基钾黄药（KOX），所用氨基酸为氨基乙酸（NH_2CH_2COOH）、β-氨基丙酸[$NH_2(CH_2)_2COOH$]、γ-氨基丁酸[$NH_2-(CH_2)_3COOH$]、δ-氨基戊酸[$NH_2(CH_2)_4COOH$]。所试验的矿物为方铅矿、孔雀石和氯铜矿。

对方铅矿所进行的吸附试验和浮选试验结果见图20-20~图20-22所示，对孔雀石的试验结果如图20-23和图20-24所示。

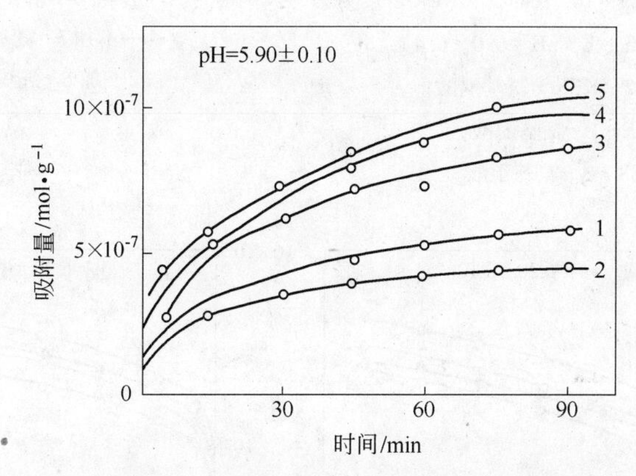

图20-20　氨基酸与钾黄药在方铅矿上的吸附量与时间的关系

（氨基酸浓度为1×10^{-4}mol/L，KEX浓度为6.24×10^{-5}mol/L）

1—KEX；2—KEX+氨基乙酸；3—KEX+β-氨基丙酸；

4—KEX+γ-氨基丁酸；5—KEX+δ-氨基戊酸

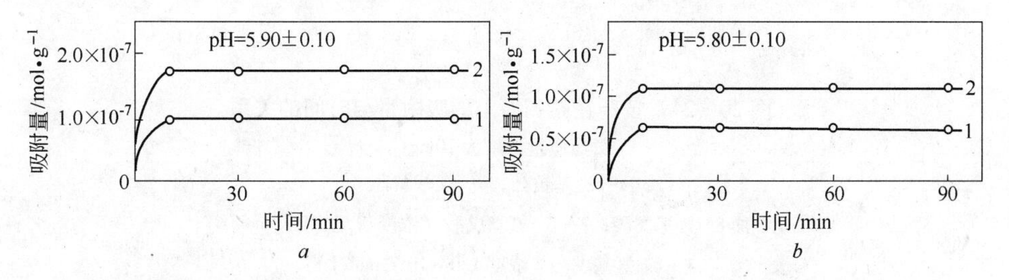

图20-21　黄药浓度（用量）为6.24×10^{-5}mol/L时氨基酸在方铅矿上的吸附量与时间的关系

a—1×10^{-4}mol/L δ-氨基戊酸；*b*—1×10^{-4}mol/L氨基醋酸

1—不加黄药；2—加黄药

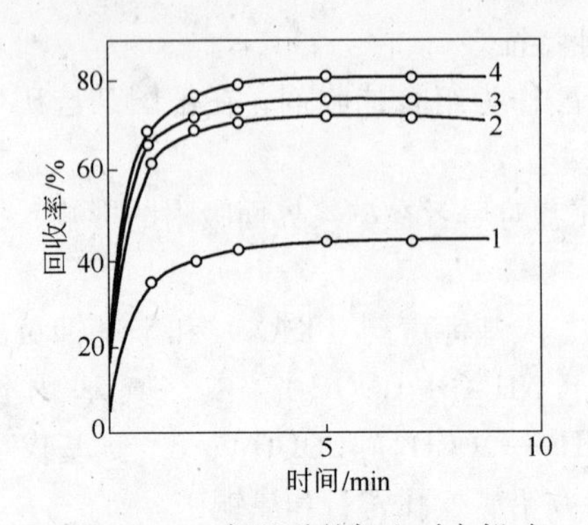

图 20-22 氨基酸的加入对方铅矿浮选回收率的影响

（氨基酸浓度为 1.25×10^{-5} mol/L，KEX 浓度为 6.24×10^{-5} mol/L，pH = 6.0 ~ 6.4）

1—KEX；2—KEX + 氨基醋酸；

3—KEX + β-氨基丙酸；

4—KEX + γ-氨基丁酸

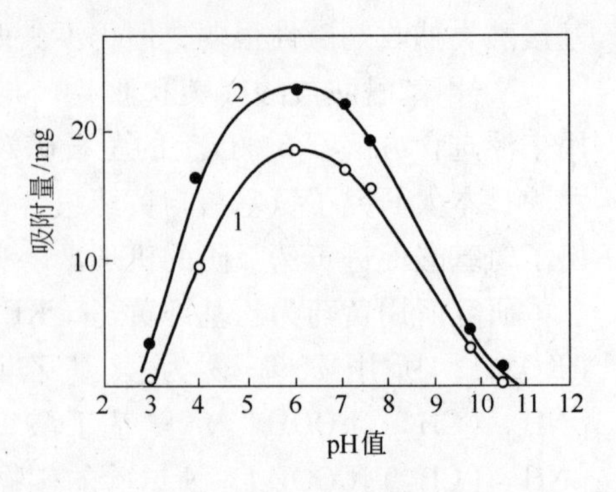

图 20-23 应用乙基黄药质量浓度为 25mg/L 时，气泡上黏附的孔雀石量与 pH 值的关系

1—不加 δ-氨基戊酸；

2—加 δ-氨基戊酸

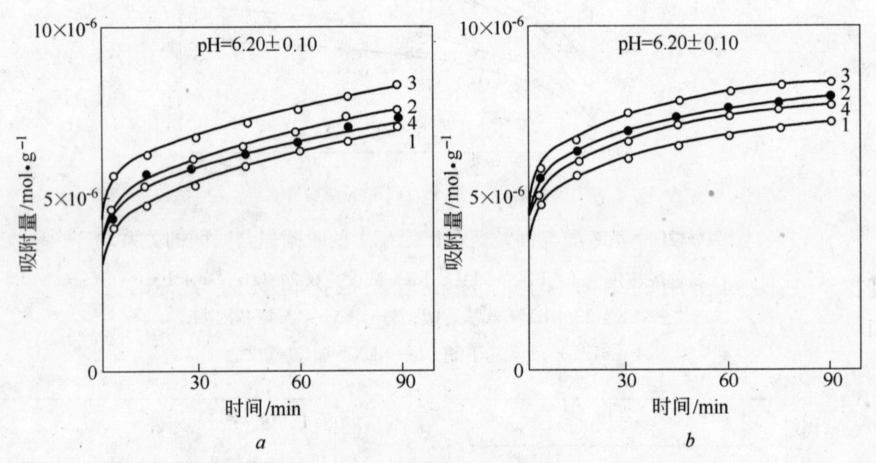

图 20-24 黄药在孔雀石上的吸附量与时间的关系

（黄药质量浓度为 10mg/L）

a—乙基黄药；*b*—戊基黄药

1—不加 δ-氨基戊酸；2—δ-氨基戊酸（浓度 0.5×10^{-4} mol/L）；

3—δ-氨基戊酸（浓度 1.0×10^{-4} mol/L）；

4—δ-氨基戊酸（浓度 2.0×10^{-4} mol/L）

图 20-20 结果表明，在两种情况下，黄药的存在都提高了氨基酸在方铅矿上的吸附量。氨基酸的存在使黄药的吸附量增加，如在 90min 时，浓度 1 ×

10^{-4}mol/L 的δ-氨基戊酸的存在使乙基黄药的吸附量从 4.6×10^{-7}mol/g 增加至 10.5×10^{-7}mol/g。

据图 20-21*a*，加入 6.24×10^{-5}mol/L 的乙基黄药使δ-氨基戊酸的吸附密度从 1×10^{-7}mol/g 增加到 1.7×10^{-7}mol/g，这意味着每个氨基酸偶极离子的吸附导致近乎 8 个黄药离子的额外吸附。同理，增加氨基醋酸吸附量相当于每个氨基酸导致 2 个或 3 个黄药离子的额外吸附。图 20-22 结果表明，在单用黄药捕收孔雀石的 pH 值范围内，δ-氨基戊酸的存在增加了孔雀石在气泡上的黏附。此 pH 值范围与氨基酸以偶极离子形式存在的 pH 值范围相对应。图 20-23结果表明，黄药在孔雀石表面的吸附，由于δ-氨基戊酸的存在而使吸附密度提高，并有一最佳氨基戊酸浓度与黄药在孔雀石上吸附最大值相对应。

图 20-24 结果表明，δ-氨基戊酸在促进黄药在孔雀石上的吸附量，与δ-氨基戊酸的组合浓度（用量）有关。

当氨基酸和黄药共存时，在矿物上的吸附量互为提高，氨基酸与黄药组合使用时，矿物可浮性增加，说明了氨基酸存在促进黄药捕收剂作用的机理。说明黄药与氨基酸组合与单独使用黄药相比，在氨基酸以偶极离子存在的 pH 值范围内，对方铅矿和氧化铜具有更好的浮游性，在最佳氨基酸用量时，可获得最大的黄药吸附量。

20.10 组合捕收剂的作用机理

组合用药（捕收剂）一般比单一用药好，主要是由于药剂之间在浮选过程产生协同作用的结果，其作用机理，根据国内外学者的见解可归纳如下。

20.10.1 拼合机理

具有不同功能团的两种（或两种以上）捕收剂的组合，例如黄药和黑药。黄药捕收能力强，选择性弱，黑药捕收能力弱而选择性强。两种药剂可以优势互补，所以有人称之为“功能互补机理”。黄药和黑药的组合能强化硫化矿的浮选，是一种有效的组合药剂类型。脂肪酸和羟肟酸的组合有利于氧化矿的浮选捕收，增强活性和选择性，改善提高回收效率。

利用不同功能团的互补作用，前苏联学者特罗普曼 E. P. 和长沙矿冶研究院见百熙提出药物化学的拼合原理（principle of hybridijation）。如用二硫代氨基甲酸类和黄药、黑药类捕收剂，通过化学合成的方法，把它们的憎水基拼合在一个分子结构中，如：

$$C_5H_{11}O—\overset{\overset{\displaystyle S}{\|}}{C}—S—(C_2H_4O)_2—\underset{\underset{\displaystyle SH}{\diagdown}}{\overset{\overset{\displaystyle SH}{\diagup}}{P}}{=}O \quad 和 \quad (C_2H_5)_2N—\overset{\overset{\displaystyle S}{\|}}{C}—S—CH_2—\underset{\underset{\displaystyle OC_3H_7}{\diagdown}}{\overset{\overset{\displaystyle OC_3H_7}{\diagup}}{P}}{=}O$$

拼合后药剂具有黄药和黑药的特性（捕收力强，选择性好），它是一种硫化矿物的良好捕收剂。这种药剂如同是黄药、黑药的组合药剂，也可以看作是改性药剂（一个极性分子中引入另一个极性基），作用效果相同或相似。

20.10.2　分子络合物机理

Mcewen 等人首先利用 $C_{12\sim14}$ 伯胺与烷基磷酸盐或烷基硫酸盐组合浮选长石、钛铁矿、石榴石和独居石，发现（1976 年）矿物被活化或被抑制与组合药剂中阳、阴离子的比例关系很大，认为可能形成一种“分子络合物”。Takahide 等人认为不同电性捕收剂共用时，发生中性分子与离子的共吸附。两种药剂的电子的给予体-接受体之间性质、电荷的补偿、氢键的作用，使它们之间形成某种组成的分子络合物，产生共吸附。

最近文献报道用阴离子捕收剂 RSO_3Na（R≈25C）与阳离子型捕收剂 N-烷基丙撑二胺组合，浮选分离锆英石和金红石。用 AES（俄歇电子能谱）和 ESCA（光电子能谱）测试发现，N-烷基丙撑二胺与 RSO_3Na 以摩尔比 1：2 组合时，药剂在金红石表面为共吸附，在锆英石表面为静电吸附。当 N-烷基丙撑二胺与 RSO_3Na 以 1：6 组合时，N-烷基丙撑二胺全部被 RSO_3Na 中和，在金红石表面吸附的药剂减少。因此，改变不同药剂组合的比例，可改善药剂在矿物表面的吸附方式。十二胺与十二甘氨酸或十二酸组合浮选萤石均可产生良好的协同作用，十二胺与十二甘氨酸的组合效果更明显。研究认为由于十二甘氨酸的分子结构特性（极性基较大），其在矿物表面吸附的极性之间的距离较大，为十二胺之类的阳离子共吸附捕收提供了吸附空间，增加了矿物表面的吸附密度。吸附量试验也证明了这一点。

日本报道用十二胺盐分别与戊基钾黄药、十二烷基苯磺酸钠、油酸钠组合作为浮选白钨的捕收剂，提出了联合效应指数 J 的概念。

$$J = \frac{X_{1,2}}{X_1 + X_2}$$

式中，X_1、X_2 分别为单用药剂 1，2 时的回收率；$X_{1,2}$ 为 1，2 两种药剂混合用药时的回收率，并提出混合用药对白钨浮选的 J 值，见表 20-20。从表中可以看出，在酸性介质中 J 值高，因此认为阴离子捕收剂的酸分子，以不解离的形式与解离的胺阳离子形成共吸附而互相强化。

表 20-20 混合用药指数 *J* 值

pH 值	十二胺 5mg/L + 油酸钠 5mg/L	十二胺 5mg/L + 戊钾黄药 5mg/L	十二胺 5mg/L + 十二烷基苯磺酸钠 10mg/L
3	22	22.5	8.6
4	13	12.5	
5	8.7	7.5	2.1
6	0.6	4.2	
7	0.4	2.5	1.1
8	0.4	1.7	
9	0.3	1.6	0.3
10	0.4	1.8	
11	0.6	1.3	0.69
12	0.8	1.4	0.76

也有人认为阴、阳离子型捕收剂的作用机理是中和形成盐型结合体。例如，黄药和胺都是具有强捕收能力的药剂，按照浮选药剂活性-选择性原理，它们单独使用时都不会有较好选择性，混合后，两者中和形成盐型结合体，使能量降低而稳定性增强，活性（即捕收能力）相应降低，这样较低活性的结合体对矿物表面作用时可能出现较好选择性，附着在矿物表面后，药剂与矿物表面强的化学键力同时又拆解了黄药与胺之间的结合，恢复了它们各自较强的活性，从而牢固地吸附在矿物表面上。通过两种药剂之间的这种结合，既获得了选择性，又充分发挥了药剂的强活性，整个过程可以示意如下：

$$\mathrm{R{-}O{-}C({=}S){-}SH} + \mathrm{RNH_2} \longrightarrow \mathrm{ROC(S)\overset{-}{S}\overset{+}{N}H_3R} \longrightarrow \text{矿物}\begin{cases}\mathrm{{-}S_2COR}\\ \mathrm{{-}NH_2R}\end{cases}$$

强活性，低选择性　　　　活性屏蔽　弱活性，高选择性　　　　活性恢复　强附着

20.10.3 螯合机理

根据螯合剂能和金属离子选择性地生成稳定性好的螯合物的原理，意大利学者赖内里 . G（Rinelli）和马拉宾尼 A. M. （Mgrabini）用 8-羟基喹啉与中性油对氧化-硫化铅锌矿石进行浮选，指出，在螯合剂和中性油所组成的捕收剂系统中，螯合剂和矿物表面的金属之间的结合是：螯合剂对金属的特殊亲和力而

引起的真正的化学反应。这种反应的结果，生成不溶解的、稳定的金属螯合物。

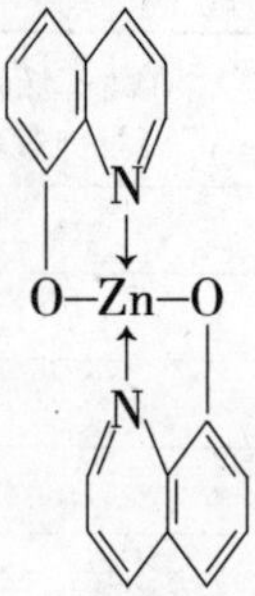

而中性油的作用是以烃基范德华力同所形成的螯合物附着在一起，大大增强矿物表面的疏水性，从而保证浮选的顺利进行。它们之间则是物理吸附。因此使用适合的螯合剂，就可以达到既捕收硫化矿物，又能捕收氧化矿物的目的。

Nagare 在研究螯合捕收剂时认为，所使用的一些螯合剂疏水基长度不够，增加螯合剂中非极性基链的长度，可增大其疏水性。Guteze 在系统地研究了一些螯合剂浮选金属矿物后指出，螯合剂与非极性捕收剂（如烃油等中性捕收剂）组合使用时，有利于提高矿物浮选效果。

在第十一届国际选矿会议上，日本的 Mukai S. 等报告了他们在用戊基钾黄药（KAX）作捕收剂浮选硅孔雀石时，研究了以亲铜有机药剂进行活化的作用机理，所用有机亲铜药剂为：

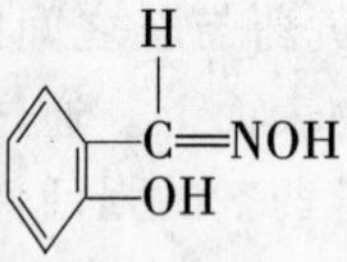

水杨醛肟（SA） 　　8-羟基喹啉（HQ） 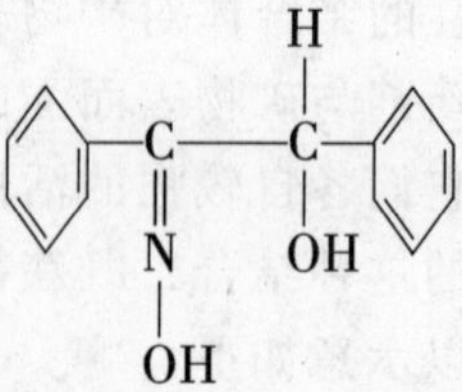　　α-苯偶姻肟（BO）

这三种药剂都是铜分析时的沉淀剂，它们与铜离子形成不溶性的螯合化合物，进行了单矿物，人工混合矿样及自然矿石的试验。图 20-25 和图 20-26 所示是关于使用戊基黄药作捕收剂，添加或不添加上述有机药剂时，药剂吸附量测定结果。

从图中可以看出：

（1）不添加 8-羟基喹啉，黄药也能在硅孔雀石上吸附一定的量，但添加 8-羟基喹啉时，黄药的吸附量增多，8-羟基喹啉的吸附量也随反应时间的增长和其添加量的增多而增加，从而认为在添加 8-羟基喹啉时，黄药与它在硅孔雀石表面上产生共吸附。添加其他两种有机亲铜药剂时黄药在硅孔雀石上的吸附量比不添加这两种药剂时的吸附量也增多。将添加这三种有机

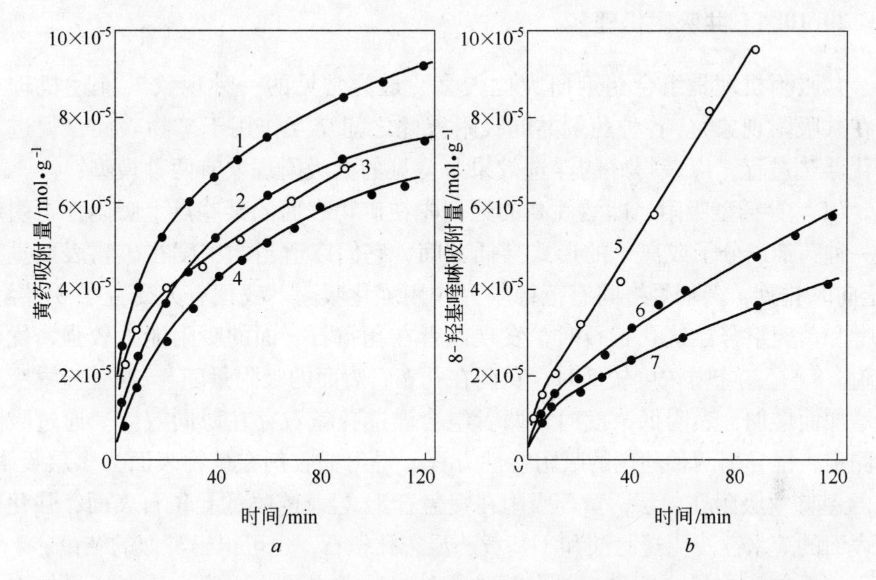

图 20-25 KAX（*a*）和 HQ（*b*）在硅孔雀石上的吸附量与反应时间的关系

1—ρ_B(KAX+HQ)=(20+10)mg/L；2—ρ_B(KAX+HQ)=(20+5)mg/L；3—ρ_B(KAX+HQ)=(20+20)mg/L；4—ρ_B(KAX)=20mg/L；5—ρ_B(KAX+HQ)=(20+20)mg/L；6—ρ_B(KAX+HQ)=(20+10)mg/L；7—ρ_B(KAX+HQ)=(20+5)mg/L

药剂引起的黄药吸附量作比较，则8-羟基喹啉最好，水杨醛肟次之，α-苯偶姻肟最差。

（2）有机亲铜药剂活化并用黄药浮选硅孔雀石的捕收作用与铜-有机络合物的形成密切相关，而且铜-有机螯合物的形成可以通过热力学数据计算加以证明。

膦酸、胂酸、羟肟酸、磺化琥珀酸类药剂的同类或异类组合也都是螯合捕收剂用于锡、钨、稀土等矿物的浮选。例如，N-1，2-双羧基乙基-N-十八烷基磺化琥珀酰胺酸四钠盐（A-22）、α-氨基烷基（如 $C_{7\text{-}9}$）双膦酸以及铜铁灵等都是螯合捕收剂。它们与相应的药剂组合（如中性油等）的作用，螯合、共吸附也是其共性。

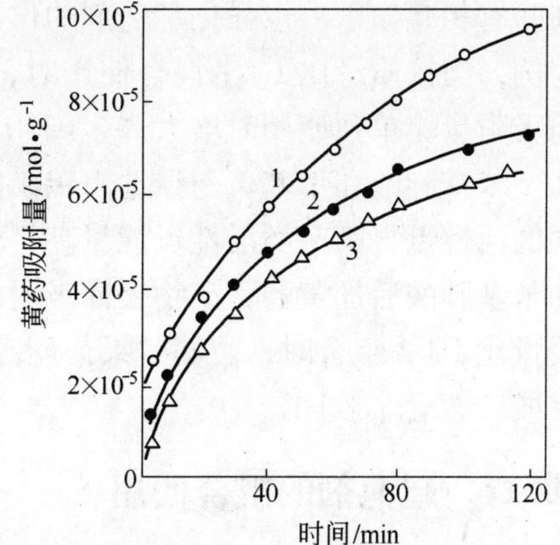

图 20-26 黄药和 SA、BO 在硅孔雀石上的吸附量与反应时间的关系

1—ρ_B(KAX+SA)=(20+10)mg/L；

2—ρ_B(KAX+BO)=(20+10)mg/L；

3—ρ_B(KAX)=20mg/L

20.10.4 共吸附机理

共吸附机理是组合药剂研究比较多、最为常见的一种现象（前述机理也存在共吸附现象）。各种药剂共同吸附彼此之间交互作用于矿物表面，促进和强化浮选过程，以获得好的浮选效果。常见的共吸附现象有两种模型：

（1）穿插型吸附，即活性高的药剂先在矿物表面的某些点上吸附，再引起另一种药剂以分子或离子的形式穿插其间，它们以适当的密度在矿物表面垂直（定向）排列，药剂烃链间有范德华力作用强化吸附。我国有人研究了8-羟基喹啉和黄药组合浮选孔雀石时，发现前者在孔雀石表面的吸附能力较强，优先吸附。8-羟基喹啉浓度较低时，黄药在孔雀石表面的吸附量随8-羟基喹啉吸附量增加而增加，表明低浓度时，两者组合浮选孔雀石存在协同效应。通过吸附量测定，推导出两种药剂的吸附特性方程，得出捕收剂在矿物表面为多层吸附，8-羟基喹啉吸附在内层，黄药吸附在覆盖着8-羟基喹啉的孔雀石表面，强化矿物表面的疏水性。用羟肟酸和丁基黄药浮选孔雀石，也可得出类似的结论。

组合使用水杨醛肟和铜铁灵浮选菱锌矿，前者优先吸附，后者通过与水杨醛肟形成复合半胶团，吸附于矿物表面，强化菱锌矿的疏水性。高桥克侑从量子化学的观点出发，认为黄药与氨基酸按质量比1∶1组合，两者在矿物表面形成超分子。浮选方铅矿时，加入适量的氨基酸可促进黄药的吸附。

（2）层叠型，即高活性药剂先同矿物作用改变其原有特性（如表面活性、润湿性、化学吸附特性等），再引起其他药剂在其上发生二次层叠吸附，因药剂间有相互作用，也强化了药剂的作用。以乙黄药与戊基黄药在方铅矿上吸附为例，当按质量比1∶1混合使用时，不但总吸附量提高，而且作用强的戊黄药吸附量比单独使用时增大许多。

苄基胂酸和丁基黄药浮选黑钨矿的吸附研究表明，黑钨矿表面存在两类不同的活性点，第一类活性点能量高、活性大，在药剂交互作用下表现明显。先加苄基胂酸后加黄药，矿物表面吸附的药剂量增大。当丁基黄药和苄基胂酸按质量比1∶2组合时，协同效果最明显，有人研究认为捕收剂之间生成了分子束或“复合半胶团”。

20.11 起泡剂的组合使用

随着合成工艺技术的提高，起泡剂的品种、类型不断增加，组合使用起泡剂的例子也在增多。在美国的铜矿浮选厂有50%以上同时使用两种以上起泡剂。赞比亚某铜选厂使用三乙氧基丁烷和甲基戊醇为组合起泡剂；加拿大某选厂使用己醇和其他起泡剂组合。两种起泡剂组合使用如同捕收剂组合使用，比单一用药效果好。

早在1968年Дуденко就报道了用各种不同的起泡剂与三聚丙二醇丁醚按不同的比例组合使用时，对充气程度及泡沫层的体积、泡沫的稳定性、气泡上升速度以及对不同铜矿回收率影响进行了对比，结果如图20－27～图20－29所示。

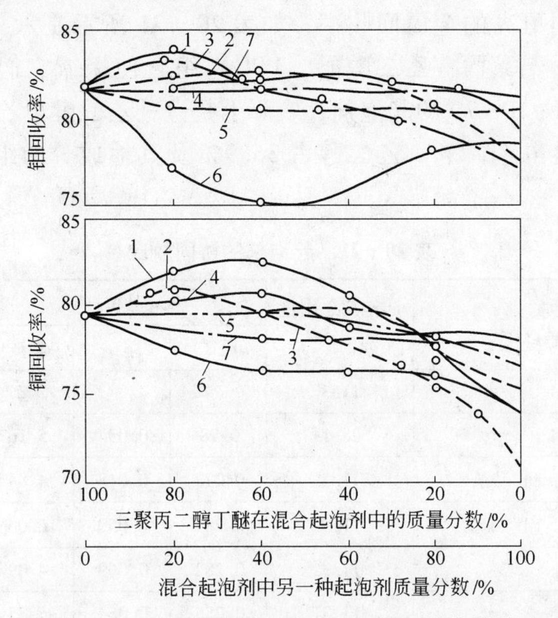

图20－27 组合起泡剂组成对钼、铜回收率的影响

1—三聚丙二醇丁醚＋邻苯二甲酸甲酯；2—三聚丙二醇丁醚＋三乙氧基丁烷；3—三聚丙二醇丁醚＋浮选油；4—三聚丙二醇丁醚＋$C_6 \sim C_8$混合醇；5—三聚丙二醇丁醚＋无酚起泡剂；6—三聚丙二醇丁醚＋二甲基丙基卡必醇；7—三聚丙二醇丁醚＋环己醇

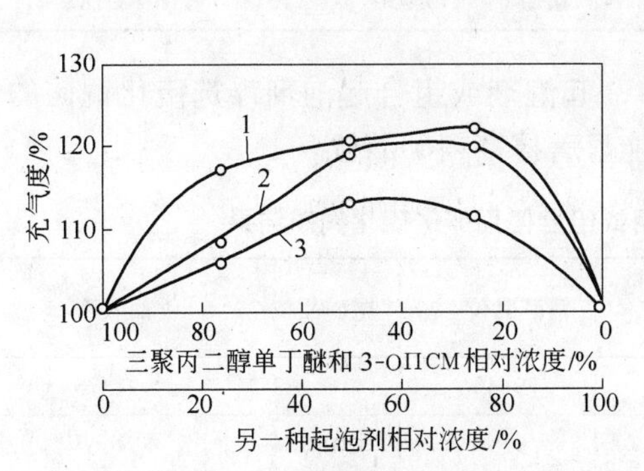

图20－28 若干起泡剂组合水溶液的充气度

1—三聚丙二醇丁醚＋环己醇；

2—三聚丙二醇丁醚＋松油；

3—3－ОПСМ＋环己醇

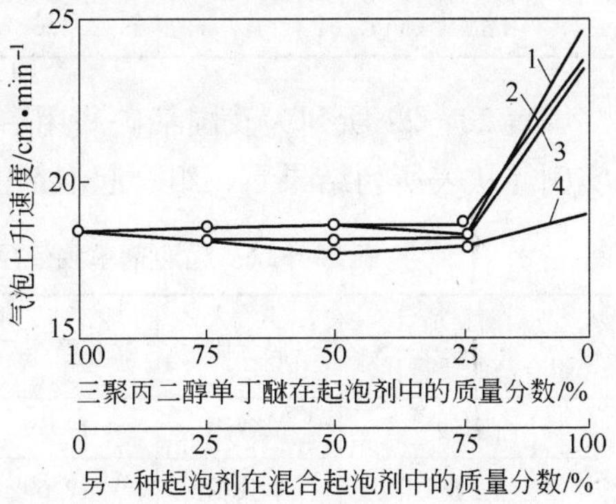

图20－29 在组合起泡剂水溶液中气泡上升的速度

1—三聚丙二醇丁醚＋环己醇；2—三聚丙二醇丁醚＋邻苯二甲酸甲酯；3—三聚丙二醇丁醚＋三乙氧基丁烷；4—三聚丙二醇丁醚＋松油

传统的各种起泡剂中，聚丙二醇、乙二醇烷基醚表现了特殊的性能，丙二醇烷基醚，与其他起泡剂（如MIBC、甲酚酸等）组合，使黄药浮选硫化铜矿物的浮选速率成倍提高；而普通的起泡剂与某些特殊的氨醛缩合物组合比单用可以得到更高的金属回收率，如表20－21所示是六（甲氧基甲基）嘧胺（HMMM）与聚丙醇乙二醇醚（PPG）组合使用或它们与其他起泡剂组合使用的结果；T－70的起泡剂，实际上是一种乙二醇单乙烯醚占1.9%，聚二乙醇乙烯醚占41.2%，乙二醇占36.9%及其他成分的组合药剂，可用于铜矿浮选。

表20－21 起泡剂的协同效应

起泡剂种类 及组合（按质量比）	起泡剂总用量 /g·L^{-1}	Cu品位/%			铜回收率/%
		原矿	尾矿	精矿	
HMMM	11.3			不起泡	
HMMM	28.1	0.28	0.094	5.16	67.58
HMMM＋MIBC（1∶3）	11.3	0.278	0.018	4.84	93.88
HMMM＋MIBC（1∶4）	11.3	0.284	0.050	6.06	83.08
MIBC	11.3	0.282	0.069	4.09	76.82
松醇油	11.3	0.285	0.069	5.35	76.07
HMMM＋松醇油（1∶3）	11.3	0.257	0.056	5.04	79.11
HMMM＋松醇油（1∶4）	11.3	0.289	0.056	5.86	81.39
PPG	11.3	0.284	0.069	5.66	76.62
HMMM＋PPG（1∶2）	11.3	0.281	0.050	7.07	82.78

表20－22所列为我国某矿利用单一起泡剂或组合起泡剂浮选硫化铜矿的实例。从表所列结果看，组合起泡剂能显著提高精矿品位。

表20－22 起泡剂单独使用或组合使用浮选硫化铜矿结果

药剂名称 （组合药的质量比）	混合比	精矿产率/%	精矿品位/%	尾矿品位/%	铜回收率/%
松醇油	单独用	13.56	9.45	0.133	91.76
叔丁醇	单独用	12.69	9.90	0.134	91.67
杂醇油	单独用	11.28	11.36	0.133	91.67
丁醚油＋叔丁醇	1∶1	10.10	12.50	0.133	91.35
杂醇油＋叔丁醇	1∶1	10.48	12.11	0.138	91.13
松醇油＋叔丁醇	1∶1	9.2	13.575	0.160	89.58

在组合起泡剂中，主起泡剂决定泡沫的基本性质，辅助起泡剂则影响浮选速度和泡沫寿命。起泡剂组合使用有利于矿物表面起泡剂-捕收剂缔合物直接在矿粒上集结气泡。同时起泡剂的组合使用，对调节泡沫的体积和稳定性都较为有利。铜录山选矿厂处理氧化铜矿将松醇油与丁基醚醇按质量比 1：1 组合使用，使铜精矿品位提高 1.771%，回收率提高 1.37%。该厂试验室选别难选硫化铜矿石，将 MIBC 与松醇油组合使用，产出的铜精矿品位接近，回收率提高3.69%；选别易选硫化铜矿石时回收率相近，铜精矿品位提高0.72%；将8号油与松醇油组合使用，铜精矿品位提高 1.51%；选别氧化铜矿时苯乙酯油与松醇油组合使用。丰山选矿试验室选别硫化铜矿石，也将苯乙酯油与松醇油组合使用，都获得了一定的效果。见表 20－23。

表 20－23 起泡剂组合的浮选结果

矿石类型及试验规模	药剂名称及用量/g·t⁻¹	浮选指标/%				
		原矿氧化率	原矿品位	精矿品位	尾矿品位	回收率
铜录山硫化矿小型试验	松醇油 120	17.56	1.478	18.610	0.140	91.46
	8 号油 120	17.56	1.441	15.900	0.470	69.43
	MIBC 120	17.56	1.458	17.950	0.105	93.35
	松醇油 60，MIBC 60	17.56	1.465	17.495	0.09	94.34
	松醇油 60，8 号油 60	17.56	1.453	20.120	0.132	91.52
	8 号油 60，MIBC 60	17.56	1.439	16.880	0.105	93.28
丰山硫化矿小型试验	松醇油 100	10.70	1.247	7.121	0.078	94.78
	苯乙酯油 100	10.70	1.210	7.054	0.074	94.89
	松醇油 20，苯乙酯油 80	10.70	1.243	6.868	0.066	95.61
铜录山氧化矿小型试验	松醇油 200	95.32	2.620	13.210	0.398	87.53
	苯乙酯油 200	95.32	2.682	14.320	0.385	87.74
	松醇油 75，苯乙酯油 75	95.32	2.670	13.760	0.372	88.45
铜录山硫化矿小型试验	松醇油 100	2.60	2.042	19.160	0.065	97.12
	MIBC 60	2.60	2.042	18.720	0.055	97.57
	松醇油 40，MIBC 40	2.60	2.030	19.980	0.060	97.34
铜录山氧化矿工业试验	松醇油 857	85.17	2.360	19.050	0.752	71.00
	松醇油 293，丁基醚醇 321	86.42	2.465	20.821	0.745	72.37

锡矿山锑矿在 1980 年使用甘苄油与松醇油组合，五九醇与新松醇油组合，进行浮选锑矿试验。在小试验的基础上，对甘苄油与松醇油组合进行了工业试验，结果见表 20－24。五九醇与新松醇油组合，克服了单独使用五九醇泡沫

脆、尾矿品位高以及回收率低的问题，对矿石的适应性也大大加强。

表 20-24 锑矿浮选时起泡剂的组合使用

处理矿量/t	原矿品位/%	选别指标/%			药剂用量/g·t^{-1}					
		精矿品位	尾矿品位	回收率	丁黄药	硝酸铅	2号油	甘苄油	煤油	页岩油
2099	3.02	43.30	0.229	92.92	338	162	103	0	53	388
696	3.68	46.34	0.254	93.60	430	172	0	192	0	645
1419	3.69	46.81	0.233	94.16	386	179	90	86	0	466

国外某大型铜选厂采用MIBC起泡剂加松油醇或一种可溶性起泡剂（如聚二醇醚）。它们按质量比组合MIBC：第二种起泡剂=3：1（捕收剂是黄药与其酯类或与硫代氨基甲酸酯组合使用），MIBC决定着泡沫的基本性质，而松油或聚二醇醚合成的可溶性起泡剂起影响浮选速度及泡沫寿命的作用。结果表明，泡沫调整、控制、稳定性能好，最终获得选择性高的精矿品位。

表20-25列出某些起泡剂组合使用的实例。

表 20-25 组合起泡剂实例

组合起泡剂	浮选矿种或效果	资料来源
质量分数95%~99%羟基起泡剂与0.5%~2.5%的聚氧化乙烯及0.5%~2.5%的乙二醇	非有色金属起泡剂	前苏联专利1050751
MIBC与$(i—C_3H_7—C_6H_5—O)_2PSSH$	铜-钼选矿起泡剂	南非专利8503832
145混合起泡剂与$C_{5\sim7}$混合仲醇	铜矿（铜录山）起泡剂	有色金属（选矿部分），1987(4)
MIBC与松油按质量比1：1组合	选煤（泡）	CA 104,152058
甘苄油（聚乙二醇与苄氯作用生成的聚乙二醇苄基醚）与松醇油组合	浮选辉锑矿（锡矿山锑矿工业试验）起泡剂	有色金属（选矿部分），1981(5)
BK206（石油化工产品加工而成，主要化合物是高级脂肪醇和醚酯类化合物）	镍矿等的起泡剂，对金川矿具有很好的适应性，能提高精矿品位，降低精矿中MgO含量	有色金属（选矿部分），2000(6)
210+ADTM组合起泡剂	提高包头稀土分选效果，降低药耗	矿产综合利用，1991(3)
三乙氧基丁烷与其他起泡剂组合	南非某浮选厂	前苏联专利，882902(1981)
邻苯二甲酸酯类与1,1,2,2-四乙氧基乙烷组合	辉铜矿起泡剂	
聚乙二醇单丁基醚与中性油组合	降低起泡剂成本	浮选药剂的组合使用.1994
己醇+煤油	选煤增强煤表面的疏水性和煤油吸附	浮选药剂，1981

20.12 抑制剂组合使用及机理

在浮选工艺中抑制剂对矿物的作用是：在矿物表面形成亲水性薄膜或胶粒以及离子吸附膜，或者通过一定方式产生去活化作用。去活化作用包括：(1) 如在锌-铜分离抑锌中用抑制剂氰化物溶去闪锌矿表面的铜离子活化膜；(2) 消除矿浆中的活化离子，如在使用脂肪酸浮选氧化矿物时，加碳酸钠以消除能够活化硅酸盐矿物的钙、镁离子；(3) 溶解矿物表面已被捕收剂覆盖的疏水膜，例如在铅-锌分离中用氰化物溶去已吸附在闪锌矿表面的黄药疏水膜。

组合使用抑制剂则是使两种或两种以上上述去活化作用同时发生，相互补充达到强化抑制的效果。抑制剂有无机物也有有机物和高分子化合物。以下以无机抑制剂为主介绍其组合及机理。

氰化物与硫酸锌组合使用对闪锌矿的抑制效果，比其中任何一种单独使用都好，其原因主要是矿物表面既沉积有亲水的 $Zn(CN)_2$ 胶粒又沉积有 $Zn(OH)_2$胶粒覆盖物，从而增强了矿物表面的亲水性。

硫酸锌与氰化物相互作用，可生成亲水性的氰化锌 $Zn(CN)_2$ 胶粒或它们的络合物 $Na_2[Zn(CN)_4]$，反应式为：

$$ZnSO_4 + 2NaCN = Zn(CN)_2 + Na_2SO_4$$

这种亲水性的 $Zn(CN)_2$ 胶粒吸附沉积在闪锌矿表面 $ZnS] - Zn(CN)_2$，即可使闪锌矿亲水从而受到抑制。

若矿浆中氰化物浓度较大还可进而发生如下的反应，在闪锌矿表面形成稳定的锌氰络离子 $ZnS] - Zn(CN)_4^{2-}$，使黄药疏水覆盖膜难于形成：

$$Zn(CN)_2 + 2CN^- = Zn(CN)_4^{2-}$$

由于硫酸锌与氰化物组合使用多在 pH 值为 8 ~ 9 的矿浆中进行，这时在碱性矿浆中生成的部分 $Zn(OH)_2$ 胶粒也吸附沉积在闪锌矿表面，从而增强了对闪锌矿的抑制作用。

试验研究表明，上述三种反应产物对闪锌矿抑制强弱的顺序为：

$$Zn(CN)_4^{2-} > Zn(CN)_2 > Zn(OH)_2$$

$Zn(CN)_4^{2-}$ 能强烈抑制闪锌矿的原因，一般解释是锌氰络离子的电离常数（或称不稳定常数），比较小，其电离式及电离常数为：

电离式：

$$Zn(CN)_4^{2-} \rightleftharpoons Zn^{2+} + 4CN^-$$

电离常数：

$$k = \frac{[Zn^{2+}][CN^-]^4}{[Zn(CN)_4^{2-}]} = 1.26 \times 10^{-17}$$

可见，$Zn(CN)_4^{2-}$ 是比较稳定的络离子，在矿物表面可阻碍捕收剂的吸附或解吸捕收剂，使黄原酸锌水膜难于形成。近代的一些研究则认为，在碱性介质条件下，$Zn(CN)_4^{2-}$ 如同缓冲剂一样可起缓冲作用，能逐步分解电离出一定数量的 CN^- 和 Zn^{2+} 离子，这既有利于提供抑制闪锌矿所需足量的 CN^- 离子（主要生成 $Zn(CN)_2$）胶粒，又有利于在pH值为8～9的碱性介质条件下形成一定数量的 $Zn(OH)_2$ 胶粒。

此外，氰化物还可除去矿浆中对闪锌矿具有良好活化作用的 Cu^{2+} 离子，或溶去矿物表面的活性质点（铜离子及其活化膜），这弥补了硫酸锌的不足。

硫酸锌与氰化物组合使用对几种常见硫化矿物抑制强弱的顺序大致为：

闪锌矿 > 黄铁矿 > 黄铜矿 > 白铁矿 > 斑铜矿 > 黝铜矿 > 铜蓝 > 辉铜矿

可见，硫酸锌与氰化物组合使用如果药剂用量过大时，硫化矿中几种矿物都有可能被抑制，所以浮选分离多金属硫化矿应严格控制抑制剂用量。

国内某锡选厂铅系统投产后，采用大剂量氰化物作为浮铅抑锌的抑制剂，但指标不好，且波动大，经研究发现，采用硫酸亚铁与氰化钠组合使用，不但可降低氰化物用量，而且可增强氰化物对闪锌矿的抑制作用，药剂组合比例以硫酸亚铁与氰化物的质量比为2：1时的效果最佳。

当硫酸亚铁溶液中加入氰化钠溶液，首先生成 $Fe(CN)_2$ 胶体沉淀，若NaCN过量则沉淀溶解：

$$FeSO_4 + 2NaCN = Fe(CN)_2 \downarrow + Na_2SO_4$$

$$Fe(CN)_2 + 4NaCN = Na_4[Fe(CN)_6]$$

按第一个反应式计算摩尔比为：

$$\gamma_B(FeSO_4 \cdot 5H_2O) : \gamma_B(2NaCN) = 242 : 98$$

试验得出的用量比，与全部反应产物为 $Fe(CN)_2$ 胶体沉淀的比例是相近的。故抑制机理是 $Fe(CN)_2$ 胶体沉淀吸附的结果。

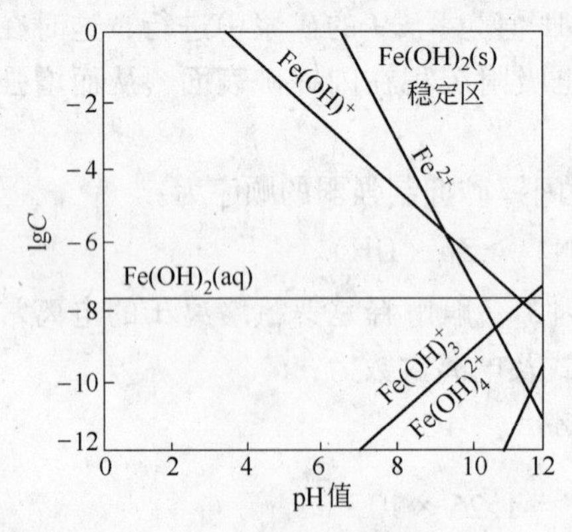

图20-30 固体 $Fe(OH)_2$ 的溶解度对数图

根据 Fe^{2+} 离子在溶液中的平衡数据，可绘出 $Fe(OH)_2$ 的溶解度对数图，见图20-30所示。由图可见，在碱性条件下硫酸亚铁会水解成 $Fe(OH)_2$ 沉淀，该胶体沉淀也会吸附于铁闪锌矿表面而亲水。

同样，$Fe(CN)_2$ 和 $Fe(OH)_2$ 胶体沉淀也会吸附于黄铁矿表面，使其亲水而被抑制。

氰化物是一种有效的抑制剂，因其毒性及环境保护问题的日益突出，无氰抑制工艺与应用引起了广泛关注。

经脱药后的铜铅混合精矿，在酸性矿浆中（加硫酸）用硫代硫酸钠与硫酸亚铁组合使用能获得抑铅浮铜的效果，有人认为系因硫代硫酸钠与硫酸作用放出二氧化硫，对方铅矿产生抑制作用，硫酸亚铁本来就是硫化矿的抑制剂，它在弱酸性矿浆中，因空气的存在使它氧化可以去除硫化铜矿表面氧化膜，导致活化铜矿物的浮游。

四川里伍铜矿的磁黄铁矿较易浮游，采用单一抑制剂石灰或充气搅拌均难有效地进行铜硫分离，但采用石灰与亚硫酸钠组合抑制剂，不但能有效地抑制磁黄铁矿，且能促进黄铜矿的浮游。对其机理进行的探讨如下：

一是亚硫酸钠的亚硫酸根能与矿浆中的铜离子以及能活化磁黄铁矿的一些其他重金属离子生成络合物，并能把高价金属离子还原成低价的，降低其活性。例如，能把铜（Ⅱ）还原成铜（Ⅰ）。故在很大程度上使易被活化的磁黄铁矿减少或免受被活化的机会。二是亚硫酸钠能使磁黄铁矿表面所吸附的黄药和重金属离子解吸下来，起着脱药和清洗的作用，使磁黄铁矿表面不但形成 $Fe(OH)_2$ 或 $Fe(OH)_3$ 薄膜，而且还形成连多硫酸盐、亚硫酸铁薄膜，对其产生多重抑制效果。三是当黄铜矿在碱性（$pH>10$）介质中，由于表面结构受 OH^- 侵蚀，形成氢氧化铁薄膜，使其恢复原有可浮性，产生活化作用。

关于硫酸锌和碱组合之所以会对闪锌矿等有较强抑制作用的原因，一般认为，主要是在碱性矿浆中硫酸锌与 OH^- 离子作用生成亲水性的氢氧化锌 [$Zn(OH)_2$]胶粒，反应式为：

$$ZnSO_4 + 2NaOH = Zn(OH)_2 + Na_2SO_4$$

$Zn(OH)_2$ 胶粒溶解度很小，吸附沉积在闪锌矿表面后既使亲水性增强又阻碍捕收剂的吸附，于是导致闪锌矿的可浮性变差。

用硫酸锌抑制闪锌矿时，介质 pH 值越高抑制作用越强，反之，矿浆 pH 值越低，抑制作用也越弱。这是因为 $Zn(OH)_2$ 胶粒是一种两性化合物。在酸性矿浆中 $Zn(OH)_2$ 显碱性，例如：

$$Zn(OH)_2 + H_2SO_4 = ZnSO_4 + 2H_2O$$

生成的是 $ZnSO_4$，它对闪锌矿并没有明显的抑制作用。在碱性矿浆中 $Zn(OH)_2$ 显酸性呈锌酸的形式（H_2ZnO_2）：

$$H_2ZnO_2 + NaOH = NaHZnO_2 + H_2O$$

$$H_2ZnO_2 + 2NaOH = Na_2ZnO_2 + 2H_2O$$

由此可见，当矿浆 pH 值较高时，吸附沉积在闪锌矿表面的亲水性 $Zn(OH)_2$ 胶粒还可转变成亲水性更强的 $HZnO_2^-$ 或 ZnO_2^{2-} 离子，从而增强了硫酸锌对闪锌矿的抑制效果。

在浮选生产实践中，硫酸锌除与 NaOH 组合使用外，有时还与石灰、碳酸钠或硫化钠等组合使用，并成功地用于代替氰化物作为闪锌矿的有效抑制剂。近代某些研究证明，硫酸锌与碳酸钠组合使用，在闪锌矿表面既沉积有亲水的 $Zn(OH)_2$ 胶粒，又有亲水的 $Zn_4(CO_3)(OH)_6$ 胶粒。有人在电子显微镜下观察到硫酸锌与碳酸钠组合在闪锌矿表面形成的无定形物质，有人认为可能是生成碳酸锌。

中南大学研究过亚硫酸氢钠与石灰组合使用抑制镍黄铁矿的作用机理。

在单一药剂试验的基础上，考察了亚硫酸氢钠分别与石灰或氯化钙组合对矿物可浮性的影响。

石灰或氯化钙的介质中，加入亚硫酸氢钠，强化了镍黄铁矿的抑制作用，提高了黄铜矿的可浮性。在亚硫酸氢钠用量为 2.0×10^{-4}mol/L 时，Z－200 用量为 4×10^{-4}mol/L，pH 值为 10.5 时，精矿中镍回收率分别为 3% 和 6%，铜回收率分别为 96% 和 95%。表明石灰与亚硫酸氢钠组合比氯化钙与亚硫酸氢钠组合的选择性好，是铜镍浮选分离的有效抑制剂。有关机理研究测试获得如下结果：在 pH 值为 8～12 范围内，测定了 Ca^{2+} 离子在矿物表面的吸附量，证明了 Ca^{2+} 离子能够选择性地吸附于镍黄铁矿表面，显著改变了镍黄铁矿的表面电性。

对吸附了 Ca^{2+} 和 $Ca(OH)^+$ 离子的镍黄铁矿表面清洗试验表明，吸附于镍黄铁矿表面的 Ca^{2+} 和 $Ca(OH)^+$ 离子中，有一小部分是吸附不牢固的，而大部分是相当牢固的。X 射线粉晶衍射分析进一步证明，镍黄铁矿表面以钙离子吸附为主，见表 20－26 所列。

表 20－26　X 射线粉晶衍射数据

试样号	最佳因数值	比例系数	基准匹配/%	d 值匹配/%	强度匹配/%	衍射线匹配		I/Ie	标准试样号	标准化合物分子式
						匹配线	未匹配线			
1	40.14	1.00	91.36	73.81	59.57	21	2	4.36	C30－657	$(Fe,Ni)_9S_8$
	23.50	0.55	81.25	61.54	47.00	13	3	0.00	I6－710	FeS_2
2	27.78	0.15	66.67	50.00	83.33	4	2	0.00	10－348	Ca
	6.79	0.75	55.56	47.50	25.74	10	8	0.00	31－306	$CaSO_3$
	4.90	0.11	61.54	34.37	23.17	8	5	0.00	6－719	FeO
3	14.99	0.15	93.33	50.00	35.96	10	2	0.00	6－719	FeO
	5.29	0.75	91.30	56.19	10.30	21	2	0.00	33.310	$CaSO_4$
	3.74	0.75	74.43	44.00	11.91	15	6	0.00	31－306	$CaSO_3$

注：试样 1 为纯镍黄铁矿；2 为与石灰作用后的镍黄铁矿；3 为与石灰和亚硫酸氢钠作用后的镍黄铁矿。

当加入亚硫酸氢钠后，镍黄铁矿表面的 ζ－电位相对变负，表明 SO_3^{2-}、SO_4^{2-} 和 HSO_3^- 等吸附在镍黄铁矿表面。X 射线粉晶衍射分析表明，此时镍黄铁矿表面生成了亚硫酸钙和硫酸钙等产物。

东北大学在研究组合使用碱和氧化剂分离毒砂与黄铁矿时，获得以下结果：

（1）组合使用漂白粉和碳酸钠，可以强化毒砂的抑制。适当控制药剂加入顺序时，可改善或活化黄铁矿的浮选，有效地分离毒砂和黄铁矿。

（2）根据图20－31和图20－32所示的捕收剂吸附量测定结果，图20－33所示的红外光谱图，认为漂白粉和碳酸钠组合使用改善了选择性，其本质就在于，有选择地在毒砂表面形成亲水性氧化膜，有选择地降低黄药在毒砂上的吸附量。碳酸钠清洗了黄铁矿表面少量不利于浮选的亲水性氧化产物。

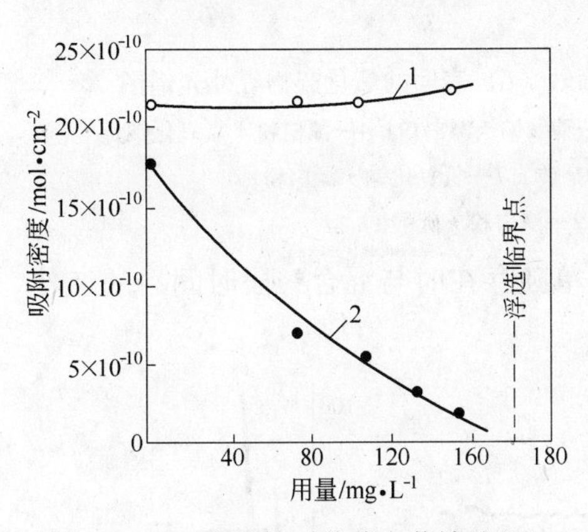

图20－31 碳酸钠对黄药在黄铁矿(1)及毒砂(2)表面吸附量的影响(KBX的浓度为2.8×10^{-5}mol/L)

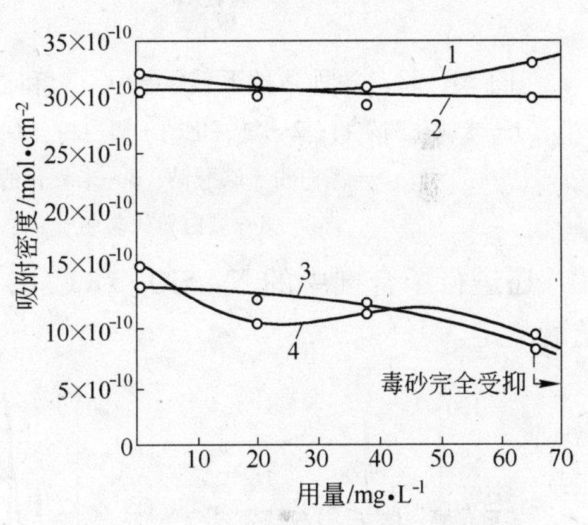

图20－32 漂白粉和碳酸钠组合使用时丁基黄药在毒砂和黄铁矿上的吸附量

KBX—3.1×10^{-5}mol/L；漂白粉—20.0mg/L

1—黄铁矿，先加碳酸钠，后加漂白粉；2—黄铁矿，先加漂白粉，后加碳酸钠；3—毒砂，先加碳酸钠，后加漂白粉；4—毒砂，先加漂白粉，后加碳酸钠

广州有色金属研究院在铜铅分离时采用丁基铵黑药（AN）作捕收剂，CP合剂（亚硫酸＋水玻璃＋CMC）作为抑制剂抑制方铅矿并对其作用机理也进行了研究，首先通过红外光谱证明了丁基铵黑药在方铅矿上的吸附为化学吸附，然后进行了以下测定。

将3～5mm方铅矿晶体顺次用1×10^{-2}mol EDTA及0.1mol丙酮洗涤后，用AN及CP合剂处理，得到图20－34所示的俄歇谱结果。

从折线i，j下面标出的原子数量可以看出，与AN作用的方铅矿，加入CP合剂后，溅射之前，C%下降很多，这与CP合剂排除了AN有关，k线下的数字说明，溅射20min以后，表面C%继续下降，这是由于残留的$(C_4H_9O)_2PSS^-$及CMC被剥去的结果。

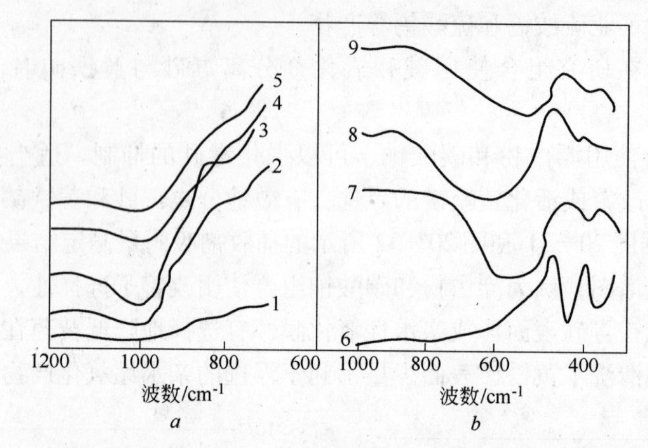

图 20－33 各种条件下黄铁矿（*a*）和毒砂（*b*）表面的氧化产物红外光谱图

1—未氧化的矿物；2—氢氧化钠＋漂白粉；3—碳酸钠＋漂白粉；4—漂白粉＋氢氧化钠；5—漂白粉＋碳酸钠；6—未氧化的矿物；7—氢氧化钠＋漂白粉；8—漂白粉＋氢氧化钠；9—漂白粉＋碳酸钠

还进行了合剂中的 Na_2SiO_3 和 CMC 单独存在时与混合一段时间后的红外光谱测定。

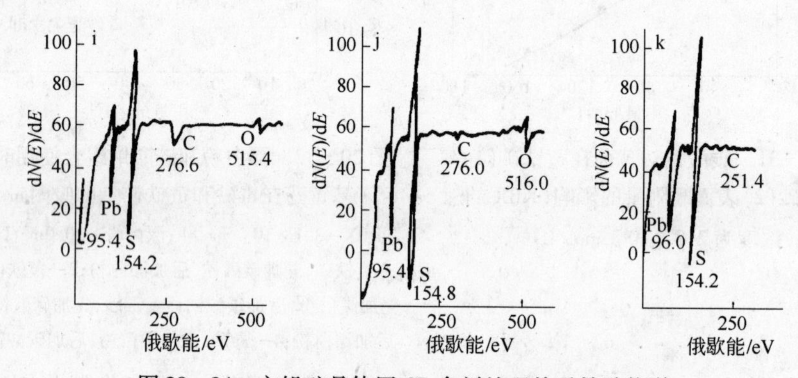

图 20－34 方铅矿晶体用 CP 合剂处理前后俄歇能谱

i—AN · PbS，含量：Pb 49.29%，S 24.22%，C 22.27%，O 4.23%；j—AN · PbS · SO_3 · SiC 处理，溅射前含量：Pb 55.89%，S 27.00%，C 10.93%，O 6.18%；k—AN · PbS · SO_3 · SiC 处理，用氩电子枪溅射 20min 后含量：Pb 63.55%，S 29.05%，C 7.40%

通过这些测定结合其他研究得出结论认为：

CP 合剂中的 Na_2SO_3 对方铅矿起抑制作用时，不排除或很少排除 $(C_4H_9O)_2PSS^-$，主要是矿物表面生成亲水性的硫氧酸盐薄膜。

Na_2SiO_3 与 CMC 的混合物抑制方铅矿时，主要是排挤黑药离子并利用它们自己的亲水基团使 PbS 亲水。

中南大学在铜镍混合精矿的分离中，用石灰与黄腐酸（YFA）组合作抑制剂，Z－200 作捕收剂获得很好的效果，铜精矿中含铜 27.45%，含镍 0.9%，铜回收率 73.09%。镍精矿中含镍 12.28%，含铜 1.64%，镍回收率 75.94%。从作用机理看主要是：

（1）在石灰为镍黄铁矿的主要抑制剂条件下，添加 YFA 可以使铜镍矿物浮选分离的选择性增强。而在此时，选取 Z－200 作为黄铜矿的捕收剂是一个很重要的因素。

（2）吸附量测定，ζ－电位测定及分析得出，由于 Z－200 能够排挤黄铜矿表面的 YFA 阴离子，从而使得 YFA 对黄铜矿可浮性影响不大。

（3）ζ－电位、红外光谱测试得出，混合使用石灰、YFA 增强了对镍黄铁矿的抑制作用，有三个原因：一是石灰中的 Ca^{2+}，$Ca(OH)^{+}$ 的吸附，二是 YFA 阴离子的吸附，三是 YFA 中的羧基阴离子和吸附在镍黄铁矿表面的 Ca^{2+} 作用，在其表面生成大分子的黄腐酸钙，从而提高了镍黄铁矿表面的亲水性。

20.13　调整剂（抑制剂、分散剂、硫化剂、活化剂等）的组合使用

一种铝盐（硝酸铝或硫酸铝）与水玻璃及碱的组合可作为石灰石（碳酸钙）的有效抑制剂。这种混合物还可以作为黏土、石英、石髓、燧石以及针铁矿及褐铁矿的有效抑制剂。

用水玻璃加硫酸铝（质量比最好是 3(2)：1）药剂可以分选萤石及方解石并且分选比较完全。使用时在矿浆中先加水玻璃，然后再加硫酸铝。

用苛性钠与碳酸钠的混合物为调整剂从硫化矿中浮选金矿，也获得良好效果。用硫化钠与硫化钾的混合药剂作为白铅矿的硫化剂，同样也获得良好效果。

石灰-氰化物是硫化矿分离的组合抑制剂，特别是对粗粒嵌布的黄铁矿的抑制很有效。石灰-氰化物-亚硫酸或二氧化硫组合能成功地用于部分氧化和风化的铜、铅或铜、锌矿石中黄铁矿的抑制。石灰-二氧化硫或石灰-亚硫酸钠能有效抑制铜锌矿中或铜、铅、锌、金、银矿中的磁黄铁矿及砷黄铁矿。

硫化矿的无氰抑制剂的组合使用，因氰化物的剧毒及其带来的生态环境恶化，使之成为人们重视的研发课题。组合无氰抑制剂大致可分为：（1）以石灰为主，通过石灰与硫化钠或亚硫酸、二氧化硫、高锰酸钾和硫酸锌等两种或三种组合为无氰组合抑制剂。（2）据硫酸锌、硫化钠、亚硫酸、硫酸亚铁、硫代硫酸钠、硫酸高铁等单一抑制剂的特性，结合选择针对矿物特点进行相互组合为组合抑制剂。（3）以水玻璃为主，配以重铬酸钾、硫酸锌、硫化钠、石灰、亚硫酸盐等不同无机盐，复配成各种组合抑制剂。

据报道，日本的松峰选厂和澳大利亚的某铅锌矿选厂采用石灰和二氧化硫

组合抑制闪锌矿浮选方铅矿，加拿大一选厂在处理致密硫化矿石时用其作为磁黄铁矿的有效抑制剂。很多国家也都采用此组合抑制剂处理铜锌混合精矿的分离。

用硫化钠与硫酸锌作组合抑制剂处理俄罗斯的巴尔钦洛戈难选致密铜锌矿石，浮选铜获得铜精矿含铜21.6%，回收率84.89%。用硫化钠与亚硫酸组合作抑制剂成功的实现铜锌矿物分离（在碱性介质中）；用硫代硫酸钠与硫酸亚铁组合，利用焦亚硫酸钠与二氧化硫组合，分别处理铜铅混合精矿（抑铅浮铜），实现铜铅分离，均取得显著效果。

我国不少矿山，如陕西银矿矿石、内蒙古莲花山铜矿以及武山铜矿等使用石灰与亚硫酸和石灰、亚硫酸和硫化钠等的组合，在抑制黄铁矿、砷黄铁矿、闪锌矿中都获得了实际应用。

氧化矿物特别是非金属矿物（脉石）使用的无机组合抑制剂，如滑石、绿泥石、碳酸盐（方解石）、云母等通常采用硅酸钠与硫酸亚铁或氧化镁组合。为提高水玻璃的抑制选择性，常加入具有金属阳离子的 $Al_2(SO_4)_3$、$Cr_2(SO_4)_3$、$CuSO_4$、$ZnSO_4$、$FeSO_4$、$MgSO_4$ 等配合使用共同抑制，如抑制方解石、浮出萤石和抑制方解石、磷灰石浮出白钨矿等。

有机抑制剂组合，或有机-无机的组合也很多，举例说明。糊精和白雀树胶组合抑制碳质黄铁矿，已在澳大利亚多个选厂使用，若添加木质素磺酸盐于组合抑制剂中，可降低对铜铅硫化物的抑制。CMC 和淀粉、糊精组合或者与单宁组合，主要抑制硅酸盐黏土矿物及碳酸盐矿物。CMC 与水玻璃或亚硫酸组合用于铜铅混合精矿分离。

美国专利曾报道用 Co、Cu、Fe、Ni、Pb、Zn 等金属无机盐与草酸、琥珀酸、酒石酸、醋酸、乳酸等有机酸组合抑制磷矿，如用 $Fe_2(SO_4)_3$ 25～500g/t 与酒石酸按质量比 2∶1 组合，以脂肪酸作捕收剂（300～3000g/t），可使给矿含量由60.5%提高到76%，回收率为90%，其作用原理是：磷酸盐对上述金属盐的吸附能力强于碳酸盐，使磷酸盐矿物表面带正电，然后由有机抑制剂络合显示亲水性。

Bulatovic 研究了复合硫化矿浮选中不同抑制剂的选择与评价。他研究了无机抑制剂、有机抑制剂和多功能抑制剂（即调整剂、抑制剂）等三种不同的抑制剂，认为组合抑制剂与单一抑制剂的性能相比具有显著的区别，差别主要在于环境及条件的改变。在一种抑制剂中含有另一种抑制剂时，其性能会得到显著改善，因此有利于矿物的分选。在铁闪锌矿和磁黄铁矿的分离中，在中性介质中，使用组合抑制剂氯化钙和腐殖酸钠成功的分选被 Cu^{2+} 活化和被丁黄药捕收后的铁闪锌矿与磁黄铁矿混合物。钙离子能选择性的吸附在磁黄铁矿的表面，继而与腐殖酸钠络合生成絮凝状腐殖酸钙胶团，其强亲水性使磁黄铁矿受到抑制，而铁闪锌矿几乎不吸附钙离子和腐殖酸钙，从而使两者有效分选。

李玉芬等人用CCE组合抑制剂在铜锌分离中作为被铜离子活化的闪锌矿的一种去活剂，在该药剂的作用下同时添加硫酸锌和亚硫酸钠，即能使锌矿物在铜锌分离中得到很好的抑制，从而达到铜锌分离的目的。

于2000年12月9日至2001年1月2日，用CCE抑制剂处理含铜1.48%，含锌7.8%的矿石，经56个班生产实践，指标如下：铜精矿铜品位25.18%，含锌11.78%，铜回收率68.28%。锌精矿锌品位45.11%，含铜2.01%，锌回收率86.64%。

在用脂肪酸作捕收剂浮选磷矿时，有研究称，可用烷氧基化烷基酚做抑制剂，这种抑制剂是由乙氧基化二烷基苯酚和乙氧基化一烷基苯酚组合而成的。其中烷基长度为$C_{8\sim12}$个碳原子，苯环与2~6个氧乙烯基相连，据称这种组合抑制剂有一定效果。

梅光军等将水玻璃经硫酸酸化后，再与适当的Fe^{3+}或Al^{3+}离子混用，在赤铁矿的浮选中对含铁硅酸盐脉石矿物显示出良好的选择性抑制作用，理论研究表明，上述制得的聚合硅酸胶体溶液中，荷正电的组分由于静电作用，而选择性的吸附在荷负电的硅酸盐矿物表面。从而导致霓石浮选受到抑制。使用巯基乙酸作抑制剂，同样能有效抑制含铁硅酸盐脉石。在弱酸性介质中能成功的实现赤铁矿与霓石的浮选分离，通过电动电位和吸附量的测定，对其作用机理进行了探讨，认为是巯基乙酸通过羧基和巯基与霓石表面的Fe^{3+}形成稳定的五元环，使矿物表面亲水而起抑制作用，而赤铁矿表面由于存在大量的未键合的Fe^{3+}，能与捕收剂油酸钠发生吸附而上浮。

为了改善钼精矿含铅高的问题，有人对磷诺克斯试剂配制方法进行改进，用于钼铅分选试验研究，结果表明，提高NaOH浓度和P_2O_5与NaOH配比可降低钼精矿铅含量。当工艺流程相同，NaOH浓度为8%，$w(P_2O_5):w(NaOH)=1:1.7$的1号比NaOH浓度为4%，$P_2O_5:NaOH=1:1.7$的2号试验效果好，通过一次粗选，两次精选，一次扫选，每次均添加磷诺克斯试剂闭路结果，1号试验可使钼粗精矿铅含量由0.132%降到0.042%，达到要求标准；而2号试验，精矿含铅只降到0.053%，可见配制磷诺克斯试剂时提高NaOH浓度有好处。

针对某铜、铅、锌硫化矿的特征，通过多方案比较后，采用铜铅优先浮选，得到铜铅混合精矿后，用水玻璃+亚硫酸钠+CMC组合抑制剂进行铜铅分离试验，实现了铜铅有效分离，获得较好的浮选指标。通过一粗、二扫和三精及中矿顺序返回流程，用水玻璃+亚硫酸钠+CMC作抑制剂，用丁基铵黑药和乙基黄药作捕收剂，可从含铜6.15%、含铅40.20%的铜铅混合精矿，得到含铜21.35%、含铅6.48%的铜精矿，铜回收率92.24%；含铅52.28%、含铜0.65%，回收率95.47%的铅精矿的闭路结果。

克雷别克等对最近纽芬兰 Voisey Bay 发现的复杂硫化镍铜矿（含有六面体形磁黄铁矿）进行研究。考察了在有和没有焦亚硫酸钠（SMBS）存在时，三种螯合剂（DETA、TATE 和柠檬酸）对脱除磁黄铁矿的去活化作用。分批浮选试验结果表明，单用 DETA 和 TETA 对磁黄铁矿的抑制作用比较弱，但它们与二氧化硫或 SMBS 联合使用却能大大增强对磁黄铁矿的抑制作用。这种新型具有协同效应的螯合型抑制剂在处理镍铜硫化矿石的工业中具有重要意义。

波尔顿等人为了提高致密块状硫化矿石浮选的锌精矿品位，研究采用三种途径，通氧调浆、使用对铜特效捕收剂以及添加选择性聚合物抑制剂。捕收剂是硫代氨基甲酸酯，抑制剂是低相对分子质量的聚合物聚丙烯酰胺、羟基取代聚丙烯酰胺和羧基取代聚丙烯酰胺。结果表明，三种抑制剂都是硫化铁矿物的有效药剂。其中羟基取代聚丙烯酰胺的抑制作用最强，羧基取代物次之。都可以通过抑制硫化铁矿物来提高锌矿物品位。若将其组合使用可在不降低浮选指标的前提下节约药剂用量。

表20－27 所示为调整剂（抑制剂等）组合药剂在矿物浮选中的使用情况。

表 20－27 调整剂或抑制剂的组合

组合药剂名称	使用矿物	文献来源
用组合的水玻璃和六偏磷酸钠作调整剂	对镁和白云石的分选具有良好的选择性	CA 119，207518
硝化木素与腐殖酸或羧甲基纤维素混合	氧化铁抑制剂	Обогащ，Руд，1983（6）
水玻璃与碳酸氢钠混合	铁矿浮选抑制剂	前苏联专利 1105239
羧甲基纤维素与水玻璃＋硫酸	萤石调整剂	CN 87105202
六偏磷酸钠与发酵的纸浆废液	菱镁矿调整剂	USSR 1466793
阳离子聚电解质与半焦化腐泥岩焦油	选煤调整剂	USSR 1447414
可溶性淀粉与水玻璃等组合	分选萤石、方解石调整剂	CA 110，176037
氧化褐煤与水玻璃组合	分选萤石、方解石调整剂	USSR 1458010
聚合物 PEG 与煤油或丁醇残液	细煤粉絮凝	CA 110，197383
大豆油脂肪酸铵与环氧化硬脂酸醚	煤浆输送分散剂	CA 110，196224
石灰与硫酸锌＋碳酸钠	含重晶石的硫化矿抑制剂	俄罗斯有色金属，1988（7）
聚丙烯酰胺与水玻璃组合	废水中脱除黏土絮凝剂	俄罗斯有色金属，1988（4）
水玻璃与 $FeSO_4$ ＋ $CoSO_4$	浮白钨矿抑制方解石	CA 104，113454

续表 20-27

组合药剂名称	使用矿物	文献来源
水玻璃（1000g/t）+六偏磷酸钠（100g/t）	氧化锌矿（抑）	矿冶工程，1987（1）
硫酸铝+重铬酸钾	萤石-碳酸盐（抑）	矿冶工程，1986（3）
水玻璃+重铬酸钾	浮铜抑制铅锌	有色金属（选矿部分），1987（5）
三氯化铬+Na_2SO_3	抑制 ZnS，FeS_2	CA 106，123437
硫酸锌+Na_2SO_3，NaCN，CaO	硫化矿脱砷	黑龙江冶金，1987（4）
$C_7H_{15}C(OH)(PO_3H_2)_2$ 与水玻璃	萤石重晶石分选	USSR，1189563
鞣酸组合剂与木素类组合剂+$ZnSO_4$	浮铅抑制毒砂	有色金属（选矿部分），1987（3）
羧甲基纤维素与 NaCN+$ZnSO_4$	铜锌精矿分选（抑）	CA 103，108209
羧甲基纤维素+亚硫酸盐废碱液	铜锌精矿分选（抑）	CA 106，88060
羧甲基纤维素+硝化木素，NaOH	浮铁（抑）	CA 104，113583
硫化钠与1-萘酚3，6-二磺酸钠	铜-钼分选	US 4514292
CMC 与尿素（按质量比1：0.2~0.1）	钾盐矿	USSR 1286291
碱式氯化铝与阴离子型聚丙烯酰胺	选铁尾矿浓缩絮凝剂	矿冶工程，1987（2）
硫酸锌+亚硫酸钠+碳酸钠	CuPbZn 多金属矿 CuPb 混选	有色矿冶，2003（3）
水玻璃添加某些金属离子（Al^{3+}，Mg^{2+}，Cu^{2+}，Fe^{2+}，Co^{2+}，Pb^{2+} 或 Ca^{2+} 等），例如 $FeSO_4 \cdot 7H_2O$	复杂矿石、巴西白钨矿重选细粒尾矿浮选抑制剂，显著改善浮选效率	J F Oliveira. 国外金属矿选矿，1992（2）
焦性没食子酸与 $FeSO_4$ 组合，或者是 Na_2CO_3+糊精+水玻璃+$FeSO_4$	浮选萤石抑制重晶石	云南冶金，2004（6）
乙二胺磷酸盐与硫酸铵混合	浮选汤丹氧化铜矿调整剂	有色金属（选矿部分），1982（3）
高锰酸钾与六偏磷酸钠混用代替 NaCN	作细泥摇床尾矿中硫化钛矿浮选回收时的抑制剂	选矿综合年评. 第八届全国选矿年评报告文集，1997
F-2组合抑制剂（由腐殖酸钠、亚硫酸钠和硫酸组成）浮选分离硫化铜铅混合精矿	被其抑制的方铅矿浮选时无需活化，可直接用黄药浮选	选矿综合年评. 第八届全国选矿年评报告文集，1997
添加 PAM 强化水玻璃的抑制作用	白钨矿方解石混合矿精选抑制剂	矿产保护与利用，2000（3）

20.14 絮凝剂的组合使用

和许多组合捕收剂、组合起泡剂和组合抑制剂等浮选药剂一样，某些组合絮凝剂也比单独使用一种药剂的效果要好。

用褐铁矿泥（20μm）为试验对象，研究了淀粉、聚丙烯酰胺、聚5-甲基-2-乙烯吡啶衍生物、石灰及氯化钙单独使用或混合使用的效果。

聚5-甲基-2-乙烯吡啶衍生物

式中，X为Cl；R为H或—CH_2CH_2OH。

试验证明，一种非离子型絮凝剂（淀粉或聚丙烯酰胺）与一种无机电解质（氧化钙或氯化钙）组合使用时，沉降物中的固体含量降低了，与此同时悬浮物的沉降速度却减低了，特别是当有机絮凝剂的用量小时，更是如此。但是当聚丙烯酰胺与聚5-甲基-2-乙烯吡啶盐混合使用时，不但沉降物固体含量下降，沉降速度也增大了，如图20-35所示。

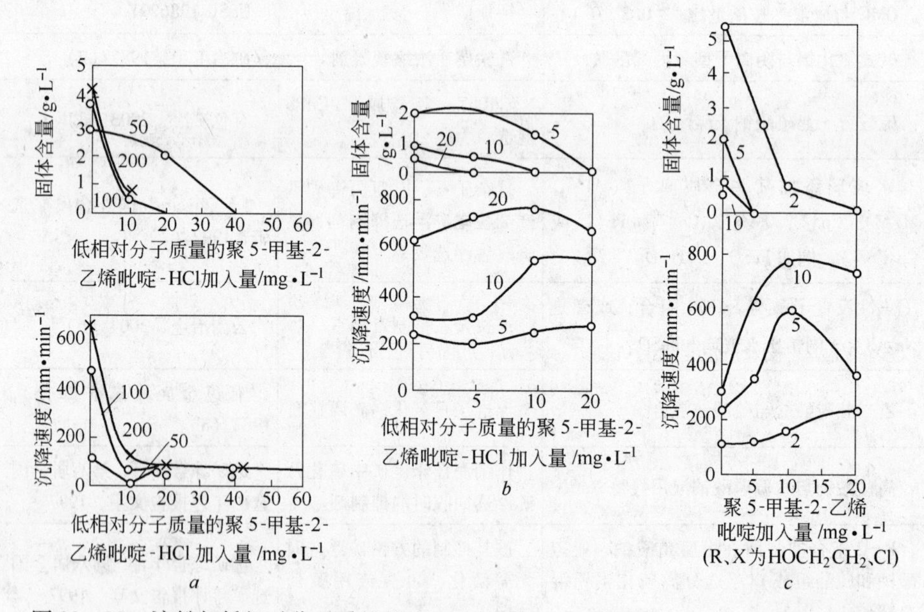

图20-35 淀粉与低相对分子质量的聚5-甲基-2-乙烯吡啶(衍生物)-HCl混合使用时，对褐铁矿悬浮液澄清度及沉降速度的影响(曲线旁数字为淀粉加入量，mg/L)

所用褐铁矿悬浮液，不加絮凝剂时，48h才能完全沉降。由图20-36所示中曲线可以看出，有阳离子聚电解质存在时，聚丙烯酰胺的用量可以显著地减少，例如用聚丙烯酰胺5mg/L加聚5-甲基-2-乙烯吡啶5mg/L，无论在沉降速度及澄清度方面都达到了用10mg/L聚丙烯酰胺所达到的要求。10mg/L聚丙烯酰胺加4mg/L聚5-甲基-2-乙烯吡啶就达到了20mg/L聚丙烯酰胺所能达到的结果。单独使用聚丙烯酰胺（最高值需要20mg/L）时，最后澄清度不小于1g/L，沉降速度为600mm/min。单独使用聚5-甲基-2-乙烯吡啶的效果更差。但是当聚丙烯酰胺与聚5-甲基-2-乙烯吡啶混合使用时（各为10mg/L），澄清度大于0，其沉降速度增高至800mm/min。都说明了这些混合药剂作用的优越性。

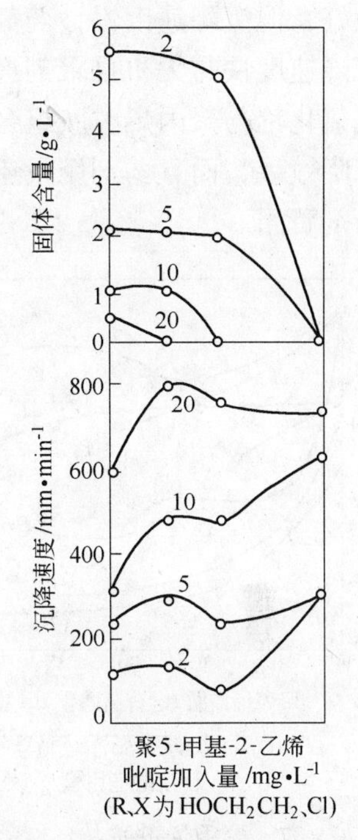

图20-36 聚丙烯酰胺与（大相对分子质量）聚5-甲基-2-乙烯吡啶（衍生物）混合使用时，对褐铁矿悬浮液澄清度及沉降速度的影响（曲线旁的数字为聚丙烯酰胺加入量，mg/L）

用混合絮凝剂使氧化铁精矿脱水，也得到了类似的结果。铁精矿过滤时，加入10~20g/t的聚丙烯酰胺或聚丙烯酰胺与硫酸钠的混合物可以提高精矿矿浆过滤速度2~3倍。如果同时混合加入一些其他物质，包括环烷酸皂、煤油或类似的物质如合成碳6~8混合醇、石油炼制厂生产异辛烷的蒸馏副产物，滤饼水分还可以大大降低。在聚丙烯酰胺及其衍生物中加入了这些成分，可使聚丙烯酰胺的用量降低到5~10g/t，如图20-37及图20-38所示。这可能是由于在聚丙烯酰胺中加入其他药剂之后，改变了悬浮物的物理化学性质，增加了疏水性的缘故。

关于高分子物质与表面活性剂的混合吸附效果在胶体化学方面也曾做过研究，值得我们参考。此外用淀粉与相当于淀粉质量4%~5%的硼砂（$Na_2B_4O_7 \cdot 5H_2O$）的混合药剂处理铝矾土矿时，作铝酸钠母液中悬浮杂质的絮凝剂，可以加速沉降速度。

长沙矿冶研究院在进行齐大山铁矿尾矿的浓缩试验过程中发现，单独使用有机高分子絮凝剂阳离子聚丙烯酰胺或者阴离子聚丙烯酰胺（PHP30）时，矿浆絮凝沉降速度快，但澄清液不理想，即使用效果显著的聚丙烯酸沉降1h，上层澄清液中的固含量仍有$5\times10^{-2}\%$。若单用无机盐凝聚剂，上层澄清液水质虽好，但沉降速度慢，药剂耗量大。因此，进行组合药剂试验，将有机絮凝剂沉降速度快与无机凝聚剂澄清液水质好相互结合，通过石灰与聚丙烯酰胺和碱式氯化铝与聚丙烯酰胺组合试验证明，组合用药比单一用药获得更显著的絮凝沉降效果，而且药剂用量还可以比单用聚丙烯酰胺减少 1/3 的用量，从而节约药剂费用。

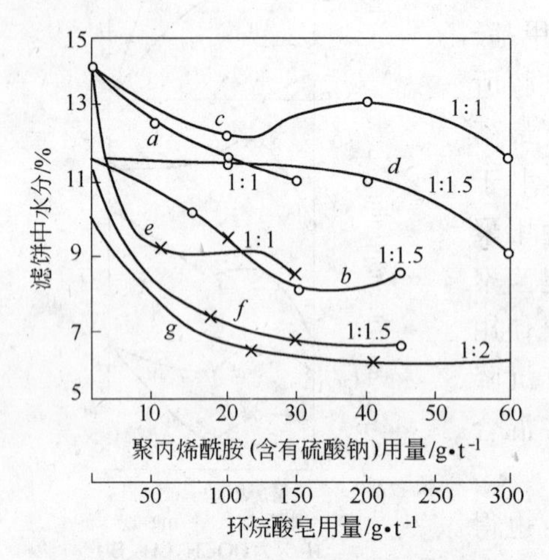

图 20-37 聚丙烯酰胺与环烷酸皂混合使用对铁精矿滤饼水分影响(曲线旁比值为固液质量比)

a,*b*—聚丙烯酰胺(含有硫酸钠)；*c*,*d*—环烷酸皂；*e*,*f*,*g*—两药剂混合

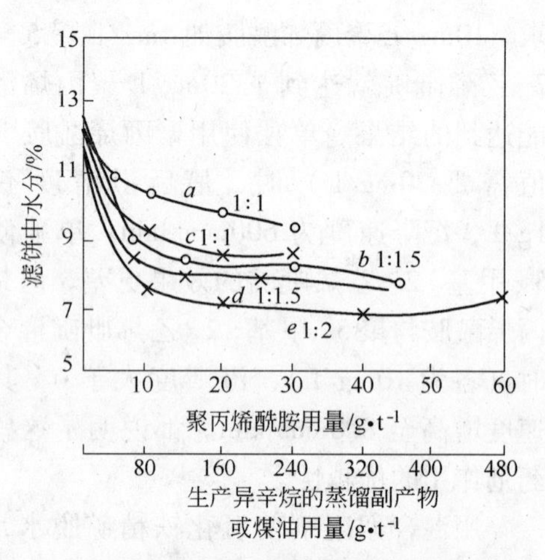

图 20-38 聚丙烯酰胺与煤油或高分子蒸馏物混合使用对铁精矿滤饼水分的影响(曲线旁比值为固液质量比)

a,*b*—聚丙烯酰胺；*c*,*d*,*e*—聚丙烯酰胺加生产异辛烷的蒸馏副产物(或煤油)混合剂

中南大学在黑钨矿和石英的絮凝研究中，考察了用苄基胂酸或苯乙烯膦酸作为捕收剂，使用组合絮凝剂 CF1（按质量比磺化聚丙烯酰胺 PAMS：部分水解的聚丙烯酰胺 HPAM＝1：1）、CF2（PAMS：PAM＝1：1）和单用 PAMS 对单矿物絮凝能力进行比较试验，结果表明，其絮凝能力与絮凝剂的可溶性、水解度关系颇大，如 HPAM 的水解度愈大，絮凝能力愈强。用量一般为 2～80mg/L。

1985 年长沙矿冶研究院对关门山铁矿选择性絮凝-反浮选工艺研究中，采用自行研制的 SPC-08’和 SP404 组合絮凝剂，原矿含铁为 32.7% 时，可获得品位为 65.33%，回收率为 87.78% 的铁精矿。其中的絮凝脱泥作业，脱出泥量产率为 18% 左右，含铁小于 0.3%。

无机凝聚剂组合使用的报道也不少。例如，铜录山氧化铜精矿含泥多，微细粒呈胶体状不易沉降，脱水困难，溢流中铜金属损失严重。为此作了大量脱水沉降试验，结果证明无机物石膏粉与石灰或硫酸组合使用得到好效果。比单用其中之一药剂沉降速度快 20 倍，而且澄清液清亮透明，药剂用量也减少。

20.15 起泡剂和捕收剂的组合机理

效能互补是组合药剂常见的一种方式。起泡剂在浮选过程中的作用不单纯是起泡，它与捕收剂能形成共吸附，并能为浮选提供适宜的泡沫类型。Klimpel 等人研究了同样药耗下不同起泡剂对不同粒度铜矿浮选效果的影响时，得到图 20－39 的结果。MIBC 的起泡能力强，但泡沫的韧性不够而对细粒铜矿表现出较好的浮选效果。甲醚醇（相对分子质量 400）产生的泡沫致密，稳定性极好，可浮选较大粒度范围硫化铜矿，但最高回收率不如 MIBC。而用 MIBC 与甲醚醇 1∶1（质量比）的混合物作起泡剂时，优势互补，不仅对粗矿物有效浮选，回收率也明显提高。

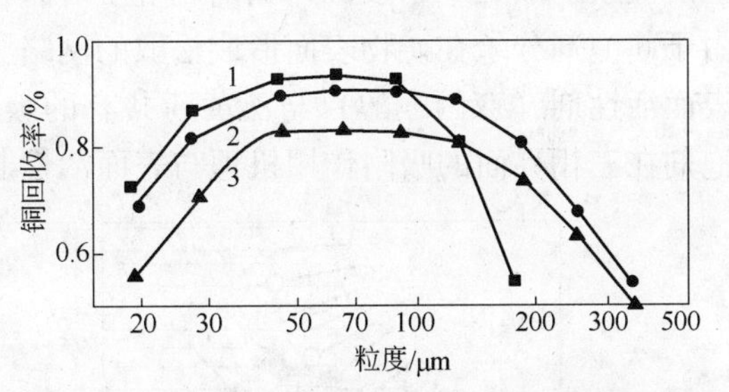

图 20－39 起泡剂对不同粒度铜矿回收率的影响
1—MIBC；2—按质量比 1∶1 混合起泡剂；
3—$CH_3(OC_3H_6)OH$，相对分子质量 400

用黄药浮选硫化矿时，增加起泡剂的用量可以改善浮选指标。试验证明在相当宽的 pH 值范围内，都可以看出这种较好的联合效果。用颗粒较粗的人工混合矿及镍磁黄铁矿也得到了好的效果。用含放射性硫原子的黄药检查证明，增加起泡剂的用量影响了黄药对硫化矿的吸附性质，对于捕收剂在矿物颗粒上的分布也有一定影响。用含放射性同位素碳-14 的醇类作起泡剂，证明起泡剂同样为硫化矿所吸附。用黄药浮选硫化矿时，改变起泡剂的种类对泡沫没有显著的影响，但是一定的起泡剂，当改变黄药的用量时，浮选产率增加到一个最大值以后，就保持一定值不变。在方铅矿表面黄药与各种醇类起泡剂的共吸附作用也证明，乙基黄药可以使醇类在矿物表面的吸附量增加，在矿物与溶液界面上有可能形成一种表面的黄药-醇类络合体，从而解释了在有醇类存在时，为什么黄药的捕集絮凝作用增加的原因。

用直链 $C_1 \sim C_5$ 醇与乙基黄药及戊基黄药配合，测定方铅矿的可浮性及汞溶液界面的界面张力，证明丁醇及戊醇作为起泡剂比较适宜。只有在黄药分子存在的条件下，醇分子才能在汞表面上吸附，醇与黄药分子的“共吸附”的程度又随醇分子碳链长度的增长而增加。用红外光谱测定，也证明了起泡剂与捕收剂在矿物与溶液在界面上的“共吸附”作用。

李杰（Leja）等人曾经用互相穿插共吸附理论简明地解释了捕收剂和起泡剂分子的互相作用机理。他们认为，由于表面活性或非表面活性起泡剂与捕收剂的共吸附作用，生成了起泡剂捕收剂复合体。这种复合体主要是由于烃链的范德华力而吸附在一起的。它们在液-气界面互相穿插吸附，使矿粒固着在气泡上。如图 20－40 所示。

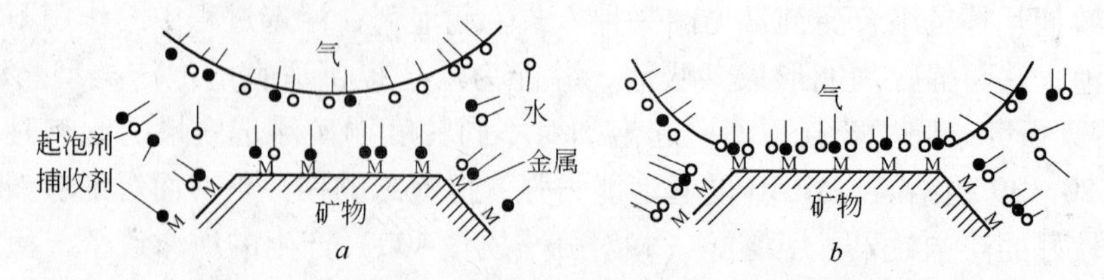

图 20－40　捕收剂-起泡剂分子共吸附和相互穿插作用

莱奇（Lekki）和拉斯科斯奇（Ласковский）根据捕收剂通过吸附在矿物上的液膜扩散到矿物表面来解释起泡剂-捕收剂相互作用的行为。他们认为，由于起泡剂分子在矿物表面形成松散的网络膜，这液膜是稳定的。他在研究非表面活性剂（双丙酮醇）与乙黄药共有的吸附机理时，提出了非表面活性起泡剂在三相界面的吸附作用机理与表面活性起泡剂的区别，如图 20－41 所示。

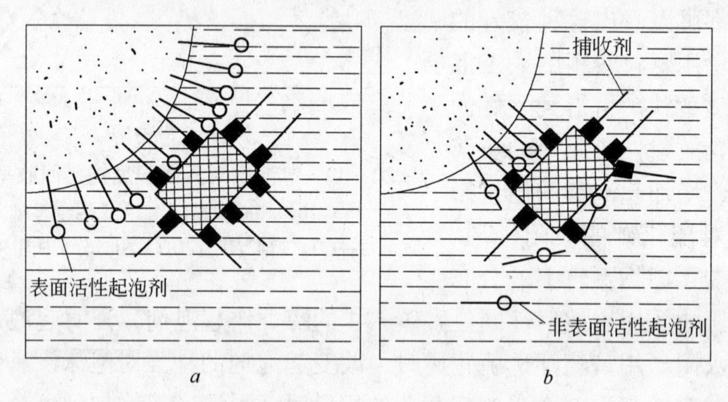

图 20－41　表面活性起泡剂（*a*）与非表面活性起泡剂（*b*）的作用机理

李杰用分子模型照片以范德华力进一步阐述了其观点，由于莱奇等人对非表面活性起泡剂的研究，使起泡剂捕收剂互相穿插的理论有了进一步的发展。非表面活性起泡剂易溶于水，在液-气界面没有吸附活性，不会产生气泡，但它们能吸附于矿物表面上，在浮选用量范围内，不能使矿物表面疏水化。但却能与捕收剂在矿粒和气泡表面吸附和穿插，造成更好的矿化泡沫，有利于浮选。

芬克尔斯坦（Finkelstein）和波林（Poling）考察了在矿物表面黄药二聚物（双黄药）的形成。这是由于在捕收剂吸附点的矿物表面上移去两个电子，也可能是矿物表面晶格上硫原子参加了反应。

Crozier 提出黄药-醇类起泡剂在矿物表面上相互作用的一种建议模型，如图 20－42 所示。它表明，二聚物硫原子的化学吸附和双键硫原子的物理吸附都是可能的。双键硫原子和单键硫原子处于同一平面上。发生吸附时，捕收剂分子中的所有硫原子的电子云呈现不平衡，能与起泡剂分子形成“氢键”。不含—OH基团的起泡剂可以通过它们的极性基团形成相似的键。在矿物表面上吸附的分子斑点形成一种二维的捕收剂聚合物，起泡剂分子被包裹在聚合物中。

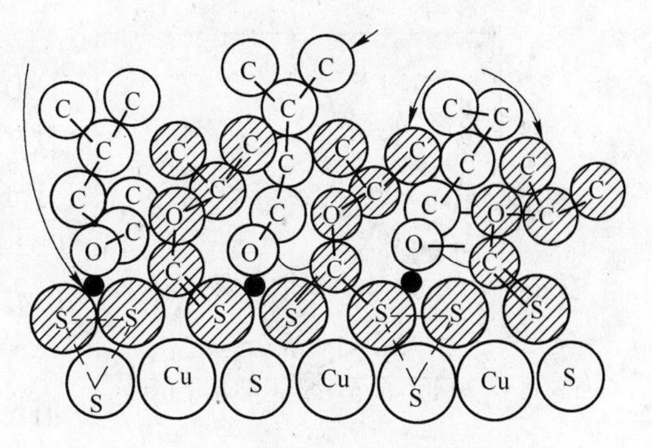

图 20-42 起泡剂-捕收剂缔合分子通过矿物表面硫原子的化学吸附

东北大学姜广大对醇（ROH）与十二胺盐酸盐（DAC）组合使用浮选石英时的机理进行了研究。通过对 DAC · ROH 浓度不变时石英回收率与 pH 值的关系，DAC · ROH 浓度与表面张力的关系和表面张力与 pH 值的关系试验得出：

（1）醇、胺组合时，不同 pH 值对石英回收率影响的浮选规律基本上与胺单独使用时相同，并在很宽的 pH 值范围内都能提高石英回收率，在自然 pH 值条件下提高的幅度更大，甚至可以得到 pH 值在胺的 pK_a 点附近所获得的回收率。而此时醇分子对浮选的作用相当于高 pH 值分子胺的作用。捕收剂与中性分子（醇或分子胺）由于非极性端的分子之间引力，在矿物表面发生缔合，夹在两捕收剂极性端之间的中性分子可以减低同种电荷的斥力，因此降低了临界胶团浓度而获得高的回收率。

（2）脂肪醇的烃链越长表面张力下降越大，而 DAC 却比相同烃链长度的十二醇具有较弱的表面活性，这是由于各自具有的极性基不同所致。在相同浓度时，液-气界面上 RNH_3^+ 离子的吸附量小于十二醇，并且 RNH_3^+ 离子间的相斥力也影响了 RNH_3^+ 离子在液-气界面上形成必要的吸附密度。但当 DAC 溶液混入十二醇时，表面张力显著降低，以至达到纯十二醇的表面张力下降值。显然是由于非极性端分子间引力使两者在液-气界面上产生共吸附，导致吸附密度增加所致。

（3）醇溶液的表面张力几乎不受 pH 值的影响。而 DAC 和 DAC 与 ROH 的混合溶液的表面张力却与 pH 值密切相关。当 pH 值大于 9 时，表面张力随 pH 值的增加而明显降低，并在 pH 值 10.6 左右出现一最小值。这显然与 DAC 在溶液中存在状态（分子态或离子态）随 pH 值而变化有关，亦即离子胺与分子胺或醇分子相互作用，共同影响表面张力有关。

以上说明，十二胺对石英浮选的强化作用并非起泡性发生了重大变化，而是由于醇分子、胺分子、胺离子共吸附导致固体表面疏水性改善的结果。

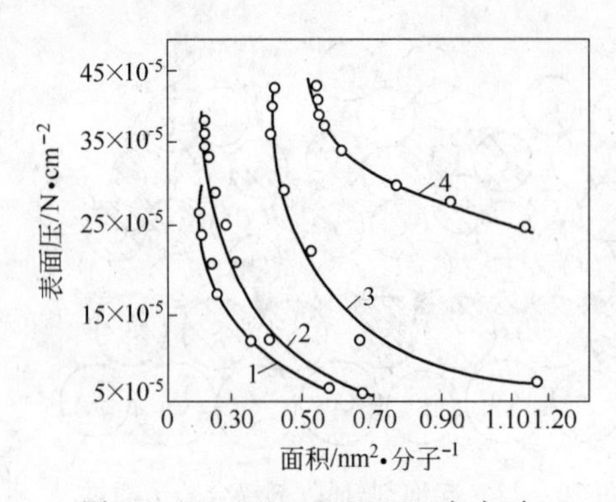

图 20－43 ROH 和 $SDSO_3$ 在水-气界面上的表面压-面积关系
（pH＝3.5，温度 25℃ ±0.5℃）
1—十二醇；2—辛醇；3—$SDSO_3$；
4—5×10^{-4}mol/L 辛醇＋$SDSO_3$

他们还研究了烷基磺酸盐（$SDSO_3$）与醇（ROH）组合浮选赤铁矿的机理。根据图 20－43 所示，醇分子横截面积（饱和吸附时）为 0.205nm²，$SDSO_3$ 分子横截面积为 0.43nm²，而 $SDSO_3$－ROH“复合分子”所占的面积为 0.54nm²，这一数值比 $SDSO_3$、ROH 分子所占面积的代数和 0.635nm² 小。从而提出了如图 20－44 所示的 $SDSO_3$－ROH“复合分子”在液-气界面上的吸附模型。

应用结构化学理论，对这一“复合分子”吸附模型作了解释。$SDSO_3$ 阴离子、ROH 分子分别属于四面体、直线型结构，如图 20－44*a*，图 20－44*b* 所示。

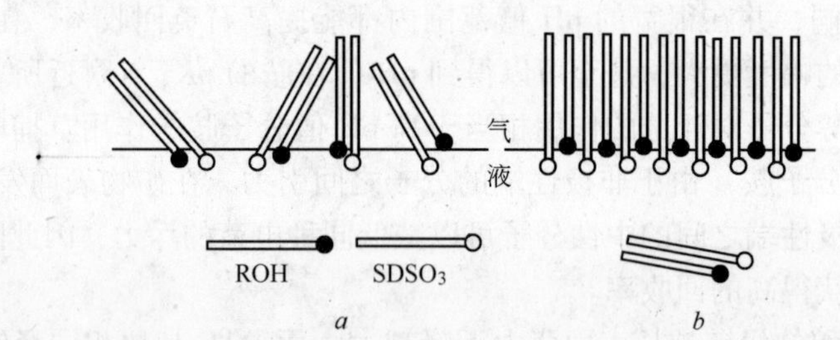

图 20－44 ROH 分子与 $SDSO_3$ 阴离子的复合分子在气-液界面上的吸附模型
a—浓度较小时吸附（未饱和）；*b*—饱和吸附定向排列

由于氢原子很容易和另外电负性较大的氧原子形成氢键，烃链之间有范德华力存在。表面活性药剂分子与水分子有排斥力。因此，当 $SDSO_3$ 和 ROH 共处于同一体系时，就形成如图 20－45 所示的立体吸附模型。

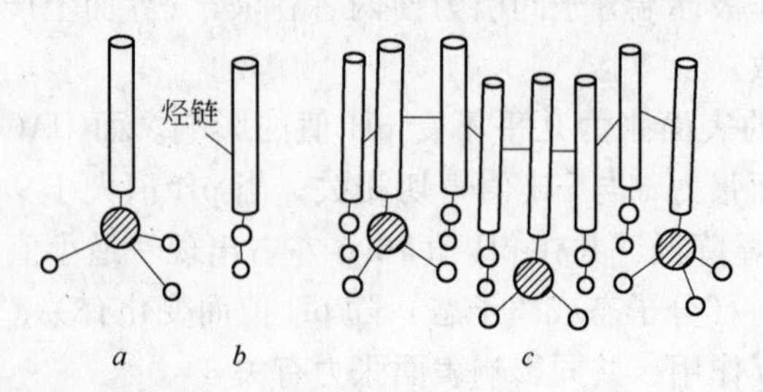

图 20－45 $SDSO_3$、ROH 结构及复合分子立体吸附模型
a—$SDSO_3$ 结构；*b*—ROH 结构；*c*—ROH－$SDSO_3$ 复合分子对气-液或固-液界面上吸附

同时，在固-液、固-气界面上同样存在有 $SDSO_3$ - ROH 复合分子的共吸附现象。而正是由于这种共吸附作用，改善了浮选指标。

长沙矿冶研究院早期就对松油或煤油在赤铁矿浮选中的作用进行了研究，试验矿样为东鞍山赤铁矿，含氧化铁95% ~96%，在微型浮选机中浮选，用油酸钠或氧化石蜡皂作为主捕收剂，还测定了溶液的电导率及表面张力，并用表面张力数据计算得出油酸钠的吸附量。通过试验获得的结果认为：松油与油酸钠共同作用后，产生胶溶现象，松油能较好的溶解在溶液中，同时也促进了油酸钠的分散。在溶液中随着松油浓度的增加，松油在溶液表面层的分子也增多，导致溶液表面张力下降，此时浮选泡沫力学性能增强，也促使浮选活化到最高点。氧化石蜡皂在中性溶液中，活性相当低，溶解度亦小，因此在溶液中可能有相当一部分药剂分子集中于溶液表面层。松油对氧化石蜡皂的溶解作用，使松油较好的分散于溶液中，而氧化石蜡皂也分散得更好更完全。溶液内部分子分散得更均匀，溶液表面层的分子也就不那样集中，因此在氧化石蜡皂浓度固定的条件下，随松油加入，表面张力上升，此时过分稳定的泡沫强度降低，因而有利浮选效果的改善。

20.16 水处理药剂的组合（复配）使用

20.16.1 水处理药剂的组合（复配）

单一的水处理剂与其他类型的水处理剂可复合配制成组合水处理药剂，称为水处理药剂的复配。水处理剂广泛应用于饮用水、工业用水、生产生活废水、矿山开采加工废水及尾矿水等。

本节以阻垢缓蚀水处理剂为例对复合水处理剂进行描述。其他处理剂及其应用可参见14、15、18章。

水处理剂复配的作用主要体现在以下几点：

（1）利用不同类型水处理剂之间的协同效应，增强水处理剂的效率。例如钼酸盐或钨酸盐一般为阳极型的缓蚀剂，而锌盐为阴极型的缓蚀剂，两者的复配可相互弥补原先的局限性，增强缓蚀效果。

（2）利用不同水处理剂的不同功能，通过复配构成多功能的水处理剂。例如聚合磷酸盐是缓蚀剂，与聚丙烯酸或聚马来酸酐等阻垢剂复配后形成的配方，既具有缓蚀作用又具有阻垢作用而构成多功能水处理缓蚀阻垢剂。在矿山工业废水、工业循环水、锅炉用水中广泛应用。

（3）单一的水处理剂在现场使用时，往往要分别溶解和投加，造成操作麻烦，如制成水处理药剂的复合配方则可以一次投加，简化与方便操作。例如引进的水处理剂 Nalco - 7350，我国国产的 HW 型钨系水处理剂等。

(4) 有时单一的水处理剂价格昂贵，如与廉价的其他水处理剂复配后可降低投加浓度从而降低药剂的成本和费用。例如钼酸盐的价格较高可与廉价的锌盐复配。又如聚天冬氨酸（PASP）可与廉价的氧化淀粉复配成复合阻垢剂等。

20.16.2 组合水处理剂的协同效应与增效作用

当使用两种或两种以上水处理药剂时，其效果明显优于单一水处理剂的现象称为水处理剂的协同效应（synergistic effect）。协同效应的示意如图20－46所示。

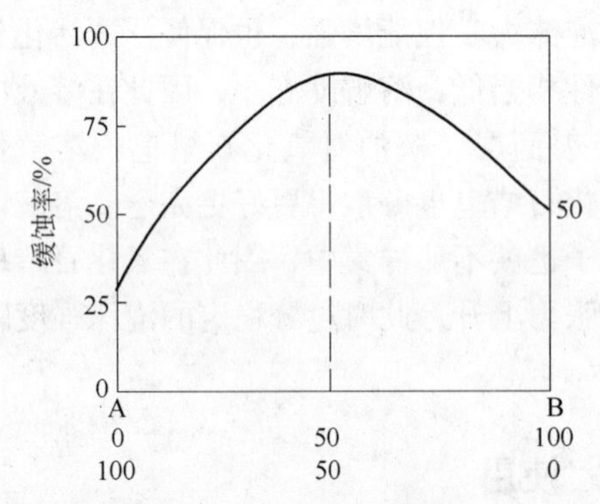

图20－46 水处理药剂协同效应示意图

在图20－46中，单一缓蚀剂A的缓蚀率为25%，单一缓蚀剂B的缓蚀率为50%，但A与B复合使用（50%：50%）时的缓蚀率可高达95%，说明缓蚀剂A与B具有协同效应。不过A、B质量比不一定是1：1效果最佳，也可以是其他比例。

又如三组分复合缓蚀剂协同效应的实例：改性甲壳胺、十二烷基苯磺酸钠和羟基次乙基二膦酸（HEDP）在单一使用时对海水中A3钢的缓蚀率均很低，尽管采用较高的投加浓度，其缓蚀率仅30%左右。但如果将以上三个组分复配后，则在海水中对A3钢的缓蚀率明显提高。如比例恰当，缓蚀率可提高至90%以上，分别见表20－28和表20－29所列。

由表20－28和表20－29可见，在甲壳胺质量浓度为80mg/L，十二烷基苯磺酸钠质量浓度为20mg/L，羟基次乙基二膦酸质量浓度为100mg/L时，缓蚀率可高达92%，明显高于单一组分使用时的缓蚀率，这是由于三者共存时有明显的协同吸附效应，可在钢铁表面形成牢固的保护膜，构成一种对海水的高效复合缓蚀剂。

表20－28 甲壳胺单一组分对A3钢的缓蚀率

编 号	甲壳胺的质量浓度/mg·L^{-1}	缓蚀率/%
1	30	31.1
2	40	32.1
3	50	33.5
4	80	35.3
5	100	35.2
6	0	0

表 20－29　三组分对 A3 钢的缓蚀率

编号	甲壳胺质量浓度/mg·L^{-1}	十二烷基苯磺酸钠质量浓度/mg·L^{-1}	羟基次乙基二膦酸质量浓度/mg·L^{-1}	缓蚀率/%
1	80	10	150	64.04
2	80	20	100	91.95
3	80	30	80	74.94
4	80	40	50	72.99
5	80	50	30	70.90
6	0	0	0	0

在矿山不论是金属矿山、非金属矿山的给排水、工业循环水、锅炉用水、矿山废水都需要进行水处理，有的废水，包括地下采掘水（尤其是硫化矿），酸性都非常强，不经处理不仅不能循环使用，而且腐蚀管道、设备、设施，破坏环境，有了高效组合防腐蚀药剂，问题可以得到解决。

再如，单一钨酸盐对碳钢的缓蚀作用要求投加钨酸盐浓度较高，一般质量浓度需要 400～500mg/L 才能达到 90% 左右的缓蚀率。但如与 HEDP 复配后，其协同增效作用如表 20－30 所列。

表 20－30　钨酸盐与 HEDP 复配后的协同作用

钨酸盐的质量浓度/mg·L^{-1}	HEDP 的质量浓度/mg·L^{-1}	腐蚀率/mm·a^{-1}	缓蚀率/%
0	4	0.9692	3.31
	8	0.9100	9.22
	12	0.7742	22.47
5	4	0.9516	5.07
	8	0.8225	17.95
	12	0.4683	53.28
10	4	0.9360	6.23
	8	0.6924	30.29
	12	0.3327	66.85
15	4	0.8431	15.90
	8	0.6332	36.83
	12	0.3094	69.13
20	4	0.6476	35.40
	8	0.4450	55.62
	12	0.1821	81.83

由表20－30可见，单一的HEDP缓蚀效果较差，12mg/L投加量缓蚀率为22.47%。随着钨酸盐浓度的增加，不同浓度HEDP对碳钢的缓蚀率相应提高。单用质量浓度20mg/L的钨酸盐的缓蚀率也很低，但与HEDP复合后，缓蚀率也相应提高，如质量浓度20mg/L钨酸盐和12mg/L HEDP复配后，碳钢的缓蚀率可提高到81.83%。这一例子说明，钨酸盐与HEDP有良好的协同增效效应。

20.16.3 协同效应作用机理

20.16.3.1 协同效应研究的意义

众所周知，实际使用的水处理药剂，大多是经过试验组合筛选后复配的水处理药剂，依靠不同缓蚀组分之间的协同效应来提高缓蚀效率、扩大缓蚀剂使用范围，使之适用于更加苛刻更加广泛的环境，并降低药剂成本。

协同效应，是指在分子水平上由于不同缓蚀剂分子特性基团在金属表面的相互作用使缓蚀剂分子之间、缓蚀剂分子与界面之间的作用力和空间几何位置等关键因素发生变化，因而使吸附层更加致密，增加和提高了耐蚀膜的防护性能。

对于酸性缓蚀剂，主要是能够在酸性水溶液介质中形成阳离子的有机化合物，如胺、吡啶和卤素（I^-）、炔醇类等之间的静电作用力，以形成协同效应。而在中性和弱酸性水介质中，则体现为多种特性基团的竞争吸附和相互之间的作用，影响到不同中心吸附活性基团原子（如N，S，O等）和多种结构的疏水基团缓蚀剂。

建立具有协同效应的水处理剂的分子模型，需考虑不同结构中心原子特性基团药剂之间的效应和界面的作用力，需引入更多的量子参数来计算，有一定的难度，但这项研究工作具有重大的理论意义和使用价值，特别是对未来水处理缓蚀剂影响金属表面化学和电化学过程以及水处理药剂特定分子的设计具有重要作用。因此是一项重要的基础理论研究和应用基础研究，是今后水处理药剂机理研究的方向。

20.16.3.2 影响组合复配缓蚀剂缓蚀性能的因素

分子结构决定分子的性质，对于水处理缓蚀剂而言，除了通过筛选进行组合复配外，务必从腐蚀、缓蚀理论，介质特性，药剂性能等进行综合分析研究。影响缓蚀剂分子性能的分子结构因素主要有如下几个方面：分子的几何尺寸大小、分子的截面积S、杂环化合物中氮原子、硫原子和磷原子的电子密度或静电荷Q_i、金属与杂原子间的化学键、电离能与电子亲和力、pK_a、立体效应、分子结构、Hammett常数、偶极矩、分子内部力等。此外，还有*HOMO*、

LUMO、大π键分子环上静电荷 Q_i。因为 *HOMO*、Q_i 等量子化学参数常用来判断缓蚀性能，因此这些参数的计算是复配缓蚀剂的重要内容。溶解性或疏水性 HY 也是重要的因素。它对于不同性能用途的各类矿用药剂的研究、发展和应用也是有益的。

有人从试验中总结出高效缓蚀剂分子极性与疏水性应保持平衡的观点，即在分析分子缓蚀性能时，既要考虑分子极性的强弱，也要考虑疏水性的强弱，将两者综合考虑。复配药剂时，一般需考虑以下原则：分子极性基（如 N，P，S 等极性原子和双键、三键等大π键）的极性要强；复配药剂分子的疏水性要较强，复配剂的分子大小要合适，能进入分子平面的空隙，吸附在金属表面。这些原则可作为研究复配药剂的参考方向。

除缓蚀剂外，其他的水处理剂，如无机凝聚剂、有机絮凝剂、生物絮凝剂、阻垢分散剂、阻垢缓蚀剂、水处理清洗剂以及杀生剂（微生物菌藻）等在固液（悬浮体等）分离、重金属离子、有毒物质处理等不同用途的药剂，通过复配组合，其效果也是显而易见的。

20.17 其他药剂的组合使用

浮选药剂的组合经过半个世纪的研究、应用与发展，现在已日渐成熟。

今天的组合药剂不仅只限于本章介绍的矿用药剂内容。在矿物采掘、后续深加工，下游产品三废治理等方面亦得到广泛的应用。一句话，凡是要使用药剂的地方都存在发挥组合药剂协同效应的空间。例如，在本书 16、17、18 各章谈到的脱水沉降过滤、助磨、矿物的改型、深加工的表面改性，以及化学选矿湿法冶金中萃取剂的协同萃取效应等均存在组合药剂的使用与效果问题。组合药剂在化工、制革、医药、食品等行业也广泛使用。

20.18 组合药剂新进展

表 20－31 所列为组合药剂（主要是捕收剂）的研究与应用新进展。

表 20－31 组合药剂研究与应用新进展

组合药剂名称或代号	用途、效果或性能	资料来源
用铅盐（硝酸铅、硫酸铅和碳酸铅等）作活化剂，黄原酸盐（酯）作捕收剂，外加抑制剂，抑制滑石型含硅矿物	在充 N_2 中浮选铂族金属。当给矿含 Pt 2.69～3.72g/t，Pd 11.69～15.69g/t，选后 Pt 回收率为 96.71%～97.7%，Pd 为 94.88%～95.44%	Gathje John C，Simmons Gary L. CA 139，9577；Pct Int Appl WO 2003045567

续表 20－31

组合药剂名称或代号	用途、效果或性能	资料来源
脂肪盐和脂肪酸混合物作捕收剂，胺盐通式：（R_1—NH_3）X，式中R为$C_{12\sim20}$烷基；X为氯化物、甲酸盐、乙酸盐；脂肪酸为$C_{8\sim22}$酸	浮选钾盐捕收剂	Pedain，Klaus Ulrich，Rau Tobias（德国）. CA 139，247592；Ger DE 10217693（2003）
石油磺酸（占30%～40%）+磺化琥珀酸（30%～40%）+磺化琥珀酰胺（20%～40%）混合（质量分数）	浮选重晶石和稀土矿（脉石有硅砂、氧化铁、钙和萤石等矿物）的捕收剂	Sarge Bradp C. CA 139，217219. JP 2003245573
油酸钠作捕收剂与非离子表面活性剂壬基酚聚乙烯基甘醇醚（tergitol NP4）作促进剂组合使用	能提高磷灰石浮选捕收的回收率	Sis H，Chander S. Proceedings of the ⅩⅪ International Mineral Processing Congress（Volume B），Rome，Italy，2000，B86：124～130
脂肪酸浮选中，表面活性剂的协同作用。非离子表面活性剂TX和阴离子表面活性剂SDBS与脂肪酸具有强协同作用的捕收剂	提高非硫化矿物浮选效率	Lu S，Zhou Q. Proceedings of the ⅩⅩ International Mineral Procesing Congress，Aachen，Gemany，1997：593～604
非离子表面活性剂triton X100与油酸钠组合	分选石英长石，提高石英浮选性（捕收剂）	El－Salmawy M S. Proceedings of the ⅩⅩ International Mineral Processing Congress，Aachen，Gemany，1997：617～625
捕收剂N－（1，2－二羧乙基）－N－十八烷基磺化琥珀酰胺（aero promoter A－845）与偏硅酸钠调整剂组合	选别石英矿物和天青石捕收剂	Hernainz F，*et al*. CA 136，404586
胺类和羧酸组合。（1）烷基胺，烷基二胺，烷基多胺，醚胺，醚多胺；（2）$C_{3\sim34}$烷基羧酸，或$C_{7\sim12}$芳基羧酸等。特点是在浮选中作为表面活性剂能改善流变性和稳定性	可在高pH值条件下浮选铁矿，除去SiO_2及相关杂质。例如在pH=11浮选磁铁矿，用醚胺（witco arosurf MG98）和$C_{9\sim13}$羧酸混合浮选，精矿品位为67.01%～67.7%，平均回收率80.5%～91.0%	Cotton Joe W. CA 129，70177；Can Pat Appl CA 2205886
阴离子捕收剂和阳离子捕收剂组合使用。N－十二烷基肌氨酸钠（Ⅰ），十二烯酸（Ⅱ）和十二烷胺氯化物（Ⅲ）	浮选萤石。用Ⅰ、Ⅲ组合优于Ⅰ，Ⅱ组合，改善和提高了浮选效率	Baldauf Horst，Helbig Cornelia. CA 128，194959；Erzmetall，1998，51（2），103～113（German）

续表 20-31

组合药剂名称或代号	用途、效果或性能	资料来源
乙基钾黄药与二-乙基二硫代氨基甲酸钠协同组合（0.35：0.65 质量比）	浮选硫化矿捕收剂	Riaz M，Khan A R，*et al*. CA 136，206792
二硫代碳酸酯，$R_1OC(S)SR$（R=烷基，芳基，芳烷基；R_1=烷基）与异丙基钠黄药组合	硫化矿物浮选铜捕收剂	Cernot Kremer，*et al*. CA 135，197227
用脂肪酸捕收剂 F-2874 和 AC825 或胺类等药剂组合	浮选铬铁矿（脉石矿为绿泥石、透闪石、滑石）	Sysila S，*et al*. Minerals Engineering，1997，9（5）：519~525
巯基苯骈噻唑盐及其衍生物，偏硅酸钠、胺类、二硫代磷酸盐组合	作单一硫化矿，复杂硫化矿和氧化了的硫化矿浮选药剂（不用氰化物抑制剂）和磨矿设备防蚀剂	Vladimir Rajic，Zoran Pectkovic. CA 139，39418；US Pat 5150330
环丙基三硫代碳酸酯和硫化氧丙烯（oxypropylene sulfides）	含金黄铁矿-砷黄铁矿分选捕收剂	Chanturiya V A，*et al*. CA 135，140161
SAK 极性新药剂与丁黄药组合，用于 Tekeliiskaya 矿山选厂	浮选锌矿提高锌回收率显著	Kuzina Z P，Min R S，*et al*. CA 131，274546；Tsvetn Met，1999（3）：7~8
异丙基钠黄药 90% 和 10% 的异丙基硫代氨基甲酸乙酯组合	浮选 Cu-Pb-Zn 复合矿（黄铁矿、黄铜矿、方铅矿、闪锌矿以及含 Ag）分选捕收剂	Macphail R S（Can）. CA 131，132622；Can Pat Appl CA 2213264
组合起泡剂，烷氧醇（如 2，2，4-三甲基戊二醇）［1，3］单异丁酯：萜烯醇按质量比=5：95~95：5	钾盐矿浮选 KCl 的组合起泡剂	Titkov S N，Pimkina L M，*et al*. CA 136，265306；Russ 2152264（2000）
组合捕收剂：10% 二乙基二硫代氨基甲酸酯和 90% 乙黄药组合，或者 90% 乙黄药与 10% 二乙基二硫代磷酸盐组合	Okiep 铜矿浮选硫化铜捕收剂，组合使用效果比单独使用好	Haugone G，Bradshaw D，*et al*. Journal of the South African Institute of Mining and Metallurgy，2005，105（3）：199~206
N-丁基苯基羟肟酸（原文为羟胺）组合	Cu-Zn 硫化矿分选捕铜效果好	Natarajan R，*et al*. The Canadian J of Chemical Engineering，2001，79（6）：941~945
二异丁基二硫代次膦酸盐组合	铜矿物捕收剂	Hope G A，*et al*. Colloids and Surfaces，2003，214（1~3）：87~97

续表 20-31

组合药剂名称或代号	用途、效果或性能	资料来源
油酰基肌氨酸，烷基聚氧乙烯醚磷酸盐（alkylpolyoxyethylene ether phosphate）及其组合物捕收剂	对磷酸盐和弱磁性铁矿物的选择性浮选分离	Keji Sun, Shouci Lu, *et al*. Beneficiation of Phosphates/Fundamentals and Technology, 2002, 103~108
丁黄药+巯基苯骈噻唑组合	浮选捕收金属硫化矿	CA 128, 194947; Tsvetn Met, 1997, 10 (Russ)
$R_1—NH_3^+X^-$（式中 R_1 = $C_{8\sim20}$烷基；X为S阴离子）和$C_{8\sim20}$脂肪酸组合	钾盐浮选组合捕收剂	US Pat 2483165
组合药剂（质量分数/%）：石油磺酸盐30~40，磺化琥珀酸盐30~40，磺化琥珀酰胺酸盐30~40	重晶石，硼矿萤石和/或重晶石、萤石、硅酸盐浮选回收重晶石	US Pat 2415988
有机膦酸捕收剂与聚合物分散剂	组合浮选有价金属	TW 583011
黄药与烷基二硫代氨基甲酸盐质量组合比1:1~1:7（$C_{2\sim8}$烷基）	Cu-Ni等硫化矿浮选捕收剂	RU 2142856; US 5599442
胺+烷基硫代膦酸盐+偏硅酸钠	硫化矿、氧化矿选择性浮选药剂及方法	EP 1463586; WO 3049867
巯基苯骈噻唑盐、胺类与二硫代膦酸盐三者按一定比例组合	浮选单一硫化矿，氧化了的硫化矿以及多金属矿	WO 3649867 (2003)
巯基苯骈噻唑及其新品种S-703，F-100与黄药组合	浮选硫化矿（Cu等）	Bocharov V A, *et al*. Обогащ, Руд. 2000 (4): 29~31
捕收剂和凝聚剂适宜匹配，捕收剂有油酸钠，十二烷基硫酸钠和十六烷基三甲基溴化铵；凝聚剂为聚合物magnafloc-1440，-E-10，-3H	氧化锌、氧化镁的凝聚浮选。用SDSC（十二烷基硫酸钠）和非离子型M-351配用，或者使用阳离子型M-1440凝聚剂进行聚团浮选，可以提高ZnO的疏水性。	Zygmunt Sadowski, *et al*. International Journal of Mineral Processing, 2004, 74 (1/4): 85~90
十二碳酸（月桂酸）、十二烷基羟肟酸、十二烷胺醋酸盐组合	对作为赤铁矿浮选捕收剂研究进行综述	Quast K B. Minerals Engineering, 2000, 13 (13): 1361~1376

参考文献

1 张闿．浮选药剂的组合使用．北京：冶金工业出版社，1994
2 见百熙．浮选药剂．北京：冶金工业出版社，1981

3 胡熙庚．有色金属硫化矿选矿．北京：冶金工业出版社，1987
4 王淀佐等．选矿与冶金药剂分子设计．长沙：中南工业大学出版社，1996
5 孙伟，胡岳华等．矿产保护与利用，2000（3）：42~46
6 张泾生等．矿冶工程，2002（2）：47~50
7 见百熙．选矿药剂年评．第二届及第四届全国选矿年评报告会论文集．1984，1986
8 见百熙等．选矿药剂述评．第六届全国选矿年评报告会论文集，1991
9 阙煊兰．选矿药剂述评．第八届全国选矿年评报告会论文集，1997
10 钱图利亚 V A 等．国外金属矿选矿，2004（7）：10~15（第22届国际矿物加工大会论文）
11 戴子林，张季玲，高玉德．矿冶工程，1995（2）：24~27
12 徐金球，徐晓军，王景伟．有色金属，2002（3）：72~76
13 朱建光．矿冶工程，2004（专辑）
14 赵援．云南冶金，1984（2）：22~29
15 Somasundaran P, *et al.* 国外金属矿选矿，1992（12）．（原载第十七届国际选矿会议论文集，1991（2）：379~391）
16 Rao K H, *et al.* 国外金属矿选矿，1994（10）．第十八届国际选矿会议论文集，1993（4）：837~844
17 Salmawy M S El, *et al.* 国外金属矿选矿，1995（4）：44~49
18 卢寿慈等．化工矿山技术，1995（4）：22~25
19 徐玉琴，周强，卢寿慈等．金属矿山，1995（3）：32~35；1996（6）：25~28
20 李松存．有色矿山，1998（4）：33~36
21 刘熙光，译．国外地质，1989（1）：47~51
22 刘广龙．矿业研究与开发，2002（5）：24~26
23 Hefnos R E. US Pat 4276156
24 Oren A D. CA 95，260627
25 熊文良，童雄．国外金属矿选矿，2003（8）
26 谢建国，陈让怀，曾维龙．有色金属，2002（1）：58~59
27 长沙矿冶研究院连磨反浮选组．齐大山红铁矿连续磨矿、弱磁-强磁-反浮选流程工业试验报告．1988.12
28 林祥辉，路平等．CN 1105606A
29 长沙矿冶研究院．AB 组合药剂选别齐大山铁矿研究报告．2003.6
30 刘保平，林祥辉．矿冶工程，2006（2）：109
31 长沙矿冶研究院．湖南祁东铁矿选矿试验研究——扩大连续试验报告．2006.3
32 罗立群．改性混合脂肪酸在石英-赤铁矿体系中的作用及协同效应的应用．1993.3
33 李玉芬，李民键．矿产保护与利用，2002（9）：18~20
34 Gernat K, *et al.* CA 135，374508
35 梅光军，余永富等．金属矿山，2002（9）：18~20；2002（10）：24~27

36 张美锔. 中国钼业，2002（3）：25

37 朱建光. 国外金属矿选矿，2006（3）：4~12

38 Moritomo M, *et al.* CA 143, 118292

39 Didier A, *et al.* CA 142, 41714

40 高起鹏. 铜业工程，2005（1）

41 谢泽君. 矿产保护与利用，2004（4）：22~26

42 李成秀，文书明. 国外金属矿选矿，2004（1）：8~12

43 克雷别克 S，等. 国外金属矿选矿，2002（11）：26~29

44 波尔顿 A，等. 国外金属矿选矿，2002（1）：26~30

45 刘述忠，徐晓军. 云南冶金，2002（4）：17~20

46 Prasad M S. Mining Engineering, 1991（1）：129~133

47 昆明冶金研究院. 有色金属，1980（2）：41~45

48 叶雷钧. 有色金属（选矿部分），2001（2）：1~5

49 Глетбоцкий В А. 浮选过程的物理化学基础. 北京：冶金工业出版社，1985

50 Mitrofanov S I, *et al.* 15th IMPC, 1985（2）：65~73

51 陈述文等. 湖南有色金属，1991（5）：278~283

52 Vasuderan T V, *et al.* 国外金属矿选矿，1991（9）：14~23

53 李炳秋. 有色金属矿山，1985（4）：39~48

54 彭勇军，许时，刘奇. 有色金属，1995（2）：24~30

55 许宣尉. 矿冶工程，1981（4）：12~17

56 US Pat 4330398

57 USSR SU 1136841（C1BOD31/02），1985-01-03

58 Fr Deniande FR 2489714（C1BOD31/02），1982-03-12

59 DE Pat 3441910

60 US Pat 2914714

61 Mcewen R, *et al.* Society of Mining Engineers, AIME, 1976（3）：97

62 Hanumaniha Rao K, *et al.* Miner Met Pro, 1992（3）

63 CA 98, 128582; 98, 57778; 107, 61468

64 BR Pat 7706941（1978）；8600675（1986）

65 Sulo H, *et al.* Inter J Miner Met Proc, 1990（3）

66 ABT CB CCCP 1090449

67 姜广大. 金属矿山，1987（11）：27

68 林祥辉. 矿冶工程，1986（4）：35~38

69 余永富等. 矿冶工程，1989（4）：25~29

70 翟芝明. 矿冶工程，1992（3）：55~57

71 前苏联专利，497788（1976）

72 GB Pat 1469894

73 FR Pat 1185849
74 US Pat 2944666；4090972
75 Дуденко С В. Цвет Мет，1968（11）：10～14
76 CA 93，223614；79，106842 US 4208487
77 孙巧根．有色金属（选矿部分），1981（5）：6～8
78 曾国元．锡矿山科技，1988（2）：17～20
79 王淀佐．浮选药剂作用原理及应用．北京：冶金工业出版社，1982
80 胡锦华．国外金属矿选矿，1990（10）：35～42
81 浦家扬．国外金属矿选矿，1985（5）：33～43
82 Еллсев Н И，Иор. Цвет Мет，1985（2）：25～27
83 Щинкина МВ. Цвет Мет，1983（10）：94～27
84 汪修尧．有色金属（选矿部分），1991（6）：5～9
85 刘如意．矿冶工程，1985（4）：31～36
86 温蔚龙．有色矿山，1992（6）：40～44
87 US Pat，4132635（1979）
88 Woodcock J T，*et al.* Aust Inst Min Met，1970，235：45～60
89 CA 70，116656；CA 71，41374
90 US Pat 4008151；4514292
91 章云泉．有色金属（选矿部分），1989（5）：6～8
92 周光俊．矿冶工程，1986（4）：39～41
93 陆柱，蔡兰坤等．水处理药剂．北京：化学工业出版社，2002
94 荒牧国次．金属表面技术，1974（11）：587
95 汪国华等．材料保护，2000（1）：29
96 李燕，陆柱．精细化工，2000（9）：526
97 杨晓静，钱倚剑等．四川化工与腐蚀防护，1998（1）：12
98 徐群杰等．化学学报，2001（6）：750
99 中山大学化学系．重有色冶炼，1978（6）：28
100 化学学报，1978（1）：25～30
101 王文清等．北京大学学报，1982（1）：47～55
102 见百熙．浮选药剂的分子结构及其规律性——试用“高等药物化学”原理探讨浮选药剂分子的设计．长沙矿冶研究院资料，1982
103 Takahide K，*et al.* Gnt J Miner Process，1984（12）：127～143
104 朴赞勋等．浮选，1978
105 卢文光．矿冶工程，1993（3）
106 Helbig C，*et al.* J Min Process，1998，53：135～144
107 Nagarai D R. Min Eng，1981，38（8）：1351
108 Gutezeit G. AIME Trans，1964，169：272

109 王淀佐．有色金属，1982（1）：41～46
110 徐晓军．中国有色金属学报，1993（1）：41～44
111 王艳．有色金属（选矿部分），1995（3）：28～31
112 高桥克侑．国外金属矿选矿，1985（3）：17～24
113 刘德全．中国有色金属学报，1992（3）：25～29
114 朱建光等．有色矿山，1987（5）：27～31
115 CA 103，57176；106，88057，104649，104651
116 刘鸿儒等．湖南化工．1991（2）：29～32
117 余雪花，译．国外金属矿选矿，1992（9）：30～34
118 Katsuyuki Takahashi. Inter J Miner Proce，1984（12）：127～173
119 Klimpel R R，Hansen R D，Meyer W C. V VIIMPC，Vol Ⅳ，Toronto，Canada，1982
120 姜广大等．金属矿山，1981（11）：27～31；1985（8）：41～45
121 Lekki J，*et al.* 11th IMPC，Vol 3：428～448
122 Mitrofanov S I，*et al.* 15th IMPC，Vol 2：65～73
123 Leja J. Bull IMM，1957，607：43～44
124 邓海波等．矿冶工程，1991（4）：41～44
125 胡熙庚．国外金属矿选矿，1984（4）：2～6
126 胡熙庚．浮选理论与工艺．长沙：中南工业大学出版社，1991
127 邱允武．有色金属（选矿部分），1991（6）
128 胡毓华．有色金属（选矿部分），1990（1）
129 李广明等．矿冶工程，1989（4）
130 顾愚．有色金属（选矿部分），1992（5）
131 Soto H，*et al.* Inter J Miner Proce，1986，16：3～16
132 徐晓军．云南冶金，1991（1）：30～33
133 胡岳华等．中南矿冶学院学报，1986（2）：31～36
134 刘邦瑞．螯合浮选剂．北京：冶金工业出版社，1982

第 21 章　采用物理方法等提高药剂效能以及药剂用量检测

本章将扼要介绍用物理（机械）方法提高药剂效能，减少药剂用量的措施及药剂用量的检测方法。这还可以节约药剂、降低用药成本、减少因过量用药造成的环境污染。以此作为本书相关章节用化学和化学与物理方法节约用药论述的进一步补充。

21.1　矿浆中药剂最佳用量的控制与调节

浮选回路中药剂制度最佳化和控制，对浮选过程的稳定和最大限度降低药耗是十分重要的。

矿浆中药剂最佳用量的控制与调节，主要通过试验室试验和工业试验，考查浮选回路中各种药剂与矿物之间以及各种药剂浓度之间的相互关系，确立在不同条件下的函数式（或称数学模型），掌握其特征参数。

例如，用黄药浮选硫化铜矿时，经试验研究确定，矿浆中拥有的黄药浓度与硫化铜矿物浮选必须的浓度比例是一个重要参数（见图 21 - 1 和图 21 - 2 所示），必需的黄药浓度可用表 21 - 1 中所列方程式计算。

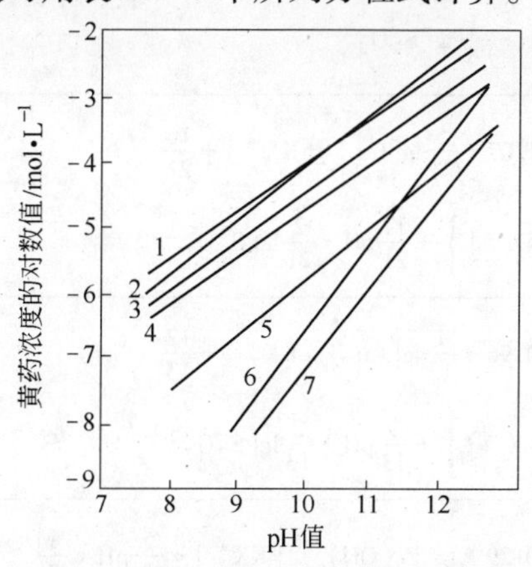

图 21 - 1　pH 值对充分浮选所必需黄药浓度的影响

1—黄铁矿；2—磁黄铁矿；3—白铁矿；4—黄铜矿；

5—斑铜矿；6—铜蓝；7—辉铜矿

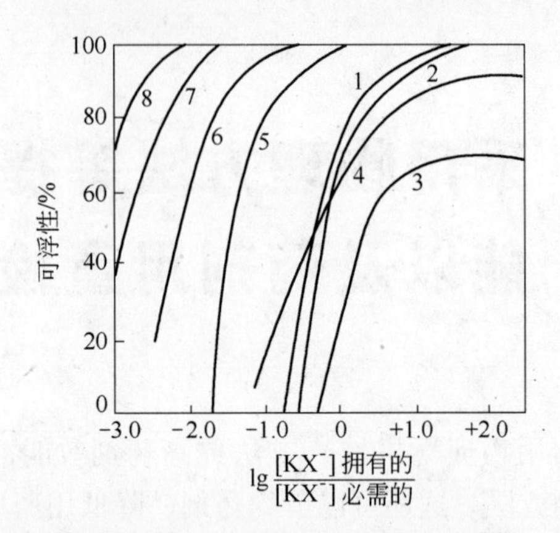

图21-2 矿浆中拥有黄药浓度与必需浓度的比例对硫化铜、铁矿可浮性的影响

1—黄铁矿-乙黄药；2—白铁矿-乙黄药；3—原生磁黄铁矿-乙黄药；4—次生磁黄铁矿-乙黄药；5—黄铜矿-乙黄药；6—斑铜矿-乙黄药；7—铜蓝-乙黄药；8—辉铜矿-乙黄药

表21-1 浮选硫化铜、铁时必需的黄药浓度的计算方程式

矿 物	计算方程式	$\lg[Me(OH)^+]/[KX^-]$
辉铜矿	$\lg[KX^-]=\left\{-16.43+\frac{3}{2}\cdot\frac{E_0}{0.059}-\frac{1}{2}\lg[Cu(OH)^+][KX^-]\right\}+\frac{5}{4}pH-\frac{1}{8}\lg[S_2O_3^{2-}]$	-24.50
铜 蓝	$\lg[KX^-]=\left\{-13.97+\frac{4}{3}\cdot\frac{E_0}{0.059}-\frac{1}{3}\lg[Cu(OH)^+][KX^-]\right\}+\frac{4}{3}pH+\frac{1}{6}\lg[S_2O_3^{2-}]$	-22.50
斑铜矿	$\lg[KX^-]=\left\{+1.07+\frac{5}{21}\lg[Cu^+][KX^-]+\frac{16}{21}\lg[Fe(OH)^+][KX^-]\right\}+\frac{17}{21}pH+\frac{2}{21}\lg[S_2O_3^{2-}]$	-13.20
黄铜矿	$\lg[KX^-]=\left\{+0.96+\frac{1}{13}\lg[Cu^+][KX^-]+\frac{12}{13}\lg[Fe(OH)^+][KX^-]\right\}+\frac{9}{13}pH+\frac{2}{13}\lg[S_2O_3^{2-}]$	-11.53
黄铁矿	$\lg[KX^-]=\left\{-0.29+\lg[Fe(OH)^+][KX^-]+\frac{5}{7}pH+\frac{1}{7}\lg[S_2O_3^{2-}]\right.$	-10.46

续表 21－1

矿　物	计算方程式	$\lg[Me(OH)^+]/[KX^-]$
白铁矿	$\lg[KX^-]=\{-0.51+\lg[Fe(OH)^+][KX^-]\}+\frac{5}{7}pH+\frac{1}{7}\lg[S_2O_3{}^{2-}]$	-10.66
磁黄铁矿	$\lg[KX^-]=\{-1.98+\lg[Fe(OH)^+][KX^-]\}+\frac{4}{5}pH+\frac{1}{10}\lg[S_2O_3{}^{2-}]$	-9.85

由图 21－1 及图 21－2 和表 21－1 数据可见，用黄药浮选硫化铜、铁矿时，主要的硫化矿物的可浮性规律是：

（1）硫化铁浮选要求矿浆中的捕收剂浓度远比硫化铜浮选高，按充分浮选所必需的黄药浓度递增的顺序排列为：辉铜矿、铜蓝、斑铜矿、黄铜矿、白铁矿、黄铁矿、磁黄铁矿。

（2）当浮选任一硫化铜、铁矿物时，矿浆中必需的黄药浓度随 pH 值增大而提高。

根据表 21－1 中的方程式，在不同 pH 值条件下，对优先浮选或混合浮选所必需的黄药浓度均可进行确定。浮选回路中黄药的最佳用量则可用一个自控体系来调节。药剂用量自控体系原则流程如图 21－3 所示。

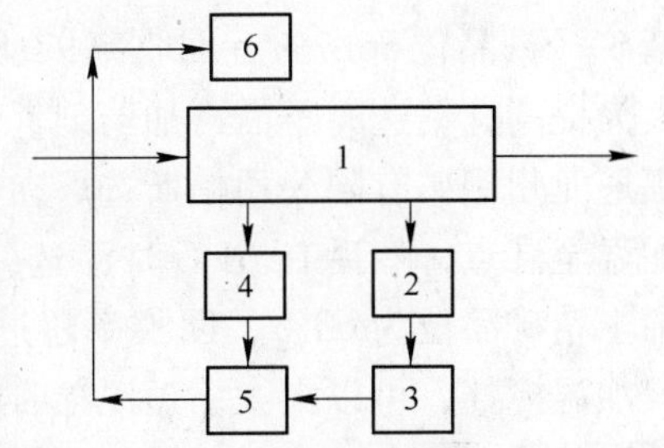

图 21－3　浮选回路黄药最佳用量自控体系原则流程

图 21－3 所示，自控体系由离子检测仪、电脑控制器、数据处理器和给料器组成，它的工作原理是：浮选回路 1 中的 pH 值和黄药浓度$[KX^-]$分别由$[H^+]$离子检测仪 2 和黄药离子$[KX^-]$检测仪 4 进行检测，由 2 检测到的 pH 值数据送到电脑控制器 3，在此就该 pH 值的条件下算出充分浮选必需的黄药浓度（按表 21－1 中计算方程式 $\lg[KX^-]=f(pH)$）。控制器 5 的职能是将来自 4（浮选回路中黄药$[KX^-]$实际浓度数据）与来自 3（回路中在当时 pH 条件下的最佳浓度数据）的数据进行比较，并将指令黄药给料器 6 执行调整。为此，浮选回路总是处于最佳药剂浓度条件下工作。

21.2　加温浮选

一般的化学反应，反应温度每提高 10℃，反应速度常常增加 1 倍、2 倍甚至 3 倍。在浮选工艺上，矿浆温度的升降常常显著地影响浮选指标。某些类型捕收剂对某些矿物的浮选性能受温度影响就很大，这是大家所熟悉的。为了解决这个问题，浮选药剂工作者在研制低温捕收剂方面曾作了不少工作，在选别效果和节能方面取得了一定的成绩。另一方面，通过提高矿浆温度改善浮选指标，近年来也取得了显著的效果。

21.2.1 非硫化矿加温浮选

在非硫化矿浮选实践中，使用某些难溶的、且其溶解度随温度而变化的捕收剂（如脂肪酸和脂肪胺类）时，提高矿浆温度可以使它们的溶解度和捕收力增强，常能大幅度降低药耗和提高回收率。

我国鞍钢东鞍山烧结厂多年来就是利用冶炼厂的热回水提高选矿厂的矿浆温度，使温度经常保持在32℃左右，从而解决了冬季使用脂肪酸作捕收剂的困难。

在国外也有类似的例子，美国克里夫兰-克利夫斯铁矿利用加温方式浮选赤铁矿精矿。粗选精矿（铁品位61.7%）在矿浆浓度（固体质量分数）为70%时，通蒸气加热至沸腾，再于20～70℃进行精选，可获得高品位的最终精矿（铁品位66.7%，回收率97.8%）。在这里，加温浮选的好处是：选择性大为提高，精选时不需再加药剂（脂肪酸），再磨后无需脱泥。又如美国加利福尼亚州钼矿有限公司帕斯选厂在分选稀土精矿时，全部浮选给矿分三个阶段加温至沸点，然后在61℃时浮选，在碳酸钠碱性矿浆中用油酸作为捕收剂，稀土精矿品位为60%，回收率超过80%。它的好处是：在粗选前对高浓度矿浆加温搅拌，可以大大缩短搅拌时间和浮选时间，还可以大大降低尾矿中残留的脂肪酸浓度，防止对环境的污染。

用脂肪酸类捕收剂浮选萤石时，浮选技术指标与矿浆温度密切相关。试验表明，在矿浆温度5～35℃范围内，矿浆温度对萤石浮选将产生影响，见表21-2。

表21-2 矿浆温度对萤石浮选的影响

矿浆温度/℃	精矿产率/%	精矿品位/%	精矿回收率/%
5	30.3	89.65	49.8
8	35.6	89.39	58.4
10	45.0	91.66	75.7
15	47.5	91.50	79.7
20	54.1	91.74	91.1
25	57.9	89.53	95.1
30	59.2	89.73	97.1
35	59.5	89.33	97.5

油酸用量与矿浆温度有如下函数关系：

$$y = 1110 - 27x$$

式中，y 为油酸用量，g/t；x 为矿浆温度，℃。

欲得到相同的选矿指标（精矿品位 89.36% ± 1.04%，回收率 96% ± 1.30%），当矿浆温度为 5℃时，油酸用量需高达 1000g/t，在温度为 35℃时，油酸用量仅需 250g/t。

此外，白钨粗精矿精选的“彼得罗夫法”，就是在高温的浓矿浆（高质量分数）中，利用水玻璃的选择解吸作用，提高白钨与方解石、萤石分选的工艺。

用胺类捕收剂从石英分选长石，在 80℃加温浮选，在药剂用量相同的条件下，长石在石英尾矿中的损失比在 15℃时能降低 90%。

21.2.2 硫化矿加温浮选

用黄药类捕收剂浮选多金属硫化矿时，将混合精矿加温至一定温度，可以促使矿物表面捕收剂的解吸，强化抑制作用，可以少用或不用抑制剂，解决了多金属混合精矿在常温下难以分选的问题。加温浮选的实质系利用各种硫化矿表面氧化速度的差异，扩大待分选矿物可浮性差别。目前采用的硫化矿加温浮选有如下各类方法。

（1）铜-铅混合精矿的加温浮选分离。

1）矿浆直接加温法。

2）SO_2-矿浆加温法。

3）亚硫酸-蒸气加温法。

4）硫酸-矿浆加温法。

在上述工艺中，认为矿浆加温的作用主要是选择性解吸方铅矿表面的捕收剂，并使其表面氧化亲水，在有抑制剂（SO_2、H_2SO_3 和 H_2SO_4 等）存在时，进一步强化对方铅矿的抑制作用，故能改善铜、铅浮选分离效果。

（2）铜-钼混合精矿的加温浮选分离。

1）硫化钠-蒸气加温法。

2）石灰-蒸气加温法。

3）氰化物加温法。

4）组合用药（$NaHS/Na_2SO_3 + NaCN$）-矿浆加温法。

上述工艺中，矿浆加温的作用主要是加强选择性解吸铜矿物表面的捕收剂，并促进抑制剂对铜矿物的抑制作用。因此，能有效地提高铜-钼分离浮选的效果。

(3) 铜-锌混合精矿的加温分离浮选。

1) 自然氧化-热水浮选法。

2) 石灰-蒸气加温法。

上述工艺适用于抑铜浮锌。矿浆加温有利于铜矿物表面捕收剂解吸及表面氧化，而锌矿物受铜离子活化，不易受抑制，故加温矿浆有利于铜-锌分选。

加温浮选工艺虽然有很多优点，但也有一些问题需在实践中加以注意并进一步解决。

1) 要防止中矿的恶性循环。石灰-蒸气加温法或用其他抑制剂加温法，对矿物的抑制作用较强，但不加药剂的加温法，主要是靠选择性解吸，因而对矿物的抑制作用较弱。因此常常造成大量中矿循环。为了减少中矿循环，应严格控制矿浆温度，如精选、扫选作业的温度，应略高于粗选温度。

2) 应注意改善劳动条件。矿浆加温会使厂房温度升高，水蒸气和药物挥发，分解产物（如 CS_2 等）增多，因而使劳动条件变坏。

3) 要注意机械的润滑和防腐。由于加温，浮选机受热，轴承润滑油会溶化流出，应采用耐高温润滑脂来代替黄油，防止润滑油流入矿浆，损坏浮选机部件和破坏浮选过程的稳定。

我国云锡公司大屯选厂使用矿浆加温法，取消了石灰，进行铜-硫分离。辽宁冶金研究所利用矿浆加温进行锌-硫分离浮选试验，提高了锌精矿品位和回收率。

1961 年日本同和矿业公司花冈选矿厂研究加温浮选分离铜-锌硫化矿获得成功。之后的近 20 年来加温浮选法在日本内之岱、释迦内、佐佐连、松峰等选厂已广为应用，成功的解决了这些选厂的铜-锌、铜-铅、铅-锌等分离问题，不仅提高了铜、铅、锌的回收率，同时提高了精矿质量。加温浮选法还实现了铜-铅-锌硫化矿石无氰浮选工艺，改善了废水水质，清除了氰化物对环境的污染，同时还提高了金的回收率。生产实践还证明，如果在加温浮选的同时结合使用 SO_2 抑制剂，效果还要好些。

还有一些厂矿采用热水加温进行铜-钼混合精矿的分离浮选，提高了辉钼矿的回收率，并大大的降低了硫化钠的用量。热蒸汽沿叶轮切线方向通入每个浮选槽，温度自动保持在所要求的数值上。硫化钠用量从 22kg/t 降低到 1.7～3.0kg/t，水玻璃用量降低 2/3。钼的回收率达 93.7%，钼精矿质量较高。

铜-镍混合精矿在 70～75℃ 加温浮选的生产效果：铜粗精矿品位为 5.84%，回收率 66.5%，尾矿（镍精矿）含镍 9.11%，含铜 6.20%，镍回收率为 88.6%。

综上所述，利用加温矿浆方法可以提高分选的效果，提高矿物品位和回收率，缩短搅拌时间，加快浮选速度，降低药剂用量，减少尾矿水对环境的污染等。特别是一些严寒地区（国家），严冬天气加温浮选尤显重要和普遍。

21.3 矿浆水介质对浮选药剂的影响

浮选在水介质中进行，而用于浮选的水却因时因地而变化。水的组成成分对浮选及药剂的影响很大。依据水的硬度、所含盐类及多价金属离子不同，其对药剂的作用有好有坏，而水质中所含腐殖酸等有机质也有影响。例如水的硬度高对脂肪酸捕收剂不利，而水中的一些盐类（金属离子）对煤和铅锌的浮选则是有益的。所以必须重视浮选用水的质量，根据不同情况对浮选用水采取相应的措施。水通常可分为下列几种：

（1）软水。大多数江河、湖泊的水都属于软水，也是浮选中使用最多的一种。它的特点是含盐比较低，一般含盐量小于0.1%，含多价金属离子较低。水的硬度通常以水中Ca^{2+}、Mg^{2+}离子含量的多少来衡量，水的总硬度可按下式换算：

$$水的总硬度 = \frac{[Ca^{2+}]}{20.04} + \frac{C_b[Mg^{2+}]}{12.16}, mmol/L$$

式中，$[Ca^{2+}]$，$[Mg^{2+}]$ 分别为Ca^{2+}，Mg^{2+}在水中的质量浓度，1mmol/L称为1度，硬度小于4的水称为软水。

（2）硬水。硬度大于4的水统称为硬水，它还可以再分，如4～8度的叫中等硬水；8～12度的为最硬水。硬水含有较多的多价金属离子，如Ca^{2+}、Mg^{2+}、Fe^{2+}、Fe^{3+}、Ba^{2+}、Sr^{2+}等；显然相应的阴离子也多，如HCO_3^-、SO_4^{2-}、Cl^-、CO_3^{2-}、$HSiO_4^-$等，实践表明，硬水对脂肪酸类药剂浮选是有害的。主要表现在：Ca^{2+}、Mg^{2+}及Fe^{3+}等多价金属离子会与脂肪酸类药剂发生反应生成难溶性化合物，使捕收剂失效。同时会破坏浮选过程选择性。如铁矿浮选时，Ca^{2+}、Fe^{3+}等离子会活化石英或硅酸盐脉石，因此浮选厂生产用水必须严格控制Ca^{2+}离子及其他高价金属离子的浓度。

（3）咸水。海水和一部分湖水属于咸水，它的特点是含盐量较高，一般为0.1%～0.5%。咸水用于浮选，对于沿海矿山或咸湖地区具有重要意义。天然疏水性的矿物如煤在咸水中浮选，甚至可以不加药剂。如某煤井含有下列离子（质量浓度 mg/L）：Na^+ 1789.6、Cl^- 2141.3、Mg^{2+} 28.4、SO_4^{2-} 131.6，用它作生产用水，不加药剂就可能得到很好的指标，且浮选速度比普通淡水快60%。某铅锌矿用海水浮选试验证明，对铅浮选无影响，铅精矿的品位、含杂、回收率都与淡水浮选相近，对锌浮选有一定影响，表现为药剂用量增加，如石灰、硫酸铜的用量均增加，脉石比较易浮，需要添加水玻璃，锌精矿的品位和回收率略低于淡水浮选指标。用海水浮选时，应注意海水对设备的腐蚀。

(4) 易溶盐的饱和溶液。可溶性盐类，如岩盐、钾盐、硼砂等的浮选需要在其饱和溶液中进行。为了减少有用成分的损失，必须充分利用回水（称母液）。

在饱和盐溶液中进行浮选时，选用捕收剂必须满足如下条件：

1）能在饱和盐溶液中溶解，不会与溶液中的离子形成沉淀。

2）能在饱和盐溶液中被盐类吸附。

3）所需的浓度不应超过形成胶团的临界浓度。

常用的捕收剂是烃基硫酸酯、磺酸盐、胺类和短烃链的脂肪酸。

(5) 回水。尾矿废水循环利用越来越受到重视。无论从环境保护，还是从节省药耗和工业用水观点来看，回水的利用都十分必要。浮选厂的回水特点是一般含较多的有机和无机药剂，组成比较复杂。特别是细粒矿泥，使用时必须考虑它们对浮选过程的影响。实践证明，处理单金属矿石时，回水利用比较简单，例如铜镍硫浮选时，回水可全部使用，可降低药剂耗量：碱17%，黄药23%。处理多金属矿石时，回水的循环利用就比较复杂，原则上是同一回路排出的废水，用于同一回路是比较合理的。

此外，美国某矿山还发现浮选用水源所含有机质，例如腐殖酸类物质，对选矿效果有影响，特别是在非雨季的冬天，水源较少，腐殖质含量较高，影响较大。

21.4 乳化

难溶于水的药剂（或者是凝固点比较低的药剂）在浮选矿浆中不能够很好的分散，与矿物颗粒碰撞作用的几率小，常常使药剂的消耗量增大（在严冬往往成倍增加用药量），影响浮选的效率。为了克服这种现象，在给药前通常采用乳化方法处理。乳化可以用化学乳化剂处理，也可采用物理方法处理，目的都是使难溶性药剂先在水中分散成微粒油珠，变为乳浊液。这样便增大了药剂的表面积，增大了药剂与矿物颗粒的接触机会，从而大大降低了药剂的消耗量，缩短了浮选时间，提高了浮选效率。

乳浊液是一种两相体系，在这个体系中包含有两种不能完全互溶的液体，其中一种液体成小珠状分散于另外一种液体之中，成为分散相。分散相珠径的大小直接影响到乳浊液的外观，当珠径稍大于1μm时，乳浊液外观呈乳白色，珠径在1～0.1μm时，外观呈蓝白色，珠径在0.1～0.05μm时，乳浊液外观呈灰色半透明状，珠径在0.05μm以下时，乳浊液变为透明。通过两相分散，也就是水包油或油包微乳珠的形成。

在化学工业上乳浊液的用途很大，例如橡胶工业、食品工业、农药等。在浮选工业中，乳化也是提高选矿药剂效能最常用的物理方法之一。

一般来说，脂肪酸类或脂肪胺类捕收剂在乳化状态下，其捕收性能与选择性能都较好。它可减低黏土及矿泥对浮选药剂（脂肪酸皂类及胺盐）的强吸附作用，从而使金属回收率提高，药剂用量减少。

稀有金属矿物的浮选常常使用油酸的水乳剂作为捕收剂。油酸的水乳剂可以增进浮选活性，但选择性有所下降。例如将钛铁矿金红石和锆英石（粒度-0.3mm+0.15mm）先用30%的硫酸处理，然后用蒸馏水洗涤，在中性介质中用油酸作捕收剂进行浮选。在各种情况下，凡是用油酸乳剂的，钛铁矿金红石和锆英石的回收率比未加乳化的油酸所得的结果都高。油酸乳剂的质量分数为0.01%，在24~48h内比较稳定。当油酸乳剂的用量为100g/t时，锆英石的回收率随乳剂的放置时间的延长（24，48，72，90，144h）而逐渐下降（92.0%，92.0%，91.0%，86.0%，81.0%）。在质量分数0.01%的油酸乳剂中加入质量分数5.0% KCl，KBr或KI，油酸乳剂的稳定性下降。

用脂肪酸作捕收剂浮选重晶石和萤石时，使用乳化的脂肪酸可降低捕收剂的用量。可采用部分皂化的方法或者添加磺化脂肪酸或磺化油脂乳化剂先将捕收剂乳化。用质量分数25%的磺化脂肪酸可以获得最佳结果。北京矿冶研究总院曾试用OΠ-10乳化剂乳化米糠油酸在低温矿浆中浮选萤石。

通过乳化作用也可以增强阳离子型捕收剂脂肪胺类的浮选效果。例如浮选氧化锌矿物时，用烷基丙二胺［$R—NH(CH_2)_3—NH_2$］（其中$R=C_{16\sim18}$）的盐类作为乳化剂，可以提高浮选效果。

浮选含有沥青有机质的铜矿时，用乳化的非极性药剂可以减低沥青有机质对铜矿浮选的干扰。

将粗塔尔油、柴油和烷基硫酸盐乳化后的混合物浮选小于20μm的锰矿细泥（原矿泥含锰16.5%），可以获得锰品位为36.6%~38.7%的精矿。

在氧化锌矿的浮选过程中，使用了三种乳剂：第一种乳剂含椰子油胺15份，松油4份，石油烃2份（质量比）；第二种含硬脂胺10份，松油2.5份，石油烃1.5份和水86.0份；第三种成分基本上与第二种相同，只是多加5%（质量）的“Noramox”。上述三种成分浮选前先用超声波使之乳化。使用超声波乳化的阳离子捕收剂，可以提高金属回收率，药剂用量也大大降低，最高可以减少50%。

用电化学方法处理煤油水乳剂可以提高煤油的捕收作用。一种含有硫酸（pH=4.6~4.7）和煤油（质量浓度400mg/L）的乳剂，经过一个15V的半波整流电流，乳化处理5min，煤油油珠的直径可以由0.01mm降至0.0005mm（即0.5μm）。有人认为其中所产生的主要反应为：

$$C_nH_{2n+2}+6OH^- \longrightarrow C_{n-1}H_{2n-1}COOH+4H_2O+6e$$

用此种乳剂浮选辉钼矿，可以使其回收率提高6%（与未经处理的煤油乳剂比较）。

但是粉煤灰浮选时，非极性药剂的乳化条件和效果与煤的性质有关。预先经过乳化的药剂如果处理不当也会产生负的效果。当乳化后的油珠大于5~10μm时，精选煤的产率显著提高，选择性也相应提高；当乳化后的油珠小于5~10μm时，精选煤的产率下降，选择性也变坏。浮选高度氧化的难选的煤，需要的乳珠要粗些；浮选低灰分且容易富集的煤，对乳珠的要求要细些。用松油为乳化剂乳化非极性药剂时，可以增强乳珠的细度及乳油液的稳定程度，也增强了乳珠的水合程度。用上述加松油的乳剂时，精煤的产率下降，但浮选的选择性显著提高（与未经乳化的药剂比较）。

起泡剂也可以乳化使用。在乳化过程中添加水的软化剂可以大大增强水乳剂的稳定性。例如用松油30g、工业碳酸钠2g及水968g，在乳化器中加以乳化。用甲酚油可以代替松油，水玻璃可以代替碳酸钠。水玻璃和碳酸钠都是水的软化剂。

煤油和松油按1∶1（质量比）制成水乳剂，然后添加氢氧化铵或氢氧化钠调整pH值为9~10使之稳定。此种水乳剂可作为捕收剂浮选复杂氧化矿物。矿浆中捕收剂的质量浓度为3.5mg/L。用上述水乳剂可以有效地浮选分离白铅矿和菱锌矿，回收率87%。它对方铅矿和闪锌矿捕收力很弱，对脉石矿物石英和方解石无捕收作用。

利用物理方法，如利用超声波的作用对浮选药剂进行乳化处理的实例除前述外还有不少。

在选矿厂由淡色的花岗岩中分选长石时，可用超声波乳化油酸和塔尔油的混合物，水压为100~300kPa（1~3atm），能量为62.7~83.6kJ/s，乳化后分散的油珠为5~10μm，并且分散均匀。乳浊液的体积分数为8%~20%。浓度愈大，乳浊液的稳定性愈差。从淡色的花岗岩分选长石，所得的精矿再用反浮选脱除氧化铁（用按质量比（1~3）∶1的塔尔油与$C_{13\sim15}$混合胺作捕收剂），所得的长石精矿中Fe_2O_3品位只有0.29%~0.47%，MgO品位只有0.16%~0.85%。用超声波乳化比用机械方法乳化药剂用量可以减少25%，并且超声波乳化，还可以在较低的矿浆温度中（≥5℃）进行。

非极性药剂经过超声波处理，可以生成一种稳定乳油液，极性药剂如油酸钠捕收剂及松油等起泡剂经过超声波处理后，可以改进它们的浮选性质。

浮选方铅矿和假象赤铁矿时，用超声波乳化非极性和极性浮选药剂的混合物，可以大大提高它们的浮选能力。

事先经过超声波处理的矿物，如辉锑矿、辰砂，在浮选时，可以降低丁基黄药的药剂消耗，由乙基黄药到辛基黄药，它们在硫化汞和硫化锑表面上的吸附层的稳定性随碳链的增长而更加稳定。浮选辉钼矿与石英的人工混合物时，用经过超声波活化的煤油乳剂作捕收剂可以增强煤油的捕收作用。

甚至于浮选用水，如果先用超声波加以处理，水的电导度和氧化-还原电势也有所改变。经过超声波处理的水在硫化矿物（黄铁矿和黄铜矿）表面上也产生一种特殊的作用，表现在浮选效果也有所不同。

矿物表面上浮选药剂吸附层，超声波也可以使其破坏。一种吸附在非硫化矿物表面上的捕收剂应用超声波可以使之脱除。例如：白钨矿、绿柱石（$Be_3Al_2Si_6O_{18}$）、锆英石、金红石、钛铁矿、锂辉石、方解石、重晶石和萤石。其中方解石、重晶石、萤石、白钨矿和锆英石，用油酸钠及松油浮选时，在静压下（500kPa），用超声波的作用（频率20kHz，强度$2W/cm^2$），可以高度有效地使这些药剂从矿物表面上脱除。但捕收剂用量加大时（50～300g/t），超声波的效率降低。对于绿柱石和钛铁矿来说，用超声波处理25min以上时，可以使油酸钠的吸附膜完全脱除，利用这种效应较易选择性分离，例如金红石-锆英石-钛铁矿的混合精矿分离。

乳化浮选药剂的试验室小型乳化器种类很多，例如有一种乳化器，用一台400W异步电动机，带动一个传动齿轮泵，一个旋涡发生器及两个漏斗，使一定质量的浮选药剂从上面的漏斗加入，水由下面的漏斗加入，在操作的时候，两种液体的混合物在此系统中不断的循环，压力为1600～2000kPa。不同的药剂最适宜的给料条件也有所不同。一般来说，给料速度慢些，常得到较好的效果，处理0.5～2.0min以后即可得到细粒分散的水乳剂。

还有一种乳化浮选药剂的试验室小型乳化器，包括一个电动机、一个可密封容器，容器中装有一个小型的多层叶片的涡轮，涡轮与一个顶部有孔的锥形出口相连接，容器中用一个缓冲板隔开，缓冲板上装有一个“松鼠”笼和一个筒形筛以达到充分分散的作用。

1974年云锡公司中心试验所研制了一种适用于试验室小型试验用的蒸气乳化油类捕收剂的装置。这种乳化装置简单，能量消耗少，一般只有10kPa以上的蒸气压力，就可以使松油、油酸、煤油乳化。这种蒸气乳化装置系利用一定压力的蒸气，将难溶于水的油类捕收剂喷散于水中。用一个大的锥形烧瓶盛水在电炉上加热产生水蒸气，瓶口安装两个玻璃导管，一个与水银压力计相连，用以测量水蒸气压力，另一个系一个直径为6mm的三通导管（附有压力调节开关），管的另一端附有一个直径为0.8mm的玻璃喷口通入一个锥形烧瓶（乳化瓶），瓶内盛水及油类捕收剂，喷口正好放在油水界面上。使用这种乳化器，乳化速度快。蒸气压力为30kPa时，乳化质量分数为5%的煤油，在几秒钟内就可以完成。在159.96kPa汞柱的蒸气压力下，每天可以乳化质量分数为3%的油酸60~70kg。用这种方法制成的乳剂放置78h后还能保持较高的浓度，乳化效率高，不需用乳化剂。蒸气压力和乳化温度是影响油类药剂分散度的主要因素，因此在乳化时，对于这两个因素应很好地加以控制。蒸气压力大，喷射强度大，被分散的油珠直径越小，温度越高，分散油滴的动能增加，稳定性减少。

流体超声波乳化器可用于乳化烃油类、甲酚、黑药、吡啶、煤油等不溶于水的浮选药剂。药剂与水流过一个7~10kHz的超声波场，再通过一个40kHz的超声波场，所得的乳剂既细又稳定。使用这种乳剂可以显著降低浮选药剂用量，并改进了浮选的作用。

2002年有报道胡军等人在选煤方法研究中，针对细粒黄铁矿脱除过程中浮选药剂的选择和超声波强化处理等问题，研究煤、黄铁矿及成灰矿物的成分性质，以优选出选择性强、效果好的浮选药剂。根据煤与黄铁矿难以分离的特性，采取超声波强化处理等手段，促进抑制剂的作用效果。对捕收剂BET、FS202，起泡剂GF等进行了对比试验，抑制剂为CaO和/或水玻璃。结果表明，药剂与超声波技术相结合效果好，用BET作捕收剂，比使用GF、FS202两种常用药剂用量少，分别是它们的1/10和1/100。而且，BET的选择性强，对煤系黄铁矿捕收性差，用BET浮选时黄铁矿的上浮物是使用GF和FS202时的1/10和1/20。超声波的强化作用进一步提高了抑制剂的作用效果，脱硫降灰的指标显著提高达15%以上。对某煤样的脱硫率为85%左右，脱硫完善度达到68.97%。

近几年报道有关乳化装置的专利及期刊不少，中国一专利介绍北京科技大学的一种组合式浮选药剂乳化设备，由搅拌设备、主控设备和自动化电控装置组成，其特征在于主控设备连接在搅拌设备之后，由油泵、精滤器和多级组合乳化装置组成，多极乳化装置由多组多级乳化器并联而成，每组多级乳化器由超声装置、强磁化装置、均化器串联而成。该设备乳化质量高，稳定性强并能实现大流量乳化处理。用作乳化捕收剂可节约药剂用量，提高精煤产率，改善浮选效果。中国矿业大学刘焕胜等有两专利及文章介绍乳化装置，而且都最适用于煤泥浮选用的调浆和药剂乳化。由水箱和药箱组成的专用容器，容器外侧由管路围成管框，管框由流量计、射流泵、控制阀等组成。这种射流泵式乳化装置在马家沟选煤厂浮选生产中使用，项目实施后，浮选精矿回收率同比（与未乳化比）提高1.65%，吨煤药耗同比降低约25%，全年的经济效益超过114万元。2000年在范各庄矿业分公司选煤厂安装了由矿浆预处理器和FC-Ⅲ型自控系统组成的乳化站，结果表明，药剂的乳化技术能够降低捕收剂用量，提高浮选的产率。

他们认为，由于油性的捕收剂难溶于水，用一般方法不能使其很好地分散在矿浆中，因此，矿粒与药滴的碰撞几率较少。较大的药滴被细矿粒过量吸附，提前浮出造成浪费，使精煤中泥质错浮物较多，精煤灰分升高。而粗矿粒的浮选过程又显得药剂不足，浮选的选择性较差，使尾煤中炭质损失较多，尾煤灰分降低。

增加药剂用量可改善粗矿粒的浮选，但同时又会恶化细矿粒浮选。此外，过量的药剂对后续的生产过程如沉降、过滤、泵送等会产生副作用。因此，根本的解决办法是提高药剂效能。

乳化是先将浮选药剂在清水中分散成微细药滴制成乳浊液，再将乳浊液加入到浮选矿浆中混合。由于乳浊液的宏观性质呈水性，因此，它与水性的矿浆容易混匀。计算表明，乳化细度为 5 ~ 20μm 时，1mL 药剂的总表面积可增加数千倍。这就增大了药剂与矿粒的碰撞概率。研究表明，对药剂进行乳化能够改善浮选过程，提高精煤回收率和降低药剂消耗。

美国专利（53504095 和 5772042）报道（1995，1998），利用雾化分散硫醇捕收剂对矿物进行浮选的方法，可以减少药剂用量提高药剂效能。硫醇捕收剂就是药剂分子中带有硫醇基（巯基—SH）的药剂。例如烷基硫醇、黄药、黑药和白药类药剂均属硫醇捕收剂。药剂在雾化细化过程中产生形成一种硫醇和与之相对应的氧化硫醇（如二硫醇）的混合捕收剂。以黄药为例：由黄药和双黄药（黄药氧化产生）组成的捕收剂，有利于硫化矿的浮选捕收，可以提高捕收性和药剂效能。

俄罗斯 Varlamov 等人（CA 130，354973）利用超声波用作活化巯基捕收剂。在丁基钾黄药中对下列无机物，包括 HCl、KOH、Na_2CO_3 和 Na_2SO_3，依情况适度选择添加，经超声波处理使用，超声波频率为 22kHz，输出功率 2 ~ $10W/cm^2$，处理时间 1 ~ 30min，活化了捕收剂，提高了对黄铁矿和黄铜矿的浮选分离效果。

21.5 气溶胶

气溶胶是在一种气体（空气）介质中含有细粒分散的液体或固体的一种胶体体系。一般的粒度范围在 10 ~ 50μm。气溶胶与乳浊液的区别在于介质的不同，气溶胶的介质是气体（空气），而乳浊液的介质是液体（水）。举一个最常见的例子，饮用的牛奶是乳浊液，而雾（严格讲应是霾）就是气溶胶，包括现今常用的清新剂、杀虫剂、美发整型护理的喷雾剂等。

第八届国际选矿会议论文集中曾报道气溶胶浮选的试验研究。

日本本田老选矿厂曾进行了工业规模的气溶胶方法的试验。将捕收剂、起泡剂等浮选药剂与空气混合制成雾状加入矿浆中。试验证实，在有硫酸锌和碳酸钠存在的条件下，铜和铅的浮游性显著提高，浮选药剂的耗量大幅度下降，捕收剂用量仅为通常浮选方法用量的1/3到1/4，而起泡剂（甲基戊醇）用量仅为通常方法用量的1/5。

专利报道，为了节省药剂用量、提高药效，在药剂与矿浆接触之前，使之先与高压的空气及水混合，然后再从浮选槽底部压缩板下面的吸气器进入矿浆中。矿浆由浮选槽上面加入，底部的空气压力促使矿浆与药剂在此处混合。据介绍这种设备特别适用于用脂肪胺从磷矿石中分选石英，以及选煤、铜及其他硫化矿物（用甲基戊醇作起泡剂），但不适用于阴离子型捕收剂浮选磷酸盐矿。例如用脂肪酸-二乙撑三胺-煤油作捕收剂浮选磷酸盐矿时，在回收率（96%）相同的条件下，使用上述设备，将捕收剂与高压含空气的水混合后从底部进入浮选槽，精矿含磷酸盐的品位为60%，尾矿品位只有3.29%。如果药剂按一般方法从浮选槽上面加入，精矿品位只有53.2%，尾矿品位为3.4%。

还有一种设备，使油类浮选药剂不用加水或其他分散助剂就可以将药剂很细的分散到矿浆之中。其方法是在100000kPa（1000atm）下将药剂注入矿浆之中，使之立即分散成为1μm的雾珠。马鞍山矿山研究院选矿研究室于1974年曾进行了浮选柱水气喷射充气器的研究工作。辽宁冶金研究所和某镍矿使用气溶胶法进行了工业试验，使浮选药剂与空气（或其他气体）呈气溶胶状注入浮选机中，可以增强浮选药剂作用，强化浮选过程，降低药耗。报告中指出，在浮选药剂降低30%～50%时，镍回收率可以提高3%左右。

如今气溶胶及用其处理矿用药剂的技术更臻完善。

21.6 电场作用

早在1960年进行褐铁矿泥的浮选时，曾有人仔细研究了电场对浮选过程的影响，并且肯定了电场的效应。在浮选矿浆中溶解的铁离子带正电荷，而石英脉石颗粒带有负电荷，由于静电吸引作用，褐铁矿和石英絮凝在一起，石英又受到溶液中铁离子的影响而活化，给分选造成困难。在这种情况下，如果将矿浆置于电场之中，Fe^{3+}就被迫向阴极方向移动，集聚在阴极周围；絮凝物也会通过电场的作用而分解破坏。

试验系在0.5L浮选槽中进行，如图21-4所示。用一个铁片作为阴极，固定在槽内壁上，在其对面壁外面用一铜棒作为阳极，两极之间通过有机玻璃壁互相隔绝，没有电流通过，只形成一个静电场。两极之间的电压可通过调压变压器调节。

试验用月桂酰甲基氨基乙酸钠作为极细粒褐铁矿泥的捕收剂，证明是很有效的。在电场作用下进行浮选，不仅使含石英的褐铁矿的浮选获得成效，对于含方解石-硅酸盐的天然褐铁矿泥的浮选也获得成效，这种从极细粒矿泥（小

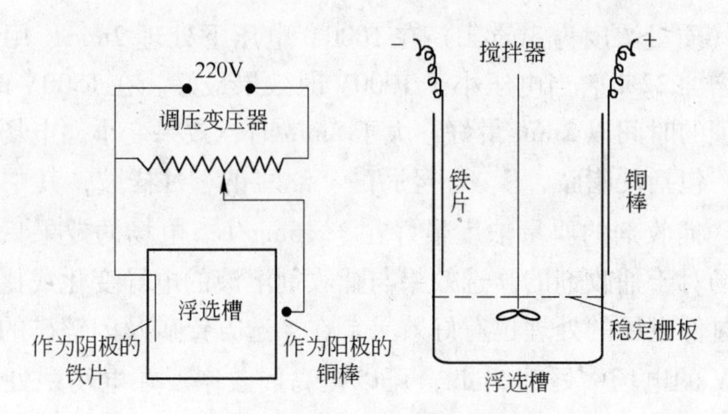

图 21-4 加电场的浮选槽

于6μm及小于30μm）浮选所得的结果，无论在品位与回收率方面都相当于粗粒级的磁选分离的结果。

利用直流电场处理矿浆，已经在河北铜矿的生产上使用。东川矿务局利用交流电场处理丁基黄药溶液，可使黄药捕收剂的用量降低30%～35%，在工业生产中回收率可以提高0.5%～1%。浮选前用直流电场处理矿浆也获得成效。大厂长坡选厂利用直流电处理重选粗精矿，铅锌混合浮选时，可以不用硫酸铜，硫酸耗量降低75%。铅-锌分离降低氰化钠耗量25%。

早在1964年第七次国际选矿会议上，曾报道了在气相悬浮体中利用静电效应控制药剂对矿物进行选择性的调整作用。在干式调整作用中，使药剂变为雾状或喷洒在细粒矿石的空气悬浮体上，利用静电力的作用控制药剂在矿物颗粒上吸附的惯性力。带有相反电荷的矿物被吹到带有电荷的分散很细的药剂雾珠气溶胶中去，实验用静电控制药剂的选择性吸附。如果矿物给料含有两种组分，主要的可变因素包括：矿物的种类、粒度、颗粒与药剂雾珠的相对速度，以及作用于两者之间的静电力。对于赤铁矿-石英混合矿和油酸的浮选研究表明，利用静电作用的选择性干式调整作用，比起不加静电力的一般的干式调整作用，效果就要好得多。在湿式调整情况下，也获得同样效果。但是，当粒度大于200目时，干式调整更加有效，对于小于200目的颗粒，湿式调整作用较为有效。

在电场中对捕收剂加以预处理也有作用。将捕收剂放置在直流或交流电场中，由于捕收剂的分子或胶团（即胶体离子）的极化作用，捕收剂可以更好地吸附在矿物表面上。极化作用打乱了分子和离子间作用力的动力学平衡。浮选的结果与电极板、时间的长短及捕收剂本身的物理性质有关。电场的作用在于促进了捕收剂分子的离子化作用和胶团在离子水合时所形成的解离作用。

在浮选硅酸铝矿、磷酸锂矿、钠长石矿时，电场对于不同类型捕收剂的浮选性能也有影响。与两电极之间的距离也有关，试验发现，间距为52mm时影响最大。操作方法是将捕收剂经过电场处理后在15～20s内即加入浮选槽。将硬脂胺溶液（质量浓度为3mg/L）在1000V电压下处理2min，用于浮选钠长石，产率可增加22%。当电压小于1000V时效果最好。在1500V时产率最大。在电场中处理的时间以2min最好，大于2min时，效果变小。电场对于不同捕收剂的影响，包括硬脂胺，$C_{7\sim9}$羟肟酸、油酸钠、月桂胺，其中又以对胺类的影响最大。捕收剂的质量浓度最好在3~6mg/L。电场的效果只是强化了浮选作用。电场对于捕收剂的浮选效果与捕收剂溶液的电导变化成比例关系。

黄药经过低电压的处理也有好效果。在浮选方铅矿及闪锌矿的过程中，将黄药在3~5V的电场中处理5min，可以提高回收率。在电场中处理的时间长短可以影响粗选精矿的质量。在5V电压下处理15min，铅的回收率从87.4%提高到92%。铜的回收率从72.8%提高到78.5%。当用脂肪酸类（例如氧化煤油）捕收剂浮选矿物时，用直流电场处理所用的水，也产生一定效果。

另据报道，将黄药水溶液直接进行阳极氧化处理，也可以提高黄药的浮选效率。这种方法与施加电场的作用有本质上的不同。其方法是在大规模试验时，在药剂配给器前面加一个电解槽，使黄药流过。这样就可以使精矿的金属回收率增加，铅的回收率增加0.6%~1%，锌的回收率增加1.4%~1.86%。

1992年中国专利报道，一种黄铁矿和毒砂的电化学浮选法，利用外电场控制矿浆电位在氧化电位下调整矿浆并添加碳酸钠做调整剂，再加捕收剂和起泡剂浮选黄铁矿，抑制毒砂，实现两者的分离。选别流程为一粗一精一扫。调浆时用不对称金属电极施加外电场，控制矿浆电位为250~850mV的氧化电位，碳酸钠用量为0.5~5.5kg/t。结果表明，操作简单可靠，调浆时间短，可降低药剂消耗，分选指标高，效果好。

Jones. M. H等人利用控制电位的方法，进行了在浮选氧化铅-锌-银老矿堆物料以前，用硫化物离子选择性电极控制试验室硫化过程的研究。该物料含总铅3.69%，其中2.74%为氧化铅；含总锌2.79%和银76g/t。大约3/4的铅以铅矾的形式存在，1/4的铅为方铅矿。锌主要以铁闪锌矿形式存在，还有含锌和锰的可溶性盐类。首先浮选获得“硫化矿”精矿（方铅矿和铁闪锌矿），然后硫化再浮选获得“氧化矿”精矿（铅矾）。有时在硫化矿浮选与硫化之间进行倾析作业。该试验着重研究硫化方法和氧化铅的回收。通过批量添加硫化钠进行硫化的方法，使得硫化条件难以控制。而采用硫化物离子选择性电极（ISE）的电位控制硫化，则可以对硫化进行良好的控制并可改善指标。发现三段浮选的最佳E_s值（即ISE对饱和甘汞电极SCE的电位）为-600mV。在-600mV时，硫化时间在1~5min范围内，对氧化铅回收率的影响不大，但30min最佳。要获得满意的铅回收率，浮选时间很重要，需要三段10min（共30min）。硫化前的倾析能进一步改善指标并减少硫化钠的消耗。溶液中过

量的 S^{2-} 离子取代矿物表面的黄药，而且其取代的量随 E_s 值变化。E_s 值比 -600mV 更负时，出现最大取代。发现第三段硫化-浮选的残余黄药量高达 50mg/L，有必要进一步研究黄药的残余量。可以得出结论，用硫化物离子选择性电极控制硫化条件最优化是很有价值的，尤其是在浮选给料性质多变的情况下。

Tolun 用电位调控浮选研究了硫化银电极及其在某氧化铅锌矿浮选控制中的应用。由于银的氧化还原作用，在充气的黄药溶液中随着双黄药和黄原酸银的形成而显示一个混合电位。Ag_2S 电极能显示质量浓度低于 1×10^{-5}mol/L 黄药的存在。其电位低于方铅矿和闪锌矿悬浮液中所获得的电位。因此，该电极被推荐用来控制氧化铅 - 锌矿石浮选中黄药的作用。在氧化铅矿物的调整期间，能测出过量的 Na_2S，而且，该电极能显示所需 S^{2-} 离子的活度。并介绍了一个含白铅矿、菱锌矿和水锌矿的氧化矿石的浮选试验。

21.7　磁场作用

磁场的作用与电场的作用相类似，它对于浮选药剂及矿物浮选矿浆的作用同样具有影响。有人在试验室小型试验中，将不同矿床的铁矿或锰矿矿浆放在烧瓶中，再将烧瓶放置于环形磁铁（1.5 ~ 2.5T）的开口处，按纵的方向加以振荡（90 次/min），振幅 40 ~ 50cm，然后测量液相的黏度及表面张力。矿浆经过磁场的预先处理后，再进行浮选，一般都可以显著地提高铁矿和锰矿浮选的工艺指标，特别是最终精矿的品位和回收率。由于矿浆性质上的变化，经过磁场处理之后，在浮选之前无需再进行脱泥手续。半工业试验证明，一般选矿厂，特别是磁选厂可以容易地采用联合流程，使选矿指标和经济效益都有所提高。

磁场处理还可以改变油酸的捕收性质。试验室小型试验，所用的矿物为铌铁矿（ -90 目 +130 目）、石英（ -70 目 +90 目）、石榴石（ -100 目 +250 目），所用捕收剂为质量分数 0.1% 的油酸乳剂，可以在不同条件下，在磁场中预选处理（0.5 ~ 5min，用 0.5 ~ 2.5A 的直流电磁场），也可以在浮选过程中施加磁场。手续是先将矿物与捕收剂油酸乳剂一起搅拌 5min，再加起泡剂搅拌 1min，浮选 5min。在最佳条件下，油酸乳剂可以使铌铁矿的精矿品位提高 6% ~8%。油酸经过磁场处理后，在理化性质上证明起了变化，但变化的情况比较复杂。

油酸钠水溶液经过磁场处理之后，会改变油酸钠与矿物表面作用的性质。磁场达到一定强度时，油酸钠胶体部分的表面活性增强，在这个时候它与矿物的分散颗粒之间的相互作用效果更加显著。

将膨润土放在经过磁场处理过的油酸钠水溶液中，膨润土的润湿热随施加的磁场强度的加大而增高，在 0.204T 时达到最大点，此后，再提高磁场强度(0.204 ~0.286T)，润湿热又下降。在稀溶液中，磁场的影响更加显著。

磁场对浮选用水也有影响。将磷灰石磨细（ +0.18mm 占 28%），用塔尔油和煤油作组合捕收剂进行半工业浮选试验。如果将浮选所用的水预先经过磁场处理，P_2O_5 的回收率提高 2%，如果捕收剂与水同时经过磁场处理(0.150T)，P_2O_5 的回收率可提高 4%。与此同时，精矿 P_2O_5 的品位从22.73%（未经过磁场处理时）下降到 21.16%（单独磁化水时）或下降到20.58%（捕收剂与水同时加以磁化）。

还有人研究了水经过磁场处理之后，对细粒矿石的浓缩、浮选和过滤的影响。将黄铁矿浸没在经过磁场处理的水中，黄铁矿的氧化作用，由于水的磁场处理的时间长短与磁场强度的不同，而出现最大和最小点。有人认为这种现象有可能用来控制黄铁矿的浮选。还有人认为经过磁场处理的水，离子和分子的偶极距被偏曲，极化作用下降，水分子之间的引力下降；水分子和固体分子之间的引力也下降，从而使得疏水性的矿物表面更加疏水。

阴离子型捕收剂，包括十六烷基硫酸钠、丁基钾黄药以及油酸钠，在磁场作用下，它们的水溶液的物理化学性质变化也有人作过研究。

某铅锌选厂在 1971 年利用磁场处理黄药水溶液进行工业试验，获得结果如表 21-3 所示。

表 21-3 利用磁场处理黄药水溶液工业试验

阶段	班数	磁场处理	精矿中含量/%		精矿中回收率/%		增加（绝对值）			
							精矿品位/%		回收率/%	
			Pb	Zn	Pb	Zn	Pb	Zn	Pb	Zn
Ⅰ	23	经过处理	10.50	13.73	92.80	83.36	+1.03	-0.23	+7.22	+2.01
	6	未经过处理	9.47	14.00	85.58	81.35				
Ⅱ	14	经过处理	9.81	14.1	87.47	84.37	+0.70	+1.30	+1.85	+1.03
	14	未经过处理	9.11	12.8	85.62	83.34				
Ⅲ	25	经过处理	10.70	13.30	89.91	83.05	+1.75	+2.10	+2.11	+1.85
	11	未经过处理	8.95	11.20	87.80	81.20				
平均	63	经过处理	10.44	13.83	88.60	83.38	+1.28	+1.20	+3.03	+1.26
	31	未经过处理	9.16	12.63	85.57	82.12				

另有一报道对铅锌矿矿浆进行工业磁化处理（六个月的试验），磁化是在0.6T 的场强中处理 1.4 ~1.6s，铅锌回收率增加约 1%，而精矿的质量比未磁化处理时略有下降。如果在使用磁场处理的同时，再用超声波处理，效果还会增

强，磁场强度为0.15T（极性可变的），超声波强度为每秒2~40kHz·W/cm^2。在铜-黄铁矿的全浮选中，使用这种方法处理，铜的回收率增加2.6%，丁基黄药的消耗量减少22%。

无机浮选药剂水玻璃和硫酸铝的水溶液，在磁场的作用下，浮选性质也有变化。随着磁场强度增大，这些溶液的比黏度都上升，但电导度都下降。无论溶液的浓度大小（由0.1%~1%），经过磁场处理的溶液的黏度都比未经磁场处理的黏度高，而电导度下降。其原因可能是由于在磁场的影响下，电介质的离子和水分子的键合能力加强了。

将选矿药剂水溶液通过一个磁场（2.2T），浮选磷矿时，P_2O_5 的回收率据介绍可提高1.4%；同样，用于铅锌矿浮选，铅和锌的回收率分别提高2.1%和2.9%；用水玻璃的质量分数5%溶液通过磁场，在浮选磷矿时，P_2O_5 的回收率提高3.3%；在浮选萤石矿时，CaF_2 的回收率提高2.6%。

硫化和氧化的铅锌矿的矿浆，在0.6T磁场下处理1.5s后，再进行浮选，铅矿的产率增加11.2%，锌矿的产率增加7.7%。

弱磁性锰矿物的浮选经过磁场处理后效果提高。在小型试验时，浮选槽是放在电磁铁（12T）的两极之间，用逆流气动浮选柱进行大规模半工业试验时，也是用类似的装置。与常规的浮选比较，小型试验锰的回收率由68%增加至76%。在大规模试验时，锰的回收率为65%~80%，与此同时药剂的用量也显著减少。磁场之所以有利于浮选是认为由磁性絮凝作用，絮凝物比较容易浮选。

同济大学等研究了磁化处理浮选药剂对药剂性能及浮选效果的影响。结果表明，经磁化处理过的轻柴油，其表面张力和黏度分别降低了7.91%和13.66%。而经磁化处理的仲辛醇的表面张力和黏度分别降低了3.37%和7.87%。用磁化处理后的轻柴油选煤，它在煤颗粒表面上的吸附量增加幅度约为在未处理的煤矸石颗粒和黄铁矿颗粒表面上吸附量的一倍，磁化处理捕收剂、起泡剂对煤和煤矸石的可浮性均有影响，对煤的影响尤为显著。磁化处理过的水玻璃对煤矸石和黄铁矿的抑制效果增强，而对煤无明显影响。

21.8 放射性同位素与高能辐射的作用

放射性同位素和高能辐射在选矿药剂与矿物作用机理研究，合成含同位素的浮选药剂，在矿物分离中强化浮选过程、增强浮选药剂的作用等已为学术界所公认。

21.8.1 放射性同位素

放射性物质（元素），如铀能够放射出α、β、γ三种射线。α射线是带正电荷的氦离子，β射线是电子流，γ射线是原子核从一个能级跃迁到另一个能级所放出的电磁辐射（与光相同，类似X射线）。在选矿方面应用的主要是β射线及γ射线。α射线因其活性强大，难于测量，目前在选矿中未能很好利用。在研究工作中，因β射线具有比较宽而复杂的能谱，易于准确测量，所以常利用。γ射线因以光速传播，穿透力强，可以远距离操控，所以常用于工艺流程控制及矿物分离中。

在选矿中已经应用的放射性同位素有^{14}C、^{24}Na、^{35}S、^{35}P、^{45}Ca、^{51}Cr、^{59}Fe、^{64}Cu、^{65}Zn、^{140}Ba、^{110}Ag及^{198}Au等，其中使用最多的是^{14}C、^{35}S、^{32}P。一些已经制备成功并适用于选矿具放射性同位素（示踪原子）的无机及有机化合物（作捕收剂、抑制剂、活化剂及其他）见表21-4。表中所列矿物系指适用于研究的矿物对象。表21-5列出了适用或可用于选矿研究的同位素示踪原子的名称、特性。

表21-4 用于选矿研究的一些放射性化合物

作为捕收剂的放射性试剂	所含同位素	矿 物
月桂酸钠	^{14}C	石 英
月桂胺醋酸盐	^{14}C	石英、赤铁矿
软脂酸	^{14}C	非硫化矿
硬脂酸	^{14}C	非硫化矿
油 酸	^{14}C	赤铁矿
亚油酸	^{14}C	
亚麻酸	^{14}C	
十三碳脂肪酸	^{14}C	赤铁矿
乙基黄药（钾盐）	^{35}S	方铅矿、黄铁矿
丁基黄药	^{35}S	硫化矿
异戊基黄药	^{35}S	硫化矿
甲基硫醇	^{35}S	硫化矿
乙基硫醇	^{35}S	硫化矿
己基硫醇	^{35}S	闪锌矿、石英、氧化锌矿
二甲胺基二硫代甲酸钾	^{35}S	硫化矿
白 药	^{35}S	硫化矿
二仲丁基二硫代磷酸铵	^{35}S或^{32}P	方铅矿、闪锌矿、石英
二乙基二硫代磷酸钠	^{32}P	黄铁矿
二异丙基二硫代磷酸铵	^{32}P	方铅矿

续表 21-4

作为活化剂的放射性试剂	所含同位素	矿 物
氢氧化钠	^{22}Na	石英
碳酸钠	^{24}Na	石英
磷酸钠	^{32}P	方解石、硫酸铅矿
磷 酸	^{32}P	黄绿石
硫化钠	^{35}S	氧化铅及铜矿
多硫化铵	^{35}S	氧化铅及铜矿
硫化氢	^{35}S	氧化铅及铜矿
硝酸钙	^{45}Ca	石 英
氯化铬	^{51}Cr	石 英
硫酸铁	^{59}Fe	石英、闪锌矿、方解石、硫酸钡
硫酸铜	^{64}Cu	闪锌矿、石英、钒铅矿
硫酸砷	^{76}As	闪锌矿
硫酸锶	^{89}Sr	石 英
硝酸银	^{110}Ag	闪锌矿
硝酸锆	^{95}Zr (^{95}Cb)	石 英
硫酸镉	^{115}Cd	闪锌矿
磷酸锑	^{124}Sb	闪锌矿
硫酸铯	^{137}Cs	石 英、闪锌矿
氯化钡	^{140}Ba (^{140}La)	石 英
硫酸铈	^{144}Ce (^{144}Pr)	石 英
氯化汞	^{203}Hg	闪锌矿
硝酸铅	RaD	石 英、闪锌矿、钾钒铀矿
硝酸铋	RaE	闪锌矿
作为抑制剂的放射性试剂	**所含同位素**	**矿 物**
氰化钾	^{14}C	黄铁矿、闪锌矿
氰化钠	^{14}C	黄铁矿、闪锌矿
蒽兰 WR	^{14}C	非硫化矿
1，3，5，7-四羟基蒽醌	^{14}C	非硫化矿
1，2，3，6，7，8-六羟基蒽醌	^{14}C	非硫化矿
磷酸氢二钠	^{32}P	方铅矿
硫代硫酸钠	^{35}S	黄铜矿

续表 21-4

作为抑制剂的放射性试剂	所含同位素	矿　物
二氧化硫	^{35}S	闪锌矿
氢氧化钙	^{45}Ca	黄铁矿
赤血盐	^{59}Fe 或 ^{55}Fe	黄铁矿
黄血盐	^{59}Fe	黄铁矿
硫酸铁	^{59}Fe	黄铁矿、黄铜矿
铬酸钾	^{51}Cr	方铅矿
重铬酸钾	^{51}Cr	方铅矿
硫酸锌	^{65}Zn	黄铁矿、闪锌矿
其他放射性试剂及矿样	**所含同位素**	**作　用**
氯化钠	^{24}Na	测量矿浆在浮选槽中停留时间
二辛基琥珀酸酯磺酸钠	^{35}S	空气-液体界面
十八烷基硫酸钠	^{35}S	空气-液体界面
甲　醇	^{14}C	空气-液体界面
异丙醇	^{14}C	空气-液体界面
软脂酸	^{14}C	表面膜
硬脂酸	^{14}C	表面膜
黄铁矿（经过辐照）	^{35}S	煤、焦炭
闪锌矿（经过辐照）	^{65}Zn	活化机理
含金石英（经过辐照）	^{198}Au	氰化物浸取
石榴石（经过辐照）	^{198}Au	活性分析
长石（经过辐照）	^{24}Na	粉碎研究

表 21-5　适用于选矿研究的放射性同位素（按半衰期的短长次序排列）

同位素名称	射线的性能				被测量时的物态	被测量的射线
	特征	最大β能量/MeV	γ能量/MeV	半衰期		
$^{56}_{25}Mn$	β^-,γ	2.81(50%) 1.04(30%) 0.75(20%)	2.06 1.81 0.82	2.59h	溶液 固体（溶液蒸发后的残留物，矿石吸附）	β β
$^{212}_{82}Pb_{(ThB)}$		0.36	0.70	10.6h	固体（$PbSO_4$，$PbCO_3$）	β，α（ThC）

续表 21-5

同位素名称	射线的性能				被测量时的物态	被测量的射线
	特征	最大β能量/MeV	γ能量/MeV	半衰期		
$^{42}_{19}K$	β^-,γ β^-,γ	2.07(25%) 3.58(75%)	1.51	12.4h	溶液,固体	β,β
$^{64}_{29}Cu$	K(54%) γ β^-	0.57(31%) 0.66(15%)	1.2 (弱)	12.8h	固体($CuSO_4$等)	β
$^{24}_{11}Na$	β^+ β^-,γ	1.39	1.38 2.76	14.8h	固体(如NaOH等)	β
$^{77}_{33}As$		0.8		40h	固体	β
$^{115}_{48}Cd$	β^- β^-,γ	1.13 0.60	0.54	56h	固,液	β
$^{115}_{48}Cd^m$		1.70	0.50	43d		
$^{198}_{79}Au$	β^-,γ	0.96	0.41	2.69d	固体	β
$^{122}_{51}Sb$	β^-,γ,e^- β^-,γ,e^-	1.36 1.94	0.57	2.8d	液体 固体	β β
$^{210}_{83}Bi$(RaE)		1.17		5.0d	固($BiPO_4$)	β
$^{140}_{56}Ba$	α,β^- β^-,γ,e^-	1.02(60%) 0.48(40%)	0.16 0.31	12.8d	固($BaSO_4$,$BaCO_3$)	β
$^{32}_{15}P$		1.69		14.3d	溶液,固[$Mg(NH_4)PO_4$],黑药	β,β
$^{51}_{24}Cr$	β^- K,γ,e^-		0.32 0.24	26.5d	固[$Cr(OH)_3$]	β
$^{203}_{80}Hg$		0.21	0.28	43.5d	固体	β
$^{59}_{26}Fe$	β^-,γ β^-,γ	0.26 0.46	1.1 1.3	47.0d	固[$Fe(OH)_3$]	β γ
$^{89}_{38}Sr$	β^-	1.46		53.0d	溶液 固体($SrCO_3$)	β

续表 21-5

同位素名称	射线的性能				被测量时的物态	被测量的射线
	特征	最大β能量/MeV	γ能量/MeV	半衰期		
$^{124}_{51}Sb$	β^-,γ	2.37(21%) 1.62(8%) 1.00(9%) 6.65(44%) 0.48(18%)	1.71 0.73 0.65 0.61 2.04(弱)	60.0d	固体	β
$^{91}_{39}Y$	β^-	1.56		61d	液体 固体(草酸盐)	β β
$^{95}_{40}Zr$	β^-,γ,e^-	0.39(98%) 1.40(2%)	0.70(93%) 0.91(7%)	65d	固[$Zr(HPO_4)_2$,杏仁酸锆]	β
$^{185}_{74}W$	β^-,γ	0.69 0.48	0.13	76d	固体	β
$^{35}_{16}S$		0.169		87.1d	固($BaSO_4$,硫酸联苯胺,黄药,Na_2S等)	β
$^{45}_{20}Ca$	β^-	0.25		152d	固($CaCO_3$,CaO)	β
$^{65}_{30}Zn$	β^- β^-(1.0%) γ,K e^-(99%)	0.32	1.11	250d	固体	γ
$^{110}_{47}Ag$	K,γ e^-,β^-	2.97 0.57 0.19 0.09	1.48(9%) 0.90(47%)	270d	溶液 固体(AgCl)	β
$^{144}_{58}Ce$	β^-,e^-	0.35		275d	固体(草酸盐)	β
$^{60}_{27}Co$	β,γ	0.31	1.17 1.33	5.3y	固体	γ
$^{90}_{38}Sr$	β^-	0.53		21.6y	固体($SrCO_3$)	β
$^{210}_{82}Pb$(RaD)	β^-,γ	0.026	0.047	22y	固体	β

续表 21-5

同位素名称	射线的性能				被测量时的物态	被测量的射线
	特征	最大β能量/MeV	γ能量/MeV	半衰期		
$^{137}_{55}Cs$	β^-,γ	0.53(95%) 1.19(5%)	0.66	33y	固体(草酸盐)	β(RaE)
$^{14}_{6}C$	β^-	0.155		~6000y	气(CO_2),脂肪酸,乙醇 固($BaCO_3$,$CaCO_3$),胺,氰化物	β

注：表中所用符号意义：同位素左上角数字代表相对原子质量，左下角数字代表原子序号，α 为 α 粒子；

β^-为负电子；β^+为正电子；γ为γ量子；e^-为内变换电子；K为轨道电子（如K^-、L^-、M^-层等）的俘获，同时伴随有特性伦琴光谱的放射；1兆电子伏特 $=1.603\times10^{-6}$ 尔格，或 3.82×10^{-14} 克卡。

放射性同位素高能辐射的应用，早已在生物、医学、农业、通讯、检测等领域广泛应用。例如在医学上与慢性胃炎、胃十二指肠溃疡有密切关系的幽门螺杆菌（HP）的检查，过去常用有一定痛苦的夹取胃黏膜组织的胃镜检查，如今利用同位素^{14}C标记的尿素胶囊空腹吞服，分解为$^{14}CO_2$，只要25min就可通过从呼出的$^{14}CO_2$气体检测出有无感染HP，这是一种快捷有效的方法。选矿同位素药剂的合成、机理研究、选矿检测应用的原理与同位素在其他领域的应用原理也是相似的。

放射性同位素可以由天然放射性原子核转变而成，也可以通过 α 粒子、质子、氘核、中子或光子轰击某种物质引起转变而得。例如用中子轰击金属的氯化物或四氯化碳就可以得到^{35}S。用慢中子轰击赤磷可以得到^{32}P，按下列^{31}P (n, r) 反应进行：

$$_0n^1 + \text{赤磷}\ (^{31}_{15}P) \longrightarrow ^{32}_{15}P + \gamma\ \text{射线}$$

（反应堆）　（靶）　（反应物）（过量能）

在回旋加速器中或铀原子反应堆中轰击氧化硼等其他物质可以获得碳、硫等其他放射性同位素。

^{35}S、^{31}P、^{14}C等一系列放射性同位素的出现，对选矿理论、药剂与矿物作用机理研究、药剂合成、提高药剂效能、节约药剂用量的检测、分析、判断起了重大作用，通过灵敏度极高、快捷的“示踪原子”仪器仪表进行研究许多问题都将迎刃而解。

21.8.2 同位素浮选药剂的合成

碳原子是贯穿有机化学的最重要元素，碳-14同位素的出现在有机化学中开辟了新的园地。但是结构复杂的有机化合物并不能直接经过原子能的轰击就得到带有放射性的化合物，而是需要经过比较复杂的合成手续才能够一步步地引入带有放射性的碳-14同位素原子。在药剂合成过程中，只能得到像 $Ba^{14}CO_3$ 或 $K^{14}CN$ 类似的简单含碳-14的无机物为起始原料。这给合成含有示踪原子的浮选药剂带来困难。

21.8.2.1 含碳-14同位素的月桂酸及月桂胺的合成

合成含碳-14的脂肪酸（一般简称为脂肪酸-^{14}C），一般可以通过两个途径，或者以带放射性的二氧化碳（$^{14}CO_2$）为原料通过格氏反应；或者以带放射性的氰化物（$K^{14}CN$）为原料，通过氰化及水解反应，制出相应的脂肪酸。

例如用格氏反应合成月桂酸-^{14}C，用溴代十一碳烷（$C_{11}H_{23}Br$）14.1g与金属镁1.5g在无水乙醚125mL中反应，得 $C_{11}H_{23}MgBr$。然后在-40℃时通入放射性二氧化碳，此二氧化碳系用0.5g放射性碳酸钡（$Ba^{14}CO_3$）加浓硫酸游离而得。碳酸钡的放射性同位素的比值为3.16%，活性为每124.3mg含 3.7×10^7Bq。释出的放射性二氧化碳随氮气流带出。最后再通入普通二氧化碳气使“羰基化”反应近于完全，反应产物用稀盐酸水解。乙醚溶液用水洗至中性，再蒸去乙醚，于是得到放射性月桂酸、$C_{11}H_{24}$、$C_{12}H_{26}$ 的混合产物，后两者可以在稀酒精钾盐溶液中用石油醚浸出。除去酒精后，再加稀酸液酸化。可得到6.8g月桂酸，熔点43.52℃。由母液中可以再析出一部分月桂酸，总产量达10.1g，熔点43.4℃。取如此所得的月桂酸3.37g，用1.63g不具放射性能的普通月桂酸稀释。在乙腈（CH_3—CN）溶液中于-20℃时重结晶，最后得到4.7g放射性月桂酸，熔点44.2~44.7℃，放射活性为 3.7×10^6Bq。

1961年，长沙矿冶研究院曾用氰化钾方法，仿照合成豆蔻酸-^{14}C的方法，用乙二醇代替无水甲醇作溶剂，获得了较好的月桂酸-^{14}C产品。反应过程为：

$$CH_3(CH_2)_{10}COOK \xrightarrow{AgNO_3} \text{银盐} \xrightarrow{Br_2} CH_3(CH_2)_{10}\text{—}Br$$

$$CH_3(CH_2)_{10}\text{—}Br \xrightarrow{K^{14}CN} CH_3(CH_2)_{10}^{14}CN \xrightarrow{\text{水解}} CH_3(CH_2)_{10}^{14}COOH$$

用氰化钾0.5282g（其中含 $K^{14}CN$ 1.85×10^8Bq），乙二醇3.5mL及溴代十一碳烷3.7604g在145~150℃搅拌回流7h。然后在反应物内加入5g氢氧化钾或乙二醇4mL于同样温度下回流搅拌10h，至无氨气逸出为止，加水60mL，然后用乙醚反复萃取，以便除去未参与反应的化合物及中性副产物。残液甲酸中和，再用乙醚萃取其中的产物月桂酸，所得粗产品1.255g，熔点41.0～41.8℃，混合熔点测定为41.0～42.4℃。

上述方法所用的原料溴代十一碳烷系用月桂酸银盐在四氯化碳溶液中与溴作用所得的产物，手续比较复杂。此后，又有人提出一个更为简便的由脂肪酸合成卤代烷方法，值得参考。例如用硬脂酸（0.25mol）在暗室中与四氯化碳（150mL），溴（0.25mol）及红色氧化汞（0.19mol）回流1h，生成的溴代十七碳烷（$C_{17}H_{35}Br$），熔点22℃，产率很高，为93%。

含有放射性同位素的十四碳酸（即豆蔻酸）及十六碳酸（即软脂酸）利用类似的方法都已经被合成。

合成放射性同位素的碳-14的阳离子捕收剂月桂胺，系用放射性月桂酸-^{14}C为原料经过氰化及加氢而制得的。

放射性月桂酸6.73g在氨气流下于390℃通过氧化铝催化剂，使之转化为月桂腈，随后再通入3.23g普通的月桂酸，共用130min，最后再用氨气冲洗管道1h，如此所得粗制活性月桂腈，产率达97.4%，无须精制即可进行下一步还原反应。

取具有放射性的月桂腈8.82g溶于19mL无水丁醇内再加入悬浮有6g金属钠的无水甲苯（75mL）内，于此混合液内再加入甲苯5mL及丁醇10mL。加热至钠全部溶解为止。反应完了后加水使分层，析出甲苯层经脱水处理后，蒸去甲苯，残留物即为粗制月桂胺。将所得月桂胺再溶于水，用石油醚洗涤，石油醚萃取液经脱水后蒸发，所得带放射性月桂胺产率为91.5%，溶于苯液内用醋酸处理，得月桂胺醋酸盐9.5g，熔点68.5～90℃，放射活性为8.88×10^{6}Bq。

21.8.2.2 油酸-1-^{14}C的合成

油酸-1-^{14}C的合成方法，因为在它的分子中含有一个不饱和键，比起前述的合成月桂酸-^{14}C的方法就要复杂得多。合成油酸-1-^{14}C已经发表的有两种方法。起始原料都是用纯油酸，经过分馏与低温（-20，-50℃）重结晶后，熔点10℃，n_D^{25} 1.4580，其中仍含有不纯物，约3%的亚油酸及3%的饱和酸。一种方法用四氯化碳的溴溶液在0℃时处理油酸，使双链加溴而成苏(threo-)-9，10-二溴代十八碳酸，再用氨化硝酸银溶液处理成相应的银盐（产率约93%），与四氯化碳溴溶液作用，经过色层分离手续，得到苏(threo-)-1，8，9-三溴化十七碳烷，为灰色油质，n_D^{25} 1.5065，$d^{21.2}$ 1.384，产率52%～53%。上述三溴化物在苯溶液中用锌粉脱溴，得顺式-1-溴-8-十七碳烯，沸点26.66Pa（0.2mmHg压力）为136～146℃。其中含有约20%的反式异构物。最后用1-溴-8-十七碳烯（1.1662g）经格氏反应与放射性二氧化碳（由 746.1mg $Ba^{14}CO_3$ 含有 76.22×10^6Bq 的 ^{14}C，所放出来的）作用得到油酸 - 1 - ^{14}C，产率 63.2%。

另一种方法与此稍有不同，系用引入羟基的方法代替溴化法保护双键，然后用氰化物法引入 ^{14}C。引入 ^{14}C 以后，仍需经过四个步骤才能得到油酸 - 1 - ^{14}C，上一个方法则是在最后一步才引入 ^{14}C。两种方法的反应步骤如下：

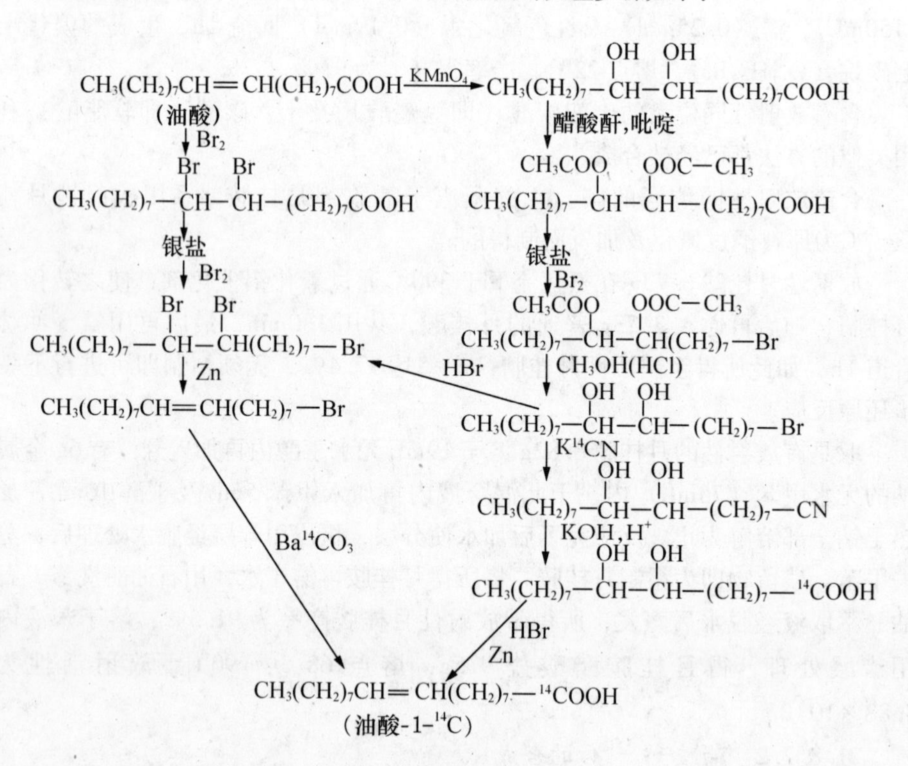

21.8.2.3 含 ^{35}S 同位素十二烷基苯磺酸钠

含放射性硫原子的高纯度十二烷基苯磺酸钠早在 1961 年合成。有两种加料方法，将发烟硫酸加入十二烷基苯或者将十二烷基苯滴入发烟硫酸。试验证明以十二烷基苯滴入发烟硫酸的效果好，产物的放射性强，其过程如下：

十二烷基苯在 30min 内滴入含有 1.48×10^9Bq $(S^{35}O_4)^{2-}$ 的发烟硫酸（130% 发烟硫酸 4g，4℃）$\xrightarrow[4℃]{\text{搅拌 1h}}$ $\xrightarrow[45℃]{\text{搅拌 1h}}$ $\xrightarrow[\text{搅拌 5min}]{+43g\ \text{苯}}$ $\xrightarrow[\text{搅拌 5min，放置 2h}]{+2.4g\ \text{水}}$ 上层液 $\xrightarrow{44g40\%\ \text{甲醇}}$ 下层液 $\xrightarrow[\text{使 pH = 8}]{+15\%\ \text{NaOH 溶液}}$ $\xrightarrow[53℃]{\triangle\text{干燥}}$ 残余物 $\xrightarrow{+75g\ \text{无水甲醇}}$ 溶液 $\xrightarrow{\text{沙芯漏斗过滤}}$ 滤液 $\xrightarrow[53℃]{\text{干燥}}$ $\xrightarrow{75g\ \text{无水甲醇}}$ 滤液 $\xrightarrow[53℃]{\text{干燥}}$ $\xrightarrow{+50g\ \text{无水甲醇}}$ 滤液 $\xrightarrow[53℃]{\text{干燥}}$ $\xrightarrow{+25g\ \text{无水甲醇}}$ 滤液 $\xrightarrow[53℃]{\text{干燥}}$ $\xrightarrow{+25g\ \text{异丙醇}}$ 滤液 $\xrightarrow[\text{干燥}]{53℃}$ 纯放射性十二烷基苯磺酸钠。

反应产物经过多次精制，并用色谱分析、红外线光谱及折光率加以测定，其纯度达99%左右。每克产物放射强度为4.588×10^7Bq。其反应式为：

$$CH_3(CH_2)_{11}-C_6H_4 + H_2{}^{35}SO_4 \longrightarrow CH_3(CH_2)_{11}-C_6H_4-{}^{35}SO_3H$$

$$CH_3(CH_2)_{11}-C_6H_4-{}^{35}SO_3H + NaOH \longrightarrow CH_3(CH_2)_{11}-C_6H_4-{}^{35}SO_3Na$$

21.8.3 放射性同位素的应用

放射性同位素在选矿中的应用，随着核技术与高能物理的发展不断深入，在选矿理论、放射能矿物分离（放射性选矿）、控制非放射性工业流程等研究意义重大。

药剂机理研究包括浮选药剂在气-液界面的吸附、固-液界面的吸附、矿物同捕收剂的相互作用、矿物与调整剂的相互作用以及其他许多方面的问题。

利用含有放射性同位素硫-35的黄药，特别是乙基黄药-^{35}S，曾研究了浮选药剂与矿物作用的关系，与闪锌矿、方铅矿、氧化铅矿的作用机理，黄药与黄铁矿、磁黄铁矿的作用机理，黄药与铜矿的作用机理，充气（氩、氢、二氧化碳）对于黄铜矿浮选的影响，氧、氮及氢气对于乙基黄药吸附在金、银、铜等矿物表面的影响等。

利用含有放射性同位素磷-32的黑药，应用示踪原子测定技术，曾试行解决和探求一系列药剂与硫化矿作用机理问题。方铅矿与闪锌矿的选择性浮选问题，氰化物及硫酸锌抑制重金属硫化矿的作用机理，利用磷-32黑药研究固-液界面的作用问题。

含^{14}C的药剂研究：油酸-1-^{14}C浮选赤铁矿、铍矿、钨矿的作用机理研究，硬脂酸-1-^{14}C吸附于矿物表面及表面积的测量计算技术；同位素十三碳脂肪胺在不同pH值条件下，在多种矿物表面吸附的影响；在石英浮选中含^{14}C的淀粉的作用等。

根据示踪原子检查方法，曾研究了含有同位素^{14}C的阳离子捕收剂月桂胺醋酸盐在石英表面的吸附作用。证明每克石英吸附月桂胺醋酸盐的量只有0.008mg。但是根据计算，每克石英的表面积为4.430cm^2，如果石英表面完全为单分子层的捕收剂所覆盖，最低需要0.21mg的捕收剂，而事实上覆盖的面积只有3.8%，回收率已经达到95%。此外，用月桂胺醋酸盐-^{14}C研究其在赤铁矿上的吸附及其浮选效果，也证明吸附层密度与矿物的比表面积有关，在酸性溶液中，pH值的影响很小，氢离子浓度增加至10000倍，吸附量降低2/3。

21.8.4 高能辐射的作用

利用高能辐射能强化药剂及矿物的浮选过程。曾研究反应堆辐射对一系列矿物浮游性的影响，结果有好有坏，例如，对黄铜矿和萤石矿的浮游性有改善作用，对方铅矿、闪锌矿、黄铁矿的浮游性无帮助反而变坏。

利用^{60}Co放射性同位素代替高锰酸钾催化剂将石蜡氧化成氧化石蜡脂肪酸开创了药剂合成的新方法。石蜡的氧化机理是一种游离基（自由基）连锁反应的过程，不用高锰酸钾作催化引发剂而用^{60}Co的γ射线进行照射同样可以诱发游离基发生，使石蜡的氧化反应不中断的进行。利用^{60}Co代替高锰酸钾的好处是，它可以缩短反应时间，使产品色泽好、纯度高，还可以简化生产流程，降低氧化石蜡的生产成本。

有人于1963年在试验室研究利用^{60}Co射源辐射矿物，探讨辐射对矿物浮选过程的影响。研究表明：（1）核辐射对矿物的作用：由于射线作用的结果，在矿物表面的内部晶格中，形成缺陷。这样，在矿物表面形成附加的自由键，改变了矿物的表面性质。在矿物表面新形成的辐射缺陷，成为一个新的药剂吸附中心，增强了矿物对浮选药剂的吸附能力。（2）核辐射对浮选药剂的作用：主要是对浮选药剂产生射解作用，形成电离分子和激发分子。例如油酸经过射线作用后，其分子中第九和第十个碳原子之间的双键断裂，形成新的基团结构，影响药剂与矿物表面的作用，和药剂的吸附特性，改变药剂对矿物表面的疏水作用减少药剂的消耗。同时，由于受到激发的分子远比未受激发的分子的反应速度快，经过辐射以后，可以加快浮选速度。另外，核辐射对药剂的作用，可以减少一些药剂的毒性和臭味。如丁黄药经过154.8 C/kg“^{60}Co源”照射以后，改变了气味。（3）辐射线对浮选矿浆的作用：浮选矿浆进行辐射，可以利用核辐射的能量，大大提高浮选速度。

采用3.09×10^{11}Bq的^{60}Co和22MeV的γ电子回旋加速器作射源，研究γ射线和X射线对金红石、石英、长石、白钨矿、孔雀石和黄绿石等矿物、含钛矿石和煤等浮选过程的作用表明：黄铁矿经过260伦X射线的电子回旋加速器射线2.322 C/kg（900伦）辐射后，经过18h再用松油、黄药、氟硅酸钠进行浮选，辐射线能大大提高矿物的浮选速度。其中尤以γ射线的作用更为显著。同样，在采用苏打、油酸进行黄绿石浮选时，经过辐射线作用以后，浮选速度也提高了。

用^{60}Co放射源，辐射浮选药剂，而后进行纯矿物和矿石的浮选试验，获得结果如表21-6~表21-9所示。

表 21-6 纯矿物浮选回收率（%）

矿物名称	捕收剂名称	捕收剂用量 /g·t⁻¹	辐射照射量/C·kg⁻¹（R）				
			0（0）	0.258（1000）	0.258（1000）	12.9（50000）	25.8（100000）
萤　石	油酸钠	50	90.2	93.5	96.7	88.5	
方解石	油酸钠	100	46.0	49.0	51.6	52.5	53.6
		200	87.0	89.0	89.3	89.1	90.7
钠明矾石	油酸钠	100	24.4	26.4	30.7		22.1
		500	79.1	86.8	82.9		85.0
黄绿石	油酸钠	500	41.5	81.2	86.4	70.6	
		1000	74.4	79.2	91.1	76.7	
钛铁矿	油酸钠	100	51.9	61.7	71.6	77.7	
		200	74.4	81.7	82.8	87.5	
磷灰石	油酸钠	2400	33.9	70.1	67.5	64.3	61.8
		4000	36.9	81.5	78.4	66.3	63.8
		8000	47.1	80.0	83.4	80.1	80.3
黄铜矿	丁基黄原酸钾	5	82.6	81.7	83.9	81.6	81.9
斑铜矿	丁基黄原酸钾	5	80.9	81.3	69.2		70.1

注：1. 药剂照射以后隔 5h 再进行浮选，pH = 6.5，浮选时间 2min；2. 剂量 0.0258C/kg（100R/s）。

表 21-7 采用经照射后的油酸钠浮选（pH = 10）某产地的钠明矾石矿

油酸钠用量 /g·t⁻¹	照射强度 /C·kg⁻¹（R）	产品名称	产率/%	含量/%	回收率/%
300	0（0）	精矿	57	55.0	84.5
		尾矿	43	13.5	15.5
		原矿	100	37.2	100.0
300	0.258（1000）	精矿	60.2	52.2	87.2
		尾矿	39.8	14.2	12.8
		原矿	100.0	36.0	100.0
500	0（0）	精矿	69.5	50.5	91.5
		尾矿	30.5	10.4	8.5
		原矿	100.0	38.1	100.0
500	0.258（1000）	精矿	69.3	52.1	96.0
		尾矿	30.7	4.9	4.0
		原矿	100.0	37.6	100.0

注：1. 药剂照射以后 5h 进行浮选；2. 剂量 3.096×10^{-3} C/kg（12R/s）。

表21-8 采用经照射的丁黄药（50g/t）浮选某地的硫化铜矿

照射条件		选别指标		
		精矿产率/%	精矿中铜含量/%	精矿中铜回收率/%
未照射黄药		8.9	4.5	59.3
照射黄药/C·kg^{-1}（R）	0.258（1000）	9.3	4.5	61.0
	5.16（20000）	8.0	5.1	59.7
	12.9（50000）	8.7	4.7	60.0
照射质量分数5%黄药溶液/C·kg^{-1}（R）	2.58（10000）	9.4	4.5	61.1
	5.16（20000）	6.8	5.6	55.9
	12.9（50000）	9.2	3.5	46.7

注：1. 药剂照射后30min进行浮选；2. 剂量0.0258C/kg（100R/s）。

表21-9 采用照射后的塔尔油皂浮选（pH=8.0）某地磷灰石矿

塔尔油用量/g·t^{-1}	剂量强度/C·kg^{-1}（R）	产品名称	产率/%	P_2O_5含量/%	P_2O_5回收率/%
300	0（0）	精 矿	10.9	12.9	13.9
		尾 矿	89.1	9.7	86.1
		原 矿	100.0	10.0	100.0
300	0.258（1000）	精 矿	13.0	12.1	15.1
		尾 矿	87.0	9.9	84.9
		原 矿	100.0	10.4	100.0
500	0（0）	精 矿	19.0	12.3	21.2
		尾 矿	81.0	10.7	78.8
		原 矿	100.0	11.0	100.0
500	0.258（1000）	精 矿	29.7	13.9	38.7
		尾 矿	70.3	9.3	61.3
		原 矿	100.0	10.6	100.0
2000	0（0）	精 矿	43.3	13.5	64.7
		尾 矿	56.7	5.6	35.3
		原 矿	100.0	9.2	100.0

续表 21-9

塔尔油用量 /g·t^{-1}	剂量强度 /C·kg^{-1}（R）	产品名称	产率/%	P_2O_5 含量/%	P_2O_5 回收率/%
2000	0.258（1000）	精 矿	57.6	13.3	73.4
		尾 矿	42.4	6.4	26.6
		原 矿	100.0	10.4	100.0
2500	0（0）	精 矿	43.0	12.0	62.8
		尾 矿	57.0	5.7	37.2
		原 矿	100.0	9.4	100.0
2500	0.258（1000）	精 矿	55.3	13.0	69.1
		尾 矿	44.7	7.2	30.9
		原 矿	100.0	10.4	100.0

注：1. 塔尔油皂配成质量分数10%的溶液，进行照射；2. 药剂照射后经过5h进行浮选；3. 磨矿细度小于0.23mm占100%，浮选时间4min；4. 浮选药剂：捕收剂塔尔油皂水玻璃500g/t，硫化钠500g/t；5. 剂量3.096×10^{-3}C/kg（12R/s）。

从上述试验结果可以看出：

（1）当浮选药剂照射剂量在1000~10000R范围内，γ辐射的作用，可以强化油酸钠的捕收能力，提高矿物的浮选回收率（见表21-7所列），经过γ射线处理过的塔尔油皂也明显地提高了磷灰石的回收率（表21-9）。

（2）提高羧基捕收剂的捕收能力与其用量有关。由于药剂在受到γ射线照射过程中分散捕收剂，防止形成胶态离子，阻止了“胶团”的形成，从而提高了矿物的回收率。

（3）试验结果（表21-6和表21-8）表明γ辐射几乎不改变巯基捕收剂的性质。经过照射后的丁基黄原酸钾在浮选黄铜矿和斑铜矿时，几乎没有效果，回收率甚至于有下降的趋势。

采用0.129 C/kg 500mCi（$E_{最大}$=2.27MeV）$^{90}Sr+^{90}Y$和3Ci（$E_{最大}$=3.15MeV）$^{144}Ce+^{144}Pr$作β射源，研究油酸经过放射性辐射作用以后捕收性能的变化。研究表明油酸经过照射以后，锂辉石进入泡沫产品的回收率增加14%~15%，而绿柱石则相反，减少15%~20%，可见油酸经过照射后，药剂的选择性提高了。同样情况亦可见于锆英石和钛铁矿的浮选，此时，锆英石被抑制，而钛铁矿被活化。同时，油酸经过乳化和未经乳化射线的作用亦不同。例如照射未经乳化的油酸，绿柱石的浮选回收率降低15%~20%。乳化后的油酸，经过照射，则绿柱石的浮选回收率仅降低3%~5%。浮选锂辉石时，照射未经乳化的油酸，则矿物浮选回收率提高5% ~7%，而照射乳化的油酸则可提高10% ~15%。油酸经过放射性辐射作用后，捕收性能的改变，可能是由于油酸转化为硬脂酸，和油酸的反式异构化，它转变为几何异构体-反油酸。

经^{60}Co照射的油酸钠在浮选硅硼钙石、斧石、赛黄晶和柘榴石时，随着照射时间的延长，油酸钠的“过氧化物值”也相应增大，油酸钠的用量相应减少。照射时间增长，油酸钠中异油酸的含量也随着增大，达到一定值后，异油酸的含量又开始下降。这说明油酸钠经过照射以后，由于过氧化物的生成（$R—\overset{O}{\overset{\|}{C}}—O—OH$），改善了油酸钠的捕收作用。

利用高能辐射直接处理油酸也可以改善油酸的浮选性能。例如用1.25MeV的γ射线（^{60}Co）照射油酸，经辐射处理后的油酸浮选白钨矿可以提高WO_3的回收率。辐照出现立体异构化，并且造成油酸分子脱掉羟基，随即与未变化的油酸分子部分的变为二聚物、三聚物或者更大一些的聚合物（与辐射时间的长短有关），使油酸的分子变大，吸附在白钨矿表面之后，使矿物表面的疏水性增强，从而提高了浮选效果。

直接在放射性辐射场中进行浮选，可以提高一些矿物的浮游性，提高浮选药剂的选择性，降低一些药剂（如油酸）的用量。同时，采用这种方法强化浮选过程可以降低剂量和缩短照射时间。例如采用1.85×10^{10}Bq ^{90}Sr + ^{90}Y β射源（最大能量E=2.27MeV）和3居里的^{144}Ce + ^{144}Pr β射源（最大能量E=3.15MeV）直接在浮选过程中进行照射，采用油酸作捕收剂，对绿柱石、锂辉石、锆英石、钛铁矿、黄绿石和黄铁矿等进行浮选试验。结果如下：锂辉石进入泡沫产品的产率增加8%，钛铁矿增加9%，黄绿石增加9%，黄铁矿增加15%，另外一些矿物则浮选回收率降低，如绿柱石降低5%，锆英石降低5%，钨锰矿降低3%，金红石降低5%。

采用1.628×10^{10}Bq ^{90}Sr作β辐射源在矿浆搅拌过程中进行照射，研究β辐射对锆英石、黄绿石、金红石、钛铁矿、钛铁金红石和石英浮选过程的作用。试验表明，可以利用β辐射源选择性的分离黄绿石和锆英石。

用铈-144（^{144}Ce）和锶-90（^{90}Sr），放射性强度为1.628×10^{10}Bq作射源，直接照射硫化矿浮选矿浆，则除方铅矿以外，所有的矿物浮选产率急剧下降。如黄铁矿、斑铜矿、闪锌矿和黄铜矿照射15min时（剂量为30mGy），回收率相应降低25%、17%、13%和11%。方铅矿的回收率则提高2.5%。同时，研究表明γ辐射矿浆增加硫化物晶格中自由电子的密度，氧化-还原电位正值降低，矿浆介质pH值增加，这证明照射硫化矿矿浆，出现还原性介质。

对上述矿物的粗选尾矿进行照射，则可以强化下段的扫选作用。例如，当照射剂量为30mGy，扫选时矿物的回收率对方铅矿增加15.9%，黄铜矿回收率增加4.9%，斑铜矿回收率增加8.5%，闪锌矿回收率增加1.35%，黄铜矿回收率增加0.5%。此时，溶液的氧化-还原电位向负值方向变动，说明γ辐射具有还原作用。进一步研究了还原剂-硫化钠对硫化矿物浮选行为的影响，证明还原药剂的作用与γ量子的作用相似。

因此，借助于γ量子对浮选矿浆的作用，利用矿物内部的电子密度和电子缺位相互关系的变化，可以强化硫化矿的浮选过程。

同样，当照射钛铁矿、钛铁金红石、金红石、黄绿石和锆英石浮选矿浆时，亦显示出γ量子和电子的还原作用。

利用电子回旋加速器的辐射场，或^{60}Co对一些矿物进行照射，可以提高矿物的浮游性。同时，发现辐射线的激发作用，能保持较长的时间。为了解释这些原因，曾有人研究了一些矿物在γ辐射作用后，矿物表面润湿性的变化。

辐照是在最大能量为22MeV的电子回旋加速器中进行的。采用甘油作液滴，测定矿物表面（经过抛光以后）接触角的变化。接触角的测定利用卧式显微镜。

在照射剂量为0.258Bq，接触角的变化如表21－10所示。

表21－10 接触角的变化

矿物名称	未经照射的接触角/（°）	经0.258Bq（1000R）照射后的接触角/（°）
赤铁矿	28	56
软锰矿	35	73
白钨矿	20	53
钛磁铁矿	44	54
褐铁矿	39	59
孔雀石	49	61
假象赤铁矿	50	61

可见矿物、介电物质和半导体物质经过γ辐射以后，表面性质发生变化，显著恶化矿物表面的润湿性。

有人进一步研究γ量子直接对矿物表面的作用。采用^{144}Ce 21mg镭当量作γ射源，照射剂量0.129～0.2064C/kg（500～800R）。氧化矿物浮选时用塔尔油皂作捕收剂，用丁基黄药浮选硫化矿物。矿物经照射以后，隔2h再进行浮选。同时，矿物经过照射以后，测定导电率，结果见表21－11。

表21－11　照射前后矿物浮选回收率

矿物名称	药剂质量浓度/mg·L⁻¹	回收率/%	
		照射前	照射后
金红石	20	47.5	53.5
	50	80.0	85.0
	200	90.0	95.0
钛铁矿	20	13.3	16.6
	40	37.0	50.0
	100	83.5	90.0
钛铁金红石	10	76.0	73.0
	20	88.0	84.0
钙钛矿	5	18.3	26.0
	25	78.6	78.0
	50	82.0	91.0
黄铜矿	30	53.0	57.0
	40	68.0	72.0
	60	86.0	89.5
方铅矿	4	47.0	16.5
	12	83.5	55.0
软锰矿	20	12.0	14.0
	200	42.5	44.0

试验表明，矿物浮选产率的增长和矿物表面的自由电子密度的降低完全一致。这说明了矿物经过0.2064C/kg（800R）以下剂量的照射后，γ量子的作用在于改变矿物（具有半导体性质的）表面层电荷密度的比值。

为了研究矿物经过辐射后，晶格中产生缺陷的持续性，测定了矿物的导电率。90%的矿物在照射以后，经过4h，仍保持着比导电率的数值。黄铜矿和软锰矿经过24h，接近原来的值。方铅矿、钛铁金红石、金红石和钙钛矿则经过48h才接近原来的数值。从上面可以看出，辐射矿物，不仅在浮选中，而且可以在浮选工艺过程任何作业中进行。

在浮选工艺过程中利用离子化辐射曾进行过试验室探索研究，矿物或捕收剂预先进行γ辐射，可以改善辉铋矿、金红石、钛铁矿、黑钨矿和其他一些矿物的浮选指标。白钨矿、孔雀石、黄绿石和黄铜矿经过X射线和γ射线作用后，可以加速浮选动力过程和改善选别指标。

用$^{90}Sr + ^{90}Y$（强度为1.85×10^{10} Bq）作β射源，$^{144}Ce + ^{144}Pr$（1.11×10^{11} Bq）作γ，β射源研究照射水对矿物浮选的影响，在浮选锂辉石时，采用预先照射过的水进行浮选，回收率提高8%。如果矿物回收率同为75%时，则在照射过的水中进行浮选，油酸的用量可以降低1/2。在浮选辉钼矿和黄铜矿的时候，亦发现有同样的情况。当浮选绿柱石和钨锰矿时则相反，在照射过的水中进行浮选，绿柱石的回收率降低8%。

放射性辐射线对水作用的结果，水发生射解作用。水分子分解为自由根H^+、OH^-。这些基团再复合（化合）生成H_2，H_2O_2分子，这引起介质pH值的变化（从0.1到1.2），影响浮选过程。曾测定水的pH值和水的导电率随着辐射时间的变化情况。

水的导电率随着辐射时间增加急剧提高。水分子处于激发状态，增强了水的激发分子与药剂和矿物表面的相互作用。射线对水的作用不仅生成自由根H^+，OH^-。而且还形成H_2，H_2O_2分子和HO_2^-根，后者与水化合放出O_2。所以这些水介产物，可以与溶于水的药剂发生作用，影响它的浮选能力。此外，水受到辐射线作用后，提高起泡能力，进而强化浮选过程。

所以，在浮选过程中，采用放射性同位素对水预先进行照射，在一定的场合下，可以强化浮选过程，提高矿物的回收率，降低药剂用量和改善药剂的选择性。

利用γ辐照还可以加速矿泥的沉降。矿浆经过照射以后，在最初10min矿泥沉降速度增加最为显著。又如采用1.85×10^{10} Bq（$E_{最大值} = 2.15$MeV）$^{90}Sr + ^{90}Y$和1.11×10^{11} Bq（$E_{最大值} = 3.15$MeV）的$^{144}Ce + ^{144}Pr$照射悬浮液1~1.5h，研究小于10μm方铅矿、黄铁矿、石英、方解石、钠长石、萤石和铝土矿等矿物的沉降速度。试验表明当在放射性辐照作用下，矿泥凝聚速度增加，方解石增加2倍，钠长石增加1.5倍。

采用辐射线处理尾矿水，在生产过程中，可以在通向尾矿场的尾矿管中进行。采用这种方法可以减少尾矿场的面积，或者增加尾矿场的处理量。

综合以上资料，可见利用高能辐射强化浮选过程，主要是应用放射性射线改变矿物的浮游性和改变浮选药剂的性质。一些矿物如白钨矿、辰砂（HgS）、辉铋矿、黄铁矿、黄绿石等经电子回旋加速器的辐射场，或高能^{60}Co源照射以后，改变了矿物表面的润湿接触角，提高了矿物表面的憎水性，改善了矿物的浮游性。矿物经过射线照射以后，在表面形成微细的缺陷，增加药剂吸附的活化中心。

浮选药剂经辐照后，引起药剂溶液的射解作用，产生电离和激发分子，这样药剂和矿物表面作用的特点发生变化。例如油酸经过射线照射以后，碳原子之间的键发生断裂，油酸呈反式异构体，亦即形成一种新的油酸结构，改变了它的捕收性能。

21.9 激光处理

我国的选矿界在激光技术应用方面做了许多工作。采用激光辐照技术对氧化铅、锌矿浮选进行的研究就是其中的一例。

杨敖等使用氦氖激光器和氩离子激光器辐射菱锌矿、石英及其混合矿，兰坪氧化锌矿石，捕收剂十二胺及其溶液，对菱锌矿的浮选行为作了系统的研究，结果表明，经激光辐射后的锌矿物上浮率有上升的趋势，而辐射后的石英上浮率却趋于下降，辐照后的混合矿和兰坪氧化锌矿石的浮选，都能得到较好的回收率指标，还述及了激光处理氧化锌矿的机理。

同时，他们对细粒铅锌矿进行了选择性絮凝的研究，并对矿物进行了激光照射处理。详细地比较了激光照射处理前后方铅矿、菱锌矿、闪锌矿的絮凝特性。对矿物和石英的混合矿进行了分离试验，结果认为经过激光照射处理的矿物的絮凝特性、效果和分离指标要比未经激光处理过的好得多。

童雄等使用电子共振波变仪对激光辐射菱锌矿浮选试验机理进行了研究分析，认为激光辐射矿样后并没有在其表面上产生电子或空穴，只是使其晶貌发生了变化，从而改变了它的表面积大小，并因此引起吸附量等因素的变化，提出了解释菱锌矿和石英单矿物浮选试验规律的面积和阻碍 Na^+ 吸附两种观点。这两种观点也适用于二元体系和复杂体系。他们还研究了激光辐照对菱锌矿浮选行为的影响。在硫化-胺法浮选试验前后用激光扫描菱锌矿、石英及其人工混合矿，以及实际氧化锌矿来研究锌的回收。结果表明，菱锌矿和人工混合矿中的菱锌矿的上浮率，以及实际氧化锌矿中锌的回收率，在一定的激光扫描条件下，有较大程度的改善，而石英的上浮率随着扫描时间的增长，呈现总的下降趋势。激光扫描可改善氧化锌矿的硫化-胺法浮选效果。

21.10 紫外光对药剂的作用

众所周知，紫外光是一种远比可见光强的高能量电磁波，受紫外光激发的光化学反应也远比可见光所激发的为强，一个紫外光量子数（$h\nu$）相当于 9.9×10^{-19}J，如果每个分子接受一个量子的能量，则 1mol 物质由紫外光所接受的能量就等于 4.18×142000J 的能量，比一般可见光大 2～4 倍。光化学反应多属于物理化学上的“零级”反应，不受温度的影响。光对于动植物油脂的酸败作用的影响，在化学上引起广泛的注意与深入的探索，但是在浮选工艺上，对于像这样高能量能源所引起的效果研究较多，起步也不晚，还很少加以利用。

尽管实际应用还没有引起足够的重视，但是人们还是做了不少工作，对紫外光照射矿物、矿浆及浮选药剂的现象进行了探索，对改善和强化药剂作用及浮选过程进行研究，并且取得颇有意义的初步成果。例如浮选煤泥时，用紫外光照射可以提高精煤的产率。用紫外光照射硫化铜、氧化铜和白钨矿后进行浮选，指标也比未经紫外光照射的矿物高。钛铁矿和锆石按质量比 1∶1 的混合矿浮选时经过光照射，钛铁矿精矿的回收率可达到 95%，在暗处未经光照的对比试验，其回收率只有 80%。

长沙矿冶研究院从 1961 年开始曾比较系统地研究了紫外光对不同类型浮选药剂性能的影响，包括非硫化矿捕收剂——脂肪酸、松脂酸、甲苯胂酸等，硫化矿捕收剂——丁基黄药、庚基双黄药，天然高分子抑制剂——糊精，以及无机调整剂——碳酸铵等。结果证明，紫外光对它们的浮选性能都有不同影响，且其反应产物对不同矿物的浮选具有选择性。在试验室研究的基础上，在一大型铁矿浮选厂进行了工业试验，验证了试验室结果，展示了工业应用的前景。

从工业应用技术与经济综合指标看，用紫外光单独处理药剂要比照射矿浆和矿物更为简便合理。

药剂研究认为，紫外光对浮选药剂性能的影响主要原因是由于在紫外光照射下生成了过氧化物和“自由基”。例如过氧月桂酸酐（Ⅰ）与庚基双黄药（Ⅱ），它们可以分别分解为月桂酸酐及庚基黄药的“自由基”。

$$\begin{array}{l} C_{11}H_{23}COO \\ \quad | \\ C_{11}H_{23}COO \end{array} \xrightarrow[\text{紫外光}]{h\nu} 2C_{11}H_{23}CO\dot{O}$$

(Ⅰ)

$$\begin{array}{l} C_7H_{15}-O-C(=S)-S \\ \qquad\qquad\qquad\quad | \\ C_7H_{15}-O-C(=S)-S \end{array} \xrightarrow[\text{紫外光}]{h\nu} 2C_7H_{15}O-C(=S)-\dot{S}$$

(Ⅱ)

过氧月桂酸酐在未经紫外光照射以前，并不是锡石及方解石的有效捕收剂，但是加以适当时间的照射后，锡石和方解石的回收率显著增加，最大点均在 50% 以上。同样处理庚基双黄药浮选方铅矿，也获得相似的结果。紫外光照射脂肪酸之后，首先生成过氧化物，过氧化物本身又容易生成自由基。例如用高级过氧脂肪酸，包括过氧月桂酸、过氧软脂酸及过氧硬脂酸浮选萤石、方解石、锡石、易解石、稀土矿物及赤铁矿，其捕收能力较相应的脂肪酸大为提高，较耐低温，对不同矿物还具有一定的选择作用。

$C_{11}H_{23}—C(=O)—O—OH$ 过氧月桂酸

$C_{15}H_{31}—C(=O)—O—O—H$ 过氧软脂酸

$C_{17}H_{35}—C(=O)—O—O—H$ 过氧硬脂酸

21.10.1 紫外光对氧化石蜡皂及其浮选性能的影响

我国一复杂矿床矿石优先浮选萤石流程，在试验室用紫外光照射氧化石蜡钠皂水溶液，以改善其选择性能的研究，结果得到了初步的肯定。

优先浮选萤石粗选试验是在100g机械搅拌式有机玻璃浮选机中进行的，磨矿粒度为-200目占93%，用氧化石蜡钠皂为捕收剂（上海油脂厂出品），以糊精和水玻璃作脉石抑制剂，在碱性矿浆中优先浮选萤石（浮选过程中矿浆温度保持在25℃±1℃），然后将萤石粗精矿的品位和回收率作为比较数据。

照射时间试验：氧化石蜡钠皂溶液在加入浮选矿浆以前，用ПPK-4型水银石英灯发出的紫外光照射不同时间（照射过程中，用恒温槽水流使溶液温度稳定在25℃±0.5℃），在离照射时间终了前20s内，在紫外光照射下将药剂加入矿浆中，然后进行萤石浮选。

放置时间试验：考虑到对纯矿物研究中所表明的氧化石蜡钠皂放置一定时间后有利于萤石的浮选，以及工业应用时技术控制的方便，将经过紫外光照射20min后的氧化石蜡钠皂水溶液，在空气中恒温（25℃±0.5℃）放置不同时间后再加入矿浆，进行浮选。

紫外光照射氧化石蜡钠皂水溶液时间和放置时间试验结果列于表21-12。

表21-12 矿石浮选对比试验

紫外光照射氧化石蜡钠皂水溶液时间/min	照射过的氧化石蜡钠皂水溶液在空气中恒温放置时间/min	萤石粗精矿	
		品位/%	回收率/%
0	0	25.90	84.88
5	0	27.87	79.67
20	0	28.00	79.90
60	0	28.20	80.20
20	20	28.20	79.97
20	60	28.60	81.10
20	120	28.74	83.45
20	942	30.64	85.97

由表21－12可以看出，氧化石蜡钠皂水溶液经紫外光照射不同时间后，萤石粗精矿品位比未照射者提高2%以上，但回收率降低4%以下。值得注意的是，氧化石蜡钠皂的选择性，随紫外光照射20min后放置时间的延长而大为提高，而且回收率也不断上升，放置20min时，萤石品位提高近3%，回收率只降低1%左右，而放置时间延长至942min时，不仅品位比未照射者升高4%以上，而且回收率也增加约1%。

氧化石蜡钠皂经过紫外光照射后对复杂铁矿石和赤铁矿矿石浮选试验结果与纯铁矿物一样（也同萤石矿一样），证明紫外光照射对浮选药剂性能有显著影响。氧化石蜡钠皂水溶液经紫外光照射后浮选性能的变化，同照射时间、照射后的放置时间、矿石性质以及浮选条件等密切相关。如，用照射过的氧化石蜡钠皂浮选白云鄂博中品位矿石指标无明显提高，而对高品位矿石的效果却相当显著。此外，照射过的氧化石蜡钠皂在碱性矿浆中浮选东鞍山赤铁矿石时，选择性没有改善，但在弱酸性矿浆中对回收率却大为改善：照射360min以内，铁精矿品位比未照射者略高或相同情况下，回收率增加4%～6%。

21.10.2 紫外光对油酸、月桂酸钠及其浮选性能的影响

光化学反应多属自由基反应，油酸或其酯类受紫外光的激发，首先产生高度活泼的自由基，在有空气或氧的存在下，在靠近分子中双键的碳原子上引入过氧羟基，从而产生过氧化物，这在化学上已经得到了肯定的结论，其反应历程可用下式表示：

$$CH_3(CH_2)_6CH_2CH{=}CHCH_2(CH_2)_6COOH \xrightarrow{h\nu} CH_3(CH_2)_6CH_2\underset{:}{C}H{=}\underset{:}{C}HCH_2(CH_2)_6COOH$$

$$CH_3(CH_2)_6CH_2\underset{:}{C}H{=}\underset{\cdot}{C}HCH_2(CH_2)_6COOH \xrightarrow{O_2}$$

$$\left\{\begin{array}{l} CH_3(CH_2)_6CH_2\underset{\underset{\displaystyle O{-}OH}{|}}{C}H{=}CHCH_2(CH_2)_6COOH \\ \text{或} \\ CH_3(CH_2)_6CH_2CH{=}\overset{\overset{\displaystyle O{-}OH}{|}}{C}H{-}CH_2(CH_2)_6COOH \end{array}\right.$$

饱和脂肪酸，例如月桂酸，同样受紫外光的激发通过自由基的反应产生过氧化物，只是过氧化物生成的速度比不饱和脂肪酸为小。过量紫外光的激发结果，最终还导致碳链的断裂以致失去原有物质的表面活性。

在上述浮选试验中，油酸钠和月桂酸钠浮选稀土矿物的活性，受紫外光照射后而显著增强，但又随照射后放置时间的增长而迅速消失，由于一般自

由基的存在时间极短，因此可以认为药剂浮选活性的急剧提高，是由于药剂分子受紫外光激发而产生活泼的自由基之故。随着照射时间的增长，自由基反应深入的结果，逐渐积累起一定量的过氧化物，过氧化物生成这一事实，既说明紫外光的影响并未停留在激发阶段，也是自由基与过氧化物继续存在的证明。

另一方面，试验表明，脂肪酸钠水溶液在长时间的照射过程中（150min），其导电率（26℃ ±0.5℃时）和 pH 值并没有明显的变化（见表 21－13），可见被照射溶液的浮选性能的变化，并不是由于解离度变化所引起的。

表 21－13 照射时间与脂肪酸钠水溶液导电率及 pH 值的关系

溶液名称	溶液质量浓度 /mg · L^{-1}	紫外光照射时间/min	导电率/Ω · cm^{-2}	pH 值
油酸钠	30	0	1.148×10^{-5}	6.8
		120	1.191×10^{-5}	6.7
		150	1.191×10^{-5}	6.7
月桂酸钠	30	0	1.752×10^{-5}	6.5
		120	1.809×10^{-5}	6.7
		150	1.795×10^{-5}	6.6

在紫外光照射脂肪酸钠水溶液 120min 过程中，有过氧化物存在，因此必然会有自由基生成，而且在照射 30min 以内，自由基对浮选起主导作用。由照射时间试验可知（图 21－5～图 21－7 所示），它大大提高了稀土和赤铁矿的浮游性，而且不同脂肪酸自由基对于萤石表现出不同的作用，油酸自由基浮选萤石的能力急剧降低，而氧化石蜡自由基则浮选萤石的回收率大为增加。而对月桂酸钠而言则影响不大。自由基的决定性作用，也可由放置时间试验结果得到确切的说明（见图 21－8 和图 21－9），由于放置的结果，自由基消失，导致这种由于紫外光作用而提高了的捕收剂浮选稀土矿物的活性立即消失。

为什么脂肪酸自由基对它们的浮选性能有着这样重大的影响呢？这是由于脂肪酸钠经紫外光激发而发生的自由基，是一种具有未配对电子的、高能量的活泼质点。因而，它有着高度的反应活性。从热力学观点来看，它不需外加能量就能自动的吸附到矿物表面上去（表现为自动过程），从而引起矿物表面疏水性的急剧变化，这就是它比一般的离子反应对浮选有着更大影响的原因。

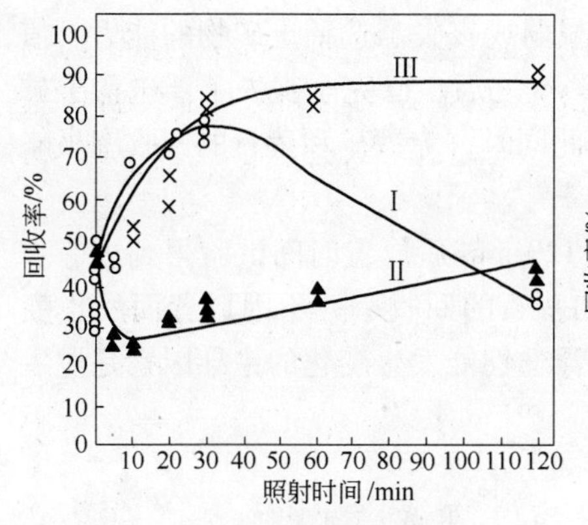

图 21-5 紫外光照射油酸钠时间对矿物浮选回收率的影响

油酸钠质量浓度（mg/L）：Ⅰ—稀土矿物 10；Ⅱ—萤石 50；Ⅲ—假象赤铁矿 20

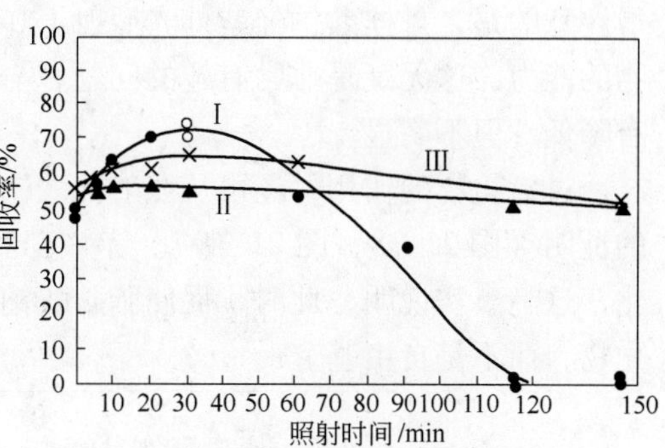

图 21-6 紫外光照射月桂酸钠的时间对矿物浮选回收率的影响

月桂酸钠质量浓度（mg/L）：Ⅰ—稀土矿物 10.5；Ⅱ—萤石 30；Ⅲ—假象赤铁矿 10.5

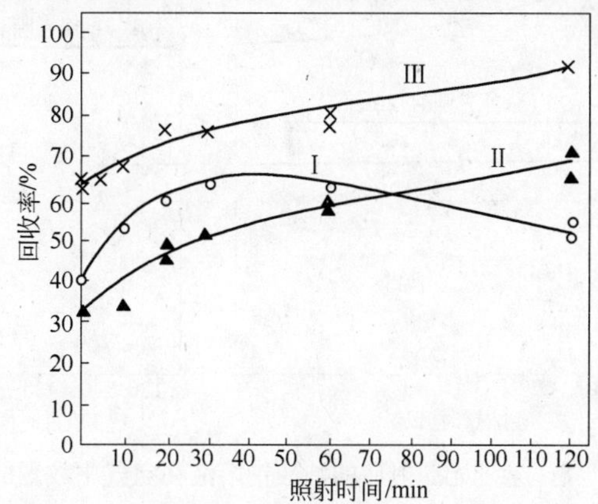

图 21-7 紫外光照射氧化石蜡钠皂时间对矿物浮选回收率的影响

氧化石蜡钠皂质量浓度（mg/L）：Ⅰ—稀土矿物 75；Ⅱ—萤石 20；Ⅲ—假象赤铁矿 10

试验证明，随着照射时间的增长，脂肪酸钠的过氧化物值也不断增大，因而在浮选过程中的作用也愈显著。30min 以后，过氧化物开始对浮选显示作用，且随照射时间的增加（过氧化物量增多）而加强，由图 21-5 和图 21-7 所示可以看出，油酸钠和氧化石蜡钠皂过氧化物的增多，显著提高了赤铁矿和萤石的浮游能力（月桂酸钠的影响不甚显著的原因可能与其过氧化物的结构有关），由放置时间试验也可以看出，照射 30min 后的油酸钠，由于放置后随着自由基的消失，显示出过氧化物的作用，它比自由基更能提高赤铁矿的回收率。这也正说明为什么照射 120min 时（图 21-5 所示），过氧化物虽然不断增加，但萤石的回收率仍比未照射者低的原因（此时自由基亦不断增加）。

过氧化物的明显作用，从对稀土矿物浮选的影响可以说明，图 21-5 至图

21－7指出，三种脂肪酸钠的过氧化物均减弱或丧失浮选稀土矿物的能力。值得注意的是，月桂酸钠经紫外光照射120 min之后，已完全丧失了浮选稀土矿物的能力，这无疑是非常有趣的问题。与此同时，赤铁矿和萤石的回收率虽略有降低，但不明显。

过氧化物的作用，还可从照射油酸钠120 min后放置时间试验得到进一步的证明（图21－8、图21－9）。赤铁矿和萤石的回收率并不因放置而发生变化，这一事实说明，此时，促使脂肪酸钠浮选性能发生变化的主导因素是过氧化物，而不是自由基。

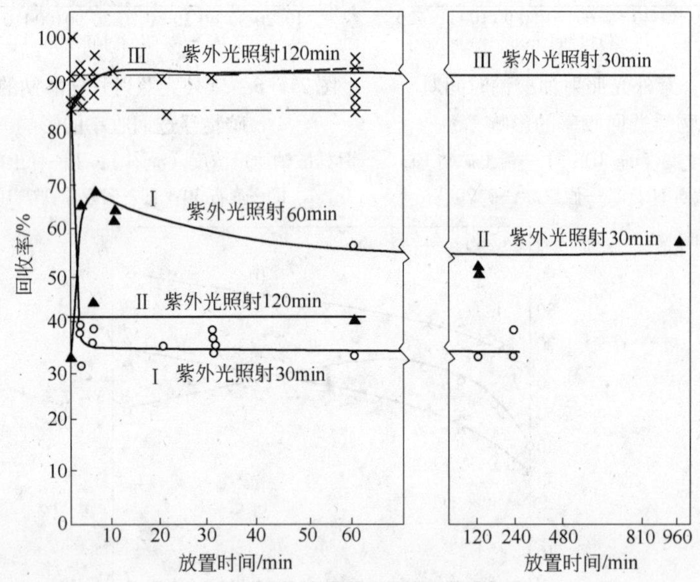

图21－8 紫外光照射后的油酸钠溶液在空气中放置的时间对矿物浮选回收率的影响

Ⅰ—稀土矿物；Ⅱ—萤石；Ⅲ—假象赤铁矿

关于过氧化物与矿物表面相互作用的机理，尚待进一步研究，目前唯一可以指出的是，过氧月桂酸钠使稀土矿物与气泡接触的时间显著延长，接触仪测量结果表明，月桂酸钠经紫外光照射120min后，稀土矿物向气泡黏附的时间由未照射的5ms增加到440ms，照射150min时增加到500ms。由此表明，紫外光照射脂肪酸改变其浮选性能的原因，是自由基和过氧化物的生成，以及它们生成过程的动力学。照射30min，自由基以其高度的反应活性对浮选起主导作用。30min之后，过氧化物开始显示作用，至120min时，过氧化物已完全取代前者的作用。

同时，两者对浮选的影响是复杂的，同一脂肪酸的自由基和过氧化物对不同矿物的作用各不相同，不同脂肪酸的自由基和过氧化物对于相同矿物的影响也不一样，这既决定于脂肪酸的本性、生成自由基和过氧化物的类型与结构，

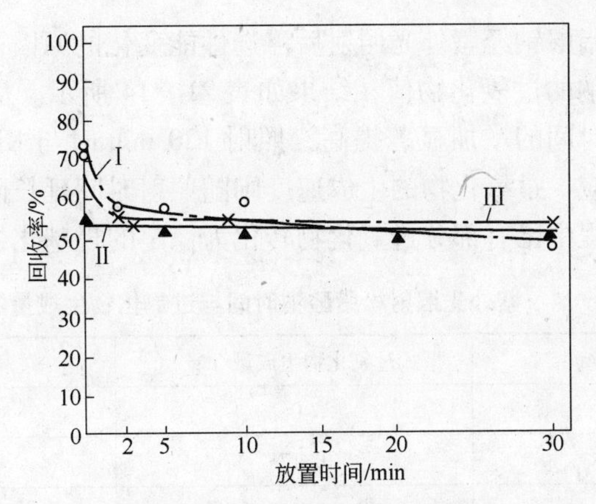

图 21－9 紫外光照射后的月桂酸钠溶液在空气中放置的时间对矿物浮选回收率的影响

Ⅰ—稀土矿物；Ⅱ—萤石；Ⅲ—假象赤铁矿

也与矿物的结构及矿浆中变价金属离子的影响有关。

如上所述，对脂肪酸钠的浮选性能有重大影响的少量自由基和过氧化物的生成，在理论和实践上具有重要意义。

紫外光照射当然可以引起部分脂肪酸的异构化作用，例如油酸可以异构化为异油酸对浮选有益，但这似乎还不是影响浮选效果的主要因素。

21.10.3 紫外光对松脂酸及其浮选性能的影响

紫外光对松脂酸钠的浮选性能有非常显著的作用，而且随矿物本身的性质不同而有差异。如图 21－10 所示，锡石的浮选回收率随着照射时间的增加而明显提高，当照射时间增加至 360min 时，比未照射的回收率提高 33% 以上。紫外光照射的药剂对稀土矿和萤石矿浮选影响不大，甚至产生负影响。

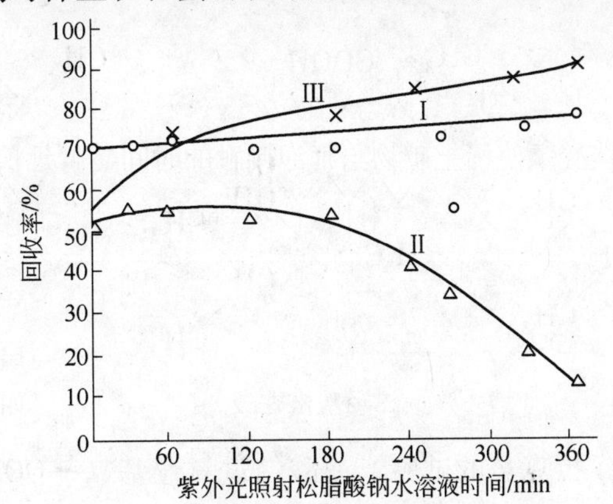

图 21－10．紫外光对松脂酸钠浮选性能的影响

松脂酸钠质量浓度（mg/L）：Ⅰ—稀土矿物 250；Ⅱ—萤石 10；Ⅲ—锡石 200

为了查明松脂酸钠经紫外光照射后浮选性能变化的原因，用碘量法测定了照射前后松脂酸钠的过氧化物值，结果如表 21－14 所示。从表可以看出，过氧化物值随照射时间的增加显著提高，照射 120 min 时与 KI 及淀粉作用，立即显示深紫色反应。过氧化物的生成速度则随照射时间延长而降低，说明松脂酸钠盐在照射过程中已有部分过氧化物转化为稳定的羟基化合物。

表 21－14 紫外光照射松脂酸钠时间与过氧化物生成量的关系

照射时间/min	过氧化物生成量/mg	过氧化物转化率/%
0	0	0
30	0.175	0.9
60	0.560	2.8
120	0.911	4.6
180	1.051	5.3
350	1.541	7.7

注：松脂酸钠过氧化物系按分子中含有一个过氧羟基计算（见化学式）：

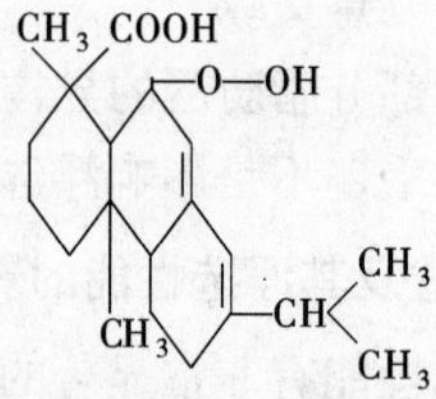

CH_3 COOH —O—OH CH_3 CH CH_3 CH_3

布朗 R F（Brown）等曾用紫外光在乙醇溶液中照射松香酸获得了两种最终氧化产物，二羟基及四羟基松香酸，而一般氧或空气氧化，其最终产物只是二羟基松香酸。

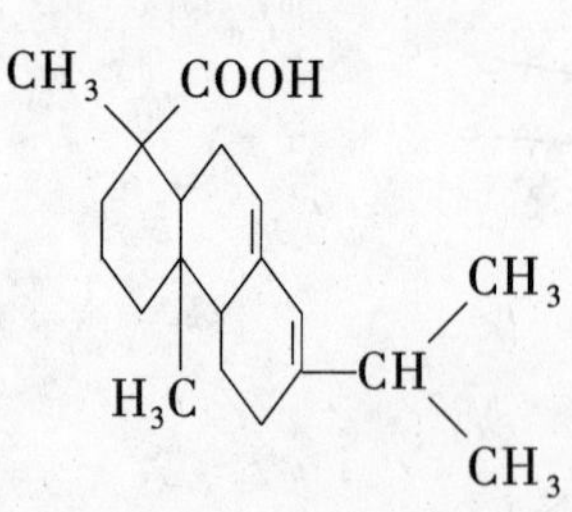

CH_3 COOH CH_3 CH H_3C CH_3

松脂酸

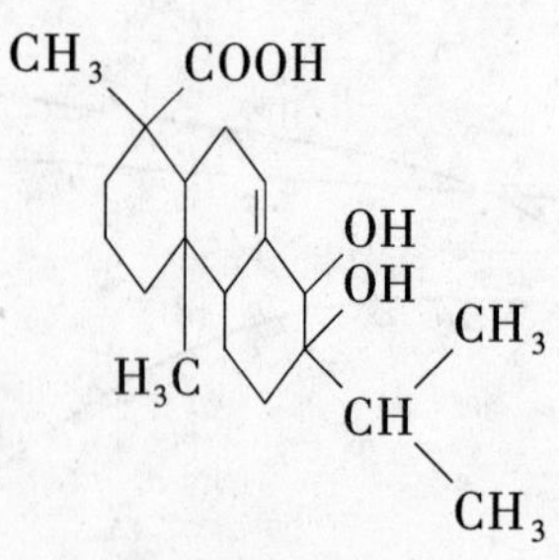

CH_3 COOH OH OH CH_3 H_3C CH CH_3

二羟基松香酸

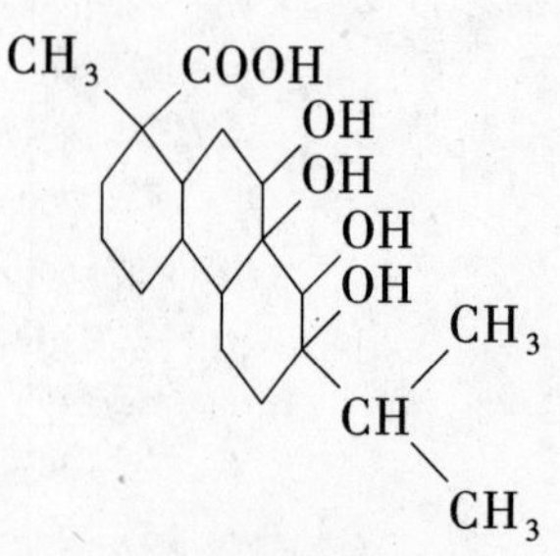

CH_3 COOH OH OH OH OH CH_3 CH CH_3

四羟基松香酸

根据普 И. Н. 拉克辛的试验，油酸的过氧羟基（—OOH）化合物对钛铁矿的浮选影响很大，而一般的羟基油酸则对钛铁矿浮选无显著影响，我们的研究则直接证明了过氧月桂酸的作用，因此，可以初步肯定，起主导作用的仍然是松香酸的过氧化物，它以其高度的反应活性影响浮选。

梁经冬、见百熙等人对脂肪酸、黄药、糊精、碳酸铵等各类药剂经紫外光照射后对不同矿物的浮选均表明是由于照射后的药剂生成了自由基、过氧化物之故影响了浮选效果。

1978 年，琼斯（Jones）和伍德科克（Woodcock）通过合成仲丁基过黄原酸铵，其紫外光谱与澳大利亚芒特艾萨（Mt. Isa）铜矿在工业浮选矿浆中所得产物的紫外光谱完全一致，证明黄药在充气浮选过程中，同样被氧化生成与其类似的过硫化物。1983 年，他们进一步研究了水溶液中烷基双黄药的分解反应指出，在碱性溶液中所形成的部分黄原酸盐与过氧化氢反应生成过黄原酸盐（$ROCSSO^-$）。

1979 年，索洛 П. М. 仁金（Соложенкин）根据电子顺磁共振谱数据指出，丁黄药与硫化物作用所生成的双黄药或表面化合物，都是硫氢（巯基）型捕收剂自由基的反应产物。1982 年，索洛仁金在其发明证书中，也报道了用过氧化脂肪酸作为浮选剂的结果，当过氧化物值为 0.15% ~0.25% 时，可提高其捕收性能。

以上叙述表明，化学反应过程（如紫外光等光化学）的自由基与过氧化物（或者是过硫化物）药剂，在浮选过程中的作用已被许多实例证明是有影响的，而影响的大小和药剂与矿物性能有关。这一现象已引起国内外选矿界的关注。

自由基和过氧化物或者过硫化物之间可以说是相互依存和转变的，例如：

$$C_6H_5-C(=O)-O-O-C(=O)-C_6H_5 \xrightarrow{\text{紫外光}} 2\,C_6H_5-C(=O)O^{\cdot}$$

$$CH_3(CH_2)_6-O-C(=S)-S-S-C(=S)-O-(CH_2)_6CH_3 \xrightarrow{\text{紫外光}} 2CH_3(CH_2)_6-O-C(=S)S^{\cdot}$$

$$R-C(=O)O^{\cdot} \rightleftharpoons R-C(=O)-O-OH \qquad (\leftarrow R-C(=O)OH \rightarrow)$$

$$R-O-C(=S)-SH \longrightarrow RO-C(=S)-S^{\cdot} \longrightarrow RO-C(=S)-S-SH$$

过氧脂肪酸可以通过氢键的作用形成环状化合物（单环和双环），如下式所示：

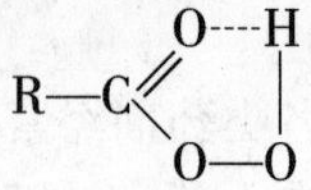

```
      O---H                    O---H---O—O
     //    |                  //   |   |    \
R—C        |             R—C       |   |     C—R
     \     |                  \    |   |   //
      O—O                      O—O     H---O
```

单环化合物 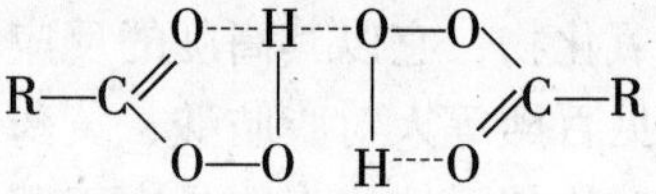　　　　　　　　　　双环化合物

过氧月桂酸纯品性质稳定，在室温下放置也仅有4%分解为月桂酸和氧，过氧酸与碱液作用可生成过氧酸钠（不安定）。有人认为 Fe^{3+} 与过氧酸作用生成 $\left[\mathrm{R—C(=O\cdots H)—O—O\cdots Fe}\right]^{3+}$ 的原理可能是过氧酸比一般脂肪酸效果好的原因。相关问题及机理有待进一步研究。

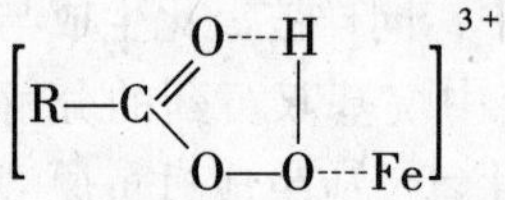

对有机及高分子化学的光化学反应而言，过氧化物的生成必须经过自由基反应，而生成的过氧化物反过来又是自由基反应的引发剂。这已被无数的研究与应用所证明。

21.11 分析测试与计量的应用

矿用药剂的分析，特别是浮选药剂的物理分析测试与计量，对于浮选过程的药剂最佳添加控制，在线分析、计量和选矿理论研究至关重要。现将主要的测试分析手段简介如下。

21.11.1 电滴定法

电滴定法包括电位滴定、电导滴定和电流滴定（极谱滴定）。

电位滴定是利用离子的电极电位与其浓度间形成下列关系进行的：

$$E = E^0 + \frac{1}{n}0.0591\mathrm{pM}^{n+}$$

式中，E 为电极电位；E^0 为标准电位；M 为被测定的金属离子的浓度；p 为负对数；n 为离子的价数。当试剂与此离子反应（包括生成、酸碱中和、氧化还原反应等）进行滴定时，在终点处离子浓度改变引起电位改变发生突跃，从而起到指示终点作用，当被测离子为 H^+ 时，也就是常用的 pH 值的测定。

电导滴定是利用滴定终点时溶液电导的改变，用于中和反应及沉淀反应的定量方法。

电流滴定法又称极谱滴定，这是利用极谱分析中扩散电流与溶液中电还原物质的浓度成比例，利用扩散电流的突变判断试剂与被测物反应的终点。

最简单的电位滴定是测溶液的 pH 值变化进行酸碱中和滴定，由此可以准确测得溶液中 H^+ 及 OH^- 浓度改变情况，可用于 H^+ 及 OH^- 在矿物表面吸附量的测定。

电流滴定因为是在特定的分解电位下测定扩散电流，因此受其他物质的干扰常可避免，而电导滴定则因受此种干扰较多而在应用上受到局限。

含二价硫基团的黄药等硫化矿捕收剂同许多金属离子反应生成稳定络合物及沉淀，可以用电位滴定及电流滴定法测定这类捕收剂的浓度。杜瑞茨（Rietz C. Du）曾用电位滴定法进行黄药及黑药类捕收剂以及高级脂肪酸的测定，并用于确定黄药水解、氧化的有关数据，及测定黄药和脂肪酸金属化合物的溶度积常数。对黄药水溶液浓度的测定是用硝酸银溶液进行滴定的，由银电极对甘汞电极的电位确定滴定的终点，在 -460 及 -220mV 间，由硝酸银的耗量计算黄药量。杜瑞茨用此法除了测溶度积数据外，还进行了捕收剂、抑制剂与矿物作用时临界条件的研究测定。

据普拉克辛等人的研究报道，用硝酸银对黄药作电位滴定，测定浓度为 $10^{-3} \sim 10^{-4}$mol/L，用银电极为指示电极，甘汞电极作比较电极，为使沉淀发生聚凝而在滴定前加入氯化钾，用 0.001 ~ 0.0025mol/L 的 $AgNO_3$ 溶液滴定。用于滴定硫代乙酰胺时，测定浓度可达 10^{-6}mol/L。

用碘为氧化剂将黄药氧化成二黄原酸（复黄药），进行氧化还原反应的电位滴定，测定浓度较大（约在 5×10^{-3}mol/L）。卡科夫斯基等人曾用这类方法进行复黄药、复黑药性质的研究。

极谱分析可用于分析测定水溶液中药剂（黄药等）的浓度、研究黄药类捕收剂的特性。极谱法可测定浓度为 $2 \times 10^{-4} \sim 2 \times 10^{-3}$mol/L 的黄药，可在固体电极及在汞电极上进行测定。例如在物质的量浓度为 0.1mol/L 的 KOH 底液中，阳极极谱测定甲基、乙基、丙基、异丙基、丁基、异丁基、戊基、异戊基黄药，半波电位随黄药种类及溶液浓度而异，但均位于负电位区域。波勉诺夫斯基（Pomianovski A）用物质的量浓度为 0.1mol/L 的 KCl 底液进行黄药极谱滴定，有三个阴极波：头二个是 $E^{\mathrm{I}}_{n/2} = -0.25$V，$E^{\mathrm{II}}_{n/2} = -0.5$V，是吸附及形成黄原酸汞（$E_tX - Hg$）$_{ads}$，第三个是基本波 $E_{n/2} = -0.37$V，与双黄原酸汞［$(E_tX)_2 - Hg$］$_{ads}$的形成有关。

索洛仁琴及格列姆保茨基等（П. М. Соложенкин，В. А. Глембочкий）曾测定丁基黄原酸钠的极谱，在物质的量浓度 0.1mol/L NaOH 溶液中有二波：$E^{\mathrm{I}}_{1/2} = -0.1$V，$E^{\mathrm{II}}_{1/2} = -0.4$V，测定黄药的物质量浓度为 10^{-4}mol/L，二波高与黄药浓度的关系为：

$$h_{\mathrm{I}} + h_{\mathrm{II}} = A + K\lg C$$

式中，C 为黄药的物质量浓度（mg/L）；A，K 为常数。上述第一个波是形成复黄药的反应，第二个波是与滴汞电极的反应：

$$2ROCSS^{-} \rightleftharpoons (ROCSS)_2 + 2e$$

$$2ROCSS^- + Hg \rightleftharpoons (ROCSS)_2Hg + 2e$$

马马科夫在其专著中列出了采用示波极谱研究时各种黄药的 $E_{n/2}$ 及 E_n 值与浓度的关系。用极谱法测定饱和及不饱和脂肪酸的研究报道也不少，可测定物质的量浓度为（1～6）$\times 10^{-3}$mol/L 的脂肪酸，以 0.1mol/L LiCl 为支持电解质，在按质量比丙酮：水为9：1 的溶液中，报道结果列于表21－15。

表21－15 不同种类脂肪酸的极谱测定

脂肪酸种类	溶液物质的量浓度 /mol·L^{-1}	半波电位/V	波高/μA	相对于物质量浓度为 1×10^{-3}mol/L 的波高/μA
十六酸	3.12×10^{-3}	－1.85	5.24	1.68
十二酸	2.8×10^{-3}	－1.85	5.20	1.85
辛 酸	2.98×10^{-3}	－1.83	5.60	1.88
己 酸	3.9×10^{-3}	－1.89	7.53	1.91
油 酸	3.16×10^{-3}	－1.90	5.06	1.60

21.11.2 紫外和可见光谱法

光是电磁波，它以横波形式传播。它的传播可用波长速度、频率等参数来描述。根据光的性质，这些参数的关系式为：

$$\frac{1}{\lambda} = \bar{\nu} = \frac{\nu}{C}$$

式中，λ 为波长；$\bar{\nu}$ 为波数；ν 为频率；C 为光速。

波长 λ 是指两个相邻波峰（或波谷）之间的距离，单位为 nm。波数 $\bar{\nu}$ 是单位长度波的数目，单位为 Hz。频率 ν 是单位时间内通过一固定点的周数或波数。其单位则因不同的波谱区和不同的分析方法而用不同的单位，如 nm，Å 等，红外吸收光谱还使用 cm^{-1}。光速 C 约为 3×10^8m/s。

不同波长的光子具有不同的能量。光子的能量 E 是直接与频率成正比的，即：

$$E = h\nu = \frac{hC}{\lambda}$$

式中，h 为普朗克常数，为 6.63×10^{-34}J·s。

按上式，便可计算各种光子的能量，例如，在紫外区的波长为300nm，它的频率为：

$$\nu = \frac{C}{\lambda} = \frac{3\times 10^{10}}{3\times 10^{-5}} = 1\times 10^{15}\text{Hz}$$

$$E = h\nu = 6.63\times 10^{-34}\times 1\times 10^{15} = 6.63\times 10^{-19}\text{J}$$

又如，在红外区的波长为2×10^3nm，其光子能量为：

$$E = h\nu = h \times C/\lambda = 6.63 \times 10^{-34} \times \frac{3 \times 10^{10}}{2 \times 10^{-4}}$$

$$= 6.63 \times 10^{-34} \times 1.5 \times 10^{14} = 9.95 \times 10^{-20}\,\text{J}$$

由此可见，紫外辐射的光子比红外辐射的光子具有更多的能量。通常波长越短，能量越高。波长越长，能量越低。

辐射能的波谱通常分为若干个谱区。表21－16列出了多个波谱区的波长、频率和波数的范围。利用不同波谱区的辐射能与物质之间的相互作用原理的不同而建立起不同的光谱分析方法。

表21－16 辐射波谱区的波长、频率、波数一览表

波谱区	频率/Hz	波长/m	波数/cm^{-1}	跃迁形式
X射线	$10^{20}\sim10^{16}$	$10^{-12}\sim10^{-8}$		K和L层电子
远紫外	$10^{16}\sim10^{15}$	$10^{-8}\sim2\times10^{-7}$		中层电子
近紫外	$10^{15}\sim7.5\times10^{14}$	$2\times10^{-7}\sim4\times10^{-7}$		价电子
可见	$7.5\times10^{14}\sim4.0\times10^{14}$	$4\times10^{-7}\sim7.5\times10^{-7}$	25000～13000	
近红外	$4.0\times10^{14}\sim1.2\times10^{14}$	$7.5\times10^{-7}\sim2.5\times10^{-6}$	13000～4000	分子振动
中红外	$1.2\times10^{14}\sim6.0\times10^{12}$	$2.5\times10^{-6}\sim5.0\times10^{-5}$	4000～200	
远红外	$6.0\times10^{12}\sim10^{11}$	$5.0\times10^{-5}\sim1\times10^{-3}$	200～10	分子转动和低能振动
微波	$10^{11}\sim10^{8}$	$1\times10^{-3}\sim1$	$10\sim10^{-2}$	分子转动，电子自旋取向（顺磁共振）
无线电	$10^{8}\sim10^{5}$	$1\sim10^{3}$		核自旋取向（核磁共振）

紫外和可见吸收光谱是由分子与分子中的电子相互作用而产生的。在吸收过程中，分子首先在基电子态，吸收了入射光之后，体系升高到较高能量的电子激发态。

由于紫外和可见吸收光谱起源于分子的电子能级的变化，所以叫电子吸收光谱。红外吸收光谱起源于分子的振动和转动能级的变化，也叫做振动－转动吸收光谱或振动光谱。

紫外和可见吸收光谱是研究紫外和可见光区的分子吸收光谱，亦即研究各种物质的分子吸收了紫外和可见光区的光子之后所产生的电子能级的跃迁，从而知道吸收物质的组成和结构。

紫外光区是指1～400nm的波长区。其中又可分为近紫外区（200～400nm）和远紫外区（1～200nm），如图21－11所示。远紫外光能被大气中的水、氧、氮和二氧化碳吸收。所以对于远紫外区的研究需要使用真空设备，因此远紫外区又叫真空区。因为玻璃吸收小于300nm波长的光，所以研究紫外光的仪器必须是石英光学材料和石英样品槽。故200~300nm之间的光谱区也叫作石英区。

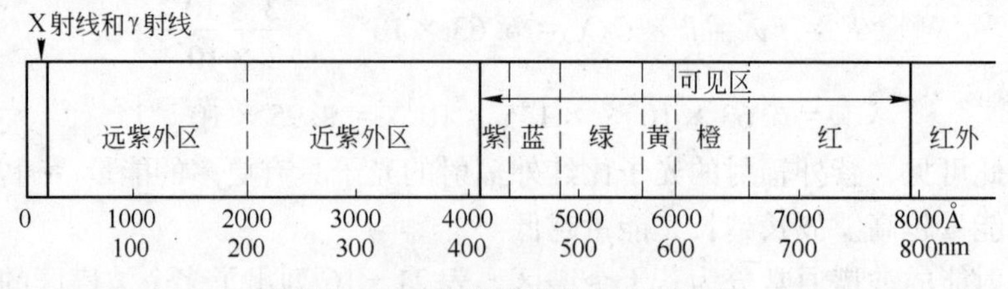

图21-11 电磁波谱的各区域分布

应用紫外可见光谱仪，可以做出不同化合物不同的特征吸收带所组成的吸收光谱图。根据各特征吸收带的波长及性状进行定性分析。根据吸收带的强度进行组分的定量分析。

用紫外分光光度法测定微量浮选药剂，特别是黄药类硫化矿捕收剂及各种络合捕收剂，应用比较广泛。例如对黄药溶液的测定，物质的量浓度可以低至10^{-5}~10^{-7}mol/L，而且能分别测定黄原酸、黄原酸离子及二黄原酸、重金属盐等。羧酸类及其衍生物的紫外光谱也有不少研究。

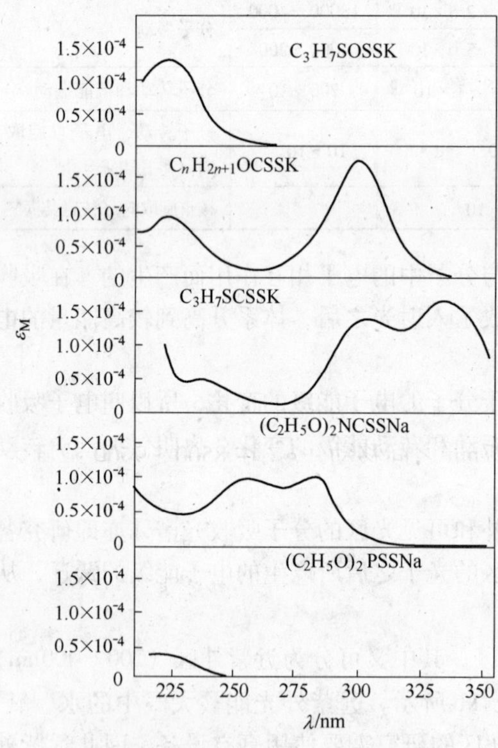

图21-12 巯基捕收剂的紫外吸收光谱

图21-12是钾黄药、烃基二硫代氨基甲酸钠、二乙基钠黑药以及黄药类衍生物烷基一硫代碳酸盐、烷基三硫代碳酸盐的紫外吸收光谱图像。

黑药的紫外吸收峰在波长227nm，一般分光光度计不便于测定，二价铜的二乙基二硫代磷酸盐［$(C_2H_5)_2PSS$］Cu为黄褐色沉淀，不溶于盐酸、硫酸及稀氨水，可溶于有机溶剂显橙红色，最大吸收波长335nm（$\varepsilon_M=3.2\times10^3$）及420nm（$\varepsilon_M=1.6\times10^4$）；铅盐［$(CH_2H_5O)_2PSS$］$_2$Pb在$CCl_4$中$\lambda_{max}=295$nm。

比色或分光光度可测定捕收剂表面活性物质的浓度。即络合物形成法，是利用捕收剂（表面活性剂）与有机染料在一定的溶剂中形成有色络合物，此络合物的消光值与捕收剂的浓度成比例关系，进而计算药剂用量，这一方法已用于测定烃基磺酸盐、硫酸酯盐、脂肪酸及盐、脂肪胺等捕收剂。常用的显色剂染料有亚甲基蓝、底片蓝、溴酚蓝、甲基绿、曙红等。阴离子型捕收剂使用阳离子型染料（如亚甲基蓝、频那氰醇，又称底片红 pinacyanol）；阳离子型捕收剂使用阴离子型染料（如曙红等）作显色剂。高相对分子质量的絮凝剂也可以用此种方法测定。

这种方法也用作测定表面活性剂的重要数据临界胶团浓度（CMC），这是利用药剂与染料形成的络合物颜色在 CMC 前后发生显著变化。例如月桂酸钠水溶液中与 pinacyanol 染料在 CMC 以下时呈红色，月桂酸钠溶液在 CMC 以上时呈青色，用溶液即可判断。当用比色计或分光光度计测消光值时，如图 21－13 所示。

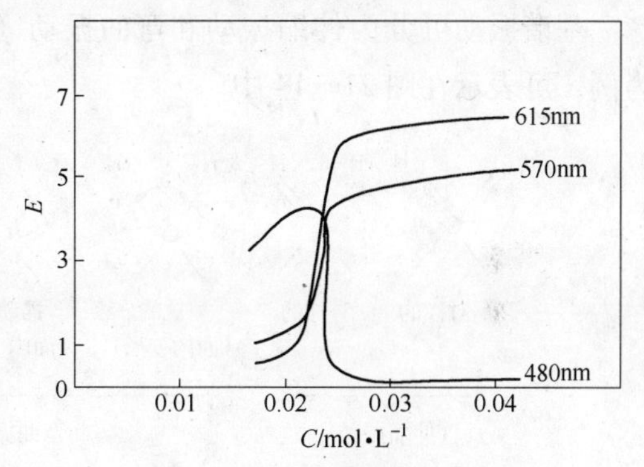

图 21－13 月桂酸钠水溶液中 pinacyanol 的消光值

在微量黄药的分析测定方法中，紫外分光光度法操作简便，干扰因素较少，灵敏度高（可对 10^{-6}mol/L 的物质的量浓度进行测定），并且可以分别测定黄原酸、黄原酸离子及二黄原酸、黄原酸重金属化合物等组分。

据岩崎严的研究，各种链长的烷基黄药水溶液，都有两个吸收峰，一个是 301nm，另一个是 226nm，它们是由 C＝S（330nm）及 S—H（226nm）引起的。各种黄药 301nm 的摩尔消光系数 ε_M 都为 17500，而 226nm 峰当烃链中 C 原子数在 1～8 时，波长在 225～227nm 之间移动，ε_M 在 8500～9500 范围内。此外，黄药还有一个弱的 380nm 峰。

21.11.3 红外光谱法

如前所述，红外吸收光谱是振动（或振动－转动）光谱。分子中的原子或基团吸收光子之后，进行振动或转动，从而得出某被测物的吸收谱图。根据各种化合物吸收了哪些波长的光来进行定性分析。根据吸收的强度进行定量分析。

分子吸收了红外光之后，它们是怎样振动的？有多少种振动方式？

由 n 个原子组成的分子，有了 n 个自由度，其中三个是平移的，另外三个是转动的，剩下来的就是 $3n-6$ 个基谐振动（在线型分子中有两个转动，所以它们的基谐振动为 $3n-5$）。各种振动（基谐振动）均在红外光谱的特征频率上分别进行吸收。由于有些振动不产生偶极矩，所以在红外光谱中没有找到吸收带。

基谐振动可分为伸缩振动和弯曲振动（又叫变形振动）两类。以亚甲基为例，可表示在图21－14中。

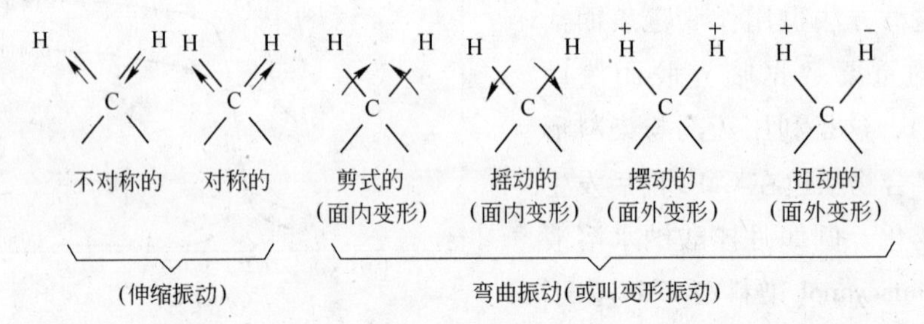

图21－14 振动模型的分类（＋表示朝纸上方运动，－表示朝纸下方运动）

红外吸收光谱中，通常用 ν 表示伸缩振动，δ 表示弯曲振动，cm^{-1} 表示波数。物质的分子吸收了某一波长的红外光之后，便在红外光谱的对应波长上出现一个吸收带，如图21－15所示。

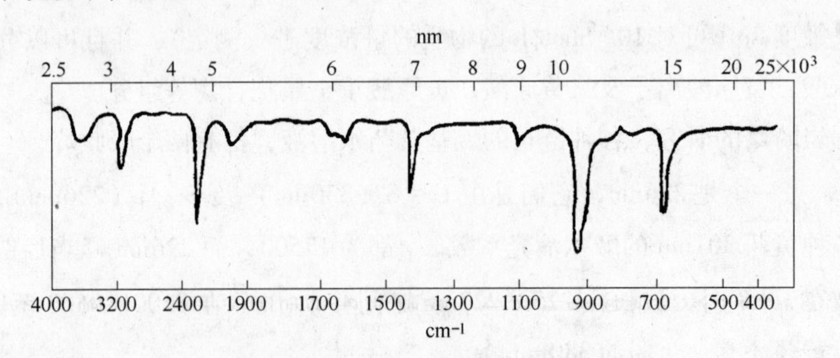

图21－15 丙烯腈红外吸收光谱

除基谐振动带之外，在红外吸收光谱中，时常还出现简并振动带、泛频带、组合谐频带和费尔米共振带。

由于很多化合物的分子在红外光区都有吸收谱带，因此，无论是无机物、络合物、有机物或高聚物都可以用红外吸收光谱法来进行分析鉴定，但对于一些多组分的比较复杂的化合物，只靠红外光谱这个工具也是不够的，有时还需要借助于色谱、质谱、核磁共振波谱等分析手段相互配合，才能得出比较正确的分析鉴定结果。

红外吸收光谱的定量分析和紫外可见光谱的定量分析一样，同样是依据比尔定律。在定量分析的时候，必须首先选择好分析组分的特征吸收带，如分析有机酸、酯、醛、酮等物质时，选择与C ═O 基团振动有关的吸收带等。分析烯烃化合物时，选择与—CH ═CH—有关的吸收带等。只有这样的吸收带的强度才能代表分析组分的真正含量。欲得满意的结果，还要注意：（1）这个吸收带的强度随浓度的变化要服从比尔定律。（2）这个吸收带周围应尽可能没有其他吸收带的干扰。（3）在进行多组分分析时，所选择的几个特征吸收带应尽可能不要离得太远。相距太远有时可能因仪器的不稳定而带来意外的误差。

目前用计算机控制和进行数据处理的红外分光光度计，都已经比较普遍，使用十分方便，如 Perkin-Elmer 公司生产的 M683、783 和 983 红外分光光度计，都带有计算机系统，并存储了3000 多张光谱图数据。操作者输入一定的程序，计算机就能很快地检索出被测物的可能结构，这对定性分析和结构测定非常方便，同时计算机中还储存了峰高、峰面积、一次微分、二次微分等六种定量分析方法。操作者输入一定的程序和被测物的数据后，就能将一种或多种（最多六种）方法计算的结果全部显示和打印出来。

21.11.4 浮选药剂吸附量测定

矿物在浮选药剂溶液（矿浆）中对药剂吸附量的测定，按照测定方式分为直接法和间接法。直接法是对吸附在矿物表面的药剂量和组成作直接的测定。间接法是用已知浓度的药剂溶液与矿物作用后，测定残余溶液的浓度，再计算求出吸附量。

按照矿物与溶液的接触方式分为接触搅拌法和固定层法。接触法是在烧杯等容器中放入药剂溶液及矿样，经一定的搅拌接触后，取澄清的药液（或经过滤、离心等），测残余浓度。定层法又称吸附柱法，是在玻璃柱内或特种装置中填入矿样成固定层，再使药剂溶液流经此矿物层，按给入液和流出液浓度差求算吸附量。

直接法测定是将吸附在矿物上的药剂用适当的溶剂浸泡或淋洗使之解吸溶解，再测定解吸液中药剂浓度。高登及波立金等研究黄药、油酸的吸附时曾用这种方法。但有时吸附的药剂难以被溶剂完全解吸，而带有一定的偏差。通常用水、NaOH溶液、HCl溶液及$CHCl_3$、CCl_4等有机溶剂解吸。

直接测定矿物表面上的药剂，目前只能用示踪原子法和红外光谱法、电子显微镜法等。直接测定干扰较少，且可研究药剂在矿物表面上存在的状态。

间接法测定吸附量可以应用各种分析药剂的手段，在普通试验室条件下可以做到。缺点是用差减法求算，可能带来较大的误差，此外溶液中的其他成分常常干扰测定。

相关测试分析的具体方法和应注意的事项在分析化学、水处理分析测试的不少专著中多有介绍，可供参阅。

21.11.5 在线分析及其他

在线分析在现代工业的各个领域均已广泛采用。作为药剂浓度变化，用量增补方面使用得也不少。它和前述各节分析测试技术，对于计算、控制、合理和准确用药，不致用药过量都是有效的方法，可根据实际情况选用。现将现代在线测试手段、方法、仪器、设备（如前所述）和自动化信息处理技术有效组合，就可以快速、准确进行在线分析。如循环冷却水系统加药处理技术的不断发展，人们除了继续关注研究和开发各类新型水处理药剂配方外，还不可避免的碰到水处理剂的在线检测和自动补充加药的问题。如何控制水中杂质对药剂分析的干扰，简化分析测试的仪器和方法，精确的测定由于水量变化和药剂降解或分解造成的浓度变化，实现计算机自动控制是人们期望和关注的。

水处理药剂的在线检测方法主要有：放射性同位素化合物如^{32}P等、测定药剂中掺入的荧光染料或金属离子如Li^+、在聚合物上枝接荧光基团以及基于免疫原理的标记聚合物等。目前已投入工业应用的有Nalco的TRASAR荧光示踪技术、Rohm-Hass的Optidose™和标记AA/S/N三元聚合物以及BioLab的Belcor500检测技术等。

荧光标记示踪剂的合成是利用现有的高分子链上的反应活性官能团与单体中可反应基团进行化学反应生成荧光高分子。聚合物骨架上或多或少具有亲电性或亲核性，具有亲电性基团的称为亲电性化合物（高分子-E），具有亲核性基团的称为亲核性化合物（高分子-N）。高分子-E和高分子-N分别和亲核性（单体-N）或亲电性（单体-E）分子反应，生成荧光高分子化合物。

另外，也可以通过共聚反应，将荧光单体枝接嵌入聚合物链段中，或经过聚合反应生成大π键共轭体系而产生荧光效应。

根据布-拜定理，在低浓度水溶液中，荧光物质的荧光强度与其浓度之间的关系应满足方程：

$$F = KI_0kCI$$

式中，F 为荧光强度；K 为荧光比率；k 为比吸光系数；I_0 为入射光每秒每平方米的强度；I 为液槽厚度；C 为溶液中荧光物质的浓度。

在低浓度时所制得的荧光示踪剂的荧光强度与其浓度基本是成线性关系的，如图 21－16 所示。

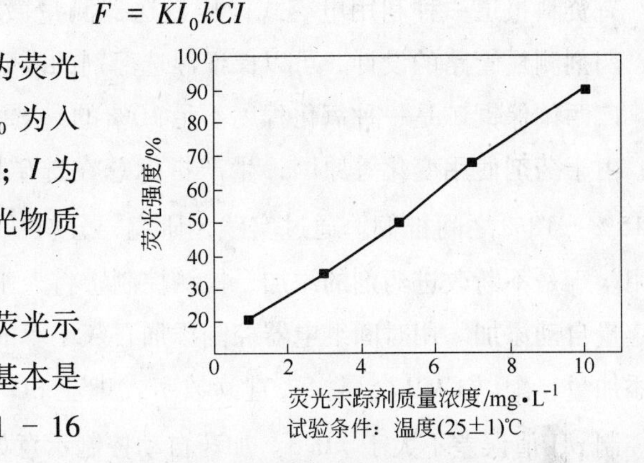

图 21－16 荧光示踪剂浓度与其荧光强度的关系

根据药剂浓度与其荧光强度的线性关系，可以采用荧光分光光度法进行药剂浓度的在线检测，并实现自动加药。目前，报道除已有 Nalco 公司实现自动检测和加药的工业应用外，不少企业也紧跟采用。

JKMRC/AMIRA P9 是目前世界上进行时间最长的选矿药剂项目，它帮助开创了一项在线浮选药剂分析的新技术项目。该项目系由澳大利亚的联邦科学与工业研究组织（CSIRO）和 Ian Wark 研究院共同进行。一种高性能液体色层分离法被用来开发确定浮选槽中残余化学药剂量的在线分析法。

据 CSIRO 的一位研究人员介绍，矿物工业常常需要有关浮起的矿物表面已黏附了多少药剂这类信息。这很难测量，却很重要，因为当矿物浮游过一排浮选槽时，分离矿物与脉石所需的药剂用量需加以调整与改变。在线测量系统可使选矿人员在任何给定时间施加最佳数量的药剂。

作为研究项目的一部分，CSIRO 的研究人员正在利用 JKMRC 在布里斯班的具有高度控制条件的半工业装置展示在线药剂分析系统的优越性能。

分析系统将管子插入浮选槽取样，然后迅速过滤除去水分并进行药剂量的分析测定。目前，系统采用的是抓取取样法。

通过加药设施来控制加药计量，也是一种有效用药、节约用药的方法之一。中国专利（CN2198029）介绍了一种浮选给料浓度、加药的测控装置。该装置包括浓度测量装置、电磁流量计、可调计量泵工程控制系统，还包括浓度测量浮筒式密度计和测量筒、稳定筒，测量筒通过筒壁上开口以管道与搅拌桶相连，筒底开口以管道与搅拌桶至浮选机输浆管相连。具有在搅拌桶出口处测量给料浓度、流量，测控准确、及时，系统简单、可靠，产品质量稳定的特点。有资料报道一种利用电容式微压变送器测量微小流量的装置及其工作原理，药剂测量管路的设计，可以保证浮选药剂的准确添加、药剂流量的测量。

广西德保铜矿是一种氧化程度不足10%的易选黄铜矿，自1971年建厂以来，由于药剂使用变化等原因，生产指标总在选矿回收率约88%，精矿品位在15%~18%之间徘徊。通过实践，研究、分析认为，石灰在选矿中有重要作用。于是不断改进药剂的添加、检测控制，将人工控制石灰添加改为机械可调定量自动添加。用时间继电器控制添加石灰小车的往返频率及电子计算机控制添加量，配以CMP金属探头直读数字式工业pH值仪，通过电子计算机检测控制pH值误差不大于±0.3。加药自动控制示意如图21-17所示。

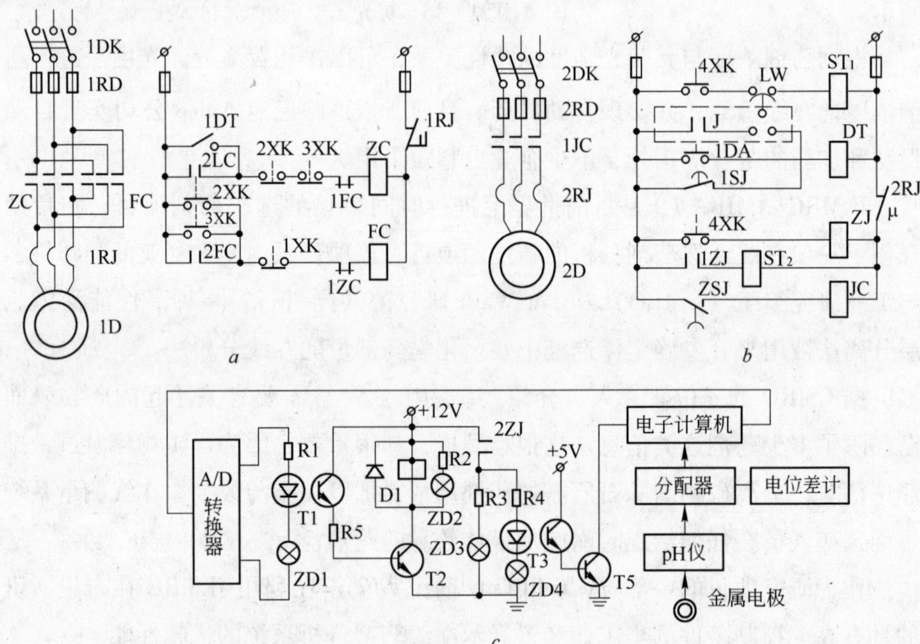

图21-17 药剂添加自动监控示意图

1D—小跑车电动机；ZJ—中间继电器；FC—反转接触器；2D—给料电动机；ST_1—小跑车时间继电器；DT—电磁铁；ZC—正转接触器；ST_2—给料时间继电器；1DT—电磁起动开关；JC—交流接触器；J—小型继电器；T1，T3—光电耦合管；LW—转换开关；1RJ，2RJ—热继电器；1XK，2XK，3XK，4XK—行程开关

药剂自动控制添加和矿浆 pH 值的监控使生产有了很大改观，工业运行以来，不仅产品从日处理 300t 扩大到 500t 的铜浮选厂，而且各项选别指标（如 1971 年与 1981 年以后对比）稳定而显著提高。表 21 - 17 为 1971 年及 1981 ~1988 年选矿指标对比，与此同时，降低了药剂的消耗，石灰用量比前降低了 41.7%，黄药降低了 35.7%，2 号油降低 9%，可见效果明显。

表 21 - 17 选别指标对照

年份		处理矿石品位/%	选矿回收率/%	铜精矿品位/%	尾矿品位/%
加药自控年份	1981	0.818	92.92	21.59	0.060
	1982	0.702	91.58	21.00	0.061
	1983	0.840	94.07	23.61	0.050
	1984	0.847	93.61	23.70	0.056
	1985	0.811	92.00	23.00	0.067
	1986	0.942	93.75	24.68	0.061
	1987	0.916	92.15	24.79	0.046
	1988	0.810	95.45	25.50	0.038
未自控	1971	0.950	88.40	15.98	0.12

参考文献

1 见百熙. 浮选药剂. 北京：冶金工业出版社，1981

2 王淀佐. 浮选剂作用原理及应用. 北京：冶金工业出版社，1982

3 梁经冬. 浮选理论与选冶实践. 北京：冶金工业出版社，1995

4 选矿手册编委会. 选矿手册（第三卷·第二分册）. 北京：冶金工业出版社，1993

5 Malati M A，Yousef A A. Mine and Quarry Eng，1962，28：539

6 真岛宏. 浮选（日）. 1960

7 Nutt C N, *et al*. Bull Inst Min Met，1963，72：793

8 米泽利明等. 日本矿业会志，1958，1055

9 藤井雄二郎等. 日本矿业会志，1954，99

10 王淀佐. 有色金属（选矿部分），1982（1）：45

11 Du C Rietz. Ⅻth IMPC，1975，375

12 北京矿冶研究总院《有机浮选药剂分析》编写组. 有机浮选药剂分析. 北京：冶金工业出版社，1987

13 孙建中，龙占元等. 选煤技术，2002（6）
14 刘元江，刘键全，刘焕胜. 煤炭加工与综合利用，2002（6）
15 刘焕胜，刘瑞芹. 煤炭加工与综合利用，2003（4）
16 CN 2628148；2650879（2004 中国矿业大学）
17 CN 2224653（1996）
18 CN 2198029（1995）
19 谭欣，李长根. 国外金属矿选矿，2000（4）
20 薛维东. 工矿自动化，2002（2）
21 唐刘，谢云生. 第二届全国选矿学术讨论会论文集（有色系统），1990
22 CN 1058548（1992，中南工业大学）
23 陆柱等. 水处理药剂. 北京：化学工业出版社，2002
24 CSIRO，Ian Wark. Mining Journal，2000（8）
25 朱建光. 国外金属矿选矿，2005（2）
26 边炳鑫，陈如清，韦鲁滨. 中国矿业大学学报，2003（3）
27 胡军，王淀佐，胡永平. 中国矿业大学学报，2002（2）
28 Nutt C W，*et al*. Bull Inst Min Met，1963，72：793
29 光泽利明等. 日本矿业会志，1958，1055
30 王淀佐. 有色金属（选矿部分），1982（1）

第 22 章　矿用药剂的污染毒害与治理

22.1　概述

矿用药剂的使用促进了矿业的开发，极大地提高了矿物的资源回收利用率，同时药剂的生产和使用也不可避免的带来污染，对环境生态造成影响或破坏。本章拟对在生产、使用中可能带来的污染及防治方法、措施进行综述。污染多种多样，治理方法只能重点介绍，恐难概全。本书生物药剂一章介绍了生物治理，其他章节亦有相关污染治理论述，以供参阅。

伴随矿产量的增加药剂消耗也在增加，特别是贫、杂、细矿物的浮选分离综合回收，促使药剂用量加大。据推（估）算，我国矿山化学药剂年用量目前已超过百万吨。有人将矿山用药与农药用量作对比，认为两者的比值（质量比）为3∶1，农药每年用量约为30万t，矿用化学药剂是其3倍。美国1980年从2.05亿t的铜矿石中产出420万t铜精矿，消耗38.3万t浮选药剂。处理1.09亿t磷酸盐矿石，生产出2660万t磷精矿，消耗了22.7万t的药剂；用浮选法从2890万t铁矿石中产出2150万t铁精矿，消耗掉6.1万t浮选药剂。我国的矿产资源贫矿多富矿少，易采易选的越来越少，难采难选的复杂矿越来越多，消耗药剂更多。药剂用量大，使用广，领域多，矿物加工药剂使用过程复杂，相互作用、变化及影响因素多，因此带来的污染亦多，“三废”监控治理责任重大。

22.2　持久性有机污染物

矿用化学药剂的污染，特别是有机物的污染及其对生态系统和人类健康的影响及危害已被人们所认识和关注。因此，在叙述矿用药剂污染之前，先谈谈有机污染中的持久性有机污染物（persistent organic pollutants，简称 POPs）。

持久性有机污染物是指具有长期残留性、生物蓄积性、半挥发性和高毒性，能够在大气环境中长距离迁（飘）移并又能沉积回落到地球上，对人类健康和环境生态具有严重危害的天然的或人工合成的有机污染物质。POPs 物质由于大多具有致癌、致畸和致突变的“三致效应”和遗传毒性，能干扰人体内分泌系统，并在全球范围的各种环境介质——大气、江河湖泊海洋、淡咸水体和底泥、土壤以及动植物和人体组织器官中广泛存在，已经引起世界各国政界、学术界、工商界和公众的关注和重视，成为一个新的全球性环境问题。联合国环境规划署（UNEP）在2000年12月和2001年5月分别在南非和瑞典召开会议，讨论组织控制典型POPs的国际法律约束条款。

22.2.1 持久性有机污染物特性

持久性有机污染物对环境、生态、自然的污染可以说是全球性的，全球性游移、飘落，无孔不入。其特性首先是POPs的持久（长期）残留性，对于在自然条件下的生物代谢、光降解、化学分解等具有很强的抵抗能力。一旦被排放或扩散到周边环境中，因其难以分解、降解，可以在水体、土壤和污泥等载体中存留沉积数年、数十年或更长时间。其次是POPs的生物蓄积性。该物质的分子结构中常常含有卤族原子或氮族原子，有的还含有砷、氰及汞、铅等重金属物质，具有低水溶性、高脂溶性，能在脂肪组织中发生存积，POPs从周围环境介质中通过各种渠道转移富集到生物体内，并通过食物链在生物体或人体中积累。第三，有的POPs具有半挥发性，或形成微细颗粒和微珠，能从水体或土壤等介质中以挥发或气溶胶颗粒形式进入大气环境进行远距离迁移，最终又沉降到地球上，反复多次发生循环、污染、侵害，使得在全球范围内造成污染，包括陆地、沙漠、海洋、南北极地区。研究表明，在北极地区的哺乳动物体内都已监测到部分POPs，而且有的浓度还比较高，例如POPs DDT测出量（μg/g湿重，下同）为2～39000，二噁英为0.6～7096，氯丹1～12900，多氯联苯84～9160，此外，还检测出毒杀芬等物质。第四，多数的POPs对动物和人类有较高毒性。研究表明，能够导致生物体内分泌紊乱、生殖及免疫机能失调、神经系统紊乱、发育失常以及致癌、致畸、致突变等。

具有上述特性的持久性有机污染化学物质有数千种，通常是具有某些特殊化学结构的同系物或异构体。联合国环境规划署组织通过的首批控制的12种POPs，有艾氏剂、狄氏剂、异狄氏剂、DDT、氯丹、六氯苯、灭蚁灵、毒杀芬、七氯、多氯联苯（PCBs）、二噁英和苯骈呋喃（PCDD/Fs）。其中，前9种为有机氯农药，后3种是精细化工产品或其衍生物（副产）以及含氯废物焚烧所产生的二次污染物。它们中的一些合成中间体或者衍生物（如一些含氯、含磷浓药、污染中间体和苯骈呋喃及衍生物）以及副产品也是矿用药剂。为此，美国、加拿大和欧洲32个国家于1998年6月在丹麦召开的泛欧环境部长会议上签署了关于长距离越境空气污染物公约，提出16种控制的POPs，除UNEP提出的12种外，还有六溴联苯、林丹（即99.5%的六六六丙体制剂）、多环芳烃和五氯酚。

22.2.2 持久性有机污染物的危害

通常 POPs 在水体中的半衰期大多在几十天至20年，个别长达100年；在土壤中半衰期大多在1～12年，个别长达600年。而它们的生物富集因子（BCF）高达4000～70000。以上性质决定了 POPs 对人体健康和生态环境具有极大的危害。

以典型二噁英化合物 TCDD 为例，极性毒性试验表明能够耗竭动物体内脂类组织，引起动物消瘦，并在几天或几周内死亡。慢性和亚慢性喂养试验表明，能够引起动物肝脏坏死，淋巴髓样变、表皮疣、胸腺萎缩、胸腺细胞活性下降、血浆甲状腺激素水平下降、体重减轻、胸腺相对重量变少、肝脂丢失、细胞色素 P450 酶活性升高等。另外，TCDD 还能对生物机体产生多种特殊毒性，如致癌性、致畸性、免疫毒性、发育毒性、胚胎毒性、紫质症（卟啉症）等。其中致癌性尤其引人注目，研究已证明 TCDD 是一种很强的多点位致癌物。有研究者用3种不同的动物对其进行多项致癌性检测，试验结果均为阳性。动物试验也表明，TCDD 易诱发肝、肺、黏膜和皮肤内癌症的发生。另外采用统计医学观点对不同人群初步调查结果也表明，TCDD 染毒与由呼吸系统癌症所致死亡具有明显的相关性。世界卫生组织（WHO）于1997年将二噁英确认为一级致癌物，其他11种 POPs 中也有7种 POPs 被列为可能的人体致癌物。

最近几十年中，与 POPs 物质有关的环境污染事件层出不穷，例如1976年7月意大利伊克摩萨化工公司发生爆炸而泄漏出2kg 二噁英，导致附近塞韦索镇的家兔、飞鸟和老鼠丧命，许多孩子面颊上出现水疱，700多人被迫搬迁；1968年在日本以及1979年在中国台湾都曾发生过因食用受多氯联苯污染的米糠油而导致上千人中毒的事件，中毒者不仅发生急性中毒症状，而且接触多氯联苯的母亲在7年后所产下的婴儿出现色素沉着过度、指甲和牙齿变形，到7岁时仍智力发育不全、行为异常等现象；1999年比利时布鲁塞尔发生的鸡肉二噁英含量严重超标事件引起了世界各国消费者的恐慌，当时的内阁也被迫宣布集体辞职。

在我国，以农药为例说明 POPs 的危害。在20世纪60～80年代生产和使用的一些主要农药品种是属于 POPs 的有机氯农药。当时，我国除了未生产艾氏剂、狄氏剂、异狄氏剂和灭蚁灵之外，曾大量生产和使用 DDT、毒杀芬、六氯苯、氯丹和七氯5种 POPs 农药。据20世纪80年代初对全国2258个县（市）使用农药登记制度以后，先后停止生产和使用氯丹、七氯、毒杀芬；目前据称有些地方仍保留 DDT 农药登记和六氯苯的生产，但禁止或限制其作为农药使用。DDT 主要用于生产农药三氯杀螨醇的原料，一部分供出口。六氯苯主要用于生产农药五氯酚和五氯酚钠（含有二噁英杂质）。一些塑料、树脂、焦油及提取物也存在二噁英、多氯联苯或因焚烧而产生。

22.3 矿用药剂与持久性有机污染物

矿用化学药剂除各类选矿药剂外，还包括湿法冶金（或化学选矿）所用药剂，如萃取剂、稀释剂、基质改善剂、絮凝剂、光亮剂和酸雾抑制剂等。品种总数多达数百种，其中多数品种都是对环境有害的化学药剂，如氰化物、硫化物（硫化氢、巯基化合物、硫醇、硫醚等）、磷化物、氟化物、砷化物、无机盐（重铬酸盐等）、二硫化碳、二氧化硫等无机有机类化合物，以及胺类及有机胂化物、有机膦（磷）化物（捕收剂和萃取剂）、$C_{4\sim8}$脂肪酸、萜烯醇、杂环和多环类等许多药剂多数都是有毒有害的矿用药剂。

石油化工行业有几百种 POPs 重点污染物，其中的上百种典型代表物多环芳烃化合物（polycyclic aromatic hydrocarbon，PAHs）用作药剂原料，或者通过煤油、柴油、重油以及石油硫醚、石油亚砜等产品成千上万吨地进入矿山。苯酚和烷基酚及其衍生物、苯胺、烷基芳基胺、吡啶、呋喃、吗啉、噻唑、噻吩多环及杂环类同系物、衍生物蒽、茚、芴、菲等及烃油、石蜡、醚、酮、醛、酯、有机硫化物等均以选矿药剂和萃取剂或其原辅料直接进入矿山使用。事实上，其中的一些化合物（组分）和含氯农药一样，已列入我国优先控制的污染物名单。

矿用药剂大多数都是表面活性物质，尤其是捕收剂、起泡剂、有机抑制剂、絮凝剂、增效剂、助磨剂、离子交换剂、膜分离剂和萃取剂等药剂，具有表面活性，分子中具有亲水基团和疏水基团。它们都具备表面活性物质对环境可能带来污染的各种特性，如在水介质中产生乳化、弥散、增溶、分散或与水及矿浆中重金属离子产生作用。这些现象不仅增大了药剂用量，而且也增大了废水废渣中药剂的残余量、流动迁移量（进入江河湖泊、农田、土壤植被等），因此三废治理十分必要，否则将在更大范围迁移、污染。特别是一些含氯、亚砜、烷基酚、多环芳烃以及含磷砷有机药剂。

烃油（煤油、柴油、液体蜡油）是常用的浮选的辅助捕收剂，煤和钼矿的主要浮选捕收剂，湿法冶金中的稀释剂（煤油）。由高硫石油馏分直接分馏生产的烃油（P-60）及其氧化形成的石油亚砜产品中就含有 POPs 和 PAHs。PAHs 有很强的致癌性和诱变性，是 POPs 的重要代表物。各种取代芳烃、噻吩、烷基酚、吡啶等类药剂也属矿山常见的 POPs。亚砜类药剂也有用作选矿或萃取冶金药剂的。

低品位有色金属和稀散金属资源及废弃物、废液中有价金属的回收利用，采用溶剂萃取—电沉积工艺（SX—EW）是重要选项。全球的湿法炼铜年规模已超过200万t就是一例。在常用萃取剂中，如2-羟基-5-壬基苯甲醛肟、2-羟基-5-壬基苯乙酮肟，国外牌号为Lix84、Lix860、Lix984、Lix984N、Lix70、Lix622、P50、P5100、P5200、P5300、M5640、M5774和SME529等都有类似的结构。它们的母体结构为对位支链的壬基或十二烷基苯酚组成（即以壬基酚或十二烷基酚为原料进行合成）。而且在铜萃取工艺中，往往还加入壬基酚作为基质改善剂。烷基酚类衍生物作为选矿药剂的也不少。研究表明，这类酚类化合物（捕收剂及萃取剂）是内分泌干扰物。

1938年就已发现烷基酚具有雌激素活性。1991年Soto研究证实壬基酚诱导乳腺癌细胞MCF-7的增生，引起大鼠骨骼畸形，血中雌二醇蛋白质含量降低，引起体重减轻，子宫萎缩，死胎。4.0mg/kg的壬基酚在24h可损坏DNA结构，并抑制过氧酶的活性。烷基酚类作为内分泌干扰物的代表物已成为环境毒理学研究的热点，其毒性与烷基酚中烷基的支链或直链以及结构位置有关，支链愈多毒性愈强，毒性由大到小是：三支链 > 二支链 > 直链，对位 > 间位 > 邻位，而且支链越多的越难被生物降解。北京矿冶研究总院栾和林等人已从国产及进口的上述铜萃取剂中检测出壬基酚，而且都是多支链的壬基酚。

22.4 矿用药剂与环境污染

矿用药剂对生态环境的污染及危害是不言而喻的，其作用十分复杂，有直接作用产生的污染，也有间接作用引起的污染，或者是因多因素的相互作用产生的危害。下面分述药剂的污染危害情况。

（1）直接污染危害。一些药剂本身是有毒有害的化学物质，如黄药类、胂酸类、烷基酚类、多环杂环类、石油亚砜类、氰化物、硫化物、氟化物、铬盐、铅盐、铜盐和锌盐等。在生产使用中可通过皮肤接触或空气吸入对人体健康及生物链造成影响，或者通过水介质、尾矿堆存对环境造成污染。

（2）间接重复污染。对挥发半挥发、强腐蚀、化学性质不稳定的药剂容易产生污染。例如，易与微粒（粉尘）形成气溶胶的有毒有害物质，在工艺操作中要求强酸和强碱条件，由此产生的大量强酸或强碱性的废水（尾矿水、冲洗水等）排入河流湖泊灌溉农田；一些有机化学物与无机化合物本身及其与重金属离子相互作用产生复合污染；在物理选矿、生物选矿、化学选矿、废水处理、湿法堆浸、溶剂萃取等工艺中，一些有害物质，如重金属铅、镉、锡、汞、铊、铬、锰以及砷化物可能被富集、浸出，如不处理易造成污染。

（3）有机表面活性剂及高聚物污染。一些选矿药剂因具有凝聚、不降解，或者长期漂浮于水面，或者易乳化、溶解、分散、起泡等引起各种污染。例如脂肪酸类、胺及氨基酸类、磷酸及膦化合物类，它们能降低水溶液中溶解氧，使水体的生物需氧量（BOD）和化学需氧量（COD）增加，此类药剂的废水大量或长期任意排放使江河湖泊转嫁对水生生物、动植物（含禽畜、粮食）的富集、累积，或因氮、磷水体的富营养、低等植物、藻类（蓝藻等）大量繁殖，并使水体缺氧造成鱼、虾、蟹等水生生物的死亡破坏水质；有些药剂的分散乳化作用，使含有微细粒矿泥的尾矿水等排入沟渠，顺流而下，长时间不沉降，悬浮于水体表面或使水体混浊影响河流湖泊生态系统。若经过缓慢沉降覆盖于河湖底泥表面、农田、土壤表面的透水、透气性受到不良影响，造成土壤板结、变质（盐碱地）、水土流失、有害物质对植被破坏及对土壤的侵蚀、累积造成荒漠化。

（4）持久性有机污染物质类药剂的污染。此类药剂主要是多环芳烃类、烷基酚类、石油亚砜类、石油硫醚类，它们大多具有致癌、致畸、致突变性。又如，有机硫芳香化合物类药剂性质稳定，不易降解，毒性强，比多环芳烃和含氮杂环化合物更具致癌性，这些药剂包括芳基硫醇及硫醚、二硫代噻吩及同系物，苯骈噻吩和二苯骈噻吩类等。详情已在前一节中论述。

矿用药剂污染除生产带来的污染外，主要是选矿系统造成的，具有普遍性的污染，是由于选矿药剂随不同废水排出而造成的。某硫化矿浮选厂的废水中药剂含量如表22－1所示。

表22－1 浮选厂废水中浮选药剂含量分析实例

废水名称	pH值	总氰质量浓度/$mg \cdot L^{-1}$	黄药质量浓度/$mg \cdot L^{-1}$	松醇油质量浓度/$mg \cdot L^{-1}$
浮选选矿废水	7.5		5.1	5.36
浮选含氰尾矿水	10.75	9.00	21.6	
精矿浓缩池溢流水	10.90	15.05	44.10	

1981年河北承德某磷矿选矿厂因大量药剂和含固悬浮物（质量浓度3000mg/L）随尾矿废水排放，进入河道灌溉育秧，造成秧田表面板结，稻种无法出土，使几千亩水稻无秧可插。又如，某铅锌矿长期使用重铬酸钾调整剂，废水渗入地下，使矿区周围居民数十口饮用水井受铬污染严重，铬含量超标37倍。某磷矿钼选厂使用硫化钠等药剂，致使废水含药量超过国家排放标准48倍。

22.5 矿用药剂对鱼类等水生生物的毒性

中国科学院水生生物研究所曾对某铁矿浮选尾矿废水对鱼的毒性作过研究。试验所用的鱼平均质量26g，体长6.6cm，试验在鱼缸中进行。鱼缸通入氧气使水中溶解氧保持质量浓度在4～5mg/L，温度23～26℃。重点研究乙基黄药、松根油（萜烯醇）和甲酚黑药对草鱼的毒性。结果表明，三种浮选药剂对草鱼的安全质量浓度，乙基黄药为50mg/L，松根油为60mg/L，甲酚黑药为50mg/L。但是，因三种药剂均具有强烈臭味，废水必须经除臭处理（用吸附剂），使废水含乙基黄药不超过0.05mg/L、甲酚黑药0.1mg/L、松根油5mg/L，方可去除异味。国外资料也报道了一些酚类对鱼类产生异味的浓度，见表22－2。

表22－2　一些酚类化合物对鱼类产生异味的质量浓度

化合物名称	试验鱼种	产生异味的质量浓度/$mg \cdot L^{-1}$	化合物名称	试验鱼种	产生异味的质量浓度/$mg \cdot L^{-1}$
苯　酚	鳟、鲤	1.0	邻特丁基苯酚	未报道	0.3
甲酚类	鳟、鲤	10.0	对特丁基苯酚	未报道	0.03
3，4-二甲苯酚	鲤	5.0	邻苯基苯酚	未报道	1.0
3，5-二甲苯酚	赤睛鱼	1.0	邻氯苯酚	未报道	0.015
2，4-二甲苯酚	赤睛鱼	1.0	对氯苯酚	未报道	0.05
邻苯二酚	鲤	2.5	2，4－二氯苯酚	未报道	0.005
间苯二酚	鲤	30.0	甲酚（间－，对－）	未报道	0.2

早在20世纪60年代国外曾有人对一些比较常用的选矿药剂的毒性进行比较系统的试验研究，试验对象主要是鱼类及鱼食动物，并按浮选药剂的毒性强弱分为极毒、强毒、中等毒性、弱毒及无毒5个等级。

试验所用的鱼及蚤有鲈鱼、鲂鱼、水蚤及小溪水蚤。试验所用的鱼平均长度13～18cm，在4天的试验期间内，在良好的通空气条件下，将鱼养在10L的玻璃鱼缸内。鱼食生物（水蚤）的研究是在培养皿中进行的，加水1L，也通空气，水温保持在11～17℃之间，所用自来水的pH值为7.6～8.1，碳酸盐硬度为8°dH。被测试的浮选药剂有：对-甲苯胂酸、烃基磺酸盐、黄药、25号黑药、吡啶盐、胺类及油酸、塔尔油等。但油酸、塔尔油、各种萜类化合物以及白精油等。由于药剂只能部分溶解于水，使用前必须先制成水乳剂才能应用。乳化的方法可采用振荡乳化或酒精乳化。毒性剂量以“临界值”为标准衡量，即在3～4天内，养鱼缸中第一次可以观察到明显中毒症状，这时药剂的浓度就叫做毒性“临界值”。最容易识别的中毒症状之一，对于鱼类来说，就是鱼开始出现“侧身”。有一些还具有典型的中毒现象，像磺酸盐可以使鱼大量分泌黏液，相当多的表面活性物质都会产生这种症状；这是由于鱼的皮肤黏膜和支气管表面细胞遭到破坏的缘故，阻塞了气体的交换，除非提高水中氧含量，否则鱼将窒息而死。萜类同样也产生典型的中毒症状，鱼首先很快昏迷、侧身横倒。除非将水重新换掉，不然鱼总是维持这个样子。鲹鱼完全复活需要大约三天的时间。表22－3所列为各种选矿药剂对鱼及水蚤的毒性临界值。

表22－3 浮选药剂对鱼及水蚤类的毒性作用

浮选药剂	毒性临界值/mg·L^{-1}			
	鲈 鱼	鲹 鱼	水 蚤	小溪水蚤
油 酸	>2000	>2000	—	—
对甲苯胂酸	<1000（pH）	<1000（pH）	200	800（pH）
塔尔油	10~20	20~40	40	40
C_{12}烷基苯磺酸盐	6~8	10	30	40
C_{10}~C_{16}烷基磺酸盐	12~15	50~60	10~20	150
鲸蜡基磺酸盐（mersolate）	6	10	30	30
乙基黄药（钾盐）	2	6		>10
丁基黄药（钾盐）	15	20		50
异戊基黄药（钾盐）	20	55		50
25号黑药	50	60	<50	100
溴化C_9烷基吡啶	160	200	<5	5
溴化C_{12}~C_{16}烷基吡啶	5	4	0.2	1
溴化C_{18}烷基吡啶	0.75	0.75	<0.1	0.1
C_{10}脂肪胺盐酸盐	2~3	3		2~3
C_{12}脂肪胺盐酸盐	3~4	4		约4
C_{14}~C_{16}脂肪胺盐酸盐	4~5	5		4
T－1	25~30	35~40		40
T－2	12~15	12~15		>40
T－3	30	30		>30
T－4	20~30	20~30	80	60
T－5	50	50	125	—
白精油	5~10	10~15	10	60

注：mersolate = mersolsufonate，平均碳链长15，含量95%，其余为NaCl 3%，Na_2SO_4 1%，烷烃1%；

T－1：萜烯醇（系α及β－萜烯醇的混合物，含量90%，另外10%为其他萜醇及萜类碳水化合物）；

T－2：萜烯醇醋酸酯的混合物；

T－3：萜烯烃混合物（主要成分为二戊烯萜类，副成分为桉油醇、桉叶油醇、萜烯醇）；

T－4：萜类烃，通式为$C_{10}H_{16}$；

T－5：萜类混合物（例如萜醇、萜类、萜二烯、桉油醇、龙脑等）；

白精油：$C_{7\sim8}$烷烃的混合物；

pH值：强酸性pH值。

选矿药剂对于鱼类的毒性作用强弱，可以大致划分为五类，即：

极毒	<1mg/L
强毒	1~10mg/L
中等毒性	10~100mg/L
弱毒性	100~1000mg/L
无毒性	>1000mg/L

由表22-3可见，经试验的选矿药剂，多数属于中等毒性，包括磺酸盐、黄药类（乙基黄药除外）、所有萜类起泡剂、塔尔油、25号黑药及白精油。属于强毒的，包括胺类、乙基黄药和溴化 $C_{12\sim16}$ 烷基吡啶。溴化 C_{18} 烷基吡啶应属于极毒类，而溴化 C_9 烷基吡啶则属于弱毒性药剂。只有油酸和对甲苯胂酸对于鱼类来说实际上是无毒性的。它对鱼类造成损害是由于在较高浓度下，对甲苯胂酸使水溶液具有使鱼致死的强酸性pH值。

有人还报道了药剂对鲦鱼、金鱼和鳟鱼等的毒性：N-C_{12}-烷基吡啶盐、2-氨基乙醇基吡啶盐酸盐、甲醛基-或甲基吡啶盐酸盐和十二烷基苯磺酸盐对鲦鱼作用6h结果表明，前三种药剂对鲦鱼的临界致死质量浓度为19~20mg/L，对十二烷基苯磺酸盐其临界致死质量浓度为6~7mg/L。乙基钾黄药质量浓度小于6mg/L，异戊基钾黄药浓度小于25mg/L时，对鲦鱼没有明显毒害作用。乙基钾黄药的质量浓度为10mg/L时，金鱼在48~96h死亡。

树脂、松香和松香酸对鱼类的毒害作用几乎相同，同属于神经中毒。用5mg/L的树脂质量浓度就可使鳟鱼死亡；松香酸的质量浓度为20mg/L时，片脚类的甲壳动物5天内全部死亡。辅助捕收剂燃料油对鳟鱼毒性临界值为25~30mg/L，对于低等动植物其浓度比此更低时即可造成灾难。

含酚废水中酚的质量浓度在1mg/L时，就对鱼类有危害，影响鱼的回游和产卵繁殖，当质量浓度为5~10mg/L时，使鱼大量死亡。

选矿药剂厂废水的危害更大。如合成脂肪酸生产排放的废水，若不经过处理可以使浮游生物和鱼类灭绝。可见药剂废水的污染若不进行治理对环境生态将造成严重危害。

湖南有色冶金卫生防治研究所曾在1973~1974年对甲苯胂酸、苯乙烯膦酸的毒性作了详细的研究。甲苯胂酸对鲤鱼和鲫鱼的试验证明，两种鱼类的绝对致死质量浓度均为500mg/L，当药剂质量浓度为100mg/L时，鱼类不致引起死亡；对于苯乙烯膦酸的毒性试验，采用鲫鱼（94条，体长5~10cm）放养于10L的鱼缸内。缸内盛入井水（20℃，pH=7），并在大气中暴露24h后进行试验。试验分7组，1组为对照组，其余各组按对数间距分配进行试验。试验液配完后分别用氢氧化钠溶液调节pH值至7左右。每组用鱼10条，观察24h、48h的死亡情况，用小镊子夹住鱼尾在5min内没有产生刺激反应为死亡标志。其半忍受限度测定如表22－4所示。

表22－4 半忍受限度测定

试验液质量浓度 /mg · L^{-1}	试验鱼数	试验鱼成活数		
		24h	48h	96h
2100	10	0	0	0
1800	10	3	1	0
1550	10	4	1	1
1350	10	7	0	0
1150	10	9	1	1
1000	10	9	6	6
井水对照组	10	10	10	10

再用半对数坐标以直线内插法，求出24h及48h的半忍受限度(TLm)，即：

24TLm = 1479mg/L

48TLm = 1028mg/L

安全浓度 = 48TLm × 0.1 = 102.8mg/L

然后对计算得来的安全浓度进行验证试验。配置质量浓度为102.8mg/L的苯乙烯膦酸溶液4L放入鱼12条，另有一对照组放入鱼12条，25天内未见死亡（25天未投饵）。

常用的浮选药剂中，最毒的是氰化钾或氰化钠，每浮选1t铅、锌矿石，要排出4.5～6.5m^3的废水，内含氰化物20～50g，平均质量浓度约为4～10mg/L。氰化物对鱼类及其他水生生物危害较大。当折合成氰离子质量浓度为0.04～0.1mg/L时，就能使鱼类致死。甚至在氰离子质量浓度为0.009mg/L的水中，鲟鱼逆水游动的能力就要减少约50%。氰化物的毒性主要是由于它能够水解成氢氰酸，在碱性环境中氰化物的毒性较弱，当pH值低于6时则毒性增大。水中溶解氧的浓度也能影响氰化物的毒性。例如，在氰化物质量浓度为0.105～0.155mg/L的水中，虹鳟的存活时间随溶解氧自10%到100%的递增而相应延长。不同金属离子的存在，氰化物所产生的影响也不同。当有锌或镉离子存在时，它们和氰离子有协同作用，毒性反而增强。当有镍或铜离子存在时，由于能与氰离子形成稳定的络合离子，毒性减弱。表22－5所列为金属盐或其络合物的毒性。

其他水生生物对氰化物最敏感的是浮游生物和甲壳类，最大允许质量浓度为0.01mg/L。抗性较大的水生生物对氰化物的最大允许质量浓度可达0.1mg/L。

硫酸锌在铅锌硫化矿浮选中，常用作闪锌矿的抑制剂，浮选排放废水的含锌量一般在0.06～1.54mg/L之间，它对鱼类的毒害较大。对鱼的毒性远比对人和温血动物的毒性大许多倍。表22－6所列为含锌废水对鱼类的毒性。

表22－5 氰化物与各种金属盐对鲦鱼的毒性（20℃）

氰化物及其与金属盐	所测得的平均耐受性（折合成氰离子的%值）		
	24h	48h	96h
氰化钠	0.25×10^{-4}	0.24×10^{-4}	0.23×10^{-4}
硫酸锌	0.20×10^{-4}	0.19×10^{-4}	0.18×10^{-4}
硫酸镉	0.23×10^{-4}	0.21×10^{-4}	0.17×10^{-4}
硫酸镍	—	2.5×10^{-4}	0.95×10^{-4}
硫酸铜	2.2×10^{-4}	2.0×10^{-4}	1.5×10^{-4}

表22－6 含锌废水对鱼类的致死浓度

鱼类名称	致死质量浓度/$mg\cdot L^{-1}$	致死率/%	致死时间/d	备 注
鳟 鱼	0.003	2	28	
鳟鱼苗	0.01	54	28	在软水中
鳟鱼卵	0.04			
鲑 鱼	0.054			
棘 鱼	0.3			
小鲦鱼	0.32	50	1	pH＝6.1～6.4
鲑鱼苗	0.42			
鲤鱼苗	0.5（中毒量）		1	

硫酸铜是硫化矿浮选的调整剂，常用作闪锌矿浮选的活化剂，用量一般为100～2500g/t。废水危害比较大。硫酸铜以及硝酸铜等水溶性铜盐对鱼类的毒性极大，在低浓度时就能促使鱼鳃的上皮收缩，使氧难以渗入血液。研究认为，当水中铜盐质量浓度达到0.002mg/L时，就开始对鱼类有致死作用。铜离子在极低浓度下能对鱼类的食饵和参与水体自净作用的水生生物产生致毒和致死作用。铜离子质量浓度为0.001mg/L时就能阻止蓝藻的发育，0.024mg/L时对桡足目有致死危害，0.04mg/L时，水蚤经一昼夜即死亡。总之，铜离子对哺乳动物的毒性不大，但对水生动植物毒性却很高。因此，含铜离子的废水

能危害养殖业及水生生物。

浮选硫化矿时，作为方铅矿抑制剂的重铬酸盐，当水中铬质量浓度为5mg/L时，对鱼类具有毒性，浓度为20mg/L时，就可使鱼类死亡。六价铬质量浓度达0.01mg/L就可使水蚤致死。

长链脂肪酸一般来说是属于毒性不大或无毒而有害的捕收剂，它能使水产生异味，对水生生物需氧量产生影响，要求水中的脂肪酸最大容许质量浓度不高于0.1mg/L，在此浓度下不产生异味，对鱼类及其他生物不产生影响。

各种化学药剂对水、土、大气都会直接或间接造成污染。其中对水的污染最为突出。为便于查对治理应达到的标准，将国家地面水环境质量标准、地表水有机物质量特定项目标准、饮用水标准、污染物最高允许排放浓度、渔业水质标准以及农田灌溉水质标准等分别列于表22－7～表22－14。各种有机化合物的生物需氧量列于表22－15。

表22－7 地表水环境质量标准基本项目标准值（GB 3838—88）

（Environmental quality standard for surface water） （mg/L）

序号	分类标准值 项目	Ⅰ （源头水国家自然保护区）	Ⅱ （生活饮用水源一级保护区）	Ⅲ （饮用水源二级保护区）	Ⅳ （一般工业用水区）	Ⅴ （农业用水区）
	基本要求	所有水体不应有非自然原因导致的下述物质： a. 能形成令人感观不快的沉淀物的物质； b. 令人感官不快的漂浮物，诸如碎片、浮渣、油类等； c. 产生令人不快的色、臭、味或浑浊度的物质； d. 对人类、动植物有毒、有害或带来不良生理反应的物质； e. 易滋生令人不快的水生生物的物质				
1	水温/℃	人为造成的环境水温变化应限制在： 周平均最大温升≤1 周平均最大温降≤2				
2	pH值	6.5～8.5				6～9
3	硫酸盐（以SO_4^{2-}计）	250以下	≤250	≤250	≤250	≤250
4	氯化物（以Cl^-计）	250以下	≤250	≤250	≤250	≤250
5	溶解性铁	0.3以下	≤0.3	≤0.5	≤0.5	≤1.0
6	总锰	0.1以下	≤0.1	≤0.1	≤0.5	≤1.0
7	总铜	0.01以下	≤1.0（渔≤0.01）	≤1.0（渔≤0.01）	≤1.0	≤1.0

续表 22-7

序号	分类标准值 项目	Ⅰ （源头水国家自然保护区）	Ⅱ （生活饮用水源一级保护区）	Ⅲ （饮用水源二级保护区）	Ⅳ （一般工业用水区）	Ⅴ （农业用水区）
8	总锌	≤0.05	≤1.0(渔≤0.1)	≤1.0(渔≤0.1)	≤2.0	≤2.0
9	硝酸盐(以N计)	10以下	≤10	≤20	≤20	≤25
10	亚硝酸盐(以N计)	≤0.06	≤0.1	≤0.15	≤1.0	≤1.0
11	非离子氨	≤0.02	≤0.02	≤0.02	≤0.2	≤0.2
12	凯氏氮	≤0.5	≤0.5(渔≤0.05)	≤1(渔≤0.05)	≤2	≤3
13	总磷(以P计)	≤0.02	≤0.1	≤0.1	≤0.2	≤0.2
14	高锰酸盐指数	≤2	≤4	≤8	≤10	≤15
15	溶解氧	饱和率90%	≥6	≥5	≥3	≥2
16	化学需氧量(COD_{Cr})	15以下	≤15	≤20	≤30	≤40
17	生化需氧量(BOD_5)	3以下	≤3	≤4	≤6	≤10
18	氟化物(以F^-计)	1.0以下	≤1.0	≤1.0	≤1.5	≤1.5
19	硒(四价)	0.01以下	≤0.01	≤0.01	≤0.02	≤0.02
20	总砷	≤0.05	≤0.05	≤0.05	≤0.1	≤0.1
21	总汞	≤0.00005	≤0.00005	≤0.0001	≤0.001	≤0.001
22	总镉	≤0.001	≤0.005	≤0.005	≤0.005	≤0.01
23	铬(六价)	≤0.01	≤0.05	≤0.05	≤0.05	≤0.1
24	总铅	≤0.01	≤0.05	≤0.05	≤0.05	≤0.1
25	总氰化物	≤0.005	≤0.05 (渔≤0.005)	≤0.2 (渔≤0.005)	≤0.2	≤0.2
26	挥发酚	≤0.002	≤0.002	≤0.002	≤0.01	≤0.1
27	石油类	≤0.05	≤0.05	≤0.05	≤0.5	≤1.0
28	阴离子表面活性剂	0.2以下	≤0.2	≤0.2	≤0.3	≤0.3
29	粪大肠菌群(个/L)	≤200	≤1000	≤2000	≤5000	≤10000
30	氨氮	≤0.5	≤0.5	≤0.5	≤1.0	1.5
31	硫化物	≤0.05	≤0.1	≤0.2	≤0.5	≤1.0
32	苯并芘(μg/L)	≤0.0025	≤0.0025	≤0.0025		

表22-8 地表水Ⅰ、Ⅱ、Ⅲ类水域有机化学物质特定项目标准值（GB 3838—88）

（mg/L）

序号	项 目	标准值	序号	项 目	标准值
1	苯并（a）芘	2.8×10^{-6}	21	六氯苯	0.05
2	甲基汞	1.0×10^{-6}	22	多氯联苯	8.0×10^{-6}
3	三氯化甲烷	0.06	23	2，4-二氯苯酚	0.093
4	四氯化碳	0.003	24	2，4，6-三氯苯酚	0.0012
5	三氯乙烯	0.005	25	五氯酚	0.00028
6	四氯乙烯	0.005	26	硝基苯	0.017
7	三溴甲烷	0.04	27	2，4-二硝基甲苯	0.0003
8	二氯甲烷	0.005	28	酞酸二丁酯	0.003
9	1，2-二氯乙烷	0.005	29	丙烯腈	0.000058
10	1，1，2-三氯乙烷	0.003	30	联苯胺	0.0002
11	1，1-二氯乙烯	0.007	31	滴滴涕	0.001
12	氯乙烯	0.002	32	六六六	0.005
13	六氯丁二烯	0.0006	33	林 丹	0.000019
14	苯	0.005	34	对硫磷	0.003
15	甲 苯	0.1	35	甲基对硫磷	0.0005
16	乙 苯	0.01	36	马拉硫磷	0.005
17	二甲苯	0.5	37	乐果	0.0001
18	氯 苯	0.03	38	敌敌畏	0.0001
19	1，2-二氯苯	0.085	39	敌百虫	0.0001
20	1，4-二氯苯	0.005	40	阿特拉津	0.003

表22-9 生活饮用水水质标准（GB 5749—85）

（1985年8月16日中华人民共和国卫生部发布 1986年10月1日实施）

项 目		标 准
感官性状和一般化学指标	色 度	色度不超过15度并不得呈现其他异色
	浑浊度	不超过3度，特殊情况不超过5度
	臭和味	不得有异臭、异味
	肉眼可见物	不得含有
	pH	6.5~8.5
	总硬度（以碳酸钙计）	450mg/L
	铁	0.3mg/L

续表 22-9

项　目		标　准
感官性状和一般化学指标	锰	0.1mg/L
	铜	1.0mg/L
	锌	1.0mg/L
	挥发酚类（以苯酚计）	0.002mg/L
	阴离子合成洗涤剂	0.3mg/L
	硫酸盐	250mg/L
	氯化物	250mg/L
	溶解性总固体	1000mg/L
毒理学指标	氟化物	1.0mg/L
	氰化物	0.05mg/L
	砷	0.05mg/L
	硒	0.01mg/L
	汞	0.001mg/L
	镉	0.01mg/L
	铬（六价）	0.05mg/L
	铅	0.05mg/L
	银	0.05mg/L
	硝酸盐（以氮计）	20mg/L
	氯仿①	60μg/L
	四氯化碳①	3μg/L
	苯并（a）芘①	0.01μg/L
	滴滴涕①	1μg/L
	六六六①	5μg/L
细菌学指标	细菌总数	100 个/mL
	总细菌总数	3 个/L
	游离余氯	在与水接触300后应不低于0.3mg/L。集中式给水除出厂水应符合上述要求外，管网末梢水不应低于0.05mg/L
放射性指标	总 α 放射性	0.1Bq/L
	总 β 放射性	1Bq/L

①试行标准。

表 22-10　第一类污染物①最高允许排放浓度（mg/L）

序　号	污染物	最高允许排放浓度
1	总　汞	0.05②
2	烷基汞	不得检出

续表 22-10

序　号	污染物	最高允许排放浓度
3	总　镉	0.1
4	总　铬	1.5
5	六价铬	0.5
6	总　砷	0.5
7	总　铅	1.0
8	总　镍	1.0
9	苯并（a）芘	0.00003
10	总　铍	0.005
11	总　银	0.5
12	总α放射性	1Bq/L
13	总β放射性	10Bq/L

① 第一类污染物是指能在环境或动植物体内蓄积，对人体健康产生长远不良影响者。务必在生产车间排出口取样测试（不得稀释）。

② 新建改建扩建烧碱行业执行0.005mg/L标准。

表 22-11　第二类污染物[①]最高允许排放质量浓度（GB 8978—88）（mg/L）

<table>
<tr><th rowspan="2">序号</th><th rowspan="2">污染物</th><th rowspan="2">适用范围</th><th colspan="3">1997年12月31日之前建设的单位</th><th colspan="3">1998年1月1日之后建设的单位</th></tr>
<tr><th>一级标准</th><th>二级标准</th><th>三级标准</th><th>一级标准</th><th>二级标准</th><th>三级标准</th></tr>
<tr><td>1</td><td>pH</td><td>一切排污单位</td><td>6~9</td><td>6~9</td><td>6~9</td><td>6~9</td><td>6~9</td><td>6~9</td></tr>
<tr><td rowspan="2">2</td><td rowspan="2">色度（稀释倍数）</td><td>染料工业</td><td>50</td><td>180</td><td></td><td rowspan="2">50</td><td rowspan="2">80</td><td rowspan="2"></td></tr>
<tr><td>其他排污单位</td><td>50</td><td>80</td><td></td></tr>
<tr><td rowspan="5">3</td><td rowspan="5">悬浮物（SS）</td><td>采矿、选矿、选煤工业</td><td>100</td><td>300</td><td></td><td>70</td><td>300</td><td></td></tr>
<tr><td>脉金选矿</td><td>100</td><td>500</td><td></td><td>70</td><td>400</td><td></td></tr>
<tr><td>边远地区砂金选矿</td><td>100</td><td>800</td><td></td><td>70</td><td>800</td><td></td></tr>
<tr><td>城镇二级污水处理厂</td><td>20</td><td>30</td><td></td><td>20</td><td>30</td><td></td></tr>
<tr><td>其他排污单位</td><td>70</td><td>200</td><td>400</td><td>70</td><td>150</td><td>400</td></tr>
</table>

续表 22-11

序号	污染物	适用范围	1997 年 12 月 31 日之前建设的单位			1998 年 1 月 1 日之后建设的单位		
			一级标准	二级标准	三级标准	一级标准	二级标准	三级标准
4	五日生化需氧量（BOD_5）	甘蔗制糖、苎麻脱胶、湿法纤维板工业	30	100	600	20	60	600
		甜菜制糖、酒精、味精、皮革、化纤浆粕工业	30	150	600	20	100	600
		城镇二级污水处理厂	20	30		20	30	
		其他排污单位	30	60	300	20	30	300
5	化学需氧量（COD）	甜菜制糖、焦化、合成脂肪酸、湿法纤维板、染料、洗毛、有机磷农药工业	100	200	1000	100	200	1000
		味精、酒精、医药原料药、生物制药、苎麻脱胶、皮革、化纤浆粕工业	100	300	1000	100	300	1000
		石油化工工业（包括石油炼制）	100	150	500	60	120	
		城镇二级污水处理厂	60	120		60	120	500
		其他排污单位	60	120	500	100	150	500
6	石油类	一切排污单位	10	10	30	5	10	20
7	动植物油	一切排污单位	20	20	100	10	15	100
8	挥发酚	一切排污单位	0.5	0.5	2.0	0.5	0.5	2.0
9	总氰化合物	电影洗片（铁氰化合物）	0.5	5.0	5.0	一切排污单位		
		其他排污单位	0.5	0.5	1.0	0.5	0.5	1.0
10	硫化物	一切排污单位	1.0	1.0	2.0	1.0	1.0	1.0
11	氨氮	医药原料药、染料、石油化工工业	15	50		15	50	
		其他排污单位	15	25		15	25	

续表 22-11

序号	污染物	适用范围	1997年12月31日之前建设的单位			1998年1月1日之后建设的单位		
			一级标准	二级标准	三级标准	一级标准	二级标准	三级标准
12	氟化物	黄磷工业	10	20	20	10	15	20
		低氟地区（水体含氟量<0.5mg/L）	10	20	30	10	20	30
		其他排污单位	10	10	20	10	10	20
13	磷酸盐（以P计）	一切排污单位	0.5	1.0		0.5	1.0	
14	甲醛	一切排污单位	1.0	2.0	5.0	1.0	2.0	5.0
15	苯胺类	一切排污单位	1.0	2.0	5.0	1.0	2.0	5.0
16	硝基苯类	一切排污单位	2.0	3.0	5.0	2.0	3.0	5.0
17	阴离子表面活性剂（LAS）	合成洗涤剂工业	5.0	15	20	一切排污单位		
		其他排污单位	5.0	10	20	5.0	10	20
18	总铜	一切排污单位	0.5	1.0	2.0	0.5	1.0	2.0
19	总锌	一切排污单位	2.0	5.0	5.0	2.0	5.0	5.0
20	总锰	合成脂肪酸工业	2.0	5.0	5.0	2.0	5.0	5.0
		其他排污单位	2.0	2.0	5.0	2.0	5.0	5.0
21	彩色显影剂	电影洗片	2.0	3.0	5.0	1.0	2.0	3.0
22	显影剂及氧化物总量	电影洗片	3.0	6.0	6.0	3.0	3.0	6.0
23	元素磷	一切排污单位	0.1	0.3	0.3	0.1	0.1	0.3
24	有机磷农药（以P计）	一切排污单位	不得检出	0.5	0.5	不得检出	0.5	0.5
25	乐果	一切排污单位				不得检出	1.0	2.0
26	对硫磷	一切排污单位				不得检出	1.0	2.0
27	甲基对硫磷	一切排污单位				不得检出	1.0	2.0
28	马拉硫磷	一切排污单位				不得检出	5.0	10
29	五氯酚及五氯酚钠（以五氯酚计）	一切排污单位				5.0	8.0	10
30	可吸附有机卤化物（AOX）（以Cl计）	一切排污单位				1.0	5.0	8.0
31	三氯甲烷	一切排污单位				0.3	0.6	1.0

续表 22-11

序号	污染物	适用范围	1997年12月31日之前建设的单位			1998年1月1日之后建设的单位		
			一级标准	二级标准	三级标准	一级标准	二级标准	三级标准
32	四氯化碳	一切排污单位				0.03	0.06	0.5
33	三氯乙烯	一切排污单位				0.3	0.6	1.0
34	四氯乙烯	一切排污单位				0.1	0.2	0.5
35	苯	一切排污单位				0.1	0.2	0.5
36	甲　苯	一切排污单位				0.1	0.2	0.5
37	乙　苯	一切排污单位				0.4	0.6	1.0
38	邻-二甲苯	一切排污单位				0.4	0.6	1.0
39	对-二甲苯	一切排污单位				0.4	0.6	1.0
40	间-二甲苯	一切排污单位				0.4	0.6	1.0
41	氯　苯	一切排污单位				0.2	0.4	1.0
42	邻-二氯苯	一切排污单位				0.4	0.6	1.0
43	对-二氯苯	一切排污单位				0.4	0.6	1.0
44	对-硝基氯苯	一切排污单位				0.5	1.0	5.0
45	2，4-二硝基氯苯	一切排污单位				0.5	1.0	5.0
46	苯酚	一切排污单位				0.3	0.4	1.0
47	间-甲酚	一切排污单位				0.1	0.2	0.5
48	2，4-二氯酚	一切排污单位				0.6	0.8	1.0
49	2，4，6-三氯酚	一切排污单位				0.6	0.8	1.0
50	邻苯二甲酸二丁脂	一切排污单位				0.2	0.4	2.0
51	邻苯二甲酸二辛脂	一切排污单位				0.3	0.6	2.0
52	丙烯腈	一切排污单位				2.0	5.0	5.0
53	总　硒	一切排污单位				0.1	0.2	0.5
54	粪大肠菌群数	医院②、兽医院及医疗机构含病原体污水	500个/L	1000个/L	5000个/L	500个/L	1000个/L	5000个/L
		传染病、结核病医院污水	100个/L	500个/L	1000个/L	100个/L	500个/L	1000个/L

① 第二类污染物系指其长远影响小于第一类污染物质，在排污单位排出口取样。

② 试行标准。

表 22-12　渔业水质标准（单位：mg/L，个别项目另标除外）（GB 11667—89）

序号	项　目	标　准　值
1	色、臭、味	不得使鱼、虾、贝、藻类带有异色、异臭、异味
2	漂浮物质	水面不得出现明显油膜或浮沫
3	悬浮物质	人为增加的量不得超过 10mg/L，而且悬浮物质沉积于底部后，不得对鱼、虾、贝类产生有害的影响
4	pH 值	淡水 6.5～8.5，海水 7.0～8.5
5	溶解氧	连续 24h 中，16h 以上必须大于 5mg/L，其余任何时候不得低于 3mg/L，对于鲑科鱼类栖息水域冰封期其余任何时候不得低于 4mg/L
6	生化需氧量（5 天、20℃）	不超过 5，冰封期不超过 3mg/L
7	总大肠菌群	不超过 5000 个/L（贝类养殖水质不超过 500 个/L）
8	汞	<0.0005
9	镉	<0.005
10	铅	<0.05
11	铬	<0.1
12	铜	<0.01
13	锌	<0.1
14	镍	<0.05
15	砷	<0.05
16	氰化物	<0.02
17	硫化物	<0.2
18	氟化物（以 F^- 计）	<1
19	非离子氨	<0.04
20	凯氏氮	<0.05
21	挥发性酚	<0.005
22	黄　磷	<0.001
23	石油类	<0.05
24	丙烯腈	<0.5
25	丙烯醛	<0.02
26	六六六（丙体）	<0.02
27	滴滴涕	<0.001
28	马拉硫磷	<0.005
29	五氯酚钠	<0.01
30	乐　果	<0.1
31	甲胺磷	<1
32	甲基对硫磷	<0.0005
33	呋喃丹	<0.01

注：此标准适用于鱼虾贝类的产卵场、索饵场、越冬场、洄游通道和水产养殖等海、淡水的渔业水域。

表 22-13 工业污水 24h 以内使鱼类致死的有毒物质浓度

有毒物质	化学物质致死质量分数/%	有毒物质	化学物质致死质量分数/%
锌	0.13×10^{-4}	吡 啶	1500×10^{-4}
铝	$(0.07\sim0.5)\times10^{-4}$	硫化氢	$(0.86\sim1.0)\times10^{-4}$
亚砷酸	$(1.9\sim40)\times10^{-4}$	硫化钠	3.2×10^{-4}
苯 胺	250×10^{-4}	硫 酸	6.25×10^{-4}
氨（碱性）	$(0.3\sim3.0)\times10^{-4}$	硫酸亚铁	$(12.6\sim6.3)\times10^{-4}$
铜	$(0.1\sim0.2)\times10^{-4}$	硫酸铜	$(0.1\sim0.2)\times10^{-4}$
氯化铁	$(5\sim9)\times10^{-4}$	氰化钾	$(0.02\sim1.0)\times10^{-4}$
氯	$(0.1\sim0.2)\times10^{-4}$	单宁酸	$(22\sim35)\times10^{-4}$
氯化物	400×10^{-4}	铁	$(0.2\sim2)\times10^{-4}$
酚	5×10^{-4}	醋酸铅	$(5.7\sim11.3)\times10^{-4}$
氟化物	100×10^{-4}	高锰酸钾	$(7.5\sim15)\times10^{-4}$
醛	50×10^{-4}	镍	0.8×10^{-4}
铬 盐	$(5\sim177)\times10^{-4}$	铅	$(0.1\sim10)\times10^{-4}$

按照灌溉水的用途，农业灌溉水水质要求分两类：一类是指工业废水或城市污水作为农业用水的主要水源，并长期利用的灌区。灌溉量：水田 $800m^3$/亩年，旱田 $300m^3$/亩年。二类是指工业废水或城市污水作为农业用水的补充水源，而实际清污混灌轮灌的灌区。其用量不超过一类的一半（见表 22-14）。

表 22-14 农田灌溉水质标准（GB 5084—85）

项 目	标准值（质量浓度）/$mg\cdot L^{-1}$	
	一 类	二 类
水温/℃	≤35	≤35
pH 值	5.5~8.5	5.5~8.6
全盐量	≤1000（非盐碱土地区）	≤1500（非盐碱土地区）
	≤2000（盐碱土地区） 有条件的地区可以适当放宽	≤2000（盐碱土地区） 有条件的地区可以适当放宽
氯化物	≤200	≤200~300
硫化物	≤1	≤1
汞及其化合物	≤0.001	≤0.001
		≤0.005（绿化地）
砷及其化合物	≤0.05（水田）	≤0.1（水田）
	≤0.01（旱田）	≤0.01（旱田及绿化地）
六价铬化合物	≤0.1	≤0.5
铅及其化合物	≤0.5	≤1.0

续表22-14

项 目	标准值（质量浓度）/mg·L^{-1}	
	一 类	二 类
铜及其化合物	≤1.0	≤1.0（土壤pH<6.5）
		≤3.0（土壤pH>6.5）
镉及其化合物	≤0.002（轻度污染灌区）	≤0.003（轻度污染灌区）
	≤0.005	≤0.01
锌及其化合物	≤2.0	≤3.0（土壤pH<6.5）
		≤5.0（土壤pH>6.5）
硒及其化合物	≤0.02	≤0.02
氟化物	≤2.0（高氟区）	≤3.0（高氟区）
	≤3.0（一般地区）	≤4.0（一般地区）
氰化物	≤0.5（轻度污染地区）	≤0.5（轻度污染地区）
	≤1.0（一般地区）	≤1.0（一般地区）
石油类	≤5.0（土层<1 m地区）	≤5.0（土层<1 m地区）
	≤10（一般地区）	≤10（一般地区）
挥发性酚	≤1.0（土层<1 m地区）	≤1.0（土层<1 m地区）
	≤3.0（一般地区）	≤3.0（一般地区）
苯	≤2.5（土层<1 m地区）	≤2.5（土层<1 m地区）
	≤5.0	≤5.0
三氯乙醛	≤0.5（小麦）	≤0.5（小麦）
	≤1.0（水稻、玉米、大豆）	≤1.0（水稻、玉米、大豆）
丙烯醛	≤0.5	≤0.5
硼	≤1.0（西红柿、马铃薯、笋瓜、韭菜、洋葱、黄瓜、梅豆、柑橘）	≤1.0（西红柿、马铃薯、笋瓜、韭菜、洋葱、黄瓜、梅豆、柑橘）
	≤2.0（小麦、玉米、茄子、青椒、小白菜、葱）	≤2.0（小麦、玉米、茄子、青椒、小白菜、葱）
	≤4.0（水稻、萝卜、油菜、甘蔗）	≤4.0（水稻、萝卜、油菜、甘蔗）
大肠菌群	≤10000个/L（生吃瓜果、收获前一星期）	≤10000个/L（生吃瓜果、收获前一星期）

注：放射性物质按国家放射防护规定的有关标准执行。

1. 在水资源缺少的干旱和半干旱地区，全盐量水质标准可略放宽。
2. 具有一定的水利灌排工程设施，能保证一定的排水和地下水径流条件的地区，全盐量水质标准可略放宽。
3. 有一定淡水资源能满足冲洗土体中盐分的地区，全盐量水质标准可略放宽。
4. 土壤渗透性较好，土地较平整，并能掌握耐盐作物类型和生育阶段的地区，全盐量水质标准可略放宽。
5. 轻度污染灌区，指污物含量超过土壤本底上限，但农作物残留不超过农作物本底上限。

表 22-15 各种有机化合物的生化需氧量（BOD_5）

类别	有机物名称	$BOD_5/g \cdot g^{-1}$
烷烃类	汽 油	0.078
	煤 油	0.53
	石脑油	2.5~5.0
	四氯化碳（CCl_4）	0
	氯仿（$CHCl_3$）	0~0.008
	二氯乙烯	0.002
芳烃类	苯	0
	萘	0
	甲 苯	0
	一氯苯	0.03
	二甲苯	0
	硝基苯	0
	酚	1.40~1.80
	甲 酚	1.40~1.70
	1,3,5-三甲苯酚	0.82
	苯三酚	0.016
醇 类	甲 醇	0.76~1.12
	乙 醇	0.93~1.67
	乙二醇	0.16~0.68
	聚乙二醇	0.08~0.30（BOD_{10}）
	正丙醇	0.47~1.5
	异丙醇	1.29~1.59
	丙三醇	0.65~0.98
	正丁醇	1.10~1.65
	环己醇	0.08
	辛 醇	1.09
	氯乙醇	0.5
	二甘醇	0.02
	三甘醇	0.50（BOD_{10}）
	多甘醇	0.08~0.30
	烷基醇	1.60
醚酯类	乙 醚	0.03
	乙二醇乙醚	1.58
	醋酸乙酯	0.29~0.86
	醋酸丁酯	0.15~0.52

类别	有机物名称	$BOD_5/g \cdot g^{-1}$
醛酮类	甲 醛	0.33~1.60
	乙 醛	1.27
	丙烯醛	1.94（BOD_{20}）
	丁 醛	1.06
	巴豆醛	1.30（BOD_{10}）
	丙 酮	0.31~1.63
	甲基乙基酮	2.14
	二乙基酮	1.0（BOD_{10}）
	甲基异丁基酮	0.12~2.14
	乙基苯基酮	0.52
	糠 醛	0.77
酸 类	甲 酸	0.02~0.27
	乙 酸	0.34~0.88
	丙 酸	0.36~0.84
	丁 酸	0.34~0.90
	苯甲酸	1.34~1.40
	邻苯二甲酸	0.85~1.44
	顺丁烯二酸	0.38
	甲基丙烯酸	0.89
	水杨酸	0.97
	戊二酸	0.72
	丁二酸	0.57
	合成洗涤剂	0~1.49
胺 类	一乙醇胺	0.78
	二乙醇胺	0.10
	丙烯酰胺单体	0.97
	环乙烷亚胺	1.31
	苯 胺	1.49~2.26
	对甲苯胺	1.44~1.63
	邻甲苯胺	0.24~1.43
	吡 啶	0~1.47
腈 类	丙烯腈	0.72（BOD_{20}）
	乙 腈	2.00（BOD_{20}）
	氢氰酸	0.11（BOD_{20}）

注：生化需氧量（BOD）是表示水中的有机污染物在微生物作用下，氧化分解所消耗的氧量。BOD_5 是 5 天的生化需氧量；BOD_{10}，BOD_{20} 分别是 10 天和 20 天的生化需氧量。

22.6 药剂对人及哺乳动物的危害

人体血液中的60多种元素的含量与地壳中的化学组成是相近的，分布规律是相一致的，人类生物依存于环境，他们与地壳物质一直保持着动态平衡，见图22－1。故当环境投入过多某一元素（物质）时，人体、生物来不及加以调整适应，就会危害人体健康，破坏生态平衡，这种多余的化学物质成为有害物。

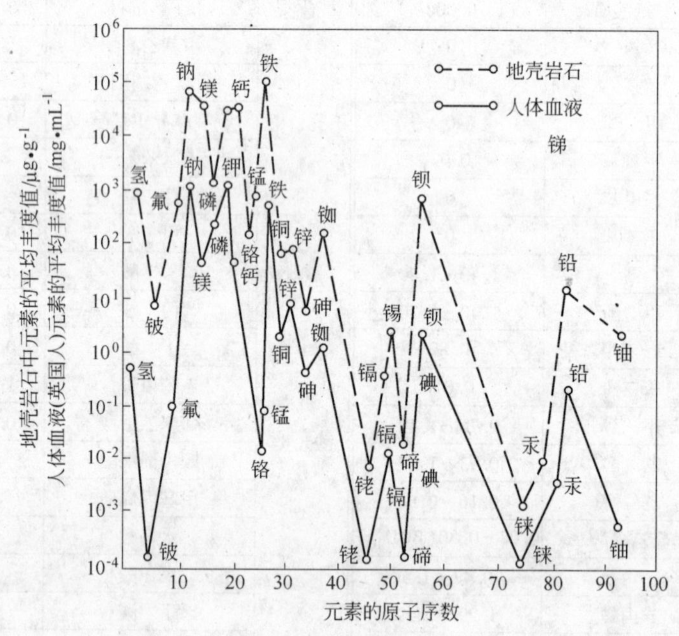

图22－1 人体血液和地壳元素丰度的相关性

因此，食用物品与有害物质（或毒物，如大鼠一次经口 LD_{50} <5g/kg 或24h 涂皮 LD_{50} <1g/kg 的物质称为毒物）是无法截然区分的，区分仅在于过量与不过量。任何化学物质当投给生物在一定限量之内不起反应时，可以称为食用物品；当投入量逐渐增加，就会出现反应，直至死亡，则称为有害物质（或毒物）。如人不能缺少氧气，但在250kPa（2.5atm）下，人会引起“氧气中毒”；砒霜为剧毒物质，但在微量下可用于治疗疾病；人一般每天要食用5～8g的食盐（或更少），但多食（>10g/d）会增加高血压症的发病率，甚至在一次服用150g的食盐时也会对人有致死作用。

在正常的情况下，人及生物在各个生态系统所介入的物质只要不超过环境容量（人与生物）的量与质，均能通过自身的物理的、化学的和生物的一系列反应及变化（扩散、转移、沉淀、堆积、分解、吸收、同化等）进行调节，自然净化，以保持动态平衡，就不致危及人与生物。否则就一定危害、影响人及生物，给环境生态造成污染。

一般说来，一般药剂都有不同程度的毒性（也有实际无毒的药剂）。例如，起泡剂甲酚油、木馏油以及煤焦油等含酚药剂都是有毒的。酚类药剂是一种原型质毒物，内分泌干扰物对一切生活个体都有毒杀作用。苯酚的人口服致死量约为2~15g。但在环境中，很少由于口服或皮肤广泛接触而引起中毒。长期饮用被酚污染的水，会引起头晕、贫血、失眠以及神经系统病症。日本崎玉县某地区人民，由于饮用受含酚废水污染的井水（含酚0.003~0.06mg/L），引起腹泻、发疹等病症。当自来水中酚质量浓度为0.002mg/L时，用氯消毒时，就会产生氯代酚恶臭；质量浓度超过0.005mg/L时，水就不能饮用。目前，在选矿工业中总的趋势是尽量避免使用含酚及其衍生物的矿用剂。低碳脂肪酸、环烷醇、醚醇及其他药剂也有毒。

用$C_{6\sim8}$混合醇起泡剂（其中含有己醇、庚醇及辛醇）进行兔类的毒性试验，1.4mg/kg体重的剂量在5个月内对肝脏没有损害（通过胆碱酯酶、碳水化合物代谢及血糖浓度测定）。河水中$C_{6\sim8}$混合醇起泡剂的最大容许量为0.03mg/L。

人工合成起泡剂三聚丙二醇甲醚的“气味极限”为250mg/L，在此浓度下不影响“生物需氧量”的动力学因素或水质的一般卫生条件。三聚丙二醇丁醚的“气味极限”为7mg/L，在不影响“生物需氧量”的动力学因素条件下，河水中容许浓度为2mg/L。对温血动物的最大的不产生反应的剂量，三聚丙二醇甲醚为0.025mg/kg体重（0.5mg/L），三聚丙二醇丁醚的剂量为0.7mg/kg体重（14mg/L）。三聚丙二醇甲醚在卫生毒理学上的容许质量浓度为0.5mg/L，三聚丙二醇丁醚在公共卫生方面的容许质量浓度为2mg/L。

浮选使用$C_7 \sim C_{16}$合成高级脂肪酸，毒性并不很强。一次剂量1g/kg体重，并不能毒死老鼠，但是能够造成肝脏的胆碱酯酶浓度下降及病理变化。$C_7 \sim C_9$酸能够刺激动物的皮肤和眼，比$C_{10} \sim C_{13}$酸毒性大一些，但$C_{10} \sim C_{13}$酸比$C_{13} \sim C_{16}$酸的毒害也小一些。

阳离子型捕收剂脂肪胺类中，氨化硝基石蜡（$C_{12\sim16}$脂肪胺的盐酸盐，AHП）的味觉测定极限为0.5mg/L，气味测定极限为0.05mg/L，不影响生物需氧量的极限量为50mg/L，最大容许量为0.05mg/L；0.1mg/kg体重的剂量对鼠类的生长速率微有抑制。以石油为原料经过氯化和胺化的C_{18}混合脂肪胺（ИН-11）盐酸盐，味觉测定极限为0.8mg/L，气味测定极限为0.1mg/L，不影响生物需氧量的极限量为50mg/L，最大容许量为0.1mg/L。0.2mg/kg体重的剂量对鼠类的生长速率微有抑制。

十四碳胺和十五碳胺的盐酸盐（АНП－1，АНП－2）是一类阳离子型捕收剂，用于铁矿、磷矿、滑石、菱镁矿的浮选。这类药剂有毒，可以导致肝脏和肾脏营养不良性的损害，影响血管壁的渗透性，扰乱中枢神经系统，刺激上呼吸道和眼的黏膜。在工厂空气中的容许限度为1mg/m^3。生产所用的原料为石蜡、硝酸和盐酸。工厂内的空气为甲醇、各种氧化氮、氯化氢、胺类以及盐类所污染。在合成浮选药剂及其精制过程中各个工序都有十五碳胺逸出，空气中的质量浓度为3～5mg/m^3。逸出的胺和它的盐类在空气中腐蚀密封设备，仪器和建筑物被污染。皮肤对这种胺和它们的盐类很敏感。

在胺类捕收剂中，环烷胺和芳香胺的毒性大，脂肪胺和游离的季铵盐毒性较小，烷基愈大（≤8），毒性也愈大。它们的盐类比游离胺毒性小，在酸性介质中，毒性减弱。在水中最大的容许质量浓度，十二碳脂肪胺（月桂胺）为0.4mg/L，$C_{7\sim9}$胺为0.44mg/L（对气味而言）和0.7mg/L（对味觉而言）。空气中的胺类的容许浓度为约0.001mg/L。

二乙醇胺和三乙醇胺[$(HOCH_2CH_2)_2NH$；$(HOCH_2CH_2)_3N$]的气味测定极限分别为10和15mg/L，不影响生物需氧量的极限量为1.5mg/L，最大容许量为1.5mg/L。二乙醇胺每日每千克体重1mg的剂量，对小鼠的生长速率微有抑制。二乙醇胺每日每千克体重0.2mg，在8个月内对兔类的碱性磷酸酶和转氨酶浓度无影响。每千克体重10mg剂量，不影响凝血酶原的形成，但减弱兔肝脏的解毒作用。

黑药类捕收剂，二丁基一硫代磷酸钾和二丁基二硫代磷酸钾以及它们的水解产物，在选矿厂蓄水池中的质量浓度如果分别超过0.1，0.27和0.001mg/L时，对水质开始产生影响。二丁基二硫代磷酸钾在剂量为1.5～7.5mg/kg时，它们的水解产物在剂量为2.5mg/kg体重时，对雄兔无损害。当剂量分别增至75和125mg/kg体重时，能够减弱血液的胆碱酯酶能力。慢性中毒试验，使家兔每日口服125mg/kg体重的二丁基一硫代磷酸钾和二丁基二硫代磷酸钾，产生的病变是骨髓细胞中染色体失常的频率增加，最常用的失常现象是染色体桥。单独口服二丁基二硫代磷酸钾，每日75mg/kg体重，也产生相同的病理现象。

黄药类捕收剂，丁基黄药羧基甲酯（含量70%），另外含有22%丁基黄原酸硫酐（即双黄药）副产物（见化学式）。大鼠和小鼠口服和皮下注射此种药剂时，可以破坏血管的渗透性，并导致柔软细胞组织器官的退化。涂于皮肤表面可以产生局部的及全身的再吸收反应，使小鼠致死。丁基黄原酸硫酐（即双黄药）在空气中未能测出，但丁基黄药羧基甲酯在空气中质量浓度为

$4mg/m^3$，6个月后可导致血压下降、改变血清蛋白成分的比例，导致柔软细胞阻止的形态学上的变化。丁基黄药羧基甲酯的最大容许质量浓度在空气中为$1mg/m^3$，储存不当，会分解产生有毒的H_2S、CS_2及COS等气体。

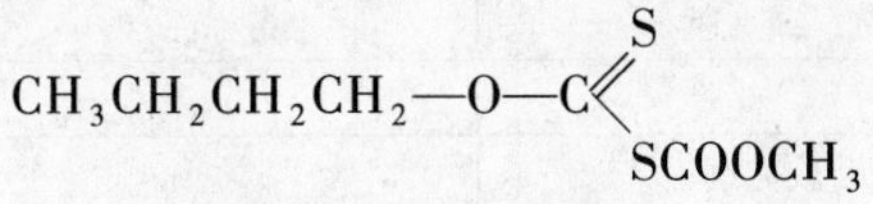

$$CH_3CH_2CH_2CH_2-O-C(=S)SCOOCH_3$$

丁基黄药羧基甲酯

$$CH_3CH_2CH_2CH_2-O-C(=S)-S-C(=S)-O-CH_2CH_2CH_2CH_3$$

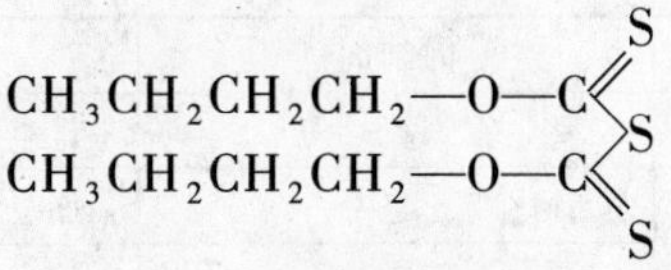

丁基黄原酸硫酐

湖南有色冶金卫生防治研究所的试验证明，对位甲苯胂酸经口注入时，对小白鼠15 d半数致死量约为6.8mg/kg体重，对大白鼠约为33.4mg/kg体重。混合甲苯胂酸对小白鼠半数致死量为21.8mg/kg体重，说明对位甲苯胂酸的毒性较混合甲苯胂酸的毒性大，小白鼠较大白鼠敏感。由于甲苯胂酸口服或注射入体内后，对哺乳动物具有一定毒性，因此在生产和使用时，应采取适当防护措施，特别应防止偶然事故的发生。我国卫生标准规定三氧化二砷及砷化氢在厂房空气中的最高容许质量浓度均为0.3mg/L，以防对人体健康的影响及毒害。

苯乙烯膦酸对哺乳动物的毒性远较甲苯胂酸的毒性小。湖南有色冶金卫生防治研究所曾对家兔及小白鼠进行试验。苯乙烯膦酸水溶液以100mg/kg体重的剂量静脉注射家兔，未见中毒症状，致毒后48h，血清谷转氨酶呈轻度上升，一周后检查与试验前相比较无明显变化。致毒48小时及30天之后杀死部分动物，经肉眼及病理学组织学检查各脏器均未发现明显改变。用苯乙烯膦酸水悬浮液给小白鼠灌胃，剂量为1500mg/kg体重时仍能生存月余。苯乙烯膦酸饱和溶液涂抹家兔背部脱毛部位，十天未见到全身中毒症状，证明对皮肤无刺激作用。

无机氰化物（氰化钾及氰化钠）是一类剧毒药剂。氰化钾盐或钠盐是哺乳动物的剧毒物质。人的口服致死量，氰化钾为120mg，氰化钠为100mg。但是在浮选多金属硫化矿时常常使用它作为闪锌矿及黄铁矿的抑制剂，每吨矿石需添加氰化物有时高达500g，尾矿水含氰量高，极易造成对周围环境的污染，含氰废水流入河水中，可以毒死水生鱼类等动物，毁坏鱼塘，毒死耕牛、鸭，使河水不能饮用。氰化物在浮选过程中能溶解金、银等贵金属，对选矿的综合回收也是不利的。

为了解决多金属硫化矿浮选中使用氰化物可能造成的毒害和污染问题，寻找氰化物的代用品，实现无氰浮选工艺或者少氰（尽量少用氰化物）工艺，消除或减轻氰化物对生态环境的污染，国内外选矿界都进行了大量的研究，做了许多试验研究并且早已在一些浮选厂实现了无氰浮选工艺。

表22-16所列为国内外多金属硫化矿无氰浮选分离试验或生产中使用的无氰药剂配方。

表22-16 国内外多金属硫化矿无氰浮选分离的抑制剂配方

流程	抑制剂	应用选厂或文献	备 注
浮选铜矿物抑制方铅矿	二氧化硫	[日本] 内之岱厂	
	二氧化硫、淀粉	[加拿大] 布仑斯威克铜铅锌选厂	
	亚硫酸	[墨西哥] 费里斯尼洛厂 圣弗兰西斯科厂	
	亚硫酸、重铬酸钾	[加拿大] 布千斯厂	重铬酸钾、SO_2（腊梅斯贝克厂，德）
	亚硫酸、重铬酸钾、淀粉	[美] 菲德拉尔厂	
	亚硫酸钠、重铬酸钾	[日本] 细仓选矿厂	亚硫酸钠 2000~2400g/t 重铬酸钾 1000~1200g/t
	亚硫酸钠、硫酸铁	[前苏联] 列宁诺戈尔斯克2号选厂	亚硫酸钠 140~185g/t 硫酸铁 100~140g/t
	亚硫酸氢钠、二氧化硫、部分 NaCN	[日本] 释迦内选厂	
	硫代硫酸钠、硫酸铁	[前苏联] 列宁诺戈尔斯克3号选厂	硫代硫酸钠 32g/t 硫酸铁 42~46g/t
	硫代硫酸钠、铝盐	[前苏联] 专利193391	
	重铬酸钾（或钠）	[瑞典] 塔平贝克厂	
		[秘鲁] 卡萨帕尔卡厂	重铬酸钠
	硫化钠、重铬酸钾	[前苏联] 专利202805	
	硫化钠、淀粉	[日本] 专利4816764	
	磷酸三钠	[前苏联] 专利176840	
	聚丙烯酰胺	[前苏联] 专利141826	
	连二亚硫酸钠	[前苏联]《有色、稀有和贵金属地质勘探科学研究所文集》	
	水玻璃	东南金矿河三分矿	
浮选方铅矿抑制铜矿物	硫化钠、氰化物	[俄罗斯] 兹良诺夫斯克厂	硫化钠 10~40g/t 氰化物 100~180g/t
		[俄罗斯] 优洛图申斯克厂	
		[加拿大] 图尔西克瓦厂	
	氰锌络合物	[美国] 多拉厂	
		[俄罗斯] 泽卡兹潘斯克厂	
	漂白粉	[南非] 祖梅布厂	
	高锰酸钾	[前苏联] 专利111794	

续表 22-16

流程	抑制剂	应用选厂或文献	备　注
浮选铜矿物抑制闪锌矿	过氧化氢	[俄罗斯] 萨萨楚尔选矿厂	过氧化氢（60%）1530g/t
	石灰、过氧化氢	[日本] 佐佐连选矿厂	
	过氧化氢	[日本] 专利 73-97702	过氧化氢 200g/t，搅拌 55min
	硫化钠、硫酸锌	[俄罗斯] 盖依斯克选矿厂	
	硫化钠、硫酸锌、亚硫酸钠	[俄罗斯] 卡拉巴什选矿厂	
	锌酸盐（即 $ZnSO_4$ + NaOH）	[俄罗斯] 别洛乌索夫选厂	（工业试验）$[Zn(OH)_4]^{2-}$ 和 $[Zn(OH)_3]^-$
	硫化钠与亚硫酸钠	八一铜矿	
	苛性碱（或石灰）与硫酸锌	银山矿	
	亚硫酸法	西北矿业研究院	分选铜锌混合精矿
	亚硫酸和硫酸锌	绍兴平水矿	分离铜与锌黄铁矿
	硫化钠、亚硫酸	黑龙江秋皮沟铜矿	
	硫化钠与硫酸锌	陕西冶金地勘公司	
浮选方铅矿抑制闪锌矿	硫酸锌	[前苏联] 苏姆萨斯克厂	
		[奥地利] 布莱贝克-克罗伊特厂	
	硫酸锌、石灰	[日本] 神冈矿山茂住选厂	
	硫酸锌、硫化钠	[澳大利亚] 布劳背铅锌选矿厂	
	硫酸锌、亚硫酸	[日本] 锌矿业公司	
	亚硫酸	[加] 布仑斯威克铜铅锌选厂	
	二氧化硫、石灰	[日本] 松峰选厂	
		[澳大利亚] 依萨铅锌选厂	
	二氧化硫和亚硫酸	凡口铅锌矿	
	亚硫酸氢钠、硫酸锌	水口山铅锌矿	用少量氰化钠
	碳酸钠与硫酸锌	广州有色院（凡口矿）	还有水口山矿，代兰塔拉矿、柴河矿、香夼铅锌矿、昌化铅矿等做过试验
	二氧化硫、少量 NaCN	[日本] 丰羽厂	
	亚硫酸钠、硫酸锌	[俄罗斯] 揭格恰尔斯克厂	
	亚硫酸钠、硫酸铁		
	亚硫酸钠、硫酸亚铁		
	氰氨锌络合物	[南非] 祖梅布选厂	
	锌酸盐	[前苏联] 专利 175454	又 [前苏联] 专利 76878（1975）
	氢氧化钠	[德国] 梅根选矿厂	

22.7 药剂污染的控制与治理

药剂的污染可以说是无所不在，要解决药剂对环境的污染，不仅要治理，更需控制，控防结合，科学用药，从源头抓起是搞好环境治理的首要职责。

22.7.1 污染的控制

首先，在药剂研发、生产和使用中，应用现代药剂合成新技术，合成、使用高效低毒或无毒、利于环境保护的新药剂。严格限制和避免生产、使用具有致癌、致畸、致突变的持久性有机污染物化合物，尽量不用含有烷基酚、多（杂）环化合物、石油亚砜、烷基硫醚、噻吩与噻唑及其衍生物等作为矿用药剂，或将其作为药剂合成原料。在选矿中，采用易于分解、生物降解的有机及有机高分子药剂，尽量不用或少用有毒有害、易造成污染、尤其是一些具有剧毒的矿用药剂。如在硫化矿分选中不用氰化物作抑制剂，而使用无氰浮选工艺取代氰化物，在金矿浸出中用硫脲等药剂及不用氰化物浸出的新工艺，新方法；在使用氟硅酸钠浮选剂的浮选作业中，改用草酸、硫酸、羧甲基纤维素及其他调整剂，使之既可获得同样好的选别指标，又可以解决因使用含氟药剂带来的尾矿废水中含氟过高（某厂尾矿废水含氟高达97mg/L）的问题，消除氟污染的危害。

其次是科学用药，有效计量控制用药（见21章），协同应用选矿新工艺、新设备、新流程（联合流程等）筛选无害高效药剂，减少药剂用量，尽量回收利用含药废水，循环用药，减少新水新药补给，控制污染物排放。依据药剂的物理化学性质和其与矿物作用的机理、当代测试计算技术及设备测算、设计最佳用药方案，严格控制加药量，最大限度的发挥药效。在回收利用方面，国外曾报道在铅锌矿浮选中使用50%的回水对浮选指标没有影响（回水用量增至75%时，尾矿金属损失略有增加）。未使用与使用回水浮选排出的水质分析结果见表22－17。由此可看出，充分利用回水是减轻选矿药剂对环境污染的一个好途径。

表22－17 回水利用水质分析对比试验结果

组 分	未使用回水时含量/mg · L^{-1}	使用回水时含量/mg · L^{-1}
异丁基黄药	2.15	未检出
氰离子	19.0	1.0
甲酚黑药	21.05	1.72
锌离子	25.0	1.40
铜离子	2.0	未检出

药剂的回收利用既减少了药剂损失，又减轻了因排放含有药剂的废弃物可能造成的复合污染。北京矿冶研究总院在湿法炼铜的半工业试验中对萃取药剂2-羟基-5-壬基苯甲醛肟等的损失作过研究，其损失分布为：萃余液夹带占24.4%，相同污染夹带占27%，反萃液夹带占13%，溶解损失8%，跑、冒、滴、漏占27.6%。

萃余液和相间污染物夹带占51.4%，对这两部分应进行萃取药剂回收。处理后的相间污染物，仍有近一半萃取药剂无法回收，它们与跑、冒、滴、漏的那部分一起进入环境。

处理后的萃余液中，含5~50mg/L的萃取药剂被返回堆浸喷淋处。在这一过程中，矿渣、黏土等固体有可能过滤、吸附、滞留萃余液中的萃取药剂。循环往复这一过程，将使堆浸固体物中富集大量萃取药剂。堆浸一结束，这些废弃的浸渣及它们吸附的萃取药剂（其中有壬基酚，萃取剂及降解中间体）将进入环境。国内外多年实践证实，萃取化学药剂损失占湿法冶铜总成本的10%。国外多年实践证实，每生产1t湿法铜，约消耗3kg萃取剂，全世界每年湿法炼铜200万t以上，仅萃取剂单独消耗这一项就超过6000t。国内铜湿法冶金已发展到2万t，60多家，多为小企业，萃取剂等的消耗更大。因此，药剂的使用、废水的利用、排放，如不注意，它们将以各种形式进入环境，与它们一起进入环境的还有几倍于6000t萃取剂的稀释剂、壬基酚和其他药剂、各种金属的浸渣、相间污染物、废水和废气。经各种迁移途径，它们最终进入矿区周围环境。

22.7.2 污染治理

我国的药剂生产和使用厂家对药剂污染进行了大量治理工作。例如，黄药生产中排出的废气含有一种大蒜臭味的硫醇毒气，严重污染车间及周围空气，生产企业采用吸收、吸附、曝气、冷凝等各种方法处理，用硫酸铜、液碱、氯化铜、活性炭等为吸收剂，使黄药的尾气获得很好的处理和回收。对药剂的半成品二硫化碳废气与废水、黄药废水和二号油废水都进行了处理。某厂黄药生产废水中二硫化碳的含量高达627mg/L，硫化物高达240mg/L，生产仲辛基黄药时废水中二硫化碳含量有时竟高达16520mg/L、硫化物达570mg/L。这些有害废水，有害成分的含量超过国家标准几十倍，甚至几百倍。国家标准，地面水中容许含二硫化碳小于1mg/L、硫化物为零。生产二号油的洗油废水每日排出约40t，其中含有质量浓度小于0.5%的硫酸和小于1.5%的乙醇和一些萜烯醇、蒎烯等，毒害虽小于二硫化碳，但是仍然严重污染水源和环境。该厂将黄药废水与二号油废水混合，使黄药遇酸分解，废水通过填有铁屑的沉淀池，除去大部分硫化物，再经另一沉淀池沉淀，溢流中仍含有二硫化碳、少部分硫化物和极少量黄药的废水。再相继流经一个串联的装有活性炭的吸附罐，最终达标后排放。

国外对因化学药剂污染的固体废弃物、土壤、农田去除污染做了许多工作。如污染土壤浸出去除法，环保表土促进植物生长法等。后一方法就是利用一种环保表层土壤（含稀土元素镧、钪、钇等复合物质），促进植物根系茁壮和生长迅速，并可以使土壤中的硝酸盐和杀虫剂等有机物降低60%。最近，美国华盛顿大学教授多蒂提出，改变树和草木基因培养绿色植物能够吸收或降解土壤、地下水和大气中的各种污染物，利用植物的自然特性从水、土、空气中提取并降解化学物质，变有毒为无毒。多蒂和她的同事用转基因杨树清除环境中91%的三氯乙烯（非转基因杨树的清除率只有3%）。除清除三氯乙烯外，还可有效清除三氯甲烷，四氯化碳、二氯乙烯等有毒、有害致癌有机物。

22.7.2.1 选矿厂废水处理

Smith R W 和 Hyatt F T，Arbiter N，Jarrett B M，Hawley J R 等人先后对选矿厂排出的废弃物（固体和液体）、药剂和金属离子的浓度及处理方法等进行了综述。选矿厂排出的各种液体和固体，有毒或无毒废弃物的处置、处理，是当今矿物工业极为重要的任务。

浮选厂和湿法冶金厂排放的液体主要是水溶液，但也有有机溶液。它们所含药剂主要是在不同作业中加入的各种捕收剂、起泡剂、抑制剂、非离子增效剂、有机调整剂及活化剂、分散剂、助磨剂、助滤剂、絮凝剂、萃取剂、水处理剂以及汽、柴油等中性油。这些物质在废液或废渣中是不可避免的残留物。一些有毒有害不易分解和降解的物质也残存于废液废渣中（当然还有飘逸在空气中）。用乙黄药浮选硫化矿尾矿中黄药质量浓度为0.1～1.7mg/dm^3；用黑药浮选闪锌矿废水含有低于0.1mg/dm^3的黑药；脂肪酸浮白钨矿废水含有低于0.1mg/dm^3的脂肪酸。Woodcock 等人研究了重金属选厂中黄药、黑药和 Z-200（硫代氨基甲酸酯）的浓度分布走向，黄药和黑药几乎完全为矿物所吸附，而 Z-200 则在水中保持有相对高的浓度。因此，Z-200 具有较多含量随选矿废水排出的趋势。表22－18列出了不同选矿厂废水通常可能含有的药剂，表22－19所列为尾矿水中所含物质的离子浓度。表22－20所列为浮选废水的一些特性。

表22－18 浮选厂废水可能含有的药剂

(1) 捕收剂（硫化矿浮选）			
硫醇	硫脲、白药	硫代碳酸盐	硫代氨基甲酸酯
硫代碳酸盐	非离子型药剂	硫代磷酸盐	巯基苯骈噻唑
黄药、黑药（酯）	双黄药	其他硫代类捕收剂	

续表 22-18

(2) 捕收剂（氧化矿、硅酸盐、盐类矿物浮选）			
一元胺（第一胺、第二胺、第三胺）	二胺、多胺及季铵化合物	肟类（羟肟酸等）	两性捕收剂（如烷基氨基丙酸）
烷基磷酸	烷基硫酸盐	烷基磺酸盐（石油磺酸盐）	脂肪酸及其改性、取代化合物（氧化石蜡等）
硬脂酸	油酸	亚油酸	亚麻酸
棕榈油	松香酸及塔尔油类	胂酸、膦（磷）酸类	非离子型化合物
月桂酸	肉豆蔻酸	氧化烃类衍生物	其他捕收剂
(3) 起泡剂			
松油醇及其他天然加工产品	MIBC	各种烷基醇类、甲酚	1.1.3-三乙基丁烷
聚丙二醇	烷氧基石蜡及醚醇类	羧酸酯类	其他起泡剂
(4) 调整剂（活化剂和抑制剂）			
硫酸铜	铬酸盐	高锰酸盐	硫化钠
亚铁氰化物	硅酸钠	硫酸锌	CMC、淀粉及衍生物
硫酸铝	氯化铝	苏打灰、石灰	亚硫酸钠
碳酸钠	醋酸铅	硝酸铅	柠檬酸
单宁酸	铁氰化物	栲胶、树胶、动物胶	亚硫酸氢盐
氰化钠	氟化钠（铵）、氟硅酸（盐）	木素磺酸钠	亚硫酸钙
氢氧化铵	各种酸类	各种多价金属离子	其他类
(5) 絮凝剂、凝聚剂和分散剂			
各种淀粉及其衍生物	聚丙烯酸	聚丙烯酰胺絮凝剂	聚氧化乙烯
铝酸钠	硫酸铝及其聚合物	氯化铁及其聚合物	黏土类
缩聚磷酸盐、铝酸钠	可溶性硅酸盐	聚亚胺	CMC 及其衍生物
铁硅铝聚合物	硫酸铁及其聚合物	其他有机和无机物	古尔胶及多糖类
(6) 矿石本身的化学衍生物			
铜离子	铅离子	铬酸盐	砷化合物
锑化合物	镍离子	硒化合物	氟化物
铁离子	亚铁离子	磷酸盐	钴离子
锌离子	镉离子	其他离子	

表22-19 浮选废水中的离子质量浓度及范围（mg/L）

离子	铁矿石浮选	硫化铜浮选	铜-锌浮选	其他硫化矿浮选	金属非金属氧化矿浮选
Al	0.009~5.0	<0.5		6.2~7.8	210~552
Ag		<0.1		<0.02	0.04
As		<0.02~0.07		0.02~3.50	<0.01~0.15
Be				<0.002	36
B				<0.01	<0.01~0.65
Ca	55~250			<0.6	43~350
Cd		0.05~3.0	1.2~16.4	<0.01~0.74	<0.002~0.01
Co		1.68			
Cr			9.8~40	0.03~0.04	0.02~0.35
Fe	<0.02~10.0	550~18.800	2.900~35.000	<0.5~2.800	0.06~500
Hg		0.0006~0.006		0.0008~27.5	
K					77
Pb	0.045~5.0	<0.01~21	76~560	<0.02~9.8	0.02~0.1
Mg				1.93	320
Mn	0.007~330	31	295~572	0.12~56.5	0.19~49
Mo		29.3		<0.05~21	0.2~0.5
Na					270
Ni	0.01~0.20	2.8		0.05~2.4	0.15~1.19
Sb		<0.5		<0.2~64	
Se		<0.003		0.144~0.155	0.06~0.13
SiO_2		46.8			
Te				<0.08~0.3	<0.2
Ti					<0.05
Tl					<0.05
V				<0.5	<0.2~2.0
Zn	0.006~10	4.8~310	160~3000	0.02~76.9	<0.02~19
稀土					49
氯化物	0.35~180			1.5	57~170
氟化物				4.8~11.7	1.3~365

续表 22－19

离 子	铁矿石浮选	硫化铜浮选	铜－锌浮选	其他硫化矿浮选	金属非金属氧化矿浮选
硝酸盐					1.25
磷酸盐		20.8			0.8
硫酸盐	5～475				9～10.600
氰化物	0.008～0.02	<0.01～0.17		<0.01～0.45	<0.01
硫化物				<0.5	<0.5
NH_3					1.4

表 22－20 浮选废水的一些特性

名 称	电导率 /Ω	全部固溶物 /mg·L^{-1}	总悬浮固体 /mg·L^{-1}	化学需氧量 /mg·L^{-1}	总有机碳 /mg·L^{-1}	油及油状物 /mg·L^{-1}	pH 值
铁矿石浮选	130～375	0.3～1.090	0.4～1.900	0.2～36		0.03～90	5～10.5
硫化铜浮选		395～4.300	114000～465000			<0.05～10	8.1～10.1
铅－锌硫浮选			20500～269000				7.9～11
其他硫化矿浮选		68～2600	2～550000	15.9～238	7.8～290	2.0～11.4	6.5～11
非硫化矿浮选	650～17000	192～18400	4～360000	<1.6～39.7	9～3100	<1～3.4	5～11

Smith 等人提出采用矿渣作吸附剂，絮凝浮选、沉渣聚团和生物降解等方法处理除去尾矿水等废水中的有机、无机化合物，再将废水循环利用。尾矿库（坝）既是排放堆集尾矿的场所，也是废水的去处。要合理设计尾矿库（有足够的库容表面积，沉降时间和静止时间的空间），使一些有毒药剂能在其中得到氧化破坏及处理，固体颗粒得到沉降或处理（絮凝及酸碱调节等），而大部分的水能循环使用。对于水溶液中的金属离子，特别是有毒的重金属离子可采用图 22－2 所示的技术、方法处理。

上述各种含重金属离子废水分离处理技术，国内外都作了大量的研究，并有许多报道，如矿山酸性废水的处理等。矿山酸性废水处理使用比较多的传统和经济的方法是沉淀法。加碱（CaO，CH（OH）$_2$ 等）中和使废水中的金属离子形成溶度积更小的氢氧化物或碳酸盐沉淀。如浙江平水铜矿矿坑废水含铁、铜、锌、镉等多种金属离子，pH＝2～2.5，日排出约 1000m^3 废水。1970 年投产以来每年向自然水系排放的铁、铜和镉分别超过 100t，20t 和 20kg，污染环境，危害农渔业生产。1988 年以来采用石灰分步中和、分步沉淀治理回收获得成功。硫化沉淀对铜、锌、铁离子废水处理也是有效的。有研究报道用

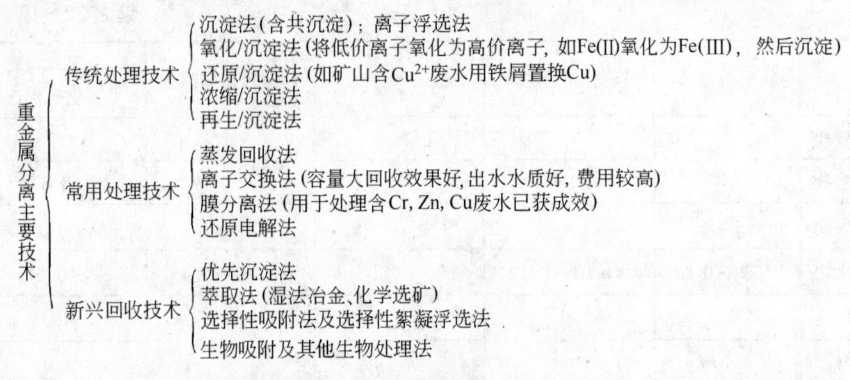

图 22-2 金属离子分离技术

硫化沉淀浮选 Cu^{2+}，Fe^{3+}，Cd^{2+}，Hg^{2+} 等。

也有报道利用酸碱中和加鼓风曝气搅拌处理硫铁矿废水，同时，使废水中的黄药、二号油降解，该处理工艺获得比较满意的结果。处理后的出水水质达到国家污水排放一级标准。

共沉淀法常用于一些金属可溶性化合物，是因其使用沉淀法不能有效达到沉淀目的而使用的方法。如钼酸盐形式的钼和一些阴离子形式的钒酸盐等无机水溶性物质，它们不能通过添加具有氢氧根和硫离子的化合物直接从溶液中有效的沉淀脱除。然而，这些物质可以用铁离子从溶液中共沉淀脱除。在酸性 pH 值时，钼酸根可以混入氢氧化铁沉淀中，这种沉淀物可以用过滤或浮选脱除，最后溶液中钼含量少于 0.2mg/L。钒可以和氢氧化铁生成偏钒酸铁而共沉淀脱除。

用微生物从水溶液中显著富集重金属离子是近年研究的热门。Sakaguchi 和 Nakajima 研究了 135 种中不同种类的微生物富集 U，Co，Mn，Ni，Cu，Zn，Cd，Hg，Th 和 Pb 的能力（42 种细菌、26 种酵母、34 种真菌和 33 种放线菌类）。尤其善于从溶液中富集 UO_4^{2+} 的是假单孢菌、脑孢菌和链霉菌等。

用微生物作吸附剂时，金属净化和回收的工业化过程中最重要的是关于金属富集后微生物的养护和培育。一个有前途的工艺是使用 BIOFIX 苗珠粒，其中的有机物是培养在多孔聚砜上的微生物或苔藓中。廉价的物料可用于补充珠粒，这些珠粒可用于柱式反应器，或用于简单的低维持系统。已经得到证明，这种珠粒用于从溶液中脱除很低浓度的重金属离子很有效，且存在大量 Ca（Ⅱ）和 Mg（Ⅱ）离子时作用很大。金属离子很容易从珠粒上解吸，而且，这种珠粒很容易循环使用。

另一方面，泡沫浮选也已经开始用于回收富集了重金属的微生物，这种系统对于浓度相当低的重金属的回收是很有吸引力的。

其他方案是把活的微生物固化在各种纤维和藻朊酸钙或钠土，或其他类似的基质上。藻朊酸盐本身具有金属键合特性，只要连续往系统中加入一定量的营养物质，以维持细胞的成长，这个过程就可以连续进行。

从较大的植物如凤眼兰、宽叶香蒲和 potomogenton luscens 获得的微生物，对重金属具有特别大的生物吸附能力，如超过 100mg Hg/g 生物量。同时，也证明了一些植物微生物能够进行 75 次吸附-解吸循环，而无损吸附能力。

另一种有意义的工艺是用从尾矿库表面获得的有机覆盖物来脱除水中的金属离子（如 Pb（Ⅱ））或阴离子（如 Se（Ⅵ））。所设计的从水中脱除 Se（以硒酸盐的形式）的方案是使用由蓝绿藻类如鱼腥藻类（表面层）、有机物是指掠地飞行的生物（中间层）和硒酸盐还原细菌（底层）所组成的覆盖层。细菌将藻类作为它们的食物来源，将硒酸盐还原成元素硒。这种含有经还原的橙棕色硒的覆盖层具有很完整的结构，很容易从尾矿库表面回收。可以推测，该方法是可以用于含砷废水的降解。

对于有机浮选废水，Carta 等研究了不同的菌种及其联合作用，以及捕收剂、氧气和二氧化碳浓度和各种物理化学参数对于三种浮选捕收剂的生物降解的影响。所研究的捕收剂为十六烷基硫酸钠（SHS）、油酸钠（SOL）和十二烷基胺醋酸盐（DAC）。发现 SHS 和 SOL 容易被微生物分解，而 DAC 不容易生物降解。在另一个研究中，Solozhenkin 和 Lyubavina 研究了硫醇类捕收剂：2，2’，6，6’-四丁基黄原酸钾（KBX）和二乙基二硫代氨基甲酸钠（NaEC）用荧光假单孢菌进行的生物降解。在细菌存在时，KTIK 在 45min 内被完全破坏，而没有细菌时，同样的时间内只有 45% 被破坏。这些研究者还进行了现场试验，从 Pb 选厂采取的含有 0.12mg/L 残存黄药的废水，用生物悬浮液处理 5min 后，黄药就被全部分解了。这两个试验表明，浮选捕收剂能被生物降解法有效的破坏，这种工艺对类似废水的处理有借鉴意义。

从选厂排出的其他有机化学成分是各种起泡剂和调整剂，尤其是起泡剂会产生问题，因为它们（比吸附到矿物上的捕收剂还多）会通过选厂而进入地表水流，并且通常有毒。虽然曾对起泡剂有类似结构的物质进行过生物降解研究，相信单独针对起泡剂进行试验研究很快会取得成果。

已经知道，某些微生物或起源于它的酶在适当条件下，能够分解氰化物。因此，有可能用于降解含氰废水。事实上 Whitelock 已介绍过美国南达科他州 Homcstake 采矿公司用生物降解法处理含氰废水的成果，质量分数 90% ~98% 的金属络合氰化物被脱除，从而有可能从含氰废水中通过生物合成制取脂肪酸。

新近研究了一种硫酸盐生物还原剂工艺，能同时从水溶液中脱除重金属离子和硫酸根离子。使用一种厌氧菌将硫酸盐转变成硫化物，从而使金属以不溶性的金属硫化物形式沉淀，其反应式为：

$$MSO_4 + 碳源物质 + 细菌板槽 \xrightarrow[厌氧菌]{合适的} MS\downarrow + CO_2$$

式中，M 为重金属离子，碳源可以是诸如乙醇的物质。适于硫酸盐还原的是脱硫孤菌 desulfovibrio vulgaris，desulfomonas pigra，desulfobulbus propionicus，desulfobacter postgatei。在实际操作时控制 pH 值近于中性，温度 35℃，控制氧化还原电位、碳源、选择营养物、控制作用时间、杂质的积累。在英国壳牌研究机构进行的单元试验中，所用反应器为污泥层反应池，反应时应注意把握污泥层所含生物量，高浓度矿泥的循环使污泥层保持倾斜或悬浮。试验表明，重金属离子和硫酸盐均能从溶液中有效脱除，且该工艺能耗极低。

国内某大型黄金采选冶联合企业，黄金赋存的矿体属泥质页岩，矿带破碎较严重，含泥高。为了降低精矿硅酸盐含量，提高精矿品位，加入大量模数为 2.8～3.0 的硅酸钠，选矿厂废水排放量约为 $1500m^3/d$，废水中含有大量的药剂及尾砂，悬浮物质量浓度平均约 $4\times10^4mg/L$，通过高位尾矿库自然沉降，溢流水外排为乳白色，悬浮物质量浓度在 2500～3200mg/L，大大超过国家污水综合排放标准（GB 8978—1996）。许国强针对这一超稳定、微细粒高悬浮物废水提出了先使胶体脱稳（用胶体脱稳剂），再用絮凝剂絮凝沉降的最佳药剂、工艺流程，使该项目自 2004 年投产运行以来，系统一直运行正常，出水水质稳定，各项指标低于国家一级标准。

我国某铜矿山采用“填料塔曝气法”处理高氰离子质量浓度（256mg/L）废水。其工艺是将含氰废水槽中的废水，通蒸气加热后，经水泵打入高位水池，由加酸器按比例加入工业硫酸，使氰化钠水解成游离的氢氰酸（HCN）进入第一蜂窝填料解吸塔顶的配水器，再流入解吸塔。与此同时，空气由塔底进入塔内。含氢氰酸的气体由塔顶进入气水分离器，气体再进入装有碱溶液的吸收器，大部分氢氰酸被碱液吸收又变为氰化钠回收利用，残余的氢氰酸随气体再进入第二蜂窝填料解吸塔处理一次，脱氰后的废水最后排入尾矿池。全部试验装置均为塑料制品，可耐腐蚀，解吸塔中装有纸质蜂窝填料。解吸塔的操作条件采用：pH = 2～3，进水温度 50～55℃，气水体积比 $40\sim50m^3/m^3$ 之间，喷淋强度为 $4m^3/m^3$ 时，塔填料高度 3 m 以上。吸收用碱，每处理 1t 含氰离子 $256g/m^3$ 的废水，需氢氧化钠约 0.675kg。碱溶液配成 50g/L 质量浓度。

某金矿采用碱性液氯法（石灰乳 + 氯气）处理氰化物（日处理 100t 废水），经过处理后使氰离子（CN^-）质量浓度由处理前的 200～500mg/L 降为国家“工业废水”排放标准 0.5mg/L 以下，为使氰化尾矿在澄清过程中不外渗，避免污染地下水源，修建了 $11200m^3$ 的防渗池和回收澄清水系统，处理后的净化液同尾矿混合，最终尾矿坝中污水含游离氰（CN^-）质量浓度为

0.09mg/L 以下，解决了氰化物的污染。此法和漂白粉法相似。

用漂白粉可以处理含氰污水，漂白粉是一种强氧化剂，它首先将氰化物氧化成氰酸盐，并进一步将氰酸盐分解为 CO_2 和 N_2。

$$2CaOCl_2 + 2H_2O \longrightarrow CaCl_2 + Ca(OH)_2 + 2HOCl$$

$$2NaCN + Ca(OH)_2 + 2HOCl \longrightarrow 2NaCNO + CaCl_2 + 2H_2O$$

$$2NaCNO + 2HOCl \longrightarrow 2CO_2\uparrow + N_2\uparrow + H_2\uparrow + 2NaCl$$

$$CO_2 + Ca(OH)_2 \longrightarrow CaCO_3\downarrow + H_2O$$

此法处理效果好，处理后水质清澈，污泥较小，但费用比较高。

有报道利用臭氧脱除污水中的氰化物。臭氧氧化法就是利用 O_3 与含氧废水作用，反应式为：

$$CN^- + O_3 \longrightarrow CNO^- + O_2$$

$$CNO^- + O_3 + H_2O \longrightarrow HCNO_3^- + N_2 + O_2$$

用此法可使废水中 CN^- 质量浓度降至 0.01mg/L，达到国家排放标准。证明臭氧处理非常有效，尤其适用于处理含氰络合物，而且优于上述各种方法。

此外，处理含氰废水的方法还有硫酸亚铁-石灰法、电解法等。

关于含砷废水的处理，国内外主要采用沉淀法、浮选法、硫化铁法、吸附胶体沉淀法、电凝结法和木炭过滤法等。

沉淀法又分为石灰乳法、石灰-铁（铝）法、硫化物法和铁氧体法等。

石灰乳法一般用于含砷量较高的酸性水处理。该法是用石灰乳与砷酸根或亚砷酸根反应，生成难溶性钙盐沉淀，除去砷化物。反应式为：

$$3Ca^{2+} + 2AsO_3^{3-} \longrightarrow Ca_3(AsO_3)_2\downarrow$$

$$3Ca^{2+} + 2AsO_4^{3-} \longrightarrow Ca_3(AsO_4)_2\downarrow$$

某厂废水中含砷质量浓度为 6315mg/L，采用二级沉淀处理，处理后的废水含砷量达到了排放标准。

石灰铁（铝）法是利用砷酸盐和亚砷酸盐与铁、铝等金属形成稳定络合物的原理，与铁铝等金属的氢氧化物吸附共沉淀的特点除砷。此法适用于中性或弱碱性砷含量低的废水，出水含砷可降至 0.01mg/L，反应式为：

$$2FeCl_3 + 3Ca(OH)_2 \longrightarrow 2Fe(OH)_3 + 3CaCl_2$$

$$AsO_4^{3-} + Fe(OH)_3 \longrightarrow FeAsO_4 + 3OH^-$$

$$AsO_3^{3-} + Fe(OH)_3 \longrightarrow FeAsO_3 + 3OH^-$$

浮选法始于 1969 年，由 Grieves 等人提出，而真正的发展是近二十几年的事。在吸附胶体浮选的领域内，至今已有很多学者对这种分离技术的理论进行了研究，其中以美国的 C1arke 和 Wilson 的研究较全面，他们对此法的电性质、胶体絮团与气泡的黏附机理、固液界面的吸附等温现象、浮选水动力学以及浮选柱的设计等方面进行较详细的报道，据报道采用此法处理模拟含砷废水的试验表明，SDS（十二烷基硫酸钠）是该方法砷的有效捕收剂，用 Fe^{3+} 作共沉淀剂，浮选脱砷的最佳 pH 范围为4~5，用 Al^{3+} 做共沉剂的浮选最佳 pH 范围为7.5~8.5，浮选 5min 后的模拟废水中，砷的质量浓度都能降至0.1mg/L，且浮选速度快。浮选 3min 后，就能使废水中的砷浓度达标。此法技术新、成本低、速度快，但泥渣含水量多，还需进一步处理，防止二次污染。

铁氧体法又称磁性氧化物共沉淀法。其工艺过程是在含砷废水中加入一定数量的硫酸亚铁（铁离子是砷离子摩尔数的2~2.5倍），然后加碱调 pH 值至8.5~9.0，反应温度60~70℃，鼓风氧化20~30min，可生成咖啡色的磁性铁氧体渣。此种方法可使含砷 $500\times10^{-4}\%$ 的废水经一级处理达到 $0.5\times10^{-4}\%$ 以下，沉渣粒度在0.01~1.0μm 左右，易沉淀和过滤，干渣与湿渣均有磁性，对环境无二次污染。该法还可与磁分离组合处理重金属废水。

Nakazawa Hiroshi 等研究指出，在热的含砷废水中加铁盐（$FeSO_4$ 或 $Fe_2(SO_4)_3$），在一定 pH 值下，恒温加热 1h。用这种沉淀法比普通沉淀法效果更好，特别是利用磁铁矿中 Fe^{3+} 盐处理废水中 As（Ⅲ）、As（Ⅴ），在温度90℃，不仅效果很好，而且所需要的 Fe^{3+} 质量浓度也降到小于0.05mg/L。

Dergacheva 等研究用 Na_2S 处理高砷废水。先用高浓度的挥发性酸（HCl，HNO_3）去氧化 As（Ⅲ）为 As（Ⅴ），加 Na_2S，得 As_2S_5 沉淀而过滤除去。其砷去除率达99.97%。这些挥发性酸可以通过蒸发而回收。

国内的研究表明，利用 As（Ⅴ）比 As（Ⅲ）易于与三价铁盐在低 pH 值下也能形成沉淀的特性，在酸性条件下，将砷从废水中沉淀出来。产生的含砷渣仅为传统方法的1/10，毒性低，化学稳定性强，含砷品位达10%~18%，利用现有技术可以从中回收砷，二级中和渣无害，可安全地用于建筑材料的生产。选择除砷效果最佳的混合凝聚剂（$FeCl_3$ 和 $FeSO_4$）处理含砷废水，成本低廉；此外，在 pH=2~9 范围内，FeS 对 As（Ⅴ）、As（Ⅲ）的去除率大于99%，出水砷含量低于废水排放标准（0.5mg/L），在适宜的 pH 条件下，低浓度砷废水经 FeS 处理后，出水砷含量还低于饮用水标准（0.05mg/L）。

22.7.2.2 *矿物材料处理含重金属与化学药剂的废水*

矿物材料主要包含天然矿物材料和经过提纯加工、改性处理的改性矿物材料。这类矿物主要有铁的硫化矿物、铁锰氧化矿物、沸石、方解石、磷灰石以及各种非金属黏土矿物等。它们通常具有良好的吸附性能或离子交换性能，有较大的比表面积和孔隙率，有的具有氧化还原化学活性，可用作含重金属离子废水和含有机药剂废水的处理材料。将在本节及下一节分别介绍。对于含重金属离子和药剂的交叉废水的处理，矿物材料同样适用。

（1）用硫化矿物处理含铬汞等离子的废水。硫化矿物主要是指铁的硫化矿黄铁矿、磁黄铁矿等。早在20世纪70年代起，美国、日本及苏联学者以及希腊、土耳其的研究人员就已进行用硫化铁矿物处理重金属污染物的试验研究。随后，我国的鲁安怀等不少研究工作者亦展开了试验研究。研究表明，天然的硫铁矿物处理含Cr^{6+}废水具有良好的效果。通过氧化还原和沉淀转化作用，废水中的Cr^{6+}可被还原为相对无毒的Cr^{3+}或者生成难溶的Cr_2S_3和Cr_3S_4。此法可以替代加碱形成$Cr(OH)_3$沉淀的传统工艺，并减少污泥量，也可代替用亚硫酸钠等还原Cr^{6+}，提高硫资源利用率近4倍。某电镀厂镀铬废水采用图22－3所示工艺处理后，其废水完全可以达到国家排放标准，工艺简单易行，成本低效益高。此法同样适于铬矿选厂和用各种铬盐作调整剂的选厂废水处理。

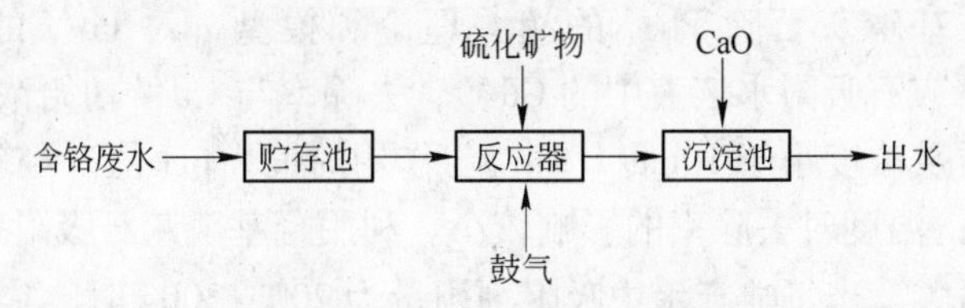

图22－3　含铬废水处理示意图

利用硫化铁矿物处理含Hg（Ⅱ）废水的试验研究表明，常温常压下天然铁的硫化矿物对含Hg（Ⅱ）废水的处理效果显著，去除效果随矿物用量的增加与矿样粒径的减小而提高，且在较宽的pH值范围内均发生沉淀反应。处理初始质量浓度为1mg/L，体积为50mL的废水所需矿样最佳用量为2g，试样粒径为120～160目。试样在废水处理过程中可重复使用，避免了二次污染。陈洁等的试验研究指出，天然铁硫化矿物能有效的处理含Pb（Ⅱ）的废水。但溶液的pH值、试样的粒径、用量与溶液的体积及浓度均影响去除率，各因素的影响力大小依次为：pH值＞体积＞样重＞浓度。处理初始Pb（Ⅱ）质量浓度为20μg/mL，溶液体积50mL的废水最佳处理条件为：pH初始值为11.5，矿样用量2g，其粒径120～140目。

硫化矿物不稳定易风化，氧化和酸化。若采用硫化矿矿山开采的废石、选矿厂尾矿等废弃物，作为重金属废水处理，以废治废控制污染，实现废弃物资源化是很有意义的。

（2）碳酸盐及磷酸盐类矿物处理含铅镉等重金属离子废水。方解石、蛇纹石等碳酸盐矿物在调节环境水体质量，控制重金属迁移转化有着重要作用，它可以按晶格离子交换机理将含有毒作用的重金属离子通过交换固着，Ca^{2+}可与Pb^{2+}、Mn^{2+}、Cd^{2+}、Cr^{3+}、Zn^{2+}、Ni^{2+}和Cu^{2+}等离子形成相应的碳酸盐。Suzuki 等人认为，方解石和重金属离子的吸附等温线除了 Langmuir 型和 Freudlich 型外，还表现为高于平衡浓度时，吸附量与离子浓度呈线性关系，当直线在离子浓度最高时出现两种突变类型，表明方解石对水中的重金属离子的作用是多种模式并存的表面反应，主要机理是表面吸附和表面沉淀。国内的研究报道，有人认为，方解石与 Cu^{2+}、Zn^{2+}、Cd^{2+} 和 Ni^{2+} 的表面反应，在低浓度时表现为离子交换吸附，较高浓度时表现为交换和表面配位吸附并存，而高浓度时表现为表面沉淀，与 Ag^{+}、Pb^{2+} 和 Cr^{3+} 的表面反应在低浓度时表现为表面配位吸附，高浓度时则表现为表面沉淀。

磷灰石除了是一种很好的天然除氟剂外，还可作为阳离子交换剂，在常温常压下用其表面晶格中的 Ca^{2+} 与溶剂中阳离子广泛发生交换作用，除去溶液中的 Pb^{2+} 等离子。合成磷灰石具有更好的去除阳离子的特性，去除能力顺序为 $Pb^{2+} > Cd^{2+} \approx Zn^{2+} > Mn^{2+} > Hg^{2+}$，是一种新型的无机离子交换剂。刘羽等在提出了羟基磷灰石除 Pb^{2+} 的相关理论和模型，对 Pb^{2+} 的除去率接近100%。羟基磷灰石吸附水溶液中的 Cd^{2+}，去除率与 Cd^{2+} 初始浓度呈负相关，在 Cd^{2+} 初始质量浓度小于 10mg/L 时，与作用时间、pH 值、羟基磷灰石的用量呈正相关系；温度对去除率的影响较小。利用羟基磷灰石吸附剂去除铬黄工业废水中的 Pb^{2+}，当每吨废水中吸附剂用量为 200~300g 时，常温搅拌 60min 后，在弱酸性或中性废水中，Pb^{2+} 质量浓度由 2.74mg/L 降至 0.5mg/L 以下，符合 GB 8978—1996 工业废水排放标准（1.0mg/L）。

（3）天然铁锰氧化矿在废水处理中的作用。天然磁铁矿对含 Hg（Ⅱ）废水处理效果良好。当温度为 25℃，吸附平衡时间为 60min，试样用量为 20g/L，pH 值为 6.40，离子强度为 0 时，初始质量浓度为 1.12mg/L 的 Hg（Ⅱ）在天然磁铁矿上的吸附率可达 98% 以上。介质 pH 值和离子强度、试样粒径和用量、废水浓度、试验温度及反应时间均对 Hg（Ⅱ）的吸附率有一定的影响，其中 pH 值的影响最大，而温度、试样粒径、用量和 Hg（Ⅱ）的初始浓度对吸附率的影响很小。

近年来，随着对矿物物理化学性能的深入研究，含锰矿物的自净化功能不断被发掘出来。高翔等对天然锰钾矿的研究表明，锰钾矿具有表面吸附、离子交换、孔道效应和纳米效应等良好的环境属性，在污染水体净化方面具有广阔的应用前景。郑德圣对天然锰钾矿吸附水溶液中 Hg（Ⅱ）的试验研究表明，反应平衡时间约为 20h；pH 值对其吸附率影响很大，在中性（氯化物在偏碱性）条件下吸附率较高；溶液中其他阳离子的存在会产生竞争而降低对 Hg（Ⅱ）的吸附量，两价金属离子较一价金属离子对 Hg（Ⅱ）竞争干扰明显；溶液中存在的 Cl（Ⅰ）能明显降低对 Hg（Ⅱ）的吸附量。

此外，沸石和膨润土、伊利石等黏土矿物对含重金属离子的矿山废水的处理试验研究，国内外都有报道。主要是利用它们优良的吸附性、变换性、膨胀性等进行处理。

22.7.2.3 *矿物及其加工改性产品对有机废水的净化作用*

前面介绍了矿物在含重金属废水中的作用，本节主要介绍其对有机药剂的作用。一些天然或改性的矿物对有机化合物具有良好的吸附作用，用其处理含有机选矿药剂、农药、酚类等的有机废水对工业与环境都有实际意义，也是研究的热点之一。对于金属矿物而言，变价金属氧化物矿物如含 Mn（Ⅱ），Mn（Ⅳ）的矿物是有机化合物潜在的氧化剂，变价金属氧化物的氧化反应可看作水中某些有机污染物降解的重要途径，它们甚至可氧化不易被降解的合成有机物。软锰矿去除苯酚的试验研究认为软锰矿对苯酚有很好的去除效果，在最佳条件下适量的软锰矿可除去80%以上的苯酚。

非金属矿物包括膨润土、凹凸棒石、天然沸石、硅藻土、累托石、高岭土、珍珠岩、海泡石、方解石、石榴石、伊利石、石墨、硅质岩和火山凝灰岩等矿物及其提纯加工改性产品对环境保护三废治理均有重要作用。以下介绍8种非金属矿物（或改性）对有机废水的处理作用。

（1）膨润土（蒙脱石）对有机废水的处理作用。膨润土是以蒙脱石为主的铝硅酸盐黏土矿物，它具有良好的膨胀性，较强的吸附性和离子交换性，用原土或用不同性质结构的无机、有机化合物进行加工改型、改性，可以成为具有不同性能用途的污水净化剂。天然膨润土（原土）或改性后可做吸附剂处理各类有毒和难生物降解的有机物。改性膨润土去除水中有机物的能力比原土高几十至几百倍，而且可以有效去除低浓度的污染物。近年来，国内外在这方面开展了大量研究，如利用季铵盐等阳离子表面活性剂与钠型蒙脱石作用，经过离子交换将这些体积较大的有机正离子引入层间，形成大孔洞材料，再进行离子交换作用和表面活性剂脂肪链的萃取作用吸附有害的有机污染物。Banat等研究了天然膨润土对酚的吸附性能。结果表明，天然膨润土不能有效的吸附疏水性有机污染物，通过对天然膨润土进行改性可明显改善其对有机污染物的吸附性和离子交换性能。

Gitipour 等采用有机改性膨润土去除含油废水中的苯、甲苯、二甲苯等有机物，结果表明，改性膨润土增强了对有机物吸附能力，提高了对有机物的去除率。Breen 等用季铵盐聚合物改性膨润土，并研究了其去除有机物的情况。Glazunova 等用硅氧烷改性铝硅酸盐，提高了其吸附性能。Churchman 用聚丙烯酰胺、聚丙烯酰胺和聚苯乙烯改性膨润土制得聚合物膨润土，并探讨了其去除非离子和阴离子污染物的能力。Sung 等研究证明，改性蒙脱石对水中的苯酚和2-，3-和4-硝基苯酚的亲和力顺序为：3-硝基苯酚≈4-硝基苯酚 > 2-硝基苯酚 > 苯酚。Theopharis 等用 Al_2O_3 柱撑蒙脱石吸附溶液中的2，4-二氯苯酚，

2，4，6-三氯苯酚和五氯苯酚，平均吸附率分别为26.3%、75.6%和95.2%。Steven等研究了用四种不同的季铵化合物改性的蒙脱石对1，2，4-三氯苯酚在单宁酸存在时的吸附效果。结果表明，单宁酸的存在对1，2，4-三氯苯酚的吸附无影响。Saeid等用改性膨润土去除含油废水中的苯、甲苯、乙苯和二甲苯，去除率分别为75%、87%、89%和89%。金辉等用有机膨润土吸附苯胺、硝基苯和十二烷基硫酸钠，吸附容量分别为225、266和437mg/L。他们还用有机膨润土处理乳化油废水，去除率达90%以上。吴平霄等分别用无机-有机改性柱撑蒙脱石对苯酚进行吸附试验。结果表明，用表面活性剂改性的柱撑蒙脱石，能大幅度提高对苯酚的吸附能力。

在处理含有机农药废水方面，国外有人研究，用羟基铝锆夹层和柱撑膨润土对3-氯苯胺、阿特拉津除草剂和3-氯苯酚的吸附作用，用季铵盐改性高岭土、膨润土（蒙脱石）除去水溶液中的杀虫剂和马拉硫磷和去草胺。其中，以溴化十四烷基三甲基铵改性膨润土的效果最好，对上述两种农药的去除率分别为91.5%和73.25%，用HDTMA改性蒙脱石去除2，4-二氯苯氧基丙酸等。

有人利用有机胺、季铵和聚合羟基金属阳离子作为黏土矿物的插层剂，制备柱撑黏土矿物材料，吸附去除五氯苯酚、三氯乙烯、联苯、二苯骈吲哚以及各种杀虫剂、除草剂等含有毒有害有机化合物的污染废水及其他。

一些学者对改性膨润土的性能、机理也做了较为深入的研究。朱利中等分别用长碳链季铵盐（如溴化十二烷基三甲铵、溴化十四烷基苄基二甲铵、溴化十六烷基三甲铵、溴化十八烷基三甲铵）和短碳链季铵盐（如溴化四甲基铵）或短碳链阳离子表面活性剂（TMAB）按一定比例混合改性膨润土，制得一系列双阳离子有机膨润土并研究了其吸附水中的对硝基苯酚、苯酚、苯、苯胺、菲的性能及机理。结果表明，所用的双阳离子有机膨润土有机物的吸附符合Freundlich或Langmuir等温式，是表面吸附作用和分配作用共同作用的结果。他们还用阴、阳离子表面活性剂改性膨润土，制得一系列阴-阳离子有机膨润土，研究它们吸附水中苯酚、苯胺、硝基苯酚等有机物的性能、影响因素、吸附机理。结果表明，阴-阳离子有机膨润土对水中有机物具有协同吸附作用。用溴化十六烷基三甲铵（CTMAB）改性膨润土，研究了CTMAB-膨润土去除水中苯、甲苯、乙苯、硝基苯、苯胺、苯酚、对硝基苯酚的性能、机理及影响因素。彭书传等把羟基铝聚合物引入提纯的蒙脱石层间，制备了无机柱撑蒙脱石，研究其对阳离子桃红FG染料废水吸附脱色的效果，发现等温吸附符合Langmuir吸附模型。孙家寿等比较不同交联膨润土对废水中有机物的吸附。结果表明，硅钛交联膨润土吸附剂（简称STB）和铝锆混合交联膨润土吸附剂（简称AZB）对COD有较好的吸附性能。其等温吸附平衡可用Freumdlich方程来描述。他们还探讨了用羟基铝、硫酸处理过的膨润土对水中酚的吸附性能。结果表明，酚经膨润土吸附剂吸附后，其去除率为73.88%。

（2）凹凸棒石对有机废水的处理。凹凸棒石又称坡缕石或坡缕缟石，是一种含水富镁硅酸盐黏土矿物，其理想结构式为 $Mg_5Si_8O_{20}(OH_2)_4(OH)_2 \cdot H_2O$，晶体结构属硅酸盐的双链结构（角闪石类）和层状结构（云母类）的过渡型，为2∶1型黏土矿物。由于它具有独特的链式结构，层内贯穿孔道，表面凹凸相间布满沟槽，因而具有较大的比表面积和不同寻常的吸附性能，吸附脱色能力强。在印染废水及油脂类等有机物的净化处理方面具有较大的应用潜力。

我国对凹凸棒石处理有机废水的研究比较活跃，归纳起来主要的研究工作有：对凹凸棒石进行改性用于有机染化废水处理，获得 COD_{Cr} 的去除率为80%，脱色率为95%以上；用十六烷基三甲溴化铵（CTMAB）对凹凸棒石进行改性后，对废水中的含酚量去除率可达88.5%；以十六烷基三甲基溴化铵（CTMAB）和短链季铵盐四甲基铵（TMA）改性的凹凸棒石，对地下水中的苯同系物的吸附作用进行模拟试验，结果表明改性土比原土对苯系物的吸附量要高几十至几百倍；用凹凸棒石和用各种经改性的活性凹凸棒石进行去除有机染料和酚的对比试验。结果表明，用质量浓度3mol/L磷酸改性的该矿物能大幅度提高对染料及酚类等污染物的吸附能力，而且还用凹凸棒石对废水中的污染物和吸附机理进行了研究，认为对吸附质的吸附不是内表面，而是外表面吸附具有离子吸附性能；研究采用微波诱导氧化工艺（MIOP）制备改性土作催化剂，对雅格素蓝BF-BR150%染料模拟废水进行了有效的处理等。

（3）累托石的作用。累托石是一种间层铝硅酸盐黏土矿物，为硅氧四面体和铝氧八面体晶层相互结合结构。在晶体结构中含有具有膨胀性的蒙脱石晶层，具有较大的亲水表面，在水中显示良好的亲水性、分散性和膨胀性。累托石的胶质价一般约为4mL/g（矿物纯度为70%时），层间荷负电荷，显负电性，能吸附离子、分子进行改性或者进行离子交换。

用十六烷基三甲基溴化铵或者四氯化钛与累托石进行交联反应制备CT-MAB改性累托石，进行吸附性能研究，用于处理含苯胺废水、糖蜜废水和硝基酚钠工业废水。结果表明，利用改性累托石层孔材料效果明显，处理硝基酚类废水，COD去除率达92%以上。同样，用铁交联累托石层孔材料处理硝基酚钠废水的效果也较好。用CTMAB改性累托石和铝交联累托石对酸性蓝废水的吸附作用显著，提高了去除脱色的效率。

（4）沸石在有机废水处理中的应用。沸石有天然和人工合成之分。在此主要介绍天然沸石在含有机废水处理中的试验研究。沸石是一种碱金属或碱土金属离子的含水的架状结构铝硅酸盐矿物，已发现的天然沸石族矿物有40种，其中比较常见的有斜发沸石、丝光沸石、菱沸石、钙十字沸石、毛沸石、片沸石、方沸石、浊沸石等8种，分布和利用最为广泛的为斜发沸石和丝光沸石。沸石是由（Si，Al）O_4四面体组成的格架构造，其空间网架结构中充满了空腔与孔道，具有较大的开放性和巨大的内表面积（400~800m^2/g），且沸石构架上的平衡阳离子与构架结合得不紧密，极易与水溶液中的阳离子发生交换作用，因而具有良好的吸附、交换性能。

Jorgensen等研究了斜发沸石在有机物存在条件下对废水中氨氮的去除效果。研究表明，较传统的生物法去除废水中的氨氮和有机物，采用斜发沸石处理能更好的承受冲击负荷，运行温度范围更广。Lee等研究了斜发沸石填料作载体的生物反应器。载体在曝气池中质量浓度为4000mg/L，与活性污泥法相比，该生物反应器极大地提高了有机物的去除率和去除速率，较高的硝化效率。Bouffard等人使用阳离子表面活性剂HDTMA（十六烷基三甲铵）改性斜发沸石，发现改性后的沸石具有较高的阳离子交换容量，能有效的吸附去除造纸废水中的DHA（脱水松香酸）。Li等人发现HDTMA改性沸石对四氯乙烯（PCE）具有良好的吸附去除作用，且吸附达到饱和后，可用碳酸溶液或CO_2吹脱法进行再生，多次重复使用后未发现吸附容量有明显下降。胥思勤等利用天然沸石、膨润土、碱性流纹岩及英安岩等岩矿材料及其经表面活性剂HDTMA-Br改性产物去除废水中的有机氯化物。结果表明，表面活性剂改性作用有利于增强矿物材料对水中有机氯化物的去除作用，其中，改性膨润土去除效果最好。

众所周知，油脂类、酚和苯胺类化合物很普遍。选矿药剂通常都是多种化合物反应、加工或组合的产物。其中以油脂类、酚类、苯胺类或其衍生物等作为矿用药剂或作为原料合成的系列药剂也不在少数而且是有效药剂。而后两类化合物即使在低浓度低含量下仍具有高毒性。国内何杰等人采用原水—活性炭吸附-沸石吸附-出水的工艺流程，提出活性炭与沸石的联合作用，可使沸石对水中苯酚和苯胺的去除率大大提高。Razee等研究了沸石去除芳香族化合物的效果。斜发沸石在接触4h条件下，对苯胺、苯酚、4-甲苯苯胺、4-氨基酸、2-氨基酸、4-硝基酚、2-硝基酚、2-甲基-4-硝基酚的吸附率为45%到64%，沸石经环式糊精（CDs），特别是α-CD改性后吸附效果提高到65%~74%。王萍等人用氯化钠改性后的钠型沸石去除水中的苯酚。Li等人用HDTMA对天然斜发沸石进行表面改性，并发现改性后的沸石能有效地去除水中的苯、苯酚和苯胺。陶红等用天然岩石矿物为原料合成13X沸石，研究其对模拟废水中的苯胺和苯酚的吸附性能。结果表明，沸石对苯胺和苯酚的吸附速率非常快，在一定条件下，吸附率达93%以上，其吸附规律较好的复合Freundlich吸附等温式；饱和了苯胺、苯酚的沸石用氯化钠溶液再生，解吸率近于100%，且解吸后的沸石在未经任何处理的情况下仍能吸附苯胺和苯酚；用13X沸石处理实际废水还可以有效地去除废水中的SS、COD_{Cr}、氨氮及油等。

湖南工业大学最近研究了5A沸石对冶金废水中钙离子的吸附作用。研究表明，5A沸石对废水中的钙具有较好的吸附能力，吸附率可达55%，沸石对Ca^{2+}的吸附符合Freundich和Langmuir吸附等温式，离子交换吸附为其主要吸附形式。

（5）硅藻土对有机废水的作用。硅藻土为含硅、镁的水合黏土，由生长在海洋、湖泊中的单细胞植物——硅藻的残骸沉积而成，其主要成分为非晶质的SiO_2，还有Al_2O_3、Fe_2O_3、MgO及一定的有机质。硅藻土具有多孔性、低密度，大的比表面积和一定的吸附性，并且具有相对不可压缩性和化学稳定性等特殊性质。硅藻土表面为大量的硅羟基所覆盖并有氢键存在，这些—OH基团使硅藻土具有表面活性、吸附性以及酸性等物理化学特性，并在很早以前就应用于生活生产中。

于漮等人的研究表明，硅藻土经过提纯、改性、活化和扩容对生活污水具有较好的除臭脱色效果，对污水中的悬浮物、COD_{Cr}、BOD_5、PO_4^{3-}、阴离子型表面活性剂都有较高的去除率，污水经其处理后能够达标排放。大理庆中环境工程有限公司采用物理选矿法得到的硅藻含量不低于92%的硅藻精土，通过改性制成处理各种水质的硅藻土水处理剂。工业试验表明，这种改性硅藻精土具有强烈的吸附性，能将污水中的有机物和无机物吸附。杜玉成等采用十六烷基三甲基溴化铵和聚丙烯酰胺处理的硅藻土吸附污水中苯酚、脂肪酸等有机物，取得较好效果。宋海燕等人以硅藻土、凹凸棒石和沸石3种非金属矿物为载体，制备了负载型光催化材料应用于有机废水处理。试验表明，应用该3种非金属矿物制备的催化材料能富集污水中的有机物，提高有机物的光降解效率，其中TiO_2/硅藻土的光催化活性最高，对氯仿的降解率达67.2%。

（6）用于含油废水处理的矿物制品。石墨是元素碳结晶的矿物，具有特殊的原子结构，能耐高温、耐酸碱腐蚀，有导电、导热、可塑等性质。石墨既具有非金属矿物的一般性能，又兼有金属和有机高分子（塑料）的某些特性。将石墨经过特殊的热处理加工工艺，可以将其制成表面积大、密度很小、能完全浮于水上的膨胀石墨。

膨胀石墨内部结构孔隙（径）非常发达，孔隙率极高，吸附空间极大，对浮油有良好的吸附性能，它对油类的吸附量可达70g/g，是含油非极性化合物废水处理的好材料。通过压缩可将油分离回收，重复操作膨胀石墨可重复使用。

膨润土在净化油污中亦有作用，特别是经过精制改性的膨润土（蒙脱石）。用长碳链胺（铵）类作改性覆盖剂，通过共价键或氢键及范德华力等与膨润土结合为无机-有机复合物而改性。蒙脱石通过有机阳离子改性剂的交换取代作用，使蒙脱石层间的无机离子被取代，层间距孔隙增大，增强了吸附性能和亲油疏水性能，对水中的乳化油和油珠有很强的吸附性和破乳作用，使含油废水得到净化，有机膨润土除油率高，用于含油废水处理操作简便，出水水质稳定。

此外，有报道称，采用改性的憎水吸油膨胀珍珠岩处理含油废水效果好。国内外石油和石化行业含油污水量大，普遍采用气浮处理。气浮处理中药剂的正确选择对除油和环境保护都很重要。

22.7.2.4 废水处理展望

矿山废水水量大，占据了近一半的工业废水。用矿物或其加工产品处理含矿用药剂和重金属废水，与传统的化学氧化/还原法、电解法、离子交换法、膜分离法、生物法等许多方法相比，是一种重要的互补，它具有工艺简单，成本低，效果明显。利用矿物或其经有机、无机改性的产品，对大多数重金属离子和有机物都有良好的吸附性能。我国的非金属矿物丰富，像膨润土、沸石、硅藻土等可用于废水处理的矿物，具有储量大，价格相对低廉，容易获得，进行改型、改性、活化的工艺比较简单，具有去污率高，物理、化学和生物性能稳定等优点，因此，应对矿物处理剂加快研究应用。

据报道，目前最好的光催化剂 TiO_2 可将水中的卤代烃、羧酸、脂肪、含氮有机物和有机磷杀虫剂等氧化降解为无害物质，是有机废水处理的有效方法。为此，有人尝试开发金红石的净化功能，以替代钛白粉，将会显著降低成本，并消除二次污染。由于铁和铝的氧化物及氢氧化物有较大的比表面，较高的表面电荷密度，常用作絮凝剂，如果选择有净化功能的矿物作骨料，将一定形态的氧化铁或氧化铝固定在骨料表面，即可通过改性剂制得性能更好的净水剂；天然黏土矿物的层间有大量可交换的无机阳离子，亲水性很强，能较好的净化无机污染物，若开发更多更好的具有改型、改性、活化作用的表面活性剂置换其中的无机阳离子，可大大提高其对有机污染物的吸附能力。无疑这些都是加快研发的方向。

22.7.3 重视药剂污染治理的其他措施

污染已成为影响生态、制约经济科学发展的要素，除加强防控治理外，还必须有其他措施配合：

（1）加强药剂污染的环境风险评价。国家相关部门应该制定一套完整的矿业化学药剂有害化学品环境安全理论与技术系统，对矿山污染现状与趋势作出科学的评价和预测。对矿用药剂，特别是对剧毒、有毒、有害、持久性污染药剂的使用应有毒性、毒理、暴露剂量和环境风险评价。

（2）建立矿用药剂准入制度。对矿山使用的有毒有害药剂应实行登记制度。严格控制在水源、自然保护区、重要养殖基地等的水、土、气（空气）易造成大面积危害的地区使用有毒有害化学物质。从药剂生产到使用建立一套完整的严格的法规制度。

同时，要正确对待和处理好发展生产与保护环境的关系，用法律法规制约惩罚只图经济利益，不治理“三废”任意排放的现象。

（3）重视矿山药剂与重金属复合污染的治理。捕收剂、抑制剂、萃取剂等与铜、镉、汞、铬、铅、锰、锌等有害金属（或离子）相互作用，生成新的有害物质，形成络合、螯合物，对它的直接污染、迁移污染、生物链污染、持久性污染，可能造成的区域性大范围污染应有足够重视，并采取有效措施加以治理。

参考文献

1 富尔斯特瑙 D W. 国外金属矿选矿，2001（3）
2 周永康. 中国地质教育，1999（3）
3 徐晓春，陈友存等. 合肥工业大学学报（社会科学版），2000（2）
4 见百熙. 浮选药剂. 北京：冶金工业出版社，1985
5 李浙昆等. 矿业研究与开发，2003（5）：1~4
6 朱训. 中国矿业，2005（8）：1~4
7 张海英. 中国非金属矿工业导刊，2004（3）：43~45
8 栾和林，姚文. 有色金属，2003（增）：74~77
9 Wakeham S G. Aliphatic and Polycyclic Aromatic Hydrocarbon in Black Sea Sediments. Mar Chem，1996，53：187
10 余刚，黄俊，张彭义. 环境保护，2001（4）：37
11 栾和林，姚文等. 矿冶，2002（增）：265~267
12 刘大星. 有色金属科技进步与展望. 北京：冶金工业出版社，1999
13 汪家鼎，陈家镛. 溶剂萃取手册. 北京：化学工业出版社，2001
14 阿那尼. 环境科学进展，1999（增）：1~7
15 姚文，栾和林. 矿冶，2001（3）：82~86
16 王宏. 中国环境科学，1999（5）：427~431
17 栾和林等. 分析测试学报，2001（增）：185~186
18 王新红等. 海洋环境科学，1999（40）：72~76
19 刘玉凯. 中国环境论坛经济社会与环境可持续发展国际研讨会. 北京，1997
20 林河成. 矿山环境，2001（4）：3~6
21 Prasad M S. Minerals Engineering，1992，3~5：279~294
22 戴树桔. 环境化学. 北京：高等教育出版社，2002
23 余刚，黄俊，张彭义. 环境保护，2001（4）：37~39

24 Soto A M. Enciron Health Perspect, 1991, 92: 167 ~ 173
25 三废治理与利用．北京：冶金工业出版社，1995
26 王喜兵，吕宪俊．金属矿山，2003（8）：15 ~ 47
27 李国刚等．有毒有害化学品环境研究现状与发展趋势．中国环境监测，1999（1）：46 ~ 53
28 Smith R W. 国外金属矿选矿，1998（12）：2 ~ 12
29 翁建浩，盛金华等．化工矿物与加工，2001（7）
30 Davis F T, Hyatt D E, Cox C H. Environmental Problems of Flotation Reagents in Mineral Processing Plants Tailings Water. In: Flotation A M Gaudin Memorial Volume 2. Ed Fuctstenau M C. AIME. 1307 ~ 1341 (1996)
31 Arbiter N, Cooper H, Fuerstenau M, *et al.* Flotation Section 5 in SME Mineral Processing Handbook. Weiss N L, ed. AIME (1985)
32 Jarrett B M, Kirby R C. Development Document for Effluent Limitations Guidelines and New Source Performance Standards for the Ore Mining and Dressing Point Source Category. Vol. 1, Report No 440/1 - 78/061 - d, Enviromental Protection Agency (1978)
33 Hawley J R. The Use Characteristics and Toxicity of Mine-mill Reagents. The Province of Ontario, Ministry of the Enviroment, Ontario, Canada, 244 (1977)
34 Sakaguchi T, Nakajima A. Accumulation of Heavy Mctals such as Uranium and Thorium by Microorganisms. In: Mineral Bioprocessing. eds, Smith R W, Misra M. TMS. 309 ~ 322 (1991)
35 Carta M, Ghiani M, Rossi G. Biochemical Benficiation of Mining Industry Wastes. In: Biochemistry of Ancient and Modern Enviromental Geochemistry. Eds, Trudinger P A, Walter M R, Ralph B J, *et al.* New York. 669 ~ 688 (1980)
36 Solozhenkin P M, Lyubavina L. The Bacterial Leaching of Antimony and Bismuth Bearing Ores and the Utilization of Sewage Waters. In: Biochemistry of Ancient and Modern Envionments. Proceedings 4th International Symposium on Envionmental Geochemistry. Eds, Trudinger P A, Walter M R, Ralph B J, *et al.* New York. 669 ~ 688 (1980)
37 Whitlock J L. Performance of the Homestake Mining Company Biological Cyanide Degradation Wastewater Treatment Plant August 1984-August 1986. Preprint 87 - 36 of AIME 116th Annual Meeting. Denver. 23 ~ 27 (1986)
38 许国强．矿冶，2005（2）
39 陆英英等．含砷废水处理研究动态．第二届中国青年选矿学术会议论文集，1991
40 邹莲花，王淀佐，薛玉兰．化工矿山技术，1996（1）
41 王吉中，李胜荣等．矿物岩石地球化学通报，2005（2）
42 羊依金，邹长武，张雪乔．非金属矿物材料在重金属废水处理中的应用．成都信息工程学院学报，2006（3）：435 ~ 441
43 郝艳玲，范福海．甘肃环境研究与监测，2003（3）
44 Laurant J Michot, Thomas J Pinnacaia. Adsorption of Chlorinated Phenols from Aqueous Solution by Surfactant - modified Pillared Clays. Clay and Clay Minerals, 2001 (6): 634 ~ 641

45 Sella Triantafyllou, Eirini Christodoulou, Paraskevi Neou. Syngouna Removal of Nickel and Cobalt from aqueous by Na－activited bentonite. Clay and Clay Minerals, 1999 (5): 567～572

46 Babat F A, Bashir A B, Asheh A S, *et al*. Adsorption of Phenol by Bentonite. Environmental Pollution, 2000 (6): 391～398

47 Sung C Kwon, Ding I Song. Adsorption of Phenol and Nitrophenol Isomers onto Montmorillonite Modified with Hexadecyltrmethylammonium Cation. Separation Science and Technology, 1998 (13): 1981～1998

48 Theopharis G Danis, Triantafyllos A Albanis. Dimitrios on Alumina Pillared Clays and Mesoporous Alumina Aluminum Phosphates. Water Resource, 1998 (2): 295～302

49 Steven K Dentel, Ahmad I Jamrah, Donald L. Sorption and Co-sorption of 1, 2, 4－trichlorobenzene and tannic acid by organo－clay. Water Resource, 1998 (12): 3689～3697

50 金辉，徐德才，李忠敏．有机膨润土处理乳化油研究．环境污染与防治，1998 (20): 6

51 吴平霄，张惠芬等．无机－有机柱撑蒙脱石对苯酚的吸附．地球化学，1999 (1): 58～68

52 郑红．几种天然矿物去除苯酚效果及日光光解效应评价．环境化学，1998 (5): 473

53 金辉，徐德才．新型有机膨润土对苯胺、硝基苯与十二烷基硫酸钠的吸附比较．重庆环境科学，1998 (3): 29～33

54 鲁安怀．矿物岩石地球化学通报，2002 (3): 192～197

55 鲁安怀．天然铁的硫化物净化含铬污水的新方法．地学前缘，1998 (1): 243

56 鲁安怀，陈洁，石俊生．天然磁黄铁矿一步法处理含 Cr(Ⅳ) 废水．科学通报，2000 (8): 870～872

57 王毅，王艺，王思德．岩石矿物学杂志，2001 (4): 565～567

58 何宏平，郭九皋等．蒙脱石等粘土矿物对重金属离子吸附选择性的试验研究．矿物学报，1999 (2): 231～235

59 陶红，马鸿文．13X 型沸石净化含铜废水的试验研究．岩石矿物学杂志，1999 (4): 329～334

60 王雪莲，廖立兵等．低聚合羟基铁－蒙脱石复合体吸附铬酸根的试验研究．矿物岩石地球化学通报，2004 (2): 118～123

61 何宏平，郭九皋等．蒙脱石、高岭石、伊利石对重金属离子吸附容量的试验研究．矿石矿物学杂志，2001 (4): 573～578

62 丁述理，彭苏萍等．膨润土吸附重金属离子的影响因素初探．岩石矿物学杂志，2001 (4): 579～582

63 Suzuki T, Miyakc M, Nagaswa H. 当代离子交换技术．王芳，译．北京：化学工业出版社，1993

64 吴宏海，吴大清等．岩石矿物学杂志，1999 (4): 301～308

65 韩成等．磷灰石及其交换吸附阴离子的模式．矿物学报，1998 (1): 105～112

66 Suzuki T, Hatsushika T, Hawakawa Y. Synthetic Hydroxyapatites as Cation Exchangers (Ⅰ). J Chem Soc Faraday Trans, 1981, 77: 1059

67 Suzuki T, Ishigaki K, Miyake M. Synthetic Hydroxyapatites as Cation Exchangers (Ⅱ). J Chem Soc Faraday Trans, 1984, 80: 3157

68 刘羽，钟康年，胡文云．用水热法羟基磷灰石去除水溶液中铅离子研究．武汉化工学院学报，1998（1）：39~42

69 刘羽等．岩石矿物学杂志，2001（4）：583~589

70 黄坚，龚竹青，蒋汉瀛．湖南有色金属，1999（3）

71 高翔等．天然锰钾矿晶体化学特征及其环境属性．岩石矿物学杂志，2001（4）：477~483

72 赵谨，郑德圣等．岩石矿物学杂志，2001（4）：549~551；559~564

73 朱利中，陈宝梁．中国环境科学，1999（4）：325~329

74 朱利中，陈宝梁等．环境化学，2000（3）：256~260；2000（5）：419~425

75 朱利中，陈宝梁．环境科学学报，1999（6）：597~603

76 朱利中等．中国环境科学，1998（5）：450~454；2001（5）：408~411

77 孙家寿，刘羽，鲍世聪等．武汉化工学院学报，2000（2）：33~35；1999（1）：30~33

78 王连军，黄中华等．上海环境科学，1999（7）：315~320

79 彭书传，魏风玉等．城市环境与城市生态，1999（2）：14~16

80 陈天虎．改性凹凸棒石黏土的吸附性能研究．非金属矿，2000（3）：11~12

81 孙家寿等．累托石层孔材料在废水处理中的应用研究（Ⅲ）——含硝基苯类废水处理．武汉化工学院学报，2003（1）：43~45

82 孙家寿等．累托石层孔材料处理制药废水的研究．非金属矿，2004（3）：40~42

83 孙家寿，张泽强等．武汉化工学院学报，2003（2）：24~28；2003（4）：23~32；2004（1）：15~18

84 鲍世聪，孙家寿等．柱层累托石材料对有机废水的处理及效果评价．岩石矿物学杂志，2001（4）：544~548

85 Jorgensen T C, Wratherley L R. Ammonia Removal from Waste Water by Ion Exchange in the Presence of Organic Contaminants. Water Research, 2003, 37: 1723~1728

86 Lee H S, Park S J, Yoon T I. Waste Water Treatment in a Hybrid Biological Reactor Using Powdered Minerals: effects of Organic Loading Rates on COD Removal and nitrification. Process Biochemistry, 2002, 38: 81~88

87 胥思勤，王焰新．地球科学——中国地质大学学报，2001（1）：55~58

88 Bouffard S C, Duff S J B. Uptake of Dehydroabietic acid Using Organcally—tailored Zeolites. Water Research, 2000 (9): 2469~2476

89 Li Z H, Burt T, Bowman R S. Regeneration of Surfactant-modified Zeolite after Saturation with Chromate and Perchloroethylene. Environmental Science & Technology, 2001 (1):

2469 ~ 2476
90 何杰，刘玉林，谢同凤．矿产综合利用，1999（1）：39 ~ 42
91 Razee S，Masujima T. Analytica Chimica Acta，2002，464：1 ~ 5
92 王萍，严子春等．中国给水排水，2000（4）：11 ~ 13
93 Li Z H，Burt T. Bowman R S. Environmental Science & Technology，2000（7）：3756 ~ 3760
94 陶红，周仕林，高廷耀等．环境科学学报，2002（3）：408 ~ 411
95 陶红，高廷耀等．工业水处理，2002（10）：22 ~ 25
96 陶红等．中国给水排水，2002（4）：50 ~ 52
97 于漧，包亚芳．中国矿业，2002（2）：33 ~ 36
98 郑水林，王庆中．非金属矿，2000（4）：36 ~ 37
99 宋海燕，江宏富，刘杏芹等．中国非金属矿工业导刊，2001（1）：44 ~ 45
100 罗彦伟，湛含辉等．矿冶工程，2006（增）：224 ~ 227

附　　录

附表1　国外矿用药剂名称对照（西文，含部分国内代号）

[活] = 活化剂，[调] = 调整剂，[湿] = 润湿剂，[抑] = 抑制剂，[泡] = 起泡剂，
[絮] = 絮凝剂，[捕] = 捕收剂，[乳] = 乳化剂，[助] = 脱水助剂

药剂牌号（名称或代号）	中文名称及应用
56 号起泡剂	$C_5 \sim C_6$ 混合脂肪酸乙酯（酯类起泡剂，我国）
59 号起泡剂	$C_5 \sim C_9$ 混合脂肪酸乙酯（酯类起泡剂，我国）
730 系列起泡剂（复合）	主要成分有 2，2，4 -三甲基-3 -环己烯-1 -甲醇，1，1，3 -三甲双环（2，2，1）庚-2 -醇，樟脑和 $C_{6\sim8}$ 醇、酮、酯等
731（国内）	氧化石蜡皂 [捕]
733（国内）	$R_{12\sim16}COONa$，氧化石蜡皂 [捕]
804#（国内）	二元酸，包头稀土矿浮选 [捕]
8 - hydroxyquinoline	8 -羟基喹啉 [捕]
AAS	异戊基菲磺酸钠（波兰）
AB（国内）	酸化油（由不同脂肪酸及其取代物组成）[捕]
Abietinol	松香醇，作为疏水性调整剂与胺类捕收剂同时使用（钾盐浮选）Can Pat，580365 [调]
AC 301	仲丁基钠黄药 [捕]，= Aero Xanthate 301
AC 303	乙基钾黄药 [捕]
AC 317	异丁基钠黄药，适于在中性矿浆中选黄铁矿 [捕]
AC 322	异丙基钾黄药 [捕]
AC 325	乙基钠黄药 [捕]
AC 343	异丙基钠黄药 [捕]
AC 350	戊基钠黄药，适用于浮选氧化铅、铜矿 [捕]

续附表 1

药剂牌号（名称或代号）	中文名称及应用
accoal	美氰胺公司煤浮选剂牌号
accoal 4433	选煤剂（起泡剂兼捕收剂），含有磷酸盐成分［泡、捕］
accofloc	此牌号与 superfloc（美国氰胺公司产品）相同，系日本三菱公司引进的
accofloc A100	高相对分子质量阴离子型絮凝剂，丙烯酰胺-丙烯酸共聚物［絮］
accofloc A110	高相对分子质量阴离子型絮凝剂，丙烯酰胺-丙烯酸共聚物。A、C 之后数字越大，相对分子质量越高［絮］
accofloc A120	高相对分子质量阴离子型絮凝剂，丙烯酰胺-丙烯酸共聚物［絮］
accofloc A130	高相对分子质量阴离子型絮凝剂，丙烯酰胺-丙烯酸共聚物［絮］
accofloc A150	高相对分子质量阴离子型絮凝剂，丙烯酰胺-丙烯酸共聚物［絮］
accofloc C458	聚丙烯酰胺［絮］
accofloc C481	高相对分子质量阳离子型絮凝剂（聚丙烯酰胺）［絮］
accofloc C483	高相对分子质量阳离子型絮凝剂（聚丙烯酰胺），阳离子强度随顺序而增强［絮］
accofloc C485	高相对分子质量阳离子型絮凝剂（聚丙烯酰胺）［絮］
accofloc C487	高相对分子质量阳离子型絮凝剂（聚丙烯酰胺）［絮］
accofloc N100	非离子型聚丙烯酰胺，粉状［絮］
accofloc N100S	纯非离子型聚丙烯酰胺，粉状［絮］
accofloc N300	非离子型聚丙烯酰胺，粉状［絮］
accophos	磷酸盐矿抑制剂（美国氰胺公司）［抑］
acetonecyanohydrin	2-甲基-2-羟基丙腈 $(CH_3)_2C(OH)CN$，用于铜-铅-锌矿选择性浮选［捕］
acid slugge	精制石油产品的废酸液（酸渣），用于硫化矿全浮选［泡、捕］
acidol	盐酸甜菜碱。锰矿、钾盐、磷酸盐矿捕收剂［捕］
acintol 2122	塔尔油制品（含 $C_{8\sim10}$ 脂肪酸 64.4%，不皂化物 35%，松香酸 10.5%）［捕］
acintol C	塔尔油制品（含油酸 22%，亚油酸 20%，松香酸 51%）［捕］
acintol D	塔尔油制品（含油酸 34%，亚油酸 32%，松香酸 32%）［捕］
acintol FA_1	塔尔油制品（含油酸 46%，亚油酸 41%，松香酸 4%）［捕］
acintol FA_2	塔尔油制品（含油酸 51%，亚油酸 45%，松香酸 1%）［捕］
aciterge	烷基噁唑啉脂肪酸盐［湿、乳］
aciterge OL	一种阳离子表面活性剂，在酸性介质中非金属矿物的矿泥絮凝剂［泡、湿、絮］

续附表1

药剂牌号（名称或代号）	中文名称及应用
aconon T	分馏的塔尔油［捕］
acosix T	分馏的塔尔油［捕］
actinol C	粗塔尔油［捕］
actinol D	精制塔尔油［捕］
adogen 140	一种胺类捕收剂［捕］
adogen 464，468	相当于 aliquat 336［捕］$(R_3N—CH_3)^+Cl^-$，$R=C_9\sim C_{11}$（直链）
aero	美国氰胺公司浮选药剂牌号
aero 130	白药，均二苯硫脲，硫化矿［捕］
aero 317 号黄药	异丁基钠黄药，Cu，Pb，Fe，Ni，Au 硫化矿［捕］
aero 325 号黄药	乙基钠黄药，Cu，Pb，Fe，Ni，Au 硫化矿［捕］
aero 3302 号	烯丙基戊基黄药，Cu，Pb，Ni，Au 硫化矿［捕］
aero 3418A 号膦	氯氧化膦
aero 343 号黄药	异丙基钠黄药，Cu，Pb，Fe，Ni，Au 硫化矿［捕］
aero 3407	黑药——二硫代氨基甲酸盐混合物，Cu，Zn，Au 硫化矿［捕］
aero 3477	异丁基黑药，$R=i—C_4H_9—$
aero 350/355 号黄药	戊基钠和钾黄药，Cu，Pb，Fe，Ni，Au 硫化矿［捕］
aero 3501	异戊基黑药，$R=i—C_5H_{11}—$
aero 3894 号	烷基二硫代氨基甲酸盐，Cu，Zn，Ni，Au 捕收剂［捕］
aero 400，404，407，412，425	均二苯硫脲-黑药混合物，硫化矿［捕］
aero 4037	$(RO)_2P(=S)SNa + R^1NH—C(=S)OR^2$，Cu，Zn，Au 硫化矿［捕］
aero 404	巯基苯骈噻唑 + $(RO)_2P(=S)SNa$
aero 407	巯基苯骈噻唑 + $(RO)_2P(=S)SNa$，硫化矿捕收剂［捕］
aero 412	巯基苯骈噻唑 + $(RO)_2P(=S)SNa$

续附表 1

药剂牌号（名称或代号）	中文名称及应用
aero 5100 号	烯丙基二硫代氨基甲酸盐，Cu，Zn，Au 硫化矿［捕］
aero 5415 号	碱化二硫代氨基甲酸盐混合物，Cu，Pb，Zn，Au 硫化矿［捕］
aero 5430	3477 低泡沫二硫代磷酸盐，Cu，Zn，Ni，Au 硫化矿［捕］
aero 5474	3501 低泡沫二硫代磷酸盐，Cu，Zn，Ni，Au 硫化矿［捕］
aero 5500	碱化硫脲，Cu，Au 硫化矿［捕］
aero 65 号起泡剂	聚丙二醇，起泡性能强，经常混用
aero 666	巯基乙酸［抑］
aero 667	巯基乙酸［抑］
aero 70 号起泡剂	苛性醇
aero 73 号起泡剂	C_4 ~ C_7 醇 + 油，主要用于 Cu/Mo
aero 76 号起泡剂	C_4 ~ C_7 混合醇
aero 77HP 号起泡剂	C_5 ~ C_8 混合醇，优先浮选
aero 88 号起泡剂	高级醇，广泛用于煤
aero brabd cyanide	氰化钙（粗），闪锌矿抑制剂［抑］
aero depressant 610	有机胶质抑制剂，木素磺酸盐抑制滑石、云母等［抑］
aero depressant 615	有机胶质抑制剂，抑制滑石、绢云母等［抑］
aero depressant 620	有机胶质抑制剂（糊精 + 苯胺黑），抑制滑石等［抑］
aero depressant 633	有机胶质抑制剂（糊精 + 苯胺黑），抑制碳质（石墨的）脉石［抑］
aerodri 100	脱水助剂，用量大，溶解时间长，磺化丁二酸盐［助］
aerodri 104	脱水助剂，易溶解，在强酸强碱易分解，磺化丁二酸盐［助］
aerodri 110	脱水助剂，磺化丁二酸盐［助］
aerodri 200	脱水助剂，吸附在滤饼上，效果好，较贵，为混合物［助］
aero modifier 158	一种高分子聚合物，矿泥脉石的抑制剂［调］
aero modifier 162	一种高分子聚合物，矿泥脉石的抑制剂［调］
aero promoter 135	黑药的酰氯衍生物，$(RO)_2P(S)Cl$
aero promoter 3302	$i—C_5H_{11}—O—C(S)S—CH_2CH=CH_2$，异戊黄原酸烯丙酯，油质捕收剂，浮铜［捕］（国内，酯-105 类型）
aero promoter 3461	异丁基黄原酸烯丙酯，油质捕收剂，浮铜［捕］
aero promoter 3477	含有二硫代磷酸类的白色粉末，易溶于水，质量浓度可达 30%，Cu，Ag，Zn［捕］

续附表1

药剂牌号（名称或代号）	中文名称及应用
aero promoter 3501	含有二硫代磷酸类的白色粉末，易溶于水，质量浓度可达30%，Cu，Ag，Zn［捕］
aero promoter 4037	最新浮铜捕收剂，$(RO)_2P(S)SNa+R_1—NH—C(S)OR_2$ 混合物，系Z-200号药剂与黑药的混合物
aero promoter 404	404号aero促进剂，同Reagent404，即2-巯基苯骈噻唑与钠黑药混合物，用于氧化金属矿和硫化矿的浮选［捕］
aero promoter 407	效果比404药剂强，可部分或全部代替黄药，适于选易氧化矿
aero promoter 412	412号aero促进剂，浮选金的捕收剂
aero promoter 425	似同404促进剂，绿黄色吸湿性粉末状
aero promoter 708	粗制塔尔油脂肪酸，用于非金属矿的浮选，特别是磷矿的浮选［捕］
aero promoter 710	粗制塔尔油脂肪酸钠皂，除油酸及亚油酸外，还含有一定量的松香酸，用于非金属矿的浮选，特别是磷矿的浮选［捕］
aero promoter 712	一种塔尔油脂肪酸钠皂，用于非金属矿的浮选，特别是磷矿的浮选［捕］
aero promoter 723	精制塔尔油，含精制脂肪酸（92%）及松香酸（4%）［捕］
aero promoter 765	含油酸、亚油酸及很少量的树脂酸和非离子乳化剂的精制塔尔油产品，属于723的乳化物［捕］
aero promoter 801	水溶性石油磺酸盐，棕黑色糊状物，用于浮选非金属矿. 重晶石、石榴石、铁矿［捕、泡］
aero promoter 824	水溶性石油磺酸盐，在酸性矿浆中能浮大于40μm的黑钨及白钨矿［捕］
aero promoter 825	油溶性石油磺酸盐，红棕色糊状物，在水中可以分散，起泡性稍次于801，捕收性及选择性则较强，适用于浮选石榴石、铬铁矿、蓝晶石［捕］
aero promoter 827	一种石油磺酸盐，用途同801［捕］
aero promoter 830	新的改良的磺酸盐型捕收剂
aero promoter 840	新型合成磺酸盐，常用于浮选玻璃砂（油溶性高相对分子质量）［捕］
aero promoter 845	新的改良的磺酸盐型，830，825适用于在酸性矿浆中捕收铁［捕］
aero promoter 847，848	磺酸盐浮磷矿［捕］
aero promoter 870	环氧乙烷化烷基胺与烷基胍的络合物，浮钾盐矿［捕］
aero promoter 899R	水溶性中等相对分子质量磺酸盐，（长链磺化多羧基盐类，磺化脂肪酸）浮选铁矿及浮重晶石、萤石、锡石、磷矿、白钨）［捕］
aero S-4166	混合物，特别用于Cu/Mo［泡］
aerofloat	美国氰胺公司的黑药商标

续附表 1

药剂牌号（名称或代号）	中文名称及应用
aerofloat 135	二硫代磷酰氯类化合物［捕］
aerofloat 15（15 号黑药）	二甲酚基二硫代磷酸，甲酚与质量比占 15% 的 P_2O_5 作用的产物［捕、泡］，用于重金属硫化矿、金、银矿的浮选（液体）
aerofloat 194	一硫代磷酸二烷基酯［捕］
aerofloat 203	二异丙基二硫代磷酸钠，选金、银、铜、锌矿（固体）
aerofloat 208（208 号黑药）	两种黑药混合，即二乙基与仲丁基黑药的混合中性盐，用于浮选金、银、铜矿（固体）［捕］
aerofloat 211（211 号黑药）	为二异丙基二硫代磷酸钠，性质类似钠黑药，浮选锌矿的选择性捕收剂［捕］
aerofloat 213	类似 226 号黑药，有起泡性（固体）［捕］
aerofloat 226（226 号黑药）	二仲丁基二硫代磷酸铵盐，选别金、银、锌和铜矿（固体）［捕］
aerofloat 238（238 号黑药）	二仲丁基二硫代磷酸钠（固体），用于重金属硫化矿的浮选［捕］
aerofloat 241（241 号黑药）	为 25 号黑药的水溶性盐（液体）
aerofloat 242	用氨水中和的 31 号黑药，浮选方铅矿、银和氧化金矿（液体）［捕］
aerofloat 243（243 号黑药）	为二烷基二硫代磷酸盐，用于重金属硫化矿的浮选，主要是用于闪锌矿（固体）［捕］
aerofloat 249（249 号黑药）	二烷基二硫代磷酸盐，起泡性更强，用于重金属硫化矿的浮选，主要是硫化铜矿［捕］
aerofloat 25（25 号黑药）	二甲酚基二硫代磷酸，甲酚与质量比占 25% 的 P_2O_5 作用的产物［捕、泡］，用于银、铅以及无泥的铜、铅、锌矿物浮选（液体）
aerofloat 31（31 号黑药）	黑药白药混合，即 25 号黑药加 6% 白药的混合物［捕、泡］，用于方铅矿、金属铜的浮选（液体）
aerofloat 33（与 31 号黑药相似）	与 31 号黑药相比，非极性基多一个甲基（液体）［捕、泡］
aerofloat 3477	二异丁基二硫代磷酸钠，浮 Cu，Ag，Zn，Sb，与黄药混用［捕］
aerofloat 3501	二戊基二硫代磷酸钠，主要用于浮 Cu，Mo，较 3477 强［捕］
aerofloat sodium	钠黑药，二烷基（如二乙基）二硫代磷酸钠，用于硫化铜、锌的浮选［捕］
aerofloc 300	中等相对分子质量的聚丙烯酰胺，用为絮凝剂，用量 2 ~ 125g/t，能造成一种强韧的絮凝物，有效 pH = 0 ~ 12［絮］

续附表1

药剂牌号（名称或代号）	中文名称及应用
aerofloc 3171	高相对分子质量的聚丙烯酰胺，用为絮凝剂，比3000号更有效，用量5~125g/t［絮］
aerofloc 3425	比550号相对分子质量更高，用于浓密过滤［絮，助］
aerofloc 3453	阴离子聚丙烯酰胺型［絮］
aerofloc 548	聚电解质型高分子化合物，用为絮凝剂，适用范围pH值为4~2［絮］
aerofloc 550	水解了的聚丙烯腈，用为絮凝剂，用量5~125g/t，分段添加，片状白色或黄色固体［絮］
aerofloc 552	聚电解质型高分子化合物，用为絮凝剂，pH值为4~12［絮］
aerofroth 65	美国氰胺公司出品的水溶性合成起泡剂，成分为聚丙烯二醇，用于硫化矿的浮选［泡］
aerofroth 70（MIBC）	甲基戊醇（或甲基异丁基卡必醇）［泡］
aerofroth 71A	C_5~C_9 醇混合物［泡］
aerofroth 73	一种合成起泡剂［泡］
aerofroth 77A	一种合成起泡剂［泡］
aerofroth 80	一种直链醇起泡剂（主要是 $C_{5\sim6}$ 直链或环烷基醇）［泡］
aeromine	一种阳离子型表面活性剂
aeromine 20~26	一种阳离子型絮凝剂，用于石英的浮选，加速黏土的沉降
aeromine 3035	一种阳离子胺类，相对分子质量为325，使用时用醋酸中和，浮石英［捕］
aeromine（R） R-3037 Promoter	一种阳离子表面活性剂，用于絮凝剂，石英、氧化锌矿、黄铁矿［捕］
aerophine 3418A	$(R)_2P(S)SNa$，系由 PH_3 与 P_2S_5 合成，浮Cu，Pb，Zn，不浮黄铁矿［捕］
aerophine A	捕收剂，选铜时可以部分或全部代替黄药［捕］
aerosol 18	正十八烷基磺化琥珀酰胺二钠盐，糊状物，含量35%~36%［捕］
aerosol 22	N-正十八烷基-（1，2-二羧基乙基）-磺化琥珀酰胺四钠盐［捕］
aerosol AS	Aerosol OS的水溶液，外加一种溶剂［湿］
aerosol AY	双戊基磺化琥珀酸钠［湿］
aerosol C61	十八烷基氨基甲酸与环氧乙烷的产物的十八烷基胍盐［湿］
aerosol GPG	双-2-乙基已基磺化琥珀酸钠（相对分子质量444）［湿、助］
aerosol IB	双异丁基磺化琥珀酸钠，用量5~100g/t［湿］
aerosol MA	双-（甲基戊基）-磺化琥珀酸钠，用量5~100g/t［湿］

续附表1

药剂牌号（名称或代号）	中文名称及应用
aerosol OS	异丙基萘磺酸钠，用量5～100g/t［湿］
aerosol OSB	丁基萘磺酸钠［湿、捕］
aerosol OT	双-2-乙基己基磺化琥珀酸钠，相对分子质量444，改善过滤［湿］
aerosol（R）C-61	乙醇化的烷基喹尼啶-胺络合物［絮］
aero-thiocarbanilide	白药（二苯脲），适用于捕收铜、铅和银［捕］
aero-xanthate 301	仲丁基钠黄药［捕］
aero-xanthate 303	乙基钾黄药［捕］
aero-xanthate 322	异丙基钾黄药［捕］
aero-xanthate 325	乙基钠黄药［捕］
aero-xanthate 343	异丙基钠黄药［捕］
aero-xanthate 350	戊基钾黄药［捕］
AF	用谷类淀粉所制的絮凝剂
AF-1，AF-2和AF-3	半乳甘乳聚糖胺［抑、捕、絮］
AF-3302	同S-3302［捕］
AF-65	聚醇甲醚［泡］
AKK系列	由$C_{14\sim18}$的脂肪酸与氨基已酸缩合，萤石浮选［捕］
alamac 26	从塔尔油制得的胺的醋酸盐［捕］
alamac 26D	用蒸馏的塔尔油制得的胺的醋酸盐［捕］
alamac H26D	用加氢的精制塔尔油制得的胺的醋酸盐［捕］
alamine 21	椰子油胺（87%伯胺）［捕］
alamine 21D	椰子油胺（97%伯胺）［捕］
alamine 221	椰子油仲胺（85%仲胺）［捕］
alamine 26	牛脂胺（87%伯胺）［捕］
alamine 26D	牛脂胺（97%伯胺）［捕］
alamine 33	棉籽油胺（87%伯胺）［捕］
alamine 33D	棉籽油胺（97%伯胺）［捕］
alamine 4	正-十二烷胺（月桂胺）（87%伯胺）［捕］
alamine 4D	正-十二烷胺（月桂胺）（97%伯胺）［捕］
alamine 6	正-十六烷胺（87%伯胺）［捕］
alamine 6D	正-十六烷胺（97%伯胺）［捕］
alamine 7	正-十八烷胺（87%伯胺）［捕］

续附表1

药剂牌号（名称或代号）	中文名称及应用
alamine 7D	正-十八烷胺（97%伯胺）［捕］
alamine H226	氢化牛脂仲胺（85%仲胺）［捕］
alamine H26	氢化牛脂胺（87%伯胺）［捕］
alamine H26D	氢化牛脂胺（97%伯胺）［捕］
albumin	蛋白［抑］
alclar	有机絮凝剂，用于浓缩、澄清、过滤（英国）
alclar 600	絮凝剂，相对分子质量（MW）（10～15）$\times 10^6$，强阴离子型，英国［絮］
alclar 616	絮凝剂，次强阴离子型，英国［絮］
alcohol B－21 至 B－30	都是高级醇类起泡剂，用量25～250g/t
alcopol R540	二烃基磺化琥珀酰胺钠～AP845，浮锡石［捕］
alfloc 6701	一种液态高分子聚合物［絮］
alginate	海藻酸盐［抑、絮］
aliphal-S	含$C_{4\sim8}$脂肪醇50%［泡］
aliphat 44－A	塔尔油脂肪酸［捕］
aliphat 44－D	精馏的塔尔油脂肪酸［捕］
aliphat 44－E	塔尔油中的脂肪酸部分［捕］
aliphatic acid No 100	$C_5\sim C_{12}$脂肪酸的钠皂，用量125～1500g/t［捕］
aliphatic acid No 50	得自石油的$C_5\sim C_{12}$脂肪酸［捕］
alipon A	同 igepon A
aliquat 21	$[R—N(CH_3)_3]^+Cl^-$，RN基来自椰子油胺［捕］
aliquat 221	$[R—N(CH_3)_2]^+Cl^-$，RN基来自椰子油胺［捕］
aliquat 26	$[R—N(CH_3)_2]^+Cl^-$，RN基来自牛脂胺［捕］
aliquat 336（adogen 464，468）	季铵盐$[R_3N—CH_3]^+Cl^-$，$R=C_9\sim C_{11}$，磁铁矿［捕］
aliquat 336－3	三辛基甲基氯化铵$(C_8H_{17})_3N^+—CH_3Cl^-$［捕］
aliquat H226	$R_2N^+(CH_3)_2\cdot Cl^-$，RN来自氢化牛脂胺［捕］
alizarin	茜素［湿、抑］
alizarin blue	茜素蓝［抑］
alizarin red S	茵素红-S，铍矿［抑］

续附表1

药剂牌号（名称或代号）	中文名称及应用
alkanol B	丁基萘磺酸钠［捕、湿］
alkaterge - A，- C，- E，- T	阳离子表面活性剂，噁唑啉衍生物［湿］，锡石［捕］ 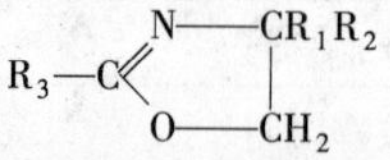 $R_3—C\langle^{N—CR_1R_2}_{O—CH_2}$，$R_1R_2$ 等甲基、乙基或 CH_2OH，R_3 等长碳链烷基
alkyl hydroxamic acid	R—C（O）NHOH 烷基异羟肟酸［捕］
alkyl phosphate	烷基磷酸盐 RPO_4Na_2
alkyl Stilfonate	烷基磺酸盐 RSO_3Na
alkyl sulfate	烷基硫酸盐 RSO_4Na
alrowet D	双-2-乙基己基磺化琥珀酸钠（同 Aerosol OT）
alum	明矾，用途同硫酸铝［絮］
aluminium sulfate	硫酸铝，用于絮凝剂，50～2500g/t
AM	丙烯酰胺
AM 20	硬脂胺磺酸盐［捕］
AM 21	油酰基氨基磺酸钠［捕］
amaizol 706	糊精［抑］
AMB	二烷基甲基苄基溴化铵［捕］
amberlite IRA - 400	一种碱性离子交换树脂，用于萃取铀
amberlite XE - 123	强碱性阴离子离子交换树脂
amijel	变性玉蜀黍淀粉，用量50～1000g/t［絮、抑］
amijel	变性玉蜀黍淀粉［絮，抑］
amine 10D	正-庚胺［捕］
amine 12D	十二烷胺［捕］
amine 12SP	纯十二烷胺［捕］
amine 14D	正-十四烷胺［捕］
amine 16D	正-十六烷胺［捕］
amine 18D	正-十八烷胺［捕］
amine 20	5-羟基乙基-2-癸烯基咪唑
amine 210	二癸基仲胺［捕］
amine 220	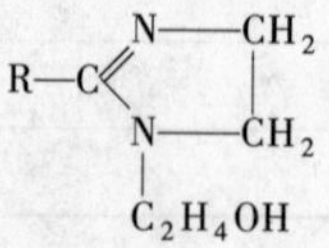 $R—C\langle^{N—CH_2}_{N(C_2H_4OH)—CH_2}$，R = 十七碳烯基（heptadecenyl），用于从重晶石和氧化铁矿中浮选石英

续附表1

药剂牌号（名称或代号）	中文名称及应用
amine 220	参见“nalcamine G-11”
amine 28	二辛基仲胺
amine 2HBG	$C_{10\sim18}$烷仲胺［捕］
amine 2M10	二甲基癸基叔胺［捕］
amine 2M12	二甲基十二烷基叔胺［捕］
amine 2M14	二甲基十四烷基叔胺［捕］
amine 2M14/50	二甲基十四烷基叔胺（其中C_{14}50%，C_{12}40%）［捕］
amine 2M16	二甲基十六烷基叔胺［捕］
amine 2M18	二甲基十八烷基叔胺［捕］
amine 2M8	二甲基辛基叔胺［捕］
amine 2MBG	二甲基十八烷基叔胺［捕］
amine 2MHBG	精制二甲基十八烷基叔胺［捕］
amine 2MKK	二甲基可可脂基叔胺［捕］
amine 2MOL	二甲基油烯基叔胺［捕］
amine 2MS	二甲基大豆油烯基叔胺［捕］
amine 7F-802	见 US At Energy Comm，WIN-61，1957. 48. 胺类［捕］
amine 803	醚胺类，$C_4H_9CH(C_2H_5)CH_2OC_3H_6NH_2$［捕］
amine 8D	正-辛胺（此牌号为瑞典克马诺德公司产品）［捕］
amine 9D-178	见 US At Energy Comm，WIN-61，1957. 48. 胺类［捕］
amine B11	二十烷胺（40%）+二十二烷胺（40%）［捕］
amine BG	硬脂胺（65%）+软脂胺（30%）［捕］
amine BGD	硬脂胺（65%）+软脂胺（30%）［捕］
amine D-205	见 US At Energy Comm，WIN-61，1957. 48. 胺类［捕］
amine F. B. 110	一种阳离子捕收剂
amine HBD	加氢的 Amine BG［捕］
amine HBGD	加氢的 Amine BGD［捕］
amine KK	可可脂胺［捕］
amine KKD	精制可可脂胺［捕］
amine M210	甲基二癸基叔胺［捕］
amine M28	甲基二辛基叔胺［捕］
amine OL	不饱和十八烷胺（用油酸为原料）［捕］

续附表1

药剂牌号（名称或代号）	中文名称及应用
amine OLD	不饱和十八烷胺（精制品）［捕］
amine RC－3749	见 US At Energy Comm，WIN－61，1957. 48.
amine S－24	见 US At Energy Comm，WIN－61，1957. 48.
ammonium hydroxide	氢氧化铵，NH_4OH，与硫酸铜一起，活化闪锌矿［活］
ammonium thiocyanate（K－101）	锰矿活化剂（NH_4CNS）
amono－phas	工业用磷酸一铵，用量 250～1500g/t［调］
amphoterge K－2	$C_{11}H_{23}$—C(=N—CH_2—CH_2—)—N^+($CH_2CH_2OCH_2COOH$)(CH_2COOH)［捕］
annite reagent A	一种铵皂，用于氧化矿的浮选［捕］
AP 845	同 aerosol 18，锡石［捕］
arctic syntex A	同 igepon A
arctic syntex L	椰油甘油硫酸盐［乳］
arctic syntex M	甘油硫酸盐，辉钼矿［乳］
arctic syntex T	同 igepon T［湿、捕］
arineen O	油酸胺（86%伯胺）
armac 10D	armeen 10D 的水溶性醋酸盐［捕、湿］
armac 1120	正十二烷基䏲胺醋酸盐［捕］
armac 12D	armeen 12D 的水溶性醋酸盐［捕、湿］
armac 14D	armeen 14D 的水溶性醋酸盐［捕、湿］
armac 16D	armeen 16D 的水溶性醋酸盐［捕，湿］
armac 18D	armeen 18D 的水溶性醋酸盐［捕、湿］
armac 8D	armeen 8D 的水溶性醋酸盐［捕、湿］
armac C	armeen C 的水溶性醋酸盐［捕、湿］
armac CD	armeen CD 的水溶性醋酸盐［捕、湿］
armac CSD	armeen CSD 的水溶性醋酸盐［捕、湿］
armac HTD	armeen HTD 的水溶性醋酸盐［捕、湿］
armac SD	armeen SD 的水溶性醋酸盐［捕、湿］
armac TD	armeen TD 的水溶性醋酸盐［捕、湿］
armac－Co－Co—B	椰油混合胺［捕］
armeen 10D	正-癸胺

续附表1

药剂牌号（名称或代号）	中文名称及应用
armeen 12D	正-十二烷胺（94%伯胺）
armeen 14D	正-十四烷胺（92%伯胺）
armeen 16D	正-十六烷胺（95%伯胺）
armeen 18	正-十八烷胺（85%伯胺）
armeen 18D	正-十八烷胺（95%伯胺）
armeen 2G	椰子油仲胺（85%仲胺）
armeen 2HT	氢化牛脂仲胺（85%仲胺）
armeen 8D	正-辛胺
armeen C	椰子油胺（85%伯胺）
armeen CD	椰子油胺（95%伯胺）
armeen CSD	得自棉籽油的脂肪胺
armeen DM16	$RN(CH_3)_2$（80%叔胺，R=十六烷基）
armeen DM16D	$RN(CH_3)_2$（92%叔胺，R=十八烷基）
armeen DM18D	$RN(CH_3)_2$（92%叔胺，R=十八烷基）
armeen DMC	$RN(CH_3)_2$（80%叔胺，R来自椰子油胺）
armeen DMCD	$RN(CH_3)_2$（92%叔胺，R来自椰子油胺）
armeen DMS	$RN(CH_3)_2$（80%叔胺，R来自大豆油胺）
armeen DMSD	$RN(CH_3)_2$（92%叔胺，R来自大豆油胺）
armeen HT	氢化牛脂胺（85%伯胺）
armeen HTD	氢化牛脂胺（95%伯胺）
armeen OD	油酸胺（95%伯胺）
armeen S	大豆油胺（85%伯胺）
armeen SD	大豆油胺（95%伯胺）
armeen T	牛脂胺（85%伯胺）
armeen TD	牛脂胺（95%伯胺）
armeerl DM18	$RN(CH_3)_2$（80%叔胺，R=十八烷基）
armo-flot SD	由大豆油制得的胺及腈混合物［捕］
armosol 16	α-磺化软脂酸［参见CA 61 4599d（1964）］
armosol 18	α-磺化硬脂酸，［参见CA 61 4599d（1964）］
arojel M	冷水可泡胀的淀粉［絮］

续附表1

药剂牌号（名称或代号）	中文名称及应用
aromatic alcohols	芳香族醇类［泡］
aronfloc	聚丙烯酰胺（阴、阳、非离子型）
aronoflo	用于包覆盐类（碳酸钾等）的抗结块剂
arosupf MG－140/140D/148	短碳链胺
arosurf（MG83A）	醚二胺醋酸盐
arosurf（MG98A）	醚胺醋酸盐
arosurf MG83	N－十三烷氧基-正-丙基-1，3－丙二胺单醋酸盐
arosurf MG84A3	醚胺
arosurf MG98	3－正-壬氧基丙胺醋酸盐
arquad 10	三甲基-正癸基季铵盐氯化物
arquad 12	三甲基-正十二烷基季铵盐氯化物
arquad 14	三甲基-正十四烷基季铵盐氯化物
arquad 16	三甲基-正十六烷基季铵盐氯化物
arquad 18	三甲基-正十八烷基季铵盐氯化物
arquad 2C	$[R_2N(CH_3)_2]^+Cl^-$，二甲基-二烷基季铵盐氯化物
arquad 2HT	三甲基-二氢化牛油基季铵盐氯化物［捕］
arquad 2S	$[R_2N(CH_3)_2]^+Cl^-$，R＝大豆油酰基［捕］
arquad 8	三甲基-正辛基季铵盐氯化物
arquad C	三甲基-椰子油基季铵盐氯化物
arquad CS	三甲基-棉籽油基季铵盐氯化物［捕］
arquad HT	三甲基-氢化牛油基季铵盐氯化物［捕］
arquad S	三甲基-大豆油基季铵盐氯化物［捕］
arquad T	三甲基-牛油基季铵盐氯化物［捕］
asmol	一种诺克斯类药剂，$As_2O_3+Na_2S$（比例为1：3）［抑］
ATMP	一种氨基三亚甲基膦酸［捕］
ATP	氯代苯硫酚［捕］
atracl 562	系脂肪酸与胺组合物［捕］
atracl 586	系脂肪酸与胺混合物［捕］
ATX	S－丙烯基异硫脲氯化物，铜矿［捕］
AZ－36A	系胺与油酸钠混合物

续附表1

药剂牌号（名称或代号）	中文名称及应用
B－23 frother	同 dupont frother B23，含 40%～45%伯醇（特别是二甲基戊醇－1）、45%～50%仲醇（特别是2，4－二甲基己醇－3）及 8%～12%酮类［泡］
B－3	聚氧乙烯丁醚［泡］
B312	苯乙烯膦酸单2－乙基已基酯，萃取 Co，Ni［萃］
bagolax	甲基纤维素［捕、泡、湿］
bark extracta	树皮萃取液，含有单宁及木质素，用量 50～250g/t，细泥分散剂［抑］
barrett 410	煤焦甲酚酸，泡沫的变性剂［捕、泡、调］
barrett No. 4	煤焦甲酚酸，（自高炉焦油）［捕、泡、调］
barrett No. 634	煤焦馏油，黏度较4号大，浮选硫化矿时泡沫稳定剂［泡］
barrett oil	煤焦甲酚酸［捕、泡、调］
barrett riot oil No. 4	煤焦甲酚酸，硫化矿［泡、捕］
BE－64	二乙基二硫代氨基甲酸腈乙酯和异丙基黄原酸腈乙酯的混合物［捕］
beechwood tar	山毛榉焦油［参见 CA 61 15705（1964）］
benifire	淀粉醚化合物［絮］
betz polymer（bozeflot）	聚丙烯酰胺（阴、阳、非离子型）［絮］
bg amineacetate	混合胺醋酸盐（5% C_{14}，30% C_{16}，65% C_{18}）（捷克制品）
black liquor	黑液皂（造纸副产品）［捕］
blancol	甲醛与萘磺酸的缩合产物［散］
BO	α－苯偶姻肟［捕］
bone glue	骨胶［絮］
borneol	龙脑［泡］
bozefloc A－31	絮凝剂，阴离子型［絮］
bozefloc C－200	絮凝剂，阳离子型［絮］
bozefloc N－26	絮凝剂，强阴离子型，Hoechst 产品［絮］
BP	苄基苯酚聚氧乙烯醚［泡］
BPBP	1，1′－二膦酸丙酸基膦酸（钠）［捕］
brigust	亚氨基二次甲基膦酸［捕］
brij 35	聚氧乙烯＋二烷醇［泡］
brij 58	十六烷基醚聚氧乙烯醇［泡］
BTC	烷基二甲基季铵盐氯化物［湿］
burtonite No. 78	古耳豆科植物种子的精制液［絮］

续附表 1

药剂牌号（名称或代号）	中文名称及应用
butyl carbitol	丁基卡必醇［泡］
by-Prax	仲烷基硫酸酯［湿］
calgon	即六偏磷酸钠，50～1000g/t［散］
calolan-Na-sulfonate	油溶性石油磺酸盐. 氧化铁矿［捕］
calol-Na-sulfonate	石油磺酸钠［捕］
camphor oil	樟油［泡］
captax	巯基苯骈噻唑［捕］
cardesino	主要含油酰基肌氨酸，其次为油酸，浮选萤石［捕］
carloxy methyl cellulose（CMC；Cellulose CMC）	羧甲基纤维素，脉石、矿泥抑制剂，矿物絮凝剂［絮、抑］
casein	酪素［絮、抑］
castor oil acids 135	蓖麻油脂肪酸［捕］
castor oil acids 9－11	蓖麻油脂肪酸［捕］
castor oil sulfonate	磺化蓖麻油，即土耳其红油［捕、乳］
CATAFLOT Cp_1	烷基氨基丙酸
CATAFLOT D_iCp_1	烷基丙烯二氨基丙酸
CATAFLOT $T_{ri}C_2p_1$	烷基二丙烯三氨基二丙酸
CATAFLOT $T_{ri}Cp_1$	烷基二丙烯三氨基丙酸
cellofase B（Courlose）	羧甲基纤维素钠（英国）［絮、抑］
cellulose CMHEC	羧甲基羟乙基纤维素，用于铁矿和非金属矿物的选别［抑、散］
cellulose phenyl thiourethan	纤维素苯基硫代氨基甲酸乙酯［絮］
cellulose phosphate	磷酸化纤维素，稀土矿萃取剂
centrifroth 132	新的非酚类起泡剂，用于处理－0.5mm 氧化煤和高灰分煤［泡］
centrifroth 149	新的非酚类起泡剂，用于处理－0.5mm 氧化煤和高灰分煤［泡］
centrifroth 91	新的非酚类起泡剂. 用于处理－0.5mm 氧化煤或高灰分煤（英）
centrifroth H	非酚类起泡剂（英）
centrifroth M	非酚类起泡剂（英）
centrifroth R	非酚类起泡剂（英）
century 405	苯酚类混合物，选煤（英）
century 495X	苯酚类混合物，难选煤捕收剂（英）

续附表1

药剂牌号（名称或代号）	中文名称及应用
cetyl pyridinium chlo	十六烷基吡啶氰化物［泡、捕］
CF	主要成分是N-亚硝基-N-苯胺铵盐［捕］
cganamid Superfloc A130	阴离子聚丙烯酰胺
chlorolignin	氯化木质素［抑］
chlorosilane 23	二甲基二氯化硅与甲基三氯化硅混合物（法国）
chlorosilane 23/Rhone Poulenc	二甲基二氯化硅及甲基三氯化硅的混合物
CM-1	一种混合的表面活性剂型助滤剂［助］
coagulant SX	丙烯酰胺衍生物的阳离子型共聚物［絮］
cocodiamine	可可脂基仲胺［捕］
coconut fat acid	椰油脂肪酸［捕］
coherex	一种树脂乳浊液，用于处理尾矿的粘结剂
collector hol F1415	单烷基和双烷基磷酸混合物［捕］
collector hol F2496	单烷基和双烷基磷酸钠混合物（30%溶液）［捕］
collector hol F2615	部分皂化的脂肪酸钠或酯，R—COONa（R'）［捕］
collector hol F2818	有取代基的琥珀酸钠［捕］
collector hol F2874	磺化脂肪酸钠，R—CH（SO_3Na）—COONa［捕］
collector hol F3266	磺化脂肪酸钠，R—CH（SO_3Na）—COONa［捕］
collex	淀粉［抑］
colloid Nos 1~5	动物蛋白质衍生物［絮］
colloid Nos1-5	动物蛋白质衍生物［絮］
colloid YG-13	氧化的动物蛋白质衍生物［絮］
congo red	刚果红［抑］
conoco C-50	十二烷基苯磺酸钠［泡、捕］
consol	骨胶衍生物［絮］
copper sulfate	硫酸铜，闪锌矿和砷黄铁矿的浮选［活］
coralon L	木素磺酸盐，抑制方解石、白云石特好［抑］
cordesin	N-甲基-N-油烯基-氨基乙酸钠［捕］
cordesin O	N-油酰基-N-甲基-氨基乙酸，硅卡岩钨矿浮选［捕］
cottonseed oil	棉籽油
courlose	羧甲基纤维素钠（英国）［抑、絮］

续附表1

药剂牌号（名称或代号）	中文名称及应用
CPB	十六烷基溴化吡啶［捕］
CPC	十六烷基氯化吡啶［捕］
CP合剂	亚硫酸+水玻璃+CMC［抑］
creosote coal tar	烟煤焦馏油，硫化矿浮选时为起泡剂
creosote No. 1	干馏硬木焦馏油，硫化矿与金矿起泡剂
creosote oil	焦馏油［泡、捕］
cresylic acid	甲酚酸，甲酚油［泡］
cropine 29	松醇油（含醇量为79%）［泡］
CTAB（CTMAB）	十六烷基三甲基溴化铵［捕］$CH_3(CH_2)_{15}N^+(CH_3)_3Br^-$
CTAC（CTMAC）	十六烷基三甲基氯化铵［捕］
cupferon	铜铁试剂［捕］
cupric ammonium sulfate	硫酸铜铵 $Cu(NH_3)_4SO_4 \cdot H_2O$
custamine 3010	脂肪胺类［捕］（参见CA 98 129978（1983））
CY-930	絮凝剂
CY-940	絮凝剂
cyanamid R-765	精制脂肪酸，主要含油酸及亚油酸
cyanamid R-801	同aero promoter 801
cyanamid R-825	同aero promoter 825
cyanamid reagent 712	同aero promoter 712
cyclohexane	环己烷
cyclohexanol	环己醇［泡］
cyclohexyl xarlthate	环己基黄药
cyquest 30HE	正羧基乙基乙二胺三醋酸三钠
cyquest 9223	一种聚丙烯酸，粉末状物质，是一种阻止沉淀的药剂（散）
cyquest Acid	乙二胺四乙酸，EDTA
cyquest EDG	一羟基乙基甘氨酸钠
cyquest so	一种螯合剂
cyquest soo	乙二胺四乙酸钠，$EDTANa \cdot 2H_2O$
D-100	黄铜矿的专用捕收剂（罗马尼亚药剂）［捕］
D-150	同D-100，但作用更强（罗马尼亚药剂）［捕］
D-200	方铅矿的专用捕收剂（罗马尼亚药剂）［捕］

续附表1

药剂牌号（名称或代号）	中文名称及应用
DA－1，DA－3，DA－5	阳离子型聚丙烯酰胺［絮］
DADMAC	二聚烯丙基甲基氯化铵［捕］
DAT	烷基丙磷二胺［捕］
daxad 11	烷基萘磺酸［散］［捕］
daxad 23	萘磺酸与甲醛的缩合物，pH ＝7 ~ 9.5 时，脉石矿泥的分散剂，25 ~500g/t［散］
DBP	十二烷基吡啶溴化物［捕］
DC silicone fluid	Dow Corning Silicone Fliud 氯苯甲基聚硅油［捕］
DDA	十二胺（DAC，十二胺盐酸盐）［捕］
DDS	二癸基仲胺［捕］（di-decyl secondaryamine）
Decalin	十氢萘［调］
decerosol OT	同 aerosol OT［捕、活、湿］
deguss A	二硫代氨基甲酸盐［捕］
DEHPA	二-2-乙基已基磷酸
dehyd rophen－150	酚基聚乙二醇烷基醚．脂肪酸的有效乳化剂［乳］
dehydol 04	聚乙二醇烷基醚，德国 Henkel KGaA 产品［泡］
dehydroabietyl amine	去氢松香胺［捕］
dehydrophen－40	酚基聚乙二醇烷基醚，德国 Henkel KGaA 产品［乳、捕］
delamine P	塔尔油胺（不含有松香胺）［捕］
delamine PD	精制塔尔油胺（不含有松香胺）［捕］
delamine X	塔尔油胺（含 40% 脂肪胺，60% 松香胺）［捕］
DEN_{12}	N，N-二乙基-N-十二烷基胺
denver sulphidizer	液体多硫化钙，白铅矿的硫化剂
DETA	乙二撑三胺 $NH_2C_2H_4NHC_2H_4NH_2$［捕］
detanol	烷基磺酸盐［湿］
detergent 85	烷基苯磺酸盐［湿］
detergent MXP	聚氧乙烯硫醚［湿］
DETPMP	二乙烯三胺五亚甲基膦酸［捕］
dextrine	糊精［抑］
dextrine 152	玉米淀粉部分水解产品［湿、抑］
dextrine 4356	一种糊精产品，浮选菱铁矿时作调整剂［调］

续附表1

药剂牌号（名称或代号）	中文名称及应用
dextrine xanthate	糊精黄药（钠盐），氧化铁矿［捕］
DHA	脱水松香酸
diaclear	合成的絮凝剂（聚丙烯酰胺）（日本三菱化学工业公司）［絮］
diam 21	$RNHC_3H_6NH_2$（80%二胺，R来自椰油）［捕］
diam 26	$RNHC_3H_6NH_2$（R来自牛油）［捕］
diamine B11	$C_{20\sim22}$，烷基丙二胺
diamine BG	烷基丙二胺 $RNH(CH_2)_3NH_2$，$R=C_{16\sim18}$
diamine green B	双胺绿B，直接绿，脉石抑制剂［抑］
diamine HBG	C_{18}烷基丙二胺
diamine KKP	烷基丙二胺，$RNH(CH_2)_3NH_2$，$R=C_{12}$
diamine OL	油烯基丙二胺
diamond black PV	金刚黑PV，脉石［抑］
dianol 11	一种烷基苯磺酸盐［湿］
n-dichlorothiocarbanilide	N-二氯代二苯基硫脲［捕］
dichlorostearic acid	二氯硬脂酸（苏ДC-15的有效成分）［捕］
dichromate	重铬酸盐，方铅矿［抑］
dicyclohexyl dithiocarbamate	双环已烷基二硫代氨基甲酸盐［捕］
dicyclohexylarnine	环已仲胺［捕］
diesel Oil	狄塞尔油（柴油）锰矿［捕］
dihydroabietyl amine	二氢松香胺［捕］
di-isobutyI carbinol	双异丁基卡必醇，选煤剂（法国）
di-isobutyl acetone	双异丁酮，选煤剂（法国）
dimethyl polysiloxane	二甲基聚硅烷［捕］
dimethylglyoxime	丁二酮二肟［捕］
dinoramac SH	十八烷基二胺，氧化锌矿［捕］
dionil W	聚氧乙烯［湿、絮］
di-O-tolyIguanidine	二邻甲苯胍［捕］
dipentene	萜二烯［泡、活］
diphenylquanidine	二苯脲［捕］
ditalan	十二烷基硫酸盐，重晶石［捕］（参见CA 62 6187e（1965））

续附表1

药剂牌号（名称或代号）	中文名称及应用
dithiocarbamate	二硫代氨基甲酸盐［捕］
dithion	二乙基二硫代磷酸盐［捕］
dithizone	C_6H_5—N═N—CSNHNH—C_6H_5 ［捕］
divulsion D	一种烷基磺酸盐［湿］
dixan	双黄药［捕］
dixanthogen	双黄药［捕］
DLT-reagents	= alkylacy lqninole［捕］
DM-2	二甲基二烷基氯化铵，其中烷基为 $C_{10\sim20}$ 混合原料［捕］
DMDC	二甲基二硫代氨基甲酸盐［捕］
DMG	二甲基乙二肟，即丁二酮肟［捕］
DOBM	十二烷基辛基-苄基甲基氯化铵［捕］
dodecylamine	十二烷胺，月桂胺［捕］
dodecylsulfate	十二烷基硫酸酯［捕、泡、乳、湿］
dodecylsulfonate	十二烷基磺酸盐［捕、散、抑、乳］
doittau 14SM	一种硫酸化或磺化脂肪酸（法国）［捕］
douglas CZ pearl starch	玉米淀粉［絮］
douglas No. 502 canary dextrine	玉米糊精［絮］
dow corning 200	非离子型聚硅油，矿泥分散剂
dow corning antifoam A	一种聚硅油［捕、散、抑、调、消泡剂、防泡沫］
dow corning silicone fluid 550	苯基甲基聚硅油［捕、散、调］
dow corning silicone fluid F-258	二甲基聚硅油［捕、散、调］
dow corning silicone fluid F-60	氯苯甲基聚硅油［捕、散、调］
dow Fax 系列化合物	烃基芳基醚磺酸盐［捕］ 通式为：（R′取代苯基，邻位带 SO_3Me）—O—（R″取代苯基），R′、R″为烷基
dow froth	美国道化学公司生产的起泡剂牌号
dow froth 1012	一种起泡剂，广泛用于美国铜选厂［泡］

续附表1

药剂牌号（名称或代号）	中文名称及应用
dow froth 250	CH_3—（OC_3H_6）$_3OH$［泡］
dow SA 1797	Z-200的乳化液，硫化矿［捕］
dow Z-200	即Z-200［捕］
DP 243	含55%月桂胺，18%癸胺，18%辛胺，17%十四烷胺的盐酸盐混合物，钾盐矿［捕］
DPC	十六烷基甜菜碱［捕］
DPG	二苯胍
DPLA	十八烷基三甲基氯化铵［捕］
DPN	十八烷基甜菜碱［捕］
DPQ	十八烷基三甲基氯化铵［捕］
drene	十二烷基硫酸钠［捕］
dresinate 7ⅫK	松脂酸钾皂［捕］
dresinate 7V6，7Ⅺ	松脂酸钠皂［捕］
dri-film	非离子型聚硅油［湿、散］
drucal CH	R—$COOC_2H_4SO_3Na$（R=十二烷基）［捕］
drücker K20	一种特制的纤维素衍生物，对硅酸盐抑制强烈［抑］
DT 120	德国药剂，同“Separan 2610”［絮］
DTM	羟基十二烷基三甲基溴化铵 HO（CH_2）$_{12}N^+$（CH_3）$_3Br^-$［捕］
duomac S	大豆油脂肪胺醋酸盐［捕］
duomac T	牛油脂肪二胺醋酸盐［捕、絮］
duomeen C	$RNHC_3H_6NH_2$（80%二胺，R来自椰油）
duomeen CD	$RNHC_3H_6NH_2$（84%二胺，R来自椰油）
duomeen S	=duomeen 12，大豆油脂肪二胺［捕、絮］
duomeen T	牛油脂肪二胺［捕、絮］
duponol CA	同Na-Oleinsulfate，十八烯醇硫酸钠 $C_{18}H_{35}OSO_3Na$，氧化铁矿［捕］
duponol 100	正-辛烷基硫酸钠的干燥水溶性白色粉末［捕］
duponol 80	正-辛烷基硫酸钠［捕、乳、散、湿］
duponol C	十二烷基硫酸盐，氧化铁矿［捕］
duponol D	混合高级醇硫酸钠［湿、乳］
duponol LS-paste	十八烷基硫酸钠，重晶石［捕、散、乳］
duponol ME	十二烷基硫酸钠，氧化铁矿［捕］

续附表1

药剂牌号（名称或代号）	中文名称及应用
duponol MP	纯十二烷基硫酸钠［散、湿、捕］
duponol OS	脂肪醇胺硫酸盐混合物［捕］
duponol WA paste	十二烷基硫酸盐糊状物［捕、散、湿、乳］
dupont flocculant EXR－102A	羧甲基纤维素钠［絮］
dupont frother B22	一种起泡剂［泡］
dupont frother B23	高级醇和酮的混合物［泡］
DX－882	阴离子型高分子聚羧酸［絮］
dynesol F20	烷基醇聚酯磺酸盐［湿］
DZEHPA 或 HL	2－乙基己基膦酸酯［捕、萃］
EP 487	十二烷基胺基盐酸盐，蔷薇辉石（$MnSiO_3$）［捕］
EA－PSDA	富马酸/烯丙基磺酸共聚物［絮］
ECA	荷兰研制，醚酸，通式为：R（O—CH_2—CH_2）$_n$—O—CH_2—COOH［捕］
ECNA 04D（ENA）	醚胺［捕］
editas B	羧甲基纤维素钠（英）［絮、抑］
EDTA（cyquest acid）	乙二胺四乙酸（螯合试剂）［捕］
EHDA－Br	乙基十六烷基二甲基溴化铵，铬离子捕收剂
EHPA	二辛基磷酸酯［萃］
EKOF	该系列浮选药剂是德国 Erz-und Kohleflotation GmbH 产品
ekofact－DD95	浮选菱镁矿时，为白云石或方解石抑制剂［抑］
ekofact－P82	闪锌矿抑制剂，系氰化钠代用品，毒性小［抑］
ekofact－S	抑制剂［抑］
ekofol 40	主成分为 $C_{6\sim8}$醇，是起泡剂与捕收剂混合物，选煤［泡、捕］
ekofol 400	主成分为 $C_{6\sim8}$醇，是起泡剂与捕收剂混合物，用于细粒煤泥［捕、泡］
ekofol 45	主成分为 $C_{6\sim8}$醇，是起泡剂与捕收剂混合物，用于正常可浮的煤［捕、泡］
ekofol 452	主成分为 $C_{6\sim8}$醇，是起泡剂与捕收剂混合物，用于细粒煤泥［捕、泡］
ekofol 50	主成分为 $C_{6\sim8}$醇，是起泡剂与捕收剂混合物，用于易浮的煤［捕、泡］
elaidic acid	异油酸［捕］
elastiol LL	生产亚麻仁油的副产物，用于黑钨矿浮选［捕］

续附表1

药剂牌号（名称或代号）	中文名称及应用
emcol 4150	脂肪胺硫酸盐，锰矿［捕］
emcol 5100	烷基醇胺与脂肪酸的缩合物，锰矿浮选润湿剂
emcol 607 - 40（Crude）	$RCOOCH_2CH_2NHCOCH_2—\overset{+}{N}C_5H_5\ Cl^-$,50 ~ 500g/t［捕］
emcol 660B	十二烷基吡啶，碘化物 = Emulsol 660B［捕］
emcol 888	聚烷基萘甲基吡啶，氯化物［捕］
emcol Ⅹ25	烷基硫酸的乙醇胺盐，用于油酸与煤油的乳化剂［乳］
emcol Ⅺ	$C_{11}H_{23}COOCH_2CH_2OSO_3NH_4$［乳、捕、湿］
emersol 201	油酸［捕］
emersol 300	精馏植物油脂肪酸［捕］
emfac 1202	壬酸［捕］
emigol	德国赫司特化工厂浮选用非离子型乳化剂［乳］
empicol CHC	十八烯基/十八烷基硫酸盐［湿］
empicol CST	十六烷基/十八烷基硫酸盐［湿］
empicol L	十二烷基硫酸盐［湿］
emulphor AG	脂肪酸聚乙二醇醚，矿泥分散剂［散、乳］
emulphor EL - 719	脂肪酸聚氧乙烯醚［湿、乳］
emulphor O	水溶性脂肪醇衍生物［湿、乳］
emulphor P	脂肪醇聚乙醇醚
emulsifier 610A	脂肪酸聚乙二醇醚［散］
emulsol Ⅹ25	同 Emcol Ⅹ25，烷基硫酸的乙醇胺盐［捕、抑］
emulsol Ⅺ	同 Emcol Ⅸ，十二烷基二聚乙二醇硫酸盐［捕、抑］
emulsol K - 1243，K - 1339，K - 340	脂肪酸氨类的季铵衍生物［捕、杀生、消毒］
enol	乙酰丙酮［抑］
eosin blue	荧光蓝（染料），浮选铜钼矿时作为辉钼矿抑制剂［抑］
eosin yellow	荧光黄（染料），浮选铜钼矿时作为辉钼矿抑制剂［抑］
EPPA	乙基苯基膦酸，锡石［捕］
erucic acid	一种二十二碳不饱和脂肪酸［捕］
ether-amine 810	$R—O(CH_2)_3NH_2$，$R = C_{8\sim10}$，烷基醚胺（瑞典）［捕］
ether-amine 911	$R—O(CH_2)_3NH_2$，$R = C_{9\sim11}$，烷基醚胺（瑞典）［捕］

续附表1

药剂牌号（名称或代号）	中文名称及应用
ether-diamine 810	R—O（CH_2）$_3$NH（CH_2）$_3$$NH_2$，R = $C_{8\sim10}$，烷基醚二胺（瑞典）[捕]
ether-diamine 911	R—O（CH_2）$_3$NH（CH_2）$_3$$NH_2$，R = $C_{9\sim11}$，烷基醚二胺（瑞典）[捕]
ethomeen 18/15	1摩尔硬脂胺与5摩尔环氧乙烷反应产物[捕、絮]
ethomeen 18/60	1摩尔硬脂胺与50摩尔环氧乙烷反应产物[捕、絮]
ethomeen 5/10	叔胺[捕、絮]
ethomeen C/20	1摩尔椰油胺与2摩尔环氧乙烷反应产物[捕、絮]
ethomeen S/12	1摩尔大豆油胺与2摩尔环氧乙烷反应产物[捕、絮]
ethomeen S/15	1摩尔大豆油胺与5摩尔环氧乙烷反应产物[捕、絮]
ethomeen S/20	1摩尔大豆油胺与10摩尔环氧乙烷反应产物[捕、絮]
ethomeen S/25	1摩尔大豆油胺与15摩尔环氧乙烷反应产物[捕、絮]
ethomeen T/12	1摩尔牛油胺与2摩尔环氧乙烷反应产物[捕、絮]
ethomeen T/15	1摩尔牛油胺与5摩尔环氧乙烷反应产物[捕、絮]
ethomeen T/25	1摩尔牛油胺与15摩尔环氧乙烷反应产物[捕、絮]
ethyl silicate	硅酸四乙酯，在酸性或中性矿浆中，矿泥脉石[抑]
eucalyptus oil	桉树油[泡、捕]
eugenol	丁子香酚（$C_{10}H_{12}O_2$）[泡]
eumulgin 122	烷基酚和脂肪酸甘油酯的烷基化出产物，德国产品[乳]
eumulgin 123	聚乙二醇醚+烷基酚聚乙二醇醚与脂肪酸的混合物[乳]
eumulgin Ti-60	脂肪酸聚乙二醇醚（德国Henkel产品）[乳]
F-126	全氟化的$C_4 \sim C_{10}$的混合脂肪酸铵[捕]
F-258	二甲基聚硅酮，氧化及硅酸盐矿[捕]
F-550	苯基甲基聚硅酮[捕]
fenchyl alcohol	同Fenchol葑醇$C_{10}H_{17}OH$[泡]
fenopon A	同Igepon A
fenopon T	同Igepom T
ferric chloride	氯化铁[絮]
ferric sulfate	硫酸铁$Fe_2(SO_4)_3 \cdot nH_2O$[活、絮]
ferrifloc	硫酸铁[絮]
ferrous sulfate	硫酸亚铁$FeSO_4 \cdot 7H_2O$[絮、活、调]

续附表1

药剂牌号（名称或代号）	中文名称及应用
filtafloc 25AP	絮凝剂（英国），相对分子质量（3～5）$\times 10^6$，中等阴离子型［絮］
filtaflok	有机絮凝剂，用于浓缩、过滤（英）
filter aid B70	过滤助剂 B－70，“Hoechst”产品（德国）
filter max 9764	高分子聚合物絮凝剂型助滤剂
filterhilfsmittel B－70	过滤助剂 B－70，“Hoechst”产品（德国）
fish glue	鱼胶，浮选钾盐矿时作为矿泥抑制剂［抑］
fish liver oil fatty acid	鱼肝油脂肪酸，萤石［捕］
fish oil fatty acid	鱼油脂肪酸，铀、钽、萤石、重晶石、磷矿、石英［捕］
fish oil soap	鱼油皂，石英［捕］
fish oil sulfonate	磺化鱼油，氧化铁矿［捕］
flexol plasticizer	三乙基己基磷酸［散］
flexricin 9	丙二醇单蓖麻酸酯［捕］
floatogen	巯基苯骈噻唑［捕］
floc aid 1038	改性的阳离子淀粉衍生物［絮］
floc aid 1063	改性的阳离子淀粉衍生物［絮］
floc gel	淀粉类（法国）［絮］
flockal 101	水解聚丙烯腈［絮］
flockal 152	水解的甲基丙烯酸与甲基丙烯酸甲酯共聚物［絮］
flockal 202，205	部分水解的淀粉［絮］
floculys	淀粉衍生物（法国）［絮］
flotagen	巯基苯骈噻唑衍生物［捕］
flotagen AC－400、404号药剂、405号	巯基苯骈噻唑，（结构式：苯环并噻唑环，N=C—SH(或SNa)，S），其钠盐叫 capnex
flotal	醇与萜类的合成混合物［泡］
flotanol	乙基甲基吡啶衍生物［捕］
flotanol C－7	聚乙二醇，浮选铅锌硫化矿及钾盐矿，选择性好［泡］
flotanol D－13	聚乙二醇烷基醚，溶于水，德国“Hoechst”产品［泡］
flotanol D－14	聚乙二醇烷基醚，溶于水［泡］
flotanol D－16	聚乙二醇烷基醚，溶于水［泡］
flotanol F，－G	聚乙二醇烷基醚，溶于水［泡］

续附表1

药剂牌号（名称或代号）	中文名称及应用
flotbel AM20	两性捕收剂，R—NH_2—R_1—SO_3H（R = $C_{18}H_{37}$）
flotbel AM21	英国 Float-ore 公司出品的两性捕收剂，R—NH_2—R_1—SO_3H（R 为油烯基）[捕]
flotbel R107 T－A	一种重晶石捕收剂
flotigam	浮选硅酸盐的捕收剂（德国染料公司）[捕]
flotigam 1677	混合脂肪胺，用于防止硝酸钾结块，用量 600～1000g/t
flotigam 1870	混合脂肪胺，用于防止硝酸钾、硝酸铵结块，另加高岭土、滑石
flotigam 2488	饱和的 C_{12}～C_{18}胺，防止氯化钾结块
flotigam C	椰子油胺，flotigam 系德国“Hoechst”公司产品牌号
flotigam CA	椰子油胺醋酸盐，抗结块剂 [捕]
flotigam ENA	烷基醚丙胺醋酸盐，RO（CH_2）$_3N^+H_3$，CH_3COO^-
flotigam O	油烯胺 [捕]
flotigam P	十六烷基伯胺 [捕]
flotigam S	十八烷基伯胺 $C_{18}H_{37}$—NH_2，用于防止硝酸铵结块 [捕]
flotigam T	牛油胺，抗结块剂 [捕]
flotigam TA	牛脂胺醋酸盐 [捕]
flotigan	德国染料公司浮选硅酸盐的捕收剂
flotigol CS	二甲苯酚混合物（德国赫司特化工厂）[泡]
flotol	一种工业纯的萜醇 [泡]
flotol A，B	合成起泡剂
flotol B	含 α－萜烯醇及其他萜醇至少占 92%（德国赫司特化工厂）[泡]
flotol OA	油烯基伯胺醋酸盐（95%～97%）[捕]
flotol PA	十六烷基伯胺醋酸盐 [捕]
flotigam SA	十八烷基伯胺醋酸盐 [捕]
froth 52	一种合成起泡剂，色暗红，密度 0.850g/cm^3，含有 2 号柴油 [泡]
froth 58	成分同 Frother 52，色暗红，密度 0.865g/cm^3 [泡]
froth 60	一种合成的起泡剂，淡草黄色，密度 0.85g/cm^3，含有 2 号柴油
froth 63	一种水溶性合成起泡剂
froth B－23	混合高级醇（含 2，4－二甲基戊基－1，2，4－二甲基己醇－3 及酮类）[泡]
fuel oil	燃料油，泡沫稳定剂，辅助捕收剂

续附表1

药剂牌号（名称或代号）	中文名称及应用
gardinol	直链烷基硫酸盐［捕、散、湿、乳］
gardinol CA	油烯基硫酸盐［湿］
gardinol KD	十八烷基二醇-9，18-二硫酸酯［湿］
gardinol WA	十二烷醇硫酸酯（或瓦斯油）［湿］
gas oil	汽油（或瓦斯油），一种石油产品辅助捕收剂［捕、絮］
gefanol I	一种木焦馏油［捕、泡、湿］
gelatin	白明胶［抑、絮］
genagen O-150	脂肪酸聚乙二醇酯 RCOO（CH_2CH_2O）$_n$H，用于细粒矿［捕］
genapol-AS	脂肪醇聚乙二醇硫酸铵盐［湿］
generator gas tar	发生炉煤气焦油［捕、泡］
gigtar	聚丙烯酰胺的6%溶液
glue	骨胶［絮］
glue Beeds No. 22	动物蛋白质（骨胶）［絮］
good-rite H721S	水溶性合成高聚物［絮］
good-rite K7705	水溶性合成高聚物［絮］
goulac	木素磺酸钙，钙质脉石［抑］
green acid	绿酸，即水溶性石油磺酸［捕、湿］
guaiacol	愈疮木酚［泡］
guanidin hydrochloride	盐酸胍 $NH_2C(NH)NH_2 \cdot HCl$，闪锌矿［捕］
guanidin nitrate	硝酸胍 $NH_2C(NH)NH_2 \cdot HNO_3$，闪锌矿［捕］
guar flour	古尔粉［散、抑、絮、活］
guar gum	古尔胶［絮、抑、散］
guartec	古尔胶（半乳糖甘露聚醣）［絮、抑、散］
gum 3502	水溶性淀粉制剂，氧化铁矿［抑］
gum arabic	阿拉伯树胶，云母［抑］，脉石［散］
gycolate	一种硫酸铜矿的抑制剂
H-120	一种硅酮油，黄铜矿、方铅矿［捕］
hagan coagulant 2，5	聚电解质［絮］
hagan coagulant 7，11，18	聚电解质加膨润土［絮］
hardwood creosote	硬木焦馏油［捕、泡］

续附表1

药剂牌号（名称或代号）	中文名称及应用
heptaldoxime	庚醛肟，石灰石、铜矿［捕］
hercules CMC	羧甲基纤维素［絮］
hexametaphosphate	六偏磷酸钠［散、湿、调］
hide glue	骨胶［絮］
HL-80	聚甘油，硫化矿起泡剂［泡］
HMP	六偏磷酸钠［散、湿、调］
HOE-F2603 HOE-F2604 HOE-F2642	1-氨乙基-2-取代的咪唑啉，烧绿石螯合捕收剂［捕］参见 CA 98 6781（1983）
hodag flocs	一种高分子聚合物［絮］
hoosier pearl	灰色玉米（珍珠米）淀粉［絮］
hostaflot LET	液体乙基钠黑药［捕］
hostaflot LIP	液体异丙基钠黑药［捕］
hostaflot LSB	液体仲丁基钠黑药［捕］
hostapal B	烷基酚聚乙二醇硫酸盐［湿］
hostapal C	烷基酚聚乙二醇醚［湿］
hostapon CT	R—$CONHCH_2CH_2SO_3Na$，R 为椰油酰，细粒钨矿［捕］
hostapon MT	R—$CONHCH_2CH_2SO_3Na$，R 为油酰基，细粒钨矿［捕］
hostapon T	R—CON（CH_3）$CH_2CH_2SO_3Na$，R 为油酰基，细粒钨矿［捕］
hostarex A-226	二异十三烷基仲胺
hostarex A-324	三异辛基叔胺
hostarex A-327	三（正辛基/正癸基）叔胺
hostarex PO-212	有机磷酸酯
hostarex PO-224	有机磷酸酯
ho-sulfate paste	C_{10}~C_{12}烷基（伯）硫酸盐（参见 CA 62 6187（1965））
humate	腐殖酸盐［抑、絮、调］
humic acid	腐殖酸，胡敏酸［抑、絮、调］
HX 19	淀粉衍生物［絮、活］
hyamin	烷基苄基二甲基氯化铵［乳］
hydrated lime	消石灰，氢氧化钙［抑、调］
hydrochem 66	cgava sililana 的多羧基衍生物［絮］

续附表 1

药剂牌号（名称或代号）	中文名称及应用
hydropur 1859	丙烯酰胺与丙烯酸共聚物，沉淀剂［絮］
hydropur 2463	丙烯酰胺与丙烯酸共聚物，沉淀剂［絮］
hydroxyethyl cellulose	羟乙基纤维素［抑、絮］
hypochlorite	次氯酸盐，辉钼矿精矿中铜、铁［抑、活］
hyponate L	石油磺酸钠（相对分子质量 415～430，不含矿物油）［捕、泡］
hyposulfite	连二亚硫酸盐，闪锌矿、黄铁矿［抑］
hystrene 3695 (dimer acid)	C_{18}脂肪酸二聚物，浮选磷矿［捕］
IBECTC	N-乙氧基羰基-O-异丁基硫代氨基甲酸酯［捕］
IBX	纤维素黄原酸酯［抑］
igepal A	同 Igepon A
igepal B	十二烷基/十四烷基苯酚聚乙二醇硫酸盐［湿、乳］
igepal C	十二烷基苯酚聚乙二醇醚［湿、乳］
igepal CA	环氧乙烷与烷基苯酚的缩合物［乳、捕、湿］
igepal CA-630	$R—C_6H_4—O(CH_2CH_2O)_n—H$，R 为叔辛基，$n=8$
igepal CA-710	$R—C_6H_4—O(CH_2CH_2O)_n—H$，R 为叔辛基，$n=11\sim12$
igepal CA-extra	C_8/C_9-烷基苯酚聚氧乙烯醚
igepal CO-210	$R—C_6H_4—O(CH_2CH_2O)_n—H$，$R=C_9$ 烷基，$n=1\sim2$
igepal CO-430	$R—C_6H_4—O(CH_2CH_2O)_n—H$，$R=C_9$ 烷基，$n=4$
igepal CO-530	$R—C_6H_4—O(CH_2CH_2O)_n—H$，$R=C_9$ 烷基，$n=6$
igepal CO-610	$R—C_6H_4—O(CH_2CH_2O)_n—H$，$R=C_9$ 烷基，$n=8$
igepal CO-630	$R—C_6H_4—O(CH_2CH_2O)_n—H$，$R=C_9$ 烷基，$n=9\sim10$
igepal LO	$RCON(R')C_2H_4SO_3Na$，R=直链烷基
igepal NA	十四烷基苯磺酸盐［湿、乳］
igepal W	十二烷基苯酚聚乙二醇醚［湿、乳］
igepon 702K	$RCON(R')C_2H_4SO_3Na$，R 来自 50% 豆蔻酸，50% 硬脂酸，$R'=CH_3$
igepon A	$C_{17}H_{33}COOCH_2CH_2SO_3Na$［湿］
igepon AC	$C_{17}H_{33}COOCH_2CH_2SO_3Na$［湿］
igepon AP	$C_{17}H_{33}COOCH_2CH_2SO_3Na$［湿］
igepon B	$R—CONHCH_2CH_2—C(OSO_3Na)H—CH_3$

续附表1

药剂牌号（名称或代号）	中文名称及应用
igepon C	$C_{17}H_{33}CONHC_2H_4SO_4Na$［湿、絮］
igepon CN	RCON（R′）$C_2H_4SO_3Na$，R = $C_{16}H_{33}$，R′ = 环己烷基
igepon G	R—$CONHCH_2CH_2$—C（OSO_3Na）H—CH_3
igepon KT	RCON（R′）$C_2H_4SO_3Na$，R 来自椰子油及棕榈核油酸，R′ = CH_3
igepon T	RCON（R′）$C_2H_4SO_3Na$，R 来自油酸，R′ = CH_3
igepon TC	RCON（R′）$C_2H_4SO_3Na$，R 来自椰子油酸，R′ = CH_3
igepon TE	RCON（R′）$C_2H_4SO_3Na$，R 来自牛脂酸，R′ = CH_3
igepon TK	RCON（R′）$C_2H_4SO_3Na$，R 来自塔尔油，R′ = CH_3
igepon TN	RCON（R′）$C_2H_4SO_3Na$，R 来自软脂酸，R′ = CH_3
IHPA	异己基膦酸，锡石［捕］
IM - 50	烷基羟肟酸（同 ИМ - 50）［捕］
IMPC - X - 56	N -烷基磺化琥珀酰胺盐，锡石［捕］
indusoil	精制牛油脂肪酸［捕］
indusoil L - 5	含脂肪酸 90%，松香酸 5%［捕］
invadine	烷基苯磺酸钠［湿］
invert soap	烷基苄基二甲基氯化铵［乳、捕、湿］
ioct sulfonate	油溶性石油磺酸盐，氧化铁矿［捕］
iporit	烷基萘磺酸钠［乳］
isingglass	鳔胶［抑］
iso-octyl acid phosphate	异辛基酸性磷酸酯［捕］
iso-thiourea salt	异硫脲盐，铜［捕］（参见 World Mining，No. 7 88 - 101（1973））
ISX	淀粉黄原酸酯
ITU	咪唑啉
jaguar 387	一种古尔胶（刺槐豆胶）制品［絮］
jaguar 503 - PK3，MD	合成的絮凝剂用于浮选尾矿水的净化［絮］
JM 403	两性咪唑啉［捕］
K - 101	NH_4CNS（硫氰酸铵）［活］
karaya gum	刺梧桐树胶［湿］
kaydol	同 petrolatum（矿脂，凡士林）［捕、絮］
KE 1085	烷基聚乙二醇醚［泡］

续附表 1

药剂牌号（名称或代号）	中文名称及应用
KE 1255	低碳脂肪醇+烃油，浮选细粒煤［泡］
KE 1340	脂肪酸酯磺酸钠，磷灰石、金红石、蓝晶石［捕］
KE 1365	一种方解石抑制剂（黄色粉末）［抑］
KE 1383	聚烷基二醇烷基醚［泡］
KE 1410	羟基磷酸酯+脂肪酸混合物，浮萤石［捕］
KE 1413	烷基硫酸钠，浮重晶石［捕］
KE 1413A	烷基硫酸钠（白色糊状），浮重晶石、石膏、钨矿［捕］
KE 1530	短链醇与酯类混合物，用于选煤［泡］
KE 1560	酚缩合物，棕稠物，方解石［抑］
KE 1616	脂肪酸衍生物，黄色液体，溶于碱，萤石、磷灰石［捕］
KE 1687	阴离子型共聚高分子钠盐，硅酸盐、石英、碳质脉石［抑］
KE 883 B	有机磺酸钠和铵盐，浮磷灰石，铁矿（西德 Henkel 产品）［捕］
keacol DP 系列	各种硫代磷酸盐（Keakem 公司）［捕］
kelcosol	藻朊［絮］
kelgin W	藻朊［絮］
kelzanx C	Kelco 公司出品的一种高分子聚合物［散］
kerafloc A-17	聚丙烯酰胺（非离子型）［絮］
kerosine	煤油［捕］
KEX	乙基钾黄药［捕］
Kezanx C	Kolco 公司产品，一种高分子聚合物［散］
KH-3	一种絮凝剂［絮］
KH-570，Z-60，KBE-503，NDZ-604	烯丙基酯硅烷［捕］
KH-590	氨基硅烷［捕］
KOD	二氯乙烷与乌洛托品的缩合产物［絮］
KODT	二氯乙烷与乌洛托品的缩合产物［絮］
kogasin	一种合成煤油
kontakt	一种烷基磺酸盐［捕］
korenyl-30，-56，-80	一种烷基苯磺酸盐［湿］
KR-1389，TC-115，NDZ-311（国内）	二（焦磷酸二辛酯）乙酸酯钛，$CH_3COO—Ti—[O—P(OOH)—O—P(O)—(OC_8H_{17})_2]_3$［非金属矿物深加工偶联剂］

续附表1

药剂牌号（名称或代号）	中文名称及应用
KR - 212S，TC - 104，NDZ - 311（国内）	二（磷酸二辛酯）乙基钛酸酯，非金属矿深加工药剂
KR - 36S，NDZ - 400（国内）	二（亚磷酸二月桂酸）钛酸四异丙酯，非金属矿深加工偶联剂
KR - 46，TC - 301，NDZ - 401（国内）	四辛氧基钛二（亚磷酸二月桂酯）偶联剂
kreelon AD	烷基苯磺酸盐［湿］
kronitex	三甲酚磷酸盐［捕、调、活］
kylo 27	矿泥真空过滤的絮凝剂
la retarder	杜邦公司出品的一种抑制剂［抑］
lamepon	脂肪酸与肽缩合物［湿、乳］
latecoll AS	参见“Berg Wiss”［絮］
lead nitrate	硝酸铅［活］
lecithin	卵磷脂，氧化矿捕收剂［捕］
leiocom	同 Leiogomme，从土豆制成的淀粉［抑、调、絮］
leonil C	月桂醇聚乙二醇醚［湿、乳］
leonil FFO	己基/庚基-β-萘酚聚乙二醇醚［湿、乳］
leonil O	十六烷醇聚乙二醇醚［湿、乳］
lepidin	二甲基喹啉［捕、抑］
leucine	亮氨酸 $(CH_3)_2CHCH_2CH(NH_2)COOH$
leukol	喹啉［捕、湿］
lica - 38，Lica - 90	钛酸酯偶联剂［非矿改性剂］
lignin sulfonate	木素磺酸盐［捕、湿、抑、散］
ligninsulfonic acid	木素磺酸［捕］，闪锌矿［湿、抑、散］
lignosulfonate	木素磺酸盐［捕、湿、抑、散］
lila-	Lila 系列系瑞典克马诺德公司出品的药剂牌号
lilaflot 12	月桂胺（十二碳铵）
lilaflot 12AC	月桂胺醋酸盐
lilaflot 550	一种季铵盐
lilaflot 800G	醚胺醋酸盐
lilaflot 810	“烷基醚胺810”的醋酸盐
lilaflot 810M	醚胺醋酸盐

续附表 1

药剂牌号（名称或代号）	中文名称及应用
lilaflot 810MA	醚胺
lilaflot 911	“醚胺 911”的醋酸盐
lilaflot 911M	烷基醚胺醋酸盐
lilaflot 911MA	烷基醚胺
lilaflot AK	脂肪酸皂
lilaflot AK20	脂肪酸皂（液体，含量 20%）
lilaflot AK35	脂肪酸皂（糊状，含量 35%）
lilaflot BG	脂肪胺
lilaflot BGAC	脂肪胺醋酸盐
lilaflot BGM	一种脂肪胺
lilaflot D810	烷基醚二胺
lilaflot D911	烷基醚二胺
lilaflot HBG	加氢脂肪胺
lilaflot HBGAC	加氢脂肪胺醋酸盐
lilaflot KK	可可酯胺
lilaflot KKAC	可可酯胺醋酸盐
lilaflot KKAZO	脂肪酸皂（液体，含量 20%）
lilaflot OS	脂肪酸（液体，含量 100%）
lilaflot OS70	脂肪酸（液体，含量 70%）
lilaflot VBM	加氢脂肪胺
lilaminox EKK	可可酯基二羟乙基氧化叔胺，$R=C_{8\sim18}$［捕］
lilaminox M24	$R—N(CH_3)_2→O$，$R=C_{12\sim14}$，烷基二甲基氧化叔胺（瑞典）［捕］
lilaminox M24 - 40	烷基二甲基氧化叔胺，$R=C_{12\sim14}$［捕］
lime	熟石灰［$Ca(OH)_2$］
linseed oil	亚麻仁油
lipal	非离子型表面活性剂，商品牌号，$RO(CH_2CH_2O)_nH$，烷氧基聚乙氧基醇，脉石分散剂［散，乳，泡］
lipal 10TD	$RO(CH_2CH_2O)_nH$，$R=C_{13}$，$n=10$［散、乳、泡］
lipal 20 SA	$RO(CH_2CH_2O)_nH$，$R=C_{18}$，$n=20$
lipal 20A	$RO(CH_2CH_2O)_nH$，R = 油烯基，$n=2$

续附表1

药剂牌号（名称或代号）	中文名称及应用
lipal 2CA	RO（CH_2CH_2O）$_n$H，R=十六烷基，n=2
lipal 40	九聚乙二醇单油酸酯，非离子型脉石［散］
lipal 4LA	RO（CH_2CH_2O）$_n$H，R=C_{12}，n=4
lipal 4MA	RO（CH_2CH_2O）$_n$H，R=C_{14}，n=4
lipal 50 OA	RO（CH_2CH_2O）$_n$H，R=油烯基，n=50
lipal 9LA	RO（CH_2CH_2O）$_n$H，R=C_{12}，n=9
liqro	粗塔尔油
liquid rosin	塔尔油
lissapol A and C	十二烷基硫酸钠［散、湿、乳］
lissapol N	烷基苯酚聚氧乙烷醚［泡、湿、絮］
lissapol N，D，B	辛基甲酚与环氧乙烷的非离子性缩合物［泡、絮、湿］
lissolamin V	十六烷基三甲基溴化铵［捕］
LN 10－2	β－氨基烷基膦酸［捕］
LN 11－2	α－氨基烷基膦酸［捕］
lomar PW	萘磺酸钠［湿］
lorol	混合脂肪醇（15%辛醇，40%癸醇，30%月桂醇，15% C_{14}醇，15% $C_{16\sim18}$）醇［捕、泡］
lorol C6	正己醇，德国Henkel产品［泡］
lorol C8	正辛醇［泡］
lorolamine	辛胺、癸胺、月桂胺的混合物［捕］
lubricating oil	润滑油［泡］
lubrol MOA	脂肪醇与环氧乙烷的缩合物［絮］
lumorol	烷基苯磺酸盐与烷基硫酸盐的混合物［湿、捕］
lyofix	一种季铵盐
lytron 886，887	乙烯基醋酸盐与顺丁烯二酐共聚物［絮］
2－Mercapto－4，4，6－trimethyl－1，3，4－dihydropyridine	2－巯基－4，4，6－三甲基－1，3，4－二氢嘧啶，硫化矿［捕］
2－Mercaptobenzoimidazole	2－巯基苯骈噻唑［捕］
MAAPO	50%甲基戊醇（MIBC）与松油的混合物，从海砂浮金红石［泡］

续附表1

药剂牌号（名称或代号）	中文名称及应用
MADMP	甲胺二次甲基膦酸［捕］
magnafloc-	英国联合胶体公司产物，系聚丙烯酰胺型
magnafloc 1011	絮凝剂，相对分子质量（20~25）$\times10^6$，弱阴离子型［絮］
magnafloc 156	絮凝剂，相对分子质量（15~20）$\times10^6$，中等阴离子型［絮］
magnafloc 1597	絮凝剂，相对分子质量0.3$\times10^6$，强阳离子型［絮］
magnafloc 326	絮凝剂，相对分子质量（1~2）$\times10^6$，中等阳离子型［絮］
magnafloc 351	絮凝剂，相对分子质量（15~20）$\times10^6$，非离子型［絮］
magnafloc 352	絮凝剂，相对分子质量（10~15）$\times10^6$，弱阳离子型［絮］
magnafloc 455	絮凝剂，相对分子质量（15~20）$\times10^6$，弱阳离子型［絮］
magnafloc 463	絮凝剂，相对分子质量（5~10）$\times10^6$，次强阳离子型［絮］
magnafloc 513	絮凝剂，相对分子质量（1~2）$\times10^6$，次强阳离子型［絮］
magnafloc 593	絮凝剂，相对分子质量（5~10）$\times10^6$，中等阳离子型［絮］
magnafloc 805	絮凝剂，相对分子质量（3~5）$\times10^6$，强阴离子型［絮］
magnafloc LT22	低毒絮凝剂，相对分子质量（5~10）$\times10^6$，中等阳离子型［絮］
magnafloc LT25	低毒絮凝剂，相对分子质量（15~20）$\times10^6$，弱阴离子型［絮］
mahogany acid	油溶性石油磺酸，红酸250~1500g/t［捕］
mahogany soap	油溶性石油磺酸钠［捕］
mahogany soap F445	油溶性石油磺酸钠［捕］
mahogany sulfonate	油溶性石油磺酸钠（含30%~36%芳烃的石油馏分经硫酸磺化的产物），重晶石［捕］
maize oil soap	玉米油皂［捕］
maize starch	玉米淀粉，锰矿［抑、絮］
makon 10	$R—C_6H_4—O(CH_2CH_2O)_{10}H$［乳］
malachite green	孔雀绿（染料）［捕、抑、活］
manganese sulfate	MnO_2矿浮选的活化剂［活］
mannogalactan	甘露半乳聚糖［调、絮、散、抑］
maracell E	部分脱磺酸的木素磺酸钠，矿泥［散］
marasperse C	木素磺酸钙［抑］
marasperse CB	木素磺酸钠［抑］
marasperse N	木素磺酸钠（含磺酸钠基团14.3%）［抑］

续附表1

药剂牌号（名称或代号）	中文名称及应用
marathon extract	木素磺酸盐［抑、捕、调］
MBT（Mertax）	巯基苯骈噻唑
medasol 2400	非离子型聚丙烯酰胺（罗马尼亚）［絮］
medasol 7500	非离子型聚丙烯酰胺（罗马尼亚）［絮］
medasol C24	非离子型聚丙烯酰胺（罗马尼亚）［絮］
medialan A	$C_{17}H_{33}COH(CH_3)CH_2COONa$［捕］
medialan KA	椰子油酸基-N-甲氨基乙酸钠［捕］
medialan LL-99	月桂酸基-N-甲氨基乙酸钠［捕］
medialan LP-41	油酸基-N-甲氨基乙酸钠［湿］
medialan LT-52	硬脂酸-N-甲氨基乙酸钠［湿］
melavin B	仲烷基硫酸盐（波兰）［捕］
melioran 系列	该系列药剂系法国 Gerland Chimie Petrole 公司产物
melioran 118B 602	直链烷基硫酸盐，白糊状，浮重晶石［捕］
melioran 118B 604	直链烷基硫酸盐，白糊状，浮重晶石［捕］
melioran 231	烷基硫酸盐，浮石英，反浮重金属盐［捕］
melioran 241	直链烷基硫酸盐，净硫酸铅矿［捕］
melioran 706	直链烷基硫酸盐，浮石英砂，反浮重金属盐［捕］
melioran AT	多羧基化合物［捕］
melioran B109	直链烷基硫酸盐，白糊状，浮重晶石［捕］
melioran B241	直链烷基硫酸盐，浮硫酸铅矿，1~1.5kg/t［捕］
melioran B288	直链烷基硫酸盐，白糊状，浮重晶石［捕］
melioran F	脂肪酸，黏稠物，浮选萤石［捕］
melioran NA	浮石英砂，反浮重金属盐［捕］
melioran P301	浮磷矿时，作为碳酸盐捕收剂［捕］，系有机磷酸盐，同时用 Na_2SiF_6 抑制磷
melioran P312	一种有机磷酸盐，浮磷矿时，作为碳酸盐捕收剂［捕］
melioran S4011	黑药，S类为芳基或烷基二硫代磷酸或其盐类，溶于水［捕］
melioran S4012	黑药，清黄色液，有效成分30%，溶于水［捕］
melioran S4024	黑药，黄稠液，有效成分99%，溶于水［捕］
melioran S4051	黑药，清黄液，有效成分30%，溶于水［捕］
melioran S4061	黑药，清黄液，有效成分30%，溶于水［捕］

续附表1

药剂牌号（名称或代号）	中文名称及应用
melioran S4064	黑药，黄稠液，有效成分99%，溶于水［捕］
melioran S4071	黑药，青绿色液，有效成分30%，溶于水［捕］
melioran S4080	黑药，棕稠液，有效成分95%，不溶于水［捕］
melioran S4090	黑药，棕稠液，有效成分95%，不溶于水［捕］
melioran S4091	黑药，青绿色液，有效成分30%，溶于水［捕］
mepasin	加氢合成煤油
mercaptan	硫醇
mercaptobenzothiazole	巯基苯骈噻唑［捕］
merpisap AB	烷基苯磺酸盐［湿］
merpol C	烷基硫酸盐［湿］
mersol D，-H，30	烷基磺酰氯（含C为14~18），其中烷基磺酰氯含量分别为82%，45%及30%
mersolate	阴离子型鲸醋基磺酸盐，铁矿捕收剂［捕、泡］
mersolate D，-H，30	用$C_{14\sim18}$烷基磺酰氯分别水解所得的烷基磺酸钠（磺酸盐含量分别为82%，45%及30%）
metalyn	塔尔油酸甲酯
metalyn sulfonate	塔尔油酸甲酯磺酸盐［捕］
metanil yellow	（酸性）间胺黄 $C_6H_5NHC_6H_4N=NC_6H_4SO_3Na$
metaphosphate	偏磷酸盐［捕、抑、散］
methyl cotton blue	甲基（棉）蓝（染料），脉石［抑、捕、活］
methyl cyclohexanol	甲基环已醇［泡］
methyl eosin	甲基曙红，浮选铜钼矿时作为辉钼矿的抑制剂［抑］
methyl isobutyl carbibol	同MIBC［泡、散、调］
methylamylacetate	醋酸甲基戊基酯 $CH_3COOCH[CH_2CH_2CH(CH_3)_2]$［泡］
methylamylalcohol	同MIBC，甲基异丁基卡必醇或甲基戊醇，$(CH_3)_2CHCH_2CH(OH)CH_3$［泡、散、调］
methylcellulose	甲基纤维素［絮、抑、湿、捕、调］
methyldithiocarbamate	甲基二硫代氨基甲酸酯［捕］（参见 US Pat 2691635）
methylene blue	（碱性）亚甲蓝（染料）$C_{16}H_{18}ClN_3S\cdot3H_2O$，浮选铜钼矿时，作为辉钼矿的抑制剂［捕、抑］
methylviolet	甲基紫［捕、抑、活］

续附表1

药剂牌号（名称或代号）	中文名称及应用
metso	偏硅酸钠（$Na_2SiO_3 \cdot 5H_2O$），脉石［散］
MGP 750	甲氧基聚乙二醇［调］，矿泥［散］
MHC	烷基磺化醚羧酸，R—O—CO—CH（SO_3H）—CH_2—COOH（磺酸基也可在α-位上）［捕］
miazol	咪唑［捕、絮］
micate	塔尔油皂［捕］
micol	十六烷基三甲基溴化铵［捕］
miltopan D503	一种脂肪烷基硫酸酯［泡］
minerec	一种黄原酸甲酸酯 ROC（S）—S—COOR′［捕］
minerec 1661	异丙基硫逐氨基甲酸乙酯，与 Z-200 相同
minerec 2030	类似 minerec 1661
minerec 27	双黄药，选择性浮选铜［捕］
minerec 898	异丁基黄原酸甲酸乙酯
minerec A	双黄药，在酸性或碱性介质中浮选铜［捕］
minerec B	双黄药，在石灰介质中浮选铜［捕］
minsk oil	一种氧化煤油，浮选闪锌矿时用作起泡剂［泡］
mirapon F30	一种起泡剂
mixed amylamines	混合戊胺，25～100g/t，阳离子辅助捕收剂
molyflo	钼利浮，辉钼矿捕收剂，可代替煤油，闪点77℃［捕］
monamid 150CE	椰油脂肪酸的二乙醇基酰胺，硅酸盐［捕］
monawet MO	双-2-乙基己基磺化琥珀酸钠（同 Aerosol OT）
monoabietylphthalate	单松脂基邻苯二甲酸酯钠盐［泡］
monoaryl dithiocarbamate	单芳基二硫代氨基甲酸盐［捕］
monodioctyl acid orthophosphate	双辛基磷酸酯［捕］
monopole soap	硫酸化蓖麻油酸钠皂［捕］
monothanolamine	一乙醇胺，$NH_2CH_2CH_2OH$［捕］，脉石［抑］
montanol 300	起泡剂用于选煤（德国赫斯特化工厂）［泡］
morcowet 469	烷基萘磺酸盐［湿］
MP-189	烷基萘磺酸盐［捕］
mucin	黏朊（同 mucoprotein），矿泥［抑］（从植物中提取）

续附表1

药剂牌号（名称或代号）	中文名称及应用
nacconol HG	烷基芳基磺酸钠［捕］
nacconol LAL	十二烷基磺酸醋酸盐，同 laurylsulfoacetate
nacconol NR	煤油烷基苯磺酸钠（相当于 C_{14}烷基），50~250g/t［捕、泡、湿］
nacconol NRSF	烷基苯磺酸盐［湿］
nacconol SSO	烷基苯磺酸盐［湿］
Nal-153	木素磺酸盐［抑］
nalcamine G-11	结构式同 amine 220，R 来自椰子油脂肪酸（英）［捕］
nalcamine G-12	结构式同 Amine 220，R = 十七碳烯或十七碳双烯［捕］
nalcamine G-13	与 amine 220 同
nalco 600	阳离子聚合物［絮］
nalco 614，680	$Na_2Al_2O_4 \cdot 3H_2O$［凝聚剂］
nalco 650	加工的蒙脱石（montmorillonite）［凝聚剂］
nalco 672	阴离子型聚丙烯酰胺［絮］
nalco 7873	一种絮凝剂
nalco No. 2 liquid	$Na_2Al_2O_4 \cdot 3H_2O$［凝聚剂］
nalcolyte 110	非离子型高分子聚合物［絮］
nalcolyte 960	非离子型极高分子聚合物［絮］
nansa	烷基苯磺酸盐［湿］
naphtha solvent	液体石油烃（溶剂），与脂肪酸一起使用，浮选钛铁矿或金红石作为辅助捕收剂
naphthalene wash oil	萘洗油，重晶石［捕］（参见 CA 62 6187（1965））
naphthenic acid	环烷酸［捕、泡］
naphthenic acid D，P	环烷酸［捕、泡］
naphthylamine	萘胺［捕］
NDZ-602	酰胺基硅烷，$H_3C—CONH(CH_2)_3—Si—(OC_2H_5)_3$［捕、非矿改性剂］
nekal A	双异丙基萘磺酸盐［捕、湿、乳］
nekal B	异丁基萘磺酸盐［捕、湿、乳］
nekal BX	双异丁基萘磺酸盐［湿、乳］
nekal NF	二烷基萘磺酸盐［湿、乳］

续附表1

药剂牌号（名称或代号）	中文名称及应用
nekal WT－27	二辛基磺化琥珀酸钠
neodol 23－3A	R—（OCH_2CH_2）$_3$—OSO_3NH_4，（R ═$C_{12\sim13}$）烷基乙氧烷基硫酸铵［捕］
neo-fat 10	癸酸［捕］
neo-fat 12	月桂酸［捕］
neo-fat 139	精制棉籽油［捕］
neo-fat 14	十四碳酸［捕］
neo-fat 140	油酸（44%）、亚油酸（55%）、亚麻油酸（1%）混合物
neo-fat 16	十六碳酸［捕］
neo-fat 16－54	软脂酸与硬脂酸的低共溶混合物［捕］
neo-fat 18	硬脂酸［捕］
neo-fat 255	蒸馏的椰油脂肪酸［捕］
neo-fat 265	脂肪酸混合物，其中含月桂酸52%，锡石［捕］
neo-fat 3	精馏的油酸及亚油酸
neo-fat 3R	精馏的油酸及亚油酸［捕］
neo-fat 42－06，07，12	分馏的塔尔油［捕］（06表示含树脂酸6%，余类推）
neo-fat 55	蒸馏的椰子油酸［捕］
neo-fat 65	蒸馏的动物油脂肪酸［捕］
neo-fat 8	辛酸［捕］
neo-fat 88－18	油酸（76%）、亚油酸（10%）、硬脂酸（7%），软脂酸（6%）的混合物［捕］
neo-fat 92－04	同 neo-fat 94－04［捕］
neo-fat 94－04	精制油酸［捕］
neo-fat D－342，D－343	塔尔油的蒸馏残渣［捕］
neo-fat D－412	同 neo-fat S－142
neo-fat DD-animal	动物油脂肪酸
neo-fat DD-corn oil	玉米油脂肪酸
neo-fat DD-cottonseed	棉籽油脂肪酸
neo-fat DD-linseed	亚麻仁油脂肪酸
neo-fat DD-palmoil	椰油脂肪酸
neo-fat DD-soyabean	大豆油脂肪酸
neo-fat S－142	由塔尔油中分出的油酸与亚油酸混合物［捕］

续附表1

药剂牌号（名称或代号）	中文名称及应用
neolene 300	十二烷基甲苯磺酸盐［湿］
neolene 400	十二烷基苯磺酸盐［湿］
neomerpin N	烷基萘磺酸盐，氧化铁矿的辅助捕收剂［捕、湿］
neopen SS	磺化松香酸，氧化铁矿［捕］
neopol	同 medialon A
neopol T	油酰基甲基牛磺酸钠［湿］
neutronix 331，333	脂肪酸聚乙二醇酯［散、湿］
neutronix 600	烷基苯酚聚乙二醇醚，R＝壬基，$n=9$［泡、散］
neutronyx 605	烷基苯酚聚乙二醇醚，R＝异辛基，$n=9$
neutronyx 622	烷基苯酚聚乙二醇醚，R＝壬基，$n=4$
neutronyx 640	烷基苯酚聚乙二醇醚，R＝壬基，$n=15$
neutronyx 676	烷基苯酚聚乙二醇醚，R＝壬基，$n=30$
neutronyx S－30	烷基苯酚聚氧乙烯硫酸铵，洗涤剂［散、湿］
neutronyx S－60	烷基苯酚聚氧乙烯硫酸钠，洗涤剂［泡］
NGP	2－硝基－4－甲苯胂酸
NGT	对位甲苯胂酸，锡石［捕］
nigrosine	苯胺黑（Aniline black），脉石［抑、散］
nigrosine sulfonate	磺化苯胺黑［散］
nilin	烷基芳基磺酸盐［湿］
ninate 402	十二烷基苯磺酸钙（含油50%）
ninol 128	脂肪酸与二乙醇胺缩合物［湿、乳］
ninol 200，400，57A，517，521	脂肪酸与二乙醇胺缩合物［捕、湿、乳］
NMBO	壬基巯基苯骈噁唑［捕］
NNO	二萘甲基-磺酸盐或双磺酸盐［捕］
NOC－1	微生物絮凝剂
nokes reagent	诺克试剂，硫化物抑制剂（CA 44 3428h）系 P_2S_5 与 NaOH 及 As_2O_3 的反应产物
nonion TM－50	聚乙二醇醚类，脉石［活］
novonacco	烷基萘磺酸钠［湿］
n-sol A，B，C，D	活性硅溶胶（SiO_2）［絮］

续附表1

药剂牌号（名称或代号）	中文名称及应用
nujol	同石油软蜡，精制白油［捕、絮、调］
nullapon	同EDTA，乙二胺四乙酸，脉石［抑］
nyfapon U	十八烯基/十六烷基硫酸盐［湿］
o-emulsifier	石油磺酸盐，铝土矿捕收剂［捕］
oleylcohol	油醇［捕、泡］
OLT-99，TTS，KR-TTS	三硬脂酰基-异-丙氧基钛酸酯，$i\text{-}C_3H_7O—Ti(—O—C(O)—C_{17}H_{35})_3$［黏土矿物偶联剂］
OMC 357	改性脂肪酸［捕］
OMC 5019	硬脂酸磺酸盐［辅］
OMC 51	短链脂肪醇+烃油的混合物，用于选煤［泡］（德国Henkel产品）
OMC 55	为Hel255药剂的一个变化品种，成分为硅酸铝钠［调］
onyxol 336	$C_{11}H_{23}C(O)N(CH_2CH_2OH)_2$［乳］
onyxol 368	$C_{11}H_{23}C(O)NHCH_2C(CH_3)HOH$［乳］
onyxol 42	$C_{17}H_{34}C(O)N(CH_2CH_2OH)_2$［乳、泡沫稳定剂］
OP-10	$(C_8H_{17})—C_6H_4—O(CH_2CH_2O)_9—CH_2CH_2OH$［捕、湿］
OP-100	一种高馏分石油（沸点260~350℃）的液相氧化物［捕］
OPE-16	$R—C_6H_4—O(CH_2CH_2)_n—H$，R=叔辛基，$n=16$［湿］
OPE-20	$R—C_6H_4—O(CH_2CH_2)_n—H$，R=叔辛基，$n=20$［湿］
OPE-30	$R—C_6H_4—O(CH_2CH_2)_n—H$，R=叔辛基，$n=30$［湿］
Opoil	塔尔油与脂肪酸的混合物，黄铁矿［捕］
OR-100	合成脂肪酸和羟基酸［捕］
ora	含C_{15}伯胺（36.2%）及50.8%的碳氢化物，烧绿石［捕］
oranap	烷基萘磺酸钠，氧化铁矿［捕］
oranit B	多烷基萘磺酸盐［湿］
orfom 系列	Orfom系列药剂系美国菲利普化学公司产品
orfom C 0125	铜的辅助捕收剂，副产Mo，Fe和贵金属，闪点85℃［捕］
orfom C 0220	闪锌矿捕收剂，硫化铜或钼辅助捕收剂，闪点96℃［捕］
orfom C 0300	一种巯基捕收剂，浮辉钼矿，闪点57℃［捕］
orfom C 0400	高效辉钼矿捕收剂，闪点77℃，45~136g/t［捕］
orfom C 0403	高效辉钼矿捕收剂，闪点74℃，45~136g/t［捕］

续附表1

药剂牌号（名称或代号）	中文名称及应用
orfom C 0800	一种巯基捕收剂，浮铜、镍、锌［捕］
orfom CO 100	*n*-十二烯基硫醇
orfom CO 200	*t*-十二烷基硫醇
orfom CO 300	*n*-丁基三硫代碳酸盐
orfom CO 400	N/A
orfom CO 500	二乙基二硫代磷酸钠
orfom CO 510	二异丙基二硫代磷酸钠
orfom CO 520	CO 500 + CO530
orfom CO 530	二，2-丁基二硫代磷酸钠
orfom CO 540	二-异丙基二硫代磷酸钠
orfom CO 800	N/A
orfom D1	一种水溶性“除氧剂”，浮钼时抑制铁、铜［抑］
orfom D3	一种水溶性抑制剂，选钼时抑制铁、铜、铅［抑］
orfom D8	二-羧甲基硫代碳酸钠［捕］
orfom D8	一种水溶性抑制剂，性质同上［抑］
orfom MCO	辉钼矿捕收剂，闪点91℃［捕］
orfom P 404	CO530 + 二巯基苯骈噻唑
orfom P 407	CO540 + 二巯基苯骈噻唑
orfom SX-1	一种石油馏出物，含蜡60.7%，环烷烃26.2%，芳烃13.1%［捕］
orfom SX-7	一种石油馏出物，含蜡41%，环烷烃41%，芳烃18%［捕］
orfom-8	三硫代碳酸钠［捕］
orform CO 120	十二烷基硫醇的聚丙二醇溶液［泡］
organo-poly-siloxanes	有机聚硅烷［捕］
orhan A	木素磺酸铵
ornite	烷基芳基磺酸盐［湿］
ornithin	二氨基戊酸，$H_2N—C(CH_3)H—CH_2CH(NH_2)COOH$，脉石［抑］
oronite	一种低沸点的汽油［泡］
oronite D-40，D-60	烷基苯磺酸盐［湿］
oronite purified sulfonate L	水溶性石油磺酸盐，重晶石［捕］
oronite S	四聚丙烯-苯基磺酸钠盐，浮选锰矿［湿］
oronite wetting agent	油溶性石油副产品［捕］

续附表1

药剂牌号（名称或代号）	中文名称及应用
oronite wetting agent S	水溶性阴离子型润湿剂（含51%烷基磺酸钠，7%硫酸钠，41%水）[乳、湿]
ORS	2，6-二羟基丙基硫醚（2，2’-丙醇硫醚）[捕]
orso	植物油中性皂，浮选白钨矿 [捕]
orvus Es-paste	伯-烷基硫酸盐（烷基大于 C_{12}）[湿]
orvus WA	十二烷基硫酸盐 [湿]
orzan A	木素磺酸胺，稀土矿 [捕]
OSN	丁基黄原酸丙腈酯 [捕]
oxidized kerosine	氧化煤油 [捕]
oxidized paraffin	氧化石蜡 [捕]
oxidized petrolatum	氧化软蜡 [捕]
oxidized recycle	氧化重整煤油 [捕]
oxine	8-羟基喹啉 [捕]
OXOLT-80	生产乙基-甲基丁二烯（1，3）的半成品，含有 $O\langle\begin{matrix}CH_2CH_2\\CH_2CH_2\end{matrix}\rangle O$ 、醛与醇（乙烯醇、己醇）和醚缩合物 [泡]
oxyethylcellulose	羟乙基纤维素 [抑、絮]
P E flotation oil	同 pctrolewm-extract flotation oil，系低沸点石油馏分和裂解产物，不溶于水，不含有极性基团，用为石墨、硫磺、煤的捕收剂 [捕]
P M Colloid No. 4V	氧化的动物蛋白质衍生物 [絮]
P P B	十五烷基溴化吡啶 [捕]
PAA	聚丙烯酸（钠）[絮、散]
PAAX	羟肟酸盐 [捕]
PAC	聚合氯化铝 [凝聚剂，水处理剂]
PACF	改性聚合氯化铝 [凝聚剂，水处理剂]
PACT	聚合氯化铝铁 [凝聚剂，水处理剂]
palconate	五倍子酸钠，浮选长石和白钨矿时抑制方解石
palcotan	来自红木皮的木素磺酸盐 [散、抑]
pale neutral oil vis 100	辉钼矿捕收剂 [捕]
PAM	聚丙烯酰胺 [絮]
pamak fatty acid	塔尔油脂肪酸，氧化铁矿、锰矿 [捕]
pamform	聚丙烯酰胺与甲醛的共聚物 [絮]

续附表 1

药剂牌号（名称或代号）	中文名称及应用
PAMG	聚丙烯酰胺-乙二胺双羟基缩苯胺［絮］
PAMS	磺化聚丙烯酰胺［絮］
PAMX	聚丙烯酰胺羟肟酸盐［絮］
pang	聚丙烯酰胺［絮］
parnol	烷基甲苯磺酸盐
PAS	聚合硫酸铝［凝聚剂］
PASC	聚合硅酸铝［凝聚剂］
PASP	聚合天冬氨酸［凝聚剂，水处理剂］
PASS	聚合硫酸硅铝［凝聚剂，水处理剂］
patent blue A	专利蓝 A，脉石［抑、捕、活］
PAX	硫酸铝氯化铝复合物［凝聚剂，水处理剂］
PB-1	间硝基苯偶氮水杨酸，锡石［捕］
PB-2	对硝基苯偶氮水杨酸，锡石［捕］
pectin	果胶，浮选石英时作为石灰石的抑制剂［抑］
penford gum 200	玉米淀粉的环氧乙烷衍生物［絮］
penford gum 300	玉米淀粉的环氧乙烷衍生物［絮］
pennfloat 3	正-十二烷基硫醇+润湿剂，选镍［捕］
pennfloat M	硫化铜矿辅助捕收剂［捕］
pennfloat S	硫化铜矿辅助捕收剂［捕］
pennfloat（TM）3	n-十二烷基硫醇+润湿剂，选镍［捕］
pentasol frother 124	戊醇混合物［泡］，泡沫变态剂
pentasol frother 26	戊醇［泡］，也是泡沫变态剂
percol	有机絮凝剂，用于浓缩、澄清、过滤（英国）
peridur	有机黏结剂，用于团矿
peronate K	石油磺酸钠（相对分子质量 440~450，34%的矿物油）
peru balsam	秘鲁香脂，浮选硫化矿时作为云母的抑制剂［抑］
petepon	磺化油酸与十六醇的混合物
petepon G	烷基硫酸盐（波兰）
peter cooper std No. 1	一种动物胶［絮］
petrolatum N bases	烷基氮杂环化合物，闪锌矿［捕］
petronate H	石油磺酸钠（平均相对分子质量 513，33%矿物油）［捕］

续附表1

药剂牌号（名称或代号）	中文名称及应用
petronate K	石油磺酸钠（平均相对分子质量440~450，34%矿物油）[捕]
petronate L	石油磺酸钠（平均相对分子质量415~430，33%矿物油）[捕]
petrosol	异丙醇
petrosul 645	石油磺酸钠（平均相对分子质量455~465，35%矿物油）[捕]
petrosul 742	石油磺酸钠（平均相对分子质量415~430，35%矿物油）[捕]
petrosul 745	石油磺酸钠（平均相对分子质量440~450，35%矿物油）[捕]
petrosul 750	石油磺酸钠（平均相对分子质量505~525，35%矿物油）[捕]
petrov contact	彼氏接触剂，其成分为烷基苯磺酸 [絮]
PF-100	甘油单月桂酸酯硫酸盐，结构式为：$H_2COCOC_{11}H_{23}$—$HC—OH$—H_2COSO_3Na [捕]
PFS	聚合硫酸铁 [凝聚剂，水处理剂]
PFSC	聚合硅酸铁 [凝聚剂，水处理剂]
PFSiC	聚合硅酸铁 [凝聚剂，水处理剂]
PFSS	聚硅硫酸铁 [凝聚剂，水处理剂]
phenol-acrofloat	双芳烃基二硫代磷酸盐 [捕]
phenylthiocarbamide	苯基硫脲 $C_6H_5NH—C(S)NH_2$ [抑、捕]
phosocresol P，C，E，F	甲酚黑药 [捕]（Hoechst 公司）
picolin	甲基吡啶 [泡]
picric acid	苦味酸（三硝基苯酚），辉钼矿 [抑]
pine bark oil	松皮油 [泡]
pine needle oil	松叶油 [泡]
pinene	蒎烯（$C_{10}H_{16}$）[泡]
PK_3	一种合成的高分子 [絮]
PL-164	十二烷基甲基丙烯酸酯与二乙氨基乙烯-甲基丙烯酸酯共聚物 [絮]
pluramin S-100	脂肪酸与胺类的缩合物 [湿]
pluronic L62，L64，F68	醇与环氧乙烷或环氧丙烷的缩合物 [泡]
polyfloc 93 AP	絮凝剂（英国），相对分子质量（15~20）$\times10^6$（阴离子型）[絮]
polyflok	有机絮凝剂，用于浓缩、澄清（英）
polyfon F	木素磺酸钠（含磺酸钠基团32.8%）[抑制]

续附表1

药剂牌号（名称或代号）	中文名称及应用
polyfon H	木素磺酸钠（含磺酸钠基团5.8%）［抑］
polyfon O	木素磺酸钠（含磺酸钠基团10.9%）［抑］
polyfon R	木素磺酸钠（含磺酸钠基团26.9%）［抑］
polyfon T	木素磺酸钠（含磺酸钠基团16.7%）［抑］
polyox	一种絮凝剂
polypropyleneglycol ether	聚丙二醇单醚 R—$(OC_3H_6)_n$—OH［泡］
polyvinylalcohol	聚乙烯醇，钾盐矿［捕、湿］
portland cement	（普兰特）水泥，从铁矿中浮选石英时为石英活化剂，浮选菱镁矿、白云石时作为方解石的抑制剂［抑］
PPG	聚丙醇乙二醇醚［泡］
PPO	聚氧化丙烯［泡］
prestabit V	一种硫酸化或磺化脂肪酸（法国）［捕］
primene 81 - R	带支链的脂肪伯胺［捕］
primene IM - T	带支链的脂肪族第一胺［捕］
profloc	脱去纤维素的可溶性干燥的血和血蛋白［絮］
PSF	聚硅酸铁［凝聚剂、水处理剂］
PSFS	聚合硅硫酸铁［凝聚剂、水处理剂］
PSI	聚硅酸铁［凝聚剂、水处理剂］
PTAA	对-甲苯胂酸
purifloc C31	聚乙烯铵［絮］
purifloc C32	聚乙烯亚胺［絮］
purpurin	红紫素（1，2，4-三烃基蒽醌），脉石［抑］
putrescine	腐胺（$NH_2(CH_2)_4NH_2$）［捕］
PVP	聚乙烯吡咯烷酮［絮、捕］
PX - 917	三甲酚磷酸［捕、活、调］
pyridine	吡啶（C_5H_5N）［泡］，铁矿［捕］
pyrogallic acid	焦性没食子酸，连苯三酚［抑］
pyrogallol	焦性没食子酸，浮选硫化锌矿时作为萤石的抑制剂［抑、泡］，氧化铁矿［抑］
pyronate	石油磺酸钠，相对分子质量350~370，15%矿物油［捕］
QHS - 1，QHS - 2	钾盐矿浮选捕收剂［捕］

续附表1

药剂牌号（名称或代号）	中文名称及应用
QMC	羧酸衍生物［捕］
$QNSN_3$	松油［泡］
quaker L86－640	抑制剂
quatriol	异十六烷基三甲基季铵对-甲苯磺酸盐，防腐蚀剂
quebracho	白雀树皮，其萃取液含单宁酸约60%［抑］
querfon 14BC1 100P	十二烷基二甲基苄基氯化铵［捕］
querfon 16ES 29	十六烷基二甲基乙基氯化铵［捕］
querfon 1L 49	二可可酯基苄基氯化铵［捕］
querfon 210 C1 50	二癸基二甲基氯化铵［捕］
querfon 246	烷基二甲基苄基氯化铵（烷基为49%的C_{12}，50%的C_{14}）［捕］
querfon 28 C1 50	二辛基二甲基氯化铵［捕］
querfon 2HBGES 75	二氢脂肪基二甲基乙基氯化铵
querfon 442	二氢脂肪基二甲基氯化铵［捕］
querfon AST	十八烷基二甲基乙基氯化铵［捕］
querfon HP40 C1 75	氢化脂肪基二甲基苄基氯化铵［捕］
querfon KKBC1 50	可可酯基二甲基苄基氯化铵（活性成分50%）［捕］
querfon KKES40C	可可酯基二甲基乙基氯化铵［捕］
querfons	阳离子型捕收剂（季铵盐）（瑞典产品）
quix	一种烷基硫酸盐，选煤废水［絮］
R－10	双环已烷基二硫代氨基甲酸钠（含3分子水）
R－39	丁氧乙氧基丙醇［泡］，硫化铋与砷化物［捕］（德国）
raconite	粗制丁基黄药［捕］
RADA	同 rosin amine denatured acetate 变形松酸胺醋酸盐［捕］
reaff	醇类，苯骈类，聚乙二醇混合物［泡］
reagent 107	石油磺酸盐，从萤石中捕收重晶石的药剂［捕］
reagent 301	仲丁基黄药［捕］
reagent 303	乙基钾黄药［捕］
reagent 325	异丙基钾黄药［捕］
reagent 343	乙基钠黄药［捕］

续附表 1

药剂牌号（名称或代号）	中文名称及应用
reagent 350	戊基钾黄药［捕］
reagent 404，425，444	巯基苯骈噻唑［捕］
reagent 407	石油磺酸盐，铝土矿［捕］
reagent 40－oleic acid emulsion	乳化油酸，萤石［捕］
reagent 505	绿黄色粉末，遇水反应放热，铜钼分离时为硫化铜抑制剂［抑］
reagent 512	白铅矿［捕］
reagent 60	伯醇及仲醇，煤油等混合物，萤石浮选时，作为脉石抑制剂（参见 Erz－metall，1960，41）
reagent 610	脉石分散剂［散］
reagent 615，633	与 reagent 620 相似，组成不同［抑］
reagent 620	含有木素磺酸盐，糊精等成分［抑］
reagent 645	碳质脉石、硫化砷、铋［抑］
reagent 710，712	植物油脂肪酸［捕］
reagent 723，765	植物油脂肪酸（不饱和度增高）［捕］
reagent 801，825，827	石油磺酸［捕］
reagent S－3019	一种絮凝剂
reagent S－3100	一种絮凝剂
reagent S－3257，S－3258，S－3259，S－3275	有机硅油类化合物，用于硫化矿浮选［捕］
reagent S－3292，S－3302，S－3315，S－3317，S－3346	有机硅油类化合物，用于硫化矿浮选［捕］
reagent S－3302	戊基黄原酸丙烯酯，浮选辉钼矿及硫化铜矿［捕］
reagent XX	一般又称为 R－XX，多指 american cyanamid company 出品的浮选药剂
recycle	重整煤油（石油不饱和烃加氢产品，沸点 130～350℃）
red oil	红油，即工业油酸［捕］
REDTMP	乙二胺四亚甲基膦酸
remcopal	该系列乳化药剂为法国 gerland chimie petrole 产品［乳］
remcopal 10	乳化硬脂酸
remcopal 20	乳化油酸
remcopal 25	乳化 C_{16}醇－C_{18}醇，C_{16}醇，油酸

续附表1

药剂牌号（名称或代号）	中文名称及应用
remcopal 306	乳化牛脂
remcopal 349	乳化大豆油
remcopal 4	乳化蜂蜡
remcopal 40	乳化油酸
remcopal 6	乳化鲸蜡油，为分散乳化剂
remcopal 605	乳化葡萄子油
remcopal L 028 B	过滤助剂，降低固-液表面张力，便于干燥及运输
remcopal L4	乳化牛脂
renex	塔尔油酯，非离子型矿泥［散］
renex 648	R—C_6H_4—O（CH_2CH_2O）$_n$H，R = C_9 烷基，n = 5
renex 688	R—C_6H_4—O（CH_2CH_2O）$_n$H，R = C_9 烷基，n = 8
renex 690	R—C_6H_4—O（CH_2CH_2O）$_n$H，R = C_9 烷基，n = 10
resanol	此牌号为德国 erz-und kohleflotation GmbH 产品
resanol 15	捕收剂与起泡剂的混合剂，主成分为脂肪酸与烷基-芳基磺酸盐（或烷基磺酸盐），浮选菱镁矿、萤石、氧化矿，选择性强，回收率好
resanol 30	捕收剂与起泡剂的混合剂，主成分为脂肪酸与烷基-芳基磺酸盐（或烷基磺酸盐），浮选菱镁矿、萤石、氧化矿，选择性强，回收率好
resanol Z	捕收剂与起泡剂的混合剂，主成分为脂肪酸与烷基-芳基磺酸盐（或烷基磺酸盐），浮选菱镁矿、萤石、氧化矿，选择性强，回收率好
resanol Z 25	捕收剂与起泡剂的混合剂，主成分为脂肪酸与烷基-芳基磺酸盐（或烷基磺酸盐），浮选菱镁矿、萤石、氧化矿，选择性强，回收率好
RF-54-38	一种液体胺，为磷矿、云母及石英的捕收剂（德国）［捕］
risor	经水蒸气蒸馏的松油［泡］
RM-1	R—CH(COOH)—COOH（R—CH 上下各连 COOH），R 为碳原子数为 8，9，10，12 的烷基，锡石捕收剂［捕］
RM-2	R—CBr(COOH)—COOH（R—CBr 上下各连 COOH），R 为碳原子数为 8，9，10，12 的烷基，锡石捕收剂［捕］
ROB（国内）	一种多官能团的化合、复合物，具有羟基、羧基等极性亲矿基，氧化矿［捕］

续附表 1

药剂牌号（名称或代号）	中文名称及应用
rosin amine	松香胺［捕］
rosin amine D	变性松香胺
rosin amine D acetate	变性松香胺醋酸盐［捕］
RST	塔尔油适度氧化，浮选强磁铁精矿［捕］
S_3	庚醇与 5mol 环氧乙烷的缩合物［泡］（罗马尼亚）
S_4	甲醇与 10mol 环氧乙烷的缩合物［泡］（罗马尼亚）
S－3019	S－美国氰胺公司出品的一种絮凝剂
S－3100	一种絮凝剂
S－3302	戊基黄原酸丙烯酯，浮选辉钼矿及硫化铜矿［捕］
S－3461	同 aero promoter 3461
S－4359	一种絮凝剂
S－4525	氰胺公司在试验阶段的一种絮凝剂编号［絮］
S－4526	一种絮凝剂
S－4560	一种絮凝剂
S_5	甲醇油与 4mol 环氧乙烷的缩合物［泡］（罗马尼亚）
SA（Salicylaldoxime）	水杨醛肟［捕］
sandopan BL	直链烷基硫酸盐［散、湿、乳］
santodex	二烷基苯乙烯聚合物，矿泥［抑］，黏土［捕、絮］
santomerse 1，2，3	十二烷基苯磺酸钠，氧化铁矿［捕］（参见德国专利 844131）
santomerse 85，86	十二烷基苯磺酸钠，氧化铁矿［捕］（参见德国专利 844131）
santomerse D	癸基苯磺酸盐，氧化铁矿［捕］（参见德国专利 844131）
sapamine KW，CH，MS	二乙氨基乙基油酰胺，R—C（O）—$NHCH_2CH_2N(C_2H_5)_2$，R＝油酰基［捕］，浮选石膏时，作为石英、氧化铁矿捕收剂［捕］
sapinol	主成分为松油、杂酚油及脂肪醇，德国 Erz-und Kohleflotation GmbH 产品［泡、捕］
sapogenat A	烷基苯酚聚乙二醇醚［湿］
sapogenat B	烷基苯酚聚乙二醇硫酸盐［湿］
sapogenat C	同 sapogenat A，B 的混合物［湿］
sapogenat T－110	防尘润湿剂
saponate	石油磺酸钠，相对分子质量 375～400，含 33% 矿物油［捕］
sarcosyl L	月桂酰－N－甲氨基乙酸，RCON（CH_3）CH_2COOH，RCO 为月桂酰［捕、乳］

续附表1

药剂牌号（名称或代号）	中文名称及应用
sarcosyl LC	椰子油酰-N-甲氨基乙酸［捕、乳］
sarcosyl NL100	月桂酰-N-甲氨基乙酸钠（结晶性）［捕、乳］
sarcosyl NL30	月桂酰-N-甲氨基乙酸钠（水溶性）［捕、乳］
sarcosyl NL-97	二月桂酰-N-甲氨基乙酸钠（水溶性），“97”代表浓度［捕、乳］
sarcosyl O	油酰-N-甲氨基乙酸［捕、乳］
sarcosyl S	硬脂酰-N-甲氨基丙酸［捕、乳］
sarcosyl T	二塔尔油酰-N-甲氨基乙酸盐，纯度100%［捕、乳］
sas	醇类混合物，甲酚酸和烷氧石蜡，硫化矿和非金属矿浮选起泡剂［泡］
saureschlamm	酸渣，硫化矿［泡］（参见 Engrg Min J，1956（6）：111（德语））
SB-1	生产2-甲基丁二烯橡胶的副产物［泡］
SCO-40	烷基磺化琥珀酸［捕］
SD-24	絮凝剂型助滤剂
sedomax F	合成的有机聚电解质［絮］
sen 牌 1000 系列	高效三乙氧基丁烷（Senmin 公司）［泡］
sen 牌 3000 系列	浓缩三乙氧基丁烷［泡］
sen 牌 6000 系列	二甲基 phallates［泡］
sen 牌 900 系列	混合物［泡］
separan 2610	聚丙烯酰胺（絮泊灵），相对分子质量150～170万［散、抑、捕、絮］
separan 2910	聚丙烯酰胺［散、抑、捕、絮］
separan AP30	水解聚丙烯酰胺
separan MGL 和 MG 系列	非离子型聚丙烯酰胺絮凝剂，相对分子质量（3～5）$\times 10^6$（道化学公司）
separan NP，10，20，30	丙烯酰胺与丙烯酸钠共聚物，絮凝剂，其中丙烯酸钠量分别为10%，20%，30%
SF-1202	一种絮凝剂
SFT-15	一种波兰起泡剂（α-萜烯甲醚）［泡］
SHA	水杨羟肟酸［捕］
SHS	十六烷基硫酸钠，多金属硫化矿［捕］
silicagel-sol	可溶性二氧化硅胶，用脂肪酸作捕收剂时作为分散剂［散］
silicone	聚硅酮类 R—Si（O）—R［捕、散、调］
silicone fluid F60	氯基甲基聚硅酮［捕］
silicone oil	聚硅油［捕］

续附表1

药剂牌号（名称或代号）	中文名称及应用
siliconemulsion Le40	含40%聚硅酮乳剂，1.2%乳化剂，58.8%水，方铅矿、闪锌矿［捕］
siloxane	硅氧烷［$H_3Si(OSiH_2)_nOSiH_3$］［捕］
sipex CS	十六烷基硫酸钠［捕、湿］
sipex S	十二烷基硫酸钠［捕、湿］
sitrex	水三钙柠檬酸的干馏产物，锡石［捕］
SM119	日本生产的一种有机亚胂酸药剂，锡石［捕］
SMB－50	巯基苯骈噻唑（钠盐），日本选矿药剂［捕］
sobragene	参见 CA 80 5980（1974），海生植物产品海藻粉末，脉石［抑］
soda ash	曹达灰（即碳酸钠）［调］
sodium aerofloat	钠黑药，干燥粉末状黑药，锌矿［捕］
sodium aerofloat B	钠黑药B，性质类似钠黑药
soja sludge	大豆渣，大豆加工的副产物［捕］（参见 US Pat 1688975）
solar oil	太阳油，索拉油，辅助捕收剂
solox	变性酒精，25～125g/t［泡］
solvent L	制造酮基溶剂的副产物，主成分为二异丙基丙酮及二异丁基甲醇［泡］
sonneborn reagent 1，2，3	石油磺酸盐［捕］
span 60	山梨醇硬脂酸酯［水处理剂、防腐蚀剂］
stearic acid	硬脂酸［捕］
sterox CD	塔尔油与12mol环氧乙烷的反应产物［散、湿］
stockopol CN	烷基苯磺酸盐与烷基硫酸的混合物［湿］
stockopol FNF	烷基苯磺酸盐与脂肪酰胺缩合物的混合物［湿］
stokoflot PK	一种脂肪酸硫酸化皂（德国产）［捕］
styromel	苯乙烯与失水苹果酸酐的共聚物铵基［絮］（捷克）
sulfanol	二十烷基苯磺酸钠［捕］
sulfetal C	十二醇基硫酸盐［湿］
sulfetal O	油醇硫酸盐［湿］
sulfetal OC	C，O两种药剂的混合物［湿］
sulfite alcohol spent wash	由木屑制酒精时的废液，稀土、方解石、重晶石［抑］
sul-fon-ate 10	十二烷基苯磺酸钠（浓度96%）［湿］
sulfonate 7723	天然石油磺酸盐，在循环水中使用更有效，重晶石［捕］

续附表1

药剂牌号（名称或代号）	中文名称及应用
sulfonate AA	十二烷基苯磺酸钠［捕、湿］
sulfonate N56	烷基苯磺酸钠［湿］
sulfonate OA－5	硫酸化油酸钠皂［捕］
sulfonated abietic acid	磺化松香［散、捕］
sulfonated tall oil	磺化塔尔油［捕］
sulfonated teaseed oil	磺化茶子油钠皂［捕］
sulfonated whale oil	磺化鲸油［捕］
sulfonated（sulfated）red oil	磺化（或硫酸化）油酸（含有机 SO_3 45%）
sulfopon C－30	烷基硫酸钠，浮重晶石、石膏、白钨矿［捕］（德）
sulfopon H	硫酸化的氧化石蜡铵皂［捕］
sulfopon OK	直链烷基硫酸盐［湿］
sulframin AB85，AS	烷基苯磺酸盐［湿］
sulframin DR	羟烷酰胺醇硫酸盐［湿］（参见 US Pat 2884474）
sulframin KE	烷基苯基磺酸盐［湿］
sulframin N	二烷基萘磺酸钠［湿］
sulfsipol	十二烷基硫酸钠［湿］
superfloc	美国氰胺公司絮凝剂牌号
superfloc 1224	絮凝剂（乳化型）
superfloc 1226	絮凝剂（乳化型）
superfloc 16	聚丙烯酰胺（白色粉末），相当于 Separan MGL
superfloc 20	相对分子质量比16号高，比84号低［絮］
superfloc 84	高相对分子质量聚丙烯酰胺［絮］
superfloc A 1820	丙烯酰胺-丙烯酸共聚物［絮］阴离子型
superfloc A 1893	丙烯酰胺-丙烯酸共聚物［絮］阴离子型
superfloc C 1561	高相对分子质量阳离子型絮凝剂（阳离子型聚丙烯酰胺）［絮］
superfloc C 1562	高相对分子质量阳离子型絮凝剂（阳离子型聚丙烯酰胺）［絮］
superfloc C 1563	高相对分子质量阳离子型絮凝剂（阳离子型聚丙烯酰胺）［絮］
superfloc C 573	阳离子型絮凝剂，低相对分子质量的聚季铵类
superfloc C 577	高相对分子质量阳离子型絮凝剂（阳离子型聚丙烯酰胺）［絮］，相对分子质量比C573大些

续附表 1

药剂牌号（名称或代号）	中文名称及应用
superfloc C 581	高相对分子质量阳离子型絮凝剂（阳离子型聚丙烯酰胺）［絮］，相对分子质量比 C577 又大些
superfloc C 585	阳离子型絮凝剂，改进的聚季铵类
superfloc C 587	高相对分子质量阳离子型絮凝剂（阳离子型聚丙烯酰胺）［絮］，相对分子质量比 C585 大些，美国 Tilden 铁矿用此药
superfloc C 589	高相对分子质量阳离子型絮凝剂（阳离子型聚丙烯酰胺）［絮］，相对分子质量比 C587 又大些
superfloc N100，N100S	非离子型絮凝剂
superfloc RMD－30	絮凝剂，丙烯酰胺-丙烯酸共聚物，离子化程度最高
superfloc RMD－50	絮凝剂，丙烯酰胺-丙烯酸共聚物，离子化程度最高
superfonic N－120	烷基苯酚聚氧乙烯醚，$R=C_9$，$n=12$
superfonic N－40	$R—C_6H_4—O(CH_2CH_2O)_nH$，$R=C_9$ 烷基，$n=4$
superfonic N－60	$R—C_6H_4—O(CH_2CH_2O)_nH$，$R=C_9$ 烷基，$n=6$
superfonic N－95	$R—C_6H_4—O(CH_2CH_2O)_nH$，$R=C_9$ 烷基，$n=9\sim10$
supernatine S	阴离子型磺化甘油酯［絮］
sytex	新太克斯，椰子油脂肪酸的磺化单甘油酯钠盐［捕］
sytex L	新太克斯，椰子油脂肪酸的磺化单甘油酯钠盐，辉钼矿［捕］
sytex VB-chip	新太克斯，椰子油脂肪酸的磺化单甘油酯钠盐，浮选辉钼矿［捕］
T. D. A	亚硫酸盐废液，氧化铁矿［抑］
T30－10	一种黄原酸酯（占60%），MIBC（占10%）和汽油（占30%）的混合物，用于选铜［捕］（参见《E/MJ》，1980（4）：88－89）
tallso	粗制塔尔油皂［捕］
tannic acid	单宁酸，25～500g/t［散、抑］
tannin	单宁（鞣质）［抑、絮、散、调、湿］，铁锰矿浮选时作硅酸盐脉石的抑制剂
tapioca starch	木薯淀粉［抑、絮］
tarmac	煤焦油［捕、泡］
tartaric acid	酒石酸、石英［抑］、pH 值［调］
TBE	四溴乙烷（重液）
TDPB	十四烷基溴化吡啶［捕］
TEB（4 号浮选油）	1，1，3－三乙氧基丁烷［泡］
teefroths 系列	帝国化学公司起泡剂（英）

续附表1

药剂牌号（名称或代号）	中文名称及应用
teepol	同 Tepol，涕波尔，仲烷基磺酸钠［泡、捕、抑］
tensatil DA 120	辛烷基硫酸酯
tergitol 08	2-乙基己基硫酸钠［湿］
tergitol 4	仲-十四烷基硫酸钠［湿］
tergitol 7	仲-十七烷基硫酸钠［湿］
tergitol NP-14	R—C_6H_4—O（CH_2CH_2O）$_n$H，R=C_9 烷基，n=4［湿］
tergitol NP-27	R—C_6H_4—O（CH_2CH_2O）$_n$H，R=C_9 烷基，n=7［湿］
tergitol NP-35	R—C_6H_4—O（CH_2CH_2O）$_n$H，R=C_9 烷基，n=15［湿］
tergitol P-28	2-乙基己基磷酸钠，｛［C_4H_9CH（C_2H_5）CH_2O］$_2$P（O）ONa｝［捕］
terpineol thiol	萜烯硫醇［捕］，见 US Pat 2402698
tetra sodium pyrophosphate	焦磷酸四钠［散］
tetrahydroabietyl amine	四氢松香胺［捕］
tetrahydronaphthalene	四氢萘
texapon E34	烷基硫酸钠，浮重晶石、石膏、白钨矿，西德 Henkel 产品
texapon extract A	十二烷基硫酸铵［湿］
texapon extract T	十二烷基硫酸三乙醇胺盐［湿］
texapon W	十二烷基硫酸盐［湿］
texapon Z	直链烷基硫酸盐［湿］
texin FSE	混合脂肪酸，黄色液体，西德 Henkel 产品［捕］
texin SAM	椰油烷基磺化琥珀酰胺二钠盐，浮重晶石［捕］
texin SC	烷基磺化琥珀酰胺二钠盐，白糊状，浮重晶石、白钨、锡石［捕］
texofor Cl	油酸与环氧乙烷缩合物［泡］
TF 28	烷基-α-羟基-1，1-双膦酸［捕］
TFX	聚氧乙烯塔尔油脂肪酸
thiocarbanilide	白药，二苯基硫脲［捕］
thiocarbanilide 130	一种易润湿及易分解的白药［捕］
thiocarbonate	硫代铵基甲酸酯［捕］（英）
tibalene AM	一种硫酸化或磺化脂肪酸［捕］（法）
tiofloc B 38	絮凝剂，相对分子质量（3~5）×10^6，次强阳离子型［絮］
tiofloc B 41	絮凝剂，相对分子质量（1~2）×10^6，次强阳离子型［絮］

续附表1

药剂牌号（名称或代号）	中文名称及应用
tiofloc W 0	絮凝剂，相对分子质量（5~10）$\times10^6$，弱阳离子型［絮］
tiofloc W 6	絮凝剂，相对分子质量（15~20）$\times10^6$，中等阴离子型［絮］
TMT-15	三硫醇-s-三嗪［捕］
tolyl-triazole	甲苯三唑，硅孔雀石［捕］
tragol-4	一种煤焦油起泡剂［泡］（德）
transformer oil	变压器油
triton K-60	二甲基-正-十六烷基-苄基季铵盐氯化物［捕、乳、湿］
triton N-57	$R—C_6H_4—O(CH_2CH_2O)_nH$，R=壬基，n=7~8［乳］
triton NE	烷基芳基聚乙二醇醚［湿、捕、乳］
triton X-100	烷基苯酚聚乙二醇，R=叔辛基，n=9~10［湿］
triton X-102	烷基苯酚聚乙二醇，R=叔辛基，n=12~13［湿］
triton X-114	烷基苯酚聚乙二醇，R=叔辛基，n=7~8［湿］
triton X-200	烷基苯酚聚乙二醇硫酸盐［湿、乳］
triton X-400	同Triton K-60
triton X-45	$R—C_6H_4—O(CH_2CH_2O)_nH$，R=叔辛基，n=5［湿］
trostol	粗塔尔油［捕］
T-T collector	T-T捕收剂，15%白药+85%邻甲苯胺［捕］
T-T mixture	T-T混合剂，15%白药+85%邻甲苯胺［捕］
turkey red oil	土耳其红油，硫酸化蓖麻油酸钠皂（含有机SO_3 3.5%）［捕、泡、乳、湿］
TX-2043，2044	石油磺酸盐，铍矿［捕］
tylose C30	纤维素衍生物，高岭土、透闪石、蛇纹石、绿泥石等抑制剂［抑］
tylose CBR 30	纤维素衍生物，高岭土、透闪石、蛇纹石、绿泥石等抑制剂［抑］
tylose CBR 4000	纤维素衍生物，高岭土、透闪石、蛇纹石、绿泥石等抑制剂［抑，絮］。CMC相对分子质量比前两者高
tylose CBR 5000_n	高分子羧甲基纤维素［絮］
tylose CR 1500	高分子羧甲基纤维素［絮］
tylose CR 700_n	高分子羧甲基纤维素［絮］，此类为西德Hoechst产品
tylose H. B. R	羧甲基纤维素钠［抑、絮］（德）
tylose MH200	甲基纤维素［抑、絮］
ucon 55，122，133，190	较广泛用于选铜，美Union Carbide公司产品［捕］

续附表1

药剂牌号（名称或代号）	中文名称及应用
ucon frother 190	高级醇 + 聚丙二醇［泡］
ucon LB－100X	聚丙二醇［捕、泡］（见 US Pat 2898296）
ultranat 1，3	油溶性石油磺酸盐，氧化铁矿［捕］
ultrapole H	$RCONHCH_2CH_2OH$，RCO = 月桂酰，泡沫稳定剂
ultrapole L	$RCONHCH_2CH（CH_3）OH$，RCO = 月桂酰，泡沫稳定剂
ultrapole LDA 9005	$RCON（CH_2CH_2OH）_2$，RCO = 月桂酰，泡沫稳定剂
ultrapole S	$RCON（CH_2CH_2OH）_2$，RCO = 可可油酰［乳］
ultrapon S	脂肪酰胺［湿］
ultravon K	十七烷基苯骈咪唑一磺酸盐［湿］
ultravon W	十七烷基苯骈咪唑二磺酸盐［湿］
ultrawet	烷基苯磺酸钠，氧化铁矿［捕］
ultrawet 30－DS	烷基苯磺酸盐［泡］，滑石、蜡石［捕］
ultrawet 35KX	32% 十二烷基苯磺酸钠 + 68% 水［湿］
ultrawet 40A	烷基芳基磺酸钠，滑石［捕、湿］
ultrawet DS	烷基芳基苯磺酸钠（含活性物质 85%）［捕、泡］
ultrawet K	烷基苯磺酸盐［捕］
umix	塔尔油与一种中性油（柴油或燃料油）的乳剂，与烷基芳基硫酸盐一起使用，从赤铁矿中分选磷矿［捕］
unifloc	土豆淀粉与 $CaCl_2$ 及 $ZnCl_2$ 制成的产品［絮］
union carbid pp425	一种起泡剂［泡］（美联合碳化物公司出品）
unipine 75，85	松油［泡］（含醇量分别为 74.5% 和 87.5%）
uramin	乌洛托品［湿］
urotropine	乌洛托品（hexamethylene-tetramine，六亚甲基四胺）［湿］
ursol	低温煤焦油［捕、泡］
utah proc	一种选钼抑制剂
utinal	十二烷基硫酸钠，重晶石、钾盐捕收剂［捕］（西德）
uvermene 38	同 alamine 26，磷矿［捕］
VA－2	聚合四乙烯基－N－苄基三甲基铵氯化物，阳离子絮凝剂
valonia extract	槲树萃取液（含单宁）［抑］
valoron	二丁基甲酮或壬酮－［5］［泡］
vapor oil	pale neutral oil vis 100 的俗称

续附表 1

药剂牌号（名称或代号）	中文名称及应用
varamide A-1	RCON（CH_2CH_2OH）$_2$，可可酯酰基
varamide L-1	RCON（CH_2CH_2OH）$_2$，R = $C_{11}H_{23}$
varamide O	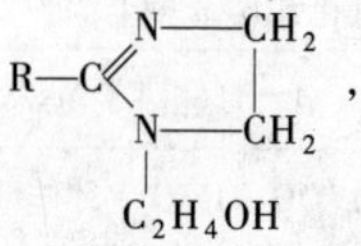 R—C(=N—CH_2)(—N(—C_2H_4OH)—CH_2)（咪唑啉环），R = 十七碳烯基，油酰基［乳］
variquat 415	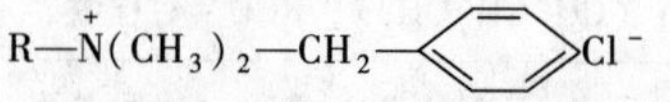 R—$\overset{+}{N}(CH_3)_2$—CH_2—C_6H_4 Cl^-，一种季铵盐
variquat K300	R—$\overset{+}{N}$（CH_3）$_2$ · Cl^-，R = 可可酯烷基
varox 185-E	（R^1）$_2$N（R）→O，氧化叔胺，参见 CA 96 55849
varsoft 100	（R）$_2$—N^+（CH_3）$_2$ · Cl^-，R = $C_{18}H_{37}$，一种季铵盐
veripon	脂肪酸与肽的缩合物（钾盐）
versa-TL	聚丙烯酰胺（阴、阳、非离子型）
victamin	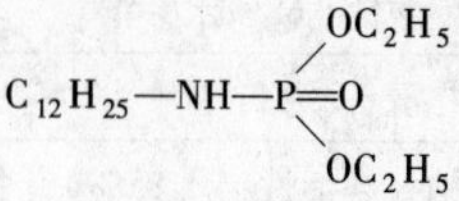 $C_{12}H_{25}$—NH—P(=O)(OC_2H_5)(OC_2H_5)，月桂胺膦酸乙酯，锌矿［捕］
victamin D	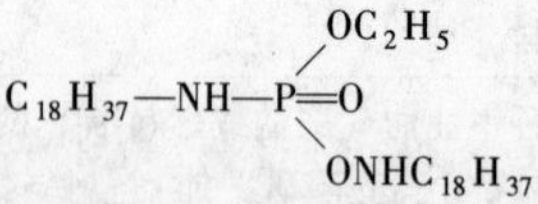 $C_{18}H_{37}$—NH—P(=O)(OC_2H_5)($ONHC_{18}H_{37}$)，［捕］
victawet 12，14	辛基磷酸酯，非离子型，黏土［散］
victawet 35B	2-乙基己基三磷酸钠
victawet 58B	己基三磷酸盐
violamine	紫胺（染料），脉石［抑］
W-02	混合脂肪酸乙酯［泡］
warco A-266	椰子油酰-N-甲氨基乙酸钠［捕］
water-gas tar	水煤气焦油，锌矿［捕、泡］
wattke bark extract	一种树皮萃取液，类似 quebracho 的单宁，25～250g/t
whale oil	鲸油，铬铁矿［捕］
whale oil sulfonate	磺化鲸油，氧化铁矿［捕］
white spirit	白精油（石油产品，沸点 145～205℃，含芳烃 <10%）
WHL-P_1	某种油脂工业下脚料经碱炼提纯［捕］
wisprofloc 20	阴离子型水溶性淀粉［絮、抑］

续附表1

药剂牌号（名称或代号）	中文名称及应用
wisprofloc P	阳离子型水溶性淀粉［絮］
WO－3	氧化石蜡皂［捕］
wood ash	木灰，黄铁矿［抑］
wormwood oil	苦艾油［泡］
WW－82	小麦糊精［抑］
X－2610	絮泊元，即 separan 2610［捕、散、抑、絮］
X-kuchen	萘胺［捕］
X-ymixture	α-萘胺溶于二甲基苯胺的溶剂中（60%）［捕］
XF（XFS）－4272	助磨剂
XN10	天然高分子化合物［絮］
XN21	无机铝盐［凝聚剂］
XN22	无机铁盐［凝聚剂、调］
XN31	阳离子高分子化合物［絮］
XN32	阴离子高分子化合物［絮］
XN33	非离子高分子化合物［絮］
XN34	两性高分子化合物［絮、水处理剂］
XT	由A、B和C三种药剂组合而成，这三种药剂各有特点，A药剂捕收能力强，有一定的选择性；B药剂选择性较好，但捕收能力较差；C药剂具有较好的选择性和较好的捕收能力，且在精选时有抗脱药作用，根据协同效应原理，经浮选试验找出A、B和C的最佳配比，合成了XT新型钛铁矿捕收剂
Y P Soda	黄血盐（yellow prussion soda），$Na_4Fe(CN)_6$［抑］
Y－5162，B－201	$H_2N[(CH_2)_2NH]_2(CH_2)_3—Si—(OC_2H_5)_3$，硅油［捕、表面活性剂］
Y－5651	$(CH_3O)_3Si(CH_2)_3NH(CH_2)_2COOC_2H_5$，硅油［捕、表面活性剂］
Y－5652	$(CH_3O)_3Si(CH_2)_3NH(CH_2)_3COOC_2H_5$，硅油［捕、表面活性剂］
Y－5669	$C_6H_5—NH—(CH_2)_3—Si(OCH_3)_3$，硅油［捕、表面活性剂］
yarmor 302	松油［泡］（醇含量85%）
yarmor F	松油［泡］
yellow dextrin	黄色糊精（经热处理的一种糊精），50～1500g/t［散、抑］

续附表 1

药剂牌号（名称或代号）	中文名称及应用
YFA	黄腐酸［抑］
Z10 - xanthate	己基钾黄药［捕］
Z11 - xanthate	异丙基钠黄药［捕］
Z12 - xanthate	仲丁基钠黄药［捕］
Z14 - xanthate	异丁基钠黄药［捕］
Z - 200	O-异丙基-N-乙基硫代铵基甲酸酯［捕］
Z3 - xanthate	乙基钾黄药［捕］
Z4 - xanthate	乙基钠黄药［捕］
Z5 - xanthate	异戊基钾黄药［捕］
Z6 - xanthate	戊基钾黄药［捕］
Z7 - xanthate	丁基钾黄药［捕］
Z8 - xanthate	仲丁基钾黄药［捕］
Z9 - xanthate	异丙基钾黄药［捕］
zephiramine	十四烷基二甲基苄基氯化铵［捕］
zerolit FF	一种碱性离子交换树脂，用于萃取铀
zeromist	质量分数 75% $NaHCO_3$ 和质量分数 25% 氟代戊基磺酸盐的混合物［抑、湿］
zetag	聚丙烯酰胺（阴、阳、非离子型）
zetag 22，51，94	阳离子型聚胺（液体）［絮］
zetag 32，57，76，63，92	阳离子型聚丙烯酰胺（固体）［絮］（英国）
zetag 88	高分子聚电解质（阳离子型）（浓乳剂）［絮］
zeten	一种动物胶［絮］
zetex	一种动物胶［絮］
Zetol - A，B，C	一种动物胶［絮］
ZF10	天然高分子化合物［絮、抑］
ZF11	有机膦酸及其盐类［捕］
ZF12	聚羧酸及其盐类［捕］
ZF13	膦羧酸类［捕］
ZF14	羟基膦酸类［捕］
ZF15	多元醇磷酸酯类［捕］
ZF21	丙烯酸-丙烯酸酯类二元共聚物［絮］

续附表1

药剂牌号（名称或代号）	中文名称及应用
ZF22	丙烯酸-磺酸类二元共聚物［絮］
ZF23	丙烯酸-丙烯酰胺二元共聚物［絮］
ZF24	马来酸-丙烯酸类二元共聚物［絮］
ZF25	马来酸-乙酸乙烯二元共聚物［絮］
ZF31	丙烯酸-丙烯酸酯类三元共聚物［絮］
ZF32	丙烯酸-磺酸类三元共聚物［絮］
ZF33	丙烯酸-丙烯酰胺三元共聚物［絮］
ZF34	马来酸-丙烯酸类三元共聚物［絮］
ZH21	聚磷酸盐、聚羧酸（盐）［抑］
ZH22	聚磷酸盐、共聚物［水处理剂，抑］
ZH23	有机膦酸、聚羧酸（盐）［水处理剂］
ZH24	有机膦酸共聚物［水处理剂］
ZH25	钨酸盐、聚羧酸［水处理剂］
ZH31	聚磷酸盐、聚羧酸（锌盐）［絮凝、水处理剂］
ZH32	聚磷酸盐、共聚物（锌盐）［絮凝、水处理剂］
ZH33	有机膦酸、聚羧酸（锌盐）［絮凝、水处理剂］
ZH34	有机膦酸、共聚物（锌盐）［絮凝、水处理剂］
ZH35	有机膦酸、共聚物、聚羧酸盐［絮凝、水处理剂］
ZH36	有机膦酸、聚磷酸盐共聚物［絮凝、水处理剂］
ZH37	有机膦酸、噻唑类共聚物［絮凝、水处理剂］
ZH38	多元醇磷酸酯、磺化木质素（锌盐）［絮凝、水处理剂］
Zol 100 号黑药	二仲丙基钠黑药［捕］
Zol 120 号黑药	烷基钠黑药［捕］
Zol 150 号黑药	混杂的二烷基钠黑药［捕］
Zol 200 号黑药	二芳基黑药［捕］
ZP－02	由油酸和表面活性剂等组合而成的捕收剂［捕］
ZTM－1，ZTM－2	蒸馏塔尔油的残渣［捕］
Z-xanthate	美国道化学公司黄药的商品牌号
α－sulfostearic acid	α－磺化硬脂酸，重晶石、绿柱石、氧化铁［捕］

附表2 国外矿用药剂名称对照（俄文、日文）

药剂名称（牌号）	中文名称或结构性能
	俄 文
абиетиновая кислота	松香酸（或）松酯酸
AACNa	烷基芳基磺酸酯（钠）
АБ-1	戊基黄原酸丙烯酯
АБДМ	烷基苄基二甲基氯化铵 $[C_nH_{2n+1}C_6H_5CH_2(CH_3)_2N^+]Cl^-$ $n=10\sim16$
автол（зимний）	车用机油（冬季用）
авироль	$R_1COOR—O—SO_3Na$（R_1=低碳醇，R=脂肪酸）
азолыат А	一种起泡剂，参见 CA 66 58024g（1967），一种烷基苯磺酸钠
азолыат В	烷基芳基磺酸钠［捕］
алгинвая кислота	藻朊酸［絮，抑］
ализарин	茜素
алкамон	一种阳离子表面活性剂，参见 CA 61，1539h（1964）
алканоль	烷基萘磺酸钠（$R=C_{3\sim5}$）
алкилсернокислый натрий	烷基硫酸钠
алкилфенолполигликолевый эфир	烷基苯酚聚乙二醇醚
альрозен	$R—CONHC_2H_4—OSO_3Na$
алкилсульфаты	烷基硫酸钠（$C_{12\sim16}$）［捕］
алкилсульфаты вторичных жирных спиртов（паста）	仲烷基硫酸钠（$C_{11\sim20}$，糊状）［捕］
алкилсульфонат	$C_{13\sim20}$烷基磺酸钠［捕］
алюминий сернокислый технический	$(Al_2(SO_4)_3\cdot nH_2O)$，工业硫酸铝［调］
амины $C_{17}\sim C_{20}$ первичные, дистиллированные	精馏 $C_{17}\sim C_{20}$伯胺［捕］
АМДК	二甲基二硫代氨基甲酸钠［捕］
АМФ	苯胺基双甲基膦酸，$C_6H_5N(CH_2PO_3H_2)_2$［捕］
асидол А-1	蒸馏环烷酸［捕］
асидол А-2	工业环烷酸［捕］

续附表2

药剂名称（牌号）	中文名称或结构性能
асидол-мылонафт	环烷酸石脑油皂［捕］
аспарал－Ф，－F	相当于 Aerosol 22［捕］
АН－1	离子交换树脂［湿法冶金］
АНП	氨化硝基石蜡＝Аминонитропарафин，含 C_{12}～C_{16}的伯胺盐酸盐，及 3.05% 仲胺，24% H_2O（代表式为 $C_{13\sim15}H_{21\sim31}NH_3Cl$）
АНП－1	十四碳胺的盐酸盐［捕］
АНП－2	十三～十五碳胺的盐酸盐
АНП－14	参见 C. A. 62，4053c（1965）
анионобменная смола	阴离子交换树脂
анилин－5－этилтиопико－линоваякислота	5－乙基-吡啶羧酸的苯胺酯，参见 CA 76 156873（1972）浮选方铅矿、辉锑矿及黄铁矿
антиколлектор	抑制剂
АНХ	$R_iCOOR—O—SO_3Na$（R_1＝低碳烃，R＝脂肪酸）
арквал 2С	由豆油中制取的二烷基二甲基氯化铵
армак－18Д	同英文 armac 18D
армак－НТ	同英文 armac HT
арилсерновинная кислота	芳烃基硫酸 $Ar—SO_4H$
ароматический спирт	芳香醇
арсоновая кислота	胂酸
АС	алкил－сульфат 烷基硫酸盐
асидол	阿西多尔，即环烷酸钠皂
АТМ	烷基三甲基氯化铵［$C_nH_{2n+1}(CH_3)_3N^+$］Cl^-，n＝10～16
АФЭ	同 алкилфенолполигликолевый эфир，烷基苯酚聚乙二醇醚
ауриноль	烷基硫酸钠，$R—SO_4Na$（$R=C_{10}\sim C_{18}$）
ацидол	烷基苯磺酸钠，$R—C_6H_4SO_3Na$（$R=C_3\sim C_5$）
аэрозоль	同英文 Aerosol
аэрофлок 3000	聚丙烯酰胺类絮凝剂
аэрофлот	黑药

续附表 2

药剂名称（牌号）	中文名称或结构性能
Б-1	氨基脂肪酸与二甲苯磺酸钠缩合物（类似 Таламс）
белая вода	精制马达油的副产物，含马达油 10%，环烷酸 0.1%，硫酸钠 0.88%，游离碱 0.4% ~0.5%
бензил Меркаптан	苄基硫醇
бензоларсиновая кислота	苯胂酸
бензолсульфоновая кислота	苯磺酸
бентонит	膨润土（絮凝剂）
БКИ	用酸精制煤油时的一种副产物，用于浮选长石
бутилксантогенат	丁基黄药
бутилксантогеновая кислота	丁基黄原酸
бутиловый аэрофлот СК	丁基黑药
бутиловый СПИРТ	丁醇
бихромат натрия технический	重铬酸钠（$Na_2Cr_2O_7 \cdot nH_2O$）[调]
БС-2	油酸代用品，含脂肪酸 70% 以上（棉籽油皂脚）[捕]
В-3	聚氧乙烯丁醚起泡剂（罗马尼亚）
ВА-2	聚甲基苯乙烯三甲基苯基氯化铵 [絮]
ВА-3	聚甲基苯乙烯氯化吡啶 [絮]
ВВ-2	各种戊二醇、戊三醇混合物（合成四羟基糠醇时的副产物）[泡]
ветлужское масло	重质木焦馏油，同“ьетлуга” масло
“ветлуга” масло	木材处理产物含高沸点酚 40%，脂肪酸 25% ~30%，及中性烃类，参见 CA 60 12923g（1964）
виннокаменная кислота	酒石酸
водородосернистый натрий	硫氢化钠
ВСК	生产异辛醇时，其中含 12 ~ 16 碳的异醇部分的残液，[反起泡剂]
ВСКУ	合成丁醇蒸馏残液
ВСЛ	混合高级醇
высший спирт	高级醇
высший фенол	高酸酚
ветлужское маслота	维特鲁日油，木材热加工产物 [捕]
вторчнцх жцрнцх слиртов（ласта）	仲烷基硫酸钠（$C_{11\sim20}$，糊状）[捕]

续附表2

药剂名称（牌号）	中文名称或结构性能
волгонат	烷基磺酸钠乳化剂［捕］
галловая кислота	五倍子酸
галоидированный лигнин	卤化木素
гваякол	愈疮木酚
гексаметафосфат	六偏磷酸盐
гексаметафосфат натрия	六偏磷酸钠
гексаметилентетрамин	同 уротропин，六次甲基四胺（乌洛托品）
гептилмеркаптан	庚硫醇
гидрозан	烷基硫酸钠，R—SO_4Na（R = C_{10} ~ C_{18}）
гидроокись кальция	氢氧化钙
гидроксимовая кислота	羟肟酸
гидроперекись	过氧化氢
гидросульфит натрия	连二亚硫酸钠 $Na_2S_2O_4$［参见 CA 60 3760（1964）］
ГКЖ－94	一种有机硅油（浮硫化矿）［捕］
госларит	皓矾，硫酸锌
гуанидин	胍
гуартек	古耳胶，半乳甘露聚糖（直链型）
гуминовая кислота	腐殖酸
гумусовая кислота	腐殖酸
гуманол	硫化橡胶裂解蒸馏产物（浮硫化铜矿，保加利亚药剂）
ГХАК	松香胺的盐酸盐
гидролизованные аэрофлоты	水解黑药，即 ТФ 类药剂［捕］
гипосульфат натрня	硫代硫酸钠［调］
ГКЖ－94	硅酮油［捕，表面改性剂］
ГМДК	六次甲基二硫代氨基甲酸钾［捕］
ГФК－1	一种脱酚石蜡油［捕］
Д－1	羟基烷基二硫代氨基甲酸盐［捕］
Д－2Е	低分子量的硫代氨基甲酸盐［捕］
ДБС Na	十二烷基苯磺酸钠
Д－2	烷基苯磺酸钠（同 детергент 2）
Д－3	邻苯二甲酸二甲酯（纯度 99.3%）起泡剂

续附表 2

药剂名称（牌号）	中文名称或结构性能
двухромовокислый калий	重铬酸钾
декагидронафталин	十氢萘
декалин	十氢萘
дексад 23	萘磺酸缩甲醛，同英文 daxad
декстрин	糊精
детергент	洗涤剂、清洁剂
децерозоль	同英文 aerosol OT
дециламин	癸胺
диметилфенилкарбинол	二甲基苄醇
дибутилдитиокарбамат	二丁氨基二硫代甲酸盐
дибутил-нафталинсульфокислый натрий	二丁基萘磺酸钠
диалкилтионокарбаматы	硫代氨基甲酸酯［捕］
диалкилфталаты	邻苯二甲酸酯，酯基 $R = C_{1\sim4}$ ［泡］
дитиокарбаматы	二硫代氨基甲酸钾（钠）盐［捕］
ДЦГДК	双环己烷基二硫代氨基甲酸钾［捕］
диксантоген	双黄药
диметилглиоксим	丁二酮肟
дитизон	双硫腙
динлокарбамат	二硫代氨基甲酸盐
дихромат	重铬酸盐
дициклогексиламин	环己仲胺
диэтилдитиокарбамат	二乙氨基二硫代甲酸盐
диэтилдитиоросфат	二乙基二硫代磷酸盐
ДМ-2	二甲基二烷基氯化铵［参见 C. A. 74，15106（1971）］
ДМФК	1，1-二甲苄醇
ДНС	单烷基磺化琥珀酸二钠盐，HHC 的蒸馏产物［参见 Цвет Метал，1996，39（9）：10~11］
додеканол	月桂醇、十二烷醇
додециламин	月桂胺
ДС	同 советский детергент，烷基芳烷基磺酸钠，平均相对分子质量 300~350（原料为芳烷基煤油）［捕］

续附表2

药剂名称（牌号）	中文名称或结构性能
ДС－1	鱼油脂肪酸
ДС－15	二氯代硬脂酸
ДС-РАС	同 рофинированный алкиларилсульфонат 精制的烷基芳基磺酸盐
ДТМ	同 дистиллированное талловое масло 精馏塔尔油
дубильная кислота	单宁酸
дубилъный экстракт	单宁萃液，栲胶
Е－1	一种起泡剂［参见 Горн. Ж，1971，147（3）67－68］
едкая жидкость	苛性（碱）液
едкая известь	生石灰，氧化钙
едкий натр	苛性钠，氢氧化钠
едкое калн	苛性钾
едкий аммиак	氨水
желатин	白明胶，动物胶
железосинеродистый калий	赤血盐，铁氰化钾
желтое флотомасло	黄浮选油（含萜烯醇68%）
желтое флотационное масло	黄浮选油
желтый силькалий	黄血盐、亚铁氰化钾
желтый синьнатр	亚铁氰化钠
жженая известь	煅石灰（氧化钙）
жженая сода	苏打灰、碳酸钠
желтая кровяная соль	黄血盐，$K_4[Fe(CN)_6]\cdot 3H_2O$［调］
жир микробный техничекий	石蜡发酵产品［捕］
живица	松节油
живичная канифоль	松香
животная проклейка	动物胶
животный клей	动物胶
жидкий парафин	液体石蜡
жидкое горючее	液体燃料
жидкое масло	轻油
жир КТМ（ЖКТМ）	塔尔油的脂肪酸部分（捕收剂）

续附表 2

药剂名称（牌号）	中文名称或结构性能
жирнокислое мыло	脂肪酸皂
жирная кислота	脂肪酸
жирное растительное масло	植物油
жирный амин	脂肪胺或脂族胺
жирный углеводород	脂肪族碳氢化合物，脂族烃
жировая кислота	脂肪酸
зтансулб фонат челлюлоэбч	磺化纤维素钠［絮，抑］
закиская солъ железа	亚铁盐
зольный коагулянт	石灰凝结剂
игепаль НА	十二烷基苯磺酸钠
игепон	同英文 igepon
игепон А	同英文 igepon A
игепон Т	同英文 igepon T
известь	石灰，氢氧化钙
изокислоты Синтетические	合成异构脂肪酸［捕］
изоктилфосфат	异辛基磷酸钠［捕］
изоамилксантогенат	异戊基黄原酸盐，异戊基黄药
изоамилмеркаптан	异戊基硫醇
изоамиловый дитиофосфат	异戊基黑药
изобутилксантотенат	异丁基黄原酸盐，异丁基黄药
изогексилксантотенат	异己基黄原酸盐
изоолеиновая кислота	异油酸
изопропилксантогенат	异丙基原酸盐，异丙基黄药
изопропилксантогенат калия	异丙基黄原酸钾，异丙基钾黄药
И-К	2-庚基-2-咪唑啉（浮选烧绿石） CH_2—NH_2 ＼ C_7H_{15} / CH_2—N（CH_2 与 CH_2 相连）
ИМ-5	芳烃基为主的烃油混合物，一种非离子型捕收剂
ИМ-11	由煤油经氯化而制得的一种烷基胺盐酸盐，含34%伯胺，24%水［捕］
ИМ-12	同上的醋酸盐

续附表2

药剂名称（牌号）	中文名称或结构性能
ИМ－13	同上的游离胺
ИМ－21	亚油酸及亚麻酸的混合物［捕］
ИМ－22	亚油酸及亚麻酸的混合物［捕］
ИМ－50	R—C（O）NH—OH（R＝长链烷基）羟肟酸［捕］
ИМ－68	C_6～C_8 混合合成脂肪醇（起泡剂）
ИМ－79	C_7～C_9 混合合成脂肪醇（起泡剂）
ИМ－500	以蓖麻油为原料制成的起泡剂
ИМ Флотационное масло	造纸工业副产物，萜类经空气氧化后，所得的萜醇化合物，含萜醇大于60%
ИМД－10	硫代连二磷酸钠与硫代亚磷酸钠混合物［调］（$Na_4P_2S_6$［～27%］＋Na_3PS_3［～11%］）
ИНК	异烟酸异戊酯，浮选金的捕收剂
интразоль	硫酸化油脂
интрасольван HS	生产异丁醇的副产高馏分（己醇庚醇混合物）
И－О	2－油烯基－2－咪唑啉［捕］
ионобменивающая смола	离子交换树脂
ИОС	一种有机调整剂［参见 Изв вуз Цвет металл，1975（5）：3］
ИР－70	3－氯丁烯基－2－异硫脲氯化物（捕收剂）
ИТК	O－异丙基－N－甲基硫代氨基甲酸酯［捕］
ИУМ－461	一种烷基酰胺类捕收剂 $RCON\begin{cases}R'\\C_2H_4OH\end{cases}$，R＝烷基，R′＝H 或 C_2H_5OH［参见 CA 75131987（1971），CA 79 148312（1973）］，浮选贫铬铁矿［捕］
ИУМ－491	同上，适于铁矿扫选
ИУМ－465	同上，适于浮选菱铁矿 上述三个烷基酰胺类捕收剂－461，－491 和－465 系用不饱和脂肪酸或松香酸的氯醇衍生物与醇胺作用而得
ИУМ－490	二乙醇酰胺［捕］
казеин	酪素、干酪
кали ксантогеновокислый	黄原酸钾
калнй железестосинеродистый техническнй	亚铁氰化钾（黄血盐）［调］

续附表 2

药剂名称（牌号）	中文名称或结构性能
каменноугольный дёготь	煤焦油
каменноугольное масло	煤焦油
камфорное масло	樟脑油
камфол	龙脑
камфора	樟脑
канифольное масло	松油
канифольное мыло	松香皂
канриловокислый натрий	辛酸钠
каптакс	2-巯基苯骈噻唑
карбамат	氨基甲酸盐
карбитол	聚乙二醇单乙基醚
карбоксиметиловый эфирцеллюлозь	羧甲基纤维素
карбоксиметилцеллюлоза	羧甲基纤维素
карболовая кислота	石炭酸，苯酚
карболовое масло	杂酚油
касторовая кислота	蓖麻酸
касторовое масло	蓖麻油
катапин А · К	烷基苄基吡啶
катехол	儿茶酚，邻苯二酚
катионобменная смола	阳离子交换树脂
каустическая сода	苛性钠，氢氧化钠
квасцы	明矾
КБТ	木素磺酸钙，为亚硫酸法纸浆废液的固体浓缩物
кислота фтористо-воиродная техническая	氢氟酸（HF）［调］
кислоты жирные-отхэд производства себациновой кислоты（реагинты ОПСК и ТЖК）	脂肪酸（癸二酸下脚）［捕］
кислоты жирные синтические	合成脂肪酸［捕］
кислоты нефтяные	环烷酸或环烷酸皂［捕］
КМЦ	工业羧甲基纤维素（钠）［调］

续附表2

药剂名称（牌号）	中文名称或结构性能
концентраты сулъфитно-дрожжевой бумажки	浓缩亚硫酸纸浆废液［调］
керосин окисленный	氧化煤油
кипелка	生石灰，氧化钙
кислый алкилсульфат	烷基硫酸
клей	胶
клешневидное соединение	螯合化合物
клещевинное масло	蓖麻子油
коагулирующий реагент	凝聚剂
коагулянт	凝聚剂
КОД КОДТ	一种絮凝剂（蒸馏乌罗托品时的残渣、二氯乙烷与塔尔油的缩聚物）
кокосовое масло	椰子油
кокосовальный дёготь	煤焦油
конго красное	刚果红
контакт петрова	彼氏接触剂
КОС	蒸馏高级脂肪醇的残留物（捕收剂）
космолин	同 петролатум 石蜡脂（同英文 Cosmoline）
краповое вещество	茜素
КОДТ	二氯乙烷缩合物［捕］
красная кровяная соль	赤血盐（铁氰化钾）$K_3Fe(CN)_6$［调］
крахмал	淀粉［调］
кремнефтористый натрий технический	氟硅酸钠（Na_2SiF_6）［调］
ксантогенаты	黄药（钾盐或钠盐）［捕］
купрос железный технический	工业硫酸亚铁，绿矾（$FeSO_4 \cdot 7H_2O$）［调］
купорос цинковый	硫酸锌，皓矾（$ZnSO_4 \cdot 7H_2O$）［调］
кубовые остатки от дистилляции бутиловыхс	蒸馏丁醇的釜底残液［泡］
кубовый остаток от дистилляции высшихжирных спиртов	高级脂肪醇蒸馏残液［捕］
кубовый остаток СЖК	（C_{20}以上部分）合成脂肪酸蒸馏残液［捕］

续附表 2

药剂名称（牌号）	中文名称或结构性能
красный конго	刚果红
кремнефтористоводородная кислота	氟硅酸
креозол	甲酚油
креозот	杂酚油
креозотовое масло	杂酚油
крымза	硫酸锌
ксантат（Ксантогенат）	黄原酸盐
ксантогеновая кислота	黄原酸
ксантогенат целлюлозы	纤维素黄原酸盐、纤维素黄药
ксантогеновокалиевая соль	黄原酸钾
ксантогеновокислый калий	黄原酸钾
ксантогеновокислый натрий	黄原酸钠
ксантогеновонатриевая соль	黄原酸钠
ксиленол	二甲苯酚
ксилол	二甲苯
кукурузный крахмал	玉米淀粉
кукурузное масло	玉米油（同 маисовое масло）
купорос	白矾
купферон	铜铁灵（C_6H_5N（CO）ONH_4）
КЭЦ	羧乙基纤维素
лакрица	甘草
лауриловый спирт	月桂醇，十二（烷）醇
лаурат	月桂酸盐
лауриновая кислота	月桂酸、十二酸
ЛАГК	高分子聚丙烯基羟肟酸［絮］
ЛВ	一种 4，4 -二甲基-1，3 -二氧六环副产品［泡］
ЛГМ - 5	一种脱酚石蜡油［捕］
лейконоль	同 дексад 23
лигнин	木素、木质素
лигниновая кислота	木质酸
лигнит	褐煤

续附表2

药剂名称（牌号）	中文名称或结构性能
лигнинсульфоновая кислота	木素磺酸
лигносульфонат	木素磺酸盐
лигносульфит	亚硫酸纸浆废液
лигроин	高石油醚（同英文 Ligroin）
лизариновая кислота	茜红（同英文 alizarin）
лимонная кислота	柠檬酸，枸橼酸
лимоннокислый натрий	柠檬酸钠
линолевая кислота	亚油酸
линолеат	亚油酸盐
линоленовая кислота	亚麻酸
льняное масло	亚麻油
ЛМ	精馏塔尔油的副产品轻油（高级不饱和脂肪酸和中性烃类）消泡剂
масла нефтяные	石蜡油［捕］
мыло сырос сульфатное	粗硫酸盐皂［捕］
масло талловое дистиллированное	精馏塔尔油脂肪酸［捕］
масло талловое сырое	粗塔尔油［捕］
масло флотационное	浮选油（二氧化松节油）［泡］
масло флотационное желтое	黄浮选油（主成分为萜烯醇）［泡］
масло флотационное сосновое СМФ	浮选松油（＝СМФ）［泡］
масло флотационное сосновос СУ-МФ	浮选松油（＝СУМФ）［泡］
масли《Х》	X 油，为分馏环已醇时釜底残留物［泡］
меркаптобензотиазол	巯基苯骈噻唑［捕］
мИБК（Метилизобу тилкарбинол）	甲基异丁基甲醇［泡］
МИГ－47	乙炔乙烯基丁醚（或异丁醚）［捕］
мочевино-формальдегидные смолы	脲醛树脂（水溶性）［调］
моющее средство《Прогресс》	洗涤剂仲烷基硫酸钠［捕］
магента	品红，洋红
мазут	重油，燃料油
маисовый крахмал	玉米淀粉
МАНГ	聚丙烯酰胺（絮凝剂）

续附表 2

药剂名称（牌号）	中文名称或结构性能
масло виноградных косточек	葡萄子油［参见 CA 61 13542g（1964）］
масло СУ	一种烃油，浮选氧化铜［参见 Цвет мет，1963，36（10）：11 ~ 16］
маслянистая взвесь	乳浊液
махогановое Масло	油溶性石油磺酸
МДТМ	参见 CA 62 1364h（1965）
медный купорос	胆矾 $CuSO_4 \cdot 5H_2O$［调］
метиловый дитиофосфат	甲基黑药
мерзолят С－1	烷基磺酸钠，$R = C_{12} \sim C_{16}$（有效成分为 37%）
меркаптан	硫醇
меркаптобензотиазол	2－巯基苯骈噻唑
меркаптобензотиазолят	2－巯基苯骈噻唑盐
метакрезиловый дитиофосфат	间甲酚黑药
метакремневая кислота	偏硅酸
метакремнекислый натрий	偏硅酸钠
метасиликат	偏硅酸盐
метафосфат натрий	偏磷酸钠
метенамин	乌洛托品
метил красный	甲基红
метилдиэтиленгликолевый эфир	聚乙二醇单甲醚
метилксантогеновоэтиловый эфир	乙黄原酸甲酯
метилфенол	甲苯酚
метилцллюлоза	甲基纤维素
минеральное масло	矿物油
миристат	肉豆蔻酸盐、十四酸盐
миристиновая кислота	肉豆蔻酸
мироноль	$R—CONHC_2H_4OSO_3Na$
МНС	磺化琥珀酸单酯
молочная кислота	乳酸
монтановая кислота	褐煤酸
МСТМ	同 мыло сырого таллового масла 粗塔尔油皂

续附表2

药剂名称（牌号）	中文名称或结构性能
мыло-нафт	环烷酸皂，针铁矿［捕］
мыло《Монополь》	硫酸化油酯、蓖麻油皂
МЭФ	生产烷基醇酰胺的残液（主要成分为高级脂肪酸甲酯）反起泡剂
натр едкий техническая	氢氧化钠，苛性钠［调］
натрийкарбоксиметилцеллюлоза техническая	工业羧甲基纤维素钠素［调］
натрий пирофосфорнокислый трехзамещенный	焦磷酸钠（$Na_4P_2O_7$）［调］
некал	丁基萘磺酸钠［捕］
нитролигнин	硝基水解木素［调］
Н－120	一种硅油（浮黄铜矿、方铅矿）
надсерноаммониевая соль	过硫酸铵（$(NH_4)_2S_2O_8$）
накконоль NR	十二烷基苯磺酸钠（同英文 naconol NR）
Н-Амил ксантогенат	正戊基黄原酸盐
налко－600	美制阳离子型聚合物
натриевая соль ксантогенвой кислоты	黄原酸钠，钠黄药
натриевая соль целлюлозоксантогеновой кислоты	纤维素黄原酸钠
натриевое мыло	钠皂
натронная известь	碱石灰
натронный щелок	氢氧化钠水溶液
нафта	石脑油
нафталан	十氢萘
нафталинмоносульфокислота	萘磺酸
нафтеновая кислота	环烷酸
нафтеновые мыла	环烷皂
нафтенсульфонат	环烷基磺酸
нафтиламин	萘胺
нафтол	萘酚
н-Бутил ксантогенат	正-丁基黄药

续附表2

药剂名称（牌号）	中文名称或结构性能
неаполь Т	同英文 igepon T
н-гексил ксантогенат	正-已基黄药
некаль	涅卡尔，二丁基萘磺酸钠
несульфированные соединения	生产烷基硫酸盐的副产物
непредельная кислота	不饱和酸
нефтетопливо	柴油
ниисс	尼斯醇起泡剂
нитрозонафтол	亚硝基萘酚
нитрозофенилгидрокси-ламина NH_4 - соль	铜铁试剂（同 купферрон）
нитрон	仲烷基磺酸钠（$R = C_6 \sim C_8$）
НКС	中性氧化物的浓缩物，成分21%醛，28%酮，11.5%醚，21.5%烃基化合物
ННС	从脂肪仲醇制造烷基硫酸盐时的副产物，浮氧化铜矿［参见 Цвет метал，1996，39（9）：10～11］
новост	一种洗涤剂，烷基硫酸盐（$R = C_{12} \sim C_{20}$）（用鲸油为原料）
н-октил ксантогенат	正-辛基黄药
н-Пропил ксантогенат	正-丙基黄药
НПС - 25	一种硅酮油（为浮黄铜矿、方铅矿的捕收剂）
НПС - 50	同上
НРВ	石油组分，含49%环烷酸皂，氧化铁矿［捕］
ОДС	起泡剂
ОДС-Б	与 dowfroths 250 同（三聚丙二醇丁醚）［捕］
ОДС-М	与 dowfroths 200 同（三聚丙二醇甲醚）［捕］
ОЗДФК	$HOCH_2CH_2N(CH_2PO_3H_2)_2$［捕］
ОДТМ	蒸馏塔尔油（二聚物）皂［参见 CA 65 11845（1996）］
окисленные жидкие нефтяные углеводороды	氧化液体石蜡［捕］
окисленные скипидар	氧化松节油（=浮选油）［泡］
окисленный керосин	氧化煤油［捕］
олидосахариды целлюлозы	氧化石蜡［捕］

续附表2

药剂名称（牌号）	中文名称或结构性能
окисленный петролатум	低聚糖纤维素（水溶性）［调］
окисленного флотомасло	氧化浮选油
окисленный керосин	氧化煤油
окисленный парафин	氧化石蜡
окисленный петролатум	氧化软蜡
окисленный рисайкл	氧化重整煤油
октадекановая кислота	十八酸，硬脂酸
октадеканол	十八烷醇
октадециламин	十八碳胺
октановая кислота	辛酸
оксанол ДЛ-12	一种非离子型表面活性剂［参见 Горн ж，1971，147(7)：75-76］
оксиэтилцеллюлоза	羟乙基纤维素
олеат	油酸盐
олеат натрия	油酸钠
олеиновая кислота	油酸
ОП-7	R—C_6H_4—O（CH_2CH_2O）$_{6\sim7}$$CH_2CH_2OH$（R = C_9 ~ C_{10}）［泡］
ОП-10	R—C_6H_4—O（CH_2CH_2O）$_9$$CH_2CH_2OH$（R = C_8H_{17}）［泡］
ОП-100	一种高馏分石油（沸点260~250℃）的液相氧化产物
ОП-4	环氧化烷基酚辅助起泡剂，邻、对烷基（R_1，R_2）酚聚乙二醇［泡］
ОПСК	脂肪酸（癸二酸下脚）［捕］
ОПС-1	粉末状的用浓硫酸磺化的“氧化重整煤油”，有效物质26%~28%，硫酸钠约60%
ОПС-2	同上，含有效物质25%~26%，硫酸钠65%~70%
ОПС-Б	聚丙二醇单丁醚，C_4H_9—O（C_3H_6O）$_n$H，n = 2 ~ 4［泡］
ОПС-М	三聚丙二醇甲醚（相当于美国的Dow-froth250）
ОПСМ-6	环氧丙烷与甲醇的缩合物［参见 C. A. 61，3977h(1964)］

续附表 2

<table>
<tr><th>药剂名称（牌号）</th><th colspan="2">中文名称或结构性能</th></tr>
<tr><td>OP-100</td><td colspan="2">氧化重整煤油［参见 CA 627425d（1965），CA 62262e（1965）］</td></tr>
<tr><td>орешковая кислота</td><td colspan="2">五倍子酸</td></tr>
<tr><td>OPC</td><td colspan="2">硫酸化氧化重整煤油［参见 CA 6012925f; 6014161h（1964）］</td></tr>
<tr><td>ортокрезиловый дитиофосфат</td><td colspan="2">邻甲酚黑药</td></tr>
<tr><td>ортофосфат натрая</td><td colspan="2">正磷酸钠</td></tr>
<tr><td>очищенный скипидар</td><td colspan="2">精馏松节油</td></tr>
<tr><td>П-4</td><td colspan="2">脱去不皂化物及羟基酸的氧化软蜡</td></tr>
<tr><td>ПАА</td><td colspan="2">聚丙烯酰胺 полиакриламид 的简称（絮凝剂）</td></tr>
<tr><td>ПААС</td><td colspan="2">ПАА 与硫酸钠的混合物</td></tr>
<tr><td>ПАВ</td><td colspan="2">表面活性剂（缩写字）</td></tr>
<tr><td>пальмитиновая кислота</td><td colspan="2">棕榈酸，十六（碳）酸</td></tr>
<tr><td>ПАМформ</td><td colspan="2">羟甲基化聚丙烯酰胺</td></tr>
<tr><td>ПАНГ</td><td colspan="2">聚丙烯酰胺絮凝剂［参见 C. A. 60，7784f（1964）］</td></tr>
<tr><td>ПАНГ-55</td><td colspan="2">聚丙烯酰胺产物</td></tr>
<tr><td>ПАНГ-56</td><td colspan="2">聚丙烯酰胺产物</td></tr>
<tr><td>ПАНГ-550</td><td colspan="2">同 Aerofloc 550</td></tr>
<tr><td>параалкилбензолсульфонат</td><td colspan="2">对烷基苯磺酸盐</td></tr>
<tr><td>паракрезиловый дитиофосфат</td><td colspan="2">对甲酚基黑药</td></tr>
<tr><td>паранон</td><td colspan="2">$R_1COR—OSO_2ONa$ R = 低碳酸基，R_1 = 脂肪酸基</td></tr>
<tr><td>ПВП-190</td><td rowspan="4">[X, R–N(pyridinium) —CH—CH₂—]$_n$
以上参见 Горн ж，1960（2）：67~70</td><td>R，X ═$HOCH_2CH_2$—，Cl</td></tr>
<tr><td>ПВП-193</td><td>R，X ═ $HOCH_2CH_2$—，Cl（黏度不同）</td></tr>
<tr><td>ПВП-198</td><td>R，X ═ $HOCH_2CH_2$—，Cl（黏度不同）</td></tr>
<tr><td>ПВП-HCl</td><td>R，X ═HCl</td></tr>
<tr><td>ПВПН</td><td colspan="2">聚 5-甲基-2-乙烯吡啶，但分子量比 ПВП 小</td></tr>
<tr><td>ПД</td><td colspan="2">石油炼制厂生产异辛烷的高分子副产物</td></tr>
<tr><td>пеларгоновая кислота</td><td colspan="2">壬酸</td></tr>
<tr><td>пенообразователь （Пенообразующее вещество）</td><td colspan="2">起泡剂</td></tr>
<tr><td>пентанол</td><td colspan="2">戊醇</td></tr>
</table>

续附表2

药剂名称（牌号）	中文名称或结构性能
перекись натрия	过氧化钠
паста алкилсулъфатов	糊状烷基硫酸钠（$C_{10\sim18}$）［捕］
пенореагент	饱和及不饱和 $C_4\sim C_8$ 混合醇［泡］
пнридиновые основания，тяжелые камен ноугольные	重吡啶［泡］
полиакриламид-гель	胶状聚丙烯酰胺［调］
полиоксиэтилен	环氧乙烷［调］
полифосфат натрия технический	工业多磷酸钠，$(NaPO_3)_6$ 或 $(NaPO_3)_3$［调］
прогресс	仲烷基硫酸钠［洗涤剂，捕］
перманганат калия	高锰酸钾
перилловое масло	苏子油，荏油
первичный амин	伯胺
перегной	腐殖质
петролатум	软蜡
плавиковая каслота	氢氟酸
пинен	蒎烯
пиридин	吡啶
пиробензол	焦苯（苯与甲苯的混合物）
пирогалловая кислота (Пирогаллол)	连苯三酚
пирокатехин	邻苯二酚
пирофосфорная кислота	焦磷酸
пирохромат	重铬酸盐
пихтовое масло	松针油（含醋酸龙脑脂 30% ~45%）
ПО－4	环氧乙烷化表面活性剂［参见 Цвет Метал，1973（5）：82 ~85］
поглотительное вещество	吸收剂
подавитель	抑制剂
полиаллиловый спирт	聚丙烯醇
поливиниловый спирт	聚乙烯醇
полиокс	聚氧乙烯

续附表 2

药剂名称（牌号）	中文名称或结构性能
пороль	烷基磺酸钠 $R = C_{12} \sim C_{16}$
поташ	碳酸钾
промотор	促进剂
пропилксантогеновая кислота	丙基黄原酸
пропиловый дитиофосфат	丙基黑药
ПФЛК	木材经化学处理所得的聚酚产物（铁矿抑制剂）［参见 CA 77 91307（1972）］
рафинированный алкиларилсульфонат（=PAC）	精制烷基苯磺酸钠［泡］$R—C_6H_4SO_3Na$
PAC	精制烷基苯磺酸钠［泡］
P-20	成分为洗油 40%，高沸点酚 15%，磺化碱 5%，水 40%
разбавитель	稀释剂
размягчающее средство	软化剂
растворимое стекло	水玻璃
растворимый прахмал	可溶性淀粉
растворяющее средство	溶剂
растительная смола	树脂
растительное масло	植物油
растительный клей	树胶［抑］
PB-1，PB-2	染料，PB-2 为茜素染料［捕］
резинат	松脂酸盐
реагент-A	长链氨基脂肪酸（含有一个带正电荷的 N 原子）与环氧乙烷缩合物，主要是氨基酸与环氧乙烷聚合
реагент ноукс	五硫化二磷与苛性钠反应产物
резорцин（Резорцнол）	间苯二酚
рицинат	蓖麻酸盐
розин	松香、松脂
розинол	树脂馏油
РПМ	可溶性洗油
РЧК	可溶性粗石碳酸
рыбий жир	鱼油
салициловая кислота	水杨酸

续附表2

药剂名称（牌号）	中文名称或结构性能
салуфер	氟硅酸钠
сапонг	天然动物油脂肪酸蒸馏残液（捕收剂）
сандопан	烷基硫酸钠，$R = C_{10} \sim C_{18}$
сегежекий вспениватель	黄浮选油
сернистая кислота	亚硫酸
Сб-1	一种起泡剂（含有—SO_3Na 基）（磺酸盐类）
сепаран 2610	同英文 separan 2610 聚丙烯酰胺
СЖСФКЭ	一种烷基磷酸酯混合物
снвушное масло	杂醇油（混合高级醇，制酒精副产物）
силан	甲硅烷
силикан	硅烷
силикат натрия растворимый	可溶性硅酸钠（$nSiO_2 \cdot mNa_2O$，$n./m = 2.2 \sim 3.5$）［调］
сильвиновая кислота	松香酸
синеродистый натрий	氰化钠
синеродистый калий	氰化钾
синеродистый кальций	氰化钙
серниетый натрий технический	工业硫化钠［调］
ситало СР	十六烷基硫酸钠和油酰基硫酸钠混合物［捕］
синий купрос	胆矾（硫酸铜）
синтекс	$R—COOCH_2CH_2OSO_2ONa$　$R = C_{10}$或$> C_{10}$
синтан　2，3，5	水解木素的衍生物（抑制氧化铁及方解石）
синтин（Синтол）	合成煤油、合成燃料油
сиштоф	废硫酸铝
скипидар	松节油
смачивающее вещество	润湿剂
смола（=смоль）	松脂、塔尔油、焦油
смоляное мыло	树脂皂
смоляная кислота	树脂酸
смола госсиполовая	棉子油蒸馏残液［捕］
СМФ	含松油醇及烃，不含酚，浮选松油［泡］

续附表2

药剂名称（牌号）	中文名称或结构性能
сода кальцинированная техническая	工业碳酸钠（苏打）［调］
спиртовые аэрофлоты	醇黑药（游离酸或钾、钠、铵盐）［捕］
стекло натриевое жидкое	水玻璃［调］
сульфат целлюлозы	硫酸化纤维素钠［调］
сульфит натрия	亚硫酸钠（Na_2SO_3）［调］
сульфогидрат натрия	硫氢化钠（NaHS）［调］
сульфонат-эмульгатор《Волгонат》	烷基磺酸钠，乳化剂［捕］
сульфонолы	烷基芳基磺酸钠［捕］
СУМФ	浮选松油（含有松油醇，烃及酚）［泡］
СФК	正戊醇、环戊醇、环己醇混合物［泡］
соевое масло	豆油
соляровое масло	太阳油、索拉油
сорбент	吸着剂
сосновая живица	松节油
сооновая смола	松香
сосновое масло	松油
сосновый дёготь	松焦油
спермацетовое масло	鲸蜡油
спиртовый вспениватель НИИСС (спирты НИИСС)	尼斯醇起泡剂
спиртоамив	羟胺
спиртоэфир	醚醇
стеарат	硬脂酸盐
стеариновая кислота	硬脂酸
СЦМ－2	一种捕收剂
сурфанс WO	$R_1COOR—OSO_3Na$ R＝低碳醇基，R_1＝脂肪酸基
сульфанол	磺烷油（商品名，脂烃替磺酸钠酰胺）
сульфонол НП－1	烷基苯磺酸钠（其烷基为丙烯的聚合体）
сульфонол НП－2	烷基苯磺酸钠（烷基＝二聚戊烯）
сульфонол НП－5	烷基苯磺酸钠（烷基＝C_{12}）

续附表2

药剂名称（牌号）	中文名称或结构性能
сульфид натрия	硫化钠
сульфированное масло	硫化油
сульфит натрия	亚硫酸钠
сульфитная масса	亚硫酸盐纸浆
сульфитный щёлок	亚硫酸盐纸浆废液
сульфкарбаминовая кислота	二硫代氨基甲酸，荒氨酸
сульфкарбанилид	二苯基硫脲，白药
сульфонол НП－1	十二烷基苯磺酸钠
сульфрамин	$R—CONHC_2H_4OSO_2ONa$
сухоперегонный скипидар	干馏松节油
СЦМ－1	一种含氧基的有机二硫化物
СЦМ－2	丁基黄药的羧甲基酯（系由丁基黄药与氯代甲酸甲酯在丙酮中的缩合产物）（含量70%）
СЦМ－3	一种含氧基的有机二硫化物
СЦМ－4	
СЭЦ	磺乙基纤维素（滑石脉石抑制剂）
Т－66	一种起泡剂，合成4，4－二甲基－1，3－二氧六环时的副产品（选煤）
Т－70	一种起泡剂，含聚乙二醇乙烯醚41.2%，乙二醇36.9%，KOH 10.9%
таксоген（Телоген）	仲烷基磺酸盐，$(R)_2SO_3Na$，$R=C_5\sim C_8$
табах	（$R_3(CH_2C_6H_5)N^+$，Cl^-，$R=C_{7\sim9}$）三烷基苄基氯化季铵盐［捕］
талловое масло	塔尔油
таллол	塔尔油皂（同英文tallso）
таламс	烷基酰胺基磺酸（制备烷基醇酰胺的副产品），消泡剂
таннин	丹宁，鞣酸
тартрат	酒石酸盐
ТГС	叔己醇
теребен	混合萜烯油
теребентен（Терпинтин）	松节油
терпин	萜烯

续附表2

药剂名称（牌号）	中文名称或结构性能
терпинтинное масло	松节油
терпинеол	萜烯醇，松油醇
ТЖК	工业脂肪酸
тиокарбамид	硫脲
тиокарбанилид	二苯基硫脲，白药
тиол（Тиоспирт）	硫醇
тиомочевина	硫脲
тиофенол	硫酚
тиокарбанилид	均二苯基硫脲（白药）［捕］
тиосульфат натрия	硫代硫酸钠（$Na_2S_2O_3 \cdot 5H_2O$）［调］
трикрезол	混合甲酚［泡］
тринатрийфофат технический	磷酸三钠（$Na_3PO_4 \cdot nH_2O$）［调］
трипслифосфат натрия	三聚磷酸钠（$Na_5P_3O_{10}$）［调］
ТФ－Б	水解丁基黑药［捕］
ТК	O－丁基－N－甲基硫代氨基甲羧酯
толуидин	甲苯胺
толиларсиновая кислота	甲苯砷酸
о-толуидин-тиопиколиновая кислота	邻甲苯胺的吡啶羧酸酯，浮选方铅矿、辉锑矿、黄铁矿 （结构式：吡啶基－C(=O)－O－NH－(2-甲基苯基)，CH_3）
топливная нефть（Топливное масло）	燃料油
трагол 4	一种煤焦油产品（德国的一种起泡剂）
трансформаторное масло	变压器油
трехлористое железо	三氯化铁
третичный гексиловый спирт	叔己醇，起泡剂
трихлор-этилин	三氯乙烯（$ClCH=CCl_2$）
триэтаноламин	三乙醇胺
1，1，3－Триэтоксибутан（ТЭБ）	1，1，3－三乙氧基丁烷（同英文TEB）
ТС	N－甲基－硫代氨基甲酸丙醇

续附表2

药剂名称（牌号）	中文名称或结构性能
турецкое красное масло	硫酸化油脂
ТФБ	丁基黑药
углекислая сода	碳酸钠
углекислый аммоний	碳酸铵
углекислое калий	碳酸钾
уксусносвинцовая соль	醋酸铅
уксусная кислота	醋酸、乙酸
ультравет	十二烷基苯磺酸钠（同英文 ultrawet）
ускоритель К－43	同 диэтилдитиокарбамат Диэтиламина 促进剂 К－43（二乙氨基二硫代甲酸二乙胺）
Ф－2	硅氧烷化合物，消泡剂
фениловый дитиофосфат	酚基黑药
фенилксантогеновая кислота	苯黄原酸
фениларсенокислота	苯胂酸
фенилмеркаптан	苯硫酚
фениловый спирт（Фенол）	苯酚
флокулирующий агент	絮凝剂
флокулянт АМФ	聚丙烯酰胺（絮凝剂）
флотомасло ИМ	ИМ 浮选油（含萜烯醇不小于60%）
флотационное масло	浮选油
флотореагент	浮选剂
флюорид（K，NH_4）	氟化物（钾、铵）
ФМБ	1－苯基－2－巯基苯骈咪唑
фосфорнотрибутиловый эфир	磷酸三丁醋（＝трибутилфосфат）
фосфтон	环烷酸黑药
формамин	乌洛托品，六次甲基四胺
фосфокислота	有机磷酸［膦酸 $RPO(OH)_2$］
фосфорная кислота	磷酸
фталевая кислота	邻苯二甲酸
ФР－1	氧化白精油［捕］
ФР－2	一种氧化石油［捕］

续附表 2

药剂名称（牌号）	中文名称或结构性能
фтороводородная кислота	氢氟酸
фторосиликат	氟硅酸盐
фуксовое стекло	水玻璃，硅酸钠
фурол	糠醛
фтористый натрий технический	工业氟化钠［调］
хинолин	喹啉，氮（杂）萘
хлопковое（Хлопчатниковое）масло	棉子油
хлопковое мыло	棉子油皂
хлорал-карбамид	三氯乙醛脲素（起泡剂）
хлорал-изотиокарбамид	三氯乙醛异硫脲（起泡剂）［参见 CA 81 80913（1974）］
хлоралгидрат	水合三氯乙醛（起泡剂）［参见 CA 81 80914（1974）］
хлорная известь	漂白粉
хлорокись фосфора	磷酰氯
хлорлигнин	氯化木素（含氯 14.2%，灰分 1.8%，水 53%）
хлорноватистокислый натрий	次氯酸钠
хлорпарафин	氯化烷烃
хлоруксусная кислота	氯代乙酸
хломпик	重铬酸盐，重铬酸钾
2Ц6Д（ЧГДК）	二环已烷基-二硫代氨基甲酸钠（浮氧化铜，白铅矿）
целлюлозоксантогеновая кислота	纤维素黄原酸
цериловый спирт	蜡醇（同英文 ceryl alcohol）
цетиловый спирт	十六醇（同英文 cetyl alcohol）
цитилсульфат натрия	十六烷基硫酸钠
цианистоводородная кислота	氢氰酸
цианистый натрий	氰化钠
циклогексанол	环已醇
цитрат	柠檬酸盐
черемховокая смола	煤焦馏油
чёрный щёлок	黑碱液
чернильноорешковая кислота	五倍子酸

续附表2

药剂名称（牌号）	中文名称或结构性能
чернильноорешковая дубильная кислота	鞣酸、单宁酸
черный анилин	苯胺黑
четвертичное аммониевое основание	季铵盐
шакша	树皮鞣液
щавелевая кислота	草酸
щавелевоаммониевая соль	草酸铵
щавелевокислая сода	草酸钠
щёлочной лигнин	碱木质素
Э－1	聚乙二醇丁醚起泡剂［泡］成分为 $C_4H_9O\ (CH_2CH_2O)_nH$，n＝2，3，4
Э－1（А）	一种含环烷酸乳化剂［捕］，含环烷酸14%，烃油70%～80%
Э－2（Б）	一种含环烷酸的乳化剂［捕］
Э－3（В）	一种含环烷酸的乳化剂［捕］
эвкалиптовое масло	桉树油
эйдесмол	桉叶油醇 $C_{15}H_{26}O$［泡］
ЭКОФ Р－82	焦亚硫酸锌钠
эмколь	$R—CONHC_2H_4OSO_2ONa$
экстракты очистки масляных дистиллятов	脱酚石蜡油［捕］
эмульгатор ОП－4	环氧乙烯基酚乳化剂［泡］（酚基有邻、对两个取代基，$R=C_{8\sim10}$，$R_1=R$ 或 H，环氧乙烯聚合度 $n=3\sim4$）
эмульсолы	一种乳化剂（含环烷酸）［捕］
этансуль фонат целлюлозы	磺乙基纤维素钠［调］
этинилвинилалкиловые эфиры	乙炔乙烯基烷基醚［捕］
эмульсификатор（эмульгирующий агент）	乳化剂
эмульсол Х－1	$R—COOCH_2CH_2OSO_2ONa$　$R=C_{10}$ 或 $>C_{10}$
энантиловая кислота（Энантовая кислота）	庚酸
эозин	曙红，四溴荧光黄

续附表 2

药剂名称（牌号）	中文名称或结构性能
этанол	乙醇
этановая кислота	乙酸，醋酸
этандиовая кислота	乙二酸，草酸
этаноламин	乙醇胺
этилксантогенат	乙基黄药
этилендиаминтетрауксусная кислота	乙二胺四乙酸
этилксантогенат натрия	乙基钠黄药
этилксантогеновокислый калий	乙基钾黄药
этилксантогеновокислый натрий	乙基钠黄药
этиловый дитиофосфат	乙基黑药
этансульфонат целлыюозы	纤维素乙基磺酸盐
эфкос	以生产低级脂肪醇的残液为主所合成的含酯产品，用作消泡剂
ЯНС（与 DNS 同）	单烷基磺化琥珀酸钠（disodium monoalkylsulfosuccinate）
	日 文
日香	日本香料药品株式会社（神户市茸合区协浜3丁目3香2号）产品牌号
日香バイン油 10 号	松醇油起泡剂，$d^{15℃}$ ~0.92，淡黄色
日香バイン油 5 号	松醇油起泡剂，$d^{15℃}$ ~0.91，淡黄色
日香バイン油 7 号	松醇油起泡剂，$d^{15℃}$ ~0.91，淡黄色
日香バイン油 1 号	松醇油起泡剂，$d^{15℃}$ ~0.91，淡黄色
日香バイン油 17 号	松醇油起泡剂，密度比 10 号稍重，黑褐色
日香バイン油 18 号	松醇油起泡剂，密度近似 17 号，黑褐色
日香バイン油 10－B 号	又名バイン 15 号，密度近似 10 号
日香選鉱油 125 号	起泡剂，$d^{15℃}$ ~0.90，淡黄色
日香選鉱油 127 号	起泡剂，性质与 125 号近似，但起泡力稍大
日香選鉱油 101 号	起泡剂，$d^{15℃}$ 低于 0.90，淡黄色
日香選鉱油 134 号	起泡剂，密度较 125 号稍重，淡黄药，来自植物油
日香選鉱油 107 号	起泡剂，使用历史最久
日香選鉱油 174 号	起泡剂，成分为杂酚油
日香選鉱油 183 号	起泡剂，黏性最大，价格最便宜

续附表2

药剂名称（牌号）	中文名称或结构性能
日香選鉱油177号	起泡剂，性质与174号近似，起泡力稍弱
日香選鉱油8号	同（日香バイン油8号），主成分为木杂酚油
日香選鉱油160号	起泡剂，主成分聚丙二醇（水溶性），$d^{15℃}$与101号相似
日香選鉱油260号	起泡剂，密度较160号稍大，相对分子质量比160号高
日香選鉱油121号	起泡剂，性质与aerofroth73号及77号相近，主成分为日香選鉱油125号为主，外加直链高级醇
日香フロート150号	为含有P_2S_5及甲酚的液体黑药
日香ケづラーチョC	即quebracho C（坚木栲胶—C），黏性茶褐色液体［抑］
日香D. P. R剂	防止矿物新鲜表面氧化
日香A. T. F. R. 剂	消泡剂，主成分为活性炭及界面活性剂，黑褐色黏性液体
日香S. F. 剂	为乳白色悬浮液，精矿运输时，防止粉尘飞散剂
エロフロート208号	同aerofloat 208
エロづロモーター404号	同aero promoter 404号
エロづロモーター301号	同aero promoter 301号
エロづロモーター825号	同aero promoter 825号
エロフロック	同aerofloc
スーパーフロック	同Superfloc
エチルザンヤート	乙基黄药
アシルザンヤート	戊基黄药
高砂浮選剤	日本高砂香料工业株式会社，亚南香料产业株式会社
高砂選鉱用起泡剤	选矿用起泡剂
高砂選炭用起泡剤	选煤用起泡剂
高砂フロート	日本高砂公司生产的浮选剂牌号
高砂オレィン酸	油酸
ヤィカフロート	青化工业株式会社浮选剂
ヤィカフロート（液体）	共有No. 300，No. 331，No. 333，No. 335，No. 242，油剂A等规格
ヤィカフロート（粉末）	共有No. 208，No. 213，No. 233，No. 243，No. 404等药剂
罔田浮選剤	日本罔田公司产浮选药剂

续附表2

药剂名称（牌号）	中文名称或结构性能
Hi-Set	絮凝剂牌号，生产厂：Dai-Ichi Kogyo Seiyaku Co.，Ltd.（第一香料制药株式会社）
himoloc	絮凝剂牌号，生产厂：Kyoritsu Yuki（联合有机）
diaclear	絮凝剂牌号，生产厂：三菱化学工业公司
accofloc	絮凝剂牌号，生产厂：Mitsui-Cyanamid Ltd.（三井-氰胺株式会社）
sanpoly	絮凝剂牌号，生产厂：Sankyo Chemical Industries Ltd.（三共化学工业株式会社）
sanfloc	絮凝剂牌号，生产厂：Sanyo Chemical Industries（三友化学工业株式会社）
sumifloc	絮凝剂牌号，生产厂：Sumitomo Chemical Co.，Ltd.（住友化学株式会社）
aronfloc	絮凝剂牌号，生产厂：Toagosei chemical Industry Co.，Ltd.（东亚合成化学工业株式会社）
各种脂肪酸、防腐蚀剂、防垢剂、消泡剂、乳化剂、增稠剂、萃取剂等	生产厂：Nippon oil and Fats Co.，Ltd.（日本油脂公司）

附表3　国产有机矿用药剂及部分原料

药剂名称	成分性能	产　地
乙基黄药	乙基黄原酸钠，$C_2H_5OCSSNa$，粉状结晶，遇热易分解，潮解，有毒，易燃，一般含量80%～90.0%（合成品和干燥品等），硫化矿捕收剂用量50～200g/t	由铁岭选矿药剂厂、株洲选矿药剂厂、白银选矿药剂厂和青岛澳通、格远金道化工公司等全国十几家选矿药剂厂生产，品种多样，供国内外矿山使用（白银选矿药剂厂现名白银大孚科技化工公司）
异丙基黄药	异丙基黄原酸钠，$C_3H_7OCSSNa$，性能用途同上	
丁基（异丁基及仲丁基）黄药	由丁醇（或异丁醇或仲丁醇），二硫化碳和烧碱制备，性能用途同上	
戊基（异戊基）黄药	$C_5H_{11}OCSSNa$，由戊醇等原料制备，性能同上	
混基黄药（杂基黄药）	由混合醇等原料制备	
仲辛基黄药	由仲辛醇等原料制备	
胺醇黄药	用醇胺为原料合成	
乙基双黄药		
25号黑药（或其钠盐）	二甲基二硫代磷酸，含量65%以上，由25% P_2S_5与甲酚作用制得，暗绿色油状液体，有臭味，遇热分解，微溶于水，有起泡性，选择性好	主要由铁岭、株洲、澳通、金道、云南、白银等选矿药剂厂（车间）生产
丁铵黑药	二丁基二硫代磷酸铵$(C_4H_9O)_2P(S)SNH_4$，由丁醇、P_2S_5、NH_3合成，为白色粉末状，含量95%以上，遇热迅速分解，易潮解，易溶于水	
31号黑药	在25号黑药中加入6%的白药制得，性能与25号黑药相似	
苯胺甲苯胺黑药	由苯胺、甲苯胺、P_2S_5制得，含氮量8.2%，捕收力较强，有选择性，用作闪锌矿及Pb、Cu矿（在硫化铁存在下）捕收剂，有利于提高Au、Ag收率	
酚铵黑药	二苯基二硫代磷酸铵，含量85%，白色粉末	
白　药	均-二苯硫脲，$(C_6H_5NH)—C═S$，白色粉末，多金属硫化矿优先浮选捕收剂，对黄铁矿捕收性弱	
乙硫氮（硫氮9号）	二乙基二硫代氨基甲酸钠，$(C_2H_5N)_2C(S)SNa$，由二乙胺、CS_2和烧碱合成，白色粉末，易潮解，易溶于水，含量85%以上，硫化矿捕收剂	株洲、铁岭、白银、金道、云南药剂厂生产
酯-105（硫氮腈酯）	二乙胺基二硫代甲酸氰乙酯，$(C_2H_5)_2—N—C(S)S—CH_2CH_2CN$，主要原料为二乙胺，$CS_2$、丙烯腈、黄色油状液体	

续附表3

药剂名称	成分性能	产地
乙硫氨酯（Z－200）	O－异丙基－N－乙基硫代氨基甲酸酯，含量95%	株洲、铁岭、白银、金道、云南药剂厂生产
OS－23	乙基黄原酸烯丙酯	
OS－43	丁基黄原酸烯丙酯	
OSN－43	丁基黄原酸氰乙酯	
油酸（或钠盐）等脂肪酸系列	$C_{17}H_{33}COOH$（不饱和酸），由米糠油、棉籽油以及野生植物、海洋生物、油脂加工而得	由油脂加工厂日用化工厂生产，再经药剂研制生产者进行改性、混合、组合，产生一系列组合改性药剂
氧化石蜡皂	$C_nH_{2n+1}COONa$，$n=10\sim20$，含有一定量的羟基羧酸，根据石蜡原料和氧化深度，有多种不同产品	以石蜡、切刈烃、环烷基石油为原样由国内石油或油脂加工厂生产，如山东胜利煤油厂、茂名炼油厂以及上海、抚顺、沈阳、大连、天津等地化工生产厂
环烷酸	环烃基羧酸（包括含环烷酸的柴油碱渣）	
$C_1\sim C_4$，$C_5\sim C_9$，$C_{10}\sim C_{20}$，$C_{15}\sim C_{25}$ 和 $C_{20}\sim C_{25}$ 混合酸	不同烃类、氧化切刈的不同碳链的混合酸	
塔尔油（粗、精制）	主要由纸浆废液经硫酸处理制得，通常含有30%～60%的脂肪酸，以及树脂酸	由佳木斯、南平等造纸厂生产、加工
太古油	土耳其红油	由油脂加工、肥皂生产厂家回收利用、加工制备
油脂下脚	含饱和及不饱和脂肪酸，由油脂、肥皂生产加工的废液、下脚料制得，原料不同产品不同	
羟肟酸（钠）	包括苯甲羟肟酸、烷基羟肟酸、水杨羟肟酸	铁岭选矿药剂厂等生产
烷基苯磺酸钠	十二烷基苯磺酸钠等	由原上海第一洗涤剂厂、大连油脂化工厂、上海助剂厂等单位生产
烷基磺酸钠	$R-CH_2SO_3Na$	
拉开粉BX	即涅卡尔、二丁基萘磺酸盐	
扩散剂NNO	次甲基二萘磺酸钠	
胰加漂T	即Igepon T，又称209洗涤剂，学名：油酰基甲基牛磺酸钠	
十二烷基硫酸钠	$C_{12}H_{25}OSO_3Na$	
脂肪伯胺（国内药剂以混合胺为主）	$C_nH_{2n+1}NH_2$，$n=10\sim20$，以及十八胺（$C_{18}H_{37}NH_2$），合成十八碳胺（$C_{17\sim19}$伯胺）、椰油胺、月桂胺、合成十二胺（$C_{10}\sim C_{13}$伯胺）等	由原大连油脂化工厂、上海洗涤剂二厂、沈阳选矿药剂厂生产
氯化甲基三烷基季铵盐	$(C_{9\sim11})_3N^+CH_3Cl^-$	
十八烷基季铵盐	氯化十八烷基二甲基苄基铵	

续附表3

药剂名称	成分性能	产 地
乌洛托品	六亚甲基四胺	各地试剂（含生化）厂
椰子油烷基醇酰胺	RO—C（O）—NH_2	
巯基苯骈噻唑及其衍生物	有色金属硫化矿有效捕收剂	昆明冶金研究院、上海有机所、益阳油脂化工厂、长沙矿冶研究院等单位研制并交付生产
巯基苯骈苯基咪唑	硫化矿等的捕收剂	
PF-100	甘油单月桂酸酯单硫酸酯，浮选辉钼矿	
癸酸、月桂酸	由苍耳子油、蓖麻子油、榆树子油加工制备	
氯代酸	R—C（Cl）H—COOH 原料可以是动植物脂肪酸或混合脂肪酸，是铁等氧化矿捕收剂，也是药剂组合的重要组分	
酰基肌氨酸	RC（O）—N（CH_3）—CH_2COONa，R=烷基	
腐殖酸（铵）	由褐煤提取，作抑制剂、絮凝剂	广东惠中、天津亚中等化工企业生产
海藻酸钠	由海藻类植物提取	
褐藻酸钠	2号凝聚剂	
聚氧乙烯脂肪醇醚	作乳化剂、起泡剂	铁岭、株洲选矿药剂厂和上海、北京、大连、抚顺、东川、昆明等药剂、石油及化工企业生产
聚氧乙烯辛烷基酚醚	C_8H_{17}—C_6H_4—O—（CH_2CH_2O）$_nH$，$n=2\sim10$ 起泡剂、润湿剂	
聚乙烯醇	起泡剂	
聚氧丙烯甘油醚	起泡剂	
聚氧丙烯三羟甲基醚	起泡剂	
B633	苯乙酯油、起泡剂（邻苯二甲酸二乙酯）	
甘苄油	（苄基酯）起泡剂	
3号油	醚醇油（烷基醚醇）起泡剂	
酯油	脂肪酸乙酯起泡剂	
煤油和轻蜡油	直链烃类，煤、石墨、辉钼矿捕收剂	
磷酸乙二胺	$\left.\begin{matrix}CH_2—NH\\ \vert\\ CH_2—NH\end{matrix}\right>HPO_4$，调整剂	
磷酸丙二胺	$CH_2\left<\begin{matrix}CH_2—NH\\ \\ CH_2—NH\end{matrix}\right>HPO_4$，调整剂	
松醇油（2号油、松根油）	萜烯醇类 $C_{10}H_{17}OH$，含量50%以上，包括新松醇油	株洲、铁岭、白银、长汀、安丘、博山华创、上海溶剂等选矿药剂厂和石油化工及焦化厂、选矿厂生产
矿友-321起泡剂	羟值不低于150mg/g，密度（20℃）0.925～0.950g/mL	
TZQ-903，TZQ-904	羟值不低于145mg/g，密度（20℃）0.87～0.90g/mL	

续附表3

药剂名称	成分性能	产 地
MIBC	甲基异丁基卡必醇，规格 Q/OHNJ 011－2000	由主要选矿药剂厂、溶剂厂、石油化工厂、日用化工厂、焦化厂及相关科研单位生产
145 混合醇起泡剂	$C_{5\sim7}$混合仲醇，含量约 70%	
A－200 起泡剂	有效醇含量不低于 70%，棕色油状液体	
BK－201 起泡剂	有效醇含量约 70%	
QX 改性起泡剂	主成分为高级醇，含少量醚、脂肪酸等	
醚醇	$C_2H_5—[OCH_2C(CH_3)H]_n—OH$	
桉树醇类起泡剂	$C_{10}H_{18}O$，由樟树油、桉树油制得	
杂醇油	脂肪醇混合物，制醇工业副产物	
甲酚（杂酚）	甲基苯酚，煤焦油产品	
重吡啶	主要为吡啶和喹啉类化合物，煤焦油产品	
$C_{5\sim6}$，$C_{5\sim9}$碳醇	$C_{5\sim6}$混合醇，$C_{5\sim9}$混合醇［泡］	
4 号油	1，1，3－三乙氧基丁烷	
醇类：正丁醇、异丁醇、辛醇、异丙醇、月桂醇、椰油醇以及具有不同碳链的脂肪醇，如$C_{5\sim9}$醇、$C_{7\sim9}$醇、$C_{12\sim18}$醇等	各种不同碳链的单一醇和混合醇，在选矿中除有的作为起泡剂外，有的作为润湿剂（如椰油醇）、消泡剂（C_{18}醇和$C_{12\sim18}$醇等）和萃取剂。同时，还是合成药剂的重要原料	主要由油脂化工、日用化工企业和水处理剂以及助剂、溶剂等企业生产，如大连油脂化工厂等
聚丙烯酰胺系列（阴离子型、阳离子型和非离子型）	3 号絮凝剂，水处理剂，调整剂	
聚丙烯酸钠	分散剂，调整剂	
水解聚丙烯腈钠盐	分散剂，调整剂	
1 号纤维素	羧甲基纤维素（钠），品种型号多样，适用医药、石油、纺织等行业，CMC IH6 适合选矿用［抑］	
3 号纤维素	羟乙基纤维素，抑制剂	
栲胶、鞣酸，单宁类	包括橡树籽栲胶、橡木宛栲胶，杨梅栲胶、板栗栲胶、桉叶栲胶等，及其加工物［抑］	由林产加工企业生产（百色、湛江、雷州、吉首、邢台等地）
4 号凝聚剂	聚硅酸	由有机、无机和食品添加剂、磷化工等企业生产
草酸	调整剂（抑制硅酸盐、石英、白云石）	
乳酸	硅质脉石抑制剂	
淀粉	石墨、石英、铁矿、锰矿、石膏、方解石［抑］	
磷酸化淀粉	铁矿抑制剂	
磺化淀粉	铁矿抑制剂	
丁二酸	抑制硅酸盐、石英等	

附表4　国内外主要矿用药剂生产企业

生产企业	主要产品名称、牌号
Allied Colloids Manufacturing Co., Ltd.（英国联合胶体制造有限公司）	生产人工合成的高聚物絮凝剂如：magnafloc、polyflok、fittaflok、percol、tiofloc、alclar 等牌号药剂，用于多种矿物的浓缩、澄清、过滤、离心过滤
英国 Century oils Ltd.	生产三类煤泡沫浮选药剂。century 405 号和 495X 号都是苯酚类的混合物，前者用于多种煤的浮选，后者用于难选煤，例如无烟煤。centrifroth "H"，"M"，"R" 都是非酚类物质，用于防止对环境污染。centrifroth 91，132，149 号属于新的无酚药剂，用于处理 -0.5 mm 氧化煤或高灰分煤
英国 Imperial Chemical Industries PLC, Speciality Chemicals	该厂简称 ICI 特种化学药剂公司，从事萃取剂 acorga P-5000 系列（壬基水杨醛肟溶剂萃取剂）的生产，用于铜萃取等。还出售 teefroth 牌号的各种起泡剂
英国 Plaistere and Hanger International Ltd.	该厂生产苯乙烯膦酸，商品名 PH-PEP，为锡石的强选择性捕收剂。国内也曾生产，简称 SPS，也是钨、钛铁矿、稀土、金红石等有效捕收剂
英国 Shell International Chemical Co., Ltd.（壳牌国际化学品有限公司）	该厂生产多种浮选药剂销售各国，包括各种黄药及黄原酸甲酸酯（在智利），硫代氨基甲酸酯（在智利及英国），苯乙烯膦酸（在英国），MIBC 等起泡剂及混合药剂（在几个国家），甲醇/PO 产品（在墨西哥），古耳胶絮凝剂（在印度）以及各种规格的石油烃稀释剂（在许多国家）
荷兰 Akzo Chemine bv	该厂为一多国化学生产厂，包括 45 个国家 150 个公司，以生产脂肪胺及其盐类为主，作为浮选捕收剂的注册商品牌号有 armeen，armac，duomeen，duomac，arrmac-flote，armoflote，它们都属于伯胺（$R—NH_2$）、二胺［$RNH(CH_2)_3NH_2$ 或季铵盐　（$R_2N(CH_3)_2Cl$）。这些阳离子捕收剂可用于浮选钾盐、长石（用新产品 armac-flote N82）、云母（用 armacflote MFA 21）、氧化 锌矿及烧绿石；还用于浮选菱镁矿、方解石及磷酸盐等脉石尾矿。此外还有以"armoflo"为牌号的药剂，用于碳酸钾包装的抗结块剂，用于助滤的表面活性剂，矿泥、黏土的抑制剂，"peridur"牌号有机黏结剂作为铁精矿、铬精矿球团使用
美国 Colgate Palmotive 公司	产品 syntex VB-Chip 适用于浮选辉钼矿。利用乳化油水制成最适宜的乳珠，降低油/水和矿石之间的表面张力的办法，使烃油更多地与矿石表面接触以提高速度和矿物的回收率
美国 The Dow Chemical Company（道-化学品公司）	"dowiroth"牌号的聚丙三醇和聚乙二醇衍生物用于金属矿浮选及优质煤的分选。"separan"牌号聚丙烯酰胺絮凝剂用于磷酸盐矿的分选，选矿絮凝浮选，固液分离，处理炼铝赤泥，精煤在浓缩机中的分选。"dowex"牌号的离子交换树脂用于铀浓缩及痕量元素的脱除

续附表 4

生产企业	主要产品名称、牌号
美国 Cyanamid International，Chemicals Division，One Cyanamid Plaga（现属美国矿山化学公司）	该公司生产多种类型的选矿药剂。aero Promoter 3477 和 3501 用于浮选 Cu，Ag，Pb，Zn，也用于贵金属回收工艺。801R、825，840，830，845 号捕收剂都是磺酸盐，前三种用于多种矿物的优先浮选，后两种用于浮选萤石、重晶石、天青石、白钨矿；作为泡沫调整剂处理玻璃石英砂。841，848，870 在使用脂肪酸浮选铁矿、磷灰石、非金属矿时，作为辅助捕收剂。4037 和 aerophineA 捕收剂用于选铜矿，可以部分地或全部取代黄药。404，407，412，425 号捕收剂主要用于浮选氧化铅、氧化铜及其他贱金属氧化矿石。aeroflot 牌号捕收剂其化学成分为烷基或芳基二硫代磷酸盐。 该公司提供的其他产品有氰化物、黄药、起泡剂，助滤剂，“superfloc”絮凝剂和“cyquest”抗沉淀剂等。“accophos”是一种新的磷酸盐抑制剂，用于增加磷酸盐的回收率。牌号为“accoal”的药剂，包括絮凝剂、起泡剂、过滤助剂及捕收剂是用于煤浮选的药剂
美国 FMC Corporation	生产的选矿药剂包括过硫酸铵（用于钴镍分选及亚铁氰化物的氧化），苛性淀粉、六偏磷酸钠、过氧化氢、五硫化磷、碳酸钠、焦磷酸氢钠，三聚磷酸钠、磷酸氢二钠、焦磷酸四钠、磷酸三丁酯等浮选药剂
美国 Minerec Mining Chemicals	该厂以生产难选铜矿的各种捕收剂著名，出售 33 种不同捕收剂、4 种起泡剂。其中包括一硫代氨基甲酸盐类、黄原酸甲酸酯类、黑药类及其混合物
美国 Henkel Corporation	生产 20 余种液体离子交换剂用于金属回收，牌号有 LIX、alamine 及 aliquat。其中 alamine 336 用于回收铀，alamine 及 aliquat 系列主要是多种胺类和季铵类药剂，用于回收稀土及其他金属。如三辛胺（提 Co）、三异辛胺（Co-Ni 分离）、三月桂胺（从 H^+ 液中回收 U，V）。LIX 药剂最初是用于铜的回收，其牌号为 LIX 64N（是一种酮肟），其后又出现 LIX600，主要成分为一种水杨醛肟。1982 年又出现 860 号药剂（包括 864 号在内）是 LIX 64N 和 LIX 860 等的混合剂。该厂还生产 guartec，一种水溶性高分子聚合物用于过滤、絮凝及脉石抑制
美国 Nalco Chemical Company（Nalco 化学公司）	该厂生产多种药剂用于浮选、浓缩、脱水及尾矿处理
美国 Pennwalt Corporation Organic Chemicals Division（Pennwalt 股份有限公司，有机化学品部）	产品有 pennfloat M，pennfloat S，pennfloat 3（正-十二烷硫醇和水溶性分散剂混合物），为硫化铜矿的辅助捕收剂，也用于浮选镍矿等
美国 Phillips Petroleum Company（菲利浦石油公司）	生产含硫的碳氢药剂，捕收剂有 orfom C0635、C0800、C0850 用于硫化矿的选择性浮选。较强的硫化矿粗选辅助捕收剂有 orfom C0125、C0150、C0220。强硫化矿捕收剂有 Orfom C0300、C0400、C0403，对辉钼矿有特效。orfom D8 为专门的硫化矿抑制剂用于钼矿浮选。Orfom MCO 与 Molyflo 为钼矿的捕收剂（石油类产品）。在磷酸盐矿及钾盐矿浮选中，可用 Philflo 与胺或脂肪酸捕收剂混合使用，作为最适宜的添加剂。新产品 orfom SX-1 及 orfom SX-7 用于溶剂萃取作为稀释剂。该厂也生产各种黄药及黑药

续附表4

生产企业	主要产品名称、牌号
美国阿穆尔工业化学公司（Armour Industrial Chemical Company）	生产二硫代氨基甲酸和双二硫代氨基甲酸（盐），二硫代碳酸盐和双二硫代碳酸盐等黄药（酯），S-取代异硫脲盐［RSC（NH_2）$_2$］$^+$$X^-$等，R＝$C_{2\sim24}$，X＝卤素
美国PPG Industries	该厂专门生产含硫化学品，包括二硫化碳、硫化钠、硫氢化钠、四硫化二钠（Na_2S_4）和硫化氢。也生产各种黄药用于浮选
美国Sherex Chemical Company Inc	该厂在阳离子型浮选工艺方面处于领先地位。生产的“arosurf”牌号药剂（醚胺类）可以从铁矿及磷矿中捕收石英，也用于钾盐矿浮选。特别是新产品MG-102H可用以回收-20目粗粒钾盐。溶剂萃取剂“adogen 364”（季铵盐类）用于萃取铀。新产品shur-coal捕收剂适用于难浮煤，-28目粗粒煤或-100目细粒煤。此外，该厂还生产精矿脱水助剂，药剂“varidri”已成功地用于铁矿、磷矿及钾盐矿
德国Henkel KGaA	该厂生产多种捕收剂、起泡剂、抑制剂、乳化剂用于浮选磷灰石、萤石、重晶石、白钨矿、锡石、硅酸盐等矿物。
德国Hoechst AG（赫斯特股份公司）	生产各种黄药、黑药（phosokresol）、一硫代氮基甲酸盐（hostaflot），各种烃基阴离子型捕收剂（牌号为flotinor）包括烷基硫酸盐、磺酸盐以及烷基及芳基磷酸盐、各种磷酸等。生产的阳离子型捕收剂（牌号为flotigam）包括脂肪伯胺类、直链烷基丙二胺及其它胺类衍生物，多用于反浮选工艺。生产的起泡剂牌号有montanol、flotol、flotanol、flotigol；生产的调整剂有各种tylose分散剂和抑制剂。出售的絮凝剂牌号为hydropur，还出售助滤剂。还有水冶方面用的萃取剂hostarex，用于萃取金属离子
德国Stockhausen（chemische Fabrik）GmbH	该厂生产合成的有机高聚物，商品名“praestol”，用于选矿流程。包括澄清、固-液分离、浓缩、过滤及机械脱水等过程。praestol药剂又分非离子型、阴离子型及阳离子型三种，后两种随强度不同又分低、中、高、极高等不同规格相对分子质量。
澳大利亚Union Carbide（Australia）Ltd.（联合碳化物有限公司）	生产多种烷基黄药用于浮选各种金属硫化矿
Lubrizol公司	生产各种黑药和硫代磷酸盐产品
Keakem有限公司	生产keacol DP系列各种硫代磷酸盐
南非Sentrachem Ltd.	该有限公司有两个分公司，NCP矿业化学品和karbochem。产品有各种起泡剂、捕收剂、抑制剂在南非及国外出售。NCP矿业化学品分公司制造起泡剂和泡沫调整剂主要用于硫化矿及多硫化矿的浮选。产品包括TEB（三乙氧基丁烷），41-G及捕收剂。38号系列药剂系TEB与捕收剂的混合物。R55号为合成起泡剂，还有5000系列的起泡剂以及9000号系列药剂等 karbochem分公司制造各种硫化矿捕收剂，包括乙基、正丙基、正丁基及异丁基钠黄药，正丁基、戊基钾黄药、巯基苯骈噻唑、二硫代氨基甲酸酯，以及各种混合药剂（用于特定用途）

续附表4

生产企业	主要产品名称、牌号
日本香料药品株式会社	日香選金屬油等牌号几十种起泡剂
日本高砂公司	有选矿、选煤起泡剂及捕收剂等不同牌号（高砂フロート）
南非国家化学产品公司（National Chemical Products）	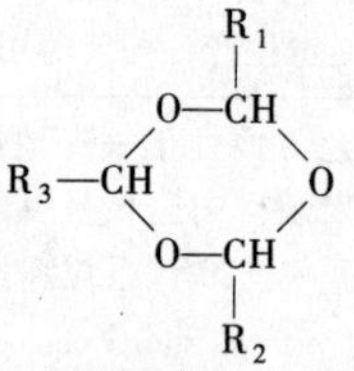 各种矿物浮选捕收剂和辅助捕收剂及其他，包括含有氧等杂原子的药剂， R_1 O—CH 如用 R_3—CH O ，可以提高Cu－Zn－黄铁矿浮选效率 O—CH R_2
德国 Klökner-Humboldt-Deutz A G（克勒克纳-洪堡-多伊茨公司）	浮选非硫化矿和非硅酸盐矿物的捕收剂，如脂肪酸于氨基酸、牛磺酸、取代基（烷基、芳基）牛磺酸或与其盐类缩合系列产物（用肌氨酸与椰子油脂肪酸和聚乙二醇对壬基酚醚缩合物选铁矿物好）
三菱化学工业公司、三友和住友化学株式会社	三大公司分别生产牌号为 diaclear，sanfloc，sumifloc 的絮凝剂
Nippon oil and Fats Co.，Ltd.	各种脂肪酸、防蚀防垢剂，洗涤剂、乳化剂、消泡剂、萃取剂、增稠剂等
Kemanord 公司	阳离子胺类、季铵盐类等浮选药剂
Sasolchem 公司	sascol 系列二烷基和二苯基二硫代磷酸盐，硫代氨基酸盐等
Senmin 公司	生产 senfloat 黄药系列，senkol 系列二硫代磷酸盐及2－巯基苯骈噻唑、黄原酸酯及二硫代氨基甲酸盐系列
Reactiue de Flotacino 公司	生产 shell－flot SF 系列，磺原酸酯类、黄药类及异丙基-乙基二硫代氨基甲酸盐
铁岭选矿药剂厂（原沈阳选矿药剂厂）	1942年开始生产选矿药剂，产品有各种黄药、黑药、松醇油、羟肟酸、二硫化碳及其他化工产品
株洲选矿药剂厂	黄药系列、黑药系列、乙硫氨酯、乙硫氮、草酸、丁基醚醇、MIBC、松醇油、硫化铵
白银大孚科技化工公司（原白银药剂厂）	生产黄药系列产品（乙基、丁基、异丙基、戊基、异丁基钠、钾黄药）；聚丙烯酰胺系列（阴离子、非离子、两性共30多个品种）；黑药及松醇油
德兴铜矿选矿药剂厂	生产硫化矿浮选药剂
三门峡峡威化工有限公司	黄药系列、黑药系列、松醇油、三混甲酚、洗煤剂

续附表4

生产企业	主要产品名称、牌号
山东招远罗金选矿药剂厂（金道化工公司）	黄药系列捕收剂 y－68，－320，－510，－38，－103；黑药捕收剂系列：－25，－31，－36，－208，－211，－238，－239，－3477，－3051，以及丁黑药（Na，NH_4）和苯胺黑药、浮选起泡剂2号油、11号油，ZY及LJ－323起泡剂以及硫氮系列捕收剂
青岛澳通化工公司	黄药系列及新产品
长汀选矿药剂厂	生产萜烯醇系列起泡剂
云南冶炼厂药剂分厂	黄药及其酯类产品等
安丘市选矿药剂厂	AM－2捕收剂（硫化矿），XF－3捕收剂（有色金属和非金属），A－200和BK－201起泡剂，SA－3和SA－4捕收剂
博山华创化工厂	黄药系列、萜烯醇、乙硫氮、丁铵黑药、二甲基苯基二硫代磷酸、二丁基二硫代磷酸钠
临淄悟斯选矿药剂厂	各种捕收剂和起泡剂
荆江选矿药剂公司	黄药系列、黑药系列、MOS（选钛）、MA、MB系列、松醇油、RB_2（选煤）等
孝感市天翔矿业科技有限公司	各种硫化矿、非硫化矿选矿药剂